Springer-Lehrbuch

Robert F. Schmidt (Hrsg.)
Florian Lang (Hrsg.)
Gerhard Thews (Hrsg.)

Physiologie des Menschen

mit Pathophysiologie

29., vollständig neu bearbeitete und aktualisierte Auflage

Mit 598 vierfarbigen Abbildungen in 1127 Einzeldarstellungen und 78 Tabellen

Professor
Dr. Dr. h. c. Robert F. Schmidt
Physiologisches Institut
der Universität Würzburg
Röntgenring 9
D-97070 Würzburg

Professor
Dr. Florian Lang
Physiologisches Institut
der Universität Tübingen
Gmelinstraße 5
D-72076 Tübingen

Professor
Dr. Dr. Gerhard Thews †

Titel der englischen Ausgabe
Human Physiology
Second, Completely Revised Edition
© 1989 Springer-Verlag Berlin Heidelberg
New York

4. Italienische Ausgabe
Fisiologia Umana
© 2003 Idelson Liviana, Napoli

Spanische Ausgabe
Fisiologia Humana
© 1993 McGraw-Hill Interamericana de
España, Madrid

Japanische Ausgabe
© 1994 Springer-Verlag,
Tokyo

2. Russische Ausgabe in 4 Bänden
© 1996 Mir Publishers, Moskau

Estnische Ausgabe
Inimese füsioloogia
© 1997 Valgus Publishers,
Tallinn, Estonia

1.–10. Auflage bearbeitet von H. Rein
11.–16. Auflage bearbeitet von M. Schneider

Erscheinungstermine

1. Aufl. 1936	2. Aufl. 1938
3. Aufl. 1940	4., 5. und 6. Aufl. 1941
7. Aufl. 1943	8. Aufl. 1947
9. + 10. Aufl. 1948	11. Aufl. 1955
12. Aufl. 1956	13. und 14. Aufl. 1960
15. Aufl. 1964	16. Aufl. 1971
17. Aufl. 1976	18. Aufl. 1976
19. Aufl. 1977	20. Aufl. 1980
21. Aufl. 1983	22. Aufl. 1985
23. Aufl. 1987	24. Aufl. 1990
25. Aufl. 1993	26. Aufl. 1995
27. Aufl. 1997	28. Aufl. 2000
29. Aufl. 2005	

ISBN 3-540-21882-3 29. Auflage Springer Medizin Verlag Heidelberg
ISBN 3-540-66733-4 28. Auflage Springer-Verlag Berlin Heidelberg New York

Bibliografische Information der Deutschen Bibliothek
Die Deutsche Bibliothek verzeichnet diese Publikation in der Deutschen Nationalbibliografie; detaillierte bibliografische Daten sind im Internet über http://dnb.ddb.de abrufbar.

Springer Medizin Verlag.
Ein Unternehmen von Springer Science+Business Media
springer.de

Printed in Germany

Programmleitung: Simone Spägele, Heidelberg
Lektorat und Projektmanagement: Martina Siedler, Heidelberg
Copyediting: Karolin Kalmbach, Ulm
Herstellung: Jaroslaw Sydor, Heidelberg
Zeichner: BITmap, Mannheim und Otto Nehren, Ladenburg
Design: deblik Berlin
Titelbild: deblik Berlin
Satz, Druck und Bindearbeiten: Appl, Wemding
Gedruckt auf säurefreiem Papier SPIN 10797942 15/3160/sy – 5 4 3 2 1 0

Vorwort zur 29. Auflage

Nicht alle Lehrbücher haben ein langes Leben. Dieses hier, ursprünglich auf Wunsch des Springer-Verlags von Hermann Rein verfasst, 1936 in erster Auflage erschienen, von 1955 bis 1975 von Max Schneider weitergeführt und ab 1976 unter der Herausgeberschaft von Gerhard Thews und Robert F. Schmidt von zahlreichen Autoren weiter bearbeitet, ist im Laufe seiner bisherigen 28 Auflagen quicklebendig geblieben, da es Verlag, Herausgebern und Autoren bei den zahlreichen Neubearbeitungen immer wieder glückte, seinen Inhalt auf dem aktuellsten Stand der wissenschaftlichen Erkenntnis der Physiologie zu halten. Seit Jahrzehnten gilt die »Physiologie des Menschen« daher als das Standardlehrbuch unseres Faches in deutscher Sprache.

Um diesem Anspruch gerecht zu bleiben, war bereits für die vorige Auflage Florian Lang als Mitherausgeber und Autor gewonnen worden, damals schon in der Absicht, in der kommenden und hiermit vorgelegten 29. Auflage Inhalt und Form einer erheblichen Überarbeitung zu unterziehen und dabei durch die Gewinnung neuer Autoren neu gewachsene Kompetenzen in unser Werk einzubeziehen. Wie die »Bildgalerie der Autoren« eindrucksvoll ausweist, ist dies dank der Bereitschaft der zur Mitarbeit eingeladenen Kollegen besser geglückt, als die Herausgeber zu hoffen wagten.

Mitten in den jahrelangen Vorbereitungen für diese Neuauflage verstarb unser Mitherausgeber Gerhard Thews, der mehr als ein Vierteljahrhundert nicht nur als Herausgeber, sondern auch als Autor dieses Lehrbuch mitgeprägt hat. Wir schulden ihm viel, er wird uns unvergessen bleiben.

Nach wie vor wendet sich dieses Buch in erster Linie an die Studierenden der Medizin. Unter Berücksichtigung der neuen Approbationsordnung und des neuen Gegenstandskatalogs wurde das Buch um vielfältige Hinweise zu Pathophysiologie und klinischer Medizin bereichert. Andererseits wurde der rasanten Entwicklung molekularer Medizin Rechnung getragen.

Das Buch bietet auch eine nützliche Orientierungshilfe über den gegenwärtigen Stand der Physiologie und Pathophysiologie für die in Klinik und Praxis tätigen Ärztinnen und Ärzte. Auch für den Biologen, Biochemiker, Pharmakologen, Pharmazeuten und Psychologen hat sich das Buch schon bisher als wesentliche Informationsquelle über den Stand der Humanphysiologie erwiesen.

Im Namen aller Autoren ist es uns wieder eine Freude, allen, die zum Gelingen dieser Neuauflage beigetragen haben, herzlich zu danken. Insbesondere haben wir den Mitarbeitern des Verlags, in erster Linie Frau Martina Siedler und Herrn Jaroslaw Sydor, für das große Engagement und den ununterbrochenenen Einsatz bei der Planung, Organisation und Herstellung zu danken. Frau Karolin Kalmbach danken wir für das mit großer Präzision durchgeführte Lektorat, dem Atelier BITmap für die mit viel Einfühlungsvermögen und Sachverstand neu angefertigen Abbildungen. Herrn Kurt Kochsiek sind wir für die Durchsicht des Normalwerteverzeichnisses zu großem Dank verpflichtet.

Im August 2004

Florian Lang
Robert F. Schmidt

Die Herausgeber

Robert F. Schmidt

Würzburg/Tübingen/Alicante

Physiologie und Pathophysiologie akuter und chronischer Schmerzen.
♥ Ist ein Fan der Birbaumerschen Weine und Würste aus dem Trentino.

Kapitel 8, 9, 10, 12, 15

Florian Lang

Tübingen

Eigenschaften, Regulation und Bedeutung von Transportprozessen für Bluthochdruck, metabolisches Syndrom, Erreger-Wirts-Beziehung.
♥ Sein Herz gehört seiner Familie und der fantastischen Welt menschlicher Physiologie.

Kapitel 2, 21, 29, 31, 35

Gerhard Thews †

Mainz

Hat mit R. F. Schmidt dieses von H. Rein 1936 begründete und von M. Schneider ab 1955 fortgeführte Lehrbuch von 1976 bis zu seinem Tode 2003 herausgegeben.

Kapitel 32

C. Fahlke, Aachen

Physiologie und Pathophysiologie der erregbaren Zellen.
Kapitel 4

M. Fromm, Berlin

Barriere- und Transportfunktionen von Epithelien des Darmes und der Niere.
♥ Sein Musikgeschmack: Barock und Rock.
Kapitel 3

U. Grüsser-Cornehls, Berlin

Elektrophysiologie und Immunozytochemie des visuo-vestibulären Systems.
♥ Denkt gerne an die frühen Jahre der Neurophysiologie zurück.
Kapitel 18

P. B. Persson, Berlin

Renin-Angiotensin-System, Kreislaufregulation. Chief Editor des »American Journal of Physiology«.
♥ Ist auf dem Basketballfeld und im Labor zu Hause.
Kapitel 30, 39

U. Eysel, Bochum

Neurophysiologie, Neuroanatomie und Plastizität des Sehsystems.
♥ Denkt international und forscht und lehrt nicht nur in Bochum.
Kapitel 18

H. Hatt, Bochum

Chemosensorik: vom Molekül zur Wahrnehmung, liganden-aktivierte Ionenkanäle, Plastizität.
♥ Nach dem Studium der Biologie/Chemie und Medizin in München ist er jetzt mit Leib und Seele Grundlagenforscher in Bochum.
Kapitel 19

J. Grote, Bonn

Atemgastransport, Kreislaufregulation, Gewebeatmung.
♥ Entspannt sich beim Wandern und engagiert sich für den niederdeutschen Dichter Fritz Reuter.
Kapitel 36

A. Deussen, Dresden

Durchblutungsregulation und Stoffwechsel des Herzens, Myokardischämie, mathematische Modellanalyse von Substrattransport und Stoffwechsel.
♥ Sein Wunsch: das befahrbare Koronarsystem des Wales!
Kapitel 27

E. Gulbins, Duisburg-Essen

Molekulare Mechanismen bakterieller und viraler Infektionen, Apoptose, Mukoviszidose, Signaltransduktion von Sphingolipiden.
Kapitel 2, 24

H. O. Handwerker, Erlangen

Neuro-und Sinnesphysiologie, insb. Pathophysiologie der Schmerzverarbeitung.
♥ Es macht Spaß, immer noch etwas dazulernen zu dürfen, bei dem, was man zu tun hat.
Kapitel 13

* nach Universitätsstandorten von A bis Z

R. Busse, Frankfurt am Main

Genexpression und Signaltransduktion in vaskulären Zellen, Arteriosklerose, kardiovaskulär wirksame Pharmaka.
♥ Neben Physiologie faszinieren ihn die Kunst des 20. Jh. und das Sammeln antiker Teppiche.
Kapitel 28

B. Fakler, Freiburg

Funktion und Struktur von Membranproteinen (v.a. Ionenkanälen) und damit assoziierten Multiproteinkomplexen.
Kapitel 4

M. Heckmann, Freiburg

Ionenkanäle und synaptische Übertragung.
Kapitel 5

M. Wiesendanger, Fribourg

Sensomotorik der Handgeschicklichkeit und bimanuelle Koordination.
♥ Eine faszinierende Beschäftigung, besonders als Musikliebhaber.
Kapitel 7

H. M. Piper, Gießen

Pathophysiologie des Herzens und Endothels.
♥ Physiologische Lehre und Forschung ist für ihn ein unverzichtbares Bindeglied zwischen Zellbiologie und Klinik.
Kapitel 25

D. W. Richter, Göttingen

Integration von biochemischen Signalwegen, Expression und subzelluläre Lokalisation von Serotoninrezeptoren, physiologische Konsequenzen einer parallel verlaufenden Serotoninmodulation.
Kapitel 33

W. Wuttke, Göttingen

Östrogene, Gestagene, Androgene, Reproduktion, Urogenitaltrakt, Knochen.
Kapitel 22

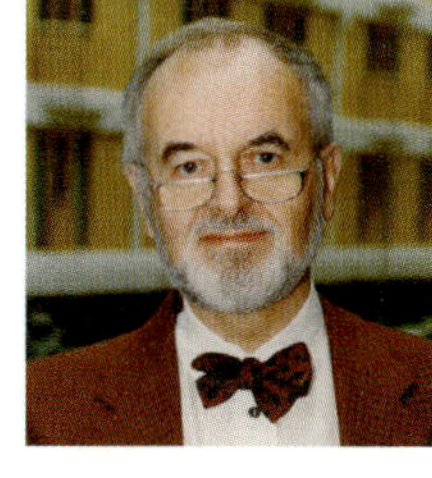

M. Zimmermann, Heidelberg

Mechanismen des Schmerzes, Schmerzhemmung im ZNS, neuropathischer Schmerz, Gentranskription im Nervensystem.
Kapitel 14

H.-G. Schaible, Jena

Nozizeption, Primärafferenzen, Rückenmark.
♥ Liebt Linsen mit Spätzle.
Kapitel 15

W. Jänig, Kiel

Neurobiologie des vegetativen Nervensystems. Physiologie und Pathophysiologie von Schmerzen.
♥ Versteht sich als Kosmopolit und ist nicht nur in Kiel zuhause.
Kapitel 11, 20

G. Pfitzer, Köln

Kontraktilität von glatter Muskulatur und Herzmuskel, Signaltransduktion, Troponin, Myosinphosphorylierung.
♥ Sieht den Kontakt mit Studierenden und Kollegen aus der ganzen Welt als wunderbares Privileg an.
Kapitel 6

H.-G. Zimmer, Leipzig

Kardiovaskuläre Physiologie.
♥ Am liebsten im Dialog (Kernstück jeder Didaktik) mit seinem Enkel Fabian.
Kapitel 26

W. Jelkmann, Lübeck

Hämatopoiese, Anämie, Höhenphysiologie.
♥ Möchte manchmal lieber auf dem Sportplatz sein.
Kapitel 23, 34

O. Thews, Mainz

Tumorpathophysiologie, Gewebehypoxie, Tumordurchblutung.
♥ Lehren und Lernen macht ihm Spaß.
Kapitel 32

H.-V. Ulmer, Mainz

Angewandte Physiologie, Arbeits- und Sportphysiologie.
♥ Ist überzeugt, dass präklinisch orientierte Physiologie dem Arzt hilft und seinen Patienten zugute kommt.
Kapitel 40

P. Vaupel, Mainz

Tumorbiologie, Pathophysiologie maligner Tumoren, Hypoxie-abhängige maligne Progression.
♥ Fühlt sich am wohlsten bei Gebirgstouren und Extremwanderungen.
Kapitel 38

J. Dudel, München

Elektrophysiologie des Herzmuskels, synaptische Mechanismen, Liganden gekoppelte Membrankanäle.
♥ Als Forscher hat er meist etwas anderes gefunden als erwartet.
Auch der Arzt muss immer wieder Neues lernen.
Kapitel 5

U. Pohl, München

Regulation der Durchblutung in der Mikrozirkulation.
© Co-Editor von »Physiology«, Chief-Editor des »Journal of Vascular Research«.
Kapitel 36

W. A. Linke, Münster

Kontraktilität und Elastizität des Herz- und Skelettmuskels, Muskelerkrankungen, Kraftspektroskopie an Molekülen.
♥ Leben ist wie: das Lieblingsmusikstück gemeinsam spielen oder den Molekülen bei der Arbeit zuschauen.
Kapitel 6

H. Oberleithner, Münster

Nanoarchitektur der Plasmamembran, Dynamik der Kernhülle, Aldosteron und Hypertonie.
♥ Freut sich über die kleinen Dinge des Lebens nach dem Motto »small is beautiful«.
Kapitel 1

* nach Universitätsstandorten von A bis Z

T. v. Zglinicki, Newcastle u.T.

Zellbiologie des Alterns, Telomere, oxidativer Stress.
♥ Würde gerne etwas langsamer altern.
Kapitel 41

A. Kurtz, Regensburg

Renin-Angiotensin-System, Regulation der Nierenfunktion, Blutdruckregulation.
♥ In seiner Freizeit ist er gerne ein Holzwurm.
Kapitel 29

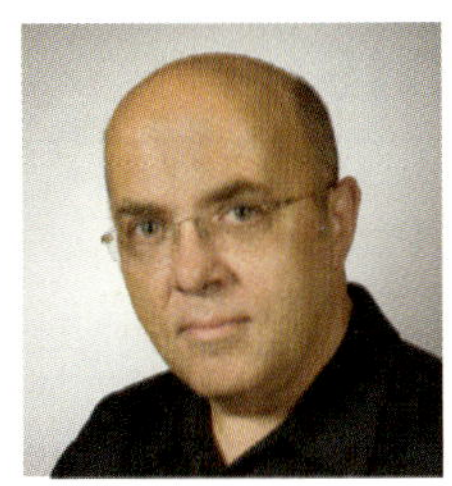

H. K. Biesalski, Stuttgart

Antioxidantien in Grundlagenforschung und Klinik, Nährstoff-Gen-Umwelt Interaktionen, Ernährung in Entwicklungsländern.
♥ Bei aller Theorie: kocht gerne und isst immer noch mit Genuss.
Kapitel 37

N. Birbaumer, Tübingen

Plastizität des Gehirns und Lernen, Neuroprothetik und Hirn-Computer-Schnittstellen.
♥ Hersteller von Wein und Würsten, auch Übersetzer italienischer Lyrik.
Kapitel 8, 9, 10, 11, 12

H.-P. Zenner, Tübingen

Hörverbesserungschirurgie des Mittelohrs bei Schwerhörigen, Cochlea-Implant-Operationen bei Gehörlosen. Minimalinvasive Chirurgie der Schädelbasis, Krebschirurgie des Kehlkopfes.
Kapitel 16, 17

T. Nikolaus, Ulm

Sturzforschung, Chronischer Schmerz im Alter, Malnutrition, Prävention von Behinderung.
♥ Musik, Ausdauersport.
Kapitel 41

U. Boutellier, Zürich

Sportphysiologie: Training der Atmungsmuskulatur, Glykogenstoffwechsel, Leistungsdiagnostik.
♥ Für ihn ist ein tiefes Verständnis der Humanphysiologie Voraussetzung, um ein guter Arzt zu sein.
Kapitel 40

H. Murer, Zürich

Transportvorgänge in Darm und Niere, Phosphat-Metabolismus.
♥ Die Berge liebt er ebenso wie die Forschung.
Kapitel 31

K. S. Lang, Zürich

Antivirale Immunantwort bei persistierender Infektion.
♥ Für ihn gilt im Labor wie beim Fußball: Das Team gewinnt.
Kapitel 24

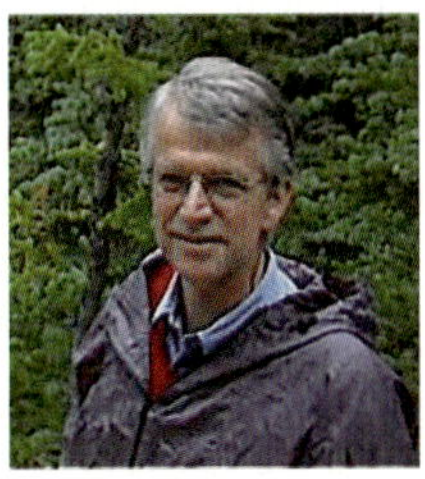

F. Verrey, Zürich

Molekulare, zelluläre und integrative Mechanismen der Salz- und Aminosäuren-Homöostase.
♥ Trotz dieses Themas isst und trinkt er gerne gut.
Kapitel 21

Mitarbeiterverzeichnis

Prof. Dr. H. K. Biesalski
Universität Hohenheim
Institut für Biologische Chemie
u. Ernährungswissenschaften
Fruwirthstr. 12
70593 Stuttgart

Prof. Dr. N. Birbaumer
Universität Tübingen
Institut für Medizinische Psychologie
Gartenstraße 29
72074 Tübingen

Prof. Dr. U. Boutellier
Universität Zürich
Physiologisches Institut
Winterthurerstr. 190
CH-8057 Zürich

Prof. Dr. R. Busse
Klinikum der JWG-Universität
Zentrum der Physiologie
Theodor-Stern-Kai 7
60590 Frankfurt a. M.

Prof. Dr. A. Deussen
Technische Universität
Institut für Physiologie
Fetscherstr. 74
01307 Dresden

Prof. Dr. J. Dudel
LMU München
Lehrstuhl für zelluläre Physiologie
Schillerstr. 46
80336 München

Prof. Dr. U. Eysel
Ruhr-Universität
Institut für Physiologie
Universitätsstr. 150
44801 Bochum

Prof. Dr. C. Fahlke
RWTH Aachen
Institut für Physiologie
Pauwelsstr. 30
52057 Aachen

Prof. Dr. B. Fakler
Universität Freiburg
Physiologie II
Hermann-Herder-Str. 7
79104 Freiburg

Prof. Dr. M. Fromm
Charité Campus Benjamin Franklin
Institut für Klinische Physiologie
Hindenburgdamm 30
12203 Berlin

Prof. Dr. Dr. J. Grote
Am Eselsberg 44
55128 Mainz

Prof. Dr. U. Grüsser-Cornehls
Ihnestr. 50
14195 Berlin

Prof. Dr. E. Gulbins
Universitätsklinikum Essen
Institut für Molekularbiologie
Hufelandstr. 55
45122 Essen

Prof. Dr. Dr. H. O. Handwerker
Universität Erlangen
Physiologisches Institut 1
Universitätsstr. 17
91054 Erlangen

Prof. Dr. Dr. H. Hatt
Ruhr Universität
Lehrstuhl für Zellphysiologie
Universitätsstr. 150, Gebäude ND
44801 Bochum

PD Dr. M. Heckmann
Universitätsklinikum
Institut für Physiologie 1
Hermann-Herder-Str. 7
79104 Freiburg

Prof. Dr. W. Jänig
Christian-Albrechts-Universität
Physiologisches Institut
Olshausenstr. 40
24098 Kiel

Prof. Dr. W. Jelkmann
Medizinische Universität zu Lübeck
Institut für Physiologie
Ratzeburger Allee 160
23538 Lübeck

Prof. Dr. A. Kurtz
Universität Regensburg
Institut für Physiologie
Universitätsstr. 31
93053 Regensburg

Prof. Dr. F. Lang
Eberhard-Karls-Universität
Physiologisches Institut
Gmelinstr. 5
72076 Tübingen

Dr. K. S. Lang
UniversitätsSpital Zürich,
Departement Pathologie
Institut für Experimentelle
Immunologie
Schmelzbergstr. 12
CH-8091 Zürich

Prof Dr. W. A. Linke
Universität Münster
Abteilung Physiologie und Biophysik
Schlossplatz 5
48149 Münster

Prof. Dr. H. Murer
Universität Zürich
Physiologisches Institut
Winterthurerstr. 190
CH-8057 Zürich

Prof. Dr. T. Nikolaus
Bethesda Geriatrische Klinik
Zollernring 26
89073 Ulm

Prof. Dr. H. Oberleithner
Universität Münster
Physiologisches Institut
– Vegetative Physiologie –
Robert-Koch-Str. 27 A, Innenhof
48149 Münster

Prof. Dr. P. B. Persson
HU Berlin
Universitätsklinikum Charité
Institut für Physiologie
Tucholskystr. 2
10117 Berlin

Prof. Dr. G. Pfitzer
Universität Köln
Institut für Vegetative Physiologie
Robert-Koch-Str. 39
50931 Köln

Prof. Dr. Dr. H. M. Piper
Justus-Liebig-Universität
Physiologisches Institut im FB
Humanmedizin
Aulweg 129
35392 Gießen

Prof. Dr. U. Pohl
LMU München
Institut für Physiologie
Schillerstr. 44
80336 München

▼

Prof. Dr. D. W. Richter
Georg-August-Universität
Zentrum Physiologie u.
Pathophysiologie
Humboldtallee 23
37073 Göttingen

Prof. Dr. H.-G. Schaible
Klinikum der Friedrich-Schiller-
Univesität Jena
Institut für Physiologie
Teichgraben 8
07743 Jena

Prof. Dr. Dr. R. F. Schmidt
Universität Würzburg
Physiologisches Institut
Röntgenring 9
97070 Würzburg

Prof. Dr. Dr. G. Thews †
Weidmannstr. 29
55131 Mainz

HD Dr. O. Thews
Universität Mainz
Institut für Physiologie und
Pathophysiologie
Duesbergweg 6
55099 Mainz

Prof. Dr. H.-V. Ulmer
Universität Mainz
Sportphysiologische Abteilung am
Fachbereich 26
Saarstr. 21
55122 Mainz

Prof. Dr. P. Vaupel
Universität Mainz
Inst. für Physiologie und
Pathophysiologie
Duesbergweg 6
55099 Mainz

Prof. Dr. F. Verrey
Universität Zürich
Physiologisches Institut
Winterthurerstr. 190
CH-8057 Zürich

Prof. Dr. T. von Zglinicki
Department of Gerontology,
Wolfson Research Centre
Inst. for Ageing and Health,
Newcastle General Hospital
Westgate Road, Newcastle upon Tyne
NE4 6BE, UK

Prof. Dr. M. Wiesendanger
Institut für Physiologie
Rue du Musée 5
CH-1700 Fribourg

Prof. Dr. W. Wuttke
Zentrum für Frauenheilkunde der
Universität
Abt. für Klinische u. Experimentelle
Endokrinologie
Robert-Koch-Str. 40
37075 Göttingen

Prof. Dr. Dr. H. P. Zenner
Universitätsklinik für Hals-, Nasen- u.
Ohrenheilkunde
Elfriede-Aulhorn-Str. 5
72076 Tübingen

Prof. Dr. H.-G. Zimmer
Universität Leipzig
Carl-Ludwig-Institut für Physiologie
Liebigstr. 27
04103 Leipzig

Prof. Dr. Dr. M. Zimmermann
Neuroscience & Pain Resaearch
Institute
Berliner Str. 14
69120 Heidelberg

Physiologie des Menschen: das neue Lehrbuch

Einleitung: mit Fallbeispielen ins Thema einsteigen

Über **600 farbige Abbildungen** veranschaulichen komplizierte und komplexe Sachverhalte

Leitsystem: Orientierung über die Sektionen I–IX und Anhang A

Inhaltliche Struktur: klare Gliederung durch alle Kapitel

Roter Faden: Kernaussagen zu Beginn des Unterkapitels sind zusammen mit »In Kürze« Ihr **Lernleitfaden** durch die Physiologie!

Klinik-Box: über 150 pathophysiologische Zusammenhänge schärfen den Blick für die Klinik

Einleitung

Frau U.K., 57 Jahre, fällt auf, dass ihr Stuhl in letzter Zeit blutig ist. Sie sucht ihren Hausarzt auf, der einen Tumor im Enddarm entdeckt. Er überweist die Patientin in die Universitätsklinik, wo der Tumor entfernt wird. Die Untersuchung des Tumorgewebes deckt die Ursache des Tumors auf. In den Tumorzellen ist ein Gen verändert (mutiert), dessen Genprodukt eine zentrale Rolle in der Regulation der Zellteilung spielt (das GTP-bindende Protein Ras, ► s.u.). Die Mutation führt zu einer Überaktivität des Proteins, die zu ungezügelter Zellteilung der betroffenen Zellen führt. Mutierte Gene, die Tumorwachstum auslösen können, bezeichnet man als Onkogene (► s.u.).

2.3 Zyklische Nukleotide als Second Messenger

cAMP

Über eine Adenylatzyklase wird zyklisches Adenosinmonophosphat (cAMP) gebildet, das eine Proteinkinase A aktiviert und so Effektormoleküle und Genexpression beeinflussen kann; cAMP wird durch Phosphodiesterasen wieder inaktiviert

Adenylatzyklase. Aktivierte α-Untereinheiten von bestimmten heterotrimeren G-Proteinen (Gs) interagieren u.a. mit der Adenylatzyklase, die ATP zu ***zyklischem AMP*** (cAMP) umsetzt (Abb. 2.3). cAMP ist ein intrazellulärer Botenstoff *(second messenger)*, der die Wirkung des Hormons *(first messenger)* in der Zelle vermittelt. Zyklisches AMP bindet an die sog. ***Proteinkinase A*** (PKA) und aktiviert diese. Sie phosphoryliert bestimmte ***Enzyme***, ***Ionenkanäle***, und weitere ***Transportproteine*** an einem Serin oder Threonin und beeinflusst auf diese Weise deren Funktion.

Darüberhinaus phosphoryliert die Proteinkinase A den ***Transkriptionsfaktor CREB*** *(cAMP responsive element binding protein)* und löst die Expression von cAMP-abhängigen Genen aus. cAMP kann schließlich Kanäle direkt aktivieren.

Eine Vielzahl von ***Hormonen*** wie u.a. Adrenalin (über β-Rezeptoren), Glukagon, Parathormon, Calcitonin, die meisten Peptidhormone des Thalamus und Hypothalamus (Ausnahme: Somatostatin, ► s.u.) und mehrere Gewebshormone wirken über den beschriebenen Signalweg. Einige Beispiele cAMP-abhängiger Regulation sind in Tabelle 2.1 zusammengestellt.

Inaktivierung. cAMP wird durch eine ***Phosphodiesterase*** zu 5′-AMP gespalten und damit inaktiviert. Hemmung der Phosphodiesterase z.B. durch Koffein steigert die zytosolische cAMP-Konzentration und damit die cAMP-abhängigen Zellfunktionen (► s. 2.1). Die Phosphorylierung der Proteine wird durch bestimmte Serin/Threonin-Phosphoprotein-Phosphatasen (PP1, PP2a,b,c) wieder rückgängig gemacht. Damit sind die PKA-abhängigen Wirkungen wieder abgeschaltet.

Abb. 2.3. Reaktionskette des intrazellulären Botenstoffes cAMP (zyklisches Adenosinmonophosphat). Erregende oder hemmende externe Signale aktivieren Membranrezeptoren R_s und R_i. Diese steuern G-Proteine, die mit intrazellulärem GTP (Guanosintriphosphat) reagieren können und intrazelluläre Adenylatzyklase (AC) stimulieren oder hemmen. Das Verstärkerenzym AC konvertiert ATP in cAMP. cAMP wird durch Phosphodiesterase zu AMP abgebaut. Freies cAMP aktiviert die Proteinkinase A, die die Phosphorylierung von intrazellulären Proteinen katalysiert und damit die »Wirkung« der extrazellulären Reize auslöst. An diesen verschiedenen Reaktionen sind Pharmaka bzw. Toxine vermerkt, die diese fördern (+) oder hemmen (–)

2.1. Kaffee, Herzklopfen und Herzinfarkt

Koffein im Kaffee steigert über Hemmung der Phosphodiesterase die intrazelluläre Konzentration von cAMP. Damit werden u.a. Wirkungen von Adrenalin auf das Herz ausgelöst, wie z.B. Zunahme von Herzfrequenz und Herzkraft (► s. Kap. 26). Es kommt zum »Herzklopfen«. Das Herz wird angetrieben und damit sein Energieverbrauch gesteigert. Bei verengten Blutgefäßen und eingeschränkter Durchblutung kann es dadurch zu einem Missverhältnis von Sauerstoff-Verbrauch und -Angebot kommen, es kommt zum Energiemangel des Herzmuskels. Im schlimmsten Fall sterben die Zellen ab (► s. Abschnitt 2.5), es kommt zum Herzinfarkt. Bei verengten Blutgefäßen wird daher vom Genuss Koffein-haltigen Kaffees abgeraten.

Hemmung der cAMP Bildung. Über heterotrimere G-Proteine kann die PKA nicht nur aktiviert, sondern auch gehemmt werden. Hierbei interagiert der Rezeptor mit einem inhibierenden ***G_i-Protein.*** G_i-Proteine hemmen nach GTP-Spaltung und Dissoziation des α-, β- und γ-Komplexes die Adenylatzyklase. Die zelluläre c-AMP-Konzentration und die Aktivität der Proteinkinase A werden entsprechend vermindert. Über diesen Mechanismus wirken z.B. Azetylcholin, Somatostatin, Angiotensin II oder auch Adrenalin über α2-Rezeptoren. Somatostatin kann z.B. über Hemmung der cAMP-Bildung die ***Cl-Sekretion*** hemmen, und Adrenalin hemmt über α2-Rezeptoren die ***Insulinausschüttung.***

Navigation: Sektionsbild, Seitenzahl und Kapitelnummer für die schnelle Orientierung

Tabelle: klare Übersicht der wichtigsten Fakten

Tabelle 2.1. Beispiele cAMP-abhänger Regulation von Zellfunktionen

Hormon bzw. Stimulus	Organ	Effektormolekül (↑ Stimulation, ↓ Hemmung)	Wirkung
Adrenalin (β1)	Herz	↑ Kationenkanäle (If)	Herzfrequenzsteigerung (▸ s. Kap. 20,25)
Adrenalin (β1)	Herz	↑ Ca^{2+}-Kanäle	Herzkraft (▸ s. Kap. 26)
Adrenalin	Gehirn	↓ K^+-Kanäle	gesteigerte Erregbarkeit (▸ s. Kap. 5)
Adrenalin (β)	Muskel	↓ Glykogensynthase	Glykogenabbau (▸ s. Kap. 20)
Glukagon	Leber	↓ Glykogensynthase	Glykogenabbau (▸ s. Kap. 21)
antidiuretisches Hormon	Niere	↑ Wasserkanäle in der Niere	gesteigerte Wasserresorption in der Niere (▸ s. Kap. 29)
Parathormon	Niere	↓ Phosphattransporter Niere	gesteigerte Ausscheidung von Phosphat durch die Niere (▸ s. Kap. 31)
Vasoaktives intestinales Peptid	Pankreas	↑ Cl^--Kanäle, K^+-Kanäle	NaCl, KCl- und Wasser-Sekretion (▸ s. Kap. 38)
Glukose	Geschmacksrezeptoren	↓ K^+-Kanäle	Süßempfindung (▸ s. Kap. 19)
Odorant	Geruchrezeptoren	↑ Kationenkanäle	Geruchsempfindung (▸ s. Kap. 19)

Choleratoxin. Verschiedene Toxine beeinflussen heterotrimere G-Proteine, die Adenylatzyklase und cAMP. Choleratoxin, das die Durchfallerkrankung Cholera verursacht, aktiviert durch Ribosylierung der GTP-gebundenen Form der G_α-Untereinheit die Adenylatzyklase sehr stark und dauerhaft. Chloridkanäle in der luminalen Membran von Darmepithelzellen werden aktiviert. Es kommt zur massiven Steigerung der Sekretion von NaCl und Wasser, die zu lebensbedrohlichen Flüssigkeitsverlusten führt.

cGMP

Eine Guanylatzyklase bildet cGMP, das über eine G-Kinase auf Zellfunktionen wirkt; über cGMP wirkt Stickstoffmonoxid (NO), ein extrem kurzlebiger Signalstoff

Rezeptor-Guanylatzyklasen. Einige wenige Rezeptoren koppeln an eine ***Guanylatzyklase***, die aus GTP das cGMP freisetzt. cGMP bindet an Proteinkinase G, die durch Proteinphosphorylierung ihre Wirkungen auslöst. Unter anderem aktiviert sie eine Ca^{2+}-ATPase, die Ca^{2+} aus der Zelle pumpt. Über cGMP wirkt u. a. Atriopeptin. Zyklisches GMP kann auch an Ionenkanäle binden und so die Aktivität der Ionenkanäle regulieren. Ein cGMP-hemmbarer Kationenkanal reguliert beispielsweise die Aktivität der Sehrezeptoren (▸ s. Kap. 18).

Zytosolische Guanylatzyklasen. Sogenannte lösliche Guanylatzyklasen werden nicht über Rezeptoren reguliert, sondern durch ***Stickstoffmonoxid (NO)***, das in der Zelle aus Arginin unter Vermittlung von NO-Synthetasen (NOS) entsteht. Die NOS in Endothelzellen (eNOS) und Gehirn (nNOS) werden durch Ca^{2+} aktiviert. Bei Entzündungen wird eine induzierbare NOS (iNOS) exprimiert, die keine gesteigerte zytosolische Ca^{2+}-Konzentration zur Aktivierung benötigt. NO ist eine sehr labile Verbindung, die geeignet ist, schnell transiente Effekte zu vermitteln. NO ist v. a. bei der Regulation des Gefäßtonus und in der Signaltransduktion von Neuronen bedeutsam.

In Kürze

Zyklische Nukleotide

Viele Hormonrezeptoren regulieren Zellen über zyklische Nukleotide, die als Second Messenger dienen:
- zyklisches Adenosinmonophosphat (cAMP) aktiviert eine Proteinkinase A und kann so Effektormoleküle und Genexpression beeinflussen;
- zyklisches GMP (cGMP) wirkt über eine G-Kinase auf die Zellfunktionen.

Die Konzentrationen der beiden Second Messenger cAMP und cGMP werden durch die Aktivitäten der Adenylat- bzw. Guanylatzyklasen reguliert.

In Kürze: fasst nach Kernaussagen, dem »Roten Faden«, alles Wichtige eines Unterkapitels strukturiert zusammen

2.4 Calcium-vermittelte Signale

Steigerung der zytosolischen Ca^{2+}-Konzentration als Signal

Calcium (Ca^{2+}) wird aus intrazellulären Speichern freigesetzt und strömt über spannungsabhängige oder ligandengesteuerte Ionenkanäle der Zellmembran in die Zelle

Ca^{2+}-Freisetzung. Um die zytosolische Ca^{2+}-Konzentration zu erhöhen, stimulieren Rezeptoren u. a. ***Phospholipase C*** (PLCβ oder PLCγ). Die PLC spaltet von bestimmten Membranphospholipiden (Phosphatidylinostolphosphaten) ***Inositoltrisphosphat*** (IP_3) ab (Abb. 2.4). IP_3 bindet an Kanäle im endoplasmatischen Retikulum, die eine Freisetzung von Ca^{2+} aus dem endoplasmatischen

Verweise auf Abbildungen und Tabellen: deutlich herausgestellt und leicht zu finden

Schlüsselbegriffe sind *fettkursiv* hervorgehoben

Inhaltsverzeichnis

IV Regulation vegetativer Funktionen

V Blut und Immunabwehr

VI Herz und Kreislauf

VII Regulation des Inneren Milieus

VIII Atmung

IX Stoffwechsel, Arbeit, Altern

A Anhang

Allgemeine Physiologie der Zelle

Kapitel 1
Grundlagen der Zellphysiologie

H. Oberleithner

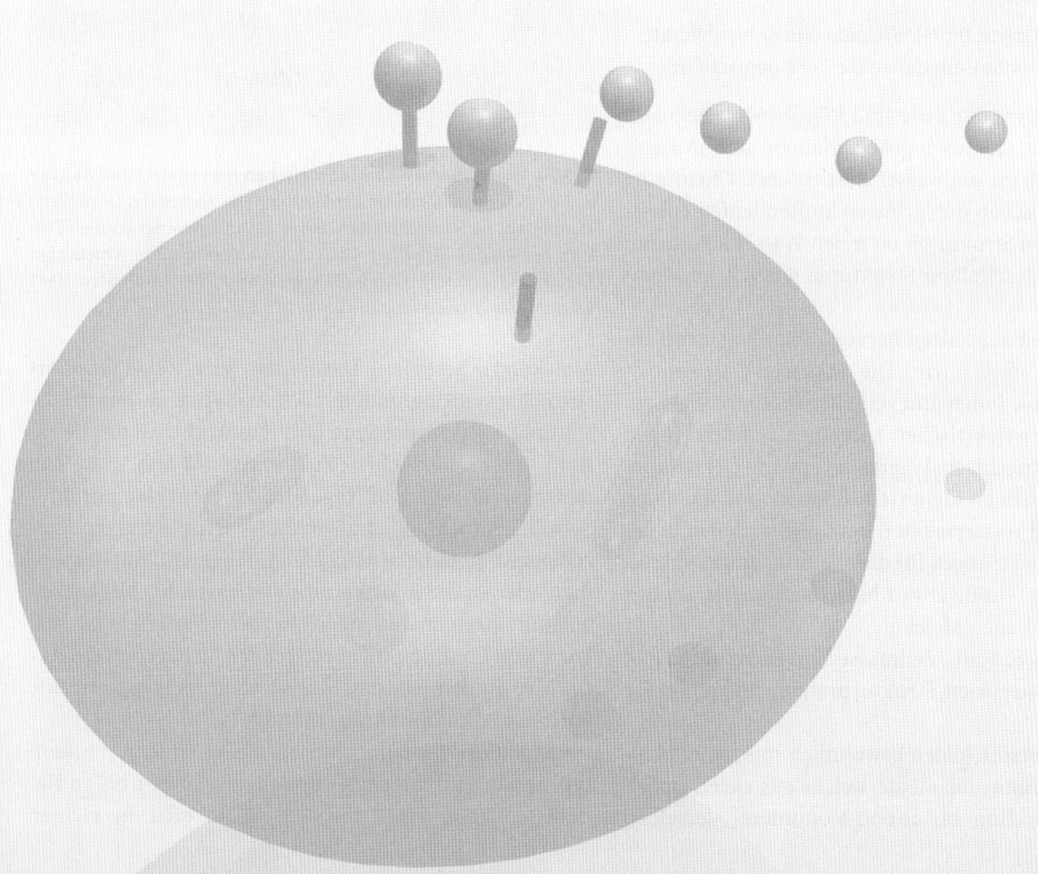

Einleitung

Aus wieviel Zellen besteht eigentlich der Mensch? 25 Billionen ($25 \cdot 10^{12}$) rote Blutzellen transportieren den Sauerstoff der Luft von der Lunge ins Gewebe. 75 Billionen weitere Zellen bauen unseren Körper auf, ergeben also 100 Billionen Zellen insgesamt. Wenn auch die Zellen stark voneinander verschieden sind, so haben sie dennoch Einiges gemeinsam: Sie verbrauchen Sauerstoff. Dabei werden Pizza, Würstchen und Schokolade in Energie umgewandelt und die Abfallprodukte in die umgebende Flüssigkeit abgegeben. Zellen leben, solange Sauerstoff, Zucker, verschiedene Ionen, Aminosäuren, Fette und andere Substanzen in ihrem Inneren verfügbar sind.

Die Flüssigkeit in den Zellen unterscheidet sich drastisch von der extrazellulären Flüssigkeit. Während die Flüssigkeit um die Zellen herum den Kontakt zur äußeren Welt schafft, definiert die jeweilige Zelle für sich, welches innere Milieu sie für ihre Funktionen benötigt. So besitzt jede Zelle eine Art Grundausstattung, die für alle Zellen etwa gleich ist. Zusätzlich verfügt aber jede Zelle über eine Spezialausstattung, die ihr den spezifischen Charakter verleiht. Eine Muskelzelle kontrahiert, eine Nervenzelle informiert und eine Nierenzelle transportiert.

1.1 Bestandteile einer Zelle

Einzelkomponenten

Wasser, Elektrolyte, Proteine, Lipide und Kohlenhydrate sind Komponenten, aus denen die Zelle gemacht ist

Wasser. 70 bis 85 % der Zelle sind Wasser. Viele zelluläre Stoffe sind darin chemisch gelöst. Manche sind in Form solider Partikel im Zellwasser suspendiert. Chemische Reaktionen zwischen den gelösten Stoffen laufen entweder losgelöst von Strukturen im freien Wasser ab oder an den Oberflächen zellulärer Strukturen wie z. B. an Membranen.

Ionen. Sie gehen aus Salzen hervor, deren Kristallstruktur im Wasser aufgelöst wird. Die dipolaren Wassermoleküle umgeben die Ionen und verleihen ihnen Löslichkeit. Auf Grund ihrer elektrischen Ladungen wandern Ionen (Ion heißt auf griechisch: Wanderer) entlang elektrischer Felder. Sie schaffen als kleine (Größe etwa 100 Pikometer, je nach Ion und Wassermantel) bewegliche Elemente der Zelle die Voraussetzungen für die chemischen Interaktionen der großen (Größe etwa 1 bis 10 Nanometer, je nach Molekül) organischen Moleküle.

Proteine. 10 bis 20 % der Zellmasse sind Proteine. Es gibt zwei Protein-Kategorien, Strukturproteine und globuläre Proteine.

- ***Strukturproteine*** bilden gewöhnlich mikrometerlange, nanometerdünne Filamente, welche aus vielen einzelnen Molekülen (100 bis 10 000 Monomere) derselben Molekülart bestehen. Davon hat jede Zelle eine Art Grundausstattung und, je nach Zelltyp, eine Zusatzausstattung. Strukturproteine sind verantwortlich für die extrem unterschiedlichen ***Zellformen*** (Abb. 1.1). Man denke an die sauerstofftragenden Erythrozyten mit ihrer Scheibchenform, an die salztransportierenden Epithelzellen mit ihren hervorstehenden Zilien und Bürstensäumen oder an die informationsübertragenden Nervenzellen mit ihren meterlangen Axonen. Natürlich ist hier Form von Funktion nicht zu trennen. Z. B. geben die Aktin-Myosinfilamente den Muskelzellen die langgestreckte Form und die kontraktile Funktion.
- ***Globuläre Proteine*** sind ein völlig anderer Proteintyp, annähernd kugelig (Durchmesser etwa 1 bis 10 Nanometer) und treten meistens allein oder in kleinen

Abb. 1.1. Größenunterschied zwischen Nervenzelle und Blutzelle. Das Neuron stammt von der Netzhaut des Auges. Der Lymphozyt stammt aus dem Knochenmark. Beide Zellen enthalten je einen Zellkern mit jeweils denselben Genen. Nur aufgrund unterschiedlicher Genaktivität entstehen dann die unterschiedlichen Strukturen. Nach Alberts, Bray u. Lewis (2002)

Gruppen auf. Sie erfüllen häufig enzymatische Funktionen, d.h. sie beteiligen sich an chemischen intrazellulären Prozessen. Sie kleben an Membranen oder flottieren frei im Zellwasser. Sie sind die kompetenten emsigen Facharbeiter im Zellgebäude, ohne die Leben undenkbar wäre.

Lipide. Als Lipide bezeichnen wir mehrere Typen von Substanzen, die ihren gemeinsamen Nenner darin haben, dass sie zwar fett- aber nicht wasserlöslich sind. ***Phospholipide*** und ***Cholesterin*** sind zwei wichtige Vertreter, die etwa 2 % der Gesamtzellmasse ausmachen. Auf Grund ihrer Unlöslichkeit in Wasser schließen sie sich zu großen Verbänden zusammen und bilden dadurch wirksame Barrieren. Das erst erlaubt die Abgrenzung nach außen durch die lipidartige Zellmembran und die räumliche Gliederung (Kompartimentierung) im Zellinneren. Erst durch die Bildung funktioneller Räume wie endoplasmatisches Retikulum, Golgi-Apparat, und Zellkern können Stoffwechselprozesse geordnet ablaufen.

Als weiterer Vertreter der Lipide sind die Neutralfette, die ***Triglyzeride***, zu nennen. In Adipozyten (Fettzellen) machen sie etwa 90 % der Zellmasse aus. Das Wasser ist hier fast völlig verdrängt. Sie stellen einen wichtigen Energiespeicher dar, aus dem bei Bedarf geschöpft wird.

Kohlenhydrate. Schnell verfügbare Energiespeicher in Form der Kohlenhydrate gibt es in allen Zellen mit etwa 1 % der Gesamtzellmasse. Im Muskel sind es 3 %, in der Leber sogar 6 %. ***Glykogen*** heißt die Speicherform, ein Glukosepolymer, das bei Bedarf sofort in einzelne Zuckermoleküle aufgebrochen werden kann. Kohlenhydrate bilden keine übergeordneten Strukturelemente in der Zelle, sondern wirken in Kombination mit Proteinen. In Form der ***Glykoproteine*** statten sie Proteinmoleküle mit mehr oder weniger langen Zuckerseitenketten aus und bestimmen auf diese Weise deren Funktion. So finden globuläre Proteine nach ihrer Synthese ihre jeweiligen Bestimmungsorte, z.B. die Zellmembran, nur mit Hilfe dieser antennenartigen Kohlenhydratseitenketten.

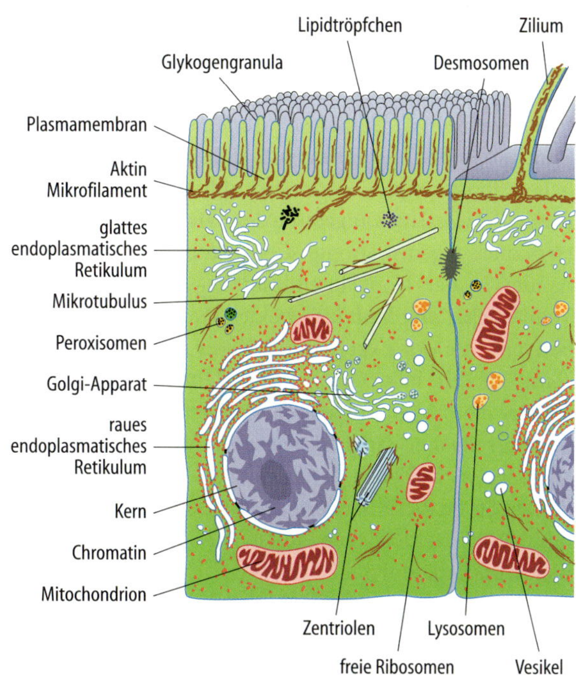

Abb. 1.2. Blick in eine Zelle mit Organellen. Als Beispiel einer typischen Zelle ist hier eine Epithelzelle gezeigt

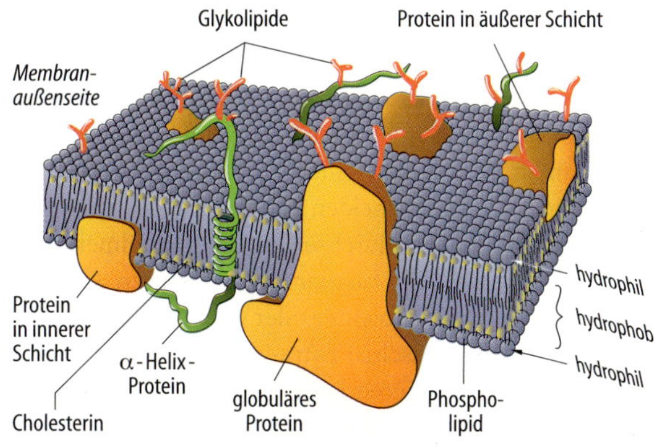

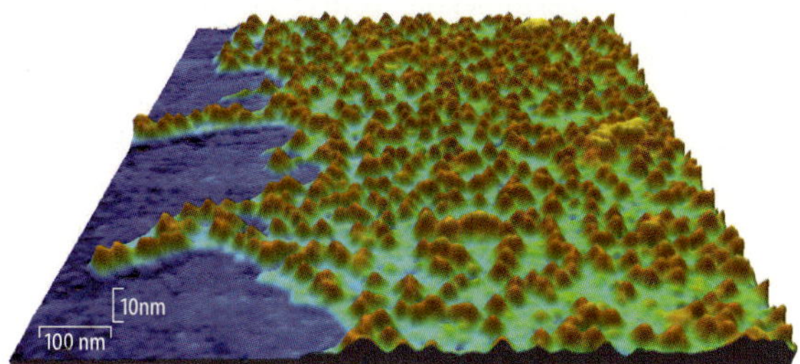

Abb. 1.3. Die Plasmamembran. *Oben:* In eine Phospholipiddoppelschicht sind Proteine eingelagert, die teils die Lipiddoppelschicht ganz durchqueren (integrale Proteine), teils nur in der Außen- oder Innenschicht verankert sind (periphere Proteine). *Unten* ist ein Stück »echte Zellmembran« gezeigt. Die Membran ist plastisch, d.h. sie verformt sich in einer lebenden Zelle ständig und einzelne Proteine (Ionenkanäle, Rezeptoren, Enzyme) kommen und gehen. Das Bild wurde mit dem *Atomic Force*-Mikroskop erstellt. Nach Schillers et al (2001)

Biomembranen

Die Zelle ist von einer Membran umgeben; ihr spezifischer Aufbau bestimmt die Funktion

Nachdem wir einen flüchtigen Blick in eine Zelle (Abb. 1.2) geworfen und darin einige wichtige Zellbestandteile identifiziert haben, wenden wir uns zuerst der Zelloberfläche zu.

Zellmembran. Jede Zelle wird von einer 5 nm dünnen Zellmembran umschlossen. Sie besteht aus 55 % Protein, 25 % Phospholipid, 13 % Cholesterin, 4 % anderen Lipiden und aus 3 % Kohlenhydraten. Natürlich sind diese Zahlen nur Richtwerte, denn die jeweilige Lipidausstattung ist zellspezifisch. Abbildung 1.3 zeigt die Zellmembran. Ihre Grundstruktur ist eine ***Doppelmembran*** *(Lipid Bi-*

layer). Jede der beiden parallel angeordneten Schichten besteht aus einzelnen Lipidmolekülen, die eng aneinandergereiht die Zelle umgeben und sie physisch wie funktionell von der Außenwelt trennen.

Phospholipide. Die einzelnen Moleküle sind im Wesentlichen Phospholipide, deren hydrophile Enden nach außen in die wässrige Umgebung des Extra- bzw. Intrazellulärraumes ragen, während die hydrophoben Enden einander in der Doppelmembran begegnen. Durch die Wahl solcher ***amphiphiler*** – beides, Wasser und Fette liebender – ***Moleküle*** erreicht die Natur zwei Ziele gleichzeitig: die Zelle kann einerseits problemlos mit allen Stoffen der wässrigen Umgebung Kontakt aufnehmen und andererseits eine dichte Barriere zur Verteidigung ihres Innenlebens aufbauen. Während also Wasser und darin gelöste Stoffe diese Barriere nicht passieren können, gelingt das den fettlöslichen Stoffen wie Sauerstoff, Kohlendioxid und Alkohol mit Leichtigkeit.

Fluidität. Eine besondere Eigenschaft der Lipidmembran ist ihre enorme Fluidität. Formänderungen einer Zelle, wie sie immer wieder ablaufen wenn Zellen wandern ***(Migration)***, sich teilen ***(Zellmitose)*** oder verkürzen ***(Kontraktion)***, sind nicht durch Dehnung (Änderung in der Anordnung der Phospholipide) der Membran bedingt. Vielmehr fließt die Membran dorthin, wo sie gebraucht wird. Cholesterin stabilisiert die Membran auf natürliche Weise.

Membranproteine. ◘ Abbildung 1.3 zeigt bizarre Gebilde, die Eisbergen gleich in der Lipiddoppelschicht schwimmen. Es sind die Membranproteine, meistens Glykoproteine. Wir unterscheiden zwei Arten:

- ***Integrale Proteine*** durchsetzen die Doppelmembran vollständig, viele sind kanalartige Strukturen (Poren), durch welche Wassermoleküle oder wasserlösliche Stoffe, besonders Ionen, zwischen Extra- und Intrazellulärraum hin und her diffundieren können. Diese ***Proteinkanäle*** haben dank ihrer intramolekularen Strukturmerkmale selektive Eigenschaften, nämlich nur Stoffe ihrer Wahl passieren zu lassen. Wieder andere integrale Proteine dienen als Trägermoleküle ***(Carrier)***. Sie binden und transportieren Stoffe (z. B. Zucker) durch den ansonsten für diese Moleküle undurchlässigen Fettfilm. Manchmal treten solche Transportvorgänge sogar gegen die Diffusionsrichtung auf, was dann als ***aktiver Transport*** bezeichnet wird. Die hier zugrundeliegenden integralen Membranproteine nennt man dann Membranpumpen. Da diese Energie verbrauchen und deshalb energiereiche Substrate wie ***ATP*** spalten, sind Pumpen gleichzeitig Enzyme (ATPasen).
- ***Periphere Proteine*** schmiegen sich mit hydrophoben Molekülfortsätzen fest an die Membran, penetrieren diese aber nicht vollständig. Sie liegen meistens an der Innenseite der Zellmembran, oft in unmittelbarer Nähe zu integralen Proteinen. Periphere Proteine haben häufig ***enzymatische Eigenschaften*** und spielen eine Vermittlerrolle zwischen den integralen Proteinen und anderen intrazellulären Bestandteilen.

Glykokalyx. Membrankohlenhydrate treten fast immer in Kombination mit Proteinen oder Lipiden in Form von Glykoproteinen oder Glykolipiden auf. Tatsächlich sind die meisten integralen Proteine Glykoproteine und immerhin 10 % der Lipide tragen ebenfalls Kohlenhydratseitenketten. Als nanometerlange ***Antennen*** ragen die Zuckerketten auf der Außenseite der Zelle in den Extrazellulärraum. Wieder andere Kohlenhydratverbindungen, sog. ***Proteoglykane***, die an Proteinästen ankern, liegen mehr oder weniger lose verteilt an der Zellaußenseite. Das alles ergibt einen Kohlenhydratmantel, der Glykokalyx genannt wird.

Die Glykokalyx hat mehrere wichtige Funktionen. Viele der Zuckerreste tragen ***negative Ladungen***, wodurch die Zelle andere negativ geladene Objekte, die sich ihr nähern, auf Distanz hält. Umgekehrt können sich Zellen durch eine Glykokalyx mit komplementärem Muster durchaus aneinander heften. Manche Kohlenhydrat-Antennen stellen auch ***Andockstellen*** (Rezeptoren) für Peptidhormone wie das Insulin dar. Dessen Bindung aktiviert dann Proteine in seiner Nähe, jedoch an der Zellinnenseite, wodurch eine intrazelluläre kaskadenartige Enzymaktivierung ausgelöst wird.

Zytoplasma

! Das Zytoplasma enthält Partikel und Organellen in der Größe von wenigen Nanometern bis zu mehreren Mikrometern; die klare Flüssigkeit, in der diese Strukturen gelöst sind, ist das Zytosol

Zytoplasma und Zytosol. Die Zellmembran umgibt das Zytoplasma. Darin befinden sich dicht gepackt die lebenswichtigen komplexen Strukturen einer Zelle. Werden diese entfernt, bleibt das Zytosol übrig. Diese Flüssigkeit besteht aus frei löslichen organischen Molekülen und anorganischen Ionen.

Endoplasmatisches Retikulum. Ein Teil des Zellinneren, besonders die zellkernnahen Regionen, sind mit einem engen dreidimensionalen ***Netzwerk*** von dünnen Schläuchen, dem endoplasmatischen Retikulum (ER), ausgefüllt (◘ Abb. 1.4). Ganz ähnlich wie die Zellmembran, bestehen die Wände dieser Schläuche aus Lipiddoppelschichten, ausgestattet mit integralen Proteinen. Die Gesamtoberfläche dieses Netzwerks ist immens. Sie kann, wie in Leberzellen, 40 mal größer sein als die Zelloberfläche. Der Raum in den Schläuchen ist mit einer endoplasmatischen ***Matrix*** gefüllt, einem wässrigen Medium, das sich deutlich vom Zytosol unterscheidet.

▪▪▪ **ER-Aufbau.** Das ER setzt sich kontinuierlich in der Kernhülle fort, sodass das tubuläre Netzwerk um den Zellkern herum direkt mit dem **perinukleären Spalt** der Zellkernhülle in Verbindung steht. Über dieses dynamische Röhrengeflecht werden Substanzen innerhalb der Zelle verschickt. An seinen großen Oberflächen finden sich verschiedene Enzymsysteme angelagert, die als Teile der Zellmaschinerie wichtige metabolische Funktionen erfüllen. An den Außenwänden weiter Teile des endoplasmatischen Retikulums finden sich in großer Zahl ca. 50 nm große granuläre Partikel, die **Ribosomen**. Wo diese vorkommen, bezeichnet man das ER als granulär oder rau. Die Ribosomen bestehen aus Ribonukleinsäuren und Proteinen. Ihre Aufgabe ist die Synthese neuer Proteinmoleküle. Kleben keine Ribosomen an den tubulären Aussenwänden, dann wird das ER als agranulär oder glatt bezeichnet. Hier werden Lipide synthetisiert und andere enzymatische Prozesse ausgeführt.

Golgi-Apparat. Der Golgi-Apparat ist ein naher Verwandter des endoplasmatischen Retikulums. Er besteht aus Ribosomen-freien Membranen, die stapelförmig an einem Pol des Zellkerns liegen. Der Golgi-Apparat (▪ Abb. 1.4) ist besonders in ***sekretorischen Zellen*** auffällig gut ausgebildet. Dort liegt er auf jener Zellseite, an der die entsprechenden sekretorischen Substanzen aus der Zelle geschleust werden. Golgi-Apparat und ER kommunizieren rege miteinander. Ständig werden kleine ***Transportvesikel*** (endoplasmatische Vesikel = ER-Vesikel) vom ER abgeschnürt, um kurz darauf mit dem Golgi-Apparat zu fusionieren. Auf diese Weise landen Stoffe aus dem ER im Golgi-Apparat.

Lysosomen. Lysosomen sind bläschenförmige (vesikuläre) Strukturen, die sich von den Schläuchen des Golgi-Apparates abschnüren und danach das gesamte Zytoplasma bevölkern. Lysosomen stellen ein intrazelluläres ***Verdauungssystem*** dar. Verdaut werden eigene Zellstrukturen, wenn sie beschädigt sind, exogene Nahrungspartikel und unerwünschtes Material wie z. B. Bakterien. Lysosomen können recht unterschiedlich groß sein, sind aber durchschnittlich 250 bis 750 nm im Durchmesser. So sind sie mit einem guten Lichtmikroskop gerade noch erkennbar. Ihre kugeligen Wände bestehen aus der klassischen Lipiddoppelschicht. In ihrem Innern befindet sich eine große Zahl 5 bis 8 nm kleiner Granuli. Letztere sind Aggregate aus über 40 Verdauungsenzymen ***(Hydrolasen)***. Sie sind in der Lage, Proteine zu Aminosäuren, Glykogen zu Glukose und Fette zu Fettsäuren und Glyzerin zu spalten.

Klare ***Aufgabe*** der ***Lysosomenmembran*** ist es, grundsätzlich den direkten Kontakt der hydrolytischen Enzyme mit den zelleigenen Strukturen zu verhindern. Selbstverdauung und Zelltod wären sonst die Folge. Trotzdem

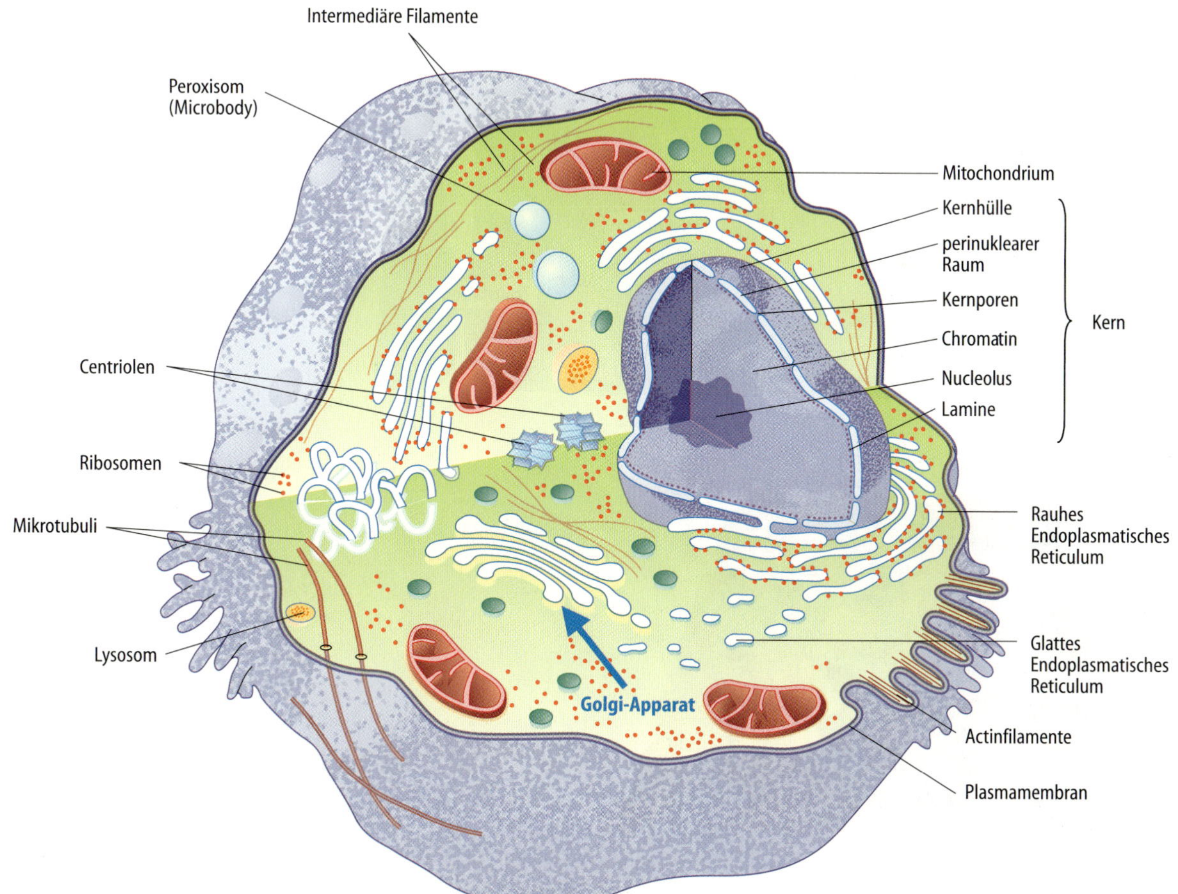

▪ **Abb. 1.4. Zelle mit Kern, Kernhülle, endoplasmatischem Retikulum und Golgi-Apparat.** Die Kernhülle geht aus dem endoplasmatischen Retikulum hervor. Sie besteht aus zwei Membranlagen, deren Zwischenräume als Zysternen bezeichnet werden. Das endoplasmatische Retikulum (ER) ist teils mit Ribosomen besetzt (raues ER), teils frei von Ribosomen (glattes ER). Der Golgi-Apparat ist ein Membranstapel, aus dem sich ständig kleine Bläschen (Vesikel) abschnüren. Letztere sind mit allerlei lebenswichtigen Molekülen gefüllt (z. B. Insulin) und stehen zur Exozytose bereit. Nach Löffler u. Petrides (2003)

gehört es zum ganz normalen physiologischen Alltag, dass auf Wunsch Lysosomen ihre Enzyme zur Spaltung zelleigener Polymere zur Verfügung stellen. Dann entstehen aus langkettigen großen Molekülen viele kleine Zucker und Aminosäuren, die über spezifische Mechanismen die Zellen verlassen können oder als osmotisch wirksame Teilchen das Zellvolumen unter Kontrolle halten.

Peroxisomen. Den Lysosomen physisch zwar ähnlich, unterscheiden sich die Peroxisomen aber doch in zwei Punkten:

- Sie stammen nicht vom Golgi-Apparat ab, sondern schnüren sich aus dem glatten endoplasmatischen Retikulum ab bzw. entstehen durch Selbstreplikation.
- Sie enthalten keine Hydrolasen, sondern ***Oxidasen.*** Mittels dieser Enzyme entsteht beim Abbau des unerwünschten organischen Materials ein hochreaktives Nebenprodukt, nämlich Wasserstoffperoxid (H_2O_2). Zusammen mit der ***Katalase***, einem in den Peroxisomen vorkommenden Oxidaseenzym, oxidiert H_2O_2 alle jene Fremdstoffe, welcher der Zelle gefährlich werden könnten.

Bibliothek Zellkern

Jede Zelle unseres Organismus enthält die gesamte genetische Information; sie ist als *»Hardware«* im Zellkern abgespeichert

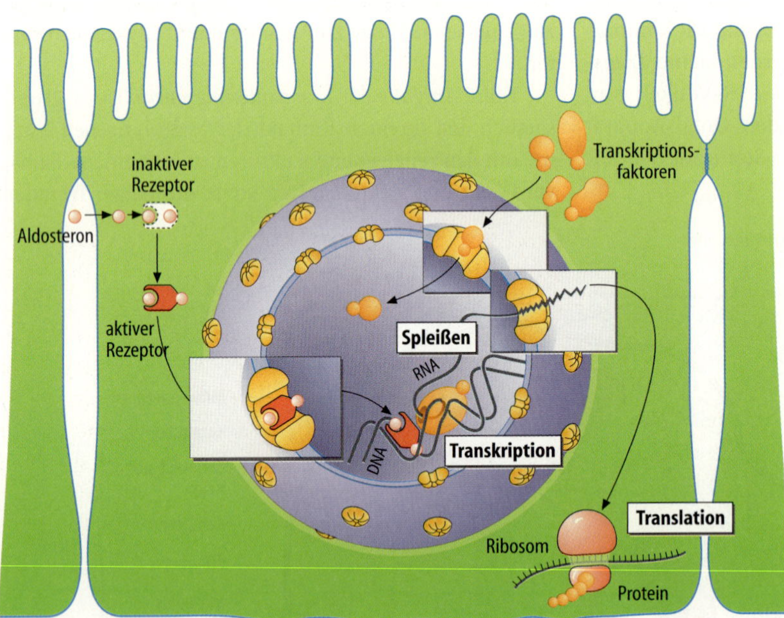

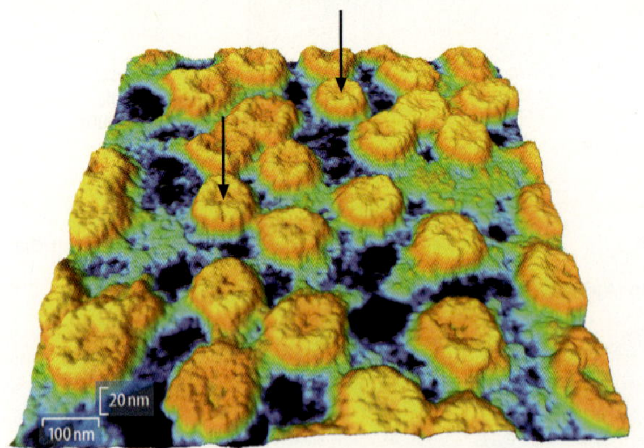

Abb. 1.5. Zellkern in einer Epithelzelle. *Oben:* Als Beispiel zur Funktion des Zellkerns dient Aldosteron, welches als lipophiles Steroidhormon problemlos in die Zelle gelangt. Nach Aktivierung seines zytosolischen Rezeptors gelangt dieser durch die Kernporen in das Zellinnere. Kopien von bestimmten DNA-Abschnitten werden erstellt (Transkription), die wiederum über Kernporen ins Zytosol ausgeschleust werden und an den Ribosomen in Zellproteine »übersetzt« (Translation) werden. *Unten* wird ein »echtes Stück Kernhülle« gezeigt. Man sieht die Kernporen (Außendurchmesser etwa 100 nm) mit ihren zentralen Öffnungen *(Pfeile)*. Durch Letztere gelangen die Rezeptoren und andere Makromoleküle in den Kern hinein bzw. aus diesem heraus. Die Kernporen stellen selektive Filter dar, die entscheiden, was rein darf und raus muss. Das Bild wurde mit dem *Atomic Force*-Mikroskop erstellt. Nach Schäfer et al (2002)

Zellkern. Der Kern (Abb. 1.5) ist die Bibliothek der Zelle. Er besitzt große Mengen an ***DNA***, aus der unsere Gene gemacht sind. Die Gene stellen die Baupläne der zellulären Proteine dar, der Strukturproteine wie auch der Enzyme des Zytoplasmas, welche sämtliche Zellaktivitäten steuern. Sie kontrollieren auch die Reproduktion; im ersten Schritt reproduzieren sich die ***Gene*** selbst, sodass eine Verdoppelung der DNA (d. h. der Gene) erfolgt (doppelter Chromosomensatz). Im zweiten Schritt teilen sich die Zellen in zwei Tochterzellen *(**Mitose**)* mit jeweils einfachem Chromosomensatz.

Der Zellkern ist mehr oder weniger immer aktiv. Auch in den Perioden zwischen den Mitosen werden ständig Gene transkribiert und ihre Blaupausen, die entsprechenden ***RNA-Transkripte***, aus dem Kern an die Ribosomen des Zytoplasmas verschickt, um dort in Proteine translatiert zu werden. In der Mitose verändert sich der Eindruck eines scheinbar ruhenden Zellkerns. Aus dem unstrukturiert erscheinenden ***Chromatin*** gehen hoch-strukturierte Chromosomen hervor, die wenige Minuten später als jeweils einfacher ***Chromosomensatz*** jede der beiden Tochterzellen ausstatten und dort das Chromatin des Zellkerns bilden. Mittlerweile wissen wir, dass praktisch alle Körperzellen, von den sich rasch teilenden Blutzellen angefangen bis zu den sich selten teilenden Muskelzellen, die Fähigkeit zur Zellteilung besitzen.

Kernhülle. Der ***Interphase-Kern*** ist von einer Kernhülle umgeben, die aus dem ER hervorgeht und mit diesem auch weiter verbunden bleibt. Die Kernhülle besteht aus zwei Membranen, welche jeweils nach demselben Prinzip wie die Plasmamembran (Lipid-Doppelschicht) aufgebaut sind und welche den Kern eng umschließen. Zwischen den beiden Membranen (äußere und innere Kernmembran) befindet sich der sog. ***perinukleäre Raum***, ein Spalt von wenigen Nanometern, der unter anderem als Calciumspeicher der Zelle dient. Grundsätzlich ist die Kernhülle eine Barriere, die das Zytoplasma vom Nukleoplasma trennt.

Kernporen. Der lebenswichtige Kommunikationsweg zwischen Zytosol und Zellkern sind die ***Kernporenkomplexe***, kurz Kernporen genannt (Abb. 1.5). Diese supramolekularen Strukturen mit einer molaren Masse von ungefähr 120 MDa (1 MDa = 1000 kDa) bestehen aus mehr als 100 Proteinmolekülen, die jeweils einen sog. ***zentralen Transportkanal*** für Makromoleküle bilden. Die Kernporen (Außendurchmesser ca. 100 nm, Länge ca. 60 nm) durchsetzen beide Membranen der Kernhülle und transportieren Stoffe in beide Richtungen, z. B. Makromoleküle wie Polymerasen, Hormonrezeptoren und Transkriptionsfaktoren vom Zytoplasma ins Nukleoplasma aber auch frisch transkribierte mRNA in die Gegenrichtung. Diese Transportvorgänge finden durch den zentralen Kanal jeder Pore statt und kosten Energie, welche wie üblich von ATP bzw. GTP bereitgestellt wird. Kleine Moleküle (bis maximal 40 kDa) diffundieren durch die etwa 8 nm weiten zentralen Porenkanäle. Der Durchtritt großer Moleküle, z. B. der Export mRNA tragender ***Ribonukleoproteine*** (etwa 800 kDa) erfordert massive Konformationsänderungen der Kernporen selbst, sodass sich der zentrale Porenkanal bis auf 40 nm erweitern kann.

▪▪▪ **Ionenmilieu.** Es gibt auch physiologische Augenblicke im Leben der Zelle, wo die Kernporen völlig dicht sind und nicht einmal Ionenflüsse zulassen. Diese Phänomene kommen aber nur lokalisiert vor und dienen, so vermutet man, dem kurzfristigen Aufbau von Ionengradienten zwischen Zytoplasma und Nukleoplasma. Dieses lokale »Spezialmilieu« erlaubt dann die **Transkription** spezifischer Gene, die in diesem Bezirk des Zellkerns liegen. Die Kerne der einzelnen somatischen Zelltypen unseres Körpers sind mit etwa 1000 bis 4000 Poren ausgestattet. Befruchtungsfähige Eizellen besitzen Zellkerne mit erheblich größerer Porendichte (1 bis 40 Millionen Poren pro Kern). Der Transport von Makromolekülen durch eine einzelne Kernpore wird auf etwa 1 Sekunde pro Molekül geschätzt. So stellt also die Kernhülle eine **plastische Barriere** dar, die bei der Mitose gänzlich aufgelöst wird, aber während der Interphase als selektive Barriere wirkt, welche über die Funktion der Kernporen die Expression von Genen maßgeblich steuert.

Nukleoli. Die Zellkerne der meisten Zellen unseres Körpers enthalten einen oder mehrere Nukleoli. Die kompakt erscheinenden Strukturen besitzen keine begrenzende Membran. Sie bestehen großteils aus ***RNA*** und ***ribosomalen Proteinen.*** Bei verstärkter Proteinsynthese sind die Nukleoli stark vergrößert. Die Bildung der Nukleoli ist ausschließlich Sache des Zellkerns. In der Phase der Transkription entsteht mRNA, die zum Teil in den Nukleoli deponiert wird, zum Teil ins Zytoplasma an die Ribosomen gelangt. Hier werden reife Ribosomen hergestellt und Proteine synthetisiert.

In Kürze

Bestandteile einer Zelle

Eine Zelle setzt sich aus folgenden Stoffen zusammen:

- 70–85 % Wasser als Lösungsmittel,
- anorganische Ionen,
- Strukturproteine und Enzyme,
- Phospholipide und Cholesterin als Membranbildner,
- Kohlenhydrate als Energieträger.

Kommunikation

Die Eigenschaften von Biomembranen ermöglichen einerseits den Kontakt mit allen Stoffen der wässrigen Umgebung, bieten der Zelle andererseits aber auch eine dichte Barriere zur Verteidigung ihres Innenlebens:

- Die Zelle ist gegenüber der Außenwelt geschützt.

▼

- Die Kommunikation durch die Plasmamembran wird durch Membranproteine vermittelt.
- Die Glykokalyx an der Außenseite der Zellmembran schützt Zellen und vermittelt Signale.

Zytoplasma

Der gesamte Inhalt einer Zelle ist das Zytoplasma, der wässrige Anteil das Zytosol. Jede Zelle ist mit Strukturen ausgestattet, die ihr das Überleben sichern:
- das endoplasmatische Retikulum ist ein Netzwerk von Schläuchen und Membranen,
- der Golgi-Apparat ist ein Membranstapel in der Nähe des Zellkerns,
- Lysosomen sind Vesikel mit Verdauungsenzymen,
- Peroxisomen sind mit Oxidationsenzymen beladen,
- der Zellkern kommuniziert mit seiner Umgebung durch die Kernporen der Kernhülle.

1.2 Zytoskelett und Zelldynamik

Zellgerüst

Alle Zellen müssen in der Lage sein, ihre Inneneinrichtung stets neu anzuordnen während sie wachsen, sich teilen und sich der neuen Umgebung anpassen; dazu besitzt die Zelle ein System aus dynamischen Filamenten, das Zytoskelett

Das Zytoskelett besteht aus drei Hauptkomponenten, den ***Aktinfilamenten***, den ***Mikrotubuli*** und den ***Intermediärfilamenten*** (Abb. 1.6).

Aktin. Aktinfilamente sind zweisträngige helikale Polymere des Proteins Aktin. Sie sind flexible Strukturen mit einem Durchmesser von 4 bis 9 nm und organisieren sich in Form linearer Bündel, zwei-dimensionaler Netzwerke und dreidimensionaler Gele. Zwar sind Aktinfilamente überall in der Zelle zu finden, konzentriert treten sie aber direkt unter der Zellmembran, dem Kortex der Zelle auf. ***Aktinfilamente*** definieren die Zellform und spielen eine entscheidende Rolle in der ***Zellfortbewegung*** (Zelllokomotion). Allerdings gibt es noch eine Vielzahl von zusätzlichen Proteinen *(Accessory Proteins)*, die bei der Interaktion des Aktins mit anderen Bauteilen der Zelle notwendig sind, unter anderem die ***Motorproteine***, die entweder Organellen entlang der Filamente oder die Filamente selbst bewegen.

Mikrotubuli. Mikrotubuli sind lange Hohlzylinder aus dem Protein Tubulin. Mit einem Außendurchmesser von 25 nm sind sie viel steifer als Aktinfilamente. Mikrotubuli sind lang und gerade. Jeweils ein Ende ist

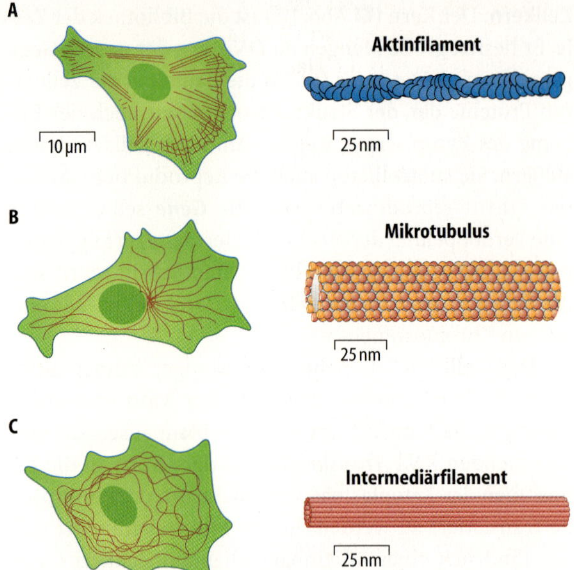

Abb. 1.6. Zytoskelettfilamente. **A** Aktinfilamente sind doppelsträngige helikale Polymere des Proteins Aktin. Sie stellen flexible Strukturen mit einem Durchmesser von 5 bis 9 nm dar. Sie bilden zweidimensionale Netzwerke und dreidimensionale Gele. Aktinfilamente liegen vorwiegend direkt unter der Zellmembran. **B** Mikrotubuli sind lange Hohlzylinder. Sie sind aus dem Protein Tubulin aufgebaut. Mit einem Durchmesser von 25 nm sind sie steifer als Aktinfilamente. Die langestreckten Mikrotubuli sind mit einem Ende am Zentrosom angeheftet. **C** Die Intermediärfilamente sind strickähnliche Fasern mit einem Durchmesser von ungefähr 10 nm. Sie sind aus Intermediärfilamentproteinen aufgebaut. Dieser Filamenttyp verleiht Zellen mechanische Festigkeit. Mod. nach Alberts, Bray u. Lewis (2002)

an dem sog. Zentrosom angeheftet, welches als »Organisationszentrum für Mikrotubuli« meist in der Nähe des Zellkerns lokalisiert ist und von dem aus sämtliche Mikrotubuli ihren Ausgang nehmen. Die Mikrotubuli spielen bei der Zellteilung eine prominente Rolle: sie bilden eine bipolare ***mitotische Spindel***, in deren Zentrum sich die Chromosomen anordnen. Ferner können sie bewegliche Zellfortsätze (Zilien) an der Zelloberfläche bilden und als lange gerade Schienen entlang der Nervenaxone Material vom Zellkörper (Soma) in die Peripherie verfrachten (axoplasmatischer Transport).

Intermediärfilamente. Intermediärfilamente sind seilartige Fasern mit einer Dicke von ungefähr 10 nm. Sie sind aus Intermediärfilamentproteinen aufgebaut und bilden eine große schillernde Familie. Sie bilden auf der Innenseite der Kernhülle ein dichtes Maschenwerk, die sog. ***Kernlamina.*** Diese umhüllt die DNA wie ein schützender Käfig. Außerdem bilden Intermediärfilamente ein weitmaschiges Netzwerk im Zytoplasma und verleihen der Zelle dadurch mechanische Festigkeit. In Epithelzellen kommunizieren sie sogar über die Zellgrenzen hinweg und geben den Epithelien dadurch sehr große ***Stabilität.*** Man denke nur an die starken Dehnungsvorgänge, wenn

Nahrung den Darmtrakt passiert (Darmmukosazellen), die Harnblase sich entleert (Blasenepithelzellen) oder in der Schwangerschaft die Haut der Bauchdecke gespannt wird (Epidermiszellen).

1.1. Colchicinvergiftung

Colchicin ist das Gift der Herbstzeitlose. Zu Vergiftungen kommt es meistens bei Kindern durch ausgelutschte Blütenstengel oder durch therapeutische Überdosierung bei der Gichtbehandlung.

Pathologie. Colchicin bindet an Mikrotubuli, behindert die Zellbeweglichkeit und wirkt als Hemmstoff der Zellteilung (Spindelgift).

Therapeutischer Nutzen. Zur Behandlung der Gicht (Anhäufung von Harnsäure im Körper) wird Colchicin deshalb eingesetzt, weil es in niedriger Dosierung die Fresszellen (Phagozyten) auf der Jagd nach Harnsäurekristallen lahmlegt und damit im Gewebe Entzündungen vermeidet.

Nebenwirkung. Aufgrund seiner antimitotischen Wirkung werden bei zu hoher Dosierung vor allem die sich rasch teilenden Epithelien und das Blutbildungssystem betroffen. Es kommt zu Blutungen, Durchfällen und Atemnot.

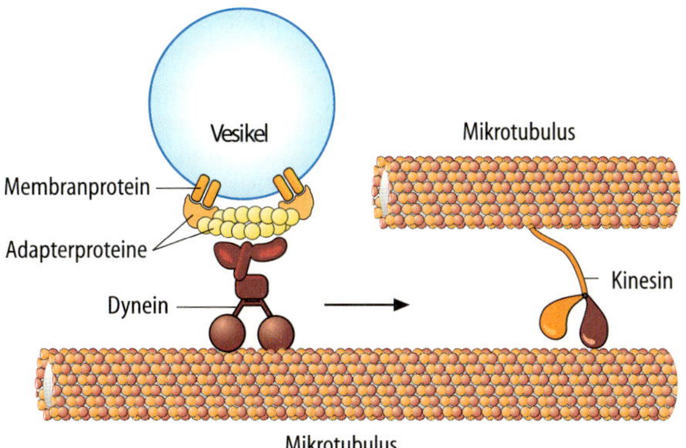

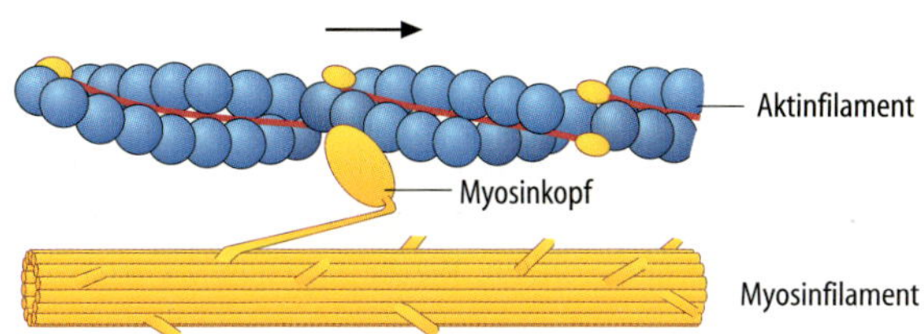

Abb. 1.7. Motorproteine. A Dyneine brauchen akzessorische Proteine, die den Kontakt zu intrazellulären Vesikeln herstellen. **B** Kinesine wandern auf Mikrotubuli und »schultern« dabei parallel-verlaufende andere lineare Strukturen. **C** Myosine verschieben durch Nickbewegungen ihrer Köpfchen Aktinfilamente. Mod. nach Alberts, Bray u. Lewis (2002)

Motorproteine

Motorproteine assoziieren mit dem Zytoskelett und transportieren dabei spezifisches Material an die jeweiligen Bestimmungsorte in der Zelle; dieser Transport kostet Energie, die durch ATP bereitgestellt wird

Molekulare Motoren. Motorproteine sind faszinierende Moleküle, die mit dem Zytoskelett assoziiert sind (Abb. 1.7). Von ***ATP*** gespeist, bewegen sie sich entlang der Zytoskelettfilamente. Es gibt Dutzende von verschiedenen ***Motorproteinen***. Sie unterscheiden sich darin, dass sie nur einen bestimmten Filamenttyp binden, sich nur in bestimmten Richtungen in der Zelle bewegen und nur bestimmtes Material transportieren. Viele Motorproteine transportieren Mitochondrien, Stapel von Golgi-Membranen und sekretorische Vesikel an ihre Bestimmungsorte. Andere wiederum verschieben einzelne Zytoskelettfilamente gegeneinander, sodass ***Kräfte*** entstehen, die schließlich zur Muskelkontraktion, zum Zilienschlag oder zur Zellteilung führen.

Die zytoskeletalen Motorproteine assoziieren mit ihren Filamentschienen mittels einer »***Kopfregion***«, die ATP bindet und hydrolysiert. Die ATP-Hydrolyse ist von einer Gestaltsänderung (Konformationsänderung) des Motorproteins verbunden. Je nach ***Konformation*** des Proteins bindet es am Filament oder löst sich davon. Auf solche Weise »fährt« das Motorprotein schrittweise das Filament entlang. Die ***Kopfregion*** des Moleküls gibt die Richtung an, die ***Schwanzregion*** entscheidet über die Art des transportierten Materials.

Myosin. Das erste Motorprotein, das entdeckt wurde, war das Myosin. Es erzeugt die Kraft zur ***Muskelkontraktion***. Dieses doppelköpfige längliche Protein bindet und hydrolysiert ATP und gleitet am Aktinfilament entlang. Myosin findet sich aber nicht nur in Muskelzellen. Mittlerweile hat sich eine Myosinmolekülfamilie mit mehr als einem Dutzend von Mitgliedern herauskristallisiert. Die vielfältigen Funktionen der einzelnen Myosintypen sind bislang weitgehend unbekannt.

Kinesin. Kinesin ist ein Motorprotein, das sich entlang der ***Mikrotubuli*** bewegt. Es hat eine ähnliche molekulare Struktur wie das Muskelmyosin (Myosin II). Es besitzt zwei Köpfe und ist Mitglied einer großen Proteinsuperfamilie. Die meisten Kinesine tragen im Schwanzteil eine Bindungsstelle entweder für ein membranumschlossenes Organell oder für andere Mikrotubuli. Viele Mitglieder der Kinesinsuperfamilie spielen eine wichtige Rolle bei der ***mitotischen Spindelbildung*** und bei der Trennung der Chromosomen während der Zellteilung.

Dynein. Dyneine sind die größten der bisher bekannten Motorproteine. Die Dynein-Familie hat zwei Hauptvertreter: Die zytoplasmatischen Dyneine transportieren ***Vesikel*** durch die Zelle und verankern den Golgi-Apparat im Zellzentrum. Andere Dyneine wiederum bewerkstelligen die schnellen Gleitbewegungen der ***Mikrotubuli***, was für den ***Zilienschlag*** z.B. im Epithel des Respirationstrakts notwendig ist. Dyneine gehören zu den schnellsten molekularen Motoren. Mikrotubuli können sie mit einer Geschwindigkeit von 14 μm/s bewegen. Kinesine können dagegen ihre Mikrotubuli mit höchstens 2 bis 3 μm/s vorwärtstreiben.

Zellwanderung

Zellen wandern manchmal weite Strecken in unserem Körper und entwickeln dazu eine zelleigene Motorik

Kriechbewegung von Zellen. Migration ist ein wichtiger physiologischer und pathophysiologischer Vorgang im Leben einer Zelle (Abb. 1.8). Schon früh in der ***Embryogenese*** legen Zellen weite Strecken kriechend zurück. Zellen aus der ***Neuralspalte*** migrieren durch den Embryo und bilden dabei das Nervensystem. Frühformen von Nervenzellen (Neuroblasten) wandern sogar noch nach der Geburt im zentralen Nervensystem zu ihren jeweils endgültigen Arbeitsplätzen. Weiße Blutzellen ***(Leukozyten)*** jagen eingedrungene Bakterien und andere pathogene Erreger oder wandern in Entzündungsherde ein. Bindegewebszellen ***(Fibroblasten)*** stoßen in Wunden vor und führen zu deren Verschluss (Narben). Das Gleiche gilt für ***Epithelzellen***, die in Epithellöcher vordringen, die von abgestorbenen Zellen zurückgelassen wurden. Wachstum und Entwicklung von Blutgefäßzellen ***(Angiogenese)*** erfordert die Migration von Endothelzellen. Pathophysiologisch bedeutsam ist schließlich die typische Beweglichkeit von ***Krebszellen*** für die Ausbreitung eines Tumors im Körper durch die Bildung von Metastasen (Tochtergeschwülste).

Laufgeschwindigkeit. Die Geschwindigkeit der Fortbewegung einer Zelle variiert sehr stark von Zelltyp zu Zelltyp. ***Epithelzellen*** migrieren mit 0,1 bis 0,2 μm/min, ***weiße Blutzellen*** mit 5 bis 10 μm/min und manche von der ***Haut*** abgeleitete Zellen erreichen gar Geschwindigkeiten bis 30 μm/min. Trotz dieser Unterschiede ist der Mechanismus der Migration für alle Zellen unseres Organismus

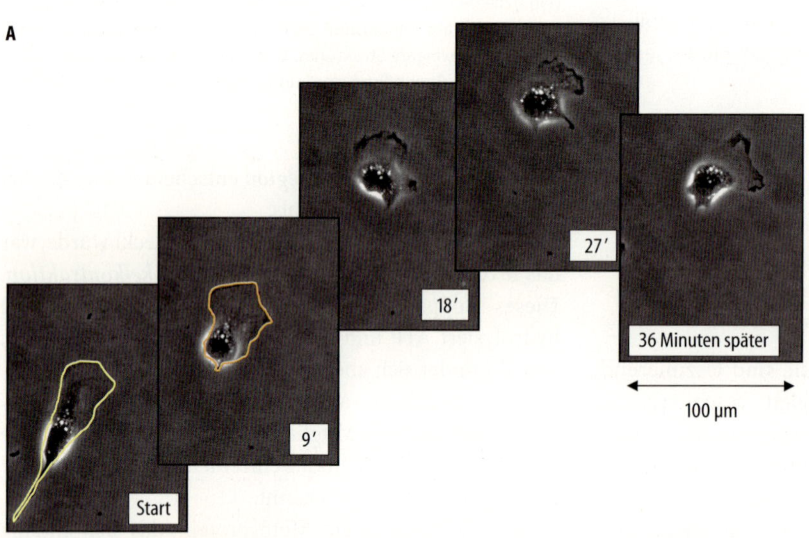

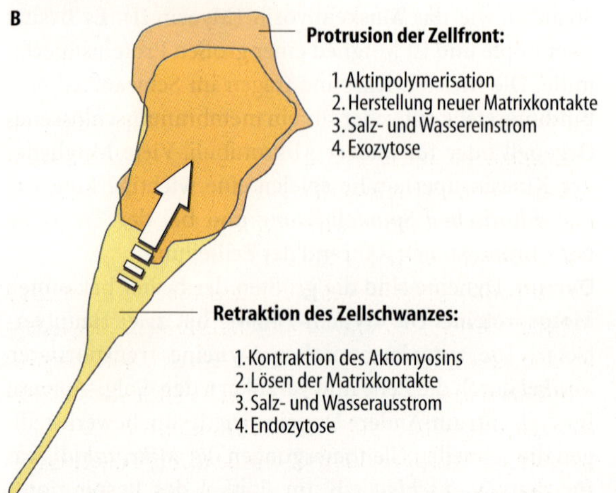

Abb. 1.8. Zellmigration. A, B Eine Zelle migriert, indem sie an der Zellfront ihr Lamellipodium vorschiebt und am Zellende ihren Schwanz einzieht. Nach Schwab (2001)

ähnlich. Eine Zelle bildet typischerweise in der Ebene der Fortbewegung zwei Pole aus. Der vordere Pole ist flach ausgebreitet, ca. 300 nm dick, organellenfrei und wird als ***Lamellipodium*** bezeichnet. Der hintere Pol wird aus dem Zellkörper und dem ***Zellschwanz*** gebildet.

Aktinpolymerisation. Die Fortbewegung einer Zelle auf einer festen Unterlage ist ein komplexer Vorgang, bei dem der gelartige aktinreiche Kortex direkt unter der Zellmembran eine maßgebliche Rolle spielt. Der erste Schritt in der Vorwärtsbewegung einer Zelle wird durch die Polymerisation des Aktins eingeleitet. Dabei stoßen die ***Aktinfilamente*** die bewegliche Plasmamembran wie mit Stangen nach vorne, sodass sich ***Filopodien*** (mikrometerlange Fortsätze) und ***Lamellipodien*** (flache breite Zellausläufer) bilden. Die Letzteren enthalten alle Bestandteile, die zur Zellfortbewegung ***(Lokomotion)*** notwendig sind. Trennt man sie nämlich experimentell von der Zelle ab, vermögen sie allein weiterzuwandern. Durch die zyklisch-ablaufende ***Polymerisation*** bzw. Depolymerisation des Aktins sowie unter Mitwirkung anderer Motorproteine und unter Verbrauch von ATP entsteht schließlich eine gerichtete Bewegung.

Vorwärtsbewegung. Zumindest vier zelluläre bzw. molekulare Prozesse tragen zur Vorwärtsbewegung einer Zelle bei:

- Durch den transienten lokalen Einstrom von Ca^{2+}, Wasser und anderen Ionen verflüssigt sich das aktinreiche Gel unterhalb der Zellmembran, sodass das Lamellipodium sehr beweglich wird. Sinkt das Ca^{2+} wieder und das Wasser strömt ab, polymerisiert das ***Aktin*** und stößt das Lamellipodium nach vorne.
- Gleichzeitig wird am Hinterende der Zelle die Plasmamembran ***endozytiert***, die intrazellulär entstandenen Vesikel werden entlang der Mikrotubuli nach vorn transportiert und am Bug der Zelle *(Leading Edge)* in die Zellmembran eingebaut *(Lipid Flow)*.
- Am Bug der Zelle wird NaCl mittels spezifischer ***Transportmechanismen*** (Na^+/H^+-Antiport, Cl^-/HCO_3^--Antiport) aufgenommen und mit dem Kochsalz auch Wasser. Der *Leading Edge* schwillt und schiebt sich nach vorn.
- Am Hinterende verlassen Ionen die Zelle durch ***Kanalporen*** und nehmen Wasser mit. Dadurch schrumpft das Zellende.

Die Zelle baut vor sich eine extrazelluläre ***Matrix*** (Matrixproteine) auf, auf der sie sich wie auf einer asphaltierten Strasse fortbewegt. Kraft bezieht sie aus den oben geschilderten Prozessen und überträgt sie mit Hilfe von Haftproteinen (Integrine) auf die extrazelluläre Matrix. Diese Bindung *(Focal Contacts)* ist lokal und transient.

Durch die Koordination der einzelnen Prozesse entsteht eine ***Gleitbewegung***. Die Richtung der Bewegung wird durch Signalstoffe aus der äußeren Umgebung bestimmt (Chemotaxis). So läuft beispielsweise eine weiße Blutzelle direkt auf ein Bakterium zu, weil Letzteres bestimmte Eiweißmoleküle absondert, die auf die Blutzelle »anziehend« wirken.

In Kürze

Zytoskelett und Zelldynamik

Das Zytoskelett besteht aus drei Hauptkomponenten:

- Aktinfilamente sind zweisträngige helikale Polymere des Proteins Aktin. Sie definieren die Zellform und spielen eine entscheidende Rolle in der Zellfortbewegung (Zelllokomotion).
- Mikrotubuli sind lange Hohlzylinder aus dem Protein Tubulin. Sie sind viel steifer als Aktinfilamente und spielen bei der Zellteilung eine Rolle.
- Intermediärfilamente sind seilartige Fasern, die den Epithelien eine sehr große Stabilität verleihen.

Die Bewegung kommt durch Motorproteine zustande, die mit dem Zytoskelett assoziieren und dabei spezifisches Material zu den jeweiligen Bestimmungsorten in der Zelle verfrachten. Beispiele sind Myosin, Kinesin und Dynein.

Zellmigration basiert auf:

- polarisiertem Transport von Ionen und Wasser durch die Zellmembran,
- Umbau des Zytoskeletts,
- Umverteilung der Plasmamembran vom Heck zum Bug der Zelle,
- Sekretion von extrazellulärer Matrix.

1.3 Funktionelle Systeme der Zelle

Ein- und Ausschleusungsprozesse

Die Zelle kann durch Diffusion, aktiven Transport oder Endozytose (Pinozytose und Phagozytose) Stoffe aufnehmen, der Abbau (Verdauung) erfolgt durch Lysosomen

Stofftransport. Soll eine Zelle leben, wachsen und sich reproduzieren, muss sie Nährstoffe und andere Substanzen aus der sie umgebenden Flüssigkeit aufnehmen. Die meisten Substanzen passieren die Zellmembran durch Diffusion oder aktiven Transport:

- ***Diffusion*** heißt vereinfacht, dass die entsprechende Substanz ihrem Konzentrationsgefälle folgend, also energetisch gesehen bergab, entweder durch ***Membranprotein-Poren*** bzw. ***-Carrier*** oder, im Falle fettlöslicher Substanzen, durch die Lipid-Matrix diffundiert.
- ***Aktiver Transport*** heißt vereinfacht, dass die entsprechende Substanz gegen ein Konzentrationsgefälle, also

energetisch gesehen bergauf, durch eine Membran (Plasmamembran, Lysosomenmembran, Membran des endoplasmatischen Retikulums, Kernhülle, usw.) mittels spezifischer integraler Membranproteine ***(Pumpen)*** und unter Verbrauch von Energie (ATP, GTP, etc) transportiert wird. Diese Transportmechanismen gelten im Wesentlichen für die anorganischen Ionen (z.B. Na^+, K^+, Ca^{2+}, Cl^-, HCO_3^-, etc) und kleine organische Moleküle mit wenigen 100 kDa (z.B. Glukose).

Endozytose. Große Partikel betreten die Zelle nur nach vollständiger Ummantelung durch die Zellmembran. Dieser Vorgang heißt Endozytose (Abb. 1.9). Man unterscheidet zwei Formen der Endozytose:

- Der Begriff ***Pinozytose*** beschreibt die Aufnahme sehr kleiner Eiweißmoleküle und tritt ständig an den Zellmembranen der meisten Zellen auf, besonders schnell allerdings nur in dafür prädestinierten Zellen. Ein Beispiel für Letztere sind die ***Makrophagen*** (Fresszellen), die innerhalb einer Minute etwa 3% ihrer Zellmembran zum Zwecke der Stoffaufnahme abschnüren. Pinozytotische Vesikel sind nur 100 bis 200 nm groß. Ihr Nachweis gelingt entweder mittels der Elektronenmikroskopie in der toten Zelle (hohe optische Auflösung) oder mittels Fluoreszenzmikroskopie (niedrige optische Auflösung) in der lebenden Zelle.
- ***Phagozytose*** bezeichnet die Aufnahme sehr großer Strukturen (Bakterien, ganze Zellen, abgestorbenes Gewebe, etc). Nur wenige Zelltypen haben die Fähigkeit zur Phagozytose, nämlich Gewebsmakrophagen und manche weiße Blutzellen. Die Phagozytose startet mit der Anheftung eines Bakteriums oder einer toten Zelle an einen spezifischen Membranrezeptor. Im Falle der ***Bakterien*** haben sich bereits Antikörper an deren Oberfläche gebunden, die nun ihrerseits als eine Art »molekulare Vermittler« die jeweilige Bindung an die Zelloberfläche herbeiführen. Diese Vermittlertätigkeit wird als ***Opsonisation*** bezeichnet. Danach läuft alles so ab, wie oben bei der Pinozytose beschrieben.

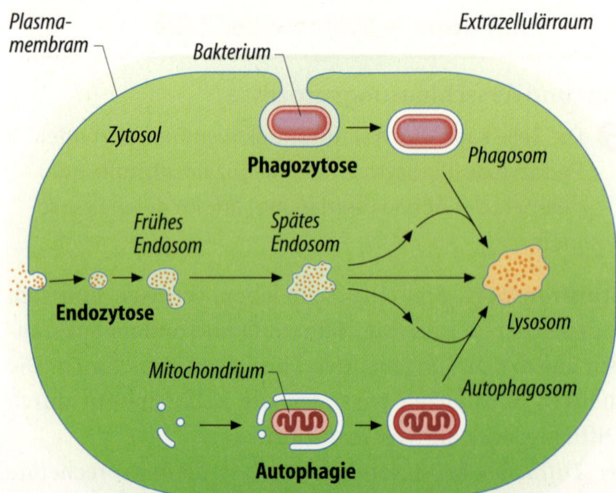

Abb. 1.9. Abbau in Lysosomen. Jeder der drei Wege führt zur intrazellulären Verdauung von Material aus unterschiedlichen Quellen. Als Beispiel ist hier die *Phagozytose* eines Bakteriums, die *Autophagie* eines defekten Mitochondrions und die *Endozytose* von Makromolekülen aus der extrazellulären Umgebung gezeigt. Mod. nach Alberts, Bray u. Lewis (2002)

Lysosomen. Kaum haben sich die pinozytotischen, endozytotischen bzw. phagozytotischen Vesikel von der Zellmembran abgeschnürt und flottieren frei im Zytoplasma, so heften sich ***lysosomale Vesikel*** daran (Abb. 1.9). Die Vesikel fusionieren und die Vesikelinhalte mischen sich. Das Vesikelmilieu ist sauer (hohe freie Protonenkonzentration) und reich an ***Hydrolasen.*** Das so entstandene Verdauungsvesikel hydrolysiert nun die Proteine, Kohlenhydrate, Fette und anderen Stoffe des Vesikelinhalts. Die daraus entstehenden kleinen Metabolite wie Aminosäuren, Glukose und Fettsäuren diffundieren aus dem Vesikel ins Zytoplasma und stehen damit dem weiteren Stoffwechsel der Zelle zur Verfügung. Je nach Zelltyp und zellulärer Aktivität werden die Metaboliten entweder zur Energiegewinnung (ATP) abgebaut, zur Neubildung von Makromolekülen verwendet (Proteinsynthese) oder einfach zur Speicherung in Glykogen und Neutralfette umgebaut.

Gewebe im Körper schrumpfen oft auf geringere Größe. Damit ist nicht die übergewichtige Person gemeint, die durch gezielte Nahrungsreduktion den hohen Fettanteil jeder einzelnen Fettzelle auf ein normales Maß herabsetzt. Gemeint ist beispielsweise die Schrumpfung der Gebärmutter (Uterus) nach der Schwangerschaft, die Schrumpfung der Herz- bzw. Skelettmuskulatur bei Unterbrechung des körperlichen Trainings, die Schrumpfung der Brustdrüse am Ende der Stillperiode, und vieles mehr. Es steht außer Zweifel, dass die ***Lysosomen*** für die ***Schrumpfprozesse*** verantwortlich sind, auch wenn die molekularen Mechanismen bislang nicht bekannt sind. Lysosomen sind auch für die Entsorgung geschädigter Zellen im lebenden Gewebe verantwortlich. Hitze, Kälte, mechanische Traumen, ionisierende Strahlen, chemische Substanzen und andere (sicher auch noch unbekannte) Faktoren führen zur ***Lysosomenruptur.*** Die austretenden Hydrolasen beginnen sofort, die nächstgelegenen organischen Substanzen zu verdauen. Wird dabei die eigene Zelle verdaut, nennt man diesen Vorgang ***Autolyse.*** Die Zelle wird also komplett entsorgt und gegebenenfalls durch mitotische Zellteilung der Nachbarzelle ersetzt.

Lysosomen besitzen auch bakterizide Stoffe, die phagozytierte Bakterien töten können, noch bevor sie Schaden anrichten. Lysozyme lösen die bakterielle Zellmembran auf, Lysoferrine binden das zum Bakterienwachstum notwendige Eisen und der niedrige lysosomale pH-Wert (pH 5) aktiviert Hydrolasen und inaktiviert gleichzeitig den Metabolismus des Bakteriums.

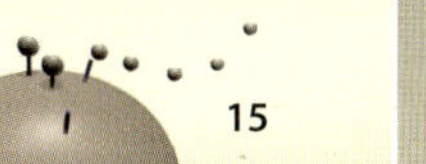

1.2. Lipidosen und Glykogenosen

Mittlerweile wurden Krankheiten (Lipid- und Glykogenspeicherkrankheiten) entdeckt, deren Ursache in einer genetischen Mutation lysosomaler Enzyme liegt. Dadurch können Lysosomen, die in die Zelle gelangten und dort zu Aggregaten zusammenlagerten, Lipide oder die aus langkettigem Glykogen gebildeten Granuli nicht mehr abbauen. Die Folge ist, dass große Mengen an Lipiden und Glykogen in verschiedenen Zellen akkumulieren. Die Erkrankungen kommen insgesamt selten vor. Sie laufen unter Bezeichnungen wie

- Morbus Gierke (Anhäufung exzessiver Mengen von Glykogen),
- Morbus Niemann-Pick (Anhäufung von Sphingomyelin),
- Tay-Sachs-Krankheit (Anhäufung von Zeramid) und
- Cholesteringranulomatose (Anhäufung von Cholesterin).

Die Speicherkrankheiten schädigen häufig das Nervensystem, aber auch die Leber (Leberschwellung), das blutbildende System (Anämie), die Haut (Xanthome) und die Knochen (Osteolyse).

Bislang können nur die Symptome behandelt werden.

Membrandynamik

Endoplasmatisches Retikulum (ER) und Golgi-Apparat sind ausgedehnte membranäre Netzwerke; durch sie können Membranbestandteile transportiert werden, wodurch die Membranen schnell an neue Bedürfnisse angepasst werden können

Proteintransport. Der dichte Besatz von Ribosomen lässt das ER im Elektronenmikroskop wie mit Pünktchen versehen erscheinen (raues endoplasmatisches Retikulum). An den membranständigen Ribosomen läuft die Proteinsynthese ab. Nach erfolgter Synthese treten die Proteinmoleküle an Ort und Stelle durch spezifische Kanäle in die ***luminale Matrix*** des ER ein. Ein kleiner Teil der Proteine wird direkt von den Ribosomen ins Zytoplasma abgegeben.

Lipidtransport. Mit Hilfe entsprechender Enzyme werden an den ER-Membranen auch Lipide synthetisiert. Ribosomen sind dazu nicht notwendig. Deshalb ist das ER an diesen Stellen glatt (glattes endoplasmatisches Retikulum). Nach erfolgter Synthese lösen sich die Lipide in der Lipid-Phase der ER-Membran und vergrößern deren Oberfläche beträchtlich. Um die Oberfläche konstant zu halten, gehen ständig endoplasmatische Retikulum-Vesikel (ER-Vesikel) ins Zytoplasma über und wandern zum Golgi-Apparat, ihrer nächsten Station.

Proteoglykane. Die Proteine aus dem ER werden im Golgi-Apparat perfektioniert. Außerdem werden hier große Zuckerpolymere synthetisiert, wie die ***Hyaluronsäure*** und das ***Chondroitinsulfat.*** Diese Polymere sind Hauptbestandteile der Proteoglykane, die sich im Mukus exogener Drüsen vieler Epithelien (Schleimhäute) wiederfinden. Desweiteren sind die Proteoglykane die Grundsubstanz in den interstitiellen Räumen, wo sie als intelligentes Füllmaterial (sie tragen elektrische Ladungen und Hydrathüllen, die den interstitiellen Raum für andere Stoffe offen halten) zwischen Kollagenfasern und Zellen lokalisiert sind. Schließlich sind die Proteoglykane noch die Hauptkomponenten der ***organischen Matrix*** von Knorpel und Knochen.

Vesikelbildung. Die Innenarchitektur einer Zelle ist von beeindruckender Funktionalität (Abb. 1.10). Wie in einem wohlorganisierten Haus gibt es Räume, die mit Gängen und Türen verbunden sind und die lebenswichtige Kommunikation herstellen. Ähnlich gelangen die Proteine, aber auch alle anderen im ER gebildeten Stoffe durch das tubuläre System von Ort ihrer Synthese, dem rauen

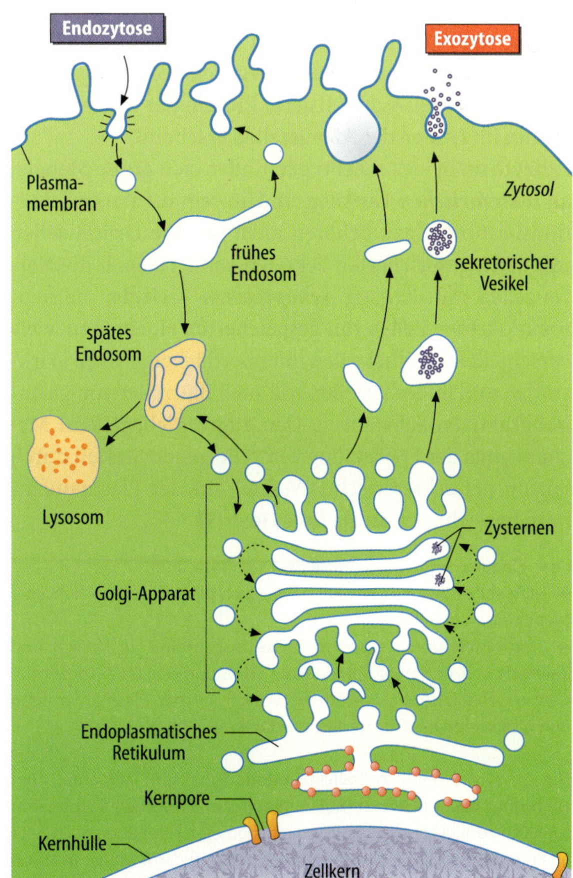

Abb. 1.10. Intrazellulärer Transport mit Vesikeln. Membranbläschen (Vesikel) werden abgeschnürt bzw. fusionieren mit den verschiedenen membranumspannten Räumen. Auf diese Weise werden Stoffe in die entsprechenden Kompartmente abgegeben bzw. aufgenommen. Mod. nach Alberts, Bray u. Lewis (2002)

ER, in die Bereiche des glatten ER, nahe dem Golgi-Apparat. Ständig schnüren sich kleine ***Transportvesikel*** vom glatten ER ab und diffundieren wenige hundert Nanometer weit zum Golgi-Apparat. Hier fusionieren die Vesikel mit der untersten Lage des Membranstapels und entleeren dadurch den Vesikelinhalt, die Syntheseprodukte, in die Spalträume. Neben den Proteinen gelangen auch kleine Mengen von Kohlenhydraten in die Spalten. Während nun dieses Gemisch aus Proteinen, Kohlenhydraten und Lipiden sich innerhalb des ***Golgi-Apparates*** von den tiefsten Schichten des Membranstapels zu den oberflächlichsten Schichten hocharbeitet, werden die Proteine mit Zuckerresten ausgestattet (glykosyliert) und in die perfekte tertiäre Konformation gebracht (Faltung). Gleichzeitig konzentriert sich der Inhalt (Kompaktierung) und kurz darauf schnüren sich dicht bepackte Vesikel ab und diffundieren durch die Zelle.

Wie schnell laufen diese Prozesse ab? Nehmen wir als Beispiel die kohlenhydratspaltende ***Amylase***, ein Enzym, welches von ***Azinuszellen*** des exokrinen Pankreas in den Extrazellulärraum (in das Azinuslumen) sezerniert wird. Die Synthese der Amylase an den Ribosomen des rauen ER dauert 2 bis 3 Minuten, die Fahrt (der Transport) im tubulären System bis zum Eintritt im Golgi-Apparat dauert weitere 20 Minuten. Dann vergehen noch 1 bis 2 Stunden, ehe das neu-synthetisierte Protein auf einen Stimulus hin im Lumen der Azinuszellen erscheint.

Exozytose. In vielen Zelltypen finden sich große Mengen an ***sekretorischen Vesikeln***, ein Hinweis auf starke Sekretionsleistung. Dazu gehören nicht nur die Drüsenzellen mit ihren gespeicherten Sekreten sondern auch die Nervenzellen mit den sog. ***synaptischen Vesikeln***, die neuroendokrinen Zellen mit gespeicherten Hormonen, viele verschiedene Epithelzellen mit oberflächenaktiven Wirkstoffen und Endothelzellen wie auch Blutzellen mit gerinnungsaktiven Substanzen. Den zugrundeliegenden Mechanismus der Freisetzung von zelleigenen Stoffen durch Fusion der sekretorischen Vesikel mit der Plasmamembran bezeichnet man als Exozytose (Abb. 1.11).

Einzelschritte. Die Schritte der Exozytose sind:

- Ein **sekretorisches Vesikel** nähert sich bis auf wenige Nanometer der Plasmamembran.
- Vermittelt durch spezifische **Fusionsproteine** an Vesikel und Zellmembran und durch eine lokale Erhöhung der Ca^{2+} Konzentration verschmilzt das sekretorische Vesikel mit der Plasmamembran und gibt seinen Inhalt in den Extrazellulärraum ab.

Die Exozytose kann in **Millisekunden** (Synapsen) ablaufen, aber auch über mehrere **Minuten** (Lungenepithel, Endothel) ausgedehnt sein. Die Vesikel können vollständig fusionieren oder aber, nach neuen Erkenntnissen, sich nur transient öffnen und dann wieder im Zytoplasma »abtauchen« (kiss and run).

Nicht alle vom Golgi-Apparat abgeschnürten Vesikel fusionieren. ***Lysosomen*** nehmen ihre digestiven Aufgaben ausschließlich im Zytoplasma wahr. Ihre Inhaltsstoffe gelangen nie in die Außenwelt.

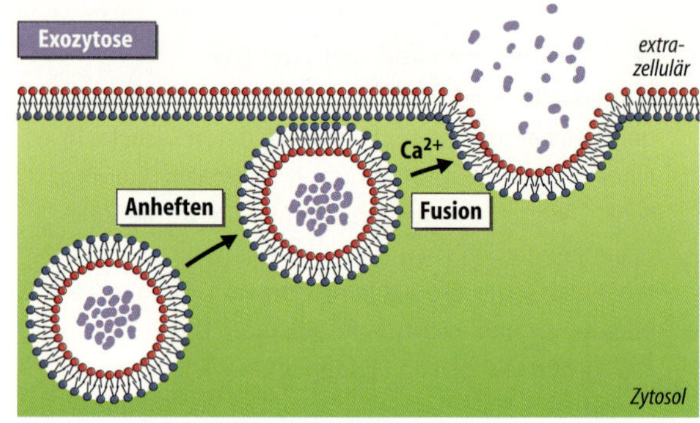

Abb. 1.11. Mechanismus der Exozytose. Sekretorische Vesikel gelangen an die Innenseite der Plasmamembran, heften sich dort an und fusionieren. Dadurch wird ihr Inhalt (z. B. Insulin) in den Extrazellulärraum abgegeben. Der Vorgang funktioniert erst dann, wenn die Zelle am Ort der Fusion freie Calciumionen (Ca^{2+}) bereitstellt. Die Exozytose kann nur wenige Mikrosekunden dauern (Synapsen) oder aber auch mehrere Minuten (Lungenepithel und Gefäßendothel). Nach Schneider (2001)

Vesikel, die fusionieren, haben nicht immer die Aufgabe, Inhaltsstoffe in die Außenwelt abzugeben. Viele Vesikel enthalten in ihren eigenen Lipid-Bilayer-Wänden integrale Membranproteine, die nach Fusion des Vesikels als ***Membranproteine*** der Zellmembran fungieren. Auf diese Weise gelangen sämtliche ***Ionenkanäle***, ***Carrier*** und ***Pumpen*** in die Zellmembran. Dieses ständige Kommen und Gehen (Exozytose – Endozytose) verleiht der Zelle eine enorme ***Plastizität***, wodurch sie sich rasch den jeweiligen Bedürfnissen anpassen kann.

Vesikulärer pH-Wert. Vesikel der Endo- und Exozytosewege weisen häufig einen ***sauren intravesikulären pH-Wert*** auf. Im Endozytoseweg sind das die Endosomen und Lysosomen. Im Exozytoseweg sind es Teile des Golgi-Apparats (Trans-Golgi, dem Zellkern abgewandt) und die Speichergranuli für Amine (***Catecholamine*** in den chromaffinen Granuli) und ***Peptide*** (Insulin in den Granuli des endokrinen Pankreas). Die pH-Werte liegen zwischen 4,5 und 6,5. Der ***saure pH-Wert*** in den verschiedenen Organellen ist für deren Funktion notwendig. Beispielsweise degradieren lysosomale Enzyme ihre Substrate (Makromoleküle) bei einem ***pH-Optimum*** von 5. Ein anderes Beispiel für die Notwendigkeit eines sauren Organellen-pH-Werts ist die »Rettung« wertvoller Membranrezeptoren vor Degradation. Bei der Rezeptor-vermittelten Endozytose wird der ***Liganden-Rezeptor-Komplex*** (z. B. Insulin, an seinen Rezeptor gebunden) endozytiert und im sauren Milieu in die Bestandteile »***Ligand***« und »***Rezeptor***« zerlegt. Der Ligand wird lysosomal entsorgt (abgebaut), während der Rezeptor über den ***Exozytoseweg*** wieder in die Membran »rezirkuliert«. Auf diese Weise kann ein und dasselbe Rezeptorprotein unbeschadet das Zellinnere durchlaufen und mehrfach in der Zellmembran seine spezifische Funktion ausüben.

In den sekretorischen Granuli ist der saure pH aus zweifacher Hinsicht wichtig: Einerseits reichern sich manche organischen Moleküle wie z. B. ***biogene Amine*** nur in sauren Kompartimenten an und stehen dann in hochkonzentrierter Form für Exozytose zur Verfügung, andererseits dient der saure Organellen-pH häufig der ***biochemischen Modifikation*** der intravesikulär-angereicherten Makromoleküle. Das ist so zu verstehen, dass in den Vesikeln ständig vorhandene Enzyme (mit niedrigen pH-Optima) die zur Sekretion vorbestimmten Makromoleküle strukturell so zurechtschneiden, dass Letztere auch sofort nach Freisetzung ihre Funktion aufnehmen können.

Zellkraftwerke

ATP ist das molekulare Zahlungsmittel für die Bereitstellung von Energie; die Synthese erfolgt in Mitochondrien unter Verbrauch von Sauerstoff

Zellmetabolismus. Kohlenhydrate, Fette und Eiweiße sind die Hauptbestandteile unserer Nahrung, aus denen die Zellen ihre Energie zum Leben ziehen. Dabei werden die Nahrungsbestandteile im Darm in die Grundbausteine Glukose, Fettsäuren und Aminosäuren aufgebrochen und gelangen in dieser Form in die Zellen unseres Körpers. In der Zelle reagieren diese Grundbausteine unter dem Einfluss verschiedener Enzyme mit Sauerstoff, wobei Energie freigesetzt wird. Ort dieser oxidativen Prozesse sind die ***Mitochondrien*** (Abb. 1.12) und der vorübergehende Energieträger ist das Adenosintriphosphat ***(ATP)***. Dieses kleine Molekül besteht aus einer Base, dem Adenin, einem Zucker, der Ribose und drei Phosphatradikalen. Zwei davon sind sehr labil gebunden und setzen bei ihrer Abspaltung gewaltige Energiemengen frei (12 000 Kalorien Energie pro Mol ATP). Mit dieser »Währung« (energiereichen Verbindung) werden praktisch alle intrazellulären metabolischen Prozesse »finanziert« (energetisiert). ATP setzt Energie frei, sobald ein Phosphorsäurerest abgespalten wird; das energieärmere Adenosindiphosphat (ADP) bleibt zurück.

Die freigesetzte Energie energetisiert

- sämtliche ***Syntheseprozesse*** der Zelle,
- alle ***elektrischen Ereignisse*** an der Zellmembran,
- den ***Transport*** der Ionen und aller anderen Moleküle und, rein quantitativ am bedeutendsten,
- die mechanische ***Muskelkontraktion*** (Skelettmuskulatur, Herz, Gefässmuskulatur, Darm, etc).

▪▪▪ **ATP-Synthese.** 95 % der ATP-Bildung passiert in den Mitochondrien, der Rest ausserhalb im freien Zytoplasma der Zelle. Im Zuge der Glykolyse entsteht in der Zelle aus Glukose Pyruvat, das wie auch die Fettsäuren und Aminosäuren in der mitochondrialen Matrix zu Acetyl-CoA konvertiert wird. Dieses hoch-energetische Zwischenprodukt wird nun im sog. **Zitronensäurezyklus** (Krebszyklus) in seine beiden Komponenten, Wasserstoff und Kohlendioxid (CO_2) gespalten. Das CO_2 diffundiert aus dem Mitochondrium hinaus ins Zytoplasma und von dort ins Blut wo es mithilfe der Erythrozyten die Lungen erreicht und abgeatmet wird. Die **Wasserstoffatome** hingegen werden vom Sauerstoff noch im Mitochondrium **oxidiert**, wobei enorme Energiemengen frei werden. Diese werden an Ort und Stelle genützt, um das energiearme ADP in das energiereiche ATP zu konvertieren. Diese Prozesse erfordern eine Reihe wichtiger Enzyme, die abrufbereit in den »Regalen« (Membransepten) der Mitochondrien vorrätig sind. Das ATP verlässt über spezifische Transportproteine das Mitochondrium und steht nun zur Energetisierung zellulärer Prozesse zur Verfügung.

Matrix-pH-Wert. Der pH-Wert der Mitochondrien (besser gesagt: der mitochondrialen Matrix) ist alkalisch (pH 7,5–8,0). Der daraus resultierende Protonengradient über die innere Mitochondrienmembran (»Spalt«-pH ist sauer, »Matrix«-pH ist alkalisch) treibt die Protonen in

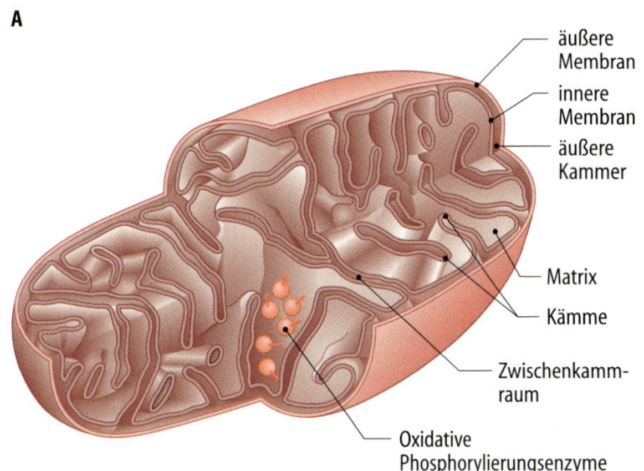

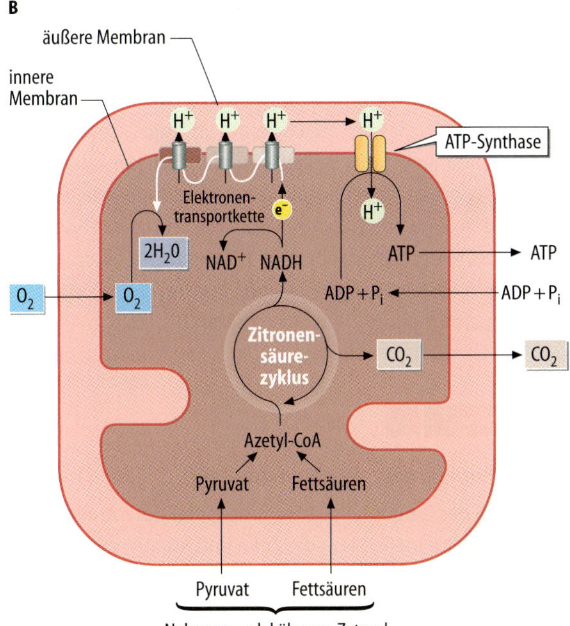

Abb. 1.12. Struktur und Funktion des Mitochondriums. A Das ca. 100 nm große Organell besitzt eine stark gefaltete innere Membran, an der die enzymatischen Prozesse ablaufen. **B** Nahrungsmoleküle treten ins Mitochondrium ein und werden im Zitronesäurezyklus metabolisiert. Mit Hilfe verschiedener Enzyme werden Protonen zwischen äußerer und innerer Mitochondrienmembran angehäuft. Die daraus resultierende chemische Triebkraft treibt eine Protonenpumpe (ATP-Synthase) zur Bildung von ATP. Dieses energiereiche Produkt verlässt das Mitochondrion und steht der Zelle als »Kraftstoff« zur Verfügung. Mod. nach Alberts, Bray u. Lewis (2002)

die mitochondriale Matrix zurück. Die große Menge freier Energie, die beim Rückstrom der Protonen entsteht, wird von der **ATP-Synthase**, einem großen Enzym in der inneren mitochondrialen Membran zur Herstellung von ATP verwendet.

1.3. Blausäurevergiftung

Pathologie. Blausäure (HCN, Cyanwasserstoff) blockiert die Atmungskette und verhindert dadurch den Aufbau eines Protonengradienten über die innere mitochondriale Membran. Die ATP-Synthase stellt ihre Arbeit ein, die Zellen verarmen an ATP, die Ionengradienten über die Zellmembran brechen zusammen und die Zellen sterben.

Vorkommen. HCN ist in Bittermandeln (50 Mandeln sind tötlich), aber auch im Tabakrauch vorhanden. Suizide durch HCN-Einnahme sind häufig.

Symptome. Erstes Symptom ist verstärkte Atmung bei gleichzeitiger Hautrötung, erklärbar durch den fehlenden »Sauerstoffabstrom« in die Gewebe. Atemlähmung führt schließlich zum Tod, bei Inhalation von Blausäuredampf schon innerhalb von Sekunden. Wird bei Aufnahme über die Lunge das Ende der HCN-Exposition überlebt (Übergang in Normalluft), so erfolgt wegen rascher körperlicher Entgiftung die Erholung auch ohne Therapie.

In Kürze

Funktionelle Systeme der Zelle

Durch das funktionelle Zusammenspiel der intrazellulären Organellen lebt die Zelle und erlangt ihre charakteristische Funktion.
Die Aufnahme von Stoffen in die Zelle erfolgt für kleine Substanzen durch
- Diffusion,
- aktiven Transport.

Größere Eiweißmoleküle gelangen durch Endozytose in die Zelle. Man unterscheidet dabei zwischen
- Pinozytose (flüssig) und
- Phagozytose.

Der Transport von Melekülen aus der Zelle heraus, bzw. in die Memranen erfolgt durch Exozytose.

Weitere funktionelle Systeme der Zelle

- Lysosmen: verdauen Metabolite des eigenen Stoffwechsels, wie auch Bakterien;
- am rauen ER erfolgt die Proteinsynthese;
- am glatten ER erfolgt die Lipidsynthese;
- im Golgi-Apparat reifen Proteine;
- in den Mitochondrien findet die ATP-Synthese statt.

1.4 Zellreproduktion und Wachstum

Mitose

Der Organismus lebt durch die ständige Erneuerung einer Vielzahl seiner Zellen; Grundlage dafür ist ein strengkontrollierter Ablauf der Zellteilung

Zellzyklus. Der Lebenszyklus einer Zelle (Abb. 1.13) reicht von einer Zellteilung zur nächsten. Wenn Säugetierzellen ungehemmt sind, kann der Lebenszyklus einer einzelnen Zelle oft nur 10 bis 30 Stunden dauern. Das Ende wird durch eine streng-festgelegte Reihe von bestimmten physikalischen Ereignissen eingeleitet, die letztlich zur Teilung der Zelle in zwei ***Tochterzellen*** führt (Mitose). Die ***Mitose*** selbst dauert nur etwa 30 Minuten, sodass sich eine Zelle zu 95 % ihrer verfügbaren Lebenszeit nicht mit ihrer Reproduktion sondern mit ihrem Alltag, nämlich ihren spezifischen Aufgaben beschäftigt ***(Interphase)***.

Die Reproduktion einer Zelle startet direkt im Zellkern. Der erste Schritt ist die Verdopplung ***(Replikation)*** der DNA in den Chromosomen. Das ist die Voraussetzung für die nachfolgende Mitose. Die DNA-Verdopplung beginnt 5 bis 10 Stunden vor der Mitose und dauert 4 bis 8 Stunden. Das Resultat ist die exakte ***Verdopplung*** der DNA, die in der Mitose auf zwei neue Tochterzellen verteilt wird. Nach dieser Replikation gibt es noch eine ca. 1 bis 2 Stunden lange Pause, bevor die Mitose dann abrupt startet.

DNA-Reparaturen. In der Stunde zwischen DNA-Replikation und Beginn der Mitose herrscht hektisches Probelesen ***(Proofreading)*** und sofortiges Nachbessern ***(Repair)*** der DNA-Stränge. Fehlerhafte Nukleotidsequenzen werden aufgespürt, spezifische Enzyme schneiden die defekten Stellen heraus und ersetzen diese mit passenden komplementären Ersatznukleotiden. Dieselben Enzyme treten hier in Aktion wie bei der Replikation, nämlich die ***DNA-Polymerase*** und die ***DNA-Ligase***. Aufgrund dieser Nachbesserungen kommt es während des Transkriptionsprozesses nur selten zu Fehlern. Doch wenn ein Fehler unterläuft, haben wir eine Mutation vorliegen. Ein abnormales Protein ist die Folge, die Zelle funktioniert abnormal oder stirbt. Nun, wenn wir bedenken, dass zumindest ***30 000 Gene*** im menschlichen ***Genom*** vorliegen und der Generationenwechsel beim Menschen etwa alle 30 Jahre erfolgt, würde man doch erwarten, dass vielleicht 10 oder mehr Mutationen vom Genom der Eltern an das der Kinder weitergegeben wird. So gibt es noch einen weiteren Schutzmechanismus: Jedes menschliche Genom wird von zwei separaten Sätzen von Chromosomen mit beinahe identischen Genen repräsentiert. Deshalb ist trotz ***Mutation*** eines Gens meistens das zweite Gen normal und für die geregelte Zellfunktion des Nachkommen verfügbar.

▪▪▪ **Chromosomen.** Die DNA-Helices des Zellkerns sind in Chromosomen verpackt. Die menschliche Zelle enthält 46 Chromosomen, die in **23 Paaren** vorliegen. Die meisten Gene in den zwei Chromoso-

A

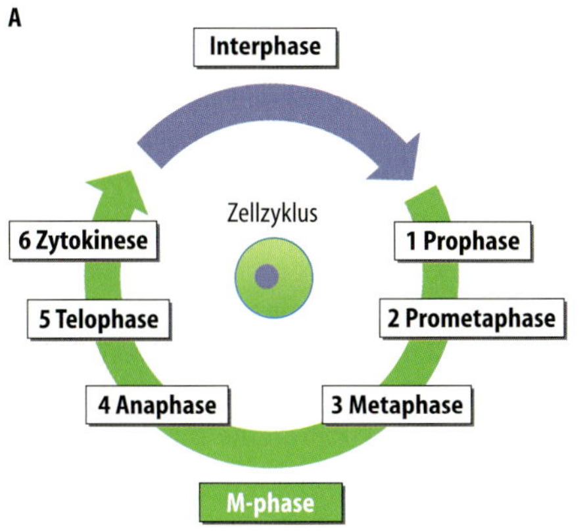

B

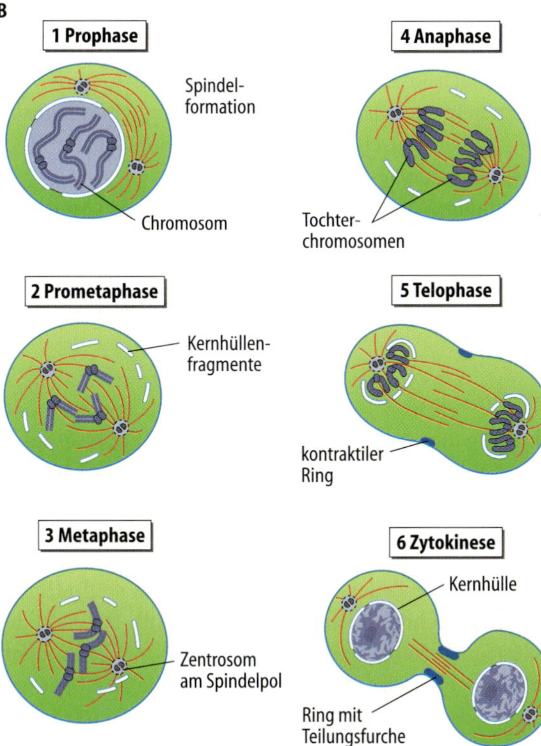

C

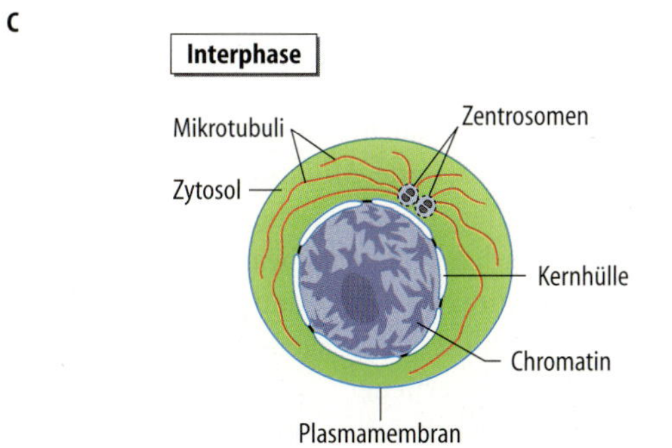

Abb. 1.13. Zellteilung und Zellzyklus. A Die Teilung einer Zelle in zwei Tochterzellen findet in der M-Phase (M = Mitose) des Zellzyklus statt. **B** Wir unterscheiden sechs Stadien. Sie werden in Minuten durchlaufen. **C** In der Interphase nimmt die Zelle ihre spezifischen Aufgaben wahr. Die Interphase kann Stunden bis Jahre dauern. Manche Zellen teilen sich nie. Mod. nach Alberts, Bray u. Lewis (2002)

men jedes Paares sind identisch oder beinahe identisch zueinander, sodass man gewöhnlich annimmt, die verschiedenen Gene existierten ebenfalls paarweise.

Neben der DNA enthalten die Chromosomen große Mengen an Proteinen, vorwiegend positiv geladene **Histone**. Diese kleinen tetrameren Moleküle stellen eine Art Spule dar, um die herum die DNA-Helix gewickelt ist. Eine DNA-Histonspule folgt der anderen, wie im Gänsemarsch, sodass lange Fäden entstehen. Die Fäden schnurren zusammen und bilden kompakte Überstrukturen. Die Histonspulen spielen eine wichtige Rolle bei der Regulation der DNA-Aktivität. Solange die DNA fest verpackt vorliegt, ist weder die Bildung von einsträngiger RNA (Transkription) noch von **doppelsträngiger DNA** (Replikation) möglich. Die Polymerasen haben einfach keinen physischen Zugang zu den spezifischen DNA-Segmenten. Deshalb gibt es eigene regulatorische Proteine, die auf dem Weg durch die Kernporen vom Zytoplasma in den Zellkern gelangen und bestimmte Stellen im Kern dekondensieren. Dadurch werden einzelne DNA-Helices freigelegt und für **Polymerasen** zugänglich. Auf diese Weise können Chromosomen repliziert und RNA transkribiert werden. In nur wenigen Minuten bilden sich aus den replizierten DNA-Helices und den Histonen die fertigen Chromosomen. Die zwei neugebildeten Chromosomen bleiben an einer zentralen Stelle, dem **Zentromer** bis zum Zeitpunkt der Mitose aneinander geheftet. Diese verdoppelten, aber noch aneinander gehefteten Chromosomen nennt man Chromatide.

Mitose. Den rasch ablaufenden Prozess einer sich in zwei Tochterzellen teilenden Zelle nennt man Mitose. Eines der ersten Ereignisse findet im Zytoplasma statt. Hier findet man zwei Paare sog. Zentriolen, die nahe an einem Pol des Zellkerns liegen. Jede ***Zentriole*** ist ein kleiner zylindrischer Körper, 400 nm lang und 150 nm im Durchmesser und besteht aus neun parallel-tubulären Strukturen in der Form eines Zylinders. Die zwei Zentriolen jeden Paares liegen im rechten Winkel zueinander. Zusammen mit etwas perizentriolarem Material nennt man das Zentriolenpaar ein ***Zentrosom.*** Kurz vor der Mitose bewegen sich die zwei Zentriolenpaare voneinander weg. Das kommt dadurch zustande, dass sich Mikrotubuli zwischen ihnen aufbauen und sie auseinander treiben. Gleichzeitig entstehen ***Mikrotubuli***, radial von jedem Zentriolenpaar abgehend wie ein stacheliger Stern, an den sich gegenüberliegenden Zellpolen (Asterstadium). Einige dieser Stacheln penetrieren die Kernmembran und helfen, die zwei ***Chromatidensätze*** voneinander zu trennen. Die Gesamtheit der Mikrotubuli und der Zentriolen nennt man Spindelapparat.

Stadien der Mitose. In der **Prophase** kondensieren die bislang nur lose ineinander verstrickten Stränge zu wohl-definierten Chromosomen. In der **Prometaphase** fragmentiert die Kernhülle. Gleichzeitig lagern sich Mikrotubuli an die Zentromere der Chromatiden, dort wo Letztere noch aneinander kleben. Dann ziehen die Mikrotubuli jeweils ein Chromatid eines Paares an jeweils einen der gegenüberliegenden Zellpole. Während der **Metaphase** werden die zwei Sterne des Spindelapparates noch weiter auseinandergetrieben.

Wahrscheinlich sind Motormoleküle vom Typ des Aktins hier mit im Spiel. Gleichzeitig werden die Chromatiden mit Hilfe der Mikrotubuli ins Zellzentrum gezogen und formen dort die Äquatorialplatte des Spindelapparates. In der **Anaphase** werden alle 46 Chromatidenpaare voneinander getrennt und bilden zwei separate Sätze von Tochterchromosomen. In der **Telophase** werden die zwei Tochterchromosomensätze vollständig voneinander weggezogen. Dann löst sich der Spindelapparat auf, und eine neue Kernhülle umgibt jeden Chromosomensatz. Die Kernhülle selbst entwickelt sich aus dem endoplasmatischen Retikulum. Schließlich bildet sich ein kontraktiler Ring aus Mikrofilamenten (Aktin und Myosin) in der Zellmitte und schnürt damit die zwei Tochterzellen ab. Diese millionenfach ablaufende dramatische Inszenierung der Mitose hat damit ein Ende.

Wachstum

Nach der Teilung suchen Zellen ihre Bestimmungsorte auf und spezialisieren sich; jeder Zelltyp besitzt eine spezifische strukturelle Ausstattung, womit er seine tägliche Arbeit verrichtet

Zellwachstum. Wie erwähnt, gibt es Zelltypen, die ständig wachsen und sich in Tochterzellen teilen, z. B. die blutbildenden Zellen des ***Knochenmarks***, die Keimzellen der ***Haut*** oder das ***Darmepithel.*** Viele andere Zellen wie z. B. glatte ***Muskelzellen***, teilen sich u. U. jahrelang nicht. Einige ***Zelltypen*** wie z. B. die ***Nervenzellen*** (Neurone) teilen sich im Erwachsenen-Organismus praktisch nie, wenn auch derzeit fieberhaft daran gearbeitet wird, mit Hilfe biologischer Stimuli wie spezifische Gewebsfaktoren dieses »Dogma« zu stürzen, mit dem Ziel, defektes Nervengewebe wieder zu ersetzen (z. B. bei ***Querschnittslähmung***).

Wenn die Zellen mancher Gewebe durch Krankheit zerstört werden und dabei die Grobstruktur des Organs noch vorhanden bleibt, so können sich die noch intakten Zellen vermehren und die normale Ausstattung des Organs mit spezifischen Zellen wiederherstellen. Zum Beispiel können 90 % der ***Leberzellen*** bei einer Virus-***Hepatitis*** absterben; in der Erholungsphase dieser Erkrankung werden dann die noch vorhandenen Leberzellen proliferieren (wachsen und sich vermehren), bis die Leber wieder ihre volle Funktion erlangt hat (restitutio ad integrum). Das Gleiche gilt für Drüsenzellen, Zellen des Knochenmarks, subkutanes Gewebe, intestinales Epithel und vieles andere, ausgenommen Nerv und Muskel.

Zelldifferenzierung. Das *Genom* einer Zelle enthält in seiner DNA-Sequenz die Information zur Herstellung tausender verschiedener Proteine. Eine einzelne Zelle, ganz gleich ob nun Nervenzelle, Muskelzelle oder Nierenzelle, ***exprimiert*** jedoch nur einen Bruchteil ihrer Gene. Die Vielfalt der verschiedenen Zelltypen unseres multizellulären Organismus kommt eben dadurch zustande, dass eine Leberzelle auf einen anderen Satz von ***Genen*** zurückgreift als eine Blutzelle, obwohl alle Zellen unseres Organismus sämtliche menschliche Gene zur Verfügung haben. Um die Zelldifferenzierung zu verstehen, müssen wir uns überlegen, wieviele Unterschiede es wohl von Zelltyp zu Zelltyp gibt. Hier sind einige wichtige Hinweise:

Es gibt viele Prozesse, die für alle Zellen ***gleich*** sind. Deshalb gibt es viele Proteine, die in ***jedem Zelltyp*** unseres Organismus vorkommen. Das sind z. B. die Strukturproteine der Chromosomen, die RNA-Polymerasen, die DNA-Reparaturenzyme, die ribosomalen Proteine, Schlüsselenzyme des Zellmetabolismus und viele zytoskeletale Proteine.

Bestimmte Proteine sind in großen Mengen in ***spezialisierten Zellen*** vorhanden, können aber in anderen Zelltypen völlig fehlen. Z. B. finden wir Hämoglobin nur in roten Blutzellen oder Transportproteine für Jodsalz nur in der Zellmembran von Thyreozyten (Schilddrüsenepithelzellen).

Die menschliche Zelle bzw. das menschliche Genom besitzt etwa 30 000 Gene. Nur 10 000 bis 20 000 davon werden ständig benützt. Das ***Expressionsmuster*** einer Zelle kann man dadurch bestimmen, dass man die Transkripte der Gene (mRNA) direkt nachweist. Da die mRNA nach ihrem Export aus dem Zellkern an den Ribosomen in spezifische Proteine übersetzt wird ***(Translation)***, gilt das jeweilige mRNA-Expressionsmuster einer Zelle als Aushängeschild ihrer Funktion.

Auf dem Weg von der ***Transkription*** der DNA bis zum vollfunktionsfähigen Protein gibt es noch eine Reihe von Möglichkeiten, die Struktur und damit die Funktion eines einzelnen Proteins zu beeinflussen. Dadurch steigt die Funktionsvielfalt.

Zelluntergang

Zellen rufen ein Selbstmordprogramm (Apoptose) auf, sobald das Ende ihrer natürlichen Lebensspanne erreicht ist; der Zelltod kann außerdem durch akute Verletzungen eintreten (Nekrose)

Apoptose. Die Zellen unseres Organismus sind Mitglieder einer hochorganisierten Gemeinschaft. Die Zahl der Zellen wird streng reguliert, Zellteilung und Zelltod entsprechen einander. Wird eine Zelle nicht länger gebraucht, begeht sie Selbstmord, indem sie ein intrazelluläres ***»Todesprogramm«*** aufruft. Dieser Ablauf wird programmierter Zelltod oder Apoptose (aus dem Griechischen: abfallen) genannt (Abb. 1.14). Während der embryonalen Entwicklung des Nervensystems sterben beispielsweise etwa 50 % der ursprünglich angelegten Zellen wieder ab. Im normalen Erwachsenen-Organismus sterben jede Stunde ***Milliarden*** von Blutzellen und Darmepithelzellen. Sie alle sterben durch Apoptose. Auf diese Weise werden besonders beanspruchte, mit der Außenwelt in oft direkter Verbindung stehende Zellen (Bronchialepithel, Epithel des Magen-Darmtrakts, Leber, Epidermis, etc) ständig erneuert.

Nun können natürlich Zellen auch eines akuten (unvorhergesehenen) Todes sterben. Bei einer akuten ***Verletzung*** (Erkrankung) des Gewebes schwellen sie und bersten. Der Zellinhalt ergießt sich über die Nachbarzel-

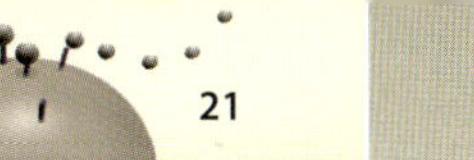

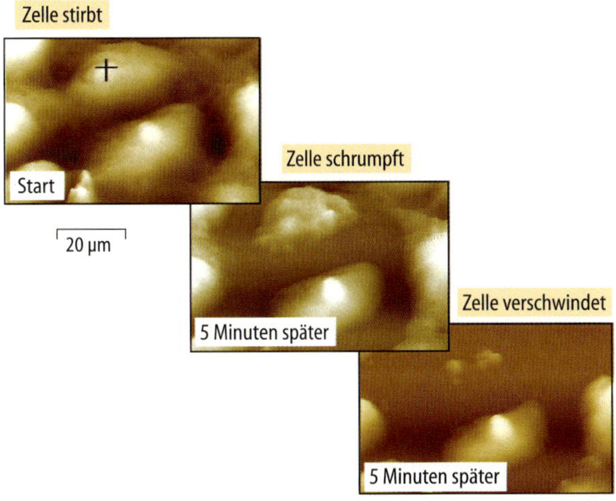

Abb. 1.14. Apoptose. Der programmierte Zelltod ist hier an einer lebenden Endothelzelle mittels *Atomic Force*-Mikroskopie gezeigt. Die Zelle löst sich aus dem Verband und verschwindet »spurlos«. Durch nachfolgende Zellteilung der Nachbarzellen wird der Defekt verschlossen

len, die dabei ebenfalls geschädigt werden. Dieser Vorgang wird ***Zellnekrose*** genannt. Entzündung ist die Folge. Im Gegensatz dazu stirbt eine apoptotische Zelle »sauber«, ihre Nachbarzellen sind davon nicht tangiert. Die Zelle schrumpft, der Zellkern kondensiert maximal. Das Zytoskelett kollabiert, die Kernhülle löst sich auf, und die DNA zerbricht in Fragmente. Dann wird die Zelle von ***Makrophagen*** (Fresszellen) aus der Umgebung als »hinfällig« erkannt und endozytiert. Ausgelöst wird der Prozess der Apoptose u.a. durch die Aktivierung sog. ***Kaspasen***, proteolytische Enzyme, die normalerweise als inaktive Vorstufen in Zellen vorhanden sind und nach Aktivierung eine intrazelluläre proteolytische Kaskade auslösen. Wenn die Kaskade einmal ausgelöst ist, läuft sie nach dem »Alles oder Nichts-Prinzip« ab und führt die Zelle irreversibel in den Tod.

Die ***Kaspasenaktivierung*** kann ihren Ursprung an der Zelloberfläche in sog. ***Todesrezeptoren*** haben. Diese können durch spezifische Proteine aus der Umgebung aktiviert werden und das Todessignal auf diese Weise nach innen weiterleiten. Durch Stress kann die Kaspasenaktivierung aber auch vor Ort in der betroffenen Zelle ausgelöst werden. Beispielsweise können gestresste Zellen spezielle Proteine ***(Cytochrom c)*** aus den Mitochondrien ausschleusen, die dann die Apoptose auslösen. Auch eine geschädigte DNA kann zum Auslöser des programmierten Zelltodes werden. Dadurch werden Zellen mit Mutationen (Gendefekten) eliminiert. Genauso wie es Proteine gibt, die Apoptose auslösen, so gibt es andere Proteine die den programmierten Zelltod verhindern. Das Wechselspiel zwischen ***pro- und antiapoptotischen Signalen*** entscheidet letztlich über die Lebensspanne einer Zelle.

1.4. Krebs

Pathologie. Krebszellen leiten sich von normalen Zellen ab, deren genetischen Material entweder angeboren fehlerhaft ist oder durch Einwirkung verschiedenster Noxen (z.B. karzinogene Stoffe, wie sie im Zigarettenrauch vorkommen) im Laufe des Lebens geschädigt wurde. Dadurch verlieren diese Zellen ihre genuinen Eigenschaften, z.B. die Fähigkeit zur differenzierten Gewebebildung. Sie suchen nach ihrer Entstehung nicht den gewohnten »Arbeitsplatz« im epithelialen »Monolayer« (einschichtiger Zellrasen) auf, sondern wandern aus ihrem festen Gefüge in das umliegende Gewebe (Abb. 1.15). Dabei brechen sie in Blutgefäße ein, werden im Blutstrom fortgeschwemmt und manifestieren sich dann da oder dort im Körper als Ausgangszellen von Tochtergeschwülsten (Metastasen).
▼

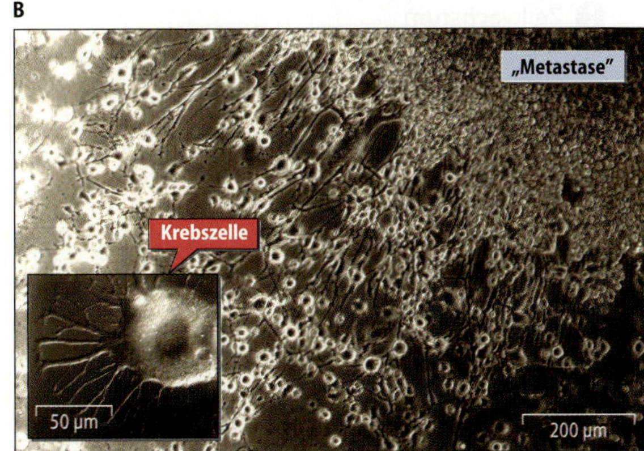

Abb. 1.15. Normales Epithel und Entartung. A Der hier dargestellte Zellrasen besteht aus Nierenepithelzellen, die eine kopfsteinplasterartige Oberfläche bilden. **B** Nierentumorzellen wandern aus einem ungeordneten Zellhaufen (in vitro »Metastase« in der Zellkulturschale) aus. Eine Krebszelle ist unter anderem durch Filopodien charakterisiert, die den Weg der Krebszelle aus dem normalen Zellverband bahnen

Ursachen. Neben ionisierender Strahlung (radioaktuve Stoffe), chemischer Substanzen (Benzpyrene im Kohleteer) und erblicher Belastung (bereits bestehende Mutation eines Gens ohne klinische Symptome) kann Krebs auch durch Viren, Bakterien oder Parasiten ausgelöst werden. Als Beispiele gelten der durch Hepatitis-B-Virus ausgelöste Leberzellkrebs (vorw. tropisches Afrika, Südostasien), der durch Papillomaviren ausgelöste Gebärmutterhalskrebs (weltweit), das durch das HIV-Virus ausgelöste Kaposis Sarkom (vorw. südliches Afrika), der durch das Bakterium Helicobacter pylori verursachte Magenkrebs (weltweit) oder der durch Würmer (Schistosoma haematobium) verursachte Blasenkrebs. Der grundlegende Mechanismus ist die Aufnahme der viralen DNA ins menschliche Genom und eine damit verbundene DNA-Mutation. Bei der Infektion mit Bakterien und Parasiten steht eher die chronische Entzündung mit der damit verbundenen ständigen Regeneration der Gewebe (erhöhte Proliferation) im Vordergrund. Häufige Mitosen führen dann zu entsprechend vielen Mutationen.

In Kürze

Zellreproduktion

Der Zellzyklus beschreibt den Zeitraum von Zellteilung zu Zellteilung. Folgende Schritte müssen durchlaufen werden:
- Replikation der DNA,
- Reparatur der DNA,
- Chromosomenbildung aus dem Chromatin,
- Zellteilung.

Zellwachstum

Alle Körperzellen haben die Fähigkeit zu Wachstum und Vermehrung. Das Ausmaß von Wachstum und Teilung ist jedoch von Zelltyp zu Zelltyp sehr unterschiedlich:
- Epithelzellen haben hohe Umsatzraten,
- Muskel und Nerv haben geringe Umsatzraten.

Zelldifferenzierung

Jede Körperzelle besitzt ein komplettes Genom. Nur ein Teil der Gene wird ständig benützt. Die Spezialisierung von Zellen beruht darauf, dass jeder Zelltyp einen bestimmten Satz von Genen exprimiert.

Zelltod

Man kann prinzipiell zwei Arten des Zelltods unterscheiden:
- Apoptose: Der sog. programmierte Zelltod; Zellen, die nicht mehr gebraucht werden, begehen »Selbstmord«, indem sie ein »Todesprogramm« aufrufen.
- Nekrose: Akuter Zelltod durch Verletzung. Da sich der Zellinhalt bei diesem Vorgang über die Nachbarzellen ergießt, werden diese ebenfalls geschädigt, es kommt zur Entzündung.

1.5 Regulation des Zellvolumens

Konstanz des Zellvolumens

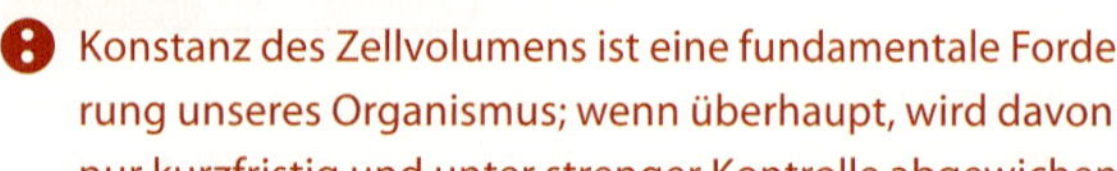

Konstanz des Zellvolumens ist eine fundamentale Forderung unseres Organismus; wenn überhaupt, wird davon nur kurzfristig und unter strenger Kontrolle abgewichen

Das Leben einzelner Zelltypen gestaltet sich recht unterschiedlich.
- ***Blutzellen*** sind ständig im Gefäßsystem unterwegs und müssen bei der Passage durch die Blutkapillaren starke Deformierung in Kauf nehmen.
- ***Muskelzellen*** kontrahieren und entspannen sich, was eine ständige Längenänderung der Zellen mit sich bringt.
- Während ***exozytotischer Prozesse*** werden intrazelluläre Vesikel in die Zellmembran eingebaut, was zu nachhaltigen Strukturänderungen der Zellen führen kann.
- ***Epithelzellen*** des Magen-Darm-Trakts oder der Niere schleusen gewaltige Mengen an Salzen und Wasser durch ihre Zellen, wodurch es bei dem geringsten Ungleichgewicht von einströmendem und ausströmendem Wasser innerhalb von Sekunden zu massiven Änderungen der ***Zellmorphologie*** kommen würde.
- Im Zuge der ***Zellteilung*** ist es umgekehrt unbedingt notwendig, das ***Zellvolumen*** vor der ***Mitose*** zu verdoppeln, um daraus zwei normal große Tochterzellen zu erhalten.

Diese Beispiele führen uns zu dem Schluss, dass das von der Zellmembran umschlossene Volumen, das Zellvolumen, strengen Regelprozessen unterworfen sein muss. Grundsätzlich hält die Zelle ihr Volumen konstant und ändert es nur vorübergehend, wenn es notwendig ist.

Zelluläre Mechanismen. Mit der folgenden Grundausstattung ist es möglich, allen Herausforderungen des täglichen Zelllebens standzuhalten, d. h. das Zellvolumen an die jeweiligen Erfordernisse anzupassen:
- Zellen besitzen in ihrem Inneren große Mengen an ***Proteinen*** und anderen ***Makromolekülen***, die aufgrund ihrer Größe und Struktur nicht in die Außenweltdiffundieren können. Sie binden Wassermoleküle an sich und schaffen dadurch den Lösungsraum für viele andere kleine Moleküle.

- Zellen besitzen in ihrer Zellmembran integrale Membranproteine, die in ihrer Funktion als ***Ionenkanäle***, ***Carrier*** und ***Pumpen*** anorganische Ionen und kleine organische Moleküle von der Außenwelt in die Innenwelt und umgekehrt transportieren können. Dadurch werden osmotische Gradienten geschaffen, die Wasserströme durch die Zellmembran erzeugen.
- Zellen verfügen über sogenannte Wasserkanäle ***(Aquaporine)***, das sind integrale Membranproteine, die Wassermoleküle permiieren lassen aber Ionen exkludieren.
- Zellen erzeugen je nach Bedarf kleine ***organische Osmolyte*** (Taurin, Betain, Sorbitol), die als osmotisch wirksame Teilchen in der Zelle angereichert oder durch spezifische Transportsysteme in die Außenwelt abgegeben werden können.

Kompensatorische Volumenanpassung

Zellen schwellen in hypotonen und schrumpfen in hypertonen Medien. Allerdings nur vorübergehend, denn sie stellen ihr Ausgangsvolumen rasch wieder her

Die ***Osmolalität*** in unserem Körper ist 285 mosmol/kg H_2O. Sie spiegelt die Teilchenkonzentration wieder und ist bis auf wenige Ausnahmen (manche Abschnitte der Niere) konstant. Trotzdem gibt es ständig da und dort kurzfristige osmotische Gradienten zwischen Innen- und Außenwelt, der sich die Zelle stellen muss (Abb. 1.16). Trinken wir Wasser, werden wohl oder übel die ***Epithelzellen*** der Mundhöhle und des Magens mit diesem ***hypotonen Medium*** (kleiner als 285 mosmol/kg H_2O) konfrontiert. Essen wir mehr oder weniger trockene Nahrung, passiert das Gegenteil. Öffnen wir im Süßwassersee die Augen, wird das ***Korneaepithel*** von hypotoner Lösung umgeben, tun wir das im ***Meerwasser***, ist das offene Auge einem stark ***hypertonen Medium*** ausgesetzt. Dasselbe trifft für die Blutzellen zu, die jede Änderung der Osmolalität im Blut mitmachen müssen, wenn sie beispielsweise das ***hypertone Nierenmark*** passieren.

Regulatorische Volumenabnahme. Da die meisten Zellen über Aquaporine in der Zellmembran verfügen, sind sie wasserdurchlässig. In der Folge werden Zellen schwellen, wenn sie mit hypotonen Lösungen konfrontiert werden. Tatsächlich tun sie das, allerdings nur ***vorübergehend***, denn in Sekunden bis Minuten (je nach Zelltyp) erreichen sie wieder ihre Ausgangsgröße, obwohl das Außenmilieu immer noch hypoton ist. Dieser Vorgang wird als »regulatorische Volumenabnahme« (***Volume Regulatory Decrease***; VRD) bezeichnet. Er kommt dadurch zustande, dass durch die initiale Volumenzunahme Ionenkanäle aktiviert werden, sodass Ionen wie Kalium und Chlorid die Zelle verlassen. Parallel dazu fließt nun das Wasser durch die Aquaporine zurück in die Außenwelt, sozusagen im »osmotischen Schlepptau« der Ionen.

Regulatorische Volumenzunahme. Werden Zellen mit einem hypertonen Medium konfrontiert, werden die Zellen aus osmotischen Gründen vorerst schrumpfen, um dann in Minuten wieder ihr Ausgangsvolumen (trotz bestehender Hypertonizität) zu erlangen (regulatorische Volumenzunahme; ***Volume Regulatory Increase***; VRI).

Organische Osmolyte. Wenn menschliche Zellen längerfristig einer hypertonen Außenwelt ausgeliefert sind, benötigen sie weitere Mechanismen, die ihr Überleben sicherstellen. Beispielsweise ist das Gewebe des ***Nieren-***

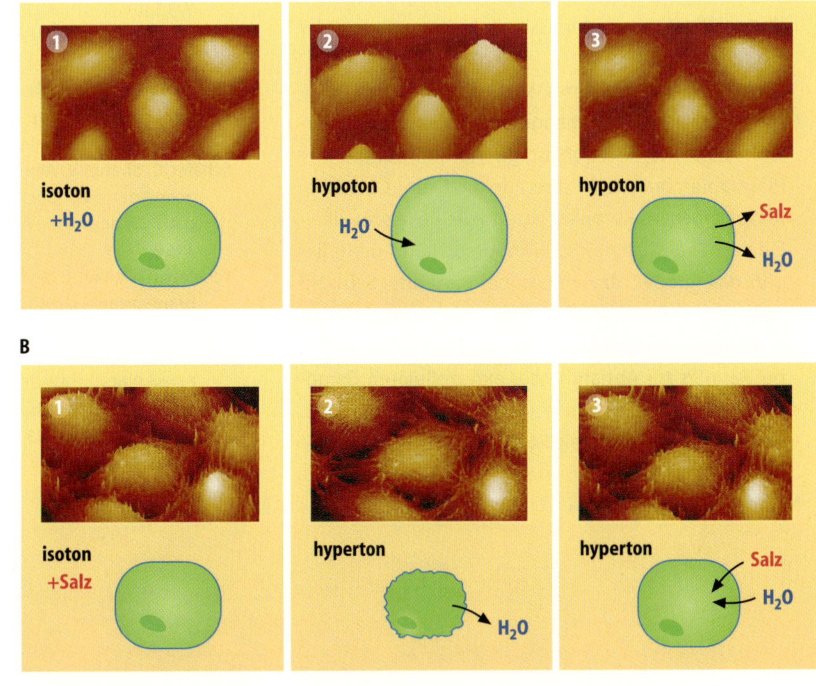

Abb. 1.16. Volumenregulation der Zelle. Als Beispiel dient hier die Endothelzelle. **A** Wird die isotone Umgebung einer Zelle durch Wasser verdünnt (1), schwillt die Zelle durch Osmose (2). Sofort setzt sie Transportmechanismen in der Zellmembran in Gang, die Salz (und andere osmotisch wirksamen Teilchen) aus der Zelle entfernen. Durch den nachfolgenden Wasserausstrom erreicht die Zelle trotz der weiterbestehenden hypotonen Umgebung wieder ihr normales Volumen (3). **B** Wird die isotone Umgebung einer Zelle durch Salz konzentriert (1), schrumpft die Zelle durch Osmose (2). Sofort setzt sie Mechanismen in Gang, die zur Salzaufnahme führen. Wasser begleitet das Salz in die Zelle, wodurch das Ausgangsvolumen trotz weiterbestehender hypertoner Umgebung wieder erreicht wird (3)

marks normalerweise ***hyperton*** im Vergleich zum restlichen Organismus. So werden in einem ersten Schritt kurzfristig die kleinen anorganischen Ionen in der Zelle angehäuft; und damit auch Wasser. Da aber auf Dauer die hohen Ionenkonzentrationen in der Zelle schaden (Beeinträchtigung enzymatischer Prozesse), werden die Ionen durch kleine organische Moleküle ersetzt.

▪▪▪ **Mechanismen.** Die Zelle synthetisiert rasch spezifische Transportproteine und baut diese in die Zellmembran ein, mit deren Hilfe **Taurin**, **Betain** und **Inositol** aus der Außenwelt ins Zellinnere geschleust werden. Wasser folgt durch Osmose, die in der Zelle angehäuften Elektrolyte diffundieren zurück in den Extrazellulärraum und das Zellvolumen ist langfristig gesichert.

Die Zelle synthetisiert den Osmolyt selbst; z. B. wird **Sorbitol** aus Zucker hergestellt und in der betroffenen Zelle angehäuft. Dann läuft alles wie oben beschrieben ab.

Die Zelle verhindert den ständigen Abbau ihrer Osmolyte. So kann sie z. B. **Glyzerophosphocholin**, normalerweise ein Metabolit der Zellmembran, in ihrem Inneren akkumulieren.

Wird die ursprünglich hypertone Außenwelt wieder isoton oder gar hypoton, was in der Niere physiologisch ist und in anderen Organen im Zuge pathophysiologischer Prozesse vorkommt, werden die **Osmolyte** durch kanalähnliche Membranproteine rasch ausgeschieden. Wasser geht mit und die Zelle entgeht der drohenden Schwellung.

1.5. Hirnödem

Pathologie. Das Gehirn ist von einer unnachgiebigen Hülle, der knöchernen Schädelkalotte umgeben. Eine Volumenausdehnung kann also nur auf Kosten anderer Kompartimente stattfinden. Zunahme des intrazellulären Volumens geschieht zunächst auf Kosten des Liquorraumes. Ist diese Reserve ausgeschöpft und der Liquorraum kollabiert, dann steigt der Hirndruck steil an. Die folgende Kompression der Blutgefäße führt zur massiven Einschränkung der Hirndurchblutung.

Ursachen. Ursache eines sog. zytotoxischen Hirnödems kann u. a. die mangelnde Zufuhr von Sauerstoff sein. Die ATP-abhängige Natriumpumpe der Plasmamembran stellt ihre Funktion ein, Chloridionen strömen ins Zytoplasma, und die Zelle schwillt. Eine andere Ursache des Hirnödems kann darin liegen, dass große Salzverluste über Harn oder Schweiß nicht ausreichend ergänzt oder aber zu große Wassermengen dem Organismus zugefügt werden. Dabei kann es zur Abnahme der extrazellulären Osmolarität kommen (hypotone Hyperhydratation). Wieder ist Zellschwellung die Folge.

Symptome. Aufgrund des erhöhten Hirndrucks treten Kopfschmerzen, Übelkeit, Erbrechen, Schwindel, Einschränkung des Bewusstseins, Sehstörungen und Blutdruckkrisen auf. Bei Kompression des Hirnstamms mit seinem lebenswichtigen Kreislaufzentrum besteht akute Lebensgefahr.

Therapie. Eine rasche Entwässerung durch medikamentöse Blockade der renalen Flüssigkeitsresorption ist hier die Therapie der Wahl.

In Kürze

Regulation des Zellvolumens

Eine Konstanz des Zellvolumens ist lebenswichtig. Diese wird durch verschiedene Faktoren gewährleistet:

- Ionen und kleine organische Moleküle treiben Wasser durch die Zellmembran und beugen Volumenänderungen vor;
- hypoton-ausgelöste Zellschwellung erzeugt Salzausstrom aus der Zelle und Normalisierung des Zellvolumens;
- hyperton-ausgelöste Zellschrumpfung erzeugt Salzeinstrom und Normalisierung des Zellvolumens.

Literatur

Alberts B, Johnson A, Lewis J, Raff M, Roberts K, Walter P (2002) Molecular Biology of the Cell, 4. Aufl. Garland Science, New York

Guyton AC, Hall JE (2000) Textbook of Medical Physiology, 10. Aufl. WB Saunders Company, Philadelphia

Lang F, Bush GL, Ritter M, Völkl H, Waldegger S, Gulbins E, Häussinger D (1998) Functional significance of cell volume regulatory mechanisms. Physiol Reviews 78: 247–306

Mazzanti M, Bustamante JO, and Oberleithner H (2001). Electrical dimension of the nuclear envelope. Physiol Reviews 81: 1–19

Schäfer C, Shahin V, Albermann L, Hug MJ, Reinhardt J, Schillers H, Schneider SW, Oberleithner, H (2002). Aldosterone signaling pathway across the nuclear envelope. Proc Natl Acad Sci USA 99: 7154–7159

Schillers H, Danker T, Madeja M, Oberleithner H (2001). Plasma membrane protein clusters appear in CFTR-expressing Xenopus laevis oocytes after cAMP stimulation. J Membrane Biol 180: 205–212

Schneider, SW (2001) Kiss and run mechanism in exocytosis J Membrane Biol 181: 67–76

Schwab, A (2001) Ion channels and transporters on the move. News Physiol Sci 16: 29–33

Sperelakis N (2002) Cell Physiology Source Book, 3. Aufl. Academic Press, London – San Diego

Kapitel 2
Signaltransduktion

E. Gulbins, F. Lang

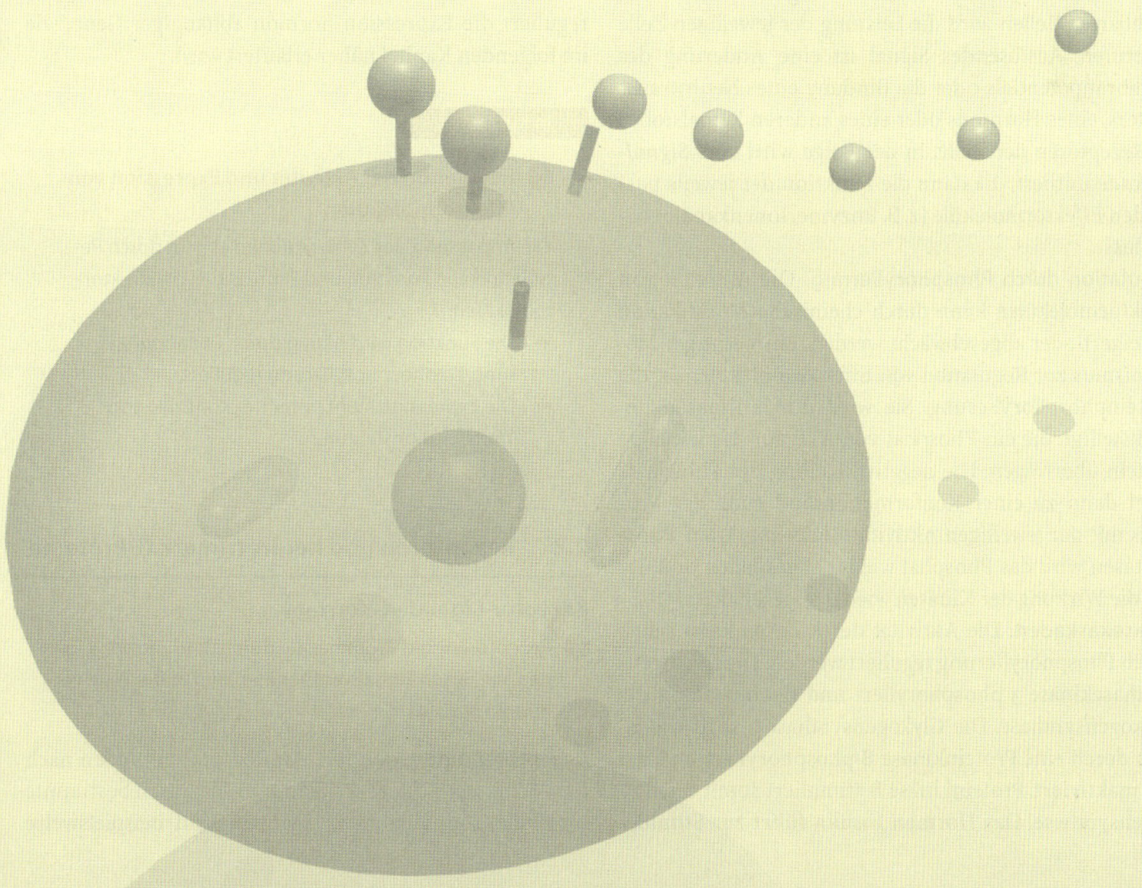

Einleitung

Frau U.K., 57 Jahre, fällt auf, dass ihr Stuhl in letzter Zeit blutig ist. Sie sucht ihren Hausarzt auf, der einen Tumor im Enddarm entdeckt. Er überweist die Patientin in die Universitätsklinik, wo der Tumor entfernt wird. Die Untersuchung des Tumorgewebes deckt die Ursache des Tumors auf. In den Tumorzellen ist ein Gen verändert (mutiert), dessen Genprodukt eine zentrale Rolle in der Regulation der Zellteilung spielt (das GTP-bindende Protein Ras, ► s. u.). Die Mutation führt zu einer Überaktivität des Proteins, die zu ungezügelter Zellteilung der betroffenen Zellen führt. Mutierte Gene, die Tumorwachstum auslösen können, bezeichnet man als Onkogene (► s. u.).

2.1 Regulation der Aktivität und Expression von Effektormolekülen

Regulation der Aktivität

Die zelluläre Signaltransduktion dient der Anpassung der Funktion von Effektormolekülen an die jeweiligen äußeren Bedingungen und Erfordernisse; einer der wichtigsten Mechanismen ist dabei die Phosphorylierung

Regulation und Steuerung. Die Anforderungen an eine Zelle müssen ständig an die Erfordernisse der Zelle selbst oder des Gesamtorganismus angepasst werden. Über Nervensystem und Hormone, sowie Signalstoffe von benachbarten Zellen wird die Leistung der jeweiligen Zelle abgerufen. Auslösendes Signal ist eine Änderung des Membranpotentials oder die Bindung eines Neurotransmitters, eines Hormons oder eines anderen Signalstoffes an Rezeptoren der Zelle. In der Folge wird eine ***Signalkaskade*** initiiert, die dann die Funktion der jeweils passenden Effektormoleküle (z. B. Enzyme, Ionenkanäle) beeinflusst.

Regulation durch Phosphorylierung. Die Aktivität von Effektormolekülen kann durch chemische Modifikation gesteigert oder abgeschwächt werden. Ein wichtiger Mechanismus zur Regulation von Effektormolekülen ist die Proteinphosphorylierung. Sie wird durch Kinasen bewerkstelligt, die ein Phosphat von ATP auf das jeweilige Protein übertragen. Die negative Ladung des Phosphats führt dann zu einer Konformationsänderung des Proteins mit der jeweiligen Aktivitätsänderung. Über Phosphatasen wird das Phosphat wieder abgespalten und damit die Wirkung der Kinasen wieder abgeschaltet.

Kinasekaskaden. Die Aktivität der Kinasen kann selbst durch Phosphorylierung reguliert werden. Die Glykogensynthasekinase 3 phosphoryliert und hemmt damit die Glykogensynthase. Die Glykogensynthase 3 wird wiederum durch eine Proteinkinase B phosphoryliert und damit inaktiviert. Proteinkinase B stimuliert somit die Glykogensynthese. Das Hormon Insulin führt zur Stimulation der Proteinkinase B und fördert so den Glykogenaufbau.

Regulation der Expression

Über Transkriptionsfaktoren wird die Synthese von Effektormolekülen und Signalmolekülen reguliert

Transkriptionsfaktoren. Die Signaltransduktion kann im Zellkern die gesteigerte oder herabgesetzte Synthese ***(Expression)*** von Effektormolekülen vermitteln. Die Regulation der Expression wird u. a. durch Transkriptionsfaktoren vermittelt. Sie wandern bei Aktivierung in den Zellkern und binden an bestimmte Abschnitte der DNA. Dadurch wird die Synthese entsprechender messenger RNA stimuliert, aus der die regulierten Proteine gebildet werden.

Regulation von Transkriptionsfaktoren. Die Transkriptionsfaktoren können durch ***Phosphorylierung*** oder durch ***Dephosphorylierung*** aktiviert werden. Auch die ***Expression*** der Transkriptionsfaktoren wird reguliert.

▪▪▪ Die Glykogensynthase 3β z. B. phosphoryliert ***β-Catenin*** und leitet damit dessen Inaktivierung ein. Hemmung von Glykogensynthase 3β durch Insulin (über Proteinkinase B, ► s. o.) steigert die Bildung aktiven β-Catenenins, das als Transkriptionsfaktor die Expression mehrerer für die Zellteilung erforderlicher Gene stimuliert. Über Steigerung der β-Catenin-Bildung fördert somit Insulin die Zellteilung.

Regulation über zytosolische Hormonrezeptoren. Einige Hormone binden an intrazelluläre Rezeptoren. Der Hormon-Rezeptor wandert ebenfalls in den Zellkern und reguliert die Expression hormon-abhängiger Gene, wie im folgenden Kapitel näher erläutert wird.

In Kürze

Regulation der Aktivität und Expression von Effektormolekülen

Die Anpassung der Zellfunktionen erfolgt durch Regulation von Funktion und Expression von Effektormolekülen:
- Die Funktion wird häufig durch Phosphorylierung/Dephosphorylierung reguliert.
- Die Expression steht unter der Kontrolle von Transkriptionsfaktoren.

2.2 Rezeptoren und heterotrimere G-Proteine

Rezeptor-Liganden-Konzept

Rezeptoren sind Proteine, die durch Bindung von Liganden spezifisch Signale aufnehmen und in die Zelle vermitteln

Rezeptoren und Liganden. An Rezeptoren binden nach dem Schlüssel-Schloss-Prinzip sehr spezifisch bestimmte Moleküle, sog. Liganden. Liganden sind beispielsweise bei Hormonrezeptoren ***Hormone***, bei Wachstumsfaktor-Rezeptoren die entsprechenden ***Wachstumsfaktoren***, beim T- oder B-Zellrezeptor die passenden ***Antigene***.

Intrazelluläre Rezeptoren. Einige Hormone (z. B. Glukokortikosteroide, Mineralokortikosteroide, Sexualhormone, Schilddrüsenhormone, Vitamin D und Retinoide) diffundieren über die Zellmembran und binden an intrazelluläre Rezeptoren. Durch die Bindung des Hormons kommt es zu einer Konformationsänderung des Rezeptors, der Rezeptor-Liganden-Komplex wandert in den Zellkern und bindet an bestimmte Abschnitte der DNA (◘ Abb. 2.1). Der Rezeptor-Liganden-Komplex wirkt wie ein Transkriptionsfaktor (▶ s. Abschnitt 2.1) und löst die Expression primärer ***Responsegene*** aus. Diese können weitere Gene regulieren, sog. sekundäre Responsegene, die gleichfalls zur Wirkung des Hormons beitragen.

Rezeptoren auf der Zelloberfläche. Oberflächen-Rezeptoren sind Proteine, die extrazelluläre Signale in die Zelle übertragen. Die Oberflächenrezeptoren bestehen aus einer extrazellulären, einer transmembranösen und einer intrazellulären Domäne. Die extrazelluläre Domäne dient der Ligandenbindung, der transmembranöse Teil der Verankerung in der Zellmembran und der intrazelluläre Teil der Weitergabe des Signals in die Zelle.

Heterotrimere G-Proteine

Heterotrimere GTP-bindende Proteine dienen der Weitervermittlung von Hormon-induzierten Signalen in die Zelle

Aktivierung. Viele Hormonrezeptoren der Zellmembran wirken über Aktivierung von GTP-bindenden-Proteinen (G-Proteine), die aus drei Untereinheiten, der α, β und

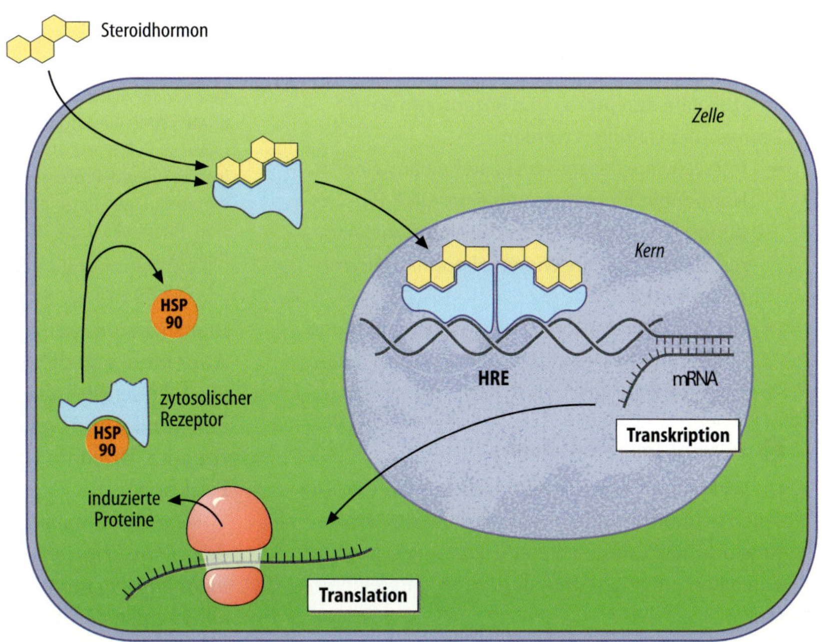

◘ **Abb. 2.1. Wirkung von Hormonen über intrazelluläre Rezeptoren.** Steroidhormone (z. B. Glukokortikoide) binden an zytosolische Rezeptoren. Der Hormon-Rezeptor-Komplex wandert in den Zellkern und bindet dort an hormonresponsive Elemente (HRE), entsprechende messenger RNA (mRNA) wird gebildet und durch Translation der mRNA in den Ribosomen des rauen endoplasmatischen Retikulums Hormon-induzierte Proteine synthetisiert. Nach Lang (2000)

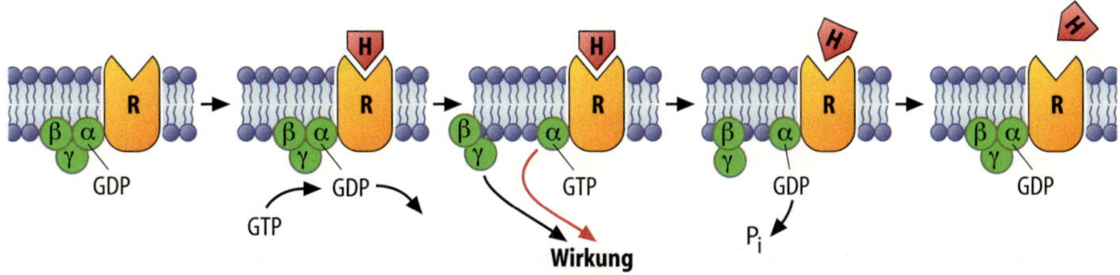

◘ **Abb. 2.2. Aktivierung von heterotrimeren G-Proteinen.** Nach Bindung eines Hormons (H) an den Rezeptor (R) wird an der α-Untereinheit eines heterotrimeren G-Proteins ein GDP durch ein GTP ersetzt und die $\beta\gamma$-Untereinheit abgespalten. In dieser Konfiguration werden die Hormonwirkungen ausgelöst. Das G-Protein wird durch Abspaltung eines Phosphates (Bildung von GDP) wieder inaktiviert. Darauf bindet die α-Untereinheit wieder die $\beta\gamma$-Untereinheit. Nach Lang (2000)

γ-Untereinheit zusammengesetzt sind (heterotrimere G-Proteine). Im inaktiven Zustand bindet die α-Untereinheit heterotrimerer G-Proteine GDP (◘ Abb. 2.2). Die Bindung des Liganden an den Hormonrezeptor löst eine Konformationsänderung aus, und es kommt zu einem Austausch von GDP durch ***GTP*** an der α-Untereinheit des G-Proteins. Die GTP-bindende α-Untereinheit dissoziiert von der β- und γ-Untereinheit, wird dadurch aktiviert und kann das Signal weitergegeben.

Inaktivierung. Löst sich der Ligand von seinem Rezeptor, so verändert sich wieder die Konformation der α-Untereinheit. Das GTP wird zu GDP gespalten und die α-Untereinheit assoziiert erneut mit der β- und γ-Untereinheit (◘ Abb. 2.2).

In Kürze

Rezeptoren

Rezeptoren sind Proteine, die spezifisch Liganden binden und dadurch der Vermittlung von Signalen in die Zelle dienen. Die Zellfunktionen können durch intrazelluläre Rezeptoren und Rezeptoren an der Zellmembran reguliert werden:

- Intrazelluläre Rezeptoren bestehen aus einer Hormonbindungsstelle und einer DNA-Bindungsstelle. Sie wirken als Transkriptionsfaktoren, die die zelluläre Wirkung lipophiler Hormone vermitteln.
- Oberflächenrezeptoren lösen nach der Bindung von extrazellulären Liganden eine intrazelluläre Signalkaskade aus.

Heterotrimere G-Proteine

Die Wirkung von Oberflächenrezeptoren wird häufig durch heterotrimere G-Proteine vermittelt. Aktivierung und Inaktivierung dieser G-Proteine erfolgt durch Konformationsänderungen der Untereinheiten.

2.3 Zyklische Nukleotide als Second Messenger

cAMP

Über eine Adenylatzyklase wird zyklisches Adenosinmonophosphat (cAMP) gebildet, das eine Proteinkinase A aktiviert und so Effektormoleküle und Genexpression beeinflussen kann; cAMP wird durch Phosphodiesterasen wieder inaktiviert

Adenylatzyklase. Aktivierte α-Untereinheiten von bestimmten heterotrimeren G-Proteinen (Gs) interagieren u. a. mit der Adenylatzyklase, die ATP zu ***zyklischem AMP*** (cAMP) umsetzt (◘ Abb. 2.3). cAMP ist ein intrazellulärer Botenstoff *(second messenger)*, der die Wirkung des Hormons *(first messenger)* in der Zelle vermittelt. Zyklisches AMP bindet an die sog. ***Proteinkinase A*** (PKA) und aktiviert diese. Sie phosphoryliert bestimmte ***Enzyme, Ionenkanäle,*** und weitere ***Transportproteine*** an einem Serin oder Threonin und beeinflusst auf diese Weise deren Funktion.

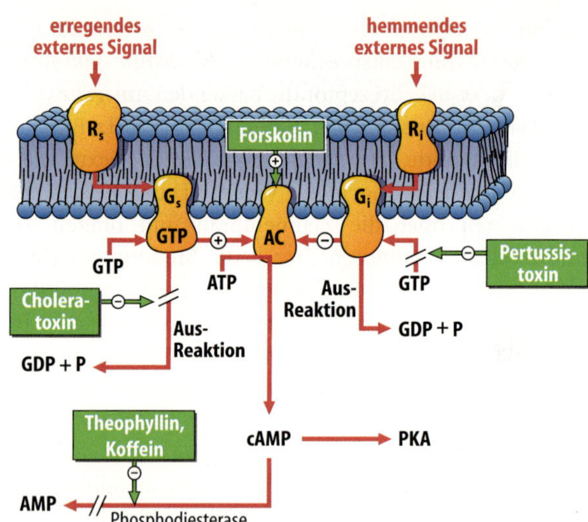

◘ **Abb. 2.3. Reaktionskette des intrazellulären Botenstoffes cAMP (zyklisches Adenosinmonophosphat).** Erregende oder hemmende externe Signale aktivieren Membranrezeptoren R_s und R_i. Diese steuern G-Proteine, die mit intrazellulärem GTP (Guanosintriphosphat) reagieren können und intrazelluläre Adenylatzyklase (AC) stimulieren oder hemmen. Das Verstärkerenzym AC konvertiert ATP in cAMP. cAMP wird durch Phosphodiesterase zu AMP abgebaut. Freies cAMP aktiviert die Proteinkinase A, die die Phosphorylierung von intrazellulären Proteinen katalysiert und damit die »Wirkung« der extrazellulären Reize auslöst. An diesen verschiedenen Reaktionen sind Pharmaka bzw. Toxine vermerkt, die diese fördern (+) oder hemmen (–)

Darüberhinaus phosphoryliert die Proteinkinase A den ***Transkriptionsfaktor CREB (cAMP responsive element binding protein)*** und löst die Expression von cAMP-abhängigen Genen aus. cAMP kann schließlich Kanäle direkt aktivieren.

Eine Vielzahl von ***Hormonen*** wie u. a. Adrenalin (über β-Rezeptoren), Glukagon, Parathormon, Calcitonin, die meisten Peptidhormone des Thalamus und Hypothalamus (Ausnahme: Somatostatin, ► s. u.) und mehrere Gewebshormone wirken über den beschriebenen Signalweg. Einige Beispiele cAMP-abhängiger Regulation sind in ◘ Tabelle 2.1 zusammengestellt.

Inaktivierung. cAMP wird durch eine ***Phosphodiesterase*** zu 5´-AMP gespalten und damit inaktiviert. Hemmung der Phosphodiesterase z. B. durch Koffein steigert die zytosolische cAMP-Konzentration und damit die cAMP-abhängigen Zellfunktionen (► s. 2.1). Die Phosphorylierung der Proteine wird durch bestimmteSerin/Threonin-Phosphoprotein-Phosphatasen (PP1, PP2a,b,c) wieder rückgängig gemacht. Damit sind die PKA-abhängigen Wirkungen wieder abgeschaltet.

Tabelle 2.1. Beispiele cAMP-abhänger Regulation von Zellfunktionen

Hormon bzw. Stimulus	Organ	Effektormolekül (↑ Stimulation, ↓ Hemmung)	Wirkung
Adrenalin (β1)	Herz	↑ Kationenkanäle (If)	Herzfrequenzsteigerung (▶ s. Kap. 20.1, 20.2)
Adrenalin (β1)	Herz	↑ Ca^{2+}-Kanäle	Herzkraft (▶ s. Kap. 20.1, 20.2)
Adrenalin	Gehirn	↓ K^{+}-Kanäle	gesteigerte Erregbarkeit (▶ s. Kap. 5.5)
Adrenalin (β)	Muskel	↓ Glykogensynthase	Glykogenabbau (▶ s. Kap. 20.1, 20.2)
Glukagon	Leber	↓ Glykogensynthase	Glykogenabbau (▶ s. Kap. 21.4)
antidiuretisches Hormon	Niere	↑ Wasserkanäle in der Niere	gesteigerte Wasserresorption in der Niere (▶ s. Kap. 29.4)
Parathormon	Niere	↓ Phosphattransporter Niere	gesteigerte Ausscheidung von Phosphat durch die Niere (▶ s. Kap. 31.2)
Vasoaktives intestinales Peptid	Pankreas	↑ Cl^{-}-Kanäle, K^{+}-Kanäle	NaCl, KCl- und Wasser-Sekretion (▶ s. Kap. 38)
Glukose	Geschmacksrezeptoren	↓ K^{+}-Kanäle	Süßempfindung (▶ s. Kap. 19.2)
Odorant	Geruchrezeptoren	↑ Kationenkanäle	Geruchsempfindung (▶ s. Kap. 1.5)

2.1. Kaffee, Herzklopfen und Herzinfarkt

Koffein im Kaffee steigert über Hemmung der Phosphodiesterase die intrazelluläre Konzentration von cAMP. Damit werden u. a. Wirkungen von Adrenalin auf das Herz ausgelöst, wie z. B. Zunahme von Herzfrequenz und Herzkraft (▶ s. Kap. 20.1, 20.2). Es kommt zum »Herzklopfen«. Das Herz wird angetrieben und damit sein Energieverbrauch gesteigert. Bei verengten Blutgefäßen und eingeschränkter Durchblutung kann es dadurch zu einem Missverhältnis von Sauerstoff-Verbrauch und -Angebot kommen, es kommt zum Energiemangel des Herzmuskels. Im schlimmsten Fall sterben die Zellen ab (▶ s. Abschnitt 2.5), es kommt zum Herzinfarkt. Bei verengten Blutgefäßen wird daher vom Genuss Koffein-haltigen Kaffees abgeraten.

Hemmung der cAMP Bildung. Über heterotrimere G-Proteine kann die PKA nicht nur aktiviert, sondern auch gehemmt werden. Hierbei interagiert der Rezeptor mit einem inhibierenden ***G_i-Protein.*** G_i-Proteine hemmen nach GTP-Spaltung und Dissoziation des α-, β- und γ-Komplexes die Adenylatzyklase. Die zelluläre c-AMP-Konzentration und die Aktivität der Proteinkinase A werden entsprechend vermindert. Über diesen Mechanismus wirken z. B. Azetylcholin, Somatostatin, Angiotensin II oder auch Adrenalin über α2-Rezeptoren. Somatostatin kann z. B. über Hemmung der cAMP-Bildung die ***Cl-Sekretion*** hemmen, und Adrenalin hemmt über α2-Rezeptoren die ***Insulinausschüttung.***

Choleratoxin. Verschiedene Toxine beeinflussen heterotrimere G-Proteine, die Adenylatzyklase und cAMP. Choleratoxin, das die Durchfallerkrankung Cholera verursacht, aktiviert durch Ribosylierung der GTP-gebundenen Form der G_α-Untereinheit die Adenylatzyklase sehr stark und dauerhaft. Chloridkanäle in der luminalen Membran von Darmepithelzellen werden aktiviert. Es kommt zur massiven Steigerung der Sekretion von NaCl und Wasser, die zu lebensbedrohlichen Flüssigkeitsverlusten führt.

cGMP

Eine Guanylatzyklase bildet cGMP, das über eine G-Kinase auf Zellfunktionen wirkt; über cGMP wirkt Stickstoffmonoxid (NO), ein extrem kurzlebiger Signalstoff

Rezeptor-Guanylatzyklasen. Einige wenige Rezeptoren koppeln an eine ***Guanylatzyklase***, die aus GTP das cGMP freisetzt. cGMP bindet an Proteinkinase G, die durch Proteinphosphorylierung ihre Wirkungen auslöst. Unter anderem aktiviert sie eine Ca^{2+}-ATPase, die Ca^{2+} aus der Zelle pumpt. Über cGMP wirkt u. a. Atriopeptin. Zyklisches GMP kann auch an Ionenkanäle binden und so die Aktivität der Ionenkanäle regulieren. Ein cGMP-hemmbarer Kationenkanal reguliert beispielsweise die Aktivität der Sehrezeptoren (▶ s. Kap. 18.5).

Zytosolische Guanylatzyklasen. Sogenannte lösliche Guanylatzyklasen werden nicht über Rezeptoren reguliert, sondern durch ***Stickstoffmonoxid (NO)***, das in der Zelle aus Arginin unter Vermittlung von NO-Synthetasen (NOS) entsteht. Die NOS in Endothelzellen (eNOS) und Gehirn (nNOS) werden durch Ca^{2+} aktiviert. Bei Entzündungen wird eine induzierbare NOS (iNOS) exprimiert, die keine gesteigerte zytosolische Ca^{2+}-Konzentration zur Aktivierung benötigt. NO ist eine sehr labile Verbindung, die geeignet ist, schnell transiente Effekte zu vermitteln. NO ist v.a. bei der Regulation des Gefäßtonus und in der Signaltransduktion von Neuronen bedeutsam.

In Kürze

Zyklische Nukleotide

Viele Hormonrezeptoren regulieren Zellen über zyklische Nukleotide, die als Second Messenger dienen:
- zyklisches Adenosinmonophosphat (cAMP) aktiviert eine Proteinkinase A und kann so Effektormoleküle und Genexpression beeinflussen;
- zyklisches GMP (cGMP) wirkt über eine G-Kinase auf die Zellfunktionen.

Die Konzentrationen der beiden Second Messenger cAMP und cGMP werden durch die Aktivitäten der Adenylat- bzw. Guanylatzyklasen reguliert.

2.4 Calcium-vermittelte Signale

Steigerung der zytosolischen Ca^{2+}-Konzentration als Signal

Calcium (Ca^{2+}) wird aus intrazellulären Speichern freigesetzt und strömt über spannungsabhängige oder ligandengesteuerte Ionenkanäle der Zellmembran in die Zelle

Ca^{2+}-Freisetzung. Um die zytosolische Ca^{2+}-Konzentration zu erhöhen, stimulieren Rezeptoren u.a. ***Phospholipase C*** (PLCβ oder PLCγ). Die PLC spaltet von bestimmten Membranphospholipiden (Phosphatidylinostolphosphaten) ***Inositoltrisphosphat*** (IP_3) ab (Abb. 2.4). IP_3 bindet an Kanäle im endoplasmatischen Retikulum, die eine Freisetzung von Ca^{2+} aus dem endoplasmatischen Retikulum in das Zytoplasma ermöglichen. Die Entleerung dieser intrazellulären Ca^{2+}-Speicher führt zu einer Aktivierung von Ca^{2+}-Kanälen in der Zellmembran (CRAC = *Calcium Release Activated Calcium Channel*), wodurch weiteres Ca^{2+} in das Zytosol gelangt.

Diacylglycerolund Proteinkinase C. Durch die Abspaltung von IP3 entsteht aus den Membranphospholipiden Diacylglycerol. Zusammen mit Ca^{2+} aktiviert Diacylglycerol Proteinkinase C, die u.a. ***Transportproteine*** in der Zellmembran reguliert. So stimuliert die PKC den Na^+/H^+-Austauscher NHE1 (▶ s. Kap. 3.1) und mindert damit die intrazelluläre H^+-Konzentration. PKC reguliert ferner die Vernetzung des ***Zytoskeletts*** und die Aktivität von ***Transkriptionsfaktoren*** und damit die Neusynthese von Proteinen (Abb. 2.4). PKC-regulierte Transkriptionsfaktoren kontrollieren insbesondere sog. *Early Response Gene*, die der Zelle eine schnelle Anpassung an wechselnde Umweltbedingungen ermöglichen.

Ligandengesteuerte und spannungsabhängige Ca^{2+}-Kanäle. Die intrazelluäre Ca^{2+}-Konzentration kann auch primär über Einstrom von Ca^{2+} durch Ionenkanäle gesteigert werden. So können bestimmte Neurotransmitter direkt an Ca^{2+}-durchlässige Ionenkanäle binden und diese öffnen (▶ s. Kap. 4.5). Schließlich verfügen sog. erregbare Zellen über spannungsabhängige Ca^{2+}-permeable Kanäle, deren Aktivität von der Potentialdifferenz über die Zellmembran reguliert wird. Bei normaler Polarisierung der Zellmembran (innen negativer als –60 mV) sind die Kanäle geschlossen, bei Depolarisation werden die Kanäle aktiviert (▶ s. Kap. 4.2). Über diese Kanäle wird die zelluläre Signaltransduktion durch das Zellmembranpotential beeinflusst.

Wirkungen von Ca^{2+}

Ca^{2+} wirkt über Calmodulin/Calcineurin oder durch direkte Bindung auf die Aktivität und Expression von Effektormolekülen

Calmodulin und Calcineurin. Neben Proteinkinase C bindet Ca^{2+} an das Protein Calmodulin, das ein ubiquitärer, intrazellulärer Ca^{2+}-Rezeptor ist (Abb. 2.4). Durch die Bindung von Ca^{2+} an Calmodulin kommt es zu einer Konformationsänderung von Calmodulin, das nun u.a. die Phosphatase ***Calcineurin*** stimulieren kann. Wichtigstes Substrat von Calcineurin ist der Transkriptionsfaktor ***NFAT***. Calcineurin dephosphoryliert NFAT, der im dephosphorylierten Zustand aus dem Zytosol in den Nukleus wandert und dort die Transkription von Genen stimuliert.

Ca^{2+}-abhängige Funktionen. Ca^{2+} reguliert eine Vielzahl zellulärer Funktionen, z.B. Muskelkontraktionen, Zustand des Zytoskeletts, Regulation von Enzymen des Intermediärstoffwechsels (z.B. Glykogenabbau), Fusion von Vesikeln mit der Zellmembran und damit die Ausschüttung von Neurotransmittern und Hormonen, Expression von Genen, die für die Zellproliferation wichtig sind sowie Aktivierung von Enzymen, die den »programmierten« Zelltod (Apoptose) auslösen können. Einige Beispiele Ca^{2+}-abhängiger Regulation sind in Tabelle 2.2 zusammengestellt.

Spezifität von Ca^{2+}-Signalen. Aus der Vielzahl von Ca^{2+}-abhängigen Zellfunktionen wird meist nur ein kleiner Teil in einer Zelle realisiert. Ca^{2+} kann ja nicht gleichzeitig Zellteilung und Zelltod auslösen. Die Spezifität der Ca^{2+}-Wirkungen wird durch die ***Ausgangsituation der Zelle*** eingeschränkt, also durch die gleichzeitig auf die Zelle einwirkenden anderen Signale und die vorhandene Ausstattung mit Effektormolekülen.

Darüber hinaus kommt der zeitlichen Abfolge der Ca^{2+}-Signale eine entscheidende Bedeutung zu. ***Ca^{2+}-Oszillationen***, bei denen die intrazelluläre Ca^{2+}-Konzentration intermittierend kurzfristig gesteigert wird (z.B. jede Minute für wenige Sekunden), fördern z.B. die Expression von Genen zur Zellproliferation, langanhaltende Steigerung der Ca^{2+}-Konzentration führt andererseits

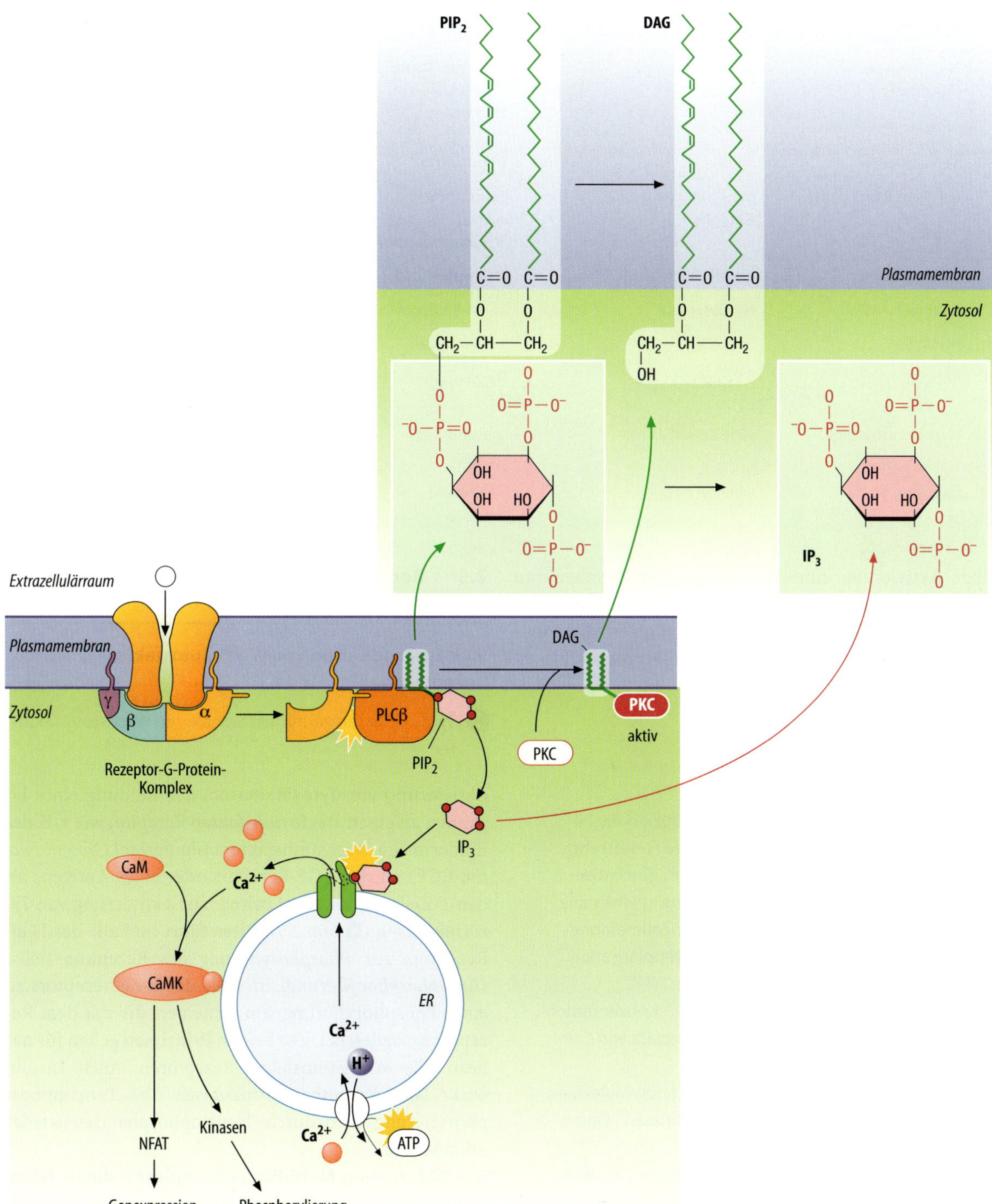

Abb. 2.4. Calcium- (Ca^{2+}-) und Diacylglycerol- (DAG-) abhängige Signalwege. Eine Phospholipase C (PLC) spaltet aus Phospholipiden der Zellmembran Inositoltrisphosphat (IP3) ab. Über Aktivierung von Ca^{2+} Kanälen entleert IP3 intrazelluläre Ca^{2+}-Speicher und steigert damit die intrazelluläre Ca^{2+} Konzentration. Entweder direkt oder nach Bindung an Calmodulin reguliert Ca^{2+} die Aktivität von Transportproteinen und Enzymen und die Transkription von Genen. Durch Abspaltung von IP3 entsteht ferner Diacylglycerol, das u. a. gemeinsam mit Ca^{2+} eine Proteinkinase C (PKC) aktiviert

Tabelle 2.2. Beispiele Ca^{2+}-abhängiger Regulation von Zellfunktionen

Hormon bzw. Stimulus	Organ	Effektormolekül (↑ Stimulation, ↓ Hemmung)	Wirkung
Depolarisation	Muskel, Herz	↓ Tropomyosin	Kontraktion (▶ s. Kap. 6.3)
Depolarisation	pankreatische B-Zelle, Neurone	↑ Fusionsproteine von Speichervesikeln (z. B. Synaptotagmin)	Ausschüttung von Insulin (▶ s. Kap. 21.4) und Neurotransmittern (▶ s. Kap. 5.7)
Cholezystokinin	exokrines Pankreas	↑ K^+-Kanäle	NaCl-Sekretion (▶ s. Kap. 3.8)
Glutamat (AMPA)	Hippocampus	↑ AMPA-Rezeptor	Gedächtnis (▶ s. Kap. 5.9)
Histamin	Endothel	↑ NO-Synthase	Gefäßerweiterung (▶ s. Kap. 28.8)
Antigen	T-Lymphocyt	↑ Transkriptionsfaktor NFAT	Zellteilung, Aktivierung (▶ s. Kap. 24.2)
Wachstumsfaktoren	viele Zellen	↑ Transkriptionsfaktoren	Zellteilung
Oxidativer Stress	viele Zellen	↑ Scramblase	Apoptose

über Aktivierung eines Enzyms in der Zellmembran (Scramblase), das die Lipidstruktur in der Zellmembran stört, sowie durch Akkumulierung von Ca^{2+} in Mitochondrien mit folgender mitochondrialer Depolarisation zu Apoptose (▶ s. Kap. 2.5).

In Kürze

Calcium-vermittelte Signale

Die Aktivität von Phospholipasen induziert die Bildung von IP_3 und DAG. IP_3 bewirkt die Freisetzung von Ca^{2+} aus intrazellulären Speichern. Die Entleerung der Speicher aktiviert zusätzliche Ionenkanäle der Zellmembran. Ca^{2+}-Kanäle in der Zellmembran können auch durch Liganden oder Depolarisation aktiviert werden.
Die Steigerung der zytosolischen Ca^{2+}-Konzentration wirkt als Signal. Dabei gibt es eine Vielzahl von Ca^{2+}-abhängigen Zellfunktionen:
- Ca^{2+} reguliert im Konzert mit anderen Molekülen direkt oder indirekt u. a. Proteinkinase C, Calmodulin und NFAT
- Ca^{2+} reguliert u. a. Muskelkontraktion, Transmitter- und Hormonausschüttung, Stoffwechsel, Zellproliferation und Apoptose.

Für die Ca^{2+}-abhängigen Wirkungen ist die zeitliche Abfolge der Ca^{2+}-Signale entscheidend.

2.5 Regulation von Zellproliferation und Zelltod

Signaltransduktion von Wachstumsfaktor-Rezeptoren

Tyrosinkinasen vermitteln Signale von Wachstumsfaktoren

Aktivierung von Tyrosinkinasen. Die Bindung eines Liganden an einen ***Wachstumsfaktor-Rezeptor,*** wie z. B. des Epidermalen Wachstumsfaktors (*Epidermal Growth Factor,* EGF) an den EGF-Rezeptor oder eines Antigens an den T-Zellrezeptor, führt primär zur Aktivierung von ***Tyrosinkinasen*** (Abb. 2.5). Diese führt im Falle des EGF-Rezeptors zur ***Phosphorylierung*** des Rezeptors selbst ***(Autophosphorylierung)***, im Falle des T-Zellrezeptors zu einer Phosphorylierung von Proteinen, die mit dem Rezeptor assoziieren. Diese beiden Prinzipien gelten für nahezu alle Wachstumsfaktor-Rezeptoren. Auch Insulin wirkt über Rezeptortyrosinkinasen. Die Tyrosinphosphorylierung wird durch Tyrosinphosphatasen wieder umgekehrt.
Die Bildung von Multi-Proteinkomplexen durch Adapterproteine. Phosphorylierte Tyrosinreste am Rezeptor bzw. assoziierende Proteine dienen als Bindungsstellen für zytosolische Proteine, die nun mit dem aktivierten Rezeptorkomplex interagieren können. Zu diesen Proteinen gehören insbesondere ***Adapterproteine***, z. B. das Grb-2-Protein (Abb. 2.5).
Weitervermittlung des Signals. Die gebundenen Adapterproteine rekrutieren weitere Moleküle an den Rezeptorkomplex, wodurch das Signal, das durch die Bindung des Liganden entstanden ist, verstärkt wird. Durch selektive Rekrutierung und Kombination bestimmter »Signal-

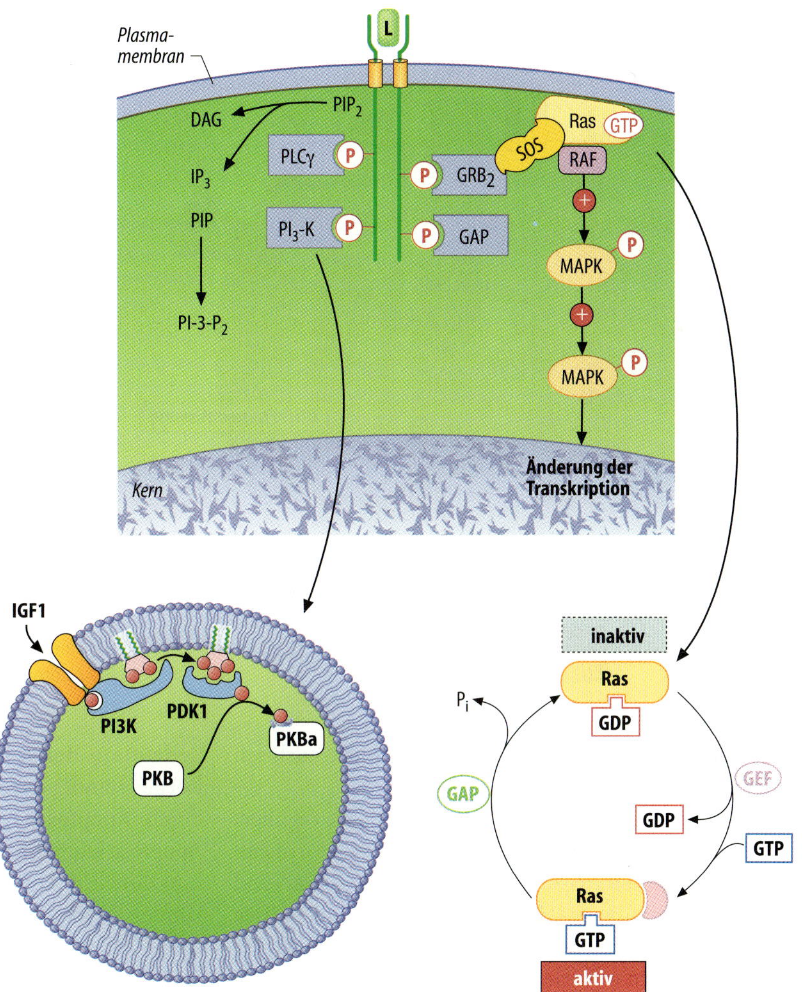

Abb. 2.5. Rezeptortyrosinkinasen. Durch Autophosphorylierung schaffen Rezeptortyrosinkinasen Andockstellen für Adapterproteine, die weitere Signalmoleküle binden. Z. B. bindet das Adapterprotein Grb-2 den GDP/GTP-Austauschfaktor SOS, der das G-Protein Ras aktiviert. Ras wird durch Hydrolyse von GTP inaktiviert. Ferner dockt Phosphatidylinositol-3-Kinase (PI3-K) an den Tyrosinkinase-Rezeptor an. Sie erzeugt ein in der Zellmembran verankertes Phosphatidyl(3,4,5)trisphosphat (PI-3-P$_2$), an das unter anderem die Proteinkinase B (PKB) und die Phosphatidylinositol-abhängige Kinase PDK andocken. Damit kann PDK die Kinase PKB phosphorylieren und auf diese Weise aktivieren (PKBa)

module« aus relativ wenigen Signalwegen kann zudem eine Vielzahl intrazellulärer Wirkungen erreicht werden. Rekrutiert z. B. das entsprechende Adapterprotein Signalmoleküle, die den Signalweg A + C + E aktivieren, entsteht ein anderes Signal, als wenn Signalmoleküle rekrutiert werden, die schließlich die Signalwege A + B + D stimulieren.

Kleine G-Proteine

Kleine G-Proteine regulieren über Aktivierung von Kinasekaskaden und Beeinflussung des Zytoskeletts Zell-Proliferation, -Differenzierung und -Tod

Aktivierung. Kleine G-Proteine, die ein Molekulargewicht von 20–30 kDa haben, binden wie die heterotrimeren G-Proteine im inaktiven Zustand GDP. Der Austausch von GDP durch GTP aktiviert kleine G-Proteine (Abb. 2.5). Die Aktivierung kleiner G-Proteine wird durch ***Guaninnukleotid-Austauschfaktoren*** katalysiert. Diese lösen das GDP vom kleinen G-Protein ab, wodurch die Bindung des in der Zelle in viel höherer Konzentration als GDP vorkommende GTP erfolgt. Zu den bekanntesten Austauschfaktoren gehört das ***SOS-Protein.*** Die Inaktivierung kleiner G-Proteine wird durch die Hydrolyse des gebundenen GTP vermittelt (Abb. 2.6).

Ras. Das bekannteste kleine G-Protein ist das Ras-Protein (Abb. 2.5), das durch SOS aktiviert wird und u. a. die ***Zellproliferation*** reguliert. Ras aktiviert über sog. ***Raf-Kinasen*** die ***MAP-Kinasen*** (Mikrotubuli-assoziierte Proteinkinasen), die u. a. die Synthese neuer Proteine steuern oder das Zytoskelett kontrollieren (Abb. 2.5).

Phosphatidylinositol-3-Kinase. Ras aktiviert ferner die Phosphatidylinositol-3-Kinase (PI3-K). Die PI3-K erzeugt ein in der Zellmembran verankertes Phosphatidyl(3,4,5)trisphosphat, an das unter anderem die ***Proteinkinase B*** und die ***Phosphatidylinositol-abhängige Kinase PDK*** andocken können (Abb. 2.5). Dadurch wird die Interaktion der beiden Kinasen ermöglicht und die PDK kann die PKB phosphorylieren und damit aktivieren. Über Phosphorylierung aktiviert die PKB unter anderem die NO-Synthase und kann damit die Gefäßweite regulieren (► s. Kap. 28.8). PKB hemmt andererseits die Glykogensynthasekinase GSK3 und beeinflusst damit die Regulation des Stoffwechsels. Schließlich phosphoryliert und

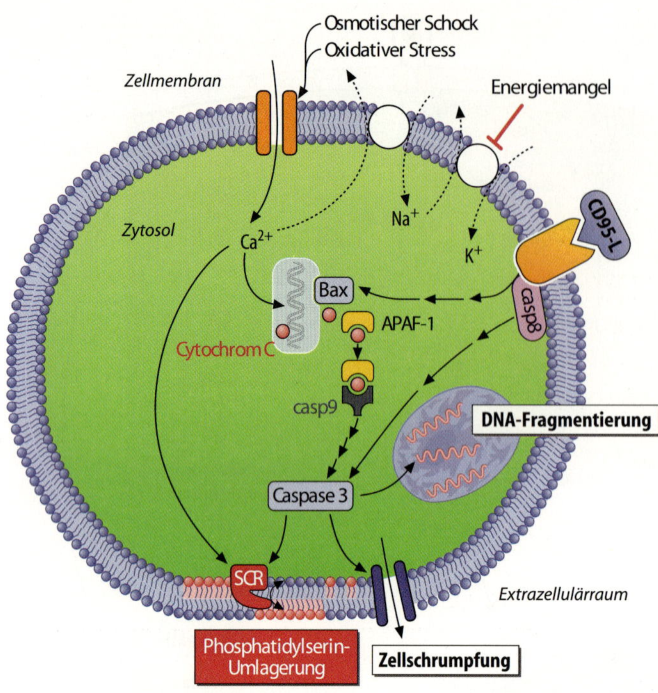

Abb. 2.6. Apoptotische Signalkaskaden. Apoptose kann über Schädigung der Zelle, der Mitochondrien und über Rezeptoren ausgelöst werden. Mitochondrien setzen unter Vermittlung des Proteins Bax Cytochrom C *(roter Kreis)* frei, das gemeinsam mit dem Adapterprotein APAF-1 die Caspase 9 (casp 9) aktiviert. Über eine Kaskade wird Caspase 3 (casp 3) aktiviert, die durch Stimulation einer Skramblase (Scr) zu Phosphatidylserin-Umlagerung in der Zellmembran, durch Aktivierung von Kanälen in der Zellmembran zu Zellschrumpfung und durch Aktivierung von Endonukleasen zum Abbau nukleärer DNA führt. Apoptose kann auch über gesteigerten Einstrom (Kationenkanäle) ausgelöst werden. Außerdem kann beeinträchtigte Eliminierung von Ca^{2+} (Na^+/Ca^{2+}-Austauscher) zur Apotose führen

inaktiviert PKB Bad, ein Protein, das Apoptose auslösen kann (► s. u.).

Aktivierung weiterer kleiner G-Proteine. Ras reguliert schließlich weitere kleine G-Proteine (Abb. 2.5), insbesondere die kleinen G-Proteine ***Rac*** und ***Rho***. Rac und Rho regulieren u. a. das Zytoskelett und ***stressaktivierte Kinasen***, die das Signal über den Transkriptionsfaktor AP-1 in den Kern weiterleiten. Die Transkription von Genen und die Synthese neuer Proteine erlaubt es der Zelle, auf veränderte extrazelluläre Bedingungen zu reagieren.

> **2.2. Onkogene**
>
> Onkogene sind in Wirtszellen eingebrachte virale Gene oder durch Mutation veränderte zelluläre Gene, die eine Steigerung der zellulären Proliferation bewirken oder den apoptotischen Zelltod verhindern. Sie werden häufig in Tumorzellen gefunden und ihre Wirkung trägt zur Entwicklung von Tumorzellen bei. Zu den Onkogenen zählen u. a. die Rezeptortyrosinkinasen v-erb, die zytosolischen Kinasen src und raf, die Transkriptionsfaktoren myc, jun, fos und myb, das kleine G-protein ras, und das antiapoptotische Protein bcl2. Die bei ras gefundenen Mutationen aktivieren Ras u. a. durch Verzögerung der Abspaltung von Phosphat aus dem GTP und der daraus resultierenden Inaktivierung des G-Proteins.

Apoptose und Nekrose

! Bei Apoptose wird ein intrazelluläres Signalprogramm aktiviert, das zum Tod der Zelle führt

Bedeutung der Apoptose. Zellen werden in unserem Körper ständig durch Zellproliferation neu gebildet und durch Apoptose entfernt. Über Zellproliferation und Apoptose kann die jeweilige Zellzahl reguliert und an die funktionellen Anforderungen angepasst werden. Ferner können beschädigte, mit intrazellulären Erregern infizierte Zellen oder Tumorzellen durch Apoptose eliminiert werden. Apoptose ist ein suizidaler Zelltod, der nach einem bestimmten Programm abläuft.

Kennzeichen der Apoptose. Bei Apoptose kommt es zu typischen Veränderungen der Zelle, insbesondere zu ***Zellschrumpfung***, zu ***Fragmentation der DNA***, Kondensation des nukleären Chromatins, Fragmentation des Nukleus und zur Abschnürung kleiner Zellanteile, die dann sog. ***apoptotische Körperchen*** bilden. In der Zellmembran wird durch Aktivierung einer Scramblase (u. a. durch Ca^{2+}) ***Phosphatidylserin*** umgelagert. Phosphatidylserin an der Oberfläche apoptotischer Zellen bindet an Rezeptoren von Makrophagen, welche die apoptotischen Zellen phagozytieren und dann intrazellulär abbauen. Damit wird die Freisetzung intrazellulärer Proteine verhindert, die sonst zu einer Entzündung führen würde.

Apoptosestimuli. Apoptosekann sowohl durch ***Rezeptoren***, wie z. B. den CD95- oder Tumor-Nekrose-Faktor-Rezeptor, oder durch ***Stressreize*** wie ionisierende Strahlen, UV-Licht, Hitze oder Zytostatika ausgelöst werden (Abb. 2.6).

Caspasen. Apoptose wird durch die Aktivierung von intrazellulären Proteasen aus der Familie der Caspasen vermittelt. Caspasen schneiden Proteine zwischen den Aminosäuren *C*ystein und ***Asp***artat. Die oben genannten Rezeptoren bzw. Stimuli aktivieren über verschiedene intermediäre Enzyme Caspase 3, das ein Schlüsselenzym für die Exekution von Apoptose ist. Caspase 3 vermittelt direkt oder indirekt die Spaltung vieler zellulärer Proteine, eine Fragmentation der nukleären DNA, Veränderungen des Zytoskeletts und eine Disintegration der Zelle.

Mitochondrien. Viele pro-apoptotische Stressreize wirken in der Zelle über sog. Bcl-2-ähnliche Proteine, insbesondere ***Bax***, ***Bad*** und ***Bid***, die das apoptotische Signal auf Mitochondrien übertragen (◘ Abb. 2.6). Die Wirkung der Proteine wird durch ***Bcl-2*** gehemmt. Die Interaktion dieser Proteine mit den Mitochondrien führt zu einer Depolarisierung der Mitochondrien und zu einer Freisetzung von ***Cytochrom C***. Cytochrom C bindet an ein Adapterprotein ***(APAF-1)***, der Komplex bindet ***Caspase 9***, die damit aktiviert wird und Apoptose induziert.

Nekrose. Mechanische, chemische und thermische Schädigungen der Zelle können die Integrität der Zellmembran aufheben, Elektrolyte und Wasser strömen ein und die Zelle platzt. Dabei spricht man von nekrotischem Zelltod. Auch bei Energiemangel (z. B. bei Mangeldurchblutung) können die Elektrolytgradienten über die Zellmembran nicht aufrecht erhalten werden (► s. Kap. 1.4), und die Zelle stirbt durch Nekrose. Im Gegensatz zur Apoptose werden bei Nekrose intrazelluläre Proteine frei, wodurch eine Entzündungsreaktion auftritt. Bisweilen versucht die Zelle bei Schädigung bzw. Energiemangel durch Auslösung der Apoptose einer Nekrose zuvorzukommen.

In Kürze

Regulation von Zellproliferation

Viele Wachstumsfaktor-Rezeptoren initiieren intrazelluläre Signale. Die Bindung eines Liganden an einen Wachstumsfaktor-Rezeptor führt zur Aktivierung von Tyrosinkinasen. Diese wiederum führt entweder
- zur Phosphorylierung des Rezeptors selbst (Autophosphorylierung) oder
- zu einer Phosphorylierung von Proteinen, die mit dem Rezeptor assoziieren.

Die phosphorylierten Tyrosinreste dienen als Bindungsstellen für sog. Adapterproteine, über die Multi-Enzymkomplexe entstehen. Das Signal wird so in die Zelle weitergegeben.

Kleine G-Proteine werden
- durch den Austausch von GDP und GTP aktiviert,
- durch Hydrolyse von GTP inaktiviert,
- regulieren intrazellulär Signalwege, die zur Proliferation und Differenzierung der Zelle führen.

Das bekannteste kleine G-Protein ist das Ras-Protein. Aktive Mutanten von Ras sind für die Entstehung und das Wachstum vieler Tumoren verantwortlich.

▼

Regulation von Zelltod

Pro-apoptotische Stimuli induzieren Apoptose über:
- Aktivierung intrazellulärer Proteasen, insbesondere von Caspasen und Abbau von Zellstrukturen,
- Veränderung der Mitochondrien,
- Fragmentation der DNA,
- Zellschrumpfung,
- Umlagerung von Phosphatidylserin in der Zellmembran.

Apoptose dient dem physiologischen Umsatz von Zellen und Geweben ohne Freisetzung intrazellulärer Proteine und Entzündung.

Bei Nekrose kommt es umgekehrt zu Zellschwellung, Freisetzung zellulärer Proteine und Entzündung.

2.6 Eikosanoide

Bildung von Eikosanoiden

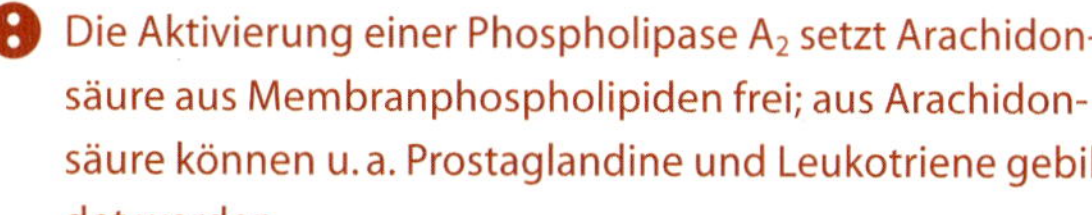

Die Aktivierung einer Phospholipase A_2 setzt Arachidonsäure aus Membranphospholipiden frei; aus Arachidonsäure können u. a. Prostaglandine und Leukotriene gebildet werden

Arachidonsäurebildung. Durch Aktivierung einer ***Phospholipase*** A_2 (PLA_2) wird aus Zellmembranphospholipiden die mehrfach ungesättigte Fettsäure Arachidonsäure freigesetzt (◘ Abb. 2.7). PLA_2 wird unter anderem durch Anstieg der intrazellulären Ca^{2+}-Konzentration und durch Zellschwellung aktiviert. Mehrere Entzündungsmediatoren (u. a. Histamin, Serotonin, Bradykinin) stimulieren, Glukokorticoide hemmen die PLA_2.

Cycloxygenase-Produkte. Arachidonsäure kann durch die Enzyme Cycloxygenase und Peroxidase zu Prostaglandin H_2 (PGH_2) umgewandelt werden. Aus PGH_2 können in weiteren Reaktionen die ***Prostaglandine*** (z. B. PGE2 und PGF2α), und ***Thromboxan*** entstehen. Prostaglandine werden unter anderem von Zellen gebildet, die nicht hinreichend mit Energie versorgt werden oder schädigenden Einflüssen ausgesetzt sind. Bei Entzündungen wird eine induzierbare Cycloxygenase (COX2) vermehrt exprimiert und sorgt für die gesteigerte Bildung von Prostaglandinen. Thromboxan wird v. a. bei Aktivierung von Thrombozyten freigesetzt.

Lipoxygenaseprodukte. Vor allem bei Entzündungen werden Lipoxygenasen aktiviert, welche die ***Leukotriene*** bilden.

Epoxygenase. Schließlich können über Oxidation aus Arachidonsäure *H*ydroxy*e*icosa*t*etra*e*nsäuren ***(HETE)*** und *E*poxy*e*icosa*t*riensäuren ***(EET)*** gebildet werden.

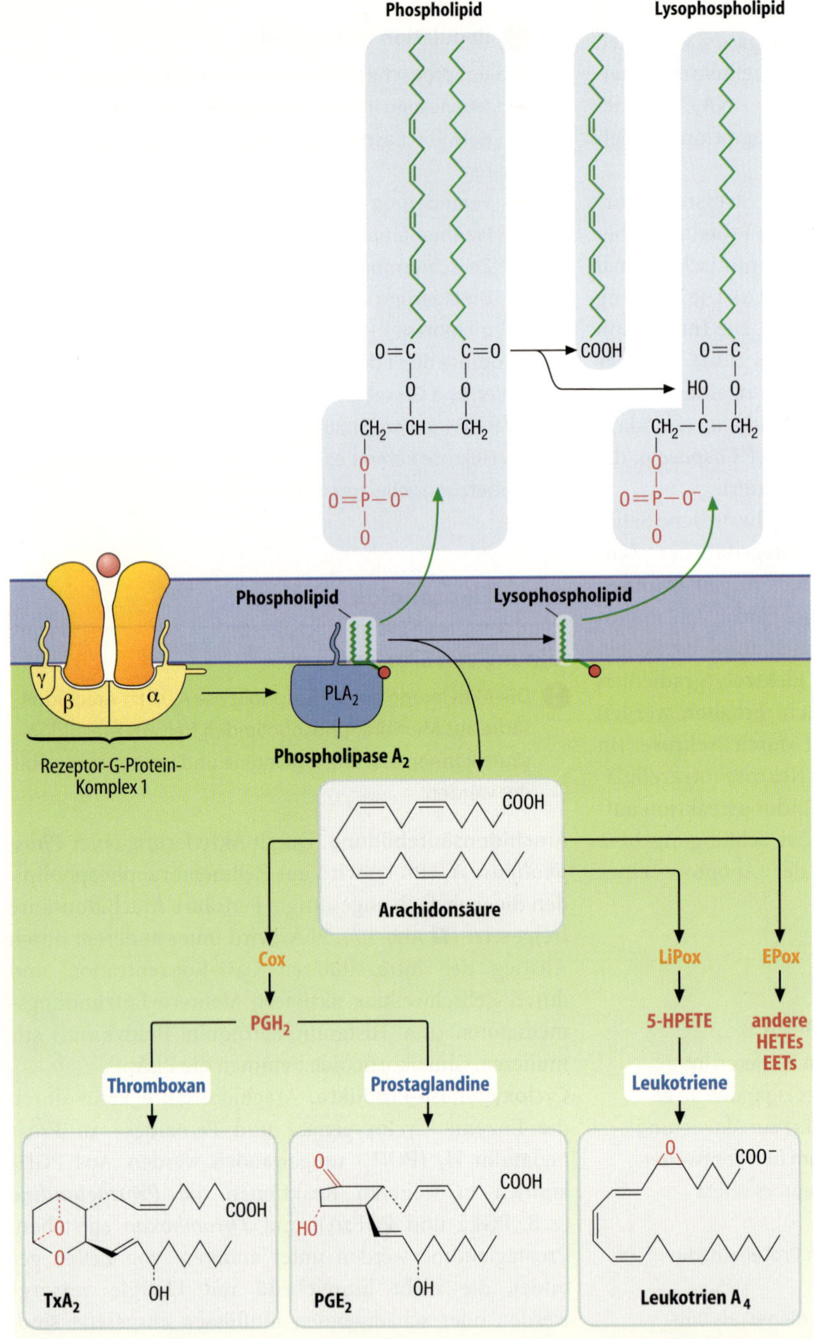

Abb. 2.7. Eikosanoide. Durch eine Phospholipase A_2 (PLA_2) wird Arachidonsäure gebildet. Aus dieser entstehen über Cycloxygenase (Cox) Prostaglandine und Thromboxan. Ferner werden über Lipoxygenasen (LiPox) Leukotriene, und über Epoxygenase (Epox) HETEs gebildet

Wirkung von Eikosanoiden

Eikosanoide wirken sowohl als intrazelluläre Messenger als auch als Signalstoffe für Nachbarzellen; sie sollen einer Überforderung und Schädigung von Zellen und Geweben entgegenwirken

Prostaglandine. Die Wirkungen von Prostaglandinen zielen in erster Linie auf den Schutz der Prostaglandin-bildenden Zelle ab. Sie drosseln bestimmte zelluläre Leistungen (z. B. die Salzsäuresekretion im Magen) und fördern durch Erweiterung benachbarter Gefäße die Versorgung der Zelle mit Sauerstoff und Substraten. Besonders bedeutsam sind Prostaglandine bei ***Entzündungen***. Sie lösen ***Schmerzen*** und ***Fieber*** aus und steigern neben der ***Durchblutung*** auch die ***Blutgefäß-Permeabilität*** (► s. Kap. 15.5).

Thromboxan. Das v. a. bei Aktivierung von Thrombozyten gebildete Thromboxan dient in erster Linie der ***Blutungsstillung*** (► s. Kap. 23.6).

Cycloxygenase-Hemmer. Zu den am häufigsten verwendeten Pharmaka überhaupt zählen die Cycloxygenase-Hemmer. Über Hemmung der Prostaglandinsynthese senken sie Fieber, mindern Schmerzen und unterdrücken Entzündungen (▶ s. Kap. 15.6). Über Hemmung der Thromboxanbildung setzen sie die Gerinnungsbereitschaft des Blutes herab.

Wirkungen von Leukotrienen. Leukotriene sind vor allem bei ***Entzündungen*** beteiligt. Unter anderem können sie durch Auslösung der Kontraktion von Muskeln der Atemwege die Atmung behindern (***Asthma***, ▶ s. 32.4).

Wirkungen von HETE und EET. HETE und EET stimulieren u. a. die Ca^{2+}-Freisetzung und fördern die Zellproliferation.

In Kürze

Eikosanoide

Eikosanoide sind eine Gruppe von mehrfach ungesättigten Fettsäuren, die sowohl als intrazelluläre Transmitter, als auch als Signalstoffe für Nachbarzellen dienen. Die Bildung der Eikosanoide erfolgt in mehreren Schritten:

Durch die Phospholipase A_2 wird Arachidonsäure gebildet.

- Die Cycloxygenase bildet daraus die Prostaglandine und Thromboxan,
- die Lipoxygenase bildet die Leukotriene,
- die Epoxygenase bildet Hydroxyeicosatetraensäuren (HETE's).

Prostaglandine und Leukotriene vermitteln v. a. Wirkungen von Entzündungen

Thromboxan wirkt bei der Blutungsstillung mit.

Literatur

Alberts B, Johnson A, Lewis J, Raff M, Roberts K, Walter P (2002) Molecular Biology of the Cell, 4 th edn. Garland Science, New York

Aranda A, Pascual A (2001) Nuclear hormone receptors and gene expression. Physiol. Rev 81: 1269–1304

Berchtold MW, Brinkmeier H, Muntener M (2000) Calcium ion in skeletal muscle: its crucial role for muscle function, plasticity, and disease. Physiol Rev 80: 1215–1265

Droge W (2002) Free radicals in the physiological control of cell function. Physiol Rev 82: 47–95

Gulbins E, Jekle A, Ferlinz K, Grassmé H, Lang F (2000) Physiology of apoptosis. Am J Physiol 279: F605-F615

Jamney PA (1998) The cytoskeleton and cell signaling: component localization and mechanical coupling. Physiol Rev 78: 763–781

Kyriakis JM, Avruch J (2001) Mammalian mitogen-activated protein kinase signal transduction pathways activated by stress and inflammation. Physiol Rev 81: 807–869

Lang F, Busch GL, Ritter M, Voelkl H, Waldegger S, Gulbins E, Haeussinger D (1998) Functional significance of cell volume regulatory mechanisms. Physiol Rev 78: 247–306

Lang F, Cohen P (2001) The serum and glucocorticoid inducible kinases. Science STKE 108: RE17

Lee HC (1997) Mechanisms of calcium signaling by cyclic ADP-ribose and NAADP. Physiol Rev 77: 1133–1164

Morris AJ, Malbon CC (1999) Physiological regulation of G protein-linked signaling. Physiol Rev 79: 1373–1430

Rebecchi MJ, Pentyala SN (2000) Structure, function, and control of phosphoinositide-specific phospholipase C. Physiol Rev 80: 1291–1335

Rusnak F, Mertz P (2000) Calcineurin: form and function. Physiol Rev 80: 1483–1521

Kapitel 3 Transport in Membranen und Epithelien

M. Fromm

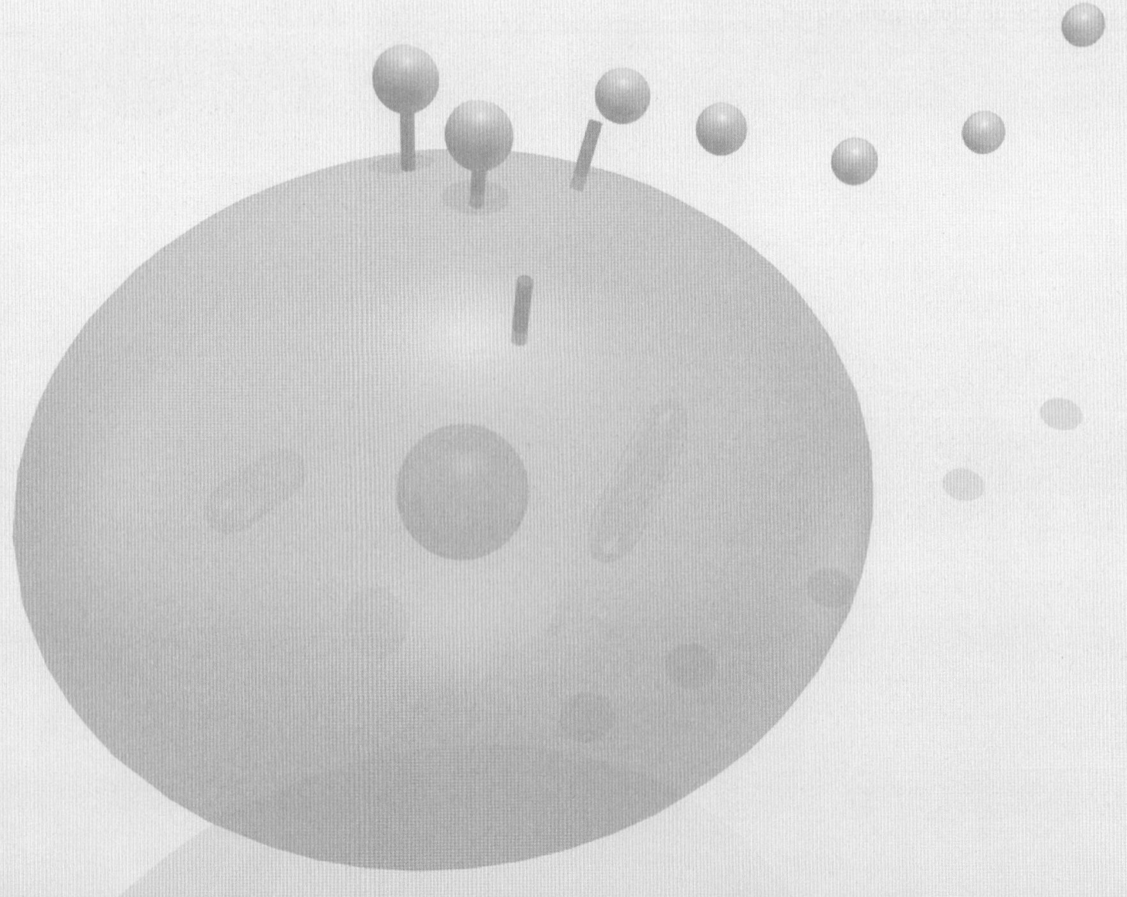

Einleitung

Bei Teilnehmern einer Reisegruppe in einem tropischen Land, die am Vorabend offen verkaufte Eiskrem gegessen hatten, trat plötzlich sehr heftiger wässriger Durchfall auf. Der erfahrene Reiseleiter wusste gleich, worum es sich handelt: *Reisediarrhoe*. Das Eis enthielt pathogene Coli-Bakterien, deren Toxine im gesamten Darm eine Öffnung von Cl^--Kanälen (CFTR, ◻ Abb. 3.4 A) verursachen, die zu einer massiven Sekretion von Cl^-, gefolgt von weiteren Soluten und Wasser, führt. Die auftretende Diarrhoe kann unbehandelt für geschwächte Personen und Kleinkinder lebensgefährlich werden. Therapeutisch muss lediglich der Wasser- und Elektrolytverlust ausgeglichen werden, bis die Diarrhoe nach einigen Tagen von selbst nachlässt. Trinkwasser allein würde nicht resorbiert werden. Da eine Infusionstherapie am Reiseort nicht möglich war, erhielten die Patienten täglich mehrere Liter einer oralen Rehydrierungslösung aus Tee mit je 1 Teelöffel Kochsalz und 2 Esslöffeln Zucker pro Liter. Die darin enthaltenen Na^+-Ionen und die Glukose werden obligat im Verhältnis 2:1 über einen Carrier (SGLT1, ◻ Abb. 3.3 B) resorbiert, der durch die Toxine nicht beeinträchtigt wird, und Wasser folgt aus osmotischen Gründen diesen Soluten. Die Touristen wissen jetzt: »Cook it, boil it, peel it or forget it!«

3.1 Transmembranale Transportproteine

Kanäle und Carrier

Kanäle und Carrier sind Transportproteine, die das innere Milieu konstant halten; bei angeborenen Defektkrankheiten von Kanälen und Carriern kommt es zu Mangel- oder Überschusszuständen der transportierten Solute

Milieu intérieur. Der Mensch muss mit der Umgebung dauernd Stoffe austauschen, zugleich aber sein flüssiges »inneres Milieu« konstant halten, obwohl die zugeführten Stoffe meist völlig anders zusammengesetzt sind. Dieser Stoffaustausch wird auf zellulärer Ebene durch die Zellmembranen und für den Gesamtorganismus durch Epithelien gewährleistet.

Membranen und Epithelien bilden Barrieren zwischen den Flüssigkeitsräumen des Körpers und transportieren in geregelter Weise Solute und Wasser durch diese Barrieren hindurch. Da die Stoffzusammensetzung der aufgenommenen Nahrung eher willkürlich ist, geschieht die Konstanthaltung des inneren Milieus hauptsächlich durch Regelung der Ausscheidung durch Nieren, Darm, Lunge und Haut.

Kanäle und Carrier sind Transporter. Die Transportproteine sind asymmetrisch in der apikalen und basolateralen Zellmembran der Epithelzellen verteilt. Im Hinblick auf ihren Mechanismus kann man die Transporter in Kanäle und Carrier (mit einer Sonderform, den Pumpen) einteilen (◻ Tabelle 3.1). Kanäle und Carrier sind ***integrale Membranproteine***, die die gesamte Zellmembran mehrfach durchziehen und zumeist eine hohe Spezifität für den Transport einzelner Substanzen oder Gruppen ähnlicher Substanzen besitzen. Die Transportrate beider Transporterarten ist sättigbar. Einen Überblick über die wichtigsten Transporter der Zellmembranen gibt ◻ Tabelle 3.2.

Spezifität. Kanäle und Carrier können für einzelne bzw. einander ähnliche Teilchensorten oder für Wasser spezifisch sein. Weiterhin unterscheiden sie sich hinsichtlich ihrer Permeabilität und ihrer molekularen Struktur. In manchen Fällen sind funktionell fast gleichartige Transporter in unterschiedlichen Zellen molekular verschieden, so dass eine fast unüberschaubare Zahl von Kanälen und Carriern identifiziert worden ist. Dies hat jedoch seine klinische Bedeutung in der Tatsache, dass ***Defektkrankheiten*** oft nur ganz bestimmte Transporter betreffen. Beispiele hierfür sind ***Zystische Fibrose*** (▶ 3.1) und das ***Bartter-Syndrom*** (▶ 3.2).

◻ **Tabelle 3.1.** Einige Eigenschaften von membranalen Transportproteinen

	Umsatzrate	Zahl pro Zelle	Unterscheidungsmerkmale	Symbole
Kanäle	10^6–10^8/s	10^2–10^4	keine Flusskopplung	
				Unip. Symp. Antip.*
Carrier	< 10^4/s	10^4–10^{10}	kein *Gating*	
Pumpen (primär aktive Carrier)	10^2/s	10^5–10^7	kein *Gating*, ATP-Hydrolyse	

* Unip., Symp., Antip.: Uniporter, Symporter, Antiporter

Tabelle 3.2. Transporter der Zellmembranen (Auswahl)
AS = Aminosäuren, C. typ = Carriertyp, S = Symporter, A = Antiporter, U = Uniporter; 2 = sekundär aktiv, 3 = tertiär aktiv, P = passiv
Typische Lokalisation: a = in Epithelien apikal, bl = in Epithelien basolateral

Transporter	Name	Gen-symbol#	Stöchio-metrie	C. typ	typische	Lokalisation	Transporter-defekte
1 Pumpen = ATPasen							
Na^+/K^+	Na/K-ATPase	ATP1A1	3:2 (:1 ATP)	A	bl	alle Zellen	
Ca^{2+}	Ca-ATPase	ATP2B1	1 (:1 ATP)	U	bl	alle Zellen	
H^+/K^+	H/K-ATPase	ATP4*, ATP12A	1:1 (:1 ATP)	A	a	Magen, Sammelrohr, Kolon	
H^+	H-ATPase	ATP6V1B1	1 (:1 ATP)	U	a bl	Sammelrohr Zwischenzellen Typ A Sammelrohr Zwischenzellen Typ B	distale renal-tubuläre Azidose
Multi Drug Resistance Amphipathische Medikamente	MDR1	ABCB1	1 (:1 ATP)	U	a	z. B. Leber, Niere, Darm	↑ in manchen Tumoren
2 Symporter und Antiporter							
Na^+/H^+	NHE1 NHE3	SLC9A1 SLC9A3	1:1	A, 2	bl a	Niere, Darm u. v. a. prox. Tubulus, Henle-Schleife, Darm	
Na^+,K^+,Cl^-	NKCC1 NKCC2	SLC12A2 SLC12A1	1:1:2	S, 2	bl a	alle sezernierenden Epithelien aufsteigende dicke Henle-Schleife	 Bartter-Syndrom Typ 1 ①
Na^+,HCO_3^-	NBC1	SLC4A4	1:3 1:2	S, 3 S, 2	bl	prox. Tubulus Pankreas, Leber, Darm	prox. renal-tubuläre Azidose
Na^+,Cl^-	NCC	SLC12A3	1:1	S, 2	a	frühdistaler Tubulus	Gitelman-Syndrom ②
K^+,Cl^-	KCC1	SLC12A4	1:1	S, 2	bl	Niere, Darm	
Na^+/Ca^{2+}	NCX3	SLC8A3	3:1	A, 2	a, bl	alle (Epithel-) Zellen	
Na^+,PO_4^{3-}	NaPi-IIa, -IIb	SLC34A2	3:1	S, 2	a	-IIa: prox. Tubulus, -IIb: Dünndarm	Hypophosphatämie
Na^+,SO_4^{2-}	NaSi-1	SLC13A1	3:1	S, 2	a	prox. Tubulus, Dünndarm	
HCO_3^-/Cl^-	AE2	SLC4A2	1:1	A, 3	a bl	Sammelr., Kolon, Nebenz. Magen prox. Tubulus, Parietalzelle Magen	

Tabelle 3.2. Fortsetzung

Transporter	Name	Gen-symbol#	Stöchio-metrie	C. typ	typische Lokalisation		Transporter-defekte
2 Symporter und Antiporter (Forts.)							
HCO_3^-/Cl^-	AE1	SLC4A1	1:1	A, 3	bl	Sammelrohr Zwischenzellen Typ A Erythrozyt	distale renaltubuläre Azidose
HCO_3^-/Cl^-	DRA	SLC26A3	1:1	A, 3	a	Ileum, Kolon, Pankreas	familiäre Cl^--Diarrhoe
H^+/org. Kationen (TEA)	OCT1	SLC22A1	1:1	A, 3	a	prox. Tubulus (Pars recta)	
Dicarboxylate/org. Anionen (PAH)	OAT1	SLC22A6	1:1	A, 3	bl	prox. Tubulus (Pars recta)	
SO_4^{2-}/Anionen	SAT-1	SLC26A1	1:1	A,3	bl	prox. Tubulus	
Na^+,Dicarboxylate	NaDC-3	SLC13A3	3:1	S, 2	a,bl	prox. Tubulus, Dünndarm	
Na^+,Gallensäuren	ASBT NTCP	SLC10A2 SLC10A1	1:1	S, 2	a bl	Ileum, prox. Tubulus Leber	prim. Gallensäurenmalabsorption
Na^+,I^-	NIS	SLC5A5	2:1	S, 2	bl	Schilddrüsenfollikel, Mamma-Epithel	angeborene Hypothyreose
I^-/Cl^-	Pendrin	SLC26A4	1:1	A, 3	a	Schilddrüsenfollikel, Innenohr	Pendred-Syndrom ③
Na^+, Glukose od. Galaktose	SGLT1	SLC5A1	2:1	S, 2	a	spätprox. Tubulus, Dünndarm	Glukose/Galaktose-Malabsorption = Renale Glukosurie Typ 1
Na^+, Glukose	SGLT2	SLC5A2	1:1	S, 2	a	frühprox. Tubulus	isolierte renale Glukosurie
Na^+, anionische Aminosäuren	EAAT1 EAAT2 EAAT3	SLC1A3 SLC1A2 SLC1A1	1:1	S, 2	a	prox. Tubulus, Dünndarm, Gliazellen	
Na^+, neutrale Aminosäuren	y^+LAT1	SLC7A7	1:1	S, 2	a	prox. Tubulus, Dünndarm	lysinurische Proteinintoleranz
Na^+, kationische AS	CAT-1	SLC7A1	1:1	S, 2	a	prox. Tub. Dünndarm	
neutrale AS/ Zystin, dibasische AS	RBAT	SLC3A1	1:1	A, 3	a	prox. Tubulus, Dünndarm	Zystinurie Typ 1
H^+, Di- und Tripeptide	PepT1 PepT2	SLC15A1 SLC15A2	1:1	S, 3	a	prox. Tub. S1, Dünndarm prox. Tub. S2-S3	

Tabelle 3.2. Fortsetzung

Transporter	Name	Gensymbol#	Stöchiometrie	C.typ	typische Lokalisation		Transporterdefekte
3 Uniporter = einfache Carrier							
Glukose	GLUT1 GLUT4	SLC2A1 SLC2A4		U, P		Ery, ZNS, bl spätprox. Tubulus Skelettmuskel, Herz, Fettgewebe	Glukosetransp.-Protein-Syndrom ④ (↓ bei Diabetes mellitus)
Glukose, Galaktose, Fruktose	GLUT2	SLC2A2		U, P	bl	prox.Tubulus, Dünndarm, Pankreas	
Fruktose (nicht Glukose)	GLUT5	SLC2A5		U, P	a	Dünndarm, prox. Tubulus	Isolierte Fruktose-Malabsorption
Harnstoff	UT1 = UT-B UT2 = UT-A	SLC14A1 SLC14A2		U, P	a	medull. Sammelrohr, Vasa recta, Erythrozyt, aufsteigende dünne Henle-Schleife	
4 Membrankanäle mit Transportfunktion							
Na^+	ENaC	SCNN1			a	dist. Tubulus, dist. Kolon, Lunge	↑ Liddle-Syndrom ⑤, ↓ Pseudohypoaldosteronismus
K^+	ROMK1 = Kir1.1 Kir4.1	KCNJ1 KCNJ10			a, bl a	viele Epithelien Innenohr	Bartter-Syndrom Typ 2 ①
K^+	IsK	KCNE1/KCNQ1			bl	Niere, sezernierende Epithelien, Innenohr, Herz	Jervell/Lange-Nielsen-Syndrom ⑥, Long-QT-Syndrom 1 ⑥
Ca^{2+}	ECaC1 = CaT2 ECaC2 = CaT1	TRPV5 TRPV6			a a	dist. Tubulus Darm	Hypercalciurie
Cl^-	CFTR	CFTR			a	Niere, sezernierende Epithelien	zystische Fibrose ⑦
Cl^-	ClC-Ka ClC-Kb	CLCNKA CLCNKB			a, bl bl	resorb. Epith. z. B. Henle-Schleife aufsteigende dicke Henle-Schleife	 Bartter-Syndrom Typ 3 ①
Cl^-	ClC-5	CLCN5			a	Sammelrohr	Dent-Syndrom ⑧

Tabelle 3.2. Fortsetzung

Transporter	Name	Gen-symbol#	Stöchio-metrie	C.typ	typische Lokalisation		Transporter-defekte
H_2O	Aquaporin*	AQP-*			a,bl	fast alle Zellen	
	Aquaporin-2	AQP-2			a	nur Sammelrohr	Diabetes insipidus renalis ⑨
5 Junktionale Kanäle							
Gap Junction, Solute < 1 kDa	Konnexine, CX*	GJA*, GJB*				alle stationären Zellen	Charcot-Marie-Tooth-Syndrom ⑩
Tight Junction-Kanal, kl. Kationen	Claudin-2	CLDN2				lecke Epithelien	
Tight Junction-Kanal, Mg^{2+}, Ca^{2+}	Claudin-16 = Paracellin-1	CLDN16				aufsteigende dicke Henle-Schleife, frühdistaler Tubulus	Hypomagnesiämie

Bedeutung der Symbole

\# Homo sapiens Official Gene Symbol and Name (HGNC, HUGO Gene Nomenclature Committee, www.gene.ucl.ac.uk/nomenclature)
* Ziffer für Isoformen weggelassen
① Blutdruck normal, Hypokaliämie, Erbrechen, Polyurie, Dehydratation, Wachstumsstörungen
② Symptome abgeschwächt wie Bartter, siehe ①
③ Innenohrschwerhörigkeit kombiniert mit Kropfbildung,
④ mentale Retardierung und Krampfanfälle
⑤ Na^+-Retention, Hypertonus, Hypokaliämie, metabol. Alkalose (▶ s. Kap. 29)
⑥ Taubheit, Herzrhythmusstörungen, Synkopen (▶ s. Kap. 4)
⑦ Eindickung von Sekreten in Lunge, Pankreas, Darm, Haut
⑧ Rachitis kombiniert mit Nierensteinbildung
⑨ starke Wasserdiurese (▶ s. Kap. 29)
⑩ Demyelinisierung peripherer Nerven durch defektes CX32

3.1. Zystische Fibrose

Symptome. Transportstörungen an Zellmembranen wirken sich in gleicher Weise oft an mehreren Organen aus. So treten zum Beispiel bei der Zystischen Fibrose (CF, Mukoviszidose), einer häufigen erblichen Erkrankung, vielfältige scheinbar zusammenhanglose klinische Störungen auf: Eine Eindickung des Pankreassekrets mit anschließendem Stau verursacht eine Pankreasinsuffizienz. Es kommt zur Zystenbildung mit anschließender Fibrose des exokrinen Pankreas (daher der Name der Erkrankung). Die daraus folgende Maldigestion verursacht eine allgemeine Dystrophie. In den Bronchiolen kommt es durch Bildung von zähem Schleim zu einer Behinderung der mukoziliären Clearance. Dies führt zu chronischem Husten, starker Atembehinderung und Infektionen. Als Folgen der generalisierten Maldigestion und der mangelnden O_2-Aufnahme entstehen Anämie, Hypoproteinämie und Verzögerung des Wachstums und der Pubertät. Die NaCl-Konzentration im Schweiß ist auf über 60 mmol/l erhöht.

▼

Ursachen. Diese Symptome der CF kommen im Wesentlichen durch einen Defekt zustande, der in allen betroffenen Epithelien auftritt, nämlich eine fehlende Aktivierbarkeit des Cl^--Kanals CFTR (▶ s. Abb. 3.4 A). Folge ist u.a. eine Verringerung und Viskositätserhöhung von Sekreten in Lunge, Pankreas, Samenkanälchen, etc., so dass der Abfluss durch die Lumina erschwert oder unmöglich wird.

Transportierende Kanäle. Ionenkanäle regulieren das Zellmembranpotential erregbarer Zellen (▶ s. Kap. 4.6). Kanäle haben darüber hinaus Transportaufgaben. Sie sind typischerweise durch Hormone (Aldosteron, ADH) oder Second Messenger (cAMP, Ca^{2+}) aktivierbar bzw. induzierbar, und kommen charakteristischerweise in den Zellmembranen von Epithelien, aber auch in anderen Zellen vor.

Wasserkanäle. In fast allen Zellen finden sich wasserpermeable Kanäle, die Familie der ***Aquaporine***. In Epithelien existieren derartige Kanäle in beiden Zellmembranen. Ausnahmen bilden u. a. der aufsteigende Teil der Henle-Schleife und der Speicheldrüsengang, die keine bzw. eine sehr geringe Wasserpermeabilität aufweisen. ***Aquaporin-2*** wird im Gegensatz zu den anderen Aquaporinen nur unter Stimulation durch ADH aktiviert und in die Zellmembran eingeschleust. Aquaporin-2 kommt bei Säugern ausschließlich in der apikalen Membran von spätdistalem Tubulus und Sammelrohr vor (▶ s. Kap. 29.5).

Carrier. Während Kanäle im geöffneten Zustand ohne weitere Konformationsänderung Teilchen mit hoher Geschwindigkeit passieren lassen, durchlaufen Carrier eine Änderung ihrer Konformation bei jeder Aufnahme und Abgabe der transportierten Teilchen. Sie transportieren daher wesentlich langsamer als Kanäle (◘ Tabelle 3.1). Carrier zeigen nicht das bei den meisten Kanälen auftretende *Gating*. Einige spezialisierte Carrier, die Pumpen oder ATPasen, nutzen ATP als direkten Antrieb für den Transport.

Symporter, Antiporter und Uniporter

> Carrier können als Symporter und Antiporter unterschiedliche Solute in einem festen Zahlenverhältnis transportieren

Flusskopplung. Viele Carrier transportieren eine spezifische Kombination von 2 oder sogar 3 Teilchensorten in einem festen Zahlenverhältnis (▶ s. ◘ Tabelle 3.2). Hinsichtlich der Transportrichtung unterscheidet man

- ***Symporter***, die mehrere Teilchensorten in gleicher Richtung transportieren (positive Flusskopplung) und
- ***Antiporter***, die die Teilchensorten in entgegengesetzter Richtung transportieren (negative Flusskopplung).
- »Einfache« Carrier arbeiten ohne Flusskopplung und heißen ***Uniporter***.

▪▪▪ **Cotransport.** Dieser Begriff wird in der Literatur teils für **Flusskopplung** und teils nur für **Symport** benutzt und daher hier vermieden.

Pumpen oder ATPasen. Sie bilden eine besondere Gruppe von »primär aktiven« Carriern (▶ s. Abschnitt 3.3), da sie nicht durch Diffusion angetrieben werden, sondern die Energie für den Transport aus der Hydrolyse von ATP zu ADP+Phosphat beziehen. ATPasen sind daher sowohl Enzyme als auch Transporter. Am bekanntesten ist die in allen Zellen vorkommende ***Na^+/K^+-ATPase***, die bei Epithelien in der basolateralen Membran lokalisiert ist und pro ATP-Molekül 3 Na^+ gegen 2 K^+ transportiert (▶ s. ◘ Abb. 3.3). Dieses Zahlenverhältnis bedeutet, dass die Na^+/K^+-ATPase im Nettoeffekt elektrische Ladung transportiert, also Strom erzeugt und mit etwa 5–10 mV zum Membranpotential beiträgt. Es gibt in tierischen Zellmembranen nur 3 weitere Transport-ATPasen für kleine Ionen, nämlich ***Ca^{2+}-ATPase, H^+/K^+-ATPase*** und ***H^+-ATPase*** (◘ Tabelle 3.2).

Medikamente-Resistenz-ATPase. Sie heisst auch P-Glykoprotein oder *Multidrug Resistance Protein* (MDR) und gehört zu der großen Gruppe der ABC-Transporter (*ATP Binding Cassette*). MDR transportiert eine Vielfalt von chemisch sehr unterschiedlichen Substanzen unter direktem ATP-Verbrauch gegebenenfalls gegen einen Konzentrationsgradienten aus der Zelle heraus. Sie fängt hineindiffundierende Substanzen bereits in der Zellmembran ab und befördert sie zurück. Dieser Transporter, der physiologischerweise z. B. in der Leber, im Dünndarm und in der Niere vorkommt und der Ausscheidung von Stoffwechselgiften dient, wird in vielen Tumorzellen fatalerweise verstärkt gebildet und verursacht dann eine Resistenz gegen zytostatische Medikamente.

In Kürze

Transportproteine

Zellmembranen und Epithelien gewährleisten durch Barrierefunktion sowie Transport von Soluten und Wasser ein konstantes inneres Milieu. Dem Transport dienen 2 Arten von transportvermittelnden integralen Membranproteinen:

- Kanäle interagieren weniger intensiv mit den transportierten Teilchen und transportieren wesentlich schneller als Carrier. Die Zellmembran enthält allerdings sehr viel weniger Kanäle als Carrier. Kanäle können durch *Gating* aktiviert werden.
- Carrier transportieren entweder nur *eine* Teilchensorte (Uniporter) oder in Flusskopplung obligat *mehrere* Teilchensorten gemeinsam, wobei Symporter diese Teilchen in gleicher Richtung und Antiporter in entgegengesetzter Richtung befördern. Pumpen sind besondere Carrier, die ATP als Antrieb für den Transport nutzen (Beispiel: Na^+/K^+-ATPase).

3.2 Zusammenspiel von Transport und Barrierefunktion in Epithelien

Struktur der Epithelien

> Epithelien grenzen die verschiedenen inneren Flüssigkeitsräume voneinander ab, ihr polarer Aufbau ermöglicht Resorption und Sekretion; beide können trans- und parazellulär verlaufen

Funktionelle Außenseite. Epithelien begrenzen den Organismus nach außen sowie die verschiedenen Flüssigkeitsräume im Inneren. Mit »außen« ist keineswegs nur die durch die Haut abgegrenzte Körperaußenseite gemeint, sondern vor allem die »funktionelle Außenseite«, die von den Lumina der von außen zugänglichen Körperhöhlen gebildet wird. Diese nehmen ihren Inhalt aus der Außenwelt auf oder geben ihn an die Außenwelt ab, z. B. Magen-Darmtrakt, Nierentubuli, ableitende Harnwege, Schweißdrüsen, Speicheldrüsen.

Epithelien bilden aber auch die Grenzflächen zwischen den inneren Flüssigkeitsräumen des Körpers, die keine Verbindung zur Außenwelt besitzen. Dies sind z. B. Pleura, Peritoneum, Epikard, Perikard und die Auskleidungen der inneren Organe sowie die Gefäßwände. Die inneren Auskleidungen der Gefäßwände werden als ***Endothelien*** bezeichnet, sind aber funktionell gesehen in den meisten Geweben sehr durchlässige Epithelien.

Aufbau der Epithelien. Epithelien besitzen eine typische polare Struktur und sind miteinander in spezialisierter Weise durch Schlussleisten verbunden (◘ Abb. 3.1). Die ***apikale Zellmembran*** (Aufbau ► s. Kap. 1.1) ist definitionsgemäß der funktionellen Außenseite zugewandt. Sie bildet in vielen Epithelien fingerartige Ausstülpungen, die Mikrovilli, und wird dann auch als Bürstensaummembran bezeichnet.

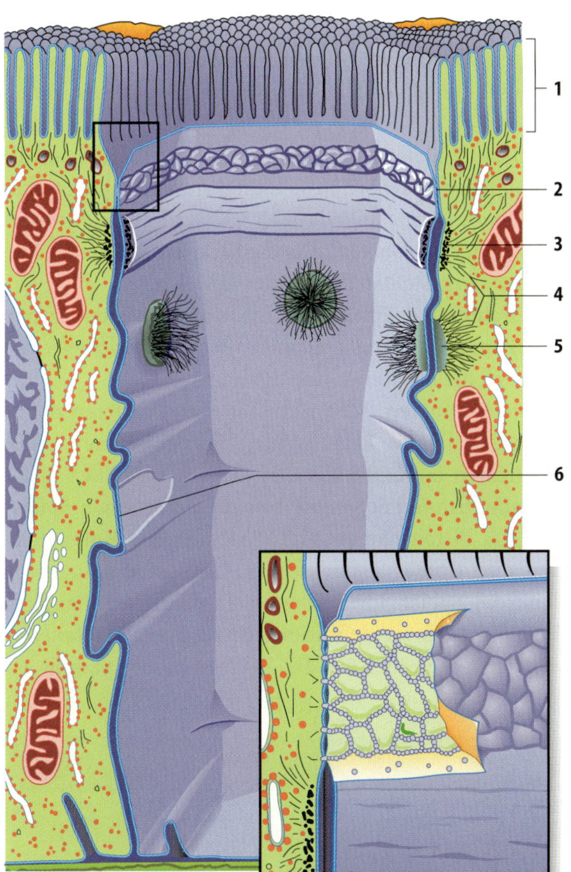

◘ **Abb. 3.1. Epitheliale Zellverbindungen. A** Dünndarmepithel. Die mittlere Zelle ist ohne Zytoplasma dargestellt. (1) Mikrovilli, (2) Zonula occludens *(Tight Junction)*, (3) Gürtelförmige Desmosomen *(Adherens Junctions)*, (4) Tonofilamente, (5) Punktförmige Desmosomen, (6) Konnexone *(Gap Junctions)*. **B** Vergrößerte Darstellung *der Tight Junction*. Nach Krstic (1976)

Die ***basolaterale Zellmembran*** besteht aus der basalen Zellmembran, die direkt der Blutseite zugewandt ist, und den seitlich gelegenen lateralen Zellmembranen. Der zusammenfassende Begriff basolaterale Zellmembran ist dadurch gerechtfertigt, dass beide Anteile mit gleichartigen Transportern ausgestattet und ohne entscheidende weitere Barriere dem interstitiellen Raum zugewandt sind. Die Basalmembran dient als Wachstumsschiene und vermittelt den basalen Zusammenhalt, stellt jedoch für den transepithelialen Transport keine wesentliche Barriere dar.

Polarität. Viele epitheliale Rezeptoren und Transporter werden nach ihrer zellulären Synthese zunächst in nahe gelegene Membranvesikel eingebaut, die dann in die apikale oder in die basolaterale Zellmembran eingeschleust werden. So werden z. B. die Aldosteron-induzierten Na^+-Kanäle stets apikal und die Na^+/K^+-ATPase stets basolateral eingebaut.

Richtungen und Wege. Transport durch die Zellmembran in die Zelle hinein bzw. aus ihr heraus wird als ***Influx*** bzw. ***Efflux*** bezeichnet. Transport durch Epithelien hindurch von der funktionellen Außenseite ins Interstitium wird als ***Resorption*** und in umgekehrter Richtung als ***Sekretion*** bezeichnet. Dieser transepitheliale Transport erfolgt auf zwei möglichen Wegen:

- Der ***transzelluläre Weg*** führt durch die apikale und basolaterale Membran der Epithelzelle und zumeist durch einen mehr oder weniger großen Anteil des Interzellularspalts.
- Der ***parazelluläre Weg*** führt durch die *Tight Junction* und die gesamte Länge des Interzellularspalts.

Schlussleisten

Tight Junctions bilden eine Barriere zwischen Epithelzellen, können aber auch parazellulären Transport vermitteln

Struktur. Die lateralen Membranen benachbarter Zellen bilden den Interzellularspalt und sind durch insgesamt drei Arten von Zellverbindungen miteinander verknüpft (◘ Abb. 3.1): *Tight Junction*, Desmosom und Konnexon. Während Desmosomen und Konnexone auch an anderen Zellarten vorhanden sind, ist die ***Tight Junction (Zonula occludens)*** charakteristisch für Epithelien und ihre Barrierefunktion. Sie ist nahe der funktionellen Außenseite zu finden und grenzt somit die apikale von der lateralen Zellmembran ab.

Tight-Junction*-Proteine.** Das *Tight Junction*-Maschenwerk (◘ Abb. 3.1 B) besteht aus 3 Proteinfamilien: ***Occludin, die Familie der ***Claudine*** (24 Mitglieder) und ***JAM (Junctional Adhesion Molecule)***. Diese Proteine sind über intrazelluläre Proteine (u. a. ZO-1, ZO-2 und ZO-3) mit dem Zytoskelett der Zelle verbunden.

Funktionen. *Tight Junctions* haben zwei Barrierefunktionen:

- Zum einen *verhindern* sie die *laterale Diffusion* von anderen Membranproteinen, so dass sich z.B. apikale und basolaterale Transporter nicht vermischen.
- Zum anderen bilden sie eine mehr oder weniger durchlässige Barriere für den *transepithelialen Transport.* Die Durchlässigkeit wird durch die Größe des Maschenwerks und ganz wesentlich durch die Protein-Zusammensetzung der *Tight Junctions* bestimmt: Während z.B. ***Claudin-1*** und ***Claudin-4*** abdichtende Funktion haben, formen andere Claudine parazellulär verlaufende Kanäle. So bildet ***Claudin-2***, das in Epithelien mit durchlässigen *Tight Junctions* stark exprimiert ist, einen parazellulären Kanal für kleine Kationen und ***Claudin-16***, das vor allem im aufsteigenden Teil der Henle-Schleife lokalisiert ist, einen parazellulären Mg^{2+}-Kanal (▶ s. Tabelle 3.2).

Epitheliale Barrierestörungen. Störungen der Barriere wurden für eine Vielzahl von Erkrankungen als mitverursachender oder sogar ausschlaggebender Mechanismus erkannt, z.B. entzündliche Darmerkrankungen (Colitis ulcerosa und Morbus Crohn), Infektionen mit enteropathogenen Bakterien einschließlich Toxinbildnern (z.B. Zonula occludens-Toxin bei Cholera), Verlust der Immuntoleranz gegenüber Nahrungsmitteln (z.B. Glutenunverträglichkeit bei einheimischer Sprue/Zöliakie) und Medikamenten (z.B. NSAID). Epitheliale Barrierestörungen können zwei Folgen haben,
- einen pathologisch gesteigerten sekretorischen Durchtritt von kleinmolekularen Soluten und Wasser und
- einen resorptiven Durchtritt von Noxen, der das Epithel im Sinne eines Teufelskreises weiter schädigen.

▪▪▪ Das **gürtelförmige Desmosom** (Adherens Junction, Zonula adhaerens) dient dem mechanischen Zusammenhalt der Epithelzellen und bildet zusammen mit der Tight Junction den **Schlussleistenkomplex** (Junctional Complex).

Das ***Konnexon (Gap Junction, Nexus)*** als dritte Sorte der Zellverbindungen bildet aus ***Konnexinen*** Kanäle von Zelle zu Zelle. Ein starker Anstieg der intrazellulären Ca^{2+}-Konzentration z.B. bei Zerstörung der Membran einer Zelle führt zum Schließen der Konnexone, so dass die noch intakten Nachbarzellen abgeschottet werden. Bei einem Herzinfarkt beispielsweise wird dadurch die Ausbreitung der Schädigung begrenzt.

Der ***Interzellularspalt*** ist zwar apikal durch den Schlussleistenkomplex mehr oder weniger stark abgedichtet, am basalen Ausgang existieren jedoch keine vergleichbaren begrenzenden Strukturen. Der Interzellularspalt bleibt bei geringen Transportraten oder Sekretion eng, kann sich aber bei starker Resorption erheblich aufweiten. Er ist, außer bei extremer Engstellung, nur ein geringes Diffusionshindernis.

Leckheit von Epithelien

! Die parazelluläre Permeabilität in Relation zur transzellulären Permeabilität bestimmt die »Leckheit« des Epithels

In transepithelialer Richtung ist die ***Tight Junction*** trotz ihres Namens meist mehr oder weniger permeabel und bestimmt im Wesentlichen die parazelluläre Permeabilität. Die transzelluläre Permeabilität wird durch die Permeabilität der beiden Zellmembranen bestimmt. Der Quotient aus *Tight Junction-* und Membranpermeabilität bestimmt die ***Leckheit*** des Epithels. Man kann 3 Klassen von Leckheit unterscheiden, die den Epithelien jeweils unterschiedliche Transporteigenschaften verleihen.

Diese Einteilung (Tabelle 3.3) bezieht sich auf die Relation der elektrischen Leitfähigkeiten, also hauptsächlich auf die Permeabilität für Na^+, K^+ und Cl^-. Für größere Solute oder für Wasser kann die Leckheit von der im Folgenden dargestellten Zuordnung abweichen.

Undurchlässige Epithelien. Sie transportieren extrem wenig und dienen vor allem als Barriere. Beispiele sind lediglich die Epidermis und die Harnblase.

Dichte Epithelien. Mengenmäßig transportieren dichte Epithelien in der Regel wenig, aber sie können große Gradienten aufbauen. Zu den dichten Epithelien gehören ***alle distalen Segmente von röhrenförmigen Epithelien***, z.B. distale Nierentubuli, Sammelrohre, Kolon, Rektum und distale Segmente der Ausführungsgänge von Pankreas, Speicheldrüsen und Schweißdrüsen. Bei dichten Epithelien ist definitionsgemäß die *Tight Junction* weniger permeabel als die Zellmembranen. Somit er-

Tabelle 3.3. Leckheit von röhrenförmigen Epithelien

	G_{TJ}/G_{Mem}	Nieren und Harnwege	Darm	exokrine Drüsen*
Leck	>1	proximaler Tubulus	Jejunum, Ileum	Azini, prox. Gangsegmente
Dicht	1 bis $^1/_{100}$	distaler Tubulus, Sammelrohr	Kolon, Rektum	distale Gangsegmente
Undurchlässig	$<^1/_{100}$	Harnblase	–	–

G_{TJ}, G_{Mem}: Leitfähigkeiten von *Tight Junctions* bzw. Zellmembranen; * Speicheldrüsen, Schweißdrüsen, Pankreas

folgt der transepitheliale Transport vorwiegend transzellulär und zu einem kleineren Teil parazellulär. Bei diesen Epithelien sind die Transportraten z.B. durch Hormone in einem weiten Bereich geregelt. Es kann gegen mäßige bis sehr große Gradienten transportiert werden.

Blut-Hirn-Schranke. Die Kapillarendothelien des Gehirns sind erheblich dichter als die meisten anderen Kapillaren und sind in ihren Eigenschaften daher ebenfalls den dichten Epithelien zuzurechnen. Die Hirnkapillaren sind nicht fenestriert und ihre *Tight Junctions* sind weniger permeabel als ihre Zellmembranen. Dies hat zur Folge, dass polare Moleküle, für die kein Transporter vorhanden ist, nicht oder kaum hindurchtreten können, während polare Moleküle, für die ein Membrantransporter existiert, sogar gegen einen elektrochemischen Gradienten transportiert werden können.

Lecke Epithelien. Für lecke Epithelien ist charakteristisch, dass sie viel transportieren, aber für kleine Solute keine wesentlichen Konzentrationsunterschiede aufbauen können. Definitionsgemäß sind ihre *Tight Junctions* permeabler als die Zellmembranen. Zu den lecken Epithelien gehören ***alle proximalen Segmente von röhrenförmigen Epithelien***, also z.B. proximale Nierentubuli, Dünndarm, Gallenblase, Azini und proximale Segmente der Ausführungsgänge von Pankreas, Speicheldrüsen und Schweißdrüsen.

Die absolute Permeabilität und der transzelluläre Soluttransport dieser Epithelien ist zumeist hoch. Den Soluten folgt aus osmotischen Gründen Wasser und führt aus Masseträgheitsgründen weitere Teilchen mit sich (***Solvent Drag***, ► s.u.). Dies führt zu einer Verstärkung des Nettotransports ohne zusätzlichen Verbrauch metabolischer Energie.

Funktionelle Organisation der Epithelien

Röhrenförmige Epithelien bilden ihre Ausscheidungsprodukte nach einer einheitlichen Strategie, indem sie proximal große Mengen gegen geringe Gradienten und distal kleine Mengen gegen große Gradienten transportieren

Segmentale Heterogenität. Die Segmente der röhrenförmigen Epithelien in Niere, Darm und Ausführungsgängen der exokrinen Drüsen werden im Allgemeinen nach distal hin immer dichter (Tabelle 3.3). Diese segmentale Heterogenität bewirkt ein Muster der Aufbereitung der Ausscheidungsprodukte, das die genannten Epithelien in gleicher Weise verwirklichen und das in etwa der Dreiteilung in lecke, relativ dichte und praktisch undurchlässige Epithelien entspricht:

- ***Erzeugung eines isoosmotischen Primärinhaltes.*** Der primäre Inhalt des Lumens wird annähernd plasmaisoosmotisch produziert (glomeruläre Ultrafiltration, primäre Sekretion in den Azini der exokrinen Drüsen) und/oder durch Wassereinstrom isoosmotisch eingestellt (Magen, Anfangsteil aller röhrenförmigen Epithelien).

  Isoosmotischer Massentransport. Die lecken Epithelien der proximalen Segmente transportieren große Solut- und Wassermengen in nahezu isoosmotischer Weise ohne starke Beeinflussung durch Hormone.
- ***Feineinstellung der Ausscheidungsprodukte.*** Die relativ dichten Epithelien der distalen Segmente transportieren zwar nur kleinere Mengen, dies jedoch u.U. gegen erhebliche elektrochemische Gradienten. Die Transportraten werden durch Hormone effektiv geregelt. Hier werden demnach die auszuscheidenden Stoffe in ihrer Konzentration und Ausscheidungsrate so aufbereitet, dass das innere Milieu relativ konstant gehalten wird. Innerhalb der distalen Segmente nimmt die Leckheit stetig ab und somit die Fähigkeit, gegen Gradienten zu transportieren, stetig zu.
- ***Speicherung der Ausscheidungsprodukte.*** Das Epithel der Harnblase transportiert praktisch nicht, kann aber sehr große Gradienten zwischen Lumen und Blut über lange Zeit aufrechterhalten. Die Harnblase ist somit ausschließlich ein Speicherorgan.

In Kürze

Transportfunktion von Epithelien

Epithelien begrenzen den Organismus nach außen und die verschiedenen Flüssigkeitsräume im Inneren ab. Voraussetzung für den transepithelialen Transport ist der polare Aufbau aus apikaler und basolateraler Zellmembran und eine mehr oder weniger starke Abdichtung durch die *Tight Junction*.

Der transepitheliale Transport kann 2 Wege nehmen:
- transzellulär durch die Zellmembranen oder
- parazellulär durch die *Tight Junction*; der Interzellulärspalt ist Bestandteil beider Wege.

Barrierefunktion von Epithelien

Die Tight Junction bildet 2 Barrieren:
- für Solute und Wasser in transepithelialer Richtung und
- für Membranproteine in lateraler Richtung.

Leckheit von Epithelien

Die für die Transportcharakteristik des Epithels wichtige Leckheit ist durch die Permeabilität der *Tight Junction* in Relation zu der der apikalen Zellmembran definiert.
- Röhrenförmige Epithelien zeigen von proximal nach distal eine Abnahme der Leckheit und arbeiten nach einer einheitlichen Strategie.
- Die proximalen Epithelien sind leck und transportieren große Mengen in fast isoosmotischer Weise.

▼

- Die distalen Epithelien sind dicht und transportieren zwar nur kleinere Mengen, dies jedoch u. U. gegen erhebliche elektrochemische Gradienten. Ihr Transport ist hormonell geregelt und bewirkt eine Feineinstellung des Ausscheidungsprodukts.
- Die Harnblase ist undurchlässig und transportiert praktisch nicht.

3.3 Aktiver und passiver Transport

Passiver Transport

Passiver Transport wird durch hydrostatische Druckgradienten, Konzentrationsgradienten und elektrische Spannung angetrieben

Gradient. Dieser im Folgenden häufig benutzte Begriff gibt den Abfall freier Energie eines Stoffes entlang einer Wegstrecke an (-dE/dx). In der Transportphysiologie wird auch die Richtung des Gradienten angegeben, da der Transport in biologischen Systemen nicht nur bergab »mit« (passiver Transport), sondern auch bergauf »gegen« den Gradienten (aktiver Transport) ablaufen kann. In Transportschemata werden oft Pfeile eingezeichnet (Tabelle 3.1), deren Richtung und Neigung den elektrochemischen Gradienten symbolisiert.

Aktive und passive Transportmechanismen. Beide Formen benötigen Energie; diese wird entweder durch ATP-Hydrolyse oder durch physikalische Gradienten geliefert.

- Aktiver Transport kann gegen äußere Gradienten »bergauf« erfolgen.
- Passiver Transport geschieht stets in Richtung des äußeren Gradienten, also »bergab«.

Die Einteilung in aktiv und passiv wird hauptsächlich zur Unterscheidung des durch Transportproteine vermittelten Transports benutzt. Diffusion durch die Lipidphase der Zellmembran sowie der parazelluläre Transport durch die Schlussleiste und den gesamten Interzellularspalt ist dagegen passiv.

Filtration bzw. Ultrafiltration. Der Transport aufgrund eines hydrostatischen Druckgradienten durch einen Filter geschieht durch ***Filtration***. Die Transportrate hängt linear von der treibenden Kraft ab. Die Poren eines normalen Filters (z. B. eines Kaffeefilters) unterscheiden nur zwischen ungelösten und gelösten Teilchen. Die Poren der Kapillarendothelien sind jedoch kleiner und lassen große Moleküle nicht durch, obwohl sie gelöst sind; dieser Prozess wird daher ***Ultrafiltration*** genannt. Ultrafiltration ist an Kapillarendothelien mit ihrer extrem hohen Permeabilität ein wesentlicher Transportmechanismus, an den viel dichteren Zellmembranen und an Epithelien im engeren Sinne ist sie jedoch fast null.

Für die Ultrafiltration (und für Solvent Drag, ▶ s. u.) gilt die Überlegung, dass die mitgeführten Teilchen an den Wasserdurchtrittsstellen entweder durchgelassen oder »gesiebt« werden können. Das Maß hierfür ist der ***Siebkoeffizient s*** (▶ s. Tabelle 3.4), der Werte zwischen 0 (kein Durchlass) und 1 (unbehinderter Durchlass) annehmen kann. Formal ist s die Wahrscheinlichkeit, mit der eine Teilchensorte die Membran passieren kann.

Diffusion. Sie ist die Nettobewegung von Teilchen vom Ort höherer Konzentration zum Ort geringerer Konzentration. Der Richtungseffekt kommt dadurch zustande, dass die Teilchen aufgrund der ***Brown-Molekularbewegung*** am Ort höherer Konzentration häufiger zusammenstoßen und daraufhin gerichtet auseinander weichen und dort ihre Konzentration verringern. Die treibende Kraft der Diffusion ist somit ein Konzentrationsgradient. Die Diffusion ungeladener Teilchen

Tabelle 3.4. Gleichungen des Soluttransports

Nicht-ionische Diffusion von i	$J_i = P_i \cdot \Delta c_i$	(1)
Diffusion des Ions i	$J_i = P_i\,(\Delta c_i + \frac{z_i \cdot F \cdot V}{R \cdot T} \cdot \bar{c}_i)$	(2)
Permeabilität und elektrische Leitfähigkeit	$P_i = \frac{R \cdot T}{z_i^2 \cdot F^2 \cdot \bar{c}_i} \cdot G_i$ wobei $G_i = 1/R_i$	(3)
Relation zwischen elektrischer Spannung und Konzentrationsverhältnis bei Flux 0 (Nernst-Gleichung)	$V = \frac{R \cdot T}{z \cdot F} \ln \frac{c_1}{c_2}$	(4)
Aus (4) ergibt sich für einwertige Ionen bei 37° C	$V_{(z=1)} = -61\ \text{mV} \cdot \log (c_1/c_2)$	(4 a)

Bedeutung der Symbole

J_i	Flux eines Solutes i (μmol · h^{-1} · cm^{-2})	V	elektrische Spannung (mV)
ci	Konzentration eines Solutes i (mmol/l)	R	allgemeine Gaskonstante (8.3143 Joule · K^{-1} · mol^{-1})
P_i	Permeabilität eines Solutes i (cm/s)	T	absolute Temperatur (K = C + 273.16)
z_i	Ladungszahl der Ionensorte i	F	Faradaykonstante (96 625 Coulomb/mol)
G_i	elektrische Leitfähigkeit (mS/cm^2)	Ri	elektrischer Widerstand (Ω · cm^2)

(Nicht-ionische Diffusion) wird durch Gl.(1) in ◘ Tabelle 3.4 beschrieben.

Elektrochemischer Gradient. Die Diffusion von geladenen Teilchen wird nicht nur durch Konzentrationsgradienten sondern auch durch elektrische Spannung angetrieben (◘ Tabelle 3.4, Gl.(2)). Konzentrations- und elektrischer Gradient werden als elektrochemischer Gradient zusammengefasst. Der Zusammenhang zwischen Ionen-Permeabilität P, Leitfähigkeit G und Widerstand R ist in ◘ Tabelle 3.4, Gl.(3) dargestellt.

Nernst-Gleichung. Sie beschreibt die Beziehung zwischen elektrischem und chemischem Gradienten einer einzelnen Ionensorte (◘ Tabelle 3.4, Gl.(4)). Durch Ausrechnung der Konstanten ergibt sich die vereinfachte Gl.(4a). Daraus ergibt sich, dass z.B. ein einwertiges Ion mit einem Konzentrationsverhältnis über der Membran von 10:1 eine Membranspannung von 61 mV erzeugt. Wenn sich die beiden Seiten der Gleichung entsprechen, wird der Nettotranport des Ions null. Das Ion ist dann entsprechend dem elektrochemischen Gradienten passiv verteilt und die dabei herrschende Membranspannung ist das ***Gleichgewichtspotential.***

Einfache Diffusion. Sie erfolgt ohne Beteiligung eines Transportproteins durch die Phospholipid-Doppelschicht der Membran oder in freier Flüssigkeit und ist nicht sättigbar. Für die einfache Diffusion durch die Lipidphase der Zellmembran gilt, dass die Permeabilität der Lipophilität des transportierten Moleküls proportional ist. Durch die Lipidphase der Zellmembran diffundieren daher vor allem Gase (z.B. O_2, CO_2, N_2), schwache Elektrolyte in ihrer ungeladenen Form und sonstige apolare Substanzen, jedoch Wasser und Ionen nicht oder kaum.

▪▪▪ **»Erleichterte Diffusion«.** Der Begriff wurde geprägt, bevor die Transportproteine bekannt waren und fasst eigentlich alle durch Transportproteine vermittelten Formen der Diffusion zusammen. Erleichterte Diffusion ist sättigbar. Manchmal wird dieser Begriff etwas ungenau nur auf Uniporter angewandt.

Diffusion von Wasser

Osmose verursacht osmotischen Druck und Solvent Drag; Proteine verursachen den kolloidosmotischen Druck und den Donnan-Effekt

Osmose. Unter Osmose versteht man die Diffusion des Lösungsmittels (Wasser). Antrieb ist auch hier ein Konzentrationsgradient, in diesem Fall für das Wasser selbst. Die Vorstellung einer »Wasserkonzentration« ist ungewohnt: reines Wasser hat die maximale Wasserkonzentration; je mehr Solute darin gelöst sind, umso stärker wird das Wasser durch diese Solute »verdünnt«. Die Konzentration des Wasser ist demnach umgekehrt proportional zu seiner Osmolalität.

Osmotischer Druck. An einer für Wasser durchlässigen und für Teilchen mehr oder weniger undurchlässigen Membran verursacht Osmose einen osmotischen Druck. Seine Größe wird durch die Osmolalität und die Durchlässigkeit der Membran bestimmt und seine Richtung ist der Wasserbewegung entgegengesetzt.

Kolloidosmotischer Druck. Der Anteil am gesamten osmotischen Druck, der durch Makromoleküle (Kolloide) entsteht, wird als kolloidosmotischer Druck bezeichnet. Als ***onkotischen Druck*** bezeichnet man dagegen die Summe aus kolloidosmotischem Druck und dem kleinen zusätzlichen osmotischen Druck, der durch die Donnan-Verteilung (► s.u.) entsteht.

Beim Wassertransport aufgrund ***lokaler Osmose*** folgt Wasser passiv der Gesamtheit der transportierten Solute. Meist ist die ***Wasserpermeabilität*** ausreichend groß und Wasser wird praktisch isoosmolal (1 l pro 290 mosmol/kg) transportiert.

Solvent Drag. Solvent Drag bedeutet, dass Teilchen mit dem Wassertransport mitgerissen werden. Das ist zum Beispiel in Dünndarm und proximalen Tubuli der Fall.

Donnan-Effekt. Proteine liegen im Blut bei physiologischem pH vorwiegend als Anionen vor. Dadurch, dass bei der Ultrafiltration die Proteinmoleküle zurückgehalten werden, ergibt sich eine Ungleichverteilung aller beteiligten Ionensorten diesseits und jenseits der Filtermembran (◘ Abb.3.2). Analoge Verhältnisse gelten für alle Zellmembranen, da das Zytoplasma reich an Protein-Anionen ist, die die Zelle nicht verlassen können.

▪▪▪ Dies hat folgende Konsequenzen: Die primäre Ungleichverteilung der permeablen Ionen erzeugt eine kleine Spannung, das **Donnan-Potential**. Dieses wiederum beeinflusst die sich endgültig ein-

A Anfangszustand

Blutplasma | Interstitium

102,5 Na^+ | 102,5 Na^+

92,5 Cl^- | 102,5 Cl^-

10 $Protein^-$

Summe 205 | 205

Da Elektroneutralität gewahrt sein muss, ist Cl^- auf der proteinarmen Seite höher konzentriert.

B gedachter Zwischenzustand

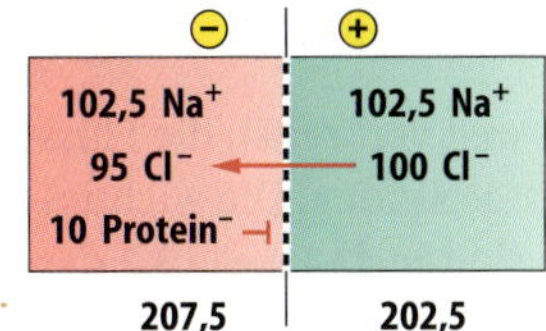

Cl^- diffundiert aufgrund seines Konzentrationsgradienten, und eine elektrische Spannung entsteht.

C Donnan-Verteilung

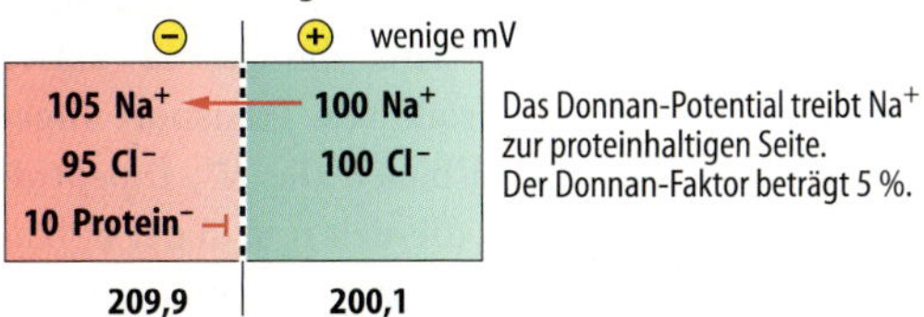

◘ **Abb. 3.2. Donnan-Effekt.** Die Entstehung des Donnan-Effektes ist hier gedanklich in 3 Schritte **(A–C)** aufgetrennt. Die Zahlenwerte sind fiktiv und sollen die 5 %ige Abweichung im Endzustand veranschaulichen

stellende **Donnan-Verteilung**. Die Donnan-Verteilung lässt sich durch den **Donnan-Faktor** beschreiben, der für alle passiv verteilten Kationen und Anionen gilt. Im Gleichgewicht ist die Konzentration im Plasmawasser von einwertigen Kationen um 5% höher, die der einwertigen Anionen um 5% niedriger als im Interstitium. Der Konzentrationsunterschied für zweiwertige Ionen ist 10%.

Primär, sekundär und tertiär aktiver Transport

Primär aktiver Transport erfolgt unter unmittelbarem Verbrauch von ATP; sekundär aktiver Transport ist ein Symport oder Antiport, dessen Antrieb typischerweise ein Konzentrationsgradient für Na^+ ist; tertiär aktiver Transport wird durch sekundär aktiven Transport angetrieben

Primär aktive Transporter sind die bereits besprochenen ATPasen (Pumpen), die Solute entgegen ihrem elektrochemischen Gradienten »pumpen« können und hierfür metabolische Energie verbrauchen. Zwei typische Beispiele für primär aktiven Transport zeigt ◘ Abb. 3.3 A.

Sekundär aktiver Transport. Der Mechanismus des sekundär aktiven Transports sei am Beispiel des in der apikalen Membran vieler Epithelien vorhandenen ***Na^+, Glukose-Symporters SGLT1*** erklärt (◘ Abb. 3.3 B). SGLT1 transportiert nur dann, wenn er 2 Na^+ und ein Glukosemolekül aufgenommen hat. Nun muss nicht etwa für beide Teilchensorten ein »bergab«-Gradient vorhanden sein; die Flusskopplung bewirkt vielmehr, dass der gemeinsame Transport beider Teilchen stattfindet, wenn die Summe der Gradienten aller Teilchen in die entsprechende Richtung weist. Da für Na^+ ein starker Gradient von extrazellulär nach intrazellulär besteht, kann das Glukosemolekül auch gegen einen erheblichen Konzentrationsgradienten in die Zelle aufgenommen werden.

▪▪▪ **Zwei Bausteine notwendig.** Für sich allein gesehen, arbeitet dieser Symporter eigentlich passiv, da die Energie für den Glukosetransport aus dem elektrochemischen Gradienten für Na^+ stammt. Der Na^+-Gradient muss jedoch von einem primär aktiven Transporter, nämlich der in der basolateralen Membran befindlichen Na^+/K^+-ATPase, ständig aufrechterhalten werden, so dass für den Glukosetransport auf indirekte Weise eben doch Stoffwechselenergie verbraucht wird.

Sekundär aktiver Transport ist weit verbreitet; die Flusskopplung ist fast immer an Na^+ gebunden. Die wichtigsten Symporter und Antiporter sind in ◘ Tabelle 3.2 dargestellt.

Sekundär aktiv treibt tertiär aktiv. In analoger Weise wie der sekundär aktive Transport von einem primär aktiven Transport angetrieben wird, wird der tertiär aktive Transport von einem sekundär aktiven Transport angetrieben. Ein einfaches Beispiel bieten die ***H^+, Dipeptid-Symporter (PepT1 und PepT2)***, die sich u. a. in der apikalen Membran des Dünndarms und der proximalen Tubuli finden (◘ Abb. 3.3 C). Diese Transporter akzeptieren Di- und Tripeptide, die sie gegen einen elektrochemischen Gradienten in die Zelle aufnehmen können, solange ein zelleinwärts gerichteter Gradient für das gleichzeitig aufgenommene H^+ besteht. Dieser Gradient wird durch einen ebenfalls in der apikalen Membran befindlichen sekundär aktiven Na^+/H^+-Antiporter aufrecht erhalten, der seinerseits von der Na^+/K^+-ATPase angetrieben wird. Tertiär aktiver Transport ist ebenfalls weit verbreitet (▶ s. ◘ Tabelle 3.2). Besonders vielseitig ist der ***Dicarboxylat/PAH-Antiporter (OAT1)***, der zahlreiche organische Anionen akzeptiert und der ***H^+/TEA-Antiporter (OCT1)***, der viele organische Kationen transportiert.

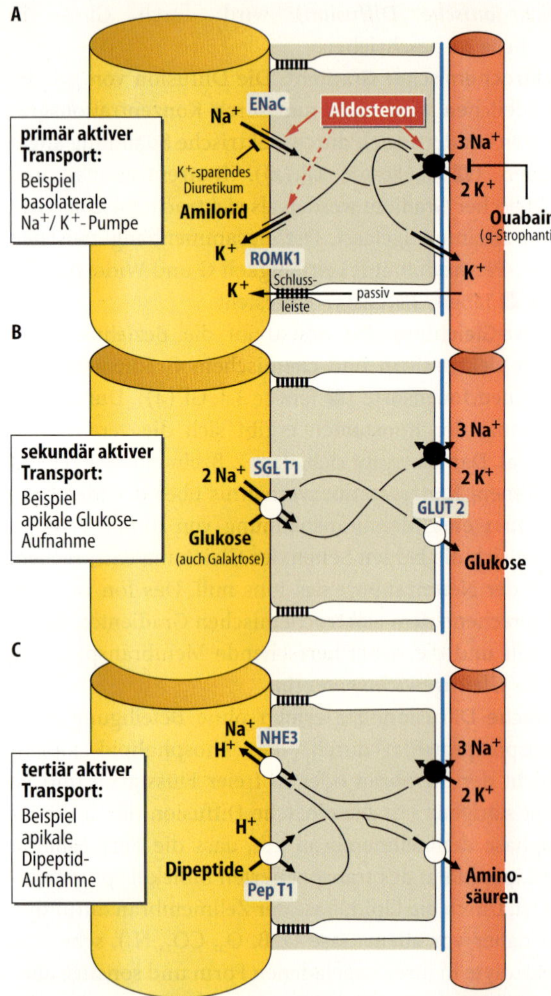

◘ **Abb. 3.3. Aktiver Transport. A** Primär aktiv: ATP wird direkt für den basolateralen Transport der betreffenden Ionen aufgewendet. Das Beispiel zeigt die elektrogene Na^+-Resorption und K^+-Sekretion in distalen Segmenten von röhrenförmigen Epithelien. **B** Sekundär aktiv: Direkter Antrieb für die sekundär aktive Aufnahme von Glukose ist der Na^+-Gradient, der von der Na^+/K^+-ATPase aufgebaut wird. Das Zellmodell zeigt die Glukose-Resorption im spätproximalen Tubulus bzw. im Dünndarm. **C** Tertiär aktiv: Direkter Antrieb für die tertiär aktive Dipeptid-Aufnahme ist der H^+-Gradient, der durch einen sekundär aktiven Transport aufgebaut wird. Ein wesentlicher Anteil der AS werden als Di- und Tripeptide in die Zelle aufgenommen und erst intrazellulär in AS aufgespalten

In Kürze

Passiver und aktiver Transport

Sowohl aktive als auch passive Transportmechanismen benötigen Energie als Antrieb. Diese wird entweder durch ATP-Hydrolyse oder durch elektrochemische Gradienten geliefert:

- Passiver Transport wird durch elektrochemische Gradienten getrieben und verläuft stets »bergab«, also mit dem Gradienten.
- Aktiver Transport kann gegen einen Konzentrations- und Spannungsgradienten »bergauf« erfolgen.

Passiver Transport

Für den passiven Transport gibt es verschiedene Mechanismen.

- Ultrafiltration wird durch hydrostatischen Druck angetrieben und wirkt sich nur an Endothelien aus. Die mit dem Wasser mitgeführten Teilchen werden entsprechend ihrem Siebkoeffizienten mehr oder weniger gut durchgelassen. Der Donnan-Effekt entsteht aufgrund der Impermeabilität für Proteine und führt bei einwertigen Ionen zu einer 5 %igen Ungleichverteilung.
- Spannungs- und/oder Konzentrationsgradient (zusammen: elektrochemischer Gradient) verursachen Diffusion.
- Osmose ist Diffusion von Wasser. Solvent Drag ist Teilchenmitführung im transportierten Wasser.

Aktiver Transport

Beim aktiven Transport unterscheidet man nach dem Energielieferanten:

- Primär aktiver Transport wird definitionsgemäß direkt durch Stoffwechselenergie (ATP) angetrieben.
- Symporter und Antiporter weisen Flusskopplung auf: sie transportieren z. B. Na^+ und Glukose für den Na^+-Glukose-Carrier ausschließlich gemeinsam. Dabei kann das Glukosemolekül unter Ausnutzung des »bergab« führenden elektrochemischen Gradienten für Na^+ »bergauf« transportiert werden. Dieser Glukosetransport ist sekundär aktiv, weil die als Antrieb dienende niedrige intrazelluläre Na^+-Konzentration von der primär aktiven Na^+/K^+-ATPase erzeugt wird.
- In analoger Weise dient bei tertiär aktivem Transport ein sekundär aktiver Transport als Antrieb.

3.4 Typische Anordnung epithelialer Transporter

Na^+-Resorption über Na^+-Kanäle

Elektrogene Na^+-Resorption und K^+-Sekretion werden über Kanäle in der apikalen Membran distaler Epithelien geregelt

Na^+/K^+-ATPase immer basolateral. Es existieren einige ganz charakteristische Anordnungen von Transportern, die gleichartig in mehreren Epithelien vorkommen (▶ s. Kap. 29, 38). Der gemeinsame Nenner ist, dass die Na^+/K^+-ATPase basolateral lokalisiert ist und weitere Transporter in den Zellmembranen asymmetrisch verteilt sind. Im Folgenden sind einige typische Anordnungen dargestellt.

Distale Na^+-Resorption. In den distalen Segmenten der röhrenförmigen Epithelien, also von Darm, Nierentubulus, Schweißdrüsengang und Speicheldrüsengang (Abb. 3.3 A) wird Na^+ durch den in der apikalen Membran befindlichen ***epithelialen Na^+-Kanal (ENaC)*** in die Zelle aufgenommen. Das Diuretikum ***Amilorid*** blockiert diesen Kanal hochselektiv. Der Na^+-Einstrom depolarisiert die apikale Zellmembran, und es entsteht, da die basolaterale Membranspannung kaum beeinflusst wird, eine Lumen-negative transepitheliale Spannung, die –60 mV erreichen kann. Durch das Potential wird K^+ aus den Zellen in das Lumen getrieben, also sezerniert.

Na^+-Resorption in der Lunge. Damit der Gasaustausch in der Lunge funktioniert, müssen die Alveoli frei von Flüssigkeit gehalten werden. Einen wesentlichen Beitrag hierzu liefert der epitheliale Na^+-Kanal (ENaC) durch Resorption des häufigsten Kations der Alveolarflüssigkeit. Dem resorbierten Na^+ folgen Cl^-, weitere Solute und Wasser.

Transport von Glukose und Aminosäuren

Glukose und Aminosäuren werden durch Symporter in der apikalen Membran proximaler Epithelien aufgenommen

Nährstoffresorption hauptsächlich als Monomere. Kohlenhydrate werden ausschließlich als Monosaccharide, Proteine nur als Aminosäuren oder Oligopeptide resorbiert. Die Transporter sind vor allem in den proximalen Segmenten von Darm und Nierentubuli lokalisiert (Abb. 3.3 B).

Monosaccharide. Es existieren zwei Na^+-Glukose-Carrier (▶ s. Tabelle 3.2):

- Ein im frühproximalen Tubulus befindlicher Carrier mit geringerer Affinität zur Glukose (SGLT2) arbeitet im Verhältnis 1:1.
- Im spätproximalen Tubulus (Pars recta) und im Dünndarm findet sich ein Carrier mit höherer Affinität (SGLT1), der im Verhältnis 2:1 arbeitet und daher Glukose auch noch bei extrem geringer luminaler Konzentra-

tion aufnehmen kann. SGLT1 akzeptiert außer Glukose auch Galaktose.

Für Fruktose existiert in der apikalen Membran lediglich ein Uniporter (GLUT5). Der Efflux von Glukose, Fruktose und Galaktose wird auf der basolateralen Seite durch einen weiteren Uniporter (GLUT2) vermittelt.

Aminosäuren (AS). Für AS existieren zahlreiche Carrier, u. a. für saure, neutrale und basische AS. Die meisten sind Symporter mit Na^+ (▶ s. ◘ Tabelle 3.2). Ein Teil der AS werden apikal als Di- und Tripeptide über tertiär aktive Symporter mit H^+ aufgenommen (PepT1 und PepT2, ▶ s. ◘ Abb. 3.3 C) und erst intrazellulär zu AS hydrolysiert.

Cl^--Sekretion und -Resorption durch Na^+,K^+, $2Cl^-$-Symport

! Cl^--Sekretion erfolgt durch einen apikalen Cl^--Kanal und einen basolateralen Na^+,K^+,$2Cl^-$-Carrier; für die Cl^--Resorption sind diese Transporter spiegelbildlich angeordnet

Cl^--Sekretion. Sie ist der Hauptantrieb bzw. Auslöser der Sekretion von Wasser und weiteren Soluten (◘ Abb. 3.4).

A

sezernierende Epithelien
CFTR
NKCC1
Na^+
Cl^-
K^+
K^+
Cl^-
Schleifendiuretika, z.B.
Furosemid, Bumetanid
Enterotoxine, z.B.
Cholera-Toxin, E. Coli-Toxin
cAMP, cGMP, Ca^{2+}
IsK
Sekretagoga, z.B.
Theophyllin, Prostaglandine
AQP
H_2O
Schlussleiste
transepitheliale Spannung

B

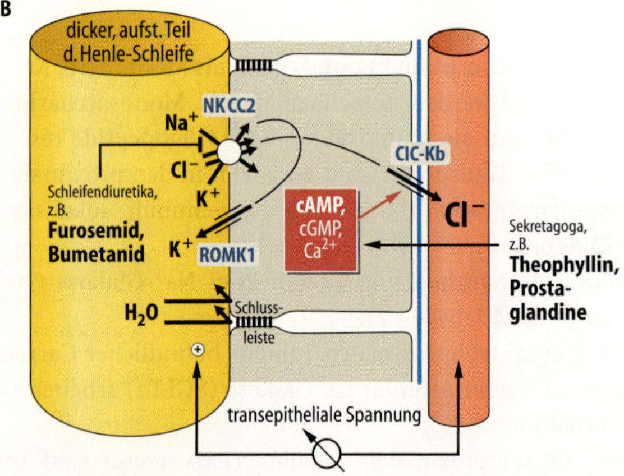

◘ **Abb. 3.4. Chloridtransport. A** Cl^--Sekretion als antreibender Grundmechanismus in sezernierenden Epithelien. **B** Cl^--Resorption im dicken aufsteigenden Teil der Henle-Schleife

Dieser fundamentale Mechanismus der sekretorischen Epithelien findet sich in allen Abschnitten des Gastrointestinaltrakts, in den Azini aller exkretorischen Drüsen, in den Atemwegen und in vielen weiteren Epithelien (nicht jedoch in der Niere).

Basolateral wird Cl^- sekundär aktiv durch den Na^+,K^+,$2Cl^-$-Symporter NKCC1 gegen einen mäßigen elektrochemischen Gradienten aufgenommen. NKCC1 ist durch die Diuretika Furosemid und Bumetanid blockierbar.

Apikal wird Cl^- durch den Cl^--Kanal CFTR ins Lumen abgegeben.

Cl^--Resorption. Sie findet im dicken aufsteigenden Teil der Henle-Schleife (▶ s. Kap. 29.4) statt. In der Niere wird Cl^- ansonsten vorwiegend parazellulär sowie im HCO_3^-/Cl^--Antiport resorbiert (▶ s. u.). Dies geschieht durch sehr ähnliche Transporter wie in den sezernierenden Epithelien, hier jedoch in spiegelbildlicher Anordnung: Der Furosemid- bzw. Bumetanid-blockierbare $Na^+K^+2Cl^-$-Carrier NKCC2 befindet sich in der apikalen und der Cl^--Kanal ClC-Kb in der basolateralen Membran.

3.2. Bartter-Syndrom

Symptome und Ursachen. Beim Bartter-Syndrom kommt es schon im Säuglingsalter bei normalem Blutdruck zu Hypokaliämie, Erbrechen, Polyurie, Dehydratation und Wachstumsstörungen. Ursache ist eine Defektmutation des Na^+,K^+,$2Cl^-$-Symporters NKCC2 im aufsteigenden dicken Teil der Henle-Schleife (Bartter-Syndrom Typ 1, ▶ s. ◘ Tabelle 3.2).

Pseudo-Bartter. Dieser Transporter ist der Angriffsort für das häufig benutzte Diuretikum Furosemid, das durch Blockade des NKCC2 eine gesteigerte Ausscheidung von NaCl und Wasser durch die Nieren verursacht. Das Bartter-Syndrom hat daher die gleichen Symptome wie eine dauerhafte Furosemid-Einnahme, so dass Letzteres auch als Pseudo-Bartter bezeichnet wird.

Zu ähnlichen Symptomen kommt es auch bei Defekten des K^+-Kanals ROMK1 (Bartter-Syndrom Typ 2) oder des Cl^--Kanals ClC-Kb (Bartter-Syndrom Typ 3). Die Erklärung ist in ◘ Abb. 3.4 B zu erkennen: Alle drei Transporter müssen funktionieren, damit NaCl resorbiert werden kann.

Gitelman-Syndrom. Beim Gitelman-Syndrom kommt es abgeschwächt zu den gleichen Symptomen. Hier ist im frühdistalen Tubulus die Aufnahme von Na^+Cl^- durch den apikalen Symporter NCC gestört.

K^+-Sekretion im Innenohr

Für die Hörfunktion muss die Innenohrflüssigkeit K^+-reich sein; das Diuretikum Furosemid kann dies beeinträchtigen und so vorübergehend Taubheit verursachen

Epithelien der Stria vascularis. Für die Transduktion von akustischen Signalen in Nervenimpulse ist ein endokochleares transepitheliales Potential von +80 mV sowie eine sehr hohe K^+-Konzentration (150 mmol/l) der Endolymphe unerlässlich (▶ s. Kap. 16.3). Beides wird von den Epithelien der Stria vascularis gewährleistet (Abb. 3.5):

- In den basalen Zellen verursacht der apikale K^+-Kanal Kir4.1 ein hohes endokochleares Potential;
- in den marginalen Zellen wird K^+ durch den basolateralen $Na^+,K^+,2Cl^-$-Symporter NKCC1 und den apikalen K^+-Kanal IsK bzw. KCNE1 in die Endolymphe sezerniert (Abb. 3.5 C).

Störungen der K^+-Sekretion. Das Diuretikum ***Furosemid*** kann NKCC1 hemmen und damit als Nebenwirkung eine reversible Innenohrschwerhörigkeit verursachen. Ebenso notwendig ist der K^+-Kanal KCNE1 (▶ s. Kap. 4.2): Bei einem angeborenen Defekt von KCNE1 ***(Jervell/Lange-Nielsen-Syndrom***, ▶ s. 4.3) kommt es zur Innenohrschwerhörigkeit, die oft zusammen mit einem verlängerten QT-Intervall im EKG ***(Long QT-Syndrom 1)*** auftritt.

HCO_3^--Resorption und -Sekretion

HCO_3^--Resorption, HCO_3^--Sekretion und Na^+Cl^--Resorption werden durch unterschiedliche Anordnung der Transporter erzielt

Die beteiligten »Bausteine« sind (Abb. 3.6):

- der Na^+/H^+-Antiporter NHE3 bzw. NHE1,
- das Enzym Carboanhydrase (CA),
- der HCO_3^-/Cl^--Antiporter AE2 und
- der Na^+,HCO_3^--Symporter NBC1. Durch ihre unterschiedliche Anordnung können drei ganz verschiedene Effekte erzielt werden:

Bikarbonatsekretion. Sie findet z. B. in den Gängen von Speicheldrüsen und Pankreas sowie in der Leber und in den Oberflächenzellen des Magens statt (Abb. 3.6 A). Die basolaterale HCO_3^--Aufnahme geschieht ohne Beteiligung eines HCO_3^--Transporters: Der Na^+/H^+-Antiporter NHE1 liefert H^+ ins Interstitium. CA katalysiert $H^+ + HCO_3^-$ zu $CO_2 + H_2O$. CO_2 diffundiert durch die Zellmembran in die Zelle und wird dort durch intrazelluläre CA wieder zu H^+ und HCO_3^- katalysiert. Schließlich befördert der apikale tertiär aktive Cl^-/HCO_3^--Antiporter AE2 Bikarbonat ins Lumen.

Bikarbonatresorption. Bikarbonatresorption bzw. H^+-Sekretion findet u. a. im proximalen Nierentubulus und in der Parietalzelle des Magens statt (Abb. 3.6 B), wobei für den Magen die H^+-Sekretion funktionell im Vordergrund steht. Die Anordnung der beiden beteiligten Carrier ist in Relation zu den Bikarbonat-sezernierenden Epithelien spiegelbildlich angeordnet. H^+ wird durch den apikalen Na^+/H^+-Antiporter NHE3 ins Lumen abgegeben und (außer im Magen) unter CA-Vermittlung als $CO_2 + H_2O$ wieder in die Zelle aufgenommen. Auf der basolateralen Seite wird HCO_3^- über zwei Mechanismen transportiert, nämlich in einigen Epithelien durch den Cl^-/HCO_3^--Antiporter AE2 und in anderen durch den Na^+,HCO_3^--Symporter NBC1, bei dem der elektrochemi-

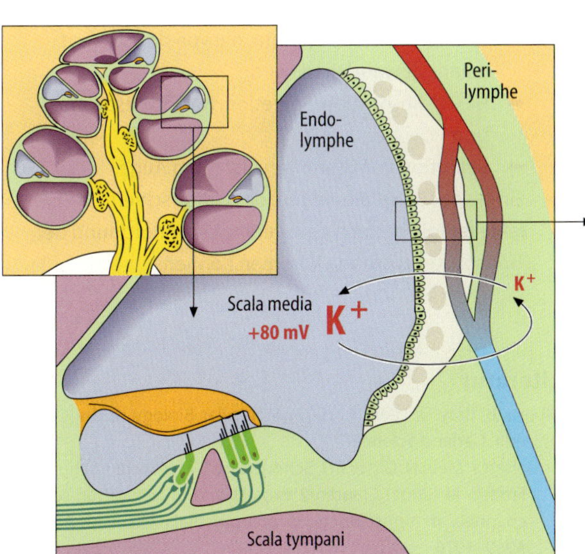

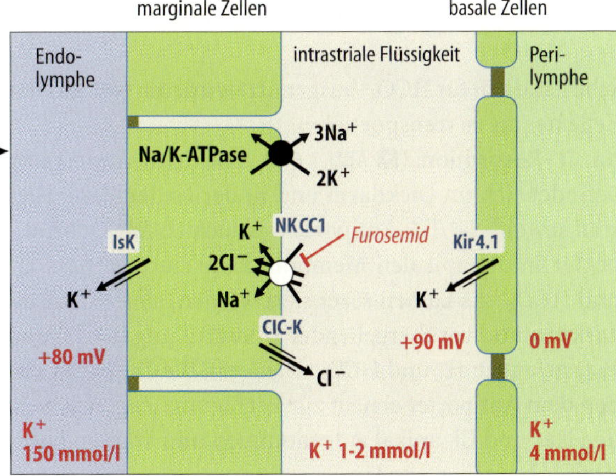

Abb. 3.5. Ionentransport im Innenohr. A, B Querschnitt durch die Kochlea mit ihren 3 extrazellulären Flüssigkeitsräumen. Die marginalen Zellen der Stria vascularis trennen die Endolymphe *(rosa)* vom Flüssigkeitsraum im Inneren der Stria vascularis *(grün)*; die basalen Zellen der Stria vascularis trennen diesen Flüssigkeitsraum von der Perilymphe *(blau)*. **C** K^+-Sekretion und endokochleares Potential in der Stria vascularis

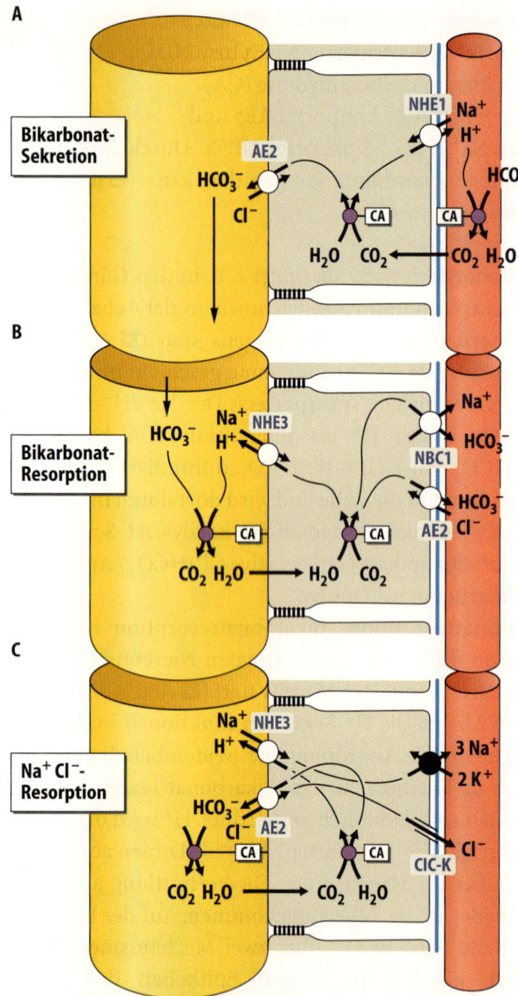

Abb. 3.6. Bikarbonattransport. A HCO_3^--Sekretion, **B** HCO_3^--Resorption, **C** elektroneutrale Na^+Cl^--Resorption. Durch verschiedenartige Anordnung von nur 4 verschiedenen »Bausteinen« (▶ s. Text) werden ganz verschiedene Effekte erzielt. Die Na^+/K^+-ATPase wurde zur Vereinfachung in A und B weggelassen. *CA:* Carboanhydrase

sche Gradient für HCO_3^- ausgenützt wird, um Na^+ aus der Zelle heraus zu transportieren.

Na^+Cl^--Resorption. (Abb. 3.6 C). Eine dritte Anordnung befindet sich im Dickdarm und in der Gallenblase. Hier sind sowohl Na^+/H^+-Antiporter als auch Cl^-/HCO_3^--Antiporter in der apikalen Membran lokalisiert, so dass H^+ und HCO_3^- ins Lumen sezerniert werden. Unter CA-Einwirkung und vorübergehender Umwandlung in CO_2 und H_2O gelangen H^+ und HCO_3^- wieder in die Zelle und stehen dem Antiporter erneut zur Verfügung. Zugleich werden Na^+ und Cl^- apikal aufgenommen und können basolateral abgegeben werden.

Sekretion vom Kammerwasser am Auge

An der Bildung des Kammerwassers sind die Antiporter NHE1 und AE2 beteiligt. Beim Glaukom kann der Druck durch Hemmung der Carboanhydrase gesenkt werden

Kammerwasser. Das Kammerwasser wird im Ziliarkörperepithel gebildet. Antrieb ist die Sekretion von Na^+, Cl^-, HCO_3^- und Aminosäuren, denen Wasser aus osmotischen Gründen folgt. Zwei der wichtigsten Transporter sind hierbei der Na^+/H^+-Antiporter NHE1 und der Cl^-/HCO_3^--Antiporter AE2 (▶ s. Abb. 3.6 A und B), die beide auf die Funktion der Carboanhydrase angewiesen sind.

Glaukom (grüner Star). Bei einem Missverhältnis von Kammerwasserproduktion und -abfluss steigt der Augeninnendruck mit der Gefahr der Netzhaut- und Sehnervschädigung. Medikamentös können Carboanhydrasehemmer eingesetzt werden. Sie hemmen NHE1 und AE2, so dass weniger Kammerwasser produziert wird und der Druck sinkt.

In Kürze

Typische Anordnung epithelialer Transporter

Einige typische Anordnungen von Transportern kommen in mehreren Epithelien in gleicher Weise vor. Dies sind zum Beispiel:

- elektrogene Na^+-Resorption und K^+-Sekretion, die über Kanäle in der apikalen Membran distaler Epithelien geregelt werden;
- Glukose- und Aminosäurenresorption, die durch Symporter in der apikalen Membran proximaler Epithelien erfolgt;
- elektrogene Cl^--Sekretion, die durch einen apikalen Cl^--Kanal und einen basolateralen $Na^+,K^+,2Cl^-$-Symporter erfolgt und Cl^--Resorption, für die diese Transporter spiegelbildlich angeordnet sind;
- K^+-Sekretion im Innenohr, die von der Stria vascularis gewährleistet wird;
- HCO_3^--Resorption/Sekretion, Na^+Cl^--Resorption und
- Sekretion vom Kammerwasser am Auge.

Einige der Beispiele zeigen, dass unterschiedliche Effekte lediglich durch eine veränderte Anordnung der Transporter zustande kommen können.

Literatur

Alberts B, Bray D, Lewis J (2002) Molecular Biology of the Cell, 4th edn. Garland Science

Amasheh S, Meiri N, Gitter AH, Schöneberg T, Mankertz J, Schulzke JD, Fromm M (2002) Claudin-2 expression induces cation-selective channels in tight junctions of epithelial cells. J Cell Sci 15: 4969–4976

Anderson J, Cereijido M (2001) Tight junctions, 2 edn. CRC Press, Boca Raton

Devuyst O, Guggino WB (2002) Chloride channels in the kidney: lessons learned from knockout animals. Am J Physiol Renal Physiol 283: F1176-F1191

Hübner CA, Jentsch TJ (2002) Ion channel diseases. Human Molec. Genetics 11: 2435–2445

Kunzelmann K, Mall M (2002) Electrolyte transport in the mammalian colon: mechanisms and implications for disease. Physiol. Rev. 82: 245–289

Lodish H, Berk A, Matsudaira P, Kaiser CA, et al. (2003) Molecular Cell Biology. W H Freeman

Schmitz H, Barmeyer C, Fromm M, Runkel N, Foss HD, Bentzel CJ, Riecken EO, Schulzke JD (1999) Altered tight junction structure contributes to the impaired epithelial barrier function in ulcerative colitis. Gastroenterology 116: 301–309

Wangemann P (2002) K^+ cycling and the endocochlear potential. Hearing Res 165: 1–9

Kapitel 4 Grundlagen zellulärer Erregbarkeit

B. Fakler, C. Fahlke

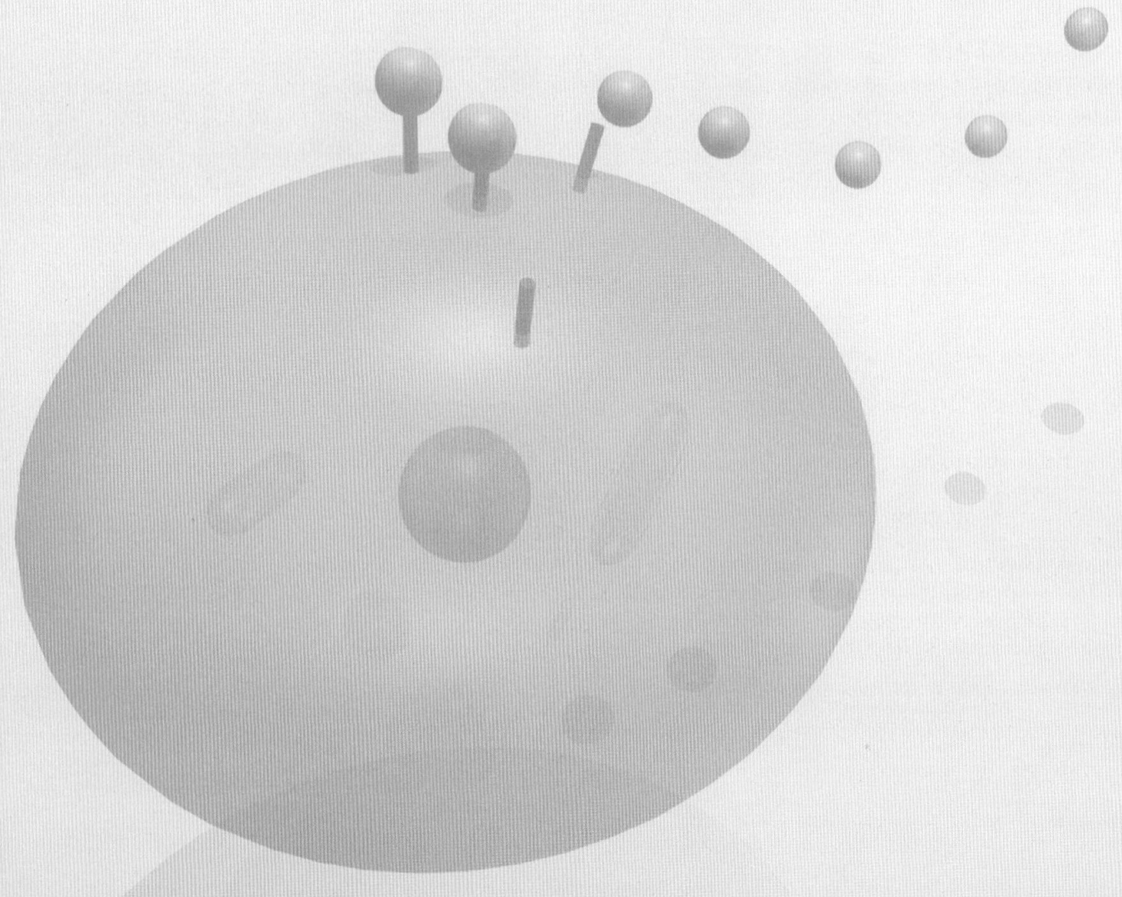

Einleitung

Eine 76-jährige Patientin wird mit einer Lungenentzündung in ein Krankenhaus aufgenommen. Sie wird zunächst mit dem Antibiotikum Erythromyzin behandelt. Nach Verbesserung der Symptome und Stabilisierung des Allgemeinzustandes wird auf das Antibiotikum Clarithromyzin umgestellt. Nach zweimaliger Gabe entwickelt die Patientin zunächst ventrikuläre Extrasystolen, später Kammerflattern und dann Kammerflimmern, das eine Defibrillation erfordert. Die Ursache für diese Medikamentenüberempfindlichkeit ist eine Abweichung in der Aminosäurenzusammensetzung eines Kaliumkanals im Herzen. Der mutante Kanal wird durch das Antibiotikum Clarithromyzin blockiert, wodurch es zu einer gestörten Erregung von Herzmuskelzellen kommt.

4.1 Funktionsprinzipien von Ionenkanälen

Grundeigenschaften von Ionenkanälen

Ionenkanäle sind integrale Membranproteine, die den Durchtritt von Ionen durch die Lipiddoppelschicht der Zellmembran ermöglichen

Eine Vielzahl physiologischer Prozesse wie die Erregungsausbildung und -fortleitung in Nerven, dem Herz- oder Skelettmuskel basieren auf elektrischen Prozessen an Zellmembranen. Grundlage dieser elektrischen Prozesse ist der Fluss kleiner anorganischer Ionen wie Natrium, Kalium, Calcium oder Chlorid durch eine besondere Klasse von Membranproteinen, die Ionenkanäle.

Aufbau der Zellmembran. Die Zellmembran besteht aus zwei chemischen Komponenten, der Lipiddoppelschicht und den darin eingelagerten Membranproteinen. Die Lipiddoppelschicht stellt einen perfekten ***elektrischen Isolator*** dar. Während lipidlösliche, unpolare Substanzen durch die Lipiddoppelschicht diffundieren können, ist sie impermeabel für geladene und polare Teilchen.

▪▪▪ **Ionen** können aus energetischen Gründen die Zellmembran nicht durchqueren. Wassermoleküle sind elektrische Dipole und können sich in der Nähe von Ladungen so anordnen, dass die Ladungsenergie deutlich reduziert ist. Diese Eigenschaft lässt sich quantitativ als Dielektrizitätskonstante (ε) beschreiben; für Wasser nimmt ε relativ hohe Werte an, für die unpolaren Lipide dagegen sehr niedrige (Abb. 4.1). Der Übergang eines geladenen Teilchens von Wasser in die Lipidschicht erfordert sein Herauslösen aus der Hydrathülle und sein Einbringen in die Lipidschicht. Die dafür notwendige Energie lässt sich mittels der Modellrechnung von Max Born abschätzen (Bornsche Barriere). Dazu werden die Energiebeträge berechnet, die notwendig sind, um ein Ion im Wasser zunächst zu entladen ($\Delta G = (\frac{q2}{8\varepsilon 0r}\ \frac{1}{\varepsilon_{wasser}})$), es ungeladen in die Lipidschicht zu bringen (ohne Arbeit möglich, da keine Ladung mehr vorhanden ist), und es dann in der Lipidschicht wieder zu laden ($\Delta G = \frac{q2}{8\varepsilon 0r}\ \frac{1}{\varepsilon_{Lip}}$). Die Arbeit, die aufgebracht werden muss, um ein geladenes Teilchen aus einem wässrigen Medium in eine Lipidschicht zu bringen, entspricht der Differenz dieser beiden Energien:

$$W = \frac{q2}{8\varepsilon 0r}\ (\frac{1}{\varepsilon_{lip}} - \frac{1}{\varepsilon_{wasser}}).$$

Für den Übergang eines Kaliumions ergibt sich daraus beispielsweise eine Energie von 1.74×10^5 J/mol (oder 41.4 kcal/mol). Da solche gewaltigen Energiemengen von einer Zelle nicht aufgebracht werden können, kann Kalium nicht frei durch die Lipidschicht diffundieren.

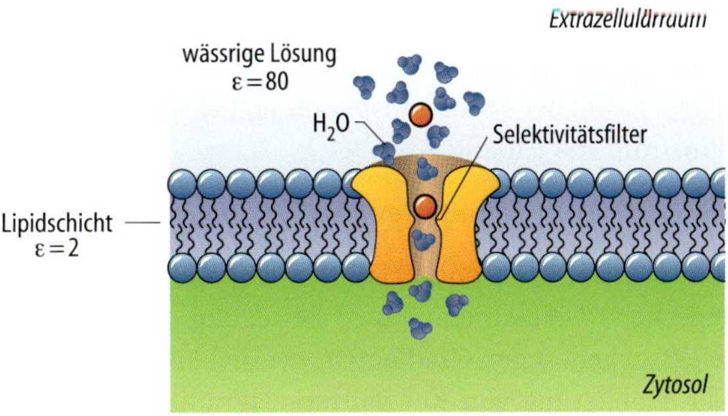

Abb. 4.1. Konzept des Ionenkanals. Ionenkanäle bilden eine wassergefüllte Pore aus, die die Doppellipidschicht durchspannt. Die Pore hat eine Engstelle, den sogenannten Selektivitätsfilter, den Ionen nur nach Entfernung der Hydrathülle durchqueren können

Konzept des Ionenkanals. Ionenkanäle sind ***integrale Membranproteine***, die einen wassergefüllten Diffusionsweg durch die Membran bilden (Abb. 4.1). Dementsprechend besteht ein Ionenkanal aus lipophilen Anteilen, die in Kontakt mit der Zellmembran stehen, und aus hydrophilen Anteilen, die das intra- und extrazelluläre Medium über eine Pore verbinden. Das Protein muss seine Konformation nicht ändern, um ein Ion von einer Membranseite zur anderen zu transportieren. Ionenkanäle sind deshalb effektive elektrische Leiter (Transportraten: ca 10^7–10^8 Ionen/s). Sie sind immer dort zu finden, wo relativ große elektrische Ströme fließen, z. B. bei der Umladung erregbarer Zellen während des Aktionspotentials.

Das elektrochemische Potential. Es gibt zwei Triebkräfte, die eine Ionenbewegung durch Ionenkanäle treiben können: den ***Konzentrationsgradient (chemische Triebkraft)*** und die ***Potentialdifferenz (elektrische Triebkraft)***. Die elektrochemische Triebkraft setzt sich aus diesen beiden Komponenten zusammen. Weist ein Ion im Zellinneren eine Konzentration c1 und außerhalb der Zelle eine Konzentration c2 auf, und liegt desweiteren eine Spannung U über der Membran an, ist die elektrochemische Energiedifferenz:

$$\Delta G = RT \ln (c1/c2) + zFU$$

(dabei ist R die allgemeine Gaskonstante, T die absolute Temperatur, z die Ladung bzw. die Wertigkeit des Ions, F die Faraday-Konstante, und U die Membranspannung).

* unserem Lehrer und Freund Prof. Dr. Reinhardt Rüdel gewidmet

Eine andere Darstellung für den gleichen Zusammenhang ergibt sich aus der Definition des Umkehrpotentials (Urev), d.h. der Membranspannung, bei dem ein Nettoeinstrom von 0 fließt:

$$\Delta G = zF\,(U\text{-}Urev) \text{ mit } Urev = -RT/zF \ln (c1/c2)$$

Ein passiver Transport erfolgt entlang eines elektrochemischen Gradienten. Eine Bewegung gegen einen elektrochemischen Gradienten, wie sie beispielsweise für die Etablierung von Konzentrationsgradienten notwendig ist, ist mit einem ionenkanalvermittelten Transport nicht möglich.

Selektivität. Ionenkanäle zeigen eine mehr oder weniger ausgeprägte Selektivität bezüglich der sie permeierenden Ionen. Grundsätzlich werden Ionenkanäle in ***Kationen-*** und ***Anionenkanäle*** unterteilt. Darüberhinaus findet man bei vielen Kationenkanälen eine hohe Selektivität für eine bestimmte Ionensorte, die zur Namensgebung des Kanals benutzt wird. Ein Natriumkanal erlaubt nur den Durchtritt von Natriumionen, ein Kaliumkanal nur den von Kaliumionen.

Kanalschaltverhalten (Gating). Praktisch alle Ionenkanäle können durch spezifische Konformationsänderungen ihre Transportrate ändern. Sie können zwischen Offen- und Geschlossen-Zuständen hin- und herschalten, eine Eigenschaft, die man als Kanalschaltverhalten (Gating) bezeichnet. Dieses Schaltverhalten wird durch verschiedene Reize gesteuert, z. B.

- durch Änderungen der Membranspannung,
- durch Änderung von Trasmitterkonzentrationen oder
- durch mechanische Kräfte wie Zug oder Druck.

Das Schaltverhalten von Ionenkanälen ermöglicht eine schnelle Veränderung des elektrischen Stroms durch eine Zellmembran als Reaktion auf äußere Reize. Es ist die Grundlage zellulärer elektrischer Signale.

Strom durch einen Ionenkanal

Der mittlere Ionenstrom durch einen Kanal wird von Leitfähigkeit und Offenwahrscheinlichkeit des Kanalproteins bestimmt

Strom durch einen Ionenkanal. Der Strom, der in einem bestimmten Zeitraum durch einen Ionenkanal fließt, wird durch zwei Faktoren bestimmt:

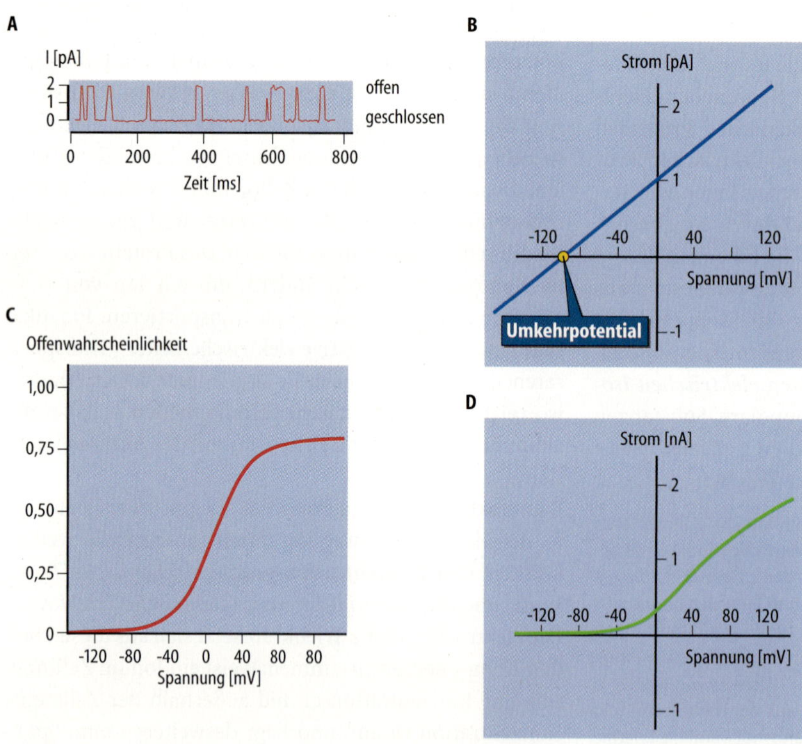

Abb. 4.2. Parameter, die den Strom durch Ionenkanäle bestimmen. A Beispiel von Kanalöffnungen eines Ionenkanals. Man sieht das Hin- und Herschalten zwischen einem Offen- und einem Geschlossen-Zustand. Die Amplitude des im offenen Zustand fließenden Stroms bezeichnet man als Einzelkanalamplitude. **B** Beispiel der Strom-Spannungskennlinie eines Ionenkanals. Dieser Kanal hat einen konstanten Widerstand, der sich aus der Steigung der Geraden ergibt $(R = \frac{\Delta U}{\Delta I})$. **C** Beispielhafte Spannungsabhängigkeit der Offenwahrscheinlichkeit. Der Kanal hat bei negativen Spannungen eine Offenwahrscheinlichkeit von 0, er ist immer geschlossen. Mit positiveren Spannungswerten steigt die Offenwahrscheinlichkeit an und erreicht bei + 100 mV einen Maximalwert von etwa 0,75; d. h. selbst bei diesen Spannungen ist der Kanal 25 % der Zeit geschlossen und 75 % der Zeit geöffnet. **D** Strom-Spannungskennlinie des Stroms durch 10^6 Kanäle mit den in B und C gezeigten Eigenschaften. Der makroskopische Strom ergibt sich als Produkt aus der Anzahl der Kanäle, der Einzelkanalstromamplitude und der Offenwahrscheinlichkeit

- die ***Offenwahrscheinlichkeit*** des Kanals, d.h. den Anteil der Zeit, in dem der Kanal geöffnet ist und den Durchtritt von Ionen erlaubt, und
- die ***Einzelkanalstromamplitude***, d.h. die Größe des Stroms durch den einzelnen Ionenkanal (Abb. 4.2). Die Einzelkanalstromamplitude wird durch die Konzentration des permeierenden Ions auf beiden Seiten der Membran und durch die über der Membran anliegende Spannung festgelegt. Am ***Umkehrpotential*** ist der Einzelkanalstrom null, da sich der elektrische und der chemische Gradient ausgleichen.

Bei Membranspannungen positiv des Umkehrpotentials kommt es in kationenselektiven Kanälen zu einem Nettoauswärtsstrom von Kationen, bei anionenselektiven Kanälen zu einem Nettoeinwärtsstrom von Anionen, bei negativeren Membranspannungen zu einem umgekehrten Ionenfluss. Je größer die ***Triebkraft***, d.h. der Abstand zwischen dem Membranpotential und dem Umkehrpotential, ist, desto größer ist die Stromamplitude (Abb. 4.2).

Aus der Spannungsabhängigkeit der Einzelkanalamplitude lässt sich mit Hilfe des Ohm'schen Gesetzes (R = U/I) der Widerstand oder die ***Leitfähigkeit*** eines einzelnen Ionenkanals bestimmen. Einzelne Ionenkanäle weisen in der Regel Leitfähigkeiten von einigen pS ($= 10^{-12}$ S) und damit Widerstande im Bereich von mehreren GΩ ($= 10^{9}$ Ω) bis zu einigen TΩ ($= 10^{12}$ Ω) auf. Diese Werte ändern sich mit verschiedenen Ionenkonzentrationen und Temperaturen.

Voltage-Clamp und Patch-Clamp. Der Strom durch Ionenkanäle wird mit Hilfe der **Spannungsklemm-Technik** (Voltage-Clamp) gemessen (Abb. 4.3). Die Spannungsklemmtechnik wurde zuerst an einem besonders großen Nervenaxon des Tintenfisches eingesetzt und wird mit zwei Elektroden durchgeführt. Mit einer Elektrode wird die Spannung über der Membran gemessen und mit einem Sollwert vergleichen. Über die zweiten Elektrode werden Abweichungen vom Sollwert durch eine Strominjektion ausgeglichen. Die injizierte Strom entspricht dem Ionenstrom, der bei konstanter Spannung durch die Membran fließt (Abb. 4.3). Führt man eine solche Messung unter Bedingungen durch, die alle anderen Stromkomponenten blockieren, kann man das besondere Verhalten spannungsgesteuerter Natriumkanäle sichtbar machen. Bei einem Spannungssprung von –70 auf 0 mV ist der Natriumstrom zunächst null, er nimmt dann relativ schnell zu, erreicht ein Maximum und geht dann wieder auf null zurück. Die Ursache für dieses zeitliche Verhalten des Natriumstromes ist eine zeitabhängige Veränderung der Anzahl offener Natriumkanäle. Bei –70 mV sind alle Natriumkanäle geschlossen, bei 0 mV erhöht sich die Offenwahrscheinlichkeit zeitweise und geht danach durch einen besonderen Prozess, die Natriumkanalinaktivierung, wieder auf null zurück (► s.u.).

Das **Patch-Clamp-Verfahren** ermöglicht es, Ströme durch einzelne Ionenkanäle zu beobachten, wobei im Unterschied zur Zweielektroden-Klemmtechnik nur mit einer Elektrode und einer besonderen Rückkoppelungsschalttechnik gearbeitet wird (Abb. 4.4). Beim Patch-Clamp-Verfahren wird eine polierte Glaspipette auf die Zellmembran aufgesetzt, und dann durch Saugen ein kleiner Membranfleck (Patch) elektrisch isoliert. Durch die enge Verbindung der Zellmembran mit der Glaspipette kann der Membranpatch von der Zelle abgezogen werden und zwar mit der Innenseite (Inside-Out-Patch) oder der Außenseite (Outside-Out-Patch) nach außen gerichtet (Abb. 4.4). Ist in dem Membranpatch nur ein einzelner funktioneller Kanal, kann mit diesem Verfahren, bei dem wieder die Spannung geklemmt wird, ein einzelner Kanal charakterisiert werden.

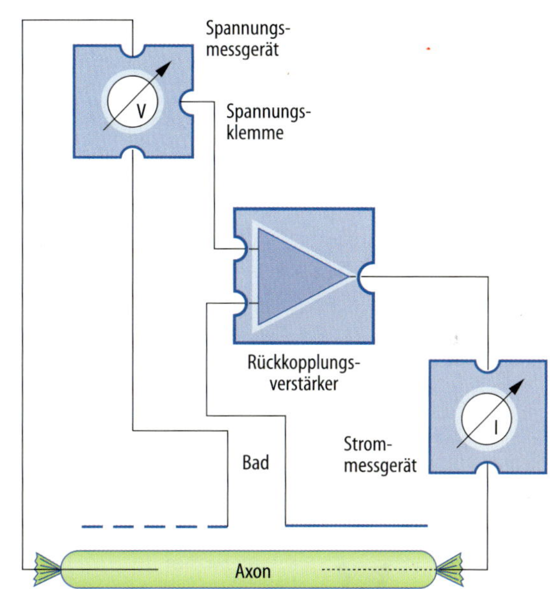

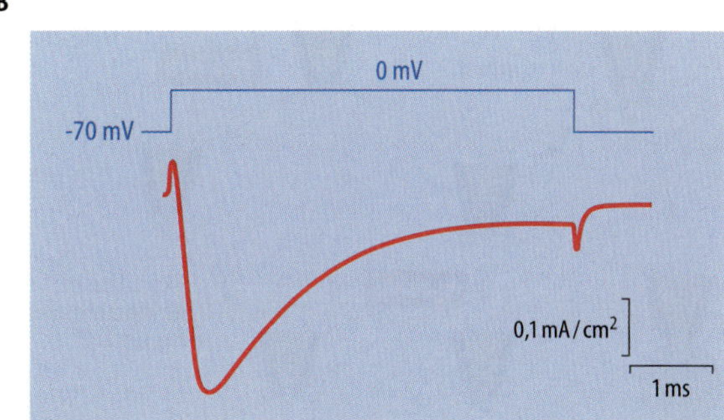

Abb. 4.3. Spannungsklemmtechniken zur Untersuchung von Ionenkanälen. A Spannungsklemmvorrichtung für ein grosses Zellpräparat (hier: Tintenfischaxon). Mit einem solchen Messaufbau konnte man erstmals einen Strom durch eine Population von spannungsgesteuerten Natriumkanälen bei einer bestimmten Membranspannung untersuchen. **B** Spannungsgeklemmter Natriumstrom durch ein Axon bei einen Spannunsgsprung von –70 mV auf 0 mV. Der Natrium-Einwärtsstrom nimmt kurz nach dem Spannungssprung schnell zu und anschliessend wieder ab

In Kürze

Aufbau von Ionenkanälen

Ionenkanäle sind integrale Membranproteine, die eine wassergefüllte Pore in der Zellmembran ausbilden und dadurch den Durchtritt von Ionen durch die Lipiddoppelschicht der Membran ermöglichen. Triebkraft für die Diffusion durch die Kanalpore ist der elektrochemische Gradient, der sich aus:

▼

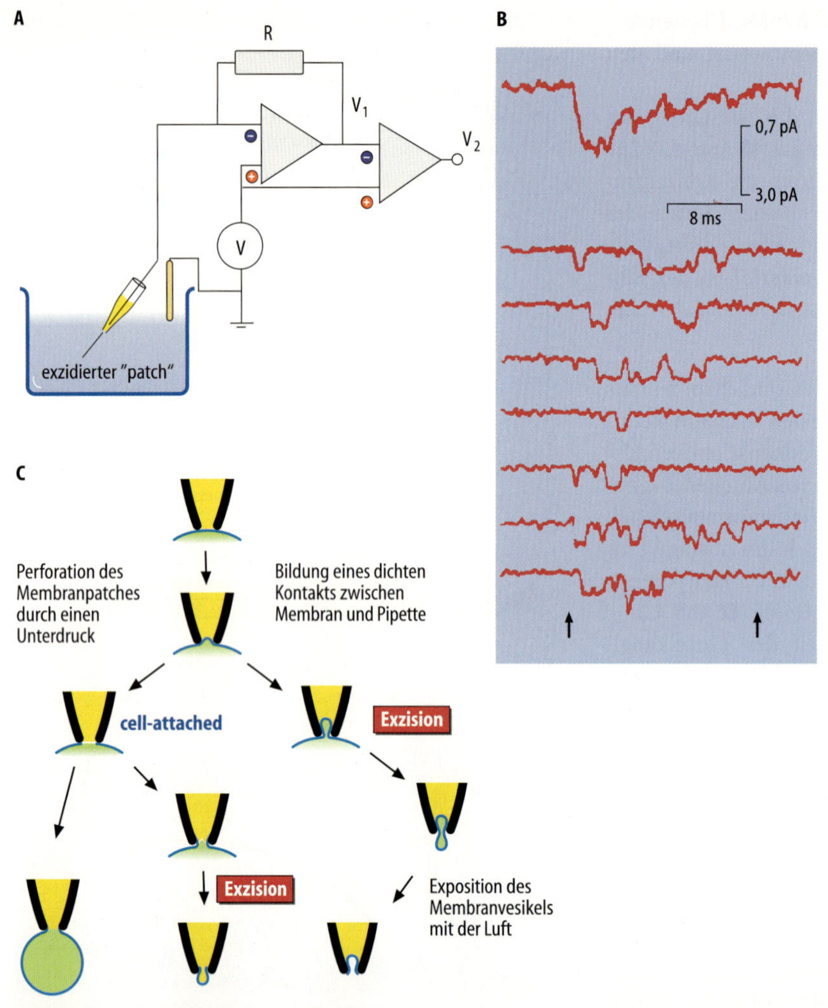

Abb. 4.4. Patch-Clamp-Technik. Sie erlaubt die Messung von Ionenströmen durch einzelne Ionenkanäle. **A** Messschema. **B** Verschiedene Konfigurationen der *Patch-Clamp*-Technik. Es können Messungen durchgeführt werden, während der Membranfleck noch Teil der Zellmembran ist (*Cell-attached*-Konfiguration). Der Membranfleck kann aber auch aus der Zellmembran herausgerissen werden, die Membranseite liegt dann innen (*Inside-Out*-Konfiguration). Ein anderer Zugang ergibt sich, wenn der Membranfleck durch kurzes kräftiges Saugen zerstört wird, so dass mit der Messvorrichtung Ströme durch die ganze Zellmembran registriert werden können (*Whole-Cell*-Konfiguration). Zieht man, von dieser Konfiguration ausgehend, die Pipette von der Zelle weg, bildet sich häufig ein Membranfleck, dessen Membranaussenseite in das Bad gerichtet ist (*Outside-Out*-Konfiguration). **C** Stromantworten eines einzelnen Natriumkanals in einem exzidierten Membranfleck aus einem Tintenfischriesenaxon auf Spannungssprünge von – 90 mV auf – 40 mV. Man sieht, dass der Kanal nicht immer zur gleichen Zeit öffnet oder schließt – beide Vorgänge sind rein statistisch. Wenn man die Stromantworten in wiederholten Experimente mittelt, erhält man einen Strom, der dem makroskopischen Strom durch eine große Anzahl entsprechender Natriumkanäle entspricht

- dem Konzentrationsgradienten (chemische Triebkraft), und
- der Potentialdifferenz (elektrische Triebkraft)

zusammensetzt.

Selektivität von Ionenkanälen

Ionenkanäle zeigen bezüglich der durch sie permeierenden Ionen eine mehr oder weniger ausgeprägte Selektivität. Grundsätzlich unterscheidet man:

- Anionenkanäle und
- Kationenkanäle (bei diesen findet man oft eine hohe Selektivität für eine bestimmte Kationen-Sorte.

Die Funktion eines Kanalproteins wird – außer durch die Selektivität – durch das Kanalschaltverhalten (Gating) bestimmt. Durch Konformationsänderungen kann der Kanal zwischen einem Offenzustand, in dem die Pore für Ionen permeabel ist, und Geschlossenzuständen hin- und hergeschalten.

Der Strom durch einen Ionenkanal wird von der Offenwahrscheinlichkeit und der Einzelkanalstromamplitude bestimmt.

4.2 Aufbau spannungsgesteuerter Kationenkanäle

Topologie und Struktur

Ionenkanäle sind aus porenbildenden α- und akzessorischen β-Untereinheiten aufgebaut; Aminosäuresequenz und Membrantopologie dieser Untereinheiten bestimmen die Struktur des Kanalproteins

In den letzten 20 Jahren wurden mittels molekularer Arbeitstechniken eine Vielzahl von ***Genen*** bzw. DNA-Abschnitten identitfiziert, die für Ionenkanalproteine codieren. Mit diesen »klonierten« cDNA-Abschnitten (zur messenger-RNA komplementärer DNA Strang) war die Möglichkeit gegeben, ***Struktur und Funktion*** der Ionenkanalproteine detailliert zu untersuchen. Die grundsätzlichen Erkenntnisse über Kanalproteine werden im Folgenden exemplarisch an Kalium- und Natriumkanälen dargestellt.

Membrantopologie. Die aus der cDNA ableitbare ***Aminosäuresequenz*** (Primärstruktur) zeigt, dass Ionenkanalproteine aus einer Abfolge hydrophiler und hydrophober Abschnitte bestehen (Abb. 4.5), die die Anordnung der Proteine in der Zellmembran ***(Membrantopologie)*** und damit ihre grundsätzliche Faltung ***(Tertiärstruktur)*** bestimmen.

- Die ***hydrohoben Abschnitte***, zumeist als ***α-Helizes*** (Sekundärstruktur) konfiguriert, durchspannen die Doppellipidschicht der Zellmembran, während
- die ***hydrophilen Abschnitte***, einschließlich der N- und C-terminalen Enden des Proteins, im wässrigen Milieu des Intra- und Extrazellulärraums zu liegen kommen (Abb. 4.5).

Die Anzahl der hydrophoben und hydrophilen Segmente kann sehr unterschiedlich sein, wobei die evolutionär ältesten Formen wohl die Untereinheiten mit 2 oder 6 Transmembransegmenten (2- bzw. 6-Segment Kanäle) sind.

Struktur der Kanalpore. Das eigentliche Kanalprotein der 2- und 6-Segmentkanäle entsteht durch Zusammenlagerung mehrerer Untereinheiten zu einem Gesamtmolekül (Quartärstruktur). Für die einfachste Form eines 2-Segment Kaliumkanals konnte mittels Röntgenstrukturanalyse des kristallisierten Kanalproteins ein atomares »Strukturbild« gewonnen werden (Abb. 4.6).

Dieser Kaliumkanal besteht aus vier symmetrisch angeordneten Untereinheiten ***(Tetramere)***, die in der Symmetrieachse des Moleküls einen vollständig von Proteinabschnitten umgebenen Kanal ausbilden. Die Wand dieses Kanals wird in der zytoplasmatischen Hälfte des Mo-

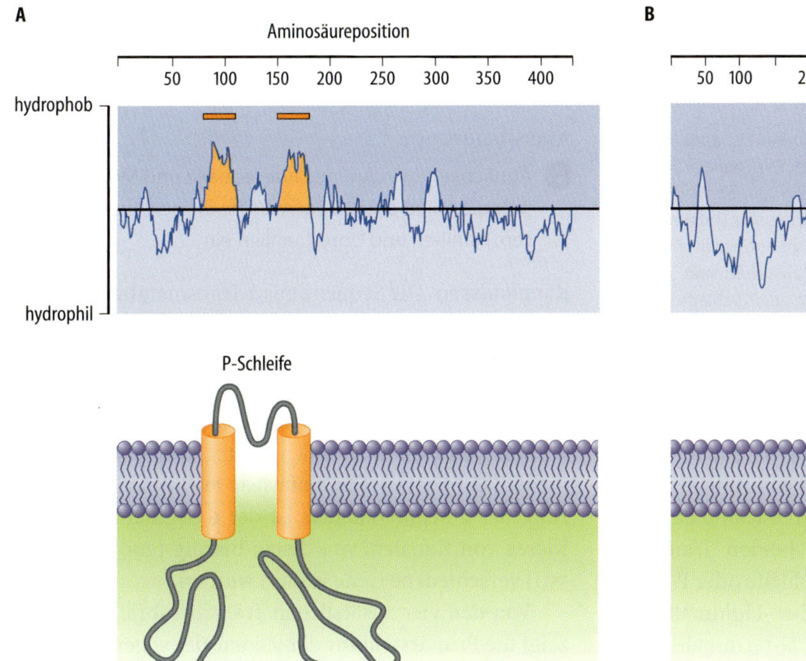

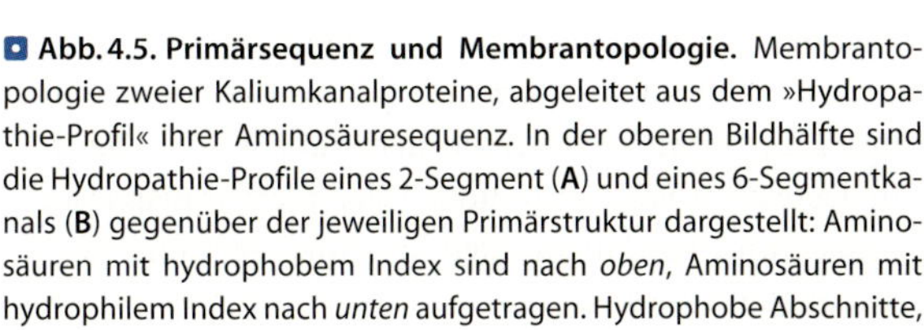

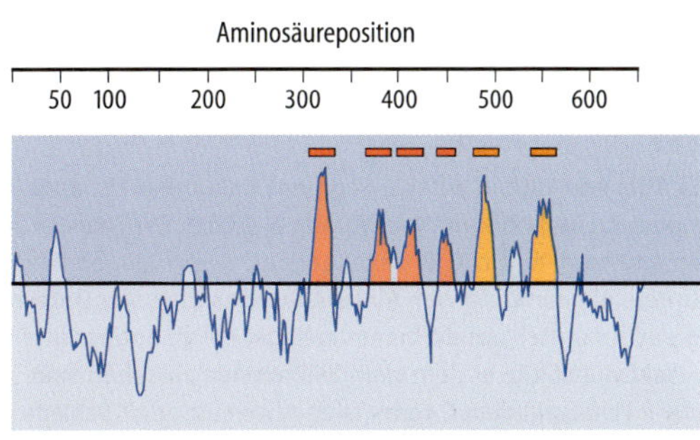

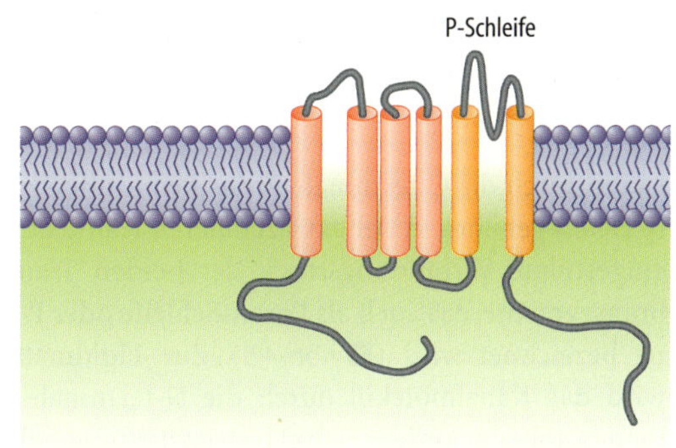

Abb. 4.5. Primärsequenz und Membrantopologie. Membrantopologie zweier Kaliumkanalproteine, abgeleitet aus dem »Hydropathie-Profil« ihrer Aminosäuresequenz. In der oberen Bildhälfte sind die Hydropathie-Profile eines 2-Segment (**A**) und eines 6-Segmentkanals (**B**) gegenüber der jeweiligen Primärstruktur dargestellt: Aminosäuren mit hydrophobem Index sind nach *oben*, Aminosäuren mit hydrophilem Index nach *unten* aufgetragen. Hydrophobe Abschnitte, die lang genug sind, die Zellmembran als α-Helix zu durchspannen, sind markiert. Die untere Bildhälfte zeigt die aus dem Hydropathie-Profil abgeleitete Topologie der Kanäle: 2 bzw. 6 Transmembrandomänen mit intrazellulär gelegenen N- und C-terminalen Enden. Der hydrophobe Abschnitt zwischen den *rot* markierten Transmembransegmenten ist an der Ausbildung der Kanal-Pore beteiligt und wird als P-Schleife (kurz für Poren-Schleife) bezeichnet

A

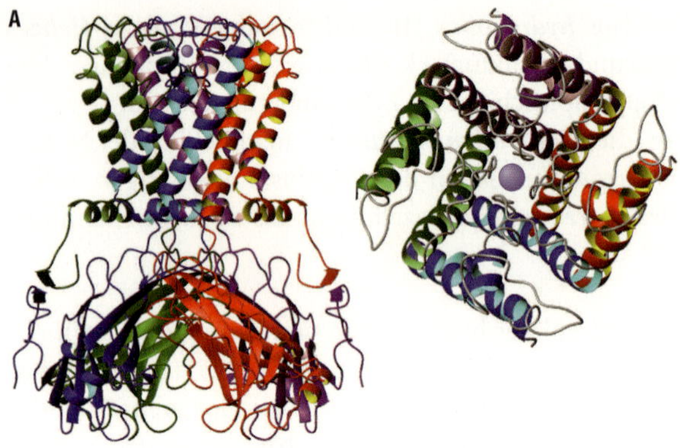

B

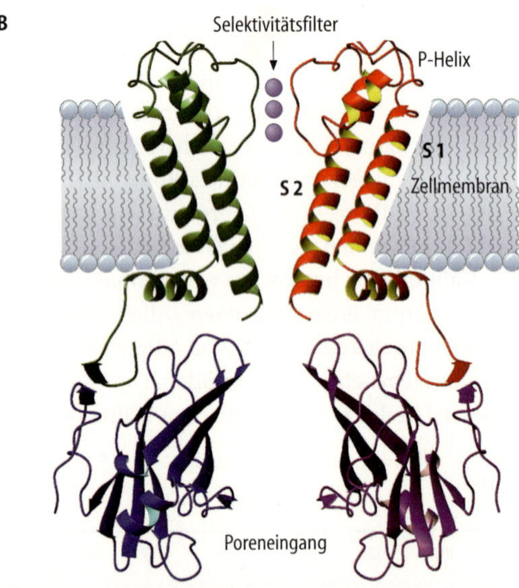

Abb. 4.6. Aufbau eines 2-Segment Kaliumkanals, abgeleitet aus seiner Kristallstruktur. Nach Kuo et al (2003). Die Struktur (**A** Seitenansicht und Aufsicht, **B** Seitenansicht zweier gegenüberliegender Untereinheiten) zeigt den Aufbau des Kanals aus vier Untereinheiten, die symmetrisch um die zentral gelegene Pore angeordnet sind. Das Selektivitätsfilter, in dem drei Kaliumionen zu sehen sind, wird von der P-Helix und dem C-terminalen Abschnitt der P-Schleife gebildet; die Transmembransegmente S1 und S2 sind als α-Helizes ausgebildet und liegen hintereinander. Der zytoplasmatische Eingang des Kanals wird von den ineinandergeschlungenen N- und C-Termini der vier Untereinheiten gebildet

leküls durch die C-terminale Transmembranhelix (innere Helix) gebildet, in der extrazellulären Hälfte durch das eingestülpte Verbindungsstück der beiden Transmembransegmente, das auch als Poren-Schleife oder P-Domäne bezeichnet wird (Abb. 4.5). Zur Lipidmatrix hin wird das Kanalmolekül durch die N-terminale Transmembranhelix (äußere Helix) begrenzt, die, von der Pore aus betrachtet, hinter der inneren Helix liegt und relativ zu ihr leicht verkippt erscheint. Der zytoplasmatische Kanaleingang wird von den ineinandergeschlungenen N- und C-terminalen Enden der vier Kanaluntereinheiten gebildet (Abb. 4.6).

Der Selektivitätsfilter. Die engste Stelle der Kanalpore, der sogenannte ***Selektivitätsfilter***, findet sich nahe dem extrazellulären Eingang und wird vom C-terminalen Abschnitt der P-Domäne gebildet und von einem kurzen helikalen Abschnitt, der Porenhelix, stabilisiert (Abb. 4.7). Die Wand des Selektivitätsfilters, die wie in allen Kaliumkanalproteinen durch die charakteristische Aminosäuresequenz Glyzin-Tyrosin-Glyzin (G-Y-G-Motiv) gebildet wird, zeigt eine strukturelle Besonderheit: die vier Kanaluntereinheiten schaffen mit den Carbonylsauerstoffen ihres Tyrosin- und inneren Glyzinrestes eine Ringstruktur, die die Hydrathülle (Abb. 4.1) eines Kaliumions perfekt ersetzen kann, nicht aber die des Natrium- oder Lithiumions. Dieser »***Hydrathüllenersatz***« ist die Grundlage der hohen Selektivität des Kaliumkanals bzw. seiner Fähigkeit, das größere Kaliumion (Radius 1,33 Å) permeieren zu lassen, die kleineren Natrium- (Radius 0,95 Å) oder Lithium- (Radius 0,6 Å) Ionen dagegen nicht (Abb. 4.7).

▪▪▪ **Strukturelle Grundlagen der Permeabilität und Kaliumselektivität.** Die Röntgentruktur des kristallisierten 2-Segmentkaliumkanals zeigt, wie diese Klasse von Ionenkanälen die Bornsche Barriere so weit reduziert, dass ein hoher Ionenfluss möglich wird. Zum einen ist der Selektivitätsfilters sehr kurz, wodurch Intra- und Extrazellulärraum einander sehr nahe kommen und die Energie für den Durchtritt eines Ions auf ein Minimum reduziert wird; zum anderen stellt die elektrostatische Interaktion zwischen den Carbonylsauerstoffen und dem Ion zusätzlich Energie für die Membrandurchquerung bereit (Abb. 4.7). Eine weitere wichtige Erkenntnis aus der Kanalstruktur ist das Dipolmoment der Porenhelizes, das auf der ungleichen Ladungsverteilung einer α-Helix beruht: Durch die besondere Anordnung der vier Porenhelizes wird ein negatives Potential unterhalb des Selektivitätsfilters erzeugt, das Kationen in die Pore hineinzieht, während Anionen abgestoßen werden.

Klassifizierung

Ähnlichkeiten in Aminosäuresequenz und Membrantopologie teilen die Kationenkanäle in verschiedene Klassen, Familien und Unterfamilien ein

Kanalklassen. Die Sequenz aus 2 Transmembransegmenten und sie verbindender P-Domänen ist den meisten porenbildenden Ionenkanal-Untereinheiten gemeinsam. Darüber hinaus unterscheiden sich die bekannten Kanalgene aber sowohl in der ***Anzahl*** dieses Motivs, als auch in Anzahl und Charakteristik weiterer ***Transmembransegmente*** (Abb. 4.8). Die einfachste evolutionäre Erweiterung des 2-Segmentkanals ist der 6-Segmentkanal, eine Klasse von Kanälen, von denen bislang (2003) mehr als 55(!) verschiedene Gene isoliert wurden.

Von den vier zusätzlichen Transmembransegmenten zeigt die Primärstruktur der letzten, der sogenannten ***S4-Helix***, eine Besonderheit: jede dritte Position innerhalb dieser Helix ist mit einer positiv geladenen Aminosäure, Arginin oder Lysin, besetzt und verleiht dem S4-Segment damit bei physiologischem pH eine positive Nettoladung. Dieses S4-Segment wird von den Kanälen als »***Sensor***« zur Detektion von Änderungen der Membranspannung benutzt und kommt in allen spannungsgesteuerten Ionenkanälen vor (► s. u.).

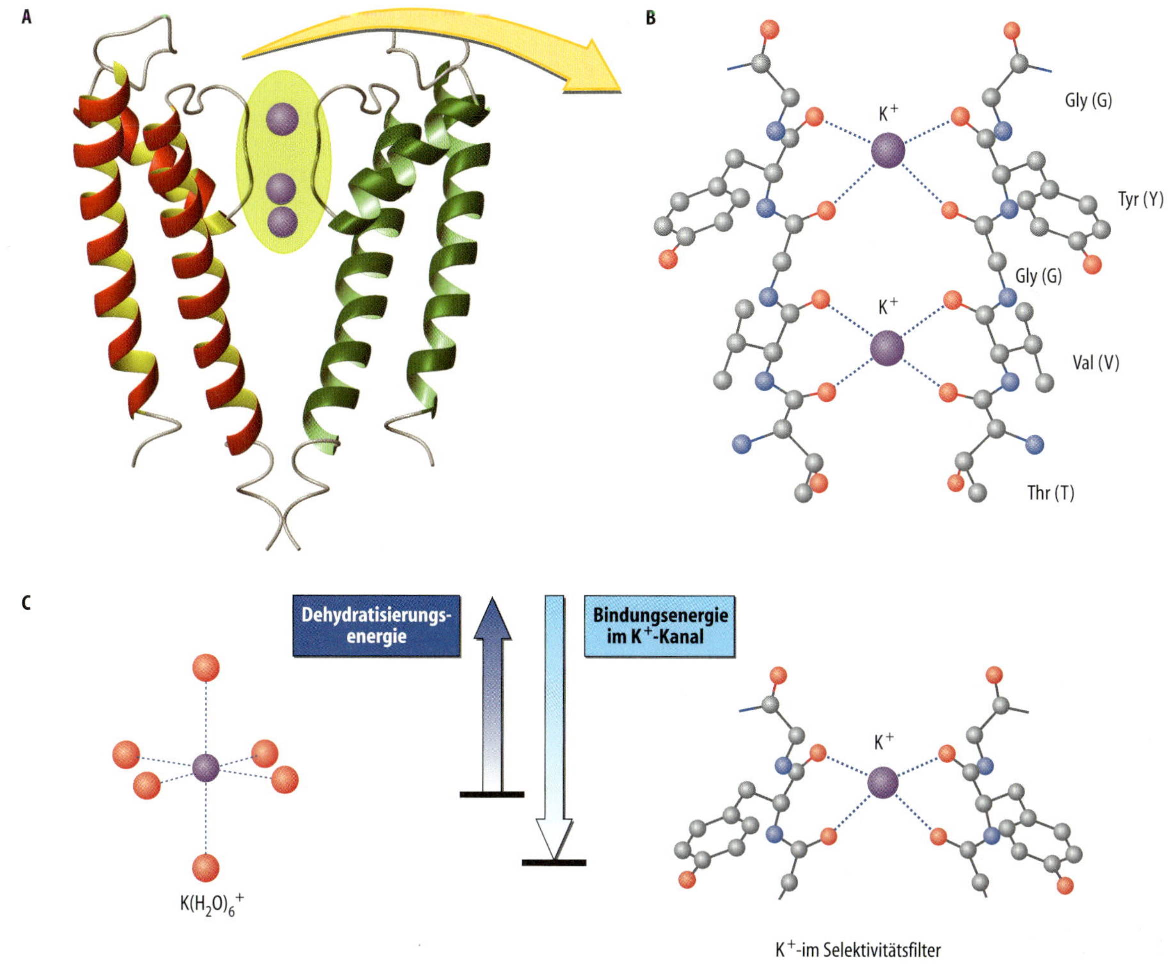

Abb. 4.7. Funktion des Kalium-Kanal Selektivitätsfilters. A Seitenansicht der Pore (der Übersichtlichkeit wegen nur zwei Untereinheiten dargestellt), mit drei Kaliumionen (sphärisch dargestellt) im Selektivitätsfilter. **B** Die Positionierung der Kaliumionen wird durch ihre Interaktion mit den Karbonylsauerstoffen der Aminosäuren Tyrosin (Tyr, Y), Glyzin (Gly, G), Valin (Val, V) und Threonin (Thr, T) bestimmt. **C** Diese Karbonylsauerstoffe ersetzen die Hydrathülle des Kaliumions: die bei Bindung des Kaliumions im Selektivitätsfilter freigesetzte Energie ist grösser als die zur Dehydratisierung des Kaliumions notwendige Energie

Die weiteren Kanalklassen lassen sich im Sinne einer modularen Bauweise als Kombination der 2- und 6-Segment Untereinheit verstehen (Abb. 4.8). So sind die ***2-P-Domänen Kaliumkanäle*** eine Kombination aus zwei 2-Segmentkanälen oder einer 2- und einer 6-Segmentuntereinheit, während die ***spannunggesteuerten Natrium- und Calciumkanäle*** (Na_v- und Ca_v-Kanäle) eine Verknüpfung von vier 6-Segmentuntereinheiten darstellen. Diese Kombination von vier 6-Segmentuntereinheiten in einem Gen zeigt, dass die Na_v- und Ca_v-Kanäle nach einem alternativen Prinzip aufgebaut sind: während sich die 2-, 4-, 6- oder 8-Segmentkanäle, zum größten Teil Kaliumkanäle, aus vier Unterheiten zusammensetzen, gewissermassen nach einem ***»4 × 1-Prinzip«*** konstruiert sind, sind Na_v- oder Ca_v-Kanalmoleküle lediglich aus einer Untereinheit nach einem ***»1 × 4-Prinzip«*** aufgebaut.

Kanalfamilien und -unterfamilien. Wie in dem Stammbaum in Abb. 4.8 dargestellt, kann aufgrund von Ähnlichkeiten in der Aminosäuresequenz noch eine Unterteilung der Kanalklassen in Familien und Unterfamilien getroffen werden. Beispiele für Familien sind etwa die spannungsabhängigen Kaliumkanäle (K_v), die calciumgesteuerten Kaliumkanäle (K_{Ca}) oder die Einwärtsgleichrichter-Kaliumkanäle (K_{ir}), Beispiel für Subfamilien wären die K_v1-, die SK- oder $K_{ir}2$-Kanäle. Bedeutend für die Architektur von Kanälen ist diese Unterteilung insofern, als sich 2- und 6-Segmentkanäle nicht notwendigerweise aus vier identischen Untereinheiten (Homomere) zusammensetzen müssen, sondern auch aus verschiedenen Untereinheiten (Heteromere) bestehen können. Eine Heteromultimerisierung ist allerdings nur zwischen den α-Untereinheiten einer Subfamilie möglich, nicht aber zwischen Mitgliedern verschiedener Familien oder Kanalklassen.

Die hier vorgestellte Klassifizierung der vielen verschiedenen Kanalgene soll insbesondere der Systematik im Hinblick auf ***Aufbau und grundsätzliche Funktionsmerkmale*** dienen, die Beschreibung der physiologischen

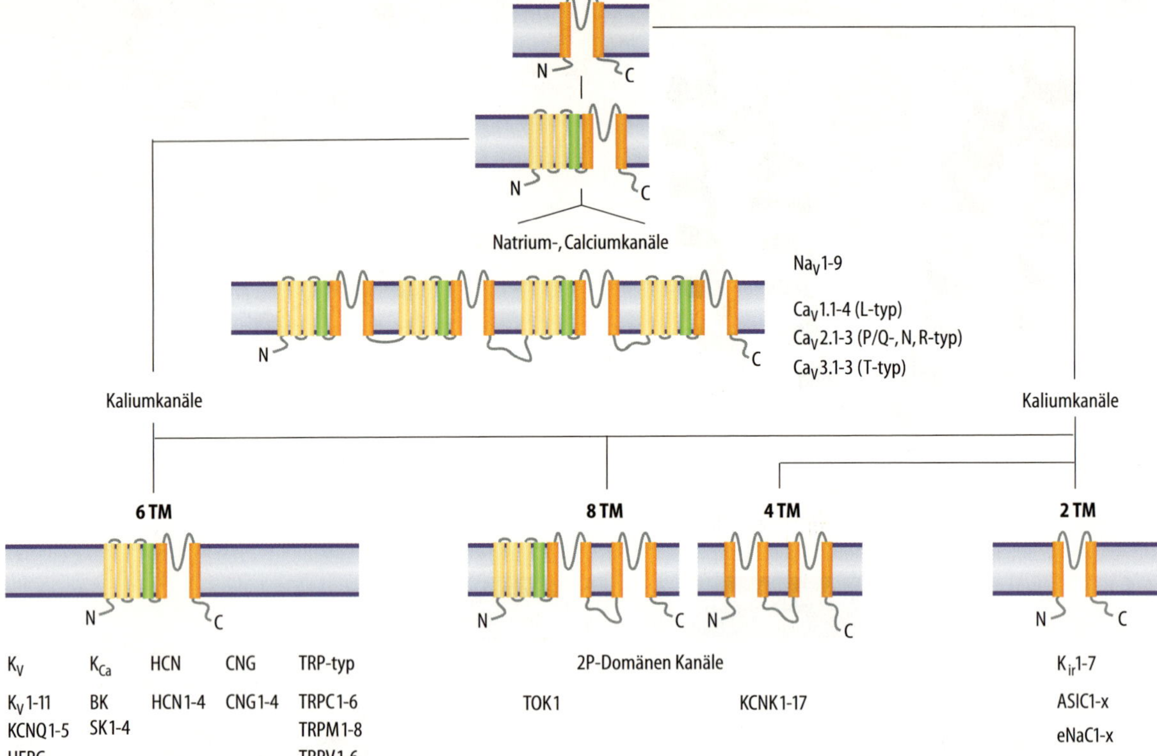

Abb. 4.8. Stammbaum der Kationenkanäle. Die Anordnung zeigt die verschiedenen Kanalarchitekturen in ihrer kombinatorischen Entstehung aus der 2- und 6-Segmentkanaluntereinheit. Die spannungsabhängigen Na$_V$- und Ca$_V$-Kanäle fassen vier 6-Segmentuntereinheiten in einem Gen zusammen; der Klassifizierung der Kalziumkanäle in L-, P/Q- und T-Typ entsprechen die angegebenen Gene. Die 2P-Domänen-Kanäle kombinieren eine 2- und eine 6-Segmentuntereinheit oder zwei 2-Segmentuntereinheiten; letztere sind allesamt Kaliumkanäle und entsprechen den ›Hintergrundskanälen‹ in Neuronen. Die Mitglieder der Klasse der 2-Segmentkanäle sind die Einwärtsgleichrichterkaliumkanäle *(Kir)*, die epithelialen Natriumkanäle *(eNaC)* und die Protonen-aktivierten Kanäle *(ASIC)*. Die Mitglieder der Klasse der 6-Segmentkanäle sind die spannungsabhängigen Kaliumkanäle *(Kv)*, die kalziumgesteuerten Kaliumkanäle *(KCa)*, die hyperpolarisationsaktivierten Kationenkanäle *(HCN)*, die durch zyklische Nukleotide gesteuerten Kanäle *(CNG)* und die durch verschiedene messenger gesteuerten TRP-Typ Kationenkanäle. Einige dieser Kanalfamilien lassen sich noch in die angegebenen Subfamilien unterteilen

Funktion ist kurz skizziert (Tabelle 4.1) und erfolgt in detaillierter Form in den Kapiteln über Gewebe und Organe, in denen das jeweilige Kanalprotein exprimiert ist.

Akzessorische Untereinheiten. Neben den genannten porenbildenden Untereinheiten finden sich bei vielen Kanalproteinen weitere eng ***assoziierte Proteine***, die nicht am Aufbau der Kanalpore beteiligt sind und daher als akzessorische Untereinheiten bezeichnet werden. Strukturell betrachtet sind die meisten dieser akzessorischen Untereinheiten Membranproteine (1–4 hydrophobe Transmembransegmente; z. B. $\alpha 2/\delta$- und γ-Untereinheiten der Ca$_V$-Kanäle, β-Untereinheiten der KCNQ-Typ Kaliumkanäle, ► s. auch Tabelle 4.1), es wurden aber auch überwiegend hydrophile Proteine mit zytoplasmatischer Lokalisation gefunden (z. B. die β-Untereinheiten der K$_V$- oder Ca$_V$-Kanäle). Ihre Verbindung mit der porenbildenen α-Untereinheit erfolgt meist über ***Disulfidbindungen*** oder ***hydrophobe Wechselwirkungen***. Die funktionelle Bedeutung der akzessorischen Untereinheiten ist sehr unterschiedlich: einige bestimmen oder beeinflussen das Schaltverhalten der Kanäle (Gating, ► s. u.), andere modulieren die Leitfähigkeit des Kanals oder sind an der Proteinprozessierung, Lokalisation oder Stabilität der α-Untereinheiten in der Membran beteiligt.

▪▪▪ Heterologe Expression von Ionenkanalproteinen. Die Klonierung von Kanalgenen hat neben den Erkenntnissen zu Aufbau und Struktur dieser Proteine vor allem zu einem umfassenden Verständnis ihrer Funktion geführt. Der Grund dafür liegt in der Möglichkeit, die klonierten Proteine in Fremdzellen, sog. heterologen Systemen, wie der Eizelle (Oozyte) des Xenopus-Frosches oder Zellen bestimmter immortaler Zelllinien, zu exprimieren. Dazu werden (in vitro transkribierte) mRNA oder DNA-Abschnitte mit entsprechenden Steuerelementen (Promotoren) in die Fremdzellen eingebracht. Diese behandelt die fremde Erbinformation wie die eigene, sie translatiert das Ionenkanalprotein und inseriert es in ihre Zellmembran. Da die Fremdproteine meist mit hoher Effizienz synthetisiert werden und die heterologen Systeme nur über sehr wenige eigene Ionenkanäle verfügen, lässt sich das heterolog exprimierte Kanalprotein in elektrophysiologischen Experimenten gewissermassen als »Einzelbaustein« untersuchen. Die oft störenden Einflüsse anderer Kanäle sind, im Gegensatz zu Experimenten an den natürlichen »Wirtszellen« eines Kanals (z. B. Herzzellen, Neuronen), vernachlässigbar.

Die heterologe Expression bietet weiterhin die Möglichkeit, das klonierte Protein nicht nur in seiner genetisch korrekten Form (sog. Wildtyp-Form) zu exprimieren, sondern auch als Mutante, in der ein-

Tabelle 4.1. Kationenkanäle

Bezeichnung	Gen	Expression	Physiologische Funktion	Krankheit	Pathomechanismus
1 K_v-Kanäle					
K_v1.1	KCNA1	Gehirn	Repolarisation des AP	Episodische Ataxie I	↓ K_v-Stroms → ↑ GABA-freisetzung in zerebellären Purkinije-Zellen; Folge: zerebelläre Ataxie (ausgelöst durch Stress)
K_v1.4	KCNA4	Gehirn (Präsynapse); A-typ Kanal	Repolarisation des AP, Steuerung synaptischer Übertragung		
K_v3.1–4	KCNC1–4	Gehirn, Skelettmuskel	schnelle Repolarisation des AP in hochfrequent feuernden Neuronen		
K_v4.1–3	KCND1–3	Gehirn (Axon); A-typ Kanäle	Repolarisation des AP, Steuerung der AP-ausbreitung im Axon		
KCNQ1 (häufig assoz. mit KCNE1)	KCNQ1	Herz, Innenohr (Stria vascularis)	langsame Repolarisation des Herz-AP, Sekretion von K^+ in die Endolymphe	Long-QT Syndrom, Innenohrschwerhörigkeit (Jervell-Lange-Nielsen Syndrom; Defekt in KCNQ1 oder KCNE1)	↓ KCNQ-Stromamplitude Folge: (a) Verlängerung des Herz-AP mit Gefahr der Ausbildung tachykarder Arrhythmie, (b) Zusammenbrechen des endocochleären Potentials und → Schwerhörigkeit
KCNQ2,3	KCNQ2, 3	Gehirn	Ruhemembranpotential, Kontrolle neuronaler Erregbarkeit durch Regulation der KCNQ2/3 Kanäle über muskarinische Azetylcholinrezeptoren (sog. M-Strom)	neonatale Epilepsie	↓ KCNQ-Stromamplitude → weniger negatives Ruhemembranpotential und damit Übererregbarkeit vieler zentraler Neuronen
KCNQ4	KCNQ4	Innenohr (Haarsinneszellen) Hörbahn	Ruhemembranpotential und schnelle Repolarisation	Schwerhörigkeit	↓ KCNQ-Stromamplitude → weniger negatives Ruhemembranpotential mit resultierender Dysfunktion der Haarsinneszellen und → Hörverlust
HERG	KCNH2	Herz	Repolarisation des Herz-AP (während der Kanaldeaktivierung)	Long-QT Syndrom	Reduktion des HERG-Stroms; → Verlängerung des Herz-AP mit Gefahr der Ausbildung tachykarder Arrhythmie

Tabelle 4.1. Fortsetzung

Bezeichnung	Gen	Expression	Physiologische Funktion	Krankheit	Pathomechanismus
2 K_{Ca}-Kanäle					
BK	KCNM	Gehirn, glatte Muskulatur, Innenohr (Haarsinneszellen)	schnelle Repolarisation des AP, kurzzeitige Nachhyperpolarisation, Koppelung von intrazell. Ca^{2+}-Spiegel und Membranpotential; Kontrolle von: Tonus glatter Muskulatur, Feuerfrequenz von Neuronen, Transmitterfreisetzung in Neuronen und endokrinen Zellen		
SK1–4	KCNN1–4	Gehirn, Epithelien und Blutzellen (Lymphozyten, Leukozyten), Skelettmuskel	Nachhyperpolarisation in ZNS Neuronen, Koppelung von intrazellulärer Ca^{2+}-Konzentration und Membranpotential; Steuerung der Feuerfrequenz von Neuronen und Modulation der neuronalen Erregbarkeit		
HCN (1–4)	BCNG1–4	Gehirn, Herz	Schrittmacher in Neuronen und Zellen des Erregungsleitungssystems am Herzen (v.a. Sinusknoten); rhythmische Aktivierung der genannten Zellen		
CNG (1–4)	CNGA1–4	Retina, Riechepithel	Depolarisation retinaler Photorezeptoren und olfaktorischer Zellen	Retinitis pigmentosa (CNG1)	Defekte der Phototransduktion mit langsam progredienter Degeneration der Zellen (Mechanismus unklar)
TRPV1	TRPV1	Gehirn, Rückenmark,	Depolarisation in Neuronen und sensorischen Zellen, auslösbar durch Capsaicin, Hitze; wesentliche Funktion bei der Schmerzempfindung		
2-P-Domänen Kanäle	KCNK	Gehirn, Niere, Lunge	Ruhemembranpotential (Hintergrundskanäle)		
3 K_{ir}-Kanäle					
$K_{ir}1$	KCNJ1	Niere, Pankreas (Inselzellen)	Ruhemembranpotential, Sekretion von K^+-Ionen unter pH-Kontrolle	Antenatales Bartter-Syndrom	Reduktion oder Verlust des $K_{ir}1$-Stroms durch Veränderung des pH-Gatings oder Reduktion der Leitfähigkeit; → NaCl-Verlust, Hypokaliämie, Alkalose, Polyurie

Tabelle 4.1. Fortsetzung

Bezeichnung	Gen	Expression	Physiologische Funktion	Krankheit	Pathomechanismus
3 K_{ir}-Kanäle (Fortsetzung)					
$K_{ir}2$	KCNJ2	Gehirn, Herz, Skelettmuskel	Ruhemembranpotential, Generierung der Erregungsschwelle	Andersen-Syndrom ($K_{ir}2.1$)	Reduktion oder Verlust des $K_{ir}2.1$-Stroms; → kardiale Arrhythmie, periodische Paralyse (Skelettmuskulatur), Dysmorphien (Syndaktylie, Hypertelorismus)
$K_{ir}3$	KCNJ3–7	Gehirn, Herz	Ruhemembranpotential unter Kontrolle G-Protein gekoppelter Rezeptoren; parasympathische Regulation der Herzfrequenz		
$K_{ir}6$ (assoz. mit dem Sulfonylharnstoffrezeptor, SUR), KATP	KCNJ11	Gehirn, Pankreas (Inselzellen)	Ruhemembranpotential unter Kontrolle des intrazell. ATP-Spiegels	persistierende hyperinsulinämische Hypoglykämie (Defekte in $K_{ir}6.2$ oder SUR)	Reduktion oder Verlust des KATP-Stroms, → Depolarisation der pankreatischen B-Zellen und massiv erhöhte Ausschüttung von Insulin
4 Ca_v-Kanäle					
$Ca_v1.1$–3	CACNA1S CACNA1C CACNA1D	Skelettmuskel, Herz Gehirn (Plasmamembran)	Elektromechanische Koppelung in quergestreifter Muskulatur (direkte oder Ca^{2+}-abhängige Aktivierung von Ryanodin-Rezeptoren im sarkoplasmatischen Retikulum)	maligne Hyperthermie (weiteres Defektgen: Ryanodinrezeptor I) hypokalämische periodische Paralyse	↑ Ca^{2+}-Freisetzung nach Gabe bestimmter Lokalanästhetika (möglicherweise über einen erhöhten Ca^{2+}-Einstrom); → Erhöhung der Körpertemperatur um 1 °C pro 5 min. (Mechanismus unklar)
$Ca_v2.1$–3	CACNA1A CACNA1B CACNA1E	Gehirn (Präsynapse)	Transmitterfreisetzung (Einstrom des Trigger-Ca^{2+})	familiär-bedingte Migräne episodische Ataxie	(Mechanismus unklar)
$Ca_v3.1$–3	CACNA1G CACNA1H CACNA1I	Herz, Gehirn, glatte Muskulatur	Depolarisationsphase des AP (initiale Phase und/oder Aufstrich), Beteiligung an der Rhythmogenese im Sinusknoten und in Neuronen		
5 Na_v-Kanäle					
$Na_v1.1$	SCN1A	Gehirn	Depolarisationsphase des AP	Generalisierte Epilepsie mit Myoklonie	verlangsamte Inaktivierung und Deaktivierung der Kanäle führen zu verlängertem oder persistierendem Na^+-Einstrom; → Übererregbarkeit zentraler Neuronen

Tabelle 4.1. Fortsetzung

Kanal-bezeichnung	Gen	Expression	Physiologische Funktion	Krankheit	Pathomechanismus
5 Na_v-Kanäle (Fortsetzung)					
$Na_v1.4$	SCN4A	Skelettmuskel	Depolarisationsphase des AP	Hyper- u. hypokaliämische periodische Paralyse, Paramyotonie	unvollst. Kanalinaktivierung führt zu persistierendem Na^+-Einstrom; → Übererregbarkeit (erhöhtes Ruhemembranpotential) oder Paralyse (Ausbleiben der Reaktivierung nach AP)
$Na_v1.5$	SCN5A	Herz	Depolarisationsphase des AP	Long-QT Syndrom, ventrikuläre Fibrillationen	verlangsamte bzw. unvollständ. Kanalinaktivierung → Verlängerung des Herz-AP mit Gefahr von tachykarder Arrhythmie

In Kürze

Aufbau spannungsgesteuerter Kationenkanäle

Die Kanalproteine der Kationenkanäle sind aus vier α-Untereinheiten (Tetramere) und aus akzessorischen Untereinheiten aufgebaut (Quartärstruktur). Jede α-Untereinheit besteht aus hydrophoben und hydrophilen Abschnitten, die ihre Faltung in der Membran festlegen (Membrantopologie, Tertiärstruktur) und deren Anzahl und Abfolge durch die Aminosäuresequenz (Primärstruktur) bestimmt wird:

- die hydrophoben Abschnitte bilden α-Helizes (Sekundärstruktur) und durchspannen die Membran;
- die hydrophilen Abschnitte kommen im wässrigen Milieu des Extra- und Intrazellulärraums zu liegen.

Die Pore des Kanals liegt in der Symmetrieachse des Proteins. Ihre engste Stelle, der sogenannte Selektivitätsfilter, befindet sich nahe dem extrazellulären Eingang.

Klassifizierung

Das menschliche Genom umfasst eine Vielzahl von Genen, die für α-Untereinheiten spannungsgesteuerter Kationenkanäle codieren.
Aufgrund von Ähnlichkeiten ihrer Primärsequenz und Tertiärstruktur bzw. Membrantopologie (Anzahl hydrophober Segmente) lassen sich die Kationenkanalproteine in verschiedene Klassen, Familien und Unterfamilien einteilen.

zelne Aminosäuren oder ganze Proteinabschnitte verändert sind. Durch Vergleich der funktionellen Charakteristika des Wildtyp- und Mutantenproteins lassen sich die »Funktionsdomänen« eines Kanalproteins identifizieren und Modelle zu Struktur und Funktion eines Kanals erstellen. Auf diesem Weg wurden viele der nachfolgend dargestellen Erkenntnisse zur Funktion von Ionenkanälen gewonnen.

4.3 Gating von Kationenkanälen

Spannungsabhängige Aktivierung und Inaktivierung

Die Aktivierung spannungsgesteuerter Kanäle ist ein sequentieller Vorgang aus Bewegung des Spannungssensors und nachgeschalteter Öffnung der Kanalpore; die Inaktivierung erfolgt durch Verschluss der Pore mittels einer zytoplasmatischen Inaktivierungsdomäne

Wie erwähnt, können Ionenkanäle im Wesentlichen zwei Zustände einnehmen, den ***Geschlossen-Zustand***, in dem die Pore impermeabel ist, und den ***Offen-Zustand***, in dem Ionen durch den Kanal permeieren und so für die physiologisch wichtige Leitfähigkeit sorgen.

Kanalaktivierung und -deaktivierung. Für die Öffnung bzw. Aktivierung eines Kanals muss Energie aufgewendet werden. Diese stammt beim klassischen spannungsabhängigen Gating, wie es in Na_v-, K_v- oder Ca_v-Kanälen zu beobachten ist, aus der Änderung der Membranspannung, die im Kanalmolekül eine ***Kaskade von Konformationsänderungen*** in Bewegung setzt.

Der erste Schritt in dieser Kaskade ist die Übertragung der elektrischen Energie auf den ***Spannungssensor*** des Kanals, der im Wesentlichen aus dem o.g. ***S4-Segment*** besteht. Dieses Transmembransegment trägt eine positive Nettoladung (je nach Kanaltyp 2–8 Arginin- und/oder Lysinreste), aufgrund derer es sich unter dem Einfluss des elektrischen Feldes bewegen kann (Abb. 4.9):

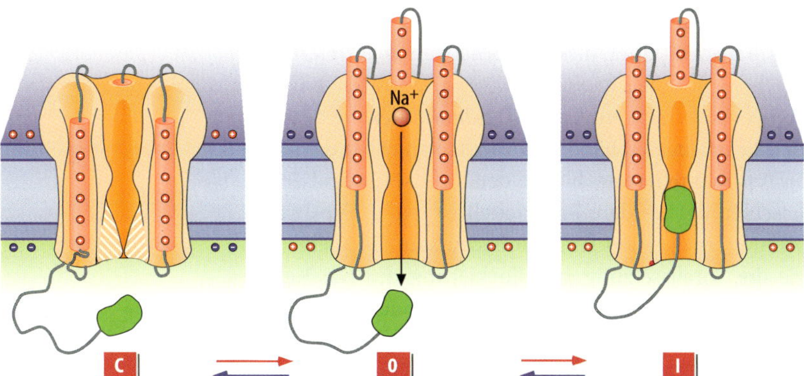

Abb. 4.9. Grundprinzip des Schaltverhaltens spannungsgesteuerter Ionenkanäle. Die Abbildungen zeigen den Kanal in seinen drei Hauptzuständen: im aktivierbaren Geschlossen- bzw. C-Zustand *(links)*, im offenen oder O-Zustand *(Mitte)* und im inaktivierten Geschlossen- bzw. I-Zustand *(rechts)*, in dem der Kanal von der N-terminalen Inaktivierungsdomäne blockiert wird (▶ s. Text). Bei Depolarisation durchläuft der Kanal die Zustände von links nach rechts, bei Hyperpolarisation von rechts nach links. Diese Übergänge sind im Zustandsschema durch *rote* bzw. *blaue Pfeile* symbolisiert

- bei ***Depolarisation*** der Membranspannung bewegt es sich nach außen, in Richtung des Extrazellulärraums,
- bei ***Repolarisation*** nach innen, in Richtung des Intrazellulärraums.

Untersuchungen an klonierten K_v-Kanälen zeigten, dass die Bewegung der S4-Helizes vorwiegend als Rotation abläuft und eine Verschiebung von 12 positiven Ladungen (3 pro S4-Segment) in den Extrazellulärraum bewirkt.

Als Folge der ***S4-Bewegung*** kommt es in den sie umgebenden Transmembransegmenten, insbesondere in den porenformenden S5- und S6- Segmenten, zu einer Reihe von Konformationsänderungen, die vermutlich in einer Drehung und Verkippung der S5- und S6-Helizes in der Membranebene bestehen. Resultat dieser Konformationsänderungen ist die ***Aufweitung der Kanalpore*** unterhalb des Selektivitätsfilters und damit die Öffnung des Kanals (Abb. 4.9).

Im Gegensatz zur Bewegung der S4-Helix, die in Na_v-, K_v- und Ca_v-Kanälen sehr ähnlich abläuft, sind ***Art und Geschwindigkeit*** der zur Porenöffnung führenden Konformationsänderungen ***kanalspezifisch.*** So laufen diese Prozesse in Na_v-Kanälen in weniger als einer Millisekunde ab, während sie bei K_v-Kanälen deutlich länger dauern und im Bereich von etwa 10 bis mehreren 10 Millisekunden liegen.

Der durch Depolarisation geöffnete Kanal kann durch ***Repolarisation*** der Membranspannung wieder geschlossen oder deaktiviert werden. Der Prozess der ***Deaktivierung*** verläuft im wesentlichen spiegelbildlich zur Aktivierung: In einem ersten Schritt verlagern sich die S4-Helizes wieder zur Membraninnenseite und bewirken so eine Reorganisation der porenbildenden Segmente, die zum Schließen des Kanals führen.

Kanalinaktivierung. Na_v-Kanäle, wie auch einige K_v-Kanäle (die sog. A-Typ Kanäle) bleiben nach ihrer Aktivierung trotz anhaltender Depolarisierung der Membran nicht offen, sondern werden wieder verschlossen, was die ***Unterbrechung des Ionenstroms*** zur Folge hat. Dieses ***Schließen des Kanals***, das wie die Aktivierung im Zeitbereich weniger Millisekunden abläuft, wird als Inaktivierung bezeichnet.

Strukturell stehen hinter der Inaktivierung ***zytoplasmatische Proteindomänen***: Bei den K_v-Kanälen ist es das N-terminale Ende der α-Untereinheit (je nach K_v-Kanal die ersten 20–40 Aminosäuren, daher auch ***N-Typ-Inaktivierung***) oder der β-Untereinheit $K_{v\beta1}$, bei den Na_v-Kanälen ist es ein kurzer Abschnit des Verbindungsstücks zwischen dem dritten und vierten 6-Segmentabschnitt (sog. »Interdomain III-IV linker«). Entsprechend der Quartärstruktur der Kanalproteine besitzen demnach die Na_v-Kanäle genau eine solche Inaktivierungsdomäne, während die K_v-Kanäle bis zu vier solcher Domänen haben können (alle Kombinationen einer Heteromultimerisierung zwischen α-Untereinheiten mit und ohne Inaktivierungsdomäne).

Zur Inaktivierung der Kanäle treten die ***Inaktivierungsdomänen*** – nach Öffnung des Kanals – in die Pore ein und binden dort an ihren Rezeptor, der von Abschnitten der Kanalwand gebildet wird (Abb. 4.9). Solange sie dort gebunden sind, ***blockieren*** bzw. ***verstopfen*** sie den ***»offenen« Kanal*** und unterbinden dadurch den Ionenstrom – der Kanal ist inaktiviert. Soll die Inaktivierung aufgehoben werden, muss die Membranspannung repolarisiert werden. Nach Repolarisation dissoziiert die Inaktivierungsdomäne, getrieben durch die Konformationsänderungen der Porensegmente (▶ s. Deaktivierung), von ihrem Rezeptor und tritt aus der Pore aus. Dadurch kann der Kanal nochmals für kurze Zeit geöffnet werden (sog. ***»Reopening«***), ehe er in einem zweiten Schritt deaktiviert.

Neben dieser klassischen oder N-Typ-Inaktivierung gibt es noch weitere, meist ***langsamer ablaufende Inaktivierungsprozesse***, die auf Konformationsänderungen des

Kanalproteins vor allem im Bereich des Selektivitätsfilters beruhen. Einer dieser alternativen Inaktivierungsmechanismen, der in einigen K_V- aber auch Na_V-Kanälen zu beobachten ist, wird als ***C-Typ-Inaktivierung*** bezeichnet. Sie ist ein unabhängiger Prozess, kann aber durch die N-Typ-Inaktivierung bis in den Millisekundenbereich beschleunigt werden. Funktionell ist die C-Typ-Inaktivierung in zweierlei Hinsicht bedeutsam. Zum einen ist sie die Voraussetzung zur Blockierung der Na_V-Kanäle durch Lokalanästhetika (wie Lidocain oder Benzocain), zum anderen ist sie in der Lage, wegen der besonders langsamen Rückreaktion, Na_V- und K_V-Kanäle für Intervalle von mehreren Sekunden (!) Dauer zu inaktivieren.

Zustandsmodell des Kanalgating. Das Schaltverhalten spannungsgesteuerter Kationenkanäle lässt sich stark vereinfacht als eine ***sequentielle Reaktion*** in einem ***System aus drei Zuständen*** verstehen (◘ Abb. 4.9). Diese Zustände sind:

- der ***Geschlossenzustand***, aus dem der Kanal aktiviert werden kann *(C-Zustand)*,
- der ***Offenzustand (O-Zustand)*** und
- der Geschlossenzustand, in dem der Kanal durch die Inaktivierungsdomäne blockiert ist *(I-Zustand)*.

Bei Depolarisation der Membran wird das Gleichgewicht des Systems vom C-Zustand in zwei Teilreaktionen in den I-Zustand verlagert: der erste Schritt, der Übergang vom C- in den O-Zustand, ist die ***Aktivierung***, der zweite Schritt, der O-I-Übergang, entspricht der ***Inaktivierung***. Bei Hyperpolarisation verläuft die Reaktion in umgekehrter Richtung. Wird dieses Zustandsmodell an die tatsächlich ablaufenden Konformationsänderungen des Kanalproteins angepasst, wird das System deutlich komplexer und muss sowohl um mehrere C-Zustände, als auch um zusätzliche Inaktivierungszustände erweitert werden.

Alternative Gating-Mechanismen

Ionenkanäle können durch verschiedene Signale geöffnet bzw. verschlossen werden: intrazelluläre Messenger, Proteine, mechanische Spannung, Wärme/Kälte und kleinmolekulare Porenblocker

Neben der Änderung der Membranspannung und der Bindung von Neurotransmittern (▶ s. Abschnitt 4.5) können noch verschiedene andere Signale als Stimuli zur Kanalöffnung wirken. Diese alternativen Gating-Mechanismen lassen sich nach ihrem jeweiligen Stimulus und der Lokalisation des entsprechenden »Rezeptors« am Kanal klassifizieren.

Intrazelluläre Messenger. Eine Reihe von Gating-Mechanismen werden durch Veränderungen in der Konzentration intrazellulärer *Messenger*, wie ***ATP, pH, zyklische Nukeotide*** oder ***Ca^{2+}*** in Gang gesetzt (◘ Abb. 4.10). So wird ein 2-Segmentkaliumkanal ($K_{ir}6$; ◘ Abb. 4.8, 4.10) mit einer zytoplasmatischen Bindungsstelle für ATP ***(K_{ATP}-Kanal)*** durch hohe Konzentration des Trinukleotids verschlossen bzw. durch ein Absinken des ATP-Spiegels aktiviert; ein weiterer 2-Segmentkaliumkanal ***($K_{ir}1$ oder ROMK***; ◘ Abb. 4.8, 4.10) wird durch eine Erniedrigung des intrazelluären pH (Erhöhung der H^+-Konzentration) verschlossen bzw. durch Alkalinisierung geöffnet. Über diese beiden Kaliumkanäle werden in den B-Zellen des Pankreas die Insulinausschüttung gesteuert (K_{ATP}; ▶ s. Kap. 21.4)

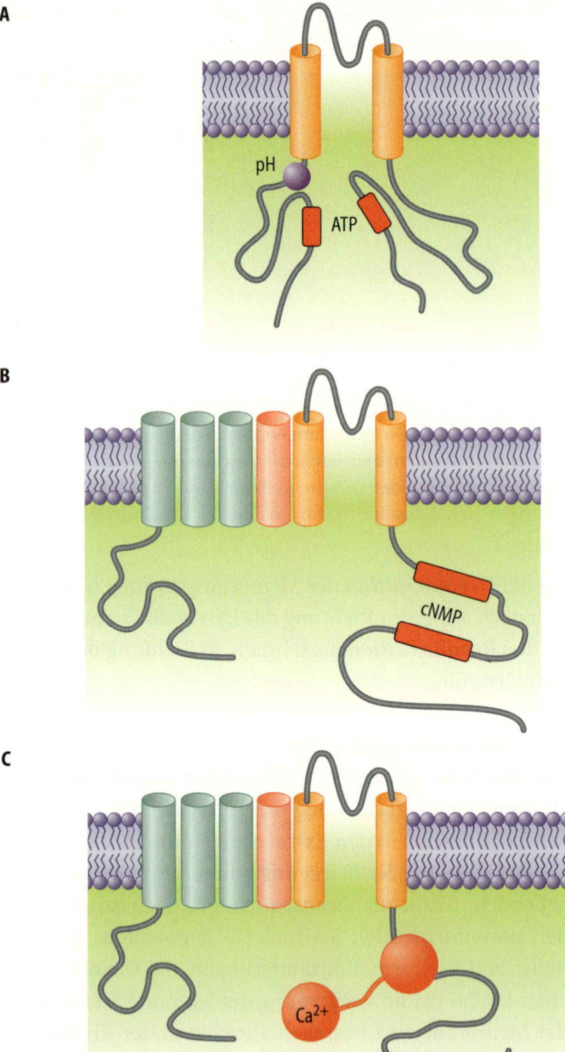

◘ **Abb. 4.10. Alternative Gating-Mechanismen.** Topologische Darstellung von Kanälen, die durch intrazelluläre Liganden gesteuert werden. **A** Bestimmte K_{ir}-Kanäle weisen Rezeptoren für ATP (K_{ATP}-Kanäle) oder H^+-Ionen (ROMK) auf; eine Erhöhung dieser Liganden führt zum Schliessen, ihr Absenken zum Öffnen der Kanäle. **B** HCN- und CNG-Typ Kanäle werden, neben der Membranspannung, durch Bindung zyklischer Nukleotide (cAMP, cGMP) aktiviert bzw. inaktiviert; beide Kanäle weisen eine Bindungsstelle für diese Nukleotide in ihrem C-terminus auf. **C** Die SK-Typ Kaliumkanäle (Subfamilie der K_{Ca}-Kanäle) sind mit dem Ca^{2+}-Bindungsprotein Kalmodulin verbunden, das ihnen als Ca^{2+}-Sensor dient. Bindung von Ca^{2+} an das Kalmodulin bewirkt eine Öffnung der SK-Kanäle

oder die Kaliumausscheidung im distalen Nierentubulus an den pH-Haushalt gekoppelt (ROMK; ► s. Kap. 29.4). Die zyklischen Nukleotide ***cGMP und cAMP*** aktivieren zwei Familien von 6-Segmentkanälen, die ***HCN- und CNG-Kanäle*** (■ Abb. 4.8), über Interaktion mit Bindungsstellen, die sich im C-Terminus dieser Kanäle befinden (■ Abb. 4.10). Diese Steuerung durch zyklische Nukleotide liegt der elektrischen Antwort der Sinneszellen in der Retina auf einen Lichtreiz (CNG-Kanäle) ebenso zugrunde, wie der Schrittmacheraktivität des Sinusknoten am Herzen oder einiger zentraler Neurone (HCN-Kanäle).

Einer Reihe von Kanälen, von denen die SK- und die Ca_V1-Kanäle die bekanntesten sind, dienen Calciumionen als Gating-Substanz. Als Rezeptor benutzen die genannten Kanäle das ***Calciumbindungsprotein Kalmodulin***, das wie eine akzessorische Untereinheit mit dem proximalen C-Terminus der Kanal-α-Untereinheit verbunden ist (■ Abb. 4.10). Durch Bindung von Calciumionen an Kalmodulin werden Konformationsänderungen auf das Kanalprotein übertragen, die dann zur Aktivierung (SK-Kanäle) oder zur Inaktivierung (Ca_V1-Kanäle) führen. Beide Gating-Vorgänge sind für die Signalübertragung in zentralen Neuronen *(Nachhyperpolarisation, Faszilitation)* von grundlegender Bedeutung.

Physikalische Faktoren. Umgebungsqualitäten wie ***Wärme, Kälte, mechanische Zugkraft*** und ***Osmolarität*** können ebenfalls in Kanalgating umgesetzt werden. So werden Mitglieder der ***TRP-Typ 6-Segmentkanäle*** (■ Abb. 4.8) durch Erwärmung (TRPV1, TRPV2), durch Abkühlung (TRPM8) oder durch einen Anstieg der Osmolarität (TRPV4) aktiviert bzw. durch die gegensätzliche Änderung des physikalischen Umgebungsparameters deaktiviert.

Mechanische Zugkraft, die tangential zur Membranebene wirkt, aktiviert sog. ***mechanosensitive Kanäle***, wie sie beispielsweise in den Sinneszellen des Innenohres oder den Berührungssensoren der Haut vorkommen. Allerdings konnten cDNAs für mechanosensitive Kanäle aus mammalischen Zellen noch nicht isoliert werden.

Kanalblocker. Ein weiterer Mechanismus des Kanal-Gating, gewissermassen eine Alternative zu den Inaktivierungsdomänen der Na_V- und K_V-Kanäle, ist der ***spannungsabhängige Block der Kanalpore*** durch kleinmolekulare Blocker, wie das divalente Magnesiumion (Mg^{2+}) oder die mehrfach positiv geladenen Polyamine Spermin (SPM^{4+}) und Spermidin (SPD^{3+}). Bedeutsam ist der ***Block des NMDA-Rezeptors*** durch extrazelluläres Mg^{2+}, sowie der ***Block der K_{ir}-Typ Kaliumkanäle*** durch intrazelluläres SPM^{4+}. Mechanistisch betrachtet treten die Blocker, wenn auch von verschiedenen Seiten, soweit in die Kanalpore ein, bis sie an der Engstelle des Selektivitätsfilters steckenbleiben und dadurch die Pore für die nachdrängenden permeablen Ionen verlegen. Der Porenblock ist dabei umso stabiler, je höher die elektrische Triebkraft (► s. o.) ist, die auf die permeablen Natrium- und Kaliumionen wirkt (■ Abb. 4.11).

■■■ **Spannungsabhängiger Porenblock.** Aus der Definition der elektrischen Triebkraft (Membranspannung – Gleichgewichtspotential des permeablen Ions), ergibt sich die Spannungsabhängigkeit des Mg^{2+}- und SPM^{4+}-Blocks (■ Abb. 4.11): Am Gleichgewichtspotential unter physiologischen Bedingungen (0 mV am nicht selektiven NMDA-Rezeptor, –90 mV am selektiven Kir-Kanal) ist kein Porenblock zu beobachten, während wenige 10 mV negativ (NMDA-Rezeptor) bzw. positiv (Kir-Kanal) davon, der Kanalblock vollständig ist (■ Abb. 4.11). Statistisch ausgedrückt ist die Wahrscheinlichkeit, einen einzelnen Kanal blockiert vorzufinden, am Gleichgewichtspotential 0, während sie wenige 10 mV negativ bzw. positiv davon 1 ist; bei

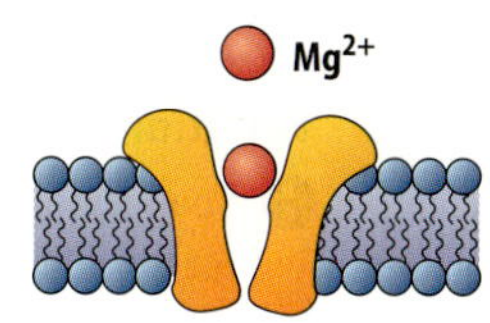

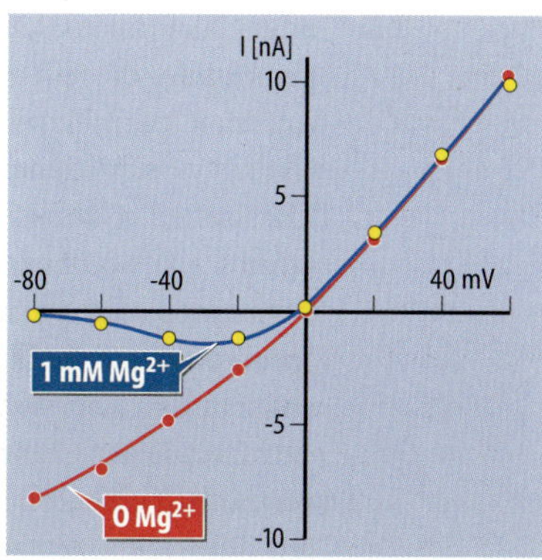

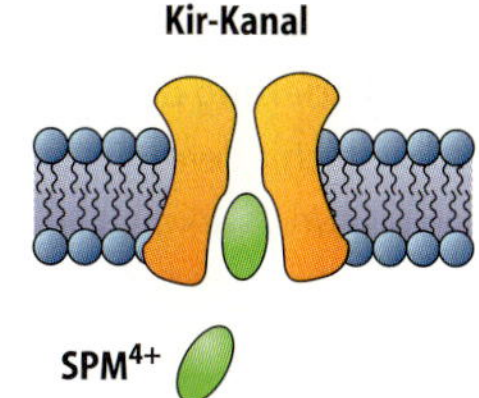

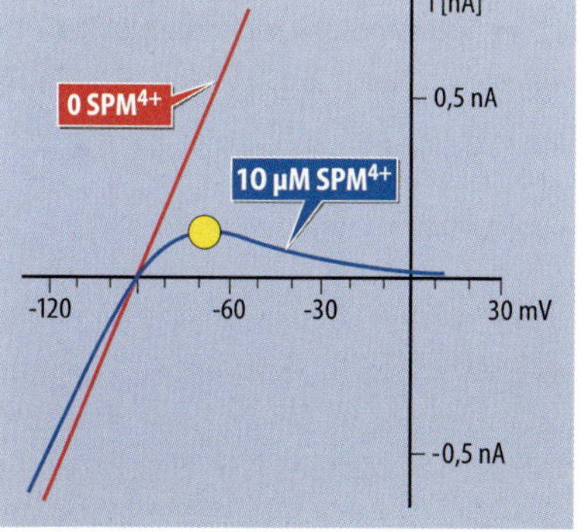

■ **Abb. 4.11. Block von NMDA-Rezeptoren und K_{ir}-Kanälen.** *Obere Bildhälfte:* NMDA-Rezeptoren werden durch extrazelluläre Mg^{2+}-Ionen blockiert, K_{ir}-Kanäle durch das intrazelluläre Polykation Spermin. *Untere Bildhälfte:* Die Strom-Spannungs-(I-U) Beziehung am NMDA-Rezeptor und K_{ir}-Kanal ist linear in Abwesenheit des Blockers (0 Mg^{2+} bzw. 0 SPM^{4+}); in Anwesenheit des Blockers verläuft die I-U-Kennlinie jenseits des Gleichgewichtspotentials (U < 0 mV am NMDA-Rezeptor und U > –90 mV am K_{ir}-Kanal) über einen Maximalwert zur Null-Strom-Linie. Am K_{ir}-Kanal schafft dieses Strommaximum (mit einem Kreis gekennzeichnet) einen Schwellenwert für die Ausbildung eines Aktionspotentials (► s. Kap. 4.2)

intermediären Spannungen liegt die Wahrscheinlichkeit zwischen 0 und 1, was in der Strom-Spannungs-Kennlinie zu einem »Buckel«- oder »Haken«-artigen Verlauf führt. Eine weitere Konsequenz aus der Abhängigkeit des Porenblocks von der Triebkraft (und nicht von der absoluten Membranspannung allein!) ist die Verschiebung der Blockkurve durch eine Veränderung des Gleichgewichtspotentials. Bei den Kir-kanälen führt dies dazu, dass bei erhöhter extrazellulärer Kaliumkonzentration (Hyperkaliämie) und damit einhergehender Verschiebung des SPM^{4+}-Blocks nach rechts, die Kanäle auch bei Spannungen offen sind, bei denen sie unter Normbedingungen breits vollständig blockiert sind.

In Kürze

Spannungsgesteuertes Gating von Kationenkanälen

Für die Öffnung eines Kanals (Aktivierung) ist Energie notwendig. Beim spannungsgesteuerten Gating stammt diese aus der Änderung der Membranspannung, die eine Kaskade in Bewegung setzt:
- Übertragung der elektrischen Energie auf den Spannungssensor des Kanals (S4-Segment). Dieses Transmembransegment trägt eine positive Ladung und bewegt sich deshalb bei Depolarisation nach außen, bei Repolarisation nach innen.
- Durch diese S4-Bewegung kommt es in den sie umgebenden Transmembransegmenten zu Konformationsänderungen, die die Aufweitung der Kanalpore unterhalb des Selektivitätsfilters und damit die Öffnung des Kanals zur Folge haben.

Der durch Depolarisation geöffnete Kanal kann durch Repolarisation der Membranspannung wieder geschlossen oder deaktiviert werden (Deaktivierung). Die Inaktivierung bezeichnet das Schließen des Kanals bei depolarisierter Membranspannung. Sie erfolgt durch Verschluss der Pore mittels einer zytoplasmatischen Inaktivierungsdomäne.

Gating durch andere Signale

Neben der Änderung der Membranspannung können noch verschiedene andere Signale als Stimuli zur Kanalöffnung wirken:
- intrazelluläre Messenger,
- Proteine,
- mechanische Spannung,
- Wärme/Kälte und
- kleinmolekuare Porenblocker.

4.4 Spannungsgesteuerte Anionenkanäle

Aufbau und Struktur

Die spannungsabhängigen Chloridkanäle (ClC-Kanäle) bestehen aus zwei Untereinheiten (Dimere) und bilden zwei Kanalporen aus

Es gibt verschiedene Klassen von Anionenkanälen, die in ihrem molekularen Aufbau keinerlei Ähnlichkeit miteinander aufweisen. Zu den klonierten Anionenkanälen gehört die ***ClC-Familie spannungsabhängiger Chloridkanäle***, ***CFTR***, ein epithelialer Anionenkanal, dessen Defekt die Mukoviszidose verursacht, sowie die ***ionotropen GABA- und Glyzin-Rezeptoren*** (► s. Abschnitt 4.5). Daneben gibt es eine Reihe physiologisch bedeutsamer Anionenkanäle, deren Gene allerdings noch nicht identifiziert werden konnten (■ Tabelle 4.2).

ClC-Kanalproteine. ClC-Kanäle sind eine Klasse von anionenselektiven Kanälen, die sowohl in erregbaren, als auch in nicht-erregbaren Zellen vorkommen. Es sind neun verschiedene menschliche Gene bekannt, die ClC-Kanäle codieren (■ Tabelle 4.2). Diese Kanäle können in der ***äußeren Zellmembran*** oder auch in ***intrazellulären Membrankompartimenten*** lokalisiert sein. Die ClC-Proteine weisen keinerlei Strukturverwandschaft mit den spannungsgesteuerten Kationenkanälen auf. Die ClC-α-Untereinheiten weisen eine komplexe Membrantopologie auf, die ***18 transmembranäre Domänen*** umfasst. Jeweils zwei α-Untereinheiten lagern sich zu einem ClC-Kanal zusammen ***(Dimere)***, der im Unterschied zu den Kationenkanälen ***zwei Kanalporen*** ausbildet (■ Abb. 4.16). Jede Pore wird durch mehrere asymmetrisch angeordnete Helizes begrenzt, die in unterschiedlichen Winkeln zueinander stehen (■ Abb. 4.16). Ähnlich wie bei bestimmten spannunsgabhängigen Kationenkanälen kann ein ClC-Dimer aus zwei identischen oder zwei verschiedenen α-Untereinheiten aufgebaut sein.

Funktionelle Eigenschaften

Spannungsgesteuerte Chloridkanäle sind nicht selektiv für Chlorid, ihr Gating wird vom permeierenden Anion kontrolliert

Im Gegensatz zu den hochselektiven Natrium-, Kalium- oder Calciumkanälen, sind ClC-Kanäle ***unselektive Anionenkanäle***, die ein breites Spektrum unterschiedlicher Anionen permeieren lassen. Das spannungsabhängige Gating verschiedener ClC-Kanäle weicht ebenfalls vom klassischen Gating der Kationenkanäle ab (► s. Abschnitt 4.3). So benutzen die ClC-Kanäle anstelle des S4-Segmentes, das permeierende Anion als ***extrinsischen Spannungssensor*** (■ Abb. 4.12). Durch einen solchen Mechanismus lässt sich die Chloridleitfähigkeit von der extrazellulären Chloridkonzentration kontrollieren, was vermutlich eine Rolle bei der Regulation der intrazellulären Chloridkonzentrationen spielt.

Tabelle 4.2. Anionenkanäle

Kanal-bezeichnung	Gen	Expression	Physiologische Funktion	Krankheit	Pathomecha-nismus
1 Spannungsabhängige Chloridkanäle					
ClC-1	*ClCN1*	Muskelsarkolemm	Regulation der Muskelerregbarkeit	Myotonia congenita	↓ muskulärer Chloridleitfähigkeit vergrößert die Längskonstante im Muskel und depolarisiert die Muskelmembran; dadurch kommt es zur Ausbildung von Aktionspotentialen auch ohne synaptische Aktivität
ClC-2	*ClCN2*	Plasmamembran nahezu aller Zellen	verschiedene Rollen im epithelialen Transport und in der Regulation der intrazellulären Chloridkonzentration	Best. Formen idiopathischer Epilepsien	ClC-2 spielt wichtige Rolle in der Einstellung einer niedrigen $[Cl^-]_{int}$ und damit eines E_{Cl} negativ des Ruhemembranpotentials in Neuronen, ↓ Anzahl funktioneller ClC-2 Kanäle → Abschwächung inhibitorischer postsynaptischer Potentiale und damit Störung der Balance zwischen exzitat. und inhibit. synapt. Aktionen
ClC-3	*ClCN3*	Intrazelluläre Membrankompartimente versch.Organe	Azidifizierung von synaptischen Vesikeln im ZNS		
ClC-4	*ClCN4*	ZNS, Herz, Muskel, Epithel	unbekannt		
ClC-5	*ClCN5*	Intrazelluläre Membrankompartimente der Niere	Ansäuerung endosomaler Vesikel im proximalen Tubulus	Dent's disease	↓ Chloridleitfähigkeit in endosomalen Vesikeln → gestörte pH-Einstellung, Reduktion der Proteinendozytose und Störung der Calcium- und Phosphatresorption im prox. Tubulus; dies führt zu Proteinurie, Hypercalciurie und zu Harnsteinen
ClC-6	*ClCN6*	Ubiquitär	unbekannt		
ClC-7	*ClCN7*	Ubiquitär	Ansäuerung der resorptiven Lakune von Osteoklasten	kindliche maligne Osteopetrose	gestörte Osteoklastenfunktion → massives Knochenwachstum, gestörtes Längenwachstum, vermehrte Bruchtendenz und Anämie durch Verdrängung blutbildender Anteile des Knochenmarks
ClC-Ka	*ClCNKa*	Renal, apikale u. basolaterale Membran im dünnen Teil der Henle-Schleife	transepithelialer Chloridflux		

Tabelle 4.2. Fortsetzung

Kanal-bezeichnung	Gen	Expression	Physiologische Funktion	Krankheit	Pathomechanismus
1 Spannungsabhängige Chloridkanäle (Fortsetzung)					
ClC-Kb	*ClCNKb*	Renal, basolaterale Membran im aufsteigenden Teil der Henle-Schleife	Chloridefflux aus Henle-Epithelzellen	Bartter Syndrom	▶ siehe 3.2
Cystic fibrosis transmembrane regulator (CFTR)	*CFTR*	in der apikalen Membran sekretorischer Epithelien	notwendig für die NaCl-und Wasser-Sekretion in Schweißdrüsen, Pankreas, Lunge	Cystische Fibrose oder Mukoviszidose	▶ siehe 3.1
2 Volumenaktivierte Chloridkanäle					
(noch nicht kloniert)		ubiquitär	Aktivierung durch hypotones Außenmedium, erlaubt Volumenänderungen von Zellen		
3 Calcium-aktivierte Chloridkanäle					
(noch nicht kloniert)		Gefäßepithel, Neuronen, Riechepithel	Calciumabhängige Repolarisation oder Depolarisation von Zellen		

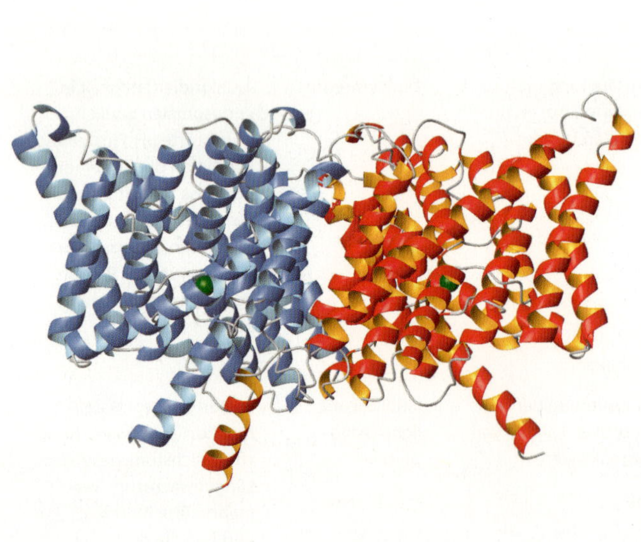

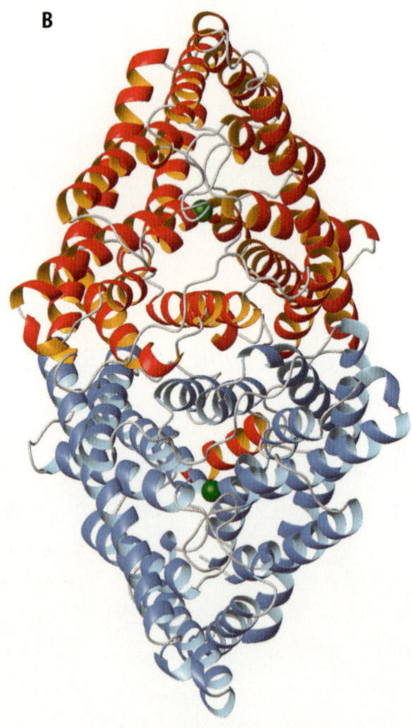

Abb. 4.12. Aufbau eines ClC-Kanals, abgeleitet aus der Kristallstruktur des Proteins. Die Struktur (**A** Aufsicht, **B** Seitenansicht) zeigt den Aufbau des Kanals aus zwei Untereinheiten, die jeweils eine Ionenpore bilden. Der Selektivitätsfilter, in dem je ein Chloridion zu sehen ist, wird durch mehrere asymmetrisch angeordnete Helizes gebildet

▪▪▪ Strukturelle Grundlagen von Selektivität und Permeabilität der ClC-Kanäle. Der Selektivitätsfilter von ClC-Kanälen ist kürzer als in Kaliumkanälen. Negativ geladene Ionen werden durch ein positives elektrostatisches Potential in die Pore hereingezogen und dehydriert. Die entgegengesetzte Ladungsselektivität der beiden Kanaltypen kommt durch Unterschiede in der Anordnung der Porenhelizes im Kaliumkanal und im Chloridkanal (▪ Abb. 4.12) zustande. In ClC-Kanälen interagiert die positive Partialladung mit dem permeierenden Ion, bei Kationenkanälen die negative.

4.1. Kanalopathien

Ursachen. Erbkrankheiten, bei denen ein Gen mutiert ist, das für einen Ionenkanal codiert, werden als Kanalopathien bezeichnet. Grundsätzlich lassen sich zwei Arten von Genveränderungen unterscheiden:

- »Nonsense«-Mutationen haben meist eine ausgeprägte Deletion des Genproduktes zur Folge und führen zum vollständigen Funktionsverlust.
- »Missense«-Mutationen verändern die Primärsequenz des Proteins (Punktmutation) und führen gewöhnlich zu einer Einschränkung der Funktion. Diese Funktionseinschränkungen können entweder aus einer Störung des Kanalgating, der Permeation bzw. Leitfähigkeit des Kanals, aus einer Veränderung der Proteinprozessierung oder seiner subzellulären Lokalisation resultieren.

Symptome. Die Ausprägung bzw. Symptomatik eines Ionenkanaldefektes ist durch sein Expressionmuster bestimmt. Eine Funktionsveränderung des herzspezifischen Natriumkanals $Na_V1.5$ hat daher andere klinische Auswirkungen als die gleiche Funktionsänderung des im Skelettmuskel exprimierten Natriumkanals $Na_V1.4$. Bei Ionenkanälen, die in verschiedenen Organen exprimiert sind, hat eine genetische Funktionsveränderung meist eine Fehlfunktion aller dieser Organe zur Folge (KCNQ1-KCNE1-Defekt). Es besteht allerdings auch die Möglichkeit der partiellen Kompensation, so dass die entsprechende Kanalopathie auf ein Organ beschränkt bleiben kann.

In Kürze

Spannungsgesteuerte Anionenkanäle

Es gibt verschiedene Anionenkanäle, die keine Ähnlichkeiten im molekularen Aufbau zeigen:

- ClC-Kanäle (spannungsgesteuerte Chloridkanäle);
- CFTR (epithelialer Anionenkanal);
- Ionotrope GABA- und Gyzinrezeptoren.

ClC-Kanäle bestehen aus zwei Untereinheiten und bilden zwei Kanalporen aus. Sie sind unselektiv, d. h. sie lassen ein breites Spektrum unterschiedlicher Anionen permeieren.

Beim Gating fungiert das permeierende Anion als Spannungssensor.

4.5 Ligandaktivierte Ionenkanäle

Aufbau exzitatorischer Rezeptorkanäle

Die ligandaktivierten exzitatorischen Rezeptorkanäle (ionotrope Rezeptoren) sind aus 4 oder 5 Untereinheiten aufgebaut

Der neben der Änderung der Membranspannung wichtigste Weg der Kanalaktivierung ist die Bindung eines extrazellulären ***Transmitters*** bzw. ***Liganden.*** Ionenkanäle, die sich so aktivieren lassen, werden allgemein als Ligand-gesteuerte Kanäle oder ***ionotrope Rezeptoren*** bezeichnet; die Namensgebung eines Kanals leitet sich vom aktivierenden Liganden ***(Agonisten)*** ab, so dass ein durch Azetylcholin gesteuerter Kanal als ionotroper Azetylcholinrezeptor bezeichnet wird. Im Gegensatz zu den spannungsgesteuerten Kanälen sind die ligandaktivierten Kanäle im Wesentlichen auf die ***Postsynapsen*** beschränkt, da sie nur dort von Transmittern erreicht werden können.

Mittlerweile ist eine Vielzahl von Genen bekannt, die für ionotrope Rezeptoren codieren und die aufgrund von Ähnlichkeiten in ihrer Aminosäuresequenz und Proteinarchitektur in Klassen, Familien und Subfamilien eingeteilt werden können. Die nachfolgende Einteilung orientiert sich allerdings mehr an der physiologischen Funktion der Kanäle, die vor allem durch die Ionenart definiert wird, die durch den Kanal permeiert. So sind die ligandgesteuerten Kationenkanäle als ***exzitatorische Rezeptorkanäle***, die Anionenkanäle als ***inhibitorische Rezeptorkanäle*** klassifiziert.

Exzitatorische Rezeptorkanäle. Die wichtigsten ***exzitatorischen Transmitter*** des Säugerorganismus sind ***Glutamat*** und ***Azetylcholin***, die bedeutendsten exzitatorischen Rezeptoren demnach die ***ionotropen Glutamatrezeptoren*** (iGluRs) und die ionotropen Azetylcholinrezeptoren (wegen der Aktivierung durch Nikotin auch ***nikotinische Azetylcholinrezeptoren***, nAchRs, genannt). Dabei werden die iGluRs, entsprechend selektiver Agonisten, noch in ***NMDA-Rezeptoren*** (N-Methyl-D-Aspartat), ***AMPA-Rezeptoren*** (α-Amino-3-Hydroxy-5-Methyl-4-Isoxazol-Propionat) und ***Kainat-Rezeptoren*** unterteilt. Die nAchRs sind im peripheren Nervensystem und in der Skelettmuskulatur (motorische Endplatte) von entscheidender Bedeutung, während den iGluRs im zentralen Nervensystem die dominierende Rolle zukommt.

Aufbau exzitatorischer Rezeptorkanäle. Bezüglich ihrer Membrantopologie weisen die Untereinheiten beider Rezeptorkanaltypen vier hydrophobe Segmente auf, die allerdings in eine etwas unterschiedliche ***Kanalarchitektur*** umgesetzt werden (▪ Abb. 4.13). Bei den iGluRs sind drei dieser Segmente (TM1,TM3 und TM4) als Transmembrandomänen konfiguriert, das zweite Segment (TM2) ist lediglich in die Membranebene eingefaltet und

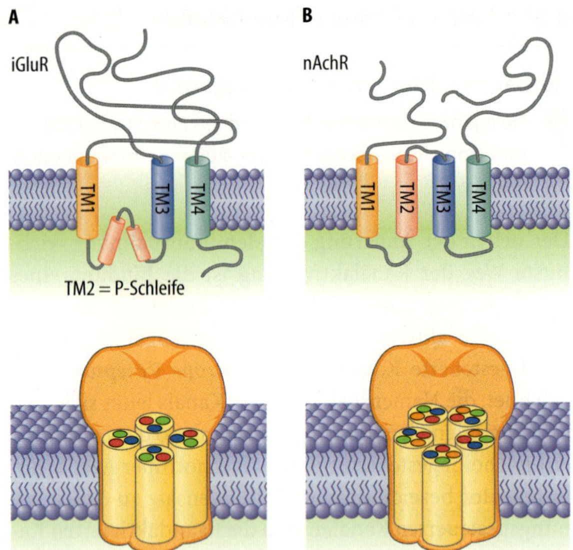

Abb. 4.13. Aufbau und Topologie der ionotropen Acetylcholin- und Glutamatrezeptoren. Membrantopologie (*obere Bildhälfte*) und Untereinheitenaufbau (*untere Bildhälfte*) der iGluRs (**A**) und nAchRs (**B**), abgeleitet aus dem Hydropathie-Profil der Aminosäuresequenz und funktionellen Charakteristika der Kanäle

an der Porenbildung beteiligt, ähnlich der P-Domäne der Kalium- oder Natriumkanäle. Das lange N-terminale Ende der iGluR-Proteine liegt im Extrazellulärraum, das kurze C-terminale Ende auf der zytoplasmatischen Seite der Membran. Bei den nAchR-Proteinen dagegen sind alle vier hydrophoben Segmente als Transmembrandomäne ausgebildet, wodurch die N- und C-Termini im Extrazellulärraum zu liegen kommen.

Entsprechend dieser etwas unterschiedlichen Topologie, ist auch die Quartärstruktur der beiden Rezeptoren, die Untereinheitenstöchiometrie sowie der Aufbau der Ligandbindungsstelle unterschiedlich. Die ***iGluRs sind Tetramere*** (Abb. 4.13 A), die sich je nach iGluR-Typ aus vier identischen oder vier unterschiedlichen Untereinheiten zusammensetzen. So sind die iGluRs vom NMDA-Typ ***Heteromultimere*** aus NR1- und NR2-Untereinheiten, die AMPA-Rezeptoren ***Homo- oder Heterotetramere*** der Untereinheiten GluR1–4, während die Kainat-Rezeptoren Homo- oder Heterotetramere aus den Untereinheiten GluR5–7 und KA1–2 sind (Tabelle 4.3). vorliegen. Alle iGluR Untereinheiten verfügen über eine Glutamatbindungsstelle, die vom N-Terminus und dem Verbindungsstück der Transmembransegmente TM3 und TM4 gebildet wird.

Die nAchR setzen sich dagegen in der Regel aus ***fünf verschiedenen Untereinheiten (Pentamer)*** zusammen (Abb. 4.13 B). Dabei ist der nAchR des Skelettmuskels ein Heteropentamer aus zwei α1-Untereinheiten, sowie je einer β-, γ- und δ-Untereinheit, die nAchRs des Nervensystems dagegen Pentamere aus zwei oder drei α-Untereinheiten (α2–10) und drei bzw. zwei β-

Tabelle 4.3. Untereinheitenzusammensetzung der ionotropen Rezeptoren

Exzitatorische Rezeptoren	Untereinheiten
Glutamatrezeptoren	
AMPA	GluR 1–4
NMDA	NR1, NR2A – D
Kainat	GluR 5–7, KA 1,2
Azetylcholinrezeptoren	
Skelettmuskel nACHR	$\alpha1, \beta1, \gamma1\ (\varepsilon)\delta$
Neuronale nACHRs	$\alpha\ 2\text{–}10, \beta2\text{–}4, \beta1, \gamma, \delta, \varepsilon$
$5HT_3$-Rezeptor	$\alpha1$
Purinorezeptoren	
P2X	$\alpha1\text{–}7$
Inhibitorische Rezeptoren	**Untereinheiten**
$GABA_A$	$\alpha\ 1\text{–}6$
	$\beta\ 1\text{–}3$
	δ
	ε
	π
Glyzin	$\alpha1\text{–}4$
	β

Untereinheiten (β2–4). Nach heutigem Kenntnisstand verfügt jeder nAchR über ***zwei Agonistenbindungstellen***, die vorwiegend von der α-Untereinheit gebildet werden. Die Pore der nAchRs wird von dem TM2-Segmenten der fünf Untereinheiten, sowie den an sie angrenzenden Proteinabschnitten gebildet (Abb. 4.13 B).

Funktionelle Eigenschaften exzitatorischer Rezeptorkanäle

Ionotrope Rezeptoren werden durch Bindung extrazellulärer Liganden/Transmitter aktiviert; die exzitatorischen Glutamat- und Azetylcholinrezeptoren sind nicht-selektive Kationenkanäle

Gating. Trotz dieser Unterschiede in der Proteinarchitektur sind die funktionellen Eigenschaften der iGluRs und nAchRs, die Grundzüge ihres Schaltverhaltens sowie die Ionenpermeation doch recht ähnlich. Wie spannungsabhängige Kanäle bei hyperpolarisierter Membranspannung sind die Rezeptorkanäle in ***Abwesenheit des Agonisten*** in einem ***Geschlossen-Zustand*** (C-Zustand), aus dem sie durch ***Bindung des Agonisten***, Glutamat (und bei

NMDA-Rezeptoren zusätzlich Glyzin) oder Azetylcholin, aktiviert werden können. Die ***Agonist-Rezeptor-Interaktion*** sorgt dabei, analog zur S4-Helix-Bewegung, für eine ***Energie-Einkoppelung*** in das Kanalprotein: Durch die Agonistbindung wird eine Konformationsänderung der Bindungsstelle und ihrer Umgebung bewirkt, die auf die porenbildenden Proteinabschnitte übertragen wird und via struktureller Reorganisation dieser Proteinsegmente zur Öffnung des Kanals führt (O-Zustand). Bei AMPA-Rezeptoren und dem nAchR des Skelettmuskels sowie einigen neuronalen nAchRs spielt sich die Öffnungsreaktion in weniger als einer Millisekunde ab, während sie bei anderen, wie dem NMDA-Rezeptor, 10 und mehr Millisekunden dauert. Der geöffnete Kanal kann dann auf zwei Arten wieder verschlossen werden. Zum einen durch die ***Deaktivierung***, nach ***Dissoziation des Agonisten*** von der Bindungsstelle, oder durch ***Desensitisierung*** bzw. Inaktivierung (I-Zustand), bei ***Verbleib des Liganden*** an seinem Rezeptor. Die Deaktivierung läuft im Zeitbereich weniger Millisekunden bis weniger 10 Millisekunden ab, während die Geschwindigkeit der Desensitisierungsreaktion sehr variabel ist und von wenigen Millisekunden (Skelettmuskel-nAchR oder AMPA-Rezeptoren) bis zu mehreren hundert Millisekunden (!) reicht.

Permeation. Wie oben erwähnt, ähneln sich die iGluRs und nAchRs auch bezüglich der Ionenpermeation. Grundsätzlich sind beide Kanaltypen für kleine monovalente Kationen, vor allem Natrium und Kalium, permeabel. Dabei ist der unter physiologischen Bedingungen ***einwärtsgerichtete Natriumstrom*** wegen der höheren Triebkraft (► s.o.) und der mehr oder weniger ausgeprägten ***Selektivität der Kanäle für Natriumionen*** wesentlich größer als der gleichzeitig stattfindende Auswärtsstrom von Kaliumionen. Aus diesem Grund führt die ***Aktivierung*** beider Rezeptoren zu einer ***Depolarisation der postsynaptischen Membran*** bzw. zu einer Exzitation der postsynaptischen Zelle. Manche nAchRs und iGluRs, wie der NMDA-Rezeptor, sind über die kleinen monovalenten Ionen hinaus auch für das divalente Calcium (Ca^{2+}) permeabel, während das divalente Magnesiumion (Mg^{2+}) am Selektivitätsfilter »hängenbleibt« und damit die Kanalpore blockiert (► s.u.).

Neben den iGluRs und nAchRs gibt es noch einige weitere exzitatorische Rezeptorkanäle, deren Bedeutung allerdings weniger ausgeprägt ist. Dazu gehören

- die ***ionotropen Monoaminrezepotoren*** (5-Hydroxytryptamin- oder kurz 5-HT3-Rezeptoren), die in ihrer Architektur den nAchRs verwandt sind, sowie
- die ***ionotropen ATP-Rezeptoren*** (P2X-Rezeptoren) und
- die ***Protonen (H^+-Ionen)-Rezeptorkanäle*** (ASICS), die beide den prinzipiellen Proteinaufbau der o.g. 2-Segmentkanäle aufweisen.

Aufbau und Funktion inhibitorischer Rezeptorkanäle

! Die ligandaktivierten inhibitorischen ionotropen Rezeptoren sind pentamere Anionenkanäle, die durch die Transmitter GABA und Glyzin aktiviert werden

Aufbau. Die wichtigsten ***inhibitorischen Transmitter*** des zentralen Nervensystems sind die Aminosäuren ***γ-Amino-Butyrat (GABA)*** und ***Glyzin***; die entsprechenden Rezeptorkanäle sind die ***$GABA_A$-Rezeptoren***, die vor allem in Kortex und Zerebellum vorkommen, und die ***Glyzin-Rezeptoren***, die insbesondere im Hirnstamm und Rückenmark exprimiert sind. Beide Rezeptoren gehören genetisch zur Klasse der nAchR und 5-HT3-Rezeptoren, mit denen sie die ***4-Segmenttopologie*** und die ***pentamere Untereinheiten-Stöchiometrie*** teilen. Dabei sind die $GABA_A$-Rezeptoren aus zwei α- (α1–6), zwei β- (β1–3) sowie einer weiteren Untereinheit (δ-, ε- oder π-Untereinheit) aufgebaut, während die Glyzin-Rezeptoren Heteropentamere aus drei α- (α1–4) und zwei β-Untereinheiten (β1) sind (■ Tabelle 4.3).

Gating. Für das Schaltverhalten der $GABA_A$- und Glyzin-Rezeptoren gelten im Wesentlichen dieselben Prinzipien und Prozesse wie für die nAchRs und iGluRs. Die Permeabilität dagegen ist grundlegend unterschiedlich, da $GABA_A$- und Glyzin-Rezeptoren eine hohe Selektivität für negativ geladene Chloridionen zeigen, weswegen sie auch als ***transmittergesteuerte Chloridkanäle*** gelten können. Die Ursache für diese Anionenselektivität liegt wohl im porenbildenden TM2-Segment, das eine geringere Anzahl negativ geladener und eine andere Anordnung positiv geladener Aminosäuren im Vergleich zu den kationen-selektiven Rezeptoren aufweist. Die ***Wirkung*** von ***$GABA_A$- und Glyzin-Rezeptoren*** auf das Membranpotential hängt von der ***intrazellulären Chloridkonzentration*** ab. Bei niedrigen intrazellulären Chloridkonzentrationen und damit weit negativ liegenden Chloridumkehrpotentialen (ca. –80 bis –90 mV) führt die Öffnung dieser liganden-gesteuerten Kanäle zu einer ***Hyperpolarisation der postsynaptischen Membran*** und damit zu einer Stabilisierung des Ruhezustands. Bei erhöhten intrazellulären Chloridkonzentrationen, wie sie während der Embryonalentwicklung oder bei pathologischen Zuständen beobachtet werden, hat die Aktivierung ligand-gesteuerter Chloridkanäle entweder eine weniger ausgeprägte Inhibition zur Folge oder kann sogar zu einer ***Depolarisation der postsynaptischen Membran*** führen.

■■■ **Pharmakologie der GABA- und Glyzinrezeptoren.** Die $GABA_A$- und Glyzin-Rezeptoren sind Zielmoleküle von Substanzen, die sowohl als Medikament in der Klinik angewandt werden, als auch als »Drogen« weit verbreitet sind. Diese Substanzen sind die Benzodiazepine (Diazepam, Klonazepam), die als »Angstlöser« bekannt sind, und die Barbiturate (Phenobarbital), die als Schlafmittel und »Sedativa« benutzt werden.

In Kürze

Ligandaktivierte Ionenkanäle

Die Kanalaktivierung kann außer durch die Änderung der Membranspannung auch durch die Bindung eines extrazellulären Transmitters bzw. Liganden erfolgen. Ionenkanäle, die sich so aktivieren lassen, werden als Ligand-gesteuerte Kanäle oder ionotrope Rezeptoren bezeichnet.

Exzitatorische Rezeptorkanäle

Die wichtigsten exzitatorischen Rezeptoren sind die ionotropen Glutamatrezeptoren (iGluRs) und die ionotropen Azetylcholinrezeptoren. Sie sind auf vier oder fünf Untereinheiten aufgebaut.
In Abwesenheit des Agonisten befinden sich die Kanäle in einem Geschlossen-Zustand, die Bindung des Agonisten bewirkt eine Konformationsänderung der Bindungsstelle und ihrer Umgebung, was wiederum zur Öffnung des Kanals führt.

Inhibitorische Rezeptorkanäle

Die wichtigsten inhibitorischen Transmitter des zentralen Nervensystems sind die Aminosäuren γ-Amino-Butyrat (GABA) und Glyzin; die entsprechenden Rezeptorkanäle sind die $GABA_A$-Rezeptoren und die Glyzin-Rezeptoren. Sie sind auf fünf Untereinheiten aufgebaut.

4.6 Grundlagen des Ruhemembran- und Aktionspotentials

Diffusionspotential – Spannung über der Zellmembran

Die selektive Permeabilität biologischer Membranen führt zusammen mit der ungleichen Verteilung von Ionen zwischen Zellinnerem und -äußerem zur Entstehung eines Membranpotentials

Zwischen dem Zellinneren und dem Zelläußeren aller lebenden Zellen liegt eine elektrische Spannung, das sogenannte Membranpotential, an. Die Grundlage zur Entstehung dieser Membranspannung ist das Diffusionspotential.

Grundlagen des Diffusionspotentials. Ein Diffusionspotential stellt sich immer dann ein,

- wenn ein bestimmtes Ion über einer Membran ungleich verteilt ist ***(Konzentrationsgradient)***,
- und die Membran für dieses Ion selektiv permeabel ist ***(selektive Permeabilität)***.

Die Entstehung eines Diffusionspotentials kann man anhand einer Modellzelle verstehen, die innen eine hohe und außen eine niedrige Kaliumkonzentration aufweist, und deren Membran selektiv für Kaliumionen permeabel ist (Abb. 4.14). Zunächst existiert noch keine Potentialdifferenz über der Membran, da die Anzahl positiver und negativer Ionen auf beiden Seiten gleich ist ***(Elektroneutralität)***. Der Konzentrationsgradient ist zunächst die einzige Triebkraft für die Ionenbewegung durch die selektiv permeable Membran und folglich diffundieren mehr Kaliumionen aus dem Zellinneren nach außen, als in umgekehrter Richtung (► s. Kap. 3.3). Da nur Kalium durch die Zellmembran diffundieren kann, bleibt für jedes Kaliumion, das die Zelle verlässt, ein Anion zurück. Dadurch entsteht eine Ladungstrennung, die zum Aufbau einer ***Potentialdifferenz*** bzw. einer ***elektrischen Spannung*** zwischen Intra- und Extrazellulärraum führt. Diese

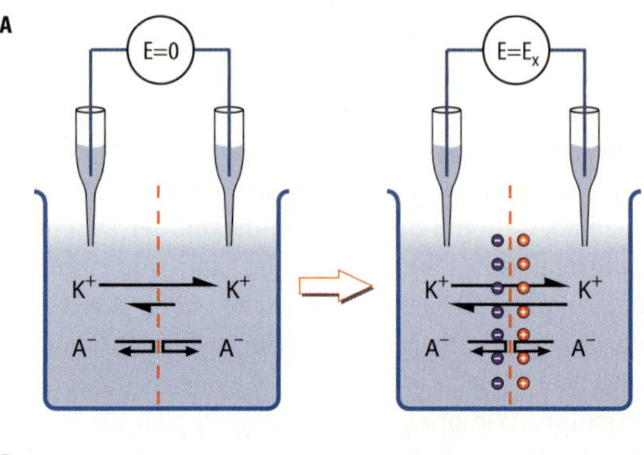

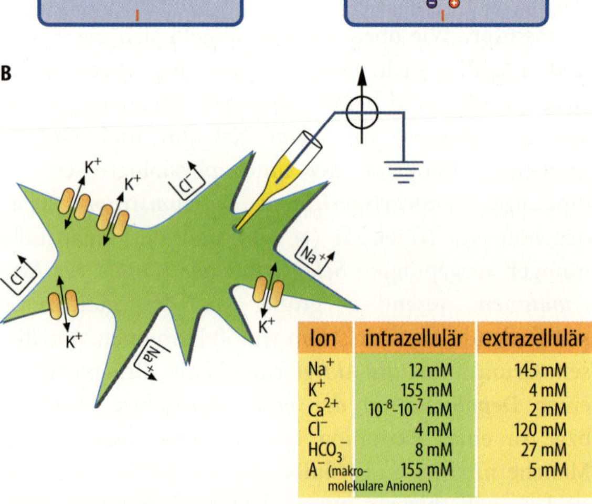

Ion	intrazellulär	extrazellulär
Na^+	12 mM	145 mM
K^+	155 mM	4 mM
Ca^{2+}	10^{-8}-10^{-7} mM	2 mM
Cl^-	4 mM	120 mM
HCO_3^-	8 mM	27 mM
A^- (makromolekulare Anionen)	155 mM	5 mM

Abb. 4.14. Diffusionspotential. Die Entstehung eines Diffusionspotentials entlang einer synthetischen kaliumpermeablen Membran (**A**) und an einer Modellzelle (**B**). Auf die beiden Seiten einer kaliumpermeablen Membran werden Lösungen mit unterschiedlichen Konzentrationen von Kaliumchlorid gegeben. Am Anfang gibt es keine Spannungsdifferenz zwischen den beiden Kompartimenten. Mit dem Übertritt von Kaliumionen, die, dem Konzentrationsgradienten folgend, von einer Seite auf die anderen Seite übertreten, baut sich eine Potential auf. Da positive Ladungen übertreten, negative Ladungen aber nicht permeieren können, entsteht eine Ladungsdifferenz, die eine Spannungsdifferenz hervorruft. Alle menschlichen Zellen weisen unterschiedliche intra- und extrazelluläre Konzentrationen für K^+, Na^+ und Cl^- auf. Die Tabelle gibt intra- und extrazelluläre Ionenkonzentrationen für eine menschliche Skelettmuskelfaser an, als Beispiel für eine erregbare Zelle. Während die intrazellulären Kationenkonzentrationen in den meisten Zellen relativ ähnlich sind, finden sich große Unterschiede in der intrazellulären Chlorid- und Bikarbonatkonzentration zwischen verschiedenen Zelltypen

Spannung ist die treibende Kraft für eine Ionenbewegung, die der konzentrationsgetriebenen Diffusion entgegengesetz ist. Der Prozess erreicht ein Gleichgewicht, wenn die ***elektrische Triebkraft*** und die ***chemische Triebkraft*** (▶ s. Abschnitt 4.1) sich ausgleichen. Nach Einstellung des Gleichgewichts diffundieren pro Zeiteinheit gleichviele Kaliumionen von innen nach außen wie von außen nach innen. Die entstandene transmembranäre Spannung ist damit eine konstante Größe, solange sich die Ionenkonzentrationen nicht ändern und kein Strom fließt.

Nernst-Gleichung. Ein derartiges Diffusionspotential wird durch die Nernst-Gleichung beschrieben:

$$\Delta U = -\,RT/zF \times \ln \frac{[K^+]_i}{[K^+]_o} = RT/zF \times \ln \frac{[K^+]_o}{[K^+]_i}$$

Das Potential hängt von den Konzentrationen auf beiden Membranseiten sowie von der absoluten Temperatur (T) und den beiden Konstanten R und F ab.

Ein Diffusionspotential beruht auf einfachen physikalischen Prinzipien und kann experimentell sehr leicht erzeugt werden, beispielsweise durch eine selektiv-permeable Kunststoffmembran zwischen zwei Kompartimenten, die eine unterschiedliche Konzentration für das permeable Ion aufweisen (◘ Abb. 4.14 A).

Die Nernst-Gleichung beschreibt das Membranpotential nur dann korrekt, wenn die Membran nur für ein einzelnes Ion durchlässig ist. Dies ist nur selten der Fall und man kann deshalb in den meisten Fällen das Membranpotential nur näherungsweise berechnen.

Die Goldman-Hodgkin-Katz-Gleichung. Eine Möglichkeit für die Berechnung des Membranpotentials unter Berücksichtigung mehrerer permeierender Ionen ist die Goldman-Hodgkin-Katz- (GHK-) Gleichung:

$$E_{rev} = RT/F \times \ln \frac{P_{Na}[Na]_o + P_K[K]_o + P_{Cl}[Cl]_i}{P_{Na}[Na]_i + P_K[K]_i + P_{Cl}[Cl]_o}$$

Sie erlaubt die Berechnung eines Membranpotentials für eine Membran, die für verschiedene Ionen, wie Natrium, Kalium und Chlorid, durchlässig ist.

Unter Gleichgewichtsbedingungen ist die Summe aller Ionenströme null. Damit hängt die Gleichgewichts-Potentialdifferenz über einer Membran von den Ionenströmen aller permeablen Ionen ab. Ionenstromamplituden hängen in komplizierter Weise von der Membranspannung und der Ionenkonzentration ab (▶ s. spannungsabhängiger Porenblock) und sind daher nur annäherungsweise zu berechnen. In der Goldmann-Hodgkin-Katz-Gleichung wird der Ionenstrom als Funktion der Ionenkonzentration und eines Koeffizenten, der sogenannten Permeabilität P angenähert. Die Permeabilität leitet sich vom Fickschen Diffusionsgesetz ab, sie ist der Quotient aus der Diffusionskonstante und der Membrandicke ($P{:}= \frac{D}{d}$).

Ruhemembranpotential

> Das Ruhemembranpotential entspricht in vielen Zellen dem Diffusionspotential von Kalium; die Ruheleitfähigkeit für K^+ wird im Wesentlichen durch die spannungsunabhängigen Einwärts-gleichrichter-K^+ (K_{ir}) -Kanäle oder die 2-P-Domänen-Kanäle geliefert

Nahezu alle erregbaren Zellen des Säugerorganismus weisen ein ***Ruhemembranpotential*** auf, dessen Werte mehr oder weniger nahe am ***Diffusions- bzw. Gleichgewichtspotential für Kaliumionen*** (E_K) liegen (◘ Abb. 4.15; Neuronen: ≈ –70 mV; Gliazellen: ≈ –90 mV;

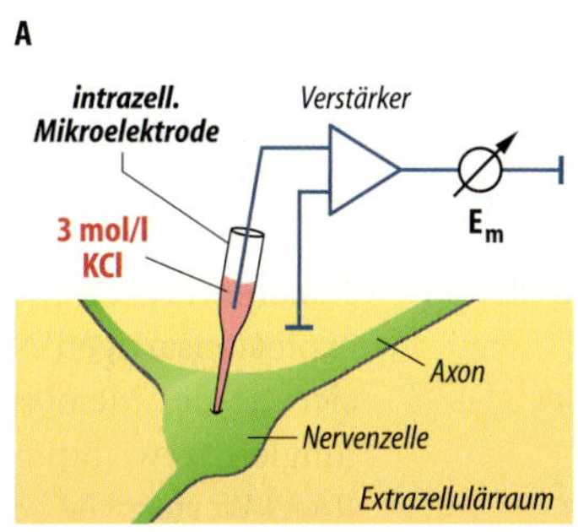

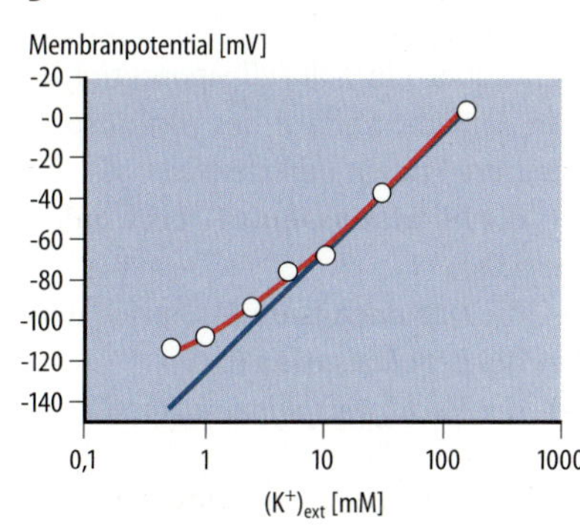

◘ Abb. 4.15. Messung des Ruhemembranpotentials einer Zelle. A Mittels einer Glaskapillare, die fein genug ist, um beim Einstechen die Zellmembran nicht zu verletzen, kann man die Spannungsdifferenz zwischen innen und außen messen. In einer Säugetierzelle ist das Zellinnere in Ruhe negativ zum Zelläußeren geladen. **B** Die Abhängigkeit der gemessenen Spannungsdifferenz von der extrazellulären Kaliumkonzentration. Die Symbole stellen Membranpotentiale, die an einer Froschmuskelfaser bei verschiedenen externen Kaliumkonzentrationen gemessen wurden, dar. Nach Hodgkin u. Horowicz (1959). Die durchgezogene Linie gibt die von der Nernst-Gleichung vorhergesagten Werte an, die gepunktete die entsprechenden Werte der Goldman-Hodgkin-Katz Gleichung unter der Annahme, dass die Natriumpermeabilität nur 1% der Kaliumpermeabilität ausmacht ($P_{Na}/P_K = 0.01$). Das Ruhemembranpotential hängt zwar in erster Linie von dem Kaliumgradienten über der Membran ab, aber es gibt auch eine kleine Natriumleitfähigkeit, die bei niedrigen extrazellulären Kaliumkonzentrationen eine besondere Rolle spielt

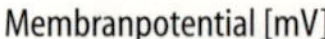

Skelett- und Herzmuskelzellen: ≈ –90 mV). Entsprechend den Bedingungen zur Entstehung eines Diffusionspotentials ist dies nur dann möglich, wenn die Zellen über ***offene bzw. leitfähige Kaliumkanäle*** verfügen. Die Voraussetzung, bei Membranpotentialen negativ von –70 mV offen zu sein, erfüllen allerdings nur sehr wenige Kaliumkanäle: die nicht spannungsaktivierten ***Einwärtsgleichrichter-Kaliumkanäle (K_{ir}-Kanäle)*** und die ***2-P-Domänen Kaliumkanäle***, sowie ein spannungsgesteuerter KCNQ-Typ (KCNQ4) Kaliumkanal, der erst bei Membranspannungen deutlich negativ von –100 mV vollständig deaktiviert.

Alle anderen spannungsgesteuerten Kaliumkanäle, insbesondere die K_v-Kanäle, sind am klassischen Ruhemembranpotential geschlossen und daher nicht an seinem Zustandekommen beteiligt. Welcher Kanaltypus für das Ruhemembranpotential verantwortlich ist, hängt von der jeweiligen Zelle ab. So sind die K_{ir}-Kanäle in den Herzzellen, den Skelettmuskelzellen, vielen epithelialen Zellen, den Gliazellen und einigen wenigen zentralen Neuronen bestimmend, während die 2-P-Domänen-Kanäle (oft als »Hintergrundkanäle« bezeichnet) die Ruhemembranpotenialkanäle der meisten zentralen Neuronen darstellen.

▪▪▪ Wenn das Membranpotential in Ruhe, aufgrund vermehrter Natriumleitfähigkeiten (sog. Leckleitfähigkeiten), Werte positiv von ca. –60 mV aufweist, werden K_v-Kanäle aktiviert und halten mit ihrer K^+-Leitfähigkeit das Membranpotential bei etwa –60 mV.

Aktionspotential

Nach Überschreiten eines Schwellenwertes kommt es in erregbaren Zellen zur Generierung eines Aktionspotentials; Nav-Kanäle sorgen für die Depolarisation, die langsamer öffnenden Kv-Kanäle für die Repolarisation

Das ***Aktionspotential*** ist eine transiente Änderung des Membranpotentials, ausgelöst durch einen Reiz, der die Zelle über ein ***Schwellenpotential*** hinaus depolarisiert. Der zeitliche Verlauf des Aktionspotentials lässt sich in mehrere Phasen unterteilen:

- die ***Initiationsphase*** (Überwindung des Schwellenpotentials),
- die ***Depolarisation*** (Aufstrich und *Overshoot*),
- die ***Repolarisation*** und
- die ***Nachhyperpolarisation*** (Abb. 4.16).

Die Ursache für diese schnellen Änderungen des Membranpotentials ist eine zeitabhängige Änderung der Membranpermeabilität für Natrium- und Kaliumionen (Abb. 4.17). In manchen Zellen, z. B. in Herzmuskelzellen, spielen auch spannungsabhängige Calciumkanäle eine Rolle.

Depolarisation. Um ein Aktionspotential auszulösen, muss ein Stimulus das Membranpotential zunächst bis zu einem ***Schwellenwert (Erregungsschwelle)*** depolarisieren (***Initiationsphase***, Abb. 4.17). Dies bedeutet, dass durch den Stimulus ein Kationeneinstrom (Na^+, Ca^{2+}) hervorgerufen werden muss, der größer ist als der Kaliumausstrom durch die ***Ruhemembranpotentialkanäle***, der einer Depolarisation entgegenwirkt. In Zellen, in denen K_{ir}-Kanäle das Ruhemembranpotential generieren, wird durch den stimulusinduzierten Ausstrom der Kaliumionen das Spermin verstärkt in die Kanalpore »getrieben« und damit die stimulusinhibierende Kaliumleitfähigkeit sukzessive reduziert. Überschreitet die Depolarisation dann das Maximum des »Spermin-Buckels« (Abb. 4.11), der ca. 20 mV positiv vom Kaliumgleichgewichtspotential (E_K, ca. –90 mV) liegt, kommt es sehr schnell zu einer Blockierung aller K_{ir}-Kanäle und dadurch zum ungehinderten Übergang in die ***»Aufstrichphase« des Aktionspotentials***. Grundlage des schnellen Aufstrichs ist die Aktivierung der Na_v-Kanäle, die bei Membranspannungen positiv von ca. –60 mV anfangen, in den Offen-Zustand überzugehen (Abb. 4.17). Die einströmenden Natriumionen sorgen dann für eine weitere Depolarisation der Membranspannung, was, im Sinne einer ***positiven Rückkoppelung***, zu weiterer Aktivierung von Na_v-Kanälen führt. Folge dieses explosionsartigen Natriumeinstroms ist eine Depolarisierung der Membranspannung in Richtung des Natriumgleichgewichtpotentials (E_{Na}, ca. 60 mV), wobei in der Regel Werte zwischen 0 und 40 mV ***(Overshoot)*** erreicht werden.

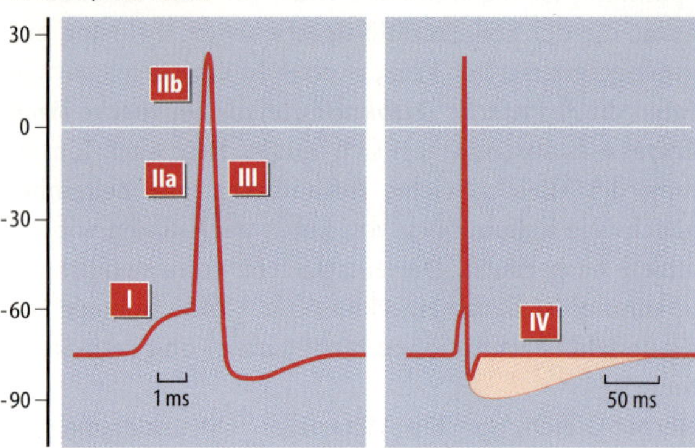

Abb. 4.16. Phasen des Aktionspotentials. Verlauf eines Aktionspotentials, dargestellt in zwei unterschiedlichen zeitlichen Auflösungen. Die Phasenbezeichnung ist wie folgt: I, Initiationsphase, IIa und IIb, Depolarisation (Aufstrich und *overshoot*), III, Repolarisation, IV (nur *links*) Nachhyperpolarisation (in *rot* dargstellt)

▪▪▪ **Entstehung des Schwellenpotentials.** Das Schwellenpotential der Erregung, nach dessen Überschreiten das Aktionspotential mehr oder weniger stereotyp abläuft (historisch: **Alles-oder-Nichts Gesetz**) kann auf zwei Prozesse zurückgeführt werden, zum einen auf die spannungsabhänge Aktivierung der Na_v-Kanäle und die positive Rückkoppelung von depolarisierendem Natriumeinstrom und Kanalaktivierung, zum anderen auf den stark spannungsabhängigen Block der K_{ir}-Kanäle durch Spermin. Der (initiale) depolarisierende Stimulus trifft nach Überschreiten des »Spermin-Buckels« auf eine »**negative Impedanz**« (negative Steigung bzw. Abfall der

Strom-Spannungs-Kurve, ◘ Abb. 4.11), was zu einer erleichterten Blockierung der K_{ir}-Kanäle führt. Da dadurch der inhibierende Kaliumausstrom schlagartig wegfällt, kann der gesamte Stimulus in die Umladung der Membran eingehen, was, meist unter synergistischer Beteiligung der Na_V-Kanäle, zu einer schnellen Depolarisation der Zelle führt.

4.2. Hyperkaliämische periodische Paralyse

Symptome. Das Hauptsymptom dieser Erkrankung ist die anfallsweise Muskelschwäche, die durch eine gestörte Funktion des muskulären Natriumkanal $Na_V1.4$ verursacht wird. Episoden dauern zwischen einigen Minuten und Stunden, die Muskelschäche kann sich moderat oder auch als eine generalisierte schlaffe Lähmung präsentieren.

Ursachen. Die Ursache der Muskelschwäche ist eine langandauernde Depolarisation der betroffenen Muskelfaser, die beispielsweise durch eine erhöhte Kaliumkonzentration im Blut ausgelöst werden kann (◘ Abb. 4.18 A). Diese langandauernde Depolarisation kommt durch ein verändertes Inaktivierungsverhalten spannungs-gesteuerter Natriumkanäle zustande. Während gesunde $Na_V1.4$ Kanäle innerhalb weniger Millisekunden vollständig schließen und sich danach nicht mehr öffnen, kommt es in dem genetisch veränderten Kanal zu erneuten Öffnungen (◘ Abb. 4.18 B). Diese »Wiederöffnungen« führen zu einem persisitierenden Natriumeinstrom während und nach der Membrandepolarisation und bewirken die beobachtete Dauerdepolarisation. Diese führt zu einer Inaktivierung der überwiegenden Anzahl von Natriumkanälen und verhindert die Auslösung von Aktionspotentialen, was die Ursache der beobachteten Muskelschwäche ist.

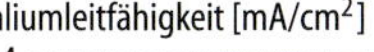

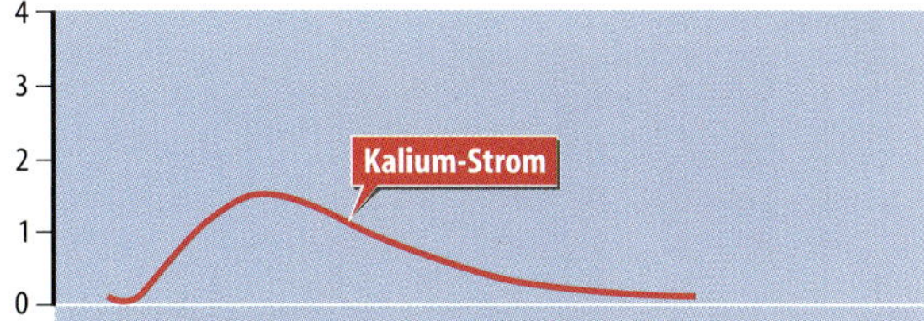

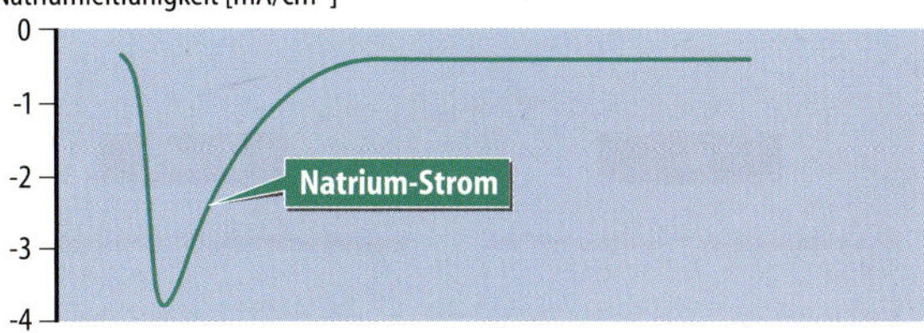

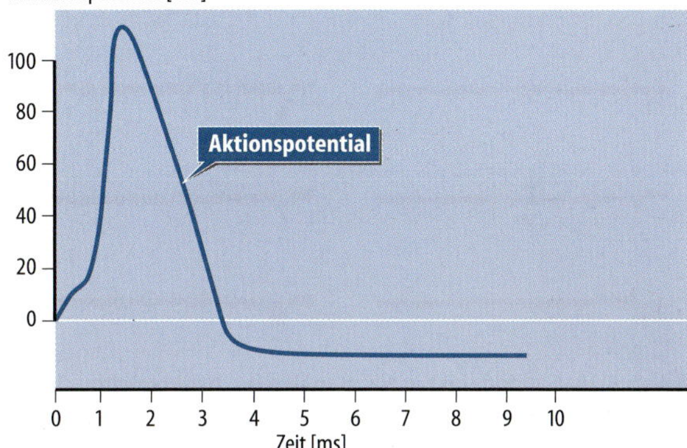

◘ **Abb. 4.17. Zeitverlauf eines Aktionspotentials in einem Tintenfischriesenaxon.** Zu verschiedenen Zeitpunkten des Aktionspotentials wurde in einen Spannungsklemmmodus umgeschaltet (▶ s. Abb. 4.9). In diesem Modus wird die Spannung vorgegeben und der durch die Membran fließende Strom gemessen. Es wurden Messungen bei −80 mV (dem Kaliumumkehrpotential) oder +60 mV (dem Natriumumkehrpotential in diesen Experimenten) durchgeführt. Da bei −80 mV kein Kaliumstrom fließt, ist der so gemessene Strom der zu diesem Messzeitpunkt vorhandenen Natriumleitfähigkeit proportional, bei den Messungen bei +60 mV der Kaliumleitfähigkeit. Man sieht, dass dem Aufstrich des Aktionspotential eine Zunahme der Natriumleitfähigkeit zugrunde liegt. Diese nimmt dann wieder ab, während die Kaliumleitfähigkeit ansteigt und über die Dauer des Aktionspotentials erhöht bleibt

Repolarisation. Entsprechend dem oben dargestellten Kanalgating (▶ s. Abschnitt 4.3), werden die Nav-Kanäle durch die starke Depolarisation innerhalb weniger Millisekunden inaktiviert, wodurch der ***Natriumeinstrom in die Zelle beendet*** wird. Das Ende des depolarisierenden Natriumeinstroms und der, aufgrund der ***langsameren Öffnungsreaktion der Kv-Kanäle***, verzögert einsetzende Beginn des ***Kaliumausstroms*** leiten dann die ***Repolarisationsphase*** des Aktionspotentials ein (◘ Abb. 4.16, 4.17). Während der Repolarisation nähert sich das Membranpotential wieder den Werten von E_K, was das Aktionspotential beendet und zu folgenden Gating-Vorgängen führt:

- die K_V-Kanäle deaktivieren,
- die K_{ir}-Kanäle werden deblockiert und liefern so wieder die für das Ruhemembranpotential notwendige Kaliumleitfähigkeit, und
- die Na_V-Kanäle kehren wieder in den aktivierbaren Geschlossen-Zustand zurück.

Die Geschwindigkeit der Umkehr der Na_V-Kanalinaktivierung bestimmt den frühesten Zeitpunkt, zu dem ein erneutes Aktionspotential stattfinden kann; oder anders ausgedrückt, sie bestimmt das Intervall, innerhalb dessen keine erneute Erregung möglich ist ***(Refraktärzeit)***.

Nachhyperpolarisation. In vielen Neuronen, aber auch in einigen anderen erregbaren Zellen, lässt sich beobachten, dass das Membranpotential am Ende eines Aktionspotentials deutlich negativere Werte aufweist, als unmittelbar vor dem Aktionspotential (◘ Abb. 4.16). Dieses Phänomen wird als Nachhyperpolarisation bezeichnet und beruht auf einer zeitlich begrenzten ***zusätzlichen Ka-***

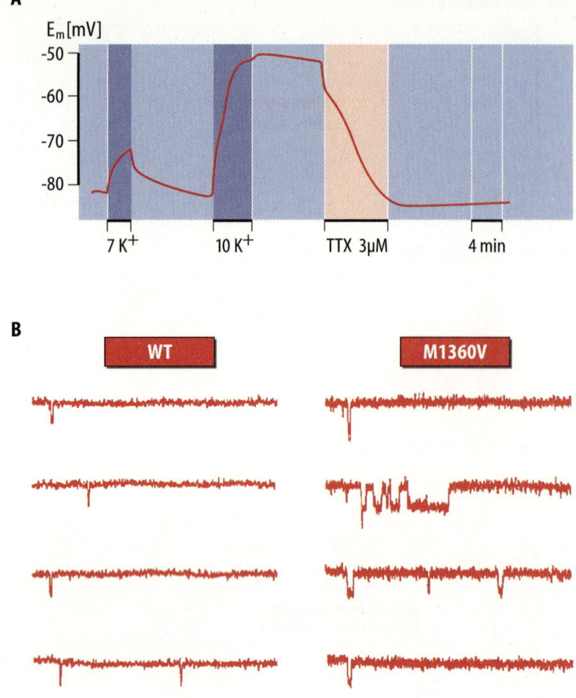

Abb. 4.18. Gatingdefekt in Na_v-Kanälen bei hyperkaliämisch periodischer Paralyse. Eine Natriumkanalmutation verursacht anfallsweise Muskeldepolarisationen in der hyperkaliämischen periodischen Paralyse. **A** Ableitung des Membranpotentials an einer Muskelfaser eines Patienten mit hyperkaliämischer periodischer Paralyse. Durch Applikation einer hohen Kaliumkonzentration wird die Muskelfaser depolarisiert. Sie bleibt jedoch auch nach Rückkehr zu normalen Kaliumkonzentrationen depolarisiert. Durch Gabe eines natriumkanalspezifischen Toxins, TTX, wird die Faser wieder auf den Ausgangswert repolarisiert. Die Ursache dieses Verhaltens ist eine gestörte Natriumkanalinaktivierung. **B** Einzelkanalableitungen von normalen (WT)-Natriumkanälen oder von Kanälen, die eine Mutation tragen, die hyperkaliämsiche periodische Paralyse verursachen. WT-Natriumkanäle öffnen meist nur einmal kurz, mutante Kanäle zeigen lange und wiederholte Öffnungen aufgrund einer gestörten Natriumkanalinaktivierung

liumleitfähigkeit im Anschluss an ein Aktionspotential. Die Kanäle, die für diese Leitfähigkeit sorgen, sind als ***calciumaktivierte Kaliumkanäle*** (SK-, BK-Kanäle; Tabelle 4.1) bekannt. Sie werden durch Calciumionen, die während des Aktionspotentials über Ca_v-Kanäle in die Zelle eintreten, aktiviert und bleiben solange offen bis die intrazelluläre Calciumkonzentration Werte >100 μM aufweist. Nach Absinken des intrazellulären Calcium ***(Puffersysteme, Calciumionenpumpen)*** unter diese Grenze, was zwischen mehreren 10 Millisekunden und wenigen Sekunden (!) dauern kann, schließen die Kanäle wieder und das Membranpotential nähert sich den Werten, die vor Einsetzen des Aktionspotentials zu beobachten waren.

4.3. Long-QT-Syndrom

Symptome. Das »Long-QT«-Syndrom ist eine gut verstandene Form von Herzrhythmusstörungen. Bei den häufig jungen Patienten kommt es zu Anfällen von Bewusstlosigkeit (Synkopen) oder sogar zum plötzlichen Herztod.

Ursachen. Die Ursache ist eine Verlängerung der QT-Zeit im EKG (► s. Kap. 25.3), die durch ein verlängertes Aktionspotential der Herzmuskelzellen verursacht wird. Für genetisch bedingte Formen dieser Erkrankung wurden fünf krankheitsverursachende Gene identifiziert, die alle für Ionenkanäle codieren (Tabelle 4.1). Zwei dieser Genprodukte sind die α- und β-Untereinheit eines Kaliumkanals der Myokardzellen, KCNQ1 (oder auch KVLQT1) und KCNE1 (oft auch als minK oder IsK bezeichnet). Die β-Untereinheit KCNE1 liegt der sehr langsamen Aktivierung des KCNQ1-Kanals zugrunde, die dafür verantwortlich ist, dass das Herzaktionspotential erst nach ca. 300 ms repolarisiert. Mutationen in KCNQ1 führen meist zu einer Reduktion des Kaliumstroms, während Mutationen in KCNE1 das besondere Schaltverhalten der Kanäle verändert. Beide Veränderungen verursachen eine verzögerte Repolarisation und so ein verlängertes Herzaktionspotential. Neben den Kardiomyozyten findet man den KCNQ1-KCNE1-Kanal auch in der Stria vascularis des Innenohres (► s. Kap. 3.4), wo er für die Generierung des endocochleäre Potentials verantwortlich ist. Dementsprechend führen Mutationen in KCNQ1 und KCNE1 auch zu einer Innenohrschwerhörigkeit (Jervell-Lange-Nielsen Syndrom).

Variation der Aktionspotential-Dauer. Der Zeitverlauf des Aktionspotentials einer Zelle wird, neben der Anzahl der vorhandenen Kanäle, im Wesentlichen von deren Gating-Eigenschaften bestimmt. So sorgen ***schnell aktivierende Kv-Kanäle*** für ein ***kurzes Aktionspotential*** (ca. 1 Millisekunde in verschiedenen zentralen Neuronen), während eine ***langsamere Aktivierung*** ein ***länger dauerndes Aktionspotential*** zur Folge hat (ca. 10 Millisekunden in Skelettmuskelzellen). Treten neben den Nav-Kanäle weitere »Depolarisatoren« auf, wie die Cav-Kanäle, oder wird die Repolarisation vorwiegend von extrem langsam aktivierenden Kv-Kanälen getragen, kann die Aktionspotential-Dauer wesentlich verlängert werden (ca. 300 Millisekunden in Herzmuskelzellen; Abb. 4.19).

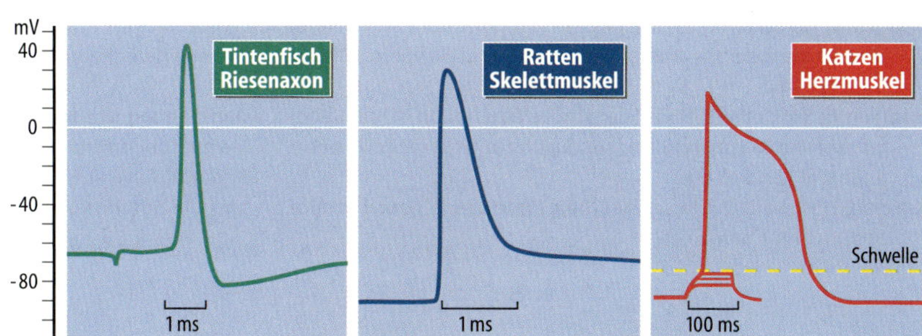

Abb. 4.19. Aktionspotentiale verschiedener Zellen. Mit intrazellulären Elektroden gemessene Aktionspotentiale eines Axons, einer Muskelfaser und einer Herzmuskelzelle

4.4. Myotonia congenita

Symptome. Diese Muskelerkrankung ist durch eine Muskelsteifigkeit bei Willkürbewegungen charakterisiert. Patienten werden beim Aufstehen oder Loslaufen steif, oder können nach einem Händedruck diesen nicht mehr lösen. Die Muskelsteifigkeit löst sich bei Wiederholung der Bewegung, weshalb die Patienten meist nur geringgradig behindert sind.

Ursachen. Die Ursache für diese Muskelsteifigkeit besteht darin, dass die myotone Muskelfaser auch nach Ende der neuronalen Erregung weiterhin selbstständig Aktionspotentiale feuert. Diese elektrische Übererregbarkeit wird durch einen Defekt des muskulären Chloridkanals ClC-1 hervorgerufen, der zu einer Reduktion der Chloridleitfähigkeit in myotonen Muskelfasern führt. Die Skelettmuskulatur weist im Unterschied zu den meisten erregbaren Zellen eine stark ausgeprägte Chloridleitfähigkeit auf. Chloridkanäle tragen zwar nicht direkt zum Ruhemembranpotential des Skelettmuskels bei, stabilisieren es jedoch unter bestimmten Bedingungen. Im T-Tubulus (► s. Kap. 6.3) kommt es bei Serien von Aktionspotentialen durch den Ausstrom von Kaliumionen während der Repolarisationsphase zu einer Erhöhung des extrazellulären Kaliums, das wegen des engen Lumens der T-Tubuli nicht vollständig abfließen kann. Die Folge ist eine Depolarisation der T-tubulären Membran. Im gesunden Muskel führt diese T-tubuläre Depolarisation aufgrund der hohen erregungsdämpfenden Chloridleitfähigkeit zu keiner Veränderung des Membranpotentials. In der myotonen Muskulatur fehlt diese Leitfähigkeit und die T-tubuläre Kaliumakkumulation depolarisiert auch die oberflächliche Membran. Die Konsequenz ist eine Nachdepolarisation, die bei entsprechender Amplitude neue Aktionspotentiale auslösen kann.

In Kürze

Ruhemembranpotential

Für die Entstehung eines Diffusionspotentials ist ein Konzentrationsgradient sowie eine selektive Permeabilität notwendig.
Das Ruhemembranpotential entspricht weitgehend dem Diffusionspotential für Kaliumionen und weist in erregbaren Zellen Werte zwischen –70 und –90 mV auf. Die dafür notwendige Kaliumleitfähigkeit wird durch K_{ir}- und 2P-Domänen-Kanäle bestimmt.

Aktionspotential

Das Aktionspotential, ist eine transiente Änderung der Membranspannung auf Werte bis zu 40 mV, und kann in folgende Phasen unterteilt werden:

- Initiationsphase; dabei werden die K_{ir}-Kanäle durch einen stimulus-induzierten depolarisierenden Kationeneinstrom blockiert (Sperminblock).
- Depolarisation (Aufstrich und *Overshoot*); diese Phase wird durch die Aktivierung der spannungsgesteuerten Na_V- Kanäle und den damit verbundenen Natriumeinstrom getragen.
- Repolarisation; diese ergibt sich aus der Inaktivierung der Na_V-Kanäle und der Aktivierung der K_V-Kanäle und dem damit verbundenen Kaliumausstrom. Die Repolarisation sorgt für die Deblockierung der K_{ir}-Kanäle, sowie für die Rückkehr der Na_V-Kanäle in den aktivierbaren Zustand.
- Nachhyperpolarisation (in zentralen Neuronen); sie resultiert aus der transienten Aktivierung calciumgesteuerter Kaliumkanäle.

Literatur

Alberts B, Johnson A, Lewis J, Raff M, Roberts K, Walter P (2002) Molecular Biology of the Cell, 4th edn. Garland Science, New York

Ashcroft FM (2000) Ion Channels and Disease. Academic Press, London

David J, Aidley DJ, Stanfield PR (1996) Ion Channels. Cambridge University Press, Cambridge

Hodgkin u. Horowicz (1959) The influence of potassium and chloride ions on the membrane potential of single muscle fibres. J Physiol 148: 127–160

Hodgkin AL, Huxley AF (1952) Quantitative description of membrane current and its application to conduction and excitation in nerve. J. Physiol 117: 500–522

Kandel ER, Schwartz JH, Jessel TM (2000) Principles in neural science. McGraw-Hill Companies

Lehmann-Horn F, Jurkat-Rott K (1999) Voltage-gated ion channels and hereditary disease. Physiol Rev 79: 1317–1372

Danksagung. Wir möchten unseren Studenten Birgit Lißmann, Nico Melzer, Tobias Versin (RWTH Aachen), sowie Claudia Ganser und Julia Beyerle (Universität Freiburg) für die Durchsicht des Manuskriptes und für kritische Kommentare danken.

Kapitel 5 Erregungsleitung und synaptische Übertragung

J. Dudel, M. Heckmann

Einleitung

Im Zusammenhang mit seinen Reisen in Guyana schreibt Waterton, ein britischer Entdecker, 1812: »Ein einheimischer Jäger schoss auf einen direkt über sich in einem Baum sitzenden Affen. Der Pfeil verfehlte das Tier und traf im Fallen den Arm des Jägers. Der Jäger, überzeugt sein Ende sei gekommen, legte sich nieder, verabschiedete sich von seinem Jagdgefährten und starb.« Waterton nahm das Pfeilgift »Wourali« (Kurare) mit nach England und berichtete einige Jahre später zusammen mit dem Arzt Brodie, Folgendes: einem jungen Esel wurde Kurare unter die Haut injiziert, worauf der Esel zusammenbrach. Daraufhin wurde der Esel über eine Trachealkanüle mit einem Blasebalg beatmet. Nach 2 Stunden erhob sich der Esel, brach ohne Beatmung aber wieder zusammen. Weiter beatmet, erholte sich der Esel schließlich ganz, wurde Wourali getauft und von Waterton noch Jahre gehalten.

Kurare blockiert kompetitiv nikotinische Acetylcholinrezeptoren neuromuskulärer Synapsen. Dadurch werden Motorik und Atmung unterbunden, Bewusstsein und Schmerzempfinden aber nicht verhindert! Kurareähnliche Substanzen werden heute routinemäßig bei Operationen zur Muskelrelaxation eingesetzt.

5.1 Reiz und Elektrotonus

Reizdefinition

Eine überschwellige Depolarisation der Zellmembran, die ein Aktionspotential auslöst, wird Reiz genannt

Wenn eine erregbare Membran bis zur Schwelle depolarisiert wird, kann eine Erregung, ein Aktionspotential, ausgelöst werden. Die Ursache einer überschwelligen Depolarisation wird ***Reiz*** genannt. Der Reiz erzeugt in der Regel einen elektrischen Strom, der über die Membran fließt und diese bis zur Schwelle depolarisiert. Es soll deshalb auf die Depolarisation durch in die Zelle eingespeisten elektrischen Strom eingegangen werden. Dabei sollen vorerst nur kleine Spannungsänderungen behandelt werden, bei denen sich die Membranleitfähigkeit nicht ändert.

Elektrotonische Potentiale

Ein Stromstoß in eine kugelige Zelle erzeugt ein elektrotonisches Potential mit exponentiellem Anstieg

Elektrotonus an kugelförmigen Zellen. Die klarsten Bedingungen für das Studium der Reaktionen der Membran auf einen Stromfluss herrschen, wenn Strom durch eine intrazelluläre Elektrode in eine kugelförmige Zelle appliziert wird (Abb. 5.1 A). Wird ein konstanter positiver Strom eingeschaltet (Abb. 5.1 B), so werden die einströmenden positiven Ladungen den Membrankondensator, C_m (▶ s. Membranersatzschaltbild in Abb. 5.1 A), mehr und mehr entladen und die Membran depolarisieren. Entsprechend misst die Potentialelektrode zu Beginn des Stromstoßes eine ***schnelle Depolarisation.*** Diese Depolarisation verlangsamt sich jedoch sehr bald, denn wenn das Membranpotential vom Ruhepotential entfernt wird, so wird das Gleichgewicht der Ionenströme gestört, und bei Depolarisation fließen vermehrt K^+-Ionen aus der Zelle aus (im Ersatzschaltbild über den Widerstand R_m).

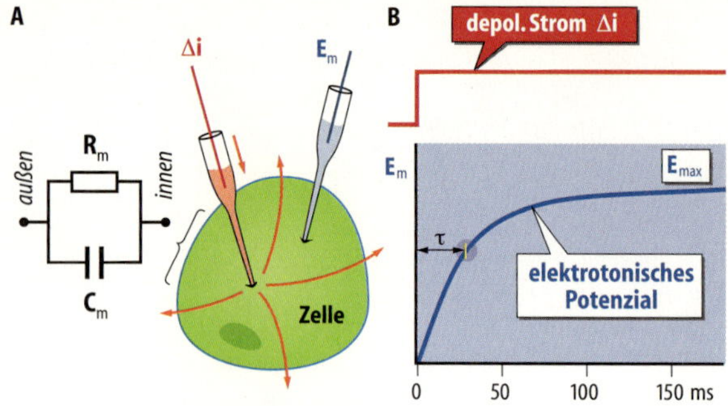

Abb. 5.1. Elektrotonus an einer kugeligen Zelle. A Schema der Zelle *(grün)* mit einer intrazellulären Messelektrode für das Potential (E_m) *(blau)* und einer intrazellulären Stromelektrode *(rot)* durch die der Stromstoß Δi appliziert wird. *Links:* Ersatzschaltbild mit dem parallelen Membranwiderstand R_m und Membrankapazität C_m. **B** Zeitverlauf des depolarisierenden Stromstoßes Δi und des elektrotonischen Potentials. Bei Annäherung des elektrotonischen Potentials bis um 37% an E_{max} wird die Membranzeitkonstante τ abgelesen. $E_m = E_{max}(1 - e^{-t/\tau})$

Dieser ***Gegenstrom*** von positiven Ionen durch die Membran kompensiert einen Teil der durch den elektrischen Strom zugeführten Ladungen, und die Entladung des Membrankondensators muss sich verlangsamen. So erreicht die Depolarisation, ständig langsamer werdend, schließlich einen Endwert, bei dem der Ionenstrom durch die Membran gleich groß ist wie der durch die Elektrode applizierte elektrische Strom, der Membrankondensator also nicht mehr weiter entladen wird (Abb. 5.1 B).

Zeitverlauf und Amplitude des Elektrotonus. Der durch den Stromstoß ausgelöste Potentialverlauf wird ***elektrotonisches Potential*** oder ***Elektrotonus*** genannt. Der Endwert oder die Amplitude des elektrotonischen Potentials ist proportional dem ***Membranwiderstand***, R_m, für die Ionenströme. Die Steilheit des Ansteigens des elektrotonischen Potentials wird ganz zu Anfang nur durch die Membrankapazität, C_m bestimmt, es fließt nur ***kapazitiver Strom.*** Wenn dann der Gegenstrom der Ionen durch die Membran einsetzt, wird der Potentialverlauf exponentiell mit dem Exponenten $-t/\tau$. Die ***Membranzeitkonstante*** τ ist das Produkt von Membranwiderstand und Membrankapazität. τ hat an verschiedenen Zellen Werte von 5–50 ms.

▪▪▪ Ein negativ exponentieller Zeitverlauf, wie der des Elektrotonus (oder z. B. des radioaktiven Zerfalls), folgt der Funktion $e^{t/\tau}$. τ heißt Zeitkonstante, weil für die Zeit $t = \tau$ der Exponent –1 wird. τ lässt sich also an einer solchen Kurve als der Zeitpunkt ablesen, an dem die Amplitude auf $e^{-1} = 1/e = 37\,\%$ des Ausgangswertes abgefallen ist.

Elektrotonus an Fasern

Ein Stromstoß in eine lang gestreckte Zelle erzeugt ein elektrotonisches Potential, dessen Amplitude und Anstiegssteilheit mit der Entfernung vom Stromapplikationsort abnehmen

Zeitverlauf des Elektrotonus an Fasern. Fast alle Nerven- und Muskelzellen sind sehr lang relativ zu ihrem Durchmesser; ein Axon kann z. B. bei einem Durchmesser von nur 1 µm über 1 m lang sein. In solchen Zellen wird applizierter Strom sehr inhomogen durch die Membran abfließen, wodurch die in Abb. 5.1 dargestellten Verhältnisse stark modifiziert werden. ***Elektrotonische Potentiale*** an einer lang gestreckten Muskelfaser zeigt Abb. 5.2; es wurde der Potentialverlauf am Ort der Stromapplikation (E_0) sowie in 2,5 mm und 5 mm Entfernung ($E_{2,5}$ bzw. E_5) ausgewählt. Die Form der elektrotonischen Potentiale ist gegenüber Abb. 5.1 verändert, sie ist nicht mehr einfach exponentiell und hängt von der Entfernung ab. Am Ort der Stromapplikation steigt E_0 schneller als mit der Membranzeitkonstante τ an.

Dieser steilere Anstieg wird durch die ***inhomogene Stromverteilung*** verursacht: zuerst wird der Membrankondensator in einem kleinen Bezirk nahe der Stromzufuhr entladen, und erst dann fließt Strom über das Zellinnere, das einen beträchtlichen Längswiderstand hat, zu entfernteren Membranbezirken. Dort wieder muss zuerst der Membrankondensator entladen werden, und mit wachsender Entfernung vom Ort der Stromzufuhr wird also der Zeitverlauf des elektrotonischen Potentials zunehmend langsamer. In Abb. 5.2 beginnt deshalb das elektrotonische Potential in 5 mm Entfernung von der Stromelektrode (E_5) mit deutlicher Verzögerung und hat nach 120 ms seinen Endwert E_{max} noch nicht erreicht.

Ausbreitung des Elektrotonus entlang Fasern. Auch wenn der zugeführte Strom längere Zeit geflossen ist und eine neue Ladungsverteilung sich eingestellt hat, fließt immer noch durch die Membran nahe der Stromzuführung mehr Strom als durch entferntere Membranbezirke, denn bei entfernteren Membranbezirken muss der Strom zusätzlich zum Membranwiderstand auch noch den Längswiderstand in der Zelle überwinden. Die Endwerte E_{max} der elektrotonischen Potentiale sind in Abb. 5.2 unten gegen den Abstand von der Stromelektrode aufgetragen. E_{max} fällt exponentiell mit dem Abstand x, der Exponent ist $-x/\lambda$.

Die Größe λ wird ***Membranlängskonstante*** genannt; in Abb. 5.2 ist ihr Wert 2,5 mm, und an verschiedenen Zellen hat λ Werte zwischen 0,1 und 5 mm. Die Längskonstante λ gibt an, über wie große Entfernungen sich elektrotonische Potentiale an lang gestreckten Zellen ausbreiten. In der Entfernung 4λ ist beispielsweise die Amplitude des elektrotonischen Potentials nur noch 2 % derjenigen nahe der Stromzuführung; elektrotonische Potentiale sind also im Nerv bestenfalls einen Zentimeter von ihrem Ursprung entfernt messbar.

Diese Besprechung der Wirkungen von appliziertem Strom gilt nur für kleine Potentialänderungen, bei denen sich die Membranleitfähigkeit für Ionen nicht ändert. Elektrotonische Potentiale setzen also ein ***passives Verhalten der Membran*** voraus. Wenn man die Polarität des applizierten Stromes umkehrt, ergeben sich deshalb auch spiegelbildliche Potentiale.

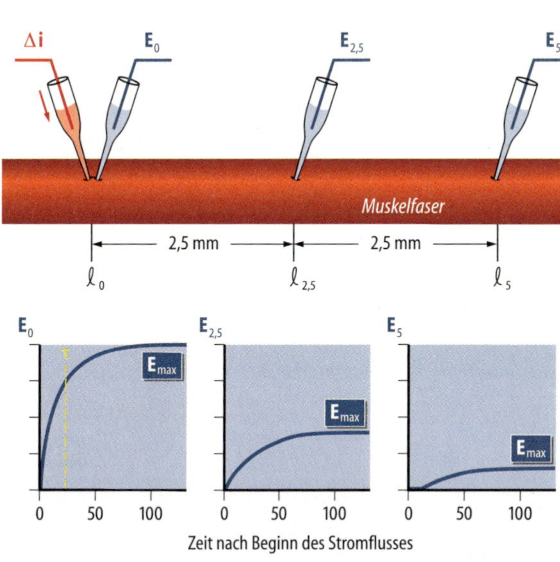

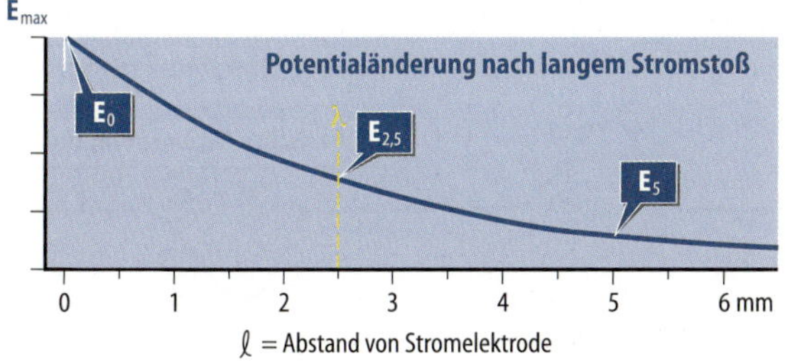

Abb. 5.2. Elektrotonische Potentiale in einer lang gestreckten Zelle. *Oben:* Applikation des Stromes I in einer Muskelzelle und Messung der elektrotonischen Potentiale im Abstand 0 mm (E_0), 2,5 mm und 5 mm ($E_{2,5}$ und E_5). *Darunter:* Zeitverlauf der elektronischen Potentiale E_0, $E_{2,5}$ und E_5, die jeweils einen Endwert E_{max} erreichen. *Unten:* Abhängigkeit der E_{max} von der Entfernung vom Ort der Stromzuführung. Die Membranlängskonstante λ bezeichnet die Entfernung, in der E_{max} bis auf 37 % (1/e) der Amplitude am Ort der Stromzuführung abgefallen ist

Polarität von Stromstößen

Über extrazelluläre Elektroden applizierte Stromstöße lösen nahe der Kathode eine Depolarisation, nahe der Anode eine Hyperpolarisation der Zellmembranen aus

Extrazelluläre Elektroden. Die in den Abb. 5.1 und 5.2 illustrierte Zuführung von Strom mithilfe einer intrazellulären Elektrode schafft zwar die übersichtlichsten Verhältnisse für das Verständnis des Elektrotonus; in der medizinischen Forschung und in der Neurologie wird jedoch die Zellpolarisation meistens mithilfe von Strom durch ***extrazelluläre Elektroden*** erreicht. Ströme zwischen Elektroden, die z. B. auf der Haut angelegt werden, durchqueren dazwischen liegende Zellen. Sie rufen dabei an den Membranen Potentialänderungen hervor. Eine Stromlinie von einer positiven Elektrode ***(Anode)*** zu einer negativen Elektrode ***(Kathode)*** hyperpolarisiert die Zellmembran an der der Anode zugerichteten Seite der Zelle und depolarisiert sie an der der Kathode zugerichteten Seite. Überschwellige Strompulse zwischen Elektroden lösen deshalb nahe der Kathode Erregungen/Aktionspotentiale aus.

▪▪▪ **Elektrische Spannungen** werden, außer zur Reizung von Nerven in der Neurologie, auch zu **therapeutischen Zwecken** an die Haut gelegt oder wirken bei **Unfällen** ein. **Gleichspannungen** haben hauptsächlich beim Ein- und Ausschalten Reizwirkung, im Übrigen bilden sich bei zu hohen Gleichspannungen relativ starke Funken aus, die tiefe Hautverletzungen verursachen, und stärkere Gleichströme verursachen im Gewebe Erwärmungen, die zu Schäden führen.

Niederfrequente Wechselströme (z.B. 50 Hz) haben die gleichen Effekte bei etwas geringerer Funkenbildung. Dazu kommen Reizungen mit der Frequenz des Wechselstroms, die vor allem, wenn sie in die relative Refraktärphase (vulnerable Phase) des Herzmuskelaktionspotentials treffen, leicht tödliches Herzflimmern auslösen können. **Niederfrequenter Wechselstrom ist also besonders gefährlich.**

Höherfrequente Wechselströme (mehr als 10 kHz) können während einer Halbwelle die Membran nicht bis zur Schwelle depolarisieren, und die nächste Halbwelle hebt die Depolarisation auf. Sie haben folglich keine Reizwirkung und **erwärmen** lediglich **das Gewebe**. Frequenzen von 0,5 bis 1 MHz können deshalb therapeutisch bei der **Diathermie** zur kontrollierten und lokalisierten Erwärmung des Gewebes eingesetzt werden.

In Kürze

Reiz und Elektrotonus

Überschwellige, in eine Zelle eingespeiste, depolarisierende Ströme werden Reize genannt. Auch unterschwellige Ströme lösen elektrotonische Potentiale aus. Elektrotonische Potentiale breiten sich, je nach Form und Membraneigenschaften der Zelle, unterschiedlich aus:
- bei homogener Stromverteilung in kugeligen Zellen steigen die elektrotonischen Potentiale negativ-exponentiell mit der Membranzeitkonstante τ an;
- bei lang gestreckten Zellen nimmt die Amplitude des elektrotonischen Potentials mit der Entfernung negativ-exponentiell mit der Membranlängskonstante λ ab.

Extrazelluläre, z. B. auf die Haut über einem Nerven applizierte Stromstöße, depolarisieren die Axone nahe der Kathode und hyperpolarisieren nahe der Anode.
Wenn die Depolarisationen überschwellig werden, lösen sie an der Kathode Aktionspotentiale aus.

5.2 Fortleitung des Aktionspotentials

Aktionspotentiale in Axonen

An Axonen werden Leitungsgeschwindigkeiten des Aktionspotentials von 1–120 m/s gemessen

Leitungsweg und Latenz in Axonen. Wird ein Nerv z. B. durch einen elektrischen Stromstoß erregt, so können von ihm mit extrazellulären Elektroden (Abb. 5.3) Aktionspotentiale abgeleitet werden. Diese Aktionspotentiale treten nicht nur am Reizort auf, sondern auch in beträchtlicher Entfernung. Die Amplitude des Aktionspotentials ist dabei an allen Stellen ***gleich groß***, das Aktionspotential erscheint jedoch gegenüber dem Reiz mit ***Verzögerung***, die proportional zum Abstand wächst. An einem motorischen Nerven trifft z. B. ein Aktionspotential in 1 m Entfernung vom Reizort in 10 ms ein. Daraus muss gefolgert werden, dass das Aktionspotential mit einer Geschwindigkeit von 100 m/s entlang dem Nerven ***fortgeleitet*** wurde.

Abbildung 5.3 zeigt das ***Messverfahren mit extrazellulären Elektroden*** im Einzelnen. Der Nervenfaser sind 2 Elektroden aufgesetzt. Die Faser ist zumindest teilweise freipräpariert, d. h. sie liegt in der abgeleiteten Strecke in einem elektrisch isolierenden Medium wie Paraffinöl oder Luft. Läuft nun eine Erregung von rechts

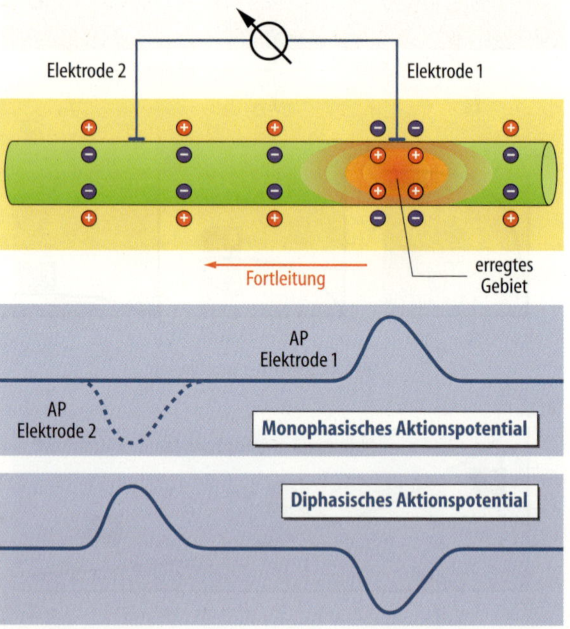

Abb. 5.3. Ableitung von einer Nervenfaser mit 2 extrazellulären Elektroden. Ein Aktionspotential läuft von rechts nach links über die Nervenfaser *(oben)*, das erregte Gebiet hat soeben Elektrode 1 erreicht. An Elektrode 1 wird der *blau ausgezogene* Potentialverlauf gemessen *(mittlere Zeile)*. Wenn das Aktionspotential schließlich Elektrode 2 erreicht, so wird dort der *blau gestrichelte* Potentialverlauf gemessen. Die einzelnen Potentialverläufe der mittleren Zeile sind jeweils monophasische Aktionspotentiale. Als Gesamtpotentialverlauf wird zwischen den Elektroden 1 und 2 das diphasische Aktionspotential *(unten)* gemessen

nach links über die Faser und erreicht Elektrode 1, so verliert unter dieser Elektrode die Oberfläche der Nervenfaser ihre positive Ladung, diese Stelle wird relativ zu der Membran unter Elektrode 2 negativ, und das Instrument zeigt eine positive Spannungsänderung an, die etwa dem Zeitverlauf des intrazellulären Aktionspotentials entspricht. Erreicht dann die Erregung Elektrode 2, so ist für das Messinstrument die Polarität der Spannungsänderung umgekehrt, und es wird ein negatives Aktionspotential gemessen.

Länge des Aktionspotentials. Den ***Gesamtpotentialverlauf*** eines solchen, zwischen 2 Elektroden gemessenen, Aktionspotentials nennt man ***diphasisch.*** Aus der Latenz zwischen der positiven und der negativen Spitze sowie dem Abstand der Ableitelektroden kann die Fortleitungsgeschwindigkeit berechnet werden. Meist sind die beiden Phasen des Aktionspotentials nicht so gut getrennt wie in ◻ Abb. 5.3. Bei einer Leitungsgeschwindigkeit von 100 m/s und 1 ms Aktionspotentialdauer nimmt z. B. das Aktionspotential eine 100 m/s × 1 ms = 100 mm lange Nervenstrecke ein und für eine volle Trennung der Phasen des diphasischen Aktionspotentials wäre folglich ein isolierter Nerv von 20 cm Länge notwendig.

▪▪▪ Wird durch Schädigung des Nervs oder durch Depolarisation mithilfe einer erhöhten K^+-Konzentration verhindert, dass das Aktionspotential in ◻ Abb. 5.3 von Elektrode 1 zu Elektrode 2 weitergeleitet wird, so wird nur der blau ausgezogene Potentialverlauf, ein **monophasisches Aktionspotential**, abgeleitet.

Mit nur einer dem erregten Nerven oder einer Nervenzelle anliegenden Mikroelektrode lassen sich ebenfalls gut definierte, kurz dauernde, aber sehr kleine Potentialverläufe ableiten; die Gegenelektrode muss dann fern vom erregten Gebiet in der Badlösung oder am Körper liegen. Diese **unipolaren Ableitungen** messen den Spannungsabfall in der extrazellulären Lösung relativ zur »fernen Erde«, der durch die lokalen Ströme in die Nervenfaser hervorgerufen wird (i_m in ◻ Abb. 5.4).

Summenaktionspotential des gemischten Nerven. Ein Extremitätennerv enthält Nervenfasern sehr verschiedener Funktion und Dicke, und diese haben auch verschiedene Leitungsgeschwindigkeiten. Bei einer Registrierung vom gesamten Nerven erscheinen deshalb nach einer gewissen Leitungsstrecke zuerst Aktionspotentiale der schnellstleitenden Fasern und danach verschiedene Gruppen von Aktionspotentialen anderer, langsamer leitender Fasern. Das Summenaktionspotential an einem solchen Nerven weist also ein ***Spektrum von Fasergruppen und Leitungsgeschwindigkeiten*** auf.

Aktionspotentialleitung

! Ein Aktionspotential wird fortgeleitet, indem von der durch Na^+-Einstrom depolarisierten Membran eine davor liegende, »ruhende« Membranstelle elektrotonisch depolarisiert und dort, nach Erreichen der Schwelle, ein neues Aktionspotential ausgelöst wird

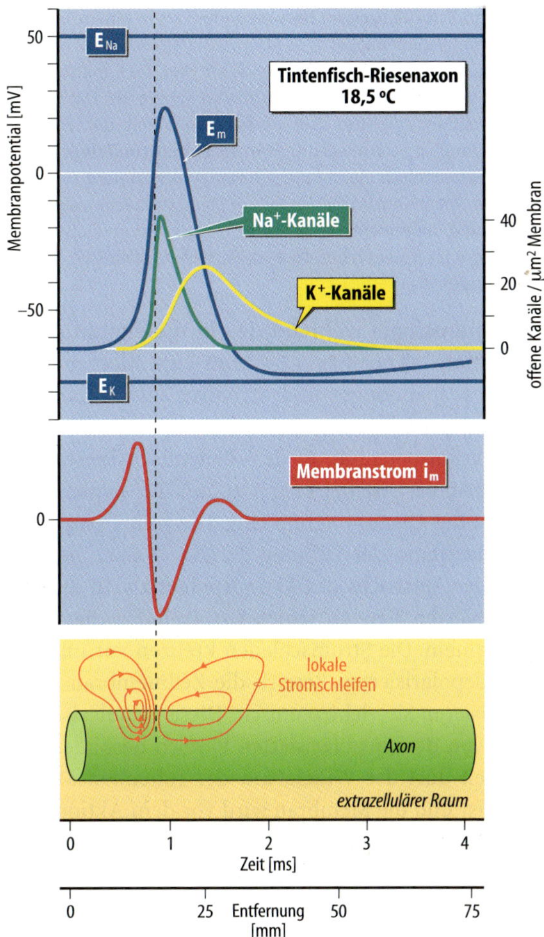

◻ **Abb. 5.4. Fortleitung des Aktionspotentials am Tintenfisch-Riesenaxon.** *Oben:* Zeitverläufe des Membranpotentials E_m *(blau)*, der Offenwahrscheinlichkeit/µm² der Na^+-Kanäle *(grün)* und der K^+-Kanäle *(gelb)* sowie des Membranstroms i_m *(rot)*. *Unten:* Die lokalen Stromschleifen an einer Seite eines Axons, die Dichte dieser Stromschleifen an der Membran entspricht i_m. Das Aktionspotential wird von rechts nach links fortgeleitet; die Stromschleifen links von der maximal erregten Stelle depolarisieren die Membran zur Schwelle und lösen neue, fortgepflanzte Erregung aus. Die ungewohnte Fortleitungsrichtung von rechts nach links ermöglicht die gewohnte Zeitachse von links nach rechts. Nach Hille (1992), Noble (1966)

Alles-oder-Nichts-Gesetz. Kennzeichnend für das fortgeleitete Aktionspotential ist, dass an jeder Stelle der Nervenfaser eine vollständige Erregung, ein Aktionspotential gleicher Amplitude, abläuft. Diese ***Alles-oder-Nichts-Erregungen*** der einzelnen Membranstellen sind aneinander gekoppelt über den Mechanismus der ***elektrotonischen Ausbreitung*** von Reizströmen entlang der Faser. Die an einer erregten Membranstelle einströmenden Na^+-Ionen wirken für eine benachbarte, noch nicht erregte Membranstelle als Stromquelle für ein depolarisierendes elektrotonisches Potential, das überschwellig wird und auch dort eine Erregung auslöst. So pflanzt sich der Erregungszustand durch elektrotonische Kopplung von erregter zu noch nicht erregter benachbarter Membran fort.

▪▪▪ Impulsfortleitung im Nerv ist anders als in einem Telegrafenkabel. Im Telegrafenkabel fließt Strom von dem einen Pol einer Spannungsquelle an dem einen Kabelende entlang des Kabels zum anderen Pol der Spannungsquelle am anderen Kabelende. Die Amplitude des Spannungsimpulses fällt deshalb auch mit der Entfernung. Elektrophysiologisch ausgedrückt ist die **Leitung im Telegrafenkabel rein elektrotonisch**. Beim fortgeleiteten Aktionspotential liegen die Pole der Spannungsquellen in jedem Membranbezirk zwischen der Innen- und der Außenseite der Faser, und der Strom fließt als Membranstrom im Wesentlichen quer zur Fortleitungsrichtung, wie bei einer Wasserwelle.

Membranströme während des fortgeleiteten Aktionspotentials. ◘ Abbildung 5.4 zeigt eine Momentaufnahme des Spannungs- und Stromverlaufs entlang einer Nervenfaser bei einem von rechts nach links fortgeleiteten Aktionspotential. In den Tintenfisch-Riesenaxonen der ◘ Abb. 5.4 ist bei knapp 20 m/s Leitungsgeschwindigkeit die Abszisse 75 mm lang. Die volle Erregung und das Maximum der Öffnung der Na^+-Kanäle liegt während des Aufstrichs des Aktionspotentials. In diesen depolarisierten Bereich laufen extrazellulär die Stromlinien hinein. Die Stromschleifen kreuzen vor und hinter dem depolarisierten Bereich die Zellmembran und depolarisieren sie elektrotonisch. Diese Depolarisation ist links von dem depolarisierten Bereich besonders effektiv, weil dort der Widerstand der ruhenden Membran hoch ist und die Membran wird vor dem Aktionspotential bis zur Schwelle depolarisiert. So ensteht dort ein neues Aktionspotential und der Erregungsprozess setzt sich nach links fort: das Aktionspotential wird fortgeleitet.

Die ***verschiedenen Phasen des Ablaufs der Fortleitung*** des Aktionspotentials spiegeln sich im Zeit- und Ortsverlauf des Membranstroms, i_m, wider (◘ Abb. 5.4). Er ist in der Phase der elektrotonischen Depolarisation, der Einleitung des Aktionspotentials, positiv, negativ während der Phase des starken Na^+-Einstroms, und wieder positiv, wenn während der Repolarisation K^+ ausströmen.

▪▪▪ Der Membranstrom i_m als Grundlage der Messung von »Aktionspotentialen« mit extrazellulären Elektroden. Extrazelluläre Elektroden messen die Stromdichte in der extrazellulären Lösung nahe der Axonmembran. Auch bei extrazellulären Ableitungen von Nervenzellen und -fasern des ZNS werden daher dem Membranstrom i_m in ◘ Abb. 5.4 proportionale triphasische »Spikes« gemessen. Im Übrigen ist i_m beim fortgeleiteten Aktionspotential proportional der zweiten Ableitung des intrazellulären Potentialverlaufs nach der Zeit.

Leitungsgeschwindigkeit

! Die Leitungsgeschwindigkeit steigt mit der Stärke des Na^+-Einstroms und dem Durchmesser des Axons

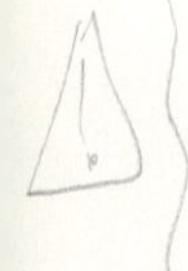

Höhe der Leitungsgeschwindigkeit. Die Leitungsgeschwindigkeit einer Nervenfaser lässt sich aus den Potential- und Zeitabhängigkeiten der Ionenströme sowie aus den die elektrotonische Ausbreitung bestimmenden Bedingungen, nämlich ***Faserdurchmesser***, ***Membranwiderstand*** und ***Membrankapazität***, berechnen.

Amplitude des Na^+-Einstroms. Je weniger Strom in der Erregung für die Umladung der Membran notwendig ist, desto mehr Strom kann in anliegende, noch nicht erregte Bezirke fließen und ihre Depolarisation und damit die Fortleitung beschleunigen.

Der Na^+-Einstrom kann erniedrigt werden durch Reduktion der Na^+-Konzentration, durch verstärkte Inaktivierung des Na^+-Systems bei herabgesetztem Ruhepotential oder unter dem Einfluss von Lokalanaesthetika. Unter allen diesen Bedingungen ist die Leitungsgeschwindigkeit des Aktionspotentials erniedrigt, im Extremfall tritt ein ***Block der Fortleitung*** ein.

Faserdurchmesser. Wesentlichen Einfluss auf die Fortleitungsgeschwindigkeit hat außerdem die ***elektrotonische Ausbreitung der Membranströme***. Da der Widerstand und die Kapazität pro Membranfläche bei den meisten erregbaren Fasern ähnlich sind, wird die elektrotonische Ausbreitung hauptsächlich vom Faserdurchmesser bestimmt. Die Membranfläche des Nervs ist dem Durchmesser proportional, während der Querschnitt mit dem Quadrat des Durchmessers zunimmt.

Bei einer Vergrößerung des ***Faserdurchmessers*** nimmt also relativ zum Membranwiderstand der durch den Faserquerschnitt bestimmte Längswiderstand des Faserinneren ab. Daraus folgt ein weiteres Ausgreifen der elektrotonischen Ströme (eine Verlängerung der Faserlängskonstante λ, ▶ s. Abschnitt 5.1) und eine Beschleunigung der Fortleitung. Mit der Vergrößerung des Faserdurchmessers und proportional der Membranfläche steigt zwar auch die Membrankapazität, was die Fortleitung verlangsamt, der Effekt des verkleinerten Längswiderstandes überwiegt jedoch, und die Leitungsgeschwindigkeit steigt insgesamt etwa mit der Quadratwurzel des Faserdurchmessers an (◘ Abb. 5.5 B, marklose Faser).

Markhaltige Nervenfasern

! In markhaltigen Nervenfasern springt die Erregung elektrotonisch von Schnürring zu Schnürring, was die Fortleitung sehr beschleunigt

Saltatorische Erregungsleitung. Aufgrund seines speziellen anatomischen Baues ist die Fortleitung im markhaltigen Nerven besonders schnell. Diese Nervenfasern exponieren nur für sehr kurze Abschnitte, die ***Ranvier-Schnürringe***, eine normale Zellmembran. In den dazwischen liegenden ***Internodien*** sind Myelinlamellen in vielen Schichten um die Zelle »gewickelt«, was den Membranwiderstand kräftig erhöht und die Membrankapazitäz drastisch reduziert (◘ Abb. 5.5 A). In den Internodien fließt folglich bei einer Potentialänderung praktisch kein Strom durch die Membran, und ein Aktionspotential an einem Ranvier-Schnürring breitet sich fast verlustlos elektrotonisch über das Internodium auf benachbarte Schnürringe aus. So wird die Leitungszeit über die Internodien eingespart, die ***Erregung springt*** von Schnürring

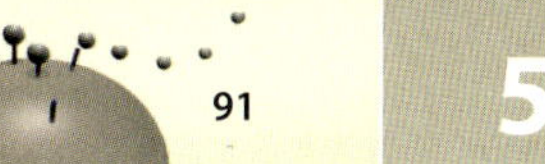

A

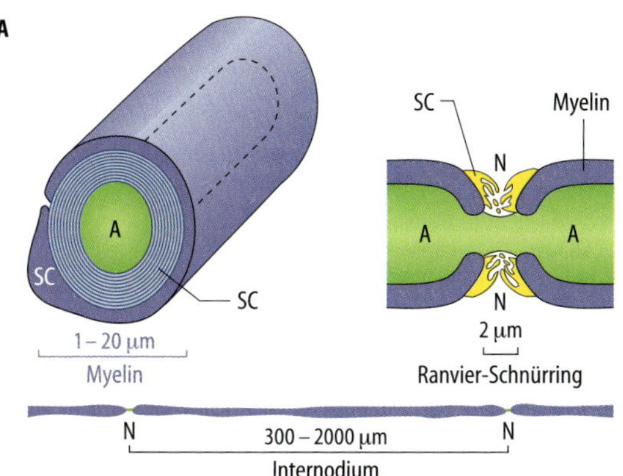

B

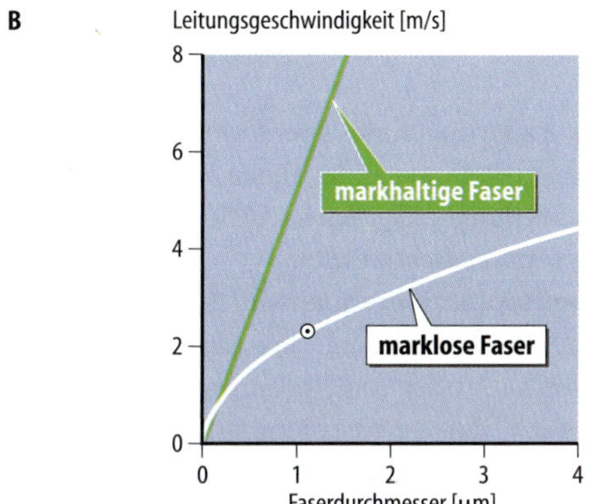

C

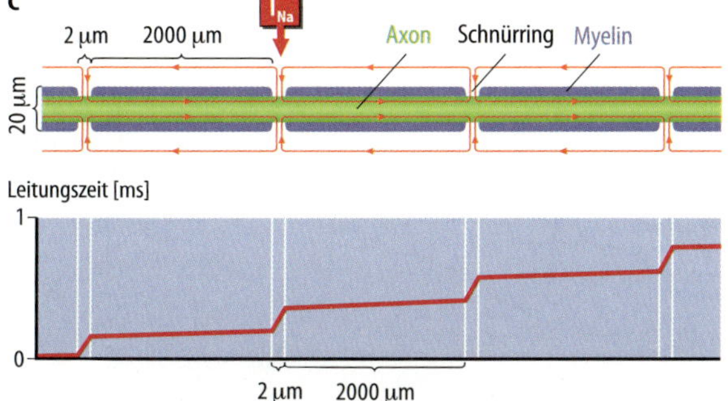

Abb. 5.5. Saltatorische Aktionspotentialleitung. A Schema eines markhaltigen Axons *(grün)*, das von durch die Schwannzellen *(SC)* gebildeten Myelinlamellen *(blau)* umhüllt wird. Die Myelinscheide wird durch Ranvier-Schnürringe *(gelb, N)* unterbrochen. **B** Leitungsgeschwindigkeit von Axonen in Abhängigkeit vom Faserdurchmesser, für markhaltige sowie für marklose Nervenfasern. **C** Schematischer Längsschnitt durch eine markhaltige Nervenfaser, mit übertrieben großer Faserdicke (▶ s. Maßangaben). Die Stromlinien *(rot)* zeigen die wesentlichen Na^+-Stromverläufe zu Beginn eines Aktionspotentials an (die Stromdichte quer durch die Myelinschichten ist unverhältnismäßig geringer). *Unten:* die Leitungszeit eines von links nach rechts über das schematische Axon fortgeleiteten Aktionspotentials. B mod. nach Waxman (1980)

zu Schnürring (Abb. 5.5 C). Die Fortleitung im markhaltigen Axon wird deshalb ***saltatorisch (hüpfend)*** genannt. Verzögerungen entstehen nur an den Schnürringen, an denen das elektrotonische Potential die Schwelle erreicht und eine Erregung einleiten muss.

Die Membran des Schnürrings ist spezialisiert. Die Dichte der Na^+-Kanäle ist im Bereich der Schnürringe etwa 100-mal größer als bei marklosen Nervenfasern. Die Beschleunigung der Fortleitung durch die markhaltigen Faserstrecken ist die Voraussetzung für die vielen parallelen schnellleitenden Nervenbahnen der Wirbeltiere. Bei diesen sind alle Fasern, die schneller als 3 m/s leiten, markhaltig, nur die sehr langsamen C-Fasern sind marklos (Tabelle 5.1). Invertebraten können hohe Leitungsgeschwindigkeiten von 20 m/s nur mit wenigen marklosen ***Riesenaxonen*** von fast 1 mm Durchmesser erreichen (Abb. 5.5 B). Wird die Myelinschicht zerstört, wie z. B. bei Multipler Sklerose, leidet die Erregungsausbreitung und es kommt zum Leitungsblock, weil die Kapazität der Internodien zu hoch wird.

5.1. Multiple Sklerose

Pathologie. Die Multiple Sklerose ist eine Autoimmunerkrankung mit akuten Entzündungsschüben, multifokalem Befall und Zerstörung der Myelinscheiden im ganzen ZNS. Im Liquor findet man vermehrt Immunglobuline des Typs IgG (oligoklonale Banden).

Symptome. Ausfallerscheinungen (Sensibilitätsstörungen und Lähmungen) können bei Multipler Sklerose innerhalb von Stunden fluktuieren, wobei efferente und afferente Bahnen gleichermaßen betroffen sein können. Nach den akuten Entzündungsschüben kann eine reaktive Gliose mit Astrozytenproliferation (Sklerose) einsetzen.

Ursachen und Therapie. Die Ursache der Multiplen Sklerose ist unklar und der Verlauf unterschiedlich. Therapeutisch werden immunsuppressive Arzneimittel gegeben, z. B. Interferon-1β, das die Lymphozytenmigration ins Gehirn reduziert und Copaxone, das die Zytokinproduktion autoimmuner T-Zellen verändert.

In Kürze

Aktionspotentiale

Aktionspotentiale werden mit unverminderter Amplitude in Nervenfasern fortgeleitet (Prinzip der Alles-oder-Nichts-Erregung). Die Leitungsgeschwindigkeit ist bis zu 100 m/s in dicken markhaltigen Axonen, und kleiner 1 m/s in dünnen marklosen Fasern.

Mechanismus der Aktionspotentialleitung

Das Aktionspotential, das eine Stelle des Axons erreicht hat, depolarisiert elektrotonisch den vor ihm

▼

Tabelle 5.1. Klassifikation der Nervenfasern nach Erlanger/Gasser

Fasertyp	Funktion, z. B.	Mittlerer Faserdurchmesser	Mittlere Leitungsgeschwindigkeit
Aα	Primäre Muskelspindelafferenzen, motorisch zu Skelettmuskeln	15 μm	100 m/s (70–120 m/s)
Aβ	Hautafferenzen für Berührung und Druck	8 μm	50 m/s (30–70 m/s)
Aγ	Motorisch zu Muskelspindeln	5 μm	20 m/s (15–30 m/s)
Aδ	Hautafferenzen für Temperatur und Nozizeption	< 3 μm	15 m/s (12–30 m/s)
B	Sympathisch präganglionär	3 μm	7 m/s (3–15 m/s)
C	Hautafferenzen für Nozizeption, sympathische postganglionäre Efferenzen	1 μm, marklos!	1 m/s (0,5–2 m/s)

liegenden Axonabschnitt. Wenn diese Depolarisation die Schwelle erreicht, wird wiederum ein Aktionspotential ausgelöst, und der Erregungsvorgang hat sich damit vorwärts bewegt. Man unterscheidet zwei Typen von Nervenfasern:

- bei marklosen Fasern erfolgt die Aktionspotentialleitung kontinuierlich;
- markhaltige Fasern sind praktisch nur an den Schnürringen erregbar; über die Internodien breitet sich die Depolarisation elektrotonisch und fast ohne Zeitverlust aus, weil die Myelinscheide den effektiven Membranwiderstand erhöht und die Kapazität herabsetzt (saltatorische Erregungsleitung). Damit wird die Fortleitung in markhaltigen Fasern relativ zu den marklosen beschleunigt.

Bei markhaltigen wie marklosen Fasern steigt die Leitungsgeschwindigkeit mit der Zunahme des Faserdurchmessers.

5.3 Auslösung von Impulsserien durch langdauernde Depolarisation

Dynamik der Aktionspotentialfrequenz

In Nervenzellen können langdauernde Depolarisationen Serien von Aktionspotentialen auslösen, in denen die Frequenz der Impulse mit der Größe der Depolarisation ansteigt

Codierung von Information. In Nervenfasern werden nur Aktionspotentiale fortgeleitet: alle Informationen, die in Nerven über größere Entfernung vermittelt werden sollen, müssen also als Frequenz von Aktionspotentialen »codiert« werden. An Rezeptoren, die Sinnesreize aufnehmen, kommt es zu langsamen, anhaltenden Potentialänderungen (Sensorpotentiale, ▶ s. Kap. 13.3), und auch an Nervenzellen summieren sich synaptische Potentiale zu langsamen Änderungen des Membranpotentials auf. Solche langsamen Potentialänderungen müssen zur Informationsvermittlung in Nerven in Aktionspotentialfrequenzen umgesetzt, ***codiert*** werden.

Niedrige Aktionspotentialfrequenzen. Abbildung 5.6 zeigt, wie eine Nervenzelle auf das Einschalten eines Reizstromes von 1 nA oder von 4 nA antwortet. Der kleine Strom von 1 nA führt zu einer langsam ansteigenden, elektrotonischen Depolarisation, die in Fortsetzung der gestrichelten Kurve ihren Endwert finden würde. Vor dem Einstellen des Endwertes erreicht jedoch die Depolarisation die Schwelle und löst ein Aktionspotential aus.

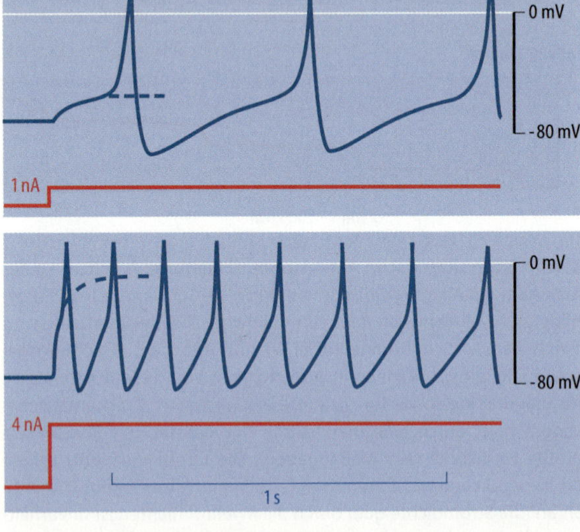

Abb. 5.6. Rhythmische Impulsbildung, ausgelöst durch einen andauernden Reizstrom. *Oben:* Ein depolarisierender Strom von 1 nA in ein Neuron erzeugt ein elektrotonisches Potential, das in eine Dauerdepolarisation von etwa 20 mV ausmünden würde *(gestrichelt)*, wenn nicht die Schwelle zur Auslösung eines Aktionspotentials überschritten würde. Die Aktionspotentiale wiederholen sich rhythmisch, solange der Stromfluss anhält. *Unten:* Ein größerer Strom erzeugt ein elektrotonisches Potential, das fast 0 mV erreichen würde *(gestrichelt)*. Es wird jedoch eine hochfrequente Serie von Aktionspotentialen ausgelöst

Dieses hyperpolarisiert nach der Repolarisation über das Ruhepotential hinaus, dann folgt eine langsame Depolarisation, nach etwa 0,5 s wird wieder die Schwelle erreicht und ein weiteres Aktionspotential ausgelöst. Dieser Zyklus kann sich wiederholen, solange der depolarisierende Strom fließt: Die ***Dauerdepolarisation*** wird somit in eine ***rhythmische Aktionspotentialauslösung*** mit etwa 2 Hz umgesetzt.

Hohe Aktionspotentialfrequenzen. Beim größeren Stromstoß von etwa 4 nA erfolgt grundsätzlich das Gleiche wie bei 1 nA, nur die Steilheit und die Amplitude der (gestrichelten) Dauerdepolarisation sind größer und entsprechend die Frequenz der erzeugten Aktionspotentiale höher: sie liegt anfänglich bei 7 Hz und nimmt auf 4 Hz ab. Diese langsame Abnahme einer Frequenz bei gleich bleibendem Reizstrom wird »***Adaptation***« genannt. Insgesamt ist also die Amplitude des Reizstroms bzw. der Dauerdepolarisation in entsprechende Aktionspotentialfrequenzen umcodiert worden.

Mechanismus von Aktionspotentialserien

Verschiedene K^+-Kanaltypen und auch sog. *funny channels* spielen bei der Bildung von Aktionspotentialserien eine Rolle

Der verzögerte K-Strom, I_{KD}. Die Frequenz der Aktionspotentiale wird bestimmt durch die ***Steilheit der Depolarisation***, die sich an den tiefsten Punkt der Repolarisation des Aktionspotentials anschließt. Die steile Repolarisation wird durch den bei Depolarisation verzögert ansteigenden K^+-Strom (► s. Kap. 4.6) bewirkt: das verzögerte Abschalten dieses Stroms nach der Repolarisation des Aktionspotentials verursacht einen Potentialanstieg zum Endwert der Repolarisation (gestricheltes Niveau in Abb. 5.6) hin. Wenn allein dieser verzögerte K^+-Strom I_{KD} (D für *delayed*) ausgelöst wird, werden nur in einem relativ kleinen Depolarisationsbereich rhythmisch Aktionspotentiale gebildet, und die Frequenz dieser Aktionspotentiale ändert sich nur wenig.

Andere Kanaltypen. An den Zellanteilen, an denen eine effektive Umcodierung von Depolarisation in Aktionspotentialfrequenz geleistet werden muss, ist gewöhnlich noch ein anderer K^+-Kanaltyp eingebaut, der den ***I_{KA}-Strom*** leitet. I_{KA} wird erst nach Repolarisation ausgelöst aber ähnlich wie der schnelle Na^+-Strom schnell inaktiviert. Ebenfalls verzögert nach Repolarisation wird ein langsamer Na^+-Strom I_h *(queer current/funny channels)* ausgelöst, der nach der maximalen Hyperpolarisation in der Repolarisation die Membran depolarisiert und den Anstieg des Potentials zur Schwelle des nächsten Aktionspotentials unterstützt (► s. auch Kap. 4.6).

Die Mitwirkung verschiedener ***K^+-Kanaltypen*** bei der Bildung von Impulsserien zeigt, wie die speziellen Leistungen gewisser Zellen und auch Zellabschnitte ermöglicht werden. Ähnlich wie diese tragen auch ***unterschiedliche Na^+- und Ca^{2+}-Kanäle*** zur Vielfalt der Erregungsformen bei.

In Kürze

Dynamik des Feuerverhaltens

An den Sensorzellen der Sinnesorgane oder an Synapsen werden längerdauernde Depolarisationen erzeugt, die die Amplitude von Signalen abbilden. Damit diese Information in der Nervenfaser fortgeleitet werden kann, wird die Depolarisation an den erregbaren Zellmembranen in Serien von Aktionspotentialen umgesetzt, die dann in den Axonen zur nächsten Synapse weitergeleitet werden.

Auf diese Umsetzung spezialisierte Membranbezirke enthalten verschiedene Typen von K^+- und Na^+-Kanälen, die die auf die Repolarisation des Aktionspotentials folgende langsame Depolarisation so modifizieren, dass Impulsserien verschiedener Frequenz und Dauer, die der Größe der Dauerdepolarisation entsprechen, ausgelöst werden.

5.4 Chemische synaptische Übertragung, erregend und hemmend

Erregende Synapsen

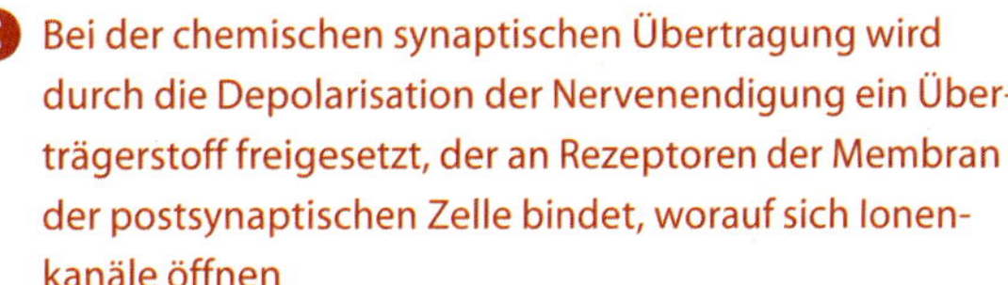

Bei der chemischen synaptischen Übertragung wird durch die Depolarisation der Nervenendigung ein Überträgerstoff freigesetzt, der an Rezeptoren der Membran der postsynaptischen Zelle bindet, worauf sich Ionenkanäle öffnen

Synapsendefinition. Innerhalb der Nervenzellen wird Information durch Aktionspotentiale fortgeleitet. Ihre Weitergabe von einer Zelle zur nächsten geschieht an morphologisch speziell ausgestalteten Kontaktstellen, den ***Synapsen***. Da, außer bei Synzytien, die Plasmamembranen und die Innenräume der aneinander stoßenden Zellen nicht unmittelbar ineinander übergehen, wird ein Aktionspotential nicht ohne Weiteres elektrisch über eine Synapse geleitet. Es werden vielmehr spezielle Mechanismen der synaptischen Übertragung zwischengeschaltet, die an ***chemischen*** Synapsen einen Überträgerstoff, bei ***elektrischen*** Synapsen eine besondere Stromverteilung ausnutzen (► s. Abschnitt 5.10).

Die ***chemischen Synapsen*** sind, auch medizinisch, von besonderem Interesse, weil sie sehr komplexe Interaktionen zwischen den Zellen ermöglichen, und weil einerseits spezifische pathologische Prozesse an ihnen ablaufen können und andererseits Pharmaka hier bevorzugt angreifen. Die chemischen Synapsen sollen deshalb relativ ausführlich besprochen werden.

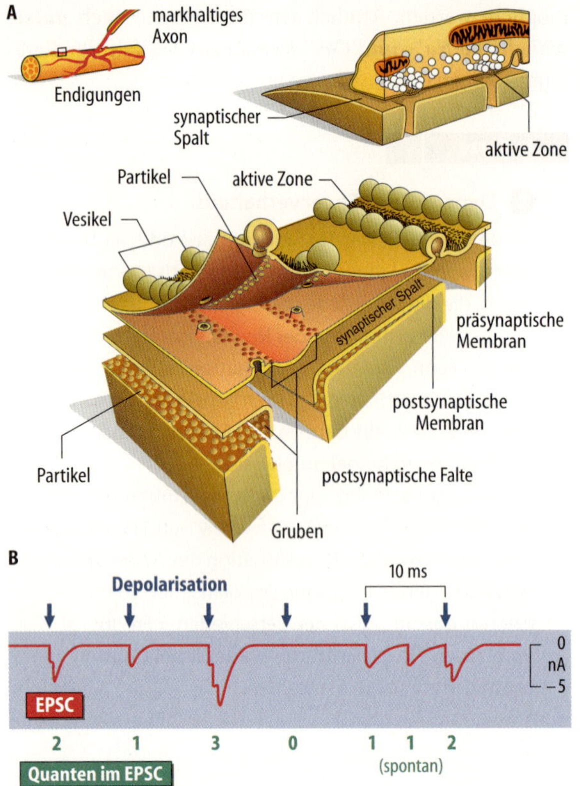

Abb. 5.7. Aufbau und Funktion der Endplatte. A Feinstruktur der neuromuskulären Synapse (Endplatte). *Oben links:* Endigungen auf einer Muskelfaser, daneben vergrößert der Bereich des Nervenendes mit der darunter liegenden gefalteten Muskelfasermembran. *Darunter:* Weiter vergrößert, die präsynaptische Nervenmembran mit den auseinander gefalteten inneren und äußeren Membranschichten (innen *rot*) und darunter die entsprechenden Schichten der postsynaptischen Muskelmembran. Die Partikel in der Membran entsprechen Azetylcholinrezeptoren und Cholinesterasemolekülen. Nach Nicholls et al (2001). **B** Freisetzung von Quanten von Überträgerstoff, sichtbar als »Quantelung« der EPSC. Bei den Pfeilen wurde jeweils kurz die Nervenendigung depolarisiert. Postsynaptisch werden daraufhin EPSC gemessen, die aus 2, 1, 3... Quanten, wie unter dem EPSC angegeben, bestehen. Zwischen den durch Depolarisation »evozierten« EPSC erscheint ein spontanes, das die gleiche Quantengröße hat

Die Struktur chemischer Synapsen. Ein Beispiel einer chemischen Synapse zeigt Abb. 5.7 A. Ein Aktionspotential depolarisiert die ***präsynaptische*** Endigung eines Axons. Die Endigung enthält Vesikel, die mit tausenden von Molekülen eines ***Überträgerstoffes***, hier Azetylcholin, beladen sind. Die Depolarisation der präsynaptischen Membran löst Verschmelzung einiger in den aktiven Zonen aufgereihten Vesikel mit der Zellmembran aus, womit ihr Inhalt in den synaptischen Spalt entleert wird.

Der Überträgerstoff diffundiert zur postsynaptischen Zellmembran und findet dort spezifische Rezeptoren (»Partikel« in Abb. 5.7 A), an die er binden kann, worauf sich Membrankanäle öffnen. Durch diese fließen dann Ionenströme, die das ***Membranpotential*** der postsynaptischen Zelle beeinflussen, z. B. sie bis zur Schwelle depolarisieren und damit ein Aktionspotential auslösen.

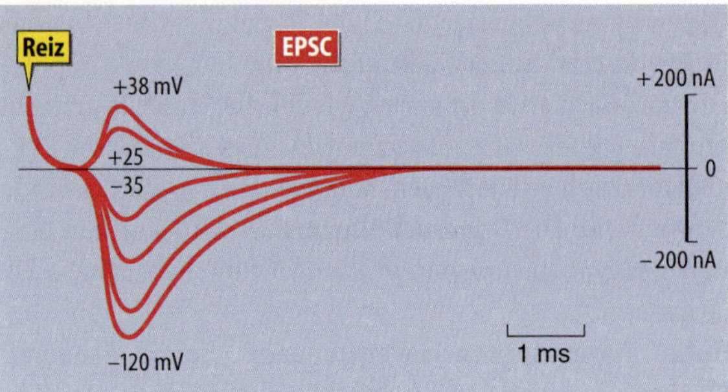

Abb. 5.8. Abhängigkeit des Endplattenstroms vom Membranpotential. Das Membranpotential wurde mit einer Spannungsklemme, durch Regelung des über eine Mikroelektrode in die Zelle injizierten elektrischen Stroms, jeweils auf ein konstantes Potential eingestellt. Das EPSC ist bei −120 mV Klemmspannung stark negativ, verkleinert sich bei Klemmspannungen von −90, −65 und −35 mV, und wird bei +25 bzw. +38 mV zunehmend positiver. Nach Hille (2001)

Schwache Depolarisationspulse auf die Axonendigung lösen jeweils nur wenige Vesikelentleerungen aus, denen postsynaptisch Stromquanten entsprechen (Abb. 5.7 B). Ein Aktionspotential an der Muskelendplatte setzt dagegen einige hundert Vesikel frei, und der Endplattenstrom (Abb. 5.8) ist die Summe von hunderten von Stromquanten, die bei −90 mV Membranpotential −2 nA Amplitude haben.

Die Endplatte

An der neuromuskulären Endplatte setzt das erregte Motoneuron Azetylcholin frei, das in der Muskelmembran Kationenkanäle öffnet und ein Endplattenpotential hervorruft

Endplattenpotential. Die Endigungsbereiche der motorischen Nervenfasern auf den Muskelfasern sind mit Lupenvergrößerung sichtbar und werden ***Endplatten*** genannt. Der Endplattenstrom depolarisiert die Zellmembran lokal zu einem ***Endplattenpotential***, das 60 mV groß werden kann, die Reizschwelle weit überschreitet und ein Aktionspotential auslöst. Damit ist an dieser Synapse Erregung vom ***motorischen Axon auf die Muskelfaser*** übertragen worden. Endplattenstrom fließt nur an der Endplatte in die Faser ein. Das Endplattenpotential hat dort sein Maximum und breitet sich als elektrotonisches Potential (Abb. 5.2) mit zunehmend verminderten Amplituden über die Faser aus. Alle synaptischen Potentiale und Ströme sind derartige lokale Ereignisse.

Endplattenstrom. Um die Spannungsabhängigkeit des Endplattenstroms zu bestimmen, wurde im Experiment der Abb. 5.8 mit einer Spannungsklemme das Membranpotential auf Werte zwischen −120 mV und +38 mV eingestellt. Der Endplattenstrom kehrt bei etwa −10 mV seine Richtung um. Durch Variation der Ionenkonzentrationen kann gezeigt werden, dass dieser Strom durch eine relativ unspezifische ***Erhöhung der Membranleitfähigkeit***

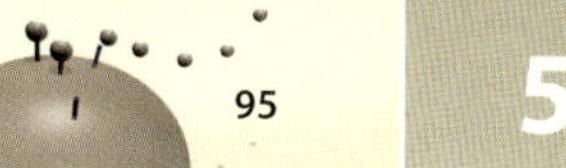

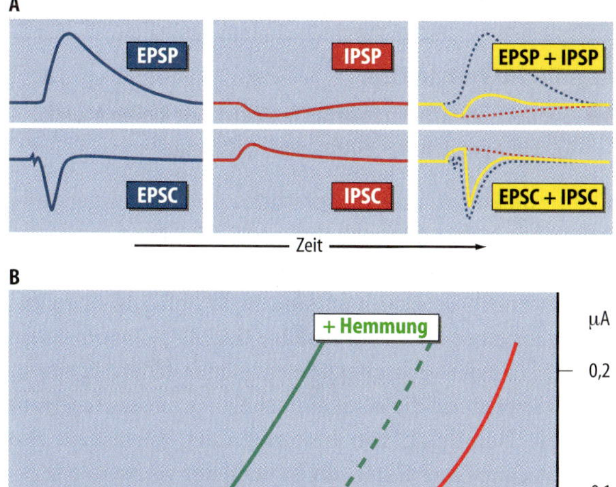

◘ Abb. 5.9. Interaktion erregender und hemmender synaptischer Übertragung. A Erregende und hemmende postsynaptische Potentiale (EPSP bzw. IPSP) und Ströme (EPSC und IPSC) sowie deren Überlagerung, bei der sich EPSC und IPSC summieren, EPSP und IPSP zusammen jedoch eine kleinere Depolarisation, als ihrer Summe entspräche, erzeugen. **B** Wirkung von Hemmung auf Membranströme. Die Abhängigkeit des Membranstroms *(Ordinate)* von der Membranspannung *(Abszisse)* in Ruhe (Kontrolle); der Schnittpunkt mit der Abszisse ist das Ruhepotential E_r. Während Hemmung (*grün*, durch Superfusion von GABA in der Badelösung) hyperpolarisiert die Membran, und die Stromspannungskennlinie *(ausgezogene Kurve)* wird steiler (Widerstandsabnahme). Vermindert man die Chloridkonzentration in der Badelösung auf die Hälfte, so ändert das die Kontrolle unmerklich; Hemmung jedoch depolarisiert *(gestrichelte Kurve)*. Nach Dudel u. Rüdel (1969)

für Na^+, Ca^{2+} und K^+ entsteht, sodass sich ein Gleichgewichtspotential von etwa –10 mV einstellt.

Der Endplattenstrom ist viel kürzer als das Endplattenpotential (vergleiche EPSP und EPSC in ◘ Abb. 5.9): er klingt innerhalb von wenigen Millisekunden ab, während die Endplattenpotentiale unter Aufladung der Membrankapazität langsamer ansteigen und mit der Membranzeitkonstante τ (◘ Abb. 5.1) abfallen.

Synaptischer Überträgerstoff (syn: Transmitter). Der Überträgerstoff an der Endplatte ist ***Azetylcholin.*** Lokal appliziert verursacht Azetylcholin eine Depolarisation der Endplatte; die Empfindlichkeit für Azetylcholin beschränkt sich jedoch auf die unmittelbare Umgebung der Nervenendigungen.

Hemmende Synapsen

! Aktivierung hemmender Synapsen mindert oder blockiert Erregung in der postsynaptischen Zelle

Im Organismus gibt es im Vergleich zu den erregenden Synapsen zumindest ebenso häufig Synapsen, an denen eine Hemmung übertragen wird. Das Prinzip zeigt die ◘ Abb. 5.9 A. Links wird ein erregendes synaptisches Potential (*Excitatory Postsynaptic Potential*, EPSP) und der entsprechende Strom (*Excitatory Postsynaptic Current*, EPSC) gezeigt. Wird eine hemmende Nervenfaser erregt, die an der gleichen postsynaptischen Zelle angreift wie die erregende, so ergibt sich ein ***hemmendes postsynaptisches Potential***, meist eine kleine Hyperpolarisation (IPSP; I: ***inhibitorisch***), und ein entsprechender Auswärtsstrom (IPSC). Werden nun Erregung und Hemmung annähernd gleichzeitig aktiviert, so summieren sich die Ströme EPSC und IPSC, die resultierende Spannungsänderung ist jedoch viel kleiner als die Summe EPSP + IPSP. Die Hemmung hat die Depolarisation im EPSP kräftig verkleinert und dadurch die Übertragung der Erregung an der Synapse vermindert oder verhindert (► s. auch Abschnitt 5.6).

Ionenfluss während der Hemmung

! An hemmenden Synapsen öffnet der Überträgerstoff K^+- oder Cl^--Kanäle, was den Membranwiderstand ohne größere Potentialänderung herabsetzt und depolarisierende Erregungsprozesse behindert

Identifikation der Ionenströme. Die Ionenströme, die während der Hemmung fließen, lassen sich identifizieren, indem das Membranpotential verschoben wird. In ◘ Abb. 5.9 B wurden Strom-Spannungs-Kennlinien der Membran gemessen. Die »Kontrolle« zeigt den Klemmstrom, der nötig ist, um die (unerregbare) Membran vom Ruhepotential E_r zu de- oder hyperpolarisieren. Die ausgezogene Kurve »+ Hemmung« wurde bestimmt, nachdem der an dieser Zelle hemmende Überträgerstoff γ-Amino-Buttersäure (GABA) zugegeben wurde. Diese Kurve kreuzt die Nulllinie des Potentials 10 mV negativer als E_r; die Hemmung hat hyperpolarisiert. Die Ionenspezies, die während der Hemmung vermehrt geflossen ist, kann man erkennen, indem man das Konzentrationsverhältnis und damit das ***Gleichgewichtspotential*** des betreffenden Ions ändert. Änderungen der Na^+- oder K^+-Konzentrationen haben keine Wirkung. Halbiert man aber die Cl^--Konzentration, verschiebt sich die gestrichelte Kurve um fast 20 mV nach rechts, so wie wir dies auf Grund der Nernst-Gleichung erwarten würden. Damit ist eine ***Erhöhung der Cl^--Leitfähigkeit*** der Membran als Ursache für die Hemmung identifiziert.

Der in unserem zentralem Nervensystem häufigste hemmende Überträgerstoff GABA öffnet Membrankanäle für Cl^--Ionen ($GABA_A$-Rezeptoren) und K^+-Kanäle ($GABA_B$-Rezeptoren). Andere hemmende Überträgerstoffe, z. B. Azetylcholin am Herzsinus, öffnen auch K^+-Kanäle. ***Hemmung*** erfolgt also durch ***Erhöhung der K^+- oder Cl^--Leitfähigkeiten***, welche das Membranpotential nahe dem Ruhepotential stabilisieren.

Abnahme des Membranwiderstandes bei Hemmung. Die erhöhte Cl^--Leitfähigkeit während der Hemmung zeigt sich in Abb. 5.9 B als Versteilerung der Strom-Spannungs-Kurven, einer Abnahme des Membranwiderstandes. Für einen mit der Hemmung konkurrierenden erregenden Strom von 0,1 µA, z. B. ein EPSC (Abb. 5.9 A), kann man in Abb. 5.9 B ablesen: in der Kontrolle depolarisieren 0,1 µA von –74 mV auf –24 mV, um 50 mV, aber während der Hemmung von –84 mV auf –66 mV, nur um 18 mV. Die ***Widerstandsabnahme*** schließt somit ***erregende Ströme kurz*** und verhindert dadurch Erregung. Dazu kommt der Effekt der ***Hyperpolarisation.***

In Kürze

Synapsen

Synapsen sind morphologisch speziell ausgestaltete, der Informationsübertragung dienende Kontaktstellen zwischen zwei Zellen. Grundsätzlich unterscheidet man zwei Formen von Synapsen:
- Chemische Synapsen nutzen einen Überträgerstoff,
- elektrische Synapsen eine besondere Stromverteilung zwischen den Zellen.

Chemische Synapsen

Nach der Depolarisation einer präsynaptischen Nervenendigung durch ein Aktionspotential werden dort Überträgerstoffe ausgeschüttet, die mit Rezeptoren der postsynaptischen Membran reagieren.
- Im Falle einer erregenden Übertragung öffnet diese Reaktion unspezifische Kationenkanäle, was zur Depolarisation führt.An der Endplatte wird z. B. Azetylcholin in den synaptischen Spalt freigesetzt, das über einen postsynaptischen Endplattenstrom ein Endplattenpotential auslöst. Das Endplattenpotential ist normalerweise immer überschwellig, einzelne EPSPs an Neuronen sind es meistens nicht.
- An hemmenden Synapsen führt die Reaktion des präsynaptisch freigesetzten Transmitters mit den postsynaptischen Rezeptoren zum Öffnen von K^+- und/oder Cl^--Kanälen. Die Öffnung dieser Ionenkanäle setzt den Membranwiderstand herab, und der aus den Kanalöffnungen resultierende Ionenstrom bewirkt meist eine leichte Hyperpolarisation, genannt IPSP. Das Resultat ist eine verminderte Erregbarkeit der Zelle: durch das IPSP wird das Membranpotential von der Schwelle entfernt, durch die Widerstandsabnahme werden die erregenden Depolarisationen »kurzgeschlossen« und damit das Membranpotential auf seinem Ruhewert stabilisiert. Letzterer Mechanismus ist für die Hemmung der wichtigere.

5.5 Synaptische Überträgerstoffe

Klassische Transmitter

Synaptische Überträgerstoffe sind meist kleine Moleküle, wie Azetylcholin, GABA oder Glutamat

Kleinmolekulare Überträgerstoffe. Als Überträgerstoffe haben wir bisher Azetylcholin und GABA kennengelernt. Es gibt jedoch eine ganze Reihe solcher Stoffe. Die wichtigsten und bestbekannten sind in Abb. 5.10 oben zusammengestellt. Die Aminosäure ***GABA*** *(γ-Amino-Butyric Acid)* ist der verbreitetste hemmende Überträgerstoff im ZNS, während die noch einfachere Aminosäure ***Glyzin*** z. B. die Hemmung von Motoneuronen vermittelt. Die saure Aminosäure ***Glutamat*** ist wohl der verbreitetste erregende Überträgerstoff im ZNS.

Eine Familie von Überträgerstoffen. Adrenalin, Noradrenalin und Dopamin bilden eine Familie von Überträgerstoffen, die zentral und peripher Erregung oder Hem-

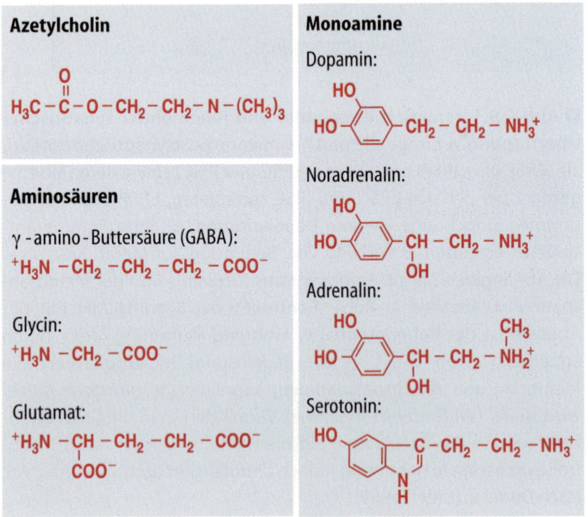

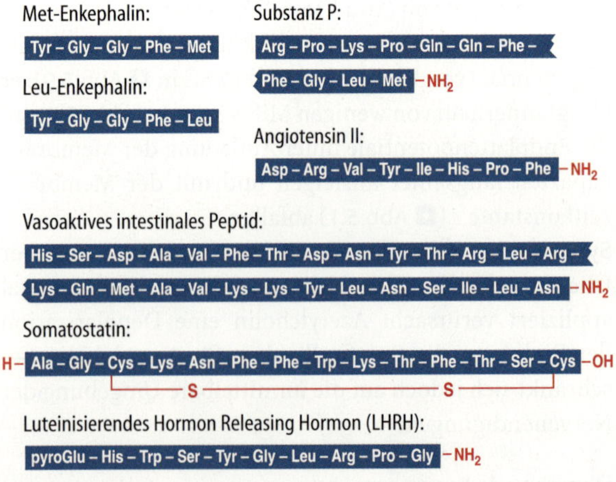

Abb. 5.10. Die wichtigeren synaptischen Überträgerstoffe. *Oben:* »Klassische« Überträgerstoffe, Azetylcholin, Aminosäuren und Monoamine. *Unten:* Peptide

mung vermitteln; man fasst sie unter der Bezeichnung ***Katecholamine*** zusammen. Ähnliche Wirkungen hat auch Serotonin (5-Hydroxytryptamin, ***5-HT***), das zusammen mit den Katecholaminen die Gruppe der ***Monoamine*** bildet. Zu dieser Gruppe gehört auch Histamin, das ein Überträgerstoff an Gehirnzellen, aber auch im Magendarmkanal ist, hauptsächlich aber als ***Gewebshormon*** Entzündungsreaktionen vermittelt.

Alle diese »klassischen« Überträgerstoffe sind ***kleine Moleküle***, die im Intermediärstoffwechsel häufig vorkommen. Sie binden jeweils an einen spezifischen Rezeptor in der postsynaptischen Membran, woraufhin sich die Leitfähigkeit für Na^+, Ca^{2+} und K^+ erhöht und Erregung übertragen wird oder die Leitfähigkeit für K^+ oder Cl^- ansteigt und Hemmung erfolgt.

Peptide und Cotransmitter

Peptide bewirken relativ langsame synaptische Effekte und sind meistens mit klassischen Transmittern colokalisiert

Peptidüberträgerstoffe. Neben den klassischen Überträgerstoffen sind in Abb. 5.10 unten auch eine Reihe von Peptidüberträgerstoffen aufgeführt. Diese Stoffe wirken im ZNS oder im vegetativen Nervensystem, wobei der Wirkungsmechanismus nicht immer klar ist. Häufig sind sie synaptische ***Modulatoren***: sie bewirken unmittelbar keine Leitfähigkeitsänderungen in den synaptischen Membranen, sondern beeinflussen Intensität und Dauer der Wirkung der klassischen Überträgerstoffe, und sie scheinen manchmal auch zusammen mit anderen Überträgerstoffen freigesetzt zu werden.

In Abb. 5.10 sind aus einer größeren Zahl von infrage kommenden Peptiden charakteristische Vertreter ausgewählt.

- Die ***Enkephaline*** binden an ***Morphinrezeptoren*** und spielen u. a. eine Rolle bei der Vermittlung der Schmerzempfindung;
- auch die ***Substanz P*** ist ein Überträger in diesem Bereich, sie bringt jedoch auch glatte Muskulatur zur Kontraktion.
- ***Angiotensin II*** ist ein Hormon, das stark auf Blutgefäße, aber auch an zentralen Neuronen wirkt,
- auch ***vasoaktives intestinales Peptid (VIP), Somatostatin*** und ***LHRH*** (Luteotropes-Hormon-Releasing-Hormon) sind an der Regulation der Hormonfreisetzung in der Hypophyse (► s. Kap. 21.2) beteiligt, wirken aber auch an Synapsen.

▪▪▪ **Cotransmitter.** Lange Zeit hat man geglaubt, dass eine Nervenzelle an ihren Endigungen nur jeweils einen Überträgerstoff ausschüttet (Dale-Prinzip). Es gibt jedoch im vegetativen Nervensystem zumindest bei embryonalen Zellen Freisetzung von sowohl Azetylcholin wie auch Adrenalin aus derselben Zelle. An der motorischen Endplatte und im vegetativen Nervensystem wird zusammen mit Azetylcholin bzw. mit Katecholaminen auch Adenosintriphosphat freigesetzt, das ebenfalls ein Überträgerstoff ist. Häufig wird auch an synaptischen Nervenendigungen neben einem klassischen Überträgerstoff wie Noradrenalin ein Peptid ausgeschüttet, das an der Übertragung mitwirkt. Die Einzelheiten des Zusammenwirkens von Überträgerstoffen, von **Cotransmittern**, sind noch weitgehend unklar, sie lassen sich wohl meist als **Modulation** auffassen.

Für transzellulär diffundierende Überträgerstoffe (z. B. NO) ► s. Abschnitt 5.8.

Agonisten und Antagonisten

Agonisten sind Stoffe, die an den synaptischen Rezeptoren die gleichen Wirkungen erzielen wie die Überträgerstoffe, während Antagonisten die Überträgerstoffwirkungen behindern

Agonisten. Die Rezeptoren in der postsynaptischen Membran reagieren mit dem für sie spezifischen Überträgerstoff und erhöhen daraufhin die entsprechende Ionenleitfähigkeit. Die Spezifität für den Überträgerstoff ist jedoch nicht absolut, es gibt für praktisch alle Rezeptoren auch noch weitere Substanzen, die an sie binden. Folgt auf die Bindung auch die entsprechende Leitfähigkeitsänderung, so ersetzt die Substanz den Überträgerstoff völlig, solche Substanzen nennt man ***Agonisten.***

Agonisten an der Endplatte sind z. B. ***Carbamylcholin*** oder ***Suberyldicholin.*** Andere Stoffe binden, aber sind nicht effektiv im Herbeiführen der Leitfähigkeitsänderung. Dies sind dann ***partielle Agonisten***, an der Endplatte z. B. ***Cholin*** (► s. auch Dauer und Abbau der Wirkung).

Antagonisten. Es gibt schließlich Substanzen, die an den synaptischen Rezeptor binden, aber keine Leitfähigkeitsänderung verursachen. Diese besetzen den Rezeptor und verhindern, dass Agonisten wirken können. Solche Stoffe heißen ***Antagonisten.*** Findet ein Wettbewerb um die Bindungsstelle zwischen Agonisten und Antagonisten statt, nennt man letztere ***kompetitive Antagonisten.*** Wird die Agonistenwirkung ohne Wettbewerb um die Bindungsstelle verhindert, spricht man von ***nicht-kompetitiven Antagonisten.***

Muskelrelaxation. Ein bekannter kompetitiver Antagonist des Azetylcholins an der Endplatte ist ***Kurare (d-Tubo-Curarin)***, das indianische Pfeilgift (► s. die Fallbeschreibung in der Einleitung). Kurare blockiert mit steigender Konzentration einen immer größeren Anteil der Rezeptoren, sodass durch Bindung an die verbleibenden Rezeptoren Azetylcholin nur noch eine abgeschwächte Wirkung hat. Unter Kurare wird damit das Endplattenpotential verkleinert (Abb. 5.11) und erreicht bei genügend hoher Dosis die Schwelle zur Auslösung von Aktionspotentialen nicht mehr: der Muskel wird gelähmt.

Kurare-analoge Stoffe werden in der Anästhesie zur ***Muskelrelaxation*** eingesetzt. Bei voller Relaxation muss der Patient beatmet werden. Eine andere Form von Muskelrelaxation benutzt einen Agonisten wie ***Succinylcholin***, das langdauernd wirkt und an der Endplatte eine ***Dauerdepolarisation*** hervorruft. Die Depolarisation in-

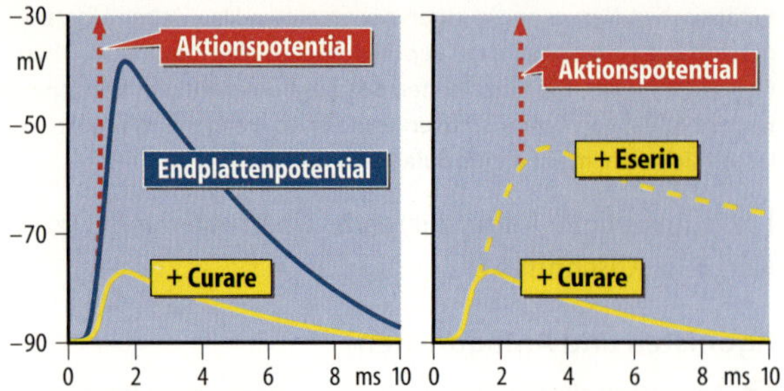

Abb. 5.11. Wirkung von Kurare und Eserin auf das Endplattenpotential. Das Endplattenpotential löst bei Depolarisation auf –60 mV ein Aktionspotential *(gestrichelt)* aus. In Gegenwart von Kurare wird das Endplattenpotential verkleinert und erreicht die Schwelle für die Auslösung von Aktionspotentialen nicht mehr; der Muskel ist gelähmt. Wird zusätzlich zum Kurare der Cholinesterasehemmer Eserin gegeben, so wird das Endplattenpotential vergrößert und verlängert und erreicht wieder die Schwelle zur Auslösung von Aktionspotentialen

aktiviert die Na^+-Kanäle der Muskelmembran und verhindert damit die Erregung des Muskels.

■■■ Agonisten und Antagonisten werden in der Physiologie vielfach gebraucht, um die Übertragungsmechanismen zu studieren und in der Klinik, um therapeutische Wirkungen zu erzielen. Sie sind jedoch eigentlich Thema der **Pharmakologie**; die Interaktionen der verschiedenen Agonisten und Antagonisten werden dort ausführlich behandelt. Durch Bestimmung der Effektivität verschiedener Agonisten und Antagonisten kann man auch unterschiedliche Typen von z. B. Azetylcholin- oder Adrenalinrezeptoren klassifizieren (▶ s. Kap. 20.2).

Dauer und Abbau der Wirkung

Die Wirkung der Überträgerstoffe wird durch spaltende Enzyme (z. B. Cholinesterase), durch aktiven Transport in umliegende Zellen und durch Wegdiffusion beendet

Wirkungsdauer. Nachdem der Überträgerstoff in den synaptischen Spalt diffundiert ist (▶ s. Abb. 5.7), würde seine Konzentration durch Diffusion aus dem engen Spalt relativ langsam abfallen. Die meisten Überträgerstoffe wirken jedoch sehr kurz, höchstens so lange, wie die synaptischen Ströme andauern. Die Wirkungsdauer des Überträgerstoffs wird also beschränkt. Dies geschieht im Wesentlichen durch 2 Mechanismen: ***Abbau und Abtransport des Überträgerstoffs.***

Überträgerstoffabbau durch Enzyme. An der Endplatte ist ein sehr effektives Abbausystem für Azetylcholin wirksam; an die postsynaptische Membran assoziiert findet sich in hoher Konzentration ***Cholinesterase***, ein Enzym, das Azetylcholin in ***Acetat*** und ***Cholin*** spaltet (▶ s. auch Abb. 5.7). Ein beträchtlicher Teil des nach der Freisetzung über den synaptischen Spalt diffundierenden Azetylcholins wird schon gespalten, bevor es die Rezeptoren erreicht, und innerhalb von weniger als 0,1 ms wird praktisch alles Azetylcholin von der Cholinesterase zerlegt. Damit wird die Synapse schnell wieder für eine neue Übertragung einsetzbar.

5.2. Myasthenia gravis

Pathologie und Symptome. Bei der Myasthenia gravis handelt es sich um eine Autoimmunerkrankung mit Befall neuromuskulärer Synapsen, gekennzeichnet durch leichte Ermüdbarkeit, Muskelschwäche und Lähmungserscheinungen. Erste Symptome treten häufig an äußeren Augenmuskeln (Doppelbilder) auf. Typisch ist weiter, dass kleine Dosen Kurare (ähnlich wie körperliche Anstrengung) eine Zunahme der Symptome hervorrufen, während Esteraseblocker (Eserin oder Physostigmin) eine vorübergehende Linderung der Symptome bewirken.

Ursachen. Bei manchen Patienten finden sich Thymustumoren, deren Entfernung eine Besserung bewirkt. Bei Versuchstieren, die mit nikotinischen Acetylcholinrezeptoren immunisiert worden waren, wurden Myasthenia gravis typische Symptome beobachtet. Durch Transfusion der Antikörper konnten die typischen Symptome auf gesunde Tiere übertragen werden. Auch bei vielen Myasthenia gravis Patienten findet man Antikörper gegen nikotinische Acetylcholinrezeptoren. Die Antikörper stören die Rezeptorfunktion und rufen lokale Umbauvorgänge der Endplatten hervor, infolge deren es zur weiteren Rezeptorverarmung kommt. Vorübergehende Beschwerden werden auch bei Neugeborenen myasthener Mütter beobachtet, da die Antikörper plazentagängig sein können. Autoantikörper gegen glutamaterge Rezeptorkanäle findet man bei einer seltenen Epilepsieform, der Rasmussen-Enzephalitis.

Therapie. Neben Cholinesterasehemmern wie Neostigmin oder Pyridostigmin werden bei Myasthenia gravis zusätzlich bei Bedarf immunsuppressive Substanzen (z. B. Glukokortikoide) gegeben.

Die Cholinesterase. Die Bedeutung der Cholinesterase für die Übertragung an der Endplatte wird sichtbar, wenn man diese durch einen ***Cholinesterasehemmer*** ausschaltet. Abbildung 5.13 zeigt die Wirkung eines solchen, nämlich des ***Eserins (oder Physostigmins)***: Das Endplattenpotential dauert länger als normal und wird vergrößert, weil Azetylcholin in höherer Konzentration und für längere Zeit mit den Rezeptoren reagieren kann. Im Falle der Abb. 5.11 ist dies ein »therapeutischer Effekt«, denn das Eserin wurde auf den kuraregelähmten Muskel appliziert. Die resultierende Vergrößerung des Endplattenpotentials ließ dieses die Erregungsschwelle wieder erreichen und hob damit die Lähmung auf.

Entsprechend werden Cholinesterasehemmer zur Aufhebung der Muskelrelaxation in der Anaesthesie eingesetzt, aber auch bei Krankheitsbildern wie der ***Myasthenia gravis.*** Cholinesterasehemmer werden jedoch auch vielfach als ***Insektizide*** verwendet und geben Anlass zu Vergiftungen. Einige für militärische Zwecke entwickelte ***Kampfstoffe*** sind Cholinesterasehemmer; der Kontakt führt zu krampfartig verlängerten cholinergen synaptischen Übertragungen, v. a. im vegetativen Bereich.

Abtransport des Überträgerstoffes. An vielen Synapsen wird der Überträgerstoff durch ***Transportmechanismen*** in den Membranen der umliegenden Zellen aus dem synaptischen Spalt entfernt. Transportmechanismen sind besonders wichtig bei Adrenalin, Noradrenalin, GABA und Glutamat. An azetylcholinergen Synapsen wird zwar nicht das Azetylcholin transportiert, aber das Abbauprodukt Cholin. Dieser Transport zurück in die Nervenendigung verringert den Bedarf an Resynthese des Überträgerstoffs. Wie das abbauende Enzym Cholinesterase sind die ***Aufnahmemechanismen*** für Überträgerstoffe in die Zellen ***Angriffspunkte für wichtige pharmakologische Beeinflussungen*** der synaptischen Übertragung.

Überträgerstoffdiffusion. Freigesetzter Überträgerstoff diffundiert mit Zeitkonstanten im Bereich von 100 μs aus dem synaptischen Bereich. Auch die Diffusion beendet also die synaptische Übertragung relativ schnell. Der Aufwand für zusätzliche Abbau- und Transportmechanismen deutet die Wichtigkeit der Kontrolle der Überträgerstoffkonzentration an.

In Kürze

Synaptische Überträgerstoffe

Klassische Überträgerstoffe sind Azetylcholin, γ-Aminobuttersäure, Glyzin, Glutamat, Dopamin, Noradrenalin, Adrenalin, Serotonin und andere kleine Moleküle.

Daneben gibt es Peptidüberträgerstoffe, die als synaptische Modulatoren relativ langsame synaptische Effekte bewirken. Sie beeinflussen Intensität und Dauer der Wirkung der klassischen Überträgerstoffe und sind meistens mit klassischen Transmittern in den präsynaptischen Endigungen colokalisiert.

Die Spezifität der Rezeptoren für den Überträgerstoff ist nicht absolut, es gibt für praktisch alle Rezeptoren weitere Substanzen, die an sie binden:

- Stoffe, die die gleiche Wirkung wie die Überträgerstoffe haben, nennt man Agonisten;
- Antagonisten behindern die Wirkung der betreffenden Überträgerstoffe.

Viele Medikamente sind Agonisten bzw. Antagonisten.

Abbau und Aufnahme von Überträgerstoffen

Die Wirkung der Überträgerstoffe an den postsynaptischen Rezeptoren wird zeitlich begrenzt durch

- spaltende Enzyme (wie z. B. Cholinesterase an der Endplatte),
- durch aktiven Transport entweder in die präsynaptische Nervenendigung (Wiederaufnahme des Transmitters) oder in benachbarte Gliazellen sowie
- durch Wegdiffusion in das Interstitium.

5.6 Interaktionen von Synapsen

Räumliche und zeitliche Summation

Synaptische Ströme und Potentiale mehrerer Synapsen an einer Nervenzelle summieren sich, wenn sie gleichzeitig an verschiedenen Synapsen oder wenn sie nacheinander während der Dauer eines synaptischen Potentials entstehen

Die Endplatte ist ein extremer Synapsentyp. Jede Muskelfaser hat in der Regel nur eine Endplatte, und die Erregung des motorischen Axons erzeugt jeweils ein überschwelliges Endplattenpotential, sodass auf jedes Aktionspotential im motorischen Axon eine Muskelzuckung folgt. An den meisten Synapsen, v. a. des ZNS, sind dagegen die einzelnen synaptischen Potentiale weit unterschwellig, oft kleiner als 1 mV. Dafür haben die postsynaptischen Zellen viele, oft viele tausend erregende Synapsen, deren Effekte sich ***summieren***, und ebenso zahlreiche hemmende Synapsen, die der Erregung entgegenwirken. Diese Synapsen stammen von einer Vielzahl anderer Neurone, deren Axone auf die betrachtete Zelle konvergieren.

Räumliche Summation. In ◘ Abb. 5.12 A sind aus Tausenden von erregenden Synapsen auf einer Nervenzelle zwei herausgezeichnet worden, um ihr Zusammenwirken zu demonstrieren. An den beiden Synapsen fließt kurz Strom in die Zelle ein, das EPSC, welches eine lokale Potentialänderung, das EPSP, erzeugt (◘ Abb. 5.9 A). Ein Teil des Stroms fließt erst in einiger Entfernung von den Synapsen aus, z. B. am Übergang des Zellkörpers zum Axon, am Axonhügel, wie in ◘ Abb. 5.12 A dargestellt. Das einzelne EPSP ist als elektrotonisches Potential am Axonhügel etwas kleiner, die von den beiden gleichzeitig aktivierten Synapsen ausgehenden ***Ströme summieren*** sich jedoch und erzeugen zusammen ein vergrößertes EPSP. Weil sich hier die gleichzeitige Aktivierung von räumlich getrennten Synapsen addiert, wird der Vorgang auch als ***räumliche Summation*** bezeichnet.

Axonhügel als Summationsort. Die Summation von EPSP findet natürlich an jeder Stelle der Zelle nach den Gesetzen der elektrotonischen Ausbreitung von Potentialänderungen statt. Der Beginn des efferenten Axons wurde in ◘ Abb. 5.12 A als Summationsort jedoch nicht willkürlich ausgewählt. Bei den meisten Nervenzellen

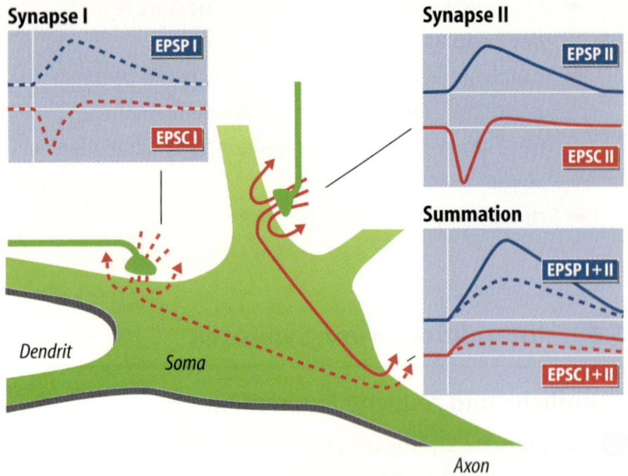

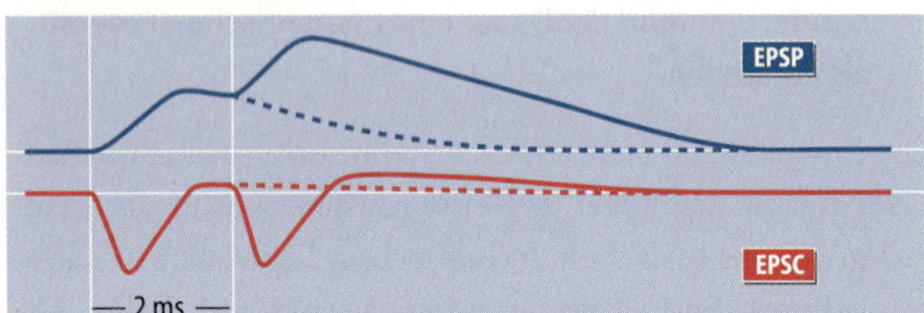

Abb. 5.12. Räumliche und zeitliche Summation an einem Neuron. A Räumliche Summation: An 2 Dendriten einer Nervenzelle liegen die Synapsen I und II die jeweils erregende synaptische Ströme bzw. Potentiale, EPSC bzw. EPSP erzeugen. Die jeweiligen Ströme *(rot)* breiten sich elektrotonisch aus, und treten u.a. am Axonhügel aus. Bei gleichzeitiger Aktivierung von Synapse I und Synapse II summieren sich sie sich, z.B. am Axonhügel, zu »Summen-EPSC I + II« und »Summen-EPSP I + II«. **B** Zeitliche Summation: Erfolgen EPSC an einer Synapse mit kurzem Abstand summieren sich die EPSP teilweise. Ein erstes EPSC bzw. EPSP würde sich wie gestrichelt gezeichnet fortsetzen. Ein mit 1 ms Verzögerung ausgelöstes zweites EPSC und EPSP an der gleichen Stelle addiert sich zum ersten, und beide EPSP zusammen erreichen eine fast doppelt so große Depolarisation wie das erste EPSP alleine

sind nämlich Zellkörper und Dendriten unerregbar, oder sie haben eine hohe Erregungsschwelle. Das Axon ist dagegen gut erregbar, sodass am Ausgang des Axons (***Axonhügel*** genannt) in der Regel zuerst Aktionspotentiale ausgelöst werden. Aufgrund der relativ hohen Na^+-Kanaldichte am Axonhügel entscheidet also die Summation von Potentialänderungen an dieser Stelle, ob aus den lokalen synaptischen Potentialen eine fortgeleitete Erregung wird.

Zeitliche Summation. Eine weitere Form der synaptischen Summation ist in Abb. 5.12 B verdeutlicht. Hier handelt es sich um Aktivität von räumlich beieinander liegenden Synapsen oder auch der gleichen Synapse, wenn diese mit einem geringen zeitlichen Abstand, bis zu einigen ms, erregt werden. In diesem Fall sind die synaptischen Ströme praktisch abgelaufen, bis die 2. Erregung beginnt. Die synaptischen Potentiale haben jedoch einen langsameren Verlauf, nach der Aufladung durch den synaptischen Strom wird die Membrankapazität mit der Zeitkonstante des Elektrotonus (Abb. 5.1) entladen. Beginnt vor voller Entladung ein neuer synaptischer Strom, so ***addiert*** sich die durch ihn verursachte ***Depolarisation*** auf die noch bestehende auf. Dies wird ***zeitliche Summation*** genannt. An einer realen Nervenzelle mit vielen Synapsen und hochfrequenter Aktivierung werden beide Prozesse, räumliche und zeitliche Summation, gleichzeitig ablaufen und ein schwankendes Depolarisationsniveau aufbauen, das die Frequenz der Bildung von Aktionspotentialen im Axon bestimmt (► s. Abb. 5.6 und dazugehörigen Text).

Aktionspotentiale in Dendriten

Dendriten können auch aktiv, durch Öffnen von Na^+- oder Ca^{2+}-Kanälen, auf Depolarisation antworten und dadurch lokal Potentialänderungen modifizieren oder an Synapsen plastische Änderungen auslösen

Retrograde Aktionspotentialleitung. Im vorletzten Abschnitt haben wir den Axonhügel als den Ort kennengelernt, wo in der Regel zuerst Aktionspotentiale ausgelöst werden. Vom Axonhügel aus werden die Aktionspotentiale, wie im Abschnitt 5.2 besprochen, über das Axon aktiv weitergeleitet. Gleichzeitig erfolgt aber vom Axonhügel aus auch eine sogenannte ***retrograde Leitung*** der Aktionspotentiale in den Dendritenbaum. Die in Abb. 5.12 gezeigten Dendriten können mehrere mm lang und stark verzweigt sein (Abb. 5.13 B). In Abb. 5.13 A wurde an einer Pyramidenzelle des ZNS im Soma durch einen Strompuls ein Aktionspotential ausgelöst. Es erscheint etwas verzögert und verkleinert auch im Dendriten. Werden die Na^+-Kanäle im Dendriten ausgeschaltet, so ist die Antwort auf das Soma-Aktionspotential im Dendriten stark verkleinert. Dieser ***Dendrit*** war also ***erregbar*** und hat die Leitung des Aktionspotentials, ähnlich wie ein Axon, aktiv unterstützt. Die retrograde Leitung der Aktionspotentiale in den Dendritenbaum spielt bei ***plastischen Veränderungen*** von Synapsen eine Rolle (► s. Abb. 5.24 und dazugehöriger Text).

Ca^{2+}-Aktionspotentiale. Abbildung 5.13 B u. C belegen, dass auch in Dendriten Aktionspotentiale ausgelöst werden können. Reizpulse wurden am Dendriten eingespeist und bei Überschreiten einer Schwelle relativ lange Aktionspotentiale ausgelöst. Diese erscheinen im Soma als unterschwellige langsame Depolarisationen (Abb. 5.13 B). Werden dendritische ***Ca^{2+}-Kanäle durch Kadmiumionen blockiert*** (Abb. 5.13 C) wird die Reaktion des Dendriten auf den Depolarisationspuls fast elektrotonisch, und entsprechend ist das zum Soma geleitete Signal gegenüber der Kontrolle stark verkleinert und verlangsamt – dieser Dendrit konnte also Ca^{2+}-Aktionspotentiale bilden.

Was im Experiment durch Strompulse ausgelöst wird, passiert entsprechend auch bei synaptischer Aktivität z. B.

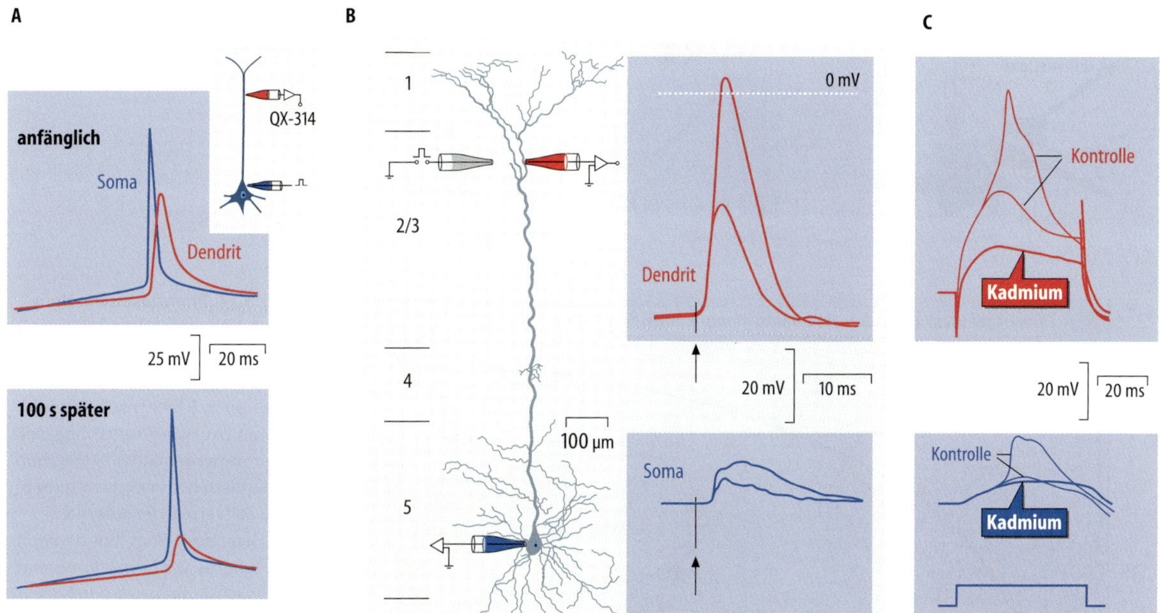

Abb. 5.13. Aktive Dendriten. A *Oben:* Somatisch *(blau)* und dendritisch *(grün)* abgeleitete Aktionspotentiale einer neokortikalen Pyramidenzelle ausgelöst durch einen Strompuls durch die Pipette am Soma. Die Aktionspotentiale werden vom Soma in den Dendriten geleitet und erscheinen daher dort mit einer gewissen Verzögerung. *Unten:* Nach Einwaschen eines Na^+-Kanal-Blockers (QX-314) über die dendritische Pipette (100 s später) ist die Amplitude des Aktionspotentials am Soma unverändert, am Dendriten aber reduziert. Folglich wurde die Leitung des Aktionspotentials zum Dendriten durch Na^+-Kanäle unterstützt. Mod. nach Stuart u. Sakmann (1994). **B** *Links:* Neokortikale Pyramidenzelle mit einer Ableit-Pipette am Soma, einer 920 µm apikal am Dendriten und einer Stimulations-Pipette in der Schicht 2/3. *Rechts:* Bei Stimulation werden am Dendriten unterschwellige EPSPs mit einer Amplitude von etwa 20 mV gemessen, die stark verkleinert im Soma erscheinen. Nur geringfügig stärkere Stimulation ruft am Dendriten deutlich größere, 0 mV überschreitende Potentialänderungen hervor. **C** Auch bei direkter Strominjektion über die Ableit-Pipette am Dendriten erscheinen bei Überschreiten einer Schwelle Aktionspotentiale die durch Kadmium (Block der Ca^{2+}-Kanäle) blockiert werden. Folglich wurden im Dendriten Ca^{2+}-Aktionspotentiale ausgelöst. Mod. nach Schiller et al (1997)

auch durch Zusammentreffen von EPSPs und retrograd geleiteten Aktionspotentialen. Dadurch können massive ***lokale Erhöhungen der Ca^{2+}-Konzentration*** in Dendriten entstehen und Umbauvorgänge hervorgerufen werden (▶ s. 5.9 »Synaptische Plastizität«). Wie ein Dendrit auf Depolarisation reagiert, hängt von der lokalen Ausstattung mit Na^+-, Ca^{2+} oder K^+- Kanälen ab. Variable lokale Kanalexpression ermöglicht Neuronen des ZNS, auf verschiedene synaptische Eingänge angepasst zu reagieren.

Post- und präsynaptische Hemmung

Post- und präsynaptische Hemmung behindern Erregungen, Letztere auch die Überträgerstoffausschüttung

Postsynaptische Hemmung. Zu den Interaktionen von Synapsen an einer Zelle gehört auch die synaptische Hemmung. Abbildung 5.10 B zeigte, dass während der Hemmung erregende ***synaptische Potentiale kurzgeschlossen*** werden. Die hemmenden synaptischen Potentiale ***(IPSP) hyperpolarisieren*** häufig zusätzlich die Membran und behindern damit eine Depolarisation zur Erregungsschwelle.

Dichte hemmender Synapsen am Zellkörper. Auch die IPSP und die IPSC an einer Nervenzelle summieren sich untereinander und mit den EPSP räumlich und zeitlich, und die komplexe Summe aus vielen EPSP und IPSP bestimmt schließlich die Frequenz der Aktionspotentiale im Axon. Dabei kann auch die räumliche Verteilung der erregenden und hemmenden Synapsen wichtig sein. Häufig liegen in hoher Dichte hemmende Synapsen am Zellkörper, nahe dem Ausgang des Axons und können dort kontrollieren, in welchem Ausmaß die hauptsächlich an den Dendriten lokalisierten EPSP depolarisierend auf das Axon einwirken.

Präsynaptische Hemmung. Bei dieser komplexeren Form der Hemmung besteht ein direkter Kontakt zwischen einer erregenden Synapse und einer ***hemmenden axoaxonalen Synapse.*** Abbildung 5.14 zeigt eine solche Hemmung am Motoneuron. Das ***Motoneuron*** bekommt einen wichtigen synaptischen erregenden Zufluss von den Muskelspindeln über die ***Ia-Fasern der Muskelspindeln*** (▶ s. Kap. 7.4). An den Endigungen der Ia-Fasern liegen ***axoaxonale Synapsen*** mit den Endigungen von ***Interneuronen.*** Werden diese Interneurone einige ms vor den Ia-Fasern erregt, so wird das von den Ia-Fasern im Motoneuron ausgelöste EPSP gehemmt (Abb. 5.14 A u. B). Der Zeitverlauf der Hemmung über einige 100 ms wird deutlich, wenn man die durch präsynaptische Hem-

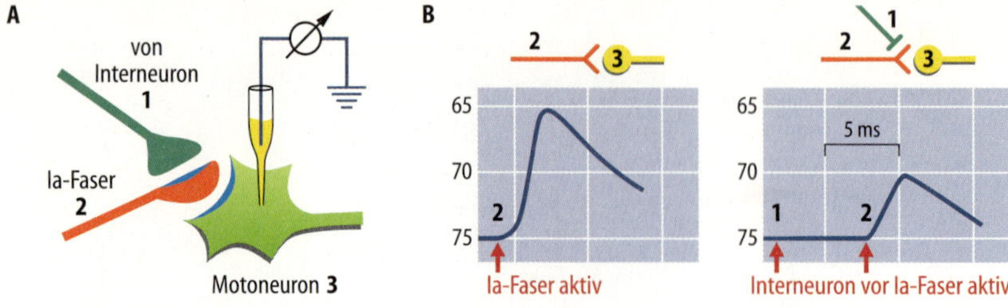

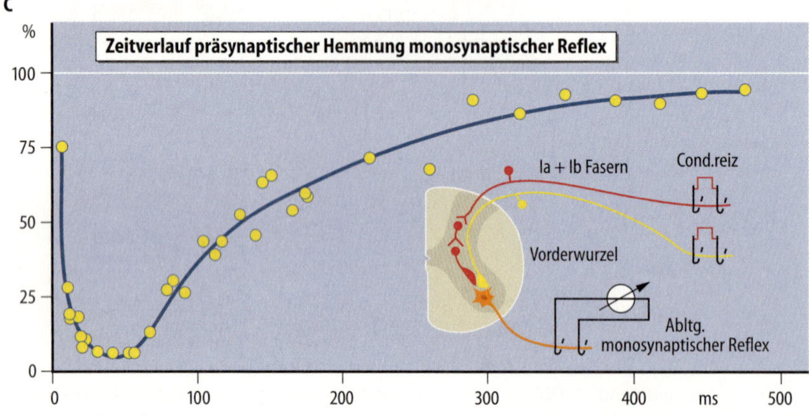

Abb. 5.14. Präsynaptische Hemmung. A Versuchsanordnung zum Nachweis präsynaptischer Hemmung eines monosynaptischen EPSP eines Motoneurons. **B** EPSP nach Reizung der homonymen Ia-Fasern ohne *(links)* und mit vorhergehender Aktivierung präsynaptisch hemmender Interneurone. **C** Zeitverlauf der präsynaptischen Hemmung eines monosynaptischen Reflexes. Die Einsatzfigur zeigt den Versuchsaufbau und den Reflexweg der präsynaptischen Hemmung, der mindestens 2 Interneurone besitzt. Nach Schmidt (1971)

mung induzierte Depression eines monosynaptischen Eigenreflexes betrachtet (Abb. 5.14 C).

Die präsynaptische Hemmung ist für die Motorik des Rückenmarks ein wirkungsvoller Kontrollmechanismus. Sie hat den besonderen Vorteil, dass ***gezielt einzelne synaptische Eingänge gehemmt*** werden können, ohne dass die Gesamterregbarkeit der Zelle beeinflusst wird. Damit können »unerwünschte« Informationen schon vor Erreichen des Integrationsortes »Nervenzellkörper« unterdrückt werden. Die funktionelle Bedeutung der präsynaptischen Hemmung im Rückenmark wird offenbar, wenn man die GABAergen Synapsen durch den GABA-Antagonisten ***Bicucullin*** hemmt: In der Muskulatur treten Krämpfe auf.

Als ***Ursache*** für die Hemmung der Endigungen der Ia-Fasern hat man in ihnen beträchtliche ***Depolarisationen*** gemessen, die durch eine chemische GABAerge Synapse mit der Endigung der Interneuronen erzeugt werden. Die ***primäre afferente Depolarisation (PAD) inaktiviert*** die erregenden Na^+-Kanäle in den Endigungen der Ia-Fasern und blockiert damit dort die Fortleitung der Aktionspotentiale.

Heterosynaptische Bahnung

! Bei heterosynaptischer Bahnung verstärken sich zwei synaptische Eingänge an einer Zelle gegenseitig

Interaktionen von synaptischen Eingängen. Ähnlich wie bei der präsynaptischen Hemmung können auch Interaktionen von zwei unterschiedlichen synaptischen Eingängen an einer Gesamtsynapse eine Bahnung, eine Verstärkung der Erregung, hervorrufen, die ***heterosynaptische Bahnung*** genannt wird. Sie soll in zwei Beispielen vorgestellt werden.

- Der erste Typ ist eine ***postsynaptischen Bahnung*** an Neuronen aus sympathischen Ganglien. Es gibt dort neben anderen synaptischen Potentialen langsame EPSP, die durch Azetylcholin vermittelt werden. Diese s-EPSP (s: slow) können bis zu 100 ms lang sein. Die Ganglienzelle empfängt nun weiter Synapsen von einem dopaminergen Neuron. Das ***freigesetzte Dopamin*** hat selbst keinen Effekt auf Ionenleitfähigkeiten der postsynaptischen Membran. Es verursacht jedoch ***für mehrere Stunden als Modulator eine vergrößerte Amplitude der s-EPSP.*** Dabei wird postsynaptisch die Reaktion auf Azetylcholin verstärkt.

▪▪▪ Es gibt fünf Rezeptoren für **Dopamin**, die über G-Proteine die Aktivität der Adenylatzyklase entweder stimulieren ($D_{1,5}$) oder hemmen (D_{2-4}). **Dopamin** kann Symptome der **Schizophrenie** auslösen und Dopamin-Rezeptorblocker werden bei Schizophrenie therapeutisch eingesetzt. Im nigrostriatalen System spielt Dopamin eine zentrale Rolle bei der Regulation der Motorik (▶ s. Kap. 7.9).

- Die ***präsynaptische Bahnung*** ist ein anderer Typ der heterosynaptischen Bahnung. Sie wurde bei Mollusken und Insekten gefunden, ist aber wahrscheinlich auch für die Humanphysiologie relevant. Dabei wirkt Aktivierung von serotoninausschüttenden Nervenfasern auf präsynaptische Nervenendigungen, indem dort ein K^+-Kanal der Membran blockiert wird. Die Ausschaltung der K^+-Kanäle verzögert die Repolarisation der Aktionspotentiale (▶ s. Kap. 4.6) und verlängert sie damit. Die so ***verlängerten Depolarisationen*** der Nervenendigungen führen zu ***vermehrter Überträgerstoffausschüttung*** und damit zu einer präsynaptischen Bahnung. Auch hier wird also durch Coaktivierung zweier Synapsen die Effektivität eines synaptischen Übertragungsweges erhöht (▶ s. auch ◘ Abb. 5.22, Langzeitpotenzierung).

▪▪▪ Serotonin wird in unserem ZNS in **Neuronen der Nuclei raphe** gebildet, die in Rückenmark, Kleinhirn, Thalamus, Hypothalamus, Basalganglien, limbisches System und Großhirnrinde projizieren. Es gibt metabotrope Rezeptoren und Rezeptorkanäle für **Serotonin**. Eine herabgesetzte Verfügbarkeit oder Wirkung von Serotonin scheint die Entwicklung einer **Depression** zu begünstigen. Bei Steigerung der Serotoninwirkung bzw. Stimulation der Serotoninrezeptoren wird eine antidepressive Wirkung beobachtet.

In Kürze

Interaktionen von Synapsen: Summation

Die meisten Nervenzellen haben eine Vielzahl von Synapsen. Die synaptischen Potentiale und Ströme können sich summieren, wenn sie

- im gleichen Zeitraum an verschiedenen Stellen der Zelle auftreten (räumliche Summation);
- mit einem geringen zeitlichen Abstand an räumlich beieinander liegenden Synapsen oder auch der gleichen Synapse auftreten (zeitliche Summation).

Vom Axonhügel erfolgt auch eine retrograde Leitung in die Dendriten, wo in der Folge potentialabhängige Na^+- oder Ca^{2+}-Ströme ausgelöst werden können. Die aktive Reaktion von Dendriten spielt bei plastischen Veränderungen von Synapsen eine Rolle.

Interaktionen von Synapsen: Hemmung

Zu den Interaktionen von Synapsen an einer Zelle gehört auch die synaptische Hemmung.

- Bei der postsynaptischen Hemmung hyperpolarisieren die hemmenden synaptischen Potentiale (IPSP) die Membran und behindern damit eine Depolarisation zur Erregungsschwelle.
- Bei präsynaptischer Hemmung wirkt eine axoaxonale Synapse hemmend auf die Überträgerstofffreisetzung der erregenden Nervenendigung.

Heterosynaptische Bahnung

Bei heterosynaptischer Bahnung steigert eine axoaxonale Synapse die Freisetzung erregenden Überträgerstoffes, oder die Effektivität der postsynaptischen Wirkung einer Synapse wird durch eine andere Synapse verstärkt.

5.7 Mechanismus der Freisetzung der Überträgerstoffe, synaptische Bahnung

Mechanismus der Freisetzung

Überträgerstoffe werden in »Quanten«, die dem Inhalt präsynaptischer Vesikeln entsprechen, bei Erhöhung der intrazellulären Ca^{2+}-Konzentration durch Exozytose freigesetzt

Transmitterquanten. Die für die Endplatte in ◘ Abb. 5.7 dargestellte Bereitstellung und Freisetzung von Überträgerstoffen in Vesikeln gilt für ***alle bekannten chemischen Synapsen.*** Vesikel können also die verschiedenen Überträgerstoffe der ◘ Abb. 5.10 enthalten, wobei meist nur jeweils ein Überträgerstoff an einer Synapse vorliegt. Vesikel können aber auch neben einem der klassischen Überträgerstoffe, wie z. B. GABA, auch ein Peptid enthalten, das modulierend wirkt. Die Entleerung eines Vesikels erzeugt einen Quantenstrom oder -potential (▶ s. ◘ Abb. 5.10 und dazugehöriger Text).

Ca^{2+}-Einstrom und Überträgerstofffreisetzung. Ein Aktionspotential in der präsynaptischen Nervenendigung verursacht, mit einer kleinen synaptischen Verzögerung, die fast synchrone Ausschüttung von Überträgerstoffquanten, die in der postsynaptischen Membran z. B. ein EPSP erzeugen. Die Zeitverhältnisse sind in ◘ Abb. 5.15 dargestellt, und zwar für eine Pyramidenzelle des Gehirns, an der man sowohl prä- wie postsynaptisch die Potentialänderungen und die Ströme messen konnte. In ◘ Abb. 5.15 ist neben dem präsynaptischen Aktionspotential, und dem postsynaptischen glutamatergen EPSC auch der durch Blockade der Na^+- und K^+-Ströme pharmakologisch isolierte präsynaptische Ca^{2+}-Einstrom eingetragen. Dieser **Ca^{2+}-*Einstrom*** spielt eine Schlüsselrolle bei der Überträgerstofffreisetzung.

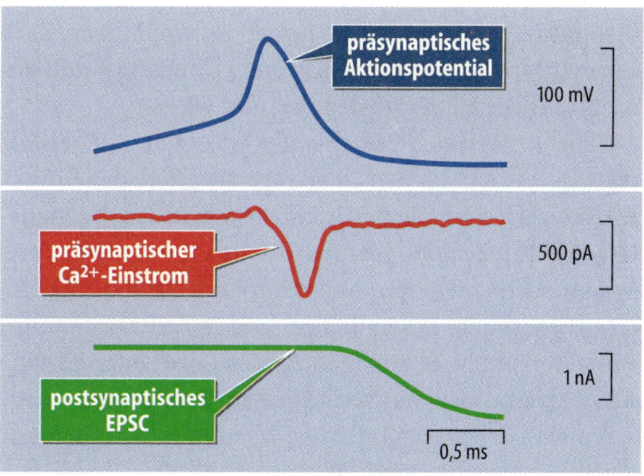

◘ **Abb. 5.15. Übertragung an einer kortikalen erregenden Synapse.** Zeitverlauf des präsynaptischen Aktionspotentials *(blau)*, des präsynaptischen Ca^{2+}-Einstroms, *(rot)* und des glutamatergen postsynaptischen Stroms, EPSC *(grün)* an einer hippokampalen Synapse einer Moosfaser und einer CA3-Pyramidenzelle. Die Verzögerung zwischen Ca^{2+}-Einstrom und EPSC beträgt bei 34 °C nur etwa 0,5 ms. Mod. nach Geiger u. Jonas (2000)

5.3. Botulismus

Symptome. Beim Botulismus handelt es sich um eine Lebensmittelvergiftung durch Toxine des anaeroben sporenbildenden Bakteriums Clostridium botulinum. 24 Stunden nach Aufnahme vergifteter Nahrung treten Sehstörungen, Schwindel und Muskelschwäche auf. Bei schweren Vergiftungen fallen, bei intakter Sensibilität, die Muskeleigenreflexe aus und es kommt zum Atemstillstand (infolge Muskelschwäche).

Pathobiochemie. Botulinus-Toxine sind relativ große Proteine mit schweren und leichten Ketten. Die leichten Ketten spalten Komponenten der Exozytosemaschinerie, wie SNAP 25 oder Synaptobrevin spezifisch an bestimmten Positionen. Die Toxine sind sehr wirksam und Nanogrammmengen reichen aus, um bei oraler Aufnahme massive Symptome hervorzurufen. Bei Injektion in kleinen Dosen wirken die Toxine lediglich lokal. Dies wird in der Klinik z. B. bei Torticollis (muskulärer Schiefhals) oder bei pathologischer Schweiß- oder Speichelbildung und zur Schmerzbekämpfung (experimentell) genutzt. Populär ist die kosmetische Nutzung (zur vorübergehenden Faltenreduktion durch Relaxation mimischer Muskeln).

Vesikelfunktion. Es ist bekannt, dass bei starker ***Erniedrigung der extrazellulären Ca^{2+}-Konzentration $[Ca^{2+}]_a$***, die chemische synaptische Übertragung unterbrochen wird, und sie hängt bei der Endplatte etwa von der 4. Potenz von $[Ca^{2+}]_a$ ab. Diese Abhängigkeit wird mit einer Reaktionskinetik beschrieben, bei der die Kombination von 4 Ca^{2+} mit einem Aktivator an der Innenseite der Membran die Quantenfreisetzung auslöst. Der ***Aktivator*** scheint allerdings auch noch ***potentialabhängig*** zu sein, d.h. auch bei ausreichend hoher intrazellulärer Ca^{2+}-Konzentration muss zur synchronen Überträgerstoffausschüttung die Membran depolarisiert werden.

Die ***Vesikel*** durchlaufen einen ***Kreislauf*** (Abb. 5.16 A). Von den Überträgerstoff-beladenen Vesikeln können einige an bestimmten Stellen, den sogenannten ***»aktiven Zonen«***, geordnet an die Innenseite der präsynaptischen Membran andocken (▶ s. Abb. 5.7). Unter Mitwirkung zytosolischer und membranständiger Proteine kommt es zur Bildung des ***Core- oder SNARE-Komplexes***, an dem das Vesikelprotein Synaptobrevin und 2 Proteine der präsynaptischen Membran (Syntaxin und SNAP-25) beteiligt sind (Abb. 5.16 B). Das Vesikelprotein ***Synaptotagmin***, selbst nicht Teil des SNARE-Komplexes, kann ***Ca^{2+} binden*** und wahrscheinlich durch Interaktion mit dem SNARE-Komplex oder den Lipiden der präsynaptischen Membran Fusion und Exozytose auslösen.

Die Zelle kann als ein Kondensator-Widerstands-Element betrachtet werden (▶ s. Abb. 5.1 und dazugehöriger Text), dessen Kapazität proportional zur Membranfläche ist. ***Vesikelfusion*** erhöht die Zellmembranfläche und damit die ***Membrankapazität.*** Unter günstigen Umständen kann dies gemessen werden (Abb. 5.16 C). Bei Fusion eines Vesikels steigt die Kapazität einer Nebennierenmarkzelle sprunghaft um den Wert, der der Mem-

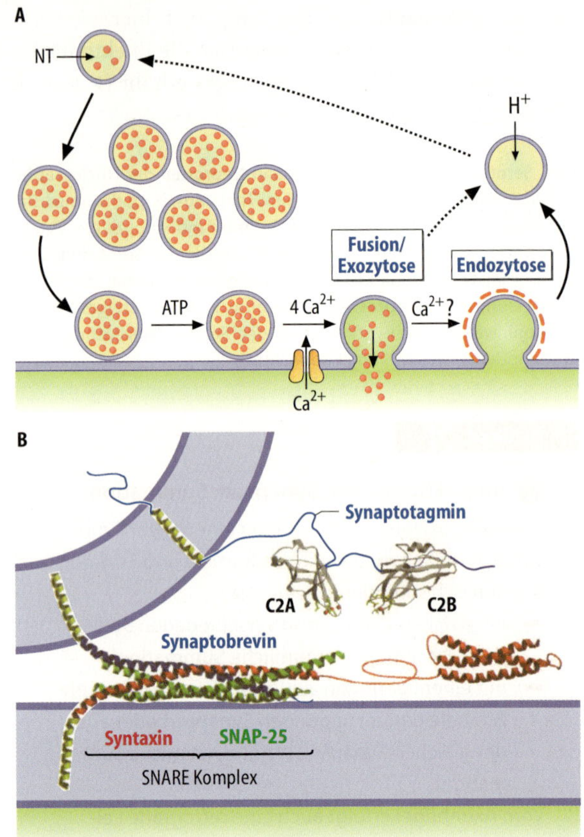

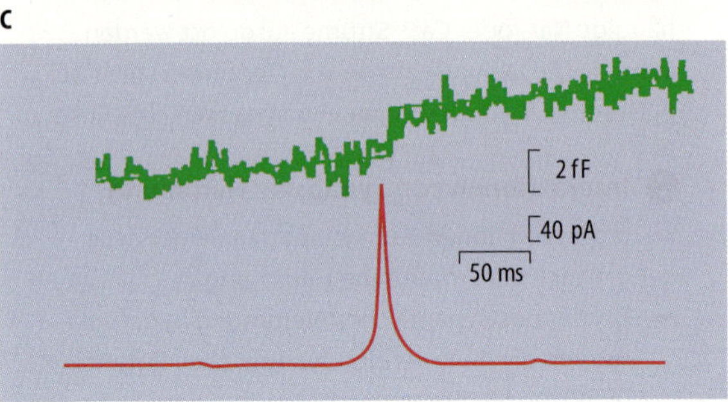

Abb. 5.16. Vesikel-Exo- und -Endozytose. A Kreislauf der Vesikel an der präsynaptischen Membran. Die *roten Punkte* symbolisieren die Überträgerstoffbeladung. Die Vesikel lagern sich vor der durch Ca^{2+}-Einstrom getriggerten Fusion dicht an die Membran an. Mod. nach Südhof (1995). **B** Das Vesikelprotein Synaptobrevin bildet mit 2 Proteinen der präsynaptischen Membran (Syntaxin und SNAP-25) den Core- oder SNARE-Komplex. Synaptotagmin ist wahrscheinlich der Ca^{2+}-Sensor. Mod. nach Littleton et al (2001). **C** *Oben:* Bei Fusion eines Vesikels steigt die Kapazität einer Nebennierenmarkzelle sprunghaft um den Wert der der Membranfläche des Vesikels entspricht. *Unten:* Parallel kann Transmitterfreisetzung registriert werden. Mod. nach Moser und Neher (1997)

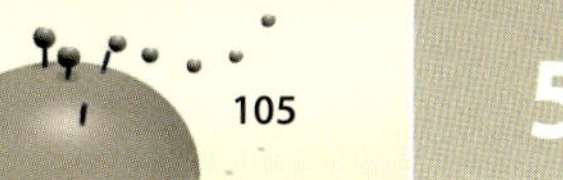

5.4. Tetanus (Wundstarrkrampf)

Pathologie. Der Wundstarrkrampf wird durch ein Toxin anaerober sporenbildender Bakterien *(Clostridium tetani)* hervorgerufen. Tetanus-Toxin wird in infizierten Wunden von Motoneuronen aufgenommen, retrograd axonal transportiert und gelangt nach Transzytose in hemmende Interneurone. Das Toxin spaltet dort präsynaptisch Synaptobrevin (▶ s. ◘ Abb. 5.16 C) und blockiert dadurch die Glyzinfreisetzung.

Symptome. Es kommt zu zunehmender Muskelsteifigkeit mit Muskelkrämpfen bis hin zum Opisthotonus (Streckkrampf) bei erhaltenem Bewusstsein. Die Symptome gleichen in gewissem Sinn denen bei einer Vergiftung mit Strychnin, das Glyzinrezeptoren blockiert.

Therapie. Sie zielt darauf ab, durch chirurgische Wundbehandlung und Antibiotikagabe (Penizilin oder Tetrazyklin), vegetative Clostridien zu beseitigen. Zusätzlich wird Antitoxin (humanes Tetanusimmunoglobulin) gegeben und mit Toxoid (inaktiviertem Toxin) immunisiert. Bei schweren Verläufen ist Sedation, Muskelrelaxation und Beatmung notwendig. Die Impfung mit Toxoid wirkt prophylaktisch.

branfläche des Vesikels entspricht. Parallel kann Transmitterfreisetzung registriert werden. Entleerte Vesikel werden unter Mitwirkung von zytosolischen Proteinen, z. B. Dynamin und Clathrin, endozytiert und in der Endigung wieder mit Überträgerstoff gefüllt.

▪▪▪ Für die Endplatte wird angenommen, dass Vesikel mit der präsynaptischen Membran verschmelzen und ihren Inhalt schnell und vollständig entleeren. Die Dauer des Quantenstroms wird durch die mittlere Dauer des Kanalbursts bestimmt (▶ s. ◘ Abb. 5.18 und Legende). Besonders glutamaterge Quantenströme können jedoch vielfach länger sein als die Kanalbursts, was eine langanhaltende hohe synaptische Transmitterkonzentration erfordert. Neue Befunde zeigen, dass an gewissen Synapsen der **Vesikelinhalt nicht instantan freigesetzt wird**, sondern über mehrere ms eine Pore intermittierend öffnet und schließt, analog einem postsynaptischem Ionenkanal. So kann ein Vesikel über Millisekunden eine hohe Transmitterkonzentration erzeugen und dadurch den Abfall des EPSCs verzögern.

Synaptische Bahnung und Depression

Wird eine synaptische Nervenendigung kurz nacheinander mehrfach depolarisiert, so kann Bahnung oder Depression auftreten: die Überträgerstofffreisetzung steigt oder fällt

Die synaptische Bahnung. Im Zusammenhang mit der Quantenausschüttung können wir jetzt einen ähnlich wichtigen synaptischen Mechanismus wie ***Summation und Hemmung*** besprechen: die ***synaptische Bahnung*** (◘ Abb. 5.17). Wurde die präsynaptische Nervenendigung zweimal mit 5 ms Abstand depolarisiert, so ist das zweite postsynaptische EPSC fast zweimal so groß wie das erste (◘ Abb. 5.17 A). Der bahnende Effekt der Vorpulse summiert sich in einer Pulsserie (◘ Abb. 5.17 B), und er hält nach der Serie an: eine kleine Testdepolarisation, oben ohne Vorpulse, löst die Freisetzung von durch-

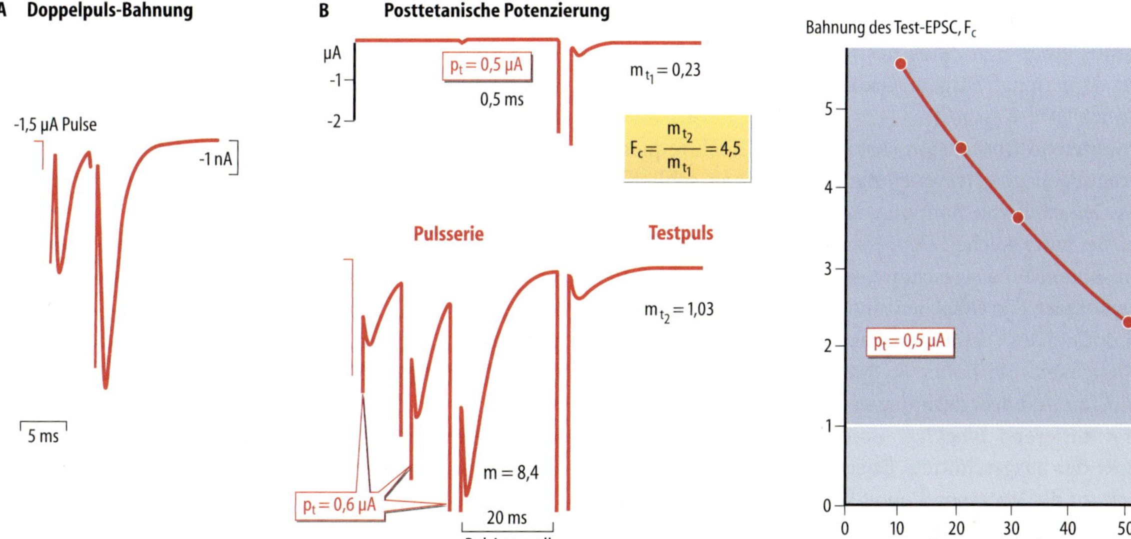

◘ **Abb. 5.17. Synaptische Bahnung. A** Doppelpuls-Bahnung. Ein erster Depolarisationspuls an der Nervenendigung (Endplatte des Frosches) löst ein EPSC von etwa –3,5 nA Amplitude aus; 5 ms nach dem ersten Puls löst ein zweiter gleicher Größe ein 2 mal größeres EPSC aus. **B** Posttetanische Potenzierung. *Oben:* ein Strompuls löst ein Test-EPSC mit durchschnittlich 0,23 Quanten-EPSC aus. *Darunter:* Wird dem Test-EPSC eine Pulsserie von drei Pulsen vorausgeschickt, so löst der Test-Puls, der hier dem letzten Puls der Serie mit 20 ms Abstand nachfolgt, ein Test-EPSC mit 1,03 Quantengehalt aus. Die Bahnung des Test-EPSC beträgt $F_c = 1{,}03/0{,}23 = 4{,}5$. Im Diagramm *rechts* ist die Bahnung F_c in Abhängigkeit vom Pulsintervall aufgetragen. Nach Dudel et al (2001)

schnittlich 0,23 Quanten/Puls aus; darunter, 20 ms nach der Pulsserie, war die durchschnittliche Freisetzung 1,03 Quanten/Puls, eine ***posttetanische Potenzierung*** um das 4,5-fache. Mit Verlängerung des Pulsintervalls nahm die Potenzierung ab, war aber nach 50 ms immer noch mehr als zweifach.

Da die ***Bahnung*** die Ausschüttung von Überträgerstoffquanten erhöht, ist sie ein ***präsynaptischer Prozess.*** Nach fast allgemeiner Ansicht wird sie durch ***»Restcalcium«*** erzeugt: während einer Depolarisation der Endigung strömt Ca^{2+} ein und erhöht die Innenkonzentration $[Ca^{2+}]_i$ (Abb. 5.16), die sich danach durch Transport und Austauschprozesse zum Ruhewert zurückbildet. Solange $[Ca^{2+}]_i$ jedoch noch über dem Ruhewert liegt, startet bei einer neuen Depolarisation die Zunahme der $[Ca^{2+}]_i$ von einem erhöhten Ausgangswert und wird damit größer als nach der ersten Depolarisation. Wegen der Abhängigkeit der Überträgerstoffausschüttung von der 4. Potenz von $[Ca^{2+}]_i$ erbringen schon sehr kleine relative Erhöhungen von $[Ca^{2+}]_i$ eine beträchtliche Bahnung.

Bahnung, ein möglicher Mechanismus von Kurzzeitgedächtnis. Verschiedene Synapsen zeigen unterschiedlich stark ausgeprägte Bahnungen. Kräftige Bahnungen kommen an zentralen Synapsen häufig vor; bei diesen löst ein einzelnes Aktionspotential in der präsynaptischen Endigung kaum eine Quantenausschüttung aus, während mehrere kurz aufeinander folgende Impulse sehr viel effektiver sind. Mit der Bahnung hat die Nervenendigung eine Form von ***Gedächtnis***: für einige 100 ms wird sie vom vorhergehenden Ereignis beeinflusst. Es gibt auch Synapsen, bei denen die Bahnung Minuten fortdauert. Wahrscheinlich ist die synaptische Bahnung der Mechanismus einer erste Stufe des Kurzzeitgedächtnisses, aus der dann langfristigere Gedächtnisprozesse entstehen können (► s. Kap. 10.3).

Synaptische Depression. Lange Serien hochfrequenter Erregungen der Nervenendigungen können schließlich das Gegenteil von Bahnung, eine Depression, hervorrufen. Bei einer solchen Depression ist die Zahl der ***pro Aktionspotential*** ausgeschütteten ***Überträgerstoffquanten vermindert.*** Die Ursachen sind im Einzelnen unklar: Erschöpfung des Vorrats an Überträgerstoffvesikeln ist eine Möglichkeit. Bei hoher Frequenz der Aktionspotentiale kann an Axonverzweigungen die ***Erregungsfortleitung*** intermittierend ***blockiert*** werden. An vielen Synapsen wirkt der ausgeschüttete Überträgerstoff hemmend zurück auf die Nervenendigung, was bei hohen Frequenzen Depression der Freisetzung hervorruft. Die durch wiederholte Aktivierungen eines synaptischen Übertragungsweges ausgelöste Depression kann ***Schutzfunktionen*** haben, könnte auch als ***»Habituation«*** (Gewöhnung, ein aus der Verhaltensforschung entlehnter Begriff) Grundlage für Lern- und Gedächtnisprozesse sein (► s. Kap. 10.1).

In Kürze

Quantale Freisetzung der Überträgerstoffe

Überträgerstoffe werden in der Nervenendigung in Vesikeln gespeichert und bei Erhöhung der intrazellulären Ca^{2+}-Konzentration in, »Quanten«, die dem Inhalt dieser präsynaptischen Vesikel entsprechen, durch Exozytose freigesetzt. Postsynaptisch erscheint dadurch ein »Potentialquant«. Die Freisetzung erfolgt innerhalb etwa einer Millisekunde nach Depolarisation der Nervenendigung.

Bahnung und Depression

- Bei kurz aufeinander folgenden Depolarisationen tritt Bahnung ein: die erste Depolarisation öffnet Ca^{2+}-Kanäle und hinterlässt eine noch erhöhte Ca^{2+}-Konzentration, worauf bei der nächsten Depolarisation die intrazelluläre Ca^{2+}-Konzentration erhöhte Werte erreicht und die Überträgerstofffreisetzung verbessert wird.
- Längere hochfrequente Serien von Depolarisationen können auch das Gegenteil von Bahnung, nämlich synaptische Depression auslösen.

5.8 Synaptische Rezeptoren

Ionotrope Rezeptoren

Bei direkt ligandengekoppelten Kanälen (ionotropen Rezeptoren) sind Rezeptor und Ionenkanal in einem Molekül vereinigt

Rezeptorkanäle oder ionotrope Rezeptoren. Bei diesem Typ Rezeptoren sind die Agonistenbindungs- und die Ionenkanalfunktion in einem Makromolekül vereinigt. Derartige »schnelle« synaptische Rezeptoren finden sich an der Endplatte (Abb. 5.7), an den meisten glutamatergen Synapsen sowie an hemmenden Synapsen mit Glyzin oder GABA als Überträgerstoff.

Nikotinische Rezeptorkanäle der Endplatte. Am genauesten ist die Reaktion des Rezeptors mit Agonistenmolekülen (A) wiederum an den Azetylcholin (ACh)-gesteuerten Kanälen der Endplatte bekannt, die 2 ACh binden. Für diesen Kanal wurde folgendes Schema abgeleitet:

Die obere Zeile des Schemas beschreibt die Kanalöffnung, A_2O, aufgrund Bindung von 2 A. Die Kanalöff-

$$\begin{array}{ccccccc} R & \underset{}{\overset{A}{\rightleftharpoons}} & AR & \overset{A}{\rightleftharpoons} & A_2R & \rightleftharpoons & A_2O \\ \updownarrow & & & & & \swarrow\!\!\nearrow & \\ D & \overset{A}{\rightleftharpoons} & AD & \overset{A}{\rightleftharpoons} & A_2D & & \end{array} \qquad (1)$$

Abb. 5.18. Kinetik nikotinischer Rezeptorkanäle. A Zustände eines nikotinischen Rezeptorkanals. Vom Ruhezustand R ausgehend bindet der Kanal erst ein ACh-Molekül *(A)*, dann ein zweites und erreicht von A_2R den Offenzustand A_2O *(rot)*, wonach er zwischen A_2R und A_2O oszilliert. Nur während A_2O werden Kanalöffnungen *(oben)* gesehen, die in Gruppen, sogenannten bursts erscheinen. **B** Aktivierung nikotinischer Rezeptoren/Kanäle auf einem Membranfleck *(Outside-Out Patch)* aus Mausmuskel. Die Membran wurde für 0,5 s mit ACh-Konzentrationen von 0,001 bis 1 mmol/l überspült. Bei 0,001 mmol/l ACh öffnet meist nur ein Kanal (maximal 3 gleichzeitig); bei 1 mmol/l ACh öffnen alle etwa 250 Kanäle des Membranflecks innerhalb von weniger als 1 ms. **C** Dosiswirkungskurven des relativen Stroms *(links)* und der Stromanstiegszeit *(rechts)*. Mod. nach Franke et al (1991)

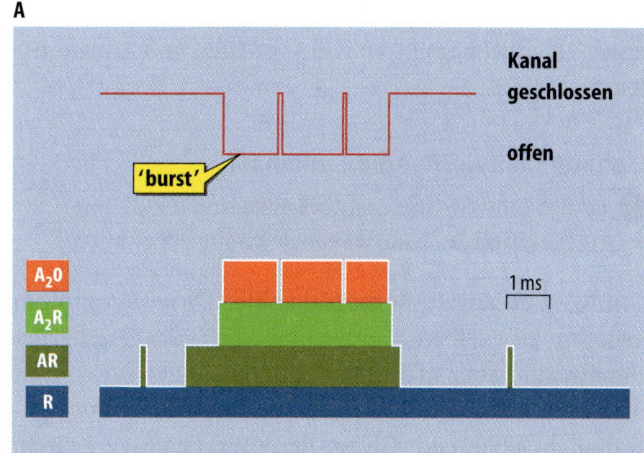

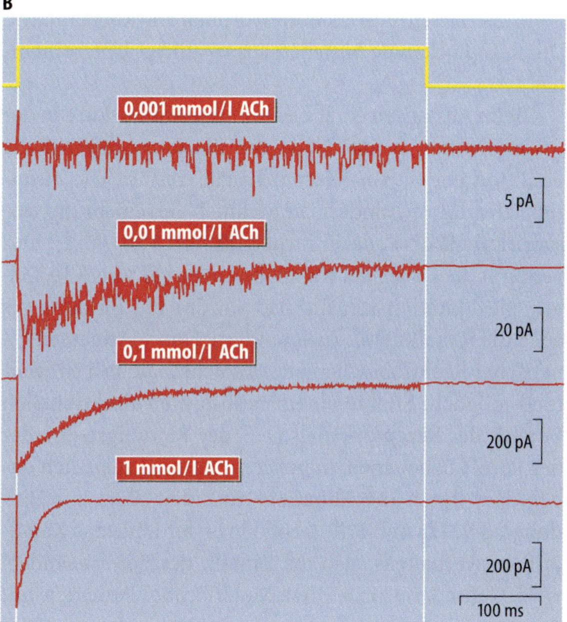

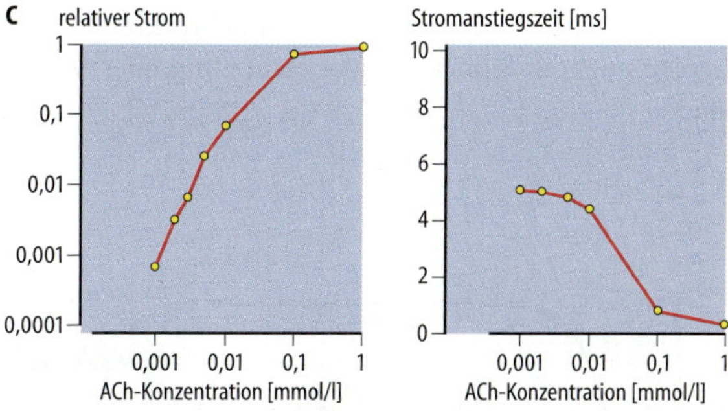

nungen treten in ***Gruppen (Bursts)*** mit kurzen Intervallen, durch ***schnelle Konformationsänderungen des Moleküls*** vom offenen Zustand A_2O zum geschlossenen Zustand A_2R und zurück, auf (Abb. 5.18 A). Derartige Gruppen sind typisch für alle direkt ligandengesteuerten Kanäle, aber z. B. auch für spannungsgesteuerte K^+-Kanäle.

Desensitisierung

Direkt ligandengekoppelte Rezeptorkanäle desensitisieren in Anwesenheit des Liganden: die Öffnungswahrscheinlichkeit nimmt mit der Zeit ab

Desensitisierung des ACh-Rezeptors. Wird ACh schnell appliziert, so ist die Öffnungswahrscheinlichkeit der Rezeptoren nur bis zu Konzentrationen von 2 μmol/l zeitlich konstant; bei hohen ACh-Konzentrationen werden die Öffnungen nach einem anfänglichen Maximum schnell seltener, es tritt ***Desensitisierung*** ein. Die Desensitisierung ist eine Schließung des Kanals, in Schema (1) der Übergang vom Offenzustand A_2O in den Zustand A_2D. Dieser hat bei 1 mmol/l ACh eine Zeitkonstante von 20–50 ms (Abb. 5.18 B).

Die ***Öffnungswahrscheinlichkeit des Kanals*** erreicht bei hohen ACh-Konzentrationen (1 mmol/l) fast den ***Wert 1*** und fällt für kleinere Konzentrationen steil ab (Abb. 5.18 B). Für kleine ACh-Konzentrationen ist dieser Abfall mehr als proportional zur ACh-Konzentration, was durch Bindung von 2 ACh vor der Kanalöffnung erklärt wird (Abb. 5.18 C). In einem gewissen Konzentrationsbereich ist die Zeit bis zum Erreichen des anfänglichen Maximums abhängig von der ACh-Konzentration.

Desensitisierung anderer Kanäle. Desensitisierung ist ein Charakteristikum aller ligandengesteuerten Kanäle; sie kann bei verschiedenen Kanaltypen mit sehr verschiedenen Geschwindigkeiten ablaufen. Desensitisierung scheint ein ***Sicherheitsmechanismus der Synapsen*** zu sein, der zu große und langdauernde Aktivierungen verhindert. Die Desensitisierung ist ein Analog der ***Inaktivierung*** der Na^+-Kanäle.

Die ***Aminosäuresequenz des ACh gesteuerten Kanals*** der Endplatte, der nach einem spezifischen Agonisten auch ***nikotinischer Rezeptor*** genannt wird, ist bekannt. Er hat ein Molekulargewicht von 268 000 und besteht aus 5 etwa gleich großen und weitgehend analogen Untereinheiten, die sich um den zentralen Kanal lagern. Auch die Strukturen einiger anderer direkt ligandengesteuerter Kanäle ähneln denen des nikotinischen Rezeptors, und es ist wahrscheinlich, dass diese Moleküle miteinander verwandt sind. Von den verschiedenen Kanaltypen gibt es jeweils eine große Zahl von Strukturvarianten, die unterschiedliche Kanaleigenschaften, besonders aber auch unterschiedliche Spektren von Agonisten und Antagonisten, bedingen.

Ligandenaktivierte Anionenkanäle

GABA$_A$- und Glyzin-Rezeptorkanäle sind für Cl^- und HCO_3^- permeabel und wirken gewöhnlich hemmend

GABA$_A$- und Glyzin-Rezeptorkanäle. Diese Rezeptoren gehören zur selben Familie wie die ACh-gesteuerten Kanäle, sind aber nicht für Kationen sondern für Anionen (wie Cl^- und HCO_3^-) permeabel und wirken gewöhnlich hemmend. Glyzin-Rezeptorkanäle vermitteln unter anderem die ***rekurrente Hemmung*** zwischen Renshaw-Zellen und α-Motoneuronen im Rückenmark. Die Rezeptorkanäle bestehen aus α- und β-Untereinheiten.

Beim Austausch einer bestimmten Aminosäure in der α-Untereinheit in der Nähe der Bindungsstelle ist die Funktion der Glyzin-Rezeptorkanäle gestört. Die ***Mutation αK276E*** vermindert die Steilheit, verschiebt die Dosiswirkungskurve nach rechts (Abb. 5.19, links) und verkürzt die Dauer der Kanalöffnungen (Abb. 5.19, Mitte). Die Mutation scheint also sowohl die Bindung als auch die Kanalkinetik zu verändern. Durch Anpassen kinetischer Reaktionsschemata an solche Daten ist es eventuell möglich, Effekte einem bestimmten funktionellen Bereich des Rezeptorkanals (z. B. der Bindungsstelle oder der Pore) zuzuordnen. In unserem Beispiel zeigt sich dabei, dass durch die Mutation trotz der Nähe zur Bindungsstelle (Abb. 5.19, rechts) in erster Linie das Kanalöffnungsverhaltens, also die Kinetik der Pore verändert wird. Gefunden wurde diese Mutation bei Patienten mit der sogenannten ***Startle disease*** oder ***Hyperekplexie.*** Dies ist eine seltene erbliche neurologische Erkrankung, bei der der Muskeltonus erhöht ist und Schreckreaktionen infolge unzureichender spinaler Hemmung übersteigert sind.

Glutamaterge Rezeptorkanäle

An vielen glutamatergen Synapsen kommen zwei Sorten von Rezeptorkanälen nebeneinander vor

NMDA- und AMPA/Kainat-Rezeptoren. Glutamaterge Rezeptorkanäle werden nach spezifischen Agonisten als ***N-Methyl-D-Aspartat-Rezeptoren (NMDA-Typ)*** und ***AMPA/Kainat-Rezeptoren (A/K- bzw. non-NMDA-Typ)*** bezeichnet (Abb. 5.20 A). NMDA-Rezeptoren öffnen bei negativen Potentialen nicht, weil ihre Poren durch Mg^{2+} blockiert werden. NMDA-Rezeptoren haben eine höhere Affinität für Glutamat und reagieren bei Änderungen der Glutamatkonzentration langsamer als AMPA/Kainat-Rezeptoren. Wird die Membran bis nahe zum Nullpotential oder darüber hinaus depolarisiert, ***treibt*** diese Potentialverschiebung ***Mg^{2+}*** aus den

5.5. Exzitotoxizität

Ursachen. Bei der Exzitotoxizität handelt es sich um eine Gewebeschädigung und den Zelltod in Reaktion auf eine übermäßige Freisetzung oder Zufuhr von Glutamat. Übermäßige Glutamatfreisetzung kann bei Epilepsie, Schädelhirntrauma, Hypoxie oder Ischämie des Gehirns erfolgen. Exzitotoxizität kann aber auch durch mit der Nahrung aufgenommenes Glutamat ausgelöst werden, da Lebensmitteln Glutamat zum Würzen zugesetzt wird (*Chinese-Restaurant-Syndrome*). Schließlich können Glutamat ähnliche Substanzen, wie Domoat, Exzitotoxizität hevorrufen (*Amnestic Shellfish Poisoning*).

Pathologie. Die für Exzitotoxizität empfindlichste Region unseres Gehirns ist der Hippocampus. Gewebeschädigung und Zelltod bei der Exzitotoxizität werden wahrscheinlich durch übermäßigen Ca^{2+}-Einstrom bei überschießender Glutamatrezeptoraktivierung ausgelöst. Im Tierversuch kann Exzitotoxizität durch Glutamatrezeptorantagonisten reduziert werden.

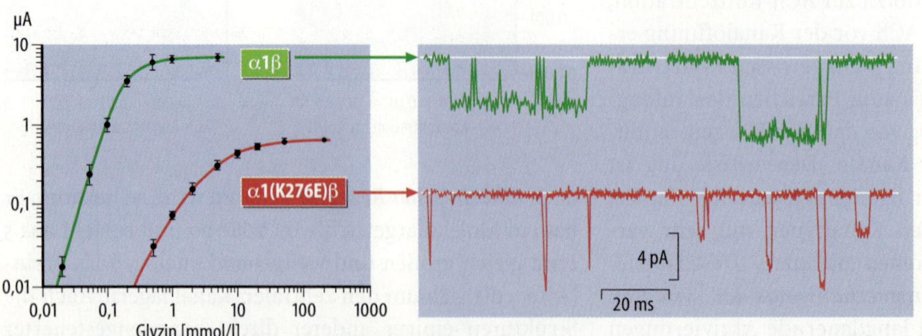

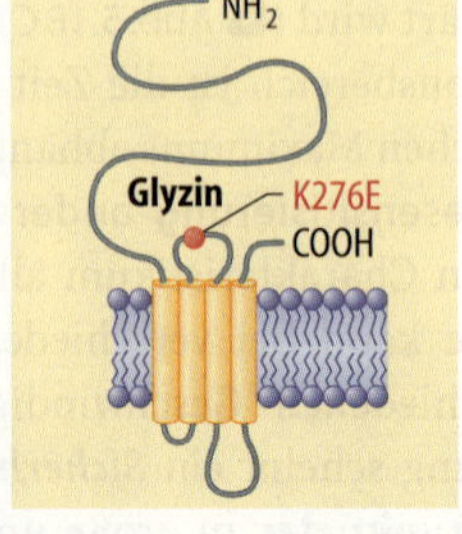

Abb. 5.19. Funktionsstörung Glyzin-erger Rezeptorkanäle durch den Austausch einer Aminosäure. Dosiswirkungskurven und Einzelkanalstromspuren normaler *(grün)* und mutierter *(rot)* Glyzin-erger Rezeptorkanäle. Der Austausch einer Aminosäure an Position 276 reduziert die Wirkung des Glyzins. Infolgedessen ist die spinale Hemmung vermindert und es treten übersteigerte Schreckreaktionen auf. Mod. nach Lewis et al (1998)

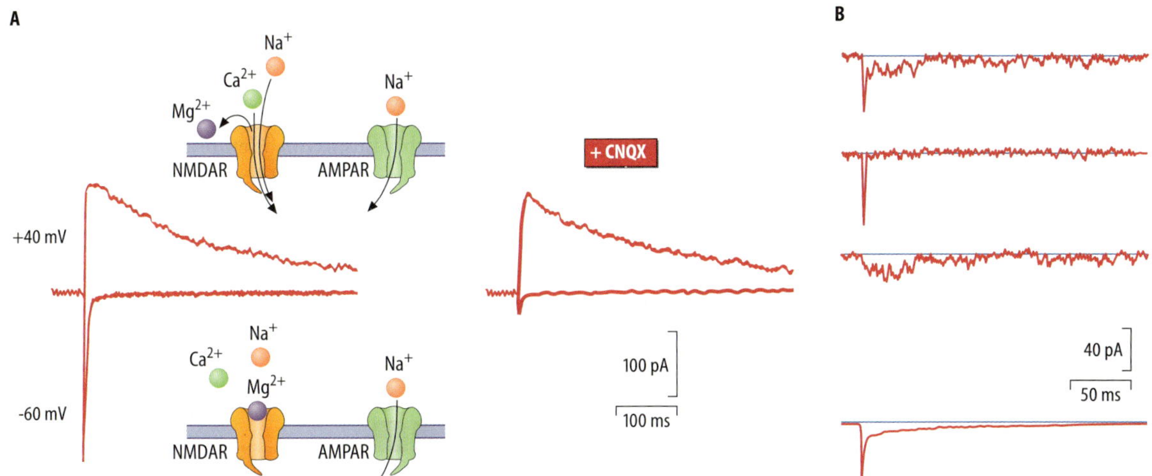

Abb. 5.20. Zwei Komponenten glutamaterger EPSCs. A *Links:* Bei –60 mV ist nur die schnelle non-NMDA-Komponente sichtbar und die Pore der NMDA-Rezeptoren durch Mg^{2+} blockiert. Bei positiver Klemmspannung tragen auch die NMDA-Rezeptoren zum EPSC bei. *Rechts:* CNQX blockiert Glutamatrezeptoren vom Non-NMDA-Typ. Mod. nach Hestrin (1992). **B** Quantenströme einer hippokampalen Pyramidenzelle ohne Mg^{2+} im Bad. *Oben:* Einzelereignisse. *Unten:* Mittelwert. Mod. nach Bekkers u. Stevens (1989)

NMDA-Rezeptorkanälen, Letztere ***öffnen***. Dies erklärt warum der Zeitverlauf der EPSCs in Abb. 5.20 A bei +40 und –60 mV unterschiedlich ist. Mit dem non-NMDA-Rezeptor-Antagonisten CNQX, kann die schnelle EPSC-Komponente blockiert werden (Abb. 5.20 A, rechts).

Stille Synapsen. Nur mit NMDA-Rezeptoren ausgestattete Synapsen können wegen des Mg^{2+}-Blocks bei negativen Membranpotentialen keine EPSCs erzeugen. Solche sogenannten stillen Synapsen können, bei Bedarf (▶ s. Langzeitpotenzierung), durch Einbau von non-NMDA-Rezeptoren »geweckt« werden. Wie unterschiedlich Synapsen eines Neurons mit Rezeptoren ausgestattet sein können, verdeutlicht die Variabilität der relativen Anteile der NMDA- und non-NMDA-Komponenten der Quantenströme in Abb. 5.22 B. Die Ströme wurden in Abwesenheit von Mg^{2+} registriert.

Indirekt ligandengekoppelte Rezeptoren

Bei indirekt ligandengekoppelten Kanälen führt die Bindung von Überträgerstoffmolekülen an das Rezeptormolekül zur Aktivierung eines G-Proteins der Membraninnenseite, das entweder direkt Kanäle öffnet, oder über second Messenger auf Membrankanäle oder metabotrop auf Stoffwechselvorgänge wirkt

Muskarinischer ACh-Rezeptor. Dieser Rezeptor reagiert auf vom Herzvagus freigesetztes ACh, worauf sich K^+-Kanäle öffnen und vor allem spontane Erregungsbildung im Sinusknoten hemmen. Der Rezeptor heißt muskarinisch, weil hier, wie in vielen cholinergen Synapsen des vegetativen Nervensystems, Muskarin ein spezifischer Agonist ist (im Unterschied zu den nikotinischen Rezeptoren der Endplatte). Misst man Membranströme an isolierten Herzmuskelzellen, so werden K^+-Ströme ausgelöst, wenn ACh appliziert wird (Abb. 5.21 A).

ACh bindet an einen ***muskarinischen Rezeptor***, der ein ***G-Protein*** an der Innenseite der Membran aktivieren kann. Hierbei wird intrazelluläres GTP in GDP und Phosphat gespalten. Das G-Protein zerfällt in einen $\beta\gamma$- und einen α-Anteil. Die ***$\beta\gamma$-Untereinheit*** diffundiert in der intrazellulären Schicht der Zellmembran und bindet schließlich an einen K^+-Kanal, der sich daraufhin ***öffnet.*** Die K^+-Kanäle öffnen 30–100 ms nach der Bindung von ACh an den Rezeptor; die Verzögerung wird durch die Diffusion der $\beta\gamma$-Untereinheit zum Kanal verursacht.

Kopplung über sekundäre Botenstoffe. Bei dem muskarinischen Rezeptor in Abb. 5.21 wurde die Öffnung des K^+-Kanals direkt durch $G_{\beta\gamma}$ vermittelt. G-Protein-gekoppelte synaptische Rezeptoren können ihre Wirkungen auch über die Einschaltung von zytosolischen sekundären Botenstoffen *(second messengers)*, wie ***cAMP*** oder ***IP_3***, vermitteln (▶ s. Kap. 2.3).

Als spezifisches Beispiel sei die ***β-adrenerge synaptische Übertragung*** durch Noradrenalin, z. B. am Sympathikus des Herzmuskels, genannt. Nach Bindung des Noradrenalin an den β-Rezeptor wird die ***cAMP-Kaskade*** ausgelöst. Die cAMP-aktivierte ***Proteinkinase A*** phosphoryliert Ca^{2+}-Kanäle der Membran und erhöht damit die Wahrscheinlichkeit der Kanalöffnung. Der so erhöhte Ca^{2+}-Einstrom lässt die Schrittmacherpotentiale des Herzmuskelaktionspotentials schneller ansteigen und dadurch nimmt die Herzfrequenz zu.

Ionotrope und metabotrope Ligandenwirkungen. Die durch Ca^{2+}-Einstrom und -Ausschüttung aus dem sarkoplasmatischen Retikulum erhöhte intrazelluläre Ca^{2+}-Konzentration steigert die Kontraktionskraft der Myo-

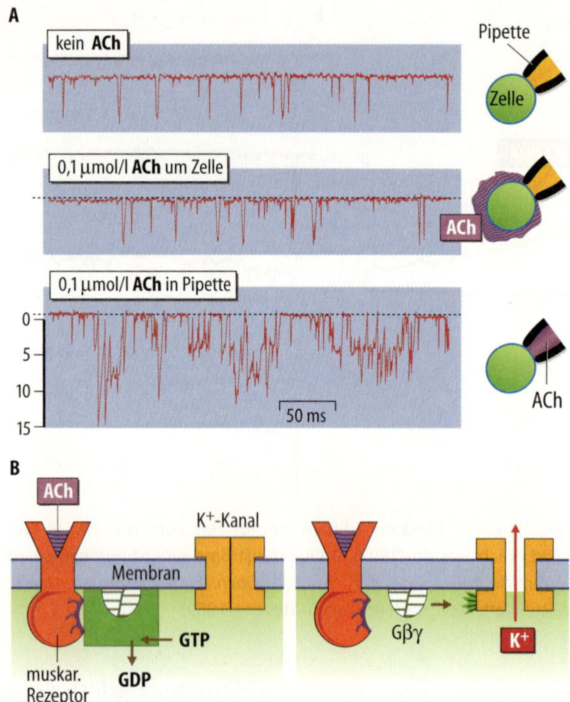

Abb. 5.21. Muskarinische ACh-Wirkung am Herzen. A Die Ströme werden nur vom Membranstück in der Pipette gemessen. Wird ACh außerhalb der Pipette appliziert, so hat dies keinen Effekt. Wird ACh in der Pipette an die Membran gebracht, so erhöht sich drastisch die Zahl der K^+-Kanalöffnungen. **B** Wirkungsschema des ACh an diesem Rezeptor. Der aktivierte muskarinische Rezeptor aktiviert ein G-Protein, dessen $\beta\gamma$-Anteil an der Membraninnenseite zu einem K^+-Kanal diffundiert und dessen Öffnung auslöst. Mod. nach Hille (1992), Soejima u. Noma (1984)

fibrillen. Eine durch G-Proteine vermittelte postsynaptische Wirkung kann so multiple Angriffspunkte haben: Membrankanäle werden geöffnet und die Kraftentwicklung von Myofibrillen wird gesteigert. Man nennt Wirkungen durch Kanalöffnung ***ionotrop***, solche auf intrazelluläre Funktionen ***metabotrop***.

Gasförmige Überträgerstoffe

Als Mittler zwischen synaptischen Rezeptoren und Kanälen oder anderen Funktionsträgern wirkt auch Stickoxid, NO

An den glatten Muskeln der Gefäße wird durch gelöstes ***Stickoxid***, das von Endothelzellen gebildet wird, ***Relaxation*** vermittelt (► s. Kap. 28.5). NO tritt auch an neuralen Synapsen als Mittlerstoff auf. Ausgelöst wird die ***NO-Bildung durch Ca^{2+}-Einstrom***, z. B. durch glutamatgesteuerte erregende synaptische Kanäle an Zellen des Zentralnervensystems oder durch IP_3 vermittelte Ca^{2+}-Ausschüttung aus intrazellulären Speichern. Die erhöhte intrazelluläre Ca^{2+}-Konzentration aktiviert die ***NO-Synthase***, ein Ca^{2+}-Calmodulin-reguliertes Enzym, das aus Arginin NO abspaltet. NO kann sehr schnell innerhalb der Zellen, aber auch über die Zellmembran und im Extrazellulärraum ***diffundieren***, in 5 Sekunden erreicht es über 100 µm ausreichende Konzentrationen. Es aktiviert in benachbarten Zellen die ***Guanylat-Zyklase***,die aus GTP den Botenstoff cGMP synthetisiert. ***cGMP*** kann die Öffnung oder Schließung von Membrankanälen veranlassen, kann aber auch cGMP-abhängige Proteinkinasen aktivieren (analog zur cAMP-Wirkung). In Nervenendigungen kann cGMP die Ausschüttung von Überträgerstoffquanten erleichtern. NO dürfte auch in aktivierten Bereichen erweiternd auf Hirngefäße wirken; Grundlage für die Aktivitätsdarstellung in der funktionellen Kernspinntomographie.

In Kürze

Ligandengesteuerte Membrankanäle

Es gibt verschiedene Typen ligandengesteuerter Membrankanäle:

- Bei direkt ligandengekoppelten Kanälen führt die Bindung des Überträgerstoffes an den postsynaptischen Rezeptor zu Öffnungen des Ionenkanals des Rezeptormoleküls (Beispiel: nikotinischer ACh-Rezeptor).
- Bei indirekt ligandengekoppelten Kanälen erzielt die Bindung von Überträgerstoff an den Rezeptor die Aktivierung eines G-Proteins. Das G-Protein bindet entweder an ein Kanalmolekül (Beispiel: muskarinischer ACh-Rezeptor), oder das G-Protein wirkt über Enzymketten und sekundäre Botenstoffe wie cAMP oder Stickoxid auf Kanalmoleküle (Beispiel: adrenerge Übertragung). Neben ionotropen Wirkungen können über sekundäre Botenstoffe auch intrazelluläre Funktionen metabotrop gesteuert werden.

5.9 Synaptische Plastizität

Langzeitpotenzierung

Unter Langzeitpotenzierung versteht man eine lang andauernde Verstärkung der Effizienz der synaptischen Übertragung

Mögliche Mechanismen des Lernens. Eine grundlegende Fähigkeit selbst schon primitiver Nervensysteme ist das Lernen, d. h. die sinnvolle Änderung der Reaktionsweise des Systems aufgrund von Erfahrungen. Lernen wird im Kapitel 10 eingehender besprochen. Hier sollen 2 zelluläre synaptische Reaktionsweisen vorgestellt werden, die ***Langzeitpotenzierung (Long Term Potentiation; LTP)*** und die ***Langzeitdepression (LTD)***, die als zelluläre Substrate von Lernvorgängen diskutiert werden. LTP wird z. B. an Pyramidenzellen des Hippokampus beobachtet. LTP wird ausgelöst, wenn ein synaptischer Ein-

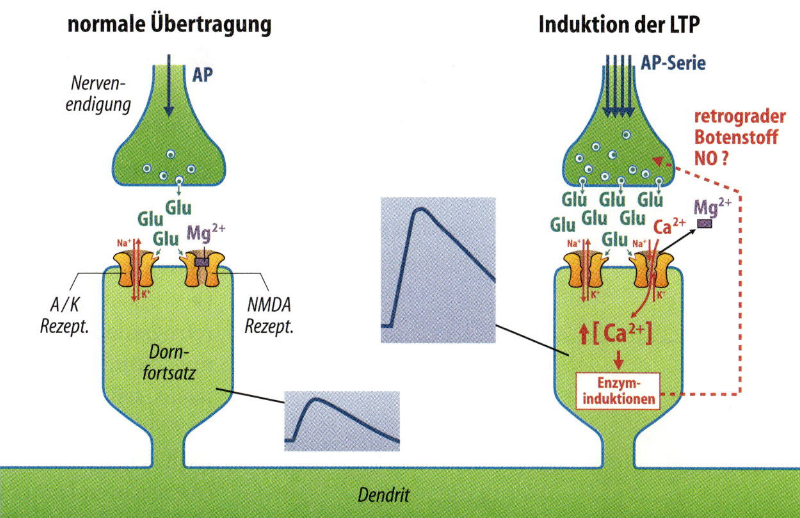

Abb. 5.22. Langzeitpotenzierung, LTP. *Links:* »normale« synaptische Übertragung an einem Dornfortsatz eines Neurons im Hippokampus. Ein Aktionspotential *(AP)* in der Nervenendigung löst mäßige Freisetzung von Glutamat *(Glu)* aus. Bei stark negativen Membranpotentialen ist der NMDA-Rezeptor durch ein Mg^{2+}-Ion im Kanal blockiert. *Rechts:* Bei einer Serie von APs erzeugt die erhöhte Glu-Freisetzung ein vergrößertes EPSP und Mg^{2+} wird aus dem NMDA-Kanal getrieben und vor allem Ca^{2+} strömen in den Dornfortsatz. Dort löst die Erhöhung der $[Ca]_i$ Enzyminduktionen aus, die die postsynaptische Empfindlichkeit für Glu heraufsetzen oder über NO die präsynaptische Überträgerstofffreisetzung langfristig erhöhen

gang in diese Zellen durch eine hochfrequente Serie von Aktionspotentialen stark aktiviert wird. Danach wird die Übertragung an diesem Eingang eventuell tagelang beträchtlich potenziert gefunden.

Langzeitpotenzierungen, LTP. Die LTP findet an glutamatergen Synapsen, z. B. an Dornfortsätzen der Dendriten von Pyramidenzellen, statt. An diesen Dornfortsätzen gibt es Glutamatrezeptoren vom ***NMDA***- und vom ***AMPA/Kainat***- bzw. ***non-NMDA-Typ***. Ein einzelnes Aktionspotential im afferenten Nerven verursacht die Ausschüttung einer Glutamatmenge, die zur Öffnung einiger Kanäle vom A/K-Typ ausreicht (Abb. 5.22, links). Die NMDA-Kanäle öffnen nicht, weil sie durch Mg^{2+} blockiert sind (▶ vgl. Abb. 5.20). Es ergibt sich ein relativ kleines EPSP. Wird nun in den afferenten Axonen eine längere Impulsserie ausgelöst (Abb. 5.22, rechts), so steigt die Glutamatkonzentration am Dornfortsatz stark an, und mehr AMPA/Kainat-Kanäle öffnen. Dadurch wird die Membran so weit depolarisiert, dass der spannungsabhängige Block der Pore der NMDA-Kanäle aufgehoben und ein großes EPSP erzeugt wird. Die für ein Öffnen der NMDA-Kanäle notwendige Depolarisation kann auch durch ein retrograd geleitetes Aktionspotential hervorgerufen werden (▶ s. Abb. 5.13 und dazugehöriger Text).

Wichtig ist nun, dass bei ***Öffnung der NMDA-Kanäle*** relativ ***viel*** Ca^{2+} in die Zelle einfließt und dies wiederum verschiedene Enzymsysteme aktiviert. In der Folge kann z. B. durch den Einbau von Rezeptoren postsynaptisch die Empfindlichkeit für Glutamat heraufgesetzt werden und/oder durch eine Aktivierung der ***NO-Synthase NO*** gebildet werden, das zur präsynaptischen Seite diffundieren und dort die Überträgerstoffausschüttung verbessern kann. Man findet also neben ***postsynaptischen*** auch ***präsynaptische Mechanismen*** der LTP.

LTP kann 1 bis 2 Stunden, aber auch sehr viel länger währen (Abb. 5.23 A). Späte LTP kann durch Blockade der Proteinbiosynthese verhindert werden und greift wohl in die Gentransskription ein (Abb. 5.23 B). Dabei können auch Strukturänderungen eintreten, z. B. Größe und Anzahl der Synapsen zunehmen, wie Änderungen der synaptischen Spines andeuten (Abb. 5.23 C).

Langzeitdepression

Unter Langzeitdepression versteht man eine lang andauernde Depression der Effizienz der synaptischen Übertragung

Der entgegengesetzte Vorgang, die Langzeitdepression, LTD, kann z. B. an Purkinjezellen des Kleinhirns beobachtet werden. Diese Zellen, von denen die Efferenzen des Kleinhirns ausgehen, werden durch 3 Eingänge angesteuert (▶ s. Kap. 7.8). Wenn zwei dieser Eingänge, die ***Kletterfasern*** und die ***Parallelfasern***, ***gleichzeitig*** erregt werden, so wird danach die Übertragung zwischen den Parallelfasern und Purkinjezellen für Stunden gehemmt, es tritt ***LTD*** ein.

LTD wird ausgelöst durch gleichzeitige Aktivierung von 2 glutamatgesteuerten Rezeptor-Kanaltypen. Der erste ist vom klassischen ***AMPA/Kainat-Typ***, er wird von den Kletterfasern angesteuert und löst eine große Depolarisation mit Ca^{2+}-Einstrom aus. Werden auch die Parallelfasereingänge stimuliert, so aktivieren die ausgeschütteten hohen Glutamatkonzentrationen auch einen ***metabotropen Glutamatrezeptor***. Dies ist ein G-Protein-ge-

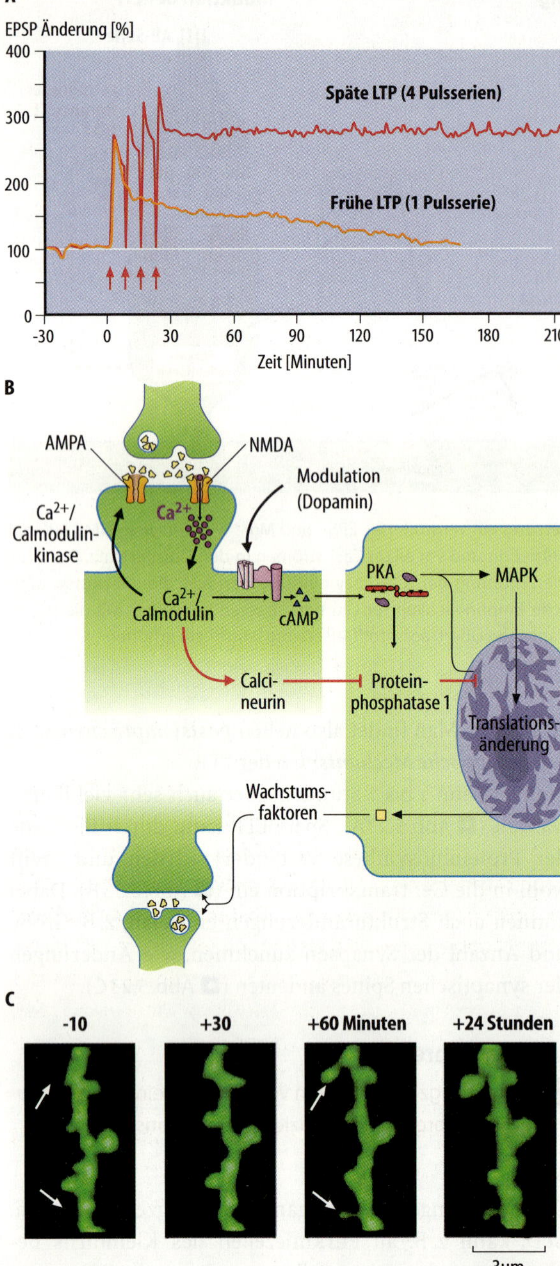

Abb. 5.23. Von der Langzeitpotenzierung zu einem morphologischen Korrelat synaptischer Plastizität. A Zeitverlauf früher und später Langzeitpotenzierung (LTP). **B** Späte LTP erfordert Proteinbiosynthese und Transskriptionsänderungen im Zellkern. Mod. nach Kandel et al (2001). **C** 60 Minuten nach LTP-Auslösung ist bei einer hippokampalen Pyramidenzelle Wachstum dendritischer Dornfortsätze sichtbar. Mod. nach Engert u. Bonhoeffer (1999)

koppelter Rezeptor, der die IP_3-Kaskade aktiviert. IP_3 löst Ca^{2+}-Freisetzung aus intrazellulären Speichern aus, und die gemeinsame Erhöhung der intrazellulären Ca^{2+}-Konzentration führt ebenso wie bei der LTP zur Produktion von ***NO*** und dies über ***cGMP***-Bildung zur langfristigen ***Desensitisierung der AMPA/Kainat-Rezeptoren***, was LTD verursacht.

Dynamik und Plastizität

An manchen Synapsen wird bei hochfrequenten Pulsserien LTP und bei niederfrequenten Pulsserien LTD beobachtet

Relevanz der Sequenz. Die Form der Plastizität (LTP oder LTD) kann aber auch vom Zusammenhang zwischen der Aktivität des synaptischen Eingangs und der Aktivität der postsynaptischen Zelle abhängig sein (► s. auch Kap. 10.2, Begriff der Hebb-Synapse). Aktive retrograde Aktionspotentialleitung (► s. Abb. 5.13 A und dazugehöriger Text) ermöglicht eine »***Erfolgskontrolle***« selbst in distalen Dendriten.

Wird ein schwacher Eingang (der selbst postsynaptisch kein AP auslöst) wiederholt kurz vor einem starken (AP auslösenden) Eingang stimuliert, dann kann LTP beobachtet werden (Abb. 5.24, links). Bei umgekehrter Reihenfolge wird am schwachen Eingang LTD beobachtet (Abb. 5.24, rechts). An anderen Synapsen kann der Effekt (LTP oder LTD) umgekehrt sein. Bemerkenswert ist die Relevanz der Sequenz für die Plastizität.

Plastizität und Entwicklung. Die Plastizität von Synapsen ist unterschiedlich und abhängig vom Entwicklungsstadium. Für gewöhnlich sind unreife Eingänge plastischer als reife Eingänge. Während der ***Reifung*** von Nervensystemen werden viele Synapsen eliminiert, wie in Abb. 5.25 am Beispiel der Endplatte einer Maus gezeigt. Zum Zeitpunkt der Geburt enden 2 Axone auf der Skelettmuskelfaser. Im Verlauf von wenigen Tagen wächst die eine Endigung, während die andere abgebaut wird. Auch bei Reifungsprozessen von synaptischen Verbindungen scheint der Zusammenhang zwischen Aktivität der Ein-

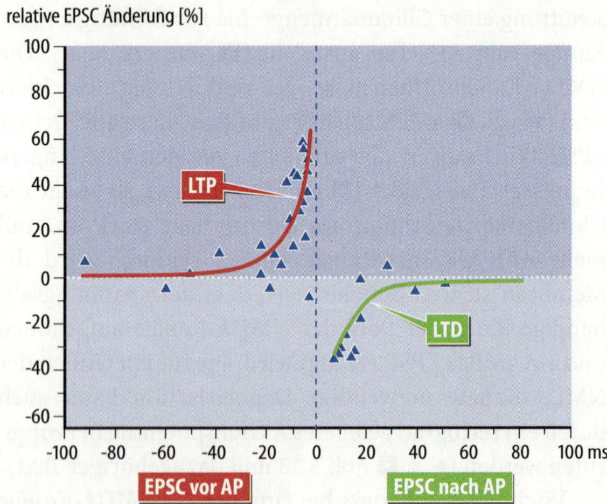

Abb. 5.24. Zentrale Erfolgskontrolle. Relative EPSC-Änderung *(Ordinate)* in Abhängigkeit vom Abstand zwischen EPSC und Aktionspotential *(Abszisse)*. *Links:* Stimulation eines unterschwelligen Eingangs kurz vor einem überschwelligen (ein Aktionspotential auslösenden Eingang; EPSC vor AP), bewirkt LTP des unterschwelligen Eingangs. *Rechts:* Stimulation des überschwelligen vor dem unterschwelligen Eingang (AP vor EPSC) bewirkt LTD des unterschwelligen Eingangs. Mod. nach Zhang et al (1998)

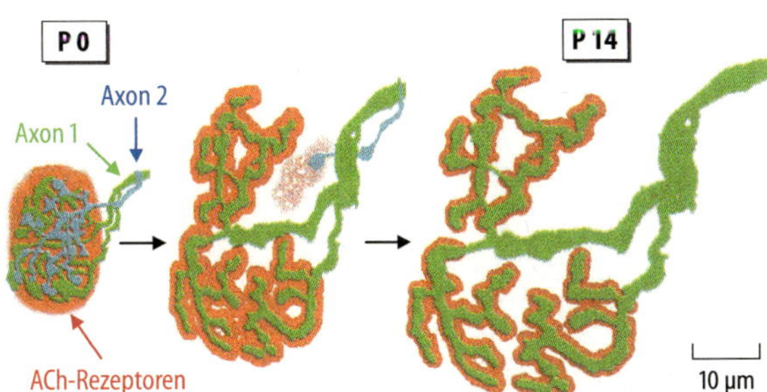

Abb. 5.25. Synapsenelimination. *Links:* Endplatte einer Maus am Tag der Geburt (P0) mit zwei Axonen in *blau* und *grün*. Die postsynaptischen nikotinischen Rezeptoren *(rot)* sind in einem ovalen Feld angeordnet. *Mitte:* Im Verlauf von Tagen übernimmt das *grüne* Axon die Innervation der Muskelfaser. *Rechts:* Nach 2 Wochen (P14) ist die Endigung des *blauen* Axons abgebaut. Mod. nach Craig u. Lichtman (2001)

gänge und dem Feuerverhalten der postsynaptischen Zelle eine Rolle zu spielen.

In Kürze

Synaptische Plastizität

Zwei Formen längerfristiger Veränderungen der Effizienz synaptischer Übertragung gelten als mögliche Mechanismen des Lernens:

- Die Langzeitpotenzierung (LTP) kann ausgelöst werden, wenn ein synaptischer Eingang durch eine hochfrequente Serie von Aktionspotentialen stark aktiviert wird. Danach wird die Übertragung an diesem Eingang eventuell tagelang beträchtlich potenziert gefunden.
- Unter Langzeitdepression (LTD) versteht man eine lang andauernde Depression der Effizienz der synaptischen Übertragung. An manchen Synapsen wird bei hochfrequenten Pulsserien LTP und bei niederfrequenten Pulsserien LTD beobachtet.

LTP und LTD können somit zentralnervöse Synapsen langfristig im Sinne eines Lerneffektes in ihrer Effektivität verstärken oder vermindern.

5.10 Elektrische synaptische Übertragung

Elektrische Synapsen

An elektrischen Synapsen fließt Strom über Nexus (Gap Junctions) direkt von der prä- in die postsynaptische Zelle und erzeugt dort ein postsynaptisches Potential

Elektrische Koppelung. Das Prinzip der elektrischen Übertragung zeigt Abb. 5.26 A. Wird über eine Pipette 1 der Zelle 1 eine Depolarisation aufgeprägt, so fließt über die Zell-Zell-Kontakte ein ***Koppelungsstrom*** i_{ko}, und auch die Zelle 2 wird depolarisiert, wenn auch im geringerem Ausmaß als Zelle 1. Die Kopplung kann linear sein, d. h. i_{ko} ist ΔE proportional (Abb. 5.26 B) oder beinhaltet eine Gleichrichtung, es fließt z. B. viel Strom bei Depolarisation, aber wenig bei Hyperpolarisation (Abb. 5.26 C).

Eine solche elektrisch übertragene Depolarisation kann überschwellig sein und in Zelle 2 ein Aktionspotential auslösen. Häufig ist die elektrisch übertragene Depolarisation unterschwellig, und Zelle 2 kann dann nur durch Summation von synaptischen Potentialen, die mit chemischer oder elektrischer Übertragung von weiteren Zellen vermittelt werden, erregt werden.

Unterscheidungsmerkmale. Bei der ***chemischen synaptischen Übertragung*** wird der postsynaptische Strom durch das Öffnen von Kanälen in der ***postsynaptischen*** Membran erzeugt, und der Strom wird durch die Ionengradienten der postsynaptischen Zelle angetrieben. Dagegen liegt bei der ***elektrischen synaptischen Übertragung*** die ***Stromquelle*** für den postsynaptischen Strom in der Membran der ***präsynaptischen Zelle***. Der elektrischen synaptischen Übertragung fehlt ein Überträgerstoff, und alle Maßnahmen, die die Ausschüttung und die Wirkung des chemischen Überträgerstoffs beeinflussen, z. B. Erniedrigung der extrazellulären Ca^{2+}-Konzentration oder Block der abbauenden Enzyme, beeinflussen die elektrische Übertragung nicht.

Gap Junctions. Ionenströme fließen an den »Membrankontakten« zwischen elektrisch gekoppelten Zellen durch Kanalproteine. Diese engen Verbindungen zwischen den Zellen sind die ***Nexus*** oder ***Gap Junctions*** (Abb. 5.26 A). In ihnen liegen mit geringem Abstand und regelmäßiger Anordnung ***Konnexone***, von denen jedes eine der Membranen durchsetzt; zwei solcher Konnexone liegen jeweils einander gegenüber, und ihre Lumina stoßen aneinander. Die Kanäle durch die Konnexone haben große Öffnungen, also hohe Einzelkanalleitfähigkeiten für kleine Ionen, und lassen auch relativ große Moleküle bis etwa zu einem Molekulargewicht von 1000 (Durchmesser etwa 1,5 nm) passieren. Jedes der Konnexone ist aus 6 Untereinheiten mit jeweils einem Molekulargewicht von etwa 25 000 aufgebaut.

Koppelung außerhalb des Nervensystems

Gap Junctions verbinden auch außerhalb des Nervensystems funktionelle Synzytien

Auch außerhalb des Nervensystems finden sich Zellkopplungen über Gap Junctions sehr häufig. Im Rahmen der Erregungsübertragung ist hier v. a. der ***Herzmuskel*** und die ***glatte Muskulatur*** anzusprechen, die durch Gap Junctions zu funktionellen Synzytien verknüpft sind. In diesen Zellverbänden läuft die Erregung von Zelle zu Zelle, ohne dass an den Zellgrenzen ein Aufenthalt oder eine Verkleinerung des Aktionspotentials sichtbar wäre. Für diese Organe ist eine Steuerungsmöglichkeit für die Gap Junctions wichtig: Die Kanäle schließen, wenn der ***pH*** abfällt oder

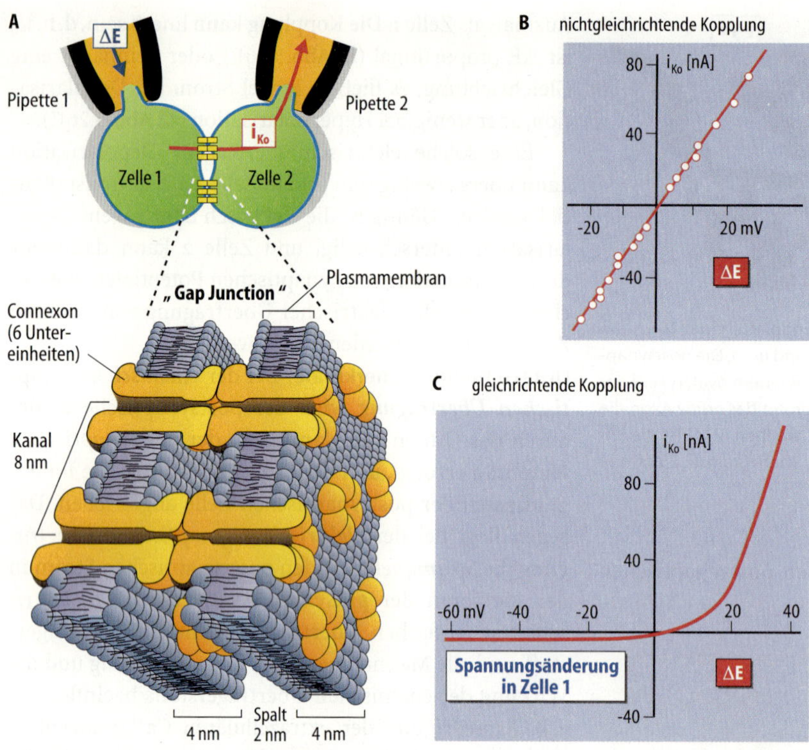

Abb. 5.26. Elektrische Synapsen. A *Oben:* Zwei Nervenzellen sind durch gap junctions gekoppelt, sodass eine Depolarisation ΔE von Zelle 1 über Pipette 1 Kopplungsstrom i_{Ko} in Zelle 2 treibt und diese ebenfalls depolarisiert. *Unten:* Detailzeichung von gap junctions. **B** Abhängigkeit des Kopplungsstrom i_{Ko} von ΔE bei linearer Kopplung, **C** bei gleichrichtender Kopplung. Nach Dudel et al (2001)

die intrazelluläre ***Ca^{2+}-Konzentration*** ansteigt. Dies geschieht immer dann, wenn Zellen verletzt werden oder starke Stoffwechselstörungen eintreten. An solchen Stellen kann sich folglich das funktionelle Synzytium vom beschädigten Bezirk abtrennen, wodurch z.B. bei einem Herzinfarkt die Ausbreitung des Schadens begrenzt wird.

Neben diesen erregbaren Zellen sind auch viele andere Zellverbände durch Gap Junctions verknüpft, so alle ***Epithelien*** oder z.B. die ***Leberzellen.*** Die Verknüpfung der Zellen ist eigentlich der originäre Zustand; in kleinen Embryonen sind alle Zellen durch Gap Junctions verbunden und erst wenn sich Organverbände differenzieren, gehen die Verbindungen zwischen diesen verloren.

▪▪▪ Es ist unklar, welche Rolle die Gap Junctions in nichterregbaren Zellen spielen. Sie erlauben den Austausch vieler kleiner Moleküle, und dies könnte für den Stoffwechsel von Bedeutung sein. Auch intrazelluläre Botenstoffe, Second Messengers (▶ s. Kap. 2.3) könnten durch die Gap Junctions diffundieren und die Steuerung von Zellprozessen der Zellen des Verbandes verknüpfen. Unter dem Gesichtspunkt der weiten Verbreitung der Gap Junctions ist es eigentlich eher verwunderlich, dass sie nicht auch im Nervensystem viel weitgehender für die synaptische Übertragung eingesetzt werden. Offenbar ermöglichen chemische Synapsen viel spezifischere und besser regulierbare synaptische Verknüpfungen, so dass die chemischen Synapsen die elektrischen weitgehend verdrängten.

Koppelung bei defekten Myelinscheiden

In Axonbündeln, in denen die Myelinscheiden mangelhaft sind, kann Erregung von Axon zu Axon überspringen: ephaptische Übertragung

Axone können bei verschiedenen Krankheiten geschädigt sein. Bei Durchtrennung von Axonen wird nicht nur das periphere Stück des Axons aufgelöst, sondern auch der proximale Axonstumpf bildet sich zurück, er ***degeneriert.*** Nach Wochen ***regeneriert*** dann im peripheren Nervensystem das Axon wieder, es sprosst als zunächst markloses Axon aus. Axone verlieren auch bei Neuropathien verschiedenen Ursprungs ihre Markscheide, sie ***demyelinieren.***

Außerdem gibt es ***axonale Neuropathien,***bei denen wahrscheinlich hauptsächlich der axonale Transport geschädigt ist. Besonders bei demyelisierten Axonen kommen anormale Wechselwirkungen vor. Erregungen, die in Gruppen von Nervenfasern geleitet werden, induzieren Erregungen auch in parallel verlaufenden Axonen. Dieses ***Übersprechen*** zwischen benachbarten Axonen wird als ***ephaptische Übertragung*** bezeichnet. Sie führt in sensorischen Nervenfasern zu anormalen Erregungen, die den Patienten als anormale Empfindungen bemerkbar werden.

Solche ***Paraesthesien*** können sehr quälend sein, besonders wenn sie nozizeptive Fasern betreffen und Schmerzzustände (Neuralgie, Kausalgie, Neuromschmerz) hervorrufen. Das Überspringen zwischen den Axonen kann auf mangelnde Isolation, d.h. ***fehlende Myelinscheiden***, zwischen den Axonen sowie auf eine Übererregbarkeit der Axone zurückgeführt werden.

5.6. Guillain-Barré Syndrom

Symptome und Pathologie. Die Genese dieser Autoimmunkrankheit ist unklar. Charakteristisch ist eine akut einsetzende, distal beginnende Muskelschwäche, mit variablen sensorischen Funktionsstörungen, meist 1 bis 3 Wochen nach einem Infekt. Im weiteren Verlauf kommt es zu Lähmungen und bei schweren Verläufen zum Tod. Histologisch finden sich entzündliche Demyelinisierungen peripherer Nerven.

Verlauf und Therapie. Die Remission erfolgt meist spontan innerhalb von Wochen bis Monaten und kann durch Plasmatausch (Plasmapherese) und Gabe von Immunglobulinen beschleunigt werden.

In Kürze

Elektrische synaptische Übertragung

Elektrische Synapsen leiten Strom durch Nexus (Gap Junctions), die die Membran beider Zellen überbrücken, und sie koppeln damit die Potentiale der prä- und postsynaptischen Zellen. Im Gegensatz zur chemischen synaptischen Übertragung, wo der postsynaptische Strom durch das Öffnen von Kanälen in der postsynaptischen Membran erzeugt wird, liegt bei der elektrischen synaptischen Übertragung die Stromquelle für den postsynaptischen Strom in der Membran der Präsynapse.

Mit vielfachen elektrischen Synapsen zu benachbarten Zellen werden z. B. Herzmuskel und glatter Muskel zu funktionellen Synzytien. Unter pathologischen Bedingungen können auch ohne Gap junctions Erregungen ephaptisch in Faserbündeln von einem Axon zum anderen überspringen.

Literatur

Colquhoun D, Sakmann B (1998) From muscle endplate to brain synapses: a short history of synapses and agonist-activated ion channels. Neuron 20: 381–387

Dudel J, Menzel R, Schmidt RF (Hrsg) (2001) Neurowissenschaft Vom Molekül zur Kognition, 2. Aufl. Springer, Berlin Heidelberg New York

Hille B (2001) Ionic channels of excitable membranes, 3rd edn. Sinauer, Sunderland

Jahn R, Lang T, Südhof TC (2003) Membrane fusion. Cell 112: 519–33

Kandel ER (2001) The molecular biology of memory storage: a dialogue between genes and synapses. Science 294: 1030–1038

Kandel ER, Schwartz JH, Jessel TM (eds) (2000) Principles of neural science, 4 th edn. Elsevier, New York

Neher E (1992) Ion channels for communication between and within cells. Science 256: 498–502

Nicholls JG, Martin AR, Fuchs PA, Wallace BG (2001) From neuron to brain, 4 th edn. Sinauer, Sunderland

Vizi ES (2000) Role of high-affinity receptors and membrane transporters in nonsynaptic communication and drug action in the central nervous system. Pharmacol Rev 52: 63–90

Kapitel 6 Kontraktionsmechanismen

W. A. Linke, G. Pfitzer

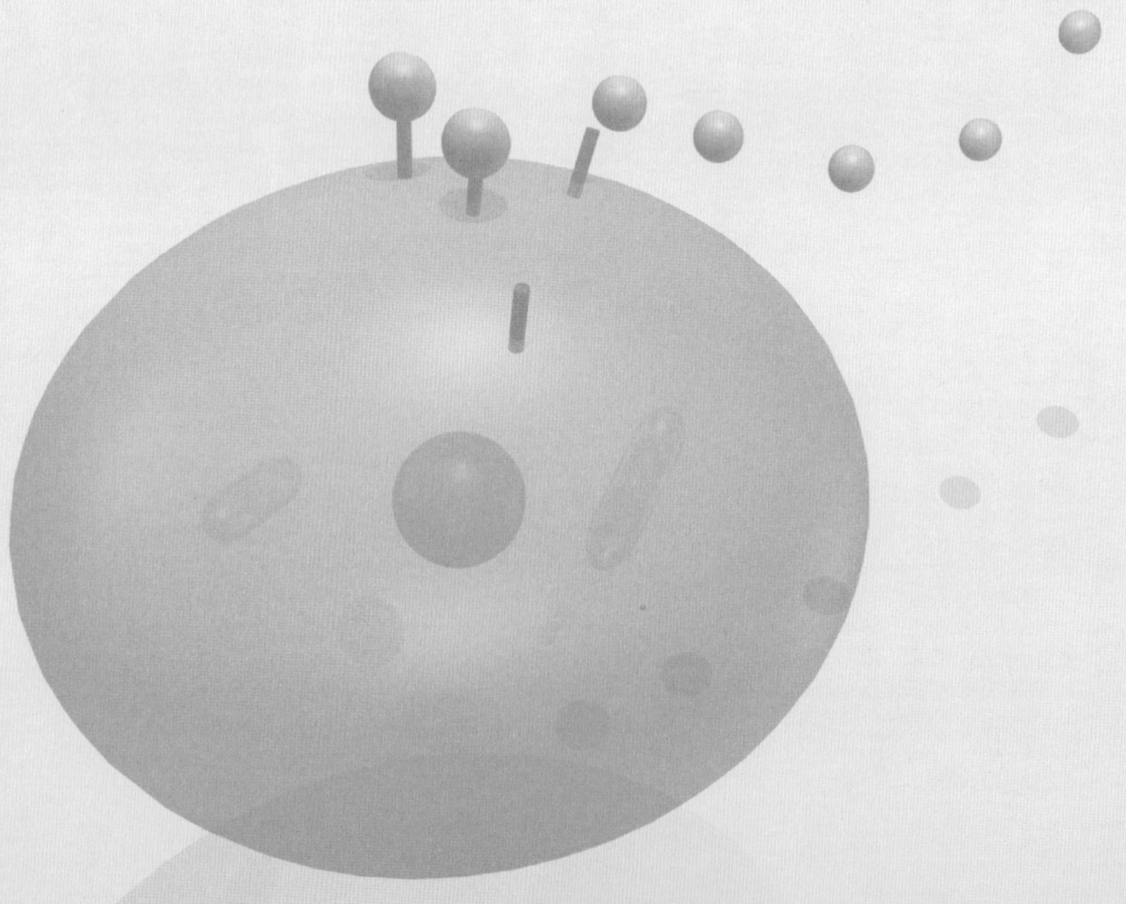

Einleitung

Eine 45-jährige Frau bemerkt seit einiger Zeit eine Müdigkeit der oberen Augenlider und Sehstörungen (Doppelbilder), vor allem bei emotionalem Stress und Schlafmangel. Vor ihrer nächsten Regelblutung kommen Probleme beim Schlucken und Sprechen und mit der mimischen Muskulatur hinzu. Da diese Symptome nach der Monatsblutung größtenteils wieder verschwinden, sucht die Frau zunächst keine ärztliche Beratung. Als sich aber mehrere Monate danach eine Schwäche weiterer Skelettmuskeln einstellt, die schließlich sogar die Atemmuskulatur betrifft, erfährt die Patientin beim Arztbesuch, dass sie an *Myasthenia gravis* erkrankt ist.

Bei dieser schweren Muskelschwäche handelt es sich um eine progressive Myopathie, hervorgerufen durch die Bildung von Autoantikörpern gegen körpereigene Muskeleiweiße insbesondere an der Übergangsstelle Nerv-Muskel (nikotinischer Acetylcholinrezeptor). Die Erregungs-Kontraktions-Kopplung ist gestört, weil die Zahl aktiver Rezeptoren drastisch verringert ist. Diagnose und Behandlung der Erkrankung erfolgen durch Substanzen, die den Abbau des Überträgerstoffes Acetylcholin hemmen und die Kontraktionsantwort des Muskels auf einen Nervenimpuls verstärken.

6.1 Muskelarten und Feinbau der Muskelfasern

Die Muskulatur – ein hoch spezialisiertes kontraktiles Gewebe

Die Muskulatur ist ein für Kraftentwicklung und Bewegung zuständiges kontraktiles Gewebe; man unterscheidet die quergestreifte Skelett- und Herzmuskulatur von der glatten Muskulatur

Kontraktile Zellen. Die Fähigkeit zur Kontraktion, die Kontraktilität, ist eine Eigenschaft, die man vor allem mit ***Muskelzellen*** verbindet. Allerdings kennt man derzeit mindestens fünf weitere Arten kontraktiler Zellen:

- Perizyten,
- Myoepithelzellen in exokrinen Drüsen,
- Myofibroblasten,
- Endothelzellen und
- die äußeren Haarzellen des Innenohres.

In der Vielfalt ihrer Spezialisierungen auf kontraktiles Verhalten sind die in diesem Kapitel behandelten Muskelzellen jedoch einzigartig. Viele uns vertraute physiologische Bewegungsvorgänge wie die Lokomotion, die Herztätigkeit oder die Peristaltik des Verdauungstraktes beruhen auf der Wirkungsweise von Muskeln.

Muskelarten. Die ***Skelettmuskulatur*** ist das am stärksten ausgebildete Organ des Menschen mit einem Anteil am Gesamtkörpergewicht von über 40 %. Die Skelettmuskeln werden zusammen mit dem Hohlmuskel ***Herz*** (▶ Kap. 25–27) als ***quergestreifte Muskulatur*** bezeichnet, da die geordnete Struktur ihrer kontraktilen Einheiten zu einem im Lichtmikroskop sichtbaren Bandenmuster führt (Abb. 6.1). Ein dritter Muskeltyp, die Wandmuskulatur der inneren Organe und Gefäße, zeigt keine Querstreifung und unterscheidet sich strukturell und funktionell deutlich von den anderen Muskelarten. Diese ***glatte Muskulatur*** wird in den Abschnitten 6.7 und 6.8 separat behandelt.

Organisationsschema und kontraktile Einheiten des quergestreiften Muskels

Ein Skelettmuskel ist hierarchisch aufgebaut; die Muskelzellen (Fasern) enthalten Hunderte von kontraktilen Schläuchen, die Myofibrillen, deren Bausteine, die Sarkomere, aus dicken und dünnen Filamenten sowie Titinsträngen bestehen

Strukturelle Organisation des Skelettmuskels. Ein Skelettmuskel setzt sich aus zahlreichen Muskelfaserbündeln (Faszikeln) zusammen, die die ***Muskelfasern*** (Durchmesser 10–80 μm) enthalten (Abb. 6.1). Die Skelettmuskelfaser ist eine vielkernige (die Kardiomyozyte hingegen einkernige!), nicht mehr teilungsfähige Zelle, die in der Embryonalentwicklung durch Fusion von einkernigen Vorläuferzellen, den ***Myoblasten***, entsteht. Auf der untersten Stufe der hierarchischen Organisationsstruktur eines Skelettmuskels stehen die parallel zur Muskellängsachse verlaufenden 1–2 μm dicken ***Myofibrillen***. Diese dünnen, zylindrischen Strukturen werden durch Zwischenwände, die ***Z-Scheiben***, in hunderte 2–2,5 μm lange Fächer, die ***Sarkomere***, unterteilt (Abb. 6.1). In Serie geschaltete Sarkomere bilden auch in der Herzmuskelzelle den kontraktilen Apparat (▶ s. Kap. 26); allerdings sind die Myofibrillen der Kardiomyozyten weniger parallel als die der Skelettmuskelfasern angeordnet.

Muskelregeneration. Nach Verletzung von Skelettmuskelgewebe werden die adulten Stammzellen des Muskels – einkernige, spindelförmige **Satellitenzellen** – zur Teilung angeregt. Diese aus der Embryonalentwicklung »übriggebliebenen« Myoblasten fusionieren und differenzieren wieder zu vielkernigen Muskelfasern. Skelettmuskulatur ist dadurch, im Gegensatz zur Herzmuskulatur, begrenzt regenerierbar.

Sarkomerbau. Abbildung 6.1 zeigt ein elektronenmikroskopisch aufgenommenes Bild eines Sarkomers sowie schematisiert die Sarkomerstruktur. Im mittleren Teil jedes Sarkomers liegen an die tausend ***dicke Filamente*** (Hauptbestandteil: Myosin) mit einer Länge von 1,6 μm und einem Durchmesser von 13–14 nm. Die dicken Filamente interdigitieren auf beiden Seiten des Sarkomers mit je etwa 2000 ***dünnen Filamenten*** (Hauptbestandteil: Aktin) mit einem Durchmesser von 8 nm. Auf Querschnitten durch die Aktin-Myosin-Überlappungszone ist zu erkennen, dass ein dickes Filament von sechs dünnen Filamenten in hexagonaler Anordnung umgeben ist. Die

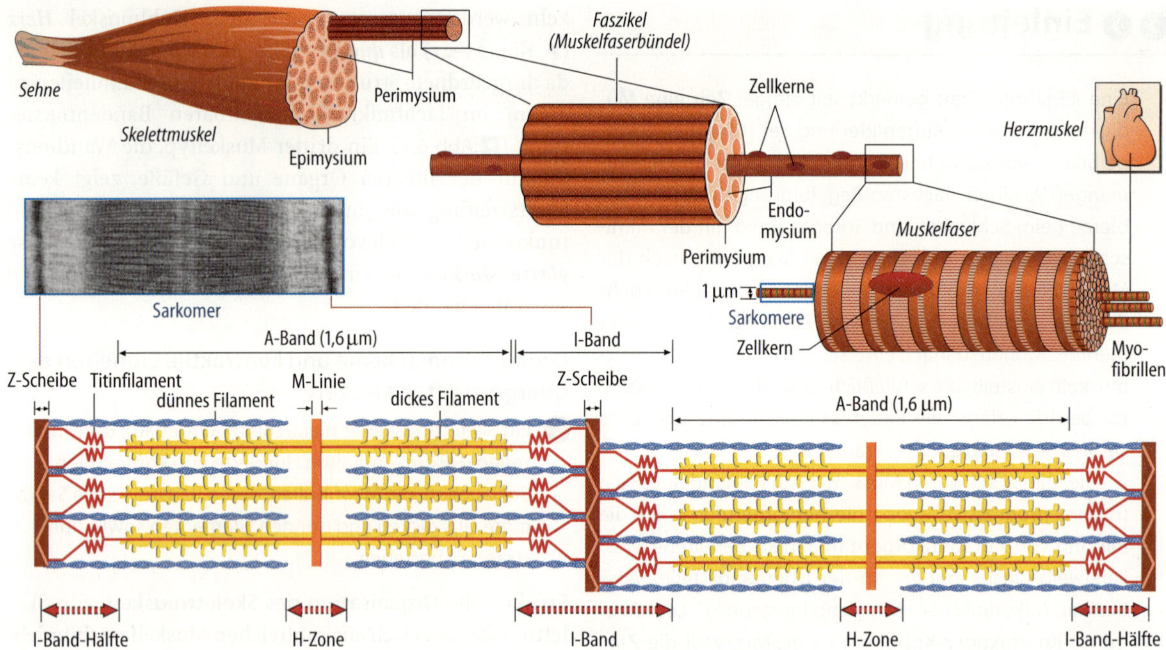

Abb. 6.1. Hierarchische Organisation im Bauplan von Skelettmuskeln. Kleinste kontraktile Einheiten der quergestreiften Muskulatur (Skelett- und Herzmuskel) sind die Sarkomere, die sich zu Myofibrillen zusammensetzen. Die *roten Pfeile (unten)* zeigen an, dass in den Sarkomeren nur die I-Banden und die H-Zonen ihre Länge bei Kontraktion bzw. Dehnung des Muskels verändern

dünnen Filamente sind, wie auch ein drittes Filamentsystem im Sarkomer, die ***Titinstränge***, an den Z-Scheiben befestigt (Abb. 6.1). Die riesigen Titinmoleküle assoziieren nahe der Z-Scheibe mit den dünnen Filamenten, überspannen dann als elastische Federn den Abstand zu den dicken Filamenten und verlaufen gebunden an Myosin bis zur Sarkomermitte.

Sarkomerbanden. In einem lichtmikroskopisch betrachteten Längsschnitt von Myofibrillen erkennt man die Bündel der dicken Filamente als dunkle, im polarisierten Licht doppelbrechende, d. h. anisotrope ***A-Banden***. Demgegenüber erscheinen die myosinfreien Abschnitte des Sarkomers hell; man nennt sie isotrope ***I-Banden***. Die Hell-Dunkel-Bänderung einer Muskelfaser (Abb. 6.1) beruht letztendlich auf der (in geringerem Maße auch in Herzmuskelzellen) genau aufeinander ausgerichteten Lage der A-Banden und I-Banden vieler paralleler Myofibrillen. Weitere Sarkomerbanden werden unterschieden: die Zone der Überlappung von dicken und dünnen Filamenten erscheint deutlich dunkler als die von Aktinfilamenten freie Mittelzone des A-Bandes, die ***H-Zone***. In der Mitte der H-Zone erkennt man außerdem eine dunkle ***M-Linie***, die wie die Z-Scheibe ein Maschenwerk von Gerüsteiweißen ist.

Proteinzusammensetzung des kontraktilen Apparats

Das Sarkomer enthält neben Myosin, Aktin und Titin viele weitere Eiweiße, die regulatorische und Stützfunktionen haben; mutationsbedingte Störung der Funktion eines Sarkomerproteins kann muskuläre Dysfunktion nach sich ziehen (Beispiel Familiäre Hypertrophische Kardiomyopathie)

Myofilamentäre Hauptproteine. Ein Gramm Skelettmuskel enthält etwa 100 mg der Proteine ***Myosin*** (70 mg) und ***Aktin*** (30 mg), die zusammen mit ***Titin***, dem dritthäufigsten Muskeleiweiß, etwa drei Viertel des Gesamtproteingehalts ausmachen (Tabelle 6.1). Aktin ist ein globuläres Protein (Molekülmasse 42 kDa), das in Salzlösung zu fibrillärem Aktin (F-Aktin) polymerisiert. Im Zytoplasma (im Muskel: ***Sarkoplasma***) liegt das F-Aktin als spiralförmig gewundener Doppelstrang vor (► s. Abb. 6.4). Titin ist mit 3000–3800 kDa Molekulargewicht das größte bekannte Molekül überhaupt. Es besteht zu 90 % aus Immunglobulin- und Fibronektin-artigen Modulen und enthält auch eine Kinase-Domäne.

▪▪▪ **Größenunterschiede des Titins.** Das Titin kommt, wie u. a. auch Aktin und Myosin, in muskeltypspezifischen **Isoformen** vor. Die Titinisoformen unterscheiden sich beträchtlich in ihrer Größe (um bis zu 800 kDa), da der I-Band-Anteil des Moleküls verschieden lang ist. Das elastische I-Band-Titin besteht aus zwei Hauptelementen, Abfolgen immunglobulinartiger Domänen und einer wenig strukturierten Sequenzinsertion (PEVK-Region); beide Elemente variieren in ihrer Länge in verschiedenen Muskeln.

Molekularer Motor Myosin. Das Muskelmyosin (Myosin II) gehört zu einer größeren Gruppe von Mechanoenzymen, die als ***ATPasen*** aus der Spaltung von ATP Energie gewinnen und in mechanische Energie umwandeln. Myosin II (Abb. 6.2) hat ein Molekulargewicht von etwa 490 kDa und besteht aus 2 schweren Peptidketten

Tabelle 6.1. Wichtige Sarkomerproteine (alphabetische Reihung)

Protein	Molekülmasse (kDa)	Lokalisation
Aktin	42 (G-Aktin)	Hauptbestandteil der dünnen Filamente, ca. 22 % des Gesamtproteingehalts
α-Aktinin	190 (2 UE)	aktinbindendes Strukturprotein in den Z-Scheiben
Myomesin	185	M-Linien-Protein, bindet an Myosin und Titin
Myosin	490 (6 UE; 2 schwere und 4 leichte Ketten)	molekularer Motor und Hauptbestandteil der dicken Filamente, ca. 44 % des Gesamtproteingehalts
Myosinbindungs-protein-C (C-Protein)	140	Strukturprotein der dicken Filamente, bindet an Titin, Myosin; eventuell auch Regulatorfunktion
Nebulin	600–900 (Isoformen)	bindet entlang der Aktin-Filamente (nur Skelettmuskel)
Titin	3000–3800 (Isoformen)	elastische Feder und Gerüstprotein, ca. 10 % des Gesamtproteingehalts
Tropomyosin	64 (2 UE)	Regulatorprotein an den dünnen Filamenten
Troponin	78 (3 UE: TnC, TnI, TnT)	regulatorischer Proteinkomplex an den dünnen Filamenten

UE = Untereinheit

(je 205 kDa) sowie 2 × 2 leichten Peptidketten (je etwa 20 kDa; Abb. 6.2 B). Die Schaftregion des Myosins (leichtes Meromyosin) aggregiert mit dem Schaft von etwa 150 weiteren Myosinmolekülen zum Myosinfilament; daraus ragt der schwere Meromyosin-Anteil seitlich heraus (Abb. 6.2 A). Im Sarkomer findet man eine ***bipolare Anordnung der Myosinmoleküle*** im Myosinfilament, symmetrisch zur M-Linie (Abb. 6.1).

Jede schwere Myosinkette bildet an einem Ende eine ***Kopfregion (S-1)***, die Bindungsstellen für Aktin, ATP und 2 leichte Ketten hat (Abb. 6.2 C). Die S-1-Struktur ist bis ins ***atomare Detail*** aufgeklärt. Röntgenkristallographische Untersuchungen haben gezeigt, dass die mit den leichten Ketten bestückte ***Hebelarmregion*** des Myosinkopfes in der Lage ist, relativ zum aktinbindenden globulären S-1-Bereich eine Rotation von etwa 60° durchzuführen (Abb. 6.2 C).

▪▪▪ **Motorproteine.** Die Myosine sind eine Superfamilie aus mindestens 18 Klassen, deren funktionelle Vielfalt auch daran zu erkennen ist, dass Mutationen in Myosin-Genen Ursache für bestimmte Formen von vererbter Taubheit, Albinismus oder für Störungen bei der Wundheilung sind. Neben den Myosinen gibt es mannigfaltige andere **molekulare Motoren**. Sie sind für viele der unter dem Begriff »Zellmotilität« zusammengefassten Bewegungsvorgänge verantwortlich. Zu den bekanntesten Motorproteinen zählen **Kinesine** und **Dyneine**, die sich entlang von Mikrotubuli fortbewegen und für den Vesikeltransport in Neuronen sowie für die Chromosomenbewegung bei Zellteilung verantwortlich sind. Ein effizienter ATP-getriebener **Rotationsmotor** mit einer wichtigen Rolle in der Atmungskette ist die F_1/F_0-ATPase (ATP-Synthase). Die Kraftentwicklung selbst eines einzelnen molekularen Motors ist heute mit hochsensitiven biophysikalischen Methoden (z. B. »Laserpinzette«) direkt messbar.

Vielfalt der Sarkomerproteine. Das Sarkomer besteht aus einer großen Zahl (über 30) verschiedener Eiweiße, von denen nur die häufigsten in Tabelle 6.1 aufgeführt sind. Diese Proteine übernehmen regulatorische Aufgaben bei der Muskelkontraktion (▶ s. Abb. 6.4), haben wichtige Gerüst- und Strukturfunktionen oder sind für eine Transmission der entwickelten Kräfte hin zu den Zellenden mitverantwortlich.

»Erkrankung des Sarkomers«. Ist die Funktion eines Sarkomerproteins pathologisch verändert, z. B. als Folge einer Genmutation, kann es zu drastischen Störungen der Muskeltätigkeit kommen. So hat man als Ursache einer vererbbaren Herzerkrankung (▶ s. Kap. 26), der ***Familiären Hypertrophischen Kardiomyopathie***, Mutationen fast

6.1. Duchenne- und Becker-Muskeldystrophien

Ursachen. Bestimmte progressive Erkrankungen der Skelettmuskulatur werden durch Defekte in einem membranassoziierten Zytoskelettprotein, dem Dystrophin, hervorgerufen. Es handelt sich um Muskeldystrophien vom Duchenne- bzw. Beckertyp, bei denen das Dystrophin-Gen deletiert bzw. mutiert ist.

Pathologie. Die krankheitsbedingte Proteinfunktionsstörung verändert die Stabilität der muskulären Zellmembranen, was Veränderungen in den kontraktilen Strukturen nach sich zieht; langfristig wird Muskel- durch Bindegewebe ersetzt. Die Patienten (wegen X-chromosomalem Erbgangs nur männlichen Geschlechts) leiden an dramatischen Paralyse-Symptomen der Muskulatur. Eine sichere Diagnosestellung erlaubt die Dystrophin-Analyse einer Muskelbiopsie.

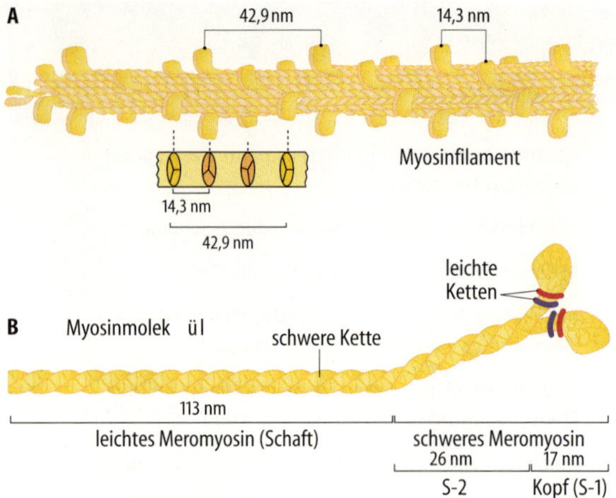

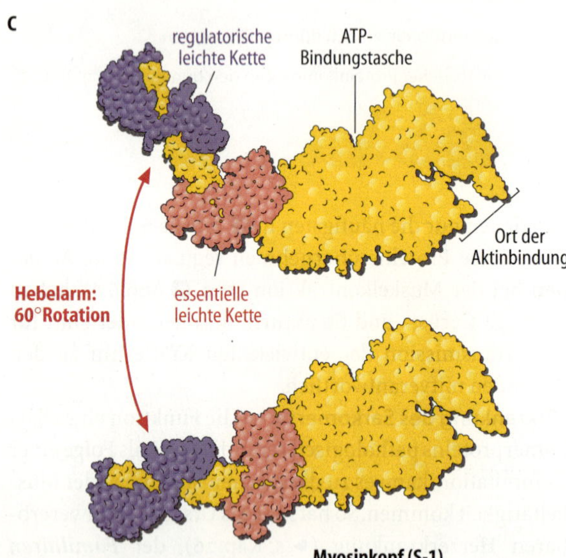

Abb. 6.2. Feinstruktur von Myosinfilament (A) und Myosinmolekül (B, C). Die Anordnung der vom Filament abstehenden Myosinkopfpaare ist schematisch in A gezeigt. Anhand der röntgenkristallographisch aufgeklärten atomaren Myosinkopfstruktur kann eine Rotationsbewegung der S-1-Hebelarmregion vorausgesagt werden (C)

ausnahmslos in solchen Genen festgestellt, die für Sarkomerproteine codieren. Die häufigsten Mutationen liegen im Myosin-Bindungsprotein-C und in der schweren Kette des Myosins. Seltener betroffen sind Troponin T und I, Tropomyosin, die leichten Myosinketten, Aktin und Titin.

In Kürze

Muskelarten

Im Muskelgewebe gibt es zahllose kontraktile Zellen, die auf Kraftentwicklung spezialisiert sind. Man unterteilt die Muskulatur grob in

- quergestreifte Skelett- und Herzmuskulatur, sowie
- glatte Muskulatur der inneren Organe und Blutgefäße.

Feinbau der Muskelzellen

Der kontraktile Apparat quergestreifter Muskelzellen liegt in den parallel angeordneten Myofibrillen, die aus Hunderten aneinander gereihter Sarkomere bestehen. Entlang der Myofibrillen findet man eine Abfolge von dunklen A-Banden und hellen I-Banden.
Die Querstreifung entsteht durch die nahezu kristalline Ordnung des Sarkomers, das aus den interdigitierenden Filamentsystemen Aktin und Myosin aufgebaut ist, die durch elastische Titinstränge miteinander verbunden sind.
Die Kraftentwicklung beruht auf dem Zusammenspiel vieler Sarkomerproteine; den weitaus größten Anteil am Gesamtproteingehalt des Herz- und Skelettmuskels haben der molekulare Motor Myosin, Aktin und Titin.

6.2 Molekulare Mechanismen der Kontraktion quergestreifter Muskeln

Gleitfilamentmechanismus

Ein Muskel verkürzt sich durch teleskopartiges Ineinanderschieben von Bündeln dünner und dicker Filamente; bei Verlängerung einer Muskelfaser wird die Titinfeder gedehnt

Verkürzung der Sarkomere. Die Muskelverkürzung resultiert aus der Längenveränderung unzähliger Sarkomere, die in den Myofibrillen »in Serie« hintereinander geschaltet sind. Bei der Verkürzung schieben sich die dünnen Filamente – ganz nach dem Prinzip eines Teleskops – tief in das Bündel der Myosinfilamente, also in Richtung zur M-Linie *(Gleitfilamentmechanismus)*. Wesentlich ist, dass die dicken und dünnen Filamente bei der Sarkomer-Verkürzung ihre Länge beibehalten. Deshalb bleibt bei mikroskopischer Beobachtung der Sarkomere die ***Breite der A-Banden bei der Kontraktion konstant*** (1,6 μm), während die Breite der I-Banden und H-Zonen abnimmt (Abb. 6.1, rote Pfeile).
Dehnung der Sarkomere. Auch Dehnung der Myofibrillen ändert die Länge der Aktin- und Myosinfilamente nicht. Vielmehr wird das Bündel der dünnen Filamente aus der Anordnung der dicken Filamente herausgezogen, wodurch das Ausmaß der Filamentüberlappung abnimmt; I-Band und H-Zone werden breiter. Der Zusammenhalt von dicken und dünnen Filamenten wird vor allem durch Titin gewährleistet, das auch zur ***Elastizität*** des Muskels beiträgt. Bei ***Dehnung der Titinfeder*** entsteht außerdem eine passive Kraft, die einen Teil der passiven Spannung des Muskels ausmacht.

Der molekulare Kontraktionsprozess

Die bei der Kontraktion aufgebrachte Kraft entsteht bei der zyklischen Bindung des Myosinkopfes an Aktin, während energiereiches ATP gespalten wird

Funktionsweise der Querbrücken. Ein jeder Myosinkopf kann sich als ***Querbrücke*** im Kontraktionsprozess mit einem benachbarten Aktinfilament verbinden. Das Anheften bzw. Loslassen der Querbrücken am Aktin ist ein ***zyklischer Prozess.*** Dieser wird mit der Energie angetrieben, die bei der Spaltung von am Myosinkopf gebundenem ATP freigesetzt wird. In jedem Arbeitszyklus einer Querbrücke wird vermutlich ***1 Molekül ATP gespalten.*** In welcher Weise der Energiedonator ATP die rudernden Querbrücken antreibt, ist schematisch in Abb. 6.3 gezeigt.

Querbrückenzyklus. Man nimmt an, dass nach erfolgtem Kraftschlag (Abb. 6.3 A) ein Molekül ATP (als ***Mg-ATP-Komplex***) an den Myosinkopf gebunden wird. Unmittelbar danach löst sich der Myosinkopf vom Aktin (Abb. 6.3 B). Jetzt wird ATP in ADP und Phosphat (P_i) gespalten; diese Produkte verbleiben nach der Hydrolyse jedoch noch eine Weile am katalytischen Zentrum (Abb. 6.3 C). Die ***Hydrolyse von ATP*** geht einher mit der Ausrichtung des Hebelarms als Voraussetzung für die erneute Anlagerung des Myosinkopfes an Aktin. Die Anlagerung erfolgt zunächst mit geringer Affinität (Abb. 6.3 D), bevor es zur Zunahme der Aktin-Myosin-Affinität (Abb. 6.3 E) und zur Abspaltung von P_i kommt. Nun folgt der Kraftschlag, bei dem es wohl die Hebelarmrotation im S-1-Molekül ist, die zu einer ***5–10 nm großen Schrittbewegung*** der Aktinfilamente in Richtung zur M-Linie führt (Abb. 6.3 F). Dabei wird eine Kraft von etwa 4 pN entwickelt. Nach Ablösung von ADP ist der Ausgangszustand wieder erreicht, der Querbrückenzyklus ist einmal durchlaufen worden.

Totenstarre. Sinkt der ATP-Spiegel der Muskelzelle auf Null (nach dem Eintritt des Todes), so können die gebundenen Querbrücken nicht mehr abgelöst werden; sie verharren im angehefteten Zustand, dem sog. »Rigorkomplex« (Abb. 6.3 A). Diese starre, permanente Verankerung der Aktin- und Myosinfilamente (bis zur Autolyse) äußert sich in der Totenstarre, dem ***Rigor mortis.*** Da ATP die Starre verhindert oder löst, hat sich auch der Begriff »Weichmacherwirkung des ATP« eingebürgert.

▪▪▪ **Zyklusfrequenz und Myosin-ATPase.** Querbrückenzyklen wiederholen sich etwa **10–100 × pro Sekunde**, je nach der ATPase-Aktivität (ATP-Spaltungsrate pro Zeiteinheit) des Myosins (▶ vgl. Abschnitt 6.6). In der quergestreiften Muskulatur existiert die schwere Myosinkette in mindestens 7 verschiedenen Isoformen, die sich vor allem in ihrer ATPase-Aktivität unterscheiden. Je höher die Aktivität, desto mehr Querbrücken sind pro Zeiteinheit tätig und Muskelkraft sowie Verkürzungsgeschwindigkeit (▶ vgl. Abschnitt 6.5) sind erhöht. Daher ist die **ATP-Spaltungsrate mit der Verkürzungsgeschwindigkeit gekoppelt.**

Umsetzung der Querbrückenaktivität in makroskopische Bewegung. Bei einmaligem Kraftschlag der Querbrücken würde sich ein einzelnes Sarkomer nur um den Betrag von maximal 2 × 10 nm verkürzen, also um rund 1 % seiner Länge. Indessen kann sich ein Sarkomer sehr schnell um bis zu 0,4 μm oder um 20 % seiner Länge verkürzen. Dies ist möglich, weil die Querbrücken die ***Ruderbewegung*** viele Male hintereinander ausführen, und zwar an einer immer neuen Stelle ***entlang des Aktinfilaments.*** Daraus folgt ein auf die M-Linie gerichtetes gegensinniges Gleiten der Aktinfilamente aus linker und rechter Sarkomerhälfte (wegen der bipolaren Anordnung der Myosinmoleküle; ▶ s. Abb. 6.1).

Durch Verwirklichung dieses Prinzips in Tausenden von Sarkomeren werden die wiederholten Aktivitäten der Querbrücken (die im übrigen nicht synchron schla-

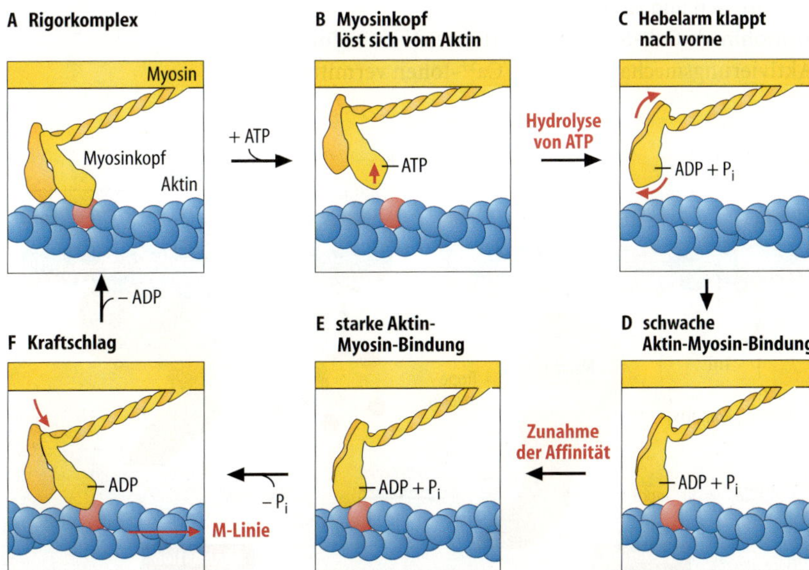

Abb. 6.3. Schematische Darstellung des ATP-getriebenen Querbrückenzyklus' (A–F). Die Ausrichtung des aktiven Myosinkopfes erfolgt in **C** *(roter Pfeil)*, der Kraftschlag in **F**. Weitere Erklärungen im Text

gen) in makroskopische Bewegung umgesetzt. Eine Weiterleitung der Kräfte erfolgt über die Z-Scheiben und Zellenden, im Skelettmuskel letztendlich bis zu Sehnen und Skelett.

Querbrückenzyklus bei Kraftentwicklung ohne Muskelverkürzung. Wenn sich bei einer isometrischen Kontraktion (▶ vgl. Abschnitt 6.5) die Muskellänge nicht verändert, obwohl gleichzeitig Kraft entwickelt wird, wird trotzdem der ***Querbrückenzyklus*** durchlaufen. Der Myosinkopf greift in diesem Fall immer an derselben Stelle am Aktinfilament an. Man nimmt an, dass die S-2-Region des Myosins einen Großteil der mechanischen Energie aufgrund (serienelastischer) Federeigenschaften speichert.

Regulation der Aktin-Myosin-Interaktion

8 Troponin und Tropomyosin regulieren die Aktivität der Querbrücken Ca^{2+}-abhängig: bei niedriger Ca^{2+}-Konzentration wird die Aktin-Myosin-Interaktion gehemmt, bei erhöhter Ca^{2+}-Konzentration aktiviert

Wirkung von Ca^{2+}. Natürlich darf der Querbrückenzyklus auch bei ausreichendem ATP-Angebot nicht ständig ablaufen, sonst würden die Muskeln permanent kontrahieren. Deshalb wird die zyklische Aktivität der Myosinquerbrücken in den Myofibrillen durch die Ca^{2+}-Konzentration im Sarkoplasma reguliert. Bei sehr niedriger Ca^{2+}-Konzentration (etwa 10^{-7} mol/l) verhindern ***Regulatorproteine*** am dünnen Filament, das Troponin und das Tropomyosin (Abb. 6.4), den Querbrückenkraftschlag, indem sie eine feste Anheftung der zunächst nur lose gebundenen Myosinköpfe (Abb. 6.3 D) an Aktin verhindern. Da nun alle Querbrücken nur lose oder überhaupt nicht gebunden sind, ist der Muskel relaxiert; er ist kraftlos und sein Dehnungswiderstand ist sehr gering. Wird jedoch die Ca^{2+}-Konzentration auf 10^{-6}-10^{-5} mol/l erhöht, so können sich die Myosinquerbrücken fest an Aktin anheften und Kraft entwickeln.

Troponin als Ca^{2+}-Schalter. Ein tieferes Verständnis vom Aktivierungsmechanismus der Ca^{2+}-Ionen vermittelt die Struktur des dünnen Filaments (Abb. 6.4). Das etwa 1 µm lange Filament besteht aus 2 umeinander gewundenen Ketten von perlförmigen, 5,5 nm dicken Aktinmonomeren; auf jede Windung der Spirale kommen 2 × 7 »Perlen« zu liegen. In regelmäßigen Abständen von fast 40 nm sind die Aktinketten mit einem ***Komplex aus 3 Troponin-Untereinheiten*** (TnC, TnI, TnT) besetzt. Zudem verläuft ein fadenförmiger, helikal gewundener Doppelstrang, das ***Tropomyosin***, spiralförmig um die Aktin-Doppelhelix.

Bei sehr niedriger Ca^{2+}-Konzentration fungieren TnI und TnT im Zusammenspiel mit Tropomyosin als Inhibitoren des Querbrückenzyklus (Abb. 6.4 A). Eine Erhöhung der Ca^{2+}-Konzentration um das 10- bis 100-fache führt zur verstärkten ***Bindung von Ca^{2+} an TnC*** (Abb. 6.4 B). Nun kommt es zur Umlagerung der TnI-Untereinheit, welche wiederum eine Konformationsänderung im tropomyosinbindenden TnT hervorruft. Die Folge ist ein Wegdrücken des Tropomyosin-Doppelstranges in die Längsrinne der Aktin-Doppelhelix; die Bindungsstellen am Aktin für den Myosinkopf werden freigegeben (Abb. 6.4 B). Die Regulatorproteine am dünnen Filament sind jetzt in einer Stellung, die die Bildung stark gebundener kraftgenerierender Querbrücken begünstigt und beschleunigt. Unter fortwährender ATP-Spaltung wird der Querbrückenzyklus repetitiv durchlaufen. Der ***Muskel ist aktiviert.***

Der beschriebene Vorgang ist ***reversibel***, d. h. bei Absenkung der zytosolischen Ca^{2+}-Konzentration auf etwa 10^{-7} mol/l wird der Querbrückenzyklus wieder gehemmt. Die Querbrücken werden zwar durch ATP abgelöst, können jedoch nicht neu geschlagen werden. Der ***Muskel erschlafft.***

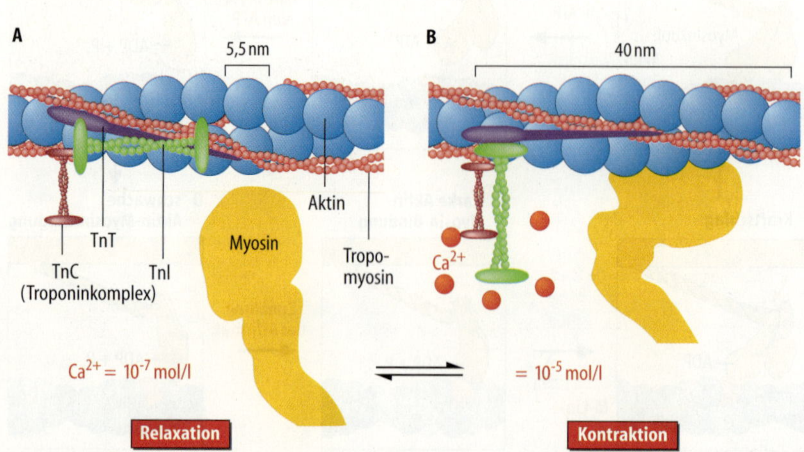

Abb. 6.4. Regulation der Aktin-Myosin-Wechselwirkung. Ein- und Ausschalten des Querbrückenzyklus' im quergestreiften Muskel durch regulatorische Proteine am dünnen Filament. **A** »Aus«-Stellung der Regulatorproteine bei geringer Ca^{2+}-Konzentration im relaxierten Muskel. **B** Konformationsänderungen in den Regulatorproteinen bei Erhöhung der zytosolischen Ca^{2+}-Konzentration; der Querbrückenzyklus ist angeschaltet, der Muskel kontrahiert

In Kürze

Kontraktionsmechanismus

- Bei der Muskelverkürzung gleiten die dünnen Filamente an den dicken Filamenten vorbei in Richtung zur Sarkomermitte; die Filamentlängen bleiben dabei konstant (Gleitfilamentmechanismus). Die Muskelkraft entsteht, indem die Myosinköpfchen mit den Aktinfilamenten in einem zyklischen Prozess Querbrücken bilden und einen Kraftschlag ausführen.
- Bei der Verlängerung des Muskels werden die Filamente wieder auseinander gezogen wie die Hülsen eines Teleskops und Titin wird gedehnt.

Molekulare Grundlagen

Die aktive Kraftentwicklung im Sarkomer ist eine Leistung des molekularen Motors Myosin II, der ATP als Energiequelle benötigt und selbst eine ATPase ist. Um die Aktin-Myosin-Querbrücken zu lösen, ist die Bindung von ATP an den Myosinkopf notwendig (verhindert Totenstarre).

Die Interaktion von Aktin und Myosin wird calciumabhängig reguliert:

- Bei niedriger zytosolischer Ca^{2+}-Konzentration (10^{-7} mol/l) im relaxierten Muskel hemmen die Regulatorproteine Troponin und Tropomyosin den Querbrückenzyklus.
- Bei erhöhter Ca^{2+}-Konzentration (10^{-6} bis 10^{-5} mol/l) bindet Ca^{2+} verstärkt an Troponin C und es kommt zu Konformationsänderungen im Troponin/Tropomyosin-Komplex, wodurch die Querbrücken aktiviert werden.

6.3 Kontraktionsaktivierung im quergestreiften Muskel

Membransysteme der Muskelzelle

Am Sarkolemm kommt es zu charakteristischen Ionenströmen; die Membran bildet schlauchförmige Einstülpungen, das Tubulus-(T-)System, das an ein intrazelluläres Ca^{2+}-speicherndes Membransystem, das sarkoplasmatische Retikulum, gekoppelt ist

Ionenströme. Beim Aktionspotential am ***Sarkolemm***, der Plasmamembran der Muskelzelle (Abb. 6.5, linke Seite), öffnen sich spannungsgesteuerte Na^+-Kanäle, im Myokard zusätzlich spannungsgesteuerte Ca^{2+}-Kanäle (► vgl. Abb. 6.7 D). Bei der Repolarisation strömen K^+-Ionen aus der Zelle heraus (► s. auch Kap. 4). Bei der ***Repolarisation*** von Skelettmuskelzellen kommt es außerdem zu einem Cl^--Einwärtsstrom, der mithilft, das Ruhemembranpotential zu stabilisieren. Die Aufrechterhaltung des ***Ruhepotentials*** (–80 mV) wird durch eine ATP-getriebene Na^+-K^+-Pumpe (Na^+/K^+-ATPase) unterstützt. Diese treibt gleichzeitig den Na^+/Ca^{2+}-Austauscher an,

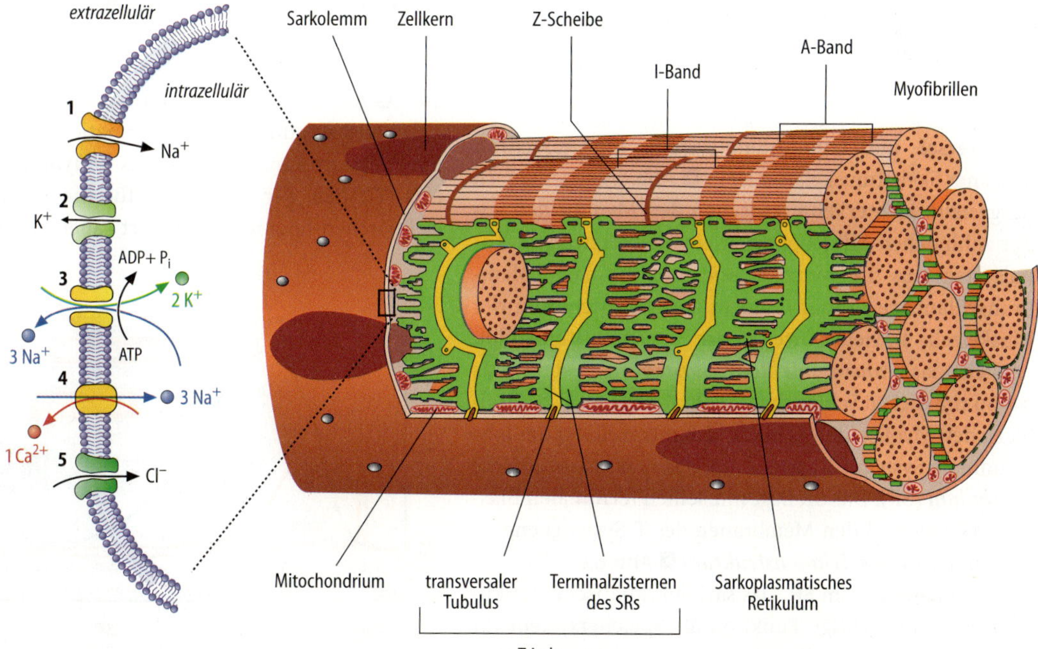

Abb. 6.5. Schema eines Ausschnitts aus einer menschlichen Skelettmuskelfaser. Auf der *linken Seite* sind wichtige Ionenkanäle bzw. -ströme am Sarkolemm aufgeführt: (1) spannungsgesteuerter Natriumkanal; (2) Kalium-Auswärtsstrom; (3) Na^+/K^+-ATPase; (4) Na^+/Ca^{2+}-Austauscher (Na^+/Ca^{2+}-Antiport); (5) Chlorid-Einwärtsstrom

der vor allem bei der Relaxation von Herzmuskelzellen aktiv ist und Ca^{2+}-Ionen aus der Myozyte befördert. Partielle Hemmung der Na^+-K^+-Pumpe und folglich auch des Na^+/Ca^{2+}-Austauschers, z.B. durch Herzglykoside (Ouabain, Digoxin, Digitoxin), führt deshalb zu erhöhter kontraktiler Aktivität des Myokards.

6.2. Myotonieerkrankungen

Symptome. Symptomatisch für eine Myotonie ist ein erhöhter Spannungszustand willkürlich innervierter Skelettmuskeln; die Erschlaffung der Muskeln ist verlangsamt. Z.B. können betroffene Patienten einen umklammerten Gegenstand nicht sofort wieder loslassen, selbst wenn sie sich alle Mühe geben.

Ursachen. Myotonien werden durch eine Dysfunktion von Ionenkanälen in der Muskelzellmembran hervorgerufen; man beobachtet verstärkte Nachpotentialaktivität. Es treten verschiedene Formen auf, die durch Mutationen in unterschiedlichen Genen bedingt sind:

- Die häufigste Form einer Myotonie ist die Myotone Dystrophie, bei der es zu einer Störung des Na^+- und/oder Cl^--Stroms kommt. Die autosomal dominant vererbte Krankheit betrifft etwa 5 von 100 000 Personen.
- Auch die vererbbare Myotonia congenita beruht auf einer Mutation im Cl^--Kanal, dessen verringerte Leitfähigkeit eine Destabilisierung des Ruhemembranpotentials zur Folge hat.
- Im Gegensatz dazu ist bei der seltenen Paramyotonia congenita der Na^+-Kanal im Sarkolemm mutiert.

Transversal- und Longitudinalsystem. Ein Ausschnitt aus einer Skelettmuskelfaser ist in Abb. 6.5 schematisch dargestellt. Man erkennt zwischen den Myofibrillen außer zahlreichen Mitochondrien ein weitverzweigtes Kanalsystem aus transversalen und longitudinalen Membranschläuchen (Tubuli). Indem sich die Membran der Muskelzelle an vielen Orten in das Faserinnere einstülpt, entsteht das ***transversale Röhrensystem*** (T-System) aus 50–80 nm dicken Schläuchen. Senkrecht dazu, also parallel zu den Myofibrillen, schließt sich intrazellulär das longitudinale System (L-System) an, das ***sarkoplasmatische Retikulum (SR).*** Das SR liegt mit seinen terminalen Bläschen (Zisternen) den Membranen des T-Systems eng an und bildet so eine ***Triadenstruktur*** (Abb. 6.5).

Ca^{2+}-Speicherung im SR. Das sarkoplasmatische Retikulum hat eine wichtige Funktion als Speichersystem für Ca^{2+}-Ionen. Könnten diese Ionen nicht im SR unter Verschluss gehalten werden, so müssten die Ca^{2+}-reichen Muskelfasern dauernd kontrahieren. In der Membran des sarkoplasmatischen Retikulums befindet sich eine ATP-getriebene ***Calciumpumpe (Ca^{2+}-ATPase)***, die Ca^{2+}-Ionen aus dem Myoplasma aktiv in das Innere des L-Systems transportiert; die zytosolische Ca^{2+}-Konzentration im ruhenden Muskel wird dadurch auf etwa 10^{-7} mol/l gesenkt.

Die elektromechanische Kopplung

Elektromechanische Kopplung beinhaltet die Prozesse, die von der Erregung der Muskelzellmembran zur Freisetzung von Ca^{2+} im Sarkoplasma und zur Kraftentwicklung führen

Erregung der Muskelfasern. Nach der Generierung eines Aktionspotentials an der postsynaptischen Membran der ***motorischen Endplatte*** (▶ s. Kap. 5.4) breitet sich die Depolarisation mit einer Geschwindigkeit von 3–5 m/s über die Skelettmuskelfaser aus. Folge der Erregung ist eine Erhöhung der zytosolischen Ca^{2+}-Konzentration als Voraussetzung für die Aktivierung der Myofibrillen. Nach einer ***Latenzzeit*** von etwa 10–15 ms kommt es zur Kontraktionsantwort des Skelettmuskels auf das etwa 1–3 ms andauernde Aktionspotential (Abb. 6.6).

Die Dauer der Abfolge von Aktionspotential, Ca^{2+}-Freisetzung und ***Einzelzuckung*** (Kontraktionsantwort auf einen Einzelreiz) ist in verschiedenen Muskeln unterschiedlich. Eine sehr rasche Kontraktionsantwort auf ein Muskelaktionspotential findet man z.B. in den schnellen Augenmuskeln, während die Zeitspanne von der Depolarisation bis zum (isometrischen) Kraftmaximum in langsamen Zuckungsfasern deutlich länger ist (Abb. 6.6).

Ablauf der elektromechanischen Kopplung. Das Aktionspotential am Sarkolemm breitet sich entlang den Schläuchen des T-Systems auch in das Innere der Zellen aus (Abb. 6.7 A). Die Depolarisation der Membran der T-Tubuli beeinflusst die Konformation eines modifizierten Calcium-Kanalproteins, des ***Dihydropyridin-Rezeptors*** (DHPR), der als Sensor für die Veränderung der elektrischen Spannung fungiert (aber im Skelettmuskel

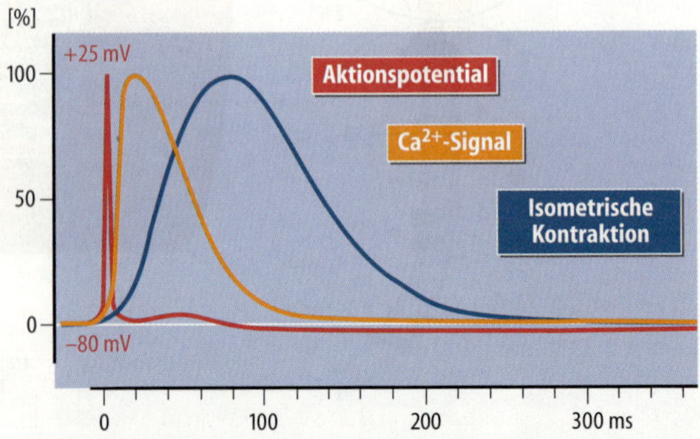

Abb. 6.6. Kontraktion als Folge elektrischer Erregung. Zeitverlauf von Muskel-Aktionspotential, zytosolischer Ca^{2+}-Konzentration und isometrischer Einzelzuckung beim quergestreiften Muskel (Adductor pollicis des Menschen)

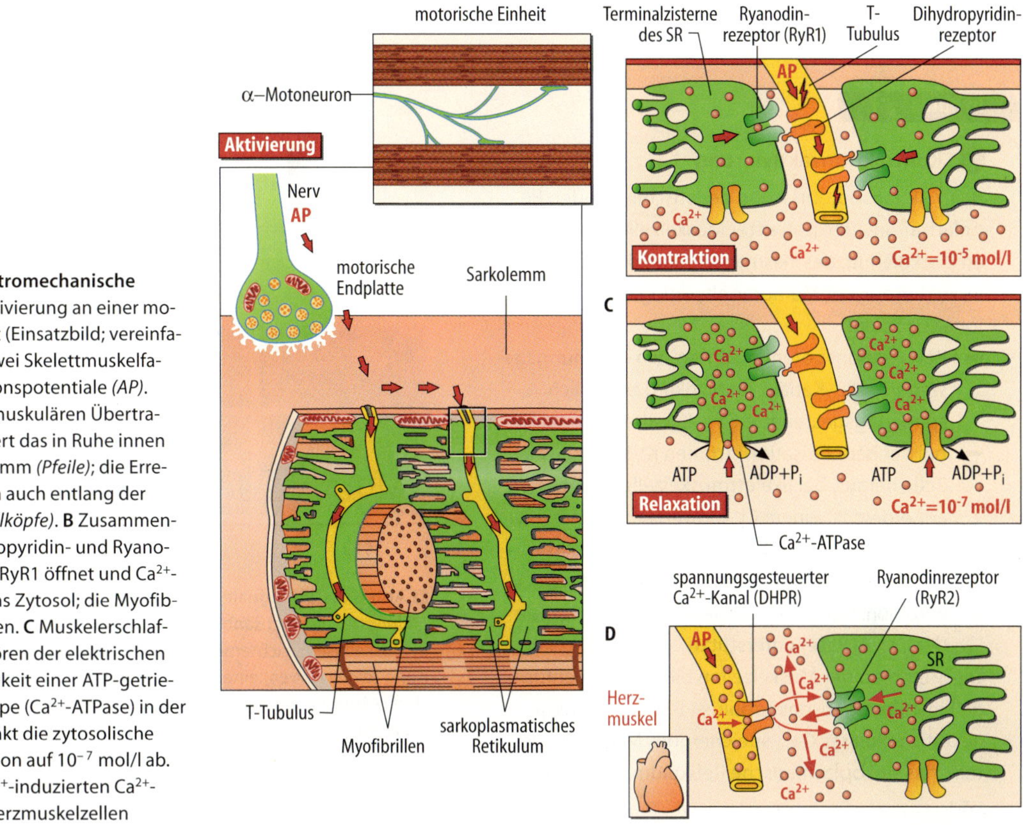

Abb. 6.7. Elektromechanische Kopplung. A Aktivierung an einer motorischen Einheit (Einsatzbild; vereinfachend mit nur zwei Skelettmuskelfasern) durch Aktionspotentiale *(AP)*. Nach der neuromuskulären Übertragung depolarisiert das in Ruhe innen negative Sarkolemm *(Pfeile)*; die Erregung breitet sich auch entlang der T-Tubuli aus *(Pfeilköpfe)*. **B** Zusammenspiel von Dihydropyridin- und Ryanodinrezeptor: der RyR1 öffnet und Ca^{2+}-Ionen strömen ins Zytosol; die Myofibrillen kontrahieren. **C** Muskelerschlaffung beim Aufhören der elektrischen Signale: die Tätigkeit einer ATP-getriebenen Ca^{2+}-Pumpe (Ca^{2+}-ATPase) in der SR-Membran senkt die zytosolische Ca^{2+}-Konzentration auf 10^{-7} mol/l ab. **D** Prinzip der Ca^{2+}-induzierten Ca^{2+}-Freisetzung in Herzmuskelzellen

kaum calciumdurchlässig ist; Abb. 6.7 B). Durch die Konformationsänderung wird über direkten mechanischen Kontakt ein in nächster Nähe befindliches Ca^{2+}-Kanalprotein in der Membran des sarkoplasmatischen Retikulums, der ***Ryanodin-Rezeptor*** (Skelettmuskel: RyR1), geöffnet. Die Öffnung dieses Kanals bewirkt innerhalb weniger Millisekunden (▶ s. Abb. 6.6, »Ca^{2+}-Signal«) eine Erhöhung der zytosolischen Ca^{2+}-Konzentration bis auf etwa 10^{-5} mol/l (Abb. 6.7 B). Nach Diffusion des *Second Messengers* Ca^{2+} zu Troponin C an den dünnen Filamenten setzt die Querbrückenaktivität ein; die Myofibrillen kontrahieren.

Muskelrelaxation. Der Muskel erschlafft, sobald die Ca^{2+}-Ionen durch die ***Tätigkeit der Calciumpumpe*** wieder in das sarkoplasmatische Retikulum zurückgepumpt werden (Abb. 6.7 C). Sinkt die zytosolische Ca^{2+}-Konzentration auf etwa 10^{-7} mol/l, werden Aktin-Myosin-Interaktion und Myosin-ATPase gehemmt, so dass sich die Querbrücken vom Aktin ablösen; die Kraftentwicklung hört auf.

Elektromechanische Kopplung im Herzmuskel. Anders als in Skelettmuskelfasern kommt in Herzmuskelzellen bei jeder Kontraktion ein Teil der Ca^{2+}-Ionen aus dem Extrazellulärraum (Abb. 6.7 D). Beim Aktionspotential öffnen sich in der T-Tubulusmembran der Kardiomyozyte ***spannungsgesteuerte Ca^{2+}-Kanäle***, die den Dihydropyridinrezeptoren entsprechen; man bezeichnet sie auch als L-Typ-Ca^{2+}-Kanäle. Die eingeströmten Ca^{2+}-Ionen diffundieren die kurze Entfernung zum Ryanodinrezeptor (Herzmuskel: RyR2) und bewirken eine Öffnung dieses intrazellulären Ca^{2+}-Kanals (Abb. 6.7 D). Die zytosolische Ca^{2+}-Konzentration steigt auf Werte um 10^{-6} mol/l und nach kurzer Zeit setzt die Kontraktion ein. Man spricht hier von ***Ca^{2+}-in-***

6.3. Maligne Hyperthermie

Symptome. Eine Muskelerkrankung (Myopathie), bei der es zu Störungen im Ablauf der Erregungs-Kontraktions-Kopplung kommt, ist neben der im einleitenden klinischen Fall dargestellten Myasthenia gravis die Maligne Hyperthermie. Diese seltene Erkrankung führt bei den Betroffenen zu Komplikationen bei Allgemeinnarkosen, vorwiegend bei Anwendung von Inhalationsanästhetika (z. B. Halothan).

Ursachen. Der Krankheit liegt zumeist eine Mutation in den Ryanodinrezeptoren der SR-Membran zugrunde, was unter der Narkose zu einem unkontrollierten Anstieg der zytosolischen Ca^{2+}-Konzentration führt. Die Folge sind starke spontane Skelettmuskelkontraktionen, begleitet von übermäßiger Wärmebildung (erhöhte ATP-Spaltungsrate!), die schnell zum Tode führen kann.

duzierter Ca^{2+}-Freisetzung (▶ s. Kap. 2). (Diese ist in geringem Maße auch in Skelettmuskelzellen nachweisbar).

In Kürze

Kontraktionsaktivierung

Beim Aktionspotential und der anschließenden Repolarisation quergestreifter Muskelzellen kommt es am Sarkolemm, der Plasmamembran der Muskelzelle, zu den aus der Membranphysiologie bekannten Ionenströmen:

- Beim Aktionspotential öffnen sich spannungsgesteuerte Na^+-Kanäle, im Myokard zusätzlich spannungsgesteuerte Ca^{2+}-Kanäle;
- bei der Repolarisation strömen K^+-Ionen aus der Zelle heraus, bei Skelettmuskelzellen kommt es außerdem zu einem Cl^--Einwärtsstrom, der mithilft, das Ruhemembranpotential zu stabilisieren. Die Aufrechterhaltung des Ruhepotentials wird durch eine ATP-getriebene Na^+-K^+-Pumpe (Na^+/K^+-ATPase) unterstützt.

Die Membran der Muskelzellen bildet schlauchförmige Einstülpungen, das Tubulus-(T-)System, das an ein intrazelluläres Ca^{2+}-speicherndes Membransystem, das sarkoplasmatische Retikulum, gekoppelt ist.

Bei der elektromechanischen Kopplung laufen die Muskelaktionspotentiale über das T-System ins Innere der Faser und bewirken die Freisetzung von Ca^{2+} aus den terminalen Zisternen des sarkoplasmatischen Retikulums, worauf die Querbrückentätigkeit (Kontraktion) einsetzt. Werden die Ca^{2+}-Ionen durch eine ATP-getriebene Calciumpumpe wieder in das sarkoplasmatische Retikulum zurückgepumpt, hört die Aktivität der Querbrücken auf und der Muskel erschlafft.

6.4 Zentralnervöse Kontrolle der Skelettmuskelkraft

Aktionspotentialfrequenz und tetanische Kontraktion

Schnellere Abfolgen von Aktionspotentialen führen zu einer Dauerkontraktion, dem Tetanus; während dieser tetanischen Kontraktion ist die zytosolische Ca^{2+}-Konzentration dauerhaft erhöht

Willkürliche Kontraktionen. Unsere Skelettmuskelkraft können wir willentlich beeinflussen. Zur Abstufung der Kraft sind Mechanismen wirksam, die unter *zentralnervöser Kontrolle* stehen. Zum besseren Verständnis dieser Mechanismen führen wir uns zunächst vor Augen, welchen Einfluss die Reizfrequenz auf die sarkoplasmatische

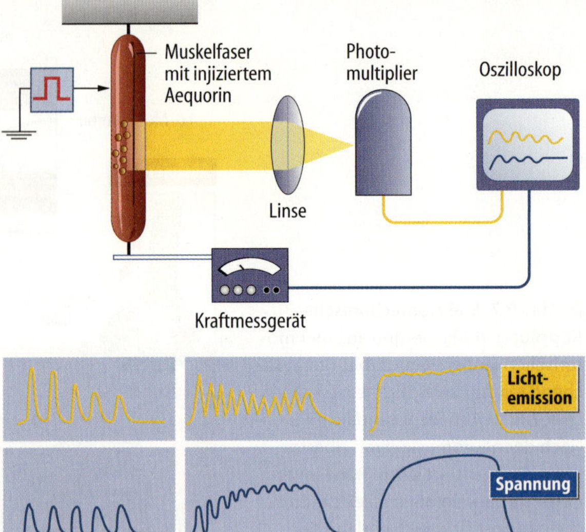

Abb. 6.8. Ca^{2+}-Signale und tetanische Kontraktionen. *Oberer Abbildungsteil:* Versuchsanordnung zum Nachweis der Ca^{2+}-Freisetzung in Muskelfasern. Lichtemission (*gelbe Kurven*) und isometrische Spannung (*blaue Kurven*) einer isolierten, mit Ca^{2+}-sensitivem Leuchtfarbstoff (Aequorin) injizierten Muskelfaser. *Unterer Abbildungsteil:* Die Faser wurde mit einer Frequenz von 5, 10 und 40 Hz gereizt (0,5 ms dauernde Stromimpulse). Bei Erhöhung der Reizfrequenz verschmelzen die Einzelzuckungen erst zum unvollständigen, dann zum vollständigen (glatten) Tetanus

Ca^{2+}-Konzentration und die Kontraktion des Skelettmuskels hat.

Ca^{2+}-Signale bei Einzelzuckung und Tetanus. An einer isolierten Skelettmuskelfaser kann man die Lichtemission Ca^{2+}-sensitiver Farbstoffe als Maß für die Ca^{2+}-Konzentration zusammen mit der Kraftentwicklung bestimmen (Abb. 6.8). Stimuliert man die Faser mit einer Reizfrequenz von 5 Hz, dann sind die Lichtemissionen flüchtig, weil das freigesetzte Calcium alsbald in das SR zurückgepumpt wird; man beobachtet Einzelzuckungen. Bei einer Reizfrequenz von etwa 10 Hz überlagern sich die Kontraktionsantworten und die Spannungsmaxima in den aufeinanderfolgenden Zuckungen nehmen zu: ***Superposition*** bzw. ***Summation der Einzelzuckungen.*** Die Ca^{2+}-Konzentration im Zytosol fällt jedoch nach jeder Zuckung fast wieder auf den Ruhewert ab. Erst bei noch schnelleren Reiz- (bzw. Aktionspotential-) Folgen von 20 Hz oder mehr ***bleibt*** die ***Ca^{2+}-Konzentration*** auch zwischen den elektrischen Stimuli ***erhöht,*** weil die Ca^{2+}-ATPase die Ca^{2+}-Ionen nicht schnell genug in das SR zurückpumpen kann. Die Zuckungen verschmelzen jetzt zunächst unvollständig und schließlich vollständig (Abb. 6.8) zu einer Dauerkontraktion, dem ***Tetanus.***

Tetanusverschmelzungsfrequenz. Repetitive Zuckungen verschmelzen zum vollständigen (glatten) Tetanus, wenn das Reiz- (Aktionspotential-) Intervall weniger als 1/3–1/4 der für die Einzelzuckung benötigten Zeit beträgt. Also ist die Tetanusverschmelzungsfrequenz umso niedriger, je länger die Einzelzuckung dauert. Langsame Zuckungsfasern zeigen daher eine geringere Verschmelzungsfrequenz als schnelle Zuckungsfasern. Der minimale zeitliche Abstand zwischen aufeinanderfolgenden effektiven Reizen im Tetanus kann aber nicht kleiner als die ***Refraktärzeit*** sein, die in etwa der Dauer eines Aktionspotentials entspricht (2–3 ms).

▪▪▪ **Tetanus-Kontraktur-Tetanie.** Wird eine Dauerkontraktion ohne Aktionspotentiale ausgelöst (z.B. experimentell durch Koffein), spricht man von **Kontraktur**. Sie ist vom Tetanus ebenso zu unterscheiden wie die **Tetanie**, eine durch Ca^{2+}-Mangel begünstigte Störung der Membranerregbarkeit. Beim **Wundstarrkrampf**, der ebenfalls Tetanus genannt wird, handelt es sich um eine völlig andere Erscheinung: hier kommt es zu lebensbedrohlichen Krämpfen, die durch Wirkung des Tetanusbakteriotoxins hervorgerufen werden.

Abstufung der Kontraktionskraft in den motorischen Einheiten

Die zentralnervöse Regulation der Muskelkraft erfolgt durch Variation der Erregungsrate der Motoneurone und durch Rekrutierung von mehr oder weniger motorischen Einheiten

Kontraktionskraft und Frequenz der Aktionspotentiale. Wie aus ◘ Abb. 6.8 ersichtlich ist, beeinflusst die Frequenz der elektrischen Signale die Kontraktionskraft im Tetanus. Diese Tatsache macht sich der Organismus zunutze, denn unsere ***willkürlichen Kontraktionen*** sind immer tetanischer Natur: durch Steigerung der Impulsrate der Motoneurone von 10 auf 50 Aktionspotentiale/s (in manchen schnellen Muskeln bis auf einige 100 Hz) wird aus einem unvollständigen ein glatter Tetanus, wodurch sich die ***Kontraktionskraft*** auf den 2- bis 8-fachen Wert erhöht. Auch bei niedriger Aktionspotentialfrequenz unduliert die Gesamtspannung des Muskels nicht, da die motorischen Einheiten die Zuckungsmaxima asynchron (zeitlich versetzt) produzieren. ***Gründe*** für die erhöhte Spannung im glatten Tetanus könnten sein:

- eine ausreichend lange Dauer der Kontraktion, um serienelastische Elemente (▶ s. Abschnitt 6.5) soweit anzuspannen, dass die maximale Muskelkraft auch auf die Sehnen übertragen werden kann;
- eine vollständige Ca^{2+}-Sättigung von Troponin C nur bei hoher Erregungsrate.

Rekrutierung motorischer Einheiten. Die Kraft einer motorischen Einheit variiert bei Einzelzuckungen kaum: alle Fasern der Einheit sind entweder kontrahiert oder erschlafft (***Alles-oder-Nichts-Gesetz***, ▶ s. Kap. 4.6). Jedoch können Skelettmuskeln ihre Kontraktionsstärke (und auch ihre Verkürzungsgeschwindigkeit; ▶ s. Abschnitt 6.5) sehr effektiv einstellen, indem sie eine ***variable Anzahl*** motorischer Einheiten aktivieren. Bei geringer willkürlicher Anspannung eines Muskels werden Aktionspotentiale nur in wenigen motorischen Einheiten beobachtet (bei Elektromyographie mittels Nadelelektroden; ◘ Abb. 6.9). Bei starker Willküranspannung feuern dagegen sehr viele Einheiten. Aufgrund der Rekrutierung nimmt auch die von der Hautoberfläche ableitbare integrierte elektrische Aktivität umso mehr zu, je kraftvoller die darunter liegenden Muskelpartien kontrahieren. Die Feinregulierung der Kraft ist umso besser abstufbar, je geringer die Größe und damit die Kraft einer motorischen Einheit ist.

Reflextonus. Selbst bei scheinbarer Ruhe ist in manchen Muskeln die elektromyographisch feststellbare Aktivität nicht immer ganz erloschen: niederfrequente Entladungen in nur wenigen motorischen Einheiten können

A

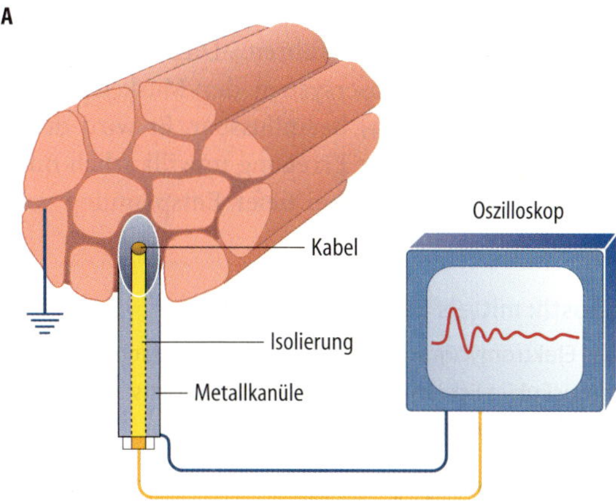

B

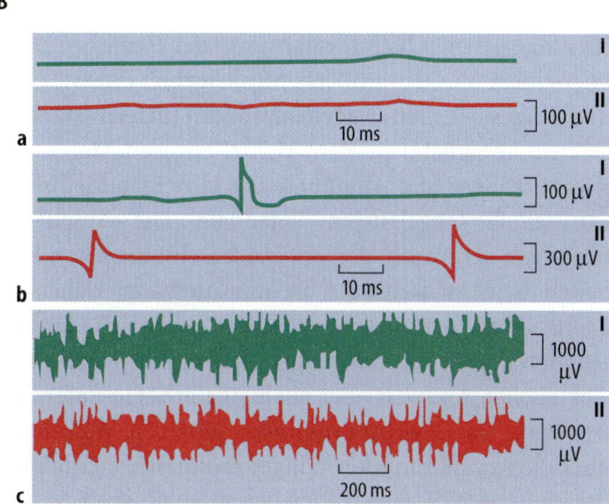

◘ **Abb. 6.9. Elektromyographie. A** Extrazelluläre Ableitung mit einer konzentrischen Nadelelektrode, die zwischen die Fasern einer motorischen Einheit des Muskels (extrazellulär) gestochen wird. **B** Registrierungen extrazellulärer Aktionspotentiale, die mit 2 Elektroden gleichzeitig von 2 verschiedenen motorischen Einheiten (I und II) eines Muskels abgeleitet wurden. **a** Erschlaffter Muskel, **b** Schwache willkürliche Kontraktion (asynchrone Aktivität der beiden motorischen Einheiten!), **c** Maximale willkürliche Kontraktion

in Haltemuskeln zu einem unwillkürlichen, reflexogenen, Spannungszustand führen. Dieser ***neurogene Tonus*** ist über das γ-Fasersystem der Muskelspindeln (▶ s. Kap. 7, Abschnitt 7.4) beeinflussbar. Er wird durch geistige Anspannung oder Erregung unwillkürlich noch verstärkt und erlischt nur bei tiefer Entspannung vollständig.

Diagnostik mittels Elektromyographie

Das Elektromyogramm (EMG) wird bei Verdacht auf neuromuskuläre Erkrankungen als ein diagnostisches Hilfsmittel eingesetzt

Klinische Elektromyographie. Mittels Elektromyographie kann man die Aktionspotentiale von motorischen Einheiten während der Muskeltätigkeit ableiten (Abb. 6.9). Die Ableitung kann von der Hautoberfläche über einem Muskel (größeres Muskelgebiet erfasst) oder mit eingestochenen Nadelelektroden (liefern stärkere elektrische Signale) aus dem Muskel erfolgen. Man registriert Frequenz und Amplitude der in beiden Methoden extrazellulär abgeleiteten Potentiale. Die Amplitude hängt von der Anzahl der »feuernden« motorischen Einheiten bzw. Muskelfasern in unmittelbarer Nähe der Elektrode ab. Sind viele benachbarte motorische Einheiten aktiv, registriert man aufgrund der nicht synchronen elektrischen Aktivität aber auch eine erhöhte Potentialfrequenz. Das ***Elektromyogramm*** gibt u. a. Aufschluss über die Anzahl funktionsfähiger motorischer Einheiten des im Bereich der Elektroden liegenden Muskels.

Elektromyographische Signale bei neuromuskulären Funktionsstörungen. Bei einer ***Myotonie*** (▶6.2) ist das Sarkolemm so erregbar, dass schon das Einstechen der Nadelelektroden in den Muskel starke spontane Entladungen auslöst. Bei willkürlicher Anspannung nach einer Ruhepause kommt es zu lang andauernden Nachentladungen. Veränderungen der im EMG erfassbaren Signale findet man u. a. auch bei Störungen der Innervation. Im ersten Stadium nach ***Denervierung*** eines Muskels (vor der Inaktivitätsatrophie) treten noch spontane Aktionspotentiale (Fibrillationspotentiale) auf. Nach längerer vollständiger Denervierung, etwa bei ***Poliomyelitis***, werden atrophierte Muskelfasern durch Bindegewebe ersetzt; die elektromyographisch ableitbaren Signale sind sehr klein.

Muskelhypertrophie und -atrophie

Langfristig kann die Kraft eines Muskels durch Hypertrophie bzw. Atrophie moduliert werden

Muskelhypertrophie. Je dicker ein Muskel bzw. je größer die Summe der Querschnitte der einzelnen Muskelfasern ist, desto höhere Kräfte können entwickelt werden. Durch ***Muskeltraining*** kann man bekannterweise eine Muskelhypertrophie erreichen; dabei nimmt die Dicke der Muskelfasern zu, während sich die Faserzahl im Muskel nicht verändert (dagegen nimmt die Zellzahl bei ***Hyperplasie*** zu!). Der hypertrophe Muskel synthetisiert mehr Proteine in den Zellen als er abbaut.

Muskelatrophie. Übersteigt im umgekehrten Fall der Abbau an Muskeleiweißen die Protein-Neusynthese über einen längeren Zeitraum, tritt Muskelatrophie ein; die entwickelten Muskelkräfte sind kleiner als normal. Zunehmende Atrophierung findet man bei Ruhigstellung des Muskels, Denervierung oder auch bei Alterungsprozessen.

In Kürze

Kontrolle der Muskelkraft

Höhere Erregungsraten im Skelettmuskel führen zur Summation der Zuckungen im unvollständigen Tetanus (physiologische Kontraktionsform!), bis hin zum vollständigen (glatten) Tetanus. Bei tetanischen Kontraktionen bleibt die zytosolische Ca^{2+}-Konzentration auch zwischen den Impulsen erhöht. Beim Übergang niederfrequenter Tetani in glatte Tetani erhöht sich die Muskelkraft um einen Faktor von 2–8.
Die willkürliche Muskelkraft kann durch das ZNS über zwei prinzipielle Mechanismen reguliert werden:

- durch Variation der Erregungsrate der Motoneurone;
- durch Rekrutierung motorischer Einheiten.

Die Elektromyographie wird als diagnostische Hilfe zur Analyse neuromuskulärer Funktionsausfälle eingesetzt.
Längerfristige Anpassungen der Muskelkraft können durch Muskelhypertrophie bzw. -atrophie erfolgen.

6.5 Skelettmuskelmechanik

Parametrisierung von Muskelkontraktionen und Muskelkräften

Zur Beschreibung von Muskelkontraktionen verwendet man die Parameter Kraft, Länge und Zeit sowie davon abgeleitet Geschwindigkeit, Arbeit und Leistung; in der Muskelmechanik unterscheidet man passive und aktive Kräfte sowie elastische und kontraktile Elemente.

Mechanische Parameter der Muskelkontraktion. Um die mechanische Funktion eines Muskels zu beschreiben, benötigt man nur drei Variablen: ***Kraft, Länge und Zeit.*** Aus diesen lassen sich die funktional wichtigen Parameter ***Arbeit, Verkürzungsgeschwindigkeit und Leistung*** ableiten. Im folgenden sollen diese Parameter näher erläutert werden.

Passive und aktive Kraft. Die ***mechanischen Eigenschaften*** eines Skelettmuskels lassen sich gut am isolierten Präparat untersuchen (Abb. 6.10 A). Der ruhende (nicht

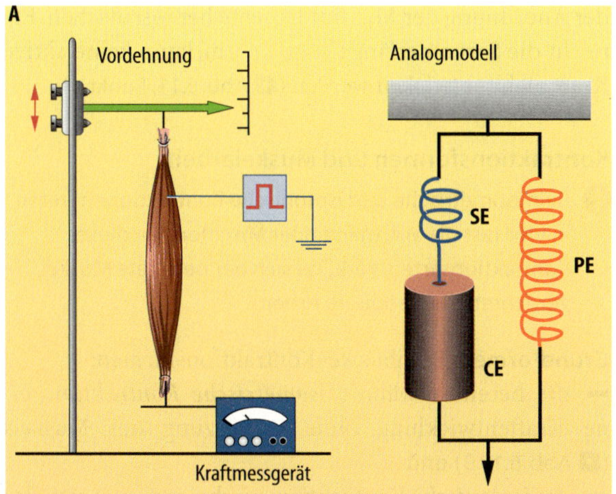

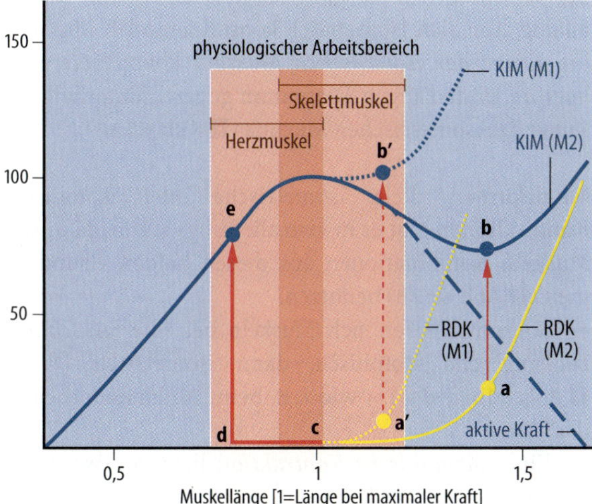

Abb. 6.10. Beziehung zwischen Kraft und Muskellänge. A Isometrische Versuchsanordnung *(links)*, bei der ein Muskel zwischen Kraftfühler und positionierbarer Aufhängung eingespannt wird. Der Muskel kann durch ein mechanisches Analogmodell *(rechts)* beschrieben werden, das ein kontraktiles *(CE)*, serienelastisches *(SE)* und parallelelastisches *(PE)* Element enthält. **B** Kraft-Längen-Diagramm mit der Ruhedehnungskurve *(RDK)* und der Kurve der isometrischen Maxima *(KIM)* von zwei verschiedenen Skelettmuskeln mit hoher (Muskel M1) bzw. niedriger (Muskel M2) passiver Spannung. Die totale Kraft bei einer bestimmten Vordehnung (z.B. bei b oder b') setzt sich aus der passiven Kraft (a bzw. a') und der aktiven isometrischen Kontraktionskraft (a–b bzw. a'–b') zusammen. Die gestrichelte blaue Linie gibt die rein aktive Kraft bei größerer Vordehnung an. c-d-e ist eine Anschlagszuckung. Die *roten* Flächen bezeichnen den normalen Arbeitsbereich menschlicher Skelettmuskeln bzw. vom Myokard

stimulierte) Muskel wird zunächst an seinen Enden festgeklemmt. Er übt in diesem Zustand keine aktive Kraft aus, entwickelt jedoch bei Dehnung über seine Ruhelänge hinaus eine ***passive Kraft***. Erfolgt nun eine Aktivierung durch einen elektrischen Reiz, so kann sich der Muskel wegen der Fixierung seiner Enden zwar unter Kraftentwicklung anspannen, jedoch nicht verkürzen; er kontrahiert ***isometrisch*** (Abb. 6.10). Bei dieser Kontraktionsform übertragen die kontraktilen Elemente der Muskelfasern die entwickelte Kraft über ***intramuskuläre elastische Strukturen*** auf die Messvorrichtung (bzw. in vivo auf die Sehnen). Die in Serie zum kontraktilen Apparat geschalteten elastischen Strukturen sind einerseits in den Querbrücken selbst lokalisiert, andererseits aber auch in den Z-Scheiben und Sehnenansätzen.

Analogmodell. Man kann den Muskel vereinfacht als ein System aus drei verschiedenen Elementen modellieren (Abb. 6.10 A):

- dem kontraktilen Element (CE),
- dem serienelastischen Element (SE) und
- dem parallelelastischen Element (PE; parallel zum CE angeordnet und für die passive Kraftgenerierung zuständig).

Dieses ***mechanische Analogmodell*** wird ungeachtet der Kenntnis vieler molekularer Details zur Muskelkontraktion nach wie vor erfolgreich und verbreitet von Biomechanikern verwendet, um z.B. orthopädische Prothesen für Patienten mit neuromuskulären Funktionsstörungen zu entwickeln.

Kraft-Längen-Diagramm

Passive und aktive Kraft variieren mit dem Dehnungsgrad des Muskels

Ruhedehnungskurve. Die Beziehung zwischen Länge und passiver Kraft wird durch die Ruhedehnungskurve beschrieben (Abb. 6.10 B). Anders als bei einer Feder nimmt die Kraft mit der Dehnung nicht linear zu: der gekrümmte Verlauf der Ruhedehnungskurve ist umso steiler, je stärker der Muskel gedehnt wird. Der ***Elastizitätsmodul*** des ruhenden Muskels nimmt also mit der Dehnung zu. Elastizität und passive Kraftentwicklung kommen teils durch die Titinfeder, teils durch andere parallelelastische Elemente wie bindegewebige Strukturen zwischen den Muskelfasern zustande. Abbildung 6.10 B zeigt, dass verschiedene Skelettmuskeln eine sehr ***unterschiedliche passive Steifigkeit*** aufweisen: die Ruhedehnungskurve kann in manchen Muskeln steil ansteigen (M1), in anderen flacher verlaufen (M2).

Aktive Kraft-Längen-Beziehung. Die Vordehnung bestimmt auch das Ausmaß an aktiver Kraft, welches der Muskel bei der jeweiligen Länge maximal entwickeln kann. Die aktive Kraft während der Kontraktion überlagert sich (additiv) der passiven Kraft des Muskels (Abb. 6.10 B, a–b und a'–b'). Trägt man die bei isometrischen Kontraktionen maximal erreichbaren Kräfte gegen die Muskellänge auf, so erhält man die ***Kurve der isometrischen Maxima*** (Abb. 6.10 B). Die Form dieser Kurve kann in verschiedenen Muskeln unterschiedlich sein, wobei die Unterschiede nur in demjenigen Abschnitt der Kurve auftreten, der die Kräfte bei größeren Muskellängen anzeigt. Beispielsweise zeigt die am Muskel M2 registrierte Kurve (■ Abb. 6.10 B) ein lokales Minimum im Punkt b. Im Gegensatz dazu hat die Kurve der isometrischen Maxima von Muskel M1 kein solches Minimum.

Diese Unterschiede entstehen einzig wegen des ***unterschiedlichen Verlaufs*** der ***Ruhedehnungskurve***, denn die Abhängigkeit der aktiven Kontraktionskraft von der Muskellänge ist in beiden Muskeln gleich (■ Abb. 6.10 B). Die aktive Kraft erhält man, indem man die Ruhedehnungskurve von der Kurve der isometrischen Maxima wieder subtrahiert. Man erkennt, dass die ***aktive Muskelkraft*** bei mittleren Muskellängen am größten ist. Skelettmuskeln arbeiten *in situ* bei Längen nahe dieses charakteristischen Kraft-Optimums; der Herzmuskel operiert dagegen im aufsteigenden Ast, bis zum Optimum, der aktiven Kraft-Längenkurve (■ Abb. 6.10 B).

Aktive Kraft und Aktin-Myosin-Überlappungsgrad. Das »glockenförmige« Aussehen der aktiven Kraft-Längenkurve (■ Abb. 6.10 B) ist durch unterschiedliche Überlappungsgrade von Aktin- und Myosinfilamenten erklärbar (■ Abb. 6.11). Registriert man anstelle der Muskellänge die Sarkomerlänge einer sich isometrisch kontrahierenden Einzelfaser, dann zeigt die aktive Kraft-Sarkomerlängenkurve ein ***Maximum*** (■ Abb. 6.11, Punkt b) in Form eines schmalen Plateaus bei einer ***Sarkomerlänge zwischen 2,0 und 2,2 µm*** (entspricht in etwa der Muskelruhelänge). Bei kürzeren Längen ist die Kraft geringer, weil die gegensinnig gepolten Aktinfilamente aus den zwei Sarkomerhälften überlappen und die dicken Filamente an die Z-Scheiben gepresst werden (■ Abb. 6.11, Punkt a). Außerdem wird der Abstand zwischen parallelen Myofilamenten größer, was die Ausbildung aktiver Querbrücken erschwert. In situ verkürzen sich die meisten Muskeln nur auf 50–70 % ihrer Ruhelänge. Werden Muskelfasern über ihre Ruhelänge hinaus gedehnt, so fällt die Kontraktionskraft ab, weil dann die Aktinfilamente aus der Anordnung der Myosinfilamente herausrutschen. Erreicht die Sarkomerlänge etwa 3,6 µm, kann keine aktive Kraft mehr entwickelt werden (■ Abb. 6.11, Punkt d).

Kontraktionsformen und Muskelarbeit

! Rein isometrische und isotonische Kontraktionen treten in vivo fast nie auf; man findet Mischformen dieser Kontraktionsarten; verkürzt sich der belastete Muskel, verrichtet er eine äußere Arbeit

Grundformen. Es gibt zwei Kontraktionsformen:
- die bereits erwähnte ***isometrische Kontraktion***, eine Kraftentwicklung ohne Verkürzung des Muskels (■ Abb. 6.10 B) und
- die ***isotonische Kontraktion***; hierbei verkürzt sich der Muskel bei konstanter Kraft (■ Abb. 6.12, Punkte a–b). Registriert man die maximalen isotonischen Kontraktionen bei verschiedenen Ausgangslängen, dann kann man – analog zum sich isometrisch kontrahierenden Muskel – die ***Kurve der isotonischen Maxima*** konstruieren; sie liegt im Kraft-Längen-Diagramm generell unterhalb der Kurve der isometrischen Maxima (■ Abb. 6.12 A).

Mischformen. Rein isometrische oder isotonische Kontraktionen gibt es in vivo allerdings kaum, da unsere Muskeln Kombinationen aus diesen beiden Grundformen (■ Abb. 6.12 B) benutzen.
- So kontrahieren sich Muskeln bei einer ***Anschlagszuckung*** erst isotonisch, dann isometrisch (► vgl. ■ Abb. 6.10, c–d–e) – wie z. B. beim Aufeinanderbeißen der Zähne.
- Eine ***auxotonische Kontraktion*** liegt vor, wenn der Muskel gleichzeitig Kraft entwickelt und sich verkürzt. Als Beispiel gilt die Austreibungsphase im Herzzyklus (► s. Kap. 26), die genau genommen eine auxobare Kontraktion darstellt.

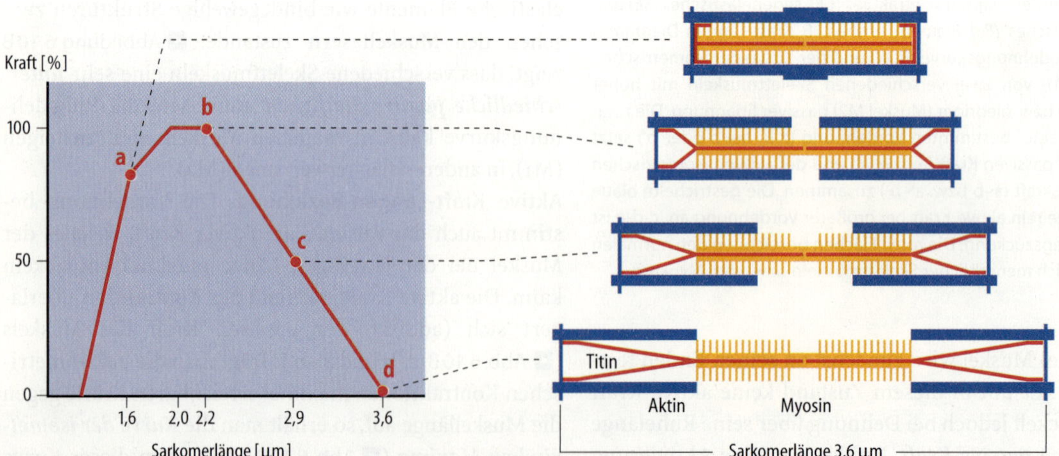

■ **Abb. 6.11. Beziehung zwischen Kontraktionskraft, Sarkomerlänge und Filamentüberlappung.** *Links:* Die im Tetanus entwickelte isometrische Maximalkraft einer Einzelfaser bei verschiedenen Sarkomerlängen. *Rechts:* Überlappung von Aktin- und Myosinfilamenten in Sarkomeren mit einer Länge von 1,6, 2,2, 2,9 und 3,6 µm

A

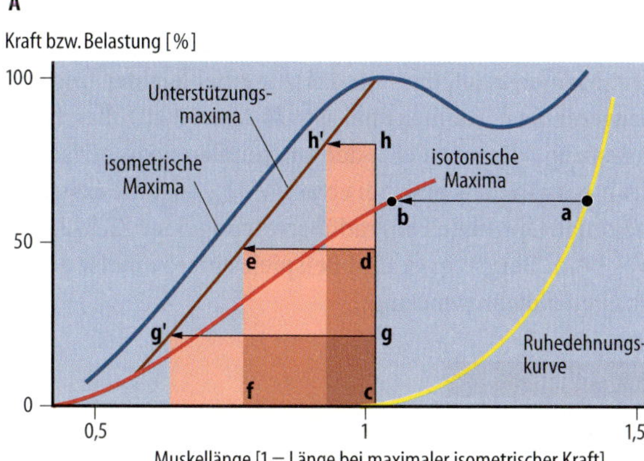

B

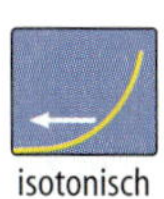
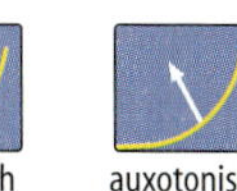

Abb. 6.12. Beziehung zwischen Kraft (Belastung) und Verkürzung bei verschiedenen Formen der Kontraktion. A Wird die maximale isotonische Verkürzung eines tetanisierten Muskels (z. B. a–b) von verschiedenen Punkten auf der Ruhedehnungskurve aus registriert, erhält man die Kurve der isotonischen Maxima. Kontrahiert der Muskel zunächst isometrisch und dann isotonisch (z. B. c–d–e oder c–g–g' oder c–h–h'), liegt eine Unterstützungszuckung vor. Die dabei vollbrachte Arbeit des Muskels ist bei mittlerer Belastung am größten (Fläche cdef), bei geringer (c–g–g') oder großer (c–h–h') Belastung kleiner. Die auf dem Höhepunkt der Unterstützungszuckungen gemessenen Datenpunkte ergeben die Kurve der Unterstützungsmaxima. **B** Kontraktionsformen

- Als ***Unterstützungszuckung*** bezeichnet man eine Kontraktion, bei der ein Muskel zunächst isometrisch Kraft entwickelt und sich danach isotonisch verkürzt. Dies ist z. B. der Fall beim Anheben eines Gewichts.

Unterstützungsmaxima. Abbildung 6.12A verdeutlicht die im Experiment an einem isolierten, tetanisch stimulierten Muskel ermittelten Kontraktionsverläufe beim Anheben eines leichten (c–h–h'), mittelschweren (c–d–e) und schweren (c–g–g') Gewichts, und zwar von derselben Ausgangslänge des Muskels. Verbindet man die auf dem Höhepunkt einer jeden Unterstützungszuckung gemessenen Datenpunkte, so erhält man die ***Kurve der Unterstützungsmaxima.*** Man erkennt, dass sich der Muskel bei stärkerer Belastung weitaus weniger verkürzen kann als bei geringer Belastung.

Die Muskelarbeit. Hebt ein Muskel eine Last um einen bestimmten Betrag (Hubhöhe), so verrichtet er eine äußere Arbeit. Man kann die Muskelarbeit errechnen als ***Produkt aus Hubhöhe*** (Muskelverkürzung) und ***Last*** (Kraft); im Kraft-Längen-Diagramm (Abb. 6.12 A) entspricht dies der Fläche eines Rechtecks, dessen Seiten aus Kraftkomponente und Verkürzungsweg gebildet werden. Die grauen Flächen in Abb. 6.12 A verdeutlichen, dass die Arbeit bei mittlerer Belastung größer ist (Fläche cdef) als bei starker (h–h') oder geringer (g–g') Belastung. Die äußere Arbeit ist Null, wenn die Last gleich der isometrischen Maximalkraft ist oder wenn sich der Muskel unbelastet verkürzt.

Verkürzungsgeschwindigkeit und Muskelleistung

Die Verkürzungsgeschwindigkeit ist unbelastet am höchsten und nimmt mit zunehmender Belastung ab; das Produkt aus Verkürzungsgeschwindigkeit und Kraft, die Muskelleistung, ist bei mittleren Belastungen maximal

Beziehung zwischen Last (Kraft) und muskulärer Verkürzungsgeschwindigkeit. Verkürzt sich ein Muskel bei der Kontraktion, hängt die Verkürzungsgeschwindigkeit von der Belastung ab (Abb. 6.13 A). Die vom Muskel während der Verkürzung aufzubringende Kraft entspricht genau der Belastung. ***Unbelastet*** verkürzt sich der Muskel mit ***maximaler Geschwindigkeit*** (V_{max}). Mit zunehmender Last nimmt (nach Hill) die Kontraktionsgeschwindigkeit in hyperbolischer Weise ab (Abb. 6.13 A). Umgekehrt kann ein Muskel bei sehr schneller Verkürzung viel weniger Kraft generieren als bei langsamer Verkürzung. Gewichtheber stoßen deshalb schwerere Gewichte als sie »reißen« können.

Determinanten der Kraft-Geschwindigkeits-Beziehung. V_{max} entspricht der maximalen Geschwindigkeit des Übereinandergleitens der Aktin- und Myosinfilamente. Je schneller die Myosinköpfe ATP spalten und mit Aktin in Wechselwirkung treten (d. h. je höher die ***Myosin-ATPase-Aktivität*** ist), umso größer ist die Geschwindigkeit des elementaren Gleitprozesses. Schnelle Zuckungsfasern haben eine hohe ATPase-Aktivität und können daher besonders schnell kontrahieren (▶ vgl. Tabelle 6.3). Allerdings kann selbst bei gleicher ATP-Spaltungsrate der Myosine zweier Muskeln die ***Verkürzungsgeschwindigkeit*** dieser Muskeln variieren: lange Muskeln kontrahieren nämlich schneller als kurze Muskeln, weil sich die Verkürzungen vieler hintereinander geschalteter Sarkomere in den Myofibrillen addieren. Darüberhinaus ist die Verkürzungsgeschwindigkeit eines Muskels zentralnervös kontrolliert: ebenso wie die Kraft kann auch die Verkürzungsgeschwindigkeit (bei gleichbleibender Muskelbelastung) durch ***Rekrutierung motorischer Einheiten*** im Muskel gesteigert werden.

Konzentrische und exzentrische Kontraktionen. Verkürzt sich der aktivierte Muskel, so spricht man auch von ***konzentrischer Kontraktion*** (Abb. 6.13 A). Ist die Belastung gerade so groß wie die isometrisch mögliche Kraft, verkürzt sich der Muskel nicht mehr (isometrische Kontraktion). Bei noch größerer Belastung werden aktivierte Muskeln gedehnt; es kommt zur ***exzentrischen Kontraktion*** (Abb. 6.13 A). Diese Art von Kontraktion ist wahrscheinlich Teil des normalen Bewegungsablaufs

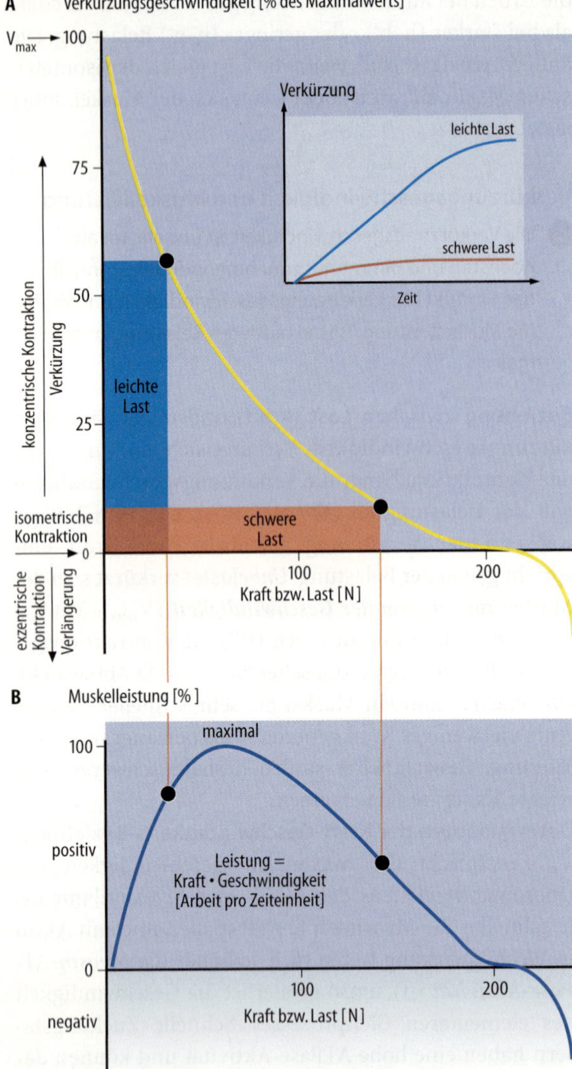

Abb. 6.13. Beziehung zwischen Kraft (Last) und Kontraktionsgeschwindigkeit bzw. Muskelleistung. A Hyperbolisch verlaufende HILL-Kurve. *Abszisse:* Belastung bzw. wirkende Gegenkraft eines menschlichen Armmuskels in Newton (N). *Ordinate:* Verkürzungsgeschwindigkeit in % der maximalen unbelasteten Geschwindigkeit (V_{max}). Die Rechteckflächen zeigen die Muskelleistung bei geringer *(blau)* bzw. großer *(rot)* Belastung. *Einsatzbild:* Zeitlicher Verlauf der Unterstützungskontraktion bei leichter bzw. schwerer Last. **B** Muskelleistung in Abhängigkeit von der Belastung

mancher lokomotorischer Muskeln, bekannt ist sie aber vor allem wegen ihrer schmerzhaften Auswirkungen. So haben die exzentrischen Kontraktionen einiger Beinmuskeln beim Bergabgehen einer untrainierten Person zwar eine sehr nützliche ***Bremswirkung***, jedoch kommt es durch die Dehnung oft zu schmerzhaften Mikroläsionen in den Muskelfasern, die sich bald darauf in ***Muskelkater*** (Abschnitt 6.6) äußern.

Muskelleistung. Das ***Produkt von Muskelkraft und Verkürzungsgeschwindigkeit*** ist die Muskelleistung (auch: Arbeit pro Zeiteinheit). Sie entspricht im Diagramm der Abb. 6.13 A der Fläche von Rechtecken, deren Seiten aus Kraft- und Geschwindigkeitskomponente gebildet werden. Man erkennt, dass die Leistung bei leichter und bei schwerer Last submaximal ist (Abb. 6.13 B). Bei einer Belastung, die etwa 1/3 der maximalen isometrischen Kraft entspricht – bzw. bei etwa 1/3 V_{max} – ist die Leistung maximal. Optimale Fahrradübersetzung oder Zick-Zack-Weg beim Bergsteigen sind Beispiele einer zumeist unbewussten Nutzanwendung.

In Kürze

Skelettmuskelmechanik

Um Muskelkontraktionen zu parametrisieren, verwendet man Kraft, Länge und Zeit sowie Arbeit, Geschwindigkeit und Leistung.

Die mechanischen Eigenschaften eines Muskels beschreibt das Kraft-Längen-Diagramm; es zeigt passive (»Ruhedehnungskurve«) und aktive Kräfte.

Die Kontraktionskraft hängt von der Vordehnung des Muskels bzw. von der aktuellen Sarkomerlänge ab; die aktive Kraft ist bei 2,0–2,2 µm Sarkomerlänge maximal.

Die Längenabhängigkeit der aktiven Kraft ist durch den unterschiedlichen Überlappungsgrad von Aktin- und Myosinfilamenten erklärbar.

Muskelkontrakrion

Man unterscheidet zwei Grundformen der Kontraktion:

- isometrisch (Kraftentwicklung ohne Verkürzung) und
- isotonisch (Verkürzung bei konstanter Kraft).

Meist kommen allerdings Mischformen aus diesen beiden Grundformen vor.

Arbeit, Leistung und Verkürzungsgeschwindikeit

Die Muskelarbeit ist das Produkt aus Muskelkraft (Last) und Muskelverkürzung (Hubhöhe).

Die Verkürzungsgeschwindigkeit eines Muskels nimmt mit steigender Belastung ab; der unbelastete Muskel verkürzt sich mit maximaler Geschwindigkeit.

Die Muskelleistung (Kraft × Geschwindigkeit) ist, wie auch die Arbeit, bei mittlerer Belastung am größten.

6.6 Energetik der Skelettmuskelkontraktion

Energiequellen der Muskelaktivität

Der Querbrückenzyklus benutzt ATP als unmittelbare Energiequelle; zur Auffrischung der ATP-Reserven im Muskel dienen drei verschiedene Mechanismen: direkte Phosphorylierung, Glykolyse, oxidative Phosphorylierung

ATP-Bereitstellung. Adenosintriphosphat wird im Muskel durch die Myosin-ATPase in ADP und Phosphat gespalten. Das in den Muskelzellen gespeicherte ATP würde nur für einige wenige Kontraktionen ausreichen. Um die ATP-Reserven wieder aufzufrischen, nutzt der Muskel ***drei verschiedene Regenerationsmechanismen*** (Tabelle 6.2):

- die direkte Phosphorylierung von ADP in der Kreatinphosphatreaktion;
- die anaerobe ATP-Gewinnung in der Glykolyse (2–3 Mol ATP pro Mol Glukose);
- die aerobe ATP-Gewinnung durch oxidative Phosphorylierung (etwa 30 Mol ATP pro Mol Glukose) in den Mitochondrien.

Kreatinphosphatreaktion. Der extrem schnell ablaufende Prozess der ATP-Regeneration aus Kreatinphosphat (Lohmann-Reaktion) dient als eine Art ***»Puffer«*** für den ATP-Gehalt der Zelle zu Beginn einer kontraktilen Aktivität (Leistungsdauer 10–20 s).

Glykolyse. Für große und länger andauernde mechanische Leistungen muss eine echte ATP-Neusynthese stattfinden. Für eine begrenzte Zeit von wenigen Minuten kann ATP in der Glykolyse mit ***hoher Syntheserate*** aus Glukose bereit gestellt werden (Tabelle 6.2). Jedoch sind die anaerob verfügbaren Energieressourcen beschränkt; nach etwa 30 s hat die anaerobe Glykolyse ihr Maximum bereits überschritten. In Folge der Glykolyse häuft sich in der Zellflüssigkeit und im Blut Milchsäure an, die schließlich zur metabolischen Azidose und damit zur Einschränkung der Leistungsfähigkeit, zur ***Ermüdung***, führt.

Aerober Energiestoffwechsel. Bei andauernder Muskeltätigkeit läuft verzögert (etwa 30–60 s nach Beginn der Tätigkeit) die aerobe ATP-Bildung an. Sie erfolgt unter O_2-Verbrauch über ***oxidative Phosphorylierung*** (in der Atmungskette). Die zur ATP-Synthese notwendige Energie stammt aus der Oxidation von Kohlehydraten oder Fetten (Tabelle 6.2). Wenn bei muskulärer Dauertätigkeit die Geschwindigkeit der ATP-Bildung gerade ebenso groß ist wie die Geschwindigkeit der ATP-Spaltung, befindet sich das System im ***Fließgleichgewicht (Steady State)***; dann bleibt der Gehalt an zytosolischem ATP und an Kreatinphosphat auf einem konstanten Niveau. Vergleicht man den arbeitenden mit dem ruhenden Muskel, findet man bei sportlicher Dauerleistung einen ***Anstieg der ATP-Spaltungsrate*** um einen Faktor von bis zu 100. Soll die Dauerleistung ein *Steady-State-Prozess* sein, muss auch die ATP-Neubildung durch oxidative Phosphorylierung gesteigert werden. Da die ATP-Synthese Sauerstoff benötigt (etwa 1/6 Mol O_2 für 1 Mol ATP), ist der O_2-Verbrauch also ebenfalls um bis zu 100 mal höher als in Ruhe. Entsprechend erhöht ist im arbeitenden Muskel dann auch die Abbaurate von Fettsäuren oder Glykogen.

Die ***aerobe ATP-Synthese*** liefert weitaus ***mehr ATP*** pro Mol Glukose, ist aber 2 bis 3 mal langsamer. Um einen Faktor von 2 bis 3 kleiner als bei glykolytischem Energiestoffwechsel sind im aerob arbeitenden Muskel auch die ATP-Spaltungsrate sowie die mechanische Leistung. Deshalb erreicht ein Dauerläufer mit durchschnittlich etwa 5 m/s auf der Langstrecke kaum mehr als die halbe Durchschnittsgeschwindigkeit eines Sprinters beim Kurzstreckenlauf. Andererseits kann auch der Langstreckenläufer die ***Dauerleistungsgrenze kurzfristig durchbrechen*** (z. B. im Endspurt), wenn Glykogen zusätzlich durch Glykolyse abgebaut wird. ATP-Bildung und ATP-Spaltung sind jetzt zusätzlich erhöht.

Abtragen des O_2-Defizits. Solange bei einer Dauerleistung die aerobe ATP-Bildung noch nicht angelaufen ist, um den laufenden ATP-Verbrauch zu decken, fällt der zytosolische Gehalt an Kreatinphosphat aufgrund der Lohmann-Reaktion ab. Der Kreatinphosphat-Pool wird durch Umkehr der Lohmann-Reaktion meist erst nach Aufhören der Kontraktion wieder auf-

Tabelle 6.2. Die unmittelbaren und die mittelbaren Energiequellen im Skelettmuskel des Menschen

Energiequelle	Gehalt (µMol/gMuskel)	energieliefernde Reaktion
Adenosintriphosphat (ATP)	5	ATP → ADP + Pi
Kreatinphosphat (KP)	25	KP + ADP → ATP + K
Glucose-Einheiten im Glykogen	80–90	anaerob: Abbau über Pyruvat zu Laktat (Glykolyse) aerob: Abbau über Pyruvat zu CO_2 und H_2O
Triglyceride	10	Oxidation zu CO_2 und H_2O

ADP = Adenosindiphosphat, K = Kreatin, Pi = Phosphat

gefüllt. Das hierfür benötigte ATP wird in den ersten Minuten der Erholung durch oxidative Phosphorylierung, also unter Verbrauch von O_2, gebildet. Der dabei verbrauchte Sauerstoff ist gewissermaßen eine zurückbezahlte ***O_2-Schuld***, die das (auch durch anaerobe Glykolyse) eingegangene O_2-Defizit nachträglich ausgleicht.

ATPase-Aktivität und Muskelfasertypen

Die ATPase-Aktivität des Myosins ist für das Kontraktionsverhalten eines Muskels entscheidend; rote Muskeln sind myoglobinreich und langsam, weiße Muskeln myoglobinarm und schnell, aber rasch ermüdend

ATP-Spaltungsrate. Muskeln können umso schneller kontrahieren, je häufiger der Querbrückenzyklus pro Zeiteinheit durchlaufen wird. Die Zyklusgeschwindigkeit hängt von der ATPase-Aktivität der ***Myosinisoformen*** ab (► s. Abschnitt 6.2). Die Myosine schneller Muskeln spalten mehr ATP pro Zeiteinheit als die Myosine langsamer Muskeln.

Muskelfasertypen. Es sind also die Isoformen des Myosins (insbesondere deren ATPase-Aktivitäten), die das kontraktile Verhalten eines Muskels wesentlich mitbestimmen. Der gesamte Muskel enthält immer eine ***Mischung aus zwei oder mehr Muskelfasertypen***, die sich in ihren Myosinisoformen unterscheiden. Die Muskelfasertypen differieren aber nicht nur in ihrer ATPase-Aktivität, sondern auch in anderer funktioneller, struktureller und biochemischer Hinsicht, z. B. im Gehalt an Enzymen des oxidativen bzw. glykolytischen Energiestoffwechsels (Tabelle 6.3). Unterschiede bestehen u. a. auch im Gehalt an ***Myoglobin*** – einem dem Hämoglobin verwandten Protein, das der O_2-Aufnahme in die Myozyten dient. Der unterschiedliche Myoglobingehalt bedingt eine unterschiedliche Farbgebung der Muskeln: man unterscheidet weiße ***(myoglobinarme)*** und rote ***(myoglobinreiche) Muskeln***, wobei viele Mischformen existieren.

Rote Muskeln, wie z. B. die Rumpfmuskulatur oder der Soleusmuskel der Waden, sind ***langsam*** und enthalten hauptsächlich Typ-I-Fasern mit einer niedrigen Myosin-ATPase-Aktivität (Tabelle 6.3). Sie sind aus diesem Grunde besonders für energiesparende unermüdliche Halteleistungen geeignet. Die ***schnellen, weißen Muskeln*** (z. B. Psoas- und Gastrocnemiusmuskel), die die ballistischen Bewegungen unserer Gliedmaßen bewerkstelligen, bestehen hauptsächlich aus Typ-IIA- und Typ-IIB-Fasern, deren Myosin eine hohe ATPase-Aktivität aufweist. Da diese Fasern bei der Kontraktion sehr viel ATP spalten und damit viel Energie umsetzen, ermüden sie schneller als Typ-I-Fasern. Deshalb sind insbesondere die glykolytischen weißen Muskelfasern (Typ IIB) für andauernde Halteleistung oder kontinuierliche Muskelarbeit ungeeignet, zumal sie ATP hauptsächlich auf anaerobem Wege gewinnen und dabei Laktat akkumulieren.

Ermüdung. Die muskuläre Ermüdung bei lang andauernden oder häufigen, starken Kontraktionen hat verschiedene Ursachen und kann ganz allgemein als eine Verminderung der Fähigkeit zur Aufrechterhaltung einer gewünschten Kraft beschrieben werden. Ein ermüdeter Muskel entwickelt nur wenig Kraft, u. a. weil weniger Ca^{2+} als normal aus dem sarkoplasmatischen Retikulum freigesetzt wird und weil die intrazelluläre Azidose (Milchsäure!) und die Ansammlung von Phosphat die Calciumansprechbarkeit der Myofibrillen reduzieren. Ermüdungsbedingte intrazelluläre pH-Änderung und ***Anhäufung von Metaboliten*** wie Phosphat und ADP in den Muskelzellen können durch die Kernresonanztechnik (NMR-Spektroskopie) *in situ* nachgewiesen werden.

Muskelkater. Eine Anhäufung von Metaboliten (vor allem Laktat) in den Myozyten ist nicht, wie früher angenommen, die Ursache für den Muskelkater. Man geht davon aus, dass es ***Mikrotraumen*** an muskulären Strukturen sind, die zu den Schmerzen, begleitet von ödematösen Schwellungen, führen.

Muskelwärme und Energieumsatz

Die Muskelmaschine transformiert mit gutem Wirkungsgrad chemische Energie in mechanische Energie und Wärme

Tabelle 6.3. Einteilung der Skelettmuskelfasertypen

Fasertyp	I	IIA	IIB
Farbe	rot	rosa	weiß
Kontraktionsform	langsame Zuckung	schnelle Zuckung	schnelle Zuckung
Ermüdbarkeit	gering	mittel	rasch
Stoffwechsel	oxidativ	glykolytisch und oxidativ	glykolytisch
Myosin-ATPase-Aktivität	niedrig	hoch	hoch
Laktatdehydrogenase-Aktivität	niedrig	mittel oder hoch	hoch

Muskelwärme und Energieumsatz. Bei der Aktivierung des Muskels führt die vermehrte ATP-Spaltung zur 100- bis 1000-fachen Erhöhung des muskulären Energieumsatzes. Nach dem 1. Hauptsatz der Thermodynamik muss die umgesetzte chemische Energie gleich der Summe von mechanischer Energie (Muskelarbeit) und Wärmeproduktion sein. Auch wenn keine physikalisch messbare Muskelarbeit geleistet wird, etwa bei isometrischer tetanischer Kontraktion (z. B. beim Stehen), wird im Muskel fortwährend chemische Energie in Wärme ***(Erhaltungswärme)*** transformiert; die zyklisch am Aktin angreifenden Querbrücken verrichten eine beträchtliche »innere« Haltearbeit. Länger andauernde Halteleistungen sind deshalb ermüdend. Eine zusätzliche Menge ATP wird dann umgesetzt, wenn ein Muskel eine Last hebt, dabei arbeitet und Verkürzungswärme produziert. Der Extraenergieumsatz ist dann der Arbeit proportional (sogenannter ***FENN-Effekt***). Muskelwärme dient im übrigen auch der Temperaturregulation, man denke z. B. an das Kältezittern (Schüttelfrost!).

Wirkungsgrad. Ein Mol ATP liefert bei seiner Hydrolyse etwa 60 kJ Energie. Diese Energie wird vom kontraktilen Apparat zu maximal 40–50 % in mechanische Energie oder Arbeit umgewandelt; der Rest verpufft als Wärme zu Beginn und während der Kontraktion des Muskels, der sich dabei etwas erwärmt. Die Energietransformation in den Myofibrillen erfolgt also mit einem Wirkungsgrad von 40–50 %. Der ***mechanische Nutzeffekt*** des gesamten Muskels liegt jedoch meist nur bei ***20–30 %***, da während und nach der Kontraktion energetisch aufwändige zelluläre Erholungsprozesse außerhalb der Myofibrillen ablaufen, die mit beträchtlicher Wärmebildung ***(Erholungswärme)*** einhergehen; zu diesen Prozessen zählen die Tätigkeit von Ionenpumpen und die oxidative Regeneration von ATP. Mit steigender Arbeitsleistung erhöht sich die Wärmeproduktion und mithin auch der Verbrauch an Energiequellen und O_2.

In Kürze

Energetik der Skelettmuskelkontraktion

ATP dient als unmittelbare Energiequelle der Muskelkontraktion; zur Auffrischung der ATP-Reserven im Muskel dienen drei verschiedene Mechanismen:

- die Oxidation von Fettsäuren und Kohlehydraten,
- die Glykolyse (anaerober Umsatz von Glukose) und
- der Abbau von energiereichem Kreatinphosphat.

Bei aerober ATP-Synthese hängt der O_2-Verbrauch von der Muskelleistung ab; bei hoher Dauerleistung im *Steady State* ist er bis zu 100 mal größer als in Ruhe.

▼

Kontraktionsverhalten verschiedener Muskeltypen

Entscheidend für das Kontraktionsverhalten eines Muskels ist seine Zusammensetzung aus schnellen (Typ IIa, IIb) bzw. langsamen (Typ I) Muskelfasertypen:

- Dauerleistungen und Haltearbeit werden am effektivsten durch langsame Muskeln (rot aussehend, da reich an Myoglobin) bewerkstelligt.
- Dagegen sind schnelle, weiße Muskeln (enthalten wenig Myoglobin) auf rasche Zuckungen mit hoher Kraftentwicklung spezialisiert.

Wärmeentwicklung und Wirkungsgrad

Die Wärmeentwicklung eines Muskels ist proportional zur Kraft und Dauer einer isometrischen tetanischen Kontraktion; zusätzliche Wärme wird produziert, wenn sich der Muskel verkürzt und dabei Arbeit leistet.

Der Wirkungsgrad des gesamten Muskels beträgt 20–30 %, der des kontraktilen Apparats sogar 40–50 %.

6.7 Bau, Funktion und Kontraktion der glatten Muskulatur

Aufgaben der glatten Muskulatur

Glatte Muskelzellen sind Bestandteil der Wände der inneren Organe, mit Ausnahme des Herzens; ihre Eigenschaften sind angepasst an die Erfordernisse, die durch die Aufgaben des jeweiligen Organs an sie gestellt werden

Histologie. Die glatte Muskulatur wird als »glatt« bezeichnet, weil bei lichtmikroskopischer Betrachtung keine Querstreifung zu beobachten ist. Glatte Muskeln bestehen aus spindelförmigen, etwa 50–400 μm langen und 2–10 μm dicken Zellen mit einem zentralen Kern (Abb. 6.14). Verknüpft durch besondere Zellkontakte ***(Desmosomen)***, die die einzelnen Muskelzellen mechanisch koppeln, bilden sie ein mit den elastischen und kollagenen Fasern der extrazellulären Matrix vermaschtes Netzwerk.

Organspezifische Aufgaben. An das Kontraktionsverhalten der glatten Muskulatur werden organspezifische Anforderungen gestellt. Man denke an die ***Peristaltik*** des Magen-Darm-Traktes und an die Wehentätigkeit des Uterus bei der Geburt, denen ***phasisch-rhythmische Kontraktionen*** zugrunde liegen, oder an die lang anhaltenden ***tonischen Dauerkontraktionen*** in den Blutgefäßen. Für die Kontinenz der Harnblase und des Darmes sind die ebenfalls tonisch kontrahierenden internen Sphinkteren mit verantwortlich. Aus diesen wenigen Bei-

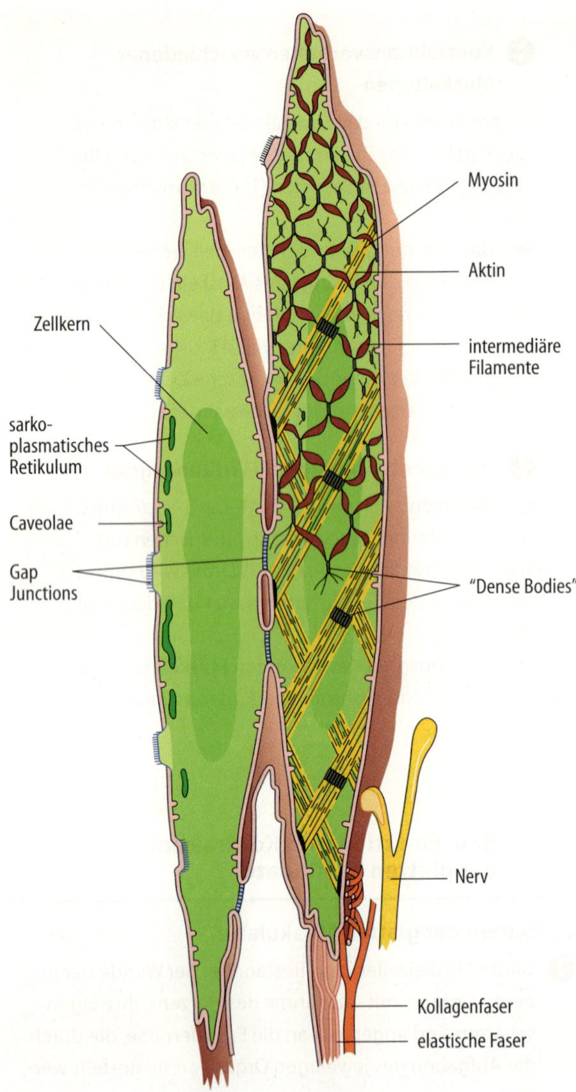

Abb. 6.14. Struktur der glatten Muskelzelle. Mod. nach Greger (1996)

spielen wird die Bedeutung, die der glatten Muskulatur zukommt, deutlich.

So ist es auch verständlich, dass es »*den* glatten Muskel« nicht gibt. Im Folgenden werden die Grundprinzipien seiner Funktionsweise und Regulation erläutert. Für die organspezifischen Details wird auf die entsprechenden Kapitel verwiesen.

Struktur der glatten Muskulatur

Glatte Muskeln werden strukturell und funktionell 2 Haupttypen zugeordnet, nämlich dem *Single-Unit*-Typ und dem *Multi-Unit*-Typ; die glatten Muskelzellen enthalten ein Netzwerk aus Aktin- und Myosinfilamenten und ein variabel ausgeprägtes sarkoplasmatisches Retikulum

Single-Unit-Typ. Beim *Single-Unit*-Typ sind die Muskelzellen durch niederohmige Kontaktstellen, sog. ***Nexus*** oder ***Gap Junctions***, elektrisch miteinander gekoppelt, so dass dadurch eine funktionelle Einheit entsteht, vergleichbar einem funktionellen Synzytium wie im Herzmuskel. Zu dieser Art glatter Muskeln gehören u. a. die Darmmuskulatur, die Muskulatur von Uterus und Ureter und gewisse Gefäßmuskeln. Sie sind spontan ***phasisch-rhythmisch*** aktiv (▶ s. Abschnitt 6.8). Diese myogene Spontanaktivität wird durch vegetative Nervenfasern moduliert.

Multi-Unit-Typ. Beim *Multi-Unit*-Typ kontrahiert jede glatte Muskelzelle unabhängig von der anderen. Zu diesem Typ zählen die Irismuskeln, die Ziliarmuskulatur, der Samenleiter und die Pilomotoren. Manchmal sind kleinere Gruppen von Muskelzellen miteinander durch ***Nexus*** (Gap Junctions, ▶ s. o.) verbunden, die dann als funktionelle Einheiten fungieren. Die Myozyten bzw. die kleineren funktionellen Einheiten werden direkt von den ***vegetativen Nervenfasern*** innerviert, die an den Muskelzellen mehr oder weniger kontaktierend vorbeilaufen und aus sog. ***Varikositäten*** erregende oder hemmende Neurotransmitter abgeben (▶ s. Kap. 5). Innervationsdichte und Verkabelung durch Gap Junctions sind sehr unterschiedlich ausgeprägt. Die glatte Muskulatur des *Multi-Unit*-Typs ist nicht oder nur wenig spontan aktiv: der ***Muskeltonus*** ist also ***neurogen***.

Mischformen. Bei vielen glatten Muskeln – etwa den Gefäßmuskeln – lässt sich eine strenge Zuordnung zum *Single-Unit*- oder *Multi-Unit*-Typ nicht vornehmen, weil der neurogene Muskeltonus den spontanen myogenen Tonus (Basis-Tonus, ▶ s. Abschnitt 6.8) überlagern kann.

Feinstruktur der glatten Muskelzellen. Neben den Aktin- und Myosinfilamenten enthalten die glatten Muskelzellen noch ein drittes Filamentsystem, die intermediären Filamente mit einem Durchmesser von 10 nm (Abb. 6.14). Die Aktinfilamente sind an den zahlreichen intrazellulären ***dense Bodies*** (dichte Körperchen), die den Z-Scheiben der quergestreiften Muskulatur analog sind, sowie an Anheftungsstellen an der Zellmembran befestigt. Sie bilden zusammen mit den Myosinfilamenten eine Art ***»Minisarkomer«***. An den *dense Bodies* sind auch die intermediären Filamente miteinander zu einem elastischen Zytoskelettnetzwerk verbunden. Diese Strukturen laufen diagonal quer durch eine Muskelzelle (Abb. 6.14).

Das Ca^{2+}-speichernde ***sarkoplasmatische Retikulum*** der glatten Muskulatur ist ein irreguläres, tubuläres Netzwerk, das oft spärlich, manchmal aber ebenso voluminös wie im Skelettmuskel angelegt ist. Es ist teils subsarkolemmal, teils in der Tiefe der Zellen lokalisiert. Der subsarkolemmale Anteil befindet sich oft in enger Nachbarschaft mit den sog. ***Caveolae***, kleinen Einbuchtungen der Zellmembran, die analog zu den T-Tubuli der quergestreiften Muskulatur mit dem Extrazellulärraum kommunizieren (Abb. 6.14). Allerdings ist ein typisches T-System nicht zu erkennen. Da Ca^{2+}-Transportproteine und Rezeptoren, deren Aktivierung zur Freisetzung von Ca^{2+} aus dem sarkoplasmatischen Retikulum führt, im Bereich der Caveolae besonders zahlreich vorkommen, vermutet man, dass die Caveolae eine wichtige Rolle bei der Erregungs-Kontraktions-Kopplung spielen.

Der Kontraktionsprozess

Die Kontraktion erfolgt durch den Gleitfilament-Mechanismus; sie ist wesentlich langsamer und weniger energieaufwändig als im Skelettmuskel

Kontraktiler Mechanismus. Nicht anders als bei der Skelettmuskulatur verkürzt sich auch die glatte Muskelzelle durch teleskopartiges Übereinanderschieben der Aktin- und Myosinfilamente, welche durch die zyklische Querbrückentätigkeit zustande kommt. Die ***Verschiebung der Filamente*** und ATP-Spaltung durch die Myosin-ATPase erfolgen jedoch ***100 bis 1000 mal langsamer*** als bei der schnellen Skelettmuskulatur. Der ATP-Umsatz und der Sauerstoffverbrauch sind dementsprechend kleiner. Glatte Muskeln können bezogen auf einen einheitlichen Muskelquerschnitt sogar mehr Kraft entwickeln und aufrecht erhalten als die Skelettmuskulatur, bei einem gleichzeitig 100 bis 500 mal geringeren Energieaufwand.

Glatte Muskeln sind deshalb besonders geeignet für eine unermüdliche, energiesparende ***Haltefunktion.*** Man denke etwa an die Muskeln der großen Arterien, die jahrein, jahraus dem Blutdruck standhalten müssen! Solche langsamen glatten Muskeln, die zu einer langanhaltenden Dauerkontraktion befähigt sind, werden auch als ***tonisch*** bezeichnet, im Gegensatz zu ***phasischen*** glatten Muskeln, wie die Muskeln des Gastrointestinal- und Urogenitaltrakts, die oft rhythmisch tätig sind. Zwischen rein tonischer und rein phasischer Aktivität gibt es jedoch alle denkbaren Übergänge.

Muskelproteine. Die Langsamkeit und Sparsamkeit im ATP-Verbrauch beruhen auf der extrem niedrigen ATPase-Aktivität und dem geringen Gehalt an Myosin in glatten Muskeln. Diese enthalten 5-mal weniger Myosin, jedoch mehr Aktin als quergestreifte Muskeln. Die Aktinfilamente enthalten Tropomyosin, jedoch bemerkenswerterweise kein Troponin. Dieses Ca^{2+}-bindende Protein ist durch ***Calmodulin*** ersetzt, das in der glatten Muskulatur als Ca^{2+}-Sensor fungiert.

▪▪▪ An die Aktinfilamente gebunden findet man auch noch **Caldesmon** und **Calponin**, von denen vermutet wird, dass sie regulierend in den Kontraktionsprozess eingreifen. Beide Proteine hemmen nämlich in vitro die Aktomyosin-ATPase-Aktivität. Diese Hemmwirkung wird durch Ca^{2+}-Ionen aufgehoben.

In Kürze

Glatte Muskulatur

Der glatten Muskulatur fehlt die für Skelett- und Herzmuskulatur typische Querstreifung, denn die Aktin- und Myosinfilamente sind nicht regelmäßig angeordnet.

▼

Strukturell und funktionell werden glatte Muskeln 2 Haupttypen zugeordnet:

- beim Single-Unit-Typ sind die Muskelzellen durch niederohmige Kontaktstellen, sog. Nexus oder Gap Junctions, elektrisch miteinander gekoppelt;
- beim Multi-Unit-Typ kontrahiert jede glatte Muskelzelle unabhängig von der anderen.

Bei der Kontraktion gleiten die Aktin- und Myosinfilamente übereinander, jedoch erfolgt dieser Verschiebeprozess sowie die ATP-Spaltung sehr viel langsamer als bei der Skelettmuskulatur. Da die Kontraktion unter sehr viel niedrigerem Energieaufwand erfolgen kann, sind die glatten Muskeln besonders für unermüdliche Halteleistungen geeignet. Die glatten Muskeln haben kein Troponin. Als Ca^{2+}-Sensor fungiert Calmodulin.

6.8 Regulation der Kontraktion der glatten Muskulatur

Erregungs-Kontraktions-Kopplung

Der Tonus der glatten Muskulatur wird durch erregende und hemmende Signale, die myogen, mechanisch, neuronal und humoral sein können, gesteuert; diese extrazellulären Signale werden in der Zelle durch ein Netzwerk von Botenstoffen (second Messengers) integriert

Einstellung des Muskeltonus. Der Tonus der glatten Muskulatur wird über viele verschiedene Mechanismen reguliert:

- myogen durch Schrittmacherzellen (▶ s. S. 142),
- durch mechanische Dehnung (▶ s. S. 142),
- durch die Transmitter des vegetativen Nervensystems (▶ s. Kap. 20) sowie
- durch zirkulierende Hormone und zahlreiche Gewebehormone.

Der Tonus der glatten Muskulatur vor allem von Blutgefäßen wird außerdem durch lokal gebildete Metabolite und Substanzen, die aus dem Endothel freigesetzt werden, reguliert.

Die Neurotransmitter und Hormone binden an spezifische ***Rezeptoren*** – wobei jede glatte Muskelzelle sehr viele verschiedene Rezeptoren besitzt – und aktivieren dadurch intrazelluläre Signalkaskaden. Je nach Rezeptortyp und nachgeschalteter intrazellulärer Signalkaskade kann ein Hormon bzw. ein Neurotransmitter erregend oder relaxierend wirken.

Intrazelluläre Signalkaskaden. Die zyklische Tätigkeit der Myosinquerbrücken wird in der glatten Muskulatur nicht ausschließlich durch die Ca^{2+}-Konzentration im Myoplasma reguliert. Den inhibitorischen bzw. aktivierenden extrazellulären Signalen steht vielmehr ein intrazelluläres Signalnetz bestehend aus den ***second Messengern Ca^{2+}, cAMP, cGMP*** sowie einer Reihe von Proteinkinasen gegenüber; mittels derer werden diese verschiedenen Eingangssignale verrechnet und integriert (▶ s. Kap. 2).

Aktivierung der Kontraktion

Die Aktivität der Myosinquerbrücken wird in der glatten Muskulatur durch die Phosphorylierung der leichten Ketten des Myosins angeschaltet; der Grad der Myosinphosphorylierung wird durch eine Ca^{2+}-aktivierte Myosin-leichte-Ketten-Kinase und eine Myosinphosphatase eingestellt

Myosin-leichte-Ketten-Phosphorylierung. Wie bei der Erregung der Skelettmuskulatur ist auch für die Aktivierung des glatten Muskels der Anstieg der Ca^{2+}-Konzentration im Myoplasma entscheidend. Das Anschalten des Querbrückenzyklus erfolgt in der glatten Muskulatur, die kein Troponin enthält, nicht über einen allosterischen Mechanismus, sondern durch kovalente Modifikation, nämlich die ***Ca^{2+}-abhängige Phosphorylierung*** der regulatorischen leichten Ketten des Myosins (Abb. 6.15). Diese sogenannte Myosinphosphorylierung wird durch zwei gegenläufige Enzyme reguliert: die ***Ca^{2+}-aktivierte Myosin-leichte-Ketten-Kinase*** (MLCK: *Myosin Light Chain Kinase*) und eine spezifische ***Myosinphosphatase.***

Die Anspannung der glatten Muskulatur (Tonus) hängt weitgehend vom Ausmaß der Phosphorylierung der leichten Ketten des Myosins ab (Abb. 6.15). Dabei verharrt der glatte Muskel meist in einem intermediären Spannungs- und Phosphorylierungszustand, denn die phosphorylierenden und dephosphorylierenden Reaktionen befinden sich in einem dynamischen Gleichgewicht (Abb. 6.16). Überwiegt die Aktivität der MLCK, dann nehmen die Myosinphosphorylierung und der Muskeltonus zu; überwiegt die Aktivität der Myosinphosphatase, dann kommt es zur Dephosphorylierung des Myosins und zur Abnahme des Muskeltonus bzw. zur Relaxation.

Aktivierung der MLCK durch Ca^{2+}-Ionen. Wenn bei der Erregung des glatten Muskels die zytosolische Ca^{2+}-Konzentration auf etwa 10^{-6} mol/l ansteigt, dann reagieren die Ca^{2+}-Ionen mit ***Calmodulin*** (4 mol Ca^{2+}/mol Calmodulin), wodurch sich dessen Konformation ändert. Der Ca^{2+}-Calmodulin-Komplex bindet an die MLCK (Abb. 6.15), es entsteht der aktive ***Ca^{2+}-Calmodulin-MLCK-Holoenzymkomplex***, der eine Phosphatgruppe von ATP auf die regulatorischen leichten Ketten des Myosins überträgt. Das phosphorylierte Myosin interagiert dann mit Aktin, wobei die so gebildeten Myosinquerbrücken unter ATP-Spaltung zyklisch tätig sind, genau wie beim Skelettmuskel, nur viel langsamer.

■■■ **Tonische Kontraktionen.** Bei sehr lang andauernden tonischen Kontraktionen sinkt die Myosinphosphorylierung etwas ab, d. h. ein Teil der Kraft wird jetzt durch dephosphorylierte Querbrücken aufrecht erhalten. Gleichzeitig reduziert sich die Zyklusfrequenz der Querbrücken drastisch, wodurch ein dramatischer Energiespareffekt erzielt wird. Dieser halteökonomische Zustand wird als **Latch** bezeichnet. Wie es zur protrahierten Verankerung der Querbrücken kommt, ist noch nicht geklärt. Möglicherweise regulieren **Caldesmon** und/oder **Calponin** die Bindung dieser dephosphorylierten Querbrücken an Aktin.

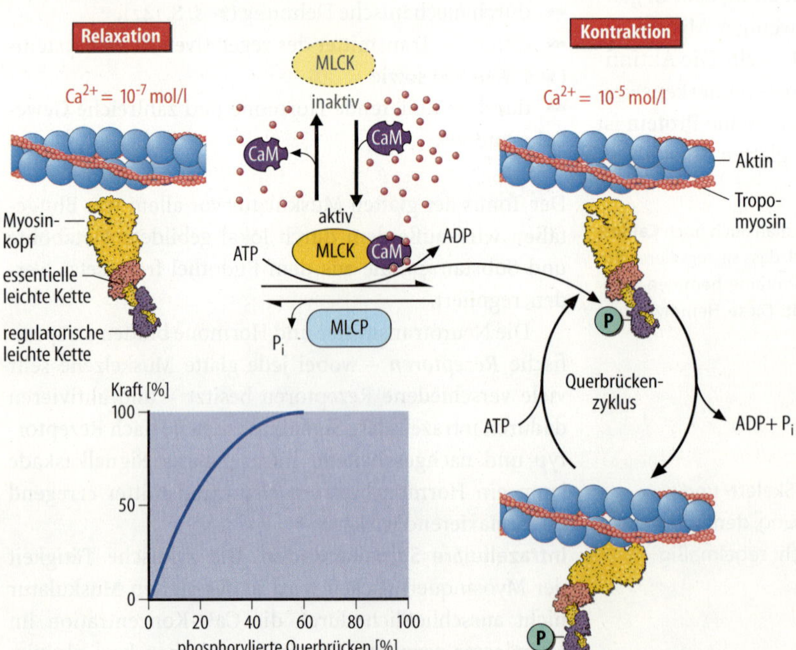

Abb. 6.15. Schema der Aktivierung der glatten Muskulatur. Ca^{2+}-Ionen (symbolisiert durch die *roten Punkte*) binden an Calmodulin, wenn die zytosolische Ca^{2+}-Konzentration auf etwa 10^{-6} mol/l ansteigt. Der Ca^{2+}-Calmodulin-Komplex aktiviert die Myosin-leichte-Ketten-Kinase (MLCK), die eine Phosphatgruppe von ATP auf die regulatorische leichte Kette des Myosins überträgt; der Querbrückenzyklus kann nun unter Spaltung von ATP ablaufen. Die glatte Muskulatur relaxiert, wenn die Ca^{2+}-Konzentration abfällt, wodurch die MLCK inaktiviert wird und die leichten Ketten des Myosins durch eine spezifische Myosinphosphatase (MLCP) dephosphoryliert werden. Die Kraft, die die glatte Muskulatur entwickelt, hängt vom Ausmaß der Phosphorylierung der leichten Ketten ab

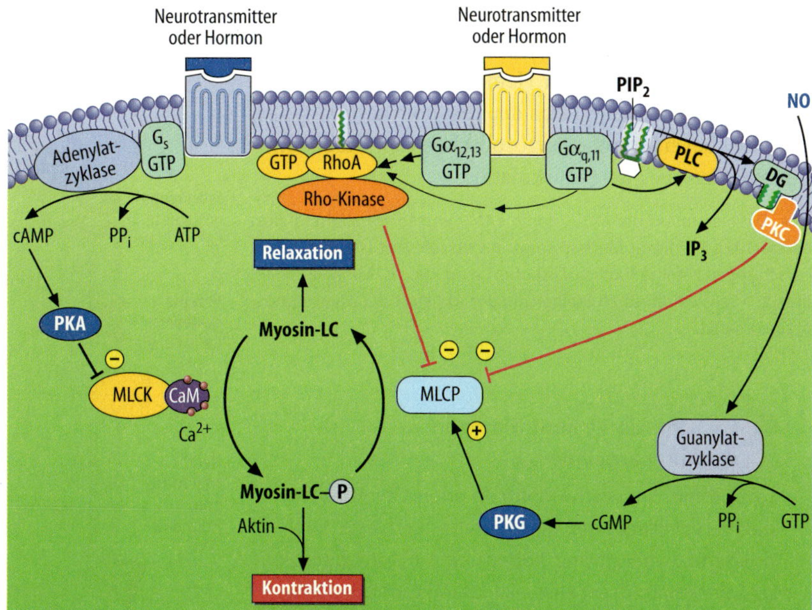

Abb. 6.16. Mechanismen der Modulation der Calciumsensitivität. Externe Signale, die Rezeptoren aktivieren, die das G-Protein G_s stimulieren, führen zum Anstieg des intrazellulären cAMP-Spiegels. cAMP aktiviert die Proteinkinase A (PKA), die die Myosinkinase (MLCK) unabhängig von einem Abfall des zytosolischen Ca^{2+} hemmt; die Ca^{2+}-Sensitivität ist erniedrigt. Die Ca^{2+}-Sensitivität wird ebenfalls erniedrigt, wenn die Myosinphosphatase (MLCP) durch die Proteinkinase G, die durch cGMP aktiviert wird, gehemmt wird. cGMP wird aus GTP gebildet, wenn die Guanylatzyklase durch Stickstoffmonoxid (NO) aktiviert wird. Die Ca^{2+}-Sensitivität ist hoch, wenn erregende Agonisten Rezeptoren aktivieren, die an bestimmte G-Proteine koppeln, die entweder zur Aktivierung der monomeren GTPase Rho oder durch Aktivierung der Phospholipase C zur Spaltung von Phosphatidylinositoldiphosphat (PIP_2) in IP_3 und Diayclglycerol (DG) führen. Rho aktiviert die Rho-Kinase und DG die Proteinkinase C. Beide Proteinkinasen hemmen die Aktivität der MLCP, wodurch die Phosphorylierung der regulatorischen leichten Ketten (Myosin-LC) und der Tonus zunehmen

Modulation der Ca^{2+}-Sensitivität der Myofilamente

Die Aktivitäten der Myosinphosphatase und der MLCK werden durch verschiedene Signalkaskaden Ca^{2+}-unabhängig reguliert; dadurch kommt es zur Modulation der Ca^{2+}-Sensitivität der Myofilamente

Ca^{2+}-Sensitivität. Vor allem bei neurohumoraler Stimulation der glatten Muskulatur wird zusätzlich auch die Ansprechbarkeit der Myofilamente für Ca^{2+} (Ca^{2+}-Sensitivität) reguliert. Nimmt man die Ca^{2+}-Ionenkonzentration, bei der die Aktivierung der Kontraktionskraft 50 % der Maximalkraft beträgt, als Maß für die ***Ca^{2+}-Sensitivität***, dann wird dieser Wert bei hoher Ca^{2+}-Sensitivität schon bei einer viel geringeren Ca^{2+}-Konzentration erreicht als bei niedriger Ca^{2+}-Sensitivität.

Ca^{2+}-Sensitivierung durch Hemmung der Myosinphosphatase. Wenn die Aktivität der Myosinphosphatase gehemmt wird, reichert sich phosphoryliertes Myosin an: die kontraktilen Proteine kontrahieren deshalb schon bei einer viel geringeren myoplasmatischen Ca^{2+}-Konzentration als dies bei ungehemmter Phosphatase der Fall wäre; man spricht von ***Ca^{2+}-Sensitivierung.*** Die Mechanismen, die für die Hemmung der Aktivität der Myosinphosphatase verantwortlich sind, sind noch nicht vollständig bekannt und derzeit Gegenstand intensiver Forschung. Als relativ gesichert gilt, dass die Aktivität der Myosinphosphatase durch die ***Proteinkinase C*** und die ***Rho/Rho-Kinase***-Signalkaskade gehemmt wird (Abb. 6.16).

Ca^{2+}-sensitivierende Signalkaskaden. Die Transmitter des vegetativen Nervensystems, aber auch zirkulierende oder lokal gebildete Hormone wie Angiotensin II, Vasopressin, Oxytoxin oder Serotonin, stimulieren über die Bindung an entsprechende Rezeptoren der Zellmembran bestimmte heterotrimere G-Proteine der Plasmamembran, die ihrerseits die Phospholipase C und/oder die monomere GTPase Rho aktivieren (Abb. 6.16). Die Rho-Proteine gehören zu der Superfamilie der Ras-GTPasen, die wie die heterotrimeren G-Proteine zwischen einem GDP-gebundenen, inaktiven und einem GTP-gebundenen, aktiven Zustand zyklieren (► s. Lehrbücher der Biochemie). Die Phospholipase C spaltet ein Phospholipid der Zellmembran, das PIP_2, in IP_3 und Diacylglycerol (DG). IP_3 setzt Ca^{2+} aus dem sarkoplasmatischen Retikulum frei, während DG die Proteinkinase C aktiviert. Aktives Rho stimuliert seinerseits die Rho-Kinase. Über diese Prozesse lösen neurohumorale Agonisten nicht nur durch Ca^{2+}-Freisetzung und Aktivierung der MLCK sondern zusätzlich durch Hemmung der MLCP eine Kontraktion der glatten Muskulatur aus.

Ca^{2+}-Desensitivierung. Ein Anstieg von ***cAMP*** bzw. ***cGMP*** im Myoplasma führt über die Aktivierung der entsprechenden Proteinkinasen (Proteinkinase A bzw. G,

Abb. 6.16) zu einer Ca^{2+}-Desensitivierung; ***cGMP*** steigert die Aktivität der Myosinphosphatase, während ***cAMP*** möglicherweise über Hemmung der MLCK wirkt. In beiden Fällen reichert sich dephosphoryliertes Myosin an: selbst bei einer hohen zytosolischen Ca^{2+}-Konzentration relaxiert die glatte Muskulatur.

▪▪▪ Die Hemmung der MLCK durch cAMP wurde vor allem in vitro beobachtet. Ob dieser Mechanismus in vivo relevant ist, ist neueren Forschungen zufolge fraglich. Diskutiert wird, dass cAMP (wie cGMP) die Ca^{2+}-Sensitivität durch Steigerung der Aktivität der Myosinphosphatase senkt.

6.4. Spastische Kontraktionen der Koronargefäße

Symptome. Spastische Kontraktionen der Koronargefäße, vor allem wenn diese bereits durch eine Arteriosklerose verengt sind, können eine Angina-pectoris-Attacke auslösen. Diese ist charakterisiert durch plötzliche, heftige substernale Schmerzen, die auch in den linken Arm ausstrahlen können.

Therapie. Therapeutisch werden Medikamente gegeben, die die Gefäße erweitern: Ca^{2+}-Antagonisten, die die myoplasmatische Ca^{2+}-Konzentration senken, oder Nitrate, die zu einem Anstieg von cGMP führen. Es gibt neuerdings Hinweise, dass die Aktivität der Rho-Kinase pathologisch erhöht sein könnte. Ein neuer, noch in der klinischen Erprobung befindlicher Ansatz ist daher die Therapie mit Inhibitoren der Rho-Kinase.

Ca^{2+}-Haushalt der glatten Muskelzelle

Die Ca^{2+}-Konzentration im Myoplasma wird durch Ionenflüsse am sarkoplasmatischen Retikulum und an der Zellmembran eingestellt

Ca^{2+}-Transportmechanismen. An der Einstellung des Ca^{2+}-Spiegels im Myoplasma sind verschiedene Strukturen beteiligt. Abbildung 6.17 illustriert die Ca^{2+}-Transportmechanismen, welche die myoplasmatische Ca^{2+}-Konzentration erhöhen oder absenken. Entscheidend sind ***Ca^{2+}-Kanäle der Zellmembran*** und des ***sarkoplasmatischen Retikulums***, der Na^+/Ca^{2+}-Austauscher, sowie die ATP-getriebenen Calciumpumpen der Zellmembran und des sarkoplasmatischen Retikulums. Indirekt beteiligt sind K^+-Kanäle und die Na^+/K^+-ATPase, da sie die Lage des Membranpotentials und damit die Öffnung von spannungsabhängigen Ca^{2+}-Kanälen der Zellmembran beeinflussen.

In der ruhenden, relaxierten Muskelzelle liegt die Ca^{2+}-Konzentration bei etwa 10^{-7} mol/l. Bei Erregung der glatten Muskelzelle wird die Ca^{2+}-Konzentration im Myoplasma durch Ca^{2+}-Einstrom aus dem Extrazellulärraum und Ca^{2+}-Freisetzung aus dem sarkoplasmatischen Retikulum auf etwa 10^{-6} mol/l erhöht. Mit einer ***Latenzzeit*** von etwa 300 ms kommt es dann zur Kontraktionsantwort. Die Latenzzeit ist sehr viel länger als im Skelettmuskel, da die Aktivierung des Querbrückenzyklus wie oben beschrieben (▶ s. S. 121) in mehreren Schritten abläuft und dadurch deutlich langsamer ist.

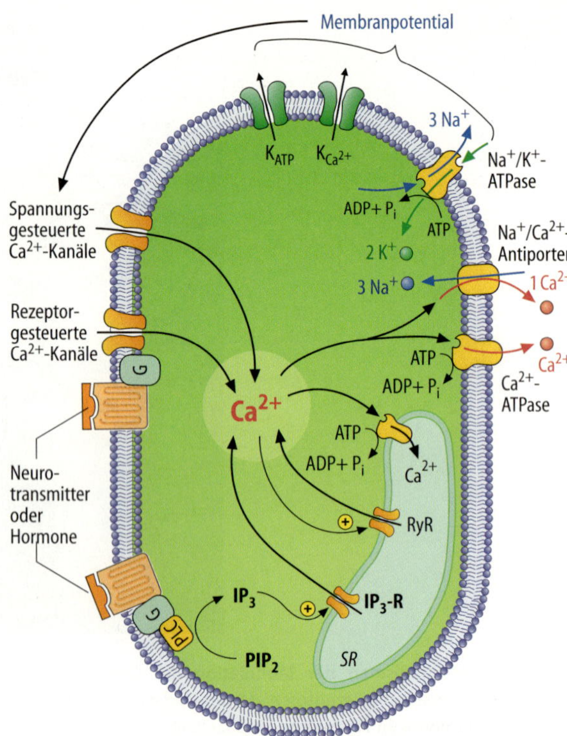

Abb. 6.17. **Calcium-Homöostase der glatten Muskulatur.** Die zytosolische Ca^{2+}-Konzentration wird erhöht, wenn Spannungs- oder Rezeptor-gesteuerte Ca^{2+}-Kanäle der Zellmembran öffnen. Erregende Agonisten führen außerdem IP_3-vermittelt zur Freisetzung von Ca^{2+} aus dem sarkoplasmatischen Retikulum. Zusätzlich kann Ca^{2+} über die Ca^{2+}-induzierte Ca^{2+}-Freisetzung über den Ryanodin-Rezeptor (RyR) zum Anstieg des Ca^{2+} im Myoplasma führen. Die Lage des Membranpotentials wird durch verschiedene K^+-Kanäle und die elektrogene Na^+/K^+-Pumpe bestimmt. Ca^{2+}-Pumpen im sarkoplasmatischen Retikulum und in der Plasmamembran sowie der membranständige Na^+/Ca^{2+}-Austauscher entfernen Ca^{2+} aus dem Myoplasma. Ein Abfall der zytosolischen Ca^{2+}-Konzentration kann auch durch Öffnen von K^+-Kanälen, die die Membran hyperpolarisieren und dadurch zum Verschließen von spannungsgesteuerten Ca^{2+}-Kanälen führen, erfolgen

Pharmako- und elektromechanische Koppelung

Man unterscheidet zwei sich überlappende Mechanismen der Erregungs-Kontraktions-Kopplung: die pharmakomechanische und die elektromechanische Kopplung

Pharmakomechanische Kopplung. Sie wird durch Pharmaka, Neurotransmitter oder Hormone bewirkt, die primär keine oder nur eine ganz geringe Veränderung des Membranpotentials auslösen. Die Reaktion des Agonisten mit dem Membranrezeptor führt jedoch über die Öffnung von sog. ***rezeptorgesteuerten Ca^{2+}-Kanälen*** in der Zellmembran zum Einstrom von Ca^{2+} aus dem Extrazellulärraum in das Myoplasma. Außerdem wird der intrazelluläre Botenstoff ***Inositoltrisphosphat*** (IP_3) gebildet, der aus dem sarkoplasmatischen Retikulum Ca^{2+} freisetzt (◘ Abb. 6.17).

▪▪▪ Bei der pharmakomechanischen Kopplung findet man häufig, dass der Anstieg der myoplasmatischen Ca^{2+}-Konzentration nur transient ist, d. h. nach einem IP_3-induzierten Anstieg fällt Ca^{2+} auf niedrigere Werte ab. Die Kraft fällt jedoch nicht oder nur wenig ab, d. h. die Kontraktion wird jetzt durch die zusätzlich wirkenden Prozesse der Ca^{2+}-Sensitivierung der Myofilamente aufrechterhalten (▶ s. oben).

Elektromechanische Kopplung. Die treibende Kraft für den Ca^{2+}-Anstieg sind Aktionspotentiale oder auch nur eine lang andauernde Depolarisation der Zellmembran (◘ Abb. 6.17), die zur Öffnung von spannungsabhängigen Ca^{2+}-Kanälen führen, so dass Ca^{2+}-Ionen vom Extrazellulärraum in das Myoplasma strömen. Die Potentialänderungen können myogen (▶ s. S. 142) oder neurogen ausgelöst werden, und sie können durch Ca^{2+}-Kanalblocker (Ca^{2+}-Antagonisten) oder durch K^+-Kanalöffner (K^+-Agonisten) gehemmt werden.

▪▪▪ Bezüglich ihrer elektrischen Erregbarkeit unterscheiden sich glatte Muskelzellen erheblich. So findet man spontan aktive glatte Muskelzellen (Schrittmacherzellen) im Darm und in bestimmten Blutgefäßen, während andere glatte Muskelzellen überhaupt nicht elektrisch erregbar sind.

Beeinflussung des Membranpotentials durch K^+-Kanäle. Das Membranpotential der glatten Muskelzellen von Widerstandsgefäßen, das zwischen −40 und −60 mV liegt, wird durch K^+-Kanäle reguliert. Die Öffnung von K^+-Kanälen führt zur Hyperpolarisation, wodurch spannungsabhängige Ca^{2+}-Kanäle schließen. Dies führt zur Vasodilatation. Umgekehrt führt die Hemmung von K^+-Kanälen zur Depolarisation, Öffnung von spannungsabhängigen Ca^{2+}-Kanälen und Vasokonstriktion. Da eine Hyperpolarisation oder Depolarisation von nur 3 mV zu einer Abnahme bzw. Zunahme des Ca^{2+}-Einstroms durch spannungsabhängige Ca^{2+}-Kanäle um etwa das zweifache führt, haben bereits kleine Änderungen des Membranpotentials einen erheblichen Einfluss auf die Gefäßweite und damit auf die Organdurchblutung und den Blutdruck.

▪▪▪ Bis jetzt wurden in den glatten Muskelzellen 4 verschiedene Typen von K^+-Kanälen gefunden. K_{Ca}- und K_{ATP}-Kanäle werden durch Agonisten, die zu einem Anstieg von cAMP bzw. cGMP im Myoplasma führen, geöffnet. K_{Ca}-Kanäle, die auch durch hohe Ca^{2+}-Konzentrationen im Myoplasma aktiviert werden, begrenzen wahrscheinlich eine durch Dehnung ausgelöste Vasokonstriktion (Bayliss-Effekt). K_{ATP}-Kanäle sind an der metabolischen Vasodilatation beteiligt, die man bei verstärkter Tätigkeit der Organe beobachtet.

Relaxation der glatten Muskulatur

❗ Glatte Muskeln erschlaffen, wenn Myosin dephosphoryliert wird; dies geschieht, wenn die elektrische oder neurohumorale Aktivität aufhört, oder aber inhibitorische Agonisten die Zellmembran hyperpolarisieren oder zu einem Anstieg des intrazellulären cAMP- oder cGMP-Spiegels führen

Myosindephosphorylierung. Voraussetzung für die Relaxation der glatten Muskulatur ist die Dephosphorylierung des Myosins. Wenn die ***Ca^{2+}-Konzentration im Myoplasma sinkt***, dann dissoziiert der Ca^{2+}-Calmodulin-MLCK-Komplex in seine inaktiven Einzelkomponenten. Durch die Myosinphosphatase werden die regulatorischen leichten Ketten des Myosins dephosphoryliert. Der Querbrückenzyklus kann nun nicht mehr ablaufen. Die Ca^{2+}-Konzentration im Myoplasma sinkt immer dann ab, wenn die erregende elektrische oder neurohumorale Aktivität aufhört oder aber die Zellmembran durch inhibitorische Agonisten hyperpolarisiert wird und Ca^{2+} über die in ◘ Abb. 6.17 illustrierten Transportprozesse aus dem Myoplasma entfernt wird.

Zyklische Nukleotide. Hormone oder Neurotransmitter, die G-Protein vermittelt das Enzym Adenylatzyklase aktivieren, oder aber das aus dem Endothel und bestimmten autonomen Nervenfasern freigesetzte NO relaxieren die glatte Muskulatur, indem sie die Konzentration der zyklischen Nukleotide ***cAMP*** bzw. ***cGMP*** im Myoplasma erhöhen (▶ s. Kap. 2). Beide zyklischen Nukleotide führen zur Dephosphorylierung des Myosins und damit zur Relaxation der glatten Muskulatur durch die oben beschriebene ***Ca^{2+}-Desensitivierung*** und indem sie die ***myoplasmatische Ca^{2+}-Konzentration*** senken. Letzteres kann durch Wirkung auf verschiedene Angriffsorte geschehen – unter anderem die K^+-Kanäle (▶ s. Kap. 6.3) und die Ca^{2+}-Pumpe des sarkoplasmatischen Retikulums, deren Aktivität sie durch Phosphorylierung des Regulatorproteins Phospholamban steigern.

Myogener Tonus

❗ Viele glatte Muskelzellen sind spontan aktiv; die von Schrittmacherzellen ausgehende myogene Erregung wird über Nexus auch auf andere glatte Muskelzellen übertragen

Myogene Erregung. Die ***Aktionspotentiale*** der glatten Muskeln vom *Single-Unit*-Typ (▶ s. S. 136) entstehen – ähnlich wie im Herzen – myogen in ***Schrittmacherzellen***, die sich von anderen Muskelzellen nicht strukturell, aber durch elektrophysiologisch erkennbare Merkmale unterscheiden. Präpotentiale oder ***Schrittmacherpotentiale*** depolarisieren die Membran bis zum Schwellenpotential und lösen damit kurze Aktionspotentiale aus, sog. ***Spikes***, die in der glatten Muskulatur jedoch nicht durch Na^+- sondern durch Ca^{2+}-Ionen getragen werden.

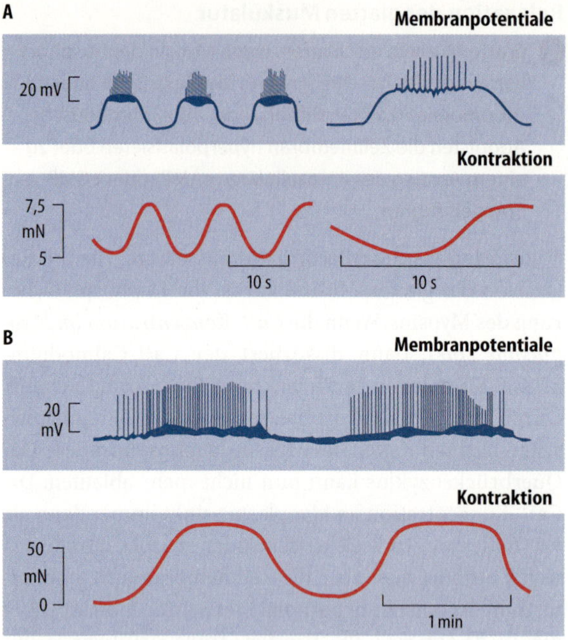

A
Membranpotentiale
20 mV
Kontraktion
7,5 mN 5
10 s 10 s
B
Membranpotentiale
20 mV
Kontraktion
50 mN 0
1 min

Abb. 6.18. Basale, organeigene Rhythmen der glatten Muskulatur im Minuten- und Sekundenbereich. A Magenantrummuskulatur. *Obere Spur:* Elektrische Aktivität, abgeleitet mit intrazellulären Elektroden; *untere Spur:* mechanische Aktivität unter isometrischen Kontraktionsbedingungen. Aktionspotentiale (Spikes) sind den langsamen rhythmischen Depolarisationen *(slow waves)* überlagert und lösen, zeitlich verzögert, rhythmische Tonusschwankungen aus. **B** Taenia coli (Dickdarmmuskulatur). Elektrische Aktivität *(oben)* und mechanische Aktivität (Minutenrhythmen; *unten*). Mod. nach Golenhofen (1978)

Durch den Einstrom von Ca^{2+} wird die Membran erst depolarisiert und dann für wenige Millisekunden bis zu 20 mV umpolarisiert. Auf die Repolarisation folgt wiederum ein Präpotential, das erneut ein Aktionspotential auslöst. So entstehen ***Spikesalven*** (Abb. 6.18). Durch sog. Calcium-Antagonisten (Prototyp Nifedipin) können die für diese Aktionspotentiale verantwortlichen L-Typ-Ca^{2+}-Kanäle gehemmt und damit die Kontraktionen unterdrückt werden.

Gap Junctions. Über die Gap Junctions (Nexus) genannten niederohmigen Zellkontakte kann sich die Depolarisation einer bereits erregten Zelle elektrotonisch auf benachbarte Zellen übertragen. Sobald deren Membran durch den lokal über die Gap Junctions fließenden Strom bis zur Schwelle depolarisiert ist, erfolgt ein Aktionspotential, das daraufhin weitere elektrotonisch gekoppelte Muskelzellen erregt.

Myogener Tonus und myogene Rhythmen

Durch die Spikesalven wird eine Kontraktion ausgelöst, deren Stärke mit der Frequenz der Aktionspotentiale korreliert; dieser myogene Muskeltonus fluktuiert rhythmisch und wird durch das vegetative Nervensystem moduliert

Myogener Tonus. Durch die Aktionspotentialsalven wird eine Kontraktion ausgelöst (myogener Tonus), die einem Tetanus vergleichbar ist (Abb. 6.18). Die Stärke dieser Kontraktion ist mit der Aktionspotentialfrequenz korreliert. Die spontane Aktivität der Schrittmacherzellen wird durch das vegetative Nervensystem moduliert. Im Darm bewirkt Azetylcholin eine Steigerung der Aktionspotentialfrequenz, während Adrenalin oder Noradrenalin durch Hyperpolarisation der Zellmembran die Frequenz der Aktionspotentiale senken. Auf diese Weise modulieren die Neurotransmitter Azetylcholin und Noradrenalin den myogenen Tonus der Darmmuskulatur.

Periodische rhythmische Schwankungen. Spontane Aktivitätsänderungen der Schrittmacherzellen bewirken periodisch-rhythmische Schwankungen des myogenen Tonus. Eine viele Sekunden oder Minuten dauernde Depolarisierung der Membran der Schrittmacherzellen ***(slow Wave)*** löst nämlich, wenn ihre Amplitude die Schwelle erreicht, durch Aktivierung von spannungsabhängigen Ca^{2+}-Kanälen eine Salve von Aktionspotentialen ***(Ca^{2+}-Spikes)*** aus, die zur Kontraktion führt. Es folgt eine Pause, bis schließlich die nächste Salve eine weitere Kontraktion auslöst (Abb. 6.18).

Basale organspezifische Rhythmen (BOR). Diese myogenen Rhythmen, deren Entstehungsmechanismus noch nicht genau bekannt ist, sind der spezifischen Organfunktion angepasst und sind verantwortlich für die Blutdruckrhythmik (Frequenz 6/min), die Magenperistaltik (3/min) und die Segmentationsrhythmik des Dünndarms (12/min im Duodenum).

6.5. Colon irritabile

Zu den häufigsten Störungen des Magen-Darm-Trakts gehört das sog. Colon irritabile, bei dem eine Motilitätsstörung des Darmes vorliegt. Möglicherweise liegt dieser eine Fehlfunktion der Schrittmacherzellen des Darms, die für den myogenen Tonus verantwortlich sind, zugrunde.

Mechanische Beeinflussung des Tonus

Mechanische Dehnung kann in manchen glatten Muskeln zu einer aktiven Zunahme des Tonus führen; andere glatte Muskeln verhalten sich bei Dehnung passiv, d. h. nach einem initialen elastischen Spannungsanstieg nimmt die Spannung wieder ab

Mechanische Dehnung. Durch zunehmende Dehnung spontan aktiver Muskeln werden die Schrittmacherzellen stärker depolarisiert, wodurch sich die Frequenz der Aktionspotentiale erhöht. Wie oben schon dargelegt, bedingt eine erhöhte Erregungsfrequenz eine stärkere Kontraktion. Die dehnungsreaktive Kontraktion wird nach ihrem Entdecker auch als ***Bayliss-Effekt*** bezeichnet

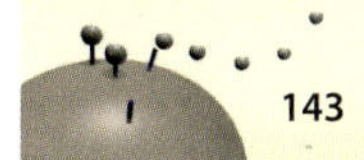

und ist von Bedeutung für die ***Autoregulation der Arteriolen*** (▶ s. Kap. 28).

Stressrelaxation. Andere glatte Muskeln verhalten sich jedoch bei Dehnung völlig passiv, wie ausgeprägte plastische oder viskoelastische Körper, d. h. nach einem initialen elastischen Spannungsanstieg nimmt die Spannung bei gleichbleibender Muskellänge wieder ab ***(Stressrelaxation)***, und zwar zunächst rasch und dann zunehmend langsamer. Wegen seiner ***Plastizität*** kann der glatte Muskel sowohl im verkürzten als auch im gedehnten Zustand vollkommen entspannt sein. Denken Sie an die Harnblase, deren plastische Nachgiebigkeit beim Füllen einen übermäßigen Anstieg des Binnendruckes verhindert.

In Kürze

Regulation der Kontraktion der glatten Muskulatur

Der Tonus der glatten Muskulatur wird über viele verschiedene Mechanismen reguliert:

- myogen durch Schrittmacherzellen,
- durch mechanische Dehnung,
- durch die Transmitter des vegetativen Nervensystems sowie
- durch zirkulierende Hormone und zahlreiche Gewebehormone.

Bei der kontraktilen Aktivierung des glatten Muskels strömen Ca^{2+}-Ionen durch spannungs- und rezeptorgesteuerte Ca^{2+}-Kanäle der Zellmembran sowie durch Ca^{2+}-Kanäle aus dem sarkoplasmatischen Retikulum in das Myoplasma. Die freie Ca^{+}-Konzentration und die Reaktionsfähigkeit (Ca^{2+}-Sensitivität) der Myofilamente gegenüber Ca^{2+} ist für den Kontraktionszustand (Tonus) entscheidend. Ca^{2+} bindet an Calmodulin; der Ca^{2+}-Calmodulin- Komplex aktiviert die Myosin-leichte-Ketten-Kinase, die ihrerseits die leichten Ketten des Myosins phosphoryliert, so dass der glatte Muskel kontrahiert.

Bei der Muskelrelaxation werden die leichten Ketten dephosphoryliert und die Ca^{2+}-Ionen durch Na^{+}/Ca^{2+}-Austauscher sowie durch Calciumpumpen der Zellmembran und des sarkoplasmatischen Retikulums aus dem Myoplasma entfernt.

Literatur

Arner A, Pfitzer G. (1999) Regulation of cross-bridge cycling by Ca^{2+} in smooth muscle. Rev Physiol Biochem Pharmacol 134: 63–146

Blake DJ, Weir A, Newey SE, Davies KE (2002) Function and genetics of dystrophin and dystrophin-related proteins in muscle. Physiol Rev 82: 291–329

Geeves MA, Holmes KC (1999) Structural mechanism of muscle contraction. Annu Rev Biochem 68: 687–728

Gordon AM, Homsher E, Regnier M (2000) Regulation of contraction in striated muscle. Physiol Rev 80: 853–924

Huxley HE (2000) Past, present and future experiments on muscle. Philos Trans R Soc Lond B Biol Sci 355: 539–543

Labeit S, Kolmerer B, Linke WA (1997) The giant protein titin: emerging roles in physiology and pathophysiology. Circ Res 80: 290–294

Lamb GD (2000) Excitation-contraction coupling in skeletal muscle: comparisons with cardiac muscle. Clin Exp Pharmacol Physiol 27: 216–224

Rüegg JC (1992) Calcium in muscle contraction. 2nd edn. Springer, Berlin Heidelberg New York

Somlyo AP, Somlyo AV (2000) Signal transduction by G-proteins, rhokinase and protein phosphatase to smooth muscle and nonmuscle myosin II. J Physiol 522: 177–185

Integrative Leistungen des Nervensystems

Kapitel 7
Motorische Systeme

M. Wiesendanger

II

Einleitung

Ein junger Mensch setzt sich nachts auf sein Motorrad und stürzt in einer engen Kurve. Die mechanische Gewalteinwirkung ist sehr groß, führt zu einer heftigen mechanischen Beanspruchung des Rückenmarkes und, als Folge, zu einer Verletzung des Thorakalmarkes. Der Verletzte kann seine Beine nicht mehr bewegen, er wird zum Paraplegiker. Wenn er das Bewusstsein erlangt, wird er schlagartig realisieren, dass sich seine Lebenspläne radikal ändern werden.

Unfallbedingte mechanische Zerstörungen von Hirngewebe und Verletzungen des Rückenmarks sind häufig und betreffen besonders junge Menschen. Glücklicherweise hat die neurologische Forschung Fortschritte in der akuten Behandlung und auch in der Langzeit-Rehabilitation erzielt. Die Erforschung der Plastizität ist zu einem zentralen Anliegen der neurologischen Forschung geworden. In der Neuro-Rehabilitation geht es im Wesentlichen um die Förderung adaptativer Prozesse, dies manchmal mit erstaunlich guten Resultaten. Adaptation des Organismus auf wechselnde Umweltbedingungen ist ein physiologischer Schlüsselprozess; ähnliche Adaptationen der Motorik beobachtet man auch bei Patienten mit neurologischen Ausfällen.

Die motorischen Ausfälle bei Störungen des Nervensystems liefern uns andererseits Aufschlüsse über die beteiligten neuronalen Systeme. Die Kenntnisse über die funktionellen neuronalen Systeme bei Gesunden helfen uns, die pathologischen Veränderungen zu verstehen. Das Leben der Tiere äußert sich besonders in der Bewegung: in der Lokomotion, der Handfertigkeit, der Nahrungsaufnahme, den Lautäußerungen und, beim Menschen, besonders auch in den Gesten und der Sprache. Bewegungen von Tier und Mensch erfolgen meist zielgerichtet mit einer bestimmten Absicht, entweder aus innerem Antrieb oder beim Erkennen interessanter Objekte als Auslöser für motorische Handlungen. Beide Faktoren, innerer Antrieb und kognitive Prozesse, gehen der Bewegung voraus. Zielsetzung, Planung und Durchführung sind essenzielle Phasen der menschlichen Motorik. Die erstaunliche Leichtigkeit, mit der wir uns trotz der stets wechselnden Umweltbedingungen bewegen, beruht auf adaptiven und korrigierenden Mechanismen, die während der Ausführungsphase automatisch ins Spiel kommen. Es ist ein Hauptanliegen dieses Kapitels, die Besonderheiten der menschlichen Motorik hervorzuheben, nämlich den aufrechten Gang, die phänomenale Handgeschicklichkeit sowie auch den inneren Antrieb zum Handeln und die Bewegungsplanung.

7.1 Funktionelle und strukturelle Organisation der Motorik im Überblick

Bewegung und Bewegungsentwurf

Die Motorik des Menschen umfasst sowohl geplantes als auch instinktives Verhalten und bedeutet Interaktion mit der Umwelt

Tiere haben ihr charakteristisches Verhaltensrepertoire, das z. T. angeboren ist und auch als ***instinktives Verhalten*** bezeichnet wird. Typische Verhaltensmuster werden häufig durch Schlüsselreize ausgelöst. Instinktives motorisches Verhalten kann auch beim Menschen, z. B. in seiner Mimik, beobachtet werden. Mit seiner Handgeschicklichkeit und sprachlichen Kommunikationsfähigkeit hat der Mensch jedoch sein motorisches Verhalten im handwerklichen und künstlerischen Bereich enorm erweitert und bereichert. Der Mensch hat auch die Fähigkeit, seine ***Handlungen*** zu ***planen***: seine Motorik ist zukunftsorientiert. Bewegungsentwurf, Planung, Vorbereitung, Programmierung der Bewegungen sind häufig gebrauchte Begriffe; sie sind allerdings nicht scharf definiert und können nicht direkt untersucht werden. Indirekt können sie sich aber bei der folgenden Bewegungsausführung manifestieren. Epiphänomene dieser geistigen Prozesse, die der Bewegung vorausgehen, können durch bildgebende Verfahren im Gehirn lokalisiert werden.

Wenn nach der Zielvorgabe durch das Gehirn die Bewegung in Gang kommt, stellt sich die schwierige Frage, wie das motorische Kontrollsystem mit den rückwirkenden Umwelteinflüssen (Schwerkraft, Trägheitskräfte) und unerwarteten äußeren Störungen zurande kommt. Dieser Aspekt der motorischen Kontrolle ist eng verknüpft mit der ***sensomotorischen Regulation***.

Die ***Motorik*** und ihre ***Kontrolle*** soll aus der Perspektive der zweckgerichteten Aktion und deren Planung heraus verstanden werden. Dies betrifft v. a. das bipedale Stehen und Gehen und die Greiffunktion, d. h. zwei für den Menschen fundamentale Funktionen. Bei diesem Vorgehen realisiert man, dass für zielgerichtete Bewegungen – auch für das Stehen und Gehen – alle motorischen Kontrollstrukturen involviert sein können.

Motorische Areale der Hirnrinde

Primär- und sekundär-motorische Kortexareale sind somatotopisch organisiert, d. h. der Körper ist auf den Arealen der Hirnrinde »abgebildet«

Abbildung 7.1 A zeigt die wichtigsten Rindenareale, die an der motorischen Kontrolle beteiligt sind; bei elektrischer Reizung können motorische Effekte ausgelöst werden. Das bedeutet, dass sie direkt oder indirekt mit dem motorischen Apparat verbunden sind. Der ***primär-motorische Kortex MI*** (Area 4 von Brodmann) hat die engste Beziehung zum motorischen Apparat; er liegt rostral der Zentralfurche und ist beim Menschen zum

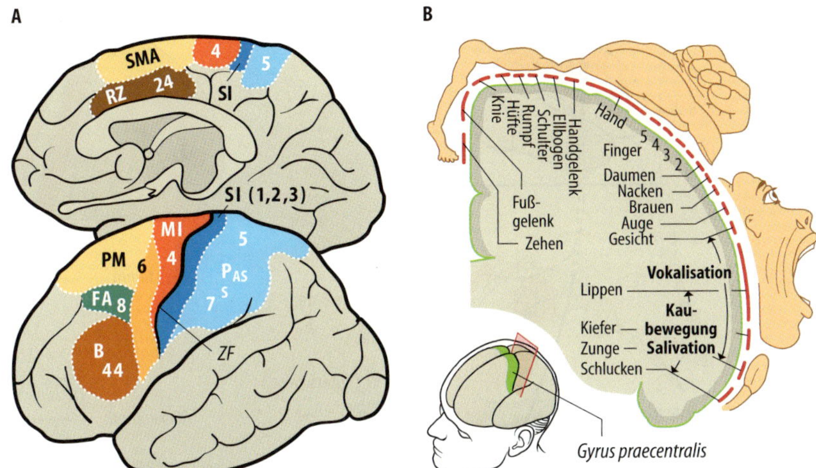

Abb. 7.1. Sensomotorische Repräsentationsfelder der menschlichen Hirnrinde. A Lage des primär-motorischen Kortex (*MI*, Area 4) und sekundär-motorischer Felder: rostral von MI auf der lateralen Oberfläche der prämotorische Kortex (*PM;* laterale Area 6), auf der mesialen Oberfläche die supplementär-motorische Area (*SMA*, mediale Area 6). Ventral und rostral der SMA ist das motorische Feld im rostralen Zingulum (*RZ*, Area 24). Das frontale Augenfeld (*FA*, Area 8) ist ein okulomotorisches kortikales Zentrum, von dem auch Kopfbewegungen gesteuert werden. Ventral anschließend befindet sich auf der dominanten Hemisphäre das expressive Sprachzentrum von Broca (*B*, Area 44). Kaudal der Zentralfurche *(ZF)* liegt das primär-sensorische Areal *(SI)* und der parietale Assoziationskortex (Area 5 und Area 7). Von diesen somatosensorischen Arealen können auch motorische Effekte ausgelöst werden. **B** Motorischer Homunculus mit verzerrter Darstellung entsprechend der ungleichen somatotopischen Repräsentation im primär-motorischen Kortex *(MI)*. B nach Penfield u. Rasmussen in Creutzfeldt (1983)

größten Teil in der Vorderwand der Furche versteckt. Je nach Ort der Stimulation beobachtet man Zuckungen der verschiedenen Körperabschnitte auf der Gegenseite. Wenn man die aktivierten Körperteile aufzeichnet, ergibt sich eine Repräsentation des ganzen Körpers. Der entsprechende ***»Homunculus«*** steht auf dem Kopf und zeigt übermäßige Hände und Sprachorgane, da diese eine besonders große zentrale Repäsentation haben (Abb. 7.1 B). Das Prinzip der körperlichen »Abbildung« bezeichnet man als ***Somatotopie.***

Rostral anschließend liegen ***sekundär-motorische Areale***, deren Reizschwelle höher und deren somatotopische Organisation weniger deutlich oder weniger vollständig ist. Dazu gehören im mesialen Anteil der Area 6 die supplementär-motorische Area (SMA) und im lateralen Anteil der prämotorische Kortex (PM). Rostral und ventral von der SMA liegt im rostralen Zingulum die Area 24, ebenfalls ein sekundär-motorisches Feld. Postzentral kann man Reizeffekte im somatosensorischen Kortex SI und in den parietalen Assoziationsarealen 5 und 7 auslösen.

Augenbewegungen können vom frontalen Augenfeld (FA) durch elektrische Reizung erzeugt werden. Eingezeichnet ist schließlich noch das auf der dominanten Hirnhälfte lokalisierte ***motorische Sprachzentrum*** von Broca (Area 44).

Bahnverbindungen der motorischen Kortexareale zum motorischen Apparat

Die Pyramidenbahn ist die wichtigste absteigende Bahn; außer dieser direkten Verbindung sind die motorischen Kortexareale durch zusätzliche absteigende Bahnen mit dem motorischen Apparat verbunden

Die oben erwähnten Rindenareale (mit Ausnahme des Sprachzentrums und der »Augenfelder«) liegen im Ursprungsgebiet der ***Pyramidenbahn.*** Sie sind kooperativ, aber mit z. T. unterschiedlichen Funktionen, sowohl an der ***Kontrolle*** der Bewegungen als auch an deren ***Vorbereitung*** beteiligt. Wenn diese Areale durch diffuse und bilaterale Schädigungen (z. B. infolge Anoxie) ausfallen, ist der Mensch nicht mehr fähig, sich zweckgerichtet zu bewegen. Die Pyramidenbahn, die beim Menschen besonders mächtig entwickelt ist, stellt die *direkte* Verbindung der motorischen Kortexareale mit dem Rückenmark her, z. T. mit direkten synaptischen Kontakten zu den Motoneuronen.

Neben der Pyramidenbahn sind noch zusätzliche, ***indirekte absteigende motorische Bahnen*** an der Steuerung des motorischen Apparates beteiligt (Abb. 7.2).

Weitere motorische Systeme

Indirekte Verbindungen des motorischen Kortex laufen über Hirnstamm und Rückenmark; Basalganglien und Zerebellum sind subkortikale motorische Zentren, die sowohl an Vorbereitung als auch an Kontrolle von Bewegungen beteiligt sind

Hirnstamm und Rückenmark. Die indirekten Verbindungen zum motorischen Apparat erfolgen über tiefere motorische Zentren; dabei projizieren die motorischen Zentren im ***Hirnstamm*** ihrerseits über eine Reihe von Bahnen zum ***Rückenmark.***

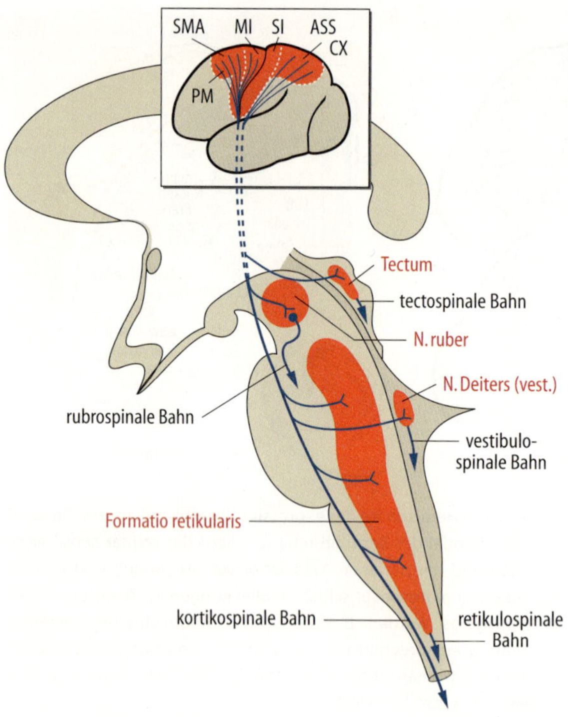

Abb. 7.2. Kortikales Ursprungsgebiet der absteigenden motorischen Bahnen. Neben der beim Menschen mächtig entwickelten Pyramidenbahn (kortikospinale Bahn) werden Kontingente von kortikofugalen Fasern in motorischen Hirnstammzentren auf subkorticospinale Bahnsysteme umgeschaltet. *PM:* Prämotorischer Kortex, *SMA:* Supplementär-motorische Area, *MI:* primär-motorischer Kortex, *SI:* primäres senso(-motorisches) Areal, *ASS CX:* parietaler Assoziationskortex

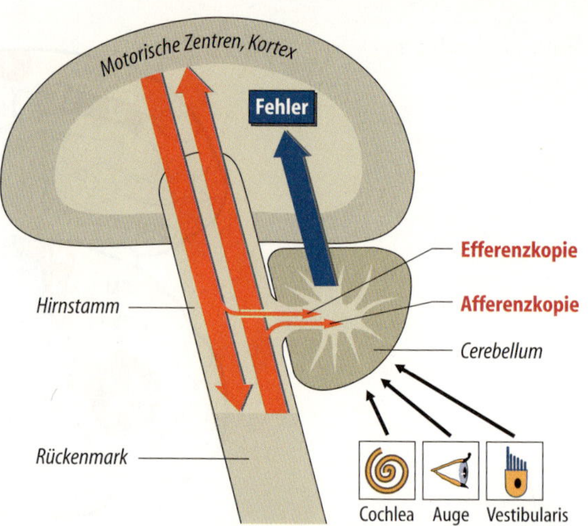

Abb. 7.3. Vereinfachtes Funktionsschema des Kleinhirns. Dieses erhält über kollaterale Verschaltungen eine Efferenzkopie von Kommandosignalen, die von den motorischen Zentren über absteigende motorische Bahnen zum Rückenmark übermittelt werden. Andererseits erhält das Zerebellum auch eine sensorische Afferenzkopie über Kollateralen von spinalen, vestibulären, visuellen und auditiven Afferenzen. Das Modell besagt, dass das Kleinhirn aus dem Vergleich der 2 Eingänge Abweichungen vom Sollwert (Fehler) berechnen kann. Über rückläufige Verbindungen zu den motorischen Zentren des Hirnstammes und der Hirnrinde können somit laufend Korrekturen am motorischen Programm vorgenommen werden, wenn eine Bewegung einmal in Gang gesetzt wird

Die ***Hirnstammzentren*** sind besonders an der Kontrolle der Stützmotorik beteiligt. Ihre Abhängigkeit vom Kortex zeigt, dass die Stützmotorik im Dienste der Intentionsmotorik steht. Über das ***Rückenmark*** laufen eine Reihe von Reflexmechanismen ab.

Subkortikale motorische Zentren (Abb. 7.3 und 7.4). Zwei beim Menschen sehr große neuronale Schleifen nehmen ihren Ursprung im Kortex und führen über die ***Basalganglien*** und das ***Zerebellum***, via motorischen Thalamus, zurück zum Kortex. Basalganglien und Zerebellum haben mannigfache integrative Aufgaben; sie sind sowohl an der Vorbereitung als auch an der Kontrolle der Bewegung beteiligt.

- Das ***Zerebellum*** erhält die kortikale Information im Wesentlichen aus den in Abb. 7.1 farbig eingezeichneten Arealen, und zwar über die Ponskerne im Hirnstamm. Außerdem erhält das Zerebellum Eingänge über sämtliche sensorische Modalitäten. Die Hauptaufgabe des Zerebellums ist der Vergleich des motorischen Befehls ***(Efferenzkopie)*** mit dem aktuellen Kontext ***(Afferenzkopie)***; das sehr allgemeine Modell besagt, dass der motorische Befehl je nach Änderung einer neuen Situation wieder angepasst wird, damit das erwünschte Ziel erreicht wird.
- Die ***Basalganglien*** erhalten von fast allen Rindenfeldern bereits hochverarbeitete Informationen. In der Eingangsstruktur der Basalganglien, dem ***Striatum***, erfolgt eine weitere Integration der Information, die an die Ausgangsstrukturen, Globus pallidus, Pars interna (GPi) und Substantia nigra, Pars reticulata (SNr), übermittelt wird. Die Schleife führt über den motorischen Thalamus zurück zum frontalen Kortex (mit Einschluss des präfrontalen Assoziationskortex). Die Basalganglien spielen eine besonders wichtige Rolle für Handlungen, die aus ***eigenem Antrieb*** erfolgen (Details in den Abschnitten 7.7 und 7.8).

In Kürze

Bewegungen

Im Bereich der Motorik werden zwei Verhaltensweisen grundsätzlich unterschieden:
- Instinktives Verhalten ist angeboren. Es kann vor allem bei Tieren, aber auch beim Menschen (z. B. Mimik) beobachtet werden.
- Geplantes Verhalten, eine Fähigkeit des Menschen, umfasst den Entwurf einer Bewegung, die Vorbereitung und Programmierung der Bewegung sowie ein anschließendes Kontrollsystem für rückwirkende Umwelteinflüsse (sensomotorische Kontrolle).

▼

A Zuflüsse der Basalganglien

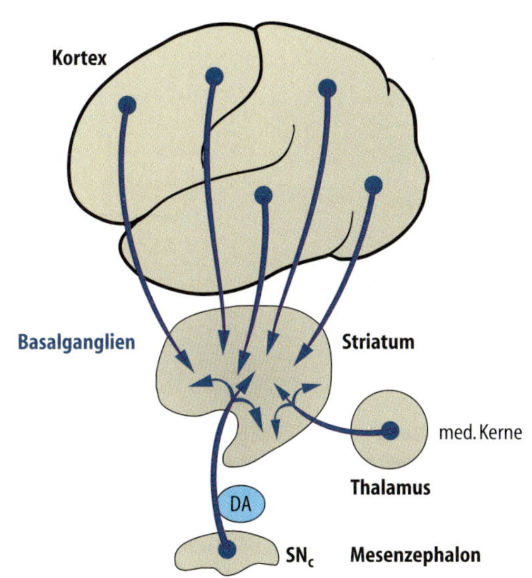

B Ausgänge der Basalganglien

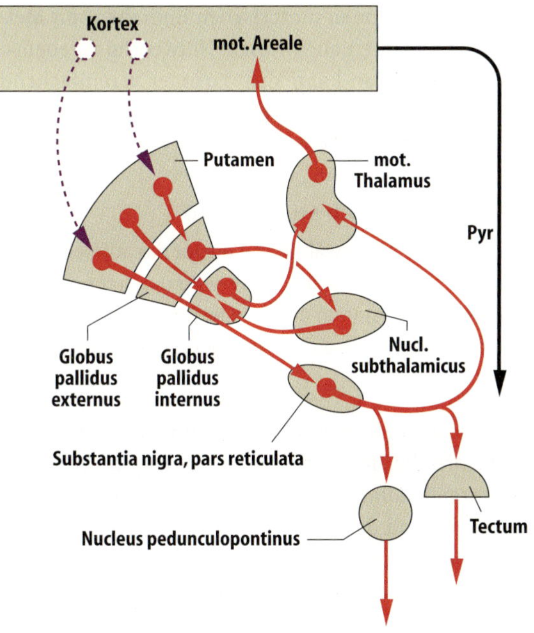

Abb. 7.4. Zuflüsse und Ausgänge der Basalganglien. A, B Die Zuflüsse zu den Basalganglien werden von der Großhirnrinde dominiert. Im weiteren wird das Striatum auch von der Substantia nigra, pars compacta *(SNc)* und vom Thalamus beeinflusst. Der Hauptausgang ist über den motorischen Thalamuskern zu den motorischen Rindenfeldern gerichtet. Nur eine kleine Fraktion der Ausgangsneurone hat über den Nucl. pedunculopontinus und Kerngebiete im Tectum einen direkteren Zugang zum Rückenmark. *Pyr:* Pyramidenbahn

Motorische Zentren

Der primär-motorische Kortex und die sekundären motorischen Areale bilden zusammen den motorischen Kortex im weiteren Sinn.

- Der primär-motorische Kortex ist somatotopisch gegliedert (»Homunculus«) und das wichtigste Ausgangsfeld der Pyramidenbahn und deren direkten Verbindung zu den Motoneuronen.
- Zu den wichtigsten sekundär-motorischen Kortexarealen gehören die supplementär-motorische Area (Area 6, mesial) und das prämotorische Areal (Area 6, lateral). Die Somatotopie ist weniger scharf ausgebildet; sie tragen zu einem geringeren Maß zum Pyramidenbahnsystem bei.

Außer den direkten Verbindungen des Kortex mit dem motorischen Apparat gibt es auch indirekte absteigende Verbindungen. Diese laufen über Hirnstammzentren und weiter über das Rückenmark.

- Die Hirnstammzentren sind vor allem an der Kontrolle der Stützmotorik beteiligt.
- Das Rückenmark ist für eine Reihe von Reflexbewegungen verantwortlich.

Die motorischen Areale projizieren ebenfalls zu subkortikalen motorischen Zentren, die ihrerseits die Verbindung mit dem Rückenmark herstellen:

- Das Zerebellum vergleicht den motorischen Befehl (Efferenzkopie) mit dem aktuellen Kontext (Afferenzkopie); so wird eine Kontrolle und ggf. eine Anpassung der Bewegung ermöglicht.

Basalganglien spielen eine wichtige Rolle bei Bewegungen, die aus eigenem Antrieb erfolgen.

7.2 Stehen und Gehen

Muskeltonus

Ein regulierter Muskeltonus ist eine biomechanische Notwendigkeit für das aufrechte Stehen; der spinale Mechanismus beruht auf einer tonisch anhaltenden Depolarisation mit sog. »Plateau-Potentialen«

Muskelkraft kompensiert Schwerkraft. Ohne andauernde und regulierte aktive Anspannung von Rumpf- und Beinmuskeln würde der Mensch zusammensinken. Man kann sich leicht davon überzeugen, dass die ***aufrechte Haltung*** ein ***aktiver Prozess*** ist, wenn man die elektromyographische Aktivität in den Rumpf- und Beinmuskeln ableitet (z. B. vom Erector trunci). Diese Aktivität ändert sich, je nachdem, wie die Körpersegmente zueinander stehen; jede Änderung der Schwerkraft, auf die verschiedenen Körperpartien muss durch aktive Muskelkräfte kompensiert werden, um das Gleichgewicht aufrecht zu erhalten. Menschen, die im Berufsleben lange stehen müssen, lernen automatisch eine möglichst ökonomische Haltung einzunehmen, um den Energieaufwand gering zu halten.

Man versteht unter ***Tonus*** eine ***anhaltende*** Aktivität der Muskulatur, welche die Versteifung, respektive die Komplianz (Dehnbarkeit) der Muskeln reguliert. Der Muskeltonus muss häufig über längere Zeit aufrecht erhalten werden. Es ist deshalb sinnvoll, dass für Haltefunktionen wenig ermüdbare motorische Einheiten eingesetzt werden. Für Haltefunktionen spezialisierte Muskeln sind reich an solchen motorischen Einheiten (»rote« Muskeln, ► s. auch ◘ Tabelle 6.3).

Zellulärer Mechanismus. Im Rückenmark wurde ein wichtiger zellulärer Mechanismus entdeckt, der für tonische Halteinnervation eingesetzt wird. Ihm liegt eine tonisch anhaltende Depolarisation der Motoneuronen-Membran mit superponierten Aktionspotentialen zugrunde. Diese sogenannten ***»Plateau-Potentiale«*** beruhen auf komplexen Änderungen der Membran-Leitfähigkeit und können durch kurze, niederschwellige sensorische Reize oder auch durch Impulse von höheren motorischen Strukturen ausgelöst werden. Ebenso beendet ein kurzer peripherer Reiz die Depolarisation. Schließlich erfordert dieser Mechanismus eine Neuromodulation durch Serotonin und Noradrenalin. Die Tatsache, dass der Mechanismus bei vielen Invertebraten und Vertebraten, einschließlich des Menschen, nachgewiesen wurde, deutet auf eine wichtige Rolle bei der Regulierung des Muskeltonus hin.

Aufrechter Stand durch Stützmotorik

Der aufrechte Stand ist ein dynamischer Prozess, dem eine präzise, automatische Regulation und eine Zielvorgabe zugrunde liegen

Dass der Mensch auf der so kleinen Standfläche seiner zwei Fußsohlen ruhig stehen kann, ist eine bemerkenswerte motorische Leistung. Wenn man die Projektion des Körperschwerpunktes auf die Standfläche registriert (Messplattform), beobachtet man allerdings auch beim gesunden Menschen kleine ***Fluktuationen*** der Position des Körperschwerpunktes. Die rhythmischen Erweiterungen des Thorax bei der Atmung tragen dazu bei, und die Fluktuationen verstärken sich natürlich bei jeder Lageänderung von Körperteilen, z. B. beim Neigen des Kopfes. Die beobachteten Schwankungen der Position des Körperschwerpunktes (◘ Abb. 7.5) und der posturalen Aktivität im Elektromyogramm verstärken sich bei fehlerhafter Regulation, z. B. als Folge von zerebellären Schädigungen, erheblich. Die Regulation erfolgt automatisch und unbewusst.

Die Leichtigkeit und Selbstverständlichkeit, mit welcher der gesunde Mensch aufrecht stehen kann, steht im krassen Gegensatz zur Komplexität des Regelvorganges, dessen Mechanismen sich erst zu klären beginnen. Wie bei jedem Regelmechanismus sind die Effektoren, also

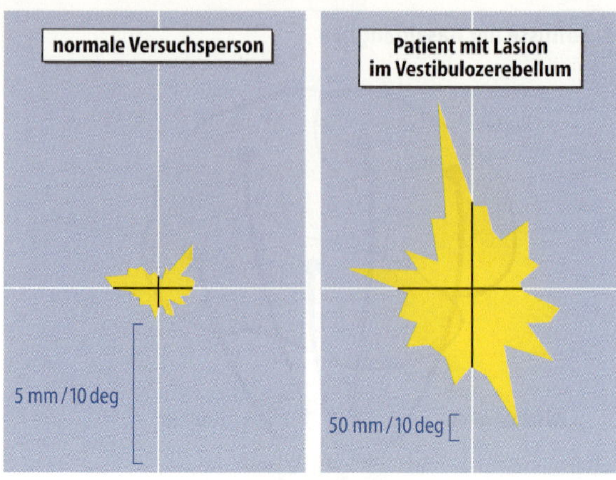

◘ **Abb. 7.5. Messung der Stabilität beim aufrechten Stehen (Stabilogramm).** Die Projektion des Körperschwerpunktes auf die Standfläche wird über eine gewisse Zeit registriert. Die Kontur begrenzt die Fläche der maximalen Schwankungen in den verschiedenen Richtungen. Während die Schwankungen bei der normalen Versuchsperson klein, aber deutlich messbar sind, verstärken sich die Schwankungen um etwa das Hundertfache (beachte die verschiedene Skalierung) bei einem Patienten mit einer zerebellären Läsion. Nach Dichgans u. Mauritz in Desmedt (1983)

die tonusgenerierenden motorischen Einheiten, auf Meldungen von Sensoren angewiesen. Notwendig ist ebenso die ***Zielvorgabe.*** Man kann sich darunter vereinfachend ein im ZNS gespeichertes Körperschema mit dem ***Schwerelot als Referenzsignal*** vorstellen.

Körperstabilität durch Stützmotorik

Die Stützmotorik gewährleistet die für das aufrechte Stehen kritische Körperstabilität; sie wird durch tonogene Zentren im Hirnstamm und spinale Reflexe sowie über komplexe Regelkreise supraspinaler Zentren gewährleistet

Der Körperstabilität liegt eine kooperative zentrale und multisensorische Tonusregulation zugrunde. Im ***Hirnstamm*** sorgen ***»tonogene Zentren«*** über die absteigenden Fasersysteme und das Rückenmark für eine Grobeinstellung des Muskeltonus. Durch sensorische Signale (somatosensorische, vestibuläre und visuelle) wird der Tonus auch über ***spinale Reflexe*** und komplexe Regelkreise, die ***supraspinale Zentren*** einschließen, modifiziert. Diese sensomotorische Regulation kommt dann zum Zuge, wenn infolge von externen Störungen des Gleichgewichtes die Stabilität reaktiv und dynamisch angepasst werden muss.

Bei ***Eigenbewegungen***, z. B. wenn man beim Stehen den Arm hebt, kommt es ebenfalls durch die Verlagerung des Schwerpunktes zu einer Destabilisierung, die kompensiert werden muss. In diesem Fall geschieht dies jedoch proaktiv, das heißt, die stabilisierende Tonusadaptation, die man leicht in den Bein- und Rumpfmuskeln nachweisen kann, manifestiert sich gleichzeitig oder sogar etwas vor der Armbewegung. Die Stützmotorik ist also mit dem Bewegungsprogramm gekoppelt.

Lokomotion

Die Lokomotionsrhythmen werden im Rückenmark generiert *(Pattern-Generators)*; der Hirnstamm wirkt dabei »tonisierend« auf das Rückenmark

Spinale Lokomotion. Die Lokomotion des Menschen ist charakterisiert durch ***alternierende Rhythmen*** der Beinextensoren und -flexoren. Die Extensoren sind während der Standphase, die Flexoren während der Schwingphase aktiv (Abb. 7.6). Auch das rhythmische Armschwingen ist aktiv, mit Beteiligung vieler proximaler Muskeln.

Patienten mit einer ***totalen Querschnittsverletzung des Rückenmarks*** können ohne passive Stütze weder stehen noch gehen. Nur bei Entlastung des Körpergewichtes (durch eine Aufhängevorrichtung) und mittels Laufband können Schreitrhythmen ausgelöst werden. Querschnittsgelähmte Tiere können nach einer gewissen Zeit und mit unterstützenden rhythmisch-sensorischen Reizen wieder Laufbewegungen durchführen. Am isolierten Rückenmark ist es sogar gelungen, mit erregenden neuropharmakologischen Substanzen (Katecholaminen) rhythmische und reziproke Entladungen in den Flexor- und Extensormotoneuronen zu erzeugen, und dies ohne Unterstützung durch rhythmisch-sensorische Einflüsse. Da diese neuronalen Entladungsmuster, ***fiktive Lokomotion*** genannt, in ähnlicherweise auftreten wie bei der natürlichen Lokomotion, besteht heute die Auffassung, dass der ***Rhythmusgenerator*** für Fortbewegungen im ***Rückenmark*** lokalisiert ist.

Spinale Rhythmusgeber existieren wahrscheinlich auch beim Menschen, da beim Neugeborenen mit noch unreifen absteigenden Bahnen und auch bei Kindern mit schwerer Missbildung des Gehirns (Anenzephalie) Schreitrhythmen zu beobachten sind. Es gelingt auch bei Paraplegikern durch Hautreize Schreitrhythmen auszulösen, was in der Rehabilitation ausgenützt wird. Allerdings ist die Expression der Rhythmen beim Menschen normalerweise in viel stärkerem Maße vom supraspinalen Antrieb abhängig als bei den niedrigeren Vertebraten.

Hirnstammkontrolle. In einem abgrenzbaren Abschnitt des Hirnstammes ***(Locomotor Strip)*** können bei experimenteller elektrischer Reizung Gehrhythmen ausgelöst werden. Der Einfluss dieser Region wirkt ***»tonisierend«*** auf das Rückenmark. Wenn die Verbindung unterbrochen ist, fehlt der absteigende »tonogene« Zustrom von den Hirnstammzentren zu den spinalen Lokomotionsgeneratoren. Die Reizintensität beeinflusst ebenfalls die Frequenz der Rhythmen; der ***Schreitrhythmus*** kann in einen Trott und schließlich zu einem Galopp wechseln.

Die Frequenz und das Muster der Lokomotionsrhythmen können also von den segmentalen Afferenzen und von den Hirnstammzentren aus moduliert werden. Trotzdem erscheint die Lokomotion bei diesen Tieren ohne Großhirn ***stereotyp*** *(Machine-like)*, sie ist in diesem Fall nicht in ein zielgerichtetes natürliches Verhalten eingebunden (► s. u.).

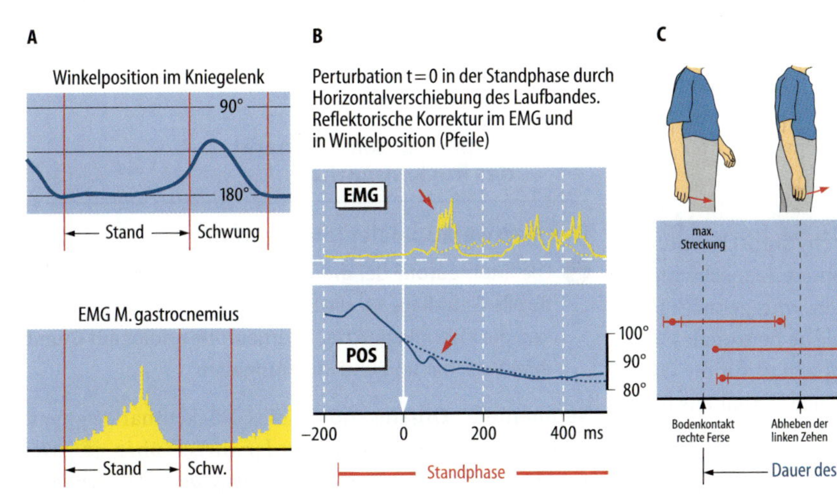

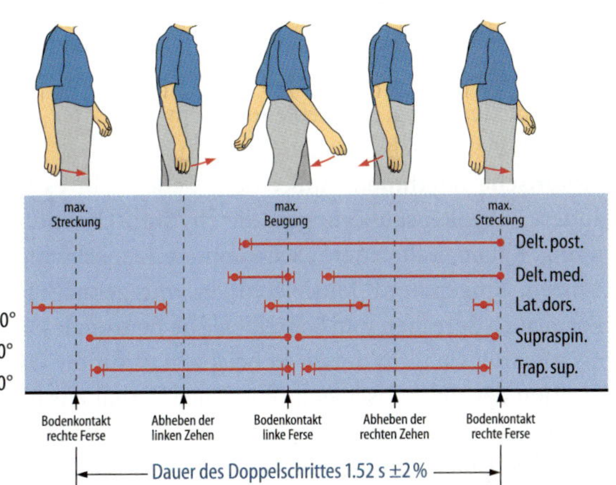

Abb. 7.6. Menschliche Lokomotion. A Ganganalyse beim Menschen auf einer Tretmühle: Messung der Winkelposition im Kniegelenk mittels eines Goniometers sowie der gemittelten und rektifizierten elektromyographischen Aktivität des M. gastrocnemius (EMG gastro). Die vertikalen Linien begrenzen die längere Standphase und die kürzere Schwingphase. Der Gastrocnemius wird rhythmisch während der Standphase aktiviert. Nach Desmedt (1983). **B** Reflektorische Stolperreaktion im gemittelten und rektifizierten EMG des Gastrocnemius und in der Winkelpositionskurve (Goniometer im Sprunggelenk). Die externe Störung wurde durch eine kurzdauernde Beschleunigung des Laufbandes ausgelöst. Je nach der Größe der Beschleunigung betrug die Reflex-Latenzzeit 65–85 ms. Die Charakteristik der Antwort und die relativ lange Latenzzeit ist typisch für polysynaptische automatische Reaktionen beim Menschen, die durch multisensorielle Afferenzen ausgelöst werden. Nach Dietz (1987). **C** Rhythmisches Armschwingen ist ein aktiver Prozess mit rhythmischer Aktivierung von Schultermuskeln. Die Dauer der elektromyographischen Aktivität von 5 Schultermuskeln ist für einen Schreitzyklus mit der horizontalen Strichlänge (und mittlerem Fehler) angegeben. Nach Fernandez Ballesteros (1965)

Lokomotionskontrolle durch höhere Hirnzentren

An der präzisen Koordination der Lokomotion sind sensomotorischer Kortex, Zerebellum und Basalganglien beteiligt

Rhythmische Lokomotion und zielgerichtetes Verhalten. Beim intakten Tier ist die natürliche Lokomotion meist auf ein wahrnehmbares Ziel gerichtet, oder die Lokomotion erfolgt suchend aus innerer Motivation. Die Eleganz und Adaptationsfähigkeit an die Umwelt – z.B. bald ein zögerndes, dann wieder ein beschleunigtes, lautloses Anschleichen mit geducktem Körper, der plötzliche Übergang in einen blitzschnellen Angriff mit allen dazugehörenden Lautäußerungen und vegetativen Nebenerscheinungen – haben kaum mehr Ähnlichkeit mit der stereotypen Gehbewegung des Tieres ohne Großhirn. Die ***Rhythmengeneratoren*** sind in der natürlichen Situation als Bausteine in ein viel umfassenderes Verhaltensmuster oder »Programm« eingebaut. Über spinale Afferenzen und absteigende motorische Bahnen werden Störungen durch Hindernisse ausgeglichen (Abb. 7.6 B).

Es ist tierexperimentell erwiesen, dass die Aktivität vieler Neurone des ***sensomotorischen Kortex*** mit der Lokomotion korreliert. Das heißt nicht, dass es im Kortex ein »Lokomotionszentrum« gibt; es zeigt jedoch, dass der Kortex über die Lokomotion in der Peripherie »informiert« ist, und dies kann als Zeichen dafür gewertet werden, dass die Lokomotion in ein zielgerichtetes übergeordnetes Verhalten integriert wird.

Das ***Kleinhirn*** und die ***Basalganglien*** sind an der präzisen zeitlichen und räumlichen Koordination der Lokomotion beteiligt. Der Gang des Kleinhirnkranken ist unstabil, unkoordiniert und gleicht manchmal stark dem torkelnden Gang eines Betrunkenen. Die Unterfunktion der Basalganglien beim Parkinsonpatienten äußert sich im gebückten Gang, dem fehlenden Schwingen der Arme und den kleinen schleifenden Schritten.

Motorische Rhythmen. Außer dem Gehen gibt es viele andere Verhaltensäußerungen, die rhythmisch sind: Atmung, Kauen, Kältezittern, Schwimmen, Armschwingen, Tanzen, Singen und Musizieren, in unregelmäßigerer Form auch Sprechen und Schreiben. Die neuronale Organisation der Gangrhythmen ist beispielhaft für die Organisation des rhythmischen motorischen Verhaltens überhaupt. Allen Rhythmen gemeinsam ist die große Flexibilität, ihre Unterordnung und ihr Einbau in ein intentionelles und zweckmäßiges »Programm«. Rhythmenbildung in neuronalen Populationen ist eine fundamentale Erscheinung in der Neurobiologie. Rhythmusstörungen sind auch klinisch relevant, weil krankhafte »unwillkürliche« Bewegungen, wie z.B. die verschiedenen Zitterformen, rhythmischer Natur sind (z.B. Parkinsonpatienten).

In Kürze

 **Stehen**

Die aufrechte Haltung wird duch anhaltende, aktive Anspannung der Haltemuskulatur (= Tonus) ermöglicht. Diese wirkt beim aufrechten Stehen der Schwerkraft entgegen. Als zellulären Mechanismus der tonischen Halteinnervation findet man bei vielen Invertebraten sowie Vertebraten eine anhaltende Depolarisation der Motoneuronen-Membran mit sog. »Plateau-Potentialen« im Bereich des Rückenmarks.
Die Tonusregulation wird über die Somatosensorik, sowie dem vestibulären und visuellen System automatisch so abgestimmt, dass die Zielvorgabe der Körperhaltung erhalten bleibt. Diese zentralnervöse, insbesondere vom Hirnstamm ausgehende Regelung des aufrechten Stehens wird Stützmotorik genannt.

Gehen

Die Lokomotion des Menschen erfolgt, wie viele andere Verhaltensäußerungen (z.B. Atmung, Kauen, etc) rhythmisch. Die Rhythmen werden im Rückenmark generiert.
Die Kontrolle erfolgt über
- sensomotorischen Kortex (Adaptiosfähigkeit der Lokomotion an die Umwelt),
- Hirnstamm (wirkt »tonisierend« auf das Rückenmark),
- Kleinhirn (zeitliche und räumliche Koordination), Basalganglien (zeitliche und räumliche Koordination).

7.3 Propriospinaler Apparat des Rückenmarks

Das Netzwerk spinaler Interneurone

 **Die Interneurone der grauen Substanz bilden die strukturelle Grundlage für die Eigenfunktion des Rückenmarkes; die Klassifikation der Interneurone erfolgt auf Grund ihrer Verschaltung und ihrer Aufgaben**

Segmentale Organisation. Ein Rückenmarksegment verfügt via Hinter- und Vorderwurzel über je zwei ***symmetrische Eingänge*** und ***Ausgänge.*** Dazwischen geschaltet sind ***Interneurone*** im weiteren Sinn (▶ vgl. Abb. 7.10 A). Im Unterschied zum Rückenmark primitiver Wirbeltiere ist das des Menschen unter sehr starker Kontrolle von supraspinalen motorischen Zentren. Diese absteigende wie auch die segmental-sensorische Beeinflussung erfolgt zum größten Teil über das komplexe Interneuronennetzwerk.

Propriospinaler Apparat (Eigenapparat). Neuronale Netze, die sich auf das Rückenmark beschränken und ge-

7.1. Querschnittslähmung

Die Eigenfunktionen des Rückenmarkes manifestieren sich in pathologischer Weise bei Querschnittsverletzungen des Rückenmarkes. Nach akuter Verletzung sind kaudal von der Läsion die Körperteile völlig gelähmt und schlaff; es können auch keine somatischen und vegetativen Reflexe ausgelöst werden. Nach dieser sogenannten spinalen Schockphase, die mehrere Wochen andauert, erholen sich allmählich die Reflexe und der Muskeltonus wieder, es bleibt aber das Unvermögen willentlicher Kontrolle der Bewegungen. Die Langzeitveränderungen können über Monate anhalten und führen zu einer ausgeprägten Erregbarkeitssteigerung, wobei auch die reflektorische Kontrolle der Sphinkteren und der Gewebsdurchblutung gestört sein können.

wissen Eigenfunktionen des Rückenmarkes zugrunde liegen, bezeichnet man als den propriospinalen Apparat des Rückenmarks. Dazu gehören z. B. die bereits erwähnten Rhythmusgeneratoren für die Lokomotion sowie vegetative und somatische ***Reflexbahnen***, die in diesem Abschnitt besprochen werden.

Interneurone bilden die große Mehrzahl der Neuronen der grauen Substanz (auf 1 Motoneuron kommen etwa 30 Interneurone) und die strukturelle Grundlage für die Eigenfunktionen des Rückenmarks. Je nach Verschaltung unterscheidet man verschiedene Typen:

- ***Schaltneurone*** mit räumlich begrenzter Wirkung,
- ***propriospinale Neurone*** mit großem Wirkungsfeld über mehrere Segmente,
- ***kommissurale Neurone***, welche die reziproke Verbindung zwischen linker und rechter Seite gewährleisten und
- ***Bahnneurone***, die über lange, aufsteigende Axone Meldungen zu supraspinalen Strukturen übermitteln (z. B. Ursprungsneurone der spinozerebellären Bahnen).

Organisation der Motoneurone

Die Motoneurone erhalten Eingänge von vielen Afferenzen und v. a. von den Interneuronen; ein Aktionspotential im motorischen Axon führt zur Kontraktion aller Muskelfasern der motorischen Einheit

Die Motoneurone der einzelnen Muskeln sind in überlappenden, longitudinalen Zellsäulen angeordnet, die sich über mehrere Segmente ausdehnen. Die synaptische Übertragung erfolgt am weit ausladenden Dendritenbaum des Motoneurons, der voll mit synaptischen Eingängen besetzt ist. Durch ausgeprägte Konvergenz ergibt sich eine ***Aufsummierung der erregenden und hemmenden Einflüsse*** aus den Afferenzen und v. a. aus dem Interneuronennetzwerk. Eine überschwellig erregte Motoneuronenpopulation beinhaltet ein mechanisches Bewegungs- oder Tonusmuster, wobei jedes Aktionspotential im motorischen Axon zu einer Kontraktion aller Muskelfasern der motorischen Einheit führt.

Zuflüsse aus den ***Hinterwurzeln*** und den absteigenden Bahnen selektionieren Populationen von Motoneuronen zu Erregungsmustern, die als Teilschritte eines Haltungs- oder Bewegungsprogramms aufgefasst werden können.

Die Motoneurone, die über die ***Vorderwurzeln*** die Skelettmuskeln versorgen, bilden die gemeinsame Endstrecke jeglicher motorischer Aktivität.

In Kürze

Propiospinaler Apparat des Rückenmarks

Als propiospinalen Apparat bezeichnet man die neuronalen Netze, die sich auf das Rückenmark beschränken und den Eigenfunktionen des Rückenmarks zugrunde liegen. Zu diesen Funktionen gehören u. a.

- die Rhythmusgeneratoren für die Lokomotion,
- vegetative Reflexbahnen,
- somatische Reflexbahnen.

Die strukturelle Grundlage dieses propiospinalen Apparates bilden die Interneurone. Man unterscheidet:

- Schaltneurone,
- propiospinale Neurone,
- kommissurale Neurone und
- Bahnneurone.

Die Motoneurone der einzelnen Muskeln erhalten Eingänge von vielen Afferenzen und v. a. von den Interneuronen. Durch diese Konvergenz kommt es zu Aufsummierung erregender und hemmender Einflüsse. Bei überschwelliger Erregung des Motoneurons kommt es zur Kontraktion aller Fasern der motorischen Einheit.

7.4 Spinale Reflexe

Aufgaben und Anteile einfacher Reflexe

Reflexe sind automatische, weitgehend stereotype motorische Reaktionen auf äußere Reize; ein Reflexbogen besteht aus Sensoren, afferentem Schenkel, Reflexzentrum und efferentem Schenkel

Zum Reflexbegriff gilt die Regel, dass bei zunehmender Stärke des äußeren Reizes die ausgelöste Reflexantwort über dem Schwellenwert stetig zunimmt, bis der Maximalwert (Sättigung) erreicht ist. Der Reflex ist willentlich nicht unterdrückbar und kann auch bei isoliertem Rückenmark (außer in der akuten spinalen Schockphase) ausgelöst werden.

Ein ***Reflexbogen*** setzt sich aus einem oder mehreren ***Rezeptortypen*** (Sensoren), einem ***afferenten Schenkel*** (zuführende sensible Fasern zum ZNS), einem ***Reflexzentrum*** (Interneurone im ZNS) und einem ***efferenten Schenkel*** (motorische Einheiten) zusammen.

Die ***Zahl der Interneurone*** ist sehr unterschiedlich; nur beim monosynaptischen Dehnungsreflex (▶ s. u.) ist der afferente Schenkel direkt mit dem efferenten Schenkel gekoppelt. Die ***Latenzzeit*** des Reflexes hängt einerseits von der Leitungsstrecke im afferenten und efferenten Schenkel ab, anderseits auch von der Zahl der Interneurone im Reflexzentrum.

Monosynaptischer Reflex

Bei einem monosynaptischen Reflex enthält der Reflexbogen nur eine Synapse; der monosynaptische Dehnungsreflex dient der Lagestabilisierung

Der Dehnungsreflex dient als klassisches Beipiel eines monosynaptischen Reflexes. Hier führt eine Aktivierung des Sensors direkt, d. h. über eine monosynaptische Verbindung, zum Motoneuron und damit zur Kontraktion des Muskels. Der Sensor des monosynaptischen Dehnungsreflexes ist die ***Muskelspindel.*** Sie besteht aus einem muskulären Teil – den sehr feinen intrafusalen Muskelfasern – und einem nervösen Teil, den Endigungen der großkalibrigen Ia-Muskelspindelafferenzen. Die Letzteren winden sich wie eine Spirale um den nichtkontraktilen Mittelteil der intrafusalen Fasern (weitere Details in Bau und Funktion der Muskelspindel finden sich in ◘ Abb. 7.7 und in der Legende).

Die afferenten Ia-Fasern sind dicke, myelinisierte Nervenfasern. Sie haben eine hohe Leitungsgeschwindigkeit (beim Menschen etwa 80 m/s).

Den efferenten Schenkel dieses Reflexbogens bilden die ***Motoneurone*** des sensortragenden Effektor-Muskels (homonyme Verschaltung).

A

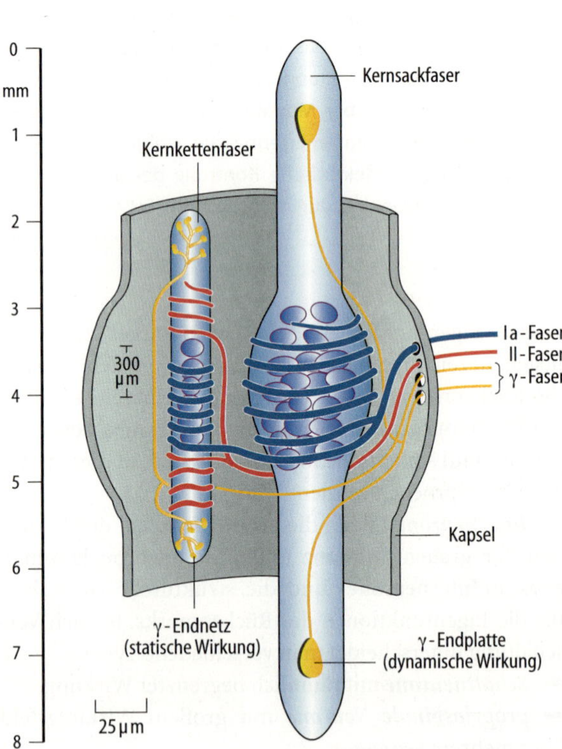

B

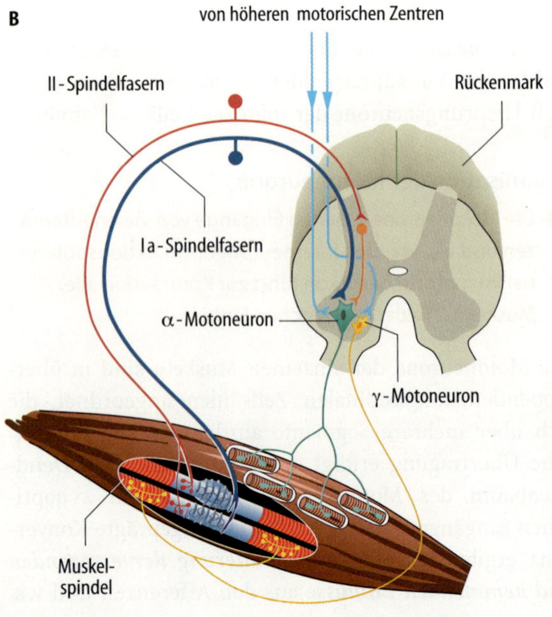

◘ **Abb. 7.7. Bau und Funktion der Muskelspindeln. A** Schematischer Überblick über den Aufbau einer Muskelspindel. Die 2 Typen von intrafusalen Muskelfasern, die Kernketten- und Kernsackfasern, bedingen die dynamische und statische Dehnungsempfindlichkeit der Muskelspindel. Die Kernkettenfasern generieren eine statische Antwort, und zwar sowohl in dicken Muskelspindelafferenzen (Ia Fasern), als auch in den dünneren sekundären Muskelspindelafferenzen (II-Fasern). Die Kernsackfasern sind v. a. (aber nicht ausschließlich) für die dynamische Antwort bei Dehnungsreiz verantwortlich. Diese Situation erklärt, dass die Ia-Spindelafferenzen sowohl eine dynamische als auch eine statische Empfindlichkeit aufweisen, während die II-Spindelafferenzen eine vorwiegend statische Dehnungsempfindlichkeit haben. Die efferente γ-Innervation an den quer gestreiften Polregionen der Muskelspindel lässt sich ebenfalls in 2 Typen unterscheiden: die »statischen γ-Motoneurone« erhöhen die statische Empfindlichkeit, die »dynamischen γ-Motoneurone« die dynamische Empfindlichkeit der Muskelspindel. **B** Der von den Muskelspindeln ausgehende Reflexbogen wird zentral mit α-Motoneuronen verschaltet, im Falle der Ia-Fasern ist die Verknüpfung monosynaptisch, im Falle der II-Fasern polysynaptisch über Interneurone. Die höheren motorischen Zentren übermitteln die »Befehle« gleichzeitig an die α- und γ-Motoneurone (α-γ-Kopplung). Dies garantiert, dass der sensorische Mittelteil der intrafusalen Muskelfasern bei einer aktiven Verkürzung des Muskels nicht gestaucht (entdehnt) wird, sondern stets in Bereitschaft bleibt, äußere Störgrößen zu registrieren. A nach Matthews (1972); B nach Boyds in Evarts, Wise u. Bousfield (1985)

Der adäquate Reiz für die Erregung der Spindelsensoren ist die ***Dehnung des Muskels.*** Die Muskelspindeln sind Messfühler für Länge (Position) und für Längenänderungen (Geschwindigkeit) des Muskels. Eine dynamische Dehnung des Muskels wird zu einer Entladungssalve in den Ia-Afferenzen führen, die ihrerseits zur Aktivierung des Motoneuronenpools und einer Spannungszunahme im Muskel führt (◘ Abb. 7.7 B).

Da die Reizung und der Reizerfolg sich am gleichen Muskel abspielen, bezeichnet man den Dehnungsreflex auch als einen ***Eigenreflex.*** Gleichzeitig nimmt die Spannung von Antagonisten des gedehnten Muskels ab; dies erfolgt über eine disynaptische Hemmung der Motoneurone über hemmende »Ia-Interneurone« (▶ s. auch ◘ Tabelle 7.1).

Bei einer von außen aufgezwungenen Längenänderung hat der Muskel die Tendenz, sich durch die reflektorisch erzeugte zusätzliche Spannung wieder auf die urspüngliche Länge einzustellen. Diese Reaktion dient also der Lagestabilisierung. Der Dehnungsreflex mit seinen Längensensoren entspricht somit dem Prinzip eines Regelkreises oder ***»Längenservo«*** mit negativem Feedback.

Rolle der Muskelspindeln und ihrer Innervation

Die Empfindlichkeit der Muskelspindeln wird durch die γ-Motoneurone von zentral gesteuert

Feinkontrolle der Muskelspindeln durch γ-Motoneurone. Da die Muskelspindeln parallel zu den Fasern der Arbeitsmuskulatur angeordnet sind, werden die intrafusalen Muskelfasern bei Muskeldehnung ebenfalls gedehnt. Die mechanische Änderung an der Schnittstelle zwischen der Ia-Endigung und dem nichtkontraktilen Teil der intrafusalen Faser verursacht die Depolarisation der Ia-Faserendigung. Die ***Muskelspindeln*** dienen also als ***Dehnungssensoren*** des Muskels.

Die Bedeutung der polaren Anteile der intrafusalen Muskelfasern und deren Kontraktilität ergibt sich aus der efferenten Versorgung durch die kleinkalibrigen γ-(gamma- oder Fusi-) Motoneurone. Bei ***Aktivierung*** dieser ***γ-Motoneurone*** kommt es an beiden Polen zu winzigen Kontraktionen, die ihrerseits zu einer Dehnung des mittleren, nichtkontraktilen Teils der intrafusalen Muskelfasern führen (◘ Abb. 7.7). Auf diese Weise kann der Sensor also auch durch einen aktiven Mechanismus angeregt werden. Bei gleichzeitiger passiver Dehnung des Muskels

◘ **Tabelle 7.1.** Sensoren der Skelettmuskulatur und ihrer Sehnen

Rezeptortyp	Fasertyp	Vorkommen	Adäquater Reiz	Reizantwort	Zentrale Effekte	Funktion
Primäre MS-Endigung	Ia	Muskel (Parallelschaltung zum Muskel)	Muskeldehnung (dL/dt, L)	phasisch + statisch	monosynaptisch exzitatorisch zu MN des gedehnten Muskels, disynaptisch hemmend zu MN der Antagonisten	Dehnungsreflex, Längenservo, Kompensation von externen Störimpulsen (Belastungen), Tonusregulation, zsm. mit Golgi-Rezeptoren (»Motor Servo«)
Sekundäre MS-Endigung	II	Muskel (Parallelschaltung zum Muskel)	Muskeldehnung (L)	statisch	polysynaptisch exzitatorisch und auch inhibitorisch zu MN des gedehnten Muskels	Flexorreflex (Schutzreaktion), event. auch Beitrag für tonischen Dehnungsreflex; beteiligt am Positionssinn
Golgi-Sehnenorgan	Ib	Übergang Muskel-Sehne (Serieschaltung zum Muskel)	Änderung der Muskelspannung (v. a. aktive)	phasisch + statisch	disynaptisch inhibitorisch auf MN des Agonisten und disynaptisch exzitatorisch auf MN des Antagonisten	Spannungsservo, zsm. mit Ia-Afferenzen Tonusregulation (»Motor Servo«)
v. a. freie Endigungen	II, III, IV »Flexorreflex-Afferenzen«	Haut, Muskel, Periost, Ligament, Gelenkkapsel	nozizeptive mechanische Einwirkungen, relative Muskelischämie, auch unerwartete nichtnozizeptive Stimulationen	phasisch + statisch	exzitatorisch auf Flexor-MN und inhibitorisch auf Extensor-MN, beides polysynaptisch	Flexorreflex und andere Schutzreflexe

und Aktivierung der γ-Motoneurone verstärkt sich die Dehnungsantwort der Muskelspindel. Umgekehrt kann eine aus einer Verkürzung des Muskels resultierende Entdehnung der zentralen Anteile der Muskelspindeln durch polare Kontraktionen kompensiert werden, so dass die ***Empfindlichkeit des Dehnungssensors*** Muskelspindel ***erhalten*** bleibt.

Funktion des γ-Antriebs. Der Spindelantrieb sorgt also für eine optimale Bereitschaftstellung der Muskelspindeln. Normalerweise kann man davon ausgehen, dass die γ-Motoneurone eine geringe Grundaktivität (*γ-Bias*) aufweisen. Bei aktiven Bewegungen, die mit Längenänderungen des Arbeitsmuskels verbunden sind, kann durch eine adäquate Einstellung der *γ-Bias* die Empfindlichkeit vom ZNS gesteuert und optimal eingestellt werden; insbesondere wird dadurch ein paralleler Antrieb der α- und γ-Motoneurone gewährleistet (α-γ-Coaktivierung), sodass der Sensor unabhängig von der jeweiligen Muskellänge stets auf äußere Störungen reagieren kann.

Klinische Bedeutung der Eigenreflexe

! Die Auslösung des monosynaptischen Eigenreflexes mit dem Reflexhammer dient der Exploration der Erregbarkeit des Reflexbogens; zur quantitativen Prüfung dient die elektrische Reizung des peripheren Nerven (Messung des H-Reflexes)

Klinische Prüfung mit dem Reflexhammer. Durch einen mittelstarken Schlag auf eine Sehne, z. B. unterhalb der Kniescheibe auf die Patellarsehne des M. quadriceps femoris, wird diese etwas eingedrückt und damit der Muskel phasisch gedehnt. Als Reaktion beobachtet man eine reflektorische Zuckung des gedehnten Muskels. In der Klinik nennt man diesen Reflex auch ***Sehnenreflex***, da er durch einen Schlag auf die Sehne ausgelöst wird (engl. ***Tendon Jerk, T-Reflex***).

▪▪▪ Zu den bekanntesten Sehnenreflexen des Beines gehören der eben schon erwähnte **Patellarsehnenreflex (PSR)** und **der Achillessehnenreflex (ASR)**; am Arm prüft man v. a. den **Bizeps**- und den **Trizepssehnenreflex**. Den Arzt interessieren allfällige Seitenunterschiede in der Intensität der Reflexantwort. Bei einer Halbseitenlähmung mit pathologischer Erhöhung des Muskeltonus (»Spastizität«) wird man z. B. auf der kranken Seite einen viel lebhafteren PSR auslösen können.

Das Fehlen der Reflexe kann diagnostisch auf eine Unterbrechung im afferenten oder efferenten Schenkel hinweisen. Allerdings sind auch beim gesunden Menschen die Sehnenreflexe häufig nur schwach und schwer auslösbar. In diesem Fall kann eine leichte willkürliche Vorinnervation oder (beim Prüfen der Reflexe am Bein) ein kraftvolles Verhaken und Auseinanderziehen der Hände ***(Jendrassik Handgriff)*** nützlich sein, weil dies zu einer Bahnung der Reflexantwort führt. In beiden Fällen rückt die Erregbarkeit der motorischen Einheiten näher zum Schwellenwert.

Auslösen und Registrieren von H-Reflexen. Nachteile der klinischen Reflexprüfung sind die subjektive, qualitative Beurteilung sowie die nicht standardisierte Intensität der Reizapplikation mit dem Reflexhammer. Für klinisch-neurophysiologische Zwecke sind quantitative Untersuchungsmöglichkeiten erwünscht. Dazu leistet die Methode der elektrischen Nervenreizung und der elektromyographischen Registrierung der ***H-Reflexe*** hervorragende Dienste (▣ Abb. 7.8).

▪▪▪ Der Physiologe **Paul Hoffmann** entwickelte 1918 die Methode der elektrischen Reflexauslösung im Soleusmuskel mittels elektrischer Reizung des Nervus tibialis in der Kniekehle. Da die **Ia-Spindelafferenzen** eine etwas niedrigere Schwelle haben als die **Fasern der α-Motoneurone**, gelingt es bei geringer Reizstärke, die Ia-Afferenzen selektiv zu erregen. Die elektrische Reizstärke kann fein dosiert und konstant gehalten werden, und die Größe der Reflexantwort kann anhand des elektromyographisch registrierten Summenpotentials genau gemessen werden. Heute hat die Methode in der klinischen Neurophysiologie und in der Grundlagenforschung beim Menschen eine weite Verbreitung gefunden. Die Bezeichnung **H-Reflex** (im Unterschied zu **T-Reflex**) erfolgte zu Ehren Paul Hoffmanns; sie hat sich allgemein eingebürgert.

Grundlegend für die Anwendung des H-Reflexes ist die Erstellung der ***Rekrutierungskurve in Funktion der Reizstärke*** (▣ Abb. 7.8). Wie in ▣ Abb. 7.8 B gezeigt, erscheint bei zunehmender Reizstärke zuerst die reflektorische ***H-Welle*** mit einer Latenzzeit von 30–35 ms; bei höherer Reizintensität nimmt die Amplitude der H-Welle zu, jedoch erscheint schon bald mit einer kurzen Latenz von 5–10 ms die sog. ***M-Welle***. Während die Letztere stark zunimmt, vermindert sich die Amplitude der H-Welle wieder.

▪▪▪ Die **M-Welle** ist Ausdruck der direkten Erregung der etwas höherschwelligen motorischen Axone unter der Reizelektrode. Die erzeugten Aktionspotentiale in den Motoaxonen werden bei der künstlichen Reizung sowohl in die Peripherie als auch nach zentral geleitet. Im Motoneuron kommt es dadurch zu einer »Kollision« der **»antidromen«** (zentralwärts geleiteten) Impulse und der reflektorisch erzeugten Impulse, die sich gegenseitig auslöschen. Dadurch erklärt sich das Phänomen, dass mit zunehmender überschwelliger Erregung motorischer Axone im gemischten Nerven die Amplitude des H-Reflexes wieder abnimmt.

Prüfung von H-Reflexen in der Forschung. Für die Exploration der Erregbarkeit im Soleus-Motoneuronenverband benützt man die »reine« H-Reflexantwort (im Beispiel der ▣ Abb. 7.8 eine Reizintensität von 40 V). Der H-Reflex wird häufig als Testsignal benützt, um beim Menschen die Wirkung von vorausgehenden, ***»konditionierenden« Reizen*** auf die Erregbarkeit der Motoneuronenpopulation zu messen. Man kann zum Beispiel beobachten, dass bei schwacher konditionierender Reizung des Nervus fibularis, die dem Testreiz unmittelbar vorausgeht, die Amplitude des H-Reflexes kleiner wird. Daraus kann man schließen, dass eine Aktivierung der Ia-Afferenzen aus dem antagonistischen Muskel die Soleus-Motoneurone mit sehr kurzer Latenzzeit hemmen, d. h. es gelingt auf diese Weise, etwas über die ***synaptischen Verknüpfungen*** im Rückenmark des Menschen auszusagen

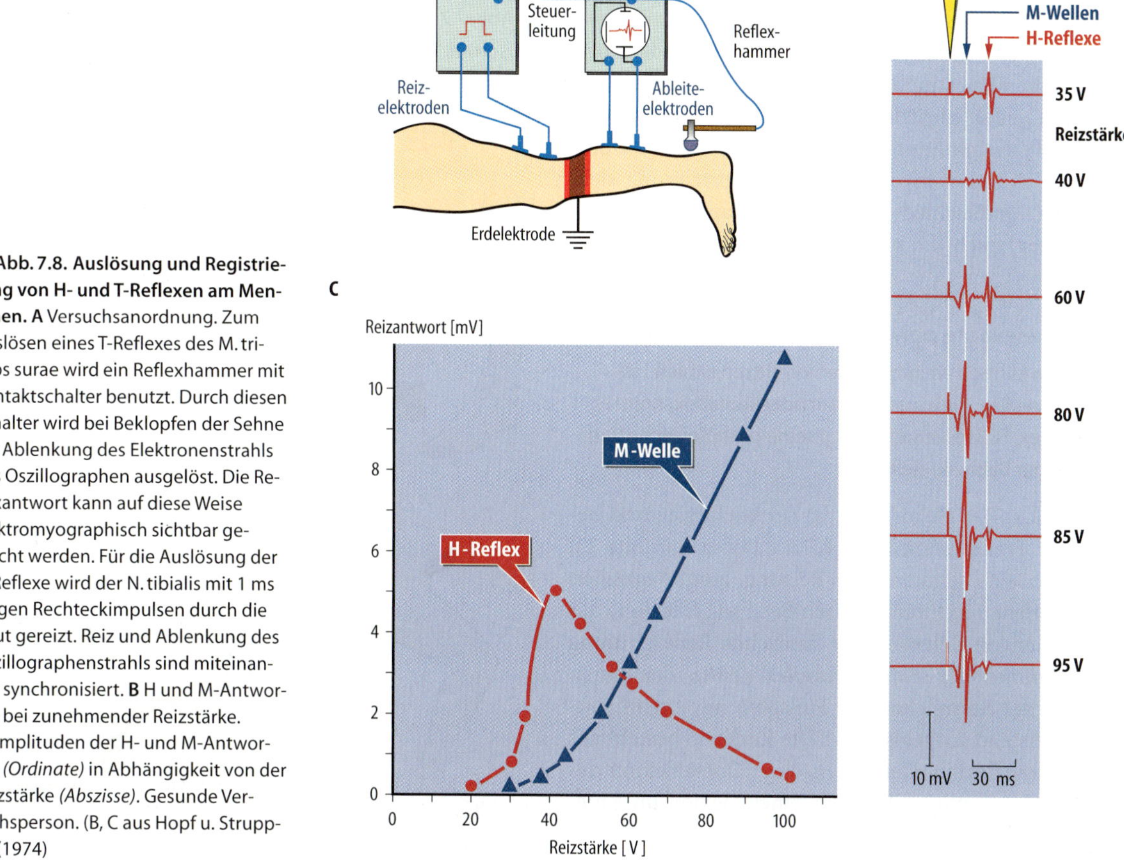

Abb. 7.8. Auslösung und Registrierung von H- und T-Reflexen am Menschen. A Versuchsanordnung. Zum Auslösen eines T-Reflexes des M. triceps surae wird ein Reflexhammer mit Kontaktschalter benutzt. Durch diesen Schalter wird bei Beklopfen der Sehne die Ablenkung des Elektronenstrahls des Oszillographen ausgelöst. Die Reflexantwort kann auf diese Weise elektromyographisch sichtbar gemacht werden. Für die Auslösung der H-Reflexe wird der N. tibialis mit 1 ms langen Rechteckimpulsen durch die Haut gereizt. Reiz und Ablenkung des Oszillographenstrahls sind miteinander synchronisiert. **B** H und M-Antworten bei zunehmender Reizstärke. **C** Amplituden der H- und M-Antworten *(Ordinate)* in Abhängigkeit von der Reizstärke *(Abszisse)*. Gesunde Versuchsperson. (B, C aus Hopf u. Struppler (1974)

(die beschriebene Hemmung entspricht der im Tierversuch direkt nachgewiesenen disynaptischen Hemmung über das Ia-Interneuron).

Die Erregbarkeit des Motoneuronenpools ändert sich auch, wenn natürliche Bewegungen ausgeführt werden. Zum Beispiel wird die ***Amplitude*** des H-Reflexes synchron mit dem ***Lokomotionsrhythmus*** des Menschen moduliert. Dieses Beispiel zeigt, wie auch komplexere Probleme der Interaktion von Intentionsbewegungen und Reflexen beim Menschen mithilfe des H-Reflex erforscht werden können.

Reflexbögen und Eigenschaften polysynaptischer Fremdreflexe

Bei Fremdreflexen liegen Sensor und Effektor nicht im gleichen Organ; polysynaptische Reflexe sind über spinale Interneuronenketten mit den motorischen Einheiten verknüpft

Eigen- und Fremdreflexe. Der monosynaptische Dehnungsreflex ist der einzige motorische Reflex, bei dem der Sensor (Muskelspindel) ***monosynaptisch*** mit dem Motoneuron des eigenen Muskels verbunden ist. Da in diesem Fall Sensor und Effektor zum selben Organ gehören, wird dieser Reflex auch ***Eigenreflex*** genannt.

Bei allen anderen motorischen Reflexen sind Interneurone zwischen Afferenz und Efferenz geschaltet, sie sind also nicht mono- sondern ***polysynaptisch.*** Dazu kommt, dass die Sensoren in der Regel nicht im Muskel selbst, sondern in anderen Geweben (z. B. Haut, Gelenken) liegen. Daher auch ihr Name ***Fremdreflexe.***

Ein typisches Beispiel ist das ***Wegziehen*** der Hand, wenn diese eine heiße Herdplatte berührt. Reizungen im Gesichtsbereich führen zu einem beidseitigen ***Lidschluss***, im Bauchbereich zu einer ***Anspannung*** der Bauchdecke. Offensichtlich sind dies erste automatische Schritte einer Schutz- oder Fluchthandlung, um einer fortgesetzten schmerzhaften Einwirkung auszuweichen.

Habituation von Fremdreflexen. Nichtschmerzhafte Reize können, falls sie unerwartet sind, ebenfalls zu kleinen Reflexantworten führen. So kann man sich z. B. leicht davon überzeugen, dass bei sanfter und kurzer Berührung der Pfote einer Katze diese reflektorisch zurückgezogen wird; d. h. potenziell schmerzhafte und unerwartete Reize bewirken ebenfalls einen Fremdreflex, allerdings mit sukzessiver Abnahme der Reflexantwort bei regelmäßiger Reizwiederholung. Dieses für Fremdreflexe typische Phänomen nennt man ***Habituation.***

Variabilität polysynaptischer Reflexe. Die Fremdreflexe sind in der Latenzzeit, Dauer, Amplitude und Ausbreitung der Antwort ziemlich variabel, auch bei gleich bleibender Reizung. Verschiedene Einflüsse, wie Vorinnervation, Erwartung, vorbestehende Entzündungen etc., haben einen stark modulierenden Effekt. Dies ist der polysynaptischen Übertragung (◘ Abb. 7.9 C) zuzuschreiben, denn mit jeder zusätzlichen Synapse im Reflexbogen steigt die Variabilität und die Unsicherheit in der Übertragung. Bei elektromyographischer Registrierung sieht man (im Unterschied zum monosynaptischen Dehnungsreflex) auch die stärkere Variabilität der Reflexlatenzzeit.

Klinisch relevante polysynaptische Fremdreflexe

Zu den klinisch wichtigen Fremdreflexen zählen Lidschlussreflex, Flexorreflex, Bauchdeckenreflex, Kremasterreflex, Fußsohlenreflex und seine pathologische Variante, der Babinski-Reflex

Flexorreflex. Der Flexorreflex ist der wichtigste und bekannteste Fremdreflex (◘ Abb. 7.9). Dabei kommte es, z. B. durch eine schmerzhafte Reizung, zum Wegziehen der betroffenen Extremität durch Beugung (Flexion) der entsprechenden Gelenke). Zur klinischen Reflexprüfung gehört immer der ***Fußsohlenreflex (FSR)***, der durch mittelstarkes Bestreichen der Fußsohle mit einem spitzen Gegenstand ausgelöst wird. Die Reaktion besteht aus einer Plantarflexion aller Zehen, einer Dorsalflexion des Fußes und, bei starker Reizung, einer Flexion im Knie- und Hüftgelenk.

Bei der Aktivierung der Flexoren werden gleichzeitig auch die Extensoren gehemmt, was elektromyographisch beim Menschen sichtbar wird, sofern ein vorbestehender Extensorentonus abrupt abimmt. Dies ist also ein typisches ***reziprokes Innervationsmuster*** (◘ Abb. 7.9 C), wie man es auch zwischen gedehntem Agonisten und Antagonisten beobachten kann.

Die ***Flexor-Reflex-Afferenzen (FRA)*** bilden keine homogene Fasergruppe; neben den kutanen Nozizeptoren der Körperoberfläche sind auch die hochschwelligen Afferenzen der Tiefensensibilität beteiligt sowie die sekundären Muskelspindelafferenzen (Gruppe II, ► s. auch ◘ Abb. 7.7 A und ◘ Tabelle 7.1).

Lidschlussreflex. Dieser Reflex wird durch einen mittelstarken Schlag mit dem Reflexhammer auf die Stirn-Na-

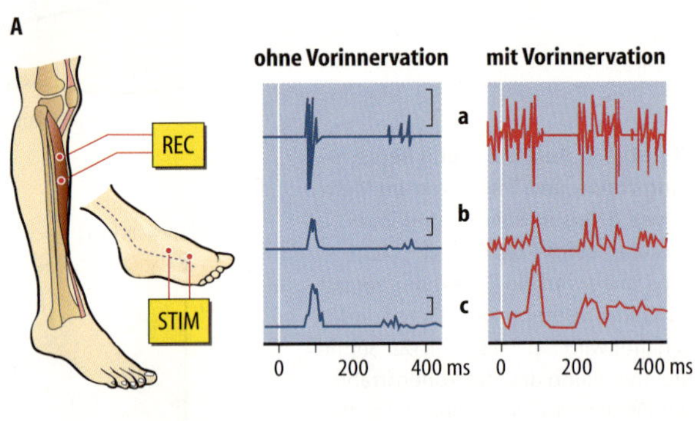

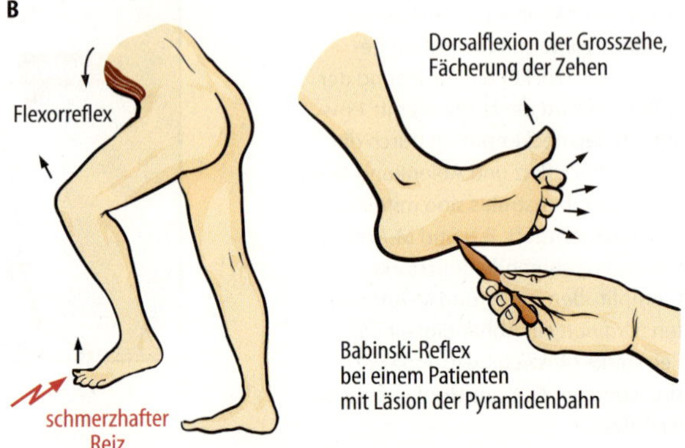

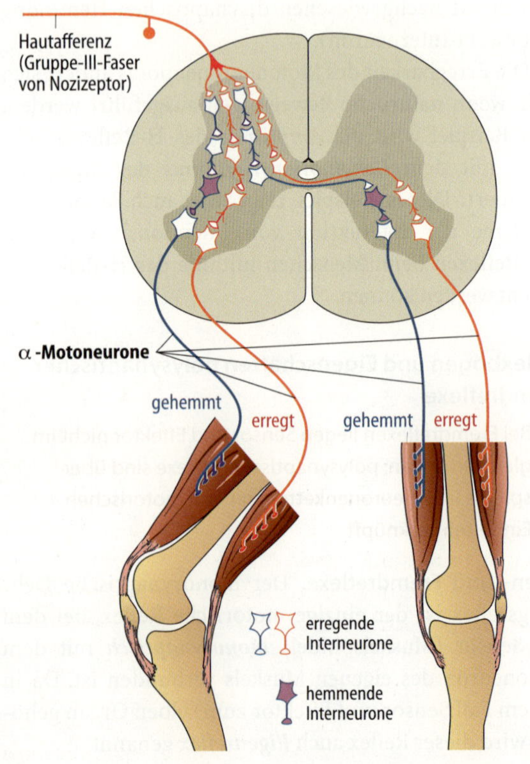

◘ **Abb. 7.9. Normale und pathologische Flexorreflexe des Beins. A** Elektromyographische Analyse des Flexorreflexes, der durch elektrische Reizung von plantaren Hautnerven ausgelöst wird *(links)*. Die von den Fußhebern (M. tibialis ant.) ausgelöste Aktivität besteht aus einer ersten polyphasischen Antwort und einer kleinen späten Antwort. Bei einer Vorinnervation erfolgt eine starke Bahnung beider Komponenten *(a)*. In *b* wird das rektifizierte EMG gezeigt, in *c* die über 32 Reizfolgen gemittelte Antwort. **B** Beugesynergie des linken Beines bei einem schmerzhaften Reiz der Fußsohle mit Dorsalflexion der Großzehe; das rechte Bein wird kompensatorisch versteift. *Rechts* Auslösung des Babinskireflexes durch Bestreichen der Plantarfläche bei einem Patienten mit Läsion der Pyramidenbahn: Dorsalflexion der Großzehe und Fächerung der Zehen. **C** Intrasegmentale Verschaltung einer afferenten Faser von einem Nozizeptor der Haut des Fußes. Die Gruppe-III-Afferenz und die Reflexwege des ipsilateralen Beuge-(Flexor-)Reflexes und des kontralateralen Streck-(Extensor-)Reflexes sind *rot* eingetragen. A nach Meinck in Delwaide u. Young (1985)

senwurzel ausgelöst oder elektrisch durch Reizung des Nervus supraorbitalis. Die Reflexantwort kann elektromyographisch vom M. orbicularis oculi abgeleitet werden, wobei der Lidschluss, auch bei einseitiger elektrischer Reizung, immer beidseitig erfolgt. Der ***Lidschlussreflex*** hat sein Zentrum im ***Hirnstamm***, was ihm seine besondere klinische Bedeutung gibt. Der Reflexbogen umfasst die sensorischen Trigeminusafferenzen und -kerne sowie die Fazialismotoneurone. Da das Reflexzentrum im Hirnstamm in Nachbarschaft zu lebenswichtigen Hirnstammzentren liegt, kann ein abnormer Reflex auf einen pathologischen Prozess (z. B. ein Tumor) in dieser sensiblen Hirnstammregion hindeuten. Auch Schädigungen im Bereich der Trigeminus- und Fazialisnerven können die Reflexauslösung beeinträchtigen.

Bauchdeckenreflex. Der Reflexe wird beidseits durch Bestreichen der Bauchhaut ausgelöst. Dabei wird die Bauchdecke angespannt.

Kremasterreflex. Der Reflex wir durch bestreichen der Oberschenkelinnenseite beim Mann geprüft, wobei der Hoden hochgezogen wird.

Die Bedeutung der eben genannten Reflexe liegt darin, dass sie bei ***Schädigungen der Pyramidenbahn*** oder anderer absteigender Bahnen auf der Gegenseite der Läsion abgeschwächt sind oder verschwinden.

Pathologie der polysynaptischen Reflexe. Bei chronischen Läsionen im Rückenmark ist der Flexorreflex typischerweise gesteigert. So kann z. B. bei einem Patienten mit multipler Sklerose (eine Erkrankung, bei der in der weißen Substanz des Rückenmarkes zahlreiche umschriebene Entzündungsherde auftreten) schon eine schwache Berührung eine ***heftige Beugesynergie des ganzen Beines*** auslösen, gelegentlich mit gleichzeitiger Streckung des anderen Beines (◘ Abb. 7.9 B). Dieser ***gekreuzte Streckreflex*** ist beim gesunden Menschen Teil einer sinnvollen Automatik zur Erhaltung des Gleichgewichtes, wenn ein Flexorreflex beim Stehen oder Gehen ausgelöst wird. Die entsprechende zentrale Verschaltung ist in ◘ Abb. 7.9 C schematisch dargestellt.

Eine besondere Komponente des Flexorreflexes ist der ***Babinski-Reflex*** (benannt nach dem Pariser Neurologen, der diesen Reflex beschrieben hat). Er wird nur dann anstelle des normalen Fußsohlenreflexes (▶ s. o.) beobachtet, wenn die Pyramidenbahn noch nicht voll entwickelt ist (in den ersten Lebensmonaten), oder wenn diese Bahn geschädigt ist. In der klinischen Neurologie hat dieser Reflex deshalb eine beträchtliche diagnostische Bedeutung. Ausgelöst wird der Babinski-Reflex ebenfalls durch einen Fußsohlen-Reiz, wobei aber die Zehen fächerartig gespreizt werden und die Großzehe in Dorsalflexion geht (◘ Abb. 7.9 B). Diese ***Reflexumkehr*** beruht wahrscheinlich auf einer Erregbarkeitsänderung der implizierten Interneurone.

▪▪▪ Die **Prüfung vegetativer Reflexe** kann für die klinische Diagnostik ebenfalls Hinweise erbringen. Im Bereich des Rückenmarkes ist die **reflektorische Entleerung der Harnblase** (Detrusoraktivierung bei bestimmter Blasenfüllung) und die **reflektorische Kotentleerung (Defäkation)** zu nennen. Bei chronisch-isoliertem Rückenmark erfolgen diese Funktionen rein reflektorisch, d. h. ohne willentliche Kontrolle der Sphinkteren. Die Patienten können lernen, durch rhythmische Druckausübung auf die Bauchdecke die Reflexe auszulösen (▶ s. Kap. 20.5).

In ◘ Tabelle 7.1 sind die wichtigsten propriozeptiven und kutanen Sensoren im Zusammenhang mit ihrer zentralen Wirkung zusammengestellt.

In Kürze

Reflexe

Reflexe sind automatische motorische Reaktionen auf äußere Reize. Jeder Reflexbogen besteht aus 5 Anteilen, nämlich Sensor, Afferenz, Reflexzentrum, Efferenz und Effektor. Man kann anhand des Reflexbogen unterscheiden:

- Monosynaptischer Dehnungsreflex: er hat nur eine synaptische Verschaltung der Ia-Afferenz auf das Motoneuron. Seine Hauptfunktion ist die reflektorische Konstanthaltung der Muskellänge (Längenservo). Da die Reizung und der Reizerfolg sich am selben Muskel abspielen, bezeichnet man den Dehnungsreflex auch als Eigenreflex.
- Polysynaptische Reflexe: Zwischen afferentem und efferentem Schenkel des Reflexbogens liegen Interneurone. Sensor und Effektor liegen bei dieser Art von Reflexen meist nicht im selben Organ, es sind also Fremdreflexe. Viele polysynaptische Reflexe sind automatische Schutzreaktionen, die durch schmerzhafte oder potentiell schmerzhafte Reize ausgelöst werden. Ein typischer Vertreter des Flexorreflexes ist der Fußsohlenreflex.

Klinische Bedeutung

Reflexprüfungen sind ein unentbehrlicher Bestandteil der klinisch-neurologischen Prüfung des motorischen Systems.

- Die Auslösung monosynaptischer Dehnungsreflexe dient der Exploration der Erregbarkeit des Reflexbogens. Störungen der Erregbarkeit von Rückenmarksegmenten lassen sich so feststellen bzw. quantitiativ dokumentieren.
- Klinisch relevante polysynaptische Fremdreflexe sind z. B. Flexorreflex, Lidschlussreflex oder der Babinski-Reflex. Bei Schädigung des Rückenmarkes oder absteigender Bahnen sind die Fremdreflexe entweder unterdrückt oder gesteigert. Der Babinski-Reflex tritt typischerweise bei Schädigung der Pyramidenbahn auf.

7.5 Sensomotorische spinale Integration und Hemm-Mechanismen

Motorische Regulation

Die motorische Regulation erfolgt über unmittelbare reflektorische Korrekturen der Bewegung als auch über kompliziertere supraspinale Anpassungen der Motorik

Jegliche Interaktion mit der Umwelt erzeugt phasische und tonische Aktivitäten, die über verschiedene ***Sinnesrezeptoren***, wie Sensoren der Muskeln, Sehnen oder in der Haut, detektiert werden und über sensorische Afferenzen auf Interneurone, z.T. aber auch auf Ursprungszellen aufsteigender Bahnen übertragen werden. Der ständige Informationsfluss wird jedoch nur zu einem kleinen Bruchteil bewusst wahrgenommen. Die Funktion des afferenten Einstromes besteht in reflektorischen Anpassungen der Bewegungen auf Niveau des Rückenmarkes. Die motorische Regulation erfolgt außerdem über automatische Korrekturen und Anpassungen des motorischen Apparates auf ***supraspinaler Ebene.*** Dies ermöglicht eine dynamische, d.h. stets wechselnde zentrale Repräsentation des sensomotorischen Gedächtnis ***(Körperschema)***, die dazu beiträgt, die intentionelle Bewegung zu programmieren und zielsicher zu steuern. Die Automatik ermöglicht so die motorischen Befehle stets der sich ändernden Umwelt anzupassen.

Zentrale Kontrolle der Spinalmotorik

Spinale Hemm-Mechanismen unterstehen, als Komponenten von Regelkreisen, einer zentralen Kontrolle; Regulation der Spannung durch Golgi-Sehnenorgane, »Motorservo« und Renshaw-Hemmung

Die α-Motoneurone besitzen rückläufige Kollateralen, die über ein hemmendes Interneuron auf die Motoneurone zurückwirken. Diese einfache negative Rückkopplung wird nach ihrem Entdecker als ***Renshaw-Hemmung*** bezeichnet, das betreffende Interneuron als ***Renshaw-Interneuron*** (Abb. 7.10 A).

Die synaptische Einwirkung von der Kollaterale auf das Interneuron erfolgt wie an der Endplatte mit **Azetylcholin**. Der hemmende Transmitter der Renshawzelle ist **Glyzin**; das Krampfgift **Strychnin** ist ein Anatagonist von Glyzin.

Renshaw-Interneurone werden von einer Reihe von Afferenzen und absteigenden Fasersystemen beeinflusst. Neben ihrer hemmenden Wirkung auf die Motoneurone hemmen sie ebenfalls die Ia-Interneurone, die bei Dehnung eines Muskels den Antagonisten hemmen und somit für ein reziprokes Innervationsmuster sorgen. Die Verschaltung der hemmenden Renshaw-Interneurone mit den hemmenden Ia-Interneuronen (Disinhibition) kann von einem zentralen Programm eingesetzt werden, wenn von einem reziproken Innervationsmuster eines Antagonistenpaares auf eine Cokontraktion der 2 Muskeln gewechselt wird.

Wie schon erwähnt, dient der monosynaptische Dehnungsreflex als Regler für die ***Muskellänge.*** Die ***Golgi-Sehnenorgane*** sind ausgezeichnete Sensoren für die Messung der aktiv entwickelten ***Muskelspannung.*** Es wird deshalb angenommen, dass die ***Ib-Afferenzen*** dieser Gol-

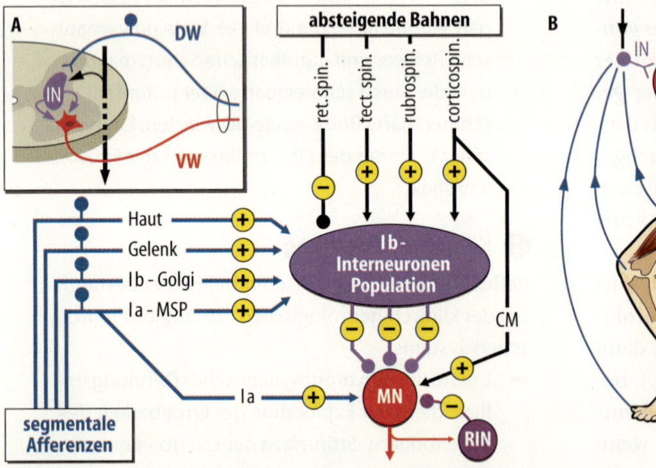

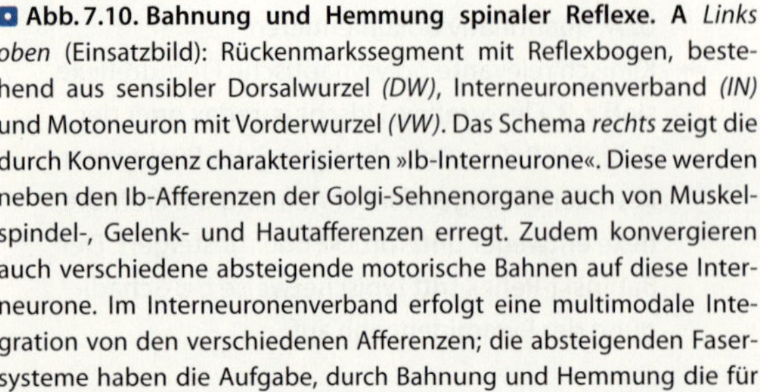
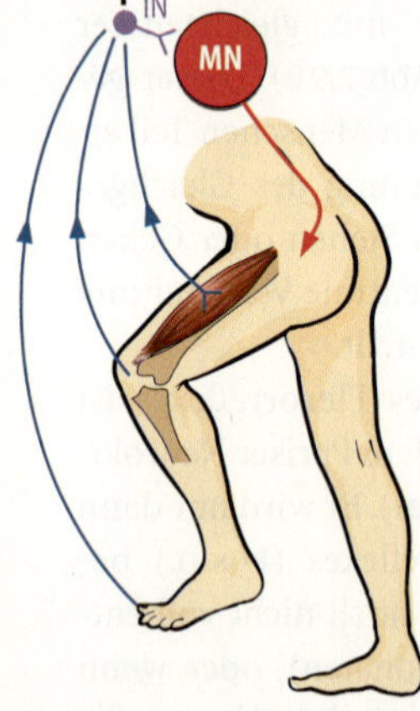

Abb. 7.10. Bahnung und Hemmung spinaler Reflexe. A *Links oben* (Einsatzbild): Rückenmarkssegment mit Reflexbogen, bestehend aus sensibler Dorsalwurzel *(DW)*, Interneuronenverband *(IN)* und Motoneuron mit Vorderwurzel *(VW)*. Das Schema *rechts* zeigt die durch Konvergenz charakterisierten »Ib-Interneurone«. Diese werden neben den Ib-Afferenzen der Golgi-Sehnenorgane auch von Muskelspindel-, Gelenk- und Hautafferenzen erregt. Zudem konvergieren auch verschiedene absteigende motorische Bahnen auf diese Interneurone. Im Interneuronenverband erfolgt eine multimodale Integration von den verschiedenen Afferenzen; die absteigenden Fasersysteme haben die Aufgabe, durch Bahnung und Hemmung die für ein Programm erforderlichen Interneurone zu selektionieren. Das Ergebnis dieser komplexen Verarbeitung wird schließlich auf die »gemeinsame Endstrecke« der Motoneurone *(MN)* übertragen. Lediglich die Ia-Fasern und die kortikomotoneuronalen *(CM)* Fasern der Pyramidenbahn haben direkte (monosynaptische) Verbindung mit den Motoneuronen; *RIN* = Renshaw-Interneuron als Element einer negativen Rückkopplung der Motoneurone. **B** Multimodaler Regelkreis, der bei einer Intentionsbewegung aktiviert wird (»Motor Servo«). Zusammengestellt nach zahlreichen Daten von Jankowska u. Lundberg (1981)

gi-Sensoren die afferenten Elemente eines ***Spannungsregelkreises*** sind. Der Reflexweg ist disynaptisch und schließt ein ***Ib-Interneuron*** ein, das hemmend auf die Motoneurone zurückwirkt. Über diesen Regelkreis kann z.B. bei Ermüdung des Muskels und drohendem Spannungsabfall, die Kraft durch Abnahme der Golgihemmung (Disinhibition) konstant gehalten werden. Aus funktioneller Sicht sind die beiden obigen Regelkreise, nämlich der Dehnungsreflex als »Längenservo« und der von den Golgi-Sehnenorganen ausgehende »Spannungsservo«, durch einen ***negativen Feedback*** ausgezeichnet.

Das experimentell belegte Beispiel der ◻ Abb. 7.10 zeigt jedoch eine ausgeprägte Konvergenz von vier absteigenden Bahnen und zusätzlich von vier verschiedenen Rezeptortypen, die alle auf die gleiche Ib-Interneuronen-Population Einfluss nehmen. Damit wird klar, dass die postulierten Regelkreise, und insbesondere der Längen- und Spannungsservo, nicht völlig getrennt voneinander ablaufen, sondern zu einem gemeinsamen ***»Motorservo«*** integriert werden, um bei bestimmter Gliedposition den notwendigen Muskeltonus zu generieren (◻ Abb. 7.10 B).

Durch bahnende oder hemmende Effekte der absteigenden Fasern können je nach Bedarf durch das Programm Schaltkreise »geöffnet« oder »geschlossen« werden ***(Gating-Phänomen)***. Ferner können durch den Mechanismus der ***präsynaptischen Hemmung*** (► s. Kap. 5.6) Effekte von primären Afferenzen unterdrückt werden.

Die Interneuronenverbände stehen unter starker Kontrolle der supraspinalen motorischen Zentren. Je nach motorischer Aufgabe werden Interneurone in wechselnder Konstellation in Aktion treten. Man hat z.B. nachgewiesen, dass Interneurone bereits in der Vorbereitungsphase einer Intentionsbewegung von motorischen Zentren moduliert werden. Die Rhythmusgeneratoren für die Lokomotion sind ein weiteres Beispiel für aufgabenspezifische Interneuronenverbände des Rückenmarkes. Das Zusammenspiel absteigender und segmental-sensorischer Eingänge zum Rückenmark bestimmt das feine Erregungsmuster der Interneurone, das auf die Motoneuronen übertragen wird.

Klinische Bedeutung somatosensorischer Kontrolle

! Ein Verlust der somatischen Sensibilität hat katastrophale Folgen für motorische Leistungen

Die Frage, inwieweit der Mensch von der ***segmentalen sensorischen Regulation*** und Führung seiner Bewegungen abhängig ist, kann aufgrund der neurologischen Erfahrung bei (allerdings seltenen) Patienten mit vollständigem Verlust der taktilen und propriozeptiven Sensibilität, jedoch intakter Kraftentwicklung beantwortet werden. Solche Patienten können in der Regel kaum mehr stehen und gehen. Wenn sie es durch intensives Training

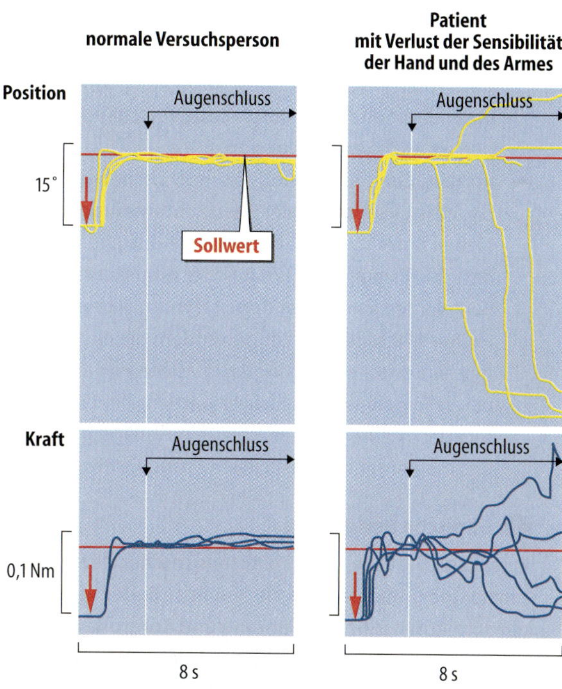

◻ **Abb. 7.11. Unstabilität der Fingerposition bei Verlust der Sensibilität und gleichzeitigem Ausschluss der visuellen Kontrolle.** Eine normale Versuchsperson kann nach kurzem Üben den Daumen in 2 fixen Positionen und mit konstanter Kraft halten, auch wenn die visuelle Kontrolle fehlt. Bei einem Patienten mit fehlender sensorischer Rückmeldung aus der Hand und dem Arm beginnt kurze Zeit nach Augenschluss die Position des Daumens in beiden Richtungen unstabil zu werden; auch der Kraftaufwand kann nicht mehr konstant gehalten werden. Nach Marsden in Evarts, Wise u. Bousfield (1985)

wieder lernen, erfordert jeder Schritt, jede Bewegung eine volle Konzentration und eine große mentale Anstrengung. Das Körpergleichgewicht zu bewahren ist eines der großen Probleme für den Patienten und ist ohne visuelle Führung kaum möglich. Die Kontrolle der Kraftdosierung und der Gliederstellung ist mangelhaft und kann nur durch den sichtbaren Effekt korrigiert werden (◻ Abb. 7.11).

In Kürze

! **Motorische Regulation**

Jede Interaktion mit der Umwelt wird über Sinnesrezeptoren detektiert, äußere Störgrößen werden über eine multisensorische Rückmeldung automatisch korrigiert und soweit möglich ausgeglichen. Dies geschieht auf zweit Wegen:

- Reflektorische Anpassung der Bewegung auf Niveau des Rückenmarks: Bei dieser spinalen Regulation von Position, Kraft und dem Ausmaß der Cokontraktion antagonistischer Muskeln kommt hemmenden Interneuronen mit rückläufigen

▼

(oder »Feedback«) Verschaltungen zu Motoneuronen (Renshaw-Hemmung) sowie Ia- und Ib-Interneuronen mit »Feedforward« Verschaltungen eine Schlüsselstellung zu.

- Korrektur und Anpassung des motorischen Apparates auf supraspinaler Ebene. Interneurone stehen unter starker supraspinaler Kontrolle, so dass ihre Erregbarkeit hinauf oder hinunter reguliert werden kann. Über den präsynaptischen Hemm-Mechanismus können zudem die einzelnen sensorischen Eingänge zugunsten von anderen Eingängen unterdrückt werden. Der Einsatz der Interneurone geschieht in Abhängigkeit des momentanen motorischen Programmes.

Klinische Bedeutung

Pathologische Fälle von somatosensorischer Deafferenzierung unterstreichen die immense Bedeutung der somatosensorischen Führung und Kontrolle für die Stütz- und Zielmotorik, die normalerweise spielend und ohne große mentale Anstrengung »von selbst«, auch in der Dunkelheit, ablaufen. Für die Automatik eingeschliffener Motorik scheint die Körpersensibilität noch wichtiger zu sein als der Gesichtssinn.

7.6 Zielbewegungen des Armes und Greifen

Greifprogramme

Zielgerichtetes Greifen ist ein visuomotorischer Akt mit kognitiver Komponente; die Greifbewegung wird dabei vom ZNS geplant, indem die retinale Objekterfassung in ein Greifprogramm übersetzt wird

Greifen. Der Arm hat eine außerordentliche Beweglichkeit mit vielen Freiheitsgraden, wobei die Hand auch die Funktion eines eigentlichen Sinnesorganes übernimmt. Das Wort »Begreifen« sagt uns, dass der motorische Akt eng mit dem Erwerb von Kenntnis über die Beschaffenheit der Dinge, die wir in die Hand nehmen und betasten gekoppelt ist. Die Handfertigkeit ist eine ***sensomotorische*** und eine ***kognitive*** Leistung!

Dem Greifakt geht häufig die ***visuelle Erfassung*** des Objektes voraus, wobei durch Augen-, Kopf- und Rumpfbewegungen eine visuelle Fixierung des Gegenstandes auf den fovealen Anteil der Retina zustande kommt (▶ s. Kap. 18.5); die Foveisierung ihrerseits kann die gezielte Arm- und Handbewegung zum Objekt auslösen. Dabei sind jedoch mehrere Faktoren entscheidend: die Erwartung (man sucht etwas), die Aufmerksamkeit, die Motivation, Erinnerungen. Schon während der Transportphase der Hand, also vor der Berührung, beginnen die Hand und die Finger sich so zu konfigurieren, dass sie sich optimal dem zu greifenden Gegenstand anpassen. Diese Vororientierung der Hand mit Öffnung der Finger *(Shaping)* richtet sich sehr präzise nach der Lage, Größe und Form des Objektes.

Entstehen des Bewegungsprogramms beim Greifen. Die Objekterfassung geschieht zunächst im visuellen Bezugssystem. Für die Umsetzung des visuell identifizierten Objektes in das motorische Programm muss deshalb eine »***Übersetzung***« vom retinalen in das körperbezogene oder ***»egozentrische« Koordinatensystem*** erfolgen. Bei nicht-stationären Objekten muss in der Bewegungsplanung noch die ***Objektverschiebung*** bis zum Handkontakt vom Gehirn geschätzt und miteinbezogen werden: eine fast unvorstellbare Leistung des relativ langsam arbeitenden ZNS, die wir erstaunlicherweise meist problemlos meistern! Die Vororientierung der Hand- und Fingerstellung muss ebenfalls von der visuellen Kodierung in die sensomotorische »Sprache« eingebaut werden. Schließlich muss beim Ergreifen des Gegenstandes die Kraftdosierung stimmen, d. h. sie muss genau dem Gewicht und der Oberflächenbeschaffenheit angepasst sein: zuviel Kraft beschädigt den Gegenstand – ist die Kraft zu niedrig, verliert man das Objekt!

Trotz einer evidenten Komplexität und Variabilität der Ziel- und Greifbewegungen lässt sich eine Reihe von Gesetzmäßigkeiten der Durchführung erkennen, die sich in der frühkindlichen Entwicklung parallel mit der Gehirnreife ausbilden.

Prototypen des Greifens: Kraftgriff und Präzisionsgriff

Man unterscheidet zwei typische Greifformen: den Kraftgriff für größere, grobe Gegenstände und den Präzisionsgriff für feine Gegenstände

Der Griff bewirkt die mechanische Kopplung der Hand mit dem Objekt. Angesichts der enormen Vielfalt der Formen und der Gewichte von Gegenständen, stellt sich das Problem, wie das Nervensystem die Vielfalt meistert. Obwohl jeder Gegenstand etwas anders beschaffen sein kann, ergeben sich zwei typische Greifformen: der ***Kraft-*** oder ***Massengriff*** für größere, grobe, schwere Gegenstände und der ***Präzisionsgriff*** für feine Gegenstände und Manipulationen (Abb. 7.12).

- Beim ***Kraftgriff*** ergibt sich die Klammer zwischen dem Daumen in der Opposition mit der Handfläche und den 4 Fingern. Dabei können mehrere hunderte von Newtons generiert werden.
- Wie der Name besagt, ist beim ***Präzisionsgriff*** die Präzision gefordert: optimale Anpassung an den Gegenstand und dessen Führung, z. B. in der Mikrochirurgie, beim Zeichnen oder Schreiben. Die Führung erfolgt durch Daumen und Zeigefinger, zwei äußerst bewegliche Finger, wobei auch meistens feine Anpassungen in der Orientierung des Gegenstandes durch das Handgelenk

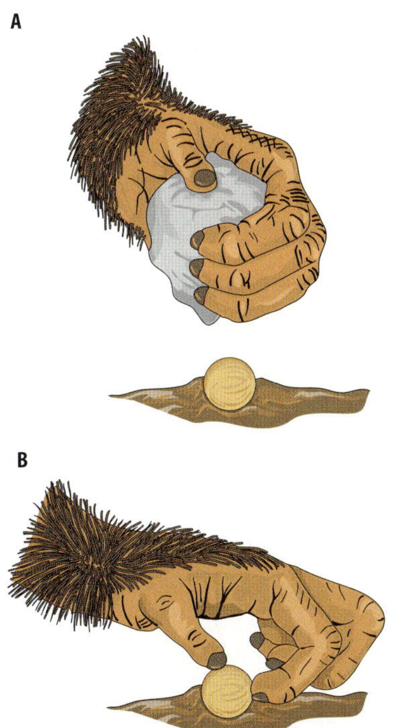

■ **Abb. 7.12. Fingerstellung bei Kraft- und Präzisionsgriff. A** Kraftgriff mit globalem Fingerschluss, **B** Präzisionsgriff mit Opposition von Daumen und Zeigefinger. Der Präzisionsgriff entwickelt sich bei Affen parallel mit dem monosynaptischen kortikomotoneuronalen System der Pyramidenbahn. Zeichnungen von Boesch und Boesch nach Filmaufnahmen von frei lebenden Schimpansen, in Preuschoft u. Chivers (1993)

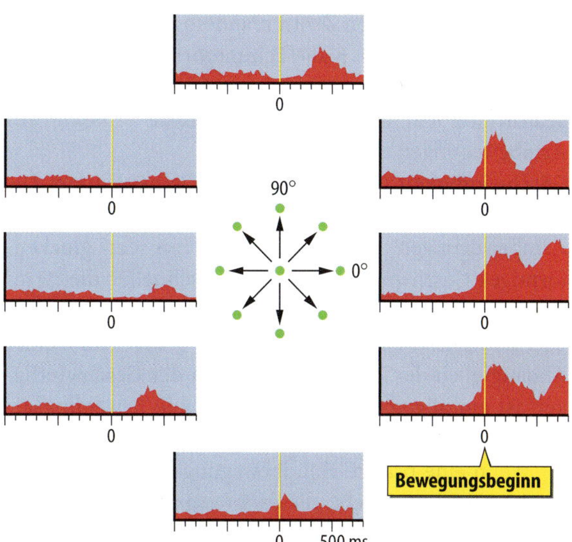

■ **Abb. 7.13. Einbindung eines Muskels in unterschiedliche Bewegungssynergien.** Aktivitätsmuster des M. deltoides (rektifiziertes und gemitteltes Elektromyogramm) von einem Affen, der mit Futterbelohnung trainiert wurde, die Hand von einer zentralen Startposition in 8 verschiedene Richtungen *(Pfeile)* durchzuführen. Eine Modulation des EMG dieses Schultermuskels ist für jede Bewegungsrichtung der Armsynergie zu beobachten, wobei das Ausmaß und das Muster sich ändern. Nach Georgopoulos in Edelman, Gall u. Cowan (1984)

benötigt werden. Wie später noch ausgeführt wird, ist der Präzisionsgriff besonders empfindlich durch Läsionen im motorischen Kortex oder in der Pyramidenbahn gestört.

Explorationen im Fühlraum

Durch Bewegung des Schultergelenks mit ausgestrecktem Arm ist eine Exploration des »Fühlraums« möglich

Handtrajektoren im Fühlraum. Durch Bewegungen im Schultergelenk mit ausgestrecktem Arm können wir in Armlänge einen etwa hemisphärischen Raum vor uns erfassen (Ende des 19. Jhdt. von Loeb als »***Fühlraum***« bezeichnet). Zielbewegungen der Hand von einer Position zur anderen verändern meistens den Winkel des Schulter-, Ellenbogen- und Handgelenkes, und zwar so, dass die Bewegungsspur ***geradlinig*** oder nur ***leicht geschwungen*** verläuft.

Der Synergiebegriff. Bei solchen »einfachen« Armbewegungen werden nur selten einzelne Muskeln aktiviert; vielmehr wird eine ganze Reihe von Muskeln zu einer funktionellen Synergie orchestriert, wobei die Muskeln in wechselnder Konstellation und zeitlicher Folge in ihrer Aktivität moduliert werden. Das heißt auch, dass ein einzelner Muskel für viele Bewegungsrichtungen eingesetzt wird, wobei Amplitude und Profil der Aktivität je nach der Bewegungsrichtung modifiziert werden (■ Abb. 7.13).

Varianz und Konstanz von Zielbewegungen

Eine gezielte Handbewegung erfolgt mit variablen Bewegungsspuren, wobei die Zielgenauigkeit negativ mit der Geschwindigkeit korreliert

Zielinvarianz und motorische Äquivalenz. Ein weiteres Argument für die Zielvorgabe durch das ZNS (ohne detaillierte Vorschrift für die beteiligten Elemente) ist die Tatsache, dass die Variabilität im Erreichen des Zieles geringer ist als die Variabilität der einzelnen Trajektoren ***(Zielinvarianz)***. Z. B. variieren die Trajektoren des Armes beim rhythmischen Hämmern, wobei das Treffen des Nagels konstant bleibt. Es ist auch bekannt, dass die ***Individualität*** der Schriftzüge sich nur unwesentlich verändert, wenn wir mit Fingerbewegungen oder mehr mit der ganzen Hand oder sogar mit dem ganzen Arm schreiben. In jedem Fall sind die beteiligten Effektoren verschieden, das Ziel – die individuelle Charakteristik der Schriftzüge – bleibt gleich. Dieses Phänomen wird als »***Prinzip der motorischen Äquivalenz***« bezeichnet und gilt charakteristischerweise für zielorientierte Handlungen des täglichen Lebens.

Das Prinzip der motorischen Äquivalenz offenbart sich auch in der ***motorischen Restitution nach Schädigung*** von motorischen Zentren: Fallen infolge Lähmung einzelne Effektoren aus, kann durch Üben eine motorische Aufgabe (das Ziel) wieder gelernt werden, indem von den noch intakten Zentren andere Effektoren eingesetzt werden. Wenn z. B. die Feinmotorik der Hand nach einem Schlaganfall gestört ist, kann das Schreiben wieder gelernt werden, indem mehr proximale Muskeln für Armbewegungen eingesetzt werden.

Geschwindigkeit und Präzision der Zielbewegung. Die relativ schnellen, durch einen »Kraftpuls« generierten Armbewegungen haben typischerweise ein glockenförmiges Geschwindigkeitsprofil. Je schneller die Armbewegung erfolgt, desto ungenauer ist die Treffsicherheit. Diese einleuchtende Regel *(Fitts' Law)* einer Abhängigkeit der Zielgenauigkeit von der Geschwindigkeit ist ein allgemeines Prinzip für viele Bewegungsarten.

Wenn eine präzise Handbewegung zu einem Objekt erfolgt mit der Absicht, dieses zu ergreifen, weicht das Geschwindigkeitsprofil im Endteil von der symmetrischen Glockenform ab. Die Bewegung wird gegen das Ziel hin mehr abgebremst als bei einer Armbewegung, die ohne Ergreifen eines Objektes erfolgt. In dieser »langsamen Phase« nahe beim Ziel erfolgt auch die Vororientierung und präzise Handöffnung (Abb. 7.14). Offensichtlich ist die visuelle und/oder propriozeptive Führung für das präzise Zielen wichtig. Die unterschiedliche Kontrolle der schnellen Phase und der langsamen Zielphase zeigt sich bei Patienten mit zerebellären Läsionen, bei denen vorwiegend die Zielphase gestört ist.

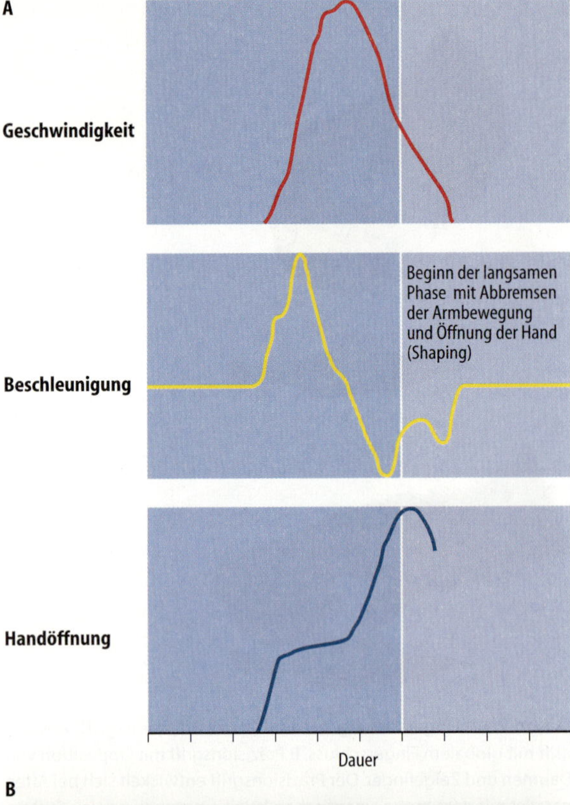

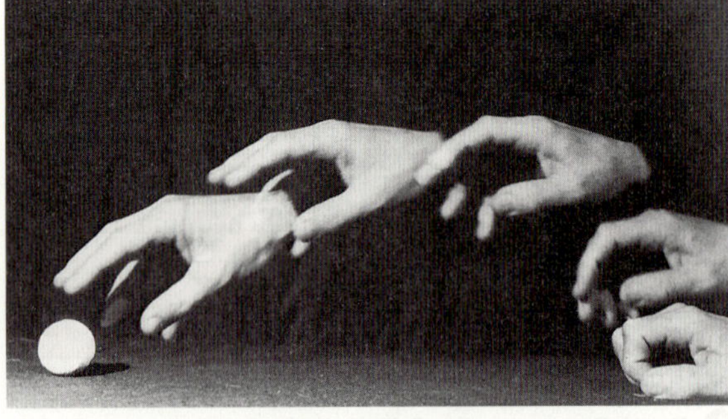

Abb. 7.14. Transportphase und Formierung des Griffes bei einer gezielten Greifbewegung der Hand. A Die 2 Phasen der Bewegung sind im Geschwindigkeitsprofil und besonders gut im Beschleunigungsprofil zu erkennen; der Übergang ist mit der weißen Vertikalen markiert. Die langsame Phase kurz vor dem Ziel ist durch einen kleinen negativen Beschleunigungsgipfel gekennzeichnet. **B** Die Handöffnung erfährt eine dem Objekt angepasste Feineinstellung. Nach Jeannerod (1988)

Bedeutung der Handsensorik für die Handmotorik

Die hohe Sensibilität der Hand ist für die Greiffunktion unentbehrlich; an den unbewussten Griffkorrekturen und dem Einstellen der Griffkraft sind sowohl alle Haut- wie auch Muskelsensoren beteiligt

Aktives Tasten. Bei jeder Objektmanipulation wird unweigerlich eine Mannigfaltigkeit von Mechano- und Temperaturrezeptoren der Handsensibilität erregt. Die Rezeptorendichte der Hand ist sehr hoch; für die kutane Sensibilität ist das »Fingerspitzengefühl« sprichwörtlich. Auch die kleinen Handmuskeln sind reichlich mit Muskelspindeln versorgt. Die hohe Dichte der Hand-Sensoren macht sie zu einem eigentlichen Sinnesorgan, das der bewussten, aktiven Exploration von Form, Gewicht, Oberfläche und Temperatur eines Objektes dient.

Unbewusste Griffkorrekturen. Bei plötzlichen Änderungen der Last oder der Haftung zwischen der Haut und der Objektoberfläche sind schnelle Korrekturen in der Griffkraft erforderlich, um die Kopplung zwischen der Hand und dem Objekt zu gewährleisten. Die dazu notwendigen Signale gehen von den Sensoren der Haut und der Handmuskeln aus.

■■■ **Mikroneurografie.** Mit feinen Mikroelektroden, die vorsichtig in einen peripheren Nerv eingeführt werden, gelingt es auch beim Menschen, diese Signale von Afferenzen einzelner Sinnesrezeptoren abzuleiten. Mit dieser Methode konnten die Afferenzen von langsam, mittelschnell und schnell adaptierenden Sensoren der Haut sowie Spindel- und Golgiafferenzen des Muskels identifiziert und ihre Rolle bei motorischen Aufgaben geprüft werden. Als unabhängige Variable wurde die Rolle des Gewichtes und der Reibung (abhängig von der Textur der Objektoberfläche und der Feuchtigkeit der Haut) geprüft. Als abhängige Variable wurde die Kraft gemessen, die zwischen Zeigefinger und Daumen beim Präzisionsgriff entwickelt wird.

Dynamische, ultrarasch adaptierende ***Pacini-Sensoren*** reagieren auf winzige Rutschbewegungen *(Microslips)*

des Objektes gegenüber der Hand. Solche *Microslips* treten häufig unbemerkt auf, wenn z. B. die Handfeuchtigkeit zunimmt oder wenn das Gewicht sich ändert, wie z. B. beim Füllen eines in der Hand gehaltenen Glases. Als Folge der Entladungssalve dieser Sensoren verstärkt sich der Griff reflektorisch. Phasische Anpassungen des Griffes, z. B. bei plötzlicher Belastung, haben eine typische Latenzzeit von etwa 60 ms oder mehr. Bei diesen relativ spät auftretenden Reaktionen handelt es sich nicht um spinale Dehnungsreflexe, sondern um komplexere, polysynaptische Reaktionen, die möglicherweise auch supraspinale Strukturen einschließen.

Langsam adaptierende Sensoren geben eine tonische Rückmeldung und tragen zur tonischen Einstellung der Greifkraft bei. Dass die präzise Dosierung der Greifkraft in Funktion der Oberflächenbeschaffenheit und des Gewichtes des Objektes entscheidend von der Handsensibilität abhängig ist, zeigt die reversible Ausschaltung der Hautsensibilität des Daumens und Zeigefingers: Die Kraft beim Präzisionsgriff wird zu hoch eingestellt, eine wechselnde Last oder eine sich ändernde Friktion kann nicht mehr automatisch durch Erhöhung der Griffkraft kompensiert werden. Auch beim Anheben und Abstellen eines Gegenstandes werden die durch die Beschleunigung und die Schwerkraft verursachten Kräfte nicht mehr durch Kraftänderungen des Griffes kompensiert, sodass der Gegenstand abrutschen kann.

Einstellen der Griffkraft. Die experimentellen Daten sind relevant für zahlreiche Handlungen des Alltags. ◻ Abbildung 7.15 demonstriert an zwei Beispielen die Notwendigkeit einer präzisen Einstellung der Griffkraft: Wenn beim Beerenpflücken (A) die Griffkraft zu hoch dosiert wird, zerdrückt man die Beere, wenn sie zu niedrig ist, entgleitet die Beere. Das Beispiel B illustriert, wie die Griffkraft (Objektkopplung durch Handmuskeln) und die Haltekraft (durch Armbeuger) bei zunehmendem Gewicht durch das Füllen des Glases parallel ansteigen. In diesem Versuch wird zudem die adäquate Adaptation der Griffkraft an die wechselnden Reibungsverhältnisse illustriert.

Ein Patient mit völligem Verlust der taktilen und propriozeptiven Sensibilität kann unmöglich Kaffee aus einem Plastikbecher trinken, weil er die Griffkraft nicht an die Weichheit des Gegenstandes anpassen kann.

Griffkraft und sensomotorisches Gedächtnis

❶ Die präzise Einstellung der Griffkraft beruht auf Erfahrungen; wir erwerben ein sensomotorisches Gedächtnis

Wenn das Objekt mit dem Präzisionsgriff von seiner Unterlage leicht angehoben wird, erhöht sich die Kraft des Präzisionsgriffes antizipatorisch und gleichzeitig mit der Hebekraft, die der Arm entwickelt, um die Schwerkraft zu überwinden (◻ Abb. 7.15 C).

In einer ***dynamischen Situation***, d. h. wenn der Gegenstand über eine gewisse Distanz verschoben wird, müssen auch die Trägheitskräfte überwunden werden. Beim abrupten Abbremsen muss der Griff ebenfalls erhöht werden, wenn man verhindern will, dass der Gegenstand aus der Hand rutscht und weiterfliegt.

Im Alltagsleben müssen auch die selbstinduzierten Störkräfte, z. B. beim Einschlagen eines Nagels mit dem Hammer, durch eine antizipatorische Zunahme der Griffkraft kompensiert werden.

Die antizipatorische und präzise Einstellung der Griffkraft beruht auf ***Erfahrung*** über den gesehenen Gegenstand, d. h. wir erwerben ein ***sensomotorisches Gedächtnis***. Erst wenn durch zusätzliche Belastung oder durch Änderung der Friktion (z. B. beim Schwitzen) die Griffkraft ungenügend wird, muss diese den neuen Verhältnissen angepasst werden. Dies geschieht nicht bewusst, sondern reflektorisch über die sensorischen Meldungen.

Neuronale Codierung einer Zielbewegung

❶ Die Bewegungsrichtung einer Armbewegung wird durch eine Population von Neuronen des motorischen Kortex codiert

Bei gezielten Armbewegungen verändert sich die Aktivität einer größeren Population von Neuronen im »***Armareal***« der motorischen Hirnrinde; diese beginnt etwa 100–200 ms vor Bewegungsbeginn und klingt während der Bewegung wieder ab.

Codierung durch Neuronenpopulation. In ◻ Abb. 7.16 ist für jede der 8 Bewegungsrichtungen die Aktivität der Gesamtpopulation berücksichtigt. Jedes Neuron, dessen Aktivität registriert wurde, ist mit einem Vektor repräsentiert, dessen Richtung der Vorzugsrichtung der Einzelzelle und dessen Länge der Gewichtung der Entladungsintensität bei der betreffenden Bewegungsrichtung entspricht. Die Resultante aller Einzelzellvektoren ergibt den ***Populationsvektor*** für jede der 8 geprüften Richtungen. Wie aus der Abbildung ersichtlich, stimmt der Populationsvektor recht gut mit der tatsächlich erfolgten Bewegungsrichtung überein.

Damit wird klar, dass die ***Neuronenpopulation*** die Bewegungsrichtung diktiert, nicht die Einzelzelle. Man kann ebenfalls schließen, dass der Populationsvektor dem ***Bewegungsbefehl*** entspricht. Da die neuronale Codierung im Hirn auf der Basis von Neuronenpopulationen erfolgt, ist auch erklärbar, dass neurologische Ausfälle erst bei einer Schädigung einer kritischen Menge von Neuronen sichtbar werden.

Kortikale Steuerung der Handgeschicklichkeit

❶ Die Hand ist in den sensomotorischen Kortexarealen sehr stark repräsentiert und die Kontrolle erfolgt über die Pyramidenbahn

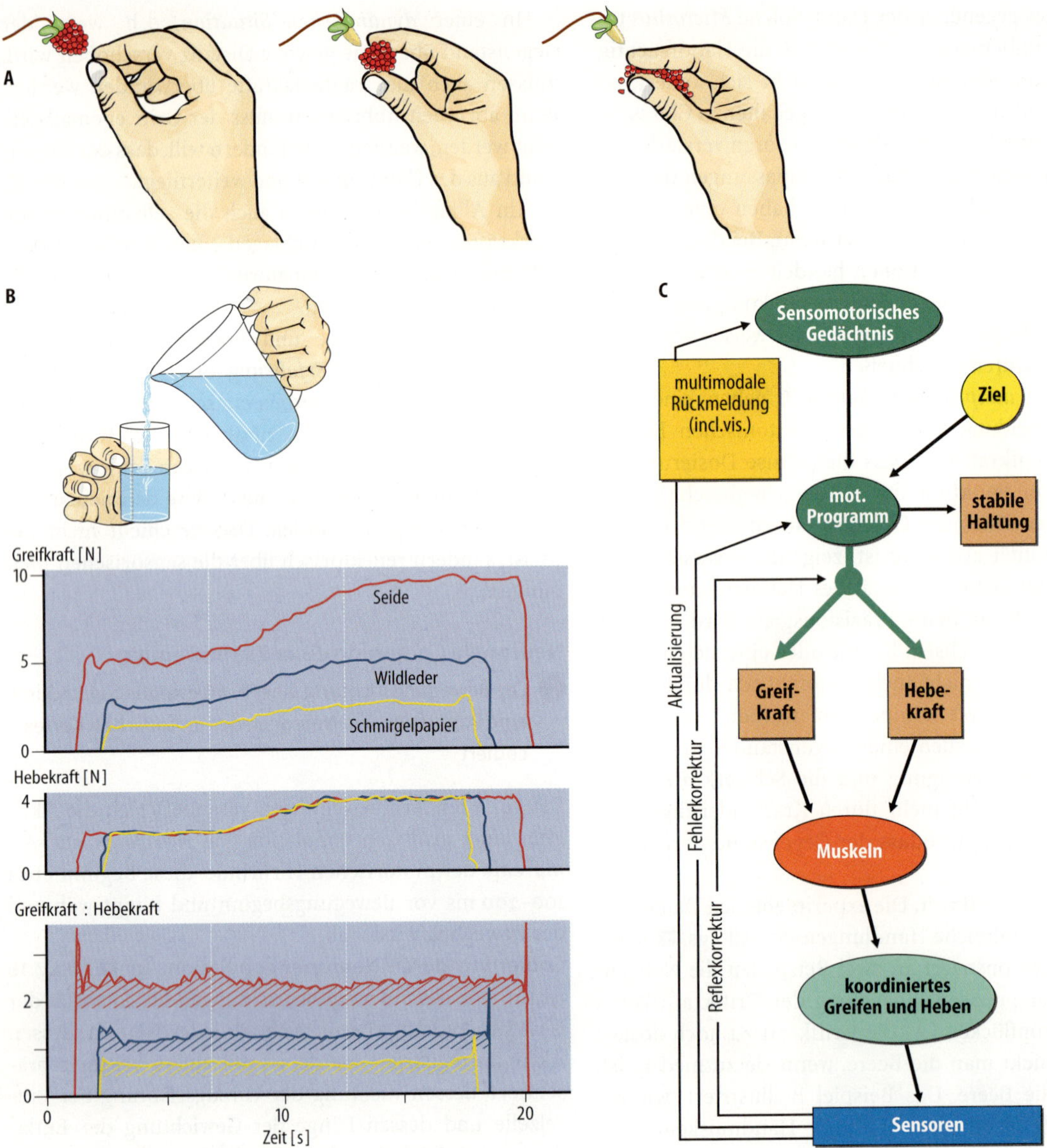

Abb. 7.15. Anpassung der Kraft für den Präzisionsgriff. A zeigt die Notwendigkeit einer präzisen Anpassung der Kraft in Abhängigkeit der Beschaffenheit des Objektes *(Mitte)*. Wird die Kraft zu schwach eingestellt, rutscht die Beere ab *(links)*; wenn die Kraft zu groß ist, zerdrückt man die Beere *(rechts)*. **B** Die Griffkraft für das Halten des Glases muss fortlaufend dem Füllungsgrad des Glases angepasst werden. Die quantitative Untersuchung dieser natürlichen bimanuellen Aufgabe bestätigt die präzise Koordination der Griffkraft, die parallel mit der Belastung ansteigt (und damit entsprechend der Hebekraft der Armbeuger). Wie die unteren Kurven zeigen, bleibt das Verhältnis Greifkraft Hebekraft beim Einschenken stabil (markiert durch die beiden Vertikalen), wobei die Greifkraft umso größer ist, je glätter die Oberfläche des Glases beschaffen ist (Schmirgelpapier < Wildleder < Seide). Die schraffierten Flächen entsprechen der Sicherheitsmarge, die für eine bestimmte Reibung zwischen Hand und Glas notwendig ist, damit das Glas nicht abrutscht. **C** Schema der sensomotorischen Regulation und Koordination der Greifkraft und Hebekraft. Diese Kontrolle hängt stark von der Handsensibilität ab. Nach Westling, Johansson u. Gordon in Humphrey u. Freund (1991)

Die ***menschliche Hand*** besteht aus 24 Knochen, 18 kleinen und 15 langen Handmuskeln (mit Einschluss der Supinatoren und Pronatoren). Entsprechend den sehr vielen Freiheitsgraden, die aus den 16 Gelenken entstehen, gibt es auch eine mächtige, im Vergleich zu den anderen Abschnitten der Extremitäten und des Rumpfes überproportionale neuronale Repräsentation der Hand im primär-motorischen Kortex MI (▶ s. »Homunculus«, ◻ Abb. 7.1). Daneben hat man bis heute 4 weitere motorische Areale entdeckt, deren Neuronenaktivität mit Handbewegungen korreliert. Die Situation ist vergleichbar mit der sehr starken Repäsentation der fovealen Anteile der Retina im visuellen Kortex.

Das kortikomotoneuronale System (CM-System). Ein Teil der Pyramidenbahnfasern aus dem Areal MI ist mit den Motoneuronen der Handmuskeln direkt, d.h.

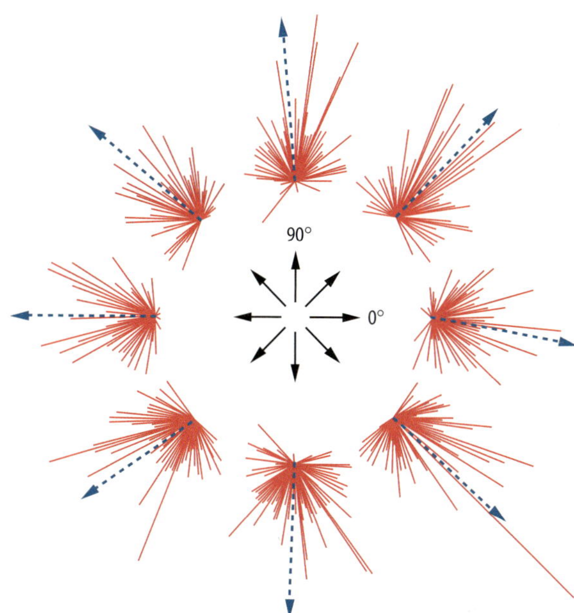

Abb. 7.16. **Beteiligung von kortikalen Neuronen des Armareals an unterschiedlichen Bewegungssynergien.** Die Entladungsrate von über 200 Neuronen des Armareals im primären motorischen Kortex MI wurde registriert, während der trainierte Affe sukzessive mit der Hand die 8 im Zentrum gezeigten Bewegungen ausführte (*kurze schwarze Pfeile* in der *Mitte*). Zwei Parameter wurden für jedes Neuron bestimmt: 1. Vorzugsrichtung (höchste Entladungsrate) und 2. Entladungsrate bei jeder der 8 getesteten Bewegungsrichtungen. Mit diesen Größen wurden Vektoren für jedes Neuron berechnet, d. h. Winkel der *roten Striche* für die bevorzugte Bewegungsrichtung und Länge der *roten Pfeile* für die Entladungsfrequenz. Die lineare Vektorsumme ergibt den Populationsvektor *(gestrichelter dicker Pfeil)*. Diese Populationsvektoren stimmen ziemlich gut mit den durchgeführten Bewegungsrichtungen *(Pfeile im Zentrum)* überein. Man sieht auch, dass die ganze Neuronenpopulation zum Kommandosignal beiträgt, wobei jedoch das Einzelneuron je nach Bewegungsrichtung mit unterschiedlichem Gewicht beiträgt. Nach Georgopoulos in Massion, Paillard, Schultz u. Wiesendanger (1983)

monosynaptisch verbunden. Das kortikomotoneuronale (CM-) System entwickelt sich bei den Primaten und findet die höchste Entfaltung beim Menschen. Relativ niedrige Affen, wie die südamerikanischen Krallenäffchen haben kein CM-System, und diese Verbindungen etablieren sich auch relativ spät in der Ontogenese des Menschen.

Neugeborene Menschen haben noch keinen Präzisionsgriff; dieser entwickelt sich erst mit der Bildung von monosynaptischen Kontakten der Pyramidenbahn mit den Motoneuronen. Adulte Krallenäffchen, deren Pyramidenbahn nur polysynaptisch die Motoneurone erregen kann, verfügen ebenfalls nicht über einen Präzisionsgriff. Deshalb kann man davon ausgehen, dass das CM-System eine Voraussetzung für den Präzisionsgriff ist. Dafür spricht auch die Tatsache, dass die Motoneurone der Handmuskeln besonders viele monosynaptische Verbindungen von CM-Fasern als auch von Ia-Spindelafferenzen erhalten (Abb. 7.17 C).

Läsionsfolgen für den Präzisionsgriff. Bei experimenteller Durchtrennung der Pyramidenbahn des Affen manifestiert sich die motorische Störung vorwiegend am Verlust der Handgeschicklichkeit. Abbildung 7.17 A,B zeigt den ***Verlust des Präzisionsgriffes***: Futterstücke können nur noch mit dem ***Massengriff*** (gemeinsamer Fingerschluss) den größeren Vertiefungen des Futterbrettes entnommen werden. Der Verlust der Feinmotorik zeigt sich also im Unvermögen, relativ unabhängige Fingerbewegungen durchzuführen. Die Bewegungen sind verlangsamt, und die Mobilisierung der Kraft beim Greifen ist verzögert.

Fälle mit ***isolierter*** Schädigung der Pyramidenbahn beim Menschen sind selten, und bei einem Hirnschlag besteht häufig eine Ungewissheit über die geschädigten Bahnen beim Vorliegen einer Motilitätsstörung der Hand. Häufig treten vaskulär bedingte Schädigungen im subkortikalen Marklager auf, wobei die unterbrochenen Fasern aus den verschiedensten kortikalen Arealen ihren Ursprung haben können und nicht unbedingt über die bulbäre Pyramide weitergeleitet werden. Die Handgeschicklichkeit kann z. B. auch bei Läsionen im ***parietalen Assoziationskortex*** – oder dessen absteigenden Fasern – stark gestört sein.

Kortikale und subkortikale Handneurone

Die neurale Kontrolle für gezielte Arm- und Greifbewegungen ist ein distributives System

Handkorrelierte Neurone. Rückschlüsse über die Funktion von Neuronen können nicht nur aus den Läsionsfolgen gemacht werden. Populationen von Neuronen im Handareal der motorischen Hirnrinde ändern ihre Aktivität mit Handbewegungen. Dabei sind viele dieser Neurone an der Graduierung der Greifkraft beteiligt. Bezeichnenderweise ist die ***Aktivität von CM-Neuronen*** viel stärker mit dem ***Präzisionsgriff*** als mit dem Massengriff korreliert (Abb. 7.18). Hand-korrelierte Aktivität wurde in multiplen Arealen des ***frontalen*** und ***parietalen Kortex*** beobachtet. Zusätzlich sind auch subkortikale Strukturen an der Kontrolle der Handfunktion beteiligt: die ***Basalganglien***, das ***Zerebellum*** und weitere subkortikale motorische Kerne.

Neuronale Aktivität der Kleinhirnrinde und der Kleinhirnkerne kann einerseits mit der Griffkraft, häufig auch mit Änderungen der Oberflächenbeschaffenheit des Objektes korreliern. Das ***Zerebellum*** scheint auch eine wichtige Rolle bei der Anpassung der Griffkraft an die momentanen Bedürfnisse zu spielen, z. B. wenn ein Hund plötzlich an der Leine zieht, wird die Griffkraft automatisch erhöht. Aktivität in den ***Basalganglien*** kann ebenfalls mit der Hand-Motilität gekoppelt sein. Über die funktionelle Implikation ist jedoch nichts sicheres bekannt.

■■■ **Ausfälle der Handfunktion bei Läsionen im Zerebellum und den Basalganglien. Zerebelläre Läsionen** können Arm- und Handbewegungen beeinträchtigen, v. a. die »**Parametrisierung**« von Ziel-

Abb. 7.17. Verlust des Präzisionsgriffs bei Läsion der Pyramidenbahn. **A** Kleine Futterstücke werden beim Affen mit intakter Pyramidenbahn mit dem Präzisionsgriff aus kleinen Vertiefungen herausgeholt. **B** Nach Pyramidotomie kann der Affe Futterstücke nur aus größeren Vertiefungen und mit einem globalen Fingerschluss ergreifen. **C** Die Motoneurone der distalen Muskeln des Primaten sind besonders reich mit monosynaptischen Verbindungen von Ia-Muskelspindelafferenzen (*blaue Pfeile* von *links* nach *rechts*) und Pyramidenbahnfasern (*rote Pfeile* von *rechts* nach *links*) versorgt. Die relative Stärke der Verbindungen ist anhand der Pfeildicke angegeben. *EDC, R, FDS, PL:* Motoneurone von langen Finger- und Handgelenksmuskeln; *Uh, Mh:* Motoneurone der vom N. ulnaris und N. medianus versorgten kleinen Handmuskeln

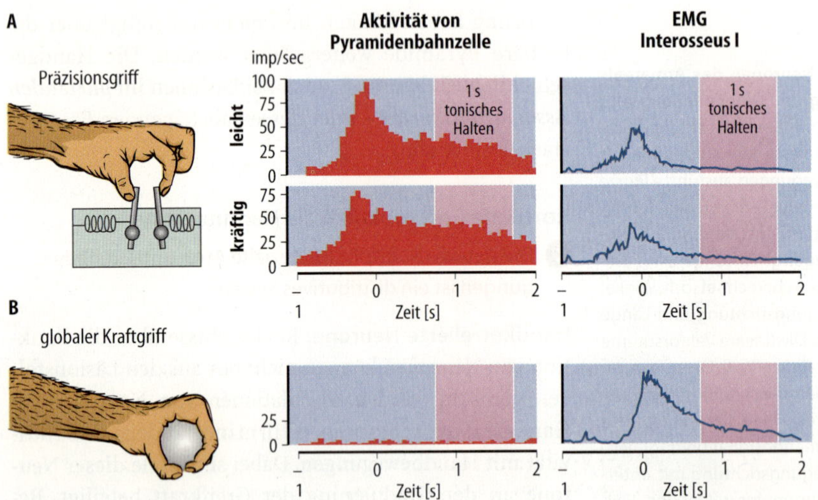

Abb. 7.18. Beteiligung einer Pyramidenbahnzelle an Präzisions- und Kraftgriff. **A** Bei Ausführung eines Präzisionsgriffs und **B** bei einem Kraftgriff mit globalem Fingerschluss. Die 2 Histogramme links (*rot*, A) zeigen die intensive Aktivierung der Zelle bei einer schwachen *(oben)* und einer starken *(unten)* Präzisionsbewegung. *Rechts* sind die entsprechenden Aktivitätsmuster im EMG des Interosseusmuskel aufgezeichnet *(blaue Kurven)*. In B fehlt die Aktivierung der Pyramidenbahnzelle, obwohl der kräftige Massengriff den Interosseusmuskel noch mehr aktiviert als beim Präzisionsgriff. Nach Porter u. Lemon (1993)

bewegungen: die Zielgenauigkeit wird schlechter, indem Patienten am Objekt vorbeigreifen und häufig auch über das Ziel schießen; man bezeichnet das als **Dysmetrie** und **Hypermetrie**. Wenn man den Patienten auffordert, mit geschlossenen Augen auf die Nase zu zeigen, wird diese typischerweise nicht getroffen. Wenn sich der Zeigefinger dem Ziel nähert, beginnt der ganze Arm zu oszillieren (sog. **Intentionstremor**). Armbewegungen können auch nicht rasch und präzise abgebremst werden. Rasche Richtungswechsel der Bewegungen sind für den Patienten schwierig und es treten Unregelmäßigkeiten in der Bewegungsspur auf, wenn er aufgefordert wird, den Arm schnell und rhythmisch zu pronieren und zu supinieren. Das klinische Zeichen nennt man **Adiadochokinese**.

Erkrankung der Basalganglien. Beim Morbus Parkinson sind die Handbewegungen verlangsamt, die Distanz wird zu kurz programmiert ***(Hypometrie)*** und die Handgeschicklichkeit ist durch die Verlangsamung und das Zittern als ganzes beeinträchtigt. Feine Bewegungen mit dem ***Präzisionsgriff*** sind häufig nicht mehr möglich, die ***Griffkraft*** wird zu niedrig eingestellt und ist schlecht modulierbar.

In Kürze

Zielbewegungen des Armes und Greifen

Zielgerichtetes Greifen schließt eine kognitive Leistung ein: erst nach Lokalisation und Erkennen des Objektes kann die zielgerichtete Bewegung und der Greifakt eingeleitet werden. Der adäquate Griff richtet sich nach Größe, Gewicht und Form des Objektes:

▼

- Kraftgriff für schwere und größere Objekte,
- Präzisionsgriff für delikate, kleine Gegenstände und Instrumente.

Muskelkraft und zentralnervöse Kontrolle

Das Ensemble der aktivierten Muskeln, d. h. eine Synergie, erzeugt die Kraft, welche die Hand gegen die Schwer- und Trägheitskräfte mit der gewünschten Geschwindigkeit, Richtung und Distanz in die neue Position bringt.
Die höheren motorischen Zentren liefern nur die Zielvorgabe. Korrektes Greifen und Manipulieren von Gegenständen beansprucht eine besonders mächtige und ausgefeilte zentralnervöse Kontrolle, die multiple kortikale Areale sowie auch subkortikale Systeme in Anspruch nimmt. Durch die automatischen sensomotorischen Regulationsmechanismen wird die Hand durch Approximation und Vergleich zum Ziel geführt.
Tatsächlich verbessert sich während vieler Wiederholungen eine Zielbewegung progressiv. Das motorische Lernen durch Iteration der Bewegung ist in der kindlichen Entwicklung besonders eindrucksvoll.

Motorische Äquivalenz

Invariantes Erreichen des Zieles mit variablen Trajektoren ist typisch für die Zielmotorik; man nennt dies auch das Prinzip der motorischen Äquivalenz. Es besagt, dass das gleiche Ziel mit verschiedenen Effektoren erreicht werden kann.
Das Prinzip von Fitts besagt, dass die Treffgenauigkeit auf Kosten der Geschwindigkeit geht; d. h. man muss die Priorität festlegen.

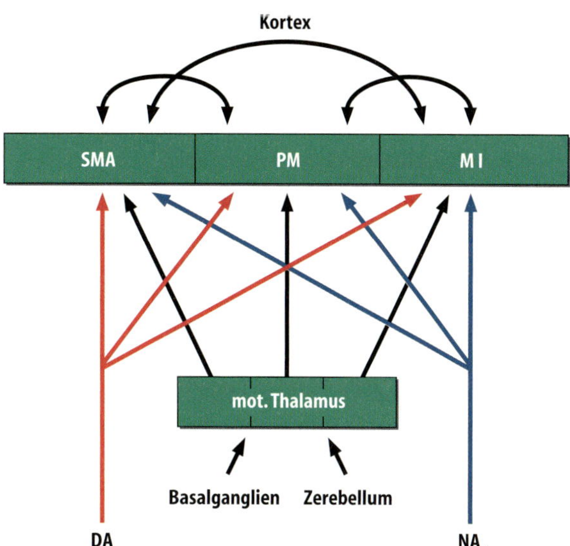

Abb. 7.19. Schema der Zuflüsse zum primären motorischen Kortex (MI), zum prämotorischen Kortex (PM) und zum supplementärmotorischen Areal (SMA). Aufsteigende Afferenzen entspringen den motorischen Kernen des Thalamus, die ihrerseits von den Basalganglien *(BG)* und dem Zerebellum gespeist werden. Aufsteigende extrathalamische Fasersysteme, die sich im Kortex stark aufzweigen betreffen v. a. noradrenerge *(NA)* und dopaminerge *(DA)* Modulatoren. Die motorischen Kortexareale sind reziprok untereinander verbunden

7.7 Funktionelle Organisation der motorischen Rindenfelder

Eingänge des motorischen Kortex

Die absteigenden Befehlssignale aus dem primär-motorischen Kortex (MI) werden durch Zuflüsse von drei Neuronenkategorien bestimmt

Abbildung 7.19 zeigt schematisch die 3 Haupteingänge des motorischen Kortex, die das »Bewegungsmuster« generieren:

- ***Thalamokortikaler Eingang:*** Der motorische Thalamus im ventrolateralen Kernkomplex hat eine erregende Wirkung auf den motorischen Kortex. Einzelne thalamokortikale Neurone nehmen divergierende Verbindungen mit einer Population von kortikalen Neuronen auf, die in einem rostrokaudalen Streifen angeordnet sind. Sie übermitteln bereits integrierte Information aus dem ***Zerebellum*** und den ***Basalganglien***. In geringerem Ausmaß haben auch ***somatosensorische Signale*** aus dem Rückenmark einen transthalamischen Zugang zum motorischen Kortex.
- ***Kortikokortikale Eingänge:*** Diese beanspruchen den zahlenmäßig größten Anteil an Afferenzen. Sie endigen in scharf abgegrenzten Säulen von ca. 1 mm Durchmesser, die in funktionell einheitliche Module organisiert sind. Diese Module sind ihrerseits mit Modulen von somatosensorischen und sekundär-motorischen Kortexarealen gekoppelt.
- ***Aufsteigende, extrathalamische Fasersysteme:*** Sie sind durch eine massive kollaterale Divergenz im kortikalen Endigungsgebiet charakterisiert. Dies steht im frappanten Gegensatz zur streng topologischen Relation der obigen zwei Faserysteme. Das motorische Kortexareal ist besonders dicht mit ***noradrenergen Fasern*** aus dem Locus coeruleus und den ***dopaminergen Fasern*** aus der Substantia nigra und anderen dopaminergen Kernen des Hirnstammes versorgt. Diese aminergen Neurone üben eine modulierende Wirkung auf die synaptische Übertragung aus.

Wie diese Zuflüsse konkret das ***»Befehlsmuster«*** generieren, ist nicht bekannt. Man muss sich jedoch vorstellen, dass bei jeder Bewegungsinitiierung eine Vielfalt von diskreten thalamisch und kortikal induzierten Erregungsmuster in stets wechselnder Konstellation der Bewegung vorausgeht (ca. 100 ms).

Ausgänge des motorischen Kortex

! Die Ausgänge des motorischen Kortex aktivieren über divergente Verschaltungen zahlreiche kortikale und subkortikale Strukturen; die Signale beinhalten eine Kopie des motorischen Befehls (Efferenzkopie)

Feinorganisation des primär motorischen Kortex, MI. Der »Output« aus dem motorischen Kortex bietet beim Primaten ein komplexes Bild: nur ein relativ kleiner Bruchteil der Ausgangsneurone ist direkt oder indirekt (via motorische Zentren im Hirnstamm) mit dem Rückenmark verbunden; der größte Teil projiziert zu anderen kortikalen Arealen (somatosensorische und sekundär-motorische) sowie zum Thalamus, zum Corpus striatum und zu den Ponskernen (um nur die wichtigsten Zielstrukturen zu nennen).

Die Signale beinhalten eine Kopie des motorischen Befehls; man bezeichnet diese auch als »***Efferenzkopie***«. Ihre Bedeutung liegt wahrscheinlich in der Optimierung der motorischen Ausführung, und zwar im Sinne einer Anpassung an das motorische Gedächtnis einerseits und an die momentane äußere Konstellation anderseits. Interessanterweise haben sich die anatomischen Verbindungen zu den oben genannten supraspinalen Strukturen beim Menschen besonders stark entwickelt. Bildlich gesprochen werden bei jeder »Befehlsausgabe« eine Vielfalt von diskreten Erregungsherden in den kortikalen und subkortikalen Strukturen »aufleuchten«.

▪▪▪ **Intrakortikale Mikrostimulation.** Mit einer Stromstärke von nur 10 μA kann man in einem Kortexvolumen von 90 mm Radius etwa 30 Neurone künstlich erregen. Solche minimalen Erregungszonen, die so genannten **efferenten Mikrozonen**, können wenige motorische Einheiten eines Muskels oder eng benachbarter Muskeln aktivieren. Praktisch identische Antworten können von mehreren, z. T. weit auseinander liegenden, efferenten Mikrozonen ausgelöst werden. Dazwischen liegen wiederum andere efferente Mikrozonen mit anderen Zielmuskeln. Das heißt, dass in einem relativ größeren Territorium des motorischen Kortex verteilte Mikrozonen auf eine einzelne motorische Einheit konvergieren und vermischt sind mit anderen Mikrozonen, die andere motorische Einheiten aktivieren. Die Feinorganisation von MI ist also sowohl durch eine **Divergenz** als auch eine **Konvergenz** in der kortikospinalen Projektion charakterisiert.

Kollateralenbildung kortikospinaler Fasern. Die Divergenz der kortikospinalen Verbindungen zu den Motoneuronen ergibt sich aus den zahlreichen Kollateralen der Pyramidenbahnfasern. ▫ Abbildung 7.20 zeigt eine einzeln angefärbte Faser mit zahlreichen segmental geordneten Kollateralen. Innerhalb eines einzelnen Segmentes kann sich eine Kollaterale weiter auf verschiedene Gruppen von Motoneuronen verteilen, die verschiedenen peripheren Nerven angehören. Auch im Bereich der Interneurone ist die Verästelung der Terminalen von absteigenden Bahnen sehr markant. Wenn es dem Menschen trotzdem gelingt, willentlich nur ganz wenige motorische Einheiten zu aktivieren, so heißt das, dass die (Vor-)Selektion mittels modulierender Interneurone erfolgt. Anders ausgedrückt: Der anatomisch vorgegebene Schaltplan ist funktionell flexibel, da durch Bahnung die synaptischen Verbindungen »geöffnet« oder durch Hemmung »geschlossen« werden können (► s. auch diesbezügliche Ausführungen in Abschnitt 7.4).

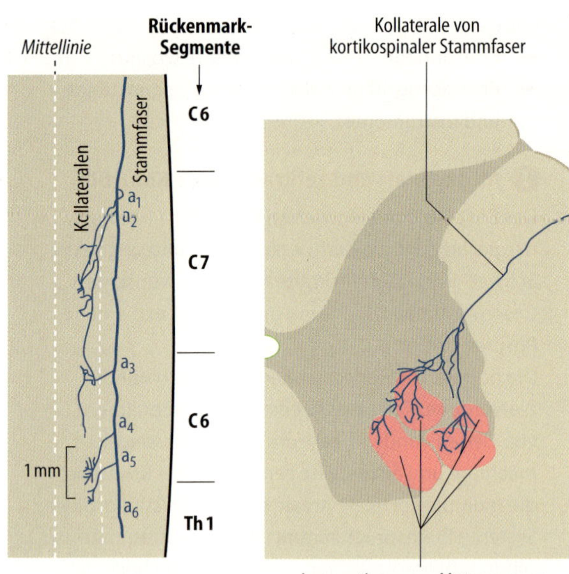

▫ **Abb. 7.20. Intraspinale Kollateralenbildung einer einzelnen Stammfaser der Pyramidenbahn.** *Links* sind die abgehenden Kollateralen in den unteren Zervikalsegmenten eingezeichnet (longitudinale Rekonstruktion); *rechts* die intrasegmentale Verzweigung mit Terminalen in 4 verschiedenen Motoneuronenverbände des Vorderhornes. Durch diese divergente Verschaltung können durch wenige Pyramidenbahnneurone spinale Neuronenverbände angeregt werden. Nach Shinoda in Hepp-Reymond (1988)

▪▪▪ **Transkranielle Magnetstimulation.** Der primär-motorische Kortex (M1) kann beim wachen Menschen nichtinvasiv und schmerzlos mit der **transkraniellen Magnetstimulation** untersucht werden. Etwas weniger exakt als mit direkter Kortexstimulation kann damit die somatotopische Gliederung nachgewiesen werden. Die Methode wird auch für diagnostische Zwecke eingesetzt. Insbesondere kann damit das Ausmaß einer Pyramidenbahnschädigung bestimmt werden. Die Methode erwies sich auch nützlich, um die Erholung der Funktion nach einer Schädigung im motorischen System, d. h. um die Plastizität zu objektivieren. Die **somatotopische Repräsentation** ist für den Arzt bedeutsam, da umschriebene krankhafte Prozesse (z. B. ein Hirntumor in der Präzentralwindung) sich auch in isolierten Bewegungsstörungen manifestieren können. Aus dem Symptom kann die Herddiagnose gestellt werden.

Bewegungskorrektur über »Long-Loop«-Verbindungen

! Der primär-motorische Kortex beteiligt sich über eine transkortikale Schleife an Korrekturen von gestörten Bewegungsabläufen

Mechanismus transkortikaler Korrekturen von Intentionsbewegungen. Die enge sensomotorische Kopplung im motorischen Kortex ergibt die Grundlage für die relativ schnellen und reflexartigen Korrekturen der kortikalen Kommandosignale, wenn diese durch äußere Einwirkungen gestört werden. Wenn z.B. eine gezielte Armbewegung durch einen kurzen Belastungsimpuls gestört wird, folgt im EMG nach der ersten segmentalen Reflexantwort eine zweite reflexähnliche Antwort auf, die auch als *»Long-Loop-Antwort«* bezeichnet wurde. Experimentelle Befunde an trainierten Affen stützen die Interpretation einer transkortikalen Funktionsschleife, die zusammen mit dem klassischen Dehnungsreflex an der Korrektur gestörter Bewegungen beteiligt ist.

▪▪▪ **Experimenteller Nachweis beim Primaten.** Wenn ein Hebel (»Manipulandum«) von einer Position in die andere hin und her bewegt wird, und die Bewegung gelegentlich mit einem kurzen mechanischen Belastungsimpuls behindert wird, kann man in Neuronen des primär-motorischen Kortex eine reflexartige Entladungs-Salve registrieren (◘ Abb. 7.21). Diese dynamische Aktivierung erfolgt mit einer Latenzzeit von nur 20 ms über schnell-leitende propriozeptive Afferenzen und den Lemniscus medialis. Diese dynamische Antwort addiert sich auf den zentralen Bewegungsbefehl, der nun verstärkt über die Pyramidenbahn ins Rückenmark gelangt. In der verstärkten dynamischen Entladung der elektromyographischen Muskelantwort manifestiert sich die adaptive Korrektur der mechanischen Behinderung. Bei Schädigungen im aufsteigenden oder absteigenden Schenkel des transkortikalen Funktionskreises ist die späte Antwort vermindert oder fehlt ganz, was sich auch bei Patienten, deren Pyramidenbahn geschädigt ist, manifestiert.

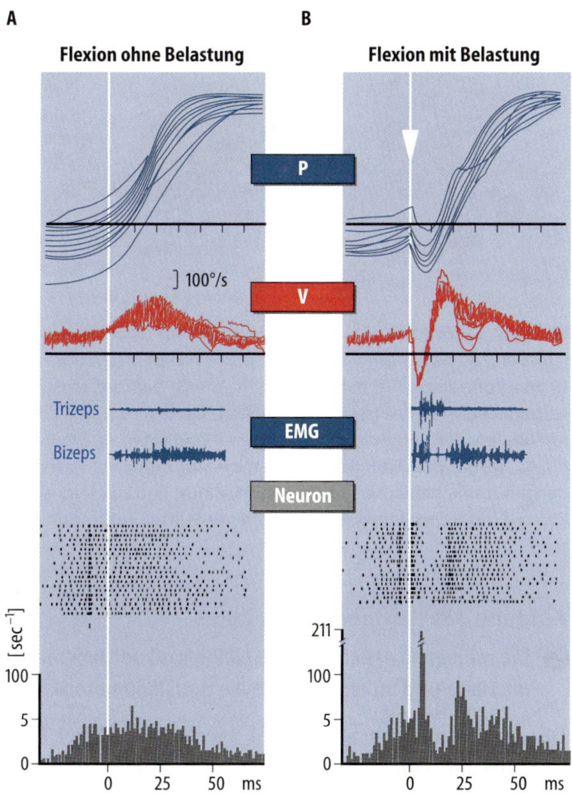

◘ **Abb. 7.21. Aktivitätsmuster einer motorischen Kortexzelle eines Affen bei ungestörten und gestörten Flexionsbewegungen.** Der Affe bewegte für Futterbelohnung ein Manipulandum durch Flexions- und Extensionsbewegungen im Ellenbogen hin und her. Gelegentlich werden über einen Torque-Motor die gelernten Bewegungen bei Bewegungsbeginn mit einem kurzen Belastungsimpuls gestört. Die Computerauswertung erfolgt gesondert für ungestörte Flexionsbewegungen (**A**) und für gestörte Flexionsbewegungen (**B**). Von oben nach unten sind dargestellt: Position *(P)*, Geschwindigkeitsverlauf *(V)*, Elektromyogramm *(EMG)*, Punkteraster (in dem für jede Bewegung die Entladungsfolge mit Punkten markiert ist), Zeithistogramm mit Aufsummierung der Entladungen. Die Zeit 0 entspricht dem Beginn der selbstinitiierten Bewegung. Aus Conrad et al (1974)

Aufgaben der sekundär-motorischen Areale

! Sekundär-motorische Areale sind ebenfalls an der Ausführungsphase der Bewegungen beteiligt

Der ***prämotorische Kortex (PM)***, die ***supplementär-motorische Area (SMA)*** und der ***rostrale zinguläre Kortex (RZ)*** werden kollektiv als sekundär-motorische Areale bezeichnet. Elektrische Reizeffekte sind hier komplexer und meist nur mit höherer Reizintensität zu erhalten. Diese Areale sind auch im Ursprungsgebiet der Pyramidenbahn. Ferner sind MI und die sekundär-motorischen Areale durch kortiko-kortikale Verbindungen reziprok untereinander verbunden. Besonders in der SMA ist die Population von kortikospinalen Neuronen ziemlich groß und die Schwellenintensität für elektrische Reizung ist nur wenig höher als in MI.

Die funktionellen Eigenschaften der Neurone sind z. T. ähnlich, jedoch variiert ihre Gewichtung von Areal zu Areal. Ein klarer Unterschied ergibt sich aus den sensorischen Eigenschaften von Neuronen der SMA und des PM: Neurone der SMA sind besonders auf propriozeptive Reize empfindlich, während Neurone des PM eher auf kutane und visuelle Reize reagieren. Daher vermutet man, dass der ***PM*** mehr bei ***sensorisch geführten Bewegungen***, die ***SMA*** jedoch mehr bei ***selbst-initiierten Bewegungen*** eingesetzt werden.

Über das motorische Areal im vorderen Zingulum ist noch zu wenig Sicheres bekannt. Beim heutigen Stand muss man sich auf die Aussage beschränken, dass es vermutlich, wie die übrigen motorischen Areale, sowohl an der Planung als auch an der Ausführung der Motorik beteiligt ist (► siehe auch Abschnitt 7.9 für die Vorbereitung zum Handeln).

In Kürze

! Der primär-motorische Kortex

Der primär-motorische Kortex MI erhält vielseitige Zuflüsse:
- via motorischem Thalamus vom Zerebellum und von den Basalganglien;
- eine große Zahl von kortikalen Afferenzen aus sekundär-motorischen und sensorischen Rindenarealen;
- aufsteigende, extrathalamische Fasersysteme mit modulierender Wirkung von Noradrenalin und Dopamin.

▼

Die Ausgangssignale haben massiv divergente Projektionen zu kortikalen und subkortikalen Strukturen:

- Weit verteilte, kleine Bündel von kortiko-kortikalen Fasern projizieren zu sensorischen und sekundär-motorischen Rindenarealen, sowohl ipsilateral als auch über den Balken zur kontralateralen Hemisphäre.
- Absteigende Fassern ziehen zum ipsilateralen Striatum der Basalganglien, Thalamus, und via pontine Kerne zum Zerebellum. Projektionsherde können als strukturelle Basis für Efferenzkopien der Befehlssignale aufgefasst werden.
- Nur ein relativ geringer Anteil des gesamten Outputs des motorischen Kortex wird über die kortikospinale Bahn und die indirekten Verbindungen via motorische Zentren im Hirnstamm zum Rückenmark übermittelt.
- Über eine transkortikale Schleife können gestörte Bewegungsabläufe schnell korrigiert werden (Long-Loop-Verbindung).

Sekundär-motorische Areale

Anatomische und physiologische Argumente sprechen dafür, dass die sekundär-motorischen Areale – mit einer gewissen Arbeitsteilung – sowohl an der Vorbereitung als auch an der Kontrolle der ausgeführten Bewegung beteiligt sind.

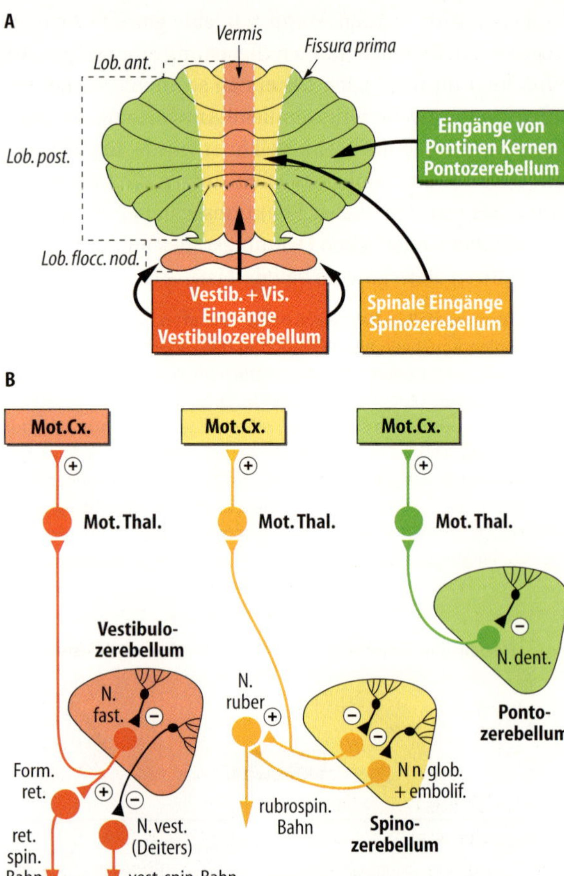

Abb. 7.22. Zuflüsse (A) und Ausgänge (B) des Zerebellums. Die lateralen Anteile werden vom Cortex cerebri via Ponskerne dominiert (Pontozerebellum), die mittelständigen Anteile von aufsteigenden spinozerebellären Fasersystemen, der Vermis und der Lobulus flocculo-nodularis von vestibulären und visuellen Eingängen. Ebenfalls medio-lateral organisiert sind die intrazerebellären Kerne mit ihren Ausgängen zum motorischen Kortex (via Thalamus) und zu motorischen Zentren des Hirnstammes (Formatio reticularis, Nucl. ruber, Nucl. Deiters)

7.8 Funktionelle Organisation des Zerebellums

Übersicht der Strukturen

Das Kleinhirn besteht aus drei funktionell unterschiedlichen Strukturen: Vestibulo-, Spino- und Ponto- (bzw. Neo-)zerebellum

Kleinhirnstrukturen. Abbildung 7.22 zeigt in schematisierter Form die wichtigsten makroskopischen Strukturen des Kleinhirns. Diese Strukturen sind, entwicklungsgeschichtlich gesehen, unterschiedlich alt. Sie haben auch, wie nachfolgend erläutert, unterschiedliche Aufgaben bei Okulo- sowie Stütz- und Zielmotorik.

Kleinhirnausmaße. Die Kleinhirnrinde erhält durch die auffallende Bildung von zahlreichen Falten, den so genannten *Folien*, eine sehr große Oberfläche, die auseinander gefaltet 17 cm × 120 cm betragen würde. Die Integrationsfunktion des Zerebellum ist bereits im Kontext der Halte- und Stützmotorik sowie der Zielmotorik kurz besprochen worden. Im Folgenden wird gezeigt, dass diesen zwei Kategorien der motorischen Steuerung auch eine Duplizität der strukturellen Kompartimente im Zerebellum und ihrer Phylogenese entspricht.

Aufgabe des Vestibulozerebellums

Die medianen Abschnitte des Kleinhirns koordinieren die Halte-und Stützmotorik sowie die Okulomotorik

Der phylogenetisch älteste Teil ***(Archizerebellum)*** setzt sich aus ***Flocculus*** und ***Nodulus*** zusammen; diese und auch der ***Vermis*** werden von vestibulären Zuflüssen dominiert ***(Vestibulozerebellum)***.

Als Output-Neurone projizieren die ***Purkinjezellen*** dieser Abschnitte z. T. direkt, z. T. indirekt via Nucl. fastigii, zu den ***Vestibulariskernen***. Dieses motorische Zentrum beeinflusst einerseits die ***Okulomotorik***, anderseits über die vestibulospinale Bahn die spinale ***Stützmotorik*** und den ***Gang***. Die Okulomotorik und die ***spinale Motorik*** wird zusätzlich über den Ausgang der ***Formatio reticularis*** beeinflusst.

Die phylogenetisch ebenfalls älteren paramedianen Anteile des Zerebellums ***(Palaeozerebellum)*** werden am stärksten von den aufsteigenden Rückenmarksbahnen beeinflusst; deshalb auch der Name ***Spinozerebellum.*** Die Koordination von Haltung und Lokomotion erfolgt, via Nucl. fastigii sowie über die mittelständigen Nucl. emboliformis und globosus, im motorischen Zentrum des Nucl. ruber.

Läsionsfolgen. Im Vordergrund stehen Störungen des ***Gleichgewichts***; die Patienten leiden auch an Übelkeit mit Erbrechen und Schwindel. Im Bereich der Okulomotorik beobachtet man spontane Pendelbewegungen der Bulbi (Pendelnystagmus) und es können auch Störungen der glatten Folgebewegungen der Augen auftreten (► s. Kap. 18.4). Im Bereich der Spinalmotorik macht sich eine Rumpf- und Gangataxie bemerkbar.

Aufgaben der Kleinhirnhemisphären

! Die Kleinhirnhemisphären koordinieren die Zielmotorik

Strukturen. Für die Kleinhirnhemisphären gebraucht man wegen der dominierenden Zuflüsse aus den Ponskernen auch die Bezeichnung ***Pontozerebellum.*** Die Ponskerne sind wiederum Empfangsstation von Meldungen aus den ***sensomotorischen Rindenfeldern***, dem ***präfrontalen*** und dem ***parietalen Assoziationskortex*** und schließlich aus dem ***visuellen Kortex.***

Mit der starken Größenzunahme der Hirnrinde in der Evolution zum Menschen ergibt sich auch eine starke Zunahme der pontinen Kerne, der Hemisphären und dem lateral im Kleinhirn gelegenen Nucl. dentatus ***(Neozerebellum).*** Allein die Ponskerne stellen eine Masse von 23 Millionen Neuronen dar. Der Nucl. dentatus übermittelt seine Aktivität zum ***motorischen Thalamuskern*** und von dort weiter zu ***motorischen Rindenarealen.***

Läsionsfolgen. Diese sind charakterisiert durch eine Behinderung der ***Initialisierung*** von Bewegungen und einer Koordinationsstörung beim zeitlichen Ablauf von ***Zielbewegungen***, wobei dies besonders für Synergien, d. h. zusammengesetzte Bewegungsabläufe gilt. Neben den bereits erwähnten Störungen beim Greifen ist auch die Sprachartikulation gestört (Dysarthrie).

Divergente und konvergente Verschaltung der Kleinhirnrinde

! Die Kleinhirnrinde ist in drei Schichten aufgebaut; die beiden Hauptzuflüsse erreichen die Kleinhirnrinde über Moos- und Kletterfasern und sind sowohl divergent als auch konvergent verschaltet

Abbildung 7.23 A zeigt den dreischichtigen Bau des Foliums:

- Die ***Körnerschicht*** liegt ganz innen und enthält sehr dicht gepackte kleine Körnerzellen,
- die ***Purkinje-Zellschicht*** liegt in der Mitte und enthält die großen Purkinje-Zellen und
- die ***Molekularschicht*** liegt ganz außen und enthält ein dichtes Geflecht von Dendriten der Purkinje- und Golgizellen sowie der Parallelfasern.

Die regelmäßige, fast kristallartige Anordnung ist im ZNS einmalig. Die Abstände der Purkinjezellen (P-Zellen) ist sowohl im Querschnitt als auch in der Längsrichtung des Foliums regelmäßig. Der imposante Dendritenbaum der P-Zelle ist im Wesentlichen zweidimensional im Foliumquerschnitt angeordnet, während die aufsteigenden Axone der Körnerzellen sich T-förmig in 2 Äste teilen, die parallel zum Folium verlaufen. Diese ***Parallelfasern*** durchstoßen orthogonal die vielen Pallisaden der P-Zelldendriten.

Die Grundverschaltung des Foliums mit den 2 Hauptzuflüssen über die ***Moos***- und die ***Kletterfasern***, sowie die implizierten Transmittoren, sind in Abb. 7.23 B dargestellt. Jede Kletterfaser bildet 10–15 Kollateralen, wovon jede 1 P-Zelle versorgt. Die Faserendigungen klettern spiralenförmig um die Dendriten und bilden unzählige synaptische Kontakte. Als physiologische Konsequenz ergibt sich – ähnlich wie an der motorischen Endplatte – eine Erregung der P-Zelle mit sehr sicherer synaptischer Transmission.

Da jede Moosfaser sich stark aufzweigt und viele Körnerzellen versorgt, und da eine Parallelfaser wiederum mit vielen P-Zellen Kontakte eingeht, ergibt sich in diesem System eine ***starke Divergenz.*** Anderseits »sammelt« eine P-Zelle über ihre Dendriten die erregenden synaptischen Einflüsse von vielen (ca. 200 000) Parallelfasern. Dieses System ist also sowohl durch Divergenz als auch durch ***Konvergenz*** charakterisiert. Der Schaltplan wird ergänzt durch ***hemmende Interneurone*** (Golgi-, Korb- und Sternzellen), die durch rückläufige und laterale Hemmung eine ***kontrastverschärfende Wirkung*** auf das Muster der erregten P-Zellpopulation haben (Abb. 7.23 B).

Die P-Zellen sind Empfänger der ins Zerebellum eintreffenden Meldungen und sind gleichzeitig Ausgangsneurone der Kleinhirnrinde. Ihre Wirkung auf die vestibulären Zielneurone und die Neurone der Kleinhirnkerne, ist inhibitorisch. Die Überträgersubstanz aller inhibitorischer Neuronen im Kleinhirn ist ***GABA.***

▪▪▪ Dieser Befund war zunächst überraschend, wenn man bedenkt, dass die durch die P-Zellen gehemmten Neurone der Kleinhirnkerne Meldungen weiter an die motorischen Zentren übermitteln müssen. Die Lösung des Rätsels ergab sich durch die Beobachtung, dass die Zielneurone der P-Zellen eine **ständige Basisaktivität** aufweisen mit hoher Entladungsraten von etwa 100 Hz. Durch Inhibition und Disinhibition (Hemmung der Hemmung) kann die Frequenz der Basisaktivität sehr fein in beide Richtungen verändert werden. Diese Mechanismen sind im ZNS weit verbreitet.

Schließlich zeigt der Schaltplan noch die Eingänge von **noradrenergen Fasern** aus dem **Locus coeruleus** und **serotoninergen Fasern** aus den **Raphekernen.** Dies sind neuromodulatorische Systeme, die im Gehirn weit verbreitet sind, deren funktionelle Bedeutung in diesem Fall jedoch noch unsicher ist.

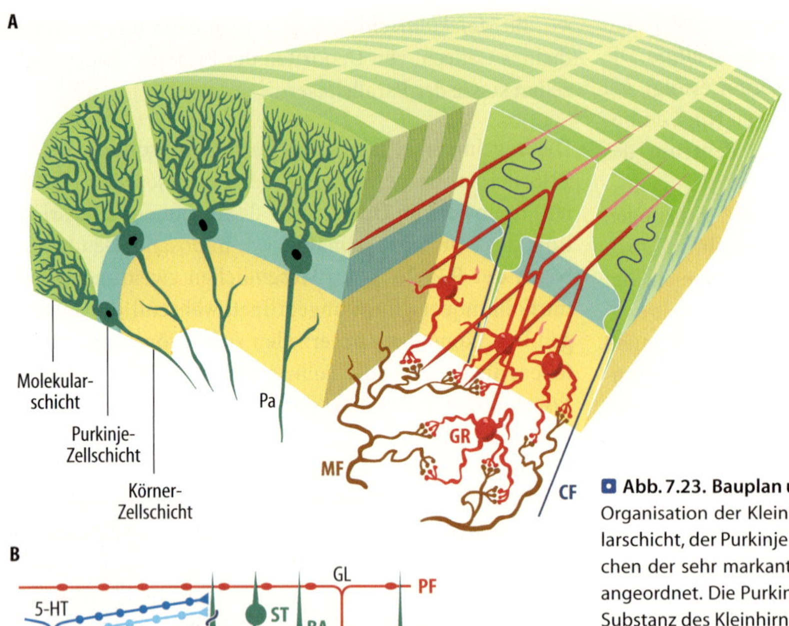

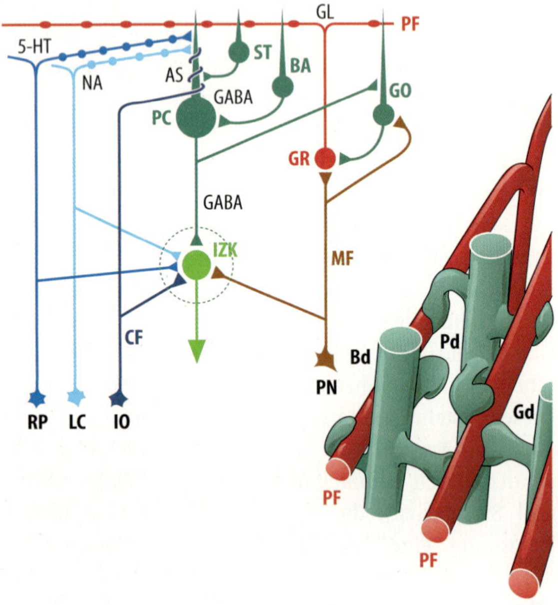

Abb. 7.23. Bauplan und Arbeitsweise des Kleinhirns. A Neuronale Organisation der Kleinhirnrinde. *Oben links:* Folium mit der Molekularschicht, der Purkinje-Zellschicht und der Körnerzellschicht. Die Flächen der sehr markanten Purkinje-Dendriten sind quer zum Folium angeordnet. Die Purkinje-Zelle *(Pc)* sendet ihr Axon *(Pa)* in die weiße Substanz des Kleinhirns und bildet rückläufige Kollateralen *(Pac)*. Die Purkinje-Zellen sind sowohl quer zum Folium als auch in seiner Längsrichtung in regelmäßigem Abstand angeordnet. Die Körnerzellen *(GR)* erhalten synaptischen Kontakt von den Moosfasern *(MF)* und bilden ihrerseits Axone, die sich T-förmig aufteilen und als Parallelfasern *(PF)* längs des Foliums verlaufen. Sie bilden zahlreiche synaptische Kontakte mit den Dendriten der Golgi-Zellen *(Gd)*, der Korbzellen *(Bd)* und der Purkinje-Zellen *(Pd)*. Diese Kontakte mit den Dendritendörnchen sind *rechts* vergrößert dargestellt. **B** Hauptverschaltungen im Folium mit den Eingängen über die Moosfasern *(MF)* (deren Axone z. B. aus pontinen Neuronen *(PN)* stammen) und die Parallelfasern *(PF)*, über die Kletterfasern *(CF)* aus der unteren Olive *(IO)*, über die serotonergen Fasern aus den Raphekernen (RP) sowie über die noradrenergen Fasern aus dem Locus coeruleus *(LC)*. Die Purkinje-Zellen *(PC)* bilden die einzigen Ausgangselemente der Kleinhirnrinde. Die Sternzellen *(ST)*, Korbzellen *(BA)* und Golgi-Zellen *(GO)* sind lokale Interneurone. Alle dunkelgrün eingezeichneten Zellen sind GABAerg und üben eine inhibitorische Wirkung aus. Exzitatorische Transmitter sind Aspartat *(AS)* und wahrscheinlich auch Glutamat *(GL)*. In der Kleinhirnrinde findet sich auch reichlich Serotonin (5-HT) und Noradrenalin *(NA)*. Zielneurone der Purkinje-Zellen sind die intrazerebellären Kerne *(IZK)* und der Vestibulariskernkomplex

Erregung der Kleinhirnrinde durch Moosfasern

! Die Moosfasern erzeugen längs zum Folium angeordnete Erregungsherde

Das Modell der Abb. 7.24 veranschaulicht eine natürliche Aktivierung von Neuronenpopulationen im zerebellären Kortex. Sensorische Ereignisse, z. B. Berührungsreize, erzeugen über die afferenten Bahnen zum Zerebellum diskrete Erregungsherde in ipsilateralen Populationen der P-Zellen. Diese sind streifenförmig, längs zum Folium orientiert und haben eine Länge von ca. 3 mm. Die Ausdehnung entspricht einem Bündel erregter Parallelfasern. Durch laterale Hemmung der nur schwach erregten P-Zellen kommt es zu einem kontrastreichen Erregungsstreifen.

Ähnlich verteilte multiple Erregungsmuster können auch durch die Aktivierung der Moosfasern aus den pontinen Kernen entstehen. Man muss sich somit vorstellen, dass eine »*Efferenzkopie*« (d. h. eine Kopie des Kommandosignales) und eine »*Afferenzkopie*« (d. h. sensorische Signale, die durch externe Störungen ausgelöst werden) sich in einer Vielfalt von solchen kleinen Erregungsstreifen manifestieren, wobei diese in der räumlichen und zeitlichen Dimension fluktuieren.

Erregung der Kleinhirnrinde durch Kletterfasern

! Kletterfasern erzeugen sagittal orientierte Erregungsmuster

Abbildung 7.24 zeigt ebenfalls Erregungsherde, die durch das Kletterfasersystem erzeugt werden. Die Neurone der Kletterfasern stehen ebenfalls unter dem Einfluss peripherer Ereignisse und werden zudem durch motorische »Befehlsausgaben« aktiviert. Demnach entsprechen die erzeugten Erregungsherde der P-Zellen ebenfalls ei-

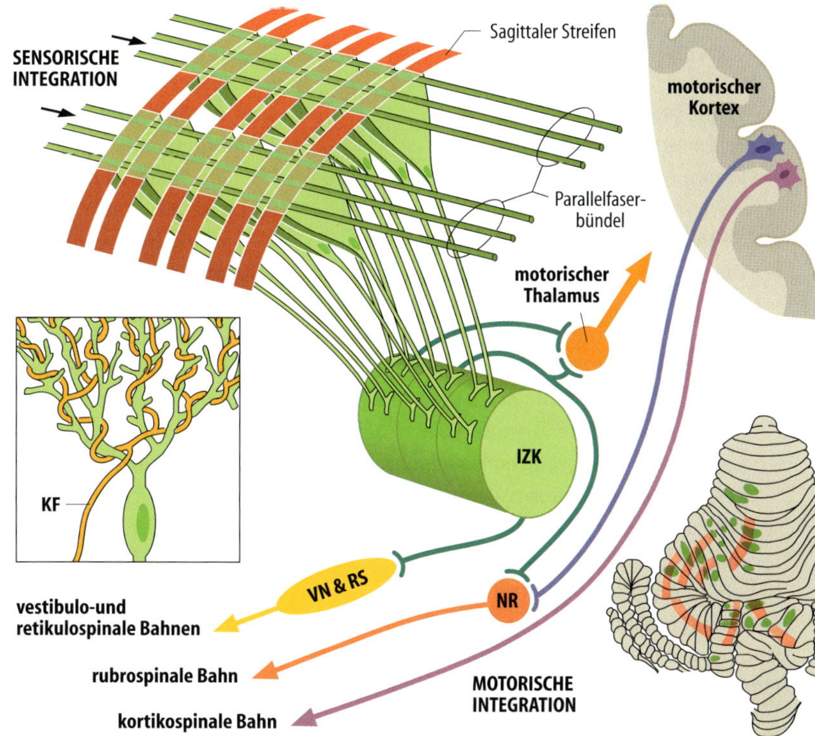

Abb. 7.24. Zerebelläre Verschaltung, die der »dynamischen Selektionshypothese« zugrunde liegt. Sensorische Integration: über aktivierte Parallelfaserbündel werden in der Längsrichtung des Foliums Populationen von Purkinje-Zellen gebahnt (*grüne* Streifen im Einsatzbild *rechts*). Sagittale Streifen *(rot)* von Purkinje-Zellen werden über Kletterfasern (*KF* im Einsatzbild *links*) aktiviert. Bei den Überschneidungen kommt es zu einer Potenzierung der Erregung der Purkinje-Zellen. Die Hypothese besagt, dass an den Purkinje-Zellen durch eine kurzdauernde Kletterfaseraktivierung die Übertragung von den Parallelfasern zu den Purkinje-Zellen längerfristig (für eine Bewegungssequenz) gebahnt wird. Durch die somatotopisch organisierten Projektionen der Purkinje-Zellen werden spezifische Regionen der intrazerebellären Kerne selektioniert, d. h. es kommt auch zu einer motorischen Integration *(IZK)*. Nach Bloedel (1992)

ner Afferenzkopie und einer Efferenzkopie. Diese sind aber sagittal orientierte Längsstreifen von erregten Purkinjezellen. Die in Abb. 7.24 schematisch dargestellten, scharf begrenzten Erregungsstreifen überschneiden sich orthogonal.

Der zerebelläre Schaltplan mit den doppelten Zuflüssen aus dem Moosfaser- und dem Kletterfasersystem hat zu zahlreichen Hypothesen geführt. Ihnen gemeinsam ist, dass das Kletterfasersystem das Moosfasersystem bei gleichzeitigem Eintreffen die schwächeren synaptischen Zuflüsse aus dem Moosfasersystem zu den P-Zellen verstärkt und stabilisiert. Als Beispiel ist in Abb. 7.24 die »dynamische Selektionshypothese« näher erläutert.

Motorisches Lernen im Kleinhirn

Das Zerebellum ist auch an langfristigen motorischen Adaptationen und am motorischen Lernen beteiligt

Die folgenden zwei Beobachtungen belegen, dass das Zerebellum auch an langfristigen Adaptationen sowie am motorischen Lernen beteiligt ist:

- ***Beispiel einer motorische Adaptation.*** Wenn der Sehvorgang durch Vorsetzen von Prismengläsern gestört wird, werden visuell geführte Bewegungen nicht korrekt durchgeführt. Die visuelle Information stimmt nicht mehr mit den somatosensorischen und vestibulären Rückmeldungen überein. Erstaunlicherweise kann aber eine Versuchsperson lernen, sich an die neue Situation anzupassen; nach wenigen Tagen werden die Bewegungen wieder korrekt durchgeführt. Dies geschieht offenbar in adaptiver Weise durch eine ***neue »Kalibrierung« der afferenten Signale.*** Insbesondere konnte man nachweisen, dass sich die Übertragung im Vestibulookulären Reflex drastisch änderte. Diese langfristige Adaptation im vestibulookulären Reflex erfolgt jedoch nur bei intaktem Zerebellum.
- ***Motorisches Lernen.*** Die klassische Konditionierung des Lidschluss-Reflexes ist ein Modell für motorisches Lernen. Der Lidschluss-Reflex wird durch eine Berührung der Kornea ausgelöst. Beim Kaninchen kann dieser Reflex durch Paarung des Berührungsreizes mit einem akustischen Signal konditioniert werden. Nach relativ kurzer Zeit wird ein Lidschluss auch durch den akustischen Reiz allein ausgelöst (Paradigma der klassischen Konditionierung nach Pawlov, ▶ s. Kap. 10.1). Es wurde gezeigt, dass sowohl für die Erwerbung als auch für die Retention des bedingten Reflexes umschriebene Teile des Zerebellums und der Ursprungskern der Kletterfasern (Nucl. olivaris inf.) notwendig sind.

In Kürze

Kleinhirn

Das Kleinhirn kann nach seinen Afferenzen und Efferenzen in funktionelle Abschnitte unterteilt werden. Bei der Gliederung nach den Afferenzen unterscheidet man:

- Vestibulozerebellum,
- Spinozerebellum und
- Pontozerebellum.

▼

Nach der Topographie können unterschieden werden:
- Vermis (medial),
- Pars intermedia (intermediär) und
- Hemisphären (lateral).

Funktionen der Kleinhirnabschnitte
- Die medialen und intermediären Abschnitte des Zerebellums mit Vermis, Flocculus, Nodulus sowie der Pars intermedia sind Kontrollinstanzen für die Stützmotorik und die Okulomotorik.
- Die lateralen Anteile mit den beim Menschen mächtig entwickelten Hemisphären haben eine koordinierende Wirkung auf Bewegungssequenzen und sorgen für eine korrekte Parametrisierung der kinematischen Abfolge der Bewegungen.

Neben seiner unmittelbaren sensomotorischen Koordinationsfunktion spielt das Zerebellum auch bei langfristigen motorischen Adaptationen und beim motorischen Lernen eine Rolle.

Eingänge zur Kleinhirnrinde

Der Schaltplan imponiert durch seine außerordentliche Regelmäßigkeit. Die zwei Haupteingänge zur Kleinhirnrinde werden vom Moosfaser-Parallelfaser-system sowie vom Kletterfasersystem gebildet.
- Die Neurone des Moosfaser-Systems zeigen eine starke Divergenz. Die Aktivierung eines Bündels von Parallelfasern durch die Moosfasern erzeugt kleine Erregungsstreifen, die längs zum Folium angeordnet sind.
- Eine Erregung in einer Kletterfaser wird mit großer Sicherheit auf etwa 10 Purkinjezellen übertragen. Hemmende Interneurone erzeugen durch ihre Kontrastwirkung scharf begrenzte Erregungsherde in der Purkinje-Zellschicht. Durch Kletterfasern erzeugte Erregungsherde sind sagittal orientiert.

7.9 Funktionelle Organisation der Basalganglien

Kompartimente und Schleifen der Basalganglien

Die Basalganglien sind Komponenten von parallel angeordneten Funktionsschleifen, die den Thalamus und die Hirnrinde einschließen

Die Masse der Basalganglien kann durch unterschiedliche Verbindungen ihrer Ein- und Ausgänge in funktionelle Kompartimente unterteilt werden (► s. Abschnitt 7.1). Der Informationsfluss in diesen multiplen Kompartimenten ist getrennt und läuft parallel ab. Er betrifft einerseits die Organisation der motorischen Vorbereitung und Ausführung, anderseits aber auch kognitive Aspekte des Verhaltens und der Motivation.

- ***Skeletomotorische Schleife.*** Sie ist die am besten untersuchte Komponente der Basalganglien und spielt eine bedeutende Rolle in der Pathophysiologie der Motorik. Sie nimmt ihren Ursprung in den ***prämotorischen, motorischen und somatosensorischen Rindenarealen***; die erste Station in den Basalganglien ist das ***Putamen.*** Diese Übertragung ist somatotopisch geordnet; zugleich erfolgt jedoch eine Integration der Information von den verschiedenenen Kortexarealen. Zum Beispiel konvergieren Signale von den multiplen kortikalen Armrepräsentationen auf eine Neuronenpopulation, die eine ***rostrokaudal orientierte Säule im Putamen*** bildet.

  Die Aktivität von Neuronen einer solchen »Armsäule« ist ausschließlich mit Armbewegungen korreliert, wobei die Intensität dieser Aktivierung von der Bewegungsrichtung, der Kraft und der Amplitude abhängt (Abb. 7.25 A). Die neuronale Aktivität von anderen säulenförmigen Kompartimenten im Striatum ist mit Kopfbewegungen oder Beinbewegungen korreliert. Die Aktivität wird weiter zum inneren Segment des ***Globus pallidus (GPi)*** und von dort zum ***motorischen Thalamus*** übermittelt; der Kreis schließt sich in den ***motorischen Rindenarealen*** (► s. auch Abb. 7.4). Die Somatotopie bleibt in der aufsteigenden Schleife erhalten.
- ***Okulomotorische Schleife.*** Die Schleife beginnt in den ***frontalen*** und ***parietalen Augenfeldern des Kortex***, zieht zu einem okulomotorischen Abschnitt des ***Nucl. caudatus*** und benützt als Ausgangs-Struktur vorwiegend die ***Substantia nigra, Pars reticulata (SNr).*** Diese Neurone haben aufsteigende Verbindungen zu Thalamuskernen, die zurück zum frontalen Augenfeld des Kortex projizieren. Von der SNr ziehen auch Fasern zum ***Colliculus superior*** des Mittelhirns. In all diesen Strukturen sind die Neurone an der Steuerung der Blickmotorik beteiligt (Abb. 7.25 B).
- ***Komplexe (assoziative) Schleifen.*** Es können 3 Schleifen unterschieden werden, die ihren Ursprung im ***dorsolateralen Präfrontalkortex***, im ***orbito-frontalen*** und im ***limbischen Kortex*** haben. Alle diese Areale sind beim Menschen mächtig entwickelt und spielen eine Rolle für ***langfristige Aktionsplanung, Motivation und Bewegungsantrieb.*** Daraus (und auch aufgrund der Neuropathologie der Basalganglien) kann man annehmen, dass diese »höheren« und komplexen kortikalen Leistungen ebenfalls die Basalganglien beanspruchen.

Transmitter in den Basalganglien

Der Transmitter der exzitatorischen kortikostriatalen Bahnen ist Glutamat; die weitere Übertragung zum Globus pallidus und von dort über die effenten Bahnen zum Thalamus erfolgt inhibitorisch mit GABA als Transmitter

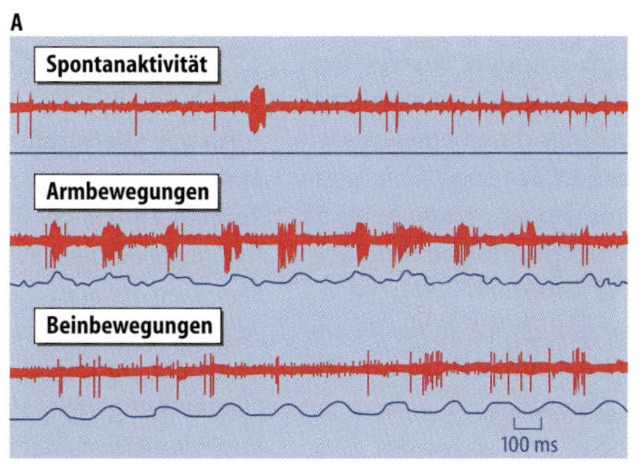

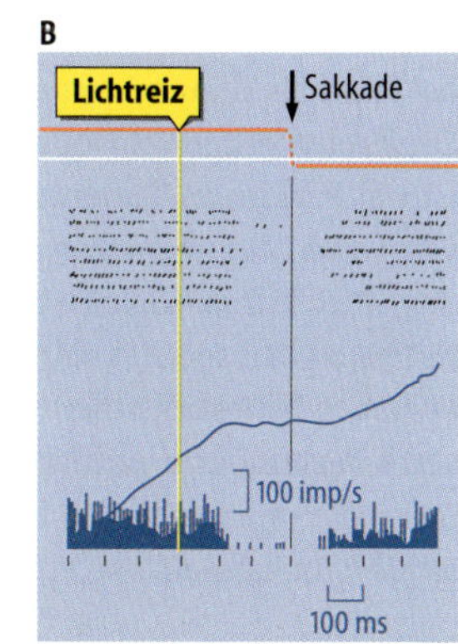

Abb. 7.25. Arbeitsweise der Basalganglien. A Somatotopie in den Basalganglien: Aktivität einer Zelle im inneren Glied des Globus pallidus, die bei einem Affen im motorischen Verhaltenstest registriert wurde. Es ist deutlich zu sehen, dass die Aktivität mit Armbewegungen und nicht mit Beinbewegungen korreliert. Die Spontanaktivität im Globus pallidus ist auch ohne Bewegungen relativ hoch. Nach Brooks (1981). **B** Aktivität einer Zelle der Substantia nigra, pars reticulata (Affe), deren Aktivität mit Augensakkaden korreliert. Beim vertikalen gelben Strich leuchtet ein Lichtpunkt auf. Der Affe ist trainiert, eine Sakkade zu diesem neuen Fixierpunkt durchzuführen. Etwa 100 ms nach Erscheinen des Lichtreizes und knapp 200 ms vor Sakkadenbeginn wird die Zellaktivität fast vollständig unterdrückt (zu sehen, von oben nach unten, im Punkteraster, in der kumulativen Verteilungskurve und im Zeithistogramm). Diese Unterdrückung der Zellaktivität wird in den Zielneuronen im Thalamus und Tectum eine Enthemmung (Aktivierung) bewirken. Nach Hikosaka u. Wurtz (1983)

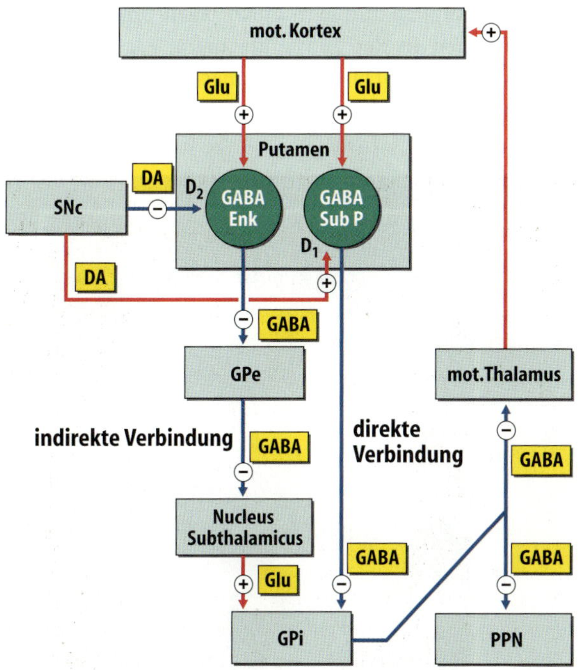

Abb. 7.26. Neuronale Verschaltung und Transmittoren der Basalganglien. Zu beachten sind die zwei Übertragungswege vom Putamen zum Globus pallidus *(GPi)*; der indirekte Weg über den Nucl. subthalamicus wird durch die dopaminerge Bindung an D2-Rezeptoren gehemmt, während der direkte Weg über die dopaminerge Bindung an D1-Rezeptoren aktiviert wird. *Rote Pfeile:* exzitatorische Übertragung, *blaue Pfeile:* inhibitorische Übertragung. Mod. nach Alexander u. Crutcher (1990)

Hemmung und Enthemmung. (Abb. 7.26). Die von den Pyramidenzellen des Kortex ausgehende kortikostriatale Übertragung ist wie wahrscheinlich bei allen kortikofugalen Neuronen ***glutamaterg*** und ***erregend***. Die weitere Übertragung vom Putamen zum inneren Segment des ***Globus pallidus*** (GPi) erfolgt hingegen mit ***inhibitorischen GABAergen Projektions-neuronen***. Ähnlich wie im Zerebellum ist diese inhibitorische Übertragung an eine hohe Spontanaktivität der Zielneurone im inneren Pallidumsegment (GPi) gebunden. Die Neurone des Globus pallidus üben ebenfalls eine ***inhibitorische GABAerge Wirkung*** im ***motorischen Thalamus*** aus. Man beachte, dass eine zweifach inhibitorische Serienschaltung (Hemmung der Hemmung = Disinhibition) gleichbedeutend ist mit einer ***Exzitation*** der thalamischen Neurone, die ebenfalls eine hohe Spontanaktivität aufweisen. Schließlich werden durch die thalamokortikalen Neurone Befehlssignale in den motorischen Rindenarealen generiert.

▪▪▪ **Colokalisation und Spezifizität.** In den inhibitorischen Neuronen sind meist neben GABA auch **peptiderge Überträgerstoffe colokalisiert.** Man hat schon eine größere Zahl solcher Neuropeptide in den Basalganglien identifiziert, u. a. die **Substanz P** und **Enkephalin.** Ihre Wirkung tritt langsamer ein und ist abhängig von der Frequenz der eintreffenden Aktionspotentiale. Der GABA-Transmitter kann mit einem bestimmten Neuropeptid co-lokalisiert sein, was zu einer Spezifizierung in Subsystemen der Basalganglien führt. Zum Beispiel ist bei den GABA-ergen Neuronen im Putamen, die zum GPe projizieren das Enkephalin colokalisiert, während bei den GABAergen Neuronen, welche zum inneren Segment des Globus pallidus (Gpi) projizieren, die Suibstanz P colokalisiert ist. Der Ausgang des Nucl. subthalamicus zum GPi und zur SNr ist exzitatorisch und glutamaterg. Schließlich ist das Striatum auch reich an **exzitatorischen cholinergen Interneuronen** mit muskarinischer Wirkung.

Dopaminerge Neurone der Substantia nigra

Dopaminerge Neurone der Substantia nigra sind für die normale Funktion der Basalganglien unentbehrlich

Dopaminerge Neurone der Substantia nigra, die zum Striatum ziehen, modulieren die vom Kortex eintreffenden Informationen im Striatum. Dieses System bezeichnet man als dopaminerges nigro-striatales Fasersystem. Die Freisetzung von Dopamin (DA) im Corpus Striatum ist bei Parkinson-Patienten, bedingt durch einen massiven Untergang der DA-Neurone in der Substantia nigra des Mittelhirns (SNc), stark erniedrigt. Diese Einsicht führte zu den spektakulären Therapieerfolgen mit der L-DOPA Substitutionstherapie. ◻ Abbildung 7.27 zeigt die stark verminderte Aufnahme von L-DOPA in die Terminalen der dopaminergen Fasern bei einem Parkinson-Patienten im Vergleich zu einem gesunden Probanden.

▪▪▪ Der Name der Substantia nigra im Mesenzephalon rührt von ihrer leicht schwärzlichen Anfärbung im frischen Schnitt durch den Hirnstamm; diese wird durch die Speicherung von Melaninpigment in den Zellen der Substantia nigra, pars compacta (SNc) verursacht. Melanin ist ein Nebenprodukt im Syntheseweg zum Dopamin (DA) in den DA-Neuronen. Neuropathologen haben schon früh erkannt, dass im Gehirn von verstorbenen Parkinsonpatienten diese schwärzliche Anfärbung fehlt.

Die DA-Neurone der SNc haben sehr feine Axone, die durch ihre vielfachen Verzweigungen ein weites Netz im Striatum bilden. Entlang des Axons sind lichtoptisch perlschnurartige Schwellungen zu sehen, so genannte **Varikositäten**, die im elektronenmikroskopischen Bild als **präsynaptische Formationen** erkannt wurden. DA-Neurone haben einen charakteristischen, langsamen Entladungsrhythmus von 1–2 Hz, der sich nur wenig ändert. Phasische Entladungs-Salven werden hauptsächlich bei motivierenden Ereignissen ausgelöst, z. B. wenn ein Stimulus mit einer Belohnung assoziiert ist, oder auch bei plötzlichen, unerwarteten Reizen wie z. B. bei einem nozizeptiven Reiz.

Tonische »Berieselung« der Basalganglien durch Dopamin. Jedes tonisch aktive DA-Neuron wird etwa alle Sekunden an den ca. 100 000 Varikositäten im ausgedehnten Ausbreitungsgebiet des Axons etwas DA freisetzen. Das nigrostriatale Fasersystem zeigt eine starke Divergenz und versorgt das gesamte Corpus striatum. Die DA-Neurone ***modulieren*** die kortiko-striatale synaptische Übertragung. Die Pathologie zeigt, dass die normale Funktion der Basalganglien von dieser Modulation kritisch abhängig ist.

Plus- und Minussymptome beim Morbus Parkinson

! Die bei Erkrankungen der Basalganglien auftretenden motorischen Störungen zeigen, dass dieses System für Bewegungen aus eigenem Antrieb und für komplexe Bewegungsabläufe zuständig ist

Der ***Morbus Parkinson*** ist ein Prototyp einer Erkrankung der Basalganglien und wird durch einen Untergang von DA-Neuronen in der Substantia nigra, Pars compacta (SNc) verursacht. Durch die mangelnde »Berieselung« des Corpus striatum durch DA kommt es zu schwerwie-

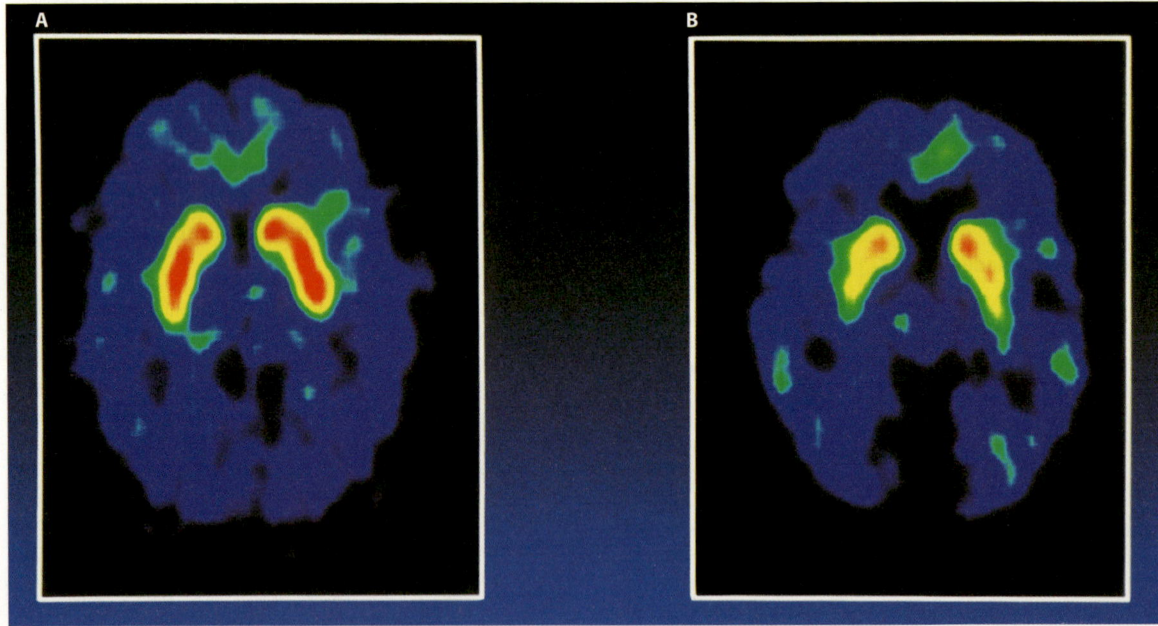

◻ **Abb. 7.27. Diagnostik zerebraler Erkrankungen mit bildgebenden Verfahren am Beispiel eines Pakinson-Patienten.** Positronemissionstomographie *(PET)* von Gehirn eines gesunden Menschen (**A**) und eines Parkinsonpatienten (**B**). Die horizontalen Schnittbilder treffen die Basalganglien. Nach Injektion von L-DOPA, das mit dem Radionucleid 18F markiert wurde ([18F]-Fluorodopa), findet man eine Markierung im Corpus striatum, besonders im Bereich des Putamen. Die Intensität ist mit Farben kodiert, wobei rot die höchste Intensität, blau-violett die niedrigste Intensität bedeutet. Die Aktivierung ist beim Parkinsonpatienten deutlich vermindert (40 %) gegenüber der Aktivierung im normalen Hirn. Die Intensität der Aktivierung ist ein Mass für die Aufnahme und Speicherung von L-DOPA (der Vorstufe von Dopamin) in den Terminalen der nigrostriatalen Fasern. Die Verminderung der L-DOPA Aufnahme im Putamen ist dem progressiven Untergang von Neuronen in der SNc zuzuschreiben. Der Mechanismus der Aufnahme der DA-Vorstufe durch die dopaminergen Faserendigungen kann somit als Funktionstest für das nigrostriatale System und damit indirekt auch für die Basalganglienfunktion gewertet werden. Originalaufnahmen von Prof. K. L. Leenders aus dem Paul Scherrer Institut, Villigen, Schweiz, mit freundlicher Genehmigung

genden motorischen Funktionsstörungen der skeleto- und okulomotorischen Schleifen hinweisen.

▪▪▪ Die komplexen Funktionsschleifen der Basalganglien sind im Allgemeinen wenig betroffen; erst in späteren, fortgeschrittenen Stadien kann es zu Defekten von kognitiven Funktionen und einer Verlangsamung des Denkens (**Bradyphrenie**) kommen. Die außerhalb der SNc liegenden DA-Neurone im ventralen Tegmentum und in der Retina sind meist nicht betroffen.

Minussymptome. Auffallend ist die Bewegungsarmut oder ***Akinese***; dies gilt besonders für selbstinitiierte Bewegungen, während sensorisch geführte motorische Akte erstaunlich gut erhalten bleiben. Begonnene Bewegungen werden manchmal nicht zu Ende geführt ***(»Freezing«)***, und es fällt den Patienten schwer, ein Bewegungsprogramm zu ändern oder komplexe, zusammengesetzte Bewegungssequenzen durchzuführen. Die Mimik ist reduziert ***(Maskengesicht)***. Bewegungsparameter (Kraft, Amplitude, Geschwindigkeit) sind ebenfalls reduziert, was sich in kleinen Schritten und einer kleinen Schrift ***(Mikrographie)*** äußert. Die verlangsamten Bewegungen werden als ***Bradykinese*** bezeichnet. Es fehlt die antizipatorische Anpassung der Haltung an die Intentionsbewegung. Die ***Blickmotorik*** kann eingeschränkt sein.

Plussymptome. Intentionsbewegungen sind bei Parkinsonpatienten ebenfalls gestört durch überschießende und willentlich nicht unterdrückbare Aktivität. Diese äußert sich in groben Zitterbewegungen ***(Tremor)***. Die Stützmotorik ist durch erhöhten Muskeltonus ***(Rigor)*** und eine ***gebückte Körperstellung*** charakterisiert. Charakteristische Plussymptome der Motorik treten auch bei anderen progredienten degenerativen Erkrankungen der Basalganglien auf. Bei der ***Chorea*** (= Huntington'sche Krankheit) sind es unwillkürliche, tickartige Bewegungen, besonders im Gesicht und den Händen; beim ***Hemiballismus***, der nach (meist vaskulär bedingter) Zerstörung im Bereich des Nucl. Subthalamicus auftritt, zeichnet sich durch unwillkürliche Schleuderbewegungen des Armes aus.

Dopaminerge, cholinerge und peptiderge Rezeptoren

! Dopamin steht mit anderen Transmittern in einem subtilen Gleichgewicht und erzeugt über verschiedene Rezeptoren unterschiedliche Wirkungen

Zwei Übertragungswege in den Basalganglien. Wie für die meisten aminergen Transmitter gibt es auch für das DA eine ganze Familie von Rezeptoren. Physiologisch und pathophysiologisch bedeutsam ist die unterschiedliche DA-Wirkung bei einer Aktivierung der D_1- oder der D_2-Rezeptoren:

- eine Aktivierung der D_2-Rezeptoren im Putamen vermindert die ***indirekte*** Übertragung via Nucl. subthalamicus zum GPi,
- während eine D_1-Aktivierung die ***direkte*** Übertragung vom Putamen zum GPi fördert (▫ Abb. 7.26).

Das bedeutet, dass bei DA-Mangel der GPi (als Ausgangsstruktur der Basalganglien) sowohl überaktiv als auch vermindert aktiv sein kann, je nachdem ob der direkte oder der indirekte Weg mehr betroffen ist.

Der Ausgang der Basalganglien hemmt seinerseits die thalamokortikale Neuronenkette (▫ Abb. 7.26). Somit wird eine verminderte Aktivität am Ausgang der Basalganglien zu einer überschießenden Aktivität im motorischen Kortex führen (Wegfall der Hemmung im motorischen Thalamus), während ein überschießender Output zu einer Unterfunktion des motorischen Kortex führt (übermäßige Hemmung im motorischen Thalamus). Die zwei Übertragungswege in den Basalganglien erhellen einerseits das gleichzeitige Vorkommen von Plus- und Minussymptomen bei DA-Mangel und eröffnen andererseits auch neue und spezifischere therapeutische Möglichkeiten, z. B. mit der Entwicklung spezifischer Agonisten und Antagonisten der D_1- und D_2-Rezeptoren.

Gleichgewicht zwischen Überträgersubstanzen. Neben einem DA-Mangel findet man beim Morbus Parkinson und anderen Erkrankungen der Basalganglien auch häufig abnorme Werte für Azetylcholin, Noradrenalin, GABA und eine Reihe von Peptidtransmittoren.

Aus der Tatsache, dass Hemmer der cholinergen Übertragung, d. h. ***Atropinderivate***, günstig auf Plussymptome wirken, hat man geschlossen, dass normalerweise die 2 Transmittoren-Systeme in einem präzisen Gleichgewicht stehen und dass bei DA-Mangel die cholinergen Neurone ein relatives Übergewicht erlangen. Es ist wahrscheinlich, dass solche wechselseitigen Gleichgewichtszustände auch für die anderen Transmittersubstanzen gelten.

Überschießende Neuronenaktivität im Nucl. subthalamicus von Parkinsonpatienten

! Eine Dauerstimulation des N. subthalamicus vermindert die Parkinsonsymptome

Es wurde gezeigt, dass der exzitatorische Ausgang des Nucl. subthalamicus zum Globus pallidus und zur SNr bei Parkinson-Patienten stark erhöht ist. Da die aufsteigende Neuronenkette vom Globus pallidus einen hemmenden Einfluss auf die nachfolgende Neuronenkette des motorischen Thalamus und motorischen Kortex hat, resultiert daraus eine pathologisch ***verstärkte Hemmung*** der ***motorischen Hirnrinde*** bei Parkinsonpatienten.

Die entscheidende Entdeckung war, dass eine elektrische Dauerstimulation im ***Nucl. subthalamicus*** den pathologisch erhöhten exzitatorischen Ausgang dieses Kernes vermindert, womit sich auch die nachfolgende hemmende »Bremse« des Ausganges der Basalganglien zum Thalamus und zum motorischen Kortex normalisierte. Die Dauerstimulation durch implantierte Reizelektroden wird zur Zeit weltweit durchgeführt; sie hat den Vorteil, dass die Stimulationsparameter kontrollierbar bleiben, die Stimulation notfalls auch ganz abgebrochen werden kann. Dies ist ein eindrückliches Beispiel einer physiologischen Entdeckung, die zu einer neuen und erfolgreichen Behandlungsstrategie geführt hat.

In Kürze

Funktionelle Organisation der Basalganglien

Die Funktion der Basalganglien ergibt sich im Zusammenhang mit deren Zuflüssen aus großen Teilen der Hirnrinde und ihren rückläufigen, transthalamischen Verbindungen zur Rinde des Frontallappens. Beim Menschen sind die Basalganglien auch für

- kognitive Leistungen,
- Langzeitplanung,
- Motivation und
- Denken impliziert.

Diese Hirnleistungen beanspruchen mehrere komplexe Schleifen, die den höheren Assoziationskortex und die Basalganglien einschliessen.
Komponenten mit funktioneller Eigenständigkeit ergeben sich aus den speziellen Verknüpfungen mit bestimmten Kortexarealen.
Bei Bewegungsstörungen sind vorwiegend die skeletomotorische und die okulomotorische Schleifen betroffen.

Synaptische Übertragung

Die Informationsübertragung in den motorischen Schleifen ist somatotopisch geordnet. Hemmung und Enthemmung sind prominente Mechanismen in der synaptischen Übertragung in den neuronalen Schleifen.
Der Neuromodulator Dopamin (DA) hat eine Schlüsselposition für die normale Funktion der Basalganglien. Die Hauptfunktion von DA besteht in der Feinkontrolle über die glutamaterge Transmission der kortikalen Zuflüsse zum Striatum.

7.10 Bereitschaft und Einstellung zum Handeln

Handlungsantrieb und Bewegungsentwurf

Ein mentaler Vorbereitungsprozess geht der Ausführung einer Handlung voraus

Motorische Einstellung (Preparatory Set). Je mehr man sich auf eine Handlung vorbereitet, desto besser gelingt deren Durchführung. Jeder Sportler kennt diesen Effekt der mentalen Einstellung zur motorischen Leistung. Von psychologischer Seite wurde schon zu Beginn des 20. Jahrhunderts begonnen, diese ***mentale Vorphase*** der Einstellung aufgrund der nachfolgenden Leistung zu untersuchen. In der deutschen Literatur findet man auch die Begriffe ***Bewegungsentwurf*** oder ***-bereitschaft.*** Konzeptionell ist die motorische Vorbereitungsphase eng verknüpft mit dem Begriff der ***Bewegungsplanung*** und der ***Programmierung.*** Motorisches Lernen, Aufmerksamkeit und Motivation sind ebenfalls signifikante Faktoren für die Reaktionsfähigkeit und motorische Leistung.

▪▪▪ Quantitative Analysen des postulierten mentalen Prozesses können indirekt im Paradigma der Reaktionszeit (RZ) sichtbar gemacht werden. Ein kurz vor dem Startsignal gegebenes Warnsignal verkürzt die RZ signifikant. Tatsächlich wird man beim Kommando »Achtung-Bereit-Los!« das »Los« bereits antizipieren. Bei einer Wahlreaktion ist die RZ gegenüber einer einfachen RZ verlängert. Wenn hingegen **vor** dem Startsignal eine Vorinformation über die durchzuführende Bewegung geliefert wird, gleicht sich die komplexe (Wahl-) RZ der einfachen RZ an, da die Versuchsperson sich bereits vor dem Startsignal auf die zu wählende Bewegung eingestellt hat.

Innerer Bewegungsantrieb. Für das menschliche Handeln ist die ***Selbstinitiierung*** mindestens so wichtig wie reaktives Verhalten auf äußere Reize. Diesbezüglich ist man aber fast ausschließlich auf subjektive Einsichten angewiesen. Die klinische Neuropathologie lässt uns jedoch erahnen, wie wichtig die neuralen Prozesse für die Vorbereitung selbstinitiierter Bewegungen sind; zudem scheinen sie an andere Hirn-Strukturen gebunden zu sein als reaktive Bewegungen. Wie bereits erwähnt, sind bei Parkinsonpatienten die Bewegungen aus eigenem Antrieb ernsthaft gestört, während die sensorisch ausgelösten oder geführten Bewegungen viel besser gelingen.

Pathophysiologie von Handlungsantrieb und Bewegungsentwurf

Schädigungen des frontalen und parietalen Assoziationskortex sowie limbischer Rindenareale beeinträchtigen den Bewegungsentwurf

Um eine Aktion in Gang zu bringen sind ***Motivation*** und eine ***Zielvorstellung*** notwendig. Ferner muss die Handlung in Relation zur ***momentanen Körperposition*** und zum ***äußeren Handlungsraum*** geplant sein. Die Zielvorstellung ist mit Erwartung verknüpft. Der Vergleich von Zielvorstellung und effektiv erreichtem Ziel ist beim motorischen Lernen von entscheidender Bedeutung. Beim motorischen Lernen sind neuronale Netzwerke impliziert, die weit verteilt sind: im präfrontalen Assoziationskortex, in den Basalganglien, im Hirnstamm und im Zerebellum.

Eine aktuelle Hypothese (ein Modell) besagt, dass der effektive sensorische Feedback eines Bewegungsaktes mit dem gespeicherten erwarteten Feedback verglichen wird. Differenzen zwischen den zwei Signalen werden genutzt, um das zentral gespeicherte Modell des Bewegungsablaufes zu korrigieren. Schließlich sind auch neuronale Belohnungsmechanismen im Spiel, die bei zielgerichteten motorischen Handlungen offensichtlich eine bedeutende Rolle spielen. Läsionen im orbitofrontalen Kortex (einem Teil des Präfrontalkortex) führen zu Störungen des Belohnungssystem.

Schädigungen des ***Präfrontalkortex*** können auch zu schweren Störungen der motorischen Willkürhandlung führen. Diese kann zwar im Ablauf korrekt, aber den äußeren Umständen völlig unangepasst sein. Handlungen des Alltags, wie z. B. Händewaschen, erfolgen sinnlos, in ungeeigneter Situation und ohne jeden Zusammenhang; sie erscheinen als ***zwangshafte motorische Perseverationen***. Die Planung von komplexen sequentiellen Handlungen (z. B. Einkaufen in einem Warenhaus) sind gestört, in schweren Fällen unmöglich. Schädigungen des ***mediofrontalen Kortex*** können zur globalen Einschränkung des Bewegungsantriebes führen. Schädigungen des ***parietalen Assoziationskortex***, insbesondere der dominanten Hemisphäre, sind ebenfalls durch komplexe motorische Störungen charakterisiert, die man als ***Apraxien*** bezeichnet.

Unter den verschiedenen apraktischen Manifestationen ist der gemeinsame Nenner der mangelnde Einbau der Motorik in den Rahmen der äußeren Gegebenheiten. Obwohl es nicht an der Kraft und Beweglichkeit der Gliedmaßen fehlt, können die Patienten mit Gegenständen und Werkzeugen nicht richtig umgehen, d. h. es fehlt der Bewegungsplan für die gegebene Handlung mit den vorliegenden Objekten.

Läsionen im limbischen Kortex führen zu motivationsbedingten Störungen der Motorik. Die z. T. chaotischen Handlungsabläufe werfen ein Licht auf enorme Bedeutung »höherer« motorischer Leistungen für das Alltagsleben und zeigen mit aller Deutlichkeit, wie wichtig die richtige Einordnung der Handlung in die Zielvorstellung und in den aktuellen Kontext der Körperstellung und des Handlungsraumes ist. Dazu werden die beim Menschen so mächtigen frontalen und parietalen Assoziationsareale benötigt.

Prozesse der Bereitschaft im Rückenmark

Schon vor Bewegungsbeginn ändert sich die Erregbarkeit im Rückenmark; Motoneurone werden selektiert, Effektoren in Bereitschaft versetzt und die Muskelspindeln bereitgestellt

Eine ganze Reihe von Beispielen belegen die Annahme, dass sich vor Bewegungsbeginn Änderungen der Erregbarkeit im ZNS abspielen. Beispielsweise wird der monosynaptische ***H-Reflex*** mehrere hundert Millisekunden vor der Bewegung gebahnt. Das bedeutet, dass der motorische Kortex die Effektoren bereits vor Bewegungsbeginn in erhöhte Bereitschaft versetzt. Auch die Selektion der Motoneurone ist bereits im Voraus bestimmt.

Ein anderes Beispiel, das sich auf spinaler Stufe abspielt, ist die ***Bereitstellung*** der Muskelspindeln durch die γ-Motoneurone *(= Fusimotor-Set)*. So hat man nachgewiesen, dass die Erregbarkeit der Muskelspindel auf Muskeldehnung in Ruhe sehr gering und auch bei stereotypen Bewegungen relativ niedrig ist. Erst wenn neuartige und schwierige Bewegungen durchgeführt werden, erhöht sich der ***γ-Tonus*** und damit die dynamische Dehnungsempfindlichkeit der Muskelspindel enorm.

In die gleiche Richtung geht der Mechanismus der ***variablen Reflexübertragung***, die sich der momentanen motorischen Aufgabe anpasst. Wie schon beschrieben, erfolgt dies dadurch, dass Reflexwege »geöffnet« und »geschlossen« werden, was auch als ***Gating-Phänomen*** bezeichnet wird. Ebenso sei an die proaktive posturale Anpassung an die Eigenbewegung erinnert.

Kortikale Bereitschaft

Der Änderung der Erregbarkeit im Rückenmark geht die kortikale Bereitschaft voraus; das »Bereitschaftspotential« lässt sich ca. eine Sekunde vor der Bewegung registrieren

Die obigen Prozesse, die sich auf »niedriger« Stufe manifestieren, sind wiederum unter Kontrolle der »höheren« Zentren des Gehirns. Die Planung und Programmierung einer Intentionsbewegung entsteht auf Niveau der Hirnrinde in Kooperation mit den trans-striatalen und transzerebellären Schleifen.

EEG-Desynchronisation. Schon in der Pionierzeit der Elektroenzephalographie (EEG, ▶ s. Kap. 8.2) beobachtete Hans Berger, dass bei Bewegungsbeginn der α-Rhythmus in den schnelleren β-Rhythmus übergeht; die genaue Messung der zeitlichen Relation dieser EEG-Desynchronisation mit der Fingerbewegung ergab einen Vorlauf von 1–1,5 Sekunden vor Bewegungsbeginn (◼ Abb. 7.28 A).

Bereitschaftspotential (BP). Dieses (und das folgende) Potential wird ebenfalls elektroenzephalographisch registriert. Es geht der selbstinitiierten Bewegung ebenfalls um etwa 1 Sekunde voraus. Das BP manifestiert sich als langsam ansteigende Negativierung, die kurz vor Bewegungsbeginn in ein steileres motorisches Potential übergeht (◼ Abb. 7.28 B).

Erwartungspotential (Expectancy-Wave oder Contingent Negative Variation, CNV). Dieses Potential beginnt kurz nach einem Warnsignal, steigt dann langsam an bis zum Startsignal für eine Reaktionsbewegung (◼ Abb. 7.28 C).

Die obigen Summenpotentiale sind Epiphänomene mentaler Prozesse, die der Intentionsbewegung vorausgehen. Obwohl sie in ihrer Genese nicht völlig geklärt sind, stoßen sie auf großes theoretisches wie auch klinisches Interesse. Zum Beispiel sind die BP bei Parkinsonpatienten, die Mühe haben, sich aus eigenem Antrieb zu bewegen, schwach ausgebildet oder fehlen ganz.

Aktivität von Einzelneuronen. Nähere Aufschlüsse über neurale Prozesse in der Vorbereitungsphase liefern Registrierungen der ***Entladungsmuster*** von Einzelneuronen in verschiedenen kortikalen Arealen bei trainierten Affen, die gelernt haben, ihre Bewegungen erst nach einer

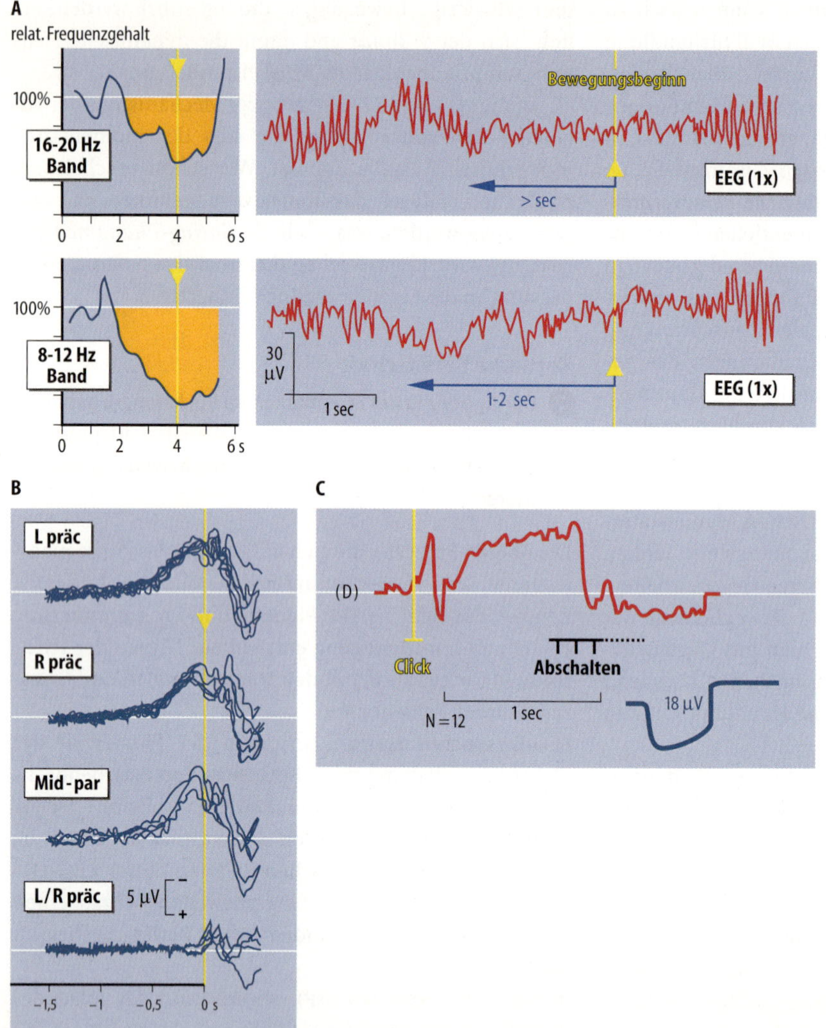

Abb. 7.28. Elektrophysiologische Phänomene im Elektroenzephalogramm des Menschen, die der Bewegung vorausgehen. **A** Desynchronisation im Elektroenzephalogramm *(EEG)*. *Rechts:* 2 EEG-Originalaufnahmen. Schon aus diesen Rohdaten ist ersichtlich, dass 1–2 Sekunden vor Bewegungsbeginn eine Änderung im Wellenmuster zugunsten von Ausschlägen höherer Frequenz und niedrigerer Amplitude auftritt. Die Veränderung im Frequenzgehalt in Funktion der Zeit ist für das Frequenzband 16–20 Hz, respektive 8–12 Hz, in 2 Grafiken dargestellt (Bewegungsbeginn beim *gelben Pfeil*, Mittelung von etwa 50 Einzelbewegungen eines Fingers). Nach Pfurtscheller u. Berghold (1989). **B** Bereitschaftspotentiale des Menschen bei Willkürbewegungen des Zeigefingers. Jede Einzelkurve stellt eine Mittelwertkurve dar, die bei derselben Person an verschiedenen Tagen aufgenommen wurde (je 1000 Bewegungen). Die Zeit 0 *(gelber Pfeil)* entspricht dem ersten erfassbaren Bewegungsbeginn. Das Bereitschaftspotential beginnt in diesem Fall etwa 800 ms vor der Bewegung. Es ist bilateral und weit ausgedehnt über präzentralen und parietalen Regionen zu registrieren. Ca. 90 ms vor der Bewegung beginnt die so genannte prämotorische Positivierung und gleich daran anschließend das »Motorpotential«, das nur deutlich in der untersten bipolaren Ableitung erscheint. Dieses Motorpotential ist beschränkt auf die der Bewegung entgegengesetzten Präzentralwindung und beginnt 50–100 ms vor der Bewegung. Die Potentiale, die während der Bewegung auftreten, sind sensorisch hervorgerufene (reafferente) Potentiale. Nach Deecke et al (1976). **C** Ein Erwartungspotential tritt auf, wenn die Versuchsperson etwa 1 Sekunde nach einem akustischen Signal einen optischen Flickerreiz abstellen muss. Es äußert sich als eine langsam ansteigende negative Schwankung im EEG. Die phasischen Potentiale sind evozierte Potentiale, die nach dem Klick und nach dem optischen Reiz auftreten. Monopolare Ableitung vom Vertex. Es wird häufig der englische Terminus »Contingent Negative Variation« oder CNV verwendet. Nach Creutzfeldt (1983)

gewissen Wartezeit aufgrund vorgegebener Instruktionen auszuführen. Diese Neurone sind dann in der Warteperiode, d.h. vor Bewegungsbeginn, am meisten aktiv, und ihre Aktivität korreliert z.B. mit Vorgaben über die später durchzuführende Bewegung. Unmittelbar vor Bewegungsbeginn und während der Bewegung nimmt die Aktivität wieder ab.

Neurone mit Aktivitätsmuster, die einen ***Preparatory-Set***-Charakter erkennen lassen, sind sehr häufig im präfrontalen Kortex anzutreffen. In kaudaler Richtung nimmt die Proportion ab; sie sind aber noch stark in den sekundär-motorischen Arealen und sogar im postzentralen sensorischen Kortex zu sehen. Die verschiedenen motorischen Felder zeigen dabei eine gewisse Spezialisierung, wobei die Unterschiede allerdings mehr in der Gewichtung der verschiedenen Neuronenklassen liegen.

Registrierung kortikaler motorischer Aktivität mit bildgebenden Verfahren

Die funktionelle Implikation motorischer Zentren des menschlichen Gehirns kann mittels bildgebender Verfahren untersucht werden

Hirnaktivität und Hirnmetabolismus. Zusammen mit den bereits erwähnten elektroenzephalographischen Methoden können mit ***bildgebenden Verfahren*** beim gesunden und hirnkranken Menschen neurophysiologische Probleme der höheren Motorik untersucht werden.

Die zwei methodischen Ansätze ergänzen sich:

- mit elektrophysiologischen Methoden ist die zeitliche Auflösung sehr präzis, die räumliche jedoch ungenau;
- mit den bildgebenden Verfahren wurde die räumliche Auflösung ständig verbessert, während die zeitliche weniger gut ist.

Inwieweit geben diese Verfahren Aufschlüsse über die Rolle der verschiedenen motorischen Areale in der Bereitstellung und Planung der Bewegungen?

Bei erhöhter Aktivität einer Neuronenpopulation steigt der ***metabolische Bedarf***, und dieser wird durch eine Erhöhung der örtlichen Durchblutung des Hirngewebes befriedigt. Diese Tatsache benützt man, um mithilfe des metabolischen Verbrauchs der Glukose oder der örtlichen zerebralen Durchblutung indirekt neuronale Aktivitätsänderungen zu erfassen. Mit der Technik der ***Positron-Emissions-Tomographie (PET)*** und der ***funktionellen Kernspin-Resonanz-Methode*** (*functional Magnetic Resonance Imaging*, fMRI) erfasst man die örtlichen Veränderungen der Durchblutung, respektive der dynamischen Sauerstoffbindung im Blut, sowohl in der Hirnrinde als auch in den tieferen Strukturen (► s. Kap. 8.4). Die Signale werden tomographisch, d. h. in regelmäßigen Hirnschichten erfasst und ihre Intensitäten in einen Farbcode umgewandelt. Daraus resultieren schließlich die funktionellen Aktivierungsmuster, die in Beziehung zu anatomischen Strukturen gebracht werden (»Hirnkarten«). Man muss sich im Klaren darüber sein, dass eine »Aktivierung« bei diesen bildgebenden Verfahren auch neuronale Hemmung und Aktivierung der Glia mit einschließt.

Aktionen und ihre mentalen Vorstellungen

Aktivierungsstudien des menschlichen Gehirns zeigen, dass multiple motorische Kortexareale sowohl an der Vorbereitung als auch an der Ausführung von Bewegungen beteiligt sind

Allein die Vorstellung einer Aktion, also ein rein mentaler Prozess, bewirkt örtlich begrenzte Änderungen der kortikalen Aktivität. Abbildung 7.29 zeigt das Resultat, wie es mit der funktionellen Magnetresonanzmethode (fMRI) dargestellt werden kann. Die Aktivierungsmuster im Bild A ergeben sich aus der ***Differenz*** zwischen effektiv durchgeführten Sequenzen von Fingerbewegungen und Sequenzen, in denen sich die Versuchsperson die Fingerbewegungen nur vorstellte. Mit diesem Protokoll erfasst man die metabolische Antwort, die allein auf die ***Ausführung*** zurückzuführen ist, da der Effekt einer Vorbereitung abgezogen wurde. In einer 3. Serie musste der Proband möglichst an Nichts denken und sich nicht bewegen. Wenn nun das Resultat dieser Sequenzen abgezogen wurde von Sequenzen, bei der der Proband sich die Fingerbewegungen nur vorstellte, ergab sich das Muster der Abb. 7.29 B, von dem man annimmt, dass es nur durch die mentale Vorstellung der Bewegungs-Sequenzen erzeugt wurde. Bemerkenswert ist die Ähnlichkeit der zwei Bilder, allerdings mit der wichtigen Ausnahme, dass der primäre sensomotorische Kortex nicht »aufleuchtet«. Diese Bilder zeigen auch die eindrückliche und spezifische Inanspruchnahme des Gehirns bei einem rein mentalen, bewegungslosen Prozess.

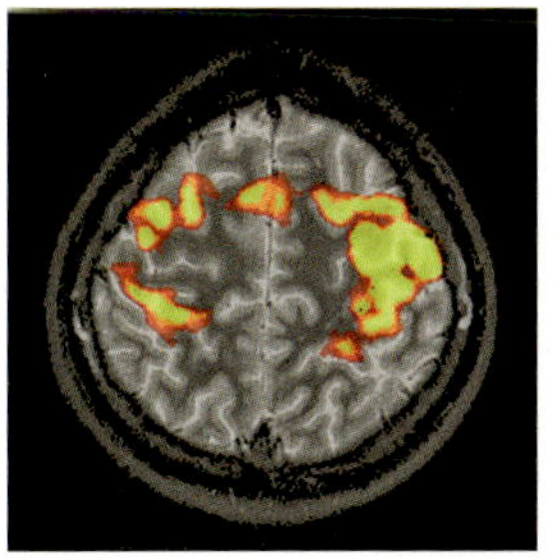

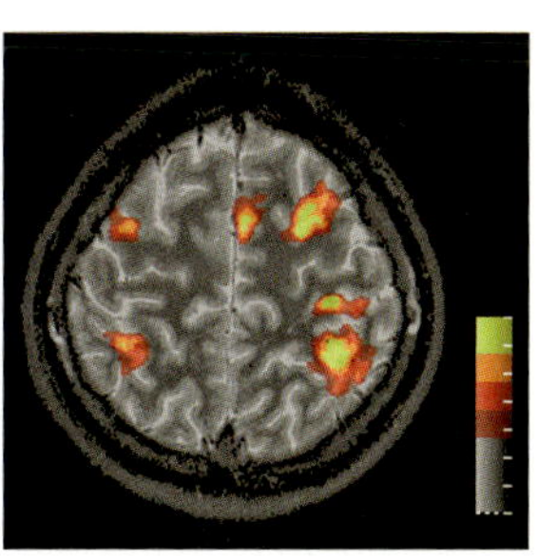

Abb. 7.29. Zerebrale Bildgebung mit funktioneller Magnetresonanzmethode. A Physisch durchgeführte motorische Aufgabe: Sequentielle Daumen-Finger Oppositionsbewegungen. Das Muster der Erregungs-herde ist stark ausgeprägt und umfasst sowohl das kontralaterale primäre sensomotorische Handareal (*SM1*, vor und hinter dem mit *schwarzer Linie* angedeuteten Verlauf der Zentralfurche). Daneben werden beidseitig auch sekundär-motorische Areale (*PMC, SMA*) und der parietale Assoziationscortex *(PPC)* aktiviert. **B** Bei mental vorgestellten Bewe-gungssequenzen fehlt die Aktivierung des primär senso-motorischen Handareals. Ergebnisse von Nirkko, Ozdoba, Bürki, Redmond, Hess, Wiesendanger: Neurologische Universitätsklinik, Bern

Die wichtigsten Ergebnisse von Aktivierungsstudien des menschlichen Gehirns, die die Ausführung einer motorischen Aufgabe betreffen, sind:

- Willkürbewegungen aktivieren multiple kortikale und subkortikale Areale: praktisch immer die primären sensomotorischen Areale (SMI, der sensorische und motorische Kortex können bei der Bildgebung nicht getrennt werden) und das supplementär-motorische Areal (SMA).
- Die folgenden Areale sind auch häufig beteiligt, und zwar, je nach motorischer Aufgabe, in verschiedener Konstellation: der prämotorische Kortex (PM), der vordere zinguläre Kortex, die Prä-SMA, der Präfrontalkortex, und der hintere Parietalkortex.-Subkortikal können Aktiva-

tionsherde in in den Basalganglien, im Thalamus und im Zerebellum sichtbar werden.

- Sowohl in SMI als auch im kaudalen Teil der SMA kann man eine Somatotopie nachweisen. Distale Finger-Handbewegungen sind in SM1 kontralateral, proximale Armbewegungen auch ipsilateral repäsentiert. Die sekundär-motorischen Areale werden bei unilateralen Bewegungen meist auch etwas ipsilateral aktiviert. Aus innerem Antrieb generierte Bewegungssequenzen aktivieren, neben SM1, besonders auch den rostralen Teil der SMA sowie den rostralen zingulären Kortex (Area 24 von Brodmann). Greifbewegungen aktivieren, zusätzlich zu SM1, Areale im hinteren Parietalkortex und im prämotorischen Kortex.
- Die mentale Vorstellung einer motorischen Aufgabe, ohne sie durchzuführen, aktiviert ebenfalls eine Reihe von kortikalen Arealen. Es betrifft dies v. a. die sekundär-motorischen Systeme, nicht (oder nur sehr wenig) das primäre sensomotorische Areal.

Die Resultate zeigen klar, dass die ***Intentionsmotorik*** des Menschen eine Reihe kortikaler Netzwerke impliziert, die, je nach Aufgabe, in verschiedenen Konstellationen und mit verschiedener Gewichtung aufgerufen werden. Das Konzept einer streng hierarchischen Organisation in sekundär-motorische und Assoziationsareale, die spezifisch für die mentale Organisation der motorischen Aufgabe zuständig sind, während der primär-motorische Kortex MI ausschließlich die Ausführung der Bewegung kontrolliert, ist aus heutiger Sicht zu eng. Die Spezifizität ergibt sich mehr aus der Gewichtung der Aktivierungsmuster der verschiedenen Areale. Es ist dabei zu beachten, dass »Aktivierung« bei der funktionellen Bildgebung auch hemmende Prozesse einschließt. Bei vielen, auch einfachen und stereotyp wiederholten Bewegungen sind die SMI- und die SMA-Areale coaktiviert, was im Sinne einer ***parallelen Verarbeitung*** und Beteiligung an der ***Ausführungsphase*** interpretiert werden kann. Beide Areale sind zudem im Ursprungsgebiet der Pyramidenbahn. Andere Aufgaben scheinen aber die SMA verstärkt zu aktivieren, wie selbstinitiierte Bewegungen, insbesondere selbstgewählte Bewegungssequenzen. Anderseits sind sowohl über dem primär-motorischen Kortex wie über der SMA Bereitschaftspotentiale registrierbar. Dies würde dafür sprechen, dass auch SM1 an der ***Bewegungsplanung*** beteiligt ist.

In Kürze

Handlungsbereitschaft und Bewegungsentwurf

Die Bereitschaft zum Handeln, ein mentaler Prozess, der dem Bewegungsakt vorausgeht, manifestiert sich in einer Aktivierung neuraler Prozesse in weit verteilten Gebieten des Gehirns.

▼

Diese können beim Menschen als langsam ansteigende Summenpotentiale mittels elektroenzephalographischer Methoden registriert werden.

- Desynchronisation im EEG und »Bereitschaftspotentiale« gehen den Bewegungen, die aus eigenem Antrieb erfolgen, um 1–1,5 s voraus;
- »Erwartungspotentiale« (*Expectancy Waves, Contingent Negative Variation*, CNV) treten in der Warteperiode vor Reaktionsbewegungen auf.

In den Entladungsmustern von Einzelneuronen lässt sich die Codierung für verschiedene Aspekte der motorischen Vorbereitung erkennen. Lokalisierte Aktivitätsänderungen des menschlichen Hirns lassen sich indirekt, auf der Basis der induzierten metabolischen Änderungen, mithilfe der Positronemissionstomographie und der funktionellen Magnetresonanzmethode, bildlich darstellen.

Mentales Training steigert die motorische Leistung. Im Reaktionszeitparadigma verkürzt sich die Latenzzeit bei einer Vorwarnung oder wenn eine Teilinformation über die zu wählende Reaktion vorgegeben wird; das motorische Programm kann dann schon bereitgestellt werden, bevor der Befehl zur Ausführung kommt. Aufmerksamkeit sowie Motivation und Belohnung sind ebenfalls Faktoren, die den motorischen Akt beeinflussen.

Klinik

Die Bereitschaft zum Handeln ist an bestimmte neurale Substrate gebunden:

- bei Läsionen im Präfrontalkortex werden Handlungen in nichtadäquatem Kontext ausgeführt;
- bei mediofrontalen Läsionen ist der generelle Bewegungsantrieb reduziert;
- bei Läsionen im parietalen Assoziationskortex ist der Bewegungsplan gestört;
- schließlich verursachen Läsionen des limbischen Systems motivationsbedingte Defizite.

Literatur

Humphrey DR, Freund HJ (eds) (1991) Motor control: concepts and issues. In: Dahlem Workshop Reports Berlin (1989). Wiley-Interscience, Chichester

Jeannerod, M.: The Cognitive Neuroscience of Action, Oxford: Blackwell 1997

Jeannerod M (1994) Reichen und Greifen – die parallele Spezifikation visuomotorischer Kanäle. In: Psychomotorik (Kognition) Enzyklopädie der Psychologie, Vol. 3. Hofgrefe, Göttingen

Porter R, Lemon R (1993) Corticospinal Function and Voluntary Movement. Monogr. of the Phys. Soc. No. 45. Oxford, Clarendon Press

Rosenbaum DA (1991) Human Motor Control. Academic Press, San Diego

Wing AM, Haggard P, Flanagan JR (eds) (1996) Hand and Brain. Academic Press, San Diego

Kapitel 8
Allgemeine Physiologie der Großhirnrinde

N. Birbaumer, R. F. Schmidt

Einleitung

Die Geburtsstunde des Elektroenzephalogramms am Menschen schlug 1929 mit einer Entdeckung des Jenaer Psychiaters Hans Berger. In der ersten Mitteilung über seine Registrierung schrieb er am Schluss: »Ich glaube in der Tat, dass die von mir hier ausführlich geschilderte zerebrale Kurve im Gehirn entsteht und dem Elektrocerebrogramm der Säugetiere von Neminski entspricht. Da ich aus sprachlichen Gründen das Wort ›Elektrocerebrogramm‹ das sich aus griechischen und lateinischen Bestandteilen zusammensetzt, für barbarisch halte, möchte ich für diese von mir hier zum ersten Mal beim Menschen nachgewiesene Kurve in Anlehnung an den Namen ›Elektrokardiogramm‹ den Namen ›Elektroenkephalogramm‹ vorschlagen«.

Heute wird die Großhirnrinde (der zerebrale Kortex) als ein assoziativer Speicher aufgefasst. Elektrische Spannungs- und magnetische Feldänderungen sind Ausdruck des Aktivitätszustandes der Nervennetze. Ihre Aufzeichnung als Elektro- bzw. Magnetoenzephalogramm stellt einen wichtigen Zugang zur Klärung der Beziehungen zwischen sensorischen, motorischen, kognitiven und emotionalen Prozessen und deren neuronalen Grundlagen beim Menschen dar. Zusammen mit der Erfassung der regionalen Hirndurchblutung konnten enge Zusammenhänge zwischen gesunden und krankhaften Veränderungen der Hirnaktivität und dem Verhalten hergestellt werden.

8.1 Aufbau der Großhirnrinde

Makroskopische Gliederung des Kortex

! Der Kortex lässt sich in motorischen, sensorischen und Assoziationskortex einteilen. Sensorischer und motorischer Kortex nehmen im Vergleich zum Assoziationskortex nur einen kleinen Teil der Kortexoberfläche ein.

Abbildung 8.1 zeigt stark vereinfacht die seitliche Oberfläche des menschlichen Großhirns. Dieser zerebrale Kortex ist ein vielfach gefaltetes neuronales Gewebe mit Windungen (Gyri) und Furchen (Sulci). Seine Gesamtoberfläche (beide Hemisphären) beträgt etwa 2200 cm^2, seine Dicke schwankt in den verschiedenen Hirnabschnitten zwischen 1,3 und 4,5 mm und sein Volumen liegt bei 600 cm^3. Er enthält 10^9 bis 10^{10} Neurone und eine große, aber unbekannte Zahl von Gliazellen.

Wir unterscheiden

- die ***primär sensorischen Kortexareale***, die ausschließlich auf eine Sinnesmodalität reagieren;
- die ***primär motorischen Kortexareale***, die direkt die Willkürmotorik steuern;
- die ***sekundären (oder auch unimodalen) sensorischen bzw. motorischen Kortexareale***, meist in der Umgebung der primären, welche, außer in einer spezifischen Modalität, bereits auf unterschiedliche Sinnesmodalitäten und kognitive Reize reagieren und bei Störungen nicht nur Ausfälle in einem Sinnessystem zeigen. Sie sind aber noch hauptsächlich einem Sinnessystem zuzuordnen, also noch überwiegend »unimodal«;
- die ***(polymodalen) Assoziationskortizes***, die nicht mehr auf eine Sinnesmodalität oder die Willkürmotorik zu reduzieren sind (sie sind also »polymodal«); sie sind mit höheren kognitiven, motorischen und emotionalen Funktionen befasst. Nach ihrer Lage werden sie als präfrontaler, limbischer und parietal-temporal-occipitaler Assoziationskortex bezeichnet.

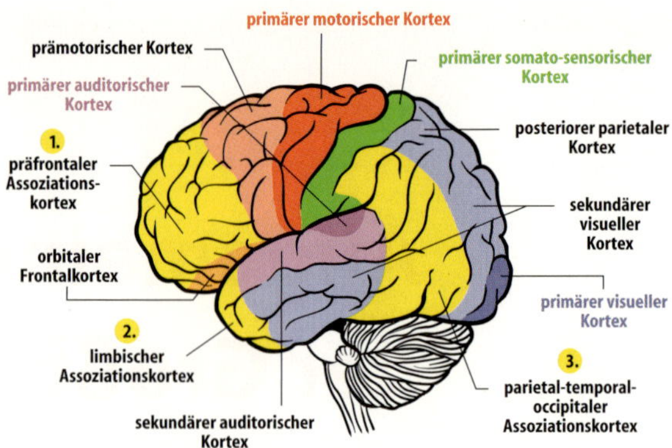

Abb. 8.1. Großhirnrinde des Menschen. Schematische Darstellung der lateralen Oberfläche des menschlichen Großhirns mit primären und sekundären sensorischen und motorischen Arealen sowie den drei Assoziationskortizes

Größenzunahme. Der phylogenetische und ontogenetische Zuwachs an Hirnrinde beim Menschen ist primär auf die enorme Ausdehnung der ***polymodalen Assoziationsfelder*** zurückzuführen. Polymodal bedeutet, wie oben erwähnt, dass diese Areale und ihre Zellen nicht nur auf eine Sinnesmodalität oder Willkürmotorik reagieren. Die Assoziationsfelder werden im phylo- und ontogenetischen Reifungsprozess von den primären sensorischen und motorischen Regionen aus gebildet.

Assoziationskortex. Abbildung 8.1 illustriert die Anordnung von primären sensorischen und motorischen Arealen. Alle übrigen Regionen werden als Assoziationsareale bezeichnet. Abgesehen von den sensorischen und motorischen Funktionen des Neokortex (▶ s. Abschnitt 14.7 und Kap. 7.7) fassen wir die ***Großhirnrinde*** heute als ***großen assoziativen Speicher*** auf, in dem all unser sprachliches und nichtsprachliches Wissen und viele unserer Fertigkeiten niedergelegt sind. »Denken« besteht aus der interaktiven Aktivität von Erregungsmustern zwischen den Pyramidenzellen und ihren Dendriten.

■■■ Die **»Orte« des Lernens und Denkens** sind vor allem die Dornfortsätze (Spines) der apikalen Dendriten der Pyramidenzellen, die zum Großteil plastisch, d.h. modifizierbar sind (▶ s. Kap. 10.3). Jede

Pyramidenzelle ist mit Tausenden, oft weit entfernt liegenden anderen Pyramidenzellen verbunden, deren Axone meist an den apikalen Dendriten der Schicht I und II enden (▶ s. ◘ Abb. 8.2 unten).

Kortexschichten

Der Kortex ist in sechs Schichten aufgebaut. Neuronal unterscheidet man zwei Hauptzelltypen: Pyramiden- und Sternzellen.

In der Rinde des menschlichen Großhirns wechseln sich parallel zur Oberfläche ***Schichten***, die vorwiegend ***Zellkörper*** enthalten, mit solchen ab, in denen vorwiegend ***Axone*** verlaufen, sodass die frisch angeschnittene Rinde eine streifige, sechsschichtige Anordnung zeigt (▶ s. u.).

Neurone des Kortex (◘ Abb. 8.2 oben). Der Kortex enthält eine große Anzahl unterschiedlichster Neurone, die sich aber 2 Haupttypen zuordnen lassen, nämlich den erregenden (exzitatorischen) ***Pyramiden-*** und den überwiegend hemmenden (inhibitorischen) ***Sternzellen.***

- ***Pyramidenzellen*** machen 80 % aller Neurone aus. Sie sind lokal durch Axonkollaterale (◘ Abb. 8.2, durch kurze Striche angedeutet) miteinander verbunden. Ihre Axone laufen zum größten Teil (bis zu 90 %) zu anderen kortikalen Regionen, und zwar teils als ***Assoziationsfasern*** ipsilateral und teils als ***Kommissurenfasern*** über den Balken zur gegenüberliegenden Hemisphäre. Der kleinere Teil läuft als ***Projektionsfasern*** zu anderen Teilen des Nerven-

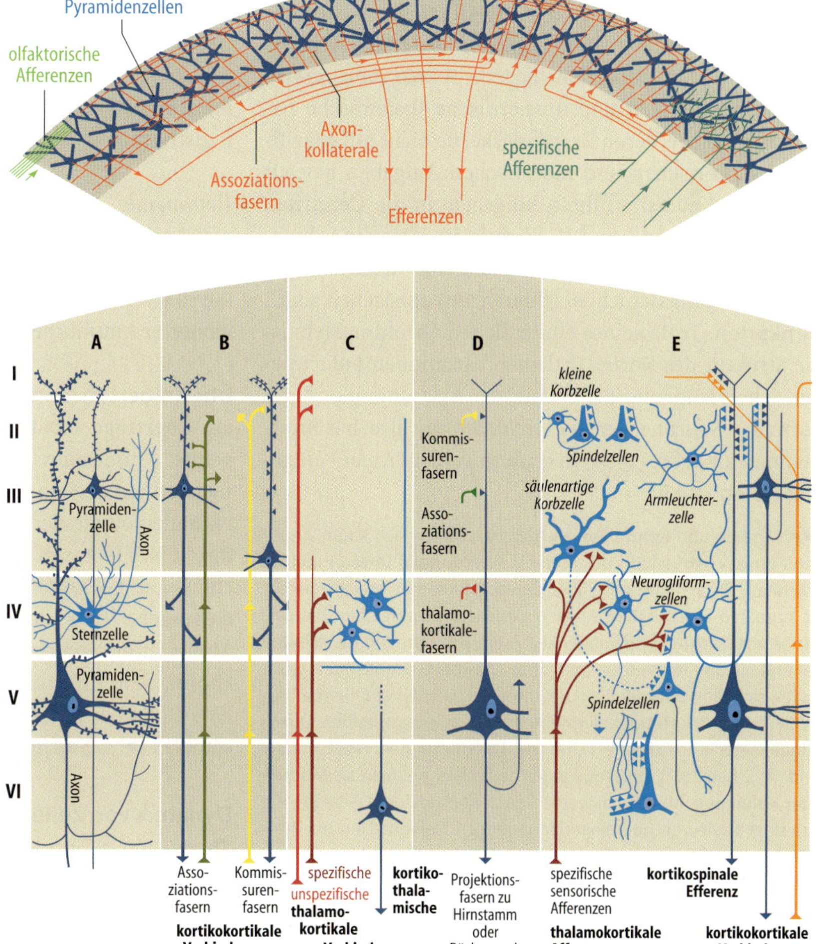

◘ **Abb. 8.2. Laminarer Aufbau des Kortex.** *Oben:* Bauprinzip der Großhirnrinde, schematisiert. In allen Schichten überwiegen die hier dargestellten Pyramidenzellen. Sie sind miteinander überall durch Axonkollateralen (hier nur durch *kurze Striche* angedeutet) oder – über größere Entfernungen – über Assoziationsfasern durch die weiße Substanz *(unten)* verbunden. Efferenzen zu anderen Teilen des Zentralnervensystems und spezifische Afferenzen *(grün)* machen nur einen geringen Prozentsatz der Verbindungen aus. Nach Braitenberg u. Schüz (2001). *Unten:* Kortikale Neurone, ihre Schaltkreise und ihre afferenten und efferenten Verbindungen. Stark vereinfachte und schematisierte Darstellung auf dem Hintergrund der Schichtenstruktur der Hirnrinde. **A** Lage und Aussehen der 2 Haupttypen kortikaler Neurone. **B** Eingangs-Ausgangs-Beziehungen kortikokortikaler Verbindungen (Assoziations- und Kommissurenfasern). **C** Charakteristika thalamokortikaler (unspezifischer und spezifischer) und kortikothalamischer Verbindungen. **D** Synaptische Eingangszonen einer Pyramidenzelle, deren Axon zu subthalamischen Hirnregionen projiziert (Hirnstamm, Rückenmark). **E** Zusammenschau der Verknüpfung kortikaler Neurone (J. Szentagothai, umgezeichnet und stark vereinfacht nach mehreren seiner Veröffentlichungen). B–D nach den Untersuchungsergebnissen zahlreicher Autoren

systems (z.B. zu den motorischen Zentren des Hirnstamms). Die Axone der Pyramidenzellen sind die einzigen Verbindungen, die den Kortex verlassen (10 mal mehr Axone verlassen ihn, als aus Sinnessystemen ankommen)

- ***Sternzellen*** sind kleine, dendritenreiche Interneurone, die den Kortex nicht verlassen, sondern ausschließlich in die lokalen Schaltkreise eingebaut sind.
- Die in den Kortex eintretenden Afferenzen (rot) machen ebenfalls nur einen kleinen Prozentsatz der kortikalen Verbindungen aus.

Schichtenstruktur des Kortex. Der Kortex ist in ***6 Schichten*** aufgebaut, deren Anordnung und Verknüpfung von größter Bedeutung für das Verständnis ihrer Funktion ist (◘ Abb. 8.2, unterer Teil). Die spezifischen Eingänge aus den Sinnessystemen gelangen über die thalamischen Fasern in die Schichten III, IV und V, in denen die Zellkörper der Pyramidenzellen liegen. ***Assoziationsfasern***, ***Kommissurenfasern*** und unspezifische thalamische Fasern, also solche, deren Ursprungskerne nicht mit spezifischen sensorischen und motorischen Aufgaben betraut sind, (► s. Kap. 14.7) führen hingegen an die Dendriten von den Schichten I und II. Wichtig ist, dass die Schichten I–IV primär Afferenzen empfangen, V und VI dagegen als Ausgangsschichten (Efferenzen) anzusehen sind.
Hirnkarten. Trotz seines einheitlichen Grundmusters ist die Struktur des Kortex örtlichen Variationen unterworfen. Schon aufgrund der Dichte, der Anordnung und der Form der Neurone, der ***Zytoarchitektonik*** also, hat Brodmann den Kortex (1909) in etwa 50 Felder (Areae) eingeteilt (◘ Abb. 8.1 A).

▪▪▪ **Module und Kolumnen.** Histologisch lassen sich kaum Anzeichen für eine Aufteilung der Areae in **funktionelle Untereinheiten** erkennen. Physiologisch ist aber deren Existenz in verschiedenen, v.a primären sensorischen Arealen gesichert. So erreichen die Eingänge vom rechten und vom linken Auge abwechselnd die primäre Sehrinde in Streifen von einem halben Millimeter Breite. Auch gruppieren sich die Neurone, die auf Kanten verschiedener Orientierung im Sehfeld antworten so, dass innerhalb von einem halben Quadratmillimeter Kortexfläche sämtliche Orientierungen repräsentiert sind (► s. Kap. 18.7). Derartige Bereiche bezeichnet man als **Module** oder **Kolumnen**. Manchmal werden auch noch kleinere Gebiete, die aus einer Säule von übereinander liegenden Nervenzellen mit ähnlichen physiologischen Charakteristika bestehen, Kolumnen genannt.

Aktions- und Synapsenpotentiale

! Pyramidenzellen entladen mit sehr hohen Frequenzen. Die kortikalen postsynaptischen Potentiale können von wenigen Millisekunden bis Sekunden dauern.

Ruhe- und Aktionspotentiale. Pyramidenzellen haben ***Ruhepotentiale*** von 50 bis 80 mV, und die Amplitude der Aktionspotentiale beträgt, bei einer Dauer von 0,5 bis 2 ms, 60–100 mV. Die ***Aktionspotentiale*** starten am Axonhügel der Zellen und breiten sich von dort sowohl nach peripher als auch über das Soma und die proximalen Dendriten aus. Es fehlen beim Aktionspotential ausgeprägte Nachpotentiale, sodass die Pyramidenzellen mit Frequenzen bis zu 100 Hz entladen können. Pyramidenzellen sind exzitatorisch, während die meisten Sternzellen inhibitorisch wirken. Ansonsten sind ihre biophysikalischen Eigenschaften mit denen der Pyramidenzellen anscheinend weitgehend identisch.
Synaptische Potentiale. Verglichen mit den motoneuronalen postsynaptischen Potentialen im Rückenmark (◘ Abb. 5.14, ► s. S. 103) sind die kortikalen Potentiale durchwegs länger.

- ***Erregende postsynaptische Potentiale*** (EPSP) haben oft eine Anstiegszeit von mehreren Millisekunden und eine Abfallzeit von 10–30 ms. An apikalen Dendriten wurden EPSP registriert, die mehrere Sekunden andauerten. Wenn diese synchron an vielen apikalen Dendriten auftreten, so kann man sie an der Schädeloberfläche als ***Gleichspannungspotentiale*** *(Dc potentials)* oder ***langsame Hirnpotentiale*** (*Slow Brain Potentials*, ► s. Kap. 9.4) registrieren.

Hemmende postsynaptische Potentiale (IPSP) dauern meist noch länger, nämlich 70–150 ms dauern.

- Hemmende postsynaptische Potentiale sind im spontan aktiven Kortex seltener als erregende und dann von kleinerer Amplitude.

Überträgersubstanzen. Die Pyramidenzellen benutzen als Überträgersubstanz (Transmitter) meist eine erregende Aminosäure, vor allem ***Glutamat***. Obwohl die meisten Sternzellen hemmende Transmitter ausschütten, enthalten einige der erregenden Sternzellen ***Neuropeptide*** (CCK, VIP ► s. S. 97), die hemmenden Sternzellen machen von ***γ-Aminobuttersäure*** *(GABA)* als Transmitter Gebrauch. Viele der afferenten Fasern benutzen die Monoamine Noradrenalin und Dopamin, andere Acetylcholin, Serotonin und Histamin. NO (Stickoxid) spielt eine Rolle bei der anhaltenden Aktivierung von Zellensembles (► s. Kap. 10.3).

Dynamik von Zellensembles

! Synchronisation und Oszillation der elektrischen Aktivität von kortikalen Zellen und Zellverbänden verschlüsseln die Bedeutung und Gestalt von Wahrnehmungsinhalten und Verhaltensweisen (»Großmutterneurone« gibt es nicht)

Die Aktivität einzelner Nervenzellen kann den Reichtum unseres Erlebens und Gedächtnisses nicht erklären. Zwar sind einzelne Neurone auf allen Ebenen des Zentralnervensystems auf bestimmte Reizkonfigurationen spezialisiert (z.B. »Eckendetektoren«, ► s. Kap. 18.7), die Wahrnehmung eines Gesichtes oder einer Vase (◘ Abb. 8.3) kann aber nicht auf die abwechselnde Aktivierung einer »Gesichtszelle« und einer »Vasenzelle« zurückgeführt

Abb. 8.3. **Umspringbild.** Es werden abwechselnd zwei Gesichter oder eine Vase gesehen. Die Vorlage wurde freundlicherweise von Prof. O.-J. Grüsser zur Verfügung gestellt

werden. Die Anzahl der Zellen im visuellen Kortex reicht nicht aus, um die unzählbaren Objekte und deren verschiedene Ansichten und Bedeutungen zu repräsentieren. Dasselbe gilt für alle anderen Sinnessysteme und die Motorik. Um die äußere und innere Welt abzubilden, muss das Gehirn daher einen anderen Weg gewählt haben und dieser kann nur über den flexiblen Auf- und Abbau von Kombinationen der Verbindungen zwischen den Neuronen gefunden werden.

Dagegen scheint aber zu sprechen, dass jede Pyramidenzelle in der Regel nur mit einer Synapse mit einer anderen Zelle verbunden und wenige tausend synaptische Eingänge von anderen Zellen enthält. Da die synaptische Effizienz einzelner Synapsen nicht ausreicht, um eine Zelle zu erregen, sind diese auf synchron-simultanen Einstrom vieler Synapsen angewiesen, um eine verlässliche Impulsübertragung zu gewährleisten.

Zellensembles. Die Großhirnrinde hat das Problem der Repräsentation von bedeutungsvollen Inhalten (im Gegensatz zu isolierten Ecken, Kontrasten etc.) über das Prinzip der *»Verbindung durch Konvergenz«* *(Binding by Convergence)* und der lokalen Schwellenregulation (► s. Kap. 10.3) gelöst. Unter Repräsentation ist dabei die unverwechselbare Abbildung aller Verhaltensweisen, Gedanken und Gefühle als neuronale Erregungsmuster zu verstehen. Einem bestimmten Erlebnisinhalt liegt also die Aktivität einer Gruppe exzitatorisch verbundener Nervenzellen zugrunde, deren synaptische Stärke größer als die der umgebenden Zellverbindungen ist. Damit die synaptische Stärke ausreichend wächst, müssen die Neurone synchron, also ***gleichzeitig***, auf ein und dieselbe Gruppe von Synapsen konvergieren. Man nennt eine solche Gruppe ***Zellensemble*** *(Cell Assembly,* ► s. Kap. 10.3). Die synaptische Stärke entwickelt sich nach der Hebb-Regel durch ***simultane Aktivierung*** *(Association)* von zwei bisher nicht gleichzeitig aktivierten Zellen oder Zellensembles (► s. Kap. 10.3). Die Erregung auch nur eines Teilelementes eines Zellensembles reicht danach aus, um das gesamte Ensemble zu zünden *(Ignition).* Diese erregend miteinander verbundenen Zellen repräsentieren nun eine bestimmte Wahrnehmung, mentalen Inhalt oder Emotion.

Kohärent aktive Zellensembles. Eine individuelle Nervenzelle kann zu verschiedenen Zeiten an der Repräsentation verschiedener Inhalte mitwirken. Die Individualität eines Objektes ist durch das Muster gleichzeitiger oder eng korrelierter Aktivität von Einzelneuronen in Zellensembles repräsentiert, wenn die Zellen eine minimale Erregungsschwelle überschritten haben (► s. Kap. 10.3). Betrachten wir die Abb. 8.3 zur Illustration dieses Prinzips. Je nach Blickrichtung sehen wir die Vase (Blick gleitet von der Mitte nach außen) oder das Gesicht (Blick vom linken oder rechten Rand gegen Mitte). Wenn wir die zentralen Teile Mund und Nase beim ersten Versuch abdecken, sehen wir kein Gesicht; erst die simultane Erregung, die Nachbarschaft von Stirn, Nase und Mund, erzeugt assoziativ das Zellensemble »Gesicht«. In der Vergangenheit sind Stirn, Nase und Mund stets gemeinsam aufgetreten. Diese ***assoziative Gemeinsamkeit*** wird im Gehirn als synchrone Entladung eines Ensembles von erregend miteinander verbundenen Nervenzellen realisiert.

Zum Beispiel zeigte sich, dass die Aktionspotentialsequenzen von zwei z. T. weit auseinander liegenden Neuronen im visuellen Kortex bei der Bewegung von zwei Balken in dieselbe Richtung hoch korrelieren. Wenn ein Balken in die Gegenrichtung bewegt wird, also die ***Einheit der Bewegungsgestalt zerstört*** ist, entladen die Zellen nicht korreliert. In den Zellen, die an der Wahrnehmung der einheitlichen Bewegungsgestalt beteiligt sind, entwickeln sich Oszillationen von etwa 40 Hz (► s. u., Abb. 8.6). Die Bildung kohärent aktiver Zellensembles erhöht deren Effizienz auf postsynaptische Zellen und gibt so der zellulären Reaktion (und dem Erlebnisinhalt) bevorzugte Bedeutung (► s. »Aufmerksamkeit« in Kap. 9.4).

In Kürze

Aufbau des Kortex

Die Großhirnrinde lässt sich grob in primär sensorische und motorische, in sekundär unimodale und in polymodal assoziative Areale unterscheiden.

Der Kortex besitzt Schichten, die vorwiegend Zellkörper enthalten und solche, in denen sich vorwiegend Axone und Dendriten befinden. Es ergibt sich ein laminarer Aufbau in 6 Schichten. Neuronal werden Hauptzelltypen unterschieden:

- Pyramidenzellen: Die große Mehrheit der kortikalen Neurone gehört zu diesem Typ Nervenzellen. Pyramidenzellen sind exzitatorisch. Ihre Axo-

▼

ne ziehen zu anderen, ipsilateralen (Assoziationsfasern) oder kontralateralen Kortexarealen (Kommissurenfasern). Jede Pyramidenzelle ist dabei mit Tausenden von anderen Pyramidenzellen synaptisch verbunden. Darüberhinaus verlassen ihre Axone als Projektionsfasern den Kortex.

- Sternzellen: Sie machen nur einen kleineren Teil der kortikalen Neurone aus. Sternzellen sind meist inhibitorisch.

Physiologie des Kortex

Die Synapsen der Pyramidenzellen sind aktivitätsabhängig modifizierbar (plastisch). Dies führt zur Bedeutung des Kortex als einem großen assoziativen Speicher, d. h. dort ist das Wissen niedergelegt, das im Laufe eines Lebens erworben und beim Denken genutzt wird.

Kortikale Potentiale sind durchwegs länger als die der spinalen Motoneurone. Durch synchrone exzitatorische Entladungen (EPSPs) von Neuronen bestimmter Hirnareale können Bedeutung und Gestalt von kognitiven Repräsentationen abgebildet werden. Diese Synchronisation synaptischer Entladungen erzeugt – oft über weite Ausdehnung – ein einheitliches Erregungsmuster, welches für jede mentale oder motorische Reaktion und jeden Wahrnehmungsinhalt charakterisiert ist. Synchrone Oszillationen dieser Erregungsmuster in den Zellensembles sorgen dafür, dass der Inhalt ausreichend lange erhalten bleibt.

8.2 Analyse der Großhirnaktivität mit EEG und MEG

Definition und Registrierung des EEG

Die kollektive elektrische Aktivität der Kortexneurone kann mithilfe von Elektroden auf der Kopfhaut registriert werden

Ableitung des EEG und des ECoG. Legt man auf die Kopfhaut der Schädeldecke knopfförmige Elektroden aus einer Silberlegierung auf, so lassen sich zwischen diesen Elektroden beim Menschen und anderen Wirbeltieren kontinuierliche elektrische Potentialschwankungen ableiten, die als ***Elektroenzephalogramm, EEG***, bezeichnet werden (Abb. 8.4). Ihre Frequenzen liegen zwischen 0–80 Hz und ihre Amplituden in der Größenordnung von 1–100 μV.

Erfolgt die Ableitung direkt von der Hirnoberfläche (im Tierexperiment oder bei einem neurochirurgischen Eingriff), so erhält man das ***Elektrokortikogramm, ECoG***, dessen Potentialschwankungen sich durch größere Amplituden und bessere Frequenzwiedergabe auszeichnen. Auch von tieferen Hirnstrukturen können über operativ eingeführte Elektroden analoge Potentialschwankungen abgeleitet werden.

Auswertung des EEG. Um in Diagnostik und Forschung Vergleiche zu erleichtern, sind die Lage der Ableitelektroden und die Ableitbedingungen (Schreibgeschwindigkeiten, Zeitkonstanten und Filter des Verstärkersystems) international weitgehend standardisiert worden. Das EEG wird dabei entweder **unipolar** (eine Schädelelektrode gegen eine indifferente Elektrode, beispielsweise an einem Ohrläppchen) oder zwischen zwei auf dem Schädeldach aufgebrachten Elektroden **bipolar** abgeleitet. Die Auswertung konzentriert sich vor allem auf Frequenz, Amplitude, Form, Verteilung, Häufigkeit und Ordnungsgrad (»Komplexität«) der im EEG enthaltenen Wellen.

Definition und Registrierung des MEG

Mit der Magnetoenzephalographie, MEG, können magnetische Felder erfasst werden. Diese entstehen durch die elektrische Hirnaktivität

Jede Bewegung elektrischer Ladungen ruft ein Magnetfeld hervor. Das Gehirn generiert daher auch schwache magnetische Felder (Flussdichte weniger als der 100millionste Teil des Erdmagnetfeldes), die mit hoch empfindlichen Detektoren (heliumgekühlten ***SQUIDs:*** *Superconducting Quantum Interference Devices*) nachgewiesen werden können (Abb. 8.5). Der Vorteil dieses Messverfahrens gegenüber dem EEG liegt in seiner besseren räumlichen Auflösung der Entstehungsorte kortikaler Aktivität, da Magnetfelder nicht durch Gewebewiderstände abgeschwächt und gestreut werden. Die summierte, synchrone elektrische Aktivität der kortikalen Neurone dagegen, wie sie mit dem EEG erfasst wird, zerstreut

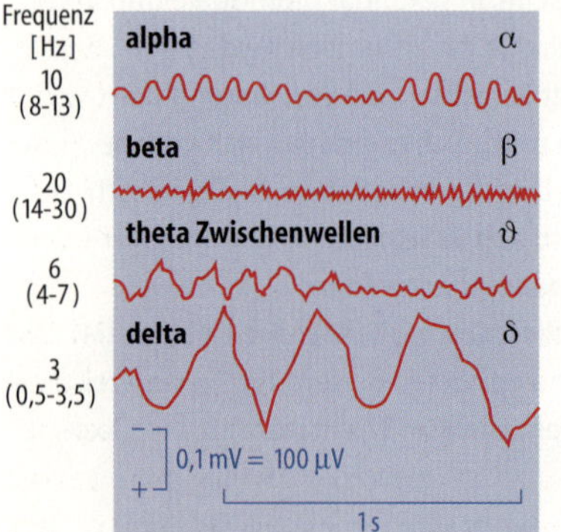

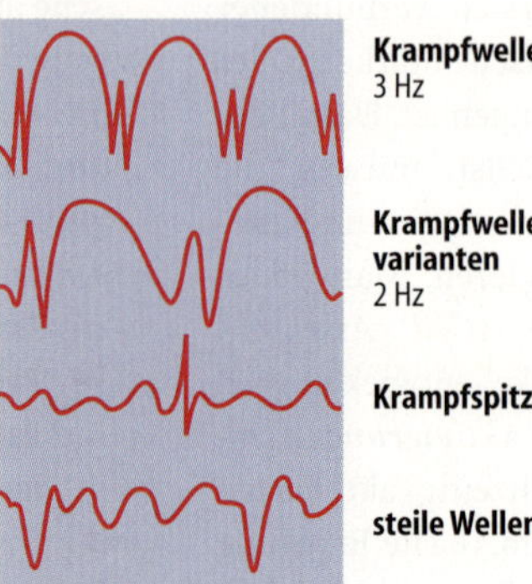

Abb. 8.4. Hauptformen des EEG. *Links* die verschiedenen Wellenarten, die bei Gesunden vorkommen können. *Rechts* Beispiele von Krampfpotentialen, wie sie v. a. bei Epilepsie abgeleitet werden. Die charakteristische Abfolge spitzer und langsamer Krampfwellen wird als *»Spike-and-Wave«*-Komplex bezeichnet.

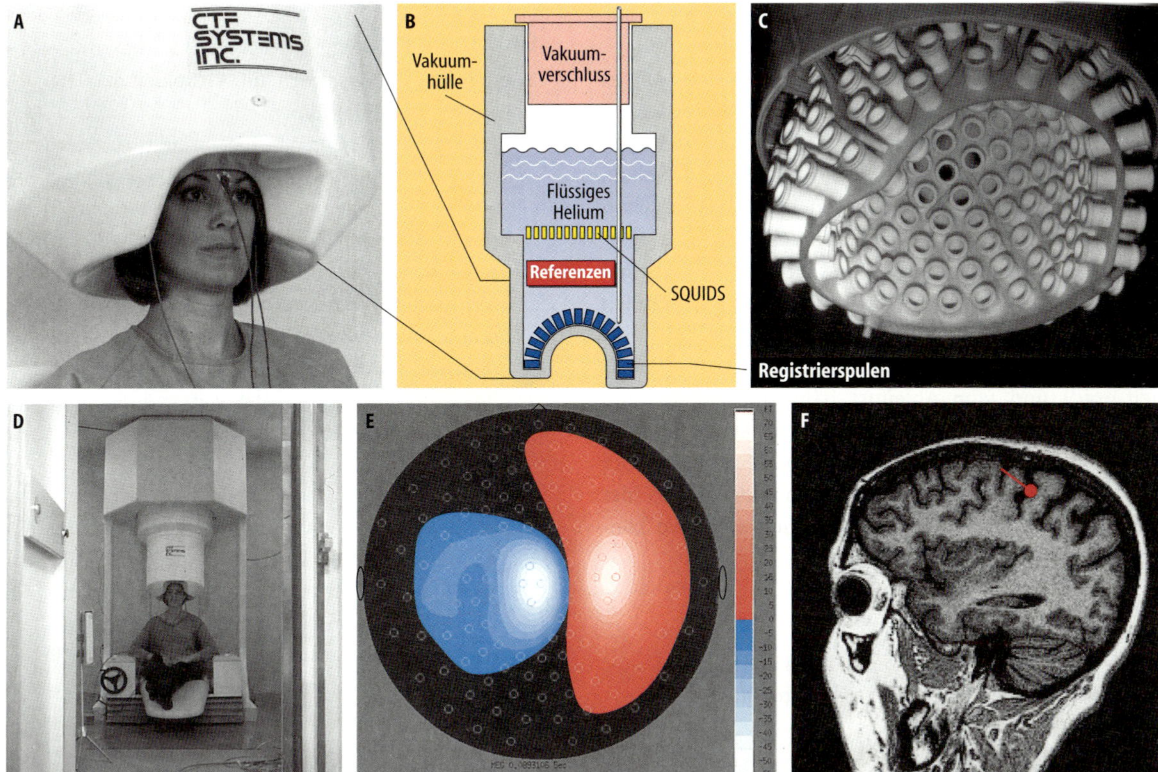

Abb. 8.5. Magnetoenzephalographie (MEG). Am Beispiel eines Ganzkopf-MEG-Systems mit 150 Aufnahmekanälen illustriert. **A** MEG-Aufnehmer (Dewar). **B** Querschnitt durch den Dewar. Die Registrierspulen und die SQUIDs schwimmen in flüssigem Helium, da die SQUIDs nur in extrem tiefen Temperaturen ihre Aufnahmefähigkeit entwickeln. **C** Registrierspulen. **D** Typische Versuchssituation. **E** Abgeleitete Magnetfelder nach Darbietung eines taktilen Reizes am Finger der linken Hand. Jede einzelne Linie stellt das aus dem Kopf kommende (blau) und in den Kopf zurückkehrende (rot) Magnetfeld 80 ms nach Darbietung des taktilen Reizes dar. **F** Lokalisation des Ursprungs des Magnetfeldes im gyrus postcentralis *(roter Dipol)* (Weitere Erläuterungen im Text). Aus Birbaumer u. Schmidt (2003)

sich an Widerständen der Hirnhäute, des Schädelknochens und der Kopfhaut und schwächt sich dadurch auf wniger als ein Zehntel der direkt auf der Hirnoberfläche erfassbaren Aktivität, dem ECoG, ab.

▪▪▪ **Auflösungsvermögen der Kombination EEG/MEG.** Da mit SQUIDs aus biophysikalischen Gründen hauptsächlich horizontal und radial zur Schädeldecke gelegene elektrische Ströme erfasst werden können, und das EEG meist aus den vertikalen kortikalen Säulen entspringt, lassen sich durch die **Kombination beider Messverfahren** die Aktivitätsquellen im Kortex mit hoher Genauigkeit (bis zu 2 mm) lokalisieren. Kein anderes nichtinvasives Verfahren der **Registrierung neuronaler Aktivität** erreicht eine vergleichbar gute örtliche und zeitliche Auflösung. Allerdings ist die Eindringtiefe vom MEG und EEG auf wenige Zentimeter begrenzt, so dass tiefere subkortikale oder tief gefaltete kortikale Strukturen, wie z. B. der Orbitofrontalkortex nicht oder nur unter speziellen Umständen sichtbar werden.

Aktivitätszustände und ihre EEG-Korrelate

Das EEG spiegelt in den Frequenzen und Amplituden seiner Wellen den Aktivitätszustand der Hirnrinde wider

EEG im wachen Ruhezustand. Der Rhythmus, der bei gesunden, menschlichen Erwachsenen im wachen, aber unaufmerksamen Zustand (geschlossene Augen) vorherrscht und besonders über dem Okzipitalhirn deutlich ausgeprägt ist, hat eine Frequenz von 8–13 Hz (durchschnittlich 10 Hz). Diese Wellen werden ***α-Wellen** (Alpha-Wellen)* genannt. Wenn an einem Ableitpunkt EEG-Wellen in etwa gleicher Frequenz und Amplitude auftreten, bezeichnen wir dies als ***synchronisiertes EEG;*** α-Aktivität tritt typischerweise synchronisiert auf (Abb. 8.4).

EEG bei Aufmerksamkeit und Lernen. Das Verschwinden der α-Wellen beim Öffnen der Augen oder auch bei anderen Sinnesreizen und bei geistiger Tätigkeit nennt man ***α-Blockade.*** An ihre Stelle treten hochfrequente ***β-Wellen*** *(Beta-Wellen,* 13–30 Hz, durchschnittlich 20 Hz, Abb. 8.4) mit kleinerer Amplitude. Das EEG wird meist unregelmäßiger und die Messungen von den einzelnen Ableitorten weisen große Unterschiede in Amplitude, Frequenz und Phasenlage auf: das EEG ist ***desynchronisiert.***

Wellen über 30 Hz bezeichnet man als ***γ-Wellen*** (Gamma-Wellen), die bei ***Lern- und Aufmerksamkeitsprozessen*** auftreten können. Synchronisierte Gamma-Aktivität wird als eine mögliche neuronale Grundlage der Bildung assoziativer Verbindungen zwischen verschiedenen Zellpopulationen diskutiert (*Binding*, ► s. S. 238).

EEG im Schlaf. Neben den α-Wellen und β-Wellen gibt es noch 2 weitere Grundformen des EEG mit großer Amplitude und langsamer Frequenz, nämlich die ***ϑ-Wellen*** (Theta-Wellen, 4–7 Hz) und die ***δ-Wellen*** (Delta-Wellen, 0,1–4 Hz; ▫ Abb. 8.4). Sie kommen beim Erwachsenen im Wachzustand normalerweise nicht vor. Sie werden aber, wie im Kap. 9.2 beschrieben, im Schlaf (► vgl. ▫ Abb. 9.4) und bei pathologischen Zuständen beobachtet.

EEG und Alter. Außer vom Aktivitätszustand (Wachheitsgrad) und vom Ableitort hängen Frequenz und Amplitude des EEG stark vom Lebensalter ab: Im Kindes- und Jugendalter ist das EEG deutlich langsamer und unregelmäßiger als beim Erwachsenen, sodass hier auch im Wachzustand ϑ- und δ-Wellen auftreten können.

Klinische EEG-Diagnostik

Zentrale klinische Anwendungen des EEG sind die Diagnose von Anfallsleiden sowie die Bestimmung des zerebralen Todes

Die Aufzeichnung der elektrischen Aktivität des Gehirns gibt im klinisch-diagnostischen Bereich wichtige Auskünfte:

- zur Lokalisation und Diagnose von Anfallsleiden,
- zur Bestimmung des zerebralen Todes,
- zur Abschätzung der Folgen von Vergiftungen auf die Hirntätigkeit,
- zur Abschätzung der Narkosetiefe (Anästhesie),
- zur Untersuchung von Pharmakawirkungen (Pharmakologie) und
- zur Abschätzung von zerebralen Störungen nach Durchblutungsproblemen (Neurologie).

Als Beispiele für pathologisch veränderte EEG-Wellen sind rechts in ▫ Abb. 8.4 ***Krampfpotentiale*** abgebildet, wie sie v.a bei ***epileptischen Anfällen*** vorkommen. Bei einem epileptischen Anfall gehen die typischen klinischen Phänomene (Krämpfe, Bewusstseinsstörungen, etc.) mit charakteristischen steilen Potentialschwankungen hoher Amplitude im EEG einher. Dies zeigt, dass die kortikalen Neurone zu dieser Zeit eine hochsynchrone Aktivität aufweisen, die unter physiologischen Bedingungen nicht vorkommt.

Psychophysiologie. In der psychophysiologischen Forschung ist die Registrierung der elektrischen und magnetischen Aktivität des Gehirns der wichtigste methodische Zugang zur Erforschung der ***Zusammenhänge zwischen Hirn und Verhalten*** beim Menschen. Da die informationsverarbeitenden Prozesse im Gehirn z. T. sehr rasch ablaufen (in Millisekundenintervallen), erfordert ihre Messung eine Zeitauflösung, die bildgebende Verfahren (Abschnitt 8.4) noch nicht aufweisen. Der Nachteil elektroenzephalographischer Methoden besteht darin, dass sie ihre präzise Zeitstruktur mit relativer örtlicher Ungenauigkeit über den anatomischen Ursprung einer bestimmten Spannungsschwankung erkaufen müssen.

8.1. Epilepsien

Entstehung. Grundsätzlich unterscheidet man bei Epilepsien zwei Anfallstypen:

- Partielle (fokale) Anfälle haben ihren Ursprung in einer lokalen Neuronengruppe. Sie resultieren aus einem Zusammenbruch der Hemmung in der Umgebung eines hyperaktiven epileptischen Fokus. Die anhaltende Depolarisation (extern negativ) der Neurone in der ersten tonischen Phase wird paroxysmale Depolarisation genannt. Darunter versteht man, dass die GABAerge Hemmung aussetzt, während die glutamaterge AMPA- und NMDA-Rezeptorenaktivität anhält.
- Generalisierte Anfälle entspringen aus thalamokortikalen Erregungskreisen und erfassen den ganzen Kortex. Bei einem sekundär generalisierten Anfall breitet sich die epileptische Aktivität vom Fokus über den Thalamus in viele Hirnregionen aus. In der tonischen Phase sind die Muskeln extrem verkrampft und oft gestreckt und der Patient ohne Bewusstsein. In der darauf folgenden klonischen Phase kehrt die GABA-Aktivität intermittierend zurück und die Neurone beginnen zu oszillieren, was z. B. mit rhythmischen Zuckungen der Muskeln einhergeht. Der Zusammenbruch der hemmenden Interneurone breitet sich häufig in entfernte Hirnareale aus und bewirkt dort erneut Hyperaktivität.

Therapie. Die Behandlung der Epilepsien mit antiepileptischen Medikamenten richtet sich nach dem Anfallstyp, in den meisten Fällen bewirken die Substanzen eine Abnahme der Erregbarkeit der Neurone. Auf diese Weise können 60–70 % der Epilepsien befriedigend behandelt werden. Aber vor allem partielle (fokale) und sekundär generalisierte Anfälle sprechen nicht oder schlecht auf Medikamente an. Ist der Fokus klar lokalisiert und betrifft er keine für Verhalten und Denken essenzielle Region, so kann die chirurgische Entfernung des Fokus zu dauerhafter Besserung führen. Besonders nützlich, weil nebenwirkungsfrei, ist die psychophysiologische Trainingsbehandlung der Epilepsien bei der die Patienten über die Rückmeldung ihrer elektrischen Hirnaktivität lernen, ihre Anfälle durch Herstellen positiver hemmender langsamer Hirnpotentiale zu unterdrücken.

Unentbehrlich ist das EEG bei der ***Bestimmung der verschiedenen Schlafstadien*** geworden (▶ s. Kap. 9.2). Es ist damit das wichtigste methodische Instrument der Schlafforschung.

Entstehung von EEG und MEG

! Das EEG entsteht überwiegend durch extrazelluläre Ströme der Pyramidenzellen in der Hirnrinde, das MEG resultiert aus intrazellulären Strömen

Quelle der EEG-Wellen. Im Elektroenzephalogramm (EEG) spiegeln sich im Wesentlichen ***erregende synaptische Potentiale (EPSP) der Pyramidenzellen*** wider. Eine geringere Rolle spielen hemmende synaptische Potentiale (IPSP) der Pyramidenzellen, da bei ihnen die extrazellulären Ströme wesentlich kleiner als bei den EPSP sind. Keine oder nur sehr geringe Beiträge zum EEG (und zum MEG) liefern unter normalen Umständen die fortgeleitete Impulsaktivität der Neurone und die Gliazellen. Da Gliazellen aber Stoffwechsel und Erregbarkeit der Nervenzellen mitbestimmen, sind sie indirekt auch für die EEG/MEG-Rhythmen, vor allem für langsame Hirnpotentiale verantwortlich.

Polarität der EEG-Potentialschwankungen. Es lassen sich zwei Arten von Potentialschwankungen unterscheiden:

- ***Positive*** Potentialschwankungen im EEG (vereinbarungsgemäß Ausschlag nach unten) werden in den tieferen Schichten (besonders 4. Schicht mit Zustrom der spezifischen thalamischen Afferenzen) durch ***erregende synaptische Potentiale***, in den oberen Schichten dagegen durch ***hemmende Potentiale*** bzw. Nachlassen der Erregung verursacht.
- ***Negative***, d.h. aufwärts gerichtete Potentialschwankungen im EEG kommen durch die Erregung der Dendriten in den oberflächlichen Schichten (durch unspezifische thalamische Afferenzen, Kommissuren- und Assoziationsfasern) zustande. Für die hemmenden synaptischen Potentiale treffen die umgekehrten Verhältnisse zu (■ Tabelle 8.1).

■■■ **Einzugsbereich von EEG und ECoG.** Die Ableitelektroden des EEG sind von den Quellen der EEG-Ströme im Kortex relativ weit entfernt. Dementsprechend ist die Amplitude der im EEG registrierten Potentiale rund hundert- bis tausendmal kleiner als die der an den Zellen selbst auftretenden Potentiale. Beim **Elektrokortikogramm**, also bei direkter Ableitung von der Kortexoberfläche, ist es etwa um den Faktor 10 größer als bei Messungen am intakten Schädel. In beiden Fällen leiten die Elektroden von einer großen Population von Nervenzellen gleichzeitig ab. So ist geschätzt worden, dass eine 1 mm^2 große Elektrodenfläche direkt auf der Kortexoberfläche von rund 100 000 Neuronen bis zu einer Tiefe von 0,5 mm ableitet. Bei Ableitung vom intakten Schädel ist der Einzugsbereich rund zehnfach größer. Schon von daher ist es verständlich, dass im EEG nur dann Wellen großer Amplitude auftreten können, wenn ein wesentlicher Prozentsatz der Neurone unter der Elektrode mehr oder weniger gleichzeitig (synchron) aktiviert oder gehemmt wird.

Quelle der MEG-Wellen. Magnetische Felder stehen stets in einem Winkel von 90° senkrecht zur Richtung der elektrischen Felder. Wie beschrieben entspringen die elektrischen Potentiale des EEG den senkrecht zur Kortexoberfläche stehenden Pyramidenzellen. Daher werden im MEG nur solche magnetischen Wellen empfangen, die von Neuronen entspringen, die horizontal (»tangential«) zur Schädeloberfläche stehen. Dies sind v.a. die Zellen in den Sulci (Furchen) der Hirnrinde, welche 60 % ihrer Gesamtoberfläche ausmachen. Die Aktivität der Gyri geht weitgehend verloren, bis auf die, die horizontal zu den Ableitsensoren liegen, z.B. die des Temporallappens. Die Aktivitäten beider Zellorientierungen lassen sich also nur über die Kombination von EEG und MEG erfassen.

Oszillation von EEG und MEG. Die verschiedenen rhythmischen Wellenformen des EEGs/MEGs haben vermutlich unterschiedliche Generatoren. Zwar entstehen die EEG-Wellen und ereigniskorrelierten Potentiale alle im Kortex, ihre ***Rhythmik*** und ihre ***Synchronisation*** kann den kortikalen Zellen aber von weit entfernten subkortikalen Kernen »aufgezwungen« werden ***(Entrainment)***. So wird der α-Rhythmus durch rhythmisch entladende Schrittmacherzellen des Thalamus in den Kortex übertragen. ϑ-Wellen, die nicht wie üblich im Schlaf, sondern bei gespannter Aufmerksamkeit in vorderen Kortexbereichen auftreten, dürften vom Hippokampus generiert

■ Tabelle 8.1. Richtung der Potentialschwankung erregender und hemmender Potentiale

		Erregendes postsynaptisches Potential	Hemmendes postsynaptisches Potential
Zelluläre Antwort		Depolarisation	Hyperpolarisation
Potentialschwankung bei intrazellulärer Ableitung		↑	↓
Potentialschwankung bei extrazellulärer Oberflächenableitung (EEG, Negativität aufwärts)	Synapse in oberflächlicher Schicht	↑	↓
	Synapse in tiefer Schicht	↓	↑

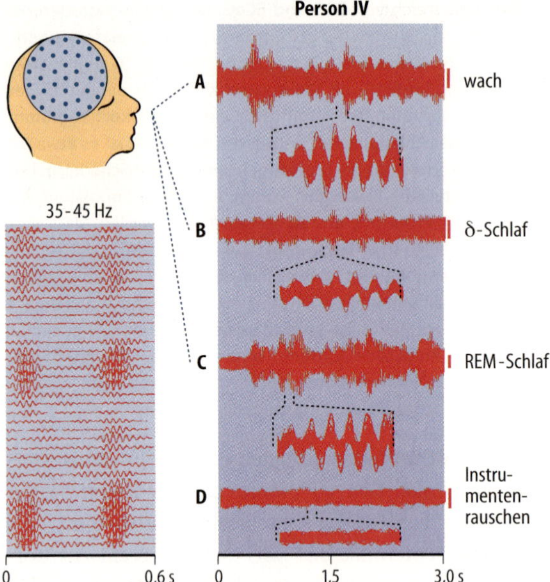

Abb. 8.6. 40 Hz-Oszillationen. **A** Wachzustand, **B** Tiefschlaf, **C** REM-Schlaf, **D** Hintergrundsrauschen des Gerätes. Originalregistrierung der Oszillationen kortikaler Magnetfelder, aufgezeichnet mit einem Magnetoenzephalographen (MEG) von 37 Sensoren über der rechten Hirnhemisphäre einer Versuchsperson (► s. Einsatzfigur *links oben*). *Links* Originalregistrierung von jedem Sensor, *rechts* die summierten Oszillationen über alle 37 Sensoren. *Darunter* jeweils vergrößerte summierte MEGs über einen kurzen Ausschnitt mit einer Zeitachse von 200 ms. Die Oszillationen sind deutlich im Wach- und Traumzustand und kaum während des Tiefschlafs vorhanden. Nach Llinás u. Ribary (1993)

werden. Die raschen 30–80 Hz-Wellenzüge, die bei bedeutungshaltigen Reizen oder Wörtern auftreten, entstehen direkt in den kortikalen Zellen.

Gamma-Oszillationen. Wir haben bereits auf S. 193 auf die Rolle kohärenter kortikaler Oszillationen hingewiesen, die für die assoziative Verbindung von Einzelobjekten zu Gestalten von subjektiver Bedeutung unerlässlich sind. Abbildung 8.6 zeigt die 40 Hz-Oszillationen des Magnetoenzephalogramms von einer Versuchsperson im Wachzustand *(oben)*, im Langsamen-Wellen-Schlaf (SWS-Tiefschlaf, ► s. Kap. 9.2) und im Traumschlaf (REM-Schlaf, ► s. Kap. 9.3). Im ***Wachzustand*** sowie im ***REM-Schlaf (Rapid Eye Movement)***, in denen besonders aktives subjektives Erleben stattfindet, erkennt man regelmäßige Oszillationen, die leicht zeitverschoben an allen Ableitungspunkten auftreten. Im Tiefschlaf ohne subjektives Erleben fehlen diese kohärenten Schwingungen.

▪▪▪ **Reizabhängige Gamma-Oszillationen.** Bietet man einen bedeutungsvollen Reiz dar, so synchronisieren sich die Gamma-Oszillationen mit dem Reizauftritt, d. h. sie treten unmittelbar nach dem Reiz in steigender Amplitude und Synchronisation auf, besonders wenn sich die Person mit dem Reiz »beschäftigt«, d. h. ihn beachtet. Im Traumschlaf, wo die externen Reize nicht zu bewussten Verarbeitungen führen, sind die 40 Hz-Oszillationen nicht mehr an den Reizzeitpunkt gebunden, sondern treten in Abhängigkeit von den spontanen, inneren Erlebnisinhalten auf. Auch bei der Darbietung vergleichbarer sinnvoller und sinnloser sprachlicher Reize fehlen die Gamma-Oszillationen bei den bedeutungslosen Worten, während sie bei **bedeutungshaltigen Worten** in beiden Hirnhemisphären auftreten.

In Kürze

Entstehung von EEG und MEG

Die Hauptquelle der EEG- und MEG-Potentialschwankungen sind die erregenden synaptischen Potentiale der apikalen Dendriten. Die Richtung (Polarität) der Potentialschwankungen hängt davon ab, in welcher Schicht des 6-schichtigen Kortex die Erregung oder Hemmung entsteht und ob eine Zu- oder eine Abnahme der Erregung vorliegt.
Die rythmische Tätigkeit der Kortexneurone kann z. T. von weit entfernten subkortikalen Kernen »diktiert« werden.

Methodik

- EEG/ECoG: Von der Kopfhaut können elektrische Potentialschwankungen abgeleitet werden, die durch die Aktivität der Kortexneurone entstehen. Man erhält ein Elektroenzephalogramm, EEG. Erfolgt die Ableitung direkt von der Hirnoberfläche, führt dies zum Elektrokortikogramm, ECoG.
- MEG: Durch die elektrische Hirnaktivität werden magnetische Felder hervorgerufen. Die Schwankungen dieser magnetischen Felder lassen sich als Magnetoenzephalogramm, MEG, registrieren.

Die Elektroden des EEG bzw. die Sensoren des MEG erfassen jeweils die Gesamtaktivität von vielen Hunderttausenden bis Millionen aktiver Synapsen gleichzeitig.

Anwendung

Mit dem EEG kann die Hirnaktivität gemessen werden: Es ist in Ruhe (α-Wellen) und besonderes im Schlaf (ϑ- und δ-Wellen) niederfrequent und synchronisiert, während es bei Sinnesreizen sowie bei geistiger Tätigkeit (β-Wellen) und bei Lernprozessen (γ-Wellen) hochfrequent und desynchronisiert ist.

Klinik

Bei epileptischen Anfällen treten im EEG Krampfpotentiale auf. Das EEG dient außerdem zur Bestimmung des zerebralen Todes.
Neben ihrem Einsatz in der Klinik sind EEG und MEG wichtige Methoden der psychophysiologischen Forschung, z. B. der Schlafforschung.

8.3 Analyse der Großhirntätigkeit mit EKP

Definition und Registrierung der EKP

Vor, während und nach einem sensorischen, motorischen oder psychischen Ereignis sind im Elektroenzephalogramm spezifische elektrokortikale Potentiale messbar. Diese bezeichnet man als ereigniskorrelierte Hirnpotentiale, EKP

Ereigniskorrelierte Potentiale (EKP) sind von sehr viel kleinerer Amplitude als das Spontan-EEG, das diese Potentiale als »Rauschen« so stark überlagert, dass sie mit freiem Auge meist nicht sichtbar sind. Sie müssen deswegen mit ***Summationstechniken*** (Mittelungstechniken) sichtbar gemacht werden. Von solchen ereigniskorrelierten Hirnpotentialen haben wir bereits in Kap. 7.10 das Erwartungspotential, das Bereitschaftspotential und die prämotorische Positivierung als Beispiele von EKP bei Vorbereitungssituationen und Zielmotorik kennen gelernt (Abb. 7.28).

Evozierte Potentiale, EP. Diejenigen ereigniskorrelierten Potentiale, die sich im ZNS als Antwort auf eine Reizung von Sensoren, von peripheren Nerven, von sensorischen Bahnen oder Kernen registrieren lassen, werden als ***evozierte Potentiale, EP***, bezeichnet. Nach Reizung peripherer somatischer Nerven oder Sensoren können von den somatosensorischen Rindenarealen (SI, SII) nach kurzer Verzögerung (etwa 10 ms) ***somatisch evozierte Potentiale, SEP***, abgeleitet werden (Abb. 8.7). Die erste Potentialänderung wird ***primär evoziertes Potential*** (Abb. 8.7 B) genannt. Dieses ist nur in einem streng umschriebenen Kortexbereich zu finden, nämlich dem kortikalen Projektionsfeld des peripheren Reizpunktes (bei Reizung eines Hautnerven also das somatotopisch zugehörige Areal des Gyrus postcentralis). Die anschließende, deutlich längere Antwort wird ***sekundär evoziertes Potential*** genannt (Abb. 8.7 C). Dieses Potential wird in einem ausgedehnten Kortexgebiet um das primäre Projektionsareal gefunden.

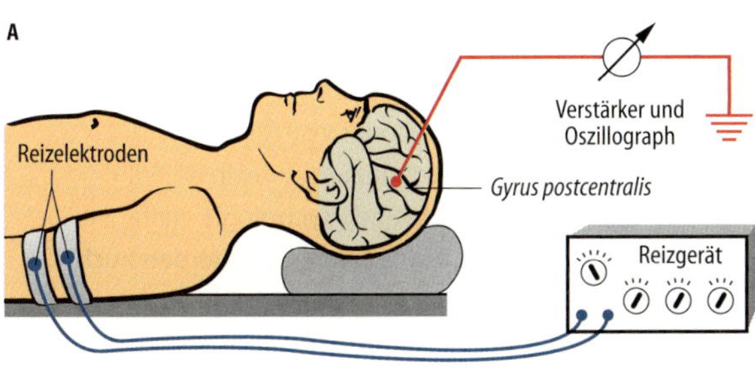

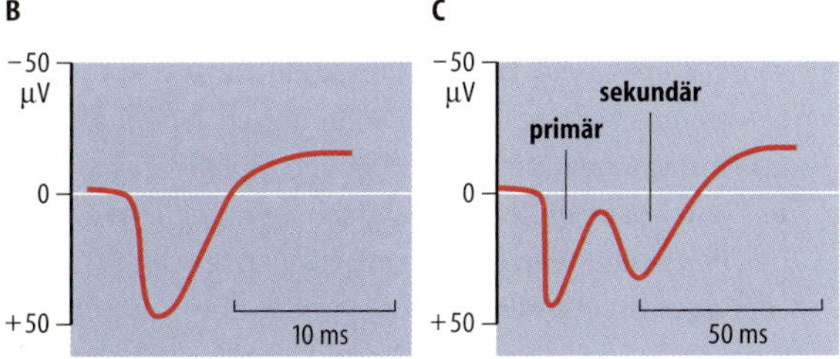

Abb. 8.7. Auslösung und Ableitung evozierter Potentiale am Menschen. A Versuchsanordnung. Statt der hier gewählten elektrischen Hautreizung können auch andere Reize (mechanische, thermische) gegeben werden. Die Ableitung erfolgt durch eine EEG-Elektrode auf der Haut der Schädeldecke. **B** Primär evoziertes Potential vom zugehörigen Projektionsfeld im Gyrus postcentralis. **C** Primär evoziertes und sekundäres evoziertes Potential. Unterschiedliche Zeitachse in B und C

Späte Komponenten ereigniskorrelierter Potentiale. Komplexe Prozesse der Verarbeitung von Information und die Planung von Verhalten bilden sich in sehr viel späteren Komponenten der ereigniskorrelierten Potentiale ab (Latenzen > 60 ms). Jene Potentialanteile, die nicht mehr überwiegend von den physikalischen Reizeigenheiten, sondern vor allem von den psychologisch-subjektiven Vorgängen abhängen, bezeichnen wir als ***endogene ereigniskorrelierte Potentiale*** (im Gegensatz zu den frühen *exogenen* Komponenten). In Abb. 9.8 (▶ s. S. 218) sind typische endogene ereigniskorrelierte Potentiale zu sehen.

Entstehung der EKP

EKP entstehen durch die synchrone synaptische Aktivität der Pyramidenzellen und deren Dendriten; die Schaltstellen von Hör- und Sehbahn können mit akustisch (AEP) bzw. visuell evozierten Potentialen (VEP) überprüft werden

Entstehungsmechanismus. In Bezug auf den Entstehungsmechanismus der ereigniskorrelierten Potentiale (einschließlich evozierter Potentiale) herrscht weitgehend Einigkeit, dass sie, ähnlich wie die Wellen des EEG, die ***langsame synaptische Aktivität der Pyramidenzellen und deren Dendriten***, nicht die Impulsaktivität (Aktionspotentiale) der Neurone widerspiegeln. Auch hier handelt es sich um Massenpotentiale, zu denen die summierten extrazellulären synaptischen Ströme vieler Neurone in der Umgebung der Elektrode beitragen.

Klinische Anwendung der evozierten Potentiale. Zu diagnostischen Zwecken werden evozierte Potentiale vor allem auch durch Schall- und Lichtreize ausgelöst. Jedes dieser ***akustisch evozierten Potentiale, AEP***, bzw. ***visuell evozierte Potentiale, VEP***, besteht aus einer Serie von Wellen, die in den verschiedenen Umschaltstellen der Hör- bzw. Sehbahn generiert werden. Sie können daher zur Überprüfung der Funktion dieser Bahnen eingesetzt werden, z. B. die akustisch evozierten Potentiale bei Kindern zur Objektivierung und Verlaufskontrolle bestimmter Formen von Schwerhörigkeit.

Auch bei demyelinisierenden Erkrankungen, wie beispielswiese bei der ***multiplen Sklerose***, werden evozierte Potentiale, vor allem visuelle, zur Verlaufskontrolle eingesetzt. Der Abbau der Myelinscheide der Axone führt zu einer Verlangsamung der Erregungsleitung, wodurch sich die Latenzen der verschiedenen Komponenten der visuell evozierte Potentiale verlängern.

8.2. Bewusstlosigkeit und Lähmungen

Späte ereigniskorrelierte Potentiale spiegeln je nach ihrem anatomischen Ort, ihrer Form und ihrer zeitlichen Latenz (»Komponenten«) unterschiedliche informationsverarbeitende Prozesse wider. Sie werden daher auch zur Diagnose über Vorhandensein oder Fehlen kognitiver Vorgänge bei Patienten in Anästhesie, Bewusstlosigkeit (Koma und vegetativem Zustand) oder Locked-in-Syndrom eingesetzt. Besonders beim Locked-in-Syndrom ist das klinisch höchst wichtig, da diese Patienten vollständig gelähmt (z.B. nach Schlaganfällen oder bei der amyotrophen Lateralsklerose, ALS, bei der alle motorischen Zellen absterben), aber bei Bewusstsein und kognitiv-emotional intakt sein können. Dies kann aber nicht mehr festgestellt werden, da diese Patienten keinerlei Zeichen mehr über ihr motorisches System (z.B. Augenbewegungen oder Laute) an die Außenwelt abgeben können. Zum Beispiel zeigten beatmete Patienten mit vollständiger Lähmung durch Polyneuropathie, bei semantischen Fehlern, wie z.B. das Wort »Berlin« im folgenden Satz: »Die Hauptstadt von Italien ist Berlin« vollkommen normale späte ereigniskorrelierte Potentiale. Bei solchen semantischen Fehlern treten sogenannte »N400-Komponenten« auf, also langsame negative (N) Potentiale 400 ms nach Darbietung des unpassenden Inhaltes. Das Vorhandensein dieser N400 bei diesen Patienten belegt, dass ihr Kortex durchaus in der Lage ist, komplexe bedeutungshaltige Information zu verarbeiten, obwohl sie darüber nichts an die Außenwelt mitteilen können.

Bestandspotentiale und langsame Hirnpotentiale

Kortikale Gleichspannungspotentiale und langsame Hirnpotentiale, LP, verändern sich mit dem lokalen Aktivitätszustand der Hirnrinde: Negativierung bedeutet Mobilisierung

Bestandspotentiale. Registriert man das EEG mit Gleichspannungsverstärkern, so kann normalerweise zwischen der kortikalen Oberfläche und der darunter liegenden weißen Substanz eine Gleichspannungsdifferenz von mehreren Millivolt (Oberfläche negativ) abgeleitet werden. Dieses ***kortikale Gleichspannungs-*** oder ***Bestandspotential*** wird beim Übergang in den Schlaf positiver, während umgekehrt Weckreaktionen mit einer Negativierung der Oberfläche einhergehen.

Langsame Hirnpotentiale. Vom Bestandspotential muss man die langsamen Hirnpotentiale, LP, unterscheiden, die als lokale, langsame Potentialverschiebungen von 200 ms bis mehrere Sekunden Dauer an der Schädeloberfläche registriert werden können und aus den apikalen Dendriten stammen. Negativierung tritt hier besonders auf, wenn durch neue komplexe Situationen oder psychische Bedingungen zusätzliche Anforderungen an das Gehirn gestellt werden (► s. Abb. 9.8 u. Abb. 9.10). Die Negativierung spiegelt die vermehrte synaptische Erregung der oberflächennahen Dendriten der Pyramidenzellen wider. Bedingt durch unspezifische thalamische und retikuläre Afferenzen (Arousal-System) sowie durch andere kortikale Regionen (► vgl. Tabelle 8.1) wird die Auslösung von Aktionspotentialen in den Pyramidenzellen erleichtert. ***Negativierung der oberen Kortexschicht*** ist somit der elektrophysiologische Ausdruck eines Mobilisierungszustandes des betreffenden Areals.

In Kürze

Entstehung von EKP

EKP spiegeln die synchrone synaptische Aktivität der Pyramidenzellen und deren Dendriten wider.
Methodik: Sensorische, motorische und psychische Ereignisse führen zu Veränderungen des Elektroenzephalogramms. Wegen ihrer kleinen Amplitude werden diese in der Regel nur nach Aufsummierung vieler EEG-Abschnitte als ereigniskorrelierte Potentiale, EKP, sichtbar.

Anwendung der EKP

Eine Form dieser Potentiale sind die nach somatosensorischer, akustischer oder visueller Reizung ableitbaren evozierten Potentiale, EP, die in der klinischen Neurophysiologie und Psychologie vielfache diagnostische Anwendung finden. Sie werden auch als exogene Potentiale bezeichnet, da ihre Form und Dauer von den äußeren Reizen abhängt.
Die späten Komponenten ereigniskorrelierter Potentiale werden als endogen bezeichnet, da sie im Wesentlichen von psychischen Prozessen abhängen.
Langsame negative Potentialänderungen (länger als 200 ms) spiegeln Depolarisation und Mobilisierung des unter der Elektrode liegenden Rindenfeldes wider, Positivierungen hängen mit Nachlassen des Erregungszustandes des neuronalen Gewebes zusammen.

8.4 Analyse der Großhirntätigkeit mit bildgebenden Verfahren

Physiologische Grundlagen

Schon das ruhende Gehirn hat einen hohen Stoffwechsel, bei Zunahme der Neuronenaktivität steigert sich dieser weiter; es zeigt sich eine enge Verknüpfung zwischen psychischer und neuronaler Tätigkeit

O_2-Verbrauch in Ruhe. Von den rund 250 ml Sauerstoff, die ein ruhender Mensch pro Minute verbraucht, nimmt das Gehirn für den Stoffwechsel seiner Neurone und Gliazellen einen, gemessen an seinem Gewicht, unverhältnismäßig hohen Anteil von ***20 %, also 50 ml/min***, in Anspruch. Den höchsten Bedarf hat dabei die Großhirnrinde, die etwa 8 ml Sauerstoff pro 100 g Gewebe pro Minute verbraucht. In der darunter liegenden weißen Substanz wurde hingegen nur ein Verbrauch von etwa 1 ml O_2/100 g/min gemessen. Der hohe ***Sauerstoffbedarf der Großhirnrinde*** zeigt sich auch an der Tatsache, dass eine Unterbrechung des Sauerstofftransportes, also der Blutzirkulation (z. B. durch Herzstillstand oder eine starke Strangulation des Halses), bereits nach 8–12 s eine Bewusstlosigkeit auslöst. Nach 8–12 min ist das Gehirn bereits irreversibel geschädigt (▶ vgl. zu den unterschiedlichen Bedingungen bei Ischämie und Anoxie Kap. 36.3).

O_2-Verbrauch und Durchblutung bei vermehrter neuronaler Aktivität. Die Hirnrinde hat aber nicht nur einen ständig hohen Grundbedarf an Sauerstoff (und Gluko-

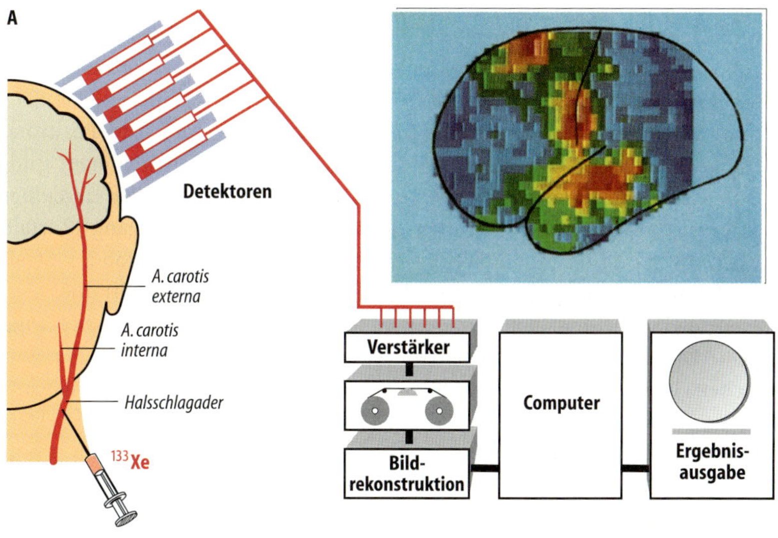

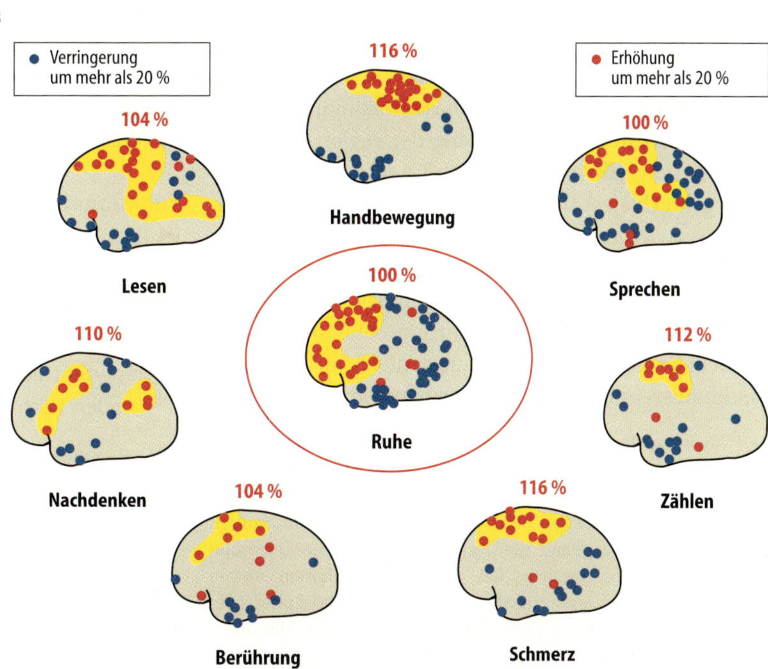

Abb. 8.8. Messung der regionalen Hirndurchblutung. Radioaktives Xenon (^{133}Xe) wird intraarteriell injiziert. **A** Überblick über die Methodik. **B** Maxima und Minima der regionalen Hirndurchblutung auf der sprachdominanten (linken) Seite in Ruhe und bei sieben verschiedenen Hirnaktivitäten. Die Gesamtdurchblutung des ruhenden Gehirns wurde als 100 % bezeichnet. Nur Regionen, die in ihrer Durchblutung um mehr als 20 % nach oben (*gefüllte rote Kreise* mit *gelber* Unterlegung) oder nach unten (*blaue Kreise*) abweichen, sind eingetragen. Die Einsatzfigur *rechts oben* in **A** zeigt die Durchblutungsveränderungen beim lauten Zählen in vom Computer errechneten Pseudofarben (verstärkte Aktivität zunehmend *rot*). Messungen von Ingvar u. Lassen

se!), sondern jede zusätzliche Aktivität in einer bestimmten Hirnregion führt dort innerhalb von Sekunden zu einem ***erhöhten Sauerstoffverbrauch*** und einem entsprechend vermehrten Anfall von Metaboliten. Diese sauren Stoffwechselprodukte wiederum erweitern die lokalen Arteriolen, was eine Erhöhung der lokalen ***Durchblutung*** zur Folge hat.

Korrelation von Durchblutung und Funktion. Ohne Zweifel ist es so, dass jede spezielle ***Hirntätigkeit***, sei sie rezeptiv (sensorisch), sei sie motorisch oder bestehe sie aus bestimmten Formen des Denkens, in Folge der erhöhten Neuronenaktivität und des damit verstärkten Stoffwechsels der Neurone zu lokalen Gefäßerweiterungen und damit zur ***verstärkten Durchblutung*** führt.

Auch das Umgekehrte scheint zu gelten: Ohne ständige und bei erhöhter Aktivität sofort verstärkte Energiezufuhr, können Neurone nicht tätig sein. Dies gilt für alle Neurone, also auch für solche, deren Aktivität unlösbar mit dem Er- und Durchleben psychischer (geistiger, seelischer) Prozesse verknüpft ist. Gestützt wird diese Feststellung durch Befunde an bewusstlosen, komatösen oder hochgradig dementen Patienten, bei denen der Ausfall sensorischer, motorischer und geistiger Leistungen immer von entsprechenden Abnahmen der Gesamt- und der jeweiligen Regionaldurchblutung eindrucksvoll begleitet ist. Darüberhinaus konnte man bei simultaner Registrierung der elektrischen Hirnaktivität und des Blutflusses (des BOLD-Signals) einen hohen Zusammenhang zwischen beiden Aktivitäten feststellen.

Messung der Hirndurchblutung mittels Radioisotopen

! Wird ein schwach radioaktiver Stoff in die Blutbahn gebracht, kann die Hirndurchblutung in den verschiedenen Regionen direkt anhand der gemessenen Strahlungsintensität abgelesen werden

Regionale Hirndurchblutung. Die Durchblutungszunahme kann u. a. durch die Messung der regionalen Hirndurchblutung (■ Abb. 8.8 A) mithilfe eines in die Blutbahn gebrachten schwach und kurz radioaktiven Edelgases erfasst werden. Sein Auftauchen in den verschiedenen Hirnregionen wird mit seitlich am Kopf angebrachten Geigerzählern gemessen. Die Strahlungsintensität hängt dabei direkt von der lokalen Hirndurchblutung ab, die aus dem Gesamtsauerstoffverbrauch des Gehirns und der Strahlungsverteilung errechnet werden kann.

■■■ **Messung.** ■ Abbildung 8.8 zeigt die Ergebnisse von Messungen der Hirndurchblutung für die linke Hemisphäre an gesunden Versuchspersonen. In Ruhe sind die Stirnhirnregionen deutlich stärker durchblutet als die übrigen Hirnareale. Nichtschmerzhafte Hautreizung an der rechten Hand **(Berührung)** verändert das Durchblutungsbild nur unwesentlich. Bei leicht schmerzhaften Reizen **(Schmerz)** steigt die Gesamtdurchblutung (Prozentzahlen über jeder Hirnskizze) deutlich an, vor allem über den postzentralen Hirnregionen, wo der Schmerzreiz verarbeitet wird. Auch bei willkürlichem, rhythmischem Öffnen und Schließen der rechten Hand **(Handbewegung)** steigt die Gesamtdurchblutung an: gleichzeitig erhöht sich die lokale Durchblutung im linken prämotorischen, motorischen und somatosensorischen Gyrus postcentralis und den benachbarten Anteilen des Scheitelhirns. Sprechen und Lesen führen links zu einer Z-förmigen Verteilung der Durchblutungsmaxima, die beim Lesen bis in die visuellen Areale des Hinterhauptslappens reichen. Bei Denk- und Rechentests **(Nachdenken und Zählen)** erhöht sich die Gesamtdurchblutung, und es treten Maxima vor und hinter der Zentralfurche und im linken unteren Temporal- und Frontallappen auf.

PET. Eine analoge Methode, bei der aus Radioisotopen freigesetzte Positronen erfasst werden, nennt man Positron-Emissions-Tomographie (PET). Durch die radioaktive Markierung von Glukose, Sauerstoff und anderen im Blut transportierten Stoffen können verschiedene Aspekte des Hirnstoffwechsels sichtbar gemacht werden, die aber alle eng mit der lokalen Durchblutung oder dem Durchblutungsvolumen korreliert sind (■ Abb. 8.9).

Zur PET werden Radioisotope biologisch wichtiger Atome (^{18}F, ^{15}O, ^{13}N, ^{11}C) verwendet, die Positronen freisetzen. Die Positronen akkumulieren in den aktivierten Hirnregionen und kollidieren nach kurzer Wegstrecke (2–8 mm) mit einem Elektron. Diese Reaktion führt zum Untergang (Zerfall) der beiden Teilchen unter Aussendung von 2 γ-Strahlen in einem Winkel von genau 180°. Die γ-Strahlen werden von Photondetektoren, die rund um den Kopf angeordnet sind, aufgefangen, wobei nur dann ein Messpunkt registriert wird, wenn 2 genau gegenüber liegende Detektoren gleichzeitig getroffen werden. Die Zerfallsdichte ist an den Orten mit höchster Hirnaktivität am größten. Baut man die oben genannten Isotope in Substanzen wie Wasser, Glukose oder Aminosäuren ein, so kann man damit die ***Verteilung der jeweiligen Substanzen im Gehirn*** messen. Das ***Auflösungsvermögen*** der PET liegt bei 4–8 mm, die Zeitauflösung bei 1 s. Da die benötigten Isotope eine kurze Halbwertszeit haben, muss das zur Herstellung der Isotope benötigte Zyklotron in unmittelbarer Nähe liegen. Das Verfahren ist aus diesem Grund sehr teuer.

Funktionelle Magnetresonanztomographie (fMRT)

! Aktive Hirnareale werden durch die funktionelle Magnetresonanztomographie (Kernspintomographie), ein örtlich besonders gut auflösendes bildgebendes Verfahren, dargestellt; in diesen Bereichen ist der Gehalt an oxygenisiertem Blut, das weniger paramagnetisch ist, besonders hoch

Die Kernspinresonanz- oder auch Magnetresonanztomographie (engl: *Magnetic Resonance Imaging, MRI)* ist ein Standardverfahren der Physik und Chemie. Sie wird zur Aufklärung der chemischen Struktur biologisch interessanter Moleküle verwendet. Ihre Anwendung in der Neurobiologie des Menschen ist dagegen relativ neu.

A

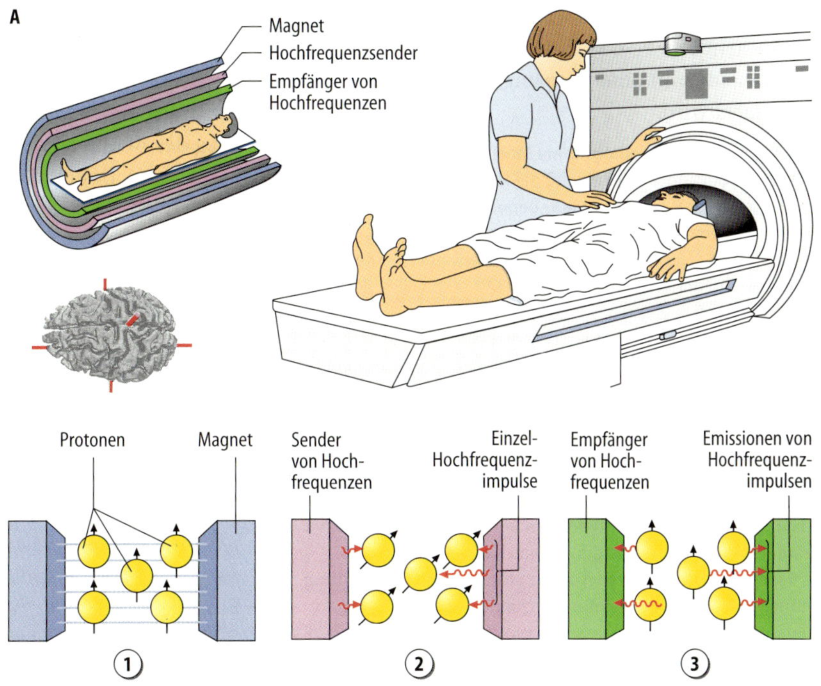

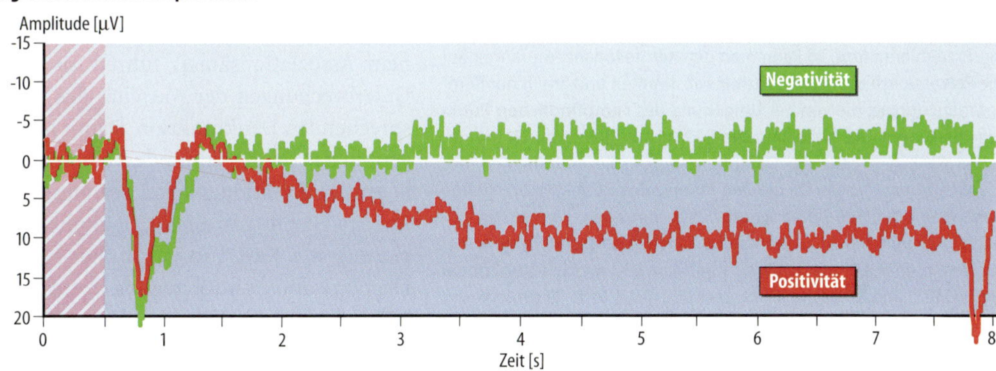

B langsame kortikale Hirnpotentiale

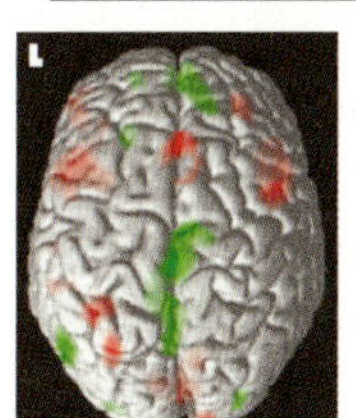

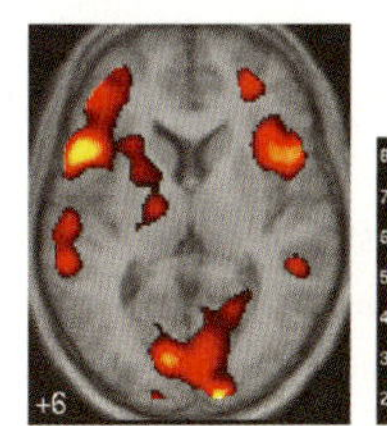

fMRI während kortikaler Positivierung

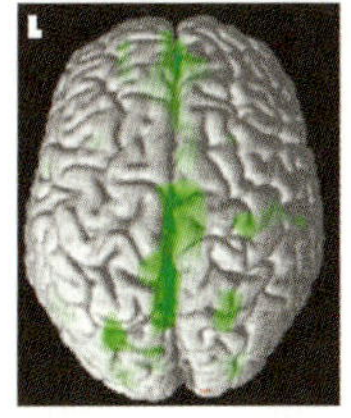

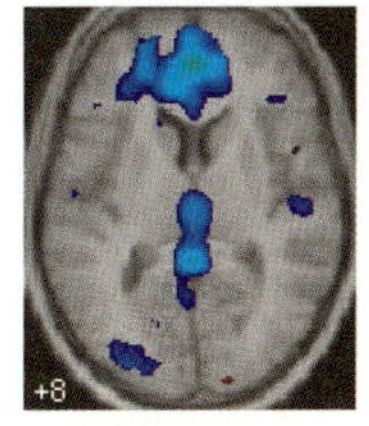

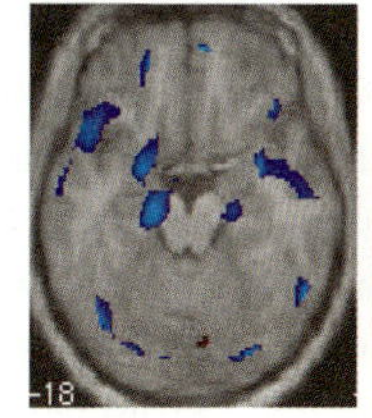

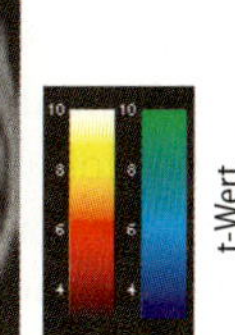

Abb. 8.9. Magnetresonanztomographie. A Schematische Darstellung der Magnetresonanztechnik. Der Patient ist von Elektromagneten umgeben, die kurze, aber starke magnetische Feldimpulse (1–7 Tesla) erzeugen. Die Feldimpulse führen zur Auslenkung der Kerne der Wasserstoffatome, die sich besonders in gut durchblutetem Gewebe anreichern. Diese Kerne der H^+-Atome (Protonen) sind normalerweise in alle Richtungen ausgerichtet, das Magnetfeld lenkt sie in parallele Richtungen (1). Starke Hochfrequenzradioimpulse treffen auf die Protonen (2). In wenigen Sekunden kehren die Protonen nach Abschalten des Magnetfeldes in die Ausgangslage zurück und geben dabei schwache hochfrequente Radiowellen ab, die von einem sensitiven Empfänger registriert werden (3). Aus Birbaumer u. Schmidt (2003). **B** *Oben:* langsame ereigniskorrelierte kortikale Hirnpotentiale gemittelt von 5 Versuchspersonen, *darunter* die fMRI-BOLD-Antwort während das Hirnpotential negativ (erregt) oder gehemmt (positiv) ist. *Rot/gelb* markierte Regionen entsprechen Aktivierungen, *blau/grün* gefärbte Areale kennzeichnen Deaktivierungen. Während der elektrokortikalen Negativierung sind vor allem der Thalamus, Präfrontalkortex, das anteriore Zingulum und supplementärmotorische Areale aktiv, alles Areale, welche mit der Steuerung von Aufmerksamkeit befasst sind. Bei Positivierung kommt es zu Abfall der metabolischen Versorgung in diesen Arealen, sowie im medialen Thalamus und im Bereich des Hippokampus und Aktivierungen hemmender Regionen wie Teile der Basalganglien (auf dem gewählten Schnittbild nicht dargestellt). Aufnahmen der Autoren

Der große Vorteil der fMRT gegenüber dem EEG und MEG besteht darin, dass das gesamte Gehirn, nicht nur die Hirnrinde, mit einer Genauigkeit von 1–3 mm sichtbar gemacht wird.

▪▪▪ **Magnetresonanztomographie (MRT).** Bei dieser Methode wird die seit 1946 bekannte Erscheinung der kernmagnetischen Resonanz *(Nuclear Magnetic Resonance, NMR)* benutzt, um Dichte und Relaxationszeiten magnetisch erregter Wasserstoffkerne (Protonen) im menschlichen Körper zu erfassen. Beide Parameter (Dichte und Relaxationszeiten) können als Funktion des Ortes mittels bildgebender Systeme dargestellt werden.

NMR. Die Kernspinresonanztomographie *(Nuclear Magnetic Resonance)* basiert auf dem Grundprinzip des Drehimpulses *(Spin)* geladener Teilchen, wobei Wasserstoff (H^+) das größte magnetische Moment aufweist. Legt man nun ein externes magnetisches Feld von 1–7 Tesla an, so führt die Abweichung von der bevorzugten Ausrichtung der Felder zur Präzession (Auslenkung) um die Feldachse. (Die Winkelgeschwindigkeit der Kernpräzession ist dabei proportional zur Feldstärke). Die Protonen rotieren um ihre eigene Achse in einer bestimmten vertikalen und longitudinalen Richtung.

Bei der **gepulsten Kernresonanz** stört man die Ausrichtung der Protonen durch einen Hochfrequenzimpuls, dessen Frequenz mit derjenigen der Kernpräzession übereinstimmt. Das Abklingen des Drehimpulses, also die Relaxationszeiten nach Abschalten des Magnetfeldes, hängen auch von der Moleküldichte des Gewebes (▶ s. ◘ Abb. 8.9 A) ab (so dreht sich ja auch ein Kreisel im Wasser anders als in der Luft). Sorgt man dafür, dass das Grundmagnetfeld über dem Messvolumen (z. B. Gehirn) stark variiert, in einem Punkt jedoch ein Extrem annimmt, so kann man den Kernresonanzempfänger auf die Präzessionsfrequenz des Extrems abstimmen und erhält nur Kernresonanzsignale, die von der Umgebung des »**empfindlichen Punktes**« herrühren. Die Auflösung des Bildes ist begrenzt durch thermisches Rauschen und die Dämpfung durch die Leitfähigkeit des menschlichen Körpers. Da die Zeit für einzelne Projektionen wenige Sekunden oder nur Sekundenbruchteile betragen, können (in Abhängigkeit von den Relaxationszeiten) auch relativ schnelle Veränderungen in der Gehirnaktivität sichtbar gemacht werden (**functional MRT, fMRT**). Medizinische Risiken der MRT bis 7 Tesla Feldstärke sind nicht bekannt.

Entstehung. Die physiologischen Grundlagen der fMRT-Antwort lässt sich am besten an der ***BOLD-Antwort*** ablesen; BOLD bedeutet *Blood Oxygen Level Detection*, also Registrieren der von neuronaler Aktivität ausgelösten metabolischen Versorgung durch oxygenisiertes Blut: Wenn ein Areal aktiv ist, wird mehr mit Sauerstoff angereichertes Blut als notwendig an den Ort der Aktivität transportiert. Da oxygenisiertes Blut weniger paramagnetisch ist, kehren die rotierenden (präzessierenden) Protonen nach Abschalten des Magnetfeldes langsamer in den Ausgangszustand zurück, sodass die Magnetresonanz von den aufgefangenen Radiofrequenzimpulsen länger anhält und das Signal stärker ist.

Leitet man gleichzeitig von dem aktivierten Zellareal die neuronale Aktivität ab, so korreliert das fMRT-BOLD-Signal gut mit den lokalen synaptischen Feldpotentialen an den Dendriten und nicht mit den Aktionspotentialen am Ausgang der Zellen. ◘ Abbildung 8.9B demonstriert den engen ***Zusammenhang*** zwischen ***langsamen Hirnpotentialen*** beim Menschen und gleichzeitig registriertem ***BOLD-Signal***. Obwohl das BOLD-Signal mit einer Verzögerung von 3 s nach der neuronalen Aktivität auftritt, löst die kortikale Negativierung, die auf der Depolarisierung der apikalen Dendriten beruht (▶ s. Kap. 5.6) einen Anstieg des BOLD-Signals aus. Eine kortikale Positivierung (Abfall der Depolarisierung apikaler Dendriten) führt dementsprechend zu einer Reduktion der metabolischen Aktivität.

Transkranielle Magnetstimulation (TMS)

! Transkranielle Magnetstimulation (TMS) erlaubt anatomisch lokale, nicht-invasive Reizung des Kortex und Beobachtung der dadurch ausgelösten Funktionsänderungen

Bei der TMS reizt man mit einem magnetischen Puls von weniger als 1 ms, aber einer hohen Feldstärke von 1–2 Tesla das interessierende Hirnareal. Man positioniert dazu eine Magnetspule über der Region und reizt mit Einzelimpulsen oder repetitiv (rTMS). Der ***Einzelimpuls*** führt zu starker kurzfristiger Erregung des unter der Spule liegenden Areals und löst dadurch z. B. über dem primären motorischen Kortex ***unwillkürliche Zuckung*** des damit verbundenen Muskels aus.

Die ***Effekte auf kognitive Funktionen*** (z. B. über einem Assoziationsareal) führen zu kurzen, reversiblen Unterbrechungen der Aktivität des Areals und der entsprechenden Denkfunktion. Damit lassen sich ohne Eingriff in das Gehirn zumindest am Kortex motorische und kognitive Funktionen lokal beeinflussen. Repetitive TMS über 20 Hz führt zu einer LTP-ähnlichen (Langzeitpotenzierung ▶ s. Kap. 5, 10.3), oft über Minuten anhaltenden Depolarisation und Erregung des Areals, Reizung unter 1 Hz führt zu LTD-ähnlichen (Langzeitdepression) Unterdrückung der Hirnaktivität.

In Kürze

! Physiologische Grundlagen bildgebender Verfahren

Die Aktivität bestimmter Areale des Gehirns geht mit ihrem O_2-Verbrauch und damit auch der Durchblutung dieser Regionen einher. Auf dieser Korrelation beruhen verschiedene bildgebende Verfahren.

! Messmethoden

Positron-Emissions-Tomographie (PET). Durch dieses Verfahren können verschiedene Aspekte des Hirnstoffwechsels durch die radioaktive Markierung von Stoffen, die im Blut transportiert werden, sichtbar gemacht werden. Damit werden neurochemische Aktivitätsänderungen, z. B. von Neurotransmittern sichtbar.

▼

- Funktionelle Magnetresonanztomographie (fMRT). Aktive Hirnareale werden als Orte mit erhöhter metabolischer Versorgung bildlich dargestellt
- Transkranielle Magnetstimulation (TMS). Bei dieser Methode wird das interessierende Kortexareal lokal gereizt. Die dadurch ausgelösten Funktionsänderungen können dann beobachtet werden.

Literatur

Birbaumer N, Schmidt RF (2002) Biologische Psychologie. 5. Aufl. Springer, Berlin Heidelberg New York

Braitenberg V, Schüz A (2001) Allgemeine Neuroanatomie. In: Schmidt RF & Schaible H-G (Hrsg) Neuro- und Sinnesphysiologie. 4. Aufl. Springer, Berlin Heidelberg New York

Kandel ER, Schwartz JH, Jessell TM (eds) (2000) Principles of Neural Science, 4 th ed. Elsevier, New York

Llinas R, Ribary U (1993) Coherent 40-Hz oscillation characterizes dream state in humans. Proc Natl Acad Sci USA 90: 2078–2081

Logothetis NK, Pauls J, Augath MA, Trinath T, Oeltermann A (2001) Neurophysiological investigation of the basis of the fMRI signal. Nature 412: 150–157

Rockstroh B, Elbert T, Birbaumer N, Lutzenberger W (1989) Slow brain potentials and behavior. 2nd edn. Urban and Schwarzenberg, Baltimore

Kapitel 9
Wachen, Aufmerksamkeit und Schlafen

N. Birbaumer, R. F. Schmidt

Einleitung

1984 entwichen in einer Pestizidfabrik der Firma Union Carbide in Bhopal (Indien) eine große Menge von Zyangas und tötete mehr als 15 000 Menschen. Der Unfall geschah zwischen 3 und 5 Uhr morgens. Der Reaktor in Tschernobyl explodierte während einer Sicherheitsübung um 3 Uhr früh, das technische Personal übersah einige Warnlichter. Im Reaktor in Three Mile Island bei Harrisburgh in Pennsylvania kam es um 4 Uhr morgens zu einer Überhitzung des Reaktors, welche erst kurz vor der Explosion gestoppt werden konnte. Ein Blatt Papier lag auf einem Notschalter und die Bedienungsmannschaft hatte kurz zuvor gewechselt. Nicht nur das: Die meisten Menschen werden zwischen 3 und 5 Uhr früh geboren und um diese Uhrzeit sterben sie auch. Die meisten ärztlichen Fehler bei Eingriffen und in Notfallsituationen passieren zwischen 3 und 5 Uhr. Die Aufzählung könnte lange fortgesetzt werden, sie demonstriert aber bereits wie dramatisch der Einfluss von physiologischen und psychologischen Tag-Nacht-Rhythmen sind.

9.1 Zirkadiane Periodik als Grundlage des Wach-Schlaf-Rhythmus

Zirkadiane Uhren

Die Abfolge der verschiedenen Schlafstadien und des Wachens wird von inneren Uhren gesteuert, die meist eine zirkadiane Periodik besitzen und durch Zeitgeber auf den 24 h-Rhythmus der Außenwelt synchronisiert werden

Innere Uhr. Auch wenn Personen völlig von der Außenwelt isoliert werden, bilden sie einen stabilen Schlaf-Wach-Zyklus aus. Diese Periodik entspricht ungefähr (zirka) der natürlichen Dauer eines Tages (lat.: *dies*). Eine solche ***freilaufende zirkadiane Periodik*** bleibt bei Isolation von der Außenwelt über Monate erhalten. Meist ist sie in Isolation länger als 24 h, bei manchen Menschen auch kürzer, d. h. die sich selbst überlassene innere Uhr läuft zu langsam oder zu schnell. Innere Uhren gibt es aber nicht nur für Wachen und Schlafen, sondern auch für viele andere Körperfunktionen. Diese Uhren sind meist untereinander synchronisiert. Ohne äußere Zeitgeber (▶ s. u.) kann es aber auch zur Entkoppelung kommen.

Der zirkadiane Rhythmus von Schlafen und Wachen und viele damit einhergehende Rhythmen physiologischer und psychologischer Funktionen werden von ***endogenen Oszillatoren*** (inneren Uhren) im Zentralnervensystem (ZNS) gesteuert. Diese inneren Uhren bestehen aus Neuronen, deren Membranstruktur die Membranleitfähigkeit rhythmisch verändert und damit ihre Entladungsraten rhythmisch anordnet. Der Grundrhythmus der endogenen Oszillatoren, von molekularen Uhren gesteuert, wird von äußeren (externen) und inneren (internen) Reizen, die ***Zeitgeber*** genannt werden, auf die 24 h-Periodik der Außenwelt synchronisiert. Beim Menschen wirkt helles Licht (7000–12 000 Lux) als stärkster Zeitgeber, aber auch soziale Interaktion hat einen gewissen Einfluss auf die Tag-Nacht-Rhythmik (▶ s. Abb. 9.1).

Unterschiedliche Oszillatoren. Nicht alle inneren Uhren haben jedoch die gleiche Periodendauer. So verschieben sich in Abb. 9.1 A die Maxima der Körpertemperatur (Dreiecke nach oben) in den ersten Tagen der freilaufenden zirkadianen Periodik deutlich gegenüber ihren Positionen im synchronisierten Wach-Schlaf-Rhythmus, die noch in den beiden ersten Tagen zu sehen sind. Dies

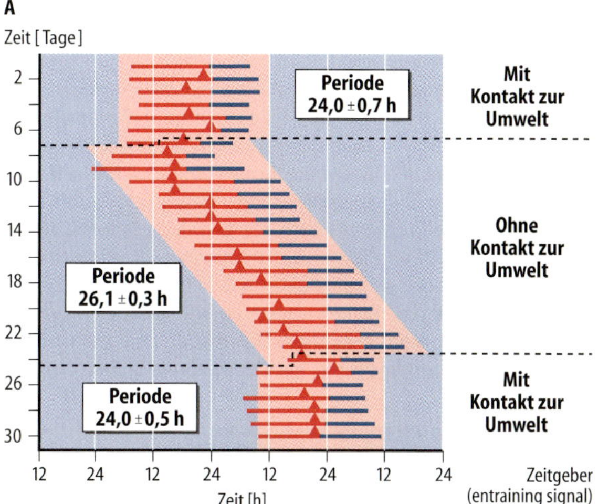

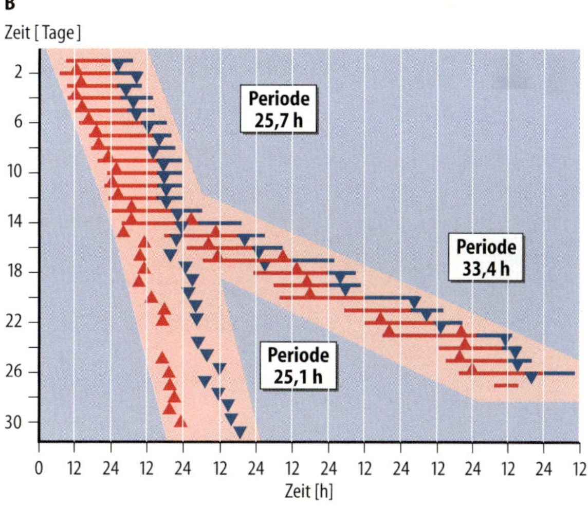

Abb. 9.1. Zirkadiane Periodik des Menschen. A Rhythmus des Wachens (*rote* Balkenabschnitte) und Schlafens (*blaue* Balkenabschnitte) einer Versuchsperson in der Isolierkammer bei offener Tür (also mit sozialem Zeitgeber) und in Isolation (ohne Zeitgeber). Die Dreiecke geben den Zeitpunkt der höchsten Körpertemperatur an. **B** Aktivitätsrhythmus einer im Bunker isolierten Versuchsperson, bei der sich am 15. Tag der Temperaturrhythmus (Maxima = *rote Dreiecke* nach *oben*. Minima = *blaue Dreiecke* nach unten) vom Wach-Schlaf-Rhytmus abgekoppelt. Messungen von Prof. J. Aschoff, Seewiesen, u. Mitarb

spricht dafür, dass die beiden Oszillatoren miteinander gekoppelt sind, wobei ihre Phasenverschiebungen von den jeweiligen Umständen, besonders der Periodenlänge des ganzen Systems, abhängen.

Wenn im Extremfall der Wach-Schlaf-Rhythmus in der Isolation besonders lange Werte annimmt (■ Abb. 9.1 B), in einzelnen Fällen sind 48 h-Perioden, also bizirkadiane Rhythmen beobachtet worden, werden die vegetativen Funktionen völlig abgekoppelt *(interne Desynchronisation)* und laufen mit der ursprünglichen Periodendauer von etwa 24 h weiter. Mit anderen Worten, die offenbar weniger flexible »Temperaturuhr« kann der neuen, extrem langen Periode der »Aktivitätsuhr« nicht mehr folgen und löst sich daher vom Wach-Schlaf-Rhythmus.

■■■ **Jet-lag und Schichtarbeit.** Wird die zirkadiane Periodik **einmalig in ihrem Rhythmus verschoben**, z. B. verkürzt durch Flug nach Osten oder verlängert durch Flug nach Westen, so brauchen die zirkadianen Systeme etwa 1 Tag pro 1 h-Zeitzone, um ihre normale Phasenlage zu den äußeren Zeitgebern zurückzugewinnen. Die Resynchronisation erfolgt bei Flügen nach Westen deutlich schneller als bei Flügen nach Osten (Phasenverlängerungen resynchronisieren leichter als Phasenverkürzungen). Auch die einzelnen Systeme unterscheiden sich in den zur Resynchronisation notwendigen Zeiten: Die soziale und berufliche Aktivität lässt sich dem verschobenen Zeitgeber schnell anpassen, Körpertemperatur und andere vegetative Funktionen folgen langsamer. Diese Dissoziation trägt zur vorübergehenden Leistungsminderung nach Langstreckenflügen bei (bezüglich der eventuellen Wirkung des Melatonin bei der Resynchronisation).

Nucleus suprachiasmaticus (SCN)

Der zentrale, aber nicht der einzige Schlaf-Wach-Oszillator ist der Nucleus suprachiasmaticus (SCN)

Master Clock. Der Nucleus suprachiasmaticus (engl.: *Suprachiasmatic Nucleus, SCN*) ist im anterioren Hypothalamus direkt über dem Chiasma opticum lokalisiert und stellt die oberste Steuereinheit des zirkadianen Systems dar *(master clock)*. Vom retino-hypothalamischen Trakt (RHT) erhält der SCN Information über die Lichtverhältnisse der Umgebung. Der RHT widerum erhält die Licht-Dunkel-Information aus spezialisierten bipolaren Ganglienzellen der Retina. Diese enthalten den zirkadianen Photorezeptor ***Melanopsin***, der auf diffuses Licht anspricht und diese Information dann über glutamaterge Synapsen zunächst auf den RHT und dann weiter auf die Zellen des SCN überträgt.

Läsionen des SNC führen zu völliger Arhythmizität vieler Körper- und Verhaltensfunktionen, z. B. wird die Gesamtschlafzeit nicht beeinflusst, aber die Tiere wachen und schlafen ohne jeden Rhythmus. ***Explantate*** von Zellen des SNC behalten ihre Rhythmizität bei und ***Transplantierung*** des SCN auf SCN-läsionierte Tiere erzeugt den zirkadianen Rhythmus des Spendertieres im Emp-

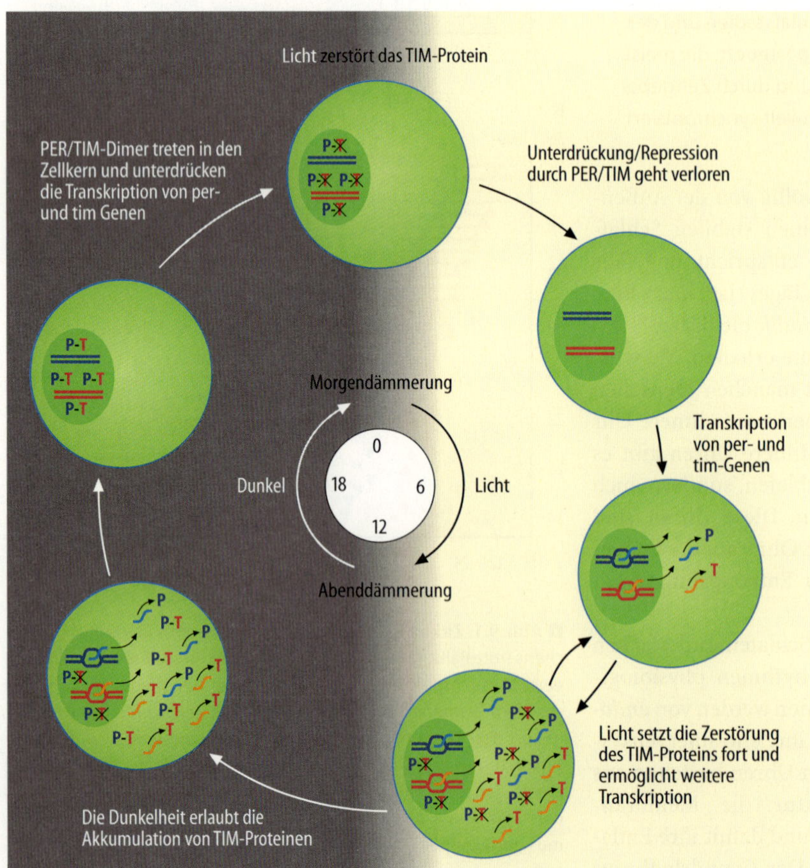

■ **Abb. 9.2. Lichtabhängiger Abbau von PER und TIM-Proteinen bei der zirkadianen Uhr.** Am Tag wird TIM vom Licht abgebaut und die Transkription an den Genen per und tim kann beginnen. Im Dunklen formen PER und TIM einen Dimer (Zweierverbindung), können in den Kern eindringen, wo sie die Transkription von PER und TIM schließlich verhindern (► s. Text). Mod. nach Kandel, Schwartz u. Jessell (2000)

fänger. Auch isolierte Zellen des SCN behalten ihre Rhythmizität bei.

»Sklaven-Oszillatoren«. Der SCN synchronisiert als Schrittmacher efferent verschiedene »Sklaven-Oszillatoren« im Gehirn und der Körperperipherie. Dies geschieht über ***rhythmische Entladung*** und ***rhythmische Sekretion*** von aktivitäts-hemmenden und aktivierenden Faktoren, meistens Neuropeptiden. Sowohl die Transmitter-gesteuerte elektrische als auch die sekretorische Rhythmizität wirken auf die subparaventrikuläre Zone des Hypothalamus (SPVC) und von dort über spezifische Projektionen auf die relevanten Empfängerregionen (z.B. die Schlafanstoßenden Zellen im basalen Vorderhirn, die monoaminergen Zellen des Stammhirns und die REM-anstoßenden cholinergen Regionen).

Molekulare Uhren

! Die rhythmische Transkription von »Uhr-Genen« ist für die endogenen Rhythmen verantwortlich

PER und TIM. Der Glutamat-induzierte Ca^{2+}-Einstrom in die Zellen des SCN führt während der Lichtphase zum Abbau (Degradierung) eines ***Proteins PER*** (von period) im Zytoplasma der SCN-Zellen, wodurch im Laufe des Tages die Transkription von PER durch ***per-Gene*** im Nukleus ermöglicht wird. Wenn es dunkel wird, hört die Degradierung von PER-Proteinen im Zytoplasma auf und PER kann wieder akkumulieren. Gegen morgen dringen PER-Proteine in den Nukleus ein und hemmen dort die Transkription der per-Gene (◘ Abb. 9.2) in einem negativen Rückmeldekreis.

PER allein ist inaktiv und kann nicht in den Zellkern eindringen. Es muss sich daher mit dem ***Protein TIM*** (von timeless) zu einem sogenannten ***Dimer*** verbinden. Dieses Dimer blockiert die Transkription eines anderen Gens, des sogenannten ***Clock-Gens*** (von ***Circadian Locomotor Output Cycles Kaput***). Das Clock-Protein löst die Transkription von per- und tim-Genen im Kern aus. ◘ Abbildung 9.3 zeigt diesen negativen Feedback-Kreis links für die Drosophila und rechts für Säuger. Wenn also die PER-TIM-Dimer abgebaut werden, wird die Clock-Produktion erhöht und startet die Transkription von per-tim (in ◘ Abb. 9.3 nicht dargestellt).

▪▪▪ Knock-out Mäuse oder Mutationen auf per, tim oder clock zerstören die zirkadiane Periodik, einige der Mutationen sind letal, andere erhöhen die **Krebsinzidenz** und reduzieren die **Immunkompetenz**. Durch eine PER-Mutation werden Gene, welche das unkontrollierte Zellwachstum von Zellen zu Krebs fördern, angeregt. Dies könnte auch die Zusammenhänge zwischen Immunkompetenz und Tiefschlaf, sowie die Störungen der Gesundheit durch Nachtarbeit zumindest teilweise erklären.

Frühe Reaktionsgene. Die molekularen Mechanismen der Synchronisation der Zellen des Nucleus suprachiasmaticus werden durch unmittelbare Expression »früher Reaktionsgene« *(immediate early Genes)* gesteuert. Die frühen Reaktionsgene werden durch Licht aktiviert; be-

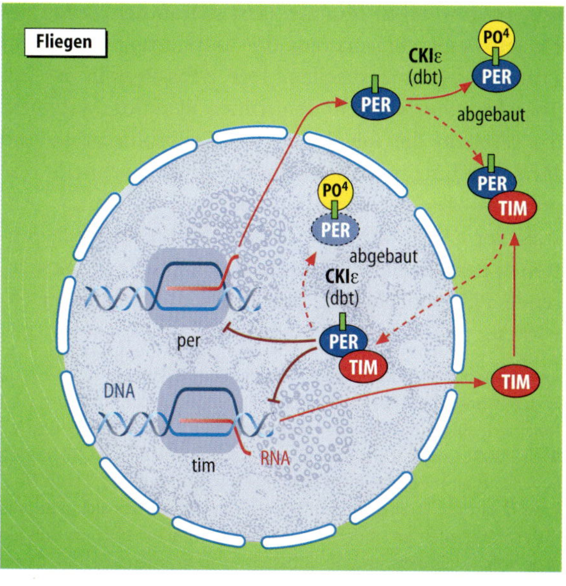

positives Feedback → negatives Feedback ⊣

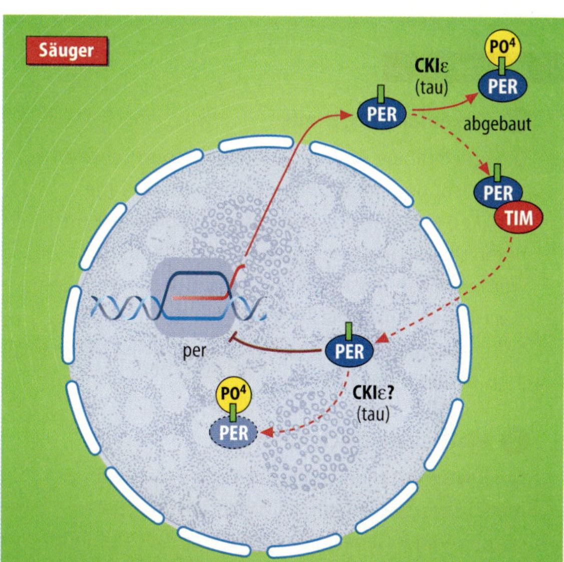

◘ **Abb. 9.3. Molekulare Mechanismen der zirkadianen Uhr bei Drosophila (oben) und Maus (unten).** Per und tim-Gene codieren für PER und TIM-Proteine. PER wird von einem Enzym CKI (Casein-Kinase Iε) abgebaut, welches durch den Ca^{++}-Einstrom aktiviert wird (bei der Fliege codiert das Gen *dbt* für CKI, bei der Maus das Gen *tan*). Selbst nach dem Höhepunkt der PER-Produktion wird nicht das ganze PER abgebaut, so dass PER und TIM Dimere bilden können, die in den Nukleus eindringen, um dort über die Hemmung der Transkription von per (oder per *und* tim bei der Fliege) die Produktion von PER zu hemmen (negativer Rückmeldekreis). Der Abbau des PER-TIM-Dimers schließlich reaktiviert per/tim (► s.a. Abb. 9.2). PO_4 zeigt an, dass das jeweilige Protein in phosphoryliertem Zustand ist, was für die Kompetenz des Proteins zur Transkription wichtig ist. Die *gestrichelte und rote Linie* zeigt den Feedback-Kreis des Dimers auf, die *violette* den negativen Feedback-Kreis zwischen Genen und Proteinen. Der gesamte Zyklus dauert ungefähr (»zirka«) 24 h und regelt die Erregbarkeit der SCN-Zellen

reits nach wenigen Minuten lässt sich in den Zellen des Nucleus suprachiasmaticus die Aktivierung eines ***c-fos Proto-Onkogens*** feststellen. Das c-fos-Protein ist ein ***Transkriptionsfaktor*** in den frühen Reaktionssystemen, die rasch in die Regulation von Zellproliferation und Membrandifferenzierung eingreifen. Die schnelle Expression des Transkriptionsfaktors wird durch Anstieg der cAMP, oder der Ca^{2+}-Konzentration nach Eintreffen des Nervenimpulses ausgelöst, welche die aktivierende Phosphorylierung des Transkriptionsfaktors bewirken.

▪▪▪ Neben dem Nucleus suprachiasmaticus existieren noch einige andere Uhren (z. B. eine für die Körpertemperatur), die ein komplexes Netzwerk einander überlagernder Rhythmen bilden (z. B. der BRAC, ▶ s. S. 209). Generell gilt, dass für das Wachen und die verschiedenen Schlafstadien **mehrere** subkortikale Hirnstrukturen und deren Neuromodulatoren (Transmitter und Hormone) verantwortlich sind, die gleichzeitig auch an anderen Funktionen beteiligt sind. Es müssen viele solcher Strukturen und Substanzen zusammenarbeiten, damit Schlaf und Wachen entstehen und rhythmisch aufeinander folgen können.

In Kürze

Zirkadiane Rhythmik

Die regelmäßige Abfolge von Wachen und Schlafen entspricht ungefähr (zirka) der Dauer eines Tages (lat. *dies*) und wird von endogenen Oszillatoren (inneren Uhren) autonom gesteuert. Die Rhythmen werden von molekularen Mechanismen v. a. in Zellen des Nucleus suprachiasmaticus generiert und von äußeren und inneren Reizen (Zeitgebern) auf die 24 h-Periodik synchronisiert.

Molekulare Mechanismen

Die Rhythmizität der Zellen im Nucleus suprachiasmaticus wird von molekularen Uhren unter Beteiligung weniger Gene im gesamten Reich des Lebendigen in vergleichbarer Art und Weise gesteuert. Dabei kommt es zur rhythmischen Transkription von bestimmten »Uhr-Genen«. Die Zeitverzögerung im Auf- und Abbau dieser Gene und ihrer Proteinprodukte bestimmen den Rhythmus der Erregbarkeit der Zellmembran von endogenen Oszillatoren.

9.2 Wach-Schlaf-Verhalten des Menschen

Schlafstadien

Mit dem Elektroenzephalogramm (EEG) lassen sich die verschiedenen Stadien des Schlafes (REM-, NREM-Schlaf) unterscheiden

Mit der Elektroenzephalographie steht eine Methode zur Verfügung, die es erlaubt, den Schlafverlauf fortlaufend aufzuzeichnen, ohne ihn zu stören (Details der Methodik im Kap. 8.2). Abbildung 9.4 zeigt den Spannungsverlauf des menschlichen EEGs vom Wachen bis zum Tiefschlaf (Stadium 3 und 4) und zum ***REM-Schlaf*** (*Rapid-Eye-Movement-Schlaf*, ▶ s. nächster Absatz). Den Tiefschlaf bezeichnet man auch als Langsamen-Wellen-Schlaf (*Slow-Wave Sleep*, SWS), da er von hochamplitudigen (>100 mV) ϑ- (4–7 Hz) und δ-Wellen (0,5–3 Hz) dominiert wird. Dem REM-Schlaf werden alle übrigen Schlafstadien als ***NREM-Schlaf*** (Nicht-REM-Schlaf) gegenübergestellt.

REM-Schlaf. Der REM-Schlaf wird auch als ***paradoxer Schlaf*** bezeichnet, weil das EEG sich kaum vom Wachzustand unterscheidet, die Person aber regungslos mit geschlossenen Augen liegen bleibt. Es treten dabei sekundenlange Gruppen von 1–4 Hz schnellen Augenbewegungen auf. Das EEG unterscheidet sich kaum vom Wachzustand: es herrschen β-Wellen (13–30 Hz), Gamma-Wellen (>30 Hz) und eingestreute, klein-amplitudige Theta-Wellen (4–7 Hz) vor. In dieser Zeit wird häufig aktiv-handelnd und emotional geträumt, während in den übrigen Schlafphasen eher abstrakt-gedanklich geträumt wird.

Orthographie des Schlafes. Während des Schlafens treten im EEG auch für den Schlaf typische Muster auf. Dazu gehören die in Abb. 9.4 zu sehenden Schlafspindeln und K-Komplexe.

- ***K-Komplexe*** geben einen Hinweis darauf, dass das schlafende Gehirn Reize aus der Umwelt wahrnimmt und darauf reagiert. Dieses Wellenmuster tritt nämlich regelmäßig dann auf, wenn dem Schläfer ein Reiz präsentiert wird, z. B. ein Tonsignal. Die ***Reizverarbeitung im Schlaf*** funktioniert sogar so gut, dass ein Schläfer, dem Namen leise auf einem Tonband vorgespielt werden, auf seinen eigenen Namen mit einem besonders ausgeprägten K-Komplex reagiert: Er hat seinen Namen offensichtlich erkannt.
- ***Schlafspindeln*** sind ebenfalls kurzdauernde Wellenmuster, vor allem der motorischen Areale, welche von hemmenden Interneuronen im somatomotorischen Thalamus erzeugt werden. Es gibt Hinweise darauf, dass Schlafspindeln den Schlaf schützen, indem sie das Gehirn gegen Außenreize abschirmen und die Ruhigstellung der zentralen Motorik ermöglichen.

Schlafphasen eines Schlafzyklus

Die Schlafphasen werden unter physiologischen Bedingungen immer in derselben Abfolge von Langsamen-Wellen-Schlaf (SWS) zum REM-Schlaf durchschritten

Beim Übergang vom entspannten Wachsein (mit geschlossenen Augen) in das ***Schlafstadium 1 (S1)*** verschwinden die α-Wellen. Die Klarheit des Bewusstseins wird zunehmend eingeschränkt. Viele Menschen erleben in diesem dösenden Übergangszustand zwischen Wachen und Schlafen optische, traumartige Eindrücke. Gleichzeitig beginnen die Augäpfel sich ganz langsam

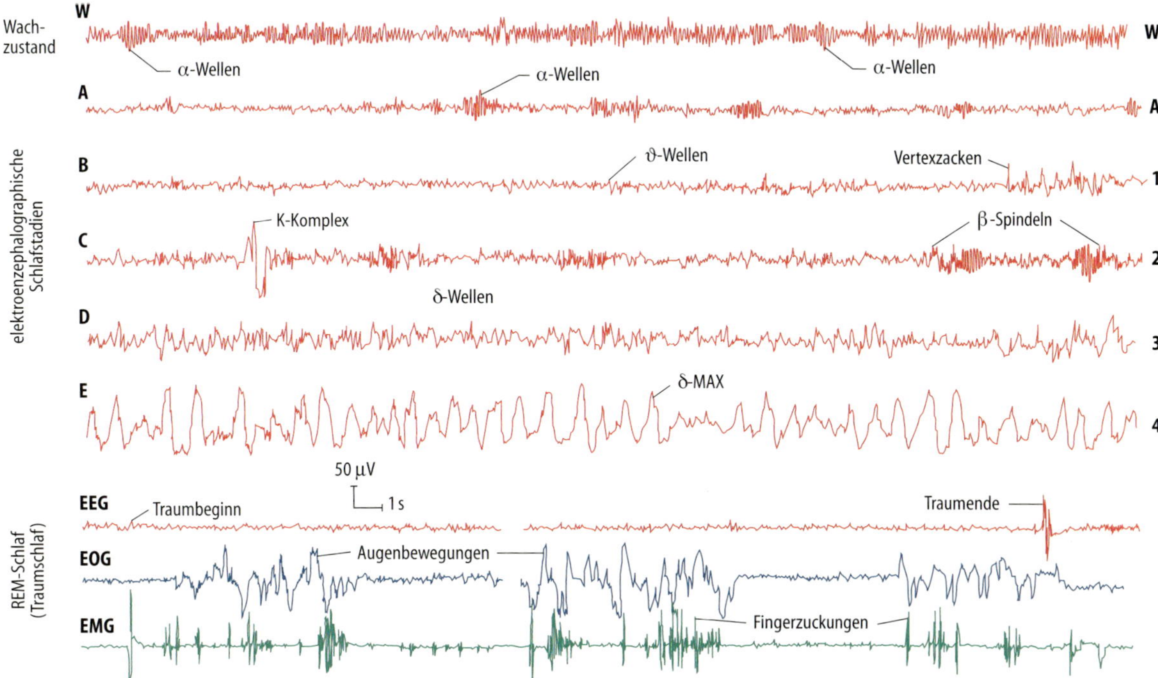

Abb. 9.4. Einteilung der Schlafstadien beim Menschen aufgrund des EEGs. (In den ersten 6 Ableitungen sind *links* die Schlafstadien nach Loomis et al., *rechts* die nach Kleitman et al. angegeben.) *Stadium W:* Entspanntes Wachsein. *Stadium A:* Übergang vom Wachsein zum Einschlafen. Dieses Stadium wird von vielen Autoren dem Stadium W zugerechnet. *Stadium B bzw. 1:* Einschlafstadium und leichtester Schlaf. Die am Ende der Ableitung auftretenden Vertexzacken werden auch als »physiologisches Einschlafmoment« bezeichnet. *Stadium C bzw. 2:* Leichter Schlaf. *Stadium D bzw. 3:* Mittlerer Schlaf. *Stadium E bzw. 4:* Tiefschlaf. In den unteren 3 Ableitungen sind das EEG, das Elektrooculogramm (*EOG*, misst die Augenbewegungen) und das Elektromyogramm *(EMG)* eines Zeigefingers während des REM-Schlafes (Traumschlafes) aufgezeichnet. Die REM-Phasen stehen typischerweise am Ende jeder Schlafperiode. Sie können keinem der »klassischen« Schlafstadien zugeordnet werden, sondern stellen ein eigenständiges Stadium dar. Erläuterungen ► siehe Text. Aus Jovanovic (1986)

hin- und herzubewegen. Bei manchen Schläfern zeigen sich beim Einschlafen auch feine Zuckungen der Augenlider. Es können aber auch heftige Zuckungen einzelner Gliedmaßen oder des ganzen Körpers auftreten, die wahrscheinlich durch eine Umstellung der motorischen Kontrollsysteme beim Einschlafen bedingt sind. Das Schlafstadium 1 ist noch ein instabiler Zustand, der leicht durch kurze Wachepisoden unterbrochen werden kann.

Der Beginn des nachfolgenden ***Schlafstadiums 2 (S2)*** ist daher als der eigentliche Zeitpunkt für den Schlafbeginn anzusehen, zumal hier zum ersten Mal Schlafspindeln und K-Komplexe auftauchen. Die Zeitdauer zwischen dem Zubettgehen und dem ersten S2-Schlaf, also die ***Schlaflatenz***, beträgt bei gesunden Erwachsenen etwa 10 bis 15 min.

Normalerweise vertieft sich der Schlaf sukzessive aus den Stadien S1 und S2 in die ***Tiefschlafstadien S3*** und ***S4*** (Abb. 9.4). Die Weckschwelle für Reize erhöht sich entsprechend und erreicht ihren höchsten Wert nach etwa einer Stunde. Anschließend nimmt die Weckschwelle wieder ab.

Schließlich geht der Tiefschlaf in den ersten ***REM-Schlaf*** über, mit dem der komplette erste Schlafzyklus abgeschlossen wird.

Schlafzyklen im Verlauf der Nacht

Im Verlaufe einer Nacht werden die einzelnen Schlafstadien mehrfach durchlaufen; das Maximum des Tiefschlafs liegt dabei im ersten Schlafzyklus; die REM-Episoden nehmen im Verlauf der Nacht an Dauer zu

Schlafzyklen. Abbildung 9.5 zeigt die zyklische Natur des Schlafes. Eine Nacht besteht aus etwa ***4–5 Schlafzyklen***, die jeweils eine Dauer von etwa 1,5 Stunden haben. Ein kompletter NREM-REM-Zyklus wird als ***Basic-Rest-Activity-Cycle (BRAC)*** bezeichnet, da er sich in den wachen Teil des Tages hinein fortzusetzen scheint. Das Maximum des langsamwelligen Schlafs mit den Stadien 3 und 4 liegt im ersten Schlafzyklus, danach nimmt der langsamwellige Schlaf stetig über die Nacht ab.

Die ***Dauer der REM-Phasen*** nimmt im Laufe der Nacht von ca. 5–10 min bis auf 20–30 min zu (Abb. 9.5). Auch die Augenbewegungsdichte im REM-Schlaf nimmt im Laufe der Nacht zu. Diese Intensivierung des REM-Schlafes gilt auch für viele andere physiologische Prozesse, von denen einige in Abb. 9.5 E eingetragen sind. Mit der Intensivierung des REM-Schlafes geht auch verlängertes und intensiveres Träumen einher.

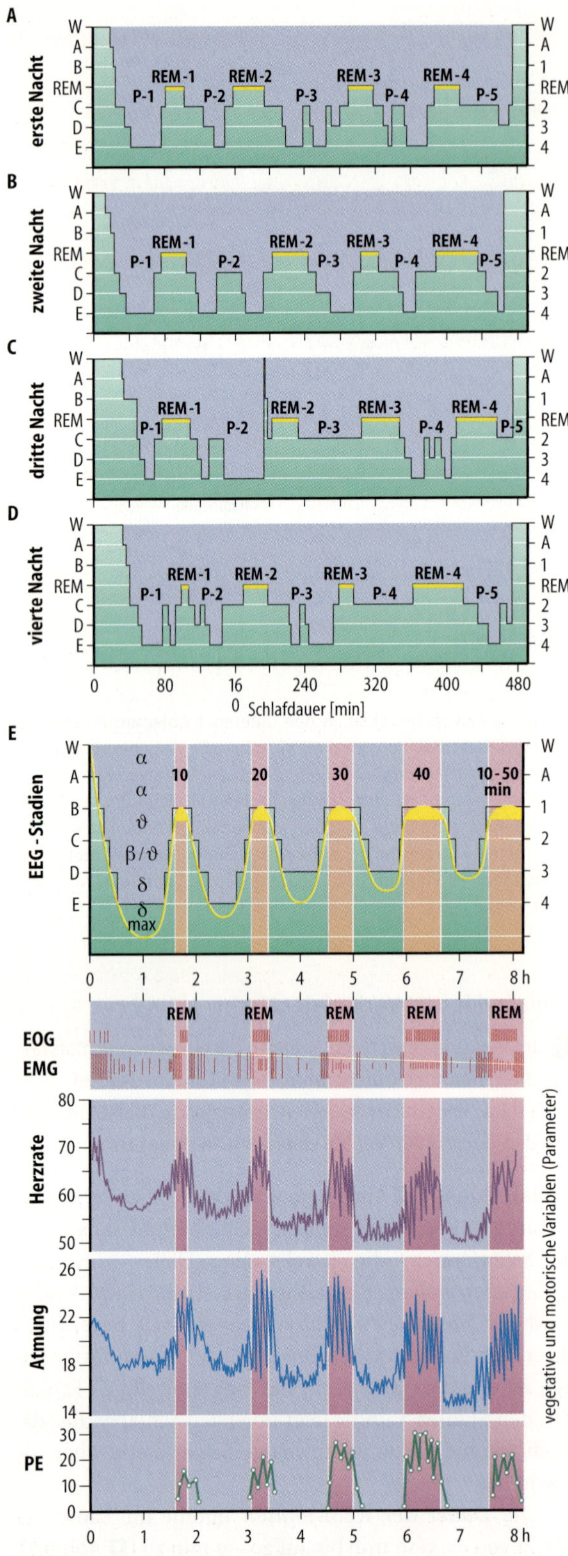

Abb. 9.5. Verlauf der Schlafstadien und Verhalten einiger vegetativer Variablen während einer Nacht beim Menschen. A–D Schlafperiodik bei einem gesunden Mann von 28 Jahren in 4 aufeinander folgenden Nächten, analysiert aufgrund kontinuierlicher EEG-Ableitungen. **E** Schematisierte Durchschnittswerte einiger psychovegetativer und psychomotorischer Variablen (Parameter) bei der Schlafperiodik. *EOG:* Elektrooculogramm. *REM:* Beim Einschlafen einige Augenbewegungen. *EMG:* Elektromyogramm der Nackenmuskeln. *Herzrate:* Pulsschläge pro min. *Atmung:* Atemzüge pro min. *PE:* Peniserektionen (relative Stärke). Aus Jovanovic (1971)

Unterschiede zwischen REM-Schlaf und Wachzustand. Physiologisch und psychologisch weisen die REM-Phasen Ähnlichkeit zum Wachzustand auf. Trotzdem bestehen Unterschiede, die auch das psychologisch kaum mit Wachen vergleichbare Träumen erklären. Der zentrale Unterschied besteht in der ***tonischen Hemmung der spinalen Motoneurone*** während der REM-Phasen, was zu vollständiger Paralyse der quergestreiften Muskulatur führt.

Die ***spinale Hemmung*** geht von Kernen in der medialen Medulla oblongata aus und diese benutzen Azetylcholin als Transmitter (in ◘ Abb. 9.4 und 9.5 ist die tonische Muskelatonie von phasischen Muskelzuckungen überlagert). Nach Läsion dieser medullären Kerne tritt bei Säugetieren und Menschen ***REM-Schlaf ohne Atonie*** auf, die Tiere bzw. Menschen agieren motorisch entsprechend dem Trauminhalt (z. B. »fängt« die Katze eine nicht existierende Maus). Ein wesentlicher Unterschied zwischen REM- und Wachzustand ist die ***Überaktivität cholinerger Synapsen im REM-Schlaf*** und die veränderte Topographie aktivierter Kortex-Areale (▶ s. u. und ◘ Abb. 9.2).

Altern und Schlaf

Die Gesamtschlafzeit sinkt im Lauf des Lebens ab, der relative Anteil des SWS-Schlafs (»Tiefschlaf«) wird außerdem erheblich kürzer

Altersentwicklung. Die relativen Anteile von Wachen und Schlafen, ebenso wie die Anteile von REM- und NREM-Schlaf an der Gesamtschlafzeit machen eine charakteristische Altersentwicklung durch. Insgesamt sinkt im Laufe des Lebens nicht nur die Gesamtschlafzeit ab, sondern es wird auch der relative Anteil des SWS-Schlafs (*Slow Wave Sleep*, Stadium 3 und 4) erheblich kürzer. Die Werte können aus ◘ Abb. 9.6 entnommen werden.

Das ***Neugeborene*** verbringt einen erheblichen Teil des Tages im REM-Schlaf. Dieser Anteil sinkt dann rasch mit der Hirnentwicklung bis um das 14. Lebensjahr von 50 % auf ca. 20 % ab und bleibt danach konstant. Stadium 1 und 2 nehmen dagegen ab dem 14. Lebensjahr zu, während Stadium 3 und 4 im Erwachsenenalter kontinuierlich abnehmen. Auch die Abfolge und Länge der einzelnen Schlafstadien (nicht ersichtlich aus ◘ Abb. 9.6) ist bei Säugling und Kleinkind deutlich anders als beim Erwachsenen.

REM-Schlaf als Umweltreiz. Der hohe Anteil des REM-Schlafs bei Säuglingen und Kleinkindern hat zu der Vermutung geführt, dass diese Perioden erhöhter neuronaler Aktivität (desynchronisiertes EEG ähnlich dem bei Auf-

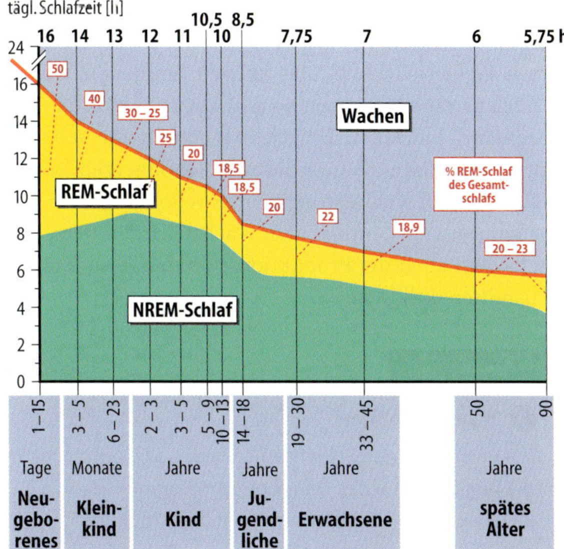

Abb. 9.6. Wach- und Schlafzeiten und der Anteil von NREM- und REM-Schlaf im Verlauf des menschlichen Lebens. Neben dem Rückgang der Gesamtschlafzeit ist v.a. die starke Abnahme der REM-Schlafdauer nach den frühen Lebensmonaten bemerkenswert. Nach Roffwarg in Birbaumer u. Schmidt (1996)

merksamkeit) für die ***ontogenetische Entwicklung des ZNS*** wichtig sind, da bei diesen Individuen äußere Reize noch weitgehend fehlen: das »Träumen« ersetzt als innere Reizung den mangelnden externen Einstrom. Dagegen spricht allerdings, dass bei Vorschulkindern Traumberichte nach Aufwecken praktisch nicht vorkommen. Es scheint also eher die allgemeine Aktivitätsentwicklung der Hirnrinde im REM-Schlaf für die Hirnentwicklung wichtig zu sein.

Schlafstörungen

Primäre Schlafstörungen können als Ein- und Durchschlafstörungen, als Hypersomnien und als schlafstadiengebunde Störungen auftreten

Schlafstörungen, die nicht als Folge von organischen Erkrankungen auftreten, werden als ***primäre*** bezeichnet. Von diesen Schlafstörungen werden einige häufig vorkommende nachfolgend skizziert.

Ein- und Durchschlafstörungen (Insomnia). Hier ist zwischen zwei Formen zu unterscheiden:

- ***Ideopathische Insomnia*** bezeichnet subjektiv erlebte und objektiv, d.h. mit polygrafischen Aufzeichnungen im Schlaflabor verifizierbaren Störungen im Schlafprofil. Diese können zahlreiche Ursachen haben, z.B. zu viel oder zu wenig körperliche Aktivität, chronischer Stress, Reisen und exzessives Essen oder Fasten.
- ***Pseudoinsomnia*** äußert sich durch subjektive Störungen des Ein- und Durchschlafens, wobei das Schlafprofil aber altersgerecht ist. Pseudoinsomnia liegt vor, wenn die subjektiven Erwartungen an die Schlafgüte nicht mit dem objektiv vorhandenen Schlafprofil übereinstimmen. Dies ist häufig bei alten Menschen der Fall, die sich nicht an die zunehmende »Leichtigkeit« des Schlafes gewöhnen können.

Folgen von Schlafmittelmissbrauch. Eine der häufigsten Ursachen für Schlafstörungen ist der chronische Missbrauch von Schlafmitteln, besonders von Frauen und alten Menschen. Alle bekannten Schlafmittel führen bei längerer Einnahme zu einer Veränderung des natürlichen Schlafprofils und bei Absetzen der Einnahme zu erheblichen Schlafstörungen. Schlafmittelmissbrauch ist vermutlich die häufigste ***iatrogene Erkrankung*** (von Medizinern verursachte Krankheit).

Hypersomnia. Der Prototyp einer hypersomnischen Erkrankung ist die ***Narkolepsie***. Ihr Leitsymptom ist die gesteigerte Tagesmüdigkeit mit unkontrollierbaren Schlafattacken (Dauer von wenigen Sekunden bis 30 min). Zur Narkolepsie gehören auch die ***Kataplexie***, d.h. ein meist durch affektive Reize ausgelöster Tonusverlust, sowie ***Schlaflähmungen*** und ***hypnagoge Halluzinationen***. Diese Symptome können als das »Eindringen« von REM-Episoden in den Wachzustand aufgefasst werden, denn Kataplexie und Schlaflähmung sind mit der Atonie des REM-Schlafes eng verwandt, hypnagoge Halluzinationen mit den traumgenerierenden Prozessen dieses Schlafzustandes.

Narkolepsie und REM-Schlaf. Der Azetylcholinspiegel im Hirnstamm narkoleptischer Hunde ist dauerhaft wie im REM-Schlaf stark erhöht. Die Tiere weisen eine **Mutation** am **»Carnac«-Gen** auf, welches den Rezeptor für das Neuropeptid **Orexin** bildet. Orexin-knockout Mäuse sind narkoleptisch und zeigen profunde Störungen der Nahrungsaufnahme, daher der Name. Orexin wirkt vom Hypothalamus auf alle Schlaf-regulierenden Strukturen des Hirnstamms, besonders auch die REM-anstoßenden cholinergen Systeme.

Eine der häufigsten Hypersomnien, vor allem bei übergewichtigen Rauchern, ist die ***Schlaf-Apnoe***.

Schlafstadiengebundene Störungen. Hierzu zählen zahlreiche Schlafstörungen, hier sind nur einige Beispiele genannt.

- ***Somnambulismus*** (Schlafwandeln) ist ein motorischer Automatismus, der beim Übergang vom Tiefschlafstadium 4 in das Stadium 2 auftritt, und zwar besonders bei Kindern und Jugendlichen, sowie bei Erwachsenen unter Stressbelastung. Die Augen des Schlafwandlers sind weit geöffnet, er ist nicht ansprechbar, nach dem Aufwecken desorientiert und kann sich nicht an Träume erinnern.
- ***Bettnässen (Enuresis nocturna)*** kommt bei rund 10 % aller Kinder nach dem 2. Lebensjahr vor. Es tritt praktisch immer aus dem NREM-Schlaf auf. Entsprechend sind die Kinder, wenn sie unmittelbar im Anschluss an das Bettnässen geweckt werden, verwirrt, desorientiert und können nichts über Träume berichten. Als Ursachen des Bettnässens werden sowohl physiologische (z.B. angeborene Schwäche des externen Sphinkters) als auch psychologi-

sche (z. B. zu wenig Belohnungen für erfolgreiches Ausscheidungsverhalten) Ursachen diskutiert.

- Der kindliche *Pavor nocturnus* kann ähnliche Ursachen haben und kommt zwischen dem 3. und 8. Lebensjahr, selten später, vor. Plötzlich, während des Schlafes, setzt sich das Kind auf und fängt an zu schreien. Das Gesicht ist bleich und schweißbedeckt, der Atem geht schwer. Nach kurzer Zeit wacht das Kind auf, erkennt seine Umwelt und schläft oft wieder ein.

Neuronale Schlafsteuerung

Der langsame Wellen-Schlaf (SWS) ist homöostatischer Natur und wird durch die Akkumulation von bestimmten »Schlafsubstanzen« ausgelöst

Der ***langsame Wellen-Schlaf*** (SWS, Tiefschlaf) hat weniger rhythmischen, sondern eher homöostatischen Charakter: Er hängt stark von der vorausgegangenen Aktivität (Müdigkeit), Nahrungsaufnahme, Hirntemperatur und anderen Faktoren ab. Man nimmt an, dass die Akkumulation einer oder mehrerer ***»Schlafsubstanzen«*** während des Wach-Seins als Ursache für den Beginn von SWS dient. Eine wichtige Schlafsubstanz ist das Purin ***Adenosin***, das neben motorischen und motivationalen Funktionen auch in neuronalen Schlafstrukturen als Signalmolekül wirkt. Es akkumuliert während des Tages und hemmt vor allem über seine A_1-Rezeptoren die cholinergen exzitatorischen Neurone des basalen Vorderhirns.

Das ***basale Vorderhirn*** mit dem Nucleus praeopticus des Hypothalamus ist eine Struktur, deren elektrische Reizung oder Erwärmung zu SWS führt. Jene Teile des basalen Vorderhirns, welche bei Reizung SWS auslösen, sind räumlich klar von den cholinergen, REM-bewirkenden Regionen getrennt. Die SWS-Regionen liegen in der Nachbarschaft zu den Kernen des vorderen Hypothalamus.

SWS wird aber offensichtlich auch durch ***periphere Peptide***, wie z. B. Muramyl-Peptide, angestoßen, die in subkortikalen Gliazellen und den Gliazellen des basalen Vorderhirns die Produktion von Interleukin-1 stimulieren. Dabei handelt es sich um ein Peptid, das mit der Immunabwehr befasst ist. Fieber nach Infektionen und der Anstieg der Körper- und Hirntemperatur sind daher potente Reize für SWS.

Immunkompetenz. Die restaurativen Prozesse im homöostatischen Non-REM-Schlaf finden vor allem in den ersten drei Nachststunden mit einem Maximum an SWS statt. Das Hypothalamus-Nebennieren-Stress-System ist in dieser Zeit gehemmt, die Kortisolproduktion auf einem Minimum und die ***Produktion immun-kompetenter Zellen*** auf einem Maximum.

REM-Schlaf kann bei Katzen durch Infusion von kleinen Mengen eines cholinergen Agonisten (z. B. Carbachol) in das pontine Tegmentum und andere cholinerg übertragende Zellanhäufungen im Stammhirn und Vorderhirn ausgelöst werden. Gleichzeitig mit der Aktivierung der cholinergen REM-Zellen werden die im langsamen-Wellen-NREM-Schlaf aktiven aminergen Zellen in Nucleus raphé (Serotonin) und Locus coeruleus (Noradrenalin) blockiert. Umgekehrt hemmt die Aktivierung von Raphé und Coeruleus die cholinergen Kerne. Im REM-Schlaf wird also ein primär »cholinerges Klima« erzeugt, was sich deutlich vom Wachzustand unterscheidet, in dem auch die Produktionsstätten der aminergen Transmitter aktiv sind.

In Kürze

Schlafverhalten

Die verschiedenen Schlafstadien lassen sich durch die Registrierung des Elektroenzephalogramms (EEG) und der Augenbewegungen (Elektrookulogramm, EOG) erfassen:

- Wir unterscheiden vier Stadien zunehmender Schlaftiefe mit zunehmend langsamen Wellen im EEG. Das Tiefschlafstadium (Stadium 4) wird auch Langsamer Wellen-Schlaf genannt, da es im EEG hochamplitudige Wellen zeigt.
- Der Langsame-Wellen-Schlaf (SWS, »Tiefschlaf«) geht in ein dem Wachzustand vergleichbares Stadium mit schnellen Augenbewegungen (REM) und Wach-EEG über; diese REM-Perioden werden im Laufe der Nacht länger.
- Eine Abfolge von Nicht-REM-Schlaf (NREM) und REM-Schlaf wird als Basic-Rest-Activity-Cycle, BRAC, bezeichnet. Eine Nacht besteht aus 4–5 solcher Schlafzyklen.

Die Dauer der einzelnen Schlafstadien ändert sich im Laufe des Lebens: Während Neugeborene und Kleinstkinder erhebliche Teile des Tages und der Nacht im REM-Schlaf verbringen, bleibt der REM-Anteil nach der Pubertät konstant. Im späten Erwachsenenalter und im hohen Alter nimmt auch der Anteil des tiefsten SWS kontinuierlich ab.

Neuronale Steuerung

- SWS wird von präoptischen Regionen des Hypothalamus und Teilen des basalen Vorderhirns erzeugt. Die Regulation erfolgt homöostatisch durch Akkumulation von Schlafsubstanzen während der aktiven Zeit.
- REM wird von cholinergen Kernen des Mittelhirns und basalen Vorderhirns erzeugt und hängt von zirkadianen und ultradianen Oszillatoren ab.

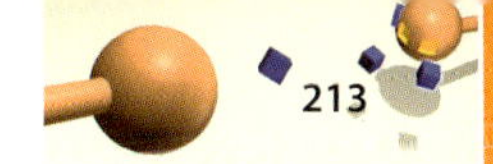

9.3 Die physiologischen Aufgaben der Schlafstadien

Träumen

> NREM-Schlaf und REM-Schlaf gehen mit unterscheidbaren mentalen Prozessen einher

Mentale Prozesse im Schlaf. Mentale Prozesse sind während der gesamten Schlafzeit vorhanden, in ***NREM-Phasen*** sind sie eher abstrakt, gedankenartig. Die aktiven, halluzinatorischen, geschichtenartigen Traumphänomene, die wir eigentlich meinen, wenn wir von Träumen reden, sind während der phasischen ***REM-Aktivitäten*** (z. B. Augenbewegungen) am stärksten. Sie sind während der ersten Nachthälfte eher Erinnerungen an Ereignisse des vergangenen Tages und werden gegen Morgen zunehmend emotionaler. Wunscherfüllungen, wie sie die psychoanalytische Traumtheorie als zentrale Funktion des Traumes behauptet, kommen selten vor.

Psychoanalyse. Die eigenartige und oft Ich-fremde psychologische Qualität von Träumen hat die Menschen aller Kulturen und Epochen fasziniert und zu -meist religiösen- Spekulationen veranlasst. Der letzte »Ausläufer« dieser religiös-spekulativ gefärbten Vorstellungen ist die ***psychoanalytische »Traumtheorie«*** Sigmund Freuds. Erst durch die Entdeckungen der psychophysiologischen Traumforschung seit Mitte des vorigen Jahrhunderts wurden viele der »Träume vom Träumen« ausgeträumt.

Traumnetzwerke. Bildgebende Untersuchungen während des Schlafes ergaben, dass bei SWS die Hirndurchblutung drastisch absinkt. Wenn das EEG desynchronisiert und lebendige Träume berichtet werden – was nicht unbedingt, aber oft mit REM-Phasen korreliert – werden die cholinergen Systeme aktiv (lebendiges Erleben), die primären sensorischen und motorischen Projektionsareale gehemmt (Abschluss von Außenwelt), limbische und dienzephale Regionen aktiv (Gefühls- und Trieberlebnisse) und der dorsale Frontalkortex gehemmt (Kontrollverlust, Gedächtniskonsolidierung). Die Assoziationsareale sind je nach Trauminhalt aktiv, wodurch die lebendigen Szenenabfolgen, oft mit Erinnerungen durchmischt, erklärt werden können (▶ s. Abb. 9.7).

Kernschlaf

> Nur ein Teil des Schlafes ist wirklich vital notwendig: Kernschlaf; er umfasst in etwa die ersten 3 Schlafzyklen einer Nacht

Trotz allen Fortschritts blieb die Bedeutung der Schlafphasen bis heute offen. Klar ist nur, dass beide (REM und NREM) überlebenswichtig sind. Totale ***Schlafdeprivation*** über längere Zeit führt zum Tod bei Mensch und Tier.

4 dorsolateraler Frontalkortex
Verlust von Kontrolle, Alogik, Vergessen, Orientierungsverlust

5 Basalganglien
Auslösen von Bewegungen, vor allem automatische und repetitive (laufen, fliegen)

6 thalamische Kerne
PGO-Übermittlung, konzentrative Fixierung

7 primär sensomotorischer Kortex
8 (Output und Input blockiert)
sensorische und motorische Halluzinationen und Kommandos

3 vordere paralimbische Strukturen (Amygdala, Hippokampus, mediale frontale Regionen, G. cinguli)
Emotionen, negativer Affekt, emotionale Aufmerksamkeit

9 unterer Parietalkortex
räumliche Organisation von Träumen

2 dienzephale Strukturen (basales Vorderhirn, Teile des Hypothalamus)
Instinkt, Sex, Bewußtseinshöhe

11 visuelle Assoziationsareale
visuelle Erlebnisse

1 pontine und mesenzephale cholinerge, aminerge und histaminerge Kerne
von PGO erzeugte „chaotische" visuelle Abfolge

10 primäres visuelles Areal
keine aktuelle Information von Aussen

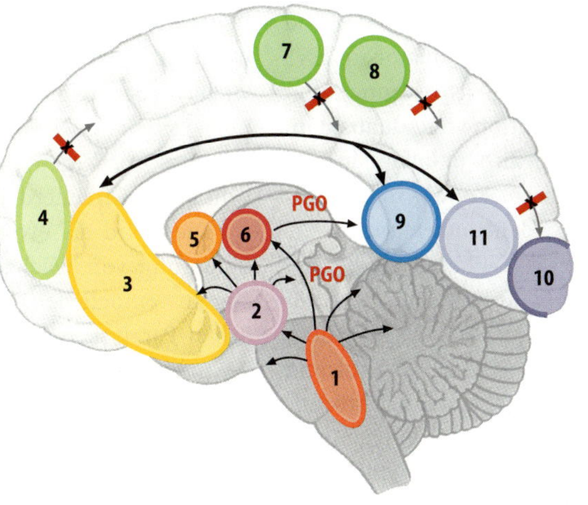

Abb. 9.7. Aktive und inaktive Hirnstrukturen während REM-Schlaf und Träumen. Hypothetischer Zusammenhang zwischen Aktivierung und Hemmung *(rote Querstriche)* jener Hirnstrukturen, die für verschiedene Traumerlebnisse verantwortlich sind. Die unspezifischen (cholinergen) Aktivierungsstrukturen der Retikulärformation (1) und des basalen Vorderhirns (2) sind durch mehrere Pfeile symbolisiert. PGOs sind *p*onto-*g*eniculo-*o*kzipitale Entladungen, die aus den cholinergen Strukturen entspringen und über den N. geniculatum des Thalamus vor allem im Sehsystem enden. Die Areale 3, 11 und 9 sind durch *dicke Pfeile* verbunden, da sie für Traumerlebnisse offensichtlich besonders wichtig sind. Nach Hobson et al (2000)

Beim Menschen sind die ersten 2–3 SWS-REM-Phasen offensichtlich essenziell, sie werden daher *Kernschlaf* genannt. (Regelmäßiges Wecken nach Ablauf des Kernschlafs hat keinerlei Folgen, wohl aber Entzug von Kernschlaf.)

Eine Deprivation der letzten 3 Schlafstunden führt kaum zu merkbaren Störungen (***Optional***- oder ***Füllschlaf***). Die psychischen und gesundheitlichen Auswirkungen auch langer Schlaflosigkeit (z. B. 10 Tage und Nächte) beim erwachsenen Menschen sind allerdings relativ gering. Nach 3–4 Nächten treten bei einigen Personen Wahrnehmungsverzerrungen und ein leichtes Nachlassen von Vigilanz (Daueraufmerksamkeit) auf. Nach nur wenigen Stunden Erholungsschlaf tritt völlige Erholung ein (▶ s. a. unten). Allerdings ist es im Laboratorium beim Menschen praktisch unmöglich, längere Phasen völliger Schlaflosigkeit zu erreichen. Bereits nach wenigen Nächten »holen« sich die Versuchspersonen durch extrem kurze, aber zunehmend häufiger werdende ***Mikroschlafepisoden*** »ihren« Schlaf. Das Schlafbedürfnis wird zunehmend übermächtig. Dies wird bewusst in der Folter ausgenützt, wo offensichtlich dieses Bedürfnis vor alle anderen Vorsätze und Triebregungen rücken kann.

Die Aufgaben des Tiefschlafs (SWS)

! Der homöostatische SWS hängt mit restaurativen Funktionen zusammen

Stoffwechselenergie. Nach Schlafdeprivation wird zuerst SWS nachgeholt, was für die ***Energie konservierende Funktion*** von SWS spricht. Personen mit erhöhtem Energieumsatz (Hyperthyreose) oder Personen nach körperlicher Anstrengung zeigen mehr SWS und erhöhte Hirntemperatur.

Adenosin ist ein wichtiger Vorläufer für ATP und kommt häufig als hemmender Neuromodulator im ZNS vor. Während des Tages und bei Anstrengung oder Schlaflosigkeit steigt die Konzentration von Adenosin im Extrazellulärraum kontinuierlich an, vor allem in den SWS-anstoßenden Hirn-Strukturen. ***Koffein*** u. a. Weckmittel blockieren die A_1 und A_{2A} Adenosinrezeptoren.

Endokrinologie. Während der SWS-Phasen zu Beginn des Schlafes wird vor allem bei Körperwachstum das Wachstumshormon (GH, *Growth Hormon*) ausgeschüttet und die Ausschüttung der Stresshormone Kortisol und ACTH gehemmt. Extremer Stress führt zu Schlafstörungen und zu Wachstumsstörungen bei Kindern bis hin zu ***psychosozialem Zwergwuchs***. Da GH auch am Wachstum und der Verbindung von Nervenzellen beteiligt ist, werden auch die kognitive Entwicklung und die Lernfähigkeit durch Stress und SWS-Mangel gestört. Bei der ***Depression*** ist ebenfalls der zirkadiane Gipfel abgeflacht und der relative Anteil von Kortisol erhöht. Dabei ist der REM-Schlaf, vor allem die ***REM-Latenz*** (Zeit bis zur ersten REM-Phase) verkürzt.

Immunologie. Stress und Kortisolanstieg hemmen die Immunabwehr. Daher geht ein SWS-Mangel auch mit Störungen des Immunsystems einher. Der Verlust von SWS im Alter trägt zum vermehrten Auftreten von Krankheiten bei, welche von Immunfaktoren »in Schach« gehalten wurden.

▪▪▪ Der **Schlaf-Wach-Rhythmus** wird von immunaktiven Substanzen ebenso beeinflusst wie umgekehrt der Schlaf zum restaurativen Aufbau von immunkompetenten Zellen notwendig ist. Interleukine, z. B. Il-1, die von T-Helferzellen abgegeben werden und das Lymphozytenwachstum beschleunigen, haben schlafanstoßende Wirkung im Gehirn. Chronische Schlafdeprivation im Tierversuch führt umgekehrt zu raschem Absinken der Immunkompetenz mit Anstieg von Neoplasien (krebsartiger Entartung), Infektionen und Tod des Tieres. Zirkadiane Rhythmusstörungen wie **Nachtarbeit** und Zeitzonen überfliegen (»**Jet-lag**«) erhöhen ebenfalls die Infektionsanfälligkeit.

Die Auswirkungen des Schlafens auf das Immunsystem scheinen u. a. von der zirkadianen Rhythmik des Zirbeldrüsenhormons **Melatonin** bewirkt zu werden. Melatonin ist während des Schlafes erhöht, seine Konzentration im Kindesalter ist hoch und sinkt mit der Dauer des Tiefschlafes im Alter ab. Extern vor dem Einschlafen verabreicht, reduziert es Belastungseffekte (»Stress«) und kann anscheinend bei Jet-lag den Rhythmus resynchronisieren. Melatonin bewirkt in Antigen-aktivierten T-Helferzellen die **Ausschüttung kleiner Mengen endogener Opioide** (▶ s. Kap. 15.4). Im Tierversuch wurde damit das Wachstum von Tumoren gebremst und die vielfältigen hormonellen Effekte von Belastung (»Stress«) neutralisiert.

Die Aufgaben des REM-Schlafs

! Der Anteil des REM-Schlafs pro Schlafzyklus hängt mit der Nahrungsaufnahme und der Gedächtniskonsolidierung zusammen

REM-Schlaf und Nahrungsaufnahme. REM-Schlaf weist eine enge Beziehung zur Nahrungsaufnahme bei verschiedenen Spezies, einschließlich dem Menschen, auf: Übergewicht geht mit erhöhtem REM-Anteil einher, Patienten mit Magersucht (Anorexie) erhöhen REM-Schlaf, wenn sie ihr Gewicht normalisieren, also das Körpergewicht wieder steigt. Personen, die an Narkolepsie, also einem Exzess von REM-Schlaf (▶ s. S. 211) leiden, haben erhöhtes Körpergewicht. Extremes Fasten und Hungern geht mit REM-Unterdrückung einher.

Dies wird als evolutionärer Mechanismus zur Maximierung von Wachzeiten interpretiert, um Futtersuche zu ermöglichen. Nahrungssuche ist mit der REM-Schlaf-Paralyse unvereinbar, deshalb könnte bei Hunger primär REM und erst danach non-REM unterdrückt werden. Umgekehrt gilt auch, dass mit zunehmender REM-Schlafdauer die Menge aufgenommener Nahrung am nächsten Tag sinkt, mehr REM signalisiert möglicherweise den hypothalamischen Ess»zentren« (▶ s. Kap. 11.4) eine ausgeglichene Energiebalance.

Diese Veränderungen hängen mit dem auf S. 211. beschriebenen ***Orexin-System*** zusammen. Das Orexin-System des lateralen Hypothalamus erhöht seine Aktivität während Wachheit und bei Hunger. Knock-out-Mäuse ohne das Orexin-Gen sind hypophagisch und entwickeln

Katalepsie, also Eindringen von REM-Schlaf in die Tageszeit. Bei vielen dieser Stoffwechselvorgängen kann es sich aber auch um nicht-lineare und kompensatorische physiologische Vorgänge handeln, die Beziehungen zwischen REM, Essverhalten und Orexinsystem müssen daher nicht kausaler Natur sein.

REM-Schlaf und Gedächtnis. Schlaf fördert die Fähigkeit zur Einprägung und Wiedergabe von gelerntem Material, dies gilt für beide Schlaftypen SWS und REM. Unklar ist, welcher Typus von Lern- und Gedächtnisvorgängen eher von REM und welcher von SWS abhängt.

▪▪▪ Für die REM-Gedächtnis-Beziehung sprechen Untersuchungen zur **RNA- und DNA-Synthese** im Gehirn während des Schlafes. Dabei wurde der RNA-Gehalt innerhalb der Nerven- und Gliazellen in verschiedenen Hirnregionen und die Synthese von RNA und DNA nach Injektion radioaktiver Vorläufer bei **REM-Schlaf-Deprivation** untersucht. Obwohl die Ergebnisse für Zellen aus verschiedenen Strukturen und Zeitverläufen nach Entnahme des Zellmaterials uneinheitlich sind, tritt nach eintägiger REM-Schlaf-Deprivation sowohl bei der Katze als auch bei der Ratte eine deutliche Abnahme der RNA-Synthese auf, während nach totaler Schlafdeprivation ein Anstieg auftritt. DNA-Synthese in der Entwicklung wird durch REM-Deprivation reduziert, Schlafentzug im Säuglings- und Kindesalter wirkt besonders destruktiv auf kognitive Funktionen, Körper- und Gehirnwachstum.

Ein weiteres korrelatives Indiz für die Rolle von REM-Schlaf im Konsolidierungsprozess ist die Gegenwart von Hippokampus-Theta-Rhythmus während des Übergangs von Kurzzeit- ins Langzeitgedächtnis (z. B. bei Durchgängen, wo die Fehlerrate in einer Lernaufgabe noch hoch ist, um danach abzufallen) im wachen Tier und der vorherrschenden Hippokampus-Theta-Aktivität in REM-Episoden .

In Kürze

Physiologische Aufgaben des Schlafs

Sowohl SWS *(Slow Wave Sleep)* als auch REM-Schlaf sind zum Überleben notwendig. 2–3 SWS-REM-Phasen sind für den Menschen essenziell, sie werden daher als »Kernschlaf« bezeichnet.

- SWS wird nach Schlafdeprivation als erstes nachgeholt, dürfte also für die körperinternen Homöostasen (Hirntemperatur?) Vorrang haben.
- REM-Schlaf könnte mit Gedächtnisspeicherung und damit Wachstum und Aktivitätsniveau plastischer Synapsen zusammenhängen. Nahrungssuche und REM-Schlaf sind eng korreliert, und das Neuropeptid Orexin des Hypothalamus scheint REM-Schlaf und Nahrungssuche zu regeln.

9.4 Neurobiologie der Aufmerksamkeit

Automatisierte und kontrollierte Aufmerksamkeit

Wir unterscheiden automatisierte (nicht-bewusste) und kontrollierte Aufmerksamkeit; bewusstes Erleben tritt nur bei kontrollierter Aufmerksamkeit auf, bei der das limitierte Kapazitätskontrollsystem aktiv ist

Die von einem Sinnesorgan aufgenommene Information wird beim wachen Menschen zuerst für einige Millisekunden in einem sensorischen Speicher gehalten (sensorisches Gedächtnis). Dort wird eine ***Mustererkennung*** (Erkennen der wesentlichen Merkmale) und ein ***Vergleichs-*** und ***Bewertungsprozess*** durchgeführt, bei dem geprüft wird, ob das ankommende Reizmuster mit den im Langzeitgedächtnis gespeicherten Informationen desselben Sinneskanals übereinstimmt oder ob es sich um eine »neue Information« handelt.

- ***Automatisierte Aufmerksamkeit*** wird der Information zuteil, wenn der ankommende Reiz in ein gespeichertes Reiz-Reaktionsmuster passt, z. B. bei geübten (überlernten) Aufgaben wie Autofahren. In diesem Fall erfolgt die Reaktion auf den Reiz »automatisch«, d. h. ohne Bewusstsein, und andere Reaktionssysteme können gleichzeitig ohne gegenseitige Behinderung (Interferenz) funktionieren (geteilte Aufmerksamkeit). Diese ***vorbewusste Informationsverarbeitung*** ist im Alltag die weitaus überwiegende Form der Reaktion mit der Umwelt.
- ***Kontrollierte Aufmerksamkeit*** richten wir nur auf neue, komplexe und nicht eindeutige Reizsituationen, die eine Entscheidung verlangen. Es kommt zu einer gezielten (kontrollierten, selektiven) Zuwendung der Aufmerksamkeit auf die neue Reizsituation. Diese Aufmerksamkeitszuwendung wird gleichzeitig mit der Hinwendung *(Spotlight)* oder mit geringer Verzögerung bewusst.

Die spezifische Erregungsform, die bewusstem Erleben und Aufmerksamkeit zugrunde liegt, spielt sich in einem ausgedehnten kortiko-subkortikalen System ab, das unter dem Namen ***Limitiertes Kapazitätskontrollsystem*** (*Limited Capacity Control System*, LCCS) zusammengefasst wird. Es hat seinen Namen von der Beobachtung, dass seine Verarbeitungskapazität begrenzt ist, d. h. unsere bewusste Aufmerksamkeit immer nur einer oder sehr wenigen Reizsituationen zugewandt sein kann. Es besteht aus den in der linken Spalte der ▫ Tabelle 9.1 aufgelisteten Strukturen. Dort sind auch beispielhaft einige ***Folgen von Läsionen*** der verschiedenen Anteile des LCCS aufgeführt, die in diesem und den nächsten beiden Kapiteln behandelt werden.

Die ***Aufgaben der kontrollierten Aufmerksamkeit*** bestehen

- im Setzen von Prioritäten zwischen konkurrierenden und kooperierenden Zielen in einer Zielhierarchie zur Kontrolle der Handlung,
- im Aufgeben *(Disengagement)* alter oder irrelevanter Ziele,
- in der Selektion von sensorischen Informationsquellen zur Kontrolle der Handlungsparameter (sensorische und motorische Selektion) und
- in der selektiven Präparation und Mobilisierung von Effektoren (tuning). ▫ Tabelle 9.1 zeigt in der rechten

Tabelle 9.1. Die Anteile des limitierten Kapazitätskontrollsystems, LCCS und ihre Aufgaben

Anteile des LCCS	Aufgaben des LCCS
Präfrontaler Kortex	Zielsetzung, Aufbau einer Zielhierarchie
Parietaler Kortex	Aufgeben irrelevanter Ziele
Basalganglien, insb. Striatum	Hemmung irrelevanter Ziele
Retikulärer Thalamus	Selektion der sensorischen Kanäle und motorischen Effektoren
Basales Vorderhirn	»Energielieferant« (Weckfunktion)
Mesenzephale Retikulärformation	»Energielieferant« (Weckfunktion)

Spalte die Verteilung dieser Aufgaben auf die einzelnen Anteile des LCCS.

Läsionen im LCCS

! Läsionen im LCCS führen je nach deren Ort und Ausmaß zu Koma, vegetativen Zuständen, Neglekt und akinetischem Mutismus

Subkortikale Läsionen. Zerstörungen der *Retikulärformation* und des *basalen Vorderhirns* führen fast immer zu ***Koma*** oder ***vegetativen Zuständen***, in denen kaum mehr auf die Außenwelt reagiert wird. Allerdings kann dabei auch die nicht-bewusste komplexe Informationsverarbeitung in einzelnen Fällen intakt bleiben. Der Verlust der cholinergen Steuerung kortikaler Zellen nach teilweisem Ausfall des basalen Vorderhirns z. B. bei der ***Alzheimer Erkrankung*** geht mit schweren Gedächtnisdefekten einher, wenngleich die implizite, automatische Aufmerksamkeit auf gut geübte Reize und Handlungen oft bis spät in die Erkrankung hin intakt bleibt.

Parieto-temporale Läsionen. Im Gegensatz dazu steht das Syndrom des ***Neglekt***, bei dem vor allem nach Läsion des rechten unteren Parietal- und oberen hinteren Temporallappens die Patienten keine Aufmerksamkeit auf die linke Raumhälfte mehr richten, obwohl sie dazu sensorisch durchaus in der Lage sind. Dies liegt vor allem daran, wie in Kap. 12.3 beschrieben, dass sich die Aufmerksamkeit der Personen nicht mehr von der nun überdominanten rechten Raumhälfte lösen kann.

Frontale Läsionen. Besonders dramatisch ist der gemeinsame Ausfall von großen Teilen des präfrontalen Kortex und des anterioren Gyrus cinguli: Patienten mit ***akinetischem Mutismus*** verlieren alle exekutiven Funktionen, obgleich Motorik und Sensorik intakt bleiben. Sie zeigen keine Willkürbewegungen, sprechen und handeln nur reflektorisch und zeigen vollkommene Antriebslosigkeit. Dies obwohl sie im sensorischen und intellektuellen Bereich »intakt« sind und Aufforderungen verstehen können. Es fehlt allerdings die Umsetzung der sensorisch und kognitiv verarbeiteten Information in eine Handlung. Da auch die emotionale Bewertung und der Vergleich mit gespeicherten vergangenen Ereignissen, der vor allem im orbitalen Frontalkortex stattfindet, ausbleibt, verlieren auch vitale und für das Überleben wichtige Ziele handlungsleitende Bedeutung.

Totalausfälle der Basalganglien und des ***Thalamus*** sowie des ***basalen Vorderhirns*** sind selten, in der Regel führen sie zum Tod des Patienten, große Läsionen gehen mit schwersten Bewusstseinsstörungen einher.

Läsionen einzelner ***Untereinheiten*** dieser Systeme führen zu spezifischen Störungen der Aufmerksamkeit und des Bewusstseins. Bei der ***schizophrenen Störung*** z. B. geht die Selektivität der Aufmerksamkeit während

9.1. Schizophrenie und Aufmerksamkeit

Symptome. Schizophrenie ist die Bezeichnung für eine Gruppe von schwersten Verhaltens- und Denkstörungen, deren gemeinsame Auffälligkeit in einer mangelnden Selektivität der Aufmerksamkeit und einer »Lockerung« des assoziativen Denkens besteht. Wahnideen, mit denen oft Ordnung in das chaotische Denken gebracht werden soll (»ich bin Jesus und kann alles mit meiner Kraft kontrollieren«), sind wahrscheinlich Folge dieser elementaren Filterstörung der Aufmerksamkeit. Teile des Aufmerksamkeits-Kontrollsystems (LCCS) sind bei diesen Störungen defekt, vor allem der präfrontale Kortex und das hippokampale-temporale Gedächtnissystem (▶ s. Kap. 10.1). Die Unterscheidung zwischen wichtig und unwichtig gelingt nicht mehr, völlig irrelevante Reize werden hoch bedeutsam.

Ursachen. Der präfrontale Kortex ist bei kontrollierten Aufmerksamkeitsaufgaben bei Schizophrenen unteraktiviert und zeigt wie der Hippokampus und Thalamus eine Reihe von histologischen Auffälligkeiten (z. B. chaotische Anordnung der Neurone und Dendriten). Das mesolimbische Dopaminsystem ist überaktiv und die Glutamat- und NMDA-Rezeptoren-abhängigen Strukturen unteraktiv.

Therapie. Neuroleptika, welche die mesolimbische Dopaminaktivität blockieren und dadurch auch die gehemmte Glutamatproduktion enthemmen, führen zu symptomatischer Besserung der Störungen für die Zeit der Einnahme, ohne die Krankheit dauerhaft zu beeinflussen. Die Nebenwirkungen sind allerdings schwer, sie reichen von Anhedonie (»Lustverlust«, ▶ s. Kap. 11.3) bis zu einer parkinsonartigen Bewegungsstörung, der tardiven Dyskinesie.

der psychotischen Phasen durch Einschränkung der thalamischen Selektion und der Erregungsregulation in den Basalganglien teilweise verloren.

Bewusstes Erleben

Die Entstehung des Bewusstseins ist an extensiven Informationsaustausch von oft weit entfernten Hirnarealen sowie an kreisende Erregungen gebunden

Weiträumiger Informationsaustausch im Kortex. Voraussetzung für lokale Erregungserhöhung von informationsverarbeitenden Einheiten im Gehirn bei selektiver Aufmerksamkeit ist die ***reziproke Interkonnektivität*** zwischen weit auseinander liegenden Kortexarealen, vor allem Verbindungen vom LCCS zum präfrontalen Kortex, zum vorderen Cingulum und zu den medialen Thalamuskernen.

Kreisende Erregungen. Erst wenn die neuronale Erregung in solchen reziprok miteinander verbundenen Aufmerksamkeitsarealen einige Zeit kreist (Minimum 80–100 ms), können die in den lokalen informationsverarbeitenden Einheiten (Module genannt) gespeicherten Inhalte bewusst werden. Ohne solche über weite kortikale Distanzen, vor allem zum präfrontalen Kortex führenden ***Erregungskreise*** *(re-entrant Paths)* werden die in den einzelnen Modulen verarbeiteten Informationen nicht bewusst, auch wenn sie in diesen einzelnen Modulen entschlüsselt und verarbeitet werden. Zum Beispiel bestehen keine reziproken Verbindungen zwischen präfrontalen kortikalen Arealen und den subkortikalen Kernen, z. B. des Atemzentrums und des Temperaturzentrums, so dass uns die Steuerung der Körpertemperatur nur in Extremfällen bewusst wird.

Kreisende (re-entrant) Erregungen zwischen weit voneinander entfernten und miteinander anatomisch verbundenen Zellensembles (▶ s. Kap. 8.1), welche vom Arbeitsgedächtnis im dorsalen präfrontalen Kortex unterhalten werden, sind also notwendig, um eine ***ausreichende Dauer der synchronen Aktivierung*** der beteiligten Zellverbände zu garantieren. Ohne solche Erregungskreise kann die Minimalerregung, die zum Aufbau von bewussten Akten notwendig ist, offensichtlich nicht bis zur notwendigen Schwelle akkumulieren.

Bewusstseinsarten

Die verschiedenen Formen von kontrollierter Aufmerksamkeit werden durch die Aktivierung unterschiedlicher Hirnareale hervorgebracht

Bewusstsein als großflächige Aktivierung. Die spezifische Erregungsform, die bewusstem Erleben und Aufmerksamkeit zugrunde liegt, besteht in der ***synchronen Depolarisation*** der apikalen Dendriten des Neokortex (▶ s. Kap. 8.2). Die Verteilung der Erregbarkeit (Aufmerksamkeitsressourcen) wird dabei von dem limitierten Kapazitätskontrollsystem realisiert. Während die verschiedenen Teilkomponenten des LCCS selbst keine qualitativ unterschiedlichen Bewusstseinsakte hervorbringen, führt die ausreichend lang anhaltende Aktivierung hinreichend großer miteinander reziprok verbundener kortikaler Areale über die notwendige Schwelle zu psychisch unterschiedlich erlebten Bewusstseins- und Aufmerksamkeitsphänomenen.

Rolle der Projektions- und Assoziationsareale. Die am weitesten ausgedehnten Hirnareale, die bewusste Erlebnisse hervorbringen, sind die rechte und linke Hirnhälfte (▶ s. Kap. 8.1 und 12.1), die unter anderem ***syntaktisch-verbales (links)*** und ***räumlich-gestalthaftes Erleben (rechts)*** erzeugen. Die posterioren primären und sekundären Projektionsareale und ihre Ausläufer (▶ s. Kap. 12.3) sind für die Wahrnehmung zuständig. Die motorischen und prämotorischen frontalen Anteile sind für Planung und Ausführung von Willenshandlungen (▶ s. Kap. 7.10) die Assoziationsareale für die verschiedenen kognitiven Leistungen (▶ s. Kap. 12.2) verantwortlich. Die Verbindungen der Assoziationsareale mit dem limbischen System und dem Hypothalamus lassen sich der Entstehung von Gefühlen und Trieben (▶ s. Kap. 11.2) zuordnen.

Kortikale Mechanismen der Aufmerksamkeit

Kontrollierte Aufmerksamkeit geht mit negativen langsamen Hirnpotentialen einher; die lokale Durchblutung wird durch die Zunahme synaptischer Aktivität erhöht

Die Zuordnung kontrollierter Aufmerksamkeit zu einem oder mehreren kortikalen Arealen lässt sich an der Verteilung langsamer Hirnpotentiale, ereigniskorrelierter Hirnpotentiale (EKP, ▶ s. Kap. 8.3) und magnetisch evozierter Felder beobachten. ***Langsame Hirnpotentiale sind Gleichspannungsverschiebungen*** des EEG (▶ s. Kap. 8.3, S. 198) in elektrisch negative oder elektrisch positive Richtung. Sie entstehen in den apikalen Dendriten von Schicht I als Antwort auf unspezifische thalamokortikale und kortikokortikale Afferenzen.

Neurophysiologisch handelt es sich dabei im Wesentlichen um ***synchronisierte Depolarisationen*** ultralanger erregender postsynaptischer Potentiale (EPSP), die zu ***Negativierungen des EEG*** führen. Ein Rückgang des Depolarisationsniveaus geht dagegen mit Positivierung der langsamen Hirnpotentiale einher. Negativierung bedeutet somit Mobilisierung des entsprechenden kortikalen Ensembles, während Positivierung aus biophysikalischen Gründen eher eine Hemmung des Zellensembles repräsentiert (▶ s. Kap. 8.3).

Abbildung 9.8 zeigt die Verteilung langsamer Hirnpotentiale bei zwei unterschiedlichen Aufmerksamkeitsaufgaben. ***Rechenaufgaben*** führen zu einem Anstieg der Aufmerksamkeitsmobilisierung (Negativierung) linkstemporal, ***visuell-räumliche Aufgaben*** zu einer Negativie-

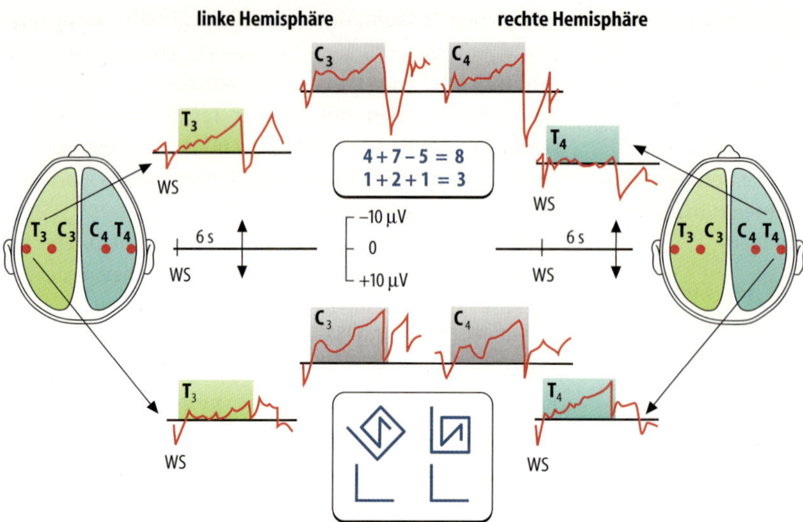

Abb. 9.8. Langsame Potentiale gemittelt über verschiedenen Hirnregionen. (T_3 temporal links, T_4 temporal rechts, C_3 zentral links, C_4 zentral rechts). *Oben:* arithmetische Aufgaben, *unten:* Erkennen von verdrehten Figuren. Die Aufgaben wurden nach einem 6 s dauernden Vorintervall dargeboten *(WS)*. Erläuterungen ► s. Text. Nach Birbaumer u. Schmidt (2003)

rung rechts-temporal. Die allgemeine Mobilisierung des Gesamtsystems ***vor*** Darbietung der Aufgabe lässt sich an den zentralen Ableitungen ablesen.

Eine ***Erhöhung der synaptischen Aktivität***, wie sie bei Negativierungen auftritt, führt zu vermehrtem O_2-Verbrauch und vermehrtem Anfall von Metaboliten. Dies resultiert ***autoregulatorisch*** in einer ***Erhöhung des zerebralen Blutflusses*** im aktivierten Hirnareal, der mit PET (► s. Kap. 8.4) oder funktionellem MRI (Funktions-MRT, ► s. Kap. 8.4) messbar ist.

Abbildung 9.9 zeigt eine typische Aufmerksamkeitsaufgabe und die damit einhergehende Erhöhung des zerebralen Blutflusses. Die Ergebnisse stimmen gut mit den elektrischen und magnetischen Messungen überein, im PET findet man aber zusätzlich eine Erhöhung der Aktivierung im vorderen Gyrus cinguli und den Basalganglien, die in den elektrischen Ableitungen durch die große Distanz dieser Areale von den Elektroden nicht zu sehen ist.

Ereigniskorrelierte Hirnpotentiale

> Ereigniskorrelierte Potentiale verändern sich bei Aufmerksamkeitszuwendung nur in ihren kortikalen, nicht aber in ihren subkortikalen Anteilen

Kortikale Regelung von Aufmerksamkeit. Zwischen aufmerksamer und unaufmerksamer Wahrnehmung ergeben sich deutliche Unterschiede in den damit korrelierten hirnelektrischen Potentialen und magnetischen Feldern. Die Unterschiede sind aber beim Menschen nur auf kortikalem Niveau registrierbar, in subkortikalen Hirnregionen finden sich bei Aufmerksamkeitszuwendung zumindest für akustische, visuelle und taktile Reize keine Erhöhungen der Amplituden von EKP. Dies bedeutet, dass die oben beschriebenen (► s. S. 215) Teile des Limitierten-Kapazitätskontrollsystems (LCCS) zwar subkortikale Steuermechanismen benötigen, damit aber nur ***kor-***

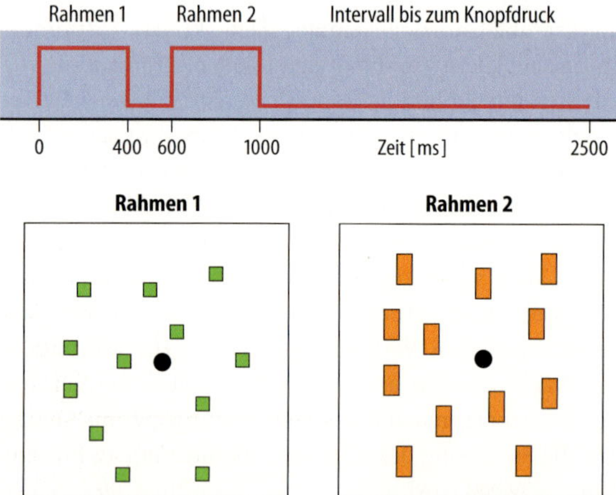

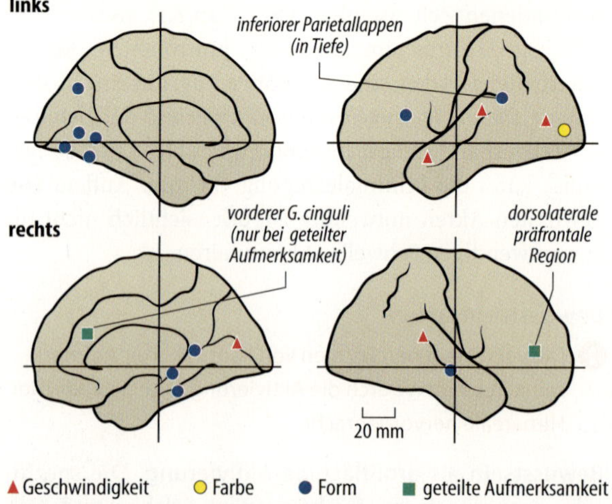

Abb. 9.9. Die Änderungen der zerebralen Durchblutung (PET) bei einer typischen Aufmerksamkeitsaufgabe. Die Versuchspersonen mussten durch Knopfdruck nach 1,5 s anzeigen, ob sich das zweite Bild gegenüber dem ersten in Farbe, Form oder Geschwindigkeit der bewegten Rechtecke unterscheidet. Vereinfacht nach Corbetta et al (1991) aus Birbaumer u. Schmidt (2003)

tikale (bzw. thalamokortikale) ***Erregungsschwellen modulieren.***

Top-down-Regelung. Die kortikale Regelung von Aufmerksamkeit garantiert, dass jeder Reiz, auch wenn er nicht bewusst wahrgenommen wird, vor der ***Zuteilung von Aufmerksamkeitsressourcen*** vom Neokortex analysiert wird und die Erregungskonstellationen bekannter, unwichtiger Reize auf kortikaler Ebene in ihrer Weiterverarbeitung gehemmt werden (*Top-down*-Prozesse). Offensichtlich findet eine Hemmung unbedeutsamer Afferenzen auf peripherem Niveau, z. B. auf Ebene der ersten Umschaltstationen entweder nicht oder nur nach weitgehender kortikaler Verarbeitung statt.

▫ Abbildung 9.10 zeigt diesen Effekt, wenn die Person einmal das linke und das andere Mal das rechte visuelle Feld beachtet. Der erste Effekt der Aufmerksamkeit tritt bei der sogenannten P1-Komponente des ereigniskorrelierten Potentials auf, also um 100 ms (P bedeutet elektrisch positiv). Die Stärke des Effektes hängt von der Menge der Information ab, die ***unterdrückt***, gehemmt werden muss. Die kurz darauf folgende N1-Komponente (negativ, 100–140 ms nach Reiz) steigt mit der ***subjektiven Verstärkung*** des beachteten Reizes im Fokus der Aufmerksamkeit (*Spotlight*-Funktion). Wie man in ▫ Abb. 9.10 B links unten bei der PET-Registrierung sieht, ist der Ort *(Site)* der ***Aufmerksamkeitsmodulation*** der sekundäre visuelle Kortex und nicht der primäre sensorische Kortex. Der Ursprung *(Source)* des dahinter stehenden Prozesses, welcher das *Spotlight* in den Fokus der Aufmerksamkeit im sekundären assoziativen Kortex bewegt, ist natürlich auch der primäre sensorische Kortex und die oben beschriebenen subkortikalen Regionen.

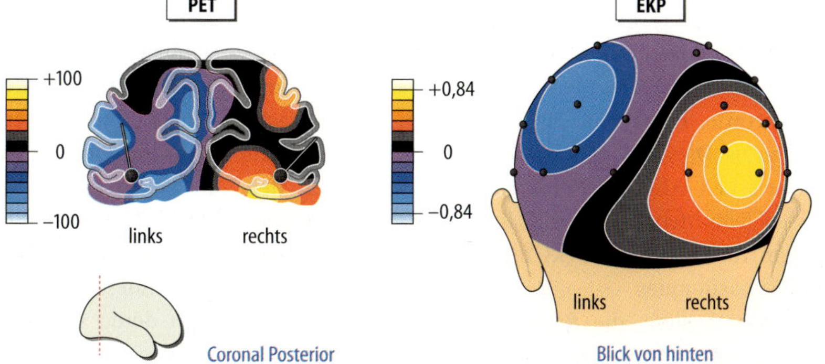

▫ Abb. 9.10. Ereigniskorrelierte Potentiale (EKP) und Hirndurchblutung (PET) bei visueller Aufmerksamkeit. **A** EKPs bei Konzentration auf linkes Gesichtsfeld (*linker* Teil der Abbildung) und rechtes Gesichtsfeld *(rechts)*. Isokonturlinien der maximalen Spannungsverteilung (mehr *rot* und *gelb*) der P1-Komponente, die darunter als summiertes Potenzial im Zeitverlauf eingezeichnet ist. Man erkennt die maximale Amplitude der P1 kontralateral zum externen Aufmerksamkeitsfokus in den extrastriatalen okzipitalen Hirnregionen *(weisser Pfeil)*. **B** *Links* PET und *rechts* EKP jeweils die Blutflussdaten (PET, *li*) und die EKPs bei Aufmerksamkeit nach *links*, subtrahiert von Aufmerksamkeit nach *rechts*. Man sieht, dass sich PET und EKP-Lokalisation überlappen. Aus Heinze et al (1994)

II

In Kürze

Formen der Aufmerksamkeit

Man unterscheidet zwei verschiedene Formen der Aufmerksamkeit:

- Automatisierte (nicht-bewusste) Aufmerksamkeit findet im sensorischen Gedächtnis und im Langzeitgedächtnis statt. Die Reaktion auf einen Reiz erfolgt automatisch, wenn der ankommende Reiz in ein gespeichertes Reiz-Reaktionsmuster passt
- Kontrollierte (bewusste) Aufmerksamkeit spielt sich im limitierten Kapazitätskontrollsystem (LCCS) ab. Diese Form der Aufmerksamkeit tritt nur nach neuen, nicht eindeutigen oder biologisch bedeutsamen Reizen und vor Willenshandlungen in Aktion und führt zu einer Begrenzung der Reizverarbeitung und Reaktionsausführung.

Kortikale Mechanismen

Der bewussten Aufmerksamkeit liegt die synchrone Depolarisation der apikalen Dendriten des Neokortex zugrunde. Diese tritt als Folge der Aktivierung eines ausgedehnten neuronalen Netzwerks, einschließlich präfrontaler und assoziativer Kortexareale auftritt.

Die Aufzeichnung langsamer Hirnpotentiale (Negativierung bei Aufmerksamkeitsmobilisierung), ereigniskorrelierter Potentiale (zum Erfassen des Zeitablaufs) und der lokalen Hirndurchblutung erlauben die Aufzeichnung dieser Vorgänge beim Menschen.

9.5 Subkortikale Aktivierungssysteme

Retikulärformation

Die Retikulärformation stellt die anatomische und physiologische Basis des Wachbewusstseins dar

Nach Abtrennung des Hirnstamms vom Zwischenhirn (*Cerveau isolé*, isoliertes Vorderhirn) verfallen Säugetiere einschließlich des Menschen trotz intakter sensorischer Afferenzen in einen komaähnlichen Tiefschlaf, aus dem sie nicht mehr zu wecken sind (▶ s. ◘ Abb. 9.11). Eine Durchtrennung der Medulla oblongata (*Encephale isolé*, isoliertes Hirn), bei der ein Großteil der sensorischen Afferenzen ebenfalls mit zerstört wurde, hat keinen Effekt auf den Schlaf-Wach-Rhythmus. Dies bedeutet, dass ein von den spezifischen sensorischen Afferenzen unabhängiges, zwischen den beiden Schnittebenen medial im Hirnstamm liegendes System für den Weckeffekt und das Wachsein verantwortlich sein muss.

Dieses System, die ***Retikulärformation des Mittelhirns***, ist entscheidend am Zustandekommen der Wachzustände beteiligt, während die spezifischen sensorischen Afferenzen und motorischen Efferenzen nur Kollateralen (Seitenäste) an die Retikulärformation abgeben, selbst aber für das Zustandekommen des Schlaf-Wach-Rhythmus nicht notwendig sind.

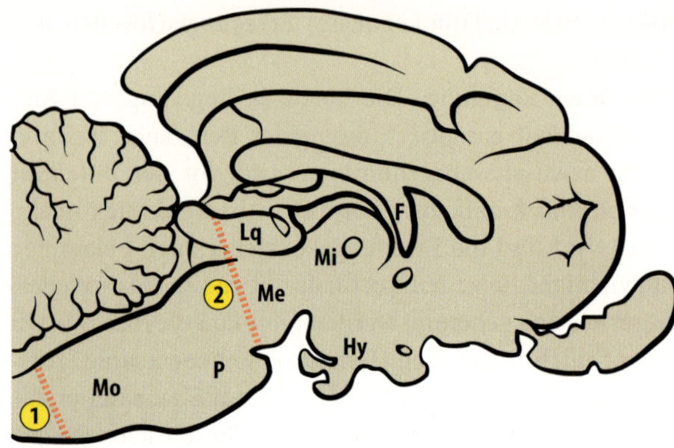

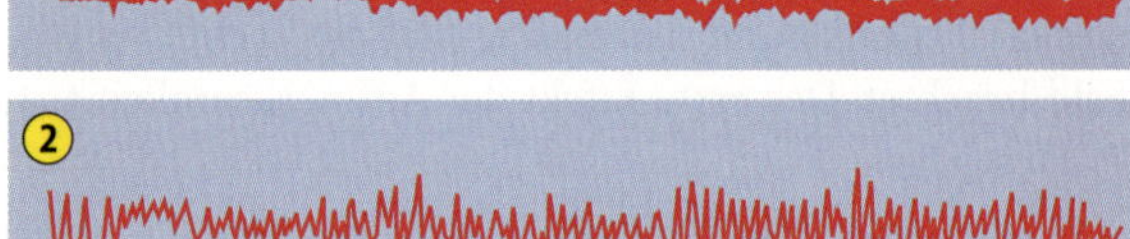

◘ **Abb. 9.11. Sagittaler Schnitt durch das Katzenhirn** mit den kritischen Transsektionen (in *Farbe*), darunter die dazugehörigen EEG-Bilder. (1) Encephale isolé, Sektion zwischen Medulla und Rückenmark, normales Wach-EEG. (2) Cerveau isolé, Schnitt zwischen dem oberen und unteren Vierhügel durch das Mittelhirn; Schlaf-EEG. *F:* Fornix, *Hy:* Hypothalamus, *Lq:* Vierhügelplatte (Lamina quadrigemina). *Me:* Mittelhirn. *Mi:* Massa intermedia, *Mo:* Medulla oblongata, *P:* Pons. Nach Pilleri (1966) aus Birbaumer u. Schmidt (2003)

▪▪▪ **Heterogenität der Retikulärformation.** Innerhalb der mesenzephalen Retikulärformation liegen lokale, abgrenzbare Kerngruppen (z. B. Nucleus coeruleus), die unterschiedliche Funktionen im Rahmen der Wachheits- und Aufmerksamkeitssteuerung erfüllen (▶ s. u.). Insofern handelt es sich um kein einzelnes unspezifisches Aktivierungssystem, sondern um eine heterogene Gruppe von Kerngebieten mit unterschiedlichen Aufgaben. Trotzdem führt die Zerstörung der gesamten mesenzephalen Retikulärformation zum Koma, das aber von »normalem« Schlaf unterschieden werden muss. Wachzustände sind daher als relativ weit gestreute, aber doch die Selektivität von Verhalten und Denken erhaltende, spezifische Schwellensenkungen kortikalen Gewebes.

◘ Abbildung 9.12 zeigt schematisch die Lage der mesenzephalen Retikulärformation in Beziehung zu den spezifischen aufsteigenden Bahnen. Die cholinergen, glutamatergen und adrenergen Zellen der Formatio reticularis (RF) und des basalen Vorderhirns (Nucleus basalis) haben ***aufsteigende Verbindungen*** zu fast allen kortikalen und subkortikalen Hirnbereichen, vor allem zum retikulären Thalamus (◘ Abb. 9.13). Die ***efferenten Verbindungen*** enden an den spinalen Motoneuronen und halten dort deren tonische Aktivierung im Wachzustand aufrecht.

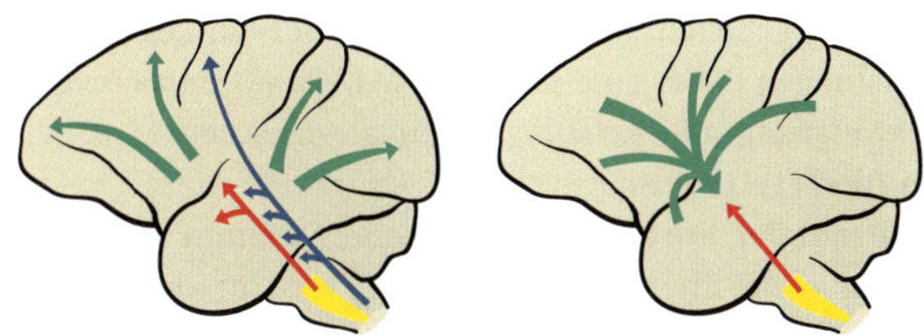

Abb. 9.12. Retikuärformation. *Links:* Stark schematisierte Darstellung der Retikulärformation im Affengehirn. Angedeutet die multisynaptischen retikulären Neurone *(gelb)* und Kollateralen aus den spezifischen Bahnen *(blau)*. *Rechts:* Stimulation vieler kortikaler Areale führt zu Potentialen in der Formatio, was eine kortikoretikuläre Verbindung und eine funktionelle Kontrolle der Aufmerksamkeitssteuerung nahe legt

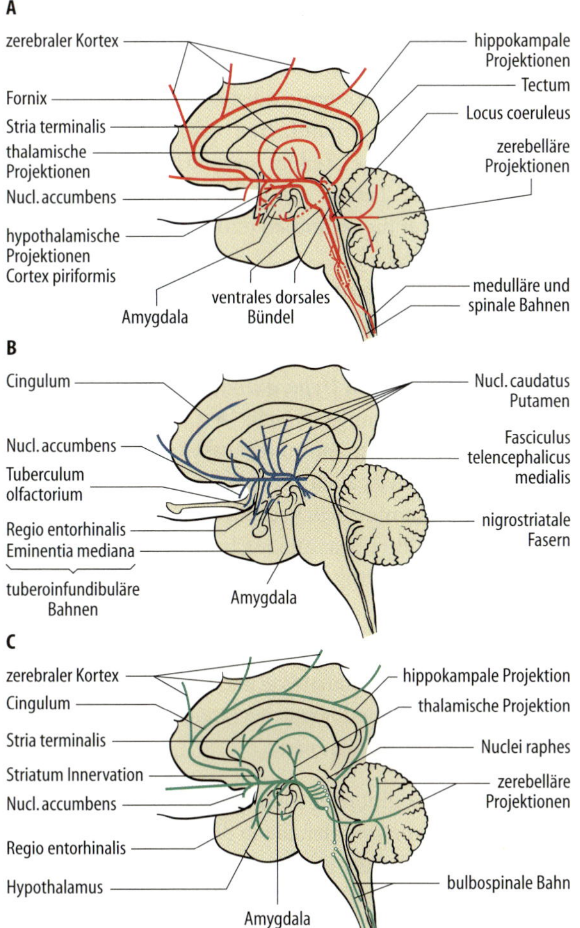

Abb. 9.13. Monoaminerge Neuronenverbände im Gehirn. A noradrenerge, **B** dopaminerge, **C** serotonerge. Man beachte die diffuse Verteilung von noradrenergen und serotonergen Neuronenverbänden im Vergleich zu den mehr lokalisierten Projektionen des dopaminergen Systems. Die Großhirnrinde ist nicht eingezeichnet, nur der Gyrus cinguli. Die Diagramme basieren auf Befunden aus Tierversuchen zahlreicher Autoren

Thalamus

Der Nucleus reticularis des Thalamus ist wesentlich für die selektive Aufmerksamkeit verantwortlich

Als dienzephale Fortsetzung des retikulären Aktivierungssystems kann der ***Nucleus reticularis*** des Thalamus betrachtet werden. Dieser weist Verbindungen zu fast allen Regionen des Thalamus auf und kann somit sowohl über einzelne lokale Kerne des Thalamus wie auch über das Gesamtsystem auf den Aktivierungszustand des Thalamus und damit des Kortex Einfluss nehmen.

▪▪▪ **Funktion des Nucleus reticularis.** Die Eigenheit dieses Nucleus, nämlich lokale Aktivierungen bzw. Hemmungen einzelner thalamischer Kerne zu erzielen, wird mit der **selektiven Aufmerksamkeitsfunktion** in Zusammenhang gebracht. Die Kerne des Nucleus reticularis wiederum werden von Regionen des präfrontalen Kortex, welche Gedächtnis, Vergleiche und Entscheidungen aufgrund von Bewertungen der vitalen Bedeutung der Reize durchführen, und dem anterioren Gyrus cinguli gesteuert (Top-down-Aufmerksamkeit). Damit ist die **Verbindung zu den höheren kognitiven Funktionen** (Bewertung und Entscheidung) sichergestellt.

Weckreaktion des Kortex. Elektrische Reizung (über implantierte Elektroden) von Teilen der mesenzephalen Retikulärformation, des basalen Vorderhirns und der unspezifischen thalamokortikalen Verbindungen führt zu ***Desynchronisation des langsamen EEGs***, wobei die rhythmusgebenden Neurone des Thalamus erregt werden und ihre Entladungsrate erhöhen. Gleichzeitig aber bewirkt ein tonischer »Weckreiz« in der Retikulärformation und dem retikulären Thalamus, dass über die unspezifischen thalamokortikalen Afferenzen die apikalen Dendriten der kortikalen Pyramidenzellen (Schicht I und II) anhaltend depolarisiert werden.

▪▪▪ **Depolarisationsniveau.** Diese, den eigentlichen Stimulationszeitpunkt überdauernden **Anstiege des kortikalen Depolarisationsniveaus**, können als Folge der neurochemischen Wirkung sowohl cholinerger wie auch aspartaterger Synapsen an den apikalen Dendriten verstanden werden. Im kortikalen EEG werden dann anhaltende Negativierungen (langsame Hirnpotentiale) registriert, die das Depolarisationsniveau und damit die Schwellensenkung der kortikalen Zellensembles widerspiegeln.

Regulation von Erregungsschwellen

Ein kortikothalamisches System und die Basalganglien bilden ein weit verteiltes Netzwerk zur Steuerung von Aufmerksamkeit; es ist Teil des limitierten Kapazitätskontrollsystems

Da ein Großteil der kortikalen Zellen erregend ist, würde das kortikale Gewebe nach Aktivierung in Übererregung verfallen, ein »Einfall würde leicht in einen Anfall übergehen« (Braitenberg). Deshalb wird bei Ansteigen des ***Erregungsniveaus*** in ***kortikalen Modulen*** über Vermittlung des Striatums in den Basalganglien der ***Thalamus rückwirkend gehemmt***: Aus allen Regionen des Neokortex gelangen erregende glutamaterge Fasern ins Striatum, die dann über Pallidum und Substantia nigra über GA-

II

9.2. Aufmerksamkeitsstörung und Hyperaktivität bei Kindern

Mit zunehmender Urbanisierung unserer Umgebung und der mangelnden Möglichkeit, sich frei und ungehindert zu bewegen, werden vor allem männliche Kinder mit Aufmerksamkeits- und Hyperaktivitätsstörungen ein Problem für Eltern und Lehrer.

Die Störung hat einen starken genetischen Anteil und tritt bereits früh, meist im Kindergarten und den ersten Schuljahren auf.

Symptome und Folgen.

- Trotz intakter allgemeiner Intelligenz können die Kinder sich nicht auf Aufgaben und Spiele und andere soziale Aktivitäten konzentrieren und wechseln ständig ihre Tätigkeit.
- Sie sind dabei häufig hyperaktiv, stören ihre Mitschüler und werden mit zunehmendem Alter aggressiv.
- Das Risiko, nach der Pubertät durch Drogenkonsum oder kriminell auffällig zu werden, ist bei diesen Kindern deutlich erhöht.

Mögliche Ursachen. Auf genetischer Ebene wurde häufig eine Mutation des Dopamintransportergens verantwortlich gemacht. In der Folge kommt es zu einem reduzierten oder unmodulierten Einstrom dopaminerger Aktivität in den präfrontalen Kortex und den anterioren Gyrus cingulus. Diese beiden Regionen sind bei hyperaktiven Kindern deutlich schlechter durchblutet und die frontal abgeleiteten ereigniskorrelierten Potentiale, vor allem die mit Aufmerksamkeitszuwendung und Arbeitsgedächtnis verbundenen Komponenten, sind in ihrer Amplitude reduziert.

Therapie.

- Zur pharmakologischen Therapie wird heute vor allem ein Amphetamin-Agonist, Methylphenidat (Ritalin), eingesetzt, welcher die dopaminerge Aktivität erhöht, aber auch cholinerge Systeme aktiviert. Worauf die therapeutische Wirkung von Ritalin rückführbar ist, bleibt unbekannt.
- Da die pharmakologische Therapie keine dauerhafte Wirkung hat, empfiehlt sich neben Umgebungswechsel eine Verhaltenstherapie der Aufmerksamkeitsstörung mit Biofeedback der elektrischen Hirnaktivität (▶ s. S. 228) und vor allem Beseitigung des aggressiven Verhaltens.

BAerge Verbindungen den ventrolateralen und retikulären Thalamus hemmen; von dort wird die Erregungsweitergabe an den Kortex reduziert. Damit wird das Erregungsniveau kortikaler Module innerhalb eines mittleren Niveaus gehalten. Es besteht für die meisten kognitiven Leistungen daher eine ***umgekehrte U-Funktion zwischen Aktivierung und Leistung.*** Optimale Leistung wird bei mittlerer Aktivierung erzielt.

Präfrontaler Kortex. Thalamus und Striatum verfügen selbst nicht über die Information, was für den Organismus wichtig, d. h. verstärkend oder bestrafend ist. Diese Information erhalten sie primär über den ***orbitalen präfrontalen Kortex***, der selbst wieder von allen posterioren kortikalen Arealen über die gespeicherten und aktuellen Umweltsituationen und aus dem limbischen System (▶ s. Kap. 11.2) über den Verstärkerwert (»Unlust-Lust«) des signalisierten Ereignisses informiert wird.

Wie wir noch in Kapitel 11.3 sehen werden, wird dieses orbitopräfrontale System vom dopaminergen System des ventralen Tegmentums (VTA, ventral tegmental area) und des Nucleus accumbens (▶ s. ◻ Abb. 11.8) versorgt. Bei einem positiven Ereignis oder dessen Ankündigung erfolgt eine durch dopaminerge oder/und adrenerge oder/und serotonerge Zellen ausgelöste Orientierung (▶ s. ◻ Abb. 9.13). Fasern aus dem präfrontalen Kortex modulieren somit die ***striatalen*** und ***thalamischen Selektionsmechanismen.***

Klinische Folgen mangelnder Selektivität. Übererregung des Striatums durch gestörte Glutamat-Transmission wird mit den Aufmerksamkeitsstörungen in der ***Schizophrenie*** und dem ***Hyperaktivitätssyndrom bei Kindern*** in Zusammenhang gebracht (▶ s. unten). Die mangelnde Selektivität der Aufmerksamkeit bei schizophrenen Erkrankungen ist auch auf eine Überaktivität des dopaminergen Systems zurückzuführen, was auf subjektiver Ebene dazu führt, dass alle, auch völlig unbedeutsame Reize, als extrem wichtig erscheinen (▶ s. S. 216).

Neurochemie des Bewusstseins

! Monoaminerge, glutamaterge und cholinerge Systeme des Hirnstamms modulieren die Tätigkeit vieler Hirnregionen und des Rückenmarks

◻ Abbildung 9.13 gibt drei wichtige ***monaminerge Systeme*** des Hirnstamms wieder, die in den Neokortex und zu anderen subkortikalen Regionen und ins Rückenmark projizieren. Alle drei, das mesolimbische ***dopaminerge***, das aus dem Nucleus coeruleus stammende ***noradrenerge*** und das im Nucleus raphé entspringende ***serotonerge*** System scheinen an der Steuerung und Modulation einer Vielzahl von unterschiedlichen Verhaltensweisen beteiligt zu sein (▶ s. Kap. 11.2).

- ***Noradrenerge Neurone*** des Nucleus coeruleus feuern bevorzugt im Wachzustand, nach Reizung der aufsteigenden noradrenergen Fasern erhöht sich im Wachzustand das »Signal-Rausch-Verhältnis« kortikaler Zellen: Aktive Zellen erhöhen ihre Feuerrate oder behalten sie bei, benachbarte Zellen werden gehemmt. Dies erleichtert eine »Hervorhebung wichtiger Information«.

- Die Wirkung ***serotonerger Afferenzen*** auf den Kortex ist unklar (▶ s. Kap. 11.2). Sie sind vor allem bei Aktivierung vegetativer, homöostatischer (Hunger) und emotionaler (v. a. Aggression) Reaktionen beteiligt.

Cholinerge Kerngruppen befinden sich in mehreren Regionen des Hirnstamms, wie im Rahmen der Schlafsteuerung besprochen (▶ s. 9.2). Auch ***opioide, glutamaterge und histaminerge*** Zell- und Fasersysteme greifen in die subkortikale Erregungssteuerung, vor allem bei schmerz- und stresshafter Reizung ein.

Der aktivierende Effekt ***cholinerger Fasern***, vor allem aus Hirnstamm und dem Nucleus basalis des basalen Vorderhirns ist dagegen gesichert.

Dopaminerge Afferenzen sind mit positiven motivationalen Effekten verbunden: Verlust oder Störung des mesolimbischen Dopaminsystems führt zu ***Anhedonie*** (Lustverlust und Antriebslosigkeit) (▶ s. Kap. 11.3) und Aufmerksamkeitsstörungen (▶ s. 9.4).

Auf die Rolle der in ◻ Abb. 9.13 dargestellten monoaminergen Systeme für Motivation, Emotion und Denken gehen wir in den Kapiteln 11.3 und 12.2 ein.

In Kürze

8 Aktivierungssysteme

Ein anatomisch und neurochemisch heterogenes System des medialen Hirnstamms ist für die Steuerung tonischer (länger anhaltender) Wachheit verantwortlich. Dieses System ist die Retikulärformation des Mittelhirns.

Die dienzephalen Ausläufer der Retikulärformation, vor allem der Nucleus reticularis thalami und Teile der Basalganglien sind mit selektiven Aufmerksamkeitsprozessen befasst.

Präfrontaler und parietaler Kortex und Gyrus cinguli sind die obersten Entscheidungsinstanzen für die Auswahl biologisch bedeutsamer und für die Hemmung irrelevanter Information (Top-down-Aufmerksamkeit).

Literatur

Birbaumer N, Schmidt RF (2002) Biologische Psychologie, 5. Aufl. Springer, Berlin Heidelberg New York

Cabera R, Kingstone A (eds) (2001) Handbook of Functional Neuroimaging of Cognition. MIT Press, Cambridge, Mass

Corbetta M, Miezin FM, Dobmeyer S, Shulman GL, Petersen SE (1991) Selective attention modulates extrastriate visual regions in humans during visual feature discrimination and recognition. Exploring brain functional anatomy with positron tomography. Ciba Foundation Symposium. Wiley, New York

Dehäene S (Ed) (2001) The Cognitive Neuroscience of Consciousness. MIT Press, Cambridge, Mass

Kandel ER, Schwartz JH & Jessel T (eds) (2000) Principles of Neural Science, 4 th edn. McGraw Hill, New York

Montplaisier J, Godbout R (eds) (1990) Sleep and biological rhythms. Oxford University Press, Oxford

Reppert S, Weaver D (2002) Coordination of circadian timing in mammals. Nature 418: 935–941

Rosenzweig M, Breedlove SM, Leiman A (2002) Biological Psychology. Sinauer, Sunderland

Steriade M, McCarley RW (1990) Brainstem control of wakefulness and sleep. Plenum, New York

Takeri S, Zeitzer J, Mignot E (2002) The role of hypocretins (orexins) in sleep regulation and narcolepsy. Ann Rev Neurosc 25: 283–31

Willi JT, Clemelli RM, Sinton C, Yanagisawa M (2001) To eat or to sleep? Orexin in the regulation of feeding and wakefulness. Annual Rev Neurosci 24: 429–58

Kapitel 10
Lernen und Gedächtnis

N. Birbaumer, R. F. Schmidt

Einleitung

»Wer Wissen hat, verläuft sich nirgends«, sagt ein jiddisches Sprichwort. Es drückt aus, dass wir ohne die Verfügbarkeit und Abrufbarkeit von erlerntem Verhalten und Wissen völlig hilflos wären. Menschen mit schweren Gedächtnisstörungen, z. B. Patienten, die an der Alzheimer Erkrankung leiden, verlieren im Spätstadium jede persönliche, zeitliche und örtliche Orientierung.

B. war über 30 Jahre ein erfolgreicher Werbegraphiker einer großen Tageszeitung und aufmerksamer Familienvater. Im 48. Lebensjahr entwickelte er eine Herpes-simplex-Infektion des Gehirns. Nach Abklingen der Akutsymptomatik mit Fieber, epileptischen Anfällen und drei Tagen Koma war er innerhalb weniger Tage körperlich gesund. Seine Intelligenz war aber deutlich reduziert. Sprache, Wahrnehmung und Motorik waren unverändert, er zeigte aber ein schweres amnestisches Syndrom (Amnesie, griech. Vergesslichkeit): wurde er nach Lesen eines Absatzes gefragt, was er gelesen hatte, konnte er weder den Inhalt noch ein einziges Wort wiedergeben. Das jeweilige Datum konnte er nur erraten. Seinen Geburtsort erinnerte er, nicht aber das Geburtsdatum. Sowohl Ereignisse und Fakten wie auch alle Eindrücke und Inhalte nach seiner Enzephalitis waren verloren. In Testverfahren, welche sogenanntes implizites Lernen von Fertigkeiten prüften, wie das Nachfolgen eines Punktes auf einer rotierenden Scheibe (Pursuit Rotor), war er völlig normal.

Untersuchungen der anatomischen Veränderungen in seinem Gehirn ergaben, dass er sehr viel ausgedehntere Defekte aufwies als der berühmte amnestische Patient H. M., welcher bei einem operativen Eingriff beide Hippokampi und angrenzende Regionen einbüßte: B. wies auch Zerstörung beider medialen Temporallappen und darunter liegenden Gewebes (Hippokampus) auf, aber er hatte auch Läsionen in der Insula und im hinteren Orbitofrontalkortex.

10.1 Formen von Lernen und Gedächtnis

Nicht-assoziatives Lernen

Habituation (Gewöhnung) und Sensitivierung sind die einfachsten Formen von (nicht-assoziativem) Lernen

Habituation. Bei Tier und Mensch führt ein neuer Reiz, z. B. ein lautes und unerwartetes Geräusch, zu einer Reihe von somatischen und vegetativen Reaktionen, wie Hinblicken zur Reizquelle, Erhöhung des Muskeltonus, Änderungen der Herzfrequenz und Desynchronisation des EEG. Diese Reaktionen werden als ***Orientierungsreaktion*** zusammengefasst. Hat der Reiz keine Bedeutung für den Organismus, z. B. bei wiederholter Darbietung ohne weitere Konsequenzen, so verschwindet die Orientierungsreaktion. Wer beispielsweise in einer lauten Großstadtstraße lebt, »gewöhnt« sich alsbald an den ständigen nächtlichen Verkehrslärm und wird durch ihn nicht mehr aufgeweckt. Diese Form der Anpassung an einen wiederholten, für den Organismus aber als unwichtig erkannten Reiz, wird ***Habituation*** genannt.

Bei der Habituation handelt es sich nicht nur um die einfachste, sondern wahrscheinlich auch um die bei Tier und Mensch ***verbreitetste Form des Lernens***. Durch Habituation lernen wir, Reize zu ignorieren, die keinen Neuigkeitswert oder keine Bedeutung mehr haben, sodass wir unsere Aufmerksamkeit wichtigeren Ereignissen zuwenden können. Die Habituation ist jeweils reizspezifisch (ein ungewohnter Lärm oder auch eine ungewohnte Stille wecken auf), sie ist also keine Ermüdung, sondern ein eigenständiger Anpassungsprozess des Nervensystems. Die Habituation darf auch nicht mit der ***Adaptation*** verwechselt werden, bei der es sich um eine Erhöhung der Reizschwelle eines Sinnesorgans bei kontinuierlicher Reizung handelt.

Sensitivierung. Auch der umgekehrte Lernvorgang, also eine ***Zunahme einer physiologischen Reaktion oder eines Verhaltens*** auf Reize nach Darbietung eines besonders intensiven oder noxischen Reizes, ist bei Tier und Mensch nachweisbar und wird als ***Sensitivierung*** bezeichnet. Tritt z. B. bei der oben erwähnten Verkehrslärmsituation ein ungewohntes Geräusch auf (Reifenquietschen bei Notbremsung mit anschließendem Krach beim Zusammenstoß zweier Fahrzeuge), so werden wir für einige Zeit auch den normalen Straßengeräuschen eine erhöhte Aufmerksamkeit widmen. Auch die Sensitivierung ist ein reiz- und situationsspezifischer, einfacher, aber eigenständiger Lernprozess des Nervensystems, der in seinen Eigenschaften in vieler Hinsicht der Habituation spiegelbildlich ist.

Deklaratives und Prozedurales Gedächtnis

Zwei Langzeit-Gedächtnissysteme werden unterschieden: Das prozedurale (Verhaltens-) Gedächtnis und das deklarative (Wissens-) Gedächtnis

Sieht man von den einfachen Prozessen der Habituation und Sensitivierung ab, so wird in der Gedächnisforschung das Lernen und das Behalten von Wissen mit zwei unterschiedlichen Ansätzen studiert, nämlich einmal als ***Konditionierung*** (klassisch und instrumentell) und zum anderen als kognitiver Prozess. Ersteres führt zu einem ***Verhaltensgedächtnis***, Letzteres zu einem ***Wissensgedächtnis*** (Episoden oder Fakten).

In Abb. 10.1 sind zwei Langzeit-Gedächtnissysteme unterschieden:

- Das ***Verhaltensgedächtnis*** wird auch ***prozedurales***, ***implizites*** oder ***nichtdeklaratives Gedächtnis*** genannt. Dieses Gedächtnis ist für mehrere Lernmechanismen zuständig, z. B. nicht-assoziatives Lernen (Habituation und

s. S. 193

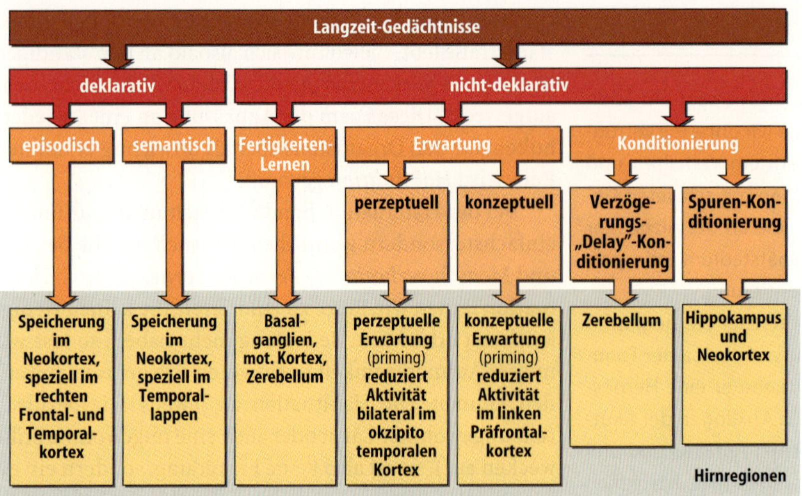

Abb. 10.1. Gedächtnisarten. Hirnregionen, die für die verschiedenen Formen von Lernen und Gedächtnis verantwortlich sind

Sensibilisierung), klassische Konditionierung (Pawlowianisches Lernen), Priming (Effekte von Erwartungen) und das Erlernen von Fertigkeiten und Gewohnheiten (Skill- oder Habit-Lernen). Im Falle des prozeduralen (impliziten) Lernens kann die Erfahrung das Verhalten ohne Mitwirkung des Bewusstseins und ohne Zugriff auf einen bestimmten Gedächtnisinhalt verändern.

- Das ***Wissensgedächtnis***, auch ***deklaratives*** oder ***explizites Gedächtnis***, ermöglicht uns die *bewusste* Wiedergabe von Fakten und Ereignissen (zum Verlust dieses Gedächtnisses, ▶ s. unten).

Im menschlichen Gehirn sind offensichtlich beide Gedächtnisarten in verschiedenen Hirnregionen realisiert, welche darunter angegeben sind.

Assoziatives und nichtassoziatives Lernen. Die bereits erwähnten und unten näher charakterisierten Konditionierungsvorgänge werden häufig als ***assoziatives Lernen*** bezeichnet, da der zentrale Prozess in der Herstellung einer Assoziation zwischen Reizen (S) und Reaktionen (R) besteht und damit vom (kognitiven) Wissenserwerb abgegrenzt wird. Diese Unterscheidung ist insoweit irreführend, als auch beim ***kognitiven Wissenserwerb*** Assoziationen eine große Rolle spielen. Dagegen sind Habituation und Sensitivierung eindeutig »nichtassoziativ«, da sie lediglich eine Funktion der Reizstärke und der zeitlichen Darbietungsfolge, nicht der ***engen zeitlichen Paarung*** (= Assoziation) von Reizen sind.

Lernen durch Konditionierung

! Bei der klassischen Konditionierung wird ein neutraler Reiz mit einem vital bedeutsamen Reiz assoziiert; bei der operanten Konditionierung wird ein zu lernendes Verhalten verstärkt bzw. gehemmt

Klassische Konditionierung. Schmerzhafte Reizung des Fußes führt zu einem Anziehen des Beines durch Beugung in allen Gelenken. Dieser Flexor-Reflex ist angeboren und tritt bei allen Tieren unabhängig von ihrer Vorgeschichte auf. Solche ***unbedingten Reflexe*** beruhen auf starren neuronalen Verschaltungen zwischen den Sinnesrezeptoren (Sensoren) und dem Erfolgsorgan. Im Gegensatz dazu wird bei den ***erworbenen*** oder ***bedingten Reflexen*** die funktionelle Verbindung zwischen erregten Sensoren und Aktivitäsabläufen in Erfolgsorganen erst durch Lernvorgänge erworben.

Der Erwerb bedingter Reflexe kann bei vielen Tierarten im Labor kontrolliert werden: Das erste dieser Verfahren ist die von ***Pawlow*** entwickelte ***klassische Konditionierung:*** Es wird zuerst ein unbedingter Reflex (UR) ausgelöst, z. B. bei einem Hund der Speichelfluss nach Anbieten von Nahrung (»unbedingter« Reiz bzw. Stimulus, US). Kurz vor dem Reiz für den unbedingten Reflex wird dann jeweils ein ursprünglich neutraler, weiterer Reiz gesetzt – es ertönt z. B. kurz vor dem Anbieten von Nahrung eine Glocke (CS). Wird diese Assoziation von unbedingtem (US) und bedingtem Reiz (CS) wiederholt, so löst bald auch der CS alleine den Reflexerfolg aus – der Hund wird auch ohne Anbieten von Nahrung nach Läuten der Glocke mit Speichelfluss reagieren. Beim klassischen Konditionieren wird also ein ursprünglich neutraler Reiz zum Auslöser eines bedingten Reflexes (CR). Dies geschieht durch die Assoziation des Testreizes mit einem biologisch bedeutsamen Reiz (US), der einen unbedingten Reflex (UR) auslöst. In Kurzform geschrieben: aus der Sequenz ***CS*** → ***US*** → ***UR*** wird durch Wiederholung die Folge ***CS*** → ***CR***.

Prägung ist eine spezielle Form von assoziativem Lernen. Sie beruht auf einer angeborenen Sensibilität für bestimmte Reiz-Reaktions-Verkettungen in einem bestimmten Abschnitt der Entwicklung eines Lebewesens. Populärstes Beispiel sind ***Konrad Lorenz'*** junge Graugänse, die innerhalb eines eng umschriebenen Zeitabschnittes ihrer Entwicklung lernten, auch dem Menschen zu folgen, wenn der natürliche konditionierende Reiz, nämlich die Gänsemutter, nicht vorhanden war.

10.1. Alzheimer Demenz

Symptome. Der Tübinger Arzt Alois Alzheimer stellte 1906 eine Patientin vor, die vor Erreichen des 50. Lebensjahres massive Vergesslichkeit und danach innerhalb weniger Jahre einen Zerfall aller kognitiven Leistungen erlitt. Dieser Verlust, vor allem des deklarativen Gedächtnis für Episoden und Fakten, tritt bei 10% aller Personen über 65 auf, ab dem 85. Lebensjahr leidet jeder vierte Mensch an Morbus Alzheimer.

Pathologie. Histopathologisch kommt es am Beginn der Erkrankung im Medialen Temporallappen-Hippokampussystem, verantwortlich für deklaratives Gedächtnis, zu extrazellulärer Ablagerung von Amyloid-β-Protein (Aβ)-Plaques und intrazellulär von Neurofibrillen. Beide Proteine stören, wenn exzessiv vorhanden, den Zellstoffwechsel und führen zu Zelltod. Vom Medialen Temporallappensystem breitet sich die Pathologie in den N. basalis (▶ s. Kap. 9.5) und den Frontal- und Parietallappen aus. Die Zerstörung des N. basalis führt zu Verlust des Azetylcholins an cholinergen Synapsen.

Die pathologische Produktion von toxischem Aβ wird durch mehrere genetische Abweichungen verursacht, welche die Codierung und Expression des Amyloid-Prekursor-Proteins beeinflussen (unter anderem auf Chromosom 19 das Allel von Apolipoprotein E4 (Apo-E4), welches bei Patienten mit Alzheimer ungleich häufiger vorhanden ist).

Therapie.

- Die Therapie mit Azetylcholinesterase-Hemmern (Taktrin) verlangsamt das Fortschreiten der Erkrankung, allerdings ist der Effekt schwach und wird mit erheblichen Nebenwirkungen erkauft.
- Aussichtsreicher erscheint die an transgenen Mäusen, die Aβ-Plaques altersabhängig entwickeln, im frühen Lebensalter vorgenommene Impfung und Immunisierung mit Aβ zu sein. Lernen durch Konditionierung

Operante Konditionierung. Bei der klassischen Konditionierung wird der bedingte Reflex passiv gelernt. Aktiv erwirbt das Tier neues Verhalten durch die ***instrumentelle*** oder ***operante Konditionierung***. Beim operanten Konditionieren folgt unmittelbar auf eine zu lernende *Reaktion* ein belohnender oder bestrafender Reiz (▣ Abb. 10.2). Dies führt zu positiver oder negativer ***Verstärkung*** des Verhaltens. Das Verhalten selbst wirkt also »***operativ***« auf einen fördernden oder hemmenden Reiz, daher die Bezeichnung operantes oder instrumentelles Lernen.

Viele menschliche und tierische Verhaltensweisen werden nach den Prinzipien des operanten Konditionierens erworben, aufrecht erhalten und gehemmt. Klassische Konditionierung spielt weniger eine Rolle beim Erwerb motorischer Reaktionen, sondern mehr bei der Ausbildung ***vegetativer (autonomer)*** bedingter Reaktionen.

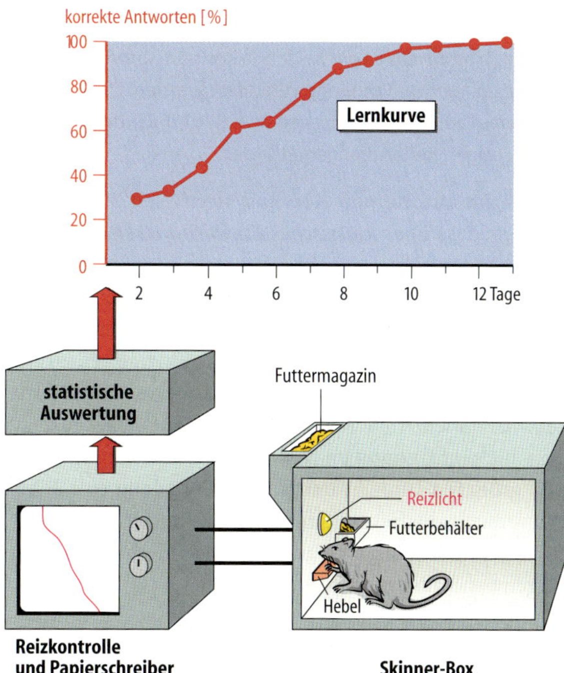

▣ **Abb. 10.2. Operante Konditionierung in der »Skinner-Box«.** Das Versuchstier kann auf einen durch die Reizkontrolle angebotenen Reiz, hier Licht, den Hebel drücken und wird dann automatisch mit Futter belohnt. Die Reaktionen werden durch den Schreiber als Lernkurve kumulativ aufgezeichnet. *Abszisse:* Versuchstage ab Lernbeginn. *Ordinate:* Prozentsatz der korrekten Antworten auf den Testreiz

▪▪▪ **Kontingenzprinzip.** Instrumentelles und klassisches Konditionieren weisen Ähnlichkeiten auf, wie z. B. die Zeitintervalle zwischen den kritischen Ereignissen (optimal 500 ms). Entscheidend für beide ist das Prinzip der zeitlichen Nachbarschaft zwischen CS und US im klassischen Konditionieren und zwischen Reaktion und Konsequenz im operanten Lernen **(Kontiguitätsprinzip)**.

Beim operanten (instrumentellen) Lernen kommt aber noch das Element »örtliche« Nachbarschaft hinzu: eine Reaktion *bewirkt*, verursacht eine Konsequenz. Dieses Prinzip wird **Kontingenzprinzip** genannt. Die Verbindung aus einem auslösenden Reiz (S), einer Reaktion (R) und der davon ausgelösten Konsequenz (K), die **S-R-K-Verbindung** (Kontingenz) stellt eine Einheit dar und das Verstärkungssystem (▶ s. Kap. 11.1) hält diese drei Elemente wie »Klebstoff« zusammen. Wichtig ist dabei, dass am Beginn eines instrumentellen Lernprozesses der positive oder negative Reiz (Verstärker) möglichst **kontinuierlich**, später aber **intermittierend** und häufig wechselnd dargeboten wird.

II

Lernen durch Biofeedback

Durch assoziative Lernvorgänge können autonome und zentralnervöse Vorgänge verändert werden. Operantes Lernen von physiologischen Reaktionen wurde zu einer wichtigen Behandlungsmethode

Lernen im autonomen Nervensystem. Seit ***Pawlow*** ist bekannt, dass über ***klassisches Konditionieren*** auch Verhaltensänderungen an den Effektoren des autonomen Nervensystems (Herz, glatte Muskulatur, Drüsen) auslösbar sind. Für lange Zeit wurde geglaubt, dass diese sehr eingeschränkte Form des Lernens die einzige sei, zu der das autonome Nervensystem fähig ist. Die Anwendung des ***instrumentellen Konditionierens*** hat aber gezeigt, dass auch im autonomen Nervensystem Lernen in einem weit größeren Umfang möglich ist. So gelang es z. B. im Tierversuch, die Herzfrequenz, den Tonus der Darmmuskulatur, die Urinausscheidung und die Durchblutung der Magenwand dauerhaft zu verändern.

Operantes Konditionieren mit Biofeedback. Unterdessen werden auch am Menschen über die Technik des operanten Konditionierens autonome und zentralnervöse Vorgänge verändert. Wird beispielsweise einer Versuchsperson ihre Herzfrequenz sicht- oder hörbar gemacht und ihr aufgetragen, diese zu vermindern, so genügen im Allgemeinen eher zufällige Verminderungen der Herzfrequenz in der gewünschten Richtung als Belohnung und als Antrieb, noch größere Änderungen zu erreichen. Solche ***Biofeedbackanordnungen*** ermöglichen auf nichtmedikamentösem Wege krankhafte Prozesse im Organismus zu bessern. Beispiele, bei denen über Erfolge berichtet wird, sind Herzrhythmusstörungen, Schmerzen durch Muskelverspannungen, bestimmte Epilepsien, Migräne, Einschlafstörungen (über Kontrolle der EEG-Frequenz) und Erkrankungen und Lähmungen von Muskeln ***(neuromuskuläre Reedukation)***.

Sensorisches Gedächtnis

Die sehr kurze, nicht-bewusste Speicherung aller ankommenden Information erfolgt durch das sensorische Gedächtnis

Sensorische Reize werden für die Dauer von wenigen hundert Millisekunden zunächst automatisch in einem sensorischen Gedächtnis gespeichert, um dort für den oder die Kurzzeitspeicher kodiert zu werden und um die wichtigsten Merkmale zu extrahieren. Das Vergessen beginnt sofort nach der Aufnahme. Zusätzlich kann die gespeicherte Information auch aktiv ausgelöscht, bzw. durch kurz danach aufgenommene Information überschrieben werden (Abb. 10.3).

▪▪▪ Die experimentellen Befunde, die zur Annahme eines sensorischen (im akustischen Bereich **echoischen**, im optischen **ikonischen**) Gedächtnisses geführt haben, stammen überwiegend aus dem visuellen Bereich. Wenn eine große Zahl von Reizen (z. B. 12 Buchstaben) extrem kurz dargeboten werden (z. B. für 50 ms), so können

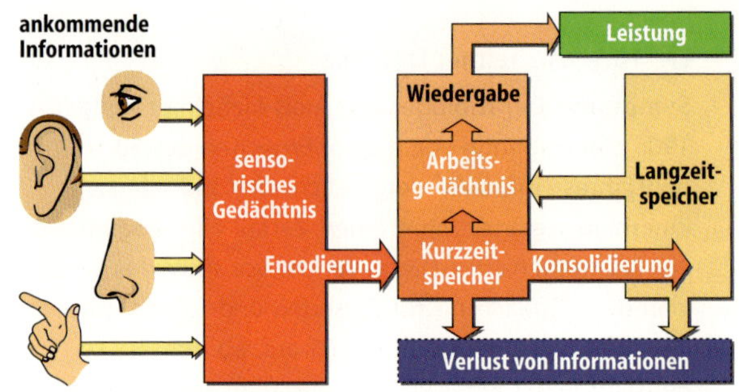

Abb. 10.3. Informationsfluss ins Kurz- und Langzeitgedächtnis. Das Diagramm zeigt den Informationsfluss vom sensorischen über das primäre in das sekundäre Gedächtnis. Gedächtnismaterial wird in das primäre Gedächtnis überführt, wo es entweder wiederholt (geübt) oder vergessen wird. Ein Teil des geübten Materials gelangt in das sekundäre Gedächtnis. Üben ist aber weder eine unabdingbare Voraussetzung dazu, noch garantiert es die Überführung

0,5–1 s danach oft bis zu 80 % wiedergegeben werden, ähnlich wie optische Nachbilder. Nach wenigen Sekunden sinkt die Wiedergabe auf bis zu 20 % ab. Tests mit aufeinander folgenden Reizen ergaben, dass neben passivem »Verblassen« der Information auch ein aktives »Überschreiben« durch neue Information möglich ist. Aus solchen und anderen Tatsachen schließt man auf die Existenz eines sensorischen Speichers in den primären Sinnessystemen (einschließlich der primären kortikalen Projektionsareale) mit großer Speicherkapazität, der die sensorischen Reize für Sekunden stabil hält, um die Kodierung und Merkmalsextraktion sowie die Anregung von Aufmerksamkeitssystemen zu ermöglichen.

Die Übertragung der Information aus dem kurzlebigen sensorischen in ein dauerhafteres Gedächtnis kann auf zwei Wegen erfolgen: der eine ist die verbale Kodierung der sensorischen Daten. Der andere ist ein nichtverbaler Weg, der von kleinen Kindern und Tieren eingeschlagen werden muss und der auch zur Aufnahme verbal nicht oder nur schwer zu fassender Erinnerungen dient; dabei werden vor allem räumliche Beziehungen als Kontextreize gelernt.

Kognitives Lernen

Das Wissensgedächtnis ist für die Speicherung von Episoden und Wissen zuständig; man unterteilt es grob in Kurz- und Langzeitgedächtnis

Kurzzeitgedächtnis. Das Kurzzeitgedächtnis (Kurzzeitspeicher, Abb. 10.3) dient zur vorübergehenden ***Aufnahme verbal codierten Materials.*** Seine Kapazität ist viel kleiner als die des sensorischen Gedächtnisses. Die Information ist in zeitlicher Ordnung gespeichert. Vergessen erfolgt durch Ersetzen der eingespeicherten Information durch neue. Da der Organismus dauernd Informationen verarbeitet, ist die mittlere Verweildauer im primären Gedächtnis kurz. Sie beträgt einige Sekunden bis maximal Minuten; es können nicht mehr als 7 ± 2 Informationseinheiten (»chunks«, »Ketten« z. B. Satzteile oder Nummerngruppen) gleichzeitig dort behalten werden.

Die Übertragung aus dem Kurzzeitgedächtnis in das dauerhaftere Langzeitgedächtnis (▶ s.u.) wird durch ***Üben*** erleichtert, und zwar durch aufmerksames Wiederholen und damit korrespondierendes Zirkulieren der Information im primären Gedächtnis. Die im Langzeitgedächtnis geformte Gedächtnisspur, das ***Engramm***, verstärkt sich mit jeder Benutzung. Diese Verfestigung des Engramms, die zu einem immer weniger störbaren Gedächtnisinhalt führt, wird ***Konsolidierung*** genannt.

Arbeitsgedächtnis. Wird der Gedächtnisinhalt über Sekunden bis Minuten ohne Wiederholung »am Leben« erhalten und muss eine längere Verzögerungen zwischen Aufnahme und Wiedergabe verstreichen, so spricht man von ***Arbeitsgedächtnis (Working-Memory)***. Dieses ist ein Teil des Kurzzeitgedächtnisses (◘ Abb. 10.3), aber das Gedächtnismaterial ist nicht mehr zugänglich, und es kann bis zur Wiedergabe nicht mehr geübt werden.

▪▪▪ Als experimentelles Beispiel dient das Verstecken eines Gegenstandes hinter einer Blende für Sekunden bis Minuten, ohne dass man den Gegenstand ergreifen oder auch nur in die Richtung fassen kann. Die Tatsache, dass wir meist sofort nach der Zeitverzögerung nach Entfernen der Blende – auch bei mehreren alternativen Versteckmöglichkeiten – den richtigen Ort finden, spricht für ein intaktes Arbeitsgedächtnis.

Langzeitgedächtnis. Das Langzeitgedächtnis (Langzeitspeicher, ◘ Abb. 10.3) ist ein dauerhaftes Speichersystem. Bisher gibt es keine gut fundierte Abschätzung seiner Kapazität und der Verweildauer des gespeicherten Materials. Die Information ist nach ihrer »Bedeutung« gespeichert. Zur bewussten (expliziten) ***Wiedergabe*** muss das Gedächtnismaterial aus dem Langzeitspeicher wieder in das begrenzte Kurzzeitgedächtnis gebracht werden. Die beiden Speicher unterscheiden sich auch in der Geschwindigkeit des Zugriffs: sie ist schnell im primären, langsam im sekundären Gedächtnis (das Suchen in einem großen Speicher benötigt mehr Zeit).

Vergessen im sekundären Gedächtnis scheint weitgehend auf Störung (Interferenz) des zu lernenden Materials durch vorher oder anschließend Gelerntes zu beruhen. Im ersteren Fall spricht man von ***proaktiver***, im letzteren von ***retroaktiver Hemmung***.

▪▪▪ Dem **Ausmaß ihrer Flüchtigkeit** entspricht bei diesen drei Gedächtnismechanismen das **Ausmaß der Störbarkeit**. Während Kurzzeitgedächtnis und Konsolidierung (Einprägungsphase) durch interferierende Reize sehr leicht störbar sind, ist das Langzeitgedächtnis auch nach massiven Eingriffen ins zentrale Nervensystem (z.B. elektrokonvulsiver Schock) weiterhin intakt. Da Langzeitgedächtnis durch Mechanismen genetischer Steuerung geformt wird, ist es vor Alterungsprozessen eher als die sehr viel leichter störbaren dynamischen elektrochemischen Vorgänge des Kurzzeitgedächtnis geschützt (▶ s. Abschnitt 10.3).

In Kürze

Implizites und explizites Gedächtnis

Es werden zwei große Gruppen von Lern- und Gedächtnismechanismen unterschieden.

- Das Verhaltensgedächtnis wird auch implizites Lernen und Gedächtnis genannt. Implizit, d.h. auch ohne Beteiligung des Bewusstseins, werden Verhaltensweisen erworben und wiedergegeben.
- Das Wissensgedächtnis bezeichnet man auch als explizites Lernen und Gedächtnis. Zum Erwerb und zur Wiedergabe von Wissen und Ereignissen braucht man meist expliziten, bewussten Zugriff zum Gedächtnismaterial.

Lernen

Der fundamentale Mechanismus, der allem Lernen zugrunde liegt, ist die Assoziation.

- Beim klassischen Konditionieren wird die Assoziation über zeitlich simultan auftretende Reize erworben (Kontiguität).
- Beim instrumentellen Konditionieren erfolgt die Assoziation über Kontiguität und die Verursachung einer Konsequenz nach einer Verhaltensweise (Kontingenz).

10.2 Plastizität des Gehirns und Lernen

Entwicklung und Lernen

Frühe Erfahrungen und Interaktion mit der Umgebung steuern Wachstum und Verbindung von Nervenzellen

Lernen und Reifung. Alle Lernprozesse sind Ausdruck der Plastizität des Nervensystems, aber nicht jeder plastische Prozess bedeutet Lernen. Unter Lernen verstehen wir den ***Erwerb eines neuen Verhaltens***, das bisher im Verhaltensrepertoire des Organismus nicht vorkam. Damit wird Lernen von ***Reifung*** unterschieden, bei der genetisch programmierte Wachstumsprozesse zu Veränderungen des zentralen Nervensystems führen, die als unspezifische Voraussetzung für Lernen fungieren.

Wirkung früher Deprivation. Neben der genetisch gesteuerten Reifung synaptischer Verbindungen ist die ***Ausbildung spezifischer synaptischer Verbindungen*** unter dem Einfluss früher Umweltauseinandersetzung unabdingbare Voraussetzung für Lernvorgänge aller Art. Neuronale Wachstumsvorgänge und Abbau überflüssiger Verbindungen stellen die Grobverbindungen im Nervensystem her; die Entwicklung von geordneten Verhaltensweisen und Wahrnehmungen hängt aber von der ***adäquaten Stimulation*** des jeweiligen neuronalen Systems in einer ***frühen, kritischen Entwicklungsperiode*** ab.

▪▪▪ Dies zeigen Experimente, bei denen zu unterschiedlichen Zeitpunkten vor oder nach der Geburt sensorische Kanäle oder motorische Aktivitäten **selektiv depriviert**, d.h. von jedem äußeren Einfluss isoliert werden. Erfolgt die Deprivation in einer kritischen Periode, so bilden sich die synaptischen Verbindungen für eine bestimmte Funktion nicht aus, und das zugehörige Verhalten kann auch später häufig nicht mehr erlernt werden. Isoliert man z.B. junge Affen vorübergehend von ihrer sozialen Umgebung, so kommt es zu dauerhafter und nicht wieder reparabler Störung des gesamten Sozialverhaltens. Die Tiere können auch einfache instinktive Reaktionen, wie Sexual- und Paarungsverhalten, zu einem späteren Zeitpunkt nicht mehr erlernen. Auch beim Menschen wurden immer wieder anekdotisch Beispiele solcher dauerhafter Störungen nach Isolation (**Kaspar Hauser-Befunde**) berichtet.

Inaktivierung und Absterben unbenützter Neurone. Durch simultanes Feuern wird nicht nur die Stärke der Verbindung der kooperierenden Synapsen erhöht, sondern gleichzeitig die der ***inaktiven*** benachbarten Synapsen geschwächt. Durch die simultan aktiven Synapsen wird aktivitätsabhängig der Nervenwachstumsfaktor *(Nerve Growth Factor, NGF)* von den benachbarten Synapsen »abgezogen«. Bei Nichtvorhandensein des Nervenwachstumsfaktors oder eines ähnlichen, auf den postsynaptischen Zellen aktivierten Wachstumsfaktors sterben die benachbarten nicht-aktiven Zellen ab ***(»pruning«)***. Der ***Abbruch alter***, störender Verbindungen durch Absterben oder Funktionslosigkeit nicht benützter Zellen ist somit für die Entwicklung neuer Verhaltensweisen mindestens genau so wichtig wie der ***Aufbau neuer*** neuronaler Verbindungen (► s.a. ◘ Abb. 10.4).

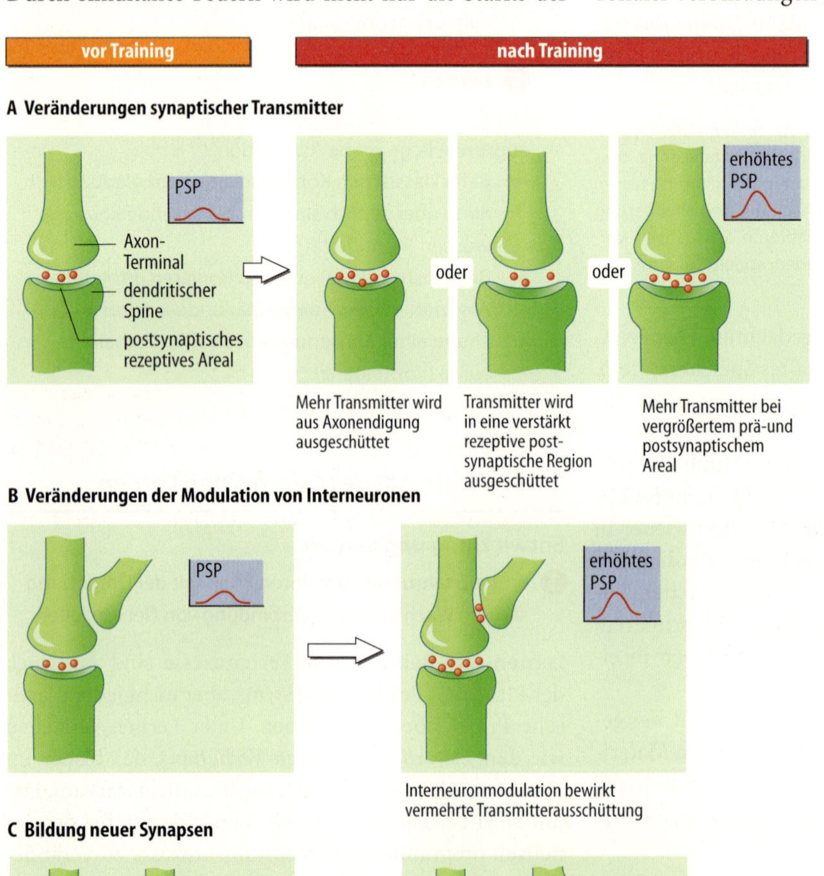

D Rearrangement des synaptischen Einstroms

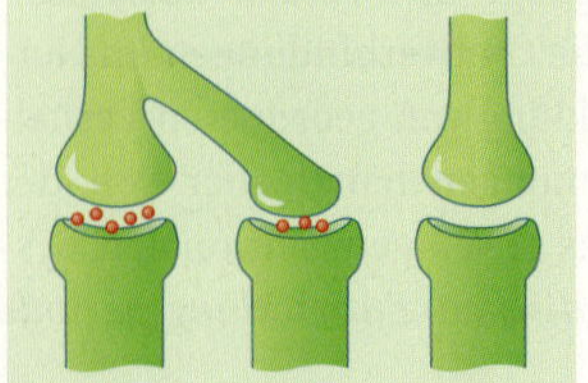

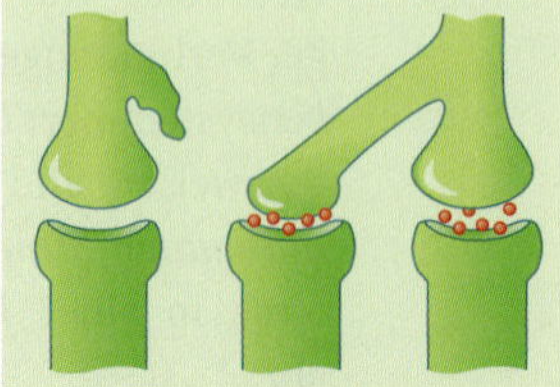

◘ **Abb. 10.4. Synaptische Veränderungen durch Training. A** Vergrößerung der postsynaptischen Membran nach rasch hintereinander erfolgtem Feuern mit erhöhtem postsynaptischen Potential *(PSP)* bei gleicher Transmitterausschüttung. **B** Simultanes Feuern von Interneuron und Neuron. **C** Häufig benutzter Erregungskreis kann Wachstum neuer Synapsen oder postsynaptischer Spines (»Dornen«) bewirken. **D** Ein häufig benutzter neuronaler Erregungskreis »besetzt« einen weniger aktiven Konkurrenten. Mod. nach Rosenzweig et al (2002)

Hebb-Synapsen

Die Hebb-Regel stellt die neurophysiologische Grundlage der Bildung von Assoziationen dar

Hebb-Regel. Aus dem Studium der selektiven Deprivation einzelner Wahrnehmungsfunktionen, v.a. des visuellen Systems, konnte man die wesentlichen der am Lernen beteiligten neuronalen Prozesse isolieren. Beispielsweise führt die Schließung eines Auges unmittelbar nach der Geburt zu einer Atrophie der okularen Dominanzsäulen im visuellen Kortex des deprivierten Auges (▶ s. Kap. 18.7). Dabei zeigt sich ein fundamentales Prinzip neuronaler Plastizität, das auch Lernvorgängen zugrundeliegt und das nach seinem Entdecker, dem kanadischen Psychologen Donald Hebb als ***Hebb-Regel*** bezeichnet wird:

»Wenn ein Axon des Neurons A nahe genug an einem Neuron B liegt, sodass Zelle B wiederholt oder anhaltend von Neuron A erregt wird, so wird die Effizienz von Neuron A für die Erregung von Neuron B durch einen Wachstumsprozess oder eine Stoffwechseländerung in beiden oder einem der beiden Neurone erhöht.«

Arbeitsweise von Hebb-Synapsen. Während die meisten Neurone des Zentralnervensystems bei wiederholter Erregung durch ein anderes Neuron ihre Feuerrate reduzieren oder nicht verändern, haben Hebb-Synapsen eben diese Eigenheit, bei simultaner Erregung ihre Verbindung zu verstärken.

Wie wir in Abschnitt 10.3 noch sehen werden, sind an der Realisierung der Hebb-Regel im Allgemeinen zwei präsynaptische Elemente (Synapse 1 und 2) und eine postsynaptische Zelle beteiligt: Nehmen wir an, Synapse 1 wird durch einen neutralen Ton erregt, der allein nicht ausreicht, die postsynaptische Zelle, an der sowohl Synapse 1 wie Synapse 2 konvergieren, zum Feuern zu bringen. Nun wird Synapse 2, die z. B. aus einer Zelle im Auge erregt wird, kurz nach oder gleichzeitig mit Synapse 1 durch einen Luftstoß auf das Auge erregt, der in der postsynaptischen Zelle z. B. die Aktivierung eines Blinkreflexes auslöst. Dieser Akt des ***Feuerns der postsynaptischen Zelle***, ausgelöst durch Synapse 2, verstärkt nun die Aktivität aller Synapsen, die an dieser postsynaptischen Zelle gerade ***gleichzeitig*** aktiv waren, so auch die Erregbarkeit der »schwachen« Synapse 1. Nach mehreren zeitlichen Paarungen der beiden Reize, Ton und Luftstoß, wird die Synapse 1 zunehmend »stärker« und es genügt dann der Ton allein, um die postsynaptische Zelle zum Feuern zu bringen und damit einen Blinkreflex auszulösen: »Klassisches Konditionieren« (▶ s. S. 227) des Blinkreflexes wurde somit aufgebaut.

▪▪▪ Beispielsweise ist für die Ausbildung der okularen Dominanzsäulen (▶ s. Kap. 18.7) die **simultane Aktivierung** prä- und postsynaptischer Elemente im visuellen Kortex aus beiden Augen notwendig. Zeitlich simultane Aktivierung von präsynaptischen und postsynaptischen Elementen führt also zu einer funktionellen und anatomischen Stärkung der Verbindung zwischen prä- und postsynaptischem Element in Hebb-Synapsen.

▫ Abbildung 10.4 zeigt einige der synpatischen Veränderungen, welche durch zeitlich oder örtlich simultanes Feuern vor und nach Training entstehen und als neuronale Grundlage von Gedächtnisspeicherung fungieren können.

Einfluss der Umgebung

Lernen und Erfahrung sind auf Reize aus der Umgebung angewiesen und führen zu verschiedenen strukturellen Änderungen, vor allem an kortikalen Dendriten

Wirkung anregender und eintöniger Umgebung. Vergleichsuntersuchungen nach Art der ▫ Abb. 10.5, bei denen Tiere in unterschiedlichen Altersstufen einerseits angereicherten, stimulierenden Umgebungen und andererseits verarmten, eintönigen Umgebungen ausgesetzt wurden, zeigten, dass Lernen und Erfahrung zu einer Vielzahl spezifischer und unspezifischer histologischer und mikrobiologischer Änderungen führen.

▪▪▪ Tiere, die in einer stimulierenden Umgebung aufwachsen, haben dickere und schwerere Kortizes, eine erhöhte Anzahl dendritischer Fortsätze und dendritischer Spines (▶ s. Kap. 8.1), erhöhte Transmittersyntheseraten, v.a. des Azetylcholins und Glutamats, Verdickungen der postsynaptischen (subsynaptischen) Membranen, Vergrößerungen von Zellkörpern und Zellkernen sowie Zunahmen der Anzahl und der Aktivität von Gliazellen. Wenn man die Tiere zusätzlich zu ihrem normalen Verhalten noch in spezifischen Lernaufgaben trainiert, so kommt es zu einem vermehrten Auswachsen von Verzweigungen der apikalen und basalen Dendriten der kortikalen und hippokampalen Pyramidenzellen. Dieses Wachstum geht mit einer Vergrößerung der dendritischen Spines einher.

Ort und Art des Lernens. Diese Befunde machen wahrscheinlich, dass die ***apikalen dendritischen Synapsen und Spines*** als ein wesentlicher Ort des Lernens betrachtet werden können.

▫ **Abb. 10.5. Wirkung anregender Umgebung.** Beispiele für stimulierende und weniger stimulierende Umgebung aus den Untersuchungen von Rosenzweig. **A** Standardkolonie mit drei Ratten pro Käfig. **B** Reizarme Umgebung *(IC)* mit einer isolierten Ratte. **C** Stimulierende Umgebung *(EC)* mit 10–12 Ratten pro Käfig und einer Reihe von Spielmöglichkeiten. Nach Rosenzweig (1996) in Birbaumer u. Schmidt (2003)

▪▪▪ Die meisten Verbindungen zwischen präsynaptischem und postsynaptischem Neuron bestehen bereits vor der eigentlichen Lernbedingung, sodass durch Lernen vor allem »stumme« synaptische Verbindungen »geweckt« werden. Die Herstellung neuer Verbindungen scheint dagegen selten zu sein. Die physiologischen und histologischen Änderungen sind **ortsspezifisch**, d. h. sie finden dort statt, wo der Lernprozess vermutet werden kann, nämlich in der Umgebung der aktiven sensomotorischen Verbindungen (z. B. lässt sich das Erlernen visuellen Kontrastes oder von Bewegungssehen in den entsprechenden Veränderungen im visuellen Kortex ablesen).

Kortikale Karten

Durch Lernprozesse kommt es zur Ausbreitung oder Reduktion kortikaler Repräsentationen und Karten

Auf anatomischer Ebene zeigen sich aktivitätsabhängige Änderungen auch an den ***Modifikationen kortikaler Karten*** (▶ s. Kap. 12.3) im Gehirn. Wenn z. B. ein Tier eine bestimmte Bewegung über einen längeren Zeitraum übt, so lässt sich eine Ausbreitung des »geübten« somatotopischen Areals (rezeptives Feld) auf benachbarte Areale nachweisen (▶ s. Abb. 10.6). Es lassen sich dann Zellantworten, z. B. von der postzentralen Handregion, über früher nicht aktiven Hirnarealen, ableiten. Diese topographischen Karten sind von Individuum zu Individuum verschieden, je nach der bevorzugten Aktivität des Sinnessystems oder des jeweiligen motorischen Outputs. Die ***erworbene Individualität*** eines Organismus (in Abgrenzung von der genetischen) könnte somit in unterschiedlichen topographischen (ortssensitiven) und zeitsensitiven Hirnkarten repräsentiert sein.

Phantomschmerz. Abbildung 10.6 zeigt ein Beispiel der Verschiebung somatotopischer Repräsentation am postzentralen Kortex des erwachsenen Menschen. Nach Amputation eines Glieds, Armes oder der Brust (bei Frauen) und auch bei Querschnittslähmungen kommt es häufig zu ***Phantomempfindungen und -schmerzen*** (▶ s. Kap. 15.5). Der (die) Patient(in) spürt dabei deutlich und oft quälend das nicht mehr vorhandene Glied oder Teile desselben.

In Abb. 10.6 sind die magnetisch evozierten Felder auf taktile Reize ipsi- und kontralateral der amputierten Hand am Gyrus postcentralis zu sehen. Dabei ist auffällig, dass nach Reizung von Stumpf oder Lippe der amputierten Seite ein starkes magnetisches Feld über dem Fingerareal auftritt. Je größer die Verschiebung der Repräsentation von Lippe oder Gesicht, um so größer der Phantomschmerz.

Bei der Modifikation solcher topographischer (ortssensitiver) oder zeitsensitiver Hirnkarten (z. B. im akustischen System) zeigt sich wieder, dass die Hebb-Regel Gültigkeit hat: die Ausweitung einer topographischen Repräsentation durch Lernen wird durch ***gleichzeitige*** Aktivierung einzelner Zellen von zwei benachbarten Fasern aus benachbarten Haut- oder Handregionen, z. B. bei sensomotorischen Aufgaben bewirkt. Es ist also nicht nur der rein quantitative Anstieg der Aktivität, der für die anatomischen Veränderungen verantwortlich ist, sondern die durch ***synchrone Aktivität*** ausgelösten Veränderungen.

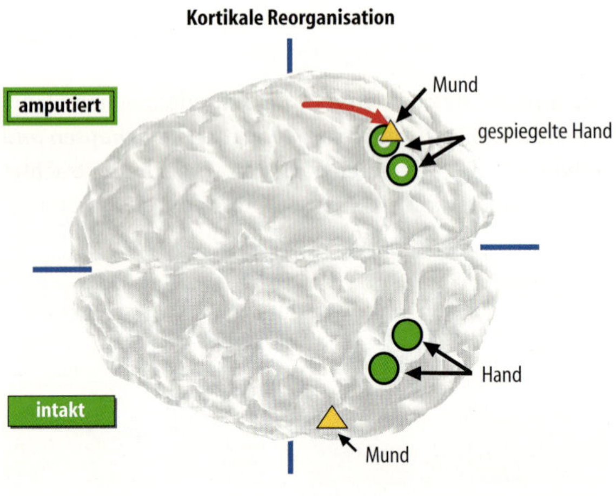

Abb. 10.6. Kortikale Reorganisation bei Phantomschmerzen. *Oben* ist die Hirnhemisphäre kontralateral der amputierten, schmerzenden Phantomhand gezeigt, *unten* die gegenüber liegende Hemisphäre mit intakter Verbindung zur erhaltenen Hand. Entsprechend der Anordnung der Körperregionen am somatosensorischen Homunkulus führt taktile Stimulation der Hand am großen und kleinen Finger *(grüne Kreise, unten)* zu magnetischen Feldänderungen über der Mundregion (*gelbes Dreieck*, aufgenommen mit Magnetoenzephalographie (MEG)). Auf der »amputierten« Hemisphäre dagegen führt Stimulation des Mundes zu magnetischen Feldänderungen auch in der Handregion *(oben, gelbes Dreieck)*. Die Distanz zwischen der Mundregion und der amputierten Handregion, welche einfach durch Spiegelung von der intakten Hemisphäre ermittelt wird, ist exakt proportional den Phantomschmerzen *(roter Pfeil)*. Je weiter der Mund in die Handregion »einwandert« umso größer der Schmerz. Nach Flor et al (1995)

In Kürze

Lernprozess

Für einen erfolgreichen Lernprozess sind verschiedene Parameter notwendig:

- Genetisch bestimmte Reifung des Nervensystems,
- Ausbildung spezifischer synaptischer Verbindungen unter dem Einfluss von Umwelteinflüssen,
- Abbau »überflüssiger« synaptischer Verbindungen *(Pruning)* unter dem Einfluss von Umwelteinflüssen.

Da eine stimulierende Umgebung die Voraussetzung für die Modifikation der synaptischen Verbindungen darstellt, gelingt diese in anregender Umgebung besser als in verarmter.

Neuronale Grundlagen

Die makroskopischen und mikroskopischen Veränderungen des Gehirns durch Lernen folgen der Hebb-Regel: gleichzeitige Aktivierung einer Zelle

▼

oder eines Hirnareals durch zwei ankommende Erregungen verstärkt die Verbindung zwischen diesen Zellen bzw. Hirnregionen.
Als Ort des Lernens konnten vor allem plastische Synapsen an den dendritischen Spines der Neurone identifiziert werden. Lernen führt zu strukturellen Änderungen dieser und zum »Verkümmern« unbenutzter Synapsen sowie zur Ausbreitung und Neuformierung kortikaler Repräsentationen und Karten.

10.3 Zelluläre und molekulare Mechanismen von Lernen und Gedächtnis

Klassische Konditionierung auf zellulärer Ebene

Assoziatives Lernen lässt sich durch Änderungen der Membraneigenschaften prä- und postsynaptischer Verbindungen erklären

Wie bereits auf S. 231 ausgeführt, wird als gemeinsame neurophysiologische Grundlage allen Lernens die Existenz von Hebb-Synapsen betrachtet. Die molekularen Grundlagen von Hebb-Synapsen wurden an sehr einfachen Lebewesen mit geringer neuronaler Komplexität untersucht.

Dabei ergaben sich erstaunlich ähnliche molekulare Änderungen durch Lernprozesse zwischen verschiedenen Arten. Dabei wurden vor allem die kalifornische Meerschnecke ***Aplysia*** mit etwa 20 000 Neuronen und eine andere Meerschnecke, *Hermissenda crassicornis*, und die gemeine Fruchtfliege *Drosophila melanogaster* bevorzugt untersucht. Diese Tiere zeigen sowohl nichtassoziatives Lernen wie Habituation und Sensibilisierung sowie instrumentelles und klassisches assoziatives Konditionieren (▶ s. Abschnitt 10.1).

Kurzzeitgedächtnis und ***klassische Konditionierung*** weisen als gemeinsame Endstrecke eine ***verstärkte Ausschüttung des Transmitters*** aus den Synapsen der am Lernen beteiligten sensorischen Neurone auf. ◼ Abbildung 10.7A zeigt den Mechanismus der klassischen Konditionierung, ◼ Abb. 10.7 B einige dafür wichtige Vorgänge auf molekularer Ebene.

Bei simultaner Aktivierung eines präsynaptischen sensorischen Neurons, das einen noch unterschwelligen Reiz (konditionaler Reiz, CS) transportiert mit einem präsynaptischen Neuron, das einen überschwelligen Reiz (unkonditionalen Reiz, US) transportiert, wird die Verbindung zwischen prä- und postsynaptischen Neuronen verstärkt.

Die Verstärkung besteht in ***vermehrtem Ca^{2+}-Einstrom*** durch Verlängerung des Aktionspotentials in den präsynaptischen Neuronen. Der vermehrte Einstrom und das verlängerte Aktionspotential werden durch Phosphorylierung und Schließung des K^+-Kanals erreicht.

Molekulare Koinzidenzen

Zeitliche Paarung von zwei Reizen oder hochfrequente tetanische Reizung lösen die anhaltenden intrazellulären Kaskaden des Lernens aus

Adenylatzyklase als Koinzidenzdetektor. Bei der klassischen Konditionierung des Abwehrreflexes des Siphons bei *Aplysia* folgt der US (z. B. Schock auf den Schwanz) 0,5 s auf den CS (z. B. schwacher taktiler Reiz auf Siphon und Mantelgerüst). Wie beim Menschen und anderen Säugern scheint dieser von Pawlow gefundene Zeitabstand auch bei Invertebraten optimal für die mokelular vermittelte assoziative Bindung zu sein. Der CS vom sensorischen Neuron des Mantelgerüsts z. B. löst am sensorischen Neuron, das den US aus dem Schwanz leitet, Einstrom von Ca^{2+} aus (▶ s. ◼ Abb. 10.7 B). Die wenig später eintreffenden Aktionspotentiale aus dem US-Neuron (◼ Abb. 10.7 A) führen zu Serotonin-Ausschüttung. Der Serotoninrezeptor ist an ein G-Protein gekoppelt, welches das Enzym Adenylatzyklase aktiviert (▶ s. Kap. 2.2). Adenylatzyklase synthetisiert cAMP. CAMP aktiviert danach cAMP-abhängige Proteinkinasen (Proteinkinase A). Das Enzym Proteinkinase A phosphoryliert verschiedene Proteine, d. h. es bindet eine Phosphatgruppe an den K^+-Kanal des postsynaptischen Neurons, wodurch dieser geschlossen wird (▶ s. ◼ Abb. 10.7 B).

Die Hemmung von K^+-Kanälen führt zu einer Verlängerung des präsynaptischen Aktionspotentials und dies wiederum bewirkt mehr Ca^{2+}-Einstrom und damit verstärkte Transmitterausschüttung.

Langzeitpotenzierung (LTP). Die ***simultane*** prä- und postsynaptische Aktivität führt in der postsynaptischen Zelle zu einer Kaskade intrazellulärer Vorgänge, welche vermutlich ähnlich wie bei der auf S. 111 in Kap. 5.9 und im nächsten Absatz beschriebenen ***Langzeitpotenzierung*** ablaufen (▶ s. ◼ Abb. 5.22 und ◼ Abb. 10.8). Am Ende dieser Kaskade steht die Freisetzung eines retrograden Messengers, z. B. des Gases ***Stickoxid*** (NO), Kohlenmonoxid (CO) oder ***Nervenwachstumsfaktor*** (NGF), welche in die präsynaptische Zelle diffundieren und dort die erhöhte Erregung aufrecht erhalten ***(»synaptischer Dialog«)***.

Bei der Langzeitpotenzierung wird eine ***kurze*** nach einmaliger tetanischer Reizung über Minuten bis Stunden anhaltende und eine ***lange*** über Tage bis Wochen dauernde nach mehrmaliger tetanischer Reizung unterschieden (Kurz- und Langzeitgedächtnis). Besonders im Hippokampus ist LTP auslösbar, welche von dort an die relevanten Kortexareale weitergegeben wird (▶ s. nächsten Abschnitt 10.4). Die lang anhaltende Langzeitpotenzierung kann durch Blockade der präsynaptischen Übertragung nicht mehr gestört werden, sondern nur durch ***Störung der Proteinbiosynthese.***

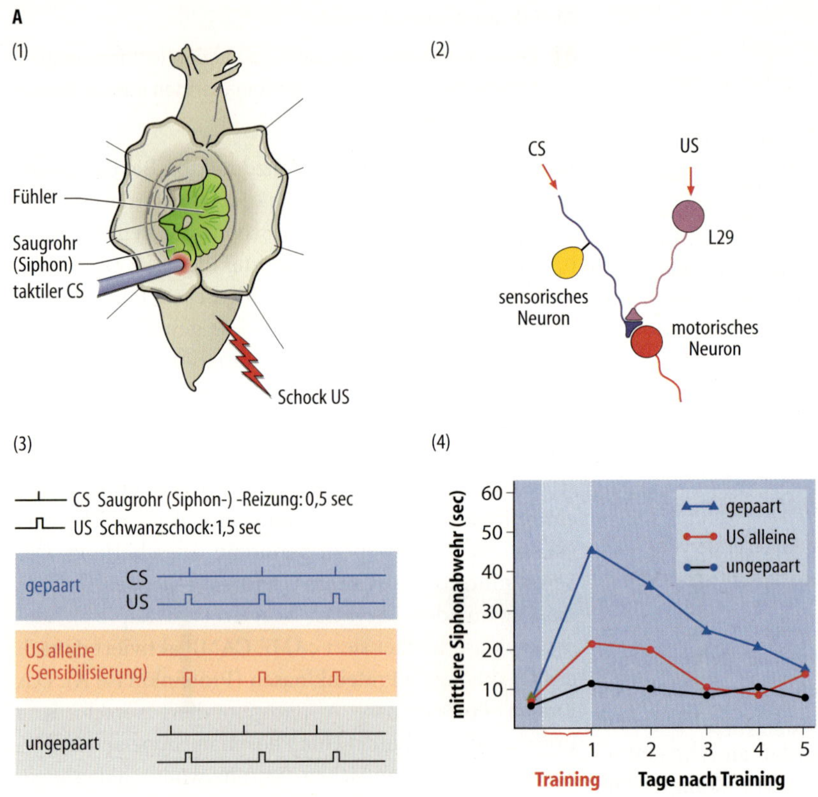

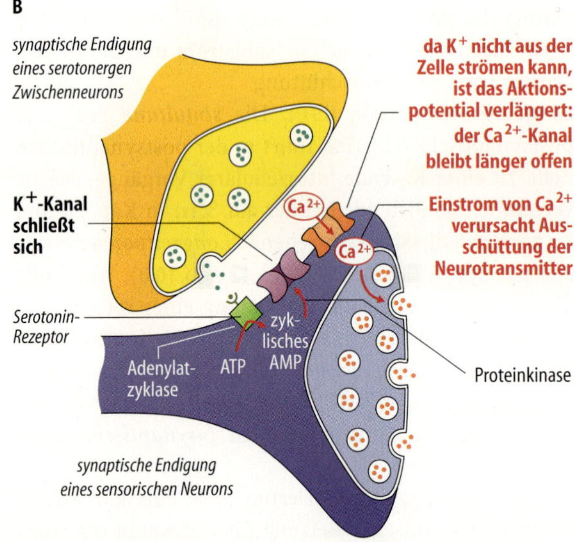

Abb. 10.7. A Versuchsanordnung zur klassischen Konditionierung von Aplysia. (1) Ein taktiler Reiz fungiert als konditionierter Reiz *(CS)*, ein elektrischer Schlag als unkonditionierter Reiz *(US)*. Die Kontraktion von Fühler und Saugrohr ist die Reaktion. (2) Neuronale Verschaltung von CS-Neuron und US-Neuron. Beide konvergieren präsynaptisch am motorischen Neuron. (3) Konditionierung, Sensibilisierung und ungepaarte Kontrollbedingung. (4) Verlauf der Stärke der konditionierten Reaktion *(blau)*, der Sensibilisierung *(rot)* und ungepaarten Kontrolle *(schwarz)*. Nach Birbaumer u. Schmidt (2002). **B Molekulare Mechanismen.** Die Ausschüttung von 5-HT durch ein Interneuron verursacht die Schließung von Kaliumkanälen in den Synapsen des sensorischen Neurons und bewirkt damit eine Verlängerung des Aktionspotentials, verstärkten Ca^{2+}-Einstrom und verstärkte Ausschüttung des Neurotransmitters. Mod. nach Carlson (1991) in Schmidt u. Schaible (2000)

Proteinbiosynthese und Langzeitgedächtnis

Konsolidierung und Langzeitgedächtnis sind mit Änderungen der Genexpression und Proteinsynthese verbunden

Proteinbiosynthese. Eine Unterbrechung der Proteinbiosynthese (z. B. durch bestimmte Antibiotika) bei Ratten und Mäusen kurz nach oder während des Trainings führt zu dauerhafter ***Störung der Konsolidierung*** und somit zur Hemmung des Langzeitgedächtnisses. Die kurzfristige Einprägung (das Kurzzeitgedächtnis) wird dagegen durch eine Hemmung der Proteinbiosynthese nach dem Lerntraining nicht beeinträchtigt. Dies bedeutet, dass zur Konsolidierung eine ungestörte Proteinbiosynthese in einer kritischen Zeitspanne während und nach dem Training notwendig ist. Dabei bleibt die Frage offen, ob bei der makromolekularen Synthese von Proteinen das Langzeitgedächtnis dadurch erzeugt wird, dass eine Stabilisierung der intra- und extrazellulären Mechanismen des Kurzzeitgedächtnis erreicht wird oder aber, ob ***neue***

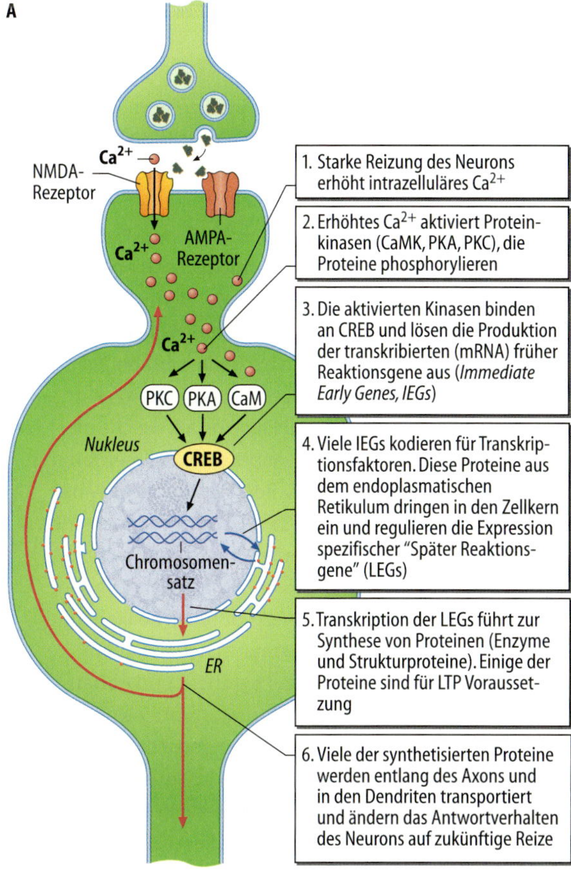

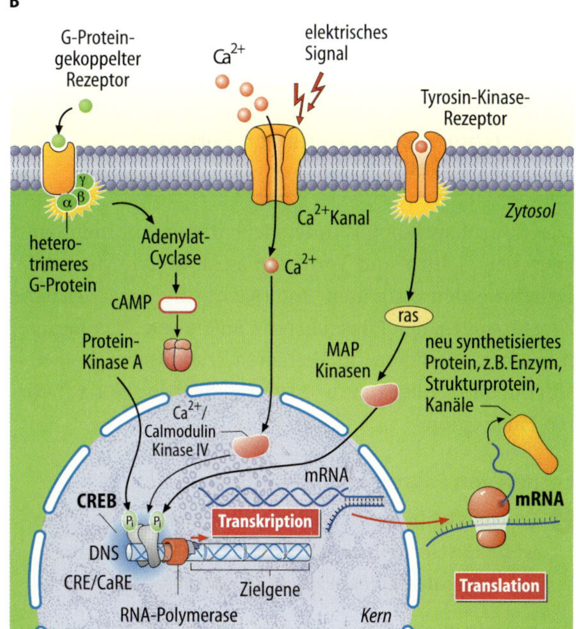

Prozesse ins Spiel kommen, die dann zu einer dauerhaften Veränderung der synaptischen Effizienz führen.

Zell-Ensembles. Bei allen vorausgegangenen Überlegungen zu den zellulären Mechanismen des Gedächtnisses darf nicht vergessen werden, dass die Individualität und der Inhalt eines Gedächtnis nicht in einer ***einzelnen Zelle*** oder ***Synapse*** niedergelegt sein kann, sondern, wie im Abschnitt 8.3 beschrieben, dass ***Gedächtnisinhalte*** immer in ***neuronalen Netzen*** oder ***Assemblies*** ihre Entsprechung haben und nicht auf molekulare Kaskaden reduzierbar sind. Wie wir in den vorausgegangenen Abschnitten gesehen haben, wird die ***Spezifität*** gespeicherter Information über Modifikationen synaptischer Effizienz in einigen umschriebenen neuronalen Netzwerken bestimmt. Dafür können verschiedene Moleküle die Grundlage bilden:

- Enzyme, die Synthese und Abbau von Transmittern regeln,
- Rezeptormoleküle an der postsynaptischen Membran,
- Strukturproteine,
- Proteine, die der »Erkennung« *(Matching)* interzellulärer Kommunikation dienen (► s. Kap. 2.2).

Abb. 10.8. Intrazelluläre Lernkaskaden. A Abfolge der neuro-chemischen Kaskade während Langzeitpotenzierung (LTP) im Hippokampus. **B** Regulation der Transkription durch CREB. Die verschiedenen intrazellulären Kaskaden, von Langzeitpotenzierung (LTP) ausgelöst, konvergieren an Proteinkinasen, welche CREB phosphorylieren. Die häufigsten Proteinkinasen in Nervenzellen sind Ca^{2+}/Kalmodulin-Kinase, MAPK (Mitogen-aktivierte Protein-Kinase) und Proteinkinase A. Die Phosphorylierung erlaubt die Bindung verschiedener Coenzyme, welche die RNA-Polymerase stimulieren und damit die RNA-Synthese einleiten. Die RNA wird dann ins Zytoplasma transportiert, wo sie als mRNA die Translation in ein Protein bewirkt. Weitere Erläuterungen ► s. Text. Nach Birbaumer u. Schmidt (2003)

Proteinexpression

! Die Expression neuer Proteine nach simultaner Erregung hängt von der Aktivierung von cAMP-Reaktions-Element-Bindungsproteinen (CREB) ab

Abbildung 10.8 A gibt eine Grobübersicht der einzelnen neurochemischen Schritte, welche durch Induktion lang anhaltender LTP (oder andere durch simultane Reizung zweier Synapsen verursachte Erregungswelle) ausgelöst werden. Abbildung 10.8 B verdeutlicht in Nahsicht auf Zellmembran und Zellkern die intrazellulären Kaskaden.

Genexpression und Übertragung ins Langzeitgedächtnis. Die intrazellulären Botenstoffe *(Second Messengers)*, welche durch die anhaltende Erregung oder Hemmung der postsynaptischen Zelle synthetisiert werden, regen über die RNA-Synthese die Expression von Proteinen an. Langzeit-LTP ist ein Mechanismus, der zu diesen dauerhaften intrazellulären Veränderungen führt. Der ***Aufbau neuer Proteine*** benötigt minimal 30–60 min, während die oben besprochenen Prozesse der Phosphorylierung und Ionenflüsse extrem rasch (von ms bis min) ablaufen. Genetische »Schalter« können die Struktur und Antworteigenschaften eines Neurons permanent ändern. Die Menge synthetisierter Proteine hängt von der Transkriptionsrate von der DNA auf die RNA ab.

Die Proteinsynthese beginnt mit der Bindung von ***Transkriptionsfaktoren*** (am DNA-Molekül eines bestimmten Chromosoms). Meist binden sie am Beginn einer bestimmten Gensequenz am DNA-Molekül. Als Folge dieser Bindung kann das Enzym RNA-Polymerase an die Promotor-Region der DNA »andocken« und die Transkription beginnen (Abb. 10.8).

Die in den vorausgegangenen Abschnitten beschriebenen intrazellulären Signalkaskaden (► s. Abb. 10.7 bis 10.8) regulieren die Genexpression, indem sie die Transkriptionsfaktoren aus einem inaktiven Zustand in einen aktiven überführen, so dass sie an die DNA binden können. Dieser entscheidende Aktivierungsschritt benützt das ***cAMP-Reaktions-Element-Bindungs-Protein (CREB)*** als universell verfügbaren Anreger der Transkription.

CREB ist normalerweise in Zellen, die nicht länger erregt werden, inaktiv am Beginn einer Gensequenz an der DNA lokalisiert. Im inaktiven Zustand nennt man es daher nur cAMP-Reaktions-Element (CRE), wie in Abb. 10.8 B dargestellt. Nur die ***länger anhaltende*** Phosphorylierung von CRE aktiviert es.

Einige Möglichkeiten dafür sind auf der Abb. 10.8 sichtbar. Besonders intrazelluläres Calcium (Ca^{2+}) bewirkt die Phosphorylierung von CRE, das für diesen Fall CaRE (Calcium-Reaktions-Element) genannt wird. Viele Gene können durch CREB reguliert werden, z. B. die Vorläufer der Katecholamine, Neuropeptide und Neurotrophine (BDNF, *Brain Derived Neurotrophic Factor*, NGF, SP; ► siehe Kap. 5.5). Damit kann sowohl die Menge und Wirkung von Neurotransmittern wie auch die Struktur der Zellmembranmoleküle spezifisch verändert und die »Kartographie« des Gehirns (z. B. neuronale Karten wie auf S. 232 beschrieben) neu geformt werden.

In Kürze

Molekulare Lernprozesse: Kurzzeitgedächtnis

Bei den molekularen Mechanismen von Lernen und Gedächtnis gibt es Unterschiede zwischen assoziativem Lernen bzw. Kurzzeitgedächtnis und dem Langzeitgedächtnis:

- Einfache Assoziationsbildungen entstehen durch eine Verstärkung der synaptischen Verbindungen zwischen denjenigen sensorischen Neuronen, die konditionalen (CS) und unkonditionalen (US) Reiz an die efferenten Neurone leiten. Die Gleichzeitigkeit der beiden ankommenden Erregungen löst eine Kaskade intrazellulärer Vorgänge aus, die zu verstärkter Ca^{2+}-Konzentration und erhöhter Transmitterausschüttung führen.

▼

Molekulare Lernprozesse: Langzeitgedächtnis

- Für die Überführung der einmal gelernten Information ins Langzeitgedächtnis wird Langzeitpotenzierung im Hippokampus und Kortex verantwortlich gemacht.
- Langzeitgedächtnis: Die abschließende Fixierung der Information im Langzeitgedächtnis erfolgt schließlich durch Anregung oder Hemmung der vom genetischen Apparat gesteuerten Synthesen von Kanalproteinen der Zellmembran. Die Bildung von Langzeit-Gedächtnisspuren hängt von der Synthese neuer Proteine ab, welche die Erregbarkeit der postsynaptischen Zellmembran dauerhaft modifizieren. Bei LTP oder anders ausgelöstem verstärktem Ca^{2+}-Einstrom werden entweder direkt von Ca^{2+} oder durch Adenylatzyklasen und Proteinkinasen CREB an der DNA phosphoryliert. Dies löst Transkription im Zellkern und Translation am endoplasmatischen Retikulum aus, wodurch Enzyme zur Synthese und Abbau von Neurotransmittern, Strukturproteine und Rezeptormoleküle an der postsynaptischen Membran entstehen. Durch die Neustrukturierung der postsynaptischen Membran wird eine dauerhafte Modifikation der Erregbarkeit dieser Zelle in einem Zellensemble erreicht und die Entladungswahrscheinlichkeit und Oszillation eines spezifischen Zellensembles verändert.

10.4 Neuropsychologie von Lernen und Gedächtnis

Die Neuropsychologie untersucht die Zusammenhänge zwischen Gehirn und Verhalten am kranken Menschen. Dabei werden Patienten untersucht, die umschriebene Zerstörungen der Hirnsubstanz aufweisen. Aus den gemessenen Ausfällen im Verhalten (z. B. Merkfähigkeitsstörungen) schließt man auf die Bedeutung der zerstörten Hirnregion.

Lernen von Fakten und Ereignissen

Das Gedächtnissystem des medialen Temporallappens ist für die Herstellung von assoziativen Verbindungen bei deklarativem (explizitem) Lernen verantwortlich

Amnesieformen. Der Ausgangspunkt für die systematische Klassifikation des Gedächtnisses auf neurobiologischer Basis war ein Einzelfall, der Patient H. M., der nach einer beidseitigen Entfernung der Hippokampi und der darüberliegenden Kortexschichten eine schwere anterograde Amnesie erlitt, die auch 30 Jahre nach der Operation unverändert geblieben ist.

Unter ***anterograder Amnesie*** verstehen wir die Tatsache, dass eine Person nach einer Hirnschädigung (Unfall, Schlaganfall, Operation etc.) keine neue Information behalten (lernen) und wiedergeben kann.

Unter ***retrograder Amnesie*** verstehen wir die Tatsache, dass eine Person Ereignisse *vor* einer Hirnschädigung, z. B. vor einem Unfall, nicht erinnern kann.

Der Patient H. M. und viele der nach ihm untersuchten Patienten mit Amnesien schienen auf den ersten Blick keinerlei neue Informationen und Ereignisse nach der Zerstörung des Hippokampus aufnehmen zu können. Bei genauer testpsychologischer Untersuchung ergab sich aber, dass bei diesen Patienten das prozedurale (implizite) Lernen erhalten bleibt. Dagegen zeigten systematische Studien dieser Patienten und Läsionsstudien an Affen, dass deklaratives Lernen von der Intaktheit des Hippokampus, des entorhinalen Kortex und der darüberliegenden perirhinalen und parahippocampalen Kortizes abhängt.

10.2. Korsakoff-Syndrom

Carl Wernicke beschrieb 1881 eine »Enzephalopathie«, welche nach Vergiftungen und Alkoholismus zu Ataxie (Gleichgewichtsstörung), peripherer Neuropathie mit Schmerzen und Verwirrtheit führt. Sergei Korsakoff fügte diesem Syndrom 1887 eine schwere Gedächtnisstörung (Amnesie) mit Konfabulationen hinzu. Konfabulationen sind »Erfindungen« der Patienten, um den verwirrten Zustand zu ordnen. Die Patienten sind Alkoholiker und Alkoholismus geht durch die chronische Lebererkrankung mit einem Defizit an Vitamin B1 (Thiamin) einher. Thiamin ist zur Synthese von Azetylcholin und GABA im Gehirn notwendig. Der Thiamin-Mangel führt vor allem in den Mamillarkörpern und dem dorsomedialen Kern des Thalamus zu Zelluntergang. Beide Areale projizieren in den Hippokampus und Teile des präfrontalen Kortex, welche für exekutive Funktionen und deklaratives Gedächtnis verantwortlich sind. Im Gegensatz zu Läsionen des medio-temporalen Hippokampus-Systems spricht man daher beim Korsakoff-Syndrom von »dienzephaler Amnesie«. Korsakoff beschrieb seine Patienten so: »Der Patient vergisst selbst das, was gerade einen Moment davor geschah: Du kommst herein, sprichst mit ihm, gehst eine Minute raus, kommst wieder herein, und der Patient hat absolut keine Erinnerung, dass Du gerade bei ihm warst...« »Wenn man ihn fragt, wie er seine Zeit verbracht hat, erzählt er häufig eine Geschichte, die Nichts mit dem zu tun hatte, was wirklich geschah; z. B. er erzählt, dass er gestern in die Stadt gefahren sei, obwohl er schon zwei Monate im Bett gelegen war, usf.«

Ähnliche Defizite treten beim ***Korsakow-Syndrom*** auf. (▶ s. unten). Korsakow-Patienten zeigen auch ein intaktes implizites bei teilweisem Verlust des expliziten Gedächtnisses. Das dienzephal-frontale System ist anatomisch eng mit dem medialen Temporallappensystem verbunden, das zu ähnlichen Ausfällen bei Läsionen führt.

Rolle des medialen Temporallappensystems beim deklarativen Lernen. ◻ Abbildung 10.9 gibt eine Übersicht über das mediale Temporallappensystem, das ***deklarativem*** Lernen zugrunde liegt. Der Hippokampus erhält über den entorhinalen Kortex Informationen aus allen Assoziationsfeldern des Neokortex sowie aus Teilen des limbischen Systems, vor allem dem Gyrus cinguli und

A

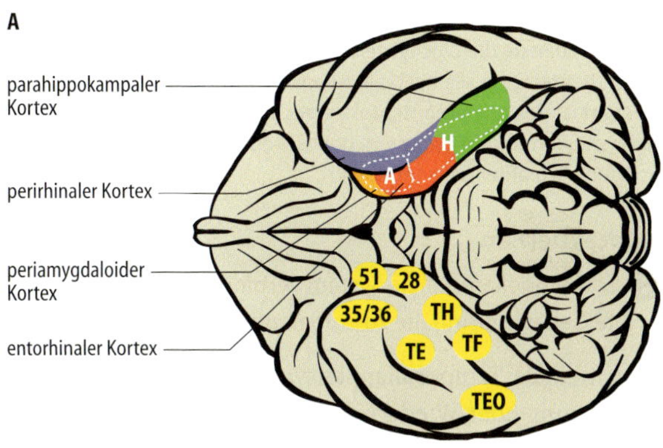

B

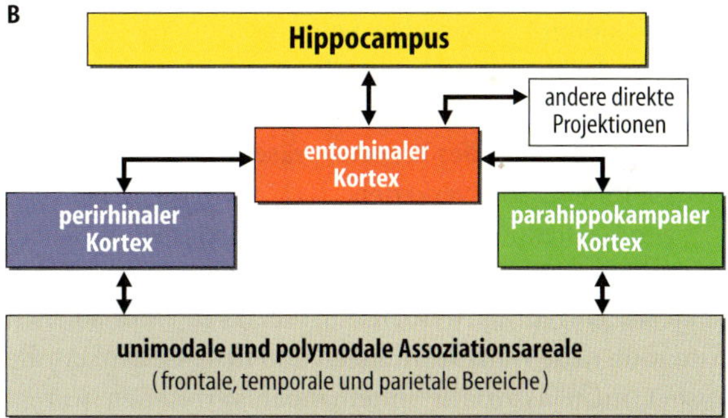

◻ **Abb. 10.9. Das mediale Temporallappen-Hippokampus-System.** **A** Ventrale Ansicht des Affengehirns mit den verschiedenen Läsionsorten, die im Tiermodell zur Amnesie führten. Amygdala *(A)* und Hippokampus *(H)* sind *punktiert* eingezeichnet und die benachbarten kortikalen Regionen in Farbe. *Blau* der perirhinale Kortex (Area 35 und 36); *orange* der periamygdaloide Kortex (Area 51); *rot* der entorhinale Kortex (Area 28) und *grün* der parahippokampale Kortex (Areale TH und TF). **B** Schematischer Aufbau des Gedächtnissystems des medialen Temporallappens. Der entorhinale Kortex projiziert in den Hippokampus, wobei zwei Drittel der kortikalen Afferenzen in den entorhinalen Kortex aus den benachbarten perirhinalen und parahippokampalen Kortizes entspringen. Diese wiederum erhalten Projektionen von unimodalen und polymodalen kortikalen Arealen im frontalen, temporalen und parietalen Bereich. Der entorhinale Kortex erhält darüber hinaus direkte Afferenzen vom orbitalen Frontalkortex, dem Gyrus cinguli, dem insulären Kortex und dem oberen Temporallappen. Alle diese Projektionen sind reziprok. Nach Squire u. Zola-Morgan (1993) in Schmidt u. Schaible (2000)

dem orbitofrontalen Kortex sowie aus verschiedenen Regionen des Temporalkortex. Alle diese Verbindungen sind reziprok, d. h. der Hippokampus hat auch efferente Verbindungen zu den Assoziationskortizes, wo die eigentlichen Langzeitveränderungen im Rahmen der Gedächtnisspeicherung stattfinden (▶ s. 10.3 und unten).

▪▪▪ **Londons Taxifahrer haben größeren Hippokampus.** Londons Taxifahrer müssen ein zweijähriges Training der Navigation in der Stadt und mehrere strenge Prüfungen absolvieren. Ihre Orientierungsfertigkeiten sind daher deutlich besser als bei der Durchschnittsbevölkerung. In einer PET-Studie an 16 Taxifahrern mit unterschiedlich langer Erfahrung konnte gezeigt werden, dass deren posteriore Hippokampi deutlich vergrößert und ihre anterioren deutlich verkleinert waren. Die Vergrößerung und Durchblutungssteigerung im rechten posterioren Hippokampus war hoch ($r = 0{,}6$) mit der Erfahrung der Fahrer (Zeit im Dienst in Jahren) korreliert. Die Verringerung im rechten anterioren Hippokampus war negativ ($r = -0{,}6$) mit der Erfahrung korreliert. Besonders dieses Ergebnis der Verkleinerung veranlasste die Wochenzeitschrift »The Economist« zu der ironischen Bemerkung: »Es blieb allerdings barmherzigerweise offen, ob der Verlust des vorderen Hippokampus-Gewebes einen Zusammenhang mit den starren (robusten) politischen Einstellungen hat, für die Londons Taxifahrer bekannt sind«.

Kontextlernen

! Das hippokampanale System verbindet im Kortex isolierte Gedächtnisinhalte zu einem größeren Kontext

Das mediale Temporallappensystem muss während der Darbietung oder Wiederholung des Gedächtnismaterials aktiv sein, damit sich zwischen den verschiedenen Reizen, die während der Einprägung präsent sind, assoziative Verbindungen ausbilden können. Der Hippokampus und der darüberliegende entorhinale Kortex müssen die verschiedenen Repräsentationen der gesamten Umgebung, die während des Lernens präsent sind, zeitlich wie örtlich miteinander verketten.

Die Herstellung eines solchen ***Kontextes*** ist vor allem dann notwendig, wenn neue Situationen und neues Lernmaterial eingeprägt werden müssen, da in einer solchen Situation neue Wahrnehmungen und neue Gedanken, die bisher nicht assoziativ miteinander verbunden waren, miteinander verbunden werden müssen. Sobald diese neuen Inhalte ***assoziativ verkettet*** sind, genügt zu einem späteren Zeitpunkt ein ***kleiner Ausschnitt*** oder ein ***Einzelaspekt*** dieser Situation, um die ***Gesamtsituation zu reproduzieren.*** Das hippokampale System verbindet also die kortikalen Repräsentationen einer bestimmten Situation miteinander, sodass sie ein ***Gesamt des Gedächtnisinhaltes*** bilden *(Binding)*. Fällt dieses System aus, so erscheint uns jede Situation neu, völlig unabhängig davon, wie oft wir sie schon gesehen oder erlebt haben, da sie zu keiner der gleichzeitig vorliegenden Aspekte dieser Situation irgendeine Beziehung hat.

Lernen von Fertigkeiten

! Prozedurales (implizites) Lernen ist von der Funktionstüchtigkeit motorischer Systeme und der Basalganglien abhängig

Implizites Lernen. Wie in ◻ Abb. 10.1 sichtbar, lassen sich verschiedene Arten impliziten Lernens unterscheiden. Für jeden dieser Lernvorgänge konnten unterschiedliche Hirnsysteme als strukturelle Voraussetzung identifiziert werden. Dabei existieren zwischen verschiedenen Arten von Lebewesen große Unterschiede in der neuroanatomischen Grundlage der aufgeführten Lernmechanismen. Im Allgemeinen spielen kortikale Prozesse in der Steuerung prozeduralen Lernens eine geringere Rolle als beim deklarativen Lernen, wenngleich beim Menschen für den Erwerb und das Behalten von ***motorischen Fertigkeiten*** motorische und präfrontale kortikale Areale unerlässlich sind. Die Tatsache aber, dass die meisten der prozeduralen Lernvorgänge der bewussten Erinnerung schwer zugänglich sind, im Allgemeinen reflexiv ablaufen und keinen aktiven, bewussten Suchprozess benötigen, zeigt bereits, dass primär subkortikale Regionen, vor allem die ***Basalganglien*** und das ***Kleinhirn*** für die Steuerung prozeduralen Lernens verantwortlich sind.

▪▪▪ **Hirnläsionen und implizites Lernen.** Beim Menschen konnte gezeigt werden, dass einfache klassische **Lidschlagkonditionierung** und so genanntes **Priming** nicht mehr möglich sind, wenn Läsionen im Vermis des Kleinhirns vorliegen. Bei der klassischen Konditionierung des Lidschlagreflexes wird ein neutraler Ton (CS) mit einem Luftstoß auf das Auge (US) gepaart, sodass nach wenigen Darbietungen der CS alleine die unkonditionierte Reaktion (UR) des Lidschlusses auslöst.

Bei Patienten mit Kleinhirnläsionen bleiben aber die deklarativen Gedächtnismechanismen unbeeinflusst, d. h. diese Personen können Fakten, Episoden und Daten (»gewusst was«) weiter erwerben. Was fehlt, ist das Speichern des zeitlichen Ablaufs von gezielten Bewegungsfolgen (»Fertigkeiten«). Der Erwerb und die Wiedergabe von komplizierten Verhaltensregeln und Fertigkeiten ist beim Menschen auch an die Funktionstüchtigkeit der Basalganglien, vor allem des **Neostriatums**, gebunden.

Ort des Lernens. Dabei zeigt sich allgemein, dass der Lernprozess dort stattfindet, wo sich die beiden sensorischen Informationen, die assoziativ miteinander verknüpft werden, treffen. Wenn also z. B. der konditionale Reiz in einem Ton besteht und der unkonditionale Reiz in einem aversiven taktilen Reiz, so findet die assoziative Verkettung bei der Ratte im medialen Abschnitt des Nucleus geniculatum mediale statt, in dem die beiden Informationskanäle konvergieren.

In Kürze

! Neuropsychologie von Gedächtnis

Man unterscheidet verschiedene Amnesieformen:

- Anterograde Amnesien treten nach der beidseitigen Entfernung oder Zerstörung des medialen

▼

Temporallappens und der darunter liegenden Strukturen wie Hippokampus und Teilen des limbischen Systems auf. Die Patienten können keinerlei neue explizite Informationen behalten und wiedergeben, lernen aber durchaus motorische und kognitive Fertigkeiten implizit neu.

- Retrograde Amnesie: Die Patienten können Ereignisse, die vor einer Hirnschädigung liegen nicht erinnern.

Neurobiologische Grundlagen

- Deklaratives Lernen: Die bewusste Speicherung und das Abrufen von Wissen benötigt das mediale Temporalsystem und den Hippokampus.
- Implizietes Lernen: Klassische Konditionierung und der Erwerb von Fertigkeiten ist auf die Intaktheit der beteiligten sensomotorischen Systeme und der Basalganglien angewiesen.

Literatur

Birbaumer N, Schmidt RF (2002) Biologische Psychologie, 5. Aufl. Springer, Berlin Heidelberg New York

Braitenberg V, Schüz A (1991) Anatomy of the cortex. Springer, Berlin Heidelberg New York

Carlson NR (1991) Physiology of behavior, 4th edn. Allyn and Bycon, Boston

Eichenbaum H (2002) The Cognitive Neuroscience of Memory. Oxford Univ Press, Oxford

Hebb DO (1949) The Organization of Behavior. Wiley, New York

Kandel ER, Schwartz JH, Jessell TM (eds) (2000) Principles of Neural Science, 4th edn. Elsevier, New York

McGaugh JL, Weinberger NM, Lynch G (1990) Brain organization and memory. Oxford University Press, New York

Purves D et al (eds) (2001) Neuroscience. Sinauer, Sunderland, Mass

Rosenzweig M, Breedlove SM, Leiman A (2002) Biological Psychology. 3rd edn. Sinauer, Sunderland, Mass

Kapitel 11
Motivation und Emotion

W. Jänig, N. Birbaumer

Einleitung

Herr S., 47, Besitzer eines Reisebüros, wurde bei einer Trunkenheitsfahrt mit einem Blutalkoholgehalt von 2,3 Promille auffällig. Die psychologische Untersuchung ergab, dass Herr S. mit 15 Jahren zu trinken begonnen hatte. Während des Dienstes bei der Bundeswehr steigerte sich der Konsum von 3 auf bis zu 10 Flaschen Bier pro Tag, an Wochenenden und bei festlichen Angelegenheiten deutlich mehr. Der Vater von Herrn S. war Alkoholiker und hatte Ehefrau und Sohn jahrelang, vor allem an Wochenenden nach ausgedehnten Sauftouren, misshandelt. Nach der Bundeswehr studierte Herr S. Betriebswirtschaft und trat einer Studentenverbindung bei, in der ebenfalls exzessiv getrunken wurde. Nachdem er geheiratet hatte und bis zur Geburt des Sohnes und einzigen Kindes, reduzierte Herr S. seinen Alkoholkonsum auf durchschnittlich 2 Flaschen Bier abends, wobei an Wochenenden erneut zunehmend häufiger Trinkexzesse auftraten. Schließlich traten auch geschäftlich zunehmend Probleme auf. Nach der Beratung durch einen Klinischen Psychologen entschloss er sich zu einer stationären sechsmonatigen Entzugsbehandlung, von der er trocken zurückkehrte.

Eineinhalb Jahre später traf Herr S. auf der Straße einen Freund aus der Studentenzeit. Dieser lud ihn in seine Stammkneipe, die in der Nähe lag, ein. Nach anfäglicher Weigerung bestellte Herr S. ein kleines Bier, da auch der Freund ihm versicherte, dass ein kleines Bier keinen Rückfall bedeute. Herr S. kam an diesem Abend vollkommen betrunken heim und nahm seine alten Trinkgewohnheiten wieder auf.

Dieser typische Fall zeigt, dass Rückfälle in der Regel nicht aus Entzugssymptomen resultieren, sondern durch positiv konditionierte Hinweisreize (Freund, Kneipe) vor dem Hintergrund eines konstitutionell erhöhten Suchtrisikos (Vater) verursacht werden.

11.1 Emotionen als physiologische Anpassungsreaktionen

Psychische Kräfte und psychische Funktionen

Motivation (Trieb) und Emotion sind psychische Kräfte, die das Auftreten, die Intensität und die Richtung (Annäherung – Vermeidung) von Verhalten und psychischen Funktionen (Denken, Wahrnehmung, Lernen) bestimmen

Motivation. Jedes Verhalten ist ***motiviert*** und hängt nicht nur von ***externen*** und ***internen*** (z. B. dem Blutzuckerspiegel) ***Reizen***, ***Reizort*** und ***genetischen Vorbedingungen*** ab, sondern variiert vor allem in Abhängigkeit von Zuständen innerhalb des Gehirns. Motivation bedeutet also, dass die Wahrscheinlichkeit für das Auftreten bestimmter Verhaltensweisen bei spezifischen Körperreizen oder zentralnervösen Reizen von Erregungsschwellen aktivierender oder hemmender Systeme im Gehirn abhängt.

Homöostatische und nichthomöostatische Triebe. Unter einem Trieb verstehen wir jene psychobiologischen Prozesse, die zur bevorzugten Auswahl einer Gruppe abgrenzbarer Verhaltensweisen (z. B. Nahrungsaufnahme) bei Ausgrenzung anderer Verhaltenskategorien (z. B. sexuelles Verhalten und Fortpflanzung) führen.

- ***Homöostatische Triebe*** weisen Sollwerte der körperinternen Homöostaten auf. Bei Abweichungen von diesen Sollwerten kommt es zu einer stereotypen Sequenz von Verhaltensweisen bis zur Wiederherstellung des Sollwertes. Die ***Sollwerte***, auf die geregelt wird (wie z. B. die Körperkerntemperatur oder Osmolalität des Blutes) dürfen nicht als fixe Werte verstanden werden (wie das bei technischen Automaten der Fall ist); sie unterliegen in Abhängigkeit von den inneren und äußeren Bedingungen des Körpers ebenso großen Schwankungen.
- Bei den ***nichthomöostatischen Trieben*** ist die Triebstärke wesentlich mehr von den Lern- und Umgebungseinflüssen abhängig als bei den homöostatischen Trieben. Temperaturerhaltung, Hunger, Durst, Schlaf und möglicherweise einige Aufzuchtreaktionen sind homöostatisch. Sexualität, Explorations"trieb« und Bindungsbedürfnis sind nichthomöostatisch organisiert.

Verstärkung. ***Positive Verstärker*** (Belohnungsreize wie z. B. Futter) begünstigen das Wiederauftreten eines Verhaltens (z. B. Hebeldruck auf ein Lichtsignal bei einer Ratte), wenn die Verstärker unmittelbar nach diesem Verhalten auftreten. ***Negative Verstärker*** (»Strafreize«, z. B. schmerzhafte Elektrostimulation) sind dagegen Reize, welche die Unterdrückung von Verhaltensweisen bewirken. Es wird angenommen, dass die positiven und negativen neuronalen Verstärkersysteme die synaptischen Verbindungen zwischen den sensorischen Systemen (z. B. dem visuellen System, welches das Lichtsignal vor dem Hebeldruck codiert) und dem motorischen neuronalen System, welches ein bestimmtes Verhalten (z. B. Hebeldruck) kontrolliert, fördern.

Bei höheren Säugern, deren Verhalten wesentlich durch Lernen bestimmt ist, sind Reize positiv verstärkend, wenn sie häufiger auftreten als erwartet, und negativ verstärkend (d. h. bestrafend), wenn sie seltener auftreten als erwartet.

Emotionen. Emotionen sind Reaktionen (psychische Kräfte) von relativ kurzer Dauer, die das Auftreten von Verhaltensweisen und Gedächtnisinhalten, welche durch externe oder interne Ereignisse hervorgerufen werden, fördern. Sie werden vom Gehirn organisiert und bestehen aus ***subjektiven Reaktionen***, die als ***Gefühle*** bezeichnet werden, und vegetativen, neuroendokrinen und somatomotorischen Reaktionen. Beide zusammen ergeben das emotionale Verhalten. Emotionen werden auf den Dimensionen angenehm – unangenehm (Annäherung – Vermeidung) und erregend – hemmend erlebt.

Annäherung und Vermeidung

Emotionen sind Verhaltensweisen (motorische, vegetative, endokrine Reaktionen), die als positiv oder negativ erlebt werden und der Anpassung des Organismus an veränderte Umweltbedingungen dienen

Primäre und sekundäre Emotionen. Höhere Vertebraten besitzen ein Repertoire emotionaler Verhaltensweisen, die sich im Laufe der Evolution entwickelt haben. Dieses Repertoire besteht

- aus den ***Basisemotionen*** (oder ***primären*** Emotionen) Angst (unbestimmt), Furcht (gerichtet), Trauer, Abscheu, Freude und Überraschung und
- aus den ***sekundären (»sozialen«) Emotionen***, welche die primären Emotionen einschließen und durch Kultur und Erziehung moduliert werden.

Emotionen halten für Sekunden bis Minuten an. Sie variieren auf den Dimensionen ***Aktivierung*** (erregt-ruhig) und ***Valenz*** (positiv-annähernd und negativ-vermeidend). Von den primären und sekundären Emotionen werden Stimmungen unterschieden, die über Stunden und Tage anhalten. ***Stimmungen*** sind ***emotionale Reaktionstendenzen***, die das Auftreten einer bestimmten Emotion wahrscheinlicher machen (»gereizte Stimmung« führt z. B. häufiger zu Ärger). Sie können auch als ***Hintergrundemotionen*** bezeichnet werden.

Reaktionsmuster von Emotionen. Diese bestehen aus subjektivem Erleben und somatomotorischen, vegetativen und endokrinen Reaktionen (Abb. 11.1). Jede Basisemotion hat ein charakteristisches Reaktionsmuster.

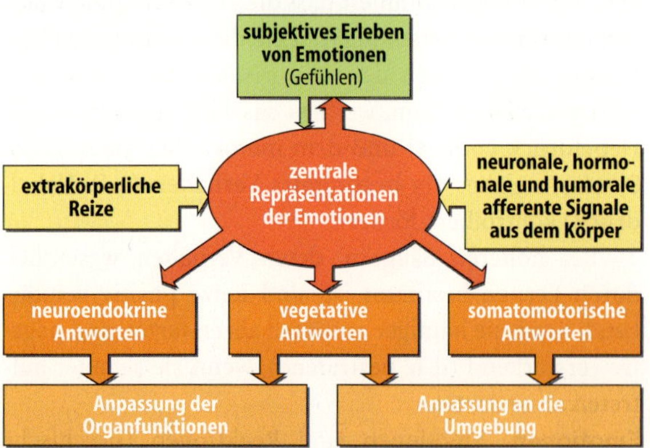

Abb. 11.1. Zentrale Repräsentation von Emotionen und ihre Verknüpfungen. Schema zu den zentralen Repräsentationen der Emotionen und ihre Beziehung zu somatomotorischen, vegetativen und endokrinen Reaktionen einerseits und den emotionalen Empfindungen andererseits. Diese zentralen Repräsentationen werden durch die afferenten Rückmeldungen aus dem Körperinneren, die neuronal (z. B. von den Eingeweiden und aus dem tiefen somatischen Bereich) oder endokrin (z. B. von den endokrinen Drüsen oder von den endokrinen Zellen im Gastrointestinaltrakt) sein können, modifiziert

Die sechs Basisemotionen sind am besten im ***Ausdruck des Gesichts***, der durch die neuronale Aktivierung der Gesichtsmuskulatur erzeugt wird, beschreibbar. Obwohl Entwicklung und Ausdruck der Emotionen beim Menschen eng mit kognitiven Funktionen (Wahrnehmung, Bewertung von sensorischen und inneren Reizen, Gedächtnis) verbunden sind, bestehen die Basisemotionen ***unabhängig von Erziehung und Kulturraum***. Sie können transkulturell in allen Regionen der Erde erkannt und in ihrem biologischen Inhalt interpretiert werden.

Funktion der Emotionen. Die Basisemotionen haben sich in der Evolution der höheren Primaten als Mechanismus zur Kommunikation von Annäherung und Vermeidung entwickelt. Biologisch dienen sie der raschen Mobilisation von komplexen Verhaltenstrategien und haben soziale Funktionen:

- Die ***intrapersonellen Funktionen*** bestehen, je nach Basisemotion, in der Selektion eines bestimmten Verhaltensrepertoires und einer Fokussierung von Aufmerksamkeit und Gedächtnis auf dieses Verhaltensrepertoire. Damit haben Emotionen ***Signalcharakter nach innen***. Sie verstärken oder hemmen Verhaltenweisen und veranlassen das Individuum, sich an Veränderungen in der Umwelt und im sozialen Feld durch Ausbildung neuer Verhaltensweisen anzupassen.
- Die ***interpersonellen Funktionen*** bestehen in einer Kommunikation von Annäherung an und Vermeidung von Artgenossen.

Der Signalcharakter von Emotionen gegenüber Artgenossen wird folgendermaßen interpretiert: ***Furchtausdruck*** und ***Weglaufen*** signalisieren Gefahr; ***Trauer*** (nach Verlust) bedeutet Isolation, Hilfsbedürftigkeit; ***Freude*** und ***Ekstase*** signalisieren Besitz, Erwerb eines Gefährten; ***Ekel*** bedeutet Zurückweisung; ***Überraschung*** wird als Orientierung interpretiert.

Ausdruck von Emotionen

Emotionen sind durch spezifische Anpassungsreaktionen vegetativer Systeme, die mit den somatomotorischen Reaktionen (z. B. Gesichtsausdruck) korreliert sind, charakterisiert

Peripher-physiologische Reaktionen. Nicht nur die somatomotorischen Reaktionen (z. B. Gesichtsausdruck) sondern auch die ***vegetativen Anpassungsreaktionen*** sind spezifisch für verschiedene Basisemotionen. Diese vegetativen Anpassungsreaktionen sind unabhängig von kognitiven Prozessen, Lernen und kulturellen Hintergründen nachweisbar. Sie sind für die schnellen Änderungen der Herzfrequenz (abhängig von der Aktivität in den parasympathischen Kardiomotoneuronen), der Schweißproduktion an der Hand (Hautwiderstand; abhängig von den Sudomotorneuronen) und der Hautdurchblutung an der Hand (abhängig von der Aktivität in den kutanen Vasokonstriktorneuronen) bei den Basisemotionen verantwortlich (Abb. 11.2).

Zentralnervöse Reaktionen. Die vegetativen Reaktionen, die während der Emotionen ablaufen, sind keine allgemeinen Aktivierungsreaktionen, sondern der Ausdruck dafür, dass das Gehirn jene zentralen neuronalen Programme, die zu diesen ***spezifischen vegetativen Anpassungsprozessen*** führen, während der Emotionen selektiv aktiviert. Deshalb sind nicht nur die Emotionen und ihre somatomotorischen Reaktionen zentral im Kortex, limbischen System und Hypothalamus repräsentiert, sondern auch die spezifischen vegetativen Anpassungsreaktionen des Körpers. Die subjektiv erlebten Emotionen (Gefühle), ihr motorischer (Gesichts-) Ausdruck und das Muster der Aktivierung vegetativer und hormoneller Systeme sind miteinander korreliert.

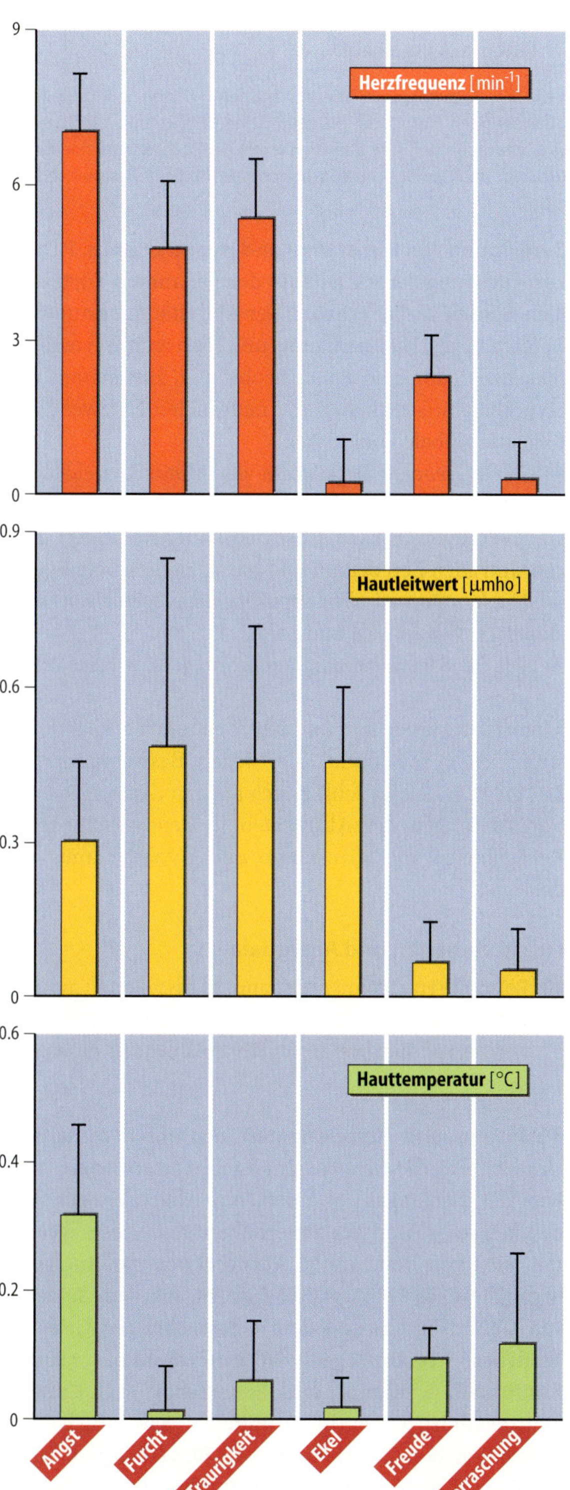

Die Emotionstheorie nach William James. Die einflussreichste, auf physiologischen Argumenten fußende Emotionstheorie wurde von dem amerikanischen Psychologen ***William James*** und dem dänischen Physiologen Lange Ende des 19. Jahrhunderts formuliert. Diese ***Emotionstheorie*** besagt vereinfachend, dass die Perzeption eines äußeren Ereignisses durch das Gehirn zu somatomotorischen (z. B. Gesichtsausdruck) und vegetativen Reaktionen führt und dass die afferenten Rückmeldungen aus der Peripherie (z. B. von inneren Organen und von der Skelettmuskulatur) zum Gehirn erst die Emotionen erzeugen. Nach dieser Theorie wären die empfundenen Emotionen die ***Folge*** der Aktivität in den afferenten Neuronen aus den peripheren Organen (»Wir sind traurig, weil wir weinen«). Die Theorie von James ist in dieser extremen Form nicht mehr haltbar. So lassen sich z. B. die Basisemotionen im entsprechenden Umgebungskontext durch Hirnreizung auslösen.

Die afferenten Rückmeldungen vom Körper. Die zentralen Repräsentationen der Emotionen benötigen jedoch für ihre Entwicklung und Aufrechterhaltung ihrer Funktionen ***afferente Rückmeldungen*** vom Körper. Diese Rückmeldungen sind ***neuronal*** (besonders von den Eingeweiden und den tiefen somatischen Geweben), ***hormonell*** (von den endokrinen Drüsen) und ***humoral*** (z. B. Blutglukose, Bluttemperatur). In diesem Sinne hat die Emotionstheorie von James nach wie vor ihre Bedeutung für die Neurobiologie der Emotionen. Dieses schließt nicht aus, dass einmal gelernte Emotionen auch ohne körperinnere Afferenzen (z. B. bei Gelähmten) auftreten.

Abb. 11.2. Veränderungen vegetativer Parameter bei sechs verschiedenen Basisemotionen. Der motorische Ausdruck der Basisemotionen im Gesicht wurde bei den Versuchspersonen unter visueller Kontrolle ausgelöst, ohne dass sie wussten, um welche Emotion es sich handelte. Gleichzeitig wurden die Veränderungen der Herzfrequenz (in min^{-1}, abhängig von der Aktivität in den parasympathischen Kardiomotoneuronen), der Hauttemperatur eines Fingers (in °C; Hautdurchblutung abhängig von der Aktivität in kutanen Vasokonstriktorneuronen) und des Hautleitwertes (in Ohm^{-1}; anhängig von der Aktivität in den Schweißdrüsenneuronen) gemessen. Die empfundenen Emotionen wurden danach durch Befragung der Versuchspersonen ermittelt. Die Muster der vegetativen Reaktionen und die Art der Basisemotion sind statistisch signifikant miteinander korreliert. Daten von 12 Versuchspersonen mit Angabe der Mittelwerte und Standardfehler. Nach Levenson (1990)

II

▪▪▪ **Emotionen bei reduzierter Afferenz.** Nach vollständigem Ausfall der Muskulatur bei bestimmten Lähmungen (z. B. der amyotrophen Lateralsklerose), bei hoher Querschnittslähmung (z. B. komplette Durchtrennung des Rückenmarkes bei thorakal Th2; ► 20.5) oder bei Blockade der neuromuskulären Übertragung durch Kurare (s. ► Kap. 5.4) sind die afferenten Rückmeldungen vom Körper reduziert. Die Emotionen sind bei diesen Menschen erhalten. Im Gegensatz dazu führen Läsionen der für Emotionen verantwortlichen Hirnregionen immer zum Ausfall der jeweiligen emotionalen Reaktionen (Gefühle, somatomotorische und vegetative Reaktionen).

In Kürze

Psychische Kräfte und psychische Funktionen

Das Auftreten, die Intensität und die Richtung psychischer Funktionen (Denken, Wahrnehmung, Lernen) wird durch Motivation (Trieb) und Emotionen bestimmt. Verhaltensweisen werden durch positive oder negative Verstärker gefördert oder unterdrückt.

- Motivationen sind Antriebszustände (psychische Kräfte), die von zentralen Erregungsschwellen im Gehirn abhängen und die Wahrscheinlichkeit bestimmter Verhaltensweisen erhöhen oder senken. Sie werden auch als Triebe bezeichnet und sind im Gehirn entweder homöostatisch oder nichthomöostatisch organisiert.
- Emotionen sind kurzzeitige vom Gehirn organisierte Reaktionen (psychische Kräfte), die alle Verhaltensweisen mitbestimmen; sie bestehen aus subjektiv benennbaren Gefühlen und vegetativen, neuroendokrinen und somatomotorischen Reaktionen. Die sechs verschiedenen Basisemotionen Angst, Furcht, Trauer, Abscheu, Freude und Überraschung können psychophysiologisch unterschieden werden. Sie sind durch die parallel ablaufenden subjektiven Gefühle, motorischen Reaktionen und vegetativen Reaktionen charakterisiert. Die Emotionen regulieren Anpassungen des Verhaltens bei wechselnden Umweltkonstellationen, Annäherungs- und Vermeidungsverhalten und lenken Entscheidungen (auch im sozialen Kontext).

11.2 Die zentralen Repräsentationen der Emotionen

Gefühle und Hirnaktivität

Bei Gefühlen werden verschiedene Erregungskreise in kortikalen und subkortikalen Hirnbereichen aktiviert oder deaktiviert

Kortikale und subkortikale »Emotionsareale«. Emotionen können auch durch Vorstellung (Imagination) willkürlich hervorgerufen werden. Diese intern hervorgerufenen wie auch extern ausgelösten Gefühle werden durch die Änderung der Aktivität im ***Gyrus cinguli anterior et posterior***, im ***Inselkortex*** (und dem benachbarten ***somatosensorischen Kortex***) und in den ***orbitofrontalen Kortizes***, den ***Amygdalae*** und den damit verbundenen ***subkortikalen Strukturen*** erzeugt (Abb. 11.3). Bei jeder Basisemotion tritt ein spezifisches Muster von Aktivierung oder Abnahme der Aktivität in diesen Hirnarealen oder in Teilen von ihnen auf.

▪▪▪ Die Aktivitäten in diesen Arealen können mit modernen bildgebenden Verfahren quantitativ gemessen und sichtbar gemacht werden (z. B. mit dem Verfahren der Positronemissionstomographie [PET] und der fMRI [functional Magnet Resonance Imaging])

Beteiligung von Hirnstamm und Hypothalamus. Parallel zur Änderung der Aktivität in den genannten Kortexarealen werden Veränderungen der Aktivität in bestimmten Bereichen von Hypothalamus und Hirnstamm (vor allem Mesenzephalon und Pons) beobachtet. Hirnstamm und Hypothalamus enthalten die neuronalen Netzwerke für folgende globale Funktionen:

- Die ***stereotype Regulation der Motorik***, welche die motorischen Muster, die typisch für die Basisemotionen sind, erzeugen (Gesichtsausdruck, Körperhaltung). Hieran sind auch Zerebellum und Basalganglien beteiligt.
- Die ***homöostatischen Regulationen vegetativer Funktionen*** (s. ► Kap. 20.6 und 20.9).
- Die ***neuroendokrinen Regulationen*** (s. ► Kap. 21.1).

Motorische, vegetative und neuroendokrine Reaktionen sind also spezifisch für jede Basisemotion (s. Abb. 11.1). Dieses schlägt sich auch in den spezifischen Veränderungen der Aktivitäten in den verschiedenen Kerngebieten von Hirnstamm und Hypothalamus nieder.

Furchtverhalten und Amygdala

Reize, die Furcht und Angst und die assoziierten motorischen, vegetativen und endokrinen Anpassungsreaktionen hervorrufen, werden durch die Amygdala organisiert

Auslösung und Komponenten des Furchtverhaltens. Umweltreize, die ***Gefahr*** signalisieren (emotionale Reize wie z. B. Schlangen, Spinnen, ein Angreifer, ein Erdbeben usw.), lösen Furchtverhalten aus. Dieses Verhalten wird von bestimmten ***Kerngebieten der Amygdala*** organisiert (Abb. 11.4). Es besteht aus dem subjektiven Gefühl Furcht und dem entsprechenden Gesichtsausdruck, motorischen Verhaltensweisen (Flucht, Konfrontation [Kampf] oder Erstarren, je nach Umweltkonstellation), vegetativ vermittelten kardiovaskulären Regulationen (z. B. Erhöhung von Blutdruck und Herzfrequenz, Erniedrigung der Durchblutung des Darmes bei Kampf und Flucht), vegetativ vermittelten anderen

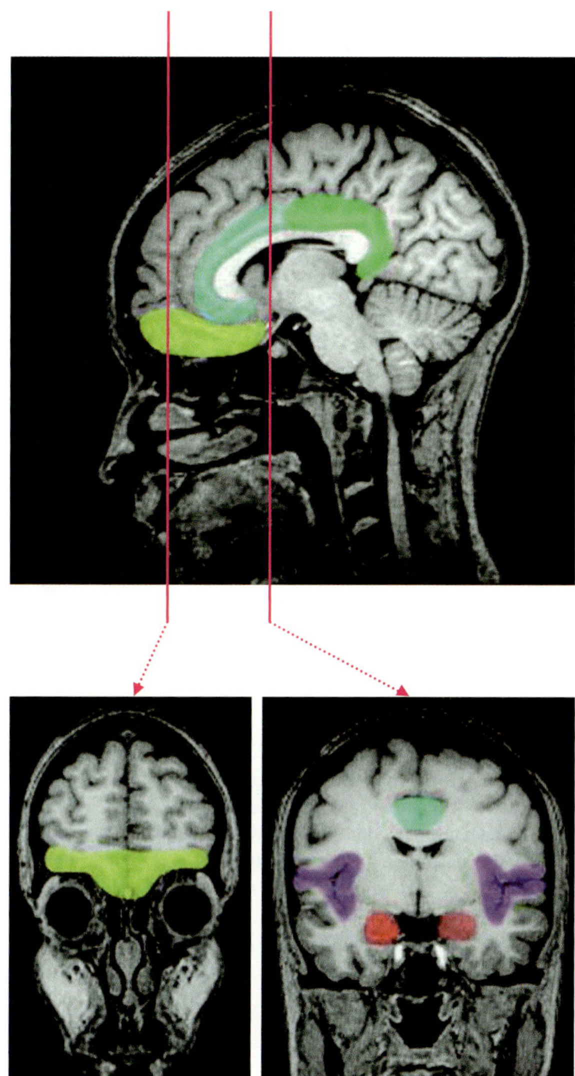

Abb. 11.3. Hirnregionen, die bei intern oder extern hervorgerufenen Emotionen aktiviert werden. Orbitofrontaler Kortex *(gelb)*, Inselkortex *(violett)*, Cingulum anterior *(blau)*, Cingulum posterior *(grün)*. Die Amygdala *(rot)* ist die neuronale Verbindung zwischen den Kortexarealen, welche die Perzeption der Emotionen repräsentieren, und den vegetativen, neuroendokrinen und somatomotorischen Anpassungsreaktionen sowie den Gedächtnisfunktionen (▸ s. Abb. 11.4). *Oben*, Parasagittalschnitt. *Unten*, Frontalschnitte, deren Lage im Parasagittalschnitt angezeigt sind. FMRI (»functional Magnet Resonance Imaging«). Nach Dolan (2002)

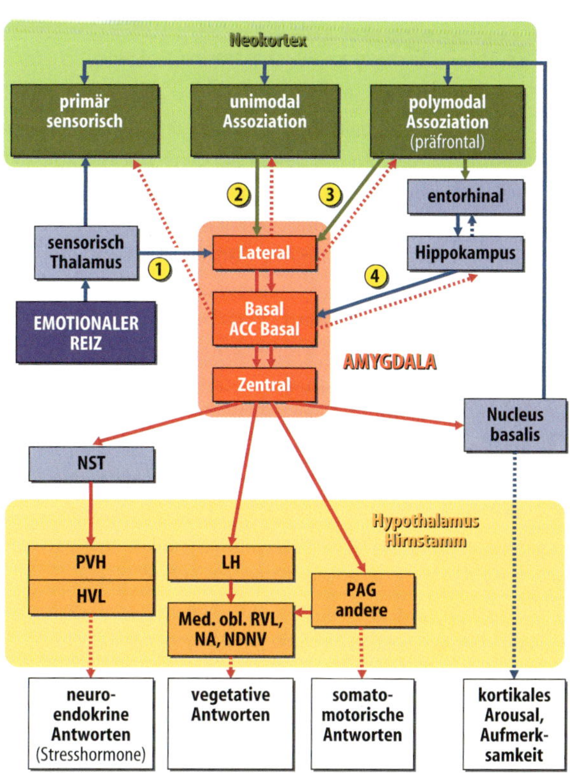

Abb. 11.4. Amygdala und Furchtkonditionierung. Der laterale Kern der Amygdala erhält Informationen aus den sensorischen Kernen des Thalamus (1), Neokortex (2) und höheren Assoziationskortizes (3) und der basale Kern vom Hippokampus (4). Während der Furchtkonditionierung verarbeitet die Amygdala parallel die synaptischen Eingänge aus diesen Kanälen. Bei einfachen Hinweisreizen, die keine Diskrimination erfordern, kann die Konditionierung schon über (1) erfolgen. (2), (3) und (4) sind notwendig, wenn das Ereignis von anderen Ereignissen genau diskriminiert und im Rahmen von Vergangenheit und Zukunft (Erwartung) beurteilt wird. Die Amydala projiziert praktisch zu allen kortikalen Arealen (und zum Hippokampus) zurück. Die somatomotorischen, endokrinen und vegetativen Reaktionen während der Furchtkonditionierung werden über den zentralen Kern der Amygdala und die entsprechenden Kerngebiete im Hypothalamus und Hirnstamm ermittelt. Die Wachreaktion des Kortex wird über den zentralen Kern der Amygdala und den Nucleus basalis vermittelt. *HVL:* Hypophysenvorderlappen; *NA:* Ncl. ambiguus; *DNV:* Ncl. dorsalis nervi vagi; *NST:* Ncl. der Striae terminalis; *PAG:* periaquäduktales Höhlengrau; *PVH:* Ncl. paraventricularis hypothalami; *RVL:* rostroventrolaterale Medulla. Nach LaBar u. LeDoux in Davidson, Scherer u. Goldsmith (2003)

Reaktionen (z. B. Ruhigstellung des Darmes, Aktivierung der Schweißdrüsen) und neuroendokrinen Reaktionen (z. B. Aktivierung des ACTH/Cortisol-Systems über den Hypophysenvorderlappen und die Nebennierenrinde; Freisetzung von Adrenalin aus dem Nebennierenmark).

▪▪▪ **Ein- und Ausgänge der Amygdala.** Die **synaptischen afferenten Eingänge** vom sensorischen **Thalamus**, den **uni-** als auch **polymodalen Assoziationskortizes** (einschließlich den **präfrontalen Kortexarealen**) und dem entorhinalen Kortex gehen zum lateralen Kerngebiet der Amygdala (1 bis 3 in Abb. 11.4). Die synaptischen Eingänge vom Hippokampus gehen zu basalen Kerngebieten (4). Die **efferenten Ausgänge** zu **motorischen**, **vegetativen** und **neuroendokrinen Regulationszentren** haben ihre Ursprünge im Nucleus centralis der Amygdala. Der efferente Ausgang, welcher über den Nucleus basalis (Meinert) die kortikale Weckreaktion (Arousal) und die Aufmerksamkeitsfokussierung erzeugt, hat ebenso seinen Ursprung im Nucleus centralis. Efferente Ausgänge zu den Kortexarealen (gestrichelt in Abb. 11.4) haben ihre Ursprünge von den lateralen und basalen Kerngebieten.

Ablauf der Furchtentstehung. Folgende Komponenten der Erzeugung der Emotion Furcht können unterschieden werden (Abb. 11.4, 11.5):

II

11.1. Mangel an Furcht: Neurobiologie des Bösen

Menschliche Sozialisation und reibungsarmes Zusammenleben hängen davon ab, dass wir im Laufe unserer Entwicklung konditionierte Angst erwerben: »Wenn Du das tust, dann . . ..«. Wir lernen angstvoll zu antizipieren, dass bestimmte Handlungen von negativen, schmerzhaften Konsequenzen für uns selbst oder andere gefolgt sind. Zusätzlich zum Erlernen antizipatorischer Vermeidung lernen wir aus den Folgen für uns selbst auch, uns in unser Gegenüber hineinzuversetzen und gewissermaßen stellvertretend und empathisch die negativen Folgen für den/die anderen vorauszufühlen und antisoziale Handlungen zu unterlassen.
Personen, die sich durch wiederholte massive antisoziale Handlungen auszeichnen, also ohne jede Angst vor den Folgen wiederholt kriminell werden, Sensationen und Gefahren lieben, oft Alkohol oder Drogen einnehmen, werden als Psychopathen bezeichnet. Bildgebende Untersuchungen des Gehirns solcher Personen (z. B. bei immer wieder extrem gewalttätigen Schwerstkriminellen) ergaben, dass bei diesen Personen jene Hirnteile, die das Erlernen antizipatorisch-konditionierter Angst und Vermeidung steuern, in solchen Situationen nicht aktiv sind: es werden also die Amygdala, der vordere Inselkortex, das anteriore Cingulum und v. a. der laterale Orbitofrontalkortex in Erwartung negativer oder schmerzhafter Konsequenzen nicht erregt. (Dagegen sind bei Angstpatienten diese Hirnareale während derselben Lernsituationen überaktiviert.) Obwohl Soziopathen kognitiv-bewusst durchaus um die negativen Konsequenzen ihres Verhaltens wissen, fehlt die emotionale Komponente der Angst vollkommen, und ihre verantwortungslose Taten erfolgen ohne jedes Gefühl für die Konsequenzen und ohne Reue. Eine Behandlung dieses neuropsychologischen Defizits erfordert daher Trainingsmaßnahmen, die dem Betroffenen ermöglichen, in sozialen Situationen mit potentiell schädigenden Konsequenzen, diese beschriebenen Hirnteile des Angstsystems zu aktivieren.

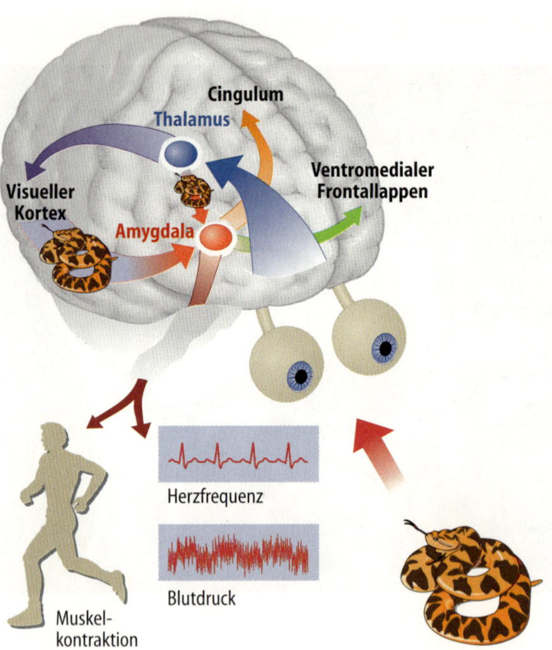

Abb. 11.5. Konditionierte emotionale Furchtreaktion mit motorischen, vegetativen und endokrinen Reaktionen. Die Reaktion wird schnell und stereotyp über die thalamo-amygdalären Verbindungen und langsamer über die kortikalen Verbindungen zur Amygdala erzeugt. Die sensorische Information vom Thalamus zur Amygdala ist schemenhaft und auf den biologischen Sachverhalt reduziert (z. B. grobe Konturen einer Schlange), die vom Kortex ist präzise. Die Information gelangt von der Amygdala in den ventromedialen Frontalkortex, wo die Entscheidung über die Bewegung fällt. Exekutive Aufmerksamkeitsfunktionen werden über das Cingulum aktiviert (► s. Abb. 11.4). Nach LeDoux (1994)

- Über die direkte subkortikale Verbindung vom Thalamus findet eine ***vorbewusste (präattentive) Erzeugung der Emotion*** statt. Dieser neuronale Weg der Aktivierung ist schnell und läuft ohne das bewusste Gefühl Furcht ab. Ein genaue Diskrimination des Reizes findet nicht statt (Verbindung 1). Es ist allerdings unklar, ob diese Verbindung beim Menschen wichtig ist.
- Bereits diskriminierte und verarbeitete Reize erreichen die Amygdala von den unimodalen Assoziationskortizes. Über diese synaptischen Verbindungen können neutrale ***konditionierende Reize*** (z. B. ein Berührungsreiz) mit den biologisch bedeutenden (Gefahr auslösenden) ***unkonditionierenden Reizen*** kombiniert werden. Die synaptische Übertragung im lateralen Amygdalakern wird verstärkt, so dass jetzt der konditionierte Reiz die Furchtreaktion auslösen kann (Verbindung 2).
- Die Bewertung der ***Bedeutung des Reizes*** in der Furchtkonditionierung im ***räumlichen*** (Umwelt) und ***zeitlichen Kontext*** (Erfahrungen in der Vergangenheit) findet über den Hippokampus statt (Verbindung 3).
- Die ***Verstärkung*** oder ***Löschung (Extinktion) der Furchtkonditionierung*** (z. B. im sozialen Kontext) findet über den medialen präfrontalen Kortex und andere präfrontale Kortexareale statt (Verbindung 4).

Die Organisation der lateralen, basalen und zentralen Kerngebiete der Amygdala und ihre synaptischen Verknüpfungen erklären die Mechanismen des emotionalen Verhaltens Furcht. Sie erklären ***nicht*** die Mechanismen, welchen den anderen (primären) Basisemotionen und den sekundären (sozialen) Emotionen zugrunde liegen.

Die Veränderung der Emotion Furcht nach zentralen Läsionen

Nach Läsionen der Amygdala und im präfrontalen Kortex ist das emotionale Verhalten vor allem im sozialen Kontext gestört

Die neuronale Regulation der Emotion Furcht (Abb. 11.4) ist wichtig für die Regulation des Verhaltens im sozialen Kontext. Deshalb treten nach Läsionen der Amygdala oder des präfrontalen Kortex charakteristische Verhaltensstörungen bei Tier und Mensch auf:

- Nach ***bilateraler Zerstörung der Amygdala*** sind Affen nicht mehr in der Lage, innerhalb ihrer Horde, die soziale Bedeutung exterozeptiver (visueller, auditiver, somatosensorischer und olfaktorischer) Signale zu erkennen und zu den eigenen affektiven Zuständen (Stimmungen) assoziativ in Beziehung zu setzen, welche die Annäherung und Meidung anderer Mitglieder der Gruppe regulieren und damit die Bausteine sozialer Interaktion sind (Abb. 11.6).
- ***Menschen mit bilateraler Zerstörung der Amygdala*** können Gefahren (z. B. Verhaltensweisen anderer, die auf Betrug hindeuten), nicht mehr als gefährlich erkennen.

Abb. 11.6. Störung der Sozialhierarchie von Affen nach Läsion der Mandelkerne. Hierarchie einer Affenhorde vor *(oben)* und nach *(unten)* Läsion bei den Affen Dave, Riva und Zeke. Erläuterungen ▶ siehe Text. Nach Rosvold et al (1954) in Birbaumer u. Schmidt (1996)

II

– ***Menschen mit zerstörtem präfrontalen Kortex*** sind bei normalen intellektuellen Leistungen nicht mehr in der Lage, antizipatorisch Angst zu erlernen. Sie können die negativen Folgen für sich und andere nicht vorhersehen und können soziopathische Verhaltensweisen entwickeln.

In Kürze

Die zentralen Repräsentationen der Emotionen

Emotionen (Gefühle, motorische, vegetative und neuroendokrine Reaktionen) sind in bestimmten Großhirnarealen (Cingulum anterior et posterior, Insula, präfrontalen Kortexarealen), Amygdala, Hypothalamus und Hirnstamm repräsentiert. Für jede Emotion ist diese Repräsentation spezifisch. Die zentralen Repräsentationen erhalten kontinuierliche afferente Rückmeldungen aus den Körpergeweben.

Furchtverhalten

Bestimmte Kerngebiete der Amygdala steuern über afferente Verbindungen von Thalamus und Kortexarealen und efferente Verbindungen zu Hypothalamus und oberem Hirnstamm die Emotion Furcht. Störungen der neuronalen Regulation von Emotionen führen zu psychopathologischen Veränderungen und/oder somatischen Erkrankungen.

11.3 Die Emotionen Freude und Sucht

Positive Verstärkung im Gehirn

Belohnungssysteme im Hirnstamm und im limbischen System erzeugen Gefühle der Freude und sind für positive Verstärkung wichtig

Zusätzlich zu Mechanismen, die den in den ▶ Kap. 11.4 (Hunger), 11.5 (Sexualverhalten) und 30.3 (Durst) beschriebenen spezifischen Trieben zugrunde liegen, scheint es im Säugetiergehirn einen unabhängigen Mechanismus zu geben, der Verhalten unabhängig von spezifischen Triebzuständen verstärkt. Dieser Mechanismus kann auch unabhängig von der physiologischen Aktivierung spezifischer Triebsysteme aktiviert werden und einen Zustand ***»absoluter« Freude*** erzeugen. Das neuronale System, dessen Aktivierung diesen Zustand erzeugt, ist subkortikal lokalisiert. Es ist erst in Umrissen erkennbar und wurde von seinem Entdecker J. Olds ***positives Verstärkungssystem*** genannt (▶ s. 11.2).

11.2. Die Entdeckung des »Zentrums der Freude«

1954 untersuchten James Olds und sein Student Peter Milner die aktivierende Wirkung von elektrischer Reizung der Formatio reticularis der Ratte. Eine der Reizelektroden verfehlte ihr Ziel und endete vermutlich im Hypothalamus. Olds beschrieb, welch seltsames Verhalten das Tier plötzlich bei der Reizung zeigte: »Ich reizte mit einem kurzen 60 Hz Sinusimpulsstrom immer dann, wenn das Tier in eine Ecke des Käfigs lief [Olds wollte sicher sein, dass die Reizung für das Tier nicht unangenehm ist]. Das Tier vermied die Ecke aber nicht, sondern kam nach einer kurzen Pause sofort in die Käfigecke zurück, nach der erneuten Reizung lief es sogar noch schneller dorthin. Nach der dritten elektrischen Reizung war klar, dass das Tier zweifellos mehr Reizung wollte«. Diese Zufallsbeobachtung bedeutete die Entdeckung eines »positiven Verstärkungszentrums« oder, wie Olds es euphorisch nannte, des »Zentrums der Freude«.

Damit war die neurobiologische Grundlage eines zentralen Begriffs der Motivationspsychologie gefunden und ein wichtiger Schritt zum Verständnis der Triebkräfte menschlichen Verhaltens getan. Erhalten Menschen und Tiere (Abb. 11.7) die Gelegenheit, Teile dieses Systems elektrisch (über Elektroden, die zur Schmerzbekämpfung implantiert, aber falsch positioniert wurden) oder chemisch (pharmakologisch) selbst zu aktivieren, tun sie dies bis zur Erschöpfung. Eine solche intrakranielle Selbstreizung ist unabhängig von einer spezifischen Triebbefriedigung; ihr Effekt wird durch vorhandene Triebzustände (z. B. Hunger) verstärkt. (Es sind einige Fälle berichtet, bei denen die fehlplazierten Elektroden entfernt werden mussten, um die sonst zum Tode führende Selbstreizung zu beenden.)

Mesolimbisches Dopaminsystem

Dopamin des mesolimbischen Dopaminsystems wirkt als universelles positives Antriebsignal vor allem im Nucleus accumbens

Dopaminerge Neuronenbeteiligung. Bei Ratten und vermutlich auch bei höheren Säugern, einschließlich des Menschen, sind dopaminerge Neurone im ventralen Tegmentum des Mittelhirns für ***positive Verstärkung*** verantwortlich. Diese Neurone projizieren durch das ***mediale Vorderhirnbündel*** ins Vorderhirn, vor allem in den Nucleus accumbens im ventralen Striatum (▶ s. Abb. 11.8).

Positive Verstärkersysteme und ihre Beeinflussung durch Pharmaka (Abb. 11.8). Der Nucleus accumbens des ventralen Striatums ist Teil des ***mesolimbischen Sys-***

Abb. 11.7. **Anordnung von OLDS zur intrakraniellen Selbstreizung.** Das Tier löst durch Drücken des Hebels einen kurzen Stromstoß in das eigene Gehirn aus

tems und liegt in enger Nachbarschaft zu Hypothalamus und Septum. ***Dopaminantagonisten***, wie z. B. Neuroleptika, hemmen die positive Verstärkung und führen zu ***Anhedonie (»Lustlosigkeit«)***. Ihre therapeutische Wirkung bei Psychosen ist vermutlich auf diesen generell dämpfenden Effekt zurückzuführen. ***Dopaminagonisten*** wie ***Amphetamin*** und ***Kokain*** (beides süchtig machende Substanzen) fördern die positive Verstärkung. ***Opiate*** stimulieren indirekt die dopaminergen Neurone im ventralen Tegmentum des Mittelhirns, aber auch Neurone in Nucleus accumbens, lateralem Hypothalamus, Pallidum und periaquäduktalem Grau (▶ s. Tabelle 11.1). Auch das noradrenerge System hat bei Reizung meist positiv verstärkende Effekte.

Negative Verstärkersysteme. Hirnregionen, deren Reizung zu Aversion und Vermeidung führen, werden als negative Verstärkersysteme **(Bestrafungssysteme)** bezeichnet. Ihre neuronalen Strukturen sind weniger gut lokalisiert, da sie mit den zentralen Systemen zur endogenen Kontrolle von Schmerzen (opioid und nichtopioid, ▶ s. Kap. 15.4) und den Regionen, die Sättigung und Ekel auslösen, überlappen. Sie befinden sich wahrscheinlich **periventrikulär im Mesenzephalon**. Eine relativ einheitliche anatomische und neurochemische zentralnervöse Struktur, wie wir sie für positive Verstärkung finden, scheint nicht zu existieren.

Pharmaka und negative Verstärkersysteme. Die negativen Verstärkersysteme hemmen die mesolimbischen positiven Verstärkersysteme. Transmitter in dem (dem positiven System benachbart gelegenen) negativen periventrikulären System sind **Serotonin (5-HT)**, **Cholezystokinin**, **Substanz P** und andere an Sättigung und Schmerz (▶ s. Kap. 15.4) beteiligte Neuromodulatoren. Sie haben viele Funktionen und sind nicht spezifisch für Aversion und Bestrafung. Dennoch beeinflussen viele Substanzen über das serotonerge System unser Verhalten:

- **Antidepressiva** verbessern die Stimmung durch Hemmung der Wiederaufnahme von 5-HT in die 5-HT-Neurone.
- **Ecstasy** (3,4-Methylendioxymethamphetamin) stimuliert den 5-HT_2-Rezeptor und verbessert Stimmung und Antrieb.
- **Kokain** hemmt sowohl die Wiederaufnahme von Dopamin wie auch Serotonin und stimuliert somit beide Systeme.
- Halluzinogene wie **LSD** (Lysergsäurediaethylamid) und **Psilocybin** stimulieren den 5-HT_2-Rezeptor. Sie erzeugen außer Halluzinationen auch negative Gefühle (Panik, Paranoia).
- **Herabgesetzte Verfügbarkeit** von Serotonin am Rezeptor ist häufig mit gesteigerter **Aggression** und **Autoaggression** korreliert.

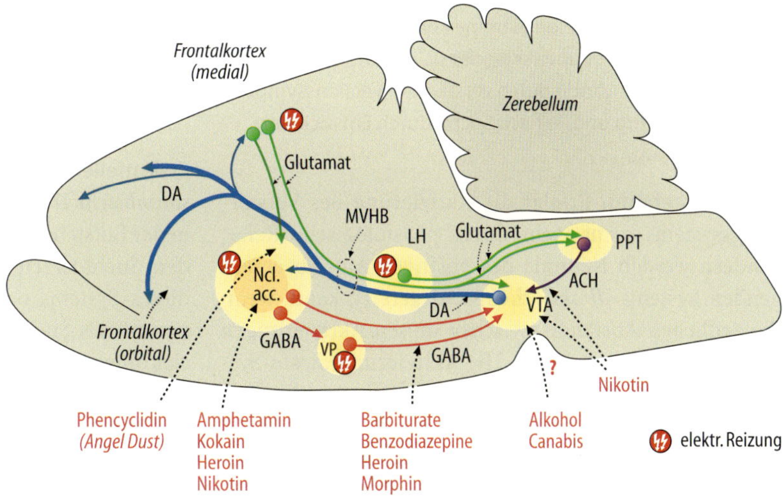

Abb. 11.8. **Das mesolimbische dopaminerge System, seine Beziehung zum Frontalkortex und die Angriffspunkte suchterzeugender Substanzen.** Dopaminerge Neurone *(DA)* des ventralen tegmentalen Areals im Mesenzephalon *(VTA)* projizieren zum Nucleus accumbens *(Ncl. acc.)* und zum Frontalkortex. Der Ncl. accumbens projiziert mit GABAergen Neuronen direkt oder über das ventrale Pallidum *(VP)* zum VTA. Glutamaterge Neurone im medialen Frontalkortex projizieren zum Ncl. acc. und direkt oder indirekt (über den lateralen Hypothalamus *(LH)* oder das präpedunkuläre pontine Tegmentum *(PPT)*) durch das mediale Vorderhirnbündel *(MVHB)* zum VTA. Die Angriffspunkte der Wirkung Sucht-erzeugender Substanzen sind am unteren Rand aufgeführt (Mechanismen ▶ s. Tabelle 11.1). Orte intrakranieller elektrischer Selbstreizung (▶ s. Abb. 11.7), die zur positiven Verstärkung führen, sind durch Kreuze angezeigt. Nach Wise (2002)

Tabelle 11.1. Suchterzeugende Substanzen und ihre Mechanismen

Suchterzeugende Substanz	Mechanismus der Aktivierung dopaminerger (DA) Neurone und Freisetzung von DA im Ncl. accumbens
Alkohol	unbekannt
Amphetamine	Hemmung der Wiederaufnahme von DA im Ncl. acc.
Barbiturate	Hemmung GABAerger Neurone, nicht im Ncl. acc.
Benzodiazepine	Hemmung GABAerger Neurone, nicht im Ncl. acc.
Canabinoide	unbekannt
Heroin	Hemmung GABAerger Neurone zu DA System
Kokain	Hemmung der Wiederaufnahme von DA im Ncl. acc
Morphin (Opiate)	Hemmung GABAerger Neurone zu DA System
Nikotin	Erregung DA Neurone über nikotinische Rezeptoren
Phencyclidin *(Angel Dust)*	Blockade von NMDA-Glutamat-Rezeptoren auf GABAergen Neuronen im Ncl. acc.

GABA (Gamma-Amino-Butyric Acid): Gamma-Amino-Buttersäure. *NMDA:* N-Methyl-D-Aspartat

Sucht

Suchtverhalten ist eine extreme Form positiv motivierten Verhaltens; es unterscheidet sich quantitativ von der positiven Motivation durch verstärkte Aversionssymptome bei Entzug und, je nach Sucht, durch Entwicklung von Toleranz

Suchtentstehung. Erfolgt die Aktivierung des Verstärkungssystems nicht mehr durch physiologische Reize, sondern werden Neurone des positiven Antrieb erzeugenden Systems ***direkt*** (chemisch) gereizt, kann, wenn die zeitlichen Abstände zwischen diesen Aktivierungen kurz sind, Sucht entstehen. Die Aktivierung dieses Systems kann direkt oder indirekt durch viele Sucht-erzeugenden Substanzen geschehen (wie z. B. Heroin, Morphin, Kokain, Marijuana, Amphetamine, Barbiturate, Nikotin und Alkohol [und ihre Analoga], Abb. 11.8, Tabelle 11.1). Sucht ist eine extreme Form positiven motivierten Verhaltens; sie unterscheidet sich biologisch nicht von anderem positiv motiviertem Verhalten, wie Freude, Bindung, Appetit etc. Sucht ist durch folgende Eigenschaften charakterisiert: ***Freude (Euphorie)*** erzeugt durch, ***Abhängigkeit*** von, häufig ***Toleranzentwicklung*** gegen und ein ***zwanghaftes Verlangen (Suche)*** nach Sucht-erzeugenden Substanzen (oder Sucht-erzeugenden Zuständen).

WHO-Definition der Sucht. Die **Definition der Weltgesundheitsorganisation (WHO)** von **Drogen-Abhängigkeit** legt ihren Schwerpunkt ebenfalls auf den fließenden Übergang von »normalem« Annäherungsverhalten und Sucht: »Abhängigkeit ist ein Syndrom, das sich in einem Verhaltensmuster äußert, bei dem die Aufnahme der Droge Priorität gegenüber anderen Verhaltensweisen erlangt, die früher einen höheren Stellenwert hatten. Abhängigkeit ist nicht absolut, sondern existiert in unterschiedlicher Stärke. Die Intensität des Syndroms wird an den Verhaltensweisen gemessen, die im Zusammenhang mit der Drogensuche und -aufnahme gezeigt werden, und anderen Verhaltensweisen, die daraus resultieren.«

Rolle der Umwelt. Sucht kann in ihren biologischen Grundlagen ohne Berücksichtigung der Umgebung, in der sie entsteht und aufrecht erhalten wird, nicht verstanden werden. Die biologischen Mechanismen, die einer Sucht zugrunde liegen, werden nur in ganz bestimmten Umgebungsbedingungen und nur bei umschriebenen Konsequenzen in dieser Umgebung (z. B. unter Stress) aktiviert.

Toleranz und Abhängigkeit. Süchte werden von natürlichen Motivationen vor allem dadurch unterschieden, dass bei Wegfall der Einnahme einer süchtig-machenden Substanz starke psychische und/oder körperliche Aversionen ***(»Entzug«)*** entstehen. Einige der Sucht-erzeugenden Substanzen führen auch zu ***Toleranz.*** Toleranz bedeutet, dass die zugeführte Menge gesteigert werden muss, um positive Effekte der Euphorie zu erzielen. ***Abhängigkeit*** entsteht vor allem durch den Anreizwert von Situationen und Reizen, die in der Vergangenheit mit der süchtig machenden Substanz assoziiert waren.

Sucht und mesolimbisches Dopaminsystem

Die neuronale Grundlage der Sucht liegt in der Förderung der synaptischen Übertragung im mesolimbischen Dopaminsystem

Essentielle Beteiligung des Dopaminsystems. Das ***mesolimbische Dopaminsystem*** spielt eine strategische Rolle in der Entstehung von Sucht, weitgehend unabhängig von den Sucht erzeugenden Substanzen. Nach Zerstörung dieses Systems oder Blockade der Dopaminrezeptoren nimmt das Suchtverhalten bei Ratten ab. Dopaminerge Neurone im ventralen Tegmentum des Mittelhirns werden auch aktiviert bei Opiat-erzeugter Sucht. Alkohol und Cannabinoide erhöhen die Freisetzung von Dopamin im Nucleus accumbens.

Positive Verstärkung (Euphorie) und Verlangen. Die Entwicklung des Verlangens nach wiederholter Drogeneinnahme ist mit der Aktivität im mesolimbischen Dopaminsystem korreliert. Euphorie und Verlangen haben unterschiedliche Verläufe nach Einsetzen der Drogeneinnahme: Während das Verlangen (die Suche) nach der Droge kontinuierlich ansteigt (die Sucht im engeren Sinne!), nimmt gleichzeitig die erzeugte Euphorie (Suchtbefriedigung) ab. Allerdings steigt das Verlangen stärker als die Euphorie abnimmt. Diese Beobachtung zeigt, dass beiden Verhaltensweisen unterschiedliche Mechanismen zugrunde liegen. Die Aktivität im Nucleus accumbens nimmt in der Phase der Suche nach der Droge stark zu, nicht jedoch in der Phase der Suchtbefriedigung (Euphorie).

▪▪▪ **Rückfall in die Sucht.** Für die gleich hohe Rückfallhäufigkeit bei allen Süchten sind weniger Toleranz und Abstinenzreduktion verantwortlich, sondern die **gelernten Anreizwerte** aller Situationen und Gedanken, die in der Vergangenheit mit der Substanzeinnahme assoziiert waren. Im Laufe wiederholter Einnahme süchtig-machender Substanzen wird die **Sensibilität des dopaminergen Systems** größer, was zum **Anstieg des Verlangens** bei Auftritt von Hinweisreizen für die Aufnahme der Substanz führt. Die Freude oder Lust, die durch das Suchtmittel erzeugt werden, ist davon wenig berührt. Ebenso sind Abstinenzerscheinungen für die meisten Rückfälle nicht verantwortlich, die in der Regel lange nach Abklingen des Entzugs auftreten. Um Süchte wieder zum Verschwinden zu bringen **(Extinktion)**, müssen dieselben Situationen, die mit der Einnahme des Suchtmittels assoziiert waren, wiederholt **ohne** Einnahme der Substanz dargeboten werden. Vermutlich nimmt auf diese Weise die Verstärkung der synaptischen Übertragung (z. B. im mesolimbischen Dopaminsystem), die sich bei der Entstehung der Sucht gebildet hat, wieder ab.

Opiate und das Dopaminsystem. Während die dopaminergen Neurone bei operantem Verhalten und Sucht mehr das ***Verlangen*** nach positiv motiviertem Verhalten erzeugen, werden die endogenen Opioide mit der ***positiven affektiven Tönung*** von Belohnungsreizen in Verbindung gebracht. Diesen Effekt üben ***endogene Opioid-Systeme*** vermutlich primär durch Aktivierung endogener antinozizeptiver Systeme aus. Opiatrezeptoren befinden sich vor allem in Hirnstrukturen, die nozizeptive Impulse verarbeiten und für die Entstehung von Schmerzen bei noxischen Ereignissen verantwortlich sind (z. B. Hinterhorn des Rückenmarks, Thalamus, periaquäduktales Höhlengrau, Amygdala, Frontalkortex [▶ s. Kap. 15.4]). Der ***Sucht-erzeugende Effekt*** von Opiaten basiert vermutlich auch auf diesem aversionsunterdrückenden Effekt.

Sucht-erzeugende Substanzen und ihre Wirkungen an Neuronen. ◘ Abbildung 11.8 stellt dar, an welchen Neuronen verschiedene Sucht-erzeugende Substanzen wirken. Allen Substanzen ist gemeinsam, dass die Euphorie und das Verlangen nach der Droge über ihre Substanz-spezifischen Rezeptoren durch Aktivierung des mesolimbischen Dopaminsystems erzeugt werden. Die Mechanismen dieser Aktivierung, sind, soweit bekannt, in ◘ Tabelle 11.1 aufgeführt.

Neuroadaptation des mesolimbischen Systems

! Kurzzeit- und Langzeitwirkung von süchtig-machenden Substanzen beruhen auf unterschiedlichen molekularen Mechanismen

Suchtverlauf. Die Neurone des mesolimbischen Dopaminsystems (ventrales Tegmentum des Mittelhirns, Nucleus accumbens) spielen eine wichtige Rolle in der Suchtentstehung und -aufrechterhaltung. Eine Vielzahl von charakteristischen ***zellulären Änderungen*** treten im Verlauf einer »Drogenkarriere« (von der akuten Einnahme über die chronische Einnahme bis zu Kurzzeit- und Langzeitabstinenz) auf, welche mit dem veränderten Verhalten von drogenabhängigen Menschen und Tieren korrelieren. ◘ Abbildung 11.9 fasst die einzelnen Phasen und einige wichtige molekulare und hormonelle Änderungen, die im Folgenden z. T. besprochen werden, zusammen.

Akute Einnahme einer süchtig-machenden Substanz. Die Bindung der zugeführten Substanz an die Dopamin- oder Opiatrezeptoren der Neurone des mesolimbischen Dopaminsystems aktiviert G-Proteine, welche die Aktivität der Adenylatzyklase hemmen (▶ s. Kap. 2.3). Dies führt zur Abnahme der Aktivität von ***cAMP*** und ***cAMP-abhängigen Proteinkinasen***. Experimentelle Verhinderung des cAMP-Abfalls hemmt die intrakranielle Selbststimulation bei Ratten, und damit vermutlich auch die »Freude«, die durch diese Reizung erzeugt wird

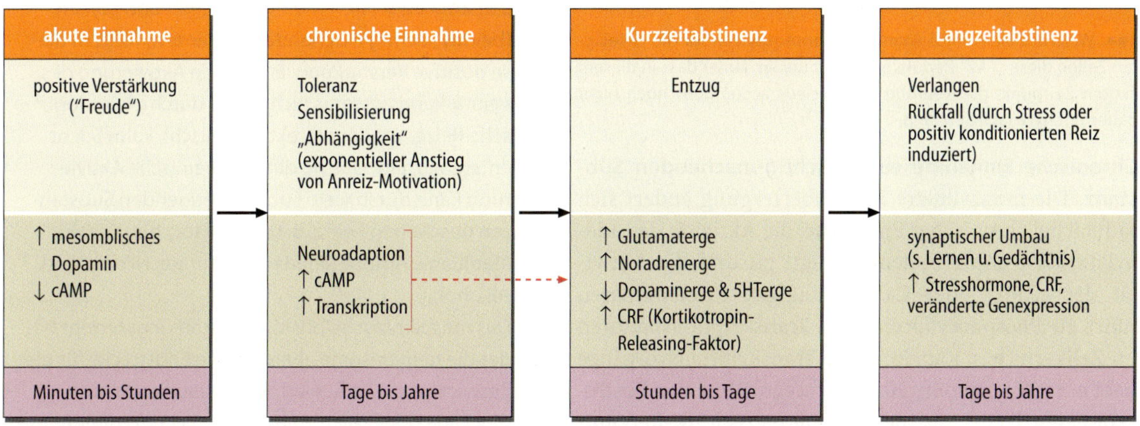

◘ **Abb. 11.9. Verlauf von Suchtverhalten auf psychologischer und molekularer Ebene.** ↑, Zunahme oder Aktivierung; ↓, Abnahme. Weiteres ▶ s. Text

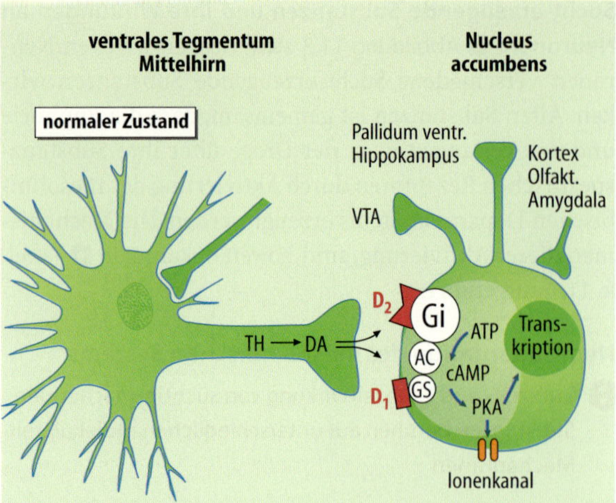

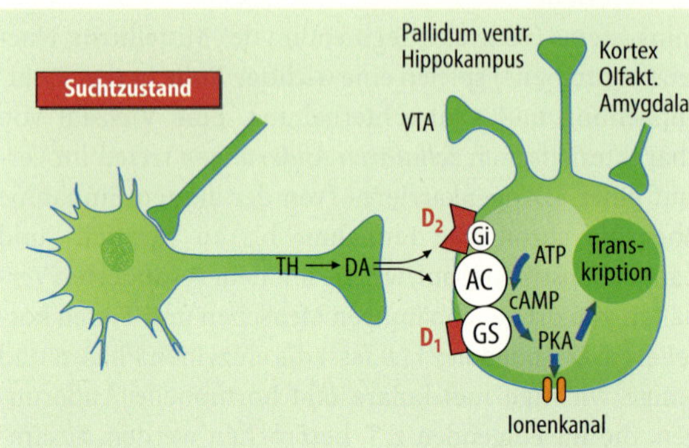

Abb. 11.10. Biochemische, anatomische und physiologische Neuroadaptation des mesolimbischen Systems im Suchtzustand. *D1, D2:* Dopamin*(DA)*-Rezeptoren; *AC:* Adenylylzyklase; *cAMP:* cyklisches Adenosinmonophosphat; *G_i:* inhibitorisches G-Protein; *G_s:* stimulierendes G-Protein; *PKA:* cAMP-abhängige Proteinkinase; *TH:* Thyrosinhydroxylase. Im Suchtzustand schrumpfen die dopaminergen Neurone, das cAMP-System in den Accumbensneuronen wird über D1-Rezeptoren und das G_s-Sytem aktiviert. Die Transkiption für verschiedene Moleküle wird aktiviert (▶ s. Abb. 11.9). Nach Self u. Nestler (1995)

(Abb. 11.10). Durch die Reduktion der cAMP-Aktivität wird auch die Phosphorylierung von Ionenkanälen und vermutlich anderer zellulärer Effektoren reduziert.

▪▪▪ Welche elektrophysiologischen Konsequenzen für die beteiligten Zellen diese cAMP-Reduktion hat, ist unklar, außer dass in diesem akuten Zeitpunkt die Neurone des Nucleus accumbens noch nicht dauerhaft hyperaktiviert sind.

Chronische Einnahme einer süchtig-machenden Substanz. Die intrazelluläre Signalübertragung ändert sich radikal bei chronischer Einnahme: die Aktivität des Adenylatzyklase-cAMP-Systems nimmt zu und die Aktivität der cAMP- oder Ca^{2+}-abhängigen Proteinkinasen führt zu Phosphorylierung von Transkriptionsfaktoren im Zellkern (▶ s. Kap. 10.3). Die Transkriptionsvorgänge haben unter anderem eine Hochregulation der Postrezeptorsignalkette für den ***dopaminergen D_1-Rezeptor*** und eine Herunterregulation für den ***D_2-Rezeptor*** zur Folge (G-Protein, Adenylatzyklase usw., Abb. 11.10). Die Erregbarkeit der adaptierten Neurone nimmt dauerhaft zu.

Neuroadaptation. Aus dem eben Beschriebenen können wir schließen, dass die zellulären Prozesse, die der Erzeugung und Aufrechterhaltung von Sucht zugrunde liegen, bei akuter und bei chronischer Verabreichung des Suchtmittels verschieden sind. Im chronischen Zustand ***schrumpfen*** die dopaminergen Neurone des mesolimbischen Systems, während die Neurone im Ncl. accumbens mit dem kompensatorischen cAMP-Anstieg und der beschleunigten Transkription ***überaktiv*** werden, wenn nicht die an die Rezeptoren bindende Substanz erneut zugeführt wird. Die ***Affinität der D_2-Rezeptoren*** für Dopamin nimmt mit zunehmender Drogeneinnahme ab. Diese Veränderung verschwindet Wochen nach Entzug wieder, während die durch Transkription erzeugten intrazellulären Änderungen über längere Zeit anhalten (Abb. 11.10). Die biochemischen, morphologischen und physiologischen Veränderung der Neurone (hier des mesolimbischen Systems), die bei chronischer Einwirkung von Suchtsubstanzen stattfinden, werden als ***Neuroadaptation*** bezeichnet.

In Kürze

Die Emotion Freude

Die neurobiologischen Grundlagen von positiven Emotionen und Verstärkung wurden durch die Selbstreizversuche von Olds etabliert. Das dopaminerge mesolimbische positive Verstärkungssystem bildet einen wichtigen Teil eines ausgedehnten subkortikal-limbischen Systems, das die Wirkung von Belohnungsreizen in allen Arealen des Vorderhirns vermittelt. Dabei projizieren dopaminerge Neurone durch das mediale Vorderhirnbündel ins Vorderhirn, vor allem in den Nucleus accumbens im ventralen Striatum und erzeugen so positive Verstärkung.

Sucht

Dopaminagonisten wie Amphetamin und Kokain (beides süchtig machende Substanzen) fördern diese positive Verstärkung. Erfolgt die Aktivierung des Verstärkungssystems nicht mehr durch physiologische Reize, sondern direkt (chemisch), kann Sucht entstehen. Eine solche direkte chemische Aktivierung kann durch viele Sucht-erzeugenden Substanzen geschehen (wie z. B. Heroin, Morphin, Kokain, Marijuana, Amphetamine, Barbiturate, Nikotin und Alkohol).

Das mesolimbische positive Verstärkungssystem bildet die gemeinsame anatomische Endstrecke für die Entwicklung und Aufrechterhaltung von Sucht. Blockade oder Zerstörung dieses Systems nimmt

▼

allen Situationen, in denen hohe positive Erregung (»Lust«) z. B. durch Drogeneinnahme erzeugt wird, ihren Anreizwert und führt zum Erliegen der Sucht. Die Neurone des mesolimbischen Systems verändern sich biochemisch, anatomisch und physiologisch bei chronischer Einwirkung von Drogen. Dieser Zustand wird als Neuroadaptation bezeichnet.

11.4 Hunger

Hunger, Sattheit und homöostatische Regulationen

Hunger und Sattheit sind eng verknüpft mit der homöostatischen Langzeitregulation der Energiereserven des Körpers und der homöostatischen Kurzzeitregulation der Nahrungsaufnahme

Die hauptsächliche Energiereserve des Körpers ist das Fettgewebe (etwa 5 bis 6 mal 10^5 KJ bei einem 75 kg schweren Mann mit 15% des Körpergewichts als Fett). Ein kleiner Teil der verfügbaren Energiereserve ist als Kohlenhydrat (in der Leber und im Skelettmuskel) gespeichert. Diese Energiereserve steht praktisch sofort zur Verfügung und reicht für etwa einen Tag. Die Regulation von Hunger und Sattheit ist mit der homöostatischen Regulation dieser Energiereserven und mit der homöostatischen Regulation der Nahrungsaufnahme eng verknüpft (Abb. 11.11):

- Die ***Regulation des Fettgewebes*** ist eine ***Langzeitregulation***, die ***langsam*** und ***quantitativ sehr genau*** ist. Unter biologischen Bedingungen wird die Größe des Fettgewebes (und damit auch das Körpergewicht) auf <1% über Monate und Jahre konstant gehalten. Die Kontrollzentren dieser Regulation im Hypothalamus erhalten ein Rückkopplungssignal vom Fettgewebe, dessen Konzentration im Blut quantitativ proportional zur Größe des Fettgewebes ist ***(Adipositassignal)***. Dieses Signal ist das Peptid ***Leptin***, welches von den Adipozyten synthetisiert wird. Insulin aus den Inselzellen des Pankreas spielt auch eine Rolle als Rückkopplungssignal in dieser Regulation.
- Die ***Regulation der Nahrungsaufnahme*** durch den Gastrointestinaltrakt ist eine ***Kurzzeitregulation***, die ***schnell*** und ***quantitativ relativ ungenau*** ist. Die Regulationszentren liegen in der Medulla oblongata (Nucleus tractus solitarii [NTS], Nucleus dorsalis nervi vagi [NDNV]) und im Hypothalamus. Sie erhalten multiple afferente neuronale und hormonelle Signale vom Gastrointestinaltrakt, die vor allem die Beendigung der Nahrungsaufnahme kontrollieren ***(Sättigungssignale)***. Vagale Afferenzen zum NTS signalisieren mechanische und chemische (Glukose, Aminosäuren, Lipide) Reize. Die Hormone Cholezystokinin (CCK) und *Glucagon Like-Peptide* (GLP) signalisieren über das neurohämale Organ Area postrema den Lipid- bzw. Glukosegehalt im oberen Dünndarm. Das Neuropeptid Ghrelin aus der Mukosa des Magens fördert die Nahrungsaufnahme. Das Neuropeptid PYY aus der Mukosa des Dünndarms hemmt die Nahrungsaufnahme. Beide Neuropeptide wirken über Neurone im Nucleus arcuatus des Hypothalamus.

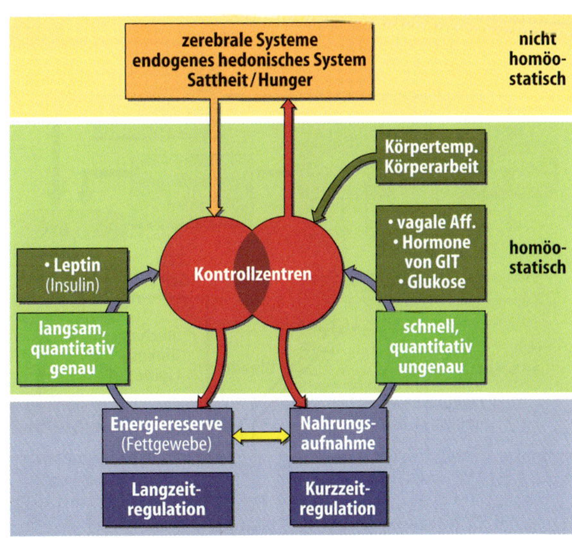

Abb. 11.11. Konzept der homöostatischen Lang- und Kurzzeitregulation von Energiereserven und Nahrungsaufnahme und ihre Kontrolle durch zerebrale Systeme. Rückkopplungssignale für homöostatische Regulationen mit Punkten markiert

- Die Zentren der homöostatischen Lang- und Kurzzeitregulationen des Fettgewebes und der Nahrungsaufnahme im ***Hypothalamus*** und in der ***Medulla oblongata*** sind synaptisch miteinander verknüpft und wirken immer zusammen (Abb. 11.12). An dieser Integration sind Neurone in verschiedenen Kerngebiete im Hypothalamus und mehrere Neuropeptide beteiligt: Die Aktivierung von Neuronen im ***Nucleus arcuatus*** mit den Peptiden NPY (Neuropeptid Y) und AgRP *(Agouti-related peptide)* und Neuronen im lateralen hypothalamischen Areal mit den Peptiden Orexin oder MCH *(Melanin Concentrating Hormone)* aktiviert die Nahrungsaufnahme und erzeugt eine ***anabole Stoffwechsellage*** (Aufbau der Energiereserven). Die Aktivierung von Neuronen im Nucleus arcuatus, die POMC (Proopiomelanocortin) und α-MSH (α-Melanozyten-stimulierendes Hormon) synthetisieren, und Neuronen im Nucleus paraventricularis hypothalami, welche die Peptide Oxytozin, CRH (Corticotropin-Releasing-Hormon) oder TRH (Thyreotropin-Releasing-Hormon) synthetisieren, hemmt die Nahrungsaufnahme und erzeugt eine ***katabole Stoffwechsellage*** (Abbau der Energiespeicher). Die wechselseitigen synaptischen Verschaltungen dieser hypothalamischen Neurone und die Wirkungen der Neuropeptide werden in ▶ Kap. 39.3 im Rahmen der Regulation des Energiehaushaltes ausführlich dargestellt.

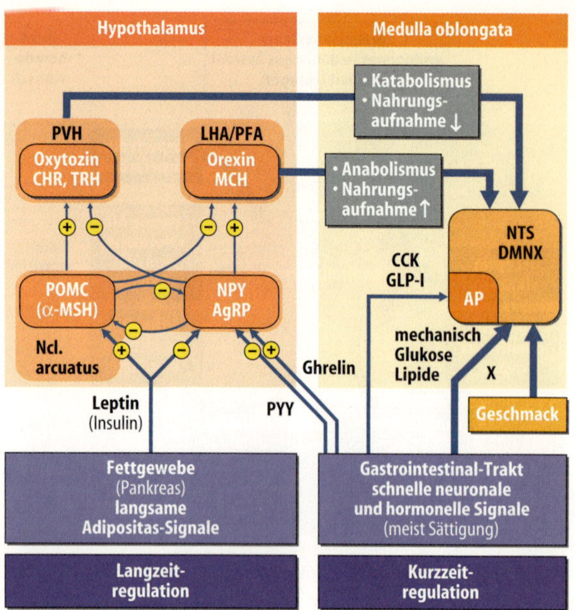

Abb. 11.12. Neuronale und hormonale Komponenten der Regulation der Nahrungsaufnahme. Afferente hormonale Signale (Leptin, Insulin, Ghrelin, Peptid YY, Glukagon-like Peptide-1) und neuronale vagale Signale vom Fettgewebe und vom Gastrointestinaltrakt. Neuronenpopulationen und ihre Verschaltung im Hypothalamus (Ncl. arcuatus, paraventricularis hypothalami *(PVH)*, laterales hypothalamisches Areal und parafornikales Areal *(LHA/PFA)*). Die Neurone sind durch ihre Neuropetide charakterisiert (▶ s. Text). Durch Wirkung auf den dorsalen Vagusmotorkomplex (*NTS:* Nucleus tractus solitarii; *NDNV:* Nucleus dorsalis nervi vagi; *AP:* Area postrema) (1) fördern die Neurone im LHA/PFA die Nahrungsaufnahme und eine anabole Stoffwechsellage und (2) hemmen die Neurone im PVH die Nahrungsaufnahme und fördern eine katabole Stoffwechsellage. ⊕: Aktivierung; ⊖: Hemmung. Nach Schwartz et al (2000)

▪▪▪ Die homöostatische Lang- und Kurzeitregulation der Energiereserven (und damit auch des Körpergewichtes) und der Nahrungsaufnahme schlagen sich in der **glukostatischen, mechanischen, thermostatischen** und **lipostatischen Hypothese** der Regulation von Nahrungsaufnahme, Hunger und Sattheit nieder. Jede dieser Hypothesen alleine kann die Regulation der Körperenergien und der Nahrungsaufnahme nicht erklären. Die beiden ersten Hypothesen gehören in den Bereich der Kurzzeitregulation, die letzten beiden Hypothesen in den Bereich der Langzeitregulation. Jede Hypothese ist an spezifische neuronale afferente, hormonelle (vom Gastrointestinaltrakt, vom Fettgewebe) und humorale (z. B. die Glukosekonzentration im Blut) Rückmeldungen aus der Peripherie gebunden und beschreibt Aspekte der Gesamtregulation.

Zentrale Repräsentationen der Empfindungen von Hunger und Sattheit

! Allgemeine Empfindungen von Hunger und Sattheit und spezifische Geschmacks- und Geruchsempfindungen sind im viszeralen sensorischen Kortex repräsentiert

Anteile und Eingänge des Viszeralkortex. Die bewussten allgemeinen Körperempfindungen von Hunger und Sattheit und die speziellen Geschmacksempfindungen sind im ***viszeralen sensorischen Kortex*** repräsentiert. Dieser Kortex besteht aus dem ***Inselkortex*** (granulär und agranulär) und dem infralimbischen Kortex. Er wird durch vielfältige mechano- und chemosensible Afferenzen vom Gastrointestinaltrakt, mechanosensible Afferenzen vom Oropharynx, durch Geschmacksafferenzen und vermutlich auch gastrointestinale Hormone (z. B. Cholezystokinin [CCK] über die Area postrema) aktiviert und moduliert.

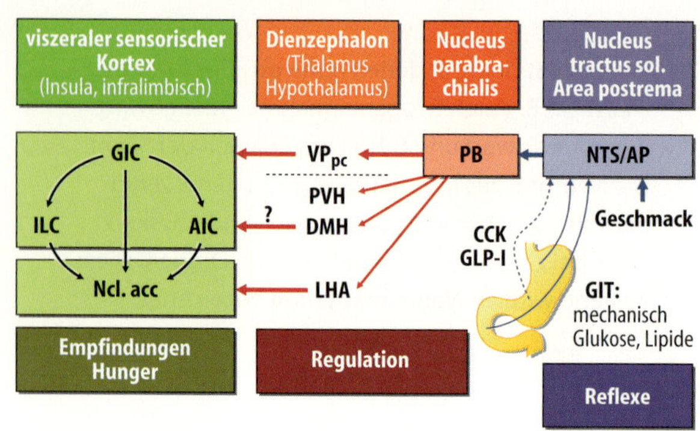

Abb. 11.13. Zentrale Repräsentation afferenter Signale vom Gastrointestinaltrakt (GIT) und von Geschmacksrezeptoren. Übertragung afferenter (neuronaler und hormoneller [CCK, GLP-1]) Signale zu den Reflexzentren in der Medulla oblongata, den Regulationszentren im Hypothalamus und den viszeralen sensorischen Kortexarealen. Dienzephalon: *VPpc:* Nucleus ventroposterior parvocellularis im Thalamus; *DMH:* Nucleus dorsomedialis im Hypothalamus; *LHA:* laterales hypothalamisches Areal; *PVH:* Nucleus paraventricularis hypothalamischer Kortex: *AIC:* agranulärer insulärer Cortex; *GIC:* granulärer insulärer Cortex; *ILC:* infralimbischer Cortex. *Ncl. Acc:* Nucleus accumbens

Verlauf der Afferenzen. Die Afferenzen vom Gastrointestinaltrakt, vom Oropharynx und von den Geschmacksrezeptoren projizieren ***viszerotop*** zum ***Nucleus tractus solitarii*** (NTS). Die Sekundärneurone im NTS projizieren viszerotop zum ***Nucleus parabrachialis*** (PB), dessen Neurone einerseits zu den Kerngebieten der hypothalamischen Regulationszentren projizieren und andererseits über einen ***speziellen Thalamuskern*** (Nucleus ventroposterior parvocellularis, VP_{pc}) zum Inselkortex (▫ Abb. 11.13). Weitere synaptische Eingänge bekommt der Inselkortex von den hypothalamischen Kerngebieten.

Viszerotopie. Im PB, VP_{pc} und im Inselkortex sind Geschmack und Gastrointestinaltrakt (neben anderen viszeralen Organen) topisch organisiert. Diese ***Viszerotopie*** ist die Grundlage für die allgemeinen Körperempfindungen (wie z. B. Hunger und Sattheit) und spezielle Geschmacksempfindungen. Das ***dopaminerge mesolimbische Verstärkersystem*** steht über den Nucleus accumbens unter der Kontrolle des viszeralen sensorischen Kortex (▫ Abb. 11.13).

Mesolimbisches System und homöostatische Regulationen

> Gelernte Anreize zur Nahrungssuche und -aufnahme überspielen die homöostatische Regulation der Körperenergien und Nahrungsaufnahme

Modulation der Homöostase. Die homöostatische Regulationen der Energiereserven und der Nahrungsaufnahme können durch nichthomöostatische Mechanismen außer Kraft gesetzt werden (◻ Abb. 11.11, 11.13). So können Anblick, Geruch, Vorstellung und Erwartung von wohlschmeckender und schön zubereiteter Nahrung die homöostatischen Sättigungsprozesse überspielen. Diese Einflüsse werden vermutlich über das ***mesolimbische dopaminerge Verstärkersystem*** vermittelt.
Interaktionsorte der homöostatischen mit den nichthomöstatischen Mechanismen. Der ***Nucleus accumbens***, welcher seinen dopaminergen synaptischen Eingang von ventralen Tegmentum des Mittelhirns (VTA) bekommt und unter der Kontrolle des ***viszeralen sensorischen Kortex*** steht (◻ Abb. 11.13), ist mit den Neuronen im lateralen hypothalamischen Areal (LHA) synaptisch reziprok verbunden. Das mesolimbische Verstärkersystem aktiviert über diese neuronale Verbindung, durch Hemmung GABAerger Neurone, die Neurone im lateralen hypothalamischen Areal und fördert die ***Nahrungsaufnahme*** und ***anabole Stoffwechsellage*** (◻ Abb. 11.12). Weiterhin können die Neurone im Nucleus accumbens von den MCH-Neuronen im LHA aktiviert werden (◻ Abb. 11.14).

Die neuronale Verschaltung zwischen LHA, Nucleus accumbens, viszeralem Kortex und dopaminergem System ist vermutlich das neuronale Substrat für die ***Integration der homöostatischen und nicht-homöostatischen Komponenten*** der Regulation von Energiereserven und Nahrungsaufnahme. Unter physiologischen Bedingungen interagieren die homöostatischen Regulationssysteme und das endogene Verstärkungssystem. Der modulierende Einfluss des mesolimbischen Verstärkungssystems und der kortikalen Systeme auf die homöostatischen Regulationssysteme sind vermutlich auch oder besonders mitverantwortlich für die Entgleisungen dieser homöostatischen Regulationen.

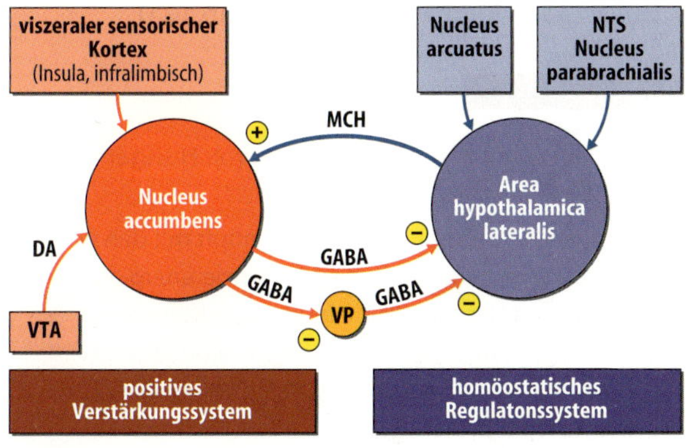

◻ **Abb. 11.14. Integration zwischen homöostatischem Regulationssystem von Nahrungsaufnahme und Energiestoffwechsel und positivem Verstärkungssystem.** Der Nucleus accumbens wird aktiviert vom lateralen Hypothalamus über MCH-Neurone und wirkt auf den lateralen Hypothalamus über (hemmende) GABAerge Neurone. Er steht unter der Kontrolle des viszeralen sensorischen Kortex und des dopaminergen Systems im ventralen tegmentalen Areal (VTA) des Mesenzephalons

▪▪▪ **Konditionierte Nahrungsaufnahme.** Bei ausreichendem Nahrungsangebot wird Essen in der Regel durch **klassische Konditionierung** (► s. Kap. 10.1) ausgelöst. Soziale und Umgebungsreize, wie Essenszeit, Geschmack und Aussehen von Speisen und die beim Essen anwesenden Personen, bestimmen Zeitpunkt und Menge der Nahrung mehr als physiologische Faktoren. Geschmacksreize allein, vor allem süß schmeckende Speisen, erhöhen den Appetit, obwohl der Hunger schon längst »gestillt« ist. Wesentlich für die Selektion bestimmter Nahrungsmittel sind besonders gelernte Geruchsaversionen oder – vorlieben.

Es handelt sich hier also um eine **vorausplanende Nahrungsaufnahme**, die abhängig ist von Kultur und Erziehung und bei der nicht ein bereits entstandenes Defizit ausgeglichen, sondern der **erwartete Energiebedarf vorwegnehmend abgedeckt** wird. Dieses Verhalten entspricht dem sekundären Trinken, welches die normale Form der Flüssigkeitszufuhr für die vorausplanende Wasseraufnahme ist (► s. Kap. 30.3).

Präresorptive und resorptive Sättigung

> Präresorptive und resorptive Sättigung sorgen für eine zeitlich gut abgestimmte Nahrungsaufnahme

Faktoren der präresorptiven Sättigung. Die mit der Nahrungsaufnahme verbundene ***Reizung der Geruchs-, Geschmacks- und Mechanorezeptoren*** des Nasen-Mund-Rachen-Raumes und der Speiseröhre und möglicherweise der Kauakt selbst tragen zur präresorptiven Sättigung bei. Ihr Einfluss auf Einleitung und Aufrechterhaltung der Sättigung ist allerdings gering. Diese temporäre präresorptive Sättigung wird gefördert durch Erregung von chemosensiblen (Glukose, Aminosäuren, Lipide) und mechanosensiblen vagalen Afferenzen vom Magen und oberen Dünndarm.
Faktoren der resorptiven Sättigung. An der resorptiven Sättigung sind ***chemosensible vagale Afferenzen und gastrointestinale Hormone des Verdauungstraktes***, welche die Regulationszentren über die noch im Darm vorhandene Konzentration an verwertbaren Nahrungsstoffen informieren, beteiligt. Außerdem spielen gastrointestinale Hormone bei der Langzeitsättigung eine bedeutsame Rolle (► s. Kap. 39.3). So wirken z. B. die beiden Neuropeptide ***Cholezystokinin*** und ***Glukagon-Like-Peptide (GLP)*** über die Area postrema hemmend und fördern die Sättigung. Ob Cholezystokinin Sättigung oder Aversion (Übelkeit) verursacht, ist unklar.

11.3. Übergewicht und Fettsucht als medizinisches und gesundheitspolitisches Problem

Übergewicht und Fettsucht sind ein Ausdruck für die Fehlregulation von Energiehaushalt, Hunger und Sattheit. Beide können durch den Körpermasseindex (*Body-Mass-Index*, BMI) quantitativ bestimmt werden. (Körpergewicht in kg geteilt durch die Körpergröße in Metern zum Quadrat [kg/m^2]). Der BMI ist proportional zur Menge des Fettgewebes. Nach epidemiologischen Untersuchungen der Weltgesundheitsorganisation (WHO) gilt folgende Beziehung zwischen der Maßzahl des BMI und der Einstufung des Körpergewichtes als normal oder krankhaft:

BMI	WHO	populäre Beschreibung
< 18,5	Untergewicht	dünn
18,5–24,9	Normalgewicht	gesund, normal
25–29,9	Grad 1 Übergew.	Übergewicht
30–39,8	Grad 2 Übergew.	Fettsucht
> 40	Grad 3 Übergew.	krankhafte Fettsucht

Der BMI ist hoch korreliert mit der Häufigkeit des Auftretens bestimmter Erkrankungen, wie z. B. Erkrankungen des kardiovaskulären Systems (Bluthochdruck, Koronarerkrankungen), Diabetes Typ 2, Gelenk- und Wirbelsäulenerkrankungen. Die Prävalenz (Häufigkeit) des Auftretens von Fettsucht (BMI > 30) in den industrialisierten westlichen Ländern betrug im Jahre 2000 etwa 15–20 % und wird voraussichtlich im Jahre 2025 auf 30–40 % der erwachsenen Bevölkerung ansteigen. Wenn keine gesundheitspolitischen und therapeutischen Maßnahmen getroffen werden, wird diese vorhergesagte Entwicklung die finanziellen Möglichkeiten jedes solidarisch organisierten Gesundheitssystems völlig erschöpfen. Ein wichtiger Weg, diesem Trend Einhalt zu gebieten, besteht darin, die Erkenntnisse über die neuronalen, neuroendokrinen, molekularen, psychobiologischen und sozialen Mechanismen der Regulation von Energiehaushalt, Hunger und Sattheit in präventive und therapeutische Maßnahmen umzusetzen. Solche Erkenntnisse können nur in einem integrierten neurobiologischen Forschungsansatz gewonnen werden. (Nach Kopelman, Nature 404, 635, 2000)

Entgleisung der Regulation von Hunger und Sattheit

Fettsucht (Obesitas) und Magersucht (Anorexia nervosa) kombiniert mit Essattacken nach freiwilligen Perioden des Fastens (Bulimia nervosa) haben biologische und psychologische Ursachen

Anorexie und Bulimie. Essensverweigerung, welche zur Magersucht führt, und Esssucht (Bulimie) sind überdurchschnittlich häufig bei Mädchen oder jüngeren Frauen der Mittel- und Oberschicht anzutreffen. Ihre Entstehung ist primär ***kulturell-psychologisch*** durch die Angst vor Übergewicht und Verlust des Schlankheitsideals erzeugt. Beide Störungen werden stets von einer ***Diät*** ausgelöst. Die biologischen Folgen ***exzessiven Fastens***, die mit der psychologischen Störung ursächlich nicht verknüpft sind, stellen die eigentliche Gefährdung dar und halten den Teufelskreis aus Fasten und Erfolgserlebnis (schlank bleiben) aufrecht: Endokrine Systeme, vor allem das Hypophysen-Nebennierenrinden-System und Systeme, welche die Sexual- und Reproduktionsfunktionen steuern, sind während des Fastens gestört. Vereinzelt wurde sogar der ***Verlust von Hirnsubstanz*** beobachtet. Diese Veränderungen werden für die negativen ***Langzeitfolgen*** (psychische Störungen, dauerhafte Gewichtsprobleme) bei etwa 30 % der Patienten verantwortlich gemacht. Es wird vermutet, dass die psychischen und organischen Folgen dieser Störungen das Beibehalten strenger Fastenregeln erleichtern.

Malignes Übergewicht (Adipositas). Anders ist die Situation bei der Adipositas. Biologisch-hereditäre Faktoren der Stoffwechselrate spielen dabei eine große Rolle, aber auch hier wird durch häufiges Diäten und Fasten der langfristige Gewichtsanstieg erhöht und damit das Problem verschlimmert. Natürlich überschreitet bei übergewichtigen Personen netto die Energieaufnahme die verbrauchte Energie; aber Übergewichtige nehmen im Allgemeinen kaum mehr Kalorien als Normalgewichtige auf. Untersuchungen an getrennt aufgewachsenen ***eineiigen Zwillingen*** und Adoptierten zeigen, dass die Stoffwechselrate und Wärmeabgabe in Ruhe, die Energieabgabe bei Bewegung und die Vorlieben für die Zusammensetzung der Nahrung (Anteile an Kohlenhydraten, Proteinen und Fetten) einen genetischen Anteil von 50–80 % aufweisen. Dicke Personen sind häufig ***effizientere »Verwerter«***, die ihre überschüssigen Kalorien im Langzeitfettreservoir ablegen und weniger in Wärme umwandeln (► s. Kap. 39.3).

In Kürze

Homöostatische Regulation von Hunger und Sattheit

Hunger und Sattheit sind eng verknüpft mit den homöostatischen Regulationen der Körperenergiereserven und Nahrungsaufnahme. Diese Körperempfindungen sind im viszeralen sensorischen Kortex (Inselkortex) mit anderen viszeralen Empfindungen viszerotop repräsentiert.

Die homöostatischen Regulationen werden vom dopaminergen mesolimbischen System moduliert und stehen auch unter der Kontrolle des viszeralen Kortex. Diese Einflüsse können die homöostatischen Sättigungsprozesse überspielen.

▼

Präresorptive und resorptive Sättigung

Präresorptive und resorptive Sättigung sorgen für eine zeitlich gut abgestimmte Nahrungsaufnahme:

- Die Reizung der Geruchs-, Geschmacks- und Mechanorezeptoren des Nasen-Mund-Rachen-Raumes und der Speiseröhre und möglicherweise der Kauakt selbst tragen zur präresorptiven Sättigung bei.
- An der resorptiven Sättigung sind chemosensible Afferenzen und gastrointestinale Hormone des Verdauungstraktes, welche die Regulationszentren über die noch im Darm vorhandene Konzentration an verwertbaren Nahrungsstoffen informieren, beteiligt.

Entgleisungen der homöostatischen Regulationen und ihrer übergeordneten Modulation führen zu Übergewicht (Adipositas) oder Anorexie (Magersucht) mit Esssucht.

11.5 Sexualverhalten

Entwicklung des Sexualverhaltens

Die prä- und postnatale Differenzierung von Sexualorganen und Gehirn bestimmt gemeinsam mit Lernprozessen das Sexualverhalten des Menschen

Defeminisierung und Maskulinisierung. Unabhängig von den Geschlechtschromosomen entwickelt sich der Fetus in den ersten Schwangerschaftswochen bisexuell, d.h. geschlechtsindifferent. Bei Vorhandensein eines XY-Chromosoms werden ab der 6.–7. Woche ***Testeswachstum*** und ***Androgenproduktion*** und somit Maskulinisierung von Körper und Gehirn eingeleitet. Ohne Androgene bleibt der sich entwickelnde Organismus weiblich ***(Eva-Prinzip)***. Androgene, vor allem ***Testosteron***, haben in der Zeit vor und kurz nach der Geburt den entscheidenden ***organisierenden*** Effekt für die Hirnentwicklung, und in der Pubertät und danach einen primär ***aktivierenden*** Effekt auf das Sexualverhalten.

▪▪▪ Unter dem organisierenden Einfluss von Hormonen verstehen wir die Tatsache, dass sie den Zellstoffwechsel in einer bestimmten Körperregion reversibel oder irreversibel ändern, z.B. den Aufbau der für Sexualverhalten verantwortlichen hypothalamischen Kerne. Aktivierend wirken Hormone dann, wenn sie eine bestehende Struktur des Zellstoffwechsels, die bisher inaktiv war, zu ihrer Funktion anregen, ohne sie qualitativ zu ändern.

Bei der Entwicklung des Fetus unterscheiden wir zwischen ***Defeminisierung*** und ***Maskulinisierung***:

- ***Defeminisierung*** ist die Folge der Hemmung der Entwicklung jener neuronalen Strukturen, die weibliches Sexualverhalten steuern, durch Androgene.
- ***Maskulinisierung*** des Verhaltens ist die Folge der Anregung der Entwicklung jener neuronalen Strukturen durch Androgene, die männliches Sexualverhalten steuern.

Beim Menschen wird der aktuelle Ablauf des Sexualverhaltens durch die unterschiedliche Entwicklung einzelner neuronaler Strukturen (s.u.) wenig beeinflusst; der weibliche und männliche sexuelle Reaktionszyklus ist ähnlich. Entscheidend ist der organisierende Einfluss der Androgene auf die ***sexuelle Orientierung*** des späteren Heranwachsenden und Erwachsenen. Im Gehirn wird Testosteron in Estradiol umgewandelt, das die Maskulinisierung des Gehirns bewirkt.

Mechanismen der Maskulinisierung in der Entwicklung. Das ***Y-Chromosom*** ist verantwortlich für die Umwandlung undifferenzierter Gonaden in männliche Testikel. Beim fehlen des Y-Chromosoms differenzieren die Gonaden zu Ovarien. Die Entwicklung der Testikel löst eine Kaskade von Veränderungen aus, von denen die ***sexuelle Diffenzierung des Gehirns*** die wichtigste ist. Die Testes produzieren Androgene, welche die Maskulinisierung des zentralen Nervensystems steuern. Im Nervengewebe wird durch das Enzym Aromatase aus Testosteron Estradiol gebildet. Dieses Steroid fördert das Wachstum von Neuronenverbindungen und verhindert den Zelltod (Apoptose) in einigen Regionen des Hypothalamus. Der ***dimorphe Kern*** in der ***Area praeoptica*** vergrößert sich; er ist nach der Pubertät für die sexuellen Reaktionen beim Mann wichtig. Da die weiblichen Gonaden keinen Anstieg von Estrogenen in der frühen Entwicklung bewirken, »entgehen« weibliche Gehirne dieser steroidabhängigen Transformation.

Weibliche und männliche Homosexualität. ***Androgenisierung*** des sich entwickelnden ***weiblichen Gehirns*** führt zur Defeminisierung der weiblichen Partnerwahl, d.h. die Wahrscheinlichkeit für die Wahl eines männlichen Partners sinkt; gleichzeitig kann aber Maskulinisierung auftreten, d.h. die Wahrscheinlichkeit für die Wahl eines weiblichen Partners steigt ***(Lesbismus)***. Androgenisierung des weiblichen Fetus kann noch relativ spät in der Schwangerschaft erfolgen, z.B. durch pathologischen Anstieg der von der Nebenniere produzierten Androgene (▶ S. 11.4).

Homosexuelle Orientierung beim Mann ist nicht eindeutig auf reduzierte Androgeneinflüsse zurückzuführen. Wahrscheinlich ist reduzierte Defeminisierung und reduzierte Maskulinisierung als Ursache anzusehen. Reduzierte Maskulinisierung durch zu geringe Testosteronkonzentrationen im Fetus in den mittleren oder letzten Schwangerschaftsmonaten könnte z.B. durch starke psychische Belastung der Mutter während der Schwangerschaft bedingt sein, oder organisch erzeugt werden. Tatsächlich wurde im vorderen Hypothalamus bei homosexuellen Männern ein androgensensibler Kern gefunden, der dieselbe Größe wie bei heterosexuellen Frauen aufwies, aber etwa drei Mal kleiner war als bei heterosexuellen Männern. Das Testosteronniveau erwachsener männlicher Homosexueller und Bi- oder Heterosexueller ist gleich.

Für die ***primäre Homosexualität*** bei Frau und Mann, die bereits vor der Pubertät ausschließlich auf das eigene (sichtbare) Geschlecht gerichtet ist, auch wenn die Möglichkeit andersgeschlechtliche Partner zu wählen vorhanden ist, spielen Erziehung und psychologische Einflüsse vermutlich keine oder nur eine geringe Rolle.

11.4. Kongenitale adrenale Hyperplasie (CAH)

Bei genetisch weiblichen Personen kommt es gelegentlich vor, dass die Nebennierenrinden hohe Mengen von Androgenen erzeugen, so dass der weibliche Organismus, vor allem das Gehirn, in der Entwicklung diesen zirkulierenden Androgenen ausgesetzt ist. Bei der Geburt haben diese Frauen normale Ovarien und keine Testes, aber die äußeren Genitalien sind fehlentwickelt: sie haben eine große Klitoris oder einen kleinen Penis. Durch chirurgische Eingriffe und Medikation werden diese Frauen in ihrem äußeren Aussehen verweiblicht. Je nach Ausmaß der Vermännlichung des Gehirns und dem Zeitpunkt der Schädigung ist im Vergleich zu normalen Frauen ein höherer Prozentsatz der erwachsenen CAH-Frauen homosexuell: Sie sind in ihrem Verhalten aggressiver und »männlicher«.

Integration neuronaler und hormonaler Mechanismen

Sexualverhalten ist an die Integration von neuronalen und hormonalen Mechanismen im Rückenmark und Hypothalamus gebunden

Spinale und supraspinale Mechanismen des Sexualverhaltens. Die reflexhaften Anteile der männlichen und weiblichen sexuellen Reaktionen, wie ***Erektion***, ***Ejakulation*** und ***orgastische Vaginalkontraktion*** können vom sakralen Rückenmark allein ausgelöst werden. Neurone in diesen Spinalregionen sind reich an Rezeptoren, die Androgene und Östrogene binden. Diese ***autonomen spinalen Reflexe***, die von darüber liegenden Strukturen des Zwischenhirns moduliert werden, stellen das periphere Ende der sexuellen Reflexhierarchie dar (► s. Kap. 20.8).

Bei ***männlichen*** Säugetieren ist die ***mediale präoptische Region (MPOR)*** des Hypothalamus für koordiniertes Kopulationsverhalten verantwortlich. Innerhalb der MPOR (► s. Abb. 11.15) ist vor allem der so genannte ***sexuell dimorphe Nukleus*** (SDM, zentraler Teil der MPOR) reich an Testosteron und Testeronrezeptoren. Über seine präzise Lage im menschlichen Gehirn besteht noch Unklarheit.

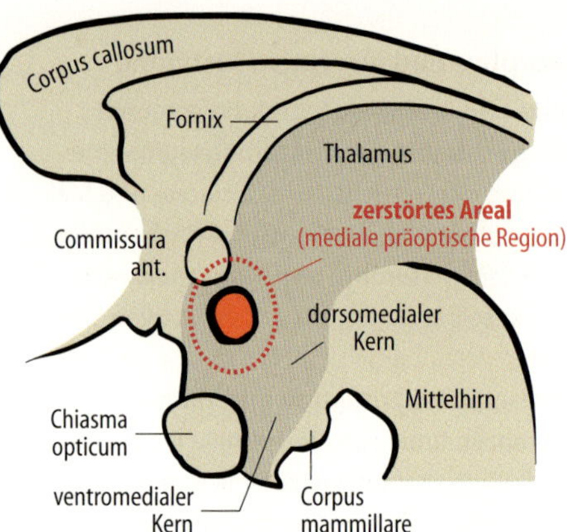

Abb. 11.15. Mediale präoptische Region des Hypothalamus un Kopulationsverhalten. Sagittale Ansicht dieser Region beim Rhesusaffen. Ihre Zerstörung (*gestrichelte rote* und *dick umrandete* Region, *blau*) führt zu Störung kopulatorischer Reaktionen. Dieser Kern ist auch für die Maskulinisierung verantwortlich und beim männlichen Geschlecht vergrößert (► s. Text)

▪▪▪ Dieses Kerngebiet ist allerdings nicht für die »Lust« auf sexuelles Verhalten oder die sexuelle Orientierung verantwortlich, denn Tiere mit Zerstörung des SDM masturbieren und nähern sich weiblichen Tieren »in sexueller Absicht« an, können aber die vorhandenen Umweltreize nicht mit ihren motorischen Programmen zu einem geordneten Reaktionszyklus koordinieren.

Das ***weibliche*** Pendant zur MPOR liegt im ***ventromedialen Kern des Hypothalamus***. Teile dieser Kerne sind reich an Estradiol-Progesteron und steuern die Koordination der Körperposition (z. B. die Lordose bei der Ratte), die dem Männchen Intromission ermöglicht. Beim weiblichen Tier sind diese Regionen größer und mehr als doppelt so reich an weiblichen Sexualhormonen wie beim Männchen.

Rolle der Sexualhormone bei der Förderung sozialer Bindung. Sexuelles Verhalten hat nicht nur reproduktive Bedeutung, sondern verstärkt und festigt ***soziale Bindung*** und ***Zusammenhalt***, sowohl beim Kleinkind als auch beim Erwachsenen. Die Hypophysenhormnone ***Oxytozin***, ***Adiuretin*** und ***Prolaktin***, die auch in Neuronen in verschiedenen Regionen des limbischen Systems und des Hypothalamus synthetisiert werden, sind an diesen Funktionen beteiligt. Oxytozin, welches aus der Neurohypophyse freigesetzt wird, löst Geburtswehen aus. Darüberhinaus begünstigt dieses Neuropeptid mütterliche Zuwendung, in Kombination mit Androgenen reproduktives Verhalten und in Kombination mit Opioiden körperliche Annäherung.

In Kürze

Sexualverhalten

Sexualverhalten und sexuelle Orientierung werden primär durch die pränatale Entwicklung von Teilen

▼

des Zwischenhirns unter dem Einfluss von peripheren Sexualhormonen bestimmt. Hetero- und homosexuelle Orientierung hängen von den organisierenden Effekten von Androgenen auf das ZNS ab. Weibliches und männliches Gehirn zeigen in Regionen, die eine hohe Dichte von Rezeptoren für Sexualhormone aufweisen, anatomische Unterschiede.
Sexualverhalten ist an die Integration von neuronalen und hormonalen Mechanismen im Rückenmark und Hypothalamus gebunden:

- Die reflexartigen Anteile sexueller Reaktionen können vom sakralen Rückenmark alleine ausgelöst werden.
- Die präoptische Region des Hypothalamus scheint für die Organisation koordinierten Sexualverhaltens von Attraktion bis Kopulation wichtig zu sein. Ihre Funktionstüchtigkeit hängt beim männlichen Organismus von der Produktion der Androgene in den Sexualorganen ab.

Literatur

Becker SB, Breedlove SM, Crews D (eds) (2002) Behavioral endocrinology. 2nd edn. MIT Press, Cambridge, Massachusetts

Birbaumer N, Schmidt RF (2002) Biologische Psychologie, 5. Aufl. Springer, Berlin Heidelberg New York

Birbaumer N, Öhman A (eds) (1993) The structure of emotions. Hogrefe, Huber, Toronto

Carlson NR (1991) Physiology of behavior, 4th edn. Allyn and Bycon, Boston

Davidson RJ, Scherer KR, Goldsmith HH (eds) (2003) Handbook of Affective Sciences. Oxford University Press, New York

Jänig W (2003) The autonomic nervous system and its co-ordination by the brain. In: Davidson RJ, Scherer KR, Goldsmith HH (eds) Handbook of Affective Sciences, Part II: Autonomic Psychophysiology: 135–186. Oxford University Press, New York

LeVay S, Valente S (2002) Human Sexuality. Sinauer, Sunderland

Robinson T, Berridge K (1993) The neural basis of drug craving: an incentive-sensitization theory of addiction. Brain Res Rev 18: 241–291

Schmidt RF, Schaible HG (Hrsg) (2001) Neuro- und Sinnesphysiologie. 4. Aufl. Springer, Berlin Heidelberg New York

Stahl SM (2000) Essential Psychopharmacology. 2nd edn. Cambridge University Press, Cambridge

Kapitel 12
Kognitive Funktionen und Denken

N. Birbaumer, R. F. Schmidt

Einleitung

Der Sprengmeister Phineas Gage erledigte seine Arbeit gewissenhaft und war ein »vorbildlicher« Familienvater. Bei einer frühzeitigen Detonation drang der Eisenstab, den er zum Feststampfen des Dynamits im Sprengloch nutzte, in sein Stirnhirn ein. Er überlebte und nach seiner Genesung zeigten sich in vieler Hinsicht keine besonderen Ausfälle. So war seine Intelligenz unverändert, sein Gedächtnis gut und seine Sinnesfunktion und die Bewegungsabläufe normal. Aber sein Verhalten war und blieb verändert: Arbeit und Familie interessierten ihn nicht mehr, er lebte in den Tag hinein, wurde unzuverlässig und vulgär. Mit der Zerstörung eines großen Teils seines präfrontalen Kortex war es zum Ausfall spezifischer kognitiver Funktionen gekommen, die auch für unser Sozialverhalten von großer Bedeutung sind.

Unter kognitiven Funktionen verstehen wir alle bewussten und nicht bewussten Vorgänge, die bei der Verarbeitung von Organismus-externer oder -interner Information ablaufen, z.B. Verschlüsselung (Codierung), Vergleich mit gespeicherter Information, Verteilung der Information und sprachlich-begriffliche Äußerung. Als psychische Funktionen grenzen wir Denken, Gedächtnis und Wahrnehmung von den Trieben und Gefühlen als psychische Kräfte ab.

12.1 Zerebrale Asymmetrie

Analoge und sequentielle Verarbeitung

Die beiden Hemisphären des Neokortex weisen zwar unterschiedliche Arten von Informationsverarbeitung auf, für Verhalten und Denken ist aber die Zusammenarbeit der rechten und linken Hemisphäre unerlässlich

Dynamische Knotenpunkte. Denken und Sprache sind weitgehend an die Intaktheit beider Großhirnhälften gebunden. Allerdings sind kortikal-kognitive Funktionen eng mit subkortikalen motivationalen Prozessen verbunden. Obwohl der Neokortex keine »fest verdrahteten« Verbindungen zu Organsystemen außerhalb des Gehirns aufweist (abgesehen von den primär sensorischen und motorischen Rindenfeldern), ist doch eine gewisse ***Groblokalisation dynamischer Knotenpunkte*** für einzelne psychische Funktionen erkennbar. Die Analyse dieser dynamischen Knotenpunkte ist nicht nur von theoretischem Interesse, sondern für die Diagnose und Rehabilitation von Hirnschäden und geistigen Störungen von praktisch-klinischer Bedeutung.

Hemisphärenasymmetrien. Aus Untersuchungen von Menschen mit einseitigen Hirnläsionen, von Patienten mit durchtrenntem Corpus callosum *(Split Brain)* und aus psychophysiologischen Experimenten ergibt sich als erste Groblokalisation, dass für eine Reihe von Verhaltensleistungen jeweils *eine* der beiden Hemisphären besonders wichtig ist. Tabelle 12.1 gibt eine Übersicht über die ***zerebrale Lateralisation*** bei rechtshändigen Menschen. Dieses Muster von lateralisierten Funktionen findet sich in dieser Form bei keinem Tier, wenngleich einzelne Funktionen auch bei Tieren lateralisiert sind (z.B. der Gesang männlicher Vögel aus der linken Hemisphäre oder, wie beim Menschen, das »Gesichter-Erkennen« in der rechten unteren Temporalregion bei Menschenaffen).

Die in Tabelle 12.1 angeführten Unterschiede sind, absolut gesehen, nicht groß, sondern nur ***relativ, als »Übergewicht« einer Seite*** zu sehen. Die inter- und intraindividuellen Variationen sind dagegen erheblich. Im sprachlichen Bereich besteht die Dominanz der linken Hemisphäre primär für ***syntaktische Funktionswörter und Phrasen*** (z.B. der, jetzt, ist), während ***Inhaltswörter*** (Haus, Vater, schön) weniger stark lateralisiert sind.

Denkstrategien rechts und links. Wie jede Person spezifische Begabungen aufweist, so scheinen auch die beiden Hemisphären bevorzugte »Begabungen« für bestimmte Denkstrategien zu besitzen. Abbildung 12.1 illustriert an einem einfachen Experiment, worin diese bevorzugten Denkstrategien bestehen:

- Die ***rechte*** Hemisphäre denkt in Analogien, also in Ähnlichkeitsbeziehungen und versucht das Ganze einer räumlichen oder visuellen Struktur »gestalthaft« zu erfassen. Man spricht auch von ***analog-gestalthafter Informationsverarbeitung***.
- Die Informationsverarbeitung der ***linken*** Hemisphäre ist dagegen auf die kausalen Inferenzen, auf Ursache-Wirkungsbeziehungen und auf das Ausgleichen logischer Widersprüche konzentriert. Man spricht auch von ***sequenzieller Informationsverarbeitung***.

Anzumerken bleibt, dass praktisch alle in Tabelle 12.1 gezeigten Funktionen von der jeweils gegenüberliegenden Hemisphäre übernommen werden können, wenn eine Hemisphäre vor dem 4. Lebensjahr geschädigt wird.

Evolution der zerebralen Asymmetrie

Die zerebrale Asymmetrie entwickelt sich möglicherweise in utero; die Lateralität von Händigkeit, Sprache und visuell-räumlicher Funktionen könnte dennoch weitgehend unabhängig voneinander auftreten

Verteilung von Händigkeit und Sprachdominanz. Der bevorzugte Gebrauch der rechten Hand könnte entweder Ursache oder Folge der Hirnlateralisierung sein. Lateralisierung von Sprache und Händigkeit könnten aber auch unabhängig voneinander sein. Die Lateralisierung von Sprachdominanz in der linken Hemisphäre tritt meist, aber nicht immer, mit Rechtshändigkeit zusammen auf, Sprachdominanz rechts (kommt nur bei wenigen Personen vor) ist nicht mit Linkshändigkeit korreliert.

Tabelle 12.1. Zusammenfassung der Daten zur zerebralen Lateralisation

Funktion	Linke Hemisphäre	Rechte Hemisphäre
Visuelles System	Buchstaben, Wörter	Komplexe geometrische Muster, Gesichter
Auditorisches System	Sprachbezogene Laute	Nichtsprachbezogene externe Geräusche, Musik
Somatosensorisches System	?	Taktiles Wiedererkennen von komplexen Mustern
Bewegung	Komplexe Willkürbewegung	Bewegungen in räumlichen Mustern
Gedächtnis	Verbales Gedächtnis	Nonverbales Gedächtnis
Sprache	Sprechen Lesen Schreiben Rechnen	Prosodie
Räumliche Prozesse		Geometrie Richtungssinn Mentale Rotation von Formen
Emotion	neutral-positiv	negativ-depressiv

Anmerkung: Funktionen der jeweiligen Hemisphären die überwiegend von der einen Hemisphäre bei Rechtshändern gesteuert werden

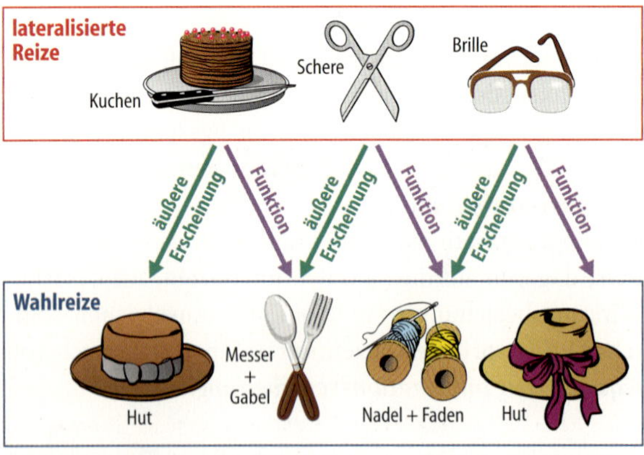

Abb. 12.1. Funktion und äußere Erscheinung. Informationsverarbeitung der rechten und linken Hemisphäre bei *Split-Brain*-Patienten. Die Figuren der *oberen Reihe* werden lateralisiert einer der beiden Hemisphären dargeboten, d.h. das Objekt wird entweder nur in das linke Gesichtsfeld (rechte Hemisphäre) oder das rechte Gesichtsfeld (linke Hemisphäre) projiziert. Der Patient wird instruiert, aus den Wahlreizen der *unteren Zeile* jene herauszusuchen, die am besten zu dem Reiz der oberen Objekte passen

Ursache der zerebralen Asymmetrien. Die Präferenz für die rechte Körperseite bei Bewegungen und des rechten Ohres (linke Hemisphäre) für Sprachlaute ist bei der Geburt bereits vorhanden. Dabei entwickelt sich eine stabile rechte Handpräferenz später als die überlegene Fähigkeit der rechten Hemisphäre für die Verarbeitung visuell-räumlicher Aufgaben. Die Lateralisierung der visuell-räumlichen Funktionen in der rechten Hemisphäre könnte durch die ***bevorzugte Aktivierung*** der ***fetalen linken Vestibulärorgane*** und damit der ***rechten Hemisphäre*** während der Schwangerschaft entstehen.

Die übliche Lage des Fetus mit der rechten Körper- und Gesichtsseite nach außen bewirkt nämlich, dass einerseits der ***linke*** Utrikulus (der bevorzugt in die rechte Hemisphäre projiziert) und andererseits das ***rechte*** Ohr (projiziert bevorzugt in die linke Hemisphäre) durch das Gehen bzw. Sprechen der Mutter bevorzugt gereizt werden. Unter dem Einfluss akustischer Reize, insbesondere von Sprachreizen, entwickelt sich in den letzten Schwangerschaftsmonaten die ***dominante Verbindung rechtes Ohr – linke Hemisphäre*** mit verstärkter anatomischer Ausprägung der linken Hemisphäre für die Sprachregionen. So gesehen ist es wahrscheinlich so, dass die bei ca. 75 % der Erdbevölkerung anzutreffende ***Bevorzugung*** der ***rechten Hand*** mit dem ***aufrechten Gang des Menschen*** zu tun hat, da bei unseren nächsten Verwandten, den Menschenaffen, keine starke Lateralisierung von Hand und Kommunikation vorhanden ist. Der horizontale Gang auf vier Beinen stimuliert den Fetus rechts und links gleich. Erst durch die Aufrichtung des Menschen wird die Stimulation des Fetus rechts und links unterschiedlich. Dies könnte dann Sprachlokalisation und Händigkeit beeinflussen.

Begabungsunterschiede und zerebrale Asymmetrie

Die Ausprägung unterschiedlicher Talente könnte mit der Lateralisierung für bestimmte Verhaltensweisen zusammenhängen

Geschlechtsunterschiede der Lateralisierung. Die Hypothese der bevorzugten Reizung von linkem Vestibularorgan und rechtem Ohr während der Schwangerschaft versucht eine Reihe von ***Unterschieden*** in der ***Lateralisierung*** zu erklären. Zu diesen zählen:

- Die Tatsache, dass das weibliche Geschlecht in ***verbalen Fähigkeiten*** (linkshemisphärische Funktion) leicht überlegen, andererseits die Sprachlateralisation weniger ausgeprägt ist, während Männer ***räumlich-geometrische*** Aufgaben besser lösen. Frauen haben ausgeprägtere Sprachstörungen nach links-frontalen Läsionen, Männer nach links-parietalen Läsionen.
- Das mehr nach außen gerichtete Ohr des männlichen Fetus (verursacht durch eine größere linke Gesichtsseite) bewirkt eine ***verstärkte Linkslateralisierung der Sprache*** bei zwei Drittel der ***Männer***. Die geringere Lateralisierung der Frauen für Sprache beruht wahrscheinlich auf starkem interhemisphärischen Informationsaustausch, der durch das bei Frauen oft dickere posteriore Corpus callosum ermöglicht wird.
- Die etwas ***bessere Sprachleistung der Frauen*** und die leicht erhöhte ***räumliche (vestibuläre) Fähigkeit der Männer*** könnte mit der geringeren Lateralisierung des jeweiligen Geschlechts für diese beiden Funktionen zusammenhängen. Eine weniger ausgeprägte Lateralisierung ermöglicht verbesserten und rascheren Informationsaustausch durch verringerte kontralaterale Hemmung der jeweils gegenüberliegenden Hemisphäre.

▪▪▪ **Strukturelle Unterschiede als Grundlage der Lateralisierungen.** Die Lateralisierung kognitiver Funktionen beruht möglicherweise auf anatomischen Unterschieden der beiden Hirnhälften. So wurden Links-Rechts-Unterschiede nicht nur in verschiedenen Teilen des Kortex – z. B. in der Broca-Region und in der Wernicke-Region (▶ s. S. 264) – gefunden, sondern auch subkortikal, etwa im Thalamus. Diese Unterschiede sind nicht nur makroskopisch, d. h. sie betreffen die Größe einzelner Hirnareale, z. B. die des Planum temporale, das meist links größer ist, sie zeigen sich auch mikroskopisch in der Neuroanatomie einzelner Neurone, etwa der Somagröße von Pyramidenzellen oder der Verzweigungsstruktur ihrer Dendritenbäume. Eine Theorie, die erklären könnte, warum solche neuroanatomischen Unterschiede Hemisphärendominanz für bestimmte kognitive Prozesse bewirkt, liegt zurzeit nur in Ansätzen vor. Die Annahme erscheint aber plausibel, dass neuroanatomische Unterschiede funktionelle Unterschiede bedingen.

Hauptursache der zerebralen Asymmetrie. Alle angeführten Unterschiede zwischen den Leistungen der rechten und linken Hemisphäre könnten auf einen gemeinsamen anatomischen Unterschied zurückzuführen sein: die ***variablere*** intrakortikale axonale ***Kommunikation der linken Hirnhemisphäre***, bedingt durch variablere Myelinisierung der intrahemisphärischen Verbindungen auf der linken Seite. Sprache und Syntax könnten auch auf die raschere Bildung von assoziativen Verkettungen in der linken Hirnhemisphäre zurückzuführen und nicht sprachspezifisch sein.

In Kürze

Zerebrale Asymmetrie

Die rechte und die linke Hirnhemisphäre unterscheiden sich in ihrem makro- und mikroanatomischen Aufbau. Bestimmte Denkmuster und Bewegungsprogramme werden dabei von einer Hemisphäre bevorzugt:
- von der rechten Hemisphäre wird eine auf Ähnlichkeit und visuell-räumliche Gestalten ausgerichtete Informationsverarbeitung,
- von der linken syntaktisch-sprachliche und sequenziell-kausale Verarbeitung praktiziert.

Ursachen und Ausmaß der zerebralen Asymmetrie

Die Ursachen der zerebralen Lateralisierung sind unbekannt, beim Menschen entsteht sie für einige Leistungen bereits im Mutterleib, ist aber bis zum 4. Lebensjahr veränderbar.
Das Ausmaß der Hemisphärenasymmetrie für bestimmte mentale, motorische oder sensorische Tätigkeiten bestimmt die Ausprägung von Talenten mit.

12.2 Neuronale Grundlagen von Kommunikation und Sprache

Sprachentwicklung

Sprache hat sich vermutlich im Laufe der Evolution des Menschen aus dem Gebrauch von (nicht mehr ausreichender) Gestik entwickelt

Sprachentwicklung beim Menschen. Wann und warum menschliche Sprache entstand, ist unklar. In jedem Fall scheinen sich die Sprachen der Erde aus einer ***einzigen gemeinsamen Sprache*** entwickelt zu haben. Paläontologen und Linguisten führen die Sprachentstehung auf die Verselbstständigung der Gestik mit dem aufrechten Gang zurück. Für effektives Jagen und Sammeln reichte die gestisch-mimische Kommunikation nicht mehr aus. Für eine ***Gestiktheorie der Sprache*** (▶ s. z. B. ▫ Abb. 12.2 A im Vergleich zur Symbolsprache wie in ▫ Abb. 12.2 B) spricht u. a., dass die Steuerung der Zeichensprachen-Gestik dieselben Hirnstrukturen benützt, und nach Läsion der linken Hemisphäre die Zeichensprache bei Taubstummen ausfällt. Andererseits können sich Taubstumme nach Läsion der linken Hemisphäre weiterhin durch Pantomime (nichtsprachliche Gestik) verständlich machen.

Andere Theorien bringen die Entstehung von Sprache mit dem Werkzeuggebrauch in Verbindung. Dafür spricht die enge zeitliche Koppelung von ***Sprachentwicklung und Werkzeuggebrauch*** in der Entwicklung des Kin-

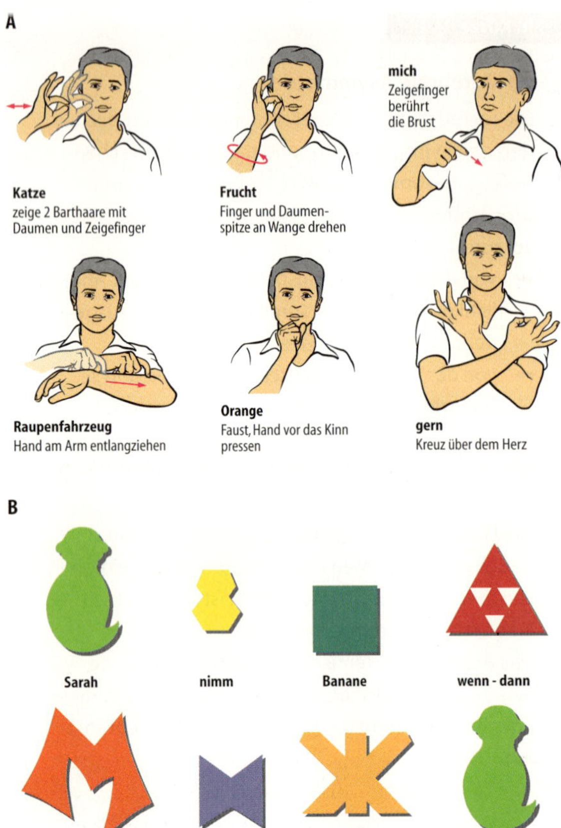

Abb. 12.2. Sprache bei Affen. A Beispiele der amerikanischen Zeichensprache, die auch Schimpansen erlernen können. **B** Beispiel einer »Konversation« von Sarah, einer Schimpansin D. Premacks. Das Tier musste die Sprachsymbole (Worte) aus einer Vorratsbox mit anderen »Worten« auf einer Magnettafel von oben nach unten anordnen, um die gewünschten Reaktionen auszulösen

des. Im Alter von 2–4 Jahren kommt es zu einem Wachstumsschub der linken Hemisphäre, der eng mit dem Erwerb komplizierten Werkzeuggebrauchs und der Sprachentwicklung einhergeht.

▪▪▪ **Sprache bei Tieren.** Bei sozial lebenden Tieren haben sich z. T. hochdifferenzierte Kommunikationsformen entwickelt, die bei Menschenaffen schließlich in ein Repertoire von **30–40 Lautäußerungen** (Vokalisationen) münden, die eine Vielzahl von emotionalen und kognitiven Bedeutungen haben können (von Gefühlsäußerungen bis Richtungsanzeigen für Beute oder Feind).

Obwohl der vokale Apparat bei Menschenaffen und Delphinen kein Sprechen zulässt, sind diese Tierarten in der Lage, bis zu 200 Worte einer »künstlichen« (nichtverbalen) Sprache, wie z. B. der Taubstummen-Zeichensprache (Abb. 12.2 A) oder einer reinen Symbolsprache (Abb. 12.2 B), zu erwerben und auch spontan zu nutzen. Ihr **Sprach»verständnis«** geht noch weit über die aktive expressive **Sprachäußerungsfähigkeit** hinaus. Allerdings bleiben auch Menschenaffen auf einer beschränkten Menge von benutzbaren Zeitworten, Hauptworten und Eigenschaftsworten stehen und sie lernen nur selten, syntaktisch-grammatikalische Regeln spontan zu nutzen. Das »Vokabular« eines Schimpansen bleibt auf dem Niveau eines 3 jährigen Kindes stehen, wie auch sein Werkzeuggebrauch.

Sprachkortizes

Aus Sprachstörungen können wir auf die Lokalisation, Organisation und Produktion von Sprache im Gehirn schließen

Aphasien und Lateralisation des Gehirns. Aphasien sind hirnorganische Sprachstörungen, die bei Menschen auftreten, die eine Sprache bereits beherrschen. Die Ursache ist meist ein ischämischer oder hämorrhagischer Insult, seltener ein Tumor, eine Enzephalitis oder ein Trauma.

Bei Rechtshändern führen Schädigungen der linken Hemisphäre meist zu Aphasien. Dieser Befund begründete die These, dass bei ***Rechtshändern*** die ***linke Hemisphäre sprachdominant*** sei, was aus heutiger Sicht, wie weiter unten erläutert, eine sehr vereinfachende (aber immer noch gebrauchte) Annahme ist.

Broca- und Wernicke-Regionen. Die aphasieverursachenden Läsionen betreffen primär die Areale in der Nähe der ***sylvischen Furche*** (perisylvischer Kortex). Hier lässt sich, wie in Abb. 12.3 zu sehen, die ***Broca-Region*** (Brodmann Areae 44 und 45) von der ***Wernicke-Region*** (Area 22) unterscheiden (die Namensgebung erfolgte nach den Erstbeschreibern dieser Regionen Ende des 19. Jahrhunderts).

Das präfrontale Sprachzentrum (Broca) wird auch die ***»motorische Sprachregion«*** genannt. Das posteriore Zentrum (Wernicke) wird auch als ***»sensorische Sprachregion«*** bezeichnet. Diese Etikettierungen beruhen allerdings auf einer, ebenfalls aus klinisch-pathologischen Beobachtungen resultierenden, sehr vereinfachten Sichtweise, nach der die Sprachproduktion primär durch frontale und das Sprachverständnis nur durch parieto-temporale Hirnstrukturen gesteuert wird.

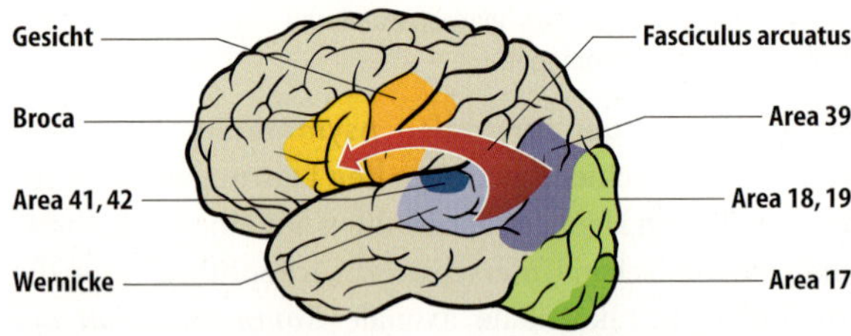

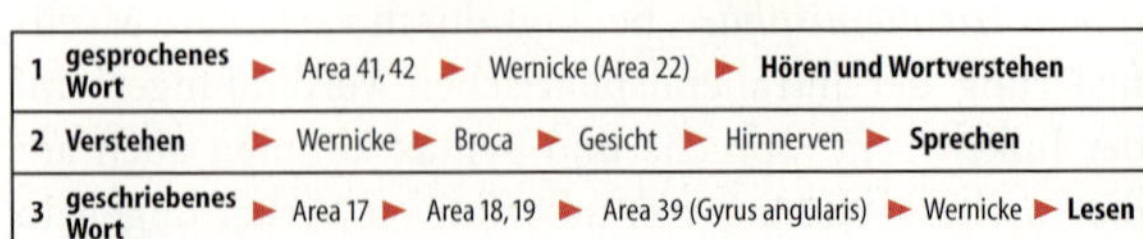

1	gesprochenes Wort	► Area 41, 42 ► Wernicke (Area 22) ► **Hören und Wortverstehen**
2	Verstehen	► Wernicke ► Broca ► Gesicht ► Hirnnerven ► **Sprechen**
3	geschriebenes Wort	► Area 17 ► Area 18, 19 ► Area 39 (Gyrus angularis) ► Wernicke ► **Lesen**

Abb. 12.3. Vom Sprachverständnis zum Lesen. Geschwinds Modell der an Sprachkonstruktion beteiligten Hirnregionen. Es fehlen die subkortikalen Verbindungen. Schematisch sind die Subprozesse dargestellt, die das Modell für Wortverstehen (1), Sprechen (2) und Lesen (3) postuliert. Neuere Forschungen machen es dagegen wahrscheinlich, dass die beiden Sprachzentren, Broca und Wernicke, sowohl bei der Produktion als auch bei der Perzeption von Sprache zusammenarbeiten

Multimodale Sprachregionen

Die Broca- und Wernicke-Regionen sind nicht auf motorische bzw. sensorische Sprachfunktionen beschränkt; auch rechtshemisphärische Prozesse sind an der Sprachverarbeitung beteiligt

Multimodale Aktivität der Broca- und Wernicke-Regionen. Läsionen einer der beiden Regionen verursachen in der großen Mehrzahl der Fälle multimodale, also motorische wie sensorische Sprachstörungen. Dies macht wahrscheinlich, dass diese beiden Sprachareale sowohl bei der Sprachproduktion als auch beim Sprachverständnis zusammenarbeiten. Das »*motorische*« Sprachzentrum wird also auch für die ***Perzeption von Sprache*** benötigt und das »*sensorische*« Sprachzentrum für die ***Sprachproduktion***.

Dazu kommt, dass in der Nachbarschaft der Wernicke-Region weitere Hirnareale liegen, deren Läsion regelmäßig zu Aphasien führt: der Gyrus angularis (Area 39), der Gyrus supramarginalis (Area 40) sowie die mittlere Temporalwindung. ***Sprachverarbeitende neuronale Einheiten*** sind also über den gesamten perisylvischen Kortex verteilt.

Kortexaktivierungen bei verschiedenen Sprachleistungen. ◼ Abbildung 12.4 zeigt für die linke Hemisphäre, dass bei ***allen*** Sprachleistungen der ***linke posteriore ventrobasale Temporalkortex*** aktiviert wird. Diese multimodale Konvergenzzone verbindet assoziativ getrennte Elemente sensorischer Inhalte (Wortklang, Wortgestalt, Buchstaben-Laut-Kombination) zu Wortformen. Um diesen Wortformen ***Bedeutung*** (Semantik) zu verleihen, müssen aber je nach Wortinhalt die damit assoziativ verbundenen Gedächtnisareale (für sensorisches Material im inferioren Parietalkortex, für motorisches, z. B. Verben, im prämotorischen Präfrontalkortex, etc) mitaktiviert werden. Nach ihrer semantischen und syntaktischen Analyse in den jeweiligen Assoziationsarealen konvergieren viele der Sprachprojektionen im linken inferioren frontalen Gyrus, wo sie sowohl für die exekutiven Funktionen (z. B. Aussprechen) wie auch für sprachbasiertes Denken und Planen benützt werden können.

▪▪▪ Die zentrale Stellung des linken posterioren ventrobasalen Temporalkortex für alle Sprachleistungen unterstreicht auch der Befund, dass diese Kortexareale bei **Dyslexien** mit schweren Lese- und Rechtschreibstörungen bei sonst normaler Intelligenz unteraktiviert sind.

Beteiligung der rechten Hemisphäre an der Sprachverarbeitung. Bereits in Abschnitt 12.1 wurden rechtshemisphärische sprachliche Leistungen angesprochen. Es gibt zusätzlich vielerlei Hinweise darauf, dass im intakten Gehirn auch rechtshemisphärische Prozesse in die Sprachverarbeitung eingebunden sind. So sind z. B. die durch Wörter evozierten Gehirnpotentiale im EEG meist über beiden Hemisphären sichtbar, wenn manche Komponenten auch über einer Hemisphäre stärker ausgeprägt sind. Leistungen, zu denen die ***rechte Hemisphäre*** nicht nur beiträgt, sondern sogar selbständig in der Lage ist, sind:

- Sprachverstehen,
- Worterkennung (vor allem von Inhaltswörtern),
- das Generieren von Satzmelodie und Betonung (Prosodie) sowie die
- Klassifikation von Sprachakten (z. B. als Frage oder als Vorwurf).

Dennoch tritt, wie eingangs bereits gesagt, beim rechtshändigen Erwachsenen nach Schädigung im perisylvischen Bereich der linken Hemisphäre in der Regel eine Aphasie auf.

12.1. Klinisch häufige Aphasieformen

Beim Aphasiker (oder Aphatiker) sind in der Regel alle sprachlichen Modalitäten von der Störung betroffen (Sprachproduktion, Sprachverständnis, Nachsprechen, Schreiben, Lesen etc.). Selektive organische Sprachstörungen, die nur eine Modalität betreffen, sind selten. Alle Aphasien beinhalten also Störungen des Benennens von Objekten, der Produktion und des Verständisses von Sätzen, sowie des Lesens (Alexie) und Schreibens (Agraphie). Bei umschriebenen Läsionsorten im Gehirn können eine Reihe aphasischer Syndrome durch ihre jeweils charakteristischen Symptome voneinander abgegrenzt werden:

- Broca-Aphasie: Sprachproduktionsprobleme stehen im Vordergrund. Artikulationen erfolgen meist sehr mühevoll und ohne Prosodie. Wörter sind phonematisch entstellt. In komplexen Sätzen fehlen häufig die grammatikalischen Funktionswörter. Das Verständnis vieler Satztypen (z. B. Passivsätze) ist oft nicht möglich. Probleme beim Nachsprechen von Sätzen treten auf. Organische Grundlage: Schädigung der Broca-Region und angrenzender Gebiete.
- Wernicke Aphasie: Sprachproduktion ist zwar »flüssig«, jedoch oft unverständlich. Viele Wörter sind phonematisch entstellt, sodass noch verständliche phonematische Paraphasien (z. B. »Spille« statt »Spinne«) oder ganz unverständliche Neologismen auftreten. Oft werden Wörter durch bedeutungsverwandte ersetzt (semantische Paraphasien). Das Sprachverständnisdefizit ist sehr ausgeprägt. Das Verständnis einzelner Wörter gelingt häufig nicht. Das Nachsprechen von Wörtern und Sätzen ist beeinträchtigt. Organische Grundlage: Schädigung der Wernicke-Region und angrenzender Gebiete.
- Globale Aphasie: Schwerste Sprachproduktionsstörung, bei der oft nur noch stereotype Silben- oder Wortfolgen geäußert werden können. Ebenso stark ausgeprägtes Defizit im Sprachver-

▼

Worte Lesen

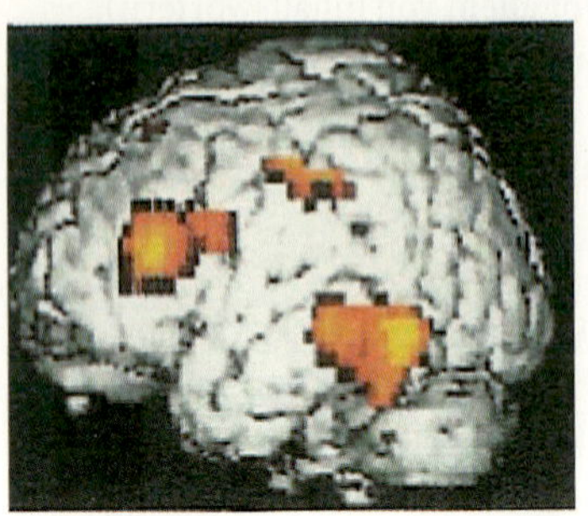

Bilder nennen

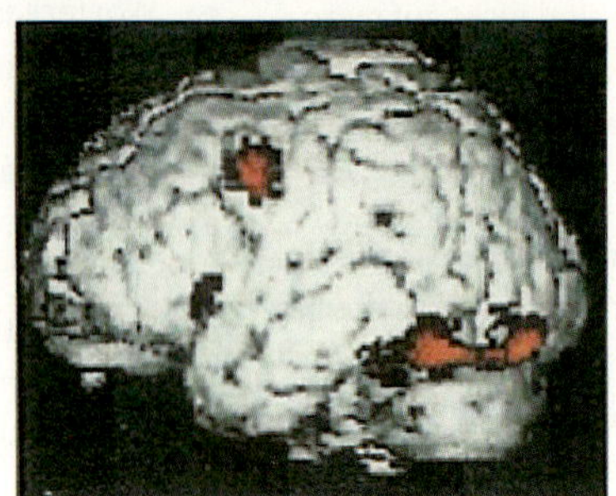

Blindenschrift lesen

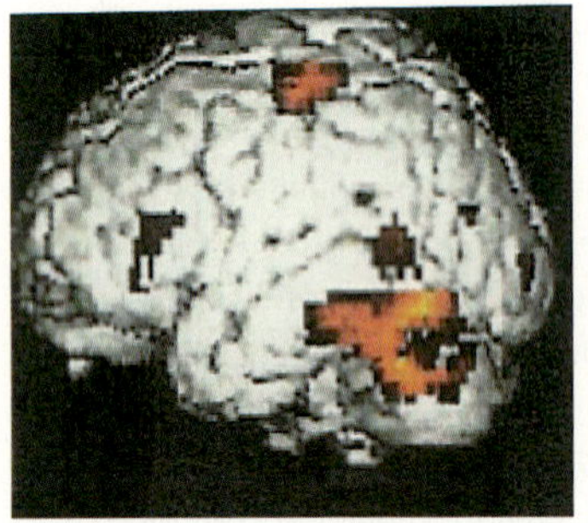

Gehörte Worte wiederholen

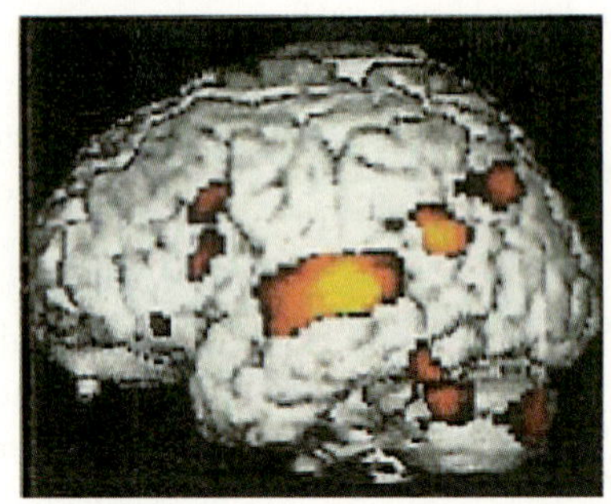

Buchstaben nennen

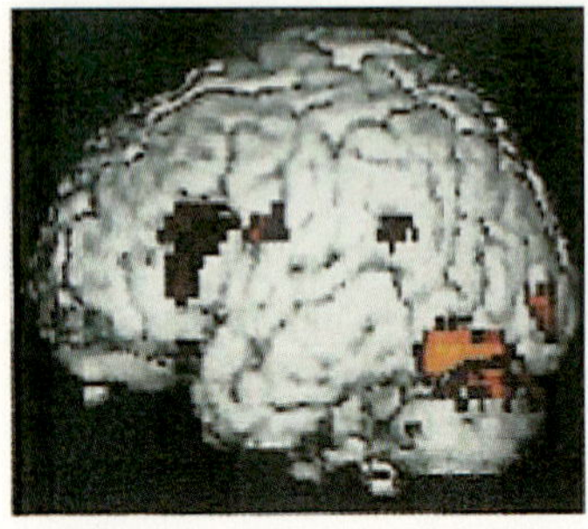

Farben nennen

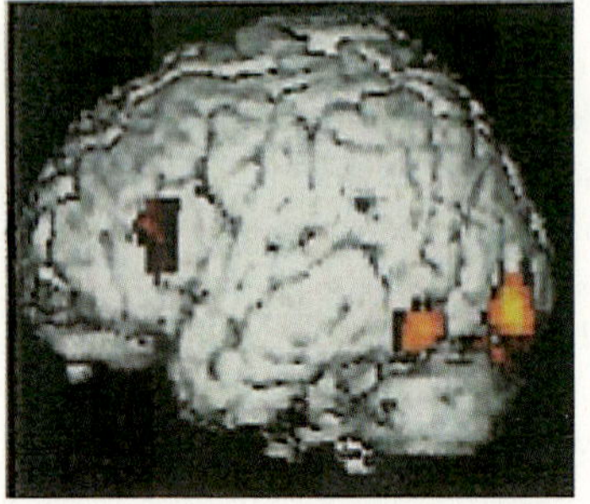

Worte produzieren

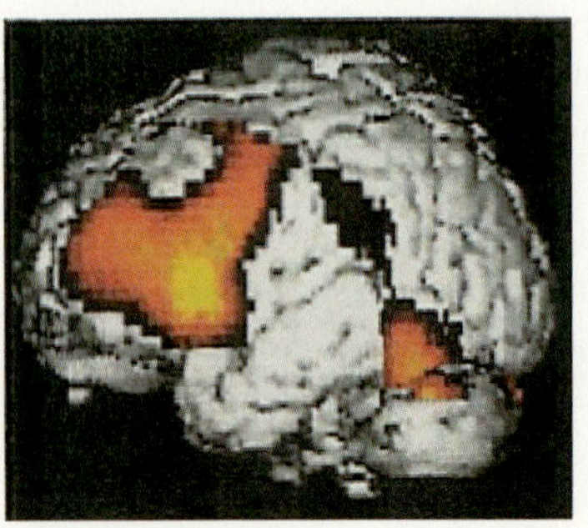

Gesamte Wortproduktion

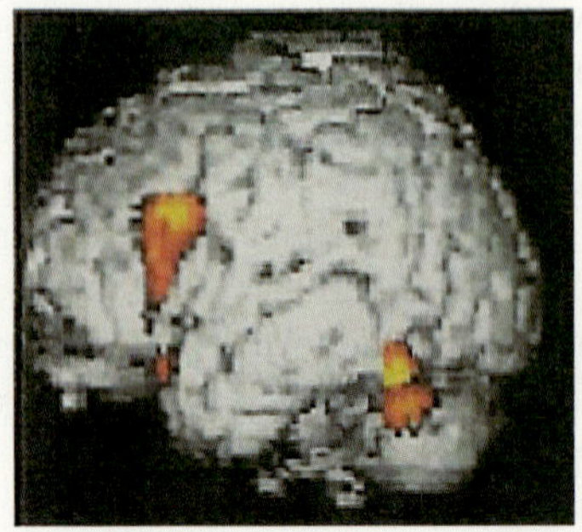

Abb. 12.4. Hirndurchblutung und Sprache. Hämodynamisch mit PET gemessene Aktivierungen bei verschiedenen Sprachaufgaben. Nur linke Hemisphäre dargestellt. Erläuterungen ► s. Text. Nach Cabeza u. Kingstone (2001)

ständnis und im Nachsprechen. Organische Grundlage: Schädigung der gesamten perisylvischen Region.

- Amnestische Aphasie: Leichte Sprachstörung, bei der semantische Paraphasien auffallen und Benennstörungen im Vordergrund stehen. Probleme treten vor allem mit bedeutungstragenden Inhaltswörtern auf. Das Sprachverständnisdefzit ist schwach ausgeprägt. Organische Grundlage: Schädigung des Gyrus angularis oder anderer Areale, die dem linken perisylvischen Kortex eng benachbart sind. Gelegentlich führt bei Rechtshändern Schädigung der rechten Hemisphäre zu amnestischer Aphasie (»gekreuzte Aphasie«).

Aphasien treten auch bei subkortikalen Läsionen in der weißen Substanz, in den Basalganglien oder im Thalamus auf. Diese subkortikalen Aphasien mit einem anfänglichen Mutismus bilden sich in der Regel rasch zurück.

In Kürze

Neuronale Grundlagen von Sprache

Die Lokalisation, Organisation und Produktion von Sprache im Gehirn kann aus Sprachstörungen geschlossen werden, die auf Läsionen bestimmter Regionen beruhen. Beim Menschen sind syntaktische Regeln und Funktionswörter primär links in der perisylvischen Region lokalisierbar (sprachdominante Hemisphäre). Sprachverständnis, vor allem von Inhaltswörtern findet sich aber auch rechts. Aphasieerzeugende Läsionen betreffen vor allem zwei Areale der perisylvischen Region:

- Broca-Region: Dieses präfrontale Sprachzentrum wird auch die »motorische Sprachregion« genannt, da Beobachtungen zeigten, dass diese Region vor allem die Sprachproduktion steuert.
- Wernicke-Region: Dieses posteriore Zentrum wird auch als »sensorische Sprachregion« bezeichnet, da man dieser Region vor allem das Sprachverständnis zuordnen konnte.

Multimodale Sprachstörungen

Obwohl bei den verschiedenen Aphasieformen tatsächlich unterscheidbare Läsionsorte vorliegen können, ist bei der Mehrzahl der Fälle eine genaue Lokalisation der einzelnen Sprachfunktionen in bestimmte Kortexareale nicht möglich. Läsionen einer der beiden Sprachzentren (Broca- oder Wernicke-Region) verursachen meist multimodale, also motorische wie sensorische Sprachstörungen. Dies macht wahrscheinlich, dass diese beiden Sprachareale sowohl bei der Sprachproduktion als auch beim Sprachverständnis zusammenarbeiten.

12.3 Die Assoziationsareale des Neokortex: Höhere geistige Funktionen

Exekutive Funktionen

Der präfrontale Assoziationskortex ist für die zielorientierte, exekutive Planung des Verhaltens und das Arbeitsgedächtnis wichtig

Definition und Lage assoziativer Kortexarelale. Abbildung 12.5 gibt die wichtigsten Assoziationsareale des Neokortex wieder. Unter ***Assoziationsarealen*** verstehen wir Rindenfelder, die keine eindeutigen sensorischen, sensiblen oder motorischen Funktionen aufweisen, sondern das ***Zusammenwirken*** zwischen den einzelnen Sinnessystemen und den motorischen Arealen ***integrieren (»assoziieren«)***. Nachdem in ► Kap. 11.2 die limbischen Regionen und ihre Rolle bei der Gefühlsproduktion und in ► Kap. 1.4 die Gedächtnisfunktion des midtemporalen Kortex beschrieben wurden, werden hier beispielhaft die frontalen und parietalen Assoziationskortizes mit einigen wichtigen Funktionen dargestellt.

Evolution des präfrontalen Kortex. Der präfrontale Assoziationskortex ist beim Menschen ungleich größer als es im Vergleich zur phylogenetischen Entwicklung anderer Hirnstrukturen zu erwarten wäre. Die Hirnevolution scheint also hier einen besonderen Sprung gemacht zu haben. Aus diesem Grund wurde der präfrontale Kortex schon im vorigen Jahrhundert mit »spezifisch menschlichen« Eigenschaften in Verbindung gebracht. Bei genauer Analyse lassen sich allerdings auch hier die Verhaltensfunktionen auf einige elementare Eigenheiten in ver-

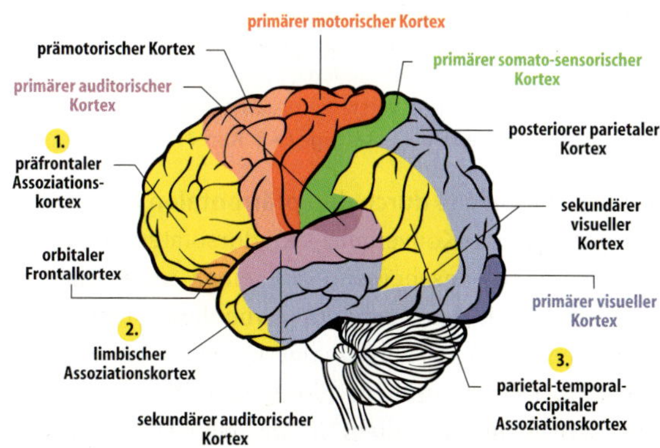

Abb. 12.5. Hirnrinde des Menschen. Schematische Darstellung der lateralen Oberfläche des menschlichen Großhirns mit primären und sekundären sensorischen und motorischen Arealen sowie den drei Assoziationskortizes

Tabelle 12.2. Funktionsausfälle bei Läsionen des Frontallappens

Symptom	Läsionsart
Denkstörung:	
Reduzierte Spontaneität	orbitofrontal
Störung von Denkstrategien	dorsolateral
Gelernte Reizkontrolle von Verhalten:	
Geringe Reaktionshemmung	Areale 8,9,13
Risikofreude und Regelverletzung	dorsolateral?
Gestörtes assoziatives Lernen	dorsolateral
Zeitgedächtnis:	
Störung des verzögerten Reaktionslernens („delayed response learning")	dorsolateral
Schlechte Zeit- und Reihenfolgeschätzung	dorsolateral
Gestörte Raumorientierung	dorsolateral
Gestörtes Sexualverhalten	orbitofrontal
Gestörtes Sozialverhalten	orbito-und dorsolateral
Gestörte Geruchsunterscheidung	orbitofrontal

schiedenen Abschnitten des Frontalkortex zurückführen (▶ s. Abb. 8.1). Tabelle 12.2 gibt dazu eine zusammenfassende Übersicht anhand von Funktionsausfällen nach ***Läsionen*** des ***Frontallappens***, wobei die rein motorischen und sprachlichen Funktionen des prämotorischen und supplementären Rindenfeldes weggelassen sind.

▪▪▪ **Verbindungen des präfrontalen Kortex.** Zum Verständnis der Ursachen dieser Ausfälle und der Funktionen des Frontallappens ist die genaue Kenntnis der anatomischen Verbindungen notwendig. Während der orbitofrontale Kortex primär von limbischen Afferenzen aus der Amygdala und dem Cingulum sowie den olfaktorischen Rindenregionen vor allem der Inselregion versorgt wird, erhält der dorsolaterale Teil Afferenzen vom parietalen und temporalen Kortex sowie vom medialen Thalamus und den motorischen und sensorischen Regionen. Die Tatsache, dass all diese Verbindungen reziprok sind, gibt einen ersten Eindruck von der z. Z. kaum zu verstehenden Komplexität der Aufgaben dieser Systeme. Bei höheren Säugern scheinen ein Teil der subkortikalen Afferenzen in den Frontalkortex dopaminerg zu übertragen; sie bilden somit die Endstrecke (oder Ursprungsstrecke) des dopaminergen Verstärkersystems und auch vieler serotonerger und noradrenerger Faserzüge (▶ s. Kap. 11.3).

Verhaltenskontrolle durch den präfrontalen Kortex. Die multisensorische Konvergenz im dorsolateralen Frontalkortex hängt anscheinend mit einer seiner zentralen Funktionen, der Ausbildung von konsistenten Erwartungen durch ***Hinauszögern von Verstärkern*** (▶ s. Kap. 11.3) zusammen. Bei bilateraler Läsion des Frontalkortex fällt vor allem die Irregularität des Verhaltens und das Fehlen langfristiger Verhaltenspläne sowie die Unfähigkeit auf, Selbstkontrolle zu erzielen. Selbstkontrolle bedeutet, dass die Person in der Lage ist, auf eine unmittelbar vorhandene Belohnung zu verzichten und sie zugunsten langfristiger Belohnungen aufzuschieben, also z. B. das Angebot, sofort eine kleinere Summe Geldes zu erhalten, auszuschlagen zugunsten einer höheren Summe, die aber erst Tage später zu erhalten ist. Diese Störung hängt auch mit einer Störung des ***Arbeitsgedächtnisses*** zusammen, das mit den motivationalen Analysesystemen des orbitalen und medialen Frontalkortex oft gemeinsam beeinträchtigt ist. So war es auch bei dem eingangs beschriebenen Phineas Gage, dessen präfrontaler Kortex weitgehend ausgefallen war. Auch einige ***Schizophrenieformen*** sind eng mit einer Dysfunktion (nicht Ausfall!) dorsolateraler und dorsomedialer präfrontaler Areale (vor allem links) und des dorthin projizierenden mediodorsalen Thalamus korreliert (▶ s. 12.2).

Selbstkontrolle

! Das Ausüben von Selbstkontrolle ist eine beim Menschen am weitesten fortgeschrittene Funktion, die an präfrontale Hirnregionen gebunden ist

Um ***Selbstkontrolle*** zu erzielen, muss

- die gegenwärtige oder vergangene ***(Langzeitgedächtnis)*** Information über den Reizkontext aus den Parietalregionen in den ventro- und dorsolateralen Präfrontal-Kortex transportiert werden;
- dort muss diese Information auch in Abwesenheit der Reize zumindest für Sekunden bis Minuten präsent gehalten werden (***Arbeitsgedächtnis*** im ventromedialen und dorsolateralen präfrontalen Kortex);
- es muss eine Entscheidung für einen bestimmten ***Handlungsplan*** auf der Grundlage der antizipierten positiven oder negativen Konsequenzen (Informationsfluss aus limbischen in orbitofrontale Regionen) und der gegenwärtig vorhandenen oder erinnerten (vorgestellten) Situationen (aus den Parietalregionen) erfolgen;
- diese Entscheidung muss von einem generellen Handlungsplan (präfrontal) in zunehmend spezifische ***Handlungsziele*** und ***-abfolgen*** bzw. deren Hemmung umgesetzt werden (über supplementär-motorisches Areal zu motorischem Kortex unter Einschluss der Basalganglien und des Thalamus).

Diese Integrationsleistung geht nach frontaler Läsion ohne Einschränkung der sonstigen intellektuellen Leistungsfähigkeit verloren, was oft zu einem ***»pseudopsychopathischen«*** Zustandsbild führt; d. h. die Patienten beachten scheinbar die Regeln und Sitten sozialen Zusammenlebens nicht mehr konsistent. Da Erwartungen wesentlich an der Steuerung der selektiven Aufmerksamkeit beteiligt sind, ist auch diese nach Läsion oder Dysfunktion erheblich beeinträchtigt, wenn auch nicht völlig aufgehoben (▶ s. Kap. 9.4). ***Empathie***, also die Fähigkeit, sich in andere hineinzuversetzen und deren Absichten abzuschätzen, ist daher auch an präfrontale Regionen gebunden, da solche Funktionen soziale Erwartungen voraussetzen.

12.2. Schizophrenie als genetisch bedingte Entwicklungsstörung

Symptome. Schizophrenien sind eine Gruppe von Denk- und Verhaltensstörungen, die durch eine erstmalige Manifestation nach der Pubertät, extrem lose Assoziationen (manchmal produktiv-kreativ), mangelhafte selektive Aufmerksamkeit, Wahnideen und akustische Halluziationen gekennzeichnet sind.

Ursachen und Pathogenese. Es besteht eine polygenetische Verursachung, deren Manifestation von familiären und psychischen Umweltbelastungen und dem Alter abhängt. Bereits prä- und perinatal kommt es zu veränderter Genexpression, deren Proteine entscheidende Bedeutung für die Entwicklung von präfrontalen und vermutlich auch mediotemporalen Hirnarealen haben. Die veränderte Genexpression führt im Laufe der Entwicklung bis etwa zum 20. Lebensjahr zu einer kumulativen Anhäufung von Hirndefekten, die allerdings nur dann zum »Ausbruch« der Erkrankung führen, wenn starke externe Belastungen (»Stress«) oder Anwachsen der Komplexität der Umwelt (z. B. Urbanisierung, »Überschwemmung« mit Information) auftreten. Eine Vielzahl von histologischen Veränderungen und Änderungen der Konnektivität von Nerven- und Gliazellen im Präfrontalkortex, Thalamus und im mediotemporalen Hippokampus-System (▶ s. Kap. 9.4) wurden bei Schizophreniepatienten gefunden, von denen aber keine ausreicht, die Schwere, die Art und den Verlauf der Erkrankung zu erklären. (Zur Frage der Schizophrenie als Aufmerksamkeitsstörung ▶ s. 9.1).

Einige Symptome der Schizophrenien werden aus einer präfrontal-temporalen Unterfunktion bei gleichzeitigem Anstieg der Variabilität frontaler Hirnaktivität erklärt (▶ s. auch ▶ Kap. 9.4 und ▶ 12.2).

Perzeptive Funktionen

Der parietale Assoziationskortex ist mit der Steuerung komplexer, sensorischer Reizverarbeitung, der visuellen Aufmerksamkeit, mit Handlungsplanung und mit räumlichen Funktionen befasst

Läsionen des Parietallappens. In den parietalen Assoziationskortex konvergieren die benachbarten sensorischen Rindenareale sowie links die sensorischen Sprachregionen; die Resultate somatosensorischer (taktil, proprioзептiv, nozizeptiv), optischer und akustischer Analysen sowie Zuflüsse aus den vestibulären Afferenzen werden hier verarbeitet. Dementsprechend vielfältig sind die neuropsychologischen Ausfälle nach Läsionen der rechten oder linken parietalen Region. Bei Läsionen im rechten Parietallappen stehen v. a. Störungen der visuell-räumlichen Fähigkeiten im Vordergrund (▶ s. Kap. 18.11).

Abb. 12.6. Unilateraler Neglekt. Nachzeichnung einer Blume durch einen Patienten mit Hemineglekt *(rechts)*

Läsionen des Parietallappens können außerdem zu folgenden Störungen führen:

- ***Kontralateraler Neglekt*** bedeutet völliges Ignorieren des gegenüberliegenden (meist linken) Körper- und Außenraumes trotz intakter sensorischer Verarbeitung. Abbildung 12.6 gibt dafür ein typisches Beispiel wieder. Neglekt tritt am häufigsten nach Läsionen (meist Blutungen) der rechten inferioren parieto-temporalen Region auf. Der Patient kann die Aufmerksamkeit nicht mehr von der kontralateralen Seite (meist linker Wahrnehmungsraum) lösen (▶ s. Kap. 9.4 und 18.11), weil die gesunde (meist linke) Parietalregion über die gestörte (meist rechte) dominiert.
- ***Agnosien (»Seelenblindheit«)*** treten auf, wenn die Regionen in der Umgebung der sensorischen Projektionsfelder ausfallen. ***Taktile*** oder ***visuelle Agnosie*** bedeuten das Nichterfassenkönnen der Bedeutung einer Wahrnehmung (z. B. wird die Funktion eines Schlüssels erst erkannt, wenn man damit Geräusche macht). ***Prosopagnosie*** bedeutet das Nichterkennen von Gesichtern. Diese Funktion wird allerdings vor allem vom Gyrus fusiformis im Übergang zum inferioren Temporallappen (»ventraler visueller Pfad«, ▶ s. Kap. 18.11) gesteuert.

Intentionale Karten. Die multisensorische Integration im hinteren Parietalkortex schafft erst die Voraussetzung für die ***Entwicklung von Handlungsplänen.*** Vor allem Bewegungen im Raum hängen von der Intaktheit dieser Areale ab. Antizipatorische Kurzzeit-Handlungsplanung ist daher nach Läsionen des Parietalkortex ebenso gestört wie die oben beschriebene Aufmerksamkeitsstörung bei Neglekt. Langfristige Handlungspläne benötigen allerdings den präfrontalen Kortex zusätzlich.

▪▪▪ Beim **Gerstmann-Syndrom** treten auf: rechts-links Verwechslungen, ferner Fingeragnosien (Nichterkennen, welcher Finger berührt wurde), Dysgraphie (Schreibstörung trotz intakter Sensorik und

Motorik) und Dyskalkulie (Rechenstörung). Bei den letzten beiden Störungen ist meist der linke untere Parietallappen zerstört.

Da der Parietallappen vor allem in frontale und temporale Assoziationsareale projiziert und von dort reziprok versorgt wird, sind weiterhin Störungen der Aufmerksamkeit (frontale Projektion), des Kurzzeitgedächtnisses (präfrontal-dorsolateral) und der Einprägung (temporale Verbindung) ebenfalls nach großen Läsionen häufig.

In Kürze

Assoziationskortizes

Assoziationsareale sind Rindenfelder, die keine eindeutigen sensorischen, sensiblen oder motorischen Funktionen aufweisen, sondern das Zusammenwirken zwischen den einzelnen Sinnessystemen und den motorischen Arealen integrieren (»assoziieren«).

Aufgaben der Assoziationskortizes

- Der präfrontale Assoziationskortex ist für die motorische Planung und Bewegungskontrolle sowie das Arbeitsgedächtinis wichtig. Für die Selbstkontrolle über das eigene Verhalten und normales Funktionieren des Arbeitsgedächtnisses ist der Aufschub von unmittelbar von Trieben und Gefühlen motivierten Verhaltensweisen (Verzögerung von Verstärkung) notwendig. Dafür sind die präfrontalen Hirnregionen verantwortlich.
- Der parietale Assoziationskortex ist mit der Steuerung sensorischer Reizverarbeitung (optisch, taktil, akustisch, vestibulär) befasst. Die parietalen Felder ermöglichen Aufmerksamkeit und Lokalisierung (»Wo«?) sensorischer Reizquellen. Der Temporalkortex ist dabei in seinem unteren Abschnitt mit Erkennen und Bedeutungsanalyse vor allem visueller Reize (bei Ausfall Agnosie), in seinem medialen Teil mit explizitem Gedächtnis und superior mit akustischen Funktionen und Sprache verbunden. Der anteriore Pol und Amygdala dienen höheren emotional-sozialen Funktionen.

Literatur

Birbaumer N, Schmidt RF (2002) Biologische Psychologie. 5. Aufl. Springer, Berlin Heidelberg New York

Gazzaniga M (Ed) (2001) The New Cognitive Neurosciences. MIT-Press, Cambridge, Mass.

Kolb B, Whishaw I (2001) An Introduction to Brain and Behavior. Worth, New York

Squire L et al (Ed) (2003) Fundamental Neuroscience. 2nd ed. Academic Press, San Diego

Allgemeine und Spezielle Sinnesphysiologie

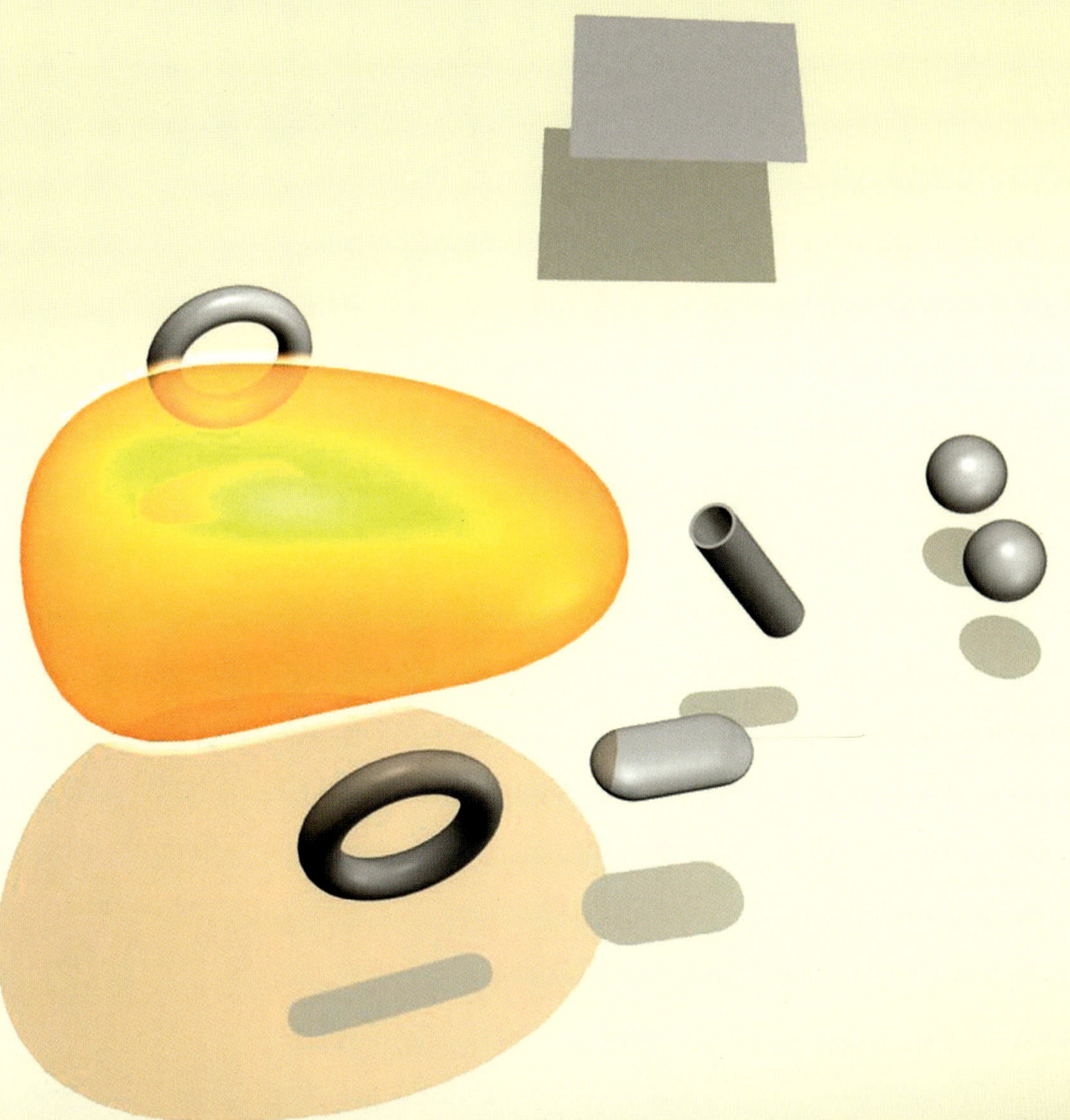

Kapitel 13
Allgemeine Sinnesphysiologie

H. O. Handwerker

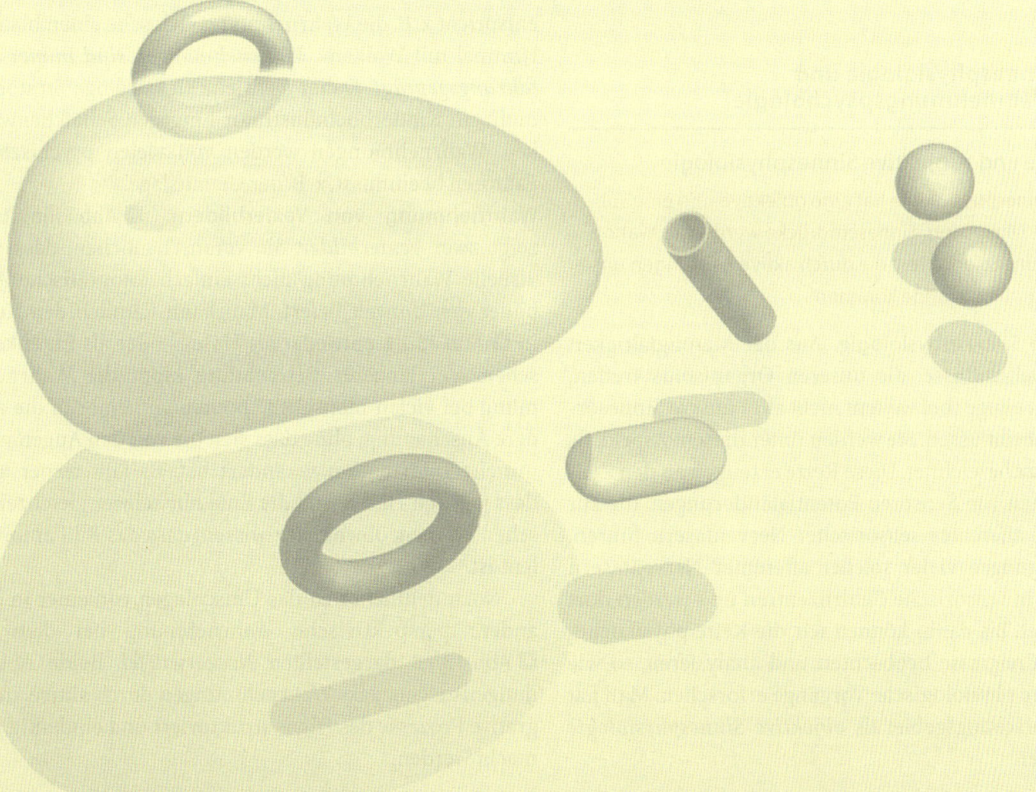

Einleitung

Eine Anekdote berichtet, der Physiologe Johannes Müller (1801–1858) sei einmal in folgendem Kriminalfall um ein Gutachten gebeten worden: In finsterer Nacht war ein Bürger niedergeschlagen und beraubt worden. Er zeigte seinen Nachbarn an, dieses Verbrechen begangen zu haben. Da die Geschichte vor Einführung der städtischen Straßenbeleuchtungen spielt, konnte er diesen aber wegen der stockdunklen Nacht gar nicht erkannt haben. Der Beraubte machte nun geltend, er habe vom Räuber einen Schlag auf den Kopf erhalten, der ihn »Sterne« sehen ließ. Im Lichte dieser »Sterne« habe er deutlich seinen Nachbarn erkannt. Müller soll beim Nachdenken über diese Geschichte auf sein »Gesetz der spezifischen Sinnesenergien« gekommen sein, das besagt, dass jedes Sinnesorgan ausschließlich Empfindungen seiner eigenen Sinnesmodalität vermittelt, unabhängig davon, ob es durch einen adäquaten Reiz erregt wird (das Auge durch Licht, also elektromagnetische Wellen), oder durch inadäquate (einen Schlag auf den Kopf). Das hängt damit zusammen, dass jedes Sinnessystem im Gehirn mit einem ihm eigenen neuralen Apparat verbunden ist, der die entsprechende Sinnesmodalität vermittelt. Sinnesorgane und zugehörige zentralnervöse Systeme müssen als Einheit betrachtet werden. Aufgabe der allgemeinen Sinnesphysiologie ist es, die Beziehungen zu analysieren, die zwischen Erregungen von Sinnessystemen und Empfindungen bestehen, und die allgemeinen Gesetzmäßigkeiten zu beschreiben, die der Funktion von Sinnessystemen zugrunde liegen.

13.1 Sinnesphysiologie und Wahrnehmungspsychologie

Objektive und subjektive Sinnesphysiologie

Die Sinnesphysiologie hat eine objektive und eine subjektive Dimension; Sinneseindrücke werden als Wahrnehmungen erfahren, die durch aktive Leistungen unseres Gehirns zustande kommen

Objektive Sinnesphysiologie. Aus der Mannigfaltigkeit der Umwelteinflüsse, die unseren Organismus treffen, vermögen einige (bei weitem nicht alle) unsere Sinnesorgane zu beeinflussen. Sie werden unter diesem Aspekt als ***Sinnesreize*** bezeichnet. Diese Reize erzeugen an den Zellmembranen von Sensoren Potentialänderungen, die zur Erregung afferenter sensorischer Nervenfasern führen. Die Erregungen vieler solcher afferenter Nervenfasern gelangen in sensorische Gehirnzentren und werden dort verarbeitet. Bis dahin können wir die Kette physikochemischer Ereignisse beobachten und analysieren, so wie wir andere physiologische Vorgänge erforschen. Man hat dieses Forschungsgebiet als ***objektive Sinnesphysiologie*** bezeichnet.

Wahrnehmungspsychologie. Die Sinnesphysiologie hat aber noch mit einer weiteren Dimension zu tun, nämlich den ***subjektiven Wahrnehmungen***. Diese erfahren wir an uns selbst, oder sie werden uns von anderen Menschen mitgeteilt. Bei Tieren können wir das Vorhandensein von Wahrnehmungen aus dem Verhalten erschließen.

In der praktischen Medizin werden meist ***subjektive Empfindungen des Patienten*** zur Prüfung der Leistungen von Sinnesorganen herangezogen, etwa bei Hör- oder Sehtests. Früher bezeichnete man diesen Wissenschaftszweig als »subjektive Sinnesphysiologie«, heute gehört er zur Wahrnehmungspsychologie.

Empfindungen und Wahrnehmungen

Sinnesreize induzieren subjektive Sinneseindrücke, die wir als Empfindungen bezeichnen; Wahrnehmungen beruhen auf Empfindungen, sie werden aber durch Erfahrungen modifiziert

Wahrnehmung als erfahrungsgeprägte Empfindung. Den Unterschied zwischen Empfindung und Wahrnehmung soll ein Beispiel verdeutlichen: elektromagnetische Schwingungen der Wellenlänge 400 nm lösen den Sinneseindruck »blau« aus. Die Aussage: »Ich sehe eine blaue Fläche, in die runde weiße Flächen verschiedener Größe eingelagert sind«, beschreibt Sehempfindungen. Allerdings würden wir selten so sprechen. »Sehempfindungen« sind ein Konstrukt einer analytischen Bemühung. Normalerweise nimmt unser Bewusstsein unmittelbar eine Deutung des Gesehenen vor, wir ordnen es in Erfahrenes und Erlerntes ein. Der geschilderten Empfindung entspricht z. B. die Wahrnehmung »Ich sehe einen blauen Himmel mit Wolken«. ***Wahrnehmungen sind immer erfahrungsgeprägt***. Daher sieht ein Meteorologe Stratocumuli, ein Kinderbuchillustrator hingegen Schäfchenwolken. Wahrnehmungen werden von vielen psychischen Faktoren beeinflusst, z. B. der Gemütslage.

Wahrnehmung von Vexierbildern. ◘ Abbildung 13.1 zeigt zwei ***Vexierbilder***. Sie veranschaulichen, dass die visuelle Wahrnehmung nicht einfach fotografische Abbilder der Umwelt liefert. Man kann nämlich den Kopf in ◘ Abb. 13.1 A entweder als Hasen- oder als Entenkopf sehen. Bei längerer Betrachtung kippt die Wahrnehmung bei vielen Menschen spontan von einer in die andere Anschauung, ohne dass sich die von den Augen vermittelte Information verändert hat. Es fällt ferner auf, dass wir den Hasen und die Ente nur schwer gleichzeitig sehen können, obwohl wir wissen, dass das Bild ambivalent ist.

Noch deutlicher ist das Umschlagen von einer in die andere perspektivische Wahrnehmung bei dem in ◘ Abb. 13.1 B dargestellten ***Neckerwürfel***. Beide Abbildungen zeigen, dass Wahrnehmungen durch aktive, integrative Prozesse des Hirns strukturiert und eindeutig gemacht werden.

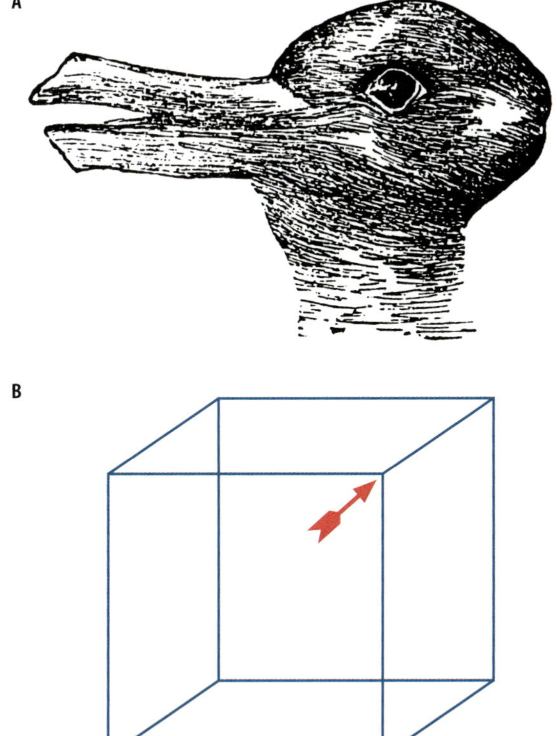

Abb. 13.1. Vexierbilder. A Die »Hasenente«, ein Vexierbild von Jastrow in Attneave (1971). **B** Der Necker Würfel, ein geometrisch einfacheres Vexierbild, an dem sich besonders deutlich das Umkippen der Wahrnehmung demonstrieren lässt. Das mit einem Pfeil markierte Eck des Würfels kann als rechtes oberes Eck der dem Betrachter zugewandten Seite oder als hinteres oberes Eck der Bodenfläche eines Würfels, in den man hineinsieht, aufgefasst werden

Vom Reiz zur Wahrnehmung. Abbildung 13.2 zeigt ein grobes Schema der aufeinander folgenden Ereignisse in Sinnessystemen. Bis zum Übergang in die psychische Dimension der Empfindungen und Wahrnehmungen handelt es sich um physiko-chemische Vorgänge, die im Rahmen der objektiven Sinnesphysiologie analysiert werden können.

13.1. Agnosie

Bei bestimmten Hirnrindenprozessen kann es zu einer Agnosie kommen, einer Störung des Wahrnehmungsprozesses. So können z. B. Tumore oder Verletzungen im Occipitallappen der Hirnrinde zu einer visuellen Agnosie führen, die in der Unfähigkeit besteht, gesehene Gegenstände mit den Erinnerungen an diese Gegenstände zu verknüpfen. Ein Patient, der an einer solchen Krankheit leidet, wird z. B. ein Buch »wahrnehmen«, aber nicht begreifen, dass es etwas ist, das man aufschlagen und in dem man lesen kann. Ein normaler Wahrnehmungsprozess kommt nicht zustande.

Hirn-Bewusstseinsproblem

Der Zusammenhang von neuralen Prozessen und subjektiver Wahrnehmung wird je nach philosophischer Einstellung unterschiedlich gedeutet

Hypothesen zum Hirn-Bewusstseinsproblem. Die Frage nach dem Zusammenhang von physiologischen Vorgängen und Bewusstseinsinhalten wird als ***Hirn-Bewusstsein-Problem*** bezeichnet. Synonyme sind ***Hirn-Geist-Problem*** und allgemeiner ***Leib-Seele-Problem.*** Zu diesem Problem, das auch viele Sinnesphysiologen faszinierte und fasziniert, haben Philosophen im Laufe der Jahrhunderte verschiedene Theorien entwickelt:

- Folgt man der ***monistischen Hypothese*** sind die subjektiven Empfindungen identisch mit den neuralen Prozessen, die einem Sinnesreiz folgen.
- Nach der ***dualistischen Hypothese*** sind hingegen seelische Prozesse von neuronalen Prozessen völlig verschieden, wenn sie auch offenbar aufeinander einwirken. Nach traditioneller Anschauung, ist das Hirn Instrument einer unabhängigen Seele.
- Nach einer neueren Auffassung, der ***Emergenzhypothese***, die ebenfalls die eigene Identität von geistigen Pro-

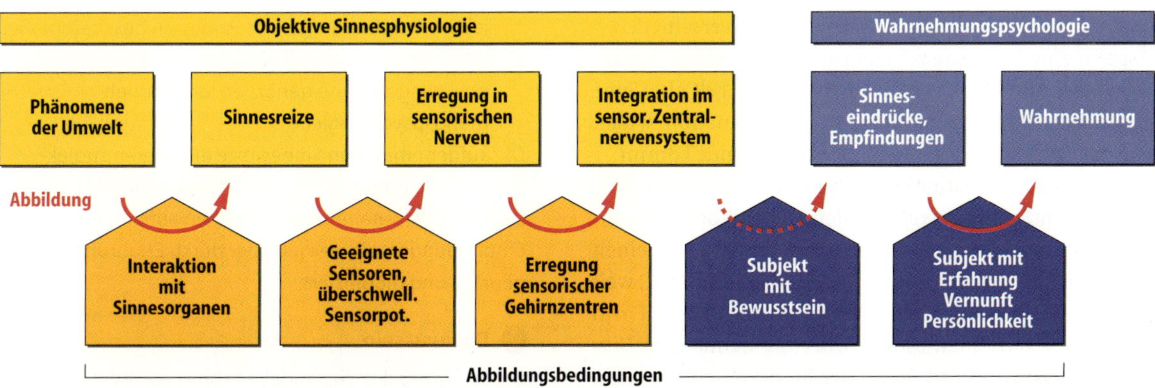

Abb. 13.2. Schema der Abbildungsverhältnisse in der Sinnesphysiologie. In den Kästchen Grundphänomene der Sinnesphysiologie, die Pfeile dazwischen bedeuten »führt zu« oder »induziert«. Gestrichelter Pfeil am Übergang von physiologischen zu psychischen Prozessen

zessen betont, geht Bewusstsein in unbekannter Weise aus Hirnprozessen hervor.

Das Hirn-Bewusstsein-Problem ist ein philosophisches, kein mit naturwissenschaftlichen Methoden lösbares Problem. Das lässt sich daraus ersehen, dass wir uns (bisher) keine Experimente ausdenken können, mit denen monistische oder dualistische Ansichten bestätigt oder widerlegt werden können.

Dualismus überwiegt in Medizin und Hirnwissenschaft. In der Medizin, die eine praktische Wissenschaft ist, wird eine strikt monistische Deutung des Hirn-Bewusstsein-Problems allerdings selten durchgehalten: wir sehen z. B., dass ein Mensch etwas wahrnimmt und sich daraufhin ärgert. Als Folge beobachten wir Erröten, d. h. Vasodilatation in der Gesichtshaut, Anstieg des Blutdrucks usw. Zur Erklärung dieser physiologischen Vorgänge sagt man: der Ärger hat sie herbeigeführt. Wir nehmen also an, dass subjektives Erleben nicht nur durch Hirnfunktionen bedingt ist, sondern auch seinerseits auf körperliche Prozesse einwirkt. In der praktischen Deutung, allerdings nicht in der theoretischen, sind Mediziner und Naturwissenschaftler meist Dualisten.

Bindungsproblem und Parapsychologie

Die verschiedenen Aspekte eines Sinnesreizes werden in unterschiedlichen Kortexarealen verarbeitet und durch Bindung zu einer einheitlichen Wahrnehmung verknüpft; die Parapsychologie bietet keine Lösung

Hirnforschung und Bewusstseinsprozesse. Auch wenn sich das Bewusstsein – zumindest derzeit – nicht aus unseren Kenntnissen der Hirnprozesse ableiten lässt, so können doch viele Bewusstseinsphänomene durch entsprechende Hirnprozesse erklärt werden (► s. dazu auch Kap. 9.4). Dieses Lehrbuch bietet z. B. im ► Kapitel 18.11 »Sehen und Okulomotorik« eine Reihe von Beispielen. Die Aktivität von Neuronen in der Hirnrinde wird in vielen Fällen durch bestimmte Eigenschaften der Sinnesreize aktiviert, z. B. durch eine bestimmte Farbe, durch Formelemente oder Bewegungen. Die Analyse verschiedener Aspekte eines Sinnesreizes kann in verschiedenen Hirnregionen stattfinden. Unser Bewusstsein spiegelt aber eine einheitlich empfundene komplexe Reizsituation wider, von der noch nicht bekannt ist, wie sie zustande kommt.

Da die Konstellationen der Neurone, die in verschiedenen Hirnregionen erregt werden, sich mit der Reizkonstellation rasch ändern, ist zu vermuten, dass es einen Mechanismus geben muss, der bei Bedarf rasch z. T. weit auseinander liegende Hirnregionen in irgendeiner Form funktionell verbindet. Diese Forderung nennt man ***Bindungsproblem.*** Ein Anzeichen der Bindung scheint darin zu bestehen, dass verschiedene Neuronengruppen in der Hirnrinde im selben Rhythmus von ca. 40 Hz aktiviert werden.

▪▪▪ Parapsychologie und Hirn-Bewusstsein Problem. Nach Meinung ihrer Anhänger löst die Parapsychologie das Hirn-Bewusstsein-Problem. Parapsychologen beschäftigen sich mit dem empirischen Nachweis von Phänomenen wie **Gedankenlesen (Telepathie)** und **Hellsehen (Präkognition)**. Diese Phänomene wurden unter dem Begriff **ESP (extra Sensory Perception**: außersinnliche Wahrnehmung) zusammengefasst, und Versuchsanordnungen wurden erdacht, um sie nachzuweisen.

Wenn es ESP gäbe, dann wäre das natürlich ein **starkes Argument für eine vom Gehirn unabhängige Seele**, die außersinnliche, also nicht vom Körper abhängige, Informationen erhält. Allerdings haben parapsychologische Untersuchungen bisher nicht zu einem auch für Skeptiker überzeugenden Beleg der Existenz von ESP-Phänomenen geführt. Für den Misserfolg der parapsychologischen Forschung lassen sich vor allem folgende Gründe anführen:

- Häufig werden **ESP-Phänomene** beschrieben, die unter **schlecht kontrollierten Bedingungen** auftraten und sich nicht reproduzieren ließen. Ein Beispiel sind die vielen Erzählungen von Menschen, die angeblich unmittelbar »extrasensorisch« den Tod eines nahestehenden Menschen »erfuhren«, von dem sie nichts wissen konnten. Bei solchen nachträglich berichteten Ereignissen ist es sinnlos, von statistischen Wahrscheinlichkeiten zu sprechen. Das Ereignis ist ja mittlerweile eingetreten. Möglicherweise treten solche **vermeintliche »extrasensorische Wahrnehmungen«** sehr viel häufiger in Bezug auf gefährdete Personen auf, von denen sich nachträglich herausstellte, dass sie noch am Leben sind.
- **Die Parapsychologie bietet eine faszinierende Geschichte der Täuschungen**, denen auch scheinbar kritische Wissenschaftler zum Opfer gefallen sind. »ESP-Begabte« entziehen sich gern strengen experimentellen Kontrollen mit dem Hinweis, dass diese ihre »übersinnlichen« Kräfte mindern. Experimente auf diesem Gebiet erfordern daher sehr genaue Kontrollen, kriminalistischen Spürsinn und gute Kenntnisse der Techniken professioneller Zaubertrick-Künstler, die Wissenschaftlern meist fehlen.

In Kürze

Sinnesphysiologie

Die Sinnesphysiologie hat zwei Dimensionen:

- Die objektive Sinnesphysiologie beschreibt die Kette physikochemischer Ereignisse, die von der Aufnahme der Sinnesreize bis zur Verarbeitung in den sensorischen Gehirnzentren durchschritten werden.
- Den Wissenschaftszweig, der sich mit den subjektive Empfindungen des Patienten beschäftigt, bezeichnete man früher als subjektive Sinnesphysiologie, heute gehört er zur Wahrnehmungspsychologie.

Die aufgenommenen Sinnesreize induzieren subjektive Sinneseindrücke, die wir als Empfindungen bezeichnen; Wahrnehmungen beruhen auf diesen Empfindungen, sie werden aber durch Erfahrungen geprägt und modifiziert.

Bewusstsein

Die Erklärung des Zustandekommens von Bewusstseinsprozessen durch neuronale Prozesse wird je

▼

nach philosophischer Einstellung unterschiedlich gedeutet und bleibt damit eines der wichtigsten Ziele der Hirnforschung.
Ein noch nicht endgültig gelöstes Problem der Entstehung von Wahrnehmungen aus physiologischen Hirnprozessen ist die Frage, wie die Aktivität verschiedener Neuronengruppen zusammengefasst wird, die einen Sinneseindruck bestimmen. Man nennt diese offene Frage »Bindungsproblem«.

13.2 Sinnesmodalitäten und Selektivität der Sinnesorgane für adäquate Reizformen

Sinnesmodalitäten und Sinnesqualitäten

Die von einem Sinnesorgan vermittelten Empfindungen werden als Sinnesmodalität bezeichnet, sie können in verschiedenen Qualitäten auftreten

Gesetz der spezifischen Sinnesenergien. Dieses von Johannes Müller formulierte Gesetz besagt, dass eine Sinnesmodalität nicht durch den Reiz bestimmt wird, sondern durch das gereizte Sinnesorgan. Empfindungskomplexe wie Sehen, Hören, Riechen und Schmecken werden als ***Sinnesmodalitäten*** bezeichnet. Innerhalb einer Sinnesmodalität gibt es wiederum verschiedene ***Qualitäten***. So ist die Farbe Rot eine Qualität der Modalität Sehen. Das Gesetz der spezifischen Sinnesenergien wurde gelegentlich mit einem (undurchführbaren) Gedankenexperiment veranschaulicht: wenn wir den Sehnerven und den Hörnerven vertauschen könnten, dann würden wir Blitze hören und den Donner sehen.

13.2. Allodynie

Bei manchen neurologischen Erkrankungen, aber auch beim banalen Sonnenbrand kann leichtes Streicheln der Haut, beim Sonnenbrand auch Anziehen eines Hemdes, sehr schmerzhaft sein. Man nennt diesen Schmerz Allodynie, da er durch Erregung empfindlicher Mechanosensoren hervorgerufen wird, deren Reizung normalerweise nur Berührungsempfindungen hervorruft. Die Mechanosensoren werden in diesem Fall adäquat gereizt, aber ihre Erregungen führen im Zentralnervensystem durch Veränderung der synaptischen Übertragungen zur Erregung von Neuronen, die zur Schmerzentstehung beitragen.
Dieses pathophysiologische Phänomen stellt einerseits eine Abweichung vom »Gesetz der spezifischen Sinnesenergien« dar. Es belegt aber andererseits eindrucksvoll, dass nicht der Reiz, sondern der gereizte Sinneskanal die Modalität der Wahrnehmung bestimmt.

Qualitätsschwellen. Sinnesmodalitäten lassen sich direkt messend nicht miteinander vergleichen. Anders ist es bei den Qualitäten: verändert man die Frequenz eines Tones langsam, dann lässt sich eine ***Qualitätsschwelle*** angeben, von der ab wir einen höheren, also qualitativ anderen, Ton hören. In gleicher Weise kann man durch Veränderung der Frequenz elektromagnetischer Schwingungen die Farbe eines Lichts ändern. Auch in dieser Sinnesmodalität lässt sich eine Schwelle bestimmen, von der ab man eine andere Farbe sieht. Diese Schwellen beim Übergang von einer Sinnesqualität zu einer anderen dürfen nicht mit den ***Intensitätsschwellen*** verwechselt werden, die in Abschnitt 13.5 besprochen werden.

Einteilung der Sinne. In der klassischen Medizin des Altertums und der frühen Neuzeit wurden 5 Sinne unterschieden: das ***Sehen***, das ***Gehör***, das ***Gefühl*** (oder Getast), der ***Geschmack*** und das ***Riechen***. Wir kennen heute eine ganze Reihe weiterer Sinnesmodalitäten, z. B. den Temperatursinn und den Gleichgewichtssinn. Es wird immer eine Interpretationsfrage sein, über wie viele Sinne der menschliche Körper verfügt.

Schmerz und andere ***Dysaesthesien*** (Missempfindungen), wie das Jucken, sind schwierig einzuordnen. Der Schmerz ist eine Sinnesmodalität, der das Jucken als Qualität zugeordnet werden kann, während der ***Kitzel*** eher in den Bereich der Mechanorezeption gehört. ***Nozizeptoren***, die Sensoren des Schmerzsinnes, haben eine Sonderstellung unter den Hautsensoren, da sie nicht in erster Linie Information über die Außenwelt vermitteln, sondern Informationen über Verletzungen oder drohende Verletzungen unseres Körpers. Schmerz ist eine körperbezogene Sinnesmodalität. Eine eingehende Darstellung der Schmerzphysiologie findet sich im ► Kap. 15.

▪▪▪ **Sinnesorgane anderer Wirbeltiere.** Man sollte sich auch vergegenwärtigen, dass andere Wirbeltierarten Sinnesorgane haben, die uns fehlen. So besitzen Schlangen im Grubenorgan empfindliche **Infrarotsensoren**, mit denen sie die Körperwärme von Beutetieren erfühlen, und Fledermäuse orten ihre Umgebung mit **Ultraschallsensoren**, die das Echo der von ihnen selbst ausgesandten Ultraschallsignale auffangen. Manche Fische verfügen über **Sinnesorgane für elektrische Felder**, mit denen sie die Muskelaktionsströme von Beutetieren wahrnehmen können, die sich im Sand des Seebodens versteckt haben. Der Mensch baut sich mit seiner Technik vergleichbare künstliche Sinnesorgane, deren Signale aber in visuelle (oder seltener in akustische) Signale umgesetzt werden müssen.

Adäquate Reize

Sinnesorgane haben eine besondere Empfindlichkeit für spezifische Reize; diese nennt man adäquate Reize

Adäquate und inadäquate Sinnesreize. Im Laufe der Evolution haben sich in allen tierischen Organismen spezialisierte Sinnesorgane herausgebildet, die daraufhin angelegt sind, auf bestimmte physikalische oder chemische Reize optimal zu reagieren. Meist ist das der Reiz, der die ***minimale Energie*** benötigt, um das betreffende Organ zu erregen. Wir nennen die Reizformen, auf die ein

Sinnesorgan optimal reagiert, ***adäquate Reize***. Ein Beispiel: Stäbchen und Zapfen der Retina lassen sich zwar auch erregen, wenn man den Bulbus kräftig mit dem Finger massiert. Dies führt nämlich zu »inadäquaten« visuellen Eindrücken (▶ s. die Einleitung dieses Kapitels). Optimale und damit adäquate Reize sind aber elektromagnetische Schwingungen mit Wellenlängen zwischen 400 und 800 nm. Bei dieser Reizart genügt die Energie weniger Photonen, um die Retinasensoren zu erregen.

Da Sensoren im biophysikalischen Sinn nicht absolut spezifisch sind, ist es nicht immer einfach, aus einer rein formalen Betrachtung des Energiebedarfs den adäquaten Reiz für ein Sinnesorgan zu erschließen. So reagieren z. B. die ***Kaltsensoren*** in der Schleimhaut von Mund und Nase nicht nur auf Abkühlung, sondern auch auf Kontakt mit einem chemischen Reiz, nämlich ***Menthol***. Die Erregung der Kaltsensoren durch diese chemische Substanz (z. B. beim Rauchen einer Mentholzigarette) führt daher zur Kälteempfindung.

Ursachen der spezifischen Reizempfindlichkeit. Die spezifische Empfindlichkeit eines Sinnesorgans für adäquate Reize kann durch die Membraneigenschaften der Sensoren, aber auch durch den Bau des gesamten Sinnesorgans bedingt sein. So sind z. B. adäquate Reize für die Sinneszellen im Vestibularorgan und in der Kochlea des Innenohrs jeweils Änderungen von Druckgradienten in der Endolymphe, welche die Haarzellen mechanisch erregt (▶ s. Kap. 16.3). Aber durch den Bau der Kochlea ist gewährleistet, dass solche Druckänderungen nur dann auftreten, wenn mechanische Schwingungen mit Frequenzen von 20–20 000 Hz die Kochlea erreichen, während im Vestibularorgan entsprechende Gradienten bei Lageänderungen des Kopfes auftreten.

Sinnesorgane als Sensoren in Regelkreisen

! Manche Sensoren haben vor allem die Aufgabe, an der Regelung physiologischer Prozesse mitzuwirken; sie erzeugen meist keine bewussten Empfindungen

Vor allem die Sensorsysteme für Muskellänge, Sehnendehnung, Gelenkstellung und andere Parameter der Lage und Bewegung unseres Körpers (***Propriozeptoren***) und die Sensoren im Bereich der inneren Organe (***Enterozeptoren*** oder ***Viszerozeptoren***) sind in Regelkreise eingebunden. Der überwiegende Anteil der Information, die dem ZNS von solchen Sensoren zugeleitet wird, erreicht unser Bewusstsein nicht. So sind uns z. B. die Informationen der ***Barorezeptoren*** aus dem Karotissinus, die kontinuierlich den arteriellen Blutdruck registrieren, nicht bewusst.

In Kürze

! Sinnesmodalitäten und -qualitäten

Das Gesetz der spezifischen Sinneswahrnehmungen besagt, dass Sinneswahrnehmungen in ihrer Modalität durch das aktivierte Sinnesorgan bestimmt werden.

- Sinnesmodalitäten bezeichnen Empfindungskomplexe wie Hören, Riechen und Schmecken.
- Die Qualitäten innerhalb der Modalität spiegeln die Eigenschaften des Reizes wider; die Farbe »Rot« ist also eine Qualität der Modalität »Sehen«.

! Sinnesorgane und adäquate Reize

Sinnesorgane entwickelten sich im Laufe der Evolution, um bestimmte, überlebenswichtige Reize aus der Umwelt oder aus dem Körper aufzunehmen. Der Reiz, der die minimale Energie benötigt, um das betreffende Sinnesorgan zu erregen, wird als adäquater Reiz bezeichnet (z. B. Licht beim Auge, Schall beim Ohr etc.). Die Selektivität der Sinnesorgane für adäquate Reize ist aber nicht absolut, Erregung durch inadäquate Reize ist möglich.

! Einteilung und Funktion

Neben den klassischen 5 Sinnen (Sehen, Hören, Schmecken, Riechen, Fühlen) gibt es noch eine Vielzahl anderer Sinnesorgane (z. B. Gleichgewichtssinn, Temperatursinn, Tiefensensibilität, Schmerzsinn). Viele Sinnesorgane haben überwiegend oder ausschließlich die Aufgabe, als Messfühler an der Regelung physiologischer Prozesse mitzuwirken. Die meisten von ihnen vermitteln keine bewussten Empfindungen.

13.3 Informationsübermittlung in Sensoren und afferenten Neuronen

Der Transduktionsprozess

! Sensoren sind Abschnitte der Zellmembranen sensorischer Neurone, die für die Aufnahme von Reizen und ihre »Übersetzung« (Transduktion) in nervöse Erregung spezialisiert sind

Sensoren. In jedem Sinnesorgan gibt es Rezeptoren, deren Erregung den sensorischen Prozess auslöst. Der Begriff ***Rezeptor*** ist heute aber leider nicht mehr eindeutig. Ursprünglich verstand man darunter eine Sinneszelle. Heute wird dieser Begriff von den Molekularbiologen in Anspruch genommen, die darunter Molekülkomplexe in Zellmembranen verstehen, die mit anderen Molekülen (z. B. Hormonen) spezifisch reagieren. Sinnesphysiologen verstehen unter dem Begriff *Rezeptor* den Membranbereich einer Sinneszelle oder eines afferenten Neurons, der darauf spezialisiert ist, Reize in neuronale Information umzuformen. Zur Vermeidung von Begriffsverwirrung beizeichnen wir diesen »*sinnesphysiologischen Rezeptor*« auch als *Sensor*.

Im Bereich der somatoviszeralen Sensibilität sind Sensoren die peripheren Axon- oder Dendritenendigungen afferenter Nervenfasern. Solche Endigungen können als *nackte Nervenendigungen* frei im Gewebe liegen oder in spezialisierte Strukturen, z. B. in *Korpuskeln* oder in Muskelspindeln, eingebettet sein. In einigen Sinnesorganen sind die afferenten Nervenendigungen hingegen mit spezialisierten, nicht-neuralen Sinneszellen verbunden, z. B. in der Kochlea mit den *Haarzellen*. In der Retina gibt es schließlich Sinneszellen neuralen Ursprungs, die *Stäbchen* und *Zapfen*, auf deren Außenglieder die hier verwendete Definition des Sensors ebenfalls zutrifft.

Transduktion. Reizung von Sensoren führt zu lokalen Änderungen des Membranpotentials, dem Sensorpotential. Synonym wird der Ausdruck »Rezeptorpotential« verwendet. Man nennt diesen Vorgang der Übersetzung eines Reizes in eine Membranpotentialänderung Transduktion. Da *Sensorpotentiale* in den zugehörigen afferenten Nervenfasern Aktionspotentiale generieren, hat man sie auch als *Generatorpotentiale* bezeichnet.

Lokalisation des Sensorareals. Man kann Sensoren definieren als *Membranabschnitte von Zellen, die Sensorpotentiale ausbilden*. Diese werden dann in den zugehörigen afferenten Nervenfasern in Folgen von Aktionspotentialen umcodiert. Bei einigen Sensoren kann man mit intrazellulären Mikroelektrodenableitungen die Potentialänderungen bei Reizung erfassen. ◻ Abbildung 13.3 zeigt Beispiele von Sensoren, deren Generatorpotentiale gemessen werden konnten. Aus dieser Abbildung geht hervor, dass der Sensor im Falle der Muskelspindel und des Vater-Pacini-Körperchens (PC-Sensor) jeweils das Axonterminale ist (primäre Sinneszelle), während bei den Haarzellen eine Sinneszelle als Sensor fungiert. In diesem letzteren Fall wird das afferente Axon über einen synaptischen Mechanismus erregt (sekundäre Sinneszelle).

Codierung der Reizintensität

> Sensorpotentiale sind kontinuierlich abgestufte lokale Antworten, d. h. sie bilden mit ihrer Amplitude die Reizgröße ab

Sensorschwelle und der Arbeitsbereich von Sensoren. In der Regel muss der adäquate Reiz eine Mindestgröße erreichen, um eine *Erregungsschwelle* zu überschreiten. Andererseits führen extrem starke Reize häufig nicht mehr zu einem größeren Sensorpotential. Jeder Sensor hat somit einen *Empfindlichkeits-* oder *Arbeitsbereich*.

Membranpotentialänderungen bei Sensorpotentialen. Die Sensorpotentiale sind bei den meisten Sensoren de-

A
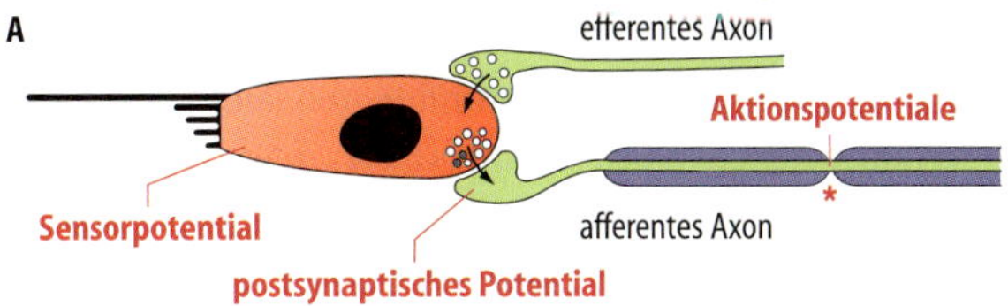

B
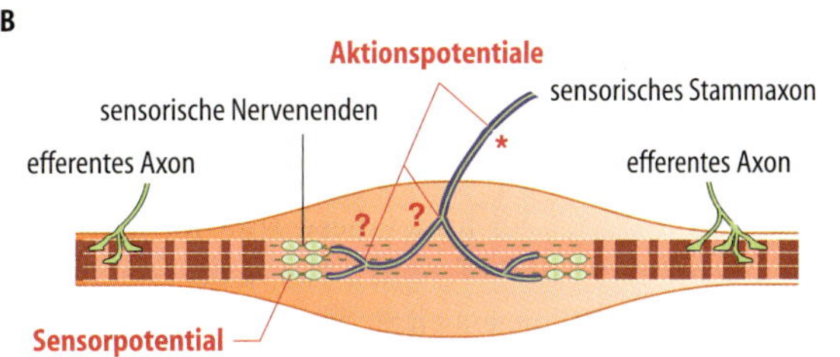

C
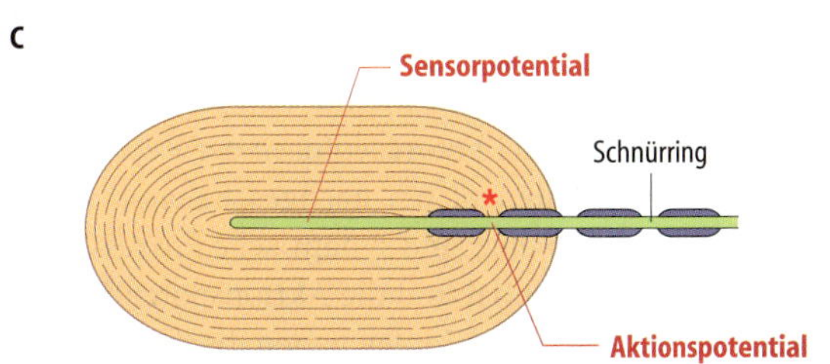

◻ **Abb. 13.3. Verschiedene Sensortypen. A** Haarzelle aus der Kochlea oder dem Vestibularorgan. **B** Muskelspindel des Frosches. **C** Pacini-Körperchen. Die Sterne markieren die Stelle, an der vermutlich die Transformation von Generatorpotentialen zu Aktionspotentialen erfolgt. A nach Flock in Loewenstein (1971)

polarisierend. Bei den *Photosensoren* in der Retina, den Stäbchen und Zapfen, findet ein Ionenstrom vorwiegend im Dunkeln statt. Die eintreffenden Photonen verändern die Konfiguration eines photosensiblen Moleküls in den Außengliedern der Sensoren, was einen Second-Messenger-Prozess auslöst, der zur Abnahme der Leitfähigkeit für Na^+-Kanäle führt. Hier findet man also ein hyperpolarisierendes Sensorpotential.

Empfindlichkeit des Transduktionsprozesses. Der Reiz ist nicht die unmittelbare Energiequelle des Sensorpotentials. Er steuert nur – wie bereits dargestellt – Ionenströme durch die Membran. In einigen Fällen scheint der Transduktionsprozess so empfindlich zu sein, dass die theoretische Grenze erreicht wird. So können z. B. die Haarzellen der Kochlea bereits durch eine Bewegung erregt werden, die nicht größer ist als der Durchmesser eines Wasserstoffatoms. Schon ein einziges Lichtquant kann so große Membranströme an einzelnen Stäbchen der Netzhaut auslösen, dass das entstehende Generatorpotential die Aktivität der nachgeschalteten Ganglienzellen der Retina messbar beeinflusst. In diesen Fällen ist mit der Transduktion ein beachtlicher *Verstärkungsprozess* verbunden.

Der Prozess der Transformation

Sensorpotentiale werden in afferenten Neuronen in Aktionspotentialfolgen umcodiert; diesen Vorgang nennt man Transformation; dabei wird die Größe der Potentialänderung des Sensorpotentials in Aktionspotentialfolgen unterschiedlicher Frequenz transformiert, die fortgeleitet werden

Generatorpotential. Der nächste Schritt im sensorischen Erregungsprozess ist die Auslösung einer Sequenz von Aktionspotentialen durch das Generator- oder Sensorpotential. Beim PC-Sensor findet diese Transformation am ersten Schnürring der afferenten Nervenfaser statt. Das Generatorpotential muss sich zu diesem Ort der Aktionspotentialauslösung hin elektrotonisch ausbreiten, ganz ähnlich wie die synaptischen Potentiale am Motoneuron zum Axonhügel.

Bei einigen Sinneszellen, wie bei den Haarzellen des Innenohrs und bei den Photorezeptoren der Retina, werden Aktionspotentiale erst bei nachgeschalteten Zellen ausgelöst. In diesen Fällen sind synaptische Prozesse zwischen das Sensorpotential und die Aktionspotentiale geschaltet. Bei Stäbchen und Zapfen haben die postsynaptischen Potentiale in den Ganglienzellen der Retina die Funktion von ***Generatorpotentialen.***

Umcodierung zu Aktionspotentialen. Abbildung 13.4 zeigt Generatorpotentiale und die von ihnen ausgelösten Aktionspotentiale am Beispiel der Muskelspindel des Frosches. Während beim Generatorpotential die Größe der Depolarisation die Reizgröße abbildet, folgen die Amplituden der fortgeleiteten Aktionspotentiale dem Alles-oder-Nichts-Gesetz. Die Abbildung der Reizgröße erfolgt durch Frequenzänderung. Impulsfrequenzen der afferenten Nervenfasern folgen kontinuierlich der Amplitude der Generatorpotentiale. Eine ähnliche ***Umcodierung*** von einem lokalen Potential, dessen ***Amplitude*** variiert, zu einem fortgeleiteten Signal, dessen ***Frequenz*** sich ändert, findet wieder an zentralnervösen Synapsen statt.

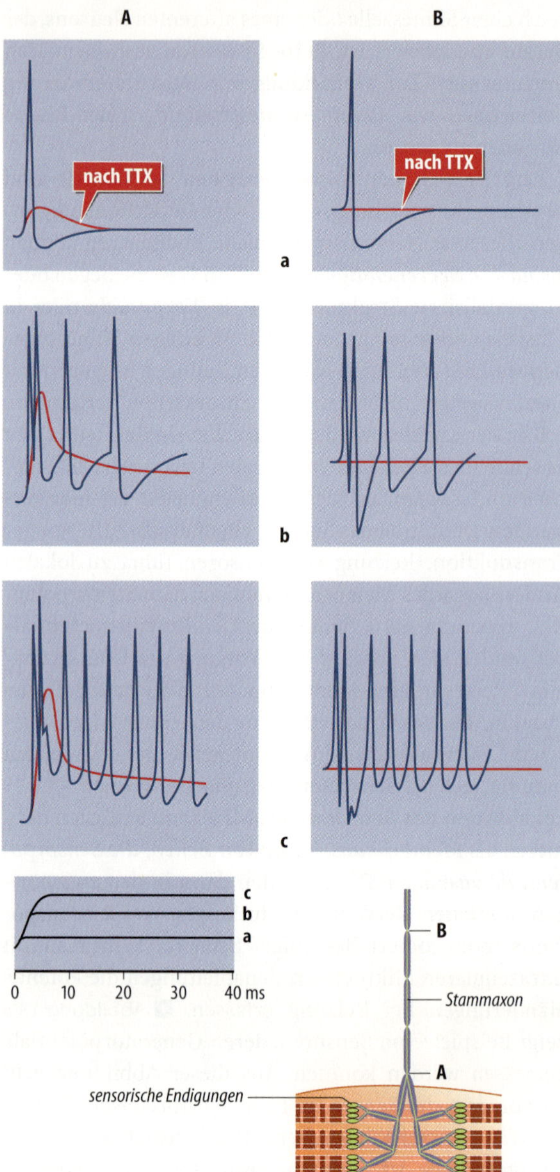

Abb. 13.4. Generatorpotentiale und Aktionspotentialsequenzen einer Froschmuskelspindel und ihre Beeinflussung durch Tetrodotoxin. *Oben:* Ableitungen aus dem afferenten Stammaxon nahe den sensorischen Nervenendigungen (**A**) und weiter proximal (**B**) bei verschieden starken Muskeldehnungen (**a**, **b**, **c**, Reizverlauf am Fuß der Abbildung). Die *blauen Kurven* zeigen in A Aktionspotentiale superponiert auf Sensorpotentiale, bei der von den Sensoren entfernteren Ableitung in B ist kein Sensorpotential mehr zu registrieren. *Blaue* Ableitungen unter Normalbedingungen, *rote* nach Block der Aktionspotentiale mit Tetrodotoxin (TTX). Die Depolarisationsgeschwindigkeit und die Aktionspotentialfrequenz sind eine Funktion der Amplitude der Depolarisation des Sensors. *Unten:* Skizze der Mittelregion einer Froschmuskelspindel mit den Ableitorten A und B. Nach Ottoson u. Shepherd in Loewenstein (1971)

Geschwindigkeitsabhängiges und reizproportionales Antwortverhalten

Viele Sensoren codieren in ihrem Antwortverhalten die Geschwindigkeit der Reizänderungen, andere die Reizgröße, oder beide Parameter

Dynamisches Antwortverhalten. Man kann an Abb. 13.4 sehen, dass die Antworten der Muskelspindelafferenz den Zeitverlauf des Reizes nicht exakt wiedergeben. Dieser Sensor und seine afferente Nervenfaser reagieren überproportional, wenn der Reiz rasch zunimmt, sie signalisieren die Geschwindigkeit der Reizänderung. Man nennt diesen Aspekt der Reizantwort ***dynamische, phasische*** oder ***differentiale Antwort*** (der Differenzialquotient Längenänderung pro Zeit, dL/dt = v, entspricht der Geschwindigkeit).

Proportionales Antwortverhalten. Codiert ein Sensor hingegen einen Reiz weitgehend unabhängig von der Geschwindigkeit, mit der er sich ändert, dann spricht man von einer ***tonischen, statischen*** oder ***proportionalen*** Antwort. Bei den meisten Sensoren nimmt auch eine tonische Antwort bei längerdauernden gleichförmigen Reizen langsam ab. Die Abnahme der Erregung über die Zeit bei gleich bleibendem Reiz nennt man ***Adaptation***. Von der Adaptation zu unterscheiden ist die ***Habituation***, worunter man die verringerte Reaktion eines gesamten Organismus auf längerdauernde Reizeinwirkung versteht.

Proportional-differentiales Antwortverhalten. In sensorischen Systemen kommen Afferenzen mit extrem rascher Adaptation vor, z. B. PC-Afferenzen und solche mit extrem langsamer Adaptation, z. B. sekundäre Muskelspindelafferenzen. Die meisten Afferenzen haben aber die in ◻ Abb. 13.4 gezeigte ***Proportional-Differential-*** oder ***PD-Charakteristik***. Sie übermitteln dem ZNS Informationen über die Reizgröße (Proportionalantwort), heben aber die für Regelvorgänge (Reflexe) besonders wichtigen raschen Reizänderungen durch höhere Impulsraten hervor (Differentialantwort). Diese bevorzugte Übermittlung der Information über rasche Reizänderungen wird in den vielen Sinneskanälen bei der Übertragung auf höhere Neuronen im ZNS noch verstärkt.

Determinanten des Antwortverhaltens. Die unterschiedlichen Adaptationsraten verschiedener Sensoren sind teils durch den Bau der Sensoren, teils durch die Charakteristika des Transformationsprozesses bestimmt. Beim PC-Sensor ist eine wichtige Ursache der extrem raschen Adaptation, die diesen Sensor zu einem Beschleunigungsdetektor macht, in der Zwiebelstruktur zu sehen, die den Sensor umgibt. Diese Struktur ist außerordentlich derb und wirkt als ***mechanischer Hochpass***, der die rezeptive Endigung, den Sensor, gegen kontinuierliche Drucke abschirmt und nur hochfrequente Erschütterungen überträgt.

Allerdings sind die unterschiedlichen Adaptationsgeschwindigkeiten nicht nur im Bau der Sensoren begründet, sondern werden auch durch den Transformationsprozess bestimmt. Depolarisiert man z. B. den ersten Schnürring einer PC-Afferenz mit einem langdauernden Strompuls, dann löst das nur eine kurze Antwort von 1–2 Aktionspotentialen aus. Führt man das gleiche Experiment am ersten Schnürring einer Muskelspindelafferenz des Frosches durch, dann induziert eine solche Dauerdepolarisation einen langdauernden Strom von Aktionspotentialen. Die ***endgültige Festlegung der Adaptationsrate*** einer afferenten Nervenfaser erfolgt also erst ***in der konduktilen Membran*** bei der Umcodierung in Aktionspotentialfolgen.

In Kürze

Informationsübermittlung in Sensoren und afferenten Neuronen

Damit die Information über einen Reiz bis ins ZNS übermittelt werden kann, muss dieser zweimal »übersetzt« werden:

- Transduktion: Die Reize werden von speziellen Abschnitten der Zellmembran, den Sensoren, aufgenommen und in eine nervöse Erregung übersetzt. Das so entstehende Potential nennt sich Sensorpotential und bildet die Reizgröße durch seine Amplitude ab.
- Transformation: Damit dieses Potential über die afferenten Neuronen weitergeleitet werden kann, muss es in eine Folge von Aktionspotentialen umcodiert werden. Die Amplitude des Sensorpotentials wird dabei durch die Frequenz der Aktionspotentiale abgebildet.

Sensoren

Sensoren zeigen unterschiedliche Antwortverhalten auf bestimmte Reizparameter:

- Von einem dynamischen Antwortverhalten spricht man, wenn der Sensor auf die Geschwindigkeit der Reizänderung überproportional reagiert.
- Proportionales Antwortverhalten zeigt ein Sensor, der einen Reiz weitgehend unabhängig von der Geschwindigkeit, mit der er sich ändert, codiert.
- Die meisten Sensoren codieren jedoch beide Parameter; sie zeigen ein proportional-differentiales Antwortverhalten.

13.4 Molekulare Mechanismen der Transduktion

Transduktion chemischer Reize

Chemische Reize reagieren in vielen Fällen mit spezifischen Rezeptoren, die G-Protein gekoppelt sind; Aktivierung der G-Proteine führt zur Aktivierung einer Second-Messenger-Kaskade, die eine Erhöhung der Leitfähigkeit von Kationenkanälen bewirkt; dadurch entsteht das Generatorpotential

Funktion von Chemosensoren. Seit Beginn der Evolution vielzelliger Lebewesen haben sich in den Oberflächenmembranen von Zellen komplexe Moleküle, v. a. Proteine, entwickelt, die mit spezifischen extrazellulären Botenstoffen reagieren und damit die ***Kommunikation zwischen den Zellen*** aufrechterhalten. Eine zweite Art von Membranrezeptoren dient der ***Reaktion auf Einflüsse der Außenwelt***. Soweit es sich dabei um chemische

Stoffe handelt, haben sich die Prinzipien der Zwischenzell- und der Außenwelt-Kommunikation parallel entwickelt.

Arbeitsweise von Chemosensoren. Als Beispiel seien die Sinneszellen der ***Riechschleimhaut*** genannt. Die Sensoren befinden sich bei diesen Sinneszellen in den Zilien, die von den Dendriten ausgehen, die sich aus dem Riechepithel in das Nasenlumen erstrecken. In der Membran der Zilien finden sich Rezeptorkomplexe, die spezifisch mit ganz bestimmten Geruchsstoffen reagieren müssen, die z. T. eine komplexe chemische Struktur haben. Diese sehr spezifischen ***Rezeptorkomplexe*** sind an G-Proteine gekoppelt, die u. a. die ***Adenylatzyklase*** aktivieren. Das gebildete cAMP phosphoryliert unspezifische Kationenkanäle und erhöht dadurch deren Na^+ und Ca^{++} Leitfähigkeit. Der resultierende Kationeneinstrom bedingt eine Depolarisation des Membranpotentials, das ***Sensorpotential.***

Dieser Typ der Transduktion findet sich nicht nur in olfaktorischen Sinneszellen, sondern z. B. auch bei ***Nozizeptoren.*** Daneben gibt es auch ***G-Protein unabhängige Rezeptormechanismen***, z. B. für Ionen wie H^+. Beispiele dazu finden sich in den Kapiteln zu den einzelnen Sinnessystemen.

Transduktion thermischer Reize

Der molekulare Mechanismus der Thermosensoren basiert auf Kanalkomplexen, deren Konfiguration und Leitfähigkeit durch die Temperaturänderung verändert wird; dadurch entsteht dann das Sensorpotential

Funktion von Thermosensoren. Auch bei Thermosensoren geht die Transduktion von Rezeptorkomplexen in der Sensormembran aus. In der menschlichen Haut gibt es Sensoren für Abkühlung (Kaltsensoren) und für Erwärmung (Warmsensoren). Außerdem reagieren viele Nozizeptoren auf schmerzerzeugende Erhitzung. Wenn auch noch nicht alle Rezeptormoleküle gefunden wurden, die für die Transduktion bei Erwärmung und Abkühlung verantwortlich sind, so wurden doch Rezeptormoleküle für Hitzereize entdeckt, z. B. der ***VR1-Rezeptor*** und ein anderer für Abkühlung, der ***CMR1-Rezeptor.***

Arbeitsweise von Thermosensoren. Beide Rezeptorproteine gehören zur selben »Familie«, den TRP-Rezeptormolekülen. Es handelt sich hier nicht um G-Protein gekoppelte Rezeptoren, sondern um ***Rezeptor-Kanalkomplexe.*** Temperaturänderung führt zu einer Konfigurationsänderung des Kanalmoleküls und erhöht dadurch die Leitfähigkeit für einen Kationenstrom.

▪▪▪ Interessanterweise hat der **VR1-Rezeptor** eine Bindungsstelle für das Molekül **Capsaicin**, den Stoff, der den scharfen Geschmack von Paprika und Chilli bewirkt. Eine Bindung bewirkt ebenfalls eine erhöhte Leitfähigkeit des Kanals und damit den »heißen« Geschmack.

Auch der **CMR1-Rezeptor** wird durch einen chemischen Reiz beeinflusst, durch Menthol. Daher der »kühle« Eindruck z. B. beim Rauchen einer Mentholzigarette.

Transduktion mechanischer Reize

Auch die Funktion von Mechanosensoren hängt von Rezeptormolekülen in den Sensormembranen ab, die mit Membrankanälen verbunden sind

Funktion von Mechanosensoren. Ein gut erforschtes Beispiel eines Mechanosensors ist das Vater-Pacini-Körperchen (PC-Sensor). Dieser Sensor besteht aus dem ***marklosen*** Ende einer ***markhaltigen*** Nervenfaser, das von einer zwiebelartigen Schale umgeben ist. Die sensorische Funktion dieser Sensoren wird im nächsten Kapitel beschrieben. Hier sei nur erwähnt, dass es sich um die ***Sensoren des Vibrationssinnes*** handelt. Die Sensorpotentiale werden bei diesem Sensor in der Nervenendigung selbst erzeugt, nicht in den Zellen, welche die Nervenendigung umgeben und die zum Aufbau des Sinnesorgans beitragen (◘ Abb. 13.5 und 13.6). Das Axonterminale bleibt auch dann durch mechanische Reize erregbar, wenn man die umgebende Zwiebelstruktur abträgt. Weiter proximal, dort, wo die Aktionspotentiale entstehen und fortgeleitet werden (s. u.), ist die Axonmembran mechanisch hingegen unempfindlich.

Arbeitsweise von Mechanosensoren. Das ***Umkehr-*** oder ***Gleichgewichtspotential*** für das Sensorpotential eines PC-Sensors liegt nahe 0 mV. Das deutet darauf hin, dass die Permeabilitätsänderung, die durch einen mechanischen Reiz induziert wurde, nicht auf Na^+-Ionen be-

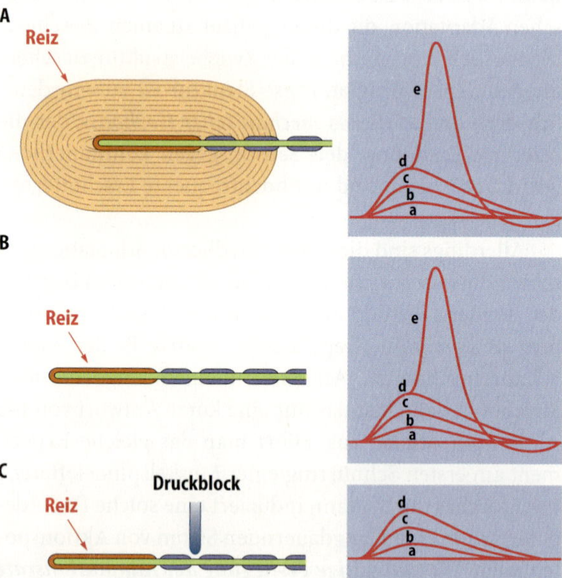

◘ **Abb. 13.5. Generatorpotentiale und Aktionspotentiale eines PC-Sensors (Pacini-Körperchen). A** Reizung eines isolierten PC-Sensors an der mit einem Pfeil markierten Stelle führt bei schwachen Reizen zu Sensorpotentialen (Generatorpotentialen), deren Amplitude die Reizstärke codiert **(a–d)**. Überschwellige Sensorpotentiale lösen Aktionspotentiale **(e)** aus. **B** Auch nach Abtragen der umgebenden Hüllzelle lassen sich Sensorpotentiale durch mechanische Reizung erzeugen. **C** Ein Druckblock am 1. Schnürring des afferenten Axons blockiert die Aktionspotentialentstehung, beeinflusst aber das Sensorpotential nicht. Nach Loewenstein (1960)

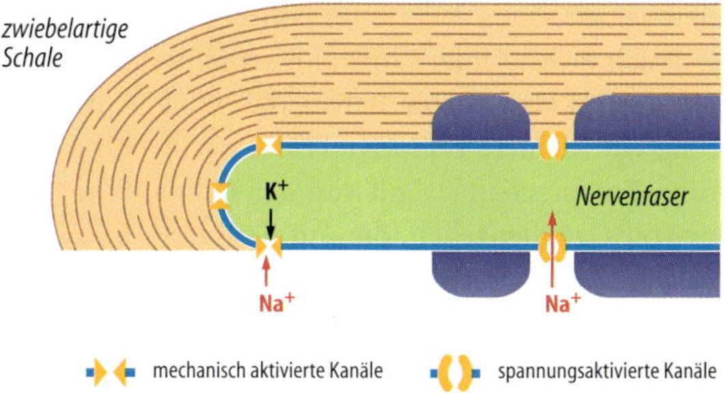

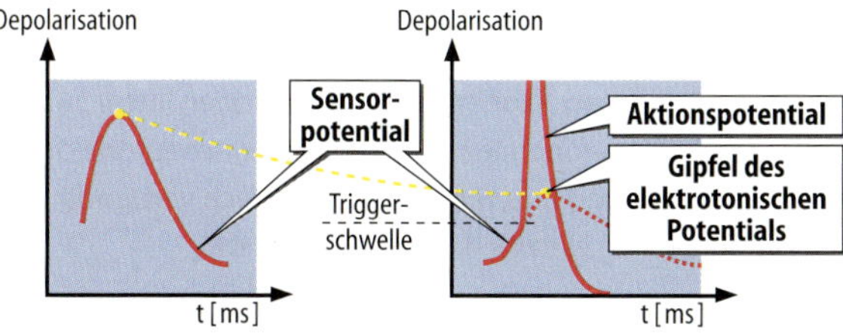

Abb. 13.6. Transduktion und Transformation am Pacini-Körperchen. In der *oberen* Hälfte der Abbildung ist ein Abschnitt des Pacini-Körperchens schematisch dargestellt. Die Kurven in der *unteren* Hälfte der Abbildung zeigen ein Sensorpotential und ein Aktionspotential, das durch dieses Sensorpotential ausgelöst wurde

schränkt ist (Nernst-Gleichung). Untersucht man Vater-Pacini-Körperchen in vitro und entfernt alles Na^+ aus der Badlösung, dann wird das Sensorpotential auf etwa $^1/_3$ reduziert, aber nicht ausgeschaltet.

Die Kanäle, deren Permeabilitätsänderung das Sensorpotential dieses Sensors verursacht, sind ***nichtselektive Kationenkanäle.*** Diese Kanäle sind unempfindlich für Tetrodotoxin (TTX), ganz im Gegensatz zu den Na^+-Kanälen an den Schnürringen des Stammaxons, die für die Aktionspotentialbildung verantwortlich sind. Man kann daher mit TTX bei einer afferenten Nervenfaser eines PC-Sensors die fortgeleiteten Aktionspotentiale ausschalten, während das Sensorpotential erhalten bleibt.

In Kürze

Molekulare Mechanismen der Transduktion

Bei den Transduktionsprozessen kann man grob die Transduktion chemischer, thermischer und mechanischer Reize unterscheiden.

- Chemische Reize reagieren in vielen Fällen mit spezifischen Rezeptoren, die G-Protein gekoppelt sind. Durch die Aktivierung der G-Proteine kommt es zur Aktivierung einer Second-Messenger-Kaskade, die eine Erhöhung der Leitfähigkeit von Kationenkanälen bewirkt, so dass das Generatorpotential entsteht.
- Bei der Transduktion thermischer Reize entsteht das Sensorpotential durch Konfigurationsänderungen der Kanalkomplexe, die auch deren Leitfähigkeit verändert.
- Mechanische Reize bewirken ebenfalls eine Permeabilitätsänderung der Rezeptormoleküle.

Bei den meisten Sensoren sind die Membrankanäle, welche für Sensorpotentiale verantwortlich sind, nichtselektive Kationenkanäle; sie sind nicht identisch mit den spannungsabhängigen Membrankanälen, von denen die Aktionspotentialbildung abhängt.

13.5 Informationsverarbeitung im neuralen Netz

Periphere (primäre) und zentrale (sekundäre) rezeptive Felder

Alle Sensoren einer Nervenfaser bilden ihr primäres rezeptives Feld; die Verzweigung der afferenten Nervenfasern in ihrem Zielgewebe ist unterschiedlich stark, sie bilden unterschiedlich große rezeptive Felder

Primäre rezeptive Felder. Afferente Nervenfasern verzweigen sich in ihrem Innervationsgebiet (der Peripherie) meist in mehrere Kollateralen, die jeweils in Sensoren enden; alle Sensoren einer Nervenfaser bilden ihr primäres rezeptives Feld. Ein Mechanosensor in der Haut wird v. a. durch Reize erregt, die auf die Haut unmittelbar über ihm einwirken. Die afferente Nervenfaser, die von diesem Sensor ausgeht, kann sich verzweigen, und die Kollateralen werden dann ebenfalls an den Axonterminalen Sensoren ausbilden. Das afferente Stammaxon kann in diesen Fällen von verschiedenen Hautstellen her erregt werden.

Liegen die Sensoren eines afferenten Axons nahe beieinander, ergibt sich ein zusammenhängendes rezeptives Feld, liegen sie weiter voneinander entfernt eines, das aus mehreren unzusammenhängenden empfindlichen Hautstellen besteht. Zur Unterscheidung von den rezeptiven Feldern zentraler Neurone nennen wir die der primären Afferenzen ***primäre rezeptive Felder*** (▶ s. Abb. 13.7).

Sekundäre rezeptive Felder und Funktionsanpassung. Die Anzahl der Kollateralen der primär afferenten Axone und ihre mehr oder weniger weite Ausbreitung im innervierten Gewebe bestimmen Form und Größe der ***peripheren rezeptiven Felder.*** Bei nachgeschalteten Neuronen im ZNS wird die ***Größe der rezeptiven Felder*** zudem bestimmt durch die ***Konvergenz*** verschiedener afferenter Neurone. Unterschiedlich viele primär afferente Nervenfasern konvergieren und haben synaptische Kontakte mit einzelnen zentralen sensorischen Neuronen. Die rezeptiven Felder dieser zentralen Neurone ***(zentrale rezeptive Felder)*** können daher größer sein als die primären Felder afferenter Nervenfasern (▶ s. z. B. das rechte Neuron der spezifisch sensorischen Bahn in Abb. 13.7).

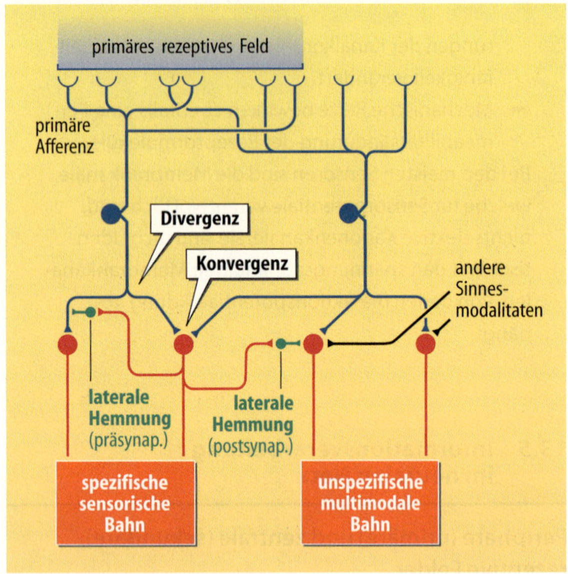

Abb. 13.7. Schematische Darstellung eines Sinnessystems

Die ***Größe*** peripherer und zentraler rezeptiver Felder ist funktionsangepasst. Kleine Felder bedingen ein besseres sensorisches Auflösungsvermögen. Die rezeptiven Felder von ***Mechanoafferenzen*** der Haut in der Fingerspitze, dem wichtigsten Tastorgan, sind meist kleiner als solche in der Haut des Unterarms oder gar des Rumpfes. Bei den sensorischen Neuronen höherer Ordnung vergrößert sich dieser Unterschied: im ***somatosensorischen Projektionsfeld des Kortex*** haben die »Fingerspitzen«-Neurone viel kleinere rezeptive Felder als die »Rumpf«-Neurone. Entsprechendes gilt von der Retina. Rezeptive Felder von Ganglienzellen, die mit ***Sensoren der Fovea centralis*** des Auges verbunden sind, sind kleiner als solche, die von ***Sensoren der Retinaperipherie*** innerviert werden.

Sensorische Bahnen als neuronale Netzwerke

Sinnesbahnen im Zentralnervensystem sind nicht einfach Bündel von Axonen, die Informationen linear zu zentralen Neuronen leiten; die Projektionsneurone dieser Bahnen sind untereinander synaptisch verbunden, wodurch eine Netzwerk-Struktur entsteht

Allgemeine Struktur sensorischer Bahnen. Die ***primär*** afferenten Nervenfasern enden nach ihrem Eintritt ins Rückenmark oder in den Hirnstamm an ***sekundären*** sensorischen Neuronen (▶ vgl. Abb. 13.7, 13.8). Deren Axone sammeln sich zu ***sensorischen Bahnen***, die in höheren Kerngebieten enden. Charakteristischerweise sind mehrere solcher sensorischen Zentren für ein Sinnessystem hintereinander geschaltet. Letzte Station bilden bei fast allen Sinnen die Neurone im ***Projektionsfeld der Hirnrinde***. Diesen sind bei den meisten Sinnessystemen

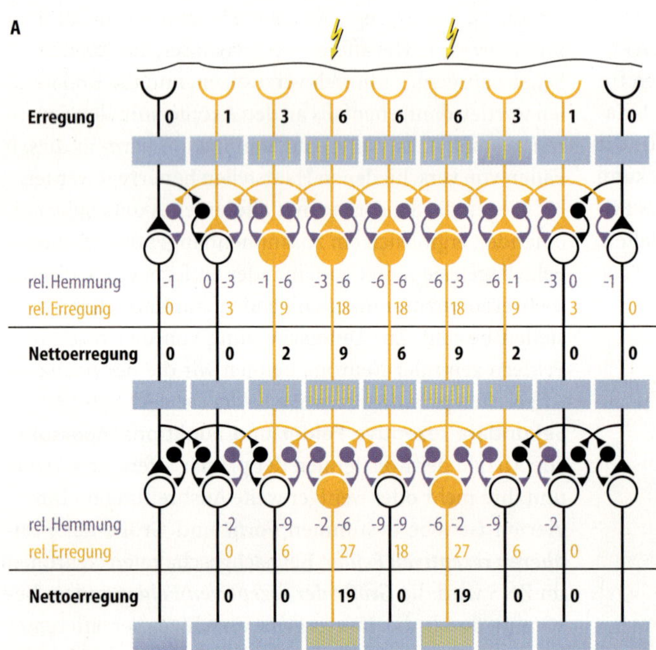

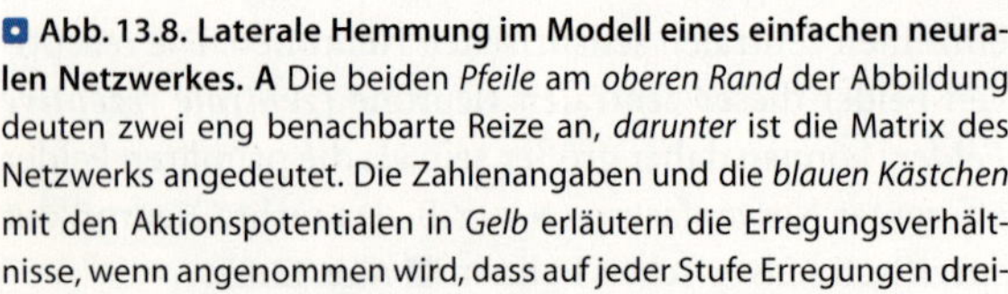

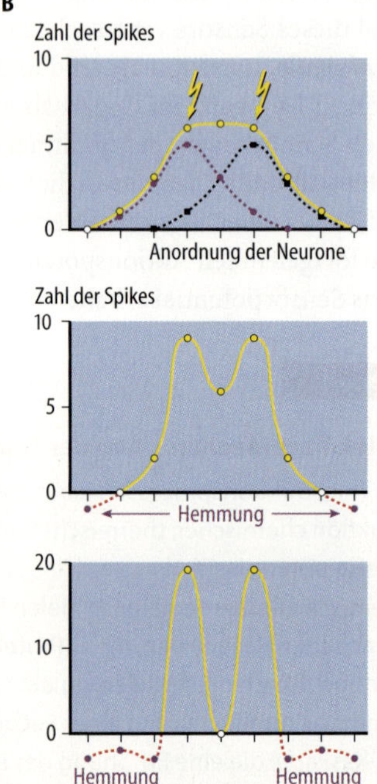

Abb. 13.8. Laterale Hemmung im Modell eines einfachen neuralen Netzwerkes. A Die beiden *Pfeile* am *oberen Rand* der Abbildung deuten zwei eng benachbarte Reize an, *darunter* ist die Matrix des Netzwerks angedeutet. Die Zahlenangaben und die *blauen Kästchen* mit den Aktionspotentialen in *Gelb* erläutern die Erregungsverhältnisse, wenn angenommen wird, dass auf jeder Stufe Erregungen dreifach verstärkt werden, während die Hemmungen mit einfacher Verstärkung wirken. Die resultierenden Nettoerregungen ergeben sich aus Subtraktion der Hemmwerte von den Erregungswerten. **B** Darstellung der Nettoerregung auf verschiedenen Ebenen des Netzwerks. Mod. nach Handwerker (1990)

Neurone in einem ***thalamischen Projektionskern*** vorgeschaltet. Bei der Somatosensorik ist denen wiederum ein ***sensorisches Kerngebiet*** im Rückenmark oder Hirnstamm vorgeschaltet, an dessen Neuronen die afferenten Nervenfasern aus der Peripherie enden.

Eine ***sensorische Bahn*** besteht somit aus einer ***Kette*** von ***zentralen Neuronen***, die durch Impulse der betreffenden Sensoren erregt werden und die durch Synapsen miteinander verbunden sind. Alle neuralen Verschaltungen innerhalb einer solchen sensorischen Bahn und die Hemmsysteme, die mit ihr verbunden sind, bilden gemeinsam ein ***Sinnessystem***.

Divergenz und Konvergenz sensorischer Bahnen. ◻ Abbildung 13.7 zeigt schematisch einige charakteristische Züge eines solchen sensorischen Systems. Die primären Afferenzen verzweigen sich üblicherweise in ihren peripheren Ausläufern im Zielorgan zu verschiedenen Sensoren und bilden so ein primäres rezeptives Feld. Sie verzweigen sich aber auch an ihren zentralen Enden und bilden synaptische Kontakte an verschiedenen sekundären Neuronen. Man nennt diese Verzweigung ***Divergenz***. An jedem sekundären sensorischen Neuron bilden andererseits mehrere primäre Afferenzen synaptische Kontakte. Das wird als ***Konvergenz*** bezeichnet. In den höheren sensorischen Zentren liegt die gleiche Vernetzung vor.

Redundanz sensorischer Bahnen. Eine Sinnesbahn kann somit einerseits als Kette hintereinander geschalteter (in Serie liegender) Neurone verstanden werden. Andererseits wird die Sinnesinformation aber durch Konvergenz und Divergenz gleichzeitig über viele parallele Kanäle übermittelt. Diese parallele Übermittlung in einem neuronalen Netzwerk führt zur ***Redundanz***. Sie ist wahrscheinlich die wichtigste Ursache für die außerordentliche »Betriebssicherheit« sensorischer Systeme. Ausfall einzelner Neurone durch Erkrankung oder Altern beeinträchtigt die Funktion dieser Systeme erst, wenn sie eine große Zahl von Neuronen erfasst hat.

Hemmende Synapsen im neuronalen Netz

! Die Vernetzung in Sinnesbahnen erstreckt sich nicht nur auf erregende synaptische Kontakte; Hemmung ist für die Informationsverarbeitung ebenso wichtig wie Erregung

Verschiedene Formen der ***Hemmung*** treten gesetzmäßig in sensorischen Systemen auf. Im nächsten Abschnitt wird die Funktion der ***Hemmung zur Informations-Extraktion*** beschrieben. Sie dient aber auch anderen Zwecken:

- ***Erregungsbegrenzung im neuronalen Netz.*** Hemmung wird benötigt, um eine unkontrollierte Ausbreitung der Erregung im neuronalen Netzwerk zu verhindern. Die Ausschaltung eines Typs hemmender Synapse durch Strychnin führt zu einem Zusammenbruch jeder geordneten Informationsvermittlung im ZNS, zu Krämpfen und zum Tod.
- ***Verstärkungsanpassung.*** Häufig geben höhere sensorische Neuronen Kollaterale ab, welche Interneurone innervieren, die rückläufig vorgeschaltete sensorische Neurone derselben Bahn hemmen. Diese ***Rückkopplungshemmung*** dient der Einstellung der Verstärkung in der betreffenden sensorischen Bahn. Diesem Zweck dient wahrscheinlich u. a. die ***primär afferente Depolarisation*** (PAD) im somatosensorischen System.
- ***Funktionsanpassung.*** Höhere Hirnzentren können durch absteigende Hemmbahnen ***(deszendierende Hemmung)*** die Übermittlung in Sinnessystemen beeinflussen. Diese Hemmechanismen dienen u. a. der Ausblendung von Sinnesinformationen bei der Fokussierung der Aufmerksamkeit. Eine andere wichtige Funktion der deszendierenden Hemmung ist die Anpassung der Sensorik an die Motorik, z. B. beim Auge die Anpassung des Sehvorganges an die motorische Aktivität der Augenmuskel, die dazu führt, dass während Sakkaden der Sehvorgang ausgeblendet wird.
- ***Kontrastbildung.*** Rezeptive Felder zentraler sensorischer Neurone sind häufig komplex, d. h. diese Neurone werden durch die Erregung einer Gruppe von Sensoren erregt, durch die anderer Sensoren gehemmt.

> **13.3. Strychninvergiftung**
>
> Dieses hochgiftige Toxin wird heute noch als Rattengift eingesetzt. Leider kommt es gelegentlich auch zur Vergiftung von Menschen. Strychnin ist ein hochaffiner Ligand des Glyzinrezeptors. Es wirkt daher als kompetitiver Antagonist dieses inhibitorischen Rezeptor-Kanal-Komplexes. Die Folge der Ausschaltung dieser für das motorische System wichtigsten inhibitorischen Synapsen sind generalisierte Krämpfe, die v. a. wegen der damit verbundenen Unterbrechung einer koordinierten Atmung rasch zum Tod führen können.

Hemmende rezeptive Felder

! Erregende rezeptive Felder zentraler Neurone sind häufig von hemmenden rezeptiven Feldern umgeben, die der Kontrastverschärfung dienen

Laterale Hemmung. Viele Neurone im visuellen und im somatosensorischen System werden z. B. vom Zentrum ihres rezeptiven Feldes her erregt, von einem mehr oder minder großen und mehr oder minder regelmäßig geformten Umfeld hingegen gehemmt. Solche hemmenden rezeptiven Umfelder kommen dadurch zustande, dass die primären Afferenzen mit Interneuronen verbunden sind, die an den betreffenden zentralen sensorischen Neuronen hemmende Synapsen bilden. Da die Hemmung von sozusagen »seitwärts« liegenden Neuronen derselben Sinnesbahn ausgeht, sprechen wir von lateraler Hemmung.

III

Kontrastverschärfung durch laterale Hemmung. Die komplexen rezeptiven Felder zentraler sensorischer Neurone dienen dazu, bestimmte Züge der Sinnesinformation herauszuheben (Eigenschaftsextraktion). Eine wichtige Aufgabe ist die Kontrastverschärfung. Letztlich führt diese Hervorhebung der Kontraste dazu, dass z. B. die Augen uns weniger Information über absolute Helligkeiten, dafür aber umso genauere über ***Helligkeitsunterschiede*** im Bild, also über Begrenzungen einzelner Bildelemente, liefern.

Kontrastverschärfung durch laterale Hemmung. Nachfolgend wird ein einfaches Rechenmodell beschrieben, das die Effizienz der lateralen Hemmung bei der Kontrastverschärfung verdeutlichen soll (◻ Abb. 13.8).

▪▪▪ **Aufgabe des Modells.** Es wird angenommen, dass auf die Sensoren dieses Systems in enger Nachbarschaft gleichzeitig zwei punktförmige Reize treffen. Die resultierenden Erregungen der Sensoren überlagern sich, die beiden Reize können nicht getrennt rezipiert werden. Mit den im Modell angenommenen Parametern der lateralen Hemmung lässt sich in 2 Stufen synaptischer Übertragung eine vollständige Trennung der beiden simultan erfolgten Reize erzielen.

Modellbeschreibung. Um die laterale Hemmung zu simulieren, sind die Afferenzen in ◻ Abb. 13.8 so verschaltet, dass jede von ihnen durch Axonkollaterale Interneurone (schwarze bzw. blaue Zellkörper in ◻ Abb. 13.8) erregt, welche die jeweils benachbarten sekundären sensorischen Neurone (weiße bzw. gelbe Zellkörper in ◻ Abb. 13.8) hemmen. Die **Größe der Hemmung** hängt natürlich von der Stärke der Erregung der Interneurone durch die jeweiligen primären Afferenzen ab. Im Modell ist angenommen, dass bei jeder synaptischen Übertragung zwischen primären Afferenzen und ihren sekundären Neuronen eine synaptische Verstärkung mit dem Faktor 3 erfolgt, die Hemmung über die Interneurone (erregende und hemmende Synapse in Serie) soll eine **synaptische Gesamtverstärkung** mit dem Faktor –1 haben. Die hemmenden Einflüsse (IPSPs) werden von den erregenden (EPSPs) subtrahiert. Bei der nächsten Stufe der synaptischen Übertragung wiederholt sich dieser Prozess mit den gleichen Übertragungsfaktoren.

In ◻ Abb. 13.8 sind die **resultierenden Erregungen und Hemmungen im Modell** als Zahlenwerte angegeben. die jeweils resultierenden Nettoerregungen können z. B. als »Zahl der Aktionspotentiale« interpretiert werden. In den blauen Kästchen sieht man die entsprechenden Ableitungen der einzelnen Axone. Die Änderungen, die in dieser Matrix von Stufe zu Stufe auftreten, lassen sich aufgrund der getroffenen Annahmen leicht nachrechnen.

Aufgaben der Eigenschaftsextraktion im neuronalen Netz. Die hier dargestellte Kontrastverschärfung ist nicht die einzige Aufgabe der Informations-Extraktion bei höheren sensorischen Neuronen. In den Projektions- und Assoziationsfeldern des Kortex werden von einzelnen Neuronen erheblich kompliziertere Informationen aus der sensorischen Erregung extrahiert. So gibt es im somatosensorischen System Neurone, welche die Geschwindigkeit und Richtung codieren, mit der ein Reiz sich über die Haut bewegt. Im visuellen Kortex findet man die Einfach- und Komplexzellen, die bestimmte geometrische und Bewegungseigenschaften visueller Reize darstellen.

Im Einzelnen wird die Organisation der jeweiligen kortikalen sensorischen Projektionsfelder in den Kapiteln über die betreffenden Sinnessysteme besprochen. Allgemein gilt, dass unsere zentralen Sinnessysteme – v. a. die kortikalen – eine Analyse der einlaufenden Informationen vornehmen und für den bewussten Wahrnehmungsprozess ***Extrakte*** oder ***Abstraktionen*** der Sinnesinformation liefern.

Multisensorische Hirnregionen

Alle Sinnessysteme haben auch Verbindung zu, »unspezifischen«, multisensorischen Systemen, die u. a. der Steuerung der Aufmerksamkeit dienen

Unspezifische Neuronengruppen mit sensorischem Zustrom erhalten meist Informationen von mehreren Sinnessystemen, sie sind also ***multimodal.*** Ein wichtiges unspezifisches System erstreckt sich über das retikuläre Kerngebiet des Hirnstamms und des Thalamus. Wahrscheinlich übermitteln die spezifischen (»unimodalen«) Sinnesbahnen die präzise Information über Sinnesreize (sie vermitteln, was geschieht), während die unspezifischen, multimodalen zuständig sind für die sensorische Integration und für die Verhaltensanpassung, welche diese Reize erfordern (sie vermitteln, wie wichtig das ist, was geschieht). Häufig besteht diese Verhaltensanpassung in einer Verhaltensaktivierung und in einer Ausrichtung der Aufmerksamkeit. Dies scheint eine wichtige Aufgabe des ***a***ufsteigenden ***r***etikulären ***A***ktivierungs***s***ystems, ***ARAS***, zu sein.

Sensorische Bahnen sind als Ketten hintereinander geschalteter Neurone organisiert. Sie nehmen ihren Ausgang von den Sensoren der primär afferenten Fasern, die wiederum auf sekundäre, diese auf tertiäre etc. Neurone aufgeschaltet werden. Letzte Station ist meist die Hirnrinde.

In Kürze

Neurales Netz

Die zentralnervösen Anteile von Sinnessystemen sind Ketten hintereinander geschalteter, konvergent und divergent verknüpfter Neurone; sie sind als neuronale Netzwerke organisiert. Aufgrund dieser Verschaltungen entstehen sogenannte primäre und sekundäre rezeptive Felder:

- Afferente Nervenfasern verzweigen sich in ihrem Innervationsgebiet meist in mehrere Kollateralen, die jeweils in Sensoren enden; alle Sensoren einer Nervenfaser bilden ihr primäres rezeptives Feld.
- Die rezeptiven Felder der zentralen Neurone (zentrale oder sekundäre rezeptive Felder) können größer sein als die primären Felder afferenter Nervenfasern, da unterschiedlich viele primär afferente Nervenfasern auf einzelne zentrale sensorische Neurone konvergieren.

▼

> **Informationsverarbeitung**
> In den neuronalen Netzwerken spielen hemmende Synapsen eine wichtige Rolle bei der Erregungsbegrenzung sowie der Verstärkungs- und Funktionsanpassung.
> Die rezeptiven Felder zentraler sensorischer Neurone sind oft komplex. Sie können z. B. aus erregendem Zentrum und hemmendem Umfeld bestehen. Diese Organisation dient der Kontrastverstärkung in Form der lateralen Hemmung. Diese ist nur ein Sonderfall der Eigenschaftsextraktion in zentralen Neuronen.
> Alle sensorischen Systeme haben Verbindungen zu unspezifischen, multimodalen Neuronenpopulationen, die z.B der Steuerung der Aufmerksamkeit und des Wachheitsgrades dienen.

13.6 Sensorische Schwellen

Entwicklung des Schwellenkonzeptes

Das wichtigste Konzept der subjektiven Sinnesphysiologie und ein zentrales Konzept der Wahrnehmungspsychologie ist das Konzept der Wahrnehmungsschwelle

Zwar lässt sich das Konzept der Schwelle auf neuronale Erregungen und auf Wahrnehmungen anwenden, es wurde aber zunächst für die Erforschung der Beziehung von Reizen und subjektiven Empfindungen entwickelt. Mit der Zuordnung von Empfindungsintensitäten zu physikalischen Reizparametern befasst sich die ***Psychophysik***. Ein zentrales Konzept der Psychophysik ist das der sensorischen (Intensitäts-) Schwelle.

Die Reizschwelle. Die kleinste Reizintensität, die bei einer bestimmten Reizkonfiguration gerade noch eine Empfindung hervorruft, wurde als Reizschwelle (abgekürzt ***RL*** für »Reizlimen«) oder ***Absolutschwelle*** bezeichnet. Von manchen Autoren wird nur der kleinstmögliche Wert der Reizschwelle bei optimaler Reizkonfiguration und Adaptation Absolutschwelle genannt. An anderen Stellen dieses Lehrbuchs sind die Reizschwellen für das Hören in Abhängigkeit von der Frequenz des Reizes und für das Sehen in Abhängigkeit von der Adaptationszeit dargestellt.

Die Unterschiedsschwelle. Untersucht man überschwellige Reize, dann lässt sich eine weitere Intensitätsschwelle definieren, die Unterschiedsschwelle (abgekürzt ***DL***: Differenzlimen, oder ***jnd:*** *just noticeable difference*). Wie die englische Abkürzung ausdrückt, versteht man darunter den Betrag, um den ein Reiz größer sein muss als ein Vergleichsreiz, damit er gerade eben merklich als stärker empfunden wird. Als Erster hat E. H. Weber (1834) beim Vergleich von Gewichten (Kraftsinn) nachgewiesen, dass 2 schwere Gewichte sich um einen größeren Betrag

A

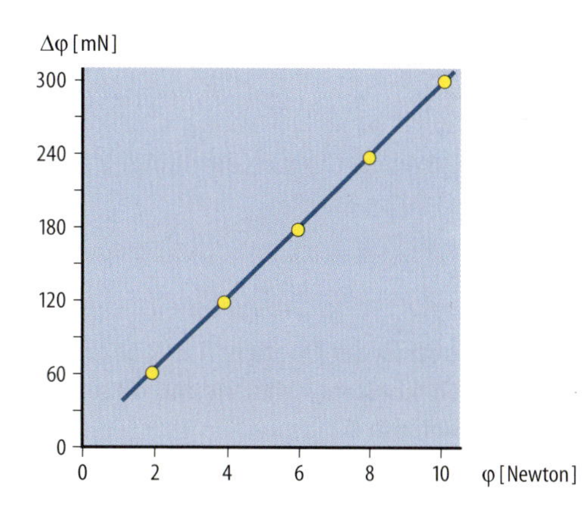

B

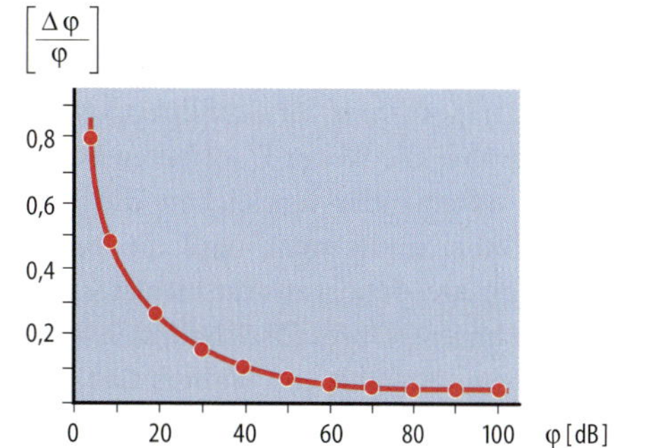

C

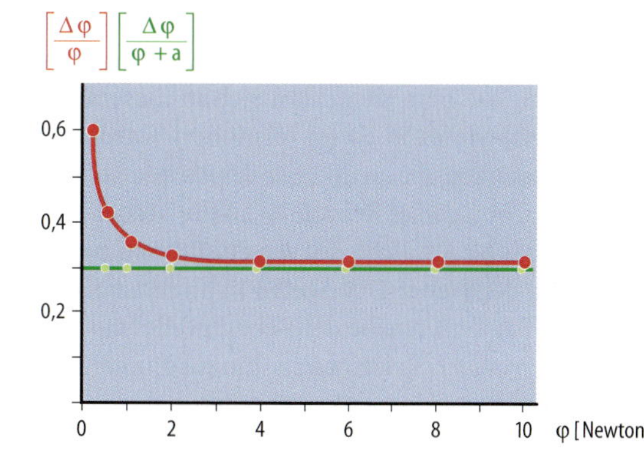

Abb. 13.9. Der Weber-Quotient und Webers Gesetz. A Beziehung zwischen Ausgangsreizgröße *(f)* und Reizzuwachs, der zur Überschreitung der Unterschiedsschwelle beim Kraftsinn benötigt wird *(Df)*. **B** Abhängigkeit des Weber-Quotienten *(Df/f)* von der Reizstärke des Ausgangsreizes am Beispiel akustischer Reize. Nur bei Reizen, die mehr als 40 dB über der Absolutschwelle liegen, ist der Weber-Quotient eine Konstante. **C** Korrektur des Weber-Quotienten durch die Konstante »a«. Das korrigierte Gesetz (Formel 2) gilt auch für schwellennahe Reize. A und B nach Gescheider (1984)

unterscheiden müssen als 2 leichte, damit sie unterschieden werden können. Abbildung 13.9 A zeigt die Beziehung zwischen den Ausgangsgewichten und dem zum Erreichen von DL benötigten Reizzuwachs. Diese Beziehung ist im Bereich mittlerer Reizstärken linear, d. h. es muss immer der gleiche Bruchteil des Ausgangsgewichtes dazugetan werden, damit DL überschritten wird.

Das Weber-Gesetz besagt, dass die Änderung der Reizintensität, die gerade eben noch wahrgenommen werden kann ($\Delta\varphi$), ein konstanter Bruchteil (c) der Ausgangsreizintensität (φ) ist. Das gilt für verschiedene Sinnesmodalitäten.

Als Formel lautet Webers Gesetz (Gleichung 1):

$$\Delta\varphi/\varphi = c \quad \text{oder} \quad \Delta\varphi = c \times \varphi \tag{1}$$

Nach diesem Gesetz ist der Quotient DR/R über verschiedene Reizstärken konstant. Man nennt diese wichtige Größe ***Weber-Quotient.***

Der Weber-Quotient ist eine nützliche Messgröße, um die ***relative Empfindlichkeit von Sinnessystemen*** zu untersuchen. Es ist zwar nicht möglich, in physikalischen Dimensionen die Empfindlichkeit des Auges für Lichtintensitäten mit der des Ohres für Schallpegel zu vergleichen, man kann aber die Weber-Quotienten beider Sinnesmodalitäten miteinander vergleichen, die ja dimensionslos sind. Dabei findet man, dass die Unterscheidungsfähigkeit unseres Sehorgans für Lichtstärken etwas besser ist als die unseres Ohres für Schallintensitäten.

Grenzen der Anwendbarkeit von Webers Gesetz. Wenn man sich der Reizschwelle nähert, sind Weber-Quotienten in der Regel nicht mehr konstant, sondern nehmen zu. Abbildung 13.9B zeigt die ***Abhängigkeit des Weber-Quotienten von der Reizstärke*** am Beispiel der Lautstärke von Tönen. Wie man sieht, lässt sich in diesem Fall Webers Gesetz, wie es in Gl. (1) formuliert wurde, erst bei Reizen anwenden, die 40 dB über der Absolutschwelle liegen, da erst von dieser Reizstärke an der Weber-Quotient konstant bleibt. Ähnliche Kurven erhält man bei der Bestimmung der Weber-Quotienten in anderen Sinnesmodalitäten. Bei Reizen nahe der Reizschwelle muss also ein größerer relativer Reizzuwachs hinzukommen, um die Unterschiedsschwelle zu überschreiten.

▪▪▪ Das hängt möglicherweise damit zusammen, dass die **Rezeption schwacher Reize von stochastischen Prozessen überlagert** ist, die man in der Nachrichtentechnik als **Rauschen** bezeichnet. Man kann Webers Gesetz (Gleichung 1) umformulieren, um bei schwachen Reizen eine bessere Anpassung an experimentell gewonnene Daten zu bekommen:

$$\Delta\varphi/(\varphi + a) = c; \text{ oder } \Delta\varphi = c \times (\varphi + a) \tag{2}$$

In dieser Formel ist a eine Konstante mit einem meist kleinen Zahlenwert. Bei größeren Reizstärken (φ) ist ihr Einfluss vernachlässigbar, Webers Gesetz in seiner ursprünglichen Form ist dann zureichend genau (► s. Abb. 13.9C). Der Korrekturfaktor **a** wurde auch als Ausdruck der Größe des (nachrichtentechnisch verstandenen) **Rauschens** im Sinneskanal interpretiert.

Neurophysiologisch kann man als »**Rauschen**« die **Spontanaktivität** auffassen, die v.a. in höheren sensorischen Neuronen auch dann vorhanden ist, wenn kein Reiz auf das Sinnesorgan einwirkt. Diese Spontanaktivität muss zur Reizantwort hinzuaddiert werden und bestimmt daher mit, wie groß der Reizzuwachs sein muss, der ein eben diskriminierbar größeres Signal im ZNS hervorruft. Die Spontanaktivität ist klein im Vergleich zur Reizantwort auf kräftige Reize, sie beeinflusst aber den Weber-Quotienten bei kleinen Reizstärken. Die Idee, dass »Rauschen« (informationstheoretisch betrachtet) oder »Spontanaktivität« (neurophysiologisch betrachtet) die sensorische Auflösung beeinflusst, ist die Grundlage der »**Sensorischen Entscheidungstheorie**« (auch **Signal Detection Theory**), deren Darstellung aber den Rahmen dieses Lehruches sprengt.

Methoden der Messung von Sinnesschwellen

Verschiedene Methoden der Messung von Sinnesschwellen wurden entwickelt; sie lassen sich nicht nur auf subjektive Wahrnehmungsschwellen, sondern auch auf Verhaltensschwellen von Versuchstieren und auf die Erregungsschwellen von Neuronen anwenden

Statistische Betrachtung von Schwellen. Da biologische Systeme in ihren Reaktionen variabel sind, wird ein Proband schwache Reize wahrscheinlich manchmal wahrnehmen und manchmal übersehen. Die Schwelle kann daher nicht definiert werden als die Reizintensität, unterhalb derer ein Reiz nie wahrgenommen wird. Der Reiz muss vielmehr dem Probanden mehrmals dargeboten und die ***»wahre«, mittlere Schwelle*** mit einem statistischen Verfahren abgeschätzt werden. Es gibt mehrere Techniken der Schwellenbestimmung, die sich teilweise auch für die Bestimmung von Unterschiedsschwellen einsetzen lassen:

- Bei ***Grenzmethode (Method of Limits)*** werden abwechselnd auf- und absteigende Reizserien geboten, die z.B. mit einem intensiven Reiz beginnen, der vom Probanden leicht wahrgenommen wird. Dann verringert man die Intensität so lange, bis der Reiz unterschwellig wird. Danach beginnt man mit einem sehr schwachen Reiz, der so lange gesteigert wird, bis die Schwelle erreicht ist. Entscheidend ist, dass mehrere Werte gewonnen werden, deren ***Mittelwert*** als Schätzung des Schwellenwertes genommen wird.

  Tierverhaltensexperiment: die Grenzmethode lässt sich auch einsetzen, um die sensorischen Schwellen von Versuchstieren zu bestimmen. Abbildung 13.10 zeigt ein Beispiel. Hier wurde eine Taube konditioniert, für eine Futterbelohnung bei sichtbarem Licht auf eine Taste A zu picken, wenn kein Licht sichtbar ist, auf Taste B. Taste A verringert die Reizintensität, Taste B erhöht sie. Auf diese Weise entstehen aufsteigende und absteigende Serien zur Bestimmung der visuellen Wahrnehmungsschwelle nach der Grenzmethode. Misst man auf diese Weise die Schwelle fortlaufend nach Abdunklung des Testkäfigs, entsteht eine ***Dunkeladaptionskurve,*** die der beim Menschen gemessenen ähnelt. Dieses Beispiel zeigt sehr anschaulich, dass die Methoden der Psychophysik auf das Tierverhaltensexperiment übertragen werden können.
- Die ***Konstantreizmethode (Method of constant Stimuli)*** gilt als zuverlässig, aber zeitaufwändig. Als ***Schwelle*** wird derjenige ***Reiz*** definiert, der ***in der Hälfte der Fälle wahrgenommen*** wird. Dabei werden den Probanden ver-

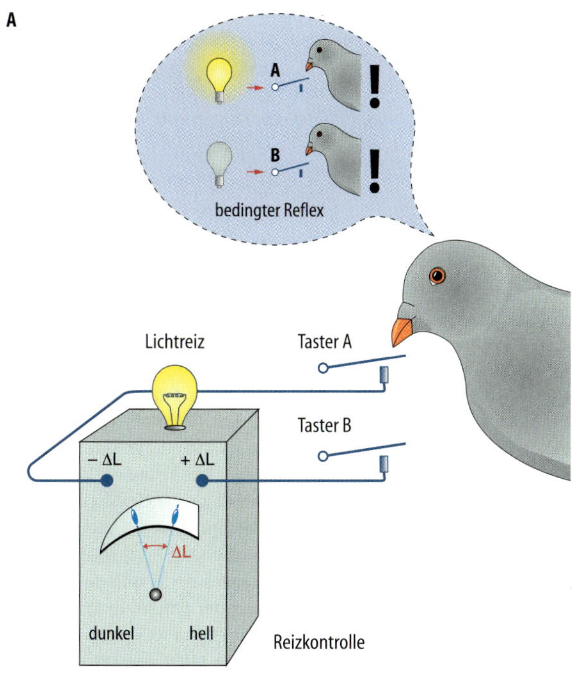

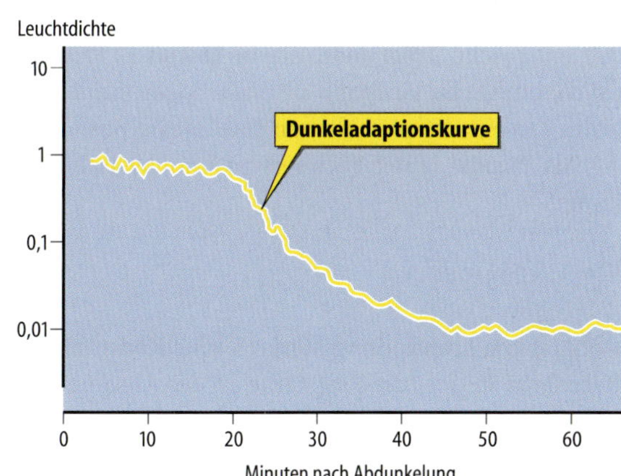

Abb. 13.10. Schwellenbestimmung im Verhaltensversuch bei einer Taube. **A** Schema der Versuchsanordnung: Die Taube pickt Taste A, wenn sie Licht sieht, dadurch wird der nächste Lichtreiz verkleinert. Picken von Taste B, wenn kein Licht sichtbar ist, vergrößert den nächsten Lichtreiz. **B** Verlauf der von der Taube eingestellten Schwellenreizstärke nach Abschalten einer hellen Hintergrundbeleuchtung. Die *Kurve* zeigt die Dunkeladaptationskurve der Taube. Nach Blough u. Yager (1972)

schiedene Reize in randomisierter Reihenfolge immer wieder dargeboten. Der Proband gibt an, ob er den Reiz wahrnimmt oder nicht. Dabei sollte der schwächste der ausgewählten Reize so klein sein, dass er fast nie wahrgenommen wird, der stärkste so groß, dass er fast immer wahrgenommen wird. Gemessen wird der Prozentsatz der wahrgenommenen Reize verschiedener Reizstärken. Abbildung 13.11 zeigt ein Beispiel einer solchen Messung. Verbindet man die gemessenen relativen Wahrnehmungshäufigkeiten für Reize verschiedener Intensität untereinander, dann erhält man in den meisten Fällen

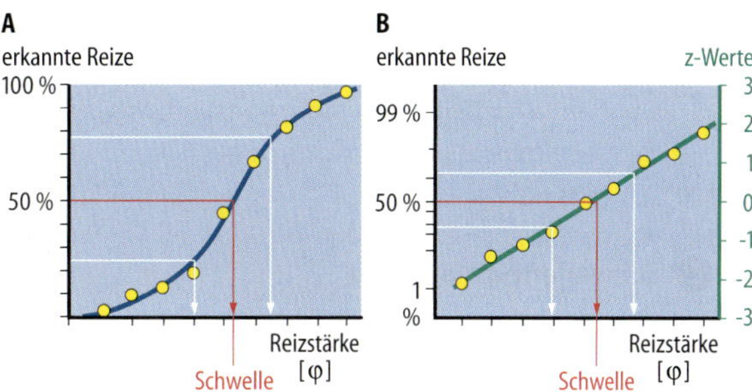

Abb. 13.11. Psychometrische Funktion, wie sie sich bei Bestimmung der Schwellenreizstärke mit dem Konstanzverfahren ergibt. Die Schwelle ist definiert als der Punkt auf der Kurve, der 50 % erkannten Reizen entspricht. **A** Darstellung der relativen Trefferhäufigkeit *(Ordinate)* in Abhängigkeit von der Reizstärke *(Abscisse)*. **B** Häufig entsprechen die s-förmigen psychomotorischen Funktionen dem Integral einer Normalverteilungskurve *(Ogive)*. Transformiert man die relativen Trefferhäufigkeiten in Z-Werte (z. B. auf Wahrscheinlichkeitspapier), wird die psychometrische Funktion zur Geraden. Nach Gescheider (1984)

eine s-förmige Kurve, die ***psychometrische Funktion*** genannt wird. Als ***Schwelle*** wird dabei, wie gesagt, diejenige Reizgröße definiert, bei der ***50 % der Reize erkannt*** werden. Im Beispiel von Abb. 13.11 ist das keiner der gewählten Reize, sondern ein auf der Kurve interpolierter Punkt. Häufig ist die s-förmige psychometrische Funktion gut an die kumulierte Form der Normalverteilung (das Integral der Gauss-Verteilung) anzupassen. Man nennt diese Funktion ***Ogive.*** Trägt man die mit dem Konstantreizverfahren gewonnenen relativen Häufigkeiten in einem solchen Fall auf der Ordinate als Wahrscheinlichkeitswerte (Z-Werte) auf, dann ordnen sie sich zu einer Geraden an (Abb. 13.11 B). Die Tatsache, dass die psychometrische Funktion häufig einer Ogive folgt, ist auch von theoretischem Interesse. Sie belegt, dass ein ***statistischer Prozess*** die ***Schwankungen der Wahrnehmung*** bedingt.

In Kürze

Sensorische Schwellen

Das Schwellenkonzept wurde für die Erforschung der Beziehung von Reizen und subjektiven Empfindungen entwickelt. Man betrachtet dabei verschiedene Schwellenwerte:

- Unter Reiz- oder Absolutschwelle versteht man diejenige minimale Reizintensität, die gerade oder eben noch eine Empfindung in einem Sinnessystem hervorruft.
- Die Unterschiedsschwelle ist derjenige Reizzuwachs, der nötig ist, um eine eben merklich stärkere Empfindung auszulösen. Nach Webers Gesetz ist dieser Reizzuwachs ein konstanter Bruchteil des Ausgangsreizes, der Weber-Quotient. Bei

▼

kleinen Reizen, nahe der Reizschwelle ist dieser Quotient allerdings nicht mehr konstant, sondern er nimmt zu, wenn man sich der Reizschwelle nähert.

Schwellenbestimmung

Bei allen Schwellenbestimmungen müssen Reize mehrfach und in abgestufter Intensität dargeboten werden, um die Variabilität der Sinnesschwellen berücksichtigen. Wichtige Verfahren sind:

- die Grenzmethode, bei der abwechselnd auf- und absteigende Reizserien dargeboten werden und
- die Konstantreizmethode, bei der derjenige Reiz als Schwelle gilt, der bei 50 % aller Reizversuche wahrgenommen wird.

13.7 Psychophysische Beziehungen

Fechners psychophysische Beziehung

Eine psychophysische Beziehung postuliert eine mathematisch definierbare Beziehung zwischen Reizintensitäten und Wahrnehmungsintensitäten; nach Fechner nimmt bei einer logarithmischen Zunahme der Reizstärke die Empfindungsstärke linear zu

Psychophysik. G. T. Fechner veröffentlichte 1860 ein Buch »Elemente der Psychophysik«, in dem es ihm um die Beziehung zwischen Wahrnehmungsintensitäten und der Größe physikalischer Reize ging. Die Grundidee war, dass die ***Wahrnehmungsintensität*** von der ***Stärke der Erregungen im Hirn*** abhängt. Da sich diese im 19. Jahrhundert nicht messen ließen, suchte er nach der Beziehung zwischen der physikalischen Reizstärke und der Intensität der Wahrnehmung und begründete die Psychophysik. Die psychophysische Beziehung Fechners beruht auf Webers Gesetz und besagt, dass eine ***logarithmische*** Zunahme der Reizstärke zu einer ***linearen*** Zunahme der Empfindungsstärke führt.

G. T. Fechner benutzte Unterschiedsschwellen und Webers Gesetz zur Definition einer ***Skala der Empfindungsstärke.*** Der Nullpunkt dieser Empfindungsstärke-Skala ist die Reizschwelle, die nächst stärkere Empfindung ist gerade um eine Unterschiedsschwelle (DL) größer, die nächste wieder um eine DL usw. Eine DL ist nach Fechner der kleinste mögliche Empfindungszuwachs. Daher sind die DL die Grundeinheiten der Empfindungsstärke. Da das Kumulieren über die Weber-Quotienten ($\Delta\varphi/\varphi$) zu einer logarithmischen Reizzunahme führt (▶ s. Abb. 13.12), besagt ***Fechners psychophysische Beziehung***, dass einem ***linearen*** Zuwachs der Empfindungsstärke (ψ) ein ***logarithmischer*** Zuwachs der Reizstärke

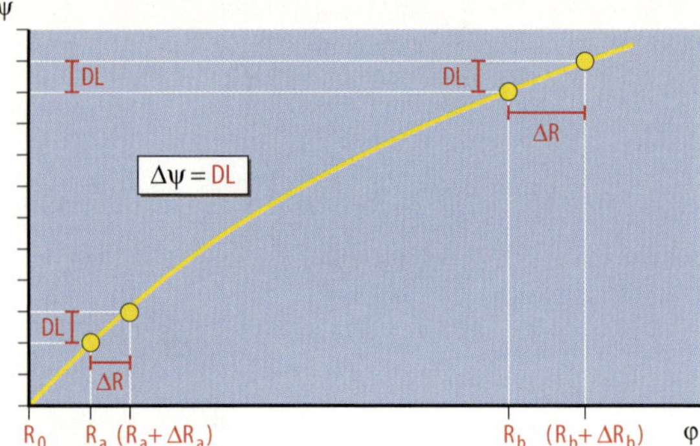

Abb. 13.12. Schematische Darstellung der Beziehung zwischen Reizstärke und Empfindungsgröße nach Fechners psychophysischer Beziehung. Die kleinstmögliche Zunahme der Empfindungsstärke ist durch die Unterschiedsschwelle (DL) definiert. Da aber die Unterschiedsschwelle nach Webers Gesetz jeweils der Zunahme der Reizgröße um die Konstante $\Delta\varphi/\varphi$ entspricht (▶ s. S. 288), werden bei größeren Ausgangsreizen (R_b verglichen mit R_a) größere Reizzuwächse für einen eben merklichen Zuwachs der Empfindungsstärke benötigt. R_O = Reizstärke zum Erreichen der Empfindungsschwelle; $\Delta \backslash R$ = Reizzuwachs zum Erreichen einer eben merklichen stärkeren Empfindung (Unterschiedsschwelle); *DL* = eben merklich stärkere Empfindung (Unterschiedsschwelle)

(φ) entspricht. Trägt man die in Abb. 13.12 gezeigte psychophysische Funktion in linear-logarithmische Koordinaten ein, dann erhält man eine lineare Beziehung.

Als Formel lautet Fechners psychophysische Beziehung:

$$\Psi = \mathrm{k} \times \log(\varphi/\varphi_o) \qquad (3)$$

wobei ψ die Empfindungsstärke, k eine Konstante, φ die Reizstärke und φ_o die Reizstärke an der Absolutschwelle ist.

Die subjektive Wahrnehmungsgröße, y-Ordinate in Fechners Gesetz ist eher eine ***Skala der Unterscheidbarkeit*** als der ***Empfindungsstärke.***

Sternenklassen. Dass die Skala der Empfindungstärke bei Fechner eine **Skala der Unterscheidbarkeit** ist, lässt sich an einem eindrucksvollen Beispiel zeigen: seit mehr als 2000 Jahren haben Astronomen die Sterne betrachtet und klassifiziert. Etwa 150 v. Chr. führte der griechische Astronom Hipparchos eine quantitative Skala der Sternhelligkeit ein, die noch heute verwendet wird. Die hellsten Sterne gehören der ersten Klasse an, die nächst helleren der zweiten usw. bis zur sechsten Sternklasse, die man gerade noch mit bloßem Auge sehen kann.

Die Helligkeitsschätzung von Sternen auf dieser sechs-Punkte Skala wurde von Astronomen für viele Jahrhunderte verwendet, bis die photometrische Helligkeitsbestimmung möglich wurde. Die **Sternklassifizierung** ist somit ein riesiges psychophysisches Experiment, das über Jahrhunderte durchgeführt wurde. Als Wissenschaftler die alte Skala mit der gemessenen Leuchtdichte verglichen, fanden sie ungefähr eine logarithmische Beziehung, die man aus Fechners Gesetz voraussagen konnte.

Fechners Beziehung ist in diesem Fall anwendbar, da die Astronomen keine Schätzung ihrer **Empfindungsstärken** vornahmen, sondern mit ihrer Sechs-Punkte-Skala ausschließlich das Kriterium der **Unterscheidbarkeit** erfüllen wollten. Entscheidend ist, dass ein Stern erster Klasse unterscheidbar heller ist als ein Stern zweiter Klasse usw. Es ist dabei gleichgültig, um wie viel heller uns der Stern erscheint als einer aus einer niedrigeren Klasse.

13.4. Messung von Hörverlusten

Bei Patienten die an Schwerhörigkeit leiden, messen Audiologen die Schwere des Verlustes in Dezibel (dB). Wird z. B. bei einem Patienten ein Hörverlust von 60 dB festgestellt, bedeutet das, dass der Schalldruck (Reizstärke) 1000 mal größer sein muss, als bei einem Gesunden, um von diesem Patienten wahrgenommen zu werden. Dezibel ist eine logarithmische Skala des Schalldruckes und beruht daher auf der psychophysischen Beziehung Fechners. Im mittleren Frequenz- und Lautstärkebereich entspricht ein Reizzuwachs von 1 dB etwa einer DL, also dem Weber-Quotienten. (Zu den verschiedenen Formen der Schwerhörigkeit und ihrer Ursachen ► s. Kap. 16.2 und 16.5)

Stevens psychophysische Beziehung

Stevens verwandte nicht Messungen der Unterschiedsschwellen, sondern direkte Schätzungen der subjektiven Wahrnehmungsintensität und kam zu dem Schluss, dass die Beziehung zwischen Reizstärke und Wahrnehmungsintensität einer Potenzfunktion folgt

Ordinal- versus Rationalskalen. S. S. Stevens verwandte bei der Suche nach einer psychophysischen Beziehung Methoden der ***direkten Skalierung*** der Empfindungsstärke. Im Gegensatz zu Fechners indirekter Skala aus Unterschiedsschwellen, die lediglich den Rang einer ***Ordinalskala*** besitzt, soll die Empfindungsstärke nach Stevens auf einer ***Rationalskala*** geschätzt werden, die auch Multiplikationen erlaubt (also Aussagen wie »doppelt so hell«). ◘ Tabelle 13.1 stellt die verschiedenen Skalenarten zusammen und vergleicht die in ihnen möglichen Rechenoperationen. Die Skalentypen sind in aufsteigender Reihenfolge geordnet. Die statistischen Operationen, die in den niedrigeren Skalenarten erlaubt sind, können auch in den höheren angewandt werden, aber nicht umgekehrt.

Messung der Empfindungsstärke mit proportionaler Zuordnung. Stevens hat verschiedene Methoden zur Bestimmung der Empfindungsstärke in Rationalskalen beschrieben. Wichtig ist, dass die Skala eine kontinuierliche, nicht eine in Stufen aufgeteilte Zuordnung ermöglicht. Der Proband soll Konzepte verwenden wie »halb« oder »doppelt so intensiv« usw. und entsprechende Zahlenwerte seinen Empfindungen zuordnen. Das Grundprinzip dieser Messung der Empfindungsstärke ist das der ***proportionalen Zuordnung.***

Stevens Potenzfunktion. Messungen mit Rationalskalen zur direkten Einschätzung der Wahrnehmungsstärke führten Stevens zu der Annahme, dass die Beziehung zwischen der Empfindungsstärke (ψ) und der Reizintensität (φ) die Form einer ***Potenzfunktion*** habe. Stevens Gesetz besagt somit:

$$\Psi = k \times (\varphi - \varphi_0)^a \quad (4)$$

Dabei ist ψ wieder die Empfindungsstärke, k eine Konstante, die von der Skalierung des Reizes abhängt, φ die Reizstärke und φ_0 die Reizstärke an der Absolutschwelle. a ist der Exponent, der von der Sinnesmodalität und den Reizbedingungen abhängt.

Der Exponent bestimmt, welche Form die Kurve in einer grafischen Darstellung annimmt, bei der ψ als Funktion von φ aufgetragen wird. Ist z. B. der Exponent 1, dann ist die Beziehung eine Gerade. Ist der Exponent hingegen größer als 1, dann steigt die Empfindungsstärke schneller an als die Reizstärke, ist er kleiner als 1, verhält es sich umgekehrt.

Exponent und Sinnesmodalität. Die unterschiedliche Größe der Exponenten bei verschiedenen Sinnesmodalitäten lässt sich damit erklären, dass sich Reizintensitäten über verschieden große Bereiche erstrecken können –

◘ **Tabelle 13.1.** Skalenarten und die mit ihnen erlaubten Operationen. Mod. nach Stevens (1975)

Skala	Operationen	Transformationen	Statistik	Beispiel
Nominal	Identifizieren, Klassifizieren	Ersetzen einer Klassenbezeichnung durch eine andere	Zahl der Fälle, Modalwert	Nummern einer Fußballmannschaft
Ordinal	Rangordnung	Manipulationen, welche die Rangordnung erhalten	Median, Percentil, Rangkorrelation	Schulnoten, Ranglisten im Sport
Intervall	Distanzen oder Differenzen messen	Multiplikation oder Addition von Konstanten	Arithmetisches Mittel, Standardabweichung	Temperatur °Celsius
Rational	Verhältnisse, Brüche, Vielfache	Multiplikation von Konstanten	Geometrisches Mittel	Temperatur °Kelvin

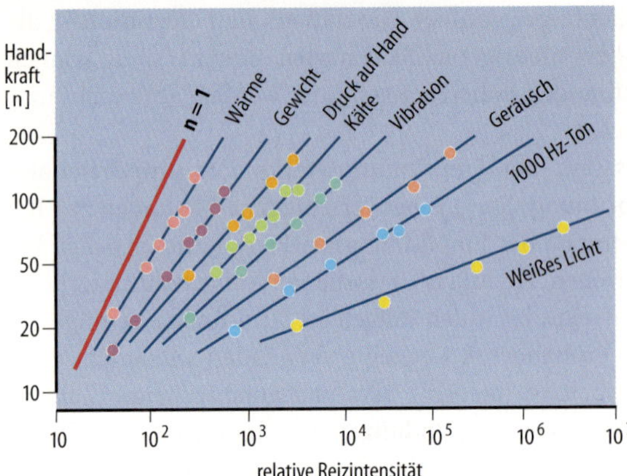

Abb. 13.13. Einschätzung der Empfindungsintensität auf einer Stevens Skala in Abhängigkeit von der Reizstärke. Die Empfindungsintensität wurde durch intermodalen Intensitätsvergleich über die auf ein Handdynamometer ausgeübte Kraft *(Ordinate)* gemessen. Die Exponenten der gefundenen Potenzfunktionen bestimmen die Steigungen der Geraden. Nach Stevens (1975)

bei der Lichtintensität über 4 Dekaden, beim Warmsinn höchstens über eine. Bei der subjektiven Einschätzung von Lichtintensitäten nach Stevens erhält man entsprechend einen kleinen Exponenten, bei der Einschätzung von Wärme einen größeren.

Nachweis einer Potenzfunktionsbeziehung durch Achsentransformation. Potenzfunktionen werden zu linearen Beziehungen, wenn man sie in ein logarithmisches Koordinatensystem einträgt.

$$\text{Log}\ \psi = \log k + a \times \log (\varphi - \varphi_o). \quad (5)$$

13.5. Intermodaler Intensitätsvergleich beim Führen von Schmerztagebüchern

Bei Patienten, die an chronischen Schmerzen leiden, soll zur Erfassung der Schmerzen ein Schmerztagebuch geführt werden. Darin gibt der Patient seine Schmerzintensität zu bestimmten Tageszeiten auf einer Visuellen Analogskala an, d.h. durch eine Markierung auf einer 10 cm langen, nicht unterteilten horizontalen Linie, deren linker Endpunkt »kein Schmerz« und deren rechter Endpunkt »stärkster denkbarer Schmerz« bedeuten. Obgleich man hier keine äußere Reizgröße zum Vergleich hat, handelt es sich bei dieser Schmerz-Messmethode um einen intermodalen Intensitätsvergleich nach Stevens. Die Schmerzintensität wird als Länge eines Striches angegeben. Solche Angaben haben sich als stabil und aussagekräftiger erwiesen, als rein verbale Schmerzangaben des Patienten. Den Arzt interessiert vor allem eine Zu- oder Abnahme der Strecke, mit der Patienten ihren Schmerz angeben. Er kann damit den Erfolg seiner Therapie einschätzen.

An Gl.(5) ist erkennbar, dass beim Vorliegen einer Potenzfunktion eine Gerade entstehen muss, wenn man die Daten in den Koordinaten log (φ–φ_o) und log ψ aufträgt. Die Steigung dieser Geraden (der Tangens des Steigungswinkels) entspricht dabei dem Exponenten »a«. (▶ s. Abb. 13.13)

Intermodaler Intensitätsvergleich. Eine wichtige Methode von Stevens Psychophysik beruht darin, die Intensität einer Wahrnehmung in einem Sinnessystem als Größe einer Wahrnehmung in einem anderen System auszudrücken. So lässt sich z.B. die Helligkeit eines Lichtes oder die Lautheit eines Tones als Kraft eines Handdruckes auf ein Dynamometer ausdrücken. Man nennt dieses Verfahren ***intermodalen Intensitätsvergleich.*** Dieser wird dadurch ermöglicht, dass unser Gehirn gut Proportionen abschätzen und Proportionen von Empfindungsgrößen miteinander vergleichen kann.

In Kürze

Psychophysische Beziehungen

- Fechners psychophysische Beziehung besagt, dass einer logarithmischen Reizzunahme eine lineare Zunahme der Empfindungsintensität entspricht. Diese Beziehung beschreibt eher die Unterscheidbarkeit von Reizen, als die subjektive Empfindungsstärke.
- Stevens psychophysische Beziehung besagt, dass Reizstärke und Empfindungsstärke über eine Potenzfunktion miteinander verbunden sind. Diese Beziehung ergibt sich, wenn die Empfindungsstärke nicht indirekt über Unterschiedsschwellen bestimmt, sondern direkt geschätzt wird.

13.8 Integrierende Sinnesphysiologie

Beziehungen zwischen physiologischen und Wahrnehmungsprozessen

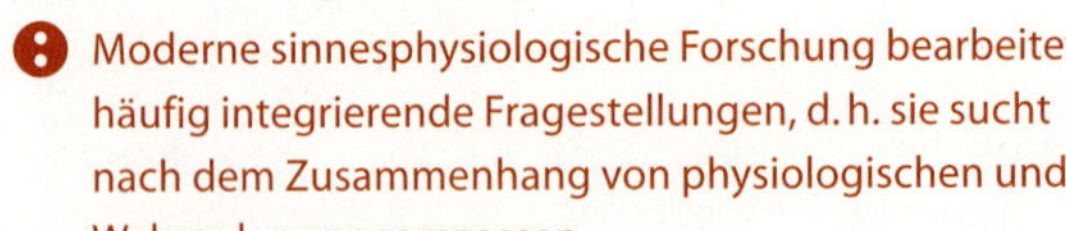
Moderne sinnesphysiologische Forschung bearbeitet häufig integrierende Fragestellungen, d.h. sie sucht nach dem Zusammenhang von physiologischen und Wahrnehmungsprozessen

Die doppelte Aufgabe der Sinnesphysiologie. Eingangs dieses Kapitels wurde festgestellt, dass die Sinnesphysiologie mit zwei Bereichen zu tun habe, der »objektiven« Sinnesphysiologie und der Wahrnehmungspsychologie. Beide Bereiche haben es mit unterschiedlichen Gegenständen zu tun, einerseits der ***Funktion von Sinnessystemen***, andererseits den ***subjektiven Wahrnehmungen***. Die Aufgabe der Sinnesphysiologie kann sich nicht innerhalb eines der beiden Bereiche erschöpfen, beide müssen aufeinander bezogen werden.

Vergleich von Sensor- und Wahrnehmungsschwellen. Ein Beispiel dafür, wie sich neurophysiologische Funktionszusammenhänge auf die Wahrnehmung auswirken, lässt sich aus Schwellenbetrachtungen entwickeln. In einem vorhergehenden Abschnitt wurde eine Hypothese für die Reizschwelle RL eingeführt, die aus dem Bereich der Neurophysiologie, also der objektiven Sinnesphysiologie, stammt. Nach dieser Hypothese ist die Schwelle dann überschritten, wenn in einem Sinneskanal eine Erregung auftritt, die unterscheidbar größer ist als die Spontanaktivität in diesem Kanal. Die Ogivenform der psychometrischen Funktion (◘ Abb. 13.11) zeigt, dass tatsächlich ein statistischer Prozess bei der Wahrnehmung schwacher Reize im Spiel ist. Ist dafür die Variabilität der Funktion der Sensoren verantwortlich, oder Spontanaktivität von Neuronen im ZNS?

Unterschiedliche Übertragungspräzision in verschiedenen Sinneskanälen. Untersucht man z. B. die Antworten (Frequenz der Aktionspotentiale) von rasch adaptierenden Mechanosensoren der Haut der Hand (RA-Sensoren) auf einen schwachen kontrollierten Berührungsreiz, dann erhält man eine s-förmige Schwellenkurve, die der »psychometrischen Funktion« der Empfindung ähnelt (◘ Abb. 13.14). Man kann aus dieser Ogive eine Schwelle (RL) dieses Sensortyps ableiten. Außerdem beweist die s-förmige Schwellenfunktion des Sensors, dass zumindest ein Teil der Streuung bei Schwellenmessungen den Sensoren selbst und ihrer Einbettung in das umgebende Gewebe zuzuschreiben ist. Da elektrophysiologische Untersuchungen von RA-Sensoren an wachen Probanden vorgenommen werden können (Mikroneurographie), kann man gleichzeitig deren subjektive ***psychometrische Funktion*** bestimmen. Führt man ein solches Experiment bei einem ***RA-Sensor an der Fingerspitze*** durch, dann decken sich die beiden Funktionen weitgehend. Zentralnervöse Spontanaktivität scheint also in diesem Fall ***nicht*** zur Variabilität der Empfindungsschwelle beizutragen.

Ganz anders ist das Ergebnis, wenn man die Schwellenfunktionen von ***RA-Sensoren der Handfläche***, die etwa ebenso empfindlich sind wie die der Fingerspitzen, mit den entsprechenden psychometrischen Funktionen der Probanden vergleicht. Hier ist die psychometrische Funktion der Empfindungsschwelle nach rechts verschoben, was darauf hindeutet, dass im ZNS ein weiterer Informationsverlust eintritt. Die Ursache liegt vermutlich in ***extrasensorischen Einflüssen auf die synaptische Übertragung***, die zu Spontanaktivität zentraler Neurone führen.

A

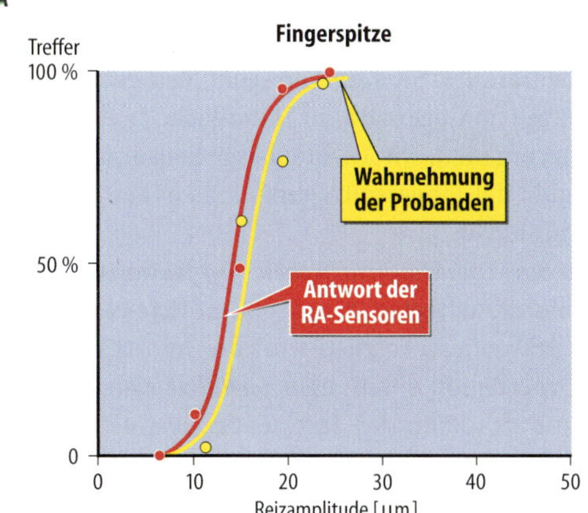

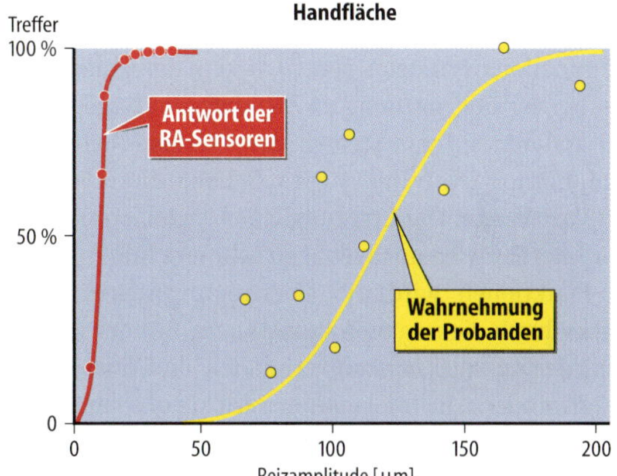

B

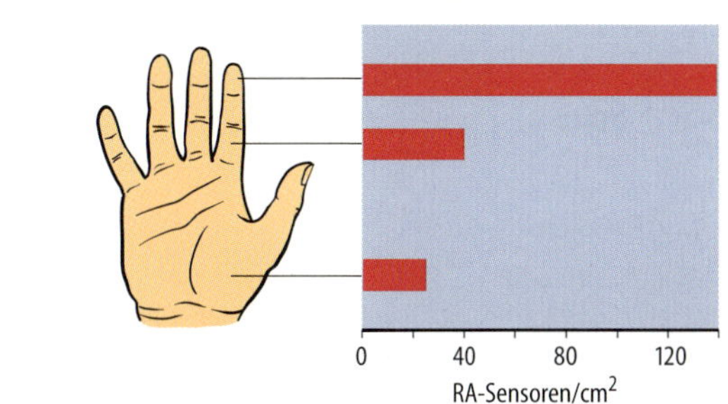

◘ **Abb. 13.14. Schwellenfunktionen rasch adaptierender Mechanorezeptoren in der Haut (RA-Sensoren) und psychometrische Funktionen. A** Psychophysische Schwellenmessungen und Ableitungen der Hautafferenzen wurden gleichzeitig im mikroneurographischen Experiment vorgenommen. **B** Innervationsdichte der RA-Sensoren an verschiedenen Stellen der Handfläche. Nach Handwerker (1984)

Übertragungssicherheit und Funktion von Sinnessystemen

Strukturell hängt die Übertragungssicherheit in einem Sinnessystem von der Zahl der Neurone ab, die von einem Reiz gleichzeitig erregt werden, von der Redundanz; funktionell wird die Übertragungssicherheit erhöht durch eine Zunahme der synaptischen Übertragungssicherheit

Ein Beispiel für die Aufgaben einer integrierenden Sinnesphysiologie ist die Untersuchung der Übertragunssicherheit in Sinnessystemen, die nicht durch einen rein neurophysiologischen oder einen rein wahrnehmungspsychologischen Ansatz bewertet werden kann. Die Übertragunssicherheit hängt eng mit der Redundanz zusammen. Auch ein kleinflächiger mechanischer Reiz, der die Sensoren in Fingerspitze und Handfläche erregt, wird immer mehrere RA-Sensoren erregen. Nun gehören die Fingerspitzen im Gegensatz zur Handfläche zu den wichtigsten Tastorganen. Die Dichte dieser Sensoren ist entsprechend in der Fingerspitze größer als in der Handfläche (Abb. 13.14).

Auch im ***somatosensorischen Projektionsfeld des Kortex*** sind die Fingerspitzen durch größere Neuronengruppen präsentiert. Folglich wird die Information aus dieser Körperregion durch mehr ***parallele Kanäle*** übermittelt, und das kann den Informationsverlust bei den zentralnervösen synaptischen Übertragungen durch vermehrte Redundanz kompensieren.

Übertragungssicherheit. Ein Vergleich der Schwellen afferenter Nervenfasern mit Empfindungsschwellen zeigt, dass bei den sensorischen Systemen mit dem besten Diskriminationsvermögen praktisch kein Informationsverlust bei der Übermittlung im ZNS auftritt. Hingegen kann bei anderen Sinnessystemen der »Verlust« beträchtlich sein. Im nozizeptiven System z. B. kann dieser »Verlust« ein Vorteil sein. Die Erregung einer einzelnen nozizeptiven Afferenz wird noch nicht zu Schmerz führen.

Funktionell wird die Übertragungssicherheit verstärkt durch die neuralen Prozesse, die mit der ***Fokussierung der Aufmerksamkeit*** verbunden sind. Diese Prozesse vermindern die Informationsverluste in einzelnen Sinneskanälen durch Verstärkung der synaptischen Übertragungsprozesse.

In Kürze

Integrierende Sinnesphysiologie

Die moderne sinnesphysiologische Forschung bearbeitet häufig integrierende Fragestellungen, d. h. sie sucht nach dem Zusammenhang von physiologischen und Wahrnehmungsprozessen. Ein Beispiel dafür, wie sich neurophysiologische Funktionszusammenhänge auf die Wahrnehmung auswirken, ist der Vergleich von Sensor- und Wahrnehmungsschwellen. Die Empfindungsschwelle in einem Sinnessystem hängt nicht nur von der Empfindlichkeit der Sensoren ab, sondern auch von der Übertragungssicherheit in der jeweiligen Sinnesbahn.

Je mehr Neurone im neuronalen Netz eines Sinneskanals die Sinnesinformation übertragen, je höher die Redundanz, umso höher die Übertragungssicherheit.

Literatur

Bennett MR (1997) The idea of conscousness. Harwood Academic Pb, Amsterdam

Churchland PS (1986) Neurophilosophy. Toward unified science of the mind-brain. MIT Press, Cambridge

Gardner M (1983) Science good, bad and bogus. Oxford University Press, Oxford

Gescheider GA (1997) Psychophysics: The Fundamentals. Lawrence Ehrlbaum Associates, Mahwah, New Jersey

Hamill OP, Martinac B (2001) Molecular basis of mechanotransduction in living cells. Physiol Rev 81: 685–740

Minke B, Cook B (2002) TRP channel proteins and signal transduction. Physiol Rev 82: 429–472

Schild D, Restrepo D (1998) Transduction mechanisms in vertebrate olfactory receptor cells. Physiol Rev 78: 429–466

Stevens SS (1975) Psychophysics. Wiley, New York

Kapitel 14
Das somatoviszerale sensorische System

M. Zimmermann

Einleitung

Bei einem 50-jährigen Mann treten plötzlich Kribbelempfindungen und Taubheitsgefühle am rechten Arm auf, die anderntags wieder abgeklungen sind. Eine Woche später erleidet er einen Schlaganfall im Bereich des linken parietalen Kortex. Die zuvor beobachteten Störungen der Hautsensibilität waren Symptome einer TIA (Transiente Ischämische Attacke), die oft als Vorbote eines Schlaganfalls auftritt. Bei rechtzeitiger Diagnose der TIA kann präventiv die Blutgerinnungsneigung pharmakologisch reduziert werden. Die Prüfung der Hautsensibilität wird in der Neurologie zur Erkennung von vielen Funktionsstörungen des Nervensystems eingesetzt.

14.1 Funktionelle Anatomie des somatoviszeralen Systems

Abgrenzung und Begriffsbestimmung

Aus der alltäglichen Erfahrung von Körperwahrnehmungen hat sich die somatoviszerale Sinnesphysiologie mit 5 Qualitäten entwickelt

Fühlen und Tasten. Die Haut des Menschen mit ihrer Innervation stellt mit ca. 2 m² sein ***flächenmäßig größtes Sinnesorgan*** dar. Über eine Vielfalt von Reizen erhalten wir ständig Informationen von außen, wie z. B. Meldungen, die durch das Wetter, die gerade eben gelandete Fliege, das Ertasten des Schlüsselbunds in der Tasche, die flüchtige Liebkosung des Partners, den Sonnenbrand oder eine Verletzung hervorgerufen werden.

Das somatoviszerale System umfasst die Wahrnehmungsfunktionen der Haut, der inneren Organe und des Bewegungssystems. Die ***Qualitäten*** dieses Sinnessystems sind die folgenden, mit ihren Alltags- und Wissenschaftsbezeichnungen:

- Druck/Berührung: Mechanorezeption, Tastsinn
- Wärme/Kälte: Thermorezeption
- Schmerz: Nozizeption
- Eingeweidegefühl: Viszerozeption
- Lagesinn: Propriozeption

Entwicklung und Leistung des Hautsinns. Die sensorische Innervation der Haut erlangt bereits während der 7. Embryonalwoche als unser erstes Sinnesorgan seine Funktionsfähigkeit. Das Sensorium der Mundregion lässt das Neugeborene die mütterliche Brust finden und löst den Saugreflex aus. Die postnatale Erkundung der Umwelt mit Hand und Mund erzeugt die ersten Eindrücke der begreifbaren Umwelt in unserem Gehirn.

Körperschema. Das subjektive ***Körperbild*** oder Körperschema beruht zum großen Teil auf der Tätigkeit des somatoviszeralen sensorischen Systems. Störungen des Körperbildes bei Ausfällen des Nervensystems (z. B. Phantomgefühl nach Amputation, Lähmung nach Schlaganfall) sind oft auch mit Störungen des seelischen Selbstbildes verbunden.

Das periphere somatoviszerale Nervensystem

Afferente Nervenfasern in großer Zahl und funktioneller Vielfalt übertragen Informationen über Reize und Zustandsgrößen zum ZNS

Periphere Nerven. Die peripheren somatoviszeralen Nerven durchziehen mit ihren feinen Verästelungen alle Regionen und Organe des Körpers wie ein Flechtwerk. Die ***Nerven*** bestehen aus myelinisierten ***(A-Fasern)*** und nichtmyelinisierten Fasern ***(C-Fasern)***. Die Gesamtzahl der in das ZNS eintretenden somatoviszeralen Fasern dürfte sich beim Menschen auf mindestens 100 Millionen belaufen, von diesen sind ca. 90 % C-Fasern.

Klassifikation von Nervenfasern. Die Registrierung des ***Summenaktionspotentials*** nach elektrischer Reizung ergibt das für einen Hautnerven typische Bild (Abb. 14.1). Die Komponenten entsprechen 3 Gruppen von Fasern, die sich nach Ausmaß der Myelinisierung, Leitungsgeschwindigkeit und Durchmesser unterscheiden. Sie sind in allen somatoviszeralen Nerven enthalten. Nach sensorischen Funktionen bestehen die folgenden Zuordnungen:

- ***Aβ-Fasern:*** spezialisierte empfindliche Mechanosensoren;
- ***Aδ-Fasern:*** empfindliche Mechanosensoren der Haare, Kaltsensoren, mechanosensitive Nozizeptoren;
- ***C-Fasern:*** empfindliche Mechanosensoren der Haare, Chemosensoren, Warmsensoren, polymodale Nozizeptoren.

Bei den ***Muskelnerven*** treten noch folgende Fasern hinzu (▶ s. Tabelle 5.1 A, B, S. 92):

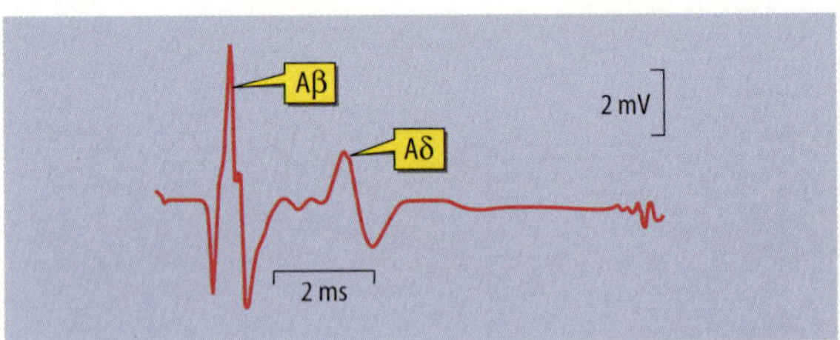

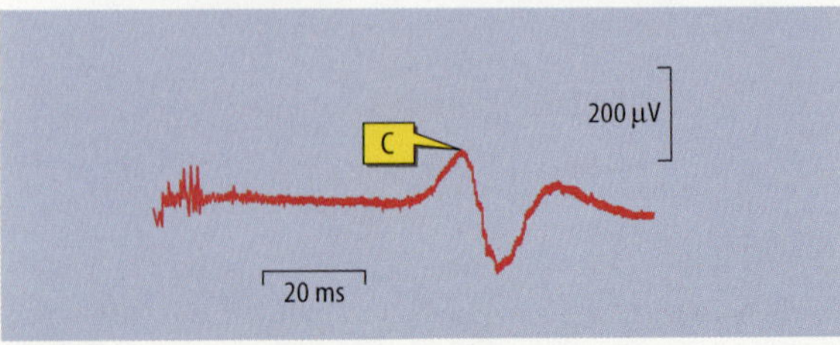

Abb. 14.1. Summenaktionspotential eines Hautnerven. Ableitung vom N. suralis der Katze nach einem elektrischen Einzelreiz, *oben* die Antworten der myelinisierten, *unten* der unmyelinisierte Fasern. Der Abstand zwischen Reiz- und Registrierelektroden betrug 60 mm. Nach Zimmermann (1984)

- die afferenten Gruppe-I-Fasern mit bis zu 100 m/s;
- die efferenten motorischen Aα- und Aγ-Fasern.

In allen Nerven sind bis zu 50 % der C-Fasern Efferenzen des ***autonomen Nervensystems***, diese haben also keine afferenten Funktionen.

Übersicht über das zentrale somatoviszerale System

Im ZNS lassen sich Leitungsbahnen und Kerne (Regionen von Neuronen), die Verarbeitungsstationen des somatoviszeralen Systems, identifizieren

Somatoviszerale Bahnen. Es gibt zwei dominierende aufsteigende Bahnsysteme des somatoviszeralen Systems:
- das Hinterstrang- oder Lemniskus-System;
- das Vorderseitenstrang-System.

Sie sind in Rückenmark, Hirnstamm, Thalamus und Kortex lokalisiert (Abb. 14.2). Das ***Hinterstrangsystem*** ist funktionell mit der Mechanorezeption der Haut und der Propriozeption assoziiert, das ***Vorderseitenstrang-System*** vorwiegend mit Thermorezeption, Nozizeption und Viszerozeption.

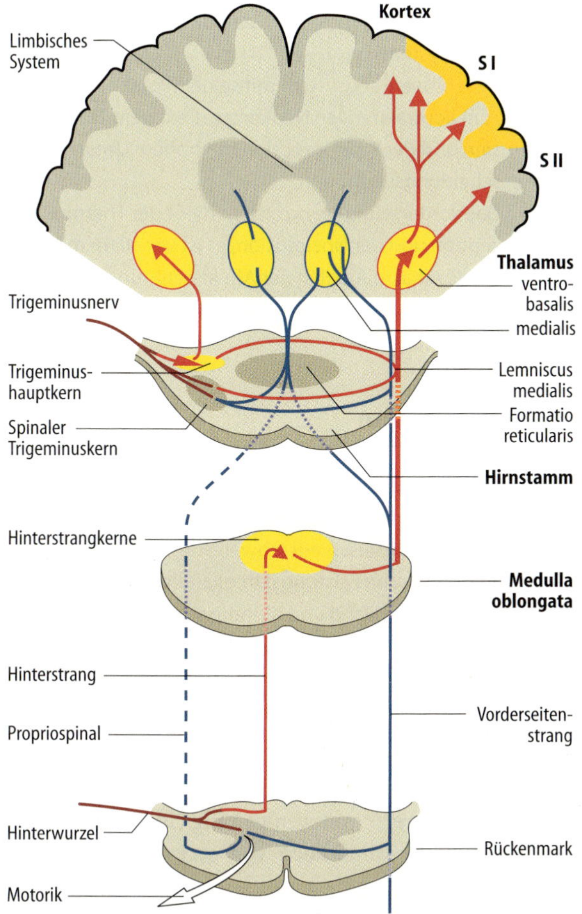

Abb. 14.2. Funktionell-anatomische Übersicht des somatosensorischen Systems (schematisiert und vereinfacht). *Rot:* Bahnen und Kerne des Hinterstrangsystems. *Blau:* Bahnen und Kerne des Vorderseitenstrangsystems. Die *roten Pfeile* symbolisieren Somatotopie, das ist die räumlich geordnete Beziehung zwischen peripherer Sinnesfläche und dem jeweiligen Gebiet im Zentralnervensystem. *SI, SII:* erstes bzw. zweites somatosensorisches Projektionsfeld im Kortex

Verlauf der aufsteigenden spinalen Bahnen. Bei einer halbseitigen Durchtrennung des Rückenmarks (z. B. bei einem Unfall) kommt es zu charakteristischen sensorischen und motorischen Ausfällen, dem ***Brown-Séquard-Syndrom*** (Abb. 14.3). Die Willkürmotorik ist auf der Seite der Läsion (ipsilateral) gelähmt. Die ***Sensibilitätsstörungen*** sind auf beiden Körperhälften ungleich: ipsilateral treten Störungen des Tastsinns auf, kontralateral sind Nozizeption und Thermorezeption gestört. Wir sprechen von einer ***dissoziierten Empfindungsstörung***.

Die Störungen beruhen auf der Durchtrennung von ***Leitungsbahnen*** in der weißen Rückenmarksubstanz: die Unterbrechung der absteigenden motorischen Bahnen (v. a. Pyramidenbahn, ▶ s. Kap. 7.7) führt zu Lähmungen der Willkürmotorik (ipsilateral), die des Hinterstrangs zur Störung des Tastsinns (ipsilateral) und die des Vorderseitenstrangs zu Ausfällen von Schmerz- und Thermorezeption (kontralateral).

Funktionen des Hinterstrangsystems

Das Hinterstrangsystem übermittelt Informationen aus Mechanosensoren der Haut und des Bewegungssystems zum somatosensorischen Kortex, die für diskriminative Wahrnehmungen benötigt werden

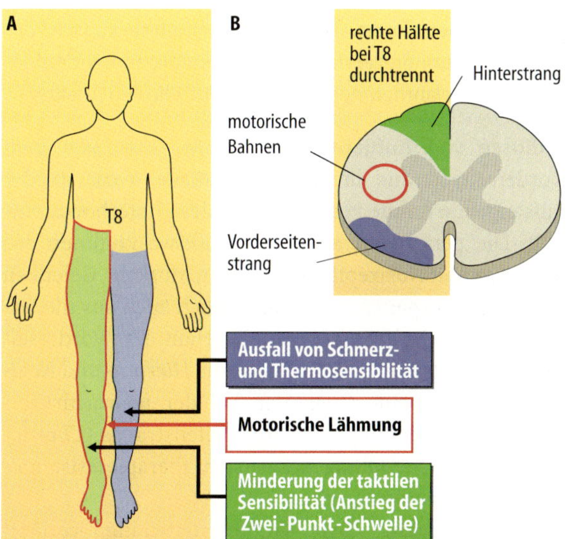

Abb. 14.3. Neurologische Ausfälle nach halbseitiger Durchtrennung des Rückenmarks (Syndrom nach Brown-Séquard). A Bei halbseitiger Durchtrennung des rechten Rückenmarks auf Höhe des Segments T8 kommt es ipsilateral zu einer motorischen Lähmung und zu einer Beeinträchtigung des Tastsinnes (starker Anstieg der Zweipunktschwelle); kontralateral kommt es zu einem Ausfall der Schmerz- und der Thermosensibilität. **B** Rückenmarkquerschnitt in Höhe der Halbseitendurchtrennung bei T8 mit Hervorhebung der drei spinalen Bahnen, deren Durchtrennung die in A angegebenen Ausfälle bewirkt

Das ***Hinterstrangsystem*** ist schnell (in ◘ Abb. 14.2, rot), es besteht aus einer anatomisch gut definierten Verbindung der Körperperipherie zu den zwei Arealen ***SI*** und ***SII*** des ***parietalen Kortex*** (***S*** steht für somatosensorisch). Sein afferenter Zustrom stammt ausschließlich aus niederschwelligen Mechanosensoren der Haut, Muskeln, Sehnen und Gelenke. Dieser schnelle aufsteigende Weg enthält nur ***drei synaptische Umschaltungen***. Er verläuft über folgende Stationen: Hinterstränge des Rückenmarks – Hinterstrangkerne der Medulla oblongata (1. Synapse) – Tractus lemniscus medialis – Kreuzung zur Gegenseite – Ventrobasalkern des Thalamus (2. Synapse) – Areale SI und SII des Kortex (3. Synapse). Ein besonderes Charakteristikum ist die topographische Ordnung, die ***Somatotopie***: die periphere Sinnesfläche ist gleichsam in der zentralen Region abgebildet (► s. S. 313).

Das ***Hinterstrangsystem*** ist bei Primaten besonders hoch entwickelt. Es ist die zentralnervöse Basis der ***taktilen Sensibilität*** (Tastsinn) und der ***Propriozeption***. Beide Qualitäten haben ein besonders hohes Unterscheidungs- oder Diskriminationsvermögen, sowohl räumliche als auch zeitliche Details mechanischer Reize können ausgewertet und erkannt werden. Diese Fähigkeiten sind bei der ***Hand des Menschen*** besonders hoch entwickelt, ihr neuronales System hat maßgeblich die Entstehung unserer Kultur mitbestimmt.

Funktionen des Vorderseitenstrangsystems

! Das Vorderseitenstrangsystem vermittelt sensorisch vor allem Thermorezeption und Nozizeption; es dient Aufgaben der Wahrnehmung und der Kontrolle von Affekten

Zuflüsse und Aufgaben. Der Name leitet sich vom Vorderseitenstrang im ventralen Rückenmark ab, der aufsteigende Axone von Neuronen des Hinterhorns enthält. Die peripheren afferenten Zuflüsse kommen aus Thermo- und Nozizeptoren der Haut, Muskeln, Gelenken und Viszeralorganen, zusätzlich jedoch auch aus niederschwelligen Mechanosensoren der Haut. Das Vorderseitenstrangsystem gilt als die Basis von ***Thermo-*** und ***Nozizeption***, weil beide Qualitäten bei der neurochirurgischen Durchtrennung des Vorderseitenstrangs (***Chordotomie***, zur Behandlung schwerster, therapieresistenter Schmerzzustände) ausfallen.

Projektionsareale. Der Vorderseitenstrang verläuft kontralateral, vom Eintritt der Afferenzen ins Rückenmark aus gesehen (◘ Abb. 14.2, 14.15). Seine Zielgebiete liegen vor allem im ***Hirnstamm*** und im ***medialen Thalamus***. Dabei fehlt jedoch eine ausgeprägte Somatotopie, die Projektionen sind räumlich eher ausgebreitet und diffus. Von dort aus erreichen die afferenten Informationen den Hypothalamus und das limbische System, das »Emotionshirn« (► s. Abschnitt 9.4), es besteht jedoch keine deutliche Projektion zum Neokortex. Darüber hinaus wird es auch als Teil des unspezifischen Systems angesehen (► s. S. 310).

▪▪▪ **Andere spinale aufsteigende Bahnen.** Im Rückenmark gibt es noch weitere Verbindungen zum Gehirn, die somatoviszerale Informationen übermitteln. Die beiden **Tractus spinocerebellares** verbinden Mechanosensoren der Haut, Muskeln und Gelenke mit dem Zerebellum, sie gehören funktionell zum motorischen System (► s. Kap. 7.8). Der am wenigsten untersuchte aufsteigende Weg ist die Leitung im Rückenmark über kurze, in Serie geschaltete **intersegmentale Verbindungen** (blau unterbrochen in ◘ Abb. 14.2). Dieser Weg soll vor allem für die Schmerzwahrnehmung von Bedeutung sein (► s. Kap. 15.3).

In Kürze

! **Funktionelle Anatomie des somatoviszeralen Systems**

Das somatoviszerale System umfasst die Wahrnehmungsfunktionen der Haut, der inneren Organe und des Bewegungssystems. Es ist vom Rückenmark bis zum Endhirn anatomisch und funktionell unterteilbar in das Hinterstrangsystem und das Vorderseitenstrangsystem:

- Das Hinterstrangsystem mit seiner Projektion zum kontralateralen Neokortex dient dem Tastsinn und der Propriozeption mit hohem Unterscheidungsvermögen.
- Das Vorderseitenstrangsystem dient der Thermozeption und der Nozizeption, es ist vor allem mit subkortikalen Arealen der Affektsteuerung verbunden.

14.2 Der Tastsinn

Psychophysiologie des Tastsinns

! Mit definierten mechanischen Hautreizen werden Reizschwelle und Unterschiedsschwelle bestimmt; die sinnesphysiologische Leistungsfähigkeit des Tastsinns zeigt Höchstwerte bei Hand und Mundregion

Tastschwellen und Tastpunkte. Die absolute Schwelle für Berührungsreize kann mit geeichten ***Tasthaaren*** nach dem Würzburger Physiologen von Frey (◘ Abb. 14.3 A) oder mit elektromagnetisch arbeitenden Reizgeräten (◘ Abb. 14.3 B) bestimmt werden. An der Hand werden bereits Tasthaarreize von wenigen mg (10^{-5} N) und Vibrationsreize mit Amplituden von 0,1 µm (bei 200 Hz) wahrgenommen.

Von Frey stellte bereits um 1900 fest, dass der Tastsinn auf der Haut diskontinuierlich verteilt ist: es gibt ***Tastpunkte***, an denen die Berührung mit einem Tasthaar wahrgenommen wird, während Anwendung des selben oder sogar eines stärkeren Tasthaares in der Umgebung des Punktes keine Wahrnehmung auslöst (◘ Abb. 13.4). An der Hand konnten etwa 20 Tastpunkte pro cm² ermittelt werden, am Rumpf dagegen war ihre Dichte wesentlich geringer. Die Tastpunkte können nicht als singuläre Mechanosensoren erklärt werden, denn die Anzahl der Sensoren ist wesentlich höher als die der Tastpunkte.

Intermodaler Intensitätsvergleich. Bei überschwelligen mechanischen Hautreizen lässt sich eigenmetrisch die Abhängigkeit der ***subjektiven Empfindungsintensität*** (▶ s. Kap. 13.7) von der Reizstärke feststellen. Die Messwerte können mathematisch durch Potenzfunktionen angenähert werden, für die Exponenten n ergeben sich meistens Werte zwischen 0,5 und 1,0.

▪▪▪ **Auffinden von Schmerzpunkten.** Mit Stachelborsten vom Igel konnte von Frey auch **Schmerzpunkte** bestimmen, ihre Dichte war an der Hand etwa 10-fach höher als die der Tastpunkte. Tast- und Schmerzpunkte fielen nicht zusammen, woraus von Frey folgerte, dass beide Qualitäten durch getrennte nervöse Organe vermittelt werden müssten. Diese Interpretation wurde durch die spätere neurophysiologische Identifikation von niederschwelligen Mechanosensoren und Nozisensoren gestützt (▶ s. auch ▶ Kap. 15.2).

Zweipunktschwelle. Die Fähigkeit, räumliche Details von Tastreizen zu erkennen, lässt sich durch die Zweipunktschwelle charakterisieren. Dazu werden beide Spitzen eines Tastzirkels gleichzeitig auf die Haut aufgesetzt (◘ Abb. 14.4 A). Die Versuchsperson muss blind entscheiden, ob sie einen einzelnen Punkt oder zwei Punkte wahrgenommen hat. Die Messung der Zweipunktschwelle ergibt Werte zwischen ca. 1 mm und 70 mm (◘ Abb. 14.4 B). Die niedrigsten Werte, also höchstes ***räumliches Auflösungsvermögen***, finden sich an den Fingerspitzen sowie an Zunge und Lippen. Die besondere Leistungsfähigkeit dieser Sinnesflächen entspricht ihrer praktischen Bedeutung bei der Erkennungsfunktion des Tastsinns. Die Gründe für die unterschiedliche Wahrnehmungsfähigkeit verschiedener Hautregionen liegen in der Art der Hautinnervation und der zugehörigen zentralnervösen Verschaltung der afferenten Nervenfasern (◘ Abb. 14.8).

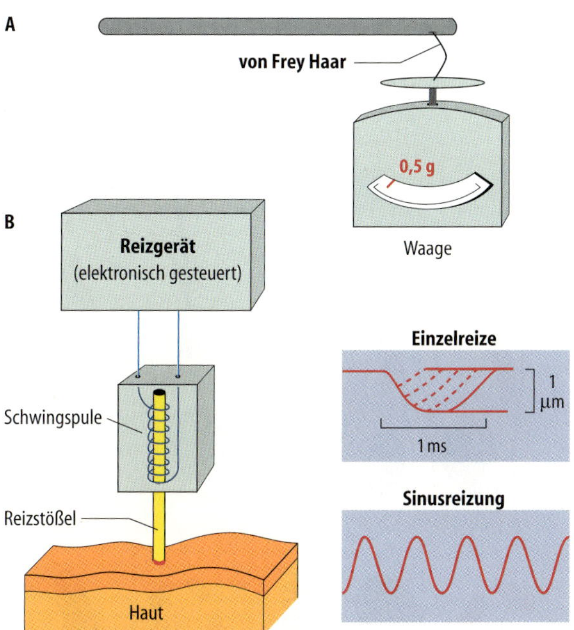

◘ **Abb. 14.4. Messung der Hautsensibilität mit abgestuften mechanischen Reizen. A** Mit einem Satz von unterschiedlich starken Tasthaaren nach von Frey lässt sich die Berührungsschwelle der Haut bestimmen. Um quantitative Werte zu erhalten, wird die Kraft des von Frey-Haares mit einer empfindlichen Waage geeicht. **B** Elektromechanisches Gerät zur Erzeugung präziser mechanischer Hautreize. Eine stromdurchflossene Spule führt in einem Magnetfeld eine Bewegung aus, die dem Zeitverlauf der Stromstärke proportional ist. Beliebig vorgegebene elektrische Funktionsverläufe werden so in Bewegungen des Reizstößels umgesetzt. *Rechts* sind zwei Beispiele gezeigt

▪▪▪ **Neurologischer Sensibilitätstest.** Bei der Diagnostik neurologischer Störungen wird auch die Hautsensibilität geprüft. Erhöhte Schwellen weisen auf Erkrankungen der peripheren Nerven hin (z. B. **diabetische Polyneuropathie**). Dabei wird das räumliche Auflösungsvermögen meistens über das Erkennen von Zahlen oder Buchstaben getestet, die mit einem Stäbchen unterschiedlich groß auf die Haut geschrieben werden. Dieser Schnelltest weist auf Art und Lokalisation einer Nervenschädigung hin.

Mechanosensoren der Haut

Der Tastsinn wird durch niederschwellige Mechanosensoren der Haut vermittelt, die SA-, RA und PC-Sensoren; sie adaptieren unterschiedlich schnell auf mechanische Reize

Typen von Mechanosensoren der Haut. Bei neurophysiologischen Experimenten wurden in der unbehaarten Haut bei Katze, Affe und Mensch vier Typen empfindlicher Mechanosensoren mit Aβ-Afferenzen gefunden, die SAI-, SAII-, RA- und PC-Sensoren. ***SA*** bedeutet ***»Slowly Adapting«***, es handelt sich um langsam adaptierende Mechanosensoren, die bei einem langdauernden Hautreiz (z. B. durch das Körpergewicht auf die Fußsohle) ständig Aktionspotentiale erzeugen. Entsprechend bezeichnet ***RA (»Rapidly Adapting«)*** einen schnell adaptierenden Mechanosensor, der nur bei bewegten mechanischen Hautreizen antwortet. ***PC (»Pacinian Corpuscle«)*** ist ein sehr schnell adaptierender Mechanosensor, der v. a. auf Vibrationsreize anspricht. Die klassischen psychophysiologischen Qualitäten ***Druck, Berührung*** und ***Vibration*** des Tastsinns können diesen Sensoren zugeordnet werden.

Elektrophysiologie der Mechanosensoren. Über die Entladungen ihrer Afferenzen wurden die Sensoren neurophysiologisch charakterisiert. Beim narkotisierten Tier teilt man einen Hautnerven unter dem Präpariermikroskop in feine Filamente auf. Bei wachen Versuchspersonen sticht man eine Mikroelektrode aus Metall (Spitze 1 µm) durch die Haut in einen Nerven ein (Mikroneurographie). In beiden Experimenten zeigen Alles-oder-Nichts-Aktionspotentiale an, dass von einzelnen Fasern abgeleitet wird. Die Reize bilden sich in den afferenten Entladungssequenzen ab.

Außer den empfindlichen Mechanosensoren mit Aβ-Afferenzen gibt es besonders in der Haarhaut von Tieren auch ***niederschwellige Mechanosensoren*** mit Aδ- und C-Fasern. Nach einer neueren Hypothese sollen sie v. a. zur Behaglichkeit des Körperkontakts beitragen.

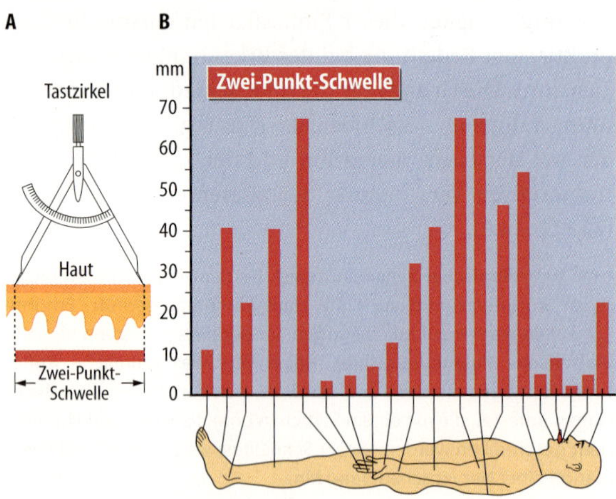

Abb. 14.5. Zweipunktschwellen der Haut. A Die Spitzen eines Tastzirkels werden mehrmals mit unterschiedlichem Abstand auf die Haut aufgesetzt. Die Zweipunktschwelle ist derjenige Abstand, bei dem von einer Versuchsperson gerade zwei Reizpunkte getrennt wahrgenommen werden. **B** Werte der Zweipunktschwelle der Haut an verschiedenen Körperstellen des Menschen. Nach Weber (1835)

Funktionen der Mechanosensoren

Die Mechanosensoren der Haut sind auf unterschiedliche physikalische Parameter der Reize spezialisiert, nämlich Intensität, Geschwindigkeit und Beschleunigung einer Hautdeformation

Differenzierung mit Rampenreizen. Zur funktionellen Charakterisierung der aufgeführten Sensortypen eignen sich rampenförmige mechanische Reize mit einem Reizstempel (Abb. 14.5 A und 14.6 A). Dieser Reizverlauf enthält eine Phase konstanter ***Geschwindigkeit*** (dS/dt, mathematisch die erste Ableitung des Weges S nach der Zeit t), gefolgt von einem ***Dauerreiz*** mit einer konstanten Hautdeformation (S). Bei Beginn und Ende der Stößelbewegung ändert sich die Geschwindigkeit, dort treten also ***Beschleunigungen*** auf (d^2S/dt^2, mathematisch also die zweite Ableitung des Weges S nach der Zeit t).

Entladungen von Mechanosensoren. Die ***SA-Sensoren*** sind die einzigen, die während des konstanten Reizplateaus antworten (Abb. 14.5 A), sie zeigen die ***Intensität*** des Hautreizes bei stillstehendem Reizstempel an. Dabei sprechen die SAI-Sensoren auf Reize senkrecht zur Hautoberfläche an, SAII-Sensoren auf Dehnung der Haut.

Die ***RA-Sensoren*** sowie die ***Haarfollikelrezeptoren*** feuern nur, wenn sich der Reizstempel bewegt, sie sprechen auf die Geschwindigkeit der Hautdeformation an.

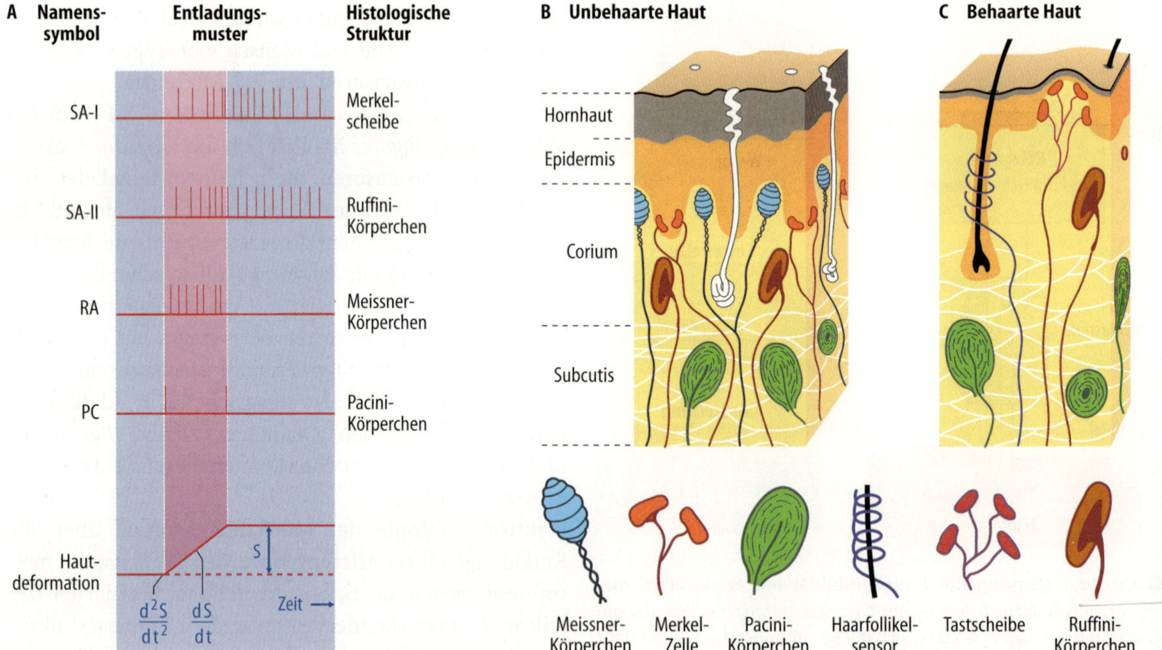

Abb. 14.6. Reiz-Antwort-Verhalten und Histologie von Mechanosensoren der Haut von Primaten. A Die charakteristischen Entladungsmuster (d. h. Folgen von Aktionspotentialen in den afferenten Fasern) der vier Typen empfindlicher Mechanosensoren in der unbehaarten Haut (z. B. der Hand) bei einer rampenförmigen Hautdeformation sind untereinander dargestellt. Der Zeitverlauf der mit einem elektromechanischen Hautreizgerät (► s. Abb. 14.4 B) erzeugten rampenförmigen Hautdeformation mit der Eindrucktiefe *S* ist in der untersten Registrierung gezeigt. Die funktionellen Namenssymbole und die Namen der histologischen Strukturen sind jeweils angegeben. **B, C** Histologie der Mechanosensoren der Haut. Lage und Struktur der verschiedenen Typen von Mechanosensoren der unbehaarten (B) und der behaarten (C) Haut sind schematisiert dargestellt. Ausführliche Erläuterung im Text

Die ***PC-Sensoren*** zeigen nur dann Entladungen, wenn sich die Geschwindigkeit dS/dt einer Hautdeformation ändert, – sie reagieren also auf die Beschleunigung, d^2S/dt^2 (Details der funktionellen Klassifikation s. u.).

▪▪▪ Histologie der kutanen Mechanosensoren (▢ Abb. 14.5 B, C). In der **unbehaarten** Haut der Primatenhand entsprechen SAI-Sensoren den Merkel-Zellen, SAII-Sensoren den Ruffini-Körperchen, RA-Sensoren den Meissner-Körperchen und PC-Sensoren den Vater-Pacini-Körperchen. In der **behaarten** Haut (▢ Abb. 14.5 C) fehlen die Meissner-Körperchen, stattdessen finden sich hier die mechanosensorisch innervierten Haarwurzeln (Haarfollikelsensoren).

14.1. Funktionelle Restitution der Mechanosensoren nach Nervenregeneration

Nach Verletzungen peripherer Nerven regenerieren durchtrennte Axone mit ca. 1 mm/Tag. Ein Teil der aussprossenden Axone ist mechanosensitiv, durch das Klopfzeichen nach Hoffmann-Tinel kann der Regenerationsfortschritt beim Patienten getestet werden. Sobald die Axone die Haut erreicht haben, bilden sich die spezifischen Mechanosensoren wieder aus. Im Verlaufe von Monaten verbessern sich ihre Codierungseigenschaften und nähern sich denen der normalen Sensoren. Allerdings ist meistens die Diskriminationsfähigkeit (Zweipunktschwelle) des Tastsinns bleibend herabgesetzt, abhängig von der Genauigkeit, mit der die regenerierenden Axone ihr altes Territorium wieder finden.

A

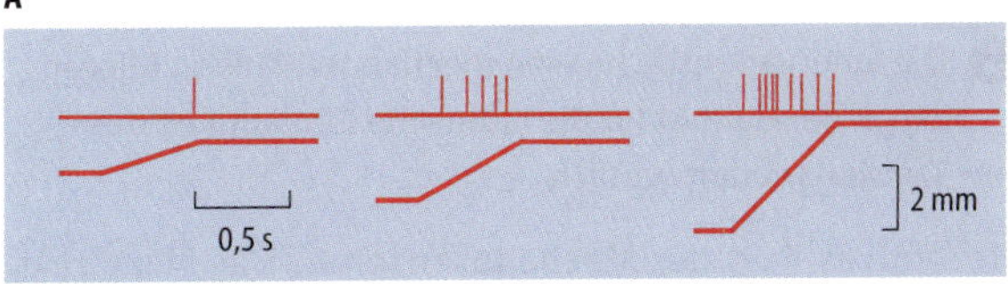

B C

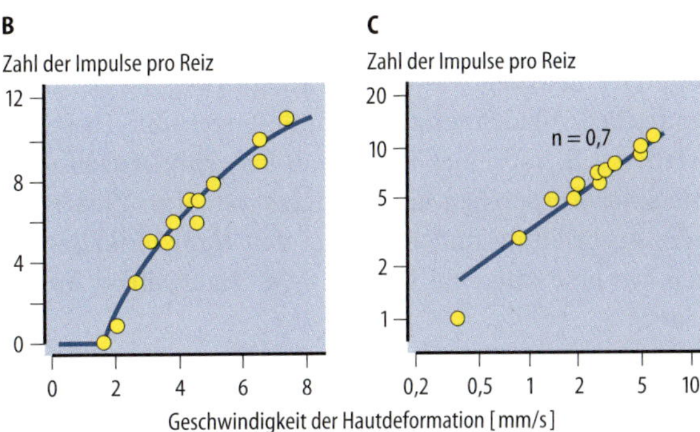

▢ **Abb. 14.7. Der RA-Sensor, ein Geschwindigkeitssensor. A** Entladungsmuster eines RA-Sensors der Katzenhaut (*obere* Registrierungen) bei verschieden schnell ansteigenden Hautdeformationen (*untere* Registrierungen), die mit einem elektromechanischen Stimulator (▶ s. ▢ Abb. 14.4 B) erzeugt wurden. **B** Zahl der Aktionspotentiale in der afferenten Faser in Abhängigkeit von der Geschwindigkeit der Hautdeformation. **C** Wie B, jedoch doppelt-logarithmisches Koordinatensystem. Aus der Steigung der eingezeichneten Gerade wurde der angegebene Exponent n der Potenzfunktion bestimmt. Nach Zimmermann in Porter (1978)

Codierung mechanischer Reize

! Die Mechanosensoren der Haut lassen sich nach ihrem Entladungsverhalten als Intensitäts-, Geschwindigkeits- und Beschleunigungssensoren charakterisieren

Codierung der Reizamplitude. Mit zunehmender Intensität der Hautdeformation steigt die Entladungsfrequenz der SA-Sensoren an, diese sind also ***Intensitätssensoren***. Die Beziehung zwischen Reizintensität I und Entladungsrate F lässt sich durch eine Potenzfunktion der Form $F = I^n$ darstellen, wobei n Werte zwischen 0,5 und 1 hat. Die Entladungen der SA-Sensoren enthalten auch Information über die ***Dauer*** eines Reizes.

Codierung der Reizgeschwindigkeit. Bei den RA- und Haarfollikel-Sensoren steigen die Entladungsfrequenzen mit der Geschwindigkeit (dS/dt) der Reizbewegung an (▢ Abb. 14.5 A, 14.6 A,B), sie werden deshalb als ***Geschwindigkeitssensoren*** bezeichnet. In einem doppelt-logarithmischen Koordinatensystem ist die Beziehung zwischen der Entladungsfrequenz und der Eindrucksgeschwindigkeit dS/dt meistens linear (▢ Abb. 14.6 C), der Zusammenhang kann also durch eine Potenzfunktion beschrieben werden. Bei unbewegten Dauerreizen ***adaptieren*** diese Sensoren innerhalb von 50–500 ms.

Codierung der Reizbeschleunigung. Der PC-Sensor antwortet nur dann, wenn bei einem mechanischen Hautreiz Beschleunigungsphasen (d^2S/dt^2) auftreten (▢ Abb. 14.5 A), deshalb wird er auch als ***Beschleunigungssensor*** bezeichnet. Bei sinusförmiger Reizung (▢ Abb. 14.7 B) werden synchron mit jeder Sinusperiode Aktionspotentiale ausgelöst, wobei die minimal notwendige Amplitude der Sinusschwingung für ein 1:1 Antwortverhalten beim Ansteigen der Reizfrequenz bis auf 200 Hz stark abnimmt (▢ Abb. 14.7 C); dies ist eine Folge der Beschleunigungsempfindlichkeit. Der PC-Sensor kann auch als ***Vibrationssensor*** bezeichnet werden, er vermittelt die typische Vibrationswahrnehmung (z. B. mit einer Stimmgabel auf dem Handgelenk).

Integration der Reizinformation im ZNS. Mit vier Grundtypen von Sensoren werden also unterschiedliche Dimensionen eines mechanischen Hautreizes codiert und an das ZNS übertragen: Intensität, Geschwindigkeit und Beschleunigung. Bei komplexen Reizen, wie z. B. beim ***Tastvorgang*** mit aktiv bewegten Fingern, werden alle vier Arten von Mechanosensoren erregt, die Wahrnehmung von Tastereignissen beruht auf der ständigen schnellen Auswertung aller Entladungen durch das ZNS.

Bedeutung der Innervationsdichte

Die Innervationsdichte von mechanosensitiven Afferenzen in der Haut ist für die räumliche Genauigkeit des Tastsinns verantwortlich

Rezeptives Feld der Mechanosensoren. Das Hautareal, von dem eine einzelne mechanosensitive afferente Faser durch einen Reiz definierter Intensität erregt werden kann, ist ihr ***rezeptives Feld.*** Es entspricht etwa der anatomischen Ausdehnung aller Endigungen der Faser. So werden z.B. von einer Faser zwei bis zehn benachbarte ***Meissner-Körperchen*** eines Fingers versorgt. Eine stärkere Ausbreitung findet sich bei den ***Haarfollikelsensoren***, wo eine afferente Faser z.B. 30 Haarfollikel innerviert.

Beim Menschen sind die ***rezeptiven Felder*** der ***RA-*** und ***SAI-Afferenzen*** in der Hand mit durchschnittlich 12 mm^2 am kleinsten, mit nur geringen Unterschieden zwischen Fingerspitzen und Handfläche. Die rezeptiven Felder der ***SAII-*** und ***PC-Afferenzen*** sind etwa um den Faktor 10 größer.

Innervationsdichte von Mechanosensoren. Für das ***räumliche Auflösungsvermögen*** des Tastsinns (gemessen z.B. als Zweipunktschwelle) ist weniger die Größe der rezeptiven Felder entscheidend, sondern die ***Innervationsdichte***, also die Zahl der afferenten Fasern pro cm^2 der Hautfläche. Beim Menschen ist die Dichte der RA- und SAI-Afferenzen an verschiedenen Stellen der Hand proportional zum räumlichen Auflösungsvermögen (Abb. 14.8), die Innervationsdichten der SAII- und PC-Sensoren zeigen dagegen keinen Zusammenhang mit dem Auflösungsvermögen des Tastsinns.

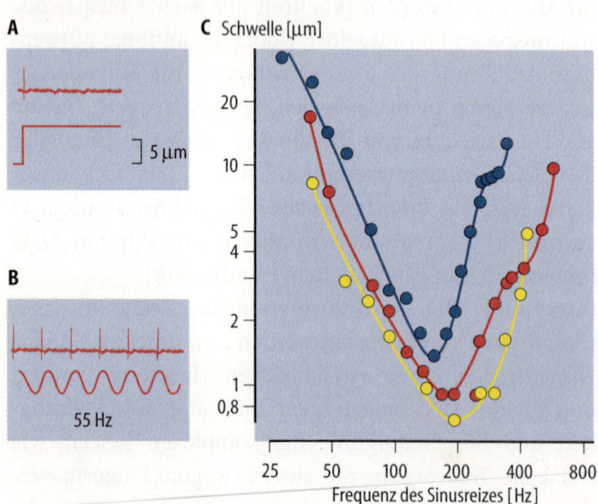

Abb. 14.8. Antwortverhalten von PC-Sensoren der Subkutis bei mechanischen Hautreizen. A Einzelnes Aktionspotential als Antwort auf einen mechanischen Stufenreiz. **B** Repetitive Aktionspotentiale bei jeder Periode eines sinusförmigen mechanischen Hautreizes. **C** Schwellenreizstärken *(Ordinate)* von drei PC-Sensoren in Abhängigkeit von der Frequenz des sinusförmigen mechanischen Hautreizes *(Abszisse)*. Nach Jänig et al (1968)

Neuronale Codierung von Tastobjekten

Die räumlichen Strukturen der Tastobjekte werden im Entladungsmuster von Kollektiven von Mechanosensoren der Haut abgebildet; sie codieren Hautreize als zeitlich-räumliches Erregungsmuster

Untersuchungsmethode. Mit tangential über die Haut bewegten Reliefstrukturen (z.B. die Braille-Blindenschrift) wurde das räumlich-zeitliche Erregungsmuster in Populationen von mechanosensitiven Hautafferenzen mit dem Ziel untersucht, die ***Codierung der räumlichen Reizgestalt*** zu ermitteln. Solche Versuche wurden für SA-, RA- und PC-Sensoren der Affenhand durchgeführt (Abb. 14.9). Punktförmige Relieferhebungen müssen dabei mindestens 4–20 µm hoch sein, um bei tangentialer Bewegung durch das rezeptive Feld eines Sensors eine gerade überschwellige Entladung auszulösen. Die niedrigsten Werte (4 µm) ergaben sich für RA-Sensoren.

Codierung von Blindenschrift. Die räumlich schärfste Wiedergabe des Braille-Musters in der ***Populationsentladung*** (Abb. 14.9) ergab sich mit SAI-Sensoren, mit den RA-Sensoren konnte das Punktmuster noch erkannt wer-

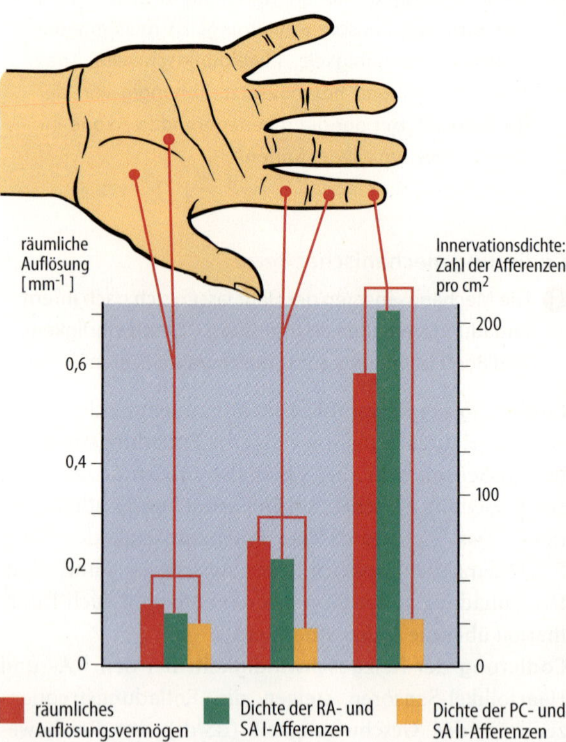

Abb. 14.9. Innervationsdichte der Mechanosensoren und räumliches Auflösungsvermögen des Tastsinns. Für verschiedene Bereiche der menschlichen Hand sind die Innervationsdichten *(rechte Ordinate)* der afferenten Fasern mit RA- und SA-I-Sensoren sowie der PC- und SA-II-Sensoren dem räumlichen Auflösungsvermögen *(linke Ordinate)* gegenübergestellt. Die Innervationsdichte wurde aus einer großen Zahl von mikroneurographischen Experimenten am Menschen bestimmt. Das räumliche Auflösungsvermögen wurde als reziproker Wert der Zweipunktschwelle (in mm, ► s. Abb. 14.5) errechnet. Nach Vallbo u. Johansson (1984)

den, jedoch nicht mehr mit den PC-Sensoren. Für Oberflächenrauigkeiten bestehen andere Möglichkeiten der neuronalen Codierung, bei denen die RA-Sensoren einen entscheidenden Beitrag leisten.

Zusammengefasst zeigen diese Ergebnisse, dass die SAI- und RA-Sensoren, nicht jedoch die SAII- und PC-Sensoren, bei der ***Codierung räumlicher Information*** in den afferenten Faserpopulationen mitwirken.

PC-Sensoren lösen u.a. ***zentralnervöse Hemmungsvorgänge*** aus. Diese passen die Übertragungsempfindlichkeit des Sinneskanals im ZNS an das Reizniveau an, vergleichbar mit dem Sachverhalt in ◻ Abb. 14.21 D.

In Kürze

Der Tastsinn

Mit subjektiv wahrgenommenen definierten Berührungsreizen kann der Tastsinn quantitativ charakterisiert werden. Mit diesem Ansatz der Psychophysiologie können auch neurologische Störungen diagnostiziert werden.
Die Erkennbarkeit räumlicher Details der Tastobjekte ist ungleichmäßig über den Körper verteilt, Finger und Mundregion sind dabei durch eine besonders hohe Leistungsfähigkeit ausgezeichnet.

Mechanosensoren

Die empfindlichen Mechanosensoren der haarlosen Haut werden funktionell klassifiziert:

- SA-Sensoren *(Slowly Adapting)* sprechen auf Intensitäten des Hautreizes an,
- RA- Sensoren *(Rapidly Adapting)* antworten nur bei bewegten mechanischen Hautreizen,
- PC-Sensoren *(Pacinian Corpuscle)* sprechen auf Beschleunigungen des Reizes an, wie z. B. bei Vibrationen.

Räumliche Muster von mechanischen Hautreizen werden durch die Entladungen vieler Mechanosensoren aus dem gereizten Hautareal an das ZNS übermittelt. Die für das räumliche Auflösungsvermögen (Zweipunktschwelle) relevanten Informationen sind in den Populationsentladungen der SAI- und RA-Sensoren enthalten.

14.3 Thermorezeption

Qualitäten der Thermorezeption

Die Thermorezeption der Haut zeigt zwei Qualitäten, den Kaltsinn und den Warmsinn; in der Haut lassen sich Kalt- und Warmpunkte voneinander abgrenzen

Warm- und Kaltpunkte. Mit einer Reizsonde aus Metall (Thermode), die auf unterschiedliche Temperaturen gebracht wird, lassen sich Wahrnehmungen thermischer Reize analysieren. Wird mit einer Thermode ein kleinflächiger (annähernd punktförmiger) Kontakt zur Haut hergestellt, dann beobachtet man eine diskontinuierliche punktförmige Verteilung der Thermosensibilität, ganz entsprechend zu den Tastpunkten (▶ s. S. 298). Jedoch lassen sich von diesen Punkten jeweils nur Kalt- oder Warmempfindungen auslösen, auf der Haut gibt es somit ***spezifische Kalt- und Warmpunkte.*** Zum Beispiel weisen die Handflächen pro cm^2 1 bis 5 Kaltpunkte, aber nur 0,4 Warmpunkte auf. Die größten Dichten finden sich in der besonders temperaturempfindlichen Gesichtsregion.

Emotionale Komponente der Thermorezeption. Die Wahrnehmungen von thermischen Reizen und den begleitenden vegetativen Reaktionen haben ***affektive*** Wirkungen, sie können angenehm oder unlustbetont sein (z. B. wohlige Wärme, Frieren, Schwitzen, Schwüle). Zusätzlich zur bewussten Wahrnehmung ist die Temperaturempfindlichkeit der Haut auch bei der unbewusst ablaufenden ***Regulation der Körpertemperatur*** des Warmblüters beteiligt (▶ s. Kap. 39.4).

Statische und dynamische Temperaturempfindungen

Statische Temperaturempfindungen treten außerhalb der Indifferenztemperatur auf, dynamische Temperaturempfindungen sind von der Ausgangstemperatur und der Geschwindigkeit der Temperaturänderung abhängig

Statische Temperaturempfindungen. Den Temperaturbereich, in dem bei einem längerdauernden Temperaturreiz auf die Haut die Warm- oder Kaltempfindungen durch Adaptation aufhören, bezeichnen wir als die ***Zone der Indifferenztemperatur.*** Diese liegt für eine Hautfläche von 15 cm^2 zwischen 31 °C und 36 °C (◻ Abb. 14.10). Außerhalb dieser Indifferenzzone kommt es zu dauernden Warm- bzw. Kaltempfindungen (Beispiel: stundenlange kalte Füße). Bei 45 °C geht die Warmempfindung in eine schmerzhafte ***Hitzeempfindung*** über, ***Kälteschmerz*** setzt bei 17 °C ein.

Dynamische Temperaturempfindungen. Diese werden von der Ausgangstemperatur (◻ Abb. 14.10) und der ***Geschwindigkeit der Temperaturänderung*** bestimmt. Zur Messung benötigt man eine Thermode, mit der eine Temperaturänderung mit vorwählbarer Geschwindigkeit durchgeführt werden kann. Bei niedrigen Hauttemperaturen (z. B. bei 28 °C) ist die Schwelle der Temperaturänderung für eine Warmempfindung hoch, die für eine Kaltempfindung gering. Liegt die Ausgangstemperatur dagegen bei höheren Werten, nehmen die dynamischen Warmschwellen ab und die Kaltschwellen zu.

Aus ◻ Abb. 14.10 lässt sich auch entnehmen, dass es beim Übergang zu einer bestimmten Zieltemperatur entweder zu einer Warm- oder Kaltempfindung kommen kann, je nachdem, ob wir von einer hohen oder niedrigen Ausgangstemperatur starten.

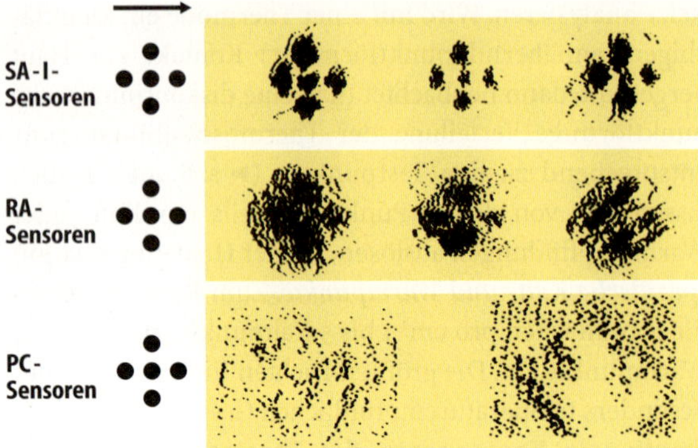

■ Abb. 14.10. Transformation von Braille-Mustern in das Entladungsmuster eines homogenen Kollektivs von Mechanosensoren der Affenhand. Das Reizmuster besteht aus 5 Relieferhebungen mit 1,2 mm Durchmesser und 0,8 mm Abstand (wie bei Blindenschrift), es wird mit 40 mm/s tangential über die Haut des rezeptiven Felds eines Mechanosensors bewegt. Von der afferenten Nervenfaser werden die Nervenimpulse abgeleitet und als Lichtpunkte auf dem Bildschirm über einer Zeitachse (horizontal im Bild) dargestellt. Das Reizmuster wird dann seitlich (senkrecht zu dem Pfeil) um 0,125 mm verschoben, entsprechend diesem Rasterprinzip wird auch auf dem Bildschirm die Zeilenablenkung versetzt, dann wird das Reizmuster erneut über das rezeptive Feld hinweg bewegt. So entsteht durch Überlagerung aller Messungen mit nacheinander seitlich verschobenem Reizmuster ein Raster-Abbild durch den Sensor, wie in den Beispielen gezeigt. Dieses Bild ist äquivalent der neuronalen Erregungsverteilung in einem Raster von gleichmäßig in der Haut verteilten Sensoren vom Typ des untersuchten Sensors. Die so gewonnenen Ergebnisse sind in der 1. Reihe an 3 verschiedenen SA-I-Sensoren, in der 2. Reihe an 3 RA-Sensoren und in der 3. Reihe an 2 PC-Sensoren dargestellt. Nach Johnson u. Lamb (1981) in Sathian (1989)

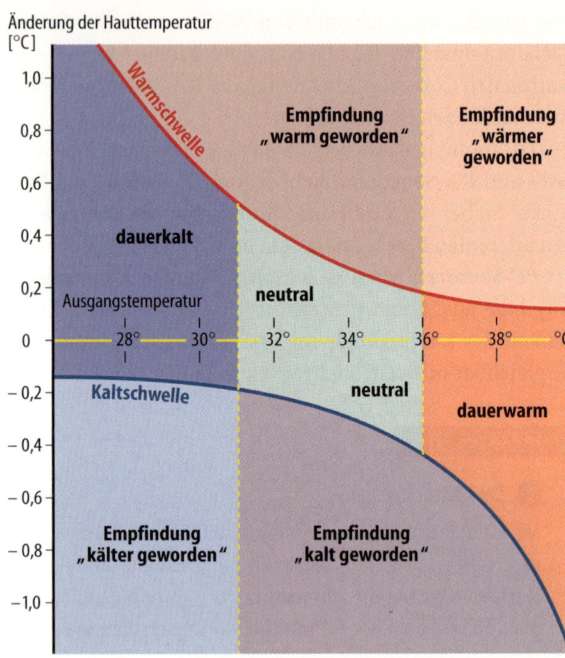

■ Abb. 14.11. Psychophysik des Temperatursinnes. Die Messungen wurden mit einer Thermode von 15 cm² durchgeführt. Die beiden Kurven geben die Schwellen (Werte auf der *Ordinatenskala*) für Warm- bzw. Kaltempfindung an. Von einer (auf der *Abszisse* angegebenen) Ausgangstemperatur, auf die die Haut längere Zeit adaptiert wurde, muss die Hauttemperatur um unterschiedliche Beträge geändert werden *(Ordinate)*, um eine Warm- bzw. Kaltempfindung auszulösen. Die Schwellenmessungen wurden mit Änderungsgeschwindigkeiten von mindestens 6 °C/min durchgeführt. In den verschiedenen abgegrenzten Feldern sind die Empfindungsqualitäten eingezeichnet. Nach Kenshalo in Zottermann (1976)

■■■ Ist die **Geschwindigkeit einer Temperaturänderung** größer als 5 °C/min, dann besteht nur ein geringer Einfluss der Geschwindigkeit auf die Größe der Warm- und Kaltschwellen. Bei langsameren Temperaturänderungen nehmen beide Schwellen zu. So führt Abkühlen der Haut um 0,4 °C/min, ausgehend von 33 °C, erst nach 11 min zu einer Kaltempfindung, die Temperatur ist dann bereits um 4,4 °C gefallen. Bei langsamer Temperaturabnahme können also unbemerkt große Hautgebiete beträchtlich abkühlen. Es ist denkbar, dass dieser Faktor bei der **Erkältung** eine Rolle spielt.

Thermosensoren der Haut

> Die Thermosensoren der Haut sind entweder spezifische Warm- oder Kaltsensoren; sie reagieren empfindlich auf zeitliche Änderungen der Hauttemperatur

Statische Antworten der Thermosensoren (■ Abb. 14.11 A). Die statische Entladungsfrequenz der ***Warmsensoren*** bei konstanter Temperatur nimmt im Bereich von ca. 30 °C bis 43 °C zu, oberhalb kommt es zu einem raschen Abfall der Erregbarkeit. ***Kaltsensoren*** zeigen dagegen eine steigende Entladungsfrequenz mit abnehmender Temperatur ab etwa 33 °C, bei weiterer Abkühlung wird ein Maximum der Entladungsfrequenz erreicht.

Dynamische Antworten der Thermosensoren. Während des Abkühlungsvorgangs zeigen ***Kaltsensoren*** eine überschießende Erhöhung der Entladungsfrequenz (■ Abb. 14.11 B), erst nach einer Adaptationszeit von ca. 30 s wird die statische Entladungsfrequenz (■ Abb. 14.11 A) erreicht. Umgekehrt kommt es bei Erwärmung zu einem dynamischen Rückgang der Entladung, bis zur vorübergehenden Funkstille (■ Abb. 14.11 B, Zeitabschnitt nach Wiederanstieg der Temperatur).

Das Verhalten der ***Warmrezeptoren*** während Temperaturänderung ist spiegelbildlich zu dem der Kaltsensoren, es kommt also bei einem Temperaturanstieg zu einer dynamischen Entladungszunahme. Diese Charakteristik der Thermosensoren erklärt die große Änderungsempfindlichkeit des Temperatursinns bei psychophysischen Untersuchungen (■ Abb. 14.10).

Der Temperaturbereich der ***dynamischen*** Empfindlichkeit der Thermosensoren unterscheidet sich von dem der ***statischen*** Empfindlichkeit. So zeigt ein Kaltsensor bei Abkühlung auch im Temperaturbereich unterhalb des Maximums der statischen Entladung (■ Abb. 14.11 A, Bereich unterhalb 25 °C) eine dynamische Frequenzerhöhung, obwohl die statische Entladung abnimmt.

Afferenzen der Thermosensoren. Kaltsensoren werden meistens von Aδ-Fasern versorgt, Warmsensoren von C-Fasern.

▪▪▪ **Paradoxe Empfindungen.** Bei plötzlichen starken Wärmereizen (z. B. zu heißes Badewasser) kommt es häufig zu einer **paradoxen Kaltempfindung**. Sie beruht wahrscheinlich darauf, dass die Kaltsensoren, die normalerweise oberhalb 40 °C stumm sind, bei sehr schneller Erwärmung auf über 45 °C vorübergehend wieder entladen (Abb. 14.11 A) – sie verhalten sich dabei wie hitzeempfindliche Nozisensoren (▶ s. Kap. 15.2).

In Kürze

Die Thermorezeption

Die Thermorezeption umfasst separate neuronale Systeme für Warm- und Kaltrezeption. Eine wichtige Aufgabe ist die unbewusste Regulation der Körpertemperatur. Die Empfindlichkeit der Wahrnehmung von Warm- und Kaltreizen steigt mit der Geschwindigkeit der Temperaturänderung, sie ist im Gesichtsbereich am höchsten. Die Thermosensoren der Haut werden aufgrund ihrer zunehmenden Entladungsfrequenzen bei steigender bzw. fallender Temperatur als Warm- oder Kaltsensoren klassifiziert. Man unterscheidet außerdem zwischen statischen und dynamischen Temperaturempfindungen:

- statische Temperaturempfindungen treten außerhalb der Indifferenztemperatur auf; dies ist der Temperaturbereich, in dem bei einem längerdauerndem Temperaturreiz die Warm- oder Kaltempfindungen durch Adaptation aufhören;
- dynamische Temperaturempfindungen sind von der Ausgangstemperatur und der Geschwindigkeit der Temperaturänderung abhängig.

14.4 Viszerozeption

Viszerosensoren und Wahrnehmungen

Die sensorische Innervation der inneren Organe dient vor allem deren unbewusster Regulation über das Nervensystem; bewusste Wahrnehmungen lösen unterstützende Verhaltensreaktionen aus

Afferente Innervation der Viszeralorgane. Innere Organe enthalten eine Vielfalt von Sensoren, die v. a. mechano-, chemo- und thermosensitiv sind. Ihre Afferenzen gehören überwiegend zu den C-Fasern. Sie verlaufen über den N. vagus (Abb. 14.16) zum Hirnstamm und, zusammen mit efferenten Fasern des sympathischen Nervensystems, über die Nn. splanchnici und den Grenzstrang zum Rückenmark.

Die Aktivität der viszeralen Afferenzen wird bei den unbewusst ablaufenden *Regelungsvorgängen* z. B. des Kreislaufs, der Atmung und der Verdauung benötigt (▶ s. entsprechende Kapitel).

Bewusste viszerale Wahrnehmungen. Nur in geringem Umfang führen viszerale Afferenzen zu bewussten Wahrnehmungen (Abb. 14.12). Viszerale Afferenzen haben

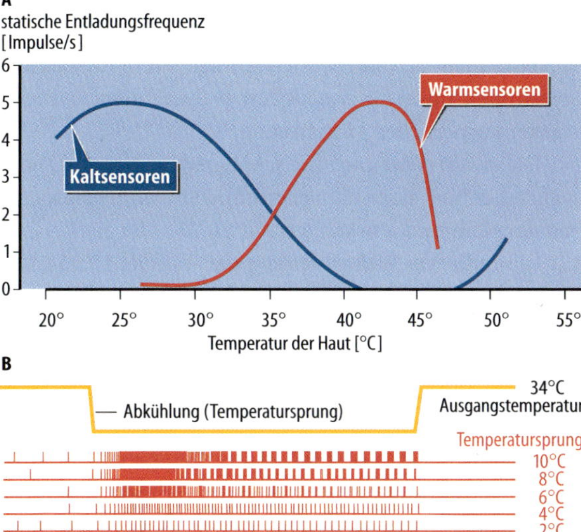

Abb. 14.12. Entladungen von Kalt- und Warmsensoren der Affenhand. A Statische Kennlinien von Warm- und Kaltsensoren. Die Kurven geben die gemittelten Entladungsfrequenzen von mehreren Afferenzen der beiden Populationen von Sensoren an, in Abhängigkeit von der konstant gehaltenen Hauttemperatur. Die Entladungen wurden an Einzelfasern abgeleitet. Nach Kenshalo in Zotterman (1976). **B** Antwortverhalten eines Kaltsensors bei vorübergehender Erniedrigung der Hauttemperatur. Die Entladungen (Aktionspotentiale) der afferenten Einzelfaser sind für verschieden große Temperatursprünge gezeigt, jeweils ausgehend von einer Hauttemperatur von 34 °C. Nach Darian-Smith et al (1973)

wahrscheinlich umso stärker Zugang zum Bewusstsein, je besser bewusste Verhaltensreaktionen die Funktion dieser Regulationssysteme unterstützen können.

So führen z. B. die Aktivitäten in viszeralen Afferenzen (z. B. Glukose- und Osmosensoren) bei ungenügender Nahrungs- oder Wasseraufnahme zu den ***Allgemeingefühlen*** Hunger und Durst (▶ s. Kap. 11.4), zunehmende Füllung der Harnblase bewirkt das Gefühl des ***Harndrangs*** (Abb. 14.13).

Zwischen diesen konkreten Wahrnehmungen und den unbewussten Regulationswirkungen können Viszerosensoren auch ***unbestimmt bleibende*** unangenehme oder angenehme ***Gefühle*** auslösen, die zur affektiven Befindlichkeit eines Menschen beitragen. Wenn die Regulation überfordert ist oder zusammenbricht, entstehen Schmerzen der inneren Organe, die als Hilferuf des Vegetativums an das Bewusstsein interpretiert werden können (▶ Kap. 15.5).

Funktionen von Viszerosensoren

Kreislauf, Lunge und Magen-Darm-Trakt haben Populationen von Viszerosensoren, die an deren spezielle Aufgaben angepasst sind

Kardiovaskuläres System. Die Fühler der Regelung von Blutdruck und Blutvolumen sind Mechanosensoren der

Aorta und A. carotis, sowie der Vorhöfe des Herzens (▶ s. Kap. 24.6). Die dauernde Tätigkeit dieser Sensoren wird uns nicht bewusst. Jedoch können wir in Ausnahmesituationen unsere Herztätigkeit wahrnehmen, z. B. bei starker körperlicher Anspannung.

Die ***Wahrnehmung des schlagenden Herzens*** wird wahrscheinlich über die empfindlichen Mechanosensoren der Haut und Muskeln vermittelt. Dies ist ein Beispiel für die ***indirekte Wahrnehmung*** der Tätigkeit viszeraler Afferenzen über ihre reflektorischen Wirkungen.

Pulmonales System. Die Atmungstätigkeit wird durch ***Chemosensoren für pO_2 und pCO_2*** kontrolliert. Die Tätigkeit dieser Sensoren wird normalerweise nicht wahrgenommen. Beim stärkeren Ansteigen des pCO_2 kommt es zum Gefühl der ***Atemnot***, das wahrscheinlich nicht durch die Chemosensoren direkt, sondern indirekt durch die zunehmende Anstrengung bei der reflektorisch gesteuerten motorischen Atmungstätigkeit wahrgenommen wird.

Die ***Abnahme des pO_2***, die durch Sauerstoffmangel in der Einatmungsluft (z. B. in großen Höhen) ausgelöst werden kann, wird nicht wahrgenommen, selbst wenn sie zur Bewusstseinstrübung führt.

Gastrointestinales System. Der Magen-Darm-Kanal gehört embryologisch und funktionell zur Körperoberfläche. Dazu passt die Beobachtung, dass wir Reize im gastrointestinalen System mehr als in anderen inneren Organen wahrnehmen. ***Thermische*** und ***chemische*** Reize werden besonders im Bereich des Oesophagus und Rektums wahrgenommen.

Dehnungsreize werden aus allen Teilen des Magen-Darm-Kanals wahrgenommen, was ausgiebig experimentell durch Aufblasen eines Ballons über einen Katheter untersucht wurde. Dehnung des Magens führt dabei zu ***Sättigungs-*** oder ***Völlegefühl***, während Dehnung des Darms als ***Blähungsgefühl*** (wie durch Darmgase) wahrgenommen wird. Bei solchen Ballonexperimenten wurden auch Fehllokalisationen der Reize in die ***Head-Zonen*** der Körperoberfläche beschrieben (▶ s. S. 308 u. S. 309 sowie ◘ Abb. 15.7, S. 325).

Sehr starke Dehnung eines Viszeralorgans wird als ***Schmerz*** wahrgenommen, besonders wenn durch diesen Reiz Kontrakturen der glatten Muskulatur des Hohlorgans ausgelöst werden (Kolikschmerz, ▶ s. Kap. 15.5).

Biofeedback viszeraler Funktionen

❗ Durch Biofeedback mit technischen Sensoren werden viszerale Zustände wahrnehmbar; pathophysiologisch gestörte Regulationen können durch Training therapeutisch verbessert werden

Operante Konditionierung durch Biofeedback. Viszerale Funktionen, z. B. Blutdruck oder lokale Durchblutung, können über technische Systeme wahrnehmbar gemacht werden, wir sprechen von Biofeedback. Wird der arterielle Blutdruck z. B. in die Frequenzhöhe eines Sinustons oder die Länge eines Balkens auf dem Bildschirm umgesetzt, dann gelingt es Versuchspersonen und Tieren durch ***operante Konditionierung*** (▶ s. Kap. 10.1), den Blutdruck gezielt zu erhöhen oder zu senken. Die Versuchspersonen können meistens nicht angeben, wie sie diese Beeinflussung zustande bringen. Die Effektivität dieses Ansatzes wird durch Experimente deutlich, bei denen sich Ratten bei Belohnung einer Blutdrucksenkung ohne Limit durch zerebrale Ischämie selbst umbrachten.

Biofeedback-Therapie. Nach längerem Training können Versuchspersonen auch dann die über das vegetative Nervensystem kontrollierten Parameter verändern, wenn kein Biofeedback-Gerät mehr verwendet wird. Daraus lässt sich schließen, dass die viszeralen Afferenzen im ZNS auch ohne bewusste Wahrnehmung differenziert und modifizierbar verarbeitet werden.

Durch Biofeedback können Störungen vegetativer Funktionen therapeutisch beeinflusst werden. Dies gelingt z. B. bei ***Migränepatienten*** durch Vasokonstriktionstraining: über die Messung der Hauttemperatur an der Schläfe werden die kutanen und synergistisch auch die meningealen Blutgefäße in einer Weise beeinflusst, dass die Auslösung eines Anfalls erschwert wird.

Auch die Entstehung von ***Bluthochdruck*** kann, zumindest in einer frühen Phase, durch Biofeedbacktraining unterbunden werden. Diese Beobachtung bestätigt das Konzept, dass bei der Hochdruckkrankheit auch Lern- und Konditionierungsvorgänge mitwirken, unabhängig von den fassbaren pathophysiologischen Mechanismen.

In Kürze

❗ Die Viszerozeption

Afferente Entladungen aus Viszerosensoren werden normalerweise nicht bewusst wahrgenommen, sie dienen der unbewussten Regulation von z. B. Kreislauf, Atmung oder Verdauung.

Nur Sensoren des Magen Darm Traktes können zu bewussten Wahrnehmungen führen.

Zu viszeralen Wahrnehmungen wie Durst oder Schmerz kommt es vor allem dann, wenn Mangelsituationen auftreten, die durch interne Regulationen nicht behoben werden können.

Die Wahrnehmung vegetativ kontrollierter Funktionen über technische Sensoren ermöglicht das Erlernen willkürlicher Beeinflussung dieser Funktionen über Biofeedback.

14.5 Propriozeption

Qualitäten der Propriozeption

Unter Propriozeption verstehen wir die Wahrnehmung der Stellung und Bewegung unseres Körpers; die Propriozeption besitzt drei Qualitäten, nämlich Stellungs-, Bewegungs- und Kraftsinn

Stellungssinn. Die Positionen der Gelenke können passiv (durch Kräfte von außen, v. a. die Schwerkraft), oder aktiv (durch Muskeltätigkeit) verändert werden. Die Sensoren der Propriozeption (Abb. 14.13 B) liegen in den Muskeln, Gelenken, Sehnen, in der Haut und im Vestibularorgan. Sie sind auch an den bewussten und unbewussten Funktionen der Skelettmotorik beteiligt (► s. Kap. 7.4).

Auch bei geschlossenen Augen sind wir über die ***Stellung der Gelenke*** genau orientiert. Diese Fähigkeit kann man durch einfache Versuche belegen: jede Position, z. B. des Ellenbogengelenks, die wir durch eine aktive oder passive Bewegung erreichen, können wir bei geschlossenen Augen durch das Ellenbogengelenk des anderen Arms genau nachstellen, und jede vorher bezeichnete Stelle unseres Körpers können wir blind mit unserem Zeigefinger zuverlässig anpeilen.

Bewegungssinn. Die Wahrnehmungsschwelle für eine ***Gelenkbewegung*** hängt von der Winkelgeschwindigkeit ab, sie unterscheidet sich für aktive und passive Gelenkbewegungen praktisch nicht. Mit ***proximalen*** Gelenken können wir kleinere Winkeländerungen wahrnehmen als mit ***distalen*** Gelenken. So liegt die Schwelle für eine Bewegung des Schultergelenks bei 0,2 Grad (Geschwindigkeit von 0,3 Grad/s), die für die Bewegung eines Fingergelenks dagegen bei 1,2 Grad (Geschwindigkeit 12,5 Grad/s).

Kraftsinn. Über den Kraftsinn nehmen wir das Ausmaß an Muskelkraft wahr, das wir aufwenden müssen, um eine ***Bewegung*** durchzuführen oder eine ***Gelenkstellung*** aufrecht zu erhalten, z. B. bei wechselnden Belastungen durch die Schwerkraft.

▪▪▪ **Unterschiedschwelle beim Kraftsinn.** Mit dem Kraftsinn können wir die Schwere von Gewichten ziemlich gut schätzen, wenn wir diese mit der Hand hochheben (► s. Abb. 14.9 C). Vergleichen wir zwei Gewichte durch gleichzeitiges Hochheben mit den beiden Händen, können wir Gewichtsunterschiede von 3 % feststellen. Legen wir dagegen die Gewichte auf die auf einer Unterlage ruhende Hand, dann sind die Gewichtsschätzungen ungenauer, offensichtlich wegen der Beschränkung auf die afferenten Informationen aus Hautsensoren.

Polysensorische Integration

Bei der Propriozeption wirkt eine Vielfalt von Mechanosensoren aus Muskeln, Gelenken und Sehnen mit

Sensoren des Gelenkstellungssinns. Lange Zeit wurde den Mechanosensoren in den Gelenkkapseln die wichtigste Rolle bei der Wahrnehmung von Gelenkpositionen und -bewegungen zugeschrieben. Bei Patienten mit künstlichen Gelenken ist jedoch die Wahrnehmung der Gelenkposition trotz Fehlens der Innervation kaum gestört.

Mit ***vibratorischen Muskelreizen***, durch die Muskelspindeln verstärkt aktiviert werden, lassen sich eindrucksvolle ***Illusionen*** von Gelenkbewegungen erzeugen. Daraus wird geschlossen, dass die ***Muskelspindeln*** einen wichtigen Beitrag zur Wahrnehmung der Gelenkstellung liefern.

Sensoren für Körperstellung und -bewegung. Auch die Mechanosensoren der Haut, z. B. durch die Wirkung der Schwerkraft oder der Deformation im Bereich eines Gelenks, wirken an der Propriozeption ebenso mit wie afferente Nachrichten aus Mechanosensoren der Sehnen, der Gelenke und aus dem Vestibularorgan. Ihre Meldungen werden im ZNS zu den komplexen Wahrnehmungen der Körperstellung und -bewegung integriert (Abb. 14.13 B). Das ZNS nutzt also bei der Propriozeption ***alle verfügbaren neuralen Informationen*** aus – dies scheint ein universelles Prinzip zentralnervöser Funktionen zu sein.

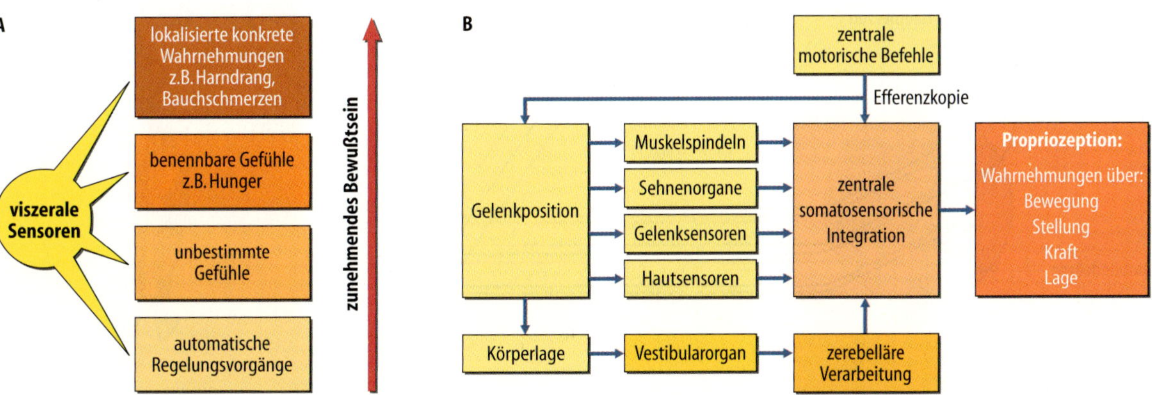

Abb. 14.13. Funktionelle Übersichten über Viszerozeption und Propriozeption. A Die Aktivität von Viszerosensoren, also Sensoren der inneren Organe, ist in verschiedene funktionelle Systeme des ZNS eingebunden. Dabei werden unterschiedliche Ebenen der bewussten Wahrnehmung erreicht. **B** Übersicht über die afferenten und efferenten Systeme, die bei den bewusst werdenden Vorgängen der Propriozeption zusammenwirken. Falls bei experimenteller Ausschaltung eines Teilsystems die Wahrnehmung, z. B. einer Gelenkbewegung, bestehen bleibt, darf nicht geschlossen werden, dass dieses System an der bewussten Wahrnehmung nicht beteiligt ist

III

In Kürze

Die Propriozeption

Propriozeption bezeichnet die Wahrnehmung der Stellung und Bewegung unseres Körpers; sie besitzt drei Qualitäten:

- Stellungssinn, mit dem wir Informationen über die Stellung der Gelenke gewinnen,
- Bewegungssinn, mit denen wir Gelenkbewegungen wahrnehmen und
- Kraftsinn, über den wir das Ausmaß an Muskelkraft wahrnehmen, die wir aufwenden müssen, um eine Bewegung durchzuführen oder eine Gelenkstellung aufrecht zu erhalten.

Die Ausnutzung aller neuraler Informationen durch das ZNS ist auch hier ein vorherrschendes Prinzip.

14.6 Somatoviszerale Funktionen von Rückenmark und Hirnstamm

Das spinale Hinterhorn

Die Afferenzen der somatoviszeralen Sensoren werden in segmentaler Ordnung synaptisch verschaltet und durch Hemmung kontrolliert; sensorische Informationen werden in spinale Reflexe integriert und über aufsteigende Systeme zum Gehirn geleitet

Segmentale Innervation. Die afferente Innervation von Haut, Muskeln, Gelenken und Viszera zeigt eine räumliche (topographische) Ordnung entsprechend der segmentalen Gliederung des Rückenmarks. Die Hautafferenzen jeder Hinterwurzel innervieren jeweils ein umschriebenes Hautgebiet, das ***Dermatom*** (Abb. 14.14). Benachbarte Dermatome überlappen, weil sich die Axone der Spinalganglienneurone beim Wachstum in die Peripherie umbündeln (Abb. 14.14 A), besonders in den Nervengeflechten (z. B. Plexus lumbosacralis). Durchtrennung eines peripheren Nerven bewirkt einen ***umschriebenen sensorischen Ausfall***, Durchtrennung einer Hinterwurzel dagegen führt zu einer ***Verdünnung der Innervation***, wodurch die Zweipunktschwelle ansteigt.

Entsprechend zum Dermatom gibt es für die segmentale Zuordnung der Muskeln Myotome, der inneren Organe Viszerotome.

Afferente Funktionen des Rückenmarks. Das Hinterhorn, der dorsale Teil der grauen Substanz des Rückenmarks, ist eine sensomotorische Verarbeitungsstation des Zentralnervensystems mit vier Ausgängen (Abb. 14.15):

- lange aufsteigende Bahnen zum Gehirn, darunter vor allem der Vorderseitenstrang (▶ s. S. 298),
- auf- und absteigende propriospinale Verbindungen zu den Nachbarsegmenten,
- Verschaltungen zu Motoneuronen,
- Verschaltungen zu sympathischen Neuronen.

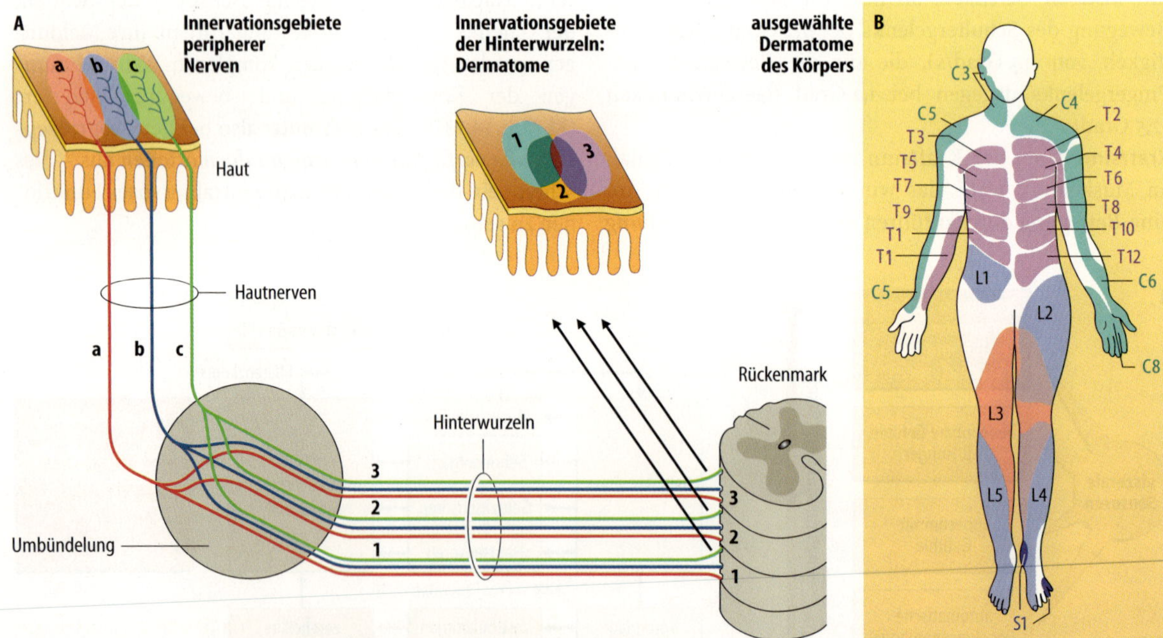

Abb. 14.14. Innervationsareale von Hautnerven und Hinterwurzeln. A Die Innervationsgebiete von Hautnerven (a, b, c) sind scharf begrenzt und zeigen wenig Überlappung. Infolge Umbündelung der peripheren Nerven zu Spinalnerven sind die Innervationsgebiete von Hinterwurzeln, also die Dermatome (1, 2, 3), weniger scharf begrenzt und überlappen. **B** Die kutanen Innervationsgebiete der Hinterwurzeln, also die Dermatome aufeinander folgender Rückenmarkssegmente, sind alternierend in jeweils einer Körperhälfte angegeben. Zur Verdeutlichung der Überlappung benachbarter Dermatome ist das Dermatom L3 auf beiden Beinen eingezeichnet. Nach Foerster (1936)

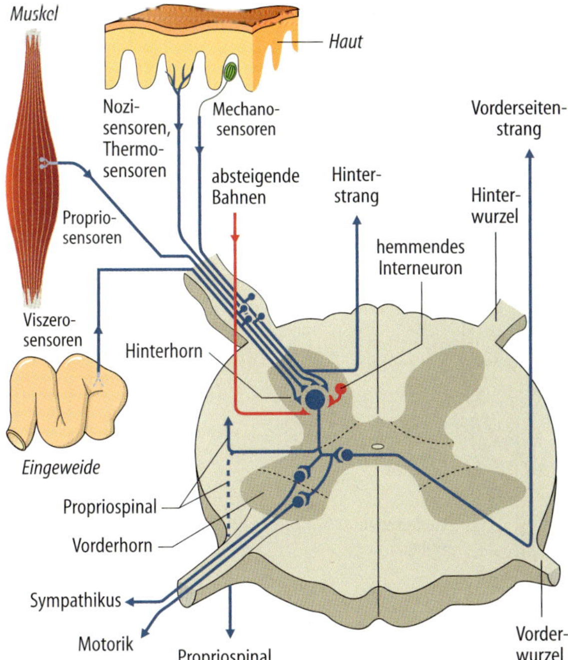

Abb. 14.15. Verschaltung der somatoviszeralen Afferenzen im Rückenmark. Die über die Hinterwurzeln eintretenden Afferenzen sind synaptisch erregend auf Hinterhornneurone geschaltet, dabei konvergieren unterschiedliche Typen von Afferenzen auf dieselben Hinterhornneurone. Von diesen erfolgt die Weiterleitung auf die Efferenzen des Rückenmarks, nämlich zu benachbarten Segmenten (propriospinale Fasern), zu aufsteigenden Bahnen (z. B. Vorderseitenstrang) sowie zu efferenten Sympathikusneuronen und Motoneuronen. Kollaterale der dicken, myelinisierten Afferenzen von niederschwelligen Mechanosensoren steigen im Hinterstrang der weißen Substanz direkt zur Medulla oblongata (Hinterstrangkerne) auf. Zwei auf das Hinterhornneuron hemmend wirkende Einflüsse sind eingezeichnet *(rot)*, nämlich durch absteigende Bahnen vom Gehirn, sowie durch spinale hemmende Interneurone

Die somatoviszeralen Afferenzen bilden erregende synaptische Verbindungen mit Neuronen im Hinterhorn. Die Hinterhornneurone unterliegen jedoch auch hemmenden Einflüssen. Über ***hemmende Synapsen*** (rot in Abb. 14.15) kann die afferente Information modifiziert werden, z. B. im Sinne der lateralen Inhibition (▶ s. Kap. 13.5) oder als Kontrolle des sensorischen Einstroms durch das Gehirn, über absteigende Bahnen (Abb. 14.21). Solche Hemmungsmechanismen sind u. a. für die endogene Kontrolle des Schmerzsystems bedeutsam, die auch therapeutisch genutzt werden kann.

Funktionen aufsteigender Neurone

! Die Neurone des Vorderseitenstrangs sind bei hoher Konvergenz meist multirezeptiv, die des Hinterstrangs sind dagegen meist modalitätsspezifisch

Neurone des Vorderseitenstrangs. Angesichts der v. a. aus klinischen Befunden (▶ s. Abb. 14.2, 14.3) gefolgerten Bedeutung des Vorderseitenstrangs für die Schmerz- und Temperaturwahrnehmung ist es überraschend, dass er nur in geringer Zahl Axone von ***spezifisch*** nozi- bzw. thermosensitiven Neuronen enthält. Der überwiegende Teil der Neurone ist ***multirezeptiv***, sie werden aus der Peripherie sowohl durch Thermo- und Nozisensoren als auch durch Mechanosensoren erregt. Es ist noch unklar, wie die für Schmerz- und Temperaturwahrnehmung notwendige Information im Gehirn aus den Erregungen der multirezeptiven Neuronen herausgefiltert wird.

Bei der neuronalen Verschaltung im Hinterhorn ist die ***Konvergenz*** von Afferenzen aus Haut und Viszera auf dieselben Neurone bedeutsam. Afferente Erregungen aus einem inneren Organ, z. B. bei Mangeldurchblutung des Herzens, werden wegen dieser Konvergenz vom Patienten falsch lokalisiert, und zwar in die Körperoberfläche (übertragener Schmerz, ▶ s. Kap. 15.3). Jedem inneren Organ ist dabei ein bestimmtes Hautareal zugeordnet, die ***Head Zone.***

Neurone der Hinterstrangkerne. Die Axone des Hinterstrangs enden ipsilateral in einem Kerngebiet des verlängerten Marks (der ***Medulla oblongata***), den Hinterstrangkernen ***(Nuclei cuneatus et gracilis)***. Sie bilden Synapsen auf große Neurone, deren Axone als ***Tractus lemniscus medialis*** die Mittelebene des Hirnstamms kreuzen und zum kontralateralen Thalamus ziehen (Abb. 14.17). Die Verarbeitung der sensorischen Information bei der synaptischen Übertragung in den Hinterstrangkernen hat die folgenden Eigenschaften:
- Bewahrung der Rezeptorspezifität, es konvergieren nur Afferenzen derselben Rezeptorart auf ein Neuron;
- hohe Sicherheit der synaptischen Übertragung; bereits einzelne afferente Impulse können zur postsynaptischen Impulsauslösung führen;
- kleine rezeptive Felder;
- somatotopische Ordnung, d. h. im Hinterstrangkern findet sich eine räumlich geordnete Abbildung der durch spezialisierte niederschwellige Mechanorezeptoren versorgten Organe, v. a. der Haut;
- afferente prä- und postsynaptische Hemmung (laterale Inhibition, ▶ s. S. 284);
- deszendierende hemmende Kontrolle, vor allem vom Kortex ausgehend (▶ s. Abb. 14.21).

Diese Eigenschaften sind kennzeichnend auch für die nachfolgenden Umschaltungen im Hinterstrang- oder Lemniskus-System.

Das Trigeminussystem

! Der Trigeminusnerv projiziert die Gesichtsregion zu sensorischen Hirnstammzentren, die funktionell dem spinalen Hinterhorn entsprechen

Innervations- und Projektionsgebiet des N. trigeminus. Der V. Hirnnerv, der N. trigeminus, innerviert mit seinen drei Ästen (Trigeminus) die Gesichts- und Mundregion

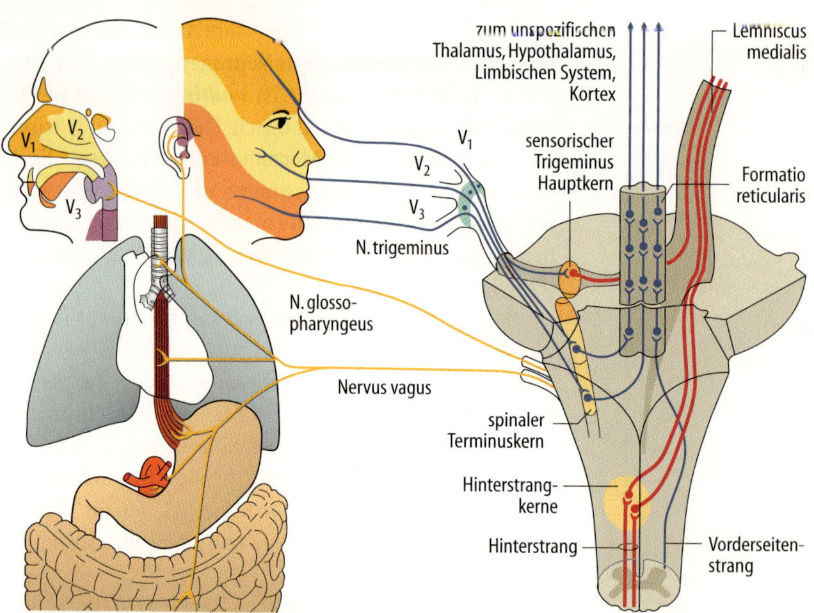

Abb. 14.16. Übersicht über Afferenzen und Strukturen des somatoviszeralen Systems im Hirnstamm. *Links* sind die Innervationsgebiete der drei wichtigen somatoviszeralen sensorischen Nerven gezeigt, *rechts* die somatoviszeralen sensorischen Strukturen des Hirnstamms (Sicht von dorsal). Diese bestehen aus den 2 Kernen des Trigeminusnerven und seiner aufsteigenden Bahnen, der Formatio reticularis *(grau)* und den Hinterstrangkernen *(gelb)*. Die vom Rückenmark kommenden Bahnen sind ebenfalls eingezeichnet, nämlich die Hinterstränge *(rot)* und der Vorderseitenstrang *(blau)*. Der zentrale Verlauf der Afferenzen des N. glossopharyngeus und N. vagus ist, aus Gründen der Übersichtlichkeit, nicht eingezeichnet

(Abb. 14.16). Die Innervationsdichte ist sehr hoch, vergleichbar mit den Fingern. Haut, Zähne, Mundschleimhaut, Zunge und Kornea enthalten Sensoren aller Qualitäten.

Im Hirnstamm werden die Informationen der Trigeminusafferenzen in die motorischen Reflexe der Kopfmuskulatur sowie in vegetative Reflexe integriert. Das Trigeminussystem hat vor allem bei den Säugern ***lebenswichtige Funktionen***: z. B. bei der taktilen Umwelterkennung, Nahrungsaufnahme, Lauterzeugung. Es ist bereits beim Neugeborenen weitgehend entwickelt, über seine Afferenzen wird u. a. das Nahrungsaufnahmeverhalten ausgelöst.

Zentrale Verschaltung und Funktion. Die Afferenzen des N. trigeminus werden im Hirnstamm synaptisch umgeschaltet (Abb. 14.16). Der ***spinale Trigeminuskern*** entspricht funktionell dem Hinterhorn des Rückenmarks, hier werden mechano-, thermo- und nozisensorische Afferenzen auf Neurone übertragen, deren Axone zur Formatio reticularis und zum Thalamus ziehen, entsprechend den Neuronen des Vorderseitenstrangs aus dem Rückenmark.

Im ***sensorischen Hauptkern*** des Trigeminus, der den Hinterstrangkernen entspricht, enden nur Afferenzen von niederschwelligen Mechanosensoren, die postsynaptischen Axone kreuzen zur Gegenseite und gliedern sich dem Tractus lemniscus medialis zum Thalamus an. Dieses System bedingt das hohe Diskriminationsvermögen v. a. der Mundregion für taktile Reize.

Viszerosensorische Zuflüsse aus Brust- und Bauchraum erhält der Hirnstamm über die Nn. vagus und glossopharyngeus (Abb. 14.16), sie wirken bei kardiovaskulären Regulationen mit.

Formatio reticularis des Hirnstamms

Die Formatio reticularis hat heterogene Funktionen; bei der somatoviszeralen Sensorik vertritt sie das unspezifische System

Kerne und Funktionen. Im Hirnstamm finden wir eine Fülle von abgrenzbaren Kernen, bei denen jeweils sensorische, motorische oder vegetative Funktionen im Vordergrund stehen. Die ***Formatio reticularis*** ist ein entwicklungsgeschichtlich altes Integrationssystem für diese Funktionen.

Das unspezifische System. Zur abgekürzten Kennzeichnung von Hirnfunktionen war es notwendig, den Begriff ***unspezifisches System*** einzuführen. Dieses wurde den spezifischen Systemen der Sensorik (beim somatoviszeralen System durch das Hinterstrangsystem repräsentiert) gegenübergestellt, die anatomisch und physiologisch klar abgegrenzt werden konnten. Dem unspezifischen System ordnete man die folgenden ***generalisierten Funktionen*** zu:
- Weckreaktion (Arousal),
- Einflüsse auf das EEG,
- Schlaf-Wach-Rhythmus,
- affektive Verhaltensreaktionen,
- vegetative Reaktionen.

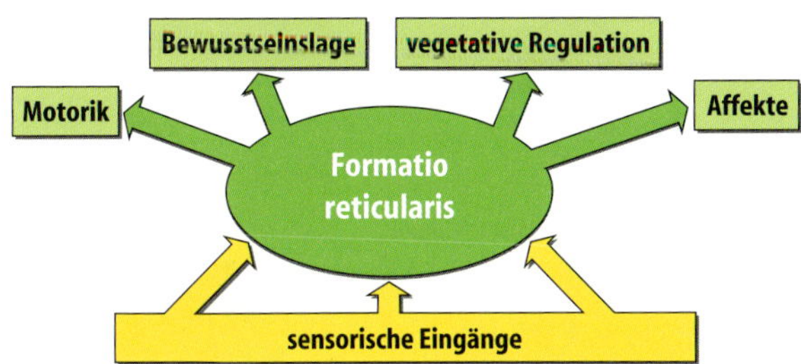

Abb. 14.17. Eingangs-Ausgangs-Beziehungen der Formatio reticularis. Übersicht über die Beiträge der Formatio reticularis des Hirnstamms zu verschiedenen funktionellen Systemen des Zentralnervensystems

Solche Reaktionen lassen sich durch Sinnesreize, besonders durch ***Schmerzreize***, auslösen, jedoch auch durch elektrische Stimulation vor allem in der ***Formatio reticularis*** des Hirnstamms (Abb. 14.17) – hier wurde deshalb auch das Konzept des unspezifischen Systems lokalisiert, mit dem ***Vorderseitenstrang*** und den entsprechenden Bahnen aus dem spinalen Trigeminuskern als hauptsächlichen sensorischen Zubringern.

Auf- und absteigende Bahnen. Die ***efferenten*** Verbindungen der Formatio reticularis sind vielfältig: absteigend zum Rückenmark, aufsteigend über die unspezifischen Thalamuskerne zum Kortex, zum Hypothalamus und zum limbischen System. Der Formatio reticularis wird eine Mitwirkung an einer Reihe von Funktionen zugesprochen, die in Abb. 14.17 zusammengefasst sind.

Transmitter der Formatio reticularis. Die neurochemische Differenzierung der Formatio reticularis zeigt umschriebene serotoninerge, noradrenerge und dopaminerge Neuronengruppen, z. B. die serotoninergen ***Raphé-Kerne***, den noradrenerge ***Locus coeruleus***. Ihre Axone sind weit im Vorderhirn und Rückenmark verbreitet, sie steuern z. B. die Erregbarkeit des Kortex und den Schlaf-Wach-Rhythmus.

In Kürze

Somatoviszerale Funktionen des Rückenmarks

Das Rückenmark stellt die erste Verschaltungsebene des Zentralnervensystems für afferente Zuflüsse aus dem Rumpf und den Extremitäten dar. Alle Arten somatoviszeraler Afferenzen werden hier in motorische und sympathische Reflexe einbezogen sowie in aufsteigende Bahnen geleitet, v. a. den Vorderseitenstrang.

Die niederschwelligen Mechanorezeptoren der Haut, Muskeln und Gelenke werden in den Hinterstrangkernen des verlängerten Marks selektiv synaptisch auf Neurone geschaltet, die weiter zum Thalamus und Kortex führen. Dabei bleiben Orts- und Sensorspezifität der Afferenzen erhalten.

▼

Somatoviszerale Funktionen des Hirnstamms

In den Trigeminuskernen des Hirnstamms findet die Vorverarbeitung somatoviszeraler Informationen des Gesichtsbereichs statt, entsprechend zur Funktion des Rückenmarks und der Hinterstrangkerne. Im unspezifischen System der Formatio reticularis wird die somatoviszerale Sensorik in die Steuerung vegetativer Funktionen und der kortikalen Erregbarkeit einbezogen.

14.7 Das thalamokortikale somatosensorische System

Anatomische und funktionelle Übersicht des Thalamus

Die entwicklungsgeschichtlich jungen Anteile des somatoviszeralen Systems in Thalamus und Kortex bedingen die hohe Leistungsfähigkeit des Tastsinns

Kooperation von Thalamus und Kortex. Der Thalamus besteht aus mehreren funktionell abgrenzbaren Kernen, die über massive Faserzüge mit bestimmten Kortexarealen zugeordnet sind (Abb. 14.18 A). Bei diesen Thalamus- und Kortexbereichen steht das ***bidirektionale*** Zusammenwirken im Vordergrund, wir sprechen deshalb von thalamokortikalen Systemen. Zur Orientierung können die Thalamuskerne folgendermaßen eingeteilt werden:

- Schalt- und Verarbeitungskerne der Sinnesorgane Haut, Auge, Ohr (rot, ocker);
- Kerne mit überwiegend motorischen Funktionen (gelb);
- Kerne mit Assoziationsfunktionen (verschiedene Grünstufen);
- unspezifische Kerne (grau), ohne definierte Kortexzuordnung.

Somatoviszeraler Thalamuskern. Wegen seiner anatomischen Lage (Abb. 14.18 A) wird diese zweite Station des somatoviszeralen Systems als ***Ventrobasalkern (VB)*** bezeichnet. Er wird unterteilt in VPL (Nucleus ventralis posterolateralis) und VPM (Nucleus ventralis posteromedialis). Rumpf und Extremitäten sind im VPL, das Gesicht ist im VPM repräsentiert. Die zuführende Leitungsbahn zum VPL ist vor allem der ***Tractus lemniscus medialis*** aus den Hinterstrangkernen, zum VPM der Tractus trigeminothalamicus aus dem sensorischen Hauptkern des Trigeminus.

Neurone des somatoviszeralen Thalamus. Die Charakteristika von Neuronen des VB-Kerns entsprechen etwa den bereits ausführlich erörterten Neuronen der Hinter-

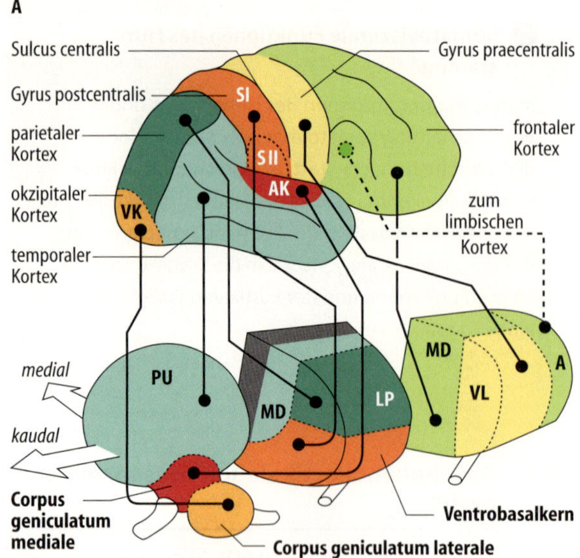

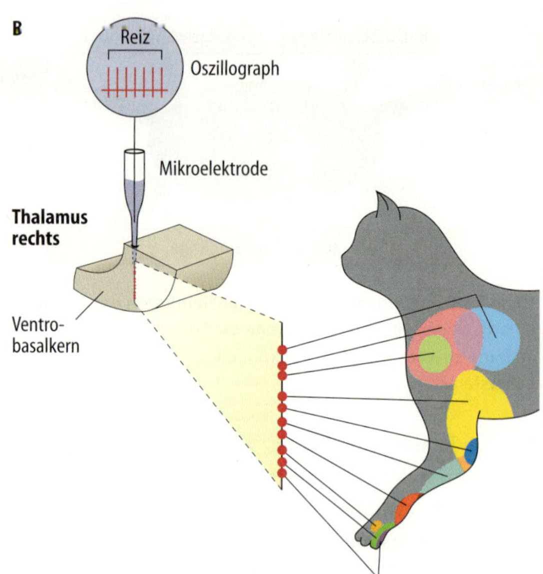

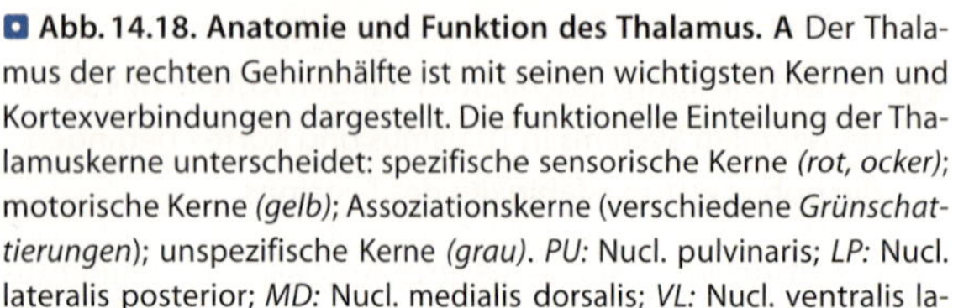
Abb. 14.18. Anatomie und Funktion des Thalamus. A Der Thalamus der rechten Gehirnhälfte ist mit seinen wichtigsten Kernen und Kortexverbindungen dargestellt. Die funktionelle Einteilung der Thalamuskerne unterscheidet: spezifische sensorische Kerne *(rot, ocker)*; motorische Kerne *(gelb)*; Assoziationskerne (verschiedene *Grünschattierungen*); unspezifische Kerne *(grau)*. *PU:* Nucl. pulvinaris; *LP:* Nucl. lateralis posterior; *MD:* Nucl. medialis dorsalis; *VL:* Nucl. ventralis lateralis; *A:* Nucl. anterior. **B** Rezeptive Felder von Neuronen des Ventrobasalkerns im rechten Thalamus. Im gezeigten Beispiel wurde bei einer narkotisierten Katze der Thalamus mit einer Mikroelektrode durchmessen. Es konnten zehn Neurone durch mechanische Hautreize charakterisiert werden. Die rezeptiven Felder der Neurone auf der Haut des linken Vorderbeins sind angegeben. Nach Mountcastle u. Poggio (1960)

strangkerne (▶ s. S. 297): die Neurone reagieren v. a. auf Erregung niederschwelliger Mechanosensoren aus Haut, Muskeln und Gelenken, sie haben umschriebene rezeptive Felder und sind in einer ***somatotopen Ordnung*** der peripheren Sinnesfläche zugeordnet (◘ Abb. 14.18 B).

Bei ***Wachtierableitungen*** an Affen zeigen die Antworten der VB-Neurone mehr Variabilität als bei Ableitungen unter Narkose. Vor allem werden modulierende Einflüsse sichtbar, die mit dem Verhalten des Tieres korreliert sind, darunter z. B. auch ***Aufmerksamkeitsreaktionen***, die z. B. als »Arousal« durch Einflüsse aus der Formatio reticularis gesteuert werden (◘ Abb. 14.17). Offensichtlich werden bei Experimenten unter ***Narkose*** die starken Erregungszuflüsse der VB-Neurone aus der peripheren Sinnesfläche deshalb so ausgeprägt dominant, weil andere, modulierende, synaptische Erregungen durch die Narkose unterdrückt werden.

Kortexareale des somatoviszeralen Systems. Der Ventrobasalkomplex des Thalamus projiziert zum ersten und zweiten somatosensorischen Kortexareal, als SI und SII bezeichnet (◘ Abb. 14.18 A). ***SI*** liegt auf dem Gyrus postcentralis, ***SII*** in der Oberwand des Sulcus lateralis, der Parietal- und Temporallappen trennt. Beide zusammen bilden den ***primären somatoviszeralen Kortex***, also eine Art Portal dieses Sinnessystems zum Kortex.

Das ***Areal SI*** enthält eine landkartenähnliche Abbildung der gesamten kontralateralen Hautfläche, diese topographische Zuordnung einer peripheren Sinnesfläche zu einem ZNS-Areal wird allgemein als ***Somatotopie*** bezeichnet. Diese Bezeichnung gilt auch für andere Sinnessysteme sowie für die Zuordnung des motorischen Kortex zur Skelettmuskulatur (▶ s. Kap. 7.7). Das ***Areal SII*** enthält eine weniger ausgeprägte somatotopische Gliederung, die z. T. bilateral ist.

Wenn wir eine Hautstelle reizen, wird also in einer umschriebenen Region jeweils von SI und SII die neuronale Aktivität verstärkt. Dies kann durch Registrierung von Einzelneuronen oder durch Messung ***evozierter Potentiale*** untersucht werden, Letzteres stellt beim Menschen ein wichtiges diagnostisches Verfahren der Neurologie dar.

Elektrische Hirnreizung und Somatotopie. Bei manchen neurochirurgischen Operationen war es notwendig, den Kortex bei wachen Patienten fokal elektrisch zu reizen. Die Patienten lokalisierten dabei ihre Reizwahrnehmungen in umschriebenen Stellen des Körpers. Systematische Kartographierung des ***Gyrus postcentralis*** (Kortex SI) hat die in ◘ Abb. 14.19 gezeigte symbolische Darstellung der zugeordneten Körperlokalisation ergeben, sie entspricht der auch mit anderen Methoden ermittelten ***Somatotopie***. Bei diesem geometrisch verzerrten ***somatosensorischen Homunculus*** sind besonders Finger- und Mundregion überproportional vertreten, also Regionen mit einer hohen peripheren ***Innervationsdichte***. Diese Hautregionen haben niedrige Zweipunktschwellen (▶ s. ◘ Abb. 14.5). Hier besteht ein enger Zusammenhang, der auch für andere Sinnessysteme gilt: je größer sowohl die periphere Innervationsdichte als auch die An-

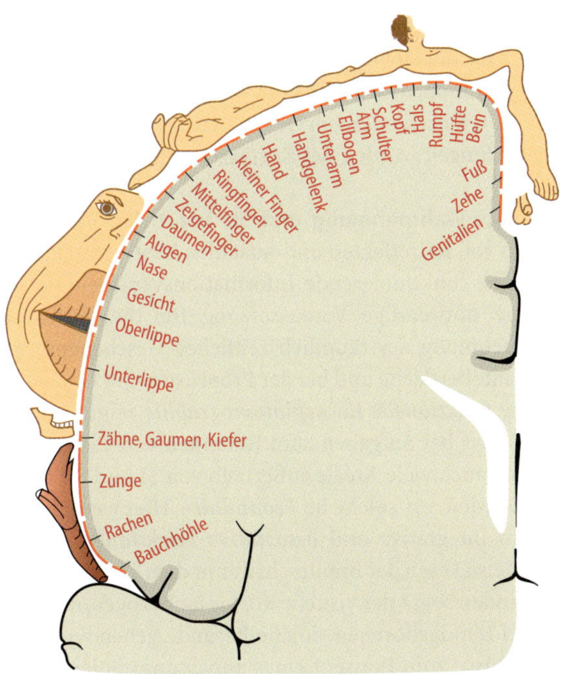

■ **Abb. 14.19. Somatotopie im somatosensorischen Kortex SI des Menschen.** Die über dem Gehirnquerschnitt (in Höhe des Gyrus postcentralis) eingezeichneten Symbole und die Beschriftung sollen die räumliche Zuordnung zwischen Körperoberfläche und Kortex verdeutlichen, wie sie mit lokaler elektrischer Kortexreizung bei wachen Patienten ermittelt wurde. Nach Penfield u. Rasmussen (1950)

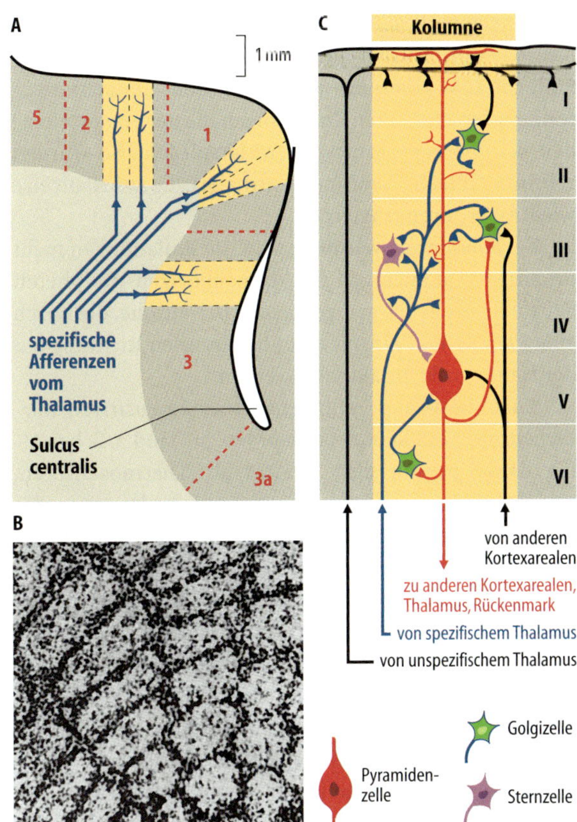

■ **Abb. 14.20. Kolumnenanordnung von Kortexneuronen. A** Vertikaler Längsschnitt durch den Gyrus postcentralis. In den zytoarchitektonischen Arealen 1, 2 und 3 sind jeweils zwei benachbarte Neuronenkolumnen mit ihren Afferenzen angedeutet. **B** Histochemische Visualisierung von Kolumnen im somatosensorischen Kortex der Maus (»Barrels«), die den Vibrissen (Tasthaare am Maul) zugeordnet sind. **C** Die Kolumne, ein Funktionselement des Kortex (schematisiert, um das Konzept zu verdeutlichen). Die funktionelle Zusammengehörigkeit von Neuronen einer Kolumne lässt sich anatomisch durch die begrenzte Ausbreitung der Dendriten der Pyramidenzellen und der Endigungsgebiete spezifischer thalamocorticaler Afferenzen erklären. B nach Van der Loos u. Dörfl (1978)

zahl zentraler Neurone pro mm² der Sinnesoberfläche sind, desto besser ist das ***räumliche Unterscheidungsvermögen*** des Sinnesorgans.

Spezialisierte Sinnesflächen mit hohem Diskriminationsvermögen haben immer eine ***große Kortexprojektion***: Bei der Ratte z. B. besteht der größte Teil von SI aus der Projektion der Vibrissen (Tasthaare am Maul). Dieses Tastorgan ist bei der Ratte für die Umwelterkennung wichtiger als das visuelle System, nach Abschneiden der Tasthaare ist das Tier völlig desorientiert.

Neuronale Kolumnen, Funktionselemente des Kortex

> Der somatosensorische Kortex ist in Einheiten von vertikal zur Oberfläche angeordneten Neuronenkolumnen gegliedert; sie erhalten sensorspezifische afferente Erregungen

Anatomische Basis der Kolumnen. Kolumnen sind Aggregate mit 0,2–0,5 mm Durchmesser und bestehen aus mehreren 100 000 Neuronen (■ Abb. 14.20). Sie sind anatomisch durch die begrenzte horizontale Ausbreitung der Afferenzen aus dem VB-Kern des Thalamus sowie die vertikale Vorzugsrichtung des Dendritenbaums der Pyramidenzellen bedingt (■ Abb. 14.20 C). Bei Mäusen und Ratten sind die zu den Tasthaaren am Maul gehörenden Kolumnenaggregate besonders ausgeprägt, sie konnten direkt mit histochemischen Methoden als *»Barrels«* sichtbar gemacht werden (■ Abb. 14.20 B).

Neurophysiologie der Kolumnen. Durch selektive adäquate Reizung z. B. von drei verschiedenen Typen der autsensoren (SA-, RA-, PC-Sensoren, ► s. Abschnitt 12.2) konnte nachgewiesen werden, dass die Neurone einer Kolumne hauptsächlich durch ***Sensoren eines Typs*** erregt werden. Die Kolumnen sind offenbar funktionelle Einheiten für Lokalisation und Art der peripheren sensorischen Nervenendigungen. Es wird angenommen, dass solche mosaikartig angeordneten Module ein neuronales Echtzeitbild der peripheren Reizdynamik wiedergeben, aus dem die ***bewusste Wahrnehmung*** entsteht.

Auch ***thermosensitive*** Neurone und ***nozisensitive*** Neurone wurden in SI und SII gefunden, allerdings um bis 2 Größenordnungen seltener als mechanosensitive

Neurone. Eine Kolumnenanordnung spezifisch für diese Neurone wurde bisher nicht gefunden.

Einfache und komplexe Kortexneurone. Einfache Neurone sind solche, deren Entladungen die der entsprechenden peripheren Sensortypen widerspiegeln. So wurden z. B. in SI einfache Neurone identifiziert, die auf Hautreize wie RA-Sensoren reagieren.

Bei ***komplexen Neuronen*** sind die Entladungen nicht unmittelbar denjenigen der dazugehörigen peripheren Sensoren ähnlich. Dazu gehören z. B. Neurone, die durch einen ***bewegten Reiz*** mit einer bestimmten Richtung auf der Hautoberfläche aktiviert werden.

Auch die bisher gefundenen ***thermosensitiven Kortexneurone*** sind komplexe Neurone. Sie sind z. B. bei Affen darauf spezialisiert (anders als Thermosensoren, ► s. Abschnitt 14.3), entweder nur auf Änderungen der Hauttemperatur anzusprechen oder nur den stationären Temperaturwert anzuzeigen.

Die Beispiele zeigen, dass im Kortex Information über verschiedene Parameter sensorischer Reize herausgefiltert wird: man spricht von der ***Eigenschaftsextraktion.*** Im visuellen Kortex ist diese Abstraktionsleistung besonders gut untersucht (► s. Kap. 18.11), sie ist wahrscheinlich eine Grundlage der Gestalterkennung.

Efferente Verbindungen von SI. Von SI gehen zahlreiche efferente Axone aus (◘ Abb. 14.20 C), die sensorische Informationen in verarbeiteter Form zu anderen Teilen des Nervensystems übermitteln. Verbindungen von SI bestehen zu folgenden Gebieten – die hauptsächliche Funktion der Verbindung ist jeweils angegeben:

- motorischer Kortex: Rückkopplungskontrolle von Bewegungen;
- parietaler Assoziationskortex: Integration von visueller und taktiler Information, intermodaler Transfer von Wahrnehmungen;
- kontralaterale SI und SII: Integration von bilateralen Tastinformationen;
- Thalamus, Hinterstrangkerne, Rückenmark: efferente Steuerung des sensorischen Informationsflusses (► s. Abschn. 12.9).

Kortexareal SII (◘ Abb. 14.18 A). Hier ist die Körperoberfläche ***bilateral somatotopisch*** abgebildet. Die Neuronenkolumnen werden überwiegend von Sensoren der Haut erregt, während in SI auch Kolumnen der Tiefensensibilität vertreten sind. SII soll v. a. bei der sensorischen und motorischen ***Koordination der beiden Körperseiten*** (z. B. beidhändiges Greifen) sowie bei der Nozizeption mitwirken.

Wahrnehmungen bei elektrischer Reizung in SI. Lokale elektrische Reize in SI bei ***wachen Patienten*** (s. o. und ◘ Abb. 14.19) werden als umschriebene Reize in der Peripherie erlebt. Solche ***projizierten Empfindungen*** schwellennaher Punktreize auf SI wurden als ähnlich wie bei natürlicher Reizung beschrieben, sie beruhen wahrscheinlich auf der Reizung einzelner Neuronenkolumnen. Es kamen sowohl einfache sensorspezifische Empfindungen vor (Vibration, Wärme, Kälte), jedoch auch solche von bewegten Reizen oder von Gelenkbewegungen. ***Schmerzempfindungen*** wurden bei Kortexreizung nur selten berichtet.

Bewusste Wahrnehmung und SI. Aus vielen Beobachtungen von Reizeffekten und Ausfällen lässt sich folgern, dass eine funktionierende Informationsverarbeitung in SI eine notwendige Voraussetzung für die bewusste Wahrnehmung des räumlich-zeitlichen Geschehens auf der Hautoberfläche und bei der Propriozeption ist.

Die ***funktionelle Kernspintomographie*** zeigte neuerdings, dass bei Aufgaben zum Erkennen von Tastgegenständen auch viele Areale außerhalb von SI und SII aktiviert werden, v. a. solche im ***Frontalhirn.*** Hier werden seit langem integrative und ***assoziative Funktionen*** lokalisiert. Beim Lesen der Brailleschrift mit dem Tastsinn wird bei Blinden sogar der visuelle Kortex einbezogen, dies sogar bei Blindgeborenen. Solche Befunde geben wichtige Aufschlüsse zum Konzept eines anpassungsfähigen ***kortikalen Netzwerks***, das zur Erklärung der komplexen Wahrnehmungs- und Erkennungsleistungen des Gehirns seit langem hypothetisiert wurde (► s. dazu auch ► Kap. 8.4, 10.2 und 12.2).

Plastizität in SI beim motorischen Lernen. Das Lernen von Bewegungsabläufen durch Wiederholung beruht auf der Plastizität der Synapsen im motorischen System (► s. Kap. 7.7). Nach neuen Ergebnissen treten jedoch auch in SI erhebliche plastische Modifikationen auf, was dem klassischen Konzept einer integrativen Sensomotorik neue Evidenz gibt.

Ausfälle nach Schädigungen in SI. Hirnverletzungen und Schlaganfälle, die auch SI betreffen, führen zu Wahrnehmungsdefiziten. Hautreize können dann noch wahrgenommen werden, jedoch ist die Erkennbarkeit von ***räumlichen Feinheiten*** eingeschränkt. Die Schwere der Defizite hängt vom Ausmaß der Kortexläsion ab, sie bilden sich aber nach längerer Zeit oft wieder zurück, besonders unter intensiver ***übender Rehabilitation.***

Pathophysiologische Plastizität. Nach Durchtrennung eines peripheren Nerven verändern sich im Laufe von Monaten die Eigenschaften von Neuronen des zentralen somatoviszeralen Systems. Die ***Plastizität der Somatotopie*** in SI wurde dabei besonders gut untersucht: SI-Neurone im Kortexfeld des unterbrochenen Nerven erhalten zunehmend Erregungszuflüsse aus benachbarten Hautregionen. Viele Befunde zeigen, dass sich als Reaktion sowohl auf eine periphere als auch eine zentrale Läsion ***neue funktionelle synaptische Verbindungen*** bilden.

Abhängig vom Ausmaß der Regeneration des peripheren Nerven (► s. S. 301) bilden sich die Veränderungen im ZNS wieder zurück. Das somatoviszerale Nervensystem hat ein Potential zur ***funktionellen Restitution,*** durch Reparatur oder Kompensation. Die Forschung zielt darauf ab, Mechanismen der Plastizität neuraler Verbindungen bei der ***Rehabilitation*** von Patienten mit Hirnverletzungen zu nutzen.

In Kürze

Funktionelle Einteilung des Thalamus

Der Thalamus besteht aus mehreren funktionell abgrenzbaren Kernen:

- Schalt- und Verarbeitungskerne der Sinnesorgane Haut, Auge, Ohr;
- Kerne mit überwiegend motorischen Funktionen;
- Kerne mit Assoziationsfunktionen;
- unspezifische Kerne, ohne definierte Kortexzuordnung.

Das thalamokortikale somatosensorische System

Der Ventrobasalkern des Thalamus und die Kortexareale SI und SII enthalten zusammen eine neuronale Abbildung der kontralateralen Körperperipherie, wobei die SI-Zuflüsse aus niederschwelligen Mechanosensoren dominieren. SI ist in Neuronenkolumnen gegliedert, die Verarbeitungseinheiten für kleine periphere Regionen darstellen. Erregungen dieses thalamokortikalen Systems führen zu bewussten Haut- und Körperwahrnehmungen.

Direkte elektrische Reizung des Kortex SI und Ausfälle bei Hirnverletzungen zeigen, dass die Erregung von SI eine notwendige Voraussetzung für die bewusste Wahrnehmung von somatosensorischen Hautreizen ist. Sowohl nach peripheren als auch nach zentralen Verletzungen reagiert das somatosensorische System mit Plastizität als Reparationsmechanismus.

14.8 Zentrifugale Hemmsysteme kontrollieren den afferenten Zustrom

Das Gehirn steuert durch absteigende Hemmung die Empfindlichkeit der aufsteigenden sensorischen Informationsübertragung

Sensorische Systeme sind keine Einbahnstraßen. Neben der Informationsübertragung von der Peripherie zum Kortex wirken zentrifugale (erregende oder hemmende) Mechanismen in umgekehrter Richtung an der Verarbeitung von Information mit. Die Übersicht in Abb. 14.21 A zeigt ***absteigende Hemmsysteme*** des somatosensorischen Systems (rot gekennzeichnet), die von Kortex und Hirnstamm ausgehen und wahrscheinlich folgende Funktionen haben:

- Die Schwelle der synaptischen Übertragung wird durch die absteigende Hemmung angehoben. Dies bewirkt z. B. die Unterdrückung trivialer Information (wie etwa Dauerreiz durch Kleidung).
- Die Größe des rezeptiven Feldes eines zentralen Neurons wird durch zunehmende absteigende Hemmung verkleinert (Abb. 14.21 B), damit erhöht sich die Lokalisationsschärfe der Information.
- Die Modalität eines Neurons, auf das verschiedene Arten von Sensoren konvergieren (a und b in Abb. 14.21 B, z. B. Mechanosensoren, Nozisensoren), wird umgestellt.
- Über den Verstärkungsgrad der afferenten Übertragung wird der Arbeitsbereich der sensorischen Informationsübertragung an wechselnden Aufgaben angepasst (Abb. 14.21 C).

Deszendierende Kontrolle im Rückenmark. Bei elektrischer Reizung in bestimmten ***Mittelhirnregionen*** werden somatoviszerale Informationen bei der Umschaltung im Rückenmark gehemmt (Abb. 14.21 C). Diese Hemmung wird über eine ***absteigende Bahn*** vermittelt, die in der weißen Substanz verläuft.

Die Intensität des Hautreizes (hier die Hauttemperatur) wird annähernd linear in die Entladungsfrequenz der spinalen Neurone umcodiert. Bei Mittelhirnstimulation wird das spinale Neuron gehemmt, die Kennlinie der ***Intensitätscodierung*** hat dabei eine verringerte Steigung. Wir können deshalb die absteigende Hemmung als Mechanismus zur ***Empfindlichkeitskontrolle*** der sensorischen Übertragung ansehen. In Analogie zu technischen Systemen spricht man auch von ***Verstärkungskontrolle.*** Zentrifugale Hemmsysteme spielen z. B. bei Aufmerksamkeitsreaktionen eine Rolle.

Feedback-Kontrolle. Wenn die im Rückenmark aufsteigende sensorische Information selbst das absteigende Hemmsystem aktiviert, besteht eine ***rekurrente Hemmung*** (Feedback-Hemmung). Sie bewirkt eine ***automatische Bereichseinstellung***: Die Steigung der Kennlinie (Abb. 14.21 D) wird von der Intensität der sensorischen neuronalen Information selbst bestimmt. Dieser Mechanismus ist vergleichbar mit der automatischen Aussteuerungskontrolle am Aufnahme-Verstärker eines Kassettenrekorders.

Sinneskanäle – motorisch kontrolliert. Das motorische System wirkt bei vielen sinnesphysiologischen Funktionen mit. So werden über die γ-Motoneurone die ***Empfindlichkeit der Muskelspindeln*** bestimmt. Eine komplexe zentrifugale Wirkung auf die Meldungen aus den Sensoren besteht schließlich bei der motorischen Steuerung der ***Tastbewegungen.*** Auch hier sehen wir die Verzahnung von Sensorik und Motorik zur ***Sensomotorik.***

Diese Beispiele sollen verdeutlichen, dass das ZNS bei der Wahrnehmung die sensorische Information nicht nur aufnimmt, sondern aktiv mitgestaltet.

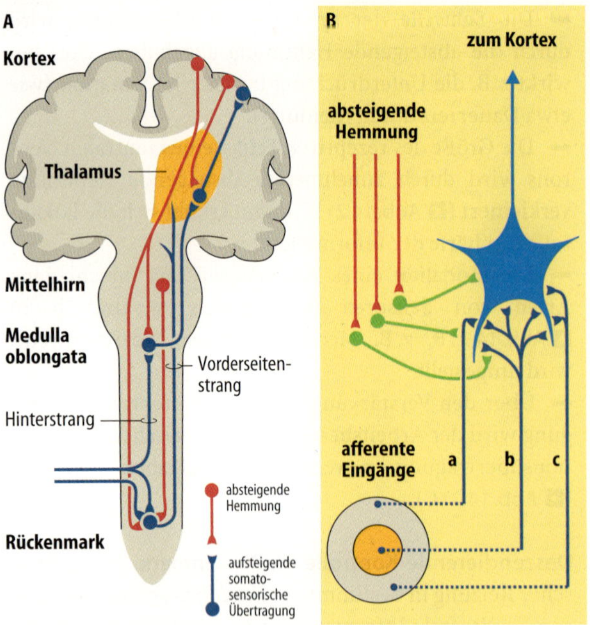

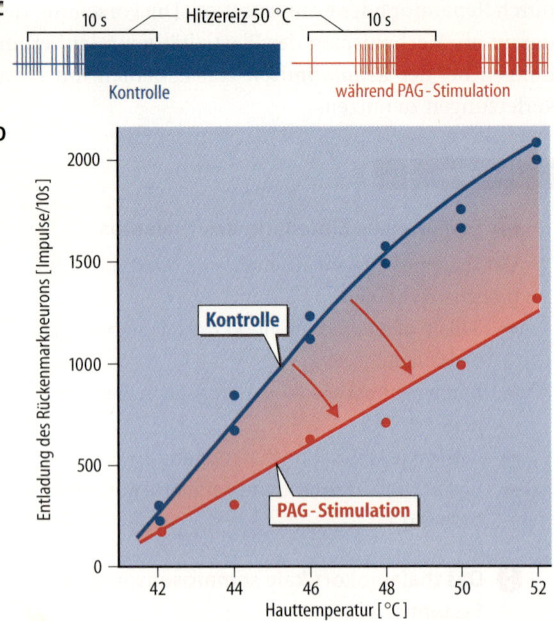

Abb. 14.21. Zentrifugale Kontrollen im somatoviszeralen sensorischen System. A Die in das Rückenmark hereinkommende und zum Gehirn aufsteigende sensorische Information kann bei der synaptischen Umschaltung durch absteigende Hemmung (hemmende Bahnen und Synapsen *rot* gekennzeichnet) moduliert werden. **B** Beispiele für Funktionen der absteigenden Hemmung. Bei der synaptischen Erregungsübertragung aus Afferenzen (a, b, c) auf ein zentrales somatosensorisches Neuron kann durch absteigende Hemmung die Größe des rezeptiven Feldes des Neurons verändert werden, z.B. durch eine stärkere Hemmwirkung auf die Afferenzen aus dem Randgebiet des rezeptiven Felds (a, c). **C** Entladung eines Hinterhornneurons der narkotisierten Katze bei Reizung des rezeptiven Feldes in der Haut mit Hitzereizen (50 °C, 10 s Dauer), ohne *(links)* und mit *(rechts)* gleichzeitiger elektrischer Stimulation im Mittelhirn zur Aktivierung der absteigenden Hemmung zum Rückenmark. **D** Intensitätskennlinie des Hinterhornneurons von C, also Zahl der Nervenimpulse pro Hitzereiz *(Ordinate)* gegen Hauttemperatur *(Abszisse)* aufgetragen. Die Kennlinie der Intensitätskodierung des Neurons bei Hitzereizung der Haut ist vor *(blaue Kurve)* und während *(rote Kurve)* Stimulation im Mittelhirn gezeigt. *PAG:* periäquaduktales Grau (zentrales Höhlengrau). Nach Carstens et al (1979)

In Kürze

Zentrifugale Hemmsysteme

Das somatoviszerale sensorische System enthält auf allen Verarbeitungsebenen zentrifugale hemmende Kontrollen. Diese Hemmsysteme haben verschiedene Funktionen:

- Unterdrückung trivialer Informationen,
- Erhöhung der Lokalisationsschärfe der Information,
- Umschaltung der Modalität eines Neurons, auf das verschiedene Arten von Sensoren konvergieren,
- Anpassung des Arbeitsbereiches der sensorischen Informationsübertragung.

Auch die motorische Steuerung reguliert die Funktion der Sensoren.

Bei der Feedback-Hemmung passt sich die sensorische Übertragung an die Reizintensität an. Die aktive Empfindlichkeitseinstellung bedeutet eine dynamische Funktionserweiterung der Sinnesorgane.

Literatur

Foerster O (1936) Symptomatologie der Erkrankungen des Rückenmarks und seiner Wurzeln. In: Bumke O, Foerster O (eds) Handbuch der Neurologie, Bd 5. Springer, Berlin Heidelberg New York

Holzel R, Whitehead WE (eds) (1983) Psychophysiology of the gastrointestinal tract. Plenum, New York

Iggo A (ed) (1973) Somatosensory system. Springer, Berlin Heidelberg New York (Handbook of sensory physiology, vol 2)

Kaas JH (1991) Plasticity of sensory and motor maps in adult mammals. Annu Rev Neurosci 14: 137

Kandel ER, Schwartz JH, Jessell T (2000) Principals of Neural Science. Appleton & Lange, McGraw-Hill, NewYork

Kapitel 15
Nozizeption und Schmerz

H.-G. Schaible, R. F. Schmidt

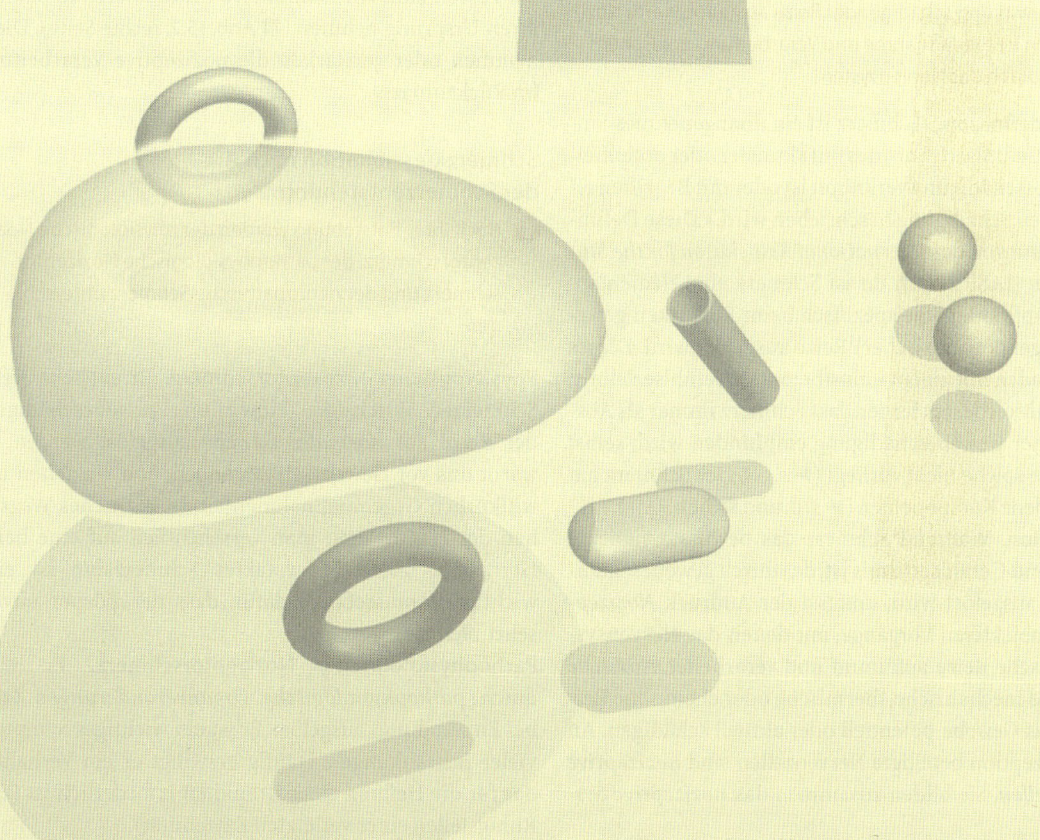

Einleitung

»Gehabte Schmerzen, die hab ich gern.« Dieses Zitat von Wilhelm Busch beschreibt treffend, dass jeder Mensch erleichtert ist, wenn er von einem Schmerz befreit wird. Schmerz ist ein wichtiges Symptom vieler Erkrankungen, und die Heilung von einer Krankheit wird durch nichts besser erkennbar als durch das Verschwinden des Schmerzes. Schmerz ist aber nicht nur ein Begleitsymptom einer Erkrankung, z. B. einer Entzündung, sondern er kann Ausdruck einer Schmerzkrankheit sein. Eine solche ist die Migräne. Ein Migränekranker leidet an anfallsweise auftretenden heftigen Kopfschmerzen von pulsierendem Charakter, die häufig auf eine Kopfseite beschränkt sind. Sie sind mit Übelkeit und Erbrechen verbunden. Der Schmerzattacke kann eine visuelle Aura vorausgehen. Hierbei empfindet der Patient Lichtblitze, und dann entwickelt sich ein Skotom, eine vorübergehende Blindheit in einem Teil des Gesichtsfelds. Die Aura dauert etwa eine Stunde, der nachfolgende Schmerzanfall unter Umständen Tage. Der Auslöser der Migräne ist bisher unbekannt.

15.1 Die subjektive Empfindung Schmerz und das nozizeptive System

Schmerzempfindung und Nozizeption

Schmerz ist eine unangenehme Sinnesempfindung, die bei Einwirkung schädigender Reize ausgelöst wird; Nozizeption ist die Aufnahme und Verarbeitung noxischer Reize durch das Nervensystem

Schmerzdefinition. »Schmerz ist ein unangenehmes Sinnes- und Gefühlserlebnis, das mit aktueller oder potentieller Gewebsschädigung verknüpft ist oder mit Begriffen einer solchen Schädigung beschrieben wird.« Diese Definition stammt von der *International Association for the Study of Pain* (IASP). Nach ihr ist Schmerz eine elementare Sinnesempfindung, die spezifisch beim Einwirken gewebeschädigender (noxischer) Reize ausgelöst wird. Dieses ist verbunden mit einem unlustbetonten Gefühlserlebnis. Die Definition besagt ferner, dass Schmerz immer als Ausdruck einer Gewebeschädigung empfunden wird, selbst wenn eine solche nicht vorliegt (▶ s. o.). Der Schmerz hat verschiedene Komponenten (▶ s. u. und Abb. 15.1).

Nozizeption. Während Schmerz das bewusste subjekte Sinnes- und Gefühlserlebnis ist, das durch gewebeschädige Reize ausgelöst wird, umfasst der Audruck ***Nozizeption*** die objektiven Vorgänge, mit denen das Nervensystem noxische Reize aufnimmt und verarbeitet. ***Noxische Reize*** sind mechanische, thermische oder chemische Reize, die das Gewebe potentiell oder aktuell schädigen. An der Nozizeption beteiligte Nervenzellen sind ***nozizeptive Nervenzellen***. Sie bilden zusammen das ***nozizeptive System***.

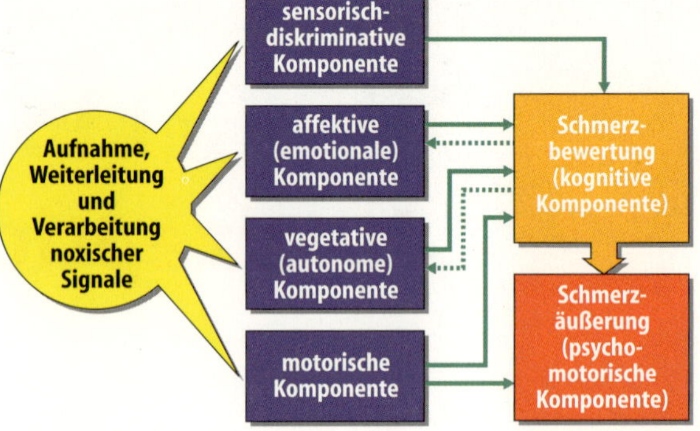

Abb. 15.1. Beziehung zwischen Nozizeption und Schmerz. Die Verarbeitung eines noxischen Reizes im nozizeptiven System erzeugt verschiedene Komponenten der Schmerzempfindung, die untereinander in Beziehung stehen

Nozizeptives System. Eine Übersicht über das nozizeptive System zeigt Abb. 15.2 ***Nozizeptoren*** sind die primärafferenten »ersten« Neurone, die in ihren sensorischen Endigungen im Gewebe noxische Reize aufnehmen. Sie versorgen praktisch alle Organe. Sie aktivieren synaptisch das ***zentralnervöse nozizeptive System.*** Dieses besteht aus nozizeptiven Neuronen des Rückenmarks und des Trigeminuskerns (für den Kopfbereich) und dem nozizeptiven thalamokortikalen System. Letzteres ist für die Entstehung bewusster Schmerzempfindungen verantwortlich. Vom Kortex und vom Hypothalamus verlaufen Fasern zum Hirnstamm, wo deszendierende Bahnen ihren Ursprung nehmen (Abb. 15.2, rechte Seite). Diese hemmen oder verstärken die nozizeptive Verarbeitung im Rückenmark.

Schmerzklassifikation nach Art der Schmerzentstehung

Nach ihrer Entstehung werden der physiologische Nozizeptorschmerz, der pathophysiologische Nozizeptorschmerz und der neuropathische Schmerz unterschieden

Physiologischer Nozizeptorschmerz. Er entsteht, wenn Schmerzen durch die Einwirkung gewebeschädigender Reize auf ***normales Gewebe*** ausgelöst werden. Er warnt uns vor Gewebeschädigungen, und wir leiten unwillkürlich Gegenmaßnahmen ein (z. B. rasches Wegziehen der Hand, wenn man versehentlich auf eine heiße Herdplatte fasst). Ein intakter Schmerzsinn ist eine wichtige Voraussetzung dafür, dass der Körper unversehrt bleibt.

Pathophysiologischer Nozizeptorschmerz. Er wird durch ***pathophysiologische Organveränderungen*** (z. B. bei Entzündung) ausgelöst. Er ist ein wichtiges Symptom vieler Erkrankungen. Häufig erzwingt er ein Verhalten, das für die Heilung einer Krankheit erforderlich ist (z. B. Ruhigstellen einer verletzten Extremität).

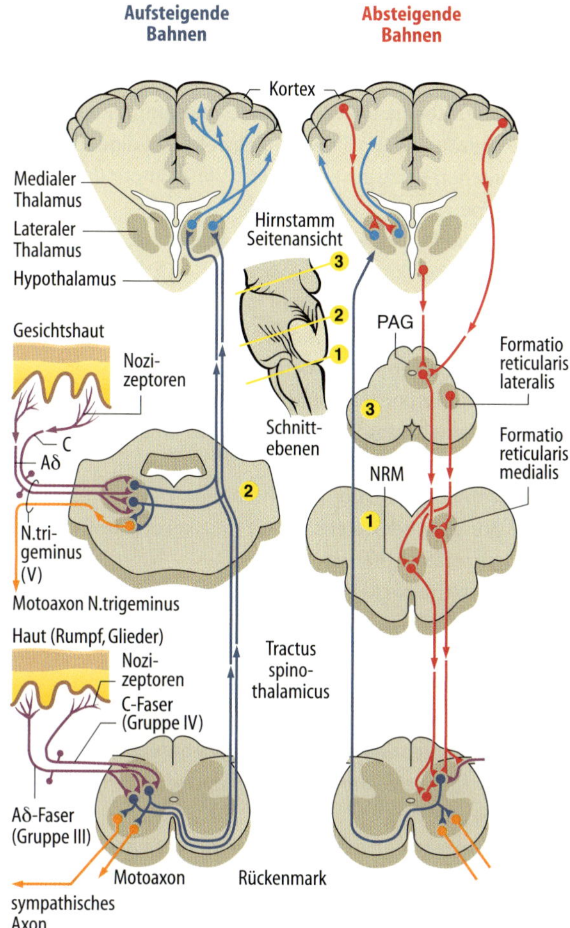

Abb. 15.2. Das nozizeptive System. *Links:* Nervenzellen und Nervenbahnen des peripheren und zentralen Nervensystems, die noxische Reize aufnehmen und verarbeiten. *Rechts:* Absteigende Systeme, die die nozizeptive Verarbeitung im Rückenmark hemmen (deszendierende Hemmung) oder bahnen. Die Einsatzfigur gibt in einer Seitenansicht des Hirnstamms die Lage der Hirnstammschnitte an. (1) kranialer Rand der unteren Olive. (2) Mitte des Pons. (3) unteres Mesenzephalon. *PAG:* periaquäduktales Grau, *NRM:* Nucleus raphe magnus

Neuropathischer Schmerz. Dieser Schmerz entsteht durch ***Schädigung von Nervenfasern.*** Er ist abnormal, weil er nicht im Dienst der Gefahrerkennung steht.

Schmerzklassifikation nach dem Entstehungsort

Schmerzen werden nach dem Ort in Oberflächenschmerz, somatischenTiefenschmerz und viszeralen Tiefenschmerz eingeteilt

Somatischer Oberflächenschmerz. Dieser entsteht durch noxische Reizung der Haut. Er wird in der Regel als hell und gut lokalisierbar empfunden und klingt nach Aufhören des Reizes ab. Er ist der häufigste physiologische Nozizeptorschmerz.

Somatischer Tiefenschmerz. Er entsteht in der Muskulatur, den Knochen, den Gelenken und im Bindegewebe. Sein Charakter ist eher dumpf, und häufig ist er nicht streng lokalisiert. Pathophysiologischer somatischer Tiefenschmerz ist häufig chronisch.

Viszeraler Tiefenschmerz. Dieser bezeichnet den Eingeweideschmerz, der bei Erkrankung innerer Organe auftritt. Er kann dumpf und schlecht lokalisiert sein, er kann aber auch kolikartigen Charakter haben.

Schmerzkomponenten

Der Schmerz hat eine sensorische, affektive, vegetative, motorische und kognitive Komponente

Nach seiner Definition ist der Schmerz ein Sinnes- *und* Gefühlserlebnis. Damit verbunden sind vegetatitve und motorische Reaktionen des Körpers. Die verschiedenen Schmerzkomponenten fasst Abb. 15.1 zusammen:

- ***Sensorische Schmerzkomponente.*** Sie umfasst die Analyse des noxischen Reizes nach Ort, Intensität, Art und Dauer.
- ***Affektive Schmerzkomponente.*** Die Schmerzempfindung löst fast immer eine unlustbetonte Emotion in uns aus, wodurch unser Wohlbefinden gestört wird. Besonders bei Tiefenschmerzen und chronischen Schmerzen kann sie sehr ausgeprägt sein.
- ***Vegetative Schmerzkomponente.*** Sie umfasst Reaktionen des vegetativen Nervensystems, die durch Schmerzreize ausgelöst werden. Es können sowohl Aktivierungen des sympathischen Nervensystems als auch Reaktionen wie Blutdruckabfall und Übelkeit auftreten.
- ***Motorische Schmerzkomponente.*** Sie zeigt sich in Schutzreflexen, durch die das betroffene Körperteil von der Schmerzquelle entfernt wird. Auch Schonhaltungen und Muskelverspannungen sind motorische Schmerzkomponenten.
- ***Kognitive Schmerzkomponente.*** Der Schmerz wird anhand früherer Schmerzerfahrung bewertet und nach seiner aktuellen Bedeutung eingestuft. Kognitive Prozesse können Schmerzäußerungen auslösen (psychomotorische Komponente, z. B. Mimik, Wehklagen).

Messung von Schmerz und Nozizeption

Die subjektive Schmerzempfindung kann durch Methoden der subjektiven Algesimetrie quantifiziert werden; durch Ableitung nozizeptiver Nervenzellen kann die Nozizeption erfasst werden

Subjektive Algesimetrie. Diese Methode erfasst die ***Schmerzschwelle*** und die ***Schmerzintensität*** bei schmerzhafter Reizung. Hierbei appliziert ein Untersucher Reize unterschiedlicher Intensität, und der Proband macht Angaben darüber, ob er den Reiz als schmerzhaft empfindet (die geringste Reizstärke, die Schmerzen auslöst, ist die Schmerzschwelle), und wenn ja, wie hoch die Schmerzintensität ist. Die Schmerzschwelle ist bei vielen Menschen ähnlich. So liegt die thermische Schmerzschwelle in der Regel bei 42–45 °C.

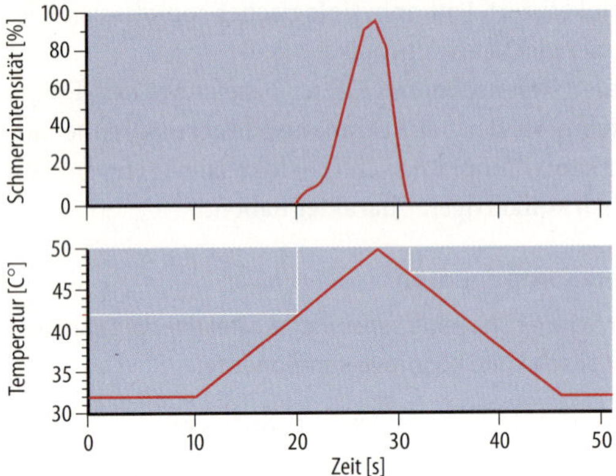

Abb. 15.3. Schmerzmessung beim Menschen bei Applikation eines Hitzereizes auf die Haut. Die *untere* Kurve zeigt den Anstieg und den Abfall der Reiztemperatur (um 1 °C pro Sekunde), die *obere* Kurve zeigt, welche Schmerzintensität der Proband auf einer visuellen Analogskala *(VAS)* angibt. Die Schmerzempfindung beginnt bei 42 °C, nimmt mit steigender Temperatur weiter zu und geht bei Abnahme der Reiztemperatur wieder zurück. Mit freundlicher Genehmigung von Prof. Treede, Institut für Physiologie und Pathophysiologie der Universität Mainz

Die Schmerzintensität wird häufig auf einer visuellen Analogskala (VAS) angegeben. Die beiden Endpunkte einer VAS sind definiert als »kein Schmerz« bzw. »maximal vorstellbarer Schmerz« (wenn die sensorisch-diskriminative Schmerzkomponente bewertet werden soll) oder als »kein Schmerz« bzw. »unerträglicher Schmerz« (wenn die affektive Komponente bewertet werden soll). Abbildung 15.3 zeigt ein Experiment, in dem der Proband die Intensität des empfundenen Schmerzes bei Applikation eines Hitzereizes auf die Haut auf einer visuellen Analogskala angibt. In der Klinik ist eine visuelle Analogskala häufig die Basis eines Schmerztagebuches.

Messung der Nozizeption. Die Nozizeption kann z. B. durch Ableitung von einzelnen nozizeptiven Nervenzellen erfaßt werden (▶ s. nächste Abschnitte). Es können auch Reaktionen des motorischen Systems (Wegziehreflexe) und des vegetativen Systems (z. B. sympathische Aktivierung) auf noxische Reize zur Quantifizierung nozizeptiver Antworten herangezogen werden.

Schmerz- und andere Sinnespunkte. Bei noxischer Reizung der Haut mit einem spitzen Gegenstand wird eine Schmerzempfindung nur bei Reizung bestimmter ***Schmerzpunkte*** ausgelöst. Diese sind zahlreich und über die ganze Hautoberfläche verteilt. Neben Schmerzpunkten gibt es Druckpunkte, Kalt- und Warmpunkte. Daran ist zu erkennen, dass unsere Sinnesmodalitäten topographisch diskret und durch unterschiedliche Typen von Nervenzellen codiert werden.

In Kürze

Schmerz

Schmerz ist eine unangenehme Sinnesempfindung, die spezifisch beim Einwirken gewebeschädigender (noxischer) Reize ausgelöst wird. Diese Empfindung hat eine

- sensorisch-diskriminative Komponente,
- affektive Komponente,
- kognitive Komponente

und wird begleitet von einer

- vegetativen Komponente,
- motorischen Komponente.

Nach dem Ort des Schmerzes werden unterschieden:

- somatischer Oberflächenschmerz (Haut),
- somatischer Tiefenschmerz (Muskel etc.) und
- viszeraler Tiefenschmerz.

Die quantitative Messung von Schmerzen erfolgt durch subjektive Algesimetrie (Selbsteinschätzung).

Nozizeption

Nozizeption ist die sensorische Aufnahme und Verarbeitung potentiell oder aktuell gewebeschädigender (noxischer) Reize durch das nozizeptive System.
Dieses umfasst

- Nozizeptoren des peripheren Nervensystems,
- nozizeptive Neurone im Rückenmark und im Trigeminuskern sowie aszendierende Bahnen (z. B. Tractus spinothalamicus),
- nozizeptive Neurone im Thalamus und Kortex,
- deszendierende hemmende und erregende Bahnen.

Nozizeption wird durch Messung von neuronaler Aktivität und nozizeptiven Reflexen erfasst.

15.2 Das periphere nozizeptive System

Struktur und Antworteigenschaften der Nozizeptoren

Nozizeptoren bestehen aus nicht-korpuskulären sensorischen Endigungen und langsam leitenden Axonen; im normalen Gewebe antworten sie nur auf noxische mechanische, thermische und chemische Reize, die auf ihr rezeptives Feld einwirken

Sensorische Nervenendigung im Gewebe. Nozizeptive Endigungen sind dünne unmyelinisierte Faserendigungen ohne besondere Strukturmerkmale. Sie sind teilweise von Schwannzellen bedeckt (Abb. 15.4 A). In den Endigungen findet die ***Transduktion*** (Umwandlung von in diesem Fall noxischen Reizen in elektrische Potentiale) statt.

Axone. Die meisten Nozizeptoren besitzen unmyelinisierte Axone (C-Fasern, Leitungsgeschwindigkeiten

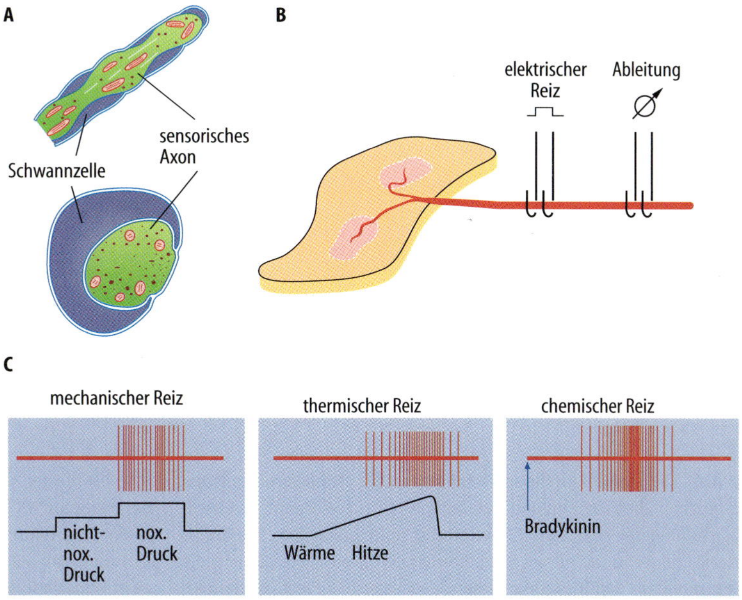

Abb. 15.4. Nozizeptor. A Schematischer Längs- und Querschnitt der sensorischen Endigung einer nozizeptiven C-Faser. Das Axon ist von Schwannzellen bedeckt, aber in den Auftreibungen hat das Axon direkten Kontakt zur Umgebung. **B** Schematische Darstellung eines Nozizeptors mit zwei rezeptiven Feldern. Bei Reizung der rezeptiven Felder werden Aktionspotentiale ausgelöst, die am Axon abgegriffen werden können. Die elektrische Reizung des Axons dient der Bestimmung der Leitungsgeschwindigkeit. **C** Antworten eines Nozizeptors auf noxischen Druck, noxische Hitze und chemische Reizung mit Bradykinin

<2,5 m/s, meistens um 1 m/s). Ein Teil der Nozizeptoren hat dünn myelinisierte Axone (Aδ-Fasern, Leitungsgeschwindigkeiten 2,5–30 m/s). Das Aktionspotential entsteht in den Aδ-Fasern am ersten Schnürring, bei den C-Fasern ist der Ort der ***Transformation*** (Umwandlung des Generatorpotentials in das Aktionspotential) bisher unbekannt.

Rezeptives Feld eines Nozizeptors. Abb. 15.4B zeigt einen Nozizeptor mit zwei rezeptiven Feldern (gestrichelte Flächen) in der Haut. Ein rezeptives Feld ist das Areal, von dem aus die Nervenfaser durch noxische Reize erregbar ist. Im Bereich des rezeptiven Feldes liegt eine sensorische Endigung. Abb. 15.4C zeigt Antworten eines polymodalen Nozizeptors (► s. u.) auf mechanische, thermische und chemische Reize, die auf sein rezeptives Feld appliziert werden.

Erregungsschwelle von Nozizeptoren. Im normalen Gewebe werden Nozizeptoren nur durch intensive Reize erregt. Daher nennt man sie auch ***hochschwellige Rezeptoren*** und stellt sie niederschwelligen Rezeptoren gegenüber, die durch nichtnoxische Reize im physiologischen Bereich erregt werden (z. B. Berührungsrezeptoren, Wärme- und Kälterezeptoren).

Polymodale Nozizeptoren. Die meisten Nozizeptoren sind ***polymodal***, weil sowohl noxische mechanische Reize (z. B. starker Druck oder Quetschung), als auch noxische thermische Reize (Temperatur >43 °C) und chemische Reize Aktionspotentiale auslösen (Abb. 15.4C). Die Fasern besitzen Transduktionsmechanismen für diese Modalitäten (► s. u.). Neben polymodalen Nozizeptoren gibt es auch Nozizeptoren, die nur auf eine Modalität ansprechen, z. B. Mechanonozizeptoren.

Stumme Nozizeptoren. Eine Untergruppe der Nozizeptoren besteht aus sensorischen Nervenfasern, die unter normalen Bedingungen weder durch mechanische noch durch thermische Reize zu erregen sind. Ein Teil dieser Nozizeptoren ist chemosensitiv.

Transduktionsmechanismen in Nozizeptoren

Die Erregung von Nozizeptoren durch noxische Reize entsteht durch Aktivierung von Ionenkanälen und Rezeptoren in der sensorischen Endigung

Die sensorische Nervenendigung im Gewebe ist für Ableitungen mit Mikroelektroden nicht zugänglich. Viele der vermuteten Transduktionsmechanismen sind jedoch auch am Zellkörper der Nozizeptoren vorhanden. Daher dient dieser als Modell für die sensorische Endigung. Abbildung 15.5 zeigt Ionenkanäle und Rezeptoren in der sensorischen Endigung, wobei aber zu beachten ist, dass viele Daten am Zellkörper erhoben wurden.

Transduktion noxischer mechanischer Reize. Es wird vermutet, dass mechanische Reize einen Kationenkanal in der Membran öffnen und dadurch die Endigung depolarisieren (Abb. 15.5). Da dieser Kanal molekular bisher nicht identifiziert wurde, ist der genaue Öffnungsmechanismus unbekannt.

Transduktion von Hitzereizen. Ein für die Aufnahme von Hitzereizen wichtiges Molekül ist der ***Vanilloidrezeptor (VR1)*** (Abb. 15.5). Er wird durch die Substanz ***Capsaicin*** aktiviert, die im Pfeffer enthalten ist und den typischen Brennschmerz bei Genuss dieses Gewürzes verursacht. Bindet Capsaicin an den Rezeptor, wird ein Kationenkanal geöffnet, durch den ein Einwärtsstrom mit depolarisierender Wirkung fließt. Dieser Ionenkanal wird auch durch Hitzereize geöffnet und gilt daher als eines der Hitzetransduktionsmoleküle. Wie der thermische Reiz den Kanal öffnet, ist noch unbekannt.

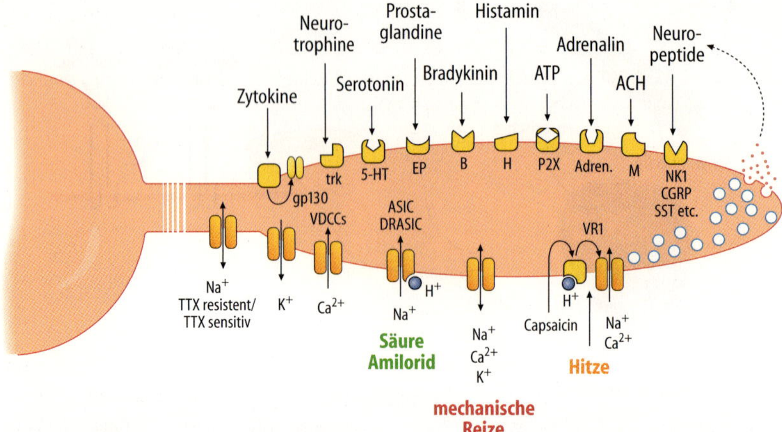

Abb. 15.5. Ionenkanäle und Rezeptoren für Mediatoren in Nozizeptoren. *Oben:* Darstellung der Rezeptoren für Mediatoren. *Unten:* Darstellung der vermuteten Ausstattung an Ionenkanälen. Die Kreise in der Endigung stellen mit Botenstoffen gefüllte Vesikel dar. Auf die Rezeptoren in der Endigung wirken Mediatoren, die aus verschiedenen Zellen freigesetzt werden. *Gp 130:* Glykoprotein 130 (Bestandteil von Rezeptoren für Zytokine), *Trk:* Tyrosinkinaserezeptor, *5-HAT:* Serotoninrezeptor, *EP:* Prostaglandin-E-Rezeptor, *B:* Bradykininrezeptor, *P2X:* Purinerger Rezeptor für ATP, *H:* Histaminrezeptor, *Adren:* adrenerger Rezeptor, *NK1:* Neurokinin-1-Rezeptor für Substanz P, *CGRP:* Calcitonin *Gene-related Peptide-Receptor*, *SST:* Somatostatinrezeptor, *TTX:* Tetrodotoxin, *VR1:* Vanilloid-1-Rezeptor, *VDCCs (Voltage-gated Calcium Channels)*: spannungsgesteuerte Calciumkanäle. Zu beachten: die meisten Endigungen besitzen nur einen Teil der dargestellten Rezeptoren

▪▪▪ Der Vanilloidrezeptor VR1 wurde inzwischen kloniert. Es handelt sich um ein Molekül, das der »Transient Receptor Potential-(TRP-)Familie« von Ionenkanälen zuzuordnen ist. Auch der vor kurzem gefundene VRL-1 Rezeptor (wahrscheinlich der Transducer für Hitzereize sehr hoher Temperatur, >50 °C) und der nichtnozieptive Kaltrezeptor CMR1 werden dieser Proteinfamilie zugeordnet.

Chemosensibilität von Nozizeptoren. Die Oberseite der Nozizeptorendigung in ◘ Abb. 15.5 zeigt Rezeptoren für Mediatoren, die in der sensorischen Endigung exprimiert sind (beachte: Nicht alle Nozizeptoren verfügen über das ganze Spektrum dieser Rezeptoren; sie sind hinsichtlich ihrer Chemosensibilität heterogen). Über diese Rezeptoren aktivieren und/oder sensibilisieren Gewebsmediatoren, z. B. Entzündungsmediatoren wie Bradykinin und Prostaglandine die nozizeptiven Endigungen (▶ s. Abschnitt 15.5). Viele der dargestellten Rezeptoren (z. B. Prostaglandinrezeptoren) sind an G-Proteine gekoppelt. Bei Bindung des Liganden werden Second Messenger gebildet, die dann zur Öffnung von Ionenkanälen beitragen. Manche Rezeptoren (z. B. für Serotonin) sind direkt mit Ionenkanälen assoziiert.

Säure-sensitive Ionenkanäle. Für die Chemosensibilität sind auch natriumpermeable Ionenkanäle von Bedeutung, die bei niederen pH-Werten geöffnet werden (ASIC, *Acid Sensing Ion Channel*, und DRASIC, *Dorsal Root Acid Sensing Ion Channel*, ▶ s. ◘ Abb. 15.5, Unterseite der Endigung). Entzündliche Exsudate haben häufig niedere pH-Werte (▶ s. Abschnitt 15.5.).

Tetrodotoxin- (TTX-) sensitive und TTX-resistente spannungsgesteuerte Natriumkanäle. Im Verlauf des Axons in ◘ Abb. 15.5 sind zwei verschiedene Natriumkanaltypen dargestellt. Beide sind für die Weiterleitung des Aktionspotentials verantwortlich. Gerade die Nozizeptoren enthalten sehr viele TTX-resistente Natriumkanäle, während die Natriumkanäle der meisten anderen Fasern TTX-sensitiv sind.

Efferente Funktion von Nozizeptoren

❗ Über die Freisetzung von Peptiden im Gewebe erzeugen Nozizeptoren eine neurogene Entzündung

Neurogene Entzündung. Werden Nozizeptoren gereizt, kommt es im von ihnen innervierten Gewebe häufig zu lokalen Änderungen der Durchblutung und der Gefäßpermeabilität. Man spricht wegen der neuronal bedingten Entstehung dieser Symptome von einer ***neurogenen Entzündung***. Diese efferente Funktion entsteht durch Freisetzung verschiedener Substanzen (z. B. Substanz P, Calcitonin *Gene-related Peptide*) aus den peripheren Endigungen. Sie trägt zur Entstehung vieler entzündlicher Gewebeveränderungen bei (▶ s. Abschnitt 15.5).

Interaktion mit dem Immunsystem. Neben Vasodilatation und Permeabilitätserhöhung wird durch die Freisetzung von Neuropeptiden aus Nozizeptoren auch die Tätigkeit von Mastzellen und Immunzellen beeinflusst. Über diesen Weg kann das Nervensystem mit dem Immunsystem kommunizieren.

In Kürze

❗ **Peripheres nozizeptives System**

Nozizeptoren bestehen aus nicht-korpuskulären sensorischen Endigungen und langsam leitenden Axonen. Die Endigungen sind unmyelinisiert, die Axone ▼

dünn myelinisiert oder ebenfalls unmyelinisiert (Aδ- oder C-Fasern). Nozizeptoren haben charakteristische Antworteigenschaften:

- sie sind hochschwellig und werden nur durch noxische Reize erregt,
- sie sind vorwiegend polymodal mit Transduktionsmechanismen für noxische mechanische, thermische und chemische Reize,
- der Transduktionsmechanismus bei der Erregung der Nozizeptoren durch noxische Reize beruht auf der Aktivierung von Ionenkanälen und Rezeptoren in der sensorischen Endigung.

Nozizeptoren haben auch eine efferente Funktion, wobei sie durch Mediatorfreisetzung das von ihnen innervierte Gewebe beeinflussen.

15.3 Das spinale nozizeptive System

Funktionen nozizeptiver Spinalneurone

Nozizeptive Rückenmarkzellen bilden zum Thalamus und Hirnstamm aufsteigende Bahnen und/oder spinale Reflexbögen

Aufsteigende Bahnen. Die aufsteigenden Bahnen des nozizeptiven Systems aktivieren das thalamokortikale System, das die bewusste Schmerzempfindung erzeugt. Die wichtigste aszendierende Bahn ist die ***Vorderseitenstrangbahn***, die im Rückenmark auf die Gegenseite kreuzt. Sie besteht aus dem ***Tractus spinothalamicus*** und dem ***Tractus spinoreticularis*** (▣ Abb. 15.2). Zerstörung der Vorderseitenstrangbahn führt zu Störungen der Schmerz- und Temperaturempfindung auf der kontralateralen Seite unterhalb der Läsion. Die Vorderseitenstrangbahn aktiviert auch Nervenzellen des Hirnstamms (► s. Abschnitt 15.4). Auch die ***Hinterstränge*** enthalten möglicherweise aszendierende Axone nozizeptiver Zellen. Diese werden vor allem durch Nozizeptoren aus dem Eingeweidebereich aktiviert. Entsprechend verläuft die Informationsweiterleitung aus dem Trigeminuskern.

Motorische Reflexe. Über nozizeptive Interneurone werden durch noxische Reize Motoneurone erregt und ***motorische Reflexe*** ausgelöst (▣ Abb. 15.2). Sie sind die Grundlage der motorischen Schmerzkomponente (► s. Abschnitt 15.1). Ein Teil dieser Reflexe ist spinal organisiert, andere sind über supraspinale Reflexbögen vermittelt. Ein typischer spinaler Reflex ist der ***Wegziehreflex***, eine rasche Flexionsbewegung, um Hand, Fuß oder Pfote dem noxischen Reiz zu entziehen. Hierbei werden die antagonistischen ipsilateralen Extensormotoneurone gehemmt. Dabei kann es zu einem ***gekreuzten Streckreflex*** kommen: Tritt man in einen Nagel, dann wird der betroffene Fuß zurückgezogen, während im kontralateralen Bein die Extensoren vermehrt aktiviert werden, um die Körperhaltung zu stabilisieren. Durch Integration spinaler und supraspinaler Neuronenverbände entstehen auch komplexe motorische Reaktionen, z. B. ***Schonhaltungen*** verletzter Extremitäten.

Vegetative Reflexe. Noxische Reize rufen auch ***vegetative Reflexe*** hervor, die die vegetative Schmerzkomponente darstellen (► s. Abschnitt 15.1). Diese Reflexe stehen unter der supraspinalen Kontrolle durch den Hirnstamm. Sie sind aber in modifizierter Form auch nach Durchtrennung des Rückenmarks (Spinalisierung) nachzuweisen.

- Noxische Reizung der ***Haut*** führt zu koordinierten Aktionen des sympathischen Nervensystems, die den vegetativ vermittelten Funktionen im Abwehrverhalten ähnlich sind (► s. Kap. 20.9).
- Noxische Reize im tiefen ***somatischen*** und im ***viszeralen*** Bereich induzieren eher vegetative und neuroendokrine Reaktionen, die als Schonhaltung gedeutet werden können.

Subsysteme nozizeptiver Spinalneurone

Nozizeptive Rückenmarkzellen bilden nach der Konvergenz ihres nozizeptiven Eingangs Subsysteme

Rezeptive Felder spinaler nozizeptiver Neurone. Das rezeptive Feld einer Rückenmarkzelle ist das ***Areal***, von dem aus das Neuron ***erregt*** werden kann. Da viele Nozizeptoren auf eine nozizeptive Zelle des Rückenmarks konvergieren, ist das rezeptive Feld eines Rückenmarkneurons größer als das rezeptive Feld eines Nozizeptors. Nozizeptive Neurone, die ihre Afferenz von distalen Extremitätenabschnitten bekommen, haben kleinere rezeptive Felder als solche, die Afferenz von proximalen Extremitäten- und Rumpfbereichen erhalten.

Viele nozizeptive Rückenmarkneurone werden nicht nur von Nozizeptoren synaptisch aktiviert, sondern auch von niederschwelligen Primärafferenzen. Diese Rückenmarkneurone antworten mit geringer Entladungsfrequenz auf nichtnoxische Reize und mit höheren Entladungsfrequenzen auf noxische Reize. Sie codieren mit ihrer ***Entladungsfrequenz*** die ***Intensität*** des noxischen Reizes.

Konvergenzmuster nozizeptiver Neurone. Zahlreiche nozizeptive Rückenmarkzellen erhalten ausschließlich konvergenten Einstrom von Hautnozizeptoren (▣ Abb. 15.6 A). Dieses ***Subsystem*** dient der Erzeugung des ***Oberflächenschmerzes***. Komplizierter ist die Entstehung der Tiefenschmerzen. Nozizeptoren aus dem Tiefengewebe (Gelenke, Muskulatur) enden synaptisch an Rückenmarkzellen, die zusätzlich Einstrom von Hautnozizeptoren erhalten (▣ Abb. 15.6 B). Diese Zellen sind durch noxische Reizung des ***Tiefengewebes*** und der ***Haut*** erregbar. Dagegen werden andere Rückenmarkzellen nur durch Nozizeptoren des Tiefengewebes aktiviert, sie sind spezifisch für den ***somatischen Tiefenschmerz*** (▣ Abb. 15.6 C).

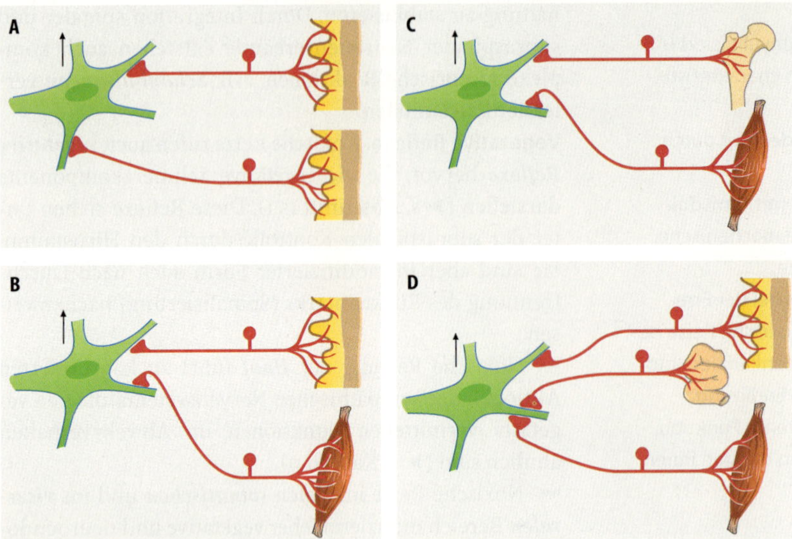

Abb. 15.6. Konvergenz von nozizeptiven Afferenzen auf nozizeptive Neurone des Rückenmarks. Schematisch dargestellt sind aszendierende Rückenmarkneurone mit verschiedenen Eingängen. **A** Neuron mit konvergentem Eingang nur von der Haut. **B** Neuron mit konvergentem Eingang von Haut und Skelettmuskel. **C** Neuron mit konvergentem Eingang aus dem Tiefengewebe. **D** Neuron mit konvergentem Eingang von Haut, Tiefengewebe und Viszera

Alle Rückenmarkzellen, die von viszeralen Nozizeptoren synaptisch aktiviert werden, erhalten zusätzlichen afferenten Eingang von der Haut und/oder dem Tiefengewebe (Abb. 15.6 D).

Übertragener Schmerz. Die ***starke Konvergenz*** von Nozizeptoren auf Rückenmarkneurone kann zur Folge haben, dass der Schmerz trotz eines fokalen Krankheitsprozesses diffus und ausgedehnt empfunden wird. Sie kann sogar dazu führen, dass der Ort der Schmerzentstehung falsch interpretiert wird. Gerade bei einer viszeralen Erkrankung wird der Schmerz häufig nicht dort empfunden, wo er entsteht, sondern er wird in das somatische Areal übertragen, dessen Afferenzen in denselben Segmenten wie die viszeralen enden. Bei Ischämie des Herzens (Angina pectoris oder Herzinfarkt) wird der Schmerz häufig im linken Arm empfunden. Offensichtlich kann das Gehirn nicht eindeutig interpretieren, ob die entsprechenden aszendierenden Rückenmarkzellen von den somatischen Nozizeptoren aus dem Armbereich oder von den viszeralen Nozizeptoren aus dem Herzbereich aktiviert werden. Die ***Head-Zonen*** (nach dem Neurologen Head) beschreiben die somatischen Orte, in die der Schmerz bei Erkrankungen viszeraler Organe bevorzugt übertragen wird (Abb. 15.7).

Transmitter und Rezeptoren der nozizeptiven synaptischen Übertragung im Rückenmark

> Die synaptische Erregung von nozizeptiven Rückenmarkzellen erfolgt durch die Freisetzung von Glutamat; Neuropeptide und andere Mediatoren modulieren die synaptische Übertragung

Erregende und hemmende Synapsen an nozizeptiven Neuronen. Abbildung 15.8 zeigt ein spinales Neuron, an dem ein niederschwelliger Mechanorezeptor (Aβ-Faser), ein Nozizeptor (C-Faser) und ein inhibitorisches Interneuron synaptisch enden. Mechanorezeptoren und Nozizeptoren schütten an ihren synaptischen Endigungen ***Glutamat*** aus. Peptiderge Nozizeptoren setzen zusätzlich die erregenden ***Neuropeptide*** (NP) ***Substanz P*** und ***CGRP*** frei.

Inhibitorische Interneurone schütten an ihren Synapsen ***GABA*** und/oder ***Glycin*** oder hemmende Neuropeptide (NP), insbesondere Opioidpeptide wie Enkephalin (Enk) aus (Abb. 15.8). Die postsynaptische Membran der Rückenmarkzelle besitzt Rezeptoren für diese Mediatoren (Abb. 15.8, unten). Wie stark das Rückenmarkneuron auf einen noxischen Reiz reagiert (wie viele Aktionspotentiale erzeugt werden), hängt davon ab, wie stark die exzitatorischen und inhibitorischen Eingänge sind.

Glutamatwirkungen. Glutamat aktiviert auf der postsynaptischen Seite ***ionotrope N-Methyl-D-Aspartat-(NMDA-) Rezeptoren***, ***ionotrope non-NMDA-Rezeptoren*** (AMPA- und Kainatrezeptoren) und ***metabotrope Glutamatrezeptoren*** (► s. Kap. 5.8). Bei nichtnoxischen Reizen, die nur Mechanorezeptoren aktivieren, werden durch Glutamat in der Regel nur non-NMDA-Rezeptoren, vor allem AMPA-Rezeptoren geöffnet, da die Depolarisation der Neurone nicht ausreicht, um auch NMDA-Kanäle zu öffnen.

Bei noxischen Reizen werden zusätzlich NMDA-Rezeptoren geöffnet, denn die Freisetzung von Glutamat und Neuropeptiden bei Reizung von Nozizeptoren bewirkt eine so starke Depolarisation des Rückenmarkneurons, dass der Magnesiumblock der NMDA-Rezeptoren aufgehoben wird.

Neuroplastische Vorgänge durch NMDA-Rezeptor-Aktivierung. Werden mehrere starke noxische Reize schnell nacheinander appliziert, führt Aktivierung der NMDA-Rezeptor-Kanäle bei jedem weiteren Reiz zu einer stärkeren Antwort der Rückenmarkzelle (Wind-up-Phänomen). Dies ist eine kurzdauernde Form der zentralen Sensibilisierung (► s. Abschnitt 15.5). Auch bei länger

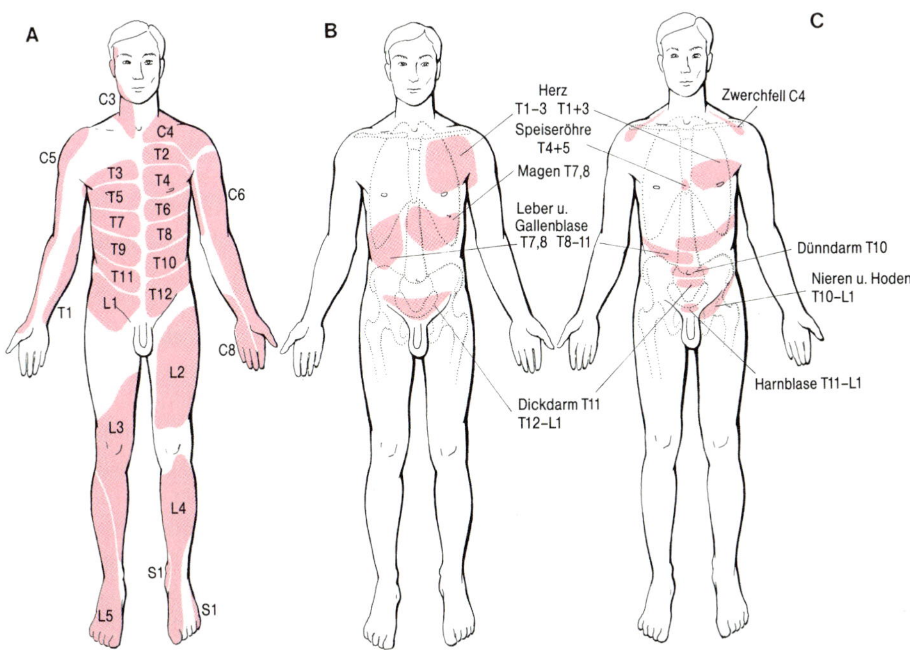

Abb. 15.7. Dermatome (A) und Head-Zonen des Menschen für den Brust- und Bauchbereich (B, C). Angegeben sind die Spinalnerven, durch welche die viszeralen Afferenzen von den Organen in das Rückenmark eintreten

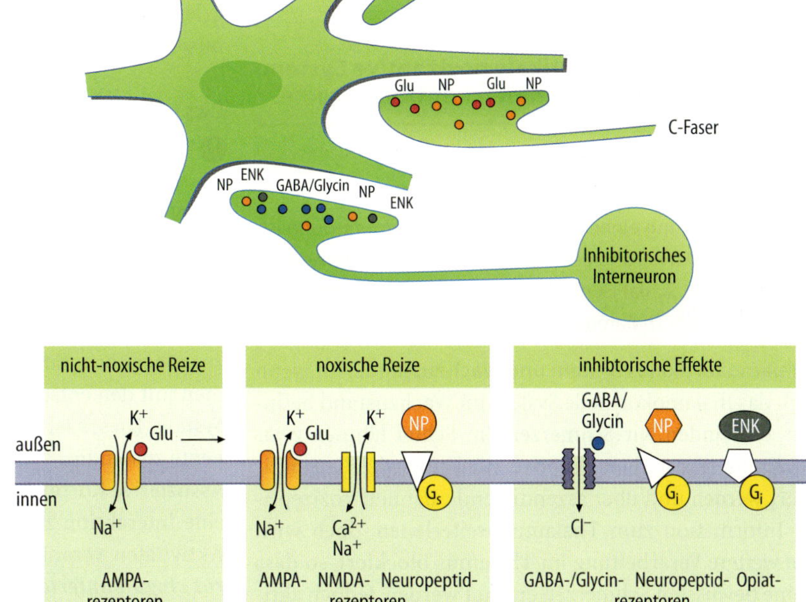

Abb. 15.8. Synaptische Übertragung im Rückenmark. Eine Rückenmarkzelle erhält erregende Eingänge von einem Mechanorezeptor (Aβ-Faser), einem Nozizeptor (C-Faser) und hemmende Eingänge von einem Interneuron. *Unten* dargestellt sind Rezeptoren für diese Mediatoren in der postsynaptischen Membran. *Glu:* Glutamat, *NP:* Neuropeptid, G_s: stimulierendes G-Protein, G_i: G-Protein mit hemmender Wirkung, *Enk:* Enkephalin

dauernder zentraler Sensibilisierung (► s. Abschnitt 15.5) spielen NMDA-Rezeptoren eine wesentliche Rolle. Die Aktivierung von metabotropen Glutamatrezeptoren trägt ebenfalls zur Entstehung neuroplastischer Vorgänge bei.

Wirkung anderer Transmitter. Rezeptoren für erregende Neuropeptide (Substanz P, CGRP) verstärken die synaptische Übertragung durch Glutamat. Die Bindung dieser Neuropeptide an Neuropeptidrezeptoren induziert über G_s-Proteine eine Verstärkung der Glutamatwirkung. Die Aktivierung von Rezeptoren für GABA, Glycin, hemmende Neuropeptide (z.B endogene Opioide) wirkt erregenden Vorgängen entgegen (► s. Kap. 5.4, 5.8 und Abschnitt 15.4). Rezeptoren für aminerge Transmitter (Serotonin, Noradrenalin etc) vermitteln den Effekt der tonischen deszendierenden Hemmung (► s. Abschnitt 15.4).

In Kürze

Das spinale nozizeptive System

Nozizeptive Spinalneurone haben verschiedene Funktionen:
- Aszendierende Neurone aktivieren suprasinale Nervenzellen.
- Über nozizeptive Interneurone werden durch noxische Reize Motoneurone erregt und motorische Reflexe ausgelöst.
- Über den Zugang zu Nervenzellen des autonomen Nervensystems werden vegetative Reflexe ausgelöst.

Nozizeptive Neurone

Nozizeptive Neurone im Rückenmark und Trigeminuskern haben charakteristische Eigenschaften:
- sie erhalten konvergenten nozizeptiven Eingang von einem oder mehreren Organen (eine wichtige Grundlage übertragener Schmerzen);
- sie werden durch Glutamat mit Wirkung an non-NMDA- und NMDA-Rezeptoren erregt;
- sie werden in ihrer synaptischen Übertragung durch Neuropeptide und aminerge Transmitter moduliert.

15.4 Das thalamokortikale nozizeptive System und endogene Schmerzkontrollsysteme

Thalamokortikales System und bewusste Schmerzempfindung

Die Erzeugung einer bewussten Schmerzempfindung ist von der Aktivierung des thalamokortikalen Systems abhängig; im Schlaf ist die Weiterleitung sensorischer Information vom Thalamus zum Kortex blockiert

Thalamokortikales System und Wachzustand. Nur wenn sich das thalamokortikale System im Wachzustand befindet, empfinden wir Schmerzen. Im Schlaf können zwar Nozizeptoren und nozizeptive Rückenmarkzellen aktiviert werden und über aszendierende Bahnen nozizeptive Information zum Thalamus weiterleiten, doch wird die weitere Verarbeitung im Thalamus blockiert, so dass keine bewussten Schmerzen erzeugt werden. Jedoch aktivieren starke Schmerzreize das aufsteigende retikuläre System, so dass wir aufgeweckt werden.

Nozizeption und Schmerz unter Narkose. In Narkose ist die bewusste Wahrnehmung von Schmerzreizen aufgehoben. Die nozizeptiven Vorgänge in Primärafferenzen und im Rückenmark werden dagegen nicht ausgeschaltet. Um auch die nozizeptiven Vorgänge auf diesen Ebenen zu unterdrücken, besteht eine moderne Narkose immer aus einer Kombination von Schmerztherapie und Ausschaltung des Bewusstseins.

Das laterale thalamokortikale System

Die sensorisch-diskriminative Schmerzkomponente entsteht durch Aktivierung des lateralen thalamokortikalen Systems

Das laterale System. Nozizeptive Zellen im und unterhalb des ***Ventrolateralkomplexes des Thalamus*** werden über den Tractus spinothalamicus erregt, und sie projizieren in das ***sensorische Kortexareal S1***. Diese thalamischen und kortikalen Zellen bilden das ***laterale System***. Nozizeptive Zellen im lateralen System haben kleine rezeptive Felder und sind somatotopisch organisiert. Die Zellen in S1 bilden allerdings keine eigenen Säulen, sondern sind mit Neuronen anderer somatosensorischer Modalitäten vermischt. Die Aktivierung des lateralen Systems ist für die sensorisch-diskriminative Schmerzkomponente zuständig.

Die kortikale S2-Region. Diese Region wird ebenfalls dem lateralen System zugeordnet. Bei noxischer Reizung auf einer Körperseite wird die ipsi- und kontralaterale S2-Region aktiviert. Die rezeptiven Felder dort gelegener nozizeptiver Zellen sind groß. Vielleicht wird in S2 ein noxischer Reiz in eine Schmerzempfindung umgesetzt, d.h. dem Reiz wird dort seine Bedeutung zugemessen. Außerdem werden in S2 taktile, nozizeptive und andere sensorische Informationen zu einem Gesamtbild integriert, d.h. noxische Information wird in die Gesamtheit unseres Bildes von Körper und Umwelt eingeordnet.

Das mediale thalamokortikale System

Im medialen thalamokortikalen System werden die affektive Schmerzkomponente, Gedächtnisbildung und Aufmerksamkeitsreaktionen bei Schmerzreizen erzeugt

Das mediale System. Nozizeptive Neurone im posterioren Komplex und im intralaminären Komplex des Thalamus besitzen große rezeptive Felder, und sie projizieren zu assoziativen Kortexarealen (► s.u.). Sie bilden zusammen mit den entsprechenden Kortexarealen das ***mediale System***. Dieses ist z.B. für die affektive Schmerzkomponente zuständig.

Assoziative Kortexareale. Die ***Insula*** des Kortex wird für eine Interaktion zwischen sensorischen und limbischen Aktivitäten verantwortlich gemacht. Besonders der ***Gyrus cinguli anterior*** dient der Aufmerksamkeit und Antwortselektion bei noxischer Reizung. Der ***präfrontale Kortex*** ist in viele Aspekte von Affekt, Emotion und Gedächtnis eingebunden. Auf der kortikalen Ebene wird die Aktivität des nozizeptiven Systems in Beziehung zu zahlreichen anderen neuronalen Funktionen gesetzt.

Endogene Schmerzkontrollsysteme

Vom Hirnstamm im dorsolateralen Funiculus absteigende Bahnen vermitteln deszendierende Hemmung und Bahnung

Deszendierende Bahnen. Die rechte Seite in ◘ Abb. 15.2 zeigt absteigende Bahnen, die von Kerngebieten im Hirnstamm ausgehen. Eine Schlüsselrolle hat das ***periaquäduktale Grau*** (PAG). Die Stimulation des PAG kann eine totale Analgesie erzeugen. Vom PAG projizieren Fasern zum Nucleus raphe magnus (NRM). Von hier steigen Fasern im dorsolateralen Funiculus zum Rückenmark ab. Das PAG seinerseits erhält Zuflüsse von weiten Bereichen des Gehirns. Über dieses System nimmt das Gehirn Einfluss auf die Vorgänge im Rückenmark. Vom Rückenmark aufsteigende Aktivität beeinflusst diese Hirnstammkerne ebenfalls. Auch der Locus coeruleus hat neben seinen Projektionen in das Gehirn Projektionen zum Rückenmark. Die absteigenden Fasern enden vor allem an ***spinalen Interneuronen.***

Tonische deszendierende Hemmung. Eine wichtige Funktion dieser absteigenden Fasern ist die ***tonische Hemmung der Rückenmarkzellen.*** Durch die deszendierende Hemmung wird die Schwelle der Rückenmarkneurone angehoben und ihre Antworten auf noxische Reize werden abgeschwächt. Eine Spinalisierung bewirkt nach Abklingen des spinalen Schocks durch Wegfall der tonischen Hemmung eine Enthemmung des Rückenmarks. Die tonische deszendierende Hemmung stellt zusammen mit segmentalen inhibitorischen Interneuronen ein ***endogenes antinozizeptives System*** dar, das Schmerzen in Schach hält. Sie nimmt z. B. bei akuter Entzündung zu. Neben deszendierenden hemmenden Bahnen gibt es deszendierende erregende. Diese tragen zu einer Verstärkung der nozizeptiven Signalverarbeitung im Rückenmark bei.

Endorphine, Endomorphine, Enkephaline, Dynorphine. Endogene Opioide, wie Endorphine, Endomorphine, Enkephaline und Dynorphine, sind neben anderen inhibitorischen Transmittern (z. B. GABA) wichtige ***Mediatoren*** des endogenen antinozizeptiven Systems. Sie wirken an μ- (Endorphine, Endomorphine), δ- (Enkephaline) und κ-Rezeptoren (Dynorphin). Diese sind an nozizeptiven Neuronen des Rückenmarks, des Hirnstamms und in supraspinalen Regionen vorhanden. Freisetzung der endogenen Opioide und Aktivierung der Opioidrezeptoren hemmt neuronale nozizeptive Aktivität (reduziert Freisetzung exzitatorischer Transmitter und hyperpolarisiert postsynaptische Neurone). Die Opioidwirkung kann durch den Rezeptorantagonisten Naloxon aufgehoben werden. Therapeutisch eingesetzte Opioide wirken an μ-Rezeptoren (► s. Abschnitt 15.6).

In Kürze

Das thalamokortikale nozizeptive System

Die Erzeugung einer bewussten Schmerzempfindung ist von der Aktivierung des thalamokortikalen nozizeptiven Systems abhängig. Da die Verarbeitung der nozizeptiven Informationen im Thalamus während des Schlafes blockiert ist, haben wir im Schlaf keine Schmerzempfindung.

Nozizeptive Neurone im Thalamus befinden sich
- im und unterhalb des Ventrolateralkomplexes; diese projizieren zu den Kortexarealen S1 und S2 und bilden mit diesen das laterale System;
- im posterioren und intralaminären Komplex und im Nucleus submedius; sie projizieren zu assoziativen Kortexarealen und bilden mit diesen das mediale System.

Nozizeptive Kortexareale

Im Kortex sind mehrere Areale an der Schmerzentstehung beteiligt:
- S1-Region im Gyrus postzentralis (sensorisch-diskriminative Funktion);
- S2-Region im Parietalkortex (sensorisch-integrative Aufgaben);
- Insula (sensorisch-limbische Interaktion);
- Gyrus cinguli anterior (Aufmerksamkeit und Antwortselektion);
- Präfrontaler Kortex (Kontrolle von Affekt, Emotion und Gedächtnis).

Endogene Schmerzkontrollsysteme

Vom Hirnstamm absteigende Fasern vermitteln eine Schmerzmodulation:
- über deszendierende Hemmung der spinalen nozizeptiven Vorgänge einerseits und
- über deszendierende Bahnung der spinalen nozizeptiven Vorgänge andererseits.

Ursprungskerne

Wichtigste Ursprungskerne deszendierender Hemmung sind
- das periaquäduktale Grau (PAG), das den Nucleus raphe magnus (NRM) aktiviert,
- der Locus coeruleus.

Deszendierende Fasern und segmentale Interneurone bilden ein endogenes antinozizeptives System, an dem endogene Opioide und ihre Rezeptoren beteiligt sind.

15.5 Klinisch bedeutsame Schmerzen

Erscheinungsformen klinischer Schmerzen

Bei Erkrankungen von Organen entstehen pathophysiologische Nozizeptorschmerzen; bei Nervenschädigungen entstehen neuropathische Schmerzen

Bedeutung klinisch relevanter Schmerzen. Häufig sind es die Schmerzen, die uns eine Krankheit anzeigen. Ohne warnende Schmerzen können Krankheiten lange Zeit unbemerkt bleiben. Krebserkrankungen sind beispielsweise häufig lange Zeit schmerzlos und werden daher erst in fortgeschrittenen Stadien entdeckt. Darüberhinaus erzwingen Schmerzen ein Verhalten, das die Heilung fördert (z. B. Schonung einer Extremität). Klinisch bedeutsame Schmerzen entstehen nicht nur durch eine einfache Aktivierung des nozizeptiven Systems, sondern hierbei spielen Prozesse der Neuroplastizität eine große Rolle.

Manche Schmerzen, z. B. Kopfschmerzen, erscheinen medizinisch sinnlos. Auch chronische Schmerzen sind häufig sinnlos (▶ s. u.). Krankheiten, bei denen der Schmerz das einzige Symptom ist, sind sog. Schmerzkrankheiten (z. B. Migräne).

Pathophysiologische Nozizeptorschmerzen. Die Erkrankung eines Organs, z. B. eine Entzündung führt zu charakteristischen Schmerzerscheinungen, nämlich zu Hyperalgesie und Ruheschmerzen (◘ Tabelle 15.1). Eine Hyperalgesie ist häufig nicht auf den Ort der Schädigung begrenzt (Zone der primären Hyperalgesie, ◘ Abb. 15.10 A), sondern sie umfasst auch eine Zone im gesunden Gewebe um den Krankheitsherd herum (sekundäre Hyperalgesie, ▶ s. ◘ Abb. 15.10 A).

Ein typisches Beispiel für eine kutane ***Hyperalgesie*** ist der Sonnenbrand. Hierbei besteht eine thermische und mechanische Hyperalgesie, so dass z. B. die Dusche mit gewohnter Temperatur und Berührungen Schmerzempfindungen auslösen. Manchmal bestehen Ruheschmerzen. Ein Beispiel für eine Hyperalgesie im tiefen Gewebe ist der Bewegungsschmerz bei einer Gelenkentzündung. Ein entzündetes Gelenk schmerzt nicht nur bei Überdrehung, sondern bei normalen Bewegungen im Arbeitsbereich des Gelenks, und auch Palpation löst eine Schmerzempfindung aus.

Neuropathische Schmerzen. Sie werden auch ***neuralgische Schmerzen*** genannt (z. B. Trigeminusneuralgie, ▶ s. 15.1). Neuropathische Schmerzen entstehen durch Schädigung von Nervenfasern, z. B. durch Druck einer Bandscheibe auf Hinterwurzeln oder bei Diabetes mellitus. Solche Schmerzen sind häufig bohrend, brennend, einschießend, und sie stehen oft in keinem Zusammenhang zu einem noxischen Reiz. Sie werden als abnormal empfunden. Zudem kann eine Hyperalgesia und eine Allodynie beobachtet werden.

◘ Tabelle 15.1. Erscheinungsformen klinisch relevanter Schmerzen

Symptom	Definition
Hyperalgesie	stärkere Schmerzempfindung als normal bei schmerzhafter Reizung; Senkung der Schmerzschwelle, so dass normalerweise nicht-schmerzhafte Reizintensitäten als schmerzhaft empfunden werden. (Letzteres wird manchmal auch als Allodynie bezeichnet, ▶ s. u.)
Thermische Hyperalgesie	Erhöhte Schmerzempfindlichkeit für thermische Reize
Mechanische Hyperalgesie	Erhöhte Schmerzempfindlichkeit für mechanische Reize
Primäre Hyperalgesie	Hyperalgesie im Bereich einer Schädigung bzw. Erkrankung
Sekundäre Hyperalgesie	Hyperalgesie im gesunden Gewebe außerhalb des Krankheitsherdes
Allodynie	Auftreten von Schmerzen durch Berührungsreizes
Ruheschmerzen	Spontane Schmerzen ohne willkürliche mechanische oder thermische Reizung

15.1 Trigeminusneuralgie

Pathophysiologie. Diese schmerzhafte Erkrankung des N. trigeminus kann nach Schädigung von Trigeminusfasern auftreten. Häufig wird der Nerv durch Druck der A. cerebelli superior oder A. basilaris auf den Nerven geschädigt. Die Schmerzen sind heftig, plötzlich einschießend und dauern nur wenige Sekunden. Sie werden häufig durch Kau- oder Sprechbewegungen ausgelöst.

Therapie. Behandelt wird mit Medikamenten, die die Erregbarkeit von Nervenzellen dämpfen (▶ s. Abschnitt 15.7.). Wenn dies nicht erfolgreich ist, wird eine operative Behandlung erwogen, bei der zwischen die Arterie und den Nerven ein Polster gelegt wird.

Auch die Entfernung eines Nervenastes kann zu Schmerzen führen. So ist der Phantomschmerz ein neuropathischer Schmerz, der nach Amputation einer Extremität auftreten kann (▶ s. 15.2). Bei Schädigung im Zentralnervensystem können zentrale Schmerzen entstehen (z. B. bei einem ischämisch bedingten Thalamussyndrom oder bei multipler Sklerose).

Chronischer Verlauf von Schmerzen. Üblicherweise spricht man von chronischen Schmerzen, wenn sie länger als ein halbes Jahr bestehen. Bei chronischen Erkrankungen (z. B. Rheumatoide Arthritis, Arthrose) können Schmerzen über Jahrzehnte wesentliches Symptom des Krankheitsprozesses sein.

In anderen Fällen ist ein medizinisch fassbares Substrat als Schmerzursache nicht (mehr) nachzuweisen. Hierbei besteht eine erhebliche ***Diskrepanz*** zwischen ***Nozizeption*** (als einem durch pathologische Vorgänge ausgelösten Prozess) und ***Schmerz*** (als einer subjektiven Empfindung). In diesem Fall ist Schmerz kaum noch Ausdruck einer pathologischen Schädigung, sondern ein komplexes psychisches Geschehen, bei dem neben nozizeptiv-sensorischen auch psychologische und soziale Faktoren eine wesentliche Rolle spielen. Dies betrifft vor allem Rückenschmerzen, die unter den chronischen Schmerzen am häufigsten vorkommen.

Periphere Mechanismen von Entzündungsschmerzen

Eine Entzündung führt zur Sensibilisierung von polymodalen Nozizeptoren und zur Rekrutierung stummer Nozizeptoren

Sensibilisierung von polymodalen Nozizeptoren. Im entzündeten Gewebe werden aus verschiedenen Entzündungszellen, Thrombozyten und aus dem Plasma Mediatoren freigesetzt (Abb. 15.9 A). In diesem entzündlichen Milieu werden polymodale Nozizeptoren ***sensibilisiert.*** Ihre Erregungsschwelle nimmt ab, so dass sie bereits durch normalerweise nicht-noxische Reizintensitäten (Berührung, Wärme) erregt werden, und ihre Antworten auf noxische Reize nehmen zu (Abb. 15.9 B). Die Sensibilisierung erzeugt die ***primäre Hyperalgesie*** im entzündeten Gewebe. Zusätzlich entwickeln viele Nozizeptoren im entzündeten Gebiet Spontanaktivität. Diese ist die Basis für ***Ruheschmerzen.***

Rekrutierung stummer Nozizeptoren. Neben den polymodalen werden auch stumme Nozizeptoren sensibilisiert. Sie sind im normalen Gewebe wegen ihrer extrem hohen Erregungsschwelle durch mechanische und thermische Reize praktisch nicht aktivierbar (▶ s. Abschnitt 15.2). Durch ihre Sensibilisierung werden stumme Nozizeptoren für mechanische und thermische Reize erregbar. Sie werden so als zusätzliche Nozizeptoren »rekrutiert« und verstärken den Zustrom in das Rückenmark. Die Sensibilisierung stummer Nozizeptoren ist auch ein wichtiger neuronaler Mechanismus viszeraler Schmerzen, z. B. Angina pectoris (Schmerz durch Kontraktion unter ischämischen Bedingungen).

Mechanismen der Sensibilisierung. Die Nozizeptorsensibilisierung entsteht dadurch, dass Entzündungsmediatoren Rezeptoren in der Membran der sensorischen Nervenendigungen aktivieren (▶ s. Abb. 15.5). Die Bindung der meisten Mediatoren an ihre Rezeptoren aktiviert zunächst Second-messenger-Systeme. So führt z. B. Prostaglandin E_2 zur Aktivierung der Adenylatzyklase mit cAMP-Bildung und nachfolgend zur Aktivierung der Proteinkinase A. Letztere bewirkt eine Phosphorylierung von Ionenkanälen, wodurch diese für mechanische und thermische Reize empfindlicher werden. Manche Mediatoren lösen auch »Spontanaktivität« aus.

Periphere Mechanismen neuropathischer Schmerzen

Grundlage neuropathischer Schmerzen kann die Bildung ektopischer Entladungen in Primärafferenzen sein

Entstehung ektoper Aktionspotentiale. In verletzten oder erkrankten Nervenfasern werden Aktionspotentiale nicht nur durch Rezeptorpotentiale in der sensorischen Endigung ausgelöst. Sie werden entweder an der lädierten Stelle bzw. in einem Neurom (einem »Nervenfaserknäuel« an der Stelle, wo durchschnittene Nervenfasern aussprossen) oder in der Hinterwurzelganglienzelle selbst erzeugt. Ektopische Aktivität kann episodenhaft ohne erkennbaren Anlass entstehen oder z. B. durch mechanische Reizung des lädierten Nerven ausgelöst werden. Ektopische Entladungen entstehen auch in nicht-nozizeptiven Afferenzen mit dicker Myelinscheide.

Mechanismen der Bildung ektopischer Entladungen. An der lädierten Stelle können vermehrt Proteine in die Membran eingebaut werden, die eine rhythmische Impulsbildung begünstigen (z. B. Natriumkanäle). Dadurch wird die lädierte Stelle sehr leicht depolarisiert und zum Auslöser von Aktionspotentialen. Lädierte Nervenfasern werden im Gegensatz zu intakten Axonen auch durch Entzündungsmediatoren depolarisiert. Letztere stammen aus weißen Blutzellen, die sich an der Läsionsstelle ansammeln, oder aus lokalen Schwannzellen.

Beitrag des Sympathikus. In manchen Fällen erzeugt der Sympathikus die pathologische Erregbarkeit. Intakte Nozizeptoren werden durch das sympathische Nervensystem nicht erregt. Nach Nervenläsion können adrenerge

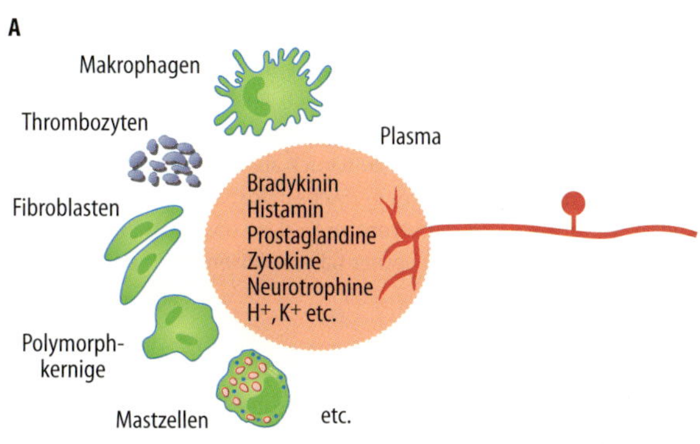

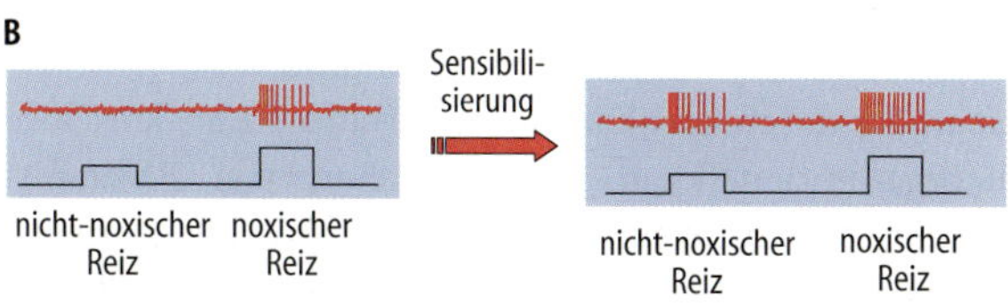

Abb. 15.9. Sensibilisierung eines Nozizeptors bei Entzündung. A Bildung und Freisetzung von Entzündungsmediatoren aus Entzündungszellen, Thrombozyten und dem Plasma. Diese bilden im Bereich der sensorischen Nervenendigung ein entzündliches chemisches Milieu. **B** Senkung der Antwortschwelle eines Nozizeptors im Laufe des Sensibilisierungsprozesses: die Nervenendigung wird so empfindlich für mechanische und thermische Reize, daß auch normalerweise nicht noxische Reize die Faser erregen

Rezeptoren in die Membran eingebaut werden. Dadurch wird die geschädigte Afferenz durch den Sympathikus aktivierbar. Eine Interaktion zwischen sympathischen Fasern und Primärafferenzen kann im Bereich der sensorischen Endigungen der Primärafferenzen und in den Hinterwurzelganglien zustandekommen. Nach einer Nervenläsion sprossen sympathische Fasern vermehrt um die Zellkörper von Primärafferenzen aus.

Zentrale Mechanismen klinischer Schmerzen

Eine zentrale Sensibilisierung verstärkt die nozizeptiven Vorgänge im Zentralnervensystem und erhöht die Schmerzhaftigkeit

Der peripheren Sensibilisierung oder einer ektopischen Impulsaktivität folgt häufig eine ***zentrale Sensibilisierung***. Hierbei werden nozizeptive Neurone im Zentralnervensystem für nozizeptive Zuflüsse empfindlicher. Eine zentrale Sensibilisierung wurde bisher vor allem an Nervenzellen des Rückenmarks beobachtet. Ein verändertes Antwortverhalten nozizeptiver Neurone in supraspinalen Strukturen (Thalamus, Kortex etc.) kann spinale Sensibilisierungsprozesse widerspiegeln oder durch eine supraspinale Sensibilisierung entstehen.

Spinale Sensibilisierung bei Entzündung. Abbildung 15.10 zeigt die Sensibilisierung eines nozizeptiven Rückenmarkneurons bei peripherer Entzündung. Im Verlauf der Entzündung nehmen die Antworten auf Reizung des entzündeten Gewebes und des benachbarten gesunden Gewebes zu (Antworten auf Reizung der Stellen 2 und 3). Das rezeptive Feld des Neurons wird größer. Der Kreis in Abb. 15.10 B zeigt das rezeptive Feld vor Entzündung, der Kreis in Abb. 15.10 C das expandierte rezeptive Feld während der Entzündung (jetzt führt auch die Reizung der Stellen 1 und 4 zu einer Antwort).

Ein sensibilisiertes Rückenmarkneuron antwortet stärker auf Reize. Die spinale Sensibilisierung erkärt ferner, weshalb häufig auch in gesunden Arealen um den Entzündungsherd herum eine erhöhte Schmerzempfindlichkeit besteht, eine ***sekundäre Hyperalgesie*** (Abb. 15.10 A). Nach Abklingen des peripheren schmerzauslösenden Prozesses geht die spinale Sensibilisierung entweder zurück, oder sie bleibt über das schädigende Ereignis hinaus bestehen. Im letzteren Fall hat der nozizeptive Einstrom möglicherweise zu einer Langzeitpotenzierung (LTP) geführt, die vom nozizeptiven Eingang unabhängig geworden ist.

Mechanismen der spinalen Sensibilisierung. Die verstärkten Antworten des Rückenmarkneurons bei Reizung des entzündeten Gebietes werden durch die verstärkte Aktivierung von sensibilisierten Nozizeptoren verursacht. Diese setzen vermehrt Glutamat und Neuropeptide (Substanz P und CGRP) frei. Am wichtigsten ist die Aktivierung der NMDA-Rezeptoren in den Rückenmarkzellen durch Glutamat (▶ s. Abschnitt 15.3 und

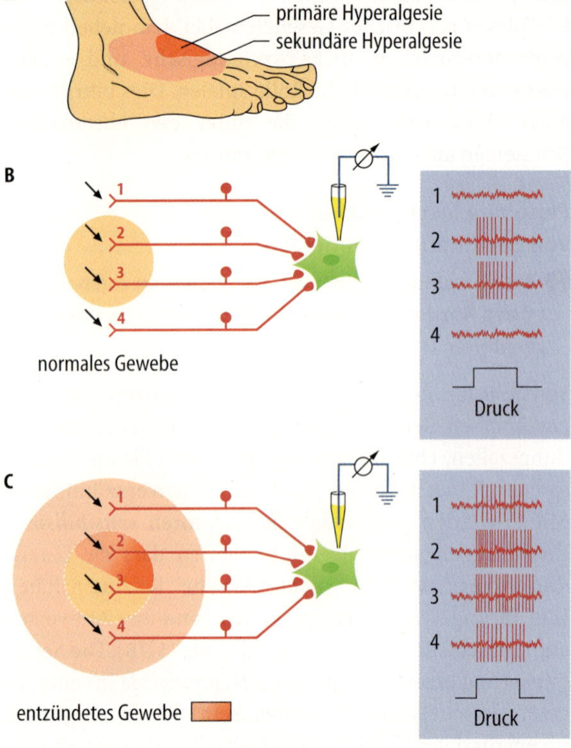

Abb. 15.10. Primäre und sekundäre Hyperalgesie und Sensibilisierung eines nozizeptiven Rückenmarkneurons bei Entzündung. **A** Zonen der primären Hyperalgesie (sie entspricht dem Ort der Schädigung) und der sekundären Hyperalgesie (hier ist das Gewebe gesund). **B** Rezeptives Feld *(Kreis)* eines Rückenmarkneuron im gesunden Gewebe. Bei noxischem Druck auf die Stellen 2 und 3 (sie liegen innerhalb des ursprünglichen rezeptiven Feldes) werden Aktionspotentiale ausgelöst, bei noxischem Druck auf das umgebende Gewebe (Stellen 1 und 4) dagegen nicht. **C** Nach Ausbildung einer Entzündung im rezeptiven Feld nimmt die Antwort auf mechanische Reizung des entzündeten Areales zu (Druck auf Stelle 2), und auch Reizung des benachbarten Gewebes (Stelle 3) löst stärkere Aktivität aus. Zudem vergrößert sich das rezeptive Feld, so dass auch die Reize an den Stellen 1 und 4 Aktionspotentiale auslösen. B, C: nach Fölsch, Kochsiek u. Schmidt (2000)

Abb. 15.8). Die zentrale Sensibilisierung kann durch die Gabe von NMDA-Rezeptorantagonisten verhindert werden. Substanz P und CGRP verstärken die spinale Sensibilisierung (Abb. 15.8). Auch weitere Mediatoren sind beteiligt, z. B. spinale Prostaglandine.

Schmerz durch kortikale Reorganisation. Eine kortikale Reorganisation kann zum Auftreten von Phantomschmerzen beitragen (▶ s. 15.2). Kortikale Reorganisation verändert die normalen »Hirnkarten«. Areale, die keinen sensorischen Eingang mehr besitzen, werden von anderen Eingängen »mitbenutzt«. Die daraus resultierende Aktivierung wird »fälschlicherweise« der nicht mehr vorhandenen Gliedmaße zugeordnet.

15.2. Phantomschmerz

Ursache. Phantomschmerz ist eine neuropathische Schmerzkrankheit, die nach Amputation oder Verlust eines Körperteils, z. B. einer Extremität auftritt. Hierbei wird der Schmerz bizarrerweise gerade in dem fehlenden Körperteil empfunden. Der Schmerz ist extrem unangenehm, tritt epidosenhaft auf, und wandert häufig in der fehlenden Extremität von distal nach proximal.

Pathophysiologie. Bei Phantomschmerz liegt eine pathologische Aktivierung des nozizeptiven Systems vor, verbunden mit neuroplastischen Veränderungen im Kortex. Am Nervenstumpf können ektopische Entladungen entstehen, die das nozizeptive System inadäquat aktivieren. Zusätzlich zeigt der Kortex eine Reorganisation, bei der die somatotopischen Areale der fehlenden Extremität von benachbarten Körperarealen aus aktiviert werden können. Hierdurch kann es zu pathologischen Aktivierungen kommen, die in die fehlende Extremität projiziert werden.

Therapie. In den Fällen, in denen ektopische Entladungen aus dem Nervenstumpf die Schmerzattacken verursachen, kann die Applikation eines Lokalanästhetikums in nahegelege Nerven oder Plexus vorübergehend Schmerzlinderung erzielen.

Schmerzchronifizierung durch Lernprozesse

Lernprozesse können zur Persistenz von Schmerzen führen

Kortikale Lernprozesse. Ein Schmerzreiz kann wie viele andere Reize zu kortikalen Lernprozessen führen. Typisch für kortikale Lernprozesse ist Assoziation. Sowohl in Vorgängen der ***klassischen*** als auch der ***operanten Konditionierung*** wird der Schmerz mit anderen Erlebensinhalten in Verbindung gebracht. So kann ein Schmerzpatient die Erfahrung machen, dass er wegen seines Schmerzes deutlich mehr Zuwendung erfährt oder dass Rückenschmerzen eher als Begründung für Arbeitsunfähigkeit akzeptiert werden als ein persönlicher Leistungs- oder Motivationsverlust (in diesem Fall wird der Schmerz ***positiv verstärkt***, weil er eine hilfreiche Funktion hat).

Dissoziation von Nozizeption und Schmerz. Bei akuten Schmerzen besteht meistens eine gute Korrelation zwischen Nozizeption und Schmerz. Das Ausmaß des Schmerzes wird vom Ausmaß der Nozizeption bestimmt. Kommt es durch die Schmerzempfindung zu den o. g. Lernprozessen, verliert der Schmerz mehr und mehr die ursprüngliche Funktion, nämlich die Warnung vor Gewebeschädigung. Es wird gelernt, dem Schmerz neben der ursprünglichen eine weitere, z. B. psychologische Bedeutung zuzumessen. Häufig sind dem Patienten diese Lernvorgänge gar nicht bewusst.

In Kürze

Klinisch bedeutsame Schmerzen

Erscheinungsformen klinisch bedeutsamer Schmerzen sind:

- Pathophysiologische Nozizeptorschmerzen: Sie treten bei pathophysiologischen Veränderungen im Gewebe (Entzündungen, Verletzungen etc) auf. Das Nervensystem selbst ist intakt.
- Neuropathische Schmerzen: Sie treten bei Schädigung oder Erkrankung der Nervenzellen/Nervenfasern selbst auf. Bei Erkrankungen von Nervenzellen des ZNS spricht man von zentralen Schmerzen.

Bei chronischen Schmerzen besteht häufig kein Zusammenhang mehr zwischen Nozizeption und Schmerz

Neuronale Mechanismen

Folgende neuronale Mechanismen führen zu klinisch bedeutsamen Schmerzen:

- Die Periphere Sensibilisierung (Sensibilisierung von Nozizeptoren ist ein wichtiger Mechanismus pathophysiologischer Nozizeptorschmerzen; sie führt zur primären Hyperalgesie am Ort der Erkrankung.
- Ektopische Entladungen (Auslösung von Aktionspotentialen an der erkrankten Stelle oder im Hinterwurzelganglion) in Primärafferenzen sind ein wichtiger Mechanismus von neuropathischen Schmerzen.
- Die zentrale Sensibilisierung entsteht als Folge nozizeptiven Eingangs. Sie verstärkt die Empfindlichkeit von nozizeptiven Zellen des Zentralnervensystems. Dies verstärkt die primäre Hyperalgesie und bewirkt eine sekundäre Hyperalgesie.
- Eine kortikale Reorganisation (veränderte kortikale Somatotopie) wird als Mechanismus angesehen, der für Phantomschmerzen mitverantwortlich ist. Hierbei werden Kortexzellen von »falschen« Nervenzellen aktiviert.
- Kortikale Lernprozesse (klassische und operante Konditionierung) tragen zur Chronifizierung von Schmerzen bei. Hierdurch entsteht häufig eine Dissoziation zwischen Nozizeption und Schmerz, und der Schmerz gewinnt eine andere, z. B. psychologische Bedeutung.

15.6 Grundlagen der Schmerztherapie

Pharmakologische Schmerztherapie

Schmerzen können kausal und/oder symptomatisch bekämpft werden; für die medikamentöse Schmerztherapie stehen Substanzgruppen mit unterschiedlichen Angriffspunkten zur Verfügung

Kausale und symptomatische Schmerztherapie. Effektive Schmerztherapie ist eine der wichtigsten ärztlichen Aufgaben, da bei den meisten Erkrankungen gerade der Schmerz den Patienten am meisten beeinträchtigt. Am besten ist die ***kausale Schmerztherapie***, die Beseitigung des schmerzauslösenden Krankheitsprozesses. Da der Heilungsprozess jedoch häufig viel Zeit in Anspruch nimmt, muss der Schmerz zunächst mit einer ***symptomatischen Schmerztherapie*** bekämpft werden. Bei chronischen Erkrankungen ist häufig eine jahrelange symptomatische Schmerztherapie erforderlich.

Am wichtigsten ist die ***medikamentöse Therapie***. Besonders bei Erkrankungen des Bewegungsapparates werden auch ***physikalische*** Maßnahmen der Schmerztherapie erfolgreich eingesetzt, und auch die ***Akupunktur*** bewirkt in manchen Fällen eine Schmerzlinderung. In seltenen Fällen werden neurochirurgische Maßnahmen zur Schmerzbekämpfung angewandt.

Nichtsteroidale Analgetika. Meist werden ***Non-Steroidal Anti-Inflammatory Drugs (NSAIDs)***, wie z. B. Acetylsalicylsäure zur Schmerzbekämpfung genommen. NSAIDs hemmen ***Cyclooxygenasen***. Letztere sind wichtige Enzyme für die Bildung von ***Prostaglandinen*** aus der Arachidonsäure. Da Prostaglandine wichtige Entzündungsmediatoren sind und Nozizeptoren Prostaglandinrezeptoren besitzen, reduzieren Cyclooxygenasehemmer sowohl den Entzündungsprozess als auch die Nozizeptorsensibilisierung. Da Cyclooxygenasen auch in den Primärafferenzen und im Rückenmark vorkommen und die dort gebildeten Prostaglandine zur zentralen Sensibilisierung beitragen, wirken NSAIDs auch im Zentralnervensystem.

▪▪▪ **Spezifische Cyclooxygenase-2-Hemmer.** Prostaglandine, die bei Entzündungen gebildet werden, werden in der Regel durch die Cyclooxygenase-2 synthetisiert. Dieses Enzym ist induzierbar und wird nur bei entsprechender Stimulation aktiv. Viele Organe besitzen eine Cyclooxygenase-1, die Prostaglandine für physiologische Prozesse bildet. Zum Beispiel vermitteln sie eine wichtige Schutzfunktion des Magens gegenüber der aggressiven Salzsäure. Nichtselektive Cyclooxygenasehemmer wie Acetylsalicylsäure führen daher nicht nur zur Schmerzlinderung, sondern auch häufig zu gastrointestinalen Nebenwirkungen bis hin zur tödlichen Magenblutung. Durch den Einsatz von Cyclooxygenase-2-Hemmer können solche Nebenwirkungen deutlich reduziert werden.

Opiate. Während NSAIDs als schwache Schmerzmittel eingestuft werden, haben Opiate eine stärkere schmerzlindernde Wirkung. Therapeutisch eingesetzte ***Opiate*** wie ***Morphin*** wirken an ***μ-Opioidrezeptoren***, die in vielen Bereichen des nozizeptiven Systems vorkommen. Ein wichtiger Wirkort ist das ***Rückenmark***. Dort verhindert Morphin einerseits die Freisetzung von Transmittern aus nozizeptiven Afferenzen (präsynaptische Wirkung), andererseits hyperpolarisiert Morphin die Rückenmarkzellen (postsynaptische Wirkung). Des weiteren soll Morphin die absteigende Hemmung aktivieren, und es wirkt an vielen Orten im Gehirn, die an der Verarbeitung schmerzhafter Reize beteiligt sind (► s. Abschnitt 15.4).

▪▪▪ Für den Einsatz von NSAIDs und Morphin gibt es ein Stufenschema der WHO. Bei leichten bis mittelschweren Schmerzen gibt man NSAIDs (Stufe 1). Bei mittelschweren bis schweren Schmerzen verabreicht man NSAIDs plus ein schwach wirksames Opiat (Stufe 2). Schwere Schmerzen werden mit einem NSAID und einem stark wirksamen Opiat behandelt (Stufe 3).

Lokalanästhetika. Schmerzen können durch örtliche Betäubung mit einem Lokalanästhetikum oder mit einem Nervenblock durch eine Infiltrationsanästhesie behandelt werden. Auf Schleimhäuten kann ein Lokalanästhetikum zur Oberflächenanästhesie benutzt werden. Die Blockade der Leitung von Aktionspotentialen kann aber nicht dauerhaft durchgeführt werden, weil nicht nur Nozizeptoren, sondern auch andere sensorische, motorische und efferente Nervenfasern von der Leitungsblockade betroffen sind.

Erregungsdämpfende Medikamente und Antidepressiva. Neuropathische Schmerzen werden oft erfolgreich mit ***Antikonvulsiva*** bekämpft, die generell die Erregbarkeit von Nervenzellen hemmen. ***Antidepressiva*** verstärken die endogene Schmerzhemmung, indem sie die Wiederaufnahme der Transmitter Noradrenalin und Serotonin hemmen. Letztere und auch andere Psychopharmaka beeinflussen nicht nur das nozizeptive System, sondern sie tragen auch über die Bekämpfung von Depression und Spannung zur Schmerzlinderung bei.

15.3. Operante Schmerztherapie

Zuverlässige Untersuchungen belegen, dass chronische Schmerzen unabhängig von den pathophysiologischen Veränderungen zu mehr als 60 % von kognitiven und lernpsychologischen Mechanismen verursacht sind. Entsprechend wenig wirksam ist eine medikamentöse Therapie. Vielmehr müssen bei diesen Patienten die physiologischen und psychologischen Ursachen des Schmerzes als Einheit behandelt und ihre Abhängigkeit von Lernprozessen, meist sozialer Natur, analysiert werden. Diesen diagnostischen Prozess nennt man Verhaltensanalyse. Mit einer anschließenden operanten Schmerzbehandlung werden dann die verstärkenden Einflüsse auf das Schmerzverhalten beseitigt und schmerzhemmendes Verhalten aufgebaut.

▼

Für dieses Ziel kommen, je nach individueller Entstehungsgeschichte und Biographie, unterschiedliche Strategien in Frage:

- Relevante Bezugspersonen lernen, sich bei Schmerzäußerungen nicht mehr zuzuwenden, sondern nur schmerzfreie Phasen oder schmerzinkompatible Verhaltensweisen zu verstärken.
- Schonhaltungen werden durch ein Aktivitätstraining ersetzt, das nicht benutzte Muskelgruppen aktiviert und überanspruchte ausschaltet (»learned non-use«).
- Schmerzkontingente Medikamenteneinnahme wird durch eine Medikamenteneinnahme nach Zeitplänen, z. T. mit Plazebogabe ersetzt.
- Arztbesuche werden auf Notmaßnahmen begrenzt.
- Durch ein Training sozialer Fertigkeiten werden Verhaltensweisen und Gefühlsausdruck geübt, die im sozialen Umfeld zu einer Zunahme positiver sozialer Verstärkungen führen.
- Kontrakt-Management schreibt durch Verträge ansteigende motorische, soziale Aktivitäten des(r) Patienten(in) und seiner Bezugspersonen vor.

Operantes Training ist das erfolgreichste Verfahren zur Beseitigung chronischer Schmerzen. Da es aber zu schwierigen Umstellungen des gesamten sozialen Lebens eines(r) Patienten(in) führt und einen hohen Arbeitsaufwand von Seiten des Therapeuten verlangt, wird es (leider) selten angewandt.

Physikalische Schmerztherapie

! Physikalische Maßnahmen können Schmerzen im Bewegungsapparat häufig lindern

Ruhigstellung und Reizung. ***Ruhe*** und ***Ruhigstellung*** wirken in akuten Krankheitsstadien häufig schmerzlindernd, weil dadurch die Aktivierung sensibilisierter Nozizeptoren vermindert wird. Andererseits werden besonders chronische Schmerzen durch ***Massage, Krankengymnastik*** und ***Bewegungstherapie*** häufig gebessert. Vermutlich wirken diese Maßnahmen indirekt schmerzlindernd, weil sie den Heilungsprozess fördern, Fehlstellungen korrigieren und Muskelverspannungen lockern.

Kälte- und Wärmebehandlung. Kälte lindert akute Schmerzen. Sie bekämpft durch Drosselung der Durchblutung und Absenkung metabolischer Vorgänge den Entzündungsprozess. Außerdem kann sie die Temperatur im Gewebe soweit senken, dass sie unterhalb der Temperatur liegt, die sensibilisierte Nozizeptoren erregt. Wärme ist eher bei chronischen Schmerzen hilfreich. Angenommen wird, dass Wärme die Durchblutung fördert und dadurch Heilungsvorgänge unterstützt.

Akupunktur. Bei manchen Patienten erzielt Akupunktur eine Linderung von Schmerzen, die über eine Plazebowirkung hinausgeht. Vermutlich werden durch die Akupunktur endogene Hemmsysteme aktiviert (► s. Abschnitt 15.4). Hierbei kommt das Prinzip der Gegenirritation zum Tragen. Eine schmerzhafte Empfindung wird häufig durch andere gleichzeitig wirkende Sinnesreize, z. B. Reiben und Kratzen eines schmerzhaften Areals unterdrückt (afferente Hemmung). Nach diesem Konzept erzeugt die Akupunkur eine afferente Hemmung. Bisher wurde allerdings nicht geklärt, weshalb gerade die Reizung definierter Akupunkturpunkte diese afferente Hemmung besonders effektiv auslöst.

In Kürze

! Medikamentöse Schmerztherapie

Für die medikamentöse Schmerztherapie stehen zur Verfügung:

- nicht-steroidale antiinflammatorische Substanzen (NSAIDs). Ihre Wirkung beruht auf der Hemmung der Prostaglandinsynthese;
- Opiate hemmen über die Aktivierung von μ-Opoidrezeptoren präsynaptisch die Freisetzung von Transmittern und erzeugen postsynaptisch eine Hyperpolarisation;
- Lokalanästhetika blockieren die Fortleitung von Aktionspotentialen;
- Antikonvulsiva hemmen die Erregbarkeit von Nervenzellen.

! Physikalische Schmerztherapie

Bei der physikalischen Schmerztherapie kann – je nach Art und Dauer des Schmerzes – eine Schmerzlinderung erreicht werden durch:
Ruhigstellung, Massage, Bewegungstherapie, Akupunktur, Kälte, Wärme.

Literatur

Basbaum AI, Jessell TM (1999) The perception of pain. In: Kandel ER, Schwartz JH, Jessell TM (eds) Principles of Neural Science, 4th edn, 472–491

Belmonte C, Cervero F (eds) (1996) Neurobiology of nociceptors. Oxford University Press. Oxford, New York, Tokyo.

Birbaumer N, Schmidt RF (2002) Biologische Psychologie, 5. Aufl. Springer, Berlin Heidelberg NewYork

Handwerker HO (1999) Einführung in die Pathophysiologie des Schmerzes. Springer, Berlin Heidelberg NewYork

Millan MJ (1999) The induction of pain: an integrative review. Progr Neurobiol 57: 1–164

Schaible H-G, Schmidt RF (2000) Pathophysiologie von Nozizeption und Schmerz. In Fölsch UR, Kochsiek K, Schmidt RF (Hrsg) Pathophysiologie. Springer, Berlin Heidelberg NewYork, 55–68

Treede R-D, Kenshalo DR, Gracely RH, Jones AKP (1999) The cortical representation of pain. Pain 79: 105–111

Kapitel 16
Die Kommunikation des Menschen: Hören und Sprechen

H. P. Zenner

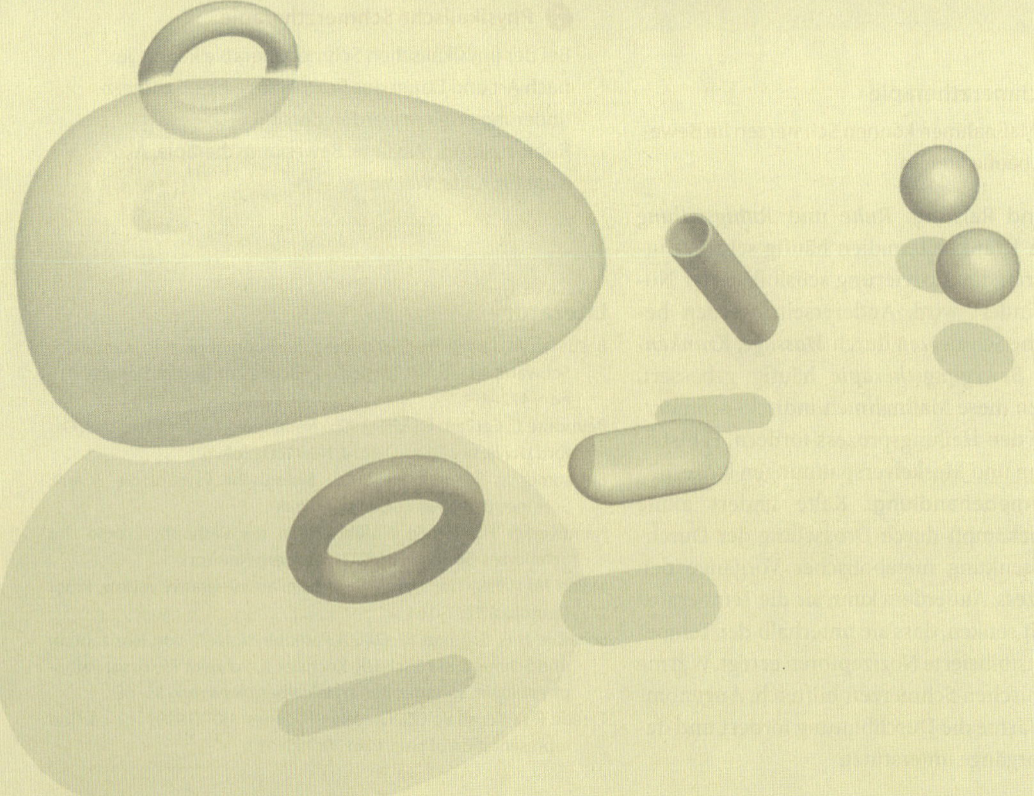

Einleitung

Im 2. Lebensjahr von B.K. fällt ihren Eltern auf, dass sie keine Sprache entwickelt. Die Untersuchung beim Arzt zeigt, dass keine otoakustischen Emissionen (akustische Ableitung aus dem Innenohr) und keine Hirnstammpotentiale (elektrische Ableitung von der Hörbahn des Gehirns) akustisch auslösbar sind. Die weitere Diagnostik ergibt, dass B.K. gehörlos ist. Durch eine Operation wird ihr vor ihrem 2. Geburtstag ein Kochlear-Implantat (Elektrodenbündel zur lebenslangen elektrischen Reizung des Hörnervs) ins Innenohr eingepflanzt. Sie hört und lernt damit ihre Muttersprache, kann telefonieren und besucht eine Regelschule.

Hören und Sprechen sind die wichtigsten Kommunikationsmittel des Menschen. Ohne sie werden Vorlesungen, ja sogar Film und Fernsehen weitestgehend sinnlos, das Gespräch mit Freunden ist nicht mehr möglich. Das Gehör des Menschen erlaubt es, hochkomplexe, detaillierte Informationen aus der Umwelt zu extrahieren. In erheblich größerem Ausmaß als jeder andere Sinn ist das Gehör dabei für die menschliche Sprache und ihre Entwicklung verantwortlich. Der Hörverlust des Erwachsenen oder die angeborene Taubheit des Säuglings bedeuten eine kommunikative Katastrophe für den Einzelnen. Der Betroffene gerät in eine für den Gesunden kaum nachvollziehbare Isolation.

16.1 Ohr und Schall

Das Ohr

Das Ohr wird durch Schallsignale gereizt; sie führen zu Vibrationen im Mittelohr, zur Wanderwelle im Innenohr, zur mechanoelektrischen Transduktion der Haarzellen sowie zur Aktivierung des Hörnerven

Aufgabe des Ohres. Das Ohr ist das empfindlichste Sinnesorgan des Menschen. Der adäquate Reiz ist Schall. Er gelangt durch den äußeren Gehörgang zum Trommelfell, welches als Membran den Gehörgang abschließt und die Grenze zum luftgefüllten Mittelohr bildet. Durch die Gehörknöchelchen des Mittelohrs wird der Schall auf das Innenohr übertragen.

Im flüssigkeitsgefüllten Innenohr läuft die Schallenergie als Welle – »Wanderwelle« – weiter. Aufgabe der Sinneszellen des Innenohrs ist es, dieses mechanische Schallsignal in ein körpereigenes, bioelektrisches bzw. biochemisches Signal zu überführen. Nach diesem Transduktionsprozess gibt die Sinneszelle das Signal mittels eines Transmitters an den Hörnerv weiter. Hörnerv, Hirnstamm und Hörbahn leiten die Information als Folge von Aktionspotentialen, jedoch mehrfach durch Synapsen unterbrochen, über die Hörbahn bis zur Großhirnrinde.

Nähe zum Gehirn. Die unmittelbare Nähe des Ohres zum Gehirn kann klinisch zur Folge haben, dass gewebszerstörende Krankheiten des Ohres sich bis in das Gehirn ausbreiten und zum Tode führen können.

16.1. Cholesteatom

Pathologie und Ursachen. Das Cholesteatom ist eine chronische Knocheneiterung des Mittelohres, die – ohne Operation – das Ohr überschreitet, das Hirn und die Hirnhäute entzündet und so zum Tode führen kann. Sie geht auf ortsfremdes, verhornendes Plattenepithel in den Mittelohrräumen zurück, welches bakteriell superinfiziert wird.

Therapie. Die Heilung besteht in einer zweiteiligen, mikrochirurgischen Operation sowie zusätzlicher Antibiotikagabe. Bei der Operation wird zunächst die Entzündung und damit in der Regel auch wesentliche Teile des Mittelohres (z.B. Gehörknöchelchen) radikal entfernt. Anschließend erfolgt ein Wiederaufbau des Mittelohres mittels Tympanoplastik (▶ s.u., ▶ 16.2).

Akustik. Adäquater Reiz für das Ohr ist der Schall. Die physikalische Beschreibung des Schalls heißt Akustik. Im Gegensatz dazu werden physiologische, biochemische und anatomische Vorgänge des Hörens als auditorisch oder auditiv bezeichnet.

Schallwellen

Das Ohr kann Schallwellen, winzige Druckschwankungen der Luft, verarbeiten; sie lassen sich mittels Frequenz und Schalldruck beschrieben

Töne. Im täglichen Leben tritt Schall als Druckschwankungen in der Luft auf. Die Frequenz des Schalls wird in Hertz (Hz, Schwingungen pro Sekunde) gemessen. Ein ***Ton*** ist eine Sinusschwingung, die nur aus einer einzigen Frequenz besteht (Abb. 16.1). Subjektiv besteht ein Zusammenhang zwischen der Frequenz und der empfundenen Tonhöhe. Je höher die Schallfrequenz, desto höher empfinden wir auch den Ton. Reine Töne sind im täglichen Leben allerdings selten. Sie werden jedoch klinisch verwendet, um das Hörvermögen von Patienten zu prüfen.

Klänge. Musik besteht in der Regel nicht aus reinen Tönen, sondern aus ***Klängen***. Dabei handelt es sich zumeist um einen Grundton mit mehreren Obertönen, deren Frequenz ein ganzzahliges Vielfaches der Grundfrequenz beträgt.

Geräusche. Die Schallereignisse des täglichen Lebens schließlich umfassen in wechselndem Ausmaß praktisch alle Frequenzen des Hörbereichs. Sie werden akustisch als ***Geräusche*** bezeichnet.

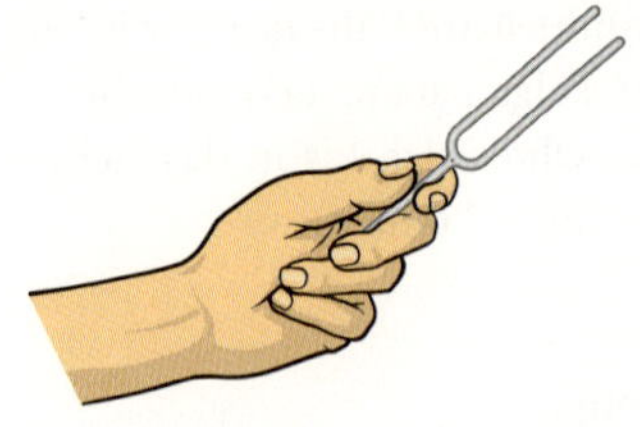

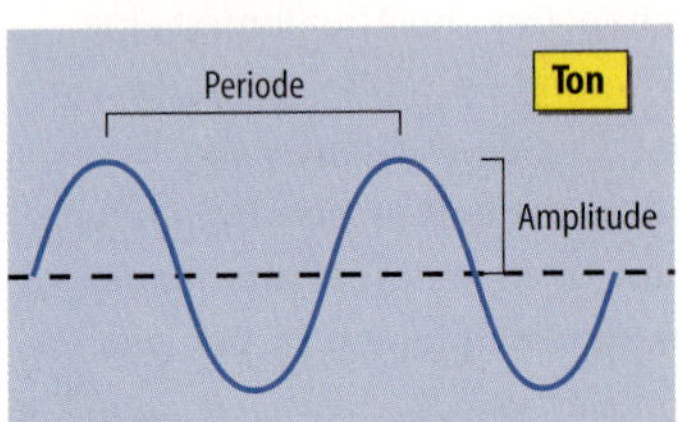

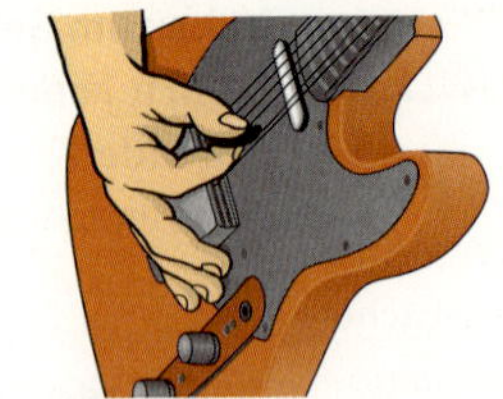

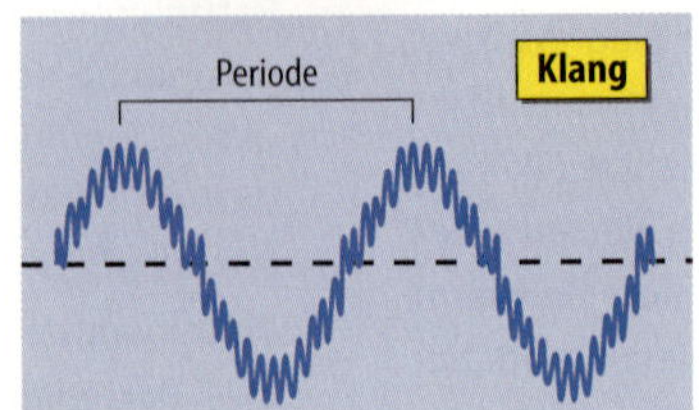

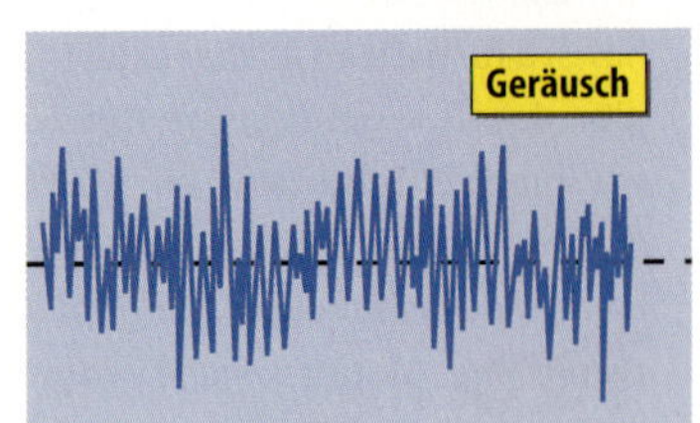

Abb. 16.1. Der Schalldruckverlauf eines Tons, eines Klangs sowie eines Geräuschs in Abhängigkeit von der Zeit. Die Periode lässt sich bei Ton und Klang, jedoch nicht mehr bei einem Geräusch erkennen. Im Gegensatz zum Ton erkennt man beim Klang, dass innerhalb einer Periode zusätzlich Schalldruckspitzen (Obertöne) auftreten

Schalldruck. Ein Schallereignis wird außer durch seinen Frequenzgehalt auch durch die Amplitude der entstehenden Druckschwankungen charakterisiert. Diesen Druck nennt man ***Schalldruck***. Er wird wie jeder andere Druck in Pascal (1 Pa = 1 N/m²) gemessen. Der ***Schalldruckumfang***, der vom Ohr verarbeitet werden kann, der dynamische Bereich des Ohrs, ist sehr weit. Bei 1000 Hz z. B. beträgt der eben hörbare Schalldruck $3{,}2 \times 10^{-5}$ Pa und kann bis zur Schmerzgrenze etwa zweimillionenfach bis auf 63 Pa gesteigert werden.

Das Dezibel

Für die Medizin ist das Dezibel die bedeutendste Maßeinheit des Schalls

Schalldruckpegel. Aufgrund des großen dynamischen Bereichs des menschlichen Ohres (Abb. 16.2) muss man bei der Angabe des Schalldrucks mit umständlich großen Zahlen umgehen. Dies ist für den täglichen Gebrauch zu unpraktisch. Daher wird in der Praxis ein anderes Maß verwendet, der ***Schalldruckpegel***. Er wird in Dezibel (dB) angegeben und ergibt einfach anzuwendende Zahlenwerte zwischen 0 und ungefähr 120 dB. So wird im Kraftfahrzeugschein das Fahrgeräusch in dB angegeben. Die Bezeichnung »Pegel« besagt, dass der zu beschreibende Schalldruck P_x in einem logarithmischen

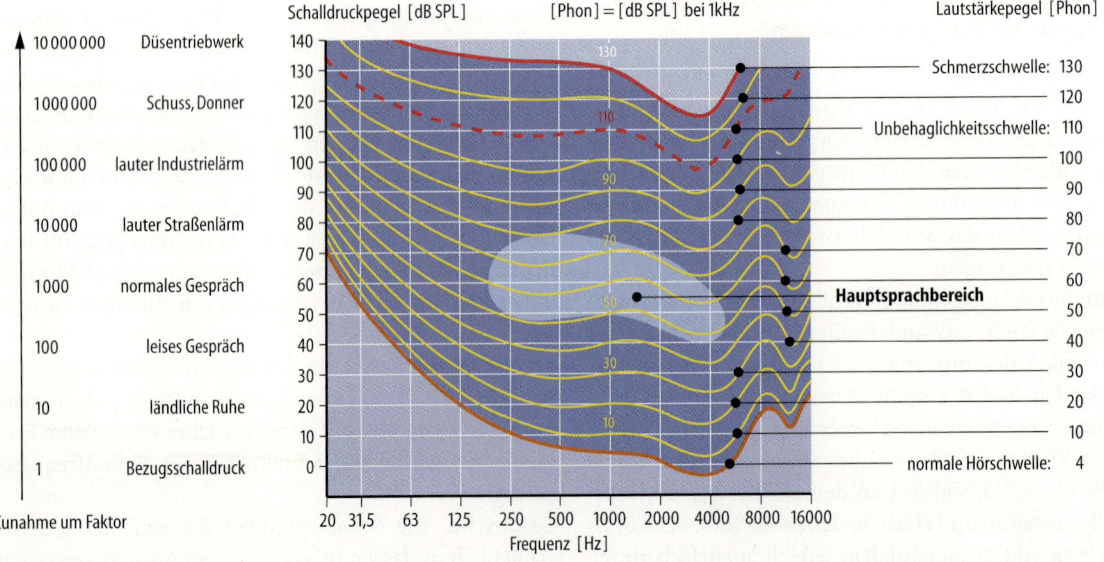

Abb. 16.2. Isophone, Hörfläche und Hauptsprachbereich (hell). Isophone sind Kurven gleicher Lautstärkepegel in Phon. Beachte, dass per definitionem Phon und Schalldruckpegel nur bei 1 kHz übereinstimmen

Verhältnis zu einem einheitlich festgelegten Bezugsschalldruck P_0 (2×10^{-5} Pa) steht. Die genaue Definition des Schalldruckpegels lautet:

$$L = 20 \log P_x/P_0 \text{ [dB]}$$

Wenige Dezibel mehr – Vervielfachung des Schalldrucks. Wichtig ist das Verständnis, dass sich hinter wenigen Dezibel in Wirklichkeit eine ***Vervielfachung des physikalischen Schalldrucks*** verbirgt. So bedeuten 20 dB tatsächlich eine Verzehnfachung des Schalldrucks (◘ Abb. 16.2). 80 dB meinen vier Verzehnfachungsschritte (80 : 20 = 4), also eine Steigerung um 10^4 = 10 000. Der Hörverlust eines Patienten von 80 dB bedeutet damit, dass dieser zur Wahrnehmung eines bestimmten Tons gegenüber einem Gesunden den 10 000fachen Schalldruck benötigt.

▪▪▪ Der Begriff des Pegels und damit eine dB-Skala werden vom Physiker übrigens nicht nur für den Schalldruck, sondern auch für andere Größen (z. B. elektrische Spannung) verwendet. Um Missverständnisse zu vermeiden, wird daher dem Schalldruckpegel in dB der Zusatz SPL *(Sound Pressure Level)* hinzugefügt.

Schalldruck und Lautstärke

Zunehmender Schalldruck führt zu zunehmender Lautstärkeempfindung; eine Zunahme der Frequenz wird als zunehmende Tonhöhe wahrgenommen

Tonaudiometrie. Zu den wichtigsten klinischen Untersuchungsverfahren des Gehörs zählt die Tonaudiometrie. Hierzu wird ein Gerät verwendet, das reine Töne erzeugt (Tonaudiometer). Diese Töne werden dem Untersuchten für jedes Ohr getrennt über einen Kopfhörer angeboten. Dabei wird der Schalldruck eines Tons von der untersuchten Person in einer bestimmten, ***subjektiven Lautstärke*** wahrgenommen. Tiefe Frequenzen werden als tiefe Töne, hohe Frequenzen als hohe Töne empfunden. Bei gleichem physikalischen Schalldruck werden Töne zwischen 2000 und 5000 Hz jedoch lauter gehört als höher oder niederfrequente Schallsignale. Die subjektive Lautstärke ist also ***frequenzabhängig***. Will man, dass der Patient alle Töne gleich laut (»isophon«) hört, so muss man den Schalldruck frequenzabhängig ständig ändern. Kurven gleicher Lautstärkepegel ***(Isophone)*** verlaufen daher gekrümmt (◘ Abb. 16.2). Sie werden in ***Phon*** angegeben und decken sich definitionsgemäß bei 1000 Hz mit der dB-Skala des Schalldruckpegels.

Hörbereich. Der ***menschliche Hörbereich*** umfasst Frequenzen von 20 bis 16 000 Hz und Lautstärkepegel zwischen 4 und 130 Phon. Der in ◘ Abb. 16.2 dargestellte menschliche Hörbereich wird als ***Hörfläche*** bezeichnet. In ihrer Mitte befindet sich der besonders wichtige ***Hauptsprachbereich***. Er umfasst die Frequenzen und Lautstärken der menschlichen Sprache. Erfasst eine Hörstörung den Hauptsprachbereich, so hat dies eine für den Patienten schwerwiegende Einschränkung des Sprachverständnisses zur Folge.

Audiometrie

Die Schwellenaudiometrie misst die Hörschwelle des Ohres; daraus schließt der Arzt auf das Hörvermögen des Patienten

Schwellenaudiometrie. Klinisch wird das Tonaudiometer nahezu ausschließlich dazu verwendet, die Schalldruckpegel der niedrigsten Isophone zu bestimmen. Jeder Ton wird nämlich vom Untersuchten erst oberhalb eines bestimmten, niedrigen Schalldruckpegels, der ***Hörschwelle***, gehört. Deshalb spricht man auch von ***Schwellenaudiometrie***. Die Hörschwelle ist frequenzabhängig und zwischen 2000 und 5000 Hz am niedrigsten. Sie stellt eine Isophone dar (4 Phon).

Klinisches Tonaudiogramm. Die gekrümmte Hörschwellenkurve (◘ Abb. 16.2) ist für den klinischen Alltag jedoch unpraktisch. Vielmehr hat man die beim Durchschnitt gesunder Jugendlicher messbare Hörschwelle für alle Frequenzen bestimmt und willkürlich als 0 dB HV (Hörverlust) bezeichnet. Die klinische Hörschwellenkurve wird als Gerade dargestellt (◘ Abb. 16.3), sodass für den medizinischen Alltag ein übersichtliches Bild entsteht. Diese Form der Darstellung heißt Tonaudiogramm. Leidet der Patient an einer Schwerhörigkeit, so bedeutet dies eine höhere Tonschwelle im Vergleich zu einem Gesunden. Im Audiogramm weicht die Messlinie dann um einen bestimmten dB-Betrag von der normalen Hörschwelle nach unten ab. Verschließt ein Gesunder beide Ohren mit den Fingern, so beträgt diese Abweichung beispielsweise 20 dB. Man spricht dann von einem Hörverlust (HV) von 20 dB HV (◘ Abb. 16.3 B).

Überschwellige Audiometrie. Aber auch oberhalb der Hörschwelle (»überschwellig«) kann der Arzt Hörprüfungen durchführen. So werden die Töne bei hohem Schalldruckpegel unbehaglich ***(Unbehaglichkeitsschwelle)*** und sogar schmerzhaft ***(Schmerzschwelle)***. Man kann dies selbst in lauten Diskotheken erleben. Manche Krankheiten des Hörorgans sind mit einer Herabsetzung von Unbehaglichkeits- und Schmerzschwelle verbunden. Die Betroffenen empfinden Unbehaglichkeit und sogar Schmerz bereits bei normaler Sprache oder Musik.

In Kürze

Ohr und Schall

Das Ohr ist das empfindlichte Sinnesorgan des Menschen und verarbeitet Schallwellen, also Kompressionswellen oder Druckschwankungen der Luft. Diese Druckschwankungen werden durch Schalldruck und Frequenz beschrieben.

▼

A Normal

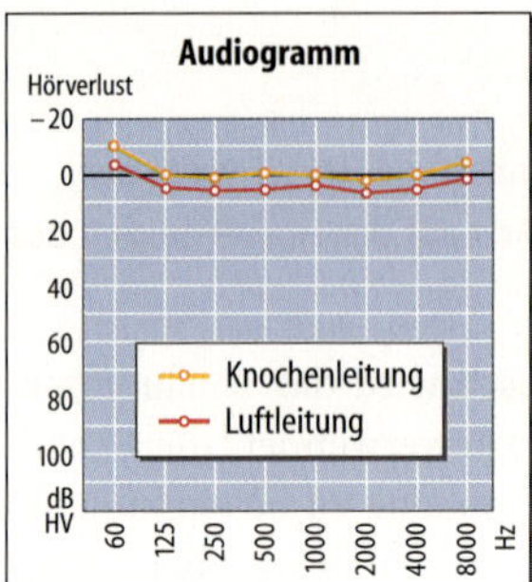

B Ohr verschlossen

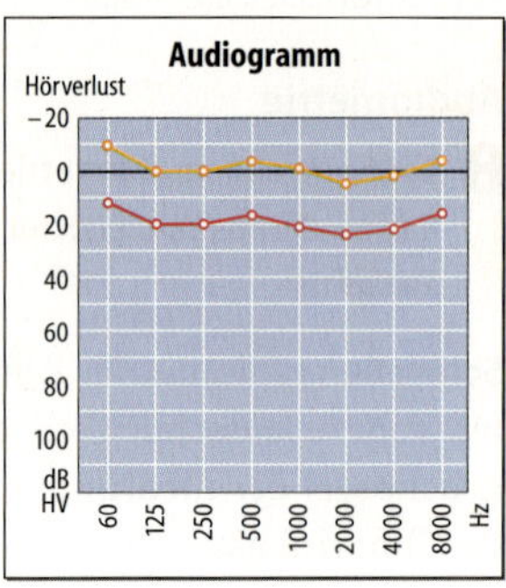

C Trommelfell und Gehörknöchelchen fehlen

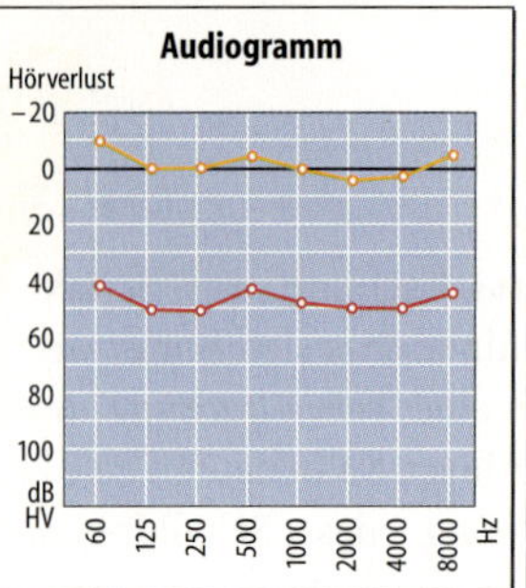

D Innenohrschaden

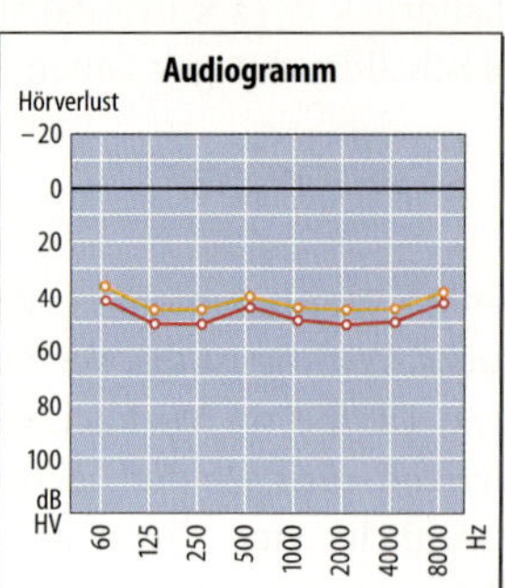

Abb. 16.3. Tonschwellenaudiogramm. Die Schwelle bei Luftleitung (Kopfhörer) ist *rot*, die Schwelle bei der Knochenleitung ist *gelb* gezeichnet. **A** Normales Audiogramm. **B** Schallleitungsstörung von ca. 20 dB bei verschlossenem Gehörgang. **C** Schallleitungsschwerhörigkeit von 40 bis 50 dB bei Verlust von Gehörknöchelchen und Trommelfell. Da das Innenohr nicht betroffen ist, ist die Knochenleitungsschwelle normal. **D** Hörverlust von 40 bis 50 dB nach einer Schädigung des Innenohrs. Weder durch die Luftleitung noch durch die Knochenleitung kann das Innenohr den Schall mit normaler Schwelle wahrnehmen

Frequenz

- Töne sind Sinusschwingungen, die nur aus einer einzigen Frequenz bestehen.
- Klänge betehen meist aus einem Grundton mit mehreren Obertönen, deren Frequenz ein ganzzahliges Vielfaches der Grundfrequenz beträgt.
- Als Geräusche bezeichnet man Schallereignisse des täglichen Lebens, die in wechselndem Ausmaß praktisch alle Frequenzen des Hörbereichs umfassen.

Eine Frequenzzunahme führt zur Zunahme der Tonhöhenempfindung.

Schalldruck

Außer durch seinen Frequenzgehalt wird ein Schallereignis auch durch die Amplitude der entstehenden Druckschwankungen charakterisiert. Diesen Druck nennt man Schalldruck. Aufgrund des großen dynamischen Bereichs des menschlichen Ohres, wird klinisch der Pegel des Schalldrucks (Schalldruckpegel) verwendet. Er reicht von 0 bis etwa 120 dB. Hinter wenigen dB verbirgt sich in Wirklichkeit eine Vervielfachung des Schalldrucks. Eine Zunahme des Schalldrucks führt zu zunehmender Lautstärkeempfindung. Eine Frequenzzunahme führt zur Zunahme der Tonhöhenempfindung.
Die Hörschwellenaudiometrie dient klinisch zur Erfassung des Hörvermögens in dB HV.

16.2 Die Schallleitung zum Innenohr

Der Aufbau des Ohres

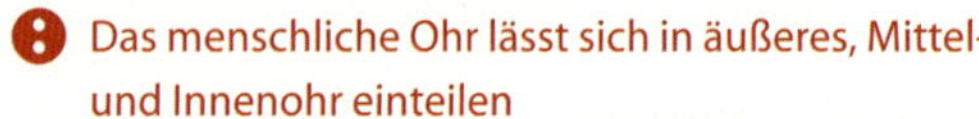

Das menschliche Ohr lässt sich in äußeres, Mittel- und Innenohr einteilen

Das Ohr des Menschen besteht aus dem äußeren Ohr, dem Mittel- und dem Innenohr (Abb. 16.4). Der Schall gelangt durch die Luft des äußeren Gehörgangs bis zum Trommelfell (Luftleitung) und anschließend wird seine Energie durch Schwingungen von Trommelfell und Gehörknöchelchen bis zum ovalen Fenster des Innenohrs fortgeleitet. Gleichzeitig wird der niedrige Schallwellenwiderstand (Schallimpedanz) der Luft an die hohe Impedanz des flüssigkeitsgefüllten Innenohrs angepasst. Das Innenohr kann aber auch Schwingungen der Schädelknochen verarbeiten (Knochenleitung).

Die Aufgabe des Mittelohres

Das Mittelohr ist eine Schallbrücke, um den hohen Schallwellenwiderstand des Innenohrs zu überwinden; ohne Mittelohr gingen 98 % der Schallenergie verloren

Das Mittelohr. Im täglichen Leben gelangt der Schall durch die Luft des äußeren Gehörgangs auf das Trommelfell (Luftleitung). Im Mittelohr ist der Hammer in das Trommelfell eingelassen und über den Amboss mit dem Steigbügel verbunden (Abb. 16.5). Die Fußplatte des Steigbügels sitzt beweglich im ovalen Fenster zum Innenohr. Eine intakte und bewegliche Gehörknöchelchenkette ist Voraussetzung für eine normale Hörschwelle bei der Luftleitung.

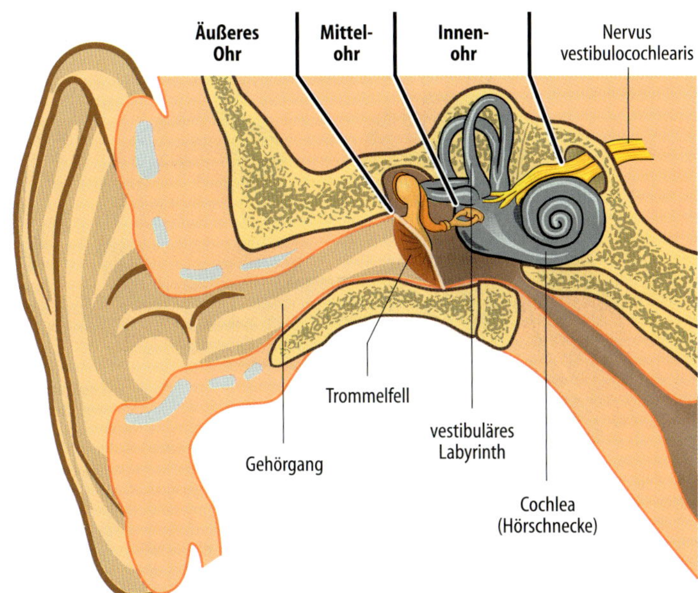

Abb. 16.4. Schematische Darstellung des Ohres. Längsschnitt durch den äußeren Gehörgang, räumliches Schema von Mittelohr und Kochlea

16.2. Schallleitungsschwerhörigkeit

Ursachen. Krankhafte Veränderungen der Gehörknöchelchenkette führen zu einem im Tonaudiogramm messbaren Hörverlust bei Luftleitung (Schallleitungsschwerhörigkeit). Sind Gehörknöchelchen und Trommelfell zerstört, muss der Luftschall direkt auf das flüssigkeitsgefüllte Innenohr auftreffen. Da der Schallwellenwiderstand (die Schallimpedanz) des Innenohrs aufgrund seiner Flüssigkeitsfüllung jedoch erheblich höher ist als der der Luft, wird dann der Schall an der Grenze zum Innenohr zu rund 98% reflektiert. Nur 2% der Schallenergie treten in das Innenohr ein und können vom Patienten wahrgenommen werden. Die Folge ist eine Mittelohrschwerhörigkeit.

Therapie. Klinisch können fehlende Gehörknöchelchen – z.B. als Folge ihrer Zerstörung durch eine chronische Mittelohrentzündung – durch winzige künstliche Prothesen, z.B. aus Titan, bei einem mikrochirurgischen Eingriff ersetzt werden (Tympanoplastik). Ein festgewachsener Steigbügel (z.B. bei der Krankheit Otosklerose) kann entfernt und stattdessen ein künstlicher Steigbügel (typische Größe 4,25 × 0,4 mm) aus Platin und Teflon implantiert werden (Stapesplastik). In den meisten Fällen kann dadurch das Hörvermögen verbessert werden.

Impedanzanpassung. Beim Gesunden wird die Schallenergie im Mittelohr nicht durch Luftdichteschwankungen, sondern durch Schwingungen (Vibrationen) des Trommelfells und der Gehörknöchelchen fortgeleitet. Die Gehörknöchelchen sind anatomisch nämlich so gebaut, dass sie die ***Reflexion von Schall verringern***, sodass im Mittel 60% (statt 2%, also 30-mal mehr als beim Kranken ohne Gehörknöchelchen) Schallenergie auf das Innenohr übertragen werden kann. Der Trommelfell-Gehörknöchelchen-Apparat passt also die Impedanz der Luft an die Impedanz der Flüssigkeit des Innenohrs an. Diese ***Impedanzanpassung*** wird durch zwei Hauptmechanismen erzielt:

- Die Gehörknöchelchen wirken als ***Hebel***. Dadurch übt die Steigbügelfußplatte auf das ovale Fenster eine größere Kraft aus, als die durch die Luft ursprünglich am Trommelfell erzeugte.
- Klinisch bedeutsamer ist es jedoch, dass die Fläche der Steigbügelplatte deutlich kleiner ist als die Fläche des Trommelfells. Da Druck = Kraft/Fläche ist, wird durch den Bau von Trommelfell und Gehörknöchelchen eine ***Druckerhöhung*** erreicht.

Die Knochenleitung

Das Innenohr kann nicht nur durch Luftschall angeregt werden; mittels Knochenleitung kann das Innenohr auch durch Schwingungen der Schädelknochen (Körperschall) erregt werden

Hören über Schädelknochen. Ein Ton kann nicht nur über die bisher besprochene Luftleitung ans Innenohr gebracht werden. Vielmehr kann ein schwingender Körper, etwa eine Stimmgabel, auf einen Schädelknochen aufgesetzt werden. Die dadurch im Knochen angeregte Schwingung (sog. Körperschall) wird unter Umgehung des Mittelohrs direkt bis zum Innenohr fortgeleitet, was als ***Knochenleitung*** bezeichnet wird. Die Knochenleitung spielt für die Hörvorgänge des täglichen Lebens nur eine untergeordnete Rolle. Sie wird jedoch vom Arzt zur Routineuntersuchung des Patienten wie

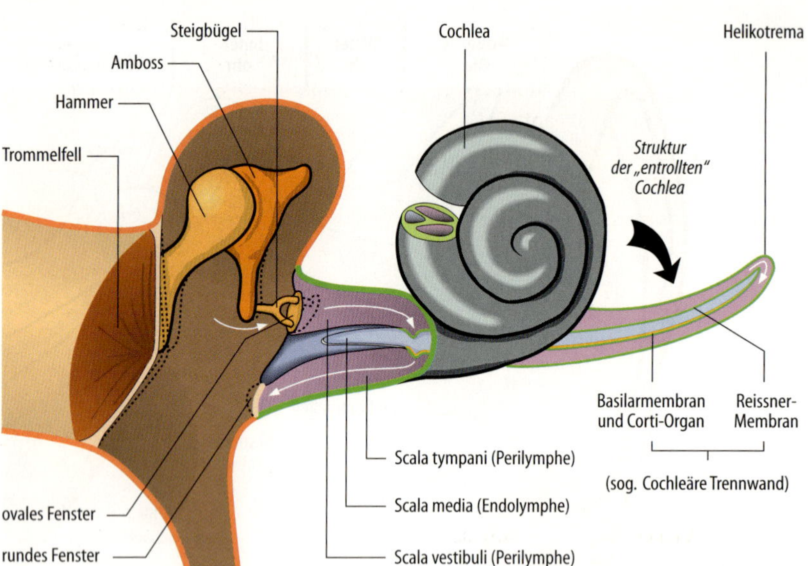

Abb. 16.5. Schema von Mittelohr und Kochlea. Die Kochlea ist entrollt, um die Skalen besser zu sehen

auch für weitergehende diagnostische Maßnahmen ausgenutzt.

Rinne- und Weber-Versuch. Zur klinischen Untersuchung eines Patienten gehören die Stimmgabelversuche nach Rinne und Weber:

- Beim ***Rinne-Versuch*** werden die Luft- und die Knochenleitung an einem Ohr miteinander verglichen. Dazu wird der Fuß einer schwingenden Stimmgabel solange auf den Knochen des Mastoids (hinter dem Ohr) aufgesetzt, bis der Patient den Ton nicht mehr hört. Ein Gesunder hört den Ton wieder, wenn die Stimmgabel, ohne neu angeschlagen zu werden, anschließend vor das Ohr gehalten wird (Rinne positiv). Bei einer Schallleitungsschwerhörigkeit wird der Ton auch vor dem Ohr nicht mehr gehört (Rinne negativ).
- Der ***Weber-Versuch*** beruht auf dem beidohrigen Vergleich der Knochenleitung. Mit einer Stimmgabel wird in der Mitte der Stirn an der Haargrenze eine Schwingung der Schädelknochen angeregt. Ohrgesunde hören den Ton entweder in der Schädelmitte oder auf beiden Ohren gleich laut. Der einseitig Schallleitungsschwerhörige hört die Stimmgabel im kranken Ohr deutlich lauter. Ein Gesunder kann dies leicht an sich selbst überprüfen, indem er den Weber-Versuch durchführt und ein Ohr mit dem Finger zuhält. Er wird den Ton auf diesem Ohr hören.

Lateralisation. Für die Lateralisation in das kranke Ohr bei einer Schallleitungsschwerhörigkeit wirken mehrere Faktoren synergistisch. Zum einen ist nicht nur der Schalltransport von außen nach innen, sondern auch von innen nach außen reduziert. Bei der Schallleitungsstörung geht dem Innenohr dadurch weniger Schallenergie verloren als beim Gesunden (Mach-Schallabflusstheorie). Zum Zweiten ist das kranke Ohr auf einen geringeren Schalldruckpegel adaptiert, da wegen der Schallleitungsstörung weniger Umweltgeräusche an das Innenohr gelangen. Das Innenohr ist dadurch empfindlicher eingestellt als auf der gesunden Seite.

Tonschwellenbestimmung. Auch in der klinischen ***Tonschwellenaudiometrie*** wird die Knochenleitung ausgenutzt. Die oben geschilderte Tonaudiometrie (Abb. 16.3) der Luftleitung mittels Kopfhörer ist in der ärztlichen Praxis nämlich nur der erste Teil einer Untersuchung. Im zweiten Teil ersetzt der Arzt den Kopfhörer durch einen elektrischen Vibrator, der auf den Knochen des Processus mastoideus, getrennt für jede Seite, aufgesetzt wird. Dadurch wird auch die Knochenleitung tonaudiometrisch überprüft. Beim Gesunden stimmen die Werte von Luftleitung und Knochenleitung überein und liegen auf der Geraden für die Hörschwelle (Abb. 16.3).

Diskrepanz zwischen Luft- und Knochenleitung. Liegt eine ***Schallleitungsschwerhörigkeit***, etwa durch Schäden an den Gehörknöchelchen, vor, so ist die Schwelle bei der Messung der Luftleitung (Kopfhörer) verschlechtert (Abb. 16.3). Die Messlinie weicht im Audiogramm nach unten ab. Die Knochenleitung (Vibrator) hingegen ist normal, also an der Hörschwelle, da die Schallenergie direkt unter Umgehung des Mittelohrs das gesunde Innenohr reizt. Bei einer Schallleitungsstörung ist daher eine Diskrepanz *(Air-Bone Gap)* zwischen Luftleitung und Knochenleitung im Audiogramm sichtbar.

In Kürze

Die Schallleitung zum Innenohr

Das Ohr des Menschen besteht aus

- dem äußerem Ohr, durch das der Schall per Luftleitung mit zum Trommelfell gelangt,

▼

- dem Mittelohr, in dem der Schall über die Gehörknöchelchen weitergeleitet wird und
- dem Innenohr, in dem das Hörsinnesorgan liegt.

Für die Schallleitung zum Innenohr spielt das Mittelohr eine große Rolle: ohne Mittelohr würden 98 % des Schalls vom Innenohr reflektiert und nicht aufgenommen werden. Ursache ist die viel höhere Impedanz des Innenohres im Vergleich zur Luft. Es ist also eine Impedanzanpassung erforderlich, für die Trommelfell und Gehörknöchelchen verantwortlich sind.

Impedanzanpassung

Zwei Hauptmechanismen sind für die Impedanzanpassung verantwortlich:

- Die Fläche der Steigbügelplatte ist deutlich kleiner als die Fläche des Trommelfells. Da Druck = Kraft/Fläche ist, wird durch den Bau von Trommelfell und Gehörknöchelchen eine Druckerhöhung erreicht.
- Die Gehörknöchelchen wirken als Hebel, so dass die Steigbügelfußplatte auf das ovale Fenster eine größere Kraft ausübt, als die durch die Luft ursprünglich am Trommelfell erzeugte.

Die Reflexion wird dadurch so drastisch verringert, dass 60 % der Schallenergie in das Innenohr eintreten können.

Auch ohne Luftschall kann das Innenohr angeregt werden: die Knochenleitung über die Schädelkalotte wird klinisch für Stimmgabeluntersuchungen und für Hörprüfungen genutzt.

16.3 Die Schalltransduktion im Innenohr

Hörsinnesorgan Innenohr

Die Kochlea des Innenohres ist das Hörsinnesorgan des Ohres; ihre Sinneszellen heißen Haarzellen

Das Innenohr. Das Innenohr besteht aus zwei Hauptteilen. Die Kochlea (Hörschnecke) ist für die Schallverarbeitung, das vestibuläre Labyrinth für den Gleichgewichtssinn (▶ Kap. 17.1) zuständig. In der Kochlea des Innenohres (Synonym: (Hör-) Schnecke) bildet das Schallsignal eine ***Wanderwelle*** entlang des schlauchförmigen ***Corti-Organs*** aus. Das Amplitudenmaximum der Wanderwelle entsteht in Abhängigkeit von der jeweiligen Reizfrequenz an einem bestimmten Ort entlang des Corti-Organs. Die Schwingung des Corti-Organs löst eine Abbiegung der Sinneshärchen der Rezeptorzellen (Haarzellen) im Corti-Organ aus. Dadurch wird ein Prozess eingeleitet, welcher das mechanische Schallsignal in elektrische und chemische Signale umwandelt (transduziert). Als dessen Folge geben innere Haarzellen einen afferenten Transmitter an die afferenten Fasern des Hörnervs ab. Äußere Haarzellen sind für die aktive Verstärkung des Wanderwellenmaximums und die Stimulation der inneren Haarzellen verantwortlich.

Schallempfindungsschwerhörigkeit. Erkrankungen des Innenohrs führen zu einer Störung der Schallempfindung: ***kochleäre Schallempfindungsschwerhörigkeit.*** Sie lässt sich bereits mit den bisher besprochenen Prüfmethoden diagnostizieren. Im Tonaudiogramm weichen die Messlinien für Luft- und Knochenleitung gleichermaßen nach unten ab, da die Schwelle verschlechtert ist. Aber die gefundenen Werte für Luft- und Knochenleitung stimmen überein, da die Schallleitung ja normal ist (■ Abb. 16.3). Der Stimmgabelversuch nach Rinne ist wie beim Gesunden positiv (Luftleitung ungestört). Beim Weber-Versuch hingegen hört der einseitig Schallempfindungsschwerhörige den über den Knochen geleiteten Ton im gesunden Ohr, weil die Schwelle im kranken Ohr erhöht ist. Um die mit diesen Mitteln erkannte Schallempfindungsstörung genauer zu diagnostizieren und anschließend adäquat zu behandeln, sind allerdings Detailkenntnisse von Bau und Funktion des Innenohrs erforderlich.

16.3. Hörsturz

Pathologie. Der Hörsturz ist eine plötzliche, innerhalb von Sekunden auftretende Innenohrschwerhörigkeit oder Innenohr-Ertaubung ohne diagnostizierbare Ursache. Im Tonschwellenaudiogramm sieht man eine identische Verschlechterung der Schwellen von Luft- und Knochenleitung. Die Ableitung der transitorisch evozierbaren otoakustischen Emissionen ergibt in der Mehrzahl der Fälle eine Beteiligung der äußeren Haarzellen.

Prognose. Bei geringgradigem Hörsturz ist eine Spontanheilung möglich. Höhergradige Hörstürze oder Ertaubungen führen häufig zu einem chronischen Hörverlust mit Verlust der Sprachverständlichkeit.

Schwingungen im Innenohr

Das Schallsignal löst Schwingungen kochleärer Membranen aus; diese führen zu Auf- und Abwärtsbewegungen des Cortischen Organs mit seinen Haarzellen

Die Kochlea. Die Kochlea ist ein aus mehreren Schläuchen aufgebautes Organ, das in Form eines Schneckenhauses in zweieinhalb Windungen aufgerollt ist. Die kompliziert erscheinende Anatomie ist leichter zu verstehen, wenn man sich die Hörschnecke teilweise »entrollt« vorstellt wie in ■ Abb. 16.5 Dann erkennt man, dass die Kochlea aus vier übereinander liegenden »Schläuchen« besteht (■ Abb. 16.6), aus drei so genannten Skalen und

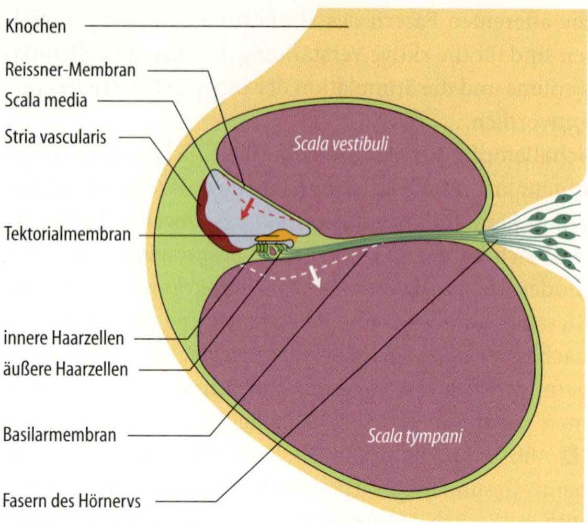

Abb. 16.6. Querschnitt durch die Kochlea

dem Corti-Organ. Zwei der Skalen, die Scala vestibuli und die Scala tympani, hängen am sog. ***Helikotrema*** zusammen. Gegen das Mittelohr sind sie durch die Steigbügelfußplatte am ***ovalen Fenster*** bzw. die Membran des ***runden Fensters*** abgegrenzt.

Perilymphe und Endolymphe. Scala vestibuli und Scala tympani sind mit der aus dem Liquor stammenden ***Perilymphe*** gefüllt, einer Flüssigkeit, die sich ähnlich wie andere extrazelluläre Flüssigkeiten zusammensetzt, also viel Na^+ enthält. Unterhalb der Scala vestibuli liegt die ***Scala media.*** Diese wird durch die ***Reissner-Membran*** und das ***Corti-Organ*** begrenzt (Abb. 16.6).

In der Scala media hingegen befindet sich die ***Endolymphe***, eine auffällig K^+-reiche Flüssigkeit, deren Zusammensetzung intrazellulären Flüssigkeiten ähnelt. Die Endolymphe wird durch die ***Stria vascularis***, einem sehr gut durchbluteten Bereich der Kochleawand, produziert. Zur Freisetzung des Kaliums besitzen die marginalen Striazellen Kalium-Ionenkanäle.

Cortisches Organ mit Haarzellen. Das Gewebe zwischen Scala media und Scala tympani heißt nach seinem Entdecker Corti-Organ. Es enthält die Hörsinneszellen (Haarzellen). Seine Grenzmembran zur Scala tympani heißt Basilarmembran.

Auf- und Abwärtsschwingungen. Wird das Ohr beschallt, so schwingt der Stapes mit der ovalen Fenstermembran, sodass die Schallenergie durch das ovale Fenster in die Perilymphe der Scala vestibuli eintritt. Die Flüssigkeit ist nicht kompressibel und weicht daher aus; dabei werden Reissner-Membran, Scala media und Corti-Organ nach unten gedrückt (Abb. 16.5, weißer Pfeil; Abb. 16.6, roter und weißer Pfeil). Dadurch wird auch die Flüssigkeit in der Scala tympani verdrängt. Diese ist ebenfalls inkompressibel, kann aber ausweichen, weil die Membran des runden Fensters gegen das Mittelohr gewölbt werden kann (Abb. 16.5).

Im weiteren Verlauf einer Schallschwingung schließt sich die umgekehrte Bewegung an: Steigbügel und ovales Fenster werden wieder nach außen, die Reissner-Membran und das Corti-Organ nach oben, das runde Fenster nach innen bewegt. Da bei einem Schallereignis Schallschwingung auf Schallschwingung das ovale Fenster ein- und auslenken, führt dieser Vorgang zu einer ständigen Auf- und Abwärtsbewegung (Auslenkung) der Membranen und des Corti-Organs des Innenohrs.

Große Empfindlichkeit. Die große Empfindlichkeit des menschlichen Ohrs kann man ermessen, wenn man bedenkt, dass der eben wahrnehmbare Schalldruck im Innenohr zu Auslenkungen von etwa 10^{-10} m, also ungefähr vom Durchmesser eines Wasserstoffatoms, führt.

Abscherung der Sinneshärchen

Relativbewegungen zwischen den kochleären Membranen scheren die Sinneshärchen der Haarzellen ab; dies ist der adäquate Reiz für die Sinneszellen und leitet die mechano-elektrische Transduktion ein

Haarzellen. Im Querschnitt (Abb. 16.6, 16.7) sieht man die Rezeptorzellen, die in Stützzellen eingebettet sind. Rezeptorzellen und Stützzellen bilden das ***Corti-Organ.*** Die Rezeptorzellen werden auch als Haarzellen bezeichnet,

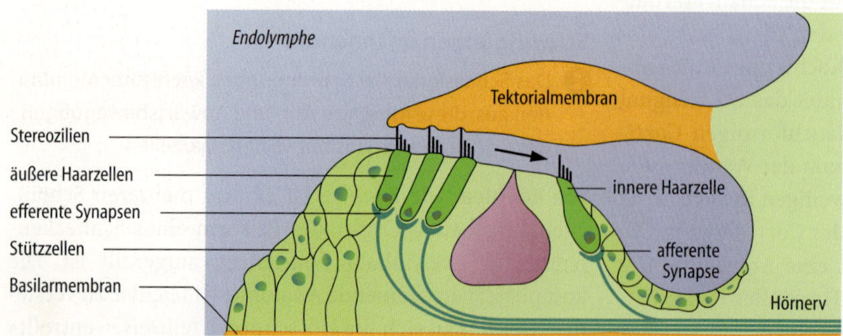

Abb. 16.7. Querschnitt durch das Corti-Organ. Das Schema zeigt die Anordnung von Sinneszellen und afferenten Nervenfasern. Die äußeren Haarzellen haben Kontakt mit der Tektorialmembran, die inneren Haarzellen haben keinen Kontakt. Dadurch werden die äußeren Haarzellen durch die Tektorialmembran gesteuert. Die inneren Haarzellen werden durch die äußeren gesteuert *(Pfeil)*

da sie an ihrem oberen Ende jeweils bis zu 100 haarähnliche, submikroskopische Fortsätze, die ***Stereozilien*** (Sinneshärchen), besitzen. Der Mensch besitzt drei Reihen äußerer Haarzellen sowie eine Reihe innere Haarzellen (◘ Abb. 16.7). Über ihnen (in der Scala media) befindet sich eine gelatinöse Masse, die Tektorialmembran (◘ Abb. 16.6, 16.7), welche die Spitzen der längsten Stereozilien der äußeren Haarzellen soeben berührt. Dadurch befindet sich zwischen Tektorialmembran und Haarzellen ein schmaler, mit Endolymphe gefüllter Spalt.

Abscherung der Stereozilien. Die oben geschilderte schallinduzierte Auf- und Abwärtsbewegung (Auslenkung) von Scala media und Corti-Organ führt zu einer Relativbewegung (Scherbewegung) zwischen Tektorialmembran und Corti-Organ. Diese sind nämlich an unterschiedlichen übereinander liegenden Orten parallel aufgehängt (◘ Abb. 16.8). Wenn beide gleichzeitig ausgelenkt werden, entsteht eine Parallelverschiebung zwischen beiden Strukturen. Weil die Tektorialmembran die Spitzen der längsten Stereozilien der äußeren Haarzellen berührt, kann sie bei dieser Relativbewegung die Stereozilien umbiegen (abscheren, auslenken, deflektieren) und dadurch die Sinneszellen adäquat reizen (◘ Abb. 16.8).

Besonderheit bei inneren Haarzellen. Die inneren Haarzellen hingegen haben keinen direkten Kontakt mit der Tektorialmembran. Man stellt sich vor, dass der schmale endolymphatische Flüssigkeitsfilm zwischen Tektorialmembran und Haarzellen auf Grund der Scherbewegung unter der Tektorialmembran hin- und hergleitet (subtektoriale Endolymphströmung, Pfeil in ◘ Abb. 16.6, 16.8). Dadurch sollen die Stereozilien der inneren Haarzellen mitgenommen und ausgelenkt werden. Man spricht von ***hydrodynamischer Kopplung***.

Der Transduktionsprozess

! Die Abscherung der Sinneshärchen löst in den Haarzellen ein Rezeptorpotential aus; man spricht von der mechano-elektrischen Transduktion des Schallsignals

Rezeptorpotential. Haarzellen besitzen wie alle anderen Zellen ein Membranpotential. Befindet sich die Haarzelle in Ruhe, so beträgt das Ruhemembranpotential (◘ Abb. 16.9) zwischen rund –40 mV (innere Haarzellen) und rund –70 mV (äußere Haarzellen). Eine Deflektion der Stereozilien infolge des Schallreizes führt zur Änderung des Membranpotentials. Diese Änderung heißt ***Rezeptorpotential*** (◘ Abb. 16.10).

Endokochleäres Potential. Um das Rezeptorpotential sowohl bei einer physiologischen Erregung als auch bei bestimmten Formen von Schwerhörigkeiten verstehen zu können, müssen an dieser Stelle zwei elektrophysiologische und elektrochemische Besonderheiten des Innenohrs, die einzigartig im Körper sind, eingeführt werden (◘ Abb. 16.9). Sie betreffen die Scala media. Die Scala media enthält Endolymphe mit einer ungewöhnlich hohen

A

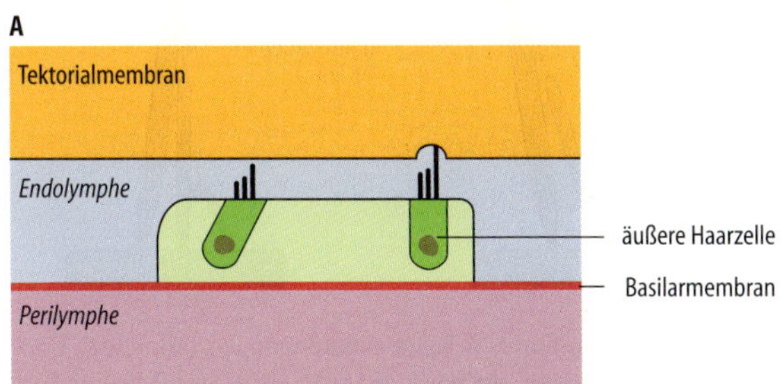

B

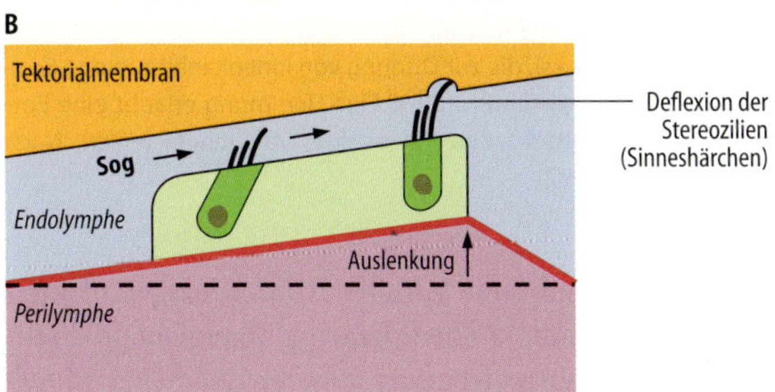

◘ **Abb. 16.8. Erregungsmechanismus der Haarzellen.** Schematischer Ausschnitt aus der Schneckentrennwand. Gezeigt ist die Anordnung der Haarzellen zwischen Tektorial- und Basilarmembran, **A** in Ruhe, äußere Haarzellen berühren die Tektorialmembran, innere berühren sie nicht; **B** bei Auslenkung der Schneckentrennwand. Die wanderwelleninduzierte Auslenkung der Schneckentrennwand – einschließlich Haarzelle – nach oben führt zu einer Deflexion der Stereozilien. Die Stereozilien der äußeren Haarzellen werden durch die Tektorialmembran deflektiert. Die Stereozilien der inneren Haarzellen schert der Sog der Endolymphströmung *(Pfeil)* ab

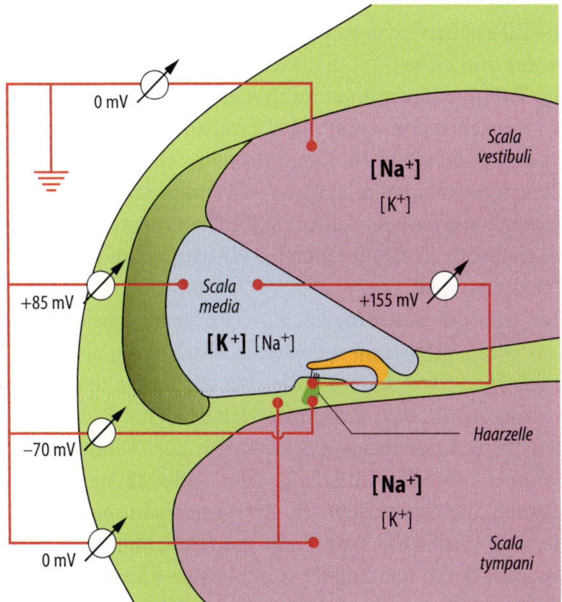

◘ **Abb. 16.9. Endokochleäres Potential.** Die Scala media mit positivem endokochleärem Potential und auffällig hoher Kaliumkonzentration in der Endolymphe. Das apikale Ende der Haarzellen ragt in die Scala media hinein. Beim Transduktionsvorgang öffnet die Haarzelle Ionenkanäle, sodass aufgrund der elektrochemischen Potentialdifferenz vermutlich Kaliumionen aus der Scala media in die Haarzelle einströmen

III

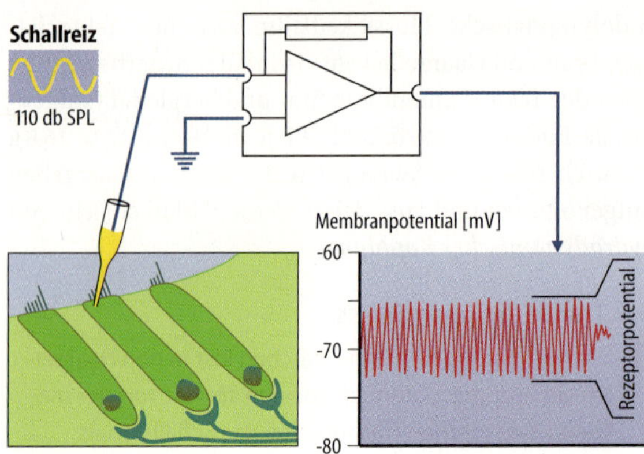

Abb. 16.10. Potentialmessungen an Haarzellen mit Mikroelektroden. Schnelle positive und negative Potentialabweichungen vom −70 mV-Wert bei Beschallung. Diese Potentialänderungen heißen Rezeptor***potentiale***. Nach Russell (1986)

extrazellulären Kaliumkonzentration von ca. 140 mmol/l und ist darüber hinaus gegenüber den übrigen Extrazellulärräumen des Körpers stark positiv geladen (etwa +85 mV). Dieses ständig vorhandene Potential heißt ***endokochleäres Potential.*** Es wird – wie die hohe K^+-Konzentration – von der Stria vascularis erzeugt. Die Stria vascularis heißt deshalb auch »Batterie des Innenohres«.

Die Zilien der Haarzellen ragen in den Endolymphraum mit seinem Potential von +85 mV. Da das Ruhemembranpotential bei äußeren Haarzellen −70 mV, bei inneren Haarzellen −40 mV beträgt, errechnet sich für die Zilienoberfläche eine transmembranale Potentialdifferenz von ca. 125–155 mV. Weil die K^+-Konzentration in der Endolymphe mit 140 mmol/l etwa der intrazellulären K^+-Konzentration entspricht, errechnet sich nach der Nernst-Gleichung (▶ Kap. 4.6) ein chemisches K^+-Gleichgewichtspotential von 0 mV. Das bedeutet, dass die gesamte elektrische transmembranale Potentialdifferenz als treibende Kraft für einen K^+-Einstrom in die Zelle zur Verfügung steht.

Der Transduktionsprozess. Für den Transduktionsprozess wird angenommen, dass eine Abscherung der Zilien die Öffnung von Ionenkanälen an der Spitze der Zilien hervorruft. Interessanterweise ziehen kleine Fäden von den Spitzen der meisten Stereozilien zur Wandung der dahinterstehenden Zilie (sog. Tipp-Links, Abb. 16.11). Werden die Stereozilien in Erregungsrichtung deflektiert, so werden die Tipp-Links gespannt. Man stellt sich vor, dass durch den Zug K^+-durchlässige Kanäle geöffnet werden und dass durch diese Kanäle K^+-Ionen aus der Endolymphe in die Haarzelle einströmen und zu deren Depolarisation führen (Abb. 16.12). Eine solche Depolarisation ist mit intrazellulär eingestochenen Mikroelektroden während eines Schallreizes tatsächlich messbar. Zur Repolarisation besitzt die Zelle kaliumspezifische Ionenkanäle (z. B. KCNQ4-Kanäle) an ihrer seitlichen Zellmembran. Mithilfe von winzigen Patch-Clamp-Elektroden können derartige Ionenkanäle direkt in der Zellmembran lebender äußerer Haarzellen untersucht werden (Abb. 16.10). Eine Depolarisation der Haarzelle öffnet mehr dieser Kanäle. Dadurch können K^+-Ionen die Haarzelle durch die seitliche Zellmembran wieder verlassen, und das Membranpotential wird wieder angehoben.

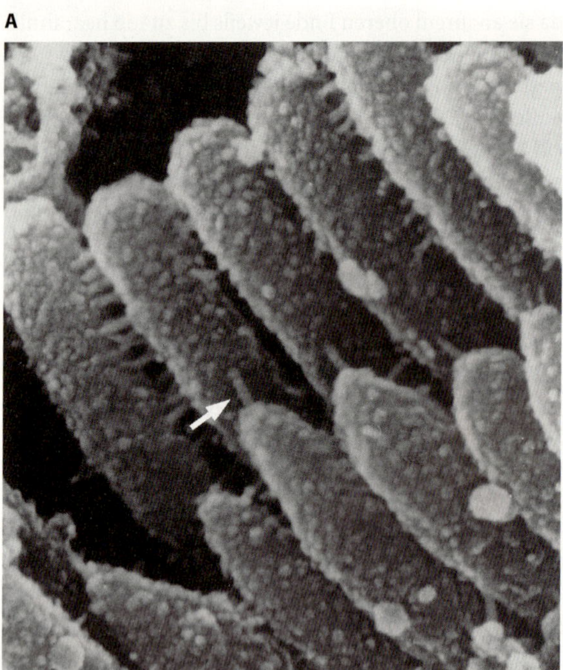

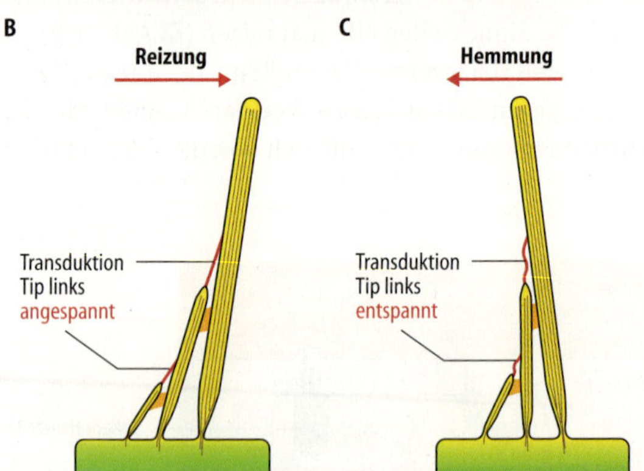

Abb. 16.11. Tipp-Links. A Rasterelektronenmikroskopie der Tipp-Links. Man sieht Fäden, die von der Spitze eines Stereoziliums zum dahinterstehenden Stereozilium ziehen (Abb. Dr. Koitchev, Tübingen). **B** Eine akustische Reizung führt zu einer Anspannung der Spitzenfäden (Tipp-Links), die zur Öffnung von Ionenkanälen in den Spitzen von Stereozilien führen soll. **C** Eine Hemmung erlaubt eine Entspannung der Spitzenfäden mit Schluss von Ionenkanälen. Nach Evans u. Klinke (1982)

Ototoxische Medikamente. Manche Medikamente, z. B. Schleifendiuretika (harntreibende Arzneimittel), können als Nebenwirkung die Stria vascularis blockieren. Durch den Zusammenbruch des endolymphatischen Potentials

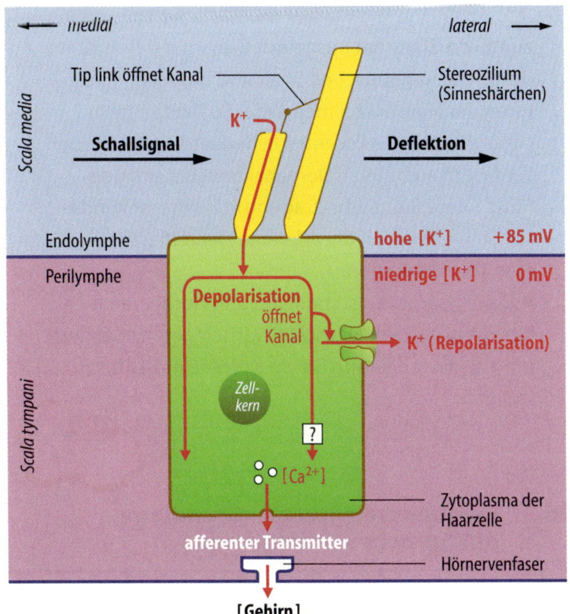

Abb. 16.12. Transduktionschritte von Haarzellen. Das Schallsignal führt zu einer Deflektion des Haarbündels, wodurch sich apikale Ionenkanäle öffnen. Kaliumionen strömen in die Zelle. Die Folge ist eine Depolarisation der Zelle. Die Depolarisation führt (in inneren Haarzellen) zur Freisetzung des afferenten Transmitters (vermutlich Glutamat), wodurch die afferenten Nervenfasern stimuliert werden. Bei äußeren Haarzellen führt sie zur Kontraktion der Zellen. Gleichzeitig steigert die Depolarisation die Öffnungswahrscheinlichkeit von kaliumspezifischen Kanälen in der laterobasalen Zellwand (in äußeren Haarzellen sind es z. B. Typ-C-Kanäle). Sie erlauben die Repolarisation der Zelle. Äußere Haarzellen elongiern, innere beenden die Transmitterfreisetzung

kann die Transduktion nicht mehr stattfinden, sodass eine Schwerhörigkeit entsteht.

Taubheit durch Gendefekte. Wenn durch einen Gendefekt Connexin-26-Tight-Junctions fehlerhaft sind oder fehlen, kommt es zu Innenohrschwerhörigkeit oder Ertaubung.

Die lateralen K-Kanäle der Haarzellen (z. B. der so genannte KCNQ4-Kanal) können genetisch bedingt fehlerhaft ausgebildet (exprimiert) sein. Als Folge ist eine Innenohrschwerhörigkeit oder Ertaubung zu beobachten. Man spricht von einer Kanalopathie.

In Kürze

Die Schalltransduktion im Innenohr

Das Innenohr besteht aus zwei Hauptteilen:
- Die Kochlea (Hörschnecke) ist mit dem Corti-Organ für die Schallverarbeitung,
- das vestibuläre Labyrinth für den Gleichgewichtssinn zuständig.

In der Kochlea löst das Schallsignal wellenförmige Auf- und Abwärtsbewegungen der kochleären Strukturen aus. Diese sog. Wanderwelle hat in Abhängigkeit von der jeweiligen Reizfrequenz an einem bestimmten Ort entlang des Corti-Organs ihr Maximum.

Über den Haarzellen befindet sich eine gelatinöse Masse, die Tektorialmembran; durch die schallinduzierte Auf- und Abwärtsbewegung kommt es im Bereich des Wanderwellen-Maximums zu einer Relativbewegung (Scherbewegung) zwischen Tektorialmembran und Corti-Organ, die zur Auslenkungen der Stereozilien führt – dem adäquaten Reiz der Sinneszellen.

Molekulare Mechanismen

Es öffnen sich Transduktionsionenkanäle in den Stereozilien. Dadurch treten K+-Ionen aus der Endolymphe in die Haarzellen ein. Sie lösen das Rezeptorpotential aus. Dieses führt zur Freisetzung von Glutamat aus inneren Haarzellen.

16.4 Signaltransformation von der Sinneszelle zum Hörnerven

Die Erregung des Hörnerven

Innere Haarzellen erregen den Hörnerven durch einen afferenten Transmitter; der Hörnerv leitet die Erregung zum Hirnstamm

Die durch die Abscherung der Stereozilien bewirkten Ionenströme und Potentialänderungen innerer Haarzellen (nicht jedoch äußerer Haarzellen) setzen an ihrem unteren Ende den Neurotransmitter Glutamat frei (Abb. 16.12). Dort befinden sich nämlich die afferenten Synapsen des Hörnervs (Abb. 16.7). Glutamat diffundiert durch den schmalen synaptischen Spalt und bindet an AMPA-Rezeptoren der Nervenzellmembran. Dadurch wird ein postsynaptisches Potential ausgelöst, das zu ***Nervenaktionspotentialen*** führt. Diese werden über den Hörnerv zum Hirnstamm weitergeleitet.

Transformation

Signalübertragung von einer sekundären Sinneszelle zur afferenten Synapse heißt Transformation

Primäre Sinneszelle. Eine Haarzelle ist eine sekundäre Sinneszelle. Das von ihr erzeugte, elektrische Signal muss, wie oben dargestellt, auf afferente Hörnervenfasern transferiert werden. Dieser Transfervorgang heißt Transformation: Das Rezeptorpatential der Haarzelle wird in ein Aktionspotential der Nervenzelle umcodiert.

Die Reizung der afferenten Nervenfasern und damit die ***Weitergabe der im Schallreiz enthaltenen Information*** erfolgt ausschließlich von den ***inneren Haarzellen.***

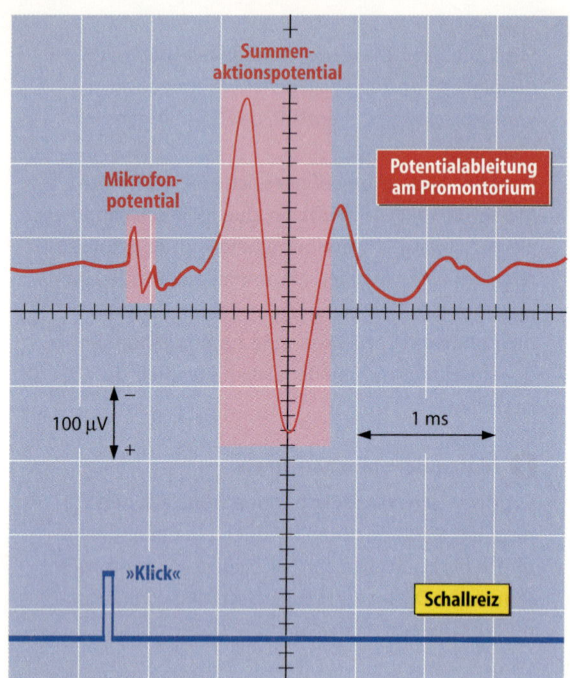

▣ **Abb. 16.13. Mikrofonpotential der Kochlea und Summenaktionspotential des Hörnervs nach einem extrem kurzen Schallreiz (»Klick«) bei Ableitung am Promontorium.** Nach Moore (1983)

Interessanterweise haben die äußeren Haarzellen nämlich eine ganz andere Funktion. Sie wird später besprochen.

Promontoriumstest. Bei ertaubten Patienten kann man zu diagnostischen Zwecken eine dünne Nadel durch das Trommelfell bis zum Promontorium vorschieben. Sie kann als eine Promontoriumselektrode verwendet werden, um den Hörnerv elektrisch zu reizen (Promontoriumstest, ▣ Abb. 16.13). Wenn die Hörsinneszellen vollständig abgestorben (die häufigste Ursache einer Taubheit), der Nerv und auch das zentrale Hörsystem aber noch intakt sind, dann berichtet der Patient über Hörempfindungen, und man kann bei genauerer Untersuchung feststellen, ob sich der Patient für die Implantation einer elektronischen Hörprothese (sog. Kochleaimplantat) eignet. Sie soll anstelle der Kochlea die afferenten Hörnervenfasern erregen. Derartige Kochleaimplantate werden heute routinemäßig bei gehörlosen Erwachsenen und Kleinkindern eingesetzt. Kleinkinder lernen damit sogar ihre Muttersprache.

In Kürze

Signaltransformation

Durch die Potentialänderungen der inneren Haarzellen (hervorgerufen durch die Abscherung der Stereozilien) wird in den inneren Haarzellen die Freisetzung von Glutamat ausgelöst. Glutamat diffundiert durch den synaptischen Spalt und bindet an Rezeptoren der Hörnervzellmembran. So baut sich ein postsynaptisches Potential in den afferenten Hörnervenfasern aus, das zu Nervenaktionspotentialen führt. Diese Signalübertragung von einer sekundären Sinneszelle auf die afferente Nervenfaser nennt man Transformation.

Äußere Haarzellen stimulieren den Hörnerven nicht. Der Hörnerv kann klinisch elektrisch gereizt werden, um z. B. die Indikation für ein Kochleaimplantat zu stellen.

16.5 Frequenzselektivität: Grundlage des Sprachverständnisses

Die Wanderwelle

Die hohe Frequenzselektivität des Ohrs beruht auf verstärkten Wanderwellen entlang des Corti-Organs; jede Wanderwelle wandert vom Steigbügel in Richtung zum Helicotrema und wird an ihrem frequenzspezifischen Ort plötzlich verstärkt

Frequenzselektivität. Das gesunde Ohr hat eine erstaunlich gute Fähigkeit, Tonhöhen zu unterscheiden, wenn die Töne sukzessiv angeboten werden. Bei 1000 Hz können Änderungen um 0,3 %, also 3 Hz wahrgenommen werden (Frequenzunterschiedsschwelle). Ist diese Schwelle verschlechtert, kann der Kranke Sprache kaum noch verstehen.

Für die Ausbildung dieser sog. ***Frequenzselektivität*** besitzt die Kochlea einen zweistufigen Mechanismus. Für die Beschreibung der ersten Stufe erhielt Georg von Békésy 1961 den Nobelpreis. Erklingt ein Ton, werden die schlauchförmige Scala media und Corti-Organ gleichzeitig in die bereits geschilderten ständigen Auf- und Abwärtsbewegungen, also in Vibrationen versetzt (um nicht alle Strukturen nennen zu müssen, sprechen manche auch verkürzend von Vibrationen der Basilarmembran, meinen jedoch alle genannten kochleären Strukturen).

Die Wanderwelle. Diese Vibrationen bleiben nun nicht auf den Bereich in unmittelbarer Nähe von Steigbügel und rundem Fenster beschränkt, sondern bilden eine Welle aus, die von der Schneckenbasis bis zur Schneckenspitze wandert, ähnlich einer Welle an einem horizontal aufgespannten Seil. Die Welle heißt daher auch Wanderwelle (▣ Abb. 16.14). Die Wanderwelle hat eine wichtige Eigenschaft. Sie wandert nicht gleichmäßig von der Basis zur Spitze der Schnecke. Vielmehr nimmt ihre ***Amplitude*** plötzlich in einem ersten Schritt etwas zu, wird in einem zweiten Schritt bis zu tausendfach zu einer hohen Welle mit sehr scharfer Spitze verstärkt und nimmt im weiteren Verlauf genauso plötzlich wieder ab. Diese ***Verstärkung***

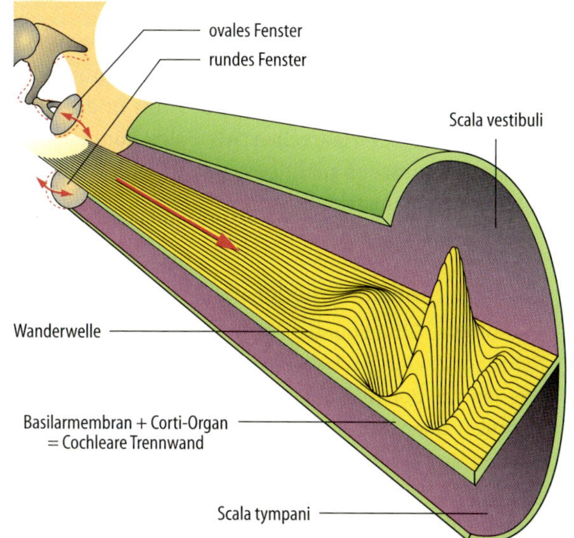

Abb. 16.14. Die Wanderwelle in den kochleären Membranen. Die Wanderwelle startet nahe den Fenstermembranen und läuft die Basilarmembran entlang in Richtung Schneckenspitze. In Abhängigkeit von der jeweiligen Frequenz des Schallsignals bilden die kochleären Membranen ein Amplitudenmaximum an einem jeweils eng umschriebenen Ort aus. Nach Zenner (1986)

ist bei niedrigen und mittleren Schalldrücken besonders auffällig. Die Vibration der scharfen Spitze der Wanderwelle soll dann den o.g. subtektorialen Flüssigkeitsfilm der Endolymphe deutlich verschieben (Endolymphströmung) und dadurch die inneren Haarzellen stimulieren. Letztere geben anschließend, nach dem o.g. Transduktionsprozess, den afferenten Transmitter an die afferenten Hörnervenfasern weiter.

Das Ortsprinzip. Für das Verständnis der Frequenzselektivität ist von grundlegender Bedeutung, dass sich diese scharfe Spitze für ***jede Tonfrequenz an einem anderen Ort*** in Längsrichtung der Basilarmembran ausbildet. Hohe Frequenzen erzeugen das Maximum der Wanderwelle in der Nähe der Schneckenbasis, mittlere Frequenzen in der Schneckenmitte, tiefe Frequenzen an der Schneckenspitze. Für jede Tonhöhe gibt es dadurch einen bestimmten Ort der Maximalauslenkung der Wanderwelle entlang der Basilarmembran.

Man spricht daher vom ***Ortsprinzip*** (Ortstheorie, Tonotopie) der Wanderwelle (▶ vgl. das »Ortsprinzip« der Tasten eines Klaviers!). Eine einzelne Frequenz wird also nur Haarzellen an einem bestimmten Ort reizen, unterschiedliche Frequenzen grundsätzlich Haarzellen an unterschiedlichen Orten entlang der Basilarmembran. Ein kompliziertes, aus mehreren Tonhöhen bestehendes Schallereignis wird dadurch längs der Basilarmembran aufgespreizt ***(Frequenzdispersion).***

Die Verstärkung der Wanderwelle

Äußere Haarzellen sind die Ursache für die bis zu tausendfache Verstärkung der Wanderwelle; dazu sind sie aktiv beweglich (aktive Motilität) und treiben wie ein Motor die Wanderwelle an

Sprachverstehensstörung. In den vorhergehenden Abschnitten wurden bisher die Funktionen der inneren Haarzellen beschrieben. Doch welche Aufgabe haben die äußeren Haarzellen, deren Zahl sogar dreimal so hoch ist? Bei vielen Innenohrschwerhörigen ist die scharfe Frequenzabstimmung der Kochlea *(Tuning)* nicht mehr vorhanden. Als Folge leiden die Betroffenen insbesondere an einer Einschränkung der Sprachverständlichkeit, da bei ihnen das Frequenzunterscheidungsvermögen gestört ist. Anstieg und Abfall des Amplitudenmaximums sind so flach, dass sich das Wellenmaximum für eine bestimmte Frequenz breit und unscharf auf der Basilarmembran abbildet. Nur der erste Schritt des Wanderwellenmechanismus funktioniert noch. Der zweite Schritt, die drastische Verstärkung, die zur scharfen Spitze und damit zur Frequenzselektivität führt, fehlt. Dieser grundlegende Unterschied ist auf den Ausfall der äußeren Haarzellen zurückzuführen.

Motilität äußerer Haarzellen. Bei niedrigem Schalldruck erzeugen die äußeren Haarzellen nämlich zusätzliche ***mikromechanische Schwingungen*** in der Reizfrequenz. Äußere Haarzellen können sich bis zu 20 000 mal pro Sekunde (20 kHz) verkürzen und verlängern (Abb. 16.15). Dadurch wirken sie wie Servomotoren, die die Wanderwelle nach ihrem ersten Schritt bis zu tausendfach verstärken. Die zusätzliche Schwingungsenergie entsteht nur an dem jeweils frequenzcharakteristischen, eng umschriebenen Ort der Basilarmembran. Nur dort werden jeweils einige wenige (wahrscheinlich ca. 50) äußere Haarzellen durch die Tektorialmembran gereizt, die zusätzlich erzeugte Schwingungsenergie wird scharf lokalisiert an die inneren Haarzellen abgegeben: die ***Wanderwelle*** wird in dem sehr eng umschriebenen Bereich ***verstärkt.***

Reizung der inneren Haarzellen. Die Endolymphströmung unter der Tektorialmembran (Pfeil in Abb. 16.7 und 16.8) nimmt plötzlich massiv zu, wodurch die ortsspezifischen inneren Haarzellen gereizt werden. (Die schwache Endolymphstörung ohne Verstärkung durch die äußeren Haarzellen reicht bis 60 dB SPL ***nicht*** aus, die inneren Haarzellen zu stimulieren.) Die inneren Haarzellen transduzieren das verstärkte Signal und geben es transsynaptisch an den Hörnerv weiter. Durch diesen ***kochleären Verstärkungsprozess*** wird die hohe Frequenzselektivität des gesunden Ohres, die Voraussetzung für das Sprachverständnis ist, erreicht.

Prestin als molekulare Grundlage. Der für diesen Verstärkungsprozess verantwortliche molekulare Motor ist das Protein Prestin (vom ital. »presto« = schnell). Prestin

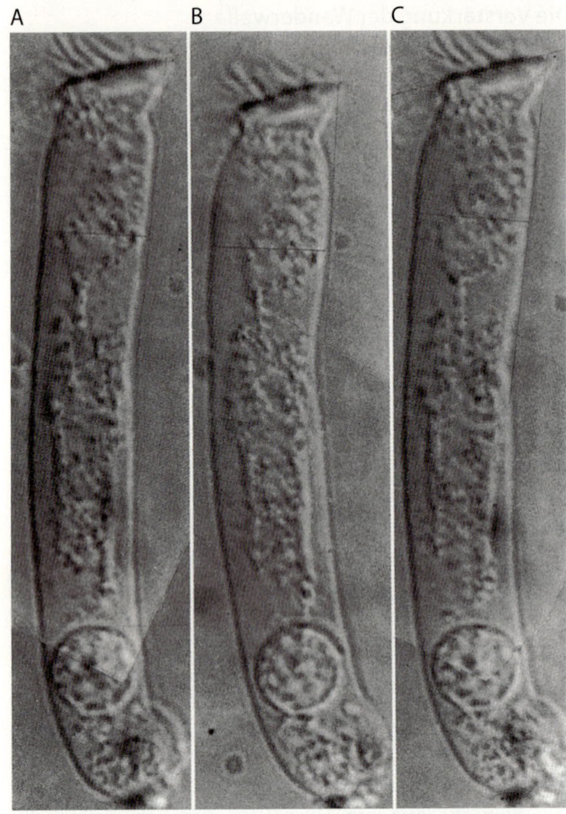

Abb. 16.15. Die Motilität äußerer Haarzellen als Grundlage des kochleären Verstärkers. A Haarzelle in Ruhe; **B** stimulierte äußere Haarzelle: die Haarzelle verkürzt sich; **C** anschließend elongiert die Haarzelle. Die Längenänderungen »pumpen« mechanische Energie in die Wanderwelle, wodurch diese bis zu tausendfach verstärkt und die Endolymphströmung unter der Tektorialmembran so stark wird, dass die inneren Haarzellen gereizt werden. Abb. von Dr. R. Zimmermann, Tübingen, nach Zenner (1985, 1986, 1987)

befindet sich hochkonzentriert und massenhaft in der lateralen Zellmembran der äußeren Haarzellen. Wird die äußere Haarzelle depolarisiert, strömen Cl^--Ionen aus einer Tasche in den Prestinmolekülen in das Zellinnere, wodurch die Prestin-Eiweiß-Moleküle kleiner werden. Die ganze Zelle wird dadurch kürzer. Bei der anschließenden Hyperpolarisation (K^+ tritt aus der Zelle aus, ► s. o.) geschieht genau das umgekehrte: die Prestin-»Taschen« werden wieder mit Cl– gefüllt, die Zelle elongiert.

Otoakustische Emissionen. Interessanterweise wird ein winziger Teil der Energie der Bewegungen der äußeren Haarzellen über Mittelohr und Gehörgang als Schall nach außen abgestrahlt. Mit hoch empfindlichen Mikrophonen lässt sich diese Schallabstrahlung messen. Man spricht von otoakustischen Emissionen (OAE). Klinisch dienen sie der Erfassung der Funktion der äußeren Haarzellen. Es hat sich gezeigt, dass die Mehrzahl der 13,5 Mio. Innenohrschwerhörigen in Deutschland an einer Erkrankung der äußeren Haarzellen leidet (► s. a. Hörsturz, ► 16.3). Auch dienen OAE dazu, Neugeborene auf ihr Hörvermögen zu screenen.

Prestinopathie. Bei einer angeborenen Hypothyreose (Ausfall der Produktion des Schilddrüsenhormons) kommt es zur angeborenen Gehörlosigkeit. Mitursache ist eine fehlerhafte Einlagerung des Prestins in die Zellmembranen äußerer Haarzellen. Als Folge können sich die äußeren Haarzellen nicht bewegen und die Wanderwelle wird nicht verstärkt.

16.4. Lärmschwerhörigkeit

Pathologie. Schädigungen der Kochlea führen zur Schallempfindungsschwerhörigkeit. Solche Schäden werden z. B. durch Medikamente (Aminoglykosidantibiotika) oder durch Lärm verursacht. Durch Lärm werden Haarzellen, insbesondere äußere Haarzellen, geschädigt. Dadurch wird die Mechanik der Basilarmembranbewegungen gestört. Infolge dieser Störung steigt die Hörschwelle an, und die Frequenzselektivität nimmt ab. Lärmschäden sind in der heutigen Zeit sehr häufig, da Lärm allgegenwärtig ist. Neuerdings werden sie mit elektronischen Hörimplantaten, die den kochleären Verstärkungsprozess teilweise ersetzen, behandelt.

Altersschwerhörigkeit. Eine besondere Form der Schallempfindungsstörung ist die sog. Altersschwerhörigkeit (Presbyakusis). Obwohl man vom Namen her vermuten könnte, dass es sich ausschließlich um eine Alterserscheinung handelt, beruht sie doch zum Teil auf chronischen Lärmschäden. Bei der Altersschwerhörigkeit sind insbesondere die hohen Frequenzen betroffen. Manchmal liegen neben den Innenohrschädigungen bei alten Menschen aber auch Hörstörungen vom sog. retrokochleären Typ vor, bei denen zentrale Verarbeitungsprozesse gestört sind.

In Kürze

Frequenzselektivität

Die Frequenzselektivität des Ohres ist die Grundlage des menschlichen Sprachverständnisses. Sie ist vor allem auf das Ortsprinzip zurückzuführen. Die Wanderwelle wird an einem frequenzspezifischen Ort entlang der Kochlea plötzlich bis zu 1000-fach verstärkt. Dieser Verstärkermechanismus funktioniert in zwei Schritten:

- die Grundlage für die Verstärkung ist die Motilität äußerer Haarzellen. Durch die aktive Bewegung treiben sie die Wanderwelle wie ein Motor an.
- Die Folge der Bewegung ist, dass die Endolymphströmung unter der Tektorialmembran

▼

plötzlich massiv zunimmt, wodurch die ortsspezifischen inneren Haarzellen gereizt werden. Diese geben das Signal an den Hörnerven weiter.

16.6 Informationsübertragung und -verarbeitung im ZNS

Informationswege zum Gehirn

Hörnerv und Hörbahn leiten die Signale von der Kochlea bis zur Großhirnrinde

Hörnerv und Hörbahn. Die von der Haarzelle als Folge des Transduktionsprozesses ausgelöste Transmitterfreisetzung wird in Form einer neuronalen Erregung über Hörnerv, Hirnstamm und Hörbahn bis zum auditorischen Kortex im Temporallappen weitergeleitet. Dabei sind wenigstens 5–6 hintereinander geschaltete, durch Synapsen verbundene Neurone beteiligt. Sie besitzen Kollaterale und Interneurone, die zu einer ausgedehnten neuronalen Vernetzung des auditorischen Systems führen.

Evoked Response Audiometry. Die durch einen Schallreiz im Verlauf der Neurone hintereinander ausgelösten (evozierten) Aktionspotentiale werden klinisch zur Diagnostik ausgenutzt (◘ Abb. 16.16). Man spricht von der ***Evoked Response Audiometry (ERA)***. Es ist die wichtigste diagnostische Methode zur Unterscheidung zwischen einer kochleären und einer retrokochleären Empfindungsschwerhörigkeit. Als retrokochleär (»hinter der Kochlea«) bezeichnet man Erkrankungen, die etwa den Hörnerv zwischen Innenohr und Hirnstamm schädigen (z. B. Kleinhirnbrückenwinkeltumoren). Darüber hinaus wird die ERA zur Abklärung einer Säuglings- oder frühkindlichen Schwerhörigkeit sowie bei Zuständen völliger Bewusstlosigkeit (Kopfverletzung, Koma) routinemäßig angewendet.

Fourier-Analyse. Dem Patienten werden Schallreize angeboten, die im Elektroenzephalogramm (EEG, ▶ Kap. 8.2) zu einer Veränderung der Hirnaktivität führen. Die Abweichungen sind aber so klein, dass die einzelne Reizantwort im EEG vom Rauschen völlig überdeckt wird. Mithilfe eines Computers kann jedoch durch rechnerische Mittelung (Fourier-Analyse) zahlreicher evozierter Einzelpotentiale (z. B. von 2000 Potentialen) die spezifische akustische Reizantwort von Hörnerv und Hörbahn aus der unspezifischen Hirnaktivität im EEG herausgehoben werden (◘ Abb. 16.16). Unter zahlreichen messbaren Potentialen werden die nach 2–12 ms auftretenden schnellen Hörnerven- und Hirnstammpotentiale zur Diagnostik retrokochleärer Hörstörungen ausgenutzt. Diagnostisch bedeutsam sind Verspätungen (Latenzzeitverlängerung) der einzelnen Potentiale.

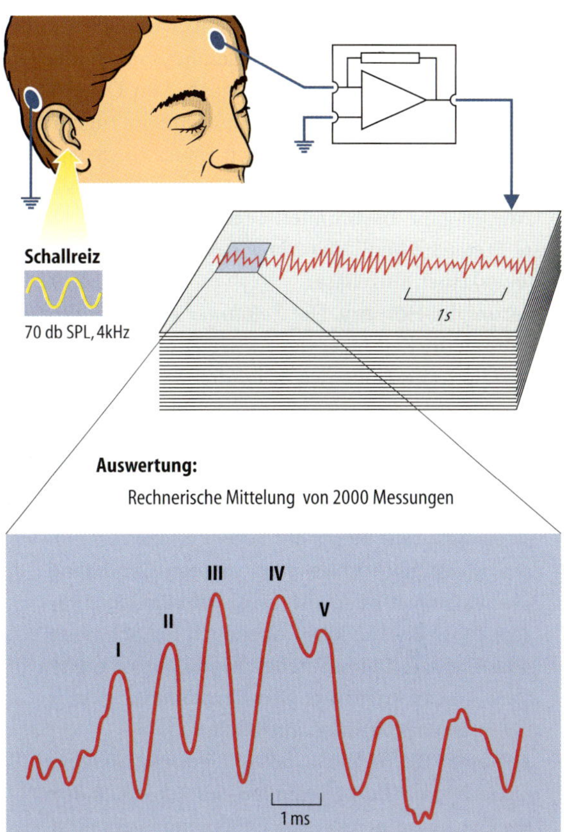

◘ **Abb. 16.16. Akustisch evozierte Potentiale.** In der *Evoked Response Audiometry* (ERA) genannten Untersuchung werden klinisch die elektrophysiologischen Vorgänge in Kochlea, Hörnerv und Hörbahn bestimmt. Bei nur einer Schallreizung und einer Messung ergibt sich ein dem EEG ähnliches Bild, das die akustisch evozierte Antwort vollständig überlagert. Werden Schallreizung und Messung 2000-mal hintereinander durchgeführt, dann können durch computerunterstützte rechnerische Mittelung die spezifischen Reizantworten (Wellen) aus der unspezifischen Hirnaktivität im EEG herausgehoben werden. Hier gezeigt sind die klinischen wichtigen schnellen Hörnerven und Hirnstammpotentiale. Die Wellen I–V entstehen vermutlich im Verlauf der hintereinander geschalteten Neurone der Hörbahn. So wird beispielsweise die Welle I dem Hörnerv zugeordnet. Nach Evans (1974)

Vom Hörnerven zum Gehirn

Der Hörnerv überträgt die transduzierten Signale von den inneren Haarzellen der Kochlea ins ZNS; dort erreichen sie zunächst den Hirnstamm

Synapsen afferenter Fasern mit inneren Haarzellen. Der N. cochlearis verlässt das Ohr durch den inneren Gehörgang zum Kleinhirnbrückenwinkel. Seine afferenten Fasern teilen sich und ziehen im Hirnstamm zum Nucleus cochlearis ventralis bzw. zum Nucleus cochlearis dorsalis, um dort zum zweiten Neuron umgeschaltet zu werden. Der Hörnerv besteht aus einer großen Zahl afferenter sowie teilweise auch efferenter (d. h. aus dem Gehirn kommender) Nervenfasern. 90 % der afferenten Nervenfasern haben nur eine Synapse mit einer einzigen, nämlich einer inneren Haarzelle. An das Gehirn werden also im wesentlichen Informationen von den inneren Haarzellen weitergeleitet. Da jede Haarzelle nach dem Ortsprinzip (► s.o.) einer ganz bestimmten Tonfrequenz zugeordnet ist, wird die mit einer bestimmten Haarzelle synaptisch verbundene Hörnervenfaser bei Beschallung des Ohrs mit dieser ganz bestimmten Frequenz optimal erregt. Diese Frequenz heißt ***charakteristische Frequenz (Bestfrequenz)*** einer Einzelfaser.

Codierung im Hörnerv. Die ***Zeitdauer eines Schallreizes*** wird durch die Zeitdauer der Aktivierung der Nervenfasern codiert, die Höhe des ***Schalldruckpegels*** durch die Entladungsrate verschlüsselt (■ Abb. 16.17). Allerdings kann eine einzelne Nervenfaser eine bestimmte Entladungsrate nicht überschreiten, sondern erreicht ab einem bestimmten Schalldruck einen Sättigungsbereich. Trotzdem kann die Information nach höherer Lautstärke weitergegeben werden (■ Abb. 16.17), da dann eine zunehmende Zahl benachbarter Fasern aktiviert wird ***(Rekrutierung)***.

16.5. Akustikusneurinom

Pathologie und Symptome. Das Akustikusneurinom ist ein gutartiger Tumor der Schwann'schen Scheide des N. vestibulocochlearis im inneren Gehörgang. Die Symptomatik beginnt häufig mit einseitiger Perzepetionsschwerhörigkeit oder auch mit Schwindel oder Tinnitus (Ohrgeräusche). Ist der Tumor größer als 2–2,5 cm, erreicht er den Hirnstamm und kann z. B. zu einem Atemstillstand führen.

Therapie. Die Therapie besteht zumeist in einer mikrochirurgischen Entfernung des Tumors, indem der Ohrchirurg den inneren Gehörgang in der Schädelbasis am Gehirn vorbei von oben öffnet und den Tumor exirpiert.

Jedes Innenohr ist mit beiden Hirnhälften verbunden

Die zweiten und höheren Neurone kreuzen z. T. zur jeweils kontralateralen Hirnhälfte; dadurch kann binaural gehört werden

Kreuzung zweiter Neurone. Ähnlich wie die ersten Neurone verhalten sich die zweiten Neurone, die vom ventralen ***Nucleus cochlearis*** ausgehen. Ein Teil zieht zur oberen Olive der gleichen Seite, ein Teil kreuzt zur oberen Olive der anderen Seite (■ Abb. 16.18). Ebenso kreuzen die afferenten Fasern vom dorsalen Kern zum ***Nucleus lemnisci lateralis*** der Gegenseite. Im zweiten Neuron verläuft damit ein Teil der Fasern ***ipsilateral***, ein wesentlicher Teil der zentralen Hörbahn kreuzt jedoch auf die ***kontralaterale*** Seite. Dadurch ist jedes Innenohr mit der rechten und der linken Hörrinde verbunden. Außerdem können in den Nervenzellen des Olivenkomplexes erstmals im Verlauf der Hörbahn binaurale (von beiden Ohren aufgenommene) akustische Signale miteinander verglichen werden.

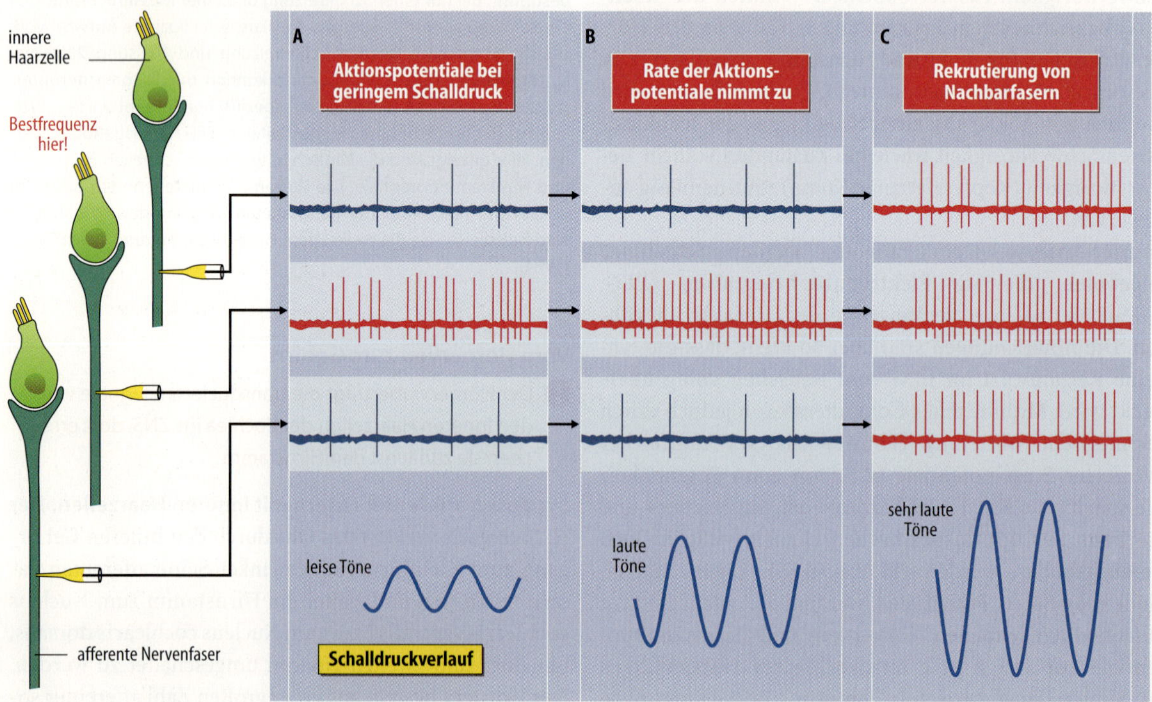

■ **Abb. 16.17. Codierung des Schalldrucks im Hörnerv. A** Bei leisen Tönen werden nur die Fasern mit der dazugehörigen Bestfrequenz gereizt; **B** bei zunehmender Lautstärke nimmt die Zahl der Aktionspotentiale in den Fasern zu; **C** bei weiterer Steigerung des Schalldrucks kann die Zahl der Aktionspotentiale nicht mehr gesteigert werden. Daher werden zusätzlich Nachbarfasern aktiviert (rekrutiert)

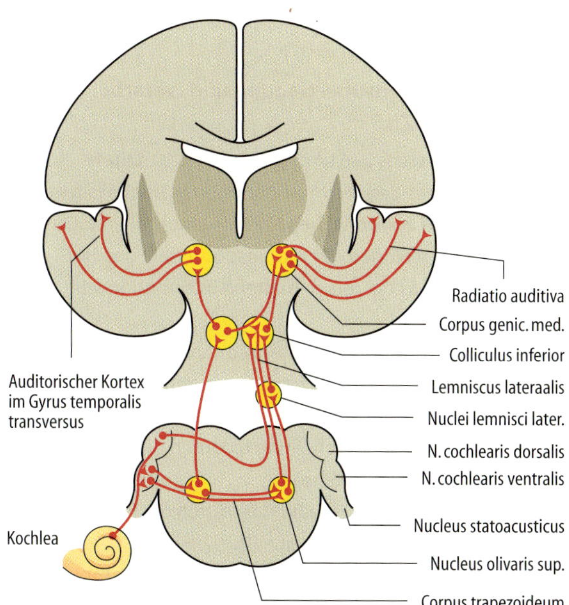

Abb. 16.18. Schematische Darstellung der zentralen Hörbahn

Höhere Neurone. Die höheren Neurone verlaufen von der oberen Olive zum Teil auf der gleichen Seite, zum Teil auf der Gegenseite nach jeweils neuer Umschaltung zum ***Colliculus inferior*** und anschließend zum ***Corpus geniculatum mediale.*** Schließlich ziehen die Afferenzen als Hörstrahlung (Radiatio acustica) zur ***primären Hörrinde*** (Heschl-Querwindung) des Temporallappens.

Spezialisierte Hörneurone

Die höheren Neurone sind auf bestimmte Muster spezialisiert; sie reagieren jeweils nur auf spezifische Schallmuster

Inhibitorische und exzitatorische Neurone. Die einfache Codierung des ersten und von Teilen des zweiten Neurons wandelt sich grundlegend ab dem dorsalen Nucleus cochlearis und weiter zunehmend mit jedem höheren Neuron. Zwar wird das Ortsprinzip bis zum auditorischen Kortex beibehalten, das heißt, dass bestimmte Schallfrequenzen an bestimmten Orten der Hörrinde oder der auditorischen Kerne repräsentiert sind. Zusätzlich besitzen jedoch beispielsweise einige vom dorsalen Nucleus cochlearis ausgehende Neurone kollaterale Verschaltungen, die teils exzitatorisch, teils inhibitorisch wirksam sind ***(On-off-Neurone).*** Die Folge ist, dass einzelne Neurone des dorsalen Kochleariskerns bei Schallreiz auch gehemmt werden können.

Mustererkennung. Eine grundsätzliche Eigenschaft der höheren Neurone der Hörbahn ist es, nicht auf reine Sinustöne, sondern auf bestimmte Eigenschaften eines Schallmusters (z. B. Sprachmuster) zu reagieren. So können Hirnläsionen, wie sie etwa bei einem apoplektischen Insult (Schlaganfall) auftreten können, selektiv das Sprachverständnis stören, ohne dass das Unterscheidungsvermögen für Tonfrequenzen reduziert sein muss. So gibt es Fasern, die bei einer bestimmten Schallfrequenz aktiviert, durch höhere oder tiefere Töne jedoch gehemmt werden. Auch gibt es Neurone, die auf eine Frequenzzunahme, und solche, die auf eine Frequenzabnahme (Frequenzmodulation) reagieren, wobei zusätzlich der Grad der Modulation von Bedeutung sein kann. Andere Zellen sprechen nur auf die Amplitudenänderung eines Tons an. Diese Spezialisierung von Neuronen auf bestimmte Eigenschaften eines Schallmusters ist im auditorischen Kortex noch ausgeprägter. Neurone können hochspezialisiert auf den Beginn oder das Ende, auf eine Mindestzeitdauer oder eine mehrfache Wiederholung, auf bestimmte Frequenz- oder Amplitudenmodulationen eines Schallreizes sein.

Informationsverarbeitung. Man nimmt daher an, dass diese bis zur Hörrinde zunehmende Spezialisierung der Neurone auf bestimmte Eigenschaften des Schallreizes es erlaubt, Muster innerhalb des Schallreizes herauszuarbeiten und für die kortikale Beurteilung vorzubereiten ***(Informationsverarbeitung).*** Das gesprochene Wort oder Musik bestehen aus derartigen Mustern, die wir trotz eines Störschalls (z. B. Umgebungsgeräusche) erkennen können.

Räumliches Hören

Hochspezialisierte höhere Neurone ermöglichen auch das räumliche Hören; die Richtung einer Schallquelle kann identifiziert werden

Laufzeitunterschiede. Die Richtung einer Schallquelle kann geortet werden. Diese auditorische Raumorientierung geschieht durch das zentrale Hörsystem. Dort finden sich in bestimmten Bereichen, etwa der oberen Olive oder dem Colliculus inferior, auf Raumorientierung hochspezialisierte Neurone, welche die von den beiden Ohren ankommenden Folgen von Aktionspotentialen miteinander vergleichen. Dazu müssen zunächst einmal beide Ohren einigermaßen normal hören (binaurales Hören). In der Regel liegen Schallquellen nicht genau in der durch den Kopf definierten Mittelebene (Mediansagittalebene), sondern irgendwie seitlich. Dann ist die Schallquelle von einem Ohr weiter entfernt als vom anderen. Der Schall trifft dadurch am entferntesten Ohr vor allem später, aber auch leiser ein (Abb. 16.19). Das auditorische System ist dabei in der Lage, Intensitätsunterschiede von nur 1 dB und Laufzeitunterschiede bis hinab zu 3×10^{-5} s sicher zu erkennen. Eine derartig minimale Schallverstärkung tritt bei einer Abweichung der Schallquelle von 3 Grad von der Mittellinie auf.

▪▪▪ **Intensitätsunterschiede.** Stereoanlagen nutzen diese psychophysisch und neurophysiologisch nachgewiesenen Laufzeit- und In-

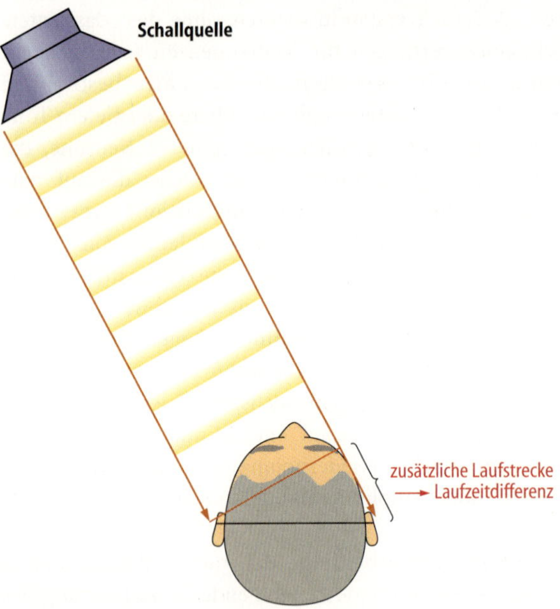

Abb. 16.19. Räumliches Hören. Die Laufzeitdifferenz eines Tons zwischen beiden Ohren wird im zentralen auditorischen System verarbeitet und dient der lateralen Schallquellenlokalisation

tensitätsdifferenzen zur Bildung eines räumlichen Höreindrucks aus. Wird über Lautsprecher oder Kopfhörer das Schallsignal einseitig leiser angeboten, so wird die Schallquelle zur Gegenseite lokalisiert. Eine einseitige Schallverspätung (ungleicher Abstand von den Lautsprechern) kann durch Schalldruckerhöhung am anderen Lautsprecher ausgeglichen werden.

Richtcharakteristik des äußeren Ohres. Laufzeit- und Intensitätsdifferenzen erlauben zwar die Bestimmung des Raumwinkels, nicht jedoch die Entscheidung, ob sich die Schallquelle oben, unten, vorne oder hinten befindet. Hierzu ist die Form der ***Ohrmuschel***, die eine Richtcharakteristik besitzt, bedeutsam. Je nachdem, in welchem Winkel das Schallsignal auf die Ohrmuschel auftrifft, wird es minimal verformt. Offenbar können diese dadurch modulierten (»verzerrten«) Schallmuster zentral erkannt und ebenfalls zur Bildung eines Raumeindrucks verwandt werden.

Sprachverstehen bei Hintergrundlärm. Das beidohrige Hören spielt darüber hinaus noch eine wichtige Rolle bei der Schallanalyse in verrauschter Umgebung (z. B. Sprache bei einer Party). Das Gehirn benutzt hier Intensitäts- und Laufzeitunterschiede zwischen den verschiedenen Schallquellen aus, um die Konzentration auf einen bestimmten Sprecher zu ermöglichen. Da Schallsignale in der Regel durch andere Quellen gestört sind, ist diese Funktion des zentralen Hörsystems sehr wichtig. Daher sollten Schwerhörige mit notwendigen Hörhilfen möglichst beidseitig ausgestattet sein.

In Kürze

Informationsübertragung und -verarbeitung im ZNS

Über wenigstens 5–6 hintereinander geschaltete Neuronen werden die Informationen des Schallsignals bis zum auditorischen Kortex weitergeleitet. Dabei ist in den Folgen der Aktionspotentiale des Hörnervs die im Schallreiz enthaltene Information verschlüsselt:
- die Information über die Frequenz des Schallereignisses ist in der frequenzspezifischen anatomischen Herkunft (Ortsprinzip) enthalten;
- die Dauer der Beschallung ist durch die Zeitdauer der Aktivierung belegt;
- die Lautstärke des Schalls ist durch die Entladungsrate verschlüsselt.

Höhere Neurone sind zunehmend auf hochkomplexe Schallmuster (z. B. Muster in der Sprache) spezialisiert. Sie können dadurch bestimmte Eigenschaften des Schallreizes (z. B. sprachliche Informationen) herausarbeiten und für die kortikale Beurteilung vorbereiten.

16.7 Stimme und Sprache

Die menschliche Sprache

Die Sprache des Menschen ist einmalig in der Natur; an ihr sind im Wesentlichen vier Organsysteme beteiligt

Für die Fähigkeit des Sprechens sind vier Systeme erforderlich:
- Der ***Kehlkopf*** erzeugt Schall. Dieser Schall heißt Stimme. Die Stimmerzeugung des Kehlkopfs wird Phonation genannt.
- Der ***Mund-Rachen-Raum*** formt aus dem vom Kehlkopf angebotenen Schall verständliche Vokale und Konsonanten. Dieser Mechanismus heißt Artikulation.
- Phonation des Kehlkopfs und Artikulation des Mund-Rachen-Raums werden zentral durch das ***motorische Sprachzentrum*** des Gehirns gesteuert.
- Zur Entwicklung der Sprache beim Kind wie zu ihrer ständigen Kontrolle auch beim Erwachsenen ist die ***physiologische Hörfunktion*** erforderlich. Klinisch spricht man daher auch vom ***Hör-Sprach-Kreis.*** Der Hör-Sprach-Kreis umfasst die ungestörte Funktion des Ohrs, der Hörbahn, der Sprachwahrnehmung im sensorischen Sprachzentrum (Wernicke) sowie die Integration von Psyche und Intelligenz. Der Kreis geht weiter zur motorischen Steuerung der Phonation des Kehlkopfs und der Artikulation des Mund-Rachen-Raums. Sie beginnt in dem als motorische Sprachregion (Broca) bezeichneten Gebiet des Temporallappens des Gehirns und erreicht über mehrere Neurone den Kehlkopf sowie den Mund-Ra-

chen-Raum. Ist der Hör-Sprach-Kreis an einer Stelle durch eine Erkrankung unterbrochen, so ist die Sprache gestört oder fehlt. Gehörlose Kinder entwickeln (ohne Therapie, z.B. ohne Kochlea-Implantat) und ohne pädagogische Förderung keine Lautsprache.

Stimme ist Schall

Die Stimme ist Schall, der vom Kehlkopf erzeugt wird; Grundlage sind Schwingungen der Stimmlippen im Luftstrom

Die ***Phonation*** (Stimmbildung) läuft im Kehlkopf ab. Dabei wird Schall erzeugt. Physikalische Grundlage ist eine oszillierende Bewegung der Stimmlippen. Verliert ein Mensch seinen Kehlkopf, so verliert er seine Stimme, nicht jedoch die Fähigkeit zu sprechen. So sind kehlkopflose Patienten in der Lage, flüsterähnlich zu sprechen (Pseudoflüstern).

Stimmlippen. Zur Schallerzeugung besitzt der Kehlkopf zwei Stimmlippen (Laienbezeichnung: Stimmbänder). Der Arzt kann sie ohne Belastung des Patienten mit einem Spiegel oder eine Endoskop (Lupenlaryngoskop, ◘ Abb. 16.20) gut beobachten. Dabei schaut der Untersucher durch Mund und Pharynx des Patienten rechtwinklig nach unten in den Kehlkopf. Anatomisch bestehen die Stimmlippen jeweils aus einem längs verlaufenden Muskelstrang (M. vocalis) zwischen Aryknorpel (Stellknorpel) und Schildknorpel. Die Mm. vocales sind von Schleimhaut bedeckt, die gegenüber dem Muskel verschieblich ist.

Glottis. Der luftdurchlassende Spalt (◘ Abb. 16.20, 16.21) zwischen den Stimmlippen heißt ***Glottis*** (Stimmritze).

Phonation. Die Phonation ist an die Atmung gekoppelt. Sie wird durch eine Exspiration eingeleitet. Im Gegensatz zur normalen Ausatmung wird zur Stimmbildung aber die Glottis durch die Mm. arytenoidei, die Mm. cricoarytenoidei lateralis und die Mm. thyreoarytenoidei laterales (◘ Abb. 16.21) fast verschlossen. Dadurch bildet die Glottis einen Engpass im Exspirationstrakt (◘ Abb. 16.20). In diesem Engpass ist die Strömungsgeschwindigkeit der ausgeatmeten Luft erheblich höher als in der darunter liegenden Trachea oder in dem darüber liegenden Mund- und Pharynxraum. Mit der zunehmenden Strömungsgeschwindigkeit steigt die kinetische Energie ($^1/_2$ mv^2) des strömenden Gases. Die dazu notwendige Arbeit wird der Atemarbeit entnommen, bei der ein bestimmtes Gasvolumen entlang eines Druckgefälles bewegt wird. Wegen der Zunahme der kinetischen Energie der Luft bei zunehmender Strömungsgeschwindigkeit nimmt der Druck im strömenden Atemgas ab, er wird im Bereich der Glottis also geringer. Wegen dieses Druckabfalls nähern sich die Stimmlippen einander. Dadurch wird der Spalt noch enger, sodass die Strömungsgeschwindigkeit noch weiter zunehmen muss, womit wiederum der Druck weiter abfällt. Dieser Prozess führt schließlich dazu, dass sich die Stimmlippen ganz schließen und der Luftstrom plötzlich unterbrochen wird. Zu diesem Zeitpunkt kann der subglottische Druck die Stimmritze wieder auseinander pressen. Es entsteht wieder ein Luftstrom mit ungleicher Geschwindigkeitsverteilung, und der Zyklus beginnt von neuem.

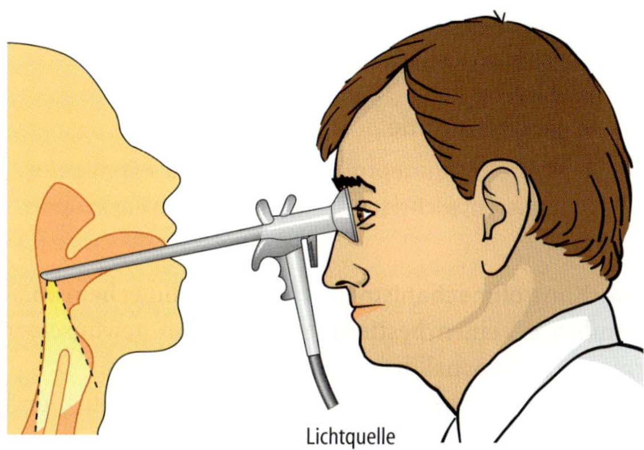

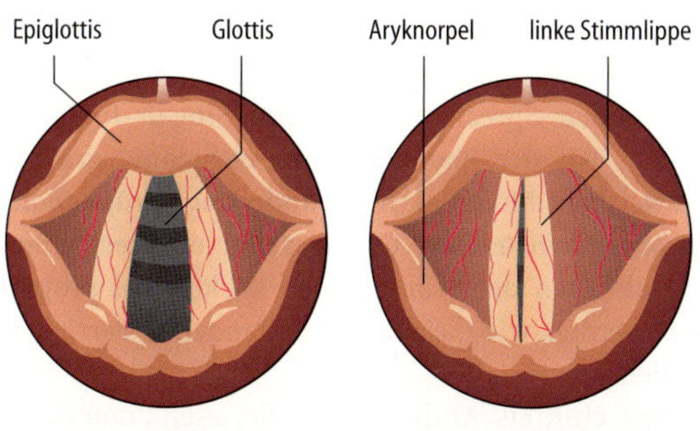

◘ **Abb. 16.20. Untersuchung des Kehlkopfes mit dem Lupenlaryngoskop**

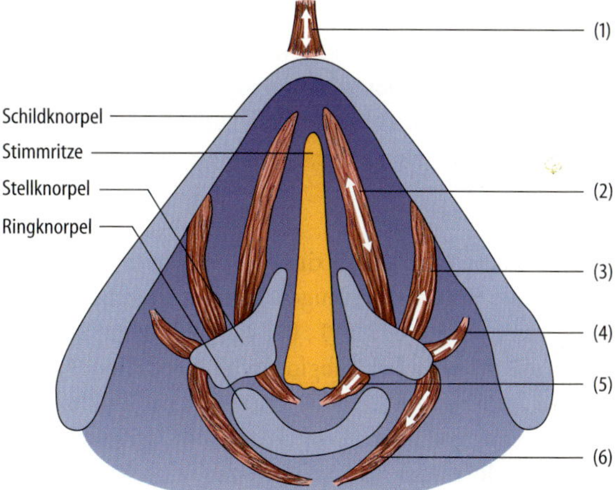

◘ **Abb. 16.21. Zugrichtungen der inneren Kehlkopfmuskeln und des M. cricothyreoideus.** Die Blickrichtung entspricht dem lupenlaryngoskopischen Bild aus Abbildung 16.20. Stimmlippenspannung: M. cricothyreoideus (1) und M. vocalis (2). Glottisschluss: M. thyreoarytenoideus lateralis (3), M. cricoarytenoideus lateralis (4), M. interarytenoideus (5). Glottisöffnung: M. cricoarytenoideus posterior (6). Aus Becker et al (1996)

Bernoulli-Schwingungen. Die entstehenden Stimmlippenschwingungen werden als ***Bernoulli-Schwingungen*** bezeichnet, da sie den bernoullischen Gesetzen folgen. Im Rhythmus dieser Schwingungen wird der Luftstrom ständig verändert, wodurch ein hörbares Klanggemisch entsteht, das reich an Obertönen ist.

Lautstärke der Stimme

Der subglottische Druck bestimmt vorwiegend den Schalldruck der Stimme; dafür ist die Stimmlippen- und Atemmuskulatur verantwortlich

Myoelastische Steuerung der Bernoulli-Schwingungen. Mit Hilfe der Kehlkopfmuskulatur und der prälaryngealen Muskulatur können die Bernoulli-Schwingungen der Stimmlippen willkürlich gesteuert und dadurch die gewünschte Stimmfrequenz und Lautstärke erzeugt werden. Hierzu kann die Kehlkopfmuskulatur die Weite der Glottis und die Spannung der Stimmlippen variieren und dadurch die Schwingungsfähigkeit der Stimmbänder beeinflussen (myoelastische Theorie der Stimmlippenschwingungen). Die Atemmuskulatur kann schließlich den subglottischen Druck verändern. Der abgestrahlte Schalldruck der Stimme steigt mit dem subglottischen Druck.

16.6. Recurrenslähmung

Bei Patienten mit einer beiderseitigen Lähmung des N. recurrens stehen beide Stimmlippen im Abstand von etwa 1 mm still. Ursachen können z. B. eine Virusentzündung oder eine Schilddrüsenoperation sein. Die Fähigkeit, Frequenz und Lautstärke zu verändern, geht durch die Lähmung weitgehend verloren. Die Folgen sind eine leise, monotone, kaum modulationsfähige Stimme sowie Atemnot bis zum Ersticken. Erholen sich die Nerven nicht, so ist eine operative Lateralfixation (Seitwärtsverlagerung) einer Stimmlippe erforderlich, um die Luftnot zu beseitigen. Die Stimme kann nicht verbessert werden.

Schalldruckpegel. Der maximale ***Schalldruckpegel***, den ungeschulte Sprecher erzeugen können, beträgt in 1 m Entfernung etwa 75 dB SPL, bei ausgebildeten Sängern bis zu 108 dB SPL. Der subglottische Druck beträgt bei ruhiger Atmung etwa 2 cmH_2O (196 Pa) über dem Atmosphärendruck. Durch Schluss der Glottis, Kontraktion des M. vocalis in der Stimmlippe sowie durch die Atemmuskulatur kann ein Druck bis zu 16 cmH_2O (1570 Pa) erreicht werden.

Stimmhöhe

Mit der Spannung der Stimmlippen steigt die Stimmfrequenz; auch die anatomische Länge der Stimmlippen hat Einfluss auf die Tonhöhe

Einstellung der Stimmfrequenz. Die ***Frequenz*** der Stimme (»Tonhöhe«) ist abhängig von der Frequenz der Stimmlippenschwingungen. Der durchschnittliche Stimmumfang beträgt 1,3–2,5 Oktaven. Die ***Grundfrequenz*** des vom Kehlkopf erzeugten Klanggemischs hängt in hohem Maß von der muskulär erzeugten Spannung der Stimmlippen, in geringerem Maß vom subglottischen Druck ab. Mit zunehmender Spannung der Stimmlippen und/oder zunehmendem subglottischen Druck kann die Druckfrequenz der Stimme willkürlich erhöht werden. Unter laryngoskopischer Beobachtung zeigt sich zudem, dass beträchtliche Aus- und Abwärtsbewegungen der Glottis mit Tonhöhenänderungen einhergehen. Dabei kann der M. cricothyreoideus den Schildknorpel nach vorne kippen (Abb. 16.21) und ihn dadurch von den Stellknorpeln entfernen, wodurch die Stimmlippen noch stärker angespannt werden können. Durch die Kombination dieser und weiterer Parameter ist eine Vielzahl von Schwingungsabläufen bei der Schallerzeugung des Kehlkopfs möglich.

Stimmgattungen. Die endgültige, individuell unterschiedliche Länge der Stimmlippen beim Erwachsenen führt zu einem unterschiedlichen Grundschwingungsverhalten beim einzelnen Menschen. Dem entsprechen die ***Stimmgattungen*** Bass, Bariton und Tenor beim Mann sowie Alt, Mezzosopran und Sopran bei der Frau.

Kontrolle der Stimme

Muskuläre Propriozeptoren erlauben es, die Stimme zu kontrollieren; wichtiger ist die auditorische Rückkopplung

Zwei Kontrollmechanismen. Zwei Kontrollmechanismen erlauben es, einen bestimmten »Ton« mit gewünschter Frequenz und Schalldruck willkürlich zu treffen:
- die Propriozeptoren in Kehlkopfmuskeln und Schleimhaut;
- die Kontrolle durch das Gehör (auditive Rückkopplung).

Beim lauten Sprechen oder beim Singen findet sich 0,3–0,5 s vor der Phonation eine elektromyographisch nachweisbare Muskelaktivitätsänderung ***(präphonatorische Muskeleinstellung)***. Offenbar können erlernte Bewegungsabfolgen der Stimmlappen subkortikal programmiert werden, wie dies auch bei manuellen Fertigkeiten möglich ist.

Hör-Sprach-Kreis. Andererseits differieren unter beidohriger Geräuschbelastung selbst bei professionellen Sängern die Stimmeinsätze um bis zu 1,5 Halbtöne, sodass angenommen werden kann, dass die präphonatorische

Muskeleinstellung nur eine relativ grobe Annäherung ergibt. Vielmehr ist es die auditive Rückkopplung, die bei intaktem Hör-Sprach-Kreis die exakte Kontrolle des Kehlkopfs für die Erzeugung von Frequenz und Druck des gewünschten Schallsignals ermöglicht.

Aus der Stimme werden Laute

Das Ansatzrohr formt aus dem Schallsignal des Kehlkopfs verständliche Laute; dazu kann seine Form durch Muskeln willkürlich verändert werden

Ansatzrohr. Die ***Artikulation*** (Lautbildung) erfolgt mit wenigen Ausnahmen in dem gesamten Hohlraum zwischen Stimmlippenebene und Mund- bzw. Nasenöffnung. Nach dem Vorbild von Blasinstrumenten werden diese Räume Ansatzrohr genannt. Es umfasst den supraglottischen Larynx, die drei Pharynxetagen, die Mundhöhle sowie die Nasenhaupthöhlen.

Verstellbarkeit des Ansatzrohrs. Die Form des Ansatzrohrs kann durch die Rachen-, Gaumen-, Zungen-, Kau- und mimische Gesichtsmuskulatur willkürlich verändert werden. Dadurch ist physikalisch eine verstellbare Resonanz dieser Hohlräume möglich (◘ Abb. 16.22). Sie ist neben weiteren Mechanismen der physikalische Grundmechanismus, der aus dem angebotenen Schallsignal des Kehlkopfs verständliche Vokale und Konsonanten formt.

Je nach Bedarf bewegen sich die »Artikulationsorgane« Uvula, weicher Gaumen, Zungenrücken, Zungenrand, Zungenspitze sowie Lippen und formen an Zähnen, Alveolarkamm, Gaumen sowie im Nasenraum Vokale und Konsonanten.

Sonagraphie. Die komplexen Schallwellen eines Sprachsignals können klinisch durch einen Sonagraphen mittels Filtern nach Frequenz, Schalldruck sowie in Abhängigkeit von der Zeit zerlegt werden. Dabei erweisen sich Vokale als Klänge, die aus einem Grundton (Stimme) und bestimmten harmonischen Obertönen bestehen und einen periodischen Schwingungsverlauf besitzen. Diese im Ansatzrohr durch Resonanz verstärkten Frequenzen sind für jeden Vokal spezifisch und erlauben die Identifikation etwa eines »e« oder »i«. Sie entstehen dadurch, dass bei der Produktion bestimmter Vokale das Ansatzrohr etwa durch die Stellung der Zunge eine bestimmte Konfiguration erhält, sodass aus physikalischen Gründen ganz bestimmte Resonanzeigenschaften entstehen.

Formanten. Das Ansatzrohr wird durch die Stimme zur Resonanz angeregt, die so entstehenden Resonanzfrequenzen nennt man ***Formanten*** eines Vokals. Das »e« etwa ist charakterisiert durch Formantfrequenzen von ca. 500 Hz, 1800 Hz und 2400 Hz, unabhängig von seiner Grundfrequenz, d. h. unabhängig von der Frequenz der Stimmlippenschwingungen. Das »i« besitzt Formantfrequenzen von 300 Hz, 2000 Hz und 3100 Hz. Stimmlose Konsonanten (f, ss, p, t, k) hingegen sind Geräusche. Sie entstehen bei nichtschwingenden Stimmlippen durch Verengen im Ansatzrohr, die eine Luftströmung erzwingen und damit zur Wirbelbildung Anlass geben.

Sprechen trotz Kehlkopfverlust. Bei Verlust des Kehlkopfs (z. B. als Folge von Kehlkopfkrebs, einem typischen Raucherkrebs) kann mithilfe einer künstlichen Schallquelle (z. B. mittels einer Stimmprothese oder eines elektronischen Vibrators) ein Schallsignal im Hypopharynx erzeugt werden. Die künstliche Stimmbildung kann vom Patienten genutzt werden, im unverändert normalen Ansatzrohr eine leidlich verständliche Sprache zu bilden.

Im Rahmen einer logopädischen Behandlung lernt der Kehlkopflose mit Hilfe der genannten Wirbelbildungen, die ein Rauschen darstellen, das Ansatzrohr zur Abgabe von Resonanzschwingungen im Formantbereich anzuregen, um damit die Pseudoflüstersprache zu produzieren.

In Kürze

Stimme und Sprache

Die Sprache des Menschen ist einmalig in der Natur; an ihr sind im Wesentlichen vier Organsysteme beteiligt

- Der Kehlkopf erzeugt Schall, der Stimme genannt wird (Phonation).
- Der Mund-Rachen-Raum formt aus diesem Schall verständliche Vokale und Konsonanten (Artikulation).
- Phonation des Kehlkopfs und Artikulation des Mund-Rachen-Raums werden zentral durch das motorische Sprachzentrum des Gehirns gesteuert.
- Zur Entwicklung der Sprache beim Kind wie zu ihrer ständigen Kontrolle auch beim Erwachse-

▼

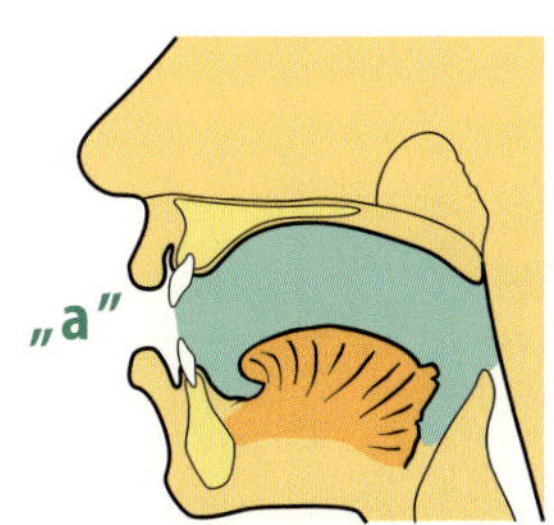

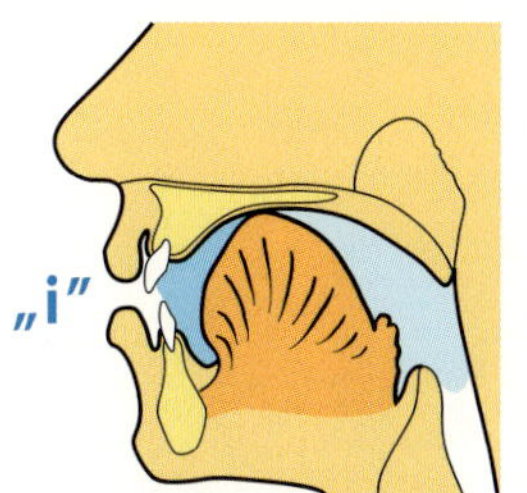

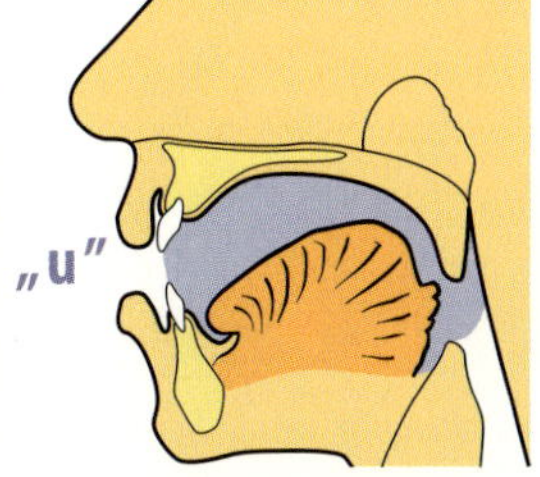

◘ **Abb. 16.22. Ansatzrohr.** Änderung der Form und des Ansatzrohrs durch die Zunge bei den Vokalen »a«, »u« und »i«

nen ist die physiologische Hörfunktion erforderlich (Hör-Sprach-Kreis).

Der Schall wird durch Bernoulli-Schwingungen der Stimmlippen erzeugt. Der Schalldruck der Stimme hängt dabei wesentlich vom subglottischen Druck ab. Die Spannung der Stimmlippen bestimmt vor allem die Stimmfrequenz.

Literatur

Becker W, Naumann HH, Pfaltz CR (1996) Hals-Nasen-Ohren-Heilkunde. Thieme, Stuttgart

Biesalski P, Frank F (1994) Phoniatrie-Pädaudiologie. Thieme, Stuttgart

Gummer AW, Zenner HP (1996) Central Processing of Auditory Information. In Greger R, Windhorst U: Comprehensive Human Physiology, Vol 1, Springer, Berlin Heidelberg NewYork, 729–756

Zenner HP (1996) Hearing. In Greger R, Windhorst U, Comprehensive Human Physiology, Vol. 1, Springer Berlin Heidelberg NewYork, 711–727

Zenner HP (1985) Hören. Thieme, Stuttgart

Kapitel 17
Der Gleichgewichtssinn und die Bewegungs- und Lageempfindung des Menschen

H. P. Zenner

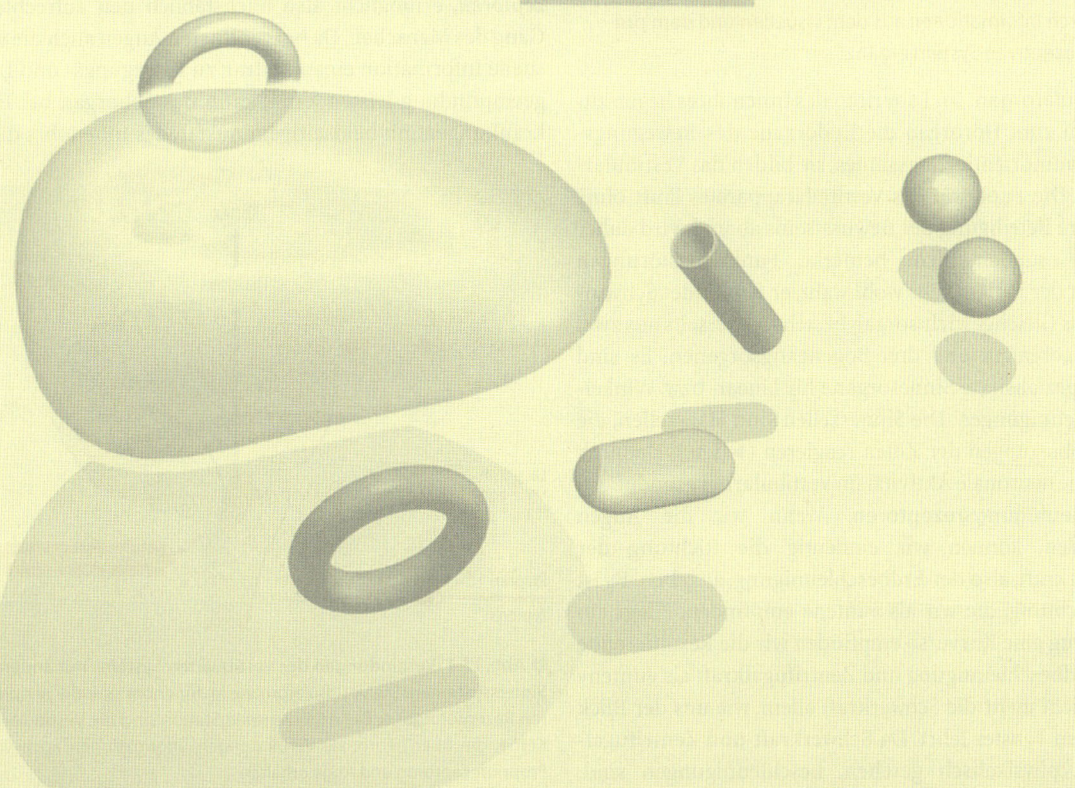

III

Einleitung

Frau W. B., 52 J., wacht morgens auf und hat den Eindruck, das ganze Zimmer drehe sich um sie. Sie kann nicht aufstehen, sondern ihr ist so schwindelig, dass sie sofort umfällt. Eine ärztliche Untersuchung ergibt einen Spontannystagmus nach rechts. Die kalorische Prüfung ergibt einen Totalausfall des linken Gleichgewichtsorgans im Innenohr.

Unser aufrechter Gang ist ein aktiver Prozess des Bewegungs- und Lagesinns. Um nicht zu fallen, wird die Bein- und Rumpfmuskulatur durch den Bewegungs- und Lagesinn zu ständigen Korrekturbewegungen angeregt. Störungen oder ein Ausfall des Bewegungs- und Lagesinns führen zu Schwindel oder Fallneigung, bis hin zur Unmöglichkeit aufzustehen. Der Betroffene ist an das Bett gefesselt. Schwindel ist eines der häufigsten Symptome, dessentwegen Patienten ihren Arzt aufsuchen. Handelt es sich um Drehschwindel, Liftschwindel oder Gangabweichungen, so stammt der Schwindel mit ziemlicher Sicherheit von einer Erkrankung des Bewegungs- oder Lagesinns.

17.1 Die Gleichgewichtsorgane im Innenohr

Der Gleichgewichtssinn befindet sich im Innenohr

Informationen, die zu Bewegungs- und Lageempfindungen führen, stammen vor allem aus den Vestibularorganen (Gleichgewichtsorgane) des Innenohrs; sie werden durch Informationen aus dem visuellen und dem propriozeptiven System ergänzt

Vestibularorgan. Im Labyrinth des Innenohres liegen zusätzlich zum Hörorgan die Endorgane des Bewegungs- und Raumorientierungssinnes, sie bilden das Vestibularorgan. Die Funktion des Vestibularapparates läuft ohne primäre Beteiligung des Bewusstseins ab und wird daher vom Gesunden nicht bemerkt. Funktionsstörungen nimmt der Patient sehr wohl wahr, er empfindet Schwindel. Das Gleichgewichtsorgan besteht beiderseits aus zwei Makulaorganen und drei Bogengangsorganen. Es sind hochspezialisierte Sinnesorgane für Linear- bzw. Winkelbeschleunigungen. Die Sinneszellen sind Haarzellen, die auf Abbiegungen der Zilien reagieren (▶ s. u.). Dadurch wird die neuronale Aktivität im Vestibularnerv moduliert.

Beschleunigungsrezeptoren. Wenn wir die Augen schließen, können wir eindeutig die Richtung der Schwerkraft, also der Erdbeschleunigung, angeben. Es ist die Richtung, die wir als »unten« empfinden. Fliegt ein Flugzeug eine Kurve, so empfinden wir die Resultierende aus Erdbeschleunigung und Zentrifugalkraft als »unten« und nicht mehr die Schwerkraft allein, wie uns der Blick aus dem Fenster lehrt. Da Schwerkraft und Zentrifugalkräfte, physikalisch gesehen, Beschleunigungen sind, muss der Bewegungs- und Lagesinn Beschleunigungsrezeptoren besitzen. Tatsächlich befinden sich diese Beschleunigungsrezeptoren im Innenohr.

Propriorezeptoren. Mit geschlossenen Augen sind wir aber auch in der Lage, festzustellen, ob wir den Kopf nach rechts, links, nach vorne oder nach hinten gedreht haben, ja sogar, ob wir stehen, liegen oder eine Seitenlage innehaben. Schließlich können wir auch mit geschlossenen Augen spüren, in welche Richtung wir uns bewegen. Dabei können wir beispielsweise mit geschlossenen Augen feststellen, dass wir nach vorne laufen, gleichgültig, ob wir den Kopf dabei nach rechts gedreht haben (mit dem linken Ohr also vorne), oder ob wir den Kopf nach links gedreht haben (also mit dem rechten Ohr vorne). Da die Beschleunigungsrichtung beim Schritt nach vorne für die Vestibularorgane der Innenohren bei Kopfhaltung nach rechts genau umgekehrt zu der bei Kopfhaltung nach links ist, sind in dieser Situation zusätzliche Informationen von Muskel- und Gelenkrezeptoren (Propriorezeptoren), speziell der Halsregion, von zusätzlicher Bedeutung, um dem Gehirn eine eindeutige Interpretation des vestibulären Stimulus zu erlauben (Abb. 17.1).

Der aufrechte Gang. Das Zusammenspiel der Vestibularorgane mit Propriorezeptoren spielt eine wichtige Rolle, wenn wir beispielsweise stolpern. Bevor man sich dessen bewusst wird, hat bereits eine motorische Gegenreaktion stattgefunden, die einen Sturz verhindert. Vestibulospinale Reflexe aktivieren die Fuß- und Beinmuskulatur und verhindern den Sturz. Der ***Vestibularapparat*** des Innenohrs, ergänzt durch Informationen aus den ***Propriorezeptoren***, ermöglicht also buchstäblich den aufrechten Gang des Menschen. Da bei geöffneten Augen auch die visuelle Information einen Beitrag zu Bewegungs- und Lageempfindung leisten kann, kann das Sehorgan bei Erkrankungen mit beidseitigem Ausfall des Innenohrs die-

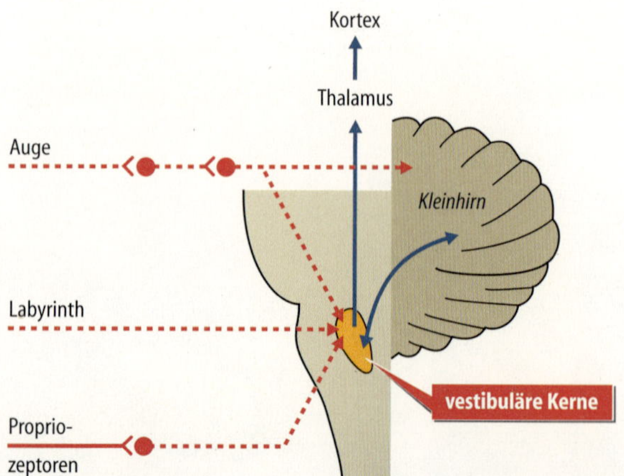

Abb. 17.1. Verbindungen des vestibulären Systems mit anderen Sinnessystemen. Die Vestibularorgane im Innenohr sind die peripheren Rezeptororgane. Die erste zentrale Station sind die vestibulären Kerne, die über neuronale Verbindungen Informationen auch von Propriorezeptoren und Auge erhalten

se teilweise kompensieren. Dies gelingt jedoch nur, solange es hell ist. Im Dunkeln erleiden die Betroffenen Gangunsicherheit, Schwindel- und Fallneigung.

Makula- und Bogengangsorgane

Der Vestibularapparat besteht beiderseits aus zwei Makulaorganen und drei Bogengangsorganen; ihre Sinneszellen heißen Haarzellen

Fünf Gleichgewichtsorgane. Der Vestibularapparat befindet sich im Labyrinth des Innenohres. Er besteht aus fünf Organen (Abb. 17.2). Es sind die zwei ***Makulaorgane*** (Macula utriculi und Macula sacculi) sowie die drei ***Bogengangsorgane*** (horizontaler, hinterer sowie vorderer Bogengang). Alle fünf Sinnesorgane besitzen Sinnesepithelien, deren Sinneszellen als Haarzellen bezeichnet werden. Die Sinneshärchen ragen in eine gallertige, mukopolysaccharidhaltige Masse. In den Bogengängen heißt sie ***Cupula***. In den beiden Makulaorganen enthält das gallertige Kissen, das auf den Sinneszellen aufliegt, zusätzliche winzige Calciumcarbonatkristalle, die unter dem Elektronenmikroskop wie Steine (Lithen) aussehen. Es wird daher ***Otolithenmembran*** (Otolith: Ohrstein) genannt.

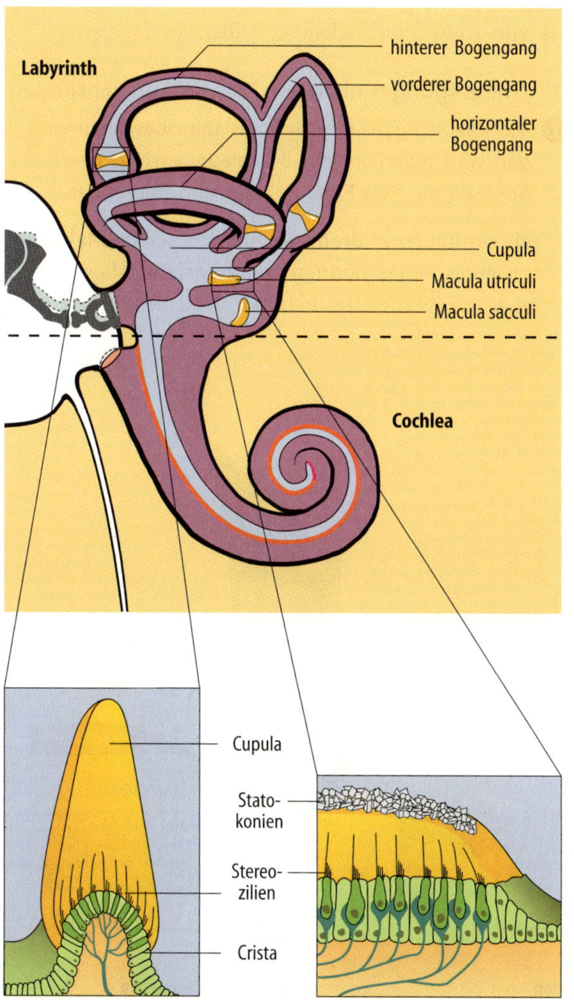

Abb. 17.2. Das Labyrinth des Innenohrs im Schema. Endolymphe *(hell)* und Perilymphe *(dunkel)* des Labyrinths und der Kochlea stehen miteinander in Verbindung

> **17.1. Cupulolithiasis**
>
> **Symptome.** Die Patienten klagen über wenige Sekunden bis Minuten anhaltende Schwindelattacken, die durch seitliche Kopfhaltung bzw. Kopflage z. B. im Bett provoziert werden können und von einem grobschlägigen, horizontal-rotierenden Nystagmus begleitet werden. Die Kranken fallen zurück und können weder sitzen noch stehen.
>
> **Ursachen.** Man vermutet als Ursache eine Störung (z. B. Verkalkung) der Otolithen in der Cupula des hinteren Bogenganges.

Haarzellen. Die Sinneszellen der Vestibularorgane haben einen charakteristischen Aufbau (Abb. 17.2). Sie sind mit den Sinneszellen der Kochlea verwandt. Sie besitzen an ihrem oberen Ende zahlreiche feine Härchen (Zilien), die ihnen den Namen ***Haarzelle*** verliehen haben. Elektronenmikroskopisch und biochemisch lassen sich die kleineren Stereozilien von dem größeren Kinozilium unterscheiden (Hinweis: die kochleären Haarzellen besitzen ***kein*** Kinozilium). Nur die Stereozilien sind für die Rezeptoreigenschaft der Haarzellen verantwortlich.

Sekundäre Sinneszellen. Die Haarzellen sind wie in der Kochlea sekundäre Sinneszellen. Sie besitzen keine eigenen Nervenfortsätze, vielmehr werden sie von den afferenten Nervenfasern der Pars vestibularis des N. vestibulocochlearis (VIII. Hirnnerv) innerviert. Die afferenten Nervenfasern übertragen die Information über den Erregungszustand der Haarzelle zum Zentralnervensystem.

> **In Kürze**
>
> **Die Gleichgewichtsorgane**
>
> Die Endorgane des Bewegungs- und Raumorientierungssinnes liegen im Labyrinth des Innenohres und bilden das Vestibularorgan. Die Informationen dieses Sinnessystems, die zu Bewegungs- und Lageempfindungen führen, werden durch das visuelle und das propriozeptive System ergänzt.
>
> Der Vestibularapparat besteht aus beidseitig jeweils
>
> - 2 Makulaorganen und
> - 3 Bogengangsorganen.
>
> Alle fünf Sinnesorgane besitzen Sinnesepithelien, deren Sinneszellen als Haarzellen bezeichnet werden. Diese ragen in eine gallertige Masse, die in den Bogengangsorganen als Cupula und in den Makulaorganen, aufgrund kleiner Calciumkristalle, als Otolithenmembran bezeichnet wird.

17.2 Gleichgewichtssinn durch Beschleunigungsmessung

Die Reizung der Haarzellen

Der adäquate Reiz der Haarzellen ist eine Deflektion ihrer Stereozilien, wodurch sich das elektrische Potential der Haarzellen verändert; dieser Vorgang heißt mechano-elektrische Transduktion

Stereozilien. Die Haarzellen der Vestibularorgane (Abb. 17.3) besitzen Stereozilien (Sinneshärchen) und *Tip-Links* wie die Haarzellen der Kochlea. Wie in der Kochlea ist der adäquate Reiz eine Deflektion der Stereozilien. Die Haarzellen sind befähigt, den mechanischen Reiz, die Abscherung der Stereozilien, in elektrische und chemische Signale umzusetzen (mechano-elektrische Transduktion). Letztere erregen die afferenten Fasern der Gleichgewichtsnerven. Die Haarzelle ändert nämlich während des so genannten Transduktionsvorgangs ihr Membranpotential und es entsteht ein Rezeptorpotential.

Das Rezeptorpotential. Das Rezeptorpotential kommt folgendermaßen zustande: der apikale Pol der Haarzellen steht wie in der Kochlea mit der Endolymphe in Kontakt. Diese extrazelluläre Flüssigkeit besitzt eine auffällig hohe Kalium- und eine niedrige Natriumkonzentration. Es wird angenommen, dass bei einer Deflektion der Stereozilien positiv geladene Kaliumionen aus der Endolymphe passiv ohne Energieaufwand durch ***Ionenkanäle*** in der Zellmembran der Stereozilien in die Haarzellen eintreten (Abb. 17.3). Dadurch ändert sich naturgemäß das Membranpotential: es wird etwas weniger negativ. Diese Positivierung des Membranpotentials heißt Rezeptorpotential. Das Rezeptorpotential führt am unteren Ende der Haarzelle zur Freisetzung des Transmitters Glutamat. Glutamat gibt das Signal biochemisch von der Haarzelle zur afferenten Nervenfaser weiter.

Der Gleichgewichtsnerv. Anders als bei den inneren Haarzellen der Kochlea ist an den vestibulären Haarzellen schon in Ruhe ein ständiger Transmitterausstoß zu finden, der im afferenten Nerv (dem N. vestibularis, Gleichgewichtsnerv, Teil des N. vestibulocochlearis, Synonym: N. statoacusticus) zu einer überraschend hohen Spontanaktivität (***Ruheaktivität***, Abb. 17.4 A) führt. Beschleunigungsreize ändern den Transmitterfluss und erhöhen oder erniedrigen so die Entladungsrate im Nerven. Eine Abscherung in Richtung zum Kinozilium steigert die Aktivität der afferenten Nervenfasern. Eine Abscherung in Gegenrichtung (vom Kinozilium weg) reduziert die Zahl der neuronalen Entladungen. Bewegungen quer zu dieser Achse sind ohne Effekt. Der Grundmechanismus ist für Makula- und Bogengangsorgane identisch. Aufgrund ihrer unterschiedlichen anatomischen Konstruktion sind sie jedoch auf verschiedene Aufgaben spezialisiert.

Beschleunigungssinn in den Translationsrichtungen

Die Makulaorgane messen Translationsbeschleunigungen, wir erleben sie beim Beschleunigen oder beim Bremsen; auch die Erdanziehung wird empfunden

Beschleunigen und Bremsen. Mit den beiden Makulaorganen eines Ohres können wir Translationsbeschleunigungen messen. Dazu gehören Beschleunigung oder

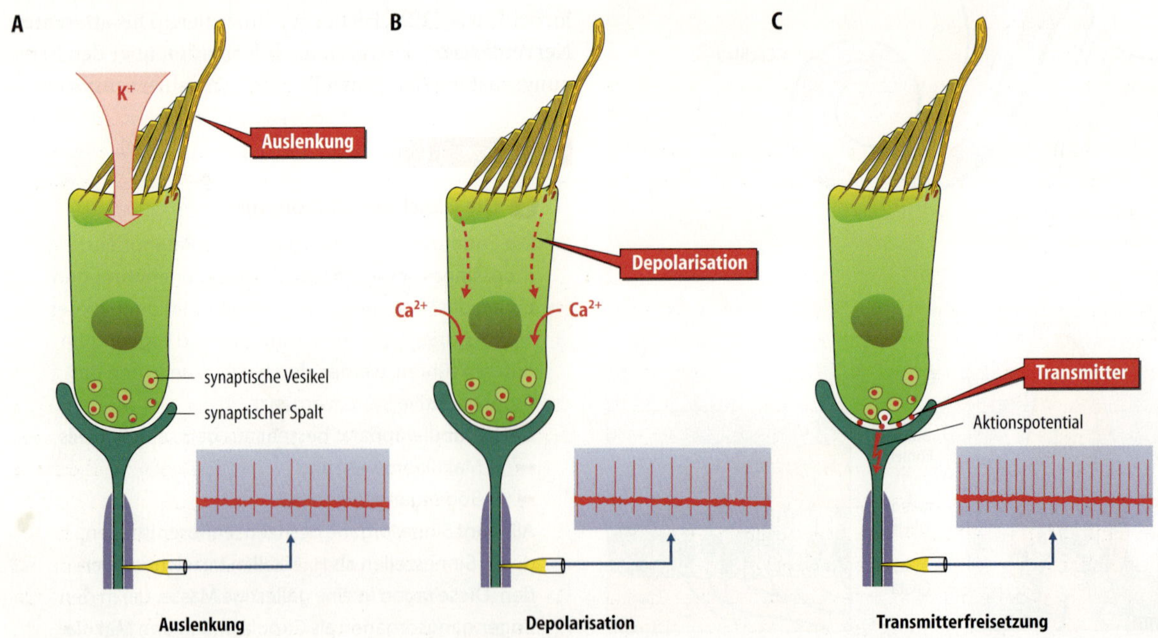

Abb. 17.3. Transduktionsvorgänge in vestibulären Haarzellen. **A** Eine Auslenkung der Stereozilien führt zum Einstrom endolymphatischen Kaliums in die Haarzelle. **B** Der Kaliumeinstrom depolarisiert die Zelle und ermöglicht den Eintritt von Calcium. **C** Der intrazelluläre Calciumanstieg trägt zur Transmitterfreisetzung in den synaptischen Spalt mit anschließender Stimulation der afferenten Nervenfaser bei

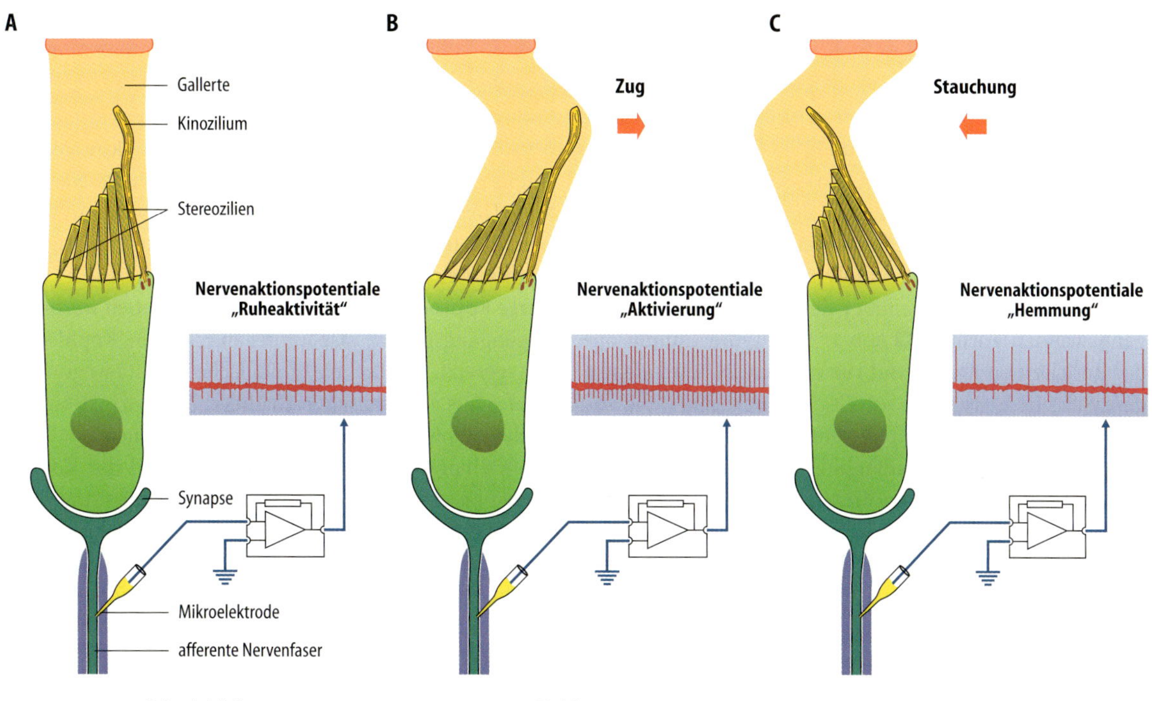

Abb. 17.4. Auslenkung der Stereozilien am Beispiel einer Cupula. A In Ruhe nimmt die Gallerte der Cupula eine mittlere Stellung ein, und die Sinneshärchen stehen aufrecht. Mit einer Mikroelektrode misst man eine mittlere Zahl von Nervenaktionspotentialen in der afferenten Nervenfaser. **B** Wird die Gallerte der Cupula in Richtung zum Kinozilium ausgelenkt, so nimmt sie die Sinneshärchen der Haarzelle mit und biegt sie um. In der afferenten Nervenfaser ist eine Zunahme der Nervenaktionspotentiale messbar. **C** In Gegenrichtung ist eine Hemmung mit Abnahme der Aktivität zu erkennen

Bremsen von Auto oder Flugzeug, im Lift oder bei Sturz und Sprung. Durch die Einlagerung der Calciumcarbonatkristalle (Statokonien) ist die spezifische Dichte der Otolithenmembran nämlich höher als die der sie umgebenden Endolymphe. Bei einer ***Translationsbeschleunigung*** des Körpers bleibt die verschiebbare Otolithenmembran daher um einen winzigen Betrag zurück, ebenso wie ein beweglicher Gegenstand im beschleunigenden Fahrzeug nach hinten rutscht. Dadurch werden die Stereozilien abgeschert und die Haarzellen der Makulaorgane adäquat gereizt.

Erdanziehungskraft. Befindet sich der Mensch auf der Erde, so ist er ständig einer Translationsbeschleunigung ausgesetzt, der ***Gravitationsbeschleunigung*** (Schwerkraft). Bei aufrechter Körper- und Kopfhaltung steht die Macula sacculi ungefähr in senkrechter Stellung. Die Schwerkraft verschiebt daher die Otolithenmembran nach unten und reizt die Haarzellen der Macula sacculi. Ändert sich die Lage des Kopfes im Raum, so ändert sich der Einfluss der Gravitationsbeschleunigung und damit die Verschiebung der Otolithenmembran und die Abscherung der Stereozilien. Entsprechendes gilt für die Macula utriculi, nur ist ihre anatomische Lage bei aufrechter Kopfhaltung nahezu waagerecht. Die Gravitationsbeschleunigung bewirkt in dieser Lage keine Abscherung der Stereozilien. Eine Änderung der Kopfhaltung aus der Normalposition führt jedoch zu einer zunehmenden Abscherung der Stereozilien der Haarzellen der Macula utriculi.

Stellung des Kopfes im Raum. Für jede Stellung des Kopfes im Raum gibt es daher eine bestimmte Konstellation der Abscherung der jeweils zwei Makulaorgane des rechten und des linken Innenohrs. Dies führt zu einer jeweils bestimmten Erregungskonstellation der dazugehörigen afferenten Nervenfasern, die vom zentralen Nervensystem zur Beurteilung der Stellung des Kopfes im Raum ausgewertet wird.

Beschleunigungssinn beim Drehen

Die Bogengangsorgane reagieren auf Drehbeschleunigungen; dazu bilden sie einen nahezu kreisförmigen Kanal

Bogengangsorgane. Anders die Bogengangsorgane: Sie erlauben es dem Menschen, ***Drehbeschleunigungen (Winkelbeschleunigungen)*** wahrzunehmen. Jeder Bogengang bildet nämlich einen nahezu kreisförmigen geschlossenen Kanal, der mit Endolymphe gefüllt ist (Abb. 17.2). Jeder dieser Kanäle ist jedoch im Bereich der Ampulle durch eine dicke Trennwand, die Cupula, unterbrochen. Die Cupula ist auf der Innenseite des Bogengangs mit der Wandung verwachsen. An der Außenseite des Ringes (Abb. 17.4) umscheidet sie die Haarzellen, sodass die Stereozilien in die Cupula hineinragen. Die Cupula enthält keine Calciumcarbonatkristalle, daher haben Endolypmhe und Cupula die gleiche spezifische Dichte. Eine Translationsbeschleunigung führt deshalb nicht zur Relativbewegung zwischen Bogengang, Cupula und Zilien; die Haarzellen werden nicht gereizt.

Drehbeschleunigung. Anders ist dies bei Drehbeschleunigungen. Wird der Kopf nämlich gedreht, bleibt die kreisförmig angeordnete Endolymphe wegen ihrer Trägheit im Bogengang gegenüber den knöchernen Bogengangswänden zurück (◘ Abb. 17.5). Da die Cupula mit der knöchernen Kanalwand verwachsen ist, wird sie mit dem Schädel bewegt. Sie »stößt« dadurch gegen die zurückbleibende Endolymphe und wird als elastische Membran durch die Endolymphe ausgelenkt. Diese Auslenkung schert die Stereozilien der Haarzellen ab, wodurch diese adäquat gereizt werden (◘ Abb. 17.4).

Aktivitätsänderung des N. vestibularis. Die Folge ist die beschriebene Aktivitätsänderung der afferenten Nerven. Für den horizontalen Bogengang nimmt die Aktivität zu, wenn die Cupula in Richtung auf den Utrikulus *(utrikulopetal)* ausgelenkt wird. Hier sind die Haarzellen so angeordnet, dass die Kinozilien zum Utrikulus zeigen. Eine Drehbewegung nach links führt dadurch beim linken horizontalen Bogengang zu einer Erregung. Bei den vertikalen Bogengängen ist die Anordnung genau umgekehrt, sodass eine ***utrikulofugale*** Cupulaauslenkung (vom Utrikulus weg) zu einer Aktivierung der Nervenfasern führt.

Geschwindigkeitsmessung

! Meistens ist die Drehbewegung des Kopfes nur kurz; dann melden die Cupulaorgane näherungsweise auch die Geschwindigkeit einer Kopfdrehung

Spezifische Muster für jede Winkelbeschleunigung. Die drei Bogengänge eines jeden Innenohrs sind dreidimensional angeordnet, sodass für jede Dimension des Raumes ein Bogengang zuständig ist. Zusammen mit den drei Bogengangsorganen des anderen Ohres ergibt sich dadurch für jede Winkelbeschleunigung ein spezifisches Muster an Aktivitätssteigerungen und Aktivitätshemmungen der jeweils zuständigen afferenten Nervenfasern. Diese Muster werden zentral ausgewertet und ergeben die Information, welche Drehbeschleunigung auf den Kopf einwirkt.

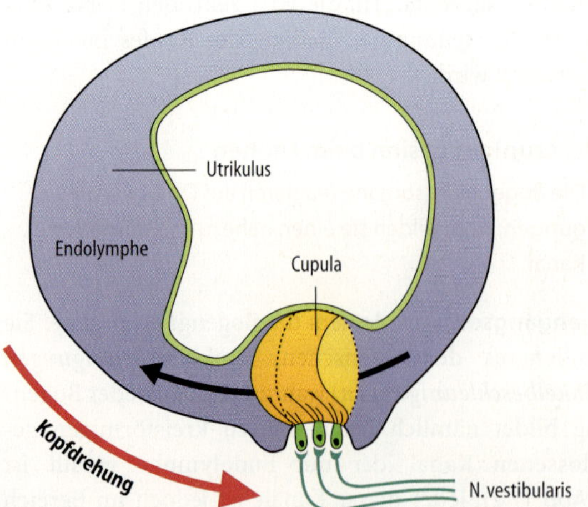

◘ **Abb. 17.5. Ein Bogengang mit Cupula und Haarzellen im Schema.** Bei Kopfdrehung *(Pfeil)* wird auch der Bogengang gedreht. Die Endolymphe mit der Cupula bleibt jedoch zurück. Dadurch werden die Stereozilien ausgelenkt

Kurze Kopfbewegungen. Im täglichen Leben werden die Bogengangsorgane fast immer durch reine Kopfdrehungen gereizt. Da die physiologische Drehbewegung des Kopfes aus anatomischen Gründen begrenzt ist, ist sie je nach Geschwindigkeit der Bewegung bereits nach Bruchteilen einer Sekunde beendet. Dabei wird der Kopf zunächst beschleunigt, dann wieder abgebremst und angehalten. Beim Beschleunigen wird die Cupula kurz ausgelenkt, beim Bremsen wieder in die Ruhelage zurückgebracht. Bei kurzen Kopfbewegungen entspricht daher die Cupulaauslenkung ungefähr auch der Drehgeschwindigkeit, obwohl die Drehbeschleunigung den Reiz darstellt. Interessanterweise entspricht auch der Verlauf der Entladungsrate im Nerv näherungsweise der Drehgeschwindigkeit.

Meldung der Geschwindigkeit. Eine Beschleunigung führt zur Deflektion der Stereozilien von Haarzellen – dem adäquaten Reiz der Sinneszellen. Kaliumionen strömen durch Transduktionskanäle in den Stereozilien in die Zellen und lösen das Rezeptorpotential aus. Es führt zur Transmitterfreisetzung an afferente Vestibularnervenfasern. Mithilfe von Calciumcarbonatkristallen (Otolithen) messen die Makulaorgane Translationsbeschleunigungen einschließlich der Gravitationsbeschleunigung. Die Bogengänge hingegen reagieren auf Drehbeschleunigung und melden näherungsweise die Geschwindigkeit einer Kopfdrehung.

In Kürze

! Mechano-elektrische Tranduktion

Die Reizung der Haarzellen erfolgt durch eine Deflektion ihrer Stereozilien. Durch die Abscherung der Stereozilien kommt es zu einer Änderung des elektrischen Potentials der Haarzelle (Rezeptorpotential) und in der Folge zu einer Freisetzung des Transmitters Glutamat am unteren Ende der Haarzelle. Glutamat gibt das Signal biochemisch von der Haarzelle zur afferenten Nervenfaser weiter.

! Gleichgewichtssinn durch Beschleunigungsmessung

Die Rezeptoren in Makula- und Bogengangsorganen reagieren auf Beschleunigungen. Aufgrund ihrer

▼

unterschiedlichen anatomischen Konstruktion sind sie jedoch auf verschiedene Aufgaben spezialisiert:

- Die Makulaorgane messen Translationsbeschleunigungen, wie z. B. beim Vorwärtsbeschleunigen oder beim Bremsen; auch die Erdanziehung wird so empfunden. Durch die höhere Dichte der Otolithenmembran im Vergleich zu der sie umgebenden Endolymphe, bleibt sie bei einer Translationsbeschleunigung des Körpers etwas zurück, sodass die Stereozilien abgeschert werden.
- Die Bogengangsorgane reagieren auf Drehbeschleunigungen. Wird der Kopf gedreht, bleibt die Endolymphe wegen ihrer Trägheit im Bogengang gegenüber den knöchernen Bogengangswänden zurück. Da die Cupula mit der knöchernen Kanalwand verwachsen ist, wird sie mit dem Schädel bewegt und »stößt« dadurch gegen die zurückbleibende Endolymphe, was zur Abscherung der Stereozilien führt. Auch die Geschwindigkeit einer Kopfdrehung kann wahrgenommen werden.

17.3 Zentrales vestibuläres System

Muskelreflexe und Körpergleichgewicht

Im zentralen vestibulären System einlaufende Informationen erlauben die notwendigen Muskelreflexe und tragen so zum Körpergleichgewicht bei

Berechnung der Haltung des gesamten Körpers. Die afferenten Nervenfasern des N. vestibularis leiten ihre Signale über ***Kopfhaltung*** und ***Bewegung*** an 4 verschiedene Kerne (Nucleus superior Bechterew, Nucleus inferior Roller, Nucleus medialis Schwalbe und Nucleus lateralis Deiters) weiter. In diesen Kernen wird die vestibuläre Information über die Kopforientierung durch weitere Signale über die Stellung des Körpers im Raum ergänzt. Sie stammen auf neuronalem Wege v. a. von Somatosensoren der Halsmuskeln und -gelenke (Halssensoren). Die Informationen aus dem Labyrinth allein reichen nämlich nicht aus, um das Gehirn eindeutig über die Kopf- und Körperlage im Raum zu informieren. Ursache ist die Beweglichkeit des Kopfes gegenüber dem Rumpf. Die Halssensoren übermitteln daher zusätzlich noch die Haltung des Kopfes gegenüber dem Rumpf (► s. Kap. 14.5). Auf diese Weise kann das ZNS aus den Gesamtinformationen die ***Gesamtkörperhaltung*** berechnen. Dazu tragen noch zusätzliche somatosensorische Informationen von Sensoren weiterer Gelenke, wie etwa von Armen und Beinen, bei (► s. Kap. 14.5).

Steuerung von Muskelreflexen. Die in den Vestibulariskernen gesammelte Information aus Labyrinthsensoren, Halssensoren und weiteren somatosensorischen Eingängen lösen ständig Muskelreflexe aus, die v. a. das Gleichgewicht des Körpers erhalten. Auf diese Weise ist der aufrechte Gang des Menschen möglich. Zu den Muskelreflexen zählen auch sog. vestibulookuläre Reflexe, die Blickrichtung der Augen steuern (► s. u.).

Wahrnehmung der Körperhaltung. Über die Steuerung der Muskelreflexe hinaus werden Signale über neuronale Bahnen zur Großhirnrinde gesandt, die eine ***bewusste Wahrnehmung der Körperhaltung*** ermöglichen. Diese bewusste Wahrnehmung kann einfach erprobt werden, indem man die Augen schließt und eine beliebige Kopf- und Körperhaltung einnimmt. Man wird feststellen, dass man in entsprechender Kopf- und Körperhaltung mithilfe des hier dargestellten Sinnessystems trotz geschlossener Augen diese Haltung empfinden und wahrnehmen kann.

Statische und statokinetische Muskelreflexe

Zu den Muskelreflexen gehören statische Steh- und Stellreflexe, die durch eine Körperhaltung ausgelöst werden; statokinetische Muskelreflexe hingegen werden durch eine Köperbewegung induziert

Die Muskelreflexe haben v. a. 3 Aufgaben:

- Die erste Form der Reflexe sind ***Stehreflexe***, die es Mensch (und Tier) erlauben, den Tonus jedes einzelnen Muskels so zu steuern, dass man die jeweils gewünschte ruhige Körperhaltung (z. B. aufrechtes Stehen, gebeugte Haltung) zuverlässig einhalten kann. Da der Muskeltonus reflektorisch gesteuert wird, spricht man von ***tonischen Reflexen***. Die Anteile der Labyrinthe an diesen Reflexen werden als tonische Labyrinthreflexe bezeichnet. Untersuchungen am Tier ergaben, dass durch Änderung der Kopfhaltung ausgelöste tonische Labyrinthreflexe, vor allem der Makulaorgane, insbesondere einen stets gleichsinnigen Streckertonus aller 4 Gliedmaßen auslösen können.
- Die zweite Gruppe von Reflexen sind die ***Stellreflexe***. Ereignen sie sich in der richtigen Reihenfolge, dann erlauben sie es dem Körper, sich etwa aus einer ungewöhnlichen Lage in die normale Körperstellung zu begeben. Dabei sind zahlreiche Stellreflexe wie eine Kette hintereinander geschaltet. Beispielsweise wird zunächst über Labyrinthstellreflexe die Kopfhaltung verändert, was über Halssensoren empfunden wird (weil sich die Haltung des Kopfes gegenüber dem Körper verändert hat). Dieses wiederum bewirkt über Halsstellreflexe eine Normalstellung des Rumpfes.

Stehreflexe und ***Stellreflexe*** werden auch als ***statische Reflexe*** zusammengefasst. Sie werden durch eine Haltung ausgelöst. Statische Reflexe werden klinisch mit Hilfe einer ***Plattform*** beurteilt. Die Plattform sieht ähnlich aus wie eine Personenwaage. Der Patient steht darauf. Sensoren an definierten Punkten der Plattform messen Druck und Lage, so dass der vom Patienten über die Fußsohlen ausgeübte Druck zur Erhaltung der aufrechten Position gemessen werden kann. Ein Gesunder übt einen gleichmäßigen Druck aus. Bei bestimmten Erkrankungen des Gleichgewichtssystems wird der Druck ständig wechselnd ausgeübt.

- Die letzte Gruppe von Reflexen sind die ***Bewegungsreflexe***, bei denen es sich um ***statokinetische Reflexe*** handelt. Sie werden nicht durch eine Haltung, sondern durch eine Bewegung ausgelöst. Sie erlauben z. B. beim Laufen und Springen, aber auch im Lift oder beim Autofahren, das Gleichgewicht zu halten und reflektorisch eine jeweils adäquate Körperstellung zu finden. So wird in einem Lift bei Beschleunigung nach unten ein erhöhter Extensorentonus, bei Beschleunigung nach oben ein erhöhter Flexorentonus ausgelöst. Besonders auffällig ist das Beispiel der Katze, die sich bei einem Sprung oder Sturz im freien Fall so dreht, dass sie stets in korrekter Körperstellung landet (über den Einbau dieser Reflexe in die Kontrolle der Körperhaltung, ▶ s. auch Kap. 7.2).

Nervenbahnen zu Muskeln und Kleinhirn

Zur Auslösung der Reflexe dienen vor allem Bahnen zu Skelettmuskeln, Augenmuskeln und Kleinhirn

Skelettmuskeln. Von den Vestibulariskernen ziehen Nervenbahnen zu den Motoneuronen des Halsrückenmarks, über die als Folge statischer und statokinetischer Reflexe kompensatorische Bewegungen der Halsmuskeln ausgelöst werden.

Auch die übrige Skelettmuskulatur von Rumpf und Extremitäten wird über Verbindungen von den Vestibulariskernen zu ihren jeweiligen Motoneuronen gesteuert. Hervorzuheben ist der Tractus vestibulospinalis, über den neben α-Motoneuronen insbesondere γ-Motoneuronen von Extensoren aktiviert werden. Wichtig sind außerdem Verbindungen zur Formatio reticularis, die über den Tractus reticulospinalis ebenfalls α-Motoneurone erreichen, in diesem Fall jedoch polysynaptisch. Auch diese Verbindungen dienen statischen und statokinetischen Reflexen.

Kleinhirn. Von den Vestibulariskernen (sekundäre Vestibularisfasern) wie auch direkt vom Labyrinth (primäre Vestibularisfasern) verlaufen Afferenzen zu Lobulus, Uvula, Flocculus und Paraflocculus des Kleinhirns. Von dort aus gehen Efferenzen zurück zum Vestibulariskerngebiet. Die Fasern bilden damit einen hochpräzise abgestimmten ***Regelkreis*** für die motorischen Aufgaben des Kleinhirns, nämlich die Steuerung der ***Stützmotorik*** für die Körperhaltung sowie die Steuerung richtungsgezielter motorischer Bewegungen ***(Zielmotorik)***. Bei Ausfall des Kleinhirns kann der Regelkreis nicht mehr wirksam werden, sodass die kleinhirnbedingte Steuerung von Haltung und Zielmotorik entfällt. Die Folge sind Fallneigung und überschießende Bewegungen (z. B. breitbeinige Schrittbewegungen beim Laufen). Man spricht von der zerebellären Ataxie.

Augenmuskeln

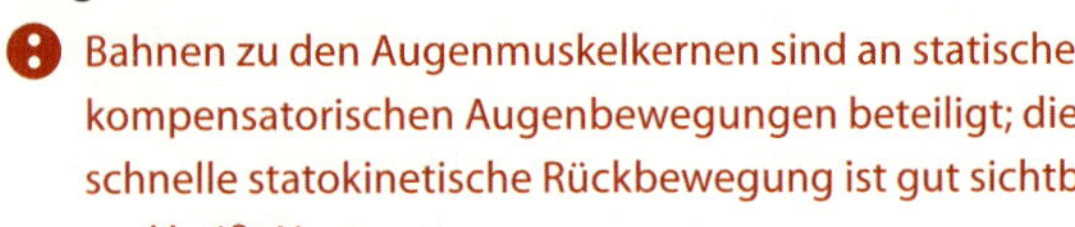

Bahnen zu den Augenmuskelkernen sind an statischen kompensatorischen Augenbewegungen beteiligt; die schnelle statokinetische Rückbewegung ist gut sichtbar und heißt Nystagmus

Vestibulookuläre Reflexe. Bei klinischen Gleichgewichtsfunktionsuntersuchungen spielen vestibulookuläre (VOR) Reflexe eine besonders wichtige Rolle. Physiologisch lassen auch sie sich in statische und statokinetische Reflexe einteilen. ***Statische Reflexe*** lösen kompensatorische Augenbewegungen aus, damit sich bei Änderungen der Kopfhaltung das Gesichtsfeld nicht ändert. Die Netzhautbilder bleiben dadurch gewissermaßen stehen. Dies kann besonders gut bei der Katze mit ihren senkrechten Pupillen beobachtet werden. Neigt sie den Kopf zu einer Seite, dann löst ein VOR eine Drehbewegung des Augapfels aus, die dazu führt, dass die Pupillen weiterhin senkrecht stehen (Gegenrotation). Die gleiche Gegenrotation wird auch beim Menschen reflektorisch ausgelöst, sie ist nur nicht so leicht für den Beobachter erkennbar.

Nystagmus. Ein ***statokinetischer*** Muskelreflex ist der sog. ***vestibuläre Nystagmus***. Er ist klinisch außerordentlich wichtig. Dabei handelt es sich um eine durch einen Bewegungsreiz vestibulär ausgelöste Augenbewegung. Dreht man beispielsweise den Kopf um 90° nach rechts, dann wird der Augapfel zunächst kompensatorisch nach links geführt, um möglichst das ursprüngliche Gesichtsfeld zu erhalten. Naturgemäß hat die kompensatorische Augenbewegung einen maximal möglichen Ausschlag. Bevor dieser erreicht wird, erfolgt eine ruckartige Rückbewegung; in unserem Beispiel zur rechten Seite, die die Drehbewegung des Kopfes überholt. Darauf folgt wieder eine langsame Bewegung nach links. Die Abfolge von langsamer und schneller Bewegung geschieht so lange, bis die Drehbewegung des Kopfes beendet ist. Die schnelle Komponente dieser Augenbewegung kann man viel besser beobachten. Sie heißt Nystagmus. In unserem Beispiel handelt es sich um einen Horizontalnystagmus, der v. a. durch die beiden horizontalen Bogengänge als vestibulärer Nystagmus ausgelöst wird.

Optokinetischer Nystagmus. Sind die Augen geöffnet, dann löst die Verschiebung des Gesichtsfeldes einen zusätzlichen Reflex über das Auge aus, der als ***optokinetischer Nystagmus*** bezeichnet wird. Vestibulärer Nystagmus und optokinetischer Nystagmus wirken in unserem Beispiel synergistisch. Aber auch ohne visuellen Reiz (geschlossene Augen, im Dunkeln) wird ein Nystagmus bereits rein vestibulär ausgelöst.

Die Drehstuhlprüfung. Bei Kranken, die an Schwindel leiden (ein sehr häufiges Symptom in der Allgemeinpraxis!), wird die reflektorische Auslösung des Horizontal-

nystagmus untersucht, indem der Betroffene auf einem Drehstuhl langsam beispielsweise 3 min lang gedreht wird. Danach wird der Drehstuhl plötzlich gestoppt. Dies führt zu einer Auslenkung der Cupula, die beim Gesunden einen Nystagmus (sog. ***postrotatorischer Nystagmus***) in entgegengesetzter Richtung auslöst.

Der Arzt beobachtet den Nystagmus, indem er entweder dem Patienten eine Brille mit Vergrößerungsgläsern (Frenzel-Brille) aufsetzt oder auch indem er die Augenbewegungen elektronystagmographisch aufzeichnet.

Kalorischer Nystagmus. Unter physiologischen Bedingungen werden grundsätzlich immer rechtes und linkes Labyrinth gemeinsam gereizt. Für klinische Untersuchungen ist es jedoch möglich, rechtes und linkes Ohr auch getrennt zu stimulieren. Dazu wird das Labyrinth einer Seite unter die Körpertemperatur abgekühlt oder über die Körpertemperatur erwärmt (indem man 30° kaltes oder 42° warmes Wasser mit definiertem Volumen und in definierter Zeit in den äußeren Gehörgang einbringt). Man spricht von ***kalorischer Reizung*** (◘ Abb. 17.6).

Die Spülung mit warmem Wasser führt zu einer Erwärmung der Anteile des Labyrinths, die dem äußeren Gehörgang am nächsten liegen. Der Temperaturanstieg in den Bogengängen bewirkt eine Flüssigkeitsexpansion und damit ein Aufsteigen der wärmeren, spezifisch weniger dichten Endolymphe im erwärmten Teil des Bogengangs (◘ Abb. 17.6). Dadurch entsteht eine Endolymphströmung über der Cupula, was zur Stimulation und damit zu Nystagmus führt. Beim Test wird gemessen, ob der Nystagmus symmetrisch von beiden Ohren ausgelöst werden kann. Seitenunterschiede sind pathologisch.

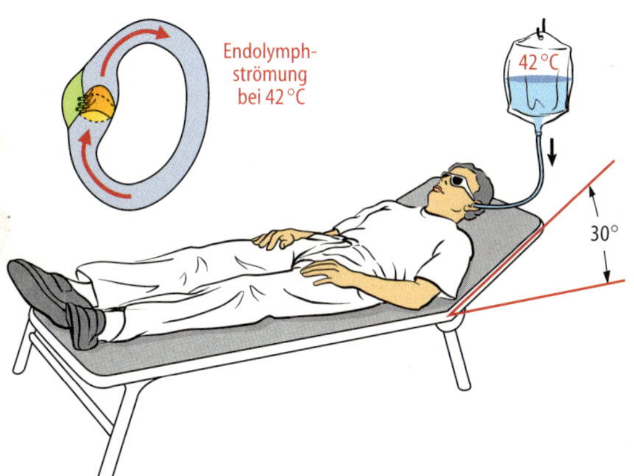

◘ **Abb. 17.6. Kalorische Labyrinthreizung in der Praxis.** 42 °C warmes Wasser wird in den äußeren Gehörgang gespült und führt zur Erwärmung des Labyrinths. Die Erwärmung führt zur Aufwärtsbewegung der Endolymphe im ungefähr senkrecht stehenden horizontalen Bogengang durch Thermokonvektion. Der Bogengang steht senkrecht, weil der Kopf um 30° von der Horizontalen angehoben ist. Die Thermokonvektionsströme führen zur Auslenkung von Cupula und Stereozilien und löst einen Nystagmus zum selben Ohr aus. Bei Spülung mit 30 °C kaltem Wasser ist der Effekt gegenläufig. Neben der Thermokonvektion muss es allerdings mindestens noch einen weiteren Mechanismus der kalorischen Labyrinthierung geben

17.2. Ménière'sche Krankheit

Symptome. Der Symptomenkomplex umfasst die Trias anfallsweise einsetzender Drehschwindel mit meist einseitigem Tinnitus und Hörminderung. Während des Schwindelanfalls fallen die Kranken typischerweise zu Boden. Neben den drei Kardinalsymptomen treten im Anfall bzw. kurz danach ein Spontannystagmus zur gesunden Seite und eine kalorische Untererregbarkeit des betroffenen Labyrinths auf.

Ursachen. Durch eine Fehlregulation in der Rückresorption der Endolymphe des Innenohres soll es zunächst zu einem chronischen Endolymphhydrops und dann im Anfall zur vorübergehenden Öffnung der Zonulae occludentes (Tight Junctions) zwischen Endo- und Perilymphraum und zur Vermischung der K^+-reichen Endo- mit der K^+-armen Perilymphe kommen. Hieraus entsteht eine Kaliumintoxikation mit einer Dauerdepolarisation der Haarzellen und der afferenten Neurone des N. statoacusticus.

Spacelab-Experimente. Überraschenderweise war bei Spacelab-Experimenten im schwerelosen Weltraum auch ein kalorischer Nystagmus auszulösen. Die durch Schwerkraft entstandene Endolymphströmung aufgrund eines Temperaturgradienten scheint somit zwar ein wichtiger, aber nicht der alleinige Faktor für die Auslösung eines Nystagmus zu sein. Weitere mögliche Faktoren sind die lokale Expansion der Flüssigkeiten und ein direkter Temperatureffekt auf die Haarzellen bzw. die Transmitterausschüttung.

Kopf- und Körperhaltung

! Bahnen zu Hypothalamus und Hirnrinde tragen zur bewussten Wahrnehmung von Kopf- und Körperhaltung bei

Zentraler Seitenvergleich. Der bewussten Wahrnehmung der Körper- und Kopfhaltung dienen Bahnen, die von den Vestibulariskernen über den Thalamus zur hinteren Zentralwindung der Hirnrinde verlaufen. Weitere wichtige Bahnen sind Verbindungen zu Vestibulariskernen der ***kontralateralen Seite***, sodass die Informationen aus den Vestibularorganen beider Seiten miteinander verglichen werden können. Dieser Vergleich spielt bei zahlreichen Erkrankungen, die mit Schwindel einhergehen, eine sehr wichtige Rolle.

Schwindelkrankheiten. Befindet sich ein Gesunder in ruhiger Körperhaltung, dann führt der zentrale Vergleich der korrespondierenden Informationen vom rechten und linken Labyrinth dazu, dass weder Schwindel noch Nystagmus ausgelöst werden. Fällt ein Labyrinth (z. B. das rechte Labyrinth) akut aus, entsteht ein *Mismatch*, und ein auffälliger Nystagmus zur Gegenseite ist die Folge, in unserem Beispiel also nach links (sog. ***Ausfallnystagmus***) Subjektiv erlebt der Patient schwersten Schwindel.

Bewegungskrankheiten. Führen ungewöhnliche Reizkonstellationen dazu, dass den Hypothalamus ungewohnte Signalkonstellationen von den unterschiedlichen Sensoren erreichen, dann können Übelkeit, Erbrechen und Schwindel ausgelöst werden. Ungewohnten Reizmustern ist man bei komplexen dreidimensionalen Fahrzeugbewegungen (z. B. auf See, Schlingern des Schiffes) oder bei Diskrepanzen zwischen optischem Eindruck und vestibulären Empfindungen (Flugzeug: das Auge sieht den Innenraum in Ruhe, die Labyrinthe verspüren die Auf- und Abwärtsbeschleunigung des Flugzeuges) ausgesetzt. Man spricht von ***Bewegungskrankheiten (Kinetosen)***. Säuglinge oder Patienten mit beidseitigem komplettem Labyrinthausfall leiden nicht an Kinetosen.

In Kürze

Zentrales vestibuläres System

Die Informationen, die im zentralen vestibulären System eingehen, erlauben eine Berechnung der Haltung des gesamten Körpers. So werden ständig Muskelreflexe ausgelöst, die v. a. das Gleichgewicht des Körpers erhalten sollen. Dabei können verschiedene Reflexarten unterschieden werden:

- Stehreflexe, die es Mensch (und Tier) erlauben, den Tonus jedes einzelnen Muskels so zu steuern, dass man die jeweils gewünschte ruhige Körperhaltung zuverlässig einhalten kann.
- Stellreflexe erlauben es dem Körper, sich etwa aus einer ungewöhnlichen Lage in die normale Körperstellung zu begeben. Steh- und Stellreflexe bezeichnet man zusammen auch als statische Reflexe, da sie durch eine Haltung ausgelöst werden.
- Im Gegensatz zu den statischen Reflexen werden die statokinetischen Reflexe durch eine Bewegung ausgelöst und erlauben das Halten des Gleichgewichts bei Bewegungen.

Somatosensoren informieren über die Haltung des Kopfes gegenüber dem Rumpf. Dadurch wird die Gesamtköperhaltung erfasst. Gleichgewichtsstörungen können klinisch durch Untersuchungen des Nystagmus diagnostiziert werden.

Literatur

Baloh RW, Honrubia V (1990) Clinical Neurophysiology of the Vestibular System, 2nd edn. Davis, Philadelphia

Gummer AW, Plinkert P, Zenner HP (1996) Auditory-Visual Interaction in the Superior Colliculus. In Greger R, Windhorst U: Comprehensive Human Physiology, Vol 1. Springer, Berlin Heidelberg New York, 839–845

Zenner HP, Gummer AW (1996) The Vestibular System. In Greger R, Windhorst U: Comprehensive Human Physiology, Vol 1. Springer, Berlin Heidelberg NewYork, 697–709

Zenner HP, Zrenner E (1996) Physiologie der Sinne. Spektrum, Heidelberg

Kapitel 18
Sehen und Augenbewegungen

U. Eysel, U. Grüsser-Cornehls

Einleitung

Der 18 jährige H.H. möchte gleich nach seinem Geburtstag seinen Führerschein machen. Bei der damit verbundenen Augenuntersuchung wird festgestellt, dass H.H. keine Fähigkeit zur beidäugigen Tiefenwahrnehmung hat und das linke Auge schlecht sieht. H.H. geht zum Augenarzt, der feststellt, dass eine ausgeprägte Sehschwäche des linken Auges besteht. Die Sehschärfe beträgt rechts 1,25 und links 0,1. H.H. hat eine Amblyopie. Zum Glück darf er trotzdem Auto fahren. Aber seinen Berufswunsch, Pilot bei einer Luftverkehrsgesellschaft zu werden, muss H.H. aufgeben.

Wie ist es zu der Sehschwäche des rechten Auges gekommen? Die Eltern erinnern sich, dass H.H. seit frühester Kindheit »etwas« geschielt hat, aber das wurde nicht besonders ernst genommen. Das Sehsystem kann sich aber nur normal entwickeln, wenn von Geburt an die optische Abbildung und die Augenstellung ungestört sind. Nur dann entwickeln sich beide Augen so, dass gleichscharfe Bilder auf beiden Netzhäuten abgebildet, im zentralen Sehsystem gleich repräsentiert und für die Tiefenwahrnehmung verrechnet werden können. Ist die Abbildung in einem Auge z.B. durch eine Linsentrübung gestört oder weicht die Sehachse eines Auges von der Normalstellung ab (Schielen), so wird dessen Wahrnehmung im Gehirn unterdrückt. So entwickelte H.H. in seinen ersten fünf Lebensjahren ein dominantes rechtes Auge, während das linke Auge nur noch zur groben Formwahrnehmung fähig war (Schielamblyopie). Solche irreversiblen Störungen der Sehleistung können verhindert werden, wenn die Ursachen rechtzeitig erkannt und behoben werden. Dazu genügt manchmal schon die Korrektur einer frühkindlichen Weitsichtigkeit, meist ist eine Okklusionsbehandlung des besseren Auges notwendig, um das schielende, schlechtere Auge zu trainieren. Eine operative Korrektur der Augenmuskeln erfolgt meist erst im Vorschulalter, wenn sich die Sehschärfe beidseits gut entwickelt hat. Durch ein anschließendes Fixationstraining kann eine normale Entwicklung der Sehleistung erreicht werden.

18.1 Licht

Der adäquate Reiz

Elektromagnetische Strahlung mit Wellenlängen von 400 bis 750 nm ist der adäquate Reiz für das Sehen und wird als Licht wahrgenommen

Strahlung verschiedener Wellenlängen. Die für uns wichtigste Lichtquelle ist die Sonne. Im ***Regenbogen*** sehen wir das weiße Licht der Sonne in seine spektralen Teile zerlegt: der langwellige Teil des Lichts erscheint uns rot, der kurzwellige blau-violett (Abb. 18.1). Licht nur einer Wellenlänge heißt ***monochromatisch.*** Strahlung mit Wellenlängen unterhalb 400 nm (ultraviolett) und oberhalb 750 nm (infrarot) ist für uns nicht sichtbar, aber durchaus biologisch wirksam.

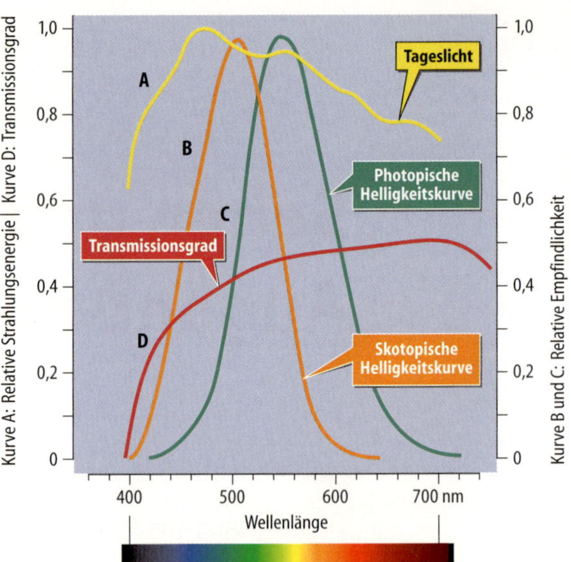

Abb. 18.1. Spektrale Empfindlichkeit und Transmissionsgrad des menschlichen Auges. A Spektrum des Sonnenlichtes auf der Erdoberfläche, **B** spektrale Empfindlichkeit des menschlichen Sehsystems beim skotopischen Sehen und **C** beim photopischen Sehen. **D** Transmissionsgrad des dioptrischen Apparates im menschlichen Auge. Für die Kurve A wurde die relative Energie des Tageslichtes bei wolkenlosem Himmel im sichtbaren Bereich der elektromagnetischen Strahlung gemessen. Zur Darstellung der Kurven B und C wurde der Energiewert für die effektivsten Wellenlängen (500 nm bzw. 555 nm) jeweils auf 1 normiert

Hell-Dunkel- und Farbkontraste. Die spektrale Reflektanz der Objektoberflächen, Farbkontraste und Hell-Dunkelkontraste bestimmen bei Tageslicht das Aussehen der Gegenstände. Die Dinge unserer Umgebung absorbieren und reflektieren Licht unterschiedlicher Wellenlängen verschieden stark. Ist die ***spektrale Reflektanz (spektraler Remissionsgrad)*** ungleichmäßig über das sichtbare Spektrum verteilt, dann erscheinen uns die Oberflächen der Sehdinge ***bunt.*** Die Leuchtdichte beschreibt den Lichtstrom pro Fläche (cd × m^{-2}; cd = candela), der von selbstleuchtenden oder beleuchteten Dingen ausgeht; sie ist ein Maß für die gesehene Helligkeit. Der Unterschied der Leuchtdichte benachbarter Strukturen bestimmt ihren physikalischen Kontrast

$$C = (I_h - I_d)/(I_h + I_d) \tag{1}$$

wobei I_h die Leuchtdichte des helleren, I_d die des dunkleren Gegenstandes ist.

Sehen beruht vor allem auf der Wahrnehmung von **Hell-Dunkel-Kontrasten** und von **Farbkontrasten.** Mithilfe des Farbkontrastes können wir Gegenstände voneinander unterscheiden, deren physikalischer Kontrast Null ist. Das Farbunterscheidungsvermögen des

Menschen ist im Bereich der Grüntöne (Blätterfarben!) besonders gut. Gelb- und Rottöne (typische Farben vieler Früchte) heben sich als Kontrastfarben besonders stark aus den Grüntönen heraus.

Leuchtdichtebereich. Durch Adaptation ist Sehen in einem Leuchtdichtebereich von rund 1:10[11] möglich. Die mittlere Leuchtdichte unserer natürlichen Umwelt variiert zwischen etwa 10^{-6} cd × m^{-2} bei bewölktem Nachthimmel über 10^{-3} cd × m^{-2} bei klarem Sternenhimmel, 10^{-1} cd + m^{-2} in einer klaren Vollmondnacht bis etwa 10^7 cd × m^{-2} bei hellem Sonnenschein und hell reflektierenden Flächen (z. B. Schneefeldern). Das visuelle System kann sich durch verschiedene ***Adaptationsprozesse*** (▶ s. Kap. 18.6) weitgehend an diese sehr große Variationsbreite der natürlichen Umweltleuchtdichte anpassen. Bei konstanter Umweltbeleuchtung ist jedoch nur eine Anpassung im Bereich von etwa 1:40 erforderlich. In dieser Größenordnung variiert die mittlere ***Reflektanz (Remissionsgrad)*** der Oberflächen der meisten Sehdinge, spiegelnde Flächen ausgenommen.

Phosphene und Halluzinationen

! Lichtwahrnehmungen sind auch ohne physikalisches Licht und ohne ein retinales Bild möglich

Eigengrau. Hält man sich längere Zeit in einem ***völlig dunklen Raum*** auf, so sieht man das Eigengrau: Lichtnebel, rasch aufleuchtende Lichtpünktchen und bewegte undeutliche Strukturen von verschiedenen Graustufen füllen das Gesichtsfeld aus. Manche Menschen sehen dabei farbige Muster, Gesichter oder Gestalten, manche erkennen bildhafte Szenen. Diese ***fantastischen Gesichtserscheinungen*** sind keine pathologischen Symptome, kommen jedoch gehäuft bei hohem Fieber vor.

Phosphene. Licht wird auch wahrgenommen, wenn die Netzhaut oder das afferente visuelle System durch ***inadäquate Reize*** erregt werden. Inadäquate Reize können mechanischer, elektrischer oder auch chemischer Natur sein:

- ***Deformationsphosphene*** entstehen, wenn man in völliger Dunkelheit den Augapfel durch Druck mit dem Finger verformt, man sieht dann in dem der Druckstelle entgegengesetzten Bereich des Gesichtsfeldes einen ***Lichtschein***, der sich bei anhaltender Deformierung allmählich ausbreitet. Dies ist das monokulare ***»Druckphosphen«***. Ursache ist die Dehnung der Zellmembranen, die über Natriumeinstrom und Depolarisation zur Erregung von Netzhautzellen und Lichtwahrnehmung führt.
- ***Elektrische Phosphene*** entstehen, wenn die Netzhaut, der Sehnerv, das afferente visuelle System oder die primäre Sehrinde elektrisch gereizt werden. Letzteres ist z. B. durch eine ***transkranielle elektromagnetische Stimulation*** möglich, ein Verfahren, das in der neurologischen Diagnostik angewendet wird.
- ***Migränephosphene***, die meist als hell flimmernde, zickzackförmig strukturierte und gekrümmte Bänder gesehen werden, entstehen, wenn es in der primären Sehrinde zu Beginn eines Migräneanfalls in einem umschriebenen Gebiet zu einer vorübergehenden spontanen Erregung von Nervenzellen kommt.

Halluzinationen. Jeder kennt ***szenische visuelle Halluzinationen*** aus seinen Träumen (REM-Phase des Schlafes, ▶ s. Kap. 9.2). ***Pathologische visuelle Halluzinationen*** können im Verlauf von Psychosen auftreten. Szenische visuelle Halluzinationen sind besonders häufig beim alkoholischen Delirium (Korsakow-Psychose) und bei drogeninduzierten Psychosen.

Ultraviolette und infrarote Strahlung

! Die nichtwahrnehmbare Strahlung der Sonne hat biologische Auswirkungen; die unsichtbaren Strahlen können Linse und Hornhaut schädigen

Wellenlängen unterhalb 400 nm ***(ultraviolett)*** werden in der Haut absorbiert (»Sonnenbrand«) und führen in extremen Fällen am Auge zu Linsentrübungen (Katarakt) oder vorübergehenden Hornhautschädigungen (»Schneeblindheit« im Hochgebirge). Extreme und häufige Exposition gegenüber langwelliger, unsichtbarer Strahlung mit Wellenlängen oberhalb von 750 nm ***(infrarot)*** kann ebenfalls zu dauerhaften Trübungen der Linse führen (»Glasbläserstar«).

In Kürze

! Licht

Sichtbares Licht ist elektromagnetische Strahlung mit einem

- Wellenlängenbereich von 400–750 nm und
- Leuchtdichtebereich von etwa 10^{-4} – 10^7 cd/m^2 (1:10^{11}).

Dies ist der adäquate Reiz für das Sehen und wird als Licht wahrgenommen.

! Lichtwahrnehmungen

Lichtwahrnehmungen sind auch ohne physikalisches Licht möglich. Beispiele dafür sind:

- das Eigengrau,
- die Wahrnehmung farbiger Muster, Gesichter oder bildhafter Szenen im Dunkeln,
- pathologische visuelle Halluzinationen,
- Phosphene durch inadäquate Reizung der Netzhaut oder des zentralen visuellen Systems, z. B. Druckphosphene der Netzhaut oder Migränephosphene.

Unsichtbare elektromagnetische Strahlung (ultraviolett und infrarot) kann die Hornhaut und die Linse des Auges schädigen.

18.2 Auge und dioptrischer Apparat

Bau des Auges, Kammerwasser und Augeninnendruck

Die äußere Form des Auges und die richtige Lage der Teile des dioptrischen Apparates werden durch die Sklera und den Augeninnendruck gewährleistet, der physiologisch nur wenig schwankt

Aufbau des Auges. Das optische System des Auges ist ein nicht exakt zentriertes, zusammengesetztes Linsensystem. Der ***dioptrische Apparat*** besteht aus

- der durchsichtigen ***Hornhaut (Kornea)***,
- den mit ***Kammerwasser*** gefüllten vorderen und hinteren ***Augenkammern***,
- der die ***Pupille*** bildenden ***Iris***,
- der ***Linse***, die von einer durchsichtigen ***Linsenkapsel*** umgeben ist und
- dem ***Glaskörper***, der den größten Raum des Augapfels ausfüllt (Abb. 18.2). Der Glaskörper ist ein wasserklares Gel aus extrazellulärer Flüssigkeit, in der Kollagen und Hyaluronsäure kolloidal gelöst sind.

Die hintere innere Oberfläche des Augapfels wird von der ***Retina*** (Netzhaut) ausgekleidet. Der Raum zwischen Retina und der den ***Bulbus oculi*** bildenden festen Sklera wird durch das Gefäßnetz der ***Chorioidea*** ausgefüllt. Am hinteren Pol des Auges hat die menschliche Retina eine kleine Grube, die ***Fovea centralis***. Sie ist für das Tageslichtsehen die Stelle des schärfsten Sehens und normalerweise der Schnittpunkt der optischen Achse des Auges mit der Netzhaut.

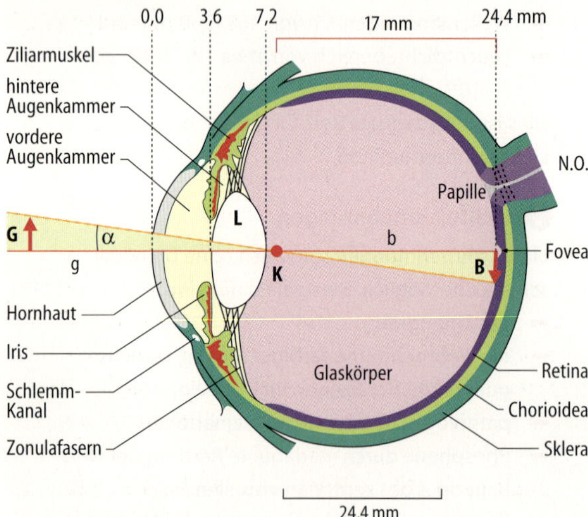

Abb. 18.2. Auge und optische Abbildung. Horizontalschnitt durch ein Auge des Menschen mit Fovea und Papille mit Nervus opticus *(N. O.)*. Abbildung im vereinfachten Strahlengang mit Gegenstand *(G)*, Gegenstandsweite *(g)*, Sehwinkel (α), Linse *(L)*, Knotenpunkt *(K)*, Bildweite *(b)* und umgekehrtem Bild *(B)*. 1 Grad Sehwinkel entspricht etwa 0,3 mm Bildgröße auf der Retina (zur Berechnung der Abbildungsgröße ▶ siehe Text). Nach Eysel in Schmidt u. Schaible (2000)

Sekretion von Kammerwasser. Der Augeninnendruck hängt vor allem von der Menge des kontinuierlich gebildeten und abfließenden Kammerwassers ab. Durch ***Ultrafiltration*** gelangt Plasmaflüssigkeit (2 mm^3/min) aus den Blutkapillaren des Ziliarkörpers in den Extrazellulärraum und wird von dort von den Epithelzellen des Ziliarkörpers als ***Kammerwasser*** in die ***hintere Augenkammer*** sezerniert (unter Verbrauch von ATP und Mitwirkung von Carboanhydrase, ▶ s. Kap. 2.3). Aus der hinteren Augenkammer fließt das Kammerwasser in die vor-

18.1. Glaukom (grüner Star)

Pathologie. Stellt sich bei normaler Kammerwasserproduktion eine Abflussbehinderung ein, so steigt der Augeninnendruck an. Eine pathologische Erhöhung des Augeninnendrucks wird Glaukom genannt.

Ursachen und Therapie. Ursachen und Therapie unterscheiden sich je nach Art des Glaukoms:

- Beim chronischen Glaukom (Glaucoma simplex) wölbt sich die mechanisch schwächste Stelle der Augenwand, die Lamina cribrosa an der Durchtrittstelle des Sehnerven nach außen aus, wodurch die Sehnervenfasern geschädigt werden. Diese Schädigungen verlaufen schleichend, die typischen Gesichtsfeldausfälle werden erst spät bemerkt. Behandelt wird mit Augeninnendruck-senkenden Medikamenten (Miotika, Beta-Blockern, Karboanhydrasehemmern) sowie mit speziellen Operationen zur Verbesserung des Kammerwasserabflusses.
- Beim akuten Glaukomanfall (»Winkelblockglaukom«) entsteht durch Verlegung des Kammerwinkels ein akuter Anstieg des Augeninnendrucks und eine Durchblutungsstörung der Netzhaut. Als Folge der retinalen Durchblutungsstörung kann eine vorübergehende oder bleibende Schädigung der Retina mit Erblindung eintreten. Meist werden beim akuten Glaukomanfall durch die Dehnung der Bulbuswand und die Druckerhöhung Nozizeptoren im Auge aktiviert. Der Bulbus ist dann nicht nur besonders hart, sondern auch stark schmerzempfindlich. Für das Winkelblockglaukom spielt die Pupillenweite eine wichtige Rolle. Die Verdickung der Iris bei Erweiterung der Pupille verstärkt die Verlegung des Kammerwinkels, deshalb ist die Gabe pupillenerweiternder Medikamente (Mydriatika) bei flacher Vorderkammer ein ärztlicher Kunstfehler.

Therapie. Miotika (0,5 %-1 % Pilocarpin) werden zur Pupillenkonstriktion und Karboanhydrasehemmer (u. a. Acetazolamid) zur Hemmung der Kammerwasserproduktion angewendet.

dere Augenkammer und von dort über das Trabekelwerk im Kammerwinkel durch den ***Schlemmkanal*** in das venöse Gefäßsystem ab (◼ Abb. 18.2). Wenn sich Produktion und Abfluss entsprechen, besteht der normale Augeninnendruck (16 bis 20 mm Hg). Der Augeninnendruck dient der Aufrechterhaltung der Bulbusform und der »richtigen« Distanz der verschiedenen Teile des dioptrischen Apparates vom Hornhautscheitel und der Netzhaut.

Tonometrie. Der Augeninnendruck kann von außen durch Messung der Korneaeindellung bestimmt werden, die ein Senkstift von definiertem Durchmesser und Gewicht bewirkt ***(Impressionstonometrie)***, oder durch Messung der Kraft, die notwendig ist, die Kornea über einen kleinen Bereich abzuflachen ***(Applanationstonometrie)***. Eine pathologische Erhöhung des Augeninnendrucks liegt vor, wenn dieser bei wiederholten Messungen über 20 mm Hg (2,66 kPa) liegt. Beim akuten Glaukomanfall (▶ 18.1) kann der Augeninnendruck bis über 60 mm Hg (8 kPa) ansteigen.

Tränen

Die äußere Oberfläche der Hornhaut ist von einem dünnen Tränenfilm überzogen, der die optischen Eigenschaften verbessert

Tränenproduktion. Die Tränen werden ständig in kleinen Mengen durch die Tränendrüsen produziert und durch die Lidschläge gleichmäßig über Horn- und Bindehaut verteilt. Ein Teil der Tränenflüssigkeit geht durch Verdunsten in die Luft über, der Rest fließt durch den Tränennasengang in die Nasenhöhle ab. Der Tränenfilm, dessen wässrige Phase nach außen von einer Lipidschicht *(Monolayer)* bedeckt ist, »vergütet« die optischen Eigenschaften der Hornhaut und ist gleichzeitig »Schmiermittel« zwischen Augen und Lidern. Ein Fremdkörper zwischen Lidern und Augen reizt die Mechano- und Nozizeptoren der Horn- und Bindehaut (N. trigeminus), wodurch reflektorisch die Tränensekretion und die Lidschlagfrequenz zunimmt. Die Tränen haben dann die Funktion einer ***Spülflüssigkeit.***

Zusammensetzung der Tränenflüssigkeit. Tränen schmecken salzig; ihre Zusammensetzung entspricht einem Ultrafiltrat des Blutplasmas, mit etwas höherem Kalium- und niedrigerem Natriumgehalt. Sie enthalten gegen Krankheitserreger wirksame Enzyme als Infektionsschutz. Wie jeder weiß, hat die Tränensekretion des Menschen eine Bedeutung als emotionales Ausdrucksmittel beim Weinen.

Optische Abbildung

Der dioptrische Apparat entwirft auf der Netzhaut ein umgekehrtes und verkleinertes Bild

Brechkraftwerte. Für die Abbildung im Auge gelten die Gesetze der physikalischen Optik. In Luft entspricht die Brechkraft einer Linse dem Kehrwert ihrer Brennweite f (gleich der Bildweite für einen unendlich weit entfernten Gegenstand) und wird in Dioptrien (dpt) ausgedrückt.

$$D\ [\text{dpt}] = 1/f\ [1/\text{m}] \qquad (2)$$

Die Gesamtbrechkraft des normalen Auges beträgt 58,8 dpt. Dazu leisten die einzelnen brechenden Medien des Auges aufgrund ihrer unterschiedlichen Dichte ganz unterschiedliche Beiträge: die Hornhaut +43 dpt, die fernakkommodierete Linse +19,5 dpt und die mit Kammerwasser gefüllte Vorderkammer −3,7 dpt (43 + 19,5 − 3,7 = 58.8 dpt).

Berechnung der Bildgröße. Für die praktische Berechnung der Abbildung lässt sich das komplizierte, zusammengesetzte optische System des Auges stark vereinfachen. Im vereinfachten Strahlengang des ***reduzierten Auges*** (◼ Abb. 18.2) liegt der für die Berechnung der Abbildung wichtige Knotenpunkt (K) 17 mm vor der Netzhaut. Die ***Bildgröße*** auf der Netzhaut ergibt sich unter Verwendung des Strahlensatzes, wenn man Gegenstandsgröße G und Gegenstandsweite g mit Bildgröße B und Bildweite b in Beziehung setzt. Ein aufrechtes Objekt von 1 cm Größe in 57 cm Entfernung ergibt ein umgekehrtes Bild von 0,3 mm Größe ($G/g = B/b$, $B = Gxb/g = 10 \times 17/570 \approx 0{,}3$ mm). G/g bestimmt über den Tangens (Gegenkathete/Ankathete) den Winkel α, unter dem der Gegenstand gesehen wird ($\text{tg}\ \alpha = G/g = 1/57 \approx 0.0175 = \text{tg}\ 1°$). Entsprechend kann bei Kenntnis von Sehwinkel und Distanz vom Knotenpunkt zur Netzhaut (▶ s. o.) unter Verwendung des Tangens die Bildgröße im Auge berechnet werden. Für unser Objekt, das unter 1° Sehwinkel gesehen wird, ergibt sich erwartungsgemäß: $B = \text{tg}\ 1° \times 17 \approx 0{,}3$ mm.

Abbildungsfehler

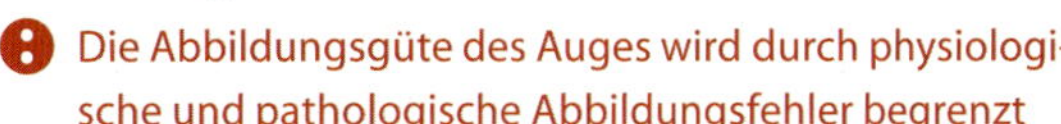
Die Abbildungsgüte des Auges wird durch physiologische und pathologische Abbildungsfehler begrenzt

Physiologische Abbildungsfehler. Das Linsensystem eines guten Photoapparates hat im Vergleich zum dioptrischen Apparat des Auges wesentlich bessere Abbildungseigenschaften. Die im Folgenden besprochenen »physiologischen« Abbildungsfehler des Auges werden jedoch durch verschiedene Mechanismen weitgehend kompensiert.

- ***Sphärische Aberration:*** Die Kornea und die Linse des Auges haben wie alle einfachen Linsen im Randbereich eine kürzere Brennweite als im zentralen Bereich um die optische Achse. Die dadurch entstehende sphärische Aberration macht die Abbildung unscharf. Je enger die Pupillen sind, umso kleiner wird infolge der Abblendung der Randstrahlen dieser störende Einfluss der sphärischen Aberration.

- ***Chromatische Aberration:*** Wie bei allen einfachen Linsen wird auch durch den dioptrischen Apparat kurzwelliges Licht stärker gebrochen als langwelliges Licht (chromatische Aberration). Dadurch werden z. B. rote und blaue Teile eines Bildes in unterschiedlichen Ebenen abgebildet. Durch die geringe Empfindlichkeit im blauen Wellenlängenbereich und das Fehlen von Blaurezeptoren in der Fovea wird die Sehschärfe durch diesen Abbildungsfehler kaum beeinträchtigt.
- ***Streulicht:*** Linse und Glaskörper enthalten Strukturproteine und andere kolloidal gelöste makromolekulare Substanzen. Daher entsteht im dioptrischen Apparat eine geringe ***diffuse Dispersion*** des Lichtes ***(Tyndall-Effekt).*** Dieses Streulicht beeinträchtigt die visuelle Wahrnehmung bei blendenden Lichtreizen (▶ s. S. 388).
- ***Kleine Glaskörpertrübungen*** kommen auch in gesunden Augen vor. Sie sind gegen eine weiße Wand als runde, unregelmäßig geformte, kleine, graue Flecken zu erkennen. Da sie sich mit jeder Augenbewegung scheinbar gegen den hellen Hintergrund verschieben, werden sie fliegende Mücken genannt.

18.2. Katarakt (grauer Star)

Pathologie und Ursachen. Bei älteren Menschen kann der Wassergehalt der Linse sich so verändern, dass es zu »Wasserspalten« und Verdichtungen der Linsenstruktur kommt, wodurch die Linse optisch trübe wird (Cataracta senilis, grauer Star). Der graue Star entwickelt sich langsam. Erste Anzeichen sind erhöhte Blendungsempfindlichkeit (z. B. nachts beim Autofahren), verstärkte Kurzsichtigkeit, Verblassen der Farbwahrnehmung und eine zunehmend verschwommene Abbildung.

Therapie. Die einzige wirksame Behandlung ist eine Operation, die sehr häufig durchgeführt wird und komplikationsarm ist. Bei dieser »Staroperation« wird die Linse entfernt und an ihrer Stelle eine entsprechend angepasste Kunststofflinse eingesetzt.

Refraktionsanomalien

Refraktionsanomalien sind Brechungsfehler des Auges, die Abweichungen von der Normalsichtigkeit (Emmetropie) bedingen; sie können durch Brillen oder Kontaktlinsen korrigiert werden

Augengröße und scharfe Abbildung. Die Gesamtbrechkraft des Auges und seine Größe müssen genau aufeinander abgestimmt sein. Ein unendlich weit entfernter Gegenstand wird im normalen Auge scharf auf der Netzhaut abgebildet, wenn die Distanz zwischen Hornhautscheitel und Fovea centralis 24,4 mm beträgt (▶ s. Abb. 18.2). Bereits eine Abweichung um 0,1 mm führt zu einer korrekturbedürftigen Fehlsichtigkeit.

Myopie. Im Normalfall wächst der bei Geburt zu kleine Augapfel, durch die unscharfe Abbildung stimuliert, bis er genau die optimale Länge erreicht hat. Ist der Bulbus jedoch länger als normal, so können ferne Gegenstände nicht mehr scharf gesehen werden, da die Bildebene *vor* der Fovea liegt (***Kurzsichtigkeit, Myopie***). Der Kurzsichtige muss entweder zerstreuende Kontaktlinsen oder eine

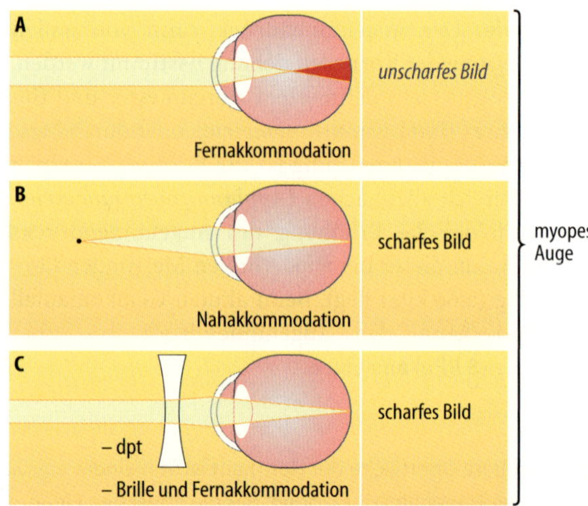

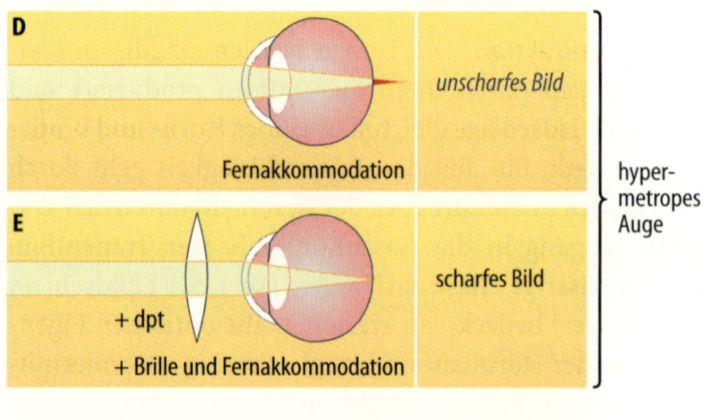

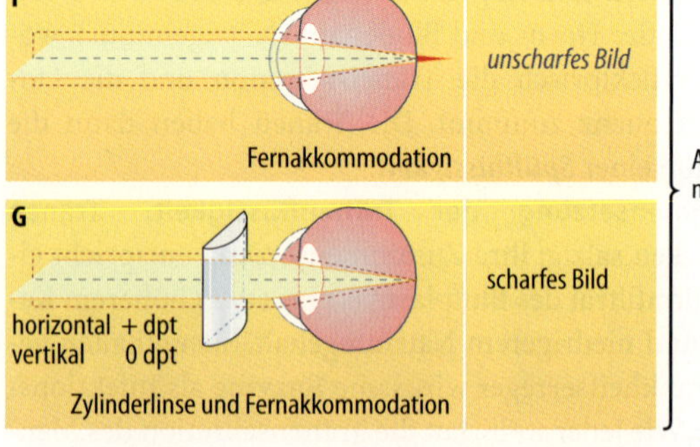

Abb. 18.3. Optische Abbildung bei Refraktionsanomalien. **A** Strahlengang bei der Myopie (Kurzsichtigkeit). **B** Ein Gegenstand, der näher als der Fernpunkt ist, kann auf der Netzhaut scharf abgebildet werden. **C** Korrektur der Myopie durch eine zerstreuende Linse (-dpt). Der Bulbus ist zur Verdeutlichung übertrieben lang gezeichnet (»Achsenmyopie«). **D** Strahlengang bei der Hypermetropie beim Blick in die Ferne und **E** nach Korrektur mit einer Sammellinse (+dpt, rot). **F** Strahlengang bei Astigmatismus mit schwächerer Hornhautkrümmung in der horizontalen Ebene. **G** Korrektur mit einer Zylinderlinse (+dpt in der horizontalen Ebene)

Brille mit solchen Linsen (-dpt) tragen, wenn er in die Ferne scharf sehen will (◻ Abb. 18.3 A-C).

Die Entstehung der Myopie wird gefördert, wenn Lesen- und Schreiben-lernende Kinder aus zu kurzer Distanz auf die Seiten blicken, da die unscharfe Abbildung sehr naher Gegenstände zu weiterem Bulbuswachstum anregt. Kinder sind daher zu einer hinreichend großen Lese- und Schreibdistanz anzuhalten (>30 cm). Sogar nach der in dieser Hinsicht besonders empfindlichen Entwicklungszeit kann häufiges Arbeiten im extremen Nahbereich noch zu Kurzsichtigkeit führen ***(Uhrmacher-Myopie)***.

Hypermetropie. Ist der Bulbus im Verhältnis zur Brechkraft des dioptrischen Apparates zu kurz, so liegt eine ***Weitsichtigkeit (Hypermetropie)*** vor (◻ Abb. 18.3 D–E). Der Hypermetrope kann durch zusätzliche Nahakkommodation Gegenstände im Unendlichen scharf sehen, seine Akkommodation reicht jedoch oft nicht aus, um auch Gegenstände in der Nähe scharf zu sehen. Daher benötigt der Weitsichtige Sammellinsen (+dpt), um seine Fehlsichtigkeit zu kompensieren.

Astigmatismus. Die Hornhautoberfläche ist nicht ideal rotationssymmetrisch, sondern meist in vertikaler Richtung stärker als in horizontaler Richtung gekrümmt (Astigmatismus »nach der Regel«). Daher entsteht ein Brechkraftunterschied für die verschiedenen Richtungen (***Astigmatismus, Stabsichtigkeit***, ◻ Abb. 18.3 F). Wenn der Brechkraftunterschied in verschiedenen Achsen unter 0,5 dpt beträgt, spricht man von einem »physiologischen« Astigmatismus, der keiner Korrektur bedarf. Stärkere Brechkraftunterschiede werden durch zylindrische Brillengläser (◻ Abb. 18.3 G) oder bei ***irregulärem Astigmatismus*** mit Kontaktlinsen korrigiert.

In Kürze

Auge und dioptrischer Apparat

Das Auge besteht aus:
- Bulbus oculi,
- dem abbildenden, dioptrischen Apparat und
- der Netzhaut mit ihrer Gefäßversorgung.

Der Augeninnendruck hängt vor allem von der Menge des kontinuierlich gebildeten und abfließenden Kammerwassers ab. Er lässt sich von außen durch die Tonometrie messen (Normalwerte: 16 bis 20 mmHg). Durch den Innendruck des Auges werden Bulbusform und Stabilität des Auges bestimmt. Tränen schützen die empfindliche äußere Oberfläche des dioptrischen Apparates, die Hornhaut.

Optische Abbildung

Der dioptrische Apparat entwirft ein umgekehrtes und verkleinertes Bild der Umwelt. Die Gesamtbrechkraft (58,6 Dioptrien) gewährleistet eine scharfe Abbildung im normalsichtigen Auge. Mit Hilfe der Distanz zwischen Knotenpunkt und Netzhaut (17 mm) lässt sich die Größe der Abbildung auf der Netzhaut berechnen. Die Bildgröße beträgt 0,3 mm × Grad Sehwinkel.

Abbildungsgüte

Die Abbildungsgüte des Auges wird durch physiologische und pathologische Abbildungsfehler begrenzt. Physiologische Abbildungsfehler sind z. B.:
- sphärische Aberration,
- chromatische Aberration,
- Streulicht,
- Trübungen.

Refraktionsanomalien sind Brechnungsfehler des Auges. Man unterscheidet:
- Kurzsichtigkeit (Myopie), die durch Zerstreuungslinsen korrigiert wird,
- Weitsichtigkeit (Hypermetropie), die durch Sammellinsen korrigiert wird und
- Astigmatismus (»Stabsichtigkeit«) über 0,5 dpt, der sich durch zylindrische Linsen korrigieren lässt.

18.3 Reflektorische Einstellung von Sehschärfe und Pupillenweite

Nah- und Fernakkommodation

Die Einstellung der Sehschärfe beim Sehen naher und ferner Objekte erfolgt durch Änderung der Linsenform (Akkommodation)

Mechanik der Linsenkrümmung. Die Oberflächenkrümmung der Linse hängt von deren Elastizität und von den auf die Linsenkapsel einwirkenden Kräften ab. Die passiven elastischen Kräfte des Ziliarapparates, der Chorioidea und der Sklera des Auges werden durch die Fasern der ***Zonula Zinnii*** auf die Linsenkapsel übertragen. Die mechanische Spannung der Sklera hängt ihrerseits vom ***intraokulären Druck*** ab (► s. S. 370). Zunahme der Spannung in den Zonulafasern dehnt die Linse und bewirkt eine Abflachung vor allem der ***vorderen Linsenfläche*** (◻ Abb. 18.4 A). Der Einfluss der passiven elastischen Kräfte auf die Linsenform wird durch den ringförmig um die Linse gelegenen ***Ziliarmuskel*** modifiziert, der radiäre, zirkuläre und meridional verlaufende glatte Muskelfasern besitzt und vorwiegend durch parasympathische (aber auch durch sympathische) Nervenfasern innerviert wird.

Nahakkommodation. Bei ***Parasympathikuserregung*** kontrahiert sich der Ziliarmuskel schließmuskelartig

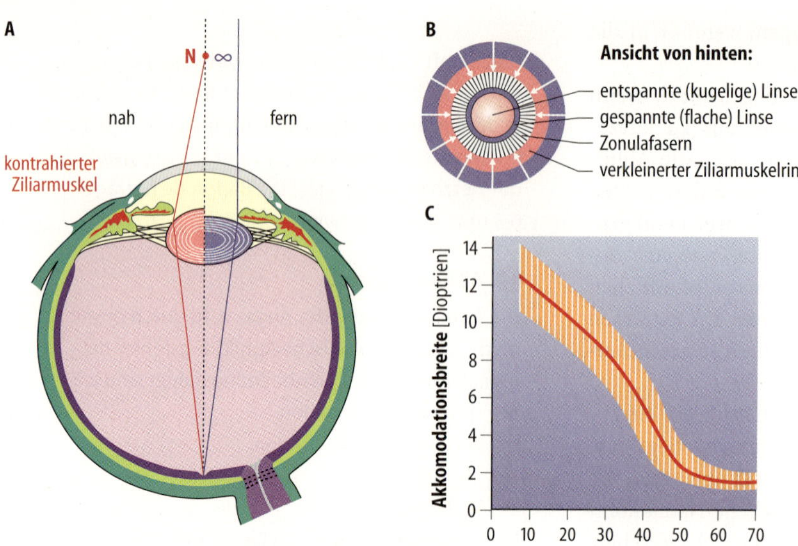

Abb. 18.4. Akkommodation. **A** Auge im Horizontalschnitt, *rechte* Hälfte in Fernakkommodation, *linke* Hälfte nahakkommodiert. **B** Schematische Darstellung von Ziliarmuskel, Zonulafasern und Linse. **C** Akkommodationsbreite in Abhängigkeit vom Alter. Der schraffierte Bereich zeigt die Streuung im Normalkollektiv. Nach Eysel in Schmidt u. Schaible (2000)

und der Durchmesser des durch ihn gebildeten Ringes wird kleiner (Abb. 18.4 B). Dadurch verringert sich die Zugkraft der Zonulafasern am Linsenrand und die Spannung der Linsenkapsel nimmt ab. Aufgrund der Eigenelastizität der Linse verstärkt sich die Krümmung der Linsenoberfläche (vor allem der Vorderfläche). Die Brechkraft der Linse nimmt dadurch zu.

Fernakkommodation. Bei ***Hemmung der parasympathischen Innervation*** erschlafft der Ziliarmuskel, die Linse wird flacher und erreicht bei gleichzeitiger Sympathikuserregung ihre geringste Brechkraft. Im normalen Auge werden dann unendlich weit entfernte Gegenstände scharf auf der Netzhaut abgebildet.

Nacht- oder Leerfeldmyopie. Ohne Akkommodationsreiz (► s. u.) im Dunkeln oder beim Blick auf eine weiße Wand ist das Auge des Normalsichtigen um 0,5–2 dpt nahakkommodiert.

Altersabhängigkeit der Akkommodationsbreite. Der Abstand zwischen Nah- und Fernpunkt ist der ***Akkommodationsbereich.*** Die in Dioptrien gemessene Differenz der Brechkraft bei Einstellung des Nahpunktes und des Fernpunktes heißt ***Akkommodationsbreite.*** Sie beträgt im jugendlichen Auge maximal 14 dpt. So können vom normalen Auge bei starker Nahakkommodation Gegenstände auf der Netzhaut scharf abgebildet werden, die $1/14 = 0{,}0714$ m entfernt sind ($1/\text{dpt} = f\,(\text{m})$ nach Formel (2), ► s. S. 371). Mit dem Alter wird die Linse infolge von Wasserverlust immer weniger elastisch, ihre Akkommodationsbreite nimmt ab (Abb. 18.4 C). Der ***Nahpunkt*** rückt daher mit höherem Alter immer weiter vom Auge weg; eine Lesebrille wird benötigt (***Alterssichtigkeit*** oder ***Presbyopie***).

Reflexbogen der Akkommodation

Die nervöse Kontrolle der Akkommodation erfolgt durch die Sehrinde und vegetative Hirnstammzentren

Neuronale Kontrolle des Ziliarmuskels. Der ***adäquate Reiz*** zur Änderung der Akkommodation ist eine ***unscharfe Abbildung*** auf der Netzhaut. Diese Eigenschaft des Reizmusters wird vermutlich von Neuronen im fovealen Projektionsgebiet der sekundären Sehrinde (Area V2, ► s. S. 393) ermittelt. Aus dieser Region gibt es Verbindungen zum Edinger-Westphal-Kern des Hirnstammes, der die präganglionären Neurone enthält, deren Axone zum Ganglion ciliare ziehen, von wo der Ziliarmuskel parasympathisch innerviert wird. Die peripheren Synapsen am Ziliarmuskel und in der Iris sind muskarinerg.

Pupillenerweiterung zur Augenuntersuchung. Wird ***Atropin*** in den Bindehautsack eingeträufelt, so erreicht es durch Diffusion die Iris und den Ziliarkörper, blockiert die Signalübertragung der parasympathischen Synapsen und bewirkt eine Fernakkommodation mit Pupillenerweiterung. Das Parasympathikomimetikum ***Neostigmin*** bewirkt dagegen eine Pupillenverengung und Nahakkommodation. Die Erregung der antagonistisch wirkenden sympathischen Fasern aus dem Ganglion cervicale superius (► s. auch Pupillenbahn) führt, wie die Blockade des Parasympathicus, zur Pupillenerweiterung und Fernakkommodation.

Pupillenreflex

Der Lichtreflex der Pupille reguliert das einfallende Licht; die Pupillenweite wird über die Irismuskulatur kontrolliert: der M. sphincter pupillae verengt die Pupille (Miosis), der M. dilatator pupillae erweitert sie (Mydriasis)

Lichtreaktionen der Pupille. Normalerweise sind beide Pupillen rund und gleich weit. Der mittlere Pupillendurchmesser nimmt mit dem Lebensalter ab. Bei konstanter Umweltbeleuchtung ist die pro Zeiteinheit in das Auge eintretende Lichtmenge proportional zur Pupillenfläche ($L = \pi \times r^2$), sie verringert sich also 25-fach, wenn der Pupillendurchmesser von 7,5 auf 1,5 mm abnimmt. Die Pupillen sind umso enger, je größer die Umweltleuchtdichte ist. Diese ***Lichtreaktion*** der Pupillen kann durch getrennte Belichtung jedes Auges weiter differenziert werden (Abb. 18.5). Bei Belichtung eines Auges verengt sich innerhalb von 0,3–0,8 s nicht nur die Pupille des belichteten Auges ***(direkte Lichtreaktion)***, sondern auch die des nicht belichteten Auges ***(konsensuelle Lichtreaktion)***.

Naheinstellungsreaktion der Pupillen. Beim Blick aus der Ferne in die Nähe werden die Pupillen enger. Da dabei die Sehachsen der Augen in der Regel konvergieren, wird diese Naheinstellungsreaktion auch ***Konvergenzreaktion*** genannt. Die Naheinstellungsreaktion geht einher mit der zuvor besprochenen Zunahme der Brechkraft der Linse. Wie beim Photoapparat durch Verringerung der Blendenweite, so nimmt auch beim Auge die ***Tiefenschärfe*** zu, wenn die Pupille enger wird.

Die pupillomotorischen Muskeln. Die Pupillenweite wird durch zwei Systeme glatter Muskulatur in der Iris bestimmt. Durch Kontraktion des ringförmigen ***M. sphincter pupillae*** wird die Pupille enger ***(Miosis)***. Eine Kontraktion des radial zur Pupille angeordneten ***M. dilatator pupillae*** erweitert die Pupille ***(Mydriasis)***.

Innervation des M. sphincter pupillae. Der M. sphincter pupillae wird durch ***parasympathische Nervenfasern*** innerviert, die ihren Ursprung im ***Ganglion ciliare*** hinter dem Auge haben. Die präganglionären Fasern stammen von pupillomotorischen Neuronen des ***Edinger-Westphal-Kerns***, dem »vegetativen« Teil des Okulomotoriuskerns, dessen Aktivitätszustand durch die ***prätektale Region*** kontrolliert wird. Diese prätektalen Nervenzellen erhalten Signale aus der Ganglienzellschicht der Retina und aus der Sehrinde (Areae V1, V2).

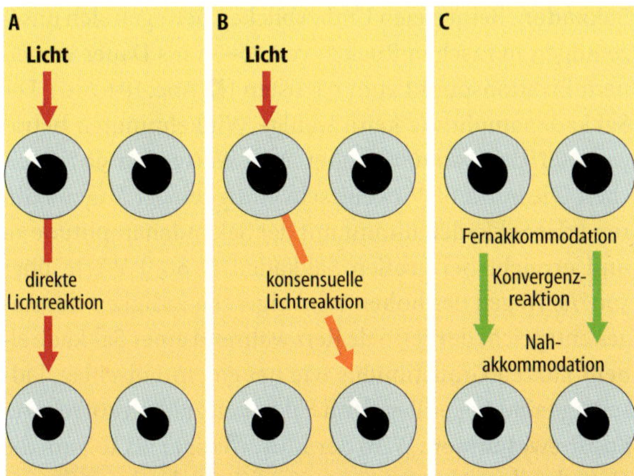

Abb. 18.5. Pupillenreaktion. A-C Schema der Pupillenreaktionen. Die *roten Pfeile* symbolisieren die Belichtung eines Auges, die *grünen Pfeile* die Naheinstellungsreaktion

Innervation des M. dilatator pupillae. Der M. dilatator pupillae wird durch postganglionäre ***sympathische Nervenfasern*** aus dem ***Ganglion cervicale superius*** innerviert, die entlang der A. carotis interna und der A. ophthalmica in die Orbita ziehen und über die Ziliarnerven das Auge erreichen. Die Erregung dieser sympathischen Neurone wird vom Hypothalamus und Hirnstamm über das ***ziliospinale Zentrum*** des Rückenmarks (8. Hals- und 1.–2. Brustsegment) bestimmt. Ihr Aktivitätszustand schwankt mit der allgemeinen vegetativen Tonuslage (► s. Kap. 20.1). Aufgeregte Menschen haben weite Pupillen und wegen der Mitinnervation des M. levator palpebrae und des (glatten) M. tarsalis im Oberlid auch weite Lidspalten. Aufgrund dieses Innervationsmusters sind bei ***Blockade des Sympathikus*** im Ganglion cervicale superius ***(Horner Syndrom)*** Pupille und Lidspalte verengt und der Augapfel zurückgesunken (Miosis, Ptosis, Enophthalmus).

In Kürze

Reflektorische Einstellung von Sehschärfe

Die Einstellung der Sehschärfe beim Sehen naher und ferner Objekte erfolgt durch Änderung der Linsenform (Akkommodation):

- Nahakkommodation: Bei parasympathischer Innervation kontrahiert sich der Ziliarmuskel schließmuskelartig und der Durchmesser des durch ihn gebildeten Ringes wird kleiner. Dadurch verringert sich die Zugkraft der Zonulafasern am Linsenrand und die Spannung der Linsenkapsel nimmt ab. Aufgrund der Eigenelastizität der Linse verstärkt sich die Krümmung der Linsenoberfläche (vor allem der Vorderfläche). Die Brechkraft der Linse nimmt dadurch zu. Die Akkommodationsbreite (max. 12–14 dpt) hängt von der Elastizität der Linse ab. Zu einer Altersichtigkeit (Presbyopie) kommt es bei Elastizitätsverlust der Linse und Akkommodationsbreite unter 2 dpt.
- Fernakkommodation: Bei Hemmung der parasympathischen Innervation erschlafft der Ziliarmuskel. Es kommt zu einem verstärkten Zug der Zonulafasern am Linsenrand und dadurch zu einer Verringerung der Krümmung der vorderen Linsenfläche und zur Abnahme der Brechkraft.

Reflektorische Einstellung von Pupillenweite

Der Lichtreflex der Pupille reguliert das einfallende Licht. Die Pupillenweite wird dabei durch die Irismuskulatur eingestellt:

▼

- Durch Kontraktion des ringförmigen M. sphincter pupillae, der parasympathisch innerviert ist, wird die Pupille enger (Miosis).
- Eine Kontraktion des radial zur Pupille angeordneten M. dilatator pupillae (sympathisch innerviert) erweitert die Pupille (Mydriasis).

III

18.4 Augenbewegungen

Schauen – Blicken – Betrachten

Die visuelle Wahrnehmung ist das Ergebnis der Wechselwirkung sensorischer und motorischer Leistungen des Auges und des Zentralnervensystems

Kontinuierliche Wahrnehmung. Durch Augen-, Kopf- und Körperbewegungen verschieben sich die Bilder der visuellen Umwelt alle 0,2–0,6 s auf der Netzhaut. Unser Gehirn erzeugt aus den diskontinuierlichen und unterschiedlichen Netzhautbildern eine einheitliche und ***kontinuierliche Wahrnehmung*** der visuellen Objekte ***(»Sehdinge«)*** und des uns umgebenden ***extrapersonalen Raumes.*** Trotz der retinalen Bildverschiebungen werden die Raumrichtungen (»Koordinaten«) richtig und die Gegenstände unbewegt wahrgenommen, weil die afferenten visuellen Signale mit der ***»Efferenzkopie«*** der motorischen Kommandos und mit vestibulären Signalen im Gehirn verrechnet werden (▶ s. Kap. 17.3).

Betrachten. Die Blickbewegungen lenken die Stelle des schärfsten Sehens der Netzhaut beider Augen auf das jeweils in einem »Augenblick« interessierende Objekt. Hat dieses eine hinreichende Ausdehnung, so »tastet« unser Blick das Objekt durch kleine ruckartige Augenbewegungen ***(Sakkaden)*** ab. Für die aktiven motorischen Leistungen des Sehsinnes hat die Sprache eigene Bezeichnungen gebildet: ***Schauen – Blicken – Betrachten.*** Nur wenn wir in Gedanken versunken sind und die Umwelt uns nicht interessiert, »stiert« der Blick ins Unbestimmte.

Koordination der Augenbewegungen

Konjugierte Augenbewegungen, Vergenz- und Torsionsbewegungen beider Augen sind so koordiniert, dass auf der Fovea centralis jedes Auges jeweils der gleiche fixierte Gegenstand abgebildet wird

Funktion der Augenmuskeln. Das menschliche Auge wird durch 6 äußere Augenmuskeln (***Mm. recti sup., inf., lat., med., Mm. obliqui sup., inf.***) bewegt, die durch 3 Hirnnerven (***N. oculomotorius, N. trochlearis*** und ***N. abducens***) innerviert werden. Die binokulare Koordination der Augenbewegungen bewirkt, dass jeweils auf jeder Fovea das Bild des gleichen fixierten Gegenstandes entworfen wird. Man unterscheidet für das Zusammenwirken der Augen bei Änderung des Fixationspunktes oder der Kopfstellung drei unterschiedliche Programme:

- ***Konjugierte Augenbewegungen,*** bei denen sich die Augen jeweils zusammen in die gleiche Richtung bewegen. Blickhebung ist von einer Lidhebung, Blicksenkung von einer Lidsenkung begleitet, da die Aktivierung des ***M. levator palpebrae*** gemeinsam mit dem ***M. rectus superior*** vom Okulomotoriuskern koordiniert wird.
- ***Vergenzbewegungen,*** bei denen sich beide Augen spiegelbildlich zur Sagittalebene des Kopfes bewegen. Wird der Blick von einem Punkt in großer Entfernung zu einem Punkt in der Nähe verlagert, so führen beide Augen ***Konvergenzbewegungen*** aus. Eine ***Divergenzbewegung*** kommt zustande, wenn von einem Gegenstand in der Nähe zu einem Punkt in der Ferne geblickt wird. Die Sehachsen beider Augen bewegen sich auseinander, bis sie beim Blick in große Entfernung parallel zueinander stehen.
- Bei einer Änderung der Vergenz treten ***spiegelbildliche Torsionsbewegungen*** der Augen in der frontoparallelen Ebene auf (Außenrollung oder ***Extorsion*** bei Konvergenz). Gleichsinnige Torsionsbewegungen kann man feststellen, wenn die Versuchsperson ihren Kopf zur Seite neigt. Die Torsionsbewegungen in der frontoparallelen Ebene sind in der Regel nicht größer als 15°.

Bewegt sich ein Punkt in der oberen Augenhälfte nach temporal sprechen wir von Extorsion, bewegt er sich nach nasal von Intorsion.

Augenbewegungsklassen

Es gibt drei verschiedene Klassen von Augenbewegungen mit unterschiedlicher zeitlicher Dynamik: Sakkaden, Fixationsperioden und Augenfolgebewegungen

Sakkaden. Beim freien Umherblicken bewegen sich unsere Augen in raschen Rucken von 10–80 ms Dauer von einem Fixationspunkt zum nächsten (Abb. 18.6 A-C), Die Sakkadenamplitude kann wenige Winkelminuten betragen ***(»Mikrosakkaden«),*** aber auch Werte über 90° erreichen. Die mittlere Winkelgeschwindigkeit der Augen während der Sakkaden nimmt mit der Sakkadenamplitude zu und erreicht bei großen Sakkaden (>60°) Werte über 500°/s. Wegen der hohen Winkelgeschwindigkeit des Auges entspricht der retinale Reiz während einer Sakkade einem kurzen Graustimulus wie bei einem Lidschlag. Lidschläge sind in der Regel mit Sakkaden zeitlich korreliert.

Kopfbewegungen. Wird der Blick weniger als 10° um die ***Grundstellung der Augen im Kopf*** (Blick horizontal geradeaus) verlagert, so wird die Blickposition überwiegend durch ***Augenbewegungen*** verändert. Bei größeren Blickamplituden werden die Sakkaden des Auges immer von

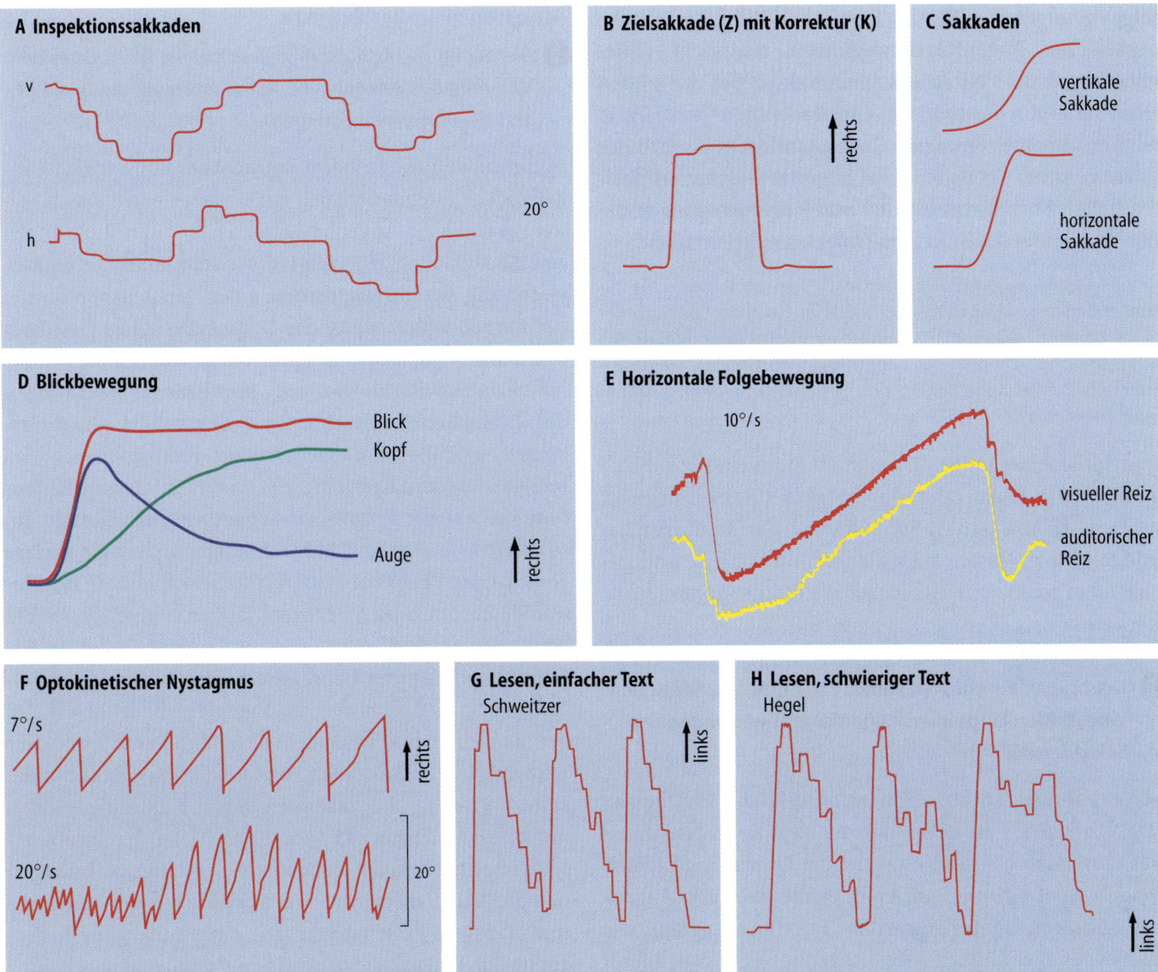

Abb. 18.6. Elektrookulographische Registrierungen der Augenbewegungen des Menschen. A Sakkaden beim freien Umherblicken, *v:* vertikale Augenposition, *h:* horizontale Augenposition. **B** Große horizontale Zielsakkade *(Z)* mit kleiner Korrektursakkade *(K)*. **C** Horizontale und langsamere vertikale Sakkade. **D** Augen- und Kopfbewegungen des Rhesusaffen bei reflektorischer horizontaler Blickbewegung auf einen plötzlich im rechten Gesichtsfeld auftauchenden kleinen Lichtreiz. **E** Augenfolgebewegungen auf einen im Dunkeln horizontal bewegten kleinen Lichtpunkt von 0,2° Durchmesser (»visueller Reiz«). Darunter auditorische Augenfolgebewegungen auf einen im Dunkeln mit gleicher Geschwindigkeit bewegten kleinen Lautsprecher, der weißes Rauschen abgab. **F** Horizontaler optokinetischer Nystagmus, der durch ein mit 7 °/s und 20 °/s bewegtes Streifenmuster ausgelöst wurde. In der ersten Hälfte der Registrierung mit 20 °/s versuchte die Versuchsperson möglichst viele Streifen nacheinander zu fixieren, was eine Erhöhung der Nystagmusfrequenz bewirkte. **G** Horizontale Augenbewegungen beim Lesen eines sprachlich und inhaltlich einfachen Textes (Albert Schweitzer »Aus meiner Kindheit und Jugendzeit«). **H** Lesen eines sprachlich einfachen, inhaltlich jedoch schwierigen Textes (G. F. Hegel »Einführung in die Philosophie«). Beim inhaltlich schwierigeren Text treten gehäuft Regressionssakkaden *(r)* von rechts nach links auf. Die Zahl der pro Zeile benötigten Sakkaden ist beim schwierigeren Text insgesamt größer, die Lesegeschwindigkeit sinkt im Vergleich zum Lesen des einfacheren Textes ab. Nach Ghazarian u. Grüsser (1979), unveröffentlichte Untersuchung

Kopfbewegungen begleitet, sofern dieselben nicht aktiv unterdrückt werden. Die neuronale Aktivierung von Augenmuskeln und Halsmuskeln beginnt meist zur gleichen Zeit, jedoch wird wegen der größeren Masse des Kopfes dieser etwas später und langsamer bewegt als die Augen. Dies hat zur Folge, dass bei einer zielgerichteten Blickbewegung zunächst eine sakkadische Augenbewegung zum Blickziel ausgeführt wird und der Kopf etwas verzögert folgt, wobei gleichzeitig die Augen im Kopf zurückbewegt werden. Während dieser Phase der Kopfbewegung bleibt der Blick im Raum unbewegt (Abb. 18.6 D). Die Rückbewegung der Augen während der Kopfbewegung wird durch vestibuläre Signale ***(»vestibulookulärer Reflex«)*** und Signale aus Mechanorezeptoren der Halsmuskulatur beeinflusst.

Fixationsperioden. Beim freien Umherblicken treten zwischen den Sakkaden ***Fixationsperioden*** von 0,2–0,6 s Dauer auf (Abb. 18.6 A). Die zur Gestaltwahrnehmung relevante retinale Signalaufnahme erfolgt während der Fixationsperioden.

Gleitende Augenfolgebewegungen. Wird ein bewegtes Objekt mit den Augen verfolgt, so treten ***gleitende Augen-***

folgewegungen auf (◻ Abb. 18.6 E). Die Winkelgeschwindigkeit der Augenfolgebewegungen entspricht näherungsweise der Winkelgeschwindigkeit des verfolgten Objektes, wenn dieses nicht schneller als 100 °/s ist. Dann wird das Bild des bewegten Gegenstandes im Bereich der Fovea centralis »gehalten«. Bei höheren Geschwindigkeiten helfen Korrektursakkaden und Kopfbewegungen bei der Verfolgung des bewegten Objektes mit dem Blick.

▪▪▪ Gleitende Augenbewegungen entstehen auch, wenn ein ruhender Gegenstand mit den Augen fixiert wird und der Kopf oder der ganze Körper bewegt wird: Fixieren Sie die Pupille eines Ihrer Augen im Spiegel und drehen Sie den Kopf langsam nach rechts, links, oben oder unten: Jedes Auge bewegt sich gleichmäßig in der Orbita und steht im Raum still!

Augenfolgebewegungen können im Dunkeln auch durch auditorische Reize oder durch taktile Reize ausgelöst werden (◻ Abb. 18.6 E). Sie sind wie die auditorischen und taktil ausgelösten Sakkaden weniger präzise und mit Sakkaden gemischt, weil die visuelle Rückkopplung fehlt.

Optokinetischer Nystagmus

Der optokinetische Nystagmus stellt einen periodischen Wechsel von langsamen Augenfolgebewegungen und Sakkaden dar

»Eisenbahnnystagmus«. Ein ***optokinetischer Nystagmus (OKN)*** entsteht z. B., wenn man aus dem Seitenfenster eines fahrenden Eisenbahnwagens die Umwelt betrachtet. Beide Augen führen dann konjugierte gleitende Augenbewegungen entgegengesetzt zur Fahrtrichtung aus. Die Winkelgeschwindigkeit der Augenbewegungen hängt während der langsamen Nystagmusphase von der Fahrtgeschwindigkeit der Eisenbahn und der Distanz des fixierten Gegenstandes ab. Die langsamen Nystagmusphasen werden durch ***Rückstellsakkaden*** unterbrochen. Die Richtung dieser schnellen Nystagmusphasen definiert die ***Richtung des Nystagmus.***

▪▪▪ **Klinische Prüfung.** Für die klinische Untersuchung wird der OKN (◻ Abb. 18.6 F) meist mittels bewegter Muster (z. B. einem um die Versuchsperson bewegten Streifenzylinder) ausgelöst. Variable Parameter bei der Messung des OKN sind die **Winkelgeschwindigkeit**, die **Streifenbreite** und die **Bewegungsrichtung** des Streifenmusters. Die Winkelgeschwindigkeit der langsamen OKN-Phase ist höher, wenn die Versuchsperson aufmerksam die Streifen verfolgt (**»Schaunystagmus«**), als wenn sie »passiv« auf das Streifenmuster blickt (**»Stiernystagmus«**). Wird während des OKN der Versuchsraum plötzlich verdunkelt, so kommt es zum **optokinetischen Nachnystagmus (OKAN)**, an dessen Entstehung die Vestibulariskerne des Hirnstamms wesentlich beteiligt sind (► s. S. 364).

Mittels der quantitativen Untersuchung des OKN und des OKAN können Veränderungen der Blickmotorik infolge von Störungen im blickmotorischen System des Hirnstammes, von Kleinhirnläsionen, Läsionen im Bereich des Parietallappens der Großhirnrinde und von Störungen im vestibulären System erfasst werden.

Abtasten visueller Objekte

Bei der Betrachtung komplexer visueller Reizmuster bestimmen das Reizmuster und das Interesse des Beobachters die Augenbewegungen

Augenbewegungen beim Betrachten. Beim freien Umherblicken in einem visuell gut strukturierten Raum treten sakkadische Augenbewegungen in allen Richtungen auf. ◻ Abbildung 18.7 zeigt die zweidimenisonale Aufzeichnung der ***Augenposition*** einer Versuchsperson bei der kurzen Betrachtung des Diapositivs eines Gesichtes und einer Vase während eines Gedächtnistestes. ***Konturen, Konturunterbrechungen, Konturüberschneidungen*** der betrachteten Objekte sind bevorzugte Fixationspunkte. Darüber hinaus bestimmt natürlich auch das ***Interesse*** an dem betrachteten Objekt und dessen ***Bedeutung*** die Art der Fixationen. Schaut man ein Gesicht an, so werden Augen und Mund häufiger fixiert als andere Teile. In der Regel wird die rechte Gesichtshälfte des Betrachteten um etwa 30 Prozent länger angesehen als die linke.

Augenbewegungen beim Lesen. Eine besonders regelhafte Form der Augenbewegungen tritt beim Lesen auf: der Fixationspunkt verschiebt sich beim Lesen westlicher Texte in raschen Sakkaden von links nach rechts über die Zeile. Zwischen den Sakkaden liegen Fixationsperioden von 0,2–0,6 s Dauer (◻ Abb. 18.6 G–H). Ist der Fixationspunkt beim Lesen am Zeilenende angelangt, so bewegen sich die Augen meist mit *einer* Sakkade wieder nach links zum nächsten Zeilenanfang. Die Amplitude und die Frequenz der Lesesakkaden sind von der formalen Struktur des Textes (Größe, Gliederung, Groß- und Kleinschreibung) abhängig. Sie werden jedoch auch vom ***Textverständnis*** bestimmt.

Ist ein Text unklar geschrieben oder gedanklich schwierig, so treten gehäuft ***Regressionssakkaden*** auf (◻ Abb. 18.6 H). Dies sind Sakkaden entgegengesetzt zur »normalen« Leserichtung. Zahlreiche Regressionssakkaden kennzeichnen auch die Augenbewegungen eines gerade das Lesen lernenden Kindes. Kinder mit einer Lese- und Rechtschreibungsschwäche ***(Legasthenie)*** zeigen ebenfalls häufige Regressionssakkaden.

Neuronale Kontrolle von Augenbewegungen

In der mesenzephalen und pontinen Formatio reticularis befinden sich Zentren zur Steuerung vertikaler, horizontaler und torsionaler Blickbewegungen

Signalkonvergenz auf blickmotorische Zentren. Um eine präzise Koordination der Bewegung beider Augen zu erreichen, sind einerseits die Nervenzellen der Augenmuskelkerne durch Axone von ***Interneuronen*** miteinander verknüpft, andererseits wird die Aktivität der Motoneurone in den Augenmuskelkernen durch Nervenzellen der ***blickmotorischen Zentren*** des Hirnstammes kontrolliert. Der Erregungszustand der Nervenzellen der blick-

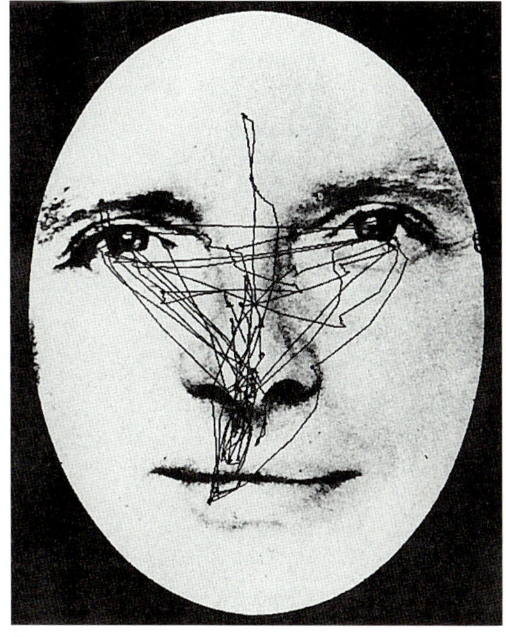
A

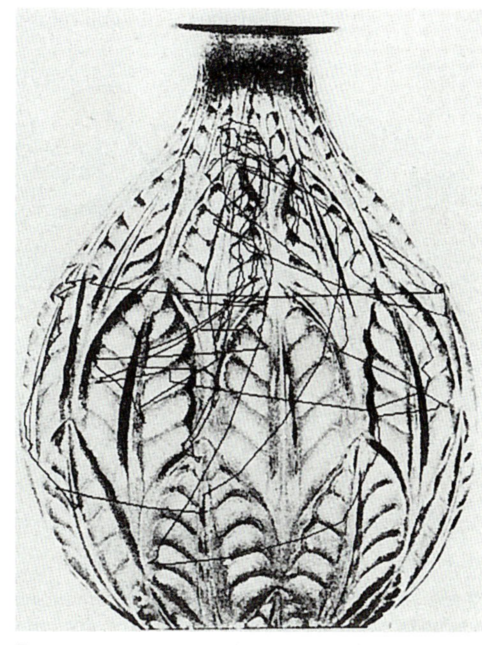
B

Abb. 18.7. Visuelles Abtasten von Bildern. A, B Zweidimensionale Registrierung der Augenposition bei Betrachtung des Diapositivs eines inneren Gesichtsausschnittes und einer Vase. Die Reizmuster wurden während eines Gedächtnistestes für jeweils 20 s betrachtet. Nach Mertens (1993)

motorischen Zentren wird durch verschiedene subkortikale und kortikale Bereiche des Gehirns bestimmt: Colliculi superiores, extrastriäre visuelle kortikale Areale, parietale Integrationsregionen (besonders Area 7), frontales Augenfeld (► s. Kap. 18.11) und alle jene Großhirnrindenregionen, die überwiegend der Bewegungswahrnehmung dienen (Areae MT, MST, FST, ► s. Kap. 18.11).

Auch aus den ***Vestibulariskernen*** des Hirnstammes, dem ***Flocculus*** und dem ***Paraflocculus*** des Kleinhirns sowie aus ***auditorischen Hirnregionen*** gibt es Verbindungen zu den blickmotorischen Zentren des Hirnstammes (Abb. 18.8). Von diesen blickmotorischen Zentren ziehen axonale Verbindungen nicht nur zu den Augenmuskelkernen, sondern auch zu den Motoneuronen des Rückenmarks. Diese Verbindungen dienen der Koordination von Augen-, Kopf- und Körperbewegungen bei der visuellen Exploration des extrapersonalen Raumes oder bei der Verfolgung eines bewegten Blickzieles.

Blickmotorische Zentren für Sakkaden und Folgebewegungen. Für die Steuerung der ***horizontalen Sakkaden*** ist vor allem die paramediane pontine Formatio reticularis (PPRF) zuständig, für die ***vertikalen Sakkaden*** wird zusätzlich die rostrale mesenzephale retikuläre Formation (MRF) miteinbezogen, die auch bei den ***torsionalen Sakkaden*** (Intorsion, Extorsion) gemeinssam mit dem interstitiellen Kern von Cajal eine Rolle spielt. Diese Blickzentren sind untereinander durch Axone verbunden, über die die Blickbewegungen in jene Richtungen geregelt werden, die zwischen den drei genannten Hauptrichtungen liegen. Vergenzbewegungen der Augen werden vor allem durch prätektale Bereiche des Hirnstammes gesteuert. Die ***langsamen Folgebewegungen*** werden unter Einbeziehung des parietotemporalen Assoziationskortex (Areae MT, MST) über pontine Kerne und das Kleinhirn durch die ***Vestibulariskerne*** angesteuert.

▪▪▪ Lage der blickmotorischen Zentren im Hirnstamm. Abbildung 18.8 zeigt schematisch die für die Steuerung der Blickmotorik wichtigen neuronalen Strukturen des Hirnstamms. Die räumliche Trennung von blickmotorischen Zentren, Augenmuskelkernen und ihren Verbindungen bewirken, dass je nach dem Ort einer Hirnstammläsion Augenmuskellähmungen, Blicklähmungen oder beide gemeinsam auftreten.

In Kürze

Augenbewegungen

6 äußere Augenmuskeln bewegen die Augen. Es gibt:
- konjugierte Augenbewegungen,
- Vergenzbewegungen,
- Torsionsbewegungen,
- Fixationsperioden von 0,2–0,6 s Dauer,
- Sakkaden bis zu 90° und über 500°/s,
- Augenfolgebewegungen bis zu 100°/s,
- Folge von Fixationsperioden und Sakkaden beim Lesen,
- Steuerung der Sakkaden beim visuellen Abtasten von Objekten durch Konturen und besonders wichtige Teile eines Objektes.

▼

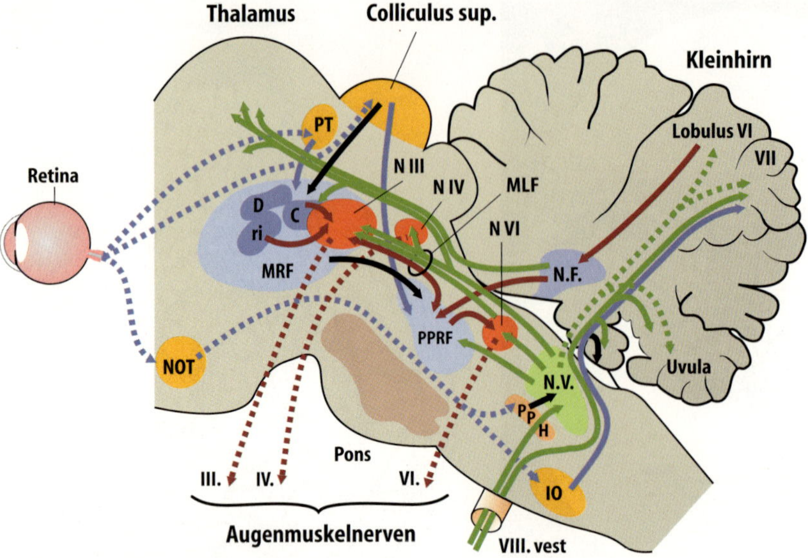

Abb. 18.8. Schema der blickmotorischen Zentren des Hirnstammes und der Augenmuskelkerne nebst ihrer wichtigsten neuronalen Verbindungen. Bewegungsspezifische Ganglienzellen der Retina senden Axone zum Kern des optischen Traktes *(NOT)*, dessen Zellen einerseits Axone zur unteren Olive (*IO*, von dort Kletterfasern ins Kleinhirn), andererseits zum Nucleus praepositus hypoglossi *(PPH)* und den Vestibulariskernen *(N. V.)* schicken. Letztere sind überwiegend durch Axone im Fasciculus medialis lateralis *(MLF)* direkt mit den Augenmuskelkernen *(N III, N IV, N VI)* und mit den Blickzentren der mesencephalen (*MRF*, vertikale und torsionale Blicksteuerung) und der präpontinen reticulären Formation (*PPRF*, horizontale Blicksteuerung) verbunden. Die Neurone der Blickzentren koordinieren für die verschiedenen Blickprogramme die Aktivität der Motoneurone in den Augenmuskelkernen. Die Blickzentren erhalten retinale Signale über das Prätektum (*PT*, Steuerung von Vergenzbewegungen) und die Colliculi superiores (vertikale und horizontale Sakkadensteuerung). MRF und PPRF integrieren (über nicht eingezeichnete Verbindungen) Signale aus den corticalen visuellen Regionen und dem frontalen Augenfeld sowie aus den Kleinhirnkernen (z. B. *N.F.*, Nucleus fastigius). Der rostrale interstitielle Kern *(ri)* der MRF kontrolliert torsionale Blickbewegungen. Nach Büttner-Ennever (1988), Grüsser u. Henn (1991) und Henn (1982)

Der optokinetische Nystagmus ist eine regelhafte Folge von
- gleitenden Augenfolgebewegungen und
- Rückstellsakkaden.

Seine Richtung ist über die Sakkaden definiert.

Neuronale Kontrolle

Die neuronale Kontrolle der Sakkaden erfolgt durch verschiedene Zentren:
- Für die Steuerung der horizontalen Sakkaden ist vor allem die paramediane pontine Formatio reticularis (PPRF) zuständig,
- für die vertikalen Sakkaden wird zusätzlich die rostrale mesenzephale retikuläre Formation (MRF) miteinbezogen.

Die neuronale Kontrolle der Folgebewegungen erfolgt durch:
- Areae MT und MST,
- Pontine Kerne und Kleinhirn,
- Vestibulariskerne.

18.5 Die Netzhaut – Aufbau, Signalaufnahme und Signalverarbeitung

Augenhintergrund

Mithilfe eines Augenspiegels können im Augenhintergrund die Netzhaut und Netzhautgefäße betrachtet werden

Methoden der Funduskopie. Blickt ein Tier aus dem Dunkeln in das Scheinwerferlicht eines Autos, so sieht der Autofahrer ein »Aufleuchten« der Tieraugen, weil das Scheinwerferlicht durch den Augenhintergrund reflektiert wird. Diese Lichtreflexion wird beim ***Augenspiegeln (Funduskopie)*** ausgenützt. Der vereinfachte Strahlengang beim Augenspiegeln im aufrechten Bild ***(direkte Ophthalmoskopie)*** ist in Abb. 18.9 A dargestellt. Der Untersucher blickt mit dem Augenspiegel direkt und fernakkommodiert in das Patientenauge und sieht einen relativ kleinen, etwa 16-fach vergrößerten Ausschnitt des Augenhintergrundes im aufrechten Bild. Bei der ***indirekten Ophthalmoskopie*** wird eine Lupe (+15 dpt) vor das Patientenauge gehalten; auf diese Weise entsteht ein etwa 4-fach vergrößertes, umgekehrtes Bild eines größeren Ausschnitts des Augenhintergrundes (Abb. 18.9 B). Eine Fundusphotographie zeigt den Augenhintergrund (Abb. 18.9 C) mit der blassgelben ***Papille*** (nasal), den

A Direkte Ophthalmoskopie

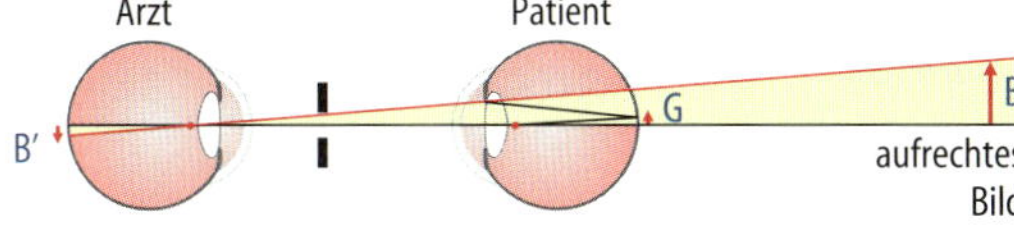

B Indirekte Ophthalmoskopie

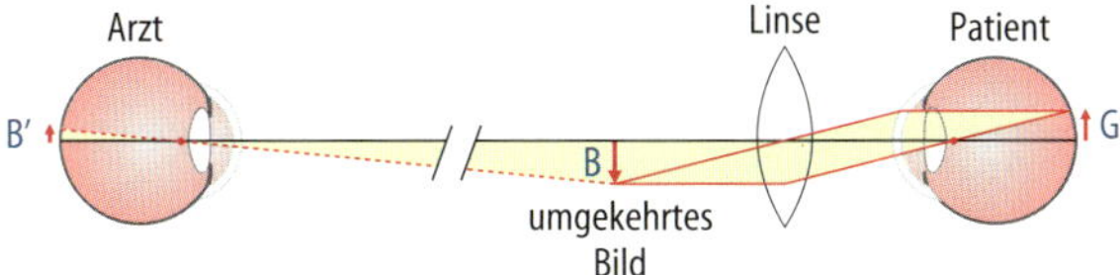

C

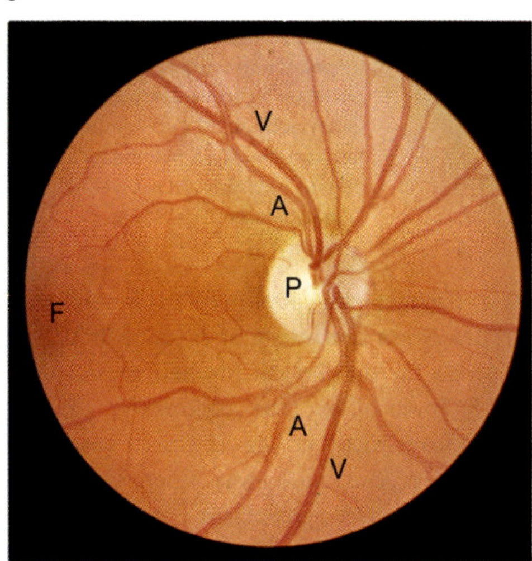

Abb. 18.9. Die direkte und indirekte Funduskopie zur Untersuchung des Augenhintergrundes. A Vereinfachtes Schema des Strahlenganges beim direkten Augenspiegeln im aufrechten Bild (*G:* Gegenstand, *B':* Bild im Beobachterauge, *B:* aufrechtes, virtuelles Bild). **B** Indirekte Opthalmoskopie. Linse ca. 50 cm vom Arztauge entfernt (*B* umgekehrtes, reelles Bild) **C** Augenhintergrund des rechten Auges im aufrechten Bild (Fundusfotografie; Ausschnitt viel größer als beim Augenspiegeln im aufrechten Bild): *A:* Äste der A. centralis retinae; *V:* Äste der Vv. centrales retinae; *P:* Papilla nervi optici; *F:* Fovea centralis. A, B nach Eysel in Schmidt u. Schaible (2000), C nach Leydhecker u. Grehn (1993)

Gefäßen der Netzhaut und der Macula lutea (stärker pigmentierter Bereich) in einem gefäßfreien Areal, in dessen Mitte der Ort des schärfsten Sehens, die Fovea centralis, liegt.

▪▪▪ **Klinische Bedeutung der Funduskopie.** Die Betrachtung des Augenhintergrundes ist nicht nur für die augenärztliche Diagnostik wichtig (z. B. **Netzhautdegenerationen, Störungen des Pigmentepithels, Netzhauttumoren**), sondern auch für den Neurologen (z. B. **Stauungspapille** bei erhöhtem Schädelinnendruck) und für den Internisten. Da die Arteria centralis retinae und ihre Hauptäste Arteriolen sind, können an ihnen Veränderungen dieses Abschnittes des Gefäßsystems direkt betrachtet werden (wichtig z. B. bei **Diabetes mellitus** oder **Bluthochdruckerkrankungen**).

Blutversorgung der Netzhaut. Die Netzhautarterien, die von der A. centralis retinae im Bereich der Papille ausgehen, versorgen die inneren zwei Drittel der Netzhaut. Das äußere Drittel wird durch Diffusion aus dem venösen Plexus der Chorioidea versorgt.

18.3. Ausfälle retinaler Funktion bei Durchblutungsstörungen

Die unterschiedlichen Versorgungsgebiete der Zentralarterie und der Chorioidea bedingen unterschiedliche Ausfälle der Netzhaut bei Zentralarterienverschluss oder Netzhautablösung. In beiden Fällen tritt in den betroffenen Gebieten eine akute Erblindung auf.

- Bei Zentralarterienverschluss fällt durch eine Embolie oder einen Thrombus die Versorgung der inneren Zellschichten aus und sofern keine Reperfusion z. B. durch Thrombolyse oder durchblutungsfördernde Maßnahmen innerhalb von 1–2 Stunden erreicht werden kann, degenerieren diese Schichten irreversibel und es resultieren bleibende Gesichtsfeldausfälle bei erhaltener Photorezeptorschicht.
- Bei der Netzhautablösung ist die Retina vom darunterliegenden Pigmentepithel abgelöst und damit die Versorgung der Rezeptorschicht von der Chorioidea aus unterbrochen. Der Zeitfaktor ist auch hier kritisch, das therapeutische Zeitfenster aber größer als beim Zentralarterienverschluss. Durch eine außen aufgenähte Plombe wird die Sklera eingedellt und die Netzhaut wieder zum Anliegen gebracht; eine künstliche Narbe wird meist durch Kälte erzeugt, um die Anheftung zu stabilisieren. Gelingt die Wiederanheftung nicht innerhalb weniger Tage wird die Degeneration der nach außen zur Chorioidea weisenden Rezeptorschicht irreversibel, und die betroffenen Gesichtsfeldanteile bleiben blind, obwohl die inneren Schichten der Netzhaut durch die Zentralarterie weiter versorgt werden.

Anteile und Schichten der Netzhaut

Die Netzhaut ist ein vielschichtiges Netzwerk; sie enthält für das Sehen im Licht der Sonne und des Mondes zwei unterschiedliche Klassen von Photorezeptoren

Aufbau der Netzhaut. Die Netzhaut (Retina) entsteht während der Embryonalentwicklung aus einer Ausstülpung des Zwischenhirnbodens; sie ist also ein ***Teil des Gehirns.*** Daher ist es nicht überraschend, dass die Retina ein komplexes neuronales Netzwerk ist, dessen wichtigste Komponenten in ▪ Abb. 18.10 schematisch dargestellt sind. Von der Chorioidea ausgehend sieht man von außen nach innen das Pigmentepithel und die Photorezeptoren (Zapfen und Stäbchen), die Horizontalzellen, Bipolarzel-

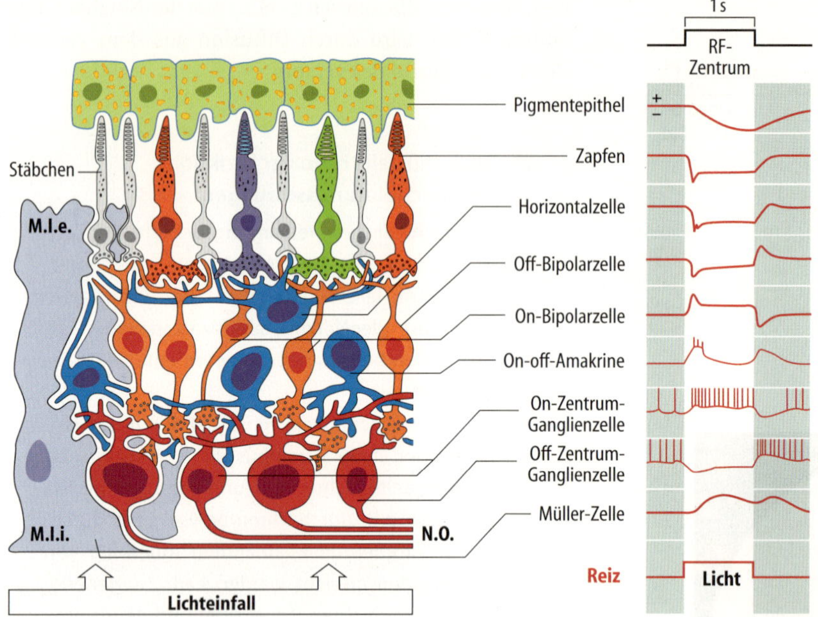

Abb. 18.10. Aufbau der Primatennetzhaut und Schema der Reaktion einzelner Neurone der Netzhaut auf einen Lichtreiz. *M. l. e.:* Membrana limitans externa, *M. l. i.:* Membrana limitans interna. Nach Boycott u. Dowling (1966), Grüsser (1978, 1984)

len, amakrine Zellen und Ganglienzellen. Die Axone der Ganglienzellen bilden den N. opticus. Die Glia-Zellen der Netzhaut (Müller-Zellen) erstrecken sich als Stütz- und Transportzellen durch alle Schichten der Netzhaut, die eine mittlere Dicke von rund 200 μm hat. Das durch die Pupille einfallende Licht trifft von innen auf die den Photorezeptoren abgewandte Seite der Netzhaut.

Stäbchen und Zapfen. Die Anpassung an die Beleuchtungsbedingungen der Umwelt wird durch zwei retinale Rezeptortypen mit unterschiedlichen Absolutschwellen erleichtert ***(Duplizitätstheorie)***:

- Mit den ***Stäbchen*** der Netzhaut wird bei Sternenlicht gesehen ***(skotopisches Sehen)***. Dabei erkennt man Helligkeitsunterschiede, aber keine Farben.
- Die ***Zapfen*** sind für das Sehen am Tage zuständig ***(photopisches Sehen)***. Diese Rezeptoren erlauben eine Unterscheidung von Farben und Hell-Dunkelwerten an den Gegenständen.
- Das Sehen in der Dämmerung, im Übergangsbereich zwischen dem skotopischen und dem photopischen Sehen, wird ***mesopisches Sehen*** genannt und geht mit eingeschränktem Farbensehen einher.

▪▪▪ **Spektrale Empfindlichkeit bei Tag und Nacht.** Die spektrale Empfindlichkeit des menschlichen Auges hat für das skotopische Sehen ein Maximum bei etwa 500 nm, beim photopischen Sehen dagegen bei etwa 555 nm (Abb. 18.1). Die prozentuale Verteilung von Stäbchen und Zapfen in der Netzhaut verschiedener Säugetierarten hängt u. a. davon ab, ob sie überwiegend nachtaktiv oder tagaktiv sind.

Zahl und Verteilung der Photorezeptoren. Die Rezeptorschicht des menschlichen Auges besteht aus etwa 120 Millionen ***Stäbchen*** und 6 Millionen ***Zapfen*** (Abb. 18.10). Die Rezeptordichte (Rezeptoren pro Flächeneinheit) ist für die Zapfen in der Mitte der Fovea, für die Stäbchen dagegen im parafovealen Bereich am höchsten. In der ***Fovea centralis*** gibt es keine Stäbchen, die Fovea ist also für das Tageslichtsehen spezialisiert. Die Zapfen der Fovea bilden eine regelmäßige Mosaikstruktur. In der Foveamitte beträgt der Durchmesser der Zapfenaußenglieder etwa 2 μm, was einem Sehwinkel von etwa 0,4 Winkelminuten entspricht.

Signaltransduktion in der Netzhaut

! Die Lichtquantenabsorption durch die Sehfarbstoffmoleküle leitet den Transduktionsprozess des Sehens ein

Sehfarbstoffe. Das ***Außenglied*** der Rezeptorzellen besteht aus rund 1000 Membranscheibchen (Stäbchen) bzw. Membraneinfaltungen (Zapfen) und ist durch ein dünnes Zilium mit dem übrigen Zellkörper verbunden (Abb. 18.11 A). Die Moleküle der Sehfarbstoffe sind regelmäßig in die Lipiddoppelschicht der Zellmembran der Außenglieder eingelagert (Abb. 18.11 B). Der Sehfarbstoff der Stäbchen heißt ***Rhodopsin (»Sehpurpur«)***; er sieht rot aus, weil Rhodopsin grünes und blaues Licht besonders gut absorbiert. Dies kann durch Bestimmung der ***spektralen Absorptionskurve*** exakt gemessen werden. Man fand zwei Absorptionsmaxima, im sichtbaren Bereich bei etwa 500 nm und im ultravioletten Bereich bei etwa 350 nm. Rhodopsin besteht aus einem ***Glykoprotein (Opsin)*** und einer ***chromophoren Gruppe***, dem ***11-cis-Retinal*** (Aldehyd des Vitamins A_1; ► s. Lehrbücher der Biochemie).

Spektrale Absorptionskurven. Die spektralen Absorptionskurven einzelner Stäbchen und Zapfen wurden durch ***Mikrospektrophotometrie*** gemessen (Abb. 18.11 D). Die Sehfarbstoffe der Stäbchen und Zapfen haben unterschiedliche spektrale Absorptionskurven:

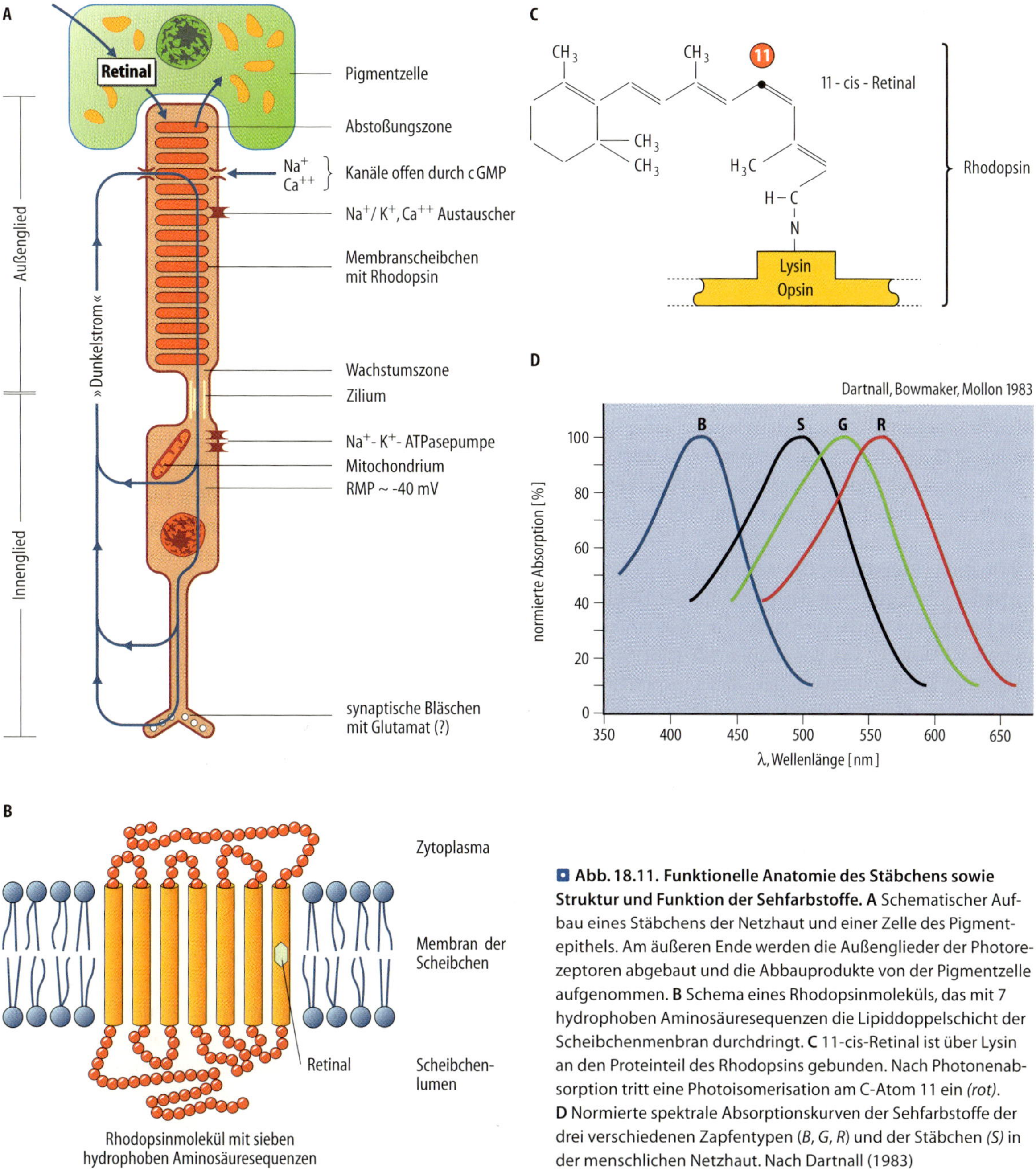

A
Retinal
Pigmentzelle
Abstoßungszone
Na^+ Ca^{++} Kanäle offen durch cGMP
$Na^+/K^+, Ca^{++}$ Austauscher
Membranscheibchen mit Rhodopsin
Wachstumszone
Zilium
Na^+-K^+-ATPasepumpe
Mitochondrium
RMP ~ -40 mV
synaptische Bläschen mit Glutamat (?)
Außenglied
Innenglied
»Dunkelstrom«

C
11-cis-Retinal
Rhodopsin
Lysin
Opsin

D
Dartnall, Bowmaker, Mollon 1983
normierte Absorption [%]
λ, Wellenlänge [nm]
B S G R

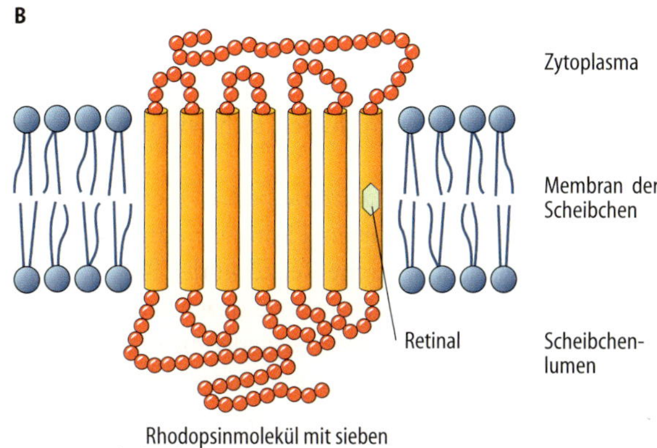

Abb. 18.11. Funktionelle Anatomie des Stäbchens sowie Struktur und Funktion der Sehfarbstoffe. A Schematischer Aufbau eines Stäbchens der Netzhaut und einer Zelle des Pigmentepithels. Am äußeren Ende werden die Außenglieder der Photorezeptoren abgebaut und die Abbauprodukte von der Pigmentzelle aufgenommen. **B** Schema eines Rhodopsinmoleküls, das mit 7 hydrophoben Aminosäuresequenzen die Lipiddoppelschicht der Scheibchenmenbran durchdringt. **C** 11-cis-Retinal ist über Lysin an den Proteinteil des Rhodopsins gebunden. Nach Photonenabsorption tritt eine Photoisomerisation am C-Atom 11 ein *(rot)*. **D** Normierte spektrale Absorptionskurven der Sehfarbstoffe der drei verschiedenen Zapfentypen (*B*, *G*, *R*) und der Stäbchen *(S)* in der menschlichen Netzhaut. Nach Dartnall (1983)

- Die Absorptionskurve für die ***Stäbchen*** entspricht etwa der des Rhodopsins und stimmt in guter Näherung mit der spektralen Empfindlichkeit des skotopischen Sehens überein (Abb. 18.1).
- Es gibt ***3 Zapfentypen*** mit unterschiedlichen Sehfarbstoffen (»***Jodopsine***« oder »***Zapfenopsine***«) und verschiedenen spektralen Absorptionsmaxima für »***blau***« – B (420 nm), »***grün***« – G (535 nm), »***rot***« – R (565 nm).

Die 2. Absorptionsmaxima der Stäbchen sowie der G- und R-Zapfen bei 350 nm im ultravioletten Bereich werden beim Menschen funktionell durch die UV-blockierende Filterfunktion der okulären Medien ausgeschaltet und sind in Abb. 18.11 D nicht dargestellt.

Zerfall der Sehfarbstoffe nach Lichtabsorption. Der ***Transduktionsprozess*** des Sehens beginnt mit der Absorption eines Photons im π-Elektronenbereich der konjugierten Doppelbindungen des Retinals im Sehfarbstoffmolekül (Abb. 18.11 C). Dadurch erreicht das Molekül eine höhere Energiestufe und beginnt stärker zu schwingen, was mit einer Wahrscheinlichkeit *(»**Quantenausbeute**«)* von 0,5–0,65 eine ***Stereoisomerisation*** des ***11-cis-Retinals*** zu ***All-trans-Retinal*** bewirkt. Hierdurch wird ein komplexer, molekularbiologischer Prozess ausgelöst, der zu einer

Schließung der Na-Kanäle in der Membran der Rezeptoraußenglieder führt (Erläuterung ▶ s. ▣ Abb. 18.12).

Das retinale Rezeptorpotential

! Das Rezeptorpotential der Photorezeptoren der Wirbeltiere besteht in einer Hyperpolarisation der Zellmembran

Ruhemembranpotential und Reizantwort. Im Dunkeln beträgt das Ruhemembranpotential der Photorezeptormembran bei hohem Natriumleitwert g_{Na} der Membran *(Dunkelstrom)* etwa –30 mV. Da Belichtung eines Photorezeptors eine Abnahme des g_{Na}, Verdunklung dagegen eine Erhöhung von g_{Na} bewirkt, kommt es bei Belichtung der Photorezeptoren zu einer ***Hyperpolarisation*** des Membranpotentials, bei Verdunklung zu einer ***Depolarisation*** (▣ Abb. 18.12 A, B). Dieser Reaktionstyp von Photorezeptoren weicht vom üblichen Verhalten der Rezeptoren anderer Sinnessysteme ab, die bei adäquater Reizung depolarisieren (▶ s. Kap. 13.3).

Einfluss der Reizstärke. Die Amplitude des Photorezeptorpotentials nimmt mit der Intensität der Lichtreize zu. Das Rezeptorpotential der Stäbchen zeigt einen langsameren Verlauf als das der Zapfen (▣ Abb. 18.13 A). Die spektrale Empfindlichkeit der Rezeptorpotentiale der drei verschiedenen Zapfentypen und der Stäbchen entspricht näherungsweise den Ergebnissen der Mikrospektrophotometrie (▣ Abb. 18.11 D).

▪▪▪ Zwischen der Reizstärke I_s (Photoneneinfall pro Zeiteinheit und Retinafläche) und der Amplitude A des Rezeptorpotentials gilt folgende Beziehung (▣ Abb. 18.13 B, C):

$$A = a\,I_s/(1 + kI_s)\ [\text{mV}] \qquad (3)$$

Diese **Hering Hyperbelgleichung** ergibt bei logarithmischer Auftragung der Leuchtdichte I_s eine s-förmige Kurve, die für den mittleren Intensitätsbereich durch eine logarithmische Funktion angenähert werden kann (**Weber-Fechner-Gesetz**, ▶ s. Kap. 13.7):

$$A = k^{*} \log I_s/I_0\ [\text{mV}] \qquad (4)$$

wobei I_0 eine vom Adaptationszustand abhängige **Schwellenreizstärke** ist. Die Konstanten a, k und k^* in Gl. (3) und (4) hängen entsprechend der spektralen Empfindlichkeit der Rezeptoren von der Wellenlänge des Lichtes ab (▣ Abb. 18.11 D).

Überträgerstoff. Der Transmitter der Photorezeptoren ist das L-Glutamat. Aufgrund der Hyperpolarisation der Rezeptoren bei Belichtung nimmt die in Dunkelheit relativ hohe Transmitterausschüttung an den Photorezeptorsynapsen ab.

Rezeptive Felder der Netzhaut

! Die synaptische Signalkonvergenz in der Netzhaut bestimmt Ausdehnung und Funktion der rezeptiven Felder retinaler Neurone

Definition. ***Rezeptives Feld (RF)*** eines visuellen Neurons wird jener Bereich des Gesichtsfeldes bzw. der Netzhaut genannt, dessen adäquate Stimulation zu einer ***Aktivitätsänderung des Neurons*** führt. In der Netzhaut sind die RFs meist »konzentrisch« organisiert: Das RF-Zentrum ist von einer ringförmigen RF-Peripherie umgeben (▣ Abb. 18.14). Die räumliche Ausdehnung der RF nimmt in der Regel von der Fovea zur Netzhautperipherie zu. RF benachbarter Neurone überlagern sich. Das RF ist der Ausdruck der Signalkonvergenz und Signaldivergenz der Nervenzellen des retinalen Neuronennetzes (▣ Abb. 18.10). Man unterscheidet in der Netzhaut einen ***»direkten« Signalfluss*** (Photorezeptoren-Bipolarzellen-Ganglienzellen) und einen ***»lateralen« Signalfluss*** über die Interneurone (Horizontalzellen, Amakrinen) zu den Bipolar- und Ganglienzellen.

Bipolarzellen. Es gibt drei Arten von Bipolarzellen, die On- und Off-Zapfenbipolarzellen und die Stäbchenbipolarzellen.

- Bei den ***On-Zapfenbipolarzellen*** löst Belichtung im RF-Zentrum eine ***Depolarisation*** des Membranpotentials aus. Dabei wird die Hyperpolarisation der Zapfen durch eine hemmende Synapse mit metabotropen Glutamatrezeptoren umgekehrt.
- Die RF der ***Off-Zapfenbipolarzellen*** sind funktionell spiegelbildlich organisiert: bei Belichtung des RF-Zentrum erfolgt eine Hyperpolarisation (eine erregende Synapsen mit ionotropen Glutamatrezeptoren überträgt die Hyperpolarisation der Zapfen auf die Bipolarzellen). Die Depolarisation bei Belichtung der RF-Peripherie beruht wiederum auf der lateralen Hemmung der Horizontalzellen.

Die ***Stäbchenbipolaren*** verhalten sich wie die On-Zapfenbipolarzellen.

Horizontalzellen. Die ***Horizontalzellen*** übertragen Signale zwischen benachbarten Photorezeptoren und bestimmen die antagonistische Reaktion der Bipolarzellen bei Belichtung ihrer RF-Peripherie durch ***laterale Hemmung.*** Horizontalzellen haben ausgedehnte rezeptive Felder und werden durch Belichtung von Photorezeptoren in ihrem gesamten RF hyperpolarisiert. Über hemmende Synapsen wird an benachbarten Photorezeptorinnengliedern eine Depolarisation ausgelöst.

Amakrine Zellen. Die ***Amakrinen*** sind wie die Horizontalzellen Interneurone (▣ Abb. 18.10). Besondere Bedeutung haben die ***Stäbchenamakrinen (AII)***, die beim skotopischen Sehen das Signal der ***Stäbchenbipolaren*** auf die On- und Off-Zapfenbipolaren weiterleiten und die ***dopaminergen Amakrinen***, die für die Umschaltung vom Zapfen- zum Stäbchensehen zuständig sind (▶ s. u.).

Ganglienzellen. Wie die Bipolaren lassen sich die Ganglienzellen der Netzhaut in On- und Off-Zentrum-Zellen unterscheiden.

- Die ***On-Zentrum-Ganglienzellen*** reagieren auf Belichtung des RF-Zentrums mit einer Aktivierung, auf Verdunklung mit einer Hemmung. Ihre Antwort auf Sti-

A Rhodopsin - Metarhodopsin II - Zyklus

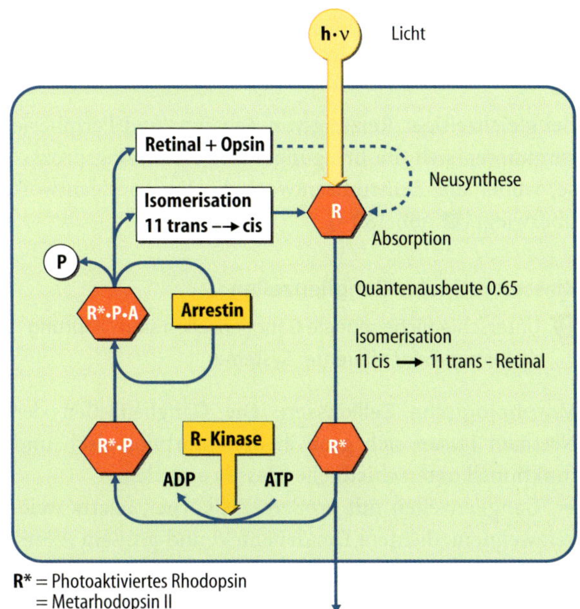

B Metarhodopsin II - Transducin - Zyklus
1. Verstärkung > 1 : 1000

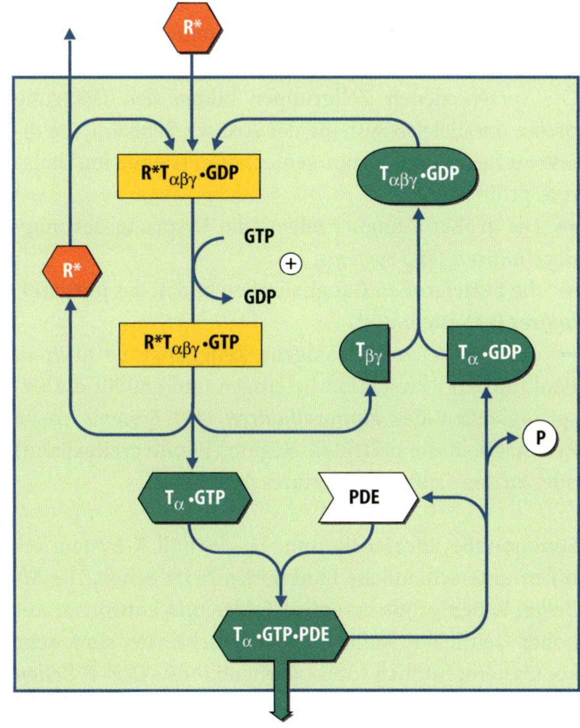

C Steuerung des cGMP - und des Ca⁺⁺- Zyklus durch T_{α}- aktivierte Phosphodiesterase.
2. Verstärkung ~ 1 : 1000

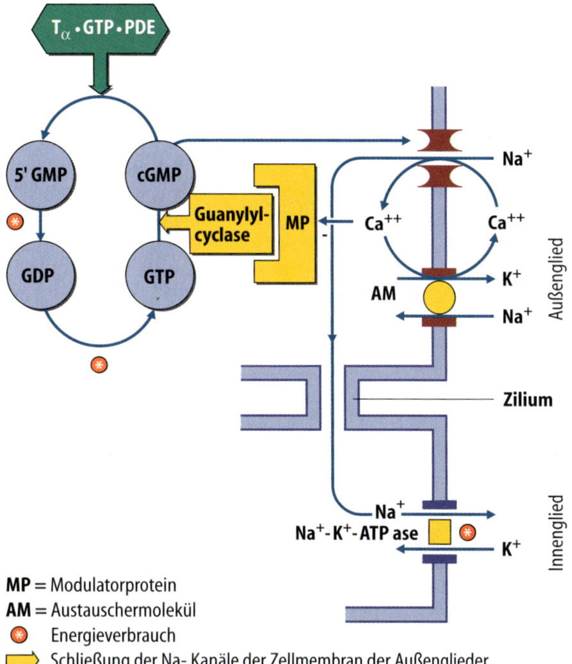

Abb. 18.12. Phototransduktion. Beim Transduktionsprozess des Sehens sind 4 biochemische Regelkreise beteiligt: **A** Nach Absorption eines Lichtquants *(h.n)* entsteht durch Isomerisation des Rhodopsins *(R)* über mehrere Zwischenstufen Metarhodopsin II *(R*)*. Dieses aktiviert den nächsten Regelkreis und wird selbst durch Phosphorylierung und Bindung an das Enzym Arrestin inaktiviert. Danach wird das Retinal aus der 11-trans- in die 11-cis-Form zurückverwandelt, sodass es wieder für den ersten Schritt des Transduktionsprozesses zur Verfügung steht. **B** R* ist das Eingangssignal für den sehr rasch ablaufenden Metarhodopsin-Transduzin-Zyklus. Durch Bindung des G-Protein-GDP-Komplexes ($T_{\alpha\beta\gamma}$ *GDP*) an R* und Energieaufnahme durch Phosphorylierung (GDP → GTP) und anschließenden Zerfall entsteht ein T_{α} GTP-Komplex, der Phosphodiesterase *(PDE)* bindet. Etwa 1000 T_{α} GTP PDE-Komplexe können durch 1 R*-Molekül mittels raschen Durchlaufs durch den Zyklus gebildet werden. **C** Der T_{α} GTP PDE-Komplex ist das Eingangssignal für den intrazellulären 5'GMP-cGMP-Zyklus. Der T_{α}-Komplex bewirkt eine Inaktivierung von zyklischem Guanosin-Monophosphat *(cGMP)* durch Umwandlung in 5'GMP. Da der intrazelluläre Transmitter cGMP die Natriumkanäle offen hält, bewirkt die Reduktion der cGMP-Konzentration eine Schließung der Na^{+}/Ca^{++}-Kanäle und damit eine Hyperpolarisation (Rezeptorpotential der Photorezeptoren). Die intrazelluläre Ca^{++}-Konzentration steuert ihrerseits über ein Mediatorprotein *(MP)* eine Guanylylzyklase, die die Umwandlung von Guanosin-Triphosphat *(GTP)* in cGMP steuert. Nimmt der intrazelluläre Ca^{++}-Gehalt ab, so kommt es zu einer Aktivierung der Guanylylcyclase. Die Konzentration der Ca^{++}-Ionen wird durch ein Ionen-Austauschermolekül (*AM*, Na^{+}/K^{+}, Ca^{++}) reguliert *(4. Regelkreis)*. Die den Dunkelstrom (Abb. 18.11 A) realisierenden Na^{+}-Ionen werden im Innenglied durch eine Na^{+}/K^{+}-ATPase aus dem Intra- in den Extrazellulärraum gepumpt. Nach Landolt (1930), Kaupp (1994) und Kaupp u. Koch (1992)

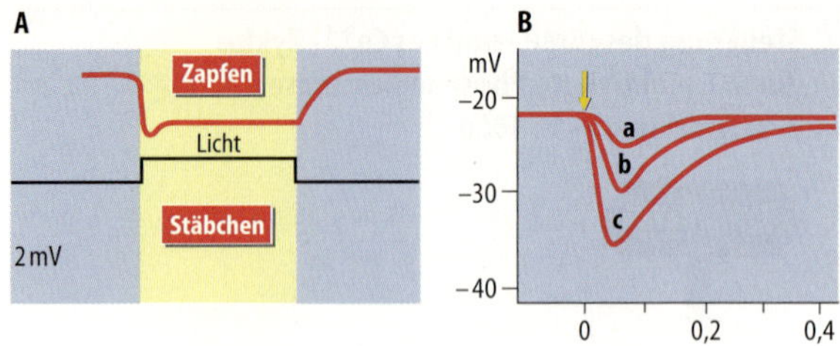

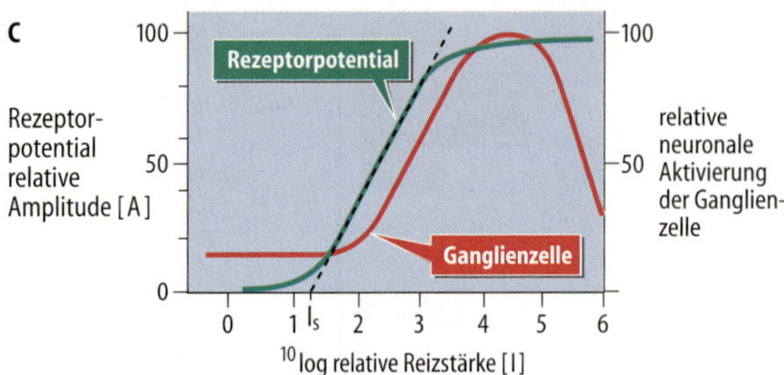

Abb. 18.13. Neurophysiologie retinaler Rezeptorpotentiale. **A** Intrazelluläre Registrierung des Rezeptorpotentials eines Zapfens und eines Stäbchens der Wirbeltierretina; schematisiert. **B** Rezeptorpotential eines Zapfens der Schildkrötenretina auf Lichtblitze (10 ms Dauer) steigender Intensität. Relative Reizstärken a = 1, b = 4, c = 16. **C** Intensitätsfunktion des Rezeptorpotentials eines einzelnen Zapfens der Schildkrötenretina. Die Amplitude (A, *Ordinate*) folgt Gl. (3). Schematisch ist die Intensitätsfunktion der Aktivierung einer retinalen On-Zentrum-Ganglienzelle eingetragen. B, C nach Baylor u. Fuortes (1970)

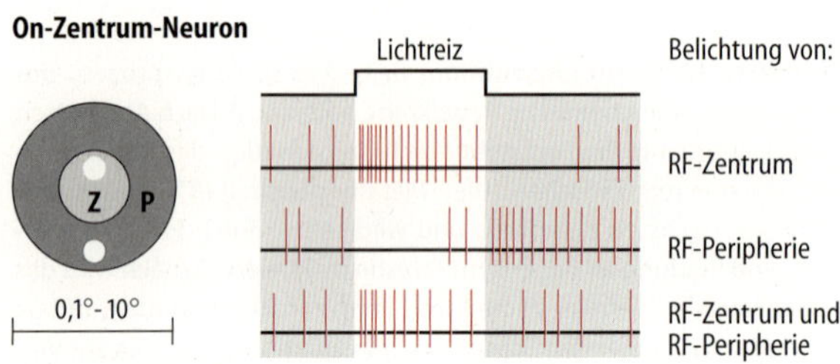

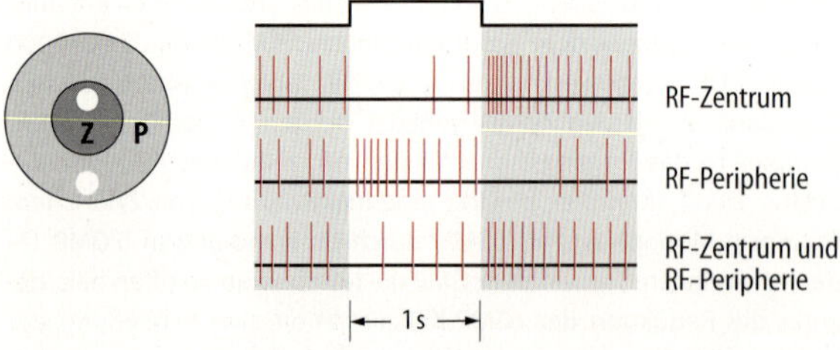

Abb. 18.14. Funktionelle Organisation rezeptiver Felder der Ganglienzellen der Säugetiernetzhaut. Zur Analyse der rezeptiven Felder wurden Lichtpunkte (*weiß* gezeichnet) entweder in das RF-Zentrum *(Z)* oder in die RF-Peripherie *(P)* projiziert. Lichtreizung bewirkt bei den On-Zentrum-Neuronen und den Off-Zentrum-Neuronen entgegengesetzte Reaktionen. Wenn beide Teile des rezeptiven Feldes gleichzeitig belichtet werden, summieren sich die aus dem RF-Zentrum und der RF-Peripherie ausgelösten Erregungs- und Hemmungsprozesse. Es dominiert meist die aus dem RF-Zentrum ausgelöste Antwort

mulation der RF-Peripherie ist spiegelbildlich: Lichthemmung und Dunkelaktivierung.

- Die ***Off-Zentrum-Ganglienzellen*** antworten genau entgegengesetzt.

Bei gleichzeitiger Reizung von Zentrum und Peripherie summieren sich die Erregungs- und Hemmungsprozesse, wobei die Zentrumsantwort die Peripherieantwort überwiegt (Abb. 18.14).

Klassen retinaler Ganglienzellen

Unterschiedliche retinale Ganglienzellen sind Ursprung dreier paralleler afferenter Systeme

Morphologische Zellklassen. Die Ganglienzellen der Netzhaut lassen sich grob in drei morphologisch und funktionell unterschiedliche Klassen einteilen:

- Ganglienzellen mit großem Zellkörper, relativ weitverzweigtem, dichtem Dendritenfeld und großem Axondurchmesser (10 %),
- Ganglienzellen mit mittelgroßen Zellkörpern und Axonen sowie kleinen, dichten Dendritenfeldern (80 %) und
- eine heterogene Zellgruppe (10 %) mit den kleinsten Zellkörpern und Axondurchmessern, jedoch den größten, nur spärlich verzweigten Dendritenfeldern.

Die verschiedenen Zellgruppen bilden den Ursprung dreier, paralleler Systeme der striären Sehbahn, die direkt zu Zellen des Corpus geniculatum laterale im Thalamus projizieren:

- Die großen Ganglienzellen sind Ursprung des ***magnozellulären (M-) Systems,***
- die mittelgroßen Ganglienzellen bilden das ***parvozelluläre (P-) System*** und
- die kleinzellige, heterogene Zellgruppe ist auch in Funktion und Projektion heterogen und enthält die Ursprungszellen des ***koniozellulären (K-) Systems*** sowie Zellen, die in die prätektale Region (Pupillenreflexbahn) oder zu den Colliculi superiores projizieren.

Funktionelle Spezialisierung. M-, P- und K-System erfüllen unterschiedliche Funktionen beim Sehen. Die ***M-Zellen*** haben große rezeptive Felder und antworten mit hoher zeitlicher Auflösung (phasisch); sie sind sehr kontrastempfindlich und »farbenblind«. Die ***P-Zellen*** haben kleinere rezeptive Felder, eine höhere räumliche und geringere zeitliche Auflösung (tonisch); sie sind farbspezifisch (Rot-Grün) und haben eine geringere Kontrastempfindlichkeit. Die ***Ursprungszellen des K-Systems*** der Primaten sind ebenfalls farbempfindlich (Blau-Zellen). Die ***Zellen der Pupillenreflexbahn***, die zur prätektalen Region projizieren, zeichnen sich durch beleuchtungsabhängige, nicht adaptierende Aktivität aus.

Parallelverarbeitung. Die differenzierte neuronale Klassenbildung in der Ganglienzellschicht der Netzhaut zeigt, dass das optische Bild, das die Eingangsschicht der Photorezeptoren erregt, schon in der Netzhaut in ein vielfaches Erregungsmuster funktionell unterschiedlicher Ganglienzelltypen umgesetzt wird (**Prinzip der parallelen Signalverarbeitung** im ZNS).

In Kürze

Augenhintergrund

Mithilfe eines Augenspiegels können im Augenhintergrund die Netzhaut und Netzhautgefäße betrachtet werden (Fundusskopie).
Es können pathologische Veränderungen der Netzhaut, der Papille, der retinalen Blutgefäße und des Sehnerven erkannt werden.

Netzhaut

Die Netzhaut ist ein vielschichtiges Netzwerk; sie enthält zwei unterschiedliche Klassen von Photorezeptoren:
- das Zapfensystem für das Sehen im Licht der Sonne und
- das Stäbchensystem für das Sehen bei Sternenlicht.

Es gibt eine Klasse von Stäbchen und drei Klassen von Zapfen mit unterschiedlichen spektralen Absorptionskurven. In der Fovea centralis, der Stelle des schärfsten Sehens, gibt es nur Zapfen.

Transduktionsprozess des Sehens

Die Lichtquantenabsorption durch die Sehfarbstoffmoleküle leitet den Transduktionsprozess des Sehens ein. Dadurch kommt es zu einer Stereoisomerisation des Sehfarbstoffes 11-cis-Retinal zu All-trans-Retinal. In der Folge kommt es zu einer Schließung der Na-Kanäle in der Membran der Rezeptoraußenglieder und somit zu einem Rezeptorpotential. Dieses besteht in den Photorezeptoren der Wirbeltiere in einer Hyperpolarisation der Zellmembran. Es kommt zu einer verminderten Glutamat-Freisetzung an den Photorezeptorsynapsen.

Rezeptive Felder

Die rezeptiven Felder retinaler Neurone sind antagonistisch organisiert. Man unterscheidet On- und Off-Neurone. On-Neurone werden durch Zunahme der Leuchtdichte aktiviert. Off-Neurone antworten auf Abnahme der Leuchtdichte mit Erregung.

Ganglienzellen

Durch unterschiedliche retinale Ganglienzellen kommt es zu einer Parallelverarbeitung in drei afferenten Systemen:
- magnozelluläres System – große Zellen, großes Dendritenfeld, phasisch, kontrastempfindlich, achromatisch,
- parvozelluläres System – kleine Zellen, kleines Dendritenfeld, tonisch, farbempfindlich und hochauflösend,
- koniozelluläres System – kleine Zellen, großes Dendritenfeld, blauempfindlich.

In der Netzhaut wird das optische Bild auf der Retina in Erregungsmuster funktionell verschiedener Neuronenklassen umgesetzt, die den Ursprung einer massiven Parallelverarbeitung der visuellen Signale im Zentralnervensystem bilden.

18.6 Psychophysik der Hell-Dunkel-Wahrnehmung

Helligkeitswahrnehmung

Beim Sehen ist die subjektive Helligkeit mit der mittleren Impulsrate der On-Neurone, die subjektive Dunkelheit mit jener der Off-Neurone linear korreliert

Helligkeits- und Farbkonstanz. Wenn sich an einem hellen Sonnentag dichte Wolken vor die Sonne schieben und dadurch die Stärke und die spektrale Zusammensetzung des Lichts verändert wird, bemerken wir die Abnahme der Helligkeit durch die zugleich erfolgende ***Adaptation*** nur kurzfristig: Die wahrgenommenen Hell- und Dunkelwerte und die Farben der Objekte der Umwelt ändern sich auch bei hundertfacher Änderung der Beleuchtungsstärke nur geringfügig. Die relative Unabhängigkeit des Kontrast- und Farbensehens von der mittleren Beleuchtungsstärke und der spektralen Zusammensetzung des natürlichen Lichtes zeigt, dass das Sehsystem nicht wie ein physikalisches Messgerät die von Objekten reflektierte Lichtquantenzahl misst, sondern durch die neuronalen Mechanismen des Sehens das Aussehen eines Objekts aus der spektralen Reflektanz seiner Oberfläche in Relation zu der Helligkeit und spektralen Reflektanz seiner Umgebung errechnet.

Korrelation von neuronaler Aktivierung und Wahrnehmung. Bei etwa konstantem Adaptationszustand und umschriebener Belichtung der Netzhaut gilt zwischen der wahrgenommenen ***subjektiven Helligkeit*** eines Lichtfleckes und dessen ***Leuchtdichte*** näherungsweise die durch Gl. (3) und (4) (► s. S. 384) formulierte nicht-lineare Beziehung. Diese beschreibt auch die Abhängigkeit der Impulsrate der ***On-Zentrum-Neurone*** der Netzhaut, des ***Corpus geniculatum laterale*** (CGL) und der Sehrinde von der Leuchtdichte. Die subjektive Helligkeit und die neuronale Impulsrate sind also linear miteinander korreliert. Eine ähnliche Korrelationsregel besteht für die Aktivierung der Neurone des Off-Systems und die subjektive

Dunkelheit eines Bildbereiches. Diese einfachen Korrelationsregeln erklären einige elementare Phänomene des Sehens.

Simultankontrast. Abbildung 18.15A demonstriert, dass der gleiche graue Fleck auf einem hellen Hintergrund dunkler erscheint als auf einem dunklen Hintergrund. Entlang der Hell-Dunkelgrenze ist der hellere Teil jeweils etwas heller und der dunklere dagegen etwas dunkler als die weitere Umgebung *(Grenzkontrast)*. Diese einfache Kontrasterscheinung lässt sich aus der funktionellen Organisation der rezeptiven Felder retinaler Ganglienzellen ableiten (Abb. 18.15B). Der Simultankontrast ist ein wichtiger Mechanismus, der die Sehschärfe und die Qualität des Formensehens verbessert.

Hell- und Dunkeladaptation

Durch photochemische und neuronale Anpassungsprozesse verändert sich die Empfindlichkeit der Netzhaut

Dunkeladaptation. Wer bei Nacht aus einem hell erleuchteten Raum ins Freie tritt, kann zunächst in der nächtlichen Umgebung die Gegenstände nicht sehen, erkennt sie jedoch nach einiger Zeit in groben Umrissen. Während dieser ***Dunkeladaptation*** nimmt die ***absolute Empfindlichkeit*** des Sehsystems langsam zu, die ***Sehschärfe*** nimmt im dunkeladaptierten Zustand jedoch erheblich ab. Durch Messung der ***Schwellenreizstärke*** kann man den zeitlichen Verlauf der Dunkeladaptation bestimmen (Abb. 18.16).

Abb. 18.15. Der Simultankontrast und seine Erklärung durch laterale Hemmung im rezeptiven Feld. A Visueller Simultankontrast. **B** Erklärung des Grenzkontrastes am Beispiel eines On-Zentrum Neurons. Durch das dunkle Umfeld wird an On-Neuronen weniger Hemmung ausgelöst und das gleiche Grau erscheint heller

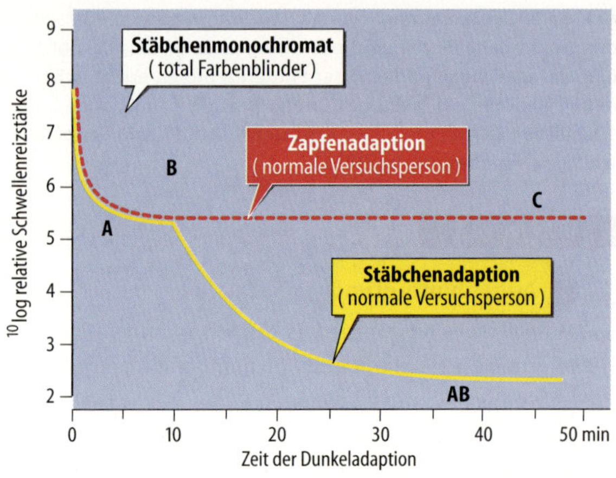

Abb. 18.16. Dunkeladaptationskurven des Menschen. A Kurve der Mittelwerte von normalen Versuchspersonen. **B** Dunkeladaptationskurve eines total Farbenblinden, gemessen für den retinalen Ort 8° oberhalb der Fovea centralis. **C** Dunkeladaptationskurve für das Zapfensystem des normal farbentüchtigen Menschen (Fovea centralis, rote Lichtreize). Für die Kurve B wurde die Zeitachse *(Abszisse)* um 2 min nach rechts verschoben. A, B nach Untersuchungen von E. Auerbach, Vision Research Laboratory, Jerusalem (1973)

Bei längerer Dunkeladaptation erreicht das Stäbchensystem eine wesentlich höhere Empfindlichkeit als das Zapfensystem. Nach einstündigem Aufenthalt in völliger Dunkelheit kann die ***Absolutschwelle*** des Sehens eine Empfindlichkeit von etwa 1 bis 4 absorbierten Lichtquanten pro Rezeptor und Sekunde erreichen. Entsprechend der hohen Stäbchendichte neben der Fovea sieht man unter skotopischen Adaptationsbedingungen schwache Lichtreize mit der parafovealen Retina besser als mit der Fovea. Ein lichtschwacher Stern ist daher nur zu erkennen, wenn sein Bild auf den parafovealen Bereich der Netzhaut fällt. Er »verschwindet«, wenn man ihn zu fixieren versucht.

Helladaptation. Diese verläuft wesentlich schneller als die Dunkeladaptation. Betritt ein dunkeladaptierter Beobachter einen hell erleuchteten Raum, so passt sich sein Sehsystem innerhalb einiger Sekunden an die neue Umweltleuchtdichte an. Ist der Leuchtdichtewechsel sehr groß, so kann vorübergehend ***Blendung*** auftreten, während derer die Formwahrnehmung reduziert ist. Plötzliche Blendung löst über Verbindungen der Netzhaut mit subkortikalen visuellen Zentren und den Neuronen des Fazialiskerns einen reflektorischen Lidschluss aus, eventuell auch eine Tränensekretion oder über Verbindungen zum Trigeminus bei etwa 20 % der Menschen einen Niesreflex.

Lichtabhängigkeit der lateralen Hemmung. Neben der Änderung des Gleichgewichts zwischen zerfallenem und unzerfallenem Sehfarbstoff (▶ s. S. 382) spielen bei der Hell-Dunkel-Adaptation ***neuronale Mechanismen*** eine wichtige Rolle: Die ***laterale Hemmung*** der retinalen Ganglienzellen wird kleiner, wenn die mittlere Beleuchtungsstärke der Netzhaut abnimmt. Dann dehnen sich die RF-

Zentren retinaler Ganglienzellen funktionell aus. Der Vorteil dieses Mechanismus ist, dass ein jeweils größerer Bereich der Netzhaut zur Aktivierung einer Ganglienzelle beiträgt. Der Nachteil ist die Abnahme der Sehschärfe:

Diesen Text können Sie nur lesen, wenn hinreichend viel Licht auf das Buch fällt.

Umschaltung vom photopischen zum skotopischen Sehen. Die ***dopaminergen Amakrinen*** bewirken eine »Umschaltung« des Sehens vom Zapfensystem zum Stäbchensystem: beim photopischen Sehen hemmen die von Zapfensystem-Signalen erregten dopaminergen Amakrinen die Stäbchenamakrinen, die das Signal der Stäbchen auf die On- und Off-Bipolaren übertragen. Wenn die Zapfenerregung bei abnehmender Helligkeit erlischt, wird diese Hemmung der Stäbchenamakrinen aufgehoben und anstelle der Zapfensignale werden die Signale der Stäbchen in das afferente Sehsystem eingekoppelt.

Pupillenreaktion. Auch die bereits besprochene Abhängigkeit der ***Pupillenweite*** von der mittleren Umweltleuchtdichte ist eine neuronale Komponente der Hell-Dunkel-Adaptation.

Sukzessivkontrast. Lokale Adaptation der Netzhaut löst die Erscheinung von Nachbildern aus. Betrachtet man z. B. den linken Teil der ◻ Abb. 18.15 A für eine halbe Minute und blickt dann auf eine weiße Fläche, dann erscheint dort nach kurzer Zeit ein negatives Nachbild. Dieses Phänomen wird ***Sukzessivkontrast*** genannt und folgendermaßen durch Lokaladaptation erklärt: Die schwarze Fläche der Abbildung führt zu einer geringeren Adaptation der betroffenen Netzhautbereiche, die nachfolgend durch die homogen weiße Fläche stärker erregt werden und dadurch im Nachbild heller erscheinen.

Zeitliche Übertragungseigenschaften

! Die Flimmerfusionsfrequenz der Netzhaut spielt im Zeitalter des Films, des Fernsehens und der Arbeit am Bildschirm eine wichtige Rolle

Wahrnehmung hochfrequenter Lichtreize. Technisch erzeugte visuelle Muster wie bei Film, Fernsehen oder der Arbeit am Bildschirm bestehen aus mit hoher Frequenz flimmernden Bildern. Als ***Flimmerfusionsfrequenz*** (kritische Flimmerfrequenz, CFF) bezeichnet man die Frequenzgrenze, bei der intermittierende Lichtreize gerade keinen Flimmereindruck mehr hervorrufen. Im Bereich skotopischer Reizstärken (Stäbchensehen) beträgt die maximale CFF 22–25 Lichtreize pro Sekunde. Im photopischen Bereich steigt die CFF etwa proportional zum Logarithmus der Leuchtdichte, des Modulationsgrades und der Reizfläche bis zu maximal 90 Lichtreizen pro Sekunde an (»Talbot Gesetz«).

Neuronale Flimmerfusionsfrequenz. Für die Flimmerfusionsfrequenz retinaler Ganglienzellen, der Zellen des CGL und der einfachen (»simplen«) Zellen der primären Sehrinde (▶ s. S. 391) gelten die gleichen Gesetze wie für die subjektive Flimmerfusionsfrequenz. Intermittierende Lichtreize im Frequenzbereich zwischen 5 und 15 Hz lösen eine besonders starke Aktivierung retinaler und kortikaler Nervenzellen aus. Dadurch kommt es in diesem Frequenzbereich zu einer subjektiven Helligkeitszunahme der Lichtreize ***(Brücke-Bartley-Effekt)***. Bei manchen epileptischen Patienten kann durch Flimmerlicht dieser Frequenzen ein Krampfanfall ausgelöst werden.

In Kürze

! Hell-Dunkel-Wahrnehmung

Ändert sich die Stärke und die spektrale Zusammensetzung des Lichtes, bemerken wir die Abnahme der Helligkeit durch die zugleich erfolgende Adaptation nur wenig (Subjektive Helligkeits- und Farbkonstanz bei wechselnden Beleuchtungsstärken). Die Wahrnehmung von Helligkeit und Dunkelheit hängt von der Aktivität der verschiedenen Neurone ab:

- die subjektive Helligkeit ist mit der mittleren Impulsrate der On-Neurone,
- die subjektive Dunkelheit mit jener der Off- Neurone linear korreliert.

Der Simultankontrast beruht auf lateraler Hemmung.

! Hell- und Dunkeladaptation

Durch verschiedene Anpassungsprozesse verändert sich die Empfindlichkeit der Netzhaut:

- Photochemische Komponente: Veränderung des Gleichgewichts zwischen 11-cis- und all-trans-Retinal;
- Umschaltung zwischen Zapfen- und Stäbchensehen;
- Veränderung der Größe der Rezeptiven Felder;
- Pupillenreaktion.

Die Lokaladaptation der Netzhaut führt zu Nachbildern (Sukzessivkontrast).

! Zeitliche Übertragungseigenschaften

Die subjektive und neuronale Flimmerfusionsfrequenz nimmt mit der Leuchtdichte zu, bei hellen Lichtreizen erreicht die Flimmerfusionsfrequenz maximal 90 Hz.

18.7 Die Signalverarbeitung im visuellen System des Gehirns

Die primäre Sehbahn

! Die visuelle Information wird aus dem Auge durch etwa eine Million Axone des Sehnerven in das Gehirn übertragen

Der Sehnerv. Die Sehnerven beider Augen vereinigen sich an der Schädelbasis zum ***Chiasma nervi op-***

tici (■ Abb. 18.17). Die aus der nasalen Retinahälfte stammenden Sehnervenfasern kreuzen im Chiasma zur Gegenseite und ziehen gemeinsam mit den ungekreuzten Sehnervenfasern aus der temporalen Retinahälfte im ***Tractus opticus*** zur ersten Schaltstationen der ***primären Sehbahn*** im Gehirn. Hier repräsentieren sie die gegenüberliegende Hälfte des Gesichtsfeldes.

Corpus geniculatum laterale. Die wichtigsten und stärksten Projektionen der Retina beim Menschen sind ihre Verbindungen mit dem ***Corpus geniculatum laterale (CGL)***, der ***thalamischen Schaltstation*** der Sehbahn im Zwischenhirn, die aus 2 ventralen ***magnozellulären*** und 4 dorsalen ***parvozellulären*** Schichten besteht. Dazwischen liegen jeweils schmale ***koniozellulären*** Schichten. Die entsprechenden Zellklassen aus der Retina projizieren in diese Schichten. Die Nervenzellen des CGL haben wie die Ganglienzellen der Retina konzentrisch organisierte RF. Oft ist durch zusätzliche intragenikuläre Hemmungsmechanismen der Simultankontrast deutlich verstärkt. Die parvozellulären und koniozellulären Schichten sind darüberhinaus durch ***farbspezifische RF*** gekennzeichnet. Die Projektion der Sehbahn über das CGL zu Area V1 dient der Objekterkennung, dem Farbensehen, dem Bewegungssehen, der Raumwahrnehmung und dem stereoskopischen Tiefensehen.

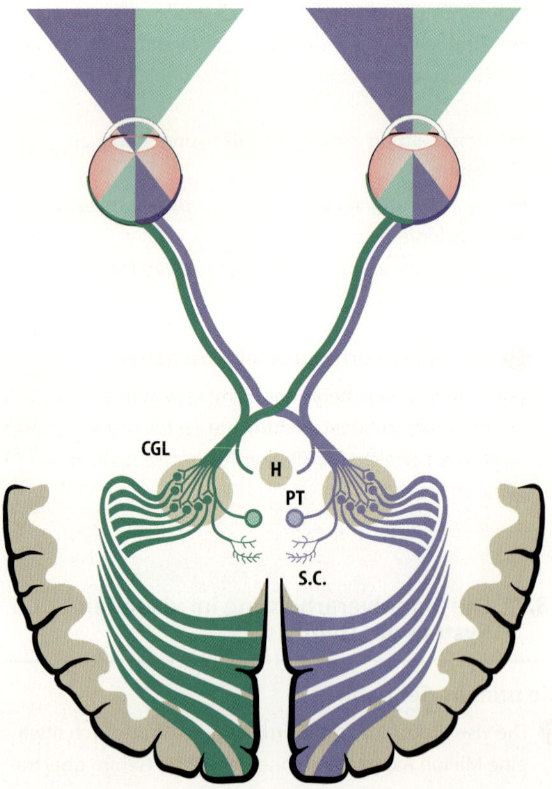

■ **Abb. 18.17. Schema der Sehbahn im Gehirn des Menschen.** *CGL:* Corpus geniculatum laterale; *H:* Hypothalamus; *PT:* Area praetectalis; *S.C.:* Colliculi superiores. Nach Polyak (1977)

Nichtvisuelle Modulation. An den Nervenzellen des CGL endigen nicht nur synaptische Kontakte von Axonen des Sehnerven und rückprojizierende Neurone aus der primären Sehrinde (45 %), sondern auch zahlreiche Synapsen von Axonen, deren Ursprungszellen im Hirnstamm liegen. Über diese nicht-visuellen Synapsen wird die visuelle Signalverarbeitung im CGL durch den Wachheitsgrad, die räumlich gerichtete Aufmerksamkeit und die damit verknüpften Augenbewegungen moduliert.

Sehstrahlung. Etwa 1 Million Axone der Schaltzellen des CGL ziehen über die ***Sehstrahlung (Radiatio optica)*** zu den Nervenzellen der ***primären Sehrinde*** (***Area striata*** oder ***Area V1*** der okzipitalen Großhirnrinde). Von dort gehen weitere Verbindungen zu den »extrastriären« visuellen Hirnrindenfeldern sowie zu den später besprochenen visuellen Integrationsregionen in der parietalen und temporalen Großhirnrinde.

Spezielle subkortikale Projektionen und extrastriäre Sehbahn

! Weitere subkortikale Projektionen dienen der Steuerung von Augenbewegungen und bestimmter vegetativer Funktionen, ein Teil erreicht als extrastriäre Sehbahn den parietalen Kortex

Hypothalamus. Verbindungen der Netzhaut mit dem ***Hypothalamus*** im Zwischenhirn vermitteln Signale zur Steuerung eines Teils des ***endokrinen Systems*** und dienen der Ankopplung des endogenen, ***zirkadianen Rhythmus*** und des ***Schlaf-Wach-Rhythmus*** an den Tageslichtwechsel.

Area praetectalis. Ein Teil der Verbindungen zwischen der Retina und der ***Area praetectalis*** an der Grenze zwischen Mittelhirn und Zwischenhirn dient der Regelung der ***Pupillenweite*** (▶ s. Kap. 18.3). Andere Axone des Sehnerven endigen in Kernen der ***Area praetectalis***, die mit blickmotorischen Zentren des Hirnstammes verbunden sind, die ***vertikale Augenbewegungen*** und ***Vergenzbewegungen*** steuern.

Augenbewegungen. Retinale Ganglienzellen, deren Axone an Nervenzellen des ***Kern des optischen Traktes (NOT)*** in der Area praetectalis endigen, sind überwiegend bewegungsspezifisch. Von den Nervenzellen des NOT bestehen Verbindungen zur unteren Olive und über den Nucleus reticularis tegmenti pontis zu den Vestibulariskernen des Hirnstamms. Hierdurch erreichen die visuellen Bewegungssignale das zentrale vestibuläre System und das Kleinhirn (***olivo-zerebelläre Kletterfasern***, ▶ s. Kap. 7.8). Beide Projektionen haben die Aufgabe der Steuerung des horizontalen optokinetischen Nystagmus (OKN) und der Blickmotorik bei horizontalen Kopfbewegungen (▶ s. Kap. 17.3).

Colliculi superiores und extrastriäre Sehbahn. Die Projektion von Zellen des M- und K-Zell-Systems der Retina in die Colliculi superiores des Mittelhirns dient der Steuerung der ***reflektorischen Blickmotorik*** durch Sakkaden und zielgerichtete Kopfbewegungen (»visueller Greifreflex«). Visuelle Signale erreichen aus der Netzhaut über die Colliculi superiores und den visuellen Teil des Pulvinars unter »Umgehung« des CGL die parietalen visuellen Assoziationsregionen (»extrastriäre Sehbahn«, ▶ s. Kap. 18.11).

Retinotopie

> Die Sehbahn und das zentrale visuelle System sind retinotop organisiert – retinale Nachbarschaftsverhältnisse bleiben auf allen Stationen der Sehbahn erhalten

Für das somatosensorische und das motorische System wurde das Prinzip der Abbildung des Körpers im ZNS schon erläutert (»***Somatotopie***«). Ein entsprechendes Prinzip gilt auch für die neuronale Abbildung der Netzhaut im Gehirn. Die afferenten und zentralen Teile des visuellen Systems sind durch eine ***retinotope Organisation*** gekennzeichnet: ähnlich der Abbildung eines bestimmten geographischen Gebietes auf einer Landkarte bildet sich die Umwelt bzw. das Bild auf der Netzhaut im räumlichen Erregungsmuster der Neurone der zentralen Sehfelder regelhaft ab. Allerdings ist die retinotope Projektion der Netzhaut in das zentrale visuelle System nicht-linear. Von der Fovea zur Netzhautperipherie nimmt der ***Vergrößerungsfaktor*** ab (Größe der Projektion von 1° Sehwinkel in mm): das kleine Gebiet der Fovea centralis projiziert in einen sehr viel größeren Bereich des Corpus geniculatum laterale und der primären Sehrinde als z. B. ein flächengleiches Areal in der Netzhautperipherie.

Rezeptive Feldeigenschaften der primären Sehrinde

> Die Nervenzellen der Area V1 ermitteln die lokalen Struktureigenschaften der visuellen Reizmuster

Orientierungs- und Richtungsspezifität. Die RF zahlreicher Neurone der primären Sehrinde haben parallel angeordnete On- und Off-Zonen (◻ Abb. 18.18 A). Dies hat zur Folge, dass eine diffuse Belichtung des ganzen rezeptiven Feldes die Spontanaktivität dieser Neurone in der Regel nur wenig ändert. Wird dagegen ein »Lichtbalken« mit richtiger Orientierung und Position in das RF projiziert, so löst dieser Reiz eine starke neuronale Aktivierung aus (***Orientierungsspezifität***, ◻ Abb. 18.18 A). Oft tritt bei bewegten Reizen diese Antwort nur auf eine Bewegungsrichtung, nicht jedoch auf die Gegenrichtung auf (***Richtungsspezifität***, ◻ Abb. 18.19 A). Ist der Lichtbalken senkrecht zu der Optimalrichtung orientiert, so sind die Nervenzellen nur noch schwach aktiviert. Weil die funktionelle Organisation des RF aus parallelen On- und Off-Zonen mittels der Projektion kleiner Lichtpunkte in das RF einfach ausgemessen werden kann, bezeichnet man diese rezeptiven Felder als ***»einfache« rezeptive Felder*** (*Simple receptive Fields*).

Komplexe und hyperkomplexe rezeptive Felder. Andere Nervenzellen der Area V1 haben ***»komplexe« RF***. Die Signalverarbeitung dieser Nervenzellen ist noch deutlicher als jene mit »einfachen« RFs durch eine Signalselektion charakterisiert. On- und Off-Zonen sind hier nicht getrennt, sonder überlappen sich vollständig. Kleine, in das RF projizierte Lichtpunkte lösen keine stärkere neuronale Aktivierung aus, während Hell-Dunkel-Konturen be-

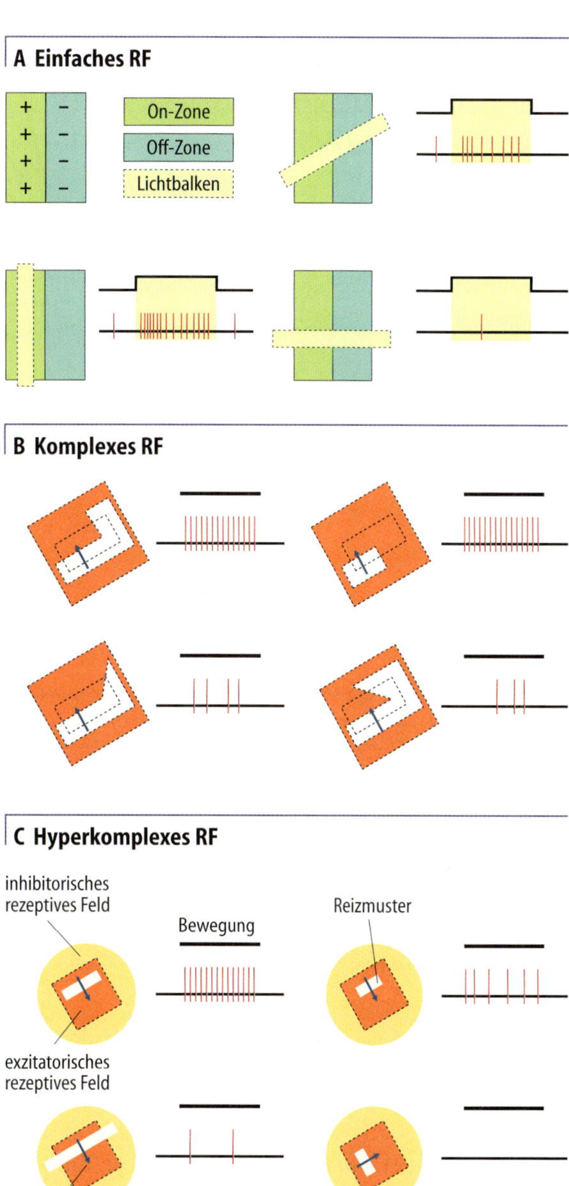

◻ **Abb. 18.18. Rezeptive Feldorganisation und Entladungsmuster einzelner Neurone des visuellen Kortex. A** Schema eines einfachen RF aus parallel angeordneten On- und Off-Zonen. **B** Antworten einer Zelle mit komplexem RF. Die maximale Aktivierung wird durch 2 Kontrastgrenzen ausgelöst, die rechtwinklig aufeinander stoßen. **C** Hyperkomplexes RF. Die stärkste Aktivierung wird durch einen schräg orientierten Lichtbalken begrenzter Länge hervorgerufen (Endhemmung). Die Reizmuster sind jeweils weiß dargestellt. In B und C zeigen die *Pfeile* die Bewegungsrichtung der Reizmuster an. B, C nach Hubel u. Wiesel (1970, 1977)

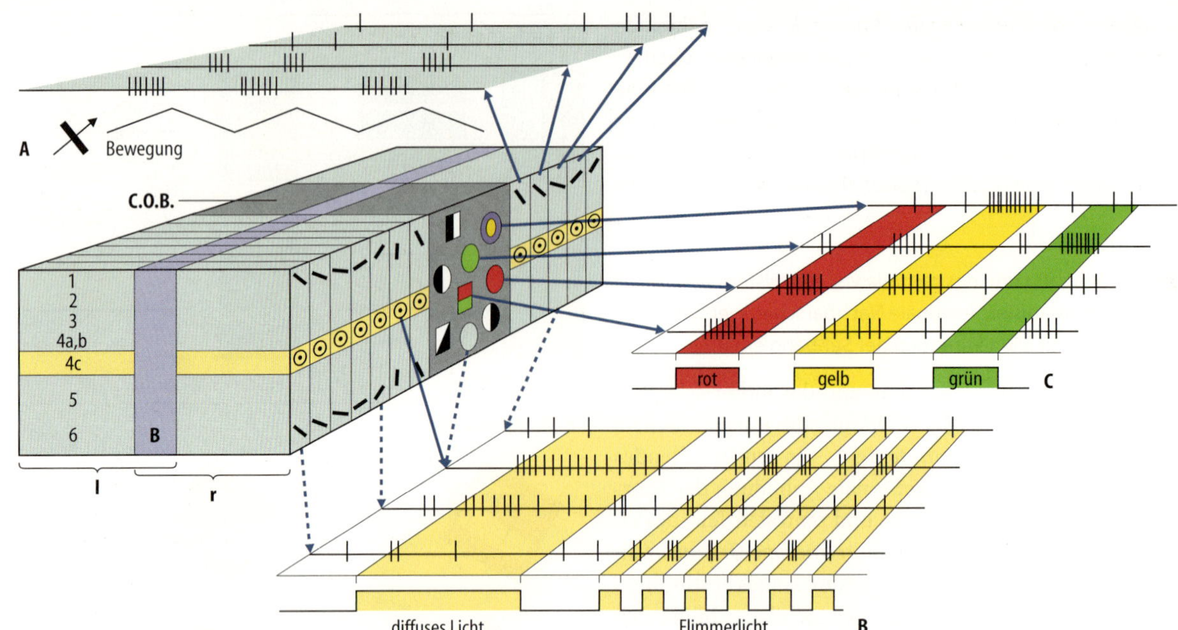

Abb. 18.19. Schema der »Säulenorganisation« in der primären Sehrinde (Area V1) des Primaten nebst einigen typischen neuronalen Reaktionen. Die Nervenzellen in den zytochromoxidasereichen Bereichen *(C.O.B.)* haben meist keine Orientierungsabhängigkeit. Zahlreiche Nervenzellen in diesem Bereich sind farbspezifisch organisiert, reagieren z. T. aber auch auf unbunte Hell-Dunkelreize. Die zytochromoxidasereichen Bereiche sind umgeben von »Säulen«, in denen die Nervenzellen oberhalb und unterhalb der Schicht 4c orientierungsabhängige Reaktionen haben. In Schicht 4c gibt es Nervenzellen mit konzentrisch organisierten rezeptiven Feldern, die auch auf diffuse Lichtreize reagieren. Nervenzellen in den orientierungsabhängigen Säulen sind besonders empfindlich auf bewegte Kontrastgrenzen bestimmter Orientierung (**A**). Besonders bewegungsempfindlich sind auch die Nervenzellen der Schicht 4b. Ein Teil der Nervenzellen wird dominant durch das rechte Auge *(r)*, ein anderer durch das linke Auge *(l)* aktiviert. Zwischen den okulären Dominanzbereichen gibt es binokulare Bereiche (**B**, *blau*), in denen die Nervenzellen gleich stark vom linken und rechten Auge aktiviert werden (»binokulare Fusion«). In (B) ist die Reaktion verschiedener Nervenzellen auf großflächige diffuse Lichtereize, z. T. auf Flimmerlicht, eingezeichnet, in (**C**) die Reaktion auf einen roten, gelben und grünen Lichtpunkt, die jeweils in das RF-Zentrum projiziert wurden

stimmter räumlicher Orientierung und Ausdehnung oder Konturunterbrechungen und Ecken besonders effektive Reizmuster sind (Abb. 18.18 B). Jener Teil des RF, in dem ein »richtig« gewähltes Reizmuster aktivierend wirkt, wird ***exzitatorisches rezeptives Feld (ERF)*** genannt. Bei vielen Zellen ist das ERF von einem Areal umgeben, von dem durch Hell-Dunkelmuster nur eine Hemmung der neuronalen Aktivität ausgelöst werden kann ***(inhibitorisches rezeptives Feld, IRF)***. Zellen mit Endhemmung (Abb. 18.18 C) werden als ***hyperkomplexe Zellen*** bezeichnet.

Funktionelle Anatomie der primären Sehrinde

In der primären Sehrinde werden Farbe, Kontrast, Konturen und Bewegung der Reizmuster durch die Aktivität unterschiedlicher Neuronensysteme repräsentiert

Funktionelle Gliederung der Sehrinde. Die primäre Sehrinde des Menschen (Area V1) und anderer Primaten ist zytoarchitektonisch differenziert: die zytoarchitektonische Zellschicht IV ist sehr dick und in drei Unterschichten unterteilt (IVa–c). In diesen Unterschichten bildet ein großer Teil der afferenten Geniculatumaxone synaptische Kontakte. Neben der zytoarchitektonischen Differenzierung in horizontale Zellschichten besteht in Area V1 eine Gliederung der Funktion in vertikale »Zellsäulen«. Nervenzellen einer Zellsäule reagieren funktionell einheitlich, was durch die retinotope Organisation der afferenten Neurone und die vertikale Verknüpfung durch Axone der Interneurone innerhalb einer Säule bedingt ist. Folgende Funktionsprinzipien gelten für die Area V1 von Primaten:

- Die Schichten IV und VI sind die Haupteingangsschichten für die thalamokortikalen Axone der Sehstrahlung.
- Nervenzellen einer Säule haben rezeptive Felder an der gleichen Stelle des Gesichtsfeldes.
- Die Nervenzellen der Schicht IVc haben überwiegend ***»einfache« rezeptive Felder***. Die Nervenzellen reagieren z. T. sehr gut auf farbige Reize (***Rot-Grün-System*** oder ***Blau-Gelb-System***). Nervenzellen der Schicht IVb verarbeiten besonders die retinalen Bewegungssignale.
- Die Nervenzellen der Zellschichten I-III reagieren gut auf Hell-Dunkel-Konturen bestimmter räumlicher Orientierung ***(»orientierungsspezifisch«)*** und Bewegungsrichtung ***(»bewegungsspezifisch«)***. Ein Teil der Nervenzellen reagiert selektiv auf Konturen, die durch zwei bestimmte Farben gebildet werden ***(»farbspezifisch«)***.

- Die meist binokular innervierten Nervenzellen der Area V1 sind in »*okuläre Dominanzsäulen*« gegliedert (Abb. 18.19) und entweder durch Signale aus dem linken oder aus dem rechten Auge stärker aktivierbar.
- Die okulären Dominanzsäulen sind in »*Orientierungssäulen*« unterteilt (Abb. 18.19). Nervenzellen der zytoarchitektonischen Schichten I–III und V–VI, die innerhalb einer bestimmten Orientierungssäule liegen, reagieren am besten auf Hell-Dunkelkonturen der gleichen räumlichen Orientierung (Abb. 18.19).
- Zwischen den »Orientierungssäulen« gibt es zytochromoxidasereiche Bereiche (Abb. 18.19 A) mit Nervenzellen ohne Orientierungspräferenz., die meist *farbspezifisch* reagieren.
- Die Axone der Nervenzellen der Schichten III und IV, projizieren zu den extrastriären visuellen Arealen, z. B. in die Areae V2, V3, V4 und V5 (MT).
- Die Zellen der unteren Schichten senden kortikofugale Axone zurück zu den subkortikalen Zentren des visuellen Systems (aus Schicht V zu den Colliculi superiores und aus Schicht VI zum CGL).
- In der Area V1 endigen nicht nur afferente visuelle synaptische Kontakte, sondern auch viele rückläufige Verbindungen aus den höheren visuellen Regionen der Großhirnrinde sowie unspezifische Verbindungen aus den intralaminären Thalamuskernen.

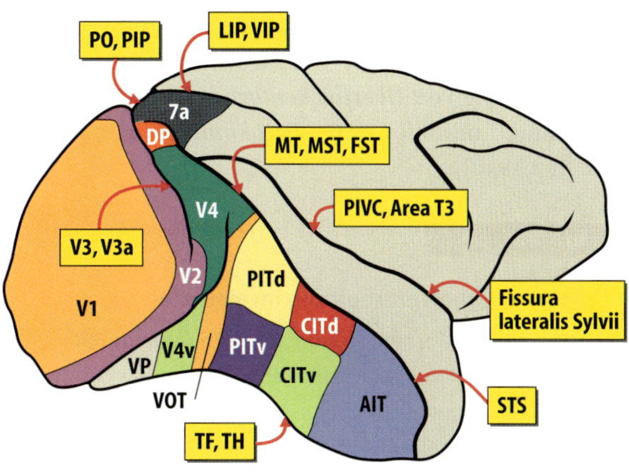

Abb. 18.20. Äußere Hirnoberfläche eines Rhesusaffen. Die an der Hirnoberfläche schematisch in verschiedenen Farben eingezeichneten visuellen Areale im Okzipital-, Parietal- und Temporallappen werden ergänzt durch visuelle Felder in der Tiefe der Sulci. Erklärung der Abkürzungen: Area *V1*, *V2*, *V3* und *V4* entsprechen den okzipitalen Hirnrindenfeldern. Areae *PO*, *PIT* und *DP* sind parietale visuelle Felder, Area *VP* der ventroposteriore Bereich der okzipito-temporalen Übergangsregion. *PIT* sind posteriore, *CIT* zentrale und *AIT* anteriore Teile des inferioren Temporallappens (*v:* ventral, *d:* dorsal). Die vestibuläre Area *PIVC* und eine optokinetische Area *T3* liegen im Fundus der Fissura lateralis Sylvii, die Areae *MT*, *MST* und *FST* in der Tiefe des Sulcus temporalis superior (*STS*, ▶ s. Abb. 18.29)

Höhere okzipitale visuelle Areale

! Die extrastriären visuellen Hirnrindenareale des Hinterhauptlappens verarbeiten Kontrast-, Form- und Farbmerkmale der visuellen Muster in unterschiedlicher Weise

Visuelle Hirnregionen. Abbildung 18.20 zeigt eine Aufsicht auf die äußere Hirnoberfläche eines Rhesusaffen mit den sichtbaren visuellen Hirnrindenfeldern der Area V1 *(»Area striata«)* und der visuellen »extrastriären« Regionen. Darüberhinaus ist ein großer Teil der visuellen Hirnrindenfelder in den Sulci des Hinterhaupt- und Schläfenlappens verborgen. Tagaktive Primaten sind »Augentiere«. Mindestens 60 % ihrer Großhirnrinde sind retinotop organisierte »elementare« visuelle Felder, visuelle Assoziationsregionen oder visuell-okulomotorische Integrationsregionen. Mehr als 30 Großhirnrindenareale, die visuelle oder visuell-motorische Funktionen haben, sind bisher bei Primaten bekannt. Darüber hinaus haben sich in der menschlichen Hirnrinde während der Phylogenese der letzten 2,5 Millionen Jahre menschspezifische visuelle Hirnrindenregionen gebildet, die vor allem der Raumorientierung und den visuell-konstruktiven Fähigkeiten dienen (▶ s. Kap. 18.11).

Area V2. Die Area V2 erhält ihre wichtigsten visuellen Zuflüsse von den Zellen der Area V1. Anstelle einer funktionellen Organisation der Nervenzellen in kortikalen »Säulen« wie in Area V1, sind die Nervenzellen der Area V2 funktionell in »*Streifen*« angeordnet. Diese Streifen verlaufen entlang der Hirnoberfläche und ihre funktionelle Spezialisierung betrifft vor allem die mittleren kortikalen Schichten. Mithilfe der *Zytochromoxidasefärbung* sind drei Klassen von Streifen gefunden worden. In schmalen, zytochromoxidasereichen Streifen wird die farbspezifische Information weiter verarbeitet, in breiten, ebenfalls zytochromoxidasereichen Streifen wird die bewegungsspezifische und stereoskopische Information verarbeitet, während formspezifische Signale in schmalen zytochromoxidasearmen Streifen zu finden sind. Besonders wichtig ist Area V2 für die *visuelle Gestalterkennung*. Konturen bestimmter Orientierung sind visuelle Reizmuster, die Neurone der Area V2 besonders stark aktivieren. Ein Teil dieser Nervenzellen reagiert auch auf *Scheinkonturen*, die in Wirklichkeit gar nicht vorhanden sind, aber wahrgenommen werden. Diese Eigenschaft ist ein Hinweis dafür, dass im Neuronennetz der Area V2 bereits funktionelle »Gestaltergänzungen« vorgenommen werden, die für die Objektwahrnehmung des Alltags wichtig sind.

Area V3. Neurone der Area V3 reagieren besonders empfindlich auf *bewegte Konturen und Tiefeninformation*. Die RFs sind deutlich größer als in Area V1. Funktionell kommt Area V3 vermutlich die Gestalterkennung einzelner bewegter Objekte und die Analyse der Gestaltinvarianz bei Rotation oder Entfernung eines dreidimensionalen Gegenstandes zu.

Area V4. Die farbspezifischen Nervenzellen der Area V1 und der Area V2 senden ihre Axone in die Area V4. Dort reagieren die Nervenzellen auf einen relativ engen Ausschnitt des Farbenraumes der Oberflächenfarben

(► s. Kap. 18.10) oder auf Farbkonturen. Wahrscheinlich kommt der Area V4 eine wichtige Aufgabe zu bei der ***Wahrnehmung von Oberflächenfarben*** und der Objekterkennung mithilfe von ***Farbkontrasten*** (weiteres ► s. Kap. 18.10).

In Kürze

Die Signalverarbeitung im visuellen System

Die visuelle Information wird aus dem Auge durch etwa eine Million Axone des Sehnerven in das Gehirn übertragen.
Die wichtigsten Projektionsgebiete sind:

- Corpus geniculatum laterale (CGL), das der Übertragung der Signale über Form-, Farb-, Raum- und Bewegungswahrnehmung in die primäre Sehrinde dient,
- Colliculi superiores, die die Sakkaden koordinieren,
- Hypothalamus und
- die prätektale Region.

Die subkortikalen und kortikalen visuellen Projektionen sind retinotop.

Primäre Sehrinde

Die primäre Sehrinde ist charakterisiert durch:

- Einfache und komplexe rezeptive Felder,
- Orientierungs-, Richtungs-, Farbspezifität,
- Orientierungssäulen,
- Okuläre Dominanzsäulen,
- Zytochromoxidasereiche Bereiche,

Projektionen nach V2, V3, V4 sowie zu V5 (MT).

Extrastriäre okzipitale Areale

Extrastriäre okzipitale Areale sind verantwortlich für:

- Area V2 – Gestalterkennung stationärer Reizmuster: spezifische, funktionelle Subsysteme analysieren Farbe, Form, Bewegung und Tiefe; Tiefenverarbeitung.
- Area V3 – Gestalterkennung kohärent bewegter Objekte: bewegungsspezifische Neurone.
- Area V4 – Objekterkennung aufgrund charakteristischer Oberflächenfarben und Farbkontraste: farbspezifische Neurone.

18.8 Klinisch-diagnostische Anwendung der elementaren Sehphysiologie

Visus

Die Sehschärfenbestimmung ermöglicht eine quantitative Messung der elementaren Sehleistung

Bestimmung der Sehschärfe. Nach der Häufigkeit ihrer Anwendung beurteilt, ist die Bestimmung des ***Visus*** die wichtigste sehphysiologische Untersuchung. Sie gehört zu jeder augenärztlichen, nervenärztlichen und arbeitsphysiologischen Untersuchung. Unter dem ***Visus*** versteht man die ***Sehschärfe an der Stelle des schärfsten Sehens.*** Beim photopischen Sehen ist dies die Fovea centralis (► s. Kap. 18.5). Die Sehschärfe nimmt unter photopischen Beleuchtungsbedingungen von der Fovea zur Netzhautperipherie nach einer ähnlichen Funktion wie der retinokortikale Vergrößerungsfaktor ab (► s. S. 391), da beide sich proportional zur retinalen Zelldichte der Zapfen und Ganglienzellen verändern (Abb. 18.21). Beim skotopischen Sehen ist die Sehschärfe im parafovealen Bereich am größten, da dort die Stäbchendichte am höchsten ist. An der Stelle des Sehnervenaustritts aus dem Auge ist die Sehschärfe 0 (»***blinder Fleck***«, Abb. 18.2, 18.21). Der ***Visus V*** ist durch folgende Formel definiert:

$$V = 1/\alpha \ [\text{Winkelminuten}^{-1}] \qquad (5)$$

wobei α die Lücke in Winkelminuten ist, die von der Versuchsperson in einem Reizmuster (z. B. Buchstabe oder Landolt-Ring) gerade noch erkannt wird (Normwerte bei Jugendlichen zwischen 0,8–1,5 Winkelminuten).

▪▪▪ **Hilfsmittel für die Visusbestimmung.** Zur quantitativen Bestimmung des Visus werden z. B. **Landolt-Ringe** benutzt, deren innerer Durchmesser dreimal so groß ist wie die Lücke im Ring (Abb. 18.21). Der Schwarz-Weiß-Kontrast und die mittlere Beleuchtungsstärke des Testmusters sind genormt. Der Patient muss bei monokularer Be-

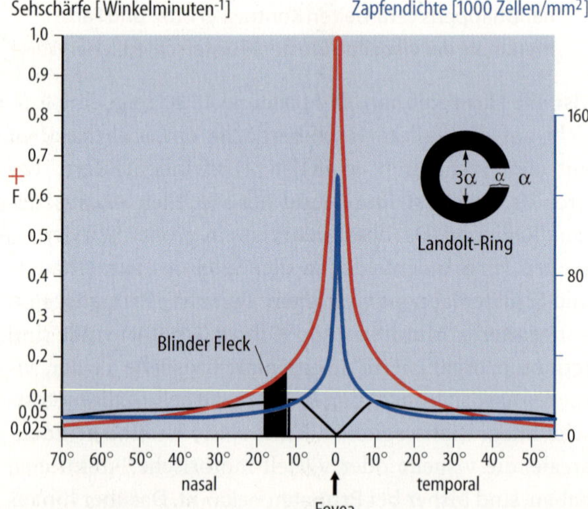

Abb. 18.21. Abhängigkeit der Zapfendichte (rechte Ordinate) und der Sehschärfe (linke Ordinate) vom Ort im Gesichtsfeld (Abszisse). *Rot:* photopisches Sehen, *schwarz:* skotopisches Sehen, *blaue Kurve:* Zapfendichte. Die Dichte der retinalen Zapfen nimmt von der Foveamitte zur Peripherie nach einer ähnlichen Funktion wie die photopische Sehschärfenkurve ab. *Rechts* ist ein Landolt-Ring eingezeichnet, wie er zur Sehschärfenbestimmung verwendet wird. Zur Demonstration des eigenen blinden Flecks befindet sich links ein Fixationspunkt *(F)*. Wenn man aus etwa 25 cm Entfernung dieses Kreuz mit dem rechten Auge monokular fixiert, fällt der Landolt-Ring auf den blinden Fleck und wird nicht mehr gesehen

trachtung der Landolt-Ringe die Lage der Lücke angeben. Zur Visusbestimmung können auch **normierte Schriftprobentafeln** oder **normierte Tafeln mit Schattenrissen bekannter Gegenstände** des Alltags verwendet werden (für Vorschulkinder und Analphabeten).

Gesichtsfeld

Mit der Perimetrie werden monokulare Gesichtsfelder bestimmt und Gesichtsfeldausfälle festgestellt

Perimetrie. Unter dem ***monokularen Gesichtsfeld*** versteht man jenen Teil der visuellen Welt, der mit einem unbewegten Auge wahrgenommen wird. Die Bestimmung der Gesichtsfeldgrenzen erfolgt mit kleinen Lichtpunkten, die in einer ***Perimeterapparatur*** langsam aus der Peripherie ins Zentrum des Gesichtsfeldes bewegt werden ***(kinetische Perimetrie)*** oder zufällig an verschiedenen Stellen des Gesichtsfeldes aufleuchten (***statische Perimetrie***, ◻ Abb. 16.22 A).

▪▪▪ **Gesichtsfelder und Blickfeld.** Das **monokulare Gesichtsfeld** wird nach innen durch die Nase begrenzt. Es ist im helladaptierten Zustand für eine Hell-Dunkel-Wahrnehmung größer als für eine Farbwahrnehmung (◻ Abb. 18.22 B). Die funktionelle »Farbenblindheit« der äußeren Gesichtsfeldperipherie ist durch die geringe Zapfenzahl in diesen Bereichen der Netzhaut bedingt. Das **binokulare Gesichtsfeld** ist die Summe aller Orte im Sehraum, die mit beiden unbewegten Augen wahrgenommen werden können. Im binokularen Gesichtsfeld gibt es einen Bereich, der mit beiden Augen gesehen wird (Bereich des **Binokularsehens**, in dem die binokulare Tiefenwahrnehmung möglich ist (► s. Kap. 18.3), und je einen seitlichen Bereich, den das linke und das rechte Auge alleine sehen. Das **Blickfeld** der Augen ist jener Bereich der visuellen Umwelt, der bei unbewegtem Kopf, aber frei umherblickenden Augen wahrgenommen werden kann. Das Blickfeld ist dementsprechend größer als das Gesichtsfeld.

Gesichtsfeldausfälle (Skotome). Der Verlust der visuellen Empfindung in einem Teil des Gesichtsfeldes wird ***Gesichtsfeldausfall*** genannt. Wenn der Bereich des Gesichtsfeldausfalles von normalem Gesichtsfeld umgeben ist, so bezeichnet man ihn als ***Skotom***. Gesichtsfeldausfälle sind entweder durch eine Schädigung der Netzhaut oder des zentralen visuellen Systems bedingt. Sie können wie die Grenzen des normalen Gesichtsfeldes quantitativ mit der ***Perimetrie*** bestimmt werden. Aus der Art der Skotome kann der Arzt auf den ***Ort*** einer Schädigung im Verlauf der Sehbahn schließen, wobei er die Anatomie (► s. S. 390)

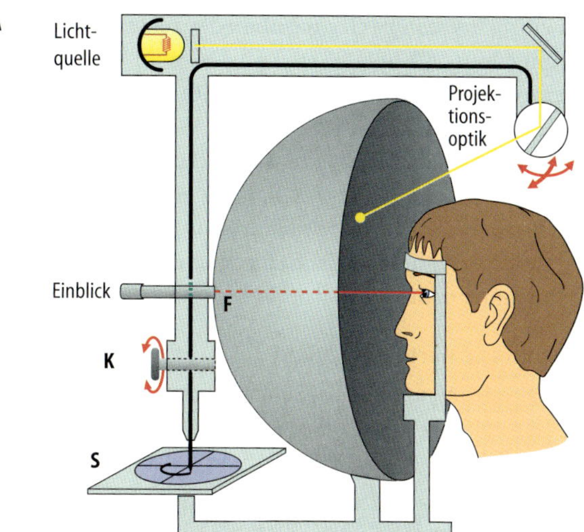

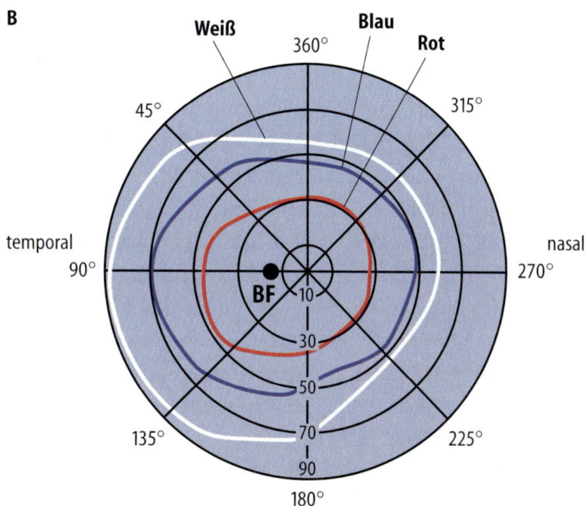

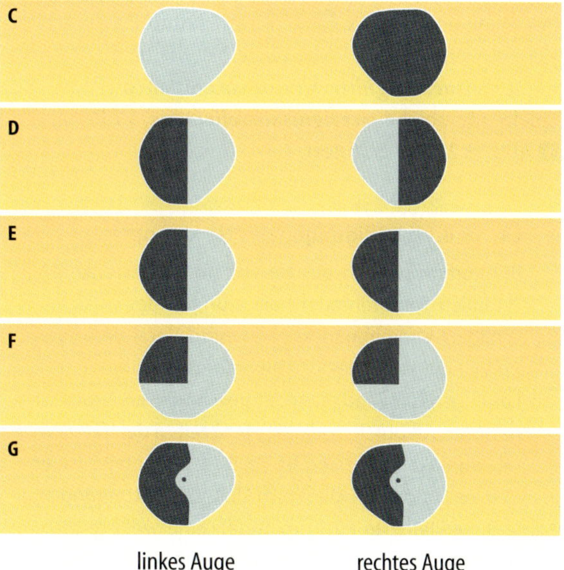

◻ **Abb. 18.22. Perimetrie zur Bestimmung der Grenzen und von Ausfällen des Gesichtsfeldes. A** Perimeterapparatur, schematisiert. Die Messung des Gesichtsfeldes wird monokular durchgeführt. **B** zeigt das Resultat einer Bestimmung der normalen Gesichtsfeldgrenzen mit weißen, blauen und roten Lichtpunkten. *BF:* blinder Fleck. Der Fixationspunkt der Perimeterapparataur entspricht dem Mittelpunkt der Kreise, die den Abstand der Prüfmarken vom Fixationspunkt in Winkelgraden angeben. Moderne Perimeterapparaturen sind teilautomatisiert und an Digitalrechner angeschlossen. **C-G** Gesichtsfeldausfälle des rechten und linken Auges. C nach Durchtrennung des rechten Nervus opticus, D bei Schädigung der Sehnervenkreuzung (Hypophysentumor), E nach Durchtrennung des rechten Tractus opticus, F bei partieller Schädigung der rechten Sehstrahlung und G nach Schädigung der gesamten, rechten primären Sehrinde. C-G nach Schmidt u. Schaible (2000)

sowie die ***retinotope Organisation*** der zentralen Sehbahn kennen muss (Abb. 18.22 C). Läsionen im Auge oder im Nervus opticus bedingen monokuläre Skotome, beidseitig temporale (oder seltener nasale) Gesichtsfeldausfälle sind auf eine Schädigung im Bereich des Chiasma nervi optici zurückzuführen und ***homonyme Ausfälle im Gesichtsfeld beider Augen*** jeweils auf der zur Läsion kontralateralen Seite beruhen auf Läsionen der zentralen Sehbahn hinter dem Chiasma nervi optici bis zur Area V1.

Visuell evozierte Potentiale

Die Ableitung kortikaler Summenpotentiale ermöglicht die objektive Bestimmung von Störungen der visuellen Signalverarbeitung

Messmethodik. Die Messung der ***visuell evozierten Potentiale (VEP)*** ermöglicht die »objektive« Beurteilung der Funktion des afferenten visuellen Systems und der Area V1. Dazu wird das ***Elektroenzephalogramm (EEG***, ► s. Kap. 8.2) im Okzipitalbereich nach Lichtreizung der Augen registriert. Die lichtevozierten Veränderungen des EEG werden durch rechnergestützte Mittelwertbildung genau erfasst und quantitativ ausgewertet.

Ein großflächiger, diffuser Lichtblitz bewirkt das ***einfache VEP***, dessen Wellen und Latenzzeiten sich mit der Leuchtdichte und der spektralen Zusammensetzung des Reizlichtes ändern. Klinisch wird meist das ***Musterwechsel-VEP*** angewandt. Reize sind in der Regel schwarz-weiße Schachbrettmuster, die auf einem Bildschirm generiert werden und deren Hell-Dunkelflächen periodisch alternieren (Abb. 18.23 A).

Bedeutung früher und später Wellen. Die charakteristische positive Welle, die nach etwa 100 ms auftritt (P2 oder P100) wird für die Diagnostik der afferenten Sehbahn verwendet (► s. 18.4). Mit komplexen visuellen Reizmustern werden VEPs ausgelöst, die bereits Komponenten ***visuell-kognitiver Prozesse*** enthalten (P300). Beispiele für solche ***»ereigniskorrelierten« VEPs*** sind in Abb. 18.23 B–D erläutert.

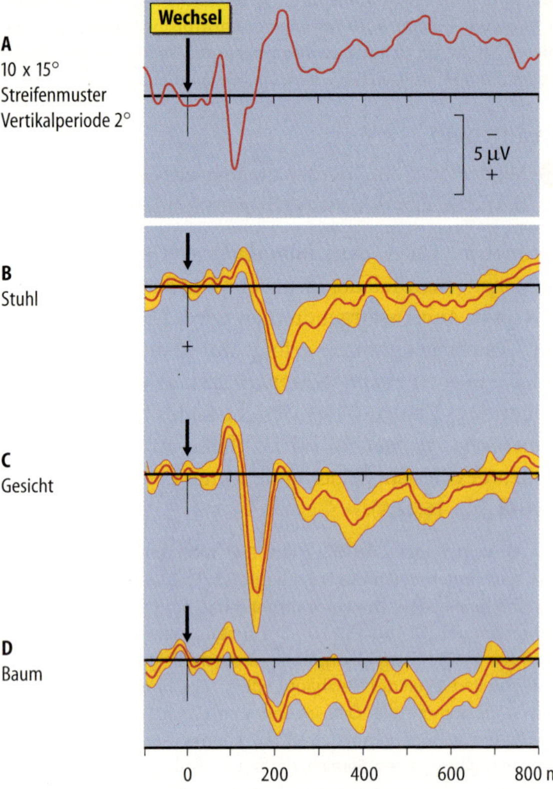

Abb. 18.23. Visuell evozierte Potentiale (VEP). A Aus 40 Antworten gemitteltes VEP von einer Versuchsperson (okzipitale Elektrode). Zum Zeitpunkt des *Pfeils* wechselte ein vertikales Streifenmuster von 2° Periode jeweils so, dass alle schwarzen Streifen weiß und alle weißen Streifen schwarz wurden. **B–D** »Ereigniskorrelierte« VEPs, die durch einen Gestaltwechsel (bei *Pfeil*) hervorgerufen wurden (Ableitung zwischen der zentralen Elektrode *Cz* und gekoppelten Mastoidelektroden). Mittelwerte von 5 erwachsenen weiblichen Versuchspersonen und jeweils 40 Reaktionen auf jede der 3 Stimuluskategorien (Stuhl, Gesicht, Baum). Die VEPs sind mit der statistischen Fehlerbreite *(gelb)* aufgezeichnet. Sie zeigen deutliche Unterschiede bei den verschiedenen Reizklassen. Das durch das Gesicht hervorgerufene VEP enthält »gesichterspezifische« Komponenten im Zeitbereich zwischen 100 und 300 ms nach Reizwechsel. Nach Bötzel u. Grüsser (1989)

18.4. Schädigungen des Nervus opticus

Bei Kompressionen des Nervus opticus, wie sie bei orbitalen Tumoren oder Verletzungen des Gesichtsschädels vorkommen können, sind Veränderungen im VEP ein sensitives Zeichen einer Schädigung. Die Leitungsgeschwindigkeit der geschädigten Axone ist reduziert, dadurch sind die Latenzzeiten der VEP-Gipfel signifikant verlängert (z. B. P100-Latenz über 120 ms) und auch die Form des VEPs ist verändert (z. B. verkleinerte P2-Amplitude), eine weitere diagnostische Hilfe ist die Seitendifferenz bei monokulärer Reizung beider Augen. Das nichtinvasive Verfahren des VEP lässt sich sehr gut zur Frühdiagnostik und zu Verlaufskontrollen einsetzen.

In Kürze

Klinische Anwendung der Sehphysiologie

- Visus: Unter dem Visus versteht man die Sehschärfe im Bereich der Fovea. Er wird berechnet aus V = 1/61> [Winkelminuten^{-1}] und beträgt im Normalfall 1.
- Gesichtsfeld: die statische und kinetische Perimetrie bestimmt äußere Gesichtsfeldgrenzen und Gesichtsfeldausfälle (Skotome); aus der Art der Skotome kann der Ort einer Läsion in der Sehbahn bestimmt werden.
- Visuelle evozierte Potentiale (VEP): Die Ableitung kortikaler Summenpotentiale ermöglicht die

▼

objektive Messung der Funktion der primären Sehbahn. Form und Latenz der frühen P100-Welle werden für die Diagnostik der afferenten Sehbahn verwendet. Die durch komplexe visuelle Reizmuster ausgelöste späte P300-Welle stellt eine »kognitive« Komponente der VEP dar.

18.9 Das Tiefensehen

Mechanismen der Tiefenwahrnehmung

Die Tiefenwahrnehmung kommt durch monokulare Signale und durch das stereoskopische binokulare Tiefensehen zustande

Tiefenwahrnehmung. Wer durch eine gut strukturierte Landschaft geht und über ein normales Binokularsehen verfügt, nimmt die Landschaft nicht nur als ein nach räumlicher Tiefe geordnetes Sehfeld wahr, sondern kann auch recht gut die ***Entfernungen*** der Gegenstände abschätzen. Der räumliche Tiefeneindruck ist einerseits durch das binokulare stereoskopische Sehen bedingt, andererseits durch die Verrechnung der Konvergenzstellung der Augen im Gehirn und durch monokulare visuelle Signale:

- ***Monokulare Tiefenwahrnehmung:*** Monokulare Signale, die auch beim Sehen mit einem Auge eine räumliche Tiefenwahrnehmung ermöglichen, sind die zur Scharfeinstellung erforderliche Akkommodation der Linse, Größenunterschiede bekannter Gegenstände, Überdeckungen, Schatten, perspektivische Verkürzungen, die Konturunschärfe und Farbsättigung der Sehdinge bei Dunst oder Nebel und vor allem die parallaktischen Verschiebungen der Gegenstände relativ zueinander bei Kopfbewegungen ***(Bewegungsparallaxe).***
- ***Binokulares Tiefensehen:*** Das räumliche Sehen mithilfe der ***binokularen Stereoskopie*** ist besonders für Objekte im Greifraum und in der näheren Umgebung (»Nahwirkraum«) wichtig. Da sich die Augen an verschiedenen Stellen des Kopfes befinden, ist das Netzhautbild eines Gegenstandes in endlicher Entfernung aus geometrisch-optischen Gründen auf jeder Netzhaut unterschiedlich. Diese ***Querdisparation*** (seitliche Verschiebung) der beiden Netzhautbilder ist umso größer, je näher ein Gegenstand ist.

▪▪▪ **Querdisparation.** Die unterschiedliche Abbildung eines Gegenstandes auf den beiden Retinae kann aus folgendem Versuch leicht erkannt werden: Betrachten Sie den Daumen Ihres horizontal ausgestreckten rechten Armes abwechselnd monokular mit dem linken und mit dem rechten Auge. Beim Fixationswechsel verschiebt sich der Daumen scheinbar gegenüber dem Hintergrund (»Daumensprung«).

Die **Geometrie der Querdisparation** ist in Abb. 18.24 erläutert: Fixieren die beiden Augen einen Punkt in der Nähe, so gibt es eine **Horopter** genannte gekrümmte Fläche im Raum, deren sichtbare Punkte sich auf **korrespondierenden Netzhautstellen** abbilden. Der Horopter verändert sich mit jeder Blickbewegung. Beim Blick nach geradeaus vorne ist der Horopter besonders einfach: der Horopterkreis schneidet die Knotenpunkte des optischen Systems beider Augen und den Fixationspunkt. Die Querdisparationen α und β eines Objekts außerhalb des Horopterkreises liegen nasal (»ferner«), die Querdisparationen α' und β' eines Objekts innerhalb jedoch temporal der korrespondierenden Netzhautstellen (»näher«).

Binokulare Fusion. Das binokulare Einfachsehen ist nur möglich, wenn die Querdisparation einen kritischen Wert nicht überschreitet. Wie in Abb. 18.24 illustriert ist, werden alle Gegenstände außerhalb oder innerhalb des ***Horopterkreises*** auf nicht korrespondierenden Netzhautstellen abgebildet. Beim normalen binokularen Sehen werden die dadurch bedingten ***Doppelbilder*** unterdrückt. Bei hinreichend großer Querdisparation (Summe der Winkel α und β oder α' und β' der Abb. 18.24 über 12–16 Winkelminuten) wird deren Wert für die Fusion zu hoch und die störenden Doppelbilder werden wahrgenommen.

▪▪▪ **Neurophysiologie.** Für die neurophysiologische Erklärung der stereoskopischen Tiefenwahrnehmung ist wichtig, dass ein Teil der

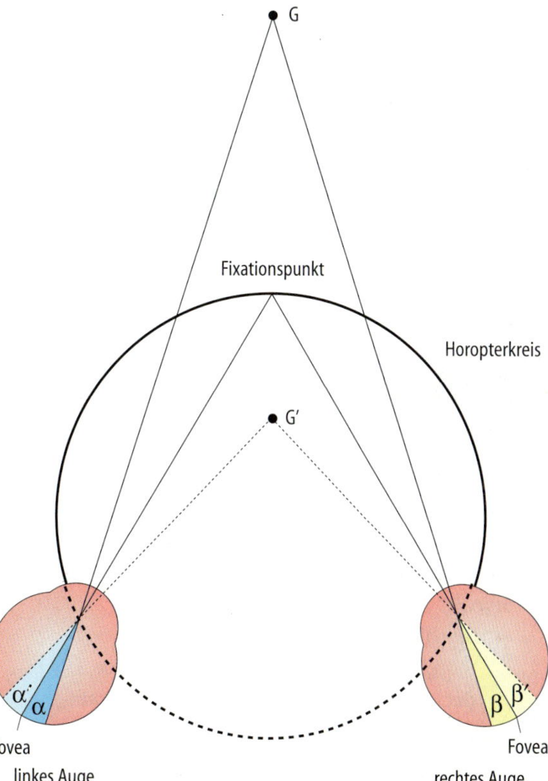

Abb. 18.24. Schema des Binokularsehens. Befindet sich ein Gegenstand *(G)* außerhalb der Horopterebene, so wird sein Bild im linken Auge rechts, im rechten Auge links (d. h. jeweils nasal) von der Fovea entworfen (Querdisparationen α, β). Ist der Gegenstand innerhalb der Horopterebene *(G')*, dann ist seine Verschiebung auf der Retina entgegengesetzt (nach temporal von der Fovea, α', β')

binokularen Neurone der Areae V1 und V2 exakt korrespondierende rezeptive Felder in jeder Netzhaut hat und daher durch Konturen im Horopterbereich am stärksten aktiviert wird. Ein anderer Teil der binokular aktivierten Neurone hat dagegen rezeptive Felder, die in der linken und der rechten Retina nicht exakt geometrisch korrespondierenden Netzhautstellen entsprechen. Diese Nervenzellen werden optimal aktiviert, wenn ein Objekt in einem bestimmten Bereich außerhalb oder innerhalb des Horopters liegt, d.h. sein Bild auf der linken und rechten Netzhaut einen bestimmten Betrag von Querdisparation erzeugt. Ihre optimale Erregung signalisiert dann »näher« oder »ferner« als der Fixationspunkt.

Schielen

Beim Schielen können die Augenachsen so weit voneinander abweichen, dass keine Fusion mehr möglich ist und Doppelbilder oder Suppression auftreten

Beim ***Schielen (Strabismus)*** weicht eine der Sehachsen vom fixierten Punkt ab. Normalerweise wechselt die Disparität der binokularen Abbildung fortwährend durch kleine, disjunktive Bewegungen beider Augen (mittlere Amplitude etwa 6,5 Bogenminuten, mittlere Dauer 40 ms und mittlere Geschwindigkeit 10 °/s). Dabei korrigiert der zentrale Mechanismus der Fusion fortwährend Fehlstellungen der Sehachsen durch entsprechende Innervation der Augenmuskeln. Fällt diese korrigierende Funktion z.B. bei extremer Müdigkeit aus, tritt auch bei vielen Gesunden ein ***latentes Schielen*** auf; die Sehachsen deuten dabei leicht nach außen ***(Exophorie)*** oder innen ***(Esophorie)***. Fusion und binokulare Fixation sind dann aufgehoben. Subjektiv tritt Doppeltsehen auf, objektiv kann Divergenz oder Konvergenz der Augen beobachtet werden. Pathologische Ursache für akut auftretendes Schielen kann die Lähmung eines Augenmuskels sein. Bei frühkindlichem Schielen kann eine irreversible Schädigung der binokularen Sehleistung autreten (***Schielamblyopie***, ► s. Einleitung).

In Kürze

Das Tiefensehen

Der räumliche Tiefeneindruck ist einerseits durch das binokulare stereoskopische Sehen bedingt, andererseits durch die Verrechnung der Konvergenzstellung der Augen im Gehirn und durch monokulare visuelle Signale:

- Signale, die eine monokulare Tiefenwahrnehmung ermöglichen, sind Akkommodation, Überdeckungen, Bewegungsparallaxe, Größenunterschiede, Perspektive, Schatten, Farbsättigung und Konturunschärfe.
- Die binokulare Tiefenwahrnehmung erfolgt durch seitlich versetzte Abbildung auf den Netzhäuten beider Augen (Querdisparation) bei gleichzeitiger binokularer Fusion. Doppelbilder treten bei zu großer Querdisparation (z.B. bei akutem Schielen) auf.

Nervenzellen in den Areae V1 und V2 sind auf verschiedene Querdisparationen abgestimmt.

18.10 Das Farbensehen

Arten der Farbwahrnehmung

Bei der Farbwahrnehmung unterscheidet man die Farben selbstleuchtender Lichtquellen von den Farben der Oberflächen der Gegenstände, die im reflektierten Licht gesehen werden

Bunte und unbunte Farben. Bei der Wahrnehmung von Farben selbstleuchtender Lichtquellen und Oberflächenfarben unterscheidet man bunte Farben (Rot, Orange, Blau usw.) und unbunte Farben, deren Skala vom tiefsten Schwarz über die verschiedenen Graustufen zum hellsten Weiß reicht.

■■■ **Grundlagen der Farbwahrnehmung.** Ein Teil der bunten Farben ist im **sichtbaren Spektrum** des Sonnenlichts sichtbar (Regenbogen). Der kontinuierliche Übergang der **Farbempfindung** von Violett über Blau, Grün, Gelb, Orange nach Rot gab Anlass zur Vermutung, dass die **Wellenlänge** eines monochromatischen Lichtreizes die Farbempfindung bestimmt. Dies ist nur teilweise richtig. Es gibt einerseits Farbtöne, die im Spektrum des Sonnenlichtes überhaupt nicht vorkommen – die **Purpurfarben** zwischen Blau und Rot –, andererseits können fast alle Farbempfindungen des sichtbaren Lichtspektrums durch **Mischung** anderer Spektralfarben entstehen. Auch kann von einer Oberfläche reflektiertes Licht einer identischen Wellenlänge ganz unterschiedliche Farbwahrnehmungen auslösen, je nach der Verteilung von farbigen Oberflächen in der Umgebung. Diese Beobachtungen zeigen, dass eine physikalische Erklärung des Farbensehens unzureichend ist (es handelt sich nicht um ein physiologisches Messsystem für Wellenlängen). Die Farbwahrnehmung entsteht letztlich durch neuronale Prozesse im Gehirn.

Gesetze des Farbensehens

Die Gesetze des Farbensehens beschreiben die phänomenalen Eigenschaften der Farbwahrnehmung, den »Farbenraum«

Der Farbenraum. Beim normal Farbtüchtigen besteht der Farbenraum aus etwa 7 Millionen unterscheidbarer ***Farbvalenzen.*** Die reinen bunten Farben (Farbton) bilden ein Kontinuum, das durch die Mischung mit Graustufen (Sättigung) und eine »Dunkelstufe« zu einem dreidimensionalen Farbenraum ergänzt wird, der alle Farbvalenzen beschreibt. Die Oberflächenfarben der Objekte lassen sich im Farbenraum durch die 3 phänomenal orthogonalen Größen ***Farbton, Sättigung*** und ***Dunkelstufe*** kennzeichnen. Bei selbstleuchtenden Lichtquellen tritt anstelle der Dunkelstufe die ***Helligkeit.*** Farbton und Sättigung beschreiben eine ***Farbart.*** Ein reines Rot ergibt mit Weiß gemischt die Farbart Rosa, mit Schwarz die Farbart Braun. Jede Farbart kann verschieden hell sein.

▪▪▪ Farbkonstanz. Unter natürlichen Beleuchtungsbedingungen ist die Wahrnehmung der Oberflächenfarben von der spektralen Zusammensetzung des Lichtes innerhalb bestimmter Grenzen unabhängig. Die Farbkonstanz bedeutet nichts anderes, als dass wir die **relative spektrale Reflektanz (Remissionsgrad)** der Objektoberflächen wahrnehmen, sie wird jeweils in Relation zu den anderen Objekten im Sehraum interpretiert. Die Farbkonstanz ist daher zur Wiedererkennung der Objekte in der natürlichen Umwelt unter verschiedenen Beleuchtungsbedingungen (bläuliches Mittagslicht, rötliches Licht beim Sonnenuntergang) wichtig. Bei spektral eingeschränktem Kunstlicht kann man die Grenzen der Farbkonstanz erkennen: so ist z. B. die Farbigkeit von Stoffmustern bei Kunstlicht oft anders als bei Tageslicht.

Physikalische und physiologische Farbmischung

Die »subtraktive Farbmischung« ist ein physikalisches, die »additive Farbmischung« ein physiologisches Phänomen

Subtraktive Farbmischung. Die Mischung von Malerfarben wird in der Physiologie als ***»subtraktive Farbmischung«*** bezeichnet, weil jedes Pigmentpartikel der Malerfarbe einen breitbandigen Farbfilter darstellt, der Teile der spektralen Zusammensetzung des Lichts abzieht (▫ Abb. 18.25 A). Darüber hinaus spielen bei der Pigmentmischung noch spektrale Reflexionen an den Partikeloberflächen für das Aussehen einer gemischten Malerfarbe eine Rolle. Die subtraktive Farbmischung entsteht also durch physikalische Mechanismen der ***Lichtabsorption und -reflexion.***

Additive Farbmischung. Eine ***additive Farbmischung*** entsteht, wenn auf die ***gleiche Netzhautstelle*** Licht verschiedener Wellenlänge fällt (▫ Abb. 18.25 B). Sind die gemischten Farben monochromatisch, so lassen sich durch additive Farbenmischung Farbtöne erzeugen, die

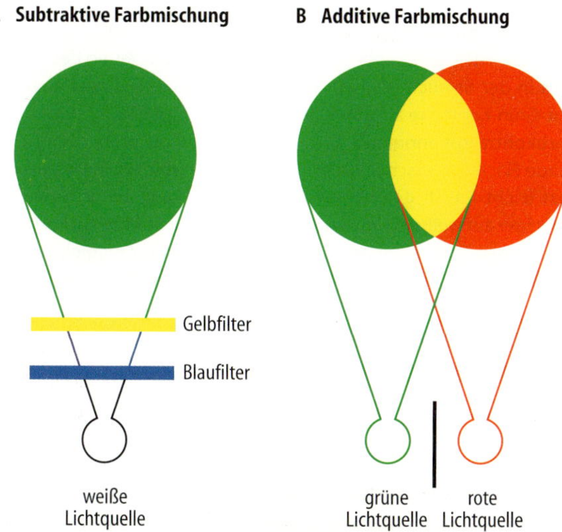

▫ **Abb. 18.25. Schema einer subtraktiven (A) und einer additiven Farbmischung (B)**

der Farbtönung eines anderen Bereichs des Spektrums oder dem nicht spektralen Bereich zwischen Rot und Blau (Purpur) entsprechen. Die additive Farbmischung ist also ein physioslogischer (neuronaler) Mechanismus. Beim Farbfernsehen, aber auch in der darstellenden Kunst bei der Betrachtung pointilistischer Bilder (Signac, Seurat, Monet) spielt die additive Farbmischung eine Rolle, wenn bei hinreichender Beobachtungsdistanz zwei oder mehr Farbpunkte sich auf einem Zapfen abbilden.

▪▪▪ Prüfung des Farbsinns mit dem Anomaloskop. Die Ergebnisse der systematischen Untersuchungen additiver Farbmischungen bilden eine der Grundlagen zur Entwicklung der Gesetze des Farbensehens und der metrischen Farbensysteme. Eine **additive Farbmischung** wird auch zur Prüfung von **Farbsinnesstörungen** benützt. Im **Anomaloskop** von Nagel wird z. B. auf die eine Hälfte eines Kreises spektrales Gelb ($\lambda = 589$ nm) projiziert, auf die andere Hälfte eine Mischung von spektralem Rot ($\lambda = 671$ nm) mit spektralem Grün ($\lambda = 546$ nm). Die Versuchsperson muss die Mischung aus Rot und Grün so einstellen, dass die **Mischfarbe** Gelb von der **Spektralfarbe** Gelb nicht mehr zu unterscheiden ist. Dann gilt die Farbenmischungsgleichung:

$$a\,(\text{Rot}, 671) + b\,(\text{Grün}, 546) \approx c\,(\text{Gelb}, 589) \quad (6)$$

Das Zeichen ≈ bedeutet **empfindungsgleich** und hat keine mathematische Bedeutung. Ein normal Farbtüchtiger stellt in dieser Gleichung für den Rotanteil etwa 40, für den Grünanteil etwa 33 relative Einheiten ein.

Farbmischungsregeln

Für den normal Farbtüchtigen (etwa 95 % der Bevölkerung) kann jede Farbart durch eine additive Farbmischung von zwei oder drei geeignet gewählten Farbtönen erzeugt werden

Normfarbtafel. Die Normfarbtafel (▫ Abb. 18.26, ***»Farbendreieck«***) dient zur geometrischen Darstellung der sinnesphysiologischen Resultate von Farbmischungsexperimenten. Werden 2 Farben aus der Normfarbtafel miteinander ***additiv*** gemischt, so wird eine Farbart wahrgenommen, die auf einer Geraden zwischen den beiden Mischfarben liegt.

Weiß und Purpur. Die Farbe Weiß entsteht durch additive Farbmischung von ***Komplementärfarben***, die in der ***Normfarbtafel*** (▫ Abb. 18.26) auf Geraden liegen, die durch den Weißpunkt E verlaufen. Purpur entsteht durch additive Mischung von monochromatischem Licht der beiden Enden des Spektrums.

Für jede beliebige Farbart F* gilt, dass sie durch additive Mischung von 3 Spektralfarben erzeugt werden kann:

$$d\,\{F\} = a\,\{F_1\} + b\,\{F_2\} + c\,\{F_3\} \quad (7)$$

Aufgrund internationaler Übereinkunft werden für die Konstruktion der modernen metrischen Farbsysteme die monochromatischen Primärfarben F_1 (700 nm, Rot), F_2 (546 nm, Grün) und F_3 (435 nm, Blau) benützt. Für die ad-

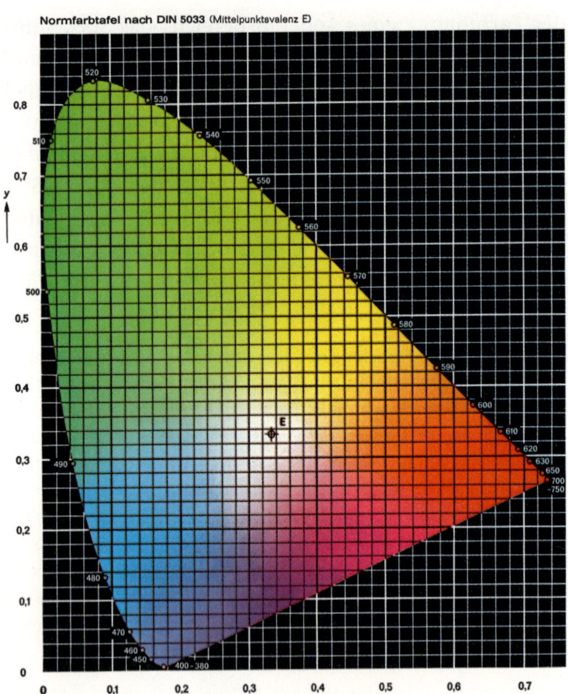

Abb. 18.26. Normfarbtafel nach DIN 5033. Der Weißbereich liegt um den Punkt *E*. Die »Basis« des »Farbendreiecks« bilden die Purpurtöne. Die additive Mischfarbe *M* zwischen 2 beliebigen Farben *A* und *B* liegt auf der Geraden *AB*. Komplementärfarben liegen jeweils auf Geraden durch den Weißpunkt *E*

ditive Mischung der Farbe Weiß gilt für die Gewichtungsfaktoren a, b und c der Gl. (7):

$$A + b + c = d = 1 \qquad (8)$$

Physiologie des Farbensehens

Die trichromatische Verarbeitung der drei verschiedenen Zapfensysteme der Netzhaut wird im zentralen Sehsystem durch antagonistische Prozesse (Gegenfarben) abgelöst

Signalverarbeitung in der Netzhaut. Die drei verschiedenen Zapfensysteme (Rot (R), Grün(G), Blau (B), ► s. S. 383) wirken als unabhängige Sensoren des photopischen Sehens. Die primäre Signalaufnahme erfolgt trichromatisch (trichromatische Farbtheorie von Young, Maxwell und Helmholtz). Die Zapfensignale werden auf den nachfolgenden Neuronen so verschaltet, dass ***Gegenfarbenneurone*** entstehen (Gegenfarbentheorie von Hering). In den parvozellulären retinalen Ganglienzellen werden entweder die R-Zapfensignale antagonistisch mit den G-Zapfensignalen zu ***Rot-Grün-Neuronen*** oder die B-Zapfensignale antagonistisch mit den Signalen der R- und G-Zapfen gemeinsam zu ***Blau-Gelb-Neuronen*** verschaltet (Abb. 18.27). Während bei den häufigeren Rot-Grün- (Abb. 18.27 A) und Grün-Rot-Neuronen On- und Off-Neurone gefunden werden, finden

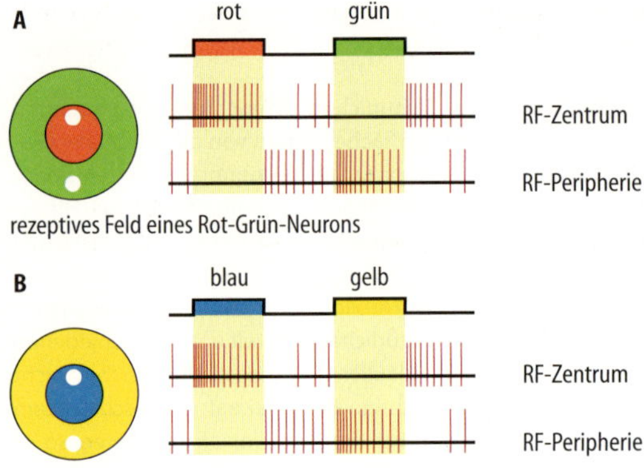

Abb. 18.27. Schema zweier rezeptiver Felder von Neuronen in der Ganglienzellschicht der Netzhaut bzw. dem Corpus geniculatum laterale eines farbtüchtigen Primaten. A Nervenzelle des Rot-Grün-Systems, **B** Nervenzelle des Blau-Gelb-Systems. RF-Zentrum und RF-Peripherie sind antagonistisch organisiert

sich bei den Blau-Gelb-Neuronen hauptsächlich Blau-On-Zellen mit einem Gelb-empfindlichen antagonistischen Umfeld (B+/(R-G-) wie in Abb. 18.27 B dargestellt.

Rezeptive Felder farbempfindlicher, zentraler Neurone. Die rezeptiven Felder der farbempfindlichen parvozellulären Neurone im Corpus geniculatum laterale entsprechen denen der retinalen Ganglienzellen. Sie sind nicht farbspezifisch, da sie auf Farb- und Helligkeitsunterschiede ähnlich reagieren. Erst in den farbempfindlichen Neuronen der primären Sehrinde (in den zytochromoxidasereichen Bereichen) findet man wirklich ***farbspezifische*** Zellen, die ***Doppelgegenfarbenneurone.*** Sie entstehen durch Verschaltung von zwei gegensätzlich gepolten Gegenfarbenneuronen und reagieren unabhängig von der Beleuchtung auf den Farbkontrast zwischen Zentrum und Peripherie des rezeptiven Feldes.

▪▪▪ Rot-Grün-Doppelgegenfarbenneurone haben beispielsweise folgende Antworteigenschaften in Zentrum und Peripherie: Zentrum = R+, G-, Peripherie = R-, G+. Auf eine Erhöhung des Rotanteils in der Beleuchtung würden sie nicht reagieren, wohl aber auf Rot-Grün-Kontraste zwischen Zentrum und Peripherie.

Farbkontrastphänomene. Umgibt ein leuchtend grüner Ring eine graue Fläche, so erscheint diese infolge von **farbigem Simultankontrast** leicht rötlich getönt. Verschwindet der Ring, so sieht der Beobachter auf weißem Hintergrund den **farbigen Sukkzessivkontrast:** einen roten Ring, der eine grünliche Binnenstruktur umgibt. Farbige Nachbilder erscheinen jeweils im Farbton der Gegenfarbe.

Farbsinnesstörungen

Es gibt verschiedene »periphere« Störungen des Farbensinnes, die meist X-chromosomal rezessiv vererbt werden

Arten von Farbsinnesstörungen. Störungen der Farbwahrnehmung sind entweder durch eine pathologische Veränderung der Sehfarbstoffe, der Signalverarbeitung in den Photorezeptoren und in den nachgeschalteten Nervenzellen oder durch eine Veränderung der spektralen Durchlässigkeit des dioptrischen Apparates bedingt. Selten treten »zentrale« Störungen der Farbwahrnehmung als Folge von Läsionen der extrastriären visuellen Hirnrinde auf (► s. Kap. 18.11). Man unterscheidet zwei große Klassen von genetisch bedingten peripheren Farbsinnesstörungen, die ***trichromatischen*** und die ***dichromatischen Störungen des Farbensehens***.

Anomalien des trichromatischen Sehens. Die mildeste Form der Farbsinnesstörungen ist die ***Farbanomalie***, die in der Regel X-chromosomal rezessiv vererbt wird. Daher sind farbanomale Männer viel häufiger als Frauen. Die Menge der durch farbanomale Trichromaten unterscheidbaren Farbvalenzen ist im Vergleich zum normal farbtüchtigen Menschen reduziert. Die Gewichtungsfaktoren a, b und c der Gl. (6–7) (► s. S. 399) sind bei normalen und anomalen Trichromaten unterschiedlich.

Klassifizierung. Es gibt drei Klassen von Farbanomalien: Die ***Rot-Grün-Störungen*** spielen statistisch die größte Rolle: die ***Protanomalie*** (Rotschwäche, Männer 1,6 %) und die ***Deuteranomalie*** (Grünschwäche, Männer 4,2 %). Um die Empfindungsgleichung im Anomaloskop einzustellen (Gl. 6) mischt der Protanomale mehr Rot zur Farbmischung als der normal Farbtüchtige, der Deuteranomale dagegen mehr Grün. Die ***Tritanomalie*** (Blauschwäche) ist sehr selten (gemeinsam mit der Tritanopie 0.0001 %), bei ihr liegt eine Störung der »Blauzapfen« bzw. des Gelb-Blau-Systems vor.

Dichromaten. Hier besteht nicht nur eine Schwäche, sondern es fehlt einer der 3 Farbrezeptoren. Die meisten Formen der ***Dichromasie*** werden ebenfalls X-chromosomal rezessiv vererbt. Der Farbenraum der Dichromaten kann analog zur Gl. (7) durch die Mischung von ***zwei*** Primärfarben vollständig beschrieben werden. Die Zahl der unterscheidbaren Farbvalenzen ist bei Dichromaten sehr viel kleiner als bei Trichromaten. Beim ***Protanopen*** (Rotblinden, 0,7 % der Männer) und beim ***Deuteranopen*** (Grünblinden, 1,5 % der Männer) ist das ***Rot-Grün-System*** gestört. Außer einer Pigmentstörung in den Rot- bzw. Grünzapfen liegt auch eine Störung der neuronalen Verschaltung in den Nervenzellen der Netzhaut vor. Die sehr selten vorkommende, ***autosomal rezessiv vererbte Tritanopie*** (Blaublindheit) ist durch eine Gelb-Blau-Verwechslung charakterisiert. Das blauviolette Ende des Spektrums sowie der Bereich zwischen 565 und 550 nm erscheint dem Tritanopen in Grautönen. Das ***skotopische Sehen*** ist bei den genannten Farbsinnesstörungen in der Regel normal.

Totale Farbenblindheit. Weniger als 1 Millionstel der Bevölkerung sind total farbenblind und sehen die Welt etwa so, wie ein normal Farbtüchtiger sie in einem Schwarzweißfilm wahrnimmt. Total Farbenblinde ***(»Monochromaten«)*** leiden meist auch unter einer Störung der Helladaptation im photopischen Bereich. Ihre Blendungsschwelle ist sehr niedrig (Ausfall der Blockade der Stäbchenamakrinen durch Zapfensignale, ► s. Kap. 18.5), und normales Tageslicht ist für sie unangenehm, weshalb sie Tageslicht meiden und meist Sonnenbrillen tragen ***(»Photophobie«)***. Da total Farbenblinde die spektrale Helligkeitskurve des Normalen für den ***skotopischen Adaptationsbereich*** haben (■ Abb. 18.1) ist anzunehmen, dass Stäbchen und Zapfen Rhodopsin als einheitlichen Sehfarbstoff enthalten (■ Abb. 18.11 C, D).

Störungen des Stäbchensystems. Menschen mit Funktionsstörungen der Stäbchen haben keine Farbsinnesstörungen, zeigen jedoch eine *eingeschränkte Dunkeladaptation*. Ursache dieser ***»Nachtblindheit« (Hemeralopie)*** genannten Störung kann ein Mangel von Vitamin A_1 in der Nahrung sein, das Vorstufe des Retinals der Sehfarbstoffe ist (► s. Kap. 18.5).

In Kürze

Das Farbensehen

Etwa 7 Millionen Farbvalenzen sind unterscheidbar. Sie lassen sich durch drei Größen kennzeichnen:
- Farbton,
- Sättigung und
- Dunkelstufe.

Durch additive Farbmischung von 2 oder 3 Farbtönen können alle Farbarten erzeugt werden, »Weiß« entsteht durch additive Mischung von Komplementärfarben.

Signalverarbeitung und Farbtheorien

- Die trichromatische Theorie des Farbensehens gilt für den Bereich der Signalaufnahme in den Photorezeptoren der Netzhaut;
- die Gegenfarbentheorie gilt für die weitere Signalverarbeitung in Retina, Sehbahn und V1,V2.

In Area V4 werden die Farbvalenzen des Farbenraumes in unterschiedlichen Nervenzellsystemen repräsentiert.

Periphere Farbsinnesstörungen

Es gibt verschiedene »periphere« Störungen des Farbensinnes, die meist X-chromosomal vererbt sind, weshalb Männer wesentlich häufiger als Frauen »farbenblind« sind:
- Farbanomalien (trichromatisch), z. B. Protanomalie;
- Farbenblindheiten (dichromatisch), z. B. Protanopie;
- Stäbchenmonochromaten sind total farbenblind und besonders lichtempfindlich.

III

18.11 Hirnphysiologische Grundlagen kognitiver visueller Leistungen

Bedeutung höherer visueller Areale

Die visuellen Assoziations- und Integrationsregionen der Großhirnrinde haben sich in der Phylogenese der Primaten und des Menschen besonders stark differenziert

Visuelle Areale des Parietal- und Temporallappens. Wie die Abb. 18.20 zeigt, sind die extrastriären visuellen Areale über die ganze okzipitale Hirnrinde ausgedehnt. Die Signale aus den retinotop organisierten visuellen Elementarregionen (Areae V2, V3, V3a, V4) werden in die visuellen ***Assoziations-*** und ***Integrationsregionen*** des Parietal- und Temporallappens übertragen. Mit jedem neuronalen Verarbeitungsschritt wird die retinotope Organisation »lockerer«, bis schließlich die einzelnen rezeptiven Felder der Nervenzellen in einigen der visuellen Assoziations- und Integrationsregionen einen großen Teil des fovealen und des peripheren Gesichtsfeldes einnehmen.

Spezifität visueller Assoziationsfelder. Die visuellen Assoziationsfelder sind durch die zytoarchitektonische Anordnung der ***kortikalen*** Zellschichten sowie durch metabolische Charakteristika wie die Verteilung der Zytochromoxidase-Reaktion voneinander unterschieden. Auch die Verbindungen untereinander und mit ***subkortikalen*** Hirnregionen sowie die Spezialisierung ihrer Nervenzellen, die nur auf bestimmte Merkmale des visuellen Reizmusters reagieren, sind Abgrenzungskriterien der verschiedenen visuellen Hirnrindenfelder. Wichtig zum Verständnis der Funktion der visuellen Assoziationsfelder ist, dass ein nicht unerheblicher Teil ihrer Axone zurück zu den primären und sekundären visuellen Hirnrindenfeldern im Okzipitallappen projiziert, wodurch eine ***efferente Selektion*** des Erregungszuflusses möglich wird.

▪▪▪ **Phylogenetische Entwicklung visueller Regionen.** Bei den nichtmenschlichen Primaten nehmen die visuellen und visuomotorischen Regionen mehr als 60 % der Hirnoberfläche ein. In der Phylogenese der letzten 2,5 Millionen Jahre, d. h. in der Entwicklung von Homo habilis bis Homo sapiens sapiens, haben sich einige **menschspezifische, visuelle Integrationsregionen** neu entwickelt oder besonders entfaltet, Strukturen, die für die **visuell-konstruktiven Leistungen** (Malen, Zeichnen, Entwerfen von dreidimensionalen Objekten), für **räumliche Planung, komplexe visuelle Zeichenerfassung** und für die Wahrnehmung zahlreicher, averbaler sozialer Zeichen zuständig sind. Neue Verbindungen zwischen diesen neokortikalen Regionen und dem limbischen System (Gyrus parahippocampalis, Hippocampus, Area entorhinalis und Corpora amygdala), dienen dem **visuellen Gedächtnis** und der **emotionalen Bewertung** komplexer visueller Zeichen und der **visuellen Ästhetik.**

»Was« und »wo«, »wohin« und »wozu«?

Für die Objekterkennung sind Assoziationsfelder im unteren Temporallappen, für die Objektlokalisation Assoziationsfelder im Parietallappen und in der präfrontalen Hirnrinde zuständig

Parallelverarbeitung. In Abb. 18.28 ist das Prinzip der »Arbeitsteilung« verschiedener kortikaler Areale für die »höheren« visuellen Leistungen dargestellt (***parallele visuelle Signalverarbeitung***): Die visuelle Objektidentifikation (»Was ist das für ein Gegenstand?«) ist vor allem eine Funktion der Assoziationsfelder des unteren Temporallappens. Die räumliche Lokalisation der Gegenstände und die visuelle räumliche Orientierung (»Wo sind oder in welche Richtung bewegen sich die Objekte?«) ist dagegen eine Leistung der parietalen und der präfrontalen Assoziationsregionen. Letztere kontrollieren die visuell gesteuerten Bewegungen (»Wohin richtet sich der Blick oder eine Greifbewegung?«). Schließlich ist die emotionale Bewertung eines visuell wahrgenommenen Gegenstandes (»Wozu ist der Gegenstand gut?«) überwiegend eine Funktion der oben genannten Strukturen des limbischen Systems.

Repräsentation der extrapersonalen Raumes. Zu jedem ***Augenblick***, d. h. während jeder neuen Fixationsperiode, werden die Objekte des extrapersonalen Raumes an anderen Stellen des Gesichtsfeldes abgebildet, wobei die retinale Bildverschiebung von den Sakkadenamplituden und -richtungen abhängig ist (▶ s. S. 378). Trotz der zwischen den Fixationsperioden auftretenden Verschiebungen des Retinabildes nehmen wir den extrapersonalen

18.5. Hemineglekt

Beim Menschen sind neben der Area 7 vor allem obere parietale Areale) für die Raumwahrnehmung zuständig. Erleidet ein Patient eine einseitige Hirnläsion dieses Bereiches, so vernachlässigt er die Signale in der zur Läsion kontralateralen Hälfte des extrapersonalen Raumes. Dieser visuelle Hemineglekt ist bei Läsionen im Bereich des rechten Parietallappens stärker ausgeprägt als im Bereich des linken. Beim Menschen ist die rechte Großhirnhälfte für die räumliche Orientierung wichtiger als die linke, in deren Integrationsregionen sprachbezogene Leistungen dominieren (▶ s. Kap. 12.2).

Der visuelle Hemineglekt bezieht sich nicht nur auf den extrapersonalen Raum, sondern auch auf die einzelnen Objekte. Von jedem Objekt wird jeweils nur eine Seite richtig wahrgenommen. Zeichnungen werden so ausgeführt, als ob nur die Hälfte des Objektes vorhanden wäre. Patienten mit einem räumlichen Hemineglekt erleben ihre visuelle Welt als vollständig, obgleich sie »objektiv« jeweils nur einen Teil der Dinge wahrnehmen. Männlichen Patienten fällt z. B. das »Fehlen« ihrer linken Gesichtshälfte im Spiegel beim Rasieren nicht auf. Sie rasieren sich nur die zur Gehirnläsion ipsilaterale Gesichtshälfte. Ein Maler zeichnet dann in einem Selbstportrait die Seite kontralateral zu seiner Hirnläsion nicht oder nur sehr vage, bezeichnet das Portrait jedoch als vollständig.

A Visuelle kognitive Funktionen

Visuell kontrollierte Motorik und Aufmerksamkeit (»wohin«?). Allozentrische räumliche Orientierung.

Visuelle Raumerkennung (»wo«?) spatiotope (egozentrische) räumliche Orientierung.

Elementares Sehen, retinotope Organisation

Visuelle Objekterkennung (»was«?). Kategoriale Ordnung

B Visuelle affektive Funktionen

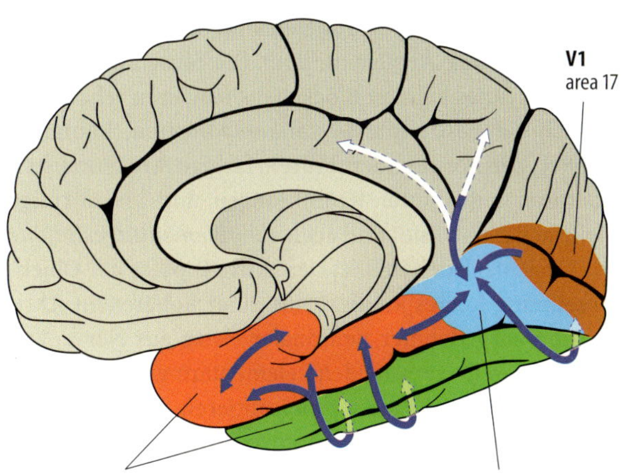

Visuell-emotionale und visuell-soziale Komponenten. Organisation nach emotionalen Kategorien.

Räumlich-emotionale Komponenten (»Vertrautheit«)

Abb. 18.28. Schema der Verteilung unterschiedlicher visueller integrativer und kognitiver Funktionen über die Großhirnrinde des Menschen. A äußere, **B** innere Hirnoberfläche. Die visuellen Elementarfunktionen sind im Okzipitallappen *(orange)* lokalisiert, von dem Verbindungen in den inferioren Temporallappen *(grün)* gehen, in dem sich Prozesse der visuellen Objektwahrnehmung abspielen. Verbindungen aus dem Okzipitalbereich in den inferioren Parietallappen *(blau)* dienen der Raumwahrnehmung, Verbindungen aus diesem Bereich in die präfrontale Hirnrinde *(rot)* der visuell-gesteuerten Blick-, Greif- und Körperbewegung. Verbindungen aus dem parietalen und temporalen Bereich über den Gyrus fusiformis und Gyrus lingualis *(blau)* in Strukturen des limbischen Systems *(rot)* dienen der Verarbeitung der emotionalen Komponenten der visuellen Wahrnehmung. Nach Kleist (1934), Grüsser u. Landis (1992)

Raum und seine Richtungen unbewegt wahr. Diese Konstanzleistung ist überwiegend eine Funktion des ***inferioren und posterioren Parietallappens***. Dort werden visuelle Signale mit der ***Efferenzkopie*** blickmotorischer Kommandos verrechnet.

Viele Nervenzellen der parietalen ***Area 7*** des Rhesusaffen werden nur dann erregt, wenn sich visuelle Muster an bestimmten Stellen des extrapersonalen Raumes in eine bestimmte Richtung bewegen. Diese Nervenzellen reagieren oft auch auf ***Augenbewegungen*** und visuell gesteuerte ***Greifbewegungen***. Die Richtungen des extrapersonalen Raumes sind in diesen Neuronennetzen vermutlich nach Art einer ***vektoriellen Abbildung*** repräsentiert. Die ***retinotope*** Abbildung des Gesichtsfeldes wird hierbei durch eine ***spatiotope*** Repräsentation des extrapersonalen Raumes abgelöst, die auf die Koordinaten des Kopfes bezogen ist. Sie garantiert die konstante Wahrnehmung der Raumrichtungen und der Objektentfernungen trotz retinaler Bildverschiebung.

Analyse von Bewegungen

Ein Teil der visuellen Assoziationsregionen der okzipitoparietalen Großhirnrinde ist auf die Signalverarbeitung bewegter visueller Muster spezialisiert

Lokalisation und Verbindungen. Im Bereich der Hirnrinde um den Sulcus temporalis superior gibt es beim Rhesusaffen Hirnrindenfelder (***Areae MT***, ***MST*** und ***FST***, Abb. 18.29), in denen zahlreiche Nervenzellen besonders stark auf ***bewegte visuelle Reize*** richtungsspezifisch reagieren. Die Area MT (= Area V5), erhält ihren hauptsächlichen visuellen Erregungszufluss aus den bewegungsempfindlichen Nervenzellen der Areae V1 (Schicht IVb), V2 (zytochromoxidasereiche, breite Streifen) und V3. Verbindungen aus den tiefen Schichten der ***Colliculi superiores*** übertragen über das ***Pulvinar*** visuomotorische Signale zur Area MT.

Funktionelle Spezifität. Viele Neurone der Area MT reagieren bevorzugt auf kleine, gegen einen stationären Hintergrund bewegte Objekte. Offenbar steuert die

18.6. Akinetopsie, Bewegungsagnosie

Patienten, die an umschriebenen bilateralen Läsionen der Areae MT und MST leiden, können Bewegungen im extrapersonalen Raum nur noch eingeschränkt wahrnehmen (Akinetopsie, Bewegungsagnosie). Die Patienten berichten auch über eine Beeinträchtigung der Stabilität der visuellen Welt bei Eigenbewegungen, was auf eine Störung der »Verrechnung« zwischen Efferenzkopiesignalen der Blick- und Körpermotorik mit den afferenten visuellen Bewegungssignalen hinweist.

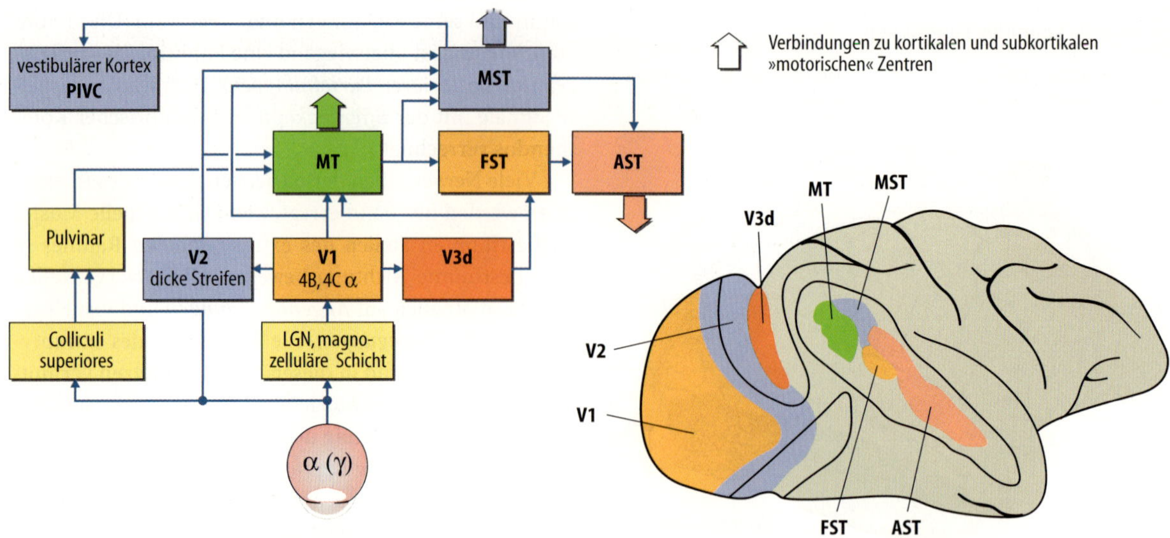

Abb. 18.29. Schema der wichtigsten Hirnrindenstrukturen zur visuellen Bewegungswahrnehmung. Axone der bewegungsempfindlichen Neurone der retinotop organisierten kortikalen Areale *V1*, *V2* und *V3* projizieren zu bewegungsspezifischen Hirnrindenfeldern im Bereich des superioren temporalen Sulcus (*STS*, Abb. 16.20). Die Area *MT* erhält weitere visuo-motorische Eingänge über den Colliculus superioris und das Pulvinar. Nach einer Abbildung aus der Arbeitsgruppe von L. Ungerleider

Area MT auch ***Augenfolgebewegungen.*** Dafür sprechen auch die Projektionen aus Area MT und Area MST in die pontinen Blickzentren und in den Kern des optischen Traktes im Hirnstamm (NOT, ▶ s. S. 380). Nervenzellen der ***Areae MST und FST*** werden bevorzugt durch ***großflächige bewegte visuelle Reize*** aktiviert, wie sie z. B. zur Auslösung des optokinetischen Nystagmus verwendet werden (Abb. 18.6 F). Ein großflächiges, bewegtes, retinales Reizmuster entsteht auch bei aktiven Bewegungen des Körpers oder des Kopfes. Ein Teil der Nervenzellen in den Areae MST und FST wird auch dann durch solche bewegte Reizmuster aktiviert, wenn dieselben mit dem Blick verfolgt werden und ihr Bild auf der Netzhaut daher stationär bleibt. Zwischen der Area MST und den ***vestibulären Arealen der Großhirnrinde***, die zur Wahrnehmung der Kopfbewegungen im Raum unerlässlich sind, bestehen wechselseitige neuronale Verbindungen (Abb. 18.29).

▪▪▪ **Lage von MT und MST beim Menschen.** In der menschlichen Großhirnrinde liegen die Areae MT (V5) und MST in der okzipito-parietalen Übergangsregion. Während visueller Bewegungsstimulation kann man in diesen Regionen aus der Erhöhung der **regionalen Hirndurchblutung** auf eine Zunahme der neuronalen Aktivität schließen. Eine **transkranielle magnetische Stimulation** der Hirnrinde jener Region unterbricht die Bewegungswahrnehmung.

Objekterkennung

! Im inferioren Temporallappen befinden sich ausgedehnte visuelle Assoziationsfelder, die der Objektwahrnehmung dienen

Neuronale Spezifität. Die ***visuellen Integrationsregionen*** des inferioren Temporallappens (***Areae PIT, CIT und AIT***, Abb. 18.20) von Primaten sind funktionell in kleine blockförmige Areale unterteilt. Die Tausende von Nervenzellen eines kleinen Blöckchens reagieren relativ einheitlich auf bestimmte ***Gestaltkomponenten*** (komplexe Winkel, sternförmige Strukturen, farbige Streifenmuster, Konturen bestimmter Krümmungen und kreisförmige Mehrfach-Kontraste) und auch auf ***»Elementargestalten«*** wie Gesichter oder Hände. Der aktive Prozess der Objekterkennung korrespondiert mit einer kohärenten Aktivierung ausgedehnter neuronaler Netze aus Nervenzellen, die jeweils verschiedene elementare visuelle Eigenschaften eines Sehdinges repräsentieren. Diese Reaktionen werden auch durch Lernprozesse, d. h. durch frühere Erfahrungen mit visuellen Objekten beeinflusst. Der inferiore Temporallappen ist somit eine Struktur, in der sich Objekterkennung im Kontext früherer visueller Erfahrung vollzieht.

18.7. Objektagnosie

Beim Menschen liegen die Regionen für die visuelle Objekterkennung im inferioren okzipito-temporalen Übergangsgebiet und im inferioren Temporallappen. Bilaterale Schädigungen in diesen Bereichen bewirken eine visuelle Objektagnosie: Ein Gegenstand kann zwar noch in seiner Lage im Raum erkannt werden, nicht jedoch in seiner Gegenständlichkeit als Stuhl, Tisch, Krug, Hammer oder komplizierte Maschine. Die Patienten können die Objekte nur visuell nicht erkennen, eine taktile oder auditorische Objekterkennung ist dagegen meist noch möglich.

Gesichtererkennung. Eine besonders wichtige Klasse von visuellen Signalen sind die ***Gesichter der Artgenossen***, da sie am leichtesten die Identifikation des Anderen ermöglichen. ***Mimische Ausdrucksbewegungen und Gesten*** sind wichtige Komponenten averbaler visueller Kommunikation. Beim Menschen und wahrscheinlich auch bei anderen höheren Primaten muss ein großer Teil dieser Funktionen ***erlernt*** werden. Die visuelle Erkennung von sozialen Signalen wie Gesichtern, mimischen Ausdrucksbewegungen oder Gesten wird durch spezialisierte Neuronennetze des ***inferioren Temporallappens*** (◘ Abb. 18.30 A) ermöglicht. Zellen antworten hier ***selektiv auf Gesichter*** oder mimische Ausdrucksbewegungen (◘ Abb. 18.30 B). Bei Rhesusaffen wurden u. a. Nervenzellen registriert, die besser auf menschliche Gesichter als auf Affengesichter reagierten und zum Teil auch stärker auf Gesichter von Personen, die dem Tier bekannt waren, als auf unbekannte Gesichter. Auch im ***Elektroenzephalogramm*** des Menschen lassen sich ereigniskorrelierte Potentiale registrieren, die Komponenten enthalten, die als ***»gesichterspezifisch«*** angesehen werden können (◘ Abb. 18.23).

A

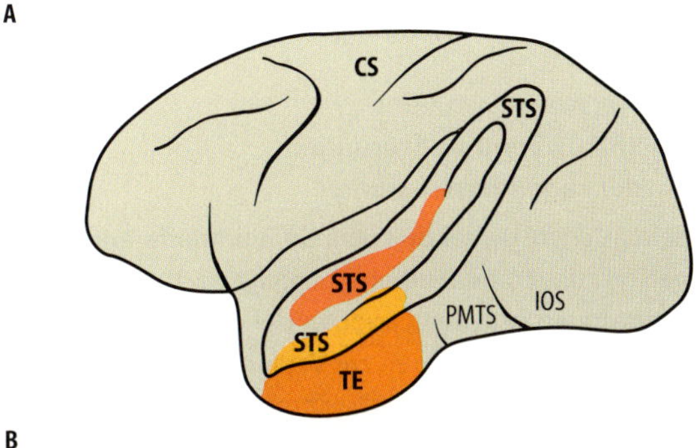

B

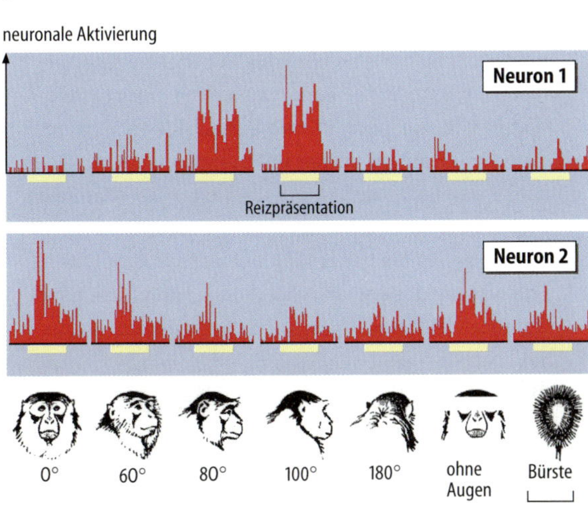

◘ **Abb. 18.30. Gesichter sind Stimuli, die spezialisierte visuelle Neurone aktivieren. A** Großhirnrindenregionen, in denen beim Rhesusaffen mit Mikroelektroden verstreut angeordnete kleine Bereiche gefunden wurden, in denen zahlreiche Nervenzellen jeweils auf Gesichterstimuli besonders gut reagierten, sind farbig markiert. **B** Die Aktivität von 2 Nervenzellen aus »gesichterspezifischen Regionen« in der Hirnrinde um den Sulcus temporalis superior ändert sich, wenn Gesichter in verschiedener Lage für jeweils 2,5 s *(gelbe Horizontalbalken)* dem wachen Versuchstier präsentiert werden. Das Neuron 1 war maximal aktiviert, wenn der etwa 5° große Reiz ein Affenprofil war, das Neuron 2 dagegen, wenn das Affengesicht in frontaler Sicht zu sehen war. Die Entfernung der Augenpartie aus dem Gesicht führte nur zu einer relativ geringen Änderung. Eine Bürste löste dagegen nur eine schwache neuronale Aktivierung aus. Nach Desimone (1984)

18.8. Prosopagnosie

Im menschlichen Gehirn werden die zur averbalen sozialen Kommunikation wichtigen Signale aus dem inferioren Temporallappen in den an der medialen Gehirnoberfläche im temporo-okzipitalen Übergangsbereich liegenden Gyrus fusiformis und den zum limbischen System gehörenden Gyrus parahippocampalis weiter geleitet. Erleidet ein Patient eine bilaterale Läsion dieser Hirnregionen im mesialen temporo-okzipitalen Übergangsbereich, so entsteht eine Prosopagnosie: der Patient kann Gesichter zwar noch als eine Kombination von Augen, Nase, Mund und Ohren erkennen, nicht jedoch verschiedene Personen unterscheiden. Alle Gesichter erscheinen ihm ähnlich, ihre Individualität ist für ihn aufgehoben. Der Patient erkennt dagegen ihm von früher bekannte Personen an der Stimme. Je nach Ausdehnung der Läsion kann zur Prosopagnosie noch eine Beeinträchtigung des Verständnisses der mimischen und gestischen Ausdrucksbewegungen der Anderen kommen. Patienten, die an einer Prosopagnosie leiden, erleben gelegentlich eine merkwürdige Veränderung der Wahrnehmung der Gesichter anderer Menschen, die einheitlich verzerrt oder verändert gesehen werden.

Lesen. Lesen ist eine menschenspezifische höhere visuelle Hirnleistung, die durch umschriebene Hirnläsionen gestört werden kann (► s. 18.9). Da Lesen im engeren Sinn eine Erfindung der jüngsten menschlichen Kulturstufe und nicht älter als 6000 Jahre ist ***(protosumerische Keilschrift)***, muss angenommen werden, dass die kulturelle Erfindung des Lesens und Schreibens Hirnregionen in Anspruch nimmt, die phylogenetisch sehr viel älter sind und unseren, des Lesens und Schreibens unkundigen Vorfahren zu anderen Zwecken dienten. Eine dem Lesen verwandte kognitive Leistung ist die ***»visuelle Pars-pro-toto«-Erkennung*** bei Objekten, d. h. die Fähigkeit, aus einem Teil auf den ganzen Gegenstand zu schließen. Bei der Erkennung natürlicher Zeichen, wie z. B. beim ***Spurenlesen*** oder bei der visuellen Beurteilung der Essbarkeit von Früchten, spielte diese Pars-pro-toto-Erkennung beim Menschen früherer Kulturstufen eine wichtige Rolle.

Kortikale Lokalisation. Durch Messung der regionalen Hirndurchblutung (► s. Kap. 8.4) konnte nachgewiesen werden, dass beim ***Lesen*** eine besonders starke Aktivierung im Bereich des ***Gyrus angularis*** und ***Gyrus circumflexus*** der ***linken Großhirnhemisphäre*** auftritt.

18.9. Lesestörungen

Patienten können nach einer Läsion im inneren Bereich des linken Gyrus angularis entweder Wörter nicht mehr lesen (verbale Alexie) oder sogar Buchstaben nicht mehr erkennen (literale Alexie). Bei einer reinen Alexie kann der Patient noch schreiben, das von ihm selbst Geschriebene jedoch nicht mehr lesen (Alexie ohne Agraphie). Betrifft die Hirnläsion Gyrus angularis und Gyrus circumflexus, so ist die Alexie in der Regel von einer Unfähigkeit zum Schreiben (Agraphie) begleitet. Eine Läsion im Bereich der prämotorischen Hirnrinde des linken Frontallappens kann selektiv eine Agraphie ohne Alexie zur Folge haben.

Die Fähigkeit ideographische Schrift zu lesen (z. B. chinesische Schriftzeichen oder Kanji im Japanischen) ist bei einer umschriebenen Läsion des linken Gyrus angularis nur wenig beeinträchtigt. Eine Alexie für diese Schriftzeichen tritt bei einer Läsion des rechten Gyrus angularis auf. Diese Beobachtung verweist auf den Umstand, dass die Funktion dieser menschenspezifischen neokortikalen Hirnrindenfunktionen wesentlich vom Lernen in der Kindheit und Jugend abhängig ist.

Die Fähigkeit zum Lesen und Schreiben ist auch bei den verschiedenen Aphasien beeinträchtigt. Dann ist die Alexie jedoch nicht durch den Ausfall visuell-kognitiver Mechanismen bedingt, sondern durch eine Störung des Sprachverständnisses im engeren Sinne.

Farbwahrnehmung

Der Gyrus fusiformis des menschlichen okzipitalen Kortex ist zur Area V4 des Affen homolog, dort finden sich hochgradig farbspezifische Nervenzellen

Die farbspezifische Area V4. Vermutlich ist der Farbenraum in neuronalen Erregungsmustern der Neurone der extrastriären visuellen Area V4 repräsentiert, wo sich viele farbspezifische Zellen finden, die in ihren Antworten u. a. auch die oberhalb im Abschnitt »Gesetze des Farbensehens« erwähnte ***Farbkonstanz*** aufweisen. Diese Zellen können über weite Bereiche des Gesichtsfeldes die Antworten von Doppelgegenfarbenneuronen integrieren und ermöglichen so die Unabhängigkeit der Farbwahrnehmung von wechselnden Beleuchtungsbedingungen im gesamten Gesichtsfeld. Eine Schädigung der Area V4 führt beim Rhesusaffen zum Verlust der Farbkonstanz bei erhaltener Fähigkeit, Licht verschiedener Wellenlängen zu unterscheiden. Ein Teil der Nervenzellen in ***Area V4*** des Rhesusaffen reagiert sehr spezifisch auf einen jeweils kleinen Ausschnitt der Farben des Farbenraumes (► s. S. 398) oder auf bestimmte Farbkonturen. Die Area V4 hat eine wichtige Funktion bei der ***Objektwahrnehmung*** mithilfe der für bestimmte Objekte charakteristischen Farben.

Lage von V4 beim Menschen. Die zu Area V4 des Rhesusaffen homologe Region in der menschlichen Großhirnrinde liegt an der mesialen okzipitalen Oberfläche im Bereich des ***Gyrus fusiformis***, einer Hirnregion, die durch Äste der A. cerebri posterior versorgt wird. Der Bereich des Gyrus fusiformis, der für die ***Wahrnehmung von Oberflächenfarben*** wichtig ist, hat Verbindungen zum linken ***Gyrus angularis*** (***Benennung*** von Farben) und über den ***Gyrus parahippocampalis*** in das limbische System (***emotionale Bedeutung*** der Farben).

18.10. Zentrale Störungen der Farbwahrnehmung

Bei Läsionen der okzipitalen Großhirnrinde entstehen Störungen des Farbensehen, die noch gesichtsfeldbezogen sind; bei Läsionen der parietalen Hirnrinde kommt es dagegen zur Veränderung der kategorialen Ordnung der Farbwahrnehmung. Eine isolierte Störung im Bereich des Gyrus fusiformis durch einen Verschluss der betreffenden Äste der A. cerebri posterior bewirkt eine kortikale Hemiachromatopsie: die kontralateral zur Läsion gelegene Gesichtsfeldhälfte wird nur noch in Hell-Dunkel-Tönen wahrgenommen, während in der ipsilateralen Gesichtsfeldhälfte das Farbensehen erhalten ist. Eine bilaterale Läsion bewirkt eine kortikale Achromatopsie. Die Patienten sehen die ganze Welt nur noch in Grautönen. Entsprechend dem im vorausgehenden Abschnitt Gesagten leiden sie meist auch an einer Prosopagnosie.

Aus dem Bereich der Area V4 des Menschen gibt es Verbindungen zum Gyrus angularis der linken Hirnhälfte. Patienten mit Läsionen dieser Verbindungen oder des Gyrus angularis können Farben oder Objekte nur noch schwer einander zuordnen. Es kommt zu einer Beeinträchtigung der kategorialen Ordnung des Farbenraumes und oft auch zum Verlust der richtigen Benennung der Farben (Farbenanomie). Bei diesen Patienten lässt sich dann keine der oben besprochenen »peripheren« Farbsinnesstörungen nachweisen. Sie stellen z. B. Farbmischungsgleichungen am Anomaloskop richtig ein. Dennoch leiden sie an einer schweren Beeinträchtigung der Farbenerkennung und der Zuordnung von Objekten und den für diese Objekte typischen Farben (Tomate/rot, Banane/gelb).

Emotionale Komponenten des Sehens

> Emotionale Komponenten der visuellen Wahrnehmung sind überwiegend der Funktion von Teilen des limbischen Systems zuzuschreiben

Sehen und Emotionen. Wie fast alle Empfindungen und Wahrnehmungen beeinflusst auch die visuelle Umwelt unsere augenblickliche Gestimmtheit (▶ s. Kap. 11.1). Das Sozialverhalten des Menschen wird von averbalen visuellen Signalen gesteuert (Erkennung von mimischen Ausdrucksbewegungen und Gesten). Einige visuelle Gestalten (z. B. erotische Signale, »*Kindchen-Schema*«) lösen oft direkt emotionale Reaktionen aus. Gleiches gilt für die visuelle Wahrnehmung von Speisen und Getränken. Dem Hungrigen läuft beim Betrachten von Speisen das Wasser im Munde zusammen. Auch die den Appetit anregende Wirkung eines schön gedeckten und geschmückten Tisches verweist auf emotionale Begleitreaktionen der visuellen Wahrnehmung; *»das Auge isst mit«*.

▪▪▪ **Emotionale Bedeutung des Raums.** Die Wirkung von **Räumen** auf die subjektive Befindlichkeit zeigt ebenfalls die visuell-emotionale Kopplung: Das Gefühl der Bedrohung beim Durchwandern einer **engen Schlucht** (auch der von Hochhäusern gesäumten »Schluchten« der Großstadtstraßen) oder der **Höhenschwindel**, der bei vielen Menschen mit Angstgefühlen verbunden ist. Bei manchen Menschen lösen große Plätze Angstgefühle aus (**Agoraphobie**), bei anderen bewirken dagegen sehr kleine Räume das Symptom der **Klaustrophobie**.

Neuronale Verbindungen. Die emotionalen Komponenten der visuellen Wahrnehmung kommen durch die neuronalen Verknüpfungen zwischen den visuellen Assoziations- und Integrationsregionen und den Strukturen des limbischen Systems zustande. Die *Corpora amygdala*, der *Gyrus parahippocampalis*, der *Hippocampus* und die *Area entorhinalis* (▶ s. Kap. 11.2) sind limbische Strukturen, in denen komplexe visuelle Signale verarbeitet werden, die der sozialen Koordination, der Nahrungsaufnahme, der Nahrungserkennung, dem räumlichen Gedächtnis, aber auch der allgemeinen *visuellen Erinnerung* dienen (Abb. 18.28).

In Kürze

Hirnphysiologische Grundlagen kognitiver visueller Leistungen

60 % der Hirnoberfläche wird von visuellen und visuomotorischen Arealen eingenommen, höhere visuelle Areale liegen im parietalen und inferotemporalen Kortex. Die höheren visuellen Leistungen werden nach dem Prinzip der »Arbeitsteilung« von verschiedenen kortikalen Arealen erbracht: Es erfolgt eine Parallelverarbeitung von Raum-, Bewegungs- und Objekterkennung in spezialisierten Arealen:

- Raum- und Bewegungsanalyse;
- Repräsentation des extrapersonalen Raumes (Areae 7, 39, 40) im Parietallappen;
- Bewegungswahrnehmung in der okzipito-parietalen Hirnrinde (Areae MT, MST, FST); diese Areae sind mit den blickmotorischen Zentren des Hirnstammes zur bewussten Steuerung von Augenfolgebewegungen verbunden.
- Der Objekterkennung dienen beim Menschen und anderen höheren Primaten das okzipitotemporale Übergangsgebiet und der inferiore Temporallappen; die neuronalen Mechanismen dieser Region sind wesentlich von Lernprozessen abhängig.
- Die Gesichtererkennnung erfolgt im inferioren Temporallappen (Gyrus fusiformis, Gyrus parahippocampalis) und in limbischen Hirnregionen.
- Die Zuordnung abstrakter visueller Zeichen beim Lesen benötigt den Gyrus angularis.
- Der linke Gyrus angularis ist für alphabetische Schriftsysteme, der rechte für ideographische Schriftsysteme (z. B. chinesische Schriftzeichen) zuständig.
- Farbwahrnehmung: Die Zuordnung von Farben zu Objekten benötigt die Verbindungen der Area V4 mit dem Gyrus angularis im parieto-temporalen Übergangsbereich.
- Emotionale Komponenten: bestimmte visuelle Objekte lösen Emotionen aus – »Kindchen-Schema«. Neurophysiologisch kommen diese emotionalen Komponenten der visuellen Wahrnehmung durch die neuronalen Verknüpfungen zwischen den visuellen Assoziations- und Integrationsregionen und den Strukturen des limbischen Systems zustande.

Literatur

Grehn F (1998) Augenheilkunde, 24. Aufl. Springer, Berlin Heidelberg New York

Grüsser O-J, Landis T (1991) Visual agnosias and other disturbances of visual perception and cognition, vol XII. In: Cronly-Dillon JR (ed) Vision and visual dysfunction. MacMillan, London

Hartje W, Poeck K (Hrsg) (2002) Klinische Neuropsychologie, 5 Aufl. Thieme, Stuttgart New York

Huber A, Kömpf D (Hrsg) (1998) Klinische Neuroophthalmologie, Thieme, Stuttgart New York

Kandell ER, Schwartz JH, Jessell TM (Hrsg.) (2000) Principles of neural science, Fourth Edition McGraw-Hill, New York

Zeki S (1993) A vision of the brain. Blackwell, Oxford

Kapitel 19
Geschmack und Geruch

H. Hatt

Einleitung

Die 48-jährige Hausfrau T.K. erschien heute morgen in der Praxis und klagte, dass sie seit etwa 3 Wochen beim Essen nichts mehr »schmecke«. Die Anamnese ergab, dass diese Symptome im Anschluss an einen schweren grippalen Infekt mit schleimig eitrigem Nasensekret aufgetreten sind. Die Untersuchung des Nasengangs und der Nasenschleimhaut zeigten keine Auffälligkeiten. Ein Riechtest bewies, dass die Patientin keinen Geruchssinn mehr hatte (Anosmie). Der anschließende Geschmackstest zeigte dagegen keine Auffälligkeiten. Daraus leitete sich die Diagnose Anosmie, hervorgerufen durch Adeno- bzw. Grippeviren, ab. Diese schwere, nicht reversible Verlaufsform findet man bei 1–2 % von Grippeerkrankungen mit starkem Schnupfen.

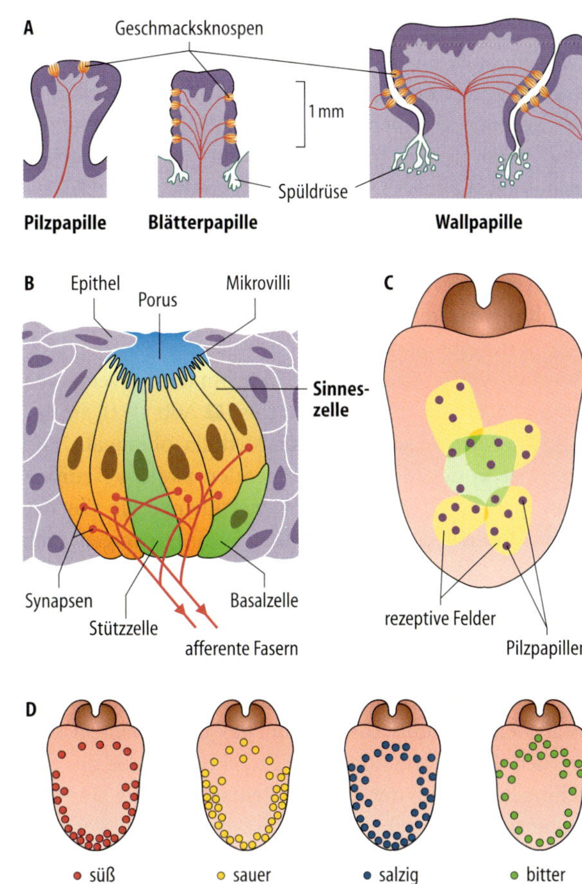

Abb. 19.1. Struktur und Lokalisation von Geschmackssensoren. **A** Die 3 Typen der Geschmackspapillen. **B** Aufbau und Innervation einer Geschmacksknospe, die in den flüssigkeitsgefüllten Porus ragen. Jede Sinneszelle wird meist von mehreren afferenten Hirnnervenfasern innerviert. **C** Rezeptive Felder auf der Zunge. Die einzelnen afferenten Hirnnervenfasern haben ausgedehnte, sich überlappende Innervationsgebiete, die mehrere Pilzpapillen umfassen. **D** Bevorzugte Lokalisation der vier Geschmacksqualitäten auf der Zunge des Menschen

19.1 Bau der Geschmacksorgane und ihre Verschaltung

Aufbau der Geschmacksorgane

Auf der Zunge liegen die charakteristischen Trägerstrukturen für die Sinneszellen, nämlich die Geschmackspapillen und -knospen; in deren Membran eingelagert sind die Rezeptorproteine

Geschmackspapillen. Es lassen sich drei Typen von Geschmackspapillen morphologisch unterscheiden (Abb. 19.1 A):

- die *Pilzpapillen* (Papillae fungiformes) sind über die ganze Oberfläche verstreut und stellen mit 200–400 die zahlenmäßig größte Gruppe dar;
- die 15–20 *Blätterpapillen* (P. foliatae) finden sich als dicht hintereinander liegende Falten am hinteren Seitenrand der Zunge und
- die großen *Wallpapillen* (P. vallatae), von denen wir nur 7–12, v. a. an der Grenze zum Zungengrund besitzen.

Die kleinen *Fadenpapillen* (P. filiformes), die die übrige Zungenfläche bedecken, haben nur taktile Funktionen.

Geschmacksknospen. Sie liegen in den Wänden und Gräben der Papillen (Abb. 19.1 B) und sind beim Menschen 30–70 μm hoch und 25–40 μm im Durchmesser. Ihre Gesamtzahl wird beim Erwachsenen mit 2000–4000 angegeben, wobei die Wallpapillen oft mehr als 100 enthalten, die Blätterpapillen ca. 50, dagegen die Pilzpapillen nur 3–4. Mit zunehmenden Alter reduziert sich ihre Zahl geringfügig. Neben Stütz- und Basalzellen enthält jede Geschmacksknospe 10–50 Sinneszellen, die wie Orangenschnitze angeordnet sind. Darüber entsteht etwas unterhalb der Epitheloberfläche ein flüssigkeitsgefüllter Trichter (Porus).

Geschmackssinneszellen. Sie sind modifizierte Epithelzellen. Ihr langer, schlanker Zellkörper trägt am apikalen Ende feine, fingerförmige, dendritische Fortsätze, die *Mikrovilli*, die zur Oberflächenvergrößerung dienen (Abb. 19.1 B). Der basolaterale Teil ist durch Gap Junctions mit den Nachbarzellen verbunden. In der Membran der Mikrovilli befinden sich die für die Reizaufnahme verantwortlichen *Geschmacksrezeptoren*, chemisch gesehen Proteine.

Verschaltung der Geschmackssinneszellen

Die Geschmackssinneszellen sind sekundäre Sinneszellen ohne Nervenfortsatz; sie werden durch zuführende (afferente) Fasern von Hirnnerven über chemische Synapsen innerviert

Innervation. Wall- und Blätterpapillen werden überwiegend vom N. glossopharyngeus (IX. Hirnnerv) versorgt; die Pilzpapillen vom N. facialis (VII. Hirnnerv), der über die durch das Mittelohr ziehende Chorda tympani erreicht wird (Geschmacksstörungen bei Ohrenentzündungen oder Facialisparesen). An einer Geschmacksknospe enden bis zu 50 Fasern. Zu den Sinneszellen in den seltenen Knospen des Gaumen-/Rachenbereichs ziehen Fasern des N. vagus (X. Hirnnerv) und des N. trigeminus (V. Hirnnerv). Jede Nervenfaser kann durch Verzweigungen viele Sinneszellen in einer Geschmacksknospe versorgen, sodass häufig einzelne Sinneszellen von mehreren Nervenfasern innerviert werden. Dieses Verschaltungsmuster bleibt auch bei der wöchentlichen Zellerneuerung gewahrt.

Zentrale Verbindungen. Alle Geschmacksnervenfasern sammeln sich im Tractus solitarius (Abb. 19.2). Sie enden im ***Nucleus solitarius*** der Medulla oblongata. Die Zahl der in der Medulla beginnenden zweiten Neurone der Geschmacksbahn ist sehr viel kleiner als die der Sinneszellen *(Konvergenz!)*. Ihre Axone zweigen sich auf:

- Ein Teil der Fasern vereinigt sich mit dem Lemniscus medialis und endet gemeinsam mit anderen Modalitäten (Schmerz, Temperatur, Berührung) in den spezifischen Relais-Kernen (Nucleus ventralis posteromedialis) des ventralen Thalamus. Hier beginnt das 3. Neuron. Von dort werden die Informationen zur Projektionsebene des Geschmacks am Fuß der hinteren Zentralwindung zum ***Gyrus postcentralis*** nahe den sensomotorischen Feldern geleitet.
- Der andere Teil der Fasern projiziert unter Umgehung des Thalamus zum ***Hypothalamus***, ***Amygdala*** und der ***Striata terminalis*** und trifft dort auf gemeinsame Projektionsgebiete mit olfaktorischen Eingängen. Diese Verbindungen sind besonders wesentlich für die emotionale Komponente von Geschmacksempfindungen.

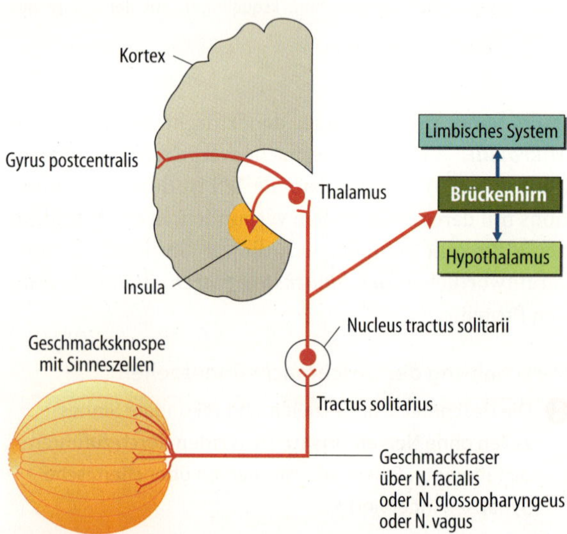

Abb. 19.2. Verschaltungen der Geschmackssinneszellen. Schema der zentralen Verbindungen von den Geschmacksknospen ins Gehirn. Sie projizieren in verschiedene Bereiche der Großhirnrinde, aber auch zum Limbischen System und zum Hypothalamus

In Kürze

Bau der Geschmacksorgane

Die Trägerstrukturen für die Geschmackssinneszellen sind die Geschmacksknospen, die wiederum in den Wänden und Gräben der Geschmackspapillen liegen. Es gibt verschiedenen Typen von Papillen auf der Zunge:

- Pilzpapillen,
- Blätterpapillen,
- Wallpapillen
- Fadenpapillen (nur taktile Funktion).

Verschaltung der Geschmacksinneszellen

Geschmacksinneszellen sind sekundäre Sinneszellen, d. h. sie selber haben keinen Nervenfortsatz. Sie werden von afferenten Hirnnervenfasern (N. facialis, glossopharyngeus, vagus) versorgt, die die Information zum Nucleus solitarius der Medulla oblongata leiten.

Von dort ziehen Fasern zum Gyrus postcentralis und zum Hypothalamus, wo sie gemeinsame Projektionsgebiete mit olfaktorischen Eingängen haben (Tabelle 19.1).

19.2 Geschmacksqualitäten und Signalverarbeitung

Geschmacksqualitäten

Es lassen sich 4 Grundqualitäten des Geschmacks unterscheiden, für die sich nur schwer topographische Verteilungsmuster auf der Zungenoberfläche erkennen lassen

Grundqualitäten. Beim Menschen gibt es vier primäre Geschmacksempfindungen: ***süß***, ***sauer***, ***salzig und bitter*** (Tabelle 19.2). Viele Geschmacksreize haben Mischqualität, die sich aus mehreren Grundqualitäten zusammensetzt, z. B. süßsauer.

Diskutiert wird noch die Existenz eines alkalischen und eines metallischen Geschmacks. Von japanischen Wissenschaftlern wird zusätzlich eine Geschmacksempfindung für Glutamat (Natriumsalz der Aminosäure Glutamin) postuliert, der »***Umami-Geschmack***«.

Topographie. Bisher glaubte man, dass eine genaue Zuordnung bestimmter Areale auf der Zunge zu einer Geschmacksqualität möglich sei, z. B. sauer und salzig bevorzugt am Zungenrand, süß an der Spitze (Abb. 19.1 D). Inzwischen weiß man, dass diese Zonenaufteilung auf einem Interpretationsfehler der Abbildung einer Veröffentlichung von Hänig aus dem Jahre 1901 beruht. Dort ist bereits gezeigt, dass nur geringe prozentuale Unterschiede in der Empfindlichkeit der einzelnen Qualitäten auf der Zungenoberfläche bestehen, mit Ausnahme des Bittergeschmackes, der bevorzugt am Zungenhintergrund lokalisiert ist (Abb. 19.1 D, rechts). Damit ist jedoch nur eine Wahrscheinlichkeit, keine Ausschließlichkeit ausgedrückt; auch mit der Zungenspitze kann man bitter schmecken.

Tabelle 19.1. Morphologische und physiologische Unterscheidungsmerkmale zwischen Geruch und Geschmack

	Geschmack	Geruch
Sensoren	sekundäre Sinneszellen	primäre Sinneszellen Enden des V. (IX. und X.) Hirnnerven
Lage der Sensoren Afferente Hirnnerven	auf der Zunge N. VII, N. IX (N. V, N. X)	im Nasen- und Rachenraum N. I (N. V, N. X)
Stationen im Zentralnervensystem	1. Medulla oblongata 2. Ventraler Thalamus 3. Kortex (Gyrus postcentralis) Verbindungen zum Hypothalamus	1. Bulbus olfactorius 2. Endhirn (Area praepiriformis) Verbindungen zum limbischen System, Hypothalamus und zum orbitofrontalen Kortex
adäquater Reiz	Moleküle organischer und anorganischer, meist nicht flüchtiger Stoffe; Reizquelle in Nähe oder direktem Kontakt zum Sinnesorgan	Moleküle fast ausschließlich organischer, flüchtiger Verbindungen in Gasform, erst direkt an Rezeptoren in flüssiger Phase gelöst; Reizquelle meist in größerer Entfernung
Zahl qualitativ unterscheidbarer Reize	niedrig 4 Grundqualitäten	sehr hoch (einige Tausend), zahlreiche, schwer abgrenzbare Qualitätsklassen
absolute Empfindlichkeit	geringer, mindestens 1016 und mehr Moleküle/ml Lösung	für manche Substanzen sehr hoch (107 Moleküle pro ml Luft, bei Tieren bis zu 102 bis 103)
biologische Charakterisierung	Nahsinn Nahrungskontrolle, Steuerung der Nahrungsaufnahme und -verarbeitung (Speichelreflexe)	Fernsinn und Nahsinn Umweltkontrolle (Hygiene), Nahrungskontrolle; bei Tieren auch Nahrungs- und Futtersuche, Kommunikation, Fortpflanzung starke emotionale Bewertung

Tabelle 19.2. Einteilung charakteristischer Geschmacksstoffe und ihre Wirksamkeit beim Menschen

Qualität	Substanz	Schwelle (mol/l)
bitter	Chininsulfat Nikotin	0,000008 0,000016
sauer	Salzsäure Zitronensäure	0,0009 0,0023
süß	Saccharose Glukose Saccharin	0,01 0,08 0,000023
salzig	NaCl CaCl2	0,01 0,01

Periphere Signalverarbeitung

Jede Papille, selbst einzelne Sinneszellen, sind für mehrere, meist alle vier Geschmacksqualitäten empfindlich; die Qualitätscodierung der Geschmacksinformation kann dann durch sich überlappende Reaktionsprofile der Sinneszellen erfolgen

Sensitivität. Einzelne Schmeckzellen reagieren in der Regel auf Vertreter mehrerer Geschmacksqualitäten, und zwar mit De- oder Hyperpolarisation. Bei ansteigenden Konzentrationen wird die Zelle etwa proportional der Konzentration erregt, bis ein Plateau (Sättigung: z. B. für NaCl 0,5–1 mol/l) erreicht wird. Die Potenzialänderung löst an der Synapse zwischen Sinneszelle und zentralem Neuron eine Transmitterfreisetzung aus, die zu einer Veränderung der Aktionspotentialfrequenz an der spontan aktiven afferenten Nervenfaser führt (Abb. 19.3 A). Daraus ergeben sich von Zelle zu Zelle unterschiedliche Reaktionsspektren ***(Geschmacksprofile)*** mit mehr oder weniger ausgeprägten Erregungsmaxima für die vier Grundqualitäten. Man findet eine Änderung der Aktionspotentialfrequenz entsprechend dem Logarithmus der Reizkonzentration, wie es das Weber-Fechner-Gesetz verlangt.

Spezifität. Abbildung 19.3. B zeigt, dass es eine zellspezifische Rangordnung der Empfindlichkeit für die Grundqualitäten gibt, also z. B. eine Zelle, die am empfindlichsten für süß ist, gefolgt von sauer, salzig und bitter. Eine andere Zelle hat eine andere Rangfolge. Diese geschmacksspezifisch unterschiedliche Erregung in verschiedenen Fasergruppen enthält die Information über die ***Geschmacksqualität***. Daneben gibt es Nervenfasern (ca. 25 %), die spezifisch sind für nur eine Qualität. Die Gesamterregung aller entsprechenden Fasern enthält die Information über die ***Reizintensität***, d. h. die Konzentration.

Zentrale Signalverarbeitung

Die Geschmacksprofile werden auf den verschiedenen zentralen Projektionsebenen beibehalten; die meisten Geschmacksbahnneurone haben von der Peripherie bis zum Kortex keine Qualitätsspezifität

Rezeptive Felder. Wie bereits erwähnt, innervieren einzelne Nervenfasern mehrere Sinneszellen sogar in ver-

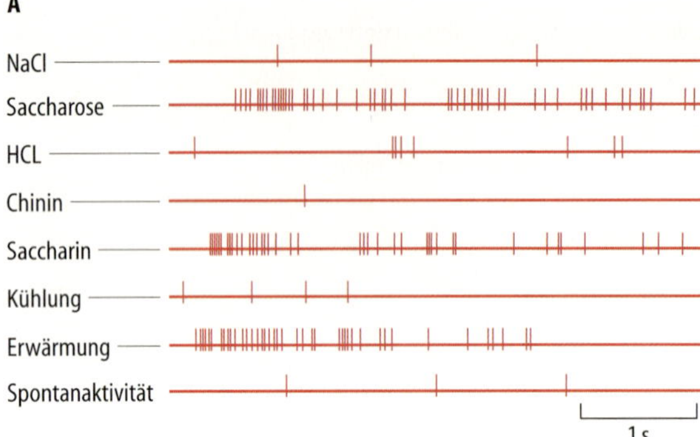

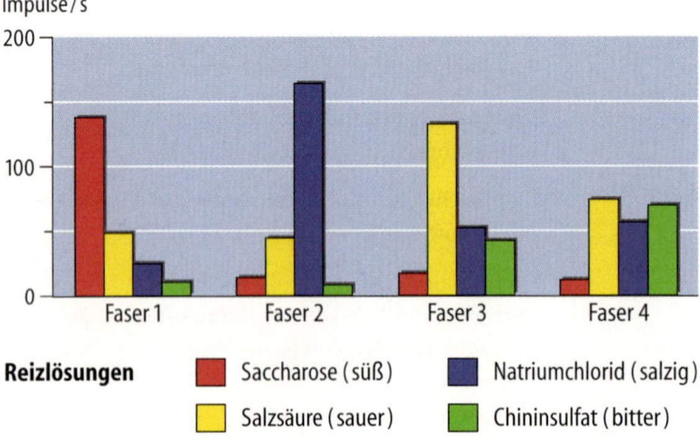

Abb. 19.3. Funktionsanalyse von Geschmackssinneszellen. A Originalregistrierungen der Nervenimpulse von einzelnen afferenten Fasern des Nervus facialis einer Ratte nach Reizung der Geschmacksknospen mit Geschmackssubstanzen verschiedener Qualität. **B** Antwortverhalten von 4 verschiedenen einzelnen Geschmacksnervenfasern aus der Chorda tympani einer Ratte. Jede Nervenfaser antwortet auf Reizsubstanzen aller 4 Qualitätsklassen, allerdings mit unterschiedlicher Empfindlichkeit (Geschmacksprofile)

schiedenen Geschmacksknospen, von denen angenommen werden muss, dass sie sich hinsichtlich ihrer Reaktionsspektren unterscheiden. Dies bedeutet, dass die Reaktionsspektren der afferenten Nervenfasern die Information von zahlreichen Zellen enthalten und sich überlappende, größere Einzugsbereiche, die rezeptive Felder genannt werden, ergeben (Abb. 19.1 C).

Codierung. Aus der Aktivität einer einzelnen Faser kann deshalb keine eindeutige Information über Qualität und Konzentration entnommen werden. Erst ein Vergleich der Erregungsmuster mehrerer Fasern enthält diese Informationen (Abb. 19.2 B). Die Merkmale einer Reizsubstanz (Qualität und Konzentration) werden in der Weise codiert, dass sich jeweils komplexe, aber charakteristische Erregungsmuster *(across Fiber Pattern)* über einer größeren Zahl gleichzeitig, aber unterschiedlich reagierender Neurone ausbilden. Das Gehirn ist dann in der Lage, diesen verschlüsselten Code über Mustererkennungsprozesse zu dechiffrieren und daraus Art und Konzentration des Reizstoffes zu identifizieren.

Molekulare Mechanismen der Geschmackserkennung

Den vier Grundqualitäten lassen sich spezifische Rezeptoren zuordnen, die durch Reizsubstanzen definierter molekularer Struktur aktiviert werden

Transduktion. Der erste Schritt in der Umsetzung eines chemischen Reizes in eine elektrische Antwort der Sinneszelle, die Transduktion, besteht aus der Wechselwirkung zwischen Geschmackstoffmolekülen und den ***Rezeptorproteinen*** in der Membran der Schmeckzelle. Dies bewirkt eine Permeabilitätsänderung der Membran durch Aktivierung von Ionenkanälen, wodurch wiederum eine Transmitterfreisetzung und dadurch Erregung der innervierenden Gehirnnervenfaser (Aktionspotentiale) hervorgerufen wird.

Sauergeschmack. In der Chemie ist die Säure als eine Substanz definiert, die Wasserstoffionen (H^+-Ionen, Protonen) freisetzt oder erzeugt, und diese Ionen sind es auch, durch die der Sauergeschmack ausgelöst wird (pH $<3{,}5$); seine Intensität nimmt mit der H^+-Ionenkonzentration zu. Neutralisation hebt den Sauergeschmack auf. Außerdem spielt die Länge der Kohlenstoffkette eine Rolle. In der Membran der Mikrovilli konnten zwei Typen von »Sauer-Rezeptor-Kanalproteinen« nachgewiesen werden (Abb. 19.4 A), der sog. Amilorid-sensitive Na^+-Kanal und der Hyperpolarisationsaktivierte und durch zyklische Nukleotide modulierte Kationenkanal. In Gegenwart von sauren Valenzen wird das Membranpotential positiver, die Zelle depolarisiert.

Salzig. Alle Stoffe mit salzigem Geschmack sind kristalline, wasserlösliche Salze, die in Lösungen in Kationen und Anionen dissoziieren (z. B. Kochsalz in Na^+ und Cl^-). Sowohl Kationen wie Anionen tragen zur Geschmacksintensität bei. Es lässt sich eine Rangordnung für den ***Grad der »Salzigkeit«*** aufstellen:

Kationen: $NH_4 > K > Ca > Na > Li > Mg$
Anionen: $SO_4 > Cl > Br > I > HCO_3 > NO_3$

Salzig schmeckende Stoffe können häufig zusätzlich Empfindungen für andere Qualitäten auslösen. So hat z. B. Natriumbicarbonat salzig-süßen, Magnesiumsulfat salzig-bitteren Geschmack. Selbst reines Kochsalz schmeckt in niederen Konzentrationen schwach süß. Die absolute Schwelle, die zur Auslösung der Empfindung salzig nötig ist, liegt für Kochsalz bei einigen Gramm/Liter.

Der ***Transduktionsmechanismus*** ist relativ einfach: (Abb. 19.4 A). Eine Erhöhung der Na^+-Konzentration außerhalb der Zelle durch Essen von salzhaltiger Kost führt zu einem erhöhten Einstrom von Na^+-Ionen durch den Amilorid sensitiven unspezifischen Kationenkanal in die Zelle; sie wird depolarisiert. Im basolateralen Bereich der Sinneszelle ist eine hohe Dichte an Pumpen (Na^+/K^+-ATPasen), die die eingeflossenen Kationen wieder aus der

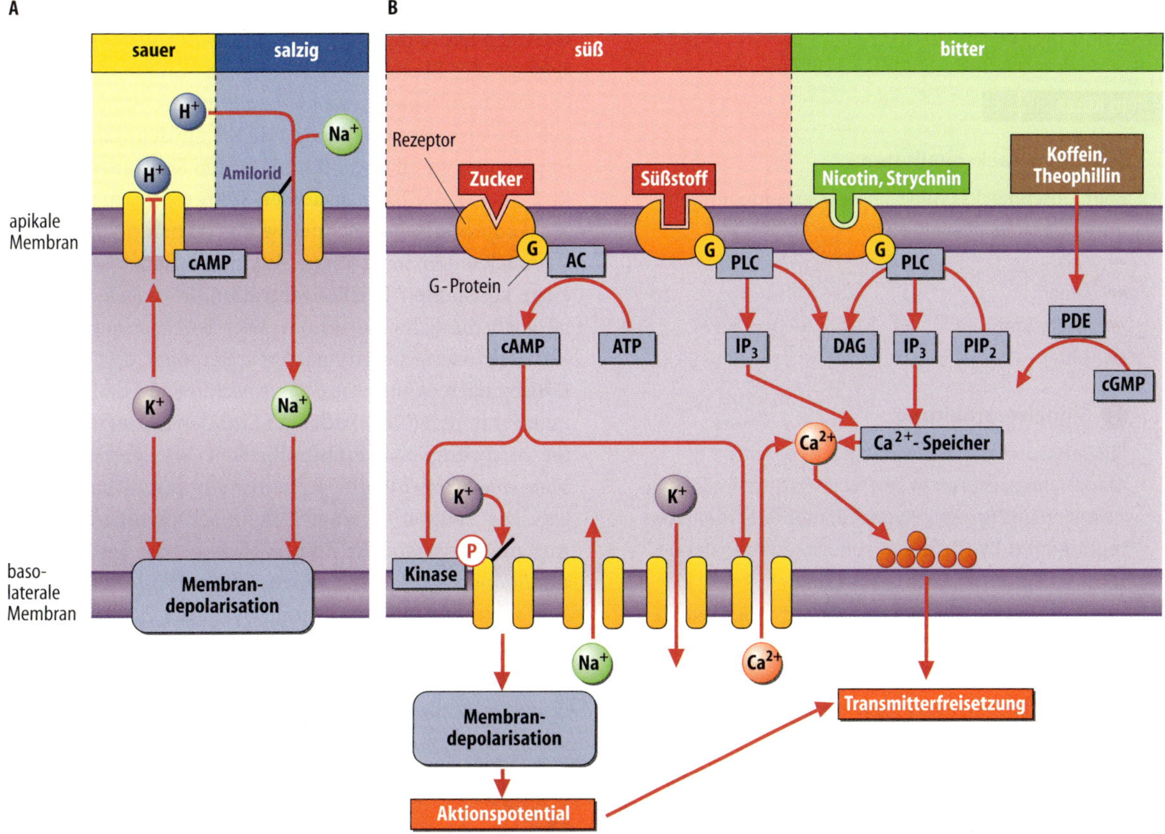

Abb. 19.4. Signaltransduktion in Geschmackssinneszellen. Molekulare Prozesse der Umsetzung von sauren und salzigen Substanzen (**A**), sowie bitter und süß schmeckenden Reiz-Substanzen (**B**) in eine elektrische Zellantwort

Zelle transportieren und damit die Zelle wieder erregbar machen.

Die Wirkung der Anionen kommt indirekt durch spezielle Transportsysteme an benachbarten Stützzellen zustande, die über Gap Junctions mit den Sinneszellen gekoppelt sind.

Bitter. Substanzen, die einen Bittergeschmack hervorrufen, zeigen eine Variabilität ihrer molekularen Struktur, die gemeinsame Grundstrukturen nur schwer erkennen lässt. Bittersubstanzen haben die geringste Schwelle von allen Geschmacksqualitäten. Eine biologisch sinnvolle Entwicklung, denn typische pflanzliche Bitterstoffe, wie Strychnin, Chinin oder Nikotin sind oft von hoher ***Toxizität.*** Es reicht bereits 0,005 g Chininsulfat in einem Liter Wasser aus, um bitter zu schmecken.

Für den Bittergeschmack gibt es ca. 30 verschiedene spezifische Rezeptorproteine. Dieser Kontakt setzt – G-Protein vermittelt – eine intrazelluläre Signalverstärkungskaskade in Gang, an deren Ende der Anstieg von Ca^{2+} in der Zelle steht (Abb. 19.4 B). Ca^{2+}-Ionen können dann direkt oder indirekt (durch Öffnen von Kationenkanälen) eine Transmitterfreisetzung bewirken. Bitterstoffe, wie Koffein und Theophyllin, können die Zellmembran passieren und direkt z. B. hemmend auf Enzyme (Phosphodiesterase) wirken (Abb. 19.4 B).

Süß. Die oberflächlich größte Variabilität findet man in der Struktur der süßschmeckenden Moleküle. Aber auch hier lassen sich einige strukturelle Gemeinsamkeiten erkennen: Um süß zu schmecken, muss ein Molekül zwei polare Substituenten haben. Künstliche Süßstoffe, oft durch Zufall gefunden, konnten durch kleine molekulare Veränderungen inzwischen systematisch weiterentwickelt werden und haben Wirksamkeiten, die 100–1000 mal höher liegen als gewöhnlicher Zucker. Die Schwelle beim Menschen für Glukose liegt bei 0,2 g/Liter.

Für den Süßgeschmack sind inzwischen drei Gene identifiziert, die für spezifische Rezeptorproteine codieren. Durch unterschiedliche Kombination der dimeren Rezeptorproteine wird die Breite der süß schmeckenden Moleküle abgedeckt. Kommt es zur Wechselwirkung eines Süß-Moleküls (natürliche Zucker) mit dem Rezeptor, wird über ein G-Protein (Gustducin) das Enzym Adenylatzyklase aktiviert, wodurch die cAMP-Konzentration in der Zelle erhöht wird (Abb. 19.4 B). cAMP-Moleküle können dann direkt oder indirekt (Phosphorylierung) Ionenkanäle, die für K^+ durchlässig sind, blockieren. Dies verringert den Ausstrom von Kaliumionen, die Zelle wird depolarisiert. Synthetische Zucker (Saccharin) erhöhen über die Aktivierung des IP_3 Weges die Ca-Konzentration. Dadurch kommt es zur erhöhten Überträgerstoffausschüttung (Abb. 19.4 B).

In Kürze

Geschmacksqualitäten

Beim Geschmack lassen sich vier Grundqualitäten unterscheiden:
- süß,
- sauer,
- salzig und
- bitter.

Signalverarbeitung

Für jede Geschmacksqualität gibt es spezifische Membranrezeptoren. In den meisten Geschmackssinneszellen sind Rezeptortypen für mehrere Qualitäten repräsentiert. Die Codierung und Erkennung der Geschmacksinformationen beruht auf sich überlappenden Reaktionsprofilen der Sinneszellen. Diese werden bis in die zentralen Projektionsgebiete beibehalten. Die molekularen Signaltransduktionsmechanismen sind für jede Geschmacksqualität spezifisch. Vereinfacht gilt:
- Sauer und salzig werden durch einen einfachen, selektiv permeablen Kationenkanal geregelt,
- für süß und bitter existieren spezifische Rezeptormoleküle, die über zweite Botenstoffe an Ionenkanäle gekoppelt sind.

19.3 Eigenschaften des Geschmackssinns

Modulation der Geschmacksempfindung

Die Empfindungsqualität eines Stoffes ist auch von der Konzentration des Stoffes abhängig und kann durch Adaptation oder pflanzliche Substanzen moduliert werden

Reizschwellen sind beim Menschen individuell unterschiedlich. Bei sehr geringen Konzentrationen ist die Geschmacksempfindung zunächst qualitativ unbestimmt. Erst mit höherer Reizkonzentration kann die Qualität der Reizsubstanz spezifisch erkannt werden. Oberhalb der Erkennungsschwelle kann die empfundene Qualität nochmals umschlagen: NaCl und KCl schmecken zunächst leicht süßlich, bei höheren Konzentrationen noch süßer, bis bei weiterer Konzentrationserhöhung der salzige Geschmack hervortritt.

Pflanzliche Geschmacksmodifikatoren können sogar eine völlige ***Veränderung der Qualität*** bewirken: z. B. die Gymneasäure aus einer indischen Kletterpflanze erzeugt beim Kauen der Blätter einen selektiven Ausfall der Süßempfindung; das Mirakulin aus den roten Beeren eines westafrikanischen Strauches führt zu einer Umkehr des Sauergeschmacks in süß. Beide dürften nach dem gegenwärtigen Stand der Forschung die Süßwahrnehmung bereits auf der Ebene der Rezeptorzelle durch Blockade der chemischen Primärprozesse beeinflussen. Bei Mirakulin geht man davon aus, dass es direkt an den Süßrezeptor bindet oder einen Komplex mit sauren Substanzen verursacht, der in der Lage ist, an den Süßrezeptor zu binden.

Adaptation bezeichnet eine Abnahme der Geschmacksintensität während kontinuierlicher Gegenwart einer konstanten Reizkonzentration. In diesem Zustand ist auch die Schwelle erhöht. Dies ist bei einer 5 %igen Kochsalzlösung bereits nach 8 s, bei einer 0,15 molaren Lösung nach ca. 50 s messbar. Anschließend dauert es einige Sekunden (NaCl) oder gar Stunden (Bitterstoffe), bis die ursprüngliche Empfindlichkeit wiedererlangt ist. Man macht periphere Mechanismen dafür verantwortlich. Die Adaptation einer Geschmacksqualität hat auch Auswirkungen auf die Empfindlichkeit für die anderen. Ein Phänomen, das den ***negativen Nachbildern*** beim Gesichtssinn entsprechen könnte. Wird die Zunge z. B. auf süß adaptiert und nachfolgend mit destilliertem Wasser gespült, so schmeckt dieses schwach sauer. Die Interaktion der beiden anderen Qualitäten bitter und salzig scheint komplexer zu sein.

Biologische Bedeutung des Geschmackssinns

Lust auf Süßes ist angeboren, ebenso Ablehnung von Bitterem; Aversionen können aber auch durch Ernährungsverhalten erworben werden

Neugeborene zeigen bereits die gleichen mimischen Lust- bzw. Unlustreaktionen auf Geschmacksstoffe aus den vier Grundqualitäten, wie wir sie vom Erwachsenen kennen, wenn er »sauer schaut«, eine »bittere Miene macht« oder »süß lächelt«. Solch angeborene mimische Reaktionsmuster werden als ***»gustofazialer« Reflex*** bezeichnet. Beim Menschen konnte auch ein Zusammenhang zwischen der hedonischen Bewertung und einem ernährungsphysiologischen Bedarf hergestellt werden. So kennt jeder die Aversion gegen Süßes und die Lust auf deftig Saures am Ende der Weihnachtstage. Es konnte auch gezeigt werden, dass Kochsalzmangel einen regelrechten Salzhunger auslöst.

Der Geschmackssinn hat seine Bedeutung vor allem in der Prüfung der Nahrung und zum Schutz vor dem Verzehren von giftigen, ungenießbaren Pflanzen (meist sehr bitter). Außerdem wird die Speichel- sowie die Magensaftsekretion reflektorisch beeinflusst.

19.1. Geschmacksstörungen

Man teilt Geschmacksstörungen in verschiedene Schweregrade ein.
- Totale Ageusie liegt vor, wenn die Empfindung für alle Qualitäten verloren ist,

▼

- bei partiellen Ageusien ist sie nur für eine oder mehrere Qualitäten fehlend.
- Bei Dysgeusien treten unangenehme Geschmacksempfindungen auf,
- als Hypogeusie bezeichnet man eine pathologische verminderte Geschmacksempfindung.

Ursachen. Genetisch bedingte Geschmacksstörungen sind selten, meist partiell und haben ihre Ursachen in einer Veränderung der Rezeptorproteine, teilweise auch in enzymatischen Defekten. Beispiele aus der Klinik sind das Turner-Syndrom (X0), die familiäre Dysautonomie (Rily-Day-Syndrom) oder die Mukoviszidose, die alle mit einer Hypogeusie bis hin zur totalen Ageusie auftreten.

Die häufigsten Ursachen von Ageusien sind Erkrankungen im HNO-Bereich, hervorgerufen durch Unfälle, Operationen, Tumoren- oder Strahlenschäden. Vor allem bei Tumoren im inneren Ohrgang bzw. im Kleinhirnbrückenwinkel, so beim Akustikus Neurinom, treten oft Geschmacksstörungen als Frühsymptome auf.

Lokal wie auch systemisch wirkende Pharmaka führen teilweise zu einer verminderten Geschmacksempfindung. So kann Kokain die Bitterempfindung vollständig aufheben, Injektion von Penicillin (auch Oxyphedrin und Streptomycin) neben spontanen Geschmackssensationen als eine Hypogeusie hervorrufen.

Bei Erkrankungen des zentralen Nervensystems treten teilweise Ageusien auf; dies kann klinisch als Frühsymptom von Nutzen sein. Schädigungen des Nervus facialis bzw. der Corda tympani haben häufig eine Geschmacksblindheit nur auf einer Zungenhälfte zur Folge.

In Kürze

Eigenschaften des Geschmackssinns

Innerhalb der vier Grundqualitäten können wir abgestufte Intensitätsgrade erleben, die im Schwellenbereich auch qualitative Veränderungen hervorrufen können. Solche Effekte lassen sich auch durch pflanzliche Geschmacksmodulatoren auslösen. Alle Geschmacksqualitäten adaptieren im Sekunden- bis Minutenbereich, außer bitter (Stunden), da es für die Erkennung von Gift(pflanzen)stoffen überlebenswichtige Bedeutung hat.

19.4 Aufbau des Riechsystems und seine zentralen Verschaltungen

Morphologie

Die Riechsinneszellen in unserer Nase sind primäre Sinneszellen, die direkt in den Bulbus olfactorius projizieren

Nasenhöhle. In jeder Nasenhöhle befinden sich drei übereinander liegende, wulstartige Gebilde (Conchen), die in toto mit Schleimhaut (respiratorisches oder olfaktorisches Epithel) ausgestattet sind. Die olfaktorische Region ***(Riechepithel)*** ist auf einen kleinen, ca. 2×5 cm^2 großen Bereich in der obersten Conche beschränkt.

Riechepithel. Das Riechepithel besteht aus 3 Zelltypen,
- den eigentlichen ***Riechzellen***,
- den ***Stützzellen*** und
- den ***Basalzellen*** (Abb. 19.5).

Der Mensch besitzt ca. 30 Millionen Riechzellen, die eine durchschnittliche Lebensdauer von nur einem Monat haben und danach durch das Ausdifferenzieren von Basalzellen (adulte Stammzellen) erneuert werden. Dies ist eines der seltenen Beispiele für Nervenzellen im adulten Nervensystem, die noch zu regelmäßiger mitotischer Teilung fähig sind.

Riechsinneszellen. Die Riechsinneszellen sind ***primäre, bipolare Sinneszellen*** (Tabelle 19.1), die am apikalen Ende durch zahlreiche, in den Schleim ragende, feine Sinneshaare ***(Zilien)*** mit der Außenwelt in Kontakt treten und am basalen Ende über ihren langen, dünnen Nervenfortsatz ***(Axon)*** direkten Zugang zum Gehirn haben (Abb. 19.5). Zu Tausenden gebündelt laufen die Axone der Riechzellen durch die Siebbeinplatte, um zusammen als ***Nervus olfactorius*** direkt zum ***Bulbus olfactorius*** zu ziehen, der als vorgelagerter Hirnteil zu betrachten ist.

Zentrale Verschaltung

Zwischen den Rezeptorzellen und der Hirnrinde liegt nur eine synaptische Schaltstelle, nämlich in den Glomeruli des Bulbus olfactorius; die Glomeruli stellen das charakteristische Strukturmerkmal dar; sie bilden die kleinste funktionelle Einheit

Verschaltung im Bulbus olfactorius. Die Axone der Riechrezeptorneurone endigen in den Glomeruli. Das sind rundliche Nervenfaserknäule, die von den Endigungen der Rezeptorzellaxone gebildet werden, die mit den Dendriten von Mitralzellen Synapsen bilden. Bei der ersten und einzigen Verschaltung der Riechzellaxone im Bulbus olfactorius kommt es dabei zu einer deutlichen Reduktion der Duftinformationskanäle: mehr als 1000 Axone von Riechzellen projizieren auf die Dendriten einer einzigen Mitralzellen (Konvergenz). Zusätzlich zu den Riechzelleingängen enthalten die Glomeruli auch dendritische Verzeigungen von Interneuronen (periglomeruläre Zelle). Über ein eigenes Ausgangs- oder Pro-

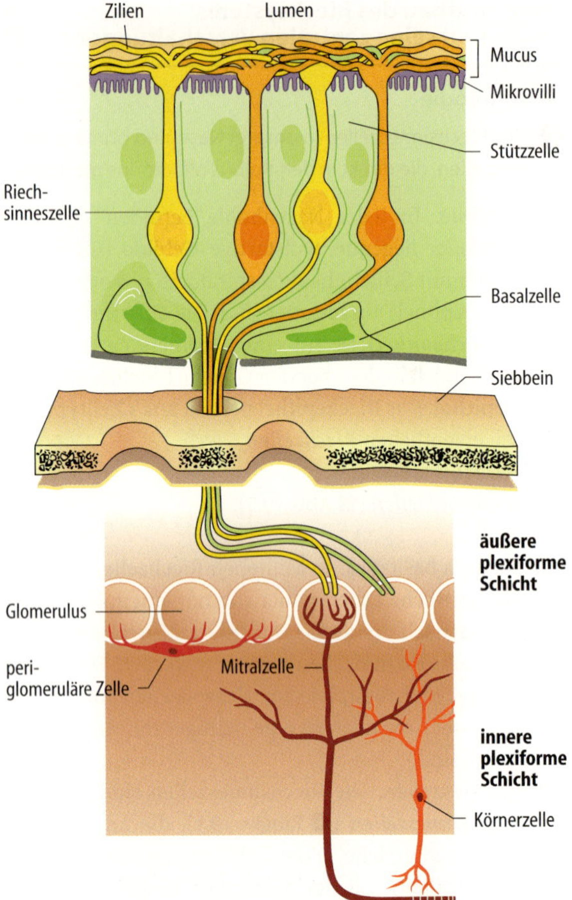

Abb. 19.5. Schematischer Aufbau der Riechschleimhaut mit den Verbindungen zum Riechkolben (Bulbus olfactorius). In der Riechschleimhaut erkennt man Sinneszellen, Stützzellen, Basalzellen und Drüsenzellen. Die Sinneszellen tragen am apikalen dendritischen Fortsatz eine große Zahl von dünnen Ausläufern (Zilien). Die Riechnervenfasern (Axone) dieser Zellen projizieren vor allem auf die Mitralzellen im Riechkolben. Die periglomerulären Zellen stellen die lateralen Verbindungen zwischen den Glomeruli her. Die Körnerzellen sind ebenfalls meist hemmende Interneurone des Riechkolbens und tragen wesentlich durch ihre dendro-dendritischen Synapsen zur Lateralinhibition bei. Darüber hinaus können efferente Nervenfasern aus anderen Bereichen des Gehirns die Aktivität des Riechkolbens modulieren

jektionsneuron der Mitralzellen stehen sie mit höheren Hirnzentren in Verbindung. Sie sind analog den Kolumnen im Kortex und repräsentieren ein viel höheres Organisationsniveau als z. B. die Glomeruli in Zerebellum und Thalamus. Die Größe (100–200 μm) ist bei allen Vertebraten ähnlich, ebenso ihre charakteristische Verschaltung. Die Zahl der Glomeruli korreliert mit der Zahl der funktionalen Riechrezeptoren (beim Menschen ca. 350). Abbildung 19.5 zeigt außerdem, dass die zellulären Elemente des Bulbus in Schichten angeordnet sind. Auf die Schicht der Glomeruli folgt die Schicht der Mitral- und periglomerulären Zellen (äußere plexiforme Schicht). Die zellulären Wechselwirkungen zwischen den Ausgangsneuronen (Mitralzellen) und Interneuronen (periglomerulären Zellen, Körnerzellen) sind relativ komplex.

- Die Riechrezeptorneurone projizieren direkt auf Mitralzellen und parallel dazu in großer Zahl auf die dendritischen Verzweigungen von periglomerulären Zellen innerhalb eines Glomerulus.
- Horizontal sind die Glomeruli durch ein dichtes Netz von hemmenden Interneuronen verbunden, den periglomerulären Neuronen, die GABA als Transmitter benutzen. Periphere wie zentrale Neurone haben ein relativ breites Spektrum an Spezifität.
- Die Aktivierung von Interneuronen führt an benachbarten Mitralzellen zur lateralen Hemmung. Auf diese Weise könnte es zu einer Kontrastverschärfung der Aktivitätsmuster und damit zu einer schärferen Diskriminierung verschiedener Gerüche kommen.
- Zwischen den periglomerulären Neuronen und den Ausgangsneuronen und z. T. auch zwischen den Körnerzellen findet man sog. reziproke dendrodendritische Synapsen.

Dendrodendritische Synapsen. Sie zählen mit den Synapsen vom Renshaw-Typ zu den Verbindungen, die ***rekurrente Hemmung*** ermöglichen. Solche Kontakte vermitteln einen Informationsfluss in einander entgegenlaufende Richtungen: von den Mitralzellen zu den Körnerzellen bzw. den periglomerulären Zellen, wie auch umgekehrt von diesen zu den Mitralzellen. Außerdem ist über die, nach neuesten Befunden meist nur elektrotonisch antwortenden, periglomerulären Zellen durch ihr hohes inhibitorisches Potential (die Zellen enthalten den inhibitorischen Transmitter GABA) eine der lateralen Inhibition vergleichbare Wirkung auf die Aktivität der Mitralzellen möglich. Verstärkung, Störfilter und komplexe Regelmechanismen, hervorgerufen durch Interaktion der verschiedenen zentralen Neuronentypen sowie durch Konvergenz und Divergenz, wirken zusätzlich kontrastverschärfend. Dies sind bewährte Mechanismen, wie sie auch von der Retina bekannt sind.

Riechbahn. Die etwa 30 000 Axone der Mitralzellen bilden den einzigen Ausgang für Informationen aus dem Bulbus. Sie formen den ***Tractus olfactorius.*** Ein Hauptast kreuzt in der vorderen Kommissur zum Bulbus der anderen Hirnseite, die anderen Fasern ziehen zu den olfaktorischen Projektionsfeldern in zahlreichen Gebieten des Paleocortex, die zusammen als ***Riechhirn*** bezeichnet werden. Die Informationsverarbeitung endet aber nicht hier, sondern die Signale werden weitergeleitet:

- zum einen gelangen sie zum ***Neokortex*** und erreichen dort eine entwicklungsgeschichtlich sehr alte Hirnregion, den ***Cortex praepiriformis***;
- zum anderen gehen Bahnen direkt zum ***Limbischen System*** (Mandelkern, Hippocampus) und weiter zu vegetativen Kernen des ***Hypothalamus*** und der ***Formatio reticularis*** (Abb. 19.6).

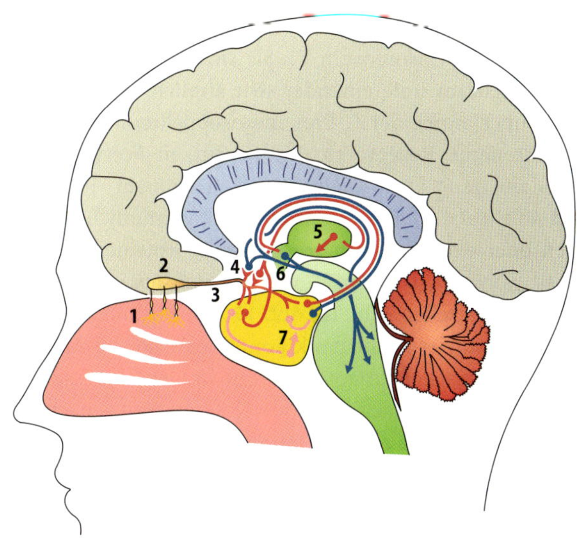

Abb. 19.6. Zentrale Verschaltung der Duftinformation. Das Riechsystem mit seinem primären und sekundären Bahnen zu anderen Hirnregionen. Die Riechsinneszellen (1) bilden Synapsen an den dendritischen Ausläufern der Mitralzellen (2). Die Nervenfortsätze der Mitralzellen ziehen als Tractus olfactorius (3) zu tieferen Gehirnregionen. Wie im Text detailliert beschrieben, hat das Riechsystem direkte Verbindungen über das Riechhirn zum Thalamus (5) und von dort zum Neocortex sowie zum Limbischen System (Amygdala und Hippocampus, 7, *gelb* unterlegt) und zu vegetativen Kernen des Hypothalamus. Nach Hatt in Schmidt (1993)

In Kürze

Aufbau des Riechsystems

Das Riechepithel besteht aus drei Zelltypen:
- Stützzellen,
- Basalzellen und
- Riechzellen. Die Riechsinneszellen sind primäre, bipolare Sinneszellen, die am apikalen Teil dünne Sinneshaare (Zilien) und am anderen Ende einen Nervenfortsatz tragen.

▼

Verschaltungen der Riechbahn

Die Axone der Riechzellen endigen in den Glomeruli. Diese werden aus den dendritischen Ausläufern der Mitralzellen und periglomerulären Zellen (Interneurone) gebildet. Dort kommt es zu einer starken Konvergenz der Information.
Periglomeruläre Zellen in der äußeren plexiformen Schicht des Bulbus und Körnerzellen in der inneren Schicht tragen durch ausgeprägte laterale Hemmmechanismen zur Signalverarbeitung bei.
Die Ausgangsneurone (Mitralzellen) aus dem Bulbus ziehen direkt zum Limbischen System und weiter zu vegetativen Kernen des Hypothalamus und der Formatio reticularis sowie zu Projektionsgebieten im Neocortex.

19.5 Geruchsdiskriminierung und deren neurophysiologische Grundlagen

Duftklassen

Düfte können aufgrund verschiedener Kriterien in Duftklassen eingeteilt werden; die Unterscheidung von Duftstoffen ist in den meisten Fällen eine zentralnervöse Leistung

Geruchsqualitäten. Der Mensch kann etwa ***10 000 Düfte*** unterscheiden. Im Gegensatz dazu fällt ein extremer Mangel an ***verbalen Duftkategorien*** auf. Es gelingt bisher weder mit physiologischen oder biochemischen, noch mit psychophysischen Methoden Geruchsklassen zufriedenstellend scharf gegeneinander abzugrenzen.

Duftklassen. Bis heute hat deshalb ein 1952 von Amoore vorgeschlagenes Schema von *7 **typischen Geruchsklassen*** noch Gültigkeit: blumig, ätherisch, moschusartig, kampherartig, schweißig, faulig, stechend (Tabelle 19.3). Bei allen natürlich vorkommenden Düften handelt es

Tabelle 19.3. Klassifikation der Primärgerüche in Qualitätsklassen und die dazugehörigen repräsentativen chemischen Verbindungen nach Amoore. Nach Boeckh (1972)

Duftklasse	Bekannte, repräsentative Verbindungen	Riecht nach	»Standard«
blumig	Geraniol	Rosen	d-1-β-Phenyl-äthylmethyl-carbinol
ätherisch	Benzylacetat	Birnen	1,2-Dichlor-äthan
moschusartig	Moschus	Moschus	1,5-Hydroxy-pantadecansäurelacton
kampherartig	Cineol, Kampher	Eukalyptus	1,8-Cineol
faulig	Schwefel-Wasserstoff	Faulen Eiern	Dimethylsulfid
schweißig	Buttersäure	Schweiß	Isovaleriansäure
stechend	Ameisensäure, Essigsäure	Essig	Ameisensäure

III

sich um Duftgemische, in denen es charakteristische »Leitdüfte« gibt (z. B. Geraniol für blumig).

Kreuzadaptation. Die Kreuzadaptation stellt eine weitere Möglichkeit der Klassifizierung dar. Wir alle wissen, dass wir nach einer gewissen Zeit einen Duft (z. B. Zigarettenrauch) im Raum nicht mehr wahrnehmen. Das Riechsystem ist adaptiert. Dieser Prozess basiert auf peripheren (Rezeptorebene) und zentralen (Mitralzellen, Kortex) Mechanismen. Die Adaptation beschränkt sich dabei jeweils auf eine bestimmte, reproduzierbare Gruppe von Düften. Ist man auf Zigarettenrauch adaptiert, kann man Kaffeeduft trotzdem noch wahrnehmen. Durch solche Kreuzadaptionstests gelang es, 10 verschiedene Duftklassen zu unterscheiden, die sich teilweise mit denen von Amoore decken.

Anosmien. Ein dritter, mehr klinischer Ansatz verwendet die Tatsache, dass es beim Menschen angeborene Geruchsblindheiten für bestimmte Gruppen von Düften gibt, sog. ***partielle Anosmien.*** Diesen Menschen scheinen die Rezeptormoleküle für die Erkennung dieser Düfte zu fehlen. Bisher sind 7 verschiedene Typen von Anosmien beschrieben (◘ Tabelle 19.4). All diese Ansätze weisen auf die Existenz von ca. 10 möglichen Duftklassen hin. Erst die funktionelle Charakterisierung aller 350 menschlicher Riechrezeptortypen wird diese Frage beantworten.

Signaltransduktion

! An der Transduktion eines chemischen Duftreizes in ein elektrisches Signal der Zelle sind Second-messenger-Systeme (z. B. cAMP) beteiligt

Menschliche Riechrezeptoren. Alle am Transduktionsprozess beteiligten Moleküle, nämlich Rezeptormolekül, G-Protein und Ionenkanal sind inzwischen isoliert und sequenziert worden. Für Rezeptorproteine gibt es eine ca. 350 Mitglieder umfassende ***Genfamilie*** (vermutlich sogar die größte im menschlichen Genom), die meist in Clustern über alle Chromosomen verteilt ist (außer Chromosom 20 und Chromosom Y). Sie sind in ihrer molekularen Struktur untereinander sehr ähnlich und gehören der Superfamilie der G-Protein-gekoppelten Rezeptoren (β-adrenerge Rezeptoren, Rhodopsin, m-Acetylcholin) an, die je 7 transmembranäre Domänen besitzen (◘ Abb. 19.7 A, B). Jede Riechzelle stellt vermutlich nur einen oder wenige Typen von Rezeptorproteinen her, so dass es viele (Hunderte) von *Spezialisten* unter den Riechsinneszellen gibt (◘ Abb. 19.7 C). Mithilfe der in-situ-Hybridisierungstechnik konnte eine solche Anordnung spezifischer Rezeptorneurone in vier Expressionszonen – symmetrisch für beide Nasenhälften – nachgewiesen werden (◘ Abb. 19.7 D). Sie ist Grundlage der ***Chemotopie*** des olfaktorischen Systems.

◘ Tabelle 19.4. Auflistung der bisher bekannten partiellen Anosmien beim Menschen. Nach Burdach (1988)

Vorkommen	Hauptduft-komponente	Häufigkeit in Prozent [%] Bevölkerung
Urin	Androstenon	40
Malz	Isobutanal	36
Kampher	1,8-Cineol	33
Sperma	1-Pyrrolin	20
Moschus	Pentadecanolid	7
Fisch	Trimethylamin	7
Schweiß	Isovaleriansäure	2

Reiztransduktion. Der Kontakt zwischen Duftstoff und Rezeptor löst einen intrazellulären Signal-Verstärkungsmechanismus (Second-messenger-Kaskade) aus (◘ Abb. 19.8 A). Biochemische Methoden zeigten, dass die Bindung eines Duftmoleküls an den spezifischen Rezeptor ein G_{olf}-Protein aktiviert und dies wiederum das Enzym Adenylatzyklase. Dies führt dazu, dass die Konzentration von cAMP in der Zelle schnell ansteigt und wieder abfällt. Mit Hilfe der *Patch-Clamp*-Technik war es möglich, selbst aus den sehr feinen Zilienstrukturen ($<0{,}5\ \mu m$) kleine Membranflecken auszustanzen (◘ Abb. 19.8 B). Experimente daran zeigten, dass von der zytosolischen Seite der Zellmembran aus durch cAMP direkt Ionenkanäle unspezifisch permeabel für ein- und zweiwertige Kationen geöffnet werden können (◘ Abb. 19.8 C). Sie gehören zur Superfamilie der durch zyklische Nukleotide (cAMP/cGMP) aktivierten Ionenkanäle, den sog. CNG-Kanälen (► siehe auch Sehtransduktion). Die Aktivierung eines einzigen Rezeptorproteins durch ein Duftmolekül kann 1000–2000 solcher cAMP-Moleküle erzeugen und entsprechend viele Ionenkanäle öffnen. Dies erklärt die ungewöhnlich niederen Schwellenwerte für bestimmte Duftstoffe. Die einströmenden Kationen bewirken eine Depolarisation, das Rezeptorpotential der Zelle. Am Übergang zum Nervenfortsatz werden diese lokalen Potentiale in eine Erhöhung der Aktionspotentialfrequenz umgesetzt.

▪▪▪ **Adaptation.** An diesen CNG-Kanälen wurde eine funktionell wichtige **Ca^{2+}-Empfindlichkeit** gefunden. Je weniger Ca^{2+} Ionen auf der Innenseite der Membran, desto höher ist die Öffnungswahrscheinlichkeit des Kanals. Da Ca^{2+} durch den Kanal fließt, wird sich kurze Zeit nach Kanalöffnung die Ca^{2+}-Konzentration in der Zelle erhöhen und unter Mitwirkung von Calmodulin den Kanal abschalten (◘ Abb. 19.8 D). Ein Prozess, der zur Adaptation auf zellulärer Ebene beiträgt. Das einströmende Ca^{2+} kann zusätzlich Ca^{2+}-aktivierte Chlorid-Kanäle öffnen und durch den erhöhten Chloridausstrom zur Verstärkung der Depolarisation beitragen.

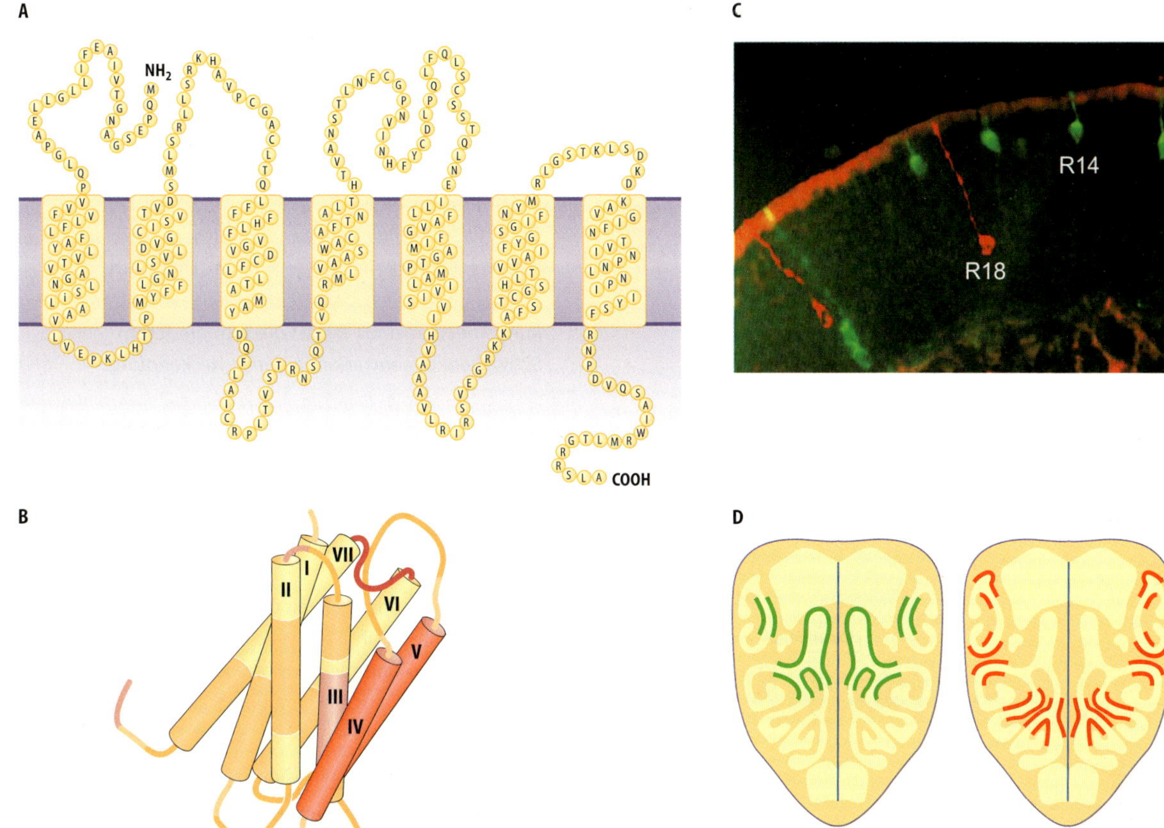

Abb. 19.7. Riechrezeptorproteine. A Schematische Darstellung der 7-transmembranen Domänen eines menschlichen Riechrezeptorproteins. **B** 3-dimensionales Modell eines Riechrezeptors, abgeleitet aus Strukturdaten des Sehfarbstoffes Rhodopsin. **C** Verteilung von 2 unterschiedlich gefärbten Riechsinneszellen in der Riechschleimhaut, die den Rezeptor R14 bzw. R18 exprimieren. **D** Topographisches Expressionsmuster von olfaktorischen Rezeptorsubtypen im Riechepithel der Ratte. und zeigt ein symmetrisches Verteilungsmuster. Die Rezeptormarkierung wurde durch die in situ Hybridisierungstechnik erreicht. Nach Professor Breer, Universität Hohenheim, mit freundlicher Genehmigung

Elektrische Zellsignale

! Die Reaktionen der Sinneszellen auf Duftreize können bis auf das molekulare Niveau mit elektrophysiologischen Methoden verfolgt werden

Die Elektrophysiologie (Elektroolfaktogramm, Rezeptorpotentiale, Aktionspotentiale) ermöglicht, die Reaktion der Sinneszellen auf Duftreize zu registrieren. Die Amplitude des Zellpotentials bzw. die Aktionspotentialfrequenz (Spitzen- wie Plateaufrequenz) hängen von der Reizsubstanz und deren Konzentration ab (Abb. 19.8 E). Je nach Duftstoff kann die Zelle mit einer Erhöhung der Impulsfrequenz oder mit einer Hemmung der Spontanrate antworten. Schon lange kennt man Summenableitungen der Erregung von größeren Arealen der Riechschleimhaut von Vertebraten, das ***Elektroolfaktogramm (EOLG)***. Es ist technisch dem EEG und ähnlichen Verfahren gleichzusetzen. Im EOLG zeigt sich ein Anstieg der Amplitude der Zellantwort nach Zugabe eines wirksamen Duftstoffes. Mit zunehmender Reizintensität steigt die Amplitude linear an. Gleiche Konzentrationen molekular ähnlicher Stoffe können stark unterschiedliche EOLG-Amplituden auslösen.

In Kürze

! Duftklassen

Die Einteilung der tausende verschiedenen Düfte, die wir erkennen, in verschiedene Klassen, erfolgt recht willkürlich aufgrund von ähnlichem Geruch, Anosmien und Kreuzadaptation. Dabei hat sich eine Einteilung in sieben Duftklassen durchgesetzt; eine molekulare Grundlage dafür fehlt bisher noch.

! Signaltransduktion

Die Riechrezeptoren gehören zu einer viele Hunderte von Mitgliedern umfassenden Genfamilie, die sich in ihrer molekularen Struktur sehr ähnlich sind.

▼

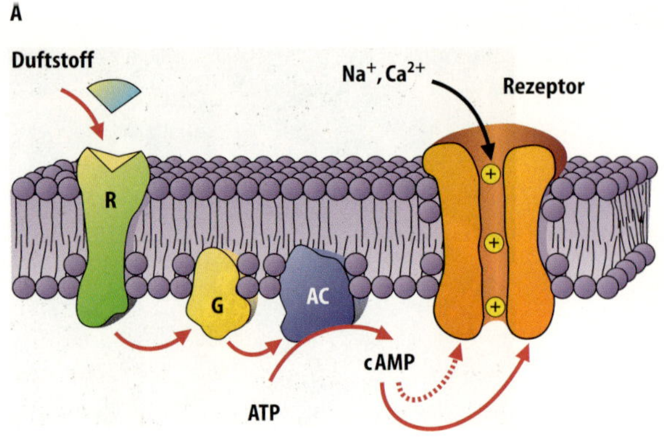

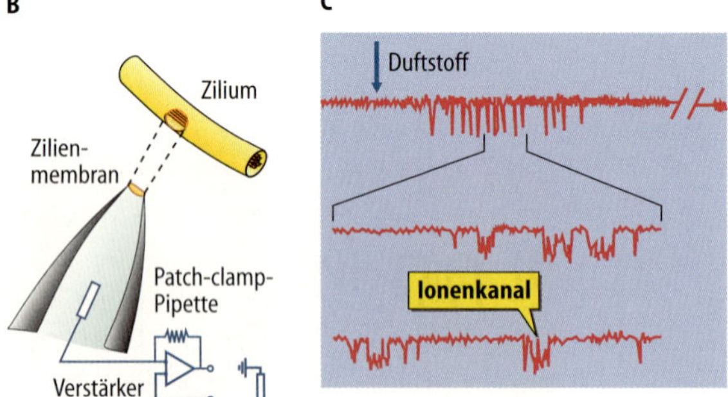

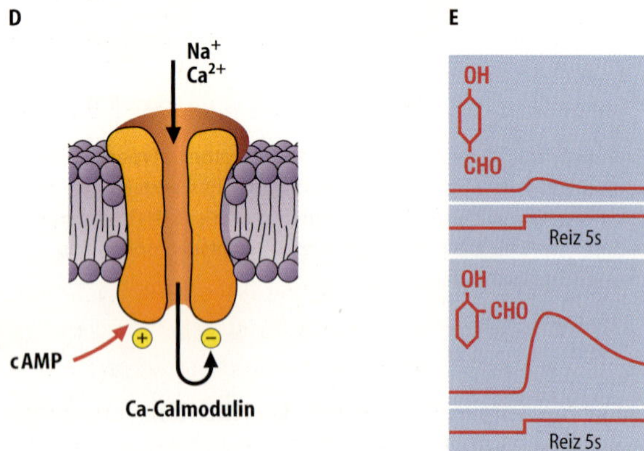

Abb. 19.8. Schema der Transduktionskaskade in Riechzellen. **A** Die Bindung eines Duftstoffmoleküls an ein spezifisches Rezeptorprotein bewirkt eine G-Protein-vermittelte Aktivierung der Adenylatzyklase *(AC)*, die einen Anstieg von cAMP in der Zelle hervorruft. cAMP kann direkt einen unspezifischen Kationenkanal in der Membran des Sinneszelldendriten öffnen. **B** Schema der Entnahme eines Membranfleckchens aus dem Zilium einer Riechsinneszelle mithilfe der *Patch-Clamp*-Pipette. Die zytoplasmatische Seite der entnommenen Membran zeigt nach außen (*Inside-Out*-Konfiguration). Auf diese Weise kann die Wirkung von Reizsubstanzen auf Rezeptor-Kanalkomplexe der Membraninnenseite getestet werden. **C** Reaktion einer Riechsinneszelle auf Zugabe von Duftstoff. Nach kurzer Latenz (ca. 200 ms) erfolgt die Öffnung von Ionenkanälen in der Zellmembran, die auf der Aktivierung einer »Second-Messenger«-vermittelten Transduktionskaskade beruht. Die untersten Spuren zeigen cAMP-aktivierte Kationenkanäle in höherer Zeitauflösung. Nach Zufall et al (1993). **D** Calciumeinstrom blockiert mithilfe von Calcium-Calmodulin den cAMP-aktivierten Kationenkanal (Adaptation). **E** Rezeptorpotential einer Riechzelle des Frosches, die mit o- *(links)* und p-Hydrobenzaldehyd *(rechts)* stimuliert wurde. Beachte den großen Wirkungsunterschied trotz der sehr ähnlichen Struktur der Duftmoleküle

Rezeptoren, spezifisch für eine Klasse von Duftstoffen, verteilen sich im Nasenepithel in vier Expressionszonen, die Grundlage für die Chemotopie des olfaktorischen Systems sind.
Die Signaltransduktion wird über eine Erhöhung der cAMP-Konzentration in der Zelle vermittelt; cAMP ist in der Lage, direkt einen Kanal zu öffnen, durch den Kationen in die Zelle fließen können. Dies führt zur Zellerregung. Dieser intrazelluläre Signalverstärkungsmechanismus erklärt die sehr niederen Schwellenkonzentrationen der Dufterkennung.

19.6 Funktional wichtige Eigenschaften des Geruchssinns

Duftempfindlichkeit

Bei der Duftempfindlichkeit unterscheidet man zwischen Wahrnehmungsschwelle und Erkennungsschwelle; viele physiologische Faktoren beeinflussen das Riechvermögen, auch trigeminale Fasern tragen zum Riechempfinden bei

Geruchsschwellen. Bei geringer Duftkonzentration kann gerade eben wahrgenommen werden, dass etwas riecht, der Duft aber nicht identifiziert werden. Erst eine etwa 10-fach höhere Konzentration erlaubt eine Identifizierung; entsprechend unterscheidet man zwischen ***Wahrnehmungsschwelle*** und ***Erkennungsschwelle.*** Für manche Stoffe ist die menschliche Nase besonders empfindlich, so liegt die Erkennungsschwelle z. B. für das nach Fäkalien stinkende Skatol bei 10^7 Moleküle/cm^3 Luft. Dafür müssen nur wenige Duftmoleküle eine Sinneszelle treffen. Daneben gibt die ***Unterschiedsschwelle*** an, um wie viel sich die Konzentrationen zweier Proben des gleichen Duftstoffes unterscheiden müssen, um in unterschiedlicher Intensität empfunden zu werden. Sie liegt bei ca. 25 %. Dieser Wert ist etwa um den Faktor 100 höher als beim Sehen. Das Riechvermögen ist von verschiedenen physiologischen Faktoren abhängig: Es verschlechtert sich bei niederer Temperatur, trockener Luft, bei Rauchern und unter hormonellen Einflüssen wie z. B. der Menstruation. Bei Hunger sinkt die Schwelle für bestimmte Duftstoffe und steigt bei Sattheit signifikant an.

Hedonik. Unter Hedonik versteht man die subjektive Bewertung eines Duftes als angenehm oder unangenehm. Die Hedonik für einige Düfte ist genetisch determiniert (vor allem Naturdüfte positiv, faules Fleisch negativ). Für die meisten Düfte erfolgt allerdings eine »Prägung« durch Erziehung oder durch die Situation, in der wir den Duft erstmals kennen lernen. Sie kann bereits im Mutterleib beginnen, z. B. abhängig von der Nahrungsaufnahme der Mutter.

▪▪▪ **Erregung von Trigeminusfasern.** Freie Nervenendigungen des N. trigeminus in der Nasenschleimhaut sowie im Mundrachenraum haben neben der nozizeptiven auch olfaktorische Funktion. Die Fasern reagieren auf verschiedene Riechstoffe, wenn auch oft erst bei hohen Konzentrationen. Empfindungen wie stechend, beißend (Salzsäure, Ammoniak, Chlor) sind typisch für das **nasaltrigeminale** System, und brennendscharf (Piperidin, Capsaicin) für das **oraltrigeminale** System. Im Tierversuch konnte auch gezeigt werden, dass selbst bei relativ schwachen Duftreizen (z. B. Amylacetat, Eukalyptus) neben dem olfaktorischen auch das trigeminale System reagiert, allerdings mit längerer Latenzzeit und wenig ausgeprägter Adaptation. Deshalb bleibt nach vollständiger Durchtrennung des N. olfactorius ein reduziertes Riechvermögen erhalten.

Klinisch kennt man reine Riechstoffe (Lavendel, Nelke, Benzol), Duftstoffe mit trigeminaler Komponente (Eukalyptus, Menthol, Buttersäure) und Duftstoffe mit trigeminaler und Geschmacks-Komponente (Chloroform, Pyridin). Dies kann neben morphologischen und physiologischen Merkmalen (▪ Tabelle 19.4) differenzialdiagnostisch zur Unterscheidung von Riech-, Geschmacks- und trigeminalen Erkrankungen verwendet werden.

19.2. Riechstörungen

Verlaufsformen. Bei Riechstörungen kann man verschieden schwere Verlaufsformen unterscheiden:

- Anosmie ist der komplette Verlust des Geruchssinnes,
- von partieller Anosmie spricht man bei teilweisem Verlust von Duftklassen,
- von Hyposmie bei verminderter Riechleistung.

Ursachen. Genetische bedingte partielle Geruchsstörungen sind häufig, wobei die Ursachen meist in einem Defekt des Rezeptorproteins zu suchen sind, seltener spielen zentrale Missbildungen eine Rolle. Eine angeborene komplette Anosmie ist eine seltene Erkrankung. Am häufigsten wird es für das sog. Kallman-Syndrom beschrieben, ebenso beim Turner-Syndrom (X0). Die meisten Störungen des Geruchssinns beruhen auf einer respiratorischen oder konduktiven Störung. Hierzu zählen neben den Grippe-Hyposmien und -Anosmien auch Nasenfremdkörper, Tumoren, Polypen und pharmakologisch chemische und industrielle Schadstoffe (Blei-, Zyanid- und Chlorverbindungen). Riechstörungen, die ihre Ursache im zentralen Bereich haben, sind meist traumatisch, degenerativ oder durch hirnorganische Prozesse bedingt. Hierbei spielen Schädel-/Hirntraumen nach schweren Kopfverletzungen, sowie subdurale Blutungen und Tumoren der vorderen Schädelgruppe eine wichtige Rolle. Auch bei einem Teil der Schizophrenien und Epilepsien treten Geruchshalluzinationen auf, und neurodegenerative Erkrankungen, wie Alzheimer oder Parkinson, zeigen eine ausgeprägte Hyposmie als Erstsymptomatik.

Biologische Bedeutung des Geruchssinns

! Der Geruchssinn hat eine stark emotionale Komponente, spielt eine wichtige Rolle im Bereich der sozialen Beziehungen und trägt zur Steuerung der Fortpflanzung bei

Körpergeruch. Düfte bestimmen unser Leben von Geburt an. Neugeborene erkennen die Mutterbrust mithilfe eines Duftes, der von Drüsen um die Brustwarzen abgegeben wird, und sie können den Duft der eigenen Mutter von dem einer Fremden unterscheiden. Bei jedem von uns ist der ***Eigengeruch*** genetisch determiniert. Er basiert auf der immunologischen Selbst/Fremderkennung und ist mit dem Haupthistokompatibilitätskomplex (MHC) gekoppelt. Je näher verwandt, desto ähnlicher der Eigengeruch. Dies ist die Basis für den ***Familiengeruch***. MHC-assoziierte Gerüche sind in der Lage, Mutter-Kind-Bindung, Partnerwahl, Inzestschranke oder die Fehlgeburtenrate zu beeinflussen. Ob ***Pheromone*** (Kommunikationsdüfte innerhalb einer Spezies) beim Menschen weitere Wirkung hervorrufen können, ist noch unklar. Erste Ergebnisse zeigen aber, dass z. B. Androstenon, ein Duft aus dem Achselschweiß des Mannes, den Zyklus der Frau synchronisieren kann und nur während der Zeit des Eisprunges signifikant positiv beurteilt wird.

Vomeronasalorgan. Das Jakobsonsche Organ, ***Organum vomeronasale***, ist beim Menschen rückgebildet, wird aber trotzdem bei über 80 % der Menschen neben dem Septum als schlauchförmige, etwa 1 cm lange Einstülpung, gefunden. An der lateralen Fläche des Organs findet man respiratorisches, mikrovilläres, an der medialen Fläche ziliäres Epithel. Es dient vor allem der Erkennung von Duftstoffen, die innerhalb einer bestimmten Spezies als chemische Signaldüfte benutzt werden (Pheromone). Beim Menschen gibt es Hinweise auf die Wirksamkeit von Substanzen, die männlichen oder weiblichen Sexualhormonen verwandt sind. Die Funktionalität des Vomeronasalorgans beim Menschen ist zur Zeit noch umstritten.

Spermien besitzen als einzige Zellen außerhalb des Riechepithels alle molekularen Komponenten der Duft-Signalskaskade. Sie können deshalb auch als »Geruchszellen mit langem Schwanz« angesehen werden. Mithilfe ihrer Riechrezeptoren können sie spezifischen Düften folgen und durch positive Chemotaxis die Eizelle finden.

▪▪▪ **Aromatherapie.** Zu den alternativen Heilmethoden zählt u. a. die Verwendung von Düften. Dies ist in der Klinik seit langem bekannt, z. B. für Bäderanwendungen oder Inhalationen. So wirkt z. B. der Duft von Rosmarin oder Zitrusfrüchten belebend, Melisse und Rosenduft beruhigend, Eukalyptus schleimlösend. Japanische Großkonzerne setzen bereits ihre Angestellten einem regelrechten Duftbad während des Tages aus, um ihre Leistungsfähigkeit zu optimieren (morgens Zitrone als Muntermacher, mittags Rose zur Entspannung und gegen Abend Holzgeruch für neuen Schwung).

III

In Kürze

Duftempfindlichkeit

Bei der Bestimmung der Geruchsschwellen kann man zwischen unterschiedlichen Schwellen unterscheiden:

- die Wahrnehmungsschwelle,
- die Erkennungsschwelle und
- die Unterschiedsschwelle.

Das Riechvermögen wird von verschiedenen physikalischen Faktoren, wie Temperatur und Luftfeuchtigkeit, ebenso wie von physiologischen Parametern, z.B. Hormonen beinflusst. Die subjektive Bewertung eines Duftes als angenehm oder unangenehm wird als Hedonik bezeichnet. Diese Bewertung ist nicht genetisch bedingt, sondern wird durch erzieherische und kulturelle Einflüsse im Lauf des Lebens geprägt.

Duftstoffe in hohen Konzentrationen rufen meist unangenehme Empfindungen, sogar Schmerzreize hervor. Hierfür ist das nasal- und oral-trigeminale System verantwortlich. Es reagiert häufig mit längerer Latenzzeit und nur wenig ausgeprägter Adaptation.

Bedeutung des Geruchsinns

Die biologische Bedeutung des Geruchssinns liegt vor allem

- in der Erkennung von verdorbenen Nahrungsmitteln und
- in der zwischenmenschlichen Kommunikation. Düfte spielen dabei einen wichtige Rolle im Bereich der sozialen Beziehungen, der Fortpflanzung (Spermien) und der vegetativen und hormonellen Steuerung.

Neben dem olfaktorischen ist auch das vomeronasale und trigeminale System an der Duftwahrnehmung beteiligt. Alle zusammen ermöglichen unserem Geruchssinn, seine wichtige Rolle im Bereich der sozialen Beziehungen, der Fortpflanzung und der vegetativen und hormonalen Steuerung wahrzunehmen. Über die Bedeutung des Vomeronasalorgans wird zur Zeit noch kontrovers diskutiert.

Literatur

Brennan P, Kaba H, Keverne EB (1990) Olfactory recognition: a simple memory system. Am Assoc Adv Sci 250: 1223–1226

Buck L, Axel R (1991) A novel multigene family may encode odorant receptors: a molecular basis for odor recognition. Cell Press 65: 175–187

Firestein S (2001) How the olfactory system makes sense of scents. Nature 413: 211–218

Hatt H (1991) In: Hierholzer K, Schmidt RF (Hrsg) Pathophysiologie des Menschen. VCH, Weinheim

Lindemann B (2001) Receptors and transduction in taste. Nature 413: 219–225

Ohloff G (1990) Riechstoffe und Geruchssinn. Springer, Berlin Heidelberg New York

Spehr M, Gisselmann G, Poplawski A, Riffell JA, Wetzel CH, Zimmer RK, Hatt H (2003) Identification of a testicular odorant receptor mediating human sperm chemotaxis. Science 299: 2054–2058

Regulation vegetativer Funktionen

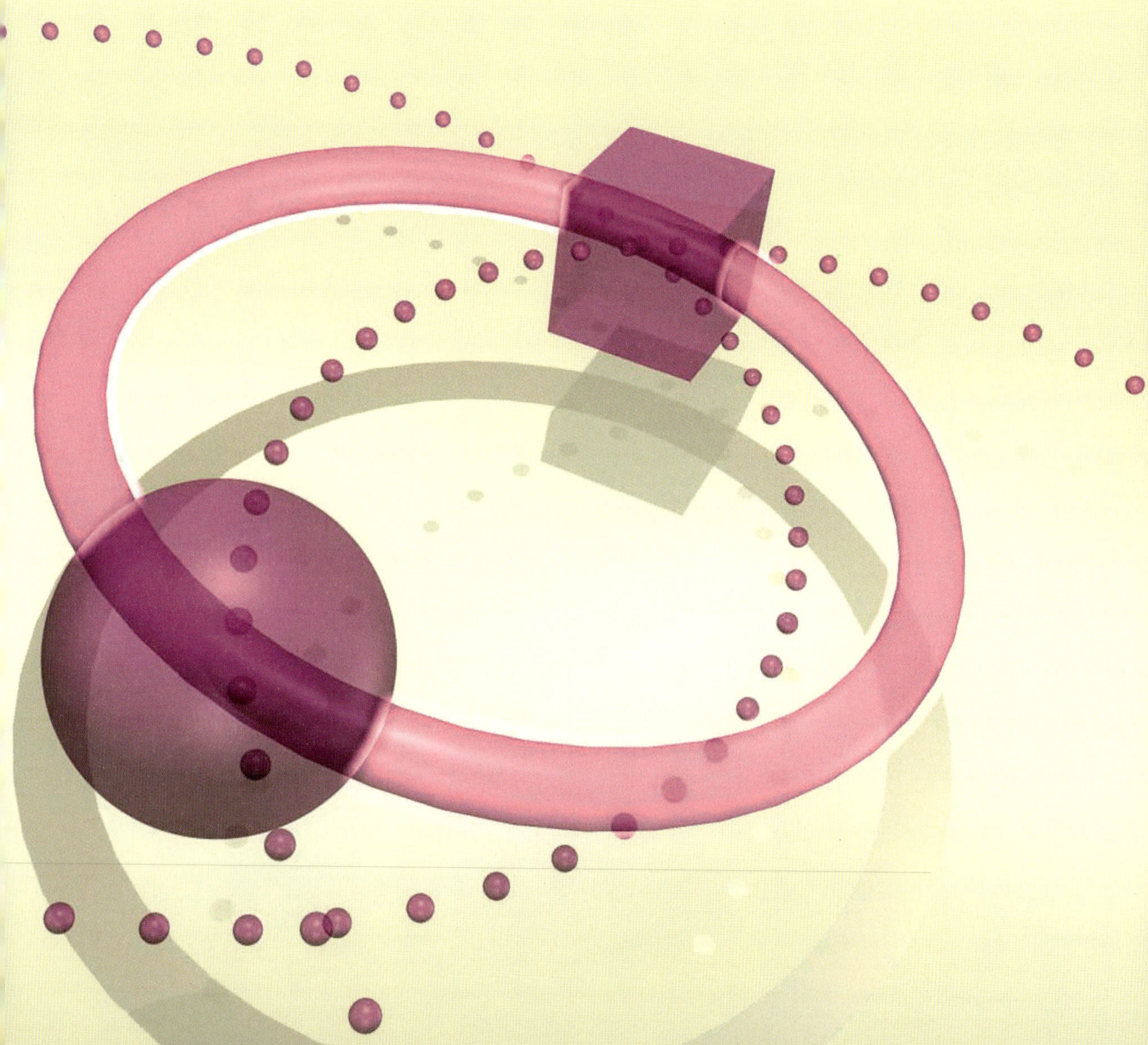

Kapitel 20
Vegetatives Nervensystem

W. Jänig

IV

Einleitung

Vegetative (und neuroendokrine) Systeme kontrollieren und koordinieren diejenigen Funktionen, die das innere Milieu des Körpers an die externen und internen Belastungen, denen der Organismus ausgesetzt ist, anpassen. Diese Kontrolle und Koordination wird vom Gehirn ausgeübt und ermöglicht es höheren Vertebraten, Extrembelastungen, wie z. B. sehr heiße oder kalte Klimata, große Höhen, Nahrungs- und Wassermangel, extreme körperliche und emotionalen Belastungen usw. für eine bestimmte Zeit zu überstehen. Die Präzision der Kontrolle der Körperfunktionen durch das vegetative Nervensystem wird offensichtlich, wenn diese Regulationen unter krankhaften Bedingungen oder bei Überbeanspruchung versagt. Das kann für die Regulation des Blutdruckes, des Flüssigkeitsvolumens, der Körpertemperatur, der Beckenorgane (Harnblase, Kolon und Sexualorgane), des Magen-Darm-Traktes, der Körperabwehr und anderer Funktionen geschehen,

- wenn bei Langzeitdiabetikern die peripheren (efferenten) vegetativen Neurone metabolisch geschädigt sind;
- wenn das Rückenmark durch Unfall geschädigt ist;
- wenn die übergeordeneten Funktionen des Hypothalamus infolge Verletzung versagen;
- bei schweren Infektionserkrankungen;
- im Alter, wenn die vegetativen Regulationen schwächer werden.

Das Versagen vegetativer Regulationen begleiten den behandelnden Arzt in der Inneren Medizin, der Chirurgie, Pädiatrie, Gynäkologie usw. fast täglich. Sie zeigen, wie präzise die vegetativen Regulationen von der Natur angelegt sind.

Der folgende Fall zeigt, dass diese Präzision auch bei Gesunden völlig versagen kann:

Eine junge Frau nimmt an einem heißen schwülen Sommerabend an einem Rockkonzert teil. Sie hat sich seit Wochen auf dieses Konzert ihrer Lieblingsband gefreut. Auf dem emotionalen Höhepunkt des Konzertes wird die junge Frau blass; ihr wird schwindelig und sie kollabiert. Ein Notarzt stellt Bewusstlosigkeit, niedrige Herzfrequenz, niedrigen Blutdruck und schwachen Puls fest. Nach kurzer Zeit erlangt die junge Frau wieder das Bewusstsein. Der Notarzt rät ihr, viel zu trinken und erlaubt ihr, weiterhin am Rockkonzert teilzunehmen.

Was hatte diese Frau? Der kurze Verlust des Bewusstseins mit dem Verlust der motorischen Aktivität (Synkope; von griech.: synkoptein = zerbrechen, zusammenbrechen) war eine Folge von Minderdurchblutung des Gehirns. Dieses kurzzeitige Versagen der Blutdruckregulation ist zentralnervös durch Abnahme der Aktivität in Vasokonstriktorneuronen und vermutlich neuronale Hemmung des Herzens erzeugt. Folgende Faktoren trugen bei dieser Frau vermutlich zur Auslösung der Synkope bei:

- die heiße Umgebung mit thermoregulatorischer Vasodilatation in der Haut und Flüssigkeitsverlust;
- ein verminderter venöser Rückstrom zum Herzen;
- eine kortikal ausgelöste Hemmung des Kreislaufzentrums bei emotionaler Erregung;
- eine Prädisposition, Synkopen zu entwickeln.

Etwa 3 % der Bevölkerung können solche Synkopen entwickeln. Die zentralnervösen Mechanismen sind bisher unbekannt.

20.1 Peripheres vegetatives Nervensystem: Sympathikus und Parasympathikus

Einteilung des peripheren vegetativen Nervensystems

Das periphere vegetative Nervensystem besteht aus 3 Teilen: Sympathikus (thorakolumbales System), Parasympathikus (kraniosakrales System) und Darmnervensystem

Die terminalen Neurone von Sympathikus und Parasympathikus liegen ***außerhalb*** des ZNS. Die Ansammlung der Zellkörper solcher Neurone nennt man ***vegetative Ganglien***. Ihre Axone projizieren von den Ganglien zu den Erfolgsorganen; man nennt diese Neurone deshalb ***postganglionäre*** Neurone. Die Neurone, deren Axone in die Ganglien einstrahlen und auf den Dendriten und Somata der postganglionären Neurone synaptisch endigen, nennt man ***präganglionäre Neurone***. Ihre Somata liegen im Rückenmark und Hirnstamm. Das Grundelement des peripheren sympathischen und parasympathischen Nervensystems besteht also aus 2 Populationen hintereinander geschalteter Neurone (Abb. 20.1, 20.5). Beide vegetative Systeme haben verschiedene Ursprünge aus der Neuraxis: der Sympathikus entspringt dem Brustmark und den oberen 2 bis 3 Segmenten des Lendenmarks und wird deshalb auch ***thorakolumbales System*** genannt. Der Parasympathikus entspringt dem Hirnstamm und dem Sakralmark und wird deshalb auch ***kraniosakrales System*** genannt. Die Begriffe sympathisch und parasympathisch beschränken sich auf die efferenten prä- und postganglionären Neurone. Afferenzen, die die inneren Organe innervieren, werden neutral als viszerale Afferenzen bezeichnet.

Das ***Darmnervensystem*** ist ein spezielles Nervensystem des Magen-Darm-Trakts; es funktioniert auch ohne den extrinsischen Einfluss von Rückenmark und Hirnstamm (► s. Abschnitt 20.4).

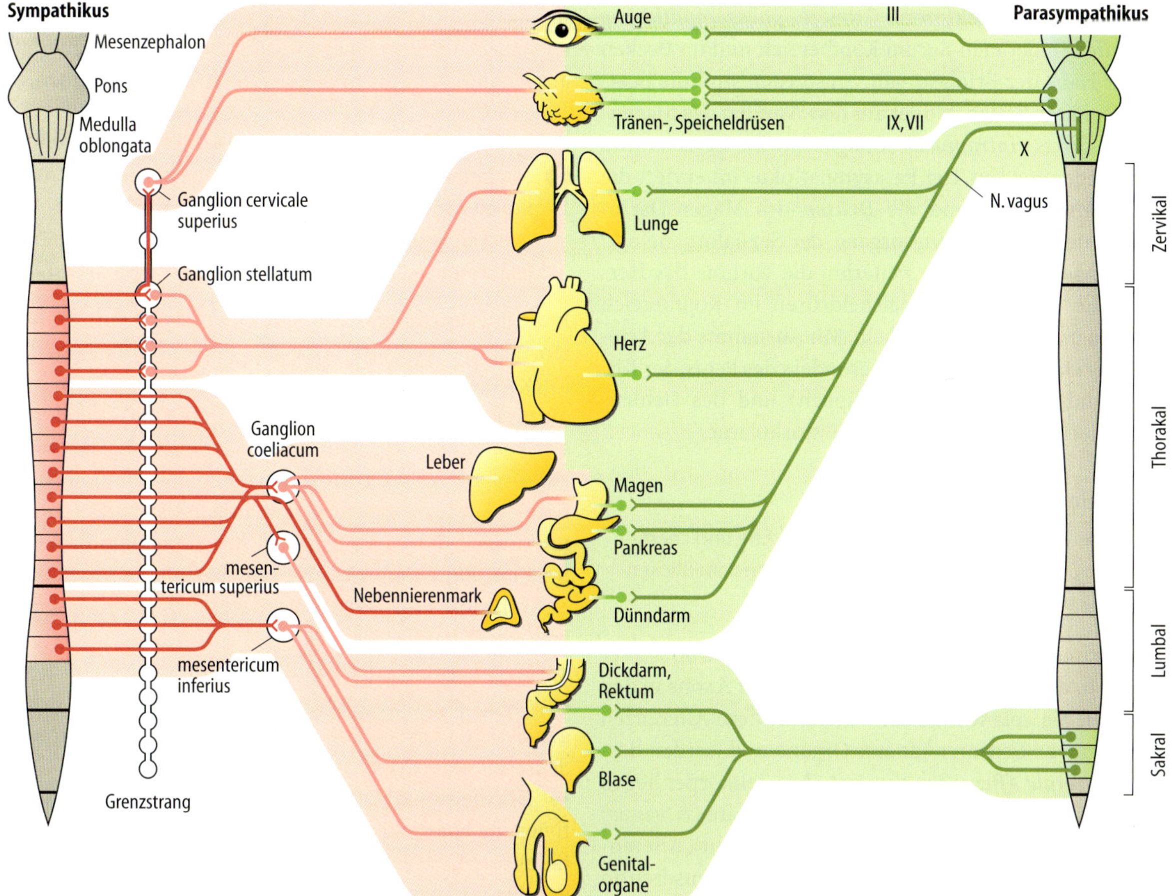

Abb. 20.1. Aufbau des peripheren vegetativen Nervensystems. *Fette rote* und *grüne Linien:* präganglionäre Axone. *Schwache rote* und *grüne Linien:* postganglionäre Axone. Die sympathische Innervation von Gefäßen, Schweißdrüsen und der Mm. arrectores pilorum ist nicht aufgeführt

Sympathikus

Die Zellkörper der sympathischen präganglionären Neurone liegen im thorako-lumbalen Rückenmark und die der postganglionären Neurone paravertebral in den Grenzsträngen oder präverbral in den Bauchganglien

Präganglionäre Neurone. Die sympathischen präganglionären Neurone in der ***intermediären Zone*** des Brust- und oberen Lendenmarks projizieren über die Vorderwurzeln und ***die Rami communicantes albi*** zu den bilateralen paravertebralen Ganglien oder den unpaaren prävertebralen Bauchganglien (Abb. 20.11). Ihre Axone sind dünn myelinisiert oder unmyelinisiert und leiten mit Geschwindigkeiten von 1–15 m/s.

Ganglien. Die paravertebralen Ganglien sind in den Grenzsträngen organisiert. Von den ***Grenzsträngen*** ziehen die unmyelinisierten postganglionären Axone einerseits über die Rami communicantes grisei (Abb. 20.11) zu den Effektoren des Rumpfes und der Extremitäten, andererseits über spezielle Nerven zu den Organen im Kopfbereich, im Brustraum, im Bauchraum und im Beckenraum (Abb. 20.1). Von den Bauchganglien gelangen die postganglionären Fasern über Nervengeflechte oder spezielle Nerven zu den Organen im Bauch- und Beckenraum.

Effektoren. Die Effektorzellen des Sympathikus sind die glatte Muskulatur aller Organe (Gefäße, Eingeweide, Ausscheidungsorgane, Lunge, Haare, Pupillen), der Herzmuskel und zum Teil die exokrinen Drüsen (Schweiß-, Speichel-, Verdauungsdrüsen). Außerdem werden Fettzellen, Zirbeldrüse, Nierentubuli und lymphatische Gewebe (z. B. Thymus, Milz, Peyer-Plaques und Lymphknoten) vom Sympathikus innerviert.

Parasympathikus

Die präganglionären Neurone liegen in Hirnstamm und Kreuzmark und projizieren zu den organnahe gelegenen postganglionären Neuronen

Präganglionäre Neurone. Die Zellkörper der präganglionären parasympathischen Neurone liegen im Kreuzmark und im Hirnstamm (Abb. 20.1). Ihre Axone sind myelinisiert oder unmyelinisiert und sehr lang. Sie ziehen in speziellen Nerven zu den ***organnah*** gelegenen parasympathischen postganglionären Neuronen.

Ganglien und Effektoren. Größere ***parasympathische Ganglien*** findet man nur im Kopfbereich und im Becken in der Nähe der Erfolgsorgane, ansonsten sind die postganglionären Zellen in oder auf den Wänden des Magen-Darm-Trakts ***(intramurale Ganglien)***, des Herzens und der Lunge verstreut. Der Parasympathikus innerviert die ***glatte Muskulatur*** und die ***Drüsen*** des Magen-Darm-Trakts, der Ausscheidungsorgane, der Sexualorgane und der Lunge; er innerviert weiterhin die Vorhöfe des Herzens, die Tränen- und Speicheldrüsen im Kopfbereich und die inneren Augenmuskeln. Mit Ausnahme der Arterien der Geschlechtsorgane (besonders des Penis, der Klitoris und der kleinen Schamlippen) und des Gehirns innerviert er ***nicht*** die glatte Gefäßmuskulatur.

Viszerale Afferenzen

Viszerale Afferenzen melden mechanische und chemische Ereignisse von den inneren Organen zum Rückenmark und zum unteren Hirnstamm

Vagale und spinale viszerale Afferenzen. Etwa 80 % aller Axone in den Nervi vagi und etwa 50 % aller Axone in den spinalen Nn. splanchnici sind afferent. Diese Afferenzen kommen von Sensoren innerer Organe und werden deshalb ***viszerale Afferenzen*** genannt. Ihre Zellkörper liegen im Ganglion nodosum und Ganglion jugulare (N. vagus) und in den Spinalganglien (spinale Afferenzen). Afferenzen von den arteriellen Presso- und Chemosensoren in der Karotisgabel laufen im N. glossopharyngeus (Zellkörper im Ganglion petrosum). Die viszeralen Afferenzen zum Hirnstamm und zum Sakralmark sind in neuronale Regulationen innerer Organe eingebunden (Lunge, Herz, Kreislaufsystem, Magen-Darm-Trakt, Entleerungsorgane, Genitalorgane).

Mechano- und Chemosensibilität. Die meisten dieser Afferenzen haben mechanosensible Eigenschaften und messen bei Dehnung der Wände der Hohlorgane entweder die intraluminalen Drücke (z. B. die arteriellen Pressosensoren vom arteriellen System und die sakralen Afferenzen von der Harnblase) oder die Volumina in den Organen (z. B. Afferenzen vom Magen-Darm-Trakt, vom rechten Vorhof und von der Lunge). Andere mechanosensible Afferenzen von der Mukosa des Darms werden durch Scherreize adäquat erregt. Einige Afferenzen sind chemosensibel (z. B. arterielle Chemosensoren in der Aorten- und Karotiswand, Osmosensoren in der Leber, Glukosensoren in der Mukosa des Darms). Die Funktionen viszeraler Afferenzen werden in den entsprechenden Kapiteln behandelt.

Viszerale Afferenzen und Schmerz. Reize, die viszerale Schmerzempfindungen auslösen können (z. B. starke Dehnung und Kontraktion des Magen-Darm-Trakts und der Harnblase, Mesenterialzug, ischämische Reize), werden durch die Impulsaktivität in spinalen (thorakalen, lumbalen und sakralen) viszeralen Afferenzen, aber nicht in vagalen Afferenzen codiert. Die Nozizeptoren dieser spinalen Afferenzen liegen in der Serosa, am Mesenterialansatz und möglicherweise auch in den Organwänden.

Wirkungen von Sympathikus und Parasympathikus

Sympathikus und Parasympathikus bestehen aus funktionell verschiedenen vegetativen motorischen Endstrecken, welche die zentralen Botschaften auf viele Effektororgane übertragen

Prä- und postganglionäre Neurone bilden Neuronenketten, über die die Impulsaktivität von der Neuraxis zu den Effektorzellen übertragen wird. Die Neuronenketten sind die ***vegetativen motorischen Endstrecken*** und charakterisiert nach dem Typ von Effektorzellen (z. B. Hautvasokonstriktor-, Muskelvasokonstriktor-, Pupillomotorneurone etc.). Sie entsprechen mit einigen Einschränkungen funktionell den Motoneuronen des somatomotorischen Systems. ***Physiologische Erregung*** peripherer vegetativer Neurone löst Effektorantworten mit folgenden Merkmalen aus (Tabelle 20.1):

- Die meisten Effektorantworten bestehen aus Kontraktion, Sekretion oder Stoffwechselwirkungen (Glykogenolyse, Lipolyse). Erschlaffung oder Hemmung von Sekretion sind selten.
- Die meisten Erfolgsorgane reagieren nur auf die Aktivierung ***eines*** vegetativen Systems (z. B. fast alle Blutgefäße).
- Wenige Erfolgsorgane reagieren auf beide vegetativen Systeme (z. B. Herz, Harnblase, Iris).
- Antagonistische Antworten zwischen Sympathikus und Parasympathikus sind mehr die Ausnahme (z. B. am Herzen) als die Regel.

Die häufig propagierte Ansicht, dass Sympathikus und Parasympathikus generalisierend antagonistisch auf die Effektorzellen wirken, ist nicht richtig. Funktionell wirken beide Systeme immer zusammen und damit synergistisch.

In Kürze

Peripheres vegetatives Nervensystem

Das periphere vegetative Nervensystem besteht aus Sympathikus, Parasympathikus und Darmnervensystem.

- Der Sympathikus entspringt dem Brustmark und den oberen 2 bis 3 Segmenten des Lendenmarks und wird deshalb auch thorakolumbales System genannt.
- Der Parasympathikus entspringt dem Hirnstamm und dem Sakralmark und wird deshalb auch kraniosakrales System genannt.

▼

Tabelle 20.1. Effekte der Aktivierung von Sympathikus und Parasympathikus auf die einzelnen Organe

Organ oder Organsystem	Reizung des Parasympathikus	Reizung des Sympathikus	Adreno-zeptoren
Herzmuskel	Abnahme der Herzfrequenz Abnahme der Kontraktionskraft (nur Vorhöfe)	Zunahme der Herzfrequenz Zunahme der Kontraktionskraft (Vorhöfe, Ventrikel)	β_1 β_1
Blutgefäße:			
Arterien in Haut und Mukosa	0	Vasokonstriktion	α_1
… im Abdominalbereich	0	Vasokonstriktion	α_1
… im Skelettmuskel	0	Vasokonstriktion Vasodilatation (nur durch Adrenalin) Vasodilatation (cholinerg)	α_1 β_2
… im Herzen (Koronarien)		Vasokonstriktion Vasodilatation (nur durch Adrenalin)	α_1 β
… im Penis/Klitoris	Vasodilatation	Vasokonstriktion	α_1
Venen	0	Vasokonstriktion	α_1
Gehirn	Vasodilatation (?)	Vasokonstriktion	α_1
Gastrointestinaltrakt:			
Longitudinale und zirkuläre Muskulatur	Zunahme der Motilität	Abnahme der Motilität	α_2 und β_1
Sphinkteren	Erschlaffung	Kontraktion	α_1
Milzkapsel	0	Kontraktion	
Niere:			
Juxtaglomeruläre Zellen	0	Reninfreisetzung erhöht	β_1
Tubuli	0	Natriumrückresorption erhöht	α_1
Harnblase:			
Detrusor vesicae	Kontraktion	Erschlaffung (gering)	β_2
Trigonum vesicae (Sphincter internus)	0	Kontraktion	α_1
Genitalorgane:			
Vesica seminalis, Prostata	0	Kontraktion	α_1
Ductus deferens	0	Kontraktion	α_1
Uterus	0	Kontraktion Erschlaffung (abhängig von Spezies und hormonalen Status)	α_1 β_2
Auge:			
M. dilatator pupillae	0	Kontraktion (Mydriasis)	α_1
M. sphincter pupillae	Kontraktion (Miosis)	0	
M. ciliaris	Kontraktion Nahakkomodation		
M. tarsalis	0	Kontraktion (Lidstraffung)	
M. orbitalis	0	Kontraktion (Bulbusprotrusion)	
Tracheal-/Bronchialmuskulatur	Kontraktion	Erschlaffung (vorwiegend durch Adrenalin)	β_2
Mm. arrectores pilorum	0	Kontraktion	α_1
Exokrine Drüsen			
Speicheldrüsen	Starke seröse Sekretion	Schwache muköse Sekretion (Glandula submandibularis)	α_1
Tränendrüsen	Sekretion	0	
Drüsen im Nasen-Rachen-Raum	Sekretion	0	
Bronchialdrüsen	Sekretion	?	
Schweißdrüsen	0	Sekretion (cholinerg)	
Verdauungsdrüsen (Magen, Pankreas)	Sekretion	Abnahme der Sekretion oder 0	
Mukosa (Dünn-, Dickdarm)	Sekretion	Flüssigkeitstransport aus Lumen	

IV

Tabelle 20.1. Fortsetzung

Organ oder Organsystem	Reizung des Parasympathikus	Reizung des Sympathikus	Adrenozeptoren
Glandula pinealis (Zirbeldrüse)	0	Anstieg der Synthese von Melatonin	β_2
Braunes Fettgewebe	0	Wärmeproduktion	β_3
Stoffwechsel:			
Leber	0	Glykogenolyse, Glukoneogenese	β_2
Fettzellen	0	Lipolyse (freie Fettsäuren im Blut erhöht)	β_2
Insulinsekretion (aus β-Zellen der Langerhans-Inseln)	Sekretion	Abnahme der Sekretion	α_2
Glukagonsekretion (aus α-Zellen)		Sekretion	β

- Das Darmnervensystem ist ein spezialisiertes Nervensystem des Darmes, welches unabhängig vom ZNS funktioniert.

Die Begriffe sympathisch und parasympathisch beschränken sich auf die efferenten prä- und postganglionären Neurone. Afferenzen von inneren Organen werden als viszerale Afferenzen bezeichnet. Prä- und postganglionäre Neurone, die in den vegetativen Ganglien synaptisch miteinander verschaltet sind, bilden viele vegetative motorische Endstrecken aus, die nach den Effektorzellen, die sie innervieren, definiert sind.

20.2 Transmitter und ihre Rezeptoren in Sympathikus und Parasympathikus

Klassische Transmitter im peripheren vegetativen Nervensystem

! Die Signalübertragung im peripheren vegetativen Nervensystem ist chemisch; sie geschieht hauptsächlich über Azetylcholin und Noradrenalin, die ihre Wirkungen über cholinerge Rezeptoren bzw. Adrenozeptoren vermitteln

Erregungsübertragung im vegetativen Nervensystem. Die chemische Erregungsübertragung vom prä- auf das postganglionäre Neuron und vom postganglionären Neuron auf den Effektor läuft im peripheren vegetativen Nervensystem prinzipiell nach den gleichen Mechanismen ab wie an der neuromuskulären Endplatte und an den zentralen Synapsen (▶ s. Kap. 5.4). Im Gegensatz zur motorischen Endplatte sind aber im vegetativen Nervensystem die prä- und postsynaptischen Strukturen sehr variabel (Herzmuskelzellen, glatte Muskelzellen, Drüsenzellen, Neurone). Dichte und Muster der Innervation variieren obendrein sehr stark zwischen den verschiedenen glatten Muskeln, Drüsen und anderen vegetativen Effektoren.

Azetylcholin. Azetylcholin wird von allen präganglionären Nervenendigungen und den meisten postganglionären parasympathischen Neuronen ausgeschüttet (Abb. 20.2). Außerdem setzen sympathische postganglionäre Neurone zu den Schweißdrüsen und möglicherweise sympathische postganglionäre Vasodilatatorneurone zu den Widerstandsgefäßen der Skelettmuskulatur Azetylcholin frei. Azetylcholin wirkt über nikotinische und muskarinische Rezeptoren:

- Die ***nikotinische*** Wirkung von Azetylcholin und von Nikotin auf die postganglionären Neurone wird über Rezeptoren vermittelt, die Ionenkanäle ligandengesteuert öffnen.
- Die ***muskarinische*** Wirkung von Azetylcholin und entsprechender Pharmaka auf die Effektorzellen wird über Rezeptoren vermittelt, die an G-Proteine gekoppelt sind, welche entweder Ionenkanäle oder die Kontraktilität von Zellen oder andere zelluläre Funktionen über intrazelluläre Signalwege modifizieren (▶ s. Kap. 5.8).

Die molekularen Strukturen beider Rezeptortypen sind weitgehend aufgeklärt. Bisher sind nach strukturellen und pharmakologischen Kriterien mindestens ***4 nikotinische*** und mindestens ***5 muskarinische*** Rezeptoren in verschiedenen Geweben unterschieden worden.

▪▪▪ **Blockade und Förderung der Wirkungen von Azetylcholin.** Beide Wirkungen von Azetylcholin können selektiv durch bestimmte Pharmaka blockiert werden. Diese Pharmaka reagieren kompetitiv zu Azetylcholin mit den postsynaptischen cholinergen Rezeptoren, ohne selbst agonistische Wirkungen zu haben, und verhindern auf diese Weise die Wirkung von Azetylcholin. Die nikotinische Wirkung von Azetylcholin auf die postganglionären Neurone kann man durch quaternäre Ammoniumbasen blockieren. Man nennt diese Substanzen **Ganglienblocker**. Die muskarinische Wirkung von Azetylcholin kann selektiv durch **Atropin**, das Gift der Tollkirsche, blockiert werden. In

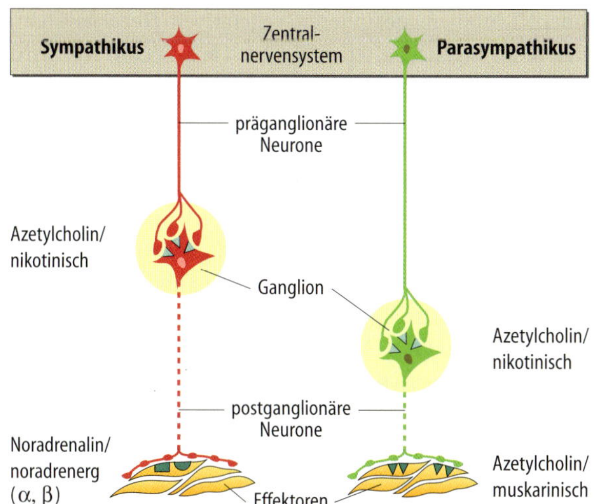

Abb. 20.2. Überträgerstoffe und die entsprechenden Rezeptoren im peripheren Sympathikus und Parasympathikus

der Pharmakologie bezeichnet man Pharmaka, die auf Effektorzellen so wirken wie (cholinerge) postganglionäre parasympathische Neurone, als **Parasympathomimetika**. Pharmaka, die die Wirkung von Azetylcholin auf vegetative Effektorzellen aufheben oder abschwächen, nennt man **Parasympatholytika**. Diese Substanzen sind »antimuskarinerge« Pharmaka; ein typischer Vertreter ist das Atropin.

Noradrenalin und Adrenalin. Die Überträgersubstanz in sympathischen postganglionären Nervenendigungen ist ***Noradrenalin.*** Man nennt deshalb diese Neurone ***noradrenerge Neurone*** (Abb. 20.2). Die Zellen des Nebennierenmarks schütten überwiegend Adrenalin in den Kreislauf aus. ***Adrenalin*** ist nur bei niederen Vertebraten und Vögeln ein Überträgerstoff im peripheren vegetativen Nervensystem; es kommt ansonsten aber als Überträgerstoff im ZNS vor. Noradrenalin und Adrenalin sind Katecholamine (► s. Kap. 5.5).

▪▪▪ Pharmaka, die die Wirkung sympathischer noradrenerger Neurone auf die vegetativ innervierten Organe nachahmen, nennt man **Sympathomimetika**. Pharmaka, die die Wirkungen von Katecholaminen auf die Organe aufheben, nennt man **Sympatholytika (Antiadrenergika)**.

Adrenozeptoren. Die Membranrezeptoren für Adrenalin und Noradrenalin werden ***Adrenozeptoren*** genannt. Nach zwei pharmakologischen Kriterien werden ***α- und β-Adrenozeptoren*** unterschieden.

▪▪▪ Die Kriterien sind:

- die Effektivität äquimolarer Dosen verschiedener Katecholamine, α- und β-adrenozeptorvermittelte Wirkungen zu erzeugen;
- die Effektivität von Pharmaka (Sympatholytika), diese α- und β-rezeptorischen Wirkungen zu blockieren.

Molekulare Strukturen der Adrenozeptoren. Bei den Adrenorezeptoren handelt es sich um ***transmembranale Proteine mit 7 Helixstrukturen*** in den Membranen der Effektorzellen sowie Schleifen und je einer Endkette auf der extrazellulären Seite (Rezeptor) und auf der intrazellulären Seite (für die Kopplung an die intrazellulären Signalwege). Man unterscheidet zwei Familien von α-Adrenozeptoren (α_1- und α_2-), die je noch einmal in 3 Untertypen eingeteilt werden, und drei Typen von ***β-Adrenozeptoren.*** Adrenalin und Noradrenalin haben etwa gleich starke Wirkungen auf die α_1-Adrenozeptoren und β_3-Adrenozeptoren; Noradrenalin wirkt stärker als Adrenalin auf β_1-Adrenozeptoren; Adrenalin wirkt stärker als Noradrenalin auf α_2- und β_2-Adrenozeptoren:

- ***α_1-Adrenozeptoren*** vermitteln ihre Wirkungen durch ***Aktivierung von Phospholipase C*** und des nachfolgenden Phophoinositid-Stoffwechsels. Sie sind postsynaptisch in den peripheren Zielorganen des vegetativen Nervensystems vorhanden.
- ***α_2-Adrenozeptoren*** vermitteln ihre Wirkungen durch ***Hemmung der Adenylatzyklase*** oder sind über ein G-Protein direkt an Ionenkanäle gekoppelt. Sie befinden sich präsynaptisch als Autorezeptoren in den Nervenendigungen vegetativer Neurone (► s. S. 436), aber auch postsynaptisch in den Zielorganen und im ZNS.
- ***β-Adrenozeptoren*** vermitteln ihre Wirkungen durch ***Aktivierung der Adenylatzyklase.*** ***β_1***-Adrenozeptoren kommen in der Peripherie im Wesentlichen im Herzen vor und vermitteln die Wirkungen des Sympathikus auf die Freisetzung von Renin und freie Fettsäuren (Lipolyse). ***β_2***-Adrenozeptoren vermitteln im Wesentlichen Stoffwechselwirkungen (Glykogenolyse in der Leber, Lipolyse) und einige andere Wirkungen (z. B. Erschlaffung der Bronchialmuskulatur, Aktivierung der Synthese von Melatonin in der Pinealis, Wärmeproduktion durch das braune Fettgewebe).

Physiologische Wirkungen von Adrenozeptoren. Die meisten Gewebe, die durch Adrenalin und Noradrenalin beeinflusst werden können, enthalten sowohl α- als auch β-Adrenozeptoren in ihren Zellmembranen, wobei beide meistens ***entgegengesetzte*** Wirkungen vermitteln. Unter physiologischen Bedingungen hängt die Antwort eines Organs jedoch davon ab, ob die eine oder andere adrenozeptorvermittelte Wirkung überwiegt. Tabelle 20.1 zeigt, welche Adrenozeptoren diese ***physiologischen Wirkungen*** der Katecholamine Adrenalin und Noradrenalin an den wichtigsten Organen vermitteln. Die ***biologische Bedeutung*** der Unterteilung der Adrenozeptoren ist nur für α_1- und α_2-Adrenozeptoren und β_1- und β_2-Adrenozeptoren einigermaßen klar. Welche biologische Bedeutung die anderen Adrenozeptoren haben, ist unbekannt.

20.1. Fehlen der Dopamin-β-Hydroxylase (DBH) in noradrenergen Neuronen

Pathologie. DBH ist ein Enzym, welches Dopamin in Noradrenalin umwandelt. Es befindet sich in den Vesikeln der Varikositäten der sympathischen noradren-

▼

IV

ergen Nervenfasern und in den Zellen des Nebennierenmarkes. In einer kleinen Gruppe von Patienten können die noradrenergen Neurone und die Nebennierenmarkzellen kein Noradrenalin bzw. Adrenalin mehr synthetisieren und bei Erregung ausschütten, weil dieses Enzym fehlt.

Symptome. Die Folgen dieses enzymatischen Defektes sind Störungen von Regulationen, in welche die sympathischen noradrenergen Neurone eingebunden sind (z. B. des kardiovaskulären Systems: neuronale Regulation von Blutdruck und Durchblutung von Skelettmuskel, Eingeweiden und Haut), jedoch keine Störungen der Schweißsekretion (Sudomotoneurone sind cholinerg) und der Funktionen, die durch parasympathische Neurone vermittelt werden. Die Konzentrationen von Noradrenalin und Adrenalin im Blut liegen bei diesen Patienten unterhalb der Nachweisgrenze.

Therapie. Patienten mit diesem Enzymdefekt werden erfolgreich mit der Substanz Dihydroxyphenylserin therapiert. Diese Substanz wird von den noradrenergen Neuronen aufgenommen und durch das Enzym DOPA-Decarboxylase durch Decarboxylierung in Noradrenalin umgewandelt. Als Folge dieser Therapie bessern sich die Regulationsstörungen bei diesen Patienten. Diese pharmakologischen Therapie muss lebenslänglich durchgeführt werden.

Colokalisierte nichtklassische Transmitter

! An der Signalübertragung im peripheren vegetativen Nervensystem sind neben Azetylcholin und Noradrenalin auch ATP, NO und diverse Neuropeptide als Transmitter beteiligt

Adenosintriphosphat (ATP). In einigen autonomen Systemen kommt ATP als ein mit Noradrenalin oder Azetylcholin in denselben Vesikeln ***colokalisierter Überträgerstoff*** vor. ATP wird bei Depolarisation der präsynaptischen Endigungen zusammen mit Noradrenalin oder Azetylcholin freigesetzt und reagiert mit Purinozeptoren in den Effektormembranen. Bekannte Beispiele für die ***purinerge Übertragung*** sind die synaptische Übertragung von postganglionären noradrenergen Neuronen auf die glatte Muskulatur von ***Arteriolen*** (► s. u.) und des ***Samenleiters.*** Auf welche Weise die »klassische« (cholinerge oder noradrenerge) und die purinerge Signalübertragung an den Effektorzellen integriert werden, ist bisher unklar.

Stickoxid (NO). Alle bisher bekannten Überträgerstoffe sind präsynaptisch in Vesikeln gespeichert und üben ihre Wirkungen über Rezeptoren in den Membranen der Effektorzellen aus. Das Gas Stickoxid (NO) ist der erste Vertreter einer Klasse von synaptischen Überträgerstoffen im ZNS und im peripheren vegetativen Nervensystem, der diese Eigenschaften ***nicht*** hat (► s. S. 110). NO wird bei Aktivierung der Neurone aus Arginin synthetisiert, diffundiert aus den präsynaptischen Endigungen und wirkt postsynaptisch intrazellulär auf das zyklische Guanosinmonophosphat. Die Zeitkonstante seines Verfalls im Extrazellulärraum ist etwa 5 s. Es ist wahrscheinlich, dass NO als Transmitter aus postganglionären parasympathischen Neuronen zum ***erektilen Gewebe des Penis*** (► s. Abschnitt 20.8) und aus ***Motoneuronen des Darmnervensystems*** (► s. Abschnitt 20.4), die die Ringmuskulatur innervieren (► s. Abschnitt 20.4), und vermutlich auch aus anderen vegetativen Neuronen bei Erregung freigesetzt wird und eine Erschlaffung der glatten Muskular erzeugt.

▪▪▪ **Cotransmitter des NO.** Neurone, die NO synthetisieren und freisetzen, benutzen auch andere Transmitter. So setzen die vasodilatatorisch wirkenden parasympathischen Neurone zum erektilen Gewebe des Penis und die relaxierenden Motoneurone zur Ringmuskulatur des Darmes (► s. ◘ Abb. 20.8) bei Erregung auch Azetylcholin und/oder das Neuropeptid VIP (Vasoactive Intestinal Peptide) frei. Alle drei Überträgersubstanzen erschlaffen die glatte Muskulatur, sie unterscheiden sich aber in Eintritt und Dauer der Wirkungen: Die Wirkung von NO tritt vermutlich am schnellsten ein, und VIP wirkt am langsamsten und längsten.

Neuropeptide. In den Varikositäten vieler vegetativer postganglionärer Neurone sind ***Neuropeptide*** mit den klassischen Transmittern ***colokalisiert.*** So sind z. B. in cholinergen Neuronen zu Schweißdrüsen (Sudomotoneurone, sympathisch), zu Speicheldrüsen (Sekretomotoneurone, parasympathisch) und zu den Rankenarterien des erektilen Gewebes der Genitalorgane (Vasodilatatorneurone, parasympathisch) ***Azetylcholin*** und das ***Neuropeptid Vasoactive Intestinal Peptide (VIP)*** colokalisiert und in postganglionären noradrenergen Neuronen zu ***Blutgefäßen Noradrenalin*** und das Peptid ***Neuropeptid Y (NPY).*** Viele präganglionäre Neurone enthalten neben Azetylcholin ebenso ein oder mehrere Neuropeptide. Peptide und klassische Überträgerstoffe sind in den großen Vesikeln colokalisiert. Folgende Befunde sprechen dafür, dass die Neuropeptide als Transmitter wirken können:

- Sie werden aus den Varikositäten bei Nervenreizung freigesetzt, besonders bei höheren Frequenzen und bei gruppierten Entladungen der Neurone.
- Sie haben die gleichen Wirkungen auf die Effektororgane wie die colokalisierten klassischen Transmitter. In den Speicheldrüsen und um die Schweißdrüsen sollen sie eine Vasodilatation erzeugen.
- Pharmakologische Blockade der klassischen Transmitterwirkung beeinträchtigt die Wirkung der Peptide nicht.

Die Neuropeptide verstärken vermutlich die Wirkungen der klassischen Transmitter und sind besonders in der ***Aufrechterhaltung tonischer Effektorantworten*** bei langanhaltender neuronaler Aktivierung der Neurone wirksam (z. B. langanhaltende Vasokonstriktionen von Widerstandsgefäßen, Vasodilatationen der Arterien im erektilen Gewebe der Genitalorgane, Vasodilatationen um die Azini von Speichel- und Schweißdrüsen).

Das Nebennierenmark

Adrenalin aus dem Nebennierenmark (NNM) ist ein Stoffwechselhormon; es dient vor allem der schnellen Bereitstellung von Energie

Freisetzung von Katecholaminen aus dem NNM. Das NNM besteht aus Zellen, die entwicklungsgeschichtlich den postganglionären Neuronen homolog sind. Die Ausschüttung der Katecholamine aus den NNM-Zellen wird ausschließlich neuronal durch präganglionäre Neurone aus dem Thorakalmark (T5–T11) über cholinerge Synapsen reguliert (Abb. 20.1). Erregung der präganglionären Axone führt beim Menschen normalerweise zur Ausschüttung eines Gemisches von etwa ***80 % Adrenalin*** und ***20 % Noradrenalin*** in die Blutbahn. Adrenalin und Noradrenalin werden von verschiedenen NNM-Zellen produziert. Die ***Ruheausschüttung*** beträgt etwa 8–10 ng je kg Körpergewicht und Minute und hängt von der Ruheaktivität in den präganglionären Fasern ab. Beim Menschen ist unter nahezu allen physiologischen Bedingungen die Konzentration im Blut von Noradrenalin 3–5 mal höher als die Konzentration von Adrenalin. Nur 2–8 % des zirkulierenden ***Noradrenalins*** stammt aus dem NNM, der Rest stammt aus den Endigungen sympathischer postganglionärer Neurone.

Adrenalin als Stoffwechselhormon. Adrenalin dient überwiegend der Regulation metabolischer Prozesse. Es mobilisiert katalytisch freie Fettsäuren aus Fettgewebe, ferner Glukose und Laktat aus Glykogen (▶ s. Tabelle 20.1). Seine metabolischen Wirkungen werden durch β_2-Adrenozeptoren vermittelt (▶ s. Tabelle 20.1). Adrenalin hat in physiologischen Konzentrationen praktisch keine Wirkungen auf vegetativ innervierte Effektororgane. Die Funktion des zirkulierenden Noradrenalins unter physiologischen Bedingungen ist unklar.

▪▪▪ **NNM und Notfallreaktionen.** In Notfallsituationen, wie bei Blutverlust, Unterkühlung, Hypoglykämie, Hypoxie, Verbrennung oder bei extremen körperlichen Erschöpfungen, kann sich die Ausschüttung von Katecholaminen aus dem NNM und aus den sympathischen postganglionären Neuronen um das 10-fache der Ruheausschüttung erhöhen. Diese Ausschüttungen werden durch den Hypothalamus und das limbische System gesteuert. Die Reaktionen der Effektororgane, die in diesen Notfallsituationen durch die Aktivierung der postganglionären sympathischen Neurone und des NNM zustande kommen, werden auch Notfallreaktionen genannt. Während dieser Reaktionen scheinen nahezu alle Ausgänge des sympathischen Nervensystems einheitlich aktiviert zu werden. Solche einheitliche Aktivierung des sympathischen Nervensystems unter Extrembedingungen ist selten.

In Kürze

Transmitter und ihre Rezeptoren in Sympathikus und Parasympathikus

Die Überträgerstoffe im peripheren Sympathikus und Parasympathikus sind Azetylcholin und Noradrenalin.

- Azetylcholin wirkt über nikotinische Rezeptoren (Ganglien) und muskarinische Rezeptoren (Effektororgane).
- Noradrenalin wirkt über α- und β-Adrenozeptoren.
- Außer Azetylcholin und Noradrenalin werden auch andere Substanzen als Transmitter im peripheren vegetativen Nervensystem benutzt, wie z. B. ATP, Stickoxid und Neuropeptide.

Adrenozeptoren bestehen aus den Familien der α- und β-Adrenozeptoren, die wiederum nach verschiedenen Kriterien unterteilt sind.

Adrenalin aus dem Nebennierenmark wirkt hauptsächlich als Stoffwechselhormon.

20.3 Signalübertragung im peripheren Sympathikus und Parasympathikus

Prinzip der neuroeffektorischen Übertragung

In den Varikositäten der postganglionären Axone finden Synthese und Speicherung der Überträgerstoffe statt, die nach ihrer Freisetzung auf die Synzytien der Effektororgane wirken

Funktionelle Synzytien der Effektorzellen. Die Zellen der meisten vegetativen Effektororgane *(glatte Muskelzelle, Herzmuskelzellen, Drüsenzellen)* sind durch Kontakte niedrigen elektrischen Widerstandes (Nexus) miteinander verbunden und bilden ***funktionelle Synzytien*** (Abb. 20.3 A, 20.4 A). Elektrische Ereignisse werden über die Nexus elektrotonisch auf Nachbarzellen übertragen (▶ s. Kap. 5.10). Aktionspotentiale in Muskelzellen entstehen durch Öffnung ***spannungsabhängiger Ca^{2+}-Kanäle***, wenn die summierten elektrischen Ereignisse in einer Region des Synzytiums die Erregungsschwelle überschreiten. Die Ausbreitung unter- und überschwelliger Ereignisse hängt von den passiven elektrischen Eigenschaften der Synzytien ab (Widerstand und Kapazitäten von Zellmembranen und Zytoplasma). Auf diese Weise entstehen einheitliche Kontraktionen oder Sekretionen aller Zellen eines Synzytiums.

Neuroeffektorische Kontakte. Die ***meisten noradrenergen sympathischen Neurone*** haben lange, dünne Axone (Abb. 20.1), die sich in den Effektorganen vielfach aufteilen und ***Plexus*** bilden. Die Länge der Endverzweigungen eines Neurons kann schätzungsweise 10 cm und mehr erreichen. Die Endverzweigungen bilden zahlrei-

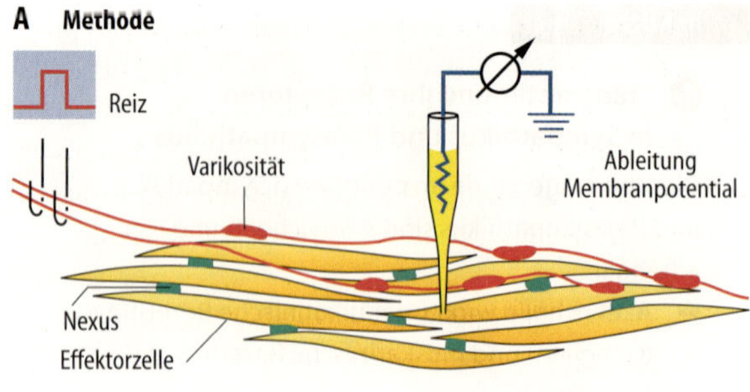

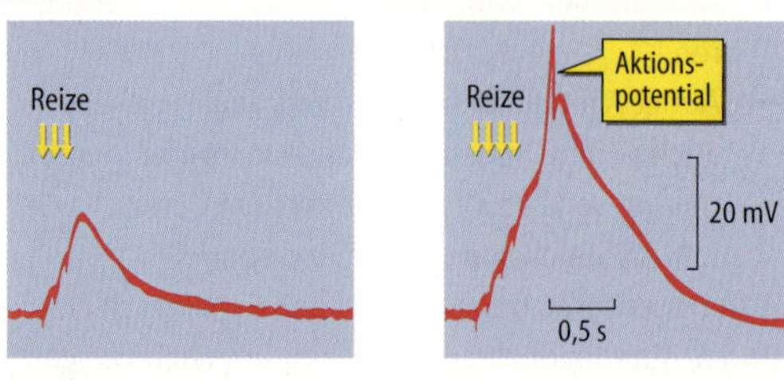

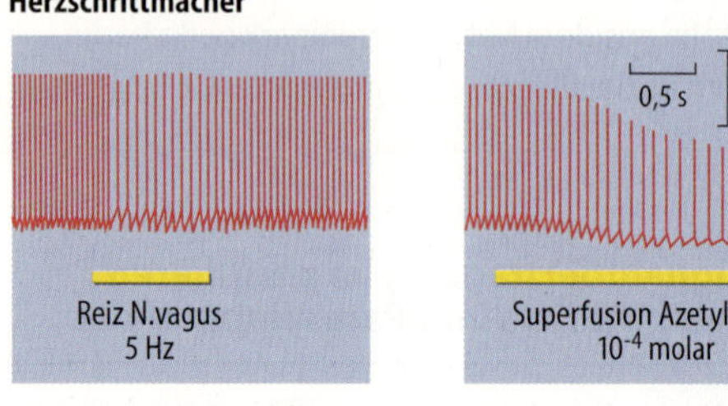

Abb. 20.3. Die neuroeffektorische Übertragung in der Peripherie des vegetativen Nervensystems. A Versuchsanordnung zur Registrierung des Membranpotentials *(MP)* von Effektorzellen und zur elektrischen Reizung der Innervation. **B** Intrazelluläre Ableitung postsynaptischer Potentiale von glatten Muskelzellen einer Arteriole auf elektrische Reizung der Innervation mit drei Reizen (10 Hz; *links:* Summation der postsynaptischen Potentiale, unterschwellig) oder mit 4 Reizen (*rechts:* Summation der postsynaptischen Potentiale und Entstehen eines Aktionspotentials). Nach Hirst (1977). **C** Intrazelluläre Ableitung von einer Herzschrittmacherzelle. *Links:* repetitive elektrische Reizung des N. vagus. Abnahme der Frequenz der Entladung ohne Hyperpolarisation. *Rechts:* Superfusion des Präparates mit einer Azetylcholin-Lösung. Abnahme der Frequenz der Entladung mit Hyperpolarisation und Abnahme von Größe und Dauer der Aktionspotentiale. Nach Campbell (1989)

che ***Varikositäten*** aus (100 bis 200/mm). In diesen finden Synthese und Speicherung der Überträgerstoffe statt. Die meisten ***postganglionären parasympathischen Neurone*** haben kurze dünne Axone, die sich ebenfalls in den Endorganen verzweigen, jedoch weniger zahlreich und mit weniger Varikositäten. In den meisten Effektororganen bilden viele Varikositäten der postganglionären Axone ***enge Kontakte mit den Effektorzellen*** aus. Diese vegetativen neuroeffektorischen Kontakte haben histologisch und physiologisch die Merkmale konventioneller Synapsen (Abb. 20.4 B).

Chemische Signalübertragung. Die chemische Signalübertragung vom postganglionären Neuron auf die Effektorzellen geschieht im Wesentlichen (aber nicht ausschließlich) über die ***neuroeffektorischen Synapsen.*** Bei Erregung eines postganglionären Neurons wird der Überträgerstoff aus den Varikositäten ausgeschüttet. Ein Aktionspotential führt zur Freisetzung des Inhaltes eines Vesikels (eines Quantums) aus einer Varikosität mit einer Wahrscheinlichkeit von etwa $p = 0{,}01$ bis $0{,}05$. Dieser Vorgang erzeugt kurzzeitig eine hohe Konzentration von Transmitter(n) im synaptischen Spalt, einen kurzzeitigen synaptischen Strom durch die postsynaptische Membran und ein kleines postsynaptisches Potential.

Das resultierende postsynapische Gesamtpotential ist das Ergebnis der ***räumlichen Summation der postsynaptischen Potentiale*** unter vielen Varikositäten und hängt in Dauer und Größe von den passiven elektrischen Eigenschaften des elektrisch gekoppelten Effektorzellverbandes (funktionelles Synzytium, ▶ s. o.) ab. Repetitive Aktivierung der postganglionären Neurone führt zur zeitlichen Summation der postsynaptischen Ereignisse und wenn überschwellig zu Aktionspotentialen. Die Aktionspotentiale breiten sich über den Verband der Effektorzellen aus und erzeugen durch intrazelluläre Mobilisation von Kalzium die Effektorantwort (z. B. Kontraktion glatter Muskulatur, Sekretion von Drüsen).

Neuroeffektorische Übertragung auf Schrittmacherzeller und Arteriolen

Die neuroeffektorische Übertragung von postganglionären Neuronen auf vegetative Zielorgane ähnelt der chemischen Übertragung an einer konventionellen Synapse

Neuroeffektorische Übertragung auf die Schrittmacherzellen im Herzen. Praktisch alle Varikositäten der postganglionären ***parasympathischen Kardiomotoneurone*** bilden Synapsen mit den Herzschrittmacherzellen aus. Erregung dieser Neurone bei elektrischer Reizung präganglionärer Axone im N. vagus setzt Azetylcholin aus den Varikositäten in den synaptischen Spalt frei. Dieses Azetylcholin reagiert mit ***subsynaptischen muskarinischen Rezeptoren*** und reduziert die Frequenz der Depolarisationen der Schrittmacherzellen oder hemmt sie vollständig (so dass ein Herzstillstand erzeugt wird), ohne das Membranpotential zu hyperpolarisieren (durch ***Abnahme der*** Na^+***-Leitfähigkeit***; Abb. 20.3 C). Superfundiertes Azetylcholin dagegen reagiert mit extrasynaptisch lokalisierten Azetylcholinrezeptoren und hyperpolarisiert die Schrittmacherzellen durch Erhöhung der K^+-Leitfähigkeit und verkürzt die Aktionspotentiale (Abb. 20.3 C). Die synaptischen und extrasynaptischen Mechanismen der muskarinischen Azetylcholinwirkung sind verschieden. Der intrazelluläre Signalweg von den subsynaptischen Rezeptoren zu den Na^+-Kanälen ist bisher unbekannt. Der intrazelluläre Signalweg von den extrasynaptischen Rezeptoren zu den K^+-Kanälen läuft direkt über ein G-Protein ab. Die Funktion der extrasynaptisch lokalisierten Azetylcholinrezeptoren ist unbekannt.

Die neurovaskuläre Übertragung an Arteriolen. Arteriolen erhalten eine dichte Innervation durch noradrenerge postganglionäre Neurone. Nur die glatten Gefäßmuskelzellen, die an die Adventitia grenzen, sind innerviert. Viele Varikositäten, die nicht vom Schwannzellzytoplasma vollständig umgeben sind, bilden ***enge synaptischen Kontakte*** mit glatten Muskelzellen aus. Die synaptischen Bläschen, die Noradrenalin enthalten, sind in der Nähe dieser synaptischen Kontakte konzentriert (◘ Abb. 20.4 B).

Elektrische Reizung der postganglionären Axone erzeugt erregende postsynaptische Ereignisse im Synzytium der glatten Muskelzellen, die entweder unterschwellig oder überschwellig sind und zu Aktionspotentialen führen (◘ Abb. 20.3 B). Die schnellen postsynaptischen Ereignisse werden an vielen Blutgefäßen durch den Transmitter Adenosintriphosphat *(ATP)* über ***Purinorezeptoren*** (sogenannten P2X-Rezeptoren) in den postsynaptischen Membranen vermittelt. ATP ist mit Noradrenalin in den synaptischen Vesikeln colokalisiert. In anderen Blutgefäßen (z. B. Venen und großen Arterien) werden diese postsynaptischen Potentiale durch Noradrenalin und über α_1-Adrenozeptoren vermittelt. Noradrenalin aus den Varikositäten reagiert vor allem mit ***extrasynaptisch lokalisierten α-Adrenozeptoren.*** Dieses führt G-Protein-gekoppelt über einen intrazellulären Signalweg zur Erhöhung der intrazellulären Kalziumkonzentration. Wie sub- und extrasynaptisch vermittelte Signalübertragungen an kleinen Blutgefäßen in der Regulation der Kontraktilität von kleinen Blutgefäßen unter biologischen Bedingungen integriert werden, ist noch unbekannt (◘ Abb. 20.4 B).

Beide beschriebenen Beispiele können verallgemeinert werden (◘ Abb. 20.4 B):

- Die ***neuroeffektorische Übertragung*** auf viele ***Effektorzellen*** im peripheren vegetativen Nervensystem ist spezifisch. Sie ist die Grundlage für eine zeitlich und räumlich geordnete neuronale Regulation vegetativer Effektororgane (z. B. Regulation des arteriellen Blutdrucks, Thermoregulation, Regulation der Entleerungsorgane, Regulation des Pupillendurchmessers usw.).
- Exogen applizierte Überträgerstoffe des vegetativen Nervensystems wirken über ***extrasynaptische Rezeptoren.*** Bei vielen Effektoren sind diese Rezeptoren entweder verschieden von den ***subsynaptischen Rezeptoren*** und/oder vermitteln ihre Wirkungen über verschiedene intrazelluläre Signalwege. Die über extrasynaptische Rezeptoren erzeugten Wirkungen müssen von den durch Nervenreizung erzeugten physiologischen Wirkungen unterschieden werden und sind häufig pharmakologischer (d. h. nicht physiologischer) Natur. Ihre biologische Rolle in vielen dicht innervierten vegetativen Effektororganen (z. B. kleinen Arteriolen und Herz) ist unklar.

▪▪▪ Das Verhalten vieler Effektororgane ist nicht nur von der Aktivität in den postganglionären Neuronen abhängig, sondern auch von zirkulierenden Hormonen, **lokalen parakrinen Prozessen**, lokalen **metabolischen Veränderungen**, von **mechanischen Prozessen** und von **Einflüssen aus der Umwelt** (z. B. thermischen, ► s. ◘ Abb. 20.5). Der Blutflusswiderstand im Muskelstrombett hängt z. B. von der Aktivität in den postganglionären Muskelvasokonstriktorneuronen, von der myogenen Aktivität der glatten Gefäßmuskulatur, vom metabolischen Zustand des Skelettmuskels, von Faktoren des Endothels (z. B. freigesetztem Stickoxid, NO) und von zirkulierenden Hormonen ab.

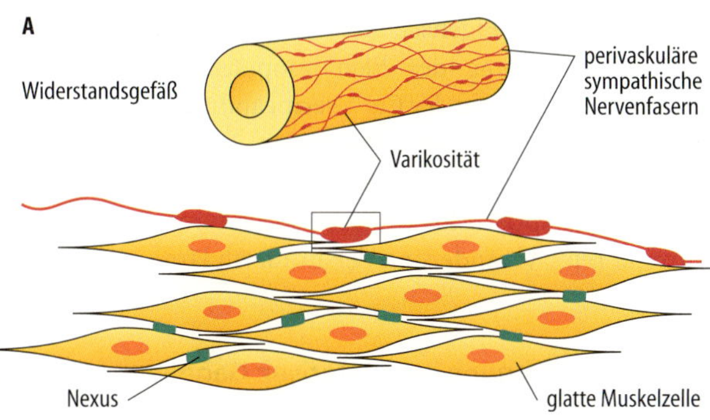

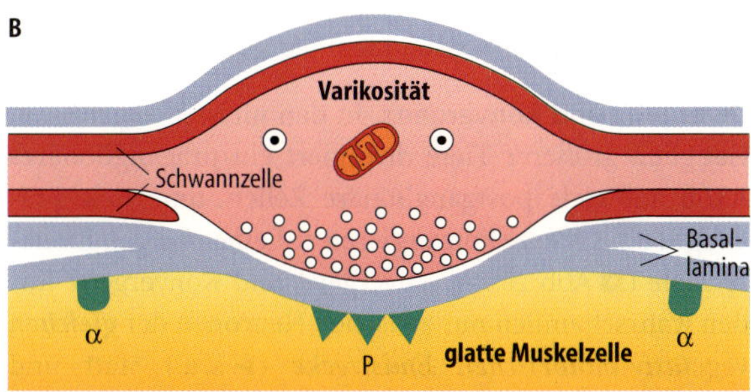

◘ **Abb. 20.4. Die neurovaskuläre Übertragung an kleinen Arterien. A** Perivaskulärer noradrenerger Plexus, der von postganglionären Vasokonstriktoraxonen gebildet wird. Glatte Gefäßmuskelzellen bilden ein funktionelles Synzytium über Nexus (Kontakte geringen elektrischen Widerstandes, ► s. Konnexone, ► Kap. 5.10) aus. Die Varikositäten bilden enge Kontakte mit den adventitialen glatten Muskelzellen. **B** Diagramm der neurovaskulären Synapse. Varikosität mit präsynaptischer Spezialisierung und Ansammlung synaptischer Bläschen, die Noradrenalin und ATP enthalten. Einige große Vesikel enthalten auch Neuropeptide. Die postsynaptischen Rezeptoren sind Purinozeptoren (*P*, für ATP). Extrasynaptisch liegen α-Adrenozeptoren. Nach Jobling (unpubliziert)

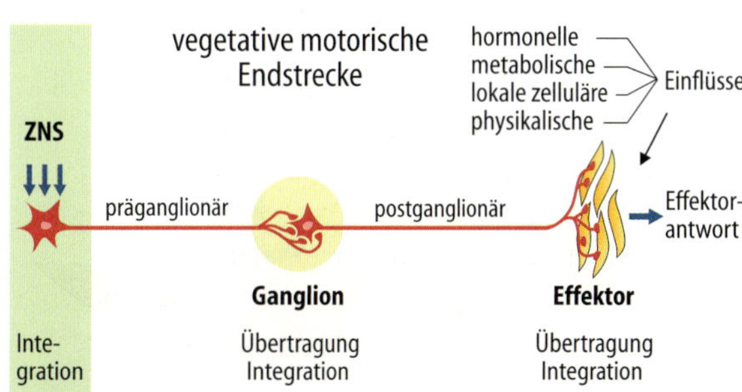

◘ **Abb. 20.5. Vegetative motorische Endstrecke und ihre Effektorzellen.** Nicht-neuronale Einflüsse können auch auf die Effektorzellen einwirken

Präsynaptische Kontrolle der Transmitterfreisetzung

Die Freisetzung von Transmitter aus postganglionären Axonen kann durch präsynaptische Wirkung des Transmitters gehemmt werden

Die Transmitter des vegetativen Nervensystems beeinflussen auch ihre eigene Freisetzung aus den präsynaptischen Strukturen. Diese präsynaptischen Wirkungen der Überträgerstoffe werden durch ***Adrenozeptoren*** und ***cholinerge Rezeptoren*** in den präsynaptischen Membranen vermittelt.

- Reaktion von Noradrenalin und Adrenalin mit präsynaptischen ***α_2-Adrenozeptoren*** führt zur Abnahme der Transmitterfreisetzung,
- Reaktion mit präsynaptischen ***β_2-Adrenozeptoren*** erhöht die Transmitterfreisetzung (Abb. 20.6).

Unter physiologischen Bedingungen führt eine hohe Konzentration von Noradrenalin in der Nähe der Varikositäten bei starker Erregung der postganglionären Neurone zu einer Begrenzung der Freisetzung von Noradrenalin über die α_2-Adrenozeptoren ***(negativer Rückkopplungsmechanismus)***. Zirkulierendes Adrenalin aus dem Nebennierenmark mag durch Reaktion mit den präsynaptischen β_2-Adrenozeptoren zu einer Förderung der Noradrenalinfreisetzung führen ***(positiver Rückkopplungsmechanismus)***.

▪▪▪ Außer den cholinergen und adrenergen Rezeptoren sind auch andere Rezeptortypen im peripheren vegetativen Nervensystem prä- und postsynaptisch und in den Effektormembranen nachgewiesen worden, wie z. B. Dopamin-, Opiat-, Angiotensin-, sonstige Peptid- und Prostaglandin-E-Rezeptoren. Die meisten dieser Rezeptoren haben wahrscheinlich keine physiologische, sondern nur pharmakologische Bedeutung in der **therapeutischen Medizin**. Dieselben pharmakologischen Rezeptoren sind präsynaptisch auch im ZNS gefunden worden, wo sie Angriffspunkte vieler zentral wirkender Pharmaka sind.

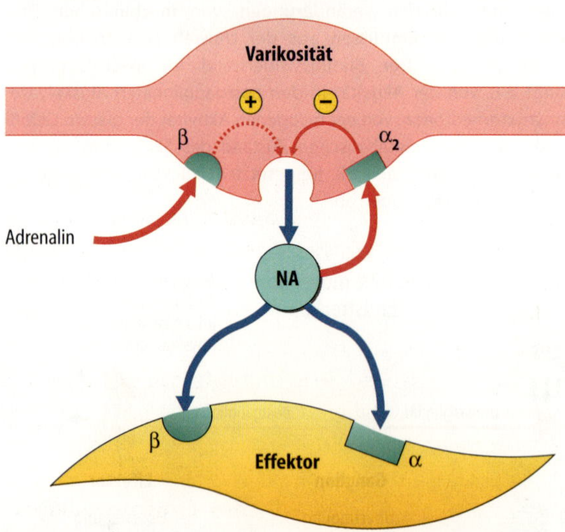

Abb. 20.6. Präsynaptische Kontrolle der Freisetzung von Noradrenalin (NA) durch Katecholamine. *NA:* Noradrenalin; α, β: Adrenozeptoren; α_2: Hemmung; β: Förderung der Freisetzung von Noradrenalin

Denervationssupersensibilität

Vegetative Effektoren reagieren einige Zeit nach Denervierung überempfindlich auf Überträgerstoffe

Viele dicht innervierten vegetativen Effektororgane (jedoch wahrscheinlich nicht die exokrinen Drüsen) zeigen eine gewisse Inaktivitätsatrophie, degenerieren aber nicht nach Zerstörung ihrer Innervation. Sie entwickeln 2 is 30 Tage nach Denervierung und schwächer auch nach Dezentralisierung (Durchtrennung präganglionärer Axone) eine ***Überempfindlichkeit (Supersensibilität)*** gegen Überträgerstoffe des peripheren vegetativen Nervensystems und Pharmaka. Die Denervierungsüberempfindlichkeit lässt sich als ***Anpassung der Empfindlichkeit vegetativer Effektororgane*** an die Aktivität der sie innervierenden postganglionären Neurone auffassen. Bei chronischer Abnahme oder Zunahme der neuronalen Aktivität nimmt die Empfindlichkeit des Effektors zu bzw. ab.

Die ***Entstehung der Supersensibilität*** hängt wahrscheinlich von folgenden Faktoren ab: Änderung elektrophysiologischer Eigenschaften der Effektormembranen (z. B. Erniedrigung des Membranpotentials oder der Schwelle); Erhöhung der Ca^{2+}-Permeabilität der Effektormembran oder erhöhte intrazelluläre Verfügbarkeit von Ca^{2+}; vermehrte Expression und/oder erhöhte Affinität von postsynaptisch lokalisierten Rezeptoren (z. B. Adrenozeptoren); Veränderung der intrazellulären Signalwege.

Impulsübertragung in vegetativen Ganglien

Parasympathischen Ganglien übertragen und verteilen zentrale Signale; prävertebrale sympathische Ganglien integrieren periphere und zentrale Signale

Divergenz und Konvergenz. In den meisten vegetativen Ganglien größerer Tiere divergiert ein präganglionäres Axon auf viele postganglionäre Zellen, und viele präganglionäre Axone konvergieren auf eine postganglionäre Zelle (Abb. 20.7 A). Divergenz und Konvergenz finden wahrscheinlich nur zwischen Neuronen der ***gleichen vegetativ-motorischen Endstrecke*** (▶ s. u.) statt und nicht zwischen Neuronen funktionell verschiedener Endstrecken.

Quantitativ variiert der Grad von Konvergenz und Divergenz außerordentlich zwischen den Spezies und von Ganglion zu Ganglion je nach Effektororgan. Beim Menschen werden z. B. etwa eine Million postganglionäre Neurone im Ganglion cervicale superius von 10 000 präganglionären Axonen innerviert. Die Divergenz präganglionärer Axone auf postganglionäre Neurone gewährleistet, dass die Aktivität in einer relativ kleinen Zahl von präganglionären Neuronen auf eine große Zahl post-

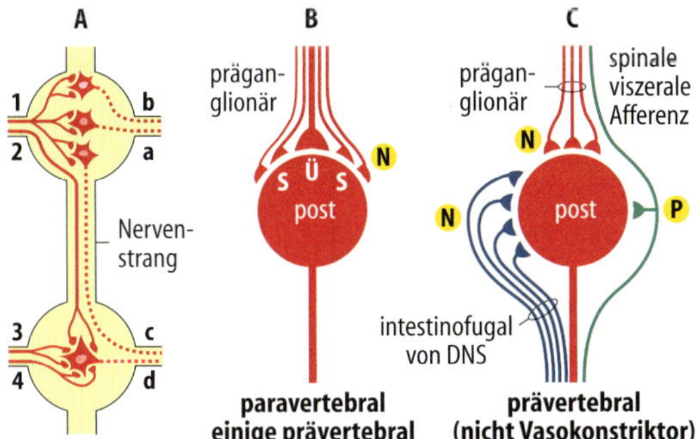

Abb. 20.7. Impulsübertragung in sympathischen Ganglien. A Divergenz (Axon 1 auf Neuron a, b und c) und Konvergenz (Axone 2, 3 und 4 auf Neuron d) präganglionärer Axone auf postganglionäre Neurone in Grenzstrangganglien. **B** Relaisfunktion in paravertebralen (Grenzstrang)-Ganglien und einigen prävertebralen postganglionären Neuronen (z. B. zu Blutgefäßen). *S:* schwache Synapsen mit unterschwelligen postsynaptischen Potentialen; *Ü:* »starke« (dominante) Synapse mit überschwelligen postsynaptischen Potentialen. **C** Integration von synaptischen Eingängen zu vielen postganglionären Neuronen in prävertebralen Ganglien: Von präganglionären Neuronen; von intestinofugalen Neuronen mit Zellkörpern im Darmnervensystem [DNS]; von Kollateralen spinaler viszeraler Afferenzen. *N:* cholinerg nikotinisch; *P:* peptiderg. Nach Jänig (1995)

ganglionärer Neurone verteilt wird ***(Verteilerfunktion vegetativer Ganglien)***. Die Konvergenz präganglionärer Axone auf postganglionäre Neurone gewährleistet einen ***hohen Sicherheitsgrad der synaptischen Übertragung*** von prä- nach postganglionär in den prävertebralen Ganglien. Welche Rolle sie in den paravertebralen Ganglien spielt ist unklar. Der Grad der Konvergenz variiert zwischen funktionell verschiedenen postganglionären Neuronen: Nur wenige präganglionäre Neurone konvergieren auf postganglionäre Pupillomotorneurone, aber viele auf postganglionäre Vasokonstriktorneurone.

Relais- und Integrationsfunktion. In den ***paravertebralen*** sympathischen ***Grenzstrangganglien*** und in den ***parasympathischen Ganglien*** werden die Impulse nach Art einer Relaisstation übertragen, ohne modifiziert zu werden. Ein oder 2 der konvergierenden präganglionären Axone bilden Synapsen mit den postganglionären Neuronen in diesen Ganglien, die bei Aktivierungen ***immer überschwellige*** erregende postsynaptische Potentiale von mehreren 10 mV erzeugen (ähnlich wie bei der neuromuskulären Endplatte) und auf diese Weise die Entladungen der postganglionären Neurone bestimmen. Die anderen konvergierenden präganglionären Axone erzeugen bei Aktivierung nur kleine unterschwellige postsynaptische Potentiale. Ihre Funktion ist unklar (Abb. 20.7 B). Viele postganglionäre Neurone in ***prävertebralen Ganglien*** haben aber auch ***integrative Funktion***: Diese Neurone erhalten nicht nur meist schwache synaptische Eingänge von präganglionären Neuronen, sondern auch von intestinofugalen Neuronen, die ihre Zellkörper im Darmnervensystem haben, und von Kollateralen spinaler viszeraler afferenter Neurone (Abb. 20.7 C).

In Kürze

Signalübertragung im peripheren Sympathikus und Parasympathikus

Aus den Varikositäten der postganglionären Neurone freigesetzte Überträgerstoffe wirken primär über subsynaptische Rezeptoren auf die Effektoren. Exogen applizierte Überträgerstoffe wirken jedoch vorwiegend über extrasynaptische Rezeptoren.
Bei vielen Effektoren sind beide Rezeptoren entweder verschieden und/oder sie vermitteln ihre Wirkungen über verschiedene intrazelluläre Signalwege.
Die Funktion der extrasynaptischen Rezeptoren ist in vielen vegetativen Effektororganen (z. B. Arteriolen und den Herzschrittmacherzellen) unklar.

Kontrolle der Signalübertragung

Die Freisetzung von Transmittern wird auch im vegetativen Nervensystem durch Rückwirkung der Transmitter auf die präsynaptischen Endigungen bzw. Varikositäten meist hemmend, aber z. T. auch fördernd beeinflusst.
Nach Denervierung entwickeln einige Effektororgane eine Überempfindlichkeit (Supersensibilität) auf ihre Transmitter und diesen verwandten Pharmaka.
Die meisten vegetativen Ganglien übertragen und verteilen die Aktivität der präganglionären Neurone.
Prävertebrale Ganglien haben auch integrative Funktionen.

20.4 Das Darmnervensystem

Komponenten und globale Funktionen des Darmnervensystems

Das Darmnervensystem reguliert Transport, Resorption und Sekretion; sensomotorische Programme des Darmnervensystems koordinieren die verschiedenen Effektorsysteme

Der Magen-Darm-Trakt besteht aus einer Vielzahl von Effektoren, wie z. B. glatter Darmmuskulatur, Epithelien (Sekretion, Resorption), endokrinen Zellen und Blutgefäßen (► s. Kap. 38). Kontrolle und Koordination dieser Effektoren werden bewirkt durch:
- das Darmnervensystem,
- die extrinsischen parasympathischen und sympathischen vegetativen Systeme und
- viszeralen vagalen und spinalen Afferenzen.

Durchtrennung der extrinsischen (parasympathischen und sympathischen) Innervation des Magen-Darm-Trakts beeinträchtigt die meisten seiner elementaren Funktionen nicht, jedoch ihre ***Anpassung*** und ***Koordination*** mit Funktionen, die vom ZNS gesteuert werden.

Lage und Größe des Darmnervensystems. Die Zellkörper der Neurone des Darmnervensystems liegen im ***Plexus myentericus*** (Auerbach) und im ***Plexus submucosus*** (Meissner). Die Plexus bestehen aus afferenten Neuronen, deren Neuriten als Sensoren dienen, aus Interneuronen und aus Motoneuronen. Das Darmnervensystem des Menschen besteht aus etwa ***10^8 Neuronen***; diese Zahl ist etwa genauso groß wie die Gesamtzahl der Neurone im Rückenmark und sehr groß im Vergleich zu den etwa 2000 präganglionären parasympathischen Axonen im N. vagus, die zum Darmnervensystem projizieren.

Funktionen des Darmnervensystems (Abb. 20.8). Das Darmnervensystem enthält ***sensomotorische Programme*** zur Regulation und Koordination der Effektorsysteme in der Regulation von Motilität (glatte Muskulatur), Sekretion und Resorption (Mukosa), endokrinen Zellen und lokaler Durchblutung (Blutgefäße). Diese Programme sind repräsentiert in den ***afferenten Neuronen, Interneuronen*** und ***Motoneuronen*** und ihren erregenden und hemmenden synaptischen Verknüpfungen. Die Programme sind Ausdruck für die integrativen Funktionen des Darmnervensystems. Das ZNS greift in dieses lokale neuronale Geschehen über die extrinsische vegetative efferente Innervation weitgehend nur ***modulatorisch*** ein. Einige Motoneurone des Darmnervensystems (besonders im Magen und im Enddarm) sind formal gleichzeitig postganglionäre parasympathische Neurone (Abb. 20.9).

Das Darmnervensystem als Computerterminal. Rückmeldungen über die Prozesse im Magen-Darm-Trakt erhält das ZNS über die viszeralen Afferenzen zur Medulla oblongata und zum Rückenmark. Dazu kommen auch afferente Rückmeldungen zu den postganglionären sympathischen Neuronen in den prävertebralen Ganglien (Abb. 20.7). Bildlich gesprochen arbeitet das Darmnervensystem wie ein ***intelligentes Computerterminal.*** In der Nähe der Effektororgane liegen Reflexkreise, die deren Verhalten fortlaufend an die Bedingungen im Lumen anpassen. Das ZNS (als Hauptcomputer) registriert das Verhalten des Magen-Darm-Trakts über die Impulsaktivität in den viszeralen Afferenzen und passt es an das Verhalten des Organismus an. Dem ZNS kommt somit eine mehr ***strategische Rolle*** zu; es steuert weniger individuelle Motoneurone, sondern neuronale Programme und Programmabläufe im Darmnervensystem. Das ZNS kontrolliert direkt besonders Nahrungsaufnahme, Entleerungsfunktion (am Anfang und Ende des Magen-Darm-Traktes) und den peripheren Blutflusswiderstand (im Rahmen der Blutdruckregulation).

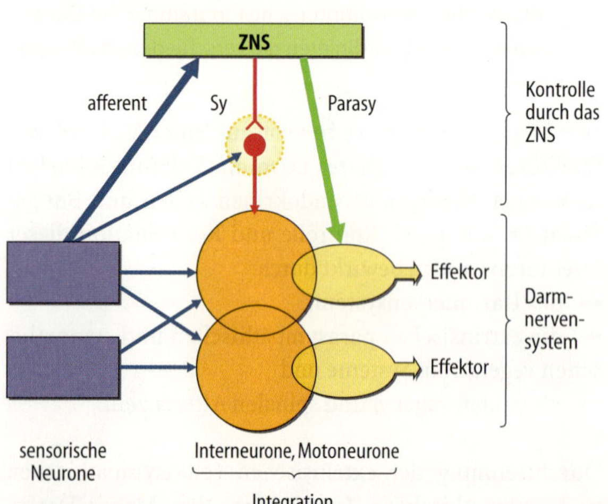

Abb. 20.8. Erklärendes Modell zur Organisation des Darmnervensystems. Beachte afferente Rückmeldung zu prävertebralen sympathischen Ganglien. ► S. Abb. 20.7 C. Nach Wood (1984)

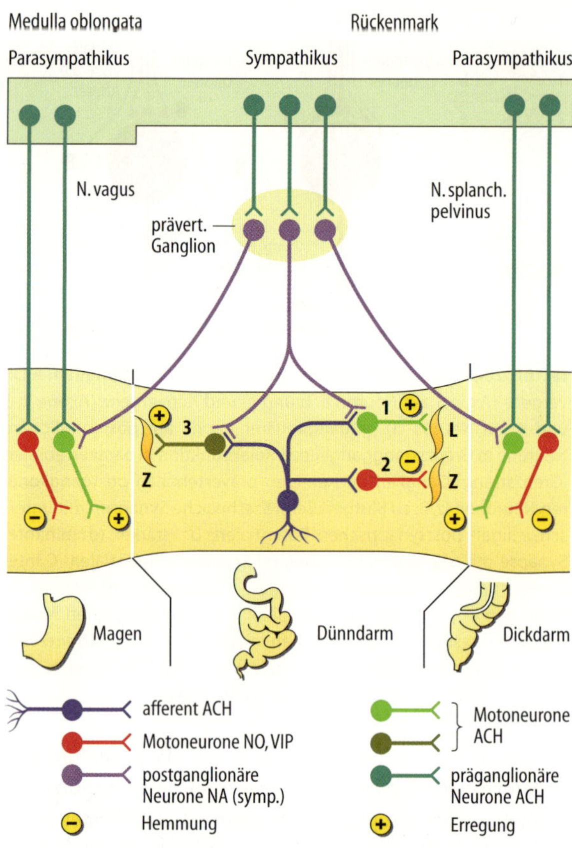

Abb. 20.9. Mechanismen der propulsiven Peristaltik. Organisation der Reflexe des Darmnervensystems, die die propulsive Peristaltik erzeugen, und extrinsische Kontrolle des Darmnervensystems durch Parasympathikus und Sympathikus. (1), (2) erregende und hemmende deszendierende Reflexbahn zur longitudinalen (*L*; nur Dickdarm) und zirkulären *(Z)* Muskulatur; (3) erregende aszendierender Reflex zur zirkulären Muskulatur. *ACH:* Acetylcholin; *NO:* Stickoxid; *VIP:* »vasoactive intestinal peptide«. Nach Furness u. Costa (1987) und Furness, persönliche Mitteilung

Die propulsive Peristaltik

Die propulsive Peristaltik wird durch drei koordinierte Reflexe erzeugt; hieran sind mechanosensible afferente Neurone und mindestens drei verschiedene Typen von Motoneuronen beteiligt

Im Darmnervensystem lassen sich mehr als ***10 Typen von Neuronen*** unterscheiden. Diese haben sowohl erregende als auch hemmende Wirkungen auf andere Neurone und auf Effektorzellen. Neben Azetylcholin enthalten die Neurone etwa 10 weitere Transmitter- bzw. Modulatorsubstanzen (z. B. Serotonin, ATP, Stickoxid, Neuropeptide).

Die neuronale Grundlage der ***propulsiven Peristaltik*** besteht wahrscheinlich aus 3 Reflexen. Erregung von afferenten Neuronen durch ***Dehnung oder Scherreize*** an der Mukosa erzeugt reflektorisch oral eine ***Kontraktion der zirkulären Muskulatur*** ((3) in ◻ Abb. 20.9), aboral eine ***Erschlaffung der zirkulären Muskulatur*** ((2) in ◻ Abb. 20.9) und (im Dickdarm) eine Kontraktion der longitudinalen Muskulatur ((1) in ◻ Abb. 20.9). Auf diese Weise wird der Darm wie ein Strumpf über den Inhalt gezogen. Alle Reflexwege sind sowohl mono- als auch polysynaptisch.

▪▪▪ Die afferenten Neurone sind cholinerg. Die hemmend wirkenden Motoneurone sind weder cholinerg noch noradrenerg; sie benutzen vermutlich das **Neuropeptid VIP** (Vasoactive Intestinal Peptide) und/oder das Radikal **Stickoxid (NO)** als Transmitter. Alle anderen an der Peristaltik beteiligten Neurone sind cholinerg. Jedoch können andere Transmitter, wie z. B. Serotonin und andere Neuropeptide, in der Modulation der Peristaltik eine Rolle spielen. Ähnliche Reflexkreise müssen auch für die Regulation der sekretorischen Epithelien und die lokale Kontrolle der Blutgefäße in der Submukosa postuliert werden.

20.2. Kongenitales Megakolon (Hirschsprung-Krankheit)

Patienten mit dieser Krankheit zeigen röntgenologisch ein verengtes distales Segment des Darmes im Rektum oder Rektum-Sigmoid mit einem dilatierten proximalen Kolon. Dehnung des Rektums, welche bei Gesunden zur reflektorischen Erschlaffung des glatten Musculus ani internus führt (▶ s. ◻ Abb. 20.17), erzeugt bei diesen Patienten eine Kontraktion des internen Sphinkters. Die Erschlaffung wird bei Gesunden durch Aktivierung inhibitorischer Motoneurone des Darmervensystems, welche die zirkuläre Muskulatur innervieren, erzeugt. Diese Motoneurone sind nicht-cholinerg und benutzen Stickoxid (NO) und das Neuropeptid VIP *(Vasoactive Intestinal Peptide)* als Transmitter. Bei Patienten mit kongenitalem Megakolon fehlen diese inhibitorischen Motoneurone infolge einer Entwicklungsstörung im distalen Segment des Enddarmes oder sind an Zahl reduziert. Als Therapie wird das verengte Segment des Enddarmes chirurgisch entfernt.

Wirkungen von Sympathikus und Parasympathikus auf das Darmnervensystem

Sympathikus und Parasympathikus greifen modulierend in die Tätigkeit des Darmnervensystems ein

Sympathikus. Sympathische postganglionäre (noradrenerge) Neurone zum Darm beeinflussen die Widerstandsgefäße, die Kapazitätsgefäße und die glatte Sphinkterenmuskulatur (z. B. M. sphincter ani internus) direkt. Ansonsten haben die Neurone nur schwache direkte Wirkungen auf die glatte nichtsphinkterische Muskulatur und die Drüsenepithelien. Sie hemmen einerseits die ***Freisetzung von Transmitter*** aus den präsynaptischen Endigungen einiger präganglionärer parasympathischer Axone (▶ s. S. 436) und wahrscheinlich anderer Axone und wirken andererseits auch postsynaptisch hemmend. In den ***prävertebralen sympathischen Ganglien*** erhalten die postganglionären sympathischen Neurone nicht nur synaptische Eingänge von präganglionären Neuronen, sondern auch cholinerge synaptische Eingänge von ***intestinofugalen Neuronen***, deren Zellkörper in der Darmwand liegen (◻ Abb. 20.7 C). Über diese synaptischen Verbindungen laufen extraspinal ***intestinointestinale Reflexe*** ab, die vermutlich den Transport im Gastrointestinaltrakt modulieren. Sympathische prävertebrale Neurone, die keine Vasokonstriktorfunktion haben, werden auch über peptiderge synaptische Eingänge von Kollateralen spinaler primär afferenter Neurone in ihrer Erregbarkeit moduliert (◻ Abb. 20.7 C).

Parasympathikus. Parasympathische präganglionäre Axone sind nicht nur synaptisch verknüpft mit Motoneuronen des Darmnervensystems, die die Darmmuskulatur erregen, sondern auch mit ***hemmend wirkenden Motoneuronen*** und Interneuronen (◻ Abb. 20.9). Diese zentral auslösbaren Hemmungen sind besonders am ***oralen*** und am ***analen*** Ende des Magendarmtrakts ausgeprägt und funktionell wichtig für die ***reflektorische Erweiterung des Magens*** bei Nahrungsaufnahme und für die Regulation der ***Kontinenz des Enddarms***. Außerdem beeinflussen die parasympathischen präganglionären Neurone über Neurone des Darmnervensystems ***exokrine Drüsen*** (z. B. die HCl-Produktion durch die Belegzellen) und ***endokrine Zellen*** (z. B. die Freisetzung von Gastrin aus den G-Zellen der Mukosa, ▶ s. Kap. 38)

In Kürze

Das Darmnervensystem

Das Darmnervensystem reguliert Motilität, Sekretion, Absorption und lokale Durchblutung der Mukosa im Magendarmtrakt.

▼

Es besteht aus afferenten Neuronen, Interneuronen und Motoneuronen, die in multiplen Reflexkreisen organisiert sind.

Propulsive Peristaltik

Die propulsive Peristaltik setzt sich aus dem koordinierten Ablauf von drei Reflexen zusammen:
- Kontraktion der zirkulären Muskulatur,
- Erschlaffung der zirkulären Muskulatur,
- Kontraktion der longitudinalen Muskulatur im Dickdarm.

Parasympathikus und Sympathikus greifen modulierend in diese lokalen Reflexe ein. Sie haben am Anfang (Ösophagus, Magen) und Ende des Magendarmtraktes direkten Einfluss auf die Effektoren.

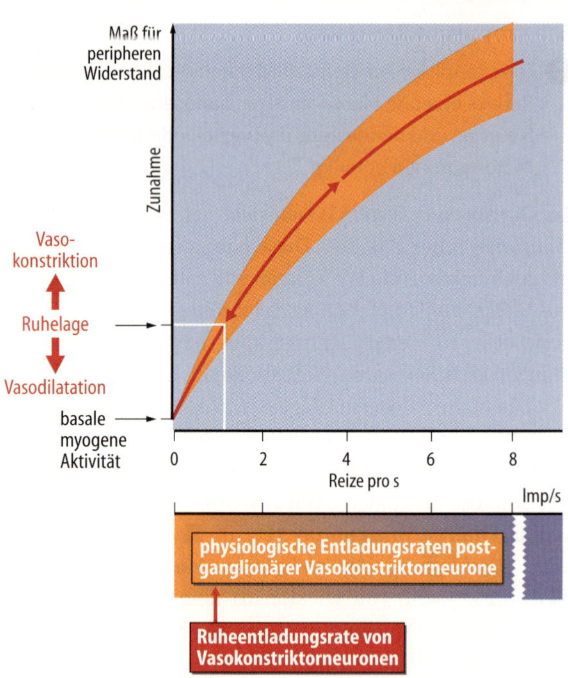

Abb. 20.10. Beziehung zwischen der Aktivität in Vasokonstriktorneuronen und Blutflusswiderstand. Anstieg von Blutflusswiderstand in der Skelettmuskulatur der Katzenhinterextremität *(Ordinate)* mit der Frequenz elektrischer überschwelliger Reizung der präganglionären Axone im lumbalen Grenzstrang. *Rote Fläche*, Schwankungen der Messwerte. Der Widerstand, der in vivo in Ruhe herrscht, kann durch <2 Reize pro Sekunde erzeugt werden. Abnahme der Reizfrequenz hat eine Vasodilatation (Erniedrigung des Widerstandes) zur Folge. Wenn in den Vasokonstriktorneuronen keine Aktivität mehr vorhanden ist, wird der periphere Widerstand nur durch die Spontanaktivität der glatten Gefäßmuskulatur *(basale myogene Aktivität)* und andere nichtneuronale Faktoren bestimmt (▶ s. Abb. 20.5). Mod. nach Mellander (1960)

20.5 Organisation des vegetativen Nervensystems im Rückenmark

Spontanaktivität in vegetativen Neuronen

Viele periphere vegetative Neurone sind spontan aktiv; Effektororgane werden durch Erhöhung und Erniedrigung dieser Aktivität beeinflusst

Viele Typen von vegetativen Neuronen sind unter Ruhebedingungen spontan aktiv (z. B. Vasokonstriktorneurone, Kardiomotorneurone, Sudomotoneurone, motilitätsregulierende Neurone zu den Eingeweiden). Andere werden nur unter speziellen Bedingungen aktiviert. Die Spontanaktivität ist wichtig für die Regulation der Durchblutung von Organen, des peripheren Widerstandes und des Herzminutenvolumens. Die Abnahme der Aktivität in Vasokonstriktorneuronen erzeugt eine Vasodilation und die Zunahme der Aktivität eine Vasokonstriktion (Abb. 20.10).

Die ***Höhe der Spontanaktivität*** variiert in peripheren vegetativen Neuronen von etwa 0,1 Hz bis 4 Hz und dürfte in Vasokonstriktorneuronen zu Haut- und Muskelgefäßen unter Ruhebedingungen und bei neutraler Umgebungstemperatur im Durchschnitt etwa ***1 Hz*** betragen. Die Höhe dieser Aktivität in den vegetativen Neuronen ist den Eigenschaften von glatter Muskulatur und sekretorischen Epithelien angepasst. Wegen der lang anhaltenden intrazellulären Antworten, die die relativ langsam ansteigenden und abfallenden Kontraktionen dieser Muskulatur bewirken, wird durch eine niedrige neurogene Ruheaktivität ein gleichmäßiger Kontraktionszustand ***(Tonus)*** erzeugt.

Die Spontanaktivität in den vegetativen Neuronen hat ihren ***Ursprung*** in der ***Neuraxis.*** Aktivität in Vasokonstriktorneuronen zu Widerstandsgefäßen entsteht in Neuronen der ***rostralen ventrolateralen Medulla oblongata*** oder Vorläuferneuronen (▶ s. Abschnitt 20.6).

Spinale Reflexe

Das Rückenmark enthält viele vegetative Reflexkreise, die in vegetative Regulationen integriert sind

Lage der präganglionären Neurone im Rückenmark. Die präganglionären sympathischen und sakralen präganglionären parasympathischen Neurone liegen in der ***intermediären Zone*** des ***thorakolumbalen*** und ***sakralen Rückenmarks.*** Diese Zone besteht im Thorakolumbalmark aus dem Nucleus intermediolateralis (IL), dem Nucleus intercalatus (IC) und dem Nucleus centralis autonomicus (CA in Abb. 20.11). Die meisten präganglionären sympathischen Neurone liegen in der Pars funicularis (weiße Substanz) et principalis des IL (IL_f, IL_P in Abb. 20.11). Funktionell verschiedene präganglionäre Neurone liegen z. T. an verschiedenen Orten der spinalen intermediären Zone. Präganglionäre parasympathische Neurone zur ***Harnblase*** liegen lateral im Sakralmark an der Grenze zur weißen Substanz und Neurone zum ***Enddarm*** mehr medial im Sakralmark.

Organisation spinaler vegetativer Reflexe (Abb. 20.11). Die synaptische Verschaltung zwischen Afferen-

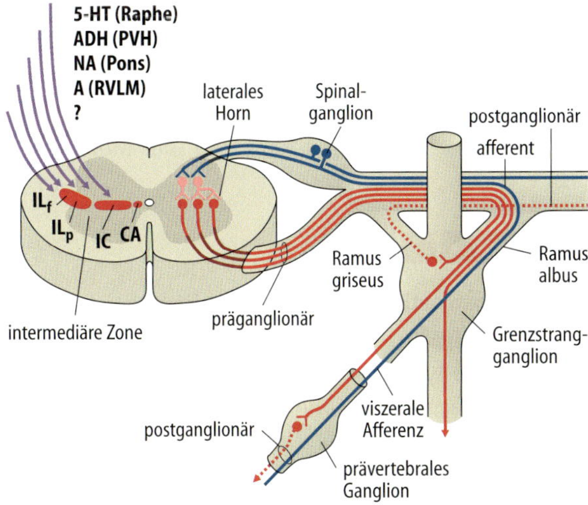

Abb. 20.11. Spinaler vegetativer Reflexbogen und seine supraspinale Kontrolle. *Links:* Lage der sympathischen präganglionären Neurone in der intermediären Zone des Rückenmarks und einiger deszendierender Systeme vom Hirnstamm und Hypothalamus. *ILf, ILp :* Pars funicularis et principalis des Nucleus intermedio-lateralis *(IL); IC:* Nucleus intercalatus; *CA:* Nucleus centralis autonomicus. *A:* Adrenalin; *ADH:* Adiuretin; *NA:* Noradrenalin; *PVH:* Nucleus paraventricularis hypothalami (▶ s. Abb. 20.22) *RVLM:* rostrale ventrolaterale Medulla (▶ s. Abb. 20.14); *5-HT:* Serotonin. Nach Ranson u. Clark (1959); Petras u. Cummings (1972). *Rechts:* Spinaler vegetativer Reflexbogen

zen und vegetativen Efferenzen auf spinaler Ebene wird ***vegetativer Reflexbogen*** genannt. Anders als der monosynaptische Dehnungsreflex sind selbst die einfachsten vegetativen spinalen Reflexbögen mindestens disynaptisch. Der vegetative Reflexbogen hat demnach mindestens ***3 Synapsen*** zwischen den primär afferenten (viszeralen oder somatischen) und den postganglionären Neuronen, 2 davon im Rückenmarksgrau und eine im vegetativen Ganglion. Afferenzen und Efferenzen desselben Organs sind häufig zu ***segmentalspinalen Reflexbögen*** verschaltet, so z. B. beim Herzen ***(kardiokardiale Reflexe)***, für die verschiedenen Abschnitte des Gastrointestinaltrakts ***(intestinointestinale Reflexe)***, bei Blase und Mastdarm (***Entleerungsreflexe***, ▶ s. Abschnitt 20.7) und bei den reproduktiven Organen (***Genitalreflexe***, ▶ s. Abschnitt 20.8).

Segmentale Innervation von Haut und Eingeweiden. Bei krankhaften Prozessen im Eingeweidebereich (z. B. bei Gallenblasen- oder Blinddarmentzündungen) ist die Muskulatur über dem Krankheitsherd gespannt und die zugehörigen ***Dermatome***, also diejenigen Hautareale, die durch dieselben Rückenmarksegmente wie das erkrankte innere Organ afferent und efferent innerviert werden, sind gerötet.

Impulse in ***viszeralen Afferenzen*** aus dem erkrankten Eingeweidebereich hemmen offenbar reflektorisch die Aktivität in Vasokonstriktorneuronen zu Hautgefäßen (Hautrötung) und erregen reflektorisch Motoneurone (Abwehrspannung der Bauchmuskulatur). Umgekehrt kann man durch Reizung von Thermo- oder Nozisensoren in der Haut die Eingeweide, die durch dieselben Rückenmarksegmente innerviert werden wie das gereizte Dermatom, über sympathische Neurone hemmend-reflektorisch beeinflussen.

Supraspinale Kontrolle vegetativer spinaler Systeme. Die spinalen parasympathischen und sympathischen Systeme unterliegen hemmenden und erregenden Einflüssen von Hirnstamm und Hypothalamus. Dort werden die spinalen Systeme zu ***Funktionskomplexen höherer Ordnung*** organisiert, wie z. B. das kutane Vasokonstriktorsystem und das Sudomotorsystem im Rahmen der ***Thermoregulation***, die Vasokonstriktorsysteme zu Widerstandsgefäßen (im Skelettmuskel und im Viszeralbereich) und die sympathischen Kardiomotoneurone im Rahmen der ***Regulation des arteriellen Blutdrucks.***

Der Vielfältigkeit der spinalen vegetativen Systeme und ihrer Funktionen entspricht eine ebenso große Vielfältigkeit ***deszendierender spinaler Systeme*** von Hirnstamm und Hypothalamus, die zu den präganglionären Neuronen der intermediären Zone projizieren (◼ Abb. 20.11, links). Diese Projektionen können nach Herkunft und Histochemie charakterisiert werden. So projizieren z. B. serotonerge Neurone aus den kaudalen Raphékernen in der Medulla oblongata, adrenerge und nichtadrenerge Neurone aus der rostralen ventrolateralen Medulla oblongata, noradrenerge Neurone aus der Pons und peptiderge Neurone (vasopressinerg, oxytozinerg) aus dem Nucleus paraventricularis hypothalami zu den präganglionären Neuronen oder ihren Interneuronen. Die Zuordnung der deszendierenden spinalen Systeme zu individuellen Funktionen der präganglionären Neurone ist bisher in den meisten Fällen nicht geglückt. Alle deszendierenden Systeme benutzen ***Glutamat als Transmitter.*** Es ist unklar, ob die colokalisierten Substanzen als Neurotransmitter oder als Neuromodulatoren wirken.

Das isolierte Rückenmark

! Das von supraspinalen Einflüssen isolierte Rückenmark ist durch seine vegetative spinale Reflexmotorik zu vielen residuellen Leistungen fähig

Vegetative spinale Reflexe nach Spinalisation. Durchtrennung des Rückenmarks (Spinalisation) führt zur ***Querschnittslähmung*** unterhalb der Unterbrechung (▶ s. S. 153). Die spinalen vegetativen Reflexe, die unterhalb der Unterbrechung organisiert sind, sind beim Menschen für 1–6 Monate erloschen. Der Zustand der nichtvorhandenen oder reduzierten spinalen Reflexe wird ***spinaler Schock*** genannt. Während der ersten 1–2 Monate ist die Haut rosig und trocken, weil die Ruheaktivität in den sympathischen Fasern zu Schweißdrüsen und Gefäßen sehr niedrig ist. Die somatosympathischen Reflexe in den Sudomotor- und Vasokonstriktorneuronen nehmen im

Laufe der Monate langsam zu und können in ein Stadium der ***Hyperreflexie*** übergehen. Lange Erholungszeiten nach Durchtrennung des Rückenmarks haben auch Blasen- und Darmentleerungsreflexe und Genitalreflexe (▶ s. Abschnitte 20.7 und 20.8).

Mechanismen des spinalen Schocks. Das Verschwinden der spinalen vegetativen Reflexe nach Spinalisation ist ein Teil des ***spinalen Schocks***, der durch die ***Unterbrechung der deszendierenden Bahnen*** vom Hirnstamm (▶ s. Abb. 20.11, links) entsteht. Faktoren, die zur Erholung von spinalem Schock führen, sind vielleicht die ***Verstärkung postsynaptischer Ereignisse*** an ***bestehenden Synapsen*** und die ***Neusprossung von Synapsen*** an Interneuronen, präganglionären Neuronen und Motoneuronen.

20.3. Kardiovaskuläre Reflexe bei querschnittsgelähmten Patienten

Das vom Gehirn isolierte Rückenmark ist nach seiner Erholung vom spinalen Schock zu einer Reihe von nützlichen regulativen Leistungen fähig:

- Das Aufrichten des Körpers aus der Horizontallage oder Blutverlust erzeugen z. B. reflektorisch eine allgemeine Vasokonstriktion von Arterien und Venen. Dieser Prozess verhindert einen allzu gefährlichen Abfall des arteriellen Blutdrucks.
- Auf der anderen Seite kann die Erregung von tiefen somatischen und viszeralen Afferenzen (z. B. bei einem Flexorenspasmus oder bei Kontraktion einer gefüllten Harnblase) reflektorisch eine allgemeine Aktivierung der Vasokonstriktorneurone mit gefährlichen Blutdruckanstiegen, Schweißsekretion und Piloerektion erzeugen.

So führt bei hoch querschnittsgelähmten Patienten (Unterbrechung des Rückenmarks oberhalb thorakal T2/T3) eine volle Harnblase zu isovolumetrischen Kontraktionen des Organs mit einer starken Erhöhung des intravesikalen Drucks, weil sich wegen Detrusor-Sphincter-Dyssynergie die Spinkteren nicht bei niedrigen intravesikalen Drücken öffnen. Infolge der Erhöhung des intravesikalen Drucks werden die viszeralen lumbalen und sakralen Afferenzen von der Harnblase massiv erregt. Diese Erregung vesikaler Afferenzen erzeugt reflektorisch über das Rückenmark eine Vasokonstriktion in der Skelettmuskulatur, im Viszeralbereich und in der Haut sowie eine Ausschüttung von Katecholaminen aus dem Nebennierenmark. Als Folge davon steigen die systolischen und die diastolischen Blutdrücke häufig auf Werte bis zu 250/150 mm Hg an. Die Herzfrequenz nimmt ab, weil der arterielle Pressorezeptorenreflex über die Medulla oblongata und die parasympathische (vagale) Herzinnervation noch intakt sind (▶ s. Abb. 20.12 rechts). Die extremen Blutdruckanstiege können Hirnschäden mit Todesfolge erzeugen. Diese dramatischen Ereignisse sind angesichts der etwa 300 000 Patienten mit Rückenmarkläsionen in Westeuropa, von denen viele hochthorakal liegen, von erheblicher praktischer Bedeutung.

In Kürze

Organisation des vegetativen Nervensystems im Rückenmark

Peripherer Sympathikus und Parasympathikus bestehen aus vegetativen motorischen Endstrecken, welche die zentral erzeugten Aktivitäten auf die Effektororgane übertragen.

Die präganglionären sympathischen und parasympathischen Neurone liegen in der intermediären Zone des thorakolumbalen und sakralen Rückenmarks.

Viele vegetative Neurone haben Spontanaktivität, deren Modulation die Aktivität der Effektororgane beeinflusst. Die synaptische Verschaltung zwischen Afferenzen und vegetativen Efferenzen auf spinaler Ebene wird vegetativer Reflexbogen genannt.

Die spinale vegetative Reflexmotorik ist in die supraspinal organisierten vegetativen Regulationen integriert und funktioniert auch nach Durchtrennung des Rückenmarks im chronischen Zustand.

20.6 Organisation des vegetativen Nervensystems im unteren Hirnstamm

Topographische Anordnung von vegetativen Neuronen in der Medulla oblongata

Präganglionäre parasympathische Neurone und die Projektionen viszeraler Afferenzen zum Nucleus tractus solitarii (NTS) sind viszerotop organisiert

Homöostatische Regulationen und Medulla oblongata. Die neuronalen Substrate der homöostatischen Regulation des ***arteriellen Blutdrucks***, der ***Atmung*** und des ***Magen-Darm-Trakts*** (mit Ausnahme der Regulation des Enddarmes) befinden sich in der ***Medulla oblongata***. Sie sind miteinander integriert und bestehen aus vielen Einzelreflexen zwischen den afferenten Neuronen, die zum Nucleus tractus solitarii (NTS) projizieren, und den efferenten Neuronen (sympathische und respiratorische Prämotoneurone, parasympathische präganglionäre Neurone zum Herzen, zur Lunge und zum Magen-Darm-Trakt).

Lage der präganglionären parasympathischen Neurone. Die präganglionären parasympathischen Neurone des Magendarmtrakts liegen viszerotop angeordnet im ***Nucleus dorsalis nervi vagi (NDNV)***, die des Herzens

(Kardiomotoneurone) und der Luftwege (Bronchomotoneurone) im ***Nucleus ambiguus*** (*NA*; Abb. 20.12). Die präganglionären parasympathischen Neurone der Speichel- und Tränendrüsen liegen in den ***Nuclei salivatorii*** der Medulla oblongata und die präganglionären Neurone der glatten Augenmuskulatur im ***Nucleus Edinger-Westphal*** des Mesenzephalons.

Nucleus tractus solitarii (NTS). Der NTS liegt dorsolateral vom NDNV in der Medulla oblongata. Er besteht aus einem Fasertrakt, um den verschiedene Kerngebiete angeordnet sind. Alle ***viszeralen Afferenzen*** im ***N. vagus*** von den inneren Organen im Thorakal- und Abdominalraum sowie die ***Baro***- und ***Chemorezeptorafferenzen*** aus der Karotisgabel (N. glossopharyngeus) projizieren in den NTS. Diese afferenten Projektionen sind ***viszerotop*** nach den verschiedenen Organsystemen angeordnet. Der Magendarmtrakt ist medial im NTS repräsentiert, kardiovaskuläre Afferenzen (vom Herzen, arterielle Baro- und Chemorezeptoren) projizieren in Kerngebiete, die lateral von den Letzteren liegen, und Afferenzen von der Lunge projizieren in ventrolaterale Kerngebiete des NTS (Abb. 20.12).

Ventrolaterale Medulla oblongata (VLM). Die VLM erstreckt sich vom distalen Pol des Nucleus facialis bis zu etwa 10–15 mm distal vom Obex. Sie liegt ventral und ventrolateral vom NA (Abb. 20.12 B). In ihr liegen

- die kardiovaskulären Neurone, die für die neuronale ***Regulation*** des ***arteriellen Blutdruckes*** wichtig sind und
- die Neurone des ***respiratorischen Netzwerkes*** der ventralen respiratorischen Gruppe, die den Atemrhythmus erzeugen und anpassen (▶ s. Kap. 33.2 und Abb. 33.3). In der ***rostralen VLM*** liegen (außer Interneuronen) ***sympathische (bulbospinale) Prämotoneurone***, die durch den spinalen dorsolateralen Trakt zu den präganglionären kardiovaskulären Neuronen und ihren Interneuronen im Thorakolumbalmark projizieren. Diese Prämotoneurone sind nach ihren kardiovaskulären Effektorsystemen (Gefäßbetten, Herz) topographisch in der rostralen VLM angeordnet. In der ***kaudalen VLM*** liegen ***inhibitorische*** und ***exzitatorische Interneurone***, die mit den Prämotoneuronen in der rostralen VLM und den respiratorischen Neuronen synaptisch verschaltet sind. Einzelheiten der synaptischen Verschaltung zwischen kardiovaskulären und respiratorischen Neuronen, welche das Substrat der Integration beider Systeme ist, sind bisher unbekannt.

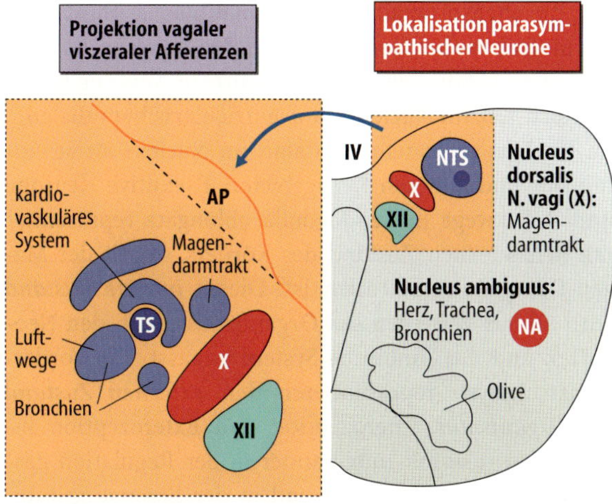

Abb. 20.12. Projektion vagaler Afferenzen zum und Lage präganglionärer Neurone im unteren Hirnstamm. *Links:* Viszerotope Projektionen der vagalen Afferenzen vom Magendarmtrakt, von der Lunge und vom kardiovaskulären System (Herz, arterielle Baro- und Chemorezeptorafferenzen) zum Nucleus tractus solitarii *(NTS)*. *Rechts:* Lage der präganglionären parasympathischen Neurone zum Herzen, zum Magendarmtrakt und zur Lunge im unteren Hirnstamm. Die Lage von Neuronen, die die exokrinen Drüsen des Kopfes (Speicheldrüsen, Tränendrüse) regulieren, sind nicht aufgeführt. *AP:* Area postrema; *NA:* Nucleus ambiguus; *TS:* Tractus solitarii; *X:* Nucleus dorsalis nervi vagi; *XII:* Nucleus hypoglossus; *IV:* 4. Ventrikel

Pressorezeptorreflexe und Blutdruckregulation

Schnelle Änderungen des arteriellen Blutdrucks werden über die Pressorezeptorreflexe gedämpft

Arterielle Blutdruckregulation durch die Medulla oblongata. Beim durch Unfall akut spinalisierten Menschen auf Höhe der oberen Thorakalmarkes sinkt der Blutdruck auf niedrige Werte, weil die Ruheaktivität in sympathischen Neuronen zu den Blutgefäßen und zum Herzen verschwindet. Nur die Herzfrequenz kann noch neuronal von der Medulla oblongata über die parasympathischen Kardiomotoneurone, die durch die Nn. vagi projizieren, geregelt werden. Dezerebrierte Tiere mit intakter Medulla oblongata haben einen normalen Blutdruck; bei diesen Tieren reagieren die Gefäßbette (alle Widerstandsgefäße und die Kapazitätsgefäße im Viszeralbereich) koordiniert auf Lageänderungen des Körpers im Raum, so dass der Perfusionsdruck in den Versorgungsgebieten gleich bleibt. Die Höhe des arteriellen Blutdrucks bleibt bei dezerebrierten Tieren auch dann erhalten, wenn alle für die Kreislaufregulation wichtigen Afferenzen in den Nn. vagi und glossopharyngei durchtrennt worden sind. Diese Befunde zeigen, dass die Medulla oblongata die neuronalen Reflexkreise für die Regulation des arteriellen Systemblutdrucks enthält und die ***Spontanaktivität in den kardiovaskulären Neuronen*** in der Medulla oblongata (vermutlich in der rostralen und caudalen VLM) erzeugt wird.

Ein wichtiges Areal für die ***Pressorezeptorregulation*** und für den Ursprung der tonischen Aktivität in den Vasokonstriktorneuronen und sympathischen Kardiomotoneuronen ist die ***rostrale VLM*** (Abb. 20.13). Topische Reizung der Neurone in der rostralen VLM erhöht Blutdruck und Herzfrequenz. Bilaterale Zerstörung der rostralen VLM erzeugt einen Blutdruckabfall wie nach hoher Spinalisation.

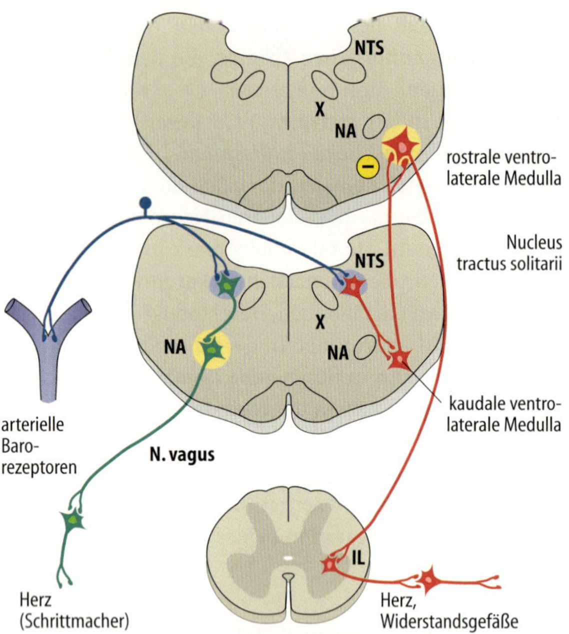

Abb. 20.13. Die Pressorezeptorreflexwege. *IL:* Nucleus intermediolateralis; *NA:* Nucleus ambiguus; *X:* Nucleus dorsalis nervi vagi; *NTS:* Nucleus tractus solitarii. Das Interneuron in der kaudalen ventrolateralen Medulla ist hemmend und benutzt γ-Amino-Buttersäure (GABA) als Transmitter an den sympathischen Prämotoneuronen in der rostralen ventrolateralen Medulla. An allen anderen zentralen Synapsen ist Glutamat der Transmitter. ⊖: Hemmung. Nach Guyenet (1990) in Burnstock u. Hoyle (1992)

Pressorezeptorreflexe. Die phasische Regulation des arteriellen Blutdrucks geschieht über die Pressorezeptorreflexe. Diese setzen sich aus den Einzelreflexen

- zu den ***Vasokonstriktorneuronen***, die Widerstandsgefäße innervieren,
- zu den ***sympathischen Kardiomotoneuronen*** und
- zu den ***parasympathischen Kardiomotoneuronen*** zusammen.

Die ersten beiden werden reflektorisch gehemmt und die letzten reflektorisch erregt, wenn die arteriellen Pressorezeptoren gereizt werden. Das führt dann zum ***Abfall des peripheren Widerstandes*** und zur ***Abnahme des Herzzeitvolumens*** (im Wesentlichen durch Abnahme der Herzfrequenz) und damit zur Abnahme des arteriellen Blutdrucks. Abnahme der Aktivität in den arteriellen Pressorezeptoren bewirkt das Gegenteil.

Abbildung 20.13 zeigt die neuronalen Grundelemente dieser ***phasischen Regulation*** des arteriellen Blutdrucks. Neurone im Nucleus tractus solitarii (NTS) werden auf natürliche Reizung der arteriellen Barorezeptorafferenzen erregt. Die NTS-Neurone projizieren zu Interneuronen in der ***kaudalen VLM***, welche die sympathischen Prämotoneurone in der rostralen VLM hemmen. Der hemmende Überträgerstoff ist ***γ-Amino-Buttersäure (GABA)***. Der Überträgerstoff an allen anderen zentralen Synapsen dieses Reflexweges ist ***Glutamat***. Andere Interneurone im NTS projizieren zu den präganglionären ***parasympathischen Kardiomotoneuronen*** im Nucleus ambiguus (NA) und erregen diese bei Reizung der arteriellen Barorezeptoren. Der Überträgerstoff ist an beiden Synapsen Glutamat. Alle Neurone der Barorezeptorreflexe stehen unter Kontrolle anderer Neuronenpopulationen in Hirnstamm, Hypothalamus und limbischem System. Auf diese Weise wird die ***phasische Regulation des Blutdrucks*** an das Verhalten des Organismus angepasst (z. B. bei Arbeit, bei den verschiedenen hypothalamischen Verhaltensweisen, bei emotionaler Belastung usw.; ► s. Abschnitt 20.9).

Neuronale Regulation der Funktionen des oberen Magen-Darm-Trakts

Die neuronale Regulation der Funktionen des Magen-Darm-Trakts geschieht über spezifische Reflexwege in der Medulla oblongata, die von übergeordneten Zentren an das Verhalten angepasst werden

Der ***Nucleus dorsalis nervi vagi*** enthält funktionell verschiedene parasympathische präganglionäre Neurone, die an der Regulation der Muskulatur (erregend und hemmend), von exokrinen Drüsen, endokrinen Drüsen und anderen Effektoren des Darmes (► s. Tabelle 20.1) beteiligt sind. Diese präganglionären Neurone bilden mit viszeralen mechano- und chemosensiblen afferenten Neuronen vom Darm ***spezifische Reflexwege***, die mindestens disynaptisch sind und Sekundärneurone des NTS einschließen (Abb. 20.14). Sie stehen unter der Kontrolle von Neuronen in ***supramedullären Zentren***, die ebenso detaillierte Informationen vom Magen-Darm-Trakt (über den NTS) und von anderen Körperbereichen bekommen. Diese ***exekutiven Neurone*** befinden sich z. B. im Nucleus paraventricularis hypothalami, im Nucleus centralis amygdalae, im Nucleus striae terminales und anderen Kerngebieten. Exekutive Neurone und Reflexwege in der Medulla oblongata repräsentieren den internen Zustand des Körpers, soweit der Magen-Darm-Trakt betroffen ist. Dieser ***interne Zustand*** wird an das Verhalten des Organismus durch den Neokortex und das limbische System anpasst. Die Vorderhirnstrukturen repräsentieren den ***externen Zustand des Organismus***. Interozeption und Exterozeption interagieren reziprok miteinander in der Regulation gastrointestinaler Funktionen und in der Erzeugung typischer Körpergefühle und Emotionen (Abb. 20.14, ► s. Kap. 11.2).

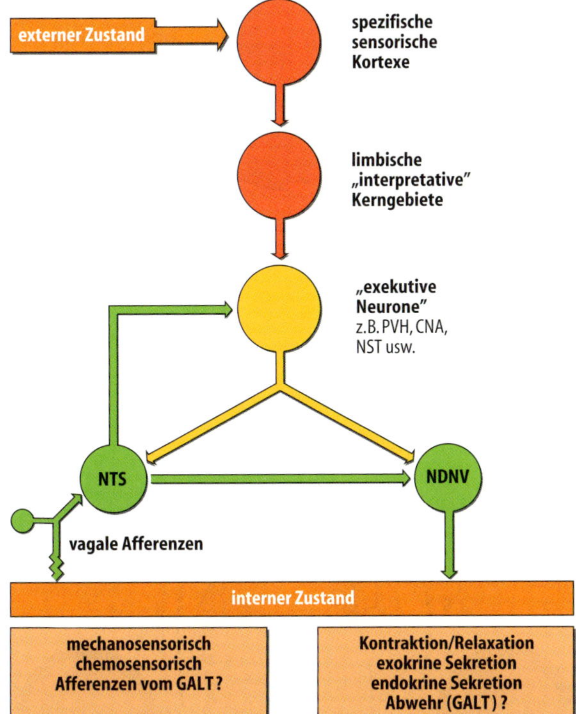

Abb. 20.14. Regulation gastrointestinaler Funktionen über den unteren Hirnstamm. Beziehung zwischen gastrointestinalen vago-vagalen Reflexen zwischen dem N. tractus solitarii *(NTS)* und dem N. dorsalis nervi vagi *(NDNV)*, exekutiven Neuronen (z. B. im N. paraventricularis hypothalami *(PVH)*, zentralen Kerngebiet des Amydala *(CNA)*, im N. striae terminalis *(NST)*) und limbischen (»interpretativen«) Kerngebieten. Information über mechanische und chemische Prozesse und Prozesse im Darmimmunsystem (»gut associated lymphoid tissue«, *GALT*) gelangt über vagale Afferenzen zum NTS. Präganglionäre parasympathische Neurone regeln mechanische, exokrine und endokrine Prozesse und vermutlich Abwehrprozesse im Magen-Darm-Trakt. Dieses System von spezifischen Reflexen steht unter der Kontrolle der »exekutiven Neurone«. Beide zusammen repräsentieren den internen Zustand. Dieser interne Zustand wird durch das limbische System und den Neokortex and den »externen Zustand« des Organismus angepaßt. Nach Rogers u. Hermann in Ritter (1992)

In Kürze

Organisation des vegetativen Nervensystems im unteren Hirnstamm

In der Medulla oblongata befinden sich die neuronalen Korrelate für die
- Regulation des arteriellen Blutdrucks,
- Regulation des Magen-Darm-Trakts,
- Regulation der Atmung und
- Koordination dieser Regulationen.

Die Afferenzen von den Organsystemen projizieren viszerotopisch in den Nucleus tractus solitarii.

Die efferenten Neurone projizieren als präganglionäre Neurone durch den N. vagus zu den inneren Organen und als sympathische Prämotoneurone zu den präganglionären Neuronen im Rückenmark.

Die phasische Regulation des arteriellen Blutdruckes geschieht über die Pressorezeptorreflexe.

Die neuronale Regulation gastrointestinaler Funktionen wird über medulläre Reflexe vermittelt.

20.7 Miktion und Defäkation

Regulation der Harnblase

Die Harnblase ist ein glatter Hohlmuskel zur Speicherung und periodischen Entleerung von Urin; die neuronale Regulation geschieht über die sakrale afferente und efferente Innervation

Miktion und Kontinenz. Die Harnblase dient der Speicherung und periodischen, kompletten Entleerung des von der Niere kontinuierlich ausgeschiedenen Urins. An dieser auch für unser Sozialleben wichtigen Funktion sind myogene Mechanismen der glatten Blasenmuskulatur und neuronale, vegetative und somatische Mechanismen beteiligt. In der neuronalen Kontrolle der Harnblase wechseln sich lange Füllungsphasen und kurze Entleerungsphasen ab. Während der ***Füllungsphasen*** wird die Entleerung reflektorisch verhindert. Die Blase füllt sich mit etwa 50 ml Urin pro Stunde. Dabei nimmt in Folge der plastischen Eigenschaften des glatten Blasenmuskels der Blaseninnendruck nur gering zu. Hat die Füllung der Harnblase etwa 150–250 ml erreicht, treten erste ***Empfindungen*** von der Blasen auf. Diese werden vermutlich durch kurze phasische Druckanstiege des Blaseninnendrucks ausgelöst. Hat die Blase eine Füllung von etwa 350 bis 500 ml erreicht, setzt normalerweise die ***Entleerungsphase*** ein. Man nennt die Fähigkeit der Blase, den Urin zu speichern, ***Kontinenz*** und die aktive Entleerung ***Miktion***.

▪▪▪ **Bau der Harnblase** (Abb. 20.15). Die Harnblase ist ein Hohlmuskel **(Detrusor vesicae)**. Ihre Wand besteht aus netzförmig angeordneten, langen, glatten Muskelzellen. Am Blasenboden befindet sich das **Trigonum vesicae** aus feinen glatten Muskelfasern. An dessen oberen äußeren Ecken münden die Ureteren schräg ein und verlaufen in ihrem distalen Teil intramural in der Blasenwand; auf diese Weise kann bei Erhöhung des Blaseninnendrucks kein Urin rückläufig in die Ureteren geraten. An der Spitze des Trigonums liegt der Ausgang der Blase zur Harnröhre mit dem **M. sphincter vesicae internus**. Dieser kann bei der Blasenentleerung nicht unabhängig vom Detrusor vesicae betätigt werden; bei Kontraktion der Blasenmuskulatur kommt es infolge Einstrahlung der Muskelzellen in die Harnröhre zur Verkürzung der Harnröhre und zum Öffnen des internen Sphinkters. Zusätzlich wird die Harnröhre durch den **M. sphincter urethrae externus** verschlossen, der aus quer gestreifter Muskulatur des Beckenbodens besteht. Bei der Frau ist die Harnröhre nur etwa halb so lang wie beim Mann, und der externe Sphincter ist nur schwach ausgebildet.

Innervation der Harnblase (Abb. 20.15). Die Blasenmuskulatur wird durch ***parasympathische Fasern*** erregt,

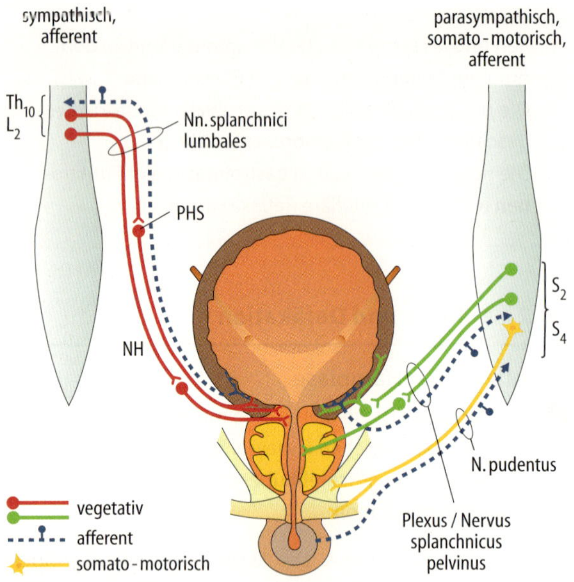

Abb. 20.15. Innervation der Harnblase. *PHS:* Plexus hypogastricus superior (Ganglion mesentericum inferius). *NH:* N. hypogastricus

die im N. splanchnicus pelvinus laufen und den 2.–4. Sakralsegmenten entspringen. Diese Innervation ist Voraussetzung für die normale Kontrolle der Blasenentleerung. Die ***sympathische Innervation*** der Blase wirkt hemmend auf den Detrusor und erregend auf die Muskulatur des Trigonum vesicae und des M. sphincter vesicae internus (Blasenhals). Sie entstammt dem oberen Lumbalmark und unteren Thorakalmark. Ihre Aufgabe ist die Verbesserung der ***Kontinenz*** der Harnblase. Der Sphincter urethrae externus wird durch ***Motoaxone*** im N. pudendus, deren Somata im Sakralmark liegen, innerviert. Der Füllungsgrad der Blase wird dem ZNS von ***Dehnungssensoren*** der Blasenwand über afferente Axone im N. splanchnicus pelvinus gemeldet. Ereignisse, die zu schmerzhaften und nichtschmerzhaften Empfindungen von Harnblase und Urethra führen, werden sowohl durch ***sakrale*** als auch durch ***lumbale viszerale Afferenzen*** codiert.

Die Blasenentleerungsreflexe

Die Regulation von Blasenentleerung und -füllung geschieht über spinale und pontine Reflexe

Neuronale Regulation der Miktion. Der Urin wird durch peristaltische Wellen der Ureteren vom Nierenbecken in die Harnblase befördert. Je mehr sich die Blasenwand dehnt, umso stärker werden die dort liegenden Dehnungssensoren gereizt. Dies führt über Reflexbogen (1) in Abb. 20.16 zur Erregung der parasympathischen Neurone zum Detrusor vesicae und zur Hemmung der Aktivität in sakralen Motoneuronen zum M. sphincter urethrae externus. Als Folge davon kontrahiert sich der Detrusor vesicae. Die proximale Harnröhre und der äußere

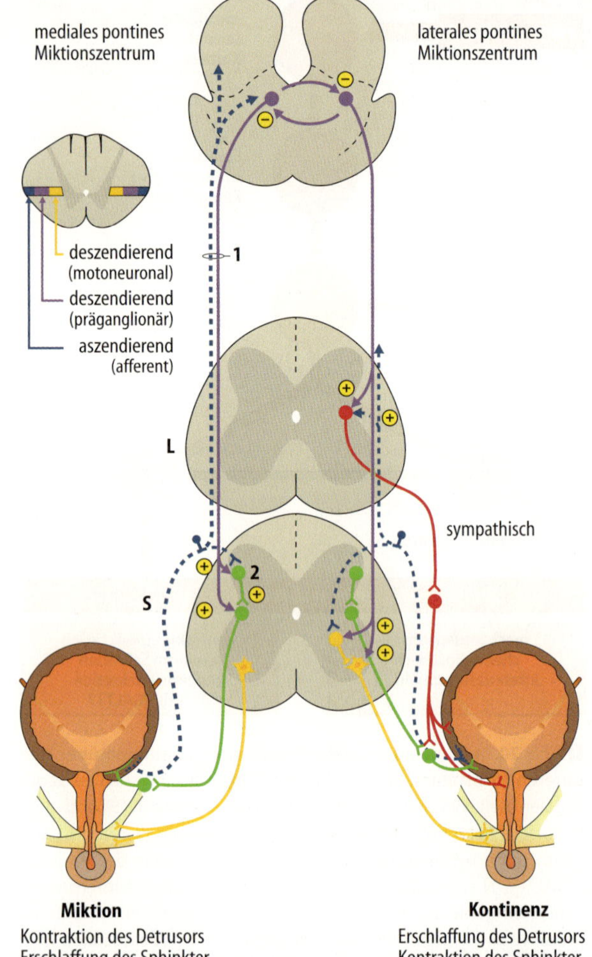

Abb. 20.16. Reflexwege für die Regulation von Entleerung (Miktion, *links*) und Speicherung von Harn (Kontinenz, *rechts*) durch die Harnblase. (1) Reflexweg über das mediale pontine Miktionszentrum; (2) spinaler Reflexweg. +: Erregung; –: Hemmung. *L:* Lumbalmark; *S:* Sakralmark. Neurone im medialen pontinen Miktionszentrum erregen präganglionäre parasympathische Neurone zur Harnblase. Neurone im lateralen Miktionszentrum erregen die Motoneurone zum Musc. sphincter vesicae externus. Beide Miktionszentren hemmen sich reziprok gegenseitig. Einsatzbild: Ort der Projektionen aszendierender Bahnen zum Miktionszentrum (und zum Thalamus) und deszendierender Bahnen vom Miktionszentrum. Nach Nathan (1976)

Schließmuskel erschlaffen mit anschließender Entleerung der Harnblase.

Der Reflexbogen ist an die Unversehrtheit der vorderen Brückenregion ***(mediales pontines Miktionszentrum)*** im Hirnstamm gebunden. Wahrscheinlich wird von dort ein spinaler Reflexweg zu den präganglionären parasympathischen Neuronen gefördert ((2) in Abb. 20.16). Die Neurone im lateralen pontinen Miktionszentrum, die die Motoneurone des M. sphincter urethrae externus erregen, werden vom medialen Miktionszentrum gehemmt. Auf diese Weise öffnet sich der Sphinkter. Hat die Blasenentleerung erst einmal eingesetzt, verstärkt sie sich so lange, bis eine völlige Entleerung erreicht ist. Für diese positive Rückkopplung werden folgende neuronale Prozesse verantwortlich gemacht:

- eine ***verstärkte Aktivierung der Blasenafferenzen*** durch Kontraktionen des Detrusor vesicae und die Aktivierung der Urethraafferenzen durch den Urinfluss und
- eine reflektorische ***Aufhebung zentraler Hemmungen*** auf spinaler und supraspinaler Ebene (◻ Abb. 20.16, links).

Neuronale Regulation der Kontinenz. Mehrere neuronale Mechanismen sind an der Kontinenz der Harnblase während der Füllungsphase beteiligt (◻ Abb. 20.16, rechts):

- Die Erregbarkeit der Motoneurone zum Sphincter urethrae externus wird vom ***lateralen pontinen Miktionszentrum*** gefördert.
- Neurone im medialen Miktionszentrum, die die präganglionären Neurone zur Harnblase erregen, werden vom lateralen Miktionszentrum gehemmt.
- Sympathische Neurone zum unteren Harntrakt werden über sakrolumbale Reflexwege erregt und erzeugen eine Hemmung des Detrusors und eine Kontraktion des Blasenhalses und Trigonums.

20.4. Störungen der Blasenentleerung

Blasenentleerungsstörungen sind häufig und vielfältig:

- Harnverhaltung tritt auf bei Lähmung oder Schädigung des M. detrusor vesicae (z. B. durch Entzündung oder traumatische Nervenschädigung), bei Verlegung der Harnröhre (z. B. durch Prostatatumoren) oder durch Schließmuskelkrampf.
- Harninkontinenz ist das Unvermögen, den Harn willkürlich zurückzuhalten. Sie tritt gehäuft bei Frauen nach der Geburt (z. B. bei Vorfall des Uterus infolge Beckenbodenschwäche mit Nervenschädigung), bei hirnorganischen Erkrankungen (z. B. bei multipler Sklerose oder Arteriosklerose der Hirngefäße alter Menschen) und auch psychogen auf.

Nach Durchtrennung des Rückenmarks oberhalb des Sakralmarks kann man bei Tier und Mensch auf Blasenfüllung zunächst keine reflektorische Entleerung mehr beobachten (spinaler Schock) und die Harnblase ist für Tage bis Wochen schlaff atonisch. Diese Phase geht im chronischen Zustand allmählich in die Phase der Reflexblase über, in der geringe Blasenfüllungen reflektorische Kontraktionen des Detrusor vesicae und häufigen Harnabgang verursachen. Der Reflexbogen verläuft spinal (◻ Abb. 20.16). Die Motoneurone zum M. sphincter urethrae externus werden jetzt allerdings nicht mehr reflektorisch gehemmt, sondern erregt. Das führt zur Detrusor-Sphinkter-Dyssynergie, zu hohen intravesikalen Drücken bei der Miktion (die entstehen, um nach dem Laplace-Gesetz die enge Harnröhre zu öffnen) und als Konsequenz zur Hypertrophie des Detrusor vesicae. Querschnittsgelähmte können erlernen, ihre Blasenentleerung zu kontrollieren. Sie können reflektorisch Detrusorkontraktionen durch Beklopfen des Unterbauches selbst einleiten (▶ s. segmentale Reflexe Kap. 7.4), den dazu geeigneten Zeitpunkt durch Beobachtung der eigenen vegetativen Automatismen abwarten und durch gezieltes Bauchpressen unterstützen.

Suprapontine Kontrolle der Blasenfunktion. Die reflektorische Regelung von Blasenentleerung und Blasenkontinenz unterliegt der modulierenden Kontrolle von oberem Hirnstamm, Hypothalamus und Großhirn. Die neuronale Kontrolle ist v. a. hemmender, aber auch erregender Natur. Die aszendierenden und deszendierenden Bahnen, über welche die Signale geleitet werden und die Lage der Neuronenpopulationen in Hirnstamm, Hypothalamus und Kortex sind wenig bekannt. Die Aufgaben der »höheren Zentren« sind

- die Aufrechterhaltung der Harnkontinenz trotz starker Füllung der Blase (um eine ungelegene Entleerung zu vermeiden) und
- die willkürliche Auslösung und Verstärkung der Blasenentleerung, sobald dies erwünscht ist.

Regulation des Enddarmes

! Speicherfunktion und Entleerung des Enddarms werden neuronal kontrolliert; hieran sind sakrale Afferenzen, parasympathische und somatische Efferenzen und besonders spinale Reflexkreise beteiligt

Defäkation und Darmkontinenz. Darmentleerung ***(Defäkation)*** und ***Darmkontinenz*** sind die wichtigsten Aufgaben von Enddarm (Rektum) und Anus. Beiden Funktionen werden vom Darmnervensystem (▶ s. Abschnitt 20.4) und durch parasympathische sakrale, sympathische thorako-lumbale und somatomotorische nervöse Mechanismen kontrolliert. Distal wird das Rektum durch 2 Sphinkteren verschlossen. Der ***M. sphincter ani internus*** besteht aus glatter Muskulatur und ist sympathisch sowie durch das Darmnervensystem innerviert. Er unterliegt nicht der willkürlichen Kontrolle. Der ***M. sphincter ani externus*** ist ein quer gestreifter Muskel und wird durch Motoneurone aus dem Sakralmark (S2–S4), deren Axone im N. pudendus laufen, innerviert. Normalerweise sind beide Sphinkteren geschlossen.

Neuronale Regulation der Defäkation. Diese setzt normalerweise unter willkürlicher Unterstützung ein. Supraspinale Förderung der spinalen parasympathischen Reflexwege zum Enddarm führt zur reflektorischen

Kontraktion von Colon descendens, Sigmoid und Rektum (besonders der Longitudinalmuskulatur). Gleichzeitig erschlaffen beide Sphinkteren. Voraussetzung für die Defäktion ist der ***Anstieg des intraabdominalen Drucks*** durch Anspannen der Bauchwandmuskulatur und durch Senkung des Zwerchfells infolge Kontraktion der Brustmuskulatur in Inspiration bei geschlossener Glottis. Das Zusammenwirken dieser Mechanismen führt unter Senkung des Beckenbodens zum Ausstoßen der gesamten Kotsäule aus Colon descendens, Sigmoid und Rektum.

Neuronale Regulation der Kontinenz. Beim Gesunden kann die Kontinenz des Enddarms bis zu einer Füllung von etwa 2 l im Rektum gewahrt werden. Hieran sind folgende Mechanismen beteiligt (◘ Abb. 20.17):

- Die parasympathische ***spinale Reflexmotorik*** zum Enddarm wird durch ***supraspinale***, insbesondere ***kortikale Einflüsse*** gehemmt.
- Die tonische Kontraktion des M. sphincter ani externus wird über Motoneurone spinalreflektorisch durch afferente Impulse aus dem Muskel und vom umgebenden Gewebe, besonders von der Analhaut und durch Impulse vom Hirnstamm und Kortex aufrecht erhalten.
- Die Aktivität in ***sympathischen Neuronen*** hemmt das Darmnervensystem des Enddarmes und erregt den M. sphincter ani internus.

▪▪▪ **Anpassung an zunehmende Füllung.** Füllung des Rektums mit Darminhalt durch peristaltische Kontraktionen des Colon descendens führt zur Dehnung der Rektumwand und in der Folge zur Erschlaffung des M. sphincter ani internus (reflektorisch über das Darmnervensystem). Die Kontraktion des Sphincter ani externus wird reflektorisch durch Afferenzen, die im N. splanchnicus pelvinus laufen, über das Sakralmark ausgelöst (◘ Abb. 20.17). Gleichzeitig wird durch die afferenten Impulse von den Sensoren in Kolon- und Rektumwand **Stuhldrang** ausgelöst. Nach einigen 10 s nimmt die Relaxation des Sphincter ani internus wieder ab und das Rektum adaptiert sich infolge der plastischen Eigenschaften seiner Muskulatur und neuronaler Hemmmechanismen an die erhöhte Füllung (► s. Abschnitt 20.4 und ◘ Abb. 20.9). Damit nimmt seine Wandspannung ab und als Folge davon auch der Stuhldrang.

Zerstörung des Sakralmarks hat einen vollständigen Ausfall der Defäkationsreflexe zur Folge. Bei Durchtrennung des Rückenmarks oberhalb des Sakralmarks bleiben die spinal organisierten Defäkationsreflexe erhalten. Es fehlt allerdings die unterstützende Willkürmotorik. Diese kann durch geeignete Maßnahmen (z. B. manuelles Spreizen des M. sphincter ani externus) ersetzt werden, so dass auch Querschnittsgelähmte eine regelmäßige tägliche Kontrolle der Darmentleerung erreichen können.

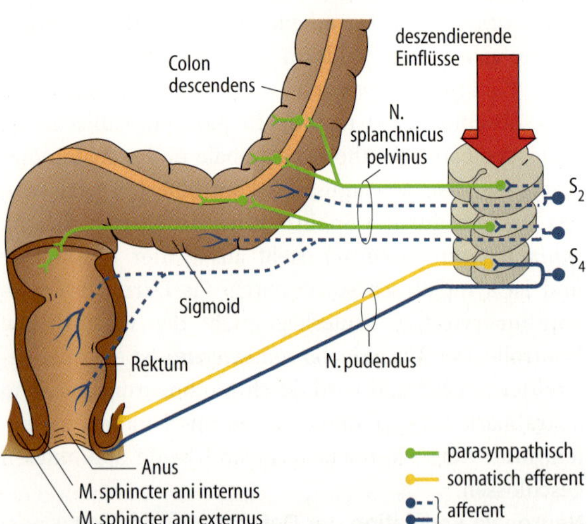

◘ **Abb. 20.17. Afferente und efferente Bahnen des spinal organisierten Defäkationsreflexes.** Interneurone zwischen Afferenzen und efferenten Neuronen im Rückenmark sind nicht eingezeichnet

In Kürze

Miktion und Defäkation

Speicherung und Entleerung der Inhalte von Harnblase und Dickdarm werden neuronal reflektorisch geregelt und stehen unter kortikaler Kontrolle. An diesen Funktionen sind beteiligt:

- sakrale viszerale Afferenzen,
- parasympathische Efferenzen,
- Motoneurone (zu den externen Sphinkteren),
- spinale motorische und vegetative Reflexkreise und
- supraspinale Kontrollmechanismen.

Während der Entleerung kontrahieren sich die Organe bei gleichzeitiger Erschlaffung der Sphinkteren. Während der Speicherphasen sind die Sphinkteren kontrahiert und die Entleerungsreflexe gehemmt.

20.8 Genitalreflexe

Erektionsreflexe beim Mann

Die Erektion des Gliedes leitet den sexuellen Reaktionszyklus des Mannes ein; sie wird reflektorisch spinal, bevorzugt durch den sakralen Parasympathikus und durch supraspinale Zentren, ausgelöst

An den komplexen Genitalreflexen der Säuger einschließlich der Menschen nehmen parasympathische, sympathische und motorische Efferenzen sowie viszerale und somatische Afferenzen teil.

Mechanismus der Erektion. Dilatation der Arterien zu und in den Corpora cavernosa und im Corpus spongiosum urethrae und der Sinusoide des Schwellkörpergewebes erzeugt eine Erektion des Gliedes. Die Sinusoide des erektilen Gewebes füllen sich und weiten sich infolge des ansteigenden Drucks prall auf. Der venöse Abfluss aus den Schwellkörpern wird passiv durch Zusammenpressen der Venen beim Durchtritt durch die Tunica albuginea erschwert. Das Zusammenspiel von Vasodilatation und Abflussbehinderung führt zur Vasokongestion. Die ***Dilatation*** wird durch ***Aktivierung postganglionärer pa-***

rasympathischer Neurone erzeugt, deren Zellkörper in den Beckenganglien liegen und durch den N. cavernosus zu den Schwellkörpern projizieren (◘ Abb. 20.18). Die Neurone werden einerseits ***reflektorisch*** durch Afferenzen des Penis und der umliegenden Gewebe aktiviert, andererseits ***psychogen*** von supraspinalen (auch kortikalen) Strukturen, die auch die sexuellen Empfindungen erzeugen. Die Überträgersubstanzen dieser Neurone sind ***Azetylcholin***, das ***Neuropeptid VIP*** *(Vasoactive Intestinal Polypeptide)* und das Radikal ***Stickoxid (NO)***. Diese Substanzen sind in den parasympathischen postganglionären Vasodilatatorneuronen colokalisiert (▶ s. Abschnitt 20.2).

▪▪▪ Die Glans penis ist am dichtesten mit **Mechanosensoren** versorgt. Ihre Afferenzen laufen im N. dorsalis penis. Die adäquate Reizung dieser Sensoren geschieht durch rhythmische und massierende Scherbewegungen, wie sie beim Geschlechtsverkehr stattfinden. Eine wichtige Komponente zur anhaltenden Erregung der Sensoren in der Glans penis während des Geschlechtsverkehrs ist die Gleitfähigkeit der Oberflächen von Vagina und Penis, die reflektorisch durch die vaginale Transsudation (▶ s. S. 451) und die Aktivierung der bulbourethralen Drüsen beim Manne herbeigeführt wird.

Erektionsreflexe. Normalerweise läuft der Erektionsreflex über das Sakralmark (S2–S4) ab ((1) und (4) in ◘ Abb. 20.18). Er funktioniert auch bei querschnittsgelähmten Männern, deren Rückenmark oberhalb des Sakralmarks durchtrennt ist. Etwa 25 % der Männer mit zerstörtem Sakralmark können ***psychogen*** bei sich eine Peniserektion auslösen. Diese Erektion wird durch ***sympathische präganglionäre Neurone*** im unteren Thorakalmark und oberen Lumbalmark ausgelöst. Ihre Axone werden im Plexus splanchnicus pelvinus auf postganglionäre Neurone zum erektilen Gewebe umgeschaltet, auf die vermutlich auch die parasympathischen präganglionären Neurone synaptisch konvergieren ((2) in ◘ Abb. 20.18). Es ist unbekannt, in welchem Ausmaße die Erregung des Sympathikus beim Gesunden zur Erektion beiträgt (◘ Tabelle 20.2).

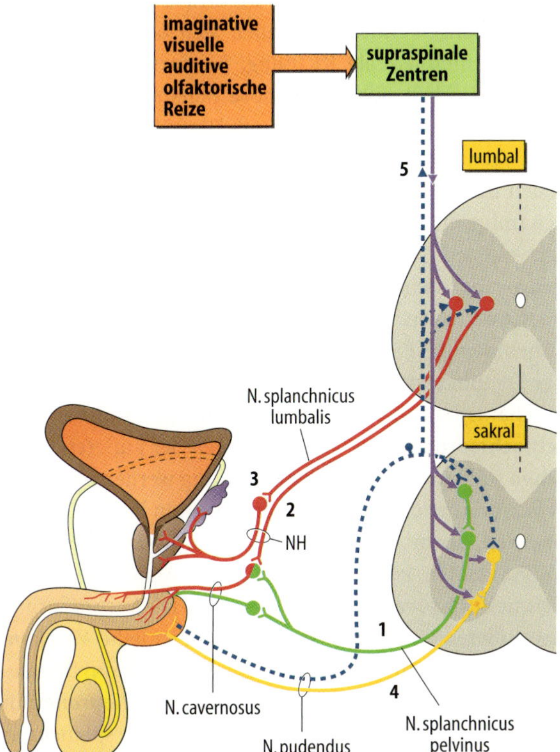

◘ **Abb. 20.18. Innervation und spinale Reflexbögen zur Regulation männlicher Geschlechtsorgane.** (1) parasympathische Neurone zu erektilem Gewebe; (2) sympathische Neurone zu erektilem Gewebe; (3) sympathische Neurone zu Ductus deferens, Prostata, Samenbläschen und Blasenhals; (4) Motoaxone; (5) aszendierende und deszendierende Bahnen. Interneurone im Rückenmark sind z. T. weggelassen worden. *NH:* N. hypogastricus

Emission und Ejakulation beim Mann

Emission von Samen und Drüsensekreten in die prostatische Harnröhre und ihre Ejakulation aus der Urethra externa sind der Höhepunkt des männlichen Sexualaktes; der Orgasmus beginnt mit der Emission und endet nach der Ejakulation

Mechanismus der Emission. Bei starker Erregung der sakralen Afferenzen von den Sexualorganen während des Sexualaktes kommt es zur Erregung sympathischer Efferenzen im unteren Thorakal- und oberen Lumbalmark. Die Erregung der sympathischen Neurone führt zu ***Kontraktionen*** von Epididymis, Ductus deferens, Vesicula seminalis und Prostata ((3) in ◘ Abb. 20.18). Damit werden Samen und Drüsensekrete in die Urethra interna befördert. Gleichzeitig wird ein Rückfluss des Ejakulats in die Harnblase durch ***Kontraktion des Sphincter vesicae internus*** reflektorisch verhindert.

Mechanismus der Ejakulation. Diese setzt nach der Emission ein. Sie wird durch Erregung der Afferenzen von der Prostata und von der Urethra interna in den Beckennerven ausgelöst. Die Reizung dieser Afferenzen während der Emission erzeugt reflektorisch über das Sakralmark tonisch-klonische Kontraktionen der Beckenbodenmuskulatur und der Mm. bulbo- und ischiocavernosi, die das proximale erektile Gewebe umschließen ((4) in ◘ Abb. 20.18). Diese rhythmischen Kontraktionen erhöhen die ***Rigidität des Penis*** (wobei der Druck im erektilen Gewebe über den arteriellen Blutdruck ansteigen kann) und die Sekrete werden aus der Urethra interna durch die Urethra externa herausgeschleudert. Gleichzeitig kontrahieren sich die Muskeln von Rumpf und Beckengürtel rhythmisch, was dem Transport des Samens in die proximale Vagina und die Cervix uteri dient. Während der Ejakulationsphase sind die parasympathischen und sympathischen Neurone zu den Geschlechtsorganen maximal erregt. Nach Abnahme der Aktivität in den parasympathischen Vasodilatatorneuronen klingt die Erektion allmählich ab.

Tabelle 20.2. Zusammenfassung der neuronalen Kontrolle der Genitalreflexe beim Mann. Nach Bors u. Comarr (1960)

	Erektion	Emission und Ejakulation	Orgasmus
Afferenzen	Von Glans penis und umliegenden Geweben zu Sakralmark (im N. pudendus)	Von äußeren und inneren Geschlechtsorganen zum Sakralmark (N. pudendus und splanchnicus pelvinus) und zum Thorakolumbalmark (Plexus hypogastricus), Afferenzen von Skelettmuskulatur	Vorhanden, wenn mindestens ein afferenter Eingang intakt (von Genitalien zu Sakral- oder Thorakolumbalmark, von Skelettmuskulatur zum Sakralmark)
Vegetative Efferenzen	1. Parasympathisch sakral 2. Sympathisch thorakolumal (psychogen)	Sympathisch thorakolumbal (reflektorisch und psychogen)	
Somatische Efferenzen	0	Zu Mm. bulbo- und ischiocavernosi; Beckenbodenmuskulatur	
Sakralmark zerstört	Vorhanden bei 25% der Patienten (psychogen), thorakolumbal	Emission vorhanden, wenn Erektion auslösbar (psychogen)	Vorhanden
Rückenmark im oberen Thorakal- oder Zervikalmark zerstört	Fast immer vorhanden (reflektorisch)	Fast nie vorhanden	Fehlt immer

20.5. Genitalreflexe nach Rückenmarksläsionen beim Mann

Rückenmarksläsionen haben, je nach genauer Lokalisation, verschiedene Folgen auf die Genitalreflexe:

- Männer mit zerstörtem Sakralmark haben häufig Emissionen, wenn diesen eine psychogen ausgelöste Erektion vorausgegangen ist. Ebenso kann bei diesen Patienten ein Orgasmus vorhanden sein. Die efferenten Impulse zu den Geschlechtsorganen laufen hier über den Sympathikus vom Thorakolumbalmark ((2) und (3) in Abb. 20.18, Tabelle 20.2).
- Querschnittsgelähmte Männer, deren Rückenmark im Zervikal- oder oberen Thorakalmark durchtrennt ist, haben praktisch keine Emissionen, Ejakulationen und keinen Orgasmus mehr (Tabelle 20.2). Den sympathischen Neuronen im unteren Thorakal- und oberen Lumbalmark fehlt vermutlich die Förderung von supraspinal.

Veränderungen der äußeren Geschlechtsorgane bei der Frau

Die Veränderungen der äußeren Geschlechtsorgane im sexuellen Reaktionszyklus der Frau werden durch das vegetative Nervensystem erzeugt

Veränderungen der äußeren Geschlechtsorgane bei sexueller Stimulation. Die ***Labia majora***, die sich normalerweise in der Mittellinie berühren und dadurch Labia minora, Vaginaleingang und Urethraausgang schützen, weichen auseinander, verdünnen sich und verschieben sich in anterolaterale Richtung. Bei fortgesetzter Erregung entwickelt sich eine venöse Blutstauung in ihnen. Die ***Labia minora*** nehmen durch Blutfüllung um das 2- bis 3-fache im Durchmesser zu und schieben sich zwischen die Labia majora. Diese Veränderung der kleinen Schamlippen verlängert den Vaginalzylinder. Die angeschwollenen Labia minora ändern ihre Farbe von rosa zu hellrot (Sexualhaut, *Sex Skin*). ***Glans*** und ***Corpus clitoridis*** schwellen an und nehmen an Länge und Größe zu. Bei zunehmender Erregung wird die Klitoris an den Rand der Symphyse gezogen.

Mechanismen der Veränderungen der äußeren Geschlechtsorgane. Die Veränderungen der äußeren Genitalien während der sexuellen Erregung werden einerseits ***reflektorisch*** durch Reizung von Sensoren in den Genitalorganen, deren Axone im N. pudendus zum Sakralmark (S2-S4) laufen, erzeugt (Abb. 20.19). Andererseits werden sie auch ***psychogen*** hervorgerufen. Die Vergrößerung der äußeren Genitalien ist auf eine allgemeine ***Vasokongestion*** zurückzuführen. Sie wird vermutlich durch ***vasodilatatorisch wirkende parasympathische Neurone*** aus dem Sakralmark, deren Axone durch die N. splanchnici pelvini laufen, erzeugt (Abb. 20.19). Die Erektion der Klitoris wird wie beim Penis des Mannes durch die Blutfüllung von Schwellkörpern erzeugt. In Analogie zu den Befunden beim Mann (► s. Tabelle 20.2) wird vermutet, dass auch die sympathische Innervation aus dem Thorakolumbalmark an der Erzeugung der Vasokongestion beteiligt ist.

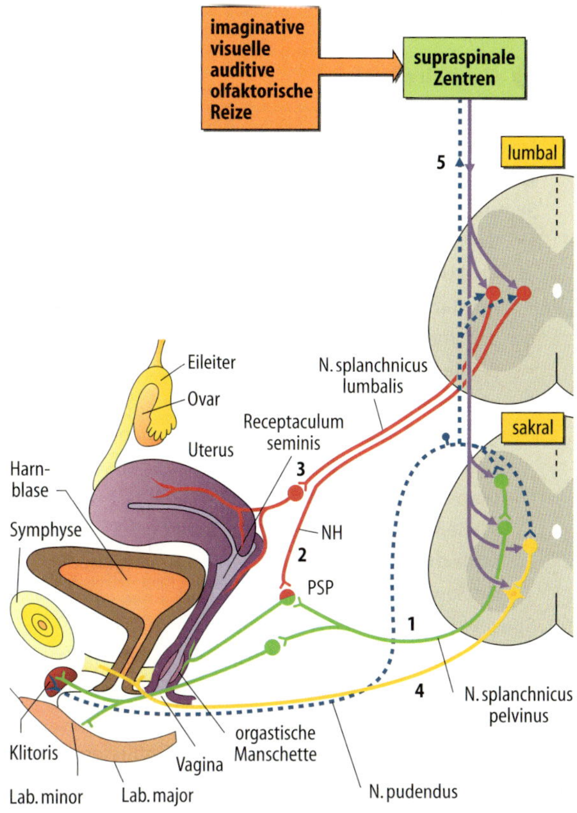

Abb. 20.19. Innervation der weiblichen Genitalorgane. *PSP:* Plexus splanchnicus pelvinus. Einzelheiten und Zahlen ▶ s. Abb. 20.18

▪▪▪ Die **Klitoris** spielt wegen ihrer dichten afferenten Innervation eine besondere Rolle. Ihre Mechanorezeptoren werden sowohl durch direkte Berührung als auch indirekt – besonders nach Retraktion der Klitoris an den Rand der Symphyse – durch Zug am Präputium, durch Manipulationen an den äußeren Geschlechtsorganen oder durch die Penisstöße erregt. Die Erregung der Afferenzen vom Mons pubis, vom Vestibulum vaginae, von der Dammgegend und besonders von den Labia minora können ebenso starke Effekte während der sexuellen Erregung herbeiführen wie die klitoridalen Afferenzen. Die Erregung wird durch das Anschwellen der Organe verstärkt.

Veränderungen der inneren Geschlechtsorgane bei der Frau

Vagina, Uterus und umgebende Gewebe verändern sich im sexuellen Reaktionszyklus

Vagina. Innerhalb 10 bis 30 s nach afferenter oder psychogener Stimulation setzt eine Transsudation mukoider Flüssigkeit durch das Plattenepithel der Vagina ein. Dieses erzeugt die ***Gleitfähigkeit*** in der Vagina und ist die Voraussetzung für die adäquate Reizung der Afferenzen des Penis beim Geschlechtsakt. Die großen Vorhofdrüsen (Bartholini-Drüsen) spielen bei der Erzeugung der Gleitfähigkeit kaum eine Rolle. Die ***Transsudation*** entsteht auf dem Boden einer allgemeinen venösen Stauung ***(Vasokongestion)*** in der Vaginalwand, die wahrscheinlich durch Erregung parasympathischer und sympathischer Neurone ausgelöst wird. Sie wird von einer reflektorischen Erweiterung und Verlängerung des Vaginalschlauches begleitet. Mit zunehmender Erregung bildet sich im äußeren Drittel der Vagina durch lokale venöse Stauung die ***orgastische Manschette*** aus (Abb. 20.19). Diese Manschette bildet zusammen mit den angeschwollenen, vergrößerten Labia minora einen langen Kanal, der die optimale anatomische Voraussetzung zur Erzeugung eines ***Orgasmus*** bei Mann und Frau ist. Während des Orgasmus kontrahiert sich die orgastische Manschette je nach Stärke des Orgasmus. Diese Kontraktionen werden wahrscheinlich neuronal durch den ***Sympathikus vermittelt*** und sind mit Emissionen und Ejakulation beim Mann zu vergleichen.

Uterus. Der Uterus richtet sich während der sexuellen Erregung aus seiner antevertierten und anteflektierten Stellung auf, vergrößert sich und steigt bei voller Erregung im Becken so auf, dass sich die Zervix von der hinteren Vaginalwand entfernt und dadurch im letzten Drittel der Vagina ein freier Raum zur Aufnahme des Samens ***(Receptaculum seminis)*** entsteht. Während des Orgasmus kontrahiert sich der Uterus regelmäßig. Diese Kontraktionen beginnen am Fundus und laufen über das Corpus uteri zum unteren Uterinsegment. Aufrichtung, Elevation und Vergrößerung des Uterus kommen durch die ***Vasokongestion*** im kleinen Becken und wahrscheinlich auch durch sympathisch und hormonell erzeugten Kontraktionen der glatten Muskulatur in den Haltebändern des Uterus zustande.

▪▪▪ Nach dem Orgasmus bilden sich die Veränderungen an den äußeren und inneren Geschlechtsorganen meist schnell zurück. Die äußere Zervixöffnung klafft für etwa 20–30 min und taucht in das Receptaculum seminis ein. Tritt nach starker Erregung der Orgasmus nicht ein, so laufen die Rückbildungen langsamer ab (▶ s. Abb. 20.20 B).

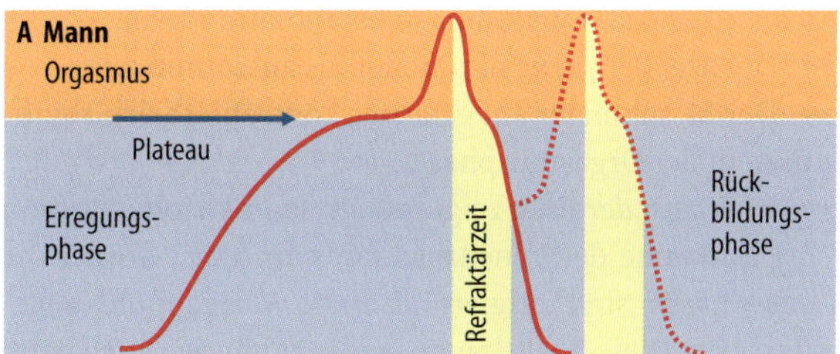

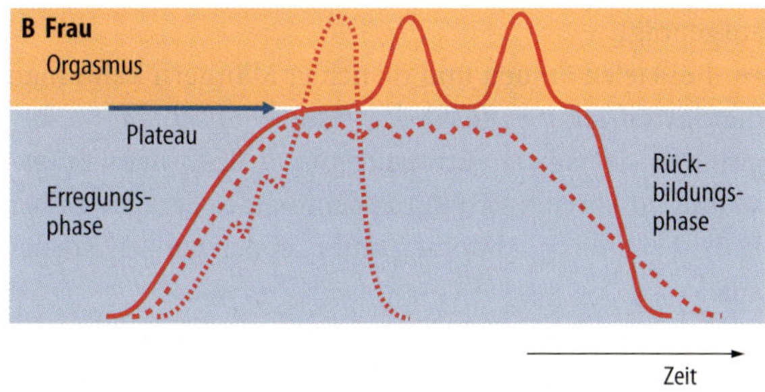

Abb. 20.20. Sexuelle Reaktionszyklen von Mann und Frau. Dauer *(Abszisse)* und Stärke *(Ordinate)* der verschiedenen Phasen sind interindividuell sehr variabel. Mod. nach Masters u. Johnson (1970)

IV

Der sexuelle Reaktionszyklus

 Der sexuelle Reaktionszyklus besteht aus 4 Phasen; er besteht aus genitalen und extragenitalen Reaktionen

Ablauf des sexuellen Reaktionszyklus. Dieser Zyklus kann aus praktischen Gründen in ***Erregungs-, Plateau-, Orgasmus- und Rückbildungsphase*** eingeteilt werden (Abb. 20.20). Sein zeitlicher Ablauf ist interindividuell sehr verschieden. Beim ***Mann*** laufen diese Reaktionen insgesamt stereotyp mit geringen interindividuellen Variationen ab (Abb. 20.20 A). Auf den Orgasmus folgt in der Rückbildungsphase eine ***Refraktärzeit*** von weniger als einer bis zu mehreren Stunden, in der kein neuer Orgasmus durch sexuelle Stimulation erreicht werden kann. Bei der ***Frau*** ist der sexuelle Reaktionszyklus in Dauer und Intensität dagegen erheblich variabler (Abb. 20.20 B). Sie ist zu ***multiplen Orgasmen*** fähig. Wird kein Orgasmus erreicht, dauert die Rückbildungsphase länger an.

Vegetative Veränderungen im Orgasmus. Der Orgasmus ist eine Reaktion des ganzen Körpers. Er besteht aus den neurovegetativ hervorgerufenen Reaktionen der Genitalorgane (beim Mann besonders der ***Ejakulation***; bei der Frau besonders der ***Kontraktion von orgastischer Manschette und Uterus***), allgemeinen vegetativen und hormonellen Reaktionen und der meist starken zentralnervösen Erregung, die zu intensiven Empfindungen und zu Einengungen der übrigen Sinneswahrnehmungen führt.

Während der sexuellen Reaktionszyklen kann man vielfältige ***extragenitale Reaktionen*** beobachten:

- Herzfrequenz und Blutdruck nehmen mit dem Erregungsgrad zu. Die ***Herzfrequenz*** erreicht Maximalwerte um 100 bis 180/min, der ***Blutdruck*** steigt diastolisch um 20 bis 40 und systolisch um 30 bis 100 mm Hg an.
- Die ***Atemfrequenz*** nimmt auf bis zu 40/min zu.
- Der M. sphincter ani externus kontrahiert sich rhythmisch in der Orgasmusphase.
- Die ***Brust der Frau*** zeigt infolge einer Vasokongestion eine Zunahme der Venenzeichnung und der Größe. Die Brustwarzen sind erigiert und die Warzenhöfe angeschwollen. Diese Reaktionen der Brust können auch beim Manne auftreten, sind aber bei weitem nicht so deutlich ausgeprägt.
- Bei vielen Frauen und manchen Männern kann man die ***Sexualröte (Sexflush)*** der Haut beobachten. Sie beginnt in der späten Erregungsphase über dem Epigastrium und breitet sich mit zunehmender Erregung über Brüste, Schultern, Abdomen und u. U. den ganzen Körper aus.
- Die ***Skelettmuskulatur*** kontrahiert sich willkürlich und unwillkürlich. Die mimische Muskulatur, Bauch- und Interkostalmuskulatur kann sich spastisch kontrahieren. Im Orgasmus geht die willkürliche Kontrolle über die Skelettmuskulatur häufig weitgehend verloren.

In Kürze

 **Genitalreflexe**

Im sexuellen Reaktionszyklus finden bei Mann und Frau Veränderungen der Genitalorgane statt, die vom sakralen Parasympathikus und vom lumbalen Sympathikus vermittelt werden:

- Beim Mann kommt es zur Erektion des Penis, zur Emission von Samen und Drüsensekreten in die prostatische Harnröhre und ihrer Ejakulation aus der Urethra externa.
- Bei der Frau kommt es bei sexueller Stimulation zunächst zur Veränderung der äußeren Sexualorgane: die Labia majora weichen auseinander, die Labia minora verdoppeln ihren Durchmesser, Glans und Corpus clitoridis schwellen an. Anschließend verändern sich die inneren Geschlechtsorgane: Vagina, Uterus und umgebende Gewebe.

Spezifische vegetative Neurone aktivieren die erektilen Gewebe, Drüsen und glatte Muskulatur der inneren Genitalorgane. Die zentralen neuronalen Mechanismen bestehen aus spinalen (sakralen und sakrolumbalen) Reflexen und supraspinalen Einflüssen. Während des sexuellen Reaktionszyklus laufen multiple extragenitale vegetative, somatomotorische und sensorische Reaktionen ab.

20.9 Hypothalamus

Regulation des inneren Milieus und Homöostase

 Der Hypothalamus ist das Integrationszentrum homöostatischer Regulationen

Leben ist nur möglich, wenn die inneren Bedingungen im Körper, das sog. ***innere Milieu***, in engen Grenzen konstant bleiben. Der Gleichgewichtszustand, der bei der Konstanthaltung des inneren Milieus eintritt, wird als ***Homöostase*** bezeichnet. Die wichtigste Hirnregion für die Erhaltung des inneren Milieus und seine Anpassung bei Belastungen des Organismus ist der ***Hypothalamus***. Er koordiniert neuroendokrine Regulationen, vegetative Regulationen und die Somatomotorik. Spinale Reflexe und vegetative Regulationen, die vom Hirnstamm ausgehen, sind in diese hypothalamischen Funktionen integriert. Die hypothalamischen Funktionen werden unter verschiedenen Teilgebieten der Physiologie beschrieben (Tabelle 20.3; ► s. hier die Angaben der entsprechenden Kapitel in diesem Lehrbuch).

Tabelle 20.3. Merkmale der integrierten Funktionen des Hypothalamus

Funktion	Kerngebiete im Hypothalamus	Afferente Systeme	Vegetative Systeme	Endokrine Systeme, Hormone
Thermoregulation thermoregulatorisches Verhalten (► Kap. 39)	Regio praeoptica, Nucleus posterior, OVLT (pyrogene Zone, Fieber)	Thermorezeptoren in Peripherie, zentrale Thermosensibilität (Regio praeoptica)	SyNS (Haut)	TRH-Thyr (HVL)
Reproduktion, sexuelle Reifung Sexualverhalten & sexuelle Orientierung (► Kap. 11.5, 20.8, 22)	Regio praeoptica med. (♂; Mensch: dimorph) Nucleus ventromedialis (♀)	Afferenzen von Sexualorganen, Afferenzen von Sinnessystemen	SyNS (thor-lumb), PaNS (sakral) (Genitalorgane)	GnRH, FSH/LH (HVL)
Volumen-, Osmoregulation (Flüssigkeitshomöostase) Durst, Trinkverhalten (► Kap. 30)	Nucleus paraventricularis/supraopticus, Regio praeoptica medialis, OVLT, SFO	Osmorezept. in OVLT und Leber, Volumenrez. re. Vorhof (vagal), Angiotensin II über SFO	SyNS (Niere)	Adiuretin/Vasopressin (HHL), Oxytozin
Regulation von Nahrungsaufnahme & Metabolismus Nahrungssuche & -aufnahme, Hunger/Sattheit (► Kap. 11.4, 29, 38, 39.3)	Nucleus arcuatus, Nucleus paraventricularis, Nucleus ventromedialis (Insulinsekretion)	vagale Afferenzen u. Hormone vom Magen-Darm-Trakt; Leptin vom braunen Fettgewebe, Glukosekonzentration	Darmnervensystem, PaNS (N. dors. nervi vagi), SyNS (braunes Fettgewebe)	Insulin, Glucagon, Orexin, Leptin
Zeitorganisation von Körperfunktionen Schlaf-Wach-Verhalten, zirkadiane & endogene Rhythmik (► Kap. 9)	Nucleus suprachiasmaticus, Regio praeoptica	Afferenzen von Retina (Tractus retinohypothalamicus)	SyNS, PaNS; SyNS zu Glandula pinealis	Melatonin (Glandula pinealis)
Körperabwehr (z. B. bei Schmerz & Stress) Abwehrverhalten (akut; Angriff, Flucht) (► Kap. 15)	kaudaler Hypothalamus, zentrales mesenzephales Höhlengrau	nozizeptive Afferenzen	SyNS, PaNS (kardiovaskuläres System)	CRH/ACTH (HVL) Adrenalin (SA System)
Immunabwehr Abwehr u. Annäherung von/an toxische Situationen (► Kap. 24)	Nucleus paraventricularis	Zytokine	SyNS (zu Immungewebe)	RH/ACTH (HVL) C Adrenalin (SA System)

Abkürzungen
CRH/ACTH: Cortocotropin-RH/Adrenocorticotropes Hormon; *GnRH*: Gonadotropin-RH; *FSH/LH*: Follikel-stimulierendes Hormon/Luteinisierendes Hormon; *HHL*: Hypophysenhinterlappen; *HVL*: Hypophysenvorderlappen; *OVLT*: Organum vasculosum laminae terminalis (Osmosensoren); *PaNS*: parasympathisches Nervensystem; *RH*: Releasing Hormon; *SA System*: sympathoadrenales System (Nebennierenmark); *SFO*: Subfornikalorgan, Angiotensinsensibilität; *SyNS*: sympathisches Nervensystem; *TRH/Thyr*: Thyreotropin-RH/Thyroxin

Funktionelle Anatomie des Hypothalamus

Lage und Topographie der hypothalamischen Kerngebiete spiegeln sich in den hypothalamischen Teilfunktionen wieder

Topographische Lage (Abb. 20.21). Der Hypothalamus ist ein kleiner, etwa 5 g schwerer Teil des Gehirns. Er ist Teil eines neuronalen Kontinuums, welches sich vom Mittelhirn zu den basalen Bereichen des Telenzephalons erstreckt, die eng mit dem phylogenetisch alten Riechsystem assoziiert sind. Der Hypothalamus ist ein Teil des Zwischenhirns (Dienzephalon), liegt ventral vom Thalamus und ist um die ventrale Hälfte des dritten Ventrikels organisiert. Er wird kaudal vom Mesenzephalon und rostral von der Lamina terminalis, der Commissura anterior und dem Chiasma opticum begrenzt. Lateral von ihm liegen die Tractus optici, die Capsulae internae und die subthalamischen Strukturen.

Organisation des Hypothalamus. Innerhalb des Hypothalamus unterscheidet man drei mediolateral angeordnete longitudinale Zonen: eine periventriculäre, eine mediale und eine laterale Zone:

- Die ***periventrikuläre Zone*** ist dünn und um den 3. Ventrikel organisiert. Sie enthält mehrere Kerngebiete,

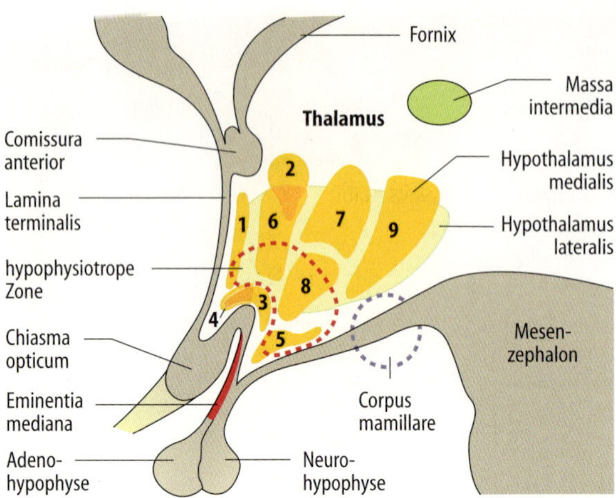

Abb. 20.21. Kerngebiete des Hypothalamus. Sagittalschnitt durch den dritten Ventrikel. Schematische Darstellung. (1) Ncl. (Area) praeopticus; (2) Ncl. paraventricularis; (3) Nucleus supraopticus; (4) Ncl. suprachiasmaticus; (5) Ncl. arcuatus; (6) Ncl. (Area) anterior; (7) Ncl. dorsomedialis; (8) Ncl. ventromedialis; (9) Ncl. (Area) posterior. Mod. nach Benninghoff-Goertler (1977)

die z. T. in den ***medialen Hypothalamus*** übergehen. Im Letzteren können mehrere Kerngebiete, die vom vorderen bis zum hinteren Hypothalamus angeordnet sind, unterschieden werden (Abb. 20.21). Die Kerngebiete sind grob mit verschiedenen integrativen Funktionen korreliert (Tabelle 20.3). Die Regio praeoptica gehört entwicklungsgeschichtlich zum Endhirn, wird aber meistens zum Hypothalamus gerechnet.

- Die ***mediale Zone*** unterteilt sich in mehrere Kerngebiete (Abb. 20.21). Vom ***ventromedialen Bereich*** des Hypothalamus entspringt der Hypophysenstiel (Infundibulum) mit ***Adeno-*** und ***Neurohypophyse.*** Die Vorderseite des Hypophysenstiels wird Eminentia mediana genannt. Viele Neurone in der periventrikulären Zone, in der Regio praeoptica, der Regio hypothalamica anterior, in den Nuclei ventromedialis und infundibularis (Abb. 20.22) projizieren in die ***Eminenta mediana*** und setzen hier Hormone aus ihren Axonen in den Portalkreislauf zur Adenohypophyse frei. Magnozelluläre Neurone in den Nuclei supraoptici und paraventriculares (Kerne 2 und 3 in Abb. 20.21) projizieren in die ***Neurohypophyse*** und kontrollieren die Synthese und Ausschüttung von Oxytocin und Adiuretin (▶ s. Kap. 21.2).
- Im ***lateralen Hypothalamus*** (Abb. 20.21) kann man keine Kerngebiete unterscheiden. Die diffus angeordneten Neurone im lateralen Hypothalamus werden vom ***medialen Vorderhirnbündel*** durchzogen. Dieses Bündel setzt sich rostral in die basolateralen Strukturen des limbischen Systems und kaudal zu rostralen Strukturen des Mittelhirns fort. Es besteht aus langen und kurzen aszendierenden und deszendierenden Axonen.

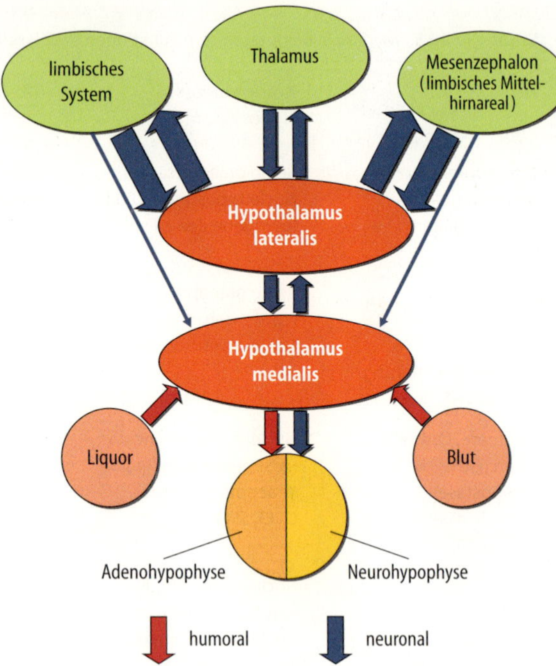

Abb. 20.22. Afferente und efferente Verbindungen des Hypothalamus. Vereinfachte schematische Darstellung

Afferente und efferente Verbindungen des Hypothalamus

! Der Hypothalamus ist mit fast allen Gebieten des ZNS reziprok verbunden und integriert somatische, endokrine und vegetative Funktionen

Medialer Hypothalamus. Der mediale Hypothalamus ist reziprok neuronal mit dem lateralen Hypothalamus verknüpft und erhält wenige direkte afferente Einströme von nichthypothalamischen Hirngebieten. Zusätzlich messen spezielle Neurone im medialen Hypothalamus, die mit den ***zirkumventrikulären Organen*** assoziiert sind, wichtige Parameter des ***Blutes*** und des ***Liquors*** (▶ s. rote Pfeile in Abb. 20.22) und damit des ***inneren Milieus.*** Solche Rezeptoren registrieren beispielsweise die Temperatur des Blutes (Warmneurone, ▶ s. Kap. 39.5), die Salzkonzentration im Plasma (Osmorezeptoren im Organum vasculosum laminae terminalis, ▶ s. Kap. 30.3) oder die Konzentrationen im Blut von Hormonen endokriner Drüsen Peptidsignale vom Fettgewebe und Pankreas (z. B. Leptin, Insulin, ▶ s. Kap. 11.4, 39.3), Signale vom Gastrointestinaltrakt (z. B. Ghelin, Peptid YY, ▶ s. Kap. 39.3). Die efferenten Verbindungen des medialen Hypothalamus zur Hypophyse sind ***neuronal*** zur Neurohypophyse und ***hormonal*** zur Adenohypophyse. Damit liegt der mediale und periventrikuläre Hypothalamus im Grenzbereich zwischen den endokrinen und den neuronalen Systemen: er nimmt die Aufgabe eines ***neuroendokrinen Interface*** wahr.

Lateraler Hypothalamus. Der laterale Hypothalamus ist durch mächtige Faserstränge mit dem oberen Hirnstamm, der paramedianen mesenzephalen Region ***(limbisches Mittelhirnareal)*** und dem übergeordneten limbischen System reziprok verbunden. Afferente Einströme von der Körperoberfläche und aus dem Körperinneren erhält der laterale Hypothalamus über die aszendierenden ***spinobulboretikulären*** Bahnen. Diese Bahnen projizieren sowohl über den Thalamus als auch das limbische Mittelhirnareal zum Hypothalamus. Andere afferente Einströme von den übrigen sensorischen Systemen erhält der Hypothalamus über noch z. T. unbekannte multisynaptische Bahnen. Seine ***efferenten Verbindungen*** zu den vegetativen und somatischen Kerngebieten im ***Hirnstamm*** und im ***Rückenmark*** laufen über multisynaptische Bahnen in der Formatio reticularis (Abb. 20.22).

Das hypothalamo-hypophysäre System

Die Neurone des hypothalamo-hypophysären Systems bilden die Koppelung zwischen Gehirn und endokrinen Drüsen

Regulation der Adenohypophyse. Die Tätigkeit der meisten endokrinen Drüsen wird durch Hormone der ***Adenohypophyse*** geregelt (▶ s. Kap. 21.2). Die Ausschüttung dieser Hormone unterliegt wiederum der Kontrolle durch Hormone, die von Neuronen in der periventrikulären Zone und im medialen Hypothalamus (▶ s. Abb. 20.21) produziert werden. Wir nennen diese hypothalamischen Hormone stimulierende und inhibitorische ***Releasinghormone*** (SRH, IRH in Abb. 20.23 und ▶ Kap. 21.2). Die Releasinghormone werden aus den Axonen der Neurone in der Eminentia mediana freigesetzt und gelangen auf dem Blutwege über das ***hypothalamo-hypophysäre Pfortadersystem*** zur Adenohypophyse.

Die ***Sekretion der hypothalamischen Hormone*** durch die Neurone in das Pfortadersystem wird über die Plasmakonzentration der Hormone der peripheren endokrinen Drüsen kontrolliert (lange rote Pfeile in Abb. 20.23). Ein Anstieg der Konzentration der Hormone peripherer endokriner Drüsen im Plasma führt zur Abnahme der Freisetzung der entsprechenden Releasinghormone im medialen Hypothalamus. Auch die hypothalamischen Hormone und die Hormone der Adenohypophyse selbst nehmen an der ***negativen Rückkopplung*** in dieser Regelung teil (unterbrochene rote Pfeile in Abb. 20.23).

Anpassung des negativen neuroendokrinen Rückkopplungssystems durch das ZNS (Abb. 20.23). Das hypothalamo-hypophysäre System wird an die inneren und äußeren Belastungen des Organismus durch das ZNS angepasst. Diese zentralnervöse Steuerung wird über den lateralen Hypothalamus vermittelt und geht v. a. von der ***Regio praeoptica***, Strukturen des limbischen Systems (z. B. ***Hippocampus*** und ***Amygdala***) und Strukturen des ***Mesenzephalons*** aus. Diese ZNS-Bereiche erhalten auch

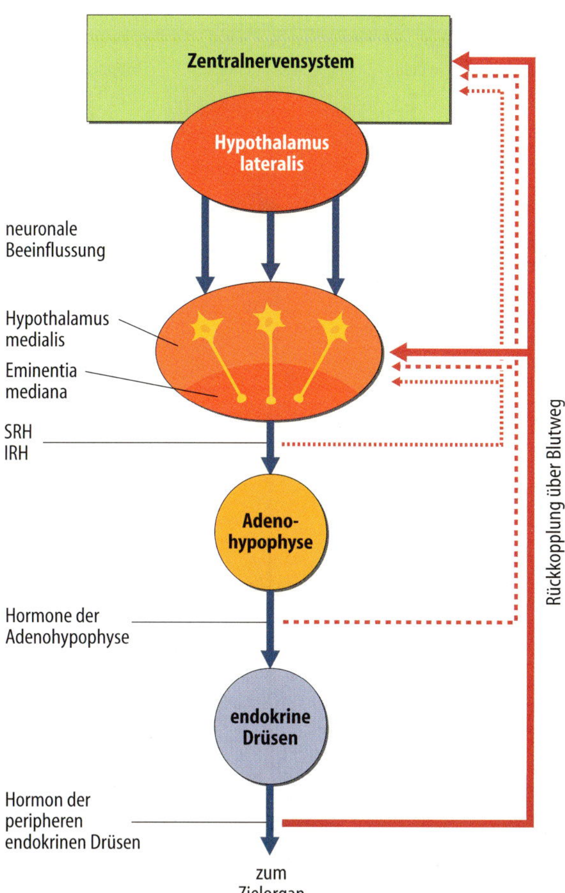

Abb. 20.23. Neuroendokrine Koppelung durch das hypothalamohypophysäre System. *SRH:* stimulierendes Releasinghormon, *IRH:* inhibitorisches Releasinghormon

Rückmeldungen über die Hormonkonzentration im Plasma von den endokrinen Drüsen (Abb. 20.23). Die Neurone reagieren spezifisch auf endokrine Hormone und speichern sie intrazellulär. Als Beispiele für die biologische Bedeutung der steuernden Eingriffe des ZNS in die endokrinen Systeme sei die ***zirkadiane Rhythmik*** der ACTH-Ausschüttung, die Steuerung der Sexualdrüsen bei der ***Sexualreifung im menstruellen Zyklus*** (▶ s. Kap. 22.3), die Steuerung der ***Kortisolausschüttung unter Stress*** (▶ s. Kap. 11.1) und die Stoffwechselerhöhung durch erhöhte Thyroxinausschüttung bei langanhaltender Kältebelastung (▶ s. Kap. 21.3) genannt.

Die RH-produzierenden Neurone, die zur Eminentia mediana projizieren, liegen an der Schnittstelle zwischen den neuronalen und den neuroendokrinen Regulationen. Sie bekommen von den oben genannten Hirnbereichen synaptische Eingänge und projizieren mit Axonkollateralen zu verschiedenen Hirnstrukturen (Abb. 20.24, rechts). Die Transmitter, die die Axonkollateralen ausschütten, sind vermutlich die Releasinghormone. Diese Zellen sind demnach sowohl terminale integrierende Neurone als auch hormonproduzierende endokrine Zellen.

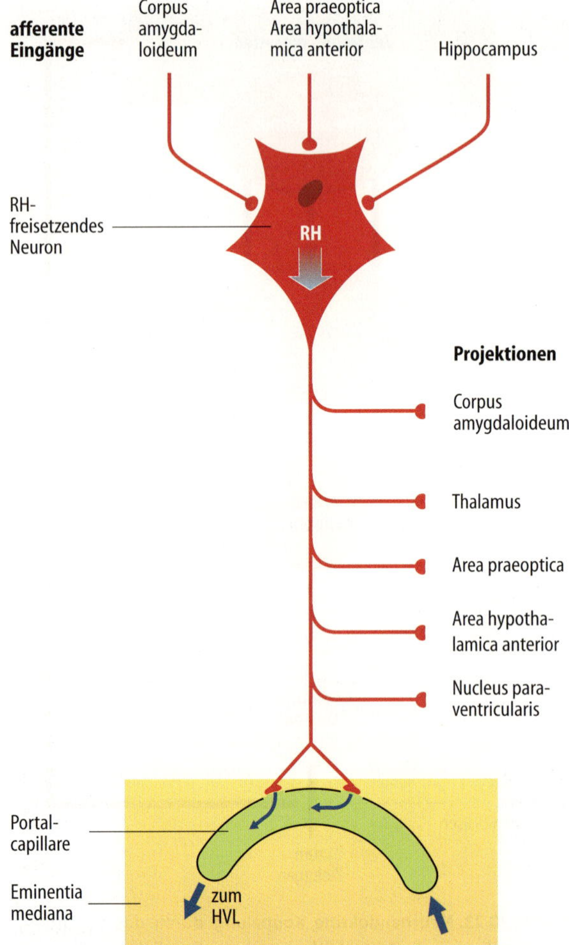

Abb. 20.24. Das hypothalamo-hypophysäre System. Releasinghormon- (RH-) freisetzendes Neuron aus der hypophysiotropen Zone als Grundelement der neuroendokrinen Koppelung im Hypothalamus

Rolle des Hypothalamus in der Regulation von Kreislauf und Atmung

Die neuronale Servokontrolle des kardiovaskulären Systems und der Atmung ist in alle hypothalamischen Regulationen eingebunden

Die einfache Servokontrolle des kardiovaskulären Systems (arterieller Systemblutdruck, Herzzeitvolumen, Blutflussverteilung) und der Atmung findet im unteren Hirnstamm statt (▶ s. Abschnitt 20.6, ▶ Kap. 28.7, 33.2). Die medulläre Selbststeuerung des kardiovaskulären Systems steht wiederum unter der Kontrolle des oberen Hirnstamms und des Hypothalamus. Diese Kontrolle geschieht über die neuronalen Verknüpfungen zwischen Hypothalamus und medullärem Kreislaufzentrum und auch über direkte neuronale Verbindungen vom Hypothalamus zu den präganglionären Neuronen. Die ***übergeordnete neuronale Kontrolle*** des kardiovaskulären und respiratorischen Systems durch den Hypothalamus geschieht bei allen ***komplexeren vegetativen Funktionen***, die über die einfache Servokontrolle hinausgehen, wie z. B. bei der Thermoregulation, der Kontrolle der Nahrungsaufnahme, dem Abwehrverhalten usw. (▶ s. Tabelle 20.3).

Anpassung des Herz-Kreislauf-Systems und der Atmung während körperlicher Arbeit. Bei Muskelarbeit erhöht sich das Herzzeitvolumen (besonders durch Erhöhung der Herzfrequenz) und Atemzeitvolumen, gleichzeitig erhöht sich der Blutfluss durch die Muskelstrombahn, während die Blutflüsse durch Haut und Eingeweide abnehmen. Diese Anpassungen geschehen praktisch sofort mit Beginn der Arbeit. Sie werden ***zentralnervös über den Hypothalamus*** ausgelöst. Elektrische Reizung im lateralen Hypothalamus in Höhe der Corpora mamillaria erzeugt bei Hunden bis ins Detail dieselben vegetativen Reaktionen wie bei Tieren, die auf dem Laufband arbeiten. Auch am anästhesierten Tier kann man Laufbewegungen und Atembeschleunigungen während elektrischer Hypothalamusreizung beobachten. Bei geringen Änderungen der Lokalisation der Reizelektrode können vegetative und somatische Reaktionen auch unabhängig voneinander hervorgerufen werden. Diese Hypothalamusbereiche unterliegen der ***neokortikalen Kontrolle.***

20.6. Funktionsstörungen durch Schädigung des Hypothalamus beim Menschen

Ursachen. Hypothalamische Funktionsstörungen beim Menschen werden am häufigsten durch Neoplasien (Tumoren), Traumen und Entzündungen verursacht. Diese Schädigungen sind manchmal relativ lokalisiert, so dass isolierte Ausfälle im vorderen, intermediären und hinteren Hypothalamus entstehen können.

Symptome. Die Funktionsstörungen, die der Kliniker bei den Patienten beobachtet, sind (mit Ausnahme des Diabetes insipidus, ▶ s. Kap. 21.2) komplexer Natur. Sie hängen auch davon ab, ob die Schädigungen akut (z. B. durch ein Trauma) oder chronisch (z. B. durch einen langsam wachsenden Tumor) entstanden sind. Akute kleine Schädigungen können zu erheblichen Funktionsstörungen führen, während Funktionsstörungen durch langsam wachsende Tumoren erst dann auftreten, wenn die Schädigungen große Ausmaße erreicht haben. Die Störungen der komplexen Funktionen des Hypothalamus sind in Tabelle 20.4 aufgeführt. Die Störungen der Wahrnehmung, des Gedächtnisses und des Schlaf-Wach-Rhythmus werden z. T. durch Schädigungen aszendierender und deszendierender Systeme von und zu Strukturen des limbischen Systems erzeugt.

Tabelle 20.4. Funktionsstörungen durch Schädigung des Hypothalamus beim Menschen. Nach Reichlin et al (1978)

	Vorderer Hypothalamus mit Regio praeoptica	Intermediärer Hypothalamus	Hinterer Hypothalamus
Funktion	Schlaf-Wach-Rhythmus, Thermoregulation, Endokrine Regulation	Wahrnehmung, kalorischer Haushalt, Flüssigkeitshaushalt, endokrine Regulationen	Wahrnehmung, Bewusstsein, Thermoregulation, komplexe endokrine Regulationen
Läsionen: Akut	Schlaflosigkeit, Hyperthermie, Diabetes insipidus	Hyperthermie, Diabetes insipidus, endokrine Störungen	Schlafsucht, emotionale Störungen, vegetative Störungen, Poikilothermie
Chronisch	Schlaflosigkeit komplexe endokrine Störungen (z. B. Pubertas praecox), endokrine Störungen infolge Schädigung der Eminentia mediana, Hypothermie, kein Durstgefühl	Medial: Gedächtnisstörungen, emotionale Störungen, Hyperphagie und Fettsucht, endokrine Störungen Lateral: emotionale Störungen, Abmagerung und Appetitlosigkeit, kein Durstgefühl	Gedächtnisverlust, emotionale Störungen Poikilothermie, vegetative Störungen, komplexe endokrine Störungen (z. B. Pubertas praecox)

Organisation hypothalamischer Funktionen

Im Hypothalamus werden vegetative, neuroendokrine und somatomotorische Regulationen zu komplexen Funktionen organisiert

Elektrische oder chemische Reizung kleiner Areale im Hypothalamus mit Mikroelektroden löst bei Tieren Verhaltensweisen aus, die in ihrem Variantenreichtum den natürlichen, ***artspezifischen Verhaltensweisen*** ähneln. Dazu gehören z. B. das Abwehrverhalten, die Nahrungs- und Flüssigkeitsaufnahme (nutritives Verhalten), das reproduktive (Sexual-) Verhalten und das thermoregulatorische Verhalten. Diese Verhaltensweisen dienen der ***Selbsterhaltung des Individuums*** und der ***Art*** und können im weiteren Sinne auch als homöostatische Prozesse betrachtet werden. Jede dieser Verhaltensweisen besteht aus ***somatomotorischen***, ***vegetativen*** und ***endokrinen*** Komponenten. In Tabelle 20.3 sind die Merkmale dieser komplexen Funktionen des Hypothalamus (einschließlich der assoziierten Verhaltensweisen) aufgeführt.

Hypothalamisch ausgelöstes Abwehrverhalten. Lokale elektrische Reizung im kaudalen Hypothalamus (Abb. 20.25) erzeugt z. B. bei einer wachen Katze Abwehrverhalten. Man beobachtet typische ***somatomotorische Reaktionen*** (Katzenbuckel, Fauchen, gespreizte Zehen und ausgestülpte Krallen) und ***vegetative Reaktionen*** (gesteigerte Atmung, Pupillenerweiterung und Piloerektion auf Schwanz und Rücken). Blutdruck und Muskeldurchblutung erhöhen sich; Darmmotilität und Darmdurchblutung nehmen ab (Abb. 20.25). Die meisten vegetativen Reaktionen werden durch die Aktivierung des Sympathikus erzeugt. Weiterhin sind auch ***hormonale Faktoren*** an diesem Verhalten beteiligt. Adrenalin wird z. B. aus dem Nebennierenmark in den Blutkreislauf ausgeschüttet (► s. Abschnitt 20.2). Die Aktivierung des hypothalamo-hypophysären Systems führt über die Ausschüttung von ***ACTH*** aus dem Hypophysenvorderlappen zur Freisetzung von ***Kortikosteroiden*** aus der Nebennierenrinde.

Hypothalamisch ausgelöstes nutritives Verhalten. Dieses Verhalten ist nahezu komplementär zum Abwehrverhalten. Es kann durch lokale elektrische Reizung eines hypothalamischen Areals ausgelöst werden, welches 2–3 mm dorsal vom »Abwehrareal« liegt (Abb. 20.25). Ein Tier, bei dem dieses Verhalten erzeugt wird, zeigt alle Merkmale eines auf Nahrungssuche befindlichen Tieres. Es beginnt bei Annäherung an einen gefüllten Trog zu fressen, auch wenn es satt ist. Speichelfluss, Darmmotilität und Darmdurchblutung nehmen zu und die Muskel-

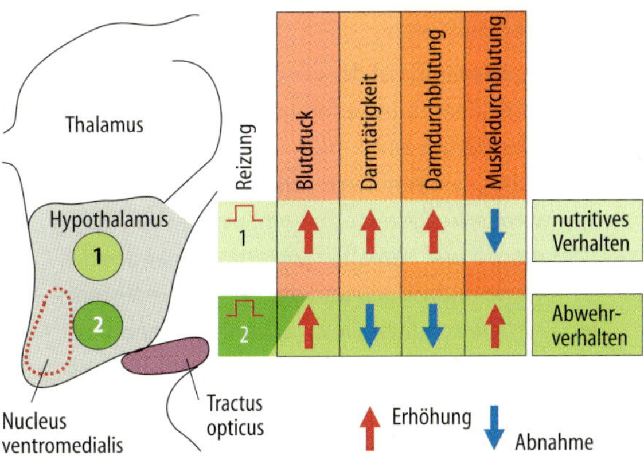

Abb. 20.25. Nutritives Verhalten und Abwehrverhalten. Vegetative Reaktionen bei der Erzeugung von nutritivem Verhalten und Abwehrverhalten der Katze durch elektrische Reizung im Hypothalamus. Nach Folkow u. Rubinstein (1966)

durchblutung ab (Abb. 20.25). Die charakteristischen Änderungen der vegetativen Parameter während des nutritiven Verhaltens führen gewissermaßen zur ***vegetativen Einstellung*** auf den Vorgang ***Nahrungsaufnahme***.

Integrative Funktionen des Hypothalamus

Der Hypothalamus enthält zahlreiche neuronale Verhaltensprogramme, die durch neuronale und humorale Signale aus der Körperperipherie und vom Endhirn aktiviert werden können

Die Organisation im Hypothalamus, aufgrund derer dieses kleine Hirngebiet die vielen integrativen lebenswichtigen Funktionen (Tabelle 20.3) kontrolliert, kann bisher im Detail nicht beschrieben werden. Die neuronalen Substrate, welche diese Funktionen regulieren, sind nicht in den einzelnen histologisch definierten hypothalamischen Kerngebieten (Abb. 20.21) lokalisiert. Deshalb darf man sich die neuronalen Strukturen, die diese Funktionen repräsentieren, nicht anatomisch fest umrissen vorstellen, wie es in den Begriffen »Sättigungszentrum«, »Hungerzentrum«, »thermoregulatorisches Zentrum« usw. zum Ausdrucke kommen mag. Sicherlich sind die verschiedenen ***hypothalamischen Neuronenverbände*** durch die Spezifität der afferenten und efferenten Verknüpfungen, der synaptischen Überträgerstoffe, der räumlichen Anordnung der Dendriten und andere Parameter charakterisiert. Man könnte in der Computersprache sagen, dass die neuronalen Netzwerke des Hypothalamus viele Programme repräsentieren, welche die in Tabelle 20.3 aufgeführten Funktionen ausführen. Aktivierung dieser ***Programme*** durch Signale vom Vorderhirn und durch neuronale, hormonelle und humorale Signale aus der Peripherie des Körpers löst die komplexen hypothalamischen Funktionen aus. Dieser Sachverhalt ist schematisch in Abb. 20.26 dargestellt worden.

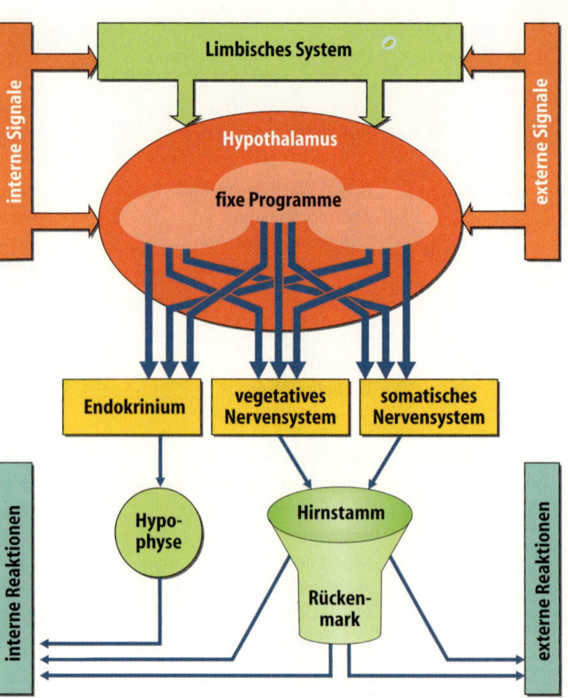

Abb. 20.26. Schema zur funktionellen Organisation hypothalamischer Funktionen

In Kürze

Hypothalamus

Der Hypothalamus ist der ventrale Teil des Zwischenhirns und afferent und efferent mit nahezu allen Hirnteilen verbunden.

- Er integriert vegetative, endokrine und somatomotorische Systeme zu homöostatischen Regulationen und Verhaltensweisen, die das Überleben der Individuen und der Art gewährleisten.
- Er ist die Schnittstelle zwischen neuroendokrinen Regulationen und Gehirn.

Die im unteren Hirnstamm repräsentierten homöostatischen Regulationen sind in den hypothalamischen Funktionen integriert. Die neuronalen Programme, welche die hypothalamischen integrativen Funktionen repräsentieren, werden von den Signalen des Vorderhirns sowie neuronalen afferenten, hormonalen und humoralen Signalen aus der Körperperipherie aktiviert.

Literatur

Appenzeller O (1999) The autonomic nervous system. Part I: Normal functions. In Vinken PJ, Bruyn GW (eds) Handbook of Clinical Neurology, Vol 74. Elsevier, Amsterdam

Appenzeller O (2000) The autonomic nervous system. Part II. Dysfunctions. In Vinken PJ, Bruyn GW (eds) Handbook of Clinical Neurology, Vol 75. Elsevier, Amsterdam

Greger R, Windhorst U (eds) Comprehensive Human Physiology – From Cellular Mechanisms to Integration, Vol 1 u. 2. Springer, Berlin Heidelberg New York

Jänig W (2003) The autonomic nervous system and its co-ordination by the brain. In Davidson RJ, Scherer KR, Goldsmith HH (eds) Handbook of Affective Sciences, Part II, 135–185: Autonomic Psychophysiology. Oxford University Press, New York

Jänig W, McLachlan EM (1999) Neurobiology of the autonomic nervous system. In Mathias CJ, Bannister R (eds) Autonomic Failure. 4th edn, 3–15. Oxford University Press, Oxford

Jänig W (2005) Integrative Action of the Autonomic Nervous System: Neurobiology of Homeostasis. Cambridge University Press, Cambridge, New York

Loewy AD, Spyer KM (eds) (1990) Central regulation of autonomic functions. Oxford University Press, New York

Mathias C, Bannister R (eds) (1999) Autonomic failure, 4th edn. Oxford University Press, Oxford

Zigmond MJ, Bloom FE, Landis SC, Roberts JL, Squire LR (eds) (1999) Fundamental Neuroscience. Academic Press, San Diego

Kapitel 21
Hormone

F. Lang, F. Verrey

Einleitung

Bis zum Alter von 15 Jahren ist U.W. ein bildhübsches und kerngesundes Mädchen. Dann nimmt sie an Gewicht zu, auf der Haut entstehen Narben-ähnliche Streifen (Striae), das Gesicht ist auffällig aufgeschwemmt, ihre Regelblutungen werden unregelmäßig. Sie sucht einen Arzt auf, der unter anderem einen erhöhten Blutdruck feststellt und Verdacht auf einen Überschuss an Glukokortikoiden schöpft. Die weiteren Untersuchungen decken tatsächlich einen Glukokortikoid-produzierenden Tumor in der Nebennierenrinde auf. Nach chirurgischer Entfernung des Tumors normalisieren sich allmählich Blutdruck und sehr langsam auch Gewicht und Aussehen der Patientin. Wird die Erkrankung übersehen, treten schwere, z.T. lebensbedrohliche Folgeschäden auf, wie z.B. Herzinfarkt und Schlaganfall.

21.1 Allgemeine Aspekte endokriner Regulation

Hormone als Signalstoffe

Hormone sind Signalstoffe, die ihre Zielzellen über die Blutbahn erreichen (endokrin), auf benachbarte Zellen (parakrin) wirken und/oder die Hormon-produzierende Zelle selbst (autokrin) beeinflussen; sie lösen häufig mehrere logisch zusammenhängende Wirkungen aus

Kommunikation zwischen Zellen. Die Abstimmung der Leistungen jeweils verschieden spezialisierter Zellen im Organismus erfordert Kommunikation. Zwischen unmittelbar benachbarten Zellen kann sie durch direkten Kontakt über sog. Gap Junctions ermöglicht werden, zum anderen geben Zellen *Signalstoffe* ab, die Funktionen anderer Zellen beeinflussen.

Hormone im engeren Sinn. Hormone entfalten ihre Wirkungen vorwiegend auf endokrinem Wege. Ihre endokrine Wirksamkeit setzt voraus, dass sie im Blut nicht vor Erreichen der Zielzellen inaktiviert werden. Sie werden ferner in spezialisierten Zellen des Körpers (endokrine Drüsen) gebildet, wie z.B. Insulin in den B-Zellen der Langerhans Inseln des Pankreas. Allerdings gibt es einen fließenden Übergang von Hormonen zu Mediatoren, die in nicht spezialisierten Zellen gebildet werden bzw. vorwiegend parakrin wirksam sind (z.B. Prostaglandine, ▶ s. Kap. 2.6) sowie zu Transmittern des Nervensystems (▶ s. Kap. 5.5). Tatsächlich werden einige Hormone (z.B. ADH) bzw. Mediatoren (z.B. Serotonin) auch als Transmitter im Nervensystem eingesetzt.

Hormon-produzierende Zellen außerhalb von Hormondrüsen. Jede Zelle kann Mediatoren abgeben, mit denen sie benachbarte Zellen beeinflusst. So kann eine Zelle bei Energiemangel z.B. Adenosin freisetzen, das benachbarte Blutgefäße erweitert und damit die Blutzufuhr steigert. Endokrin wirkende Hormone werden normalerweise nur von ganz bestimmten Zellen gebildet. Das u.a. die Nahrungsaufnahme regulierende Hormon Leptin wird beispielsweise von Fettzellen gebildet, die über ihren Lipidgehalt den Ernährungszustand des Körpers abschätzen können. Das Calcium-Phosphat-regulierende Hormon Calcitriol wird v.a. in der Niere gebildet, kann aber auch in Makrophagen gebildet werden.

»Logik« von Hormonwirkungen. Für jedes einzelne Hormon besteht ein mehr oder weniger gut erkennbarer »logischer« Zusammenhang zwischen den Stimulatoren, welche die Ausschüttung des Hormons auslösen, und den einzelnen Wirkungen, die das Hormon erzielt (▫ Tabelle 21.1).

Gegenstand dieses Kapitels sind Hormone aus Hypophyse, Schilddrüse, Pankreas und Nebennierenrinde. Hormone der Regulation von ***Sexualfunktionen*** (▶ s. Kap. 22.1), ***Adrenalin*** (▶ s. Kap. 20.2), Hormone, welche die ***Nahrungsaufnahme*** (▶ s. Kap. 11.4), den ***Elektrolythaushalt*** (▶ s. Kap. 30.3, 30.4) oder den ***Mineralhaushalt*** (▶ s. Kap. 31.2) regulieren, die sog. ***gastrointestinalen Hormone*** (▶ s. Kap. 38.1) und die ***Entzündungsmediatoren*** (▶ s. Kap. 24, Tabelle 23.3) werden an anderer Stelle ausführlicher beschrieben.

▫ Tabelle 21.1. Elemente einiger hormoneller Regelkreise

geregelter Parameter	Hormon	Hormonwirkung
Glukose	Insulin	Glykolyse/Glykogenaufbau Glykogenolyse/Glukoneogenese
Aminosäuren	Insulin	Proteinabbau
Glukose	Glukagon	Glykogenolyse
Aminosäuren	Somatotropin	Proteinaufbau
»Blutvolumen«	Aldosteron	renale Natriumausscheidung
Kalium	Aldosteron	renale Kaliumausscheidung
»Blutvolumen«	ANF	renale Natriumausscheidung
»Blutvolumen«	ADH	renale Wasserausscheidung
Zellvolumen	ADH	renale Wasserausscheidung
Calcium	Parathormon	Knochenentmineralisierung Bildung von $1{,}25(OH)_2D_3$

■ **Tabelle 21.2.** Fortsetzung

Hormon (Synonym)	Bildungsort	Wichtigste Stimulatoren (+) und Hemmer (–) der Ausschüttung*	Wichtigste Wirkungen (+ Stimulation, – Hemmung)*
Glukagon	Pankreas	+ Hypoglykämie; Aminosäuren; Sekretin – Somatostatin	+ Glykogenolyse; Glukoneogenese; Proteolyse; Lipolyse; Ketogenese – Darmmotilität
IGF (insulin like growth factor; Somatomedine)	v. a. Leber	+ Somatotropin	+ Synthese von Kollagen und Chondroitinsulfat; Knochenbildung; Insulinwirkungen (▶ s. u.); Wachstum; Zellteilung
Leptin	Fettzellen	+ Fettmasse; Adrenalin (β); Interleukin 1	+ Energieverbrauch, Natriurese – Hunger; Insulinwirksamkeit
Schilddrüsenhormone; z. B. Thyroxin, Trijodthyronin	Thyreoidea	+ TSH	+ Enzymsynthese und Grundumsatz; körperliche und geistige Entwicklung; Lipolyse; Glykolyse; Glykogenolyse; Glukoneogenese; Cholesterinabbau; Herzfrequenz; Darmmotilität
Calcitonin	Thyroidea	+ Hyperkalzämie	– renale Calcium- und Phosphatresorption; Osteolyse + Mineralisierung des Knochens; Bildung von Calcitriol in der Niere
Parathormon (PTH)	Parathyroidea	+ Hypokalzämie	+ renale Calciumresorption; Osteolyse; Bildung von Calcitriol in der Niere – renale Phosphatresorption
Calcitriol, D-Hormon (1,25 $(OH)_2D_3$)	Niere; Plazenta; Makrophagen	+ Parathormon; Phosphatmangel; Hypokalzämie	+ Reifung des Knochens; renale und enterale Calcium- und Phosphatresorption
Atrialer natriuretischer Faktor	Herz	+ Vorhofdehnung	+ Natriurese; GFR; Vasodilatation
Ouabain	Nebenniere	+ Na^+-Überschuss	+ Herzkraft; Natriurese
Erythropoietin	v. a. Niere	+ Hypoxie	+ Erythropoese
Angiotensin II, III	Viele Organe	+ Renin	+ Ausschüttung Aldosteron, ADH; Durst; Vasokonstriktion; Fibrose
Prostaglandin PGE_2	Viele Organe	Gewebsspezifisch, z. B. + Entzündung; Ischämie; Zellschädigung – Glukokortikoide	+ Gefäßpermeabilität; Vasodilatation; Bronchodilatation; Kontraktion von Pulmonalgefäßen, Darm, schwangerem Uterus; GFR; Natriurese; Kaliurese; Fieber; Schmerz; Osteolyse; Ausschüttung von ACTH, Nebennierenrindenhormonen, Somatotropin, Prolactin, Gonadotropinen, Glukagon, Renin, Erythropoietin; – Salzsäuresekretion Magen, ADH-Wirkung, Insulinausschüttung, Lipolyse, Verschluss des Duct. art. Botalli, zell. Immunabwehr
PGE_{2a}			+ Kontraktion Bronchien, Uterus, Darm; Vasokonstriktion (z. B. Haut); Vasodilatation (z. B. Muskel); Ausschüttung von ACTH, Somatotropin, Prolaktin
Prostacyclin PGI_2			+ Vasodilatation; Reninausschüttung; Natriurese; Bronchodilatation; Osteolyse; Schmerz; Fieber – Thrombozytenaggregation, Magensaftsekretion
Thromboxan TxA_2			+ Thrombozytenaggregation; Reninausschüttung; Kontraktion Gefäße, Darm, Bronchien

Tabelle 21.2. Fortsetzung

Hormon (Synonym)	Bildungsort	Wichtigste Stimulatoren (+) und Hemmer (–) der Ausschüttung*	Wichtigste Wirkungen (+ Stimulation, – Hemmung)*
Leukotriene	Leukozyten; Makrophagen	+ Entzündung	+ Kontraktion Bronchien, Darm, Gefäße; Gefäßpermeabilität; Chemotaxis; Adhäsion; Ausschüttung Histamin, Insulin, Prostaglandine, lysosomale Enzyme
Kinine (Bradykinin)	Viele Organe	+ Entzündung; aktivierte Blutgerinnung	+ Vasodilation; Kapillarpermeabilität; Herzkraft; Herzfrequenz; Bronchospasmus; Schmerz; Ausschüttung Catecholamine, Prostaglandine; Verschluss des Ductus arteriosus Botalli
Serotonin	Viele Organe	gewebsspezifisch, z. B. + Plättchenaktivierung	+ Kontraktion von Bronchial- und Darmmuskulatur; Vasokonstriktion v. a. Lungen- und Nierengefäße; Kapillarpermeabilität; Freisetzung von Histamin; Adrenalinausschüttung
Histamin	Gewebsmastzellen; Leukozyten	+ Antigen-IgE-Antikörperkomplexe	+ Vasodilatation; Kapillarpermeabilität; Kontraktion von Bronchialmuskulatur, Darm, Uterus, größeren Gefäßen; Schmerz; Jucken; Magensaftsekretion; Herzkraft; Ausschüttung Katecholamine
Adenosin	Viele Organe	+ Energiemangel	+ Vasodilatation (Herz, Gehirn); Vasokonstriktion (Niere) – Fettabbau; Noradrenalinausschüttung
Endorphine	ZNS; Magen; Darm	+ Stress	+ Schmerzdämpfung; Beruhigung; Euphorisierung, Prolaktinausschüttung – Atmung; Herzfrequenz; Blutdruck; Darmmotilität

Hormone gebildet werden. Beispielsweise werden in der Hypophyse aus dem Präkursor Proopiomelanokortikotropin gleich drei unterschiedliche Hormone gebildet (Kortikotropin, α-Melanotropin und β-Lipotropin, ▶ s. Abschnitt 21.2).

Die ***Schilddrüsenhormone*** T_3 und T_4 werden durch Jodierung und Kopplung der Aminosäure Tyrosin gebildet, wie in Abschnitt 21.3 näher ausgeführt wird. Die ***Nebennierenrindenhormone*** (Abschnitt 21.5) und ***Calcitriol*** (▶ s. Kap. 31.2) werden aus Cholesterin bzw. Dehydrocholesterin synthetisiert, wie gleichfalls weiter unten ausführlicher dargestellt wird. Die ***Eikosanoide*** (Prostaglandine, Thromboxan und Leukotriene) sind Derivate der Arachidonsäure (▶ s. Kap. 2.6).

Hormonspeicherung und -ausschüttung. Hormone können nach ihrer Synthese zunächst in der Hormondrüse gespeichert werden, bevor sie bei Bedarf ausgeschüttet werden. Insbesondere Proteohormone werden in den Vesikeln gespeichert. In Analogie zur Ausschüttung von Neurotransmittern (▶ s. Kap. 5.5) und wie am Beispiel von Insulin näher erläutert wird (▶ s. Abschnitt 21.4), wird die Ausschüttung von Proteohormonen durch die ***intrazelluläre Ca^{2+}-Konzentration*** reguliert. Ca^{2+} stimuliert das Verschmelzen von Vesikeln mit der Zellmembran und in der Folge wird der Inhalt der Hormon-haltigen Vesikel in den Extrazellulärraum entleert.

Im Gegensatz zu anderen Proteohormonen wird die ***Ausschüttung von Parathormon durch Ca^{2+} gehemmt.*** Diese Hemmung wird durch einen Rezeptor an der Zellmembran für Ca^{2+} vermittelt (▶ s. Kap. 31.1).

Schilddrüsenhormone werden nicht in Vesikeln, sondern als Proteine extrazellulär gespeichert, wie noch näher ausgeführt wird (▶ s. Abschnitt 21.3).

Aktivierung, Wirkung und Inaktivierung von Hormonen

Hormone werden teilweise peripher aktiviert; sie wirken über Rezeptoren auf die Funktion von Zielzellen und werden auf unterschiedliche Weise inaktiviert

Periphere Aktivierung von Hormonen. Einige Hormone werden nicht in der aktiven Form ausgeschüttet, sondern bedürfen einer Aktivierung im Gewebe, um ihre volle Wirksamkeit entfalten zu können. So wird das ***Schilddrüsenhormon*** T_4 durch eine periphere Konvertase in das wesentlich wirksamere T_3 dejodiert, und das unwirksame

Testosteron durch eine Reduktase in das eigentlich wirksame Dehydrotestosteron umgewandelt.

Hormonrezeptoren und Signalkaskaden. Hormone wirken auf ihre Zielzellen über Rezeptoren. Dabei handelt es sich um Proteine, welche nach Bindung des jeweils spezifischen Hormons ihre Struktur verändern (▶ s. Kap. 2.2). Diese Strukturveränderung löst dann eine intrazelluläre Kaskade aus, die letztlich zu den zellulären Wirkungen des jeweiligen Hormons führt (▶ s. Kap. 2). Die Rezeptoren von ***Proteohormonen*** sitzen auf der Zellmembran, die Hormone müssen also nicht in die Zelle eindringen, um ihre Wirkung zu entfalten.

Steroidhormone und ***Schilddrüsenhormone*** wirken hingegen vorwiegend über intrazelluläre Rezeptoren, die nach Bindung des Hormons die Transkription von Genen im Zellkern und damit die Synthese entsprechender Proteine regulieren (▶ s. Kap. 2.1). Zu den regulierten Genprodukten zählen auch Elemente der Signaltransduktion. Über gesteigerte Expression von Rezeptoren oder Signalmolekülen kann ein Hormon die Zelle für die Wirkung anderer Hormone sensibilisieren.

Inaktivierung von Hormonen. Eine Regulation ist nur möglich, wenn die Hormonkonzentration je nach Bedarf gesteigert oder gesenkt werden kann. Eine Abnahme der Hormonkonzentration erfordert die Entfernung bzw. Inaktivierung des Hormons. Proteohormone werden durch proteolytische Spaltung vor allem in ***Leber*** und ***Niere*** inaktiviert. Die Steroidhormone werden vorwiegend in der Leber in unwirksame Metabolite abgebaut, die dann über Galle und Nieren ausgeschieden werden. Eine eingeschränkte Funktion von Leber oder Nieren verzögert die Inaktivierung der Hormone und kann auf diese Weise die endokrine Regulation stören.

Hormone als Elemente von Regelkreisen

! Hormone sind meist Teil von Regelkreisen mit negativer Rückkopplung

Hormonelle Regelkreise. Die Ausschüttung der Hormone unterliegt der Kontrolle von einem oder mehreren Regelkreisen: Die Wirkungen der Hormone beeinflussen direkt oder indirekt jene Faktoren, die ihre Ausschüttung regulieren. Der einfachste mögliche Regelkreis ist in ◻ Abb. 21.1 dargestellt.

▪▪▪ Die Hormonausschüttung wird durch einen Stoffwechselparameter gefördert, z. B. die Ausschüttung von **Insulin** durch Anstieg der **Glukosekonzentration im Blut**. Die Wirkung des Hormons auf die jeweiligen Zielzellen verändert den Stoffwechselparameter in einer Weise, dass die Stimulation der Hormonausschüttung herabgesetzt wird. So fördert Insulin u. a. die Glykogensynthese in der Leber sowie die Glukoseaufnahme in Fett- und Muskelzellen und senkt damit die Glukosekonzentration im Blut.

Der Stoffwechselparameter wird durch ***negative Rückkopplung*** in bestimmten Grenzen konstant gehalten. ◻ Tabelle 21.1 stellt die Elemente von einigen weiteren endokrinen Regelkreisen zusammen. Die Regelkreise

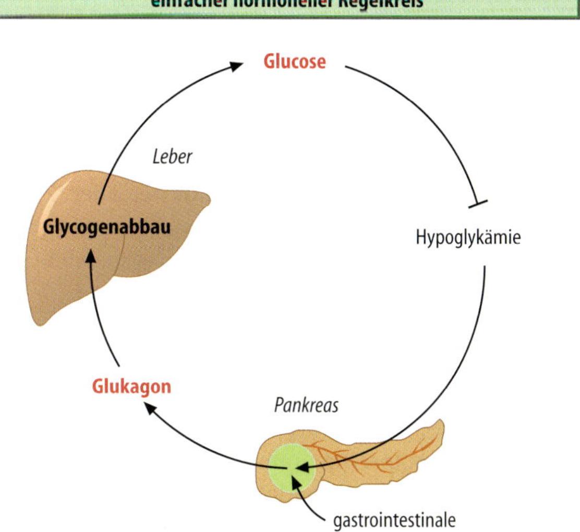

◻ **Abb. 21.1. Einfacher hormoneller Regelkreis**

von Hormonen, die vom Hypothalamus aus kontrolliert werden (▶ s. u.), sind entsprechend komplexer, folgen jedoch den gleichen Prinzipien wie die einfachen Regelkreise.

Ein hormoneller Regelkreis reagiert prinzipiell in zwei Richtungen. In unserem Beispiel führt ein Absinken der extrazellulären Glukose-Konzentration zur Abnahme, ein Anstieg der Glukose-Konzentration zur Zunahme der Insulin-Ausschüttung. Der Regelkreis wirkt somit sowohl einer Abnahme als auch einer Zunahme der Glukose-Konzentration entgegen.

Modifizierende Einflüsse. Die Elemente des Regelkreises sind einer Reihe modifizierender Einflüsse unterworfen:

- Durch Steuerung wird die Empfindlichkeit der endokrinen Drüse für den Stoffwechselparameter verstellt und damit der Stoffwechselparameter verändert. So fördert Adrenalin im Stress u. a. durch Hemmung der Insulinausschüttung einen Anstieg der Blutglukosekonzentration.
- Ein Hormon ist in der Regel Teil mehrerer Regelkreise. So wird die Insulinausschüttung nicht nur durch Glukose, sondern u. a. auch durch Aminosäuren stimuliert.
- Die Zielzellen stehen meist unter dem Einfluss weiterer Hormone. Die Glykogenbildung in der Leber wird u. a. noch durch Glukagon reguliert.
- Der Stoffwechselparameter wird in der Regel auch durch Zellen beeinflusst, die nicht unter der Kontrolle des jeweiligen Hormons stehen. Nervenzellen z. B. verbrauchen Glukose unabhängig von Insulin.

Anpassung des Wachstums von Hormondrüsen. Die Zahl Hormon-produzierender Zellen wird normalerweise durch Zellteilung (Zellproliferation) auf der einen und Zelltod (Apoptose) auf der anderen Seite ständig den Erfordernissen angepasst. Regulierte Parameter beeinflussen häufig nicht nur die Ausschüttung des Hormons, sondern auch die Teilung der Hormon-produzierenden Zellen.

- Anhaltend gesteigerte ***Stimulation*** fördert das Wachstum der Hormondrüse durch Zunahme der Zahl Hormon-produzierender Zellen ***(Hyperplasie)***. Zunahme von Zahl und Größe Hormon-produzierender Zellen führt zur kompensatorischen ***Hypertrophie*** der Hormondrüse, die dann eine gesteigerte Hormonausschüttung bei gegebenem Stimulus gewährleistet.
- Fehlt umgekehrt ein Stimulus der Hormonausschüttung oder steht die Hormon-produzierende Zelle unter vorwiegend ***hemmenden Einflüssen***, dann nimmt die Zahl Hormon-produzierender Zellen durch gesteigertes Absterben (Apoptose, programmierter Zelltod) ab. Folge ist eine ***Aplasie*** der Hormondrüse. Schrumpfung und Abnahme der Zahl Hormon-produzierender Zellen führt zur Atrophie der Hormondrüse.

Hypertrophie und Atrophie der Hormondrüsen gewährleisten normalerweise eine ***langfristige Anpassung der Hormonausschüttung*** an die Erfordernisse des Regelkreises. Versagt dieser Mechanismus, dann kommt es zur gestörten Hormonausschüttung.

Regelbreite und Ansprechzeit hormoneller Regelkreise

Die Effizienz eines hormonellen Regelkreises hängt von der Regelbreite und der Ansprechgeschwindigkeit ab

Regelbreite. Die Belastbarkeit bzw. Regelbreite eines hormonellen Regelkreises beschreibt die Fähigkeit, maximale Störgrößen zu kompensieren. Sie hängt davon ab, in welchem Ausmaß das Hormon die Leistung eines Organs beeinflussen kann. Sie ist eingeschränkt bei herabgesetzter Hormonausschüttung sowie bei verminderter Hormonempfindlichkeit oder Leistungsfähigkeit des Zielorgans.

▪▪▪ Beispielsweise ist bei herabgesetzter Zahl funktionstüchtiger B-Zellen des Pankreas die Regelbreite durch **Insulin** eingeschränkt und es kommt bereits bei relativ geringer Glukosezufuhr zu Hyperglykämie.

Ansprechzeit. Die Geschwindigkeit, mit welcher ein hormoneller Regelkreis in der Lage ist, eine Abweichung des kontrollierten Parameters wieder auszugleichen, hängt davon ab, wie schnell die Hormonausschüttung auf eine Änderung des kontrollierten Parameters reagiert, wie lange das Hormon im Blut aktiv zirkuliert (Halbwertszeit, ► s.u.), wie schnell die Wirkung im Zielorgan einsetzt und wie lange sie anhält.

▪▪▪ Beispielsweise benötigt die Wirkung von Insulin wenige Minuten, die Wirkung von Schilddrüsenhormonen Tage. Eine herabgesetzte Bildung von Insulin führt daher sehr schnell, eine herabgesetzte Bildung von Schilddrüsenhormonen erst mit langer Verzögerung zu den entsprechenden Störungen.

Bindung von Hormonen an Plasmaproteine. Die Halbwertszeit eines Hormons im Blut (► vgl. Tabelle 21.3) wird durch dessen Bindung an Plasmaproteine (► vgl. Tabelle 21.4) verzögert, da an Proteine gebun-

Tabelle 21.3. Halbwertszeiten einiger Hormone

Hormon	Halbwertszeit (in Minuten)
Liberine, Statine	5
Kortikotropin (ACTH)	10
Thyrotropin (TSH)	100
Folikelstimulierendes Hormon (FSH)	200
Luteinisierendes Hormon (LH)	20
Choriongonadotropin (hCG)	500
Prolaktin	30
Somatotropin (STH)	25
Adiuretin (ADH)	6
Oxytocin	5
Adrenalin	<2
Kortisol	90
Kortikosteron	60
Aldosteron	20
Testosteron	15
Thyroxin	10 000 (7 Tage)
Trijodthyronin	1500 (1 Tag)
Insulin	<10
Glukagon	<10
Parathormon (PTH)	20
Calcitonin	20
Östrogene	6
Progesteron	6
Bradykinin	<1

Tabelle 21.4. Proteinbindung eigener Hormone (in %)

Hormon	Proteinbindung (%)
Aldosteron	60
Kortisol	90
Testosteron	98
Thyroxin	99,9
Insulin	<1
ADH	<1

dene Hormone das Blut in der Peripherie nicht verlassen können und damit langsamer abgebaut werden. Der Anteil an Plasmaprotein-gebundenem Hormon ist vor allem bei den Schilddrüsenhormonen sehr groß.

Störungen der Hormonausschüttung

Die Hormonproduktion kann z. B. bei Tumoren der Hormondrüse inadäquat gesteigert, bei Schädigung der Hormondrüse unzureichend gering sein; häufiger sind sekundäre Störungen der hormonellen Regelkreise durch Erkrankungen außerhalb der Hormondrüse

Primärer Hormonüberschuss. Ein Überwiegen der Proliferation Hormon-produzierender Zellen führt zur ***Hyperplasie*** der Hormondrüse (▶ s. o.) und damit zu gesteigerter Hormonausschüttung. Die Hyperplasie kann Folge anhaltend gesteigerten Bedarfes an dem Hormon sein. In diesem Fall ist die gesteigerte Hormonausschüttung adäquat. Die Zellproliferation kann jedoch auch inadäquat gesteigert sein. Eine unkontrollierte Zellteilung tritt bei Tumoren ***(Adenome)*** auf. Bilden die Tumorzellen Hormone, dann resultiert ein (primärer) Hormonüberschuss (▶ s. 21.1). Hormone können auch von Tumorzellen gebildet werden, die nicht von Hormondrüsenzellen abstammen ***(ektope Hormonproduktion)***. Die Hormonbildung ist dabei Folge einer Dedifferenzierung der Zellen (besonders häufig bei kleinzelligen Bronchialkarzinomzellen).

21.1. Tumorendokrinologie

Unkontrolliert wachsende Tumorzellen aus Hormondrüsen behalten häufig ihre Fähigkeit, Hormone zu produzieren. Bei zunehmender Zellzahl wird entsprechend mehr Hormon ausgeschüttet. Die gesteigerte Hormonausschüttung findet man bei Tumoren der Hypophyse (Somatotropin, Prolaktin, ACTH, TSH, FSH und/oder LH), Nebennierenrinde (Glukokortikoide, Mineralokortikoide und/oder Sexualhormone), Nebennierenmark (Katecholamine), Niere (Erythropoietin), Gonaden (Sexualhormone), Schilddrüse (T3,T4, Calcitonin) Nebenschilddrüse (Parathormon) und Pankreas (Insulin, Glukagon, Somatostatin, Serotonin, Kallikrein, Prostaglandine, ADH, ACTH, gastrointestinale Peptide).

Tumorzellen aus nicht endokrinen Geweben können bisweilen im Zuge ihrer Dedifferenzierung die zur Hormonsynthese erforderlichen Gene aktivieren und gleichfalls Hormone produzieren. Insbesondere das kleinzellige Bronchialkarzinom ist nicht selten endokrin aktiv.

Folge ist eine inadäquat gesteigerte Hormonausschüttung mit gesteigerter Wirkung der entsprechenden Hormone.

Umgekehrt können einige Tumore über Hormonrezeptoren in ihrem Wachstum gehemmt werden. Bei einigen Leukämien werden mit Erfolg Glukokortikoide eingesetzt (lösen bei normalen T-Lymphozyten Apoptose aus), bei Brustkrebs Antiöstrogene und Antigestagene, bei Prostatakarzinom Androgenantagonisten.

Sekundärer Hormonüberschuss. Sehr viel häufiger als ein primärer Hormonüberschuss ist ein sekundärer Hormonüberschuss. Bei Hormonen, die in mehr als einen Regelkreis eingebaut sind, führt die Vernetzung (Vermaschung) von Regelkreisen zu Störungen, wenn die verschiedenen Regelkreise unterschiedliche Hormonkonzentrationen erfordern.

▪▪▪ Bei **eingeschränkter Funktionsfähigkeit der Leber** z. B., werden Aminosäuren nicht hinreichend schnell abgebaut, die Aminosäure-Plasmakonzentration steigt an und die Aminosäuren stimulieren die Ausschüttung von Insulin. Die folglich gesteigerte Insulinausschüttung ist für die Aminosäureplasmakonzentration adäquat, für die Glukoseplasmakonzentration jedoch zu hoch und es kommt zu einem Absinken der Plasmaglukosekonzentration (Hypoglykämie). Ein weiteres wichtiges Beispiel ist Aldosteron, das der Regulation des Blutvolumens auf der einen Seite und der Regulation der K^+-Plasmakonzentration auf der anderen dient. Eine **Abnahme des Blutvolumens** stimuliert die Ausschüttung von Aldosteron, dessen Wirkungen eine Korrektur des Blutvolumens ermöglichen, aber gleichzeitig eine Senkung der K^+-Plasmakonzentration nach sich ziehen (▶ s. Kap. 21.5).

Tertiärer Hormonüberschuss. Die Hypertrophie einer Hormondrüse bei anhaltender Stimulation der Hormonausschüttung führt zu einer gesteigerten Hormonausschüttung auch bei normaler Stimulation, da ja eine größere Zahl von Zellen das Hormon ausschüttet. Eine Hormondrüse, welche einer anhaltenden Stimulation ausgesetzt war, verhält sich also funktionell wie eine Hormondrüse, die durch Tumorwachstum hypertrophiert ist. Dabei spricht man von tertiärem Hormonüberschuss.

Hormonmangel. Die anhaltend fehlende Stimulation einer Hormondrüse führt in der Regel zur ***Aplasie*** (▶ s. o.). Die aplastische Hormondrüse schüttet dann bei Stimulation nur geringe Mengen an Hormon aus. Gleichermaßen führt eine Schädigung der Hormondrüse zu eingeschränkter Hormonausschüttung. Mechanische Schädigung (Trauma), Befall mit Krankheitserregern, Bekämpfung durch das eigene Immunsystem bei Autoimmunerkrankungen (▶ s. Kap. 24.3), Durchblutungsstörungen oder Gifte können zum Untergang der Hormon-produzierenden Zellen (durch Apoptose und Nekrose) führen. Bisweilen müssen die Hormondrüsen wegen Vorliegens eines Tumors chirurgisch entfernt werden. Die Nebenschilddrüsen werden bisweilen bei der Entfernung einer Struma (vergrößerte Schilddrüse) versehentlich mit entfernt.

IV

Gestörte Wirksamkeit von Hormonen

Die Wirksamkeit der Hormone erfordert die Funktionstüchtigkeit der Zielorgane

Herabgesetzte Wirksamkeit von Hormonen. Eine Abnahme der Zahl oder eine eingeschränkte Funktionstüchtigkeit von Hormonrezeptoren auf den Zielzellen, von Elementen der intrazellulären ***Signaltransduktion*** (► s. Kap. 2) oder von regulierten Effektormolekülen (z. B. Enzyme, Transportprozesse) haben zur Folge, dass die Hormonwirkungen auch bei normaler Hormonkonzentration abgeschwächt sind. Eingeschränkte Funktionstüchtigkeit der ***Zielorgane*** (z. B. Leberinsuffizienz, Niereninsuffizienz) verhindert ebenfalls eine angemessene Hormonwirkung. Wirkt die Funktion der Zielzellen über negative Rückkopplung auf die Hormondrüse zurück, dann wird die Hormonausschüttung stimuliert und die gesteigerten Hormonkonzentrationen kompensieren bisweilen den Mangel an Wirksamkeit. Häufig kann der geregelte Parameter trotz gesteigerter Hormonausschüttung nicht normalisiert werden.

Gesteigerte Wirksamkeit von Hormonen. Eine gesteigerte Empfindlichkeit von Zielorganen zieht eine gesteigerte Hormonwirkung nach sich. In der Folge wird über negative Rückkopplung die Hormonausschüttung gedrosselt und ggf. völlig eingestellt. Eine gesteigerte Empfindlichkeit von Zielorganen ist daher seltener Ursache von Erkrankungen als eine eingeschränkte Empfindlichkeit.

Therapeutischer Einsatz von Hormonen

Hormone werden bei Hormonmangel substituiert und zur therapeutischen Nutzung der Hormonwirkungen eingesetzt

Hormone können substituiert werden. Bei unzureichender Hormonausschüttung können Hormone durch den Arzt verabreicht werden. Diese Hormonsubstitution ist um so schwieriger, je kürzer ein Hormon wirkt und je stärker und je schneller es auf Änderungen von geregelten Parametern reagieren muss. Zu den häufigsten Hormonen, die substituiert werden, zählen Insulin (► s. Kap. 21.4), Erythropoietin (► s. Kap. 29.9) und Schilddrüsenhormone (► s. Kap. 21.3). Insbesondere die regelmäßige Verabreichung von Insulin ersetzt keinesfalls einen intakten Regelkreis. Daher wird am Einsatz von Sensor-gesteuerten Pumpen oder an der Transplantation von Hormon-produzierenden Zellen gearbeitet.

Einige Hormone werden als Medikamente eingesetzt. Auch wenn kein Hormonmangel vorliegt, können die Wirkungen von Hormonen therapeutisch genutzt werden. Die am häufigsten therapeutisch eingesetzten Hormone sind die Glukokortikoide. Sie hemmen die Immunabwehr (► s. Kap. 21.5) und werden daher bei Erkrankungen verabreicht, die durch inadäquate Aktivität des Immunsystems zustande kommen (Immunsuppression, ► s. Kap. 24.3). Sportler verwenden (verbotenerweise) bisweilen Erythropoietin, Somatotropin oder Androgene, um ihre Leistungsfähigkeit zu steigern. Neben den jeweils erwünschten Wirkungen treten dabei auch unerwünschte Wirkungen der jeweiligen Hormone auf. Wegen dieser Nebenwirkungen verbietet sich der unkritische therapeutische Einsatz von Hormonen.

In Kürze

Allgemeine Aspekte endokriner Regulation

Hormone wirken endokrin, parakrin und autokrin. Sie werden innerhalb, aber auch außerhalb spezialisierter Hormondrüsen gebildet. Sie können auf unterschiedliche Weise wirken:

- Proteohormone wirken über Rezeptoren in der Zellmembran, die über intrazelluläre Signalkaskaden die Funktion der Zielzellen beeinflussen.
- Steroide und die Schilddrüsenhormone T_3/T_4 wirken vorwiegend über intrazelluläre Rezeptoren, welche die Genexpression der Zellen regulieren.

Hormone sind meist Teil von Regelkreisen mit negativer Rückkopplung, welche Hormonausschüttung und häufig auch Wachstum der Hormondrüse an die Erfordernisse anpassen. Wichtige Eigenschaften hormoneller Regelkreise sind Regelbreite (Fähigkeit, maximale Störgrößen zu kompensieren) und Ansprechzeit (Geschwindigkeit, mit der eine Abweichung des kontrollierten Parameters wieder ausgeglichen wird). Letztere wird durch die Plasmaproteinbindung des Hormons beeinflusst.

Störungen der Hormonausschüttung

Die Hormonausschüttung kann primär, sekundär oder tertiär gesteigert oder herabgesetzt sein:

- Die Ursache der primären Störungen liegen in der Hormondrüse selbst;
- sekundäre Störungen entstehen durch Vermaschung von Regelkreisen oder durch herabgesetzte Empfindlichkeit von Zielorganen;
- bei tertiären Störungen führt die Hypertrophie einer Hormondrüse bei anhaltender Stimulation oder die Atrophie bei anhaltend fehlender Stimulation zu einer entsprechend gestörten Hormonausschüttung.

Einige Hormone können bei Ausfall der Hormondrüse substituiert werden.

Hormone werden auch als Medikamente eingesetzt, um nicht-endokrine Erkrankungen zu behandeln. Dabei müssen in der Regel unerwünschte Nebenwirkungen in Kauf genommen werden.

21.2 Hypothalamus und Hypophyse

Regulation der Hormonausschüttung durch Hypothalamus und Hypophyse

Das endokrine System steht unter der Kontrolle des Hypothalamus; einige Hormone steuert der Hypothalamus über Freisetzung von glandotropen Hormonen durch die Hypophyse

Hypothalamische Steuerung des endokrinen Systems. Über das vegetative Nervensystem (▶ vgl. ◘ Tabelle 21.5) und über die Regulation glandotroper Hormone in der Hypophyse durch hypothalamische Mediatoren (Liberine und Statine, ▶ s.u.) steuert der Hypothalamus periphere Hormone und gewährleistet damit, dass die Hormon-regulierten Funktionen peripherer Organe dem jeweiligen Verhalten des Menschen angepasst werden. Die Regelschleifen von hypothalamischen Mediatoren, glandotropen und peripheren Hormonen stellen eine ***Hormon-Hierarchie*** dar, durch die periphere Hormone gesteuert werden. Der Einfluss peripherer Regelkreise, die die Konzentrationen peripherer Hormone ohne Einbeziehung des Hypothalamus regulieren, sind bei den verschiedenen Hormonen unterschiedlich ausgeprägt. Einige Hormone (z.B. Schilddrüsenhormone, Glukokortikoide) werden vorwiegend zentral, andere Hormone (z.B. Insulin, Aldosteron) vor allem peripher reguliert.

Hypothalamische Mediatoren und glandotrope Hormone. Der Hypothalamus bildet Liberine ***(Releasing Factors bzw. Hormones, RF, RH)*** und Statine ***(Release Inhibiting Factors bzw. Hormones, RIF, RIH)***, die über Nervenendigungen in das Portalblut der Hypophyse abgegeben werden (◘ Abb. 21.2 u. 21.3). Die Gefäße bilden zwei hintereinander liegende Kapillarnetze. In das erste Kapillarnetz werden die Liberine und Statine abgegeben, das zweite Kapillarnetz umspült Zellen im Hypophysenvorderlappen, wo die sog. Tropine (glandotropen Hormone) gebildet werden. *Releasing*-Hormone stimulieren, *Releasing-Inhibiting*-Hormone hemmen die Ausschüttung der entsprechenden glandotropen Hormone. Die glandotropen Hormone beeinflussen schließlich die entsprechenden Hormondrüsen in der Peripherie.

Rückkopplungsschleifen. Die durch die peripheren Hormone beeinflussten Stoffwechselparameter wirken z.T. auf den Hypothalamus zurück. Darüber hinaus üben die peripheren Hormone einen hemmenden Einfluss auf Hypothalamus und Hypophyse aus. Schließlich kann das glandotrope Hormon oder sogar das *Releasing-Hormone* selbst seine Ausschüttung im Hypothalamus hemmen.

Glandotrope Hypophysenvorderlappenhormone sind:

- die ***Gonadotropine*** Lutropin (luteotropes Hormon ***LH***) und Follitropin (Follikel-stimulierndes Hormon ***FSH***). Ihre Ausschüttung wird durch *Gonadotropin-Releasing-Hormone* (GnRH) stimuliert und sie regulie-

◘ **Tabelle 21.5.** Einfluss des vegetativen Nervensystems auf die Ausschüttung von Hormonen. Das Sympathische Nervensystem wirkt über α- und β-Rezeptoren, das parasympathische Nervensystem über muskarinische Rezeptoren (Acetylcholin, ACH)

Stimulation der Hormonausschüttung	Hemmung der Hormonausschüttung
Somatotropin (α)	Insulin (α)
ACTH (α)	Thyroxin (α)
TSH (α)	Prolaktin (α)
	Renin (α)
Glukagon (β)	
Calcitonin (β)	Histamin (β)
Parathyrin (β)	Somatotropin (β)
Somatostatin (β)	
Gastrin (β)	
Renin (β)	
Insulin (ACH)	
Glukagon (ACH)	
Gastrin (ACH)	

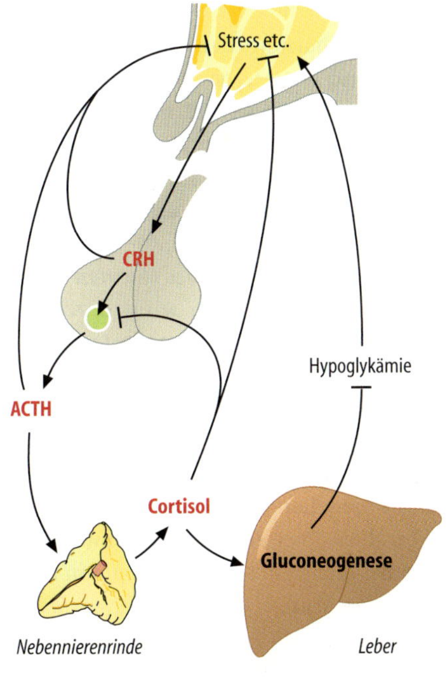

◘ **Abb. 21.2. Regelkreise hypophysär gesteuerter Hormone.** Hemmungen sind *blau*, Stimulationen *rot* gekennzeichnet. Die Liberine, die Tropine, die peripheren Hormone und die vom peripheren Hormon regulierten Stoffwechselparameter können über negative Rückkopplung die Ausschüttung der Liberine hemmen bzw. die Ausschüttung der Statine fördern

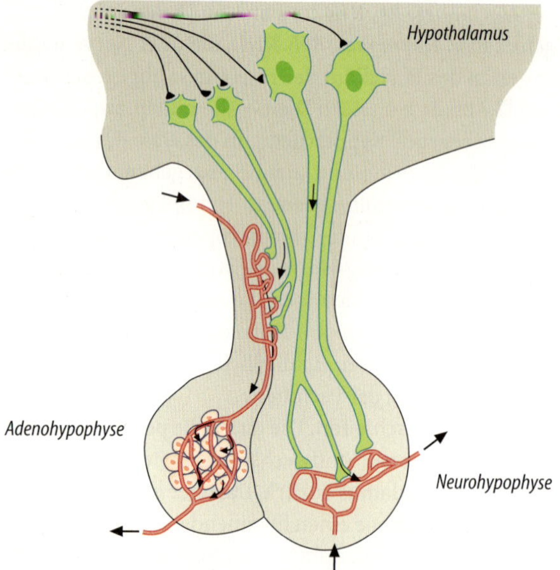

Abb. 21.3. Die Hypophyse. In spezialisierten Zellen des Hypothalamus (1) werden ADH und Oxytozin gebildet, über Axone zur Neurohypophyse transportiert und dort in das Blut abgegeben. Aus jeweils spezialisierten Zellen der Adenohypophyse (2) werden Tropine abgegeben. Die Ausschüttung der Tropine steht unter der Kontrolle von Liberinen (Releasing Hormones)und Statinen (Releasing Inhibiting Hormones), die von neuroendokrinen Zellen des Hypothalamus (3) gebildet und in das Portalblut der Hypophyse abgegeben werden. Die Liberin- und Statin-produzierenden Neurone stehen wiederum unter dem Einfluss weiterer Neurone des Hypothalamus (4)

ren die Ausschüttung der Sexualhormone Östrogene, Gestagene und Testosteron (► s. Kap. 22.1).

- ***Adrenokortikotropes Hormon*** (***ACTH***, Kortikotropin). Seine Ausschüttung wird durch *Kortikotropin-Releasing-Hormone* (CRH) stimuliert und es fördert v. a. Hormonausschüttung und Wachstum der Nebennierenrinde (► s. Abschnitt 21.5).
- ***Thyreoidea-stimulierendes Hormon*** (***TSH***, Thyrotropin). Seine Ausschüttung wird durch *Thyrotropin-Releasing-Hormone* (TRH) stimuliert und es fördert Hormonausschüttung und Wachstum der Schilddrüse (► s. Abschnitt 21.3).
- ***Somatotropin*** (***GH***, growth hormone). Somatoliberin ***(Growth Hormone Releasing Hormone, GHRH)*** und Somatostatin regulieren die Ausschüttung von Somatotropin. Vor allem über ***Insulin-like Growth Factors*** (IGF's, Somatomedine) fördert Somatotropin in erster Linie das Wachstum (► s. u.).

Störungen der von Hypothalamus und Hypophyse kontrollierten Hormone treten bei Schädigungen des Hypothalamus und der Hypophyse auf. Bei Unterbrechung des hypothalamischen Einflusses auf den Hypophysenvorderlappen kommt es neben gesteigerter Auschüttung von Prolaktin (► s. u.) zu herabgesetzter Ausschüttung von Somatotropin, Kortikotropin, Melanotropin, Thyrotropin und Gonadotropinen. Ohne Ersatz der peripheren Hormone wird ein Ausfall der Hypophyse nicht überlebt.

Somatotropin

! Die Wirkungen von Somatotropin (*Growth Hormone*, GH) zielen in erster Linie auf das Wachstum von Skelett und Organen sowie die Schaffung der dafür erforderlichen metabolischen Voraussetzungen ab

Regulation der Ausschüttung. Somatotropin ist ein Protein (191 Aminosäuren), das im Hypophysenvorderlappen gebildet wird. Seine Ausschüttung wird durch Somatoliberin (*Somatotropin Releasing Factor* oder *Growth Hormone Releasing Hormone*, GHRH) gefördert sowie durch Somatostatin (*Somatotropin Release Inhibiting Factor* oder *Growth Hormone Release Inhibiting Factor*, GHRIF) gehemmt. Somatoliberin (GHRH, 41 Aminosäuren) und Somatostatin (GHRIF, 14 Aminosäuren) sind Peptide aus dem Hypothalamus, die in das Portalblut der Hypophyse abgegeben werden. Über Somatoliberin und Somatostatin wirkt eine Vielzahl von Faktoren fördernd und hemmend auf die Somatotropinausschüttung:

- ***fördernd*** wirken Aminosäuren (v. a. Arginin), Hypoglykämie, Glukagon, Schilddrüsenhormone, Östrogene, Dopamin, Serotonin, Noradrenalin (über α-Rezeptoren), Endorphine, NREM-Schlaf und Stress;
- ***hemmend*** wirken Hyperglykämie, Hyperlipidämie, Gestagene, Kortisol, Somatomedine (IGF1, IGF2), *Thyrotropin Releasing Hormone* (TRH), Adrenalin (über β-Rezeptoren), GABA, Adipositas und Kälte;
- die Somatotropinausschüttung ist im frühen Erwachsenenalter am höchsten und nimmt dann mit zunehmendem Alter ab.

Sonstige Bedeutung von Somatostatin. Somatostatin hemmt nicht nur die Ausschüttung von Somatotropin, sondern auch von Prolaktin (► s. u.). Ferner wird Somatostatin nicht nur im Hypothalamus, sondern in einer Vielzahl von Geweben gebildet, unter anderem in den Inseln der Bauchspeicheldrüse, wo es die Ausschüttung von Insulin und Glukagon (► s. u.) hemmt. Im Gastrointestinaltrakt reguliert es als lokaler Mediator eine Vielzahl von Funktionen (► vgl. ◘ Tabelle 21.2).

Wirkungen von Somatotropin. Somatotropin wirkt in erster Linie über Bildung von ***IGF1*** und ***IGF2*** (*Insulin Like Growth Factors*, frühere Bezeichnungen Somatomedine oder *Non Suppressible Insulin Like Activity*, NSILA). Die Peptide werden in vielen Zellen, vorwiegend aber in der Leber gebildet.

Die wichtigsten Wirkungen von Somatotropin sind:

- Es fördert das ***Wachstum*** von Knochen und Eingeweiden und die für das Wachstum erforderliche ***Synthese von Proteinen*** (u. a. Kollagen).
- Es hemmt die ***Glukoneogenese*** aus Aminosäuren und drosselt den ***Glukoseverbrauch*** durch Hemmung der Glu-

koseaufnahme und Glykolyse in Fett- und Muskelzellen (Abb. 21.4).

- Zur Energiebereitstellung fördert Somatotropin die ***Lipolyse***, eine Wirkung, die teilweise durch Sensibilisierung der Fettzellen für Katecholamine erzielt wird;
- Somatotropin (bzw. IGF1) steigert die ***Na^+-Resorption*** in der Niere.
- Es stimuliert die Bildung von Calcitriol, das die intestinale Absorption und renale Resorption von Ca^{2+} und Phosphat stimuliert. Damit ist die Voraussetzung für die ***Mineralisierung des Knochens*** geschaffen.
- Somatotropin fördert die ***Zellproliferation*** in vielen Geweben, wie Knorpelzellen (Knochenwachstum) und Blutstammzellen (Erythropoese).
- Über Stimulation der T-Lymphozyten und Makrophagen unterstützt es die ***Immunabwehr***.

▪▪▪ Seine Wirkung auf den Glukosestoffwechsel fördert die Entwicklung einer Hyperglykämie. Andererseits stimuliert Somatotropin direkt die Ausschüttung von **Insulin**, wodurch es eine vorübergehende Abnahme der Glukosekonzentration im Blut erzielen kann.

Die Hemmung der zellulären Glukoseaufnahme und die Stimulation der Lipolyse werden durch **Somatotropin direkt** ausgelöst, alle anderen genannten Wirkungen werden durch **IGF** vermittelt.

Störung der Somatotropinausschüttung

Somatotropinmangel führt beim Kind zu Minderwuchs, Somatotropinüberschuss zu Riesenwuchs oder beim Erwachsenen zu Akromegalie

Somatotropinmangel. Ein Mangel an Somatotropin kann bei globaler Schädigung der Hypophyse (Hypophyseninsuffizienz) oder isoliert auftreten. Auch bei normaler Somatotropinausschüttung ist die Somatotropinwirkung unzureichend, wenn etwa die Bildung von IGF in der Leber eingeschränkt ist (z. B. bei Leberinsuffizienz). Folge eines Mangels oder einer herabgesetzten Wirksamkeit von Somatotropin ist beim Kind ***Kleinwuchs*** (hypophysärer Zwerg, ▶ s. 21.2). Beim Erwachsenen bleibt ein isolierter Mangel an Somatotropin oft unerkannt. Die Abnahme der Somatotropin-Konzentration trägt zum Überwiegen des Proteinabbaus und der eingeschränkten Immunabwehr im Alter bei.

Somatotropinüberschuss. Ein Überschuss an Somatotropin tritt bei einem Tumor von Somatotropin-produzierenden Zellen auf. Folge eines Somatotropinüberschusses vor Abschluss des Längenwachstums ist ***Riesenwuchs***. Nach Abschluss des Längenwachstums (Schluss der Epiphysenfugen) bleibt die Körpergröße gleich. Stattdessen kommt es zur ***Akromegalie***, zu gesteigertem appositionellem Knochenwachstum. Besonders auffällig ist eine Vergrößerung von Kinn und Nase, eine Verbreiterung von Kiefer- und Backenknochen, Händen und Füßen. Bedeutsam ist auch eine Größenzunahme der Eingeweide, wie Herz, Leber, Niere und Schilddrüse, sowie der Zunge (Makroglossie). Abbildung 21.5 zeigt eine Patientin mit Akromegalie.

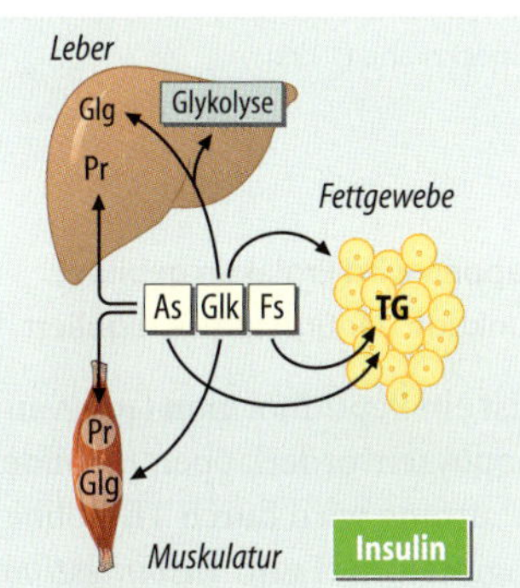

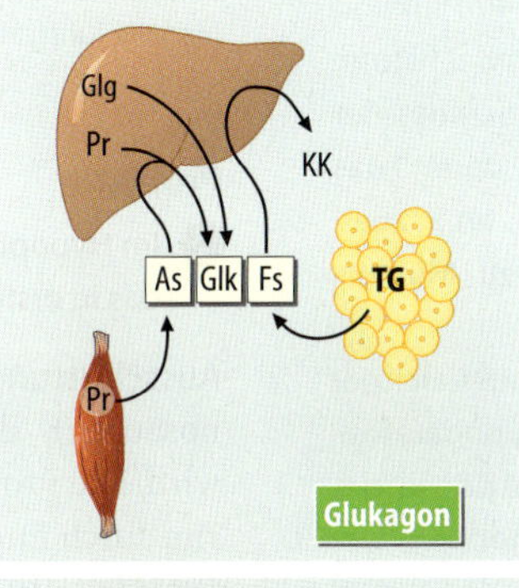

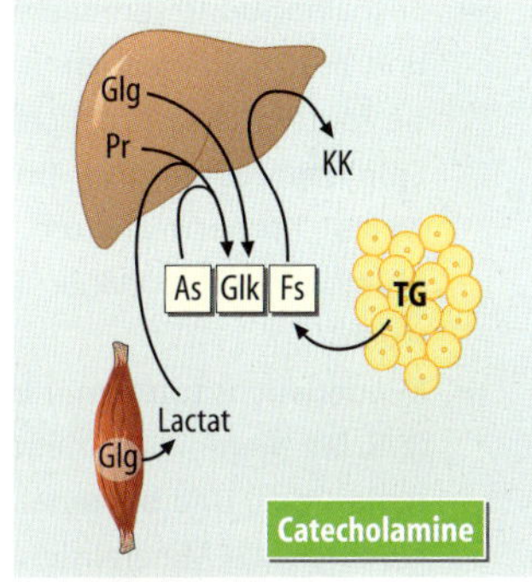

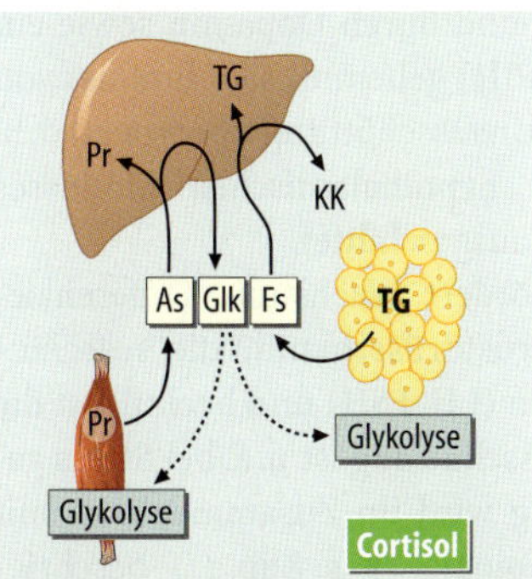

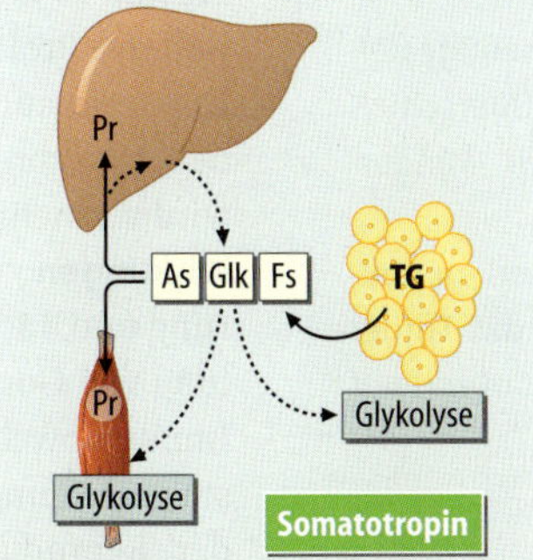

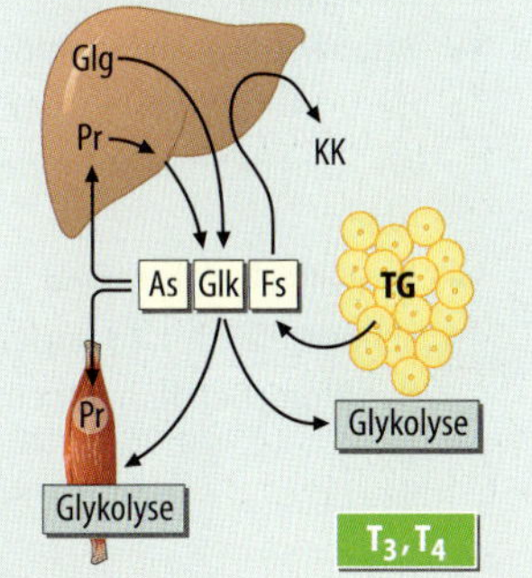

Abb. 21.4. Wirkungen von Hormonen auf die Energiesubstrate im Körper. *Glk:* Glukose, *As:* Aminosäuren, *Fs:* freie Fettsäuren, *KK:* Ketonkörper, *Glg:* Glykogen, *Pr:* Proteine, *TG:* Triglyceride. *Solide Pfeile:* gesteigerter Substratflux, *unterbrochene Pfeile:* herabgesetzter Substratflux. Normale Substratfluxe sind nicht eingetragen. Modif. nach Deetjen, Speckmann (1999)

21.2. Zwergwuchs-Minderwuchs

Unterschreitung der normalen Körperlänge um mehr als 20 % wird als Minderwuchs, Unterschreiten um mehr als 30 % als Zwergwuchs bezeichnet. Die Körperlänge ist genetisch determiniert und Minderwuchs tritt häufig ohne erkennbare Störungen auf.

Ursachen einer Wachstumsverzögerung:

- Ein Mangel an Somatotropin kann Folge einer Schädigung der Hypophyse sein (hypophysärer Zwerg);
- beim (seltenen) Somatotropinrezeptordefekt (Laron Zwerge) stimuliert Somatotropin nicht die Ausschüttung des für das Wachstum entscheidenden IGF1 *(Insulin-like Growth Factor)*.
- IGF1 wird vorwiegend in der Leber gebildet und seine Bildung ist bei Leberinsuffizienz eingeschränkt.
- Unterernährung, herabgesetzte Substrataufnahme durch den Darm (Malabsorption) sowie gesteigerter Substratverbrauch bei Allgemeinerkrankungen (z. B. Anämie, schwere Lungen- und Herzerkrankungen) mindern gleichfalls die IGF1-Ausschüttung.
- Beim (seltenen) Diabetes insipidus (▶ s. 30.1) verhindert der ständige Durst eine adäquate Nahrungsaufnahme.
- Auch Vernachlässigung durch die Mutter kann zu Minderwuchs führen.
- Sexualhormone stimulieren die IGF1-Produktion und beschleunigen somit das Körperwachstum, sie fördern jedoch gleichzeitig den Schluss der Epiphysenfugen und unterbinden damit das weitere Körperwachstum. Überschuss an Sexualhormonen führt daher langfristig zu Minderwuchs.
- Minderwuchs tritt ferner bei Mangel an Calcitriol (z. B. bei Niereninsuffizienz, Pseudohypoparathyreoidismus) und bei renal tubulärer Azidose auf, wodurch die Mineralisierung des Knochens beeinträchtigt wird.
- Auch Mangel an Schilddrüsenhormonen (gesteigerte Ausschüttung von TRH) und Überschuss an Glukokortikosteroiden führen zu Minderwuchs.
- Schließlich führt eine Reihe (seltener) genetischer Defekte zu Minderwuchs (z. B. das Turner Syndrom, bei dem nur ein X-Chromosom vorliegt [X0]).

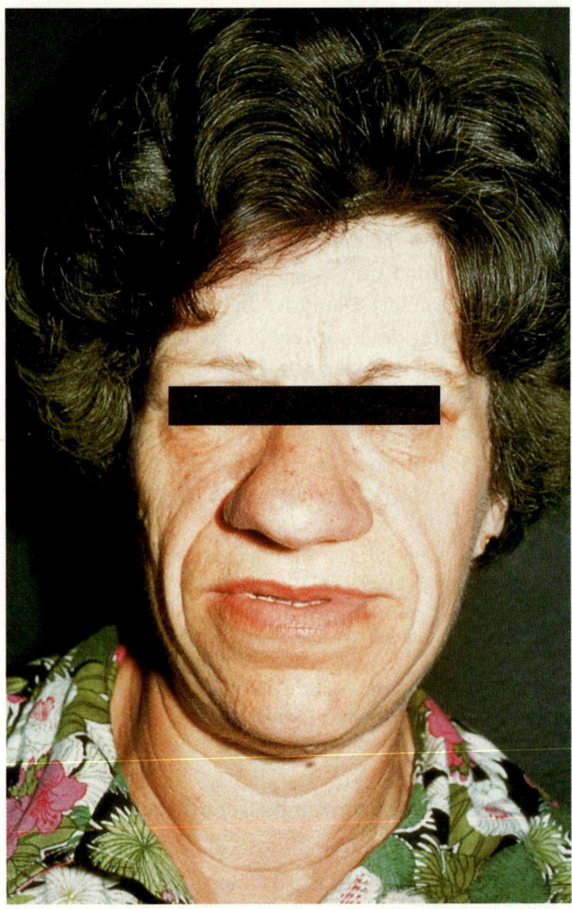

Abb. 21.5. Patientin mit Akromegalie. Patientin leidet unter einem Somatotropin-produzierenden Tumor, der über Jahre zur Akromegalie führte. Nach Deetjen, Speckmann (1999)

Prolaktin

Im Hypophysenvorderlappen wird Prolaktin gebildet, das in erster Linie die Funktion der Brustdrüse reguliert

Ausschüttung. Prolaktin ist ein Peptidhormon (199 Aminosäuren), das im Hypophysenvorderlappen gebildet wird. Die Prolaktin-Ausschüttung wird durch Thyroliberin, durch Endorphine, Angiotensin II und *Vasointestinal Peptide* (VIP) stimuliert und durch Dopamin sowie ein weiteres Prolaktostatin (PIH) gehemmt. Der Einfluss von Dopamin auf die Prolaktinausschüttung überwiegt, d. h. bei Unterbrechung des hypothalamischen Einflusses wird vermehrt Prolaktin ausgeschüttet.

Wirkungen. Prolaktin fördert Wachstum, Differenzierung und Tätigkeit der Brustdrüse, hemmt die Ausschüttung von Gonadotropinen (LH, FSH) und beeinflusst die Immunabwehr. Seine Ausschüttung ist u. a. bei Stress gesteigert. Seine Bedeutung wird im Zusammenhang mit der Reproduktionsphysiologie (▶ s. Kap. 22) beschrieben.

Oxytozin

Im Hypophysenhinterlappen wird das hypothalamische Hormon Oxytozin ausgeschüttet, das in erster Linie der Reproduktion dient

Struktur und Ausschüttung. Oxytozin ist ein Nonapeptid, das in den Neuronen der Nuclei supraoptici und paraventriculares gebildet, über axonalen Transport in den Hypophysenhinterlappen transportiert und dort bei Bedarf ausgeschüttet wird (Neurosekretion).

Stimulation der Oxytozinausschüttung. Oxytozin wird bei mechanischer Reizung von Vagina und Uterus, bei der Berührung der Brustwarze der Frau und im Orgasmus ausgeschüttet.

Wirkungen von Oxytozin. Oxytozin fördert die Kontraktion der Uterusmuskulatur (im Orgasmus oder bei der Geburt), der glatten Muskulatur der Milchdrüsen (beim Stillen) und der Samenkanälchen, wie im Zusammenhang mit der Reproduktionsphysiologie dargestellt wird (▶ s. Kap. 22).

Adiuretin

Adiuretin (ADH, Vasopressin) dient in erster Linie der Regulation des Körperwassers; es wird bei Verminderung des intra- und/oder extrazellulären Volumens ausgeschüttet und bewirkt eine Herabsetzung der renalen Wasserausscheidung

Adiuretin (antidiuretisches Hormon, ADH, Vasopressin) ist ein Nonapeptid, das in den Neuronen der hypothalamischen ***Nuclei paraventricularis*** und ***supraopticus*** gebildet wird. Adiuretin wird aus einem größeren Protein (Präproadiuretin) abgespalten. Über die Axone der Neurone wird Adiuretin zum Hinterlappen der Hypophyse transportiert und dort bei Bedarf ausgeschüttet.

Regulation der Adiuretin-Ausschüttung. Die Ausschüttung von Adiuretin aus den Nervenendigungen wird durch Aktionspotentiale ausgelöst. Die Depolarisation öffnet spannungssensitive Ca^{2+} Kanäle. Die Zunahme der Ca^{2+} Konzentration vermittelt dann die Entleerung der Vesikel.

Stimulation der ADH-Ausschüttung durch Hyperosmolarität. Die Osmolarität wird im Hypothalamus selbst und möglicherweise in der Leber registriert. Wahrscheinlich ist die ***Zellschrumpfung*** der adäquate Reiz für die Adiuretin-Ausschüttung.

▪▪▪ Die Zellschrumpfung führt in den Neuronen des Hypothalamus zur Aktivierung von **unselektiven Ionenkanälen**, die bei normalem Zellvolumen durch die Dehnung der Zellmembran gehemmt werden (Stretch inhibited Channels). Die Aktivierung der unselektiven Ionenkanäle depolarisiert die Zellmembran und löst damit Aktionspotentiale aus. Infusion hypertoner **Harnstofflösung** führt zu keiner Stimulation der Adiuretin-Ausschüttung, wahrscheinlich deshalb, weil Harnstoff leicht die Zellmembran passieren kann und eine hypertone Harnstofflösung somit keine osmotische Zellschrumpfung auslöst. Bei **K^+-Überschuss** ist die Adiuretin-Ausschüttung gehemmt, möglicherweise deshalb, weil die zelluläre Aufnahme von K^+ zu einer Zellschwellung führt.

Stimulation der ADH-Ausschüttung durch Hypovolämie. Das Plasmavolumen wird durch Dehnungsrezeptoren im linken Vorhof registriert. Eine Zunahme des Vorhofdrucks hemmt, eine Abnahme des Vorhofdrucks fördert die Ausschüttung von Adiuretin.

Sonstige Stimuli der Ausschüttung. Die Adiuretin-Ausschüttung ist ferner bei ***Stress***, ***Angst***, ***Erbrechen*** und ***sexueller Erregung*** gesteigert, bei Kälte dagegen herabgesetzt.

▪▪▪ Die ADH-Ausschüttung wird durch Angiotensin II, Dopamin und Endorphine gefördert, durch GABA gehemmt.

Antidiuretische Wirkungen. Die antidiuretische Wirkung von Adiuretin wird durch Steigerung der Wasserpermeabilität von distalem Konvolut und Sammelrohr der Niere erzielt.

Adiuretin stimuliert über cAMP und Proteinkinase A (▶ s. Kap. 2.3) den Einbau von Wasserkanälen in die luminale Zellmembran des Tubulusepithels. Dadurch kann Wasser dem osmotischen Gradienten folgend das Lumen verlassen (▶ s. Kap. 29.4). In Abwesenheit von Adiuretin scheidet die Niere große Mengen (bis zu 20 Liter/Tag) hypotonen (<300 mosmol/l) Harns aus. Bei maximaler Adiuretin-Ausschüttung erreicht die Harnosmolarität die Osmolarität des Nierenmarks (bis zu 1200 mosmol/l).

Vasokonstriktorische Wirkung. In hohen Konzentrationen wirkt Adiuretin vasokonstriktorisch. Dabei wirkt es v. a. auf die Kapazitätsgefäße. Auf diese Weise erreicht Adiuretin eine Steigerung des zentralen Venendrucks und ermöglicht die Aufrechterhaltung des Herzminutenvolumens auch bei herabgesetztem Blutvolumen.

Adiuretinmangel. Ein Mangel an Adiuretin (***zentraler Diabetes insipidus***, ▶ s. 30.1), oder eine Unempfindlichkeit der Niere gegenüber der Wirkung von Adiuretin (***renaler Diabetes insipidus***, ▶ s. Kap. 29.4) hat die Ausscheidung großer Mengen hypotonen Harns zur Folge. Die Patienten müssen am Tag bis zu 20 Liter trinken, um eine lebensbedrohliche Dehydratation (Hypohydratation, ▶ s. Kap. 30.5) abzuwenden. Ein mäßiger Mangel an Adiuretin (-Wirkung) ist häufig daran erkennbar, dass die Patienten nachts Wasser lassen müssen (Nykturie)

Adiuretinüberschuss. Ein Überschuss an Adiuretin kann durch Bildung von Adiuretin in einem Tumor (z. B. kleinzelliges Bronchialkarzinom) hervorgerufen werden. Der Adiuretinüberschuss führt zur renalen Retention von Wasser mit zum Teil bedrohlicher Zunahme des Extra- und Intrazellulärvolumens (Hyperhydratation, ▶ s. Kap. 30.5).

In Kürze

Hypothalamus und Hypophyse

Der Hypothalamus steuert das endokrine System über das vegetative Nervensystem und glandotrope Hormone der Hypophyse, und zwar über:

- GnRH und Gonadotropine (LH und FSH) die Sexualhormone Östrogene, Gestagene und Testosteron;
- CRH und Kortikotropin (ACTH) die Glukokortikoide der Nebennierenrinde;
- TRH und Thyreoidea-stimulierendes Hormon (TSH) die Schilddrüsenhormone;
- GHRH, Somatostatin und Somatotropin (GH) die *Insulin-like Growth Factors* (IGFs, Somatomedine).

Ferner bildet die Hypophyse mit Prolaktin ein direkt peripher wirkendes Hormon.

Somatotropin

Die Ausschüttung von Somatotropin wird stimuliert durch Aminosäuren, Hypoglykämie, Glukagon, Schilddrüsenhormone, Östrogene, Dopamin, Serotonin, Noradrenalin (über α-Rezeptoren), Endorphine, NREM-Schlaf und Stress und gehemmt durch Hyperglykämie, Hyperlipidämie, Gestagene, Kortisol, IGF, TRH, Adrenalin (über β-Rezeptoren), GABA, Adipositas und Kälte. Sie nimmt im Alter ab.

Somatotropin stimuliert:

- Wachstum von Knochen und Eingeweiden,
- Lipolyse,
- Ausschüttung von Insulin,
- renale Elektrolytretention,
- Zellproliferation v.a. von Knorpelzellen (Knochenwachstum) und Blutstammzellen (Erythropoese),
- Stimulation von T-Lymphozyten und Makrophagen (Immunabwehr).

Somatotropin hemmt:

- Glukoneogenese aus Aminosäuren,
- Glukoseverbrauch,
- Glukoseaufnahme und Glykolyse in Fett- und Muskelzellen.

Somatotropinmangel führt beim Kind zu Zwergwuchs, Somatotropinüberschuss beim Kind zu Riesenwuchs, beim Erwachsenen zu apositionellem Knochenwachstum (Akromegalie) mit Größenzunahme der Eingeweide, wie Herz, Leber, Niere.

Prolaktin

Prolaktin ist ein Peptidhormon aus dem Hypophysenvorderlappen. Seine Ausschüttung wird u.a. durch TRH und Stress stimuliert und durch Dopamin gehemmt. Wirkungen von Prolaktin sind:

▼

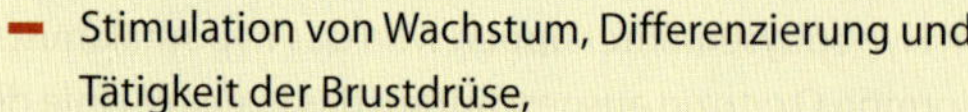

- Stimulation von Wachstum, Differenzierung und Tätigkeit der Brustdrüse,
- Hemmung der Ausschüttung von Gonadotropinen (LH, FSH),
- Beeinflussung der Immunabwehr.

Oxytozin

Oxytozin ist ein hypothalamisches Nonapeptid, das im Hypophysenhinterlappen bei mechanischer Reizung von Vagina, Uterus und Brustwarze ausgeschüttet wird. Es stimuliert die Kontraktion der glatten Muskulatur von Uterus, Milchdrüsen und Samenkanälchen.

Adiuretin

Adiuretin (ADH) ist ein hypothalamisches Nonapeptid, das bei Hyperosmolarität, Hypovolämie oder im Stress aus dem Hypophysenhinterlappen ausgeschüttet wird. Es stimuliert die renale Wasserresorption und führt in hohen Konzentrationen zur Vasokonstriktion. Fehlende ADH-Ausschüttung bzw. fehlende ADH-Wirkung führt zum Diabetes insipidus, bei dem bis zu 20 Liter Wasser am Tag ausgeschieden werden. Adiuretinüberschuss führt umgekehrt zur hypotonen Hyperhydratation.

21.3 Schilddrüsenhormone

Bildung und Regulation von Thyroxin und Trijodthyronin

Die Schilddrüsenhormone Thyroxin (T_4) und Trijodthyronin (T_3) werden aus Tyrosin durch Jodierung und Dimerisierung gebildet; ihre Bildung und Ausschüttung wird durch Thyrotropin stimuliert

Synthese. Trijodthyronin (T_3) und Thyroxin (T_4) sind 3-fach bzw. 4-fach jodierte Tyrosinderivate, die in den Follikeln der Schilddrüse gebildet werden. Zur Synthese von T_3/T_4 ist die Aufnahme von ***Jod*** aus dem Blut in die Epithelzellen der Follikel (Thyrozyten) erforderlich (Abb. 21.6).

▪▪▪ Diese Aufgabe wird von einem Na^+,J^--Cotransportsystem übernommen. Die treibende Kraft für die J^--Aufnahme wird durch den Na^+-Gradienten geschaffen. J^- verlässt die Thyrozyten über Kanäle in der luminalen Zellmembran und wird so im Lumen der Follikel konzentriert.

Die Thyrozyten sezernieren in das Lumen ferner ***Thyreoglobulin***, ein Tyrosin-reiches Protein. Unter Einwirkung einer Peroxidase wird J^- im Lumen zu J_2 oxidiert und anschließend an Tyrosinreste des Thyreoglobulins gekoppelt. Dadurch entsteht Mono- und Dijodtyrosin-Thyreoglobulin. In einem weiteren Schritt wird ein jodierter Ty-

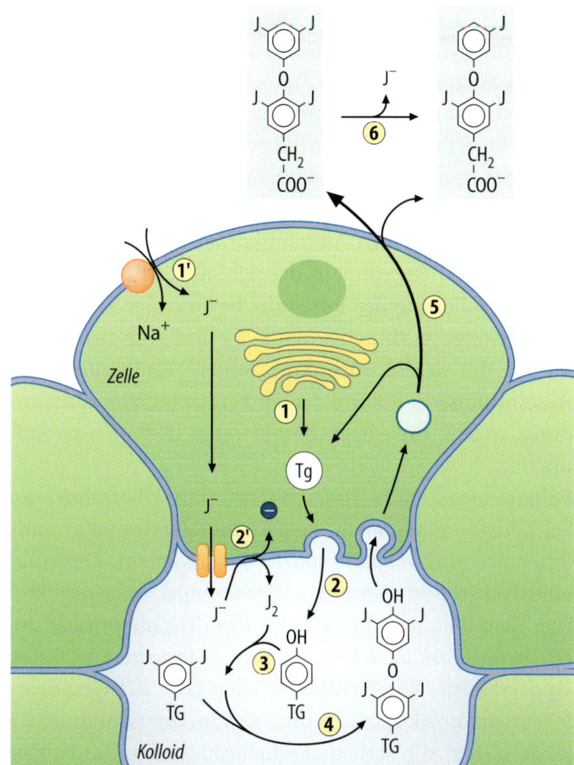

Abb. 21.6. Biosynthese von Thyroxin (T_4) und Trijodthyronin (T_3). Die Follikelzellen der Schilddrüse synthetisieren im Golgi-Apparat Thyroglobulin *(Tg)*, ein Protein, das reich an der Aminosäure Tyrosin ist (1). Thyreoglobin wird in das Lumen der Follikel sezerniert (2). Dort wird an Tyrosin Jod gekoppelt (3). Das dazu erforderliche Jod wird in Form von Jodidionen aus dem Blut aufgenommen (Na^+-gekoppelter Transport, 1'), zum Lumen transportiert und oxidiert (2'). Jodiertes Tyrosin wird an ein zweites jodiertes Tyrosin gekoppelt (4). Durch Spaltung des Thyreoglobins werden Thyroxin (T_4) und Trijodthyronin (T_3) abgespalten (7). Die Schilddrüsen bilden hauptsächlich T_4. In der Peripherie wird jedoch T_4 zum wesentlich wirksameren T_3 dejodiert (8)

rosinrest auf einen zweiten jodierten Tyrosinrest unter Abspaltung von Alanin übertragen. Dadurch entstehen in Thyreoglobulin eingebaute T_4 (3,5,3',5'-Tetrajodthyronin) und T_3 (3,5,3'-Trijodthyronin; Abb. 21.6). Bei Bedarf wird das Thyreoglobulin von den Thyrozyten endozytotisch aufgenommen, T_3 und T_4 freigesetzt und die Hormone in das Blut abgegeben.

Proteinbindung. Im Blut wird der größte Anteil von T_3/T_4 an Plasmaproteine gebunden (▶ vgl. Tabelle 21.4), v. a. an Albumin, Thyroxin-bindendes Präalbumin (TBPA) und Thyxroxin-bindendes Globulin (TBG). Die Bildung von TBG und damit die Bindung von T_3/T_4 ist u. a. bei einer Schwangerschaft gesteigert. Die Bindung an Plasmaproteine resultiert in einer extrem langen Halbwertszeit der Hormone (ca. 1 Tag für T_3, ca. 7 Tage für T_4).

Periphere Dejodierung. Die Schilddrüse sezerniert überwiegend das weit weniger wirksame T_4. In der Peripherie wird jedoch T_4 zu T_3 dejodiert. Bei schweren Erkrankungen wird statt T_3 das unwirksame reverse rT_3 (3,3',5'-Trijodthyronin) gebildet und damit die Schilddrüsenhormonwirkung herabgesetzt.

Thyreostatika. Die Schilddrüsenhormonbildung kann pharmakologisch an mehreren Stellen gehemmt werden (Thyreostatika): Perchlorate, Pertechnat und Thiocyanat hemmen die Jodaufnahme in die Thyrozyten und Thioamide die Peroxidase. Die Bildung und Freisetzung von T_3 und T_4 kann ferner durch J^- Überschuss gehemmt werden.

Regulation der Ausschüttung. Die Ausschüttung von T_3 und T_4 steht unter der Kontrolle des Hypothalamus (▶ s. Abschnitt 21.2). Thyrotropin (Thyreoidea-stimulierendes Hormon, TSH) fördert das Wachstum der Schilddrüse sowie die Bildung und Ausschüttung von T_3 und T_4. Die Bildung von TRH wird durch T_4 gehemmt, über einen Regelkreis mit negativer Rückkopplung werden somit die T_3- und T_4-Konzentrationen im Blut weitgehend konstant gehalten. Die Ausschüttung von TSH wird ferner durch Somatostatin, Dopamin und Glukokortikoide gehemmt sowie durch Noradrenalin (über α-Rezeptoren) und Östrogene gefördert.

Wirkungen der Schilddrüsenhormone

! T_3/T_4 dienen in erster Linie der Entwicklung und wahrscheinlich der Aufrechterhaltung spezialisierter Leistungen von Gehirn, Herz, Niere etc; sie fördern Wachstum, wirken katabol und steigern den Grundumsatz

Wirkungen auf die Entwicklung. T_3 und T_4 stimulieren die Synthese einer Vielzahl von Enzymen, Elementen der Signaltransduktion (z. B. Rezeptoren, G-Proteine), Transportproteinen (z. B. Na^+/K^+-ATPase) und Strukturproteinen. Die Wirkungen von T_3 und T_4 sind für eine normale geistige und körperliche Entwicklung unerlässlich.

- Vor allem die ***intellektuelle Entwicklung*** hängt in kritischer Weise von diesen Hormonen ab. T_3/T_4 fördern während der Hirnentwicklung das Auswachsen von Dendriten und Axonen, die Bildung von Synapsen, Myelinscheiden etc.
- T_3/T_4 stimulieren, teilweise über Steigerung der Somatotropin-Bildung und -Ausschüttung, das ***Längenwachstum*** des Knochens.

Stoffwechselwirkungen. T_3 und T_4 stimulieren die ***Proteinsynthese*** (▶ s. o.), sie fördern die enterale Glukoseabsorption, die hepatische Glykogenolyse und Glukoneogenese und die ***Glykolyse*** in vielen Organen. Durch die Stimulation der ***Lipolyse*** steigern sie die Fettsäurekonzentration im Blut. Sie stimulieren andererseits den ***Abbau von VLDL*** und den Umbau von ***Cholesterin*** in Gallensäuren. Unter dem Einfluss von T_3/T_4 ist der Umsatz von Bindegewebsgrundsubstanz ***(Glykosaminoglykanen)*** und die Umwandlung von Carotin in Vitamin A gesteigert.

Kreislaufwirkungen. Der gesteigerte Energieverbrauch in peripheren Geweben unter dem Einfluss von T_3/T_4 zwingt zur peripheren ***Vasodilatation.*** Die Schilddrüsenhormone sensibilisieren ferner u.a. das Herz für Katecholamine: Folgen sind gesteigerte ***Herzfrequenz*** und ***Herzkraft***, z.T. durch Steigerung der Expression von β-Rezeptoren. Folge der Wirkungen auf Herz und Gefäße ist eine Zunahme des systolischen Blutdrucks und eine Abnahme des diastolischen Blutdrucks.

Wirkungen auf weitere Organe. T_3/T_4 steigern renalen Blutfluss, glomeruläre Filtrationsrate und tubuläre Transportkapazität in der ***Niere***. T_3/T_4 stimulieren die Aktivität von Schweiß- und Talgdrüsen der ***Haut***. Schließlich fördern T_3/T_4 die ***Darmmotilität*** und steigern die ***neuromuskuläre Erregbarkeit***.

Grundumsatz. Aufgrund ihrer Wirkungen steigern T_3 und T_4 den Energieverbrauch. Folge ist eine Zunahme des Grundumsatzes, der die Temperaturregulation zu verstärkter Wärmeabgabe zwingt.

Störungen der Schilddrüsenhormone

Ein Mangel an T_3/T_4 führt zu schweren Entwicklungsstörungen und u.a. zu eingeschränkter Leistungsfähigkeit, ein T_3/T_4-Überschuss v.a. zu Steigerung von Stoffwechselaktivität und Herzfrequenz

Hypothyreose. Ein Mangel an Schilddrüsenhormonen (Hypothyreose) kann Folge einer herabgesetzten Stimulation der Schilddrüse durch TSH sein. Ferner kann die Ursache in einer primär eingeschränkten Ausschüttung von T_3/T_4 liegen, wie bei Jodmangel, bei defekten oder gehemmten Enzymen der Schilddrüsenhormon-Synthese oder bei Schädigung der Schilddrüse. Liegt die Ursache der verminderten Schilddrüsenhormon-Bildung in der Schilddrüse selbst, dann führt die fehlende negative Rückkopplung durch T_3/T_4 zu einer gesteigerten Ausschüttung von TRH und TSH.

Folgen eines Mangels an T_3/T_4. Ein Mangel an Schilddrüsenhormonen führt beim ***Kleinkind*** zu einer massiven, binnen weniger Wochen nach der Geburt irreversiblen Einschränkung der Intelligenz sowie zu einem verzögerten Längenwachstum ***(Kretinismus)***. Kinder mit angeborener Hypothyreose sind häufig ***taub***. Intrauterin kann jedoch mütterliches T_3/T_4 die Entwicklung des Feten aufrechterhalten.

Beim ***Erwachsenen*** führt T_3/T_4-Mangel zu ***herabgesetzter neuromuskulärer Erregbarkeit***, Hyporeflexie, Antriebslosigkeit und Depressionen. Die fehlenden Stoffwechselwirkungen äußern sich in einer ***Zunahme des Fettgewebes***, einer ***Hypercholesterinämie*** und einem Absinken des Grundumsatzes. Die Patienten neigen zu Hypoglykämien. Herabgesetzter Abbau von Glykosaminoglykanen im Unterhautfettgewebe führt zu deren Ablagerung ***(Myxödem)***, die Haut ist zudem kalt, trocken und schuppig. Schließlich ist die Darmmotorik herabgesetzt ***(Obstipation)***.

Ist der Mangel Folge gestörter Bildung von T_3 und T_4 in der Schilddrüse (z.B. bei Jodmangel), dann ist die Bildung von TSH gesteigert. Die trophische Wirkung des TSH führt dann zur Größenzunahme der Schilddrüse (***Kropf, Struma***, Abb. 21.7).

Hyperthyreose. Ein Überschuss an Schilddrüsenhormonen (Hyperthyreose) tritt bei gesteigerter Ausschüttung von TSH oder bei TSH-unabhängiger Überfunktion der Schilddrüse auf. Beim ***Morbus Basedow*** wird die Hyperthyreose durch einen Autoantikörper ausgelöst, der gegen den TSH-Rezeptor in der Schilddrüse gerichtet ist. Über Aktivierung des Rezeptors bewirkt der Antikörper eine gesteigerte Bildung von T_3/T_4 und eine Größenzunahme der Schilddrüse. Eine weitere Konsequenz der Autoimmunerkrankung ist eine retrobulbäre Entzündung, welche die Augen hervortreten lässt ***(Exophthalmus)***.

Folgen eines T_3/T_4-Überschusses. Ein Überschuss an Schilddrüsenhormonen steigert die Herzfrequenz mitunter bis zum ***Vorhofflimmern*** (► s. Kap. 25). Aufgrund eines vergrößerten Schlagvolumens und einer peripheren Vasodilatation nimmt die ***Blutdruckamplitude*** zu. Die ***neuromuskuläre Erregbarkeit*** ist gesteigert, es treten Hyperreflexie, Zittern und Schlaflosigkeit auf. Gesteigerte Darmmotorik führt zu ***Durchfällen***. Der Grundumsatz ist gesteigert, die Patienten schwitzen häufig. Das Fettgewebe wird eingeschmolzen, durch gesteigerte Expression proteolytischer Enzyme überwiegt der Proteinabbau, die Patienten magern ab. Die Konzentration an freien Fettsäuren im Blut ist erhöht und die Plasmakonzentration von Cholesterin herabgesetzt.

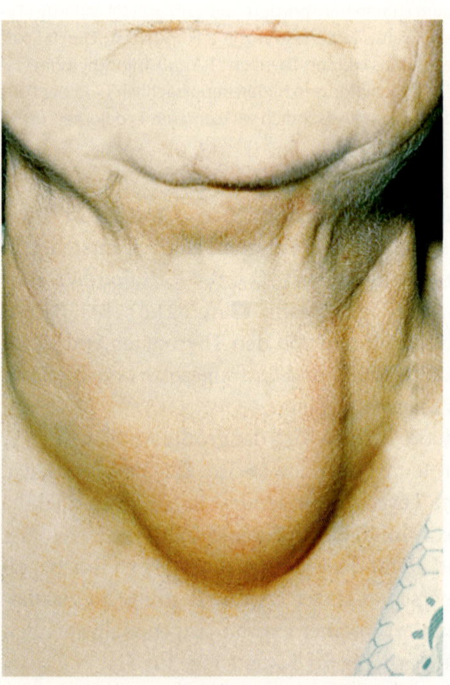

Abb. 21.7. Patientin mit Struma. Die Patientin lebt seit Geburt in einem Gebiet mit Jod-armen Wasser. Der Jodmangel beeinträchtigt die Bildung von T_3/T_4, die gesteigerte TSH-Ausschüttung stimuliert das Schilddrüsenwachstum

Calcitonin

Calcitonin stimuliert die Bildung von Calcitriol und fördert die Mineralisierung des Knochens

Ausschüttung. Calcitonin, ein Peptid von 32 Aminosäuren, wird in den C-Zellen der Schilddrüse gebildet und bei Anstieg der Plasma-Ca^{2+}-Konzentration ausgeschüttet.

Wirkungen. Calcitonin senkt die Plasmakonzentration von Ca^{2+} und Phosphat vor allem durch Förderung der Knochenmineralisierung. Es stimuliert ferner die Bildung von Calcitriol, das die enterale Absorption von $CaHPO_4$ steigert (► s. Kap. 31.2). Calcitonin ist vor allem für die Mineralisierung des fetalen und jugendlichen Skeletts bedeutsam. Beim erwachsenen Menschen ist seine Bedeutung jedoch gering. Demnach muss es, im Gegensatz zu T_3/T_4, nach Entfernung der Schilddrüse nicht substituiert werden.

In Kürze

Trijodthyronin und Thyroxin

Trijodthyronin (T_3) und Thyroxin (T_4) sind jodierte Tyrosinderivate, die unter dem Einfluss von Thyrotropin (TSH) in den Follikeln der Schilddrüse gebildet und ausgeschüttet werden. Sie steigern

- die Synthese einer Vielzahl von Enzymen, Signal-, Transport- und Strukturproteinen und sind für eine normale geistige und körperliche Entwicklung unerlässlich;
- die Glykolyse, die enterale Glukoseabsorption, die hepatische Glykogenolyse und Glukoneogenese;
- die Lipolyse, den Umbau von Cholesterin in Gallensäuren;
- den Umsatz von Bindegewebsgrundsubstanz (Glykosaminoglykanen) und die Umwandlung von Carotin in Vitamin A;
- die periphere Vasodilatation;
- die Herzfrequenz und Herzkraft;
- den renalen Blutfluss, die glomeruläre Filtrationsrate und die tubuläre Transportkapazität in der Niere;
- die Aktivität von Schweiß- und Talgdrüsen der Haut;
- die Darmmotilität;
- die neuromuskuläre Erregbarkeit;
- den Energieverbrauch und damit den Grundumsatz.

Hypothyreose

Ein Mangel an Schilddrüsenhormonen (Hypothyreose)

- mindert beim Kind irreversibel Intelligenz, Längenwachstum und Hörvermögen (Kretinismus),
- kann beim Erwachsenen zu herabgesetzter neuromuskulärer Erregbarkeit, Hyporeflexie, Antriebslosigkeit, Depressionen, Hypercholesterinämie, Absinken des Grundumsatzes, Hypoglykämie, Myxödem, Obstipation führen.

T_3/T_4-Mangel führt über gesteigerte Thyrotropin-Ausschüttung zur Struma.

Hyperthyreose

Ein Überschuss an Schilddrüsenhormonen (Hyperthyreose) steigert

- die Herzfrequenz bis zum Vorhofflimmern,
- das Schlagvolumen des Herzens, die Blutdruckamplitude,
- die neuromuskuläre Erregbarkeit, die Darmmotorik und den Grundumsatz.

Calcitonin

Das ebenfalls in der Schilddrüse gebildete Calcitonin wird bei Anstieg der Plasma-Ca^{2+}-Konzentration ausgeschüttet und senkt den Plasmacalciumspiegel vorwiegend durch Stimulation der Einlagerung von Calciumphosphat in den Knochen.

21.4 Pankreashormone

Insulin

Insulin ist ein Peptidhormon aus den B-Zellen der Langerhans-Inseln

Struktur. Insulin ist ein Peptid (51 Aminosäuren) aus zwei Ketten, einer A-Kette mit 21 Aminosäuren und einer B-Kette mit 30 Aminosäuren, die über zwei Disulfid-Brücken miteinander verbunden sind (◻ Abb. 21.8).

Bildungsort. Insulin wird in den B-Zellen der Langerhans-Inseln des Pankreas gebildet. Die B-Zellen stellen 80 % der Insel-Zellen, 15 % sind Glukagon-produzierende A-Zellen und nur wenige Zellen bilden Somatostatin (D-Zellen) oder u. a. das sog. pankreatische Polypeptid. Das im Pankreas ausgeschüttete Insulin gelangt zunächst mit dem Pfortaderblut in die Leber, wo die Hormonkonzentration daher ein Vielfaches der Konzentration im peripheren Blut beträgt.

Regulation der Insulinausschüttung

Die Ausschütung wird v. a. durch einen Anstieg der Plasmaglukosekonzentration, aber auch durch Aminosäuren und einige gastointestinale Hormone stimuliert

Regulation der Ausschüttung durch Substrate. Die Ausschüttung von Insulin wird durch einen Anstieg der Plas-

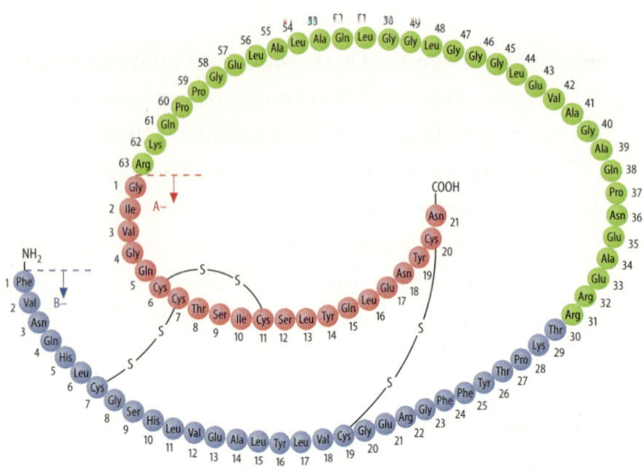

Abb. 21.8. Struktur von Proinsulin. Aus Proinsulin entsteht Insulin durch Abspaltung des C-Peptids *(grün)*. Es bleiben die A-Kette *(rot)* und die B-Kette *(blau)* des Insulins, die über zwei Disulfidbrücken miteinander verbunden sind

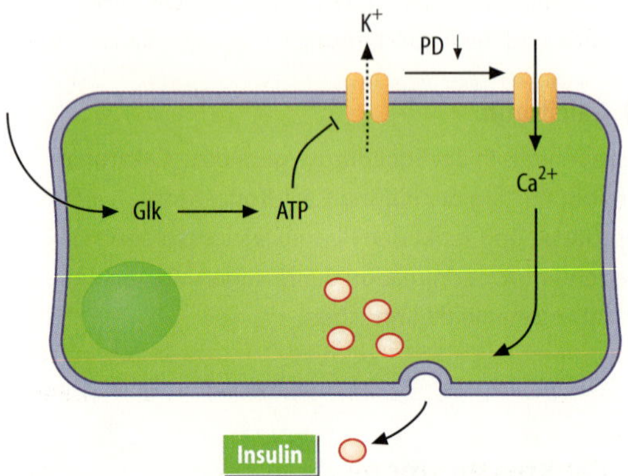

Abb. 21.9. Regulation der Insulin-Ausschüttung durch Glukose. Der Abbau von Glukose erzeugt ATP, das die ATP-sensitiven K^+-Kanäle hemmt. Die folgende Depolarisation der Zellmembran öffnet spannungssensitive Ca^{2+}-Kanäle. Ca^{2+} strömt ein und stimuliert die Insulin-Ausschüttung. *EZR:* Extrazellulärraum, *IZR:* Intrazellulärraum

makonzentrationen von Glukose, Aminosäuren (v. a. Leucin, aber auch Arginin und Alanin), Acetacetat und in weit geringerem Ausmaß von Fettsäuren gefördert.

Rolle von Ionenkanälen. Die Glukose-Plasmakonzentration ist der weitaus wichtigste Regulator der Insulinausschüttung. Wie in Abb. 21.9 dargestellt, wirkt Glukose z. T. über eine Beeinflussung der Ionenkanäle in der Zellmembran. Glukose wird in die Zelle aufgenommen und glykolytisch abgebaut. Dabei entsteht ATP, das ATP-sensitive K^+-Kanäle (***K_{ATP}-Kanäle***) in der Zellmembran hemmt. Diese Kanäle sind zur Aufrechterhaltung des Zellmembranpotentials erforderlich. Ihre Hemmung hat eine Depolarisation zur Folge, die spannungsabhängige ***Ca^{2+}-Kanäle*** öffnet. Die folgende Erhöhung der intrazellulären Ca^{2+}-Konzentration führt dann zur Stimulation der Insulin-Ausschüttung.

▪▪▪ Die **Glukokinase**, welche Glukose in die Glykolyse einschleust, hat in den B-Zellen eine ungewöhnlich geringe Affinität und wird erst bei 10 mmol/l Glukose halb gesättigt. Damit ist gewährleistet, dass die Insulinausschüttung auch bei hohen Glukosekonzentrationen noch auf deren Änderungen reagiert.

Durch den Einfluss auf das Membranpotential wirkt ***Hyperkaliämie*** fördernd, ***Hypokaliämie*** hemmend auf die Insulinausschüttung.

Eine Hemmung des K_{ATP}-Kanales führt auch unabhängig von Glukose zu einer Depolarisation der Zellmembran und damit zur Insulin-Ausschüttung. Auf diese Weise wirken die ***Sulfonyl-Harnstoffe***, die über Hemmung des K_{ATP}-Kanales eine gesteigerte Ausschüttung von Insulin erzwingen. Sie werden daher als ***orale Antidiabetika*** eingesetzt.

▪▪▪ **Phasen der Insulinausschüttung.** Die Ausschüttung von Insulin ist pulsierend. Wird die Glukosekonzentration im Blut plötzlich gesteigert und dann auf dem erhöhten Wert gehalten, dann kommt es zu einer biphasischen Insulinausschüttung: Eine schnelle transiente Insulinausschüttung innerhalb der ersten 10 Minuten wird gefolgt von einer zweiten, langsamer ansteigenden Ausschüttung des Hormons. Ein Teil der Insulin-haltigen Vesikel kann nämlich bei Erhöhung von intrazellulärem Ca^{2+} unmittelbar entleert werden, während der andere Teil erst für die Entleerung vorbereitet werden muss. Bei anhaltend hohen Glukosekonzentrationen nimmt die Insulinausschüttung nach etwa 2–3 Stunden wieder ab.

Stimulation durch gastrointestinale und pankreatische Hormone. Die Insulinausschüttung wird durch *Glucagon-like Peptide* (GLP), Glukagon, Sekretin, *Gastric Inhibitory Peptide* (GIP), Gastrin, Pankreozymin, Kortikotropin (ACTH) und Somatotropin (wirken über cAMP) sowie durch Cholezystokinin (wirkt über IP_3 und Diacylglycerol) stimuliert. Die Wirkung der Hormone verstärkt den Einfluss von Glukose auf die Insulin-Ausschüttung, d. h. sie sensibilisieren die B-Zellen für den Einfluss von Glukose. Bei niederen Plasma-Glukose-Konzentrationen sind die Hormone jedoch wirkungslos.

Die verstärkende Wirkung der gastrointestinalen Hormone auf die Insulinausschüttung kommt bei ***Nahrungszufuhr*** zum Tragen: Bereits bevor die Nahrungsbestandteile enteral absorbiert werden, also bevor es zu einem deutlichen Anstieg der Plasmakonzentrationen von Glukose und Aminosäuren kommt, wird die Insulin-Ausschüttung gesteigert. Daher fällt die Insulinausschüttung bei oraler Glukosezufuhr deutlich stärker aus als bei intravenöser Zufuhr von Glukose.

Hemmung der Insulinausschüttung. Die Insulinausschüttung wird durch Somatostatin, Amylin und Pankreatostatin gehemmt. Somatostatin wird in benachbarten D-Zellen der Langerhans-Inseln gebildet und ausgeschüttet. Seine Ausschüttung wird durch Glukose, Aminosäuren, Fettsäuren, Acetylcholin, Adrenalin (über β-Rezeptoren), Glukagon, *Vasoactive Intestinal Peptide* (VIP), Sekretin und Cholezystokinin stimuliert.

Regulation durch das vegetative Nervensystem. Die Insulinausschüttung wird durch Acetylcholin über Aktivierung von depolarisierenden Na^+-Kanälen stimuliert. Der Sympathikus mindert über Noradrenalin (über α-Rezeptoren) und den Cotransmitter Galanin die Insulin-Ausschüttung. Sie wirken zumindest teilweise über eine Aktivierung von K^+-Kanälen, die zur Hyperpolarisation der Zellen führt. Selektive Aktivierung von β-Rezeptoren stimuliert die benachbarten A-Zellen zur Ausschüttung von Glukagon, das wiederum parakrin die Insulin-Ausschüttung fördert.

Wirkungen von Insulin

Die Aufgabe von Insulin ist in erster Linie die Schaffung von Energiereserven, wenn ein Überschuss an frei verfügbaren Energieträgern (v. a. Glukose) vorhanden ist

Stoffwechselwirkungen. Die Wirkungen von Insulin zielen zunächst auf eine Speicherung der Energiesubstrate ab: Insulin stimuliert die zelluläre Aufnahme (v. a. in Muskel- und Fettzellen) von Glukose, Aminosäuren und Fettsäuren. Die ***zelluläre Glukoseaufnahme*** wird über gesteigerten Einbau des Glukosecarriers GLUT4 in die Zellmembran stimuliert. Insulin fördert den Abbau von Triglyceriden in Chylomikronen des Blutes. Die dabei frei werdenden Fettsäuren und Glycerin werden unter dem Einfluss von Insulin in das Fettgewebe aufgenommen und dort wiederum als ***Triglyceride*** gespeichert. Insulin stimuliert die Bildung von ***Glykogen*** und von ***Proteinen*** (Abb. 21.10). Insulin bremst die Lipolyse, Glykogenolyse, Proteolyse und Glukoneogenese. Andererseits stimuliert Insulin die Glykolyse.

Wirkungen auf Transportprozesse. Insulin wirkt z. T. über eine Aktivierung des ***Na^+/H^+-Austauschers*** und des ***$Na^+,K^+,2Cl^-$-Cotransporters*** in der Zellmembran. Die Aktivität beider Carrier führt zu einer Zellschwellung, die – zumindest in der Leber – den Abbau der Makromoleküle (Glykogen und Proteine) hemmt. Die Aktivierung des Na^+/H^+-Austauschers führt ferner zu einer zellulären Alkalose. Da die Schrittmacherenzyme der Glykolyse ihr pH-Optimum im alkalischen Bereich haben, stimuliert Insulin über eine intrazelluläre Alkalose die Glykolyse. Das über Na^+/H^+-Austausch und $Na^+,K^+,2Cl^-$-Cotransport in die Zelle gelangte Natrium wird durch die ***Na^+/K^+-ATPase*** im Austausch gegen K^+ wieder aus der Zelle gepumpt.

Folge der Aktivierung des $Na^+,K^+,2Cl^-$-Cotransporters und der Na^+/K^+-ATPase ist eine ***zelluläre Aufnahme von K^+***. Die Bindung von Phosphat an die Glukose, die in die Zelle aufgenommen wurde, führt ferner zu einer zellulären Aufnahme auch von ***Phosphat***. Schließlich fördert Insulin die zelluläre Aufnahme von ***Mg^{2+}***. Durch Stimulation des epithelialen Na^+-Kanales steigert es die renale Na^+-Resorption.

Wirkungen auf Herzkraft und Zellteilung. Insulin steigert die Herzkraft. Es fördert die Zellteilung und begünstigt das Längenwachstum.

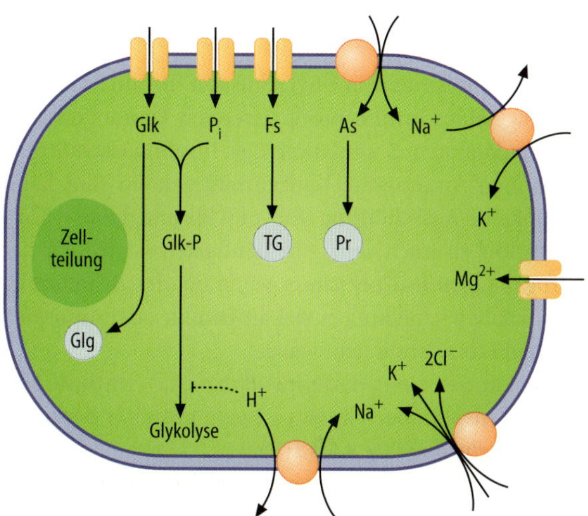

Abb. 21.10. Zelluläre Wirkungen von Insulin. Insulin stimuliert (in Fett- und Muskelzellen) die zelluläre Aufnahme von Aminosäuren, Fettsäuren, Glukose, Phosphat und Mg^{2+}. Die Substrate werden zu Proteinen, Glykogen und Triglyceriden aufgebaut. Ferner stimuliert Insulin den Na^+/H^+-Austauscher, den $Na^+,K^+,2Cl^-$-Cotransport und die Na^+/K^+-ATPase. Folgen sind zelluläre K^+-Aufnahme und intrazelluläre Alkalose. Die Alkalose stimuliert die Glykolyse und begünstigt die Zellteilung

Diabetes mellitus

Ein absoluter oder relativer Mangel an Insulin führt zu Diabetes mellitus

Ursachen von Diabetes mellitus. Bei absolutem oder relativem Mangel an Insulin entwickelt sich ein Diabetes mellitus.

Ein ***absoluter Insulin-Mangel*** ist meist Folge einer Zerstörung der B-Zellen. In der Regel ist die Ursache eine Autoimmunerkrankung, bei welcher Antikörper gegen Bestandteile der B-Zellen gebildet und die Inselzellen durch das eigene Immunsystem vernichtet werden. Bei absolutem Insulin-Mangel ist der Patient auf Zufuhr von Insulin angewiesen (*Insulin Dependent Diabetes Mellitus*, IDDM, ***Diabetes mellitus Typ I***).

Sehr viel häufiger als der absolute ist der ***relative Mangel an Insulin***. Dabei ist die Insulinkonzentration im Blut häufig sogar erhöht, die Zielorgane sind jedoch unempfindlich gegen das Hormon. Ursache kann eine ***Abnahme*** (Down-Regulation) ***der Rezeptorendichte*** aufgrund anhaltend gesteigerter Insulinkonzentrationen oder genetischer Defekte von Rezeptoren oder von Elementen intrazellulärer Signaltransduktion sein.

Die Patienten mit relativem Insulinmangel leiden häufig unter Fettleibigkeit, welche die Insulin-Empfindlichkeit der Peripherie herabsetzt. Der relative Diabetes mellitus kann durch Diät und orale Antidiabetica behandelt werden (*Non Insulin Dependent Diabetes Mellitus*, NIDDM, ***Diabetes mellitus Typ II***). Im späteren Verlauf kann auch bei Diabetes Typ II die therapeutische Zufuhr von Insulin erforderlich werden.

Ein relativer Mangel an Insulin kann schließlich bei gesteigerter Ausschüttung von Hormonen auftreten, die eine Zunahme der Plasmaglukosekonzentration bewirken (Abb. 21.4), wie ***Somatotropin, Schilddrüsenhormone, Glukagon, Glukokortikosteroide*** (Steroiddiabetes) und ***Katecholamine***.

Auswirkungen des Diabetes mellitus

Ein Mangel an Insulin oder eine herabgesetzte Insulinempfindlichkeit führen zu Diabetes mellitus, einer tiefgreifenden Störung des Kohlehydrat-, Protein- und Fettstoffwechsels

Akute Auswirkungen des absoluten Insulinmangels. Ein absoluter Mangel an Insulin führt zu Einschmelzung von Glykogen, Fett und Proteinen und zum Anstieg der ***Plasmakonzentrationen von Glukose, Aminosäuren und Fettsäuren*** im Blut. Die Akkumulation von Fettsäuren, Acetacetat und β-Hydroxybutyrat führt zur metabolischen ***Azidose***. Die respiratorische Kompensation der metabolischen Azidose erfordert vertiefte Atmung (Kussmaul-Atmung). Der verzögerte Abbau von Lipoproteinen führt zur ***Hyperlipoproteinämie***. Mit der Plasmakonzentration steigt die in den Glomerula der Nieren filtrierte Menge an Glukose. Übersteigt die filtrierte Glukosemenge die maximale Transportfähigkeit der Nierentubuli (Übersteigen der Nierenschwelle, ► s. Kap. 29.10), so kommt es zur renalen Ausscheidung von Glukose ***(Glukosurie)***. Der glukosehaltige, süße Urin führte zur Bezeichnung Diabetes mellitus.

Die nicht resorbierte Glukose behindert die Resorption von Wasser und Elektrolyten (***osmotische Diurese***, ► s. Kap. 29.6), und es kommt zu Verlusten von Wasser und Elektrolyten im Urin. Durst und die Notwendigkeit, häufig große Mengen Wasser zu lassen, können erste Hinweise auf das Vorliegen eines Diabetes mellitus sein. Die Patienten sind meist dehydriert. Die Zellen verlieren K^+ und Phosphat, da die Stimulation der Aufnahme durch Insulin wegfällt. Die Plasmakonzentrationen steigen jedoch meist nicht an, da K^+ und Phosphat gleichzeitig über die Nieren verloren gehen.

Die Störungen des Energiehaushaltes sowie des Wasser- und Elektrolythaushalts bei »entgleistem« Diabetes mellitus können die Funktion des Nervensystems massiv beeinträchtigen, so dass Bewusstlosigkeit auftritt ***(Coma diabeticum)***.

Akute Auswirkungen eines relativen Insulinmangels. Die Konsequenzen des Diabetes mellitus sind bei relativem Mangel an Insulin etwas anders: Da die Wirkungen auf den Lipid- und Proteinstoffwechsel geringere Konzentrationen des Hormons erfordern als die Wirkungen auf den Kohlenhydratstoffwechsel, überwiegt bei relativem Insulinmangel die Hyperglykämie, während z. B. kaum Azidose auftritt.

Spätschäden eines Diabetes mellitus. Bei anhaltendem absolutem oder relativem Insulinmangel kommt es vor allem durch Hyperlipidämie und Hyperglykämie zu einer Reihe von weiteren Störungen. Glukose bindet an Proteine und verändert damit deren Eigenschaften. Es entstehen die sogenannten ***Advanced Glycation Endproducts (AGE)***. Unter anderem wird Hämoglobin glykosyliert. Das Glykosylierungsprodukt ***HbA1c*** ist ein diagnostisch wertvoller Marker für früher aufgetretene Hyperglykämien, da es auch nach Normalisierung der Plasmaglukosekonzentration erhöht bleibt.

▪▪▪ Erst nach Eliminierung der betroffenen Erythrozyten (Lebensdauer etwa 100 Tage, ► s. Kap. 23.3) verschwindet auch das glykosylierte Hämoglobin.

AGE fördern u. a. die Bildung von Bindegewebe. Durch Glykosylierung und überschüssiges Bindegewebe werden Gefäßwände verdickt und funktionelle Gewebe verdrängt. Folgen der Gefäßschäden sind u. a. ***Herzinfarkte***, periphere ***Durchblutungsstörungen*** und ***Untergang der Netzhaut*** des Auges. Besonders in Mitleidenschaft gezogen ist die Niere ***(diabetische Nephropathie)***. Die Nierenschädigung fördert die Entwicklung einer Hypertonie, die zu weiterer Gefäßschädigung führt.

Das Überangebot an Glukose fördert ferner die Bildung von Sorbitol, das Wasser anzieht und u. a. zu einer Wassereinlagerung in die Augenlinse führt. Damit wird die Linse trüb ***(Katarakt)***. Um einer Schwellung zu entgehen, geben die Zellen Inositol ab, das dann für die Synthese von Membranphospholipiden fehlt. Folge ist u. a. eine Schädigung der Nerven ***(Neuropathie)***.

Hyperinsulinismus

Ein Überschuss an Insulin ist häufig Folge inadäquater iatrogener Verabreichung von Insulin oder oralen Antidiabetika; wichtigste Auswirkungen sind Hypoglykämie und Hypokaliämie

Hyperinsulinismus. Ein Überschuss an Insulin ist bisweilen Folge eines Insulin-produzierenden Tumors oder einer inadäquaten Stimulation der Insulinausschüttung. Bei hohen Aminosäure-Konzentrationen im Blut kann die Insulin-Ausschüttung für die Plasmaglukose-Konzentration zu hoch sein. Am häufigsten ist jedoch der ***iatrogene Insulin-Überschuss***, wenn bei der Behandlung eines Diabetes mellitus zuviel an Insulin oder an oralen Antidiabetika verabreicht wurde.

Auswirkungen eines Hyperinsulinismus. Wichtigste Folge eines Insulinüberschusses ist eine mitunter bedrohliche ***Hypoglykämie*** (► s. 21.3).

Selbst eine für die Korrektur der diabetischen Hyperglykämie angemessene Dosis an Insulin kann gefährliche Auswirkungen nach sich ziehen. Unter dem Einfluss von Insulin nehmen die während des Insulinmangels an K^+ und Phosphat verarmten Zellen (► s. o.) begierig K^+ und Phosphat auf. Die zelluläre K^+-Aufnahme führt zu einer mitunter massiven ***Hypokaliämie***. Folge ist eine vor allem für das Herz gefährliche Störung der Erregbarkeit (► s. Kap. 30.6).

Ähnliche Störungen können bei der Ernährung *(Realimentation)* ausgehungerter Patienten auftreten. Bei lange anhaltender Nahrungskarenz (Fasten, Hungersnot, Essstörungen) führt die fehlende Insulinausschüttung wie bei Diabetes mellitus zu einer Verarmung an K^+ und Phosphat. Realimentation stimuliert bei den Patienten die Insulinausschüttung und kann so eine bisweilen lebensbedrohliche Hypokaliämie und Hypophosphatämie auslösen. Durch Realimentation gefährdet sind auch Alkoholiker. Alkohol stimuliert die Insulinausschüttung nicht und bei ausschließlicher »Ernährung« durch Alkohol besteht wie bei Nahrungskarenz Insulinmangel.

21.3. Hypoglykämie

Ursachen. Hypoglykämie (Glukoseplasmakonzentration <3 mmol/l) wird durch Mangelernährung (z.B. Alkoholismus) oder eingeschränkte Substratabsorption im Darm begünstigt. Hypoglykämie entsteht ferner bei (relativem) Überschuss an Insulin, wie bei inadäquater Behandlung eines Diabetes mellitus, bei Insulin-produzierenden Tumoren, bei neugeborenen Kindern diabetischer Mütter oder bei Stimulation der Insulinausschüttung durch Aminosäuren (z.B. bei Leberinsuffizienz). Nach dem Essen (postprandial) kann ein zu schneller Anstieg der Glukose- und Aminosäurekonzentration im Plasma zu inadäquat starker Insulinausschüttung führen (insbesondere nach Magenresektion, sog. spätes Dumping). Extrem selten können aktivierende Antikörper gegen Insulinrezeptoren Hypoglykämie auslösen. Bei Leberinsuffizienz und Niereninsuffizienz und bei einigen genetischen Enzymdefekten (u.a. Galaktosämie, hereditäre Fruktoseintoleranz) ist die Bildung von Glukose eingeschränkt, wodurch die Entwicklung einer Hypoglykämie begünstigt wird. Gesteigerter Glukoseverbrauch liegt bei schwerer körperlicher Arbeit, Tumoren, schweren Infektionen und Fieber vor. Schließlich begünstigt eine herabgesetzte Ausschüttung gegenregulatorischer Hormone (Glukokortikoide, Adrenalin, Somatotropin, Glukagon) die Entwicklung einer Hypoglykämie.

Folgen. Hypoglykämie beeinträchtigt vor allem das Nervensystem (Neuroglykopenie), das auf die ständige Zufuhr von Glukose angewiesen ist. Hungergefühl, Nervosität, Zittern, eingeschränkte kognitive Leistungsfähigkeit, Bewusstlosigkeit und irreversible Schädigung des Gehirns bis zum Hirntod sind die Folgen. Aktivierung des sympathischen Nervensystems führt u.a. zu Schweißausbruch, Tachykardie und Blutdruckanstieg.

Glukagon

Aufgabe von Glukagon ist in erster Linie die Bereitstellung von Substraten für die Energieversorgung bei Hypoglykämie oder gesteigertem Energiebedarf

Ausschüttung. Glukagon ist ein Peptid (29 Aminosäuren), das in A-Zellen der Langerhans-Inseln des Pankreas sowie in Intestinalzellen aus einem Präkursorprotein (Präproglukagon) gebildet wird. Aus dem enteralen Proglukagon wird ferner das *Glucagon-like Peptide* GLP1 abgespalten. Die Ausschüttung von Glukagon wird durch Hypoglykämie, Anstieg der Aminosäuren-Konzentration und Abfall der Konzentration an freien Fettsäuren stimuliert. Darüberhinaus wird die Glukagonausschüttung durch Acetylcholin, Adrenalin (β-Rezeptoren) und gastrointestinale Hormone gefördert. Die Ausschüttung wird durch den Transmitter γ-Aminobuttersäure und durch Somatostatin (▶ s. Abschnitt 21.2) gehemmt.

Wirkungen. Die Wirkungen von Glukagon zielen zunächst auf eine Mobilisierung von Energiesubstraten ab. Glukagon fördert die Glykogenolyse, die Lipolyse, die Bildung von Ketonkörpern aus Fettsäuren, den Abbau von Proteinen und die Glukoneogenese aus Aminosäuren. Die Wirkungen von Insulin und Glukagon sind somit weitgehend antagonistisch. Bei Zufuhr von Aminosäuren verhindert die Ausschüttung beider Hormone eine Änderung der Plasmakonzentrationen von Glukose und freien Fettsäuren. Weitere Wirkungen von Glukagon bestehen in einer Steigerung der Herzkraft (bei sehr hohen Konzentrationen) sowie einer Steigerung der renalen glomerulären Filtrationsrate.

Glukagon-Mangel. Ein Mangel an Glukagon tritt bei Schädigungen des Pankreas auf. Im Vordergrund steht dabei jedoch der gleichzeitige Insulinmangel. Der isolierte Mangel von Glukagon zieht keine tiefgreifenden Störungen nach sich, da er durch Ausschüttung agonistischer Hormone (u.a. Adrenalin) und durch herabgesetzte Ausschüttung von Insulin kompensiert werden kann.

Glukagonüberschuss. Ein Überschuss an Glukagon durch einen Tumor der A-Zellen ist selten. Er erfordert eine gesteigerte Ausschüttung von Insulin, und es kann zu einem relativen Mangel an Insulin kommen.

In Kürze

Insulin

Insulin ist ein Peptid, das in den B-Zellen der Langerhans-Inseln des Pankreas bei Anstieg der Plasmakonzentrationen von Glukose, einigen Aminosäuren und Acetacetat ausgeschüttet wird. Die Ausschüttung wird durch Acetylcholin und einige gastrointestinale

▼

Hormone (u. a. *Glucagon-like Peptide* GLP) gesteigert und durch Somatotropin sowie über Glukagon durch den Sympathikus gehemmt. Glukose wirkt über Hemmung von K_{ATP}-Kanälen.
Wirkungen von Insulin sind:
- es stimuliert die zelluläre Aufnahme (v. a. in Muskel- und Fettzellen) von Glukose, Aminosäuren und Fettsäuren, K^+, Phosphat und Mg^{2+};
- es stimuliert den Abbau von Triglyceriden in Chylomikronen und die Speicherung von Triglyceriden im Fettgewebe;
- es bremst die Lipolyse, Glykogenolyse, Proteolyse und Glukoneogenese, andererseits stimuliert Insulin die Glykolyse;
- es steigert die renale Na^+-Resorption, die Herzkraft und fördert Zellproliferation und Längenwachstum.

Diabetes mellitus ist Folge von
- absolutem Insulinmangel (*Insulin Dependent Diabetes Mellitus*, IDDM, Typ I) oder
- relativem Insulinmangel (*Non Insulin Dependent Diabetes Mellitus*, NIDDM, Typ II).

Bei der Erkrankung werden Glykogen, Fett und Proteine eingeschmolzen, die Plasmakonzentrationen von Glukose, Aminosäuren und Fettsäuren im Blut steigen. Azidose führt zu Kussmaul-Atmung, Wasser und Elektrolytverluste über die Niere zu Dehydratation. Letztlich droht ein Coma diabeticum.
Hyperinsulinismus führt zu Hypoglykämie, bei Realimentation drohen Hypokaliämie und Hypophosphatämie.

Glukagon

Glukagon
- wird in A-Zellen des Pankreas und im Darm bei Hypoglykämie, Anstieg der Aminosäuren-Konzentration und Abfall der Konzentration an freien Fettsäuren ausgeschüttet;
- fördert die Glykogenolyse, die Lipolyse, die Bildung von Ketonkörpern aus Fettsäuren, den Abbau von Proteinen und die Glukoneogenese aus Aminosäuren.

Glukagonmangel begünstigt das Auftreten von Hypoglykämie, Glukagonüberschuss das Auftreten von Diabetes mellitus.

21.5 Nebennierenrindenhormone

Ausschüttung von Glukokortikoiden

Glukokortikosteroide werden in Stresssituationen, d. h. bei akuter psychischer (Wut, Angst) oder physischer (z. B. Blutverlust) Belastung ausgeschüttet; die Ausschüttung wird hypothalamisch reguliert

Synthese. Glukokortikosteroide werden in der Zona fasciculata der Nebennierenrinde gebildet, wichtigster Vertreter ist Kortisol. Das inaktive Kortison kann u. a. in Leber und Fettgewebe durch das Enzym 11β-Hydroxysteroiddehydrogenase in das aktive Kortisol umgewandelt werden. In der Niere überwiegt die Reaktion in die andere Richtung, sodass die renale 11β-Hydroxysteroiddehydrogenase Kortisol inaktiviert. Abbildung 21.11 stellt die Syntheseschritte der Nebennierenrindenhormone und die dafür erforderlichen Enzyme dar. Neben den Glukokortikosteroiden werden in der Nebennierenrinde noch Mineralokortikosteroide (Zona glomerulosa, ► s. u.) und Sexualhormone (Zona reticularis, ► s. Kap. 22.1) gebildet.

Regulation der Ausschüttung durch den Hypothalamus. Die Bildung und Ausschüttung der Glukokortikosteroide steht unter der Kontrolle von Hypothalamus und Hypophyse: Im Hypothalamus wird das Peptid (44 Aminosäuren) Kortikoliberin (*Corticotropin Releasing Hormone*, ***CRH***) gebildet, das in sog. POMC (Proopiomelanocortin)-Zellen der Hypophyse die Ausschüttung von Kortikotropin (Adrenokortikotropes Hormon, ***ACTH***), ein Peptid mit 39 Aminosäuren, stimuliert.

▪▪▪ Die POMC-Zellen synthetisieren zunächst ein höhermolekulares Protein, aus dem unter dem Einfluss von CRH nicht nur ACTH, sondern auch **γ-Melanotropin** (γ-MSH) und **β-Lipotropin** freigesetzt werden. Ferner enthält ACTH noch die Sequenz von **α-Melanotropin** (α-MSH), das aus ACTH durch Abspaltung der letzten 13 aminoterminalen Aminosäuren gebildet wird. γ-Melanotropin fördert die Pigmentierung der Haut.

Die Ausschüttung von CRH und ACTH ist pulsatil mit einer Frequenz von etwa 4/Stunde. ACTH fördert das ***Wachstum der Nebennierenrinde*** und stimuliert die ***Synthese von Glukokortikosteroiden***, von adrenalen Androgenen sowie in geringerem Ausmaß von Mineralokortikosteroiden. ACTH stimuliert die Expression mehrerer Enzyme der Steroidhormon-Synthese, unter anderem fördert es den ersten Schritt, die Mobilisierung von Cholesterin.

Regulation der Ausschüttung von ACTH. Die Ausschüttung von CRH und ACTH wird durch die Kortisolkonzentration im Blut gehemmt. Diese ***negative Rückkopplung*** dient der Regulation der Plasmakonzentration von Kortisol. Die Ausschüttung von ACTH wird direkt oder über CRH durch Adiuretin (ADH), Noradrenalin (über α-Rezeptoren), Angiotensin II, Atriopeptin (ANF), vasoaktives intestinales Peptid (VIP), Interleukine, Histamin,

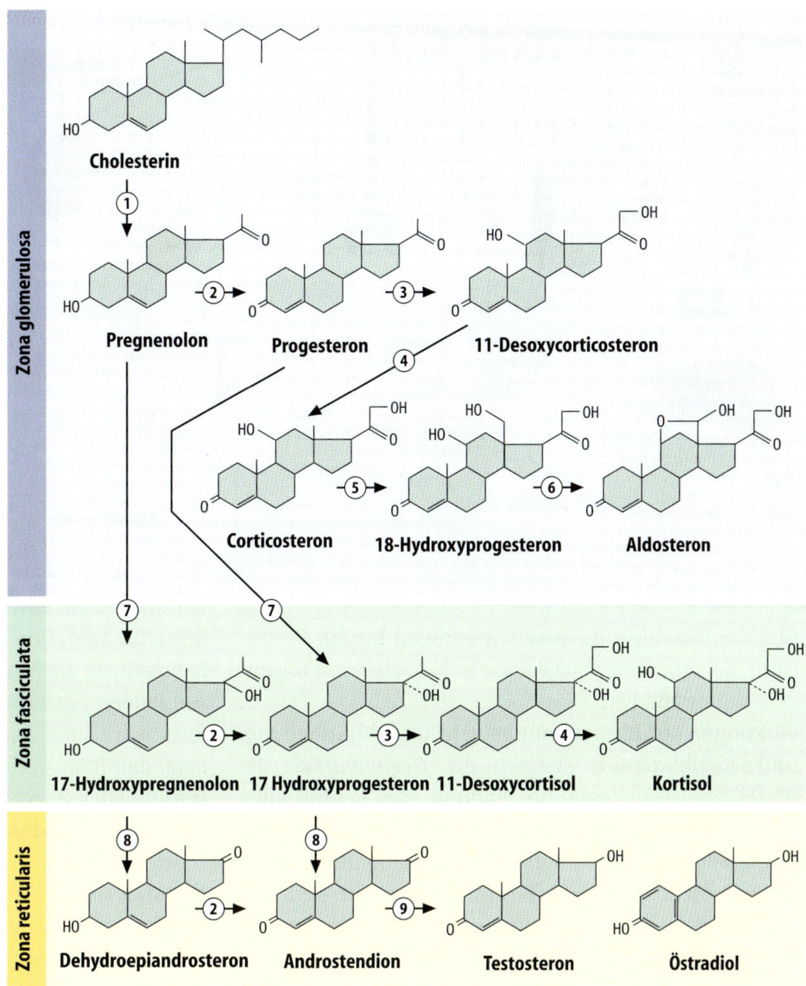

Abb. 21.11. Synthese der Nebennierenrindenhormone. In der Zona glomerulosa werden die Mineralokortikosteroide gebildet, in der Zona fasciculata die Glukokortikosteroide, in der Zona reticularis die Vorstufen der Sexualhormone, die in der Peripherie zu den Sexualhormonen umgewandelt werden. Normalerweise synthetisiert die Nebennierenrinde nur Spuren von Östradiol und Testosteron. Beteiligte Enzyme: (1) 20,22-Desmolase; (2) 3β-Dehydrogenase; (3) 21β-Hydroxylase; (4) 11β-Hydroxylase; (5) 18-Hydroxylase; (6) 18-Methyloxidase; (7) 17α-Hydroxylase; (8) 17,20-Lyase; (9) 17-Reduktase

Serotonin und Cholecystokinin stimuliert und durch Endorphine gehemmt.

Die Ausschüttung folgt einer ausgeprägten ***Tagesrhythmik***: Kortisol erreicht in den frühen Morgenstunden (6h) einen Gipfel und fällt normalerweise während des Tages laufend ab.

Wichtigster Stimulus für die Ausschüttung von CRH, ACTH und Kortisol ist ***Stress***. Die Kortisol-Ausschüttung ist bei schwerer physischer (z. B. Arbeit, Infektionen) und psychischer (z. B. Angst) Belastung, bei Schmerzen, Blutdruckabfall und Hypoglykämie gesteigert.

Wirkungen von ACTH. Die Wirkungen von ACTH beschränken sich nicht auf die Nebennierenrinde. Unphysiologisch hohe ACTH-Konzentrationen stimulieren die Lipolyse und andererseits die Insulinausschüttung, wobei Insulin die Lipolyse wieder hemmt (► s. o.). ACTH beeinflusst schließlich die Funktion von Lymphozyten. Neben seiner Wirkung auf die POMC-Zellen aktiviert CRH den Sympathikus und mindert die Nahrungs- und Flüssigkeitsaufnahme.

Wirkungen von Glukokortikoiden

Glukokortikoide dienen in erster Linie der Mobilisierung von Reserven in Stresssituationen

Stoffwechselwirkungen von Kortisol. Die metabolischen Wirkungen von Kortisol zielen auf eine Bereitstellung von Energiesubstraten ab (► vgl. Abb. 21.12): Durch Stimulation der ***Lipolyse*** werden Fettsäuren freigesetzt, die in der Leber z. T. zur Bildung von Ketonkörpern (Acetacetat und β-Hydroxybutyrat), z. T. zur Bildung von VLDL verwendet werden. Die Aufnahme von Glukose in Fettzellen und die Lipogenese werden durch Kortisol gehemmt. Im Muskel werden ***Aufnahme*** und ***Verbrauch*** von Glukose eingeschränkt. Durch ***Abbau*** von ***Proteinen in der Peripherie*** (Bindegewebe, Muskel und Knochengrundsubstanz) werden Aminosäuren bereitgestellt. Die Aminosäuren werden in der Leber z. T. zur ***Synthese von Plasmaproteinen***, z. T. zur ***Glukoneogenese*** eingesetzt.

Glukokortikoide stimulieren die ***enterale Absorption von Glukose*** (durch verstärkten Einbau des Glukosetransporters SGLT1). Die beschleunigte enterale Absorption und gesteigerte hepatische Bildung von Glukose und der herabgesetzte Glukoseverbrauch in der Peripherie

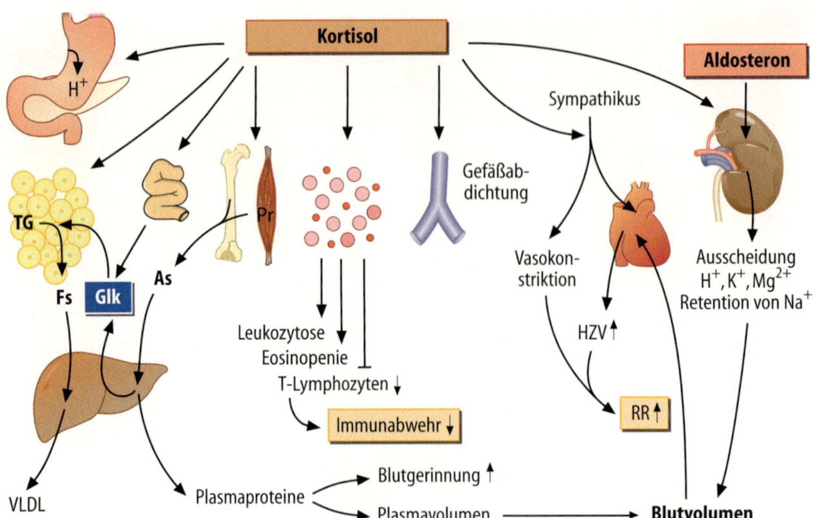

Abb. 21.12. Wirkungen der Nebennierenrinden-hormone. *Glk:* Glukose, *As:* Aminosäuren, *Fs:* freie Fettsäuren, *Pr:* Proteine, *TG:* Triglyceride, *RR:* Blutdruck, *HZV:* Herzzeitvolumen

begünstigen einen Anstieg der Plasmakonzentration von Glukose. Die folgende Ausschüttung von Insulin fördert dann die Aufnahme von Glukose in Fettzellen mit folgender Bildung von Fett.

Wirkungen auf Blut, Immunabwehr und Wundheilung. Glukokortikosteroide steigern die ***Gerinnbarkeit des Blutes.*** Sie stimulieren die Bildung von neutrophilen Granulozyten. Gleichzeitig hemmen Glukokortikosteroide die Bildung von eosinophilen und basophilen Granulozyten, Monozyten und T-Lymphozyten. Sie hemmen die Bildung bzw. Ausschüttung von Entzündungsmediatoren, wie Prostaglandinen, Interleukinen, Lymphokinen, Histamin und Serotonin. Ferner hemmen sie die Freisetzung lysosomaler Enzyme. Damit ***unterdrücken Glukokortikosteroide die Immunabwehr.*** Sie hemmen Zellteilung und Wachstum, sie hemmen die Kollagensynthese und stören auf diese Weise Reparationsvorgänge bei Verletzungen oder Entzündungen. Glukokortikosteroide erzielen diese Wirkungen z. T. über Stimulation der Expression von ***Lipokortin*** (Annexin 1), das die Phospholipase A2 (▶ s. Kap. 2.6) hemmt. Aufgrund ihrer hemmenden Wirkung auf die Immunabwehr werden Glukokortikosteroide therapeutisch bei Erkrankungen eingesetzt, die durch überschießende Immunabwehr verursacht werden, wie etwa die Abstoßung transplantierter Organe oder Autoimmunerkrankungen, bei denen sich das Immunsystem gegen körpereigene Antigene richtet.

Wirkungen auf Mineralhaushalt und Knochen. Die Glukokortikosteroide mindern die Expression des Rezeptors für Calcitriol, das normalerweise die Absorption der Knochenmineralien Ca^{2+} und Phosphat stimuliert (▶ s. Kap. 31.2). Damit senken Glukokortikosteroide die ***Calciumphosphat-Absorption*** im Darm. Sie hemmen ferner die Tätigkeit der Osteoblasten und fördern die Tätigkeit der Osteoklasten. Unter dem Einfluss der Glukokortikosteroide überwiegt demnach der Knochenabbau.

Wirkungen auf den Magen. Glukokortikosteroide stimulieren die ***Sekretion von Salzsäure*** im Magen. Gleichzeitig hemmen sie die Schleimproduktion und die Bildung vasodilatierender Prostaglandine (▶ s. o.). Unter dem Einfluss von Glukokortikosteroiden ist die Magenschleimhaut damit in geringerem Maße gegen die aggressive Wirkung der sezernierten Salzsäure geschützt.

Kreislaufwirkungen. An Herz und Gefäßen wirken Glukokortikosteroide sensibilisierend für Katecholamine. Dadurch steigern sie einerseits die ***Herzkraft*** und andererseits den ***peripheren Widerstand.*** Folge ist eine Steigerung des Blutdrucks.

Wirkungen auf die Lunge. Im Feten fördern die Glukokortikosteroide die Entwicklung der Lunge und die rechtzeitige Bildung von Surfactants.

Mineralokortikoide Wirkung. Glukokortikosteroide passen auch in den Mineralokortikoid-Rezeptor und üben eine relevante mineralokortikoide Wirkung aus, d. h. sie fördern die renale Retention von Na^+ und die renale Eliminierung von K^+. Andererseits hemmen sie die Adiuretin- (ADH-) Ausschüttung. Über eine Hypervolämie begünstigen sie einen Blutdruck-Anstieg (▶ s. Kap. 30.3), der durch gesteigerte Katecholamin-Wirkung verstärkt wird (▶ s. o.). In den Zielzellen der Mineralokortikosteroide werden Glukokortikosteroide allerdings sehr schnell durch die 11*β*-Hydroxysteroid-Dehydrogenase Typ 2 in das inaktive Kortison umgewandelt. Obwohl das wichtigste Glukokortikosteroid Kortisol eine mehr als hundertfach höhere Plasmakonzentration an freiem Hormon aufweist als das wichtigste Mineralokortikosteroid Aldosteron, ist die mineralokortikoide Wirkung von Kortisol daher normalerweise weitaus geringer als die von Aldosteron. Glukokortikosteroide steigern die Ausschüttung von Atriopeptin und die glomeruläre Filtrationsrate in der Niere.

Glukokortikoid-Überschuss

Ursachen eines Glukokortikoidüberschusses sind gesteigerte autonome oder ACTH-induzierte Ausschüttung und v. a. iatrogene Zufuhr des Hormons; die Auswirkungen sind langfristig lebensbedrohlich

Ursachen. Ein Überschuss an Glukokortikosteroiden kann Folge einer gesteigerten ACTH-Ausschüttung durch die Hypophyse ***(Morbus Cushing)*** oder durch einen dedifferenzierten Tumor (z. B. kleinzelliges Bronchialkarzinom) sein. Andererseits kann die Ausschüttung von Glukokortikosteroiden auch ohne vermehrte ACTH-Ausschüttung bei einem Nebennierentumor gesteigert sein (primärer Hyperkortisolismus, ***Cushing-Syndrom***). Dabei ist die Ausschüttung von ACTH durch negative Rückkopplung erniedrigt.

Häufig ist ein Überschuss an Glukokortikosteroiden (z. B. Kortison) Folge einer therapeutischen Zufuhr durch den Arzt ***(iatrogen)***. Glukokortikosteroide werden hauptsächlich zur Unterdrückung der Immunabwehr eingesetzt (► s. o.). Dabei müssen zwangsläufig die übrigen Wirkungen des Hormons in Kauf genommen werden. Die Abwägung von Nutzen und Schaden insbesondere einer lang-anhaltenden Behandlung mit Glukokortikoiden ist daher oft schwierig.

Auswirkungen. Ein Überschuss an Glukokortikosteroiden führt zu gesteigertem Abbau von Fett und Proteinen (v. a. Muskeln, Bindegewebe, Knochengrundsubstanz) in der Peripherie (v. a. Extremitäten). Die Glykolyse ist gehemmt und die Glukoneogenese gesteigert. Die resultierende ***Hyperglykämie*** stimuliert die Ausschüttung von Insulin, dessen lipogenetische Wirkung die lipolytische Wirkung von Glukokortikosteroiden am Rumpf, nicht aber in den Extremitäten übersteigt. Die gleichzeitige Ausschüttung von Glukokortikosteroiden und Insulin zieht eine Umverteilung des Fettgewebes zugunsten von Stamm und Nacken nach sich (Vollmondgesicht, Stammfettsucht, Stiernacken, ■ Abb. 21.13). Ist die Insulinausschüttung unzureichend, kann sich ein Diabetes mellitus entwickeln (sog. Steroiddiabetes). Der Anstieg an freien Fettsäuren fördert die hepatische Bildung von VLDL.

Die Wirkungen auf den Kreislauf führen zu Blutdruckanstieg, die Wirkungen auf den Magen zu Schleimhautläsionen ***(Magenulkus)***. Im Blut sind die Konzentrationen von neutrophilen Granulozyten gesteigert, die ***Immunabwehr*** jedoch durch Verminderung bzw. Hemmung von Lymphozyten und Beeinträchtigung der Ausschüttung von Entzündungsmediatoren herabgesetzt.

Durch Einschränkung von Zellproliferation und Kollagensynthese ist die ***Wundheilung*** erschwert. Ein Mangel an Kollagenfasern schwächt die Festigkeit des Bindegewebes und es kommt in der Haut zu Striae distensae. Bei Kindern ist das ***Knochenwachstum*** beeinträchtigt, beim Erwachsenen kann der Knochenabbau zu Osteoporose führen.

Die gesteigerte mineralokortikoide Wirkung unterstützt die Entwicklung der ***Hypertonie***, senkt die Plasma-K^+-Konzentration und begünstigt die Entwicklung einer metabolischen ***Alkalose***.

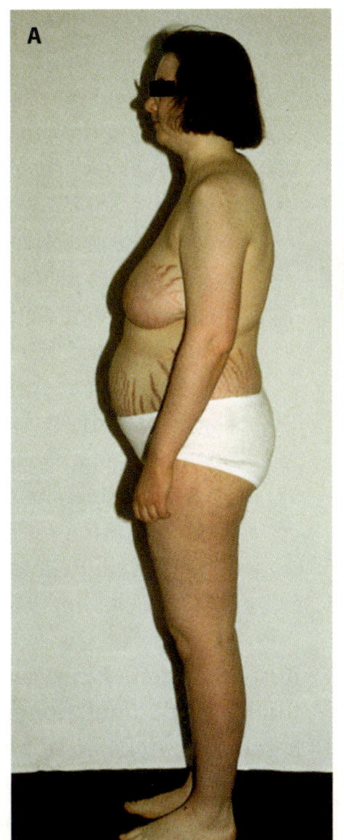

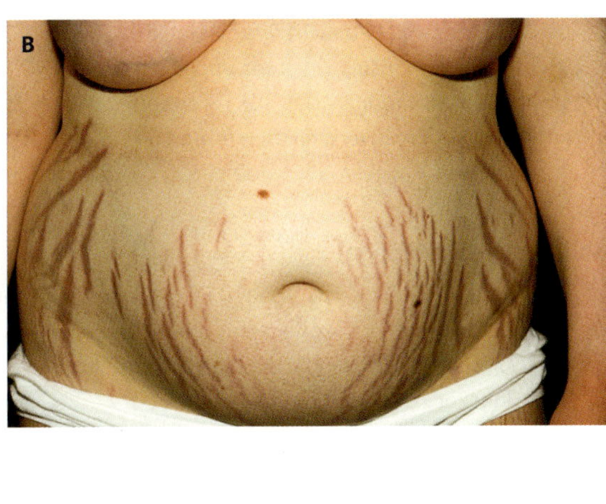

■ **Abb. 21.13. Patientin mit Morbus Cushing.** Erkennbar sind Stammfettsucht, Büffelnacken und Striae distensae

Die Auswirkungen eines Kortisolüberschusses treten mitunter auf, ohne dass die Plasmahormonkonzentration gesteigert ist. Man spricht dabei von einem ***metabolischen Syndrom*** (▶ s. 21.4).

> **21.4. Metabolisches Syndrom**
>
> Unter metabolischem Syndrom versteht man das Zusammentreffen von verschiedenen Symptomen:
>
> - Hypertonie,
> - gesteigerte Blutgerinnung mit arterieller Verschlusskrankheit,
> - Übergewicht,
> - Hyperglykämie,
> - Insulinresistenz mit Entwicklung von Diabetes mellitus.
>
> Die Störungen könnten durch gesteigerte Wirkung von Glukokortikoiden erklärt werden, die Plasmakonzentrationen an Glukokortikoiden sind jedoch nicht erhöht. Es könnte daher u.a. die Bildung von Kortison im peripheren Gewebe gesteigert sein, der Glukokortikoidrezeptor eine gesteigerte Aktivität aufweisen oder die Aktivität eines Glukokortikoid-abhängigen Gens gesteigert sein. Ein solches Gen ist die Serum- und Glukokortikoid-induzierbare Kinase SGK1, die über Stimulation des renalen epithelialen Na^+-Kanales Na^+-Retention und Bluthochdruck hervorruft und über Stimulation der intestinalen Glukoseabsorption zu beschleunigter Zunahme der Glukose-Plasmakonzentration, gesteigerter Insulinausschüttung, vermehrter Insulin-vermittelter Fettablagerung und damit Fettsucht führt. Folge des Übergewichtes ist dann Insulinresistenz und Diabetes mellitus. Weitere Wirkungen der SGK1 könnten zur Entwicklung von Gefäßverschlüssen führen.

Glukokortikoid-Mangel

! Ein Mangel an Glukokortikoiden ist Folge herabgesetzter Stimulation durch ACTH oder einer primär gestörten Kortisolproduktion in der Nebennierenrinde; ein Fehlen von Glukokortikoiden wird nicht überlebt

Ursachen von Glukokortikoidmangel. Ein Mangel an Glukokortikosteroiden kann durch herabgesetzte Ausschüttung von ACTH oder eine gestörte Bildung von Glukokortikosteroiden in der Nebennierenrinde hervorgerufen werden. Die ACTH-Ausschüttung kann u.a. nach Entfernung eines Kortisol- oder ACTH-produzierenden Tumors bzw. nach plötzlichem Absetzen einer Glukokortikosteroid-Therapie unzureichend sein.

▪▪▪ Bei einem Kortisol- oder ACTH-produzierenden Tumor oder unter einer Behandlung mit Glukokortikosteroiden sind nämlich durch die negative Rückkopplung die CRH- und ACTH-Auschüttung unterdrückt und die POMC-Zellen atrophiert. Dem plötzlichen Abfall der Plasma-Kortisol-Konzentration kann dann nicht mit einer angemessenen ACTH-Ausschüttung gegengesteuert werden.

Bei einem primären Defekt in der Nebennierenrinde (z.B. ***Nebenniereninsuffizienz***) ist die Ausschüttung von ACTH durch fehlende Rückkopplung gesteigert.

Ist die Bildung von Glukokortikosteroiden durch einen genetischen ***Enzymdefekt*** eingeschränkt, dann führt das gesteigert ausgeschüttete ACTH zu einer Hypertrophie der Nebennierenrinde und einer gesteigerten Bildung der Vorstufen von Kortisol. Die Vorstufen, insbesondere das unmittelbare Substrat des defekten Enzyms, häufen sich an. Auf diese Weise können – je nach Enzymdefekt – vermehrt oder vermindert mineralokortikoid oder androgen wirksame Hormone gebildet werden (adrenogenitales Syndrom, ▶ 21.5).

> **21.5. Adrenogenitales Syndrom**
>
> Einige Enzymdefekte in der Synthese von Nebennierenrinden-Hormonen schränken die Bildung von Kortisol ein. Eine Abnahme der Kortisolkonzentration stimuliert die Ausschüttung von ACTH, das die Bildung von Vorstufen und deren Metaboliten steigert.
>
> Beim 21β-Hydroxylase-Defekt werden – bei herabgesetzter Bildung von Mineralokortikosteroiden – gesteigerte Mengen an Androgenen gebildet, beim 11β-Hydroxylase-Defekt werden sowohl Androgene als auch Mineralokortikoide (11-Desoxykortikosteron) vermehrt gebildet. Da die gesteigerte ACTH-Bildung trotz eingeschränkter Enzymaktivität in der Regel eine noch hinreichende Kortisolproduktion erzielt, steht bei diesen Enzymdefekten weniger der Mangel an Glukokortikoiden, als die gesteigerte Bildung von androgen-wirkenden Sexualhormonen und die gesteigerte (11β-Hydroxylasedefekt) oder herabgesetzte (21β-Hydroxylase-Defekt) Bildung von Mineralokortikoiden im Vordergrund.
>
> Die gesteigerte Bildung androgen-wirksamer Hormone führt beim weiblichen Kind zu fälschlichem (Virilisierung) und beim männlichen Kind zu verfrühtem (Pubertas praecox) Auftreten männlicher Geschlechtsmerkmale, wie Stimmbruch, männlicher Körperbehaarung, Peniswachstum und gesteigerter Libido. Ein Mineralokortikoidüberschuss führt v.a. zum Bluthochdruck (Hypertonie), ein Mineralokortikoidmangel zur Hypotonie.

Auswirkungen. Ein Mangel an Glukokortikosteroiden führt durch Stimulation des Glukoseverbrauchs im Muskel zu ***Hypoglykämie***, die zur Gegenregulation (v.a. durch Adrenalin) zwingt. Damit kommt es indirekt zu gesteigerter Glykogenolyse, Lipolyse und Proteinabbau, ***Muskelschwund*** und ***Gewichtsverlust***. Die herabgesetzte Wirkung auf den Kreislauf führt zu lebensbedrohlichem ***Blutdruckabfall***, der durch die Na^+- und Wasserverluste bei herabgesetzter mineralokortikoider Wirkung verstärkt wird. Im Blut ist die Zahl der neutrophilen Granulozyten vermindert, die Zahl der Lymphozyten und eosinophilen Granulozyten erhöht. Die Sekretion von Salzsäure im Magen ist eingeschränkt. Bei primärem Mangel an Nebennierenrindenhormonen ist, wegen der gesteigerten Stimulation der POMC-Zellen durch CRH, die Ausschüttung von ACTH und Melanotropin gesteigert, die Wirkung von Melanotropin führt zur ***Braunfärbung der Haut*** (Morbus Addison).

Mineralokortikoide

Das Mineralokortikoid Aldosteron dient in erster Linie der Konservierung von Na^+ bei Verminderung des Blutvolumens

Synthese und Inaktivierung. Aldosteron ist ein Steroid, das in der Zona glomerulosa der Nebennierenrinde synthetisiert wird (Abb. 21.11). Neben Aldosteron üben noch 18-Hydroxykortikosteron, Kortikosteron und 11-Deoxykortikosteron eine mineralokortikoide Wirkung aus. Auch das vorwiegend Glukokortikoid-wirkende Nebennierenrindenhormon Kortisol (▶ s. o.) passt in den zytosolischen Mineralokortikoidrezeptor. Es wird freilich normalerweise in den Zielzellen der Mineralokortikosteroide durch die 11β-Hydroxysteroid-Dehydrogenase Typ 2 inaktiviert (▶ s. o.).

Regulation der Aldosteron-Ausschüttung. Die Ausschüttung von Aldosteron wird durch einen relativen Blutvolumen-Mangel stimuliert. Bei unzureichendem Blutvolumen sinken zentraler Venendruck und Herzfüllung. Durch die Abnahme der Herzfüllung drohen Abfall von Schlagvolumen, Herzminutenvolumen und Blutdruck. Folge ist eine Aktivierung des Sympathikus, der u. a. die Nierendurchblutung einschränkt (Abb. 21.14). Die Sympathikusaktivität und die Abnahme der renalen Perfusion führen wiederum zur Ausschüttung von ***Renin*** im juxtaglomerulären Apparat (▶ s. Kap. 29.9). Renin spaltet aus dem in der Leber gebildeten Protein Angiotensinogen das Dekapeptid Angiotensin I ab. Durch ein ubiquitär (v. a. in der Lunge) vorkommendes *Converting Enzyme* werden zwei weitere Aminosäuren abgespalten, und es entsteht ***Angiotensin II***. Angiotensin II wirkt selbst massiv vasokonstriktorisch und stimuliert die Ausschüttung von Adiuretin (ADH) und Aldosteron. Es hemmt die weitere Ausschüttung von Renin.

Die Ausschüttung von Aldosteron wird ferner durch ***K^+-Überschuss*** (Zellschwellung) stimuliert und durch K^+-Mangel gehemmt.

▪▪▪ Untergeordnete Stimulatoren der Aldosteronausschüttung sind ACTH, Melanotropin, β-Endorphin, Adiuretin (ADH), Katecholamine und Serotonin. Die Ausschüttung von Aldosteron wird durch Atriopeptin (ANF), Dopamin und Somatostatin gehemmt.

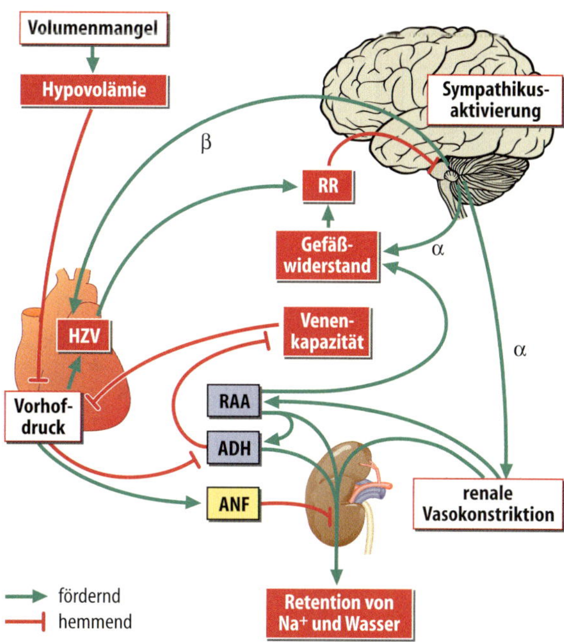

Abb. 21.14. Regulation des Salz-Wasser-Haushaltes bei extrazellulärem Volumenmangel. Extrazellulärer Volumenmangel führt zur Hypovolämie. Die abnehmende Füllung der Vorhöfe stimuliert die Ausschüttung von Adiuretin *(ADH)* und hemmt die Ausschüttung von Atriopeptin *(ANF)*. Der herabgesetzte Vorhofdruck mindert ferner die diastolische Füllung der Herzkammern und damit das Herzzeitvolumen *(HZV)*. Ein Absinken des Blutdruckes *(RR)* wird durch Aktivierung des Sympathikus verhindert, der über α-Rezeptoren die peripheren Gefäße verengt und über β-Rezeptoren das Herz stimuliert. Die renale Vasokonstriktion senkt Nierendurchblutung und glomeruläre Filtrationsrate. Dadurch wird die Renin-Ausschüttung stimuliert, das über die Bildung von Angiotensin die Aldosteron- und Adiuretin- (*ADH*-) Ausschüttung bewirkt (*RAA:* Renin-Angiotensin-Aldosteron). Die Wirkung von Adiuretin *(ADH)*, Aldosteron und die fehlende Wirkung von Atriopeptin *(ANF)* stimulieren die renale Retention von Kochsalz und Wasser. Modif. nach Deetjen, Speckmann (1999)

Wirkungen. Wichtigste Wirkung von Aldosteron ist die Steigerung der Na^+-Resorption im distalen Nephron durch Neusynthese und Einbau von Na^+-Kanälen in der luminalen Zellmembran, die Synthese von Na^+/K^+-ATPase in der basolateralen Zellmembran sowie von Enzymen, die der Energie-Bereitstellung dienen (Abb. 21.15). Dadurch wird nicht nur die ***Na^+-Resorption***, sondern auch die ***K^+-Sekretion*** gefördert: K^+ gelangt über die Na^+/K^+-ATPase in die Zelle und verlässt sie vorwiegend über die durch den Na^+-Einstrom depolarisierte luminale Zellmembran.

▪▪▪ Ähnliche Wirkungen übt Aldosteron auch auf andere Na^+ transportierende Epithelien aus, wie Dickdarm, Schweißdrüsenausführungsgänge, Milchdrüsen und Speicheldrüsen. Auch die Wirkungen auf diese Epithelien dienen in erster Linie der Na^+-Konservierung. So ist die NaCl-Konzentration im Schweiß bei gesteigerter Aldosteron-Ausschüttung erniedrigt.

Neben seiner stimulierenden Wirkung auf die renale Na^+-Resorption und K^+-Sekretion fördert Aldosteron noch die renale ***Mg^{2+}-Resorption***, sowie die distal-tubuläre ***H^+-Sekretion*** und die ***NH_4^+-Ausscheidung***.

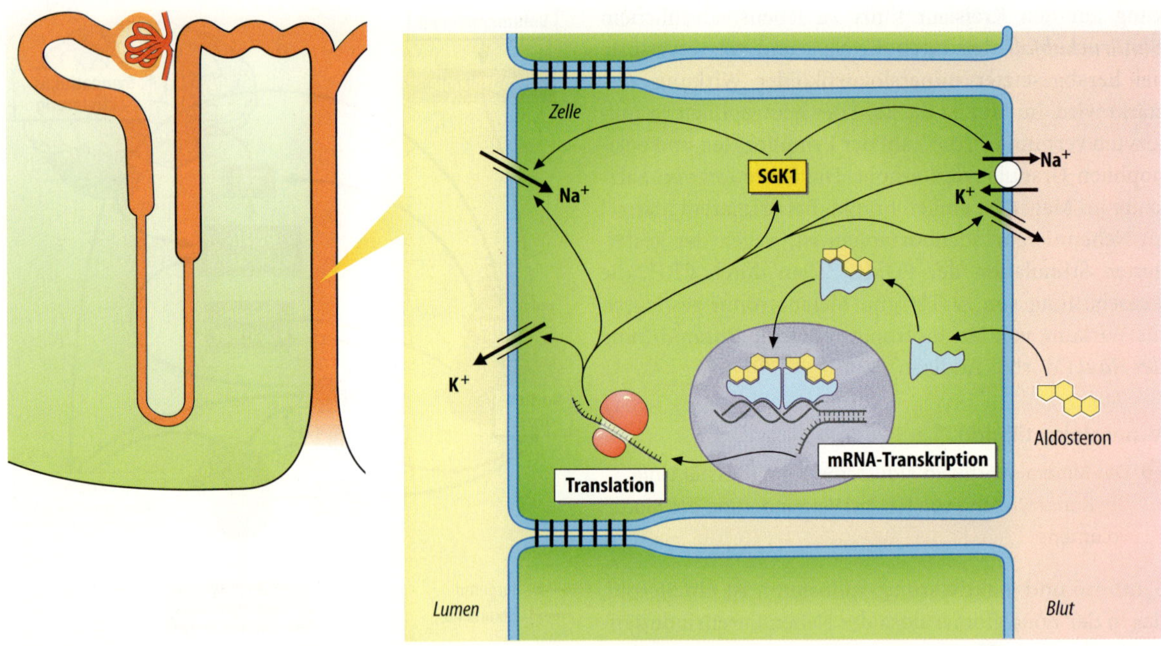

Abb. 21.15. Wirkungen von Aldosteron in den Hauptzellen des distalen Nephrons

Schließlich werden Aldosteron-Rezeptoren auch in nichtepithelialen Geweben gefunden, wie etwa im ***Herzen***, wo es die Bildung von Bindegewebe (Fibrosierung) fördert und im ***Gehirn***, wo es den Salzappetit steigert und möglicherweise die Bildung von Wachstumsfaktoren stimuliert.

Störungen der Aldosteronausschüttung

Hyperaldosteronismus ist Folge von primärer, sehr viel häufiger jedoch von sekundärer Steigerung der Hormonausschüttung, Folgen sind Hypertonie, Hypokaliämie und Alkalose; bei Hypoaldosteronismus drohen Hypotonie, Hyperkaliämie und Azidose

Ursachen eines primären Hyperaldosteronismus. Ein primärer Überschuss an Mineralokortikosteroiden kann durch einen Aldosteron-produzierenden Tumor ***(Morbus Conn)***, oder bei bestimmten Enzymdefekten im Kortisol-Stoffwechsel auftreten, die zu herabgesetzter Kortisol-Bildung führen. Die fehlende negative Rückkopplung durch Kortisol kann über vermehrte Ausschüttung von ACTH die Bildung von Mineralokortikoid-wirkenden Steroiden steigern, z. B. beim 11β-Hydroxylase-Defekt das 11-Desoxykortikosteron (Abb 21.11, ► s. auch 21.5).

Eine mineralokortikoide Wirkung von Kortisol liegt bei einem (sehr seltenen) genetischen Defekt der ***11β-Hydroxysteroid-Dehydrogenase Typ 2*** (► s. o.) vor. Gleiches gilt für übermäßigen Verzehr von Lakritze, dessen Inhaltsstoff Glycyrrhetinsäure die 11β-Hydroxysteroid-Dehydrogenase hemmt. Der fehlende intrazelluläre Abbau erlaubt Kortisol die Bindung an und Aktivierung von Mineralokortikoidrezeptoren.

Ursachen eines sekundären Hyperaldosteronismus, Hyperreninismus. Sehr viel häufiger als der primäre Hyperaldosteronismus ist der sekundäre Hyperaldosteronismus, der Folge einer gesteigerten Renin-Ausschüttung ist. Die Renin-Ausschüttung ist bei gedrosselter Nierendurchblutung erhöht, wie etwa bei ***Nierenarterienstenose.*** Die Nierendurchblutung ist ferner immer dann beeinträchtigt, wenn der Blutdruck nur durch massive ***Aktivierung des Sympathikus*** aufrecht erhalten werden kann, wie bei Hypovolämie, bei Herzinsuffizienz oder bei peripherer Vasodilatation (z. B. bei Sepsis).

Auswirkungen eines Aldosteronüberschusses. Ein Überschuss an Mineralokortikosteroiden (bzw. von Mineralokortikosteroid-Wirkung) führt zu einer Retention von Na^+ und Wasser und einer gesteigerten Eliminierung von K^+ und H^+. Die Retention von Kochsalz und Wasser steigert beim primären Hyperaldosteronismus das Extrazellulärvolumen (***Hyperhydratation***, ► s. Kap. 30.5). Die Zunahme des Blutvolumens führt letztlich zum ***Bluthochdruck*** (► s. 29.3). Durch Bluthochdruck und gesteigerte Bildung von Bindegewebe wird das Herz geschädigt. Bei einem sekundären Hyperaldosteronismus kann – je nach Ursache – das Blutvolumen erhöht, normal oder erniedrigt sein. Bei primärem und sekundärem Hyperaldosteronismus droht die Entwicklung von ***Hypokaliämie*** und ***metabolischer Alkalose.***

Hypoaldosteronismus. Ein Mangel an Mineralokortikosteroiden kann bei Schädigung der Nebennierenrinde und bei bestimmten ***Enzymdefekten*** der Nebennierenrinden-Hormon-Synthese auftreten, die zu einer herabgesetzten Bildung der Mineralokortikosteroide führen. Darüberhinaus kann die Ansprechbarkeit des distalen

Nephrons für Aldosteron herabgesetzt sein, wie bei (sehr seltenen) genetischen Defekten des Rezeptors oder des Na^+-Kanals ***(Pseudohypoaldosteronismus)***.

Folgen des Mangels an Mineralokortikosteroiden oder deren Wirkung sind Mangel an Kochsalz und damit eine z. T. massive Abnahme des Extrazellulärvolumens (***Hypohydratation***, ► s. Kap. 30.5). Durch die Abnahme des Blutvolumens kann der Blutdruck schwerlich aufrecht erhalten werden. Ferner drohen ***Hyperkaliämie*** und ***metabolische Azidose***.

In Kürze

Glukokortikosteroide

Glukokortikosteroide (wichtigster Vertreter Kortisol) werden unter dem Einfluss von ACTH in der Zona fasciculata der Nebennierenrinde gebildet. Die Ausschüttung ist in den frühen Morgenstunden am höchsten und wird v. a. durch Stress gesteigert.

Kortisol steigert:

- die Lipolyse, die Bildung von Acetacetat und β-Hydroxybutyrat,
- den Abbau von Proteinen in der Peripherie (Bindegewebe, Muskel und Knochengrundsubstanz),
- die Synthese von Plasmaproteinen,
- die Glukoneogenese,
- die Bildung von neutrophilen Granulozyten,
- den Knochenabbau,
- die Sekretion von Salzsäure im Magen,
- die Herzkraft, den peripheren Widerstand und den Blutdruck,
- die renale Kochsalzresorption (mineralokortikoide Wirkung).

Kortisol hemmt:

- die zelluläre Aufnahme von Glukose,
- die Lipogenese in Fettzellen,
- die Bildung von eosinophilen und basophilen Granulozyten, Monozyten und Lymphozyten,
- die Ausschüttung von Prostaglandinen, Interleukinen, Lymphokinen, Histamin und Serotonin,
- die Zellteilung und das Wachstum,
- die Kollagensynthese und Gewebereparation nach Verletzungen.

Ein Kortisol-Überschuss (Cushing) führt zu Lipolyse und Proteinabbau in der Peripherie, Stammfettsucht, Vollmondgesicht, Stiernacken, Hyperglykämie, Hyperlipoproteinämie, Blutdruckanstieg, Magenulzera, Zunahme der Zahl an neutrophilen Granulozyten, gesteigerter Infektanfälligkeit, eingeschränkter Wundheilung, herabgesetzter Gewebsfestigkeit (u. a. Striae distensae), Kleinwuchs und Osteoporose.

Ein Kortisol-Mangel (Addison) führt zu Hypoglykämie und Blutdruckabfall und folgender Sympathikus-Aktivierung mit Glykogenolyse, Lipolyse und Proteinabbau, Muskelschwund und Gewichtsverlust. Die Zahl an neutrophilen Granulozyten ist vermindert, die Zahl an Lymphozyten und eosinophilen Granulozyten erhöht. Die gesteigerte Ausschüttung von Melanotropin führt zur auffälligen Braunfärbung der Haut.

Mineralokortikoide

Mineralokortikoide (Aldosteron) werden in der Zona glomerulosa der Nebennierenrinde, vorwiegend unter Stimulation von Angiotensin II und Hyperkaliämie gebildet.

Aldosteron stimuliert:

- die Resorption von Na^+,
- die Sekretion von K^+, H^+ und Mg^{2+} in der Niere, im Dickdarm und anderen Epithelien,
- den Salzappetit.

Hyperaldosteronismus führt durch Retention von Na^+ und Wasser zu Hypertonie, über gesteigerte Eliminierung von K^+ und H^+ zu Hypokaliämie und Alkalose.

Hypoaldosteronismus führt über renale Verluste an Na^+ und Wasser zu Blutdruckabfall, über Retention von K^+ und H^+ zu Hyperkaliämie und Azidose.

Literatur

Bonvalet JP (1998) Regulation of sodium transport by steroid hormones. Kidney Int Suppl 65: 49–56

Farman N (1999) Molecular and cellular determinants of mineralocorticoid selectivity. Curr Opin Nephrol Hypertens 8: 45–51

Greenspan FS, Strewler GJ (1997) Basic & Clinical Endocrinology, 5 th edn. Appleton & Lange

Lang F, Cohen P (2001) The serum and glucocorticoid inducible kinases. Science STKE 108: RE17

Sinha MK, Caro JF (1998) Clinical aspects of leptin. Vitam Horm 54: 1–30

Verrey F (1995) Transcriptional control of sodium transport in tight epithelia by adrenal steroids. J Membr Biol 144: 93–110

Kapitel 22
Reproduktion

W. Wuttke

Einleitung

Das Ehepaar B. kommt in die Kinderwunsch-Sprechstunde. Auf den ersten Blick wirkt Herr B. vom körperlichen Habitus unauffällig, während Frau B. rundlich ist. Ebenfalls auf den ersten Blick hat Frau B. ausgeprägte Gesichtsbehaarung und wirkt durch fettig aussehendes Haar ungepflegt. Im Gespräch mit dem Ehepaar kommt heraus, dass es sich seit drei Jahren ein Kind wünscht. Frau B. hat sehr unregelmäßige Menstruationszyklusaktivität. Sie habe schon als junges Mädchen unter Akne gelitten, später sei vermehrt Gesichts- und Brustbehaarung aufgetreten, sie litt also unter Androgenisierungserscheinungen der Haut. Vor ihrer Ehe hatte sie zur Verhütung die Antibabypille genommen. Auf die Frage des Gynäkologen, ob die Akne und die vermehrte Hautbehaarung sich unter der Pille gebessert habe, erinnert sie sich erstaunt und beantwortet die Frage mit ja. Seit ihrer Heirat wünsche sie sich ein Kind. Nach Absetzen der Antibabypille seien die alten Hautsymptome wieder aufgetreten.

Der Gynäkologe untersucht Frau B. und stellt leicht verhärtete und vergrößerte Ovarien fest. Im Ultraschall sieht er viele ovarielle Zysten. Im Blut von Frau B. werden erhöhte Androgenspiegel gemessen. Auch das männliche Sperma wird untersucht. Es ist unauffällig.

Nachdem alle Befunde vorliegen, bestellt der Gynäkologe das Ehepaar B. wieder ein und teilt ihnen mit, dass die Ursache für den unerfüllten Kinderwunsch bei der Frau liege. Bei Frau B. hat der Gynäkologe ein polyzystisches Ovarsyndrom (PCO) diagnostiziert, welches fast regelmäßig mit zu hoher ovarieller Produktion männlicher Geschlechtshormone vergesellschaftet ist. Das erklärt die Vermännlichungserscheinungen in den Hautanhangsorganen. Da Frau B. übergewichtig ist, veranlasst der Gynäkologe noch die Untersuchung auf Zuckerkrankheit (Diabetes mellitus) und stellt fest, dass Frau B. einen latenten Diabetes vom Typ II (► s. Kap. 21.4) hat. Frau B. hat ein metabolisches Syndrom (► s. 21.4, S. 486).

22.1 Reproduktionsrelevante Hormone

Gonadotropine und Prolaktin

Bei Mann und Frau werden die Gonaden durch die beiden Gonadotropine FSH und LH stimuliert; die Ausschüttung beider Hormone wird durch ein hypothalamisches Hormon, das GnRH gesteuert

Regulation der Gonadotropine. Die Funktionen der Fortpflanzungsorgane des Mannes und der Frau sind von hormonalen Regulationsprozessen abhängig. Ebenso wird das Sexualverhalten bis zu einem gewissen Grade von Geschlechtshormonen beeinflusst. Die ***Gonadotropine*** und die Sexualhormone (sie gehören in die Gruppe der ***Steroide***) dienen also der Arterhaltung, sind jedoch für das einzelne Individuum nicht lebensnotwendig. Von beiden Geschlechtern werden sowohl männliche als auch weibliche Sexualhormone, allerdings in unterschiedlichen Mengen, gebildet. Die für die Fortpflanzung wichtigen Hormone der Hypophyse sind das Follikel-stimulierende Hormon ***(FSH)*** und das luteinisierende Hormon ***(LH)***. Die Ausschüttung beider Hormone wird durch das Gonadotropin-Releasing-Hormon (GnRH = synonym LHRH) aus dem Hypothalamus gesteuert. Die GnRH-produzierenden Zellen enden an den portalen Gefäßen, welche den Hypothalamus mit dem HVL verbindet, so gelangt das GnRH an seine Zielzellen, die FSH- und LH-produzierenden gonadotropen Zellen (► s. Kap. 21.2).

Testikuläre Androgene. Der Syntheseweg der testikulären Androgene ist schematisch in Abb. 22.1 dargestellt. Das wichtigste männliche, testikuläre Geschlechtshormon ***(Androgen)*** ist das ***Testosteron***, welches, durch LH stimuliert, in den ***Leydig-Zwischenzellen*** synthetisiert und in das Blut sezerniert wird. Zum Teil wirkt das Testosteron direkt an den Zellen der Erfolgsorgane (z. B. im ZNS), zum Teil erfolgt die Bildung des eigentlich wirksamen Hormons aber erst in den Zellen der Zielorgane durch Reduzierung in Position 5. So wird die androgene Wirkung auf den männlichen Behaarungstyp und auf die Talgdrüsen über 5-α-Dihydrotestosteron (5-α-DHT) ausgeübt. Auch an den akzessorischen Geschlechtsdrüsen (Prostata, Samenblase) ist das 5-α-DHT das wirksame Androgen.

Ovarielle Steroide. In den Ovarien werden vor dem Eisprung in den Zellen der Follikel ***Östrogene*** produziert und ausgeschüttet. Das wichtigste und physiologisch am stärksten wirksame Östrogen ist das ***Östradiol-17-β***. Durch Aromatisierung von Androgenen am A-Ring und durch Abspalten eines Methylrestes können aus Androgenen Östrogene entstehen. Die Bildung der Östrogene wird durch ***FSH stimuliert***.

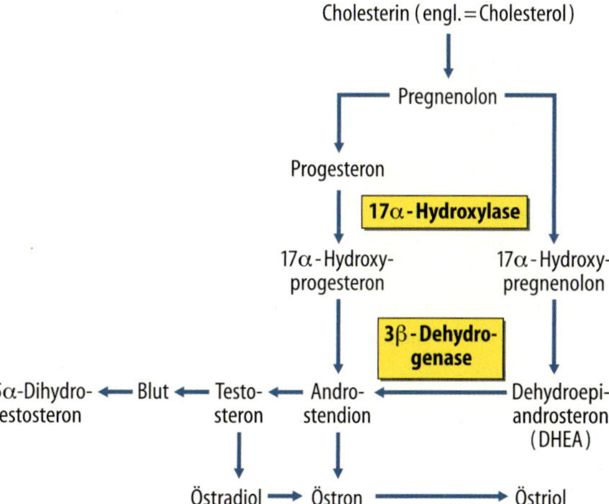

Abb. 22.1. Steroidbiosynthese. Syntheseweg der gonadalen Steroidhormone. Im Blut zirkulierendes Testosteron wird in einigen Zielorgangen (Samenblase, Prostata, Talgdrüsen und Haarfollikel der Haut) zu 5-α-Dihydrotestosteron *(5-α-DHT)* reduziert

Der Eisprung wird durch *LH* ausgelöst und bewirkt die vermehrte Ausschüttung von ***Gestagenen***, deren wichtigster Vertreter das ***Progesteron*** ist.

Alle Sexualsteroidhormone werden zu einem großen Teil nichtkovalent an Bluteiweiße gebunden. Für Östrogene und Androgene gibt es ein relativ hochaffines sexualhormonbindendes Globulin (SHBG, ► s. u.). Es sind nur die nicht an Transportproteine gebundenen freien Steroidhormone wirksam.

Wirkungen von Östrogenen und Gestagenen

Steroidhomone wirken über intrazelluläre Rezeptoren als Transkriptionsfaktoren; Östrogene und Gestagene wirken sowohl genital als auch extragenital

Organselektive Wirkung von Östrogenen. In ◘ Abb. 22.2 ist gezeigt, dass Östrogene in nahezu jeder Zelle jedes weiblichen aber auch jedes männlichen Organs wirken. In ► Kapitel 2.2 ist ausgeführt, dass alle Steroidhormone über intrazelluläre Rezeptoren wirken und nach Bindung ihrer Liganden zu ***Transkriptionsfaktoren*** werden. Es gibt 2 Östrogenrezeptoren (*Estrogen Receptors*, ERs), den ***ERα*** und den ***ERβ***, wodurch die selektiven Organwirkungen erklärt werden können. Nach Bindung ihrer Liganden, also der Östrogene, müssen die Östrogenrezeptoren dimerisieren. So werden sie zu Transkriptionsfaktoren, die ***Estrogen-Response-Element***-haltige Gene aktivieren können. Es konnte gezeigt werden, dass es nicht nur homodimere ERα- und ERβ-Transkriptionsfakoren gibt, sondern dass auch Heterodimerisation stattfindet.

Von ERα und ERβ sind zahlreiche ***Splicevarianten*** beschrieben worden, die ebenfalls homo- und heterodimerisieren können, so dass eine Vielzahl von unterschiedlich stark wirksamen Transkriptionsfaktoren entstehen können. Durch Dimerisierung geeigneter Rezeptorsubtyp- oder -Splicevarianten kann sogar Östrogenantagonistische Wirkung hervorgerufen werden. Das erklärt die lange Zeit unverstandene organselektive Wirkung von Östrogenen.

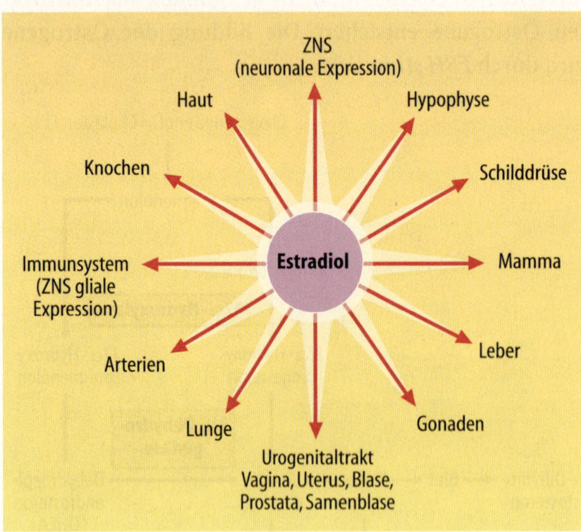

◘ **Abb. 22.2. Zielorgane von Östrogenen.** Es gibt nicht nur eine östrogene Wirkung, da Östrogenrezeptoren (ERα und ERα) in vielen Geweben exprimiert werden. Hier sind nur die wichtigsten östrogenregulierten Organe gezeigt. In den meisten Zellen tierischer weiblicher und männlicher Organe werden Östrogenrezeptoren exprimiert

Selektive Östrogenrezeptor-Modulatoren (SERMs). In der klinischen Therapie von Östrogen-abhängig wachsenden Tumoren, in erster Linie von Mammakarzinomen, werden heutzutage Substanzen eingesetzt, die in der Brustdrüse eine antiöstrogene Wirkung ausüben, im Uterus keine, in anderen Organen jedoch möglichst östrogene Wirkungen haben. Diese Substanzen werden selektive Östrogenrezeptor-Modulatoren (SERMs) genannt.

Genitale Wirkungen von Östrogenen. Östrogene haben verschiedene genitale Wirkungen:
- sie fördern die Ausbildung der Geschlechtsorgane und die Entwicklung der weiblichen Geschlechtsmerkmale (Brustdrüsenwachstum, Fettverteilung);
- sie stimulieren das Wachstum der Uterusschleimhaut (Proliferationsphase, ► s. u.) und der Milchdrüsengänge in den Brustdrüsen;
- sie mindern die Zervixschleimkonsistenz und begünstigen daher das Penetrieren von Spermien;
- in der ***Vagina*** stimulieren Östrogene die Abschilferung von Glykogen-reichen Epithelzellen. Glykogen wird durch die sog. Döderlein-Bakterien normalerweise zu Milchsäure abgebaut, die Ansäuerung des Lumens behindert die Besiedlung mit pathogenen Erregern.
- Auch das Eindringen von Erregern über die Harnröhre wird durch Östrogene eingeschränkt.

Extragenitale Wirkungen der Östrogene. Östrogene beeinflussen hypothalamische, mesenzephale, limbische und kortikale Strukturen und damit das ***Verhalten***:
- sie fördern die ***Blutgerinnung*** und damit die Entwicklung von Thrombosen;
- andererseits steigern sie die Bildung von antiarteriosklerotisch wirksamen *High Density Lipoproteins* (HDL) und senken die proarterioskelrotisch wirksamen *Low Density Lipoproteins* (LDL).
- Östrogene stimulieren den ***Proteinaufbau*** und
- stimulieren die Lipolyse;
- sie führen zu erhöhter renaler Na-Reabsorption;
- sie erhöhen den Turgor der Haut und sind damit u. a. gegen Faltenbildung der Haut wirksam;
- sie stimulieren die Bildung von 25-Hydroxycholecalciferol und fördern die Mineralisierung des Knochens (► s. Kap. 31.2);
- sie fördern das ***Knochenwachstum***;
- sie beschleunigen gleichzeitig den Schluss der Epiphysen und limitieren auf diese Weise das Längenwachstum.

Genitale Wirkungen der Gestagene. Die genitalen Wirkungen der Gestagene sind:

- Sie wirken auf die Uterusmuskulatur erschlaffend;
- sie fördern die Entwicklung der Uterusschleimhaut zur Sekretionsphase (▶ s. u.);
- sie fördern die Ausbildung der Milchdrüsenalveolen;
- sie steigern die Zervixschleimkonsistenz und behindern damit das Eindringen von Spermien.

Extragenitale Wirkungen der Gestagene. Auch die extragenitalen Wirkungen sind vielfältig:
- Gestagene wirken katabol und steigern Grundumsatz, Körpertemperatur und Atmung (Ventilation);
- sie verdrängen Aldosteron vom Mineralokortikoidrezeptor und wirken damit natriuretisch (▶ s. Kap. 29.8).

Endokrine Disruptoren

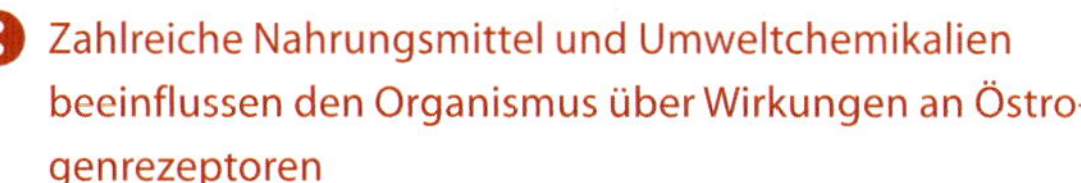

Zahlreiche Nahrungsmittel und Umweltchemikalien beeinflussen den Organismus über Wirkungen an Östrogenrezeptoren

Die Östrogenrezeptoren sind relativ promiskuite Rezeptoren, da sie Substanzen wie zahlreiche in die Umwelt eingebrachte Chemikalien, aber auch Pflanzeninhaltstoffe binden können. Besonders reichhaltig an derartigen Östrogen-ähnlichen Wirkstoffen ist die Sojapflanze. Zahlreiche Unterschiede in der Entwicklung von ***Sexualsteroid-abhängig wachsenden*** Tumoren in der asiatischen und der europäischen/angloamerikanischen Population werden über die unterschiedlichen Nahrungsgewohnheiten dieser Populationen erklärt (Japaner decken ihren Proteinbedarf überwiegend über sojahaltige Produkte und nehmen deshalb große Mengen von Phytoöstrogenen zu sich, während die europäische und amerikanische Gesellschaft überwiegend Fleischprodukte zu sich nimmt).

Zahlreiche Pestizide, Herbizide, Fungizide aber auch Sonnenschutzmittel und direkt mit der Nahrung zugeführte Substanzen, wie Weichmacher von Plastik, die in die Nahrung diffundieren können, haben milde östrogene aber auch antiandrogene Wirkungen. Ihnen wird ein Teil der gehäuft auftretenden Entwicklungsstörungen von Kindern, wie Maldescensus testis aber auch die häufiger auftretenden Hodenkrebse etc., zugeschrieben. Substanzen aus der Umwelt mit schädigenden Wirkungen auf den Organismus oder auf Nachkommen heißen ***endokrine Disruptoren (ED).*** Nicht zuletzt wegen ihrer ED-Wirkungen sind in den letzten Jahren zahlreiche Chemikalien durch Gesetzgebung aus dem Verkehr genommen worden.

Das Prolaktin

Prolaktin stimuliert die Milchsynthese in den Brustdrüsen; es wird durch hypothalamisches Dopamin tonisch gehemmt

Dopamin. Prolaktin ist ebenfalls ein Hormon des Hypophysenvorderlappens und wichtig für die Milchproduktion in der Brustdrüse. Im Hypothalamus liegende Dopamin-produzierende Zellen schütten dieses biogene Amin tonisch in das Portalvenensystem aus. Dopaminrezeptoren befinden sich in der Plasmazellmembran von Prolaktin-produzierenden Zellen. Wenn Dopamin diese Rezeptoren stimuliert, wird die Prolaktinsekretion gehemmt. Diese Kenntnis ist klinisch wichtig, da es zahlreiche Medikamente mit dopaminagonistischer aber auch mit -antagonistischer Wirkung gibt, die also die Prolaktinsekretion hemmen aber auch fördern können.

Hyperprolaktinämie. Sehr hohe Serum-Prolaktinspiegel, wie sie bei Hypophysentumoren, sogenannten Prolaktinomen, aber auch während der Laktation auftreten, hemmen den GnRH-Pulsgenerator. Dadurch wird die FSH- und LH-Sekretion gehemmt und die Ovartätigkeit kommt zum Erliegen. Es kommt zur sogenannten hyperprolaktinämischen Amenorrhoe, einer Sonderform der hypothalamischen Amenorrhoe. Die Prolaktin-produzierenden Zellen können durch Gabe von Dopamin bzw. Dopaminagonisten gehemmt werden, so dass die Prolaktinspiegel sich normalisieren, dann kommt auch die Menstuationszyklusaktivität wieder in Gang. Eine hyperprolaktinämische Amenorrhoe ist bei laktierenden Frauen physiologisch und tritt auch in der Säugetierwelt weit verbreitet auf. Es ist die Laktationsamenorrhoe, bzw. die Laktationsanöstrie.

22.1. Die hyperprolaktinämische Amenorrhoe

Diagnose. Bei Patientinnen mit unregelmäßigen, besonders bei verlängerten Zyklen oder bei sekundärer Amenorrhoe sollte als erste diagnostische Maßnahme das Prolaktin bestimmt werden. Eine hyperprolaktinämische Amenorrhoe ist häufig durch Prolaktin-produzierende Tumoren bedingt und äußert sich häufig durch eine Galaktorrhoe. Die gutartigen Prolaktinome stimulieren die Milchsynthese in der Brustdrüse, das erklärt die Galaktorrhoe. Die hohen Prolaktinspiegel inhibieren den GnRH-Pulsgenerator, das führt zur erniedrigten Gonadotropinsekretion und damit zum Erlöschen der Zyklusaktivität.

Symptome. Je nach Größe des hypophysären Prolaktin-produzierenden Tumors können bitemporale Gesichtsfeldausfälle auftreten. Prolaktinome, wie auch andere Hypophysentumoren wachsen häufig suprasellär und komprimieren die suprasellär im Chiasma opticum kreuzenden Sehnervenfasern. Da nur die Fasern der nasal gelegenen retinalen Ganglienzellen im Chiasma opticum kreuzen, erklärt das die bitemporalen Gesichtsfeldausfälle.

Bei Verdacht auf einen Hypophysentumor ist also immer die Zusammenarbeit zwischen Gynäkologen, Radiologen und Ophtalmologen notwendig.

IV

In Kürze

Reproduktionsrelevante Hormone

Bei Mann und Frau werden die Gonaden durch die beiden Gonadotropine FSH und LH stimuliert. Ihre Freisetzung wird durch ein hypothalamisches Releasing-Hormon, das GnRH (LHRH) gefördert.

- Bei der Frau stimuliert FSH die Östrogen-, LH die Gestagensynthese.
- Beim Mann bewirkt LH eine verstärkte Bildung von Androgenen, FSH stimuliert die Spermienproduktion.

Die Wirkungen von Östrogenen und Gestagenen sind vielfältig und sowohl genital als auch extragenital.

Prolaktin wird durch Dopamin tonisch inhibiert. Nach der Schwangerschaft stimuliert es die Milchsynthese.

22.2 Regulation der Gonadenfunktion beim Mann

Spermatogenese

Die Hoden (Testes) haben im männlichen Organismus 2 Funktionen: sie produzieren das wichtigste männliche Geschlechtshormon, das Testosteron, in den Leydig-Zwischenzellen, und sie stellen die Gameten her

Regulation der Hodentätigkeit. Für eine regelhafte Spermatogenese, also für die Entstehung befruchtungsfähiger Gameten, sind sowohl intratestikuläre Prozesse wie auch Prozesse in den Nebenhoden (Epididymis) und Sekrete aus der Vorsteherdrüse (Prostata) und den Samenbläschen notwendig (Abb. 22.3).

LH stimuliert die Leydig-Zwischenzellen zu vermehrter Androgenproduktion (▶ s. o.). Intratestikulär sind diese Androgene für die normale ***Spermatogenese*** notwendig. Das wichtigste testikuläre Androgen ist das ***Testosteron.*** Dieses Hormon gelangt in die Blutbahn und auf diesem Wege zur Hypophyse und zum Hypothalamus, wo es eine negativ-rückkoppelnde Wirkung auf die LH- bzw. die GnRH-produzierenden Zellen hat. Kastration, also die Entfernung der Testes, reduziert die Menge des zirkulierenden Testosterons stark, was zur Erhöhung der LH- und FSH-Produktion führt.

In den Hoden produzieren die Sertolizellen zusätzlich noch FSH-regulierende Hormone (***Aktivine*** und ***Inhibine***). Außerdem können sie Androgene zu Östrogenen aromatisieren, deren Wirkung in den Hoden wichtig, aber noch weitestgehend unverstanden ist. Der hypothalamo-hypophyseo-testikuläre Regelkreis ist in Abb. 22.4 dargestellt.

Bildung von Spermatozoen. Unter dem Einfluss von FSH und intratestikulär gebildeten Androgenen erfolgt die

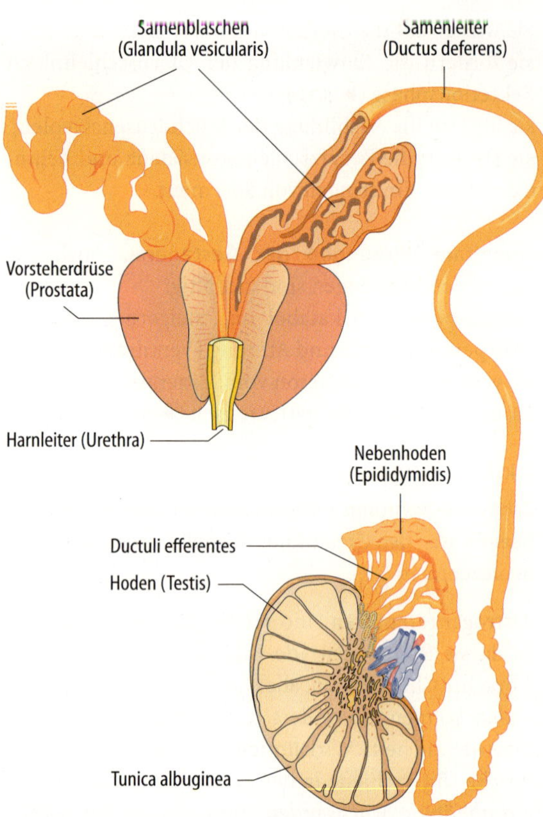

Abb. 22.3. Der männliche Genitaltrakt. Spermatozoen werden in den Testes gebildet; ihre Endreifung und Lagerung erfolgt in den Ductuli efferentes und in den Nebenhoden. Bei der Ejakulation werden sie mit Sekreten der Prostata und der Samenbläschen vermischt, sodass das Ejakulat stark alkalisch wird, um so den sauren pH-Wert der weiblichen Scheide zu neutralisieren. Nach Breckwoldt et al (1991)

Spermatogenese in den Samenkanälchen (Tubuli seminiferi contorti, Abb. 22.5). Die Spermatogenese in den Tubuli contorti ist in drei Stufen unterteilbar:

- die mitotische Teilung der Spermatogonien,
- einen Prozess der Meiosis,
- die Reifung der Spermatiden zu Spermatozoen.

Dieser letzte Prozess heißt ***Spermiogenese.*** Der gesamte Prozess der Spermatogenese dauert etwa 70 Tage. Die Tubuli contorti bestehen aus ***Sertolizellen*** und ***Samenzellen*** in unterschiedlichen Reifungsstadien. Die Urform von Samenzellen sind die ***Spermatogonien.*** Die Sertolizellen spielen für die Entwicklung der Spermatozyten eine wichtige Rolle. Sie liefern nämlich sowohl das nutritive wie auch das endokrine Milieu für die Reifung der Spermatozyten. Dazu produzieren die Sertolizellen ein ***Androgen-bindendes Protein*** (ABP), welches Testosteron von den Leydig- zu den Sertolizellen transportiert. Hier wird es zu Östrogenen aromatisiert. Östrogene und Androgene sind für die ***Reifung der Spermatozyten*** notwendig. Ferner produzieren die Sertolizellen vermutlich das Inhibin.

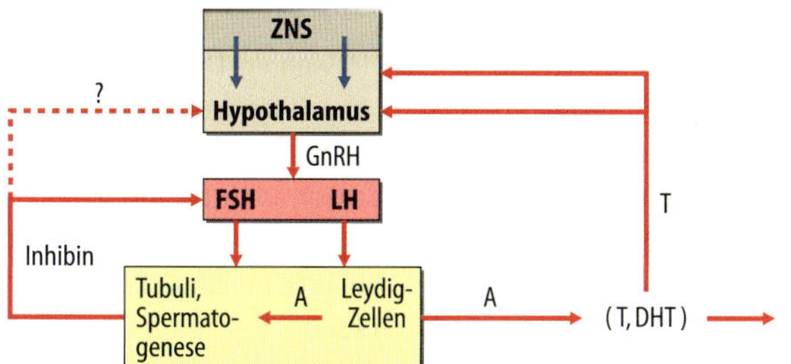

Abb. 22.4. Der hypothalamo-hypophyseo-testikuläre Regelkreis. Im Hypothalamus sitzende GnRH-Neurone schütten ihr Dekapeptid in das portale Gefäßsystem aus. Es stimuliert die Sekretion von LH und FSH. Das LH regt die Leydig-Zwischenzellen zu vermehrter Androgenproduktion an. Diese koppeln zur Hypophyse und zum Hypothalamus zurück, sodass der Regelkreis geschlossen wird. In den Tubuli contorti wird durch FSH die Spermatogenese angeregt. Gleichzeitig bilden die dort befindlichen Sertolizellen das Peptid Inhibin, welches auf dem Blutweg zur Hypophyse gelangt. Hier inhibiert es selektiv die FSH-Sekretion. Ob es auch zum Hypothalamus zurückkoppelt, ist noch unklar. Die in den Leydig-Zwischenzellen unter der Wirkung von LH stimulierten Androgene sind auch essenziell für die normale Spermatogenese in den Tubuli contorti. Das Haupt-Androgen des Hodens ist Testosteron *(T)*. Testosteron wird in Zellen peripherer Erfolgsorgane (Hautanhangsorgane, Prostata, Samenblase etc.) erst nach Reduktion zu 5-α-Dihydrotestosteron *(5-α-DHT)* wirksam. 5-α-DHT hat keine rückkoppelnde Wirkung zur Hypophyse oder zum Hypothalamus

Reifung der Spermatozyten. Nach Bildung der Spermatozyten gelangen diese in die langen Gänge der Nebenhoden (Epididymis). Diese Passage ist für die Fähigkeit der Spermien zur Motilität und Befruchtung eines Oozyten wesentlich. Direkt aus den Tubuli contorti entnommene Spermien sind unbeweglich und können nicht die Zona pellucida der Eizelle penetrieren. Die Passage durch die Kanäle der Nebenhoden ist also für die Endreifung der Spermatozyten wichtig, sie dauert etwa 5–12 Tage. Ein geringer Anteil der Spermatozyten wird in den Nebenhoden, der größere Anteil jedoch in den Ductus deferentes und den Ampullen gespeichert. Sie bleiben so über Monate befruchtungsfähig.

Samenflüssigkeit und Spermienbeweglichkeit. Normale Spermien sind in der Lage, sich durch ihre langen geißelartigen Fortsätze zu bewegen. Der ejakulierte Samen besteht also aus der die Spermatozoen enthaltenden Flüssigkeit aus den Vasa deferentia, den Flüssigkeiten der ***Samenblase***, der ***Prostata*** und von mukösen Drüsen (besonders den bulbo-urethralen Drüsen entlang der samenausführenden Gänge). Die Samenflüssigkeit ist in der Lage, das saure Milieu der Scheide leicht alkalisch zu machen, so dass die Spermien optimale Aszensionsbedingungen erhalten.

Die Funktion der Prostata, der Nebenhoden sowie der Anhangsdrüsen zu den Samen ausführenden Gängen sind alle androgenabhängig. Aus den Leydig-Zellen stammendes Testosteron wird durch die Zellen der entsprechenden Organe zu 5-α-DHT, der wirksamen Form an den akzessorischen Geschlechtsorganen, reduziert.

Androgene

! Androgene haben eiweißanabole Wirkungen und stimulieren das Sexualverhalten

Anabole Wirkung. Testosteron ist das wichtigste testikuläre Sekretionsprodukt. Der Hauptanteil ist an ein Protein gekoppelt, das oben schon erwähnte Sexualhormon-bindende Globulin (SHBG). Nur der nicht gebundene, also der im Plasma gelöste Anteil von Testosteron kann

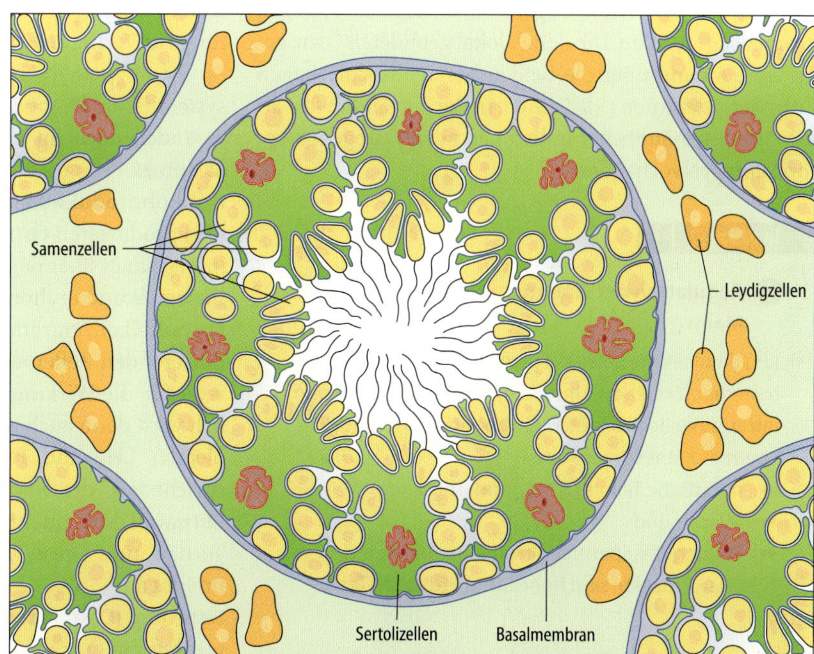

Abb. 22.5. Der Samenkanal. Der Hoden besteht aus vielen Samenkanälen. An der Bildung der Samenzellen sind die Sertolizellen beteiligt. Auch die zwischen den Kanälen liegenden Testosteron-produzierenden Leydig-Zellen sind essentiell für die Samenbildung. Das Testosteron ist auch wichtig für den Habitus und das Verhalten des Mannes. Nach Breckwoldt (1991)

biologisch wirksam werden. Die peripheren Wirkungen der Androgene sind vielfältig:

- Ganz global wirken alle Androgene ***eiweißanabol***, d. h. sie ***stimulieren*** die ***Eiweißsynthese***. Deshalb ist nach der Pubertät der männliche Habitus in aller Regel größer und muskulöser ausgeprägt als der weibliche.
- Androgene bewirken durch Stimulation der Eiweißmatrix eine verstärkte ***Knochenbildung***. Auch die ***Muskelmasse*** ist durch Androgene stimulierbar. Diese beiden Effekte werden durch Muskeltraining ganz besonders deutlich.

Im Blut zirkulierendes Testosteron wird in vielen Anhangsorganen der Haut zu 5-α-Dihydroxytestosteron ***(5-α-DHT)*** reduziert. Das 5-α-DHT ist hier für den maskulinen Behaarungstyp (Bartwuchs, etc.) und die vermehrte Fettproduktion und -sekretion der Haut (Seborrhoe) verantwortlich. Testosteron fördert Knochenwachstum und -reifung, beschleunigt jedoch gleichzeitig den Schluss der Epiphysen und limitiert damit das Längenwachstum. Schließlich stimuliert Testosteron die Erythropoiese und ist für die beim Mann gesteigerte Erythrozytenzahl im Blut verantwortlich.

Wirkungen im ZNS. Sexualsteroide koppeln in hypothalamische und limbische Strukturen im ZNS zurück. Im Hypothalamus wird die Sekretion der GnRH-produzierenden Neurone beeinflusst. Hypothalamische wie limbische Strukturen sind für Aggressions- und Sexualverhalten mitverantwortlich.

Die Testes bleiben für das gesamte Individualleben funktionsfähig. Obwohl die Testosteronsekretion im Senium absinkt, bleibt die Spermatogenese häufig bis ins hohe Lebensalter intakt.

Das Testosteron wirkt über den Androgenrezeptor, kann allerdings in vielen Organen lokal auch zu Östrogen aromatisiert werden. Die derart lokal gebildeten Östrogene wirken dann über die beiden bereits beschriebenen Östrogenrezeptoren (ERβ, ERα). In der Tat sind in fast allen Organen männlicher Individuen beide Östogenrezeptor-Subtypen vorhanden.

In Kürze

Regulation der Gonadenfunktion beim Mann

LH stimuliert die Leydig-Zellen zu vermehrter Testosteronproduktion. Unter dem Einfluss von FSH und intratestikulär gebildeten Androgenen erfolgt die Spermatogenese in 3 Stufen:

- mitotische Teilung der Spermatogonien,
- Meiosis und
- Reifung der Spermatiden zu Spermatozoen.

Für diese Prozesse sind hohe intratestikuläre Testosteron- und Östrogenspiegel notwendig. Die endgültige Reifung der Spermatozoen erfolgt in den langen Gängen der Nebenhoden. Zusätzlich produziert der Hoden noch FSH-regulierende Hormone, die Inhibine, so dass der Hoden über Testosteron die GnRH-Sekretion beeinflussen und über die Inhibine direkt die FSH-Sekretion regulieren kann.

Die Androgene haben eine eiweißanabole Wirkung und sind für das im Vergleich zur Frau stärkere Muskel- und Knochenwachstum des Mannes verantwortlich. Sie stimulieren Sexual- und aggressives Verhalten.

22.3 Regulation der Gonadenfunktion bei der Frau

Follikelreifung, Ovulation und Funktion des Corpus luteum

Bei der Frau stimuliert FSH die Follikelreifung, LH bewirkt den Eisprung (Ovulation) und die Bildung des Gelbkörpers (Corpus luteum); wenn das Ei nicht befruchtet wird, geht das Corpus luteum zugrunde, und es kommt zur Menstruationsblutung

Follikelreifung. Im Ovar eines neugeborenen Mädchens sind viele Millionen Follikel angelegt, von denen die meisten im Verlaufe der kindlichen und der pubertären Entwicklung degenerieren. Bei der geschlechtsreifen Frau werden pro Zyklus viele Tausend Follikel zur Anreifung gebracht; man spricht von einer Kohorte. Aus ungeklärten Gründen wird aus dieser Kohorte nur einer dominant und gelangt zur Sprungreife, so dass pro Menstruationszyklus in der Regel nur ein Ei für die Befruchtung zur Verfügung steht.

Das hypothalamo-hypophyseo-ovarielle Regelkreissystem ist in Abb. 22.6 gezeigt, während die Hormonveränderungen im Verlauf des Menstruationszyklus in Abb. 22.7 dargestellt sind.

Hormonproduktion der Follikel. Die heranreifenden Follikel produzieren ***Östrogene***, u. a. das ***Östradiol***. Das Hormon gelangt über das Blut zur Hypophyse, an den Hypothalamus und an höhere ZNS-Strukturen. Bei niedrigen Östradiolkonzentrationen werden die LH- und FSH-produzierenden Zellen auf einem niedrigen Sensibilitätsniveau für die Wirkung von GnRH gehalten. Wahrscheinlich wird dann auch wenig GnRH ausgeschüttet. Deshalb bleiben LH- und FSH-Spiegel im Blut niedrig. Man spricht von der ***negativ-rückkoppelnden Wirkung von Östradiol***. Mit zunehmender Reifung eines Follikels zum Tertiär- und Graaf-Follikel steigen die Östradiolspiegel im Blut an.

Eisprung (Ovulation). Unmittelbar vor dem Eisprung werden die Östradiolspiegel so hoch (Abb. 22.7), dass

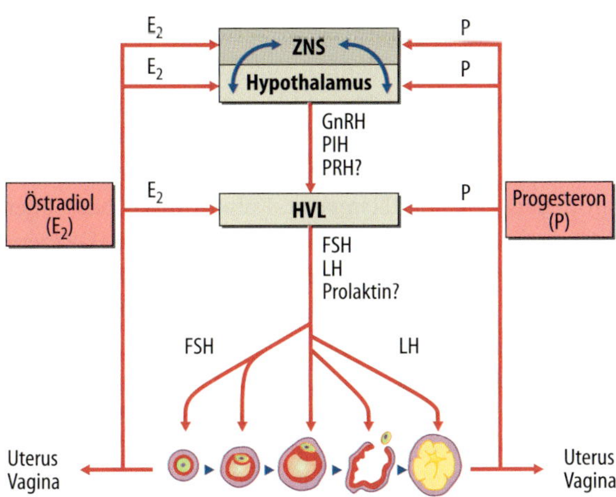

Abb. 22.6. Der hypothalamo-hypophyseo-ovarielle Regelkreis. Das in hypothalamischen Neuronen gebildete Dekapeptid GnRH stimuliert die Sekretion beider Gonadotropine, also des follikelstimulierenden Hormons *(FSH)* und des luteinisierenden Hormons *(LH)*. FSH stimuliert die Anreifung eines Satzes von Follikeln, von denen beim Menschen einer (ganz selten zwei) zur Endreifung gelangt. Der heranreifende Follikel produziert ansteigende Mengen Östradiol *(E_2)*, welches das Endometrium zur Proliferation bringt. E_2 koppelt zur Hypophyse und zum Hypothalamus zurück und bewirkt hier bei entsprechenden Blutspiegeln mittzyklisch vermehrte GnRH-Ausschüttung und eine Erhöhung der Sensibilität der hypophysären FSH- und LH-produzierenden Zellen für die Wirkung von GnRH. Dadurch wird der mittzyklische FSH- und LH-Anstieg ermöglicht. Nur LH bewirkt die Ovulation und die Luteinisierung der follikulären Granulosazellen. Diese nehmen unter dem Einfluss des LH die Progesteron-*(P-)*Produktion und -Sekretion auf. Beide Steroidhormone, E_2 und P, koppeln zum Hypothalamus und zur Hypophyse zurück, sodass die mittzyklische FSH- und LH-Sekretion wieder reduziert wird. Auch in höheren zentralnervösen Strukturen wirken die beiden Hormone. Dadurch wird die Libido (Sexualtrieb) zykluskonform gesteuert. *PIH:* Prolaktin-Inhibiting-Hormon, *PRH:* Prolaktin-Releasing-Hormon

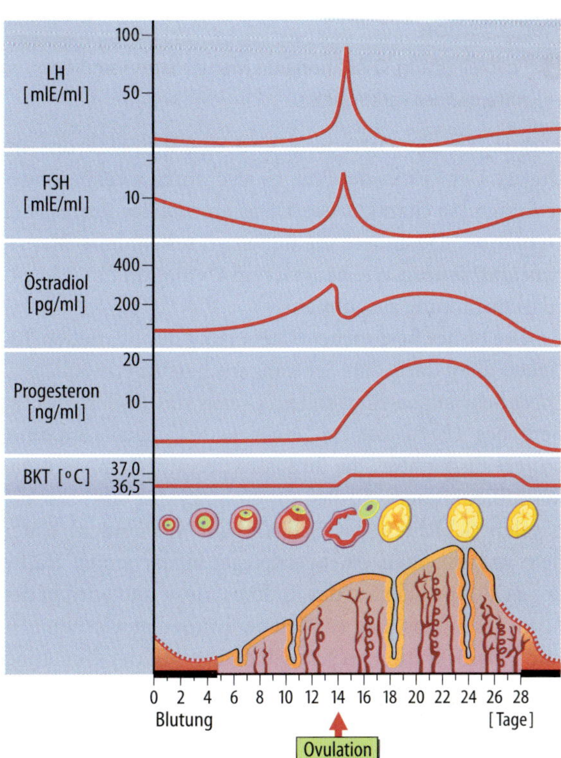

Abb. 22.7. Der Menstruationszyklus. Bluthormonspiegel im Verlauf eines Menstruationszyklus. In der Follikelphase reift ein Follikel zum Tertiärfollikel heran, welcher zunehmend Östradiol produziert. Dadurch wird das Endometrium zur Proliferation gebracht. Schließlich schüttet die Hypophyse mittzyklisch vermehrt LH und FSH aus und löst somit die Ovulation aus. Der rupturierte Follikel wird zum Corpus luteum, welches viel Progesteron bildet. Dadurch wird das proliferierende Endometrium in ein sekretorisches umgewandelt. Erhöhte Progesteronspiegel bewirken auch die leichte Anhebung der basalen Körpertemperatur *(BKT)*. Die Menstruationsblutung (durch dicke *Abszissenlinie* markiert) ist eine Progesteronentzugsblutung

die LH- und FSH-produzierenden Zellen der Hypophyse recht plötzlich von ihrer niedrigen auf eine hohe Antwortbereitschaft auf GnRH umschalten. Gleichzeitig wird vermutlich vom Hypothalamus mehr GnRH ausgeschüttet. Dadurch verstärkt sich die hypophysäre FSH- und LH-Sekretion (präovulatorische LH- und FSH-Peaks). Das ist die ***positiv-rückkoppelnde Wirkung von Östradiol.*** Das hohe LH bewirkt den Prozess des Eisprungs ***(Ovulation)***; der Follikel »rupturiert« als Folge von Prozessen, die durch den erhöhten LH-Spiegel eingeleitet werden.

Bei der ***Ovulation*** wird mit der Follikelflüssigkeit ein befruchtungsfähiges Ei aus dem Graaf-Follikel herausgespült und gelangt in die Tube. Die Tuben verbinden die beiden Ovarien mit dem Cavum uteri. Das Ei ist nunmehr zur Befruchtung bereit.

Corpus luteum. Die follikulären Granulosazellen, die bisher Östradiol produziert haben, nehmen die vermehrte Synthese und Ausschüttung von ***Progesteron*** (dem wichtigsten Gestagen bei der Frau) auf. Dieser ebenfalls LH-abhängige Prozess wird als ***Luteinisierung*** der Zellen des rupturierten Follikels bezeichnet. Der Follikel wird zum Gelbkörper ***(Corpus luteum).*** Das immer noch vermehrt sezernierte Östradiol koppelt zusammen mit dem Progesteron nunmehr negativ zur Hypophyse und zum Hypothalamus zurück, so dass die hohe LH- und FSH-Sekretion wieder auf basale Werte absinkt.

Das Progesteron hat in temperaturregulierenden Zentren im Hypothalamus eine temperatursteigernde (thermogenetische) Wirkung. Bei hohen Progesteronspiegeln steigt die ***basale Körpertemperatur*** um ca. 0,5 °C an. (Abb. 22.7) Aus nicht ganz geklärten Gründen hat das Corpus luteum eine Lebensdauer von etwa 14 Tagen. Gegen Ende dieser Zeit sinkt die Progesteronsekretion spontan wieder ab; der Prozess der ***Luteolyse*** setzt ein. Auch die basale Körpertemperatur sinkt wieder ab. Dadurch wird der Temperaturverlauf im Zyklus biphasisch. Im Normalfall dauert ein ***Menstruationszyklus 28 Tage***, gerechnet vom ersten Tag einer Menstruationsblutung bis zum ersten Tag der Nächsten.

IV

Menstruation

 Follikelreifung, Ovulation und Menstruation sind eng miteinander verkoppelt

Wirkungen der Östrogene und des Progesterons im Uterus. Der Zyklus der Frau ist also durch zwei besondere Ereignisse charakterisiert. Das eine ist der Prozess der ***Ovulation***, das andere die äußerlich erkennbare ***Menstruationsblutung***. Wie hängen nun Ovulation und Menstruationsblutung zusammen?

Die bisher besprochene Steuerung der ovariellen Tätigkeit dient dazu, eine Schwangerschaft zu ermöglichen. Diese Schwangerschaft soll im Uterus stattfinden. Das Innere des Uterus ist mit einer Schleimhaut ***(Endometrium)*** ausgestattet, die ihre Funktion mit dem steroidalen Milieu ändert. Zu Beginn eines Zyklus sind nur die basalen Schichten der Schleimhaut vorhanden. Unter dem ansteigenden Östrogenspiegel in der ersten Hälfte des Zyklus proliferiert das Endometrium und wird in der Mitte des Zyklus, also zur Zeit der präovulatorischen LH- und FSH-Sekretion, wesentlich dicker. Mit der Ovulation und der damit verbundenen vermehrten Progesteronsekretion bilden sich in dem proliferierten Endometrium kryptenförmige Drüsen aus. Das Endometrium ist aus dem ***Proliferationsstadium*** in das ***Sekretionsstadium*** getreten. Es ist nun optimal für eine eventuell bevorstehende Schwangerschaft vorbereitet (■ Abb. 22.7).

Menstruationsblutung. Erfolgt keine Befruchtung, so ist ein schwangerschaftsbereites Endometrium überflüssig. Das Corpus luteum überlebt in Anwesenheit basaler LH-Spiegel für ca. 14 Tage. Da das Endometrium nur unter hohen Progesteronspiegeln existieren kann, hat ein Absinken des Progesteronspiegels zur Folge, dass sich das Endometrium regressiv verändert. Die Spiralarterien des Endometriums kontrahieren sich an ihrer Basis, so dass das endometriale Gewebe schließlich zugrunde geht, abgestoßen und in die Vagina ausgeschwemmt wird. Dieser Abstoßungsprozess des Endometriums mit der damit verbundenen Blutung ist die Ursache der ***Menstruationsblutung***. Das Endometrium ist nun bis auf seine basale Schicht abgestoßen.

GnRH-Pulsgenerator

 Das hypothalamische GnRH wird in Pulsen ausgeschüttet; gestörte GnRH-Pulsatilität führt zu Störungen der Fertilität

Pulsatile GnRH-Sekretion. Beim Mann und bei der Frau erfolgt die Ausschüttung von GnRH aus den hypothalamischen Neuronen in pulsatiler Form. Das bedeutet, dass bei Frauen und Männern die GnRH-Neurone synchronisiert und phasisch aktiv werden. Die pulsatile Ausschüttung von GnRH aus dem Hypothalamus ist von grundsätzlicher Bedeutung für die ***Regulation der LH- und FSH-Sekretion***. Die hypophysären LH- und FSH-Zellen müssen in regelmäßigen, zeitlich gut koordinierten Abständen GnRH-exponiert werden. Nur dann schüttet die Hypophyse normale Mengen von LH und FSH aus. Die Rezeptoren für GnRH an den LH- und FSH-produzierenden Zellen müssen die GnRH-Pulse in einer für sie optimalen Frequenz »sehen«. Nur dann funktionieren sie auf optimalem Sensibilitätsniveau. Keine GnRH-Pulse oder dauerhafte GnRH-Präsenz regulieren die GnRH-Rezeptoren herunter, so dass die Hypophyse kein LH und FSH mehr ausschüttet. Nur die regelmäßige pulsatile GnRH-Sekretion garantiert also normale Follikelreifung, Ovulation und Funktion des Corpus luteum.

Störungen des Pulsgenerators. Es gibt Krankheitsbilder, bei dem der Hypothalamus gar nicht oder mit suboptimaler Frequenz pulsatil GnRH ausschüttet. Die Folgen sind gestörte Hodenfunktion beim Mann und gestörte Follikelreifung und ausbleibende Ovulation bei der Frau. Sowohl beim Mann als auch bei der Frau kann durch vielfältige Innen- und Umwelteinflüsse (z. B. Krankheiten oder Stress) die normale Funktion des GnRH-Pulsgenerators gestört sein. Es kommt dann zu sekundären Störungen der Gonadenfunktion. Bei der Frau kann die Menstruationstätigkeit zum Erliegen kommen. Es liegt das Zustandsbild der hypothalamischen ***Amenorrhoe*** vor.

GnRH-Superanaloga und -Antagonisten

 Dauerhafte Stimulation der GnRH Rezeptoren führt zum Erliegen der Gonadentätigkeit

Klinische Nutzung. Die Erkenntnis, dass nur optimale Pulsfrequenz zu optimaler LH- und FSH-Sekretion führt, lässt sich auch zur Suppression der hypophysären LH- und FSH-Sekretion nutzen. Kontinuierliche Verabreichung von GnRH hat das Sistieren der LH- und FSH-Sekretion zur Folge. Demzufolge ist die Verabreichung von GnRH-Analoga mit sehr langer Wirkungsdauer (sogenannte GnRH-Superanaloga) von einer initial vermehrten LH- und FSH-Sekretion begleitet, dann jedoch hört die Sekretion der beiden gonadotropen Hormone auf. Dadurch kommt die Gonadentätigkeit zum Erliegen. Auch GnRH-Rezeptor Antagonisten haben den gleichen Effekt.

Diese ***unblutige und reversible Kastration*** macht man sich klinisch zu Nutze: Bei der Therapie diverser Krankheiten, bei denen Geschlechtshormone eine ursächliche oder permissive Wirkung haben (z. B. Prostatakarzinom, ektopische Endometriumsproliferation [Endometriose]). Das wichtigste Anwendungsgebiet für die so genannte ***»Downregulation«*** der GnRH-Rezeptoren findet sich jedoch in der Reproduktionsmedizin. Durch Ruhigstellung der Ovarien wird die Möglichkeit eröffnet, nach medikamentöser Stimulation Ovulation unter kontrollierten Bedingungen auszulösen, um so gezielt Befruchtungen in vivo oder in vitro möglich zu machen.

22.2. Therapie der Infertilität

Die hypophysäre Gonadotropinsekretion kann durch einen GnRH-Antagonisten gehemmt werden, so dass die ovarielle Tätigkeit ruhig gestellt wird. Dann werden durch Injektion von FSH Follikel zur Reifung und diese durch HCG-Injektionen zur Ovulation gebracht. Durch zeitgerechten Geschlechtsverkehr erhöht sich so die Chance der Schwangerschaft. Bei der in vitro-Fertilisierung (IVF) wird durch GnRH-Agonisten oder -Antagonisten ebenfalls die LH- und FSH-Sekretion ruhig gestellt und die Follikelreifung durch FSH stimuliert. Nach Gabe von HCG werden die Follikel punktiert, die Oozyten gesammelt und mit dem Sperma des Mannes im Reagenzglas befruchtet.

Modulation der GnRH-Pulsfrequenz

Die Geschlechtshormone modulieren die Frequenz und Amplitude des GnRH-Pulsgenerators

GnRH-Pulse in der Follikelphase. Die modulierende Wirkung von Östrogenen und Gestagenen auf die Pulsamplitude und auf die Pulsfrequenz der LH-Sekretion ist in Abb. 22.8 gezeigt. Das Fehlen negativer Rückkopplung von Östradiol wird ganz besonders bei ovarektomierten Frauen deutlich. Hier kommt es zu ausgeprägter pulsatiler LH-Sekretion. Basale Östradiolspiegel vermindern die hypophysäre Antwortbereitschaft der LH-produzierenden Zellen, so dass die LH-Pulsamplitude deutlich reduziert ist. Dieser Effekt ist die Grundlage der ***negativ-rückkoppelnden Wirkung*** von Östradiol. Sind die Östrogenspiegel über längere Zeit hoch, kommt es zum Auftreten der ***positiven Feedback-Wirkung***. Jede der immer noch pulsatil erfolgenden GnRH-Sekretionsepisoden wird mit lebhafter LH-Sekretion beantwortet, so dass der ovulationsauslösende LH-Gipfel entsteht.

GnRH-Pulse in der Lutealphase. In der Lutealphase, in der nunmehr Östradiol und Progesteron erhöht sind, verlangsamt sich die Pulsfrequenz der hypothalamischen GnRH-Neurone, so dass LH-Episoden nur alle 3 bis 4 Stunden beobachtet werden (Abb. 22.8).

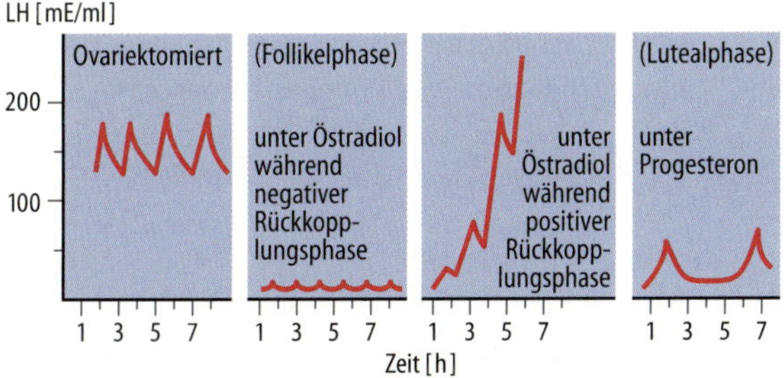

Abb. 22.8. Pulsatile LH-Sekretion. Pulsatiler LH-Sekretionsmodus bei der Frau bei verschiedenen Östrogen- und Progesteron-feedback-Situationen

GnRH-Pulse beim Mann. Beim Mann erfolgt die pulsatile GnRH-Ausschüttung in etwa 4–6 stündigen Intervallen, und diese GnRH-Pulse führen zu hohen LH-Pulsen. Besonders ausgeprägt und mit leicht erhöhter Pulsfrequenz arbeitet der GnRH-Pulsgenerator in den frühen Morgenstunden, während der Aufwachphasen. Das ist der Grund, weshalb Serum-LH-Spiegel früh morgens erhöht gemessen werden. Als Folge dieser erhöhten LH-Spiegel sind auch die Serum-Testosteron-Spiegel erhöht, so dass während frühmorgentlicher REM-Schlafphasen Penisereaktionen gehäuft auftreten.

Gonadale Peptide

Gonaden produzieren neben Steroiden auch Peptide, deren Funktionen nur zum Teil bekannt sind

Inhibine. Auf die testikuläre Produktion eines Proteins mit selektiv FSH-inhibierender Wirkung wurde schon hingewiesen (▶ s. S. 494). Dieses ***Inhibin*** genannte Hormon wird auch vom Ovar gebildet und hemmt auch im weiblichen Organismus die hypophysäre FSH-Sekretion. Inhibin besteht aus zwei Molekülen – sogenannte *Subunits* – wobei die β-Subunit noch in eine βA- und βB-Subunit unterteilt wird, so dass mehrere Dimere gebildet werden können. Diese haben unterschiedliche Funktionen und werden z. Z. versuchsweise in der Sterilitätsdiagnostik und als Granulosazelltumormarker eingesetzt.

Relaxin. Die Corpus-luteum-Zellen des Ovars bilden ein Peptid, das schon als HHL-Hormon besprochen wurde, nämlich das ***Oxytocin***. Es ist vermutlich in den Prozess der Luteolyse involviert. Auch das ***ADH***, das 2. Hormon der Neurohypophyse, konnte im Ovar nachgewiesen werden. Ferner produzieren Lutealzellen ein höhermolekulares Peptid, das ***Relaxin***. Über die Funktion des lutealen Relaxins ist noch wenig bekannt. Das gleiche Hormon wird während der Schwangerschaft von Plazenta und Uterus gebildet. Es bewirkt eine Auflockerung der ***Cervix uteri*** (des Muttermundes) und der ***Symphyse*** (Schambeinfuge). Damit erleichtert es den Geburtsvorgang. Außer den genannten produziert das Ovar noch weitere Peptide und Wachstumsfaktoren. Sie sind offensichtlich an der Regulation des komplexen Zyklusgeschehens beteiligt. Viele dieser Peptide werden auch in anderen Organen gebildet, wo sie vermutlich reproduktionsrelevante Funktionen haben.

Zellen der weißen Blutzelllinie. Neben diesen von steroidogenen Lutealzellen produzierten Peptiden werden in ovulationsbereiten Follikeln und in Corpora lutea auch Zellen der weißen Blutzelllinie, insbesondere Eosinophile, Monozyten und Makrophagen gefunden. In jüngerer Zeit mehren sich die Hinweise, dass der Prozess der Ovulation und der Prozess der Luteolyse intraovariell ähnlich reguliert werden wie ein entzündlicher Prozess. Neben lokal gebildeten ***Prostaglandinen*** spielen bei derartigen Prozessen Zytokine, wie der ***Tumor-Nekrosis-Faktor*** und ***Interleukine*** eine Rolle.

Androgene. Neben Östrogenen und Gestagenen sowie den Peptiden produzieren Ovarien auch geringe Mengen männlicher Geschlechtshormone (Androgene). Das im Serum von Frauen messbare Testosteron und der größte Teil des Androstendions sind ovariellen Ursprungs.

22.3. Hyperandrogenämie

Pathobiochemie. Große Mengen eines anderen Androgens, dem Dehydroepiandrosteron, welches in sulfatierter Form (DHEA-S) im Blut zirkuliert, werden von den Nebennierenrinden gebildet. Dieses Hormon hat zwar geringe biologische Wirkung, kann aber in exorbitant hohen Mengen bei Nebennierenrinden-Tumoren produziert werden.

Symptome. Produzieren die Ovarien zuviel dieser Androgene, können Virilisierungserscheinungen in erster Linie der Hautanhangsorgane auftreten. Talgdrüsen im Gesicht und am Rumpf produzieren mehr Talg, dadurch kann sich eine Akne entwickeln. Das Haarwachstum wird stimuliert, bis hin zum männlichen Habitus (Hirsutismus). Unter hohen Androgenen wird allerdings das Haarwachstum der Kopfhaut gehemmt, so dass Frauen auch zur Glatzenbildung (androgenetische Alopezie) neigen. Viele dieser Frauen leiden unter ungewollter Kinderlosigkeit (Sterilität), sie sind häufig zu dick und entwickeln im späteren Lebensalter einen Bluthochdruck und einen Typ-II-Diabetes-mellitus (► siehe einleitende Fallbeschreibung). Dieses Krankheitsbild wird heute metabolisches Syndrom genannt. Die Zusammenhänge zwischen ovarieller Störung, Sterilität, Hyperandrogenämie, Fettsucht und Hypertonus sind im Einzelnen noch nicht geklärt.

Therapie. Die Symptome an den Hautanhangsorganen können recht gut durch Gabe oraler Kontrazeptiva (Antibabypille) therapiert werden, da unter dieser Therapie die Ovarien, so auch die ovarielle Androgenproduktion ruhig gestellt werden.

Orale Kontrazeption (OC)

! Orale Kontrazeptiva (OC) hemmen die hypothalamische GnRH-Sekretion und die hypophysäre Gonadotropinsekretion

Durch Gabe von hochwirksamen Östrogenen, hier wird in erster Linie Ethinyestradiol genommen, sowie von synthetischen Gestagenen wird in Hypothalamus, Hypophyse und Ovarien ein schwangerschaftsähnlicher Zustand erzeugt: Im Hypothalamus wird der GnRH-Pulsgenerator gehemmt, in der Hypophyse die Antwortbereitschaft auf GnRH reduziert. Die ovariellen Wirkungen oraler Kontrazeptiva sind zweifelsfrei vorhanden, jedoch im Einzelnen noch nicht erforscht. Grundsätzlich unterscheiden sich die diversen oralen Kontrazepiva (bis auf die Minipille, welche nur aus einem Gestagen besteht) nicht voneinander. Mit Mehrphasenpräparaten werden lediglich zyklusähnlichere Zustände angestrebt. Da orale Kontrazeptiva die Ovartätigkeit ruhig stellen, sind sie häufig auch nicht nur zur oralen Kontrazeption, sondern auch aus kosmetischen Gründen zur behandlung hyperandrogenämischer Hauterscheinungen (Seborrhoe, Akne, Hirsutismus) geeignet.

In Kürze

! Regulation der Gonadenfunktion bei der Frau

Im Verlauf des weiblichen Zyklus kommt es zu charakteristischen Veränderungen der Hormonkonzentrationen:

- FSH stimuliert die Reifung einer Kohorte von Follikeln, von denen durch unbekannte Selektionsmechanismen ein Follikel dominant und damit ovulationsbereit wird.
- Dieser Follikel signalisiert durch hohe Östradiolsekretion ins Blut dem Hypothalamus und der Hypophyse Ovulationsbereitschaft, so dass dadurch die mittzyklische LH- und FSH-Ausschüttung ausgelöst wird.
- LH bewirkt die Ovulation und die Umwandlung des Follikels in ein Corpus luteum.
- Der Corpus luteum produziert neben Östradiol nunmehr auch Progesteron.
- Hohe Östradiolspiegel in der Follikelreifungsphase bewirken im Endometrium des Uterus Proliferation. In Zusammenwirken mit Progesteron wird die Schleimhaut dann in ein sekretorisches Endometrium umgewandelt.

Das Endometrium wird anschließend entweder abgestoßen oder dient dem Embryo zur Einnistung:

- Erfolgt keine Befruchtung, sistiert zwischen dem 12. und 14. Tag die Progesteronproduktion, und das Endometrium wird abgestoßen. Das ist die Menstruationsblutung.
- Im Falle einer Befruchtung der Eizelle bietet das sekretorische Endometrium optimale Einnistungs- (Nidations-)bedingungen für den Embryo.

22.4 Regulation von Schwangerschaft, Laktation und sexueller Differenzierung

Frühschwangerschaft

Damit das Endometrium nicht abgestoßen wird, produziert der Embryo das humane Choriongonadotropin (HCG), welches das Corpus luteum am Leben erhält

Befruchtung. Der neuroendokrine Regelkreis zur Steuerung der Funktion des Ovars dient der Bereitstellung einer befruchtungsfähigen Eizelle und der optimalen Vorbereitung des Uterus für eine eventuell eintretende Schwangerschaft. Wie bereits erläutert (► s. S. 496 f.) tritt mit jeder Ovulation eine Eizelle aus dem Follikel aus und gelangt in die Tube. In der Tube erfolgt dann auch die ***Befruchtung des Eies*** durch die sich aus der Vagina durch den Uterus emporgeißelnden Spermien. Nach der Befruchtung fängt der nunmehr entstandene ***Embryo*** an, sich lebhaft zu teilen und erreicht schon in der Tube das Stadium des Vielzellers.

Aufrechterhaltung der Lutealfunktion durch HCG. Durch mikroperistaltische Bewegung der Tuben wird der ***Embryo*** in den Uterus transportiert. Es wurde auch schon erwähnt, dass die zyklischen Veränderungen des Endometriums dazu dienen, dem heranreifenden ***Trophoblasten*** optimale Bedingungen für das Weiterbestehen einer Schwangerschaft zu bieten. Da das Endometrium bei Aufhören der Corpus-luteum-Funktion abgestoßen würde, könnte keine Schwangerschaft zustande kommen, wenn nicht die ***Lutealfunktion*** irgendwie erhalten bliebe. Dafür muss der Embryo (im Trophoblast-Stadium) sorgen. In der Tat produziert der Trophoblast schon sehr früh ein Hormon, das wie das luteinisierende Hormon der Hypophyse wirkt. Dieses Hormon ist das ***humane Choriongonadotropin (HCG)***. Durch die LH-ähnliche Wirkung des HCG wird das Corpus luteum zu vermehrter und weiter andauernder ***Progesteronsynthese*** und ***-sekretion*** angeregt. Die mit dem 10. bis 12. Zyklustag normalerweise auftretenden regressiven Veränderungen des Endometriums bleiben aus, da genügend Progesteron für optimale Überlebensbedingungen des Endometriums sorgt. Das Endometrium wird also nicht nekrotisch, die Kontraktion der Spiralarterien als Folge eines Progesteronmangels bleibt aus, und die erwartete Menstruationsblutung erfolgt nicht. Das ist häufig das erste erkennbare Zeichen einer beginnenden Schwangerschaft.

Nidation und Plazentation. Etwa 6–8 Tage nach der Ovulation, also einige Tage vor der ausbleibenden Menstruationsblutung, erreicht der Trophoblast den Uterus und findet hier ein optimal für die Schwangerschaft vorbereitetes Endometrium vor. Der Trophoblast beginnt nun auch mit der Sekretion von ***proteolytischen***, also ***gewebeandauenden Enzymen***, die es ihm ermöglichen, sich in das Endometrium »einzufressen«. Dieser Prozess wird ***Nidation*** (Einnistung) genannt.

Der nidierte Trophoblast findet im Endometrium optimale nutritive Bedingungen. Unter physiologischen Bedingungen entwickelt sich aus dem Trophoblasten der ***Synzytiotrophoblast***, aus dem schließlich die fetoplazentare Einheit wird. Das ***Chorion*** dieser Einheit produziert während der ersten 8–10 Schwangerschaftswochen sehr große Mengen von ***HCG***, so dass die luteale Funktion zunehmend stimuliert wird. Dadurch steigen während der Frühschwangerschaft die ***Progesteronspiegel*** noch an.

Plazenta

Über die Plazenta wird der Fetus ernährt und entgiftet; die Plazenta ist außerdem an der Hormonproduktion beteiligt

Plazentafunktion. Die Plazenta dient vor allem dem Stoffaustausch zwischen dem mütterlichen und dem fetalen Blut und damit der ***Ernährung des Fetus*** und der ***Ausscheidung*** seiner Stoffwechselendprodukte. Die dünne Gewebeschicht, die den ***intervillösen Raum*** vom Lumen der ***Zottenkapillaren*** trennt und als ***Plazentaschranke*** bezeichnet wird, begünstigt diesen Austausch. O_2 und Nährstoffe werden vom fetalen Kapillarblut aufgenommen, CO_2 und andere Stoffwechselendprodukte an das mütterliche Blut abgegeben. Daneben ist die Plazentaschranke durchgängig für Elektrolyte, Antikörper (z. B. IgG), Viren (z. B. Röteln- und Masernviren) und auch für verschiedene Medikamente (z. B. Sedativa, Barbiturate) und Alkohol, die die Frucht schädigen können. Mit Erreichen der 8.–10. Schwangerschaftswoche übernimmt die nunmehr gut ausgebildete Plazenta die ***Produktion des Progesterons***. Die Schwangerschaft wird damit von der Funktion des Corpus luteum unabhängig. Eine Ovarektomie der Frau hätte jetzt keine fatalen Effekte mehr auf die Schwangerschaft.

Hormonproduktion des Fetus. Mit Erreichen des 3. Schwangerschaftsmonats ist die fetale Nebenniere schon sehr gut ausgebildet und produziert große Mengen von dem schwach androgen wirkenden Steroid ***Dehydroepiandrosteron (DHEA)***. Die Gründe, warum die fetale Nebenniere bereits früh besonders gut ausgebildet und groß ist, sind nicht ganz klar. Das DHEA wird durch die Plazenta zu ***Östriol*** umgewandelt. Das Östriol gelangt in den mütterlichen Kreislauf und wird mit dem Urin ausgeschieden. Zahlreiche Messungen von normal verlaufenden Schwangerschaften haben ergeben, dass von der 10. bis zur 40. Schwangerschaftswoche die Östriolspiegel im Blut der Mutter kontinuierlich ansteigen.

Ein weiteres, von der Plazenta gebildetes Hormon ist das humane ***plazentare laktogene Hormon (HPL)***. Da dieses Hormon auch somatotropinähnliche Wirkungen hat, wird es auch ***humanes Chorionsomatomammotropin (HCS)*** genannt. Seine Wirkung im Fetus und/oder bei der Mutter ist noch weitestgehend unverstanden. Wahrscheinlich stimuliert es das fetale Wachstum. Es gibt Hinweise dafür, dass das HPL auch über die Stimulation von ***Insulin like Growth Factors = Somatomedinen*** wirkt (▶ s. Kap. 21.2).

Vorbereitung der Laktation. Unter dem Einfluss der ansteigenden Östrogenspiegel im mütterlichen Blut wird auch die ***Prolaktinsekretion*** aus der mütterlichen Hypophyse stimuliert. Auch im Fruchtwasser (Amnionflüssigkeit) sind die Prolaktinspiegel sehr hoch. Beide Hormone, das HPL und das Prolaktin, bereiten die mütterlichen Brustdrüsen auf die demnächst anstehende ***Laktation*** vor. Der Grund, warum die hohen Prolaktin- und HPL-Spiegel nicht schon während der Schwangerschaft zur Laktation führen, ist nicht vollends verstanden. Wahrscheinlich haben die sehr hohen Östrogenspiegel im Blut eine hemmende und damit prolaktinantagonistische Wirkung direkt in den Mammae.

Schwangerschaftsdauer. Die Grundlage für die Berechnung der Schwangerschaftsdauer ist die Länge eines normalen Menstruationszyklus (also 28 Tage). Die Schwangerschaft beträgt im Durchschnitt 10 Menstruationszyklen (Mens I–X), also 280 Tage, bzw. 40 Wochen.

Wehentätigkeit

! Oxytocin aus dem Hypophysenhinterlappen (HHL) stimuliert die Wehentätigkeit und damit die Eröffnung des Muttermundes und die Austreibung der Frucht

Auslösung der Wehentätigkeit. Hormonale Aspekte des Geburtsvorgangs sind schon bei der Besprechung des HHL-Hormons Oxytocin behandelt worden (▶ s. Kap. 21.2). Wichtig ist in diesem Zusammenhang die Kenntnis, dass mit zunehmender Schwangerschaftsdauer Östrogen- und Progesteronspiegel im mütterlichen Blut ansteigen. Östrogene sensibilisieren den Uterus für die Wirkung von ***Oxytocin*** und anderen wehenauslösenden Hormonen (z. B. Prostaglandine). Hohe Spiegel von Progesteron antagonisieren diese Wirkung.

Aus unbekannten Gründen beginnt die ***Wehentätigkeit*** etwa mit dem 280. Schwangerschaftstag. Möglicherweise fallen die hohen Progesteronspiegel im Blut kurzfristig ab, oder es werden Substanzen gebildet, welche die Progesteronwirkung hemmen. ***Relaxin***, ***Prostaglandine*** und andere, chemisch noch nicht identifizierte Substanzen bewirken eine Erweichung des Muttermundes, der sich dadurch zunehmend öffnet.

Austreibung der Frucht. Schließlich schüttet der HHL vermehrt ***Oxytocin*** aus, das zur ***Kontraktion des Myometriums*** führt. Dadurch wird konzentrisch Druck auf die Fruchtblase ausgeübt. Der einzige Weg, um diesem Druck zu entgehen, ist der durch die ***Cervix uteri***, welche durch die Fruchtblase und den tief im kleinen Becken stehenden Kopf des Kindes gedehnt wird. Die Cervix uteri und die Vagina sind sehr reich an Mechanorezeptoren. Diese werden nunmehr stark gereizt, und die Reizung wird auf ***neuronalem Wege*** ins ZNS gemeldet. Die Information gelangt an die Oxytocin-produzierenden Zellen, die synchronisiert und phasisch aktiv werden und dadurch bolusartig Oxytocin in die Blutbahn ausschütten. Der Oxytocinbolus gelangt an das Myometrium und bewirkt hier eine erneute Kontraktion. Auf diese Art wird die Wehentätigkeit aufrechterhalten, bis die Frucht und anschließend die Plazenta ausgetrieben sind. Für die normale Beendigung einer Schwangerschaft spielen wahrscheinlich noch Gewebehormone und das Peptidhormon ***Relaxin*** eine Rolle.

Laktation

! Prolaktin stimuliert die Synthese der Milch, Oxytocin deren Ausschüttung

Auslösung von Laktation und Milchejektion. Mit dem Ausstoßen der Plazenta sinken die Progesteron- und Östrogenspiegel im mütterlichen Blut rasch ab, da die Produktionsstätte ja nicht mehr vorhanden ist. Die immer noch erhöhten Prolaktinspiegel können nunmehr an den Brustdrüsen die ***Milchsynthese*** in Gang setzen, weil die prolaktinantagonistische Wirkung hoher Östrogenspiegel wegfällt. Somit kommt die Laktation in Gang. Das Anlegen des Säuglings führt zur mechanischen Reizung der Mamillen. Diese sind reichhaltig mit Mechanorezeptoren versehen, die auf neuronalem Wege den Saugreiz zu prolaktin- und oxytocinregulierenden hypothalamischen Neuronen melden. Oxytocin bewirkt Kontraktion des Myoepithels der Brustdrüse; die milchhaltigen Alveolen werden also sozusagen ausgepresst. Das ist der ***Milchejektionsreflex***.

Aufrechterhaltung der Laktation. Auch die prolaktinregulierenden Zellen erhalten die Information über die mechanische Reizung der Mamillen. Als Folge des Saugreizes sind die Spiegel von Prolaktin im mütterlichen Blut hoch. Dadurch wird die Laktation in Gang gehalten.

Geschlechtsdifferenzierung

! Bei Fehlen der männlichen Geschlechtshormone entwickeln sich Mädchen; bei Vorliegen eines Y-Chromosoms werden Hoden angelegt, welche sehr früh in der Embryonalentwicklung Testosteron produzieren und damit die somatische Entwicklung zum männlichen Individuum bewirken

Entwicklung der Gonaden. Die Differenzierung der Gonaden in männliche Richtung setzt die Anwesenheit des Y-Chromosoms voraus. In Abwesenheit eines Y-Chromosoms entwickeln sich weibliche Gonaden. Zur normalen Entwicklung der weiblichen Gonaden gehören ***zwei X-Chromosomen***. Es sind also zwei X-Chromosomen für die normale ovarielle Entwicklung notwendig, während ein Y-Chromosom die testikuläre Entwicklung stimuliert.

Sexualdifferenzierung der internen Genitalien. Für die weitere Entwicklung der weiblichen Genitalien sind kei-

ne endokrinen Aktivitäten notwendig. Die männliche Differenzierung erfolgt aufgrund der Produktion von zwei Hormonen in den embryonalen Testes. Die ***Leydig-Zellen*** sezernieren die ***Androgene***, die ***Sertolizellen*** produzieren ein Proteinhormon, das ***Müllersche inhibierende Hormon***. Für die Entwicklung der internen Genitalien gibt es zwei unterschiedliche Primordialstrukturen. Diese sind der ***Wolff-Gang*** (Ductus mesonephricus) und der ***Müller-Gang*** (Ductus paramesonephricus). Die Androgene stimulieren den Wolff-Gang, so dass sich daraus die Epididymis, die Vasa differenziae und die Samenblasen entwickeln. Das Müllersche inhibierende Hormon bewirkt die Regression des Müller-Ganges. In weiblichen Feten geht der Wolff-Gang zugrunde, und der Müller-Gang entwickelt sich zu den Eileitern, dem Uterus, der Zervix und Anteilen der oberen Vagina.

Sexualdifferenzierung der externen Genitalien. Im ***weiblichen*** Fetus schließt sich die Urethralfalte nicht und bildet die ***Labia minora***; die beiden Genitalschwellungen schließen sich ebenfalls nicht und bilden die ***Labia majora***. Der Genitalhügel formt die Klitoris. Diese Entwicklung erfolgt ebenfalls unabhängig von den Ovarien. Die Entwicklung der ***männlichen*** externen Genitalien dagegen ist androgenabhängig. Die Urethralfalte wird geschlossen und umschließt die Urethra. Die genitale Schwellung schließt sich ebenfalls und bildet das Skrotum. Der genitale Hügel wächst unter dem Einfluss der Androgene und bildet den Penis.

Im Verlauf der Embryogenese wandern die paranephral angelegten Gonaden kaudalwärts. Die ***Ovarien*** bleiben im kleinen Becken, während die ***Testes*** in einer Bauchfellduplikatur in das Skrotum deszendieren. Die Lokalisation der Testes ist aus physiologischen Gründen außerordentlich wichtig. Nur dort können die Testes normal funktionieren, da sie nur bei der dort herrschenden ***niedrigen Temperatur*** zur normalen Testosteron- und Spermatogenese fähig sind. Wenn im Verlauf der Embryogenese die Testes nicht in das Skrotum deszendieren, bleiben sie in der Bauchhöhle liegen. Bei Kindern mit derartigem Maldeszensus der Testes entwickelt sich das Krankheitsbild des ***Kryptorchismus***. Eine normale Hodenfunktion kommt nicht in Gang, da die Temperatur in der Bauchhöhle dafür zu hoch ist.

Sexualdifferenzierung des ZNS. Unter dem Einfluss der männlichen Sexualhormone wird auch das fetale Gehirn maskulinisiert. Es lassen sich morphologische Unterschiede zwischen männlichen und weiblichen Gehirnen darstellen. Bei Patienten mit adrenogenitalem Syndrom, deren weiblicher Genotyp postpartal festgestellt wurde, die also als Mädchen aufwuchsen, konnte gezeigt werden, dass im späteren Leben physiologische und verhaltensmäßige Maskulinisierungserscheinungen auftraten. Ein embryonal nicht durch Androgene beeinflusstes Gehirn bleibt dagegen feminin.

In Kürze

Regulation von Schwangerschaft und Geburt

Hinsichtlich der Regulation können wir drei Schwangerschaftsabschnitte unterscheiden:

- Die Befruchtung der Oozyte erfolgt normalerweise in der Tube. Die befruchtete Eizelle beginnt sich sofort lebhaft zu teilen und humanes Choriongonadotropin zu bilden, welches die Progesteronsekretion des Corpus luteum aufrechterhält. Deshalb bleibt die Menstruationsblutung aus. Der Embryo findet deshalb auch ein nidationsbereites Endometrium vor.
- Einige Wochen nach der Nidation hat der Fetus eine Plazenta gebildet, über die Nahrungs- und Sauerstoffversorgung durch die Mutter gewährleistet wird.
- Über unbekannte Mechanismen kommt es nach 280-tägiger (40-wöchiger) Schwangerschaft zur Wehentätigkeit. Im Verlauf der Wehentätigkeit wird vom HHL in Intervallen Oxytocin ausgeschüttet, welches die Wehentätigkeit aufrechterhält. Durch Kontraktionen des Myometriums wird das Baby aus dem Uterus durch die Scheide geboren.

Regulation der Laktation

Mit Beendigung der Schwangerschaft kann Prolaktin die Milchsynthese stimulieren. Oxytocin bewirkt Kontraktion des Myoepithels der Brustdrüse und damit die Ausschüttung der Milch.

Regulation der Geschlechtsdifferenzierung

Das Vorhandensein bzw. das Fehlen von männlichen Geschlechtshormonen entscheidet über das Geschlecht des Feten:

- In Anwesenheit eines Y-Chromosoms entwickeln sich im Feten die Hoden, von denen sehr früh das Müllersche inhibierende Hormon produziert wird. Dadurch wird die Entwicklung der Müller-Gänge unterdrückt. Die ebenfalls früh produzierten Androgene stimulieren das Wachstum der Wolff-Gänge, aus denen sich Nebenhoden, Samenblase und Vas deferens bilden.
- Wenn keine Hoden angelegt werden, also in Abwesenheit eines Y-Chromosoms, entwickeln sich durch Fehlen des Müllerschen inhibierenden Hormons die Müller-Gänge zum internen weiblichen Genitale (Eileiter, Uterus und oberer Teil der Vagina).

Das externe Genitale sowie die sekundären Geschlechtsmerkmale werden ausschließlich durch gonadale Steroidhormone determiniert.

IV

22.5 Regulation von Pubertät und Menopause

Neuroendokrinologie der Pubertät

! Mit dem Einsetzen der pulsatilen GnRH-Produktion kommt es zur Pubertät

Unter Pubertät wird die Reifung zur Fortpflanzungsfähigkeit verstanden. Über das Signal für den ***Beginn der Pubertät*** ist noch sehr wenig bekannt. Bei Neugeborenen schüttet der Hypothalamus schon in pulsatiler Form GnRH aus, denn LH und FSH sind im Blut schon deutlich messbar. Folgerichtig zeigen die Gonaden auch Anzeichen von Aktivierung durch die beiden gonadotropen Hormone. Die pulsatile GnRH-Sekretion hört jedoch beim Säugling postpartal bald auf, und LH- und FSH-Spiegel sinken nach den ersten 3 bis 6 Lebensmonaten auf fast nicht mehr messbare Werte ab. Erst mit Beginn der Pubertät (bei Mädchen zwischen 8 und 10 Jahren, bei Jungen zwischen 9 und 11 Jahren) fangen die hypothalamischen GnRH-Neurone wieder an, synchronisiert und phasisch aktiv zu werden. Diese Aktivierung erfolgt zunächst ***schlafabhängig*** innerhalb der Tiefschlafphasen. Damit ist die Gonadotropinsekretion nächtlich erhöht und regt die gonadale Tätigkeit an. Mit fortschreitender Pubertät wird die pulsatile GnRH-Sekretion ***unabhängig von den Schlafphasen***, GnRH-Pulse werden in zunehmendem Maße auch tagsüber beobachtet. Das entspricht dem Erwachsenenzustand.

■■■ An frühinfantilen weiblichen Rhesusaffen mit hypothalamischen Läsionen konnte gezeigt werden, dass allein die pulsatile GnRH-Applikation zur Aktivierung der ovariellen Tätigkeit ausreicht. Offensichtlich ist das Ovar in der Lage, zu einem sehr frühen Zeitpunkt bei entsprechendem hormonellem Milieu mit Ovulationen zu antworten. Der Prozess der Pubertät ist also ein rein **zentralnervöser Mechanismus.**

Unter physiologischen Bedingungen geht der Reifung zur Geschlechtsfähigkeit die so genannte **Adrenarche** um ca. zwei Jahre voraus. Aus noch ungeklärten Gründen entwickelt sich die kindliche Zona reticularis der Nebennierenrinde in dieser frühen Zeit, und es werden vermehrt Androgene produziert. Früher glaubte man, dass die Adrenarche eine Vorbedingung für die **Gonadarche** darstellt. Heute weiß man, dass normale Pubertät auch ohne vorhergehende Adrenarche erfolgen kann. Die somatische Entwicklung zum adoleszenten Jüngling oder Mädchen während der Pubertät ist eine direkte Folge vermehrt ausgeschütteter Sexualhormone.

Männliche Pubertät

! Ingangkommen der Hodentätigkeit stimuliert die Testosteronproduktion und die Reifung des Jungen zum geschlechtsreifen Mann

Spermatogenese und Wachstum. Der Beginn der ***pulsatilen Sekretion*** von GnRH im Hypothalamus des männlichen Kindes bewirkt eine langsame Erhöhung der LH- und FSH-Sekretion. Durch ***FSH*** wird die Spermatogenese, durch ***LH*** die Produktion der Androgene stimuliert. Die Androgene maskulinisieren das Individuum psychisch und somatisch. Die vermehrt ausgeschütteten Androgene bewirken in der Pubertät die körperliche Entwicklung des Jungen zum Mann. Die ***Wirkung der Androgene*** kann dabei allgemein als ***eiweißanabol*** subsumiert werden. Dadurch baut sich mehr Muskulatur und mehr Eiweiß im Knochen auf. Die intrapubertär vermehrt gebildeten Androgene bewirken auch einen Schub des ***Längenwachstums.*** Die vermehrte Androgenproduktion bewirkt aber nach diesem Wachstumsschub, dass die für das Längenwachstum wichtigen ***Wachstumszonen*** (Epiphysen) der ***Röhrenknochen verknöchern.*** Damit ist ein weiteres Längenwachstum unmöglich gemacht.

■■■ Die Kenntnis dieser wachstumsfördernden und anschließend wachstumshemmenden Wirkung der Androgene ist klinisch wichtig: Bei **Eunuchen** bzw. eunuchoiden Kindern bleibt die Verknöcherung der Wachstumszonen aus, und es kommt zum **eunuchoiden Hochwuchs.** Andererseits ist die echte **Pubertas präcox**, bedingt durch zu frühe Androgenproduktion, von einem vorzeitigen androgenbedingten Wachstumsschub gekennzeichnet. Das führt initial zu einem Wachstumsvorsprung der betroffenen Kinder. Durch den vorzeitigen Epiphysenschluss jedoch bleiben diese Kinder später zu klein.

Somatische Differenzierung zum Mann. Ein weiteres Charakteristikum der männlichen Pubertät ist das ***Tieferwerden der Stimme***, ein ebenfalls androgenbedingter Prozess. Hier stimulieren die Androgene das Wachstum des Kehlkopfes (»Adamsapfel als männliches Attribut«), das dadurch bedingte Längerwerden der Stimmbänder bewirkt ein Absinken der Stimmlage. Gleichfalls androgenbedingt ist der ***männliche Behaarungstyp*** (Barthaare, Brustbehaarung, Schambehaarung). Die haarbildenden Follikel reduzieren das Testosteron zu ***5-α-DHT*** (► s. S. 491). Nur dieses reduzierte Androgen stimuliert das männliche Haarwuchsbild.

■■■ Die schon erwähnte eiweißanabole Wirkung der Androgene bewirkt die verstärkte Muskelbildung des pubertierenden Jungen und die stärker ausgeprägte Muskulatur des geschlechtsreifen Mannes. Die Kenntnis der eiweißanabolen Wirkung von Androgenen ist pharmakologisch wichtig, da bei entkräfteten Patienten die Gabe von so genannten **Anabolika** zu rascher Erholung führen kann. Diese Anabolika sind ausnahmslos Androgenderivate. In der Sportmedizin sind sie als Anabolika mit androgenen Nebenwirkungen bekannt und heute als **Dopingmittel** verboten. Die kritiklose Anwendung derartiger Anabolika bei Hochleistungssport-treibenden Frauen führt nicht nur zu der sportlich geforderten vermehrten Muskelbildung, sondern hat möglicherweise auch tief greifende Einflüsse auf das hypothalamo-hypophysio-gonadale Regelkreissystem der Frau.

Weibliche Pubertät

! Ingangkommen der Ovarfunktion führt zu vermehrter Östrogenproduktion und zur Reifung des Mädchens zur geschlechtsreifen Frau

Ingangkommen der Ovarfunktion. Auch beim Mädchen ist die Aufnahme der ***phasisch synchronisierten Aktivierung*** der GnRH-Neurone von essenzieller Wichtigkeit für die Pubertät. Unter dem Einfluss der ansteigenden FSH-Spiegel im Blut gelangt eine Anzahl von Follikeln zur Anreifung. Diese beginnen vermehrt Östradiol-17-β zu bilden. In der frühen Pubertät erlangt jedoch keiner der Follikel Ovulationsreife, sondern es werden alle wieder atretisch. Wenn die zunächst nächtlich auftretenden Aktivierungsschübe der GnRH-Neurone auch auf den Tag übergreifen, beginnt die für die geschlechtsreife Frau typische FSH- und LH-Sekretion. Unter diesen Bedingungen wird dann auch ein Follikel dominant und kann so viel ***Östradiol*** produzieren, dass es zur positiv-rückkoppelnden Wirkung kommt (► s. S. 497). Der dadurch ausgelöste LH-Anstieg führt zur ***Ovulation*** des dominanten Follikels. Häufig haben pubertierende Mädchen jedoch noch anovulatorische Zyklen, d. h. es kommt zwar zur Follikelreifung mit entsprechender Östrogenproduktion, jedoch unterbleibt aus nicht ganz geklärten Gründen die Ovulation noch. Es kommt dann am Ende eines Zyklus zu einer reinen Östrogenentzugsblutung. Erst in der spätpubertären Phase beginnen regelmäßige ***Menstruationszyklen.***

Eiweißanabole Wirkung. Beim Mädchen ist die gering ausgebildete eiweißanabole Wirkung der Östrogene wichtig für den milden pubertären Wachstumsschub und die anschließende ***Verknöcherung der Epiphysen***, so dass gegen Ende der Pubertät das Längenwachstum des Mädchens abgeschlossen ist. Die ***Östrogene*** sind ebenfalls wichtig für die somatische Veränderung des Mädchens zur jungen Frau, d. h. die Ausbildung der sekundären Geschlechtsmerkmale erfolgt unter dem Einfluss dieses Sexualhormons.

Menopause

Durch Erschöpfung des Ovarvorrates an Follikeln kommt es zur Menopause und zu zahlreichen Östrogenmangelerscheinungen

Menopause und Postmenopause. Die reproduktionsfähige Zeit der Frau dauert nicht bis an ihr Lebensende. Der Zeitpunkt des Aufhörens der Menstruationszyklusaktivität (letzte Regelblutung) wird ***Menopause*** genannt. Vor der Menopause wird die Zyklusaktivität häufig unregelmäßig. Die Frau befindet sich im prämenopausalen Zustand. Nach Sistieren der Menstruationszyklusaktivität ist die Frau postmenopausal. Die Menopause tritt ein, wenn die meisten oder alle Follikel im Ovar aufgebraucht sind. Es können dann keine Follikel mehr heranreifen, die Östradiol- und Inhibinproduktion des Ovars hört fast auf, es kommt also zu einem quasi Kastrationseffekt (Abb. 22.8).

▪▪▪ In der Menopause fehlt also die negativ-rückkoppelnde Wirkung von Östrogenen und Inhibinen zum Hypothalamus und zur Hypophyse. Das führt zur vermehrten Freisetzung von FSH und LH aus der Hypophyse. Dabei wird der pulsatile Sekretionsmodus der GnRH-Neurone nie aufgegeben, und es kommt zu dem typischen pulsatilen LH- und FSH-Sekretionsmuster der postmenopausalen Frau.

Klimakterische Beschwerden. Bei der postmenopausalen Frau ist häufig der Beginn einer jeden LH-Episode mit typischen Beschwerden korreliert. Es kommt zu aufsteigenden Hitzewallungen (**Hot Flushes**). Diese Hitzewallungen sind also ein Zeichen vermehrter hypothalamischer Aktivierung als Folge zu niedriger Östrogenspiegel. Die zahlreichen Neurone, welche auf die GnRH-Neurone stimulierend oder inhibierend wirken, bilden den GnRH-Pulsgenerator. Der »Neurotransmittercocktail«, der die GnRH-Neurone zu phasischer und synchronisierter Aktivität bringt, wird unter Östrogenmangel in so großer Quantität ausgeschüttet, dass die ebenfalls im Hypothalamus liegenden temperatur- und herzaktivitätsregulierende Nervenzellen mit erregt werden. Dadurch kommt es zur Weitstellung der Hautgefäße. Das erklärt die aufsteigenden Hitzewallungen (Hot Flushes). Gleichzeitig kommt es zur Tachykardie, so dass jede Überaktivierung des GnRH-Pulsgenerators nicht nur zu hohen LH-Pulsen sondern auch zu Hot Flushes, verbunden mit Tachykardieepisoden führen kann. Diese Episoden können also durch Gabe geringer Mengen von Östrogenen gelindert werden.

Postmenopausale Östrogenmangelerscheinungen. Die Östrogene wirken leicht **eiweißanabol**. Dieser Effekt ist nicht so stark ausgeprägt wie der der Androgene. Dennoch ist die Kenntnis der milden eiweißanabolen Wirkung von Östrogenen klinisch relevant. Mit dem Sistieren der ovariellen Östrogenproduktion kann durch Abbau der Eiweißknochenmatrix eine **Osteoporose** entstehen. Rechtzeitige Gabe von Östrogenen in der Postmenopause verhindert diese Knochenbrüchigkeit. Einmal abgebaute Knochenmasse als Folge eines Östrogenmangels kann durch Gabe von Östrogenen allerdings nur in geringem Umfang wieder aufgebaut werden.

Durch Verschiebung des Androgen-/Östrogenquotienten kommt die Wirkung der in den Nebennieren produzierten Androgene vermehrt zum Tragen, so dass eine leichte Virilisierung der menopausalen Frau physiologisch ist.

22.4. Hormonsubstitutionstherapie (HRT)

Die HRT hat viele Vorteile aber auch erhebliches Gefährdungspotential.

Günstige Wirkungen. In den letzten Jahrzehnten hatte sich besonders im deutschsprachigen Raum eine relativ großzügige Indikationsstellung für die Hormonsubstitutionstherapie (*Hormon Replacement Therapy* = HRT) durchgesetzt. Östrogene üben gesicherte günstige Wirkungen auf klimakterische Beschwerden, insbesondere aufsteigende Hitzewallungen, und auf die Entstehung der Osteoporose aus.

Ungünstige Wirkungen. Man hat lange geglaubt, dass auch Arteriosklerose und damit Herzinfarkte und Schlaganfälle durch eine HRT reduziert werden können. Diese Erwartungen haben sich nicht bestätigt, im Gegenteil, in einer jüngst in Amerika abgebrochenen Studie konnte gezeigt werden, dass Schlaganfälle unter HRT häufiger auftraten als ohne eine derartige Therapie. Hinzu kommt, dass das Risiko für die Entwicklung eines Brustkrebses nach mehrjähriger HRT signifikant erhöht ist, so dass heute allgemein empfohlen wird, eine Hormonsubstitutionstherapie nur noch nach Abwägen von Vor- und Nachteilen für jeden einzelnen Patienten und nur über kurze Zeit (2–3 Jahre) durchzuführen. Da Östrogene die Uterusschleimhaut auch postmenopausal zur Proliferation stimulieren, besteht bei alleiniger Östrogengabe auch die Gefahr der malignen Entar-

▼

IV

tung und somit des Endometriumkarzinoms. Deshalb muss eine Östrogen-Substitutionstherapie bei der Uterus-intakten Frau immer in Verbindung mit Gestagen erfolgen.

Risiken. Aufgrund der Ergebnisse von 2 großen Studien wird heute international empfohlen, eine Hormonersatztherapie nur zum Zwecke der Linderung klimakterischer Beschwerden, nicht länger als 2 bis 3 Jahre zu verordnen. Obwohl postmenopausale Frauen durch eine Hormonersatztherapie deutlich an Lebensqualität gewinnen, werden sie durch leichte Erhöhung des Brustkrebsrisikos und des Risikos zu thrombemolischen Prozessen gefährdet. Bei schon bestehender Arteriosklerose nimmt auch die Zahl der Herzinfakte und Schlaganfälle unter einer Hormonersatztherapie signifikant zu. In jüngster Zeit werden deshalb auch pflanzliche Präparate zunehmend empfohlen, von denen in klinischen Studien Präparate aus der Traubensilberkerze effektiv die klimakterischen Beschwerden verhinderten.

Hormonsubstitution beim Mann. Beim Mann kann die Hodenfunktionen bis ins hohe Alter aufrecht erhalten bleiben, bei vielen Männern jedoch sinkt die Testosteronproduktion in Bereiche ab, die zu fühlbarem Verlust der Lebensqualität des Mannes führen kann. Diese Männer sind dann auch osteoporosegefährdet. Im Rahmen der vielerorts geführten »Anti-aging-Therapie« wird Männern auch häufig eine Testosteronsubstitution empfohlen. Diese ist aus medizinischer Sicht jedoch nur nach strenger Indikationsstellung gerechtfertigt.

In Kürze

Regulation von Pubertät

Pubertät ist ein hypothalamisches Phänomen. Der GnRH-Pulsgenerator kommt in Gang, so dass die Hypophyse FSH und LH ausschüttet.

- Bei Jungen bewirken die ansteigenden LH-Spiegel die Reifung des Hodens mit ansteigender Testosteronproduktion, welche zu den somatischen Veränderungen des Knaben zum Mann führen. Das FSH und die hohen intratestikulären Testosteronkonzentrationen regen die Spermatogenese an.
- Durch Ingangkommen der Ovarfunktion beim Mädchen kommt es zu vermehrter Östrogenproduktion. Diese vermehrt produzierten Östrogene bewirken die somatische Differenzierung des Mädchens zur jungen Frau.
- Bei beiden Geschlechtern bewirken die Sexualhormone zunächst epiphysäres Längenwachstum, dann jedoch am Ende der Pubertät Verknöcherung der Epiphysen und damit Stillstand des Längenwachstums.

Menopause

Wenn bei der alternden Frau der Follikelbesatz des Ovars »aufgebraucht« ist, bleibt die negativ-rückkoppelnde Wirkung von Östradiol in den Hypothalamus aus. Das führt zu vermehrter pulsatiler LH- und FSH-Sekretion und zu klimakterischen Beschwerden. Östrogene haben bei der Frau eine eiweißanabole Wirkung. So kann es mit Aufhören der Ovarfunktion zur Enteiweißung und dadurch zum Mineralverlust des Knochens (Osteoporose) kommen.

Literatur

Nilsson S, Mäkelä S, Treuter E, Tujague M, Thomsen J, Andersson G, Enmark E, Pettersson K, Warner M, Gustafsson JA (2001) Mechanisms of Estrogen Action. Physiol Rev 81–4: 1535–1565

Cooper TG, Yeung CH (2000) Physiologie der Spermienreifung und Fertilisation. In: Nieschlag E, Behre HM (Hrsg) Andrologie. Grundlagen und Klinik der reproduktiven Gesundheit des Mannes. Springer, Berlin Heidelberg New York

Griffin JE, Wilson JD (2003) Disorders of the testes and the male reproductive tract. In: Larsen PR, Kronenberg HM, Melmed S, Polonsky KS (eds) Williams Textbook of Endocrinology, Saunders, Philadelphia

Henderson VW (1999) Hormone Therapy and the Brain. A clinical perspective on the role of estrogen. The Parthenon Publishing Group, New York London

Conn PM, Freeman ME (1999) Neuroendocrinology an Physiology and Medicine. Humana Press, Totowa, New Jersey

Knobil E (1980) Neuroendocrine control of the menstrual cycle. Recent Prog Horm Res 36: 53–88

Allolio B, Schulte HM (1996) Praktische Endokrinologie. Urban & Schwarzenberg, München Wien Baltimore

Leidenberger FA (1998) Klinische Endokrinologie für Frauenärzte. Springer, Berlin Heidelberg New York

Van Lommel ATL (2003) From cells to organs. Kluver Academic publisher, Boston/Dordrecht/London

Blut und Immunabwehr

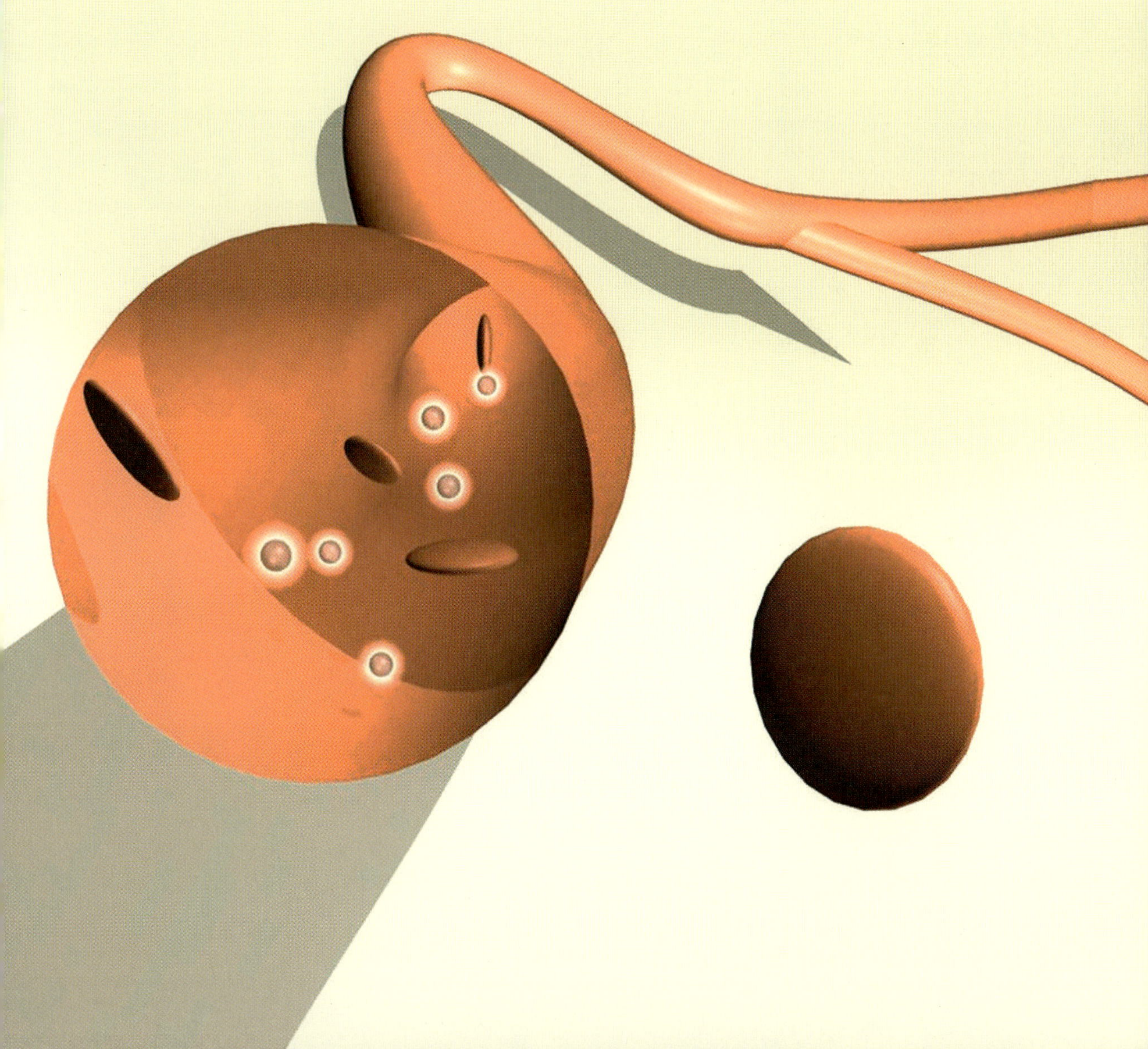

Kapitel 23
Blut

W. Jelkmann

Einleitung

Der 40-jährige J. M. aus den USA war seit seiner Kindheit nierenkrank und dialysepflichtig. Nach gescheiterter Nierentransplantation und trotz Androgenbehandlung benötigte er alle 2–3 Wochen Erythrozytentransfusionen. Zum Untersuchungszeitpunkt hatte er über 300 Konserven erhalten und war HIV-positiv. Er war einer der ersten Patienten, der wegen seiner lebensbedrohlichen Anämie mit rekombinantem humanem Erythropoietin (rhu-Epo) behandelt wurde. Innerhalb weniger Monate nach Beginn der rhu-Epo-Therapie waren seine Hämoglobinwerte normalisiert und Bluttransfusionen erübrigten sich fortan. Sein Allgemeinbefinden besserte sich derart, dass er seine Tätigkeit als Einzelhandelskaufmann wieder aufnehmen konnte.

V

23.1 Aufgaben und Zusammensetzung des Blutes

Funktionen des Blutes

Blut ist ein flüssiges Organ, das Zellen und gelöste Stoffe transportiert; es ist u. a. für den Atemgastransport, die Temperaturregulation und die Abwehr von Krankheitserregern wichtig

Transportfunktion. Das Blut dient als Transporter für verschiedenste Moleküle und Zellen:

- Blut bindet und befördert die ***Atemgase***, d. h. O_2 von den Lungen zu den peripheren Geweben und CO_2 von dort zu den Lungen (▶ s. Kap. 28.1).
- Blut schafft die ***Nährstoffe*** von den Orten ihrer Resorption oder Speicherung zu denen des Verbrauchs. Von dort bringt es die ***Metaboliten*** zu den Stätten ihrer weiteren Verwendung oder zu den Ausscheidungsorganen.
- Blut dient als ***Vehikel*** für Hormone, Vitamine und Mineralstoffe.
- Blut verteilt – dank der großen Wärmekapazität seines Hauptbestandteils Wasser – die im Stoffwechsel gebildete ***Wärme*** und sorgt für ihre Abgabe über die Haut.

Milieufunktion. Beim Kreislauf durch den Körper werden die chemischen und physikalischen Eigenschaften des Blutes ständig durch bestimmte Organe kontrolliert und – wenn nötig – so korrigiert, dass die ***Homöostase*** gewahrt bleibt. Das bedeutet, die Konzentrationen gelöster Stoffe, der pH-Wert und die Temperatur werden weitgehend konstant gehalten.

Blutstillung. Das Blut besitzt die wichtige Fähigkeit, im Prozess der primären und sekundären ***Hämostase*** Blutungen durch die Abdichtung und den Verschluss verletzter Gefäße entgegenzuwirken (▶ s. Kap. 23.6).

Abwehrfunktion. In den Organismus eingedrungene Fremdkörper und Krankheitserreger werden durch lösliche ***Proteine*** sowie phagozytierende und antikörperbildende ***weiße Blutzellen*** unschädlich gemacht (▶ s. Kap. 24).

Volumen und Bestandteile

Die ca. 5 l Blut des erwachsenen Menschen bestehen überwiegend aus Plasma und Erythrozyten; außerdem enthält das Blut Leukozyten und Thrombozyten

Volumen. Das Blutvolumen des Erwachsenen beträgt ***6–8 % des Körpergewichts***, das jüngerer Kinder 8–9 %. Erwachsene haben demnach ein Blutvolumen von 4–6 l ***(Normovolämie)***. Eine Vermehrung wird als ***Hypervolämie***, eine Verminderung als ***Hypovolämie*** bezeichnet.

Zusammensetzung. Blut ist eine trübe rote Flüssigkeit. Sie besteht aus dem gelblichen ***Plasma*** (ohne Fibrinogen = Serum) und den darin suspendierten roten Blutzellen ***(Erythrozyten)***, weißen Blutzellen ***(Leukozyten)*** und Blutplättchen ***(Thrombozyten)***. Blutanalysen haben in der klinischen Diagnostik eine große Bedeutung, da Blut leicht zu gewinnen ist und seine Zusammensetzung und Eigenschaften sich bei vielen Erkrankungen in typischer Weise ändern.

Hämatokrit. Der Anteil der ***Erythrozyten*** am Blutvolumen wird Hämatokrit genannt. Er beträgt im Mittel bei der gesunden erwachsenen ***Frau 0,42*** und beim ***Mann 0,47***. Neugeborene haben einen um etwa 20 % höheren, Kleinkinder einen um etwa 10 % niedrigeren Wert als Frauen.

▪▪▪ **Hämatokritbestimmung.** Zur Hämatokritbestimmung (nach Wintrobe) werden die relativ schweren Erythrozyten (im ungerinnbar gemachten Blut) durch 10-minütiges **Zentrifugieren** bei etwa 1000 g (g = relative Erdbeschleunigung) in standardisierten (Hämatokrit-) Röhrchen vom Plasma getrennt. Dabei kommt es außerdem zu einer Separation von den leichteren Thrombozyten und Leukozyten, die zwischen den sedimentierten Erythrozyten und dem Plasma eine dünne weißliche Schicht bilden. Mit modernen automatischen Zellzähl- (»**Counter**«) und Analysegeräten wird der Hämatokrit aus dem mittleren Erythrozytenvolumen (engl. Mean Corpuscular Volume, MCV) und der Erythrozytenkonzentration rechnerisch ermittelt. Aufgrund der besonderen Fließeigenschaften der Erythrozyten stellen sich in einzelnen Organen unterschiedliche Hämatokritwerte ein. Außerdem bestehen Unterschiede zwischen den Hämatokritwerten des venösen, des arteriellen und des kapillären Blutes. Die Multiplikation des im Kubitalvenenblut gemessenen Hämatokrits mit 0,9 ergibt einen Wert, der dem mittleren Hämatokrit des Gesamtblutes entspricht.

Hämatokrit und Blutviskosität. Bezogen auf Wasser (= 1) beträgt die mittlere relative Blutviskosität gesunder Erwachsener 4,5 (3,5–5,4), die von Blutplasma 2,2 (1,9–2,6). Die Blutviskosität nimmt mit steigendem Hämatokrit überproportional zu (▶ s. Kap. 28.1). Da der Strömungswiderstand linear mit der Viskosität ansteigt, führt eine abnormale Erhöhung des Hämatokritwertes zur Mehrbelastung des Herzens und u. U. zur Minderdurchblutung von Organen.

In Kürze

Aufgaben und Zusammensetzung des Blutes

Blut ist Transportmedium für
- Atemgase,
- Nährstoffe und Vitamine,
- Stoffwechselzwischen- und -endprodukte,
- Hormone und
- Wärme.

Der erwachsene Mensch hat 4–6 l Blut (Normovolämie).

Es besteht aus
- Plasma (ohne Fibrinogen = Serum),
- den darin suspendierten roten Blutzellen (Erythrozyten),
- weißen Blutzellen (Leukozyten) und
- Blutplättchen (Thrombozyten).

42 % (bei Frauen) bzw. 47 % (bei Männern) des Volumens nehmen die Erythrozyten ein (Hämatokrit), den Rest das Plasma. Mit dem Hämatokrit steigt die Blutviskosität.

23.2 Blutplasma

Plasmaelektrolyte

Blutplasma besteht aus Wasser, Eiweiß und kleinmolekularen Stoffen; die Plasmaelektrolyte bestimmen den osmotischen Druck des Blutes

Elektrolytkonzentrationen. Tabelle 23.1 gibt einen Überblick über die ionale Zusammensetzung des Plasmas. Die Konzentration der einzelnen Ionen wird normalerweise in engen Grenzen gehalten *(Isoionie).*

▪▪▪ Maße der Konzentration eines Stoffes in einer Lösung sind **Molarität** (mol/l) und **Normalität** (val/l = mol × Wertigkeit/l). Um die Verkleinerung des realen Lösungsraumes zu berücksichtigen, wird häufig die **Molalität** (mol/kg Lösungsmittel) als Konzentrationsmaß benutzt. Die **Osmolarität** (osmol/l) bzw. **Osmolalität** (osmol/kg Lösungsmittel) geben die Konzentration der osmotisch aktiven einzelnen Teilchen in einer Lösung an.

Osmotischer Druck. Die normale ***Osmolalität*** beträgt ***280–296 mosmol × kg^{-1}Plasmawasser.*** 96 % des osmotischen Druckes des Plasmas erzeugen die anorganischen Elektrolyte, hauptsächlich Na^+ und Cl^-. Der ***osmotische*** Druck beträgt rund 7,3 atm (5600 mm Hg = 745 kPa). Lösungen, die den gleichen osmotischen Druck wie Plasma haben, bezeichnet man als ***isotonisch.***

Der osmotische Druck bestimmt den Wasseraustausch zwischen den Zellen und dem interstitiellen Raum. ***Hypotonie*** der extrazellulären Flüssigkeit führt durch Wassereinstrom zum ***zellulären Ödem*** (▶ s. Kap. 23.3). ***Hypertonie*** andererseits lässt die Zellen durch Wasserausstrom schrumpfen.

Tabelle 23.1. Mittlere Konzentrationen der Elektrolyte und Nichtelektrolyte im menschlichen Plasma

	g/l	mval/l	mmol/kg Plasmawasser
Elektrolyte			
Kationen:			
Natrium	3,27	142	152
Kalium	0,16	4	4
Calcium	0,10	5	3
Magnesium	0,03	3	1,6
Insgesamt		154	
Anionen:			
Chlorid	3,65	103	110
Bikarbonat	1,65	27	29
Phosphat	0,10	2	1
Sulfat	0,05	1	1
organische Säuren		5	
Eiweiß	65–80	16	
Insgesamt		154	
Nichtelektrolyte			
Glukose	0,7–1,1		5
Harnstoff	0,40		7

Eigenschaften der Plasmaproteine

Die Eiweißmoleküle erzeugen den kolloidosmotischen Druck; bestimmte Plasmaproteine agieren als Transportmittel, andere als Enzyme oder Hormone

Konzentration. Die Plasmaproteinkonzentration beträgt normalerweise ***65–80 g/l.*** Das Plasmaprotein stellt ein Gemisch aus tausenden unterschiedlicher Eiweißkörper dar. **Erzeugung des kolloidosmotischen Druckes.** Plasmaproteine tragen aufgrund ihrer geringen molaren Konzentration nur wenig zum osmotischen Druck bei. Sie sind jedoch wichtig zur Aufrechterhaltung des kolloidosmotischen Druckes (***KOD***; syn. ***onkotischer Druck***), welcher das Ausmaß des Wasseraustausches zwischen Blutplasma und Interstitium bestimmt. Die Plasmaproteine können wegen ihrer Molekülgröße die Kapillarwand kaum passieren, so dass ein großer Konzentrationsgradient zwischen Blutplasma (KOD 25 mm Hg = 3,3 kPa) und Interstitium (KOD ca. 5 mm Hg = 0,7 kPa) besteht. Eine Abnahme der Eiweißkonzentration im Plasma führt zu einer Wasserretention im Interstitium, einem ***interstitiellen Ödem.***

▪▪▪ Daher haben **Plasmaersatzlösungen** im Allgemeinen den gleichen kolloidosmotischen Druck wie das Blutplasma. Als Kolloide in Infusionslösungen werden vorwiegend Polysaccharide (Hydroxyäthylstärke, Dextran) und Polypeptide (Gelatine) verwendet, da der Einsatz menschlicher Bluteiweiße teuer ist.

Vehikelfunktion. Viele kleinmolekulare Stoffe werden im Plasma unspezifisch (z. B. Ca^{2+} an Albumin) oder spezifisch (Fe^{3+} an Transferrin, ▶ s. u.) von Proteinen gebunden. Die große Oberfläche der Proteinmoleküle mit ihren zahlreichen hydro- und lipophilen Haftstellen macht sie für diese Vehikelfunktion besonders geeignet. Durch Bindung ihrer lipophilen Gruppen an wasserunlösliche, fettartige Substanzen dienen sie als ***Lösungsvermittler***.

Pufferfunktion. Da Eiweiße ***Ampholyte*** sind, die pH-abhängig H^+- und OH^--Ionen binden können, tragen sie zur Aufrechterhaltung eines konstanten pH-Wertes bei (▶ s. Kap. 35.1).

Aminosäurenreservoir. In den etwa 3 l Plasma des Erwachsenen sind rund 200 g Protein gelöst. Diese Menge stellt ein wichtiges Aminosäurenreservoir dar.

Schutz vor Blutverlusten. Die Gerinnungsfähigkeit des Plasmas dient dem Schutz vor Blutverlusten. Am Ende einer Reaktionskette, in der eine Reihe von Gerinnungsfaktoren enzymatisch aufeinander einwirken, steht die Umwandlung des gelösten Fibrinogens in den Faserstoff Fibrin (▶ s. Kap. 23.6).

Abwehrfunktion. Bestimmte Plasmaeiweiße (Antikörper, Komplementfaktoren, Akute-Phase-Proteine) dienen der spezifischen oder unspezifischen Erkennung und Zerstörung von Krankheitserregern (▶ s. Kap. 24.2).

Plasmaproteinfraktionen

! Elektrophoretisch werden die großen Fraktionen Albumin sowie α_1-, α_2-, β- und γ-Globuline unterschieden; die Leber ist Hauptbildungsort der Plasmaproteine mit Ausnahme der γ-Globuline

Elektrophorese. Die ***Plasmaeiweißelektrophorese*** ist ein wichtiges diagnostisches Hilfsmittel, da viele Erkrankungen charakteristische Veränderungen des Plasmaeiweißspektrums hervorrufen. Elektrophoretisch lassen sich als große Eiweißfraktionen ***Albumin, α_1-, α_2-, β- und γ-Globuline*** trennen (◘ Abb. 23.1). Albumin sowie α- und β-Globuline stammen überwiegend aus der ***Leber***, während die γ-Globuline von ***Plasmazellen*** des lymphatischen Systems produziert werden (▶ s. Kap. 24.2).

▪▪▪ Unter Elektrophorese versteht man die Wanderung gelöster oder in einer Flüssigkeit suspendierter elektrisch geladener Teilchen im elektrischen Gleichspannungsfeld. Die Elektrolytnatur der Eiweißmoleküle beruht z. T. auf der Ionisierbarkeit von Amino- und Carboxylgruppen, die, besonders in Seitenketten, entsprechend dem pH-Wert des Lösungsmittels elektrische Ladungen tragen ($-NH_3^+$ bzw. $-COO^-$). Noch bedeutsamer sind die pH-abhängig ionisierten Imidazolgruppen der Aminosäure Histidin. Die **elektrophoretische Wanderungsgeschwindigkeit** der Eiweißkörper ist im Wesentlichen eine Funktion der angelegten Spannung, der Größe und Gestalt der Moleküle und deren elektrischer Ladung, die vom Abstand des isoelektrischen Punktes (IP) zum in der Lösung herrschenden pH abhängt. Bei neutraler oder alkalischer Reaktion wandern die Eiweißkörper mit unterschiedlicher Geschwindigkeit zur Anode (◘ Abb. 23.1).

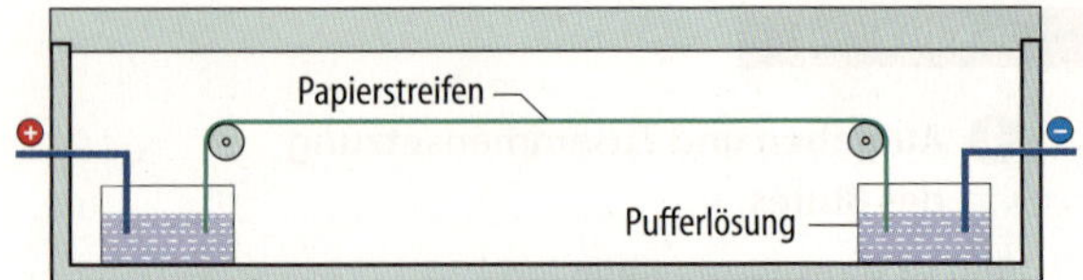

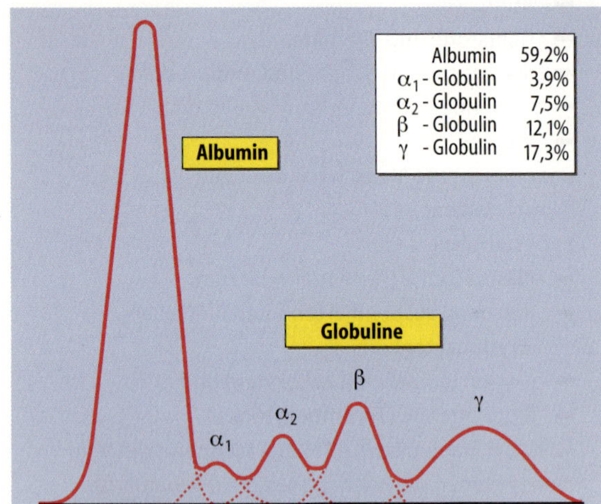

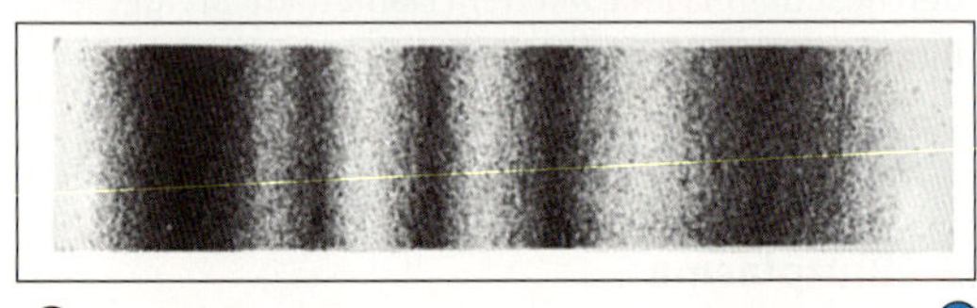

◘ **Abb. 23.1. Elektropherogramm eines menschlichen Serums.** *Unten* der angefärbte Papierstreifen, *darüber* die Photometerkurven, der prozentuale Anteil der einzelnen Serumeiweißfraktionen und die Apparatur zur Papierelektrophorese

Albumin

! Die Albuminmoleküle erzeugen nahezu 80 % des kolloidosmotischen Druckes; außerdem dienen sie vielen anorganischen und organischen Stoffen als Vehikel

Konzentration. Etwa 60 % der Plasmaeiweißmenge ist Albumin (35–45 g/l; ◘ Tabelle 23.2), das ausschließlich aus der Leber stammt. Mit seiner molekularen Masse von 69 kDa gehört es zu den kleinsten Plasmaeiweißkörpern. Wegen seiner relativ großen Konzentration ist es für fast 80 % des kolloidosmotischen Drucks verantwortlich. Bei vielen pathologischen Zuständen ist die Albuminmenge ***verringert***, insbesondere bei ***entzündlichen Erkrankungen*** und bei ***Leber***- und ***Nierenschädigungen***.

Transportfunktion. Dank der geringen Molekülgröße besitzen die Albuminmoleküle eine sehr große Gesamtoberfläche. Das befähigt sie in besonderem Maße, Stoffe zu binden und im Blut zu transportieren. Zu den vom Albumin gebundenen Stoffen gehören Kationen (wichtig v. a. Ca^{2+}), Bilirubin, Urobilin, Fettsäuren, gallensaure Salze und einige körperfremde Stoffe, wie z. B. Penicillin, Sulfonamide und Quecksilber. Z. B. kann ein einziges Albuminmolekül 25–50 Bilirubinmoleküle binden.

Tabelle 23.2. Proteinfraktionen des menschlichen Blutplasmas.
MM: Molekulare Masse; *IP:* Isoelektrischer Punkt; *LDL:* Low Density Lipoproteins, *HDL:* High Density Lipoproteins

Proteinfraktion		Mittlere Konzentration		MM kDa	IP	Physiologische Bedeutung
elektrophoretisch	immunelektrophoretisch	g/l	µmol/l			
Albumin	Präalbumin Albumin	0,3 40,0	4,9 579,0	61 69	4,7 4,9	Bindung von Thyroxin; kolloidosmotischer Druck, Vehikelfunktion; Reserveeiweiß
α_1-Globuline	saures α_1-Glykoprotein α_1-Lipoprotein (HDL)	0,8 3,5	18,2 17,5	44 200	2,7 5,1	Gewebeabbauprodukt? Lipidtransport (bevorzugt Phospholipide)
α_2-Globuline	Coeruloplasmin α_2-Makroglobulin α_2-Haptoglobin	0,3 2,5 1,0	1,9 3,1 11,8	160 820 85	4,4 5,4 4,1	Oxidaseaktivität, Bindung von Kupfer Plasmin- und Proteaseinhibition Hämoglobinbindung im Plasma
β-Globuline	Transferrin β-Lipoprotein (LDL)	3,0 5,5	33,3 0,3–1,8	90 3×10^3–2×10^4	5,8 –	Eisentransport Transport von Lipiden (bevorzugt Cholesterin)
	Fibrinogen	3,0	8,8	340	5,8	Blutgerinnung
γ-Globuline (Immunglobulin)	IgG IgA IgM IgE	12,0 2,4 1,2 0,0003	76,9 16,0 1,3 0,002	156 150 960 190	5,8 7,3 –	Antikörper gegen bakterielle Antigene und körperfremdes Protein Agglutinine Antikörper (Reagine)

Globuline

α_1-, α_2- und β-Globuline dienen als spezifische Vehikel für Hormone, Lipide und Mineralstoffe; γ-Globuline sind lösliche Antikörper

α_1-Globuline. In dieser Fraktion finden sich verschiedene ***Glykoproteine***, die verzweigte Kohlenhydratseitenketten überwiegend aus Hexosen und Hexosamin besitzen. Wichtige Vertreter (Tabelle 23.2) sind

- die Lipide-transportierenden α_1-Lipoproteine (HDL, *High Density Lipoproteins*),
- das Thyroxin-bindende Globulin,
- das Vitamin-B_{12}-bindende Globulin (Transcobalamin),
- das Bilirubin-bindende Globulin und
- das Kortisol-bindende Globulin (Transkortin).

α_2-Globuline. In dieser Fraktion finden sich das ***Haptoglobin***, dessen Aufgabe die Bindung von freiem Hämoglobin ist, und das oxidativ wirksame ***Coeruloplasmin***.

β-Globuline. Zu diesen gehören die ***Lipoproteine*** geringer Dichte (LDL, *Low Density Lipoproteins*), die nichtwasserlöslichen Stoffen als Lösungsmittler und Vehikel im Blut dienen. Eine gesteigerte Konzentration an LDL fördert die Entwicklung einer koronaren Herzkrankheit und arterieller peripherer Gefäßverschlüsse (► s. 28.7). Mit der β-Fraktion wandern auch metallbindende Proteine, unter ihnen das zum Transport von Eisen dienende ***Transferrin***. Dieses Metallprotein kann 2 Eisenatome (Fe^{3+}) pro Molekül binden und stellt die Transportform des Eisens im Blut dar. Normalerweise beträgt die Sättigung des Serumtransferrins mit Eisen nur etwa 30 % (1 mg Fe^{3+}/l Serum). Das bei entzündlichen Erkrankungen gebildete ***C-reaktive Protein*** (► s. 23.3, Akute-Phase-Proteine) ist ebenfalls ein β-Globulin.

γ-Globuline. Diese sehr heterogene Fraktion enthält die elektrophoretisch am langsamsten wandernden großen Antikörper oder ***Immunglobuline*** (Ig). Man unterscheidet nach dem chemischen Aufbau 5 Ig-Klassen. Im Blutplasma sind v. a. IgG, IgE und IgM nachweisbar (Tabelle 23.2).

Albumin/Globulin-Quotient

Albumin und Globuline werden stetig neu gebildet; bei entzündlichen Erkrankungen nimmt der relative Anteil der Globuline zu, was sich in einer erhöhten Blutsenkungsgeschwindigkeit äußert

Bildung und Umsatz der Plasmaproteine. Bei normaler Ernährung werden in 24 h etwa 0,2 g Albumin und 0,2 g Globulin pro kg Körpergewicht neu gebildet. Die Halbwertszeit für Albumin beträgt beim Menschen etwa 4 Tage, die für Globulin im Mittel 9 Tage. Die Globuline zeigen ausgeprägte funktionelle Schwankungen in Menge und Zusammensetzung, da sie bei fast allen – besonders den entzündlichen – Erkrankungen vermehrt produziert werden. Dabei bleibt im Allgemeinen die Gesamtmenge der Plasmaproteine annähernd unverändert, denn mit der Zunahme der Globulinmenge geht eine etwa gleich große Verringerung der Albuminmenge einher, sodass sich lediglich der so genannte ***Albumin/Globulin-Quotient*** erniedrigt.

Blutkörperchensenkungsgeschwindigkeit. Erythrozyten sinken im (ungerinnbar gemachten) stehenden Blut langsam ab, da ihr spezifisches Gewicht (1,096) höher ist als das des Plasmas (1,027). Die Blutkörperchensenkungsgeschwindigkeit ***(BSG)*** gesunder Frauen beträgt 8–10 mm in der ersten Stunde, die gesunder Männer 3–6 mm. Die BSG hängt von der Zusammensetzung der Plasmaproteine ab. Abnahmen des Albumin/Globulin-Quotienten gehen mit einer Erhöhung der BSG einher.

BSG-Anstieg. Die BSG steigt bei bakteriellen Infekten, Autoimmunerkrankungen (▶ s. Kap. 24.3) und vermehrtem Gewebezerfall (Tumoren). Die begleitenden Entzündungsprozesse führen nämlich zur vermehrten Produktion großmolekularer Globuline wie Fibrogen, γ-Globulinen und Akute-Phase-Proteinen (▶ s. 23.3), welche als sog. ***»Agglomerine«*** ein Zusammenballen der Erythrozyten verursachen. Die ***Agglomerate*** sinken schneller als eine entsprechende Zahl von Einzelzellen gleichen Gesamtvolumens.

▪▪▪ **BSG-Bestimmung.** Zur Messung der BSG wird überwiegend die Methode nach Westergren benutzt. 1,6 ml Blut werden mit einer 2 ml-Spritze, die 0,4 ml einer Natriumcitratlösung enthält, aus der Kubitalvene entnommen. Das durch die Citratlösung ungerinnbar gemachte Blut wird in ein mit einer 200 Millimeter-Graduierung versehenes Röhrchen von 2,5 mm lichter Weite gefüllt, das senkrecht fixiert wird. Die Höhe des erythrozytenfreien Überstandes wird nach 1 h abgelesen (= BSG).

Die BSG wird von verschiedenen **Störfaktoren** beeinflusst. Starke Verminderungen des Hämatokrits führen über eine Verringerung der **Blutviskosität** zu einem Anstieg, Erhöhungen des Hämatokrits entsprechend zu einer Abnahme der BSG. Formveränderungen der Erythrozyten, wie z. B. bei der **Sichelzellanämie**, und starke Unregelmäßigkeiten der Erythrozytenformen (**Poikilozytose**, z. B. bei perniziöser Anämie) erschweren die Agglomeration und bewirken so eine Verminderung der BSG. Verschiedene **Steroidhormone** (Östrogene, Glukokortikoide) und Pharmaka (z. B. Salizylate) beschleunigen die BSG auf noch unbekannte Weise.

Transportierte Plasmabestandteile

Das Blutplasma ist Transportmittel für Nährstoffe, Vitamine, Spurenelemente und Stoffwechselprodukte

Nährstoffe, Vitamine und Spurenelemente. Unter den im Plasma transportierten Nährstoffen überwiegen die ***Lipide.*** Ihre Konzentration (normal 4–7 g/l) kann nach fetthaltigen Mahlzeiten so stark ansteigen (bis 20 g/l), dass das Plasma milchigweiß aussieht ***(Lipämie).*** Etwa 80 % der Lipide liegen als Glyzeride, Phospholipide und Cholesterinester an Globulin gebunden vor (Lipoproteine), während die unveresterten Fettsäuren überwiegend Albuminkomplexe bilden.

Die Konzentration freier ***Glukose*** wird – unabhängig von Aufnahme und Verbrauch bei 0,8–1,2 g/l (4–7 mmol/l) relativ konstant gehalten. ***Aminosäuren*** sind im Plasma in einer mittleren Konzentration von 0,04 g/l vorhanden. ***Vitamine*** (▶ s. Kap. 37.3) und ***Spurenelemente*** (▶ s. Kap. 37.4) werden gelöst oder an Protein gebunden transportiert.

Stoffwechselprodukte. Unter den Intermediärprodukten steht die ***Milchsäure*** mengenmäßig an der Spitze. Ihre Konzentration im Plasma steigt bei Sauerstoffmangel und schwerer Muskelarbeit. Zu den Stoffwechselprodukten, die eliminiert werden sollen, gehören Harnstoff, Kreatinin, Harnsäure, Bilirubin und Ammoniak. Diese sind stickstoffhaltig; sie werden durch die Nieren ausgeschieden. Bei Nierenfunktionsstörungen ist ihre Konzentration im Plasma erhöht.

In Kürze

Blutplasma

Menschliches Blutplasma enthält pro Liter
- 900–910 g Wasser,
- 65–80 g Eiweiß,
- 20 kleinmolekulare Substanzen.

Plasma hat ein spezifisches Gewicht von 1,025–1,029; sein pH schwankt geringfügig (7,37–7,43) um einen Mittelwert bei 7,40 (arterielles Blut).

Das Albumin erzeugt 80 % des kolloidosmotischen Drucks des Plasmas. Außerdem dient es, ebenso wie die verschiedenen α_1-, α_2- und β-Globuline, als Transportvehikel.

Die γ-Globuline haben spezifische Abwehrfunktionen.

Veränderungen der Plasmaproteinfraktionen können elektrophoretisch und anhand der BSG erkannt werden.

Plasma enthält:
- Lipide,
- Kohlenhydrate und
- Aminosäuren.

Die Konzentration dieser Stoffe kann nach Mahlzeiten stark ansteigen. Vitamine und Hormone gelangen mit dem Blut zu ihren Zielorten. Einige Substrate (z. B. Milchsäure) werden aus dem Plasma erneut von Zellen aufgenommen. Stickstoffhaltige Stoffwechselendprodukte werden zu ihrer Ausscheidung in die Nieren transportiert.

23.3 Erythrozyten

Hämatopoiese

Alle Blutzellen entwickeln sich aus gemeinsamen Stammzellen; die Hämatopoiese wird durch spezifische Wachstumsfaktoren und Hormone geregelt

Stammzellen. Blutzellen haben eine begrenzte Lebenszeit, die wenige Stunden (neutrophile Granulozyten), mehrere Monate (Erythrozyten) oder viele Jahre (lymphozytäre Gedächtniszellen) betragen kann. Gealterte Zellen werden durch junge ersetzt. Der Prozess der Neubildung junger Blutzellen wird ***Hämatopoiese*** genannt (griech. *haima:* Blut, *poiein:* machen). Der ***Stammbaum der Blutzellen*** (Abb. 23.2) zeigt, dass sie sich aus ***pluripotenten hämatopoietischen Stammzellen*** entwickeln. Stammzellen haben Teilungsfähigkeit und sind somit zur Selbsterneuerung befähigt ***(Autoreproduktion)***, was ihren Bestand aufrechthält. Außerdem bilden sie differenziertere Nachkommen.

Bei den direkten Nachkommen der pluripotenten hämatopoietischen Stammzellen sind 2 Arten zu unterscheiden: ***myeloische*** und ***lymphatische.*** Die Stammzellen zeichnen sich zudem durch ***Plastizität*** aus, d. h. sie können nicht nur mesodermale Zellen (Blutzellen) hervorbringen, sondern auch endo- und ektodermale Zellen. Bei der Stammzelltherapie wird versucht, durch die körpereigene Übertragung (autologe Transplantation) von Stammzellen zerstörtes Gewebe (z. B. im Gehirn oder Herzen) zu regenerieren.

Vorläuferzellen. Den myeloischen und lymphatischen Stammzellen folgen spezialisiertere Vorläuferzellen. In den frühen Entwicklungsstadien lassen sich diese morphologisch noch nicht sicher unterscheiden – sie sehen alle lymphozytenähnlich aus. Aus den Vorläuferzellen gehen Kolonien von weiter differenzierten Zellen hervor (daher der Name CFU = engl.: *Colony-forming Unit*). Die Bezeichnung ***CFU_{GEMM}*** für die myeloische Stammzelle zeigt an, dass aus ihr eine Zellkolonie aus vielen **G**ranulozyten, ***E***rythrozyten, ***M***onozyten und ***M***egakaryozyten heranwächst.

Hämatopoietische Wachstumsfaktoren. Die Proliferation und Differenzierung der Stamm- und Vorläuferzellen wird durch verschiedene Wachstumsfaktoren gesteuert. Einige dieser sind echte Hormone und werden in knochenmarksfernen Organen wie den Nieren und der Leber produziert, andere – auch als ***Zytokine*** bezeichnet – werden lokal von hämatopoietischen Zellen, Fibroblasten und Endothelzellen gebildet (Tabelle 23.3). Die Kenntnis dieser Wachstumsfaktoren ist klinisch relevant, da sie – ***gentechnisch hergestellt*** – zunehmend therapeutisch verabreicht werden.

Zahl, Form und Größe der Erythrozyten

Erythrozyten sind kernlose bikonkave Scheibchen mit einem mittleren Durchmesser von 7,5 µm; Frauen haben durchschnittlich $4{,}8 \times 10^{12}$ und Männer $5{,}3 \times 10^{12}$ Erythrozyten pro l Blut

Erythrozytenzahlen. Die meisten Zellen des Blutes (volumenmäßig > 99 %) sind Erythrozyten, von denen sich bei der Frau im Mittel $4{,}8 \times 10^{12}$, beim Mann $5{,}3 \times 10^{12}$ im Liter Blut befinden (Tabelle 23.4). Neben dem Wasser ist

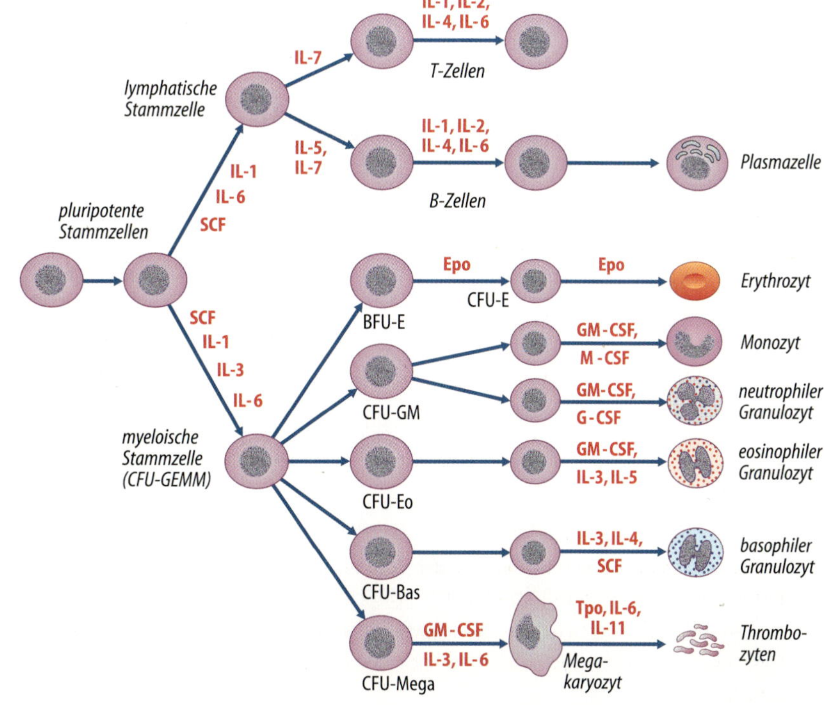

Abb. 23.2. Stammbaumschema der Hämatopoiese. In einer Vielzahl von Proliferationsschritten entstehen im Knochenmark und den lymphatischen Organen die Blutzellen als Nachkommen eines kleinen Reservoirs pluripotenter Stammzellen. Spezifische Wachstumsfaktoren (*IL:* Interleukin; *SCF:* Stammzellfaktor; *CSF:* kolonienstimulierende Faktoren; *Epo:* Erythropoietin; *Tpo:* Thrombopoietin) steuern die Proliferationsrate und Differenzierung der Vorläufer (*BFU:* Burst Forming Unit; *CFU:* Colony Forming Unit) der Granulozyten *(G)*, Monozyten *(M)*, Megakaryozyten (*M, Mega*) und Erythrozyten *(E)*

Tabelle 23.3. Hämatopoietische Wachstumsfaktoren (»Hämatopoietine«) und immunmodulierende Peptide (»Zytokine«)

Bezeichnung	Herkunft (u.a.)	Wirkung (u.a.)
Hämatopoietine (kolonienstimulierende Faktoren: CSF)		
Interleukin 3 (IL-3)	T-Helferzellen, natürliche Killerzellen	Wachstum hämatopoietischer Stammzellen
Stammzellfaktor	Fibroblasten	Wachstum hämatopoietischer Stammzellen, Megakaryozytenvorläufer und Mastzellen
Erythropoietin	peritubuläre Nierenzellen, parenchymale Leberzellen	Wachstum von Erythrozytenvorläufern (BFU-E, CFU-E)
Thrombopoietin	Leber, Nieren, Knochenmark	Wachstum von Megakaryozyten und deren Vorläufern
Granulozyten-Monozyten-CSF (GM-CSF)	T-Helferzellen, mononukleäre Phagozyten, Fibroblasten, Endothelzellen	Wachstum von Granulozyten- und Monozytenvorläufern
Granulozyten-CSF (G-CSF)	mononukleäre Phagozyten, Fibroblasten, Endothelzellen	Wachstum von Vorläufern neutrophiler Granulozyten
Monozyten-CSF (M-CSF)	mononukleäre Phagozyten, Fibroblasten, Endothelzellen	Wachstum von Monozytenvorläufern, Aktivierung mononukleärer Phagozyten
Immunmodulierende Interleukine (IL) (IL-3 ► siehe oben)		
IL-1 (2 Isoformen -α, -β)	ubiquitär, v.a. mononukleäre Phagozyten	Entzündung, Fieber; Aktivierung von Lymphozyten; Steigerung der Synthese von GM-CSF, G-CSF, IL-6 und Prostaglandin E_2
IL-2	T-Helferzellen	Wachstum und Aktivierung von Lymphozyten und natürlichen Killerzellen; Steigerung der Synthese von IL-1 und Interferonen
IL-4	T-Lymphozyten, mononukleäre Phagozyten, Mastzellen	Wachstum und Aktivierung von Lymphozyten; Immunglobulinsynthese (IgG, IgE)
IL-5	T-Helferzellen, mononukleäre Phagozyten, Mastzellen	Aktivierung von Lymphozyten; Immunglobulinsynthese (IgA, IgM); Wachstum von Vorläufern eosinophiler Granulozyten
IL-6	mononukleäre Phagozyten, Fibroblasten, Endothelzellen	Entzündung, Fieber; Synthese der Akutphaseproteine; Aktivierung von Lymphozyten; Immunglobulinsynthese; Wachstum von Megakaryozyten
IL-7	mononukleäre Phagozyten, Fibroblasten, Endothelzellen	Wachstum von B- und T-Zell-Vorläufern
IL-8	T-Helferzellen, mononukleäre Phagozyten, Fibroblasten, Endothelzellen	Chemotaxis, Aktivierung neutrophiler Granulozyten
Tumornekrosefaktoren (TNF)		
TNF-α	mononukleäre Phagozyten, T-Helferzellen	Entzündung, Zytolyse (u.a. Abtöten von Tumorzellen); Aktivierung mononukleärer Phagozyten; Synthese von GM-CSF, G-CSF, IL-1, IL-6 und Prostaglandin E_2
TNF-β	T-Helferzellen	
Interferone (IFN)		
IFN-α	Leukozyten; Fibroblasten	Zytolyse, Proliferationshemmung
IFN-β	Leukozyten; Fibroblasten	Zytolyse (v.a. von virusinfizierten Zellen)
IFN-γ	T-Helferzellen, natürliche Killerzellen	Aktivierung von Makrophagen und B-Lymphozyten; Zytolyse, Proliferationshemmung

Chemischer Aufbau: Peptide aus 100–350 Aminosäuren, überwiegend sind sie glykosiliert (Ausnahme: TNF-α und IFN-α).

Pharmakologie: Mehrere der Faktoren werden – gentechnisch hergestellt – als Medikament zur Blutzellbildung und -aktivierung therapeutisch verabreicht (z.B. Erythropoietin und G-CSF).

Zukunftsperspektiven: Es gibt noch viel mehr Zytokine, die die Funktionen des Blutes beeinflussen. Neuentdeckte werden als Interleukin bezeichnet und erhalten die nächst höhere freie Ziffer.

Tabelle 23.4. Blutbildparameter des Erwachsenen.
*in der klinischen Praxis auch: 10^{12} = T = Tera, 10^9 = G = Giga

Parameter		Normalwert (-bereich)	Einheit*
Erythrozyten	♀	4,8 (4,2–5,5)	10^{12}/l
	♂	5,3 (4,4–6,3)	10^{12}/l
Retikulozyten		0,1 (0,05–0,2)	10^{12}/l
Hämatokrit	♀	0,42 (0,37–0,47)	vol/vol
	♂	0,47 (0,40–0,54)	vol/vol
Hämoglobin	♀	140 (120–160)	g/l
	♂	160 (140–180)	g/l
MCV		85 (80–96)	fl
MCH		30 (28–34)	pg
MCHC		340 (320–360)	g/l
Leukozyten		7 (4–11)	10^9/l
Granulozyten		4,4 (2,5–7,5)	10^9/l
Neutrophile		4,2 (2,5–7,5)	10^9/l
Eosinophile		0,2 (0,04–0,4)	10^9/l
Basophile		0,04 (0,01–0,1)	10^9/l
Monozyten		0,5 (0,2–0,8)	10^9/l
Lymphozyten		2,2 (1,5–3,5)	10^9/l
Thrombozyten		250 (150–400)	10^9/l

der O_2-bindende rote Blutfarbstoff ***Hämoglobin*** Hauptinhaltsstoff der Erythrozyten (▶ s. Kap. 34.2).

Im Laufe der ***Kindheit*** ändert sich die Erythrozytenzahl. Beim Neugeborenen ist sie hoch ($5{,}5 \times 10^{12}$/l) infolge der fetalen Hypoxie (▶ s. Kap. 34.5, des Blutübertrittes aus der Plazenta in den kindlichen Kreislauf bei der Geburt und des anschließenden starken Wasserverlustes. In den folgenden Monaten hält die Erythrozytenneubildung mit dem allgemeinen Körperwachstum nicht Schritt, es entwickelt sich die sog. ***Trimenonreduktion***, d. h. eine Abnahme der Erythrozytenzahl auf etwa $3{,}5 \times 10^{12}$/l im 3. Lebensmonat. Bei Klein- und Schulkindern werden etwas niedrigere Erythrozytenzahlen als bei erwachsenen Frauen ermittelt.

Form. Menschliche Erythrozyten sind kernlose bikonkave Scheiben, deren mittlerer Durchmesser 7,5 µm und größte Dicke (am Rande) 2 µm beträgt (Abb. 23.3). Die flache Form führt zu einer Vergrößerung der Oberfläche im Vergleich zur Kugelform. Dadurch ist der Atemgasaustausch (▶ s. Kap. 34.1) erleichtert, da die Diffusionsfläche groß und die Diffusionsstrecke kurz ist. Außerdem können sich die flachen biegsamen Erythrozyten bei der Passage durch enge und gekrümmte Kapillarabschnitte gut verformen. Die Biegsamkeit nimmt bei gealterten Erythrozyten ab. Sie ist auch bei anomal geformten Erythrozyten, wie z. B. bei ***Sphärozyten*** (Kugelzellen) oder bei ***Sichelzellen*** (▶ s. 23.2) vermindert, weshalb diese vermehrt im Maschenwerk der Milz hängen bleiben, wo sie dann abgebaut werden.

Größe. Das mittlere Erythrozytenvolumen (***MCV***; engl. *Mean Corpuscular Volume*) beträgt 85 fl ***(Normozyt)***. Anomal große Erythrozyten werden ***Makrozyten*** genannt (z. B. bei perniziöser Anämie). Anomal kleine Erythrozyten werden als ***Mikrozyten*** bezeichnet (z. B. bei Eisenmangel). Bei gleichzeitigem Vorkommen von Makro- und Mikrozyten spricht man von einer ***Anisozytose***. Sind die Erythrozyten unregelmäßig gestaltet, liegt eine ***Poikilozytose*** vor (z. B. bei perniziöser Anämie oder Thalassämie).

Rotes Blutbild. Zu den Basisparametern des »Blutbildes« (Tabelle 23.4) gehören neben dem Hämatokrit, der Hämoglobinkonzentration, den Blutzellzahlen und dem MCV die Parameter ***MCH*** *(Mean Corpuscular Hemoglobin)* und ***MCHC*** *(Mean Corpuscular Hemoglobin Concentration)*. Das MCH gibt den errechneten mittleren Hämoglobingehalt des einzelnen Erythrozyten an (30 pg = ***normochrom***, > 35 pg = ***hyperchrom***, < 26 pg = ***hypochrom***).

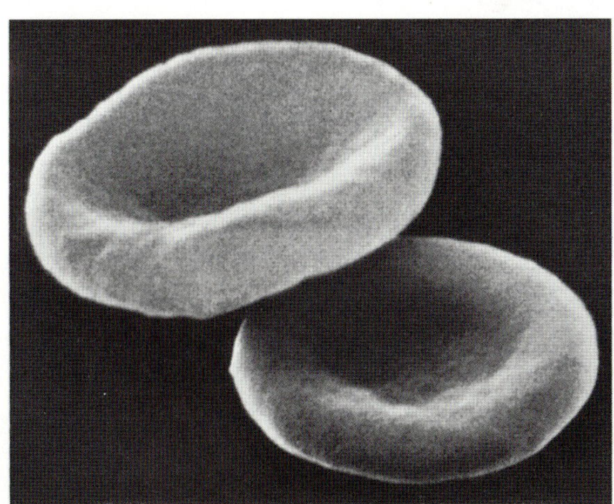

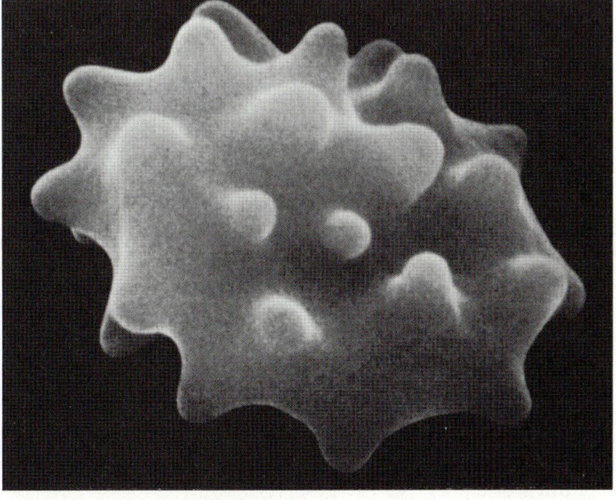

Abb. 23.3. Normale und abnormale Erythrozytenformen. *Links*: Bikonkave Scheibenform normaler Erythrozyten. *Rechts:* Stechapfelform (Echinozyt), die u. a. nach Einbringen von Erythrozyten in hypertone Salzlösungen auftritt. Nach Bessis (1974)

Das MCHC gibt die mittlere Hämoglobinkonzentration der Erythrozyten an. Das MCHC weicht auch bei Kranken selten von der Norm ab (300–360 g × l^{-1}).

▪▪▪ **Erythrozytenzählung.** Die mikroskopische Bestimmung in **Zählkammern** wird kaum noch durchgeführt. Stattdessen werden **Analyseautomaten** zur Partikelzählung eingesetzt. Dabei wird die Erythrozytenkonzentration in einer verdünnten Suspension entweder aus dem Grad der Streuung durchfallenden Laserlichtes oder aus elektrischen Leitfähigkeitsänderungen, die bei der Passage der Zellen durch ein dünnes Röhrchen auftreten, bestimmt.

Erythropoiese

V

Die Erythrozytenbildung wird durch das Hormon Erythropoietin geregelt, das v. a. aus der Niere stammt; die Erythropoietin-Genexpression steigt bei Gewebshypoxie an

Lebenslauf der Erythrozyten. Erythrozyten werden in den hämatopoietischen Geweben gebildet, d. h. beim Embryo im Dottersack, beim Feten in Leber und Milz und beim Erwachsenen im roten Mark der platten und kurzen Knochen. Innerhalb der ***erythrozytären Vorläufer*** unterscheidet man mehrere Differenzierungs- und Reifungsstadien (u. a. CFU_E und Erythroblasten) zwischen der myeloischen Stammzelle und den jungen kernlosen Erythrozyten, welche das Knochenmark als Retikulozyten verlassen (Abb. 23.2). Erythrozyten kreisen 100–120 Tage im Blut. Dann werden sie von phagozytierenden Zellen in Knochenmark, Leber und Milz abgebaut. Rund 0,8 % der 25 × 10^{12} Erythrozyten eines Erwachsenen werden in 24 h erneuert. Das bedeutet eine Neubildung ***(Erythropoiese)*** von 160 × 10^6 Erythrozyten pro Minute.

Regelung. Nach Blutverlusten oder bei Krankheiten mit verkürzter Lebensdauer der Erythrozyten kann die Erythropoieserate um das Mehrfache ansteigen. Wirksamer Reiz ist dabei das Absinken des O_2-Partialdruckes im atmenden Gewebe ***(Gewebshypoxie)***. Unter diesen Umständen lässt sich im Plasma vermehrt Erythropoietin nachweisen, ein Hormon, das spezifisch die Erythropoiese steigert.

Erythropoietin. Dieses Glykoproteinhormon (30 kDa; 165 Aminosäuren; 40 % Zucker) wird v. a. in der ***Niere*** gebildet, und zwar von peritubulär gelegenen fibroblastenähnlichen Zellen. Bei O_2-Mangel – z. B. nach Blutverlusten oder bei Aufenthalt in großer Höhe – nimmt die Erythropoietin-Produktion zu (Abb. 23.4). Bei Nierenfunktionsstörungen ist die Erythropoietin-Bildung vermindert. Die Anämie chronisch Nierenkranker kann mit gentechnisch hergestelltem, rekombinantem humanem Erythropoietin (rhu-Epo) korrigiert werden. In geringen Mengen wird Erythropoietin auch außerhalb der Niere gebildet, vor allem in der Leber. In der ***Fetalzeit*** ist die ***Leber*** Hauptsyntheseort des Hormons.

HIF-1. Die Erythropoietin-Genexpression wird durch den Transkriptionsfaktor HIF-1 ***(Hypoxie-induzierbarer Faktor 1)*** stimuliert, der durch O_2-Mangel stabilisiert wird. HIF-1 aktiviert eine Vielzahl von weiteren Genen, deren Translationsprodukte den Organismus vor O_2- und Glukosemangel schützen (neben Erythropoietin u. a. verschiedene glykolytische Enzyme und Glukosetransporter).

Erythropoietin-Wirkung. Erythropoietin verhindert den programmierten Zelltod (Apoptose) der ***erythrozytären Vorläufer*** im Knochenmark (Abb. 23.4). Die Vorläuferzellen werden zur ***Proliferation*** und ***Differenzierung*** angeregt, so dass die Zahl der hämoglobinbildenden Erythroblasten zunimmt. Ein Anstieg der Erythropoietinkon-

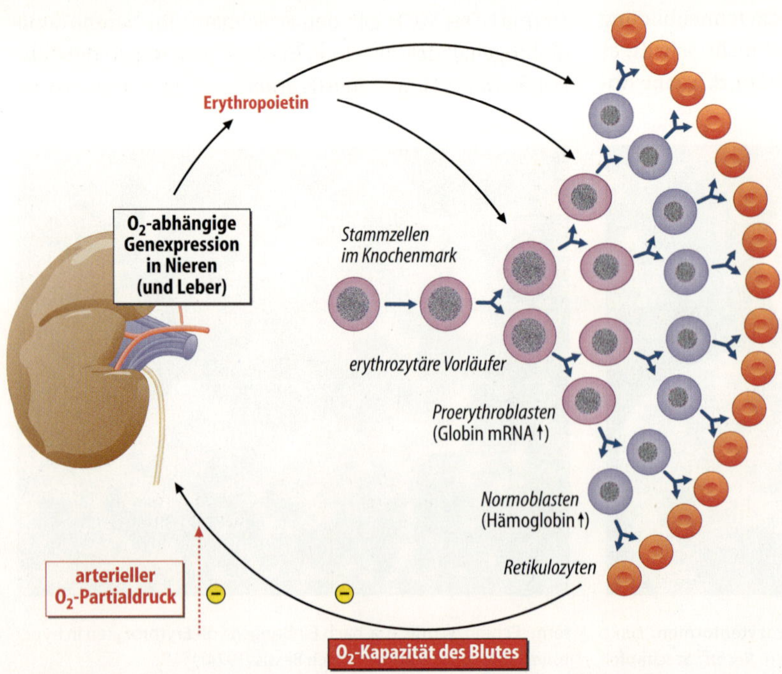

Abb. 23.4. Regelkreis der Erythropoiese. Das in Abhängigkeit von der O_2-Versorgung (»negativer Feedback«) v. a. in den Nieren produzierte Hormon Erythropoietin fördert das Wachstum erythrozytärer Vorläufer im Knochenmark und erhöht so die Erythrozytenkonzentration (und damit die O_2-Kapazität) des Blutes

zentration im Blut führt nach 3–4 Tagen zur Retikulozytose. Ohne Erythropoietin können keine roten Blutzellen gebildet werden.

Andere Hormone. Androgene, Thyroxin und Wachstumshormon verstärken die Wirkung von Erythropoietin. Die ***Geschlechtsunterschiede*** von Erythrozytenmasse und Hämoglobinkonzentration im Blut von Männern und Frauen (▶ s. o.) beruhen v. a. auf der Steigerung der Erythropoiese durch ***Androgene***.

Retikulozyten. Diagnostisch und therapeutisch wichtige Informationen über die Aktivität der Erythropoiese liefert die mikroskopische Zählung der – kernlosen – Retikulozyten im Blut. Diese sind die letzte Vorstufe der reifen, lichtmikroskopisch von intrazellulären Strukturen freien Erythrozyten. Durch Vitalfärbung (z. B. mit Brillant-Kresylblau) lassen sich körnige oder ***netzartige Strukturen*** (Substantia granulo-reticulo-filamentosa) in den Retikulozyten zeigen. Unter Normalbedingungen beträgt der Anteil der Retikulozyten ***1–2 %*** der roten Blutzellen. Jede Verminderung der Erythropoiese führt zu einer Abnahme der Retikulozyten, jede Steigerung zu einer Zunahme. Im Extrem kann der Anteil der Retikulozyten bis auf über 40 % der roten Zellen im Blut ansteigen.

Anämie

Eisenmangel verursacht eine hypochrome mikrozytäre Anämie, Vitamin B_{12}- oder Folsäuremangel eine hyperchrome makrozytäre Anämie; Anämien resultieren auch bei gesteigerter Hämolyse oder primärer Knochenmarksinsuffizienz

Eisenmangelanämie. Eisen ist Bestandteil des Hämoglobins (▶ s. Kap. 34.2). Das beim Abbau gealterter Erythrozyten freiwerdende Eisen wird – im Blutplasma an Transferrin gebunden – ins Knochenmark transportiert und von erythrozytären Vorläufern erneut zur Hämoglobinsynthese aufgenommen. Der Körper verliert normalerweise nur 1–2 mg Eisen pro Tag, die entsprechend durch Nahrungseisen ersetzt werden (◘ Abb. 23.5). Eisenmangel ist die häufigste Ursache von Anämien. Dabei werden kleine Erythrozyten mit einem verminderten Hämoglobingehalt gefunden ***(hypochrome mikrozytäre Anämie)***. Eisenmangel kann verursacht sein durch

- unzureichenden Eisengehalt der Nahrung – besonders häufig beim Säugling -,
- ***verminderte Eisenresorption*** aus dem Verdauungstrakt (z. B. beim Malabsorptionssyndrom) und
- ***chronische Blutverluste*** (z. B. bei verstärkten menstruellen Blutungen sowie bei Ulzera oder Karzinomen im Magen-Darm-Trakt).

Megaloblastäre Anämien. Eine andere Gruppe von Anämien ist die der nach ihrem Erscheinungsbild im peripheren Blut bzw. im Knochenmark benannten megaloblastären Anämien. Gemeinsames Kennzeichen dieser Anämien ist das Auftreten von anomal großen Erythrozyten (Megalozyten oder Makrozyten) und ihrer unreifen Vorläufer (Megaloblasten) im Blut bzw. Knochenmark. Ursache der Riesenzellbildung ist ein ***Mangel an Vitamin B_{12}*** (perniziöse Anämie) oder ***Folsäure*** in der Nahrung oder deren verminderte Resorption. Beide Vitamine werden für die Proliferation von Zellen benötigt.

Renale Anämie. Bei chronischer Niereninsuffizienz führt der ***Erythropoietin-Mangel*** zu einer normochromen, normozytären Anämie (▶ s. o.).

Aplastische Anämie. Die aplastischen Anämien und die ***Panzytopenien*** sind dadurch gekennzeichnet, dass trotz Vorhandenseins aller für die Blutzellbildung notwendigen Stoffe die Hämatopoiese im Knochenmark eingeschränkt ist. Bei den aplastischen Anämien betrifft die Verminderung nur die Erythrozyten, bei den Panzytopenien alle im Knochenmark gebildeten Blutzellen. Ursachen der Panzytopenien können Schädigungen des Knochenmarkes durch ionisierende Strahlen (Radiothera-

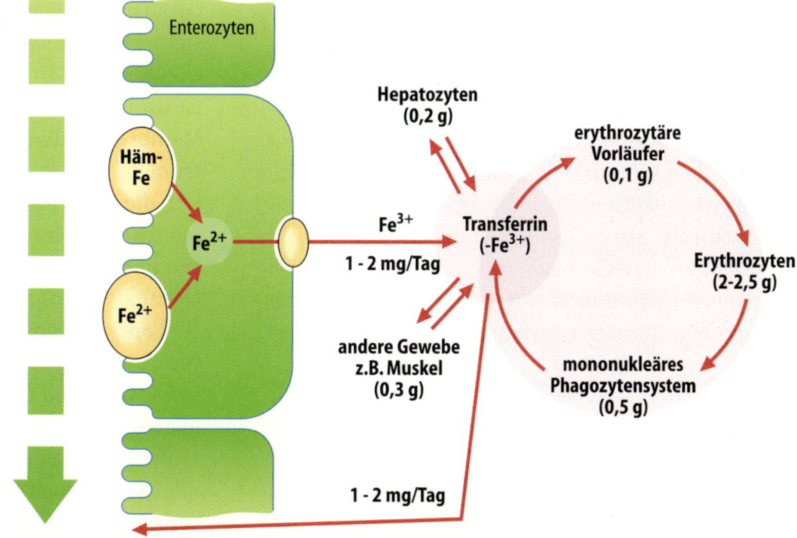

◘ **Abb. 23.5. Eisenhaushalt.** Ca. 70 % des Gesamteisens ist im Hämoglobin enthalten, der Rest in anderen Hämproteinen bzw. Ferritin-gebunden in Hepatozyten und Makrophagen. Im Blutplasma transportiert Transferrin Fe^{3+}. Pro Tag werden 1–2 mg Eisen mittels spezieller Carrier-Proteine als Fe^{2+} oder Häm im Duodenum resorbiert, um das mit Körperzellen verlorengegangene Eisen zu ersetzen

pie), Zellgifte (Zytostatika, Benzol, etc.) oder Verdrängung des normalen Gewebes durch Tumormetastasen sein.

Hämolytische Anämien. Krankheiten, bei denen es zu einem verstärkten Erythrozytenabbau, einer ***Hämolyse***, kommt, können eine hämolytische Anämie auslösen. Hier sind als Beispiele die erbliche ***Kugelzellanämie***, die ebenfalls erblichen ***Sichelzell***- und ***Thalassämien*** zu nennen, außerdem die Anämie bei Malaria, die gesteigerte Hämolyse durch Autoimmunreaktionen (▶ s. Kap. 24.3) und die infolge einer Inkompatibilität der Rhesusfaktoren auftretende Anämie bei der ***Erythroblastosis fetalis***.

V

23.1. Anämien

Pathologie. Anämie ist ein Krankheitssymptom verschiedener Grundleiden, keine eigenständige Krankheit. Eigentlich steht der Begriff für ein verkleinertes (Gesamt-) Volumen der zirkulierenden Erythrozyten (»Blutarmut«), im klinischen Sprachgebrauch für eine erniedrigte Hämoglobinkonzentration des Blutes. Dabei kann sowohl die Zahl der Erythrozyten als auch die Beladung der einzelnen Erythrozyten mit Hämoglobin verringert sein.

Formen. Chronische Anämien sind Folge einer kongenitalen Anomalie, eines Vitamin- oder Eisenmangels oder einer entzündlichen oder neoplastischen Erkrankung. Erythrozytenproduktionsstörungen sind durch niedrige Retikulozytenkonzentrationen charakterisiert ($<30 \times 10^9$/l). Hämolytische Anämien sind durch adäquate Retikulozytenzahlen und erhöhte Hämoglobinumsatzparameter gekennzeichnet (indirektes Bilirubin ↑, Serum-Laktatdehydrogenase ↑, Haptoglobin ↓).

Symptome. Die Symptome einer chronischen Anämie sind durch die verminderte O_2-Versorgung des Gewebes bedingt. Die Patienten leiden unter Müdigkeit, Atemnot, Herzjagen, Kopfschmerz und Schwindelgefühl. Ihre körperliche Leistungsfähigkeit ist vermindert. Außerdem fällt die Blässe der Haut- und Schleimhäute auf. Weitere Symptome können im Zusammenhang mit der Ursache der Anämie stehen (z. B. Zungenbrennen bei Vitamin B_{12}-Mangel, Gelbsucht bei Hämolyse).

Nach einer akuten Blutung ist die Hämoglobinkonzentration des Blutes zunächst normal. Die klinischen Symptome sind dabei v. a. durch die Hypovolämie bestimmt, letztlich kann ein Kreislaufschock resultieren.

Stoffwechselaktivität der Erythrozyten

! Die reifen kernlosen Erythrozyten gewinnen ihr ATP anaerob durch Glykolyse; NADH und NADPH wirken antioxidativ

Anaerobe ATP-Gewinnung. Während die kernhaltigen erythrozytären Vorläufer Enzyme für die oxidative Energiegewinnung und die Proteinsynthese besitzen, ist der reife Erythrozyt auf die anaerobe Glykolyse mit Glukose als Substrat angewiesen. Neben dem in der Glykolyse gebildeten ATP, das insbesondere für den aktiven Ionentransport durch die Erythrozytenmembran benötigt wird, entstehen reduzierende Stoffe wie NADH (reduziertes Nikotinsäureamid-Adenin-Dinukleotid) und – im Pentosephosphat-Zyklus – NADPH (reduziertes Nikotinsäureamid-Adenin-Dinukleotidphosphat).

Reduktionsstoffe. ***NADH*** wird u. a. für die Reduktion des ständig autoxidativ ($Fe^{2+} \rightarrow Fe^{3+}$) entstehenden ***Methämoglobins*** (Hämiglobins) zu O_2-transportfähigem Hämoglobin benötigt, ***NADPH*** für die Reduktion des im Erythrozyten vorhandenen Glutathions. Das leicht oxidierbare ***Glutathion*** seinerseits schützt intrazelluläre Proteine mit SH-Gruppen, insbesondere die Hämoglobinmoleküle und Proteine in der Erythrozytenmembran, gegen eine Oxidation.

■■■ **G6P-DH-Mangel.** Ein Mangel an Glukose-6-Phosphatdehydrogenase (G6P-DH) der Erythrozyten ist der häufigste hereditäre Enzymdefekt. Er wird X-chromosomal vererbt. Die Erkrankung äußert sich durch intermittierende hämolytische Episoden, die durch Infekte oder die Zufuhr bestimmter Medikamente (z. B. Sulfonamide) und Nahrungsmittel (Fava-Bohnen) ausgelöst werden.

Biophysikalische Eigenschaften

! Erythrozyten sind verformbar und ändern ihr Volumen in Abhängigkeit von den osmotischen Bedingungen

Permeabilität. Die Erythrozytenmembran stellt ein flexibles molekulares Mosaik dar, das aus reinen Proteinen, Glyko- und Lipoproteinen und Arealen reiner Lipide besteht. Die Permeabilität der Erythrozytenmembran (Dicke ca. 10 nm) ist für Anionen rund 1 Million mal größer als für Kationen.

Membranproteine. Mit der inneren Seite der Erythrozytenmembran sind verschiedene Strukturproteine assoziiert, die eine Netzstruktur bilden und die leichte Deformierbarkeit der Zellen ermöglichen. Erythrozyten gelangen in Kapillaren, deren lichte Weite geringer ist als ihre eigene (7,5 μm). Besonders wichtige Strukturproteine sind ***Spektrin***, das aus zwei langen parallel angeordneten verdrillten flexiblen Ketten besteht und Oligomere bilden kann, ***Aktin*** und das sog. ***Protein 4.1***. Das Netz dieser Proteine ist an der Membran verankert bzw. es hängt an speziellen Brückenproteinen wie ***Ankyrin***, welches Spektrin mit dem ***Bande-3-Protein*** der Erythrozytenmembran verbindet.

23.2. Sichelzellanämie

Ursachen und Pathologie. Ursache der Sichelzellanämie ist der Ersatz der Aminosäure Glutamin in der Position 6 der β-Kette des Hämoglobins durch Valin. Bei homozygoten Trägern des Sichelzellgens sind bis zu 50 % des normalen HbA, das ein tetramers Molekül mit je 2 α- und 2 β-Globinketten ist, durch HbS ersetzt. Die Löslichkeit von desoxygeniertem HbS beträgt nur rund 4 % der Löslichkeit von HbA. Bei der O_2-Abgabe (Desoxygenation) einer so hoch konzentrierten Hämoglobinlösung, wie sie in Erythrozyten vorliegt, bildet HbS ein faseriges Präzipitat, das die Erythrozyten zu sichelförmigen Zellen deformiert.

Folgen. Wegen ihrer schlechten Verformbarkeit können die Sichelzellen kleine Gefäße verstopfen. Folgen sind u. a. Nierenversagen, Herzinfarkte, etc. Die Patienten sind v. a. bei Hypoxie gefährdet (z. B. bei niedrigem O_2-Druck im Flugzeug).

Osmotische Eigenschaften. Im hypertonen Medium verlieren die Zellen Wasser. Durch Faltungen der Membran kommt es zu ***Stechapfelformen*** (Abb. 23.3). Bei geringer osmotischer Konzentration (Hypotonie) der extrazellulären Flüssigkeit schwellen Erythrozyten an und nähern sich der Kugelform (Sphärozyten). Letztlich platzt die Membran und das Hämoglobin wird frei ***(osmotische Hämolyse)***. 50 % der Erythrozyten eines Gesunden sind in einer hypotonen wässrigen Lösung mit 4,3 g/l NaCl hämolysiert. Bei bestimmten Erkrankungen ist die osmotische Resistenz vermindert, und es kommt zur hämolytischen Anämie. Die osmotische Resistenz ist u. a. bei Thalassämie gesteigert.

▪▪▪ Organische Lösungsmittel wie Chloroform, Äther u.ä. können durch Herauslösen der Lipidanteile der Membran zu Lecks und damit zur Hämolyse führen. Die hämolysierende Wirkung von Seifen, Saponin und synthetischen Waschmitteln beruht auf der Herabsetzung der Oberflächenspannung zwischen der wässrigen und der Lipidphase der Membran. Die Lipide werden emulgiert und aus der Membran herausgelöst. Aufgrund der Membranlücken hämolysieren die Zellen.

In Kürze

Erythrozyten

Die roten Blutzellen
- sind Nachkommen hämatopoietischer Stamm- und Vorläuferzellen;
- sind kernlose hämoglobinhaltige bikonkave Scheiben, die dem Atemgastransport dienen;
- werden nach einer Lebenszeit von ca. 120 Tagen phagozytiert.

Ein normales »rotes Blutbild« beinhaltet
- Hämoglobinkonzentration (g/l): 140 (♀) bzw. 160 (♂);
- Hämatokrit: 0,42 (♀) bzw. 0,47 (♂);
- Erythrozytenzahl (10^{12}/l): 4,8 (♀) bzw. 5,3 (♂);
- Retikulozyten (10^{12}/l): 0,05–0,2 und
- MCV (fl): 85 und MCH (pg): 30.

Anämien entstehen durch
- Erythrozytenbildungsstörungen (Eisenmangel, Vitamin B_{12}-Mangel, Folsäuremangel, Erythropoietinmangel, primäre Knochenmarksinsuffizienz, Chemotherapie);
- Erythrozytenverlust (Blutungen, verkürzte Erythrozytenlebenszeit aufgrund gesteigerter Hämolyse oder beschleunigtem Abbau).

23.4 Leukozyten

Normwerte und allgemeine Eigenschaften

Blut eines gesunden Erwachsenen enthält im Mittel 7×10^9 Leukozyten pro l Blut; Leukozyten (Granulozyten, Monozyten und Lymphozyten) sind amöboid beweglich und wandern in entzündete Gewebe

Leukozytenzahl. Die Leukozyten oder weißen (farblosen) Blutkörperchen sind kernhaltige, hämoglobinfreie Zellen, von denen sich im Mittel 7×10^9 im Liter Blut (7000/µl) des gesunden Erwachsenen befinden. Im Gegensatz zu den relativ konstanten Erythrozytenzahlen schwankt die Zahl der Leukozyten im Blut je nach der Tageszeit und dem Funktionszustand des Organismus. Bei $>11 \times 10^9$/l Leukozyten (>11 000/µl) spricht man von einer ***Leukozytose***, bei $<4 \times 10^9$/l (<4000/µl) von einer ***Leukopenie***. Zu Leukozytosen kommt es besonders bei entzündlichen Erkrankungen und – in schwerster Form – bei Leukämien. Säuglinge und Kleinkinder weisen normalerweise höhere Leukozytenzahlen (etwa 10×10^9/l bzw. 10 000/µl) als Erwachsene auf.

Arten und Bildung. Nach morphologischen und funktionellen Gesichtspunkten und ihrem Bildungsort unterscheidet man 3 große Leukozytenarten: ***Granulozyten, Monozyten und Lymphozyten*** (Tabelle 23.4). Alle sind – wie die Erythrozyten und Thrombozyten – Nachkommen der pluripotenten hämatopoietischen Stammzellen. Die Vorläufer der Lymphozyten sind die ersten, die von der gemeinsamen Stammzell-Linie abzweigen (Abb. 23.2). Granulozyten und Monozyten entstehen im Knochenmark unter dem Einfluss bestimmter Glykoprotein-Gewebshormone mesenchymalen Ursprungs (***CSFs, »Colony Stimulating Factors«***; Tabelle 23.3).

Vorkommen. Die größte Zahl der Leukozyten (>50 %) hält sich im extravasalen, interstitiellen Raum auf, und mehr als 30 % befinden sich im Knochenmark. Offenbar stellt das Blut für die Zellen – mit Ausnahme der basophilen Granulozyten (► s. u.) – vornehmlich einen Transportweg von den Bildungsstätten im Knochenmark und im lymphatischen Gewebe zu den Einsatzorten dar.

Emigration. Leukozyten sind amöboid beweglich. Sie können die Wände der Blutgefäße durchdringen *(Leukodiapedese)*. Leukozyten werden durch bestimmte körpereigene und bakterielle Stoffe angelockt *(Chemotaxis)*. Sie wandern in Richtung ansteigender Konzentrationen der chemotaktischen Stoffe, d. h. zum Infektions- oder Entzündungsort. Chemotaktisch wirksam sind u. a. Interleukin-8, der Komplementfaktor C5a (► s. Kap. 24.1), Eikosanoide (► s. u.) und der Plättchen-aktivierende Faktor (PAF, ein leukozytäres Phospholipid).

Phagozytose. Leukozyten können Fremdkörper umschließen und in sich aufnehmen. Sie verfügen – je nach Leukozytenart – über Abbauprozesse beschleunigende Enzyme, v. a. Proteasen, Peptidasen, Diastasen, Lipasen und Desoxyribonukleasen.

▪▪▪ **Leukozytenzählung.** Die Zahl der Leukozyten wird in Analyseautomaten oder mikroskopisch in Zählkammern (Hämatozytometer) bestimmt. Bei beiden Methoden werden die Leukozytenkerne nach Hämolyse in hypotoner Lösung ausgezählt. Zur Bestimmung der **Anzahl der einzelnen Leukozytenarten** im Blut färbt man einen luftgetrockneten Objektträgerausstrich von Kapillarblut mit standardisierten Gemischen aus sauren und basischen Farbstoffen (z. B. nach Giemsa) und differenziert mikroskopisch die einzelnen Leukozytenarten (**Differenzialblutbild**). Nichtmikroskopisch können die verschiedenen Leukozytenarten mit der Methode der Durchflusszytometrie bestimmt werden. Dazu werden sie mithilfe spezifischer Antikörper markiert.

Granulozyten

! Granulozyten spielen eine wichtige Rolle bei der unspezifischen Abwehr von Krankheitskeimen; man unterscheidet neutrophile, eosinophile und basophile Granulozyten

Granulozytenarten. Die Granulozyten, so genannt wegen der Granula, die sich nach den üblichen Fixations- und Färbeverfahren in ihrem Protoplasma finden, stammen aus dem Knochenmark (sog. ***myeloische Reihe***). Ihre Zelldurchmesser liegen im Ausstrichpräparat zwischen 10 und 17 µm. Rund 60 % der Blutleukozyten sind Granulozyten. Nach der Anfärbbarkeit ihrer Granula unterteilt man die Granulozyten in ***neutrophile, eosinophile*** und ***basophile*** Zellen (■ Tabelle 23.4).

Neutrophile Granulozyten. Fast alle Granulozyten sind neutrophile, genauer auch ***polymorphkernige neutrophile Granulozyten (PMN)*** genannt. Ihre mittlere Zirkulationszeit im Blut beträgt nur 6–8 h. Etwa 50 % der intravasalen neutrophilen Granulozyten zirkulieren nicht, sondern haften an der Endothelwand, insbesondere der Lungen- und Milzgefäße. Diese ruhenden Zellen können in Stress-Situationen schnell mobilisiert werden (Kortisol- und Adrenalinwirkung). Zu Beginn akuter Infektionen nimmt die Zahl der neutrophilen Granulozyten im Blut besonders rasch zu. Ein weiterer Hinweis auf eine Infektion ist das vermehrte Auftreten von Metamyelozyten (Stabkernigen und Jugendlichen) im weißen Blutbild (sog. ***Linksverschiebung***).

Neutrophile Granulozyten haben wichtige Funktionen im unspezifischen Abwehrsystem des Blutes (► s. Kap. 24.1). Sie setzen bei Aktivierung u. a. Prostaglandine und Leukotriene frei (► s. Kap. 2.6), die bei Entzündungen (23.3) Gefäßreaktionen, Schmerzen, etc. auslösen. Die Konzentration der von zerfallenen neutrophilen Granulozyten freigesetzten Elastase *(PMN-Elastase)* im Serum gibt diagnostische Hinweise auf den Schweregrad einer Entzündung.

Eosinophile Granulozyten. 2–4 % der Blutleukozyten sind Eosinophile. Ihre Zahl im Blut unterliegt einer ausgeprägten ***24 h-Periodik***. Tagsüber liegen die Zahlen um 20 % niedriger, um Mitternacht rund 30 % höher als der 24 h-Mittelwert. Diese Schwankungen sind durch die zirkadiane Rhythmik der Glukokortikoidsynthese bedingt (► s. Kap. 21.5). Ein Anstieg des Glukokortikoidspiegels im Blut führt zu einer Abnahme der Zahl der Bluteosinophilen, eine Senkung zur Zunahme. Eosinophile Granulozyten enthalten große ovale azidophile Granula aus Lipiden und Eiweißkörpern, die Parasiten zerstören können. Eine ***Eosinophilie*** (Anstieg der Eosinophilienzahl) wird insbesondere bei ***allergischen Überempfindlichkeitsreaktionen***, bei Wurminfektionen und den sog. Autoimmunkrankheiten, bei denen Antikörper gegen körpereigene Zellen gebildet werden, beobachtet (► s. Kap. 24.3).

Basophile Granulozyten. 0,5–1 % der Blutleukozyten sind Basophile. Ihre mittlere Verweildauer im Blut beträgt 12 h. Das Protoplasma enthält grobe basophile Granula mit Heparin und Histamin. Nach der Aufnahme von Nahrungsfetten ist die Zahl basophiler Granulozyten im peripheren Blut erhöht. ***Heparin*** (► s. Kap. 23.6) aktiviert Lipoproteinlipasen und damit die Fettverstoffwechselung nach Nahrungszufuhr. Nach Aktivierung setzen die Blutbasophilen das biogene Amin ***Histamin*** aus den Granula frei. Dadurch kann es zu allergischen Symptomen, wie Gefäßerweiterung, Hautrötung, Quaddelbildung und u. U. Bronchospasmen kommen (► s. Kap. 24.3).

Monozyten

! Monozyten und Gewebemakrophagen werden als mononukleäres Phagozytensystem zusammengefasst

Makrophagen. Die großen Monozyten (Ausstrichdurchmesser 12–20 µm) stellen 4–8 % der Blutleukozyten. Sie übertreffen die Phagozytosekapazität sämtlicher anderer Blutzellen. Monozyten wandern nach ca. 2–3 Tagen aus dem Blut in das umgebende Gewebe ein und werden dort als Histiozyten bzw. ***Gewebemakrophagen*** sesshaft. In großer Zahl finden sich Gewebemakrophagen ständig in den Lymphknoten, in den Alveolarwänden und in den Sinus von Leber, Milz und Knochenmark. Monozyten und Gewebemakrophagen bilden als ***mononukleäres Phagozytensystem*** (früher retikulo-endotheliales System (RES) genannt) zytotoxische Stoffe, Leukotriene und Zytokine (Tabelle 23.3).

23.3. Entzündung

Symptome. Schon die antike Medizin kennzeichnete die Entzündung als Antwort des Gewebes auf einen schädlichen Reiz mit den Symptomen Dolor (Schmerz), Rubor (Rötung), Calor (erhöhte Temperatur), Tumor (Schwellung) und Functio laesa (gestörte Funktionsfähigkeit).

Ursachen. Lokale Entzündungsreaktionen werden v.a. durch die Leukozytenaktivierung und -migration und eine gesteigerte Prostaglandin- und Leukotriensynthese verursacht. Systemisch wirksam sind verschiedene immunmodulierende Proteine (»Zytokine«), die v.a. von aktivierten Leukozyten und Gewebemakrophagen produziert werden. Das Zytokin Interleukin 6 (IL-6) stimuliert in der Leber die Synthese der Akute-Phase-Proteine (u.a. C-reaktives Protein, Serumamyloid A, Haptoglobin, Fibrinogen, saures α_1-Glykoprotein). Labordiagnostisch kann die Entzündungsreaktion somit durch folgende Befunde erkannt werden: Leukozytose, Verschiebung des Serumproteinprofils in der Elektrophorese, erhöhte BSG, Anstieg der Akute-Phase-Proteine sowie der Konzentration neutraler Proteinasen (v.a. PMN-Elastase) im Plasma.

Lymphozyten

Lymphozyten bewerkstelligen die spezifische Immunabwehr; ihre Prägung haben B-Zellvorläufer im Knochenmark und T-Zellvorläufer im Thymus erfahren

Lymphozyten-Prägung. 25–40 % der Blutleukozyten des Erwachsenen sind Lymphozyten, bei kleinen Kindern sogar über 50 %. Anhand oberflächlicher Rezeptoren und funktioneller Merkmale können 3 Arten lymphozytenartiger Zellen unterschieden werden: B-Zellen, T-Zellen und Null-Zellen. B- und T-Zellen entwickeln sich aus ***lymphatischen Stammzellen*** (Abb. 23.2). Die Lymphozytenvorläufer erwerben in den primären lymphatischen Organen ***Knochenmark*** und ***Thymus*** typische Fähigkeiten. Lymphozyten, die im Knochenmark geprägt worden sind, werden B-Lymphozyten oder ***B-Zellen*** genannt (B: steht beim Menschen für *Bone marrow*). Lymphozyten, die im Thymus geprägt worden sind, werden als T-Lymphozyten oder ***T-Zellen*** bezeichnet.

B-Zellsystem. Etwa 15 % der Lymphozyten im Blut sind B-Zellen. Sie bewirken die ***spezifische humorale Immunreaktion***, d.h. die Immunabwehr über Bildung löslicher Antikörper (▶ s. Kap. 24.2).

T-Zellsystem. Zu den T-Zellen gehören etwa 70–80 % der Lymphozyten im Blut. Sie bewirken die ***spezifische zelluläre Immunreaktion*** (▶ s. Kap. 24.2). T-Zellen befinden sich nicht andauernd in Blut und Lymphe auf Wanderschaft, sondern halten sich zwischenzeitlich in den sekundären lymphatischen Organen ***Lymphknoten*** und ***Milz*** auf. Nach antigener Stimulation vermehren sie sich und differenzieren sich entweder zu langlebigen ***T-Gedächtnis-*** oder zu ***T-Effektorzellen*** (▶ s. Kap. 24.2).

Null-Zellen. Ca. 10 % der lymphozytenähnlichen Zellen im Blut lassen sich nach ihren Oberflächenmerkmalen weder eindeutig den B- noch den T-Zellen zuordnen.

Pathophysiologie der Leukozyten

Im Verlauf von Infektionskrankheiten nimmt die Zahl der einzelnen Leukozytenarten in charakteristischer Weise zu (Leukozytose); Patienten mit Leukozytenarmut (Leukopenie) neigen zu bakteriellen Erkrankungen

Leukozytose. Bei akuten bakteriellen Infekten wird die Synthese bestimmter hämatopoietischer Wachstumsfaktoren (v.a. G-CSF und GM-CSF) stimuliert. In der Regel ist zunächst eine neutrophile Leukozytose bei gleichzeitiger Abnahme der Lymphozyten- und Eosinophilenzahlen zu beobachten (sog. neutrophile Kampfphase). Im weiteren Verlauf kommt es zu einer Monozytose (monozytäre Überwindungsphase). Schließlich klingt der Infekt mit einer Lymphozytose und Eosinophilie ab (lymphozytär-eosinophile Heilphase). Bei chronischen Infekten tritt eine Lymphozytose auf.

Leukopenie. Der krankhafte Mangel an Leukozyten, die Leukopenie, führt zu einer geschwächten Abwehr gegen Bakterien. Die Leukopenie betrifft häufig die kurzlebigen Neutrophilen. Wie bei der Entwicklung der Erythrozyten können auch hier physikalische (ionisierende Strahlen) oder chemische (Benzol, Zytostatika, etc.) Noxen die Vermehrung und Reifung der Stamm- bzw. determinierten Vorläuferzellen im Knochenmark bremsen. Zur Therapie von Leukopenien kann rekombinantes Granulozyten-Monozyten-CSF ***(GM-CSF)*** oder Granulozyten-CSF ***(G-CSF)*** therapeutisch verabreicht werden.

Leukämie. Als Leukämie wird die unkontrollierte neoplastische (krebsartige) Vermehrung von Leukozyten bezeichnet. Die in zu großer Zahl gebildeten Zellen sind meistens nicht ausdifferenziert und nicht in der Lage, ihre physiologischen Funktionen – insbesondere die bei der Abwehr bakterieller Infektionen – auszufüllen. Nach dem Herkunftsort der leukämischen Zellen unterscheidet man lymphatische und myeloische Leukämien.

V

In Kürze

Leukozyten

Die weißen kernhaltigen Blutzellen dienen der
- unspezifischen (Granulozyten, Monozyten) und
- spezifischen Abwehr von Krankheitserregern (Lymphozyten).

Sie stellen hinsichtlich Herkunftsort (myeloisch vs. lymphatisch), Zirkulationszeit in der Blutbahn und ihrer funktionellen Eigenschaften eine heterogene Gruppe dar. Von den Leukozyten im Blut (normal 7×10^9/l) sind
- 63 % Granulozyten (60 % Neutrophile, 3 % Eosinophile, < 1 % Basophile),
- 7 % Monozyten ,
- 30 % Lymphozyten (23 % T-Zellen, 5 % B-Zellen, Rest Null-Zellen).

Funktion der Leukozyten

Die (polymorphkernigen) neutrophilen Granulozyten und Monozyten sind besonders aktiv bei der akuten Bekämpfung von Bakterien:
- Chemotaxis (angelockt durch Zytokine und Komplementfaktoren);
- Diapedese;
- Phagozytose und
- Produktion von Entzündungsmediatoren (u. a. Leukotriene, Prostaglandin E2, Zytokine).

Die Erhöhung der Leukozytenkonzentration (z. B. infolge einer Infektion) wird als Leukozytose, eine Erniedrigung als Leukopenie bezeichnet.

23.5 Thrombozyten

Bildung und Struktur

Thrombozyten (ca. 200×10^9/l) sind sehr kleine kernlose Plättchen, die durch die Sequestrierung von Megakaryozyten entstehen; Megakaryopoiese und Thrombopoiese werden durch das Glykoprotein Thrombopoietin geregelt

Plättchenbildung, -zahl und -abbau. Der gesunde Erwachsene hat zur ***Blutstillung*** im Mittel 150×10^9–400×10^9 Thrombozyten pro Liter Blut. Die flachen, unregelmäßig runden, kernlosen Blutplättchen haben Längsdurchmesser von 1–4 µm und eine Dicke von 0,5–0,75 µm. Sie entstehen durch den intravaskulären Zerfall sog. ***Proplättchen***, die ihrerseits durch die Abschnürung des Zytoplasmas von Knochenmarksriesenzellen ***(Megakaryozyten)*** gebildet worden sind. Ein Megakaryozyt bringt 6–8 Proplättchen und jedes dieser ca. 1000 Thrombozyten hervor. Die ***Verweildauer*** der Thrombozyten im Blut beträgt ***5–11 Tage***. Dann werden sie in Leber, Lunge und Milz abgebaut.

Regulation der Thrombopoiese. Die Megakaryozytenbildung wird durch Zytokine (v. a. ***Interleukin-3, -6 und -11***) stimuliert (Abb. 23.2). Außerdem gibt es einen spezifischen Megakaryozytenwachstumsfaktor, das Glykoproteinhormon ***Thrombopoietin*** (70 kDa), welches v. a. von Hepatozyten produziert wird. Anders als bei der O_2-abhängigen Erythropoietin-Genexpression ist die Rate der Thrombopoietinsynthese in der Leber immer gleich groß. Die Thrombopoietinkonzentration im Plasma wird direkt durch die Megakaryozyten und Blutplättchen geregelt, die das Hormon binden und inaktivieren.

Plättchenmorphologie. Im Elektronenmikroskop sieht man unter der die Blutplättchen umgebenden Membran eine Zone scheinbar unstrukturierten Protoplasmas, das ***Hyalomer***. Erst nach Aktivierung der Plättchen werden im Protoplasma kontraktile Mikrofilamente erkennbar, die aus Aktin, Myosin und Tropomyosin bestehen. Weiter innen liegt die Organellenzone, das ***Granulomer***, das Mitochondrien, Glykogenvesikel und Granula enthält.

Plättchengranula. Unter den morphologisch und inhaltlich differenten Granula unterscheidet man ***α-Granula***, ***elektronendichte Granula*** und ***Lysosomen*** (Tabelle 23.5). Die Proteine in den α-Granula stammen z. T. aus dem Blutplasma und sind über das sog. ***offene kanalikuläre System*** in die Plättchen gelangt. Die nach Kontakt der Plättchen mit verletzten Gefäßoberflächen freigesetzten Inhaltsstoffe der α-Granula und elektronendichten Granula spielen eine wichtige Rolle bei der Plättchenaggregation und Blutgerinnung (► s. u.). Die lysosomalen

Tabelle 23.5. Inhaltsstoffe der Thrombozytengranula

Elektronendichte Granula	α-Granula	Lysosomen
Anionen ATP, ADP, GTP, GDP, anorgan. Phosphate Kationen Calcium, Serotonin	Plasma(gleiche)-Proteine Fibrinogen, Gerinnungsfaktoren V und VIII, Fibronektin, Albumin, Kallikrein, α_2-Antiplasmin, Thrombospondin, vaskul. endothelialer Wachstumsfaktor Plättchenspez. Proteine Plättchenfaktor 4 (Antiheparin), β-Thromboglobulin, Wachstumsfaktor *(Platelet derived Growth Factor)*	Saure Hydrolasen β-Hexosaminidase, β-Galaktosidase, β-Glukuronidase, β-Arabinosidase, β-Glyzerophosphatase, Arylsulfatase

Enzyme dienen wahrscheinlich der Zerstörung von Krankheitserregern.

Thromboxan-Synthetase. Thrombozyten besitzen in hoher Aktivität das Enzym Thromboxan-Synthetase, wodurch sie befähigt sind, die aus Zellmembranen freigesetzte Arachidonsäure in ***Thromboxane*** umzubauen (► s. Kap. 2.6, ◘ Abb. 2.6), welche die Aggregationsneigung der Plättchen steigern.

Pathophysiologie der Thrombozyten

! Plättchenmangel (Thrombozytopenie) oder -funktionsuntüchtigkeit (Thrombozytopathie) können eine Blutungsneigung verursachen; diese äußert sich u. a. in spontanen punktförmigen Blutungen in Haut und Schleimhäuten

Thrombozytopenie. Wenn weniger als 60×10^9 Blutplättchen pro Liter Blut vorhanden sind, dann kommt es zur Blutungsneigung ***(hämorrhagische Diathese)***. Störungen der primären Hämostase äußern sich in spontanen punktförmigen (petechialen) Blutaustritten aus den Kapillaren aller Organe, die in der Haut und Schleimhaut als ***thrombozytopenische Purpura*** sichtbar sind. Ursachen einer Thrombozytopenie können eine verminderte Bildung von Thrombozyten (Amegakaryozytose) aufgrund eines Thrombopoietinmangels (v. a. bei Leberschäden) oder einer Knochenmarksschädigung (z. B. durch ionisierende Strahlen, durch Zytostatika oder durch neoplastische oder chronisch entzündliche Prozesse) sowie ein gesteigerter Verlust von Thrombozyten sein (z. B. bei Immunreaktionen, Virusinfektionen, ausgedehnten Blutungen).

Thrombozytopathien. Außerdem gibt es angeborene Störungen der Thrombozytenfunktion, bei denen die Thrombozytenzahl normal, aber die ***Speicherfähigkeit*** der α-Granula *(Grey-platelet-Syndrom)* oder der elektronendichten Granula *(Storage pool disease)* eingeschränkt ist.

Blutungszeit. Abgesehen von der Bestimmung der Plättchenzahl und -funktion im klinischen Labor kann die ***primäre Hämostase*** in der Praxis einfach durch die Bestimmung der Blutungszeit überprüft werden. Nach Setzen einer kleinen Stichwunde in der Fingerbeere oder im Ohrläppchen wird dabei die Zeit bis zum Stillstand der Blutung gestoppt ***(Normalwert 1–4 min)***.

In Kürze

! Thrombozyten

Die kleinen kernlosen Blutplättchen (150×10^9 bis 400×10^9 pro l Blut) entstehen durch die Sequestrierung von Megakaryozyten. Sie zirkulieren 5–11 Tage im Blut und werden nach Gefäßverletzungen aktiviert.

▼

Aktivierte Thrombozyten

- bilden Aggregate,
- setzen blutstillungsfördernde Inhaltsstoffe ihrer α-Granula und elektronendichten Granula frei und
- produzieren Thromboxane.

Thrombozytenmangel (Thrombozytopenie) oder -funktionsuntüchtigkeit (Thrombozytopathie) kann eine hämorrhagische Diathese verursachen.

23.6 Blutstillung und -gerinnung

Primäre Hämostase

! An der primären Hämostase sind Blutgefäße und Thrombozyten beteiligt; originäre Funktionen der Thrombozyten sind Adhäsion und Aggregation sowie die Freisetzung ihrer blutstillenden Stoffe

Thrombozytenadhäsion. Nach Verletzungen mit Einriss kleiner Gefäße hört die Blutung beim Gesunden nach 1–3 min auf. Diese vorläufige, ***primäre Hämostase*** kommt vornehmlich durch Vasokonstriktion und den mechanischen Verschluss kleiner Gefäße durch einen Thrombozytenpfropf zustande.

Die Blutplättchen haften an den Bindegewebsfasern der Wundränder. Diese ***Adhäsion*** der Plättchen wird v. a. durch den ***von-Willebrand-Faktor*** (vWF) vermittelt, ein oligomeres Glykoprotein, das in Endothelzellen und Blutplättchen gespeichert ist. Außerdem findet es sich im Plasma, wo es den Gerinnungsfaktor VIII gebunden hält (daher der frühere Name: Faktor VIII assoziiertes Antigen). Der vWF bildet Brücken zwischen Kollagen und den Thrombozyten, welche einen spezifischen vWF-Rezeptor ***(Glykoprotein Ib)*** exprimieren (◘ Abb. 23.6). Außerdem besitzen Blutplättchen Rezeptoren für ***subendotheliale Matrixproteine*** wie Kollagen, Fibronektin oder Laminin.

Reversible Thrombozytenaggregation. Bei der Adhäsion formen die Plättchen sich um. Sie werden kugelig und bilden stachelartige Fortsätze (***Umformung***, ◘ Abb. 23.7). Die Aktin/Myosinfilamente, die die Plättchen verformen, werden durch ***Ca^{2+}-Ionen*** aus den elektronendichten Granula aktiviert. Unter der Einwirkung von ***ADP*** (aus verletzten Zellen) kommt es zur – zunächst ***reversiblen – Aggregation***. Die ADP-Wirkung wird durch Thrombin, Adrenalin, Serotonin, Thromboxan A_2 (► s. u.) und den sog. Plättchen-aktivierenden Faktor (PAF, ein Phospholipid aus Leukozyten) verstärkt. ADP und seine Agonisten bewirken eine Konformationsänderung bestimmter Rezeptoren ***(Glykoproteine IIb und IIIa)*** der Thrombozytenmembran. An diese Rezeptoren, die zur Familie der Integrinrezeptoren gehören, bindet nun ***Fibrinogen*** und verknüpft zunehmend viele Blutplättchen (◘ Abb. 23.6).

V

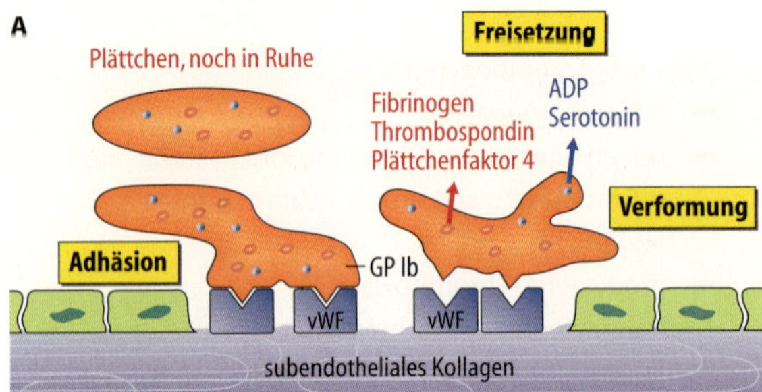

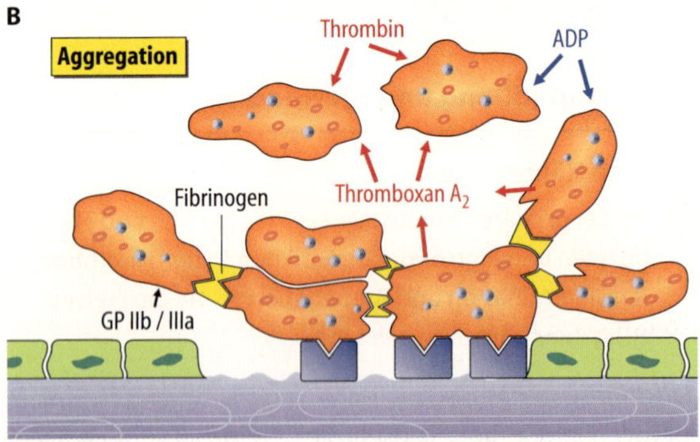

Abb. 23.6. Entwicklung eines Thrombozytenpfropfes an einer verletzten Gefäßwand. A Aktivierte Thrombozyten verformen sich, präsentieren Glykoproteinrezeptoren *(GP)* und entleeren ihre Granula. Der an subendotheliale Strukturen bindende von-Willebrand-Faktor *(vWF)* heftet die Plättchen (über Rezeptor *GPIb*) an die Gefäßwand (Thrombozytenadhäsion). **B** An andere Rezeptoren (hier *GPIIb* und *GPIIIa* für Fibrinogen) binden bestimmte Proteine, die die Thrombozyten untereinander verknüpfen (Thrombozytenaggregation). Die wichtigsten Stimulatoren der Aggregation sind ADP, Thrombin und Thromboxan A_2

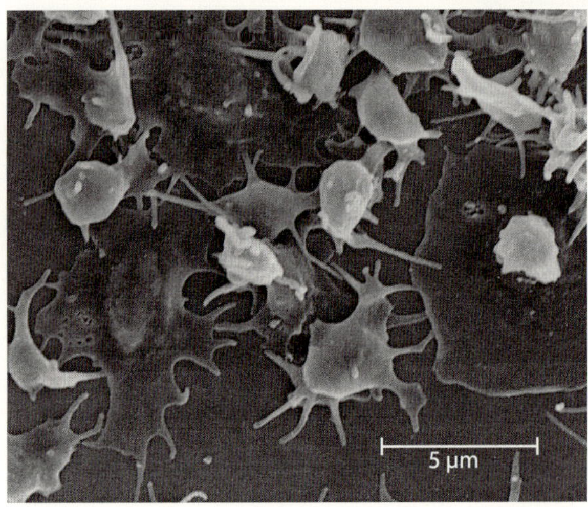

Abb. 23.7. Aktivierte Blutplättchen im Stadium der Adhäsion. Man erkennt die nach zentral verlagerten Granula und in der Peripherie stachelartige Pseudopodien. Rasterelektronenmikroskopische Aufnahme, freundlicherweise zur Verfügung gestellt von Herrn Priv.-Doz. Dr. Armin J. Reininger, München

Freisetzungsreaktion. Der Gerinnungsfaktor ***Thrombin*** (▶ s. u.), der in dieser Phase der Blutstillung bereits in geringen Mengen entsteht, bindet an spezifische Rezeptoren der Thrombozytenmembran und induziert dadurch die Phosphorylierung intrazellulärer Proteine sowie – gemeinsam mit ADP – die Abgabe von ***Ca^{2+}*** aus den elektronendichten Granula in das Zytosol der Thrombozyten. Damit wird die Ca^{2+}-abhängige ***Phospholipase A_2*** aktiviert, die die Freisetzung von Arachidonsäure katalysiert. Diese wird durch die Enzyme Zyklooxygenase und Thromboxan-Synthetase in die zyklischen Endoperoxide PGG_2 und PGH_2 und weiter in Thromboxane umgewandelt (▶ s. Kap. 2.6, Abb. 2.6). Die Endoperoxide und ***Thromboxan A_2*** lösen eine Verformung und Aggregation weiterer Plättchen aus, die daraufhin ebenfalls ihre ***Inhaltsstoffe*** freisetzen. Infolge der Strukturauflösung der Thrombozyten werden negativ geladene Phospholipide innerer Schichten der Zellmembran und des Granulomers nach außen gekehrt. Die Phospholipide (früherer Name: Plättchenfaktor 3) binden bestimmte Faktoren des Fibringerinnungssystems (z. B. Faktor V_a und VIII_a; ▶ s. u.), die damit lokal angereichert werden.

Vasokonstriktion. Die verletzten Gefäße werden durch die vasokonstriktorischen Substanzen (Thromboxan A_2, Serotonin, Katecholamine) ***verengt*** und durch die an den Kollagenfasern anhaftenden Blutplättchen verstopft.

Irreversible Aggregation. Das aus den ***α-Granula*** der Plättchen freigesetzte ***Thrombospondin*** bewirkt den Übergang in die irreversible Aggregation. Durch Anbindung dieses großen Glykoproteins werden nämlich die Fibrinogenbrücken, die die Plättchen vernetzen, verfestigt.

Verstärkereffekte. Bei einigen Reaktionsschritten erfolgt eine ***positive Rückkoppelung***, d. h. aktivierte Plättchen bilden Stoffe, welche ihrerseits neue Plättchen aktivieren. Ein Beispiel hierfür ist die Freisetzung von ADP, ein anderes die Synthese von Thromboxan A_2. Durch die Wirkung dieser Mediatoren werden ***lawinenartig*** immer mehr Thrombozyten in die Reaktion einbezogen.

Hemmung der primären Hämostase

Eine Aggregationshemmung kann durch das körpereigene Prostazyklin sowie pharmakologisch durch Zyklooxygenase-Hemmstoffe erreicht werden

Körpereigene Aggregationshemmung. Eine Ausbreitung der Plättchenaggregate über den verletzten Gefäßbereich hinaus wird dadurch verhindert, dass das umgebende – intakte – Endothel kontinuierlich ***Prostazyklin*** freisetzt, das an die Plättchen bindet. Prostazyklin hemmt die Thrombozytenaggregation. Es aktiviert die membranständige Adenylatzyklase. ***cAMP*** steigert den Rückstrom der Ca^{2+}-Ionen aus dem Zytosol in die elektronendichten Granula und ***stabilisiert*** damit Thrombozyten.

Pharmakologische Aggregationshemmung. Endotheldefekte können auch ohne äußere Verletzung die Thrombozytenaggregation in Gang setzen. In der Klinik wird versucht, das Auftreten von ***Thrombosen*** durch die Verabreichung von Medikamenten wie ***Azetylsalizylsäure*** zu verhindern, welche die Enzymaktivität der Zyklooxygenase und somit die Thromboxansynthese hemmen (▶ s. Kap. 2.6, ◘ Abb. 2.6). Neuerdings werden auch Antikörper gegen den Thrombozytenrezeptorkomplex IIb/IIIa therapeutisch zur Aggregationshemmung verabreicht.

Sekundäre Hämostase

! Am Gerinnungsablauf sind eine Vielzahl von Enzymen und Cofaktoren beteiligt, die mit römischen Ziffern gekennzeichnet sind; man unterscheidet extrinsische und intrinsische Wege der Gerinnungseinleitung

Grundzüge der Gerinnung. Der Thrombozytenpfropf (weißer Abscheidungsthrombus) kann für sich allein größere Gefäßläsionen nicht abdichten. Erst durch die ***sekundäre Hämostase*** werden die Gefäße mit dem ***roten Abscheidungsthrombus***, der Erythrozyten und Leukozyten enthält, endgültig verschlossen. ◘ Abbildung 23.8 zeigt die grundlegenden Schritte der Fibringerinnung. Der sog. Prothrombinaktivator wandelt den Plasmaeiweißkörper ***Prothrombin*** in ***Thrombin*** um. Dieses spaltet aus dem löslichen Plasmaprotein ***Fibrinogen*** Fibrin ab, welches das fädige Gerüst der Gerinnsel bildet. Durch die Umwandlung von Fibrinogen in den ***Faserstoff Fibrin*** geht das Blut aus dem flüssigen in einen gallertartigen Zustand über.

Nomenklatur der Gerinnungsfaktoren. Die verschiedenen Gerinnungsfaktoren kennzeichnet man mit römischen Ziffern (◘ Tabelle 23.6). Im Allgemeinen handelt es sich um ***proteolytische Enzyme*** (die Faktoren XII, XI, X, IX, VII, II und Kallikrein sind Serinproteasen), die im Plasma in inaktiver Form als Proenzyme vorliegen und sich erst bei Einleitung der Gerinnung in einer ***kaskadenartig*** darstellbaren Kette von Reaktionen gegenseitig aktivieren. Die aktive Form der Faktoren wird durch ein abgesetztes a gekennzeichnet (z. B. II_a).

Einleitende Schritte. Bei der Zerstörung von Gewebe und der Aktivierung von Thrombozyten werden ***Phospholipide*** wirksam, die zusammen mit den plasmatischen Gerinnungsfaktoren V_a und X_a sowie Ca^{2+}-Ionen einen Enzymkomplex bilden, den ***Prothrombinaktivator.*** Schematisch vereinfachend lassen sich 2 Wege darstellen: Man spricht vom ***extrinsischen System*** der Gerinnung, wenn Phospholipide und aktivierende Proteine aus verletzten Gefäß- und Bindegewebszellen, und vom ***intrinsischen System*** der Gerinnung, wenn plasmatische Faktoren den Prozess auslösen. Im Organismus ergänzen sich beide Systeme (◘ Abb. 23.9).

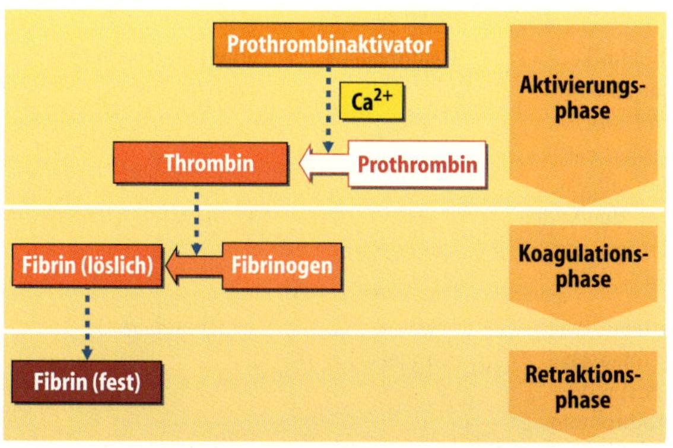

◘ **Abb. 23.8. Grundlegendes Schema der Blutgerinnung**

Extrinsisches System. Hierbei verbinden sich bestimmte aus zerstörten Gewebszellen freigesetzte Proteine ***(Gewebethromboplastin)***, die Komplexe mit Phospholipiden bilden, mit dem ***Gerinnungsfaktor VII.*** Der Faktor VII_a aktiviert dann in Anwesenheit von Ca^{2+}-Ionen den ***Faktor X.***

Intrinsisches System. Hierbei kommt der ***Faktor XII*** mit negativ geladenen Oberflächen wie Kollagen (oder in vitro mit Glas) in Berührung. An der Aktivierung und Wirkung von Faktor XII sind außerdem hochmolekulares Kininogen und proteolytische Enzyme wie Kallikrein, Thrombin und Trypsin beteiligt. In der Folge werden die ***Faktoren XI*** und ***IX*** aktiviert. Faktor IX_a bildet gemeinsam mit Phospholipiden innerer Schichten von Plättchenmembranen (sog. Plättchenfaktor 3) und Ca^{2+}-Ionen einen Enzymkomplex, der proteolytisch ***Faktor X*** aktiviert. Diese Reaktion wird durch ***Faktor*** VIII_a stark beschleunigt. Faktor VIII wird seinerseits durch zunehmend gebildetes Thrombin aktiviert.

Querverbindungen. In vivo gibt es zwischen den extrinsischen und den intrinsischen Prozessen Querverbindungen, sog. ***alternative Wege der Gerinnung.*** So können der extrinsische Faktor VII_a und Gewebethromboplastin auch den intrinsischen Faktor IX aktivieren. Folglich werden bei einem Mangel an ***Faktor VIII*** oder ***IX*** ausgeprägtere ***hämorrhagische Diathesen*** beobachtet als bei einem Mangel an Faktor XI oder XII, da im letzteren Fall Faktor IX alternativ durch Faktor VII_a aktiviert werden kann. Andererseits kann Faktor VII durch Spaltprodukte von Faktor XII und durch Faktor IX_a aus dem intrinsischen System aktiviert werden.

Thrombinbildung. Der Prothrombinaktivator (Komplex aus FX_a, FV_a, Ca^{2+} und Phospholipid; ◘ Abb. 23.9) spaltet proteolytisch aus dem inaktiven Proenzym ***Prothrombin*** (72 kDa) das enzymatisch aktive ***Thrombin*** (35 kDa) ab. Zur Synthese von Prothrombin – und ebenso für die der Faktoren VII, IX und X – in der Leber muss ***Vitamin K*** vorhanden sein. Mangel an Vitamin K (z. B. durch Behinderung der Fettresorption im Darm) führt zu Störungen der Blutgerinnung. Thrombin ist eine Peptidase, die Arginylbindungen spaltet und zu einer teilweisen Proteolyse des Fibrinogenmoleküls führt.

Fibrinbildung. Bei der Proteolyse wird das dimere ***Fibrinogen*** (340 kDa) zunächst in seine beiden Untereinheiten aufgetrennt, die identisch sind und aus je drei Poly-

Tabelle 23.6. Blutgerinnungsfaktoren; $_a$ aktivierte Formen.
Ort: Wichtigster Bildungsort; *MM:* Molekulare Masse; K_{Plasma}: Konzentration im Plasma, Mittelwert; *rez.:* autosomal-rezessiv; *x-chrom.-rez.:* x-chromosomal-rezessiv; ; *dom.:* autosomal-dominant; *notw.:* notwendig; *vWF:* von-Willebrand-Faktor; *Vit.-K:* Vitamin-K-abhängig; *hochmolek.:* hochmolekulares

Faktor Synonym	Ort	MM (kDa)	K_{Plasma} (µmol/l)	Eigenschaft, Funktion	Mangelsyndrom	
					Bezeichnung	Ursache
I Fibrinogen	Leber	340	8,8	lösliches Eiweiß, Vorstufe des Fibrins	Afibrinogenämie, Fibrinogenmangel	angeboren (rez.); Verbrauchskoagulopathie, Leberparenchymschaden
II Prothrombin	Leber (Vit.-K)	72	1,4	α_1-Globulin, Proenzym des Thrombins (Protease)	Hypoprothrombinämie	angeboren (rez.); Leberschäden, Vitamin-K-Mangel; Verbrauchskoagulopathie
III Gewebethromboplastin	Gewebezellen			Lipoprotein, bildet Komplex mit Phospholipid; aktiv im extrinsischen Gerinnungssystem		
IV Ca^{2+}	–		2500	notw. bei Aktivierung der meisten Gerinnungsfaktoren		
V Proakzelerin, Akzeleratorglobulin	Leber	330	0,03	lösliches β-Globulin, bindet an Thrombozytenmembran; aktiviert durch IIa und Ca^{2+}; V_a ist Bestandteil des Prothrombinaktivators	Parahämophilie, Hypoproakzelerinämie	angeboren (rez.); Lebererkrankungen
VI : entfällt (► aktivierter Faktor V)						
VII Prokonvertin	Leber (Vit.-K)	63	0,03	α-Globulin, Proenzym (Protease); VII_a aktiviert mit III und Ca^{2+} den Faktor X im extrinsischen System	Hypoprokonvertinämie	angeboren (rez.); Vitamin-K-Mangel
VIII antihämophiles Globulin	?	260-10 000 (polymere Komplexe mit vWF)	< 0,0004	β_2-Globulin, bildet Komplex mit vWF; aktiviert durch IIa und Ca^{2+}; VIII_a ist Kofaktor bei der Umwandlung von X in Faktor X_a	Hämophilie A (klassische Hämophilie) von-Willebrand-Syndrom	angeboren (x-chrom.-rez.) angeboren (meist dom.)
IX Christmas-Faktor	Leber (Vit.-K)	57	0,09	α_1-Globulin, kontakt-sensibles Proenzym (Protease); IX_a aktiviert mit Phosholipid, VIII_a und Ca^{2+} den Faktor X im intrinsischen System	Hämophilie B	angeboren (x-chrom.-rez.)
X Stuart-Prower-Faktor	Leber (Vit.-K)	60	0,2	α_1-Globulin, Proenzym (Protease); X_a ist Bestandteil des Prothrombinaktivators	Faktor-X-Mangel	angeboren (rez.)

■ **Tabelle 23.6.** Fortsetzung

Faktor Synonym	Ort	MM (kDa)	K_{Plasma} (μmol/l)	Eigenschaft, Funktion	Mangelsyndrom	
					Bezeichnung	Ursache
XI Plasma-thrombo-plastin-antecedent, PTA	?	160	0,034	Großes dimeres Glykoprotein, kontakt- sensibles Proenzym (Protease); XI_a aktiviert zus. mit Ca^{2+} den Faktor IX	PTA- Mangel	angeboren (rez.); Verbrauchskoagulopathie
XII Hageman-Faktor	?	80	0,45	β-Globulin, kontakt-sensibles Proenzym (Protease); aktiviert durch Kallikrein	Hageman-Syndrom (klinisch meist inapparent)	angeboren (meist rez.); Verbrauchskoagulopathie
XIII Fibrinstabilisierender Faktor	Megakaryozyten, Leber	160 320	0,1	β-Globulin, Proenzym (Transamidase); XIII_a bewirkt die Fibrinvernetzung	Faktor-XIII-Mangel	angeboren (rez.); Verbrauchskoagulopathie
Präkallikrein, Fletcher-Faktor	?	90	0,34	β-Globulin, Proenzym (Protease); aktiviert durch XII_a; Kallikrein unterstützt Aktivierung von XII und XI	klinisch meist inapparent	angeboren
hochmol. Kininogen, Fitzgerald-Faktor	?	160	0,5	α-Globulin; unterstützt Kontaktaktivierung von XII und XI	klinisch meist inapparent	angeboren

peptidketten (α, β, γ) bestehen. ***Thrombin*** spaltet dann in den α- und β-Ketten vier Arginylglyzinbindungen und setzt so die ***Fibrinopeptide A und B*** frei, die beide vasokonstriktorisch wirken. Die nach der Abspaltung der Fibrinopeptide zurückgebliebenen Fibrinmonomere lagern sich zunächst unter der Wirkung elektrostatischer Kräfte längs-parallel zu Fibrinpolymeren aneinander. Zu dieser ***Polymerisation*** bedarf es der Anwesenheit von Fibrinopeptid A und Ca^{2+}. Das entstandene Gel kann durch Zusatz von Reagenzien, die Wasserstoffbrücken lösen (wie z. B. Harnstoff), wieder verflüssigt werden.

Rolle von Faktor XIIIa. Erst unter der Wirkung des durch Thrombin in Gegenwart von Ca^{2+} aktivierten ***fibrinstabilisierenden Faktor*** XIII_a, einer Transglutaminase, entstehen kovalente Bindungen zwischen den Fibrinmonomeren, wodurch diese sich verfestigen.

Nachgerinnung. Innerhalb einiger Stunden trennt sich durch ***Retraktion*** (Zusammenziehung) der Fibrinfäden die gallertartige Masse in den halbfesten roten Blutkuchen, der die Blutzellen in den Zwischenräumen eines Maschenwerkes aus Fibrinfäden enthält, und eine darüber stehende klare gelbliche Flüssigkeit, das Serum (fibrinogenfreies Plasma). Auch an diesem Prozess sind die Thrombozyten beteiligt. Sie enthalten nämlich ***Thrombosthenin***, ein aktomyosinähnliches Protein, das sich unter ATP-Spaltung kontrahieren kann. Durch die Retraktion wird das Gerinnsel mechanisch verfestigt. Im Organismus werden die Wundränder zusammengezogen und das Einsprossen von Bindegewebszellen gefördert.

Fibrinolyse

Bei der Fibrinolyse löst sich das Gerinnsel auf und das Gefäß wird wieder durchgängig; dazu wird Plasminogen zu Plasmin aktiviert

Aktivierung der Fibrinolyse. Den Blutgerinnungsprozessen folgt die Phase der Fibrinolyse, in der sich das Gerinnsel auflöst und schließlich das Gefäß wieder durchgängig wird. Hierfür ist das Plasmaglobulin ***Plasminogen*** (81 kDa) verantwortlich, welches durch Gewebe- oder durch Blutfaktoren zu ***Plasmin*** aktiviert wird (■ Abb. 23.9). Plasmin ist eine Serinprotease mit großer Affinität zu Fibrin, aus dem sie lösliche Peptide abspaltet, welche zudem die Thrombinwirkung und somit die weitere Bildung von Fibrin hemmen. Plasmin spaltet außerdem Fibrinogen, Prothrombin und die Gerinnungsfaktoren V, VIII, IX, XI und XII. Plasmin fördert daher nicht

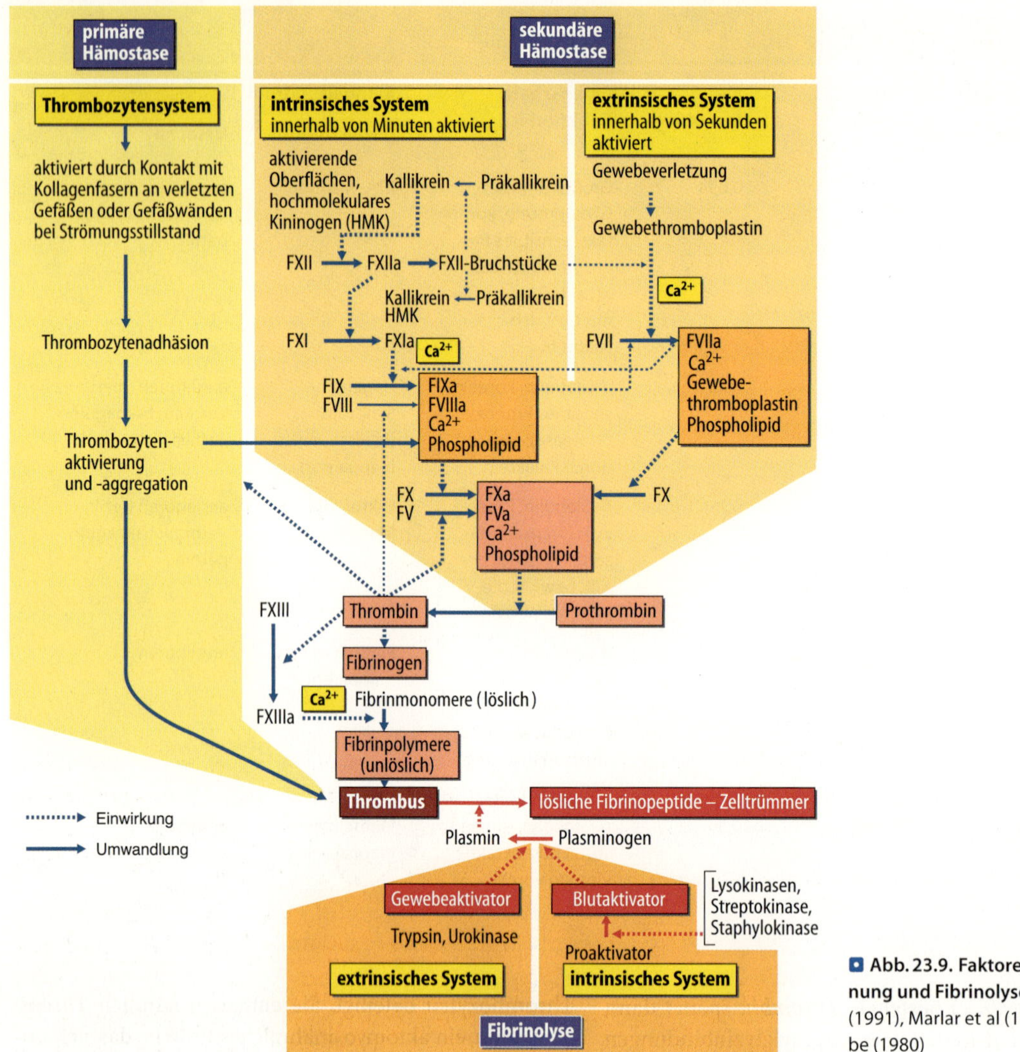

Abb. 23.9. Faktoren der Blutgerinnung und Fibrinolyse. Nach Jaenecke (1991), Marlar et al (1982) und Wintrobe (1980)

nur die Auflösung von Blutgerinnseln, sondern senkt auch die Blutgerinnungsfähigkeit.

Plasminogenaktivatoren. Die aus dem ***Gewebe*** stammenden Aktivatoren (***t-PA***, *Tissue-Type* Plasminogenaktivator) wandeln Plasminogen direkt in Plasmin um (Abb. 23.9 und 23.10). Im Urin kommt ein besonders wirksamer Aktivator (u-PA) vor, die ***Urokinase***, welche der Auflösung von Fibringerinnseln im Harntrakt dient. Die ***Blutaktivatoren*** (u. a. $FXII_a$) benötigen zur Plasminogenspaltung sog. ***Proaktivatoren***. Die wichtigsten Proaktivatoren (u. a. Präkallikrein) sind Lysokinasen, die durch traumatische oder entzündliche Gewebeschäden aus Blutzellen freigesetzt werden. Ein körperfremdes Fibrinolytikum ist die von hämolytischen Streptokokken produzierte ***Streptokinase***, die man – ebenso wie u-PA und gentechnisch hergestelltes t-PA – zur therapeutischen Fibrinolyse (Thrombolyse, v. a. bei akutem Herzinfarkt) appliziert.

Serinproteaseinhibitoren

Das Plasma enthält mehrere Serinproteaseinhibitoren, die die Aktivität der fibrinbildenden und der fibrinauflösenden Enzyme zügeln

Hemmfaktoren der Gerinnung. Die Gerinnung und die Fibrinolyse werden durch mehrere körpereigene Proteine kontrolliert, die die enzymatische Aktivität der Serinproteasen zügeln, indem sie das Serinmolekül im aktiven Zentrum blockieren. Eine besonders wichtige Serinprotease ist das ***Antithrombin III***, das die Wirkung der Faktoren II_a, X_a, IX_a, XI_a, XII_a und Kallikrein einschränkt. Antithrombin III hemmt somit die Bildung und die Wirkung von Thrombin. Zu den Inhibitoren im Plasma gehören außerdem das ***Protein C*** (hemmt Faktor V_a und VIII_a), das ***a_2-Makroglobulin*** (hemmt Faktor II_a, Kallikrein und Plasmin), das ***a_1-Antitrypsin*** (hemmt Faktor II_a und Plasmin) und der ***C1-Inaktivator*** (hemmt Faktor XI_a, Faktor XII_a und Kallikrein). Die Kenntnis dieser Hemmfaktoren ist wichtig, weil Patienten mit einem ererbten Mangel an

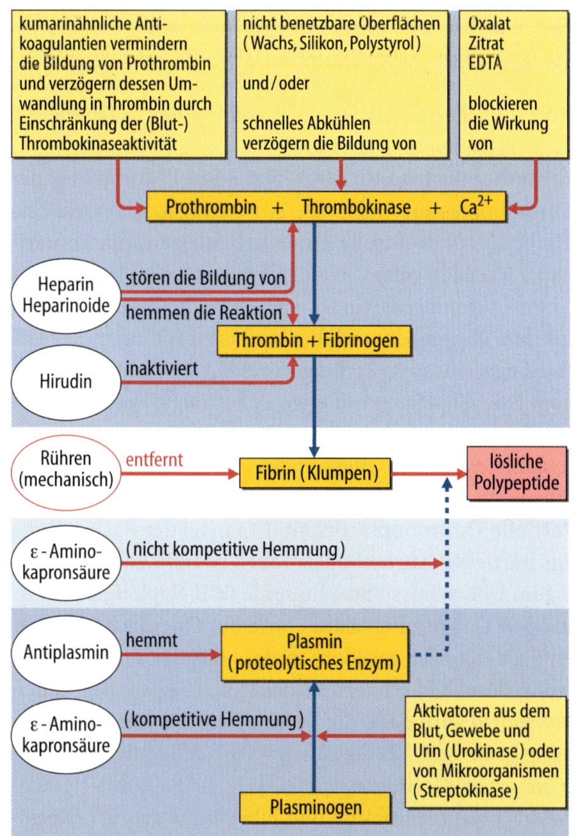

Abb. 23.10. Wirkungsweise einiger Antikoagulantien und Fibrinolytika. Nach Bell et al (1965)

gerinnungshemmenden Faktoren zu Venenthrombosen neigen.

Hemmfaktoren der Fibrinolyse. Die fibrinolytische Plasminaktivität wird v.a. durch das ***a_2-Antiplasmin*** gebremst. Seine Anwesenheit im Plasma führt dazu, dass Plasmin seine fibrinolytische Wirkung ungezügelt nur im Inneren von Gerinnseln entfaltet, da dort aufgrund der Adsorption von Plasminogen an Fibrin die Plasminkonzentration hoch, die α_2-Antiplasminkonzentration indes niedrig ist, weil Letzteres nur langsam aus dem strömenden Blut in das Gerinnsel diffundieren kann. Therapeutisch verwendet man zur Fibrinolyseverlangsamung synthetische Proteasenhemmstoffe, wie z.B. die ***ε-Aminokapronsäure***, deren Wirkung in Abb. 23.10 gezeigt ist.

Gerinnungsstörungen

Störungen des Gleichgewichtes zwischen den gerinnungsfördernden und -hemmenden Prozessen können entweder zu einer Blutungsneigung oder – klinisch häufiger – zu Thrombosen führen

Erworbene Gerinnungsstörungen. Ein erworbener Mangel an – meist mehreren – plasmatischen Gerinnungsfaktoren kann nach starken Blutungen ***(Verbrauchskoagulopathie)*** oder bei Infektionskrankheiten auftreten. Schwere Formen entzündlicher und degenerativer ***Lebererkrankungen*** können die Synthese der Faktoren I, II, V, VII, IX und X so stark beeinträchtigen, dass die Blutgerinnungsfähigkeit herabgesetzt ist. Auch ***Vitamin K-Mangel*** führt zu Blutgerinnungsstörungen. Reduziertes Vitamin K ***(Vitamin KH_2)*** ist für die Synthese der Faktoren II, VII, IX und X in der Leber notwendig. Ein Mangel des fettlöslichen, in pflanzlicher Nahrung vorkommenden und von Darmbakterien gebildeten Vitamin K tritt bei verminderter Fettresorption, insbesondere bei unzureichender Galleausscheidung in den Darm, und bei Störungen der Darmflora nach Antibiotikagabe auf.

Ererbte Gerinnungstörungen. Bei den ***angeborenen Mangelzuständen*** ist im Allgemeinen nur die Aktivität eines einzelnen Gerinnungsfaktors erniedrigt (Tabelle 23.6). Bei der beim männlichen Geschlecht auftretenden, rezessiv geschlechtsgebunden vererbten »Bluterkrankheit«, der Hämophilie, besteht in der überwiegenden Zahl (75 %) der Erkrankungen ein Mangel an Faktor VIII (***Hämophilie A***, ► s. 23.4). Bei den anderen Blutern fehlt der Faktor IX ***(Hämophilie B)***. Im klinischen Erscheinungsbild, im Erbgang und in den pathologischen Ergebnissen bei globalen Gerinnungsprüfungen unterscheiden sich die beiden Hämophilieformen nicht.

Klinisches Bild. Einschränkungen der sekundären Hämostase äußern sich klinisch in verlängerten Blutungen nach Schnittverletzungen, verstärkten Regelblutungen sowie Gelenkblutungen und -versteifungen.

23.4. Hämophilie A

Pathologie. Die Hämophilie A ist eine geschlechtsgebundene (X-chromosomal) rezessive Anomalie, an der Männer manifest erkranken, während heterozygote Frauen (»Konduktorinnen«) phänotypisch gesund sind. Pathogenetisch ist der Gerinnungsfaktor VIII des intrinsischen Systems inaktiv, so dass eine schwere hämorrhagische Diathese vorliegt, die durch Blutungen in Gelenke und weiche Gewebe charakterisiert ist.

Häufigkeit und Therapie. Die Häufigkeit der Erkrankungen beträgt ca. 5 auf 100000 Personen. Man spricht auch von der »Bluterkrankheit«, obwohl – bei der klinischen Untersuchung – die sog. Blutungszeit normal ist. Auch die Thromboplastin- (QUICK-Wert) und Thrombinzeit sind normal. Dagegen ist die partielle Thromboplastinzeit verlängert. Die Patienten werden mit gentechnisch gewonnenem rekombinanten Faktor VIII behandelt.

V

Hemmstoffe der Gerinnung

Ca^{2+}-Komplexbildner und Heparin hemmen die Gerinnung in vitro; Thrombose-gefährdete Patienten können parenteral mit Heparin und oral mit Kumarinen behandelt werden

Ca^{2+}-Komplexbildner. Zur Gewinnung von Plasma für Laboruntersuchungen und zur BSG-Bestimmung (► s.o.) muss die Blutgerinnung unterdrückt werden. Durch Blutabnahme mittels paraffinierter oder silikonisierter Bestecke und Kühlung der Blutprobe lässt sich der Gerinnungsprozess verzögern. Sicher verhindert wird die Blutgerinnung durch den Zusatz von Stoffen, die das in mehreren Phasen der Blutgerinnung notwendige ***Ca^{2+}*** in eine schwer lösliche oder Komplex-Verbindung überführen. Dazu eignen sich Citrat- oder Oxalat-haltige Lösungen sowie der Chelatbildner ***EDTA*** (Ethylendiamin-Tetra-Azetat).

Heparin. In vivo und in vitro hemmt Heparin die Blutgerinnung. Heparin ist ein Gemisch saurer Glykosaminoglykane. Besonders reich an Heparin sind Leber-, Lungen-, Herz- und Muskelgewebe, außerdem Mastzellen und basophile Granulozyten. Heparin bindet an ***Antithrombin III*** und bewirkt dessen Konformationsänderung in seine aktive Form. Heparin hemmt folglich die Bildung und die Wirkung von Thrombin. Überdies fördert Heparin als Fibrinolyseaktivator die Auflösung von Blutgerinnseln. Bei einer Heparinüberdosierung kann als ***Gegenmittel*** das – basische – ***Protaminchlorid*** verabreicht werden, das Heparin bindet und so inaktiviert.

Kumarine. Da Heparin parenteral zugeführt werden muss, zudem rasch abgebaut wird und nur 4–6 h wirkt, bevorzugt man zur Dauertherapie von Patienten mit Thromboseneigung Kumarinderivate, welche oral als Tabletten verabreicht werden können. Kumarine wirken, indem sie die Reduktion von Vitamin K in der Leber verhindern (v. a. durch ***Hemmung der Vitamin K-Epoxid Reduktase***).

Hirudin. Neben den systemisch wirksamen gerinnungshemmenden Substanzen sind einige tierische Stoffe bekannt, die zur lokalen Gerinnungshemmung eingesetzt werden können. Dazu gehört Hirudin, ein im Speichel von ***Blutegeln*** enthaltenes Antithrombin. Einige Schlangengifte mit blutgerinnungshemmendem Effekt verhindern die Fibrinbildung. Auch der Speichel Blut-saugender Insekten hat gerinnungshemmende Wirkung.

Gerinnungsfunktionsprüfungen

Zur Aufklärung von Gerinnungsstörungen werden Rekalzifizierungs-, Thromboplastin-, partielle Thromboplastin- und Thrombinzeit gemessen; die Bestimmung der Thromboplastinzeit (QUICK-Test) dient zudem zur Überprüfung der Kumarinbehandlung

Rekalzifizierungszeit. Zur Bestimmung der Rekalzifizierungszeit wird Citrat-Blut mit einer Glasperle in schrägstehende, in einem Wasserbad bei 37 °C langsam rotierende Teströhrchen gefüllt. Nach Temperaturausgleich wird Calciumchlorid im Überschuss zugesetzt und die Zeit vom ***Ca^{2+}-Zusatz*** bis zum Mitrotieren der Glasperle gemessen ***(Normwert: 80–130 s)***.

Thromboplastinzeit (QUICK-Test). Die Bestimmung der Thromboplastinzeit ist die am häufigsten verwendete Methode zur Kontrolle einer Behandlung mit Kumarinen. Zu Oxalat- oder Citratplasma werden im Überschuss ***Gewebethromboplastin*** (mit Phospholipiden) und ***Calciumchlorid*** gegeben und die Zeit bis zum Eintritt der Gerinnung gemessen. Verlängerungen (im Vergleich zu einem Normalplasma mit etwa ***14 s = 100 %***) ergeben sich bei einem verminderten Gehalt an den Faktoren des ***extrinsischen Gerinnungssystems***, an Prothrombin oder Fibrinogen.

Partielle Thromboplastinzeit (PTT). Bei der Bestimmung der partiellen Thromboplastinzeit werden zu Citratplasma im Überschuss Phospholipide (z. B. Kephalin) als sog. partielles Thromboplastin sowie ein Oberflächenaktivator (z. B. Kaolin) gegeben, so dass die Gerinnungsfaktoren XII und XI aktiviert werden. Nach Zugabe von ***Calciumchlorid*** wird dann die Zeit bis zum Eintritt der Gerinnung gemessen. Mit diesem Test wird die Aktivität des ***intrinsischen Gerinnungssystems*** (z. B. Faktor VIII und Faktor IX), Prothrombin und Fibrinogen geprüft ***(Normwert: 40–50 s)***.

Thrombinzeit (TT). Bei der Bestimmung der Thrombinzeit wird die Gerinnungszeit nach Zugabe einer ***Thrombinlösung*** zu Citratplasma gemessen. Diese Untersuchung kann zur Überprüfung eines Fibrinogenmangels bzw. einer ***Fibrinolysetherapie*** mit Streptokinase dienen ***(Normwert: 17–24 s)***.

In Kürze

Blutstillung und -gerinnung

Unter primärer Hämostase versteht man den initialen Stillstand kleinerer Blutungen durch Vasokonstriktion und den Thrombozytenpfropf.

Funktionen und Eigenschaften der Thrombozyten sind dabei:

- sie haften an subendothelialen Strukturen (Adhäsion),
- sie verformen sich,
- sie entleeren ihre Granula (Freisetzungsreaktion),
- sie produzieren das gefäßverengende und aggregationsfördernde Thromboxan und
- sie aggregieren mittels Fibrinogen und Thrombospondin.

Mit der sekundären Hämostase wird die verletzte Gefäßstelle durch den roten Abscheidungsthrombus

▼

fest verschlossen. Die Fibrinbildung aus Fibrinogen wird durch Thrombin katalysiert, wobei eine Vielzahl plasmatischer und zellulärer Faktoren beteiligt sind. Dem Prozess der Fibrinbildung steht die fibrinolytische Plasminaktivität gegenüber.
Die Aktivität der fibrinbildenden und fibrinolytischen Faktoren im Plasma wird durch Serinproteasenhemmstoffe kontrolliert.

Gerinnungsstörungen

Defekte der primären Hämostase äußern sich in kapillären Blutungen und einer Verlängerung der Blutungszeit. Defekte der sekundären Hämostase beruhen auf einem ererbten oder erworbenen Mangel an plasmatischen Gerinnungsfaktoren.
Zur Differenzierung von Gerinnungsstörungen dienen Rekalzifizierungs-, Thromboplastin-, partielle Thromboplastin- und Thrombinzeit.

23.7 Blutgruppen des Menschen

Blutgruppenunverträglichkeiten

Bei einer Mischung gruppenungleicher Blutsorten ballen sich die Erythrozyten zusammen

Agglutination. Vermischt man Erythrozyten und Serum von 2 Personen auf einem Objektträger, so beobachtet man in etwa 35% der Fälle eine ***Zusammenballung*** der Erythrozyten, die als Agglutination bezeichnet wird (Abb. 23.11). Gelegentlich ist dieser Vorgang mit einer Hämolyse kombiniert (durch Aktivierung des Komplementsystems, ▶ s. Kap. 24.1). Die gleichen Phänomene träten auf, wenn durch eine Bluttransfusion zwei ***inkompatible*** (unverträgliche) Blutsorten in Kontakt kämen. Die Folgen wären Verstopfung der Kapillaren durch agglutinierte Erythrozyten, hämolysebedingte Blockade des Tubulusapparates der Nieren und systemische Immunreaktionen, die u. U. zum Tod führen können. Die Ursache der Agglutination ist eine ***Antigen-Antikörper-Reaktion.***
Agglutinogene. In der Zellmembran der Erythrozyten befinden sich spezifische ***Glykolipide*** mit ***Antigeneigenschaften***, die man als ***Agglutinogene*** (syn. Hämagglutinogene) bezeichnet. Die spezifischen Antikörper, die mit den Agglutinogenen körperfremder Erythrozytenmembranen reagieren, sind im Blutplasma gelöst. Sie gehören zur γ-Globulinfraktion und werden als ***Agglutinine*** bezeichnet.
Blutgruppensysteme. Das Blut jedes Menschen ist durch einen bestimmten Satz spezifischer Erythrozytenantigene charakterisiert (neben Glykolipiden auch Proteine). Unter den vielen bisher nachgewiesenen Erythrozytenantigenen können rund 30 heftigere Reaktionen auslösen. Die wichtigsten 9 Blutgruppensysteme sind in Tabelle 23.7 wiedergegeben. Glücklicherweise sind die meisten Gruppenmerkmale in ihren Antigeneigenschaften so schwach, dass man sie bei Blutübertragungen nicht routinemäßig beachten muss. Andererseits haben das ***ABo-System*** und das ***Rh-System*** eine große Bedeutung für die praktische Medizin.

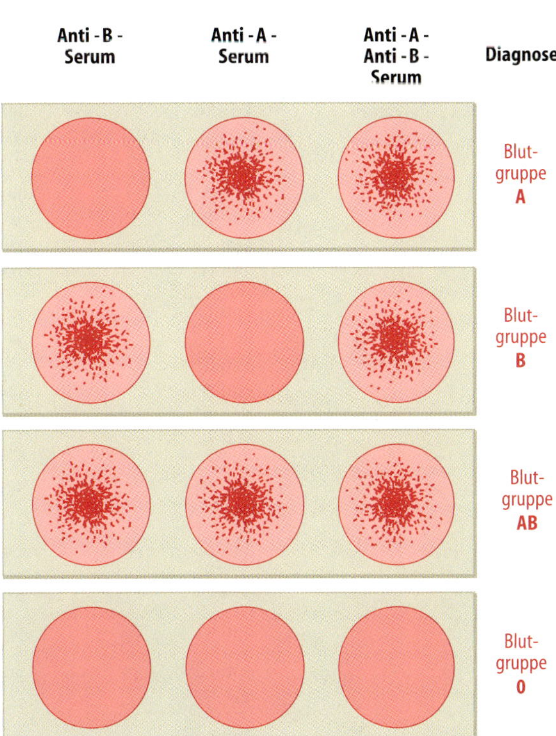

Abb. 23.11. Blutgruppenbestimmung im AB0-System. Je ein Tropfen Erythrozyten wird mit Anti-B-Serum, mit Anti-A-Serum und mit Anti-A-Anti-B-Serum vermischt. Aus den Agglutinationsreaktionen (dunkelrote Zusammenballung der Erythrozyten) ergibt sich die jeweilige Blutgruppe. Nach Thews u. Vaupel (1990)

Das AB0-System

Die AB0-Blutgruppenzugehörigkeit ist genetisch durch die Expression der Erythrozytenmerkmale A und B festgelegt

Antigene Eigenschaften. Im ABo-System können menschliche Erythrozyten drei unterschiedliche Antigeneigenschaften haben, die ***Eigenschaft A***, die ***Eigenschaft B*** oder die ***Eigenschaft AB*** (A und B). Fehlen diese, spricht man von der ***Blutgruppe o*** (Null) oder vom Merkmal H. Antikörper der Spezifität Anti-H kommen in der klinischen Praxis nicht vor. Die Blutgruppenzugehörigkeit ist von der Art des endständigen Zuckers bestimmter Glykolipide der Erythrozytenmembran abhängig. Gegen die ***Agglutinogene A*** und ***B*** werden Agglutinine gebildet, die im Blutplasma als Antikörper zirkulieren.
Antikörperbildung. Blut des Neugeborenen enthält noch keine Blutgruppenantikörper des ABo-Systems. Erst im

V

Tabelle 23.7. Klinisch wichtige Blutgruppensysteme

Blutgruppensystem	Antikörper	Hämolytische Transfusionsreaktion	Neugeborenenerythroblastose bei Inkompatibilität
AB0	Anti-A Anti-B Anti-A_1 Anti-H	ja ja sehr selten nein	ja selten nein nein
Rh	Anti-C Anti-c Anti-C^w Anti-D Anti-E Anti-e	ja ja ja ja ja ja	wahrscheinlich wahrscheinlich selten ja wahrscheinlich wahrscheinlich
MNSs	Anti-M, -N, -S, -s	sehr selten	sehr selten
P	Anti-P_1	nein	nein
Lutheran	Anti-Lu^b	ja	selten
Kell	Anti-K	ja	ja
Lewis	Anti-Le^a, -Le^b	ja	nein
Duffy	Anti-Fy^a	ja	wahrscheinlich
Kidd	Anti-Jk^a	ja	selten

Laufe des ersten Lebensjahres werden Antikörper gegen diejenigen Antigene entwickelt, die die eigenen Erythrozyten nicht besitzen. Das Serum von Personen der Blutgruppe 0 enthält z. B. ***Anti-A*** und ***Anti-B***, das der Gruppe ***AB*** dagegen ***keine***.

Als ***Auslöser der Antikörperproduktion*** werden Darmbakterien vermutet, die die gleichen antigenen Determinanten wie Erythrozyten besitzen (sog. ***heterophile Antigene***). Die Antikörper im AB0-System gehören überwiegend zur ***IgM-Klasse***. Sie besitzen daher 10 Antigenbindungsstellen und können Erythrozyten durch Vernetzung agglutinieren ***(komplette Antikörper)***.

Vererbung. Je zwei der drei ***Allele A, B, 0 (H)*** finden sich im diploiden Chromosomensatz eines Individuums und bestimmen den ***Blutgruppenphänotypus***. Wie Tabelle 23.8 zeigt, sind die Blutgruppeneigenschaften ***A und B dominant***, so dass 0 phänotypisch nur in homozygoter Form auftritt. Da sich hinter dem Phänotyp A oder B der Genotyp A0 bzw. B0 verbergen kann, können Eltern mit der Blutgruppe A oder B natürlich Kinder mit der Blutgruppe 0 zeugen. Für ***A*** und ***B*** gilt das Prinzip der ***Codominanz***.

Der Erbgang erlaubt Rückschlüsse aus dem Blutgruppenphänotypus eines Kindes auf die biologischen Eltern. Bei ***gerichtlichen Vaterschaftsverfahren*** wird z. B. davon ausgegangen, dass ein Mann mit der Blutgruppe AB nicht der Vater eines Kindes mit der Blutgruppe 0 sein kann.

▪▪▪ Die **Blutgruppe A** lässt sich in die **Untergruppen A_1 und A_2** unterteilen. Der Hauptunterschied zwischen diesen besteht darin, dass die Agglutination von A_1-Erythrozyten bei Kontakt mit Anti-A-Serum wesentlich stärker und rascher verläuft als die von A_2-Erythrozyten. Letztere besitzen mehr H-Strukturen als A_1-Erythrozyten. Rund 80 % der Blutgruppenträger A haben Erythrozyten vom Typ A_1, 20 % vom Typ A_2. Für die Bluttransfusion ist die Unterteilung ohne praktische Bedeutung, da Antigen-Antikörper-Reaktionen zwischen

Tabelle 23.8. Antigene und Antikörper der Blutgruppen im AB0-System. * praktisch unwirksam

Blutgruppenbezeichnung (Phänotyp)	Genotyp	Agglutinogene (an den Erythrozyten)	Agglutinine (im Serum)
0	00	H*	Anti-A Anti-B
A	0A oder AA	A	Anti-B
B	0B oder BB	B	Anti-A
AB	AB	A und B	–

A_1- und A_2-Blut sehr selten auftreten und nur schwach ausgeprägt sind.

Geographische Verteilung der Blutgruppen. Über 40 % der Mitteleuropäer haben die Blutgruppe A, knapp 40 % die Gruppe 0, gut 10 % die Gruppe B und rund 6 % die Gruppe AB. Bei den Ureinwohnern Amerikas kommt die Gruppe 0 in über 90 % vor. In der zentralasiatischen Bevölkerung macht die Gruppe B über 20 % aus.

Das Rhesus-System

Im Rhesus-System kennzeichnet das erythrozytäre Partialantigen D die Rh-positive Blutgruppeneigenschaft; rh-negative Schwangere bilden Antikörper (IgG) gegen Rh-positive Erythrozyten ihrer Feten

Rh-Eigenschaft der Erythrozyten. Das Rhesus-System umfasst mehrere benachbarte Antigene ***(Partialantigene)*** der Erythrozyten. Anders als im ABo-System wird die Antigenität im Rh-System durch Proteinstrukturen und nicht durch Kohlenhydrate bewirkt. Die wichtigsten Rh-Antigene heißen ***C, D, E, c*** und ***e***. Unter diesen hat D die größte ***antigene Wirksamkeit***. Blut, das ***D-Erythrozyten*** enthält, wird daher vereinfacht als ***Rh-positiv (Rh)*** bezeichnet, Blut ohne die D-Eigenschaft ***(»d«)*** als ***rh-negativ (rh)***. In Europa findet man die Rh-positive Eigenschaft bei 85 % und die rh-negative bei 15 % der Bevölkerung. Beim Phänotyp Rh-positiv können im Genotyp entweder DD oder Dd vorliegen, beim Phänotyp rh-negativ ist der Genotyp stets dd.

▪▪▪ Der Name Rhesus leitet sich von der historischen Beobachtung ab, dass Serum von Kaninchen, die gegen Erythrozyten von Rhesusaffen immunisiert wurden, bei den Erythrozyten der meisten Europäer zu einer Antigen-Antikörper-Reaktion führt.

Vergleich Rh- und AB0-System. Die ***Agglutinine*** des ABo-Systems sind nach Ablauf der ersten postnatalen Lebensmonate ***immer vorhanden***, Anti-D-Antikörper dagegen nicht ohne vorherige Übertragung Rh-positiver Erythrozyten ***(Sensibilisierung)***. Ein weiterer Unterschied zwischen dem Rh- und dem ABo-System besteht darin, dass die Antikörper des ***Rh-Systems*** überwiegend zu den ***inkompletten IgG-Antikörpern*** gehören, die – im Gegensatz zu den kompletten ABo-Agglutininen – an Rh-positive Erythrozyten binden, diese aber für sich alleine nicht agglutinieren können ***(sog. blockierende Antikörper)***. Außerdem können Anti-D-Antikörper – wie andere IgGs – die ***Plazentaschranke*** passieren, da dort spezielle Transportmoleküle für IgGs vorhanden sind. Für die im ABo-System vorhandenen IgMs ist die Plazenta dagegen nicht durchlässig.

Rh-Inkompatibilität und Schwangerschaft. Während der Schwangerschaft können aus dem Blut eines Rh-positiven Feten geringe Volumina Erythrozyten in den Kreislauf einer rh-negativen Mutter gelangen, wo sie die Bildung von Anti-D-Antikörpern anregen. Größere Volumina (10–15 ml) fetaler Erythrozyten gelangen im Allgemeinen erst beim Geburtsvorgang in den mütterlichen Kreislauf. Wegen des relativ langsamen Anstieges der mütterlichen Antikörperkonzentration verläuft die erste Schwangerschaft meistens ohne ernstere Störungen. Bei erneuter Schwangerschaft mit einem Rh-positiven Kind kann dann jedoch die Anti-D-Antikörperbildung der Mutter so stark werden, dass der diaplazentare Antikörperübertritt zur Zerstörung kindlicher Erythrozyten führt und es zu schweren Schäden des Neugeborenen oder zum intrauterinen Tod kommt ***(Morbus hämolyticus neonatorum; Erythroblastosis fetalis)***.

Anti-D-Prophylaxe. Trägt eine rh-negative Frau ein Rh-positives Kind aus, muss versucht werden, die Antikörperbildung der Mutter durch die sog. Anti-D-Prophylaxe zu verhindern. Durch Gabe eines ***Anti-D-γ-Globulins*** unmittelbar nach der Geburt (und genauso nach Fehlgeburten!) müssen die Rh-positiven kindlichen Erythrozyten im mütterlichen Blutkreislauf schnell eliminiert werden, so dass das Immunsystem der Mutter nicht zur Anti-D-Antikörperbildung angeregt wird.

AB0-Inkompatibilität. Ungleichheit zwischen Mutter und Fetus innerhalb anderer Blutgruppensysteme, insbesondere des ABo-Systems, kann zwar auch zu Antigen-Antikörper-Reaktionen führen, doch ist dies selten der Fall und kaum bedrohlich.

Bluttransfusion und Blutgruppenbestimmung

Bluttransfusionen dürfen nur mit kompatiblem Blut durchgeführt werden; dazu sind Blutgruppenbestimmungen in AB0- und Rhesus-System sowie die Kreuzprobe erforderlich

Allogene Bluttransfusion. Zur Transfusion von Erythrozyten eines anderen Spenders verwendet man ausschließlich ***ABo-gruppengleiches*** Blut. Hinsichtlich des Rh-Systems wird in der Regel nur das ***D-Antigen*** berücksichtigt, also lediglich festgestellt, ob es sich um Rh-positives oder rh-negatives Blut handelt. Dennoch sollte bei Frauen im gebärfähigen Alter oder bei Patienten, denen wiederholt Blut übertragen werden muss, ausschließlich Rh-untergruppengleiches Blut transfundiert werden, um Sensibilisierungen im Rh-System zu vermeiden.

Antigenität anderer Blutzellen. Bei der Übertragung von Fremdblut kann es nicht nur zur Immunisierung gegen erythrozytäre, sondern auch gegen ***thrombozytäre oder leukozytäre Alloantigene*** kommen. Meist sind MHC der Klasse I (▶ s. Kap. 24.2) für die Transfusionsreaktion verantwortlich, die zu Schüttelfrost und Fieber führen und lebensbedrohlich sein kann.

▪▪▪ **Technik der Blutspende.** Das Transfusionsgesetz setzt strenge Maßstäbe bei der Gewinnung und Anwendung von Blutprodukten. Nur gesunde Personen dürfen nach ärztlicher Beurteilung zur Spende zugelassen werden. Vor der Freigabe der aus der Spende hergestellten Blutkomponenten muss die Unbedenklichkeit durch verschiedene Laboruntersuchungen abgesichert werden (Fehlen von Antikörpern gegen AIDS- und Hepatitis C-Virus sowie gegen den Syphilis-Erreger Treponema pallidum, fehlendes Hepatitis-B-Oberflächenantigen, fehlendes Hepatitis-C-Virus Genom und niedrige Aktivitäten der alkalischen Transaminase). Üblicherweise werden bei der Vollblutspende 450 ml in speziellen Beuteln mit integriertem Leukozytenfilter und Stabilisatorlösung entnommen. Aus dem Vollblut werden gefrorenes Frischplasma, Erythrozytenkonzentrat und zur Herstellung von Thrombozytenkonzentraten der sog. »Buffy Coat« gewonnen. Grundvoraussetzungen für die risikoarme Transfusion von Erythrozytenkonzentraten sind die Beachtung der Blutgruppenserologie (AB0, Rh-Faktor D, Antikörper-Suche und Kreuzprobe) und sorgfältige Kontrollen durch den Arzt (Kompatibilitätsprüfung am Krankenbett, Beobachtung der Symptomatologie des Patienten).

Blutgruppenbestimmung im AB0-System. Zur Blutgruppenbestimmung im AB0-System werden Erythrozyten der Versuchsperson mit käuflichen ***Antiseren*** gegen die Agglutinogene A und B auf einem ***Objektträger*** gemischt. Dann wird auf Agglutination geprüft (◘ Abb. 23.11). Bei der Gegenprobe wird Serum der Versuchsperson mit Testerythrozyten bekannter Blutgruppen-Zugehörigkeit zusammengebracht.

Blutgruppenbestimmung im Rhesus-System. Die Rh-Eigenschaft wird durch Inkubation der Erythrozyten des Probanden mit ***Anti-D-Antikörper*** und ***Anti-Human-γ-Globulin*** geprüft (◘ Abb. 23.12).

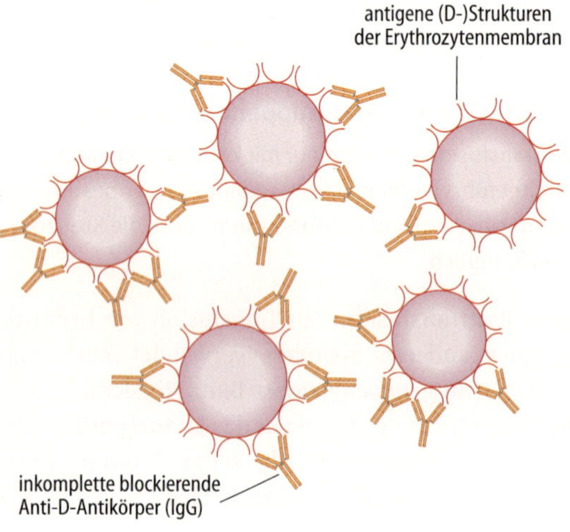

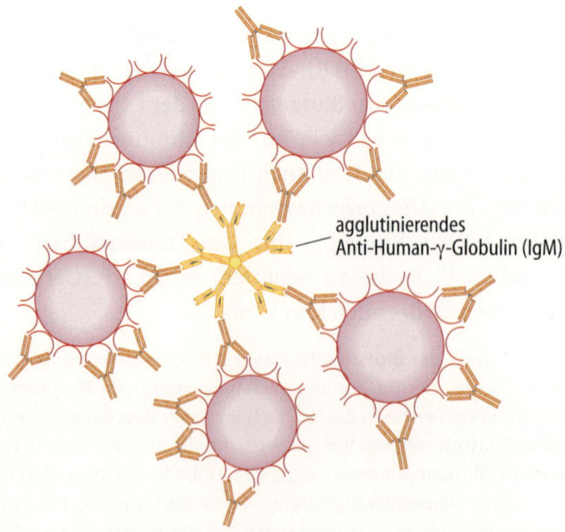

◘ Abb. 23.12. Nachweis von inkompletten, nicht-agglutinierenden Antikörpern durch agglutinierendes Anti-Human-γ-Globulin

Kreuzprobe. Zum Ausschluss von Verwechslungen, Fehlbestimmungen und Unverträglichkeiten aufgrund anderer inkompatibler Gruppenmerkmale muss vor jeder Blutübertragung eine sog. Kreuzprobe durchgeführt werden. Dazu werden zunächst Erythrozyten des Spenders auf einem Objektträger mit frischem Serum des Empfängers bei 37 °C vermischt ***(Major-Test)***. Eine Transfusion darf nur erfolgen, wenn der Test einwandfrei negativ ausfällt, d. h. keine Agglutination oder Hämolyse zu beobachten ist. In der Gegenprobe werden Erythrozyten des Empfängers bei 37 °C in Spenderserum suspendiert ***(Minor-Test)*** und so auf Antikörper geprüft, die gegen Antigene der Empfängererythrozyten gerichtet sind.

In Kürze

Blutgruppen des Menschen

Die Blutgruppenzugehörigkeit ist durch ererbte antigene Membranbestandteile der roten (und anderer) Blutzellen festgelegt.

Im AB0-System
- werden die Gruppen A, B, AB und 0 unterschieden;
- werden postnatal heterophile agglutinierende IgMs gebildet;
- sind bei Blutgruppe 0 Anti-A und Anti-B, bei Blutgruppe A Anti-B, bei Blutgruppe B Anti-A und bei Blutgruppe AB keine Antikörper vorhanden.

Im Rhesus-System
- ist das Erythrozytenmerkmal D bestimmend (Rh-positiv);
- bilden rh-negative Personen Anti-D-Antikörper (i. d. R. IgG), wenn ihnen Rh-positive Erythrozyten übertragen werden;
- droht Rh-positiven Feten einer rh-negativen Mutter eine hämolytische Unverträglichkeitsreaktion.

Transfusion

Zur Transfusion darf nur AB0- und Rhesus (D)- gruppengleiches Blut verwendet werden. Außerdem muss vor jeder Blutübertragung eine Kreuzprobe durchgeführt werden. Thrombozytäre und leukozytäre Alloantigene können Transfusionsreaktionen verursachen.

Literatur

Begemann H, Rastetter J (Hrsg) (1999) Klinische Hämatologie, 5. Auflage. Thieme, Stuttgart

Hematology 2000. The American Society of Hematology Education Program Book (auch im Internet unter: http://www.hematology.org)

Hofman R, Benz EJ, Shattil SJ, Turei B, Cohen HJ (eds) (2000) Hematology. Basic principles and practice, 3rd ed. Churchill Livingston, New York

Jelkmann W (ed) (2003) Erythropoietin: Molecular Biology and Clinical Use. F.P. Graham Publishing Co., Mountain Home, Tennessee

Lee GR, Paraskevas F, Foerster J, Lukens J (eds) (1998) Wintrobe's Clinical Hematology, 10 th ed. Lippincott Williams & Wilkins, Philadelphia

Mann KG (1999) Biochemistry and physiology of blood coagulation. Thromb. Haemost. 82: 165–174

Thomas L (2000) Labor und Diagnose, 5. Aufl. Medizinische Verlagsgesellschaft, Marburg

Kapitel 24
Immunsystem

E. Gulbins, K. S. Lang

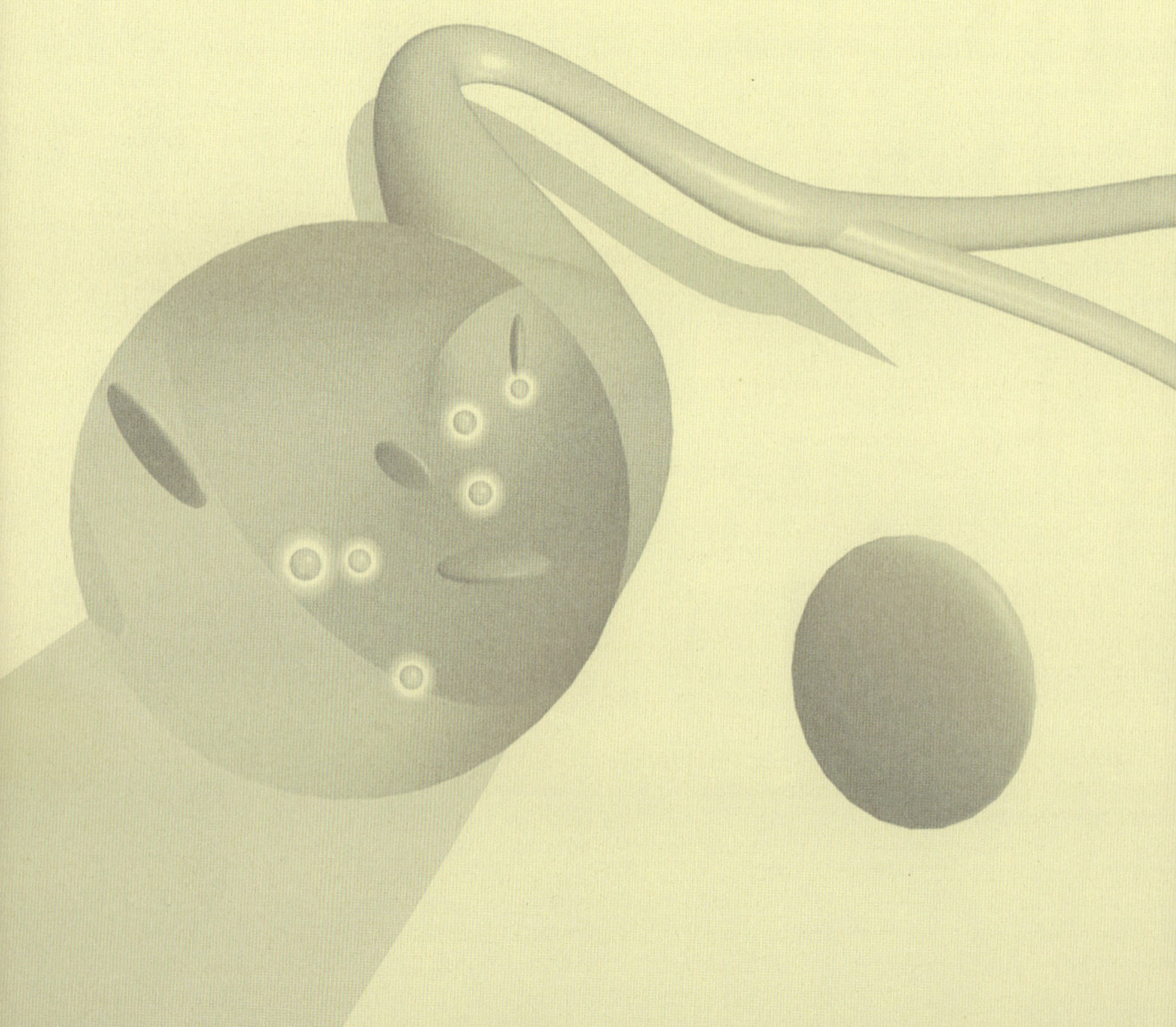

Einleitung

Ein Patient wird mit schwerer Lungenentzündung in die Intensivstation eingeliefert. Die mikrobiologische Abklärung ergibt eine Infektion mit dem Erreger Pneumocystis carinii, einem sonst eher harmlosen Erreger. Die weitere Diagnostik deckt auf, dass der Patient unter HIV-induzierter Immunschwäche leidet. Wenige Tage später stirbt der Patient an der Lungenentzündung. Ursache für die hohe Infektanfälligkeit von HIV-Patienten ist ein Defekt der T-Lymphozyten, die das gesamte Immunsystem regulieren. Der Patient kann deswegen selbst normalerweise harmlose Erreger nicht mehr abwehren.

24.1 Angeborene Immunität

Abwehr des Eindringens von Krankheitserregern

Wichtigste Eintrittspforten von Krankheitserregern sind Haut, Nahrung, Atemwege, Harnröhre und Vagina; das Eindringen wird durch Schutzmechanismen eingeschränkt

Krankheitserreger. Viele Mikroorganismen (Prionen, Viren, Bakterien, Parasiten) können sich, wenn sie in unseren Körper eingedrungen sind, vermehren, Energiesubstrate verbrauchen, Stoffwechelprodukte und Gifte erzeugen, und damit Zellen des Wirtes schädigen. Auftreten und Verlauf einer Erkrankung nach Kontakt mit einem Krankheitserreger hängt einerseits von den Eigenschaften des jeweiligen Mikroorganismus, andererseits von der Fähigkeit des Wirtes ab, dessen Eindringen oder Überleben im Körper zu verhindern.

Eintrittspforten. Krankheitserreger müssen, wenn sie in unseren Körper eindringen wollen, zunächst Epithelzellschichten überwinden. Die intakte ***Haut*** bietet einen wirksamen Schutz vor dem Eindringen von Erregern von außen. Durch Verletzungen, Hautkrankheiten, Insektenstiche etc. wird der Schutz durchbrochen. Ferner können Erreger über die ***Nahrung*** aufgenommen oder ***eingeatmet*** werden, oder über ***Vagina*** oder ***Harnröhre*** in den Körper gelangen.

Schutzmechanismen. Der Körper versucht, das Eindringen durch verschiedene Maßnahmen zu erschweren:

- Durch die ***Salzsäuresekretion der Belegzellen des Magens*** (▶ s. Kap. 38.4) wird im Lumen ein pH von unter 2 erreicht, ein Milieu, in dem nur wenige Erreger überleben können. Damit werden mit der Nahrung aufgenommene Erreger weitgehend abgetötet.
- Die ***Atemwege*** sind mit ***Schleim*** ausgekleidet, den Erreger nur schwer überwinden können (▶ s. Kap. 32). Der Schleim wird durch Bewegungen der Flimmerhaare des auskleidenden Epithels rachenwärts transportiert und dann verschluckt.
- Vom ***Vagina***-Epithel werden normalerweise Glykogen-haltige Zellen abgestossen. Das Glykogen wird durch bestimmte Bakterien des Lumens zu Milchsäure abgebaut und damit wird das Lumen ***angesäuert.*** Auf diese Weise werden pathogene Keime abgehalten.
- Auch der normalerweise ***saure pH des Urins*** behindert die Vermehrung von Erregern. Eine ***Alkalinisierung*** des Harns begünstigt umgekehrt das Auftreten von Harnwegsinfekten. Wichtigster Schutz vor einem Harnwegsinfekt ist jedoch das ungehinderte Abfließen des Urins. ***Rückstau von Harn*** (z. B. bei Harnsteinen, ▶ s. Kap. 29.6) führt regelmäßig zu Harnwegsinfekten.

Allgemeine Prinzipien der angeborenen Immunität

Die angeborene (innate) Immunität beruht auf Mechanismen, die sofort zur Verfügung stehen, um Krankheitserreger zu bekämpfen; dabei kommen zelluläre und humorale Mechanismen zum Einsatz

Eigenschaften des angeborenen Immunsystems. Das angeborene Immunsystem ist bereits bei Geburt vorhanden und steht bei einer Infektion unmittelbar zur Verfügung, sodass es auch als eine erste »Verteidigungslinie« gegen eindringende Krankheitserreger gelten kann. Im Gegensatz zum spezifischen Immunsystem (▶ s. u.) unterscheidet das angeborene Immunsystem zwischen den einzelnen Erregern nur in sehr eingeschränktem Ausmaß.

Zellen der angeborenen Immunität. Zu den zellulären Anteilen des angeborenen Immunsystems gehören insbesondere neutrophile, eosinophile und basophile Granulozyten, Makrophagen/Monozyten und Mastzellen. Durch Krankheitserreger werden ***Gewebezellen***, z. B. gewebsständige ***Makrophagen, Mastzellen***, aber auch ***Fibroblasten*** oder ***Epithelzellen*** aktiviert. Diese Zellen sezernieren nun verschiedene ***Mediatoren***, die andere Zellen des Immunsystems anlocken und aktivieren. Zur Infektionsstelle wandern dann weitere Zellen des Immunsystems ein.

Makrophagen und Granulozyten

Krankheitserreger werden durch Phagozytose und/oder durch extrazelluläre zytotoxische Substanzen abgetötet

Phagozytose. Makrophagen und Monozyten, aber auch neutrophile Granulozyten, sind in der Lage, Krankheitserreger zu phagozytieren und intrazellulär zu verdauen. Die Krankheitserreger werden in sog. Phagolysosomen aufgenommen, in denen sie durch proteolytische, glykolytische und lipolytische Enzyme sowie Nukleasen abgebaut werden. Die Bestandteile werden zum Teil für die Aktivierung des spezifischen Immunsystems (▶ s. u.) benötigt.

Dendritische Zellen. Die aus myeloiden und lymphoiden Vorläuferzellen stammenden dendritischen Zellen phagozytieren im Gewebe Fremdproteine und wandern dann in die nächstgelegenen Lymphknoten, um dort die Antigene geeigneten T-Zellen zu präsentieren (▶ s. u.).

Neutrophile Granulozyten. Neutrophile Granulozyten setzen verschiedene Enzyme, wie das Zucker-spaltende Lysozym, saure Phosphatasen, saure Proteasen und Kollagenasen frei. Die Enzyme töten Bakterien ab und bauen Kollagen ab, sodass den Entzündungszellen die Wanderung im Gewebe erleichtert wird. Durch Expression von ***NADPH-abhängiger Oxidase*** können Granulozyten Sauerstoffradikale bilden, die stark toxisch auf bakterielle Membranen wirken.

Trümmer neutrophiler Granulozyten, der Bakterien und des infizierten Gewebes bezeichnet man als ***Eiter***.

Eosinophile Granulozyten. Die eosinophilen Granulozyten setzen aus intrazellulären Speichergranula u. a. das eosinophile, kationische Protein, das *Major Basic Protein* sowie das eosinophile Protein X frei, die toxisch auf Parasiten, insbesondere Würmer wirken. Entzündungsmediatoren, die in besonderem Maße von eosinophilen Granulozyten gebildet werden, sind Leukotrien C4 und D4.

Basophile Granulozyten. Basophile Granulozyten sind den Mastzellen sehr ähnlich und setzen bei einer Infektion insbesondere Histamin und Serotonin frei, wodurch es zu einer Gefäßdilatation und zu einem weiteren Einwandern von Entzündungszellen kommt.

Toll-ähnliche Rezeptoren

Bakterienstrukturen werden von bestimmten Rezeptoren gebunden, die Abwehrmechanismen einleiten; hier spielt die Familie der TOLL-ähnlichen Rezeptoren eine besonders wichtige Rolle

Rezeptoren für Bakterienstrukturen. Makrophagen, Monozyten und Granulozyten haben verschiedene Rezeptorsysteme (sogenannte Toll-ähnliche Rezeptoren) entwickelt, um auf Bakterienbestandteile spezifisch reagieren zu können. Die Bindung von Bakterien an diese Rezeptoren löst Abwehrmechanismen aus.

▪▪▪ **Toll-Rezeptoren.** Die TOLL ähnlichen Rezeptoren sind einem Gen der Fliege Drosophila ähnlich, das für die Polarisierung der Embryonalzellen erforderlich ist. Ohne TOLL ist eine normale Entwicklung der Fliege nicht möglich. Begeistert über ihre Entdeckung nannten die Tübinger Nobelpreisträgerin Nüßlein-Volhard und ihre Mitarbeiter das Gen TOLL.

CD14 und TLR-4. Viele Bakterien exprimieren auf ihrer Oberfläche bestimmte ***Lipopolysaccharide*** (LPS). LPS bindet mit hoher Affinität an den Rezeptor CD14 (CD steht für Cluster of Differentiation. Weit mehr als hundert Oberflächenproteine auf Zellen der Immunabwehr werden durch entprechende Nummerierung unterschieden, CD14 ist eines der Proteine). CD14 aktiviert dann den TOLL-ähnlichen Rezeptor TLR-4. TLR-4 induziert die Expression verschiedener Entzündungsproteine und Zytokine, auf die im Folgenden noch eingegangen wird.

TLR-2. Eine Vielzahl von Bakterien exprimiert auf ihrer Oberfläche ***Peptidoglykane***, die an TLR-2 binden und damit Entzündungszellen aktivieren.

TLR-5, TLR-6, TLR-9. Bestimmte Bestandteile bakterieller DNA (die ***CpG Repeats***) können an den TLR-9 binden, was über ähnliche Signalwege wie bei TLR-4 oder TLR-2 zur Zellaktivierung führt.

Weitere TLR. Andere TLR dienen der Bindung von ***Flagellin*** (TLR-5) oder bestimmter ***bakterieller Lipoproteine*** (TLR-6).

24.1. Infektionsanfälligkeit durch Defekte von Toll-ähnliche Rezeptoren

Toll-ähnliche Rezeptoren *(Toll-like Receptors)* sind an der unmittelbaren, unspezifischen Abwehr von Krankheitserregern beteiligt. Die Bedeutung Toll-ähnlicher Rezeptoren wird u. a. dadurch belegt, dass genetische Defekte einzelner Rezeptoren *(Loss of Function Mutations)* die Empfindlichkeit, an bestimmten Infektionskrankheiten (z. B. Tuberkulose) zu erkranken, steigern. Träger der Mutationen erkranken häufiger und schwerer. Die Toll-ähnlichen Rezeptoren zählen somit zu den Infektionssuszeptibilitätsgenen, von denen inzwischen Hunderte identifiziert wurden.

Zytokine

Zytokine sind Moleküle, die von Zellen des Immunsystems freigesetzt werden und wichtige Teile der Entzündung vermitteln

Interferonsystem. Man unterscheidet Interferon α und β (mit praktisch identischen Wirkungen) von Interferon γ. Während ***Interferon-γ*** nur von bestimmten Immunzellen (NK-Zellen, T-Zellen, ► s. u.) produziert wird, können ***Interferon-α und β*** praktisch von jeder Körperzelle produziert werden (z. B. von Leberzellen). Die Produktion von Interferon-α wird unter anderem durch virale doppelsträngige RNA induziert, was zu einer spezifischen Interferonproduktion von virusinfizierten Zellen führt. Das produzierte Interferon-α bindet an den Interferonrezeptor umliegender Zellen, wodurch die Proteinsynthese und damit die Virusreplikation gehemmt wird. Interferon stimuliert ferner die Expression von MHC-I-Molekülen, wodurch virusinfizierte Zellen besser von CD8-T-Zellen erkannt werden (► s. u.).

Histamine und Eikosanoide. Zu den bekanntesten Entzündungsmediatoren gehören ***Histamine***, ***Prostaglandine*** und ***Leukotriene***, die die Durchlässigkeit des Endothels für Entzündungszellen erhöhen und Entzündungszellen aktiv anlocken. Man spricht von Chemotaxis. So sind z. B. Leukotrien-B4 und Histamin sehr stark chemotaktisch wirksam, erhöhen aber auch die Gefäßpermeabilität. Histamin entsteht durch Decarboxylierung von Histidin v. a. in Blut- und Gewebsmastzellen. Die Eikosanoide (Prostaglandine, Leukotriene) werden ubiquitär aus Arachidonsäure gebildet (► s. Kap. 2.6).

Interleukin 1 (IL-1). IL-1 wird im Wesentlichen von mononukleären Phagozyten sezerniert und wirkt aktivierend auf diesen Zelltyp im Sinne eines positiven Feedbacks. Zudem erhöht IL-1 die Expression von Adhäsionsproteinen auf Endothelzellen und so die Zahl der Entzündungszellen im Gewebe. Systemisch kann IL-1 Fieber induzieren.

Tumor-Nekrose-Faktor (TNF). TNF wird in erster Linie durch Makrophagen gebildet. TNF spielt v. a. bei bakteriellen Infektionen eine Rolle, da es Makrophagen/Monozyten stimuliert, die Proliferation von B-Zellen verstärkt, die Expression von Adäsionsmolekülen auf Endothelzellen erhöht, die Synthese anderer Zytokine (IL-1 und IL-6) stimuliert und schließlich Fieber erzeugt.

Komplementsystem

Das Komplementsystem aktiviert Entzündungszellen und zerstört Krankheitserreger

Komplementsystem. Das Komplementsystem (Abb. 24.1) besteht aus mehreren Proteinen, die kaskadenähnlich aktiviert werden und letztlich in der Erregermembran eine Pore bilden. Mit diesem »Loch« in der Membran ist der Krankheitserreger nicht mehr lebensfähig und stirbt ab.

Klassischer Weg der Komplementaktivierung. Der Kontakt des Immunsystems mit einem Krankheitserreger (z. B. ein Bakterium) führt zur Bildung von Antikörpern gegen passende Strukturen (Antigene) des Erregers (► s. u.). Es bilden sich Antigen-Antikörperkomplexe, die den Faktor *C1* des Kompementsystems aktivieren. C1 ist eine Protease, die C2 und C4 stimuliert, sodass sich der aktive ***C4b2a-Komplex*** bildet. Dieser hat wiederum Proteaseaktivität und stimuliert den Faktor C3 durch limitierte Proteolyse zu ***C3b***. C3b bindet an C4b2a und aktiviert durch Spaltung des Faktors C5 zu ***C5b*** die nächste Protease in der Kaskade. C5b induziert nun die Komplexbindung von C6, C7, C8 und C9 zum ***C5-9-Komplex*** (auch als Membranangriffskomplex bezeichnet), der sich in die (Erreger-)Zellmembran einlagert und die Lyse vermittelt. Diesen Weg nennt man den klassischen Weg der Komplementkaskade.

Alternativer Weg der Komplementaktivierung. Im sog. alternativen Weg aktivieren bakterielle Oberflächen-Polysaccharide den Faktor C3 zu C3b und unter Mithilfe der Plasmaproteine Faktor B und D kommt es zur Bildung einer aktiven Protease (C3bBb3b), die wie oben C5 spaltet und die Bildung des Membranangriffskomplexes induziert.

Weitere Wirkungen des Komplementsystems. Die bei der Aktivierung des Komplementsystems freigesetzten Komponenten C3a, C4a und C5a wirken auf Zellen der Immunabwehr chemotaktisch und steigern die Gefäßpermeabilität ***(anaphylaktische Wirkung)***. C3b fördert die Anlagerung von Antigen-Antikörperkomplexen an der Zellmembran ***(Immunadhärenz)***.

In Kürze

Angeborene Immunität

Das angeborene Immunsystem besteht aus verschiedenen Zellen und humoralen Systemen, die auf Krankheitserreger unmittelbar reagieren können. Zellen des unspezifischen Immunsystems sind:

▼

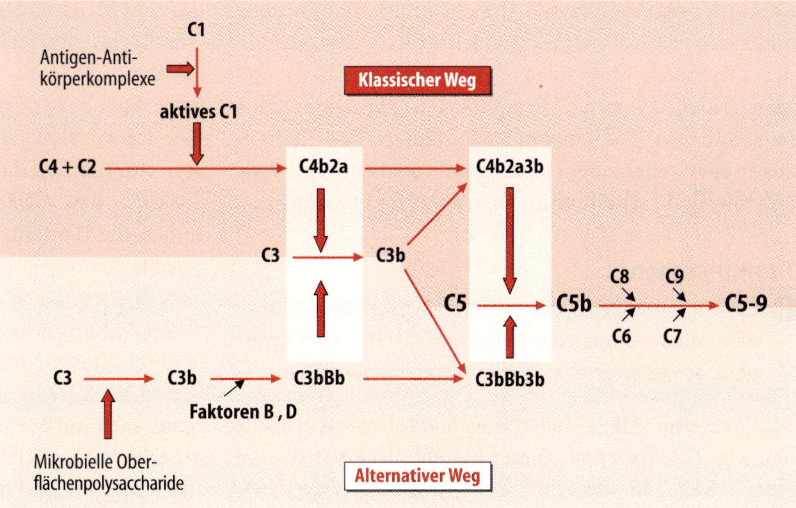

Abb. 24.1. Komplementkaskade. Über den klassischen Weg kommt es zur Aktivierung des Faktors C4b2a, der den Faktor 3 durch limitierte Proteolyse stimuliert. Der Komplex aus C4b2a und 3b fungiert als C5-Konvertase und stimuliert den Faktor C5, der wiederum mit den Faktoren C6-9 den Membranangriffskomplex bildet. Über den alternativen Weg kommt es zur Bildung des Faktors C3bBb, der wiederum als C3-Konvertase aktiv ist. Durch proteolytische Spaltung entstandenes C3b bildet mit C3bBb die C5-Konvertase. Striche über den jeweiligen Faktoren symbolisieren aktive Faktoren

- neutrophile Granulozyten,
- basophile Granulozyten,
- eosinophile Granulozyten,
- Makrophagen.

Zum humoralen System gehören u. a.:

- Zytokine,
- Interferone,
- Komplementsystem.

Effektormechanismen

Effektormechanismen des angeborenen Immunsystems sind:

- Freisetzung von Entzündungsmediatoren wie Histamin, Leukotriene, Prostaglandine,
- Sekretion von Zytokinen,
- Phagozytose von Krankheitserregern,
- direkte Schädigung von Erregern durch aktive Sauerstoffmetabolite und/oder das Komplementsystem.

24.2 Spezifisches Immunsystem

Bestandteile des spezifischen Immunsystems

Das spezifische Abwehrsystem besteht im Wesentlichen aus T- und B-Lymphozyten, die durch Antigene von Krankheitserregern erst aktiviert werden müssen

Grundprinzip. Die spezifische Immunantwort erkennt bestimmte Strukturen des Krankheitserregers (Antigene), auf die das Immunsystem reagieren kann. Die Strukturen werden durch Rezeptoren an der Oberfläche von Lymphozyten bzw. sezernierte Antikörper gebunden.

Herkunft der Lymphozyten. Knochenmarksstammzellen bilden die erythroiden (Vorstufen Erythrozyten), myeloiden (Vorstufen Makrophagen und Granulozyten) und lymphoiden (Vorstufe Lymphozyten) Vorläuferzellen (► s. Kap. 23.4). Die lymphoiden Vorläuferzellen differenzieren sich weiter zu B- (Reifung im Knochenmark, *Bone Marrow*) und T- (Reifung im *Thymus*) Lymphozyten.

T-Lymphozyten

CD4-T-Lymphozyten können durch Zytokin-Bildung andere immunkompetente Zellen stimulieren, CD8-T-Lymphozyten töten Erreger-infizierte körpereigene Zellen

T-Zellrezeptor. Alle T-Zellen tragen auf ihrer Oberfläche den sog. ***T-Zellrezeptor***. Dieser besteht aus einer α- und einer β-Kette, die sich von T-Zelle zu T-Zelle unterscheiden (Abb. 24.2). Die α- und β-Ketten bilden den variablen Anteil des T-Zellrezeptors und assoziieren mit den γ-, δ-, ε- und ζ-Ketten, die bei allen T-Zellen gleich sind.

CD4 und CD8. Zusätzlich zum T-Zellrezeptor exprimieren T-Zellen auf ihrer Oberfläche CD4 oder CD8. Je nachdem,

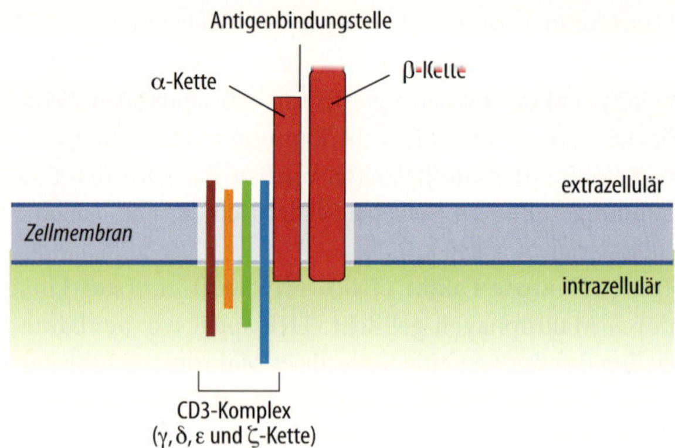

Abb. 24.2. Schematischer Aufbau des T-Zellrezeptors

welches von beiden exprimiert wird, unterscheidet man ***CD4-*** und ***CD8-positive T-Zellen***. Aufgrund ihrer Funktion werden CD4-positive Zellen auch als ***T-Helferzellen***, CD8-positive T-Zellen auch als ***zytotoxische T-Zellen*** bezeichnet. Die Funktion von CD8-T-Zellen ist etwas vereinfachend die Elimination von virusinfizierten körpereigenen Zellen, während CD4-T-Zellen in Virus-infizierten Geweben, aber auch bei bakteriellen Infekten Zytokine produzieren, um andere Immunzellen zu aktvieren.

Aktivierung. T-Zellen erkennen fremde Proteine, die man als Antigene bezeichnet. Diese Proteine können jedoch von T-Zellen nicht direkt erkannt werden, sondern müssen erst von Makrophagen für die T-Zellen »aufbereitet« werden. Makrophagen fressen Krankheitserreger, z. B. Bakterien, auf und verdauen sie in Lysosomen, lassen dabei aber kurze Peptidstücke übrig. Diese binden schon in Transportvesikeln des endoplasmatischen Retikulums an sog. ***MHC-Moleküle*** (MHC = *Major Histocompatibility Complex*). Durch den Einbau des Komplexes aus Antigen und MHC-Molekül in die Zellmembran wird auf der Oberfläche der Zelle eine neue Struktur präsentiert (Abb. 24.3). Die T-Zelle erkennt mit ihrem T-Zellrezeptor sowohl das antigene Peptid als auch das MHC-Molekül, das körpereigen ist – man spricht deswegen auch vom ***Altered Self***, das erkannt wird. Zudem interagieren die CD4- bzw. CD8-Moleküle mit dem MHC-Komplex, sodass die Bindung des T-Zellrezeptors an das Antigen gefördert wird.

MHC-System. Die MHC -Moleküle (beim Menschen auch als HLA, *Human Leukocyte Antigen* bezeichnet) werden in zwei Klassen eingeteilt (MHC-Klasse-I und MHC-Klasse-II). CD8-T-Zellen erkennen ihr Antigen immer zusammen mit MHC I, während CD4-T-Zellen zur Antigenerkennung MHC II benötigen (MHC II »restringiert« sind). MHC II sind nur auf ***Immunzellen*** exprimiert, und präsentieren auf der ***Lymphozytenoberfläche*** phagozytierte Proteine. Makrophagen und dendritische Zellen können über verschiedene Oberflächenrezeptoren Erreger phagozytieren. Die intrazellulären Phagosomen werden zu Lysosomen und die phagozytierten Proteine wer-

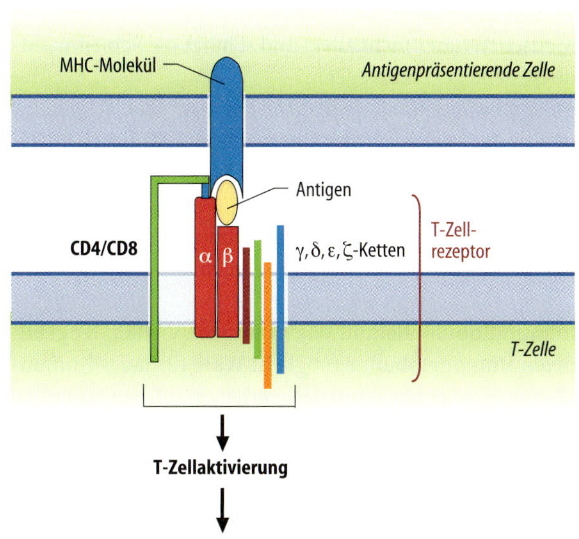

Abb. 24.3. T-Zellaktivierung. Das Antigen wird vom T-Zellrezeptor im Kontext mit MHC-Molekülen auf antigenpräsentierenden Zellen erkannt. Durch die assoziierenden γ-, δ-, ε-, η- und ζ-Ketten des CD3-Komplexes wird das Signal in die Zelle vermittelt. Das CD4- bzw. CD8-Molekül verstärkt durch Kontakt mit dem MHC-Molekül und durch intrazelluläre Assoziation mit Tyrosinkinasen die Aktivierung über den T-Zellrezeptor. Die Aktivierung der T-Zellen führt je nach T-Zelltyp zur Zytokinsekretion bzw. dem direkten Abtöten von Zielzellen

den durch Enzyme in Peptidfragmente zerlegt. Die Lysosomen verschmelzen dann mit Vesikeln des Golgi-Apparates, der MHC-II-Moleküle enthält. Einige der Peptidfragmente binden an die MHC-II-Moleküle und werden so zusammen mit dem MHC-II-Molekül an der Zelloberfläche CD4-T-Zellen präsentiert.

Antigene Präsentation und Stimulation naiver T-Zellen. Für die Erstantwort von naiven T-Zellen müssen diese zunächst geprägt werden. Dazu binden Makrophagen antigene Peptide an ihre MHC-Moleküle, und präsentieren diese auf ihrer Zelloberfläche (▶ s. o.). Es kommt zu einer Verknüpfung des angeborenen Immunsystems (Makrophagen) mit dem spezifischen Immunsystem (T-Zellen). Für jedes ***Antigen*** gibt es nur einen ganz bestimmten passenden ***T-Zellrezeptor***. Da unsere Umwelt Milliarden von möglichen (pathogenen) Antigenen aufweist, muss es auch entsprechend viele T-Zellrezeptoren geben. Diese vielen T-Zellrezeptoren unterscheiden sich nur in den α- und β-Ketten, den variablen Anteilen des T-Zellrezeptors. Dieser variable Anteil dient der Bindung an das Antigen, während der invariable Anteil des T-Zellrezeptors der Weitervermittlung des Signals in die T-Zelle dient. Der molekulare Mechanismus dieser enormen Diversifizierung der T-Zellen wird bei den B-Zellen erklärt. Es ist jedoch wichtig zu wissen, dass nur diejenige T-Zelle, deren T-Zellrezeptor an das Antigen, das im Komplex mit dem MHC-Molekül präsentiert wird, passt, aktiviert wird. Die Stimulation des T-Zellrezeptors führt zur Proliferation der T-Zellen. (Abb. 24.3).

Reifung der T-Lymphozyten. Die T-Vorläuferzellen exprimieren weder CD8 noch CD4 (doppelt-negative $CD8^-/CD4^-$-T-Zellen) und wandern so in die subkapsuläre Region des Thymus. Dort beginnen sie durch *»Rearrangement«* von Gensegmenten (▶ s. u.) einen T-Zell-Rezeptor zu generieren (so entstehen unzählige T-Zell-Rezeptoren mit unterschiedlichster Spezifität). Die nun mit dem CD3-T-Zellrezeptor-Komplex ausgestatteten T-Zellen exprimieren CD4 und CD8 (doppelt positiv) und wandern weiter in den Kortex des Thymus. In zwei anschließenden ***Selektionsschritten*** wird geprüft, ob die zufällig entstandenen T-Zellrezeptoren für die Antigenbindung geeignet sind. Thymozyten, die fremde Antigene in geeigneter Weise erkennen, reifen schließlich heran und verlassen den Thymus, während T-Zellen, die eigene Antigene erkennen, absterben.

T-Helferzellen. Eine zentrale Rolle in der weiteren Regulation der Immunantwort spielen die (CD4-positiven) T-Helferzellen, die nach Stimulation über den T-Zellrezeptor insbesondere die ***Zytokine*** Interleukin 2, 4, 5 und 6 ausschütten (Abb. 24.3). Interleukin 2 ist im Prinzip ein T-Zellwachstumshormon, das die Proliferation von T-Zellen stark anregt. Interleukin 2 wirkt nur auf solche T-Zellen, die vorher über ihren T-Zellrezeptor durch Bindung an ein Antigen stimuliert wurden. Dadurch kommt es zu einer sehr starken Vermehrung der primär aktivierten T-Zelle. Falls diese Proliferation tatsächlich von einer einzigen Zelle ausgeht, spricht man von einer klonalen Vermehrung. Interleukin 2 induziert sowohl die Proliferation von T-Helferzellen als auch von T-Killerzellen, die das entsprechende Antigen erkennen.

T-Killerzellen. Die zytotoxischen T-Zellen oder Killerzellen sind in der Lage, ihre Zielzellen direkt zu zerstören (Abb. 24.3). Für die Zerstörung z. B. virusinfizierter Zellen verwenden T-Killerzellen im Wesentlichen 2 Proteine, das ***Perforin*** und den CD95-Liganden ***(CD95L)***. Perforin hat eine ähnliche Struktur und Funktion wie der C5b-9-Komplex des Komplementsystems (▶ s. Kap. 24.1, Abb. 24.1) und permeabilisiert die Membran der Zielzelle, wodurch diese stirbt. Wie sich der Lymphozyt vor dem gleichen Schicksal schützt, ist noch unklar.

CD95L induziert in der Zielzelle ***Apoptose*** (▶ s. Kap. 2.5). Um zu verhindern, dass jede Zelle, die den T-Killerzellen begegnet, getötet wird, werden nur solche Zellen, die auf ihrer Oberfläche das für den T-Zellrezeptor passende Antigen im Komplex mit MHC-Molekülen tragen, angegriffen. Während also T-Helferzellen keine eigene Effektorfunktion haben und nur regulatorisch auf andere Immunzellen wirken, sind T-Killerzellen aktiv an der Elimination insbesondere von virusinfizierten Zellen beteiligt.

Antikörper

Antikörper werden von aktivierten B-Lymphozyten gebildet; durch Bindung an Erreger können diese neutralisiert, effizient phagozytiert oder durch Komplementaktivierung zerstört werden

Struktur von Antikörpern. Immunglobuline (Ig) teilt man in 5 Klassen ein: IgM, IgG, IgA, IgD und IgE. Alle Antikörper sind ähnlich aufgebaut (▫ Abb. 24.4). Sie bestehen aus 4 Proteinketten, die über Disulfidbrücken miteinander vernetzt sind. Zwei der Ketten haben ein Molekulargewicht von ca. 50 kDa und werden als ***schwere Ketten***, die anderen beiden Ketten mit einem Molekulargewicht von ca. 30 kDa als ***leichte Ketten*** bezeichnet (▫ Abb. 24.4). Alle Ketten bestehen ähnlich wie der T-Zellrezeptor aus konstanten Anteilen, die bei allen Immunglobulinen einer Klasse (z. B. IgG, IgM) gleich sind, sich aber bei verschiedenen Antikörperklassen unterscheiden. Der konstante Anteil (insbesondere der schweren Ketten) bestimmt also den Typ des Immunglobulins. Der zweite Teil jeder Kette ist dagegen variabel und zwischen verschiedenen Antikörpern auch der gleichen Klasse verschieden.

Eigenschaften der Antikörper. Die Antikörper der verschiedenen Klassen weisen unterschiedliche Eigenschaften auf:

- ***IgM*** wird auf der Oberfläche von reifen B-Zellen exprimiert und als Pentamer (5 zusammenhängende Untereinheiten) sezerniert. Wegen ihrer Größe sind die IgM nicht plazentagängig und bieten damit keinen Schutz des Embryos, allerdings ist ihre Affinität zum Antigen erhöht. IgM sind die wichtigsten Antikörper beim ersten Kontakt mit einem Krankheitserreger (Erstantwort).
- ***IgG*** wird ins Serum sezerniert. Sie sind die wichtigsten Antikörper der Sekundärantwort, also nach Stimulation der spezifischen Immunabwehr.

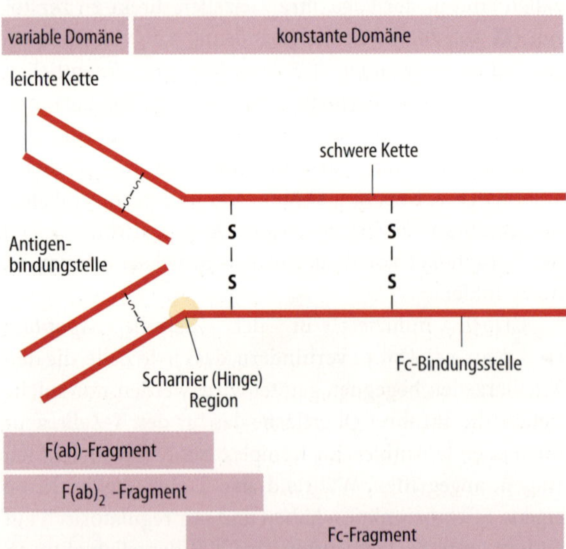

▫ **Abb. 24.4. Schematische Übersicht über den Aufbau von Immunglobulinen**

- ***IgA*** befindet sich auf den Schleimhäuten der meisten Menschen (aber nicht aller) und schützt die Schleimhautoberfläche gegen Erreger.
- ***IgE*** befindet sich als lösliche Form im Blut, zellgebunden findet es sich auf der Oberfläche von Mastzellen. IgE sind für allergische Reaktionen (▶ s. Kap. 24.3) verantwortlich.
- ***IgD*** wird auf der Oberfläche von reifen B-Zellen exprimiert. Seine Funktion ist noch nicht eindeutig gekärt.

Immunglobulinvielfalt. Wie ist nun die Vielfalt der gebildeten Immunglobuline möglich? Wäre für jedes Immunglobulin ein eigenes Gen vorhanden, so müsste unser Genom nur aus Genen für die vielen Milliarden Immunglobuline bestehen. Das ist nicht möglich. Um trotzdem die Vielfalt der Immunglobuline zu schaffen, hat sich die Natur ein Baukastensystem ausgedacht (▫ Abb. 24.5). Im Genom gibt es eine begrenzte Anzahl (z. B. n = 1000) ***variable Gene***, 12 sog. ***Diversity-Gene***, 4 sog. ***Junction-Gene*** und je ein ***Gen*** für die ***konstante Region*** des jeweiligen Antikörpertyps, also ein μ-Gen für IgM, ein γ-Gen für IgG, ein α-Gen für IgA, ein ε-Gen für IgE und ein δ-Gen für IgD.

Während der Reifung von B-Zellen kommt es auf dem Niveau der DNA zu einer ***somatischen Rekombination***, d. h. einem Rearrangement der DNA. So wird z. B. das variable Gen Nr. V10 mit dem Diversity-Gen Nr. D4 und dem Junction-Gen Nr. J2 zu einer bestimmten variablen Domäne (bzw. dem dafür codierenden Gen) zusammengesetzt, während eine andere B-Zelle eine ganz andere Kombination wählt. Durch die Kombination relativ weniger Gene entsteht eine enorme Vielfalt variabler Gene, die durch Ungenauigkeiten des Schneide-/Ligationsprozesses und durch Mutationen in den variablen Genen nochmals erhöht wird. Das neue V10D4J2-Gen wird nun primär mit dem μ-Gen fusioniert und es entsteht nach Transkription und Translation das entsprechende IgM-Molekül.

Immunglobulinreifung. In den ersten Tagen einer Infektion kommt es zur Bildung und Sekretion von ***IgM-Molekülen***, also des Ig-Typs, der auch auf der Zelloberfläche einer noch ruhenden B-Zelle vorhanden ist. IgM-Moleküle formen jedoch in Lösung Pentamere und sind daher durch sterische Behinderung nicht sehr effektiv bei der Elimination von Krankheitserregern. Nach ca. 4–8 Tagen verändert daher die B-Zelle das Genom, schneidet das μ-Gen aus und fusioniert den variablen Anteil des Immunglobulins mit dem γ-Gen. Dadurch entstehen nun ***IgG-Moleküle***, die eine sehr viel höhere Affinität zu dem entsprechenden Antigen als das IgM-Molekül haben und deswegen sehr viel effizienter den Krankheitserreger bekämpfen können (▶ s. u.). Da nur das μ- gegen das γ-Gen ausgetauscht wurde, ist die variable Domäne gleichgeblieben und das nun gebildete IgG in der Lage, das gleiche Antigen, wie das zuvor synthetisierte IgM, zu erkennen.

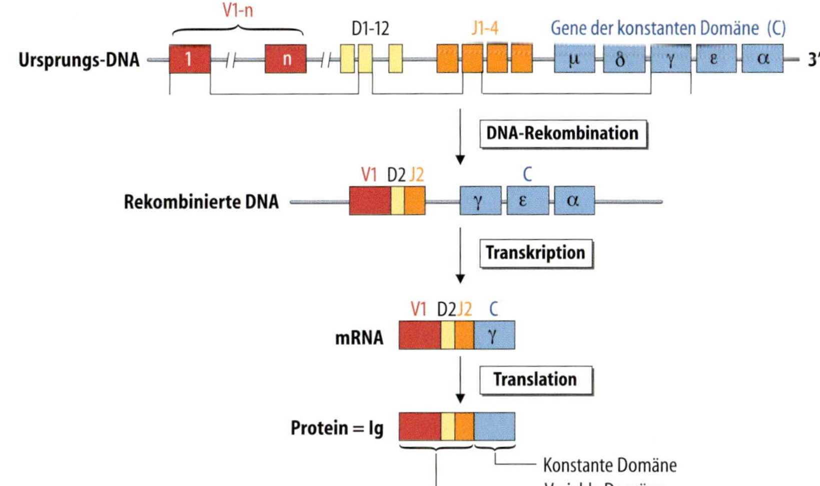

Abb. 24.5. Genetische Grundlagen der Antikörpervielfalt. Wie in einem Baukastensystem werden verschiedene Variable- *(V-)*, Diversity- *(D-)* und Junction- *(J-)* Gene mit einer konstanten Kette *(C)* kombiniert, wodurch extrem viele Immunglobuline gebildet werden können. Die herausgeschnittenen DNA-Abschnitte werden abgebaut

Wirkungsweise von Antikörpern. Durch die Bindung von Antikörpern an die Oberfläche von Bakterien können diese sehr viel besser von Phagozyten erkannt und gefressen werden. Diesen Prozess bezeichnet man als ***Opsonierung.*** Mit seinem Antigen-erkennenden Anteil bindet der Antikörper an das Bakterium, mit seinem Fc-Teil an spezielle Rezeptoren auf der Oberfläche von Phagozyten, sog. Fc-Rezeptoren. Dadurch wird das Bakterium sozusagen aktiv an die Oberfläche der phagozytierenden Zelle gebunden und kann nun leicht internalisiert werden. Antikörper-beladene Bakterien führen ferner zur ***Aktivierung von Komplement***, das die Bakterienwand lysiert (▶ s. o.). Antikörper können Erreger oder Toxine ***neutralisieren***, sodass körpereigene Zellen nicht mehr infiziert werden können bzw. Toxine nicht mehr wirken.

B-Lymphozyten

B-Lymphozyten erkennen Antigene mit einem membrangebundenen Antikörper; nach Aktivierung sezernieren Antigen-spezifische B-Zellen lösliche Antikörper mit identischer Antigenbindungsstruktur

Aktivierung von B-Lymphozyten. B-Zellen werden durch Bindung von passenden Antigenen an ihren membrangebundenen Antikörper stimuliert und bilden darauf die entsprechenden löslichen Antikörper. Diese sind extrazellulär wirksam und unterdrücken die Verbreitung von Erregern im Organismus. Das spielt sowohl für extrazelluläre Erreger (Bakterien oder Parasiten), wie auch für intrazelluläre Erreger (z. B. Viren) eine wichtige Rolle in der Immunantwort. Antikörper können Erreger sofort nach Infektion neutralisieren und stellen somit die wichtigste Komponente des immunologischen Gedächtnisses dar.

Reifung von B-Lymphozyten. B-Lymphozyten reifen im Knochenmark (B wie *Bone Marrow*) heran. Zunächst werden die Immunglobulingene *»rearranged«*, und als IgM auf der Oberfläche der B-Zellen exprimiert. Diese unreife B-Zelle interagiert nun mit Antigenen, die in ihrer Umgebung vorkommen. Erkennt eine B-Zelle ein Antigen, dann stirbt sie durch Apoptose. So werden B-Zellen eliminiert, die sich gegen körpereigene Strukturen richten (autoreaktiv). Wird eine B-Zelle nicht ausselektiert, dann wandert sie als reife B-Zelle in den Lymphknoten oder die Milz.

T-Zell-unabhängige Aktivierung von B-Zellen und Bildung von Antikörpern. Bindet eine B-Zelle mit dem B-Zellrezeptor (BZR) ihr passendes Antigen, so kommt es zur Aktivierung der B-Zelle, zur Proliferation der B-Zelle und schließlich zur Sekretion von IgM-Antikörpern. Ohne Einfluss von T-Lymphozyten wird diese B-Zelle IgM-Antikörper sezernieren.

B-Zellrezeptoren. Auf der Oberfläche von B-Zellen befinden sich analog zu den T-Zellen ebenfalls Rezeptoren, die spezifisch ein bestimmtes Antigen erkennen. Bei den B-Zellen sind dies Immunglobuline des Typs IgD oder IgM selbst, die sich von den sezernierten Immunglobulinen nur durch eine kurze transmembranöse und eine sehr kurze intrazelluläre Domäne unterscheiden (▣ Abb. 24.6). Diese Oberflächen-Immunglobuline werden auch als antigener B-Zellrezeptor bezeichnet. Der B-Zellrezeptor einer bestimmten B-Zelle hat eine ganz bestimmte variable Domäne mit der er nur ein passendes Antigen erkennen kann. Antigene, die durch B-Zellen erkannt werden, sind nicht nur kurze, vom MHC-System präsentierte Moleküle, sondern auch ganze Proteine. Durch die Bindung des Antigens an den B-Zellrezeptor (also das Oberflächen-Ig mit der passenden variablen Domäne) wird diese B-Zelle aktiviert. Durch die ***Spezifität der variablen Domäne*** wird festgelegt, dass ein bestimmtes Antigen nur eine passende B-Zelle stimuliert.

T-Zell-abhängige Aktivierung von B-Zellen. Bindet eine B-Zelle mit ihrem B-Zellrezeptor (BZR) an ein Antigen, so kommt es zur Internalisierung (Einschleusung) des

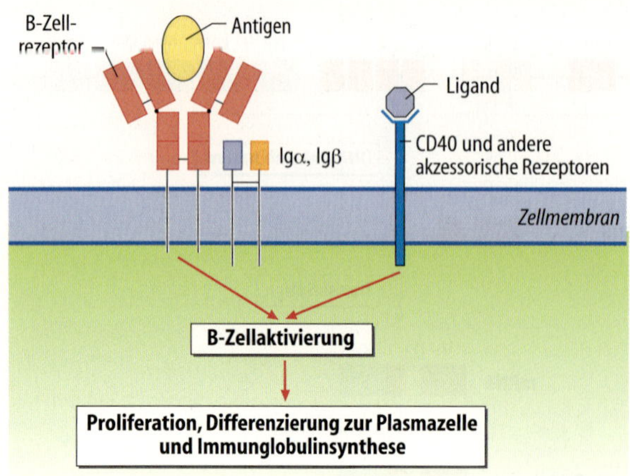

Abb. 24.6. Aktivierung von B-Lymphozyten. Dendritische Zellen werden über Toll-ähnliche Rezeptoren aktiviert und können über Mannose-Rezeptoren Bakterien phagozytieren. Nach Antigenprozessierung im Lysosom werden schließlich die Antigene des Bakteriums auf MHC II exprimiert. Finden sich für die präsentierten Antigene spezifische T-Zellen, dann werden diese zur Proliferation angeregt. B-Zellen, die spezifisch für das Bakterium sind, internalisieren ihren B-Zellrezeptor, sobald ein Bakterium bindet. Es kommt wieder zur Prozessierung und Präsentation desselben Antigens. Treffen nun die B-Zellen auf eine aktivierte T-Zelle, dann kommt es über den MHC-II-Peptid-TCR-Komplex zur Interaktion von CD40-Liganden/CD40-Rezeptor und Zytokinen. Dadurch werden B-Zellen aktiviert, zum Klassenwechsel (IgM zu IgG, IgM zu IgE oder IgM zu IgA abhängig von Zytokinmuster) und der somatischen Hypermutation stimuliert

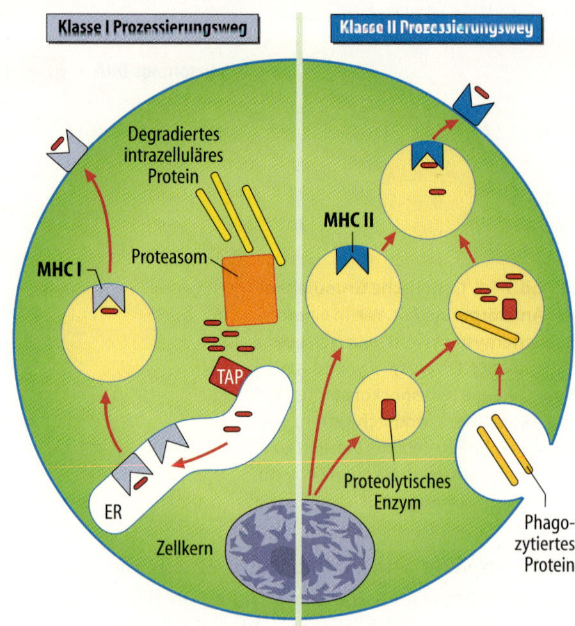

Abb. 24.7. Antigenprozessierungswege. Es gibt einen wesentlichen Unterschied zwischen der Prozessierung von MHC-I- und MHC-II-restringierten Peptiden. Klasse-I-Prozessierungsweg: degradierte zytosolische Proteine werden zerkleinert und diese Peptidfragmente in das endoplasmatische Retikulum eingeschleust. Dort binden die Peptidfragmente an MHC-I-Moleküle. Diese werden dann an der Oberfläche exprimiert und sind dort CD8-positiven zytotoxischen T-Zellen zugänglich. Klasse-II-Prozessierungsweg: Vesikel mit phagozytierten Proteinen verschmelzen mit Lysosomen, was zu einer Zerkleinerung der phagozytierten Proteine führt. Verschmelzen nun diese Vesikel mit MHC-II-exprimierenden Vesikeln, dann kommt es zur Bindung von den Peptidfragmenten an MHC II, das dann anschließend auf der Zelloberfäche exprimiert wird

Antikörper-Antigen-Komplexes. Das Antigen wird in Lysosmen in Peptidfragmente zersetzt (▶ s. Abb. 24.7). Diese Peptidfragmente werden auf MHC-II-Moleküle gebunden, und auf der Oberfläche der B-Zelle präsentiert (▶ s. o.: MHC-II-Prozessierung). Eine für dieses Antigen spezifische CD4-T-Zelle kann nun das Antigen, präsentiert auf MHC II, erkennen und über Rezeptoren (CD40L-CD40) und Zytokine die B-Zelle stimulieren. Da T-Zellen, die den Thymus verlassen haben, nur körperfremde Antigene erkennen, »weiß« die B-Zelle durch die T-Zell-Stimulation, dass sie ein körperfremdes Antigen internalisiert hat, und somit ihr BZR das körperfremde Antigen erkennt. Die B-Zelle proliferiert, und sezerniert IgM- und IgG-Antikörper.

Somatische Hypermutation. Oft reicht die Affinität des IgG (im Vergleich zum IgM) nicht aus, um Antigene zu neutralisieren. In einem weiteren Reifungsprozess kann die Affinität der Antikörper erhöht werden (somatische Hypermutation). In sogenannten *»Germinal Centers«* wird der variable Teil der Antikörper zufällig mutiert. Dadurch bilden viele B-Zellen Antikörper, die das Antigen nicht mehr binden können. Einige B-Zellen bilden jedoch Antikörper, die besser binden. Diese B-Zellen nehmen das Antigen sehr viel schneller auf (da ihr BZR nun eine höhere Affinität hat) und präsentieren es CD4-T-Zellen wieder auf MHC II. Dadurch werden sie weiter von den T-Zellen stimuliert, während B-Zellen, die kein Antigen mehr binden können, wegen fehlender Stimulation absterben (durch Apoptose, ▶ s. Kap. 2.5).

Antikörperbildung. Nach einigen Runden der Hypermutation entsteht eine B-Zelle, die hochaffines neutralisierendes IgG produzieren kann. Sie proliferiert und ein Teil der Zellen differenziert zu ***Plasmazellen.*** Diese wandern ins Knochenmark und sezernieren Antikörper, die im gesamten Organismus Antigene neutralisieren können. Plasmazellen bilden Antikörper mit genau der gleichen variablen Domäne, die auch das auf der Oberfläche exprimierte Immunglobulin hat. Dadurch ist gewährleistet, dass der Krankheitserreger bzw. das Antigen durch die sezernierten Antikörper erkannt wird. Immunglobuline können also sowohl als Oberflächenrezeptoren als auch als sezernierte Effektormoleküle dienen.

Gedächtniszellen. Ein geringer Teil der aktivierten B-Lymphozyten bleibt als Gedächtnis-B-Zellen in der Milz (▶ s. u.).

Natürliche Killerzellen

Natürliche Killerzellen (NK-Zellen) können infizierte oder tumorös veränderte Zellen aus dem Körper entfernen

Abtöten MHC-negativer Zellen. Wie oben erläutert wurde, können zytotoxische T-Zellen virusinfizierte Zellen nur bei Präsentation von passendem Virusantigen zusammen mit MHC-Molekülen abtöten. Einige Viren (z. B. Zytomegalie-Virus) entziehen sich dem Zugriff durch zytotoxische T-Zellen, indem sie in der infizierten Zelle die Expression von MHC-Molekülen hemmen. Diese Zellen können jedoch durch natürliche Killerzellen erkannt und vernichtet werden. Die natürlichen Killerzellen müssen nicht geprägt werden (daher »natürliche« Killerzellen), sondern können von Geburt andere Zellen töten.

24.2. Von der Erstinfektion zur erfolgreichen Immunantwort bei Warzen

Erstinfektion. Eine erfolgreiche Immunantwort erfordert funktionelle Immunzellen am Ort der Infektion. Bei einer Erstinfektion kann es oft Jahre dauern, bis das Virus auf Immunzellen trifft. Infiziert sich ein Individuum mit einem Virus (zum Beispiel Papillomavirus der Haut, HPV 12), wird dieses Virus zunächst lokal replizieren (es entsteht eine Viruswarze). Solange das Virus in der Haut bleibt, wird es auf keine T-Zelle stoßen, da dort (im Gegensatz zu Lymphknoten und Milz) keine naiven T-Zellen vorkommen und so auch keine Immunantwort gegen virusbefallene Zellen ausgelöst wird. Die Warze wird daher oft über Jahre nicht abgestoßen.

Auslösung einer Immunantwort. Falls es nun aber durch vermehrte Virusreplikation oder durch mechanischen Einfluss (Schnecke wandert über den Finger) zu vermehrter Virusfreisetzung kommt, führt dies zur Infektion von dendritischen Zellen der Haut (Langerhans-Zellen) und/oder zur Verschleppung von Viren über Lymphgefäße zu Lymphknoten. Dort werden ebenfalls Makrophagen oder dendritische Zellen infiziert, und die viralen Antigene den CD4- und CD8-T-Zellen präsentiert. Eine ähnliche Wirkung erzielt die Aktivierung von dendritischen Zellen (z. B. über den Toll-like Rezeptor 7 durch den Wirkstoff Imiquimod). Findet sich nun unter den vielen naiven CD4-T-Zellen eine virusspezifische CD4-Zelle, wird diese stark proliferieren und Zytokine produzieren. Diese Zytokine regen die CD8-T-Zellen, die ihr Antigen auf den emigierten Langerhans-Zellen erkannt haben, zur Proliferation an. Ferner werden B-Zellen, die das Antigen auf ihrer Oberfläche binden, zur Phagozytose angeregt. Nun präsentieren auch virusspezifische B-Zellen virale Antigene auf MHC II, und werden so weiter ▼ durch CD4-T-Zellen zur Proliferation und zum Klassenwechsel (▶ s. o.) stimuliert. Die nun ausdifferenzierten B-Zellen wandern ins Knochenmark und produzieren dort HPV-12-spezifische Antikörper. Die aktivierten T-Zellen wandern aus dem Lymphknoten aus und infiltrieren u. a. das befallene Gewebe. Dort werden sie auf die HPV-12-infizierten Zellen treffen und diese eliminieren (die Viruswarze verschwindet). Durch die neu gebildeten Antikörper und durch eine erhöhte Frequenz von CD4- und CD8-T-Zellen ist man nun immun gegen Viruswarzen.

Abtöten Antikörper-beladener Zellen. Die Bindung von Antikörpern an die Oberfläche einer Zielzelle steigert die Fähigkeit der NK-Zellen, diese zu lysieren. NK-Zellen töten Zielzellen durch Induktion von Apoptose ab.

Immunologisches Gedächtnis

Die Schaffung eines immunologischen Gedächtnisses verhindert die erneute Erkrankung bei Infektion mit dem gleichen Krankheitserreger

Gedächtniszellen. Die oben besprochene Aktivierung von T- und B-Zellen führt zu einer massiven Proliferation der Zellen, zu einer Reifung der T-Zellen in T-Helfer und T-Killerzellen und zur Synthese von Antikörpern, die den Krankheitserreger meist nach wenigen Tagen eliminieren. Ist der Krankheitserreger verschwunden, fehlt den Zellen das stimulierende Antigen und sie sterben durch Apoptose wieder ab. Nur ein geringer Anteil der Zellen überlebt diesen Prozess und geht in einen Ruhezustand über, in dem die Zelle für Jahre überleben kann. Diese Zellen bezeichnet man als Gedächtniszellen.

Immunität. Die Gedächtniszellen sind in der Lage, sehr schnell auf eine Reinfektion mit dem gleichen Krankheitserreger bzw. Antigen zu reagieren, da alle ***Reifungsprozesse*** schon abgeschlossen sind. So hat insbesondere bei den B-Zellen bereits der Übergang von der IgM- zur IgG-Synthese und eine ***somatische Hypermutation*** (▶ s. o.) stattgefunden. Durch diese sehr schnelle Reaktion der Gedächniszellen auf eine wiederholte Auseinandersetzung mit einem Krankheitserreger bzw. Antigen kann der Ausbruch der Krankheit verhindert oder zumindest stark abgeschwächt werden.

Immunisierung. Diese Mechanismen macht man sich bei der ***Impfung*** zu Nutze, bei der man dem Körper abgeschwächte lebende oder tote Erreger oder Toxine eines Erregers verabreicht. Alle empfohlenen routinemäßig durchgeführten Impfungen beruhen auf der Aktivierung von B-Zellen mit der Induktion von neutralisierenden Antikörpern. Wird nun der Körper mit dem entsprechenden Krankheitserreger infiziert, so kann dieser sofort durch Antikörper eliminiert werden, ohne dass es zu

Symptomen kommt. Diese Art der Impfung wird auch als ***aktive Immunisierung*** bezeichnet. Gibt man dem Körper nur Antikörper bzw. ein Immunglobulingemisch, so bezeichnet man dies als ***passive Immunisierung***. Sie wird u. a. eingesetzt, wenn bereits eine Infektion vorliegt oder vermutet wird und die Wirkung der aktiven Immunisierung zu spät einsetzen würde.

In Kürze

Spezifisches Immunsystem

Das spezifische Immunsystem besteht aus T- und B-Lymphozyten sowie natürlichen Killerzellen.

- T-Zellen werden in T-Helferzellen und T-Killerzellen eingeteilt. T-Helferzellen regulieren durch Sekretion von Zytokinen alle anderen Zellen des spezifischen Immunsystems. T-Killerzellen können v. a. virusbefallene Zellen direkt töten.
- B-Lymphozyten bilden nach Aktivierung Antikörper, die gegen Bakterien, Parasiten, aber auch Viren wirken.
- Natürliche Killerzellen töten Zellen unabhängig von MHC I.

Alle Zellen des spezifischen Immunsystems werden durch die Bindung von Antigenen an spezifische Rezeptoren, sog. antigene Rezeptoren, aktiviert. Im Thymus und Knochenmark reifen T- und B-Zellen aus. Dabei werden Zellen, die potentiell körpereigene Strukturen oder keine Antigene erkennen würden, eliminiert. Die Immunabwehr kann durch aktive oder passive Impfung unterstützt werden.

24.3 Pathophysiologie des Immunsystem

Autoimmunerkrankungen

Das Immunsystem kann sich bei Versagen der Kontrollsysteme gegen Antigene des eigenen Körpers richten; genetische Veranlagung kann die Anfälligkeit gegenüber solchen Autoimmunerkrankungen steigern

Entfernung autoimmuner Zellen. Autoimmunerkrankungen entstehen durch eine Reaktion von Immunzellen gegen körpereigene Zellen, die als fremd erkannt werden. Um eine solche, für den Organismus potentiell sehr gefährliche Reaktion zu verhindern, wird das Immunsystem normalerweise vielfältig kontrolliert. So werden autoreaktive T-Zellen bereits im Thymus eliminiert. Autoreaktive B-Zellen werden zu einem großen Teil im Knochenmark entfernt.

Versagen der Kontrolle. Die Kontrollmechanismen versagen bisweilen, wobei es zur Entwicklung von Autoimmunerkrankungen kommt. Wie sich diese Erkrankungen entwickeln, ist noch nicht hinreichend geklärt. Eine populäre Hypothese ist, dass es durch virale (oder auch bakterielle?) Infektionen zur Präsentation von Antigenen auf den infizierten Zellen kommt, die körpereigenen Antigenen ähnlich sind ***(Mimikry-Hypothese)***. Heilt die Krankheit durch die Effektoren des Immunsystem aus, so werden die Immunzellen nun nicht eliminiert, sondern richten sich gegen das ähnliche, aber körpereigene Antigen.

Die Disposition, so zu reagieren, wird sehr wahrscheinlich vererbt. Es kommt also auf dem Boden einer ***genetischen Prädisposition*** zu einer viral oder bakteriell induzierten Autoimmunerkrankung. Dies führt zu einem Angriff des Immunsystems auf ganz verschiedene Organe, z. B. die Gelenksynovia bei ***rheumatoider Arthritis***, die Nieren bei ***autoimmunologischen Glomerulonephritiden*** oder Gliazellen bei ***multipler Sklerose***. Bei manchen Autoimmunerkrankungen werden mehrere Organe betroffen, so z. B. beim ***Lupus erythematosus*** das blutbildende System, die Nieren und die Lunge.

Behandlung. Da man bisher die Pathophysiologie von Autoimmunerkrankungen nicht versteht, kann man nicht spezifisch behandeln, insbesondere mit Immunsuppressiva, wie z. B. Glukokortikosteroiden (► s. Kap. 21.5).

24.3. Vitiligo

Das Immunsystem kann sich gegen Antigene auf Melanozyten richten. Bei Vitiligo werden Antikörper gegen verschiedene Proteine gefunden, die von Melanozyten exprimiert werden. Die Immunreaktion führt dann zu einem Untergang der Melanozyten, wodurch die Braunfärbung der Haut verloren geht. Es entstehen zunächst weiße Flecken, schließlich kann die Erkrankung den völligen Verlust der Pigmentierung zur Folge haben.

Hypersensitivitätsreaktionen (Allergien)

Man unterscheidet 4 verschiedene Typen der Hypersensitivität

Typ I. Dieser Typ der allergischen Reaktionen wird auch als ***Sofortreaktion*** bezeichnet. Das Immunsystem erkennt dabei völlig harmlose Antigene, z. B. Blütenpollen. Nach der ersten Exposition mit diesen Antigenen, die man auch als ***Allergene*** bezeichnet, bilden B-Lymphozyten ***IgE***. Die allergische Reaktion erfolgt demnach erst beim 2. Kontakt mit dem Antigen. IgE-Moleküle binden mit ihrem Fc-Teil an Fc-Rezeptoren von Mastzellen, was primär noch nicht zur Aktivierung dieser Zellen führt. Vernetzt nun aber bei erneuter Exposition ein Allergen zwei IgE-Moleküle miteinander, so werden die Mastzellen aktiviert, die daraufhin degranulieren und Histamin freisetzen. Zudem sezernieren bzw. synthetisieren sie nach Stimulation Serotonin sowie Leukotriene.

Durch diese Mediatoren wird das klinische Bild der allergischen Reaktion, z. B. einer allergischer Rhinitis *(Heuschnupfen)* vermittelt. Histamin führt zu einer Erweiterung der Gefäße, zu einem Austritt von Serum aus den Gefäßen und zu einem Ödem in der Schleimhaut, zur Drüsensekretion, zu einer Bronchokonstriktion etc. Leukotriene wirken insbesondere bronchokonstriktorisch. Dadurch kommt es zu einer Verengung der Atemwege mit Behinderung der Atmung ***(Asthma bronchiale)***. Histamin fördert auch die Bildung von Ödemen der Haut ***(Urticaria)***. Der Verlust von Plasmavolumen in das Gewebe bei generalisierter Histaminausschüttung kann zu einem Zusammenbruch des Blutdrucks führen ***(anaphylaktischer Schock)***.

Zur Behandlung allergischer Sofortreaktionen verwendet man insbesondere ***Antihistaminika***, die die Bindung von Histamin an seine Rezeptoren und so die Entzündungsreaktion verhindern.

Typ II. Dieser Hypersensibilitätstyp beruht auf der Bildung von ***IgM***- und ***IgG-Immunglobulinen*** gegen Zellen. Durch die Bindung der Antikörper wird in den Geweben der Zielzellen das Komplementsystem aktiviert und damit eine Entzündung ausgelöst. Zu einer Reaktion-Typ-II kommt es u. a. bei der Transfusion von Erythrozyten mit Antigenen des Spenders, gegen die Antikörper des Empfängers gerichtet sind (▶ s. Kap. 23.7).

Typ III. Bei diesem Typ der Hypersensibilität kommt es zur Ablagerung von ***Fremdantigen/Antikörperkomplexen***. Die Komplexe führen zur Aktivierung des Komplementsystems, was eine Gewebsdestruktion zur Folge hat. Besonders häufig betroffen sind die Glomerula der Niere (Glomerulonephritis). Die Komplexe können an Herzklappen hängen bleiben und dort eine lokale Entzündung erzeugen (Endokarditis). Die Gewebszerstörung führt bisweilen zu Herzklappenfehlern (▶ s. 26.2).

Typ IV. Typ-IV-Hypersensitivitäten werden nicht durch lösliche Antikörpermoleküle, sondern durch ***CD4-T-Lymphozyten*** ausgelöst. Klassische Beispiele sind die Kontaktdermatitis (z. B. Nickelallergie) und die Sensibilisierung von T-Lymphozyten durch Tuberkelbakterien. Die aktivierten T-Zellen induzieren die Produktion von Zytokinen, die schließlich eine Entzündung des Gewebes vermitteln. Da diese Entzündungsreaktion erst 1–2 Tage nach Kontakt mit dem Antigen entsteht, wird die Typ-IV-Hypersensibilität auch als verzögert bezeichnet.

Immunschwäche

! Eine Immunschwäche kann angeboren, Folge ärztlicher Behandlung oder von Schädigungen und Erkrankungen des Immunsystems sein

Ursachen von Immunschwäche. Es existieren einige sehr seltene genetische Defekte, die mit Immunschwäche einhergehen. Sehr viel häufiger ist eine erworbene Immunschwäche. Bei einer Tumortherapie mit Zytostatika oder Bestrahlung werden häufig nicht nur die Tumorzellen abgetötet, sondern auch die Lymphozyten geschädigt. Die Behandlung von Autoimmunerkrankungen (▶ s. o.) mit immunsuppressiv wirkenden Glukokortikosteroiden (▶ s. Kap. 21.5) beeinträchtigt gleichermaßen die Immunabwehr. Relativ häufige Ursache einer Immunschwäche ist ferner die Infektion mit dem HI-Virus (▶ s. 24.4). Regelmäßig ist die Immunabwehr im höheren Alter geschwächt.

> **24.4. HIV**
>
> Das *Human Immmunodeficieny Virus* infiziert CD4-positive T-Helferzellen, die durch die Infektion sterben. Dadurch sinkt die Zahl der T-Helferzellen im Körper kontinuierlich ab, was schließlich zur Insuffizienz sowohl des T- als auch des B-Zellsystems führt. T-Helferzellen spielen eine zentrale Rolle in der Regulation der Immunantwort, ohne sie kann eine Aktivierung weder von CD8-positiven T-Zellen noch von B-Lymphozyten erfolgen. Die Patienten leiden daher häufig an Infektionen auch durch normalerweise nicht gefährliche Erreger, die schließlich zum Tod führen.

▪▪▪ Auch bei primär intaktem Immunsystem können verschiedene Erkrankungen das Auftreten von Infektionskrankheiten begünstigen. So leiden Patienten mit Zystischer Fibrose (▶ s. 3.1) häufig unter Infektionen mit dem Krankheitserreger Pseudomonas aeruginosa.

Auswirkungen von Immunschwäche. Im Körper immungeschwächter Patienten können sich Erreger vermehren, die normalerweise keine Überlebenschance hätten. Die Patienten erkranken daher schwer an Infektionen mit sonst harmlosen Erregern (▶ siehe Fallgeschichte zu Beginn des Kapitels).

> **In Kürze**
>
> **Pathophysiologie des Immunsystem**
>
> Man unterscheidet vier Typen der Hypersensitivität:
>
> - Bei der Hypersensitivitätsreaktion Typ I werden Mastzellen aktiviert und eine allergische Sofortreaktion ausgelöst.
> - Hypersensitivitätsreaktionen des Typs II, III und IV sind selten und werden durch Immunglobuline, Immunkomplexe bzw. T-Zellen vermittelt.
>
> Bei Immundefizienzen ist die Empfindlichkeit gegenüber Krankheitserregern erhöht.

Literatur

Burmester GR, Pezzutto A (2003) Taschenatlas der Immunologie. Thieme, Stuttgart

Goldsby RA, Kindt TJ, Osborne BA, Kuby J (2003) Immunology. 5th ed. Freeman New York

Hill N, Sarvetnick N (2002) Cytokines: promoters and dampeners of autoimmunity. Curr Opin Immunol 14: 791–7

Honjo T, Kinoshita K, Muramatsu M (2002) Molecular mechanism of class switch recombination: linkage with somatic hypermutation. Annu Rev Immunol 20: 165–96

Janeway CA, Travers P (2001) Immunobiology

Kayser F, Bienz KA, Eckert J, Zinkernagel RM (2001) Medizinische Mikrobiologie. Thieme, Stuttgart

Köhler G, Milstein C (1975) Continuous cultures of fused cells secreting antibody of predefined specificity. Nature 256: 495–497

Moser M (2003) Dendritic cells in immunity and tolerance-do they display opposite functions? Immunity 19: 5–8

Ohashi PS, DeFranco AL (2002) Making and breaking tolerance. Curr Opin Immunol 14: 744–50

Paul WE (2003) Fundamental Immunology. Lippincott Raven

Rajewski K, Schirrmacher V, Nase S, Jerne NK (1969) The requirement of more than one antigenic determinant for immunogenicity. J Exp Med 129: 1131–1143

Rammensee HG, Weinschenk T, Gouttefangeas C, Stevanovic S (2002) Towards patient-specific tumor antigen selection for vaccination. Immunol Rev 188: 164–76

Takeda K, Kaisho T, Akira S (2001) Toll-like receptors. Annu Rev Immunol 21: 335–76

Tonegawa S (1983) Somatic generation of antibody diversity. Nature 302: 575–581

Zinkernagel RM, Doherty PC (1974) Immunological surveillance against altered self components by sensitised T lymphocytes in lymphocytic choriomeningitis. Nature 251: 547–548

V

Herz und Kreislauf

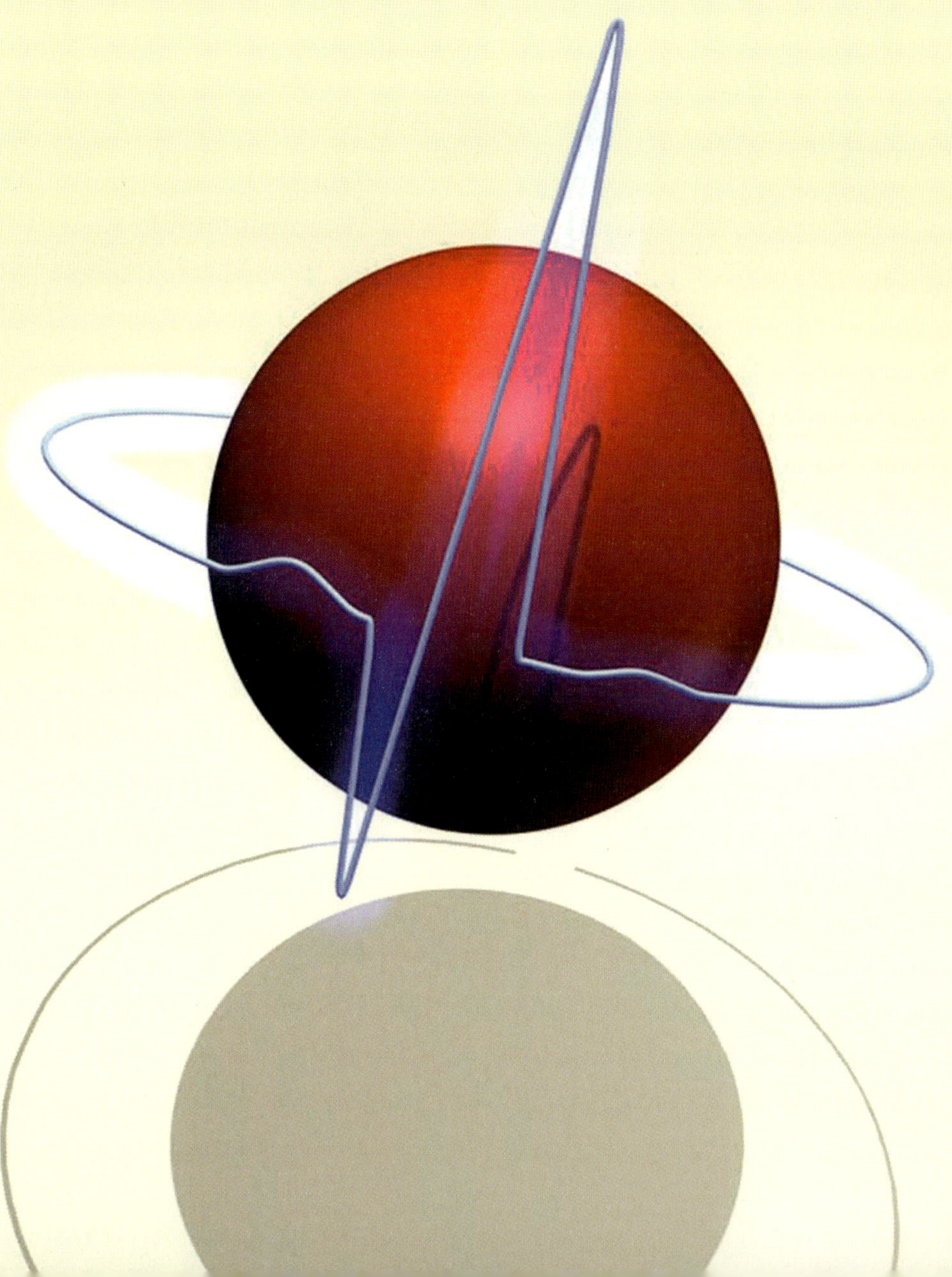

Kapitel 25
Herzerregung

H. M. Piper

Einleitung

Der Student Heinz S. möchte eine defekte Glühbirne in einer Lampe auswechseln, vergisst aber, diese zunächst vom Stromnetz zu trennen. Beim Wechseln greift er versehentlich mit der rechten Hand in die Glühbirnenfassung und merkt noch, wie der Strom durch seinen Körper fährt. Dann verliert er das Bewusstsein und stürzt zu Boden. Nach wenigen Sekunden erwacht er wieder und findet sich bis auf Verbrennungsspuren an der rechten Hand unverletzt. Der elektrische Wechselstrom, der kurzfristig durch seinen Körper gelaufen ist, hat im Herzen eine sogenannte kreisende Erregung ausgelöst, die zu hochfrequenten, aber unkoordinierten Zuckungen der Herzmuskulatur führten (Herzflimmern). Ein flimmerndes Herz pumpt kein Blut mehr, daher wurde Heinz S. bewusstlos. Heinz S. hat großes Glück gehabt. Bei ihm haben sich die normalen Erregungsabläufe im Herzen spontan wiederhergestellt. Dies hat ihm das Leben gerettet.

VI

25.1 Ruhe und Erregung der Arbeitsmyokardzelle

Ruhepotential

Die Arbeitsmyokardzellen weisen unerregt ein stabiles Ruhemembranpotential von – 90 mV auf; dies entspricht etwa dem K^+-Gleichgewichtspotential

Amplitude des Membranpotentials. Die Muskelzellen des Arbeitsmyokards sind elektrisch erregbare Zellen, die aber ohne äußere Erregung in einem stabilen Ruhezustand bleiben. Unter diesen Ruhebedingungen ist das Zellinnere gegenüber dem Außenraum negativ polarisiert, über dem Sarkolemm liegt ein Membranpotential, d. h. eine ***transmembranäre Spannung***, von ca. – 90 mV. Diese Spannung kann man messen, indem man eine Mikroelektrode in das Zellinnere einsticht und eine Differenzmessung gegenüber einer extrazellulären Elektrode durchführt.

Ursache des Membranpotentials. Das Ruhemembranpotential der Herzmuskelzelle entspricht etwa dem Nernst-Gleichgewichtspotential für K^+. Tatsächlich besitzt das Sarkolemm im Ruhezustand eine große Leitfähigkeit für K^+ und nur eine sehr geringe Leitfähigkeit für andere Ionen. Im ruhenden Herzmuskel sind die Ionenaktivitäten für das intrazelluläre K^+ ca. 140 mmol/l, für das extrazelluläre K^+ ca. 4 mmol/l. Beim Einsetzen dieser Werte in die ***Nernst-Gleichung*** ergibt sich für das Kaliumgleichgewichtspotential:

$$E_K = 61\ \text{mV} \cdot \log \frac{4}{140} = -94\ \text{mV}$$

Im Ruhezustand wird die Kaliumleitfähigkeit der Arbeitsmyokardzelle durch den so genannten ***K^+-Einwärtsgleichrichter*** *(i_{K1})* bestimmt, einen Kaliumkanal, der bei Depolarisation auf Werte positiver als – 70 mV schnell inaktiviert wird. Einwärtsgleichrichter nennt man Kaliumkanäle, deren Leitfähigkeit bei Hyperpolarisation zunimmt und die daher K^+ bevorzugt in Richtung des Zellinneren leiten.

Aktionspotential

Das Aktionspotential der Arbeitsmyokardzelle ist ungewöhnlich lang; es enthält eine Plateauphase der Depolarisation von 200–400 ms; während der Plateauphase ist die Zelle nicht erneut erregbar (refraktär)

Beginn. Wird die Nachbarzelle einer noch ruhenden Zelle elektrisch erregt, führt dies zu kleinen Ladungsverschiebungen zwischen den Oberflächen der beiden Zellen und, über die *Gap Junctions*, auch zwischen den Zellinnenräumen, weil sich durch das Aktionspotential an der erregten Zelle Ladungsveränderungen eingestellt haben. Die kleinen Ströme zwischen den Nachbarzellen depolarisieren auch die nicht-erregte Zelle ein wenig. Erreicht die Depolarisation einen Schwellenwert von ca. – 70 mV, werden sehr schnell spannungsabhängige Natriumkanäle geöffnet. Die K^+-Einwärtsgleichrichter werden bei diesem Potential bereits inaktiviert.

Durch Aktivierung des ***Natriumeinstroms*** kommt es zu einer schnell zunehmenden weiteren Depolarisation (Abb. 25.1). Diese bildet den ***Aufstrich*** des Aktionspotentials (Phase 0 des Aktionspotentials). Der Natriumeinstrom heißt wegen seiner raschen Kinetik auch »schneller Natriumeinstrom« (i_{Na}). Da während dieser Phase die Ionenleitfähigkeit des Plasmalemms fast nur von dieser großen Natriumleitfähigkeit bestimmt wird, strebt das Membranpotential in Richtung des Natriumgleichgewichtspotentials. Die intrazelluläre Na^+-Aktivität liegt bei etwa 10 mmol/l, die extrazelluläre bei 140 mmol/l. Daraus errechnet sich nach der Nernst-Gleichung für das Natriumgleichgewichtspotential *(E_{Na})* ein Wert von + 60 mV. Dieser Wert wird aber beim Aufstrich des Aktionspotentials nicht erreicht, da die Natriumkanäle spannungsabhängig geschlossen und inaktiviert werden. Dieser Prozess beginnt bei einem Wert von etwa – 40 mV und ist innerhalb von ca. 1 Millisekunde beendet.

Das Membranpotential erreicht noch einen leicht positiven Wert von + 20 mV *(Overshoot)*, dann schließt sich eine frühe partielle Repolarisation an (Phase 1). Für die partielle Repolarisation während dieser initialen Spitze des Aktionspotentials sind ein weiterer ***Kaliumausstrom*** (transienter Auswärtsstrom, i_{to}) sowie ein ***Cl^--getragener Auswärtsstrom*** *(i_{Cl})* verantwortlich. (Cl^--Ionen fließen in die Zelle hinein, wegen ihrer negativen Ladung stellt dies aber elektrisch einen Auswärtsstrom dar!).

Plateauphase und Repolarisation. An die initiale, kurze Repolarisation schließt sich eine lange Plateauphase

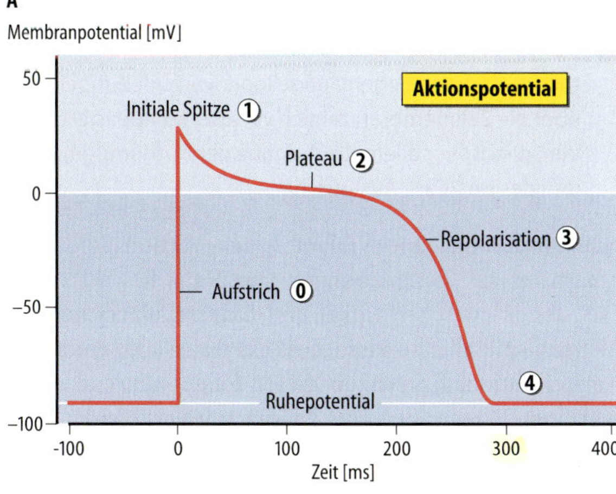

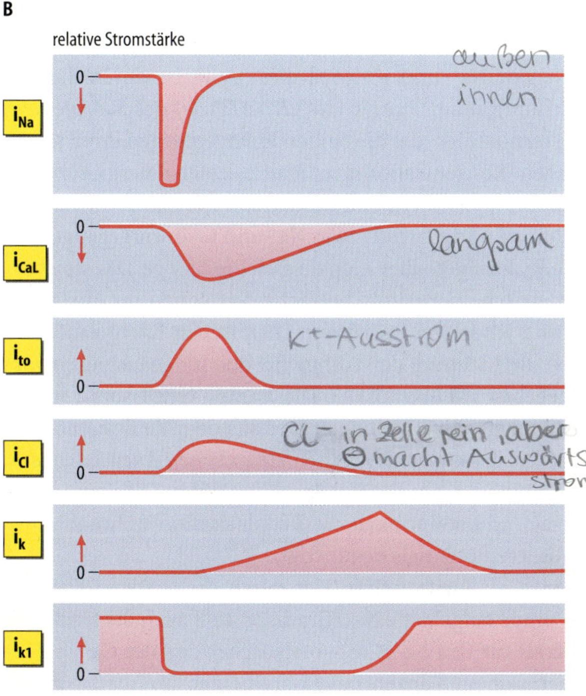

Abb. 25.1. Das Aktionspotential der Arbeitsmyokardzelle. A Das Aktionspotential hat 4 Phasen. Phase 0 ist eine schnelle Depolarisation *(Aufstrich)*. Eine teilweise Repolarisation nach dem Aufstrich bestimmt die folgende Phase 1 *(initiale Spitze)*, die in Phase 2 *(Plateau)* übergeht. Die endgültige Repolarisation (Phase 3) führt zurück zum Ruhemembranpotential (Phase 4). **B** Relative Stromstärken der beteiligten Ionenkanäle: i_{Na}: Natriumstrom; $i_{Ca\,L}$: Calciumstrom (L-Typ); i_{to}: transienter Kaliumauswärtsstrom; i_{Cl}: Chloridstrom; i_K: verzögerter Gleichrichter; i_{K1}: Einwärtsgleichrichter. Die Pfeile geben die Stromrichtung an: ↓ = Einwärtsstrom; ↑ = Auswärtsstrom. Nach Piper in Schmidt u. Unsicker (2003)

(Phase 2) an, während der das Membranpotential etwa bei 0 mV liegt. Diese Phase ist durch ein Gleichgewicht zwischen den zuvor genannten repolarisierenden Strömen und einem Einwärtsstrom bestimmt, dem ***langsamen Calciumeinstrom*** **(*i_{Ca}*)**, der auf der spannungsabhängigen Aktivierung von ***L-Typ-Calciumkanälen*** beruht. Diese Kanäle werden bei einer Membranspannung oberhalb von ca. −40 mV aktiviert und haben eine sehr lange Öffnungszeit. Sie bestimmen die Plateauphase des Membranpotentials für etwa 300 Millisekunden (200–400 ms je nach Herzfrequenz und Lokalisation der Zellen). Wenn die Calciumkanäle inaktivieren und die Wirkung repolarisierender Ströme überhand nimmt, beginnt die letzte Phase des Aktionspotentials (Phase 3), die endgültige Repolarisation.

An der Repolarisation sind eine Reihe unterschiedlicher Ströme, vor allen Dingen Kaliumströme, beteiligt. Besonders wichtig ist ein so genannter ***K^+-Auswärtsgleichrichter*** (verzögerter Gleichrichter, i_K), der im Gegensatz zu dem K^+-Einwärtsgleichrichter (i_{K1}) erst in der depolarisierten Zelle und mit zeitlicher Verzögerung aktiviert wird. (Auswärtsgleichrichter nennt man Kaliumströme, die in Auswärtsrichtung, d.h. bei Depolarisation, größer sind als in Einwärtsrichtung, d.h. bei Hyperpolarisation). Man kann eine langsame und schnelle Komponente des i_K unterscheiden (i_{Ks} und i_{Kr}), die auch durch verschiedene Ionenkanäle getragen werden. Während der Repolarisationsphase überwiegt damit wiederum die Leitfähigkeit der Zellmembran für K^+. Folglich strebt das Membranpotential wieder dem K^+-Gleichgewichtspotential von ca. −90 mV entgegen. Dabei übernimmt zunehmend wieder der K^+-Einwärtsgleichrichter (i_{K1}) die Führung. Dieser bestimmt das Membranpotential auch nach Ablauf des Aktionspotentials, d.h. unter elektrischen Ruhebedingungen (Phase 4). Gene und Proteinstrukturen der am Aktionspotential beteiligten Ionenkanäle sind, wie in ▶ Kapitel 4.2 näher erläutert wird, weitgehend identifiziert (Tabelle 25.1).

Refraktärphase. Während der Plateauphase des Aktionspotentials ist die Herzmuskelzelle elektrisch ***absolut refraktär*** (Abb. 25.2). Dies bedeutet, dass während dieser Zeit kein weiteres Aktionspotential ausgelöst werden kann. Die Länge der Plateauphase ist im Allgemeinen

Tabelle 25.1. Ionenkanäle und zugehörige Gene der Hauptproteinkomponenten für wichtige Ströme des Aktionspotentials im Ventrikelmyokard und im Sinusknoten

		Strom	Gen
Ventrikel	AP-Phase 0	i_{Na}	SCN5A
	AP-Phase 1	i_{to}	Kv4.3
	AP-Phase 2	i_{CaL}	CACNA1C (α_{1C})
	AP-Phase 3	i_{Kr}	HERG
		i_{Ks}	KCNQ1 (KvLQT1)
	AP-Phase 4	i_{K1}	Kir 2.1
Sinusknoten	Diastole	i_f	HCN

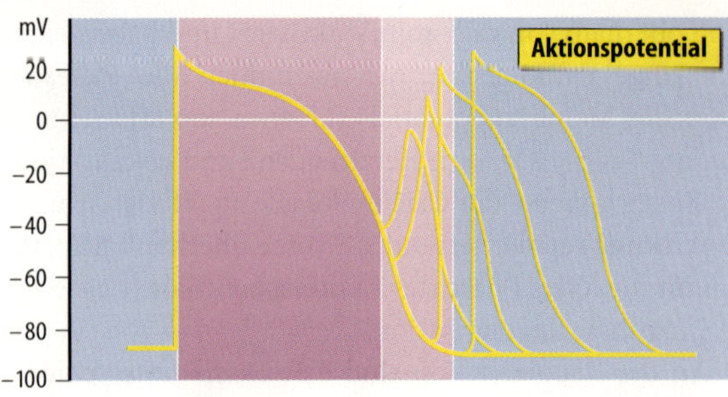

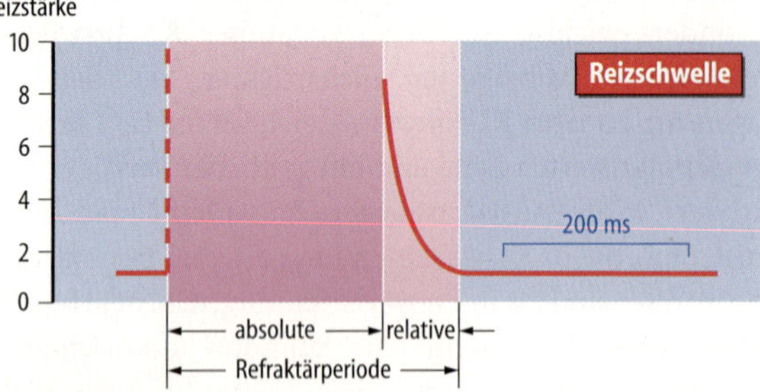

Abb. 25.2. Beziehung der Refraktärperiode zum Aktionspotential des Herzmuskels. Die Reizschwelle ist angegeben in relativen Einheiten, bezogen auf die schwellenwirksame Reizstärke = 1. Die absolute Refraktärperiode reicht vom Aufstrich des Aktionspotentials bis gegen Ende des Plateaus. Während dieser Zeit ist eine erneute Erregung nicht möglich, d. h. die Reizschwelle erscheint unendlich hoch

größer als die einer Einzelzuckung. Im Herzmuskel kann es deshalb nicht zur Superposition von Einzelzuckungen oder sogar zur ***Tetanisierung*** kommen, was funktionell auch nicht sinnvoll wäre, da die Ventrikel des Herzens ihre Pumpfunktion nur bei zeitlich abgesetzten Einzelkontraktionen erfüllen können.

Die absolute Refraktärphase endet während der Repolarisationsphase bei einem Membranpotential von etwa –40 mV, weil oberhalb dieses Werts die schnellen Natriumkanäle durch ihre Spannungsabhängigkeit vollständig inaktiviert bleiben. Repolarisiert die Zelle über diesen Wert hinaus zu negativeren Potentialen, werden die Natriumkanäle wieder teilweise aktivierbar. Aktionspotentiale sind wieder auslösbar; diese haben aber zunächst eine geringere Anstiegssteilheit, sind von kürzerer Dauer und werden auch zwischen Nachbarzellen nur langsam fortgeleitet (relative Refraktärphase). Während der ***relativen Refraktärphase*** ist die Erregbarkeit im Arbeitsmyokard für kurze Zeit ziemlich inhomogen ausgeprägt. Dieser Umstand begünstigt zusammen mit der reduzierten Erregungsfortleitung die Entstehung von Arrhythmien vom Typ einer kreisenden Erregung. Man nennt diesen Zeitabschnitt daher auch ***»vulnerable Phase«***.

Ionenverschiebungen

Der Influx von Na^+ und Ca^{2+} während des Aktionspotentials muss durch gegenläufige Ionenverschiebungen über die Zellmembran zeitlich versetzt kompensiert werden; dies ist vor allem die Aufgabe der Natriumpumpe und des Na^+/Ca^{2+}-Austauschers

Natriumpumpe. Im Verlauf eines Aktionspotentials kommt es zu Verschiebungen von Na^+-, K^+-, Cl^-- und Ca^{2+}-Ionen zwischen Intra- und Extrazellulärraum. Die Mengen sind aber so klein, dass die transsarkolemmalen Konzentrationsdifferenzen dieser Ionen während eines einzelnen Erregungszyklus kaum verändert werden. Für eine langfristige Aufrechterhaltung der Ionenhomöostase müssen dennoch Na^+, Cl^- und Ca^{2+} aus dem Zellinneren wieder heraustransportiert und K^+ dem Zellinneren wieder zugeführt werden.

Für Na^+ und K^+ wird diese Aufgabe durch die Natrium/Kalium-Pumpe (***Na^+/K^+-ATPase***) des Sarkolemms übernommen, die die beiden Ionen entgegen ihren jeweiligen Konzentrationsgradienten unter Energieaufwand über die Zellmembran austauscht. Die Natrium/Kalium-Pumpe transportiert zwar Na^+ und K^+ in entgegengesetzte Richtungen, aber nicht in gleicher Menge. Das stoichiometrische Verhältnis beträgt 3 Na^+-Ionen im Austausch für 2 K^+-Ionen. Durch den chemischen Energieaufwand ist die Richtung der Pumpe für den Ionenaustausch vorgegeben (Abb. 25.3 A). Die Pumpe treibt somit in der Bilanz positive Ladungsträger aus dem Zellinneren heraus, d. h. sie generiert einen ***elektrischen Auswärtsstrom***, der ein wenig zur Elektronegativität des Zellinneren beiträgt und somit auch die Repolarisation während eines Aktionspotentials begünstigt.

Na^+/Ca^{2+}-Austauscher. Der durch die Natrium/Kalium-Pumpe aufgebaute Na^+-Gradient stellt auch die treibende Kraft für den Na^+/Ca^{2+}-Austauscher dar, der Ca^{2+} entgegen seinem Konzentrationsgradienten im Austausch gegen Na^+ über die Zellmembran aus der Zelle heraustransportiert. Auch der Na^+/Ca^{2+}-Austauscher arbeitet ***nicht elektroneutral***. Er transportiert Na^+- und Ca^{2+}-Ionen gegenläufig in einem 3:1 Verhältnis. Im Gegensatz zur Na^+/K^+-Pumpe vermittelt der Na^+/Ca^{2+}-Austauscher die Einstellung einer Äquilibriumssituation für Ionen- und Ladungsverteilung über der Zellmembran und ändert seine Laufrichtung je nach Ausgangslage der Verteilung.

Bei einem deutlich negativen intrazellulären Potential und niedriger zytosolischer Na^+-Konzentration (wie in der ***diastolischen Ruhelage*** der Herzmuskelzellen) zieht der Na^+/Ca^{2+}-Austauscher Na^+ in die Zelle hinein und treibt Ca^{2+} heraus (Abb. 25.3 B). Da die Höhe des transmembranären Na^+-Gradienten wesentlich von der Aktivität der Natrium/Kalium-Pumpe bestimmt ist, kann man vereinfacht sagen, dass unter diesen Umständen die Natrium/Kalium-Pumpe die Energie für den Auswärtstransport von Ca^{2+} bereitstellt. Wenn das Zellinnere ein

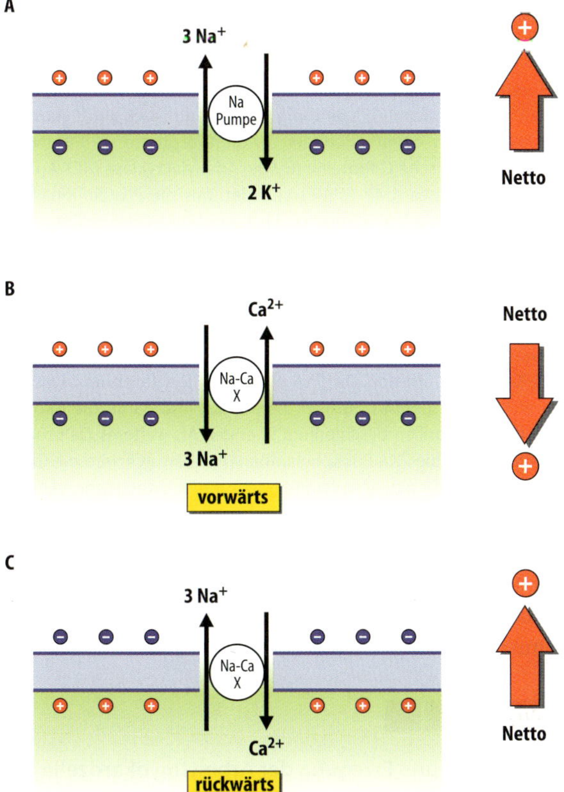

Abb. 25.3. Ladungsverschiebungen an der Zellmembran durch die Natriumpumpe und den Na^+/Ca^{2+}-Austauscher. A Natriumpumpe. Die Natriumpumpe verschiebt 3 Na^+-Ionen nach außen *(oben)* im Austausch gegen 2 K^+-Ionen nach innen *(unten)*. Die Netto-Ladungsverschiebung trägt zur Elektronegativität des Zellinneren bei. **B** Na^+/Ca^{2+}-Austauscher (Na-Ca-x) bei diastolischer Ruhelage *(Vorwärtsrichtung)*. Der Na^+/Ca^{2+}-Austauscher hat eine Stöchiometrie des Transporters von 3 Na^+-Ionen gegen 1 Ca^{2+}-Ion. In der diastolischen Ruhelage transportiert er Ca^{2+} in die Auswärtsrichtung und Na^+ in die Einwärtsrichtung. Die Netto-Ladungsverschiebung wirkt in Richtung einer Depolarisation der Zellmembran. **C** Na^+/Ca^{2+}-Austauscher (Na-Ca-x) während des Aktionspotentials *(Rückwärtsrichtung)*. Unter diesen Umständen transportiert der Na^+/Ca^{2+}-Austauscher Na^+ in die Auswärtsrichtung und Ca^{2+} in die Einwärtsrichtung (ebenfalls in 3:1 Stöchiometrie). Diese Netto-Ladungsverschiebung wirkt in Richtung einer Repolarisation der Zellmembran

positives Potential einnimmt (wie während eines ***Aktionspotentials***, d.h. unter systolischen Bedingungen) und/oder wenn die Zelle eine erhöhte zytosolische Na^+-Konzentration aufweist (wie bei Hemmung der Natrium/Kalium-Pumpe), dreht sich die Laufrichtung des Austauschers um, und Ca^{2+} fließt im Austausch gegen Na^+ ins Zellinnere (Abb. 25.3 C). Bleibt dieser Zustand länger erhalten, entwickelt sich eine manifeste Ca^{2+}-Überladung der Zellen, die zur Zellschädigung über Aktivierung Ca^{2+}-abhängiger Proteasen und Lipasen führt.

Elektromechanische Koppelung

Als elektromechanische Koppelung bezeichnet man den Signalmechanismus, der in einer Muskelzelle das Aktionspotential mit der Kontraktion verbindet

Aktivierungsphase. Wichtigster Signalstoff der elektromechanischen Koppelung sind Ca^{2+}-Ionen. In der ruhenden Zelle beträgt die Ca^{2+}-Konzentration im Zytosol nur ein Zehntausendstel der extrazellulären Konzentration (10^{-7} mol/l im Vergleich zu 10^{-3} mol/l). Während der Plateauphase des Aktionspotentials werden die ***L-Typ Ca²⁺-Kanäle*** in der Membran der T-Tubuli geöffnet und es strömt Ca^{2+} in das Zellinnere ein (Abb. 25.4 A). Ausgelöst durch diesen initialen Ca^{2+}-Einstrom wird Ca^{2+} aus dem sarkoplasmatischen Retikulum über spezifische Kanalproteine freigesetzt (▶ s. Kap. 6.3). Dadurch steigt die zytosolische freie Calciumkonzentration von einem Ruhewert von 10^{-7} mol/l in der erregten Myokardzelle auf maximal etwa 10^{-5} mol/l an. Bindung von Ca^{2+} an das myofibrilläre Regulatorprotein ***Troponin C*** aktiviert den kontraktilen Apparat (▶ s. Kap. 6.3).

Sympathikuswirkung auf die Aktivierung. Die Herzmuskelzelle trägt an ihrer Zellmembran ***β-Adrenorezeptoren***, die durch die Überträgerstoffe des Sympathikus (Noradrenalin aus lokalen sympathischen Nervenendungen, Adrenalin aus dem Nebennierenmark) stimuliert werden können. Stimulation von β-Rezeptoren aktiviert über stimulatorische GTP-bindende Proteine (G_s-Proteine), das membranständige Enzym Adenylatzyklase. Dieses katalysiert die Bildung von zyklischem AMP (cAMP) aus ATP. cAMP ist ein allosterischer Aktivator der ***Proteinkinase A***, die verschiedene zelluläre Schlüsselproteine durch Phosphorylierung in ihrer Aktivität moduliert. Dazu gehören die L-Typ Ca^{2+}-Kanäle in der Zellmembran. Werden sie phosphoryliert, erhöht sich der Ca^{2+}-Einstrom während der Plateauphase des Aktionspotentials und damit auch die Ca^{2+}-getriggerte Ca^{2+}-Freisetzung aus dem sarkoplasmatischen Retikulum. Zu dieser vermehrten Ca^{2+}-Freisetzung trägt auch bei, dass der Ca^{2+}-Freisetzungskanal durch PKA phosphoryliert und damit aktiviert wird. Auf diese Weise entsteht bei Stimulation der kardialen β-Adrenorezeptoren ein stärkerer Anstieg des zytosolischen Ca^{2+} als bei einer normalen Erregung und dies führt zu einer stärkeren Kraftentwicklung. Diese Kraftsteigerung, die von der Vordehnung des Herzmuskels unabhängig ist, nennt man ***positive Inotropie.***

Relaxationsphase. In der nachfolgenden Entspannungsphase (Relaxation) der Herzmuskelzelle muss das Ca^{2+} wieder in den Extrazellulärraum und in seinen zytosolischen Speicher, das sarkoplasmatische Retikulum, zurückgepumpt werden (Abb. 25.4 B). Durch Absinken der Ca^{2+}-Konzentration im Zytosol nimmt die Bindung von Ca^{2+} an das myofibrilläre Regulatorprotein Troponin C ab, und dadurch endet die Aktivierung des kontraktilen Apparates. Das vom extrazellulären Medium zuvor einge-

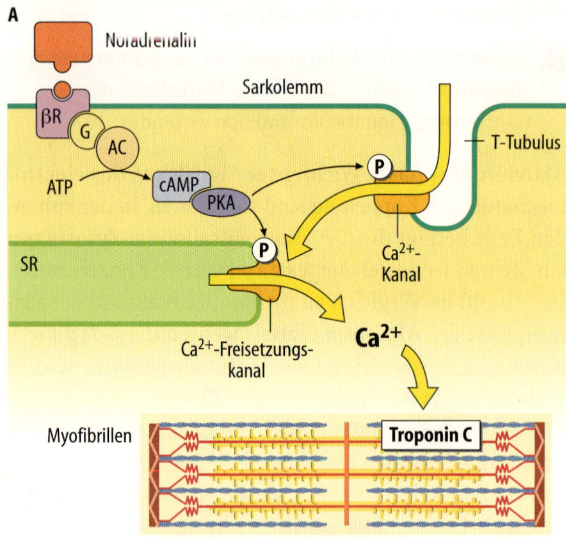

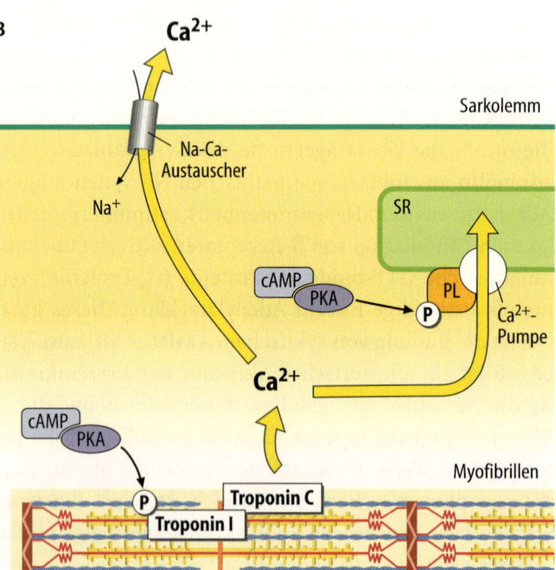

Abb. 25.4. Schema der elektromechanischen Koppelung. A Aktivierungsphase. Während der Plateauphase des Aktionspotentials öffnen sich die L-Typ Ca^{2+}-Kanäle der Zellmembran. Das ins Zellinnere fließende Ca^{2+} triggert die Freisetzung von Ca^{2+} aus dem sarkoplasmatischen Retikulum *(SR)*. Bindung von Ca^{2+} an Troponin C aktiviert die Myofibrillen. Stimulation der β-Adrenozeptoren (βR) aktiviert über stimulatorische G-Proteine *(G_s)* die Adenylatzyklase *(AC)*. An der AC wird zyklisches AMP *(cAMP)* gebildet, das die Protein-Kinase A *(PKA)* aktiviert. Die PKA phosphoryliert den L-Typ-Calciumkanal und den Ca^{2+}-Freisetzungskanal des SR und aktiviert dadurch diese Kanäle. **B** Relaxationsphase. Noch während des Aktionspotentials wird durch Ansteigen der zytosolischen Ca^{2+}-Konzentration die Ca^{2+}-Pumpe des SR aktiviert. Durch Ca^{2+}-Rückspeicherung in das SR und Ca^{2+}-Auswärtstransport über den Na^+/Ca^{2+}-Austauscher sinkt die zytosolische Ca^{2+}-Konzentration. Die PKA phosphoryliert Troponin I, was die Affinität von Troponin C für Ca^{2+} herabsetzt und damit die Aktivierung der Myofibrillen beschleunigt beendet. Als weiteres Zielprotein phosphoryliert die PKA Phospholamban *(PL)*. Dadurch wird die Calciumpumpe des SR aktiviert, denn PL hemmt im unphosphorylierten Zustand deren Aktivität

strömte Ca^{2+} wird hauptsächlich über den Na^+/Ca^{2+}-Austauscher hinaustransportiert. Die Rückführung in das sarkoplasmatische Retikulum erfolgt über Ca^{2+}-Pumpen (sogenannte ***SERCA***, d.h. Sarko-Endoplasmatische-Retikulum-ATPase), die in der Membran des sarkoplasmatischen Retikulums in hoher Dichte vorhanden sind.

Sympathikuswirkung auf die Relaxation. Die Aktivität der SERCA ist durch das Regulatorprotein ***Phospholamban*** reguliert. Dieses stellt einen natürlichen Inhibitor der Pumpe dar, der seinerseits durch Phosphorylierung inaktiviert wird. Eine solche Phosphorylierung tritt auf, wenn unter β-Adrenorezeptorstimulation (Sympathikus) die Proteinkinase A der Herzmuskelzelle aktiviert wird. Deshalb ist bei Stimulation des Sympathikus das Absinken des zytosolischen Ca^{2+} und dadurch die mechanische Relaxation des Herzmuskels beschleunigt. Diesen Effekt nennt man auch ***positive Lusitropie.***

In Kürze

Ruhe und Erregung der Arbeitsmyokardzelle

In Ruhe haben die Arbeitsmyokardzellen ein Membranpotential von ca. – 90 mV (Gleichgewichtspotential für K^+). Durch Depolarisation wird ein Aktionspotential ausgelöst, das in folgende Phasen eingeteilt wird:

- Phase 0: Aufstrich, getragen vom schnellen Natriumeinstrom,
- Phase 1: Initiale Spitze, deutlich positives Membranpotential,
- Phase 2: Plateau, getragen vom langsamen Calciumeinstrom,
- Phase 3: Repolarisation, getragen vom Kaliumausstrom

Während des Aktionspotentials ist die Zelle ca. 300 ms lang elektrisch refraktär. Die lange Refraktärzeit bedingt, dass der Herzmuskel nur Einzelzuckungen ausführt.

Aktivierung des Kontraktionsvorgangs

Der Calciumeinstrom ins Zellinnere während der Plateauphase des Aktionspotentials triggert die Freisetzung einer großen Calciummenge aus dem sarkoplasmatischen Retikulum ins Zytosol. Dadurch wird der Kontraktionsvorgang eingeleitet (elektromechanische Kopplung).

Aktive Rückspeicherung von Ca^{2+} in das sarkoplasmatische Retikulum und Auswärtstransport über den Na^+/Ca^{2+}-Austauscher des Sarkolemms beenden die Aktivierung.

25.2 Erregungsbildungs- und -leitungssystem des Herzens

Strukturen

! Gruppen von speziellen Muskelzellen bilden im rechten Vorhof und den Ventrikeln die Strukturen für Erregungsbildung und Erregungsleitung

Zellstruktur. Die Muskulatur von Vorhöfen und Ventrikeln des Herzens kontrahiert sich rhythmisch. Diese Kontraktionen sind auch dann zu beobachten, wenn das Herz, z. B. bei einer Herztransplantation nach Entnahme aus dem Spender, völlig denerviert ist. Die rhythmischen Kontraktionen beruhen darauf, dass ***spontan aktive Schrittmacherzellen*** das Herz in einen geordneten Kontraktionsablauf versetzen. Neuronale und humorale Einflüsse können die autonome Grundaktivität dieses Schrittmachersystems modulieren.

Die an diesem ***Erregungsbildungs- und Erregungsleitungssystem*** beteiligten Zellen sind spezielle Muskelzellen, die sich von den Arbeitsmuskelzellen des Kraft entwickelnden Myokards (▶ s. u.) abgrenzen lassen. Besonders gering ist die Ausstattung mit kontraktilen Elementen in den Schrittmacherzellen von Sinusknoten und Atrioventrikularknoten. Die Herzmuskelzellen des ventrikulären Erregungsleitungssystems besitzen deutlich weniger T-Tubuli, kontraktile Elemente und Mitochondrien als die Zellen des Arbeitsmyokards. Sie enthalten dafür viel Glykogen und Enzyme des anaeroben Energiestoffwechsels. Die Zellen des ventrikulären Erregungsleitungssystems sind breiter und voluminöser als die Zellen der Arbeitsmuskulatur, was zur schnellen Erregungsleitung dieser Strukturen beiträgt.

Vorhöfe. Der ***Sinusknoten*** (Nodus sinuatrialis) besteht aus einigen hundert Zellen und ist an der Innenseite der hinteren Wand des rechten Vorhofs lokalisiert (◻ Abb. 25.5). Die von ihm ausgehende Erregung (Aktionspotential) wird über die ***Vorhofmuskulatur*** weitergeleitet, von wo sie den ***Atrioventrikularknoten*** (AV-Knoten, Nodus atrioventricularis, Aschoff-Tawara-Knoten) erreicht, der auf der rechten Seite des Septum interatriale an der Grenze von Vorhof und Kammer lokalisiert ist. Die bindegewebigen Strukturen der ***Ventilebene*** leiten die Erregung aus den Vorhöfen nicht weiter, da das Bindegewebe Aktionspotentiale nicht bilden und weiterleiten kann, d. h. die Ventilebene stellt funktionell einen elektrischen Isolator dar.

Kammern. Am AV-Knoten entspringt ein dünner Strang spezialisierter Muskelzellen, das ***His-Bündel*** (Truncus fasciculi atrioventricularis), das die Bindegewebsbarriere der Ventilebene durchdringt und die Erregung vom AV-Knoten in die Herzkammern weiterleitet. Es verläuft im Ventrikelseptum zunächst auf der rechten Seite herzspitzenwärts und verzweigt sich bald in einen rechten und einen linken Schenkel (***Kammerschenkel***, Tawara-Schenkel, Crus dextrum, Crus sinistrum). Der linke Schenkel teilt sich in ein ***vorderes*** und ein ***hinteres Hauptbündel.*** Die Enden dieser Verzweigungen des His-Bündels gehen in netzartige Ausläufer über, die so genannten ***Purkinje-Fasern.*** Über diese Ausläufer wird die Erregung fein verteilt auf die Innenschicht der ***Ventrikelmuskulatur*** übertragen. Im Ventrikel wird die Erregung dann durch die Arbeitsmuskelzellen selbst fortgeleitet. Die Papillarmuskeln werden über Ausläufer der Kammerschenkel als erste erreicht und kontrahieren deshalb auch vor der übrigen Kammermuskulatur. Dadurch werden die Segelklappen zu Beginn der Systole fest verschlossen.

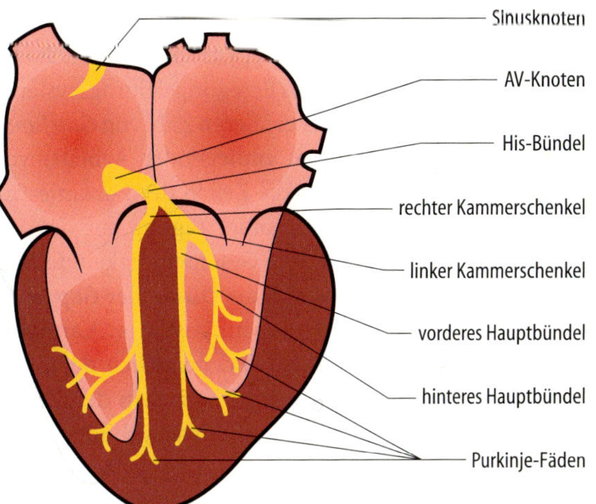

◻ **Abb. 25.5. Schema des Erregungsbildungs- und Erregungsleitungssystems (*gelb* dargestellt) in einem Frontalschnitt des Herzens**

Zell-Zell-Kommunikation

! Über *Gap Junctions* sind die Zellen des Erregungsleitungssystems und des Arbeitsmyokards funktionell eng untereinander verkoppelt

Rolle der Gap Junctions. Zahl und Funktion von *Gap Junctions* zwischen den Zellen des Erregungsleitungssystems und zwischen diesen und Zellen des Arbeitsmyokard bestimmen ganz wesentlich die Ausbreitung der elektrischen Erregung. Die wichtigsten Strukturelemente einer Gap Junction sind die ***Connexone.*** Darunter versteht man Kanälchen, die die Zellen verbinden und aus transmembranären Proteinkomplexen ***(Connexine)*** zweier Nachbarzellen gemeinsam aufgebaut werden. Die Connexone haben eine hohe elektrische Leitfähigkeit und dienen damit der elektrischen Koppelung benachbarter Zellen.

Die hohe Zahl der *Gap Junctions* zwischen den Zellen des Myokards ermöglicht es, dass die Erregung einer einzigen Muskelzelle schnell auf alle anderen überspringt. Das Myokard verhält sich daher wie ein ***funktionelles Synzytium.*** Im Erregungsleitungssystem des menschlichen Herzens sind vor allem die Connexin-Gene *Cx40* und

Cx43 exprimiert, im ventrikulären Arbeitsmyokard sind es vorwiegend *Cx43* und *Cx45*, im Vorhof finden sich alle drei Connexine. Die Zellen des Erregungsleitungssystems sind untereinander mit einer größeren Zahl von *Gap Junctions* verbunden als mit dem umliegenden Arbeitsmyokard. Eine Ausnahme bilden die Zellen der Purkinje-Fasern, die direkt der Erregungsübertragung auf die Arbeitsmyokardzellen dienen. Die Geschwindigkeit der Erregungsausbreitung wird durch die Dichte der *Gap Junctions* innerhalb dieser Strukturen mitbestimmt. Kammerschenkel und Purkinje-Fasern sind bezüglich der Erregungsausbreitung »Rennstrecken«. Zwischen den Zellen sind hier besonders viele *Gap Junctions* ausgebildet.

Innervation

Das Herz wird durch sympathische Herznerven und durch den N.vagus innerviert; die sympathische Innervation steigert die Herzfunktion auf Vorhof- und Ventrikelebene (Frequenz-, Kraftsteigerung), Innervation durch den Vagus antagonisiert die sympathischen Vorhofwirkungen (Frequenzsenkung)

Anatomie. Das Herz wird von sympathischen und parasympathischen Anteilen des autonomen Nervensystems innerviert (Abb. 25.6). Die Zellkörper der präganglionären sympathischen Fasern liegen im zweiten bis vierten Thorakalsegment (Th2-Th4) des Rückenmarks. Die Zellkörper des zweiten efferenten Neurons liegen zum größten Teil in den Ganglien des Grenzstranges, von denen sie in Form gebündelter Herznerven, ***Nervi cardiaci***, zum Plexus cardiacus ziehen. Diese postganglionären Neurone erreichen alle Substrukturen des Herzens und seiner Gefäße. Insbesondere werden ***Sinus-*** und ***AV-Knoten*** sowie das ***ventrikuläre Erregungsleitungssystem***, das ***Arbeitsmyokard*** von Ventrikeln und Vorhöfen und das Koronarsystem sympathisch innerviert.

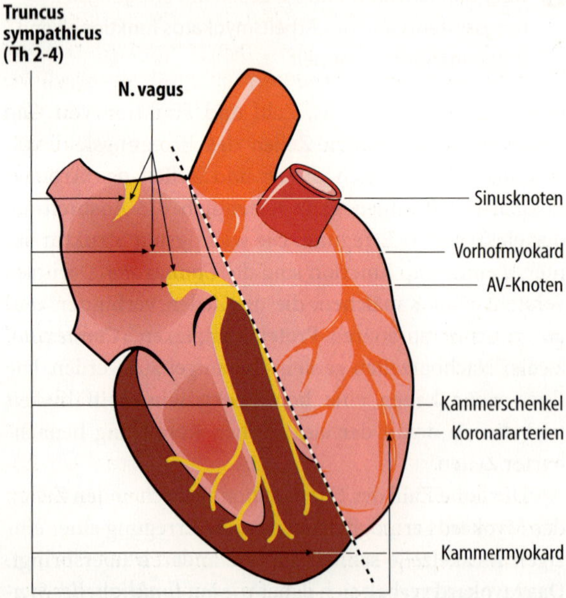

Abb. 25.6. Schema der Innervation einzelner Herzstrukturen durch sympathische Herznerven und den N.Vagus

Aus axonalen Verdickungen, den sogenannten Varikositäten, setzen die postganglionären Neurone Überträgerstoffe frei. Der wichtigste Überträgerstoff ist das ***Noradrenalin.*** Das Herz wird auch durch parasympathische Fasern des ***Nervus vagus*** innerviert. Die Vagusfasern des ersten efferenten Neurons der Rami cardiaci des Nervus vagus entstammen dem Nucleus dorsalis des Nervus vagus, der in der Medulla oblongata gelegen ist. Die meisten parasympathischen Fasern verlaufen zum Sinus- und AV-Knoten und zur Muskulatur der Vorhöfe. Der wichtigste Überträgerstoff des zweiten Neurons ist ***Azetylcholin.***

Funktionelle Effekte. Der ***Sympathikus*** wirkt an verschiedenen Stellen:
- An den Schrittmacherzellen steigert er die Spontanfrequenz ***(positiv chronotrope Wirkung).***
- Die Fortleitung der Erregung im Erregungsleitungssystem wird beschleunigt ***(positiv dromotrope Wirkung),*** was sich besonders deutlich im AV-Knoten auswirkt.
- Im Bereich der Vorhof- und Kammermuskulatur steigert der Sympathikus die Kraftentwicklung unabhängig von der Vordehnung ***(positiv inotrope Wirkung).***
- Die Relaxation des Herzmuskels wird ebenfalls beschleunigt ***(positiv lusitrope Wirkung).***
- Durch direkte und indirekte Effekte erweitert Sympathikus-Stimulation auch das Koronarsystem ***(vasodilatatorische Wirkung).***

Am Herzen wirkt der Sympathikus vor allen Dingen über den Typ der β-Adrenorezeptoren. Ein Teil der inotropen Wirkung am Herzen wird auch über α-Adrenorezeptoren vermittelt. Bei einer zentralen Sympathikus-Aktivierung kommt es nicht nur über die lokale Freisetzung von ***Noradrenalin*** zu den genannten Wirkungen auf das Herz. Eine zentrale Aktivierung des Sympathikus stimuliert auch die Freisetzung von ***Adrenalin*** aus dem Nebennierenmark. Dieses auf dem Blutweg zum Herzen transportierte Neurohormon unterstützt die lokale Wirkung des Sympathikus. Adrenalin hat bei gleicher Konzentration eine stärkere Wirksamkeit als Noradrenalin auf β-Adrenorezeptoren und eine geringere auf α-Adrenorezeptoren. Die lokale Wirkung des Noradrenalins auf β-adrenerg vermittelte Effekte ist dennoch ausgeprägt, da es im Gewebe in hoher Konzentration freigesetzt wird.

Entsprechend seiner begrenzten anatomischen Verteilung ist die Wirkung des ***Parasympathikus*** fast ausschließlich auf die Strukturen des Vorhofes begrenzt.
- Er wirkt ***negativ chronotrop*** am Sinusknoten,
- ***negativ inotrop*** an der Vorhofmuskulatur und
- ***negativ dromotrop*** am AV-Knoten.

Die Wirkung ist über sogenannte ***muskarinische Rezeptoren*** für Azetylcholin an den Zielzellen vermittelt.

Hierarchie der Erregungsbildung

Normalerweise ist der Sinusknoten der schnellste und damit der übergeordnete Schrittmacher des Herzens; eine Hierarchie in der spontanen Erregungsbildung bestimmt die Erregungsleitung

Erregungsbildung. Die ***Automatie*** des Herzschlages basiert auf der spontanen Bildung von Aktionspotentialen in den Schrittmacherzellen (Abb. 25.7). Normalerweise bildet sich die elektrische Spontanerregung am schnellsten in den Zellen des ***Sinusknotens***, einem kleinen Zellhaufen im rechten Vorhof. Von dort wird diese Erregung auf das Arbeitsmyokard der Vorhöfe übergeleitet, bis sie die Zellen des ***Atrioventrikularknotens (AV-Knoten)*** erfasst, der im rechten Vorhof im Winkel von Septum und Ventilebene liegt. Über die Zellen des AV-Knotens läuft die Erregung dann gebündelt über das ventrikuläre Erregungsleitungssystem (His Bündel, linker und rechter Kammerschenkel, Purkinjefasern) in die Herzkammern und breitet sich über deren Arbeitsmuskulatur aus.

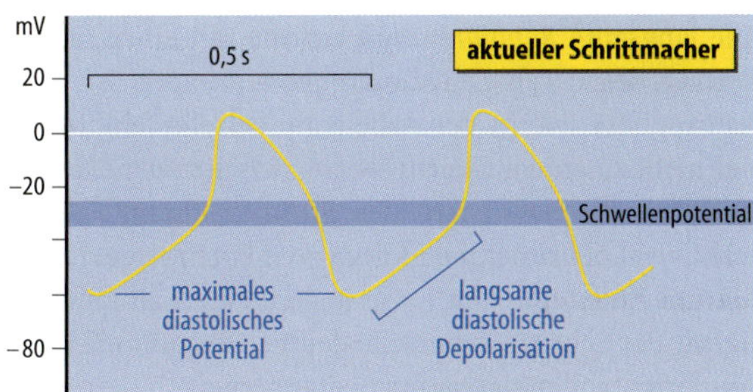

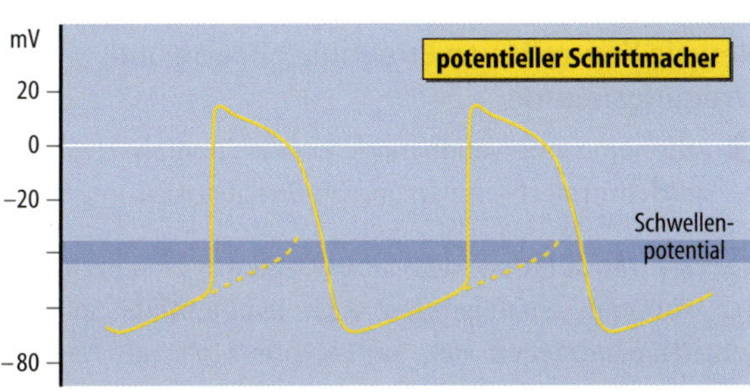

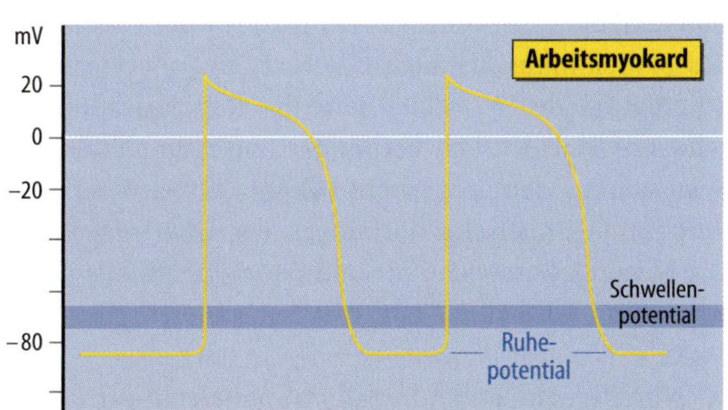

Abb. 25.7. Allgemeine Form des Erregungsablaufs in aktuellen bzw. potentiellen Schrittmachern. Als Beispiele werden Sinusknoten und AV-Konten mit dem nichtautomatischen Arbeitsmyokard (Vorhöfe bzw. Ventrikel) verglichen

Unter Normalbedingungen ist der Sinusknoten der bestimmende ***Taktgeber*** für die elektrische Automatie im Herzen: In ihm erfolgt die Spontandepolarisation am schnellsten, und die von ihm ausgehende Erregung kommt in den tiefer gelegenen Anteilen des Erregungsleitungssystems an, bevor diese die eigene Schwelle für die spontane Bildung eines Aktionspotentials erreichen. Auf diese Weise entsteht eine ***Hierarchie der Schrittmacher***. Ist die Überleitung zwischen den verschiedenen Anteilen des Erregungsleitungssystems unter pathophysiologischen Bedingungen unterbrochen, lässt sich die Eigenfrequenz dieser Schrittmacher beobachten.

- Die Eigenfrequenz des nicht innervierten Sinusknotens liegt bei 60–80/min, man nennt ihn auch den ***primären Schrittmacher***,
- die Eigenfrequenz des AV-Knotens liegt bei 40–50/min, er wird auch als ***sekundärer Schrittmacher*** bezeichnet,
- die Eigenfrequenz von His-Bündel und Kammerschenkeln liegt bei 30–40/min. Eine spontane Erregungsbildung unterhalb des AV-Knotens wird als ***tertiärer Schrittmacher*** bezeichnet.

Erregungsleitung. Bei einer normalen Erregung des Herzens durch den Sinusknoten dauert es etwa 60 ms, bis die Erregung das Vorhofmyokard durchlaufen hat und den AV-Knoten erreicht (Leitungsgeschwindigkeit ca. 0,5 m/s). Der AV-Knoten stellt ein ***Verzögerungsglied*** in der Erregungsleitung dar (ca. 0,1 m/s), die Überleitung durch den AV-Knoten beträgt wiederum etwa 60 ms. Wegen dieser Verzögerung kann die Kontraktion des Vorhofs zum Abschluss kommen, bevor die Erregungswelle das ventrikuläre Myokard zur Kontraktion bringt.

Die Strecke vom His-Bündel bis zu den Purkinje-Fasern wird sehr schnell durchlaufen ***(»Rennstrecke«)***, in ca. 20 ms (ca. 1–3 m/s). Die Ausbreitung der Erregung über die ventrikuläre Arbeitsmuskulatur braucht wieder ca. 60 ms (ca. 0,5 m/s). Die Refraktärzeit der atrialen Herzmuskelzellen beträgt ca. 200 ms, die der ventrikulären Muskelzellen ca. 300 ms. Dadurch, dass die Erregungsausbreitungszeiten in Atrien und Ventrikeln (ca. 60 ms) jeweils deutlich kürzer als die Refraktärzeiten der atrialen und ventrikulären Arbeitsmuskelzellen sind, führt die über das Leitungssystem übergeleitete Erregung nur zur einmaligen Aktivierung von Atrien und Ventrikeln.

Die ***Refraktärzeit der Purkinje-Fasern*** ist besonders lang (ca. 400 ms). Dies hat zwei Konsequenzen:

- Erstens verhindert die lange Refraktärzeit ein Zurücklaufen der Erregung aus dem ventrikulären Arbeitsmyokard ins Erregungsleitungssystem.
- Zweitens begrenzt die lange Refraktärzeit die Frequenz von Erregungen, die auf die Ventrikel übergeleitet werden können, auf < 150/min (errechnet aus 1 : 400 ms). D.h., die Purkinje-Fasern wirken als ***»Frequenzfilter«***.

Dies ermöglicht, dass ein Flimmern der Vorhöfe nicht auch auf die Ventrikel übergreift.

Die Erregungsleitung wird durch Sympathikus und N. vagus moduliert (▶ s. o.).

Erregung von Schrittmacherzellen

! Schrittmacherzellen bilden selbstständig Aktionspotentiale; sie haben kein stabiles Ruhemembranpotential

Spontandepolarisation. Die Schrittmacherzellen des Sinusknotens unterscheiden sich von Arbeitsmyokardzellen dadurch, dass sie kein stabiles Ruhemembranpotential aufweisen, spontan depolarisieren und selbständig Aktionspotentiale bilden (■ Abb. 25.8). Das ***maximale negative Potential*** von Schrittmacherzellen liegt bei etwa –60 mV, d. h. bei deutlich geringerer Negativität als es dem Ruhemembranpotential in Arbeitsmuskelzellen (–90 mV) entspricht (■ Abb. 25.9). Der bestimmende Kaliumstrom des Ruhemembranpotentials der Arbeitsmuskelzellen, der K^+-Einwärtsgleichrichterstrom (i_{K1}) und der schnelle Natriumstrom (i_{Na}), der in Arbeitsmuskelzellen die schnelle Anfangsphase des Aktionspotentials trägt, sind funktionell in Schrittmacherzellen unbedeutend. Ohne den stabilisierenden i_{K1}-Strom depolarisieren die Zellen nach Erreichen von ca. –60 mV langsam spontan. Hieran sind mehrere Einwärtsströme beteiligt:

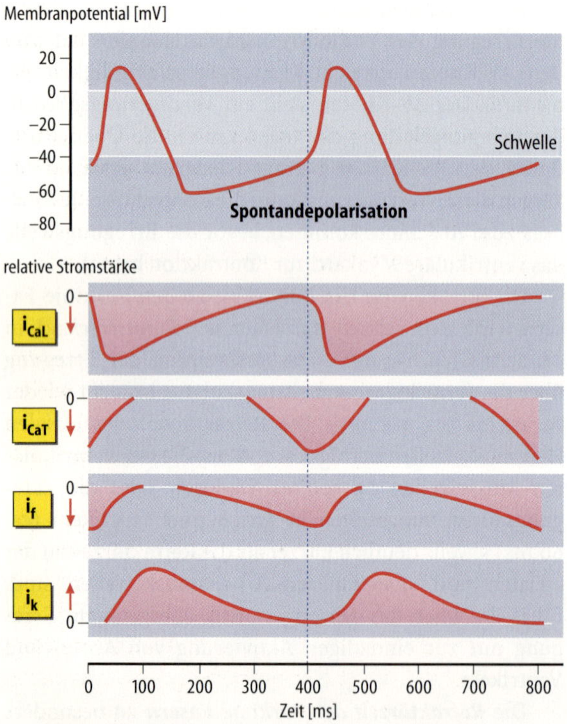

- Am Anfang der Depolarisationsphase wird ein unselektiver, hauptsächlich von Na^+ getragener ***Einwärtsstrom (i_f, »Schrittmacherstrom«)*** aktiviert, der in ventrikulären Arbeitsmuskelzellen gar nicht vorhanden ist.
- Außerdem wird ein besonderer ***Calciumkanal (T-Typ Kanal)*** aktiviert, der bereits bei negativeren Spannungen als der L-Typ geöffnet wird. In Schrittmacherzellen trägt dieser Strom wesentlich zur Spontandepolarisation bei.

■ **Abb. 25.8. Das Aktionspotential der Schrittmacherzellen des Sinusknotens.** *Oberste Kurve:* Das Aktionspotential weist anfangs einen langsamen Anstieg auf. Es gibt keine Plateauphase. Nach Repolarisation auf einen tiefsten Wert von –60 mV depolarisiert die Zelle wieder spontan. Die anderen Kurven zeigen die relativen Stromstärken der beteiligten Ionenkanäle: $i_{Ca\,L}$: L-Typ-Calciumstrom; $i_{Ca\,T}$: T-Typ-Calciumstrom; i_f: Schrittmacherstrom; i_K: verzögerter Gleichrichter. Die Pfeile geben die elektrische Stromrichtung an: ↓ Einwärtsstrom, ↑ Auswärtsstrom. Nach Piper in Schmidt u. Unsicker (2003)

Aktionspotential. Erreicht die Spontandepolarisation einen Schwellenwert von etwa –40 mV, wird der ***langsame Calciumstrom (L-Typ) aktiviert.*** Dadurch depolarisiert die Zelle rasch weiter. Der langsame Calciumstrom ist somit Träger der ersten Phase des Aktionspotentials der Schrittmacherzelle, das einen Spitzenwert von +20 mV erreichen kann. Die Aktivierung des ***verzögerten K^+-Gleichrichters (i_K)*** in der depolarisierten Zelle leitet dann eine langsame ***Repolarisation*** ein, die mit einer Inaktivierung des L-Typ-Calciumstroms verbunden ist. Eine Plateauphase wie in der Arbeitsmuskelzelle fehlt, da es hier nicht zu einem Gleichgewicht zwischen depolarisierenden und repolarisierenden Strömen kommt. Der i_K deaktiviert bei zunehmend negativen Potentialen. Damit fällt am Ende eines Aktionspotentials die Kaliumleitfähigkeit der Schrittmacherzelle deutlich ab, und die langsame Spontandepolarisation beginnt erneut.

Nervale Kontrolle von Erregungsbildung und Erregungsleitung

! Autonome Innervation moduliert die Spontanaktivität der Schrittmacherzellen und die Erregungsleitung

Nervale Modulation des Sinusknotens. Die Frequenz der spontan entstehenden Aktionspotentiale in den Schrittmacherzellen des Sinusknotens ist im Wesentlichen von der ***Geschwindigkeit der Spontandepolarisation*** abhängig. Der Sinusknoten wird sowohl von Fasern des Sympathikus als auch des N. vagus innerviert. Bei Stimulation des ***N. vagus*** wird die Depolarisationsgeschwindigkeit deutlich vermindert, bei Stimulation des ***Sympathikus*** deutlich erhöht (■ Abb. 25.9 A). Dies wird durch antagonistische Wirkungen der Überträgerstoffe des N. vagus (Azetylcholin) und des Sympathikus (Noradrenalin, Adrenalin) auf die Sinusknotenzellen bewirkt.

Noradrenalin und Adrenalin stimulieren ***β-Adrenorezeptoren*** an den Sinusknotenzellen. Vermittelt über stimulatorische G-Proteine (G_S) führt dies zu einer Aktivierung der Adenylatzyklase und dadurch zur Bildung von cAMP (▶ s. o.). Azetylcholin stimuliert ***muskarinische***

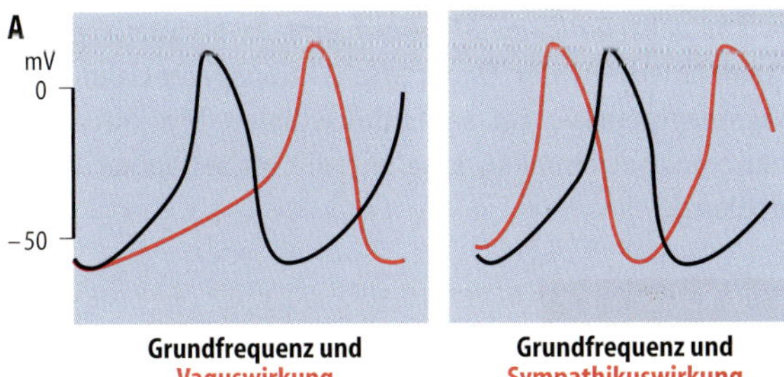

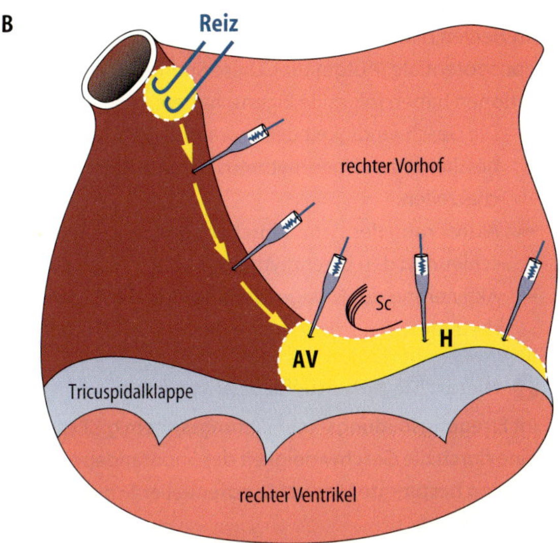

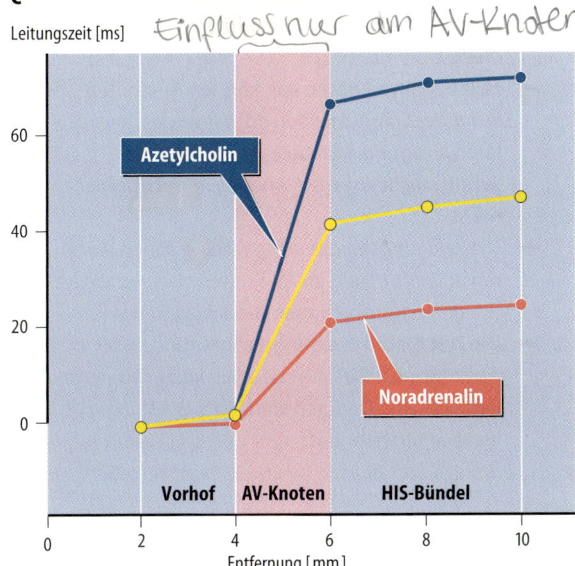

Abb. 25.9. Vagus- und Sympathikuseffekte auf Erregungsbildung und Erregungsleitung. A Überträgerstoffe des Sympathikus (Noradrenalin, Adrenalin) beschleunigen die Spontandepolarisation. Dadurch wird die Schwelle für die Auslösung eines Aktionspotentials früher als normal erreicht. Der Überträgerstoff des N. vagus (Azetylcholin) hat eine entgegengesetzte Wirkung. **B** Messanordnung zur Bestimmung der Leitungszeit vom Reiz bis zum Eintreffen der Erregung an der Ableitelektrode am isolierten Vorhofpräparat des Kaninchens. *AV:* AV-Knoten, *H:* His-Bündel. **C** Abhängigkeit der Leitungszeit von der Entfernung zwischen Reizort und Ableitelektrode unter Kontrollbedingungen und bei Einwirkung von Azetylcholin bzw. Noradrenalin. Die Überträgerstoffe beeinflussen die Leitungszeit nur im Bereich des AV-Knotens. Eine Verlängerung der Leitungszeit ist gleichbedeutend mit einer Verminderung der Leitungsgeschwindigkeit

Rezeptoren in den Sinusknotenzellen. Dies bewirkt eine durch inhibitorische G-Proteine (G_i) vermittelte Hemmung der Adenylatzyklase.

Der Schrittmacherstrom i_f wird bei Erhöhung der zellulären cAMP-Konzentration aktiviert, was unter dem Einfluss von Noradrenalin die Depolarisation der Zellen beschleunigt. Durch verschiedene Effekte wird unter Azetylcholin das Erreichen der Schwelle für das Aktionspotential zeitlich verzögert:

- Azetylcholin hat durch seine antagonistische Wirkung auf die Adenylatzyklase einen hemmenden Einfluss auf i_f und verzögert dadurch die Depolarisation der Zellen.
- Azetylcholin aktiviert ferner einen ***rezeptorgesteuerten Kaliumkanal (Strom*** i_{Kach}***)***, was ebenfalls über ein G-Protein vermittelt wird. Die dadurch bedingte Vergrößerung der Kaliumleitfähigkeit verschiebt das Membranpotential der Schrittmacherzellen ebenfalls zu stärker negativen Werten.

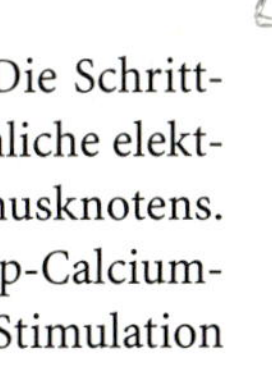

Die frequenzsteigernde bzw. -senkende Wirkung von Sympathikus und N. vagus nennt man ***positive*** bzw. ***negative Chronotropie.***

Nervale Modulation der Erregungsleitung. Die Schrittmacherzellen des AV-Knotens haben sehr ähnliche elektrische Eigenschaften wie die Zellen des Sinusknotens. Insbesondere weisen sie auch ein vom L-Typ-Calciumstrom getragenes Aktionspotential auf. Die Stimulation der AV-Knotenzellen über Sympathikus und über N. vagus hat gegenteilige Effekte:

- Stimulation der AV-Knotenzellen über den Sympathikus vergrößert den Calciumstrom und damit die initiale Steilheit des Aktionspotentials. Dieses bedingt eine schnellere Fortleitung der Erregung, eine so genannte ***positive Dromotropie*** (Abb. 25.9B,C).
- Stimulation der AV-Knotenzellen über den N. vagus hat einen gegenteiligen Effekt ***(negative Dromotropie).*** Die AV-Knotenzellen besitzen auch den i_{Kach}-Strom, dessen Aktivierung bei starker Vagusstimulation die Auslösung eines Aktionspotentials in den AV-Knotenstellen verhindern und damit eine vollständige Unterbrechung der Erregungsüberleitung durch den AV-Knoten ***(AV-Block)*** auslösen kann.

Die Aktionspotentiale des ventrikulären Erregungsleitungssystems ähneln denen der Arbeitsmyokardzellen. Insbesondere bestimmt der schnelle Natriumkanal die Auslösung auch dieser Aktionspotentiale. Die Zellen des ventrikulären Erregungsleitungssystems weisen aber auch einen diastolischen Schrittmacherstrom (i_f) auf, der langsame Spontandepolarisationen hervorruft. Daher stellen sie potentielle Schrittmacher dar.

Aktionspotentiale

Die verschiedenen muskulären Zelltypen weisen charakteristische Unterschiede in ihren Aktionspotentialen auf

In einer systematischen Übersicht über die charakteristischen Formen von kardialen Aktionspotentialen in verschiedenen Teilen des Herzens (Abb. 25.10) lassen sich folgende Unterschiede festhalten:

- Zellen des ***Erregungsbildungs- und Erregungsleitungssystems*** weisen diastolische Spontandepolarisationen und eine geringe initiale Anstiegssteilheit des Aktionspotentials auf.
- ***Arbeitsmyokardzellen*** der Vorhöfe und der Ventrikel haben ein stabiles diastolisches Ruhemembranpotential und das Aktionspotential steigt anfangs sehr steil an; die Aktionspotentiale im Vorhof sind allerdings deutlich kürzer als im Ventrikel.
- Die Aktionspotentiale in den terminalen ***Purkinje-Fasern*** haben eine besonders lange Plateauphase und damit auch Refraktärität, so dass sie als »Frequenzfilter« für die Erregungsübertragung auf die Ventrikel wirken.

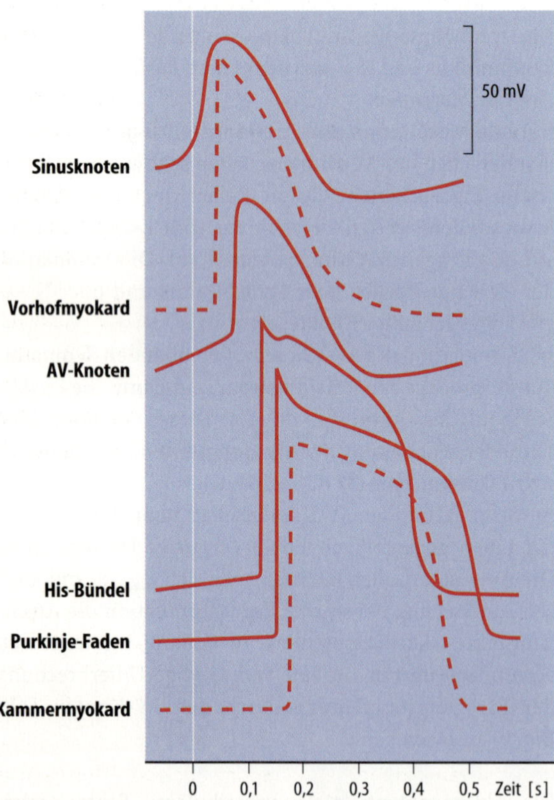

Abb. 25.10. Charakteristische Aktionspotentialformen in verschiedenen Herzregionen. Aktionspotentiale aus dem Erregungsbildungs- bzw. Erregungsleitungssystem sind als *ausgezogene Linien* dargestellt. Die zeitliche Versetzung entspricht dem Eintreffen der Erregung in der entsprechenden Region während der normalen Erregungsausbreitung

- Im ***ventrikulären Myokard*** gibt es ebenfalls große Unterschiede in der Dauer von Aktionspotentialen. Die Aktionspotentiale im subendokardialen Myokard sind manchmal zweimal so lang wie die im subepikardialen Myokard.

In Kürze

Erregungsbildungs- und -leitungssystem des Herzens

Im Herzen bilden Schrittmacherzellen spontan Aktionspotentiale (Automatie). Diese Spontandepolarisationen haben folgende Eigenschaften:

- Die Geschwindigkeit der Spontandepolarisation bestimmt den Eigenrhythmus der Schrittmacherzellen.
- Aktivierung der sympathischen Herznerven beschleunigt den Eigenrhythmus.
- Aktivierung des N. vagus verlangsamt den Eigenrhythmus.

Hierarchie potentieller Schrittmacher

Im Erregungsbildungs- und -leitungssystem gibt es eine durch die Geschwindigkeit der Spontandepolarisation bestimmte Hierarchie potentieller Schrittmacher.

- Normalerweise dominiert als schnellster Schrittmacher der Sinusknoten (primärer Schrittmacher).
- Fällt der Sinusknoten aus, können AV-Knoten (sekundärer Schrittmacher) oder Teile des ventrikulären Erregungsleitungssystems (tertiärer Schrittmacher) die Erregungsbildung übernehmen.
- Die Erregungsausbreitung wird zwischen Vorhöfen und Ventrikeln im AV-Knoten stark verzögert, um deren Kontraktionen zeitlich zu trennen.
- Die Zeit für die Erregungsausbreitung in der Kammermuskulatur ist deutlich kürzer als deren Refraktärzeit. Dadurch wird jeder Erregungszyklus spontan beendet.

25.3 Das Elektrokardiogramm, EKG

Elektrisches Feld

Unterschiedlich erregte Herzmuskelzellen tragen an ihren Oberflächen unterschiedlich viele elektrische Ladungen; dadurch entsteht ein elektrisches Feld im Extrazellulärraum

Ursprung des elektrischen Feldes. Bei der elektrischen Erregung der Herzmuskelzellen verändert sich deren Membranpotential (transmembranäre Spannung), wenn ein Aktionspotential entsteht. Um das Membranpotential einer Zelle zu messen, muss man eine intrazelluläre Ableitung durchführen, bei der eine Ableitungselektrode in das Zellinnere geschoben wird und die Spannung gegenüber einer extrazellulären Referenzelektrode bestimmt wird. Bei elektrokardiographischen Aufzeichnungen wird eine grundsätzlich andere Messgröße erfasst. Hier werden ***Veränderungen im Extrazellulärraum*** oder an der Körperoberfläche aufgezeichnet, d.h. die Elektroden, zwischen denen eine Spannung registriert wird, liegen extrazellulär. Zwischen der elektrokardiographischen und der intrazellulären Ableitung von Erregungsvorgängen im Herzen besteht allerdings ein indirekter Zusammenhang. Bei der Erregung einer Herzmuskelzelle fließen Kationen, d.h. positive Ladungen, von der Zelloberfläche in das Zellinnere ab. Dadurch wird die elektrisch erregte Herzmuskelzelle an ihrer Oberfläche im Vergleich zu einer benachbarten, noch nicht erregten Zelle relativ negativ geladen. Durch diese Ladungsunterschiede entsteht im extrazellulären Raum ein elektrisches Feld.

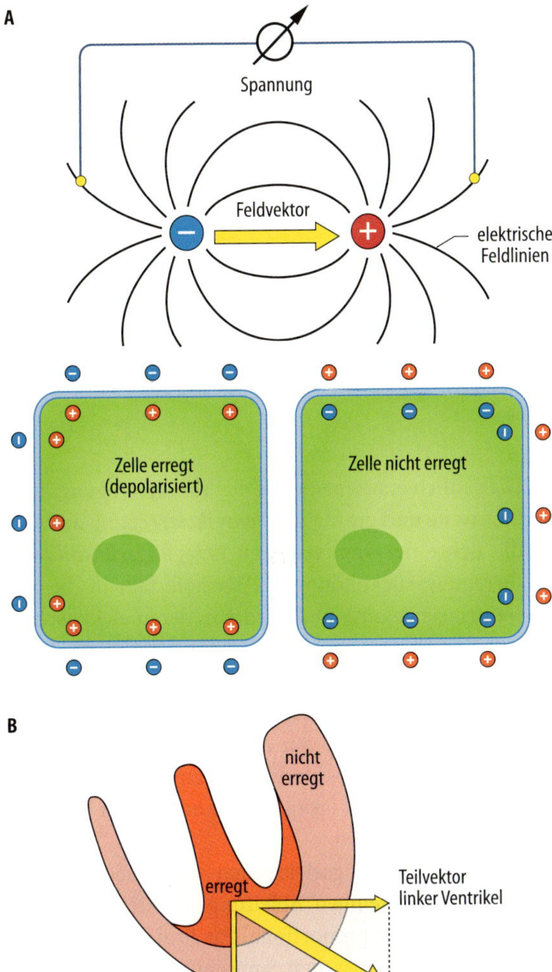

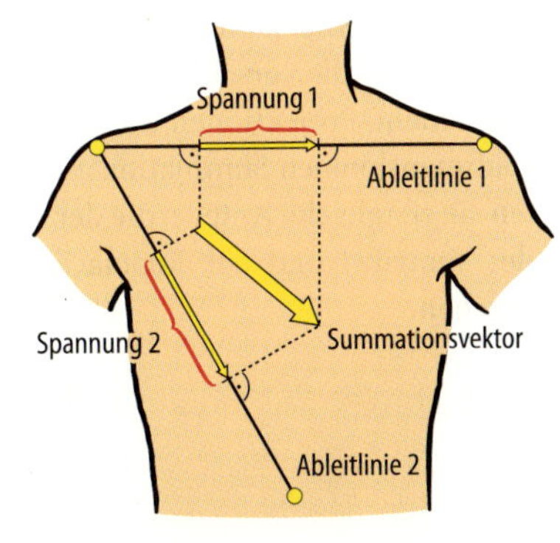

Vektor der elektrischen Feldstärke. Betrachtet man die Oberflächenladung einer erregten Zelle und einer nichterregten Nachbarzelle, so handelt es sich um das ***elektrische Feld*** eines ***Dipols*** (Abb. 25.11 A). Auf eine Punktladung, die in das elektrische Feld eines Dipols eingebracht wird, wirkt eine gerichtete Kraft (Kraftvektor), die so genannte ***elektrische Feldstärke*** (Feldstärkevektor). Der Feldstärkevektor ist auf der räumlichen Verbindungsgeraden zwischen den beiden Ladungen des Dipols am größten. In der Elektrokardiographie wird die Richtung von der negativen zur positiven Ladung positiv gezählt (Pfeilspitze des Vektors). Der elektrische Feldvektor zwischen einer erregten und einer nicht-erregten Zelle zeigt deshalb in Richtung der nicht-erregten Zelle.

Die ***Spannung*** zwischen zwei Messpunkten (Elektroden), die sich im Raumfeld eines solchen elektrischen Dipols befinden und damit ein elektrisches Potential besitzen, ist proportional zur senkrechten Projektion des elektrischen Feldvektors auf die Verbindungsgerade der beiden Messpunkte. Physikalisch synonym zu »Spannung« ist der in der Physiologie gebräuchliche Ausdruck ***»Potentialdifferenz«***. Steht also der Feldstärkevektor senkrecht zur Verbindungsgeraden der beiden Messpunkte, so besitzen beide das gleiche elektrische Potential, die Spannung ist daher Null. Verläuft der Feldstärkevektor parallel zur Verbindungsgeraden, so ist die Potentialdifferenz zwischen beiden Messpunkten maximal.

Abb. 25.11. Elementare Grundlagen der Elektrokardiographie. A Entstehung eines elektrischen Dipolfelds im Extrazellulärraum an der Grenze zwischen einer erregten und einer nicht-erregten Myokardzelle. Die Außenseite der erregten Zelle ist im Vergleich zu einer nicht-erregten Nachbarzelle negativ geladen *(unten)*. Dadurch entsteht auf kurzer Distanz ein elektrischer Ladungsunterschied im Extrazellulärraum, der sich vereinfacht als Dipol betrachten lässt *(oben)*. **B** Vektoraddition von Teilvektoren der elektrischen Herzerregung. Bei Ausbreitung der Erregungsfront über das Ventrikelmyokard kann man den elektrischen Vektor, der bei Erregung des linken Ventrikels entsteht, getrennt von dem Vektor für den rechten Ventrikel betrachten. Zusammen ergeben sie nach den Regeln der Vektoraddition von Kräften einen gemeinsamen Summationsvektor beider Ventrikel. **C** Projektionen des elektrischen Summationsvektors auf die Verbindungsgeraden zwischen Ableitungspunkten

Ursprung des EKG

Eine Erregungsfront im Myokard führt zur Ausbreitung eines elektrischen Feldes mit einem zeitlich variierenden Summationsvektor der Feldstärke; die Projektionen des Summationsvektors auf die Körperoberfläche werden in EKG-Ableitungen registriert

Elektrischer Summationsvektor. Die Erregung breitet sich über die verschiedenen Strukturen des Herzens in einer geordneten Welle aus. Dadurch werden einander seitlich benachbarte Zellen etwa gleichzeitig erregt und bilden so mit ihren jeweils noch nicht erregten weiteren Nachbarzellen eine Front nebeneinander liegender Dipole. Die elektrischen Feldstärkevektoren dieser einzelnen Dipole addieren sich nach der Vektoraddition von Kräften zu einem ***elektrischen Summationsvektor***. Dieser ist umso größer, je mehr Myokardzellen in die ***Erregungsfront*** eingeschlossen sind, da dann umso mehr einzelne Dipole in die Summation eingehen.

Nach der Vektoraddition ist der Summationseffekt dann besonders groß, wenn die Erregungsfront gerade verläuft und so über die gesamte Erregungsfront die Elementarvektoren der einzelnen ***Dipole*** alle in die ***gleiche Richtung*** weisen. Deshalb ergibt sich immer dann ein großer elektrischer Summationsvektor bei der Ausbreitung der elektrischen Erregung, wenn ein großer Myokardbereich (viele Zellen) mit einer möglichst geradlinig ausgerichteten Erregungsfront erregt wird. Der resultierende Summationsvektor fällt damit für große Strukturen wie die Vorhöfe und Ventrikel größer aus als für die relativ zellarmen Teile des Erregungsbildungs- und Erregungsleitungssystems. Werden zwei Strukturen gleichzeitig erregt, wie der linke und rechte Ventrikel, bestimmt die Erregung des zellreichen linken Ventrikels die Gesamtrichtung des resultierenden Summationsvektors sehr viel deutlicher als die gleichzeitige Erregung des zellarmen rechten Ventrikels (◘ Abb. 25.11 B).

Störungen der Erregungsausbreitung, z. B. in Narben- oder Ischämiearealen, verhindern die Erregungsausbreitung in einer geradlinigen Front. Deshalb kommt bei Erregung solcher geschädigten Gewebsanteile meist nur ein kleinerer Summationsvektor als normalerweise zustande. Die zeitliche Coinzidenz von vollständig erregten Vorhöfen und noch unerregten Ventrikeln erzeugt nicht das elektrische Feld eines Dipols, da die Ladungsunterschiede in Vorhöfen und Ventrikeln durch die bindegewebige ***Ventilebene*** elektrisch voneinander isoliert sind.

Projektionen des elektrischen Summationsvektors. Zu jedem Zeitpunkt der Erregungsausbreitung und -rückbildung geht vom Herzen ein elektrischer Summationsvektor aus, dessen Richtung und Größe im dreidimensionalen Raum zeitlich variiert (◘ Abb. 25.12). Die Spitze dieses Vektors durchläuft während eines Herzzyklus drei schleifenförmige Bahnen:

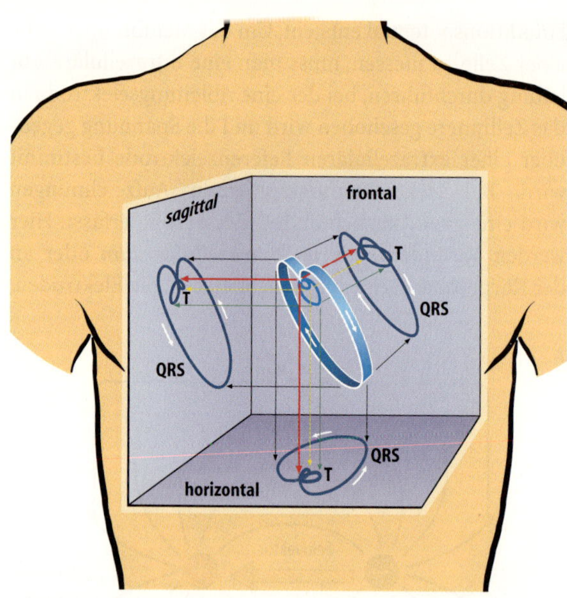

◘ **Abb. 25.12. Räumliches Bild der schleifenförmigen Bahnen des elektrischen Summationsvektors und die Projektionen dieser Bahnen auf die drei Raumebenen des Körpers.** Blick auf die Frontalebene des Körpers. Gezeigt sind Vektorschleifen des Erregungsaufbaus *(QRS)* und des Erregungsabbaus *(T)* der Ventrikel. Details ► siehe ◘ Abb. 25.13

- Die zeitlich erste entspricht der ***Vorhoferregung***,
- die zweite und größte der ***Ventrikelerregung*** und
- die dritte der ***ventrikulären Erregungsrückbildung***.

Die Erregungsrückbildung der Vorhöfe fällt in die Zeit der Ventrikelerregung und wird von deren elektrischem Signal völlig überlagert.

Die für die Routine-Elektrokardiographie gebräuchlichen Konfigurationen von Ableitungselektroden messen Veränderungen des dreidimensionalen elektrischen Feldes entweder in der Frontalebene oder in der Horizontalebene.

Mit den Ableitungselektroden wird die Spannung zwischen den jeweiligen Ableitungspunkten gemessen. Diese ***Spannung*** ist proportional zur ***Projektion*** des dreidimensionalen elektrischen Summationsvektors auf die ***Verbindungslinie zwischen den Ableitungspunkten*** (◘ Abb. 25.11 C). Planar angeordnete Elektrodenkonfigurationen können nur die Projektionen des dreidimensionalen Vektors in der jeweiligen Ableitungsebene registrieren (◘ Abb. 25.12). Da die verschiedenen EKG-Ableitungen nur verschiedene Projektionen des gleichen veränderlichen dreidimensionalen Summationsvektors darstellen, enthalten sie zeitgleiche Anteile, die der Erregung der Vorhöfe, der Ventrikel und der Repolarisation der Ventrikel entsprechen.

EKG-Signal

Im EKG gibt es charakteristische Abschnitte für Vorhoferregung (P-Welle), Ventrikelerregung (QRS-Komplex) und Erregungsrückbildung (T-Welle)

Erregungsaufbau. Im EKG-Signal (Abb. 25.13) eines normalen Erregungsablaufs unterscheidet man rein formal folgende Abschnitte:

- Ausschläge von der Nulllinie in Form von ***Wellen*** oder ***Zacken***;
- Abschnitte der Nulllinie zwischen benachbarten Wellen oder Zacken, die ***Strecken*** genannt werden;
- zeitliche Abschnitte, die Wellen oder Zacken und Strecken zusammenfassen, nennt man ***Intervalle***;
- die ***Nulllinie*** nennt man auch »die Isoelektrische«.

Im EKG wird die elektrische Erregung des Herzens als erstes in der ***P-Welle*** sichtbar, die durch Erregung der Vorhöfe zustande kommt (Abb. 25.14). Da nur während der Erregungsausbreitung ein signifikanter elektrischer Feldvektor zustande kommt, wird nach vollständiger Erregung des Vorhofs die Nulllinie wieder erreicht und es schließt sich die ***PQ-Strecke*** an. Während der Zeit der PQ-Strecke durchläuft die Erregung den AV-Knoten und das His-Bündel.

Ein Übergreifen der Erregung auf Teile des Septums führt zur ***Q-Zacke***. Der normale Erregungsaufbau in der Ventrikelmuskulatur drückt sich in Form von drei aufeinander folgenden Zacken im EKG aus (Q, R und S), zusammen ***QRS-Komplex***. Das unterschiedliche Vorzeichen dieser drei Zacken ist darin begründet, dass die Richtung des elektrischen Summationsvektors bei der Ventrikelerregung mehrfach seine räumliche Orientierung wechselt. Die Q-Zacke spiegelt wider, dass zu Beginn der Erregungsausbreitung Teile des Septums in Richtung zur Herzbasis erregt werden.

Wird die Masse der Ventrikelmuskulatur erregt, erfolgt dies von den Innenschichten zu den Außenschichten. Der Summationsvektor weist im Normalfall zunächst in Richtung der Herzspitze ***(R-Zacke)***, am Ende kurzzeitig in Richtung der Herzbasis ***(S-Zacke)***. Ist der gesamte Ventrikel elektrisch erregt, wird der elektrische Summationsvektor wiederum Null und das EKG-Signal verläuft auf der isoelektrischen Linie. Dieser folgende Abschnitt heißt ***ST-Strecke***.

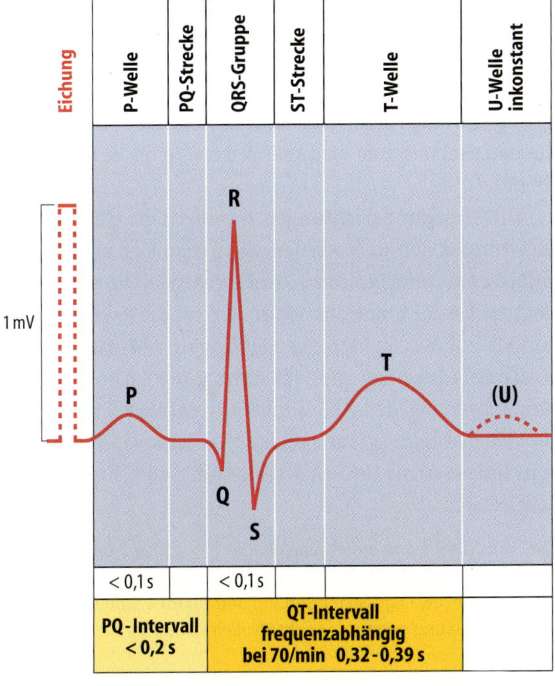

Abb. 25.13. Nomenklatur und Zeitdauer der Abschnitte des EKG-Signals. Gezeigt ist eine Registrierung, wie sie typischerweise in Ableitung II nach Einthoven auftritt

Erregungsrückbildung. Eine Erregungsfront im Ventrikelmyokard entsteht erst wieder bei der Rückbildung der Erregung, bedingt durch die Repolarisation der Einzelzellen. Diese Rückbildung verläuft ebenfalls in einer recht geordneten Weise. Die Zellen, die als letzte erregt wurden, haben in der Regel die kürzesten Aktionspotentiale, d. h. sie repolarisieren als erste. Das liegt an Unterschieden in der Expression der beteiligten Ionenkanäle.

Die Rückbildung der Erregung beginnt in den Außenschichten des Myokards und läuft auf die Innenschichten zu. Es entsteht die ***T-Welle***. In den meisten Ableitungen hat die T-Welle das gleiche Vorzeichen wie die R-Zacke, was darauf zurückzuführen ist, dass der Weg der Repolarisation ungefähr den Weg des Erregungsaufbaus zurückverfolgt. Manchmal wird nach der T-Welle noch eine weitere Auslenkung ***(U-Welle)*** registriert, deren Entstehung der späten Repolarisation in den Purkinje-Fasern zugeschrieben wird. In den Purkinje-Fasern sind die Aktionspotentiale von besonders langer Dauer. Es ist zu beachten, dass bei Störungen der Erregungsausbreitung in den Ventrikeln die Hauptausbreitungsrichtung der Erregung verändert sein kann, so dass Q- bzw. S- Zacken deutlich größer als die zugehörige R-Zacke werden können.

EKG-Ableitungen in der Frontalebene

Die Ableitungen nach Einthoven und Goldberger werden durch Elektroden an den Extremitäten vorgenommen; sie zeigen die Herzerregung in der Projektion auf

Ableitung nach Einthoven (Abb. 25.15 A). Bei der Ableitung nach Einthoven wird die Spannung zwischen je zwei Elektroden bestimmt, die an drei Extremitäten angelegt werden (Ableitung I: linker gegen rechten Arm; Ableitung II: linkes Bein gegen rechten Arm; Ableitung III: linkes Bein gegen linken Arm). Zum Verständnis dieser Ableitungsformen kann man sich die Extremitäten als elektrolytgefüllte Leiter vorstellen, die die Konfiguration des elektrischen Felds von drei Eckpunk-

VI

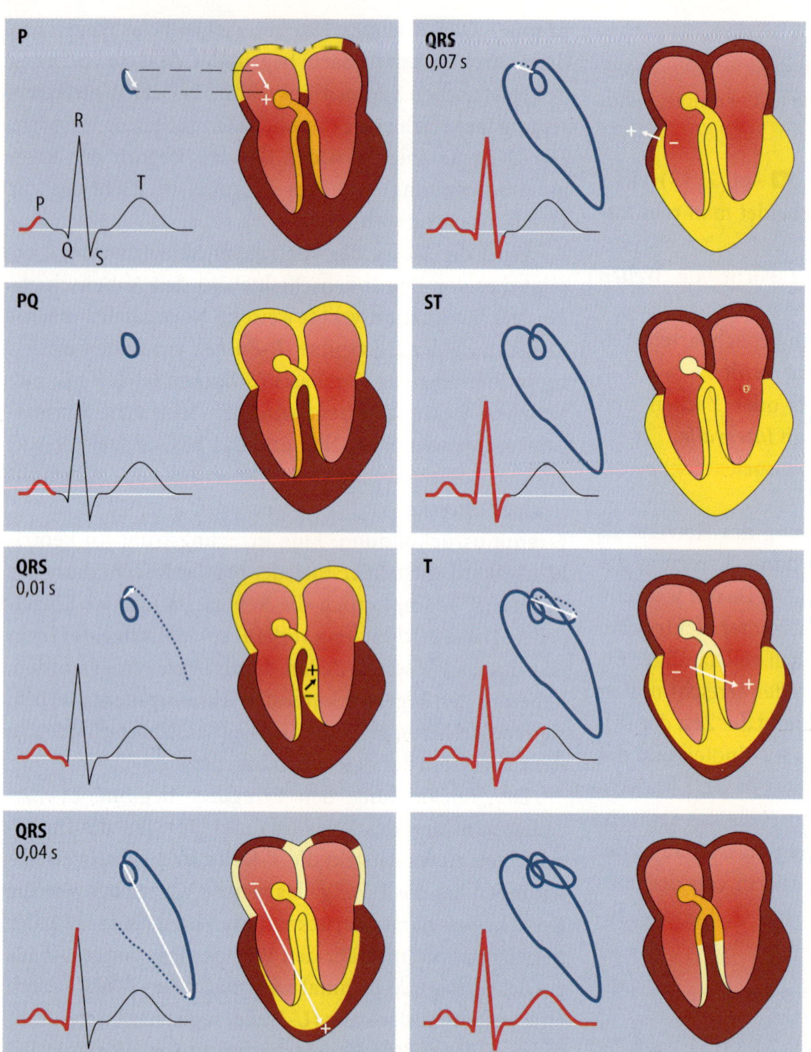

Abb. 25.14. Zeitliche Zuordnung zwischen einzelnen Phasen der Herzerregung und entsprechenden Abschnitten des EKG sowie des Verhaltens des momentanen Summationsvektors (Frontalprojektion). Erregte Bezirke sind *gelb* dargestellt. Die momentanen Summationsvektoren sind als *Pfeile* dargestellt. Die *Schleifenfigur* zeigt die Verlaufsspur der Vektorspitzen jeweils vom Erregungsbeginn bis zu dem betreffenden Zeitpunkt an

ten des Rumpfs (oben rechts, oben links, unten) auf die Ableitungspunkte übertragen, an denen die Elektroden angebracht sind.

Noch weiter vereinfacht definieren diese Eckpunkte ein gleichseitiges Dreieck, das ***Einthoven-Dreieck*** (Abb. 25.16 A), in der Frontalebene des Körpers. In den Ableitungen I, II und III werden die jeweiligen linearen Projektionen der Bewegung des elektrischen Summationsvektors in der durch das Dreieck definierten ***frontalen Ableitungsebene*** des Körpers bestimmt. Am rechten Bein wird bei dieser Ableitungsform und den im Folgenden genannten Ableitungen eine Erdungselektrode am Körper angelegt, die nicht der Registrierung dient.

Ableitung nach Goldberger (Abb. 25.15 B). Bei der Ableitungsform nach Goldberger wird die Spannung zwischen jeweils einem Eckpunkt des Einthoven-Dreiecks und der Zusammenschaltung der zwei anderen Eckpunkte bestimmt (sog. pseudounipolare Ableitungen). Durch den Zusammenschluss wird ein virtueller zweiter Ableitungspunkt in der Mitte des Dreieckschenkels gebildet, der dem abgeleiteten Eckpunkt gegenüber liegt. Damit ergeben sich wiederum lineare Projektionen für den elektrischen Summationsvektor in der Frontalebene.

Die Projektionsrichtungen, die durch die Goldberger-Ableitungen definiert werden, kann man sich als ***Winkelhalbierende im Einthoven-Dreieck*** vorstellen, wobei ein elektrischer Summationsvektor, der auf die jeweilige Extremität zuläuft, in der dazugehörigen Ableitung einen positiven Ausschlag gibt (Abb. 25.16 B). Dies hat zur Namensgebung des Ableitungstyps geführt. Sie werden als aVR (Ableitung vom rechten Arm), aVL (Ableitung vom linken Arm) und aVF (Ableitung vom linken Fuß) bezeichnet.

▪▪▪ »aV« steht für »augmented Voltage« (verstärkte Spannung). Die Verstärkung besteht dabei in der speziellen Elektrodenverschaltung, durch die die jeweilige Spannung um den Faktor 1,5 größer wird als bei einer Messung gegen eine echte Nullelektrode als Bezugselektrode.

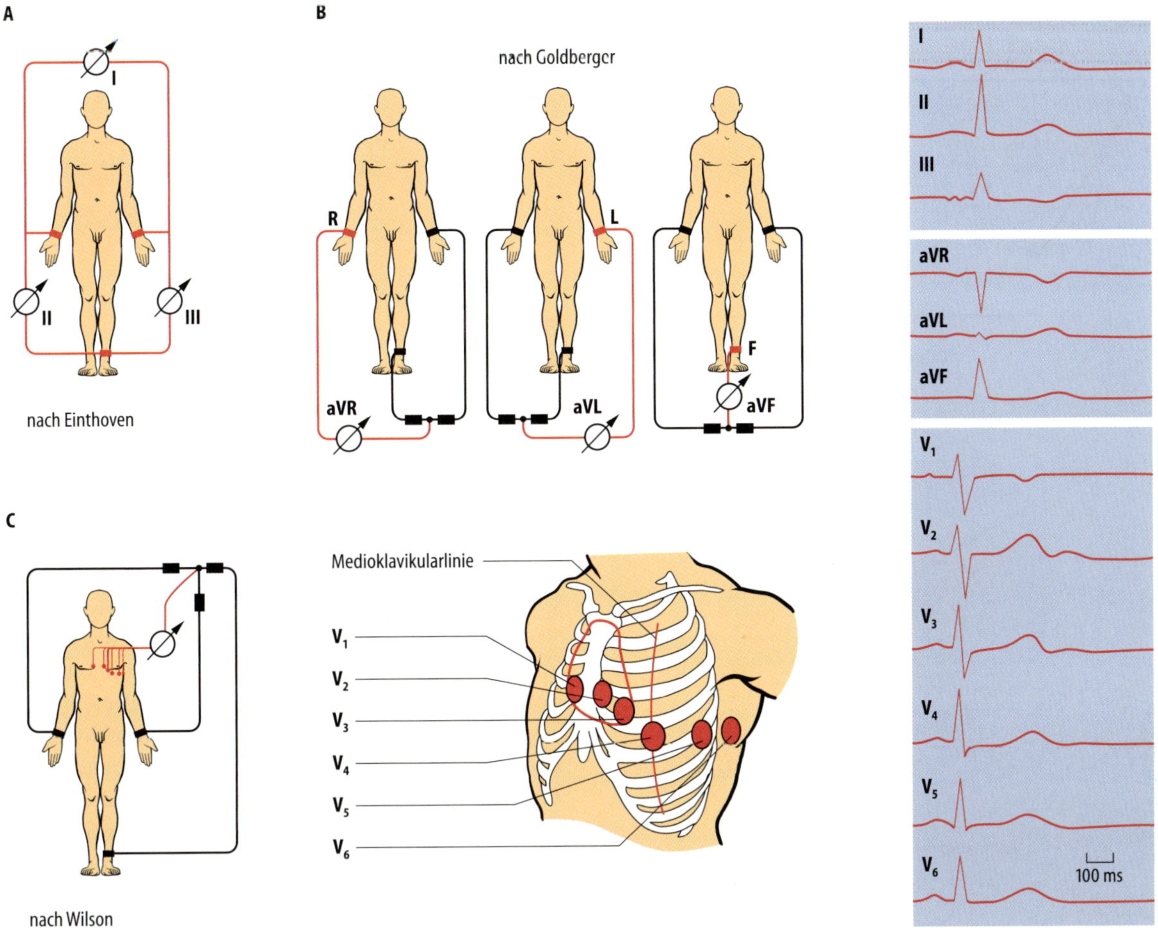

Abb. 25.15. Standardableitungen des EKG. A Elektrodenschaltung und exemplarische Ableitungen I, II, III nach Einthoven. **B** Elektrodenschaltung und exemplarische Ableitungen aVR, aVL, aVF nach Goldberger. **C** Brustwandableitungen und exemplarische Ableitung V_1–V_6 nach Wilson

Lage der elektrischen Herzachse

Die Projektionsrichtungen der Ableitungen nach Einthoven und Goldberger können in einer Kreisdarstellung in der Frontalebene des Körpers zusammengefasst werden

Cabrera-Kreis. In der Frontalebene ergeben die sechs einzelnen Ableitungen nach Einthoven und Goldberger Informationen über sechs Richtungsprojektionen des elektrischen Summationsvektors in dieser Ebene. Man kann die sechs Ableitungsrichtungen parallelverschoben auch in einem gemeinsamen Mittelpunkt zusammenfassen. Dann ergibt sich ein Polarogramm mit einer Unterteilung in Winkel von 30°, der so genannte Cabrera-Kreis (Abb. 25.16 C). Viele Sechskanal-EKG-Geräte besitzen eine Funktion, in der die Ableitungen nach Einthoven und Goldberger dem Cabrera-Kreis im Uhrzeigersinn folgend aufgezeichnet werden. Den Ableitungen wird dabei eine Winkelabweichung von der Horizontalen (I) zugeordnet. Diese Zuordnung sieht dann wie folgt aus: –30° = aVL; 0° = I; +30° = –aVR; +60° = II; +90° = aVF; +120° = III.

Die Richtung des maximalen elektrischen Summationsvektors nennt man ***elektrische Herzachse.*** Wenn das Maximum des elektrischen Summationsvektors in einen dieser Winkelbereiche fällt, ist dies dadurch erkennbar, dass auf den jeweils benachbarten Ableitungen die größten QRS-Zacken auftreten. Den Winkelbereich, auf dem sich die elektrische Herzachse in der Frontalebene projiziert, charakterisiert man auch durch so genannte ***Lagetypen*** (Abb. 25.16 C, D). Die elektrische Herzachse wird ganz wesentlich von der Masse des zu erregenden Ventrikelmyokards und der relativen Lage des Herzens im Körper bestimmt. Die Bestimmung des Lagetyps ist deshalb ein wichtiger diagnostischer Parameter der EKG-Analyse.

Am häufigsten findet man bei jungen Herzgesunden einen so genannten Normal- oder Indifferenztyp (30° bis 60°). Eine ***Linksherzhypertrophie*** kann z. B. Ursache für einen Horizontaltyp (0° bis 30°) bzw. Linkstyp (–30° bis 0°) sein. Im klinischen Sprachgebrauch wird häufig der Bereich von Horizontaltyp und Linkstyp zusammengefasst und als Linkstyp (–30° bis +30°) bezeichnet. Ein

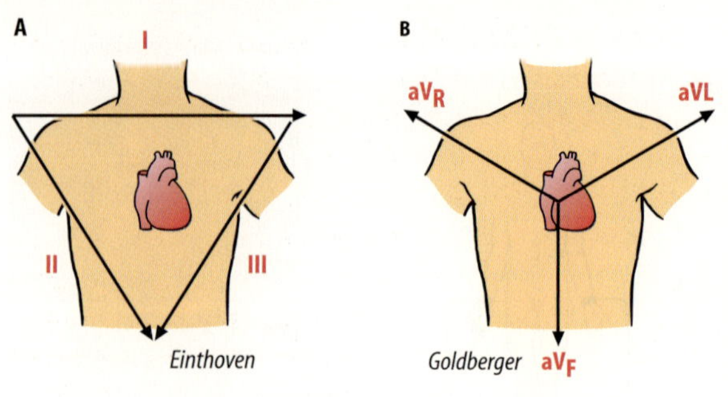

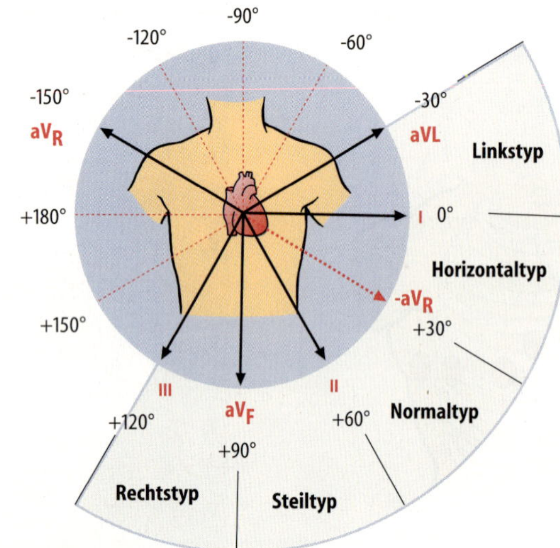

D

Lagetyp	rechts	steil	normal	links
Ableitungen I				
Ableitungen II				
Ableitungen III				

Abb. 25.16. Projektionen der EKG-Ableitungen auf die Frontalebene des Körpers. A Darstellung der Projektionen der Einthoven-Ableitungen als Einthoven-Dreieck. **B** Darstellung der Projektionen der Goldberger-Ableitungen als Winkelhalbierende im Einthoven-Dreieck. **C** Polarographische Darstellung der Extremitätenableitungen (Cabrera-Kreis). Den Ableitungsrichtungen werden Winkel der Abweichung von der Horizontalen zugeordnet. **D** Lagetypen und zugehörige QRS-Komplexe in Ableitungen I, II, II

Linkstyp kann auch physiologischerweise in der ***Schwangerschaft*** entstehen, wenn bei hochgestelltem Zwerchfell das Herz angehoben wird. Ein Steiltyp (60° bis 90°) ist bei ***Kindern*** normal, ein Rechtstyp (90° bis 120°) kann Folge einer ***Rechtsherzhypertrophie*** sein. Es gibt auch pathologische Lagetypen (überdrehter Linkstyp, überdrehter Rechtstyp), bei denen die größten R-Zacken im Winkelbereichen < –30° oder > 120° auftreten.

EKG-Ableitungen in der Horizontalebene und im Raum

! Die Brustwandableitungen nach Wilson zeigen die Herzerregung in der Projektion auf die Horizontalebene des Körpers; aus ihnen lässt sich zusammen mit den Extremitätenableitungen eine dreidimensionale Vektorkardiographie konstruieren

Ableitung nach Wilson. Da sich der elektrische Summationsvektor im Raum bewegt, werden weitere Ableitungen gebraucht, um seine ***Projektion in der Horizontalebene*** zu registrieren. Die hierfür verwendeten Brustwandableitungen nach ***Wilson*** (Abb. 25.15 C) sind unipolar. Von einer differenten Elektrode wird gegen die Zusammenschaltung von drei Extremitätenableitungen (Nullelektrode) registriert. Durch die Zusammenschaltung ergibt sich ein virtueller Referenzpunkt in der Mitte des Einthoven-Dreiecks und d. h. auch in der Mitte des Thorax. Diese Ableitungen zeigen daher einen positiven Ausschlag, wenn der Summationsvektor vom Thoraxmittelpunkt auf ihren Ableitungspunkt zuläuft, und einen negativen Ausschlag, wenn er davon wegläuft.

Es werden sechs Ableitungen (V_1–V_6) um den vorderen und linkslateralen Thorax in Herzhöhe platziert. Sie liegen damit an der Körperwand vor dem rechten Ventrikel (V_1, V_2), der Vorderwand des linken Ventrikels (V_3, V_4, V_5) und der Hinterwand des linken Ventrikels (V_6). Da der elektrische Summationsvektor seinen größten Ausschlag im Raum normalerweise in einer Ausrichtung von hinten oben rechts nach vorne unten links einnimmt, findet man für die horizontale Projektion die größte R-Zacke normalerweise in V_4.

Vektorkardiographie. Fasst man zwei Ableitungen aus der Frontalebene mit einer Ableitung aus der Horizontalebene zusammen, kann man ein dreidimensionales Bild des elektrischen Summationsvektors konstruieren (Vektorkardiographie, Abb. 25.12). Ein rechtwinkliges Koordinatensystem ergibt sich angenähert bei Verwendung der Ableitungen I, aVF und V_2.

Rhythmusanalyse im EKG

! Das EKG gibt Auskunft über Ort und Art von regulärer und irregulärer Schrittmacheraktivität

Herzrhythmus. Der Rhythmus der Herzkammern lässt sich aus den Abständen zwischen den R-Zacken ermitteln, der Rhythmus der Vorhöfe (und damit indirekt des

Sinusknotens) aus den Abständen zwischen den P-Wellen. Aus dem EKG lassen sich der Erregungsablauf und seine Störungen analysieren (■ Abb. 25.17).

Arrhythmien. Störungen des normalen Herzrhythmus können ganz unterschiedliche Formen aufweisen, die sich anhand des EKG unterscheiden lassen. Nach Ort der Entstehung der Arrhythmie unterscheidet man ***supraventrikuläre*** und ***ventrikuläre Arrhythmien***. Auch ohne besonderen Krankheitswert treten gelegentlich Extraschläge ***(Extrasystolen)*** auf.

Normalerweise hat die Kammererregung ihren Ursprung in einer Erregungswelle, die aus den Vorhöfen übergeleitet wird. Dann sind P-Wellen und R-Zacken zeitlich konstant gekoppelt. Auch beim Gesunden ist aber der Sinusrhythmus keineswegs genau konstant. Er wird vor allem von Schwankungen in der autonomen Herzinnervation, z. B. in Abhängigkeit von der Atmung, moduliert. Herzfrequenzen über 100/min ***(Tachykardie)*** können physiologischerweise bei Sympathikusaktivierung (»Aufregung«) und unter 50/min ***(Bradykardie)*** bei ausgeprägtem Vagotonus (z. B. bei Sportlern) vorkommen. Sie können aber auch pathologische Ursachen haben. Ursachen für eine Bradykardie mit Krankheitswert sind vor allem Erkrankungen, die den Sinusknoten betreffen, und Störungen der AV-Überleitung. Die pathologischen tachykarden Rhythmusstörungen haben meist ihre Ursachen in Störungen der Erregungsausbreitung und Rückbildung im ventrikulären Myokard.

Extrasystolen. Von Extrasystolen spricht man, wenn die Ventrikel von einer nicht zum normalen Rhythmus passenden Erregung (QRS-Komplex) erfasst werden. Ihr Ursprung kann im Ventrikel ***(ventrikuläre Extrasystolen)*** oder im Vorhof ***(supraventrikuläre Extrasystole)*** liegen. Ventrikuläre Extrasystolen haben ihren Ursprung in einer atypischen ventrikulären Schrittmacheraktivität. Sie weisen meist einen veränderten EKG-Kammerkomplex auf, da sie mit einer veränderten Erregungsausbreitung einhergehen (■ Abb. 25.18 A). Meist werden Extrasystolen von einer ***kompensatorischen Pause*** gefolgt, die dadurch zustande kommt, dass das Myokard nach einer Extrasystole gegenüber der nächsten regulären Erregung noch refraktär ist (■ Abb. 25.18 B). Supraventrikuläre Extrasystolen treten z. B. bei Sympathikusaktivierung spontan auf und sind meist harmlos. Sie haben einen normal geformten QRS-Komplex (■ Abb. 25.18 C).

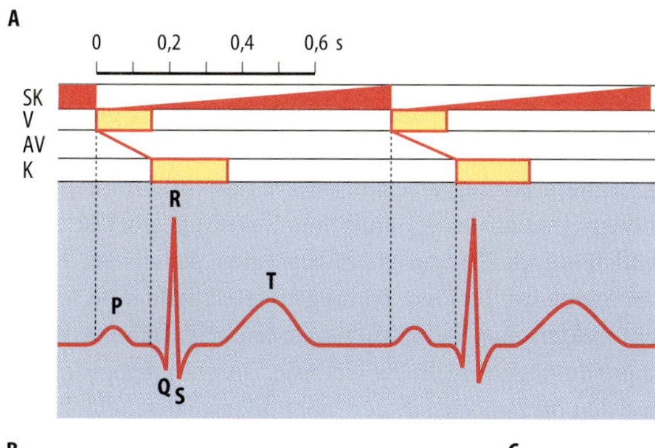

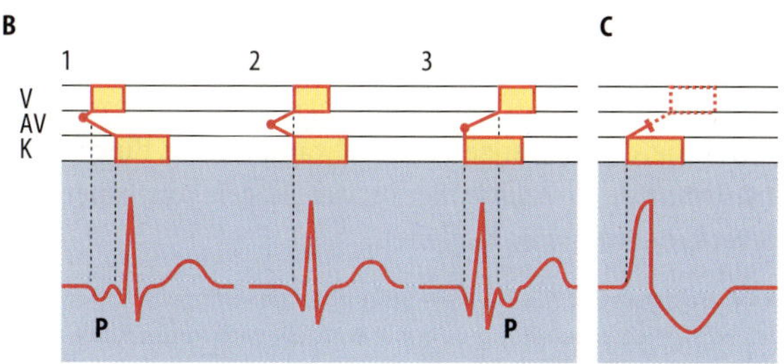

■ **Abb. 25.17. Schema zur Analyse des Erregungsablaufs im Herzen.** Von *oben* nach *unten* sind die einzelnen Etappen der Erregungsausbreitung und in Abszissenrichtung die Refraktärperiode von Vorhöfen *(V)* und Kammern *(K)* dargestellt. In der Spalte *SK* ist die rhythmische Entladung des Sinusknotens symbolisiert. Die Spalte *AV* umfasst die gesamte atrioventrikuläre Überleitung. **A** Erregungsursprung im Sinusknoten mit normaler atrioventrikulärer Überleitung. **B** Erregungsursprung in drei verschiedenen Abschnitten des AV-Knotens mit retrograder Erregung der Vorhöfe (negative P-Welle). In Bild 2 fällt die Vorhoferregung mit QRS zusammen. **C** Erregungsursprung in den Ventrikeln. Die Dauer der Erregungsausbreitung ist verlängert, der Kammerkomplex stark deformiert

Überleitungsstörungen im EKG

Aus Analyse des PQ-Intervalls und der Beziehung von P-Welle und R-Zacke lassen sich Überleitungsstörungen zwischen Vorhöfen und Kammern analysieren

AV-Block 1. Grades. Die Verlängerung des ***PQ-Intervalls*** (gerechnet von Anfang P bis Anfang Q) deutet auf eine Überleitungsstörung der Erregung von den Vorhöfen auf die Kammern hin. Ist das PQ-Intervall länger als 0,2 Sekunden, bezeichnet man dies als AV-Block. Folgt der Vorhoferregung P hierbei noch regelmäßig eine R-Zacke, beschreibt man diesen Zustand als ***»AV-Block 1. Grades«***.

AV-Block 2. Grades. Die P-Welle kann auch ohne ihren regelmäßigen Zusammenhang mit dem QRS-Komplex vorkommen, wenn die Überleitung partiell oder total blockiert ist. Eine totale Überleitungsblockade kann nur überlebt werden, wenn der AV-Knoten oder Teile des ventrikulären Erregungsleitungssystems Schrittmacherfunktion für die Herzkammern übernehmen. Bei einem ***»AV-Block 2. Grades«*** fällt die Überleitung von Vorhöfen auf Ventrikel zeitweilig, aber nicht immer aus. Es gibt zwei Haupttypen:

- Beim ***Typ 1*** (Wenckebach-Rhythmus oder Typ Mobitz I) verlängert sich die AV-Überleitung von einem Normalzustand bei den nachfolgenden Erregungen zunehmend, bis sie einmal völlig unterbleibt (PQ-Intervall verlängert sich, schließlich fällt QRS-Komplex aus). Danach erholt sich die Überleitung und der Vorgang beginnt von neuem.
- Beim ***Typ 2*** (Mobitz II) fällt regelmäßig jede zweite, dritte oder x-te Überleitung aus. Es entsteht ein regelmäßiger 2 : 1, 3 : 1 oder x : 1 Vorhof: Kammer-Rhythmus.

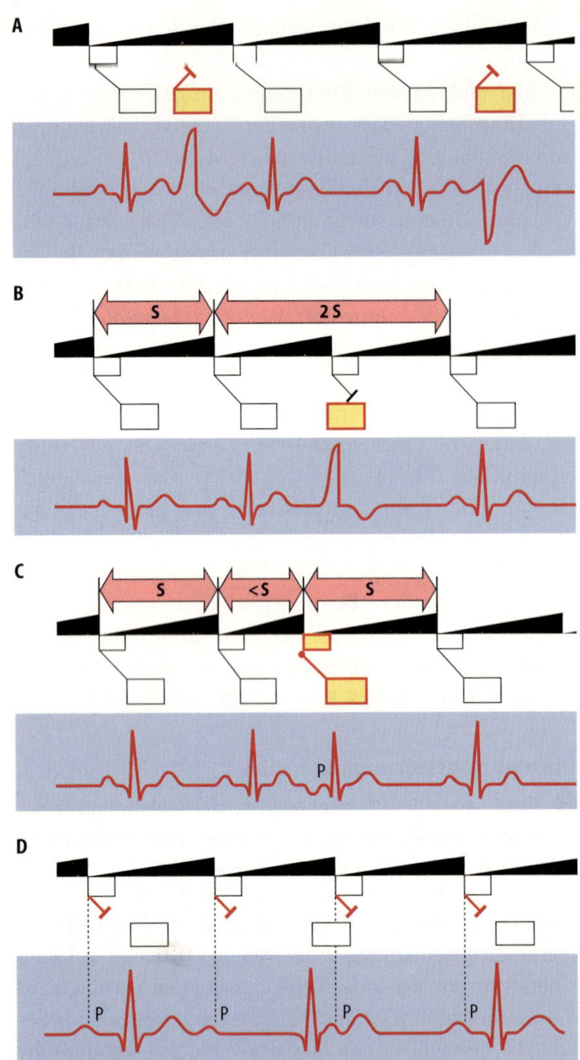

◘ Abb. 25.18. Beispiele von Rhythmusstörungen im EKG. Symbole für den Erregungsablauf wie in ◘ Abb. 25.16. **A** Interponierte ventrikuläre Extrasystolen. Die unterschiedliche Form deutet auf verschiedene Ursprungsorte in den Herzkammern hin. Wegen teilweise noch refraktärer Leitungsbahnen erfolgt keine Rückleitung zum Sinusknoten. **B** Ventrikuläre Extrasystole mit kompensatorischer Pause. *S:* normales Sinusintervall. **C** Supraventrikuläre Extrasystole aus dem Bereich des AV-Knoten mit unvollständig kompensierender Pause. **D** Totaler AV-Block

AV-Block 3. Grades. Bei dieser Form der Überleitungsstörung (auch *»totaler AV-Block«*) besteht eine völlige elektrische Dissoziation zwischen Vorhöfen und Ventrikeln, die nur überlebt werden kann, wenn ein tertiärer Schrittmacher in den Ventrikeln deren Erregung übernimmt. Vorhöfe und Kammern werden dann von eigenen Schrittmachern erregt, P-Welle und Kammerkomplexe sind zeitlich nicht gekoppelt (◘ Abb. 25.18 D). Die Kammerkomplexe sind in der Regel atypisch konfiguriert. Bei akutem Auftreten eines AV-Blocks 3. Grades kommt es in der Regel zunächst zu einem Kammerstillstand, dadurch zum Abfall des arteriellen Blutdrucks und zum Bewusstseinsverlust. Setzt ein tertiärer Schrittmacher rechtzeitig ein, kommt es zur Kreislauferholung und der zeitlich begrenzte Kollaps wird als *»Adam-Stokes-Anfall«* beschrieben.

Störungen der Kammererregung im EKG

Das EKG zeigt in Veränderungen der Kammerabschnitte (Q bis T) Störungen der Erregungsausbreitung in den Kammern an

Kammererregung. Das *QT-Intervall*, gerechnet vom Beginn des QRS-Komplexes bis zum Ende der T-Welle, entspricht der Zeitspanne für Erregungsaufbau und Erregungsrückbildung in den Ventrikeln. Es sollte bei einer Herzfrequenz von 60/min nicht mehr als 0,4 s betragen. Das QT-Intervall nimmt mit steigender Frequenz ab. Das liegt daran, dass sowohl die Herzfrequenz als auch die ventrikuläre Erregungsausbreitung unter der Kontrolle des Sympathikus stehen. Ein verlängertes QT-Intervall weist auf Erregungsbildungs- oder Erregungsrückbildungsstörungen in den Ventrikeln hin. Ursachen können z. B. ein *Kammerschenkelblock* oder ein Funktionsausfall vom Arbeitsmyokard sein, z. B. durch eine Durchblutungsstörung *(Ischämie)*.

Myokardischämie. Eine Ischämie des ventrikulären Myokards führt häufig zu einem Anheben oder Absenken der ST-Strecke (◘ Abb. 25.19). Dieses ist darauf zurückzuführen, dass unter diesen Umständen keine gleichmäßige Depolarisation des Ventrikelmyokards während der Kammererregung erreicht wird, da die Bildung der Aktionspotentiale im ischämischen Gewebe gestört ist. Nach vollständiger Erregung des gesunden Anteils im Kammermyokard bleiben Ladungsunterschiede und damit ein elektrischer Summationsvektor übrig. Daher erreicht das EKG-Signal nicht die Nullinie. Durchblutungsdefizite werden oft zunächst in der subendokardialen Schicht des Myokards manifest. Eine solche *Innenschicht-Ischämie* ist typischerweise mit einer *ST-Strecken-Senkung* verbunden. Ein großes Durchblutungsdefizit führt zu einer Ischämie, die die ganze Ventrikelwand erfasst. Eine solche *transmurale Ischämie* ist in der Regel von einer *ST-Strecken-Anhebung* begleitet.

▪▪▪ **Belastungs-EKG.** Da viele Störungen der Herzfunktion nur unter körperlicher Belastung offenbar werden, wird in der Klinik meist nicht nur ein Ruhe-, sondern auch ein Belastungs-EKG angefertigt. Eine kontrollierte Arbeitsbelastung wird z. B. auf einem **Fahrradergometer** vorgenommen. Der Patient wird mit angelegten EKG-Elektroden bis zu einer vorgegebenen Leistungsgrenze oder bis zu einer maximalen Herzfrequenz belastet. Der Belastungstest wird abgebrochen, wenn vor Erreichen der Belastungsgrenze zunehmende Herzschmerzen, Atemnot, Ischämiezeichen im EKG (z. B. ST-Streckenveränderungen) oder schwerwiegende Rhythmusstörungen auftreten. Bei Nichterreichen der Belastungsgrenze, Ischämiezeichen im EKG oder Rhythmusstörungen wird fast immer eine invasive Röntgenkontrastmitteldarstellung der Koronargefäße angeschlossen (**Koronarangiographie**), um Durchblutungsstörungen des Herzens direkt nachzuweisen.

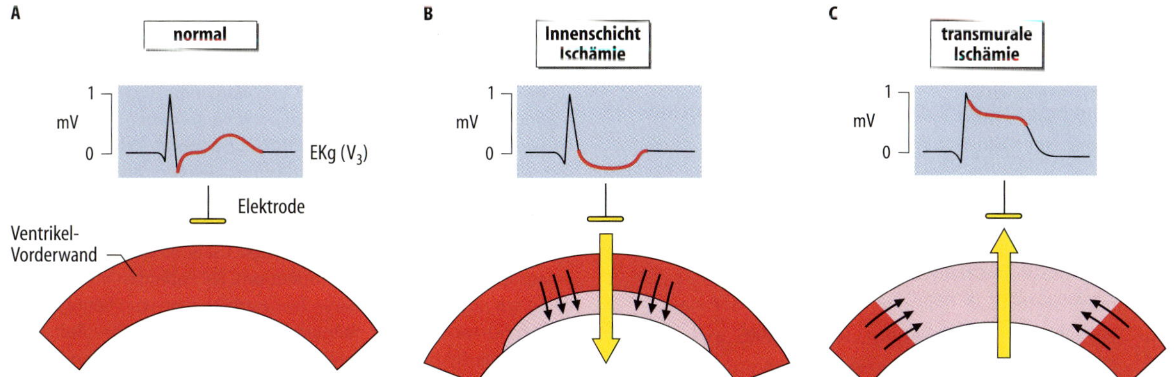

Abb. 25.19. Ischämiezeichen im EKG. Ableitung durch Brustwandableitung nach Wilson über dem Infarktgebiet. **A** Beim normalen Myokard ist am Ende des QRS-Komplexes alles Myokard gleichmäßig erregt, die ST-Strecke ist auf Höhe der Nulllinie. Die T-Welle ist gut abgegrenzt erkennbar. **B** Bei frischer Innenschicht-Ischämie bleibt nach sonst vollständiger Kammererregung das ischämische Areal unerregt. Es resultiert während der ST-Zeit ein Summationsvektor, der von der Elektrode wegweist, und damit eine ST-Streckenabsenkung unter die Nulllinie. **C** Bei einer frischen transmuralen Ischämie resultiert aus der Addition der elektrischen Vektoren in den Grenzflächen ein Summationsvektor, der auf die Elektrode zuläuft, und damit eine ST-Streckenanhebung über die Nulllinie

Tachykarde Rhythmusstörungen im EKG

Mit dem EKG werden Ursprung und Art hochfrequenter Rhythmusstörungen des Herzens analysiert

Herzflattern, Herzflimmern. ***Tachykardien*** mit extrem hohen Frequenzen unterteilt man nach der Herzfrequenz in (Kammer- oder Vorhof-) ***Flattern*** (200–350 min^{-1}) und ***Flimmern*** (>350 min^{-1}). Ventrikuläre Tachykardien sind mit einer normalen Pumpfunktion des Herzens nicht vereinbar, da die Zeiten zur Kammerfüllung und -entleerung zu kurz werden. Ein flimmernder Ventrikel steht hämodynamisch still. Flimmernde Vorhöfe bleiben oft hämodynamisch unauffällig, da nur wenige dieser Vorhoferregungen auf die Ventrikel übergeleitet werden und somit deren Pumpfunktion nicht wesentlich gestört ist und die Kontraktion der Vorhöfe nur eine geringe Bedeutung für die diastolische Kammerfüllung hat.

Häufig liegt die Ursache für Flattern oder Flimmern der Herzkammern in der Entstehung von kreisenden Erregungen. ***Kreisende Erregung*** in der Arbeitsmuskulatur kann entstehen, wenn die Ausbreitung der elektrischen Erregung in Teilen der Arbeitsmuskulatur verzögert ist, so dass sie nach Durchlaufen dieses Myokardareals auf bereits wieder erregbares, d. h. nicht-refraktäres Myokard trifft. Am Anfang der T-Welle ist die Refraktärität der Herzmuskelzellen im Arbeitsmyokard inhomogen ausgeprägt. Wenn in dieser Zeit eine Extraerregung auf das Myokard trifft, lassen sich besonders leicht kreisende Erregungen auslösen ***(vulnerable Phase)***.

25.1. Vorhofflimmern

Ursachen. Vorhofflimmern kann auftreten, wenn die Erregungsausbreitung in den Vorhöfen gestört ist (z. B. durch eine Durchblutungsstörung) oder wenn atypische Schrittmacher zusätzlich zum Sinusknoten Erregungswellen aussenden. Aus bisher wenig verstandenen Gründen bildet sich eine solche atypische Schrittmacheraktivität relativ häufig an den Austrittstellen der Lungenvenen.

Risiken. Durch die Frequenzfilterung im AV-Knoten sind die Kammern nur indirekt vom Vorhofflimmern betroffen, die Überleitung ist aber irregulär (absolute Arrhythmie der Kammern). Die Kammerfrequenz ist meist tachykard. Das Herzzeitvolumen ist oft nur mäßig eingeschränkt, unter Belastung macht sich aber der Wegfall der Sympathikuskontrolle der Pumpfunktion bemerkbar. Von den meist älteren Patienten wird anhaltendes Vorhofflimmern häufig nicht als dramatisch empfunden. Es birgt aber neben dem Einfluss auf den ventrikulären Rhythmus noch ein zweites Risiko: In den Vorhöfen bilden sich Thromben, die bei Ablösung Embolien hervorrufen, z. B. im Gehirn. Vorhofflimmern ist daher eine wichtige indirekte Ursache für den Schlaganfall.

Therapie. Neben der Therapie durch Medikamente und elektrische Kardioversion wird heute auch die Unterbrechung der pathologischen Erregungsausbreitung durch chirurgische oder elektrisch herbeigeführte Schnitte im Vorhofmyokard (»Ablation«) angewandt.

25.2 Wolff-Parkinson White Syndrom (WPW)

Pathologie. Als WPW-Syndrom bezeichnet man Störungen der elektrischen Herzerregung, die durch die Anomalie einer zusätzlichen (akzessorischen) Leitungsbahn zwischen Vorhöfen und Ventrikeln hervorgerufen werden.

Über diese zusätzliche Leitungsbahn werden im harmlosesten Fall Teile der Ventrikel vor der Hauptüberleitung vorzeitig erregt, was im EKG in einem verfrühten Beginn der Kammererregung (Delta-Welle) und Verbreitung der Kammerkomplexe sichtbar wird (Präexzitation). Über das normale und akzessorische Leitungssystem können sich Erregungskreise zwischen Vorhof und Ventrikeln ausbilden, die eine Kammertachykardie hervorrufen. Auch Vorhoftachykardien und Vorhofflimmern können durch eine Rücküberleitung von Erregung aus den Kammern in die Vorhöfe ausgelöst werden.

Therapie. Die Erkrankung kann in ihrer Ursache geheilt werden, indem das akzessorische Bündel entweder durch einen elektrischen Katheter verödet (»Katheter-Ablation«) oder durch einen herzchirurgischen Eingriff durchtrennt wird.

▪▪▪ **Long-QT-Syndrom.** Verzögerungen der Repolarisation der Ventrikel werden im EKG in einem verspäteten Abschluss der T-Welle offenbar. Die Zeit des QT-Intervalls ist verlängert. Repolarisationsstörungen sind Ursache für Kammertachykardien auf Grund kreisender Erregungen. Beim Long-QT-Syndrom treten solche Tachykardien besonders bei psychischen und körperlichen Belastungen auf (Sympathikusaktivierung). Im EKG sind die Tachykardien durch hochfrequente Kammerkomplexe mit kontinuierlich wechselnder Polarität der Hauptausschläge (»Torsade-de-points-Tachykardien«) charakterisiert. Dem Long-QT-Syndrom können Gendefekte für einzelne Kanäle des Aktionspotentials (»Channelopathien«) zugrunde liegen. Am häufigsten sind dies Mutationen in den Kaliumkanälen, die die Repolarisationsphase bestimmen (▶ 4.3).

Tachyarrhythmien können auch durch sogenannte ***getriggerte Aktivität*** ausgelöst werden. Wenn die normale Repolarisation am Ende eines Aktionspotentials in Arbeitsmuskelzellen verzögert ist, kann es zu spontanen Schwankungen des Membranpotentials am Ende oder im Nachlauf des Aktionspotentials kommen ***(»Nachpotentiale«)***, die in der betroffenen Zelle oder in Nachbarzellen ein erneutes Aktionspotential auslösen. Auf diese Weise können einzelne oder auch ganze Serien irregulärer Erregungen ausgelöst werden. Damit wird die gestörte Arbeitsmuskelzelle zu einem ***irregulären Schrittmacher.***

▪▪▪ **Elektrotherapie von Herzrhythmusstörungen.** Elektrische Schrittmacher nennt man Geräte, die das Herz durch abgegebene Stromstöße erregen, um einen gestörten Herzrhythmus zu normalisieren. Bei dauerhaft getragenen Schrittmachern wird normalerweise die kleine elektronische Steuereinheit subkutan implantiert und der Reiz über eine transvenöse Elektrode auf das Myokard des rechten Ventrikels übertragen. Bei bradykarden Rhythmusstörungen übernimmt der elektrische Schrittmacher die Rolle des herzeigenen Schrittmachers. Eine elektrische Stimulation des Herzens kann auch Tachyarrhythmien unterbrechen. Die Elektrostimulation erzeugt eine homogene Depolarisation des Myokards, nach deren Abklingen häufig wieder ein normaler Erregungsablauf einsetzt. Bei Kammerflattern wird der depolarisierende Strompuls gleichzeitig mit dem EKG-Signal der Kammererregung appliziert **(Kardioversion)**. Bei Kammerflimmern ist keine Triggerung durch das EKG möglich. Dann ist ein größerer Strompuls nötig, um eine möglichst homogene Myokarddepolarisation zu erreichen **(Defibrillation)**. Bei Patienten mit pharmakologisch nicht beherrschbaren Tachyarrhythmien wird heute häufig ein schrittmacherartiger Stimulator implantiert, der bei Auftreten von Tachyarrhythmien automatisch einen depolarisierenden Strompuls abgibt (**implantierbarer Kardioverterdefibrillator**, ICD). In Notfallsituationen kann auch ein »Elektroschock« (Defibrillation) über extern angelegte Elektroden transthorakal appliziert werden.

In Kürze

Das Elektrokardiogramm

Mit dem EKG werden Veränderungen des extrazellulären elektrischen Felds registriert, die durch Ladungsunterschiede zwischen erregtem und nicht-erregtem Myokard hervorgerufen werden. Der Ablauf der Herzerregung erzeugt einen zeitlich und räumlich variierenden elektrischen Summationsvektor.

Man unterscheidet verschiedene Ableitungsformen:
- Extremitätenableitungen nach Einthoven und Goldberger zeigen Projektionen des Summationsvektors auf Richtungsgeraden in der Frontalebene.
- Die Brustwandableitungen nach Wilson zeigen Projektionen auf Geraden in einer Horizontalebene durch den Thorax.

EKG-Signale gliedern sich in folgende Abschnitte:
- P-Welle (atriale Erregungsausbreitung);
- QRS-Komplex (ventrikuläre Erregungsausbreitung);
- T-Welle (ventrikuläre Erregungsrückbildung).

Eine einfache EKG-Analyse der Standardableitungen ergibt bereits Informationen über:
- Ursprung der Erregung,
- Rhythmusstörungen,
- Leitungsstörungen,
- elektrische Herzachse.

Literatur

Berne RM, Levy MN (2001) Cardiovascular Physiology, 8. Aufl. Mosby, St. Louis

Bers DM (2001) Excitation-Contraction Coupling and Cardiac Contractile Force, 2. Aufl. Kluwer, Dordrecht

Carmeliet E, Vereecke J (2001) Cardiac Cellular Electrophysiology. Kluwer, Boston

Katz AM (2000) Physiology of the Heart. 3. Aufl. Raven, New York

Noble D (1979) The Initiation of the Heartbeat, 2. Aufl. Clarendon, Oxford

Opie LH (1998) The Heart: Physiology from Cell to Circulation, 3. Aufl. Lippincott-Raven, Philadelphia

Kapitel 26
Herzmechanik

H.-G. Zimmer

VI

Einleitung

Ein 39-jähriger Patient klagt über Atemnot (Dyspnoe). Die Haut ist blass, kalt und schwitzig. Der Blutdruck ist niedrig, die Herzfrequenz ist hoch, die Urinproduktion ist vermindert. Die Symptome deuten auf Herzversagen und beginnende sekundäre Organschädigung hin. Im Röntgenbild ist das linke Herz enorm erweitert, man sieht Zeichen eines Blutstaus in den Lungen (Lungenödem). Die Herzkatheteruntersuchung ergibt, dass der mittlere Druck in der Pulmonalarterie erhöht und das Herzminutenvolumen erniedrigt ist. Trotz intensiver medikamentöser Therapie, die bereits in den letzten Jahren durchgeführt werden musste, bessert sich der Zustand des Patienten nicht. Es wird die Diagnose »idiopathische dilatative Kardiomyopathie« gestellt und eine Herztransplantation geplant. Da ein Spenderherz akut aber nicht zur Verfügung steht, wird eine künstliche Pumpe (*Left Ventricular Assist Device*, LVAD) eingesetzt. Diese pumpt das Blut aus dem linken Ventrikel in die Aorta, um das Herz bis zur Transplantation zu entlasten *(Bridging-to-Transplantation)*. Nach einigen Monaten ist das Herz unter dieser Therapie kleiner geworden, entwickelt wieder einen normalen Druck und wirft ein normales Herzminutenvolumen aus. (► s. Abschnitt 26.5). Die Pumpe wird entfernt, eine Herztransplantation ist nicht mehr erforderlich *(Bridging-to-Recovery)*. Der Patient kann seinen Beruf wieder ausüben.

26.1 Aufgaben, Bau, Form und Lage des Herzens

Aufgaben des Herzens

! Das Herz pumpt sauerstoffarmes Blut in die Lunge (kleiner Kreislauf) und sauerstoffreiches Blut in alle Organe (großer Kreislauf); Herz, Blut und Gefäße sind Komponenten des Kreislaufs

Mechanische Funktion. Das Herz hält das Blut im geschlossenen System der Gefäße in ständiger Zirkulation und schafft dadurch die Voraussetzung dafür, dass das Blut seine Transport- und Regulationsfunktionen durchführen kann. Das Herz erfüllt hierbei folgende Kriterien.

- Es ist automatisch und rhythmisch tätig. Dadurch ist es der Willkür entzogen.
- Es wird rasch aktiviert und kontrahiert sich als gesamtes Organ. Nur dadurch kann ein entsprechender Druck entwickelt und ein ausreichendes ***Schlagvolumen*** und ***Herzminutenvolumen*** (Schlagvolumen × Herzfrequenz) ausgeworfen werden.
- Es passt sich sehr schnell an die Bedürfnisse der Peripherie an.
- Es legt die Strömungsrichtung des Blutes durch die Ventilwirkung der Herzklappen fest.

Regulatorische Funktion. Blut, Gefäße und Herz sind Komponenten des Kreislaufs. Sie sind voneinander abhängig und beeinflussen sich gegenseitig. Es bestehen aber auch Interaktionen zwischen linkem und rechtem Herzen. Wenn das rechte Herz z. B. beim Übergang vom Stehen zum Liegen mehr Blut aus dem Venensystem erhält (► s. Kap. 28.11), kann es sofort ein höheres Schlagvolumen fördern, und das linke Herz kann es mit geringer zeitlicher Verzögerung in den großen Kreislauf auswerfen.

Sensorfunktion. Bei ***Dehnung der Vorhöfe*** wird in den Vorhofmyozyten aus Granula ein Peptid freigesetzt, das ***atriale natriuretische Peptid*** (ANP). ANP steigert die renale Ausscheidung von Kochsalz (natriuretische Wirkung) und Wasser (diuretische Wirkung) und mindert dadurch das Blutvolumen (► s. Kap. 30.3). Letztlich antwortet das Herz auf die Volumenbelastung mit einer ***Reduktion*** des ***Blutdrucks*** und des ***Blutvolumens***.

Von ***Dehnungsrezeptoren*** im linken Ventrikel kann der ***Bezold-Jarisch-Reflex***, von Rezeptoren in den Vorhöfen der ***Bainbridge***- und der ***Gauer-Henry-Reflex*** ausgelöst werden (► s. Kap. 28.9).

Bau, Form und Lage des Herzens

! Das Herz ist ein asymmetrisches Organ; der Druck im rechten dünnwandigen Ventrikel ist niedrig, der linke Ventrikel entwickelt einen höheren Druck und hat eine dickere Wand

Zwei Herzen – ein Organ. Das Herz hat normalerweise ein Gewicht von 300 g und ist ein unpaares Organ. Rechtes und linkes Herz bestehen aus je einem Vorhof ***(Atrium)*** und einer Kammer ***(Ventrikel)***. Diese werden jeweils durch Septen (Vorhofseptum und Kammerseptum) voneinander getrennt. Das Kammerseptum besteht größtenteils aus Muskelgewebe und wird funktionell zum linken Ventrikel gerechnet.

Die ***Myozyten*** des menschlichen Vorhofs (∅ 5–6 μm, Länge 20 μm) sind wesentlich kleiner als die des Ventrikels (∅ 17–25 μm, Länge 60–140 μm). An den atrialen Myozyten sind die transversalen (T)-Tubuli wesentlich spärlicher ausgebildet als an den ventrikulären Myozyten.

Bau und Topographie des Herzens. Vorhöfe und Kammern des Herzens werden durch atrioventrikuläre Klappen (rechtes Herz ***Trikuspidalklappe***, linkes Herz ***Mitralklappe***) voneinander getrennt. Kammerseitig gehen die Klappen in die Sehnenfäden (Chordae tendineae) über, die an den Papillarmuskeln inserieren. Bei Anstieg des Druckes in den Kammern kontrahieren sich die Papillarmuskeln gleich zu Beginn und halten die Sehnenfäden wie Zügel. Dadurch wird das Durchschlagen der atrioventrikulären Klappen in die Vorhöfe bei weiterem Druckanstieg verhindert.

Auch die Ausflussbahnen des rechten und linken Ventrikels werden durch Ventile gesichert ***(Pulmonal-***

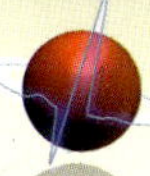

bzw. Aortenklappe). Sie bestehen jeweils aus drei Taschen *(Taschenklappen)*.

Ventilebene. Alle Klappen des Herzens liegen in einer bindegewebigen Platte. Diese verläuft schräg von links oben nach rechts unten. Aortenklappe und Mitralklappe liegen räumlich eng beieinander. Dagegen besteht eine räumliche Distanz zwischen der Pulmonalklappe und Trikuspidalklappe. Der rechte Vorhof liegt neben dem rechten Ventrikel, der linke Vorhof aber seitlich über dem linken Ventrikel (◻ Abb. 26.1).

Druck- und Wanddicken-Asymmetrie. Der Widerstand in den Lungengefäßen ist normalerweise niedrig. Der mittlere Druck in den Pulmonalarterien beträgt ca. 15 mm Hg. Daher muss der rechte Ventrikel nur einen geringen Druck erzeugen, und seine Wand ist dünn.

▪▪▪ **Hypoxie.** Bei geringen O_2-Konzentrationen in der Lunge wie etwa bei Störungen der Belüftung der Lungenalveolen (▸ s. Kap. 32.4) und bei Aufenthalt in größeren Höhen ändert sich die Situation. Denn bei Abnahme des O_2-Partialdrucks kommt es – im Gegensatz zur Dilatation der Widerstandsgefäße des großen Kreislaufs – zu einer **Konstriktion der Pulmonalgefäße** und zur **Zunahme des pulmonalen Gefäßwiderstandes**. Bei ständigem Aufenthalt z. B. in den Anden ist der mittlere Druck in der Pulmonalarterie etwa doppelt so hoch im Vergleich zur Situation auf Meereshöhe. Entsprechend ist auch die Wanddicke des rechten Ventrikels stärker.

Der Druck, den der linke Ventrikel entwickelt, ist bereits normalerweise hoch (> 100 mm Hg) und die Wand etwa 3 mal so dick wie die des rechten Ventrikels. Nimmt bei Blutdruckanstieg der periphere Gefäßwiderstand zu, generiert der linke Ventrikel einen höheren Druck. Wenn die Hypertonie über längere Zeit besteht, nimmt auch die

26.1. Lungenembolie und akutes Cor pulmonale

Pathologie. Da großer und kleiner Kreislauf hintereinander geschaltet sind, tritt eine massive Störung des Blutflusses ein, wenn Thromben aus den tiefen Bein- oder Beckenvenen in die Lungenstrombahn transportiert werden und diese einengen oder sogar z. T. verlegen.

Cor pulmonale. Bei einem systolischen Druck in der A. pulmonalis von 30 mm Hg und darüber kommt es zur akuten Druckbelastung des rechten Ventrikels (Cor pulmonale).

Lungenembolie. Die Lungenembolie ist nach dem Myokardinfarkt und dem Schlaganfall die dritthäufigste kardiovaskuläre Todesursache. Die Symptome sind Dyspnoe, Brustschmerzen, Zyanose, Tachykardie und Blutdruckabfall.

Lungenembolien können auftreten nach Operationen und bei Bettlägerigkeit, besonders bei älteren Patienten und bei Tumorerkrankungen. Zigarettenrauchen und Einnahme von oralen Kontrazeptiva fördern die Thrombenbildung und erhöhen die Emboliegefahr. Patienten mit Beinvenenthrombose sind bei längerem eingeengten Sitzen z. B. während Langstreckenflügen gefährdet. Therapeutisch wird bei der massiven Lungenembolie die Thrombolyse z. B. mit Urokinase oder Streptokinase durchgeführt, zur Prävention wird Heparin verwendet.

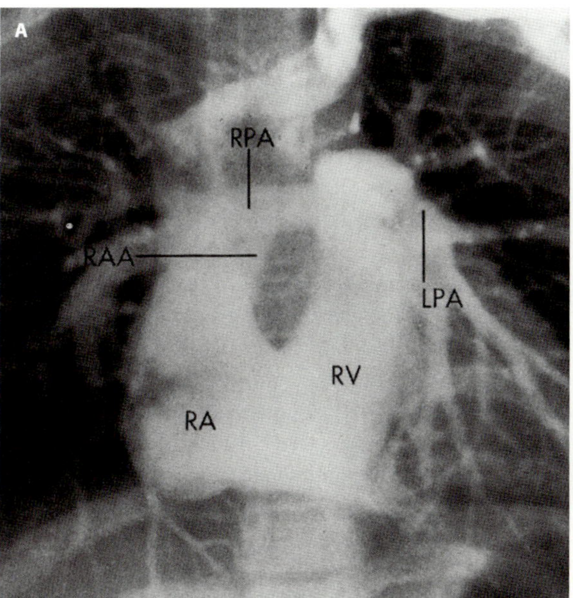

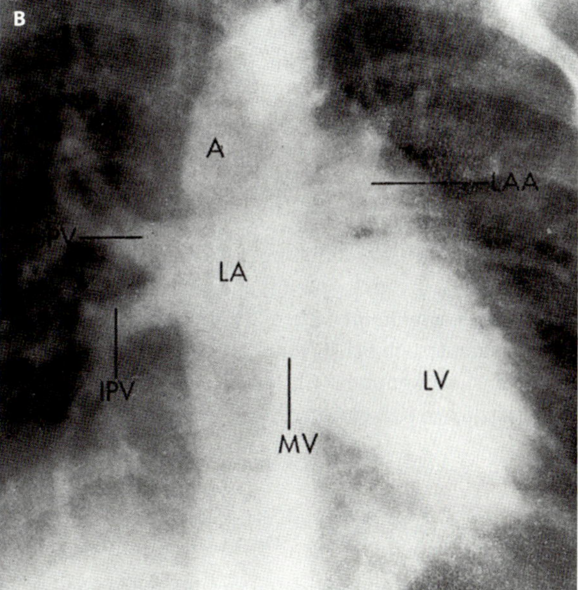

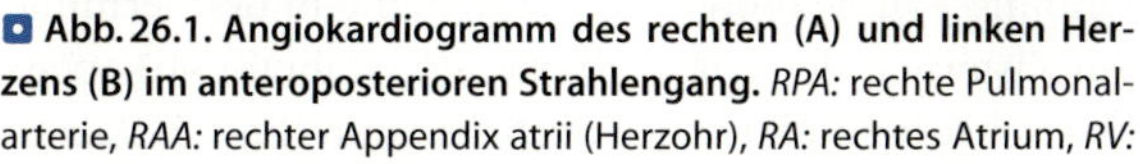

◻ **Abb. 26.1. Angiokardiogramm des rechten (A) und linken Herzens (B) im anteroposterioren Strahlengang.** *RPA:* rechte Pulmonalarterie, *RAA:* rechter Appendix atrii (Herzohr), *RA:* rechtes Atrium, *RV:* rechter Ventrikel, *LPA:* linke Pulmonalarterie, *A:* Aorta, *SPV* und *IPV:* Vena pulmonalis superior und inferior, *LA:* Linkes Atrium, *LAA:* linkes Herzohr, *MV:* Mitralklappe, *LV:* linker Ventrikel. Aus Netter (1990)

Wanddicke zu, der linke Ventrikel entwickelt eine ***Hor[illegible] hypertrophie***.

Obwohl die Druckverhältnisse so unterschiedlich sind, muss zu jeder Zeit durch jeden Abschnitt des Kreislaufs das gleiche Herzminutenvolumen fließen. Das ***Schlagvolumen*** des rechten Herzens muss also im Mittel immer genauso groß sein wie das des linken Herzens.

Fetaler Kreislauf. Der fetale Kreislauf unterscheidet sich von dem des Erwachsenen dadurch, dass Verbindungen zwischen rechtem und linkem Vorhof durch das ***Foramen ovale*** und zwischen Pulmonalarterie und Aorta durch den ***Ductus arteriosus Botalli*** bestehen. Rechtes und linkes Herz sind parallel geschaltet. Persistieren diese Verbindungen, wird die Entwicklung des Herzens nicht abgeschlossen oder erfolgt sie fehlerhaft, dann resultieren angeborene Herzfehler (► s. Abschnitt 26.5).

Endokard. Die innerste Herzwandschicht ist eine seröse Haut, die aus ***Endothelzellen*** besteht. Diese liegen auf einem an elastischen Fasern reichen Bindegewebe. Auch die Herzklappen sind mit Endokard überzogen.

Perikard

! Das Herz liegt in einem Beutel, der es von den umgebenden Organen abgrenzt, seine Form beeinflusst und seine Lage im Thorax stabilisiert

Herzbeutel. Die als Herzbeutel (Perikard) bezeichnete bindegewebige Umhüllung des Herzens besteht aus einem äußeren parietalen und einem inneren, viszeralen Blatt (Epikard). Zwischen beiden Blättern befinden sich etwa 15 bis 35 ml seröse Flüssigkeit, ein Ultrafiltrat des Blutplasmas. Das Perikard trägt zur Stabilisierung der ***Lage des Herzens im Thorax*** bei, denn das parietale Blatt ist an der Herzspitze fest mit dem Centrum tendineum des Zwerchfells verwachsen. Das Perikard verhindert die Überdehnung vor allem des rechten Vorhofes und des rechten Ventrikels und beeinflusst dadurch die ***Form des Herzens***.

Bei Flüssigkeitsansammlung im ***Perikardraum (Perikarderguss)***, z.B. durch Entzündung ***(Perikarditis)*** kann es zur ***Herzbeuteltamponade*** mit Kompression des Herzens, vermindertem Schlagvolumen und Blutdruckabfall (Hypotension) kommen. Chronische Perikarditis führt bei zusätzlichen Kalkeinlagerungen zum ***Panzerherzen***.

In Kürze

! Aufgaben des Herzens

Das Herz erfüllt alle Anforderungen, die an die »Pumpe des Kreislaufs« gestellt werden:

- Rhythmizität.
- Rasche Aktivierung und Kontraktion des ganzen Herzens.
- Schnelle Anpassung an die Bedürfnisse der Peripherie.
- Ventilwirkung der Herzklappen zur Lenkung des Blutstroms in die jeweiligen Herz- und Kreislauf-Abschnitte.

! Bau, Form und Lage des Herzens

Das Herz ist ein unpaares Organ, das aus zwei analog aufgebauten Teilen, dem rechten und dem linken Herzen besteht. Aufgrund der Topographie und der Widerstände im kleinen und großen Kreislauf ergibt sich eine deutliche Asymmetrie.

Die atrioventrikulären Segelklappen sind zwischen den Vorhöfen und Kammern eingebaut. Die Auswurfvolumina werden durch die Taschenklappen in der Aorta und A.pulmonalis in die richtige Richtung gelenkt. Das Endokard kleidet die Innenräume des Herzens aus. Das Perikard umhüllt das Herz, stabilisiert seine Lage und Form und grenzt es zu den umgebenden Organen ab.

26.2 Kontraktion des Herzens

Elektromechanische Kopplung

! Das elektrische Signal am Sarkolemm induziert über Ca^{2+}-Ionen die Kontraktion; es findet eine Ca^{2+}-induzierte Ca^{2+}-Freisetzung aus dem sarkoplasmatischen Retikulum statt

Eine Kontraktion wird nur nach einer elektrischen Erregung der Zellmembran ***(Sarkolemm)*** ausgelöst. Im Gegensatz zu Nerv und Skelettmuskel dauert das ***Aktionspotential*** am Herzen 200 bis 400 ms (lange Plateau-Phase). Elektrisches Signal und Kontraktion treten nicht sukzessiv, sondern praktisch simultan auf. Da die schnellen Na^+-Kanäle während der langen Depolarisationsphase des Plateaus inaktiviert sind, kann während dieser Phase keine zusätzliche Erregung ausgelöst werden ***(absolute Refraktärperiode)***. Daher ist das Herz unter normalen Bedingungen nicht tetanisierbar (► s. Kap. 6.3).

Während des Aktionspotentials werden im Sarkolemm, das sich in Form der T-Tubuli in das Innere der Herzmuskelzelle einstülpt, spannungsgesteuerte L-Typ-Ca^{2+}-Kanäle geöffnet. Es kommt zu einem transsarkolemmalen Einstrom von Ca^{2+}-Ionen ***(Trigger-Ca^{2+})***. Die in das Zytosol gelangten Ca^{2+}-Ionen sind für die Kontraktion aber nicht ausreichend. Sie induzieren die Öffnung von Ryanodin-Rezeptoren, die in den terminalen Zisternen der longitudinalen (L)-Tubuli (Sarkoplasmatisches Retikulum: SR) lokalisiert sind ***(Ca^{2+}-induzier-***

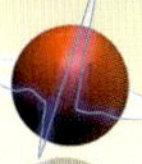

te Ca^{2+}-Freisetzung aus dem SR). Die Ca^{2+}-Ionen binden an Troponin C, die Kontraktion beginnt (▶ s. Kap. 6.2).

Mit Beendigung der Kontraktion werden die Ca^{2+}-Ionen in das SR durch eine Ca^{2+-}-Pumpe (ATPase), die in der Membran des SR lokalisiert ist (SERCA), aktiv zurückgepumpt. ***Phospholamban*** reguliert diesen Prozess.

Proteine des kontraktilen Apparates

> Die Kontraktion kommt wie im Skelettmuskel dadurch zustande, dass Aktin- und Myosinfilamente aneinander entlanggleiten

Mechanismus der Muskelkontraktion. Beim Herzen wie beim Skelettmuskel (▶ s. Kap. 6.2) besteht der kontraktile Apparat aus Aktinfilamenten, Tropomyosin und Myosinfilamenten. Wird Ca^{2+} an Troponin C gebunden, kommt es zu Konformationsänderungen im Troponin-Komplex, und Tropomyosin verändert seine Position zum Aktinfilament. Dadurch werden die Stellen frei, an die die Myosinköpfe binden können. Sie kippen in Richtung des Myosinhalses. Die Myosin-ATPase spaltet ATP in ADP und anorganisches Phosphat, und das Aktinfilament wird jeweils in Richtung Sarkomerenmitte bewegt, da die Myosinköpfe polar angeordnet sind. Der Myosinkopf löst sich in Anwesenheit von ATP wieder ab, der ***Brückenzyklus*** ist beendet. Auf diese Weise gleiten die Aktin- und Myosinfilamente aneinander vorbei ohne ihre Länge zu ändern ***(Sliding-Filament-Mechanismus).*** Das Sarkomer verkürzt sich (▶ s. Kap. 6.2).

Drittes Filamentsystem. Außer den am Kontraktionsprozess beteiligten Proteinen gibt es weitere Proteine, von denen dem ***Titin*** eine funktionelle Bedeutung zuzukommen scheint. Dies ist das größte bisher beschriebene Polypeptid (3 Mega Dalton) und macht etwa 10 % der Gesamtmasse des Muskels aus. Es erstreckt sich über die Distanz eines Halbsarkomers von der Z-Scheibe bis zur Mitte des Sarkomers. Ihm wird die Funktion eines ***Gerüst- und Stützproteins*** zugeschrieben, das für die Positionierung der Myosinfilamente im Zentrum des Sarkomers verantwortlich ist. Es hat elastische Eigenschaften und entwickelt passive Kraft bei Dehnung (▶ s. Kap. 6.5).

Herz- und Skelettmuskel. Das Herz ist ein Hohlmuskel, dessen prinzipiell mögliche Kontraktionen mit denen des Skelettmuskels verglichen werden können (◻ Abb. 26.2). Länge und Spannung müssen dabei durch ***Druck*** (Ordinate) und ***Volumen*** (Abszisse) ersetzt werden (▶ s. Kap. 6.5).

Kontraktionsformen

> Unter entsprechenden experimentellen Bedingungen kann das Herz die meisten vom Skelettmuskel bekannten Kontraktionsformen durchführen; typisch ist die Unterstützungskontraktion

Kontraktionsformen. Das Herz kann, unter entsprechenden experimentellen Bedingungen, fast alle Kontraktionsformen ausführen, die vom Skelettmuskel bekannt sind:

- Die ***isovolumetrische Kontraktion*** kann am isolierten Herzen ausgelöst werden, wenn man den Blutauswurf durch eine Klemme verhindert. Es wird dann nur Druck erzeugt. Im Druck-Volumen-Diagramm stellt sich die Kontraktion als Pfeil parallel zur Ordinate dar (◻ Abb. 26.2 A).
- Eine ***isobare Kontraktion*** kann ebenfalls am isolierten Herzen ausgelöst werden; dieses kann ungehindert Blut auswerfen, wenn die Taschenklappen entfernt sind (◻ Abb. 26.2 B).
- Eine ***auxobare Kontraktion*** wird ausgelöst, wenn das Ausflussrohr sehr eng ist, in das ein isoliertes Herz Blut auswirft, sodass gleichzeitig der Druck erhöht wird (◻ Abb. 26.2 C).

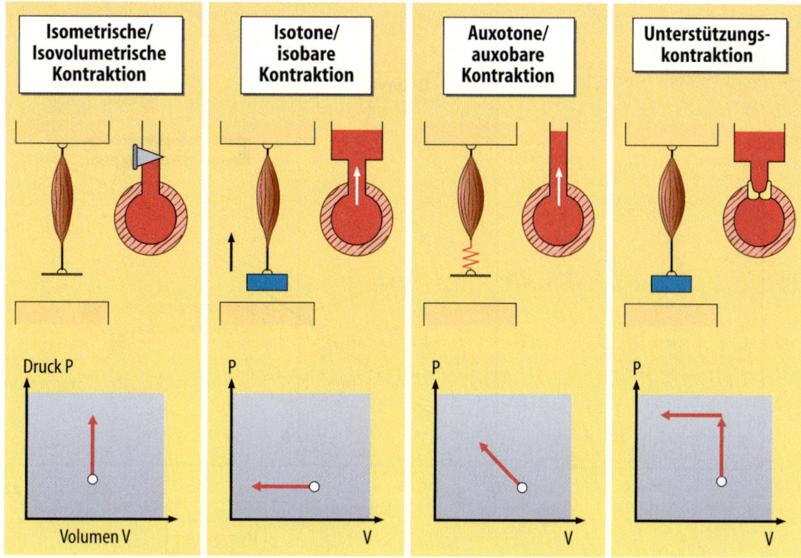

◻ **Abb. 26.2. Die wichtigsten Kontraktionsformen des Muskels und des Herzens.** Die jeweiligen Versuchsbedingungen sind für den Skelettmuskel jeweils *links oben* und für das isolierte Herz jeweils *rechts oben* angegeben. Darstellung der Kontraktionen im Druck-Volumen-Diagramm, *P:* Druck, *V:* Volumen

- Die ***Unterstützungskontraktion*** ist die normale Kontraktionsform, wenn die Herzklappen intakt sind (◘ Abb. 26.2 D).

Ruhedehnungskurve. Beim Herzen erhält man die Ruhedehnungskurve, indem man es mit zunehmenden Blutmengen füllt. Bei jedem Blutvolumen, das sich im stillstehenden Ventrikel befindet, wird der Druck gemessen. Wenn unter in vivo-Bedingungen das Herz gefüllt wird, so kann dies normalerweise nur entlang dieser Ruhedehnungskurve erfolgen (◘ Abb. 26.3, rechts).

Maximakurven. Lässt man das Herz von unterschiedlichen Punkten auf der Ruhedehnungskurve maximal isovolumetrisch kontrahieren und verbindet die erhaltenen Maxima miteinander, erhält man die ***Kurve der isovolumetrischen Maxima.*** Diese steigt mit zunehmender Ventrikelfüllung steil an, durchläuft ein Maximum, nimmt wieder ab und endet an der Ruhedehnungskurve (◘ Abb. 26.3, rechts). Entsprechend erhält man durch Verbindung der Endpunkte der maximalen isobaren Kontraktionen die ***Kurve der isobaren Maxima*** (◘ Abb. 26.3, rechts). Die Ruhedehnungskurve und die Kurven der isovolumetrischen bzw. isobaren Maxima stellen die Rahmenbedingungen dar, innerhalb derer das Herz unter normalen Bedingungen arbeitet.

VI

Herzzyklus

Während der Systole entwickelt das Herz Druck und wirft Blut aus, in der Diastole entspannt sich das Herz und wird mit Blut gefüllt; Vorlast *(Preload)* and Nachlast *(Afterload)* beeinflussen das Arbeitsdiagramm des Herzens

Druck-Volumen-Beziehung. Während einer Herzaktion steigt zuerst der Druck im linken Ventrikel soweit an, bis der Druck in der Aorta (diastolischer Aortendruck) erreicht ist. Das Volumen ändert sich dabei nicht, da alle Herzklappen geschlossen sind ***(Anspannungsphase).*** Sobald der Druck im linken Ventrikel den Aortendruck überschreitet, wird die Aortenklappe geöffnet, der Druck steigt weiter an, das Schlagvolumen von etwa 70 ml wird ausgeworfen ***(Austreibungsphase).*** Anspannungs- und Austreibungsphase (◘ Abb. 26.4, I,II) bilden zusammen die ***Systole*** des Herzens. Der Druck im linken Ventrikel fällt wieder ab, die Aortenklappe schließt sich. Da auch die Mitralklappe geschlossen ist, ändert sich das ***Restblut*** von etwa 60–70 ml nicht, der Druck fällt steil ab ***(Entspannungsphase).*** Wenn er den Druck im linken Vorhof unterschreitet, öffnet sich die Mitralklappe. Der linke Ventrikel füllt sich ***(Füllungsphase),*** wobei die Füllung in der ersten Phase etwa 80 % beträgt und sehr schnell erfolgt (◘ Abb. 26.3, links). Die endgültige Ventrikelfüllung wird durch die Kontraktion des Vorhofs bewirkt. Entspannungs- und Füllungsphase bezeichnet man als die ***Diastole*** des Herzens (◘ Abb. 26.4, III,IV).

Die gleichzeitig stattfindenden Veränderungen von Druck und Volumen im linken Ventrikel (◘ Abb. 26.3, links) können in einem einzigen Diagramm dargestellt werden. Aus dem resultierenden Druck-Volumen-Diagramm (ABCD in ◘ Abb. 26.3, rechts) wird deutlich, dass die ***Anspannungs- und Entspannungsphase*** bei konstantem Volumen, also ***isovolumetrisch***, erfolgen. Die normale Aktion des Herzens ist eine ***modifizierte Unterstützungskontraktion***, wobei die Austreibungsphase auxobar ist. Die von ABCD begrenzte Fläche stellt die ***äußere Herzarbeit*** (Druck-Volumen-Arbeit) dar (► s. Kap. 27.1).

Unterstützungsmaxima. Der Punkt auf der Ruhedehnungskurve, von dem die isovolumetrische Anspannungsphase beginnt (A in ◘ Abb. 26.3, rechts), ist die ***Vorlast des Herzens (Preload),*** die durch das enddiastolische

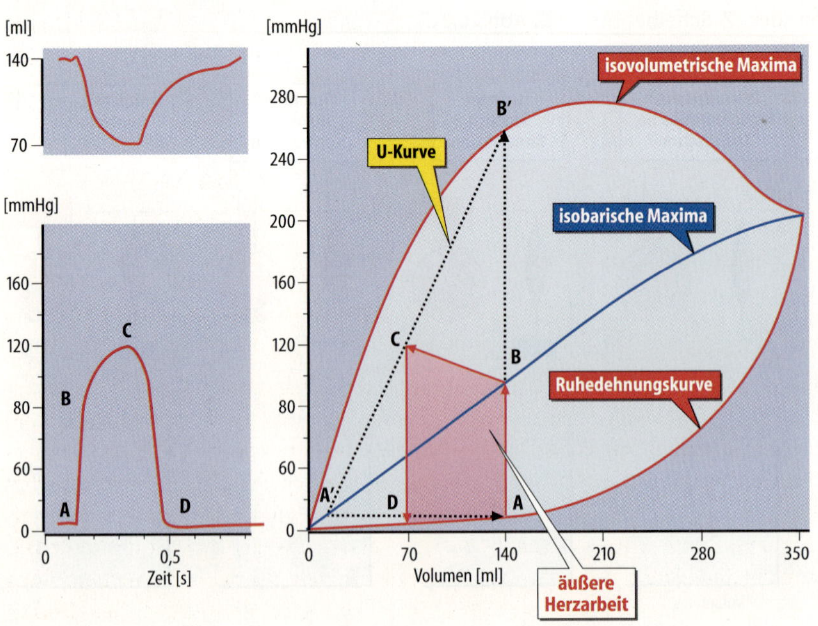

A – Vorlast
B – Aortenklappe auf

◘ **Abb. 26.3. Gleichzeitige Aufzeichnung von Druck- und Volumenveränderungen im linken Ventrikel (links) und Druck-Volumendiagramm des linken Ventrikels (rechts).** A,B,C und D entsprechen sich

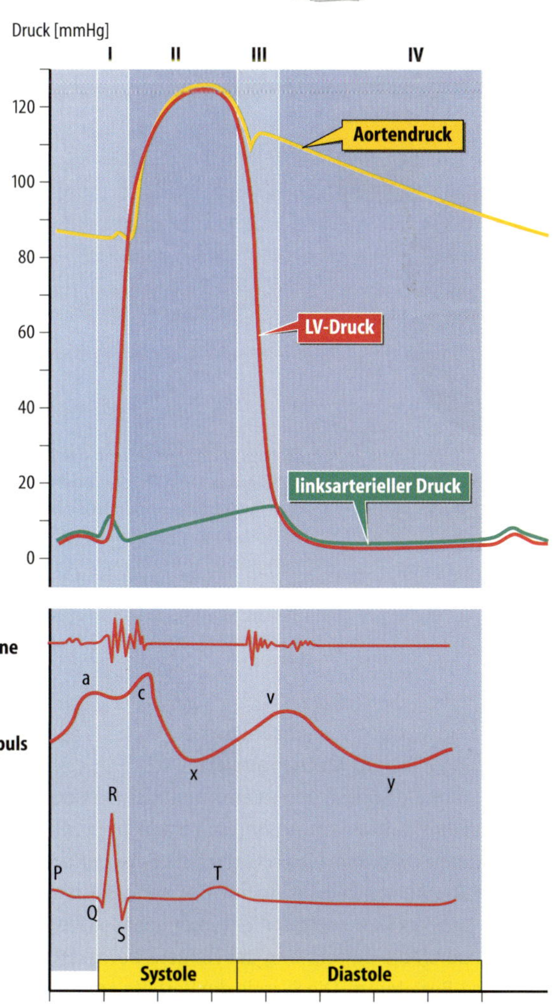

Abb. 26.4. Zeitliche Darstellung einer Herzaktion. Beim linksventrikulären *(LV)* Druck I: isovolumetrische Anspannungsphase, II: auxobare Austreibungsphase, III: isovolumetrische Entspannungsphase, IV: Füllungsphase. Der Venenpuls repräsentiert die Druckänderungen in der V. jugularis

Volumen von etwa 140 ml und durch den gering angestiegenen enddiastolischen Druck von einigen (bis maximal 8) mm Hg charakterisiert ist. Diese Vorlast entspricht beim Skelettmuskel der Vordehnung, von der aus die Kontraktion erfolgt. Während der isovolumetrischen Anspannungsphase steigt der Ventrikeldruck so weit, bis der jeweilige diastolische Aortendruck erreicht und überwunden ist. Die Faserspannung im Moment der Klappenöffnung ist die ***Nachlast (Afterload).***

Der Endpunkt der Unterstützungskontraktion, die vom Punkt A auf der Ruhedehnungskurve ihren Ausgang nimmt (C in ▪ Abb. 26.3, rechts), liegt auf der ***Kurve der Maxima der Unterstützungskontraktionen (U-Kurve).*** Die U-Kurve beginnt am Punkt A' der Kurve der isobaren Maxima (▪ Abb. 26.3, rechts) und endet auf der Kurve der isovolumetrischen Maxima am Punkt B'. Jeder Punkt auf der Ruhedehnungskurve hat seine eigene U-Kurve.

Umformung des Herzens

> Es kommt zur maximalen Druckentwicklung, wenn sich die Erregung des Herzens bereits zurückbildet; Änderungen der Wanddicke und des Radius des Ventrikels sind u. a. hierfür verantwortlich

Auxobare Austreibungsphase. Diese Phase ist komplex, da sich das Ventrikelvolumen verkleinert, die Wanddicke zunimmt und der Druck weiter ansteigt. Die Aufrechterhaltung und weitere Erhöhung des systolischen Drucks ist nicht das Resultat der elektrischen Erregung des Ventrikels. Denn diese geht bereits zurück, erkenntlich am Beginn der T-Welle im EKG (▪ Abb. 26.4). Während der Austreibungsphase nimmt der Radius des Ventrikels ab und die Wanddicke zu (▪ Abb. 26.5, links oben). Gleichzeitig nimmt die Wandspannung ab (▪ Abb. 26.5, links unten).

Laplace-Beziehung. Denkt man sich den linken Ventrikel als eine Kugel bestehend aus zwei Halbkugeln, dann versucht der Innendruck, die beiden Halbkugeln mit der Kraft $P \times r^2 \times \pi$ auseinander zu sprengen. Dieser sprengenden Kraft wirkt eine zusammenhaltende Kraft entgegen ($K \times 2r \times \pi \times d$), wobei die Wandspannung K die Kraft/Flächeneinheit des Wandquerschnitts ist (▪ Abb. 26.5, rechts). Setzt man diese beiden Kräfte gleich und löst nach P oder K auf, dann ergibt sich die Beziehung:

$$P = K \times 2d/r \quad \text{bzw.} \quad K = P \times r/2d$$

Danach wird während der Austreibungsphase der Druck P durch Zunahme der Wanddicke d des Ventrikels und gleichzeitige Abnahme des Radius r bei konstanter oder sogar abnehmender Wandspannung aufrechterhalten oder nimmt weiter zu. Andererseits nimmt die Wandspannung K zu, wenn der Radius des Ventrikels größer und die Wanddicke geringer wird wie z. B. bei der Dilatation des linken Ventrikels. V.a. bei Herzinsuffizienz spielt die Laplace-Beziehung eine entscheidende Rolle (► s. Abschnitt 26.5).

Koordination von Vorhof- und Kammeraktion

> Der Vorhof kontrahiert sich zeitlich vor der Kammer, die Kammerfüllung erfolgt im Wesentlichen durch Verschiebung der Ventilebene; die Herzaktionen führen zu charakteristischen Änderungen des zentralen Venendruckes

Venenpuls. Durch die räumlich und zeitlich geordnete Ausbreitung der elektrischen Erregung ist gewährleistet, dass sich die Vorhöfe vor den Ventrikeln kontrahieren. Der Venenpuls stellt mit einer gewissen Verzögerung ein Abbild des Druckverlaufs im rechten Vorhof dar (▪ Abb. 26.4). Die Systole des rechten Vorhofs (▪ Abb. 26.4a) findet während der Diastole des Ventrikels statt. Sie leistet den letzten Beitrag zur Kammerfüllung (etwa 20 %). Sie ist beim gesunden jugendlichen Herzen

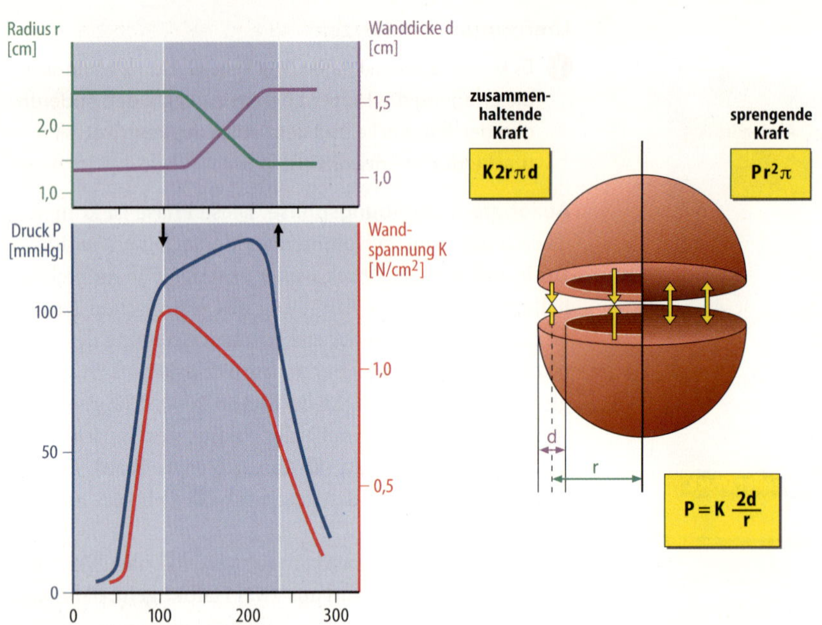

Abb. 26.5. Darstellung der Laplace-Beziehung. *Links:* Änderungen von Radius, Wanddicke, Innendruck und Wandspannung des linken Ventrikels während der Austreibungsphase (mit Pfeilen markiert). *Rechts:* Entwicklung der Laplace-Beziehung an einer Kugel. Nach Antoni (2000)

nicht essentiell. Mit zunehmendem Alter wird der linke Ventrikel steifer und relaxiert schlechter (diastolische Dysfunktion). Jetzt ist die Vorhofkontraktion für die Füllung von Bedeutung und kann bis zu 40 % des Füllungsvolumens beitragen.

Phasen des Venenpulses. Die *c-Welle* des Venenpulses (Abb. 26.4) kommt dadurch zustande, dass sich bei der Druckentwicklung in der rechten Kammer die Trikuspidalklappe in den rechten Vorhof vorwölbt. Das ***x-Tal*** korreliert mit der Senkung der Ventilebene während der Austreibungsphase. Da das Perikard am Zwerchfell fest verwachsen ist, wird bei der Kammerkontraktion die Ventilebene in Richtung Herzspitze gezogen. Während der Entspannungsphase der Kammer erfolgt der venöse Zustrom in den Vorhof ***(v-Welle)***. Wenn sich jetzt die Trikuspidalklappe öffnet, stülpt sich die Ventilebene bei ihrer Verschiebung zurück in Richtung Herzbasis über das im Vorhof bereits vorhandene Blut, das dadurch sofort in die Kammer verlagert wird. Es entsteht das ***y-Tal*** im Venenpuls (Abb. 26.4). Durch diesen ***Ventilebenen-Mechanismus*** ist die schnelle Füllung (etwa 80 %) zu Beginn der Füllungsphase (Abb. 26.3, links) zu erklären.

In Kürze

Kontraktion des Herzens

Im Prozess der elektromechanischen Kopplung findet eine Ca^{2+}-induzierte Freisetzung von Ca^{2+}-Ionen aus dem sarkoplasmatischen Retikulum statt. Nach Bindung von Ca^{2+}-Ionen an Troponin C kommt es zu Konformationsänderungen am Aktinfilament, die die Kontraktion ermöglichen. Dabei gleiten die Aktin- und Myosinfilamente aneinander vorbei (Sliding-Filament-Mechanismus).

Die normale Kontraktion ist eine modifizierte Unterstützungskontraktion. Aus ihrem Verlauf im Druck-Volumen-Diagramm ergibt sich die äußere Herzarbeit. Die Aufrechterhaltung und der weitere Anstieg des Druckes während der Austreibungsphase werden durch die Umformung des Herzens bewirkt (Laplace-Beziehung). Die Systole der Vorhöfe erfolgt während der Diastole der Kammern. Der Ventilebenen-Mechanismus trägt wesentlich zur Kammerfüllung bei.

26.3 Regulation der Herzfunktion

Frank-Starling-Mechanismus

Das Herz kann sich an veränderte Bedingungen schnell anpassen; wird es stärker gefüllt, wirft es sofort ein größeres Schlagvolumen aus, wird der periphere Gefäßwiderstand erhöht, bleibt das Schlagvolumen konstant (Frank-Starling-Mechanismus)

Einfluss des Herzvolumens. Die Reaktion des Herzens auf veränderte Füllung kann am besten an einem isolierten Herzen oder am ***Herz-Lungen-Präparat*** untersucht werden.

▪▪▪ Das linke Herz eines Hundes wirft das Blut in einen künstlichen Kreislauf aus, in den ein »Windkessel« und ein Widerstandselement eingebaut sind (Abb. 26.6). Durch den »Windkessel« wird die elastische Dehnbarkeit der Aorta simuliert. Bei dem Widerstandselement wird ein dünnwandiger Gummischlauch in einem Glasrohr durch Druck von außen komprimiert. Durch Heben und Senken des

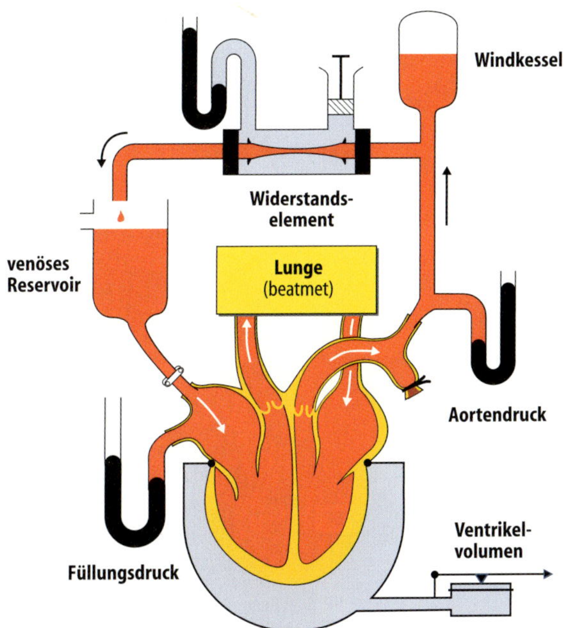

Abb. 26.6. Herz-Lungen-Präparat nach Starling. Der kleine Kreislauf ist intakt. Der große Kreislauf wurde durch einen künstlichen Kreislauf ersetzt. Nach Antoni (2000)

venösen Reservoirs wird die Füllung des rechten und wegen des niedrigen Strömungswiderstandes der Lunge auch des linken Herzens willkürlich verändert. Das Blut wird in der künstlich beatmeten Lunge oxygeniert. Das Ventrikelvolumen wird mit einem »Kardiometer« fortlaufend gemessen (Abb. 26.7, oben, jeweils oberste Kurve).

Wird der venöse Druck erhöht (VP in Abb. 26.7, links oben), nehmen sofort das diastolische Volumen (Abb. 26.7, links oben, starke Abwärtsbewegung des unteren Fußpunktes der Registrierung des Ventrikelvolumens C) und das Schlagvolumen des linken Ventrikels zu (Abb. 26.7, links oben, Amplitude der Registrierung C). Dagegen ändert sich der Blutdruck (BP in Abb. 26.7, links oben) nur gering.

Trägt man diese Veränderungen in das Druck-Volumen-Diagramm ein (Abb. 26.7, links unten), dann stellt sich die Zunahme des diastolischen Volumens als Wandern des Punktes A zu A_1 auf der Ruhedehnungskurve dar. Dieser Punkt ist mit einer neuen U-Kurve assoziiert. Das Schlagvolumen SV_1 ist größer als unter Kontrollbedingungen (SV).

Einfluss des peripheren Widerstandes. Wird im Widerstandselement des Herz-Lungen-Präparates (Abb. 26.6) der Druck erhöht, gegen den das linke Herz anarbeitet (BP in Abb. 26.7, rechts oben), nimmt das diastolische Ventrikelvolumen ebenfalls zu (Abb. 26.7, rechts unten). Nun wird ein annähernd normales Schlagvolumen gegen einen erhöhten Widerstand ausgeworfen. In jedem Fall, bei vermehrter Füllung und bei erhöhtem peripheren Widerstand, wird also das enddiastolische Volumen in dieser Versuchsanordnung erhöht.

Überlappung von Aktin- und Myosinfilamenten. Durch die Erhöhung des enddiastolischen Volumens wird das Herz gedehnt, die Sarkomere werden länger. Da für das normale Herz eine Sarkomerlänge von 1,7–1,8 μm charakteristisch ist, kommt es mit zunehmender Füllung zunächst zu einer optimalen Überlappung von Aktin- und Myosinfilamenten, die bei einer Sarkomerlänge zwischen 2,0 und 2,2 μm liegt. Bei weiterer Dehnung werden die Aktinfilamente aus dem optimalen Überlappungsbereich herausgezogen, die Spannungsentwicklung nimmt ab. Auch bei Sarkomerlängen unterhalb des optimalen Überlappungsbereiches wird die Spannungsentwicklung geringer, da die Interaktion der Aktin- und Myosinfilamente der einen Sarkomerhälfte durch die Aktinfilamente der anderen Sarkomerhälfte gestört wird (Abb. 26.8 A).

Ca^{2+}-Empfindlichkeit. Für den aufsteigenden Teil der Kurve (Abb. 26.8 A) gibt es noch eine alternative Erklärung. Danach kommt es mit zunehmender Sarkomerlänge zu einer Zunahme der Ca^{2+}-Empfindlichkeit des kontraktilen Apparates. Da die Bindung von Ca^{2+}-Ionen an Troponin-C das entscheidende Ereignis für die Aktivierung des kontraktilen Apparates ist, ergibt sich die Ca^{2+}-Empfindlichkeit aus der mechanischen Antwort relativ zum zytosolischen Ca^{2+}, das für die Bindung an Troponin-C verfügbar ist. Bei einer gegebenen Ca^{2+}-Ionenkonzentration ist die Spannungsentwicklung von stärker vorgedehnten Sarkomeren größer als bei geringerer Sarkomerlänge (Abb. 26.8 B). Der kontraktile Apparat reagiert also mit zunehmender Dehnung sensitiver auf Ca^{2+}-Ionen.

Wie diese Linksverschiebung der Kurve zustande kommt, ist noch nicht geklärt. Durch die Dehnung der Sarkomere wird der Abstand der Myosinköpfe zu den Aktinfilamenten geringer. Dadurch könnte es zu einer erhöhten Zahl von ***stärkeren Brückenbindungen*** oder zu einer erhöhten Affinität von Troponin-C für Ca^{2+} kommen.

Mit dem Frank-Starling-Mechanismus erfolgt die gegenseitige ***Anpassung der Auswurfvolumina*** des rechten und linken Herzens. So wird bei ***Volumenverschiebungen innerhalb des Körpers*** z. B. beim Übergang vom Stehen zum Liegen und bei Immersion in Wasser (Baden) dem rechten Herzen vermehrt Blut zugeführt, das sofort weiterbefördert wird. Unter diesen Bedingungen verringert sich die Schwerkraft, durch die sich normalerweise das Blut in den Beinen ansammelt. Zu extremer Verschiebung von bis zu 2 Litern Blut vor allem aus den unteren Extremitäten (»Storchen- oder Spinnenbeine«) in den Thorax und Hals/Gesichtsbereich kommt es in der Raumfahrt während der Schwerelosigkeit. Zudem wird Plasmaflüssigkeit von intra- nach extravasal filtriert. Deswegen haben Astronauten in den ersten Tagen eines Raumfluges ein aufgedunsenes Gesicht *(Puffy Face)* und klagen über das Anschwellen von Schleimhäuten in Mund, Nase und Rachen.

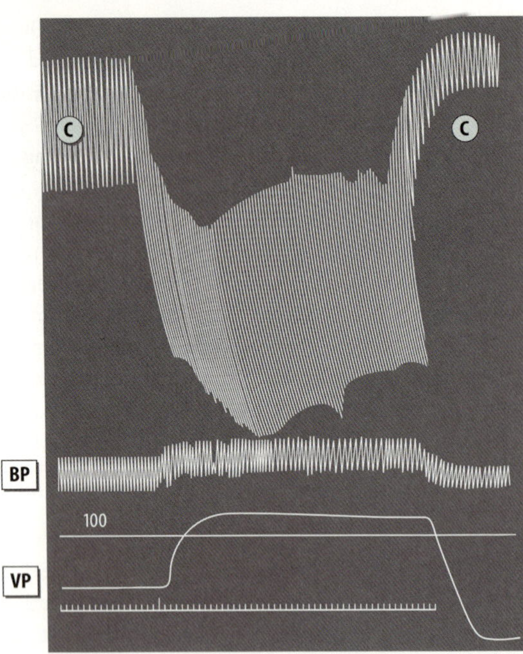

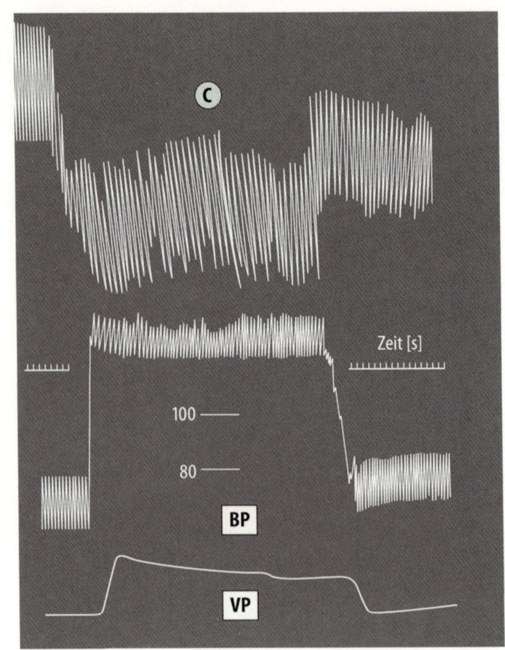

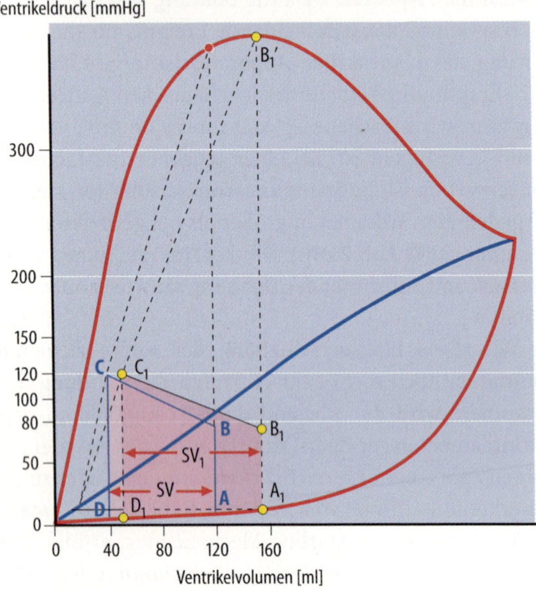

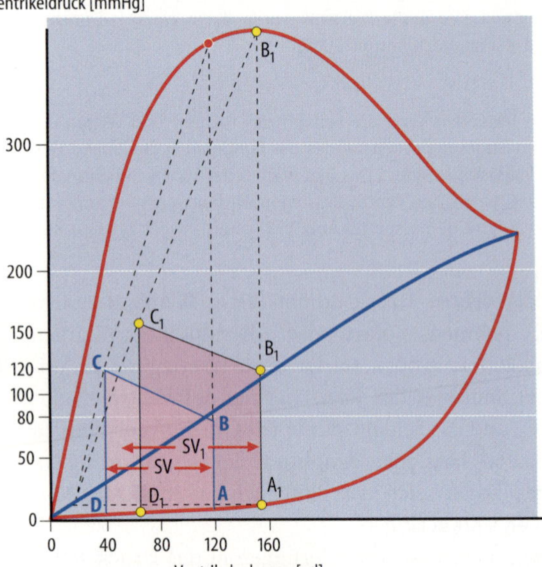

Abb. 26.7. Der Frank-Starling-Mechanismus des Herzens. *Oben:* Originalregistrierungen aus Versuchen am Herz-Lungen-Präparat der Abbildung 26.6 *links* bei Volumenbelastung und *rechts* Druckbelastung. *(C)* Registrierung der systolischen und diastolischen Füllung des Herzens sowie des Schlagvolumens *(Amplitude)* mit dem »Kardiometer«, *BP:* Blutdruck, *VP:* Venöser Druck. Einzelheiten ► s. Text. *Unten:* Darstellung der Befunde im Druck-Volumen-Diagramm. Nach Patterson et al (1914)

Auch bei ***Flüssigkeitszufuhr*** z. B. bei intravenösen Infusionen wird der Frank-Starling-Mechanismus in Gang gesetzt. Schließlich ist wichtig, dass das ***transplantierte Herz*** komplett denerviert und zumindest in der ersten Zeit nach der Operation auf diesen Mechanismus angewiesen ist.

Adrenerge Inotropie-Mechanismen

Auch ohne Änderung des enddiastolischen Volumens kann ein größeres Schlagvolumen ausgeworfen und ein höherer Druck erzeugt werden; der positiv-inotrope Effekt der Katecholamine wird über Ca^{2+}-Ionen vermittelt

Katecholamine. Dass das Herz seine Kontraktionskraft auch ohne vermehrte Füllung erhöhen kann, wurde durch klinische Beobachtungen und experimentelle Befunde nahegelegt. So kann bei Sportlern gezeigt werden, dass unter körperlicher Belastung das Herz in der Diasto-

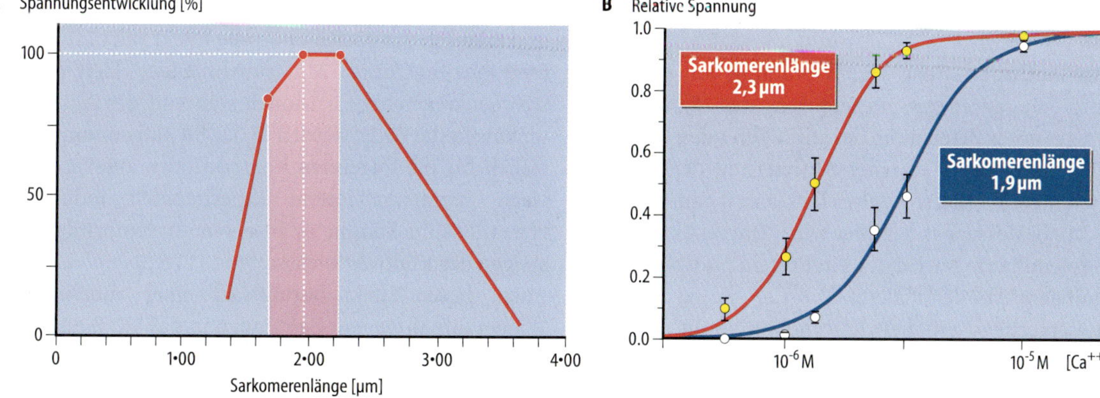

Abb. 26.8. Die beiden Möglichkeiten zur Erklärung des Frank-Starling-Mechanismus. A Abhängigkeit der Spannungsentwicklung von der Sarkomerenlänge. Nach Braunwald et al (1967) **B** Änderung der Spannungsentwicklung durch Erhöhung der Ca^{2+}-Sensitivität des kontraktilen Apparates bei größerer Sarkomerenlänge. Ergebnisse von Untersuchungen an isolierten Herzmuskelzellen. Nach Cazorla et al (1999)

le nicht größer wird. In der Systole verkleinerte sich das Herz sogar erheblich. Es wurde vermehrt Restblut mobilisiert, sodass das Schlagvolumen vergrößert wurde. Diese Veränderungen sind mit dem Frank-Starling-Mechanismus nicht zu erklären.

Wenn der Sympathikus stimuliert und Noradrenalin als wichtigster Transmitter freigesetzt wird, ändern sich das enddiastoliche Volumen und der enddiastolische Druck nicht (Abb. 26.9 A). Das Herz kann aber trotzdem einen höheren Druck entwickeln und ein normales Schlagvolumen auswerfen oder ein größeres Schlagvolumen gegen einen normalen Druck auswerfen. Das liegt daran, dass durch Katecholamine unter Sympathikuseinfluss die Kurve der ***isovolumetrischen Maxima deutlich erhöht*** wird (Abb. 26.9 A).

Kraft-Geschwindigkeitsbeziehung. Diese kann an einem isolierten Präparat, z. B. an einem Papillarmuskel experimentell erarbeitet werden. Hierzu werden Unterstützungskontraktionen durchgeführt (Abb. 26.2). Dabei wird durch eine definierte Vorlast *(Preload)* die Länge des Muskels festgelegt. Die Nachlast *(Afterload)*, also das Gewicht, das der Muskel heben muss, wenn er sich verkürzt, wird sukzessiv erhöht. Mit zunehmender Nachlast wird die Geschwindigkeit der Muskelverkürzung kleiner (Abb. 26.9 B). Unter Sympathikusstimulation kommt es zu einer Rechtsverschiebung der Kurve, d. h. bei jeder Nachlast ist die Verkürzungsgeschwindigkeit höher. Die absolute Kraft, die der Papillarmuskel entwickelt, ist größer (Abb. 26.9 B). Bei Extrapolation der Kurven auf die Ordinate ergibt sich die ***lastfreie maximale Verkürzungs-***

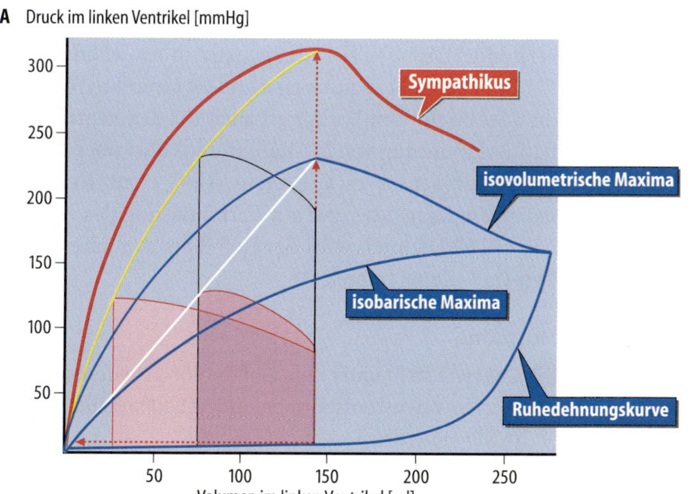

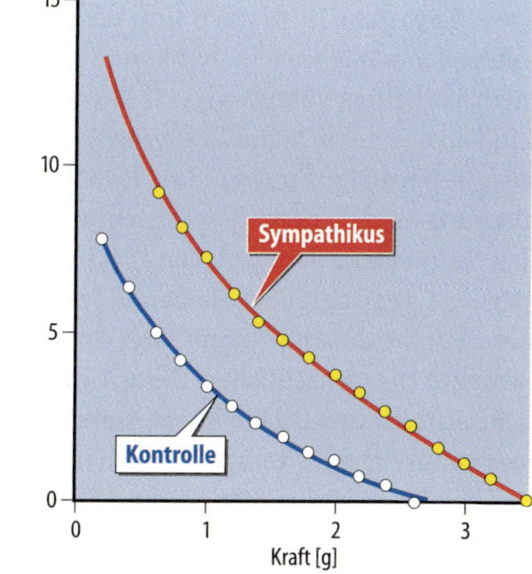

Abb. 26.9. Einfluss des Sympathikus. A Darstellung im Druck-Volumen-Diagramm. Die Kurve der isovolumetrischen Maxima *(oberste Kurve)* ist erhöht. Vom gleichen Punkt auf der Ruhedehnungskurve kann ein normales Schlagvolumen gegen einen höheren Widerstand oder ein größeres Schlagvolumen bei normalem Druck ausgeworfen werden. **B** Darstellung des positiv-inotropen Effektes von Noradrenalin (Sympathikus) im Kraft-Geschwindigkeits-Diagramm. Ergebnisse von Untersuchungen am isolierten Katzen-Papillarmuskel. Nach Braunwald et al (1967)

geschwindigkeit ***(V_{max})***. Sie ist unter Sympathikuseinfluss höher.

Positiv-inotroper Effekt. Durch Bindung von Katecholaminen an adrenerge Rezeptoren des Sarkolemms kommt es unter Beteiligung des stimulierenden GTP-bindenden Gs-Proteins zu einer Aktivierung der katalytischen Untereinheit der Adenylatzyklase, wodurch cAMP als Second Messenger gebildet wird. Durch Aktivierung der Proteinkinase A wird u. a. ein Protein phosphoryliert, das mit dem sarkolemmalen L-Typ-Ca^{2+}-Kanal assoziiert ist. Entsprechend erhöhen Katecholamine die Kontraktionsamplitude und die Geschwindigkeit des Anstiegs der Kontraktion.

Lusitroper Effekt. Durch die Proteinkinase A wird auch Phospholamban phosphoryliert, wodurch vermehrt Ca^{2+}-Ionen in das sarkoplasmatische Retikulum (SR) durch die sarkoplasmatische Ca^{2+}-Pumpe (SERCA) zurückgepumpt werden (▶ s. Kap. 25.1). Daher wird durch Katecholamine die Relaxationsgeschwindigkeit erhöht. Diese ist ebenso wie der positiv-chronotrope und dromotrope Effekt charakteristisch für die Wirkung der Katecholamine.

Positiv-chronotroper Effekt. Katecholamine steigern zusätzlich Herzfrequenz ***(Tachykardie)*** und Leitungsgeschwindigkeit (dromotroper Effekt, ▶ s. Kap. 25.2). Die Tachykardie führt zu Verkürzung der einzelnen Herzperiode vorwiegend auf Kosten der Diastole. So wird bei einer Frequenzsteigerung von 70/min auf 150/min die Systolendauer von 0,28 s auf 0,25 s, die Diastolendauer aber von 0,58 s auf 0,15 s verkürzt. Die Nettoarbeitszeit der Ventrikel nimmt daher erheblich zu.

β-Adrenerge Rezeptoren. Die Auslösung der positiv-chronotropen und inotropen Effekte wird duch kardiale β-adrenerge Rezeptoren vermittelt (▶ s. Kap. 20.2). Drei Subtypen sind bisher kloniert und pharmakologisch identifiziert worden: β_1-, β_2- und β_3-Adrenozeptoren (▶ s. Kap. 20.2). Im Herzen sind die β_1- und β_2-Rezeptoren gleichmäßig verteilt und kommen im Ventrikel in einem Verhältnis von etwa 75:25% vor. Beide Rezeptoren sind an das ***Adenylatzyklase/cAMP-System*** gekoppelt.

α-Adrenerge Rezeptoren. Im Gegensatz zur großen Bedeutung der β-adrenergen Rezeptoren ist die Wirkung bei Stimulation der kardialen α-adrenergen Rezeptoren gering. Es existieren im Herzen α_1- und α_2-Adrenozeptoren. Für beide sind jeweils drei Subtypen beschrieben worden. Im menschlichen Herzen ist ein α_1-Subtyp der häufigste, dessen Dichte ist aber sehr viel geringer als die der β-adrenergen Rezeptoren. Über ein Pertussistoxin-insensitives G-Protein ($G_{q/11}$) und Phospholipase C fungieren ***Inositoltriphosphat*** und ***Diazylglyzerol*** als Second Messenger. Der durch Stimulation der α_1-Rezeptoren ausgelöste positiv-inotrope Effekt beträgt maximal nur 15–35% des β-adrenerg-vermittelten Effektes. Durch Erhöhung des peripheren Widerstandes infolge α-adrenerger Vasokonstriktion wird der diastolische Blutdruck und der systolische Druck im linken Ventrikel gesteigert und dadurch der positiv-inotrope Effekt verstärkt.

Frequenz-Inotropie. Mit zunehmender Herzfrequenz strömen vermehrt Ca^{2+}-Ionen während des Aktionspotentials in die Zelle, werden in das SR aufgenommen und stehen für die folgenden Kontraktionen zur Verfügung. Nach vorübergehendem experimentell induziertem Herzstillstand kommt es zu einem stufenförmigen Ansteigen der Kontraktionsamplitude ***(Treppenphänomen)***. Auch dieser Effekt beruht auf einer zunehmenden Wiederaufnahme von Ca^{2+}-Ionen in das SR. Eine experimentell induzierte Erhöhung der extrazellulären Ca^{2+}-Ionenkonzentration wirkt ebenfalls positiv-inotrop. Diese Möglichkeit wird therapeutisch allerdings nicht genutzt.

Azetylcholin-Rezeptoren

! Der Parasympathikus mit Azetylcholin als Überträgerstoff senkt die Herzfrequenz und indirekt die Herzkraft

Azetylcholin ist der Transmitter sowohl der präganglionären als auch der postganglionären Synapsen des parasympathischen Nervensystems (▶ s. Kap. 20.2). Am Herzen wird der Sinusknoten vor allem vom rechten, der Atrioventrikularknoten vom linken Parasympathikus versorgt. Die Bindung von Azetylcholin erfolgt an postganglionäre muskarinerge Rezeptoren, von denen 5 Subtypen kloniert und pharmakologisch identifiziert worden sind: M_1–M_5. Im menschlichen Herzen ist der M_2-Rezeptor dominierend und vermittelt die ***negativ-chronotropen und inotropen Wirkungen***. Die Zahl der M_2-Rezeptoren ist im Vorhof wesentlich höher als im Ventrikel.

Eine direkte inhibierende Wirkung ergibt sich am ***Vorhofmyokard*** daraus, dass Azetylcholin die Herzfrequenz senkt und die Dauer des Aktionspotentials verkürzt (▶ s. Kap. 25.1). Als Folge davon wird der transsarkolemmale Ca^{2+}-Einstrom durch den L-Typ Ca^{2+}-Kanal vermindert. Es resultiert der negativ-inotrope Effekt.

Daneben gibt es noch eine andere indirekte Wirkung, die sowohl für den Vorhof als auch für den Ventrikel zutrifft. Aktivierung von M_2-Rezeptoren führt über ein Pertussistoxin-sensitives G-Protein (G_i/G_o) zur ***Hemmung der Adenylatzyklase*** und zur Verhinderung des Anstiegs von cAMP. Dadurch wird der Ca^{2+}-Einstrom über den L-Typ-Ca^{2+}-Kanal reduziert.

Hormone

! Das Herz steht unter dem Einfluss von Schilddrüsenhormonen, Wachstumshormon und Nebennierenrinden (NNR)-Hormonen

Schilddrüsenhormone. Das aktive Hormon Trijodthyronin induziert im Herzen die V_1-Isoform des Myosins, das die höchste Myosin-ATPase-Aktivität hat. Weiterhin kommt es unter dem Einfluss von Schilddrüsenhormon zu einer Zunahme der Zahl der β-Rezeptoren im Herzen und dadurch zu einer erhöhten Sensitivität gegenüber

Katecholaminen (permissiver Effekt). Schließlich wird die Na^+/K^+-ATPase stimuliert und dadurch der Sauerstoffverbrauch erhöht.

Hyperthyreose. Bei Überfunktion der Schilddrüse kommt es zu einem positiv-chronotropen und inotropen Effekt, zur Erhöhung der Blutdruckamplitude und des Herzminutenvolumens sowie zu einer Herzhypertrophie. Die Symptome sind Herzklopfen, Tachykardie, Luftnot und Angina pectoris.

Hypothyreose. Bei Unterfunktion der Schilddrüse wird im Herzen präferentiell die V_3-Isoform des Myosins mit einer niedrigen Myosin-ATPase-Aktivität exprimiert. In experimentellen Studien wurde daher ein negativ-inotroper Effekt gefunden. Die Ansprechbarkeit auf Katecholamine ist vermindert. Die Herzsilhouette ist verbreitert.

Wachstumshormon (*Growth Hormone*, GH, Somatotropin). Somatotropin wirkt positiv-inotrop. Bei GH-Überproduktion kommt es in 25–30 % der Fälle zu einer arteriellen Hypertonie mit Druckbelastung des Herzens und Entwicklung einer Herzhypertrophie. Bei GH-Unterproduktion kann eine Kardiomyopathie auftreten.

Hyperaldosteronismus. Als Folge der vermehrten Reabsorption von Natrium im distalen Tubulus kommt es bei Überschuss an Aldosteron zur Expansion des extrazellulären Volumens und zur arteriellen Hypertonie ***(Conn-Syndrom)***. Diese führt zur Entwicklung einer Herzhypertrophie. Aldosteron aktiviert aber auch das Wachstum von Fibroblasten. Dadurch wird die Ventrikelwand steifer, wodurch eine diastolische Dysfunktion begünstigt wird.

Nebenniereninsuffizienz. Bei ***Morbus Addison***, einer primären Insuffizienz der Nebenniere mit Mangel an Mineralokortikoiden und Glukokortikoiden tritt als Folge der Hyponatriämie orthostatische Hypotonie und bei längerem Bestehen eine Atrophie des Herzens auf.

Morbus Cushing. Bei Überproduktion von Glukokortikoiden und Androgenen entwickelt sich eine arterielle Hypertonie und infolge gesteigerter Druckbelastung eine Herzhypertrophie.

Herzglykoside

> Die positiv-inotrope Wirkung der Herzglykoside beruht auf den Veränderungen, die sich aus der Hemmung der Na^+/K^+-ATPase ergeben; sie haben keinen positiv-lusitropen Effekt

Inotrope Wirkung. Die Herzglykoside gehören zu den ältesten positiv-inotrop wirkenden Substanzen (z. B. Digoxin, Digitoxin, Ouabain). Sie binden an die α-Untereinheit der Na^+/K^+-ATPase und hemmen den aktiven Transport von K^+-Ionen in die Zelle und von Na^+-Ionen aus der Zelle. Dadurch steigt die zytosolische Na^+-Konzentration an. Der normalerweise vorhandene transarkolemmale Na^+-Gradient, der für den Auswärtstransport von Ca^{2+}-Ionen aus der Zelle verantwortlich ist, wird reduziert. Ca^{2+}-Ionen können daher vermehrt in das SR aufgenommen werden (Auffülleffekt) und stehen für den Kontraktionsprozess zur Verfügung.

Im Unterschied zu den Katecholaminen haben Herzglykoside keine Wirkung auf den aktiven Rücktransport von Ca^{2+}-Ionen in das SR. Die Relaxation des Herzens ist daher nicht beschleunigt. Die Kontraktionsamplitude ist höher, die Kontraktion dauert länger.

Negativ-chronotrope Wirkung. Herzglykoside erhöhen den Vagotonus und vermindern den Sympathikotonus, was zur Abnahme der Herzfrequenz führt ***(Bradykardie)***. Sie werden daher zur Kontrolle der Herzfrequenz bei Vorhofflimmern eingesetzt.

Kontraktilitätsparameter

> Es ist schwierig, die Kontraktilität des Herzens in situ genau zu erfassen; die Anstiegssteilheit des systolischen Drucks und die Auswurffraktion werden verwendet

Maximale Druckanstiegsgeschwindigkeit. Um einen positiv-inotropen Effekt, häufig auch als ***Kontraktilität*** bezeichnet, nachzuweisen, sind verschiedene Parameter vorgeschlagen worden. Als Maß für die Kontraktilität isolierter Herzpräparate dient die maximale Geschwindigkeit der lastfreien Verkürzung einer Unterstützungskontraktion (V_{max} Abb. 26.9 B). Am Menschen wird die maximale Druckanstiegsgeschwindigkeit in der isovolumetrischen Anspannungsphase (dP/dt_{max}) benutzt, die im Rahmen einer Herzkatheteruntersuchung bestimmt wird.

Auswurffraktion (Ejection Fraction). Sie gibt das Verhältnis von Schlagvolumen zu enddiastolischem Volumen an. Sie liegt normalerweise über 50 % und kann mit der Echokardiographie bestimmt werden.

In Kürze

Regulation der Herzfunktion

Die Herzfunktion kann über verschiedene Mechanismen reguliert werden:

- Frank-Starling-Mechanismus: Die Kontraktion des Herzens ist von der Sarkomerenlänge abhängig. Für dieses als Frank-Starling-Mechanismus bezeichnete Phänomen spielen die Überlappung der Aktin- und Myosinfilamente und die Erhöhung der Ca^{2+}-Sensitivität des kontraktilen Apparates eine Rolle.
- Adrenerge Inotropie-Mechanismen: Ca^{2+}-Ionen sind wesentlich an den Inotropie-Effekten beteiligt. Erhöhung des Sympathikotonus (Noradrenalin) führt zu einem positiv-inotropen Effekt in Vorhof und Kammer, Erhöhung des Vagotonus (Azetylcholin) zu einem negativ-inotropen Effekt am Vorhof.

▼

- Hormone: Das Schilddrüsenhormon Trijodthyronin wirkt direkt positiv-inotrop über die Steigerung der Synthese des V_1-Isomyosins und hat einen permissiven Effekt für Katecholamine. Das Wachstumshormon (GH) wirkt positiv-inotrop und induziert eine Hypertrophie des Herzens. Beim Conn-Syndrom und beim Morbus Cushing entwickelt sich eine arterielle Hypertonie mit konsekutiver Herzhypertrophie.
- Herzglykoside haben einen positiv-inotropen, aber keinen positiv-lusitropen Effekt.

Als Kontraktilitätsparameter werden in der Klinik die maximale Anstiegsgeschwindigkeit des systolischen Drucks (dP/dt_{max}) und die Auswurffraktion verwendet.

26.4 Untersuchung des Herzens

Perkussion und Auskultation

Durch Perkussion und Auskultation können die Lage des Herzens und die Funktion der Herzklappen beurteilt werden; Phonokardiographie erlaubt eine genaue Herzschallanalyse

Perkussion. Durch Beklopfen der Thoraxwand erhält man aus der Verschiedenheit des Schalls (Lungenschall, Herzdämpfung) die Silhouette des Herzens. Während der Systole kann man das Anstoßen des Herzens an die Brustwand in der Medioklavikularlinie des 5. Interkostalraums fühlen, evtl. auch sehen *(Herzspitzenstoß)*.

Auskultation. Während der Herzaktion entstehen hörbare Schwingungen (15–400 Hz), die auf die Thoraxwand übertragen werden. Sie sind mit aufgelegtem Ohr oder mit einem ***Stethoskop*** als ***Herztöne*** wahrnehmbar (Auskultation). Physikalisch handelt es sich um Geräusche. Dieser Begriff wird aber in der Medizin für die Bezeichnung von pathologischen Veränderungen verwendet. Der ***1. Herzton*** ist dumpf und dauert etwa 0,14 s. Er kommt dadurch zustande, dass sich die Kammermuskulatur beim Schluss der Atrioventrikularklappen um das inkompressible Blut kontrahiert ***(Muskelanspannungston)***. Er ist über der Herzspitze am besten zu hören. Der ***2. Herzton*** ist heller, lauter und dauert kürzer (0,11 s) als der 1. Herzton. Er entsteht beim Schluss der Taschenklappen von Aorta und A. pulmonalis ***(Klappenschlusston)***. Er ist über der Herzbasis am besten zu hören.

Phonokardiographie. Der Herzschall kann auch mit Mikrophonen und Registriergeräten aufgezeichnet und dokumentiert werden. Dabei können die zeitlichen Beziehungen zu anderen Vorgängen analysiert werden (Abb. 26.4). Neben dem 1. und 2. Herzton treten noch weitere Töne auf, die durch Auskultation nicht immer wahrgenommen werden (Abb. 26.10 A). Der 1. Herzton korreliert mit der isovolumetrischen Anspannungsphase des linken Ventrikels (Abb. 26.4). Der 2. Herzton fällt in die isovolumetrische Entspannungsphase und ist am Ende der T-Welle des EKG positioniert (Abb. 26.4). Der ***3. Herzton*** wird durch den frühdiastolischen Bluteinstrom in die Kammern hervorgerufen. Gelegentlich kann noch ein ***4. Herzton*** registriert werden, der durch die Vorhofkontraktion ausgelöst wird (Abb. 26.4).

Herzgeräusche treten bei Herzklappenfehlern auf. Bei der Aortenklappenstenose und bei der Mitralklappeninsuffizienz werden sie in der Systole, bei der Aortenklappeninsuffizienz und bei der Mitralklappenstenose (▶ s. Abschnitt 26.5) in der Diastole auskultiert (Abb. 26.10).

Bildgebende Verfahren

Röntgenuntersuchung, Echokardiographie sowie andere bildgebende Verfahren liefern Informationen über Form und auch Funktion des Herzens

Röntgenbild. Lage, Größe und Form des Herzens lassen sich mit der ***Thoraxübersichtsaufnahme*** genauer erkennen und dokumentieren. Sie wird im Stehen nach tiefer Inspiration in Atemstillstand angefertigt.

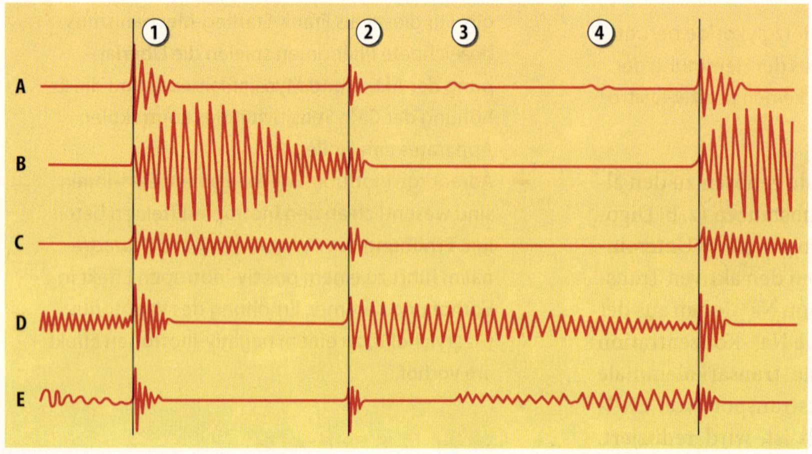

Abb. 26.10. Herztöne und Herzgeräusche. A Normales Phonokardiogramm mit Markierung der Herztöne (1–4). Herzgeräusche bei den häufigsten Erkrankungen der Herzklappen: **B** Aortenklappenstenose, **C** Mitralklappeninsuffizienz, **D** Aortenklappeninsuffizienz, **E** Mitralklappenstenose. Einzelheiten ▶ s. Text

▪▪▪ **Computertomographie (CT).** Bei diesem radiologischen **Schichtbildverfahren** mit hohem Weichteilkontrast registriert anstelle des Röntgenfilms ein Detektor die Intensität der Röntgenstrahlung nach der Objektpassage. Die **Elektronenstrahl-CT** ist eine spezielle computertomographische Entwicklung zur Analyse der Wandkinetik und auch der myokardialen Perfusion.

Magnetresonanztomographie (MRT). Protonen, die sich wie magnetische Dipole verhalten, werden in einem homogenen äußeren Magnetfeld durch Hochfrequenzwellen aus ihrer Neutralposition ausgelenkt. Es wird das **Relaxationsverhalten** der Protonen analysiert. Da keine ionisierenden Strahlen verwendet werden, ist das Verfahren ohne biologische Risiken. Es wird für die Untersuchung der globalen und regionalen Funktion und der Myokardperfusion sowie für die Infarkt- und Vitalitätsdiagnostik eingesetzt.

Echokardiographie. Die Echokardiographie ist heute eine der wichtigsten Untersuchungsmethoden. Dabei wird die Reflexion von Ultraschallwellen an Grenzflächen des Herzens ausgewertet. Es werden Frequenzen von 2–5 MHz bei Erwachsenen und von 3,5–10 MHz bei Kindern verwendet. Bei der eindimensionalen ***M(otion)-Mode***-Darstellung werden die Größe der Herzhöhlen und herznahen Gefäße, die Dicke und systolische Wanddickenzunahme und die Bewegung von Aorten- und Mitralklappe beurteilt. Bei der zweidimensionalen Schnittbilddarstellung ***(2D-Echokardiographie, B-Mode)*** sieht man die realen Bewegungen des Herzens. Bei der ***Dopplerechokardiographie*** wird der Utraschall verwendet, um die Geschwindigkeit und Richtung der Blutströmung zu messen.

Mit Hilfe des zweidimensionalen Bildes kann man das ***Schlagvolumen*** und die ***Ejektionsfraktion (EF)*** aus dem endsystolischen (ESV) und enddiastolischen Volumen (EDV) abschätzen: EF = (EDV-ESV)/EDV × 100 %.

Herzkatheteruntersuchung

! Außer den Drücken in den Herzhöhlen und in den angeschlossenen Gefäßen kann auch das Herzminutenvolumen gemessen werden; die Ventrikelinnenräume und die Koronararterien können durch Injektion von Kontrastmittel dargestellt werden

Katheterisierung des rechten Herzens. Zur Sondierung des rechten Herzens wird in eine große Vene (V. femoralis oder cubitalis) ein Einschwemmkatheter eingeführt, an dessen Spitze sich ein kleiner Ballon befindet ***(Swan-Ganz-Katheter)***. Dadurch wird die Passage mit dem Blutstrom in den rechten Ventrikel und in die A. pulmonalis erleichtert. Mit dieser Methode können die Drücke im rechten Vorhof, im rechten Ventrikel, in der A. pulmonalis und der Verschlussdruck der pulmonalen Kapillaren ***(Wedge Pressure)*** gemessen werden. Dieser reflektiert den Druck im linken Vorhof und damit den linksventrikulären Füllungsdruck.

Außerdem kann das ***Herzminutenvolumen (HMV)*** mit der ***Thermodilutionsmethode*** gemessen werden. Hierzu wird ein Kältebolus (10 ml Kochsalzlösung von 4° C) aus einer Öffnung des Katheters, etwa 30 cm von der Katheterspitze entfernt, injiziert. Durch einen Thermistor an der Katheterspitze wird die Temperaturänderung gemessen und registriert. Aus der Fläche unter der Thermodilutionskurve wird das HMV berechnet. Es kann auch gemischt-venöses Blut aus der A. pulmonalis gewonnen werden, dessen O_2-Gehalt für die Bestimmung des HMV nach dem ***Fick-Prinzip*** benötigt wird (► s.a. ► Kap. 28.14): HMV (l/min) = O_2-Verbrauch/arterio-venöse O_2-Differenz (AVDO_2).

Katheterisierung des linken Herzens. Sie wird am häufigsten von der A. femoralis aus durchgeführt. Wenn die Aortenklappe retrograd nicht passiert werden kann, ist die Sondierung nach transseptaler Punktion vom rechten Vorhof aus möglich. Zur Registrierung des originalgetreuen Druckes werden Kathetertipmanometer verwendet. Der Drucktransducer befindet sich an der Spitze des Katheters.

Bei der Katheterisierung lassen sich durch Injektion von Kontrastmittel ***(Ventrikulographie)*** die Innenräume des rechten und linken Herzens (▣ Abb. 26.1) darstellen ***(Angiokardiogramm)***. Es können auch ***Endomyokardbiopsien*** gewonnen werden, die für die Verlaufskontrolle nach Herztransplantation im Hinblick auf eine mögliche Abstoßungsreaktion erforderlich sind. Hierbei werden Gewebsproben aus dem interventrikulären Septum entnommen.

In Kürze

! Untersuchung des Herzens

Die Herztöne können erste Informationen liefern:

- Mit der Perkussion und Auskultation werden orientierende Informationen über Lage, Form und Größe des Herzens sowie über die Funktion der Klappen gewonnen.
- Mit der Phonokardiographie kann man die normalen Herztöne und die Herzgeräusche, die bei Herzklappenfehlern auftreten, registrieren.

! Bildgebende Verfahren

Bildgebende Verfahren bringen weitere Erkenntnisse über Form und Funktion des Herzens:

- Das Röntgenbild gibt einen objektiven und dokumentierbaren Überblick.
- In den letzten Jahren sind die nichtinvasiven bildgebenden Verfahren (CT, MRT) technisch weiter entwickelt worden.
- Durch die relativ einfache und für den Patienten schonende Anwendung hat die Echokardiographie eine besondere Bedeutung auch in funktioneller Hinsicht gewonnen, da Schlagvolumen und Ejektionsfraktion bestimmt werden können.

Für eine endgültige Diagnostik, besonders vor Eingriffen in das Koronarsystem und vor Herzoperationen ist die Herzkatheteruntersuchung unerlässlich.

26.5 Herzhypertrophie und Herzinsuffizienz

Herzhypertrophie

Bei langdauernder Druck- oder Volumenbelastung nimmt die Muskelmasse zu (Herzhypertrophie), und es kommt zur Proliferation des Bindegewebes (Hyperplasie)

Sportlerherz. Bei Sportlern nimmt das Herzgewicht durchschnittlich bis etwa 425 g zu. Durch »physiologische Hypertrophie« ist das Herz allseitig harmonisch vergrößert, wobei die Herzhöhlen erweitert sind. Die Restblutmenge ist vermehrt. Sie kann bei Belastung sofort mobilisiert werden. Der Füllungsdruck steigt nicht an (► s. Kap. 40.4).

Druckhypertrophie. Erhöhung des Blutdrucks über längere Zeit führt zu einer morphologischen Adaptation in Form der Herzhypertrophie. Je nachdem ob der systemische oder pulmonale Druck erhöht ist, entwickelt sich eine Linksherz- ***(Hochdruckherz)*** oder Rechtsherzhypertrophie ***(Cor pulmonale)***. Nach einer relativ kurzen, bis zu zwei Monate dauernden, ***Adaptation*** kommt es zum Stadium der ***Kompensation***. Da die Überlastung des Herzens durch die eingetretene Hypertrophie funktionell und strukturell kompensiert ist, kann dieses Stadium lange Zeit bestehen bleiben. Wird die Belastung beendet, bildet sich die Hypertrophie wieder zurück. Nimmt sie weiter zu ***(kritisches Herzgewicht: 500 g)***, tritt ***Dekompensation*** ein, die mit der Dilatation des Herzens ***(»Gefügedilatation«)*** einhergehen und in die chronische ***Insuffizienz*** übergehen kann.

Bei Dehnung muss der Herzmuskel eine größere Wandspannung aufwenden, um den gleichen Druck zu erzeugen (Laplace). Daher wirkt sich bei Herzinsuffizienz eine weitere ***Dehnung des Herzens negativ*** und eine Verkleinerung des Herzens positiv aus (► s. Fallgeschichte in der Einleitung).

Morphologisch handelt es sich bei der Druckhypertrophie um eine ***konzentrische Hypertrophie.*** Da sich beim Menschen nach der Geburt die Kardiomyozyten nicht mehr teilen, nehmen das Volumen und die Querschnittsfläche der Herzmuskelzelle zu. Durch die Massenzunahme der Muskulatur wird nach der Laplace-Beziehung die Wandspannung wieder normalisiert. Die Kontraktilität ist reduziert. Da normalerweise mit zunehmendem Alter der Blutdruck ansteigt, entwickelt sich eine ***altersphysiologische Herzhypertrophie.***

Dehnung von isolierten Herzmuskelzellen aktiviert die ***Phosphorylierungskaskade*** von Proteinkinasen, induziert die ***Expression von fetalen Genen*** und erhöht die Proteinsynthese. Im druckbelasteten Herzen wird das Myosin-Isoenzymmuster verschoben. Die V_1-Isoform mit der höheren ATPase-Aktivität wird in die langsamere V_3-Form umgewandelt. Beim fetalen Genprogramm ist

26.2. Herzklappenfehler

Herzklappenfehler sind Folge angeborener Defekte, Entzündungen (v.a. rheumatisches Fieber) und altersbedingter degenerativer Veränderungen. Sie beeinträchtigen den normalen, gerichteten Blutfluss und damit die gesamte kardiale Hämodynamik.

Aortenklappenstenose. Die Verengung der Öffnung bei Aortenklappenstenose zwingt die linke Herzkammer während der Systole zu vermehrter Druckentwicklung und führt somit zu einer Druckbelastung der linken Herzkammer. Der Druckanstieg in der Aorta ist langsam und die Druckamplitude typischerweise klein.

Aortenklappeninsuffizienz. Sie führt zum Reflux während der Diastole. Folge ist u.a. eine Volumenüberlastung des linken Ventrikels. Der diastolische Aortendruck ist erniedrigt, der systolische Aortendruck und die Blutdruckamplitude sind erhöht. Es droht eine Dilatation des linken Ventrikels, die u.a. durch Erweiterung des Mitralklappenrings zu sekundärer Mitralinsuffizienz führt.

Mitralstenose. Bei der relativ häufigen Mitralstenose wird die Füllung der linken Kammer während der Diastole behindert. Nimmt der Druck im linken Vorhof und in den Pulmonalgefäßen zu, kommt es zur pulmonalen Hypertension mit Entwicklung einer Rechtsherzhypertrophie und -dilatation. Der pulmonale Gasaustausch wird gestört. Ein Lungenödem kann besonders bei Belastungen mit Tachykardien oder Tachyarrhythmien auftreten. Diese können dadurch bedrohlich werden, dass die Diastole verkürzt und die Füllung des Herzens weiter beeinträchtigt wird. Durch Hypertrophie und Dilatation des linken Vorhofs kommt es häufig zu Vorhofflimmern. Im erweiterten linken Herzohr können sich parietale Thromben bilden, die bei etwa 20% aller Patienten zu arteriellen Embolien führen.

Mitralinsuffizienz. Sie kann sekundär bei allen Erkrankungen auftreten, die zu einer Dilatation des linken Ventrikels führen (z.B. bei Aorteninsuffizienz). Während der Systole strömt das Blut aus dem linken Ventrikel durch die defekte Mitralklappe in den linken Vorhof zurück (Pendelvolumen). Unbehandelt kommt es zur Dilatation und Hypertrophie des linken Ventrikels und Vorhofs bis zur Dekompensation mit Links- und Rechtsherzinsuffizienz. Die pulmonale Hypertension führt zu Belastungsdyspnoe und verringerter Leistungsfähigkeit.

Defekte der Trikuspidal- und Pulmonalklappe sind selten.

die Expression von ANP im betroffenen Ventrikel charakteristisch.

Neurohumorale Faktoren. Sowohl an isolierten Herzmuskelzellen als auch im intakten Tier führt ***Noradrenalin*** zur Hypertrophie. Dabei kommt es zur erhöhten Expression der ***Protoonkogene c-fos und c-myc*** und der ***Interleukine 1β und 6***. Fibroblasten proliferieren ***(Hyperplasie)***, die extrazellulären Matrixproteine (Kollagen I und III) werden vermehrt exprimiert und deponiert ***(Fibrose)***. ***Schilddrüsenhormon*****, Aldosteron,** ***Angiotensin II und Endothelin-1*** können ebenfalls eine Herzhypertrophie vermitteln.

Volumenhypertrophie. Werden größere Volumina gefördert, wie bei Herzklappeninsuffizienz, bei angeborenen Herzfehlern mit Shunts und bei arteriovenösen Anastomosen, entwickelt sich eine ***exzentrische Hypertrophie***. Sie ist gekennzeichnet durch eine vermehrte diastolische Füllung und Dilatation des betroffenen Ventrikels mit Verlängerung und Dehnung der Herzmuskelzellen. Der Grad der Hypertrophie ist bei Volumenbelastung geringer als bei Druckbelastung.

Herzinsuffizienz

Bei Herzinsuffizienz kann das Herz die peripheren Organe nicht mehr ausreichend mit Blut (Sauerstoff, Substrate) versorgen; Kompensationsmechanismen führen zu einer Verschlechterung (Circulus vitiosus)

Von Herzinsuffizienz spricht man, wenn das Herz nicht mehr imstande ist, die erforderliche Förderleistung zu erbringen. Infolge der demographischen Entwicklung nehmen die kardiovaskulären Erkrankungen zu. Mit zunehmendem Alter der Bevölkerung wird daher auch die Herzinsuffizienz immer häufiger. Sie entwickelt sich im Endstadium aller Herzerkrankungen, die durch chronische mechanische Überlastung hervorgerufen werden. Die arterielle ***Hypertonie*** ist die häufigste und bedeutendste Ursache, gefolgt von der ***koronaren Herzerkrankung*** (Angina pectoris, Herzinfarkt). Nach Herzinfarkt(en) kann sich eine ***ischämische Kardiomyopathie*** entwickeln. Zu den ***Risikofaktoren*** gehören Tachykardie, Diabetes mellitus, Rauchen, Hypercholesterinämie, Adipositas und Alkoholabusus. Auch die ***Virusmyokarditis***, die ***idiopathische dilatative Kardiomyopathie*** (eigentliche Ursache nicht geklärt) und ***Herzklappenerkrankungen*** enden häufig in der Herzinsuffizienz.

Bei der Herzinsuffizienz kann es sich um eine ***umschriebene Kontraktionsstörung*** z. B. nach Herzinfarkt oder um eine ***globale Kontraktionsstörung*** wie bei der dilatativen Kardiomyopathie handeln. Bei der ***Linksherzinsuffizienz*** kommt es zu Stauungen in der Lunge ***(Lungenödem)*** mit ***Dyspnoe*** und ***Orthopnoe*** (höchste Atemnot, die nur in aufrechter Haltung und unter Einsatz der Atemhilfsmuskulatur kompensiert wird). Bei der ***Rechtsherzinsuffizienz*** treten ***Beinödeme*** und ***Aszites*** auf.

26.3. Shuntvitien

Störungen in der Herzentwicklung oder persistierende Verbindungen führen zu typischen Herzfehlern bei Neugeborenen. Im Fetalkreislauf besteht wegen des hohen Drucks im Lungenkreislauf ein Rechts-Links-Shunt am Foramen ovale und am Ductus arteriosus Botalli. Bei der Geburt wird der Widerstand im Lungenkreislauf erniedrigt. Es kommt daher bei Persistieren dieser Verbindungen zu einer Shuntumkehr.

Persistierender Ductus arteriosus Botalli. Normalerweise schließt sich der Ductus innerhalb von zwei Wochen nach der Geburt, da die Konzentration vasodilatierender Prostaglandine sinkt. Bleibt die Verbindung offen, geht der fetale Rechts-Links-Shunt in einen Links-Rechts-Shunt über. Bei größerem Shuntvolumen kommt es zu einer Volumenbelastung des linken Ventrikels und Herzinsuffizienz.

Vorhofseptumdefekte. Das Foramen ovale bleibt in etwa 25 % ohne hämodynamische Wirkungen offen. Der Vorhofseptumdefekt resultiert aus einer Entwicklungshemmung des Septum secundum, liegt im mittleren Septumanteil im Bereich des Foramen ovale und ist der häufigste angeborene Herzfehler. Shuntgröße und -richtung hängen von der Compliance beider Ventrikel ab. Beim Links-Rechts-Shunt kommt es zu einer Volumenbelastung des rechten Ventrikels, die zu einer Dilatation des rechten Vorhofs und rechten Ventrikels sowie zu einer vermehrten Lungendurchblutung führt.

Ventrikelseptumdefekte. Wenn bei großen Defekten der Lungengefäßwiderstand im Vergleich zum systemischen Gefäßwiderstand niedrig ist, besteht ein Links-Rechts-Shunt mit Herzinsuffizienz. Mit Anstieg des Lungengefäßwiderstands nimmt der Links-Rechts-Shunt ab, und es kommt zur Shuntumkehr mit Zyanose. Jetzt überwiegt die Druckbelastung des rechten Ventrikels, und es entwickelt sich ein Cor pulmonale.

Fallot-Tetralogie. Bei dieser Fehlentwicklung bleibt durch mangelnde Rotation des pulmonalen Konus die Aortenwurzel in Beziehung zum rechten Ventrikel. Dadurch kommt es zum Überreiten der Aorta über dem Ventrikelseptum. Außerdem ist dieser Herzfehler durch eine Stenose der Pulmonalarterie, einen Ventrikelseptumdefekt und durch eine Hypertrophie des rechten Ventrikels gekennzeichnet. Die Folge ist eine Verminderung der Lungendurchblutung und eine generalisierte Zyanose.

Wird primär die Auswirkung der verminderten Auswurfleistung des Herzens mit niedrigem Blutdruck und den akuten Folgen einer verminderten Organperfusion (Niere, Mesenterialkreislauf, Haut, Skelettmuskel) betrachtet, spricht man von einem Vorwärtsversagen *(Forward Failure)*. Stehen die Auswirkungen der Rückstauung im Vordergrund der Betrachtung, handelt es sich um ein Rückwärtsversagen mit der Ausbildung von Ödemen *(Backward Failure)*. Diese Veränderungen sind typisch für den ***kardiogenen Schock***, der am häufigsten beim akuten, großen Myokardinfarkt und dessen Komplikationen auftritt.

Bei der ***systolischen Dysfunktion*** ist das Schlagvolumen vermindert. Die Auswurffraktion ist erniedrigt, das enddiastolische Volumen erhöht. Die Druck-Volumenkurve ist nach rechts auf der Ruhedehnungskurve verschoben. Bei der ***diastolischen Dysfunktion*** liegt eine verminderte Compliance (erhöhte Steifigkeit) des linken Ventrikels vor. Der enddiastolische Druck ist erhöht, weil die Ruhedehnungskurve nach links oben verschoben ist.

Myokarddurchblutung. Bei der Entwicklung der Herzhypertrophie nimmt zwar das Wachstum der Kapillaren zu, es kann aber nicht mit der Hypertrophie Schritt halten. Durch den erhöhten Sauerstoff- und Substratbedarf wird die relative Myokarddurchblutung eingeschränkt, die Koronarreserve nimmt ab. In experimentellen Modellen einer Herzinsuffizienz sind die energiereichen Phosphate vermindert.

Calciumhomöostase. Im insuffizienten menschlichen Herzen wurde eine Verminderung der SERCA-mRNA und des SERCA-Proteins nachgewiesen. Dadurch wird die Ca^{2+}-Aufnahme in das SR vermindert, es kommt zu ***systolischen und diastolischen Funktionsstörungen***. Myokardzellen, die degenerieren und zu Verlust gehen, werden durch Fibrose ersetzt. Durch weiteren Kollagenumbau ***(Remodeling)***, an dem Matrix-Metalloproteinasen (MMP) und deren Inhibitoren (*Tissue Inhibitor of MMP:* TIMP) beteiligt sind, durch Zunahme der Myozytenlänge und Veränderungen des Zytoskeletts wird die Dilatation des Ventrikels verstärkt. Die Relation von Kammerradius zu Wanddicke nimmt zu, die Wandspannung wird erhöht. Die Pumpfunktion des linken Herzens verschlechtert sich progredient.

Klassifikation. Von der *New York Heart Association* ***(NYHA)*** wurde eine Einteilung der Herzinsuffizienz nach der körperlichen Belastbarkeit und nach dem objektiven Befund vorgenommen. Je nach dem Grad der Beschwerden (Erschöpfung, Rhythmusstörungen, Luftnot, Angina pectoris) liegt NYHA funktionelle Klasse I (keine Beschwerden) bis IV (Beschwerden bei allen körperlichen Aktivitäten und teilweise in Ruhe) vor. Jedes Stadium kann durch objektive Diagnostik (z.B. Echokardiographie) präzisiert werden.

Kompensationsmechanismen. Über das vegetative Nervensystem und Hormone versucht der Körper, einen Zusammenbruch des Blutdruckes zu verhindern. Bei der Herzinsuffizienz handelt es sich nicht nur um eine Erkrankung des Herzens, sondern auch um eine schwere ***Systemerkrankung***. Es kommt zu einer ***neurohumoralen Aktivierung***. Durch die verminderte Auswurfleistung des linken Herzens wird der Barorezeptorenreflex aktiviert, der Tonus des Sympathikus und die ***Noradrenalin-Konzentration*** im Plasma werden erhöht. Infolge Vasokonstriktion durch Stimulation von α-adrenergen Rezeptoren wird der periphere Widerstand gesteigert, gegen den das geschädigte Herz anarbeiten muss. Die Haut ist blass, kühl und feucht. Noradrenalin führt im Herzen zu einer ***Downregulation der β_1-Rezeptoren*** durch erhöhte Abbaurate des Rezeptorproteins. Gleichzeitig wird das inhibitorisch wirkende $G_{i\alpha}$ erhöht. Der Katecholamin-induzierte inotrope Effekt wird im insuffizienten Herzen also abgeschwächt.

Ein Abfall des intrarenalen Blutdrucks stimuliert über Reduktion der Natriumkonzentration im distalen Tubulus und von β_1-adrenergen Rezeptoren der juxtaglomerulären Zellen durch Noradrenalin die Reninsekretion aus dem juxtaglomerulären Apparat. Das Substrat für Renin ist das in der Leber synthetisierte Angiotensinogen. Das entstehende Angiotensin I (Dekapeptid) wird durch das *Angiotensin Converting Enzyme« **(ACE)*** in ***Angiotensin II*** (Oktapeptid) gespalten. Angiotensin II erhöht durch Vasokonstriktion den ***peripheren Widerstand***. Weiterhin aktiviert es die Freisetzung von Aldosteron aus der Nebennierenrinde. Dadurch wird in der Niere vermehrt Na^+ und Wasser resorbiert und die Entstehung von ***Ödemen*** gefördert. Aldosteron fördert aber auch die kardialen Umbauprozes-

26.4. Münchner Bierherz

Während moderater Alkoholkonsum (20–50 g Alkohol/Tag) offensichtlich einen günstigen Einfluss hat, führt chronischer Alkoholismus zu einer dilatativen Kardiomyopathie. Diese ist nicht, wie zuerst bei den Münchner Bierfahrern beschrieben, lokal beschränkt, sondern ist an etwa 20–30% der klinischen symptomatischen Erkrankungen beteiligt. In experimentellen Studien kam es durch Alkohol zu Relaxationsstörungen mit Zunahme des enddiastolischen Ventrikeldruckes und zu einer vermehrten interstitiellen Fibrose. Eine kardiale Dekompensation tritt auf, wenn über 10 Jahre täglich mindestens 80 g Alkohol konsumiert wurde. Sie ist gekennzeichnet durch eine Dilatation des linken Ventrikels und eine Abnahme der linksventrikulären Ejektionsfraktion. Dabei besteht eine Korrelation zwischen der im Laufe des Lebens konsumierten Alkoholmenge und dem Ausmaß der kardialen Funktionsstörung. Es kommt häufig zu plötzlichem Herztod.

se *(Remodeling)* und dadurch die Entwicklung einer Myokardfibrose.

Durch Erhöhung des ***antidiuretischen Hormons (ADH, Vasopression)*** wird die Wasserresorption in der Niere und die Vasokonstriktion gesteigert. Das Durstgefühl wird gefördert, wodurch die Wasseraufnahme erhöht wird. Alle diese Veränderungen wirken negativ auf das Herz zurück ***(Circulus vitiosus)***. Auch der ***Tumor-Nekrose-Faktor-α (TNF-α)*** und ***Interleukin 6 (IL-6)*** sind im Plasma erhöht.

Therapie. Generell sollen die Risikofaktoren behandelt oder eliminiert werden. Die ***medikamentöse Therapie*** wird eingesetzt, um die Ödeme mit ***Diuretika*** (Schleifendiuretikum Furosemid), die periphere Vasokonstriktion mit ***Vasodilatatoren*** (Nitrate, α_1-Antagonisten) und die reduzierte Herzfunktion mit ***Herzglykosiden*** zu beseitigen. Bei der akuten Herzinsuffizienz können ***Katecholamine*** oder ***cAMP-Phosphodiesterase-Hemmer*** die Hämodynamik verbessern. Die neurohumoralen Veränderungen werden antagonisiert: dem erhöhten Sympathikotonus wird mit ***β-Rezeptorenblockern***, der Aktivierung des RAAS mit ***ACE-Hemmern*** oder mit ***Angiotensin-II-Rezeptor-Antagonisten*** entgegengewirkt.

Wenn die medikamentöse Therapie ausgeschöpft ist, kann das Herz durch eine künstliche Pumpe ***(Left Ventricular Assist Device, LVAD)*** entlastet werden (▶ s. Fallbeschreibung am Beginn des Kapitels, ◘ Abb. 26.11). In einzelnen Fällen nimmt die echokardiographisch bestimmte Größe des Herzens ab *(Reverse Remodeling)*, und die Funktion des Herzens verbessert sich nach der Laplace-Beziehung derart, dass auf die ***Herztransplantation*** verzichtet werden kann. Unter chronischer Belastung produzieren ventrikuläre Myozyten ANP und das *Brain-natriuretische Peptid* (BNP). Beide natriuretischen Peptide sind auch im Plasma vermehrt nachzuweisen. Unter LVAD-Entlastung nimmt ihre Konzentration im Plasma ab.

Bei Patienten mit kardiogenem Schock nach Herzinfarkt oder nach Herzoperationen wird die ***intraaortale Ballonpumpe (IABP)*** häufig eingesetzt. Dabei wird ein in der Aorta descendens platzierter Latexballon EKG-gesteuert während der Diastole mit Helium aufgeblasen (30–50 ml Füllungsvolumen) und während der Systole wieder leer gesaugt. Dies führt in der Diastole zu einer Erhöhung des koronaren Blutflusses und zu einem vermehrten O_2-Angebot an das Herz. Durch die systolische Ballondeflation werden die linksventrikuläre Nachlast und die Wandspannung reduziert und dadurch der Energiebedarf des Herzens gesenkt.

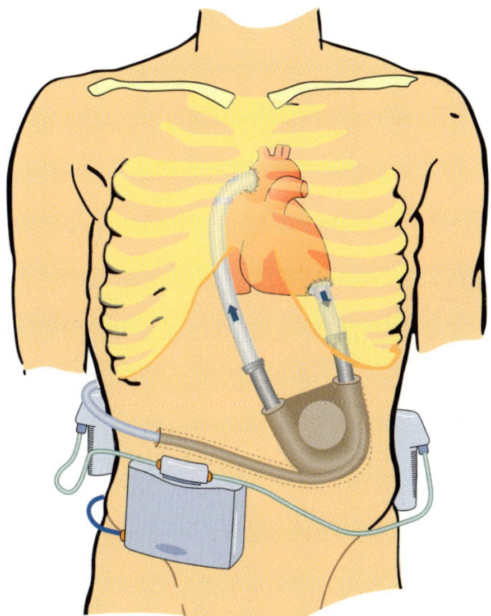

◘ **Abb. 26.11. Implantierte künstliche Pumpe (Novacor N100 Left ventricular Assist Device).** Die Blutpumpe befindet sich im linken oberen Quadranten des Abdomens. Blut wird aus dem Apex des linken Ventrikels abgesaugt und in die Aorta gepumpt. Das Kontrollsystem und die Batterien befinden sich außerhalb des Körpers und können als Gürtel getragen werden

In Kürze

Herzhypertrophie

Bei chronischer Druckbelastung infolge Hypertonie reagiert das Herz mit der Entwicklung einer konzentrischen Hypertrophie. Dabei kommt es zu einer Volumenvergrößerung der Kardiomyozyten und zu einer Zellvermehrung der Fibroblasten (Hyperplasie).

Herzinsuffizienz

Sowohl die Druck- als auch die Volumenhypertrophie können in die Herzinsuffizienz übergehen, die infolge der demographischen Entwicklung zunimmt. Die reduzierte Herzfunktion hat Kompensationsprozesse zur Folge, die vor allem den Sympathikus und das Renin-Angiotensin-Aldosteron-System betreffen.

Die medikamentöse Therapie greift an der reduzierten Funktion des Herzens, der Vasokonstriktion und der Nierenfunktion an. Ultimative Möglichkeiten sind die Entlastung des Herzens mit künstlichen Pumpen (LVAD, IABP) und die Herztransplantation.

Literatur

Braunwald E, Zipes DP, Libby P (Hrsg) (2001) Heart Disease. W.B.Saunders, Philadelphia

Dipla K, Mattiello JA, Jeevanandam V, Houser SR, Margulies KB (1998) Myocyte recovery after mechanical circulatory support in humans with end-stage heart failure. Circulation 97: 2316–2322

Erdmann E (Hrsg) (2000) Klinische Kardiologie. Krankheiten des Herzens, des Kreislaufs und der herznahen Gefäße. Springer, Berlin Heidelberg New York

Hardman JG, Limbird LE (Hrsg) (2001) Goodman & Gilman's The pharmacological basis of therapeutics. McGraw-Hill, New York

Hetzer R, Müller J, Weng Y, Wallukat G, Spiegelsberger S, Loebe M (1999) Cardiac recovery in dilated cardiomyopathy by unloading with a left ventricular assist device. Ann Thorac Surg 68: 742–749

Roskamm H, Reindell H (Hrsg) (1996) Herzkrankheiten. Pathophysiologie, Diagnostik, Therapie. Springer, Berlin Heidelberg New York

Sodian R, Loebe M, Schmitt C, Potapov EV, Siniawski H, Müller J, Hausmann H, Zurbruegg HR, Weng Y, Hetzer R (2001) Decreased plasma concentration of brain natriuretic peptide as a potential indicator of cardiac recovery in patientes supported by mechanical circulatory assis systems. J Am Coll Cardiol 38: 1942–1949

Zimmer H-G (2002) Who discovered the Frank-Starling-Mechanism? News Physiol Sci 17: 181–184

Kapitel 27
Herzstoffwechsel und Koronardurchblutung

A. Deussen

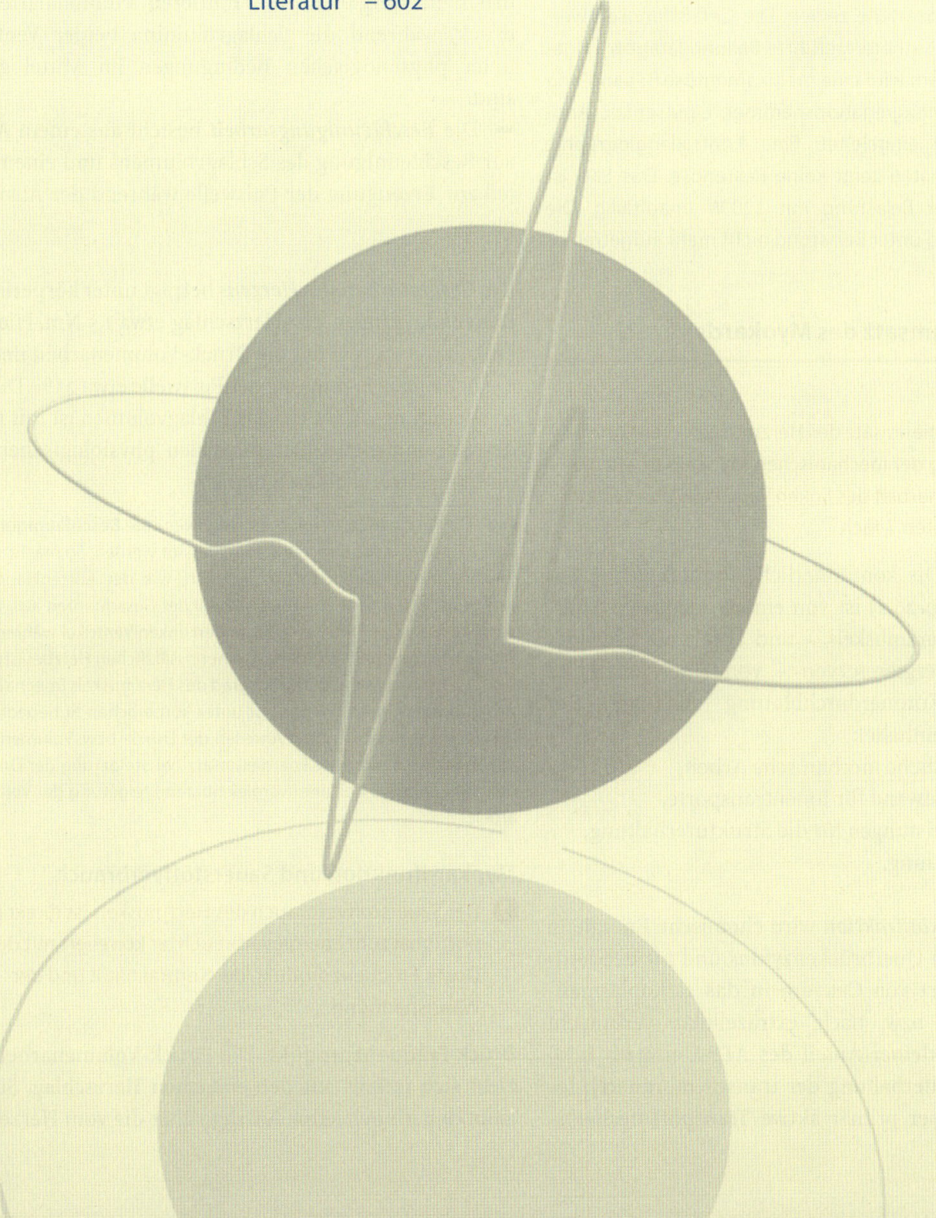

Einleitung

Herr Schulze, ein 67-jähriger Rentner, berichtet der Hausärztin über seit mehreren Wochen auftretende Atemnot und Brustschmerzen unter körperlicher Belastung. In der letzten Nacht seien diese Schmerzen dann spontan aufgetreten, aber nach ca. 5 Minuten wieder verschwunden. Ein Ruhe-EKG und die Bestimmung der Herzmarker im Serum (Troponin, Kreatinkinase) sind unauffällig. Eine Belastungsuntersuchung mit der Fahrradergometrie zeigt bei 75 W EKG-Veränderungen, die nach Belastungsende rasch reversibel sind. Die Hausärztin erklärt Herrn Schulze, dass er wahrscheinlich einen Angina-pectoris-Anfall erlitten habe, und dass bei ihm der Verdacht auf eine koronare Herzkrankheit bestehe, der dringend abgeklärt werden müsse, da sich als Folge ein Herzinfarkt ereignen könne. Sie überweist ihn an das Herzzentrum, wo sich bei einer Koronarangiographie proximale Stenosen am R. circumflexus und R. interventricularis anterior der linken Kranzarterie zeigen. Die Gefäßstenosen werden über eine Katheter-geführte Ballondilatation aufgedehnt. Außerdem wird eine medikamentöse Behandlung (Thrombozytenaggregationshemmer, Lipidsenker, Antihypertonikum) eingeleitet. Eine Kontrollangiographie nach drei Monaten zeigt keine Restenose. Das EKG ist auch bei einer Belastung mit 120 W unauffällig. Die Schmerzen sind unter Belastung nicht mehr aufgetreten.

27.1 Energieumsatz des Myokards

Herzarbeit

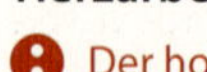

Der hohe Energieumsatz des Herzmuskels dient primär der Verrichtung der mechanischen Myokardarbeit; die Druck-Volumenarbeit des linken Ventrikels übertrifft diejenige des rechten 7-fach

Energieumsatz. Die kontinuierliche Pumpfunktion des Herzens (▶ s. Kap. 26.2) ist von einem adäquaten Energieumsatz des Herzmuskels – und aufgrund fehlender myokardialer Energiereserven – von einer anhaltend ausreichenden Koronardurchblutung abhängig. Der Energieumsatz beinhaltet:

- die kontinuierliche mechanische Arbeit,
- den Energieaufwand für Ionentransporte,
- die Syntheseleistungen für die Strukturerhaltung,
- die Wärmebildung.

Bei der ***Myokardkontraktion*** wird chemische Energie in Form von ATP im Querbrückenzyklus und für den aktiven Rücktransport von Calcium in das sarkoplasmatische Retikulum bzw. nach extrazellulär verbraucht (80 %). Nur ein kleiner Anteil des ATP-Umsatzes (1 %) dient der Aufrechterhaltung der transmembranären Ionengradienten über primär aktive Transportmechanismen (Na^+/K^+-ATPase). Stellt man den Herzmuskel ruhig (so genannte normotherme elektromechanische Kardioplegie), sinkt der mittlere Sauerstoffverbrauch des Herzmuskels bei erhaltener Koronarperfusion auf 10–20 % des Ausgangswertes (Rest: Synthesen, Strukturerhaltung). Der größte Anteil des Energieverbrauchs des Herzmuskels geht also, auch unter körperlichen Ruhebedingungen, auf die kontinuierlich verrichtete ***mechanische Arbeit*** zurück.

Herzarbeit. Man unterscheidet zwei verschiedene Arten der Herzarbeit:

- Der Energieumsatz für die ***Druck-Volumenarbeit*** unterscheidet sich erheblich zwischen dem linken und rechten Ventrikel. Ursache hierfür ist die sehr unterschiedliche Druckentwicklung beider Ventrikel am adulten Herzen. Die Anteile an der Druck-Volumenarbeit verteilen sich etwa im Verhältnis 7:1 zwischen dem links- und dem rechtsventrikulären Myokard. Dem entspricht der etwa 7-fach höhere mittlere Aortendruck im Vergleich zum mittleren Pulmonalarteriendruck, während die Schlagvolumina beider Ventrikel unter physiologischen Bedingungen im Mittel gleich sind.
- Die ***Beschleunigungsarbeit*** besteht aus einem Anteil zur Beschleunigung des Schlagvolumens und einem Anteil zur Erzeugung der Pulswelle während der Auswurfphase.

Die ***Gesamtarbeit des Herzens*** beträgt unter körperlichen Ruhebedingungen pro Herzschlag etwa 1,5 Nm. Hiervon entfallen etwa 75 % auf die Druck-Volumenarbeit und auf die Arbeit zur Erzeugung der Pulswelle etwa 23 %. Die Beschleunigungsarbeit für das Schlagvolumen ist mit 1–2 % der Gesamtarbeit unter normalen physiologischen Bedingungen vernachlässigbar.

■■■ Die für das Schlagvolumen aufgewendete **Beschleunigungsarbeit** darf aber nicht generell vernachlässigt werden. So macht sie bei bestimmten Herzklappenerkrankungen, wie der Aortenklappeninsuffizienz, einen nennenswerten Anteil der Gesamtarbeit aus. In diesem Fall führt der Blutrückstrom in den linken Ventrikel während der Diastole (Pendelblutvolumen) zu einer zusätzlichen Herzbelastung.

Der **mechanische Wirkungsgrad** des Herzmuskels (mechanische Arbeit/aufgewandte Energie) ist unter körperlichen Ruhebedingungen ca. 15 %. Er ist von den Anteilen der Druck- bzw. Volumenarbeit abhängig. So nimmt der Energieumsatz bei Steigerung der Druckarbeit stärker zu als bei einer vergleichbaren Steigerung der Volumenarbeit.

Myokardfunktion und Sauerstoffverbrauch

Der Sauerstoffverbrauch des Herzmuskels ist direkt proportional zum Energieverbrauch; er korreliert mit dem Druck-Frequenzprodukt, der Kontraktilität und der Wandspannung

Druck-Frequenzprodukt. Die Druck-Volumenarbeit bezieht sich jeweils auf den einzelnen Herzschlag. Sie erlaubt daher noch keine Aussage über die vom Herzen er-

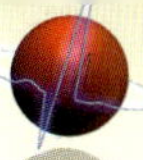

brachte ***Leistung***. Unter Leistung (P) wird der Quotient der verrichteten Arbeit (W) und der benötigten Zeit (t) verstanden (P = W/t). Die vom Herzen erbrachte Leistung kann aus dem ***Produkt*** von entwickeltem ***Druck, Schlagvolumen*** und ***Herzfrequenz*** abgeschätzt werden. Ein vereinfachter Parameter der Herzleistung, der unter klinischen Bedingungen verwendet wird, ist das ***Druck-Frequenzprodukt*** (entwickelter systolischer Druck × Herzfrequenz), welches mit dem myokardialen Sauerstoffverbrauch korreliert. Näherungsweise kann der systolische Ventrikeldruck aus dem arteriellen Blutdruck geschätzt werden.

Kontraktilität. Eine Korrelation des Sauerstoffumsatzes besteht weiterhin zur ***Geschwindigkeit des Querbrückenzyklus***, weil ein wesentlicher Anteil des ATP-Umsatzes im Querbrückenzyklus des Aktomyosins erfolgt. Ein Maß für die Geschwindigkeit des Querbrückenzyklus (Kontraktilität) ist am intakten Herzen der maximale isovolumetrische Ventrikeldruckanstieg (dP/dt_{max}) (▶ s. Kap. 26.2). Zunahmen dieses Parameters korrelieren daher mit dem myokardialen Sauerstoffverbrauch.

Wandspannung. Auch in der Diastole besteht am Herzmuskel ein basaler Myokardtonus, der durch Querbrückenzyklen aufgebracht wird. Mit Zunahme des diastolischen Ventrikeldrucks steigt daher auch der Sauerstoffumsatz des Myokards an. Entscheidend für das Ausmaß des Sauerstoffumsatzes ist die ***Wandspannung*** (▶ s. Kap. 26.2).

▪▪▪ **Homogenität.** Den vorstehenden Überlegungen liegt die Vereinfachung zu Grunde, dass die Myokardfunktion der unterschiedlichen Herzabschnitte homogen erbracht wird. Dies ist vor allem unter bestimmten pathophysiologischen Bedingungen nicht gewährleistet. So treten bei der koronaren Herzkrankheit regionale Durchblutungseinschränkungen auf, die regionale Funktionsstörungen nach sich ziehen. Gleichzeitig weisen andere Herzmuskelareale eine kompensatorische Mehrarbeit auf.

In Kürze

Energieumsatz des Myokards

Wesentliche Komponenten des Energieumsatzes des Herzmuskels sind:
- der Querbrückenzyklus im kontraktilen Apparat,
- der Rücktransport von Ca^{2+} in das sarkoplasmatische Retikulum,
- der Strukturerhaltungsstoffwechsel.

Herzarbeit

Die Herzarbeit bezieht sich auf den Energieumsatz pro Herzzyklus. Sie setzt sich vorwiegend zusammen aus:
- der Druck-Volumenarbeit (besonders hoch im linken Ventrikel),
- der Arbeit zur Beschleunigung der Pulswelle.

▼

Herzleistung

Die vom Herzen erbrachte Leistung entspricht der pro Zeitintervall verrichteten Arbeit. Parameter zur Abschätzung der Herzleistung sind:
- das Druck-Frequenz- (Schlagvolumen-) Produkt,
- die Kontraktilität,
- die Wandspannung.

27.2 Substrate und Stoffwechsel

Substrate des Herzstoffwechsels

Der Herzmuskel gewinnt seine Energie aus dem Abbau von Fettsäuren, Laktat und Glukose, wobei diese Substrate in großem Umfang gegeneinander austauschbar sind; für die Deckung des myokardialen Energiebedarfs ist Sauerstoff erforderlich

Stoffwechselsubstrate. Die kontinuierlich verrichtete Herzarbeit erfordert auch unter körperlichen Ruhebedingungen eine kontinuierliche Substratzufuhr. Gegen die Schwankungen der Plasmaspiegel unterschiedlicher Substrate ist der Herzmuskel sehr gut abgesichert, da er je nach Angebot auf ***Fettsäuren, Laktat*** und ***Glukose*** zurückgreifen kann. Während diese Substrate unter körperlichen Ruhebedingungen mehr als 90 % der Substratversorgung stellen, tragen Pyruvat, Ketonkörper und Aminosäuren weniger als 10 % bei (▪ Abb. 27.1).

Die Bedeutung des ***Laktats*** nimmt unter körperlicher Belastung weiter zu, wenn der Skelettmuskel unter Bedingungen einer relativen Durchblutungsbeschränkung anaerob arbeitet und vermehrt Laktat freisetzt. Da das gesunde Myokard auch bei schwerer körperlicher Arbeit eine adäquate Durchblutung aufweist und daher aerob arbeitet, wird hier Laktat weiterhin metabolisiert. So trägt der Herzmuskel unter körperlicher Arbeit zur ***Regulation des Säure-Basen-Haushaltes*** bei.

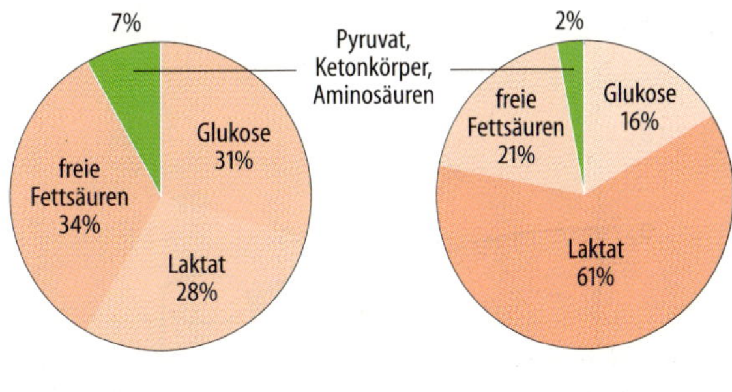

▪ **Abb. 27.1. Substratverbrauch des menschlichen Herzens bei körperlicher Ruhe und bei schwerer körperlicher Arbeit** (200 W, *Steady State*). Die Substrataufnahme ist als prozentualer Anteil des betreffenden Substrates am Sauerstoffverbrauch des Herzens dargestellt

Stoffwechselwege. Wie in ◘ Abb. 27.2 dargestellt, werden aus den Substraten Fettsäuren, Laktat und Glukose Reduktionsäquivalente in Form von NADH/H^+ und $FADH_2$ gebildet. Diese werden unter aeroben Bedingungen im Rahmen der Atmungskette unter Verbrauch von Sauerstoff zu Oxidationswasser und NAD bzw. FAD umgewandelt. Im Gegenzug wird ADP zu ATP phosphoryliert. Quantitativ geringe zusätzliche Äquivalente energiereicher Phosphate (ATP, GTP) entstehen in der Glykolyse und im Zitrat-Zyklus. Der Umsatz von ATP zu ADP ermöglicht auch die reversible Phosphorylierung von Kreatin. Kreatinphosphat steht dann zur Pufferung akuter Schwankungen im ATP-Spiegel zur Verfügung.

Umsatzraten. Der Myokardstoffwechsel gewährleistet eine ATP-Produktion von 20–30 μmol/min pro g Herzmuskel unter körperlichen Ruhebedingungen. Dem entspricht ein Sauerstoffverbrauch von 4–5 μmol/min pro g (ca. 100 μl O_2/min × g). Der Sauerstoffverbrauch des gesamten Herzens (300 g) ist 25–30 ml/min, was 10 % des Sauerstoffverbrauchs des Körpers (Herzmasse 0,5 % der Körpermasse) entspricht. Der Sauerstoffverbrauch des Herzens erfolgt vorwiegend in den Kardiomyozyten, der Anteil der Endothel- und glatten Muskelzellen ist gering. Endothelzellen und glatte Muskelzellen können ihren Energiebedarf bei ausreichender Substratzufuhr auch anaerob decken.

Aerobiose und Anaerobiose. Unter anaeroben Bedingungen wird der Flux der Reduktionsäquivalente durch die Atmungskette reduziert, weil Sauerstoff nicht in ausreichender Menge zur Verfügung steht. Infolgedessen stauen sich die Reduktionsäquivalente NADH/H^+ und $FADH_2$ an. Dies hat u. a. Rückwirkung auf die Gleichgewichtsreaktion zwischen Laktat und Pyruvat (◘ Abb. 27.2). Da Pyruvat auch unter anaeroben Bedingungen kontinuierlich über die Glykolyse aus Glukose bzw. Gykogen gebildet wird, entsteht im Herzmuskel bei Vorliegen hoher NADH/H^+-Konzentrationen Laktat. Eine ***Nettolaktatbildung*** (koronarvenöse > arterielle Laktatkonzentration) des Herzmuskels ist daher ein ***Zeichen unzureichender Sauerstoffversorgung.***

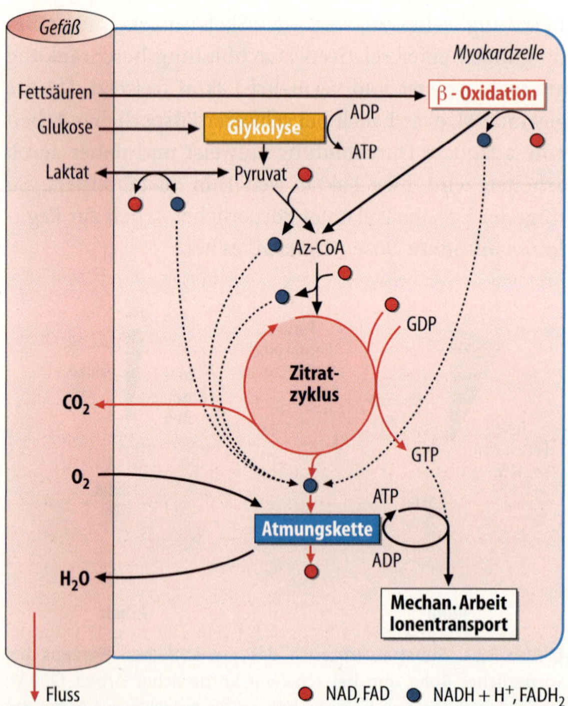

◘ **Abb. 27.2. Schematische Darstellung des Myokardstoffwechsels.** *Az-CoA:* AzetylCoA

Energiereserven und Durchblutung des Herzmuskels

Die ATP- und Sauerstoffreserven des Herzmuskels reichen nur für wenige Sekunden zum Erhalt einer uneingeschränkten kontraktilen Funktion

Dem oben erwähnten hohen kontinuierlichen Umsatz von ATP und Sauerstoff stehen nur sehr begrenzte Reserven im Myokard gegenüber. Der ATP-Gehalt des Myokards beträgt ca. 5 μmol/g und der Kreatinphosphatgehalt ca. 7 μmol/g. Der Sauerstoffspeicher des Myokards (Hämoglobin und Myoglobin) kann mit etwa 0,4 μmol/g berechnet werden. Legt man einen ATP-Umsatz von 20–30 μmol $\times$ $min^{-1} \times g^{-1}$ und einen Sauerstoffverbrauch von 4–5 μmol $\times$ $min^{-1} \times g^{-1}$ zugrunde, dann beträgt die ***Reservezeit des Myokards*** bei Unterbrechung der Durchblutung ***nur wenige Sekunden*** bevor erhebliche funktionelle Konsequenzen auftreten. Die Zeitreserve bis zum Auftreten irreversibler Schäden ***(Strukturerhaltungszeit)*** ist deutlich länger (ca. 20 min.), da das Myokard über eine Reihe endogener Mechanismen der Protektion verfügt. Nach 20 min normothermer kompletter Ischämie (Blutleere) kommt es zur Herzmuskelnekrose (Herzinfarkt).

In Kürze

Substrate

Die Energiebereitstellung des Herzmuskels erfolgt variabel über die Metabolisierung verschiedener Substrate:
- Fettsäuren,
- Laktat,
- Glukose.

Stoffwechsel

Eine adäquate Energieproduktion kann im Herzmuskel nur unter aeroben Bedingungen (oxidative Phosphorylierung) erfolgen. Eine Nettolaktatbildung ist ein metabolisches Zeichen einer unzureichenden Myokardoxigenation.
Die Energie- und Sauerstoffreserven des Myokards sind gering. Daher sistiert bei Ischämie die kontraktile Funktion nach wenigen Sekunden.

27.1. Ischämiesyndrome

Das Myokard kann auf eine reduzierte Perfusion unterschiedlich reagieren:

- Besteht eine mäßige Unterperfusion, so wird die kontraktile Funktion innerhalb von Sekunden reduziert. Hierdurch sinkt der Sauerstoffbedarf und wird an die reduzierte Perfusion angepasst (hibernierendes Myokard). Besteht die mäßige Perfusionseinschränkung längerfristig (Wochen, Monate), so treten außerdem morphologische Veränderungen (Zellschwellung, Myofibrillenschwund, Glykogenablagerungen) auf. Ist die begleitende interstitielle Fibrose gering, so kann sich die Myokardfunktion aber nach einer erfolgreichen Revaskularisierung noch vollständig normalisieren.
- Kurzzeitige Ischämien im Bereich von 5–15 min führen auch nach Beendigung der Ischämie zu einer Funktionsreduktion im abhängigen Myokard, die über Stunden bis Tage bestehen bleibt (Stunning).
- Einen weiteren klinisch wichtigen Schutzmechanismus stellt das Preconditioning dar. Es handelt sich hierbei um eine Ischämietoleranzentwicklung, die durch kurzfristige Ischämien (2–5 min Dauer) ausgelöst wird. Während der transienten Ischämie werden u.a. Adenosin oder Bradykinin gebildet. Diese aktivieren Rezeptor-vermittelt komplexe Signalkaskaden, in die z.B. Proteinkinasen C, Tyrosinkinasen und MAP-Kinasen involviert sind. Die Klärung des eigentlichen zellulären Effektors der Ischämietoleranzentwicklung steht noch aus.

27.3 Koronardurchblutung

Sauerstoffverbrauch und Koronardurchblutung

Der koronare Blutkreislauf weist eine hohe Sauerstoffextraktion (60–70%) auf; der Sauerstoffbedarf muss durch Anpassung der Durchblutung gedeckt werden

Sauerstoffversorgung. Der Sauerstoffverbrauch ($\dot{V}_{O_2}$) des Herzmuskels beträgt unter physiologischen Bedingungen ca. 100 μl × min^{-1} × g^{-1} oder 10 ml/min (100g) (▶ s.o.). Die Myokarddurchblutung (F) liegt im Mittel bei ca. 0,8 ml × min^{-1} × g^{-1} oder 80 ml/min (100g). Da die arterielle Sauerstoffkonzentration ($[O_2]_a$) bei einem Hämoglobingehalt von 15 g/100 ml Blut ca. 20 ml O_2/100 ml Blut beträgt (▶ s. Kap. 34.2), liegt die Sauerstoffextraktion (E) bei etwa 63% ($\dot{V}_{O_2} = F \times [O_2]_a \times E$). Die ***Sauerstoffextraktion*** ist also bereits unter physiologischen Kontrollbedingungen am Myokard weitgehend ausgeschöpft. Sie kann daher auch bei schwerer körperlicher Arbeit nur noch um etwa 20% zunehmen. Gleichzeitig kann aber die Koronardurchblutung etwa 5-fach ansteigen. Dies erlaubt einen etwa 6-fachen Anstieg des myokardialen Sauerstoffverbrauchs bei schwerer körperlicher Arbeit. Einschränkungen der Durchblutungszunahme des Herzmuskels haben immer auch eine Einschränkung des maximalen myokardialen Sauerstoffverbrauchs und damit der Herzleistung zur Folge.

Koronarreserve. Eine Einschränkung der Dilatationsfähigkeit der Koronargefäße tritt im Rahmen der koronaren Herzkrankheit auf. Die Dilatationsfähigkeit wird klinisch anhand der Bestimmung der Koronarreserve beurteilt. Unter intravenöser Gabe eines stark koronardilatierenden Stoffes wie Adenosin erfolgt die nichtinvasive Messung der Koronardurchblutung (Methoden ▶ s.u.). An gesunden Koronargefäßen steigert die beschriebene Intervention die Durchblutung um den Faktor 3–4 (Koronarreserve 300–400%).

Myokardiale Kompression der Koronargefäße

Die Weite der Koronargefäße hängt vom Perfusionsdruck (intrakoronarer Druck) und vom Myokarddruck ab; die Kompression durch die myokardiale Kontraktion betrifft insbesondere subendokardiale Gefäße im linksventrikulären Myokard

Myokardiale Kompression. Der sich kontrahierende Herzmuskel muss den intraventrikulären Druck für die Förderung des Schlagvolumens aufbringen. Wie oben erläutert (Abschnitt 27.1), unterscheiden sich die hierzu notwendigen Drücke im linken und rechten Ventrikel erheblich. Die linke Koronararterie (R. circumflexus und R. interventricularis anterior) versorgt vorzugsweise das linksventrikuläre Myokard, während die rechte Koronararterie vorzugsweise das rechtsventrikuläre Myokard versorgt (sog. Normalversorgungstyp).

Wegen der unterschiedlichen Druckverhältnisse kommt es zu einer unterschiedlich starken Beeinflussung der Myokarddurchblutung im links- und rechtsventrikulären Myokard im Verlauf des Herzzyklus (■ Abb. 27.3). Während der Blutfluss in der rechten Koronararterie weitgehend dem Verlauf des Aortendrucks entspricht, ***bricht*** der ***Blutfluss*** in der ***linken Koronararterie*** während der Ventrikelsystole ***stark ein***, und kehrt sich in der Anspannungsphase sogar um (Blutrückstrom in die Aorta). Mit Einsetzen der Ventrikeldiastole steigt der Blutstrom in der linken Koronararterie wieder an. Parallel hierzu findet sich während der Systole im Koronarsinus, über den die gesamte Blutversorgung des linksventrikulären Myokards drainiert wird, eine Zunahme des Blutflusses. Diese Messungen zeigen:

- Das rechtsventrikuläre Myokard wird kontinuierlich durchblutet.

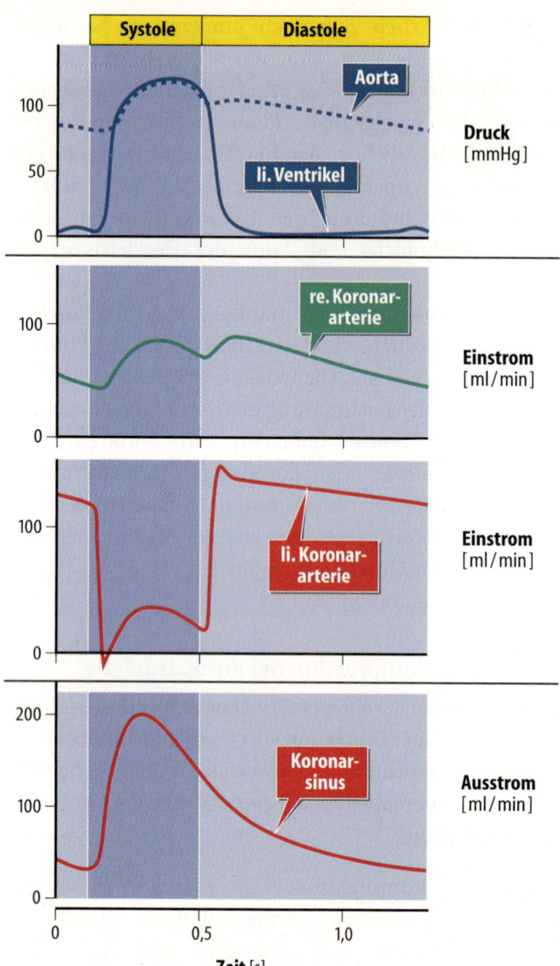

Abb. 27.3. Verhalten des koronaren Blutflusses und zeitliche Beziehung zu Systole, Diastole und zu den Druckverläufen im linken Ventrikel und in der Aorta

- Das linksventrikuläre Myokard wird vorzugsweise in der Diastole durchblutet.
- Das Blutvolumen im linksventrikulären Koronargefäßbett wird in der Systole »ausgequetscht«.

Transmurale Gradienten. Während der Druck im linken Ventrikel während der Auswurfphase ca. 120 mm Hg beträgt, liegt der Druck im Herzbeutel bei nur wenigen mm Hg. Analog hierzu ist der ***systolische Myokarddruck in subendokardialen Schichten*** ebenfalls im Bereich von 120 mm Hg, während derjenige in subepikardialen Schichten gering ist (Abb. 27.4). Daher kommt die subendokardiale Durchblutung während der Systole zum Erliegen, während die subepikardiale Durchblutung ähnlich derjenigen des rechtsventrikulären Myokards nahezu kontinuierlich erfolgt. Die stärkere Durchblutungseinschränkung subendokardialer Schichten in der Systole wird aber in der Diastole mehr als ausgeglichen, so dass die mittlere Durchblutung im Subendokard diejenige im Subepikard leicht übertrifft (10 %).

Myokardoxigenierung. Trotz der starken myokardialen Kompression ist die mittlere lokale Durchblutung des linksventrikulären Myokards unter physiologischen Bedingungen adäquat. Außerdem übertrifft die ***arterio-venöse Sauerstoffdifferenz*** in subendokardialen Schichten diejenige subepikardialer Schichten. Der höheren mittleren subendokardialen Durchblutung entspricht also ein etwas höherer ***subendokardialer Sauerstoffverbrauch.*** Gleichzeitig ist der mittlere Gewebspartialdruck von O_2 im Subendokard geringer als im Subepikard. Bestehen im Rahmen einer Koronarsklerose aber Einengungen der epikardialen Arteriensegmente, so ist weiter distal der intravaskuläre Druck reduziert (Druckabfall über Stenosen). Nun kann der hohe Myokarddruck über eine Kompression intramyokardialer Gefäßsegmente die Myokarddurchblutung stärker vermindern. Diese Ursache einer Ischämieentstehung ist typisch für das linksventrikuläre Myokard, wobei insbesondere die Innenschichten (subendokardiale Schichten) betroffen sind. In der Klinik spricht man von der ***subendokardialen Ischämie.***

Tonusregulation an Koronargefäßen

Entscheidend für eine stets adäquate Blutversorgung des Herzmuskels ist die Tonusregulation der glatten Gefäßmuskelzellen; man unterscheidet übergeordnete von lokalen Regulationsmechanismen

Gefäßtonus. Neben dem Blutdruck und der myokardialen Kompression bestimmt der Tonus der glatten

27.2. Koronare Herzkrankheit

Pathophysiologie. Auf dem Boden einer endothelialen Funktionsstörung kommt es unter dem Einfluss lokaler hämodynamischer Faktoren zu einer fortschreitenden Entzündung der Gefäßwand der epikardialen Arteriensegmente mit kalzifizierenden Lipidablagerungen und Obstruktion des Gefäßlumens (stenosierende Koronarsklerose). Zusätzlich bestimmen lokale Thrombosen (Koronarthrombose) und Fehlregulationen des Gefäßtonus (Koronarspasmus) bei gestörter Endothelfunktion das klinische Bild. Eine häufige Folge der koronaren Herzkrankheit ist bei unzureichender Myokarddurchblutung eine Myokardnekrose (Myokardinfarkt). Diese Erkrankung stellt eine der häufigsten Ursachen für Invalidität und Tod in den Industrieländern dar.

Risikoindikatoren. Die Erkrankung tritt insbesondere im fortgeschrittenen Alter und bei Vorliegen verschiedener Risikoindikatoren wie Diabetes mellitus, Dyslipoproteinämie, Hyperhomocysteinämie, arterieller Hypertonie und Rauchen auf. Es besteht außerdem eine genetische Disposition.

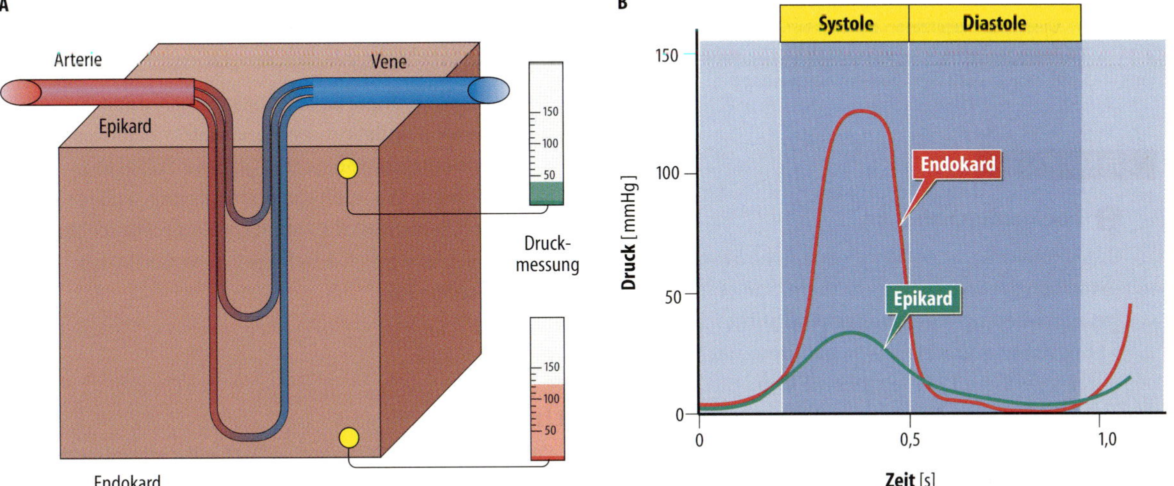

Abb. 27.4. Kompression intramyokardialer Gefäße. **A** Schematische Darstellung des Gefäßverlaufs und der myokardialen Druckmessung. **B** Zeitverlauf des Drucks im Subepi- und Subendokard

Gefäßmuskelzellen die Koronardurchblutung. An gesunden Koronargefäßen wird die Steigerung der Myokarddurchblutung durch eine Vielzahl von durchblutungsaktiven Faktoren (neuronal, humoral, metabolisch, parakrin) effizient an den Sauerstoffverbrauch angepasst. Ausnahmen stellen Bedingungen dar, unter denen infolge genereller Vasodilatation (Abfall des peripheren Widerstandes) der Aortendruck so stark sinkt, dass der koronare Perfusionsdruck kritisch eingeschränkt wird. Unter den durchblutungswirksamen Mechanismen werden ***übergeordnete*** (nichtlokale) und vorwiegend ***lokal wirksame Regulationsmechanismen*** unterschieden.

Übergeordnete Mechanismen. Eine dominierende Bedeutung haben hier adrenerge Effekte. Die Koronargefäße weisen eine dichte sympathische Innervation auf. Wesentlicher Transmitter der efferenten sympathischen Nervendigungen ist das Noradrenalin, welches am glatten Gefäßmuskel auf ***α- und β-adrenerge Rezeptoren*** wirkt. Das ebenfalls an Koronargefäßen wirksame Adrenalin stammt quantitativ überwiegend aus dem Nebennierenmark und erreicht das Koronargefäßbett über die Blutbahn ***(humoraler Mediator)***. Im Vergleich zum Adrenalin hat Noradrenalin eine höhere Affinität für α-adrenerge Rezeptoren.

▪▪▪ Cholinerge Koronardilatation. Es besteht eine nur spärliche Innervation der Koronargefäße mit cholinergen parasympathischen Fasern. Bei Konstanthaltung des myokardialen Sauerstoffverbrauchs führt Vagusaktivierung zu einer Koronardilatation. Dieser Effekt ist über die Stimulation einer gesteigerten NO-Bildung im Endothel der Gefäße vermittelt. Auch intrakoronar appliziertes Azetylcholin führt zu einer Koronardilatation. Ist das Endothel hingegen funktionell geschädigt (fehlende NO-Bildung), so setzt sich die direkte Wirkung von Azetylcholin am glatten Muskel durch, die in einer Tonussteigerung und Vasokonstriktion besteht. Dieser Test wird unter klinischen Bedingungen im Katheterlabor zur Charakterisierung der Endothelfunktion eingesetzt.

Lokale Mechanismen. Hierzu zählen metabolische, endothelabhängige und glattmuskuläre Mechanismen:

- ***Metabolische Faktoren*** der Gefäßtonuskontrolle sind wahrscheinlich der pO_2, der pCO_2, pH und das Adenosin, das Dephosphorylierungsprodukt der Adeninnukleotide.
- Zu den ***endothelabhängigen Mechanismen*** zählen insbesondere NO, ein chemisch nicht eindeutig charakterisierter endothelialer hyperpolarisierender Faktor (EDHF) und Prostaglandine (▶ s. Kap. 28.8). Die endothelabhängigen Mechanismen verstärken häufig eine primär metabolisch oder adrenerg ausgelöste Durchblutungssteigerung.
- Ein sehr wichtiger ***glattmuskulärer Mechanismus*** an Koronargefäßen ist die Autoregulation. Dehnung der Gefäßwand führt reaktiv zu einer Tonussteigerung, während eine Reduktion der Gefäßwanddehnung zu einer reaktiven Tonusreduktion führt. Der Autoregulation kommt eine wesentliche Bedeutung für die Stabilisierung der Koronardurchblutung in einem Perfusionsdruckbereich von etwa 60 bis 140 mm Hg zu.

▪▪▪ Methoden. Die große klinische Bedeutung des Verständnisses der Myokarddurchblutung und des Herzstoffwechsels haben zur Etablierung einer Reihe klinisch nutzbarer Messtechniken geführt. **Ultraschallsonden** können heute im Rahmen von **Herzkatheteruntersuchungen** in die Ostien der Koronargefäße eingeführt werden (intravaskulärer Ultraschall, IVUS) und gestatten die kontinuierliche Messung des Blutflusses.

Klinische Untersuchungen des globalen Herzstoffwechsels basieren wesentlich auf Messungen von **arterio-venösen Konzentrationsdifferenzen** (z. B. Laktat, Fettsäuren). Hierbei wird der Koronarsinus unter röntgenologischer Kontrolle über eine periphere Vene katheterisiert. Die arterielle Probe wird beispielsweise aus der A. radialis entnommen. Eine zunehmende Bedeutung für die Analyse des regionalen Herzstoffwechsels haben **die Single Photon Emission Tomographie (SPECT)** und die **Positronen-Emissionstomographie (PET)** erlangt (▶ s. Kap. 8.4).

Eine verengte Koronararterie kann häufig über eine **Ballondilatation** erweitert werden. Hierzu wird ein Katheter über eine periphere Arterie und retrograd über die Aorta in das verengte Koronargefäß eingeführt. Die Katheterspitze, an der sich ein kleiner Ballon befindet, wird in das verengte Gefäßlumen platziert. Durch Aufblasen des Ballons (4–5 atm Druck) wird das Segment aufgeweitet.

In Kürze

Koronardurchblutung

Der Koronarkreislauf ist durch eine hohe Sauerstoffextraktion gekennzeichnet, die bereits unter physiologischen Bedingungen weitgehend ausgeschöpft ist und daher auch bei schwerer körperlicher Arbeit nur noch um etwa 20% zunehmen kann. Die Zunahmen des myokardialen Sauerstoffverbrauchs werden quantitativ über die Steigerung der Koronardurchblutung (kann etwa 5-fach ansteigen) gedeckt.

Regulation

Die myokardiale Kompression intramuraler Gefäßsegmente führt insbesondere in subendokardialen Schichten des linken Ventrikels zu einer systolischen Durchblutungsbehinderung. Entscheidend für eine stets adäquate Blutversorgung des Herzmuskels ist die Tonusregulation der glatten Gefäßmuskelzellen. Man unterscheidet

- übergeordnete Regulationsmechanismen,
- lokale Regulationsmechanismen (metabolische, endothelabhängige und glattmuskuläre Mechanismen). Die Autoregulation (glattmuskulärer Mechanismus) stabilisiert die Koronardurchblutung im Bereich arterieller Drücke von 60 bis 140 mmHg.

Literatur

Jafri MS, Dudycha SJ, O'Rourke B (2001) Cardiac energy metabolism: models of cellular respiration. Annu Rev Biomed Eng 3: 57–81

Opie LH (1997) The Heart. Physiology, From cell to circulation, 3. Aufl. Lippincott-Raven, Philadelphia

Schelbert HR (2000) PET contributions to understanding normal and abnormal cardiac perfusion and metabolism. Ann Biomed Eng 28: 922–929

Toyota E, Koshida R, Hattan N, Chilian WM (2001) Regulation of the coronary vasomotor tone: What we know and where we need to go. J Nucl Cardiol 8: 599–605

Tune JD, Richmond KN, Gorman MW, Feigl EO (2002) Control of coronary blood flow during exercise. Exp Biol Med 227: 238–250

Kapitel 28
Kreislauf

R. Busse

VI

Einleitung

Der 58-jährige H. K. entwickelt im Laufe eines sehr stressigen Arbeitstages zunehmend Schmerzen hinter dem Brustbein, Unruhe, Aufgeregtheit, verschwommenes Sehen, Schwindel, Übelkeit und Atemnot. Der herbeigerufene Notarzt misst einen Blutdruck von 218/120 mm Hg. Die Spiegelung des Augenhintergrunds ergibt frische Blutungen und eine gestaute Sehnervenpapille, die Urinuntersuchung eine leichte Eiweißausscheidung (Proteinurie). Es wird die Diagnose einer hypertensiven Krise gestellt, wobei die stressvermittelte Sympathikusaktivierung als Auslöser angesehen wird. Nach Gabe eines Calciumkanalblockers (Nifedipin 5 mg oral), der zu einer Erweiterung der Widerstandsgefäße und damit zu einer Absenkung des Butdrucks führt, lassen die Beschwerden innerhalb von 30 Minuten rasch nach.

28.1 Einführung und Strömungsmechanik

Transportsystem Kreislauf

Der Blutkreislauf stellt ein rasch regulierbares, konvektives Transportsystem dar, das vor allem durch die Beförderung der Atemgase O_2 und CO_2 sowie den Transport von Nährstoffen und deren Metaboliten unabdingbar für die Aufrechterhaltung aller lebenswichtigen Funktionen ist

Diffusion und Konvektion. Der Stofftransport durch Diffusion über größere Strecken ist ein sehr zeitaufwändiger Prozess. Da die für die Diffusion benötigte Zeit mit dem Quadrat der Diffusionsstrecke ansteigt, braucht z. B. ein Glukosemolekül für die Diffusion durch eine 1 μm dicke Kapillarwand 0,5 ms, für die Durchquerung einer 1 cm dicken Ventrikelwand jedoch mehr als 15 Std. Konvektiver Transport hingegen, d. h. die Mitnahme von Teilchen durch die Moleküle eines strömenden Mediums, ermöglicht z. B. den Sauerstofftransport von der Lunge bis in die entferntesten Regionen des Körpers innerhalb von 20 s (Abb. 28.1). Aus diesem konvektiven Transport resultieren zahlreiche weitere Funktionen für den Blutkreislauf, die von lebenswichtiger Bedeutung sind, wie Stofftransport im Dienste des Wasser- und Salzhaushaltes, Beförderung von Hormonen, Zellen und Stoffen der Immunabwehr sowie Wärmetransport.

Aufbau des Kreislaufsystems. Der Blutkreislauf des Menschen besteht, wie in Abb. 28.2 schematisch dargestellt, aus einem in sich geschlossenen System von teils parallel, teils seriell geschalteten Blutgefäßen. Durch 2 funktionell hintereinander geschaltete Pumpen, den rechten und den linken Ventrikel, wird in diesem System ein genügend hohes Druckgefälle erzeugt, das eine gerichtete Blutströmung aufrechterhält. Die Umlaufgeschwindigkeit des Blutes ist dabei in Abstimmung mit

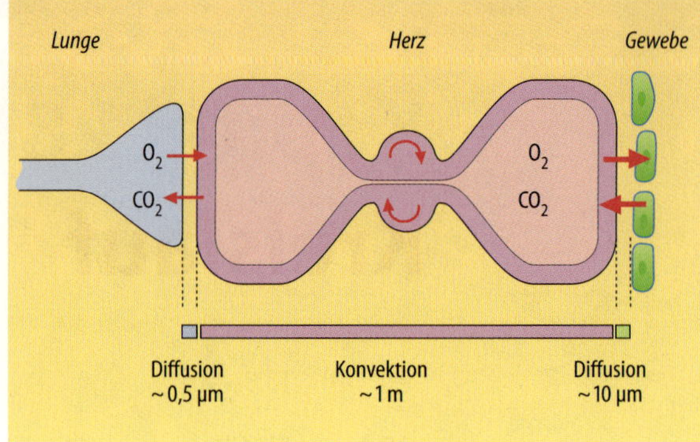

Abb. 28.1. Funktion des Kreislaufs als konvektives Transportsystem

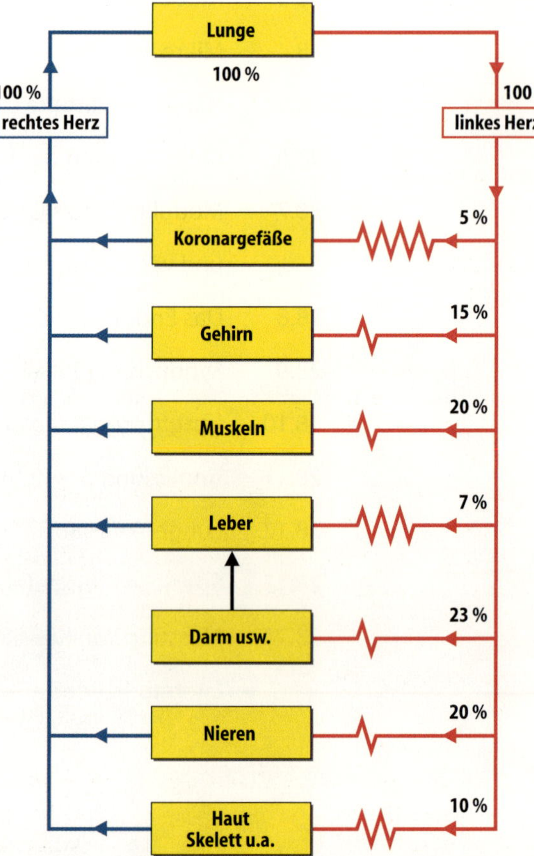

Abb. 28.2. Schema des Blutkreislaufes. Die Prozentzahlen geben die durch die verschiedenen Organgebiete fließenden Anteile des Herzzeitvolumens *(HZV)* während Körperruhe an. Die Verteilung des HZV auf die verschiedenen Organgebiete wird dabei von der Größe der regionalen Strömungswiderstände (symbolisiert durch die Länge der *gezackten Linie*) der einzelnen parallel geschalteten Organgebiete bestimmt

den Bedürfnissen der Gewebe an die jeweils erforderlichen Transportraten der Atemgase O_2 und CO_2 angepasst.

Das Stromgebiet zwischen linkem Ventrikel und rechtem Vorhof, das durch die einzelnen Organstromgebiete

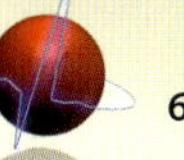

eine mehrfache Parallelschaltung aufweist, bezeichnet man als ***Körperkreislauf*** oder »großen Kreislauf«. Entsprechend versteht man unter den Begriffen »kleiner Kreislauf« oder ***Lungenkreislauf*** das Gebiet der Lungenstrombahn. Funktionell und morphologisch lassen sich in beiden Kreislaufabschnitten Arterien, Arteriolen, Kapillaren, Venolen und Venen als Gefäßtypen differenzieren.

Körperkreislauf. Das vom linken Ventrikel in die ***Aorta*** ausgetriebene Blut strömt in die großen ***Arterien***, die zu den verschiedenen Organgebieten abzweigen. Hier finden jeweils weitere Aufzweigungen dieser Arterien statt, sodass ihre Gesamtzahl ständig zunimmt, zugleich ihr Durchmesser jedoch immer kleiner wird. Aus den kleinsten arteriellen Gefäßen, den ***Arteriolen***, gehen unter weiterer Aufzweigung die ***Kapillaren*** ab, die ein dichtes Gefäßnetz an den Parenchymzellen der jeweiligen Gewebe bilden. In den Kapillaren, deren Wand nur noch aus einer einzigen Zellschicht, dem Endothel, besteht, finden die Austauschvorgänge zwischen dem Blut und dem interstitiellen Raum bzw. den Zellen des umgebenden Gewebes in beide Richtungen statt. Von den Kapillaren gelangt das Blut in die ***Venolen***, die sich dann zu kleinen ***Venen*** vereinigen. Durch weitere Zusammenschlüsse nimmt die Zahl der Venen ständig ab, der jeweilige Durchmesser jedoch zu. Die Venen münden schließlich als Vv. cavae superior und inferior in den rechten Vorhof. Die Mesenterialgefäße nehmen insofern eine Sonderstellung ein, als diese nach einem Kapillarnetz im Darm noch ein zweites Kapillarnetz in der Leber bilden (◼ Abb. 28.2).

Lungenkreislauf. Prinzipiell weist das Lungengefäßsystem einen gleichartigen Aufbau wie das Körpergefäßsystem auf. Der rechte Ventrikel befördert das aus dem rechten Vorhof einströmende Blut in die ***A. pulmonalis***, aus deren Verzweigungen kleine Lungenarterien, Arteriolen und Kapillaren hervorgehen. Über 4 große Lungenvenen erreicht das Blut dann den linken Vorhof, und mit dem Übertritt in den linken Ventrikel ist der Kreislauf geschlossen.

Funktionell parallel geschaltet als Dränagesystem existiert noch das ***Lymphgefäßsystem***, (▶ s. Kap. 28.4) in dem Flüssigkeit aus dem interstitiellen Raum gesammelt und in das Blutgefäßsystem zurückgeleitet wird.

Grundlagen der Flüssigkeitsströmung in Gefäßen

❗ Die innere Reibung des strömenden Blutes erzeugt einen Strömungswiderstand, der sich aus dem Quotienten von treibender Druckdifferenz und Stromstärke ergibt

Hämodynamische Grundgrößen. Wie jede Flüssigkeit besitzt auch das Blut eine innere Flüssigkeitsreibung und setzt daher einer Strömung einen Widerstand entgegen, der bedingt ist durch die Reibung aneinander vorbeigleitender Flüssigkeitsschichten. Zur Überwindung dieses Strömungswiderstandes ist eine Druckdifferenz zwischen Anfang und Ende des durchströmten Gefäßes notwendig. Analog zum Ohm-Gesetz lässt sich die Beziehung zwischen ***treibender Druckdifferenz*** ΔP und ***Stromstärke*** I darstellen durch:

$$I = \frac{\Delta P}{R} \qquad (1)$$

Gemäß Gl. (1) lässt sich der ***Strömungswiderstand*** R als Quotient von Druckdifferenz und Stromstärke berechnen.

Die Stromstärke I ist dabei definiert als das durch einen Gefäßquerschnitt strömende Volumen ΔV pro Zeiteinheit (Δt):

$$I = \frac{\Delta V}{\Delta t} \qquad (2)$$

Die ***Strömungsgeschwindigkeit*** v hingegen ist die Geschwindigkeit der einzelnen Flüssigkeitsteilchen, die im Allgemeinen in verschiedenen Entfernungen von der Gefäßachse verschieden groß ist. Bezeichnet man mit $\overline{v}$ die über einen Gefäßquerschnitt Q gemittelte Geschwindigkeit, so ist

$$I = \overline{v} \cdot Q \qquad (3)$$

Nach der ***Kontinuitätsbedingung*** muss in einem aus verschieden weiten Röhren zusammengesetzten System – und damit auch im Gefäßsystem – die Stromstärke unabhängig vom Querschnitt der einzelnen Röhren in jedem beliebigen vollständigen Querschnitt immer konstant sein, d. h.:

$$I = \overline{v}_a \cdot Q_a = \overline{v}_b \cdot Q_b \qquad (4)$$

Bei gleichbleibender Stromstärke verhält sich daher die ***Strömungsgeschwindigkeit*** in hintereinander geschalteten Gefäßabschnitten umgekehrt proportional zum Querschnitt des jeweiligen Teilabschnittes. Für den Kreislauf bedeutet dies bei einer ca. 800-fach größeren Gesamtquerschnittsfläche des Kapillargebietes im Vergleich zur Querschnittsfläche der Aorta eine 800-fach niedrigere mittlere Strömungsgeschwindigkeit in den Kapillaren als in der Aorta.

Strömungswiderstände im Gefäßsystem. Bei hintereinander geschalteten Gefäßen ergibt sich der Gesamtströmungswiderstand aus der Summe aller Einzelwiderstände, d. h.:

$$R_{gesamt} = R_1 + R_2 + R_3 \ldots \qquad (5)$$

Bei parallel geschalteten Gefäßen, wie sie z. B. innerhalb von einzelnen Organen, ebenso aber auch bei der Aufteilung in die verschiedenen Organkreisläufe vorliegen, addieren sich dagegen die ***Leitfähigkeiten***, d. h. die reziproken Werte der Widerstände:

$$1/R_{gesamt} = 1/R_1 + 1/R_2 + 1/R_3 \ldots \quad (6)$$

Aus Gl. (6) ist zu ersehen, dass der Gesamtströmungswiderstand von mehreren parallel geschalteten Gefäßen immer kleiner ist als der Widerstand jedes einzelnen Gefäßes.

Strömungsgesetze

Nach dem Hagen-Poiseuille-Gesetz ist der Strömungswiderstand in einem Gefäß umgekehrt proportional zur vierten Potenz des Gefäßradius

Newton-Reibungsgesetz. Dieses Gesetz lässt sich folgendermaßen erläutern: zwischen zwei Platten mit dem Abstand x befindet sich eine homogene Flüssigkeit. Um die obere Platte mit der Fläche F mit einer konstanten Geschwindigkeit v über die Flüssigkeit zu ziehen, ist die Kraft K erforderlich. Da die äußersten Flüssigkeitsschichten jeweils an den Platten haften, ist die Geschwindigkeit der an die obere Platte angrenzenden Schicht gleich v, die der Flüssigkeitsschicht, die an der unteren Platte angrenzt, gleich Null. Infolge der Reibung zwischen den einzelnen Flüssigkeitsschichten stellt sich ein lineares Geschwindigkeitsgefälle (dv/dx) zwischen den beiden Platten ein (Abb. 28.3). Bezeichnet man den Quotienten K/F als ***Schubspannung*** *τ (Shear Stress)* und den ***Geschwindigkeitsgradienten*** dv/dx als *γ (Shear Rate)*, so gilt für die Viskosität η die Definitionsgleichung:

$$\eta = \frac{\tau}{\gamma} \quad (7)$$

Hagen-Poiseuille-Gesetz. In einem zylindrischen Gefäß sind bei ***laminarer Strömung***, d. h. einer Strömung, bei der sich alle Flüssigkeitsteilchen parallel zur Gefäßachse bewegen, die Schichten gleicher Geschwindigkeit konzentrisch angeordnet. Die unmittelbar an die Gefäßwand angrenzende Schicht haftet an der Wand, während sich die zweite gegenüber der ersten, die dritte gegenüber der zweiten Schicht und so weiter, teleskopartig gegeneinander verschiebt, sodass ein ***parabolisches Geschwindigkeitsprofil*** mit einem Maximum der Geschwindigkeit im Axialstrom entsteht (Abb. 28.4).

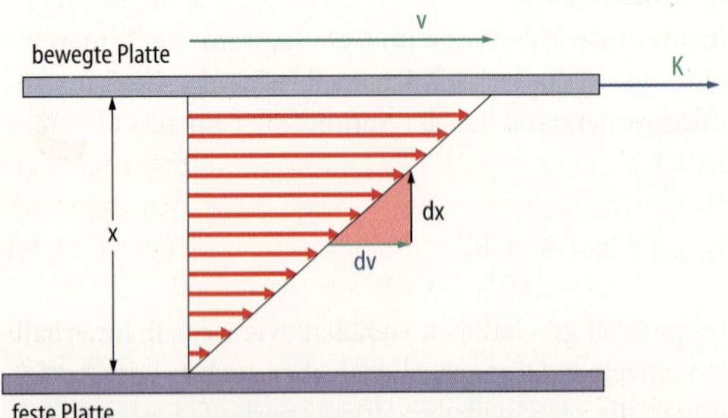

Abb. 28.3. Geschwindigkeitsverteilung in einer homogenen Flüssigkeit zwischen einer festen und einer bewegten Platte

A

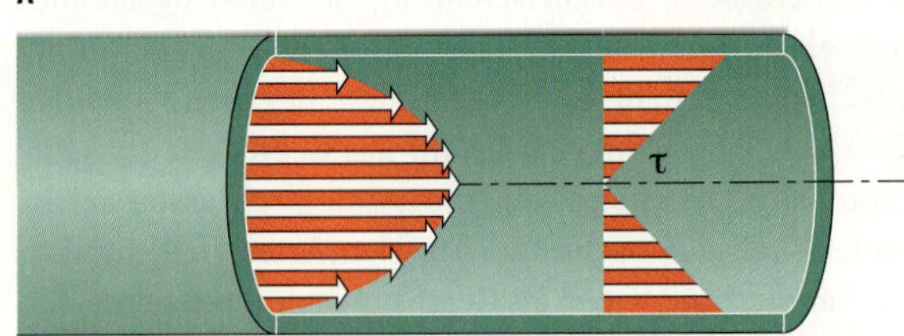

B

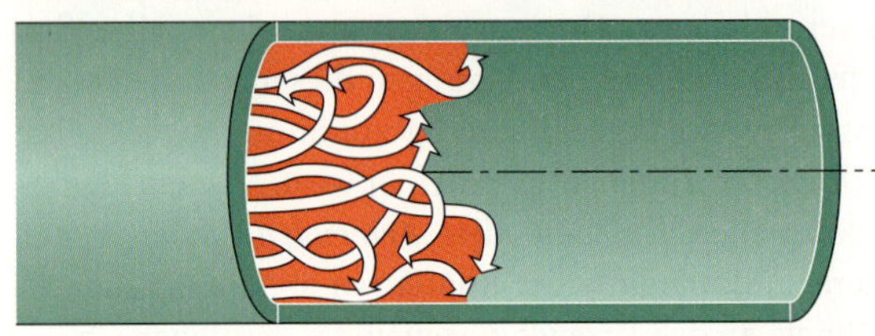

Abb. 28.4. Geschwindigkeitsprofile bei laminarer und turbulenter Strömung. A Parabelförmiges Geschwindigkeitsprofil bei stationärer laminarer Strömung in einem starren Rohr. Die Schubspannung (τ) nimmt linear vom Endothel bis hin zur zentralen Achse ab. **B** Bei turbulenter Strömung kommt es zu einer wirbeligen Vermischung der Flüssigkeitsteilchen aus den einzelnen Schichten. Dies hat eine deutliche Abflachung des Geschwindigkeitsprofils zur Folge

Mithilfe des Newton-Reibungsgesetzes lässt sich für eine laminare und ***stationäre, d. h. zeitlich konstante, Strömung*** in einem starren zylindrischen Gefäß eine Beziehung zwischen der Stromstärke und den sie bestimmenden Parametern herleiten (Hagen-Poiseuille-Gesetz):

$$I = \frac{r_i^4 \pi \Delta P}{8\,\eta l} \quad (8)$$

Hierbei sind ΔP die Druckdifferenz, η die Viskosität der Flüssigkeit, r_i der Innenradius und l die Länge des Gefäßes. Unter Heranziehung des Ohm-Gesetzes (Gl. 1) lässt sich hieraus der ***Strömungswiderstand*** bestimmen:

$$R = \frac{8\,\eta l}{r_i^4 \pi} \quad (9)$$

Stromstärke und Strömungswiderstand ändern sich demnach direkt bzw. umgekehrt proportional zur ***vierten Potenz des Gefäßradius.***

Aus Abb. 28.4 lässt sich unter Berücksichtigung von Gl. (7) desweiteren entnehmen, dass die Schubspannung nicht über den gesamten Gefäßquerschnitt gleich ist. Vielmehr variiert die Schubspannung (ebenso wie der Geschwindigkeitsgradient) linear zwischen einem Wert von 0 in der Gefäßmitte und einem Maximalwert an der Gefäßwand. Die Wandschubspannung τ_W errechnet sich dabei nach:

$$\tau_W = \frac{\Delta P \cdot r_i}{2\,l} = \frac{4\,I \cdot \eta}{r_i^3 \pi} = \frac{4\,\bar{v}\eta}{r_i} \quad (10)$$

Hierbei bedeutet $\bar{v}$ die über den Querschnitt gemittelte Strömungsgeschwindigkeit.

▪▪▪ **Schubspannung – ein Stimulator für das Endothel.** Die als visköser Längszug (Viscous Drag) des strömenden Blutes an der Gefäßinnenwand, d. h. der luminalen Endothelzelloberfläche auftretende Wandschubspannung stellt eine biologisch bedeutsame Größe dar. Eine Reihe vasoaktiver Substanzen, die im Endothel gebildet werden, werden in ihrer Bildung und/oder Freisetzung über die Wandschubspannung moduliert (▶ s. Kap. 28.8). Desweiteren sind bislang mehr als 40 Genprodukte identifiziert worden, deren Expression im Endothel durch die Wandschubspannung entscheidend beeinflusst werden (u. a. die endotheliale NO-Synthase, Zyklooxygenase-2, Angiotensin-converting enzyme). Da die meisten dieser Genprodukte antiatherosklerotisch wirksam sind, ist diese schubspannungsinduzierte Genexpression von erheblicher pathophysiologischer Bedeutung. So erklärt sich der vasoprotektive Effekt eines körperlichen Trainings an großen Leitungsarterien im Wesentlichen über die Zunahme der Wandschubspannung und der daraus resultierenden Genexpression in der Gefäßwand.

Strömungsbedingungen im Gefäßsystem

Das Hagen-Poiseuille-Gesetz gilt streng genommen nur für die stationäre, laminare Strömung einer homogenen Flüssigkeit in einem starren Gefäß

Abweichungen vom Hagen-Poiseuille-Gesetz. In den meisten Gefäßen (Arterien, Arteriolen, Kapillaren und herznahen Venen) ist die ***Strömung*** nicht stationär, sondern ***pulsierend.*** Das Strömungsprofil weicht hierbei während des Pulszyklus stark von der Parabelform ab und der Strömungswiderstand ist größer als der Wert, der sich aus dem Hagen-Poiseuille-Gesetz errechnet. Hinzu kommt, dass selbst bei stationärer Strömung aufgrund der zahlreichen Aufzweigungen des Gefäßbaums keine Ausbildung eines parabelförmigen Strömungsprofils möglich ist. Desweiteren kann der Gefäßdurchmesser aufgrund der Dehnbarkeit der Gefäße mit wachsendem Druck zunehmen; der Strömungswiderstand wird damit abhängig von der Höhe des Blutdrucks. Schließlich stellt Blut eine Suspension von Korpuskeln in einer Flüssigkeit dar, ist also eine heterogene (Nicht-Newton-) Flüssigkeit. Die ***Viskosität des Blutes*** ist daher keine Konstante, sondern hängt auch von den ***Strömungsbedingungen*** ab.

Trotz dieser Einschränkungen ist das Hagen-Poiseuille-Gesetz für quantitative Abschätzungen in der Kreislaufphysiologie hilfreich. So liefert die Abhängigkeit des Strömungswiderstandes von der 4. Potenz des Radius die Erklärung dafür, dass der größte Teil des ***Strömungswiderstandes*** im Kreislauf im Bereich der ***Arteriolen und Kapillaren*** lokalisiert ist und dass bereits kleine Änderungen des Kontraktionszustandes der Arteriolen beträchtliche Änderungen des Widerstandes und damit der Durchblutung bewirken.

Laminare und turbulente Strömung. Unter bestimmten Bedingungen kann eine laminare Strömung in eine turbulente Strömung übergehen. Unter Abflachung des Strömungsprofils treten hierbei Wirbel auf, in denen sich die Flüssigkeitsteilchen nicht nur parallel, sondern auch quer zur Gefäßachse bewegen. Die bei laminarer Strömung bestehende lineare Beziehung zwischen Stromstärke und Druckdifferenz ist aufgehoben, da durch die ***Wirbelbildung zusätzliche Energieverluste*** in Form von Wärmebildung entstehen. Die Druckdifferenz ist dabei annähernd dem Quadrat der Stromstärke proportional (▪ Abb. 28.4).

Der Übergang von einer laminaren in eine turbulente Strömung ist abhängig vom Innendurchmesser des Gefäßes ($2r_i$), von der über den Querschnitt gemittelten Geschwindigkeit ($\overline{v}$) sowie der Dichte (ρ) und der Viskosität der Flüssigkeit. In der dimensionslosen ***Reynolds-Zahl*** (Re) sind diese Größen zusammengefasst:

$$Re = 2\, r_i\, \overline{v}\, \frac{\rho}{\eta} \tag{11}$$

Überschreitet die Reynolds-Zahl den ***kritischen Wert*** von 2000–2200, so geht die laminare in eine turbulente Strömung über. Dieser Wert wird in den proximalen Abschnitten der Aorta und A. pulmonalis während der Austreibungszeit weit überschritten, sodass hier kurzzeitig turbulente Strömungen entstehen. Bei erhöhten Strömungsgeschwindigkeiten (z. B. bei Gefäßstenosen) oder bei reduzierter Blutviskosität (z. B. bei schweren Anämien) kommt es auch in herzfernen Arterien zu ***turbulenter Strömung***, die zu auskultierbaren ***Strömungsgeräuschen*** führen kann.

Scheinbare Viskosität

Die Viskosität des Blutes nimmt mit dem Hämatokrit zu und hängt zusätzlich von den Strömungsbedingungen ab

Viskosität in großen Gefäßen. Wegen seiner Zusammensetzung aus Plasma und korpuskulären Bestandteilen ist Blut eine heterogene (Nicht-Newton-) Flüssigkeit und weist eine variable Viskosität auf. Diese sogenannte ***scheinbare oder apparente Viskosität*** hängt stark von der jeweiligen Menge der suspendierten Zellen ab, d. h. vom Hämatokrit sowie vom Proteingehalt des Plasmas. In großen Gefäßen liegt bei schneller Strömung und normalem Hämatokrit die Viskosität des Blutes bei etwa 3–4 mPa × s, wobei in der Praxis die Viskosität häufig in relativen Einheiten angegeben wird, d. h. als Quotient aus der scheinbaren Viskosität und der Plasma-Viskosität, die bei 1,2 mPa × s liegt.

Bei niedriger Strömungsgeschwindigkeit und entsprechend niedriger Schubspannung nimmt die Viskosität stark zu. Die ***Viskositätszunahme*** bei **abnehmender Strömungsgeschwindigkeit** ist vor allem auf eine reversible ***Aggregation der Erythrozyten*** untereinander (Rouleaux- oder Geldrollenform) zurückzuführen, die durch die Vernetzung mit ***hochmolekularen Plasmaproteinen*** (Fibrinogen, α_2-Makroglobulin und andere) zustandekommt. Diese Aggregate bilden sich vor allem bei den verschiedenen Formen des Kreislaufschocks in den postkapillären Venolen und tragen hier zur Stagnation der

Strömung und damit zur Minderperfusion der Mikrozirkulation bei.

Fluidität der Erythrozyten. Eine weitere Ursache für das anomale Fließverhalten des Blutes beruht auf der großen Verformbarkeit der Erythrozyten (Fluidität). Das Fließverhalten entspricht daher bei erhöhten Schubspannungen weniger dem einer Suspension starrer Korpuskeln in Flüssigkeit, sondern eher dem einer Emulsion, d. h. einer Aufschwemmung von Flüssigkeitströpfchen in Flüssigkeit. Mit steigender ***Schubspannung*** kommt es durch Orientierung und Verformung der Erythrozyten in der Strömung zu einer Abnahme des hydrodynamischen Störeffekts, den die suspendierten Erythrozyten auf die aneinander vorbeigleitenden Flüssigkeitsschichten ausüben, und damit zu einer ***Abnahme der scheinbaren Viskosität***.

Fahraeus-Lindqvist-Effekt. Die hohe Fluidität der Erythrozyten ist auch die Ursache für ein weiteres Phänomen, das in Blutgefäßen mit einem Durchmesser von weniger als 300 µm zu beobachten ist: der ***Axialmigration*** der ***Erythrozyten***. Diese werden von der Randzone des durchströmten Gefäßes, in der hohe Geschwindigkeitsgradienten und Schubspannungen bestehen, durch Rotationsbewegungen zur Gefäßachse hin verschoben, wo die Scherung weit geringer ist. Hierdurch kommt es zur Ausbildung einer relativ ***zellarmen Randzone***, die als niedervisköse Gleitschicht der Fortbewegung der zentralen Zellsäule dient. Dieser Effekt führt mit weiter abnehmendem Durchmesser zu einer deutlichen Herabsetzung der scheinbaren Viskosität, bis bei Durchmessern von 5–10 µm die scheinbare Viskosität nur noch geringfügig größer ist als die Viskosität der zellfreien Flüssigkeit

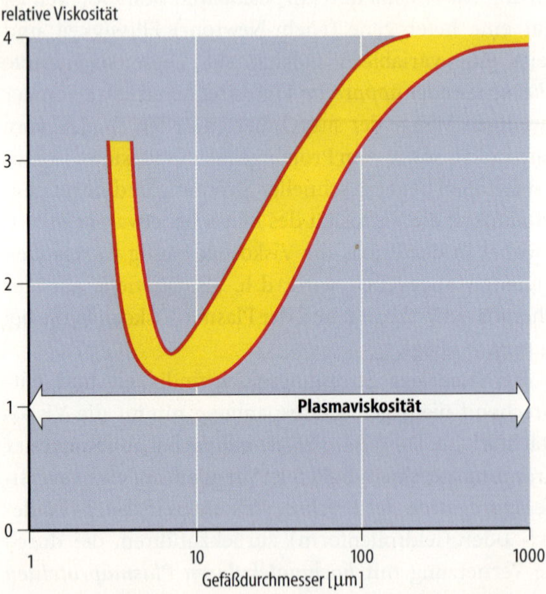

Abb. 28.5. Abhängigkeit der Viskosität des Blutes vom Gefäßdurchmesser. Mit fallendem Gefäßdurchmesser nimmt die Viskosität des Blutes ab und erreicht bei 4–10 µm Durchmesser ein Minimum (Fahraeus-Lindqvist-Effekt)

(Abb. 28.5). Die Erniedrigung der scheinbaren Viskosität des Blutes mit abnehmendem Gefäßdurchmesser wird als ***Fahraeus-Lindqvist-Effekt*** bezeichnet.

▪▪▪ Auch in den Kapillaren, die von den Erythrozyten im »Gänsemarsch« passiert werden, kommt es durch extreme Formanpassung (Tropfenform, Fallschirmform) der Erythrozyten zur Ausbildung einer niederviskösen Plasmarandzone. Erst bei Gefäßdurchmessern unter 4 µm ist ein Ende der Erythrozytenverformbarkeit erreicht, sodass die scheinbare Viskosität steil ansteigt. Die Axialmigration der Erythrozyten ist auch der Grund dafür, dass der **Hämatokrit** nur einen **sehr geringen Einfluss** auf die **Viskosität in Gefäßen der Mikrozirkulation** und damit auch auf die Größe des peripheren Widerstandes hat.

In Kürze

Gesetzmäßigkeiten der Strömung im Gefäßsystem

Die Stromstärke ergibt sich aus der treibenden Druckdifferenz, dividiert durch den Strömungswiderstand.

Die Kontinuitätsbedingung beinhaltet, dass die mittlere Strömungsgeschwindigkeit umgekehrt proportional zum Gesamtquerschnitt ist.

Nach dem Hagen-Poiseuille-Gesetz ist der Strömungswiderstand direkt proportional zur Viskosität der strömenden Flüssigkeit und der Länge des Rohres sowie umgekehrt proportional zur 4. Potenz des Radius. Das Hagen-Poiseuille-Gesetz gilt nur für die stationäre laminare Strömung einer homogenen Flüssigkeit in einem starren Rohr und ist daher auf die Strömung des Blutes nur eingeschränkt anwendbar. Es erklärt jedoch, warum der Hauptströmungswiderstand in den Arteriolen lokalisiert ist.

Überschreitet die Reynolds-Zahl einen kritischen Wert von 2000–2200, so geht die laminare in eine turbulente Strömung über.

Scheinbare Viskosität

Die scheinbare Viskosität des strömenden Blutes beträgt in großen Gefäßen 3–4 mPa × s. Bei niedriger Strömungsgeschwindigkeit und geringer Schubspannung nimmt die scheinbare Viskosität stark zu, weil sich in diesem Fall reversible Erythrozytenaggregate bilden. In Blutgefäßen mit einem Durchmesser von weniger als 300 µm bewegen sich die Erythrozyten vor allem im Axialstrom. Aufgrund der dadurch entstehenden zellarmen Randzone nimmt die scheinbare Viskosität deutlich ab. Die Erniedrigung der scheinbaren Viskosität des Blutes mit abnehmendem Gefäßdurchmesser wird als Fahraeus-Lindqvist-Effekt bezeichnet.

28.2 Eigenschaften der Gefäßwände und arterielle Hämodynamik

Wandspannung in der Gefäßwand

Der dehnende transmurale Druck erzeugt in den Gefäßwänden eine tangentiale Wandspannung, d. h. eine Zugbelastung in Umfangsrichtung, die von den Strukturelementen der Gefäßwand getragen werden muss

Transmuraler Druck. Der ***Dehnungszustand*** eines Gefäßes wird grundsätzlich durch den transmuralen Druck sowie die Dehnbarkeit des Gefäßes bestimmt. Der transmurale Druck (P_{tm}) stellt die Differenz zwischen dem intra- und dem extravasalen Druck dar ($P_{tm} = P_i - P_e$). Da in vielen Geweben der extravasale Druck (Gewebedruck) nur sehr gering ist, kann man ohne allzu großen Fehler in den meisten Arterien den intravasalen Druck mit dem transmuralen Druck gleichsetzen. Ausnahmen hiervon sind die Stromgebiete des Herzens bzw. des Skelettmuskels, wo sich während der Kontraktionen nicht unerhebliche Gewebedrücke entwickeln, sodass es hier zu einer Abnahme des Gefäßdurchmessers bzw. zu einem völligen Gefäßkollaps kommen kann. Auch in den Venen sowie in der Pulmonalstrombahn, die während des Atmungszyklus über den Alveolarraum beträchtlichen extravasalen Druckschwankungen ausgesetzt ist, wird die Größe des transmuralen Drucks – und damit die Füllung der Gefäße – entscheidend durch den extravasalen Druck mitbestimmt.

Tangentiale Wandspannung. Durch den dehnenden transmuralen Druck wird in der Gefäßwand in Umfangsrichtung eine tangentiale Wandspannung erzeugt, die von der Größe des transmuralen Drucks P_{tm}, der Wanddicke h und dem Innenradius des Gefäßes r_i abhängt:

$$\sigma_t = \frac{P_{tm} \cdot r_i}{h} \qquad (12)$$

Diese tangentiale Wandspannung, die letztendlich eine Zugbelastung der Wand in zirkumferentieller Richtung darstellt, muss von den Strukturelementen der Gefäßwand getragen werden (► vgl. dazu Wandspannung in einem Hohlkörper, ► Kap. 26.2). Bei einem gegebenen transmuralen Druck ist bei maximaler Dilatation die Wandspannung des Gefäßes am größten (Zunahme des Innenradius r_i und Abnahme der Wanddicke h bei Volumenkonstanz der Wand) und bei maximaler Kontraktion am kleinsten. Während bei maximaler Dilatation die Wandspannung von den passiven Strukturelementen (elastische und kollagene Fasern) der Wand getragen wird, muss bei maximal kontrahiertem Gefäß die glatte Gefäßmuskulatur die gesamte Wandspannung aktiv entwickeln und aufrechterhalten.

Volumenelastizitätskoeffizient und Compliance. Die elastischen Eigenschaften von Gefäßen lassen sich mithilfe des ***Volumenelastizitätskoeffizienten*** E' quantitativ erfassen. Dieser ist als das Verhältnis einer Druckänderung zu der entsprechenden Volumenänderung definiert:

$$E' = \frac{\Delta P}{\Delta V} \qquad (13)$$

Die ***Compliance*** C (elastische Weitbarkeit) ist der Kehrwert von E' und wird klinisch zur Charakterisierung des Dehnungsverhaltens einzelner Gefäßabschnitte (► s. u.) bzw. des gesamten Gefäßsystems herangezogen.

Der ***Volumenelastizitätsmodul*** κ ist definiert als das Verhältnis einer Druckänderung zu einer relativen Volumenänderung eines Gefäßabschnittes:

$$\kappa = \frac{\Delta P}{\Delta V} \cdot V = E' \cdot V \qquad (14)$$

Die ***Wellengeschwindigkeit*** c der sich mit jedem Herzschlag über das Arteriensystem ausbreitenden Pulswelle (► s. u.) errechnet sich aus dem Volumenelastizitätsmodul κ und der Massendichte ρ:

28.1. Gefäßaneurysmen

Klinik. Unter einem Aneurysma versteht man eine dauerhafte, umschriebene Erweiterung eines Blutgefäßes. Klinisch von Bedeutung ist die Manifestation von Aneurysmen vor allem im Bereich der thorakalen und abdominellen Aorta und der Hirnbasisarterien.

Ursachen. Die Erweiterung kann auf dem Boden einer Anlagestörung entstehen (sackförmige Aneurysmen der basalen Hirnarterien), Folge einer chronischen Entzündung der Gefäßwand sein (mykotisch oder bakteriell bedingt) oder sich als Folge einer angeborenen Schwäche des kollagenen Bindegewebes (Marfan-Syndrom) entwickeln.

Pathologie. Eine Atherosklerose in Zusammenwirken mit einer Hypertonie ist mit weitem Abstand die wichtigste Ursache für die Entstehung eines Aortenaneurysma. Die Verschlechterung der Diffusionsbedingungen, die durch die Verdickung der Intima während der Entwicklung der Atherosklerose auftritt, führt zu einer Unterversorgung der Media mit Sauerstoff und Nährstoffen. Die Folge ist eine Hypoxie-bedingte Degeneration der Media. Hinzu kommt die Aktivierung Matrix-abbauender Enzyme (Matrixmetalloproteasen) in den atherosklerotischen Plaques. Der Verlust der spannungstragenden Elemente führt zu einer Instabilität der Gefäßwandstruktur, das Gefäß beginnt sich auszuweiten. Die nach dem LaPlace-Gesetz während der Aussackung zunehmende Wandspannung beschleunigt diesen Prozess, so dass Aortenaneurysmen mit einem Durchmesser von mehr als 5 cm mit einem Risiko von 10 % pro Jahr rupturieren, eine auch heute noch meistens tödlich verlaufende Komplikation.

$$c = \sqrt{\frac{K}{\rho}} \tag{15}$$

▪▪▪ Gl. (15) entspricht grundsätzlich der von Newton für die Schallgeschwindigkeit abgeleiteten Formel. Ihre Bedeutung liegt darin, dass man aus Messungen der Pulswellengeschwindigkeit Rückschlüsse auf das elastische Verhalten der Arterien ziehen kann.

Pulswellen

Der rhythmische Blutauswurf des Herzens erzeugt in der Aorta und der A. pulmonalis Pulswellen, die sich bis zu den Kapillaren hin fortpflanzen

Entstehung von Pulswellen. Der Auswurf des Schlagvolumens in die Aorta führt zu einer ***Beschleunigung des Blutes*** und damit – aufgrund der Massenträgheit des Blutes – zu einem ***Druckanstieg*** im Anfangsteil der Aorta. Dieser Druckanstieg bleibt lokal begrenzt und ist wesentlich kleiner als er in einem starren Rohr wäre, da nicht die gesamte im Gefäßsystem enthaltene Blutsäule beschleunigt werden muss. Der Druckanstieg führt nun über eine Dehnung der elastischen Aortenwand zu einer lokalen ***Querschnittserweiterung***, in der ein Teil des eingepumpten Volumens gespeichert wird. Der sich hierbei zwischen diesem Segment und dem nächsten Segment ausbildende ***Druckgradient*** bewirkt nun seinerseits eine Beschleunigung und Weiterbewegung des gespeicherten Blutvolumens in das zweite Segment. In den nachfolgenden Segmenten wiederholen sich die geschilderten Vorgänge. Diese zur vereinfachten Beschreibung in eine schrittweise Abfolge zerlegten Ereignisse von Speicherung, Entspeicherung und Weiterströmen sind in Wirklichkeit simultane Phänomene, die sich kontinuierlich als Pulswellen mit einer bestimmten Geschwindigkeit über das Gefäßsystem hinweg fortpflanzen (▪ Abb. 28.6). Die Fortpflanzungsgeschwindigkeit der Pulswelle darf nicht mit der wesentlich niedrigeren Strömungsgeschwindigkeit des Blutes verwechselt werden.

Druck-, Strom- und Querschnittspuls. An jedem Ort, den die Welle durchläuft, lassen sich die drei zusammengehörigen ***Grundphänomene der Pulswelle*** beobachten: Druckpuls, Strompuls und Querschnittspuls (Volumenpuls) stellen die örtlich registrierbare Änderung des Wellendrucks, der Wellenströmung und des Gefäßquerschnitts dar. In einem System, in dem nur Pulswellen einer Laufrichtung auftreten, weisen die 3 Pulsformen genau übereinstimmende Kurvenverläufe auf. Dies ist im Arteriensystem jedoch nie der Fall.

Wellenreflexionen

An Orten, an denen der Wellenwiderstand sich ändert, kommt es zur Reflexion der Pulswelle

Wellenwiderstand. Das Verhältnis der Druckamplitude einer Welle ΔP zur Stromstärkeamplitude ΔI wird als Wellenwiderstand Z (Wellenimpedanz) bezeichnet.

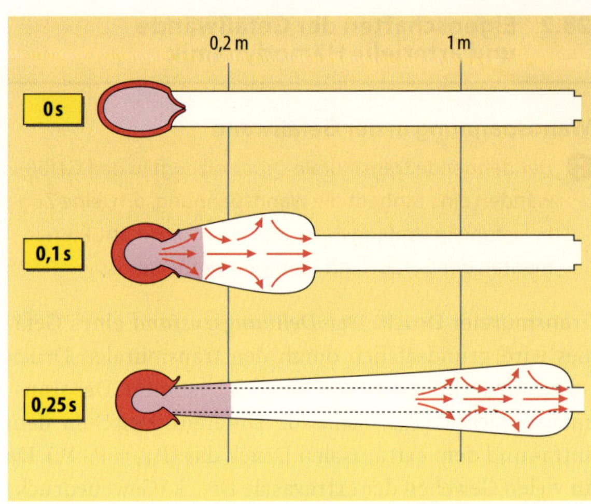

▪ **Abb. 28.6. Schematische Darstellung der Ausbreitung einer Pulswelle im Arteriensystem.** Bei einer Systolendauer von 0,25 s hat die Pulswelle am Ende der Systole bereits das ganze arterielle Hauptrohr (bis zu den Fußarterien) durchlaufen. Das vom Ventrikel ausgeworfene Blut ist am Ende der Systole ca. 20 cm vom Herzen entfernt. Weitere Erklärung ▶ s. Text

Vereinfacht ergibt sich der Wellenwiderstand eines Arteriensegmentes aus dem Zusammenwirken der Massenträgheit des Blutes und der Elastizität der Gefäßwand.

$$Z = \frac{\Delta P}{\Delta I} = \frac{\rho \cdot c}{Q} \tag{16}$$

(c = Pulswellengeschwindigkeit, Q = Innenquerschnitt des Gefäßes, ρ = Dichte des Blutes).

Bedingt durch seitliche Abzweigungen, Änderungen von Gefäßquerschnitt, Wanddicke oder Elastizität ändert sich der Wellenwiderstand. In Richtung zu den peripheren Arterien steigt der Wellenwiderstand teilweise gleichmäßig, teilweise sprunghaft an, sodass an vielen Orten Wellenreflexionen entstehen. Hierbei kommt es zur Überlagerung der peripherwärts laufenden und der reflektierten herzwärts laufenden Wellen. Da sich bei Wellen entgegengesetzter Laufrichtung die ***Wellendrücke addieren***, während sich die ***Wellenstromstärken subtrahieren***, weisen ***Druck- und Strompulse*** im Arteriensystem einen ***unterschiedlichen Kurvenverlauf*** auf.

Der ***periphere Strömungswiderstand*** des Arteriensystems stellt für die Pulswelle einen räumlich verteilten Reflexionsort dar. Durch die positive Wellenreflexion in der Peripherie und die daraus resultierende fast zeitgleiche Überlagerung von ankommender und reflektierter Welle kommt es in den ***peripheren Pulsen*** zu einer ***Zunahme der Druckpulsamplitude*** und einer ***Abnahme der Strompulsamplitude.*** Diese Wellenüberlagerung sowie die Zunahme des Wellenwiderstands zur Peripherie hin, die eine Hochtransformation des Drucks bedingt, sind die Ursache für die ***Überhöhung der systolischen Blutdruckgipfel*** in den Beinarterien.

Strompulse

Beim Erwachsenen in körperlicher Ruhe erreicht der Strompuls in der Aorta eine Spitzenstromstärke von 500–600 ml/s

Zentraler Strompuls. Der intermittierende Blutauswurf des linken Ventrikels führt in der Aorta zu Strompulsen. Bereits am Ende des ersten Drittels bzw. Viertels der Systole erreicht die Stromstärke ihren Maximalwert. Die etwa dreieckförmige Kurvenfläche des Stromstärkenverlaufs über der Nulllinie entspricht dem Schlagvolumen des Herzens. Am Ende der Systole und damit am Ende des Strompulses kommt es zu einem kurzen Rückstrom in Richtung auf die sich schließende Aortenklappe. Diese rückläufige Strömung ist die Ursache für die in den ***zentralen Druckpulsen*** scharfmarkierte ***Inzisur***. Beim Erwachsenen beträgt die maximale Strömungsgeschwindigkeit bei einer Spitzenstromstärke in der Aorta von etwa 500–600 ml/s und einem Aortenquerschnitt von 5 cm^2 (600:5) 120 cm/s. Die kritische Reynolds-Zahl ist damit wesentlich überschritten: es herrscht Turbulenz und das Geschwindigkeitsprofil ist flach.

Die mittlere Strömungsgeschwindigkeit ist ca. 15–20 cm/s. Das vom Ventrikel ausgeworfene Blut hat sich also am Ende der Systole maximal 20 cm von der Aortenklappe fortbewegt, während die Pulswelle zu diesem Zeitpunkt bereits das gesamte Arteriensystem durchlaufen hat und reflektierte Wellen zum Herz zurückkehren. Die ***Länge der Pulswelle*** ist also ***größer*** als die größte ***Entfernung*** (Herz-Fuß) im Arteriensystem. Dies beinhaltet, dass gegen Ende der Systole alle Gefäße des Arteriensystems in unterschiedlichem Umfang durch die Pulswelle aufgedehnt sind und an der Speicherung teilnehmen (Abb. 28.6).

Periphere Strompulse. Die Strompulse in den peripheren Abschnitten des arteriellen Hauptrohrs (Aorta abdominalis, A. iliaca, A. femoralis und A. tibialis) sind durch eine ***frühdiastolische Rückstromphase*** und eine darauffolgende Phase der Vorwärtsströmung charakterisiert. Diese Phasen der Rückwärts- und Vorwärtsströmung sind bereits in der Aorta abdominalis deutlich erkennbar und erreichen in der A. femoralis ihre stärkste Ausprägung. Weiter distal nehmen die Amplituden der Rückwärtsströmung wieder ab, jedoch bleibt selbst in so peripheren Gefäßen, wie der A. tibialis posterior, noch eine merkliche diastolische Rückstromphase bestehen (Abb. 28.8).

Druckpulse

Die Druckpulsamplitude beträgt in der Aorta ca. 40 mm Hg und ist auf den diastolischen Druck aufgesetzt; die Inzisur markiert das Ende der Systole

Herznahe Druckpulse. Der niedrigste pulsatorische Druckwert am Ende der Diastole bzw. vor Beginn des systolischen Anstiegs wird als ***diastolischer Druck*** bezeichnet, der in der Systole erreichte maximale Druckwert als ***systolischer Druck***. Beim gesunden jüngeren Erwachsenen beträgt der diastolische Druck in der Aorta ascendens ca. 80 mm Hg, der systolische Druck ca. 120 mm Hg. Die Differenz zwischen beiden ist die ***Blutdruckamplitude***. Unter dem ***mittleren Blutdruck (arteriellen Mitteldruck)*** versteht man den Mittelwert des Drucks über eine bestimmte Zeitspanne, z. B. während eines ganzen Pulses oder einer Serie von Pulsen. Er wird durch ***Integration*** der Druckpulskurven über die Zeit bestimmt. Näherungsweise lässt sich der arterielle Mitteldruck (Pm) auch errechnen als $P_{diast} + {}^1/_3$ Blutdruckamplitude.

Die Form der Druckpulse in der Aorta ascendens weicht bereits in der Systole in charakteristischer Weise von der dazugehörigen Stromstärkekurve ab (Abb. 28.7). Dies ist bedingt durch positiv-reflektierte Wellen, die sich schon kurz nach Beginn der Austreibungszeit auf den primären Druckpuls aufsetzen und so die Druckkurve überhöhen.

Herzferne Druckpulse. Die ***Inzisur***, die in den Druckpulskurven der Aorta das Ende der Systole markiert, ist in Arm- und Beinarterien aufgrund der starken Dämpfung der höherfrequenten Wellenanteile nicht mehr erkennbar. Typisches Merkmal für die Druckpulse der Beinarterien, ist die sog. ***Dikrotie*** (Doppelgipfeligkeit).

▪▪▪ Dieser zweite, durch reflektierte Wellen entstandene Gipfel ist in der A. femoralis meist nur schwach ausgeprägt. In den distalen Beinarterien, wie der A. tibialis posterior hingegen tritt die Dikrotie sehr deutlich in Erscheinung (Abb. 28.7).

Mit wachsender Entfernung vom Herzen kommt es durch Überlagerung von peripherwärts und reflektierten herzwärts laufenden Wellen zu einer **systolischen Amplitudenüberhöhung**, die bei jün-

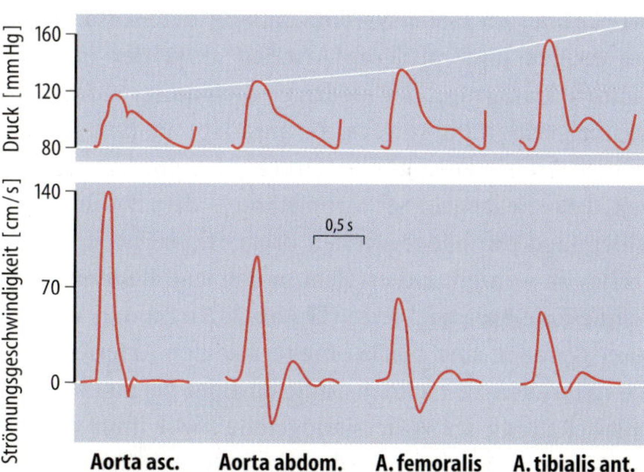

Abb. 28.7. Druck- und Strompulsformen entlang dem arteriellen Hauptrohr bei einem jüngeren Erwachsenen

geren Erwachsenen zu einem Anstieg des systolischen Drucks von 120 mm Hg im Aortenbogen bis auf 160 mm Hg in der A. tibialis posterior führen kann. Ursache hierfür sind zum einen die Überlagerung von peripherwärts und reflektierten herzwärts laufenden Wellen sowie zum anderen die »Hochtransformierung« des Druckpulses durch den nach peripherwärts zunehmenden Wellenwiderstand.

Pulswellengeschwindigkeit. Wie oben erwähnt lassen sich aus der Ausbreitungsgeschwindigkeit der Pulswelle (PWG) unter Berücksichtigung der Orts-, der Druck- sowie der Altersabhängigkeit Rückschlüsse auf das ***elastische Verhalten von Arterien*** ziehen. Mit zunehmender Entfernung vom Herzen steigt die PWG an. Beim jugendlichen Menschen liegt die PWG in der Aorta zwischen 4–6 m/s, in der A. femoralis bei ca. 7 m/s und in der A. tibialis bei 9–10 m/s. Der Anstieg der PWG in peripherer Richtung resultiert dabei zum einen aus der Zunahme des Elastizitätsmoduls, d. h. der geringen Dehnbarkeit beim Übergang von den elastischen auf die muskulären Arterien, zum anderen aus der Zunahme des Wanddicken-Radius-Verhältnisses in peripherer Richtung, das ebenfalls zu einer geringeren Dehnbarkeit und damit höheren Wellengeschwindigkeit beiträgt.

Auch mit zunehmendem mittlerem Blutdruck steigt die PWG an, da mit wachsender Dehnung der Arterien der Elastizitätsmodul zunimmt. Pro 10 mm Hg findet sich eine Zunahme der Pulswellengeschwindigkeit zwischen 0,4–0,8 m/s. Änderungen der Pulswellengeschwindigkeit ergeben sich auch mit ***zunehmendem Lebensalter***, hauptsächlich im Bereich der elastischen Arterien. Dieser Anstieg (in der Aorta von ca. 5 m/s beim 20-Jährigen auf ca. 9 m/s beim 70-Jährigen) beruht auf dem Altersumbau der Arterienwand, vor allem auf der Abnahme des elastischen und der Zunahme des kollagenen Gewebes.

Verteilung von Druck und Strömung im Gefäßsystem

Der größte Strömungswiderstand entfällt auf die terminalen Arterien und Arteriolen

Druckabfall im Gefäßsystem. Entlang der Aorta sowie der großen und mittleren Arterien sinkt der mittlere Blutdruck aufgrund der niedrigen Strömungswiderstände nur geringfügig (um ca. 5–7 mm Hg) ab. Erst in den kleinen Arterien beginnt der Druckabfall pro Längeneinheit, der – bei gegebener Stromstärke – dem Strömungswiderstand pro Längeneinheit proportional ist, deutlich größer zu werden und erreicht in den sog. ***Widerstandsgefäßen*** die größten Werte (Abb. 28.8). Zu den Widerstandsgefäßen sind hierbei die terminalen Arterien und die Arteriolen zu rechnen. Aufgrund der geringeren Parallelschaltung der Widerstandgefäße sowie ihrer größeren Länge im Vergleich zu den Kapillaren ist der Druckabfall hier weit mehr als doppelt so groß wie in den wesentlich englumigeren Kapillaren.

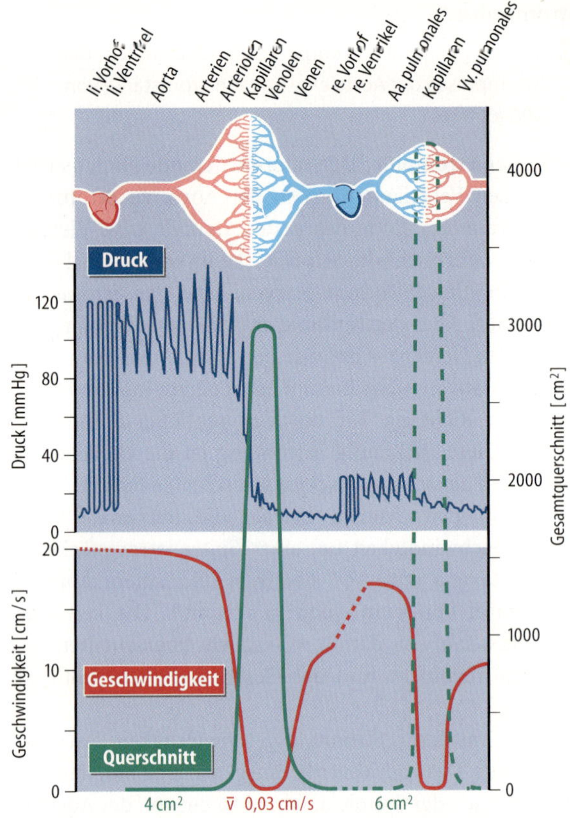

Abb. 28.8. Verteilung von Blutdruck, Gesamtquerschnitt und mittlerer Strömungsgeschwindigkeit im kardiovaskulären System

Durch ***aktive Durchmesseränderung*** dieser Gefäße lässt sich der ***periphere Strömungswiderstand erheblich variieren.*** So führt eine Vasokonstriktion der Widerstandsgefäße zu einem stärkeren Druckabfall in diesen Gefäßen und damit zu einer Erniedrigung des Drucks in den Kapillaren. Umgekehrt geht eine Vasodilatation der Widerstandsgefäße mit einer Zunahme des Kapillardrucks einher (Abb. 28.9). Da die Größe des Filtrationsdrucks in der Mikrozirkulation entscheidend durch den Kapillardruck mitbestimmt wird (► s. Kap. 28.4), ergibt sich hieraus eine deutliche gesteigerte Ultrafiltration von Plasma in der Mikrozirkulation. So ist z. B. die akute Zunahme des Oberschenkelumfangs nach intensivem Fahrradfahren Folge der erhöhten transkapillären Filtration in der arbeitenden Muskulatur, die wiederum aus der Vasodilatation der Widerstandsgefäße resultiert.

Totaler peripherer Widerstand. Die Gesamtheit der Strömungswiderstände aller Gefäßgebiete im Körperkreislauf ergeben den totalen peripheren Widerstand. Er errechnet sich als Quotient der arteriovenösen Druckdifferenz (Mitteldruck in der Aorta – Mitteldruck im rechten Vorhof) und des Herzminutenvolumens. Insgesamt tragen die terminalen Arterien und Arteriolen etwa 45–55 %, die Kapillaren etwa 20–25 % und die Venolen ca. 3–4 % zum gesamten (totalen) peripheren Widerstand bei. Auf

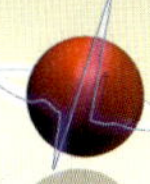

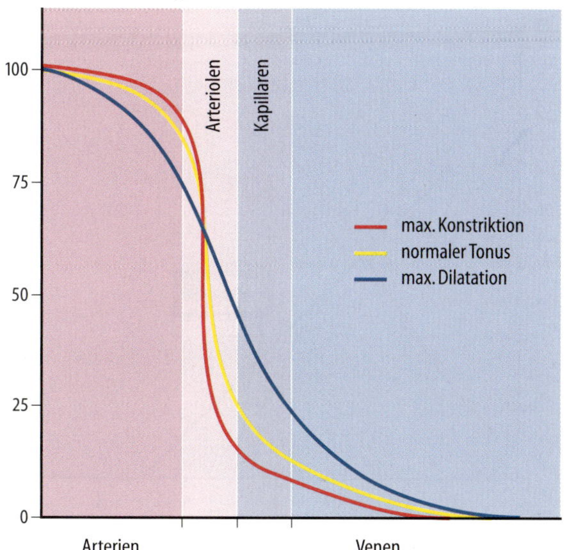

Abb. 28.9. Druckabfall im Gefäßsystem bei maximaler Vasodilatation bzw. Konstriktion der Widerstandsgefäße

die mittleren und großen Venen entfallen ebenfalls nur ca. 3 % des Gesamtwiderstandes.

Strömungsgeschwindigkeit. Wie oben dargestellt (Gl. (4)), ist die mittlere Strömungsgeschwindigkeit bei gegebener Stromstärke dem Gesamtquerschnitt umgekehrt proportional. Obwohl der höchste Verzweigungsgrad im Gefäßsystem in den Kapillaren vorliegt, ist aufgrund der größeren Durchmesser der ***postkapillären Venolen*** der ***Gesamtquerschnitt*** in diesem Gefäßgebiet am größten und damit die mittlere Strömungsgeschwindigkeit am niedrigsten. Bei einem geschätzten Gesamtquerschnitt von 0,3 m^2 und einem Herzzeitvolumen von 5,6 l/min resultiert daraus eine ***mittlere Strömungsgeschwindigkeit*** von ca. 0,03 cm/s (Abb. 28.8).

In Kürze

Gefäßelastizität und arterielle Hämodynamik

Der transmurale Druck stellt die Differenz zwischen dem intra- und dem extravasalen Druck dar. Die tangentiale Wandspannung wird bestimmt durch den transmuralen Druck, den Gefäßinnenradius und die Wanddicke.

Der Volumenelastizitätskoeffizient E′, der als Verhältnis einer Druckänderung zu der entsprechenden Volumenänderung definiert ist, stellt ein Maß für die elastischen Eigenschaften eines Gefäßes dar; sein Kehrwert, die Compliance C, kennzeichnet die elastische Weitbarkeit des Gefäßes.

Die drei Grundphänomene der Pulswelle sind:

- Druckpuls,
- Strompuls und
- Querschnittspuls (Volumenpuls).

Die Pulswelle wird an Orten, an denen sich der Wellenwiderstand ändert (Gefäßabzweigungen, Änderungen des Gefäßquerschnitts oder der Elastizität) reflektiert. Die Überlagerung der peripherwärts laufenden und der reflektierten Pulswellen sowie die herzferne Zunahme des Wellenwiderstands führt in der Peripherie des Arteriensystems zu einer Zunahme der Druckpulsamplitude und zu einer Abnahme der Strompulsamplitude. Die Pulswellengeschwindigkeit beträgt in der Aorta 4–6 m/s und nimmt infolge der abnehmenden Gefäßdehnbarkeit in den peripheren Arterien bis auf das Doppelte zu.

Die Inzisur markiert das Systolenende in der zentralen Druckpulskurve.

- Das Maximum des Druckpulses stellt den systolischen Blutdruck dar,
- das Minimum am Ende der Diastole den diastolischen Blutdruck.

Beim gesunden Erwachsenen in körperlicher Ruhe betragen der systolische Blutdruck ca. 120 mm Hg und der diastolische Blutdruck ca. 80 mm Hg.

Die terminalen Arterien und Arteriolen sind mit 45–55 % am peripheren Gesamtwiderstand beteiligt und werden als Widerstandsgefäße bezeichnet. Da der Gesamtquerschnitt im Gebiet der postkapillären Venolen am größten ist, ist hier die niedrigste mittlere Strömungsgeschwindigkeit.

28.3 Niederdrucksystem

Charakterisierung des Niederdrucksystems

Das Niederdrucksystem bildet eine funktionelle Einheit; es enthält nahezu 85 % des gesamten Blutvolumens und weist eine etwa 200-mal größere Compliance als das arterielle System auf

Definitionen. Man unterscheidet das Niederdrucksystem vom Hochdrucksystem:

- Der Begriff »***Niederdrucksystem***« ist funktionell definiert und umfasst alle Körpervenen, das rechte Herz, die Lungengefäße, den linken Vorhof und während der Diastole auch den linken Ventrikel. In diesen Kreislaufabschnitten übersteigt der mittlere Blutdruck normalerweise nicht den Wert von 20 mm Hg.
- Unter dem »***Hochdrucksystem***« fasst man den linken Ventrikel während der Systole, sowie das arterielle System des Körperkreislaufs bis hin zu den Arteriolen zusammen. Hier liegt der mittlere Blutdruck zwischen 60 und 100 mm Hg.

Während der mittlere Blutdruck im Arteriensystem primär ein hydrodynamisch erzeugter Druck ist, der sich aus dem Produkt von Herzminutenvolumen und peripherem Widerstand ergibt (▶ s. Gl. (1)), trägt im Niederdrucksystem der hydrodynamisch erzeugte Druckanteil aufgrund der niedrigen Strömungswiderstände nur geringfügig zum mittleren Blutdruck bei. Dieser ist in erster Linie bei gegebener Gesamtcompliance (elastischer Weitbarkeit) eine ***Funktion der Blutfüllung*** des Niederdruckystems.

Da das Niederdrucksystem nahezu ***85 %*** des gesamten ***Blutvolumens*** enthält und eine etwa 200-fach größere elastische Weitbarkeit als das arterielle System aufweist, müssen sich Volumenänderungen hauptsächlich im Niederdrucksystem auswirken. So werden bei akutem Entzug von 1 Liter Blut 5 ml dem arteriellen und 995 ml dem Niederdrucksystem entnommen.

Drücke im Niederdrucksystem. Bei horizontaler Körperlage herrscht in den extrathorakalen Venen ein flaches Druckgefälle in Richtung Thorax vor. Beträgt der Druck in den ***postkapillären Venolen*** noch zwischen 15–20 mm Hg, so fällt er in den ***kleinen Venen*** auf 12–15 mm Hg und in den ***großen extrathorakalen Venen*** (z. B. Vena cava inferior) auf 10–12 mm Hg ab. Aufgrund des beträchtlichen Strömungswiderstandes, den der enge Gefäßhiatus des Zwerchfells für die Vena cava inferior bildet, kommt es unmittelbar oberhalb vom Durchtritt der Vena cava inferior durch das Zwerchfell zu einem relativ steilen Druckabfall auf ca. 5–6 mm Hg. Im ***rechten Vorhof*** beträgt der mittlere Druck etwa 3–5 mm Hg, wobei dieser Druckwert als zeitlicher Mittelwert bei Atemmittelstellung aufzufassen ist.

Als ***zentralen Venendruck*** bezeichnet man den mittleren Druck in den großen herznahen Körpervenen, der mit guter Annäherung dem Druck im rechten Vorhof gleichzusetzen ist. Zur Messung wird in der Klinik häufig ein mit steriler Salzlösung gefülltes Steigrohr verwendet, das mit einem zentral gelegten Venenkatheter verbunden ist. Die sich im Steigrohr einstellende Höhe der Flüssigkeitssäule gibt – bezogen auf die Herzhöhe – den zentralen Venendruck in cm H_2O an.

Einfluss der Herzaktion

❗ Die Förderleistung des Herzens beeinflusst den zentralen Venendruck und bestimmt die Form des Venenpulses

Statischer Blutdruck. Neben der Füllung und der elastischen Weitbarkeit des Niederdrucksystems bestimmt auch die Auswurfleistung des Herzens die Größe des zentralen Venendrucks. Dies wird deutlich bei einem akuten Stillstand des Herzens. Unter Verschiebung von Blut aus dem arteriellen System in das Niederdrucksystem stellt sich im gesamten Gefäßsystem ein sog. ***statischer Blutdruck*** oder ***mittlerer Füllungsdruck*** von etwa 6–7 mm Hg ein. Dieser statische Blutdruck ist damit um

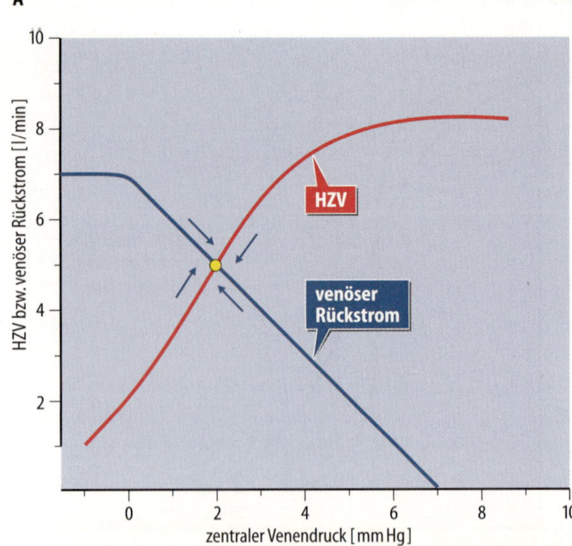

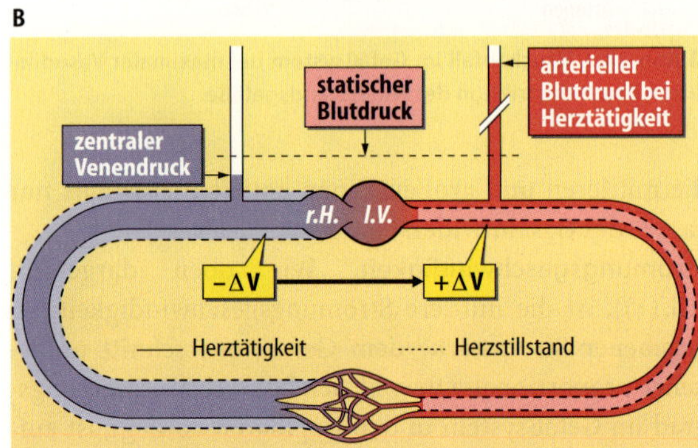

Abb. 28.10. Beziehung zwischen zentralem Venendruck und venösem Rückstrom bzw. zentralem Venendruck bzw. Herzzeitvolumen (HZV, A) sowie Modell zur Erläuterung des statischen Blutdrucks (B). A Der Schnittpunkt der Kurve des venösen Rückstroms mit der Druckachse ist identisch mit dem statischen Blutdruck. Unter diesen Bedingungen ist kein Druckgradient mehr im Niederdrucksystem vorhanden und die Strömung sistiert. Mit abnehmendem zentralen Venendruck kommt es zu einer Zunahme des venösen Druckgradienten und damit zu einer Zunahme des venösen Rückstroms. Bei negativen zentralvenösen Drücken tritt trotz Zunahme des Druckgradienten keine weitere Steigerung des venösen Rückstroms auf, da die zentralen Venen kollabieren. Die Abhängigkeit des Herzzeitvolumens vom zentralen Venendruck ergibt sich aus dem Frank-Starling-Mechanismus. Der Schnittpunkt der Funktionskurve für den venösen Rückstrom und das Herzzeitvolumen ergibt den Arbeitspunkt des Kreislaufsystems. **B** Bei Herzstillstand herrscht im gesamten Kreislaufsystem der gleiche statische Blutdruck (ca. 7 mm Hg). Bei Beginn der Herztätigkeit wird ein bestimmtes Volumen ΔV vom Niederdrucksystem in das arterielle System gepumpt bis sich dort auf dem Niveau des mittleren arteriellen Blutdrucks ein Gleichgewicht von Zustrom und Abstrom einstellt. Der zentralvenöse Druck, der bei Herzstillstand identisch mit dem statischen Blutdruck ist, sinkt bei Beginn der Herztätigkeit aufgrund der Volumenverschiebung (–ΔV) ab. Aufgrund der niedrigen Compliance des Arteriensystems führt die Volumenverschiebung (+ΔV) hier zu einem beträchtlichen Druckanstieg, während im Niederdrucksystem, das eine wesentlich größere Compliance aufweist, die entsprechende Volumenabnahme nur eine geringe Abnahme des zentralvenösen Drucks auslöst. *r. H.*: rechtes Herz; *l. V.*: linker Ventrikel

ca. 2–4 mm Hg höher als der zentrale Venendruck (▣ Abb. 28.10). Die Ursache hierfür liegt in der Förderleistung des Herzens, das pro Herzschlag einen Teil des im Kreislauf enthaltenen Blutvolumens, das Schlagvolumen, von der venösen auf die arterielle Seite transportiert. Aufgrund der großen Kapazität und elastischen Weitbarkeit des Niederdrucksystems wird der venöse Druck dabei nur minimal gesenkt.

Zentralvenöser Druck und kardiale Förderleistung. Obwohl auf der einen Seite der zentralvenöse Druck selbst eine direkte Funktion der Auswurfleistung des Herzens darstellt, ist er andererseits der ***wichtigste extrakardiale Faktor*** für die Füllung und damit auch die ***Auswurfleistung des Herzens*** (▣ Abb. 28.10). Die Tatsache, dass Schwankungen des mittleren zentralvenösen Drucks zu gleichsinnigen Änderungen des Drucks in den Lungengefäßen und im linken Vorhof führen, trotz der Zwischenschaltung des rechten Ventrikels als Pumpe, ist zunächst überraschend. Der Zusammenhang ergibt sich über den ***Frank-Starling-Mechanismus*** (▶ s. Kap. 26.3). Jede stärkere enddiastolische Füllung des rechten Ventrikels, die sich bei Steigerung des zentralvenösen Drucks und damit des Drucks im rechten Vorhof ergibt, hat einen Anstieg des Blutauswurfs aus dem rechten Ventrikel zur Folge. Hierdurch steigt der Mitteldruck im Lungenkreislauf an. Jede Änderung des zentralvenösen Drucks ist daher von einer ungefähr ebenso großen Erhöhung bzw. Erniedrigung des Drucks in der A. pulmonalis gefolgt, die sich bis in das linke Herz auswirkt.

Venenpuls. Die im Rhythmus der Herzaktion auftretenden Druck- und Durchmesserschwankungen in den herznahen Venen bezeichnet man als Venenpuls. Im Wesentlichen stellt dieser Venenpuls ein Abbild des ***Druckverlaufs im rechten Vorhof*** dar, jedoch mit einer durch die Laufzeit bis zum Registrierort bedingten Verzögerung.

Der Venenpuls wird am liegenden Menschen meist als Jugularispuls registriert. Die Pulskurven zeigen dabei folgende charakteristische Merkmale (▣ Abb. 28.11): Die ***a-Welle*** wird durch die Vorhofkontraktion hervorgerufen, während die ***c-Welle*** hauptsächlich durch die Vorwölbung der Trikuspidalklappe in den rechten Vorhof während der Anspannungsphase des Ventrikels entsteht. Die anschließende starke ***Senkung bis zu einem Minimum (x)*** wird durch die Verschiebung der Ventilebene des Herzens während der Austreibungszeit ausgelöst. Während der Entspannung des Ventrikels steigt wegen der anfangs noch geschlossenen Atrioventrikularklappe der Druck im Vorhof zunächst relativ steil an, fällt aber nach Öffnung der Klappe infolge des Bluteinstroms in den Ventrikel vorübergehend wieder ab, sodass eine positive Welle, die ***v-Welle***, mit nachfolgender ***Senkung (y)*** entsteht. Während der weiteren Ventrikelfüllung steigt der Druck allmählich bis zur nächsten a-Welle wieder an.

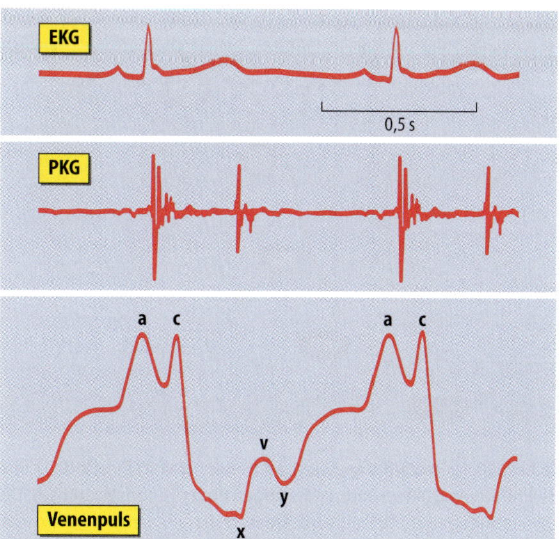

▣ Abb. 28.11. Simultane Registrierung von EKG, Phonokardiogramm (PKG) und Puls der V. jugularis ext. am liegenden Menschen

Dehnungsverhalten der Venen

! Die Compliance der Venen hängt von ihrem Füllungszustand, dem transmuralen Druck und dem Venentonus ab

Im Druckbereich um 0 mm Hg sind die Venen kollabiert bzw. haben einen elliptischen Querschnitt. Da der Querschnitt einer kollabierten Vene annähernd die Form einer 8 annimmt, wobei sich zwar in einem mittleren Bereich gegenüberliegende Endothelflächen berühren, beiderseits hiervon jedoch noch ein Lumen offen bleibt, stellt der ***Kollaps*** kein entscheidendes ***Hindernis für den venösen Rückstrom*** dar. Bis zum Erreichen eines kreisförmigen Gefäßquerschnitts ist nur ein geringfügiger Druckzuwachs notwendig (▣ Abb. 28.12). Dies bedeutet, dass Venen schon bei niedrigem Druck relativ große Volumina aufnehmen können; sie werden daher auch als ***Kapazitätsgefäße*** bezeichnet.

Hat die Vene einen kreisrunden Querschnitt erreicht, erfolgt die weitere Dehnung bzw. Volumenaufnahme nur durch eine deutliche Druckerhöhung. Das passive Dehnungsverhalten, das sich durch den Wert der Compliance charakterisieren lässt, wird nun wie bei den Arterien durch die elastischen Eigenschaften, Anteil und Anordnung der drei wesentlichen Strukturelemente, d. h. der glatten Muskulatur sowie der elastischen und kollagenen Fasern, bestimmt. Die ***aktive Spannungsentwicklung*** in der glatten Gefäßmuskulatur kann dabei die Größe der ***Compliance*** erheblich beeinflussen: Je höher der glattmuskuläre Tonus, desto kleiner ist der Wert der Compliance.

Aus diesen Zusammenhängen wird deutlich, dass die Größe der venösen Compliance einen äußerst variablen Wert darstellt, der sehr stark vom ***Füllungszustand des Niederdrucksystems***, dem vorherrschenden ***transmura-***

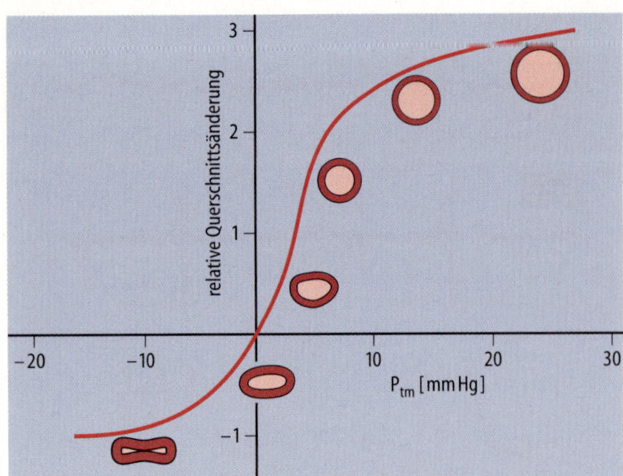

Abb. 28.12. Beziehung zwischen transmuralem Druck (P_{tm}) und den relativen Querschnittsänderungen eines Venensegmentes. Die Querschnittszunahme pro Druckeinheit ist im Druckbereich zwischen 0 und 10 mm Hg, in dem der Übergang vom elliptischen zum kreisrunden Gefäßquerschnitt erfolgt, wesentlich größer als nach Erreichen des kreisrunden Querschnitts

len Druck und dem *Venentonus* abhängt. Das hier dargestellte Dehnungsverhalten liefert auch die Voraussetzung für die große Blutvolumenverlagerung, die beim Übergang vom Liegen zum Stehen im Niederdrucksystem stattfindet und Auswirkungen auf das gesamte Kreislaufsystem hat.

Einfluss der Schwerkraft auf die Drücke im Gefäßsystem

Aufgrund der Erdgravitation treten in dem dreidimensional angeordneten Gefäßsystem hydrostatische Drücke auf; diese Drücke erreichen im Stehen ihre Maximalwerte und sind beim Liegenden praktisch vernachlässigbar

Hydrostatische Indifferenzebene. Derjenige Ort im Gefäßsystem, dessen Druck und damit auch Gefäßquerschnitt bei Lagewechsel (Übergang vom Liegen zum Stehen und umgekehrt) sich nicht ändert, wird als hydrostatischer *Indifferenzpunkt* bzw. *-ebene* bezeichnet. Bei Menschen liegt die hydrostatische Indifferenzebene ca. 5–10 cm unterhalb des Zwerchfells und weist einen Druck von ca. 11 mm Hg auf. Oberhalb dieser Ebene ist der Druck im Stehen niedriger als im Liegen, darunter höher. Die Lage der hydrostatischen Indifferenzebene oberhalb der Mitte des longitudinal sich erstreckenden Gefäßbaumes wird in erster Linie von den elastischen Eigenschaften des Niederdrucksystems bestimmt, das im kranialen Abschnitt eine größere Dehnbarkeit als im kaudalen aufweist.

Arterielle Drücke in Orthostase. Beim stehenden Erwachsenen (Orthostase) betragen die hydrostatischen Drücke in den Gefäßen des Fußes (ca. 115 cm unterhalb der hydrostatischen Indifferenzebene) rund 85 mm Hg, sodass bei einem mittleren hydrodynamisch-bedingten arteriellen Druck von 95 mm Hg in den *Fußarterien* ein Druck von rund ***180 mm Hg*** besteht. In den Arterien des Schädels (ca. 60 cm oberhalb der hydrostatischen Indifferenzebene) wird der arterielle Druck dagegen von 95 mm Hg um rund 45 mm Hg auf 50 mm Hg reduziert (Abb. 28.13).

Venöse Drücke in Orthostase. Entsprechende hydrostatische Druckdifferenzen treten beim Übergang vom Liegen zum Stehen in den Venen auf, wobei vor allem der Druckanstieg in den Beinvenen bis auf 90 mm Hg und die damit verbundene Aufdehnung der dünnwandigen Venen zu einer beträchtlichen *Volumenverlagerung* (von ca. 500 ml) in die *unteren Extremitäten* führt. In Höhe des Beckenkamms findet man im Stehen in der unteren Hohlvene einen Druck von fast 20 mm Hg, in Höhe des *Zwerchfells* von etwa 4 mm Hg und in Höhe des rechten Vorhofs von etwa −3 mm Hg, also bereits einen Unterdruck. Der Druck in der oberen Hohlvene ist noch geringfügig niedriger. Trotz dieses Unterdrucks sind die intrathorakalen Venen nicht kollabiert. In der Umgebung

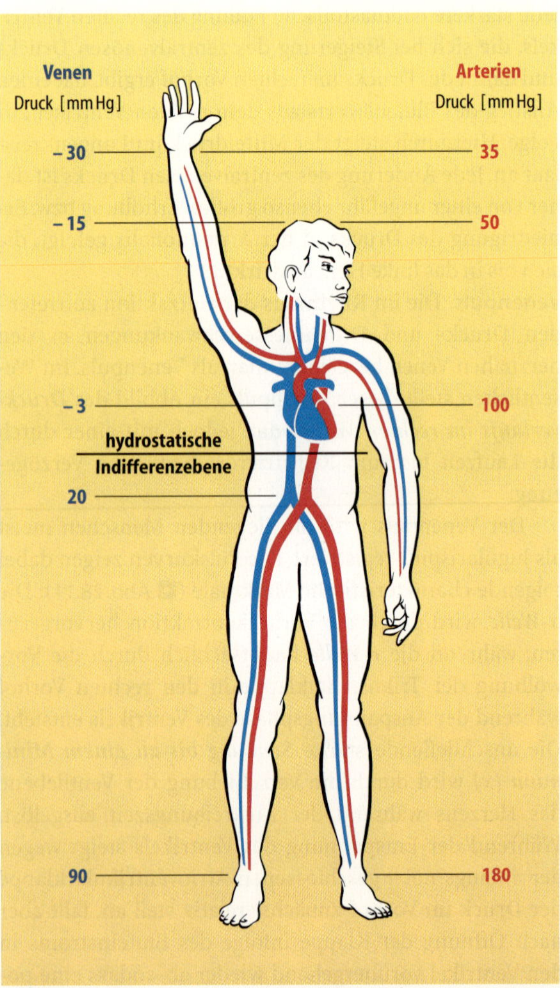

Abb. 28.13. Mittlere arterielle und venöse Drücke beim ruhig stehenden Menschen. Durch die Wirkung der Muskelpumpe sind die Drücke in den Beinvenen beim Gehen deutlich niedriger als beim ruhigen Stehen

der intrathorakalen Gefäße herrscht, bedingt durch den elastischen Zug der Lunge, ebenfalls ein Unterdruck vor (–3 bis –5 mm Hg), sodass der dehnende transmurale Druck positiv bleibt. In den ***Venen des Halses*** und des erhobenen Armes hingegen ist der ***transmurale Druck negativ***, d. h. die Venen sind kollabiert. Die hieraus resultierende Erhöhung des venösen Strömungswiderstandes ist auch der Grund, weshalb der intravasale Druck im Sinus sagittalis weniger negativ ist als nach der Höhe des hydrostatischen Drucks zu erwarten wäre (◘ Abb. 28.13).

Aufgrund der negativen intravasalen Drücke besteht bei iatrogener Eröffnung der Halsvenen (Anlegung eines zentralen Venenkatheters) bei Kopfhochlage die Gefahr des Ansaugens von Luft ***(Luftembolie)***. Kopftieflagerung oder positive Druckbeatmung verhindert diese sehr ernste Komplikation.

28.2. Chronisch-venöse Insuffizienz und Varikosis

Pathophysiologie. Aufgrund des Gewichtes der Blutsäule lasten im Stehen auf den Venen des Beines Blutdrücke von bis zu 150 mm Hg. Durch die Muskelpumpe und die hieraus resultierende Zunahme des venösen Rückstroms im Bein im Zusammenspiel mit den Venenklappen, die für eine Kompartimentierung der auf dem Bein lastenden Blutsäule sorgen, kommt es zu einer Senkung des lokalen Blutdrucks. Anlagebedingt erweitern sich im Laufe des Lebens bei vielen Menschen die Venen, ein Vorgang der durch langes Stehen auf der Stelle (z. B. bei Verkäufern) und somit langandauernder Exposition der Venen mit hohem Blutdruck, gefördert wird. Hat die Erweiterung der Venen ein Ausmaß erreicht, dass sich die Segel der Venenklappen nicht mehr berühren, kann die auf den Beinen lastende Blutsäule nicht mehr kompartimentiert werden. Einen ähnlichen Effekt haben lokale Entzündungen oder die Rekanalisationsvorgänge nach einem Verschluss der tiefen Beinvenen (Thrombose), bei denen es jeweils zur Zerstörung der Venenklappen kommt.

Folgen. Die Insuffizienz der Venenklappen führt über die chronische Erhöhung des venösen Blutdrucks im Bein zu einem schnellen Voranschreiten der Ektasie (Erweiterung) der Venen, was zum charakteristischen Bild der Krampfadern (Varizen) führt. Bedingt durch die Verlangsamung der Blutströmung in den varikösen Venen kann es zur spontanen Blutgerinnung kommen, die dann zur Entzündung der Vene führt (Thrombophlebitis). Eine zweite Folge des chronisch erhöhten venösen Blutdrucks ist die Erhöhung des kapillären Filtrationsdrucks mit kapillärer Ektasie. Die Auswärtsfiltration von Flüssigkeit ins Interstitium ▼ steigt an. Ist die Transportkapazität der Lymphwege erschöpft, kommt es auf dieser Basis zur Entstehung von Ödemen. Über die erweiterten postkapillären Venolen werden vermehrt Plasmaproteine und teilweise auch zelluläre Blutbestandteile in das Interstitium abgegeben. Die daraus folgenden Entzündungsvorgänge (Kapillaritis alba) haben eine langsame Abnahme der Durchblutung mit trophischen Störungen zur Folge. So führen bereits kleine Verletzungen in der Mikrozirkulation zu schlecht heilenden Gewebedefekten (Ulcus cruris, das sog. offene Bein). Hinzu kommt es über eine verstärkte Bildung von Bindegewebe aus aktivierten Fibroblasten zu einer subkutanen Sklerosierung, die als Verhärtung der Haut imponiert.

Therapie. Wichtigstes therapeutisches Ziel bei der Behandlung der chronischen venösen Insuffizienz ist die Reduktion der transkapillären Extravasation und die Erhöhung des venösen Rückstroms, was durch Kompressionstherapie (z. B. mittels Kompressionsstrumpf) erreicht werden kann.

Venöser Rückstrom: Muskelpumpe

! Neben dem vom linken Ventrikel erzeugten Druckgefälle liefert die Muskelpumpe den wichtigsten Beitrag zum venösen Rückstrom

Ventilwirkung der Venenklappen. In den meisten kleinen und mittleren Venen des Körpers, so auch in den Beinvenen, befinden sich in regelmäßigen Abständen paarige, als Intimaduplikaturen angelegte ***Venenklappen***, die einen peripherwärts gerichteten, venösen Reflux verhindern.

Beim stehenden Menschen wird durch die Venenklappen die Blutsäule segmental untergliedert, sodass der resultierende hydrostatische Druck in den Beinvenen wesentlich niedriger ist als es der Gesamthöhe entspricht. Werden nun durch die ***Kontraktion der Beinmuskulatur*** die darin befindlichen Venen zusammengepresst, so kann das Blut aufgrund der ***Ventilwirkung der Klappen*** nur herzwärts strömen. Bei rhythmischer Aktivität der Skelettmuskulatur mit Kontraktion und Erschlaffung, wie sie z. B. beim Gehen auftritt, wird auf diese Weise Blut von Segment zu Segment zum Bauchraum hin gefördert. Der Druck in den peripheren Venenabschnitten nimmt hierdurch kurzfristig ab, steigt aber, da Blut von der arteriellen Seite in die entleerten Venen nachströmt, rasch wieder an, um nach der nächsten Kontraktion wieder abzusinken. Auf diese Weise stellt sich bei rhythmischer Muskeltätigkeit ein mittleres Druckniveau in den Fußvenen ein, das weit unterhalb des theoretisch zu erwarteten hydrostatischen Drucks liegt (◘ Abb. 28.14).

Ödembildung beim ruhigen Stehen. Beim ruhig stehenden Menschen kommt es durch das über das Kapillarbett

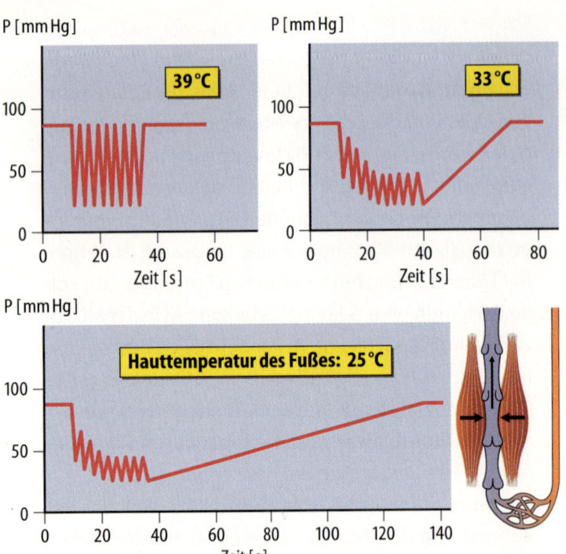

Abb. 28.14. Veränderung des Drucks in den Fußrückenvenen beim Stehen und Gehen. Bei jedem Schritt werden durch die Muskelkontraktion die Beinvenen ausgepresst, der Venendruck sinkt. Nach der Erschlaffung der Beinmuskeln steigt der Druck wieder an, da Blut von der arteriellen Seite nachströmt. Nach einigen Schritten stellt sich der Venendruck auf ein deutlich niedrigeres Niveau ein, das für die Dauer des Gehens erhalten bleibt, aber abhängig ist von der Außentemperatur bzw. Hauttemperatur des Fußes. Bei niedrigen Temperaturen der Extremität sind die Widerstandsgefäße enggestellt und die Durchblutung ist sehr gering. Die Zeitspanne zwischen der letzten Muskelkontraktion und dem Wiederauftreten des vollen hydrostatischen Drucks ist daher länger als bei höheren Temperaturen und damit weitergestellten Arteriolen. Je steiler der Druckanstieg, umso höher ist der mittlere Venendruck. Mod. nach Henry u. Gauer (1950)

einströmende Blut zu einer Auffüllung der Venen und damit zu einem ***sukzessiven Auseinanderweichen der Venenklappen***, bis sich schließlich eine kontinuierliche Blutsäule von den Fußvenen bis zum rechten Herzen ausgebildet hat. Dieser hydrostatische Druck addiert sich zu dem strömungsbedingten Druck, sodass sich in den Fußvenen ein Druck von 90–100 mm Hg einstellt. Hierdurch wird auch der Druck in den Kapillaren erhöht und damit das Gleichgewicht von kapillärer Filtration und Reabsorption in Richtung einer ***verstärkten Filtration*** verschoben. Dieser Mechanismus ist im Wesentlichen verantwortlich für die gehäuft auftretende Ödembildung in den unteren Extremitäten beim ruhigen Stehen bzw. bei hoher Umgebungstemperatur.

Venöser Rückstrom: Atmungspumpe und Ventilebenenmechanismus

Die durch die Atemtätigkeit ausgelösten intrathorakalen und intraabdominalen Druckschwankungen tragen ebenso wie der Ventilebenenmechanismus zum venösen Rückstrom bei

Inspiratorische Förderung des venösen Rückstroms. Während der Inspiration kommt es durch den zunehmend negativ-werdenden intrathorakalen Druck zu einer Zunahme des transmuralen Drucks und damit zu einer stärkeren Aufdehnung der intrathorakalen Gefäße. Die hieraus resultierende Abnahme des Drucks in den intrathorakalen Venen, dem rechten Vorhof und den Ventrikeln führt wiederum zu einer Zunahme des Bluteinstroms aus den extrathorakalen in die intrathorakalen Venen, den rechten Vorhof und den Ventrikel. Diese ***inspiratorische Förderung des venösen Rückstroms*** ist vor allem im Bereich der oberen Hohlvene wirksam. Andererseits nimmt während der Inspiration der ***intraabdominelle Druck*** infolge des Tiefertretens des Zwerchfells zu, wodurch der transmurale Druck und damit das gespeicherte Volumen der Abdominalvenen reduziert werden. Da ein retrograder Fluss in die unteren Extremitäten durch die Venenklappen verhindert wird, kommt es so zu einem verstärkten venösen Einstrom in den Thorax.

Analog zu den Effekten, die aus den atmungsbedingten intrathorakalen Druckschwankungen auf den venösen Rückstrom resultieren, kann auch die Erhöhung des intrapulmonalen Drucks bei ***positiver Druckbeatmung*** zu einer ***Drosselung des venösen Rückstroms*** durch Kompression der intrathorakalen Gefäße führen.

▪▪▪ Beim **Valsalva-Pressdruckversuch**, der zur Überprüfung der Reaktivität des Pressorezeptorenreflexes genutzt werden kann, wird nach tiefer Inspiration bei geschlossenen Atemwegen die Exspirationsmuskulatur einschließlich der Bauchmuskeln stark angespannt. Die hierdurch ausgelösten intrathorakalen und intraabdominellen Drucksteigerungen (bis mehr als 100 mm Hg) heben den venösen Rückstrom weitgehend auf, das Schlagvolumen des rechten Ventrikels nimmt ab, und der Druck in den peripheren Venen steigt an. Auch der arterielle Blutdruck steigt vorübergehend stark an, da es durch die Kompression der Lungengefäße zu einer Steigerung des Schlagvolumens des linken Ventrikels kommt. Diese Drucksteigerung hält an, solange der Blutvorrat in der Lunge zur diastolischen Füllung des linken Ventrikel ausreicht. Dann sinkt der arterielle Druck wegen des unzureichenden venösen Rückstroms deutlich ab. Starke Schwindelgefühle bis hin zur Synkope (Ohnmacht) sind möglich bei Patienten mit Neuropathien des vegetativen Nervensystems.

Ventilebenenmechanismus. Schließlich trägt auch die rhythmische Verschiebung der Ventilebene des Herzens, die in jeder Austreibungsphase eine Druckerniedrigung im rechten Vorhof und in angrenzenden Teilen der Hohlvenen erzeugt, zur Förderung des venösen Rückstromes bei.

In Kürze

Niederdrucksystem

Das Niederdrucksystem umfasst die Körpervenen, das rechte Herz, die Lungengefäße, den linken Vorhof und den linken Ventrikel während der Diastole.

- Der mittlere Druck in den großen herznahen Venen (»zentraler Venendruck«) kann annähernd

▼

dem Druck im rechten Vorhof gleichgesetzt werden. Er beträgt beim Liegenden 3–5 mm Hg. Maßgebend für die Größe des zentralen Venendrucks sind die Füllung und die elastische Weitbarkeit des Venensystems sowie die Herzaktion.

- Die Form des Venenpulses ist im wesentlichen ein Abbild des pulsatorischen Druckverlaufs im rechten Vorhof.
- In aufrechter Körperposition (Orthostase) bildet sich im Gefäßsystem ein hydrostatischer Druckgradient aus, wobei die auf den Fußvenen lastende Blutsäule einen hydrostatischen Druck von 85 mm Hg erzeugt, während der zentrale Venendruck auf etwa –3 mm Hg abfällt.
- Die Venen im Thoraxraum werden hierbei wegen des noch stärker negativen intrathorakalen Drucks offen gehalten; dagegen führt der negative hydrostatische Druck im Halsbereich zu einem Kollaps der Venen.
- Die hydrostatische Indifferenzebene, in der sich der venöse Druck (von etwa 11 mm Hg) bei einem Positionswechsel vom Liegen zum Stehen nicht ändert, liegt 5–10 cm unterhalb des Zwerchfells.

Hilfsmechanismen des venösen Rückstroms

- Bei Kontraktion der Beinmuskulatur wird das Blut in den Venen herzwärts befördert, wobei die Ventilwirkung der Venenklappen einen Reflux verhindert (Muskelpumpe).
- Die Abnahme des intrathorakalen Drucks bei der Inspiration führt zu einer Aufdehnung der intrathorakalen Venen und damit zu einer Zunahme des Blutstroms.
- Die Verlagerung der Ventilebene des Herzens in der Austreibungsphase bewirkt eine Druckabnahme im rechten Vorhof, wodurch ein Sogeffekt auf das Blut in den herznahen Venen ausgeübt wird.

28.4 Mikrozirkulation

Aufbau der terminalen Strombahn

Unter Ruhebedingungen beträgt die Austauschfläche der Kapillaren und postkapillären Venolen des menschlichen Körpers etwa 300 m^2, bei maximaler Durchblutung etwa 1000 m^2

Der Stoffaustausch zwischen dem intravasalen Kompartiment und dem Gewebe, der letztlich die entscheidende und funktionell wichtigste Aufgabe des Kreislaufsystems darstellt, erfolgt in der ***terminalen Strombahn.*** Hierunter versteht man primär das Austauschgebiet der Kapillaren und postkapillären Venolen. Im Folgenden wird vereinfachend meist nur von Kapillaren gesprochen. Der Begriff ***Mikrozirkulation*** ist generell weiter gefasst und schließt zusätzlich mit ein:

- die durchblutungssteuernden Arteriolen,
- die Venolen,
- das Dränagesystem der blind im Gewebe endenden terminalen Lymphgefäße.

Angepasst an seine spezifischen Bedürfnisse weist jedes Organ eine charakteristische Architektur der terminalen Strombahn auf. Grundsätzlich lassen sich jedoch, trotz uneinheitlicher Terminologie, die in Abb. 28.15 dargestellten Gefäßtypen unterscheiden.

Arteriolen. Arteriolen (Innendurchmesser: 40–80 μm) haben ein charakteristisches **Wanddicken-Radius-Verhältnis** von etwa 1 : 1; ihre Media besteht aus 1–2 Lagen nahezu zirkulär verlaufender glatter Muskulatur. Die aus den Arteriolen abzweigenden **Metarteriolen** (Innendurchmesser: 8–20 μm) weisen eine lückenhafte Schicht glatter Muskelzellen auf. Gemeinsam mit ihrer direkten kapillären Fortsetzung bilden sie die sog. **Hauptstrombahn** (Preferential Channels), mit einem direkten Anschluss an die postkapillären Venolen.

Kapillaren. Die echten Kapillaren bestehen nur noch aus einer Endothelzellschicht, umgeben von einer Basalmembran. In einigen Geweben findet man am Ursprungsort der Kapillaren einen Ring glatter Muskulatur, den sog. **präkapillären Sphinkter**, der eine weitgehende Drosselung der Kapillarströmung bewirken kann.

Postkapilläre Venolen. Die postkapillären Venolen (Innendurchmesser: 8–30 μm) entstehen aus dem Zusammenschluss mehrerer venöser Kapillaren. Ihre Wand besteht aus Endothel, Basalmembran, kollagenen Fasern sowie einer Umhüllung mit **Perizyten** (Rouget-Zellen), die kontraktile Elemente enthalten. Erst die **Venolen** mit einem Innendurchmesser zwischen 30–50 μm enthalten wieder zunehmend glatte Muskelzellen in ihrer Wand.

Arteriovenöse Anastomosen. Arteriovenöse Anastomosen sind **Kurzschlussverbindungen** zwischen Arteriolen und Venolen, die sich vor allem in der Haut von Finger- und Zehenspitzen, Nase und Ohrläppchen sowie in der Lunge finden. Schon bei geringer konstriktorischer Aktivität werden sie vollständig verschlossen.

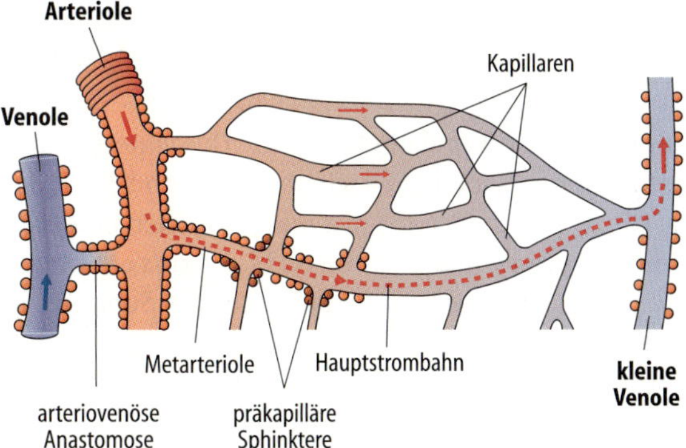

Abb. 28.15. Schematische Darstellung der terminalen Strombahn. Glatte Muskelfasern (*Kreise* an der Gefäßwand) finden sich noch im Anfangsteil der Metarteriolen sowie als präkapilläre Sphinktere am Abgang der Kapillaren aus den Metarteriolen. Postkapilläre Venolen, die aus dem Zusammenfluss mehrerer venöser Kapillaren entstehen, sind in dem Schema nicht berücksichtigt

28.3. Diabetische Mikroangiopathie

Pathophysiologie. Diese Erkrankung ist eine häufige Spätkomplikation eines Diabetes mellitus nach Jahren schlechter Blutzuckereinstellung. Abhängig vom Ausmaß und der Dauer der Hyperglykämie kommt es zu einer nichtenzymatischen Glykosylierung von Proteinen des Serums, der korpuskulären Blutbestandteile (z. B. Hämoglobin) und der Gefäßwandzellen. Dieser Prozess, bei dem es zur Ausbildung einer Schiff-Base zwischen der Glukose und der ε-Aminogruppe des Lysins kommt, ist zunächst reversibel. Über Wochen und Monate laufen dann stabilisierende Prozesse ab, an deren Ende irreversibelquervernetzte Proteine stehen. Die Glykosylierung des Hämoglobins wird diagnostisch genutzt (► s. Kap. 21.4).

Folgen. In der Mikrozirkulation aktivieren die Endprodukte der fortgeschrittenen Glykosylierung (AGE = Advanced Glycosylation Endproducts) u. a. über spezifische Rezeptoren glatte Muskelzellen, worauf diese extrazelluläre matrixverdauende Enzyme freisetzen. Daneben lagern sich glykosylierte Proteine an prädisponierten Stellen ab (diabetisches Amyloid). Im Rahmen dieser Prozesse kommt es zur Aufquellung der vaskulären Basalmembran und zur Verlegung des Lumens von Arteriolen. Die Folge sind Durchblutungsstörungen in der Mikrozirkulation, u. a. in den Füßen (bei erhaltenen Fußpulsen), aber auch des Herzens, der Glomeruli (Glomerulosklerose) und der Netzhaut (diabetische Retinopathie). Durch den Verlust der Blutversorgung von peripheren Nerven entwickelt sich bei 50 % der Diabetiker innerhalb von 10 Jahren eine sensomotorische Polyneuropathie, mit Ausfall der Oberflächensensibilität, der Reflexe und Entwicklung von Parästhesien (»burning feet«). 30 % aller Erblindungen und 30 % aller dialysepflichtigen Niereninsuffizienzen in Europa sind Folge der diabetischen Mikroangiopathie.

Kenndaten des Kapillarbettes. Der Durchmesser von durchströmten Kapillaren liegt zwischen 4 und 8 μm, deren Länge zwischen 0,5 und 1 mm. Bei einer mittleren Strömungsgeschwindigkeit von 0,2 bis 1 mm/s ergibt sich daraus eine mittlere Verweildauer für eine Substanz in den Kapillaren von 0,5 bis 5 s.

Die Gesamtzahl der Kapillaren eines Menschen wird etwa auf 30–40 Milliarden veranschlagt. Da jedoch im zeitlichen Mittel, im Wesentlichen bedingt durch die physiologische Vasomotion, d. h. die spontan-rhythmischen Kontraktionen der Arteriolen, erhebliche Schwankungen der Kapillardurchblutung auftreten, ist die funktionelle Kapillardichte etwa nur ein Drittel der morphologischen Kapillardichte. Unter Ruhebedingungen kann man daher von etwa 8–10 Milliarden durchströmter Kapillaren beim Menschen ausgehen. Hieraus lässt sich bei einem mittleren Kapillardurchmesser von 7 μm ein ***Gesamtquerschnitt*** von ***0,2 bis 0,4 m²*** ermitteln, d. h. ungefähr das 500- bis 800-fache des Querschnitts der Aorta ascendens. Die ***effektive Austauschfläche*** beträgt in Ruhe etwa ***300 m²***, die gesamte mobilisierbare Austauschfläche des menschlichen Organismus dürfte etwa 1000 m² betragen. Die ***Kapillardichte*** in den einzelnen Organkreisläufen ist recht unterschiedlich. In der Skelettmuskulatur liegt sie zwischen 100 und 1000 pro mm², in Gehirn, Myokard und Nieren 2500 bis 4000 pro mm².

Typen des Kapillarendothels

! Nach ihrer Ultrastruktur unterscheidet man Kapillaren vom kontinuierlichen, fenestrierten und diskontinuierlichen Typ

Kapillaren vom kontinuierlichen Typ. Dieser Kapillartyp findet sich im Herz- und Skelettmuskel, der Haut, dem Binde- und Fettgewebe, der Lunge und im ZNS. Die ***Interzellularspalten***, deren Fläche etwa 0,1 bis 0,3 % der gesamten Kapillaroberfläche beträgt, stellen den Hauptpassageweg für Wasser, Glukose, Harnstoff und andere lipidunlösliche Moleküle bis zur Größe von Plasmaproteinen.

■■■ Die »**Tight Junctions**« (► s. Kap. 3.2), zwischen den Endothelzellen weisen einen **mittleren Porenradius** von 4–5 nm auf. In Hirnkapillaren sind diese Verbindungsleisten zahlreicher und komplexer strukturiert (■ Abb. 28.16). Sie bilden das morphologische Substrat für die äußerst niedrige Permeabilität der Hirnkapillaren (**Blut-Hirn-Schranke**).

Fenestrierte Kapillaren. Fenestrierte Kapillaren sind etwa 100- bis 1000-fach permeabler für Wasser und kleine hydrophile Moleküle als die meisten Kapillaren vom kontinuierlichen Typ. Sie finden sich in Geweben, die auf den Austausch von Flüssigkeit spezialisiert sind, so z. B. in den Glomeruli der Niere, in exokrinen Drüsen, in der Darmschleimhaut, in den Plexus des Ziliarkörpers sowie in den Plexus chorioidei, aber auch in endokrinen Drüsen. Das Endothel weist ***intrazelluläre Poren*** (Fenestrae) mit einer Weite von 50–60 nm auf, die z. T. mit einer ***perforierten Membran*** (Diaphragma) überdeckt sind (■ Abb. 28.16). Die Basalmembran ist bei diesem Kapillartyp noch vollständig erhalten.

Diskontinuierliche Kapillaren. Bei diesem Kapillartyp (Sinusoidkapillaren) sind ***inter-*** **und** ***intrazelluläre Lücken*** von 0,1–1 μm Breite vorhanden, die auch die Basalmembran miteinschließen (■ Abb. 28.16). Kapillaren vom diskontinuierlichen Typ finden sich in den Sinusoiden von Leber, Milz und Knochenmark und gestatten nicht nur den Durchtritt von Proteinen und anderen Makromolekülen, sondern auch von korpuskulären Elementen.

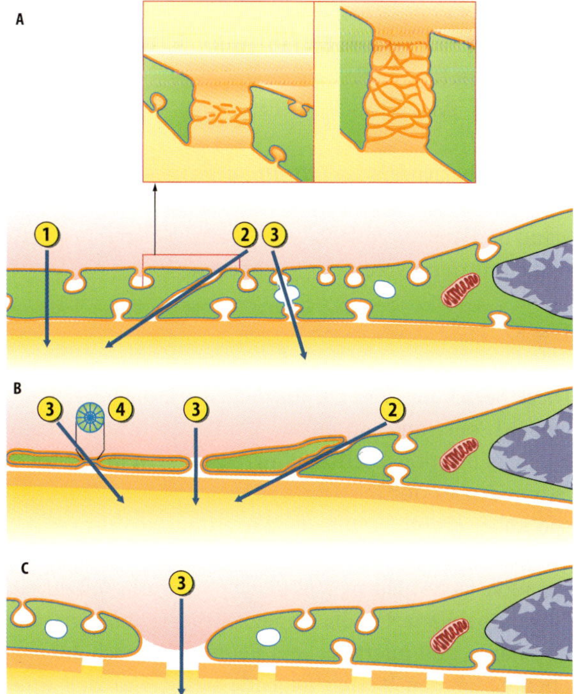

Abb. 28.16. Schematische Darstellung der wichtigsten Kapillartypen sowie der grundsätzlichen Wege für die Stoffpassage durch das Endothel. A Kontinuierlicher Typ, **B** fenestrierter Typ, **C** diskontinuierlicher Typ (mit lückenhafter Basalmembran). (1) Passageweg durch transzelluläre Diffusion (lipidlösliche Stoffe), (2) parazellulärer Passageweg durch Interzellularfugen (wasserlösliche Stoffe), (3) Passageweg durch transendotheliale zelluläre Kanäle, große Poren und Spalten; (4) perforiertes Diaphragma in der Aufsicht. Das Diaphragma, das die Poren der fenestrierten Kapillaren überdeckt, erscheint in der Aufsicht wie ein Wagenrad mit einer zentralen Achse und 12–14 breiten Speichen. Einsatzfigur: Schematische Darstellung über den Aufbau der »Tight junctions« zwischen den Kapillarendothelzellen vom kontinuierlichen Typ. In den meisten Kapillaren vom kontinuierlichen Typ, so z.B. den Herzmuskelkapillaren *(links)* besteht ein parazellulärer Diffusionsweg sowohl durch die offenen Stellen zwischen den Haftsträngen der Tight Junctions als auch durch die Lücken innerhalb der Stränge selbst. Hirnkapillaren *(rechts)* dagegen weisen eine viel größere Zahl an Haftsträngen auf, in denen sich auch keine Lücken finden. Diese Kapillaren sind daher in Bezug auf parazelluläre Diffusion weitgehend impermeabel

Stoffaustausch

Der Stoffaustausch zwischen Blut und interstitiellem Raum erfolgt hauptsächlich durch Diffusion

Lipidlösliche Stoffe. Lipidlösliche Stoffe, zu denen auch die Atemgase O_2 und CO_2 gehören, können transzellulär, d.h. durch die Plasmamembranen der Endothelzellen diffundieren; damit steht ihnen die ***gesamte Endothelfläche*** der Kapillaren und postkapillären Venolen zur Verfügung. Die Transportrate dieser Stoffe wird daher nicht von ihrer Diffusionsgeschwindigkeit, sondern dem konvektiven Transport, d.h. von der Kapillardurchblutung, begrenzt ***(durchblutungslimitierter Austausch)***. Die Austauschrate, d.h. die pro Zeiteinheit transportierte Menge steigt dabei annähernd linear mit steigender Durchblutung an (Abb. 28.17).

Wasserlösliche Stoffe. Die Diffusion wasserlöslicher Stoffe, einschließlich des Wassers selbst, ist auf die Passagewege durch ***Poren und Interzellularspalten*** beschränkt. Für den gesamten Organismus wird der ***kapilläre Wasseraustausch***, der auf diesem Wege erreicht wird, auf ca. 55 l/min, d.h. ca. 80 000 l/Tag veranschlagt. Der durch Diffusion erfolgende Stoffaustausch ist dabei weitgehend ausgeglichen, d.h. die Zahl der aus dem Blut in das Interstitium diffundierenden Moleküle ist ebenso groß wie die in umgekehrter Richtung diffundierende Menge.

Abweichungen im Sinne eines ***Nettoflux*** treten bei Stoffen auf, die im Gewebe verbraucht werden. So verbleiben etwa 400 g Glukose im Gewebe bei einem Austausch von 20 000 g pro Tag.

Hydrostatische und kolloidosmotische Drücke

Die hydrostatischen und die kolloidosmotischen Drücke in den Kapillaren und im Interstitium bestimmen maßgebend Größe und Richtung des Flüssigkeitsaustausches

Filtration und Reabsorption. Der Flüssigkeitsaustausch zwischen intravaskulärem und interstitiellem Raum erfolgt durch Filtration und Reabsorption über die Kapillarwand mit ihren porösen Interzellularfugen. Da der intrakapilläre Druck in der Regel höher ist als der hydrostatische Druck im Interstitium, muss entsprechend dieser Druckdifferenz, die dem transmuralen Druck entspricht, eine Strömung von Flüssigkeit aus den Kapillaren in das Interstitium erfolgen. Dieser Auswärtsfiltration ist eine Einwärtsfiltration (Reabsorption) entgegengerichtet, deren Größe sich aus der Differenz der kolloidosmotischen Drücke des Blutplasmas und des Interstitiums ergibt.

▪▪▪ **Druckwerte im Blutplasma und Interstitium.** Der kolloidosmotische Druck des **Blutplasmas**, der im Wesentlichen durch die Plasmaproteine hervorgerufen ist, beträgt normalerweise **25 mm Hg**. Der Eiweißgehalt der interstitiellen Flüssigkeit ist zwar deutlich niedriger als der des Blutplasmas, jedoch treten in den einzelnen Organkreisläufen erhebliche Unterschiede auf. Der kolloidosmotische Druck des **Interstitiums** ist also keine vernachlässigbare Größe und kann beträchtlich die absorptiven Fluxe in das Plasma reduzieren. Als mittlere Eiweißkonzentration des Interstitium im Gesamtorganismus können 20–30 g/l angenommen werden, mit einem **kolloidosmotischen Druck von 5–8 mm Hg.**

Für den **hydrostatischen Druck im Interstitium** werden für viele Gewebe Werte um 0 bzw. leicht negativ (+3 bis –2 mm Hg) als normal angesehen. Angesichts des kontinuierlichen Zustroms von kapillärem Ultrafiltrat lässt sich dies am ehesten erklären über den Flüssigkeitssog, der von den Lymphkapillaren ausgehend in das Gewebe ausgeübt wird. Positive Drücke finden sich in Organen, die von bindegewebigen bzw. knöchernen Kapseln umschlossen sind (Niere, Herz, Gelenke, Gehirn).

A

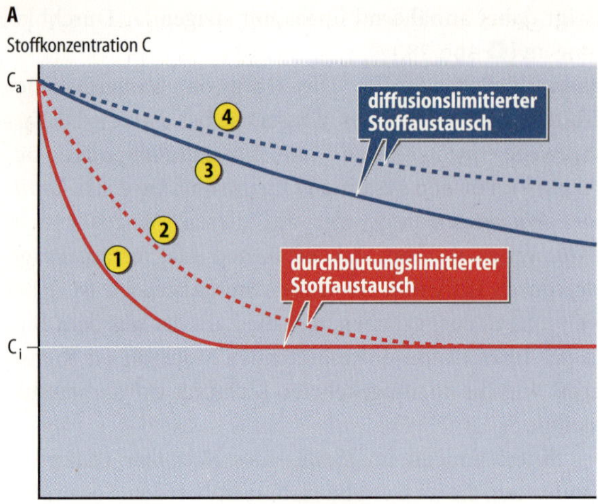

B

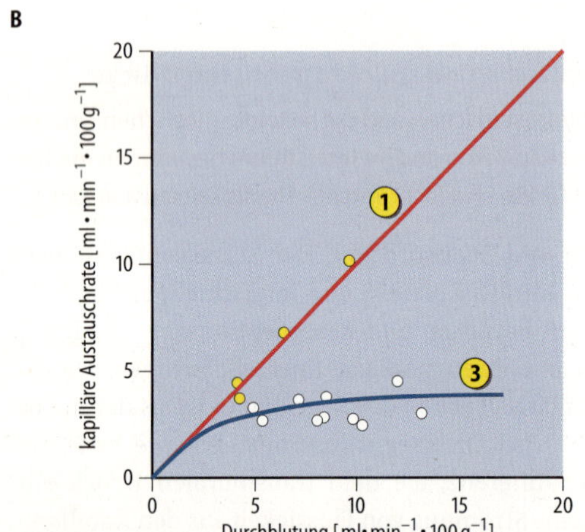

Abb. 28.17. Plasmakonzentrationen diffusibler Substanzen während der Passage entlang der Kapillare (A) sowie Beziehung zwischen Durchblutung und kapillärer Austauschrate (B). A Bei hoher Permeabilität der Kapillarwand für die Substanz wird ein Gleichgewicht der Plasmakonzentration mit der des Interstitiums vor dem Ende der Kapillare erreicht (1). Bei Erhöhung der Durchblutung nehmen auch distalere Kapillarabschnitte am Austausch teil (2): Die Größe der Durchblutung bestimmt den Stoffaustausch (durchblutungslimitierter Stoffaustausch). Ist die Kapillarwand dagegen nur wenig für den Stoff permeabel, so ist die Konzentration am Ende der Kapillare noch nicht im Gleichgewicht mit der Konzentration im Interstitium (3). Eine Erhöhung der Durchblutung begrenzt nun die Zeit für die Diffusion, sodass die Extraktion fällt und die venöse Konzentration ansteigt (4). Der Effekt der erhöhten Durchblutung wird dadurch wieder aufgehoben und die kapilläre Austauschrate bleibt weitgehend konstant (diffusionslimitierter Austausch). C_a: Konzentration am Anfang der Kapillare, C_i: Konzentration im Interstitium. **B** Beziehung zwischen Durchblutung und kapillärer Austauschrate für einen durchblutungslimitierten und einen diffusionslimitierten Stoff bei normalem Gefäßtonus in der Skelettmuskulatur

Effektiver Filtrationsdruck

Der effektive Filtrationsdruck bestimmt den Flüssigkeitstransport durch die Kapillarwand

Starling-Gleichung. Aus der Differenz der hydrostatischen (ΔP) und der kolloidosmotischen Drücke ($\Delta\pi$) zwischen Kapillarinnenraum und interstitiellem Raum ergibt sich der effektive Filtrationsdruck (P_{eff}):

$$P_{eff} = \Delta P - \Delta\pi = (P_C - P_{IS}) - (\pi_{PL} - \pi_{IS}) \quad (17)$$

Unter Einbeziehung des ***Filtrationskoeffizienten*** (K_f), der das Produkt aus hydraulischer Leitfähigkeit der Kapillarwand und Austauschfläche angibt, lässt sich das pro Zeiteinheit filtrierte Volumen (J_v) angeben:

$$J_v = K_f \cdot P_{eff} = K_f(\Delta P - \Delta\pi) \quad (18)$$

Diese Beziehung wird als ***Starling-Gleichung*** bezeichnet, wobei J_v bei Filtration positiv, bei Reabsorption negativ ist. Der Filtrationskoeffizient der Kapillaren in der Niere ist um den Faktor 1000 und im Darm ca. um den Faktor 100 höher als im Herzen, der Skelettmuskulatur und der Lunge; derjenige der Hirnkapillaren wiederum ist um das 1000-fache niedriger als in der Skelettmuskulatur.

Filtrationsbilanz. Für die Flüssigkeitsbewegung zwischen Kapillaren und interstitiellem Raum ergibt sich aus den oben genannten Werten folgende Bilanz. Für den ***arteriellen Schenkel der Kapillare*** ist der transmurale Druck (ΔP) größer als die Differenz zwischen kolloidosmotischen Druck des Plasmas und dem der interstitiellen Flüssigkeit, sodass in diesem Abschnitt eine ***Auswärtsbewegung*** von Wasser und porengängigen Molekülen erfolgt. Da der Druck in der Kapillare aufgrund des hohen Strömungwiderstandes vom arteriellen zum venösen Schenkel um etwa 10 mm Hg und mehr abfällt (Abb. 28.18), damit die Größe der kolloidosmotischen Druckdifferenz erreicht ***(Filtrationsgleichgewicht)*** und sogar unterschreitet, ergibt sich am Ende des ***venösen Schenkels*** ein effektiver Filtrationsdruck, der von außen nach innen gerichtet ist: Wasser tritt gemeinsam mit den darin gelösten Kristalloiden in die Kapillaren ein ***(Reabsorption)***.

Lymphfluss und Vasomotion. Eine für Ruhebedingungen geltende, überschlägige quantitative Betrachtung ergibt, dass im Organismus die Reabsorption in der Regel etwas kleiner ist als die Filtration. In den arteriellen Abschnitten der Kapillaren werden ca. 0,5 % des durchfließenden Plasmavolumens abfiltriert, d. h. ca. 14 ml/min (20 l/Tag). Hiervon werden jedoch nur etwa 90 % in den venösen Abschnitten reabsorbiert. Die restlichen 10 % (ca. 2 l/Tag) werden über die ***Lymphgefäße*** aus dem interstitiellen Raum abtransportiert.

Das mithilfe der Lymphdränage aufrechterhaltene Gleichgewicht zwischen kapillärer Filtration und Reabsorption kann grundsätzlich durch alle in Gl. (17) genannten Faktoren beeinflusst werden. Der physiologischen Variation des kapillären transmuralen Drucks durch die rhythmischen Kontraktionen der vorgeschalteten Arteriolen ***(Vasomotion)*** dürfte dabei die größte Bedeutung für eine Verschiebung des Verhältnisses Filtra-

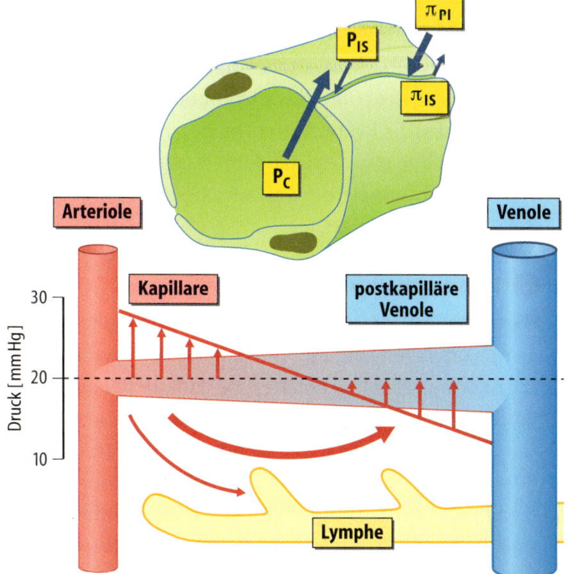

Abb. 28.18. Schematische Darstellung von Filtration und Reabsorption an einer idealisierten Kapillare. Die *schräge durchgezogene Linie* stellt den Verlauf des transmuralen Drucks ($P_C - P_{IS}$) entlang der Kapillare dar. Die gestrichelte Linie stellt die Differenz der kolloidosmotischen Drücke von Blutplasma p_{Pl} und interstitieller Flüssigkeit p_{IS} dar. p_{Pl} und p_{IS} sind vereinfachend über die gesamte Kapillarlänge als konstant angenommen. Die *Pfeile* entsprechen den effektiven Filtrationsdrücken. *Inset:* Treibende Kräfte für den Flüssigkeitsaustausch über die Kapillarmembran P_C: Blutdruck in der Kapillare, p_{IS}: Druck im Interstitium, p_{Pl}:kolloidosmotischer Druck des Plasma, p_{IS}: kolloidosmotischer Druck im interstitiellen Raum

tion zu Reabsorption zukommen. ***Vasodilatation*** führt über Erhöhung des transmuralen Druckes zu einer ***Zunahme der Filtration***, ***Vasokonstriktion*** durch Abnahme des transmuralen Kapillardrucks zu einer ***Zunahme der Reabsorption***.

Ödeme

Ödeme sind pathologische Flüssigkeitsansammlungen im Interstitium, die verschiedene Ursachen haben können

Unter »Ödem« versteht man eine pathologische Flüssigkeitsansammlung im Interstitium. Als Ursache hierfür kommen in Betracht:

- ***Erhöhung des kapillären Filtrationsdrucks.*** Beispiel: Erhöhung des venösen Drucks bei Herzinsuffizienz (kardiales Ödem)
- ***Erniedrigung des kolloidosmotischen Drucks.*** Beispiel: ernährungsbedingter Eiweißmangel ***(Hungerödem)***; renale Eiweißausscheidung bei bestimmten Nierenerkrankungen ***(renales Ödem)***.
- ***Gesteigerte Durchlässigkeit der Kapillarwand.*** Beispiel: entzündliches Ödem. Unter Einwirkung lokaler Mediatoren (Histamin, Bradykinin und Zytokine) kommt es zur Formänderung und Retraktion des Kapillarendothels und damit zur Ausbildung größerer interzellulärer Lücken, die den Durchtritt von Leukozyten, aber auch von Plasmaproteinen gestatten. Die Bildung eines ***proteinreichen Ödems*** aufgrund erhöhter Kapillarpermeabilität stellt ein ***Kardinalsymptom der akuten Entzündung*** sowie der akuten allergischen Reaktion dar.
- ***Störung des Lymphabflusses.*** Beispiele: kongenitale Lymphabflussstörungen; Verlegung der Lymphgefäße nach einer Operation oder Strahlentherapie.

Lymphgefäßsystem

Über die Lymphgefäße wird die abfiltrierte interstitielle Flüssigkeit in das venöse System zurücktransportiert, nachdem sie die Lymphknoten, die eine Sieb- und Abwehrfunktion ausüben, passiert hat

Das Lymphgefäßsystem dient nicht nur dem Flüssigkeitstransport, sondern in erster Linie der Rückführung von Eiweiß und anderen Stoffen aus dem interstitiellen Raum in das Blut, für die der Übertritt aus den Kapillaren in das Interstitium eine Einbahnstraße darstellt.

Aufbau des Lymphsystems. Die **Lymphkapillaren**, die als engmaschiges Netzwerk nahezu alle Gewebe durchsetzen, sind an ihrem gewebeseitigen Ende geschlossen. Ihre aus Endothelzellen bestehende Wand ist hochgradig durchlässig für alle in der interstitiellen Flüssigkeit vorhandenen Stoffe. Die Lymphkapillaren sammeln sich zu größeren Lymphgefäßen, in die **Lymphknoten** eingebaut sind. Die Lymphknoten bilden Lymphozyten und haben die Aufgabe, über phagozytierende Zellen die Einschwemmung schädlicher Substanzen aus den Geweben in das Blut zu verhindern und der Ausbreitung von Infektionen entgegenzuwirken. So deutet die Anschwellung von Lymphknoten oft auf eine Infektion in dem regional zugehörigen Gewebe hin. Die **postnodale Lymphe** hat eine höhere Eiweißkonzentration als die **pränodale Lymphe** (Absorption von Wasser in die Kapillaren der Lymphknoten) und enthält reife Lymphozyten.

Aufnahme und Transport der Lymphe. Die Aufnahme der interstitiellen Flüssigkeit in die Lymphgefäße erfolgt über Spalten zwischen den Lymphendothelzellen. Der erforderliche Druckgradient vom Interstitium in die Lymphkapillaren wird dabei durch die Entleerung der distalen Lymphkapillarabschnitte (Kontraktion der Lymphgefäße) erzeugt (Abb. 28.19). Im weiteren Verlauf der Lymphbahn wird der Lymphtransport durch die ***rhythmischen Kontraktionen*** (10–15/min) der mit glatter Muskulatur ausgestatteten Lymphgefäße bewirkt. Zahlreiche Klappen, ähnlich den Venenklappen, gestatten ausschließlich eine Strömung in Richtung zu den Venen. Von großer Bedeutung für die Lymphströmung sind auch alle von außen auf die Lymphgänge wirkenden wechselnden ***Kompressionskräfte***, vor allem diejenigen, die durch Kontraktionen der Skelettmuskulatur hervorgerufen werden (analog zur Wirkung der Muskelpumpe bei den Venen). Die Lymphstromstärke kann dadurch bei Muskelarbeit auf das 15-fache der Ruhewerte gesteigert werden.

Zusammensetzung der Lymphe. Die Zusammensetzung der pränodalen Lymphe gleicht grundsätzlich derjenigen der interstitiel-

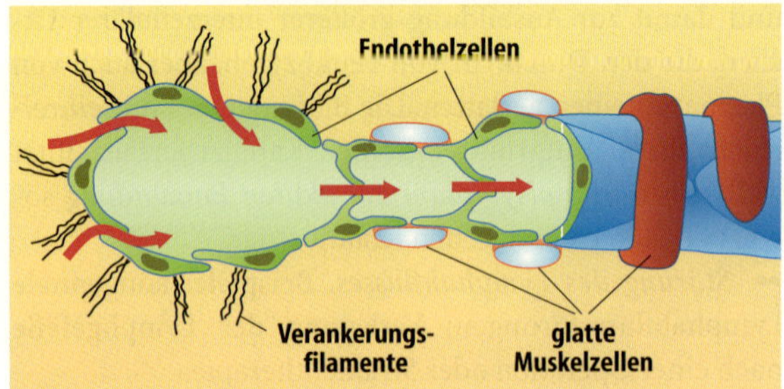

Abb. 28.19. Gerichtete Strömung in Lymphkapillaren durch Ventilmechanismen. Die dachziegelförmige Überlappung der Lymphendothelzellen erleichtert den Eintritt der interstitiellen Flüssigkeit und verhindert den Rückstrom ins Interstitium. Die Endothelklappen in den Lymphgefäßen sorgen ähnlich den Klappen in den Venen für eine herzwärts gerichtete Strömung

len Flüssigkeit. Der Eiweißgehalt der Lymphe ist regional jedoch sehr verschieden. Im Bereich des Magen-Darmkanals übernehmen die Lymphgefäße auch den Abtransport von absorbierten Stoffen, insbesondere von Fetten. Der durchschnittliche **Eiweißgehalt der Sammellymphe** im Ductus thoracicus beträgt 3–4 %. Da alle durch die Kapillarwand in das Interstitium gelangten Eiweißkörper auch in der Lymphe vorhanden sind, darunter auch Fibrinogen, ist die Lymphe gerinnungsfähig. Unter Normalbedingungen beträgt die **Lymphproduktion** ca. 2–3 l/Tag, kann aber bei hoher Auswärtsfiltration auf das 20- bis 100-fache ansteigen.

In Kürze

Mikrozirkulation

Unter terminaler Strombahn versteht man das Austauschgebiet der Kapillaren und postkapillären Venolen. Der Begriff Mikrozirkulation ist weiter gefasst und schließt mit ein:

- die durchblutungssteuernden Arteriolen,
- die Venolen,
- das Dränagesystem der blind im Gewebe endenden terminalen Lymphgefäße.

Stoffaustausch

- Lipidlösliche Stoffe werden durch Diffusion über die gesamte Endothelfläche der Kapillaren und postkapillären Venolen ausgetauscht.
- Der diffusive Transport von Wasser und wasserlöslichen kleinen Molekülen wie Glukose, ist auf die Passagewege der Poren und Interzellularspalten beschränkt. Für Makromoleküle bilden die Poren ein graduelles Diffusionshindernis (Konzept der molekularen Siebung).

Beim Flüssigkeitsaustausch in den Kapillaren bewirkt die hydrostatische Druckdifferenz zwischen Kapillare und Interstitium (ΔP) eine Auswärtsfiltration, die kolloidosmotische Druckdifferenz zwischen Blutplasma und interstitieller Flüssigkeit ($\Delta\pi$) eine Einwärtsfiltration (Reabsorption). Der effektive Filtrationsdruck ergibt sich aus $\Delta P-\Delta\pi$. Im arteriellen Schenkel der Kapillaren überwiegt die Auswärtsfiltration, im venösen Schenkel die Reabsorption. Im gesamten Organismus werden etwa 20 l/Tag filtriert, aber nur 18 l/Tag reabsorbiert; der Rest wird über die Lymphgefäße abtransportiert.

Lymphgefäßsystem

Die abfiltrierte interstitielle Flüssigkeit wird in die Lymphkapillaren aufgenommen und durch rhythmische Kontraktionen der glatten Muskulatur der größeren Lymphgefäße zum venösen System zurücktransportiert, wobei zahlreiche Klappen den Rückfluss verhindern. Die eingeschalteten Lymphknoten dienen als Filter und verhindern das Einschwemmen schädlicher Substanzen in das Blut. Die Lymphe enthält etwa 3–4 % Proteine und intestinal aufgenommene Lipide. Sie ist aufgrund ihres Fibrinogengehaltes gerinnungsfähig.

28.5 Nerval vermittelte Durchblutungsregulation

Gefäßtonus

Für den Ruhetonus der Gefäße sind der basale und der neurogene Tonus maßgebend

Definition. Die aktiv gehaltene Spannung, die in einem Gefäßsegment isometrisch von der glatten Muskulatur entwickelt wird, bezeichnet man als ***Gefäßtonus.*** Diese Spannung steht im Gleichgewicht mit der aufdehnenden Kraft, die durch den Blutdruck geliefert wird (► s. Gl. (11)). Neben dieser Haltefunktion besitzt die glatte Gefäßmuskulatur durch ihre kontraktile Aktivität die Funktion eines Stellglieds für die Durchblutungsregulation.

Normalerweise stehen Blutgefäße ständig unter einem bestimmten Tonus, d. h. es ist immer eine gewisse Vasokonstriktion vorhanden, die man als ***Ruhetonus*** bezeichnet. Dieser Ruhetonus setzt sich aus zwei Komponenten zusammen.

- Die Grundkomponente ist der ***basale Tonus (Basistonus)***, der durch lokale Einflüsse zustandekommt, die ihren Ursprung in der Gefäßwand selbst oder in der unmittelbaren Umgebung haben.
- Dieser Basistonus wird in nahezu allen Organstromgebieten (Ausnahme: Plazenta und Umbilikalgefäße) durch vasokonstriktorisch wirksame Impulse ***sympathisch-adrenerger Nervenfasern*** (► s. Kap. 20.2), welche die Blutgefäße umgeben, verstärkt. So findet sich in den verschiedenen Organen immer ein unterschiedlich stark ausgeprägter ***nerval vermittelter Tonus.***

Organe mit ständig hohen, aber sich nur relativ gering ändernden Durchblutungsanforderungen (z. B. Gehirn und Niere) zeigen nur einen sehr schwachen sympathisch-adrenerg vermittelten Gefäßtonus, Gefäßgebiete mit stark wechselnden Durchblutungsanforderungen (Skelettmuskulatur, Gastrointestinaltrakt, Leber und Haut) hingegen weisen einen deutlichen symphatischen Ruhetonus auf. Auch der Basistonus ist in den einzelnen Organstromgebieten verschieden stark ausgeprägt. Er ist niedrig in den Hautgefäßen und im Splanchnikusgebiet, höher in der Skelettmuskulatur und besonders hoch im Gehirn.

Größe der Durchblutung. Die jeweilige ***Ruhedurchblutung*** eines einzelnen Organs ergibt sich grundsätzlich aus dem Strömungswiderstand des Organs, der zum einen von der speziellen Gefäßarchitektur, zum anderen von der Höhe des Ruhetonus bestimmt wird. Die Höhe des Ruhetonus ist dabei entscheidend für das Ausmaß der maximal möglichen Durchblutungssteigerung: je höher der Gefäßtonus, d. h. die »Vorkontraktion«, desto größer das vasodilatatorische Potential.

In den einzelnen Organkreisläufen sind die maximal möglichen Durchblutungssteigerungen verschieden stark ausgeprägt (◘ Abb. 28.20). Hierbei treten in den Gefäßgebieten mit stark wechselnden funktionellen Anforderungen die relativ größten Durchblutungsänderungen auf. Demgegenüber wird die Durchblutung von lebenswichtigen Organen wie Gehirn und Nieren mit ständig hohen, aber weniger stark wechselnden Anforderungen durch spezielle Regulationsmechanismen weitgehend konstant gehalten.

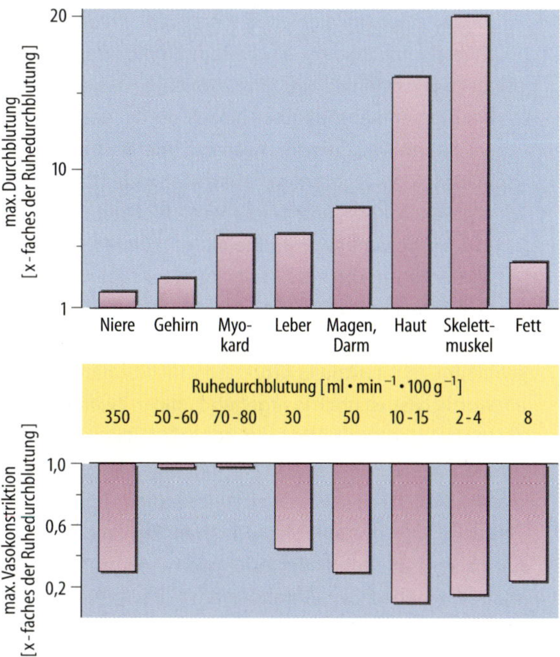

◘ **Abb. 28.20. Durchblutungswerte in den verschiedenen Organen unter Ruhebedingungen, bei maximaler Vasodilatation bzw. Vasokonstriktion.** Die Werte beziehen sich auf einen erwachsenen Menschen mit 70 kg Körpergewicht. Eine gleichzeitige maximale Durchblutung aller Organstromgebiete würde ein Herzzeitvolumen von 40 l/min erfordern. Dies überschreitet bei weitem die Auswurfleistung des Herzens

Sympathisch-adrenerge vasokonstriktorische Fasern

Die vasomotorische Steuerung erfolgt überwiegend durch sympathisch-adrenerge vasokonstriktorische Neurone

Die sympathischen Fasern, welche die Blutgefäße innervieren, verlaufen in den arteriellen Gefäßen an der Grenze zwischen Adventitia und Media und dringen nicht, vermutlich aufgrund des relativ hohen Innendrucks, in die Media ein. In den Venen durchsetzen die Fasern auch die tieferen Schichten der Media. Die ***Innervationsdichte*** nimmt in der Regel zu den Kapillaren hin ab und ist auf der venösen Seite deutlich schwächer als in den arteriellen Gefäßen (◘ Abb. 28.21). Die terminalen Nervenfasern weisen zahlreiche ***Varikositäten*** auf, die mit der Plasmamembran der glatten Gefäßmuskulatur ***variable synaptische Strukturen*** ausbilden (► s. auch Kap. 20.1).

Annähernd 80 % des während der Erregung eines Vasokonstriktorneurons freigesetzten ***Noradrenalin*** wird wieder aktiv in die Varikositäten aufgenommen. Der Rest wird zum Teil enzymatisch in den glatten Muskelzellen durch die Katechol-O-methyl-transferase und die Monoaminoxidase abgebaut, zum Teil über das Kapillarblut abtransportiert. Bei verstärkter sympathischer Aktivität

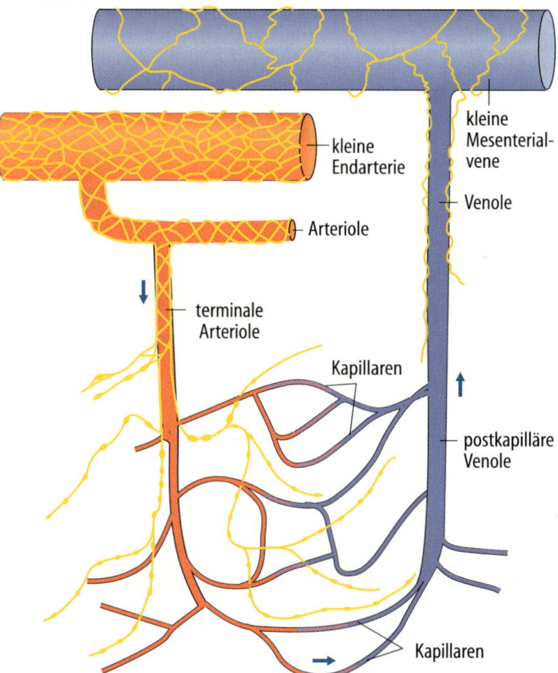

◘ **Abb. 28.21. Verteilung und Innervationsdichte der sympathisch-adrenergen Nervengeflechte in der Mesenterialstrombahn der Ratte.** Nach Furness u. Marshall (1974)

steigt daher der ins Kapillarblut diffundierte Anteil an, sodass die ***Plasmakonzentration von Noradrenalin*** als ein indirektes Maß der efferenten sympathischen Impulsaktivität genommen werden kann. So finden sich bei starker körperlicher Arbeit als Ausdruck einer verstärkten sympathischen Aktivierung Anstiege der Plasma-Noradrenalinkonzentration um das 10- bis 20-fache des Ruhewertes.

Die Menge an Noradrenalin, die aus den Vesikeln freigesetzt wird, hängt dabei nicht nur von der Frequenz der Aktionspotentiale ab, sondern wird auch durch eine Reihe von Substanzen sowie lokal-chemischen Einflüssen erheblich moduliert (Abb. 28.22). So hemmt Noradrenalin selbst über ***präsynaptische α_2-Adrenozeptoren*** seine weitere Freisetzung. Inhibitorisch wirksam sind desweiteren H^+-Ionen, K^+-Ionen, Adenosin, Azetylcholin, Histamin, Serotonin und Prostaglandin E_1. Angiotensin II hingegen fördert die Noradrenalinfreisetzung aus den Vesikeln, wobei für den potenzierenden Effekt von Angiotensin II auf die adrenerg vermittelte Vasokonstriktion zusätzlich eine Angiotensin-induzierte Erhöhung der Noradrenalinsyntheserate sowie eine Hemmung der Wiederaufnahme von Noradrenalin von Bedeutung ist (► s. Kap. 20.2).

Sympathikogene Durchblutungsregulation

Die tonische Aktivität der sympathisch-konstriktorischen Fasern bestimmt zu wesentlichen Teilen den peripheren Widerstand in den verschiedenen Organen

Bedeutung für den Gesamtkreislauf. Die Applikation von ganglienblockierenden Pharmaka oder komplette Spinalanästhesie führt zu einer massiven Vasodilatation und einem Abfall des mittleren Blutdrucks auf 50–60 mm Hg.

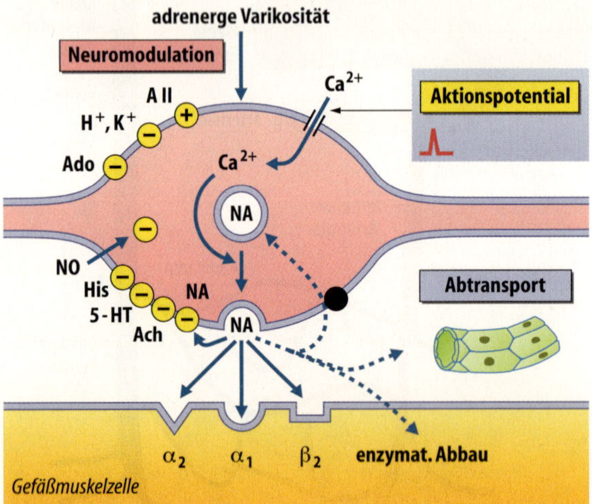

Abb. 28.22. Präsynaptische Modulation der Noradrenalin-Freisetzung sowie Mechanismen der Noradrenalin-Inaktivierung in der Gefäßwand. *NA:* Noradrenalin, *ACh:* Azetylcholin, *5-HT:* Serotonin, *His:* Histamin, *Ado:* Adenosin, *AII:* Angiotensin II, *NO:* Stickstoffmonoxid, α_1: α_1-Adrenozeptor, α_2: α_2-Adrenozeptor, β_2: β_2-Adrenozeptor, – Hemmung, + Förderung der Noradrenalinfreisetzung

28.4. Raynaud-Syndrom

Symptome. Das Raynaud-Syndrom stellt eine relativ häufige funktionelle Durchblutungsstörung dar (3 % der Bevölkerung), die vornehmlich junge Frauen betrifft (60–80 % der Fälle). Hierbei kommt es zu anfallsartigen Spasmen der Finger- oder Zehenarterien mit schmerzhafter Unterbrechung der Durchblutung. Das Syndrom ist klinisch mit Migräneattacken, Prinzmetal-Angina (Koronarspasmen) und pulmonaler Hypertonie assoziiert. Ein klassischer Raynaud-Anfall, der wenige Minuten bis mehrere Stunden andauern kann, zeigt einen phasenartigen Verlauf, bei dem es zu charakteristischen Hautverfärbungen kommt (Trikolore):

- Blässe als Folge der gedrosselten Durchblutung,
- Zyanose (bläuliche Verfärbung) durch desoxygeniertes Blut in den dilatierten Gefäßen der Haut,
- Rötung als Folge der reaktiven Hyperämie.

Primäres und sekundäres Raynaud-Syndrom. Man unterscheidet zwei Formen des Raynaud-Syndroms:

- Beim primären Raynaud-Syndrom treten diese arteriellen Spasmen nach Kälteexposition oder emotionaler Belastung auf.
- Das etwas seltenere sekundäre Raynaud-Phänomen tritt als Begleiterscheinungen teilweise sehr unterschiedlicher Grunderkrankungen, wie Kollagenosen (insbesondere Sklerodermie), Vaskulitiden oder lokalen degenerativen Prozessen (Vibrationsschäden, Karpaltunnelsyndrom, Sudeck-Dystrophie) auf. Ein sekundäres Raynaud-Phänomen kann darüber hinaus durch vasoaktive Pharmaka ausgelöst werden, wie Mutterkornalkaloide (Ergotamin), abschwellende Nasentropfen, Nikotin und β-adrenerge Blocker. Da sie die Symptomatik verschlechtern können, sind diese Pharmaka auch beim primären Raynaud-Syndrom kontraindiziert.

Ursachen. Der Pathomechanismus, der für diese überschießenden vasokonstriktorischen Reaktionen verantwortlich ist, ist noch weitgehend unklar. Zweifellos spielt aber eine veränderte endotheliale Autakoidproduktion im Zusammenwirken mit einer erhöhten glattmuskulären Reaktivität eine wesentliche Rolle.

Therapie. Die Therapie des primären Raynaud-Syndroms kann bei fehlender Ätiologie nur symptomatisch sein: neben Ca^{2+}-Antagonisten (Nifedipin) kommen α-adrenerge Blocker (Prazosin) zum Einsatz. Die Therapie des Raynaud-Phänomens konzentriert sich neben einer symptomatischen Therapie auf die Behandlung der Grunderkrankung.

Auch nach operativer Durchtrennung von sympathischen Nerven ***(Sympathektomie)*** tritt in den denervierten Gebieten eine Vasodilatation auf, wobei die neue Gefäßweite nur noch vom Basistonus bestimmt wird. Einige Tage nach der Sympathektomie beginnt jedoch der Tonus wieder anzusteigen und kann nach einigen Wochen praktisch wieder die ursprünglichen Werte erreichen, obwohl eine Regeneration der Fasern noch nicht erfolgt ist. Dieser Effekt beruht auf einer Zunahme des basalen Tonus und entsteht wahrscheinlich durch eine nach der Denervierung entstehende Hypersensibilität der Gefäßmuskulatur gegenüber Katecholaminen und anderen vasoaktiven Stoffen mit entsprechenden Steigerungen der muskulären Spontanaktivität.

Eine ***Vasodilatation***, ausgelöst durch Absenkung der tonischen Aktivität der sympathisch-konstriktorischen Fasern, stellt desweiteren einen wesentlichen ***Teil des Barorezeptorenreflexes*** (▶ s. Kap. 28.9) dar, mit dem der Organismus kurzfristig den arteriellen Blutdruck stabilisiert. Auch die Steigerung der Hautdurchblutung im Dienste der ***Thermoregulation*** (▶ s. Kap. 39.4) ist ein Beispiel für eine Vasodilatation, die durch eine Abnahme der sympathisch-adrenergen vasokonstriktorischen Aktivität ausgelöst wird.

Bedeutung für die verschiedenen Organe. Ein Anstieg der Aktivität der sympathisch-konstriktorischen Nerven löst in dem betroffenen Organstromgebiet eine Reihe kurz- bis mittelfristig wirksamer Effekte aus. Die nervös vermittelte Konstriktion der terminalen Arterien und Arteriolen führt zu einer Erhöhung des regionalen Strömungswiderstandes und damit zu einer ***Abnahme der Durchblutung.*** Dies lässt sich an der Haut und der Skelettmuskulatur am deutlichsten demonstrieren, weniger ausgeprägt, aber doch effektiv an den Nieren und der Intestinalstrombahn, während im Koronarsystem, im Gehirn und in der Lunge bei Aktivierung sympathisch-adrenerger Neurone keine physiologisch relevanten Durchblutungsänderungen wahrnehmbar sind (■ Abb. 28.20).

Eine starke Vasokonstriktion in präkapillären Widerstandsgefäßen kann desweiteren über die Erniedrigung des Kapillardrucks zu beträchtlichen ***Verschiebungen von Flüssigkeit*** aus dem extravasalen in den intravasalen Raum führen, insbesondere in Geweben mit einem hohen interstitiellen Flüssigkeitsdepot (z. B. Skelettmuskel).

Nerval vermittelte Vasodilatationen

! Eine Vasodilatation kann durch Aktivierung parasympathisch-cholinerger Neurone sowie über Axonreflexe ausgelöst werden

Parasympathisch-cholinerge vasodilatatorische Fasern. Im Gegensatz zu den sympathisch-adrenergen Nerven zeigen die cholinergen Fasern keine tonische Grundaktivität. Eine funktionell bedeutsame parasympathisch-cholinerge Innervation von Gefäßen ist bisher nur an den ***Genitalorganen***, an den kleinen ***Piaarterien*** des Gehirns und den ***Koronararterien*** nachgewiesen.

▪▪▪ Die in Speicheldrüsen sowie den Drüsen des Gastrointestinaltraktes durch Reizung parasympathisch-cholinerger Fasern ausgelöste Dilatation ist durch NO vermittelt (wahrscheinlich identisch mit dem sog. **nicht-adrenergen, nicht-cholinergen (NANC)-Transmitter**). So führt Stimulation der postganglionären parasympathischen Fasern zur Bildung und Freisetzung von NO aus den terminalen Nervenendigungen. Die für die **Erektion** des Penis entscheidende arterioläre Dilatation am Eingang der Corpora cavernosa wird vollständig über **NO kontrolliert**.

Axonreflex. Bei mechanischer oder chemischer Reizung der Haut können lokale vasodilatatorische Reaktionen auftreten, die durch Reizung ***afferenter nozizeptiver C-Fasern*** ausgelöst werden (▶ s. Kap. 15.2). Dabei werden vor allem die beiden Neuropeptide, ***Substanz P*** und das ***»Calcitonin-Gene Related Peptide« (CGRP)*** ausgeschüttet.

In Kürze

! Nerval vermittelte Durchblutungsregulation

Blutgefäße stehen ständig unter einem bestimmten Tonus, den man als Ruhetonus bezeichnet. Dieser setzt sich aus zwei Komponenten zusammen:
- dem Basaltonus und
- dem nerval (sympathisch-adrenerg) vermittelten Tonus.

! Sympathisch-adrenerg vermittelte Durchblutungsregulation

Die Ruhedurchblutung der einzelnen Organstromgebiete variiert. Das aus den Varikositäten freigesetzte Noradrenalin wird zu annähernd 80 % wieder aktiv aufgenommen, der Rest enzymatisch abgebaut oder mit dem Kapillarblut abtransportiert. Die Entladungsfrequenz der sympathisch-konstriktorischen Fasern beträgt in Ruhe 1–2 Impulse/s und führt bereits bei 8–10 Impulsen/s zu maximaler Konstriktion. Die sympathisch ausgelöste Konstriktion der kleinen terminalen Arterien und Arteriolen ist besonders stark in der Haut und Skelettmuskulatur, weniger stark in den Nieren und am Intestinaltrakt ausgeprägt, während im Myokard, im Gehirn und in der Lunge bei Sympathikusaktivierung keine wesentliche Durchblutungsänderung eintritt.
Eine starke Konstriktion der Widerstandsgefäße führt zur Flüssigkeitsverschiebung aus dem extravasalen in den intravasalen Raum.

! Vasodilatatorische Nerven

Parasympathische cholinerge vasodilatatorische Fasern modulieren den Tonus der Genitalgefäße, Piaar-
▼

terien und Koronararterien. Die durch Aktivierung dieser Fasern ausgelöste Dilatation kommt überwiegend auf indirektem Wege, durch Bildung und Freisetzung von Stickstoffmonoxid (NO) aus den terminalen Nervenendigungen, zustande. So wird die für die Erektion des Penis entscheidende Dilatation der Arteriolen der Corpora cavernosa vollständig über NO kontrolliert.

28.6 Komponenten des basalen Gefäßtonus

Myogener Tonus

An der Ausbildung des basalen Gefäßtonus ist in vielen Gefäßgebieten der myogene Tonus wesentlich beteiligt; er beruht auf der Aktivierung von Kontraktionsmechanismen durch eine druckinduzierte Dehnung der Gefäßwand

Mechanismus der myogenen Antwort. Die Erhöhung des transmuralen Drucks führt in den terminalen Arterien und Arteriolen der meisten Gefäßgebiete zu einer Kontraktion der glatten Gefäßmuskulatur (Bayliss-Effekt; »myogene Antwort«). Durch diese ***dehnungsinduzierte Kontraktion***, die den Grundmechanismus für die ***Autoregulation der Organdurchblutung*** darstellt, kann in vielen Organen, vor allem in den Nieren und im Gehirn, die Durchblutung bei Blutdruckänderungen weitgehend konstant gehalten werden.

Die ***myogene Antwort*** sorgt bei Orthostase, die mit einer Erhöhung des arteriellen Drucks in den Beingefäßen um 80–90 mm Hg einhergeht, für eine weitgehende Konstanthaltung des kapillären Filtrationsdrucks und beugt so der Entstehung von Ödemen vor.

Den initialen Schritt für die Auslösung der myogenen Antwort stellt die Öffnung mechanosensitiver Kationenkanäle in der glatten Muskulatur bei Dehnung der Gefäßwand dar. Das einströmende Ca^{2+} führt lokal zur Aktivierung der Ca^{2+}-sensitiven Phospholipase A_2 und damit zu einer verstärkten Freisetzung von Arachidonsäure, die über ein Cytochrom-P450-Enzym (CYP 4A) zu ***20-HETE*** (20-Hydroxyeicosatetraensäure) oxidiert wird. 20-HETE führt über eine ***Hemmung von K^+-Kanälen*** sowie der ***Na^+/K^+-ATPase*** zu einer Membrandepolarisation, die eine Aktivierung spannungsabhängiger Ca^{2+}-Kanäle vom L-Typ und damit einen verstärkten Ca^{2+}-Einstrom zur Folge hat. Der resultierende intrazelluläre Ca^{2+}-Anstieg führt zur Kontraktion (Abb. 28.23). Zusätzlich löst 20-HETE über eine Aktivierung der Rho-Kinase und nachfolgende Zunahme der Phosphorylierung der leichten Kette des Myosins eine Ca^{2+}-unabhängige Kontraktion aus (► s. u. und ► Kap. 6.7).

Ca^{2+}-unabhängige Kontraktionsmechanismen

Die Aktivierung der kleinen GTPase Rho und die Hemmung der Myosinphosphatase-Aktivität sind die wesentlichen Elemente der Ca^{2+}-unabhängigen Tonusmodulation in kleinen Arterien

Rho und Rho-Kinase. Der Anstieg der intrazellulären Ca^{2+}-Konzentration in der glatten Muskulatur führt zur Aktivierung einer ***Ca^{2+}-Calmodulin-abhängigen Kinase***, welche die leichte Kette des Myosinkopfes (MLC, 20 kDa) phosphoryliert (► s. Kap. 6.7). Der phosphorylierte Myosinkopf ist nun in der Lage, mit Aktin unter ATP-Spaltung zyklisch zu interagieren (Ca^{2+}-regulierter Teil der glattmuskulären Kontraktion). Umgekehrt kommt es bei Absinken der intrazellulären Ca^{2+}-Konzentration über die Abnahme der MLC-Kinase-Aktivität bei gleichbleibender MLC-Phosphatase-Aktivität zur Dephosphorylierung der MLC. Hierdurch relaxiert der glatte Muskel. Bei bestimmten Agonisten korreliert jedoch das Ausmaß der MLC-Phosphorylierung und damit der Kontraktion nur wenig mit den intrazellulären Ca^{2+}-Konzentrationen. Der

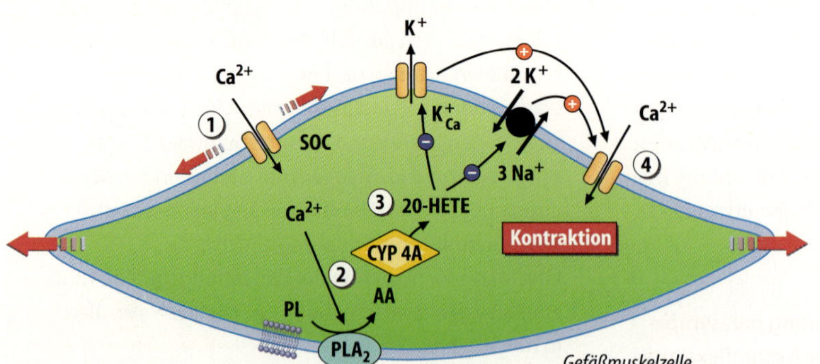

Abb. 28.23. Zelluläre Mechanismen, die zur Auslösung des Bayliss-Effekts führen. Gefäßdehnung führt über die Aktivierung dehnungsempfindlicher Kationenkanäle *(SOC)* zu einem Ca^{2+}-Einstrom in die glatte Muskulatur (1). Es kommt zur Freisetzung von Arachidonsäure *(AA)* über die Phospholipase A_2 *(PLA_2)* (2), die wiederum über eine ω-Hydroxylase (Cytochrom P450 4A) zu 20-HETE (20-Hydroxy-Eicosatetraensäure) umgewandelt wird (3). 20-HETE hemmt die Na^+/K^+-ATPase sowie Ca^{2+}-aktivierbare K^+-Kanäle; die hieraus resultierende Depolarisation führt zur Aktivierung spannungsabhängiger (L-Typ) Ca^{2+}-Kanäle, damit zur Erhöhung des intrazellulären Ca^{2+} und zur glattmuskulären Kontraktion

dieser *Ca^{2+}-Sensitivierung* zugrundeliegende Mechanismus beruht auf der Ca^{2+}-unabhängigen Hemmung der ***Myosinphosphatase***.

Eine Reihe von kontraktilen Agonisten, die über G-Protein-gekoppelte Rezeptoren glattmuskuläre Signalwege aktivieren, wie Angiotensin II, Endothelin-1, PDGF, ATP/ADP und Noradrenalin stimulieren über heterotrimere G-Proteine ($G\alpha_{12,13}$, $G\alpha_9$) den spezifischen Rho-Guaninnukleotidaustauschfaktor (p/115RhoGEF). Dieser überführt das GDP-gebundene inaktive Rho in den aktiven GTP-gebundenen Zustand. GTP-Rho transloziert zur Plasmamembran und kann hier mit seinen Zielproteinen, unter anderem auch mit der ***Rho-Kinase***, interagieren, die auf diese Weise aktiviert wird. Neben weiteren Substraten wird auch die Myosin-bindende Untereinheit der Myosinphosphatase durch die Rho-Kinase phosphoryliert (◘ Abb. 28.24).

Regulation der Myosinphosphatase. Sofern keine Aktivierung des Rho/Rho-Kinase-Signalwegs stattfindet, bindet sich die aus drei Untereinheiten (katalytische Untereinheit, regulatorische Myosin-bindende Untereinheit (MBS) und 20 kDa-Untereinheit) bestehende Myosinphosphatase mit der MBS an die phosphorylierte MLC, dephosphoryliert diese und induziert damit die Relaxation. Die Phosphorylierung der MBS durch die Rho-Kinase führt zu einer Hemmung der Myosinphosphatase-Aktivität und induziert damit die Ca^{2+}-Sensitivierung. Ein weiterer Rho-Kinase-abhängiger Weg, über den die Myosinphosphatase gehemmt werden kann, ist die Phosphorylierung und damit die Aktivierung des endogenen Myosinphosphatase-Inhibitors CPI-17. CPI-17 wird auch durch die Proteinkinase C phosphoryliert und aktiviert, ein Mechanismus, der für die Proteinkinase-C-abhängige Ca^{2+}-Sensitivierung in vorkontrahierten Gefäßen verantwortlich ist. Auch über die Arachidonsäure und einige ihrer Metabolite wird eine verstärkte MLC-Phosphorylierung und damit eine Ca^{2+}-unabhängige Kontraktionszunahme induziert. Dieser Weg läuft zum Teil über eine direkte Aktivierung der Rho-Kinase, zum Teil direkt über eine Hemmung der Myosinphosphatase.

▪▪▪ **Rho-Kinase-Inhibitoren.** Die pathophysiologische Bedeutung des Rho-Kinase-Signalwegs für das vaskuläre System wurde durch den Einsatz spezifischer Rho-Kinase-Inhibitoren dokumentiert. Entzündungsmediatoren, wie z. B. Interleukin-1β steigern die Expression und Aktivität der Rho-Kinase in Koronararterien. Dies geht mit einem Anstieg der Phosphorylierung der MLC sowie einer verstärkten Kontraktion dieser Koronarsegmente einher. In solchen vorgeschädigten Segmenten führt die intrakoronare Applikation von Rho-Kinase-Inhibitoren zu einer signifikanten Hemmung eines durch Serotonin induzierten Vasospasmus. In ähnlicher Weise lassen sich die an Patienten mit **vasospastischer Angina pectoris** durch Azetylcholin hervorgerufenen Koronarspasmen durch den **Rho-Kinase-Inhibitor** Hydroxyfasudil deutlich hemmen. Desweiteren wurde in verschiedenen experimentellen Hochdruckmodellen mit Hilfe dieses Inhibitors gezeigt, dass die Rho-Kinase-vermittelte Ca^{2+}-Sensitivierung der glatten Gefäßmuskulatur an der Aufrechterhaltung des Hochdrucks beteiligt ist.

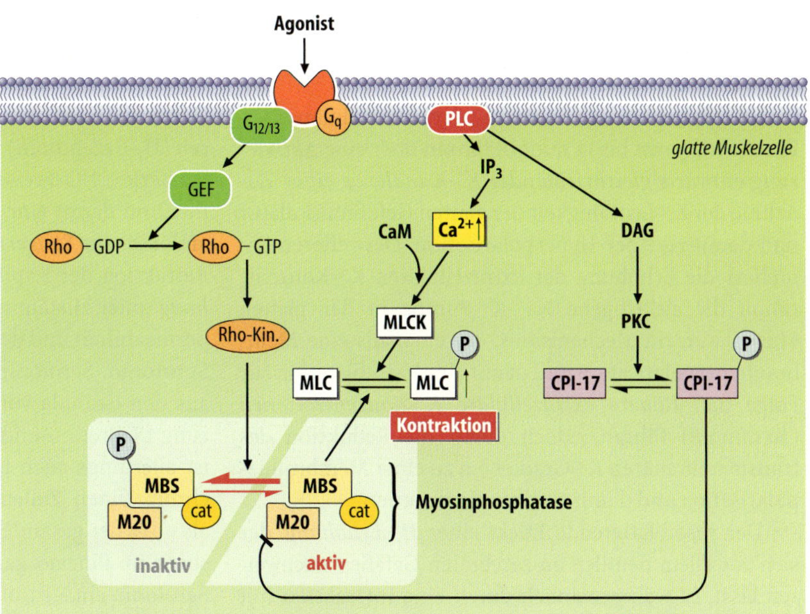

◘ **Abb. 28.24. Calcium-abhängige und Calcium-unabhängige Kontraktionsmechanismen in der glatten Muskulatur.** Aktiviertes Rho (Rho-GTP) aktiviert die Rho-Kinase, die die Myosin-bindende Untereinheit *(MBS)* der Myosin-Phosphatase phosphoryliert und damit inaktiviert. Als Folge der Hemmung der Myosin-Phosphatase bleibt die Phosphorylierung der leichten Kette des Myosin *(MLC)* bestehen bzw. wird erhöht. Die Aktivierung der PKC führt zur Phosphorylierung und Aktivierung von CPI-17, einem Inhibitor der Myosin-Phosphatase. Die Calcium-abhängige Aktivierung läuft über die Calcium/Calmodulin-abhängige Aktivierung der MLC-Kinase (► s. Kap. Muskel). *GEF:* Guanine Nucleotide Exchange Factors; *M20:* 20 kDa-Untereinheit der MBS

Gewebemetabolite

Eine Reihe von Stoffwechselprodukten, die im Gewebe bereits unter Ruhebedingungen und vermehrt während verstärkter Tätigkeit der Organe anfallen, wirken vasodilatierend

Metabolische Vasodilatation. Die Größe der durch Stoffwechselprodukte ausgelösten Dilatation ist von der Menge der gebildeten Metabolite und diese wiederum von der Stoffwechselrate des jeweiligen Gewebes abhängig. Daher ergibt sich für viele Organe, wie Herz, Skelettmuskel und Gehirn, eine enge, weitgehend ***lineare Beziehung*** zwischen ***Energieumsatz*** (gemessen als Sauerstoffverbrauch) und ***Durchblutung***.

Grundsätzlich lokal vasodilatatorisch wirken:

- Erhöhung des CO_2-Partialdrucks bzw. der H^+-Konzentration,
- Erhöhung der extrazellulären K^+-Konzentration und der Gewebeosmolarität,
- Herabsetzung des arteriolären O_2-Partialdrucks (mit Ausnahme der Pulmonalgefäße).

In einigen Organen (Herz, Skelettmuskel, Gehirn) ist das beim zellulären Abbau von ATP gebildete ***Adenosin*** ein wichtiger metabolischer Dilatator. Zum einen hat es über einen A_2-Adenosinrezeptor an der glatten Gefäßmuskulatur einen direkten relaxierenden Effekt, zum anderen hemmt es die Freisetzung von Noradrenalin aus den präsynaptischen Varikositäten (▶ s. ◘ Abb. 28.22).

Die relative Bedeutung dieser Faktoren variiert von Organ zu Organ, wobei prinzipiell mehrere Faktoren gemeinsam mit den endothelialen Faktoren (▶ s. u.) die metabolische Dilatation auslösen.

Ionale Effekte. Mäßige Erhöhung der extrazellulären K^+-Konzentrationen bis 12 mmol/l führen über eine ***Aktivierung einwärts gleichrichtender K^+-Kanäle*** zu einer Zunahme der K^+-Leitfähigkeit der glatten Gefäßmuskulatur und damit zu einer Hyperpolarisation. Desweiteren stimuliert die Erhöhung der extrazellulären K^+-Konzentration die elektrogene Na^+-K^+-Pumpe in der glatten Muskulatur, ein Mechanismus, der ebenfalls eine Membranhyperpolarisation und damit eine Vasodilatation zur Folge hat. ***Höhere extrazelluläre K^+-Konzentrationen*** (20 mmol/l) führen jedoch durch die Reduktion des transmembranären K^+-Gradienten zu einer Membrandepolarisation und damit zu einer Kontraktion.

Der vasodilatierende Effekt einer ***H^+-Erhöhung***, der sich vor allem deutlich an zerebralen Gefäßen nachweisen lässt, ist wahrscheinlich durch eine Interaktion mit den spannungsabhängigen Ca^{2+}-Kanälen bedingt.

Hypoxie. Der vasodilatierende Effekt eines erniedrigten arteriolären O_2-Partialdrucks (Hypoxie) beruht hauptsächlich auf der Freisetzung der Vasodilatatoren ***Stickstoffmonoxid*** (NO) und ***Prostazyklin*** (PGI_2) aus dem Endothel, die bei Absenkung des P_{O_2} auf 50 mm Hg und weniger verstärkt gebildet werden. Aufgrund der hohen Diffusionsfähigkeit von O_2 kann bereits eine beträchtliche Menge von O_2 durch die Wand der Arteriolen diffundieren. In Organen mit hoher O_2-Ausschöpfung (Herz, arbeitende Skelettmuskulatur) werden daher in den Arteriolen O_2-Partialdruckwerte erreicht (P_{O_2} 30–40 mm Hg), die zu einer verstärkten Bildung von NO und PGI_2 führen.

Autakoide

An der lokalen Regulation des Gefäßtonus bzw. der Durchblutung sind auch sog. Autakoide beteiligt; dies sind körpereigene vasoaktive Substanzen mit parakrinen Effekten

Die Bezeichnung »Autakoid« stellt ein aus dem Griechischen hergeleitetes Kunstwort (autos = selbst, akos = Heilmittel) dar, unter der man eine Reihe körpereigener, chemisch heterogener, vasoaktiver Substanzen zusammenfasst, die para- bzw. autokrine Effekte haben ***(Gewebehormone)***. Hierzu gehören Histamin, Serotonin, Angiotensin II, Bradykinin, Kallidin, die Gruppe der Prostaglandine, Thromboxane und Leukotriene, der plättchenaktivierende Faktor *(Platelet-activating Factor)* und schließlich auch die im Endothel gebildeten vasoaktiven Substanzen. Einige dieser Autakoide spielen jedoch für die Durchblutungsregulation unter physiologischen Bedingungen nur eine untergeordnete Rolle und sind verantwortlich für spezielle lokale Reaktionen während entzündlicher Prozesse und bei der Blutstillung.

Histamin. Histamin wird aus den Granula der Mastzellen und basophilen Granulozyten bei Gewebeschädigung, Entzündungen und allergischen Reaktionen freigesetzt. Durch die Stimulation ***endothelialer Histamin-Rezeptoren*** (H_1-Rezeptoren) verursacht Histamin zum einen eine verstärkte NO-Freisetzung aus dem arteriolären Endothel und damit eine ***Vasodilatation der Arteriolen***, zum anderen eine ***Steigerung der Kapillarpermeabilität*** durch Retraktion der Kapillarendothelzellen. Die ***Ödementstehung*** unter Histamin ist Folge der gesteigerten Kapillarpermeabilität und der erhöhten Durchblutung.

Serotonin. Serotonin (5-Hydroxytryptamin, 5-HT) wird aus den Granula von Thrombozyten bei deren Aktivierung (Sekretion und Aggregation) freigesetzt. Serotonin ist allerdings auch in größeren Mengen in den enterochromaffinen Zellen des Gastrointestinaltraktes (mehr als 90 % der gesamten Serotoninmenge des Organismus) sowie im Pinealorgan nachzuweisen. Darüber hinaus ist Serotonin ein Neurotransmitter im ZNS. Die vasomotorischen Effekte von Serotonin sind – ähnlich denen von Azetylcholin, Histamin und ATP – heterogen und abhängig von der Anzahl und Verteilung von 5-HT-Rezeptoren am Endothel und der glatten Gefäßmuskulatur. So lassen sich mit Serotonin an einer Reihe von ***Arterien mit intaktem Endothel*** bei luminaler Applikation ***Dilatationen***

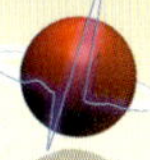

auslösen, während Serotonin an ***Arterien mit geschädigtem Endothel*** bzw. bei Applikation von der adventitiellen Seite über glattmuskuläre Rezeptoren ***Kontraktionen*** auslöst.

An den ***Piaarterien*** wirkt Serotonin stark ***vasokonstriktorisch*** und könnte daher an der Ausbildung von Gefäßspasmen bei Migräne und Subarachnoidalblutungen beteiligt sein.

Eikosanoide. Eikosanoide sind Derivate der Arachidonsäure (► s. auch ► Kap. 2.6). Hierzu gehören die Prostaglandine, Thromboxane, Leukotriene und die Epoxide der Arachidonsäure. Die meisten Verbindungen dieser Substanzgruppen, die z. T. im Endothel, z. T. auch in der glatten Muskulatur synthetisiert werden, sind vasoaktiv. Das hauptsächlich im Endothel gebildete ***Prostaglandin I_2 (Prostazyklin)*** führt an nahezu allen Gefäßen zu einer ***Dilatation.*** Dilatatorisch wirken auch die ***Prostaglandine E_1, E_2*** und ***D_2***, während ***Prostaglandin $F_{2\alpha}$*** sowie das hauptsächlich in Thrombozyten gebildete ***Thromboxan A_2 vasokonstriktorisch*** wirksam sind.

Leukotriene (A_4, B_4, C_4, D_4) sind wichtige Mediatoren der entzündlichen Reaktion mit großer chemotaktischer Aktivität. Sie sind beteiligt an der Adhäsion von Leukozyten an das Endothel sowie an der Ausbildung endothelialer Lücken in den Venolen (1000-fach potenter als Histamin). Darüber hinaus sind die Leukotriene LTC_4 und LTD_4 starke Konstriktoren der Gefäß- und Bronchialmuskulatur.

Den dritten Stoffwechselweg der Arachidonsäure stellt die oxidative ***Metabolisierung über Cytochrom P 450-Enzyme*** dar. Von Bedeutung ist vor allem die im Endothel stattfindende Umwandlung der Arachidonsäure in vasoaktive Epoxide. Der nach rezeptorabhängiger oder mechanischer Stimulation gebildete ***»Endothelium-Derived Hyperpolarizing Factor« (EDHF)*** ist in einigen Gefäßgebieten, so z. B. in Koronargefäßen und im Mesenterialgefäßbett, mit solchen Epoxiden identisch.

In Kürze

Komponenten des Basaltonus

Lokal gebildete Faktoren und Mechanismen in der Gefäßwand sind für die Ausbildung eines basalen Gefäßtonus verantwortlich:

- Die Erhöhung des transmuralen Drucks führt in terminalen Arterien und Arteriolen zu einer Kontraktion der Gefäßmuskulatur (Bayliss-Effekt). Diese myogene Antwort stellt als Grundmechanismus der Autoregulation in vielen Organen eine weitgehende Unabhängigkeit der Durchblutung vom arteriellen Druck sicher.
- Bei Stoffwechselsteigerungen (Zunahme von P_{CO_2}, $[H^+]$, $[K^+]$ und Abnahme von P_{O_2} sowie verstärktem Anfall von Adenosin) kommt es zu einer Vasodilatation.
- Histamin löst eine Dilatation der Arteriolen und eine Steigerung der Kapillarpermeabilität aus.
- Serotonin (5-HT) bewirkt an Arterien mit intaktem Endothel eine Dilatation und an solchen mit geschädigtem Endothel eine Konstriktion, wobei die Effekte von der Anzahl und Verteilung der 5-HT-Rezeptoren abhängen.
- Eikosanoide sind Derivate der Arachidonsäure; nahezu alle sind vasoaktiv wirksam. Prostaglandin I_2 (Prostazyklin) führt an nahezu allen Gefäßen zu einer Dilatation. Prostaglandin $F_{2\alpha}$ und Thromboxan A_2 hingegen wirken vasokonstriktorisch.
- Leukotriene sind Entzündungsmediatoren mit großer chemotaktischer und vasokonstriktorischer Aktivität.
- Der *»Endothelium-Derived Hyperpolarizing Factor«* (EDHF) ist in einigen Gefäßgebieten identisch mit Epoxiden der Arachidonsäure.

28.7 Modulation des Gefäßtonus durch zirkulierende Hormone und vasoaktive Peptide

Katecholamine

Die im Blut zirkulierenden Hormone des Nebennierenmarks beeinflussen den Tonus der peripheren Gefäße

Plasmaspiegel der Ketecholamine. Die Katecholamine ***Adrenalin und Noradrenalin*** werden im Verhältnis 4:1 aus dem Nebennierenmark sezerniert, während die Plasmaspiegel hierzu invers sind (Adrenalin:Noradrenalin = ca. 1:5). Der höhere Plasmaspiegel von Noradrenalin ist die Folge des bereits beschriebenen Abtransports von Noradrenalin (»Spillage«) von den tonisch aktiven sympathischen Nervenendigungen der Gefäßwand in das Blut (◘ Abb. 28.22).

Adrenalin und Noradrenalin (► s. Kap. 20.2) führen bei ***hohen Konzentrationen*** zu einer ***Vasokonstriktion*** aller Gefäße. Dies ist bedingt durch die Erregung von α_1- (und α_2-) Adrenozeptoren an der glatten Muskulatur. Als Ausnahme von der Regel, dass Katecholamine eine Vasokonstriktion induzieren, löst ***Adrenalin in niedrigen Konzentrationen*** in drei Geweben, nämlich in der Skelettmuskulatur, im Myokard und in der Leber, ***Dilatationen*** aus. Dies ist durch die reiche Ausstattung dieser Gefäßgebiete mit β-Adrenozeptoren sowie durch die hohe ***Affinität von Adrenalin für β-Adrenozeptoren*** bedingt. Nach Blockade der β-Adrenozeptoren löst Adrenalin auch in der Skelettmuskulatur über die α-Adrenozeptoren eine Vasokonstriktion aus. ***Noradrenalin*** hingegen führt *immer* zu einer ***Vasokonstriktion*** aufgrund seiner höheren Affinität zu α Adrenozeptoren. Da die Skelettmuskulatur mit ca. 20 % einen beträchtlichen Anteil des Herzzeitvolumens beansprucht, werden die unterschiedlichen Effekte von Adrenalin und Noradrenalin bei intravenöser Infusion auch an der Gesamtreaktion des Kreislaufs deutlich. So führt intravenöse ***Infusion von Noradrenalin*** zu einer generalisierten Vasokonstriktion und damit zu einem ***Blutdruckanstieg.*** Die ***Infusion von Adrenalin*** hingegen erniedrigt den ***peripheren Widerstand*** geringfügig, da die Vasodilatation in der Skelettmuskulatur die Vasokonstriktion in den anderen Gefäßgebieten vollständig kompensiert.

Angiotensin II und Adiuretin

Zirkulierendes Angiotensin II und Adiuretin sind vor allem unter pathophysiologischen Bedingungen starke Modulatoren des Gefäßtonus

Angiotensin II. Zirkulierendes Angiotensin II kann über eine Reihe von Mechanismen zu einer Erhöhung des Blutdrucks führen (Abb. 28.25), wobei die Verstärkung der sympathisch-adrenerg vermittelten Vasokonstriktion und nicht die direkte Wirkung von Angiotensin II an der glatten Muskulatur den entscheidenden Beitrag für die Erhöhung des Gefäßtonus liefert.

Die Wirkung von Angiotensin II (▶ s. Kap. 29.9) wirkt im Wesentlichen über zwei Rezeptorsubtypen, den ***AT_1***- und den ***AT_2-Rezeptor*** (die Subskriptnummern sind nicht zu verwechseln mit den Peptiden, die mit römischen Ziffern bezeichnet werden). Beide Rezeptortypen haben eine starke Affinität für Angiotensin II, und praktisch keine für Angiotensin I. Antagonisten für den AT_1-Rezeptor, über den die meisten der kardiovaskulär relevanten Effekte von Angiotensin II vermittelt werden, gehören derzeit zum Standard bei Therapieansätzen von Herz-Kreislauferkrankungen.

Über den AT_1-Rezeptor löst Angiotensin II in Konzentrationen, die unterhalb der Schwelle für vasomotorische Reaktionen liegen, trophische Effekte aus. So kommt es am Myokard wie auch an Gefäßen im Zusammenwirken mit anderen Wachstumsfaktoren zu einer ***Hypertrophie der kontraktilen Zellen*** sowie zu einer ***verstärkten Synthese*** von ***Proteinen der extrazellulären Matrix.*** Aus diesen Effekten erklärt sich die zentrale Rolle von Angiotensin II in der Pathogenese chronischer kardiovaskulärer Erkrankungen (Hypertonie, Atherosklerose, Herzinsuffizienz).

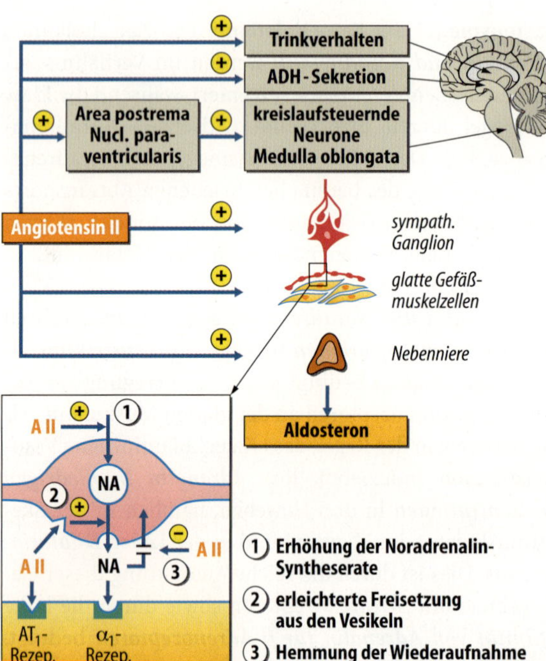

Abb. 28.25. Darstellung der zentralen und peripheren Mechanismen, durch die Angiotensin II das Kreislaufsystem beeinflusst

28.5. Phäochromozytom

Pathologie. Phäochromozytome sind überwiegend gutartige Tumoren (nur etwa 10 % der Tumoren sind maligne) des Nebennierenmarks und der sympathischen Ganglien, die vom chromaffinen Gewebe der Neuralleiste abstammen. Diese Tumoren produzieren kontinuierlich oder schubweise Adrenalin und Noradrenalin, wobei die klinische Symptomatik der Erkrankung wesentlich von dem Verhältnis der beiden sezernierten Katecholamine bestimmt wird und damit sehr variabel sein kann.

Symptome. Bei überwiegender Sekretion von Noradrenalin sind Phäochromozytome eine seltene Ursache der Hypertonie (0,1–0,2 % aller Patienten mit arterieller Hypertonie), die bei mehr als der Hälfte der Patienten in einer anfallsartigen Form (paroxysmale Hypertonie) auftritt. Leitsymptome sind Kopfschmerzen, Schwitzen, Herzklopfen und innere Unruhe.

Dominiert die Adrenalinsekretion, so steht die Tachykardie, Gewichtsabnahme und oft ein Diabetes mellitus im Vordergrund. Bei Patienten mit Neurofibromatose (Morbus Recklinghausen) findet sich eine signifikante Häufung (ca. 10 %) mit einem Phäochromozytom, ebenso bei der von Hippel-Lindau-Erkrankung (Gendefekt auf Chromosom 3, Hämangioblastom der Netzhaut und des Kleinhirns).

Diagnose. Diagnostisch richtungsweisend ist eine autonome Katecholaminüberproduktion, die durch Bestimmung der Katecholamine und deren Abbauprodukte (Vanillinmandelsäure) im Urin nachgewiesen werden kann.

Therapie. Nach Vorbereitung der Patienten mit einer Kombination von α- und β-adrenergen Blockern ist die chirurgische Entfernung des Tumors angeraten.

Adiuretin (ADH, Vasopressin). Aufgrund seiner starken ***vasokonstriktorischen Effekte*** wird Adiuretin auch als Vasopressin (AVP = Arginin-Vasopressin) bezeichnet. Verstärkte Adiuretinsekretion, die generell zu starken Vasokonstriktionen führt, lässt sich bei ***starkem Blutverlust*** (hämorrhagischer Schock) nachweisen. Von Bedeutung ist, dass ***Hirn- und Koronargefäße*** auf Vasopressin mit einer endothelvermittelten ***Vasodilatation*** reagieren, da Vasopressin in diesen Gefäßen über einen endothelialen V_1-Rezeptor die Bildung von Stickstoffmonoxid (NO) stimuliert. Dieser Mechanismus trägt bei Blutverlust und hämorrhagischem Schock zur Umverteilung des Herzzeitvolumens zugunsten des Gehirns und Herzens bei.

Natriuretische Peptide

Aus den Myozyten der Vorhöfe, dem Endothel und Zellen des ZNS werden Peptide mit vasodilatatorischen und natriuretischen Eigenschaften freigesetzt

Familie der natriuretischen Peptide. Hierzu gehören das atriale natriuretische Peptid (***ANP***, Atriopeptin, A-Typ natriuretisches Peptid; 28 Aminosäuren), das natriuretische Peptid vom B-Typ (***BNP***, *»Brain Natriuretic Peptide«*, 32 Aminosäuren) sowie das natriuretische Peptid vom C-Typ (***CNP***, 26 Aminosäuren). Das in den distalen Tubuluszellen der Niere gebildete und ins Tubuluslumen sezernierte ***Urodilatin*** wird den natriuretischen Peptiden vom A-Typ zugeordnet und dürfte als intrarenales, parakrin wirksames Peptid zur Kontrolle der Wasserhomöostase und Natriurese beitragen.

Stimulatoren und Rezeptoren. ANP und BNP werden nach Dehnung der Vorhöfe (Volumenexpansion, Erhöhung des zentralvenösen Drucks) aus den Vorhofmyozyten freigesetzt. Bei chronischer, hämodynamischer Überlastung des Herzens sezerniert auch das ventrikuläre Myokard die beiden Peptide. Daneben sind auch Endothelin-1 und Angiotensin II ebenso wie die Zytokine Interleukin-1β und TNF-α potente Stimulatoren der ANP- und BNP-Sekretion. Der Plasmaspiegel von ***BNP*** wird derzeit klinisch routinemäßig als diagnostischer und prognostischer Marker sowie zur Verlaufskontrolle der Therapie bei ***chronischer Herzinsuffizienz*** eingesetzt. CNP ist ein von Endothelzellen sezerniertes Peptid mit potenten vasodilatatorischen Eigenschaften. Im Gegensatz zu ANP und BNP ist CNP nur minimal natriuretisch wirksam und hemmt nicht das Renin-Angiotensin-System. Insgesamt wirkt CNP, das nur sehr niedrige Plasmaspiegel aufweist, mehr auto- und parakrin, während ANP und BNP als zirkulierende Hormone angesehen werden können.

Rezeptoren der natriuretischen Peptide. Die zellulären Effekte werden über drei verschiedene Rezeptoren ***(Natriuretic Peptide Receptors = NPRs)*** vermittelt, ***NPR-A, NPR-B und NPR-C.*** Die intrazellulären, C-terminalen Sequenzen von NPR-A und NPR-B sind dabei katalytische Domänen der membranständigen Guanylylzyklase. ANP und BNP binden an den A-Rezeptor, während CNP weitgehend spezifisch nur mit dem B-Rezeptor interagiert. Der NRP-A-Rezeptor ist vor allem an Endothelzellen und renalen Epithelzellen exprimiert, während der B-Rezeptor sich hauptsächlich an glatten Gefäßmuskelzellen findet. Der NRP-C-Rezeptor, der in seiner extrazellulären Domäne einen homologen Aufbau zu den beiden anderen Rezeptoren aufweist, jedoch keine intrazelluläre Guanylylzyklase-Sequenz besitzt, wird als ein ***Clearance-Rezeptor*** für die natriuretischen Peptide angesehen, die aufgrund dieser Rezeptorbindung und des enzymatischen Abbaus über die ***neutrale Endopeptidase (NEP)*** eine biologische Halbwertszeit von nur wenigen Minuten hat.

Adrenomedullin und Leptin

Adrenomedullin ist ein potenter Vasodilatator und wirkt hauptsächlich über eine Stimulation der NO-Produktion; das Adipozytenhormon Leptin führt über eine Zunahme der Sympathikusaktivität zu einer Blutdruckerhöhung

Adrenomedullin. Humanes Adrenomedullin ist ein aus 52 Aminosäuren bestehendes Peptid, das ursprünglich aus dem Nebennierenmark (NNM) bzw. NNM-Tumoren (Phäochromozytom) isoliert wurde. Adrenomedullin wird in verschiedenen Zelltypen bzw. Geweben (Herz, Niere, Gehirn) synthetisiert, wobei die wichtigsten Quellen Endothelzellen, glatte Muskelzellen und Mesangialzellen sind. Humorale und mechanische Faktoren stimulieren Synthese und Sekretion von Adrenomedullin, u. a. Schilddrüsenhormone, Glukokortikoide, Angiotensin II, Endothelin-1, Bradykinin, Zytokine sowie die Erhöhung der Wandschubspannung. Aufgrund seiner ausgeprägten Homologie zum ***Calcitonin Gene-Related Peptide (CGRP)*** wird ein Teil der zellulären Effekte von Adrenomedullin über den CGRP-Rezeptor vermittelt. Zusätzlich existieren jedoch spezifische Rezeptoren, die zu einer Aktivierung der Adenylylzyklase sowie der Phospholipase C führen.

Adrenomedullin ist ein potenter Vasodilatator und führt, systemisch gegeben, zu deutlichen Blutsenkungen. Die Vasodilatation wird dabei über eine verstärkte endotheliale NO-Produktion sowie eine direkte, glattmuskulär induzierte cAMP-Erhöhung ausgelöst. An der Niere induziert Adrenomedullin, trotz Abnahme des mittleren Blutdrucks, ausgeprägte ***vasodilatatorische*** sowie starke ***natriuretische*** und ***diuretische Antworten.***

▪▪▪ **Pathophysiologie.** Da beim gesunden Menschen die zirkulierenden Plasmaspiegel von Adrenomedullin sehr niedrig sind, kann man in erster Näherung Adrenomedullin als lokales auto- bzw. parakrin wirkendes vasoaktives Peptid betrachten. **Adrenomedullin** ist aber **unter pathophysiologischen Bedingungen** auch ein **zirkulierendes Hormon**. So gehen verschiedene kardiorenale Erkrankungen, wie Hypertonie, chronische Herzinsuffizienz, chronisches Nierenversagen, aber auch akute Zustände, wie septischer Schock, Zustand nach Myokardinfarkt und aortokoronarer Bypass-Operation, einher mit einer Erhöhung des Adrenomedullinspiegels. Die hohen zirkulierenden Adrenomedullinspiegel sind dabei Folge der Erkrankung selbst oder sind kompensatorische Mechanismen zur Wiederherstellung der vaskulären Homöostase.

Leptin. Das ausschließlich von Fettzellen sezernierte 16 kDa-Protein Leptin ist ein zentral wirksames Hormon, das über die Steuerung der Neuropeptidsekretion hypothalamischer Neurone die Nahrungsaufnahme reguliert (▶ s. Kap. 39.2). Gleichzeitig hat es modulierende Effekte auf das kardiovaskuläre System. Leptin erhöht über die Aktivierung des hypothalamischen Melanocortinsystems die sympathische Aktivität in der Niere und der Skeletmuskulatur. Andererseits stimuliert Leptin in der Niere, die den vollständigen Leptin-Rezeptor exprimiert, Natriurese und Diurese. Trotz dieser für den Blutdruck gegenläufigen Effekte ist chronische Hyperleptinämie in der Regel assoziiert mit einer Blutdruckerhöhung.

Adipokine. Darüber hinaus sezernieren Fettzellen eine Reihe weiterer Hormone (Adipokine), die wiederum vaskuläre Zellen, vor allem Endothelzellen, in ihrer Funktion beeinflussen. So verhindert ***Adiponectin*** die TNFα-induzierte Adhäsion von Blutzellen an das Endothel sowie die Expression endothelialer Adhäsionsmoleküle (E-Selektin), während ***Resistin***, ein anderes Adipokin, eine endotheliale Aktivierung auslöst mit einer Hochregulation von Adhäsionsmolekülen, Chemokinen (MCP-1) und Endothelin-1, ein Zustand, der sich als Vorstufe einer ***endothelialen Dysfunktion*** auffassen lässt.

In Kürze

Tonusmodulation durch zirkulierende Hormone und vasoaktive Peptide

Zirkulierende Hormone verschiedener endokriner Systeme beeinflussen den Tonus der peripheren Gefäße:

- Die Plasmaspiegel von Adrenalin und Noradrenalin, die unter Ruhebedingungen 0,1–0,5 bzw. 0,5–3 nmol/l betragen, steigen bei körperlicher Arbeit bis auf 5 bzw. 10 nmol/l an. Beide Hormone haben, vermittelt über α_1-Adrenozeptoren, vasokonstriktorische Effekte. Adrenalin, das auch eine starke Affinität zu β-Adrenozeptoren besitzt, bewirkt allerdings in physiologischen Konzentrationen eine Vasodilatation in der Skelettmuskulatur, im Myokard und in der Leber.
- Neben vasokonstriktorischen Effekten hat Angiotensin II auch trophische Wirkungen (Proliferation, verstärkte Synthese von Matrixproteinen) in der Gefäßwand.
- Adiuretin (Vasopressin) löst in den meisten peripheren Gefäßen (jedoch nicht in den Hirn- und Koronargefäßen) eine starke Konstriktion aus.
- Atriales natriuretisches Peptid (ANP) und BNP werden bei Dehnung aus Vorhofmyozyten freigesetzt und bewirken u. a. eine Vasodilatation, eine Reduktion des Blutdrucks sowie des Blutvolumens.
- Die dilatatorischen Effekte von Adrenomedullin resultieren hauptsächlich aus einer verstärkten endothelialen NO-Bildung.
- Das Adipozytenhormon Leptin erhöht über zentrale Mechanismen die kardiovaskuläre sympathische Aktivität und damit den Blutdruck.

28.8 Das Endothel: zentraler Modulator vaskulärer Funktionen

Endothelvermittelte Tonusmodulation

Über die Bildung und Freisetzung vasoaktiver Autakoide sowie über die Aktivierung/Inaktivierung von im Blut zirkulierender vasoaktiver Substanzen stellt das Endothel einen zentralen Modulator des Gefäßtonus dar

Metabolisierung und Aufnahme vasoaktiver Substanzen. In diese Kategorie gehören der aktive Transport biogener Amine wie ***Serotonin*** und ***Noradrenalin*** ins Endothel und die nachfolgende oxidative Desaminierung. Je nach Organstromgebiet finden sich dabei Clearancewerte für eine einzelne Passage zwischen 20–60 %. Auch der Metabolismus der im Blut zirkulierenden vasoaktiven ***Adeninnukleotide (ATP, ADP)***, die hauptsächlich aus den Thrombozyten stammen, erfolgt über das Endothel. Über eine Kaskade von Ektonukleotidasen, die an der luminalen Endothelzelloberfläche lokalisiert sind, wird ATP über ADP und AMP zu ***Adenosin*** abgebaut, das dann über einen Carrier-abhängigen Mechanismus ins Endothel aufgenommen und zum überwiegenden Teil zu ATP rephosphoryliert wird. Das ***Angiotensin-Converting Enzyme*** (ACE) stellt ein weiteres endotheliales Ektoenzym dar, das identisch ist mit der ***Kininase II*** und damit verantwortlich für die proteolytische ***Inaktivierung von Bradykinin***, einem der stärksten endothelabhängigen Vasodilatatoren (Abb. 28.26).

Bildung und Freisetzung vasoaktiver Autakoide. Dies stellt das funktionell bedeutendere Prinzip der endothelialen Tonusmodulation dar. Die wichtigsten vom Endothel synthetisierten Autakoide sind der ***Endothelium-Derived Relaxing Factor*** (EDRF), der identisch ist mit ***Stickstoffmonoxid*** (NO), ***Prostazyklin*** (PGI_2), der ***Endothelium-Derived Hyperpolarizing Factor*** (EDHF) das dilatatorisch wirkende Peptid **CNP** sowie die stark vasokonstriktorisch wirkenden Peptide ***Endothelin-1*** und ***Uroten-***

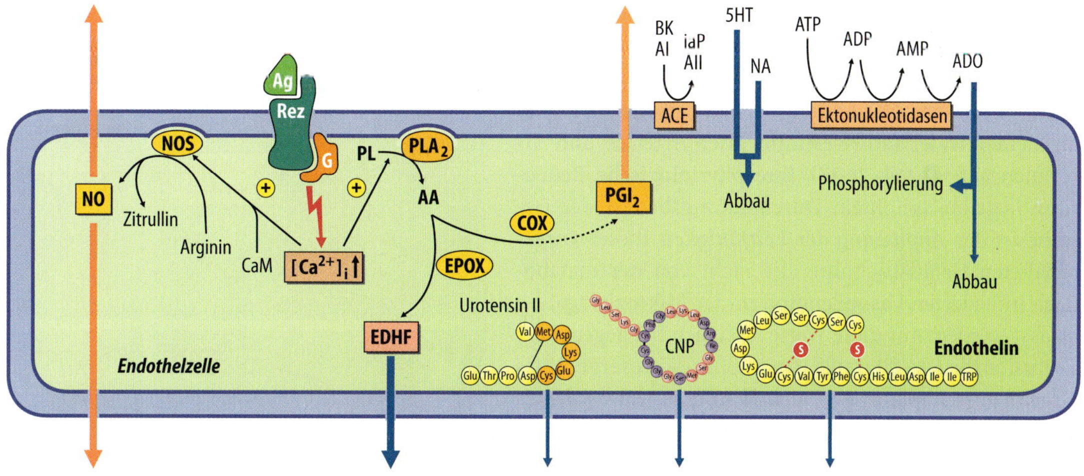

Abb. 28.26. Übersicht über die wichtigsten vasomotorischen Funktionen des Endothels. *AI:* Angiotensin I, *AII:* Angiotensin II, *Bk:* Bradykinin, *iaP:* vasoinaktive Peptide, *ACE:* Angiotensin Converting Enzyme, *Ado:* Adenosin, *5-HT:* Serotonin, *NA:* Noradrenalin, *COX:* Zyklooxygenase, *EPOX:* Epoxygenase, *PL:* Phospholipide, *PLA₂*: Phospholipase A_2, *AA:* Arachidonsäure, *CaM:* Calmodulin, *NOS:* NO-Synthase, *Ag:* Agonist, *Rez:* Rezeptor, *G:* G-Protein. Aus Gründen der Übersichtlichkeit wurde die Signaltransduktionskaskade nicht dargestellt, die zur Erhöhung der freien intrazellulären Kalziumkonzentration ($[Ca^{2+}]_i$) führt (Freisetzung aus intrazellulären Speichern und transmembranärer Einstrom)

sin II. Die meisten dieser vasoaktiven Autakoide sind gleichzeitig Wachstumsmodulatoren und sind damit an der Aufrechterhaltung der vaskulären Homöostase beteiligt (Tabelle 28.1).

Tabelle 28.1. Endotheliale Faktoren, die an der Aufrechterhaltung der vaskulären Homöostase beteiligt sind

Vasoaktive Faktoren	NO Prostazyklin EDHF C-natriuretisches Peptid Endothelin-1 Endoperoxide (PGH_2) Angiotensin II Urotensin II
Hämostatische und fibrinolytische Faktoren	Tissue Plasminogen Aktivator (tPA) Thrombomodulin Plasminogen Aktivator Inhibitor-1 (PAI-1) Tissue Faktor Von-Willebrand-Faktor
Wachstums-modulatoren	NO Prostazyklin EDHF C-natriuretisches Peptid Endothelin-1 Angiotensin II Urotensin II
Entzündungs-modulatoren	Chemokine (MCP-1) Adhäsionsmoleküle (VCAM-1, ICAM-1, Selektine) Zytokine (TNF-α, Interleukin 1, 16 und 18)

Regulation der endothelialen NO-Bildung

! Endothelzellen exprimieren eine konstitutive NO-Synthase, deren Aktivität über Ca^{2+}/Calmodulin sowie Phosphorylierung reguliert wird

Basale NO-Bildung. Die Bildung von Stickstoffmonoxid (NO), eines hochdiffusiblen Gases, erfolgt im Endothel über eine konstitutiv exprimierte ***endotheliale NO-Synthase (eNOS).*** Dieses Enzym, das über die Bindung von Ca^{2+}/Calmodulin aktiviert wird, bildet aus der Aminosäure ***L-Arginin*** unter Abspaltung von L-Citrullin NO. Die Ca^{2+}/Calmodulin-Abhängigkeit der eNOS-Aktivierung beinhaltet, dass alle rezeptorabhängigen und -unabhängigen Agonisten, welche die intrazelluläre Ca^{2+}-Konzentration in Endothelzellen erhöhen (z. B. Acetylcholin, Bradykinin, Histamin, Thrombin, Substanz P), eine Steigerung der NO-Bildung induzieren. Die Aktivität des Enzyms wird desweiteren entscheidend über dessen Phosphorylierung geregelt. Mehrere Proteinkinasen sind hierfür verantwortlich, wobei physiologisch die Kinasen am wichtigsten sind, die durch mechanische Stimulation des Endothels kontinuierlich aktiviert werden.

Bereits unter Ruhebedingungen kommt es in nahezu allen Gefäßen zu einer ***kontinuierlichen basalen NO-Freisetzung*** aus dem Endothel und damit zur Abschwächung der sympathisch-adrenerg vermittelten Konstriktion. Verschiedene, ständig auf das Endothel einwirkende physikalische Einflüsse verstärken diese basale NO-Freisetzung. Hierzu zählen die durch das strömende Blut an der Endothelzelloberfläche erzeugte ***Wandschubspannung*** *(Viscous Drag)*, die durch die Herzaktion induzierten ***pulsatorischen Dehnungs- und Entdehnungszyklen***, die ***mechanische Deformation der Gefäße*** in der kontrahierenden Skelettmuskulatur und im Herzen sowie die ***Absenkung des arteriolären O_2-Partialdrucks.***

Schubspannungsabhängige NO-Bildung. Die strömungsinduzierte NO-Bildung tritt an großen, v.a. aber an kleinen widerstandsbestimmenden Arterien und Arteriolen auf (◻ Abb. 28.27). Ihre physiologische Bedeutung liegt bei erhöhtem Durchblutungsbedarf der Gewebe in der ***Anpassung der Leitfähigkeit*** dieser vorgeschalteten Gefäßabschnitte, die nicht von der metabolisch induzierten Vasodilatation in der Mikrozirkulation erfasst werden. Auf diese Weise lässt sich bei gegebenem Perfusionsdruck die volle Durchblutungsreserve eines Organs ausschöpfen (▶ s. auch ◻ Abb. 28.9), was bei alleiniger metabolischer Dilatation der terminalen Widerstandsgefäße nicht möglich wäre. Da die Schubspannung an der Endothelzelloberfläche in einem durchströmten Gefäß umgekehrt proportional zur dritten Potenz des Radius ist (Gl. 10), ergibt sich desweiteren, dass eine ***Vasokonstriktion*** ebenfalls zu einer ***verstärkten NO-Freisetzung*** führen kann. Dies bedeutet, dass myogen oder neurogen induzierte Vasokonstriktionen in den zuführenden Arterien selbst bei geringfügig abnehmender Durchblutung durch die verstärkt einsetzende schubspannungsinduzierte NO-Freisetzung stark abgeschwächt werden (◻ Abb. 28.28). Auf diese Weise werden die sympathisch-adrenerg vermittelten Konstriktionen, die bei Muskelarbeit in der Mikrozirkulation durch die metabolisch induzierte Dilatation völlig überspielt werden, auch in den vorgeschalteten Gefäßen weitgehend aufgehoben. Eine ***Hemmung der Noradrenalinfreisetzung*** aus den präjunktionalen Varikositäten durch die erhöhte NO-Bildung trägt noch zu der Abschwächung der neurogenen Konstriktion bei (▶ s. ◻ Abb. 28.22).

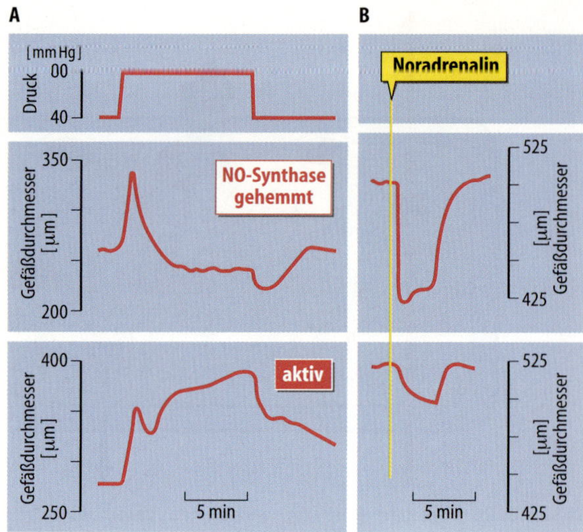

◻ **Abb. 28.28. Effekt der schubspannungsinduzierten NO-Bildung auf die myogene, sowie auf die Noradrenalin-induzierte Vasokonstriktion in perfundierten terminalen Mesenterialarterien. A** Die sprunghafte Erhöhung des transmuralen Drucks führt in einem perfundierten Gefäß ohne NO-Produktion (NO-Synthase gehemmt) ausschließlich zu einer myogenen Antwort: nach vorübergehender druckpassiver Durchmesserzunahme kommt es zu einer Vasokonstriktion mit einer Durchmesserabnahme bis unter den Ausgangswert. In dem Gefäß mit aktiver NO-Synthase ist durch die ständige schubspannungsabhängige NO-Produktion die myogene konstriktorische Reaktivität so reduziert, dass nur noch die druckpassive Durchmesserzunahme in Erscheinung tritt. **B** Nach Hemmung der NO-Synthase ist die Noradrenalin-induzierte Kontraktion wesentlich stärker als bei aktiver NO-Synthase. Dies erklärt sich durch den Wegfall der NO-vermittelten dilatatorischen Komponente

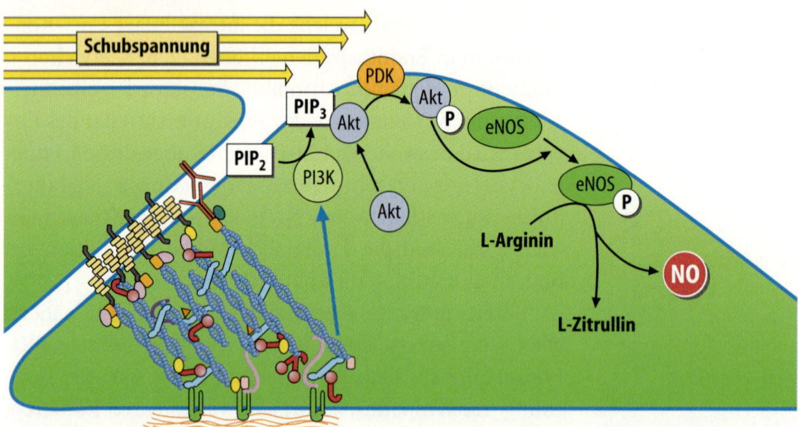

◻ **Abb. 28.27. Molekularer Mechanismus der schubspannungsinduzierten NO-Bildung.** Die an der Endothelzelloberfläche einwirkende Schubspannung führt zur Phosphorylierung von PECAM-1, einem interendothelialen Adhäsionsmolekül, das über seinen zytoplasmatischen Anteil Signalfunktionen ausübt. Nachfolgend kommt es zur Aktivierung der PI3-Kinase, die zu einer verstärkten Bildung von PIP_3 führt. Die Bildung von PIP_3 führt zur Rekrutierung der Proteinkinase B/Akt an die Plasmamembran, wo sie über die PDK phosphoryliert und damit aktiviert wird. Akt wiederum phosphoryliert nun die NO-Synthase *(NOS)* an einem Serinrest (Serin 1177). Hierdurch kommt es zu einer Steigerung des Elektronenfluxes am Enzym und einer Erhöhung der Enzymaktivität. *PIP_2:* Phosphatidylinositid-Bisphosphat; *PIP_3:* Phosphatidylinositid-Trisphosphat; *PIK3:* Phosphatidylinositid 3-Kinase; *PDK:* Phosphatidylinositid-abhängige Kinase

Entsprechende Wechselwirkungen lassen sich auch bei der myogenen Antwort beobachten. So finden sich in verschiedenen Stromgebieten bei Hemmung der NO-Bildung verstärkte myogene Antworten.

Wirkungsmechanismus und Effekte von NO

Die relaxierende Wirkung von NO an der glatten Gefäßmuskulatur kommt über die Aktivierung der löslichen Guanylylzyklase zustande

Effekte am Gefäß. Die Bindung von NO an das zweiwertige Eisen der hämhaltigen Untereinheit der Guanylylzyklase führt zu einer Konformationsänderung des benachbarten katalytischen Zentrums und damit zu einer Steigerung der Konversionsrate von GTP zu cGMP. Der Anstieg des intrazellulären cGMP führt zu einer Aktivierung von cGMP-abhängigen Proteinkinasen, die wiederum die molekularen Mechanismen in Gang setzen, die über die Absenkung des intrazellulären Calciums in der glatten Muskulatur zur Relaxation führen.

Einige der ***NO-freisetzenden Vasodilatatoren***, z. B. Serotonin, Azetylcholin, Thrombin und ATP lösen bei direktem Kontakt mit der ***glatten Muskulatur*** über ihre jeweiligen glattmuskulär-lokalisierten Rezeptoren ***Kontraktionen*** aus. Die vasomotorische Antwort eines Gefäßes auf diese Agonisten stellt also immer einen Nettoeffekt von endothelabhängiger Dilatation (schubspannungs- und agonisteninduziert) und direkt glattmuskulär vermittelter Konstriktion dar. Bei funktionellen Störungen des Endothels (z. B. bei Hypercholesterinämie, Diabetes, Arteriosklerose), die mit einer reduzierten NO-Verfügbarkeit einhergehen, kommt es zu einem Übergewicht der konstriktorischen Reaktionen.

▪▪▪ **Induzierbare NO-Synthase.** Verschiedene Zellen, z. B. Makrophagen, Mesangialzellen, Kardiomyozyten und glatte Muskelzellen, exprimieren nach Stimulation mit Bakteriengiften (Endotoxin) sowie Zytokinen (Interleukin-1, TNF-α, und γ-Interferon) eine **induzierbare NO-Synthase.** Dieses Isoenzym unterliegt keiner Ca^{2+}-abhängigen Regulation, vielmehr wird die produzierte NO-Menge, die um das 1000-fache höher liegen kann als beim konstitutiven Enzym, im Wesentlichen über die vorhandene Enzymmenge gesteuert. In so hohen Konzentrationen entfaltet NO zytotoxische Wirkungen durch Komplexierung von Eisen-Schwefel-Verbindungen im aktiven Zentrum von Enzymen, die für den Energiehaushalt der Zellen essenziell sind. Die Expression der induzierbaren NO-Synthase in der Gefäßwand (glatte Muskulatur und Makrophagen) ist auch die Ursache für die exzessive Vasodilatation und den therapeutisch nicht beherrschbaren Blutdruckabfall bei **septischem Schock.**

Konsequenzen reduzierter NO-Verfügbarkeit. Bei einer Reihe von kardiovaskulären Störungen (Hochdruck, Hypercholesterinämie, Diabetes) steht die Reduktion von biologisch verfügbarem NO im Vordergrund, die als ein ***frühes,*** klinisch fassbares ***Korrelat der Atherosklerose*** angesehen werden kann. Die Abnahme von biologisch verfügbarem NO geht einher mit einer Zunahme der

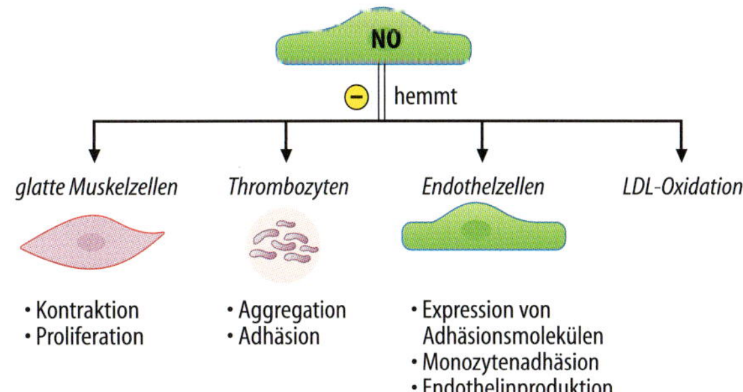

Abb. 28.29. Protektive Effekte von NO im Gefäßsystem

Thrombozytenaktivierung. Die hierbei freigesetzten Thrombozyteninhaltsstoffe (PDGF, EGF, TGFβ, Serotonin und Thromboxan A_2) lösen nicht nur direkt an der glatten Gefäßmuskulatur eine Vasokonstriktion aus, sondern stimulieren auch Wachstumsprozesse in der Gefäßwand, die zu den initialen Ereignissen bei der Entwicklung der Atherosklerose gehören (Abb. 28.29). Hinzu kommt, dass die Expression verschiedener vaskulärer Genprodukte, die an der Entwicklung der Atherosklerose beteiligt sind, durch NO gehemmt wird. So verhindert NO die ***Aktivierung des Transkriptionsfaktors NFκB,*** der die Expression der Adhäsionsmoleküle ***E-Selectin, P-Selectin und VCAM-1*** kontrolliert, sowie des Chemokins ***MCP-1*** *(Monocyte chemoattractant Protein-1)*, das in entscheidendem Ausmaß die Einwanderung von Monozyten in die Gefäßwand kontrolliert. Die Abnahme der intravaskulären NO-Konzentration geht somit mit einer Abnahme dieses protektiven, anti-atherosklerotischen Prinzips einher.

Endotheline und Urotensin

Endothelin-1 ist ein potenter Vasokonstriktor, der im Endothel gebildet wird; Urotensin wird ebenfalls im Endothel gebildet und hat ein ähnliches Wirkungsprofil (Konstriktion, Proliferation) wie Endothelin-1

Endotheline. Die Endotheline (ET) sind eine ubiquitäre Familie von Peptiden (ET-1, ET-2, ET-3; jeweils 21 Aminosäuren), die in Endothelzellen, aber auch in neuronalen, epithelialen und intestinalen Zellen gebildet werden. Im Endothel wird im Wesentlichen ET-1 synthetisiert. ET-1 ist ein potenter Vasokonstriktor, induziert aber auch starke proliferative Effekte, die über G-Protein-gekoppelte Rezeptoren, lokalisiert auf der glatten Gefäßmuskulatur, (ET_A- und ET_B-Rezeptor) vermittelt werden. Die ET-1-induzierte, glattmuskuläre Kontraktion resultiert aus einem langanhaltenden, transmembranären Ca^{2+}-Einstrom über nicht-selektive Kationenkanäle sowie eine Aktivierung des ***Rho/Rho-Kinase-Signalwegs*** (▶ s. Abb. 28.24). Auch wenn ET-1 keine zentrale Rolle bei der Aufrechterhaltung des Blutdrucks spielt, so lässt sich doch mit Hilfe von ET-1-Rezeptorantagonisten zeigen, dass ET-1 einen Beitrag zur Höhe des basalen Gefäßtonus liefert. An gesunden Probanden induziert die kurzdauernde, systemische Infusion eines ET-1-Rezeptorantagonisten, der beide Rezeptoren blockiert, einen signifikanten Blutdruckabfall sowie eine Abnahme des peripheren Widerstandes.

Pathophysiologie. Die ursprüngliche Annahme, dass das ET-1-System ein wesentliches pathogenetisches Prinzip bei der Entwicklung der essenziellen Hypertonie sei, hat sich nicht bestätigt. Diese Hypothese resultierte aus der Beobachtung, dass sich bei Hochdruck-Patienten mit einem seltenen Tumor des Endothels (malignes Hämangioendotheliom) ein exzessiv erhöhter ET-1-Plasmaspiegel nachweisen ließ, der sich ebenso wie der Blutdruck nach Entfernung des Tumors normalisierte. Die bisherigen klinischen Studien zeigen, dass die essenzielle Hypertonie normalerweise nicht assoziiert ist mit einer erhöhten ET-1-Produktion bzw. erhöhtem ET-1-Plasmaspiegel.

▪▪▪ Bestimmte pathophysiologische Zustände, die mit einer Schädigung des Endothels einhergehen, sind von einem starken **Anstieg der ET-1-Plasmaspiegel** und entsprechenden vaskulären Reaktionen begleitet. Dies wurde bei Patienten im **kardiogenen Schock**, bei **pulmonalem Hochdruck**, bei akutem Nierenversagen und nach **Subarachnoidalblutungen** beobachtet.

Urotensin II. Urotensin II (U II) ist ein zyklisches Undekapeptid, das ein weitgehend identisches Wirkungsprofil (Vasoaktivität, Proliferation der glatten Muskelzellen und kardiales Remodelling) aufweist wie ET-1. U II wird im arteriellen Endothel, aber auch in Makrophagen, motorischen Neuronen des Rückenmarks und Zellen endokriner Organe gebildet.

▪▪▪ Bei **chronischer Herzinsuffizienz, Zustand nach Myokardinfarkt** und **pulmonaler Hypertonie** kommt es zu einer starken Zunahme der Expression von U II und seiner Rezeptoren. Auch in **atherosklerotischen Plaques** findet sich verstärkt U II. Die pathophysiologische Rolle von U II ist dabei nicht nur in einer verstärkten Vasokonstriktion zu sehen, sondern, ähnlich wie ET-1, auch in vaskulären und myokardialen Remodelling-Prozessen.

> **28.6. Endotheliale Dysfunktion**
>
> **Pathologie und Ursachen.** Das Endothel besitzt antiatherosklerotische Eigenschaften, u.a. hemmt es über die Produktion von NO und Prostazyklin die Thrombozytenaggregation und Leukozytenadhäsion sowie die Proliferation glatter Muskelzellen und reduziert den Gefäßtonus. Kardiovaskuläre Risikofaktoren, wie Bluthochdruck, Fettstoffwechselstörungen, Rauchen und Diabetes mellitus, ebenso wie manifeste kardiovaskuläre Erkrankungen (u.a. Herzinsuffizienz, Myokardischämie) und Entzündungsvorgänge aktivieren das Endothel, was substantielle Veränderungen der endothelialen Eigenschaften zur Folge hat. Dieser als endotheliale Dysfunktion bezeichnete Zustand geht mit einer Abnahme der Bioverfügbarkeit von endothelialem NO einher, hauptsächlich als Folge einer Zunahme der vaskulären Sauerstoffradikalproduktion. Die endotheliale Dysfunktion ist charakterisiert durch eine Einschränkung bzw. den Verlust der endothelvermittelten Vasodilatation.
>
> **Diagnose.** Klinisch ist dies relativ leicht über die Messung der Größe des endothelabhängigen Anteils der Unterarm- bzw. Koronardurchblutung mit Hilfe plethysmographischer Verfahren bzw. Ultraschall-Techniken zu erfassen.
>
> **Folgen.** Ein dysfunktionales Endothel verliert seine vasoprotektiven Eigenschaften und leistet der Entstehung der Atherosklerose, u.a. durch die Expression und Freisetzung von Adhäsionsmolekülen und Chemokinen, Vorschub. Die endotheliale Dysfunktion ist daher ein unabhängiger Prädiktor für das Auftreten kardiovaskulärer Ereignisse, wie Myokardinfarkt und Herztod.

Enzymatische Quellen vaskulärer Sauerstoffradikale

! Isoformen der NADPH-Oxidase sind in allen Zelltypen der Gefäßwand exprimiert; sie produzieren das Sauerstoffradikal Superoxid-Anion

Vaskuläre NADPH-Oxidasen. Die Menge an biologisch verfügbarem NO in der Gefäßwand wird bestimmt durch die Aktivität der NO-Synthase und deren Expressionsniveau sowie die lokale Produktion von Sauerstoffradikalen, vor allem Superoxidanionen (O_2^-). NO reagiert mit sehr hoher Geschwindigkeit mit O_2^- unter Bildung von Peroxynitrit, eines der stärksten Oxidationsmittel im Organismus. Das wichtigste Enzym für die Produktion von Sauerstoffradikalen ist die ***NADPH-Oxidase***, die sehr rasch große Mengen an O_2^- generiert, die dann zu anderen reaktiven Sauerstoffspezies wie H_2O_2, Hydroxylradikal (OH^-) oder HOCl umgewandelt werden. Generell haben diese Radikale zytotoxische Effekte, z. B. auf pathogene Keime oder Tumorzellen, und stellen einen zentralen Mechanismus im Rahmen der Immunabwehr dar.

Aktivierungsmechanismen. Die Aktivierung der vaskulären NADPH-Oxidasen erfolgt nach Stimulation mit rezeptorabhängigen Agonisten wie Angiotensin II, Endothelin-1 und Thrombin innerhalb von Minuten. Die gemeinsame Endstrecke der aktivierenden Signalwege sind die ***Phosphorylierung*** der zytosolischen Untereinheit ***p47phox*** durch die Proteinkinase C sowie die direkte Modulation der Nox-Untereinheit durch Arachidonsäure bzw. Lysophosphatidylcholin (▪ Abb. 28.30). Längerdauernde Stimulation der glatten Muskelzellen führen innerhalb weniger Stunden zu einer Zunahme der Expression von NADPH-Oxidase-Untereinheiten und damit einhergehend zu einer zwei- bis dreifachen Steigerung der O_2^--Produktion.

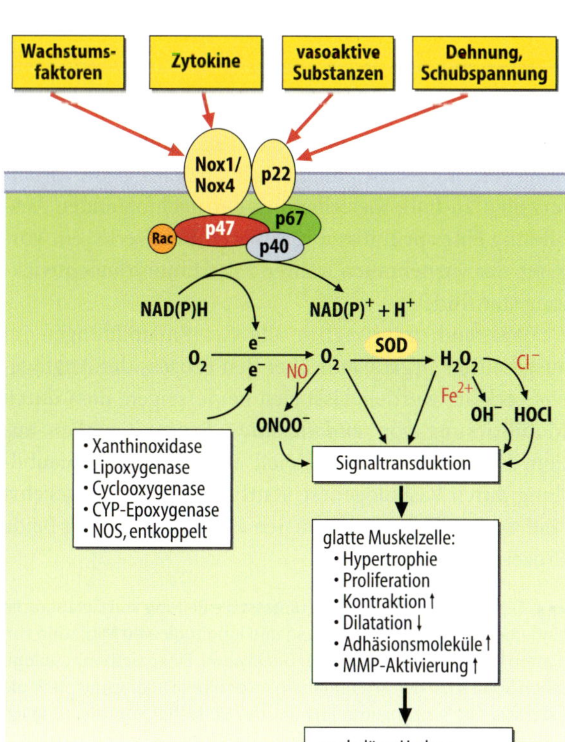

Abb. 28.30. Bildung von Sauerstoffradikalen in vaskulären Zellen. Die Hauptquelle von Superoxidanionen (O_2^-) stellt in vaskulären Zellen der Enzymkomplex der NADPH-Oxidase dar, jedoch können auch andere Enzyme zur Generierung von O_2^- beitragen. O_2^- wird durch die Superoxiddismutase *(SOD)* in H_2O_2 umgewandelt. Die verschiedenen reaktiven Sauerstoffspezies aktivieren zahlreiche, die vaskuläre Funktion regulierende Signalwege. So führt eine verstärkte Bildung von Sauerstoffradikalen zu einem gesteigerten Wachstum glatter Gefäßmuskelzellen, zu einer Zunahme des Gefäßtonus und zu entzündlichen Reaktionen. Diese Prozesse wiederum tragen zum vaskulären Umbau und endothelialer Dysfunktion bei. ↓ vermindert, ↑ verstärkt; *MMP:* Matrix-Metalloproteinase

Inaktivierungsmechanismen. Obwohl O_2^- in wässriger Lösung sich auch ohne enzymatische Einwirkung in Gegenwart von Wasserstoffionen in O_2 und H_2O_2 umwandelt, wird diese Reaktion durch Superoxiddismutasen, von denen 3 Isoformen (zwei intrazelluläre, eine extrazelluläre) beim Menschen nachgewiesen sind, um mehr als das 20 000-fache beschleunigt.

▪▪▪ **Weitere Radikalquellen.** Neben der NADPH-Oxidase sind eine Reihe weiterer Enzyme in der Lage, Sauerstoffradikale in vaskulären Zellen zu bilden. Hierzu gehören die **Xanthinoxidase, Cytochrom P450 Epoxygenasen, Zyklooxygenasen, Lipoxygenasen** sowie unter bestimmten pathophysiologischen Bedingungen die **NO-Synthase** (nach enzymatischer Entkopplung).

Sauerstoffradikale als intrazelluläre Signalmoleküle

Superoxid-Anionen und Wasserstoffperoxid aktivieren in vaskulären Zellen Signalkaskaden und redox-sensitive Transkriptionsfaktoren

Aktivierung von Signalkaskaden. Nicht alle Sauerstoffradikal-Effekte in vivo sind toxisch oder deletär für die Zellen. Sauerstoffradikale wirken in niedrigen Konzentrationen als intrazelluläre Signalmoleküle und beeinflussen über die Aktivierung bzw. Hemmung von Enzymen und Transkriptionsfaktoren eine Vielzahl von Signalkaskaden. Zu diesen redox-sensitiven Enzymen gehören Tyrosin-Kinasen und -Phosphatasen, Serin/Threonin-Kinasen (Proteinkinase C, Akt, p38-MAP-Kinase, JNK) und -Phosphatasen, Phospholipasen, Lipidkinasen und kleine G-Proteine. Auch Transkriptionsfaktoren werden durch Sauerstoffradikale in ihrer Aktivität moduliert, so z. B. AP-1, NFκB, Egr-1, HIF-1α und CREB (Abb. 28.30).

Genexpression durch Sauerstoffradikale. Die durch Sauerstoffradikale in vaskulären Zellen induzierte Modulation der Genexpression umfasst eine breite Palette von Proteinen, die im einfachsten Fall eine Verbesserung der antioxidativen Abwehr zur Folge hat (Mangan-Superoxiddismutase), betrifft darüber hinaus aber auch Genprodukte, die als pro-inflammatorisch bzw. pro-atherosklerotisch eingestuft werden. Hierzu zählen u. a. das Chemokin MCP-1, die Adhäsionsmoleküle VCAM-1, ICAM-1, P-Selectin, die hämostatischen Faktoren PAI-1, *Tissue Factor* sowie VEGF.

28.7. Atherosklerose

Klinik. Unter Atherosklerose versteht man eine langsam fortschreitende entzündliche Erkrankung der Arterienwand, in deren Verlauf es zu einer fokalen Verdickung der Intima mit einer Akkumulation von Lipiden und lipidspeichernden Makrophagen (Schaumzellen) sowie der ausgeprägten Bildung einer kollagenreichen Bindegewebematrix kommt (atherosklerotischer Plaque). Die Erkrankung manifestiert sich vor allem an Prädilektionsstellen mit hämodynamischen Besonderheiten (Abzweigungen, Totwasserzonen, Krümmungen). Hierzu gehören die Bauchaorta, die Koronararterien, die A. carotis interna, die A. femoralis und der Circulus arteriosus cerebri.

Ursachen und Pathologie. Die Entwicklung einer endothelialen Dysfunktion auf dem Boden z. B. einer arteriellen Hypertonie, einer Hypercholesterinämie und/oder eines Diabetes stellt in der Regel das primäre Ereignis bei der Entwicklung der Atherosklerose dar. Monozyten wandern über und durch das akti-

▼

vierte Endothel in die Gefäßwand ein und transformieren unter dem Einfluss von Zytokinen und Wachstumsfaktoren zu Makrophagen. Über spezielle Rezeptoren (Scavenger-Rezeptoren) nehmen diese Zellen nun große Mengen an Lipoproteinen (vor allem oxidiertes LDL) auf und werden hierdurch zu sog. »Schaumzellen«. Zusammen mit eingewanderten Lymphozyten und extrazellulär deponiertem Cholesterin (freigesetzt aus nekrotischen Zellen) bilden sie zunächst die bereits bei Jugendlichen nachweisbaren »*Fatty Streaks*«, gelbliche subintimale Lipidablagerungen, aus denen sich dann im Laufe von Jahren ein Lipidkern entwickelt (Atherom).

Unter dem Einfluss von Chemokinen und Wachstumsfaktoren (z. B. *Platelet-derived Growth Factor*), freigesetzt aus Makrophagen, Endothelzellen und Thrombozyten, kommt es desweiteren zur Einwanderung von glatten Muskelzellen aus der Media in den subintimalen Raum und nachfolgender Proliferation. Diese glatten Muskelzellen synthetisieren und sezernieren Proteoglykane, Elastin und Kollagen und sind verantwortlich für die Ausbildung einer fibrösen Plaquekappe. Als Folge der Plaquebildung kann es zu einer Lumeneinengung und damit zu einer Drosselung der Durchblutung kommen (▶ s. 27.2. Koronare Herzkrankheit). Prognostisch bedeutsamer als der durch den Plaque hervorgerufene Stenosierungsgrad sind jedoch der Aufbau und die Zusammensetzung des Plaques, die entscheidend bestimmen, ob ein Plaque stabil bleibt oder rupturiert. Die Ruptur stellt ein dramatisches Ereignis dar, bei dem es durch Thrombusbildung zum völligen Gefäßverschluss (Infarkt) kommen kann. Charakteristisch für instabile ruptur-gefährdete Plaques sind vor allem ein großer Lipidkern (mehr als 40 % des Plaquevolumens), eine dünne, fibröse Plaquekappe sowie eine chronische, lokale Entzündung.

Angiogenese

! Unter dem Begriff Angiogenese versteht man den Prozess von Wachstum und Umstrukturierung eines primitiven kapillären in ein komplexes reifes Gefäßnetzwerk

Begriffe. Die Angiogenese hat eine zentrale Funktion bei der Embryonalentwicklung. Im ausgereiften Organismus stellt sie einen Sonderfall dar, so z. B. im Rahmen der Proliferation des Endometriums während des Menstruationszyklus oder bei der Wundheilung. Angiogenese spielt jedoch eine zentrale Rolle beim Wachstum von Fettgewebe, bei der Atherosklerose sowie bei der Entwicklung der diabetischen Retinopathie. Zur Angiogenese gehört der Vorgang der Aussprossung kapillarähnlicher Strukturen aus existierenden postkapillaren Venulen sowie die Bildung neuer Kapillaren durch Einwachsen periendothelialer Zellen (***Intussusception***) bzw. transendotheliale Zellbrücken in vorhandene Kapillaren.

Unter ***Vaskulogenese*** versteht man hingegen die Bildung von Blutgefäßen durch Differenzierung von Vorläuferzellen zu Endothelzellen mit der nachfolgenden Ausbildung eines primitiven vaskulären Netzwerks, ein Vorgang, der vornehmlich während der Embryonalentwicklung stattfindet.

Während ursprünglich alle Gefäßneubildungen im ausgereiften Organismus über den Prozess der Angiogenese erklärt wurden, lässt sich heute zeigen, dass durch Mobilisierung von ***endothelialen Progenitorzellen*** aus dem Knochenmark prinzipiell auch eine Gefäßneubildung durch Vaskulogenese stattfinden kann. Umgekehrt sind auch bei der embryonalen Gefäßentwicklung beide Prozesse beteiligt.

▪▪▪ Der Begriff **Arteriogenese** umfasst die Reifung von Gefäßen, die einhergeht mit einer Rekrutierung und longitudinalen Migration von glatten Muskelzellen entlang der Gefäßwand. Einen pathophysiologischen Sonderfall der Arteriogenese im adulten Organismus stellt die exzessive Größenzunahme (bis um das 20-fache) von ursprünglich **rudimentären Kollateralen zu funktionsfähigen Arterien** in der Skelettmuskulatur bzw. im Herzen bei Verschluss der zuführenden Arterie dar.

Phasen der Angiogenese. Angiogenese beinhaltet einen komplexen mehrstufigen Prozess, in dessen Ablauf engmaschig kontrollierte Interaktionen zwischen den vaskulären Zellen und der extrazellulären Matrix stattfinden. Obwohl Endothelzellen die entscheidenden Zellen für die initialen Schritte der Angiogenese darstellen, sind an dem weiteren Ablauf der Gefäßneubildung auch glatte Muskelzellen, Perizyten und Fibroblasten beteiligt.

Unter normalen Bedingungen weisen Endothelzellen nur sehr geringe Replikationsraten (weniger als 0,01 %) auf. Angiogene Stimuli aktivieren die Endothelzellen und führen zu einer rasch einsetzenden Proliferation. Die Phase der ***Aktivierung***, des ***Aussprossens*** in kapillarähnliche Strukturen und der ***Differenzierung*** lässt sich dabei grob schematisch gliedern:

- Zunahme der venulären Permeabilität einhergehend mit extravaskulären Fibrinablagerungen,
- Freisetzung von Proteasen aus dem Endothel,
- Abbau der Basalmembran und der das Gefäß umgebenden extrazellulären Matrix,
- Endothelzellmigration,
- Endothelzellproliferation sowie Ausbildung eines Kapillarlumens,
- Anastomosierung der neugebildeten Kapillaren, Beginn der Durchblutung,
- Entwicklung der Wandstruktur, Rekrutierung und Differenzierung von glatten Muskelzellen und Perizyten.

Die initiale Erhöhung der Gefäßpermeabilität ist im Wesentlichen Folge einer Aktivierung der Endothelzellen

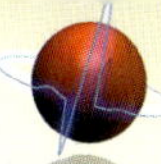

durch VEGF. Diese Aktivierung ist desweiteren assoziiert mit einer verstärkten NO-Produktion und Vasodilatation der Widerstandsgefäße (▣ Abb. 28.31).

»Angiogenic switch«. Das Einwandern der Zellen in das Gewebe setzt den lokalen Abbau der Basalmembran und der umgebenden extrazellulären Matrix voraus. Die wesentlichen hieran beteiligten Proteasen sind Serinproteasen der Plasminogenaktivator-Familie (tPA, uPA) und Matrixmetalloproteasen. Im Rahmen der Proteolyse der extrazellulären Matrix kommt es auch zur Freisetzung bzw. Aktivierung einer Reihe von Heparin-bindenden endothelialen Wachstumsfaktoren (bFGF, VEGF, IGF-1) und Chemokinen. Letztlich erfolgt die Steuerung und Regulation der Angiogenese über eine Vielzahl von auto- und parakrin wirksamen Molekülen mit positiver oder negativer regulatorischer Aktivität sowie lokalen metabolischen Stimuli (Hypoxie, Hypoglykämie). Die Initiierung dieses Prozesses stellt dabei ein relativ diskretes, zeitlich begrenztes Ereignis dar, der sog. ***Angiogenic Switch***, ausgelöst durch eine Verschiebung der Balance zwischen pro- und anti-angiogenen Modulatoren zugunsten der angiogenen Stimuli.

Gefäßspezifische Wachstumsfaktoren

Die Familie des *Vascular Endothelial Growth Factor* (VEGF) bildet zusammen mit den dazugehörigen Rezeptoren das wesentliche Element für die Regulation der Angiogenese

VEGF. Bislang wurden fünf Gene für die VEGF-Proteinfamilie identifiziert (VEGF-A bis -E). Durch alternatives Splicing der VEGF-mRNA ergeben sich bei VEGF-A, dem Hauptrepräsentant der Familie, fünf Isoformen, die entsprechend der Anzahl der Aminosäuren im reifen Protein bezeichnet werden (z. B. $VEGF_{121}$). Charakteristisch für die drei ***VEGF-Rezeptoren*** (***VEGFR-1***, früher Flt-1; ***VEGFR-2***, früher Flk-1/KDR, ***VEGFR-3***, früher Flt-4) sind die extrazellulären Immunglobulin-ähnlichen Domänen, eine transmembranäre Region sowie die intrazelluläre Tyrosinkinase (▶ s. Kap. 2.5). Während VEGFR-1 und -2 überwiegend am vaskulären Endothel exprimiert sind und hier die Vielzahl der Effekte der VEGF-Familie, speziell der VEGF-A-Isoformen vermitteln, ist ***VEGFR-3*** hauptsächlich am ***lymphatischen Endothel*** nachzuweisen. So führt z. B. eine Mutation des VEGFR-3, dessen wesentlicher Ligand VEGF-C ist, zu massiven Störungen im lymphatischen System ***(hereditäres Lymphödem)***.

Die große biologische Bedeutung von VEGF in der Embryonalentwicklung wird unterstrichen durch den Befund, dass bereits die ***Ausschaltung eines Allels*** des VEGF-Gens ***letal*** ist. VEGF scheint darüber hinaus auch Funktionen im Zentralnervensystem zu haben.

28.8. Tumorangiogenese

Pathologie. Die Angiogenese gehört zu den essenziellen Vorgängen, die sowohl das Wachstum als auch die Metastasierung von Tumoren bestimmen. Um sich zu vermehren, müssen Tumorzellen, wie auch andere Zellen, über das Gefäßsystem mit Sauerstoff und Nährstoffen versorgt werden. Die Begrenzung des diffusiven Transports auf sehr kurze Distanzen bedeutet, dass Tumoren ab einer bestimmten Größe (ca. 2 mm^3 Volumen) zur weiteren Proliferation ein Netzwerk aus versorgenden Blutgefäßen benötigen. Diese Gefäßbildung kann über Sprossung bzw. intussuszeptives Wachstum bereits bestehender Gefäße oder Einbau und Differenzierung endothelialer Progenitorzellen aus dem Knochenmark geschehen. Ein entscheidender Mechanismus ist hierbei die verstärkte Bildung angiogener Faktoren, wie die der VEGF- und Angiopoetin-Familie, durch die Tumorzellen, welche vor allem über die auftretende Hypoxie vermittelt wird.

Therapie. Als ein neuartiger Therapieansatz in der Behandlung von Tumoren wird derzeit die Hemmung von angiogenen Faktoren und deren Rezeptoren bzw. die Stimulation endogener Angiogenese-Inhibitoren erprobt.

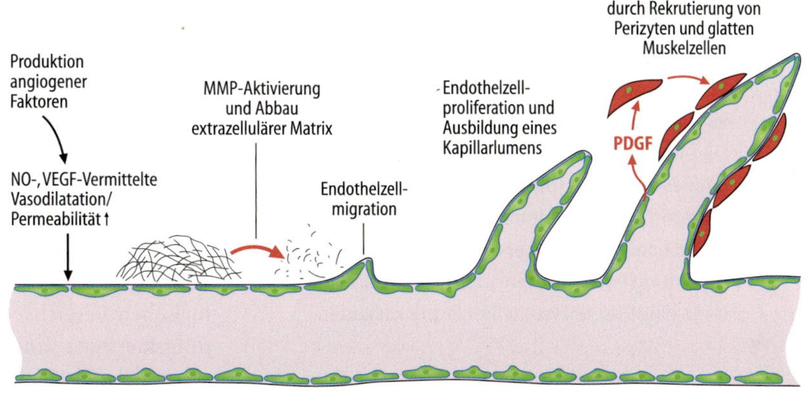

▣ Abb. 28.31. Schematische Darstellung der Teilschritte der Angiogenese. Im letzten Schritt der Gefäßneubildung führt die Freisetzung von PDGF aus Endothelzellen zur Rekrutierung von Perizyten und glatten Muskelzellen, die die Stabilisierung der neu gebildeten Gefäße bewirken. Weitere Einzelheiten ▶ s. Text. *PDGF:* Platelet-derived Growth Factor; *VEGF:* Vascular Endothelial Growth Factor

Angiopoietine. Die zweite Familie von endothelspezifischen Wachstumsfaktoren stellen die Angiopoietine *(Ang-1, -2, -3, -4)* dar, die über den ***Tie2-Rezeptor***, eine Rezeptortyrosinkinase mit extrazellulären Immunglobulin-ähnlichen und repetitiven Cystein-reichen Domänen, stimulatorische bzw. inhibitorische Effekte auf die Vaskulogenese und Angiogenese ausüben. Liganden für den Tie1-Rezeptor sind bislang noch nicht identifiziert. Ang-1 und -2 sind Glykoproteine, die mit ähnlicher Affinität an Tie2 binden, wobei Ang-2 als der natürliche Antagonist von Ang-1 wirkt, der die Ang-1-induzierte Autophosphorylierung von Tie2 hemmt (ein analoges agonistisch-antagonistisches Muster zeigt sich bei Ang-4 und Ang-3). Während Ang-1 hauptsächlich in peri-endothelialen Zellen, einschließlich glatten Muskelzellen exprimiert wird, wird ***Ang-2*** im wesentlichen in ***Endothelzellen*** von Geweben mit ***starkem vaskulären Remodelling*** exprimiert, wie Ovar, Uterus und Plazenta. Ähnlich wie die Gendeletion von VEGF führt auch die Ausschaltung von Tie2 in der Maus zu einem nicht-lebensfähigen Phänotyp mit massiven Abnormalitäten der vaskulären Morphogenese und Hämatopoese.

▪▪▪ Während der VEGF-Signalweg eine Reihe verschiedener Prozesse bei der Gefäßentwicklung kontrolliert, beginnend von der Vaskulogenese bis zur nachfolgenden Expansion des Gefäßnetzwerks, scheint die **Funktion des Ang/Tie2-Signalweges** mehr auf spätere Stadien der Gefäßentwicklung begrenzt zu sein, wie **Reifung und Remodellierung des Netzwerks**, wobei auch hier gegenläufige Effekte der beiden Liganden Ang-1 und Ang-2 zu beobachten sind.

In Kürze

Das Endothel, ein zentraler Modulator vaskulärer Funktionen

Das Endothel moduliert die Konzentrationen der im Blut zirkulierenden vasoaktiven Substanzen und ist an der Regulation des Gefäßtonus durch Bildung und Freisetzung vasoaktiver Autakoide beteiligt:

- Die wichtigste Rolle spielt hierbei Stickstoffmonoxid (NO), das schubspannungsabhängig freigesetzt wird und eine Dilatation der kleinen Arterien und Arteriolen bewirkt. Dadurch wird die myogen oder neurogen ausgelöste Vasokonstriktion abgeschwächt.
- Bei Schädigung des Endothels wird Endothelin-1, ein potentes vasokonstriktorisches Peptid aus dem Endothel freigesetzt.
- Die in Endothelzellen und glatten Muskelzellen gebildeten Sauerstoffradikale wirken in niedrigen Konzentrationen als intrazelluläre Signalmoleküle und beeinflussen über die Aktivierung bzw. Hemmung von Enzymen und Transkriptionsfaktoren eine Vielzahl vaskulärer Signalkaskaden.

▼

Unter Angiogenese versteht man den streng regulierten Prozess der Aussprossung kapillarähnlicher Strukturen aus existierenden postkapillären Venolen sowie den Prozess der Umstrukturierung eines primitiven kapillären in ein reifes Gefäßnetzwerk. Die Familie des VEGF, eines endothelspezifischen Wachstumsfaktors, bildet zusammen mit den dazugehörigen Rezeptoren ein regulatorisches Grundelement für die Angiogenese.

28.9 Synopsis der lokalen und systemischen Durchblutungsregulation

Lokale Mechanismen

Die Anpassung der regionalen Durchblutung an den Bedarf erfolgt über ein Zusammenspiel neurogener, myogener, humoraler, lokal-chemischer und endothelialer Mechanismen

NO als Koordinator. Bei der Gesamtbetrachtung aller Faktoren, die bei der lokalen Durchblutungsregulation eine Rolle spielen, ist von Bedeutung, dass die einzelnen Gefäßabschnitte der Mikrozirkulation unterschiedliche Sensitivitäten gegenüber den verschiedenen Faktoren aufweisen (Abb. 28.32). Durch die ***schubspannungsabhängige NO-Freisetzung*** kann sich die in den terminalen Arteriolen metabolisch induzierte Dilatation stromaufwärts bis in die großen Arteriolen und terminalen Arterien ausbreiten ***(aszendierende Dilatation)***. Beispiele für das z. T. synergistische, z. T. antagonistische Zusammenwirken dieser lokalen Mechanismen auf den Gefäßtonus sind die ***Autoregulation*** von Organstromgebieten, die ***funktionelle Hyperämie*** und die ***reaktive Hyperämie***.

Autoregulation. Den Grundmechanismus für die Autoregulation liefert die ***myogene Antwort***. Hierbei kommt es mit steigendem transmuralem Druck zu einer myogen bedingten Kontraktion, die so stark ist, dass die Durchblutung in einem weiten Druckbereich konstant bleibt. Außerhalb dieses Druckbereichs findet sich ein mehr oder weniger ausgeprägtes druckpassives Dehnungsverhalten der Gefäße. Das Phänomen der Autoregulation lässt sich, vor allem in der Niere, dem Gehirn, dem Herz, der Skelettmuskulatur und dem Intestinaltrakt beobachten (Abb. 28.33). Grundsätzlich ist die Autoregulation auch nach Ausschaltung der vasomotorischen Nerven erhalten, jedoch auf einem höheren Durchblutungsniveau. Umgekehrt findet sich bei starker Sympathikusaktivierung eine entsprechende (abszissenparallele) Verschiebung der Plateauphase der ***Druck-Stromstärke-Beziehung*** zu niedrigeren Werten. Die Grenzen des autoregulatorischen Bereichs wie auch das Ausmaß der Durchblutungskonstanz sind in den einzelnen Organen unterschiedlich (Abb. 28.33).

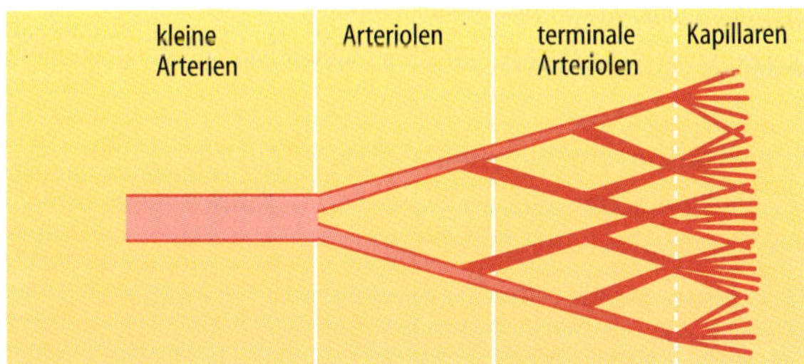

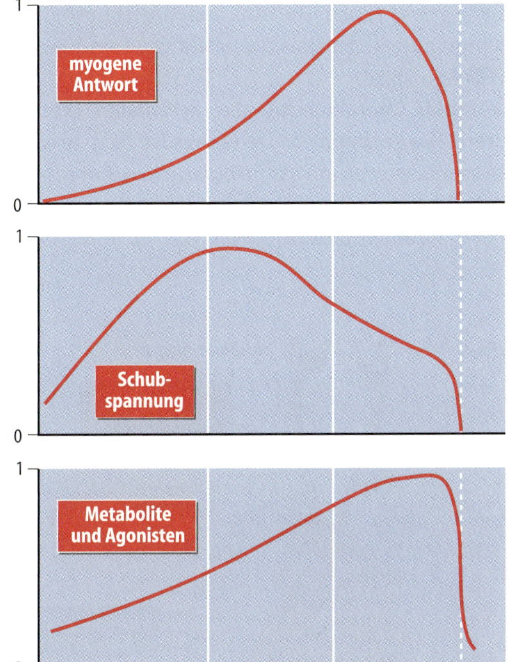

Abb. 28.32. Verteilung der Empfindlichkeit eines arteriellen Netzwerkes (Koronarsystem) gegenüber Einflüssen. Alle Antworten sind auf ihr Maximum normiert

Das einzige Organ, in dem ***keine Autoregulation*** auftritt, ist die ***Lunge.*** Mit ansteigendem Perfusionsdruck kommt es in den stark dehnbaren Lungengefäßen zu einer Durchmesserzunahme und damit zu einem überproportialen Anstieg der Stromstärke (Abb. 28.33).

»Kritischer Verschlussdruck«. Wie aus Abb. 28.33 ersichtlich, würden die extrapolierten Verlängerungen der Druck-Stromstärke-Kurven nicht durch den Nullpunkt des Koordinatensystems laufen, sondern würden die Druckabszisse bei einem positiven Druckwert schneiden. Der für diese Druckwerte in der Literatur geprägte Begriff des »kritischen Verschlussdrucks« (Critical Closing Pressure) ist jedoch mehr als fraglich. Wahrscheinlich sind rheologische Faktoren wie z. B. **Erhöhung der scheinbaren Viskosität** des Blutes bei stark abnehmender Schubspannung für den **Strömungsstillstand** bei Druckwerten oberhalb Null verantwortlich.

Funktionelle (metabolische) Hyperämie. Eine weitgehend ***lineare Beziehung*** zwischen der Größe der ***Stoffwechselaktivität*** und der ***Durchblutung*** findet sich vor allem in Organen mit stark wechselnder metabolischer Aktivität wie Herz, Skelettmuskel und exokrinen Drüsen. Diese funktionelle Hyperämie resultiert aus der Dominanz der lokal-chemischen dilatatorischen Einflüsse über die myogenen und neurogenen konstriktorischen Effekte. Zu der ***Aufhebung des neurogen vermittelten Tonus*** tragen die ***lokal-chemischen Mediatoren*** nicht nur direkt durch ihre Effekte an der glatten Muskulatur bei, sondern auch indirekt über die ***Hemmung der Noradrenalinfreisetzung*** aus den sympathischen Varikositäten. An den terminalen Arterien und größeren Arteriolen, die nicht mehr metabolisch kontrolliert werden, ***antagonisiert*** zusätzlich die ***schubspannungsabhängige NO-Freisetzung*** die neurogen vermittelte Konstriktion.

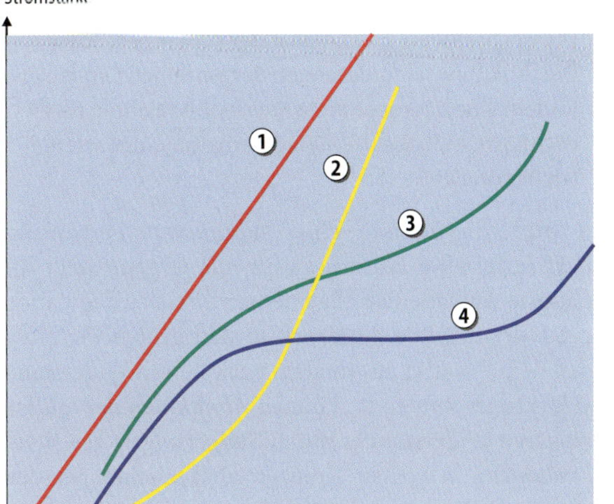

Abb. 28.33. Druck-Stromstärke-Beziehungen. (1) Für ein starres Rohr, (2) ein druckpassiv dehnbares Gefäßsystem (z. B. Lunge,) sowie zwei autoregulierende Gefäßsysteme (z. B. Herz (3), Niere (4)). Nur in dem starren Rohr ergibt sich eine Proportionalität zwischen Druck und Stromstärke

Reaktive Hyperämie. Nach vorübergehender ***Unterbrechung der Blutzufuhr*** lässt sich in allen Geweben eine reaktive ***(post-ischämische) Hyperämie*** auslösen. Das Maximum dieser reaktiven Durchblutungssteigerung wie auch die Dauer sind dabei abhängig von der Dauer des Gefäßverschlusses sowie der Stoffwechselaktivität des betroffenen Gewebes. An der Ausbildung der reaktiven Hyperämie sind ***myogene, metabolische*** und ***endotheliale Komponenten*** beteiligt. Durch den Abfall des transmuralen Drucks während des Durchblutungsstopps kommt es zu einem Verlust des myogenen Tonus und damit nach Wiedereröffnung der Strombahn zu einer Dilatation. Dieser Mechanismus spielt vor allem bei kürzeren Ischämien (<30 s) eine wichtige Rolle. Hinzu kommt bei längeren Ischämien die ***Akkumulation von vasoaktiven Metaboliten*** und ein ***Abfall des*** P_{O2}. Die myogen-metabolisch induzierte Dilatation wird nach Wiedereröffnung des zuführenden Gefäßes durch die schubspannungsabhängige NO-Freisetzung noch erheblich verstärkt.

VI

Aufgaben der systemischen Kreislaufregulation

! Die wechselnden, z. T. miteinander konkurrierenden Durchblutungsanforderungen der einzelnen Organe erfordern eine übergeordnete Kreislaufregulation, deren wichtigste Aufgabe die Aufrechterhaltung des arteriellen Blutdrucks ist

Die ***Aufrechterhaltung eines adäquaten Perfusionsdrucks*** (arterieller Blutdruck) für alle Organe stellt die wichtigste Aufgabe der allgemeinen Kreislaufregulation dar. Da der mittlere Blutdruck in den großen Arterien gleich dem Produkt aus totalem peripherem Widerstand und Herzzeitvolumen ist, können ***Abnahmen des totalen peripheren Widerstandes*** durch ***Steigerungen des Herzzeitvolumens*** in weiten Grenzen ausgeglichen werden und umgekehrt. Abnahmen des totalen peripheren Widerstandes, die aufgrund eines Mehrbedarfs in einzelnen Organstromgebieten ausgelöst werden, können aber auch durch vasokonstriktorische Reaktionen in anderen Stromgebieten mehr oder weniger vollständig kompensiert werden.

Gefäßkapazität und Blutvolumen. Weitere wichtige Anpassungen betreffen das Verhältnis zwischen Gefäßkapazität und Blutvolumen. Stärkere Änderungen der Gefäßkapazität werden durch vasomotorische Reaktionen der Kapazitätsgefäße ausgelöst, vor allem im Bereich der Splanchnikusvenen, während die Größe des Blutvolumens sowohl durch die kapilläre Filtration-Reabsorptionsrate als auch durch die renale Flüssigkeitsausscheidung in Relation zur Flüssigkeitsaufnahme bestimmt wird.

Die verschiedenen Anpassungsvorgänge lassen sich je nach Wirkungseintritt und Dauer in ***kurzfristige*** bzw. ***langfristige Regulationsmechanismen*** einteilen.

Pressorezeptoren

! Pressorezeptoren (Barorezeptoren) im arteriellen Gefäßsystem dienen als Messfühler eines Regelkreises, über den der mittlere arterielle Blutdruck durch Anpassung von Herzzeitvolumen und totalem peripheren Widerstand konstant gehalten wird

Vasomotorische Reflexe und Reaktionen. Zu den kurzfristigen Regulationsmechanismen gehören:

- die Pressorezeptorenreflexe,
- die von den arteriellen Chemorezeptoren ausgelösten Kreislaufeffekte,
- die Ischämiereaktion des ZNS.

Als gemeinsames Merkmal zeigen diese Mechanismen einen schnellen, innerhalb von wenigen Sekunden erfolgenden Wirkungseintritt. Die Intensität der Reaktionen ist stark, sie schwächt sich jedoch im Verlauf von wenigen Tagen entweder vollständig (Pressorezeptoren) oder teilweise (Chemorezeptoren, Ischämiereaktion des ZNS) ab. Die nerval vermittelten vasomotorischen Effekte werden durch hormonale Einflüsse ergänzt, an denen neben Adrenalin und Noradrenalin das verzögert wirkende Adiuretin (ADH) und Angiotensin II beteiligt sind.

Lokalisation der arteriellen Pressorezeptoren. An der Grenze zwischen Adventitia und Media der großen thorakalen und zervikalen Arterien finden sich zahlreiche buschartig verflochtene Nervenfasern mit Rezeptoren in Form ovaler, innerlich lamellierter Endorgane. Diese sog. Presso- oder Barorezeptoren werden durch ***Dehnung der Gefäßwände*** in Abhängigkeit von der Größe des transmuralen Drucks erregt. Die funktionell wichtigsten Pressorezeptorenareale liegen im Aortenbogen und Karotissinus (Abb. 28.34).

Druck-Impuls-Charakteristik der arteriellen Pressorezeptoren. Bei ***stationären*** Dehnungsdrücken reagieren die Pressorezeptoren mit ***kontinuierlichen Impulsentladungen.*** Mit steigendem Druck kommt es zu einem Anstieg der Summenimpulsfrequenz bis zu einem Sätti-

A

Karotis sinus

A. carotis interna

Arterielle Pressorezeptoren

Aortenbogen

Lunge

Kardiopulmonale Rezeptoren

B

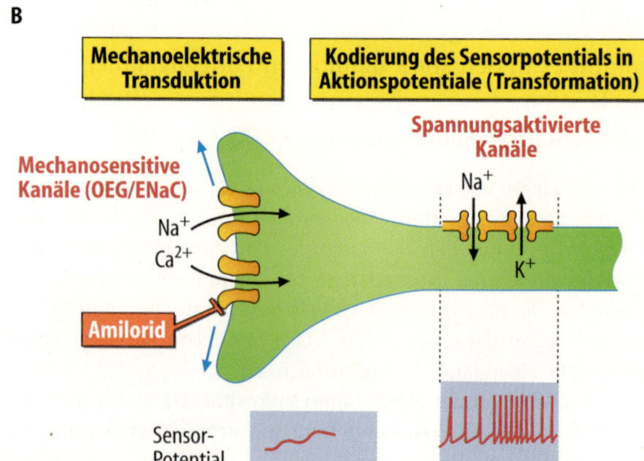

Abb. 28.34. Übersicht über die Lokalisation der arteriellen und kardiopulmonalen Presso- (Dehnungs-)Rezeptoren (A) sowie Modell der Mechanotransduktion an den Barorezeptor-Endigungen (B). Die dehnungsempfindlichen Kanäle gehören zur Familie der epithelialen Na^+-Kanäle (*ENaC*; Degenerin-Familie: *DEG*) und sind durch Amilorid hemmbar

gungswert, der unter statischen Bedingungen bei Drücken über 160 mm Hg und unter dynamischen (pulsatorischen) Bedingungen bereits bei 140 mm Hg erreicht wird. Aufgrund ihres ***Proportional-Differential-(PD-) Verhaltens*** reagieren die Pressorezeptoren auf Druckschwankungen in den Arterien mit ***rhythmischen Impulsmustern***, bei denen sich die Frequenz umso stärker ändert, je größer die Amplitude und/oder der Quotient $\Delta P/\Delta t$ sind (◘ Abb. 28.35). Die Pressorezeptoren liefern somit nicht nur Informationen über den mittleren arteriellen Druck, sondern zugleich auch über die ***Größe der Druckamplitude, die Steilheit des Druckanstiegs*** und die ***Herzfrequenz.***

Pressorezeptorenreflex und seine funktionelle Bedeutung

Durch reflektorisch ausgelöste Änderungen des peripheren Widerstandes und des Herzzeitvolumens wird bei akuten Abweichungen des arteriellen Drucks eine schnelle Wiederannäherung an den Ausgangsdruckwert erreicht

Regelkreis der kurzfristigen Blutdruckregulation. Die afferenten Impulse der Pressorezeptoren werden im Nucl. tractus solitarii auf Neurone umgeschaltet, die ihrerseits eine Population von Interneuronen in der ***kaudalen ventrolateralen Medulla*** erregen. Diese Neurone wiederum hemmen die für die Sympathikus-Aktivierung verantwortlichen Neurone in der ***rostralen ventrolateralen Medulla*** (► s. Kap. 20.6). Sie stellen also das ***negativ rückgekoppelte Schaltelement*** in dem Regelkreis der Blutdruckregulation dar. Vom Nucl. tractus solitarii erfolgt auch eine Weiterleitung der Pressorezeptoren-Impulsaktivität über polysynaptische Wege zu den im Nucl. ambiguus gelegenen präganglionären Neuronen des N. vagus.

Aufgrund der Entladungscharakteristik der Pressorezeptoren sind diese hemmenden Einflüsse bereits bei normalen Blutdruckwerten wirksam. Die arteriellen Pressorezeptoren üben damit die Funktion eines ***Blutdruckzüglers*** aus. Bei verstärkter Erregung der Pressorezeptoren aufgrund einer arteriellen Drucksteigerung werden die postganglionären ***sympathischen*** Efferenzen zum Herzen und zu den Gefäßen ***gehemmt***, während die ***parasympathischen*** Nerven zum Herzen ***erregt*** werden. Im Bereich der ***Widerstandsgefäße*** kommt es durch die Abnahme des sympathisch-adrenerg vermittelten Gefäßtonus zu einer ***Abnahme des totalen peripheren Widerstandes***, im Bereich der ***Kapazitätsgefäße*** zu einer ***Zunahme der Kapazität.*** Beide Vorgänge führen direkt bzw. indirekt (über Abnahme des zentralen Venendrucks mit entsprechenden Rückwirkungen auf das Schlagvolumen) zur ***Senkung des arteriellen Drucks*** (◘ Abb. 28.35). Dieser Effekt wird durch die gleichzeitige ***Abnahme des Herzzeitvolumens*** (Senkung der Herzfrequenz und der Kontraktionskraft) weiter verstärkt. Bei verminderter Erregung der Pressorezeptoren aufgrund einer arteriellen Drucksenkung laufen entgegengesetzte Reaktionen mit

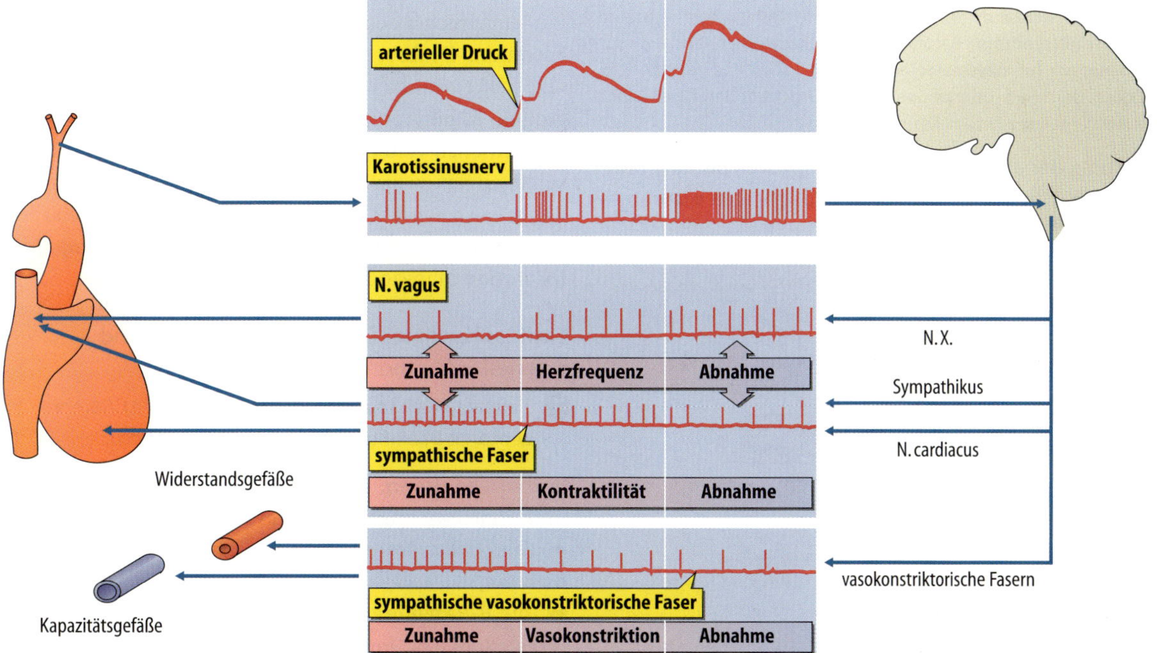

◘ **Abb. 28.35. Reflektorische Reaktionen bei veränderter Erregung der Pressorezeptoren im Karotissinus.** Bei Senkung des arteriellen Drucks nimmt die Erregung der Pressorezeptoren ab. Die reflektorisch gesteigerte Aktivität der sympathischen vasokonstriktorischen und kardialen Fasern löst Zunahmen des peripheren Widerstandes und der Herzfrequenz aus, sodass der Blutdruck wieder ansteigt. Bei erhöhtem arteriellem Druck treten entgegengesetzte Reaktionen auf. Weitere Einzelheiten ► s. Text

dem Ergebnis ab, dass der arterielle Druck wieder ansteigt (▣ Abb. 28.36).

Homöostatische Selbststeuerung des Kreislaufs. Der *»stabilisierende« Einfluss* der von den arteriellen Pressorezeptoren ausgehenden reflektorischen Anpassungsvorgänge zeigt sich deutlich in der Häufigkeitsverteilung der über 24 h gemessenen Blutdruckwerte (▣ Abb. 28.37). Bei intakten Karotissinusnerven findet sich ein Maximum im Bereich des normalen mittleren Drucks von 100 mm Hg. Nach Ausschaltung der Pressorezeptoren durch Denervierung streuen die Werte dagegen in einem weiten Bereich. Der mittlere Blutdruck nach Denervierung weicht jedoch nur wenig von dem mittleren Blutdruck unter Normalbedingungen ab. Die zusätzliche Ausschaltung der Afferenzen aus Vorhöfen, Kammern (► s. u.) und Lunge führt hingegen zu einer dauerhaften Erhöhung des mittleren arteriellen Drucks (▣ Abb. 28.37). Dies erklärt sich aus dem Wegfall der tonischen Hemmung der Sympathikusaktivität, die über diese *kardiopulmonalen Afferenzen* vermittelt wird.

▪▪▪ **Rezeptoradaption.** Bei experimentell erzeugter **Blutdruckerhöhung** adaptieren sich die arteriellen Pressorezeptoren unter Beibehaltung ihrer vollen Funktion im Verlauf von Stunden bis Tagen an das erhöhte Druckniveau. Aufgrund dieses sog. **Resetting** werden Drucksenkungen durch die blutdruckstabilisierenden Effekte vermindert, und der Selbststeuerungsmechanismus trägt durch die Fixierung der erhöhten Druckwerte zur Ausbildung weiterer pathologischer Veränderungen bei.

Eine verstärkte Erregung der Pressorezeptoren durch **Druck oder Schlag auf den Karotissinus** von außen löst ebenfalls Absenkungen des Blutdrucks und der Herzfrequenz aus. Bei älteren Menschen mit arteriosklerotischen Gefäßveränderungen kann dabei ein vorübergehender Herzstillstand (ca. 4–6 s) mit Bewusstseinsverlust auftreten (**Karotissinussyndrom**). Bei anfallsweise auftretenden Herzfrequenzsteigerungen (**paroxysmale Tachykardie**) ist es andererseits u. U. möglich, durch ein- oder doppelseitigen Druck auf den Karotissinus die Herzfrequenz zu normalisieren.

Einflüsse der arteriellen Pressorezeptoren auf das Blutvolumen. Durch die reflektorisch ausgelösten vasomotorischen Reaktionen im Bereich der prä- und postkapillären Gefäßabschnitte kommt es zwangsläufig auch zu Änderungen des *effektiven transmuralen Kapillardrucks* mit entsprechenden Rückwirkungen auf das kapilläre Filtrations-Reabsorptions-Gleichgewicht. Aufgrund dieser Effekte können v. a. in der Skelettmuskulatur mit ihrer großen Kapillaroberfläche und einem stark variablen interstitiellen Volumen relativ schnell erhebliche Flüssigkeitsmengen zwischen intravasalem und interstitiellem Raum ausgetauscht werden. Bei schwerer Muskelarbeit kann daher das *Plasmavolumen* durch die *präkapilläre Dilatation* in 15–20 min um 10–15 % abnehmen.

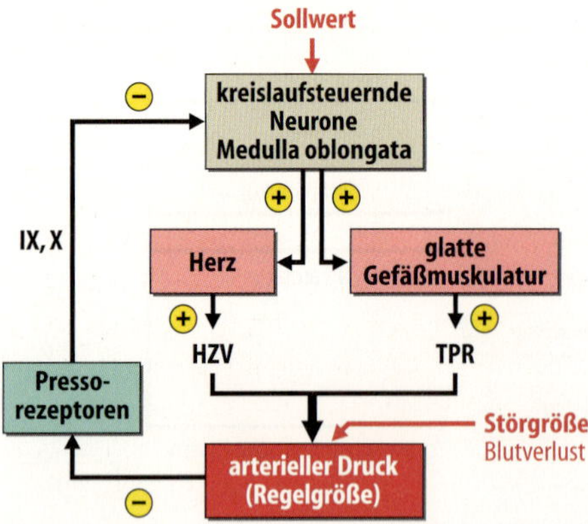

▣ **Abb. 28.36. Blockschema der Blutdruckregelung durch die arteriellen Pressorezeptoren bei Blutdruckabfall.** Die Zeichen + und – bedeuten Zunahme und Abnahme der Impulsfrequenz sowie der mechanischen Wirkung. *HZV:* Herzzeitvolumen, *TPR:* totaler peripherer Widerstand

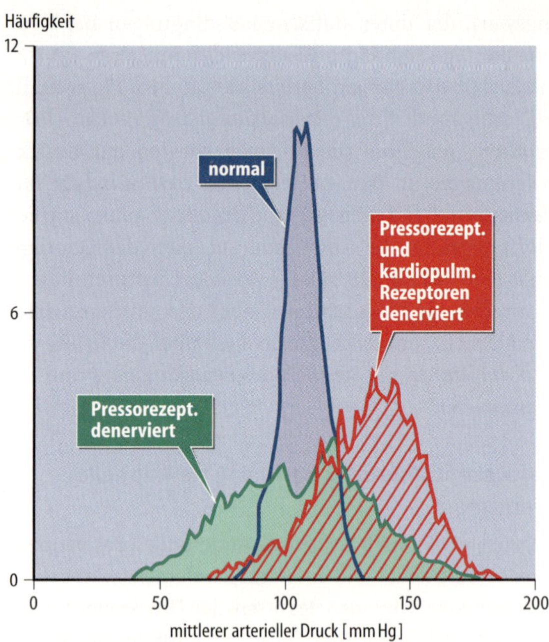

▣ **Abb. 28.37. Häufigkeitsverteilung des mittleren Blutdrucks über 24 h.** Messungen an einem Hund mit intakten Pressorezeptoren (normal), mehrere Wochen nach Denervierung der arteriellen Pressorezeptoren (Pressorezept. denerviert) sowie nach Denervierung der Pressorezeptoren und der Rezeptoren aus den Vorhöfen, Kammern und der Lunge (Pressorezept. + kardiopulm. Rezept. denerviert). Nach Cowley et al (1973) und Persson et al (1988)

Einfluss kardialer Dehnungsrezeptoren und arterieller Chemorezeptoren

Kardiale Mechanorezeptoren und arterielle Chemorezeptoren beeinflussen den arteriellen Blutdruck

Vorhofrezeptoren. In beiden Vorhöfen finden sich 2 funktionell wichtige Typen von *Dehnungsrezeptoren*:
- Die *A-Rezeptoren* entladen während der *Vorhofkontraktion*,
- die *B-Rezeptoren* dagegen während der *späten Ventrikelsystole* bzw. beim Anstieg des Vorhofdrucks zur v-Welle (▣ Abb. 28.38).

Die afferenten Impulse der Vorhofrezeptoren verlaufen in sensiblen Fasern des N. vagus zu den kreislaufsteuernden

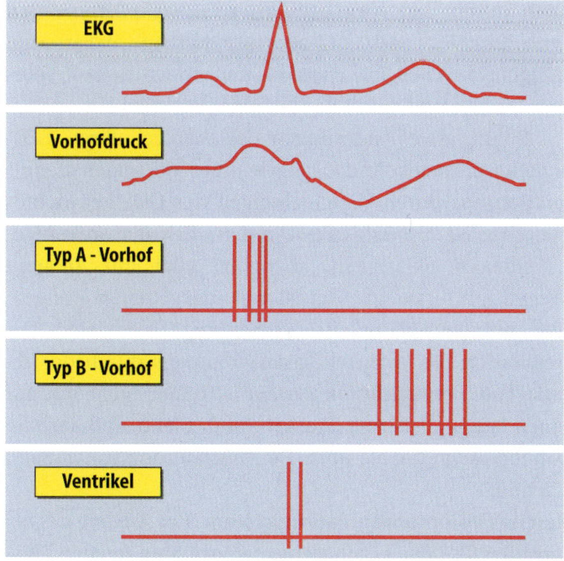

Abb. 28.38. Aktivität von Vorhofrezeptoren sowie eines Ventrikelrezeptors in Beziehung zum EKG und Druck im linken Vorhof

Neuronen des Nucl. tractus solitarii und anderen Strukturen des ZNS.

Einflüsse der Vorhofrezeptoren auf den Blutdruck und die Herzfunktion. Bei isolierter Erregung der ***B-Rezeptoren*** treten weitgehend ähnliche reflektorische Effekte wie bei Erregung der arteriellen Pressorezeptoren auf. Ein Unterschied besteht darin, dass die ***B-Rezeptoren*** besonders ***starke vasomotorische Wirkungen*** an den Nierengefäßen, die arteriellen Pressorezeptoren dagegen an den Muskelgefäßen (► s. o.) ausüben. Eine veränderte Erregung der B-Rezeptoren dürfte daher überwiegend die von der Nierendurchblutung mitbestimmte ***renale Flüssigkeitsausscheidung*** beeinflussen. Die Hemmung der renalen Sympathikusaktivität bei Erregung der B-Rezeptoren führt desweiteren über eine Abnahme der Reninfreisetzung zu einer verminderten Aktivität des Renin-Angiotensin-Aldosteron-Systems (► s. u.), das für die langfristige Volumenregulation von entscheidender Bedeutung ist.

Die Vorhofrezeptoren nehmen zusammen mit den Rezeptoren an der Einmündung der Hohlvenen in den rechten Vorhof bei der ***Regulation des intravasalen Volumens*** insofern eine Sonderstellung ein, als sie durch ihre Lokalisation den Füllungszustand des Niederdrucksystems und die Dynamik der Ventrikelfüllung optimal erfassen können und zugleich sehr empfindlich reagieren. So beeinflussen bereits geringe Volumenschwankungen diese Rezeptoren, deren afferente Impulse auch die ***osmoregulatorischen Strukturen*** im Hypothalamus erreichen, von denen die ***ADH-Sekretion*** gesteuert wird (Gauer-Henry-Reflex). Durch Erregung der ***A-Rezeptoren*** wird dagegen die Aktivität des sympathischen Systems erhöht.

Ventrikelrezeptoren. In den Ventrikeln sind in geringer Zahl ebenfalls Dehnungsrezeptoren mit vagalen Afferenzen vorhanden. Sie werden nur während der isovolumetrischen Kontraktion erregt (Abb. 28.38). Diese Rezeptoren sollen unter normalen Bedingungen die ***negativ chronotropen vagalen Einflüsse*** auf die Herzfrequenz aufrechterhalten, bei extremer Dehnung der Ventrikel jedoch eine reflektorische Bradykardie und Vasodilatation auslösen.

Einflüsse von arteriellen Chemorezeptoren. Die Kreislaufwirkungen der Chemorezeptoren im Glomus caroticum bzw. aorticum sind keine echten propriozeptiven Regulationsvorgänge, da adäquate Reize für ihre Erregung Abnahmen des O_2-Partialdrucks (und Zunahmen des CO_2- Partialdrucks bzw. der H^+-Konzentration) sind. Die afferenten Impulse der Chemorezeptoren stimulieren nicht nur die Atmung (► s. Kap. 33.3) sondern auch die sympatho-exzitatorischen Neurone in der ventrolateralen Medulla oblongata; so kommt es zu einem Anstieg der Herzfrequenz und des Herzzeitvolumens (► s. Kap. 26.3, ► Kap. 40.4).

Ischämiereaktion des ZNS. Bei einer unzureichenden Versorgung des Gehirns infolge einer Abnahme des arteriellen Drucks, bei arterieller Hypoxie oder bei Störungen der Hirndurchblutung aufgrund von Gefäßerkrankungen, Hirntumoren u. a. kommt es über die Erregung medullärer sympatho-exzitatorischer Neurone zu ***vasokonstriktorischen Reaktionen*** und damit zu ***Blutdrucksteigerungen.*** Die Intensität der Reaktionen hängt vom Ausmaß der Versorgungsstörung ab. Der arterielle Druck kann dabei auf Werte von 250 mm Hg und mehr ansteigen.

In Kürze

Zusammenspiel der lokalen Regulationsmechanismen

Die Anpassung der regionalen Durchblutung an den Bedarf erfolgt über ein Zusammenspiel verschiedener Mechanismen:

- Die myogene Reaktion der Widerstandsgefäße liefert die Grundlage für die Autoregulation der Organdurchblutung und gewährleistet in vielen Organstromgebieten (Ausnahme: Lunge) eine konstante Durchblutung bei wechselnden arteriellen Drücken.
- Die funktionelle Hyperämie resultiert aus der Dominanz der lokal-chemischen über die neurogenen Einflüsse, wobei an den terminalen Arterien und Arteriolen, die nicht mehr lokal-chemisch kontrolliert werden, die schubspannungsabhängige NO-Freisetzung die neurogen vermittelte Konstriktion aufhebt.
- Eine reaktive Hyperämie, die nach vorübergehender Unterbrechung der Blutzufuhr eintritt, wird durch myogene, metabolische und endotheliale Mechanismen ausgelöst.

▼

Regulation des Gesamtkreislaufes

Unter Kreislaufregulation versteht man alle Kontrollvorgänge, die den normalen Ablauf der Kreislauffunktion unter Ruhebedingungen sowie unter wechselnden Anforderungen, wie körperliche Leistung oder thermische Belastung, gewährleisten. Dazu tragen verschiedene Mechanismen bei:

- Der Pressorezeptorenreflex stellt einen geschlossenen Regelkreis dar, über den der mittlere arterielle Blutdruck konstant gehalten wird. So kommt es bei akutem Blutdruckanstieg über die Abnahme des peripheren Widerstandes und des Herzzeitvolumens sowie die Volumenzunahme der Kapazitätsgefäße zur Rückführung des Blutdrucks auf den Ausgangswert. Über die Verschiebung des kapillären Filtrations-Reabsorptions-Gleichgewichts ist der Pressorezeptorenreflex auch an der Regulation des Blutvolumens beteiligt.
- An der kurzfristigen Kreislaufregulation sind auch Dehnungsrezeptoren (A-Typ und B-Typ) in beiden Vorhöfen des Herzens beteiligt. Die durch passive Vorhofdehnung ausgelöste Aktivierung der B-Rezeptoren führt zu einer Hemmung der renalen Sympathikusaktivität und hierüber zu einer verminderten Aktivität des Renin-Angiotensin-Systems.
- Bei verstärkter Entladung der kardialen Dehnungsrezeptoren kommt es zu einer Hemmung der ADH-Sekretion (Gauer-Henry-Reflex).
- Die Erregung der arteriellen Chemorezeptoren bei Hypoxie führt über die Aktivierung sympatho-exzitatorischer Neurone in der Medulla zu einem Anstieg der Herzfrequenz und des Herzzeitvolumens.
- Eine Mangeldurchblutung des Gehirns führt über die Erregung sympatho-exzitatorischer Neurone in der Medulla zu vasokonstriktorischen Reaktionen und starkem Blutdruckanstieg (Ischämiereaktion der ZNS).

28.10 Langfristige Regulationsmechanismen

Grundmechanismen der Volumenregulation

Die langfristige Regulation des arteriellen Blutdrucks erfolgt vor allem durch Anpassung des Blutvolumens an die jeweilige Kreislaufsituation

Anpassung der Kapazität an das intravasale Volumen. Diese Anpassung erfolgt in erster Linie durch die bereits dargestellten vasomotorischen Reaktionen sowie das Renin-Angiotensin-System. Desweiteren findet eine Anpassung des intravasalen Volumens an die Kapazität auch durch den ***transkapillären Flüssigkeitsaustausch*** (► s. Kap. 28.4) statt, der aber nur Flüssigkeitsverschiebungen zwischen intravasalem und interstitiellem Volumen zulässt und damit nur begrenzt wirksam ist.

Quantitative Änderungen des extrazellulären Flüssigkeitsvolumens sind dagegen unter normalen Bedingungen nur durch Verschiebungen des Gleichgewichtes zwischen ***Nettoflüssigkeitsaufnahme***, d. h. der oral aufgenommenen Flüssigkeit, abzüglich aller auf anderen Wegen mit Ausnahme der Nieren abgegebenen Mengen, und ***renaler Flüssigkeitsausscheidung*** zu erzielen. Die Regulation des extrazellulären Volumens durch das ***renale Volumenregulationssystem*** ist daher nicht nur für einen ausgeglichenen Wasser- und Elektrolythaushalt, sondern auch für die normale Kreislauffunktion äußerst wichtig.

Renales Volumenregulationssystem. Ein ***Anstieg des arteriellen Blutdrucks*** führt zu einer erhöhten renalen Flüssigkeitsausscheidung (Abb. 28.39). Bei gleichbleibender Flüssigkeits- und Salzaufnahme nimmt hierdurch das extrazelluläre Flüssigkeitsvolumen und damit auch das Blutvolumen ab. Das kleinere Blutvolumen bewirkt eine Abnahme des mittleren Füllungsdrucks und damit des Herzzeitvolumens. Das kleinere Herzzeitvolumen führt zu Senkungen des Blutdrucks im Sinne einer Rückkehr auf die Ausgangswerte. ***Senkungen des Blutdrucks*** lösen entgegengesetzte Reaktionen aus, d. h. die renale Flüssigkeitsausscheidung nimmt ab, das Blutvolumen wird vergrößert, der Füllungsdruck sowie das Herzzeitvolumen nehmen zu, und der Blutdruck steigt wieder an.

Die Sensitivität dieses renalen Kontrollsystems, das den arteriellen Blutdruck nur langsam (über mehrere Tage) wieder zur Norm zurückbringt, wird über nervöse und hormonelle Einflüsse moduliert, die an der Niere und an der glatten Gefäßmuskulatur angreifen (Abb. 28.39).

Beziehungen zwischen Blutdruck und renaler Flüssigkeitsausscheidung. Die Wirksamkeit der Blutdruckregulation in diesem System ist abhängig vom Verhältnis der Blutdruckänderungen zu den damit induzierten Änderungen der renalen Flüssigkeitsausscheidung. Dies wird über die ***Druckdiurese*** erreicht. Die Druckdiurese beinhaltet eine Zunahme der Urinausscheidung trotz einer im Bereich der Autoregulation konstanten Nierendurchblutung und einer konstanten glomerulären Filtrationsrate. Hierfür ist wahrscheinlich eine ***druckabhängige Steigerung*** der ***Nierenmarkdurchblutung*** verantwortlich, die ein ***nur sehr geringes autoregulatives Verhalten*** zeigt. Der steile Verlauf der sog. ***Urinausscheidungskurve*** oberhalb des »normalen« Mitteldrucks von 100 mm Hg (Abb. 28.39) bedeutet, dass bereits sehr kleine Erhöhungen des arteriellen Drucks mit erheblichen Zunahmen der renalen Flüssigkeitsausscheidung verbunden sind. Bei Drücken unterhalb des »Normalwertes« sinkt dagegen die Flüssigkeitsausscheidung immer mehr ab

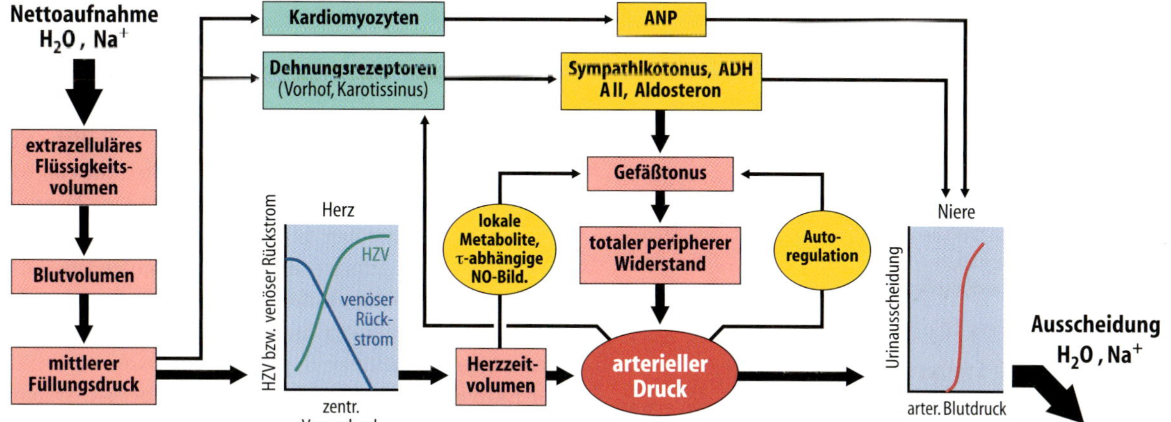

Abb. 28.39. Blockschema des renalen Volumenregulationssystems zur langfristigen Regulation des Blutdrucks

und sistiert schließlich völlig. Als Folge dieser starken Änderungen der renalen Flüssigkeitsausscheidung treten entsprechende Änderungen des extrazellulären Flüssigkeitsvolumens auf, die über die o.a. Vorgänge den arteriellen Druck auf die Ausgangswerte zurückführen.

Feinabstimmung der Volumenregulation

An der Optimierung der Volumenregulation sind das Renin-Angiotensin-Aldosteron-System, Adiuretin, natriuretische Peptide und möglicherweise das Kallikrein-Kinin-System beteiligt

Renin-Angiotensin-Aldosteron-System. Jede Form einer ***renalen Minderdurchblutung***, gleichgültig ob sie auf einer systemischen Blutdrucksenkung oder lokalen vasokonstriktorischen Reaktion bzw. pathologischen Veränderungen der Nierengefäße beruht, löst eine vermehrte Reninfreisetzung aus dem juxtaglomerulären Apparat der Niere aus. Eine gesteigerte Aktivität der sympathischen Nierennerven, wie sie als Folge einer verminderten Erregung der Vorhofrezeptoren und arteriellen Pressorezeptoren bei Abnahme des intravasalen Volumens auftritt, führt ebenfalls zu einer Erhöhung der Reninfreisetzung. Diese Freisetzung kann entweder direkt über die β-adrenerge Innervation der juxtaglomerulären Zellen oder indirekt über die α-adrenerg vermittelte Vasokonstriktion der afferenten Arteriolen ausgelöst werden.

▪▪▪ Neben den bereits beschriebenen akuten vaskulären Effekten (▶ Kap. 28.7) greift Angiotensin II durch Stimulierung der ADH-Freisetzung und des Trinkverhaltens auch in die langfristige Regulation des Blutvolumens ein. Diese Stimulierung erfolgt über eine Aktivierung von Neuronen im **Subfornikalorgan** und im **Organum vasculosum laminae terminalis**. Darüber hinaus stimuliert zirkulierendes Angiotensin II in Konzentrationen, die nur geringe vaskuläre Effekte auslösen, Neurone im Bereich der **Area postrema**, die wiederum efferente Verbindungen zu den sympatho-exzitatorischen Neuronen in der rostralen ventrolateralen Medulla besitzen. Auf diese Weise mindert zirkulierendes Angiotensin II die Empfindlichkeit des Barorezeptorenreflexes, d. h. die Abnahme der Herzfrequenz und der Sympathikusaktivität bei einem Druckanstieg. Diese direkte Beeinflussung von Neuronen im ZNS durch im Blut zirkulierende Substanzen ist möglich im Bereich der **zirkumventrikulären Organe**. Dies sind Strukturen des Hirngefäßsystems, bei denen die Blut-Hirn-Schranke nicht ausgebildet ist und fenestrierte Kapillaren vorliegen. Hierzu gehören die obengenannten Areale.

Angiotensin II ist desweiteren der stärkste Stimulus der ***Aldosteronsekretion***. In allen Fällen, in denen der Renin-Angiotensin-Mechanismus aktiviert wird, nimmt auch die Aldosteronkonzentration im Blut zu.

▪▪▪ Die Aldosteronwirkungen auf den Kreislauf setzen nach Stunden ein und sind erst nach einigen Tagen voll ausgeprägt. Eine vermehrte Aldosteronproduktion (**Hyperaldosteronismus** bei bestimmten Erkrankungen der Nebennierenrinde) führt zu einer vermehrten Wasser- und Salzretention sowie zu Blutdrucksteigerungen (Hypertonie), eine verminderte Aldosteronsekretion dagegen zu Blutdrucksenkungen (Hypotonie).

Adiuretin (ADH). Änderungen der Plasmaosmolalität, die über hypothalamische Osmorezeptoren detektiert werden, lösen die ADH-Freisetzung aus den Terminalen der Neurohypophyse aus. Desweiteren wird die ADH-Sekretion durch die Dehnungsrezeptoren der Vorhöfe (und die arteriellen Barorezeptoren) moduliert. ***Zunahmen des Blutvolumens*** führen über die verstärkte Erregung der Vorhofrezeptoren im Verlauf von 10–20 min zu einer ***Hemmung der ADH-Freisetzung***, sodass die renale Flüssigkeitsausscheidung ansteigt. ***Abnahmen des Blutvolumens*** bewirken dagegen durch die verminderte Erregung der Vorhofrezeptoren eine ***verstärkte ADH-Freisetzung*** und damit eine Einschränkung der renalen Flüssigkeitsausscheidung. Die Urinausscheidungskurve (Abb. 28.39) wird unter ADH-Einwirkung stark abgeflacht. Dieser bei akuten Änderungen des intravasalen Volumens auftretende ***volumenregulatorische Reflex*** wird auch als ***Gauer-Henry-Reflex*** bezeichnet.

Natriuretische Peptide. Zirkulierendes ANP und BNP hemmen in den hypothalamusnahen zirkumventrikulären Organen die ***zentralen Effekte von Angiotensin II*** (ADH-Freisetzung, gesteigertes Trinkverhalten, Blutdruckanstieg). Die zirkulierenden natriuretischen Peptide sind sozusagen, ähnlich wie zirkulierendes Angiotensin II, ***humorale Afferenzen***, die hypothalamische Neurone in ihrer Aktivität modulieren können. Die natriuretischen Peptide sind dabei im Wesentlichen ***Gegenspieler des Angiotensin II***.

▪▪▪ **Renales Kallikrein-Kinin-System.** Kinine, vor allem das Nonapeptid Bradykinin, werden in der Niere unter Einwirkung der Serinprotease Kallikrein, die in den distalen Tubuluszellen lokalisiert ist, aus dem im Plasma zirkulierenden Kininogen gebildet. Bradykinin löst massive Steigerungen der Nierendurchblutung sowie der Wasser- und Salzausscheidung durch Hemmung der tubulären Reabsorption aus.

Zentralnervöse Steuerung

An der zentralen Kontrolle des Kreislaufs sind in erster Linie Neurone in der Medulla oblongata beteiligt; die übergeordnete Steuerung und Koordination erfolgt durch den Hypothalamus

Medulla oblongata. In der Formatio reticularis der ***Medulla oblongata*** und den ***bulbären Abschnitten der Pons*** liegen mehrere Populationen kreislaufsteuernder Neurone, von denen unter Ruhebedingungen ein normaler mittlerer Blutdruck aufrechterhalten werden kann. Die tonische Aktivität der sympathischen präganglionären Neurone im Seitenhorn des Rückenmarks wird dabei im Wesentlichen von den kreislaufsteuernden Neuronen in der rostralen ventrolateralen Medulla oblongata vermittelt (◘ Abb. 28.40), die über einen polysynaptischen Weg durch die Aktivität von Neuronen im Nucl. tractus solitarii inhibiert werden. Alle anderen Zuströme aktivieren diese Neurone in der ventrolateralen Medulla. Hierzu gehören spinale Afferenzen von Mechanorezeptoren und Nozizeptoren, von arteriellen Chemorezeptoren, sowie Afferenzen von den eng benachbarten medullären respiratorischen Neuronen und aus höheren Abschnitten des ZNS.

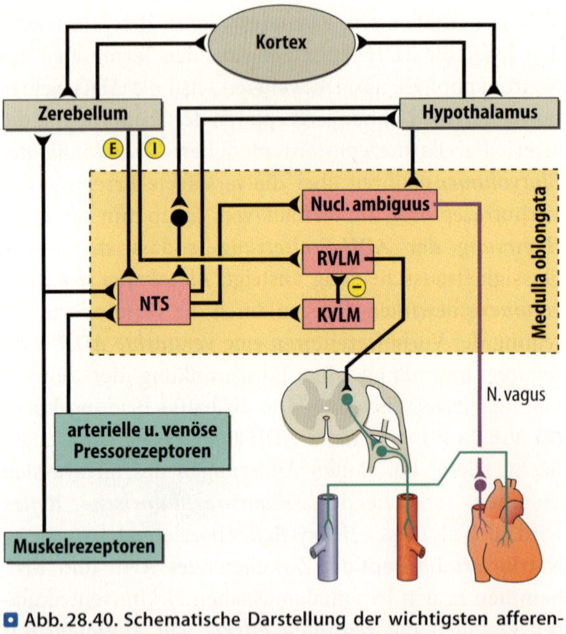

Hypothalamische Einflüsse. Bereits unter Ruhebedingungen beeinflusst der Hypothalamus die tonische Aktivität der medullären kreislaufsteuernden Neurone (◘ Abb. 28.40). Darüber hinaus gehen vom Hypothalamus komplexe vegetative ***Allgemeinreaktionen*** aus, die in Form von fixen Programmen der Selbsterhaltung des Individuums und der Art dienen (► s. Kap. 20.9). So sind Reizungen der ***hinteren Hypothalamusabschnitte*** mit einer Aktivierung des sympathischen adrenergen Systems verbunden. Das dabei ausgelöste Verhaltensmuster entspricht einem allgemeinen ***Alarmzustand*** *(Defence Reaction)*. Im Gegensatz dazu gehen von den ***vorderen Hypothalamusabschnitten*** dämpfende Wirkungen auf das Kreislaufsystem aus (► s. auch Kap. 20.9).

Kortikale Einflüsse. In der Hirnrinde finden sich zahlreiche Gebiete, von denen bei Reizung Herz- und Gefäßreaktionen ausgelöst werden.

Die bei Reizung der ***motorischen Rindenfelder*** ausgelösten kardiovaskulären Reaktionen entsprechen dabei, mit Ausnahme der affektiven Komponente, einer Alarmreaktion. Hierbei können ***lokale Durchblutungssteigerungen in der Skelettmuskulatur*** von kortikalen Arealen ausgehen, deren Reizung Kontraktionen der entsprechenden Muskeln verursacht, d. h. vegetative Begleitreaktionen entstehen zusammen mit motorischen Bewegungsmustern im Kortex in Form einer ***zentralen Mitinnervation***. Diese Umstellungen werden als ***Erwartungs- oder Startreaktionen*** bezeichnet und treten vor einer beabsichtigten Leistung auf. Sie sind Ausdruck einer Abstimmung zwischen vegetativ gesteuerter Kreislaufleistung und somatomotorischer Muskelleistung.

▪▪▪ Die Leistungen der vegetativen spinalen Reflexmotorik auf das Kreislaufsystem sind in ► Kap. 20.9 beschrieben.

◘ **Abb. 28.40. Schematische Darstellung der wichtigsten afferenten und efferenten Verbindungen der medullären kreislaufsteuernden Kerngebiete.** *RVLM:* rostrale ventrolaterale Medulla; *KVLM:* kaudale ventrolaterale Medulla; *NTS:* Nucleus tractus solitarii; *E, I:* exzitatorische bzw. inhibitorische Projektionen

In Kürze

Langfristige Regulationsmechanismen

Die langfristige Regulation des arteriellen Blutdrucks erfolgt über verschiedene Mechanismen:

- Die Anpassung des Blutvolumens an die Gefäßkapazität stellt das wesentliche Prinzip für die langfristige Regulation des arteriellen Blutdrucks dar. Dies wird über eine Kontrolle der renalen Flüssigkeitsausscheidung erreicht. Eine Zunahme des Blutdrucks führt zu einer verstärkten renalen Flüssigkeitsausscheidung und damit zu einer Abnahme des Blutvolumens und konsekutiv des Herzzeitvolumens. Hierdurch kommt es zu einer Abnahme des arteriellen Blutdrucks. Eine

▼

Senkung des Blutdrucks führt zu entgegengesetzten Reaktionen.

- An dem renalen Volumenregulationssystem sind neben den sympathischen Nierennerven eine Reihe humoraler Systeme und Hormone beteiligt. Hierzu gehören vor allem das Renin-Angiotensin-Aldosteron-System, das Adiuretin, die natriuretischen Peptide und das renale Kallikrein-Kinin-System.

Zentralnervöse Steuerung

Die zentrale Kontrolle des Kreislaufs wird primär über kreislaufsteuernde Neurone in der Medulla oblongata ausgeübt. Von sympatho-exzitatorischen Neuronen in der rostralen ventrolateralen Medulla oblongata (RVLM) wird dabei die kontinuierliche Grundaktivität für die präganglionären sympathischen Neurone im Seitenhorn des Rückenmarks geliefert. Afferenzen von den Pressorezeptoren hemmen diese Neurone in der RVLM.

Umgekehrt aktivieren die über den Nucleus tractus solitarii von den Pressorezeptoren kommenden Afferenzen die präganglionären parasympathischen Neurone im Nucleus ambiguus, die das Herz innervieren.

Vom Hypothalamus werden bei Alarmzuständen und Abwehrsituationen kardiovaskuläre Reaktionen (verstärkte Muskeldurchblutung, Anstieg des Herzzeitvolumens und des Blutdrucks) ausgelöst, die Teil eines komplexen Reaktionsmusters mit motorischen und hormonellen Komponenten darstellen, das im Hypothalamus integriert wird.

Durch »zentrale Mitinnervation« der kreislaufsteuernden Neurone werden von der Hirnrinde Erwartungs- und Startreaktionen initiiert, die der Umstellung des Kreislaufs auf die zu erwartende Leistung dienen.

28.11 Anpassung des Kreislaufs an wechselnde Bedingungen

Physiologie des Blutdrucks

Der arterielle Blutdruck hängt von Alter, Geschlecht, genetischen Faktoren, Ernährungszustand sowie Umwelteinflüssen ab und steigt in physischen und psychischen Belastungssituationen an

Normwerte, Altersabhängigkeit. Bei der Beurteilung des diagnostisch wichtigen ***Ruheblutdrucks*** müssen Einflussfaktoren wie Alter, Geschlecht, genetische Faktoren, Ernährungszustand und Umwelteinflüsse berücksichtigt werden. Die Blutdruckwerte von repräsentativen Bevölkerungsgruppen ordnen sich dabei nach ihrer Häufigkeit in einer Gauss-Verteilungskurve mit einer diskreten Schiefe zu erhöhten Blutdruckwerten. Bei gesunden Erwachsenen zwischen dem 20. und 40. Lebensjahr liegt der Häufigkeitsgipfel für den ***systolischen Druck bei 120 mm Hg***, für den ***diastolischen Druck bei 80 mm Hg***. Die weitaus überwiegende Zahl aller Werte liegt zwischen 100 und 150 mm Hg für den systolischen und zwischen 60 und 90 mm Hg für den diastolischen Druck. Mit zunehmendem Alter treten relativ stärkere Steigerungen des systolischen als des diastolischen Drucks auf (Abb. 28.41). Diese Effekte beruhen im Wesentlichen auf Elastizitätsverlusten der Arterien. Frauen zeigen im Alter bis zu 50 Jahren durchschnittlich niedrigere, im Alter über 50 dagegen etwas höhere Blutdruckwerte als Männer der gleichen Altersstufen.

Blutdruckrhythmik. Bei fortlaufender Messung des Blutdrucks sind außer den **Druckpulsen**, die als **Blutdruckschwankungen I. Ordnung** bezeichnet werden, langsamere rhythmische Schwankungen des mittleren Blutdrucks nachweisbar. Die Blutdruckschwankungen **II. Ordnung** stehen im **Zusammenhang mit der Atmung**. Bei normaler Atemfrequenz (12–16/min) fällt die Inspiration mit einem leichten Abfall, die Exspiration mit einem leichten Anstieg des mittleren Blutdrucks zusammen. Diese Wellen werden teilweise durch eine zentrale Kopplung von Atmung und Herzfrequenz über die respiratorischen und kreislaufsteuernden Neurone in der Medulla oblongata ausgelöst (**»respiratorische Arrhythmie« des Herzens**). Teilweise sind sie jedoch auch mechanisch bedingt durch die im Rhythmus der Atmung auftretenden Druck- und Kapazitätsschwankungen in den Lungengefäßen mit ihren Einflüssen auf das Schlagvolumen des linken Ventrikels. Die Blutdruckschwankungen **III. Ordnung** haben dagegen eine Periodendauer von 6–20 s und länger. Ihre Frequenz steht dabei häufig in einem ganzzahligen Verhältnis zur Atemfrequenz. Sie werden wahrscheinlich durch Schwankungen des Sympathikustonus am Herzen und an den peripheren Gefäßen ausgelöst.

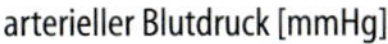

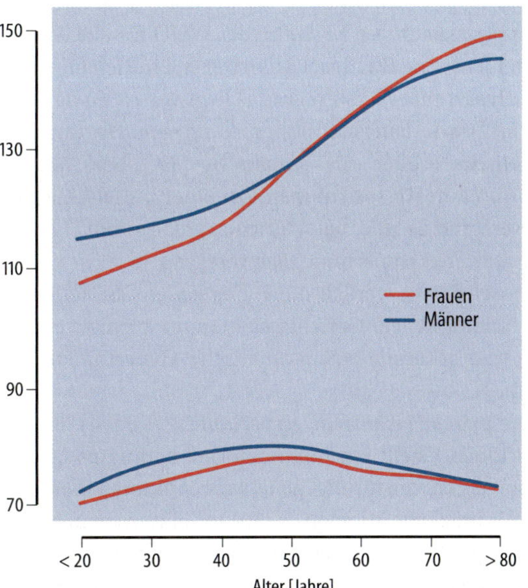

Abb. 28.41. Systolischer und diastolischer Blutdruck in Abhängigkeit vom Lebensalter. Männer: *schwarze Linien*, Frauen: *rote Linien*. Nach Staessen et al (1990)

Der Blutdruck weist außerdem – ähnlich wie die Herzfrequenz und zahlreiche andere Größen – eine **endogene zirkadiane Periodik** auf, die durch äußere Zeitgeber auf einen 24-Stunden-Rhythmus mit Maximalwerten gegen 15 und Minimalwerten gegen 3 Uhr Ortszeit synchronisiert wird.

Akute Blutdruckänderungen. Im normalen täglichen Leben wird der individuelle arterielle Druck zusätzlich durch Umwelteinflüsse, physische oder psychische Faktoren mehr oder weniger stark beeinflusst. Allgemein gilt, dass erhöhte Aktivität des sympathischen Systems mit Steigerungen, verminderte Aktivität dagegen mit Senkungen des Blutdrucks verbunden sind.

Ein klassisches Beispiel für akute Blutdrucksteigerungen im Rahmen einer psychogenen Alarmreaktion ist der sog. ***Erwartungshochdruck***, der nicht nur vor Prüfungen oder Wettkämpfen, sondern auch bei der ersten ärztlichen Untersuchung usw. auftritt. Der Blutdruck kann dabei Werte erreichen, die denen bei mittelschwerer Arbeit entsprechen.

VI

▪▪▪ Bei psychischem Stress, Schreck und Erwartungsangst (z. B. vor einer Blutentnahme) kann es jedoch auch zu einem starken Blutdruckabfall bis hin zur Ohnmacht kommen (**vagovasale Synkope**). Diese Reaktion, die mit einer Bradykardie und einer Dilatation der Muskelgefäße einhergeht, wird wahrscheinlich vom Gyrus cinguli des limbischen Systems ausgelöst und ist bei einigen Tierspezies als **Totstellreflex** noch deutlicher ausgeprägt.

Pathophysiologie des Blutdrucks

Liegen die Blutdruckwerte bei wiederholten Messungen oberhalb des Normbereichs spricht man von arterieller Hypertonie

Hypertonieformen. Entgegen früherer Auffassung, den Anstieg des Blutdrucks mit steigendem Lebensalter (100 mm Hg + Lebensalter) als normal zu betrachten, gelten heute nach den Kriterien der WHO für alle Altersstufen identische Blutdruckgrenzwerte. Eine leichte arterielle ***Hypertonie*** (Schweregrad 1) liegt vor, wenn der ***systolische Druck*** dauerhaft höher als ***140 mm Hg***, und der ***diastolische*** höher als ***90 mm Hg*** ist; bei Werten ≥ 160/100 mm Hg spricht man von einer mittelschweren (Schweregrad 2) und bei Werten >180/110 mm Hg von einer schweren Hypertonie (Schweregrad 3).

In der Klinik werden die Hypertonien überwiegend nach ätiologischen Gesichtspunkten in primär essenzielle und sekundär symptomatische Hypertonien unterteilt.

Die ***primär essenzielle Hypertonie*** (ca. 90–95 % aller Hypertonien) stellt ein multifaktoriell bedingtes Leiden dar, an deren Auslösung genetische Faktoren beteiligt sind. Als mögliche ätiologische Faktoren werden u. a. eine Erhöhung der intrazellulären Natriumkonzentration, eine gesteigerte Aktivität des sympathischen Nervensystems sowie psychosoziale Faktoren diskutiert.

Bei den übrigen 5–10 % der Fälle handelt es sich um sog. ***sekundäre symptomatische Hypertonien***. Davon be-

28.9. Genetische Ursachen der arteriellen Hypertonie

Eine individuelle genetische Disposition und äußere Einflüsse tragen zu etwa gleichen Teilen zur Entstehung des Bluthochdrucks bei, wobei in den meisten Fällen polygene Faktoren in der Wechselwirkung mit äußeren Einflüssen pathogenetisch bedeutsam sind. Monogene Defekte auf der Basis von Mutationen einzelner Gene, die entsprechend der Mendelschen Gesetze vererbt werden, sind dagegen seltene Ursachen der Hypertonie.

Monogene Defekte. Zu dieser Gruppe gehören u. a. die Glukokortikoid-empfindliche Hypertonie und das Liddle-Syndrom (Pseudoaldosteronismus, autosomal-dominante Vererbung). Bei Letzterem findet sich eine Mutation in der β-Untereinheit des epithelialen Natriumkanals (eNaC), was über eine erhöhte Öffnungswahrscheinlichkeit des Kanals zur renalen Natriumretention führt. Die mit Hypokaliämie und supprimiertem Renin- und Aldosteronspiegel einhergehende, schwere Hypertonie lässt sich weitgehend durch Amilorid, einen Inhibitor des Natriumkanals, korrigieren.

Polygene Faktoren. Anders als bei monogenen Defekten sind einzelne polygene Faktoren allein nicht in der Lage, eine Hypertonie auszulösen. Vielmehr bedarf es des Zusammentreffens verschiedener genetischer Faktoren, die dann permissiv für die Entstehung der Erkrankung sind. Aufgrund der komplexen Interaktionen und Regulationsvorgänge in den an der Blutdruckregulation beteiligten Organen (Gehirn, Herz, Gefäße, Niere, Nebenniere, Schilddrüse) ist bei einer Vielzahl (mehr als 270) von Kandidatengenen eine Rolle in der Entstehung der Hypertonie möglich, aber nicht zwingend. Während monogenetische Defekte grundsätzlich mit offensichtlichen Veränderungen des Genproduktes einhergehen, – es ist entweder defekt, nicht voll funktionsfähig oder wird nicht exprimiert – liegen bei diesen Kandidatengenen grundsätzlich nur Genpolymorphismen vor, die diskrete Effekte auf die Expression oder Funktion des Zielproteins haben. Kopplungsanalysen solcher Polymorphismen mit dem Auftreten der Hypertoniehäufigkeit ermöglichen es nachzuweisen, ob einzelne Polymorphismen mit einer erhöhten Inzidenz von Hypertonie assoziiert sind, ohne jedoch einen kausalen Zusammenhang aufzudecken. Solche Assoziationen sind u. a. für Gene aus dem Renin-Angiotensin-System (Angiotensinogen, AT_1- und AT_2-Rezeptoren), dem Kallikrein-Kinin-System und der NO-Synthase nachgewiesen.

ruhen rund 25% auf ***Erkrankungen des Nierenparenchyms*** oder der ***Nierengefäße*** (renale Hypertonien) im Zusammenhang mit akuten glomerulären bzw. renovaskulären Erkrankungen, chronischen Nierenerkrankungen mit Parenchymschrumpfung und anderen Nierenerkrankungen. Bei etwa 3% liegen ***endokrine Störungen*** vor (Phäochromozytom, Cushing-Syndrom, Hyperthyreose, Akromegalie u.a.), und der Rest beruht bis auf wenige Ausnahmen auf ***kardiovaskulären Erkrankungen*** (Aortenklappeninsuffizienz, Aortenisthmusstenose, u.a.).

Hypotonie. Eine Hypotonie liegt vor, wenn der ***systolische Blutdruck weniger als 100 mm Hg*** beträgt. Sie kann auf Abnahmen des Herzzeitvolumes oder des totalen peripheren Widerstandes bzw. beider Parameter beruhen. In den meisten Fällen überwiegen allerdings Abnahmen des Herzzeitvolumens.

Die Unterteilung der Hypotonie erfolgt wie bei der Hypertonie nach ätiologischen Gesichtspunkten in primär essenzielle und sekundär symptomatische Hypotonien.

▪▪▪ Die **primär essenzielle Hypotonie** findet sich häufiger bei jugendlichen Menschen mit leptosomem Habitus und Zeichen einer konstitutionellen Asthenie sowie einer gesteigerten Aktivität des sympathischen Systems. **Sekundäre symptomatische Hypotonien** treten im Zusammenhang mit endokrinen Störungen, kardiovaskulären Erkrankungen und hypovolämischen Zuständen auf. Das relativ seltene Krankheitsbild der **idiopathischen orthostatischen Hypotonie (Shy-Drager-Syndrom)** beruht auf einem Untergang postganglionärer sympathischer Neurone.

Orthostase

Der Wechsel vom Liegen zum Stehen (Orthostase) führt zu einer Umverteilung des Blutvolumens und konsekutiv zu einer Aktivierung kreislaufregulatorischer Mechanismen

Passive Wirkungen. Durch die hydrostatisch bedingten Druckänderungen beim Übergang vom Liegen zum Stehen (Orthostase) kommt es kurzfristig in den Kapazitätsgefäßen der Beine zu einer Zunahme von 400–600 ml Blut, das den intrathorakalen Gefäßabschnitten fehlt. Hierdurch bedingt nehmen venöser Rückstrom, zentraler Venendruck, Schlagvolumen und systolischer Blutdruck vorübergehend ab.

Aktive Anpassungsvorgänge. Ein Ausgleich der passiv ausgelösten Änderungen erfolgt durch aktive Anpassungsvorgänge, die über die arteriellen ***Pressorezeptoren*** und die ***Dehnungsrezeptoren*** in den intrathorakalen Gefäßabschnitten ausgelöst werden. Für die Kreislaufregulation bei Lagewechsel ist die Lokalisation der Pressorezeptoren im Aortenbogen und Karotissinus insofern bedeutungsvoll, als ihre Erregung im Stehen infolge der ***hydrostatisch bedingten Druckabnahme*** zusätzlich reduziert wird, sodass allein dadurch bereits regulatorische Reaktionen ausgelöst werden.

Vasomotorische und kardiale Reaktionen. An den vasokonstriktorischen Reaktionen bei Orthostase sind die Widerstandsgefäße der Skelettmuskulatur, der Haut, der Nieren sowie des Splanchnikusgebietes beteiligt, sodass die Durchblutung in diesen Stromgebieten abnimmt und der totale periphere Widerstand ansteigt (Abb. 28.42).

Als Ergebnis der Zunahme des totalen peripheren Widerstandes kehrt der ***mittlere arterielle Druck*** wieder in den Bereich der Ausgangswerte zurück. Die kompensatorische Abnahme der Gefäßkapazität trägt dazu bei, dass der ***zentrale Venendruck*** nur wenig gesenkt bleibt. Die Steigerung der Herzfrequenz kann allerdings die Verminderung des Schlagvolumens nicht voll ausgleichen, sodass das Herzzeitvolumen kleiner wird.

▪▪▪ Die hydrostatischen Effekte auf die Gefäße im Bereich der unteren Extremitäten können durch die Funktion der Muskelpumpe abgeschwächt werden. Trotzdem überwiegt die **Auswärtsfiltration**, sodass bei längerer Orthostase das Plasmavolumen ab- und das interstitielle Flüssigkeitsvolumen in den Beinen zunimmt.

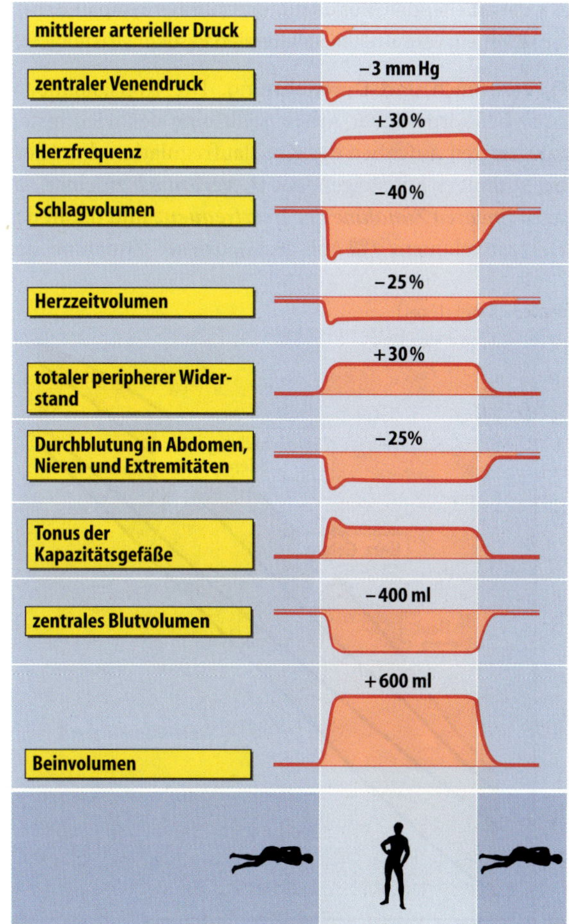

Abb. 28.42. Veränderungen verschiedener kardiovaskulärer Parameter beim Übergang vom Liegen zum Stehen. Die Zahlenangaben stellen Durchschnittswerte dar, die erhebliche individuelle Abweichungen aufweisen können

Orthostatische Synkope. Bei manchen Menschen, die häufig auch ***hypotone Blutdruckwerte*** aufweisen, reichen diese Anpassungsvorgänge nicht zur Aufrechterhaltung einer ausreichenden Kreislauffunktion aus, sodass der Blutdruck stärker absinkt und als Folge einer zerebralen Minderdurchblutung subjektive Beschwerden wie Schwindel, Sehstörungen oder sogar ein Bewusstseinsverlust auftreten können (***orthostatische Regulationsstörungen*** bzw. ***orthostatische Synkope*** oder ***Kollaps***).

▪▪▪ **Orthostatische Belastungsprüfung.** Die Kreislaufregulation bei Lagewechsel kann als klinischer Test verwendet werden, bei dem Herzfrequenz und Blutdruck in bestimmten Zeitabständen im Liegen und im Stehen gemessen werden. Für die Beurteilung der Kreislaufreaktion bei Orthostase wird dabei meist das **Verhalten des diastolischen Drucks** als entscheidendes Kriterium herangezogen.

Bei **normaler Kreislauffunktion** steigt nach 10-minütiger Orthostase der diastolische Druck um nicht mehr als 5 mm Hg an, der systolische Druck zeigt Abweichungen von weniger als ±5%. Die Herzfrequenz zeigt durchschnittliche Steigerungen bis zu 30% und das Schlagvolumen nimmt bis zu 40% ab (◘ Abb. 28.42).

Kreislauffunktion bei körperlicher Arbeit

Bei körperlicher Arbeit kommt es zur Mehrdurchblutung der arbeitenden Muskulatur und zu einer sympathisch-adrenerg vermittelten kollateralen Vasokonstriktion

O_2-Verbrauch und Durchblutung. Die Kreislaufanpassung bei körperlicher Arbeit stellt eine der wichtigsten integrativen Aufgaben der Kreislaufregulation dar. Hierbei kommt es mit steigendem ***O_2-Verbrauch*** zu einer nahezu ***linearen Zunahme der Herzfrequenz*** und damit des Herzzeitvolumens (◘ Abb. 28.43). Dieser Zunahme des Herzzeitvolumens sind allerdings durch die schließlich unzureichende Ventrikelfüllung bei hoher Herzfrequenz Grenzen gesetzt. Bei gesunden, nicht oder mäßig trainierten Erwachsenen überschreitet die Zunahme des Herzzeitvolumens während Muskelarbeit nur selten 25 l/min.

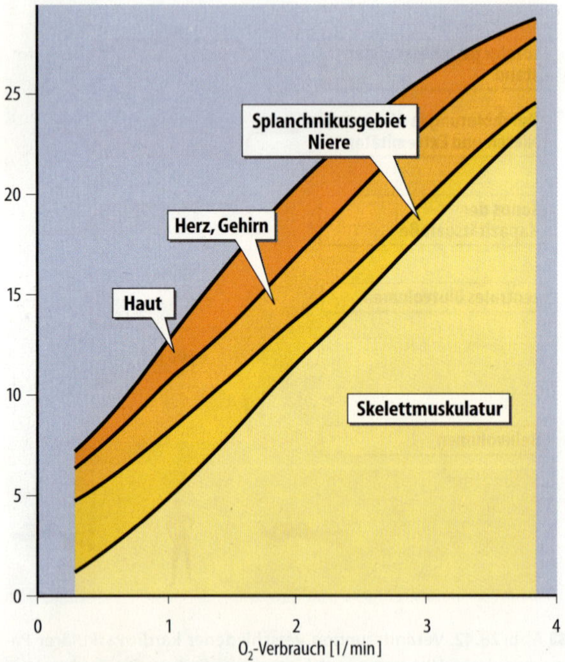

◘ **Abb. 28.43. Organdurchblutung und Herzzeitvolumen als Funktion des O_2-Verbrauchs**

Sympathikusaktivierung und zentrale Mitinnervation. Kennzeichnend schon vor Beginn der Arbeit ist eine allgemeine Erhöhung des Sympathikustonus und eine Hemmung des in Ruhe überwiegenden Parasympathikustonus. Da jede motorische Aktivierung von einer sympathischen Aktivierung begleitet ist (zentrale Mitinnervation), kommt es während der gesamten Dauer der körperlichen Arbeit zu einer zentral vermittelten Erhöhung des Sympathikustonus. Diese neurogene Vasokonstriktion, die durch die Ausschüttung von Katecholaminen aus dem Nebennierenmark noch verstärkt wird ***(kollaterale Vasokonstriktion)***, betrifft alle Organe mit Ausnahme der arbeitenden Skelettmuskulatur, des Gehirns, des Herzens und der Haut.

Verteilung des Herzzeitvolumens. Die Gesamtdurchblutung in der Skelettmuskulatur steigt bei schwerster Muskelarbeit etwa um das 20-fache an (◘ Abb. 28.43). Da jedoch bei keiner körperlichen Arbeit alle Muskeln gleichzeitig aktiviert sind (z. B. Armmuskulatur beim Radfahren), ist davon auszugehen, dass in den maximal arbeitenden Muskeln die tatsächlichen Durchblutungssteigerungen noch wesentlich größer sind (ca. das 40-fache). Diese exzessive Durchblutungssteigerung ist nur möglich, weil die dilatierend wirkenden lokal-chemischen, metabolischen und endothelialen Einflüsse in der Lage sind, die sympathisch-adrenerg vermittelte Vasokonstriktion in der arbeitenden Muskulatur vollständig aufzuheben.

Die Hautdurchblutung zeigt hingegen bei leichter bis submaximaler Arbeit einen biphasischen Verlauf. Nach starken initialen Abnahmen kommt es im weiteren Verlauf aus thermoregulatorischen Gründen wieder zu einer Durchblutungszunahme. Bei maximaler Arbeit bleiben diese Effekte jedoch aus (◘ Abb. 28.44).

Der ***arterielle Mitteldruck*** steigt bei körperlicher Arbeit an, da das Herzzeitvolumen relativ stärker zunimmt als der periphere Widerstand abnimmt. Hierdurch wird der Mitteldruck in einen Bereich geringerer elastischer Weitbarkeit der Arterien verschoben, was zu einer Zunahme der Druckamplitude führt. Im Allgemeinen nimmt bei ***dynamischer körperlicher Arbeit*** der diastolische Blutdruck nur geringfügig zu oder fällt sogar ab, während der systolische Druck um 60 mm Hg oder mehr ansteigen kann. Bei ***statischer Haltearbeit*** (z. B. Gewichtheben) kommt es hingegen zu deutlichen Anstiegen des diastolischen Drucks (30 mm Hg und mehr).

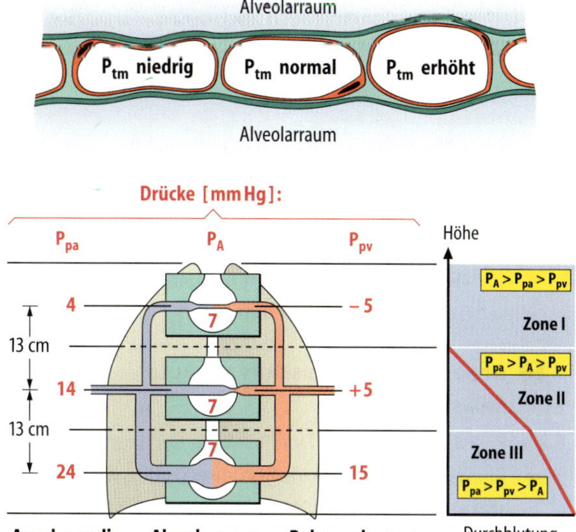

Abb. 28.44. Schematische Darstellung der pulmonalen Kapillarspalten sowie des vertikalen Perfusionsgradienten in der Lunge beim aufrechten Stehen. *Oben:* Querschnitt durch Kapillarspalten bei unterschiedlichen transmuralen Drücken *(P_{tm})*. Aufgrund dieser Bauweise hat das pulmonale Kapillarbett eine wesentlich größere elastische Weitbarkeit als die Kapillaren anderer Stromgebiete. *Unten:* Die drei Zonen der Durchblutung in der Lunge

Thermische Belastung

Bei thermischer Belastung wird die Kreislaufsituation durch Veränderungen der Hautdurchblutung bestimmt

Wärmebelastung. Bei hoher Wärmebelastung (► s. Kap. 39.4) ist die Gesamtdurchblutung mit 6–7 l/min ca. 20-mal größer als unter thermoindifferenten Bedingungen. Gleichzeitig wird der Tonus der Kapazitätsgefäße der Haut reduziert. Die Verlagerung von Blutvolumen aus den intrathorakalen Gefäßen in die subpapillären Venenplexus der Haut zusammen mit der starken Widerstandsabnahme stellt dabei eine erhebliche Belastung für die Kreislaufregulation dar. Es kommt zu einem Anstieg des Herzzeitvolumens sowie einer kompensatorischen Vasokonstriktion im Splanchnikusgebiet, der Niere und der Skelettmuskulatur. So können bei Umgebungstemperaturen um 44 °C und hoher Luftfeuchte (über 85 %) Steigerungen des Herzzeitvolumens bis 15 l/min und Abnahmen des diastolischen Drucks um mehr als 40 mm Hg auftreten, die vor allem in Orthostase und/oder bei körperlicher Arbeit zu einem ***Hitzekollaps*** führen.

Kältebelastung. In kalter Umgebung treten entgegengesetzte Reaktionen auf, d. h. Konstriktionen der Widerstands- und Kapazitätsgefäße der Haut sowie eine Abnahme von Herzfrequenz und Herzzeitvolumen. Starke Kaltreize lösen überschießende Blutdruckreaktionen aus. Dieses Verhalten wird diagnostisch als ***»Cold Pressure Test«*** (Eintauchen einer Hand in Eiswasser und Messung des Blutdrucks) zur Prüfung der Reagibilität der sympathischen Gefäßinnervation verwendet. »Kreislauflabile« Menschen und Patienten mit einem Phäochromozytom reagieren darauf oft mit überschießenden Blutdrucksteigerungen.

Kreislaufschock

Der Kreislaufschock ist die Folge einer Minderdurchblutung lebenswichtiger Organe, z. B. aufgrund eines akuten Pumpversagens des Herzens, eines Volumenverlustes oder einer Abnahme des peripheren Widerstandes

Unter der Bezeichnung Kreislaufschock werden Zustände zusammengefasst, in denen aufgrund einer Störung der Mikrozirkulation und damit inadäquaten Gewebeperfusion die Funktion lebenswichtiger Organe nachhaltig beeinträchtigt ist (Multi-Organ-Versagen). Hinsichtlich ihres Entstehens unterscheidet man verschiedene Schockformen (Tabelle 28.2).

Volumenmangelschock als Beispiel. Bei einem ***Blutverlust von mehr als 25–30 %*** mit entsprechendem Blutdruckabfall kommt es zunächst über den Pressorezeptorenreflex zu einer allgemeinen ***Aktivierung des Sympathikus.*** Die Folgen sind – neben einer Steigerung der Herzfrequenz – vor allem eine periphere Vasokonstriktion, sodass die Durchblutung der Körperperipherie zu-

Tabelle 28.2. Entstehungsmechanismen und Ursachen des Schocks

Schock	bedingt durch:	infolge von:
Hypovolämischer (Volumenmangel)	Verminderung des venösen Rückstroms	Blutverlusten, Plasmaverlusten
Kardiogener	Versagen des linken Ventrikels, Verminderung der linksventrikulären Füllung	Herzinfarkt, Verlegung der Lungenstrombahn
Septischer	periphere Vasodilatation mit Blutverteilungsstörungen	Infektion mit gramnegativen Bakterien, Endotoxinämie
Anaphylaktischer	periphere Vasodilatation mit Blutverteilungsstörungen	anaphylaktischen Reaktionen
Neurogener	Tonusverlust der Widerstands- und Kapazitätsgefäße	Läsionen oder Erkrankungen des ZNS

gunsten der lebenswichtigen Organe (Gehirn, Herz, Lunge) weitgehend eingeschränkt wird (***Zentralisation***).

Gleichzeitig setzen volumenregulatorische Reaktionen ein. Aufgrund der Konstriktion der Widerstandsgefäße und der Abnahme des venösen Drucks sinkt der Kapillardruck ab, sodass vermehrt Flüssigkeit aus dem interstitiellen Raum in die Kapillaren übertritt. Auf diese Weise wird das intravasale Volumen wieder erhöht, während interstitielles (und intrazelluläres) Flüssigkeitsvolumen abnehmen (***»Autotransfusion«***).

▪▪▪ Bei Blutverlusten von 500 ml sind beim Erwachsenen bereits nach 15–30 min 80–100 % der Plasmaverluste durch interstitielle Flüssigkeit ersetzt. Bei größeren Blutverlusten dauert die Normalisierung des Plasmavolumens 12–72 h, in denen die durch den initialen Einstrom von Albumin aus extrazellulären Gebieten entstandenen und nicht gedeckten Proteinverluste durch vermehrte Synthese wieder ausgeglichen werden.

Sofern bei weiterem Blutverlust oder längerer Schockdauer keine Behandlung einsetzt, kann das Stadium der Zentralisaton nicht mehr aufrechterhalten werden. Infolge zerebralen Sauerstoffmangels nimmt die Sympathikusaktivität ab, sodass der ***Parasympathikustonus*** überwiegt. Gleichzeitig sammeln sich in den schlecht durchbluteten Organen ***gefäßdilatierende Metabolite*** an, sodass die zunächst bestehende Arteriolenkonstriktion aufgehoben wird. Diese Weitstellung der Arteriolen führt – bei erhaltener Konstriktion der Venolen – zu einer Reduktion der Strömung in der Mikrozirkulation. Der venöse Rückfluss nimmt ab und der Blutdruck fällt weiter ab (Stadium der ***Dezentralisation***).

Die mangelhafte Durchblutung einzelner Organe führt einerseits zu Gewebeschäden (***Gewebenekrosen***), andererseits über die Aktivierung des Endothels zu einer Steigerung der Kapillarpermeabilität und damit zu einem verstärkten Flüssigkeitsaustritt. Die Viskosität des Blutes nimmt zu und die Erythrozyten aggregieren (***Sludge***), bis schließlich der Blutstrom infolge intravasaler Gerinnung (***Thrombosierung***) sistiert. Der ursprünglich noch reversible Schock ist in ein irreversibles Stadium übergegangen.

In Kürze

Altersabhängigkeit und Normwerte des Blutdrucks

Der systolische Blutdruck, der beim 20-Jährigen ca. 120 mm Hg beträgt, steigt im Mittel bei gesunden Probanden bis zum 70. Lebensjahr um 20–30 mm Hg an, während der diastolische Blutdruck annähernd konstant bei 80 mm Hg bleibt.

Die Zunahme des Sympathikustonus bei bevorstehender Belastungssituation führt häufig zu einem Anstieg des Blutdrucks (Erwartungshochdruck). Starke Emotionen können jedoch auch einen plötzlichen Blutdruckabfall bis hin zur Ohnmacht auslösen. Man unterscheidet folgende Abweichungen von den Normwerten:

- Ein arterieller Hochdruck (Hypertonie) liegt vor, wenn beim Erwachsenen (bis zum 40. Lebensjahr) der Blutdruck dauerhaft höher als 140/90 mm Hg ist;
- von einer Hypotonie spricht man bei systolischen Werten unter 100 mm Hg.

Anpassung des Kreislaufs an akute Belastung

Der Kreislauf reagiert auf wechselnde Belastungen:

- Beim Übergang vom Liegen zum Stehen (Orthostase) werden 400–600 ml Blut aus den intrathorakalen Gefäßen in die Beine verlagert. Die Abnahme des zentralen Blutvolumens und nachfolgend des linksventrikulären Schlagvolumens (um ca. 40 %) führt über die Aktivierung des Sympathikus zur Konstriktion der Widerstands- und Kapazitätsgefäße sowie zur Zunahme der Herzfrequenz. Trotz Reduktion des Herzzeitvolumens (um etwa 25 %) bleibt der mittlere Blutdruck infolge des stark erhöhten peripheren Widerstands bei Lagewechsel praktisch unverändert. Beim Vorliegen einer orthostatischen Regulationsstörung kommt es im Stehen zum Blutdruckabfall und als Folge davon zu zerebraler Minderdurchblutung (orthostatische Synkope).
- Bei körperlicher Arbeit wird durch die lokalen dilatatorischen Mechanismen eine Mehrdurchblutung der arbeitenden Muskulatur ausgelöst, trotz allgemeiner Sympathikusaktivierung. In der ruhenden Muskulatur, im Splanchnikusgebiet und in der Niere kommt es jedoch zu einer kollateralen Vasokonstriktion. Da das Herzzeitvolumen in noch stärkerem Maße zunimmt, als der totale periphere Widerstand abnimmt, steigt der mittlere Blutdruck an.

Blutverlust und Kreislaufschock

Nach einem Blutverlust kommt es infolge der reduzierten Füllung des Gefäßsystems zu einer Abnahme des venösen Rückstroms und damit des Schlagvolumens. Durch Sympathikusaktivierung (Vasokonstriktion und Zunahme der Herzfrequenz) wird der arterielle Blutdruck weitgehend konstant gehalten. Volumenregulatorische Reaktionen bewirken eine Normalisierung des Plasmavolumens nach geringeren Blutverlusten (bis 500 ml) innerhalb von 15–30 min, nach größeren Verlusten innerhalb von 12–72 h.

▼

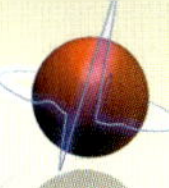

Ein Kreislaufschock tritt ein, wenn infolge akuter Minderdurchblutung die Funktion lebenswichtiger Organe nachhaltig gestört ist. Bei einem hypovolämischen Schock (Volumenmangelschock) führt eine allgemeine Aktivierung des Sympathikus zunächst zu einer Umverteilung der Perfusion zugunsten lebenswichtiger Organe (Zentralisation). Wenn bei einem schwereren Verlauf ein kompensierter Zustand nicht mehr erreicht werden kann, kommt es zur Dezentralisation und der Schock geht in ein irreversibles Stadium mit Gewebenekrosen und intravasaler Gerinnung über.

28.12 Lungenkreislauf

Anatomische und funktionelle Charakteristika der Lungenstrombahn

Im Lungengefäßsystem sind der Gesamtströmungswiderstand und damit die Drücke erheblich kleiner als im Körpergefäßsystem

Besonderheiten der Lungenstrombahn. Diese ergeben sich aus der Hauptaufgabe der Lunge, der Arterialisierung des venösen Blutes. Die Lunge besitzt eine doppelte Blutversorgung. Die Bronchialgefäße entstammen dem Körperkreislauf und erfüllen nutritive Aufgaben. Ein Teil des Blutes aus den Bronchialvenen gelangt dabei nicht, entsprechend dem allgemeinen Kreislaufschema, über Venen des Körperkreislaufs in den rechten Ventrikel, sondern fließt direkt durch Pulmonalvenen in den linken Vorhof. Das Herzzeitvolumen des linken Ventrikels ist daher etwa um 1 % größer als das des rechten Ventrikels.

▪▪▪ **Morphologie.** Im **Lungengefäßsystem** sind die arteriellen und venösen Gefäßabschnitte wesentlich kürzer und dünnwandiger und die Durchmesser größer als in den entsprechenden Abschnitten des Körpergefäßsystems. Insgesamt besitzen die Pulmonalgefäße nur einen geringen Anteil an glatter Muskulatur. Typische Arteriolen mit einer muskelreichen Media wie im Körpergefäßsystem sind hier nicht vorhanden.

Die Lungenkapillaren haben einen Durchmesser von ca. 8 mm und bilden aufgrund von zahlreichen Anastomosen ein dichtes Netz um die Lungenalveolen. Ihre Länge kann nur als sog. **»funktionelle Länge«** aus der Topographie der Kapillaren zu den Lungenalveolen bestimmt werden, sie liegt bei ca. 350 mm und entspricht etwa dem halben Umfang einer Alveole. Da die **Pulmonalkapillaren** im Gegensatz zu den Kapillaren des Körperkreislaufs nicht in nennenswertem Umfang von einem mechanisch stützenden Interstitium umgeben sind, besitzen sie eine sehr **große elastische Weitbarkeit**. Hauptsächlich hieraus resultiert das ausgeprägte **druckpassive Durchblutungsverhalten** der Lungenstrombahn (▸ s.u.).

Schichtenströmung im Kapillarnetzwerk. Insgesamt stellt das Kapillarbett der Lunge einen mit Endothel ausgekleideten ***spaltförmigen Raum*** mit eingelagerten (endothelialen) ***Stützpfeilern*** dar (Abb. 28.44). Die Strömung in diesem Netzwerk lässt sich dabei besser als eine ***Schichtenströmung*** *(Sheet Flow)* beschreiben und analysieren denn als eine Röhrenströmung gemäß dem Hagen-Poiseuille-Gesetz. Die Größe der Kapillaroberfläche beträgt unter Ruhebedingungen ca. 70 m^2 und kann durch Einbeziehung von nicht durchbluteten Gefäßgebieten bei schwerer Arbeit auf über 100 m^2 vergrößert werden. Obwohl diese Fläche nur 1/3–1/10 der Kapillaroberfläche des Körpergefäßsystems beträgt, ist der Gasaustausch aufgrund der wesentlich kürzeren pulmonalen Diffusionsstrecken (0,2–1 µm) ebenso effektiv wie in der systemischen Mikrozirkulation, in der wesentlich größere Diffusionsstrecken (Skelettmuskulatur 30 µm, Herzmuskel 10 mm) überwunden werden müssen.

Drücke in den Lungengefäßen. Aus den genannten mikrozirkulatorischen Besonderheiten resultiert ein Strömungswiderstand des Lungengefäßsystems, der etwa nur 1/10 des Widerstandes im Körperkreislauf beträgt. Entsprechend sind die Drücke im Lungenkreislauf wesentlich kleiner als im Körperkreislauf.

Da der kolloidosmotische Druck des Plasmas wesentlich größer ist als der Blutdruck in den Lungenkapillaren, findet normalerweise in der Lunge keine Auswärts-Filtration, sondern nur eine Einwärts-Filtration statt. Bei starker Erhöhung des Pulmonalkapillardrucks (z. B. bei akutem Versagen des linken Ventrikels) kann es jedoch zu einer Auswärts-Filtration kommen, bei der auch Flüssigkeit in die Alveolen austritt (»Lungenödem«).

In der ***A. pulmonalis*** beträgt der systolische Druck ca. 20–25 mm Hg, der diastolische Druck ca. 9–12 mm Hg und der ***mittlere Druck*** ca. ***14 mm Hg*** (▸ s. Abb. 28.9). Im Bereich der Lungenkapillaren liegen mittlere Drücke von ca. 7 mm Hg und im linken Vorhof von annähernd 6 mm Hg vor. Unter normalen Bedingungen sind in den Lungenkapillaren noch Druckpulsationen von 3–5 mm Hg vorhanden, die sich mit abnehmender Amplitude bis zum linken Vorhof fortsetzen.

Lageabhängigkeit der Lungenperfusion

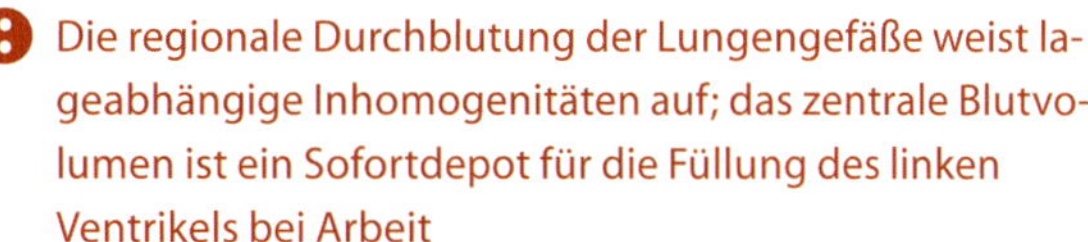

Die regionale Durchblutung der Lungengefäße weist lageabhängige Inhomogenitäten auf; das zentrale Blutvolumen ist ein Sofortdepot für die Füllung des linken Ventrikels bei Arbeit

Hydrostatische Einflüsse. Aufgrund der niedrigen intravasalen Drücke ist die Durchblutung der Lunge von hydrostatischen Einflüssen wesentlich stärker abhängig als die der Stromgebiete des Körperkreislaufs. So werden in den apikalen Gebieten der Lunge, die beim erwachsenen Menschen ca. 15 cm über dem Ursprung der A. pulmonalis liegen, bei aufrechter Körperhaltung die Gefäße gerade noch zum Zeitpunkt der systolischen Druckspitze perfundiert, während sie in der Diastole kollabiert sind.

Dieser ***diastolische Gefäßkollaps*** kommt durch den negativen transmuralen Druck zustande: der intravasale Druck (dynamischer Blutdruck – hydrostatische Komponente) ist während der Diastole kleiner als der intraalveoläre Druck während der Exspiration. Die ***apikale Durchblutung*** beträgt nur etwa $^{1}/_{10}$ ***der Durchblutung*** an der ***Lungenbasis***. In der mittleren herznahen sowie der unteren Zone sind die intravasalen Drücke während des gesamten Herzzyklus größer als die intraalveolären Drücke während der Exspiration. Die Durchblutung nimmt dabei, entsprechend dem ansteigenden intravasalen Druck, von oben nach unten zu. Eine Beeinflussung der Durchblutung durch den intraalveolären Druck ist in den weit geöffneten Gefäßen der unteren Zone praktisch nicht feststellbar.

Bei ***körperlicher Arbeit*** kommt es trotz beträchtlicher Zunahmen des Herzzeitvolumens aufgrund der großen elastischen Weitbarkeit der Lungenstrombahn nur zu einem ***relativ geringen Druckanstieg*** in der ***A. pulmonalis***. Dieser Druckanstieg ist jedoch ausreichend, um die ***apikalen Lungenabschnitte homogen*** zu ***perfundieren***. Damit verbunden ist auch eine Zunahme der Kapillaraustauschfläche.

Intrathorakale Gefäße als Depotgefäße. Aufgrund der großen Dehnbarkeit der Lungengefäße können durch relativ geringe Änderungen des transmuralen Drucks kurzfristig bis zu 50 % des mittleren Gesamtvolumens von 500 ml vom Lungenkreislauf aufgenommen oder abgegeben werden. Zusammen mit dem diastolischen Volumen des linken Herzens bildet das Volumen des Lungenkreislaufs das sog. ***zentrale Blutvolumen*** (650–750 ml). Aus diesem schnell mobilisierbaren ***»Sofortdepot«*** können z. B. bei akuten Steigerungen der Auswurfleistung des linken Ventrikels rund 300 ml zur Deckung des Mehrbedarfs abgegeben werden. Diese Effekte tragen dazu bei, ein mögliches Missverhältnis zwischen der Förderleistung der Ventrikel auszugleichen, bis sich aufgrund von Steigerungen des venösen Rückstroms auch das Schlagvolumen des rechten Ventrikels an die höhere Leistung anpassen kann.

Regulation der Lungendurchblutung

Die nervöse Regulation der Lungendurchblutung ist gering; eine alveoläre Hypoxie kann jedoch zu deutlichen Vasokonstriktionen und damit zu einer Erhöhung des lokalen Strömungswiderstandes führen

Sympathische Innervation. Die Lungengefäße werden von sympathischen vasokonstriktorischen Fasern reichlich innerviert. Unter Ruhebedingungen sind die sympathischen vasokonstriktorischen Einflüsse jedoch sehr gering, die Gefäße dementsprechend nur schwach tonisiert. Eine verstärkte ***Sympathikusaktivierung*** löst aber aufgrund der großen Kapazität relativ große ***Volumenänderungen*** mit einer entsprechenden ***Zunahme der Füllung des linken Vorhofs*** und Ventrikels bei nur geringen Zunahmen des Strömungswiderstandes aus.

Euler-Liljestrand-Mechanismus. Bei niedrigen alveolären O_2-Partialdrücken (unter 60 mm Hg) treten lokale vasokonstriktorische Reaktionen in den Lungengefäßen auf, an denen offenbar sowohl die kleinen prä- als auch die postkapillären Gefäße beteiligt sind. Die lokale Durchblutung wird dadurch der regionalen Ventilation angepasst (▶ s. Kap. 32.5). Der zelluläre Mechanismus, der diese ***hypoxische Vasokonstriktion*** auslöst, ist noch nicht identifiziert.

▪▪▪ Bei längerdauerndem Aufenthalt in Höhen von 4000 m und mehr (z. B. in hochgelegenen Siedlungen der Anden) kommt es aufgrund des niedrigen O_2-Partialdrucks der atmosphärischen Luft zu einer globalen Vasokonstriktion der Lunge. Die Folge ist ein leichter bis mittelschwerer **pulmonaler Hochdruck** mit einer deutlichen Hypertrophie der glatten Muskulatur der Pulmonalgefäße, der jedoch bei Rückkehr in Siedlungen auf Meereshöhe reversibel ist.

In Kürze

Lungenkreislauf

Der Lungenkreislauf weist folgende funktionelle Charakteristika auf:

- In der A. pulmonalis beträgt der systolische Druck ca. 20–25 mm Hg, der diastolische Druck ca. 9–12 mm Hg und der mittlere Druck ca. 14 mm Hg. Dies erklärt sich aus dem niedrigen Strömungswiderstand des Lungengefäßsystems, der nur knapp 10 % des Gesamtwiderstandes im Körperkreislauf beträgt.
- Die regionale Lungenperfusion ist von den jeweiligen hydrostatischen Drücken und damit von der Körperposition abhängig. Aufgrund ihrer großen Compliance können Lungengefäße ein beträchtliches Blutvolumen (im Mittel etwa 500 ml) aufnehmen.
- Das zentrale Blutvolumen, bestehend aus dem Volumen der Lungengefäße und dem diastolischen Volumen des linken Herzens, stellt ein Sofortdepot dar, aus dem der Mehrbedarf für den Auswurf des linken Ventrikels bei gesteigerter Leistung kurzfristig gedeckt werden kann.
- Bei Abnahme des alveolären O_2-Partialdrucks kommt es zu einer lokalen Vasokonstriktion und Abnahme der Durchblutung in den betroffenen prä- und postkapillären Lungengefäßen.

28.13 Spezielle Kreislaufabschnitte

Gehirn

Die Hirndurchblutung wird im Wesentlichen durch metabolische Faktoren, einschließlich des aus Neuronen freigesetzten NO, kontrolliert

Zunahmen des CO_2-Partialdrucks lösen über die Bildung von H^+-Ionen starke vasodilatatorische Reaktionen aus, wobei eine Verdoppelung des P_{CO_2} annähernd eine Verdoppelung der Durchblutung bewirkt. Die zerebralen

Symptome bei der ***Hyperventilationstetanie*** (Schwindel, Bewusstseinstrübung, Muskelspasmen u. a. m.) stehen andererseits im Zusammenhang mit einer hypokapnisch bedingten Einschränkung der Gehirndurchblutung. Bei generalisierten Krämpfen mit extremer neuronaler Aktivität können Steigerungen der Gesamtdurchblutung bis auf das 3-fache der Ruhedurchblutung auftreten. Starke Zunahmen lassen sich auch regional bei intensiver Aktivität einzelner Hirngebiete beobachten, die Größe der Gesamtdurchblutung wird dadurch jedoch nicht wesentlich beeinflusst. An diesen Durchblutungssteigerungen ist nicht nur die Erhöhung der interstitiellen K^+-Konzentration, die als Folge gesteigerter neuronaler Aktivität (z. B. von 3 auf 10 mmol/l) auftritt, beteiligt, sondern auch das aus Neuronen freigesetzte NO sowie Adenosin.

Die stark ausgeprägte ***Autoregulation*** trägt dazu bei, dass die Gehirndurchblutung unabhängig von Änderungen des hydrostatischen Drucks bei Lagewechsel annähernd konstant bleibt.

Die intrazerebralen Arterien und Arteriolen weisen nur eine geringe sympathische Innervation auf. So hat die autonome Innervation der Gehirngefäße nur einen mäßigen Einfluss auf die Gehirndurchblutung (► s. ▪ Abb. 28.20).

Skelettmuskel

Bei schwerster körperlicher Arbeit kann die Durchblutung der Skelettmuskulatur auf das 20-fache des Ruhewertes ansteigen

Grundsätzlich dominieren im Skelettmuskel bei körperlicher Arbeit ***endotheliale*** und ***metabolisch bedingte dilatatorische Reaktionen*** über die sympathisch-adrenerg vermittelte Konstriktion. Bei maximaler Arbeit kann es dadurch zu 15–20-facher Steigerung der Ruhedurchblutung kommen (► s. ▪ Abb. 28.20, ▪ Abb. 28.43). Während der einzelnen Kontraktion werden die Gefäße im arbeitenden Muskel mechanisch komprimiert. Bei Dauerkontraktion von weniger als 50 % der maximal möglichen Stärke nimmt allerdings die Durchblutung nach initialer Drosselung wieder zu und stellt sich auf ein über den Ausgangswerten liegendes Niveau ein. In der Erschlaffungsphase tritt eine vorübergehende weitere Steigerung ein (***reaktive Hyperämie***). Bei stärkeren isometrischen Kontraktionen sinkt die Durchblutung in Relation zur Intensität unter die Ausgangswerte und kann bei starken Kontraktionen sogar sistieren. In diesen Fällen ist die reaktive Hyperämie in der Erschlaffungsphase entsprechend stärker ausgeprägt.

Bei ***rhythmischer Muskelarbeit*** treten analog dazu Abnahmen der Durchblutung während der Kontraktion und Zunahmen während der Erschlaffung auf, wobei die mittlere Durchblutung allerdings immer über den Ausgangswerten liegt. Diese Unterschiede machen es verständlich, dass ***dynamische Muskelarbeit*** mit einem ständigen Wechsel von Kontraktion und Erschlaffung nicht so schnell wie ***statische Muskelarbeit*** zu einer ***Ermüdung des Muskels*** führt.

Haut

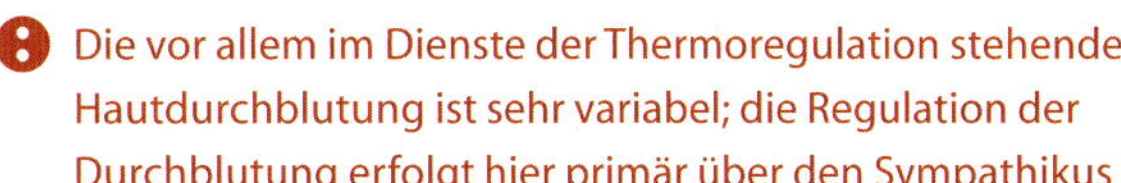

Die vor allem im Dienste der Thermoregulation stehende Hautdurchblutung ist sehr variabel; die Regulation der Durchblutung erfolgt hier primär über den Sympathikus

Regulation der Hautdurchblutung. In den distalen akralen Hautgebieten (Hand, Fuß, Ohr, Nase) finden sich zahlreiche ***sympathische vasokonstriktorische Fasern***, die bereits unter thermoindifferenten Bedingungen eine relativ große tonische Aktivität entfalten. ***Dilatatorische Reaktionen*** beruhen daher auf einer ***zentralen Hemmung dieser Aktivität.*** Im Gegensatz dazu werden in den proximalen Abschnitten der Extremitäten sowie der Haut des Rumpfes dilatatorische Reaktionen überwiegend indirekt durch Freisetzung von Bradykinin im Zusammenhang mit einer Erregung von cholinergen sudomotorischen Fasern ausgelöst.

Aufgrund der großen Kapazität des subpapillären Venenplexus (ca. 1500 ml) können durch venomotorische Reaktionen größere Mengen Blut von der Haut aufgenommen oder abgegeben werden, sodass die Hautgefäße auch wichtige Funktionen als Blutdepot wahrnehmen.

Thermische Belastung. Bei Hitzebelastung steigt die Gesamtdurchblutung auf 3 l/min, unter extremen Bedingungen auf noch höhere Werte an. Das Ausmaß der Durchblutungsänderungen zeigt erhebliche regionale Differenzen. Die größten Änderungen treten im Bereich der akralen Extremitätenabschnitte auf. So kann die Durchblutung der Finger je nach Umgebungstemperatur um das 100- bis 150-fache variieren.

Die Durchblutungssteigerungen in warmer Umgebung werden an den Extremitäten zum Teil durch eine Eröffnung der zahlreichen sympathisch innervierten ***arteriovenösen Anastomosen*** ausgelöst. Diese Form der Durchblutung erlaubt nicht nur aufgrund der großen Wärmeleitung des Gewebes eine wirkungsvolle Wärmeabgabe an die Haut, sondern verhindert auch ungünstige Einflüsse einer nicht nutritiven Mehrdurchblutung auf das zelluläre Milieu (Abnahmen des P_{CO_2}).

Fetaler Kreislauf

Charakteristisch für den fetalen Kreislauf ist die weitgehende Parallelschaltung beider Ventrikel und die stark reduzierte Lungendurchblutung

Aus der Plazenta fließt das (unvollständig mit O_2 gesättigte) fetale Blut durch die V. umbilicalis in der Nabelschnur zum größten Teil über den ***Ductus venosus Arantii*** in die V. cava inferior und vermischt sich mit dem entsättigten Blut aus der unteren Körperhälfte (▪ Abb. 28.45). Ein geringerer Teil gelangt über den lin-

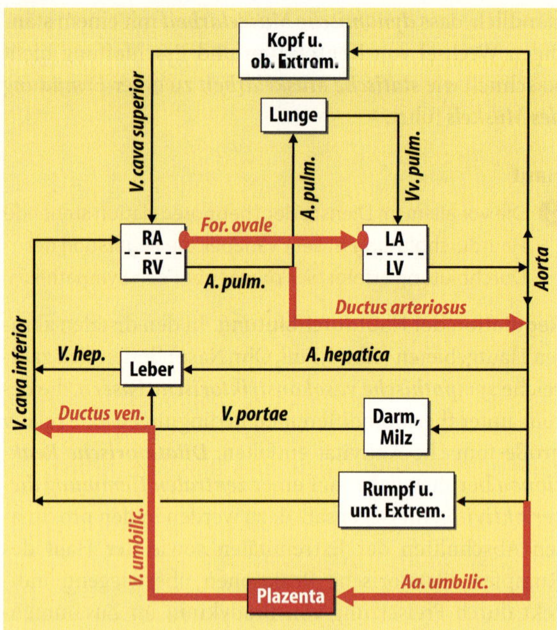

Abb. 28.45. Schema des fetalen Kreislaufs

ken Ast der Pfortader in die Leber und über die Vv. hepaticae in die V. cava inferior. Das Mischblut der V. cava inferior strömt mit einer O_2-Sättigung von 60–65 % zum rechten Vorhof und wird fast vollständig durch das ***Foramen ovale*** in den linken Vorhof geleitet. Durch den linken Ventrikel erfolgt der Weitertransport in die Aorta und die Verteilung auf den Körperkreislauf.

Das Blut der V. cava superior gelangt vorwiegend über den rechten Vorhof und rechten Ventrikel in den Truncus pulmonalis. Hier ist wegen des großen Strömungswiderstandes in den kollabierten Lungengefäßen der Druck etwas höher als in der Aorta, sodass das Blut zum größten Teil (ca. 75 % des rechtsventrikulären Auswurfvolumens) durch den ***Ductus arteriosus Botalli*** in die Aorta strömt und nur ein kleinerer Teil (ca. 25 %) durch das Kapillargebiet der Lungen über die Lungenvenen zum linken Vorhof zurückfließt. Aufgrund der Einmündung des Ductus arteriosus in die Aorta distal vom Abgang der Arterien für den Kopf und die oberen Extremitäten werden diese Abschnitte mit dem höher O_2-gesättigten Blut aus dem linken Ventrikel versorgt. Aus den beiden Aa. umbilicales, die aus den Aa. iliacae abgehen, strömt ein Teil des Blutes über die Nabelschnur in die Plazenta zurück, der andere Teil in die unteren Körperregionen. Durch das Foramen ovale sowie den Ductus arteriosus sind die ***beiden Ventrikel*** weitgehend ***parallel geschaltet***, wobei das Zeitvolumen des linken Ventrikels größer ist (55 % des gesamten Herzzeitvolumens) als das des rechten (45 %). Die Förderleistung des Doppelventrikels beträgt ca. 200–300 ml/kg × min, von denen etwa 60 % durch die Plazenta und 40 % durch den Körper fließen. Der ***fetale arterielle Blutdruck*** liegt am Ende der Gravidität bei 50–60 mm Hg, die ***Herzfrequenz*** bei 140–160/min.

Transitorischer Kreislauf des Neugeborenen

Die Geburt führt zu einer grundlegenden Umstellung des Kreislaufs: die beiden vorher weitgehend parallel geschalteten Ventrikel sind jetzt funktionell in Serie angeordnet

Peri- und postnatale Anpassung. Durch Abbinden der Nabelschnur kommt die Blutströmung in den ***Nabelschnurgefäßen*** zum ***Stillstand.*** Da vorher ein beträchtlicher Teil des Zeitvolumens beider Ventrikel durch die Aa. umbilicales geflossen war, ist nun der periphere Widerstand erhöht, und der Aortendruck steigt an. Wegen des Wegfalls der Plazenta nimmt der CO_2-Partialdruck im Blut zu, die respiratorischen Neurone in der Medulla oblongata werden erregt, und die Lungenatmung setzt ein. Mit der ***Entfaltung der Lungen sinkt der Strömungswiderstand*** im Lungenkreislauf stark ab. Hierdurch kommt es zu einer erheblichen Zunahme der Stromstärke in der A. pulmonalis bei gleichzeitiger Druckabnahme. Dies führt zur Umkehrung des Druckgefälles zwischen A. pulmonalis und Aorta und zur ***Strömungsumkehr im Ductus arteriosus.*** Auch das Druckgefälle zwischen rechtem und linkem Vorhof kehrt sich um, da wegen des Wegfalls des Blutrückflusses aus der Plazenta der Druck im rechten Vorhof sinkt, während der Druck im linken Vorhof wegen des stärkeren Zuflusses aus der Lunge steigt. Hierdurch wird die »Klappe« des Foramen ovale zugedrückt. – Der Ductus venosus verschließt sich durch die Kontraktion der glatten Muskulatur.

Die Umbildung des Kreislaufs nach der Geburt, die letztendlich zu der Differenzierung in ein Hoch- und ein Niederdrucksystem führt, vollzieht sich verhältnismäßig langsam, sodass man von einem »***transitorischen Kreislauf des Neugeborenen***« spricht. Dieser transitorische Kreislauf nimmt eine Zwischenstellung zwischen dem Kreislauf des Fetus und dem des Kindes bzw. Erwachsenen ein und ist durch folgende Vorgänge gekennzeichnet:

- Innerhalb der ersten 3 Stunden nach der Geburt verschließt sich der Ductus venosus zunächst funktionell und obliteriert dann innerhalb eines Monats.
- Der ***Verschluss des Foramen ovale*** beginnt etwa 1 Stunde nach der Geburt und setzt sich in den darauf folgenden Tagen fort. Eine völlige Verwachsung wird erst nach einigen Jahren erreicht. Bei 20–30 % aller Menschen bleibt eine kleine Öffnung im Vorhofseptum bestehen.

▪▪▪ Der Ductus arteriosus beginnt sich etwa 1 Stunde nach der Geburt durch Kontraktion der glatten Muskulatur langsam zu verengen (Abnahme der Bildung vasodilatatorischer Prostaglandine bei ansteigendem arteriellen pO_2). Zunächst ist die Strömungsrichtung dieselbe wie beim Fetus. Mit sinkendem Druck in der A. pulmonalis und steigendem Druck in der Aorta kommt es dann zur Strömungsum-

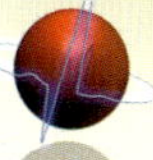

kehr im Ductus arteriosus (extrakardialer Links-Rechts-Shunt). Die Pulmonalgefäße werden dabei nicht nur vom rechten Ventrikel, sondern über die Aorta auch vom linken Ventrikel gespeist. Nach einigen Stunden bis zu wenigen Tagen ist der völlige funktionelle **Verschluss des Ductus arteriosus** eingetreten. Die Zeitvolumina beider Ventrikel sind dann gleich groß. Der morphologische Verschluss des Ductus arteriosus wird in den meisten Fällen bis zum Ende des 1. Lebensjahres erreicht.

Persistierende fetale Verbindungen. Unter den angeborenen Herzfehlern sind der offene **Ductus arteriosus Botalli** sowie das **offene Foramen ovale** mit einem Anteil von je 15–20 % vertreten. Die damit verbundene Beeinträchtigung der Kreislauffunktion (beim offenen Ductus arteriosus gelangen u. U. mehr als 50 % des erhöhten Schlagvolumens des linken Ventrikels in den Lungenkreislauf, während beim offenen Foramen ovale meist erhöhte Volumenleistungen des rechten Ventrikels vorliegen) macht operative Korrekturen der Defekte erforderlich.

In Kürze

Spezielle Kreislaufabschnitte

Einige Gefäßgebiete haben besondere Eigenschaften:

- Die Hirndurchblutung wird bei Lagewechsel durch eine stark ausgeprägte Autoregulation konstant gehalten und wird bei Anstieg des CO_2-Partialdrucks – wahrscheinlich über eine CO_2-bedingte pH-Änderung – gesteigert.
- Die Dilatation der Skelettmuskelgefäße bei Muskelarbeit wird durch lokal-metabolische und endotheliale Faktoren ausgelöst, wobei rhythmische Kontraktionen durchblutungsfördernd wirken.
- Die Hautdurchblutung steht v. a. im Dienste der Thermoregulation; eine Durchblutungssteigerung erfolgt im Bereich der Akren durch zentrale Hemmung der sympathischen Aktivität.
- Im fetalen Kreislauf sind die beiden Ventrikel über das Foramen ovale sowie den Ductus arteriosus weitgehend parallel geschaltet. Nach der Geburt kommt es infolge der veränderten Drucksituation und der CO_2-Anreicherung im Blut zum Einsetzen der Lungenatmung und zu einer zunächst transitorischen, danach permanenten Umstellung des Kreislaufs.

28.14 Messung von Kreislaufgrößen

Direkte und indirekte Blutdruckmessung

In Praxis und Klinik wird der arterielle Blutdruck überwiegend mit der indirekten Methode nach Riva-Rocci bestimmt

Direkte Blutdruckmessung. Zur Messung und Registrierung des Blutdrucks dienen Manometer. Von *direkter Messung* spricht man, wenn das Manometer mit dem Blut in offener Verbindung steht. Hierbei wird entweder eine Kanüle in das Blutgefäß eingeführt und mit dem außerhalb des Körpers befindlichen Manometer verbunden, oder es wird ein sog. ***Katheterspitzenmanometer*** direkt in das Gefäß eingeschoben.

Indirekte Blutdruckmessung nach Riva-Rocci. Die Messung erfolgt meist an dem in Herzhöhe gelagerten Oberarm des liegenden oder sitzenden Patienten. Eine Hohlmanschette wird um den Oberarm gelegt. Mithilfe einer Pumpe und eines Nadelventils kann der Druck in der Manschette verändert und kontinuierlich an einem seitenständig angeschlossenen Quecksilber- oder Membranmanometer abgelesen werden.

Bei der ***auskultatorischen Methode*** (nach Korotkow) werden systolischer und diastolischer Druck durch charakteristische Geräuschphänomene bestimmt, die distal von der Manschette mit einem Stethoskop über der A. brachialis in der Ellenbeuge abgehört werden (Abb. 28.46). Zur Messung des arteriellen Drucks wird der Manschettendruck zunächst schnell auf Werte gebracht, die über dem erwarteten systolischen Druck liegen. Die A. brachialis wird dadurch vollständig komprimiert, sodass die Blutströmung unterbrochen ist. Anschließend wird der Druck durch Öffnen des Ventils langsam reduziert. In dem Augenblick, in dem der ***systolische Druck*** unterschritten wird, tritt bei jedem Puls ein

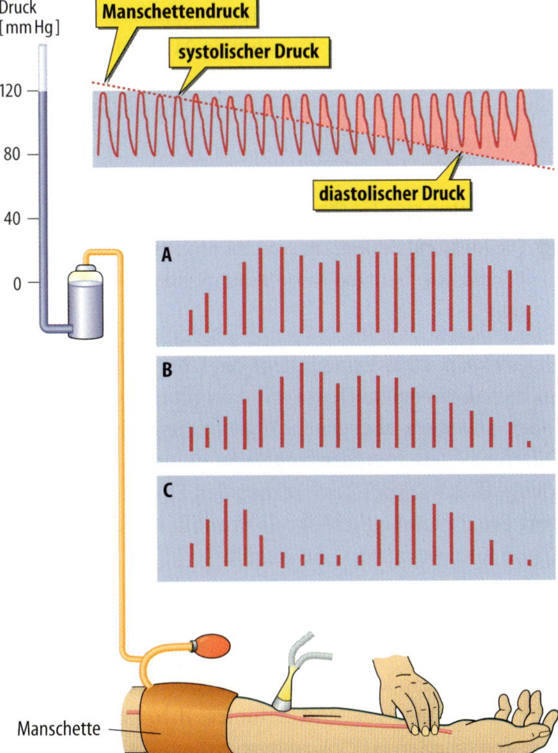

Abb. 28.46. Messung des Blutdrucks am Menschen nach dem Prinzip von RIVA-ROCCI. Schematische Darstellung der häufigsten akustischen Phänomene (Korotkow-Geräusche) bei der auskultatorischen Methode. Einzelheiten ► s. Text

kurzes scharfes Geräusch ***(Korotkow-Geräusch)*** auf, das durch den Einstrom von Blut bei vorübergehender Aufhebung der Gefäßkompression während des Druckgipfels entsteht. Bei weiter abnehmendem Manschettendruck werden die Geräusche zunächst lauter und bleiben dann entweder auf einem konstanten Niveau (Abb. 28.46 A) oder werden wieder etwas leiser (Abb. 28.46 B). In einigen Fällen tritt nach initialer Zunahme der Lautstärke eine vorübergehende Abnahme, die sog. ***auskultatorische Lücke*** (Abb. 28.46 C), mit anschließender erneuter Zunahme auf. Der ***diastolische Druck*** ist erreicht, wenn bei weiteren Abnahmen des Manschettendrucks die Geräusche plötzlich dumpfer und schnell leiser werden.

▪▪▪ Die Korotkow-Geräusche entstehen durch turbulente Strömung, die sich als Folge der erhöhten Strömungsgeschwindigkeit im Bereich der Einengung der A. brachialis im Manschettenbereich entwickelt. Bei Manschettendrücken etwas unterhalb des systolischen Wertes tritt nur eine kurze turbulente Strömung auf, die sich mit abnehmenden Manschettendrücken über die Dauer der Systole verlängert.

Fehlmessungen. Um eine Beeinflussung der gemessenen Werte durch hydrostatische Effekte auszuschließen, muss die Manschette in Herzhöhe liegen. Die ***Breite der Manschette*** soll etwa die Hälfte des Armumfangs ausmachen, die Standardbreite für den Erwachsenen beträgt ***12 cm.*** Bei großem Armumfang oder bei Messungen am Oberschenkel sind breitere, bei Kindern schmalere Manschetten erforderlich. Relativ zu schmale Manschetten erfordern zur Kompression der Arterie höhere Drücke und ergeben daher zu hohe, relativ zu breite Manschetten dagegen zu niedrige Messwerte.

Bestimmung des Herzzeitvolumens

! Die Messung des Herzzeitvolumens kann nach dem Fick-Prinzip oder dem Indikatorverdünnungsverfahren erfolgen

Fick-Prinzip. Dem Prinzip liegt die Überlegung zugrunde, dass die in einem Organ aus dem Blut aufgenommene (oder an dieses abgegebene) Stoffmenge gleich ist der Differenz zwischen der zugeleiteten und abgeführten Menge dieses Stoffes. Drückt man den Stoffmengentransport pro Zeiteinheit jeweils als Produkt aus Stromstärke Q und Konzentration C aus, so gilt:

$$\dot{m} = \dot{Q}C_1 - \dot{Q}C_2 = \dot{Q}\,(C_1 - C_2) \qquad (19)$$

Diese Beziehung kann dazu dienen, die Stromstärke des durch die Lunge fließenden Blutes, d. h. praktisch das Herzzeitvolumen (HZV), zu bestimmen. Verwendet man als natürlichen Indikator Sauerstoff, so ist für die ausgetauschte Stoffmenge V_{O_2} und für $C_1 - C_2$ die O_2-Konzentrationsdifferenz zwischen arterialisiertem Blut und venösem Mischblut (A. pulmonalis) $C_{aO_2} - C_{vO_2}$ einzusetzen:

$$HZV = \frac{\dot{V}_{O_2}}{(C_{aO_2} - C_{vO_2})} \qquad (20)$$

▪▪▪ V_{O_2} kann spirometrisch bestimmt werden, C_{aO_2} und C_{vO_2} erhält man durch Analyse des Blutes, das man durch Punktion einer peripheren Arterie und mithilfe eines Katheters aus der A. pulmonalis gewinnt. In ähnlicher Form können Herzzeitvolumenbestimmungen auch mit CO_2 oder Fremdgasen wie Azetylen oder Stickoxidul als Indikator vorgenommen werden.

Indikatorverdünnungsverfahren. Diese Methode ermöglicht die Bestimmung des Herzzeitvolumens ohne dass der Proband (etwa durch eine Herzkatheterisierung) stärker belastet wird. Hierzu injiziert man einen inerten Indikator in die venöse Strombahn und verfolgt die Änderung seiner Konzentration im arteriellen Blut. Geeignet sind Indikatoren (Farbstoffe, radioaktive Substanzen), die den Plasmaraum in der Messperiode nicht verlassen und eine einfache Konzentrationsbestimmung zulassen. Die schnell injizierte Indikatormenge m verdünnt sich gleichmäßig im Plasmavolumen, das mit der Stromstärke Q_{pl} in einer bestimmten Zeit t_P durch die arterielle Strombahn fließt. Bezeichnet man die mittlere Konzentration des verdünnten Indikators mit C_m, so ergibt sich die Massenbilanz:

$$m = \dot{Q}_{Pl} \cdot t_P \cdot C_m \quad \text{oder} \quad \dot{Q}_{Pl} = \frac{m}{t_P \cdot C_m} \qquad (21)$$

▪▪▪ Die Werte für t_p und C_m gewinnt man aus dem zeitlichen Verlauf der arteriellen Indikatorkonzentration, die man bei Verwendung von Farbstoffen photometrisch (z. B. am Ohrläppchen) registrieren kann. Die Konzentrationskurve lässt einen schnellen Anstieg und langsameren Abfall erkennen, dem kleinere Schwankungen folgen. Da diese nachfolgenden Wellen von erneuten Farbstoffumläufen (Rezirkulationen) herrühren, wird nur die erste Kurve (Primärkurve) für die Auswertung herangezogen. Aus der Primärkurve lassen sich die mittlere Konzentration durch Integration und die Passagezeit bestimmen.

In Kürze

Messverfahren

In der ärztlichen Praxis erfolgt die Blutdruckmessung meist im indirekten Verfahren nach Riva-Rocci. Hierzu wird eine Oberarmmanschette über den systolischen Druck hinaus aufgepumpt und danach langsam entlastet. Der systolische und der diastolische Druck lassen sich dabei durch Beurteilung der (Korotkow-)Geräusche bestimmen, die mittels eines Stethoskops über der A. brachialis wahrgenommen werden (auskultatorische Methode).
Grundlage für die Messung des Herzzeitvolumens (HZV) ist das Fick-Prinzip. Bei Verwendung von O_2 als Indikator ergibt sich das HZV aus der pulmonalen O_2-Aufnahme, dividiert durch die arteriovenöse O_2-Differenz. Geeignet für die HZV-Bestimmung sind auch das Indikatorverdünnungsverfahren.

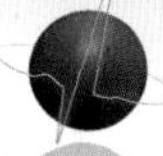

Literatur

Astrand PO, Rodahl K, Dahl HA, Stromme SB (eds) (2003) Textbook of work physiology. 4 th edition. Human Kinetics Europe Ltd., Leeds

Carmeliet P (2000) Mechanisms of angiogenesis and arteriogenesis. Nat Med 6: 389–395

Cowley AW Jr (1992) Long-term control of arterial blood pressure. Physiol Rev 72: 231–300

Fleming I (2001) Cytochrome P450 and vascular homeostasis. *Circ Res* 89: 753–762

Fung YC (1997) Biomechanics: Circulation. 2nd Edition. Springer, Berlin Heidelberg New York

Gardner AMN, Fox RH (eds) (2003) The venous system in health and disease. Vol. 28 Biomedical and health research. IOS Press, Amsterdam

Hinson JP, Kapas S, Smith DM (2000) Adrenomedullin, a multifunctional regulatory peptide. Endocr Rev 21: 138–167

Hughes JMB, Morrell NW, West JB (eds) (2002) Pulmonary circulation: From basic mechanisms to clinical practice. Imperial College Press, London

Ignarro LJ (2000) Nitric oxide: Biology and pathobiology. Academic Press, San Diego London

Levick JR (2000) An introduction to cardiovascular physiology. Fourth edition. Arnold Publishers, London

Michel CC, Curry FE (1999) Microvascular permeability. Physiol Rev 79: 703–761

Persson PB (1996) Modulation of cardiovascular control mechanisms and their interaction. Physiol Rev 76: 193–244

Vanhoutte PM (2001) EDHF 2000. Taylor & Francis, London NewYork

Regulation des Inneren Milieus

Kapitel 29
Niere

F. Lang, A. Kurtz

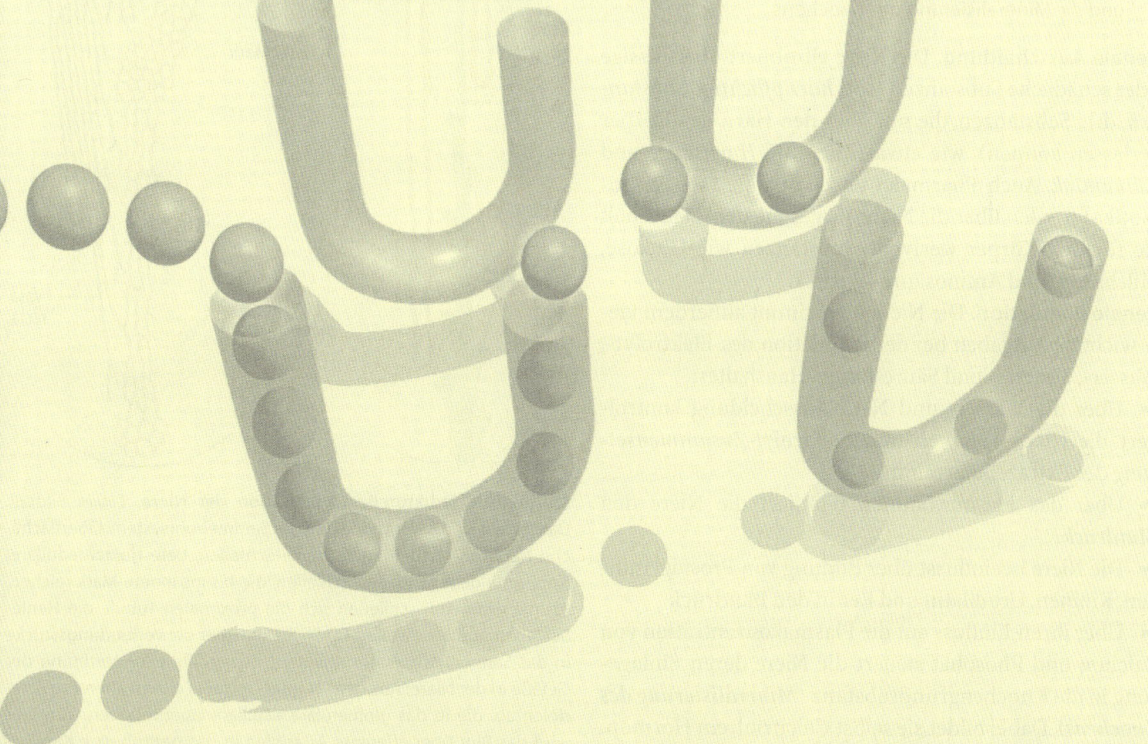

Einleitung

Die 18-jährige U. L. wacht eines morgens mit geschwollenen Augenlidern auf. Beim Wasserlassen fällt ihr auf, dass der Urin schäumt. Beunruhigt sucht sie den Arzt auf, der periphere Ödeme (Wasseransammlung im Gewebe), Eiweiß im Urin (Proteinurie) und einen gesteigerten Blutdruck (Hypertonie) feststellt. Er stellt die Diagnose ***Glomerulonephritis***, eine entzündliche Schädigung der Glomerula. Sie beschädigt den glomerulären Filter und steigert dessen Durchlässigkeit für Proteine. Die filtrierten Proteine werden zum größten Teil mit dem Endharn ausgeschieden. Der proteinreiche Urin schäumt. Der Verlust der Proteine durch die Nieren senkt den kolloidosmotischen Druck im Blut und Wasser gelangt aus dem Blut in den Extrazellulärraum. So entstehen Ödeme. Die Entzündung der Glomerula mindert ferner die Durchblutung der Niere, die über eine gesteigerte Ausschüttung des Enzyms Renin die Bildung von Angiotensin II veranlasst, einem Oligopeptid, das u. a. den Blutdruck steigert.

VII

29.1 Aufgaben und Bau der Niere

Aufgaben der Niere

Die Niere ist das wichtigste Ausscheidungsorgan; außerdem reguliert sie den Elektrolyt-, Wasser-, Mineral- und Säure-Basen-Haushalt und damit indirekt den Blutdruck und die Mineralisierung des Knochens

Renale Ausscheidung. Die Niere eliminiert überflüssige oder schädliche Substanzen (sog. ***harnpflichtige Substanzen***, d. h. Substanzen, die nur über den Harn den Körper verlassen können), wie etwa ***Harnstoff, Harnsäure*** und ***Ammoniak***. Auch Pharmaka und Giftstoffe (sog. Xenobiotika) werden über die Niere ausgeschieden. Dabei hält sie für den Körper wertvolle Substanzen wie Glukose, Milchsäure und Aminosäuren zurück.

Renale Regulation. Die Niere übernimmt außerdem viele wichtige Aufgaben bei der Regulation des Elektrolyt-, Wasser-, Mineral- und Säure-Basen-Haushaltes:

- Über die Wasser- und NaCl-Ausscheidung kontrolliert die Niere ***Volumen*** und ***Elektrolyt-Zusammensetzung*** des Extrazellulärraums.
- Über das Plasmavolumen reguliert die Niere den ***Blutdruck***.
- Die Niere beeinflusst über Bildung von Prostaglandinen, Kininen, Urodilatin und Renin den Blutdruck.
- Über ihren Einfluss auf die Plasmakonzentration von Calcium und Phosphat steuert die Niere deren Einlagerung in die Knochengrundsubstanz ***(Mineralisierung des Knochens)***. Dabei bildet sie selbst Calcitriol, ein Hormon, das in die Regulation des Mineral-Haushaltes eingreift.
- Über die H^+- und HCO_3^--Ausscheidung wirkt sie bei der Regulation des ***Säure-Basen-Haushaltes*** mit. Ferner scheidet sie H^+ als NH_4^+ aus, das sie aus Glutamin gewinnt.
- Das nach Desaminierung von Glutamat übrige Kohlenstoffskelett baut sie zu Glukose auf ***(Glukoneogenese)***.
- Schließlich bildet die Niere ***Erythropoietin***, das die Erythropoiese stimuliert.

Bau der Niere

Die Nieren enthalten 2 Millionen Nephrone, die jeweils aus einem Glomerulum und dem Tubulusapparat bestehen; im Glomerulum wird Plasmaflüssigkeit abfiltriert, aus der während der Passage durch das Tubulussystem Urin entsteht

Glomerula. Die Glomerula liegen in der Nierenrinde, die das tiefer gelegene Nierenmark umspannt (Abb. 29.1). Sie bilden einen ***Filter***, durch den Plasmaflüssigkeit (Pri-

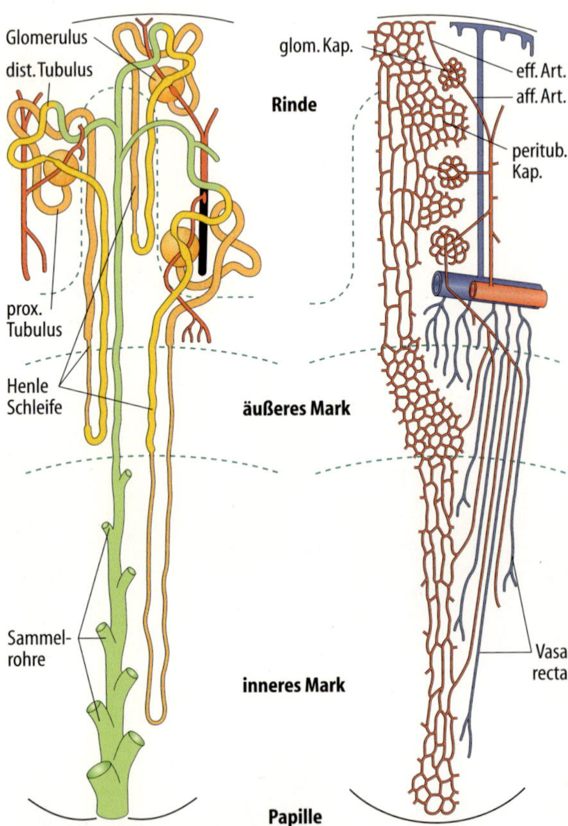

Abb. 29.1. Strukturelle Organisation der Niere. *Linker* Bildteil: Dargestellt sind 3 Nephrone und das Sammelrohrsystem. Oberflächliche Nephrone haben kurze Henle-Schleifen, tiefe (juxtamedulläre) Nephrone dagegen lange Schleifen, die bis ins innere Mark reichen. An die Glomeruli schließen sich die proximalen Tubuli, die Henle-Schleifen und die distalen Tubuli an, die über die Verbindungsstücke in das Sammelrohrsystem münden; *rechter* Bildteil: Anordnung der Gefäße in der Niere: Aus den Aa. interlobulares gehen afferente Arteriolen ab, die in das glomeruläre Kapillarknäuel münden. Von hier wird das Blut über efferente Arteriolen in das peritubuläre Kapillarnetz geleitet. Beachte, dass juxtamedulläre Glomeruli über efferente Arteriolen in markwärts ziehende Vasa recta münden. Nach Koushanpour u. Kriz (1986)

märharn) abfiltriert wird. Die Endothelzellen der Glomerulumkapillaren sind von einer Basalmembran umgeben (◘ Abb. 29.2). Auf der anderen Seite der Basalmembran werden die Gefäße durch Fußfortsätze der Podozyten gestützt. Zwischen den Kapillarschlingen liegen ferner noch Mesangialzellen, die u. a. Proteine phagozytotisch aufnehmen und intrazellulär abbauen können.

Tubulussystem. Aufgabe des Tubulussystems ist die Bildung von Urin aus dem Primärharn. Das Tubulussystem besteht aus mehreren, morphologisch und funktionell unterschiedlichen Abschnitten (◘ Abb. 29.3). Die filtrierte Flüssigkeit gelangt zunächst in den Mitochondrienreichen ***proximalen Tubulus***, der in die ***Henle-Schleife*** mündet. Die Henle-Schleife ist ein Nephronabschnitt, der die Tubulusflüssigkeit von der Nierenrinde in das Nierenmark und wieder zurück zum Glomerulum des gleichen Nephrons leitet. Die ***Henle-Schleife*** besteht aus drei unterschiedlichen Abschnitten, der Pars recta des proximalen Tubulus, dem dünnen Teil und dem wiederum Mitochondrien-reichen dicken aufsteigenden Teil. Dort tritt das Ende der Henle-Schleife in einen engen Kontakt mit dem Vas afferens. Das anliegende Tubulusepithel ist dabei besonders hoch ***(Macula densa)***. Die Gefäßmuskelzellen (myoepitheliale Zellen) an dieser Kontaktstelle enthalten Speichergranula, aus denen sie das Enzym Renin freisetzen können. Die myoepithelialen Zellen, die Macula densa und extraglomeruläres Mesangium bilden gemeinsam den ***juxtaglomerulären Apparat***.

Von der Macula densa gelangt die Tubulusflüssigkeit über den ***distalen Tubulus*** und das ***Verbindungsstück*** in der Nierenrinde zum ***Sammelrohr***, in das jeweils annähernd 3000 Nephrone münden. Über 300 Sammelrohre (Ductus papillares) erreicht die letztlich zum Urin gewordene Tubulusflüssigkeit das Nierenbecken. Distaler Tubulus, Verbindungsstück und Sammelrohr weisen morphologisch unterschiedliche Zellen auf: die wichtigsten

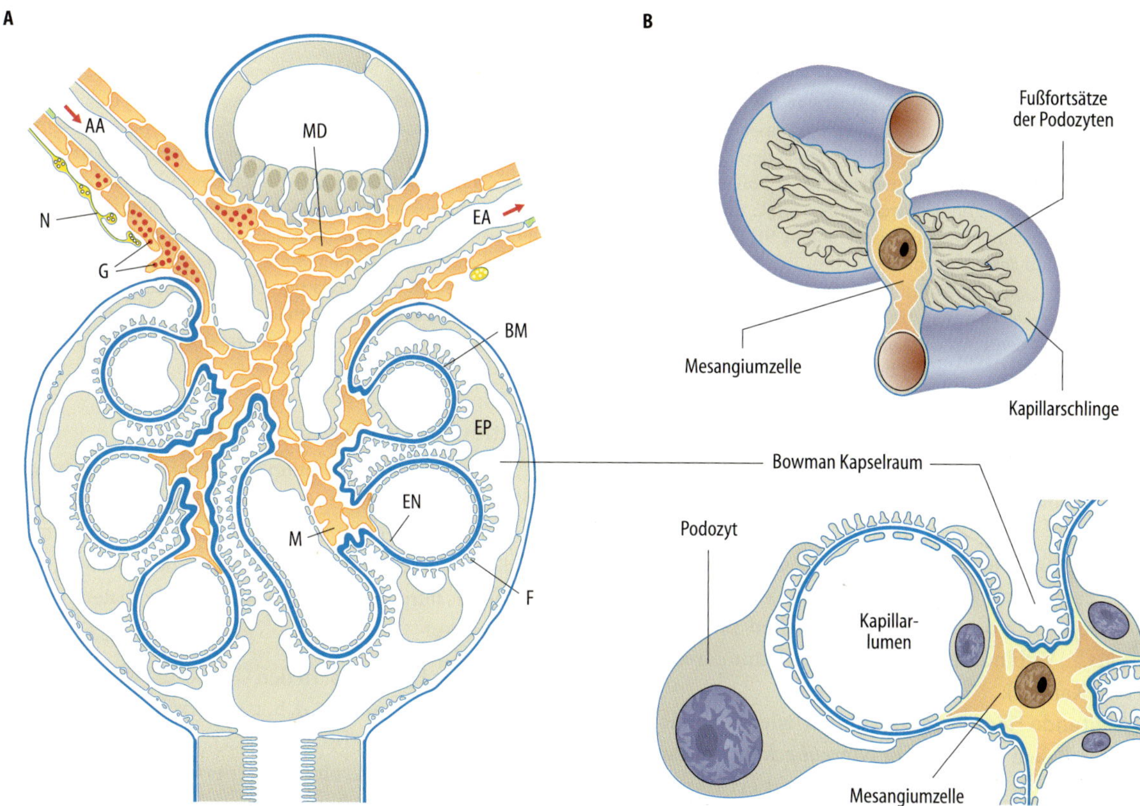

◘ **Abb. 29.2. Glomerulumstruktur. A** Übersicht über die Struktur eines Glomerulus mit juxtaglomerulärem Apparat. Am Gefäßpol mündet die afferente Arteriole *(AA)*, die von sympathischen Nervenfasern *(N)* versorgt ist und deren glatte Muskelzellen unmittelbar vor der Einmündung deutliche Granula *(G)* aufweisen. Es handelt sich um die reninbildenden Epitheloidzellen. Die Wand der glomerulären Kapillarschlingen besteht aus 3 Schichten: den Endothelzellen *(EN)*, der Basalmembran *(BM)* und den von außen angelagerten Epithelzellen *(EP)* mit Fußfortsätzen *(F)* (= Podozyten). Die *rosa* dargestellten Mesangiumzellen *(M)* befinden sich zwischen den Kapillarschlingen und als extraglomeruläres Mesangium im Winkel zwischen den Arteriolen und dem Macula densa-Segment des distalen Tubulus *(MD)*. Die Glomeruluskapillaren münden schließlich in eine efferente Arteriole *(EA)*. Nach Koushanpour u. Kriz (1986), Kriz u. Kaissling (1992). **B** Schematische Darstellung der Anordnung von intraglomerulären Mesangiumzellen und Podozyten; *oben:* Kapillarschlinge mit einer zentralen Mesangiumzelle, die mit Fußfortsätzen an der inneren Kurvatur der kapillären Basalmembran verankert ist und die Kurvenstruktur stabilisiert; *unten:* Querschnitt mit der gleichen Anordnung der zentral verankerten Mesangiumzelle und den peripher angelagerten Fußfortsätzen der Podozyten. Auch die Podozytenanordnung stabilisiert die Kapillarschlinge und wirkt einer druckpassiven Dehnung entgegen. Nach Kritz (1994)

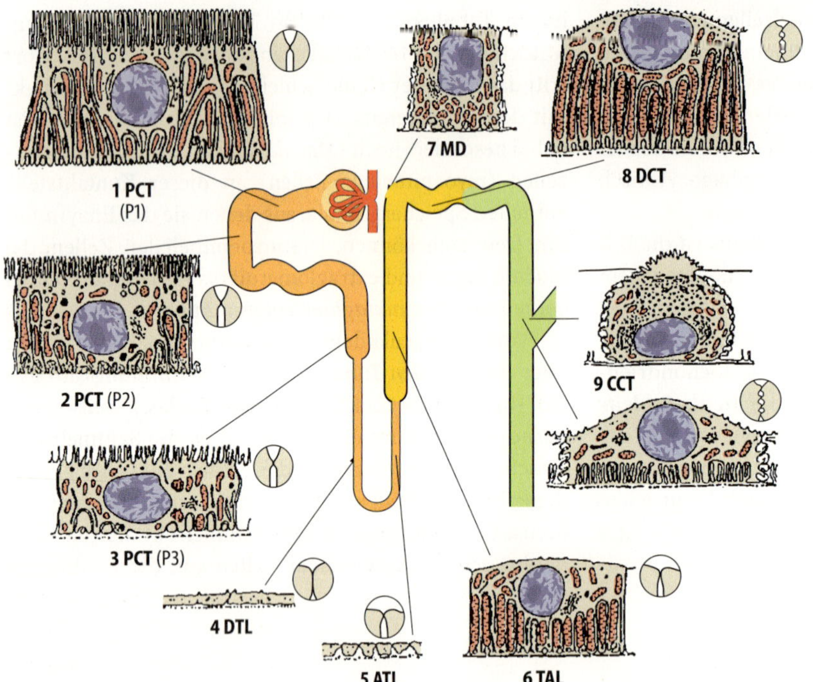

Abb. 29.3. Longitudinale Heterogenität der Tubulusepithelien. Die Epithelzellen sind mit der dem Tubuluslumen zugewandten apikalen Seite nach oben dargestellt. Die neben den Zellen angeordneten kreisförmigen Detailzeichnungen sind vergrößerte Darstellungen der Schlussleisten (Zonulae occludentes, engl.: tight junctions). (1) proximaler gewundener Tubulus (Segment S1), (2) proximaler gewundener Tubulus (Segment S2), (3) proximaler gestreckter Tubulus (Segment S3), (4) dünner absteigender Schenkel, (5) dünner aufsteigender Schenkel, (6) dicker aufsteigender Schenkel der Henle-Schleife, (7) Macula densa, (8) distaler gewundener Tubulus, (9) kortikaler Teil des Sammelrohres; *oben:* dunkle Zelle; *unten:* helle Zelle. Nach Bulger u. Dobyan (1982), Kriz u. Kaissling (1992). Mitochondrienreichtum weist auf hohe aktive Transportleistung hin (1–2 und 6–8). Kleine flache Zellen weisen keinen messbaren aktiven Transport auf (4–5). Starke Einfältelung der apikalen Membran (Oberflächenvergrößerung) sowie punktartige Zonulae occludentes sind typisch für »lecke« Epithelien mit großer Durchlässigkeit, hohen Transportraten und der Unfähigkeit, gegen nennenswerte Gefälle zu transportieren (1–2). Ausgeprägte reißverschlussartige Zonulae occludentes sind typisch für »mäßig lecke« bzw. »mitteldichte« Epithelien mit geringerer Durchlässigkeit, geringeren Transportraten und der Fähigkeit, gegen starke Gefälle zu transportieren (8–9)

sind die distalen Tubuluszellen, die Mitochondrien-reichen Hauptzellen und die Schaltzellen.

Die ***Schlussleisten*** zwischen den jeweiligen Zellen weisen im proximalen Tubulus und in der Henle-Schleife nur wenige Netzwerkmaschen (Zonulae occludentes) auf, es handelt sich demnach um »lecke« Epithelien. Im Gegensatz dazu sind die Epithelien in distalem Tubulus, Verbindungsstück und Sammelrohr dicht (▶ s. Kap. 3.2).

Ableitende Harnwege. Der in der Niere gebildete Harn sammelt sich zunächst im ***Nierenbecken***, um dann über den ***Ureter*** in die ***Harnblase*** transportiert zu werden. Im ***Ureter*** wird der Harn durch peristaltische Kontraktionswellen (2–6/min) vorwärts getrieben, die vom Nierenkelch zur Harnblase laufen (2–6 cm/s). Dehnung (Dilatation) des Ureters steigert die Frequenz, mechanische Reizung kann spontane Kontraktionen auslösen. Bei Füllung der Harnblase wird die Wandmuskulatur zunächst passiv gedehnt, bis schließlich der Blasenentleerungsreflex ausgelöst wird (▶ s. Kap. 20.7).

Funktionelle Organisation der Nephrone

Durch tubuläre Resorption und Sekretion entsteht aus der in den Glomerula filtrierten Flüssigkeit letztlich der Endharn; bei den Transportprozessen steht quantitativ die Na^+-Resorption im Vordergrund, der überwiegende Teil des filtrierten Natriums wird im proximalen Tubulus resorbiert

Bildung des Endharns. In den Glomerula werden normalerweise ca. 100 ml/min, d. h. 150 Liter/Tag Plasmaflüssigkeit ***filtriert*** (▶ s. Abschnitt 29.2). Das ist pro Tag etwa das Dreifache des gesamten Körperwassers. Im folgenden Tubulussystem werden annähernd 99 % des filtrierten Wassers und über 90 % der im Filtrat gelösten Substanzen wieder zurückgenommen ***(resorbiert)***. Darüber hinaus werden einige Substanzen aus dem Blut in die Tubulusflüssigkeit transportiert ***(sezerniert)***. Durch tubuläre Resorption und Sekretion wird ein Urin erzeugt, dessen Zusammensetzung weit von der des Plasmawassers abweicht.

Am Beginn des Nephrons müssen ***große Flüssigkeitsmengen*** transportiert, gegen Ende des Nephrons die ***Feineinstellung*** der Urinzusammensetzung gewährleistet werden. Entsprechend unterscheiden sich die Transporteigenschaften von proximalem Tubulus, Henle-Schleife, distalem Tubulus und Sammelrohr. Darüber hinaus ist keines der genannten Segmente in sich morphologisch oder funktionell homogen, und es gibt Unterschiede zwischen oberflächlichen und tiefen (juxtamedullären) Nephronen ***(Heterogenität)***.

Besondere Bedeutung des Na^+-Transportes. Etwa 80 % der filtrierten gelösten Substanzen sind Na^+ und Cl^-. Die Resorption von NaCl spielt daher in allen Segmenten die dominierende Rolle.

In Kürze

Aufgaben der Niere

Die Niere hat viele physiologisch bedeutende Aufgaben:

- Sie eliminiert als Ausscheidungsorgan des Körpers harnpflichtige Substanzen,
- sie kontrolliert Volumen und Elektrolyt-Zusammensetzung des Extrazellulärraumes sowie den Säure-Basen-Haushalt,
- sie beeinflusst Blutdruck und Knochenmineralisierung,
- sie ist zur Glukoneogenese befähigt, und
- sie reguliert über Erythropoietin die Erythropoese.

Bau der Niere

Die Aufgaben der Niere werden von etwa einer Million Nephrone pro Niere wahrgenommen. Es gibt kortikale und juxtamedulläre Nephrone. Jedes Nephron besteht aus:

- zu- und abführenden Gefäßen,
- Glomerulum,
- Tubulussystem.

Das Tubulussystem wird unterteilt in:

- proximalen Tubulus,
- Henle-Schleife,
- distalen Tubulus,
- Verbindungsstück,
- Sammelrohr.

Am Tag werden etwa 150 Liter Plasmawasser in den Glomerula filtriert und damit der Kontrolle durch die Niere unterworfen. Die Tubuli nehmen den weitaus größten Teil filtrierter Flüssigkeit durch Resorption zurück. H^+ sowie einige organische Säuren und Basen werden sezerniert.

29.2 Durchblutung und glomeruläre Filtration

Gefäßabschnitte der Niere

In den Nierengefäßen weisen vor allem die Vasa afferentia und die Vasa efferentia einen hohen Widerstand und damit einen hohen Druckabfall auf

Gefäßversorgung der Niere. Das Blut aus der ***Arteria renalis*** gelangt zunächst über die ***Aa. interlobares*** zu den ***Aa. arcuatae***, aus denen senkrecht die ***Aa. interlobulares*** entspringen (Abb. 29.1). Die Aa. interlobulares geben die ***Vasa afferentia*** ab, die sich in den Glomerula in viele parallele ***Gefäßschlingen*** aufteilen (Abb. 29.2). Die Kapillarschlingen münden in die ***Vasa efferentia***, die sich nun erneut aufzweigen:

- Die Vasa efferentia oberflächlich gelegener Glomerula geben die ***peritubulären Kapillaren*** ab, die ein Gefäßnetz um die Tubuli in der Nierenrinde bilden.
- Vasa efferentia aus tiefer gelegenen Glomerula (sog. juxtamedullären Glomerula) geben die ***Vasa recta*** ab, die in langen Kapillarschleifen in das Nierenmark eintauchen.

Vasa recta und peritubuläre Kapillaren münden schließlich in die ***Vv. interlobulares***, die das Blut über die ***Vv. arcuatae*** und ***Vv. interlobares*** zur ***V. renalis*** leiten. In der Niere sind somit zwei Kapillarnetze (Glomerulumkapillaren und peritubuläre Kapillaren bzw. Vasa recta) hintereinander geschaltet.

Druckverlauf in den Nierengefäßen. Der Druckverlauf in den einzelnen Gefäßabschnitten der Niere ist in Abb. 29.4 dargestellt: In Aorta und Nierenarterie (Arteria renalis) findet beim Gesunden kein wesentlicher Druckabfall statt, da der Widerstand dieser Gefäßabschnitte sehr gering ist. Die Arteriae interlobares weisen bereits einen deutlichen Widerstand auf. Der größte Widerstand liegt jedoch normalerweise in den ***Vasa afferentia***, hier findet also der ***größte Druckabfall*** statt.

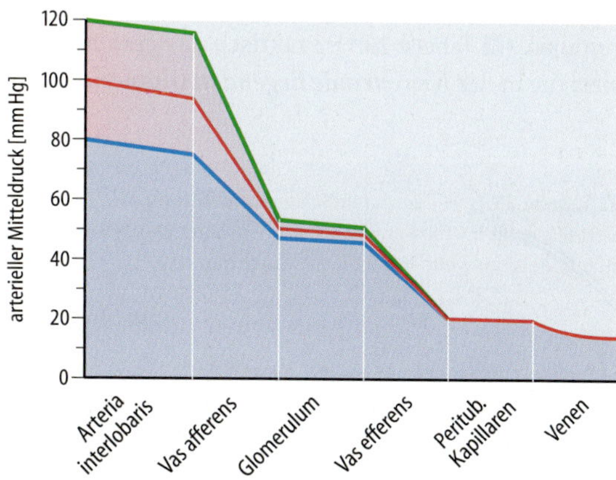

Abb. 29.4. Druckabfall in verschiedenen Gefäßabschnitten der Niere

Jedes Vas afferens gibt eine Vielzahl ***paralleler Glomerulumkapillaren*** ab, die parallel geschaltet und sehr kurz sind und somit einen sehr geringen Widerstand aufweisen. Damit kommt es in den Glomerulumkapillaren praktisch zu ***keinem Druckabfall***. Die Glomerulumkapillaren münden in das ***Vas efferens***, das wiederum einen erheblichen Widerstand aufweist und einen entsprechend ***großen Druckabfall*** bewirkt. Der relativ hohe Widerstand im Vas efferens hält den Druck in den Glomerulumkapillaren hoch und gewährleistet damit den für eine normale Filtrationsrate erforderlichen Filtrationsdruck (▶ s. u.).

Die weiteren Gefäßabschnitte, wie ***peritubuläre Kapillaren und Venen***, bieten dem Blutfluss wiederum einen geringen Widerstand.

Widerstand der Vasa recta. Die aus den Vasa efferentia der juxtamedullären Nephrone entspringenden Vasa recta weisen trotz ihrer enormen Länge normalerweise keinen sehr hohen Widerstand auf, da eine Vielzahl von Vasa recta parallel geschaltet sind. Allerdings ist der Blutfluss in den Vasa recta bei Beeinträchtigung der Fließeigenschaften des Blutes in hohem Maße gefährdet. So nimmt man an, dass im ***postischämischen Nierenversagen*** (▶ s. 29.1) die Strömungsverlangsamung in den Vasa recta zum Erliegen der Durchblutung dieser Gefäßabschnitte führt, wodurch die benachbarten Zellen nicht mehr hinreichend mit Blut versorgt werden.

29.1. Schockniere

Ursachen. Eine der Mechanismen zur Aufrechterhaltung des Blutdruckes, z. B. bei schweren Blutverlusten, ist die durch den Sympathikus ausgelöste Konstriktion von Nierengefäßen (▶ s. Kap. 28.11). Dabei kann es zu einer Ischämie des Nierengewebes kommen, die ein ischämisches akutes Nierenversagen (Schockniere) auslöst.

Folgen. Selbst nach Wiederherstellung von Blutvolumen und Blutdruck (z. B. durch Transfusionen) bleibt die glomeruläre Filtrationsrate (GFR) massiv erniedrigt und die Niere scheidet keinen (Anurie) oder wenig (Oligurie) Urin aus. Die Mechanismen, welche die GFR erniedrigt halten, sind immer noch nicht voll verstanden. Es wird allerdings angenommen, dass die ischämischen Tubuluszellen Adenosin bilden, das in der Niere im Gegensatz zu anderen Organen eine starke vasokonstriktorische Wirkung ausübt. Die Drosselung der GFR verhindert, dass die ischämischen Tubuluszellen zu energetisch aufwändiger Na^+-Resorption gezwungen werden. Wenn sich die Tubuluszellen teilweise erholen, dann setzt die GFR wieder ein. Allerdings bleibt die Transportkapazität der Tubuluszellen häufig für einige Wochen eingeschränkt und es kommt trotz herabgesetzter GFR zu massiver Ausscheidung von Wasser und Elektrolyten (polyurische Phase des akuten Nierenversagens). Bisweilen erholt sich die Niere nicht mehr, und es bleibt eine dauerhafte (chronische) Niereninsuffizienz zurück.

Renaler Blutfluss und Durchblutungsverteilung

! Etwa 20 % des Herzminutenvolumens passiert die Niere; die Nierenrinde ist hervorragend, das Nierenmark eher schlecht durchblutet

Renaler Blutfluss (RBF). Normalerweise passieren etwa 20 % (ca. 1 Liter pro Minute) des Herzminutenvolumens die beiden Nieren, obwohl die beiden Nieren zusammen nur 0,4 % des Körpergewichtes ausmachen. Bezogen auf ihr Gewicht sind die Nieren die bestdurchbluteten Organe des Körpers.

Durchblutungsverteilung. Das die Niere durchströmende Blut verteilt sich sehr ungleich auf Nierenrinde und Nierenmark (◘ Tabelle 29.1): Praktisch das ***gesamte Blut*** passiert die in der ***Nierenrinde liegenden Glomerula***. Das von den Vasa recta durchblutete Nierenmark, das immerhin $^1/_3$ des Nierengewichtes ausmacht, erhält weniger als 10 % der renalen Durchblutung.

◘ Tabelle 29.1. Nierendurchblutung und intrarenale Blutverteilung (RBF = renaler Blutfluss). (Insgesamt werden die 300 g Nierengewebe mit 1,2 l/min durchblutet)

	Gewichtanteil %	RBF-Anteil %
Rinde	70	92,5
äußeres Mark	20	6,5
inneres Mark	10	1,0

Die relativ ***schlechte Blutversorgung*** des ***Nierenmarks*** wird noch dadurch verschärft, dass die Anordnung der Vasa recta in Form von Schleifen die Zulieferung von O_2 sowie den Abtransport von CO_2 und Stoffwechselprodukten erschwert (▶ s. Abschnitt 29.4).

Regulation der Nierenmarkdurchblutung. Einige Mediatoren wie Prostaglandine, Azetylcholin und Bradykinin verbessern die Versorgung durch eine Gefäßerweiterung (Vasodilatation), die im Nierenmark stärker ausfällt als in der Nierenrinde. Darüberhinaus kommt es bei Blutdruckabfall vorwiegend zu einer Vasodilatation im Nierenmark. Damit wird normalerweise einer Unterversorgung der Nierenmarkzellen vorgebeugt. Auch eine Steigerung des Ureterdruckes führt zur bevorzugten Vasodilatation im Nierenmark.

Permselektivität des glomerulären Filters

Der glomeruläre Filter ist permselektiv, d. h. er verhindert normalerweise die Filtration der meisten Plasmaproteine

Permselektivität. Eine für die Funktion der Niere wesentliche Eigenschaft des glomerulären Filters ist seine selektive Permeabilität (Permselektivität) gegenüber Inhaltstoffen des Plasmas (Soluten). Für die Passage durch den glomerulären Filter ist zum einen die ***Größe der Moleküle*** maßgebend. Moleküle mit einem Durchmesser >4 nm bzw. einem Molekulargewicht >50 kDa können den Filter nicht passieren (Tabelle 29.2). Zum anderen spielt die ***Ladung der Moleküle*** eine wesentliche Rolle (Abb. 29.5): Negativ geladene Moleküle werden von negativen Fixladungen des glomerulären Filters abgestoßen und passieren erheblich schwerer als positiv

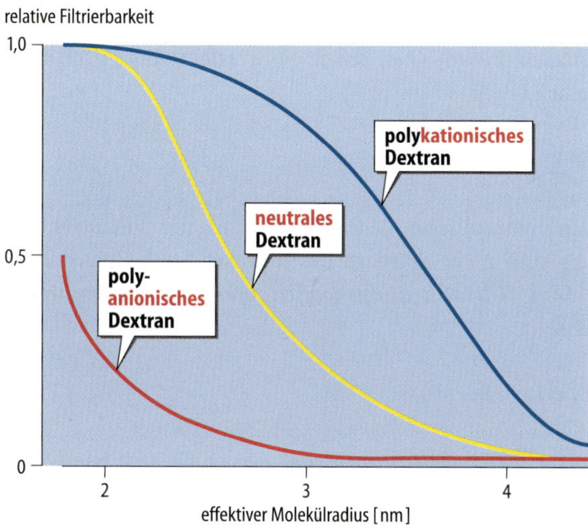

Abb. 29.5. Permselektivität des glomerulären Filters. Einfluss der elektrischen Ladung und des Molekulargewichts eines Moleküls auf die relative Filtrierbarkeit (C_{Inulin}) in Glomerula der Ratte. Nach Bohrer et al (1978)

29.2. Proteinurie

Ursachen. Normalerweise passieren nur sehr wenige Plasmaproteine den glomerulären Filter. Sie werden im gesunden proximalen Tubulus weitgehend resorbiert und daher nicht ausgeschieden. Bei pathologisch gesteigerter Filtration von Proteinen kann die tubuläre Resorption nicht Schritt halten. Auch bei eingeschränkter tubulärer Resorption kommt es zur Ausscheidung von Proteinen.

- Prärenale Proteinurie ist Folge gesteigerter Konzentration filtrierbarer Proteine im Plasma, wie etwa von Hämoglobin bei Hämolyse und Myoglobin bei Untergang von Muskelzellen. Tumoren von Antikörper-bildenden Plasmazellen bilden bisweilen große Mengen filtrierbarer Antikörperfragmente (sog. leichte Ketten).
- Glomeruläre Proteinurie ist Folge einer Schädigung des glomerulären Filters. Bei Entzündungen des Glomerulums (Glomerulonephritis, ► s. Einleitung) werden die negativen Fixladungen am glomerulären Filter neutralisiert, die Permselektivität des Filters geht teilweise verloren und negativ geladene Plasmaproteine können leichter filtriert werden (Abb. 29.5). Dabei sind v. a. die Albumine betroffen, die relativ klein sind aber durch ihre starken negativen Ladungen vom normalen glomerulären Filter zurückgehalten werden.
- Tubuläre Proteinurie ist Folge eines genetischen Defektes oder einer Schädigung des proximalen Tubulus. Dabei werden normalerweise filtrierte Proteine ausgeschieden. Die Menge an ausgeschiedenen Proteinen ist jedoch im Vergleich zur glomerulären und prärenalen Proteinurie gering.

▼

Tabelle 29.2. Beziehungen zwischen Molekulargewicht, Molekülgröße und glomerulärer Filtrierbarkeit

Substanz	Molekulargewicht (Da)	Molekülradius (nm)	Molekülmaße (nm)	Siebkoeffizient ($[X]_{Filtrat}/[X]_{Plasma}$)
Wasser	18	0,10		1,0
Harnstoff	60	0,16		1,0
Glukose	180	0,36		1,0
Rohrzucker	342	0,44		1,0
Inulin	5500	1,48		0,98
Myoglobin	17000	1,95	5,4 × 0,8	0,75
Eieralbumin	43500	2,85	8,8 × 2,2	0,22
Hämoglobin	68000	3,25	5,4 × 3,2	0,03
Serumalbumin	69000	3,55	15,0 × 3,6	<0,01

Folgen. Der Proteinverlust bei glomerulärer Proteinurie senkt die Proteinplasmakonzentration (Hypoproteinämie), mindert den onkotischen Druck des Plasmas und begünstigt somit die Entwicklung von Ödemen. Bei Auftreten von Proteinurie, Hypoproteinämie und Ödemen spricht man von einem Nephrotischen Syndrom. Die überwiegende Filtration der Albumine und das Zurückbleiben der relativ großen Lipoproteine begünstigt dabei die Entwicklung einer Hyperlipidämie. Vor allem bei prärenaler Proteinurie können die Proteine im Tubuluslumen ausfallen und die Tubuluszellen schädigen.

geladene Moleküle. Da die meisten Plasmaproteine negativ geladen sind, wird ihre Filtration durch die Ladung zusätzlich erschwert. Bei Neutralisierung der Fixladungen kommt es zur gesteigerten Filtration von Plasmaproteinen (29.2).

Gibbs-Donnan-Potential. Die Zurückhaltung ***(Retention)*** der negativ geladenen Proteine führt zu einem negativen Ladungsüberschuss auf der Blutseite, der eine Potentialdifferenz von etwa 1,5 mV über den glomerulären Filter erzeugt (sog. Gibbs-Donnan-Potential). Diese Potentialdifferenz hält filtrierbare Kationen zurück und begünstigt die Filtration von Anionen. Folglich ist im Filtrat die Konzentration an frei filtrierbaren ***einwertigen Kationen*** um etwa 5 % ***geringer*** und an frei filtrierbaren ***einwertigen Anionen*** um etwa 5 % ***höher*** als im Plasmawasser.

Proteinbindung. Die Proteine binden Calcium und eine Vielzahl organischer Substanzen. Der an Proteine gebundene Anteil einer Substanz steht im Gleichgewicht mit dem freien, im Plasmawasser gelösten Anteil. Damit nimmt bei Zunahme der Konzentration an freier Substanz auch die Konzentration proteingebundener Substanz zu. Vor allem bei ***schlecht wasserlöslichen*** Substanzen ist der ***proteingebundene Anteil hoch.***

■■■ An **körpereigenen Substanzen** werden z. B. unkonjugiertes Bilirubin, Steroidhormone und fettlösliche Vitamine zu einem großen Anteil an Plasmaproteine gebunden. Auch **Fremdstoffe** (Xenobiotika), also z. B. Toxine und Medikamente, werden zum Teil an Proteine gebunden. Die Proteinbindung spielt v. a. bei der renalen Ausscheidung von Medikamenten eine große Rolle. Der proteingebundene Anteil eines Medikamentes wird nicht filtriert.

Proteinbindung und Sekretion. Die Proteinbindung spielt auch bei der Ausscheidung einer Substanz (z. B. eines Medikamentes) eine Rolle, die tubulär sezerniert wird. Durch tubuläre Sekretion (► s. Abschnitt 29.3) kann die Konzentration des frei gelösten Medikamentes gesenkt werden. Dadurch verschiebt sich das Gleichgewicht und das gebundene Medikament wird z. T. aus der Proteinbindung freigesetzt. Dadurch kann es gleichfalls sezerniert werden. Dennoch behindert die Proteinbindung auch die Sekretion, da das proteingebundene Medikament nur aus der Proteinbindung freigesetzt wird, wenn die Konzentration an freiem Medikament gesenkt wird. Ein Absinken der Substratkonzentration behindert wiederum die Sekretion (► s. Abschnitt 29.11). Daher führt eine **starke Proteinbindung** (z. B. von Medikamenten) zu **verzögerter renaler Ausscheidung**, selbst wenn ein Sekretionsmechanismus vorliegt.

Glomeruläre Filtrationsrate

Die glomeruläre Filtrationsrate ist eine Funktion von Ultrafiltrationskoeffizient und effektivem Filtrationsdruck; der Filtrationsdruck ist von Blutdruck und Widerständen in Vas afferens und efferens abhängig

Das pro Zeiteinheit filtrierte Volumen (glomeruläre Filtrationsrate, GFR) ist eine Funktion des hydrostatischen und kolloidosmotischen Druckgefälles über den glomerulären Filter.

Determinanten der GFR. Normalerweise werden etwa 20 % des Plasmawassers, das die Nieren durchströmt (renaler Plasmafluss) in den Glomerula filtriert. Die ***glomeruläre Filtrationsrate*** (GFR) ist abhängig von der Fläche (F) und der hydraulischen Leitfähigkeit des glomerulären Filters (L_P), sowie vom effektiven Filtrationsdruck (P_{eff}):

$$GFR = L_P \times F \times P_{eff}$$

Die hydraulische Leitfähigkeit und die Filtrationsfläche sind nicht getrennt bestimmbar. Sie lassen sich zu einem ***Ultrafiltrationskoeffizienten*** (K_f) zusammenfassen:

$$K_f = L_P \times F$$

Der ***effektive Filtrationsdruck*** errechnet sich wiederum aus ***hydrostatischem*** (Δp) und ***kolloidosmotischem*** ($\Delta\pi$) Druckunterschied zwischen Glomerulumkapillare (p_K, π_K) und glomerulärem Kapselraum (p_G, π_G):

$$P_{eff} = \Delta p - \Delta\pi = (p_K - p_G) - (\pi_K - \pi_G)$$

p_K und p_G können beim Menschen nicht bestimmt werden. Abgeleitet aus Tierversuchen vermutet man Werte von etwa 50 mm Hg (p_K) und 15 mm Hg (p_G) (► s. Abb. 29.6). π_K liegt bei 25 mm Hg, während π_G vernachlässigbar ist.

Der Filtrationsdruck ist eine Funktion der ***Widerstände*** in Vas afferens und Vas efferens: Eine Zunahme des Widerstandes im Vas afferens mindert den Filtrationsdruck und damit die glomeruläre Filtrationsrate, eine Zunahme des Widerstandes im Vas efferens steigert den Filtrationsdruck (► s. Abb. 29.7).

■■■ Allerdings führt eine Zunahme des Widerstandes im Vas efferens auch zu einer Abnahme des renalen Blutflusses. Durch die Zunahme des Widerstandes im Vas efferens nimmt gleichzeitig der renale Plasmafluss ab. Das bedeutet, dass pro filtriertem Volumen eine erhöhte Steigerung des kolloidosmotischen Druckes zu erwarten ist. Der Anstieg des kolloidosmotischen Druckes führt dann relativ schnell zu einer Limitierung der Filtration. Eine Kontraktion des Vas

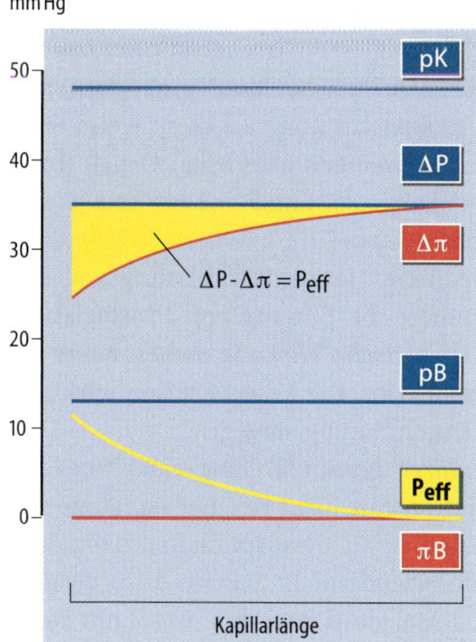

Abb. 29.6. Druckverläufe am glomerulären Filter. Hydrostatischer (p) und onkotischer (π) Druck in Glomerulumkapillaren (pK, Δπ) und Bowman-Kapselraum (pB, πB) als Funktion der Länge der glomerulären Kapillarschlinge. Δp und Δπ sind die entsprechenden Druckgradienten über dem glomerulären Filter. Da πB praktisch null ist, ist Δπ identisch mit dem onkotischen Druck der Kapillare. Der Druckgradient Δp-Δπ (gelbe Fläche) ist die treibende Kraft für die glomeruläre Filtration. Sie kann gegen Ende der Kapillarschlinge gegen null gehen (Filtrationsgleichgewicht)

efferens kann also letztlich **trotz Steigerung des hydrostatischen Druckes** in den Glomerulumkapillaren eine **Abnahme der glomerulären Filtrationsrate** zur Folge haben.

Filtrationsgleichgewicht. Der ***kolloidosmotische Druck*** wird im Wesentlichen durch die nicht filtrierbaren Proteine hervorgerufen. Durch den Filtrationsprozess werden diese Proteine im Blut konzentriert, sodass die Proteinkonzentration und mit ihr π_K ansteigen (Abb. 29.6). Auf diese Weise wird der effektive Filtrationsdruck entlang der Glomerulumkapillare kleiner und sinkt normalerweise gegen Ende der Kapillarschlingen gegen Null (Filtrationsgleichgewicht). Der durch die Filtration zunehmende kolloidosmotische Druck limitiert somit die glomeruläre Filtration.

GFR und renaler Plasmafluss. Bei Zunahme des renalen Plasmaflusses muss pro Zeiteinheit mehr Volumen filtriert werden, um das Filtrationsgleichgewicht zu erreichen. Solange das Filtrationsgleichgewicht erreicht wird (hoher Ultrafiltrationskoeffizient), ist die GFR daher proportional zum renalen Plasmafluss.

Glomerulonephritis. Wichtigste Schädigung des Glomerulum ist eine entzündliche Schädigung des Glomerulum (Glomerulonephritis, ▶ s. Einleitung und 29.2). Sie wird häufig durch Antigen-Antikörperkomplexe ausgelöst, welche in den glomerulären Kapillaren hängen bleiben und dort eine Entzündungsreaktion auslösen. Das Immunsystem kann sich auch direkt gegen Komponenten der glomerulären Basalmembran richten. Folgen sind die Zerstörung des glomerulären Filters mit Verlust der Permselektivität durch Schwinden negativer Fixladungen

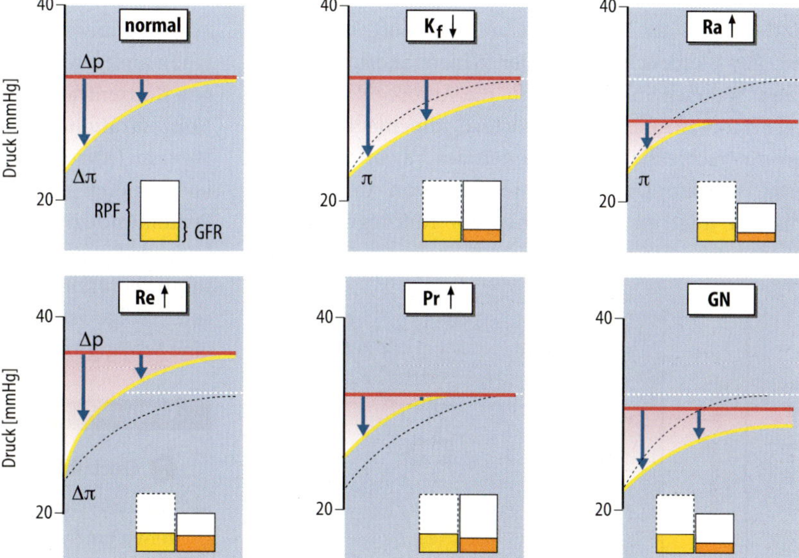

Abb. 29.7. Die treibenden Kräfte der glomerulären Filtration unter verschiedenen Bedingungen. Hydrostatischer (Δp, *rot*) und onkotischer (Δπ, *gelb*) Druckgradient über die Glomerulum-Membran *(y-Achse)* gegen die Kapillarlänge *(x-Achse)*, sowie renaler Plasmafluss (RPF) und glomeruläre Filtrationsrate *(GFR)*. Auswirkungen eines herabgesetzten Filtrationskoeffizienten (Kf↓), eines gesteigerten Widerstandes in Vas afferens (Ra↑) und Vas efferens (Re↑), sowie einer gesteigerten Proteinkonzentration (Pr↑). Verhältnisse bei entzündlicher Schädigung des Glomerulum *(GN)*. Zum Vergleich jeweils die Normalwerte von Δp *(schwarz, durchgezogen)*, Δπ *(schwarz, unterbrochen)* sowie von RPF und GFR (jeweils *linke Säulen*)

(▶ s. 29.2), die Abnahme des Ultrafiltrationskoeffizienten durch Herabsetzung von Fläche und Wasserdurchlässigkeit des Filters und die Zunahme des Gefäßwiderstandes durch Einengung des glomerulären Gefäßbettes. Letztlich werden Proteine ausgeschieden (Proteinurie), der renale Plasmafluss und die glomeruläre Filtrationsrate nehmen ab. Die Abnahme der glomerulären Durchblutung steigert die Ausschüttung von Renin, das über Angiotensin die Entwicklung eines Bluthochdruckes fördert (▶ s. 29.3).

Regulation von glomerulärer Filtration und Durchblutung

! Renale Durchblutung und glomeruläre Filtration bleiben bei Blutdruckänderungen weitgehend konstant; diese Fähigkeit bezeichnet man als Autoregulation

Autoregulation. Die Fähigkeit der Niere, ihre Durchblutung und Filtration auch bei wechselndem systemischem Blutdruck konstant zu halten, wird als Autoregulation bezeichnet. ◻ Abbildung 29.8 zeigt, dass die Niere normalerweise in der Lage ist, innerhalb eines aortalen Blutdruckbereiches von etwa 80 mm Hg bis 180 mm Hg sowohl Durchblutung als auch glomeruläre Filtrationsrate annähernd konstant zu halten. Die Niere erzielt die Konstanz ihrer Durchblutung bei Blutdruckanstieg durch Vasokonstriktion und bei Blutdruckabfall durch Vasodilatation. Bei plötzlichen Änderungen des Blutdruckes benötigt die Niere einige Sekunden, um den Widerstand entsprechend anzupassen.

Mechanismen der Autoregulation. Die Nierendurchblutung wird v.a. durch entsprechende Widerstandsänderungen des Vas afferens autoreguliert. Bei Zunahme des Blutdruckes steigt der Widerstand im Vas afferens. Wahrscheinlich sind für die Autoregulation mehrere Mechanismen verantwortlich, die möglicherweise an unterschiedlichen Segmenten des Vas afferens wirksam werden. Das Zusammenspiel von drei Mechanismen trägt im Wesentlichen zur Autoregulation der Niere bei:

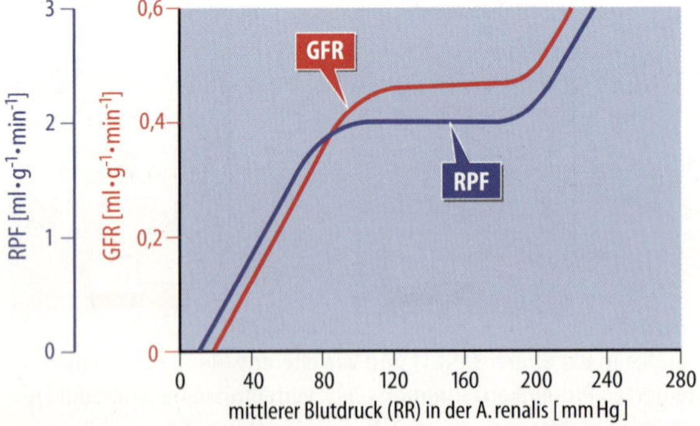

◻ **Abb. 29.8. Autoregulation des renalen Plasmaflusses (RPF) und der glomerulären Filtrationsrate (GFR).** Werte beim Hund. Mod. nach Ochwadt (1961)

- ***Myogene Vasokonstriktion (Bayliss-Effekt).*** Wie eine Reihe anderer Gefäße reagieren Nierengefäße bei Zunahme des intramuralen Druckes (bei Blutdruckanstieg) mit einer myogenen Vasokonstriktion. Auf diese Weise wird der Widerstand dem jeweiligen arteriellen Druck (bzw. transmuralen Druck) angepasst und eine autoregulatorische Wirkung erzielt.
- ***Prostaglandine.*** Eine Mangeldurchblutung v.a. des Nierenmarks stimuliert die Bildung von Prostaglandinen, deren vasodilatatorische Wirkung insbesondere im Nierenmark wirksam wird. Die Vasodilatation wirkt einer Abnahme der Durchblutung entgegen.
- ***Tubuloglomerulärer Feedback.*** Eine Zunahme der glomerulären Filtrationsrate führt zu einer Zunahme des filtrierten NaCl. Hält die NaCl-Resorption in proximalem Tubulus und Henle-Schleife nicht Schritt, dann gelangt mehr NaCl bis zur Macula densa (▶ s. Abschnitt 29.1). Bei Zunahme der NaCl-Konzentration an der Macula densa wird das zugehörige Vas afferens kontrahiert. Folge ist eine Drosselung der glomerulären Filtration. Die tubuloglomeruläre Rückkopplung gewährleistet nicht nur eine Autoregulation der Nierendurchblutung, sondern vor allem eine Anpassung der Filtrationsrate an die tubuläre Transportkapazität. Ist bei Schädigung der Niere die Transportkapazität eingeschränkt, dann sinkt über die tubuloglomeruläre Rückkopplung auch die Filtrationsrate.

Hormonelle Steuerung von Nierendurchblutung und glomerulärer Filtrationsrate. Eine Vielzahl von Hormonen und Mediatoren beeinflusst die renale Durchblutung und glomeruläre Filtration (◻ Tabelle 29.3). Durch die Wirkung dieser Mediatoren wird die Autoregulation auf einen anderen Wert eingestellt. Dopamin wirkt in geringen Konzentrationen vasokonstringierend und in hohen Konzentrationen vasodilatierend. Atriale Natriuretische Peptide (Atriopeptin) dilatieren das Vas afferens und kontrahieren gleichzeitig das Vas efferens.

Protein-induzierte Hyperfiltration. Bei eiweißreicher Diät wird in der Niere Dopamin gebildet, das über Dopaminrezeptoren den Widerstand im Vas afferens herabsetzt. Folge ist eine Hyperfiltration, welche langfristig eine Schädigung der Glomerula nach sich ziehen kann.

In Kürze

! Durchblutung und glomeruläre Filtration

Normalerweise passieren etwa 20 % des Herzminutenvolumens die beiden Nieren, wobei die Nierenrinde hervorragend, das Nierenmark sehr schlecht durchblutet werden.
Der Blutdruck fällt v.a. an den Vasa afferentia und efferentia ab.

▼

Tabelle 29.3. Die wichtigsten Wirkungen von Hormonen auf die Nierenfunktion. PT = proximaler Tubulus, dHL = dicker aufsteigender Teil der Henle-Schleife, DT = distaler Tubulus, SR = Sammelrohr, RBF = renaler Blutfluss, GFR = glomeruläre Filtrationsrate. [1] bzw. Mineralokortikoide, [2] und andere Glukokortikoide

Hormon	Wirkung
Aldosteron[1]	Aktivierung von Na^+-Kanälen, K^+-Kanälen, Na^+/K^+-ATPase, Energiegewinnung in DT und SR.
Kortisol[2]	Steigerung GFR, Aktivierung von Na^+/H^+-Antiporter und Na^+, HPO_4^--Symport in PT, und der Na^+/K^+-ATPase in dHL, DT, SR.
Progesteron	Antimineralokortikoide Wirkung
Schilddrüsenhormone	Steigerung von RBF und GFR, Aktivierung von Na^+/K^+-ATPase, K^+-Kanälen und Na^+, HPO_4^{2-}-Symport im PT.
ADH	Aktivierung von Wasserkanälen und Na^+-Kanälen in DT und SR sowie von Cl^--Kanälen und Na^+, K^+, $2Cl^-$-Symport im dHL.
Atriopeptin	Steigerung von RBF und GFR, Hemmung des Na^+, HPO_4^{2-}-Symport im PT und der Na^+-Resorption im SR.
Ouabain	Hemmung der Na^+/K^+-ATPase in allen Nephronsegmenten
PTH	Hemmung des Na^+, HPO_4^{2-}-Symport und der HCO_3^- Resorption, Stimulation des Na^+/Ca^{2+}-Antiport im PT, Stimulation der Ca^{2+}-Resorption im DT.
Calzitonin	Hemmung des Na^+, HPO_4^{2-}-Symport im PT.
Somatotropin	Stimulation Na^+-gekoppelter Transportprozesse im PT.
Insulin	Stimulation des Na^+, HPO_4^{2-}-Symport im PT, Stimulation von Na^+-Resorption und K^+-Sekretion im DT.
Glukagon	Steigerung von RBF und GFR, Hemmung von Na^+ und Ca^{2+}-Resorption im PT
Angiotensin	Senkung von RBF und GFR, Stimulation des Na^+/H^+-Antiports im PT.
Prostaglandin E_2	Steigerung von RBF und GFR, Hemmung der Na^+-Resorption in dHL und SR
Thromboxan	Senkung von RBF und GFR
Leukotriene	Senkung von RBF und GFR
Adenosin (akut)	Senkung von RBF und GFR
Bradykinin	Steigerung von RBF und GFR, Hemmung der Na^+-Resorption in dHL und SR
Adrenalin (α)	Hemmung der Reninausschüttung, Stimulation der Na^+-Resorption im PT, Hemmung der Na^+-Resorption im SR
Adrenalin (β)	Stimulation der Reninausschüttung, Steigerung der NaCl-Resorption in dHL, DT und SR
Azetylcholin	Steigerung des RBF
Dopamin	Steigerung von RBF und GFR, Hemmung des Na^+, HPO_4^{2-}-Symport im PT.
Histamin	Steigerung von RBF und GFR, Hemmung der Na^+-Resorption im PT.
NO	Steigerung von RBF und GFR
Endothelin	Senkung von RBF und GFR

Der glomeruläre Filter ist permselektiv, d. h. er verhindert normalerweise die Filtration der negativ geladenen größeren Plasmaproteine. Bei Entzündungen des Glomerulums (Glomerulonephritis) geht die Permselektivität des Filters verloren.
Renale Durchblutung und glomeruläre Filtration sind autoreguliert.

29.3 Transportprozesse im proximalen Tubulus

Proximal-tubulärer Transport von Na^+ und von HCO_3^-

Im proximalen Tubulus werden etwa $^2/_3$ des filtrierten Wassers und NaCl und 95 % des filtrierten Bikarbonats resorbiert

Proximal-tubulärer Massentransport. Im proximalen Tubulus wird ein großer Teil filtrierten Wassers und Soluten wieder resorbiert (Tabelle 29.4, Abb. 29.9). Ganz allgemein lässt sich sagen, dass der proximale Tubulus

Tabelle 29.4. Transport von Wasser und Soluten in verschiedenen Tubulusabschnitten. Transport in % von der filtrierten Menge in den einzelnen Tubulusabschnitten (PT = Proximaler Tubulus exclusive pars recta, HL = Henle-Schleife inklusive Pars recta und aufsteigendem dicken Teil, DT + SR = Distaler Tubulus und Sammelrohr). Die Zahlen sind nur Anhaltswerte. Die mit einem * versehenen Urinwerte unterliegen starken Schwankungen

Substanz	Resorption bzw. Sekretion in Aussch.				beteiligte Transportmechanismen
	PT	HL	DT+SR	Urin	
Wasser	60	20	19	1*	osmotischem Gradienten folgend (Diffusion)
Kreatinin	0	0	0	100	kein nennenswerter Transport
Natrium	60	30	10	0,5*	aktiv, Diffusion, solvent drag
Chlorid	55	35	9	1*	Diffusion, solvent drag, aktiv
Kalium	60	25	-5	20*	aktiv, Diffusion, solvent drag
Bikarbonat	90	0	10	0,1*	aktiv
Calcium	60	30	9	1	aktiv, Diffusion
Phosphat	70	10	0	20	aktiv
Magnesium	30	60	0	10	aktiv, Diffusion
Glukose	99	1	0	0	aktiv
Glyzin, Histidin	90	5	0	5	aktiv
weitere Aminosäuren	99	0	0	1	aktiv
Harnstoff	50	-60	60	50	Diffusion, solvent drag, aktiv (?)
Harnsäure	60	30	0	10	aktiv, Diffusion
Oxalat	-20	-10	0	130	aktiv, Diffusion

sehr große Transportkapazitäten aufweist, jedoch keine hohen Gradienten aufbauen kann (▶ s. u.). Die wichtigsten Transportsysteme des proximalen Tubulus sind in Abb. 29.10 zusammengestellt. An der luminalen Zellmembran der proximalen Tubuluszellen finden eine Reihe Na^+-gekoppelter Transportprozesse statt. Treibende Kraft dieser Transportprozesse ist der steile ***elektrochemische Gradient für*** Na^+ aus dem Extrazellulärraum in die Zelle. Er wird durch die Na^+/K^+-ATPase an der basolateralen Zellmembran aufrecht erhalten, die Na^+ im Austausch gegen K^+ aus der Zelle pumpt. Das auf diese Weise in der Zelle akkumulierte K^+ verlässt z. T. die Zelle über K^+-Kanäle und erzeugt damit das ***intrazellulär negative Zellmembranpotential.***

Bikarbonatresorption. Der quantitativ bedeutsamste Na^+-gekoppelte Transportprozess ist der ***Na^+/H^+-Antiporter***, der H^+-Ionen im Austausch gegen Na^+ aus der Zelle transportiert. Die H^+-Ionen reagieren im Tubuluslumen mit filtriertem HCO_3^- zu CO_2. Diese Reaktion läuft normalerweise sehr langsam ab, wird jedoch durch die in der luminalen Zellmembran sitzende ***Karboanhydrase*** (Typ IV) beschleunigt. Das gebildete CO_2 diffundiert in die Zelle und wird dort, unter Vermittlung von Karboanhydrase, wieder in H^+ und HCO_3^- umgewandelt. HCO_3^- verlässt die Zelle über einen ***$Na^+,3HCO_3^-$-Symport.*** Treibende Kraft für diesen Transport ist das Zellmembranpotential, das sowohl HCO_3^- als auch Na^+ gegen einen chemischen Gradienten aus der Zelle treibt. Durch die genannten Mechanismen wird der größte Teil an filtriertem HCO_3^- resorbiert.

Na^+-gekoppelter Symport. Weitere Transportprozesse koppeln den Transport von Na^+ über die luminale Zellmembran an die Resorption von ***Glukose***, ***Aminosäuren***, ***Laktat***, weitere ***organische Säuren***, ***Phosphat***, ***Sulphat***, etc. Die auf diese Weise zellulär akkumulierten Substrate verlassen die Zellen über verschiedene passive Transportprozesse in der basolateralen Zellmembran (▶ s. u.). Die Na^+-gekoppelten Transportprozesse entziehen dem Lumen das positiv geladene Na^+ und erzeugen somit zu Beginn des proximalen Tubulus ein Lumen-negatives Potential. In der zweiten Hälfte des proximalen Tubulus sind die meisten Substrate bereits resorbiert und das Potential wird Lumen-positiv.

Resorption durch den parazellulären Shuntweg. Die Resorption v. a. von Na^+, HCO_3^-, Glukose und Aminosäuren entzieht der Tubulusflüssigkeit osmotisch aktive Substanzen. Wasser folgt durch Wasserkanäle in der Zellmembran und durch die *Tight Junctions* an den Zellen vorbei. Im Strom resorbierten Wassers werden gelöste Teilchen (u. a. Na^+, Cl^-) mitgerissen ***(Solvent Drag).***

▪▪▪ Die luminale Konzentration von Substanzen, die nicht oder relativ gering resorbiert werden, steigt an (Abb. 29.11). Unter anderem nimmt die luminale Konzentration von Cl^- zu. Der Anstieg der lumi-

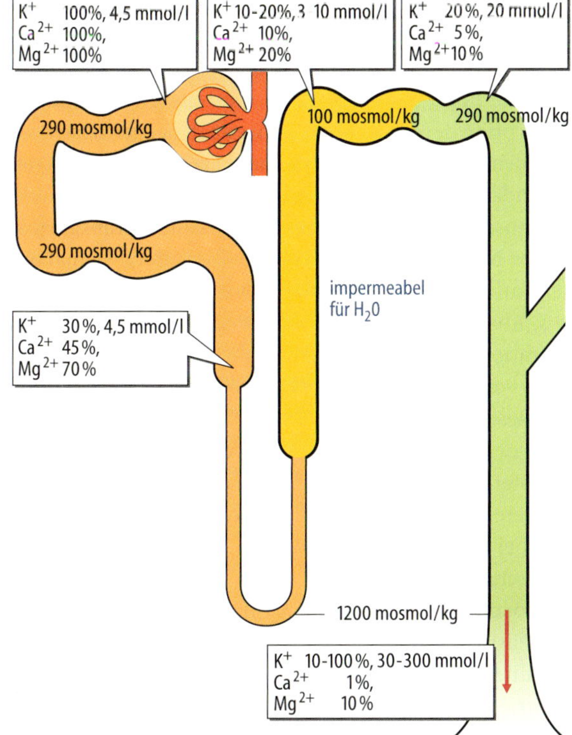

Abb. 29.9. Tubulärer Transport von Na^+, Cl^- und Wasser in Antidiurese. Die Prozentangaben beziehen sich auf die in den betreffenden Nephronabschnitten noch vorhandenen Mengen in Relation zum filtrierten »load« (100 %). Zusätzlich sind lokale tubuläre Konzentrationen und Osmolalitäten angegeben

nalen Cl^--Konzentration fördert die Diffusion von Cl^- aus dem Tubuluslumen. Die Cl^--Diffusion hinterlässt in der zweiten Hälfte des proximalen Tubulus ein **Lumen-positives Potential**. Dieses Potential treibt Kationen, wie Na^+, K^+ und Ca^{2+} durch die Tight Junctions aus dem Lumen. Insgesamt ist mehr als die Hälfte der proximal tubulären Resorption von Na^+ passiv, getrieben durch Solvent Drag und elektrisches Potential. Eine Zunahme der Plasmacalcium-Konzentration setzt die Durchlässigkeit der Schlussleisten herab und mindert damit den parazellulären Transport.

Bedeutung passiver Na^+-Resorption. Durch parazellulären Transport und Na^+,$3HCO_3^-$-Symport (▶ s. o.) wird ein großer Teil des Na^+ passiv bzw. tertiär aktiv resorbiert. Während die Na^+/K^+-ATPase ein ATP für den Transport von 3 Na^+-Ionen verbraucht, kann der proximale Tubulus fast 10 Na^+-Ionen pro ATP resorbieren. Da die Niere in erster Linie für die Na^+-Resorption Energie verbraucht, ist die Ökonomie der Na^+-Resorptionsmechanismen bedeutsam.

Proximal-tubulärer Transport weiterer Elektrolyte

Im proximalen Tubulus werden Phosphat, Sulphat, Mg^{2+} und Ca^{2+}resorbiert sowie NH_4^+ sezerniert

Phosphat. Phosphat wird durch den $3Na^+$,HPO_4^--Symport (NaP_iIIa) in die Zelle aufgenommen. Über einen Uniporter verlässt Phosphat die Zelle zur Blutseite. Nor-

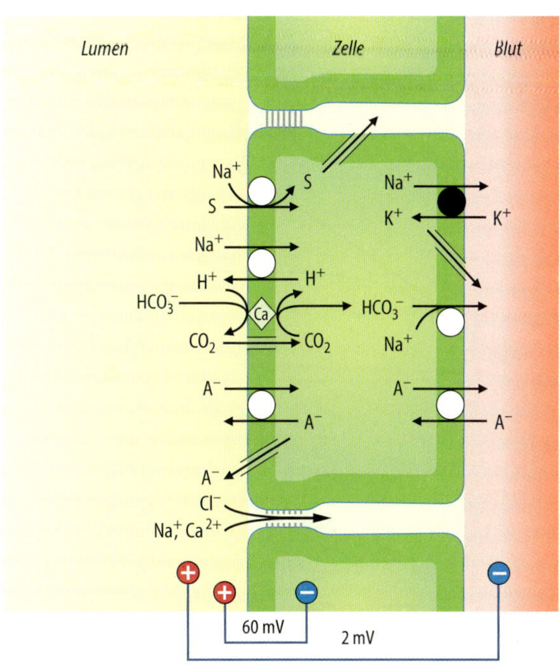

Abb. 29.10. Transportprozesse im proximalen Tubulus. *Ca:* Carboanhydrase (es existiert sowohl ein intrazelluläres als auch ein extrazelluläres Enzym), *S:* Substrat (es existieren eine ganze Reihe von Symportern mit Na^+, z. B. mit Glukose, Galaktose, verschiedenen Aminosäuren, Laktat, Phosphat, Sulphat), *A⁻*: Anionen (Cl^-, HCO3⁻ und organische Säureanionen). Transportprozesse für organische Kationen sind nicht eingezeichnet

malerweise werden etwa 70 % des filtrierten Phosphats im proximalen Tubulus resorbiert.

SO_4^{2-}. Sulphat wird durch einen $3Na^+$,SO_4^--Symport im proximalen Tubulus resorbiert. Es verlässt die proximalen Tubuluszellen wieder über einen Anionenaustauscher.

NH_4^+-Produktion und Sekretion. Der proximale Tubulus produziert NH_4^+ durch Desaminierung von Glutamin, das über einen Na^+-gekoppelten Transport aus dem Blut in die Zelle aufgenommen wird. NH_3 verlässt die Zelle vorwiegend durch die luminale Zellmembran und bindet im sauren Tubuluslumen H^+. Das bei der Desaminierung von Glutamin gebildete α-Ketoglutarat wird z. T. zu Glukose aufgebaut (▶ s. Abschnitt 29.7)

Mg^{2+}. Im proximalen Tubulus wird Mg^{2+} nur mäßig resorbiert und die luminale Mg^{2+}-Konzentration steigt daher gegen Ende des proximalen Tubulus an.

Ca^{2+}. Calcium wird im proximalem Tubulus weitgehend passiv resorbiert, wobei Ca^{2+} das Tubuluslumen an den Zellen vorbei parazellulär verlassen kann (▶ s. u.).

Homeostatischer basolateraler H^+- und Ca^{2+}-Transport. Ein Na^+/Ca^{2+}-Antiporter und ein Na^+/H^+-Antiporter in der basolateralen Zellmembran dienen in erster Linie der Regulation intrazellulärer Ca^{2+}- und H^+-Konzentrationen.

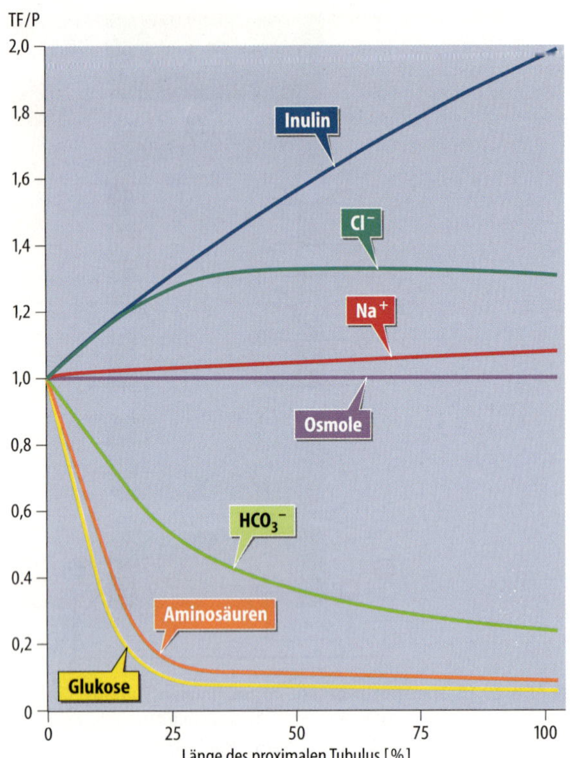

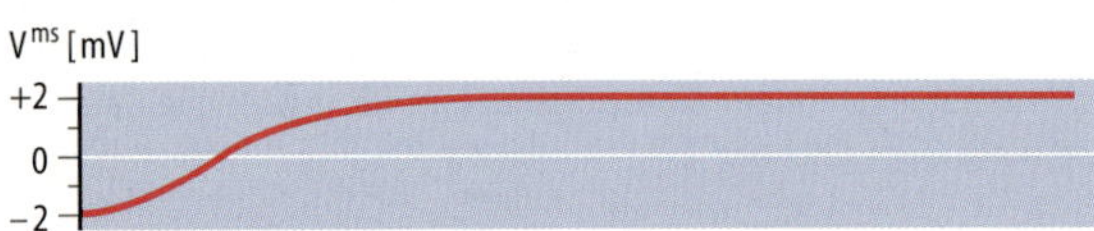

Abb. 29.11. Axiales Profil der Solutkonzentrationen und der transepithelialen Spannung im proximalen Tubulus. Die Solutkonzentrationen der tubulären Flüssigkeit *(TF)* sind als Fraktion der jeweiligen Plasmakonzentrationen *(P)* angegeben. Glukose und Aminosäuren werden schon frühproximal fast vollständig resorbiert. Die Inulinkonzentration als Indikator der Wasserresorption steigt stetig auf einen Wert von etwa 2,5 an. Die Cl^--Resorption bleibt hinter der Wasserresorption zurück und die Cl^--Konzentration steigt über die des Plasmas an. Nach Rector (1983)

Proximal-tubulärer Transport von Kohlehydraten

Glukose, Galaktose und andere Zucker werden im proximalen Tubulus fast vollständig zurückresorbiert

Glukose. Monosaccharide wie Glukose und Galaktose (nicht aber Fruktose) werden durch Na^+-gekoppelten Symport über die luminale Zellmembran im proximalen Tubulus resorbiert. Die Monosaccharide verlassen die Zelle wieder über einen Uniporter *(GLUT2)*, ohne für die Energiegewinnung eingesetzt zu werden. Der luminale Glukosetransport wird durch mindestens zwei unterschiedliche sättigbare Transportprozesse bewerkstelligt, ein Transporter mit etwas geringerer Affinität, der den Transport von Glukose an ein Na^+-Ion koppelt *(SGLT2)*, und ein hochaffiner Transporter, der den Transport von Glukose oder Galaktose an zwei Na^+-Ionen koppelt *(SGLT1)*. SGLT2 wird v. a. in der ersten Hälfte des proximalen Tubulus exprimiert und bewältigt mit relativ geringem Energieaufwand die Resorption des größten Teils filtrierter Glukose, SGLT1 arbeitet gegen Ende des proximalen Tubulus und ermöglicht durch seine hohe Affinität und die hohe treibende Kraft die (energieaufwändige) Resorption der restlichen Glukose auch bei geringsten luminalen Glukosekonzentrationen. SGLT1 wird auch im Dünndarm exprimiert.

Nierenschwelle für Glukose. Die maximale Transportrate der Niere wird normalerweise bei einer Plasmakonzentration von 10 mmol/l erreicht (Nierenschwelle, ▶ s. Abschnitt 29.11). Eine Zunahme der glomerulären Filtrationsrate steigert nicht nur die filtrierte Menge, sondern – über nicht sicher bekannte Mechanismen – auch die Resorptionskapazität. Die Nierenschwelle ist daher von der Filtrationsrate weitgehend unabhängig. Im Nüchternzustand liegt die Glukoseplasmakonzentration im Bereich von 5 mmol/l, die Nierenschwelle wird somit erst bei Verdoppelung der Glukoseplasmakonzentration überschritten.

Glukosurie. Beim Diabetes mellitus (▶ s. Kap. 21.4) kann die Plasmakonzentration über die Nierenschwelle ansteigen und Glukose wird dann ausgeschieden ***(Überlaufglukosurie)***. Der dabei süße Urin verlieh der Erkrankung den Namen. Aber auch eine Abnahme der maximalen tubulären Transportrate kann zur Glukosurie führen ***(renale Glukosurie)***.

Die maximale Transportrate ist häufig bei einer ***Schwangerschaft*** herabgesetzt, selten ist Glukosurie Folge eines ***genetischen Defektes*** oder einer ***Schädigung des Tubulusepithels*** (Tabelle 29.5). Dabei können die Glukosecarrier direkt oder indirekt betroffen sein. Indirekt wird ihre Tätigkeit u. a. bei ***Hemmung der*** Na^+/K^+***-ATPase*** beeinträchtigt (etwa bei Energiemangel), die über Zunahme der intrazellulären Na^+-Konzentration und Depolarisation die treibende Kraft für den Na^+-gekoppelten Glukose-Transport schwinden lässt. Bei Ausfall des niederaffinen Glukosetransporters SGLT2 fällt vor allem eine Abnahme der Transportkapazität auf (Typ A), bei Ausfall des hochaffinen Glukose-Galaktose-Transporters SGLT1 wird bereits weit vor Erreichen des Transportmaximums Glukose ausgeschieden (Typ B).

Weitere Zucker. Galaktose wird wie Glukose durch den SGLT1 sekundär aktiv resorbiert (▶ s. o.), Fruktose durch einen passiven Uniporter (GLUT5). Einige Disaccharide werden durch Enzyme (Maltase, Trehalase) an der luminalen Membran gespalten und die Monosaccharide können dann resorbiert werden.

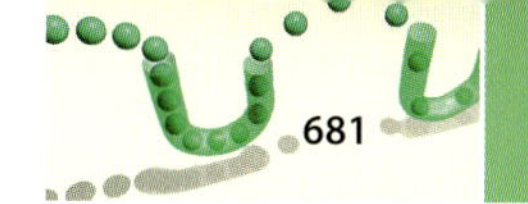

Tabelle 29.5. Genetische Transportdefekte [64]: ↓ = herabgesetzte Funktion, ↑ = gesteigerte Funktion (* = gleichzeitiger Defekt enteraler Absorption). In Klammern die jeweils defekten Gene (NKCC-2 = Na^+, K^+, 2 Cl^-- Cotransport, ROMK = K^+ Kanal, ClC 5 und ClCKb = Cl^--Kanäle, PHEX = Phosphattransportregulator, NaPi-II = Phosphattransporter)

Krankheit	Transportdefekt	Wichtigste Wirkungen
Glukose-Galaktose-Malabsorption*	↓ Glukose-Transport (SGLT-1)	Glukoseverlust, osmotische Diurese mit Dehydation
Isolierte renale Glukosurie	↓ Glukosetransport (SGLT-2?)	
Fanconi-Syndrom	↓ Resorption von Glukose, Aminosäuren Phosphat, Bikarbonat, etc. durch Schädigung des prox. Tubulus	Osteomalazie, Hypokaliämie, Hypovolämie
Zystinurie*	↓ Resorption von Lysin, Arginin, Ornithin, Zystin (u. a. rBAT)	Nierensteine
Hartnup-Syndrom*	↓ Resorption neutraler Aminosäuren	Schädigung Nervensystem Nikotinsäuremangel
Iminoglyzinurie	↓ Resorption von Glyzin, Prolin, Hydoxyprolin	Keine Symptome
Familiäre Proteinintoleranz*	↓ Resorption basischer Aminosäuren (LAT)	Erbrechen, Durchfall
Lowe-Syndrom*	↓ Resorption neutraler und basischer Aminosäuren	Schwachsinn, Katarakt, Azidose
Hypophosphatämische Rachitis* + Hyperkalziurie + tubuläre Proteinurie	↓ Phosphatresorption (PHEX) ↓ Phosphatresorption (NaPi-II?) ↓ Vesikelazidifizierung (ClC-5)	Vitamin-D-resistente Rachitis + Hyperkaliziurie, Nierensteine + Proteinurie
Pseudohypoparathyreoidismus	↑ Phosphatresorption durch defektes G-Protein	Hypocalciämie
Hyperkalziurie	↓ Ca^{2+}-Kanal (ECAC), ↑ Ca^{2+}-Rezeptor	Calciumsteine
Hypokalziurische Hypercalciämie	↓ Ca^{2+}-Rezeptor	Hyperparathyroidismus
proximal-tubuläre Azidose	↓ Karboanhydrase II	Azidose, Hyperkaliämie
distal-tubuläre Azidose	↓ H^+-ATPase, Cl^-/HCO_3^--Austauscher	Azidose, Hyperkaliämie, Nierensteine, Rachitis, Osteomalazie
Bartter-Syndrom	↓ NaCl-Resorption in Pars ascendens (NKCC-2, ROMK oder CLCKb)	Volumenmangel, Hypokaliämie, Alkalose Reninismus, massive Prostaglandinbildung
Gitelman-Syndrom	↓ NaCl-Transport in frühdistalem Tubulus (NCCT)	wie Bartter, aber wesentlich milder
Pseudohypoaldosteronismus	↓ Na^+-Kanal (ENaC) ↓ Mineralokortikoidrezepor	Dehydration, Hyperkaliämie, Azidose
Liddle-Syndrom	↑ Na^+-Kanal (ENaC)	Hypertonie, Hypokaliämie
Diabetes insipidus renalis	↓ Wasserkanal (Aquaporin-2), ADH-Rezeptor	hypertone Dehydration

Proximal-tubulärer Transport von Proteinen, Aminosäuren und Harnstoff

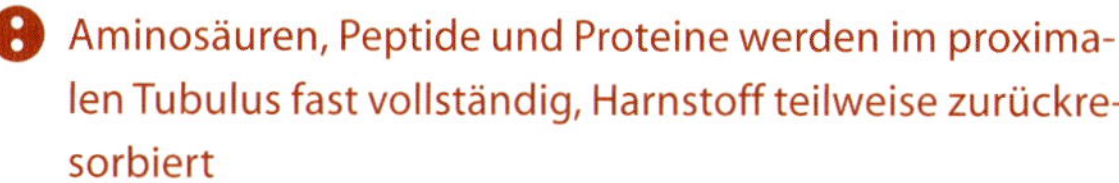

Aminosäuren, Peptide und Proteine werden im proximalen Tubulus fast vollständig, Harnstoff teilweise zurückresorbiert

Aminosäuren. Die meisten filtrierten Aminosäuren werden praktisch vollständig resorbiert. Die Resorption wird durch mehrere parallel arbeitende Aminosäuretransporter an der luminalen Zellmembran bewerkstelligt. Jeweils verschiedene Na^+-gekoppelte Symporter vermitteln den Transport von anionischen Aminosäuren (Glutamat, Aspartat), neutralen Aminosäuren (z. B. Alanin, Phenylalanin), Prolin und Taurin. Kationische Aminosäuren (Arginin, Lysin, Ornithin) und die schwefelhaltige Aminosäure Zystin werden u. a. durch einen Austauscher resorbiert (rBAT), der auch neutrale Aminosäuren akzeptiert. Die Aminosäuretransportsysteme sind ebenfalls sättigbar, bei Überschreiten der Nierenschwelle kommt es zur Aminoazidurie (Überlaufaminoazidurie). Wie Glukosurie (► s. o.) kann auch Aminoazidurie Folge von renalen Transportdefekten sein (► s. o.).

Peptide und Proteine. Bestimmte Di- und Tripeptide (u. a. Carnithin) können im proximalen Tubulus durch ***Peptid,H⁺-Symporter*** (Pept1 und Pept2) resorbiert werden. Ferner existieren in der luminalen Membran Enzyme, die Peptide und Proteine (u. a. Peptidhormone) spalten können (Aminopeptidasen, Endopeptidasen, γ-Glutamylpeptidase). Die dabei gebildeten Aminosäuren werden resorbiert.

Größere Proteine und Peptide mit Disulfidbrücken (z. B. Insulin, Albumine) werden durch ***Endozytose*** in die proximalen Tubuluszellen aufgenommen. In die proteinhaltigen endozytotischen Vesikel werden H^+-Ionen gepumpt (Na^+/H^+-Austauscher und H^+-ATPase) und damit das Lumen angesäuert. Schließlich werden die Vesikel mit Lysosomen fusioniert und die Proteine durch lysosomale Enzyme abgebaut. Die Aminosäuren werden dann durch jeweils spezifische Transportprozesse aus den Vesikeln in das Zytosol und von dort über die basolaterale Membran zur Blutseite transportiert.

Die proximal-tubuläre Resorption verhindert normalerweise eine nennenswerte Ausscheidung von Proteinen (< 30 mg Albumin/Tag), obwohl der glomeruläre Filter auch normalerweise für Proteine nicht völlig undurchlässig ist und die Filtration von einigen Gramm Plasmaproteinen zulässt (v. a. kleinmolekulare Proteine wie Lysozym, α_1- und β_2-Mikroglobulin, aber auch Albumin). Bei defektem glomerulärem Filter (▶ s. 29.2) werden jedoch solche Mengen an Proteinen filtriert, dass die sehr beschränkte tubuläre Resorption nicht Schritt halten kann und Proteine ausgeschieden werden. Ursache von ***Proteinurie*** kann aber auch ein tubulärer Defekt sein, der die Resorption normalerweise filtrierter Proteine beeinträchtigt (▶ s. 29.2, Tabelle 29.5).

Harnstoff. Das proximale Tubulusepithel ist für Harnstoff über Transportproteine gut passierbar. Demnach wird etwas mehr als die Hälfte des filtrierten Harnstoffs proximal-tubulär resorbiert. Im Nierenmark diffundiert Harnstoff aus dem Sammelrohr in das Nierenmark und von dort in die dünnen Henle-Schleifen (Rezirkulation von Harnstoff, ▶ s. Abschnitt 29.4). Etwa die Hälfte des filtrierten Harnstoffs wird schließlich ausgeschieden.

Proximal-tubulärer Transport organischer Säuren und Basen

Organische Säuren und Basen werden im proximalen Tubulus durch Na^+-gekoppelte Transportprozesse, Anionenaustauscher und Uniporter resorbiert und sezerniert

Resorption und Sekretion organischer Säuren. Einige organische Säuren (u. a. Laktat, Zitrat, Acetat, Azetacetat) werden durch ***Na⁺-gekoppelte Transportprozesse*** in der luminalen Zellmembran aus dem Tubuluslumen aufgenommen und resorbiert. Andererseits ermöglichen Na^+-gekoppelte Transportprozesse in der basolateralen Zellmembran die zelluläre Aufnahme von organischen Säuren aus dem Blut. In der Zelle werden die Säuren entweder zur ***Energiegewinnung*** eingesetzt (v. a. Fettsäuren), zu Glukose umgebaut (Laktat) oder über ***Anionenaustauscher*** in der Zellmembran in das Blut oder Lumen abgegeben.

▪▪▪ Die durch einen Na^+-Dikarboxylat-Transporter aufgenommenen Dikarboxylsäuren stehen neben der Energiegewinnung für den Austausch gegen andere organische Säuren zur Verfügung. Gleichermaßen steht α-Ketoglutarat (▶ s. o.) für den Austausch bereit. Der Gradient von Dikarboxylat und 2-Oxoglutarat über die Zellmembran liefert dabei die Triebkraft für die zelluläre Aufnahme anderer organischer Säuren (**tertiär aktiver Transport**).

Die in der Zelle akkumulierten Säuren verlassen die Zelle teilweise über ***Anionenaustauscher*** oder ***Uniporter*** in der luminalen Zellmembran. Auf diese Weise wird u. a. Paraaminohippursäure (PAH) ***sezerniert***, die zur Messung der Nierendurchblutung eingesetzt wird (▶ s. Abschnitt 29.11).

Harnsäure. Harnsäure, ein Endprodukt des Purinstoffwechsels, kann über die Anionentransporter sowohl ***sezerniert*** als auch ***resorbiert*** werden. In der Regel überwiegt die Resorption bei weitem. Beim Menschen werden im proximalen Tubulus normalerweise über 90 % der filtrierten Harnsäure resorbiert. Vor allem gegen Ende des proximalen Tubulus wird Harnsäure auch sezerniert. Letztlich werden etwa 10 % ausgeschieden.

Die Harnsäureresorption wird durch gesteigerte proximal-tubuläre Na^+- und Flüssigkeitsresorption gefördert. Kochsalzmangel mindert über Stimulation der proximalen Resorption die Harnsäureresorption und steigert somit die Plasma-Harnsäure-Konzentration ***(Hyperurikämie)***.

▪▪▪ Auch gesteigerte Bildung von Harnsäure kann zur Hyperurikämie führen, wie bei gesteigerter diätetischer Purinzufuhr (v. a. Innereien) und bei verstärktem Zellabbau (z. B. bei Tumortherapie). Harnsäure ist nur begrenzt löslich und kann bei Hyperurikämie (> 0,4 mmol/l) vor allem in Gelenken ausfallen. Die Harnsäurekristalle erzeugen dann eine äußerst schmerzhafte Entzündung, die letztlich zur Zerstörung der Gelenke führen kann (**Gicht**). Harnsäure kann darüber hinaus in der Niere und im Harn ausfallen (▶ s. Abschnitt 29.6).

Oxalat. Formiat und das Dikarboxylsäure-Anion Oxalat werden über einen Anionenaustauscher im proximalen Tubulus im Austausch gegen Cl^- ***sezerniert.*** Dabei werden etwa 20 % mehr Oxalat ausgeschieden als filtriert. Oxalat ist wie Harnsäure ***schlecht löslich*** und fällt bisweilen im Urin aus (▶ s. Abschnitt 29.6).

Zitrat. Der Na^+,Zitrat-Transporter kann Zitrat vollständig resorbieren. Er ist freilich ausgesprochen pH-empfindlich, und Zitrat wird bei ***Alkalose*** vermehrt ausgeschieden. Da Zitrat mit Ca^{2+} gut lösliche Komplexe bildet, wirkt es einem Ausfallen von Ca^{2+}-Salzen im Urin entgegen (▶ s. Abschnitt 29.6). Wahrscheinlich deshalb nimmt der Körper den Verlust des energetisch wertvollen Zitrat bei Alkalose in Kauf.

Transport organischer Basen. Organische Kationen (Cholin, Azetylcholin, Adrenalin, Dopamin, Histamin, Serotonin, etc.) können gleichfalls durch ***Uniporter*** und ***Antiporter*** resorbiert und/oder sezerniert werden. Im Allgemeinen überwiegt die tubuläre Sekretion gegen Ende des proximalen Tubulus, sodass die Kationen effizient ausgeschieden werden. Die Kationentransporter sind insbesondere für die Ausscheidung von Pharmaka von praktischer Bedeutung (▶ s. u.).

Proximal-tubulärer Transport von Xenobiotika, Nephrotoxizität

Eine wichtige Aufgabe der Niere ist die Ausscheidung von Pharmaka, Giften und weiteren Fremdstoffen (sogenannte Xenobiotika)

Transport biotransformierter Xenobiotika. Fremdstoffe werden zum Teil in der Leber durch Biotransformation so vorbereitet, dass sie durch die Transportprozesse der Niere erfasst werden können. Unter anderem werden sie an Glukuronat, Glutathion, Sulphat oder Azetat gekoppelt und können somit durch die Transportprozese für organische Säuren transportiert werden (▶ s. o.).

Die proximale Tubuluszelle verfügt über eine Vielzahl von Transportprozessen für organische Kationen und Anionen, deren Zusammenwirken eine Sekretion oder Resorption der Fremdstoffe vermitteln. Beteiligt sind dabei ***Na^+- und H^+-Symporter***, ***Antiporter*** und ***Uniporter***. Die beteiligten Transportprozesse weisen zum Teil sehr ***geringe Substratspezifität*** auf, sodass ganz unterschiedliche Substanzen transportiert werden. Die Niere ist in der Lage, einige Xenobiotika abzubauen (▶ s. Abschnitt 29.7).

Nephrotoxizität. Durch die zelluläre Aufnahme erreichen Fremdstoffe in proximalen Tubuluszellen mitunter sehr hohe Konzentrationen. Handelt es sich dabei um giftige Substanzen (z. B. Zyklosporin, Zisplatin, Schwermetalle), dann sind die proximalen Tubuluszellen mehr als andere Zellen gefährdet.

In Kürze

Transportprozesse im proximalen Tubulus

Der proximale Tubulus weist sehr große Transportkapazitäten auf, kann jedoch keine hohen Gradienten aufbauen. Die zelluläre Na^+-Konzentration wird durch eine Na^+/K^+-ATPase in der basolateralen Zellmembran niedrig gehalten. Wichtigste Transportprozesse im proximalen Tubulus sind ferner u. a.:

- Na^+/H^+-Antiporter,
- $1Na^+,3HCO_3^-$-Symport,
- Na^+-gekoppelte Symporter für Glukose und Galaktose, anionische Aminosäuren (Glutamat, Aspartat), neutrale Aminosäuren (z. B. Alanin, Phenylalanin), Prolin und Taurin, organische Säuren (z. B. Laktat, einige Xenobiotika), Phosphat, Sulphat,
- H^+ Cotransporter für Peptide und einige Xenobiotika,
- Austauscher für kationische (Arginin, Lysin, Ornithin) und neutrale Aminosäuren inklusive Zystin, organische Säuren und Basen (u. a. Harnsäure, Oxalat, einige Xenobiotika) und
- Kanäle und Uniporter (z. B. für K^+, Fruktose, Xenobiotika).

Zur Glukosurie oder Aminoazidurie kommt es entweder bei

- Sättigung der Transporter durch Anstieg der Plasmakonzentrationen über die Nierenschwelle (z. B. Überlaufglukosurie) oder durch
- Hemmung oder Defekte der Transportprozesse.

Peptide und Proteine können an der luminalen Membran in resorbierbare Aminosäuren gespalten oder durch Endozytose aufgenommen und intrazellulär in Lysosomen abgebaut werden.

29.4 Transportprozesse der Henle-Schleife und Harnkonzentrierung

Transportprozesse der Henle-Schleife

Die Henle-Schleife dient in erster Linie der Harnkonzentrierung; wichtigster Schritt ist die NaCl-Resorption im Wasser-impermeablen aufsteigenden Teil der Henle-Schleife, die in erster Linie durch den luminalen $Na^+,K^+,2Cl^-$-Cotransport bewerkstelligt wird

Absteigende und aufsteigende dünne Henle-Schleife. Die wichtigste Aufgabe der Henle-Schleife ist die Erzeugung eines hyperosmolaren Nierenmarks, eine Voraussetzung für die Konzentrierungsfähigkeit der Niere (▶ s. u.). Die Henle-Schleife besteht aus drei völlig unterschiedlichen Nephronsegmenten: Der absteigende dicke Teil der Henle-Schleife gehört zum proximalen Tubulus und verfügt über die in ◘ Abb. 29.10 gezeigten Transportsysteme. Der dünne Teil der Henle-Schleife weist praktisch keinen aktiven Transport auf. In diesem Segment verlassen Kationen über die *Tight Junctions* und Cl^- über Cl^--Kanäle in der luminalen und basolateralen Zellmembran das Tubuluslumen.

Dicker aufsteigender Teil der Henle-Schleife. Der wichtigste Nephronabschnitt der Henle-Schleife ist der Wasser-impermeable dicke, aufsteigende Teil (◘ Abb. 29.12): Na^+ wird in diesem Segment durch den ***$Na^+,K^+,2Cl^-$-Symport*** in die Zelle transportiert. Der steile elektrochemische Gradient für Na^+ wird dabei genutzt, um K^+ und Cl^- in die Zelle zu transportieren. Das so in die Zelle aufgenommene K^+ rezirkuliert zum größten Teil wieder über ***K^+-Kanäle*** (ROMK) zurück in das Lumen, das aufgenommene Cl^-

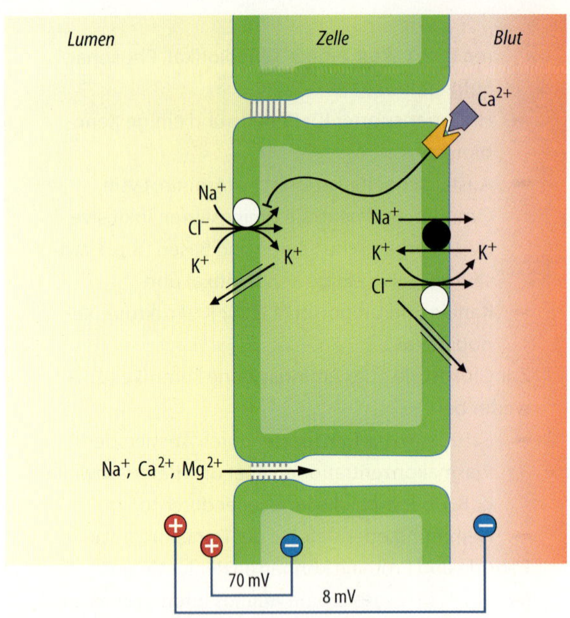

Abb. 29.12. Transportprozesse im dicken aufsteigenden Teil der Henle-Schleife. Der luminale $Na^+,K^+,2Cl^-$-Symport wird durch einen Ca^{2+}-Rezeptor gehemmt *(gelb)*

verlässt die Zelle vorwiegend über ***Cl^--Kanäle (ClCKb)*** in der basolateralen Zellmembran. Na^+ wird im Austausch gegen K^+ durch die Na^+/K^+-ATPase der basolateralen Zellmembran aus der Zelle gepumpt. Das dabei aufgenommene K^+ verlässt die Zelle z. T. über einen KCl-Symport.

▪▪▪ Ausfall des $Na^+,K^+,2Cl^-$-Symporters, der K^+-Kanäle (ROMK) oder der Cl^--Kanäle (ClCKb) führt zu **massiven Kochsalz- und Wasserverlusten**, was bei genetischen Defekten lebensbedrohlich sein kann aber andererseits auch therapeutisch genutzt wird (▶ s. Abschnitt 29.5).

Das in das Lumen zurückkehrende K^+ und das die Zelle basolateral verlassende Cl^- erzeugen ein Lumen-positives ***transepitheliales Potential***, das Kationen (Na^+, Ca^{2+}, Mg^{2+}) durch die *Tight Junctions* aus dem Lumen treibt. Neben den genannten Transportprozessen kann Na^+ in der Henle-Schleife noch durch einen Na^+/H^+-Austauscher resorbiert werden. Normalerweise spielt dieser Transport jedoch eine untergeordnete Rolle für die Na^+-Resorption in diesem Segment.

Mg^{2+} und Ca^{2+}-Transport. Die Henle-Schleife trägt wesentlich zur tubulären Resorption von Ca^{2+} und Mg^{2+} bei (▫ Tabelle 29.4). Hemmung der Na^+-Resorption in diesem Segment z.B. durch Schleifendiuretika (▶ s. Abschnitt 29.6) kann über renale Mg^{2+}-Verluste zu Mg^{2+}-Mangel führen. Im Gegensatz zu Na^+und Ca^{2+} kann Mg^{2+} im distalen Tubulus nicht mehr resorbiert werden.

Ca^{2+}-Rezeptor. Bei Zunahme der Ca^{2+}-Konzentration wird ein Ca^{2+}-Rezeptor aktiviert, der den $Na^+,K^+,2Cl^-$-Cotransporter und damit indirekt die Resorption von Na^+, Mg^{2+} und Ca^{2+} hemmt. Darüberhinaus setzt gesteigerte Ca^{2+}-Konzentration wie im proximalen Tubulus die Durchlässigkeit der Schlussleisten herab und mindert damit den parazellulären Transport von Ca^{2+} (und anderen Elektrolyten).

NH_4^+-Transport in der Henle-Schleife. Der $Na^+,K^+,2Cl^-$-Symport kann statt K^+ auch NH_4^+ resorbieren. Die Resorption von NH_4^+ in der dicken Henle-Schleife führt zur Akkumulierung von NH_4^+ im Nierenmark. Da das Sammelrohr für NH_3/NH_4^+ durchlässig ist, gewährleisten die hohen NH_4^+-Konzentrationen eine effiziente Ausscheidung von NH_4^+ in den Urin.

Mechanismen der Harnkonzentrierung

Die Fähigkeit zur Harnkonzentrierung erspart uns den Zwang ständiger Wasserzufuhr; zur Harnkonzentrierung wird im Nierenmark durch Ansammlung von Elektrolyten und Harnstoff eine Hyperosmolarität erzeugt, die Wasser aus dem Sammelrohr treibt

Bedeutung der Harnkonzentrierung. In Abhängigkeit von den Bedürfnissen des Körpers scheidet die Niere einen hoch konzentrierten (bis zu 1200 mosmol/l) oder einen stark verdünnten (bis zu 50 mosmol/l) Harn aus. Auf diese Weise sind wir von der Flüssigkeits-Zufuhr in weiten Grenzen unabhängig. Die Harnkonzentrierung ist Folge der ***Wasserresorption im Sammelrohr***. Wasser folgt einem osmotischen Gradienten in das hochosmolare Nierenmark. Die hohe Osmolarität des Nierenmarks wird durch tubuläre Transportprozesse in der Henle-Schleife aufgebaut. Somit kann letztlich ein Urin erzeugt werden, der maximal die Osmolarität des Nierenmarks erreicht.

Elektrolyttransport in der Henle-Schleife. Der aufsteigende Teil der Henle-Schleife resorbiert NaCl, ohne dass Wasser folgen kann (▫ Abb. 29.13). Der Transport in der aufsteigenden Henle-Schleife mindert somit die Osmolarität im Tubuluslumen und steigert die Osmolarität im Interstitium. Durch die gesteigerte interstitielle Osmolarität werden dem absteigenden Schenkel der Henle-Schleife mehr Wasser als osmotisch aktive Solute entzogen und die luminale Osmolarität steigt bis zur Schleifenspitze an.

Im dicken Teil der Henle-Schleife ist die NaCl-Resorption aktiv und auf Energiezufuhr angewiesen. Im ***dünnen Teil der Henle-Schleife*** ist die NaCl-Resorption passiv. Das in das Interstitium gelangte NaCl entzieht der relativ NaCl-impermeablen absteigenden dünnen Henle-Schleife Wasser und konzentriert damit gleichfalls deren luminale Flüssigkeit.

Durch die Anordnung des Tubulus in Form einer Schleife wird bis zur Schleifenspitze das Vierfache der Blutosmolarität erzielt, ohne dass große Gradienten über einzelne Tubulus-Epithelien aufgebaut werden müssen (***Gegenstromsystem bzw. Gegenstrommultiplikation***, ▫ Abb. 29.13). Auf ihrem Weg zurück in Richtung Nierenrinde gibt die Henle-Schleife wieder Solute ohne Wasser ab und die Osmolarität sinkt wieder. Am Ende der Henle-Schleife ist die Tubulusflüssigkeit sogar hypoton. Im

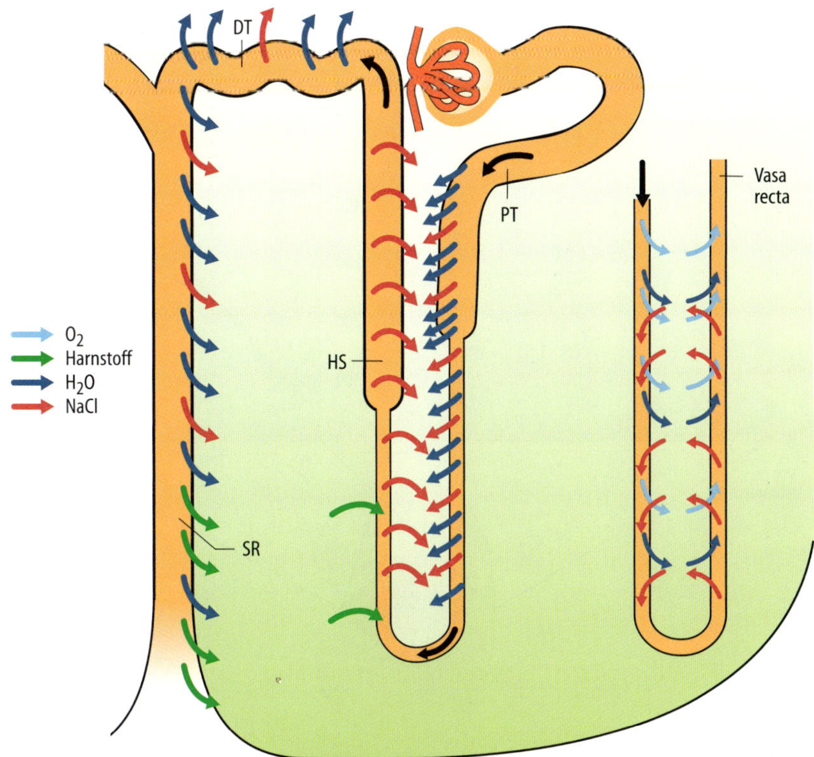

Abb. 29.13. Harnkonzentrierung. Transport von Kochsalz *(rot)*, Harnstoff *(grün)* und Wasser *(blau)* als *Pfeile* dargestellt. *PT:* proximaler Tubulus, *HS:* Henle-Schleife, *DT:* distaler Tubulus, *SR:* Sammelrohr

Verlauf der Henle-Schleife werden der Tubulusflüssigkeit also insgesamt mehr Solute als Wasser entzogen.

Beitrag von Harnstoff zur Harnkonzentrierung. Dicke Henle-Schleife, distaler Tubulus und kortikales Sammelrohr sind für Harnstoff wenig permeabel. Die Wasserresorption in distalem Tubulus und kortikalem Sammelrohr steigert die luminale Konzentration von Harnstoff und schafft damit einen hohen Gradienten für Harnstoff vom Tubuluslumen in das Interstitium. Die Zellen des ***medullären Sammelrohres*** verfügen über ***Harnstofftransporter*** und sind daher (bei Antidiurese) für Harnstoff sehr gut durchlässig. Harnstoff folgt dem chemischen Gradienten vom Lumen des medullären Sammelrohres in das Interstitium des Nierenmarks. Auf diese Weise können mehrere hundert mmol/l Harnstoff im ***Nierenmark akkumuliert*** werden (Abb. 29.14). Interstitieller Harnstoff entzieht dem absteigenden dünnen Teil der Henle-Schleife Wasser und konzentriert so die luminale NaCl-Konzentration. Damit wird ein NaCl-Gradient vom Lumen zum Interstitium geschaffen, der im aufsteigenden Teil der dünnen Henle-Schleife die NaCl-Resorption treibt. Auf diese Weise trägt Harnstoff zur Konzentrierung bei.

Regulation der Harnkonzentrierung

Voraussetzung für die Harnkonzentrierung ist der Einbau von Wasserkanälen in das Sammelrohr unter dem Einfluss von Antidiuretischem Hormon (ADH)

ADH-abhängige Wasserresorption. Das antidiuretische Hormon (ADH) stimuliert (über cAMP) den Einbau von Wasserkanälen ***(Aquaporin 2)*** in die luminale Zellmembran von distalem Tubulus und Sammelrohr und steigert damit deren Wasserpermeabilität. Unter dem Einfluss von ADH kann Wasser somit dem osmotischen Gradienten folgend resorbiert werden ***(Antidiurese)***.

Das Hormon stimuliert ferner den ***Na⁺-Transport*** in der Henle-Schleife und fördert den Einbau von Harnstofftransportern im medullären Sammelrohr (► s. o.).

Wasserdiurese. In Abwesenheit des Hormons werden distaler Tubulus und Sammelrohr impermeabel für Wasser und trotz hoher Osmolarität im Nierenmark wird ein hypoosmolarer Harn ausgeschieden (Wasserdiurese). Es wird also mehr Wasser ausgeschieden als eine plasmaisotone Ausscheidung der Solute im Urin erfordern würde (sog. freies Wasser, ► s. Abschnitt 29.11).

Durchblutung des Nierenmarks

Die Durchblutung des Nierenmarks geschieht über Gefäße, die in Schleifen angeordnet sind; dadurch wird ein Auswaschen des Nierenmarks verhindert, aber auch gleichzeitig die Versorgung der Nierenmarkzellen beeinträchtigt

Gegenstrommechanismus in den Vasa recta. Die Hyperosmolarität des Nierenmarks würde sehr schnell ausgewaschen (gesenkt) werden, wenn das Nierenmark normal durchblutet wäre. Die Anordnung der Vasa recta in Form langer Schleifen verhindert jedoch den schnellen Abtransport von Kochsalz und Harnstoff. Die absteigenden Vasa recta nehmen, entsprechend den chemischen

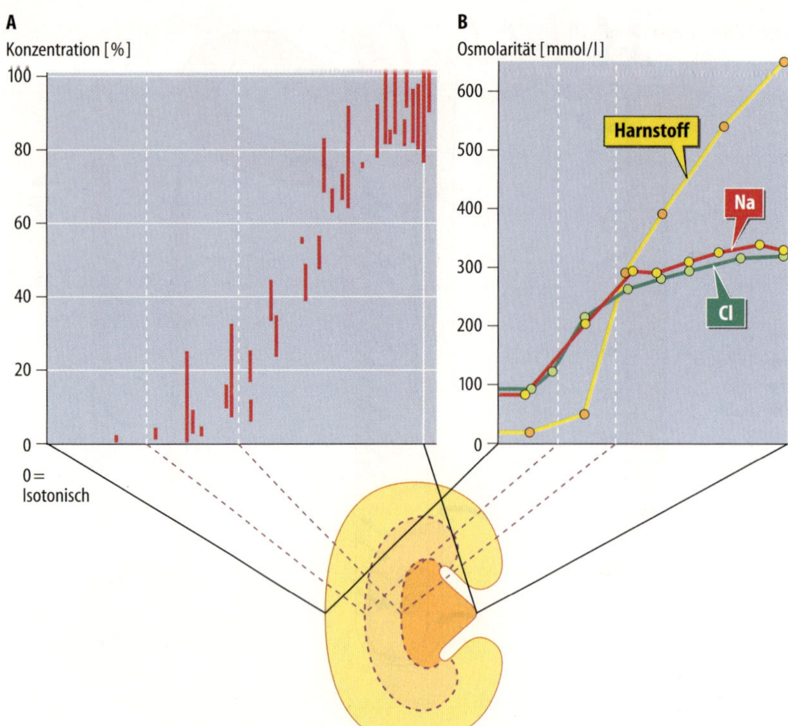

Abb. 29.14. Konzentrationen von Kochsalz und Harnstoff im Nierenmark. **A** Konzentration von Harnstoff, Natrium und Chlorid in Gewebeschnitten der Nierenrinde und der äußeren und inneren Zone des Nierenmarks von einem hydropenischen Hund; **B** Osmolarität von Gewebsschnitten aus der Nierenrinde und aus der äußeren und inneren Zone des Nierenmarks (Ratte). Die kortikalen Schnitte sind isotonisch mit dem Blutplasma (≈ 290 mosmol/kg); der Schnitt von der Nierenpapille ist maximal hypertonisch (= 100 % ≈ 1200 mosmol/kg). Mod. nach Ullrich et al (1961)

Gradienten, NaCl und Harnstoff von Interstitium und aufsteigenden Vasa recta auf und erreichen damit bis zur Schleifenspitze eine ähnlich hohe Osmolarität wie das Interstitium. Im Verlauf der aufsteigenden Vasa recta verlassen NaCl und Harnstoff wieder das Blut, sodass am Ende der Vasa recta eine nur geringfügig gesteigerte Osmolarität vorliegt, die Gefäße also nur wenig der medullären Osmolarität mitnehmen.

Versorgungsmangel im Nierenmark. Die Anordnung der Vasa recta in Schleifen bedeutet freilich, dass auch die Zulieferung von Substraten wie Glukose und O_2, sowie der Abtransport von Stoffwechselprodukten wie CO_2 und Laktat erschwert ist. Beispielsweise geben die oxygenierten Erythrozyten der absteigenden Vasa recta ihr O_2 an die desoxygenierten Erythrozyten der aufsteigenden Vasa recta ab und verarmen damit an O_2, bereits bevor sie das Nierenmarkgewebe erreichen. Das Gegenstromsystem führt demnach zum Mangel an allem, was im Nierenmark verbraucht wird und zur Anhäufung an allem, was im Nierenmark produziert wird. Aus diesem Grund sind Stoffwechselenergie-verbrauchende Transportprozesse im tiefer gelegenen dünnen Teil der Henle-Schleife nicht mehr möglich und die Konzentrierung muss durch passive Cl^-- und Harnstoff-Diffusion getrieben werden (▶ s. o.).

Störungen der Harnkonzentrierung

Die Harnkonzentrierung ist bei gestörtem tubulären Transport, Mangel an Harnstoff und bei Auswaschen des Nierenmarkes beeinträchtigt

Ursachen eingeschränkter Harnkonzentrierung. Die Harnkonzentrierung ist eingeschränkt, wenn die Hyperosmolarität des Nierenmarks nicht aufgebaut werden kann oder wenn eine herabgesetzte Wasserpermeabilität des Sammelrohrs einen osmotischen Ausgleich zwischen Tubulusflüssigkeit und Interstitium verhindert. Die Osmolarität ist v. a. dann herabgesetzt, wenn die NaCl-Resorption in der dicken Henle-Schleife beeinträchtigt ist. Die Hyperosmolarität des Nierenmarks kann aus verschiedenen Gründen herabgesetzt sein:

- ***Schleifendiuretika:*** Sogenannte Schleifendiuretika hemmen den $Na^+,K^+,2Cl^-$-Symporter direkt. Auch toxische Schädigung oder genetische Defekte der Transportprozesse beeinträchtigen die NaCl-Resorption im dicken oder dünnen Teil der Henle-Schleife (▶ s. Abschnitt 29.6).
- ***Kaliummangel:*** Bei intrazellulärem K^+-Mangel werden die luminalen K^+-Kanäle verschlossen, die luminale K^+-Konzentration sinkt ab, die Tätigkeit des $Na^+,K^+,2Cl^-$-Symporters wird beeinträchtigt und die NaCl-Resorption wird eingeschränkt.
- ***Hypercalciämie:*** Bei hohen extrazellulären Konzentrationen bewirkt Ca^{2+} eine Permeabilitätsabnahme der *Tight Junctions* und behindert damit die parazelluläre Resorption von Na^+, Ca^{2+} und Mg^{2+}. Darüberhinaus aktivieren gesteigerte extrazelluläre Ca^{2+}-Konzentrationen

einen Ca^{2+}-Rezeptor in der Zellmembran, der einen hemmenden Einfluss auf die Resorption in der dicken Henle-Schleife ausübt (Abb. 29.12).

- ***Proteinarme Ernährung:*** Die Osmolarität im Nierenmark ist auch bei proteinarmer Ernährung reduziert, da hierbei weniger Harnstoff zur Verfügung steht.
- ***Nierenentzündungen:*** Bei Entzündungen im Nierenmark (Pyelonephritis, interstitielle Nephritis) führen freigesetzte Entzündungsmediatoren zu einer Dilatation der Vasa recta. Damit wird die Hyperosmolarität des Nierenmarks ausgewaschen.
- ***Blutdrucksteigerung:*** Bei Zunahme des Blutdrucks autoreguliert das Nierenmark wenig und die Stromstärkenzunahme führt gleichfalls zum Auswaschen des Nierenmarks (Druckdiurese).
- ***Osmotische Diurese:*** Werden nicht oder nur teilweise resorbierbare osmotisch aktive Substanzen filtriert, dann wird die Flüssigkeitsresorption beeinträchtigt. Darunter leidet auch die Flüssigkeitsresorption aus der absteigenden Henle-Schleife und damit der Gegenstrommechanismus. Bei forcierter osmotischer Diurese werden letztlich große Mengen isotonen Harns ausgeschieden.
- ***Diabetes insipidus:*** Die Wasserpermeabilität ist bei ADH-Mangel (zentraler Diabetes insipidus) oder bei Unempfindlichkeit der Nierenepithelien gegen ADH (renaler Diabetes insipidus) herabgesetzt (► s. 30.1). In beiden Fällen werden bis zu 20 Liter hypotonen Harns pro Tag ausgeschieden.

In Kürze

Transportprozesse der Henle-Schleife und Harnkonzentrierung

Die Niere kann einen hoch konzentrierten (bis zu 1200 mosmol/l) oder einen stark verdünnten (bis zu 50 mosmol/l) Harn ausscheiden. Verschiedene Faktoren tragen zur hohen Osmolalität des Nierenmarks und damit letztlich zur Harnkonzentrierung bei:

- Ein sehr wichtiger Schritt ist die NaCl-Resorption in der dicken Henle-Schleife, der H_2O nicht folgen kann. NaCl entzieht dem absteigenden Teil der Henle-Schleife Wasser und steigert die Osmolalität bis zur Schleifenspitze.
- Durch Anordnung in Form einer Schleife entsteht das Gegenstromsystem bzw. die Gegenstrommultiplikation, die zum Aufbau hoher Osmolaritäten im Nierenmark führen, obgleich die Epithelzellen nur mäßige Gradienten aufbauen können.
- Zur Osmolalität des Nierenmarks trägt auch Harnstoff bei, der aus dem medullären Sammelrohr zurück in das Nierenmarkinterstitium diffundiert.
- Die hohe Osmolalität des Nierenmarks schafft den osmotischen Gradienten für die Wasserresorption über Wasserkanäle, die unter dem Einfluss von antidiuretischem Hormon in die luminale Membran von distalem Tubulus und Sammelrohr eingebaut werden.
- Die Anordnung der Vasa recta in Form von Schleifen verhindert ein »Auswaschen« der hohen Osmolalität, führt jedoch auch zu einem Versorgungsmangel im Nierenmark.

Einschränkung der Harnkonzentrierung

Die Harnkonzentrierung wird eingeschränkt durch

- Hemmung des $Na^+,K^+,2Cl^-$-Cotransporters in der dicken Henle-Schleife (Schleifendiuretika),
- Kaliummangel,
- Hypercalciämie,
- osmotische Diurese,
- Harnstoffmangel (proteinarme Ernährung),
- gesteigerte Perfusion der Vasa recta (Nierenentzündungen, Blutdruckanstieg) sowie
- ADH-Mangel oder fehlende Wirksamkeit von ADH.

29.5 Transportprozesse im distalen Nephron

Feineinstellung der Urinzusammensetzung

Im distalen Tubulus und Sammelrohr geschieht die Feineinstellung der Urinzusammensetzung

Aufgabe des distalen Nephrons. Das distale Nephron (distaler Tubulus und Sammelrohr) ist für die endgültige Zusammensetzung des Harns verantwortlich. Dort kann gegen hohe Gradienten transportiert werden, es existiert jedoch nur eine geringe Transportkapazität. Eine herabgesetzte Transportleistung des proximalen Tubulus und der Henle-Schleife kann nur zu einem geringen Teil durch gesteigerte Resorption im distalen Nephron ausgeglichen werden.

Anteile des distalen Nephrons. Das distale Nephron (distaler Tubulus, Verbindungsstück und Sammelrohr) besteht aus mehreren sehr heterogenen Segmenten. Im distalen Konvolut überwiegen die NaCl- und Ca^{2+}-resorbierenden frühdistalen Tubuluszellen, im Verbindungsstück und Sammelrohr die NaCl-resorbierenden und K^+-sezernierenden Hauptzellen. Im gesamten distalen Nephron findet man die H^+- oder HCO_3^--sezernierenden Schaltzellen (► s. u.).

Transportprozesse im distalen Nephron

Im distalen Nephron werden entsprechend dem Bedarf Na^+ und Ca^{2+} resorbiert sowie H^+ und in der Regel K^+ sezerniert

Na^+-Resorption in der frühdistalen Tubuluszelle. Die meisten Zellen des frühen distalen Tubulus resorbieren Na^+ vorwiegend durch einen ***NaCl-Symport*** (Abb. 29.14). Cl^- verlässt die Zelle über einen KCl-Symport in der basolateralen und möglicherweise in der luminalen Zellmembran. Na^+ wird aus der Zelle durch die Na^+/K^+-ATPase transportiert, das dabei akkumulierte K^+ verlässt die Zelle z. T. durch K^+-Kanäle.

Ca^{2+}-Resorption in der frühdistalen Tubuluszelle. Für die Ca^{2+}-Ausscheidung ist die Resorption im frühdistalen Tubulus entscheidend. Hier wird Ca^{2+} über spezifische ***Ca^{2+}-Kanäle*** (ECaC) in der luminalen Zellmembran in die Zellen aufgenommen und v. a. über einen basolateralen ***Na^+/Ca^{2+}-Austauscher*** zur Blutseite transportiert (Abb. 29.15). In der Zelle wird Ca^{2+} durch ***Calbindin*** gebunden, ein Protein, das den intrazellulären Ca^{2+}-Transport von der luminalen zur basolateralen Zellmembran beschleunigt. Die Bindung von Ca^{2+} an Calbindin dämpft die Zunahme der Ca^{2+}-Konzentration unter der luminalen Membran und steigert die Verfügbarkeit von Ca^{2+} für den Auswärtstransport an der basolateralen Membran.

Hauptzellen. Im späten distalen Tubulus und Sammelrohr findet man vorwiegend Hauptzellen, die durch ***Na^+-Kanäle*** und ***K^+-Kanäle*** in der luminalen Zellmembran charakterisiert sind (Abb 29.16). Na^+, das in die Zelle gelangt, wird durch die ***Na^+/K^+-ATPase*** in der basolateralen Zellmembran wieder aus der Zelle gepumpt. Die Zelle resorbiert somit Na^+ im Austausch gegen K^+, d. h. eine gesteigerte Na^+-Resorption im distalen Nephron zieht in der Regel eine gesteigerte K^+-Sekretion und K^+-Ausscheidung nach sich.

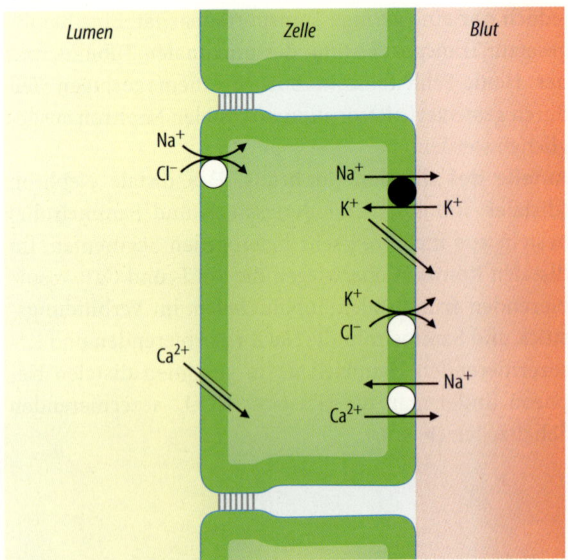

Abb. 29.15. Transportprozesse in der distalen Tubuluszelle

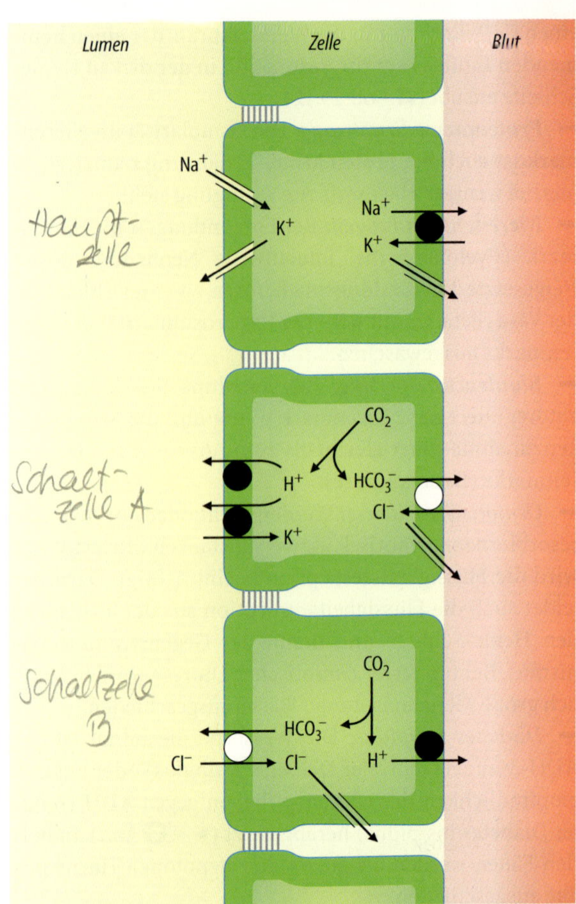

Abb. 29.16. Transportprozesse in Zellen des Sammelrohres. *Oben:* Hauptzelle, *Mitte:* Schaltzelle Typ A, *Unten:* Schaltzelle Typ B

Schaltzellen. Zwischen den Hauptzellen sind im distalen Nephron sog. Schaltzellen eingestreut, die entweder H^+ (Typ A) oder HCO_3^- (Typ B) sezernieren: In den Schaltzellen des Typs A wird die H^+-Sekretion durch eine ***H^+-ATPase*** oder (bei K^+-Mangel) durch eine ***H^+/K^+-ATPase*** bewerkstelligt (Abb. 29.16). Das in der Zelle gebildete HCO_3^- verlässt die Zelle über einen ***Cl^-/HCO_3^--Austauscher*** in der basolateralen Zellmembran. Das so akkumulierte Cl^- verlässt die Zelle über basolaterale ***Cl^--Kanäle.*** Die HCO_3^--Sekretion in den Schaltzellen Typ B wird vorwiegend durch einen luminalen Cl^-/HCO_3^--Austauscher, basolaterale Cl^--Kanäle und eine basolaterale H^+-ATPase bewerkstelligt. Durch luminale Cl^-/HCO_3^--Austauscher und Cl^--Kanäle an beiden Zellmembranen resorbieren Schaltzellen Cl^-. Cl^- kann das Lumen möglicherweise auch parazellulär verlassen. Die Cl^--Resorption über Kanäle und den parazellulären Weg wird durch das von den Na^+-Kanälen der Hauptzellen erzeugte Lumen-negative Potential begünstigt.

In Kürze

Transportprozesse im distalen Nephron

Distaler Tubulus, Verbindungsstück und Sammelrohr ermöglichen die Feineinstellung der Urinzusammensetzung:

- Die Na^+-Resorption geschieht über frühdistalen NaCl-Cotransport und Na^+-Kanäle in Hauptzellen von distalem Tubulus und Sammelrohr.
- Für die K^+-Ausscheidung ist die distal-tubuläre Sekretion entscheidend, die v.a. durch erhöhte Na^+-Resorption in diesem Segment gesteigert wird.
- Für die Calcium-Ausscheidung ist die Ca^{2+}-Resorption in dicker Henle-Schleife und frühdistalem Tubulus entscheidend. Sie wird durch Hypercalciämie gehemmt und durch Parathormon gesteigert.
- H^+-Ionen werden distal durch H^+-ATPase und K^+/H^+-ATPase sezerniert.

29.6 Transportdefekte, Wirkung von Diuretika, Urolithiasis

Transportdefekte

Eine gesteigerte oder – häufiger – herabgesetzte Aktivität der renalen Transportprozesse führt zu inadäquater Ausscheidung der betroffenen Substanz

Ursachen. Die Transportmechanismen können durch genetische Defekte oder durch Schädigung der Niere (z. B. Schwermetallvergiftung) beeinträchtigt werden. In Tabelle 29.5 sind einige genetische Transportdefekte erwähnt. Die genetischen Transportdefekte sind insgesamt selten. Sie illustrieren jedoch die funktionelle Bedeutung der jeweiligen Transportprozesse.

Auswirkungen. Über Änderungen der Plasmakonzentration oder Zunahme der Harnkonzentrationen können negative Auswirkungen auftreten:

- Störungen der proximalen HCO_3^--Resorption oder der distal-tubulären H^+-Sekretion führen zu proximal-tubulärer oder distal-tubulärer ***Azidose.***
- Eine Überaktivität des epithelialen Na^+-Kanals führt über Kochsalz-Überschuss zu Blutdrucksteigerungen ***(Liddle-Syndrom).***
- Genetische Defekte der Kochsalzresorption in der Henle-Schleife ***(Bartter-Syndrom)*** oder dem frühdistalen Tubulus ***(Gitelman-Syndrom)*** führen zu massiven Kochsalz-Verlusten.
- Beim ***renalen Diabetes mellitus*** ist die Affinität oder maximale Transportrate der tubulären Glukosetransporter eingeschränkt.

Verschiedene Transportdefekte beeinträchtigen die ***Resorption von Aminosäuren.*** Neben dem Verlust der Substrate kann die gesteigerte Konzentration im Urin pathophysiologische Relevanz erlangen. Insbesondere kann die gesteigerte Ausscheidung schwer löslicher Substanzen ***Urolithiasis*** (▶ s. u.) erzeugen.

Genetische Transportdefekte betreffen häufig ***mehrere Organe***, wie z. B. Niere und Darm. Die klinischen Störungen werden dann meist durch den Funktionsausfall beider Organe hervorgerufen.

Diuretika

Durch Diuretika kann eine gesteigerte Ausscheidung von Wasser und Elektrolyten erzwungen werden; einige Transportprozesse können durch Pharmaka gehemmt werden, wodurch eine Diurese (Diuretika) bzw. Natriurese (Saluretika) ausgelöst wird

Die wichtigsten Na^+-Transportprozesse in den Nephronsegmenten können durch jeweils spezifische Diuretika gehemmt werden. Tabelle 29.6 stellt die wichtigsten Gruppen von Diuretika zusammen, Abb. 29.17 zeigt ihre Wirkorte.

Proximale Diuretika. Die proximale NaCl-Resorption kann durch Hemmung des luminalen Na^+/H^+-Antiporters oder der Karboanhydrase eingeschränkt werden

Tabelle 29.6. Diuretika

Diuretikagruppe	Zielmolekül	Wirkung*
Proximale Diuretika	Karboanhydrase Na^+/H^+-Antiporter	$Na^+\uparrow$, $K^+\uparrow$, $HCO_3^-\uparrow\uparrow$
Osmo-Diuretika	keine vorhanden	$Na^+\uparrow$, $Cl^-\uparrow$, $HCO_3^-\uparrow$
Schleifendiuretika	Na^+, K^+2Cl^--Symport	$Na^+\uparrow\uparrow\uparrow$, $K^+\uparrow\uparrow$, $Cl^-\uparrow\uparrow\uparrow$
Frühdistale Diuretika (Thiazide)	NaCl-Symport	$Na^+\uparrow\uparrow$, $Cl^-\uparrow\uparrow$, $K^+\uparrow\uparrow$, $HCO_3^-\uparrow$
K^+-sparende Diuretika	Na^+-Kanäle Mineralokortikoidrezeptoren	$Na^+\uparrow$, $Cl^-\uparrow$, $K^+\downarrow$ $Na^+\uparrow$, $Cl^-\uparrow$, $K^+\downarrow$

* Wirkung auf die Ausscheidung der genannten Elektrolyte (↓ Abnahme, ↑ Zunahme der Ausscheidung)

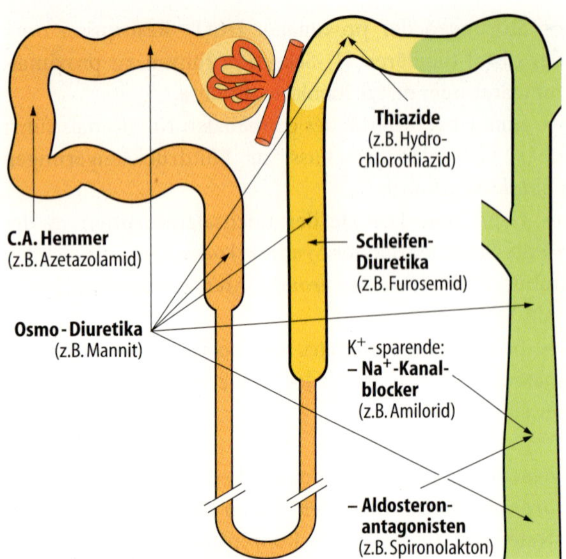

Abb. 29.17. Wirkorte verschiedener Diuretika

(Karboanhydrasehemmer). Dabei kommt es gleichzeitig zu gesteigerter Ausscheidung von Bikarbonat. Proximale Diuretika werden daher zur Steigerung der Kochsalzausscheidung allein derzeit nicht eingesetzt.

Schleifendiuretika. Am stärksten wirksam sind Diuretika, die den ***Na^+,K^+,2Cl^--Symport*** in der Henle-Schleife hemmen (Schleifendiuretika). Das gesteigerte Angebot von Na^+ fördert im distalen Tubulus die Na^+-Resorption über die Na^+-Kanäle, wodurch die distal-tubuläre K^+-Sekretion gesteigert wird. Die Schleifendiuretika führen daher auch zu K^+-Verlusten. Die Dosis der Schleifendiuretika kann nicht beliebig gesteigert werden, da die Substanzen auch Na^+,K^+,2Cl^--Symporter in anderen Epithelien (u. a. Stria vascularis des ***Innenohrs***) hemmen können. Normalerweise erreichen die Schleifendiuretika jedoch durch proximal-tubuläre Sekretion im Lumen der Henle-Schleife Konzentrationen, die weit über den Blutkonzentrationen liegen. Nur so ist es möglich, eine Diurese ohne gleichzeitiges Auftreten von Taubheit (durch Hemmung des Na^+,K^+,2Cl^--Symporters im Innenohr) zu erzielen.

Frühdistale Diuretika. Thiazide hemmen den NaCl-Symport im frühdistalen Tubulus. Auch ***Thiazide*** sind stark wirkende Diuretika. Wie die Schleifendiuretika erzeugen sie K^+-Verluste.

K^+-sparende Diuretika. Die Hemmung der distal-tubulären Na^+-Kanäle durch ***Na^+-Kanalblocker*** oder ***Aldosteron-Antagonisten*** mindert nicht nur die Na^+-Resorption, sondern auch die K^+-Sekretion (sogenannte K^+-sparende Diuretika). Auch die Na^+-Kanalblocker erreichen luminal hohe Konzentrationen und erlauben eine selektive Hemmung der distal-tubulären Na^+-Resorption ohne gleichzeitige Hemmung von Na^+-Kanälen z. B. in den Alveolen.

Osmotische Diurese. Eine Diurese kann auch durch Infusion von Substanzen erzielt werden, die in der Niere nicht oder nur schlecht resorbiert werden können. Therapeutisch wird beispielsweise der Polyalkohol ***Mannitol*** eigesetzt. Mannitol wird filtriert und durch die Flüssigkeitsresorption im Nephron zunehmend konzentriert. Die hohe luminale Mannitolkonzentration hält osmotisch Wasser zurück und behindert damit die Wasserresorption. Die Resorption von NaCl senkt bei eingeschränkter Wasserresorption die luminale NaCl-Konzentration ab und muss daher zunehmende Gradienten überwinden. Auf diese Weise wird auch die NaCl-Resorption behindert und es kommt zur Natriurese.

Osmotische Diurese kann auch durch endogene Substanzen wie etwa ***Glukose*** oder ***Bikarbonat*** ausgelöst werden, wenn die Resorption mit der Filtration nicht Schritt hält.

Übersteigt z. B. bei ***Diabetes mellitus*** die filtrierte Glukosemenge das renale Transportmaximum, dann wird Glukose ausgeschieden (Überlaufglukosurie, ► s. Abschnitt 29.3). Nichtresorbierte Glukose löst osmotische Diurese aus. Dabei gehen nicht nur Glukose und Wasser, sondern auch Elektrolyte (v. a. Na^+ und K^+) verloren. Der Wasserverlust führt zu Durst, oft erster Hinweis auf das Vorliegen eines Diabetes mellitus.

Nieren- und Harnsteinbildung

! Eine gestörte Ausscheidung von Wasser und/oder schlecht löslichen Substanzen kann zum Ausfallen dieser Substanzen (Urolithiasis) führen

Einige Ionen oder organische Substanzen erreichen bisweilen im Harn Konzentrationen, die nicht mehr löslich sind ***(Übersättigung)***. Wird der sogenannte metastabile Bereich (► s. u.) überschritten, dann fallen diese Substanzen aus (Urolithiasis, Tabelle 29.7).

Konkrement-bildende Substanzen. Besonders häufig bilden ***Calciumoxalat*** und ***Calciumphosphat*** Nierensteine, wobei sekundär weitere Ionen, wie Mg^{2+} und NH_4^+ beteiligt sein können. Seltener ist ***Harnsäure-***, ***Zystin-*** oder ***Xanthin-***Urolithiasis. Primäre Ursache der Urolithiasis kann ein genetischer oder erworbener ***Transportdefekt*** sein. So sind Zystinsteine in der Regel Folge eines Transportdefektes in der Niere (Zystinurie). Die Ausscheidung ist bei normalem tubulärem Transport gesteigert, wenn aufgrund prärenaler Faktoren die Plasmakonzentration gesteigert ist und damit mehr filtriert wird. So begünstigt ***gesteigerte intestinale Absorption*** von Oxalat, Purinen oder Calcium gleichermaßen Urolithiasis wie gesteigerte ***Mobilisierung*** von ***Calcium*** aus dem Knochen oder vermehrte ***Bildung von Harnsäure*** bei gesteigertem Zelluntergang.

Urolithiasis-begünstigende Eigenschaften des Urins. Für das Auftreten von Urolithiasis ist freilich nicht nur die Ausscheidung der Konkrement-bildenden Substanzen maßgebend. Die Konzentration wird auch durch das

Tabelle 29.7. Häufigste Ursachen von Nierensteinen. Die meisten Nierensteine (ca. 80 %) enthalten Kalziumoxalat, ca. 30 % Kalzium-Magnesium-Phosphat. 10 % Harnsäure, nur wenige Zystin oder Xanthin. (* Produktion im Stoffwechsel, Absorption im Darm oder Mobilisierung aus dem Knochen)

Steine	Ursachen*	begünstigte Faktoren (außer geringem Harnvolumen)
Ca-Oxalat	Gesteigerte Produktion oder Absorption von Oxalat gesteigerte Absorption oder Mobilisierung von Ca^{2+}	verminderte Ausscheidung von Phosphat oder Zitrat (Calciumbinder) oder Pyrophosphat
$Ca\text{-}CO_3\text{-}PO_4$ $Mg\text{-}NH_4\text{-}PO_4$	gesteigerte Absorption oder Mobilisierung von Calciumphosphat	alkalischer Urin (Harnwegsinfekte), Zitratmangel
Harnsäure	Überproduktion von Harnsäure	saurer Urin
Natrium-Urat	Überproduktion von Harnsäure	alkalischer Urin, hohe Konzentration
Zystin	renaler Resorptionsdefekt	saurer Urin
Xanthin	gestörter Abbau	

Harnvolumen diktiert. Starke ***Antidiurese*** fördert demnach die Bildung von Harnsteinen. Der ***Ca^{2+}-Rezeptor*** in der Henle-Schleife hemmt bei Hypercalciämie die NaCl-Resorption in diesem Segment und setzt die Fähigkeit zur Urinkonzentrierung herab. Damit wird ein Zusammentreffen von gesteigerter Calcium-Ausscheidung und Antidiurese normalerweise unterbunden.

Die Steinbildung wird ferner vom ***Urin-pH*** beeinflusst. Saurer pH führt das mäßig lösliche Urat vermehrt in die sehr schlecht lösliche Harnsäure über und begünstigt damit die Entwicklung von Harnsäuresteinen. Calciumphosphat-Steine sind wiederum in alkalischem Milieu sehr viel schlechter löslich als im sauren Milieu, und ein alkalischer Urin fördert die Bildung von $CaHPO_4$-Steinen. Allerdings hemmt Alkalose die proximal-tubuläre Zitratresorption und damit wird bei Alkalose ***Zitrat*** ausgeschieden, das mit Ca^{2+} sehr gut lösliche Komplexe bildet. Auf diese Weise wird normalerweise einer Ausfällung von $CaHPO_4$ vorgebeugt, wenn eine Alkalose die Ausscheidung von Bikarbonat erfordert.

Metastabiler Bereich. Eine Übersättigung führt nicht sofort zum Ausfällen der gelösten Substanzen, im sogenannten metastabilen Bereich bleiben die Substanzen zunächst gelöst. Lange ***Verweildauer*** (inkomplette Entleerung der ableitenden Harnwege, z. B. bei Missbildungen des Harnleiters) und das Auftreten von ***Kristallisationskernen*** fördert das Ausfallen. Steigen die Konzentrationen über den metastabilen Bereich, dann bilden sich auf jeden Fall Kristalle.

Auswirkungen. Die Konkremente bleiben in der Niere selbst oder in den ableitenden Harnwegen hängen. Folgen sind Verstopfung von Tubuli mit Nierenversagen, oder Verlegung mit äußerst schmerzhafter Dehnung des Harnleiters (Nierenkoliken). Der Rückstau von Urin begünstigt die Besiedlung mit Erregern und damit das Auftreten von Harnwegsinfekten.

Therapie und Metaphylaxe. Die meisten Harnsteine können mit Stoßwellen zertrümmert werden (**Lithotrypsie**). Mitunter müssen die Konkremente chirurgisch entfernt werden. Das Risiko erneuten Auftretens von Steinen (Rezidiv) wird durch **reichliches Trinken** gesenkt (Metaphylaxe). Kennt man die Zusammensetzung der Steine, so kann man deren renale Ausscheidung durch **diätetische Maßnahmen** mindern. Beispielsweise kann man das (erneute) Auftreten von Harnsäuresteinen durch diätetische Meidung von Purinen verhindern. Diätetische Zufuhr von **Na^+-Zitrat** führt zur Alkalose, steigert die renale Zitratausscheidung und mindert so das Auftreten von Ca^{2+}-Steinen. Frühdistale Diuretika (**Thiazide**, ► s. o.) steigern die renal-tubuläre Ca^{2+}-Resorption und senken damit renale Ca^{2+}-Ausscheidung und Ca^{2+}-Urolithiasis-Risiko.

In Kürze

Transportdefekte

Transportdefekte können die renale Na^+-, HCO_3^--, Glukose- und Aminosäure-Resorption sowie die renale H^+-Sekretion beeinträchtigen.

Wirkung von Diuretika

Die renale Kochsalz- und Wasser-Ausscheidung kann durch Diuretika gesteigert werden. Diuretika können ihre Wirkung dabei auf unterschiedliche Weise entfalten:
- Hemmung der Karboanhydrase,
- Hemmung des Na^+,K^+,$2Cl^-$-Cotransports,
- Hemmung des NaCl-Cotransports,
- Hemmung der Na^+-Kanäle,
- Hemmung der Mineralokortikoid-Rezeptoren,
- Steigerung der Wasser- und Elektrolytausscheidung über osmotisch aktive Substanzen.
- Osmotische Diurese entsteht auch bei herabgesetztem oder überfordertem Transport von Glukose oder HCO_3^-.

Urolithiasis

Eine gestörte Ausscheidung von Wasser und/oder schlecht löslichen Substanzen kann zum Ausfallen

▼

dieser Substanzen (Urolithiasis) führen. Dies geschieht bei Übersättigung des Urins, wodurch Calciumoxalat, Calciumphosphat, Harnsäure oder Zystein ausfallen können.

29.7 Stoffwechsel und biochemische Leistungen der Niere

Stoffwechsel der Niere

Die Niere ist normalerweise gut mit Sauerstoff versorgt; sie ist zur Glukoneogenese befähigt und baut Aminosäuren um

O_2-Verbrauch. Normalerweise wird ein Fünftel des Herzminutenvolumens durch die Glomerula geschleust (▶ s. Abschnitt 29.2). Die Durchblutung der Nieren ist damit sehr viel größer, als für die O_2-Versorgung der kleinen Organe erforderlich wäre. Die Niere benötigt normalerweise nur etwa 7 % des angebotenen O_2 (Sauerstoffausschöpfung). O_2 wird in erster Linie für die Energetisierung des ***Na^+-Transportes*** benötigt und korreliert mit der tubulären Na^+-Resorption. Eine Steigerung der Nierendurchblutung geht in aller Regel mit einer Steigerung der glomerulären Filtrationsrate (GFR) einher (▶ s. Abschnitt 29.2) und bedeutet für die Niere mehr Arbeit, da ja nun auch mehr Na^+ resorbiert werden muss.

Fettsäureabbau. Der proximale Tubulus verwendet für die Energiegewinnung überwiegend Fettsäuren, Azetazetat und β-Hydroxybutyrat. Glukose wird vom proximalen Tubulus nicht verbraucht.

Glukoneogenese. Eine weitere wichtige biochemische Leistung der Niere ist die Glukoneogenese. Glutamin wird von beiden Membranen der proximalen Tubuluszelle aufgenommen und durch die mitochondriale ***Glutaminase*** zu Glutamat desaminiert. Glutamat wird im Zytosol zu 2-Oxoglutarat desaminiert, das schließlich zu Glukose aufgebaut wird. Glukose wird in das Blut abgegeben und die beiden NH_4^+ zur Säureeliminierung verwendet (▶ s. Kap. 35.2). Bei ***Azidose*** ist die Niere gezwungen, vermehrt H^+ auszuscheiden. Dabei werden im proximalen Tubulus Glutaminabbau und Glukoneogenese gesteigert.

Die Niere kann im Übrigen auch aus ***Laktat*** Glukose aufbauen. Im Gegensatz zum proximalen Tubulus verbrauchen die im Nierenmark liegenden Anteile der Henle-Schleife, der distale Tubulus und das Sammelrohr Glukose für die Energiegewinnung.

Eiweiß- und Aminosäurestoffwechsel. Filtrierte ***Peptide*** werden teilweise durch luminale Enzyme der proximalen Tubuluszellen gespalten. Die einzelnen Aminosäuren werden dann über die entsprechenden Transportsysteme in die Zellen transportiert. Darüber hinaus können kleine Peptide auch durch ***Peptidtransporter*** resorbiert werden. ***Proteine*** werden über ***Endozytose*** bzw. ***Pinozytose*** in die Tubuluszellen aufgenommen und nach Fusion der endozytotischen Vesikel mit Lysosomen durch lysosomale Enzyme abgebaut.

Die Niere bildet ***Arginin*** aus Aspartat und Zitrullin. Schließlich kann sie ***β-Alanin*** und ***Serin*** produzieren. Die Niere verfügt zwar über alle Enzyme für die Harnstoffsynthese, bildet jedoch keine relevanten Mengen an Harnstoff.

Renale Inaktivierung von Hormonen und Xenobiotika

Die Niere baut Hormone ab und entgiftet einige Fremdstoffe

Inaktivierung von Hormonen. Die Niere spielt eine wesentliche Rolle in der Inaktivierung von Hormonen, vor allem von ***Peptidhormonen*** (u. a. Glukagon, Insulin, Parathormon). Die Hormone werden durch luminale Peptidasen und/oder lysosomalen Abbau inaktiviert. Auch im Stoffwechsel von ***Steroidhormonen*** spielt die Niere eine wichtige Rolle. Steroidhormone können die Zellmembranen leicht passieren und werden in den Tubuluszellen durch Oxidoreduktasen und Hydroxylasen metabolisiert. Zellen, welche Mineralokortikoidrezeptoren (Typ-I-Kortikosteroidrezeptoren) aufweisen, exprimieren gleichzeitig eine ***11β-Hydroxylase***, die Kortisol in Kortison umwandelt (▶ s. Abschnitt 29.8).

Entgiftung von Fremdstoffen. Die Niere scheidet Xenobiotika nicht nur aus (▶ s. Abschnitt 29.3), sondern kann Xenobiotika auch selbst umwandeln, wie etwa durch Kopplung an Azetylcystein unter Bildung von Merkaptursäure.

In Kürze

Stoffwechsel und biochemische Leistungen der Niere

Aufgrund ihrer weit überdurchschnittlichen Durchblutung verbraucht die Niere nur einen Bruchteil des angebotenen O_2. Der größte Teil davon wird für die tubuläre Na^+-Resorption eingesetzt. Weitere Stoffwechselleistungen der Niere sind:

- Der proximale Tubulus verbrennt für die Energiegewinnung vorwiegend Fettsäuren.
- Aminosäuren und Laktat werden für die Glukoneogenese verwendet.
- Die Niere baut filtrierte Proteine ab.
- Sie ist bei der Inaktivierung von Peptidhormonen und Steroidhormonen beteiligt und kann auch Xenobiotika unschädlich machen.

29.8 Regulation der Nierenfunktion

Regulation der Nierenfunktion durch homeostatische Mechanismen

Ihrer Aufgabe als zentrales Organ in der Regulation des Salz-Wasser-Haushaltes kann die Niere nur gerecht werden, wenn ihre Partialfunktionen präzise kontrolliert werden

Glomerulotubuläre Balance. Eine Zunahme der GFR ist in aller Regel mit einer proportionalen Zunahme der proximal-tubulären Resorption verbunden. Na^+-Resorption und maximale Transportraten (etwa für Glukose) steigen mit der GFR an, sodass die zusätzlich filtrierten Mengen an Wasser und Substanzen am Ende des proximalen Tubulus weitgehend wieder resorbiert sind. Auf welche Weise die ***Transportkapazität*** der ***GFR angeglichen*** wird, ist derzeit weitgehend unbekannt.

▪▪▪ Ein Teil dieses Zusammenhanges wird über den **interstitiellen Druck** hergestellt. Eine Zunahme des interstitiellen Drucks behindert die passive, parazelluläre Resorption von Wasser und Kochsalz, die ja durch nur sehr geringe Kräfte getrieben wird. Die Aufnahme von filtrierter Flüssigkeit in die peritubulären Gefäße mindert den interstitiellen Druck und fördert damit die proximal-tubuläre Resorption. Eine Zunahme der Filtration steigert den onkotischen Druck in den peritubulären Kapillaren und stimuliert damit indirekt auch die tubuläre Resorption.

Tubuloglomeruläres Feedback. Der enge Kontakt von Tubulusepithel und Vas afferens am juxtaglomerulären Apparat dient unter anderem der Anpassung der glomerulären Filtration an die Transportkapazität von proximalem Tubulus und Henle-Schleife. Hält der Transport in den beiden Segmenten mit der Filtration nicht Schritt, dann steigt die ***NaCl-Konzentration*** an der ***Macula densa*** und die GFR wird durch Kontraktion des Vas afferens gesenkt. Auf diese Weise wird verhindert, dass bei eingeschränkter Transportkapazität von proximalem Tubulus und Henle-Schleife NaCl- und Wasserverluste auftreten, die sonst angesichts der geringen Transportkapazität des distalen Tubulus und Sammelrohrs unvermeidlich wären.

Nierenschwelle. Die meisten Transportprozesse der Niere sind sättigbar. Insbesondere die Resorption der organischen Substanzen (u.a. Glukose, Aminosäuren), aber auch von Phosphat und Sulphat wird durch ein ***Transportmaximum*** charakterisiert. Wird das Transportmaximum dieser Substanzen überschritten, dann wird die zusätzlich filtrierte Menge ausgeschieden (▶ s. ◻ Abb. 29.18). Die Niere verhindert somit einen übermäßigen Anstieg der Plasmakonzentrationen filtrierter und sättigbar resorbierter Substanzen durch automatische Zunahme der Ausscheidung.

Autoregulation von Ca^{2+}. Hohe Ca^{2+}-Konzentrationen bewirken eine Permeabilitätsabnahme der *Tight Junctions* und unterbinden auf diese Weise den parazellulären Transport u.a. von Ca^{2+}. Darüber hinaus hemmt Ca^{2+} über den ***Ca^{2+}-Rezeptor*** die Resorption in der dicken aufsteigenden Henle-Schleife, eines der wichtigsten Segmente der tubulären Ca^{2+}-Resorption. Auf diese Weise führt Hypercalciämie auch ohne Vermittlung von Hormonen zur Hypercalciurie.

Intrazelluläre Konzentrationen. Die Tätigkeit von Transportproteinen ist häufig eine Funktion intrazellulärer Konzentrationen der transportierten Substanzen. Eine Abnahme der ***intrazellulären K^+-Konzentration*** inaktiviert luminale K^+-Kanäle und senkt auf diese Weise die renale K^+-Ausscheidung. Zusätzlich wird die Na^+-Resorption in der Henle-Schleife gehemmt.

Proximal-tubulärer Na^+/H^+-Austauscher und distaltubuläre H^+-ATPase werden bei ***intrazellulärer Azidose*** stimuliert und bei ***intrazellulärer Alkalose*** abgeschaltet. Die proximalen Tubuluszellen bilden bei intrazellulärer

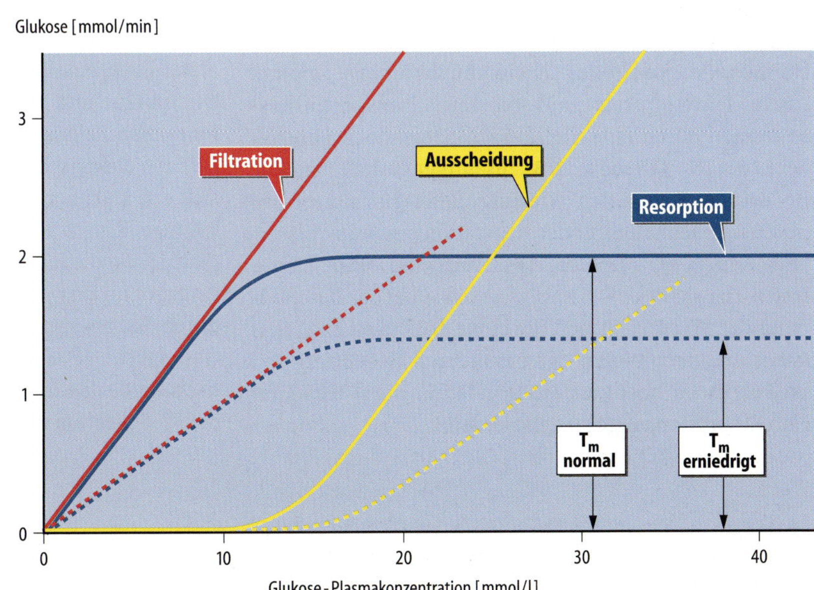

◻ **Abb. 29.18. Nierenschwelle.** Filtration, Resorption und Ausscheidung von Glukose in Abhängigkeit von der Glukosekonzentration im Plasma bei normaler *(durchgezogene Linien)* und bei erniedrigter GFR *(gestrichelte Linien)*. Die »Nierenschwelle« für Glukose liegt bei etwa 10 mmol/l. Hinweis: Bei länger bestehendem Diabetes mellitus ist die GFR häufig erniedrigt

Azidose ferner vermehrt NH_4^+ (▶ s. Kap. 35.2). So wird bei zellulärer Azidose vermehrt H^+ renal ausgeschieden.

Der Phosphatcarrier wird bei ***intrazellulärem Phosphatmangel*** vermehrt in die Zellmembran eingebaut. Auf diese Weise wird die renale Phosphatresorption gesteigert und die renale Phosphat-Ausscheidung gedrosselt. Intrazellulärer Phosphatmangel fördert ferner die proximal-tubuläre Bildung von Calcitriol, das in die Regulation des Calcium-Phosphat-Stoffwechsels eingreift (▶ s. Kap. 31.2).

Extrarenale Regulation der Nierenfunktion

Die Nierenfunktion wird durch Blutdruck, Nervensystem und Hormone reguliert

Blutdruck. Wie bereits erwähnt (▶ s. Abschnitt 29.2), werden Durchblutung und Filtration der Niere bei Änderungen des arteriellen Mitteldruckes zwischen 80 und 180 mm Hg weitgehend konstant gehalten (Autoregulation). Die Nierenmarkdurchblutung autoreguliert freilich bei Zunahme des Blutdruckes nur wenig und ein Blutdruckanstieg mindert Harnkonzentrierung und Na^+-Resorption. Darüberhinaus wird die Aktivität der Nierennerven bei Blutdruckabfall gesteigert. Die renale ***Wasser-*** und ***Na^+-Ausscheidung*** ist somit eine steile Funktion des ***systemischen Blutdruckes***, wie in ▶ Kapitel 28.10 näher ausgeführt wurde.

Nervale Kontrolle. Die Nieren stehen unter der Kontrolle von ***sympathischen Nerven***, die normalerweise jedoch eine geringe Aktivität aufweisen. Bei Aktivierung des Sympathikus (z. B. Volumenmangel) senken die Nerven über Kontraktion von Aa. interlobulares sowie von Vasa afferentia und efferentia die glomeruläre ***Filtrationsrate***. Sie stimulieren ferner die ***tubuläre Resorption*** u. a. von Na^+, HCO_3^-, Cl^- und Wasser. Schließlich stimulieren die Nerven vorwiegend über β_1-Rezeptoren die Ausschüttung von ***Renin***. Die Reninausschüttung wird umgekehrt über α_1-Rezeptoren gedrosselt.

Hormonelle Kontrolle. Nierendurchblutung, glomeruläre Filtrationsrate und tubuläre Transportprozesse werden durch eine Vielzahl von Hormonen kontrolliert, wie in ◼ Tabelle 29.3 zusammengestellt ist. Die Bedeutung der renalen Wirkung dieser Hormone wird im Zusammenhang mit der Regulation des Salz-Wasser- (▶ s. Kap. 30.4), Mineral- (▶ s. Kap. 31.2) und Säure-Basen-Haushaltes (▶ s. Kap. 35.2) sowie bei der Beschreibung der Wirkungen der Hormone (▶ s. Kap. 21.2, 21.5) näher erläutert. Wegen der besonderen Bedeutung soll im Folgenden noch auf die Regulation distal-tubulärer Na^+-Resorption eingegangen werden.

Regulation distal-tubulärer Na^+-Resorption

Die Regulation distal-tubulärer Na^+-Resorption und K^+-Sekretion sind eng aneinander gekoppelt

Regulation der Na^+-Resorption. Die Na^+-Resorption wird durch eine Vielzahl von Hormonen reguliert (▶ vgl. ◼ Tabelle 29.3). Besondere Bedeutung hat ***Aldosteron***, das die renale Na^+-Ausscheidung vor allem über Aktivierung der distal-tubulären Na^+-Kanäle drosselt. Aldosteron wirkt über intrazelluläre Mineralokortikoidrezeptoren, deren Aktivierung einen gesteigerten Einbau von ***Na^+-Kanälen*** (ENaC), ***K^+-Kanälen*** (ROMK) und ***Na^+/K^+-ATPase*** in die luminale bzw. basolaterale Zellmembran bewirkt. Die Wirkung von Aldosteron wird zum Teil durch die sogenannte Serum- und Glukokortikoid-induzierbare Kinase (SGK1) vermittelt. Die Expression der SGK1 wird durch Aldosteron gesteigert. Die Kinase wird durch Insulin und IGF1 *(Inulin like Growth Factor)* stimuliert.

11β-Hydroxysteroid-Dehydrogenase. In den Mineralokortikoidrezeptor passen auch Glukokortikoide (▶ s. Kap. 21.5). Angesichts der ca. 300-fach höheren Plasmakonzentration an Glukokortikoiden würde der Mineralokortikoidrezeptor praktisch ausschließlich durch Glukokortikoide reguliert werden, wenn Glukokortikoide nicht in den Hauptzellen des distalen Nephrons durch die 11β-Hydroxysteroiddehydrogenase abgebaut würden. Hemmung oder genetische Defekte des Enzyms führen zu massiv gesteigerter distal-tubulärer Na^+-Resorption und damit zur Hypertonie (▶ s. u.).

»Mineralocorticoid Escape«. Bei einem über Wochen anhaltenden Aldosteronüberschuss (z. B. Aldosteron-produzierender Tumor, ▶ s. Kap. 21.5) erzwingt die Volumenexpansion eine Natriurese trotz Aldosteron (sog. *Mineralocorticoid Escape*). Ursache ist v. a. die Aktivierung natriuretischer Faktoren und ein Blutdruckanstieg, der natriuretisch wirkt.

Regulation der K^+-Ausscheidung. Die K^+-Sekretion ist in erster Linie eine Funktion der Na^+-Resorption im distalen Tubulus und Sammelrohr, da die ***Depolarisation der luminalen Zellmembran*** durch Aktivierung der Na^+-Kanäle die elektrische treibende Kraft für die K^+-Sekretion steigert. Darüber hinaus stimuliert die Aldosteron-abhängige Kinase SGK1 auch den Einbau der ***K^+-Kanäle*** (ROMK) in die luminale Zellmembran. Gesteigertes Na^+-Angebot im distalen Tubulus und Stimulation der Kanäle durch Aldosteron fördern die renale K^+-Ausscheidung. Gesteigerte ***H^+-Sekretion*** wirkt hingegen antikaliuretisch, da sie das Tubuluslumen positiver macht und damit die K^+-Sekretion mindert.

In Kürze

Regulation der Nierenfunktion

Glomeruläre Filtration und tubulärer Transport werden durch verschiedene intrarenale und extrarenale Mechanismen reguliert. Intrarenale Mechanismen sind:

- glomerulotubuläre Balance,
- tubuloglomeruläre Rückkopplung,
- Autoregulation,
- Nierenschwelle,
- Ca^{2+}-Rezeptor,
- Hemmung der parazellulären Resorption (durch Ca^{2+}),
- Regulation intrazellulärer Konzentrationen (H^+, K^+ und Phosphat).

Extrarenale Mechanismen sind:

- Blutdruck (Na^+-Ausscheidung),
- sympathische Nerven,
- Hormone und Mediatoren (Tabelle 29.3).

29.9 Renale Hormone

Calcitriol, Urodilatin, Kinine und Prostaglandine

Die Niere regelt über die selbst gebildeten Signalstoffe Calcitriol, Urodilatin, Kinine und Prostaglandine ihre eigene Funktion

Calcitriol. Die proximalen Tubuluszellen bilden das Calciumphosphat-regulierende Hormon 1,25-Dihydroxycholecalciferol (Calcitriol), wie in ► Kapitel 31.2 näher ausgeführt wird. Niereninsuffizienz führt regelmäßig zu herabgesetzter Calcitriol-Ausschüttung.

Urodilatin. Während in den Herzvorhöfen aus dem Vorläufermolekül Pro-Atriopeptin durch proteolytische Spaltung das 28 Aminosäuren umfassende Atriopeptin abgetrennt wird, spalten die distalen Tubuli der Niere ein um 4 Aminosäuren verlängertes Peptid, das Urodilatin, aus Pro-Atriopeptin ab. Urodilatin hemmt die tubuläre Natriumresorption, erhöht die ***GFR*** und bewirkt so eine Steigerung der renalen ***Natriumausscheidung***.

Kinine. Unter dem Einfluss des renalen Enzyms Gewebskallikrein (vor allem im distalen Konvolut und Verbindungstubulus) wird aus Kininogen (aus den Hauptzellen des Sammelrohres) das Oligopeptid Kallidin abgespalten, das durch Aminopeptidasen weiter in lokal wirksames ***Bradykinin*** umgewandelt wird. Über B_2-Rezeptoren induziert Bradykinin eine lokale ***Vasodilatation*** und ***fördert die renale Salz- und Wasserausscheidung***. Diese Wirkungen werden zum Teil über Prostaglandine vermittelt, deren Produktion Bradykinin anregt. Bradykinin wird dann durch Kininase I und Kininase II (identisch mit dem Angiotensin-I-Conversionsenzym, ► s.u.) zu inaktiven Fragmenten abgebaut.

29.3. Nierenfunktion und Hochdruckkrankheit

Die Niere ist ein Schlüsselorgan der Blutdruckregulation. Nierenerkrankungen führen häufig zur Hypertonie, aber auch die scheinbar gesunde Niere kann für die Entwicklung einer Hypertonie verantwortlich sein.

Renale Hypertonie. Eine Drosselung der Nierendurchblutung innerhalb der Niere (z.B. Glomerulonephritis, Pyelonephritis, Zystenniere), an der Arteria renalis (Nierenarterienstenose) oder an der Aorta oberhalb der Nierenarterien (Aortenisthmusstenose) mindert die Nierendurchblutung. Die folgende Stimulation des Renin-Angiotensin-Mechanismus führt zur Hypertonie, da Angiotensin II stark vasokonstringierend wirkt und direkt sowie über Stimulation der Aldosteronfreisetzung die renale Kochsalzausscheidung drosselt. Gesteigerte renale Kochsalzresorption in der Niere kann auch ohne primäre Vasokonstriktion durch Erzeugung einer Hypervolämie zur Hypertonie führen (Volumenhochdruck), wie bei gesteigerter Ausschüttung von Aldosteron (Hyperaldosteronismus, Morbus Conn) oder von IGF1 (bei Somatotropinüberschuss, ► s. Kap. 21.2). Eine länger andauernde Hypertonie führt zu einer Schädigung der renalen Arteriolen, die folgende Gefäßverengung mindert die renale Durchblutung und fördert damit Reninausschüttung und Na^+-Retention. So kann eine primär extrarenale Ursache letztlich zur renalen Hypertonie führen. In etwa 6% aller Patienten mit Hypertonie findet man als Ursache eine Nierenarterienstenose oder Nierenerkrankung.

Essentielle Hypertonie. Weitaus häufiger (über 90% aller Hypertoniker) ist jedoch die primäre oder essentielle Hypertonie, bei der die Ursache nicht definiert ist. Auch hier liegt häufig eine Fehlfunktion der Niere zugrunde. Auffällig ist die familiäre Häufung, die auf genetische Ursachen deutet. Tatsächlich findet man bei Patienten mit gesteigertem Blutdruck gehäuft veränderte Gene bestimmter renaler Transportmoleküle (z.B. Na^+-Kanal ENaC, Na^+,K^+,$2Cl^-$-Cotransport, Cl^--Kanal ClCKb) und/oder ihren Regulatoren (z.B. SGK1). Die gesteigerte Aktivität der Transportmoleküle führt vermutlich zu herabgesetzter Fähigkeit der Niere zur Natriumauscheidung, weshalb eine ausgeglichene Natriumbilanz nur durch einen Druckanstieg und der damit verbundenen Drucknatriurese (► s.o.) aufrecht erhalten werden kann.

Prostaglandine. Aus Arachidonsäure der Zellmembran werden durch Cyclooxygenase Prostaglandine gebildet (► s. Kap. 2.6). Die ***Cyclooxygenasen*** findet man in der Niere des Erwachsenen hauptsächlich in der Wand der

Blutgefäße, in den Sammelrohren und den interstitiellen Zellen des Nierenmarkes. Renal gebildete Prostaglandine wirken vorwiegend lokal und sind sehr wichtig für eine normale ***Nierenentwicklung*** (zu weiteren Wirkungen der Prostaglandine, ► siehe Kap. 2.6, 21.1, und 28.6).

Das wichtigste Prostaglandin in der erwachsenen Niere, ***PGE₂***, wirkt an den Blutgefäßen ***vasodilatorisch***, stimuliert im juxtaglomerulären Apparat die ***Reninsekretion***, hemmt in der dicken aufsteigenden Henle-Schleife und im distalen Nephron die ***Natriumresorption*** und mindert im Sammelrohr die ***Wasserresorption***. Im Nierenmark schützt PGE_2 die Zellen vor der hohen Osmolarität.

Cyclooxygenase-Hemmstoffe. Die Bildung von Prostaglandinen kann durch Hemmer der Cyclooxygenase unterbunden werden. Die Cyclooxygenasehemmer (z. B. die Azetylsalizylsäure in Schmerzmitteln) können zu ***Nierenfehlbildungen*** führen, die vor allem die Nierenrinde betreffen. Im normalen erwachsenen Organismus kann der Wegfall der Prostaglandinwirkungen jedoch offensichtlich durch andere Mechanismen gut kompensiert werden, weil Cyclooxygenasehemmstoffe (bei normaler Dosierung) keine wesentlichen renalen Funktionseinschränkungen hervorrufen.

Das Renin-Angiotensin-System

! Das Renin-Angiotensin-System ist eine Kaskade proteolytischer Aktivierungen. Angiotensin II ist der biologische Effektor des Renin-Angiotensin-Systems und reguliert Blutdruck und Extrazellulärvolumen

Bildung von Renin. Renin wird von den Epitheloidzellen des juxtaglomerulären Apparates gebildet (■ Abb. 29.2). Renin (eine Protease mit einem Molekulargewicht von ca. 40 kD) wird als enzymatisch inaktive Vorstufe ***(Prorenin)*** synthetisiert und intrazellulär in Sekretvesikel verpackt. In diesen Granula wird es dann proteolytisch zu enzymatisch aktivem Renin umgewandelt und anschließend durch regulierte Exozytose in die Blutbahn freigesetzt. Das neugebildete Prorenin umgeht teilweise die Verpackung in die sekretorischen Vesikel und wird daher unkontrolliert (konstitutiv) sezerniert, weshalb man im Plasma des Menschen sogar mehr Prorenin als Renin findet.

Bildung von Angiotensin. Das einzige derzeit bekannte Substrat für Renin ist das Glykoprotein ***Angiotensinogen*** (Molekülmasse 60 kD), welches hauptsächlich in der Leber und im Fettgwebe gebildet wird. Renin spaltet im Plasma aus dem Angiotensinogen ein N-terminales Dekapeptid, das ***Angiotensin I*** ab, welches durch das ***Angiotensin-I-Conversionsenzym*** (ACE) proteolytisch um zwei Aminosäuren zum Oktapeptid ***Angiotensin II*** (ANGII) verkürzt wird. Weil Lunge und Niere eine besonders hohe Aktivität an Conversionsenzym aufweisen, spielen sie für die Generierung von ANGII eine besonders wichtige Rolle. In geringer Aktivität lässt sich ACE auch im Plasma nachweisen.

■■■ **Bedeutung der Angiotensinogenkonzentration.** Die Affinität von Renin zu Angiotensinogen ist gering und das Enzym ist normalerweise nicht gesättigt. Daher führt eine Zunahme der Angiotensinogenkonzentration bei gleichbleibender Reninkonzentration zu gesteigerter Bildung von Angiotensin I und damit auch von Angiotensin II.

Wirkungen von Angiotensin II (ANGII). ANGII ist der eigentliche Mediator des Renin-Angiotensin-Systems. Es dient der Kontrolle von Extrazellulärvolumen und Blutdruck:
- ANGII stimuliert im proximalen Tubulus direkt die ***Natriumresorption.***
- Durch die Stimulation der ***Aldosteronproduktion*** in der Nebennierenrinde fördert ANGII indirekt in den Verbindungstubuli und den Sammelrohren die Natriumresorption und nachfolgend auch die Wasserresorption.
- Zentral bewirkt ANGII ***Durstgefühl*** und ***Salzappetit***, so dass sich die Salz- und Wasserzufuhr in den Körper erhöht.
- ANGII aktiviert ferner die Sekretion von ***ADH*** aus dem Hypophysenhinterlappen und erhöht so die Wasserreabsorption in den Sammelrohren der Niere.

Mit diesen Wirkungen führt ANGII zu einer Zunahme des Extrazellulärvolumens. ANGII induziert direkt auch eine ***Kontraktion von glatten Gefäßmuskelzellen***, und damit eine Widerstandserhöhung in verschiedenen Kreislaufgebieten. Diese rasch einsetzende Erhöhung des Kreislaufwiderstands führt so zu einem unmittelbaren Anstieg des Blutdrucks. Dieser Blutdruckanstieg wird mittelfristig durch die Erhöhung des Extrazellulärvolumens unterstützt.

Angiotensin (AT-)-Rezeptoren. Die bislang genannten Wirkungen von ANGII werden über ***ANGII-AT1***-Oberflächenrezeptoren vermittelt. Ihre Aktivierung bewirkt eine Stimulation der Phospholipase C mit nachfolgender Calcium-Freisetzung aus intrazellulären Speichern, eine Hemmung der Adenylatzyklase sowie eine Hemmung bestimmter K^+-Kanäle, wodurch Zellen depolarisieren können. In zahlreichen (vor allem fetalen) Geweben findet sich als weitere Isoform des Angiotensin-Rezeptors der ***AT2-Rezeptor***. Die physiologische Bedeutung und der Signaltransduktions-Mechanismus des AT2-Rezeptors sind noch nicht gut verstanden. Beobachtungen an AT2-Knock-out-Mäusen sprechen dafür, dass AT2-Rezeptoren den Blutdruckwirkungen des AT1-Rezeptors gegensteuern und somit dämpfend wirken.

Regulation des Renin-Angiotensin-Systems (RAS). Da die wesentliche physiologische Funktion des Renin-Angiotensin-Systems in der Erhöhung oder Normalisierung eines erniedrigten Extrazellulärvolumes oder Blutdruckes liegt, wird die Freisetzung des Renins als Schlüsselregulator des Systems durch einen ***Blutdruckabfall*** und durch eine Reduktion des Extrazellulärvolumens (z.B. bei Natriummangel) stimuliert. Die Blutdruck- und Volumen-steigernde Wirkung des RAS wird dadurch begrenzt, dass ein erhöhter Blutdruck bzw. Salzüberschuss die Reninfreisetzung wieder hemmen. Auch ***ANGII*** selbst blockiert durch direkte negative Rückkopplung über AT1-Rezeptoren die Reninfreisetzung. Diese direkte Hemmung wird dann deutlich, wenn bei Patienten therapeutisch (z.B. zur Blutdrucksenkung, ► s. Abschnitt 29.10) AT1-Rezeptorblocker oder ACE-Inhibitoren eingesetzt werden, was dann zu einer deutlichen Steigerung der Reninsekretion führt. ***Katecholamine*** (Adrenalin, Noradrenalin und Dopamin) sind physiologisch wichtige direkte Stimulatoren der Reninsekretion. Entsprechend führt auch eine Aktivitätssteigerung der ***sympathischen Nierennerven*** zu einer Stimulation der Reninsekretion. Daher gehen Stresssituationen mit einer verstärkten Reninsekretion einher.

Monogenetische Hochdruckerkrankungen. Bei einigen sehr seltenen familiären Hochdruckerkrankungen wurden genetische Defekte entdeckt, die über eine gesteigerte renal-tubuläre Na^+-Resorption wirken. Beim sogenannten Liddle-Syndrom führt der genetische Defekt zu einer Hyperaktivität des epithelialen Na^+-Kanales, bei einem genetischen Defekt der 11 β-Hydroxysteroid-Dehydrogenase wirken Glukokortikoide antinatriuretisch. Bei einer bestimmten Mutation des Mineralocorticoid-Rezeptors ist seine Empfindlichkeit gegenüber Aldosteron erhöht und er wird im Gegensatz zum normalen Rezeptor durch Progesteron stimuliert.

Pathophysiologische Bedeutung von Angiotensin. Pathophysiologisch sind die Wirkungen von Angiotensin II für die gestörte Nierenfunktion in der Schwangerschaftsnephropathie (29.4) und dem hepatorenalen Syndrom (29.5) mit verantwortlich.

29.4. Schwangerschaftsnephropathie

Bei normaler Schwangerschaft bildet die Plazenta vasodilatatorisch wirksame Mediatoren (u.a. Prostaglandine, v.a. PGE_2). Der Gefäßwiderstand und der Blutdruck sinken. Die renale Vasodilatation steigert den renalen Plasmafluss und die glomeruläre Filtrationsrate. Trotz renaler Vasodilatation steigt die Ausschüttung von Renin, das Angiotensin II bildet und so die Ausschüttung von Aldosteron steigert. Aldosteron stimuliert die distale Natriumresorption und trotz gesteigerter GFR wird letztlich weniger Kochsalz und Wasser ausgeschieden. Extrazellulärvolumen und Plasmavolumen nehmen zu. Aufgrund der vasodilatatorischen Mediatoren kommt es trotz hoher Angiotensinspiegel und trotz Hypervolämie zu keiner Hypertonie.

▼

Bei etwa 5 % der Schwangeren treten jedoch Ödeme, Proteinurie und Hypertonie auf (sog. Schwangerschaftsnephropathie oder EPH-Gestose [*Edema, Proteinuria, Hypertension*]). Die verantwortlichen Mechanismen sind nur teilweise bekannt. Thrombokinase aus der Plazenta stimuliert die Blutgerinnung und in den Glomerula der Niere lagert sich Fibrin ab.

Die Schädigung des glomerulären Filters führt zu Proteinurie, durch renalen Verlust von Plasmaproteinen sinkt der onkotische Druck und die Bildung peripherer Ödeme wird begünstigt. Darüberhinaus werden auch periphere Kapillaren geschädigt.

Die Bildung von Ödemen geschieht auf Kosten des Plasmavolumens, es kommt zur Hypovolämie. Die Plazenta bildet weniger vasodilatatorisch wirksame Prostaglandine und es überwiegen vasokonstriktorische Einflüsse (z.B. Angiotensin II). Folgen sind Hypertonie und Zunahme des Widerstandes von Nierengefäßen. Renaler Plasmafluss, glomeruläre Filtrationsrate und renale Natriumausscheidung sind herabgesetzt. Das Überwiegen vasokonstriktorischer Einflüsse kann lokale Gefäßspasmen auslösen, die u.a. eine Mangelblutung des Gehirns mit Auftreten von Krampfanfällen und Koma (Eklampsie) auslösen können.

29.5. Hepatorenales Syndrom

Ursachen. Bei pathologischem Ersatz von intaktem Lebergewebe durch Bindegewebe (Leberzirrhose) kommt es bisweilen zum oligurischen Nierenversagen, ein Krankheitsverlauf, den man als hepatorenales Syndrom bezeichnet. Ursache ist vor allem eine gestörte Kreislaufregulation: Bei Leberzirrhose kommt es durch die Einengung des Gefäßbettes im erkrankten Organ zu einem Blutrückstau mit Zunahme des hydrostatischen Druckes in den Kapillaren und gesteigerter Filtration von Flüssigkeit in die Bauchhöhle (Aszites). Gleichzeitig führt die herabgesetzte Produktion von Plasmaproteinen im Leberparenchym zur Hypoproteinämie und damit zu gesteigerter Filtration von Plasmawasser in der Peripherie (Ödeme).

Folgen. Aszites und Ödeme mindern das zirkulierende Plasmavolumen und senken so über Blutdruckabfall, Aktivierung des Sympathikus und renale Vasokonstriktion Nierendurchblutung (Ischämie) und GFR. Die herabgesetzte Nierendurchblutung fördert die Ausschüttung von Renin, mit folgender Bildung von Angiotensin II und Ausschüttung von ADH und Aldosteron. ADH und Aldosteron steigern die tubulä-

▼

re Rückresorption von Wasser und Kochsalz und die Niere scheidet kleine Volumina eines hochkonzentrierten Harnes aus (Oligurie). Zur Störung des Kreislaufes tragen auch Endotoxine und biogene Amine aus dem Darm bei, die normalerweise in der Leber entgiftet werden. Bei geschädigtem Lebergewebe gelangen diese Substanzen aus dem Pfortaderkreislauf in den systemischen Kreislauf. Die Endotoxine stimulieren die Bildung der induzierbaren NO-Synthase und die gesteigerte NO-Freisetzung zwingt den Gefäßen eine Vasodilatation auf (▶ s. Kap. 28.8). Aufgrund der peripheren Vasodilatation droht ein Blutdruckabfall, der nur durch massive Aktivierung des Sympathikus abgewendet werden kann. Der Sympathikus führt zu renaler Vasokonstriktion, Abfall von renaler Durchblutung und GFR, Antinatriurese und Oligurie.

VII

Erythropoietin und Thrombopoietin

Erythropoietin (EPO) ist der wichtigste humorale Regulator der Eythropoiese; seine Bildung wird durch Hypoxie stimuliert

Bildungsorte und Wirkungen von Erythropoietin. Das Glykoprotein-Hormon Erythropoietin (EPO) wird in der Niere, in der Leber und im Gehirn gebildet. Während es im Feten hauptsächlich noch in der Leber produziert wird, bilden ab dem Kindesalter die Nieren ca. 90 % des gesamten EPO im Körper. EPO wirkt als ***Mitogen***, als ***Differenzierungfaktor*** und als ***Überlebensfaktor*** für erythroid-determinierte Vorläuferzellen im Knochenmark. Die physiologische Rolle des Hirn-EPOs, welches wegen der Blut-Hirnschranke nicht in die allgemeine Zirkulation gelangen kann, könnte in einer ***neuroprotektiven Wirkung*** bei Sauerstoffmangel liegen.

Regulation renaler EPO-Produktion. In der Niere wird EPO von einer speziellen Fibroblastenpopulation zwischen den proximalen Tubuli in der Nierenrinde gebildet. Diese Zellen speichern aber EPO nicht, entsprechend hängt die Freisetzungsrate von EPO in den Blutkreislauf direkt von der Neubildungsrate ab. Da EPO durch seine Wirkung auf die Erythropoiese ganz wesentlich den O_2-Transport durch das Blut bestimmt, wird seine Bildung im Sinne einer physiologischen negativen Rückkopplung entscheidend durch den O_2-Transport des Blutes reguliert. Eine verminderte O_2-Zufuhr zur Nierenrinde (z. B. bei ***Hypoxie***, ***Anämie***) stimuliert die EPO-Bildung, eine erhöhte O_2-Zufuhr (z. B. Polyzythämie) unterdrückt die EPO-Bildung. Zwischen der Hämoglobinkonzentration und der Plasma-EPO-Konzentration besteht ein inverser Zusammenhang.

Rolle des Transkriptionsfaktors HIF. Die EPO-Bildung in den peritubulären Fibroblasten wird direkt vom Gewebesauerstoffdruck reguliert, welcher vom Verhältnis von ***O_2-Antransport*** zum ***O_2-Verbrauch*** bestimmt wird. Je kleiner dieses Verhältnis wird, umso niedriger wird der Gewebesauerstoffdruck und umso stärker wird die EPO-Bildung stimuliert. Dies erfolgt durch den Transkriptionsfaktor HIF *(Hypoxia-Inducible Factor)*, dessen Stabilität vom O_2-Druck abhängig ist. Mit sinkendem O_2-Druck steigt seine Stabilität und damit seine intrazelluläre Konzentration, sodass die Transkriptionsrate des EPO-Gens gesteigert wird.

29.6. Chronische Niereninsuffizienz

Ursachen. Anhaltend hoher Blutdruck (Hypertonie), Entzündungen (Glomerulonephritis und Pyelonephritis), Diabetes mellitus, Vergiftungen und wiederholter Rückstau von Urin bei Verlegung des Harnleiters durch Harnsteine mit folgender Infektion können zur völligen Zerstörung der Nieren führen. Ersatz der Glomerula und Tubuli durch Bindegewebe führt zur sog. Schrumpfniere. Bei Verlust von mehr als 80 % der Nephrone ist die Niere meist nicht mehr in der Lage, ihre Hormonproduktion und Ausscheidungsfunktion hinreichend zu erfüllen (chronische Niereninsuffizienz).

Folgen. Die Konzentration der normalerweise durch die Niere ausgeschiedenen (»harnpflichtigen«) Substanzen steigt im Blut an (Urämie). Äußerlich erkennbar ist die eingeschränkte Nierenfunktion zunächst an einer herabgesetzten (Oligurie) oder völlig eingestellten (Anurie) Harnproduktion. In aller Regel täuscht das Urinvolumen jedoch über das wirkliche Ausmaß der Störung hinweg, denn parallel zur GFR nimmt die tubuläre Resorption ab, sodass die Minderung des Harnzeitvolumens zunächst nur mäßig ausfällt. Der Urin ist jedoch wenig konzentriert und die Ausscheidung wesentlicher Bestandteile des Urins ist herabgesetzt. Eine der wichtigsten Konsequenzen der eingeschränkten Ausscheidungsfähigkeit der Niere ist eine Retention von Phosphat, das im Blut Calcium komplexiert und dadurch eine massive Störung des Mineralhaushaltes auslöst (▶ s. Kap. 31.4). Die herabgesetzte renale Eliminierung von H^+ führt zur Azidose (▶ s. Kap. 35.3), die Retention von Kochsalz und Wasser zur Hyperhydratation (▶ s. Kap. 30.5) und die Retention von K^+ zur Hyperkaliämie (▶ s. Kap. 30.6). Durch die renale Retention der schlecht löslichen Harnsäure kann es (in seltenen Fällen) zu Hyperurikämie und schmerzhaften Harnsäureausfällungen v. a. in Gelenken kommen (Gicht). Schließlich zieht die verminderte Ausschüttung von Erythropoietin regelmäßig eine Anämie nach sich, die Patienten sind daher blass.

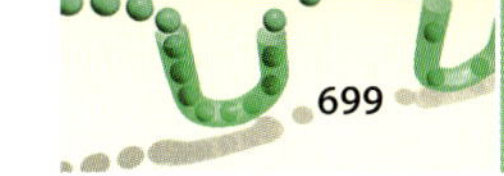

29.7. Nierenersatztherapie

Dialyse. Ein Patient mit fortgeschrittener Niereninsuffizienz kann nur überleben, wenn die Eliminierung der harnpflichtigen Substanzen gewährleistet wird:

- Die im Körper akkumulierten Elektrolyte und organischen Substanzen können durch Dialyse aus dem Körper eliminiert werden. Dabei wird Blut durch semipermeable Schläuche geleitet, welche die Diffusion der Substanzen in eine externe Elektrolytlösung erlauben (Hämodialyse). Eine Hämodialysesitzung dauert in der Regel 4 Stunden und ist etwa alle 3 Tage erforderlich.
- Als Alternative kann der Peritonealraum mit künstlichen Lösungen durchspült werden. Aus dem Blut diffundieren dabei die »harnpflichtigen Substanzen« in den Peritonealraum und werden auf diese Weise entfernt. Wasser wird dabei durch Verwendung hypertoner Lösungen eliminiert.

Die Regulation der Elektrolytzusammensetzung des Körpers durch die Niere kann durch keine der beiden Verfahren völlig ersetzt werden. Die künstlichen Membranen bei Hämodialyse bzw. die Peritonealwand bei Peritonealdialyse erlauben ferner nicht das Passieren von einigen größeren Peptiden, die normalerweise in der Niere abgebaut werden. Diese Peptide hemmen u.a. die Zellen der Immunabwehr. Die Dialyse kann nicht die Regulation durch die Nieren und nicht die metabolischen Funktionen der Niere ersetzen.

Transplantation. Im Gegensatz dazu werden diese Funktionen nach Nierentransplantation wiederhergestellt. Eine transplantierte Niere kann alle Funktionen der alten Nieren übernehmen, und ihre Ausscheidungsfunktion kann über Hormonwirkungen jederzeit an die Bedürfnisse des Körpers angepasst werden. Spender und Empfänger sind jedoch meist genetisch verschieden (es sei denn, es handelt sich um eineiige Zwillinge). Die transplantierte Niere enthält daher Proteine, welche vom Immunsystem des Empfängers als fremd erkannt werden. Folge ist eine Immunreaktion gegen das transplantierte Organ, die vom Arzt durch immunsuppressive Pharmaka unterdrückt werden muss.

Renale Anämie. Bei Niereninsuffizienz (▶ s. 29.6) ist die Regulation der EPO-Bildung deutlich gestört. Dieser Defekt resultiert zum einen aus einer stark verminderten Empfindlichkeit der EPO-Bildung gegenüber Veränderungen der Hämoglobinkonzentration wie auch einem Verlust an EPO-produzierenden Fibroblasten. In der Folge bildet sich die für chronische Nierenerkrankungen typische renale Anämie aus. Die renale Anämie wird heute erfolgreich mit ***gentechnisch hergestelltem menschlichen EPO*** bekämpft.

Thrombopoietin (TPO). Die Niere bildet auch Trombopoietin, ein Peptidhormon, das die ***Bildung von Megakaryozyten*** und damit von Thrombozyten stimuliert. Quantitativ betrachtet ist die renale TPO-Bildung jedoch deutlich geringer als die TPO-Bildung in der Leber. Entsprechend führen Nierenerkrankungen auch nicht zu auffälligen Störungen der Thrombozytenbildung.

In Kürze

Renale Hormone

Die Niere bildet verschiedene Hormone mit unterschiedlichen Funktionen:

- Erythropoetin zur Stimulation der Erythropoese,
- Thrombopoietin zur Stimulation der Thrombopoese,
- Calcitriol zur Retention von Ca^{2+} und Phosphat,
- Urodilatin zur Steigerung der Na^{+}-Ausscheidung,
- lokal wirksame Mediatoren wie Prostaglandine und Kinine,
- Renin, ein Enzym, das die Bildung von Angiotensin induziert und damit in die Blutdruckregulation eingreift.

29.10 Messgrößen der Nierenfunktion

Glomeruläre Filtrationsrate

Wichtigster Parameter der Nierenfunktion ist die glomeruläre Filtrationsrate

Bestimmung der glomerulären Filtrationsrate (GFR). Substanzen, die frei filtriert werden, weisen im Filtrat praktisch die gleiche Konzentration auf wie im Plasma (P). Ihre filtrierte Menge ist demnach P × GFR. Werden sie weder resorbiert noch sezerniert, dann ist ihre Ausscheidung (M_e) gleich der filtrierten Menge, d.h.:

$$M_e = M_f \text{ oder } U \times V_U = GFR \times P$$

Dabei ist U die Konzentration der Substanz im Urin und V_U die Urinstromstärke. Bestimmt man U, V_U und P, dann kann man aus diesen Werten die GFR errechnen:

$$GFR = U \times V_U / P$$

Das Polysaccharid ***Inulin*** ist praktisch frei filtrierbar und wird weder resorbiert noch sezerniert. Es wird daher zur GFR-Bestimmung eingesetzt. Dazu muss Inulin allerdings infundiert werden. Einfacher ist die Bestimmung der GFR mithilfe von ***Kreatinin***, dem Anhydrit von Kreatin. Kreatinin wird ständig von der Muskulatur abgegeben und muss also nicht von außen zugeführt werden. Da es tubulär nur geringfügig transportiert wird, erlaubt es ebenfalls eine Abschätzung der GFR.

▪▪▪ **Beispiel.** Die Kreatinin-Konzentration im Plasma (P) eines Patienten sei 0,1 mmol/l, die Konzentration im Urin (U) 5 mmol/l, die Urinstromstärke 2 ml/min. Dann beträgt die GFR = 5 [mmol/l] × 2 [ml/min]/0,1 [mmol/l] = 100 ml/min.

Kreatininplasmakonzentration. Im klinischen Alltag wird häufig die Plasmakonzentration von Kreatinin als erstes Maß für die Nierenfunktion herangezogen. Da Kreatinin praktisch ausschließlich über die Niere ausgeschieden wird, muss die pro Zeiteinheit ***gebildete Kreatininmenge*** auch ***renal ausgeschieden*** werden. Bei Abnahme der GFR sinkt die renale Ausscheidung von Kreatinin (M_e) zunächst unter die pro Zeiteinheit produzierte Kreatininmenge (M_P). Da weniger ausgeschieden als produziert wird, steigt die Plasmakonzentration solange an, bis die pro Zeiteinheit filtrierte Menge wieder die produzierte Menge erreicht hat. Im Gleichgewicht ist $M_e = M_P$. Bei konstanter Kreatininproduktion ist somit das Produkt von GFR und Plasmakonzentration konstant ($GFR \times P = M_e = M_P$), und die ***Plasmakonzentration steigt umgekehrt proportional zur GFR*** (◘ Abb. 29.19).

Allerdings ist die Kreatininproduktion u. a. eine ***Funktion der Muskelmasse*** und keineswegs konstant. Eine gesteigerte Kreatininproduktion erfordert eine gesteigerte renale Ausscheidung, d. h. bei gleicher GFR eine erhöhte Plasmakreatininkonzentration. Eine mäßige Abnahme der GFR kann daher leicht übersehen werden, wenn gleichzeitig weniger Kreatinin produziert wird.

Bei ***chronischer Niereninsuffizienz*** (⊕ 29.6) steigt der Plasmakreatininspiegel entsprechend der Abnahme der GFR an. Mit ihm steigt die Konzentration anderer renal ausgeschiedener Solute. Der Anstieg an Konzentrationen toxischer Solute zwingt letztlich zur Blutwäsche bzw. Dialyse (⊕ 29.7).

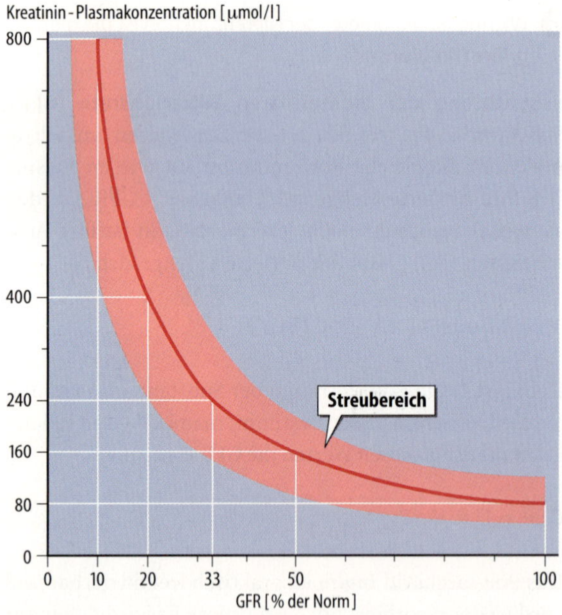

◘ **Abb. 29.19. Abhängigkeit der Kreatinin-Plasmakonzentration von der Kreatinin-Clearance.** Diese Beziehung gilt unter der Voraussetzung, dass Kreatinin konstant gebildet wird, nicht verstoffwechselt wird und in der Niere unbehindert filtriert, jedoch nicht sezerniert oder resorbiert wird. Der Streubereich entsteht vor allem durch unterschiedliche Produktionsraten von Kreatinin

Clearance transportierter Solute

❗ Die Clearance und fraktionelle Ausscheidung von Soluten ist eine Funktion von Filtration, Resorption und Sekretion

Clearance und fraktionelle Ausscheidung. Die filtrierte Menge von Inulin und Kreatinin wird zur Gänze ausgeschieden. Das Plasmavolumen, das von ***Inulin*** und ***Kreatinin »geklärt«*** wurde (Clearance), entspricht somit der GFR. Bei Substanzen, die teilweise resorbiert werden, ist die renale Clearance:

$$C = U \times V/P$$

kleiner als die GFR. Bei Substanzen, die sezerniert werden, ist die Clearance größer als die GFR (► vgl. ◘ Abb. 29.20). Das Verhältnis der Clearance einer Substanz zur GFR wird ***fraktionelle Ausscheidung*** genannt. Die fraktionelle Ausscheidung von Inulin und Kreatinin ist 1.

▪▪▪ **Beispiel.** Bei einem Patienten wird eine Harnstoff-Konzentration von 5 mmol/l im Plasma, und eine Harnstoffkonzentration von

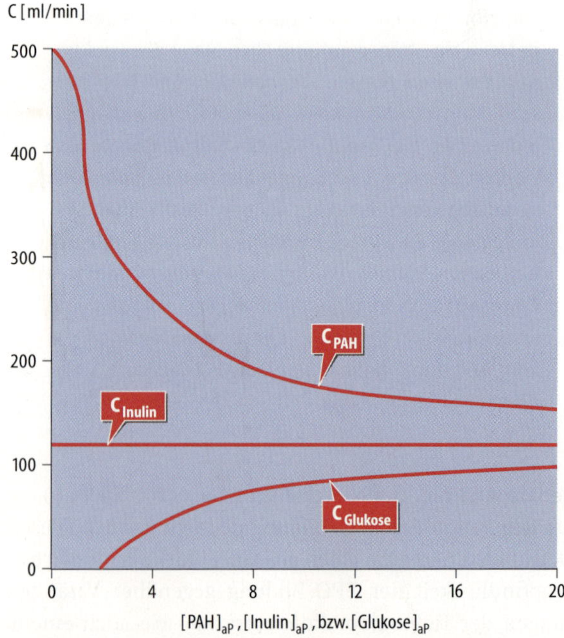

◘ **Abb. 29.20. Clearance verschiedener Substanzen.** Konvergenz der Clearances verschiedener Substanzen bei zunehmenden Plasmakonzentrationen. Nach Pitts (1972)

80 mmol/l im Urin gemessen. Die Urinstromstärke sei 3 ml/min. Die Harnstoff-Clearance beträgt somit: C = 80 [mmol/l] × 3 [ml/min]/ 5 [mmol/l] = 48 ml/min. Ist die GFR des Patienten 100 ml/min, dann ist seine fraktionelle Harnstoffausscheidung 0,48. Das heißt, der Patient scheidet etwa die Hälfte des filtrierten Harnstoffs aus.

Osmotische Clearance, freie Wasser-Clearance. Die Clearance der Gesamtheit an osmotisch aktiven Substanzen ist die osmotische Clearance:

$$C_{osm} = V_U \times U_{osm}/P_{osm}$$

Zieht man vom Urinvolumen die osmotische Clearance ab, dann erhält man die freie Wasserclearance:

$$C_{H_2O} = V_U\,(1 - U_{osm}/P_{osm})$$

Bei einem hypoosmolaren Urin wird mehr Wasser ausgeschieden als zur plasmaisotonen (P_{osm}) Ausscheidung der im Urin ausgeschiedenen osmotisch aktiven Substanzen erforderlich wäre. Die freie Wasserclearance erzielt dann einen positiven Wert. Ist die Urinosmolarität höher als im Plasma, dann resultiert eine ***negative freie Wasser-Clearance.***

▪▪▪ **Beispiel.** Ein Patient scheidet 6 ml/min eines Harns mit 145 mosmol/kg Wasser aus. Zur plasmaisotonen (P_{osm} = 290 mosmol/kg H_2O) Lösung der ausgeschiedenen osmotisch aktiven Substanzen wären 6 [ml/min] × 145 [mosmol/kg Wasser] / 290 [mosmol/kg Wasser] = 3 ml/min erforderlich. Die freie Wasserclearance beträgt demnach 6 ml/min - 3 ml/min = 3 ml/min. Beträgt die Urinosmolarität 580 mosmol/kg H_2O, dann wären (bei einer Urinstromstärke von 6 ml/min) 12 ml/min zur plasmaisotonen Lösung der Urinbestandteile erforderlich. Es resultiert somit eine negative freie Wasserclearance von 6 – 12 = –6 ml/min.

Sättigbare Transportprozesse

Sättigbare Transportprozesse werden durch maximale Transportrate (bzw. Nierenschwelle) und Affinität charakterisiert

Transportmaximum und Affinität sättigbarer Transportprozesse. Eine Reihe von renalen Transportprozessen weist eine maximale Transportrate auf, die im Bereich bzw. nicht weit über der filtrierten Menge (M_f) liegt (Abb. 29.20). Für die Ausscheidung der betroffenen Substanzen (M_e) sind die kinetischen Parameter des Transportsystems, wie ***maximale Transportrate*** (T_m) und ***Affinität*** entscheidend. Bei Vorliegen einer einfachen Kinetik gilt für die Transportrate (M_t):

$$M_t = C \times T_m \,/\, (C + C_{1/2})$$

wobei C die aktuelle Substratkonzentration, und $C_{1/2}$ diejenige Substratkonzentration ist, bei welcher halbmaximal transportiert wird. Für die Ausscheidung der Substanz gilt:

$$M_e = M_f - M_t$$

Bei ***Nettoresorption*** ist M_t positiv, bei ***Nettosekretion*** ist M_t negativ. Mit zunehmender Plasmakonzentration (P) steigt einerseits die filtrierte Menge: ($M_f = P \times GFR$) und andererseits die Konzentration am Transporter (C) und damit die Transportrate.

Resorptionsprozesse mit hoher Affinität. Bei hoher Affinität bzw. kleinem $C_{1/2}$ sind nur geringe Substratkonzentrationen erforderlich, um die maximale Transportrate zu erreichen, und die Substanz wird fast vollständig resorbiert, solange die filtrierte Menge nicht die ***maximale Transportrate*** übersteigt (▶ vgl. Abb. 29.21). Sobald die maximale Transportrate überschritten ist, wird die zusätzlich filtrierte Menge vollständig ausgeschieden. Der Übergang von vollständiger Resorption zu beginnender Ausscheidung ***(Nierenschwelle)*** ist scharf (▶ vgl. Abb. 29.21).

Für ***Phosphat*** ist die Nierenschwelle normalerweise etwa 20 % niedriger als die Plasmakonzentration, es werden also etwa 20 % der filtrierten Menge ausgeschieden. Für ***Glukose*** ist die Nierenschwelle (10 mmol/l) etwa doppelt so hoch wie die Plasmakonzentration im Nüchternzustand (ca. 5 mmol/l). Glukose wird daher nur bei massiv gesteigerten Plasmakonzentrationen (>10 mmol/l) ausgeschieden, wie sie bei Diabetes mellitus auftreten können (▶ s. Kap. 21.4). Weitere Substrate von Transportprozessen mit hoher Affinität sind einige ***Aminosäuren*** (▶ vgl. Abb. 29.21).

▪▪▪ **Beispiel.** Ein Patient mit schlecht kontrolliertem Diabetes mellitus weist eine Plasmaglukosekonzentration von 15 mmol/l auf. Seine GFR beträgt 100 ml/min (0,1 l/min), sein Transportmaximum für Glukose 1 mmol/min. Seine Glukoseausscheidung beträgt demnach: 0,1 [l/min] × 15 [mmol/l] - 1 [mmol/min] = 0,5 mmol/min. Er scheidet demnach ein Drittel der filtrierten Glukosemenge aus.

Resorptionsprozesse mit niederer Affinität (großes $C_{1/2}$). Niederaffine Transportprozesse arbeiten bei niedrigen Substratkonzentrationen weit unter dem Transportmaximum, und es wird Substanz ausgeschieden, bevor die filtrierte Menge die maximale Transportrate übersteigt. Eine weitere Zunahme der Plasmakonzentration steigert nicht nur die filtrierte Menge, sondern auch die Resorptionsrate, die Ausscheidung steigt also weniger steil an als die filtrierte Menge (▶ vgl. Abb. 29.21). Beispiele sind ***Harnsäure*** und ***Glyzin.***

Bestimmung des renalen Blutflusses

Die Clearance von sezernierten Substanzen kann den renalen Blutfluss erreichen

Bestimmung des renalen Plasmaflusses. Wird eine Substanz sezerniert, dann addieren sich filtrierte und transportierte Menge. Bei ***Sekretionsprozessen mit hoher Affinität*** (z. B. Paraaminohippursäure, PAH) wird die gesamte, die Niere passierende Substanz ausgeschieden, ***solange der Transportprozess noch nicht gesättigt ist*** (▶ vgl. Abb. 29.20):

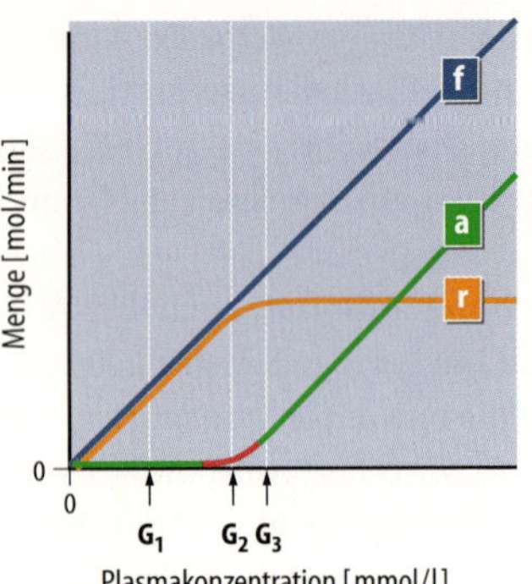

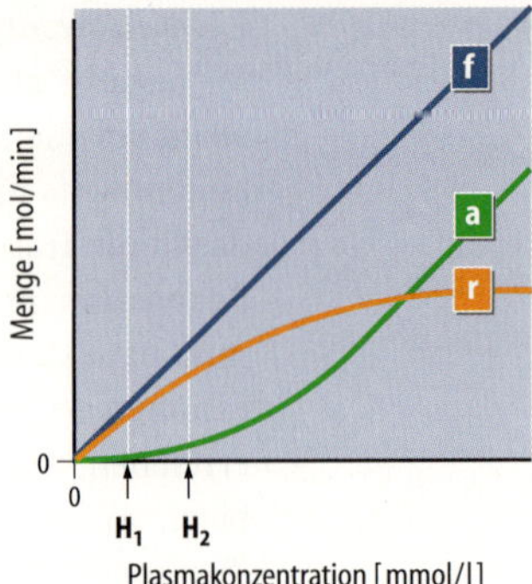

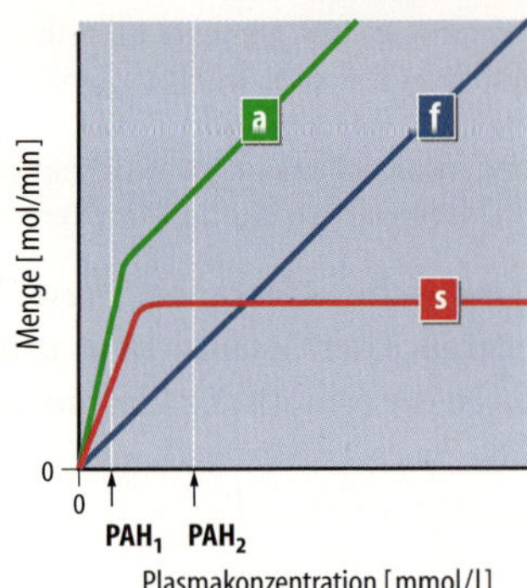

Abb. 29.21. Filtration, Resorption und Ausscheidung von Substanzen, die in der Niere sättigbar transportiert werden. Die jeweils filtrierte *(f, blau)*, resorbierte (*r, braun*), sezernierte *(s, rot)* und ausgeschiedene *(a, grün)* Menge pro Zeit in Abhängigkeit von der Plasmakonzentration. **A** Resorption mit hoher Affinität (Beispiel: Glukose, Phosphat). Im *roten* Bereich wird die maximale Transportrate erreicht (Nierenschwelle). Die gesamte, zusätzlich filtrierte Menge wird dann ausgeschieden. Die Glukosekonzentration ist normalerweise (5 mmol/l, *G1*) weit unter der Nierenschwelle. Erst bei einem Anstieg auf das Doppelte (10 mmol/l, *G2*) wird die Nierenschwelle erreicht. Eine nur mäßige zusätzliche Steigerung der Glukoseplasmakonzentration (auf 12 mmol/l, *G3*) führt zur massiven Glukosurie. **B** Resorption mit niederer Affinität (Beispiel: Harnsäure). Harnsäure wird bereits bei Plasmakonzentrationen ausgeschieden, bei denen der Resorptionsmechanismus noch nicht gesättigt ist (0,3 mmol/l, *H1*). Bei Steigerung der Plasmakonzentration nehmen Resorption und Ausscheidung zu. **C** Sekretion (Beispiel: Paraaminohippursäure, PAH). Bei niederen Plasmakonzentrationen *(PAH1)* ist der Sekretionsmechanismus noch nicht gesättigt und die gesamte, in die Niere gelangende PAH-Menge wird ausgeschieden. Die PAH-Clearance ist dabei gleich dem renalen Plasmafluss RPF (ca. das 5 fache der GFR). Bei hohen Plasmakonzentration ist der Sekretionsmechanismus gesättigt und die Ausscheidung ist nicht mehr proportional dem RPF

$$M_e = P \times RPF$$

Dabei ist RPF das pro Zeiteinheit die Niere passierende Plasmavolumen (renaler Plasmafluss, RPF). Für die vollständig sezernierten Substanzen ist die renale Clearance somit identisch mit dem RPF.

▪▪▪ Übersteigt die im renalen Plasma antransportierte Substanz die maximale Sekretionsrate, oder ist die Affinität des Sekretionsmechanismus gering, dann ist die **renale Clearance geringer als der RPF**.

Renaler Blutfluss. Aus dem RPF und dem Hämatokrit (Hkt) kann der renale Blutfluss (RBF) errechnet werden:

$$RBF = RPF / (1\text{-}Hkt)$$

▪▪▪ **Beispiel.** Ist die PAH-Konzentration im Plasma eines Probanden 0,2 mmol/l (nicht-sättigende Konzentration) und im Urin 20 mmol/l und beträgt die Urinstromstärke 6 ml/min, dann ergibt sich ein renaler Plasmafluss von: RPF = 20 [mmol/l] × 6 [ml/min]/0,2 [mmol/l] = 600 ml/min. Bei einem Hämatokrit von 0,40 ist der renale Blutfluss dann: RBF = 600 [ml/min]/0,6 = 1 [l/min].

In Kürze

Messgrößen der Nierenfunktion

Wichtige Messparameter der Nierenfunktion sind:

- glomeruläre Filtrationsrate,
- renaler Plasmafluss,
- fraktionelle Ausscheidung einzelner Substanzen.

Viele Substanzen werden durch sättigbare Transportprozesse resorbiert oder sezerniert, die durch Affinität und Transportmaximum (bzw. Nierenschwelle) charakterisiert werden.

Literatur

Chesney RW (1998) Noncystic hereditary diseases of the kidney. In: Brady HE, Wilcox CM (eds) Therapy in nephrology and hypertension: a companion to Brenner and Rector's the kidney. WB Saunders, Philadelphia

Cusi D, Bianchi G (1998) A primer on the genetics of hypertension. Kidney Int 54: 328–342

Lifton RP (1996) Molecular genetics of human blood pressure variation. Science 272: 676–680

Massry SG, Glassock RJ (2001) Textbook of Nephrology. Lippincott Williams & Wilkins, Philadelphia

Rose BD (1991) Diuretics. Kidney Int 39: 336–352

Kapitel 30
Wasser- und Elektrolythaushalt

P. B. Persson

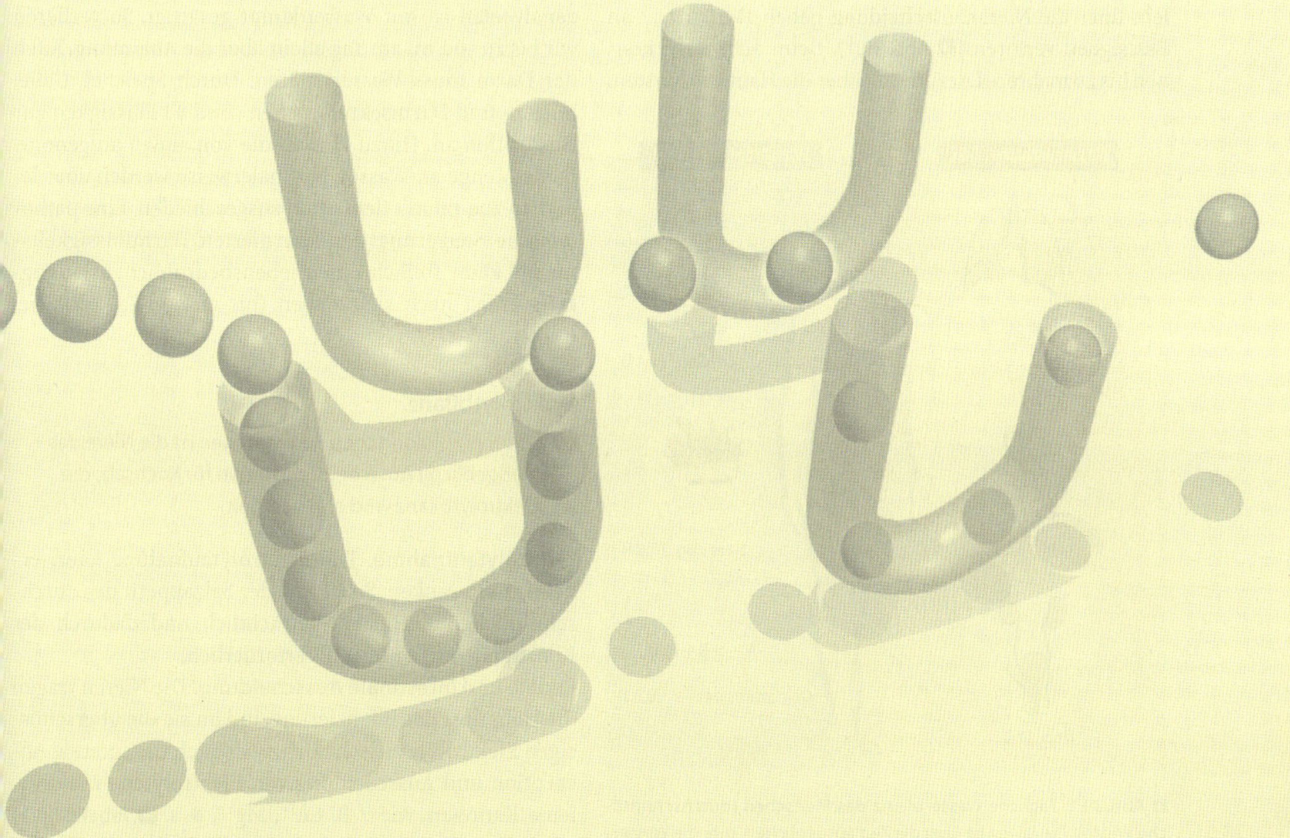

Einleitung

Patient H. J. liegt mit Leberzirrhose und Aszites (Flüssigkeitseinlagerung im Bauchraum) im Krankenhaus. Durch die Flüssigkeitsansammlung im Bauchraum (12 l) hat der Patient Schmerzen, er kann kaum atmen. Der diensthabende Arzt punktiert den Bauchraum und lässt die gesamte Flüssigkeit abfließen. Daraufhin empfindet der Patient sofortige Linderung, erleidet aber nach wenigen Stunden einen Kreislaufschock. Leider hat der Arzt das Nachströmen von Flüssigkeit aus dem Blutplasma in den Bauchraum nicht bedacht. Die Abnahme des Plasmavolumens führt dann über Hypovolämie zu einem Kreislaufschock.

30.1 Flüssigkeits- und Elektrolytbilanz

Wasserbilanz

Zufuhr und Ausscheidung gewährleisten das richtige Volumen und die korrekte Elektrolytzusammensetzung; über 2,5 l werden täglich durch die Nieren- und Darmtätigkeit sowie über die Körperoberfläche ausgeschieden

Flüssigkeitsaufnahme. Ohne Trinken geht es nicht, dem Organismus muss ständig Wasser zugeführt werden. Allein über die Nierenausscheidung gehen täglich 1,5 l an Flüssigkeit verloren (Abb. 30.1). Beim ***Schwitzen*** können bis zu mehrere Liter am Tag über die Haut verdunsten.

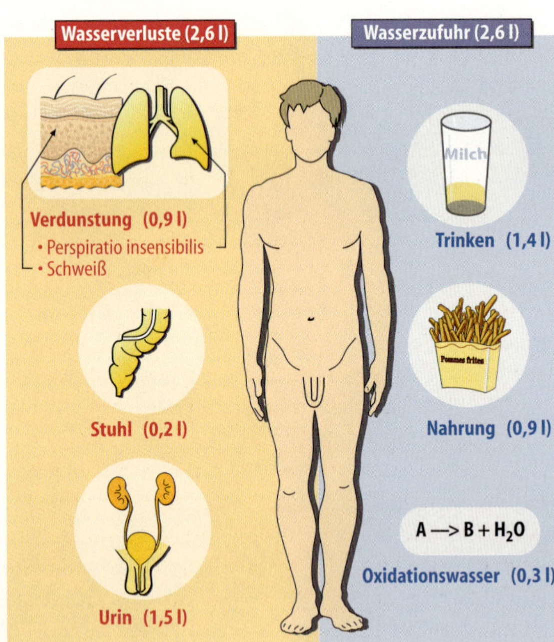

Abb. 30.1. Tägliche Wasserbilanz des Menschen (durchschnittliche Werte). Die Bilanz ist über die Zeit ausgeglichen, d. h. die Wasserzufuhr entspricht der Wasserabgabe. Hauptquellen des Wassers sind Getränke und Nahrungsmittel. Wasserabgabe erfolgt hauptsächlich über die Urinausscheidung und die Verdunstung

Flüssigkeitsdefizite werden nicht ausschließlich durch Trinken und Essen (die Nahrung besteht durchschnittlich aus 60 % »präformiertem« Wasser) ausgeglichen. Wasser entsteht nämlich auch im Organismus selbst und zwar beim ***oxidativen Abbau*** der Nahrung. Bei der Verbrennung von 1 g Fett entsteht über 1 ml an Wasser, bei Kohlenhydraten 0,6 ml/g und bei Eiweiß 0,44 ml/g Wasser. Auf diese Weise fließen uns täglich etwa 300 ml an Wasser zu. Dieses ***Oxidationswasser*** reicht bei der Wüstenspringmaus zur Begleichung ihrer gesamten Wasserbilanz aus. Der Mensch muss hierzu aber mehr als einen Liter Wasser trinken und einen weiteren knappen Liter mit der Nahrung aufnehmen.

Die ***Absorption*** von Wasser im Darm hängt entscheidend von der Osmolarität ab. Daher ist das Trinken isoosmolarer Lösungen während Wettkämpfen nicht immer sinnvoll. Das Spiel kann längst vorbei sein, bevor die Flüssigkeit dem Körper zur Verfügung steht.

Flüssigkeitsabgabe. Die Haut stellt normalerweise eine effektive Barriere gegen den unfreiwilligen Verlust von Wasser dar. Bei ***Verlust dieser Barriere*** (z. B. bei Verbrennungen) geht diese Eigenschaft verloren und große Mengen an Wasser verdunsten. Unbemerktes Verdunsten von Wasser an der Körperoberfläche (also ohne dabei zu schwitzen) heißt ***Perspiratio insensibilis***. Dazu gehört auch das abgeatmetete Wasser, denn die Luft in den Lungenalveolen ist mit Wasserdampf gesättigt. So verlieren wir bis zu 500 ml am Tag allein über die Abatmung. Auch der Darm muss Wasser sparen. Durch Speichel, Galle, Magen- und Darmsekrete stehen rund 8 l Flüssigkeit zur Absorption an. Hinzu kommt die von außen aufgenommene Menge an Wasser. Normalerweise werden aber lediglich 200 ml mit dem ***Stuhl*** ausgeschieden. Eine pathologische Steigerung der sezernierten Darmflüssigkeitsmenge kann freilich einen lebensbedrohlichen Flüssigkeitsverlust nach sich ziehen (bis zu 20 l/Tag, z. B. bei Cholera).

Elektrolytbilanz

Unter physiologischen Bedingungen ist die Niere das maßgebliche Ausscheidungsorgan für Kochsalz; die Elektrolytbilanz wird eng geregelt

Elektrolytaufnahme. Die Elektrolytaufnahme kann erheblich schwanken. So ist z. B. der Salzappetit des durchschnittlichen Europäers beträchtlich und dadurch der Konsum deutlich höher als erforderlich.

Renale und intestinale Ausscheidung. Die Nieren tragen die Hauptlast der Bilanzierung, indem sie die überschüssigen Elektrolyte ausscheiden, aber auch die enterale Absorption und Ausscheidung von Elektrolyten (v. a. divalente Kationen, wie z. B. Ca^{2+}, Mg^{2+}, ► s. Tabelle 30.1) wird dem jeweiligen Elektrolytbedarf angepasst. Daher schwanken die Bestände nicht nennenswert. Eine ***Beeinträchtigung der intestinalen Absorption*** kann hingegen

Tabelle 30.1. Täglicher Elektrolytumsatz des Körpers bei Erwachsenen

	Gesamtumsatz (mmol/24 h)	Ausscheidung in % der Gesamtausscheidung		
		Urin	Kot	Schweiß
Natrium	150	95	4	1
Kalium	100	90	10	–
Chlorid	100	98	1	1
Calcium	20	30	70	–
Magnesium	15	30	70	–

bedrohlich werden, da Verdauungssekrete viel Salz und Bikarbonat enthalten. Kochsalz kann ferner in erheblichen Mengen über den Schweiß verloren gehen.

In Kürze

Flüssigkeits- und Elektrolytbilanz

Zufuhr und Ausscheidung gewährleisten das richtige Volumen sowie die richtige Elektrolytzusammensetzung:
- Die Wasser- und Elektrolytzufuhr des Gesunden wird durch orale Aufnahme und Bildung von Oxidationswasser beim Nahrungsabbau gewährleistet.
- Die Flüssigkeitsabgabe erfolgt über die renale Ausscheidung, Stuhl, Schweißsekretion und Perspiratio insensibilis. Letztere umfasst das über die Haut und Lungen unbemerkt verdampfende Wasser.

Die Elektrolytbilanz wird, vor allem über die Nieren, in einem engen Rahmen reguliert.

30.2 Flüssigkeitsräume

Wasseranteil des Organismus

Wasser macht mehr als die Hälfte des Körpergewichtes aus; der jeweilige Anteil ist unter anderem vom Lebensalter und vom Geschlecht abhängig

Wasser macht gut die Hälfte bis zu drei Viertel unseres Körpergewichts aus. Der relative Anteil von Wasser hängt von verschiedenen Faktoren ab:
- Der Wasseranteil ändert sich mit dem ***Alter*** (Abb. 30.2). Die Verringerung, vor allem des Intrazellulärvolumens, im höheren Alter ist vorwiegend eine Folge der verringerten Muskelmasse, welche viel Wasser enthält.
- Es bestehen ***geschlechts- und konstitutionelle Unterschiede***. Fettgewebe enthält sehr wenig Wasser, nur etwa 20 %. Deshalb ist der Anteil von Wasser am Körpergewicht bei fettleibigen Personen geringer als bei schlanken Personen. Aus diesen Gründen haben Frauen einen geringeren Wasseranteil als Männer, denn der weibliche Organismus hat einen höheren Fettanteil.

Flüssigkeitsräume

Das Körperwasser ist auf zwei gegeneinander abgegrenzte Flüssigkeitsräume verteilt, den Extra- und den Intrazellulärraum

Extrazellulärraum. In einem Zellverband ist nicht mehr jede Zelle im Austausch mit der Außenwelt. Stattdessen wird ein ***»inneres Milieu«*** gebildet, das dem der ursprünglichen Außenwelt ähnlich war, der Extrazellulärraum. Den größten Anteil des Extrazellulärraums nimmt der ***interstitielle Raum*** ein (Abb. 30.3). Es ist der eigentliche Raum zwischen den Zellen. Der interstitielle Raum ist keine bloße Flüssigkeitsansammlung, sonst würden die Füße nach dem Aufstehen kaum noch in die Schuhe passen. Die Schwerkraft würde nämlich ein Absacken der Flüssigkeit bewirken. Der interstitielle Raum gleicht eher einem Gel. Ein dichtes Netzwerk bestehend aus ***Kollagenen*** und ***Proteoglykan*** durchzieht den interstitiellen Raum, und nur winzige Räume werden ausgespart. Diese Zwischenräume werden durch die interstitielle Flüssigkeit gefüllt. Der interstitielle Raum kann so flüssig sein wie die ***Lymphe*** oder Wharton-Sulze im Nabelstrang, aber auch so hart wie im ***Knorpel***.

Plasma- und Transzellulärraum. Plasma- und Transzellulärraum sind abgegrenzte Anteile des Extrazellulärraumes. Der Plasmaraum ist durch eine Endothelzellschicht vom interstitiellen Raum getrennt. Dagegen wird der so genannte Transzellulärraum vom Interstitium durch eine umliegende Epithelzellschicht geteilt. Die transzelluläre Flüssigkeit befindet sich in Pleura-, Peritoneal- oder Perikardhöhlen. Auch der ***Liquorraum***, die Augenkammern und die Lumina vom Urogenitaltrakt, der Gastrointestinaltrakt und die Drüsen gehören dazu.

Intrazellulärraum. Das größte Kompartiment, mit etwa 30–40 % des Körpergewichtes, ist der Intrazellulärraum, die Summe der Volumina einzelner Zellen (Abb. 30.3). Etwa die Hälfte des Intrazellulärraums ist Zytosol. Die Zelle enthält darüber hinaus mehrere, durch Membranen

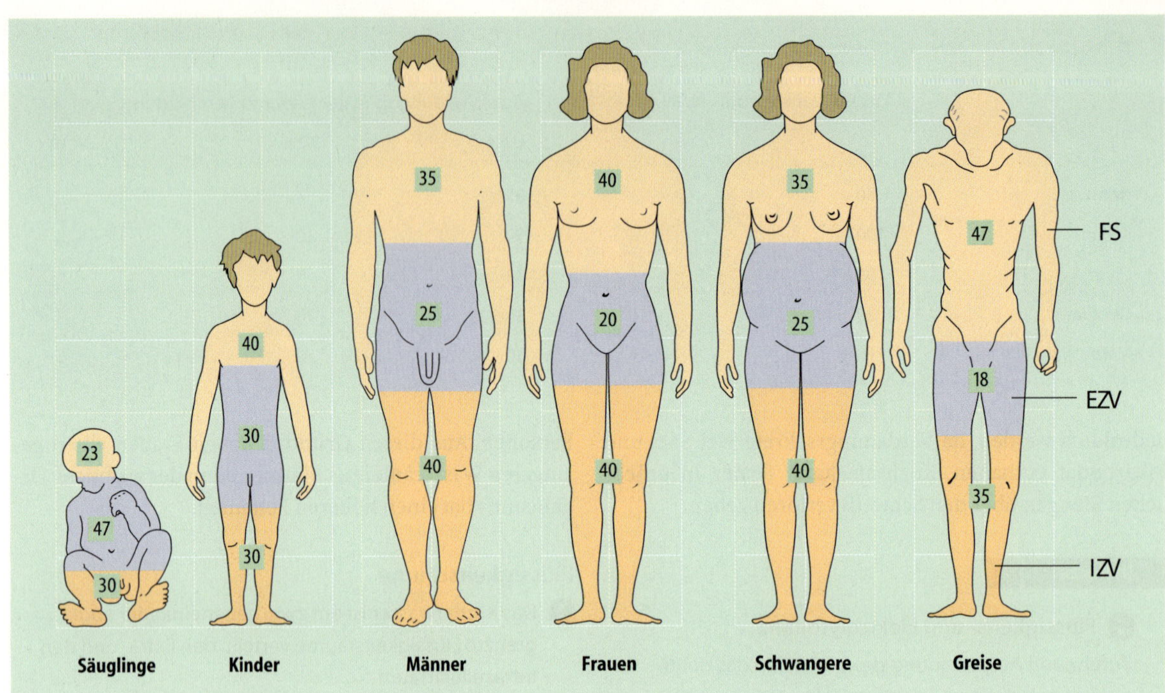

Abb. 30.2. Anteil von intra- und extrazellulärem Wasser am Körpergewicht; Einfluss von Geschlecht und Alter. *EZV:* Extrazellulärvolumen, *IZV:* Intrazellulärvolumen, *FS:* feste Substanzen (Knochen, Fett, etc.). Anhaltswerte, die große Variabilität aufweisen (insbes. bei Fettleibigkeit)

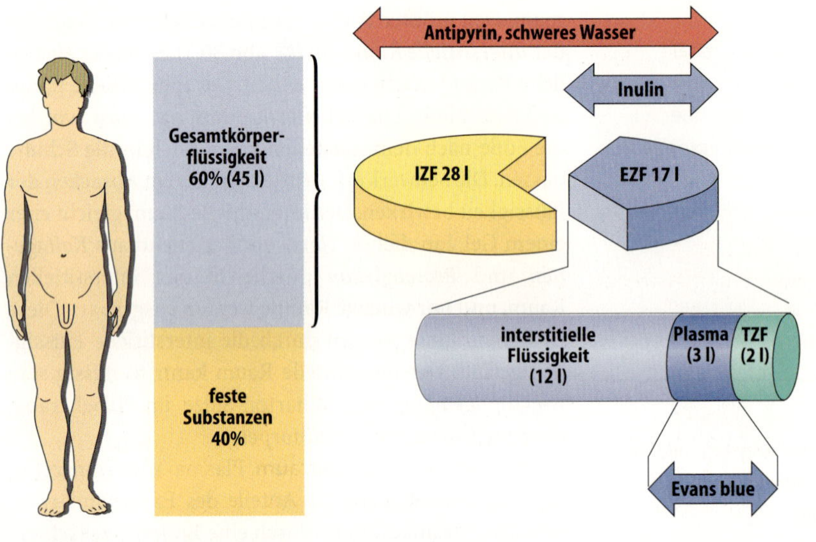

Abb. 30.3. Flüssigkeiten und Flüssigkeitsräume des Körpers sowie die zur Volumenbestimmung verwendeten Indikatorsubstanzen. Die Körperflüssigkeiten machen über die Hälfte des Körpergewichtes aus. Der Anteil an intrazellulärer Flüssigkeit *(IZF)* ist höher als der der extrazellulären Flüssigkeit *(EZF)*. Letztere befindet sich überwiegend im interstitiellen Raum, die transzelluläre Flüssigkeit *(TFZ)* trägt weniger zur Gesamtheit des EZF bei

vom Zytosol abgetrennte Organellen, wie Mitochondrien, Lysosomen, Endosomen und Zellkerne (► s. Kap. 1.1).

Bestimmung der Flüssigkeitsräume und Elektrolytpools

! Man verwendet eine definierte Menge verschiedener Indikatorsubstanzen zur Bestimmung der einzelnen Flüssigkeitsräume

Verdünnungsprinzip. Die Konzentration einer beliebigen Substanz (c) ist als Menge (M) pro Volumen (V) definiert:

$$c = M/V \tag{1}$$

Ein Beispiel: Wir fügen einen Teelöffel mit 1 g Zucker zum Kaffee hinzu, rühren um und erhalten danach eine Zuckerkonzentration von 0,5 g/l. Das Kaffeevolumen beträgt also 2 l (1g/0,5g/l = 2 l). Nach dem gleichen Prinzip werden die Flüssigkeitsräume des Körpers bestimmt. Geben wir eine bekannte Menge einer Indikatorsubstanz (M) dem zu bestimmenden Volumen (V) hinzu, kann nach hinreichender Verteilung die Konzentration (c) und das Volumen bestimmt werden (V = M/c).

Gesamtkörperwasserbestimmung. Zur Bestimmung des Gesamtkörperwassers wird häufig ***Antipyrin*** verwendet, allerdings nutzt man auch schweres Wasser (D_2O) und mit Tritium oder ^{18}O markiertes Wasser. Diese Moleküle dringen wie Antipyrin in alle Flüssigkeitsräume des Körpers ein.

Bestimmung des Extrazellulärvolumens. Häufig nutzt man inerte Zucker wie ***Inulin*** für diese Bestimmung des Extrazellulärvolumens, verwendet wird aber auch radioaktives Natriumbromid. Zum Teil gelangen alle diese Indikatoren in den Intrazellulärraum, und keiner der Indikatoren erreicht den gesamten Extrazellulärraum in vertretbarem Zeitraum. Die Abschätzung des Extrazellulärraums fällt daher nicht exakt aus.

Quantifizierung des Blut- und Plasmavolumens. Das Plasmavolumen bestimmt man durch ***Evans' Blue.*** Dieser Indikator verteilt sich fast ausschließlich im Plasmaraum, dafür sorgt die Bindung an Plasmaproteine. In der Nuklearmedizin finden zudem radioaktiv-markierte Proteine als Indikatorsubstanzen Verwendung, z. B. radioaktiv-markiertes Albumin. Das ***Blutvolumen*** kann durch ^{51}Cr-markierte Erythrozyten ermittelt werden. Ist entweder das Blut- oder das Plasmavolumen bekannt, kann das jeweilige andere Kompartiment hergeleitet werden: die Blutkörperchen lassen sich durch Zentrifugation vom Plasma trennen (Hämatokrit, ► vgl. ► Kap. 23.3). Dabei ist die Trennung nicht vollständig, denn knapp 10 % des Plasmas verbleiben in der Erythrozytensäule. Zwischen Plasmavolumen (V_P), Blutvolumen (V_B) und Hämatokrit (Hkt in %) besteht folgende Beziehung:

$$V_P = V_B\,(1\text{-Hkt}) \qquad (2)$$

Unter Berücksichtigung der unvollständigen Trennung durch die herkömmliche Zentrifugation ergibt sich die modifizierte Umrechnung:

$$V_P = V_B\,(0{,}913\text{-Hkt}) \qquad (3)$$

Berechnung des interstitiellen Volumens und des Intrazellulärvolumens. Diese zwei Kompartimente können nicht direkt bestimmt werden, daher begnügt man sich mit ihrer Errechnung:

- Das Volumen des Interstitiums wird aus der Differenz von Extrazellulärraum und Plasmavolumen ermittelt. Die transzelluläre Flüssigkeit bleibt dabei unberücksichtigt.
- Das Intrazellulärvolumen wird aus der Differenz von Gesamtkörperwasser und Extrazellulärvolumen geschlossen.

▪▪▪ **Korrekturen bei Verschwinden des Indikators.** Die verfügbaren Indikatorsubstanzen bleiben häufig nicht in dem zu bestimmenden Kompartiment, sondern entweichen allmählich in andere Flüssigkeitsräume. Bis eine gleichmäßige Verteilung des Indikators im fraglichen Volumen erzielt ist, hat bereits ein Teil der Indikatorsubstanz das Volumen wieder verlassen oder ist gar zum Teil ausgeschieden. Durch zeitlich versetzte mehrfache Messung kann dennoch das richtige Volumen abgeschätzt werden. Trägt man die gemessenen Indikatorkonzentrationen logarithmisch gegen die Zeit auf, ergibt die Extrapolation der Geraden auf den Zeitpunkt der Indikatorapplikation diejenige Konzentration, die bei vollständiger Mischung des gesamten injizierten Indikatorstoffes erreicht worden wäre.

Bestimmung des Elektrolytpools. Durch Hinzufügen von entsprechenden radioaktiven Elektrolyten wird die Menge eines bestimmten Elektrolyten im Körper bestimmt. Das Verfahren ist ähnlich dem zur Volumenbestimmung durch Indikatorlösungen. Für den ***Na^+-Bestand*** hat sich $^{22}Na^+$ als nützlich erwiesen. Die Größe des Na^+-Bestandes (M_{Na}) entspricht:

$$M_{Na} = M_{22Na} \times [Na^+]/[^{22}Na^+] \qquad (4)$$

Dabei ist M_{22Na} die Menge an injiziertem $^{22}Na^+$, $[Na^+]$ und $[^{22}Na^+]$ die jeweilige Konzentration im Plasma. Es ergeben sich auch bei dieser Methode einige Ungenauigkeiten: Um den Verteilungsraum im Gehirn und Knochen zu durchdringen, wird viel Zeit benötigt, währenddessen die markierte Substanz zum Teil ausgeschieden wird.

Volumenbewegungen zwischen Flüssigkeitsräumen

! Aktiver Flüssigkeitsaustausch gewährleistet das Gleichgewicht der Flüssigkeitsräume, ohne dass viele Zellfunktionen zum Erliegen kämen

Onkotischer Druck und Ionentransportsysteme. Große Moleküle wie etwa Zelleiweiße sind osmotisch wirksamer als ihre Konzentration vermuten lässt. Der von diesen Proteinen erzeugte ***onkotische Druck*** treibt Wasser aus dem Interstitium in die Zelle hinein. Diese Sogwirkung wird durch die angereicherten organischen Substanzen noch verstärkt. Um zu verhindern, dass die Zelle platzt, besitzt jede Zelle des Menschen eine Reihe von Ionentransportsystemen, wobei der ***Na^+/K^+-ATPase*** quantitativ die größte Bedeutung zukommt. Die Na^+/K^+-ATPase fördert 3 Na^+-Ionen aus der Zelle heraus gegen 2 K^+-Ionen, die im Austausch in die Zelle hinein gelangen. Um die Pumpe am Laufen zu halten, wird ein beträchtlicher Teil unserer täglich bereitgestellten Energie für die Na^+/K^+-ATPase aufgezehrt. Bei Energiemangelzuständen führt der Ausfall dieses Pumpmechanismus zum Anschwellen der Zelle und zum Zelltod. So erkennt der Pathologe ***Hypoxie-geschädigte Zellen*** durch ihre Anschwellung, z. B. bei geschädigten Myokardzellen nach einem Herzinfarkt.

Aufrechterhaltung des Volumengleichgewichts. Bei Änderungen ihres Volumens versuchen die Zellen zunächst, durch zusätzliche Elektrolyt-Transportmechanismen gegenzusteuern:

- Bei erhöhtem Zellvolumen strömt das osmotisch-wirksame KCl heraus in das Interstitium. Dieses wird durch ***K^+- und Cl^--Kanäle*** sowie einen ***KCl-Symport*** bewerkstelligt (Abb. 30.4). Eine entsprechende Menge an Wasser folgt dem KCl durch die Wasserkanäle.

- Werden Zellen geschrumpft, dann nehmen sie über Aktivierung von ***Na^+,K^+,2Cl^--Cotransport*** oder ***Na^+/H^+-Austausch*** und ***Cl^-/HCO_3^--Austausch*** Ionen auf und gewinnen damit auch Wasser (Abb. 30.4).

Zellvolumenregulation ausschließlich über Ionen hat den Nachteil, dass Änderungen der intrazellulären Ionenkonzentration die Stabilität und Funktion der intrazellulären Proteine beeinträchtigen. Außerdem haben Elektrolytverschiebungen unweigerlich Folgen für das Membranpotential. Insbesondere dem Gehirn sind enge Grenzen gesetzt. Daher nutzen Zellen zusätzlich organische Osmolyte zur Volumenregelung:

- der ***Proteinabbau*** erzeugt osmotisch-aktive Aminosäuren;
- nach Aufnahme von Glukose kann die Zelle über die Aldosereduktase osmotisch wirksames ***Sorbitol*** bereitstellen;
- über Na^+-gekoppelte Transportprozesse werden ***Inositol, Betain*** und ***Taurin*** aufgenommen. Die organischen Osmolyte sind besonders bei den exzessiven Osmolaritäten im Nierenmark erforderlich.

Zusammensetzung der Flüssigkeitsräume

Die individuelle Elektrolytzusammensetzung der Flüssigkeitsräume ist für die Ausübung zahlreicher Zellfunktionen entscheidend

Elektrolytkonzentrationen im Intra- und Extrazellulärraum. Die Elektrolytkonzentrationen im Intra- und Extrazellulärraum unterscheiden sich maßgeblich voneinander. Die Zellen reichern während der Ausübung ihrer Funktionen eine Vielzahl von organischen Substanzen an, wie z. B. Aminosäuren und Substrate der Glykolyse. In der Zelle befindet sich darüber hinaus eine hohe Konzentration an negativ geladenen Proteinen, die nicht ohne Weiteres die Zellmembran passieren können.

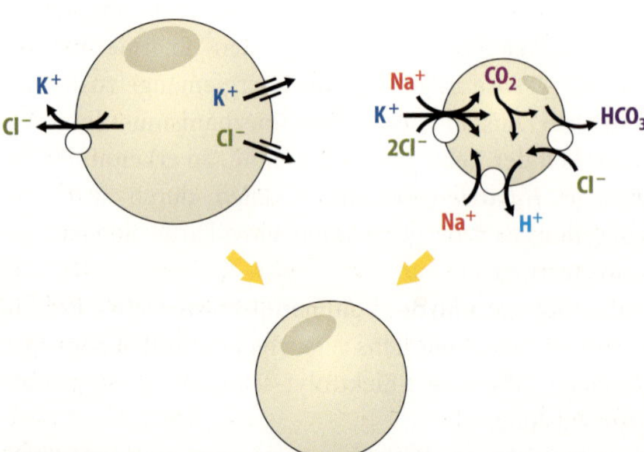

Abb. 30.4. Wichtige Elektrolyttransporter bei der Zellvolumenregulation

Verteilung osmotisch wirksamer Teilchen. Als Folge des Na^+/K^+-Austauschs ist die extrazelluläre Konzentration von Na^+ sehr viel höher als die in der Zelle. Andererseits findet sich intrazellulär eine wesentlich höhere Protein- und K^+-Konzentration (Tabelle 30.2). Im Gegensatz zum Na^+, das bei erregbaren Zellen eigentlich nur bei einer Depolarisation durch die Zellmembran hindurch diffundieren kann, hat es Kalium wesentlich leichter, diese Barriere zu überwinden. K^+ kann wieder aus der Zelle herausströmen, was ein ***Membranpotential*** erzeugt, das wiederum Cl^- aus der Zelle treibt. Die intrazelluläre Cl^--Konzentration ist daher nur ein Bruchteil der extrazellulären. Das sind die Hauptgründe für die großen Konzentrationsunterschiede, die in Tabelle 30.2 aufgeführt werden. Bemerkenswerterweise ist die intrazelluläre Ca^{2+}-Konzentration nur etwa 0,01 % der extrazellulären Ca^{2+}-Konzentration. Die Öffnung von Ca^{2+}-Kanälen in der Zellmembran führt daher zu einem massiven Einstrom von Ca^{2+}, ein wichtiger Mechanismus in der Regulation von Zellfunktionen (► s. Kap. 2.4). Darüber hinaus führt die Stoffwechselaktivität der Zelle zur Anreicherung von Phosphatverbindungen und H^+. In der Zelle ist die H^+-Konzentration höher (pH 7,1) als in Interstitium und Plasma (pH 7,4).

Zustandekommen der Blutplasmazusammensetzung

Die Plasmaproteine spielen eine große Rolle für die Kapillarfiltration und binden einen Teil der Plasmaelektrolyte

Austausch zwischen Blutplasma und Interstitium. Plasmaproteine nehmen einen geringen Teil des Plasmavolumens ein (ca. 6 %). Wie für den Intrazellulärraum bereits beschrieben, bewirken diese Proteine einen onkotischen Druck, der die Flüssigkeit im Gefäßraum zurückhält. Die onkotische Druckdifferenz zwischen dem Kapillarraum und dem Interstitium ist somit der Gegenspieler des hydrostatischen Druckunterschieds, denn der ***hydrostatische Druck*** presst die Flüssigkeit aus der Kapillare in das interstitielle Gewebe hinein (Filtration, ► s. Kap. 28.4). Im Allgemeinen können die Plasmaproteine die Endothelschicht schlecht überwinden. Dadurch ist die interstitielle Proteinkonzentration geringer als im Plasma, und die onkotische Druckdifferenz geht nicht verloren.

Gibbs-Donnan-Gleichgewicht. Proteine im Plasma nehmen nicht nur Raum in Anspruch, sie verursachen auch ein Ionenungleichgewicht. Die negative Ladung der Eiweiße erzeugt ein ***Plasma-negatives Potential***, das Kationen im Plasma zurückhält und Anionen in das Interstitium treibt. Der Protein-gebundene Anteil an Ca^{2+}ist in der proteinarmen interstitiellen Flüssgkeit daher geringer, und die Ca^{2+}-Konzentration ist dort entsprechend niedriger. Bei normaler Plasmaproteinkonzentration baut sich ein Potential von etwas mehr als –1 mV auf, welches anziehend auf die Kationen wirkt. Daher sind die

Tabelle 30.2. Elektrolykonzentrationen in den Flüssigkeitsräumen des Körpers

	Plasma		Interstitielle Flüssigkeit		Intrazellulare Flüssigkeit	
	mval/l	mmol/l	mval/l	mmol/l	mval/l	mmol/l
Na^+	141	141	143	143	15	15
K^+	4	4	4	4	140	140
Ca^{2+}	5	2,5	2,6	1,3	0,0002[b]	0,0001[b]
Mg^{2+}	2	1	1,4	0,7	30	15
Summe	152		151		185	
Cl^-	103	103	115	115	8	8
HCO_3^-	25	25	28	28	15	15
HPO_4^{2-}	2	1	2	1	85[c]	60[c]
SO_4^{2-}	1	0,5	1	0,5	20	10
org. Säuren	4	4	5	5	2	2
Proteine	17	2	<1	<<5	60	6
Summen	152		151		185	
pH	7,4		7,4		7,1	
Volumen (1)	3[a]		10		20	

[a] davon sind nur 94 % Wasser, 6 % sind Proteinvolumen, d. h. die Konzentrationen der Elektrolyte im Plasmawasser sind um etwa 6 % größer als im Plasma
[b] freies Calcium im Zytosol
[c] davon der größte Teil organisch (Hexose-, Kreatin-, Adenosinphosphat etc.)

Konzentrationen von K^+ und Na^+ im Plasmawasser etwa 5 % höher als im Interstitium, die Cl^-- und HCO_3^--Konzentrationen fallen um die gleiche Größe geringer aus (Gibbs-Donnan-Gleichgewicht).

Osmolarität, Osmolalität und onkotischer Druck

Nicht alle Plasmateilchen sind osmotisch wirksam, denn die Plasmaproteine binden einen Teil davon ab; der onkotische Druck schwankt lageabhängig

Osmotisch wirksame Teilchen im Blutplasma. Die Summe der Anionen, Kationen und Nichtelektrolyte ergibt die Gesamtzahl osmotisch wirksamer Teilchen. Die Osmolarität wird in sehr engen Grenzen gehalten. Die Konzentration beträgt näherungsweise 300 mmol/l (Tabelle 30.1). Die tatsächlich wirksame Konzentration ist jedoch geringer, da ein Teil der Elektrolyte an Proteine gebunden ist oder in undissozierter Form vorliegt. Die ***Osmolarität*** liegt daher eher bei 270 mosm/l. Damit nicht genug, denn die für den Organismus entscheidende Größe ist die osmotisch wirksame Teilchenzahl im frei diffundierenden Plasmawasser. Die Plasmaproteine nehmen aber 6 % vom Plasmavolumen ein; hinzu kommen noch die im Plasma vorhandenen Fette. Daher fällt die Plasmaosmolarität niedriger aus als die maßgebliche ***Osmolalität*** des Plasmas. Diese Größe bezieht sich auf die Menge osmotisch wirksamer Teilchen pro kg H_2O. Die physiologische Osmolalität des menschlichen Plasmas beträgt ca. 290 mosm/kg H_2O.

Lageabhängige Druckverhältnisse. Die hydrostatischen Druckverhältnisse sind im Körper ganz unterschiedlich. Dementsprechend herrschen ganz verschiedene Filtrationsbedingungen. Man denke an einen stehenden Menschen: In dieser Haltung lastet ein extrem hoher Blutdruck auf den ***Fußkapillaren*** im Gegensatz zu der Lungenstrombahn. Damit trotzdem in allen Körperabschnitten ein Filtrationsgleichgewicht erreicht wird, schwankt die Kapillardurchlässigkeit für Proteine ganz erheblich. Deshalb lassen die Lungenkapillaren beträchtlich mehr Plasmaproteine ihre Endothelschicht passieren als Kapillaren der Füße. Der onkotische Druck des ***Lungeninterstitiums*** beträgt dadurch etwa 70 % des entsprechenden Drucks in den Kapillaren! Diese spröde Betrachtung hilft, wichtige klinische Beobachtungen zu verstehen. Werden einem Patienten proteinhaltige Infusionen verabreicht (um etwa verringerte Plasmaproteinmengen bei ***Leberzirrhose*** oder Verhungern auszugleichen), entweichen nach einer gewissen Infusionsmenge immer mehr Proteine in das Lungeninterstitium. Wasser fließt nach, es entsteht ein lebensbedrohliches ***Lungenödem***.

VII

Gehirn, Knochen und transzelluläre Flüssigkeiten

Die Neurone des Gehirns sind nur geringen Schwankungen in der Elektrolytkonzentration ausgesetzt, Gallen-, Pankreas- und Darmsäfte enthalten reichlich HCO_3^- und der Schweiß ist NaCl-haltig; der Knochen stellt einen Vorrat an Ca^{2+} und Na^+ dar

Umgebung des Gehirns. Im Gehirn bilden die Endothelzellen unter dem Einfluss von Astrozyten eine für polare Teilchen schwer permeable Barriere (sog. ***Blut-Hirn-Schranke***). Auf diese Weise ist gewährleistet, dass Neurone von etwaigen kurzfristigen Änderungen der Elektrolytkonzentrationen im Plasma verschont bleiben. Vor allem K^+-Schwankungen hätten für die Erregbarkeit der Nervenzellen Folgen.

Knochen. Der gesamte Ca^{2+}-Vorrat unseres Körpers befindet sich praktisch im Knochen (Tabelle 30.3). Die Knochenmineralien bestehen insbesondere aus Calciumphosphat und Calciumkarbonat und verleihen dem Knochen seine Festigkeit. Hormone wie Östrogene, Glukokortikoide, Parathormon, Calzitonin und Vitamin D regeln den Knochenmetabolismus und die Mineralisierungsvorgänge (► s. Kap. 31.2). Auch Na^+ ist zum großen Teil in den Knochen eingelagert und kann von dort nicht rasch in andere Kompartimente gelangen.

Transzelluläre Flüssigkeiten. Die Elektrolytzusammensetzung von transzellulärer Flüssigkeit weist häufig erhebliche Unterschiede zum Interstitium auf. Gallen-, Pankreas- und Darmsaft ist besonders reich an Salzen und ***Bikarbonat*** (HCO_3^-). Bei Durchfällen gehen also nicht nur große Mengen an Wasser verloren, sondern auch an Bikarbonat. Dieser Verlust kann zu einer ***Azidose*** führen (► s.a. Kap. 35.3). Dagegen ist ausgeprägtes Schwitzen mit Verlusten an NaCl verbunden. Die Kochsalzkonzentration im ***Schweiß*** ist zwar weniger als halb so hoch wie im Plasma, nichtsdestotrotz gehen bei erheblichen Mengen an Schweiß große Elektrolytmengen verloren.

Tabelle 30.3. Verteilung von Elektrolyten in verschiedenen Kompartimenten (in %; die Zahlen sind gerundet, die Summe ist daher z. T. > 100 %) IZR: Intrazellulärraum, EZR: Extrazellulärraum

	IZR	EZR	Knochen
K^+	88	3	9
Na^+	7	50	43
Ca^{2+}	< 0,1	0,1	100
Mg^{2+}	60	0,1	40
PO_4^{3-}	12	0,1	88
Cl^-	5	95	0

In Kürze

Flüssigkeitsräume

Mehr als die Hälfte des Körpers ist Wasser. Für seine Verteilung sind hydrostatische, osmotische und onkotische Kräfte maßgeblich. Das Körperwasser ist auf zwei gegeneinander abgegrenzte Flüssigkeitsräume verteilt, den Extra- und den Intrazellulärraum:

- Das intrazelluläre Wasser ist vorwiegend Zytosol. Es enthält als wichtigste Ionen K^+, negativ geladene Phosphatverbindungen und Proteine.
- Extrazelluläres Wasser beherbergt vornehmlich NaCl und verteilt sich auf Interstitium, Plasmavolumen und transzelluläre Räume. Der Kochsalzbestand, also die Gesamtmenge an NaCl, bestimmt die Größe des Extrazellulärvolumens und damit auch die Ausmaße des Plasmaraumes.

Die ungleiche Ionenverteilung über die Zellmembran ist Folge der Regulation des Zellvolumens und bildet die Voraussetzung für das Zellmembranpotential. Anorganische Ionen und kleinmolekulare Substanzen bewegen sich frei über das Interstitium hinweg, außer in und aus dem Gehirn.

30.3 Regelung der Wasser- und Kochsalzausscheidung

Erfassung von Osmolalität und Volumen

Trinken über den erforderlichen Bedarfs hinaus facht die Harnausscheidung an; am Anfang des dahinter steckenden Regelkreises steht die Messung des zugeführten Volumens und der Osmolalität

Störungen von Volumen- und Osmolalitätsgleichgewicht. In Gesellschaft trinkt man gern »über den Durst hinaus«, nimmt also mehr Flüssigkeit zu sich als für das Ausgleichen des Volumenhaushaltes notwendig wäre. Meist ist das zugeführte Getränk nicht isoosmolar, der Körper muss daher Osmolalitätsunterschiede erfassen und gegensteuern können. Andererseits können auch Volumenänderungen auftreten, die ohne Osmolalitätsverschiebung einhergehen. Man denke etwa an die im Krankenhaus üblichen Kochsalzinfusionen, um einen Venenzugang durchgängig zu halten. Der Organismus steht daher vor zwei wichtigen Aufgaben:

- Ermittlung der Osmolalität;
- Aufspüren von Volumenabweichungen.

Osmolalitätsmessung. Geringste Veränderungen der Osmolalität werden von Neuronen im Hypothalamus registriert, die in den ***zirkumventrikulären Organen*** des 3. Ventrikels (vor allem im Organum vasculosum der Lamina terminalis) liegen. Wasser hat freien Zugang zu allen Flüssigkeitskompartimenten, daher führt zugeführtes Wasser zur Zellschwellung. Die Schwellung der genannten Neurone erlaubt Aufschluss über die Osmolalität im Organismus.

▪▪▪ Die osmosensiblen Neurone enthalten **Dehnungsinaktivierende Kationenkanäle**. Bei Anstieg der extrazellulären Osmolalität schrumpfen diese Neurone, die Öffnungswahrscheinlichkeit der Kationenkanäle nimmt zu, es kommt zur Depolarisation und Erregung und die ADH-Neurone werden synaptisch erregt. Dieser Prozess wird durch Öffnung spezieller Natriumkanäle bei Anstieg der extrazellulären Natriumkonzentration gefördert. Das Peptid **Oxytozin** wird gleichzeitig durch Erregung der oxytozinergen Neurone in der Neurohypophyse ausgeschüttet und führt zur **Natriurese** durch die Niere.

Antidiuretisches Hormon. In enger Verbindung mit den osmosensiblen Neuronen wird im Nucleus supraopticus und paraventricularis das antidiuretische Hormon (ADH) gebildet (◘ Abb. 30.5). Diese Zellen sind selbst osmosensibel. Nimmt die Osmolalität zu, wird vermehrt ADH freigesetzt. Diese Ausschüttung erfolgt über Entleerung von Speichergranula im Hypophysenhinterlappen. Bereits eine geringe Zunahme der Osmolalität von ca. 1 % führt zu einem deutlichen Anstieg der ADH-Plasmaspiegel, wobei der Regelbereich eine Östrogenabhängigkeit aufweist und dadurch während des Zyklus der Frau schwankt.

Volumenmessung. Auslotung von Volumenänderungen ist für den Körper wegen der Verteilung auf unterschiedliche Kompontenten nicht einfach. Letztlich erteilen Dehnungsrezeptoren Auskunft hierüber. Die für die Volumenhomöostase relevanten Orte zur Dehnungsmessung sind die ***Veneneinmündungen zum rechten und linken Vorhof*** sowie Zellen in der Leber. Diese Orte sind gut gewählt, denn der Druck in den zentralen Venen stimmt mit dem Extrazellulärvolumen in etwa überein; ferner eignet sich die ***Leber*** besonders durch das zuströmende Blut aus der Pfortader und V. cava zur Osmolalitäts- und Volumenerfassung.

Gauer-Henry-Reflex. Folge der Dehnung volumensensitiver Rezeptoren ist die Zügelung der ADH-Entleerung und eine Hemmung der sympathischen Nervenaktivität zur Niere. Besonders die Dehnungsrezeptoren im Übergang von der V. cava zum rechten Vorhof haben einen starken Einfluss auf die ADH-Ausschüttung. Die ***verminderte ADH-Freisetzung*** bei Vorhofdehnung erfolgt über Afferenzen des N. Vagus und hat als Gauer-Henry-Reflex Eingang in die Fachliteratur gefunden. Der lästige Harndrang beim Baden führt das Wirken des Gauer-Henry-Reflexes vor Augen: Blut wird durch den vermehrten Umgebungsdruck aus den Venen der unteren Körperpartien in die venösen Abflusswege gepresst. Die zunehmende Auswölbung der erwähnten Dehnungsrezeptoren senkt den ADH-Spiegel und hemmt die Nierennervenaktivität und führt so zur vermehrten Harnausscheidung.

Volumenregelung über Pressorezeptoren. Volumenregelung erfolgt auch über Rezeptoren, die in den großen Arterien und Ventrikeln befindlich sind. Das Entladungsverhalten von Dehnungsrezeptoren in den Ventrikeln und großen Arterien (Pressorezeptoren im ***Karotissinus*** und ***Aortenbogen***) bewirkt eine Änderung der ADH-Freisetzung und der Nierennervenaktivität (▶ s. a. ▶ Kap. 21.2). Dies geschieht, obwohl ihre Tätigkeit weniger Rückschlüsse auf den normalen Volumenstatus erlauben. Erst erhebliche Volumenänderungen wie Blutverlust

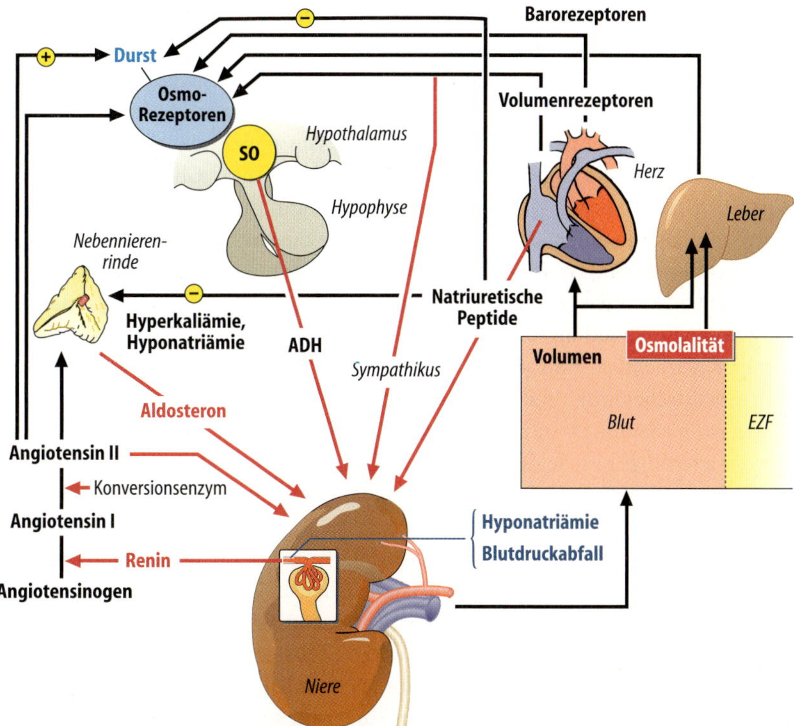

◘ **Abb. 30.5. Regelung des Volumens und der Osmolalität.** Sowohl das Blutvolumen als auch ihre Osmolalität können wahrgenommen werden und damit Durstempfinden auslösen und die Flüssigkeitsausscheidung regulieren. An der Ausscheidungsregelung sind in der Hauptsache das ADH, das Renin-Angiotensin-System, der Perfusionsdruck, die Sympathikusaktivität sowie natriuretische Peptide beteiligt. (*EZF:* Extrazelluläre Flüssigkeit)

wirken sich auf die Drücke im besagten Hochdrucksystem aus, also im ***linken Ventrikel*** und den Arterien. Bei Schockzuständen spielen die arteriellen Pressorezeptoren und die Dehnungsrezeptoren im linken Ventrikel deshalb eine große Rolle. Unter diesen Bedingungen ist ADH derart erhöht, dass eine weitere Wirkung dieses Peptidhormons zum Vorschein kommt, nämlich die Vasokonstriktion. Im Englischen trägt ADH deshalb den Namen »Vasopressin« oder Arginine-Vasopressin (AVP). Die über ADH ausgelöste Gefäßverengung wird über V_1-Rezeptoren an den glatten Gefäßmuskeln vermittelt.

Volumenausscheidung

Am Ende der Regelstrecke steht die Niere und im geringeren Umfang der Darm; das regelnde Netzwerk umfasst das sympathische Nervensystem sowie das ADH

ADH. Die Regulation der Wasserausscheidung durch die Niere wird hauptsächlich über ADH vermittelt (▶ s. Kap. 21.2). In der Wahrnehmung ihrer Aufgaben kann die Niere die ***Urinosmolalität*** zwischen 50 und 1400 mosmol/kg H_2O und die Harnmenge zwischen weniger als einem halben Liter bis zu über 20 Liter am Tag variieren. Unterschreitet die Osmolalität eine entscheidende Grenze zwischen 280 und 290 mosm/l, reißt die ADH-Freisetzung prompt ab. Die Halbwertzeit des zirkulierenden ADHs beträgt 15–20 min. Daher erfolgt etwa nach einer Stunde übermäßigen Trinkgenusses der Harndrang. Alkohol hemmt darüber hinaus die ADH-Freisetzung, wodurch mehr Wasser ausgeschieden wird als aufgenommen wurde. Der morgendliche Kopfschmerz nach Alkoholgenuss ist mit dieser Alkohol-bedingten ADH-Hemmung in Verbindung gebracht worden: Die Osmolalitätssteigerung und nachfolgende Umverteilung von Zellflüssigkeit – auch im Gehirn – führt zur Schrumpfung der Zellen.

Sympathische Nierennerven. Ein dichtes Netz von sympathischen Nervensträngen umgibt die Gefäße und Tubuli der Niere. Während einer Schrecksekunde kann die Nervenaktivität in einem Maße zunehmen, dass die Nierendurchblutung kurzfristig völlig zum Erliegen kommt. Üblicherweise sind die durch Volumenveränderungen hergerufenen Entladungsraten der Nierennerven aber weniger beträchtlich und wirken in erster Linie auf die Natriumausscheidung und die Reninfreisetzung. Der Beitrag von Nierennerven zur Erhaltung der Natriumbilanz ist allerdings bescheiden und verzichtbar, denn eine denervierte Niere (z. B. in der ersten Zeit nach Transplantation) leistet gleichfalls zuverlässige Dienste.

Flüssigkeitsausscheidung über den Stuhl. Auch der Darm trägt zur Regulation des Flüssigkeitshaushaltes bei. Im Darm sind zahlreiche Transportprozesse mit denen der Nierentubuli identisch. So bewirkt Aldosteron auch eine vermehrte Wasserretention, vor allem im Dickdarm. Aldosteron kann deswegen Eindickung und seltenen Stuhlabgang ***(Obstipation)*** nach sich ziehen. Patienten mit Verstopfungen sollten daher reichlich trinken. Auch der Salzgehalt des Schweißes ist aldosteronabhängig geregelt.

Renin-Angiotensin-System

Renin wird vor allem in der Niere gebildet, Salzmangel, erniedrigter Nierenperfusionsdruck und β_1-adrenerge Stimulation sind die Hauptstimuli der Freisetzung; natriuretische Peptide spielen unter pathophysiologischen Bedingungen eine Rolle

Freisetzung von Renin. Die Reninausschüttung wird durch ***Salzzufuhr*** und ***Volumenveränderungen*** moduliert (■ Abb. 30.6 und ▶ Kap. 29.9). Die üblichen Schwankungen in der Volumen- und Salzbilanz bleiben ohne messbaren Einfluss auf den Blutdruck. Fällt der Blutdruck aber unterhalb eine gewisse Schwelle, kommt es zur enormen Steigerung der Reninfreisetzung. Unter »Alltagsbedingungen« wird das Renin über eine erhöhte Sympathikusaktivität (β_1-adrenerg vermittelt) in den Blutkreislauf freigegeben. Verringert sich das Plasmavolumen etwa durch Dursten, werden die Dehnungsrezeptoren in den großen Venen und den Vorhöfen weniger erregt, die Sympathikusaktivität steigt und Renin wird freigesetzt. Auch verringerte ***Kochsalzaufnahme*** hat einen Reninanstieg im Plasma zur Folge. Hierbei spielen vermutlich mehrere Mechanismen eine Rolle, wie z. B. die Wahrnehmung von Kochsalz an der ***Macula densa*** (▶ s. Kap. 29.9).

Wirkung des Renin-Angiotensin-Systems. Renin bewirkt eine Umwandlung von Angiotensinogen zu Angiotensin II. Über vermehrte ***tubuläre Rückresorption*** wirkt Angiotensin II natriumretinierend, zudem löst Angiotensin II über eine zentralnervöse Wirkung ***Durst*** aus. In der Kochsalz sparenden Tätigkeit wird Angiotensin II durch ***Aldosteron*** unterstützt. Aldosteron ist ein weiteres Glied der Renin-Angiotensin-Kaskade, denn es wird unter Einwirkung von Angiotensin II aus der Zona glomerulosa der Nebennierenrinde freigesetzt (auch die extrazellulären Konzentrationen von Natrium und Kalium und das atriale natriuretische Peptid (▶ s. u.) regeln die Aldosteronfreisetzung). Ziel des Aldosterons ist es, die Na^+-Rückresorption in den distalen Tubulusabschnitten anzutreiben. Das Renin-Angiotensin-System spielt bei der Natriumbilanz die herausragende Rolle. Die Glieder dieser Regelkette sind aber träge. Daher wird mehr Zeit für Natriurese benötigt als für die Wasserdiurese.

Natriuretische Peptide. Im Herzen werden auch Hormone gebildet. Das ***atriale natriuretische Peptid*** (ANP) wird auf Vorhofdehnung hin freigesetzt und erhöht, wie der Name verrät, die Natriumausscheidung. Es gibt zwei weitere natriuretische Peptide, die zunächst im Gehirn identifizierten natriuretischen Peptide BNP ***(Brain Natriuretic Peptide)*** und ***C-Typ Natriuretisches Peptid*** (CNP). Un-

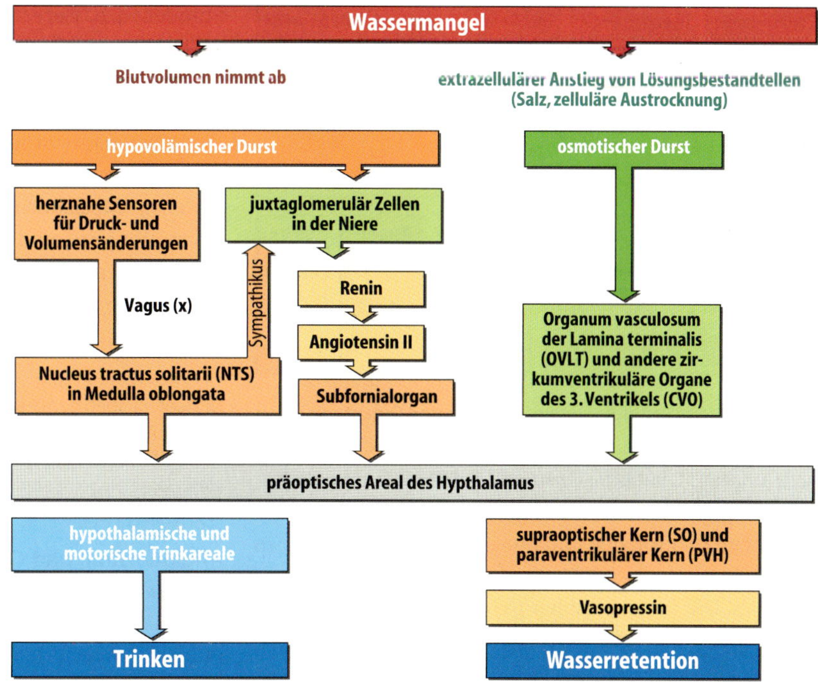

Abb. 30.6. Hypovolämischer und osmotischer Durst bei Wassermangel

ter physiologischen Bedingungen überwiegt die Bedeutung des Renin-Angiotensin-Systems, aber bei der Herzinsuffizienz kommt diesen Hormonen eine größere Bedeutung zu. Natriuretische Peptide sind in vielerlei Hinsicht als Antagonisten zum Renin-Angiotensin-System anzusehen. Sie wirken hemmend auf den Durst, treiben die Natriumausscheidung an und relaxieren in sehr hohen Dosen die Gefäße.

In Kürze

Volumen- und Osmolalitätgleichgewicht

Ein komplexer Regelkreis sorgt für die Aufrechterhaltung des Volumen- und Osmolalitätsgleichgewichts. So stehen Plasmavolumen und Osmolalität unter ständiger Beobachtung:

- Dehnungsrezeptoren am Übergang der V. cava und dem rechten Vorhof geben Auskunft über den Füllungszustand der Kapazitätsgefäße,
- auch Zellen in der Leber sind an der Volumenmessung beteiligt.
- Die Osmolalität wird im Hypothalamus ermittelt.

Regelung der Wasser- und Kochsalzausscheidung

Als Folge von Volumen- oder Osmolalitätsabweichungen wird das Trinkverhalten angepasst, und die Niere modifiziert die Ausscheidung von Wasser und Salz:

- die Wasserausscheidung geschieht unter Kontrolle von ADH,
- die Salzausscheidung hingegen bestimmt in erster Linie das Renin-Angiotensin-Aldosteron-System. Hierbei wirken sympathische Nierennerven und natriuretische Peptide modulierend.

30.4 Regelung der Wasser- und Kochsalzaufnahme

Durst

Durst entsteht bei Anstieg der Osmolalität im Plasma oder Abnahme des extrazellulären Flüssigkeitsvolumens und führt zur Suche nach Wasser und zum Trinken

Auslösung des Dursts. Verliert der Körper etwa 2% seines Wassers, steigt die Plasmaosmolalität um etwa 1–2% an und es entsteht ***osmotischer Durst*** (durch zelluläre Dehydratation). Abnahme des extrazellulären Volumens bei unveränderter Plasmaosmolalität (z. B. bei Blutverlust) erniedrigt den zentralen venösen Druck und den arteriellen Blutdruck. Bei Abnahme dieser Drücke um $\geq$ 10% entsteht ***hypovolämischer Durst.*** Beide Arten von Durst wirken meistens synergistisch. Adäquate Reize und Sensoren, die osmotischen oder hypovolämischen Durst auslösen, sind verschieden; ansonsten sind die neuronalen Strukturen für beide Durstformen im Hypothalamus identisch (Abb. 30.7).

Osmotischer Durst. Der Verlust von Wasser (z. B. durch exzessives Schwitzen) erhöht die Osmolalität der Extrazellulärflüssigkeit. Als Folge davon verlieren die Zellen Wasser an den Extrazellulärraum, dehydrieren und

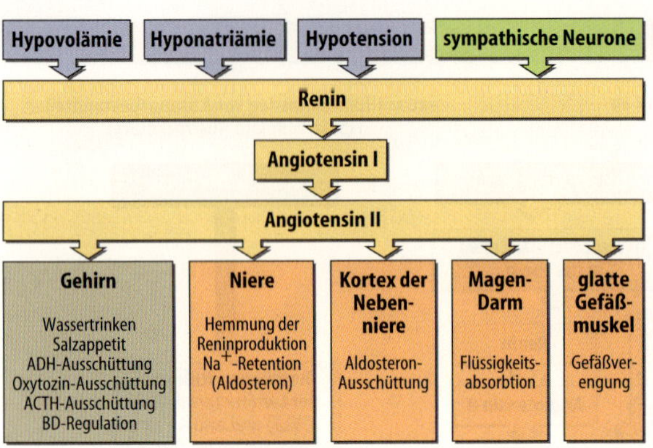

Abb. 30.7. Das Renin-Angiotensin-System und Organfunktionen

schrumpfen. Die ***Osmosensoren*** in den zirkumventrikulären Organen sind für die Erregung der beiden hypothalamischen (neuronalen und hormonellen) Zielsysteme in der Erzeugung von Trinken und Wasserretention verantwortlich. Die osmosensiblen Neurone sind erregend synaptisch mit den ***ADH-freisetzenden*** und ***oxytozinergen*** Neuronen in den Nuclei supraopticus und paraventricularis verknüpft. Zerstörung der zirkumventrikulären Organe führt zum Verlust von Trinkverhalten ***(Adipsie)***. Zerstörung der ADH-freisetzenden Neurone führt zum exzessiven Trinken ***(Polydipsie)***.

Hypovolämischer Durst. Hypovolämischer Durst wird ausgelöst bei Abnahme der Aktivität in ***vagalen Afferenzen*** vom ***rechten Vorhof*** und den ***großen Venen*** und vermutlich in arteriellen Barorezeptorafferenzen und bei Aktivierung des ***Renin-Angiotensin-Systems***. Die Aktivität in den Afferenzen gelangt über den Nucleus tractus solitarii (NTS) in der Medulla oblongata und über aszendierende Bahnen zum Hypothalamus (▶ s. Kap. 28.9). Das Peptid ***Angiotensin II*** steigert über die Nebennierenrinde die Aldosteronfreisetzung und führt über das ***Subfornikalorgan*** zur Ausschüttung von ADH und Oxytozin, welches den Durst und Salzappetit hervorruft. Abbildung 30.6 fasst die vielfältigen Wirkungen von Angiotensin II auf die Volumenregulation zusammen.

Salzappetit

! Salzappetit wird unabhängig vom hypovolämischen Durst geregelt

Aldosteron. Volumenverlust löst sowohl Wasseraufnahme als auch Aufnahme von NaCl (Salz) aus, um Volumen und Osmolalität der Extrazellulärflüssigkeit wieder in ein Gleichgewicht zu bringen. Deshalb ist die Abnahme der Aktivität in den ***viszeralen vagalen Afferenzen*** vom rechten Vorhof des Herzens und den arteriellen Barorezeptoren bei ***Hypovolämie*** nicht nur der auslösende physiologische Reiz für ***Durst*** und ***ADH-Ausschüttung***, sondern auch für ***Salzappetit***. Die Salzaufnahme setzt verspätet ein und überdauert die Wasseraufnahme um Minuten bis Stunden; d. h. Tiere nehmen nach experimenteller Hypovolämie weiterhin Salz zu sich, nachdem die Extrazellulärflüssigkeit wieder hergestellt ist. Das bedeutet, dass ein weiteres (langsames) Signal für die Auslösung des Salzappetits verantwortlich sein muss. Dieses Signal ist ***Aldosteron***, welches bei Hypovolämie über den Renin-Angiotensin-Mechanismus aus der Nebennierenrinde ausgeschüttet wird und an allen Na^+-ausscheidenden Epithelien (Nierentubuli, Mucosa des Darmes, Ausführungsgänge von Speichel- und Schweißdrüsen) die ***Natriumresorption*** fördert.

▪▪▪ Bereits 1940 wurde von Wilkins und Richter der Fall eines vierjährigen Knaben berichtet, der exzessiv Salz aufnahm. Im Krankenhaus wurde er daran gehindert und starb wenige Tage später. Die Autopsie ergab, dass er einen Tumor beider Nebennierenrinden aufwies. Seine Nebennierenrinde konnte kein Aldosteron produzieren und er verlor unkontrolliert Na^+ im Urin.

Angiotensin II und Oxytocin. Angiotensin II wirkt auch direkt auf spezialisierte Rezeptorpopulationen für Salzappetit in den ***zirkumventrikulären Organen***, die vermutlich von den Angiotensin-II-Durstrezeptoren im Subfornikalorgan unabhängig sind. Die verzögerte Befriedigung des Salzappetits wird auf diese Weise durch die ***Aktivierung oxytozinerger Neurone*** im Hypothalamus gesteuert. Diese Neurone hemmen verzögert jene Neurone, welche für Salzappetit verantwortlich sind (und fördern gleichzeitig in der Niere die Natriurese). Die experimentelle Gabe von Oxytozin in die zerebrovaskuläre Flüssigkeit beendet sofort die NaCl-, nicht aber die Wasseraufnahme. Folgende Mechanismen wirken also bei Salzaufnahme ***synergetisch***: Hypovolämie löst durch Angiotensin II akut NaCl-Appetit und durch Aldosteron eine verlängerte Enthemmung der NaCl-Aufnahme aus. Gleichzeitig aktivieren beide Hormone oxytozinerge Neurone im Hypothalamus und hemmen verzögert die Mechanismen der Salzaufnahme (und damit den Salzappetit).

Trinkverhalten

! Trinken löscht Durst lange vor Erreichen des Sollwertes im Gewebe

Präresorptive und resorptive Durststillung. Vom Beginn des Trinkens bis zur Beseitigung eines Wassermangels im Intrazellulärraum vergeht geraume Zeit, da das in Magen und Darm aufgenommene Wasser in den Blutkreislauf überführt (resorbiert) werden muss. Es ist aber eine alltägliche und experimentell vielfach bestätigte Beobachtung, dass das Durstgefühl erlischt, d. h. dass das Trinken aufhört, lange bevor der extra- und intrazelluläre Wassermangel beseitigt ist. Diese ***präresorptive*** Durststillung verhindert eine übermäßige Aufnahme von Wasser und überbrückt die Zeit bis zur resorptiven Durststillung (Abb. 30.8). Die ***präresorptive Durststillung*** arbeitet mit großer Präzision: Die getrunkene Wassermenge entspricht in engsten Grenzen der benötigten.

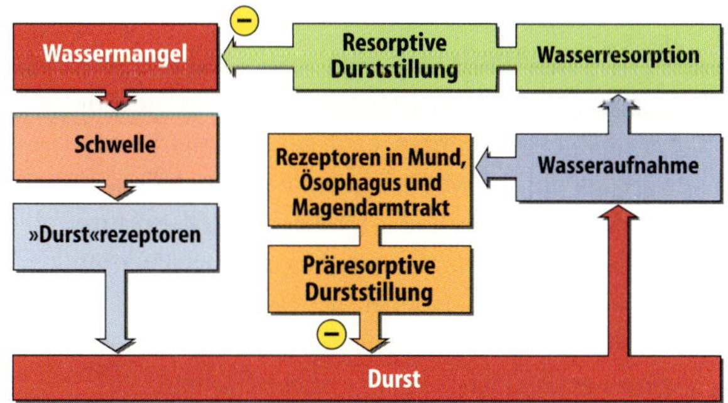

Abb. 30.8. Schema der präresorptiven und resorptiven Durststillung durch Wasseraufnahme

Abschätzung der Trinkmenge. Sensoren im Zungen-Rachenraum sowie in Magen, Duodenum und Leber informieren das Hirn über vagale Afferenzen grob über die aufgenommene Wassermenge und hemmen den motorischen Trinkakt. Die Rezeptoren dieser Afferenzen im Duodenum, die an der präresorptiven Durststillung beteiligt sind, registrieren die Wassermenge oder die Na^+-Konzentration.

Durstschwelle. Ist der Durst endgültig gestillt ***(resorptive Durststillung)*** und das relative (bei Aufnahme von zu viel Kochsalz) oder absolute Wasserdefizit beseitigt, so tritt bei langsamen physiologischen Wasserverlusten erneut Durst auf, wenn dieser etwa 0,5 % des Körpergewichts erreicht. Diese ***Durstschwelle*** verhindert, dass kleine Wasserverluste schon zum Auftreten von Durst führen. Physiologisch schwankt der Wassergehalt des menschlichen Körpers also zumindest zwischen einem Maximum nach resorptiver Durststillung und einem Minimum, das im Idealfall gerade etwas unterhalb der Durstschwelle liegt. Die normalen Schwankungen des Wassergehaltes des menschlichen Körpers sind jedoch in der Regel größer, weil wir einerseits oft mehr Flüssigkeit als nötig aufnehmen und andererseits den Durst nicht immer unmittelbar bei seinem Auftreten löschen können.

▪▪▪ Der Wohlgeschmack eines Getränkes, auch von Wasser, wird umso positiver beurteilt, je größer der Durst ist. Die niedrigsten Bewertungen finden sich nach Durststillung. Die getrunkene Flüssigkeitsmenge hängt auch von ihrem **Geschmack** und von der Vielfalt ihres Angebotes ab. Zusatz von Zucker führt bei Menschen, Affen und Ratten zu deutlich größerer Flüssigkeitsaufnahme. Für die verhaltenssteuernde Wirkung des Geschmacks von Flüssigkeit und Nahrung ist bei Affen und Menschen der **Orbitofrontalkortex** zuständig. Bei seiner Zerstörung kann zwischen der Bedeutung negativer und positiver Verstärker nicht mehr unterschieden werden (► s. Kap. 12).

Primäres und sekundäres Trinken. Trinken und Durststillung sind extrem variable Verhaltensweisen, die aus angeborenen und erlernten Mechanismen zur Beseitigung des Wassermangels und zur Herstellung des positiven Befriedigungsgefühls bei Durststillung bestehen. Trinken als Folge eines absoluten oder relativen Wassermangels in einem der Flüssigkeitsräume des Körpers bezeichnen wir als primäres Trinken, Trinken ohne offensichtliche Notwendigkeit der Wasserzufuhr als sekundäres Trinken.

- ***Primäres Trinken*** ist eine physiologische homöostatische Reaktion, die bei regelmäßiger Lebensweise und ausreichender Verfügbarkeit von Wasser selten auftritt.
- ***Sekundäres Trinken*** ist die übliche Form der Flüssigkeitszufuhr! Im Allgemeinen nehmen wir meist schon im Voraus das physiologisch benötigte Wasser auf. Zum Beispiel wird mit und nach dem Essen Flüssigkeit aufgenommen, wobei wir anscheinend gelernt haben, die Flüssigkeitsmenge an die Speise anzupassen, bei salzhaltiger Kost also mehr zu trinken, selbst wenn noch kein Durstgefühl aufgetreten ist. Lernen spielt also eine wichtige Rolle.

▪▪▪ **Empfohlene Flüssigkeitsaufnahme.** Steht hinreichend Wasser zur Verfügung, erreicht der gesunde Organismus die Flüssigkeitsbilanz von allein. Für eine ausreichende Nierendurchspülung (etwa zur Nierensteinprophlyaxe) reicht eine Trinkmenge aus, die zur Entfärbung des Harns (niedrige Harnosmolarität) führt. **Dialysepatienten**, die keinen Harn mehr ausscheiden, sollen nur die über Haut, Lunge und Stuhl erfolgenden Flüssigkeitsverluste bilanzieren. Häufig stellt diese Trinkbeschränkung bei diesen Patienten eine besondere Belastung dar, denn die Anhäufung von harnpflichtigen Substanzen und Angiotensin II löst enormen Durst aus. Zwischen zwei Dialysen (also in der Regel 2–3 Tage) soll der Patient < 2 Liter Wasser retinieren.

In Kürze

Regelung der Wasser- und Kochsalzaufnahme

Durst kann auf zweierlei Weise entstehen:

- osmotischer Durst entsteht durch Anstieg der Osmolalität im Plasma,
- hypovolämischer Durst kommt durch die Abnahme des extrazellulären Flüssigkeitsvolumens zustande.

Beide Mechanismen arbeiten zusammen und bewirken eine Konstanz des intra- und extrazellulären Flüssigkeitsvolumens innerhalb enger Grenzen (0,5 % des Körpergewichts).

Regulationsmechanismen

Während der osmotische Durst in der Regel über den hypovolämischen dominiert, führen Volumen- und Salzverlust über mehrere renale hormonelle und zentrale Mechanismen zu Wasser- und Salzaufnahme. An diesen Mechanismen sind das Renin-Angiotensin-System, Aldosteron, barorezeptive und volumenrezeptive Afferenzen vom Kreislauf, ADH, Oxytozin und hypothalamische Zentren beteiligt.

Durststillung erfolgt in der Regel antizipatorisch, bevor der Wassermangel in den Körperzellen beseitigt ist (präresorptive und resorptive Durststillung). Dabei sind Lernprozesse und Sensoren im Rachenraum,

▼

Magen und Duodenum beteiligt, mit deren Hilfe das Wasser»bedürfnis« des Körpers genau abgeschätzt wird.

30.5 Entgleisung des Wasser-Elektrolythaushaltes

Abweichungen vom Sollwert

Hypohydration und Hyperhydration umschreiben den Zustand des Wassermangels oder Überschusses; man unterscheidet isotone hypo- und hypertone Hydratationsstörungen

Auswirkung auf die Flüssigkeitsräume. Isotone Veränderungen der Flüssigkeitspegel bleiben auf den Extrazellulärraum beschränkt, der Intrazellulärraum bleibt also in seinen normalen Ausmaßen erhalten (Abb. 30.9). Nimmt dagegen die Osmolalität zu (hypertone Auslenkung), ziehen die angereicherten Teilchen das Wasser aus den Zellen heraus. In der Folge schrumpfen diese. Das Gegenteil geschieht bei hypotoner Änderung der Flüssigkeitsspiegel, hier kommt es zur Zellschwellung.

Hypohydrationszustände. Kann ausreichend Wasser getrunken werden, treten Hypohydrationsstörungen kaum auf, nicht einmal beim völligen Fehlen des Hormons ADH (Diabetis insipidus). Der Patient scheidet dann zwar Unmengen an Harn aus, aber der Durstmechanismus sorgt für entsprechenden Ausgleich.

30.1. Diabetis insipidus

Pathologie und Ursachen. Kann ADH nicht gebildet oder freigesetzt werden, liegt ein zentraler Diabetis insipidus vor. Bei voll ausgeprägtem Erscheinungsbild des Diabetis insipidus scheidet die Niere die maximale mögliche Harnmenge aus, etwa 20 Liter täglich. Befindet sich dagegen der Defekt an der ADH-Ansprechbarkeit der Nierenepithelien, spricht man von einem renalen Diabetis insipidus (selten).

Therapie. Bei renaler Form des Diabetis insipidus bleibt die therapeutische Gabe von ADH-Analoga erfolglos. In diesem Fall werden Thiaziddiuretika gegeben, die über den so erfolgten Kochsalzverlust zur Verminderung des Extrazellulärvolumens führt. Als Folge wird das Renin-Angiotensin-System aktiviert, die Sympathikusaktivität erhöht und der Blutdruck leicht verringert. Alle diese Veränderungen verursachen über verschiedene Mechanismen (► s. S. 29.4) eine gesteigerte Wasserresorption.

Hypohydration tritt z. B. bei älteren Menschen auf, die ein eingeschränktes Durstempfinden haben und Personen, bei denen die Mobilität eingeschränkt ist. Auslösende Ereignisse sind häufig Durchfälle, Erbrechen, Verbrennungen oder Diuretikatherapie.

Hypo- und hypertone Hypohydration. Man unterscheidet zwei Formen der Hypohydration:

- Werden erhebliche Verluste der Körperflüssigkeiten durch Trinken hypoosmolarer Flüssigkeiten kompensiert, kann eine ***hypotone Hypohydration*** entstehen. Hypotone Hypohydration kommt auch bei eingeschränkter

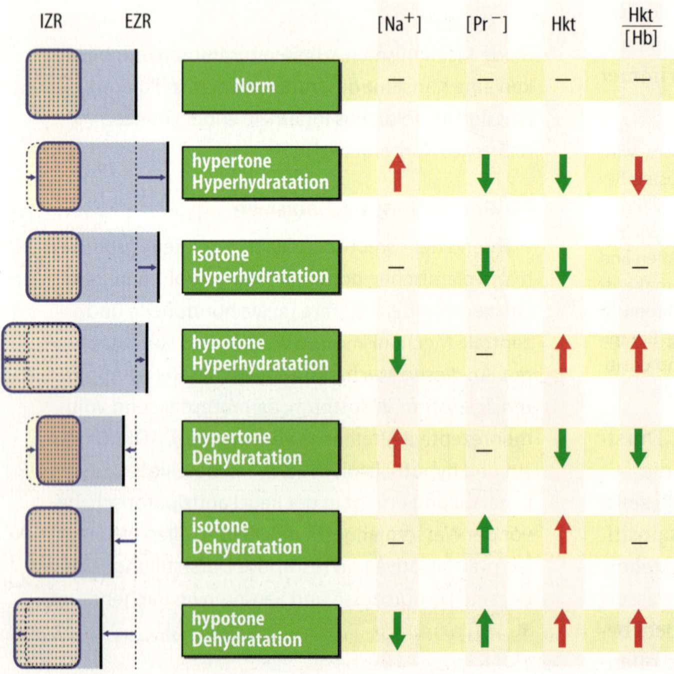

Abb. 30.9. Störungen des Wasser- und NaCl-Haushaltes. *Links* die jeweiligen Änderungen von Intrazellulärraum *(IZR, rötlich)* und Extrazellulärraum *(EZR, blau)*. *Rechts* die jeweiligen Änderungen der extrazellulären Na^+-Konzentration ($[Na^+]$), der Plasmaproteinkonzentration ($[Pr^-]$), des Hämatokrit (Hkt) und des Verhältnisses von Hämatokrit und Hämoglobinkonzentration (Hkt/[Hb])

Fähigkeit zur Salzretention vor, beispielsweise beim ***Aldosteronmangel.***

- Können Flüssigkeitsverluste nicht durch Trinken ausgeglichen werden, resultiert eine ***hypertone Hypohydration.*** Besonders rasch erfolgt dies bei schwerer Arbeit in der Hitze oder bei ***Fieber***, denn hierbei geht reichlich hypoosmolare Flüssigkeit verloren.

Hyperhydration. Ebenso wie die Hypohydration nur bei eingeschränkter Wasseraufnahme möglich ist, setzt die Hyperhydration eine Störung der Wasserelimination voraus. Diese kann vielerlei Ursachen haben. Ein Beispiel ist oligurisches Nierenversagen verschiedenster Genese. Auch ***Hyperaldosteronismus*** kann zur Hyperhydration führen, wie beim ***Conn-Syndrom.*** Bei diesem Krankheitsbild verursachen die hohen Aldosteronspiegel, dass aus dem distalen Tubulus und Sammelrohr ständig Na^+ und Wasser retiniert werden. Dieses erfolgt auf Kosten von K^+, das im Austausch ins Tubuluslumen gelangt. Der Bestand von Na^+ kann beträchtliche Ausmaße annehmen, bedrohlich wird jedoch der gleichzeitige K^+-Verlust. Je nach Trinkverhalten entsteht eine hyper- oder normotone Hyperhydration. ***Lakritzen*** haben eine aldosteronähnliche Wirkung (► s. Kap. 21.5), weshalb es beim chronischen Genuss zu einer Hyperhydration und zum Bluthochdruck kommen kann. Dagegen kann eine hypotone Hyperhydration durch ***glukosehaltige Infusionslösung*** bei niereninsuffizienten Patienten entstehen, denn sie bergen die Gefahr einer Osmolytverringerung, sobald die Glukose von den Zellen abgebaut wird. Zurück bleibt das reine Wasser, welches nicht mehr hinreichend ausgeschieden wird.

Ödembildung

Flüssigkeitsansammlungen im interstitiellen Raum werden (extrazelluläre) Ödeme genannt; sie können durch Erhöhung der Kapillarpermeabilität sowie durch Veränderungen des hydrostatischen oder onkotischen Drucks entstehen

Entstehung. Ödeme werden gebildet, wenn Plasmawasser in das Interstitium übertritt, daher sind diese Aufquellungen nicht etwa gleichzusetzen mit einer Hyperhydration. Durch den Plasmawasserverlust wird häufig sogar eine Hypohydration in den übrigen Verteilungsräumen verursacht. Folgende Veränderungen begünstigen Ödembildung (► s. Kap. 28.4):

- eine Erhöhung der Kapillarpermeabilität z. B. durch ***Histamin*** (Insektenstich),
- ein gesteigerter Kapillardruck (***kardiale Insuffizienz*** mit gesteigertem Venendruck),
- verminderte Plasmaproteinkonzentration (Eiweißverlust beim ***nephrotischen Syndrom***),
- Störung des ***Lymphabflusses*** (Lymphbahnresektion bei Tumorentfernung).

Zur Diagnose können Ödeme in der Haut mit dem Daumen weggepresst werden. Eine Delle ist über längere Zeit zu beobachten. Ursache für das verzögerte Nachfließen des Ödems ist die gelartige Konsistenz des interstitiellen Raumes. Intrazelluläre Ödeme entstehen hingegen nur, wenn intrazelluläre Osmolyte angereichert werden oder wenn die extrazelluläre Osmolarität abnimmt.

Ödeme bei Leberzirrhose. Das Auftreten von Ödemen kann am Beispiel der alkoholbedingten Leberzirrhose illustriert werden (Abb. 30.10). Durch Schädigung der Leber werden nicht mehr hinreichend Plasmaproteine synthetisiert. Der onkotische Druck fällt, dadurch kann das Wasser nicht mehr im Plasmaraum zurückgehalten werden. Da die Sinusoidalräume der Leber geschädigt sind, staut sich zudem die Lymphe. Dieses gesellt sich zu einer venösen Abflussminderung und Zunahme des Blutdruckes in der Pfortader (***»portale Hypertension«***) hinzu, es wird also mehr Plasma abgepresst. Eiweiße können die Wände der Sinusoide besonders leicht passieren und reichern sich jetzt im Bauchraum als Exsudat an (***Aszites***, ► s. a. Fallgeschichte in der Einleitung). Daraus resultiert eine weitere Minderung der Plasmaproteine und ein erheblicher Plasmaflüssigkeitsverlust (bis zu vielen Litern). Als Notreaktion auf das verminderte zirkulierende Plasmavolumen setzt die Nebenierenrinde Aldosteron frei, um Na^+ aus der Niere zu retinieren. Da die Leber das gebildete Aldosteron nicht mehr abbauen kann, schießt der Aldosteronspiegel in die Höhe. Das Plasmavolumen weitet sich stark aus und treibt zusätzlich Flüssigkeit in den Bauchraum hinein. Proteinhaltige Infusionslösungen können nur zum gewissen Grade beim Aszites verabreicht werden, denn die Lungenkapillaren sind recht

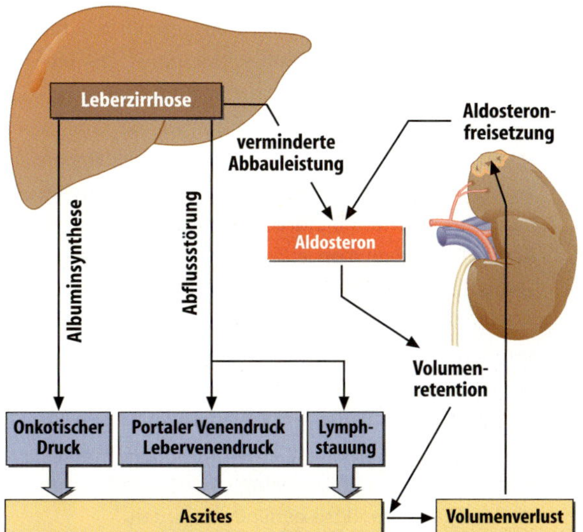

Abb. 30.10. Entstehung und Aufrechterhaltung des Aszites am Beispiel der Leberzirrhose. Große Bedeutung kommen der vermehrten Freisetzung und verminderten Abbau von Aldosteron durch die Leber zu. Darüberhinaus ist der onkotische Druck durch verminderten Plasmaeiweißgehalt reduziert, der Lymphabfluss gestaut und der Venendruck in der Leber und Portalvene erhöht

durchlässig für Proteine. Somit würde das Eiweiß in das Lungeninterstitium gelangen und zum Lungenödem führen. Beim Punktieren des Bauchraumes ist ebenso Vorsicht geboten, denn die sofort nachfließende Plasmaflüssigkeit kann einen ***Volumenmangelschock*** auslösen (► s. a. Fallbeispiel am Kapitelanfang).

Hirnödem. Besonders tückisch ist eine Osmolalitätsveränderung für das Gehirn, denn der Schädel lässt keine Ausbreitung zu. Schwellung des Nervengewebes (Hirnödem) beschränkt die Blutzufuhr, den venösen Abfluss und die kapillare Filtration. Wird zusätzlich der Liquorabfluss gestört, kann es zum erhöhten Liquordruck kommen ***(Hirndruck)***. Durch Augenhintergundspiegelung kann der Arzt dies erkennen: der hohe Gehirndruck behindert den örtlichen Kreislauf und Lymphabfluss der Netzhaut. Es bietet sich das Bild eines vorquellenden Sehnervs ***(Stauungspapille)*** und die Retinavenen sind erweitert. Auch die Schrumpfung der Hirnzellen bei Hypohydration geht mit Funktionsverlusten einher, darüber hinaus können die Gehirngefäße geschädigt werden.

30.2. Kochsalz und Bluthochdruck

Ausgeprägte Erhöhung des Natriumbestandes (wie etwa bei krankhaftem Aldosteronüberschuss) lässt den Blutdruck steigen. Der normale Kochsalzkonsum dagegen nicht, dafür sorgen die Nieren. Innerhalb einiger Bevölkerungsgruppen treten aber zahlreiche, besonders salzsensitive Menschen auf, die bereits auf niedrigere Mengen Kochsalz ansprechen. Allein eine fortwährende reichliche Kochsalzzunahme über die Kost ruft bei diesen Personen einen Bluthochdruck (Hypertonie) hervor. Bei den Europäern ist die Salzsensitivität bei weitem nicht so ausgeprägt wie bei Nordamerikanern afrikanischen Ursprungs. Die Mechanismen, die zur Salzsensitivität führen, sind bisher genauso im Unklaren verborgen wie die eigentlichen Ursachen der primären »essentiellen« Hypertonie selbst. Fest steht aber, dass während der Entstehung des erhöhten Blutdrucks zunächst ein vergrößertes Plasmavolumen erkennbar ist. Nach einiger Zeit geht dieser sog. »Volumenhochdruck« in einen »Widerstandshochdruck« über, d. h., dass nunmehr verengte Widerstandsgefäße den erhöhten Blutdruck aufrechterhalten. Obwohl eine generell blutdruckerhöhende Wirkung von Kochsalz nach wie vor umstritten bleibt, ist es für Hypertoniepatienten ratsam, den Salzkonsum zu dämpfen. Vielfach kann so die Medikamentendosis gemindert werden.

In Kürze

Entgleisung des Wasser-Elektrolythaushaltes

Überwässerung und Dehydrierung treten nicht auf, wenn die Zufuhr und Elimination von Wasser ausreichend gewährleistet ist. Man unterscheidet zwei Richtungen der Abweichung vom Sollwert:

- Austrocknung (Hypohydration) kann bei großer Hitze, Durchfällen oder heftigem Erbrechen erfolgen.
- Zu Hyperhydrierung (Wasserüberschuss) bis zur Wasserintoxikation kann es v. a. bei niereninsuffizienten Patienten kommen.

Ödem

Die übermäßige Verlagerung von Flüssigkeit ins Interstitium bezeichnet man als Ödem. Dieses entsteht z. B. durch erhöhten hydrostatischen Druck in der Kapillare, verminderten onkotischen Druck, Lymphabflussstörungen oder durch eine Zunahme der Kapillarpermeabilität.

30.6 Kaliumhaushalt

Kaliumbilanz

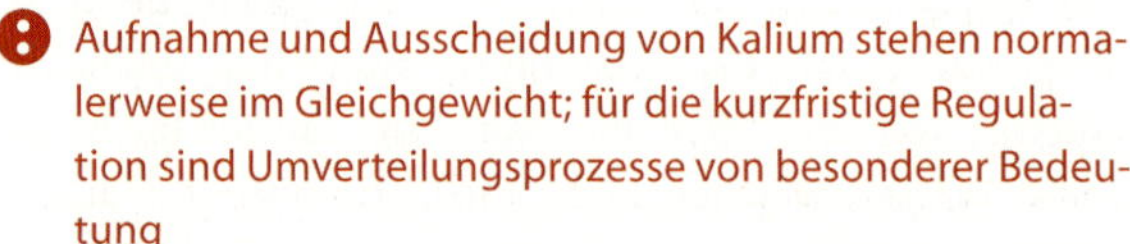

Aufnahme und Ausscheidung von Kalium stehen normalerweise im Gleichgewicht; für die kurzfristige Regulation sind Umverteilungsprozesse von besonderer Bedeutung

Aufnahme. Der extrazelluläre Raum enthält 60–80 mmol K^+. Verblüffend wird diese Angabe erst, wenn man sich vor Augen hält, dass das Trinken einiger Gläser Orangensaft bereits eine Zufuhr von etwa 40 mmol bedeutet. Der Organismus ist daher »ständig auf der Hut«, um den Kaliumhaushalt zu regulieren. Die Zufuhr von Kalium unterliegt erheblichen Schwankungen, welche aber durch die Niere ausgeglichen werden. Besonders viel Kalium ist im Fleisch zu finden, aber auch Bananen, Aprikosen, Feigen und Kartoffeln enthalten reichliche Mengen. Im Kochwasser entschwindet ein Großteil des in der Nahrung befindlichen Kaliums.

Umverteilung. Besonders schnell ist die Ausscheidung von Kalium nicht. Daher ist eine rasche Kompensation des Kaliums vonnöten. Dies bewerkstelligen die Zellen selber. Ist die Zelle von hoher K^+-Konzentration umgeben, kommt es zur Aufnahme von Kalium, vermutlich ist Kalium dabei selbst ein wichtiger auslösender Faktor. Fördernd auf die K^+-Aufnahme wirken weiterhin ***Insulin*** und ***β_2-adrenerge Stimulation***. Diese setzen (direkt und indirekt) die Na^+/K^+-ATPase verstärkt in Gang und erreichen damit einen vermehrten Austausch von K^+ gegen Na^+.

Eliminierung. Schweiß und Stuhl enthalten viel Kalium, aber in der Regel wird nur etwa 10 % der aufgenommenen Menge auf diesem Wege ausgeschieden. Eine Ausnahme ist der Aufenthalt in ***großer Hitze*** ohne hinreichende Hydrierung. Unter diesen Bedingungen geht zunächst sehr viel Kalium über die großen Mengen an Schweiß verloren. Um das extrazelluläre Volumen zu erhalten, wird Aldosteron freigesetzt. Dadurch werden zwar die Wasser- und Natriumverluste verringert, allerdings auf Kosten verstärkter Kaliumausscheidung über die Nieren, den Stuhl und den Schweiß. Bei erhöhtem Kaliumspiegel kann das ***Darmepithel*** die Elimination von Kalium erheblich steigern. Das Kolon kann so immerhin bis zu $^1/_3$ der auszuscheidenden Menge bewältigen. Entscheidende Schaltstellen für die renale Kaliumausscheidung sind die ***distalen Nephronabschnitte***, also distaler Tubulus und Sammelrohr. Wie bereits geschildert, bewirkt Aldosteron an den Hauptzellen eine vermehrte Aufnahme von Na^+. Aus Elektroneutralitätsgründen verlässt K^+das Zellinnere und tritt in das Tubuluslumen über (der gleiche Transportmechanismus regelt die Eliminierung über das Kolonepithel). Verabreicht man Diuretika, die vor diesem Nierenabschnitt wirken, kommt es zu einem Kaliumverlust (»Kaliuretika«), denn die distalen Nephronabschnitte sehen sich dann einer Überflutung mit Na^+-reicher Tubulusflüssigkeit ausgesetzt. Nun wird über Aldosteron die Na^+-Aufnahme voll in Gang gesetzt, was einen Verlust an K^+ zur Folge hat. Kaliumsparende Diuretika sind dagegen ***Aldosteronantagonisten*** und ***Amilorid***. Beide hemmen die Na^+-Aufnahme im distalen Nephron und Sammelrohr und halten dadurch K^+ zurück. Um K^+ zu resorbieren, haben die Schaltzellen (auch im distalen Tubulus und Sammelrohr lokalisiert) eine H^+/K^+-ATPase. Kalium wird hier also aktiv gegen Protonen ausgetauscht. In Folge dieses Regelwerkes ist die Niere in der Lage, erhebliche Mengen an Kalium zu resorbieren oder auszuscheiden.

Hyperkaliämie

Das Zellmembranpotential steht und fällt mit der ungleichen Verteilung des Kaliums über die Zellmembran, daher ist der Kaliumhaushalt für die Erregbarkeit von Neuronen, Skelett- und Herzmuskel so bedeutsam

Bedeutung des Kaliums. Entweichen nur 2 % des intrazellulären Kaliums, verdoppelt sich der extrazelluläre Kaliumgehalt. Daher umhüllt die Blut-Hirn-Schranke das zentrale Nervensystem und formt so eine Art Schutzwall vor Kaliumschwankungen. Periphere Neurone, Skelettmuskeln und v. a. Herz und glatte Muskulatur sind hingegen den Änderungen der Plasmakonzentration ausgeliefert, und ihre Funktion wird bei Hyper- oder Hypokaliämie empfindlich gestört. Auch die Ausschüttung einiger Hormone ist von der K^+-Konzentration abhängig. So stimuliert Hyperkaliämie über Depolarisation der Zellmembran die Ausschüttung von Insulin, Aldosteron und Glukokortikosteroiden. K^+ ist ferner für den Transport in einer Vielzahl von Epithelien erforderlich, so halten K^+-Kanäle die treibende Kraft für elektrogene Transportprozesse aufrecht.

Hyperkaliämie. Ein Beispiel für die Folgen eines erhöhten extrazellulären Kaliumspiegels ist die in der Herzchirurgie eingesetzte sog. ***kardioplege Lösung***: Da das schlagende Herz die Operation erschwert, verschafft sich der Chirurg Abhilfe, indem er kaliumreiche Lösung verabreicht. Wie über die ***Nernst-Gleichung*** vorhergesagt, wird die Zellmembran bei erhöhtem K^+-Gehalt des Außenmediums depolarisiert. Darüber hinaus verursacht die Hyperkaliämie ($K^+ > 6$ mmol/l) eine Zunahme der K^+-Leitfähigkeit der Zellmembran. Sind die Herzzellen erst einmal dauerhaft entladen, können sie nicht mehr erregt werden, und das Herz steht still. Bevor es aber so weit kommt, das Herz also völlig erlahmt, treten Herzrhythmusstörungen auf. Die depolarisierte Myokardmembran hat sich nämlich dem Schwellenpotential genähert, dessen Überschreiten ein Aktionspotential auslöst. Eine unkoordinierte Kontraktion des Ventrikels ***(ventrikuläre Extrasystole)*** und Störung der Erregungsfortleitung sind die Folge.

Gesteigerte und verminderte Erregbarkeit. Der Wechsel von einer gesteigerten Erregbarkeit zu einer Erschlaffung der Muskulatur erfolgt bei etwa 8 mmol/l, was eine schwere Hyperkaliämie bedeutet. Überschreitet man diese Schwelle, setzt auch eine allgemeine ***Muskelschwäche*** ein. Solch hohe Kaliumspiegel erreicht man aber als Gesunder kaum, denn die Niere kann große Mengen an Kalium ausscheiden. Allerdings kann es bei eingeschränkter Nierenfunktion durchaus zur bedrohlichen K^+-Akkumulation kommen, genauso wie bei vermehrtem Austritt von Kalium aus der Zelle, z. B. bei ***Chemotherapie*** zur Krebsbehandlung, ***Verbrennungen*** oder Quetschungen. Auch körperliche Betätigung steigert den K^+-Spiegel, und zwar aus zwei Gründen. Zunächst kann das nach dem Aktionspotential austretende K^+nicht hinreichend schnell über die Na^+/K^+-ATPase aufgenommen werden. Als zweite Ursache sind ATP-abhängige K^+-Kanäle anzusehen. ATP schließt diese Kanäle und vermindert damit das Austreten von K^+. Bei reduziertem ATP-Gehalt der Zellen sind diese Tore für das Kalium weit geöffnet. So steigert bereits das normale Gehen die K^+-Konzentration um ca. 0,3 mmol/l, erschöpfende Arbeit ruft gar eine Zunahme um 2 mmol/l hervor.

Hypokaliämische Störungen

Die Symptome der Hypokaliämie können denen der Hyperkaliämie sehr ähnlich sein

Hypokaliämie. Es mutet paradox an, dass die klinischen Zeichen einer Hypokaliämie denen der Hyperkaliämie gleichen können. Beispielsweise treten hier wie dort

Extrasystolen auf. Die Praxis stimmt jedoch weiterhin mit der Theorie überein: Nach Nernst müsste eine Abnahme des extrazellulären Kaliums zwar eine Hyperpolarisation und somit eine verminderte Erregbarkeit der Zellen hervorrufen. Da aber eine verringerte extrazelluläre K^+-Konzentration gleichzeitig die Kaliumleitfähigkeit der Zellmembranen herabsetzt, wird der Einfluss des Kaliums auf das Ruhemembranpotential gemindert, die Zellmembran kann also tatsächlich entgegen der Erwartung depolarisiert werden (■ Abb. 30.11). Am Herzen bedeutet dies, dass sowohl die Hyper- wie auch die Hypokaliämie die Erregbarkeit heraufsetzen können. Insbesondere bei Herzmuskelzellen, die durch Sauerstoffmangel geschädigt wurden ***(Randzonen des Herzinfarkts!)***, verursachen hypokaliämische Erregbarkeitssteigerung gefährliche Herzrhythmusstörungen. Bei der glatten Muskulatur ist der Einfluss des Kaliums auf seine Membranleitfähigkeit hingegen weniger deutlich. Daher sind ***Darmträgheit*** und ***Blasenerschlaffung*** anzutreffen.

Ursachen von Kalium-Verlust. Verlust an Kalium kann viele Gründe haben. Die meisten Diuretika schwemmen K^+ aus dem Organismus heraus, aber auch über den Darm können bei Durchfällen große Mengen an K^+abhanden kommen. Der Arzt kann bei Hemmung der Na^+/K^+-ATPase durch ***Ouabain*** (g-Strophantin) den Kaliumspiegel gefährlich senken.

▪▪▪ Bemerkenswerterweise entdeckte man eine körpereigene Produktion von Ouabain (welches aber unter physiologischen Bedingungen keine Hypokaliämie hervorruft), und zwar in der Nebennierenrinde. Die Herstellung des endogenen Fingerhutwirkstoffes wird bei Kochsalzzufuhr, Hypoxie und körperlicher Arbeit gesteigert. Vermutlich spielen Angiotensin II und Adrenalin hierbei die vermittelnde Rolle. Durch diese Substanz wird die Kontraktionskraft des Herzens erhöht, leider aber auf unökonomische Weise, weshalb man die entsprechenden Präparate ungern bei Herzinsuffizienz anwendet.

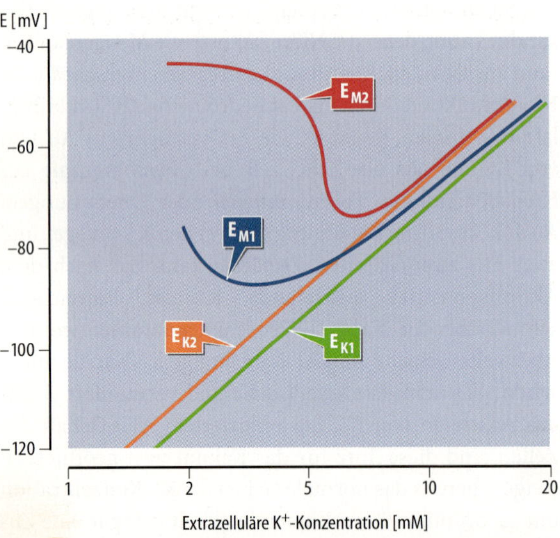

■ **Abb. 30.11. Abhängigkeit des Zellmembranpotentials von der extrazellulären K^+-Konzentration.** E_K = Kaliumgleichgewichtspotential einer Zelle mit 150 mmol/l *(grün)* bzw. 120 mmol/l *(orange)* intrazellulärer K^+-Konzentration ($E_K = -61$ lg [Ki]/[Ka] mV). E_{M1} = Zellmembranpotential einer Zelle mit hoher K^+-Leitfähigkeit und intrazellulären K^+-Konzentrationen (z.B. gesunde Myokardzelle); E_{M2} = Zellmembranpotential einer Zelle mit geringer K^+-Leitfähigkeit und intrazellulären K^+-Konzentrationen (z.B. ischämische Myokardzelle). Bei zellulärem K^+-Verlust wird die Kurve für E_K parallel nach links verschoben. Nach Ten Eik et al (1992)

Dagegen ist eine verringerte K^+-Zufuhr allein nur selten für einen Mangelzustand verantwortlich, denn die renale K^+-Elimination kann bis auf 2% der gefilterten Menge beschränkt werden.

Wechselwirkung mit dem Säure-Basen-Haushalt

Kaliumionen und Protonen werden zwischen Intra- und Extrazellulärraum ausgetauscht, ein Mangel an Kalium führt daher gehäuft zur Azidose; umgekehrt geht die Hyperkaliämie mit einer Alkalose einher

Austausch von Protonen und K^+. Häuft sich H^+ im Zellinnern an, wird allein aus Elektroneutralitätsgründen vermehrt K^+die Zelle verlassen. Erleichtert wird dieser Austauch durch die pH-Empfindlichkeit der K^+-Kanäle. Reichern sich dagegen H^+-Ionen im extrazellulären Raum an, drosselt die Zelle in umgekehrter Weise den Ausstrom von Kalium. Zunächst scheint dieser einfache Mechanismus eine klinisch sehr wichtige Beobachtung zu erklären: Azidosen gehen häufig mit einer Hyperkaliämie einher. An der Entstehung dieser ***hyperkaliämischen Azidose*** sind aber auch andere Geschehnisse beteiligt, denen eine noch größere Bedeutung zukommt: Damit die ständig in den Zellen entstehenden H^+-Ionen letztlich über die Lunge (als CO_2) und Nieren eliminiert werden können, müssen sie zuerst die Hürde der Zellmembran nehmen. Dies tun sie mit Hilfe des sog. ***Na^+/H^+-Antiports***. Bei erhöhtem H^+-Angebot im Zellinnern wird er vermehrt aktiv und schleust Na^+ in das Zellinnere. Im Wechsel gelangt H^+ in den extrazellulären Raum. Das so im Zellinneren angereicherte Na^+ wird schließlich über die bekannte Na^+/K^+-ATPase wieder aus der Zelle hinausbefördert, und zwar im Austausch mit Kalium. Also ist der Nettoeffekt der, dass H^+ aus der Zelle tritt und im Gegenzug K^+ hineingelangt. Diese Zusammenhänge machen deutlich, weshalb der Arzt durch eine alkalische Infusionslösung (z.B. Natriumbikarbonat) eine Hyperkaliämie lindern kann.

▪▪▪ Azidosen, die von organischen Säuren verursacht werden (z.B. Laktatazidose), rufen im Allgemeinen keine Hyperkaliämie hervor, da Laktat gemeinsam mit Protonen aus der Zelle ausgeschleust wird.

Hormone und Kalium

Eine Reihe von zellulären Transportprozessen wird durch Insulin gesteuert; in der Folge treten Verschiebungen im intra- und extrazellulären Kalium auf

Insulin. Der schlecht eingestellte Diabetiker weist häufig eine Hyperkaliämie auf. Wichtig ist hierbei die wegfallende Insulinwirkung auf die Membrantransportprozesse. Diese sind besonders ausgeprägt in der Leber, aber auch die Muskulatur und das Fettgewebe sind betroffen. Insulin stimuliert in diesen Geweben die zelluläre Aufnahme von K^+, denn durch Aktivierung des Na^+,K^+,$2Cl^-$-Symporters und des Na^+/H^+-Antiporters steigert es die Aufnahme von Na^+. Dadurch erhält die Na^+/K^+-ATPase, welche durch Insulin ebenfalls stimuliert wird, mehr Substrat und wird zusätzlich aktiviert. Unter dem Strich wird also vermehrt K^+ aus der Zelle getrieben. Insulin und K^+ regulieren sich offenbar gegenseitig, da die Freisetzung von Insulin aus den B-Zellen des Pankreas nicht nur vom Glukosespiegel abhängt, sondern auch über die K^+-Konzentration geregelt wird.

30.3. Hungern, Essen, Hypokaliämie: die Realimentationshypokaliämie

Die Wirkung von Insulin auf die zelluläre K^+-Aufnahme ist umso stärker, je länger der Körper unter Insulinmangel stand, die Zellen also an K^+ verarmt sind. Fehlt ihnen seit geraumer Zeit die Nahrung, wird kein oder nur sehr wenig Insulin ausgeschüttet. Die Zellen – insbesondere die der Leber – werden besonders empfindlich gegenüber Insulin. Reichliche Nahrungszufuhr in diesem Zustand stimuliert massiv die Insulinausschüttung und ihre Zellen werden darauf überschießend reagieren. Die Folge ist massive zelluläre K^+-Aufnahme und bedrohliche Hypokaliämie.

Weitere Hormone. Im Gegensatz zu Insulin stimuliert ***Glukagon*** die K^+-Abgabe durch die Leber und führt somit zu einer vorübergehenden Zunahme der extrazellulären K^+-Konzentration. Auch andere Hormone wie die der ***Schilddrüse*** und ***Adrenalin*** wirken auf die zelluläre K^+-Bilanz. Ihre Wirkung bleibt jedoch weit hinter der von Insulin zurück.

In Kürze

Kaliumhaushalt

Gerät die Kaliumbilanz aus dem Gleichgewicht, können sehr schnell lebensbedrohliche Zustände entstehen. Der bei weitem überwiegende Teil des Kaliums ist intrazellulär gelegen. Die ungleiche Verteilung von K^+ über die Membran ist maßgeblich für die Aufrechterhaltung des Ruhemembranpotentials. Daher führen größere Veränderungen dieses Gleichgewichts zu Störungen der Erregung am Herzen wie z. B. Extrasystolen.

An der Regulation des Kaliumhaushalts sind verschiedene Prozesse beteiligt:

- Das aufgenommene K^+ wird hauptsächlich über die Niere ausgeschieden, was unter der Kontrolle von Aldosteron steht.
- Die Zellen regeln zudem die Aufnahme des extrazellulären Kaliums über das K^+ selbst, wie auch durch Insulin, H^+ -Ionen und zahlreiche weitere Mechanismen.

Literatur

Guyton AC (1991) Blood pressure control – special role of the kidney and body fluids. Science 252: 1813–1816

Hooper L, Bartlett C, Davey SG, Ebrahim S (2002) Systematic review of long term effects of advice to reduce dietary salt in adults. BMJ 325: 628

Lohmeier TE (2003) Interactions between angiotensin II and baroreflexes in long-term regulation of renal sympathetic nerve activity. Circulation Research 92: 1282–1284

Reinhardt HW, Seeliger E (2000) Toward an Integrative Concept of Control of Total Body Sodium. News Physiol Sci 15: 319–325

Seeliger E, Safak E, Persson PB, Reinhardt HW (2001) Contribution of pressure natriuresis to control of total body sodium: balance studies in freely moving dogs. J Physiol 537: 941–947

Kapitel 31
Calcium- und Phosphat-Haushalt

F. Lang, H. Murer

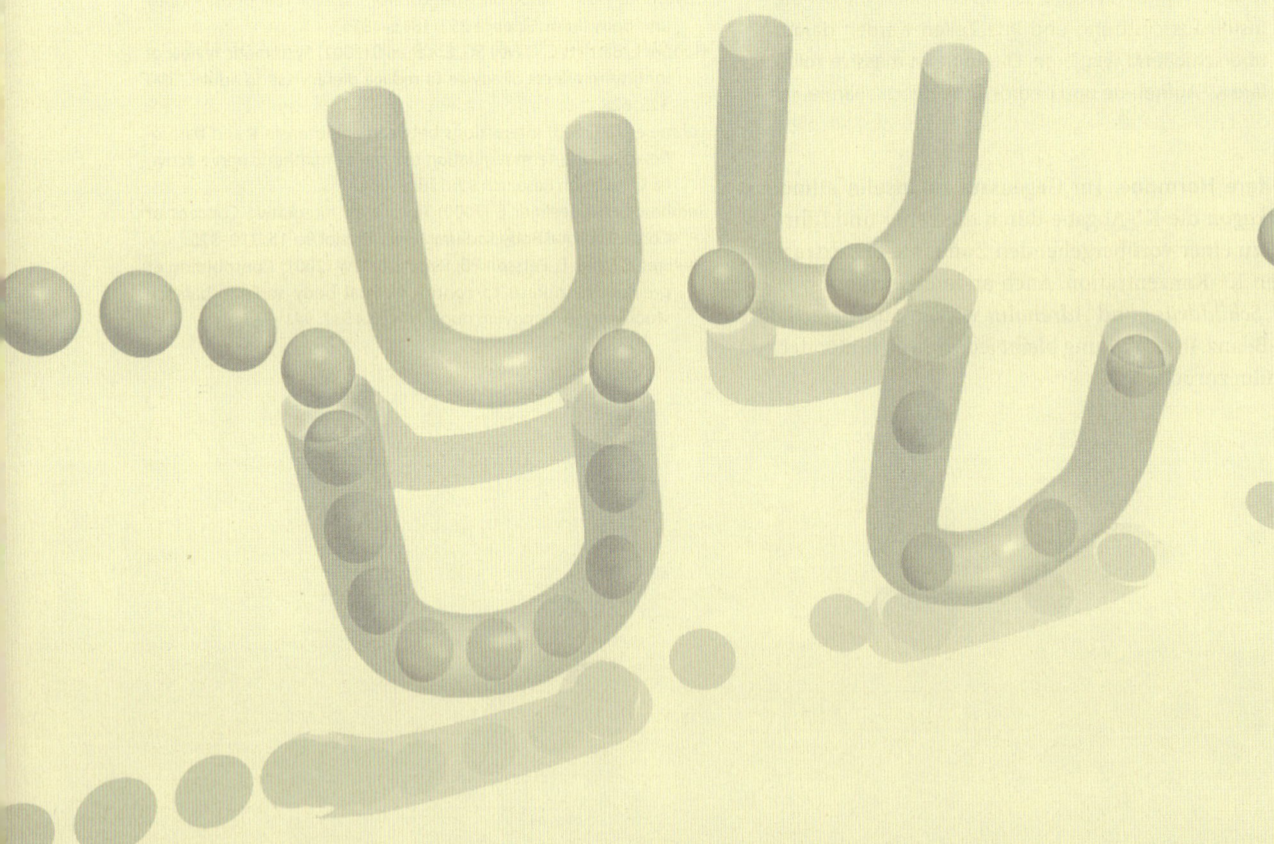

Einleitung

Die Patientin A.L. wird mit Verdacht auf Knochenmetastasen in die Universitätsklinik eingeliefert, wo der Primärtumor gesucht werden soll. Im Röntgenbild des Skeletts sieht man nämlich »Löcher« mit fehlender Mineralisierung. Angesichts des massiven »Befalls« der Knochen befürchtet der einweisende Arzt, dass die Patientin nur noch wenige Wochen leben wird, eine Einschätzung, die er auch der Patientin mitteilt. Der junge, physiologisch geschulte Stationsarzt stellt jedoch fest, dass die Patientin nur wenig Ca^{2+} im Urin ausscheidet, obwohl die Entmineralisierung des Knochens durch einen Tumor die Ca^{2+}-Ausscheidung massiv steigern sollte. Er findet dann heraus, dass bei der Patientin die Ca^{2+}-Absorption im Darm gestört ist. Das folgende Absinken der Ca^{2+}-Konzentration im Blut stimuliert die Ausschüttung von Parathormon, das wiederum Ca^{2+} aus dem Knochen mobilisiert und dadurch die Entmineralisierungsherde erzeugt. Die Malabsorption im Darm wird bei der Patientin durch einen Mangel an dem Verdauungsenzym Laktase ausgelöst. Laktose kann daher nicht abgebaut und nicht absorbiert werden. Die nicht-absorbierte Laktose hält im Darmlumen Wasser zurück, was die Darmperistaltik anregt und damit die Darmpassagezeit verkürzt. Die reduzierte Kontaktzeit mit dem Darmepithel beeinträchtigt die intestinale Ca^{2+}-Absorption. Die Störung kann durch Vermeidung Laktose-haltiger Nahrung diätetisch leicht behandelt werden. Der Stationsarzt kann der überglücklichen Patientin nun die richtige Diagnose mitteilen und ihr erklären, dass die diätetische Meidung von Milchprodukten eine weitere Entmineralisierung des Knochens verhindert.

31.1 Physiologische Bedeutung von Calciumphosphat

Gegenseitige Beeinflussung von Calcium und Phosphat

Calcium und Phosphat bilden schwer lösliche Salze, eine Voraussetzung für die Mineralisierung der Knochen; die Konzentrationen von Calcium und Phosphat beeinflussen sich gegenseitig

Eingeschränkte Löslichkeit von Calciumphosphat-Salzen. Calcium- und Phosphat-Haushalt sind wegen der eingeschränkten Löslichkeit von Calciumphosphat-Salzen miteinander »vermascht«. Die Löslichkeitsgrenze einiger dieser Salze liegt nur wenig über den normalen Plasmakonzentrationen und eine Zunahme der Ca^{2+}-Konzentration kann zum Ausfallen von Calciumphosphat führen, wenn nicht gleichzeitig die Phosphatkonzentration gesenkt wird. Gleichermaßen fällt Calciumphosphat bei Zunahme der Phosphatkonzentration ohne gleichzeitige Senkung der Ca^{2+}-Konzentration aus.

Die Ausfällung von $CaHPO_4$ wird durch verschiedene ***Kristallisationshemmende Proteine*** (u.a. das Matrix-GLA-Protein MGP und das Plasmaprotein α2-HS Glycoprotein/Fetuin A) normalerweise verhindert. Herabgesetzte Expression der Proteine kann Verkalkung von Gefäßen, Nieren etc. nach sich ziehen.

Mineralisierung des Knochens. Die begrenzte Löslichkeit der Calciumphosphat-Salze ist Voraussetzung für die Mineralisierung der Knochen. Da die alkalischen, nicht aber die sauren Calciumphosphat-Salze schwer löslich sind, liegen im Knochen die alkalischen Salze vor, wie v.a. Hydroxyapatit ($[Ca_{10}(PO_4)_6(OH)_2]$, ► s.u.). Die Mineralisierung des Knochens kann nur bei hinreichend hohen Konzentrationen von Calcium und Phosphat und bei Vermeidung einer Azidifizierung des umgebenden Milieus aufrecht erhalten bleiben.

Physiologische Bedeutung von Calcium

Ca^{2+} ist wichtiger intrazellulärer Transmitter, wirkt über Ca^{2+}-Rezeptoren von außen auf die Zellen, ist für die Blutgerinnung erforderlich und beeinflusst die Durchlässigkeit von Epithelien und Endothelien

Ca^{2+} als Bestandteil des Knochens. Die Festigkeit des Knochens hängt von seiner Mineralisierung ab, also von seinem Gehalt an Ca^{2+}-Salzen. Ca^{2+} liegt im Knochen vor allem als Calciumphosphat und Calciumkarbonat vor (► s.o.).

Ca^{2+} als intrazellulärer Transmitter. Normalerweise ist die zytosolische Ca^{2+}-Aktivität etwa 0,1 µmol/l, d.h. nur etwa $^1/_{10^4}$ der extrazellulären Ca^{2+}-Aktivität (► s.u.). Sie kann jedoch bei Aktivierung von Zellen binnen weniger Millisekunden durch Einstrom über Ca^{2+}-Kanäle und Freisetzung aus intrazellulären Speichern auf das über 10-fache gesteigert werden (► s. Kap. 2.4). Eine Zunahme der intrazellulären Ca^{2+}-Konzentration stimuliert u.a. Muskelkontraktion, epithelialen Transport, Hormon- bzw. Transmitterausschüttung und Stoffwechselaktivitäten wie die Glykogenolyse. Die Aktivität einer Reihe von Ionenkanälen (K^+-Kanäle, Cl^--Kanäle, Connexone) und Enzymen (z.B. Phosphorylasekinase, Adenylatzyklase, Phospholipase A_2) wird durch die intrazelluläre Ca^{2+}-Aktivität reguliert.

Eine Zunahme der zytosolischen Ca^{2+}-Konzentration führt ferner zur Aktivierung einiger Transkriptionsfaktoren (z.B. NFAT, AP1) und stimuliert so die ***Expression von Genen***, welche für die adäquate Aktivierung von Zellen erforderlich sind (► s. Kap. 2.1). Auf diese Weise wird z.B. die Bildung von Entzündungsmediatoren durch Lymphozyten angeregt.

Auch komplexe zelluläre Programme wie ***Zellmigration***, **Zellproliferation** und ***apoptotischer Zelltod*** werden von Änderungen der intrazellulären Ca^{2+}-Konzentration begleitet.

Wirkungen von extrazellulärem Ca^{2+}. Extrazelluläres Ca^{2+} mindert die Durchlässigkeit von Schlussleisten *(Tight Junctions)* in Endothelien und Epithelien (▶ s. Kap. 3.2) und Ca^{2+} ist für die Blutgerinnung erforderlich (▶ s. Kap. 23.6). Calcium verschiebt die Schwelle von Na^+-Kanälen erregbarer Zellen zu mehr negativen Werten. Eine Abnahme der extrazellulären Ca^{2+}-Konzentration steigert daher die neuromuskuläre Erregbarkeit.

Ca^{2+}-Rezeptor. Extrazelluläres Ca^{2+} hemmt über Bindung an spezifische Rezeptoren (Ca^{2+}-Rezeptoren) die Ausschüttung von Parathormon (◻ Abb. 31.1). Ferner wird bei gesteigerten extrazellulären Ca^{2+}-Konzentrationen u.a. der für die Harnkonzentrierung erforderliche Transport im dicken Teil der Henle-Schleife unterbunden (▶ s. Kap. 29.4), die H^+-Sekretion im Magen gesteigert und die HCO_3^--Sekretion im Pankreas gehemmt. Auf diese Weise wird verhindert, dass bei hohen Ca^{2+}-Konzentrationen alkalisches Calciumphosphat ausfällen kann. Die Wirkung kann sich allerdings auch negativ auswirken. Bei Hypercalciämie ist die Harnkonzentrierung eingeschränkt (▶ s. Kap. 29.4) und über gesteigerte H^+-Sekretion im Magen und Ansäuerung des Mageninhaltes kann das Epithel geschädigt werden (peptische Ulzera, ▶ s. 4.5).

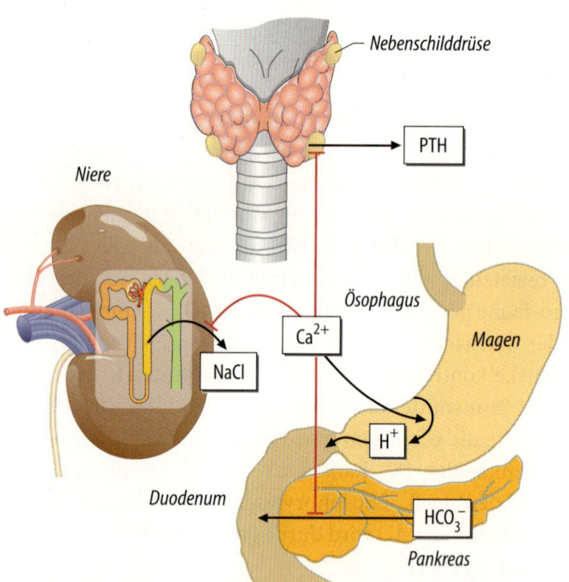

◻ **Abb. 31.1. Wirkungen von extrazellulärem Calcium über den Calcium-Rezeptor.** Hemmung der Ausschüttung von Parathormon aus den Nebenschilddrüsen, der pankreatischen Bikarbonatsekretion, der gastrischen H^+-Sekretion und der Elektrolytresorption in der Henle-Schleife

Physiologische Bedeutung von Phosphat

Phosphat ist Bestandteil vieler organischer Verbindungen; die Aktivität von Proteinen wird durch Phosphorylierung reguliert, ferner sind Phosphat und seine Verbindungen wichtige Puffer

Intrazelluläre Bedeutung von Phosphat. Phosphatverbindungen, wie ATP (▶ s. Kap. 39.2), cAMP (▶ s. Kap. 2.3), Phospholipide der Zellmembran, Nukleinsäuren sowie Substrate des Intermediärstoffwechsels sind für das Überleben der Zelle unverzichtbar. Insbesondere erfordert der Abbau von Glukose über die Glykolyse die Kopplung der Glukose an Phosphat. Eine Vielzahl von Enzymen und Transportproteinen kann durch Phosphorylierungen aktiviert oder inaktiviert werden.

Phosphat als Puffer. Sowohl intrazellulär als auch extrazellulär wirken Phosphat und seine Verbindungen als Puffer (▶ s. Kap. 35.1). Bei einem Blut-pH von 7.4 liegen $H_2PO_4^-$ und HPO_4^{2-} im Verhältnis von 1:4, H_3PO_4 und PO_4^{3-} nur in verschwindend geringen Konzentrationen vor. Bei Zunahme der H^+-Konzentration bindet HPO_4^{2-} ein H^+ und reagiert zu $H_2PO_4^-$. Damit wird H^+ abgepuffert.

In Kürze

Physiologische Bedeutung von Calciumphosphat

Calcium und Phosphat beeinflussen sich wegen der eingeschränkten Löslichkeit von Calciumphosphat-Salzen gegenseitig. Die begrenzte Löslichkeit der Calciumphosphat-Salze ist Voraussetzung für die Mineralisierung der Knochen.

Wirkungen von Calcium

- Es dient als intrazellulärer Transmitter in der Regulation von Muskelkontraktion, Transport, Ausschüttung von Hormonen und Transmittern, Stoffwechsel, Genexpression, Migration, Zellproliferation und Zelltod,
- es stimuliert den Ca^{2+}-Rezeptor,
- es ist für die Blutgerinnung erforderlich,
- es dichtet Endothelien und Epithelien ab,
- es mindert die neuromuskuläre Erregbarkeit.

Funktionen von Phosphatverbindungen

Phosphatverbindungen sind wichtig für:

- Membranaufbau,
- zellulären Energiestoffwechsel,
- Regulation von Proteinfunktionen,
- Puffer.

31.2 Regulation des Calciumphosphat-Haushaltes

Calciumphosphat-Bilanz

Calciumphosphat wird vorwiegend im Knochen abgelagert; die Bilanz ist in erster Linie eine Funktion enteraler Aufnahme und renaler Ausscheidung

Verteilung von Calcium im Körper. Der Körper enthält normalerweise etwa 1 kg (25 mol) Ca^{2+}. Mehr als 99 % des Ca^{2+} sind im Knochen gespeichert. In der Extrazellulärflüssigkeit sind weniger als 1 % des Körpercalciums gelöst. Die Konzentration an freiem Ca^{2+} im Extrazellulärraum liegt bei etwa 1,2 mmol/l. Die Ca^{2+}-Konzentration im Blut beträgt 2,5 mmol/l. Davon sind jedoch 40 % an Plasmaproteine, weitere 10 % an Phosphat, Citrat, Sulfat und HCO_3^- gebunden. Nur das freie Ca^{2+} ist biologisch relevant. Im Zytosol der Zellen ist die Konzentration an freiem Ca^{2+} nur etwa 0,1 µmol/l (▶ s. Abschnitt 31.1). Der Anteil von intrazellulärem Ca^{2+} am Körpercalcium ist demnach verschwindend.

Verteilung von Phosphat im Körper. Der Körper enthält etwa 0,7 kg Phosphor in Form von anorganischen Phosphaten (PO_4^{3-},HPO_4^{2-},$H_2PO_4^-$) und seinen organischen Verbindungen. Etwa 86 % davon liegen in Form von Phosphat-Salzen im Knochen vor. Etwa 1 % (ca. 30 mmol) sind extrazellulär gelöst. Die Plasmakonzentration liegt bei etwa 1 mmol/l. Etwa 13 % liegen intrazellulär. Der größte Teil davon ist organisch gebunden. Die zytosolische Konzentration an freiem Phosphat ist etwa 1 mmol/l.

Calcium- und Phosphatbilanz. Täglich werden etwa 1 g Ca^{2+} (25 mmol) und etwa 1,5 g Phosphor (50 mmol) oral aufgenommen, wobei die Zufuhr in Abhängigkeit von der Diät großen Schwankungen unterworfen ist. Insbesondere Milchprodukte sind reich an Ca^{2+} und Phosphat (▶ s. Kap. 37.4). Im Darm werden normalerweise nur etwa 2 mmol/Tag Ca^{2+} und etwa 20 mmol/Tag Phosphat netto absorbiert. Im Gleichgewicht wird die gleiche Menge an Ca^{2+} und Phosphat renal ausgeschieden. Bei Mangel an Ca^{2+} und Phosphat kann durch Stimulation der beteiligten Transportprozesse der Anteil an enteral absorbiertem Ca^{2+} und Phosphat gesteigert und die renale Ausscheidung gedrosselt werden.

Regulation zellulärer Ca^{2+}-Konzentration. Intrazellulär ist Ca^{2+} vorwiegend an zytosolische Proteine gebunden (abgepuffert) und in intrazellulären Organellen gepeichert (sequestriert). Die zytosolische Ca^{2+}-Aktivität wird durch eine Ca^{2+}-ATPase und einen Na^+/Ca^{2+}-Austauscher in der Zellmembran niedrig gehalten ( Abb. 31.2). Wegen des steilen elektrochemischen Gradienten für Ca^{2+} sind dabei 3 Na^+-Ionen erforderlich, um ein Ca^{2+} aus der Zelle zu transportieren. Eine Ca^{2+}-ATPase vermittelt auch den Transport in die Speichervesikel. Verschiedene Ca^{2+}-Kanäle vermitteln den Ca^{2+}-Einstrom entlang dem steilen elektrochemischen Gradienten (▶ s. Kap. 4). Epitheliale Ca^{2+}-Kanäle vermitteln die enterale Absorption oder renale Resorption von Ca^{2+}. Spannungsabhängige Ca^{2+}-Kanäle werden bei Depolarisation der Zellmembran aktiviert, Liganden-gesteuerte Ca^{2+}-Kanäle bei Stimulation durch Hormone oder Transmitter (▶ s. Kap. 4.5). Ca^{2+} kann ferner aus Speichervesikeln in das Zytosol freigesetzt werden (▶ s. Kap. 2.4).

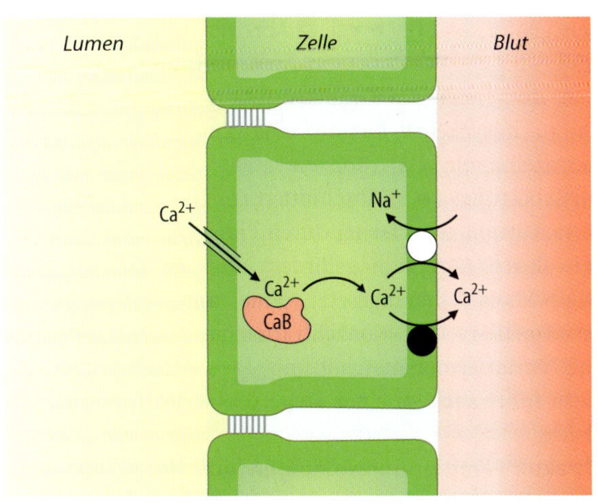

Abb. 31.2. Transportprozesse bei der intestinalen Absorption und renalen Resorption von Ca^{2+}. *CaB:* Calbindin. Transport von Ca^{2+} aus dem Lumen über einen Ca^{2+}-Kanal und in Richtung Blut über Na^+/Ca^{2+}-Austauscher *(offener Kreis)* und Ca^{2+}-ATPase *(geschlossener Kreis)*

Regulation der zellulären Phosphatkonzentration. Phosphat wird in Epithelien mit Hilfe von Na^+-gekoppelten Transportprozessen in die Zellen aufgenommen. In der apikalen Membran proximaler Tubuluszellen spielt der Transporter NaPiIIa die entscheidende Rolle, im Darm der Transporter NaPiIIb. In anderen Zellen wird Phosphat zum Teil im Austausch gegen OH^- oder HCO_3^- und zum Teil Na^+-gekoppelt transportiert (NaPiIII). Die zytosolische Phosphatkonzentration wird durch Einbau von Phosphat in organische Verbindungen niedrig gehalten.

Parathormon

Ca^{2+}-regulierende Hormone halten die Plasma-Ca^{2+}-Konzentration konstant und gewährleisten eine ausgeglichene Ca^{2+}-Phosphat-Bilanz; die Konstanthaltung der Plasma-Ca^{2+}-Konzentration ist Aufgabe des Parathormons (Parathyrin, PTH)

Sowohl Ca^{2+} als auch Phosphat sind für das Überleben von Zellen unentbehrlich. Allerdings sind die Ca^{2+}-abhängigen Funktionen sehr viel stärker von der extrazellulären Konzentration abhängig als die Phosphat-abhängigen Funktionen. Die ***Konstanthaltung*** der ***extrazellulären Ca^{2+}-Konzentration*** hat daher absoluten Vorrang bei der Regulation des Calciumphosphat-Haushaltes. Sie ist Aufgabe von Parathormon.

Ausschüttung. Parathormon (Parathyrin, PTH) ist ein Peptid (84 Aminosäuren), das in den Nebenschilddrüsen gebildet wird (► vgl. Abb. 31.1). Wichtigster Stimulus für die Parathormon-Ausschüttung ist ein Absinken der freien Ca^{2+}-Konzentration im Extrazellulärraum. Umgekehrt hemmt eine Zunahme der freien extrazellulären Ca^{2+}-Konzentration die Parathormonausschüttung (► s. Abschnitt 31.1). Die Parathormonausschüttung wird ferner durch Phosphatüberschuss sowie durch Adrenalin gefördert und ist bei massivem Mg^{2+}-Mangel herabgesetzt. Eine anhaltend niedrige extrazelluläre Ca^{2+}-Konzentration stimuliert nicht nur die Parathormonausschüttung (► s. Einleitung), sondern führt auch zu einer Hyperplasie der Nebenschilddrüse.

Direkte Parathormonwirkungen auf Niere und Knochen. Die Wirkungen von Parathormon zielen auf eine schnelle Steigerung der Plasma-Ca^{2+}-Konzentration ab (► s. Abb. 31.3): Parathormon fördert die ***Mobilisierung von Ca^{2+}*** aus dem Knochen und stimuliert die ***Ca^{2+}-Resorption*** im distalen Tubulus der Niere. Nun kann Ca^{2+} nur gemeinsam mit Phosphat aus dem Knochen mobilisiert werden, und eine Zunahme sowohl der Ca^{2+}- als auch der Phosphatkonzentration im Blut würde das Ausfällen von Ca^{2+}-Phosphat begünstigen. Damit wäre die Ca^{2+}-steigernde Wirkung von Parathormon zunichte gemacht. Parathormon hemmt daher die renale Resorption von Phosphat und senkt damit die Plasma-Phosphatkonzentration. Ferner hemmt Parathormon die renale Resorption von Bikarbonat und verhindert damit eine metabolische Alkalose, die sonst bei Mobilisierung der stark alkalischen Knochensalze auftreten müsste. Parathormon hemmt die Bikarbonatresorption durch Hemmung des proximal-tubulären Na^+/H^+-Austauschers. Damit wird gleichzeitig die proximal-tubuläre Na^+-Resorption gehemmt.

Stimulation der Calcitriol-Bildung. Durch die Wirkungen auf Knochen und Niere erreicht Parathormon eine schnelle Korrektur der Plasma-Ca^{2+}-Konzentration. Die Korrektur ist jedoch auf Kosten der Mineralisierung des Knochens erzielt worden, die langfristig wieder ausgeglichen werden muss. Parathormon stimuliert daher die Bildung von 1,25- Dihydroxycholecalciferol (Calcitriol) in der Niere (Abb. 31.4), das u. a. die enterale Absorption von Ca^{2+} und Phosphat steigert (► s. u.).

Weitere Parathormonwirkungen. Neben seinen Wirkungen auf Niere und Knochen steigert Parathormon die intrazelluläre Ca^{2+}-Konzentration in einer Vielzahl von Geweben, wie Herz, Leber, Thyrozyten, B-Zellen der Langerhans-Inseln, etc.

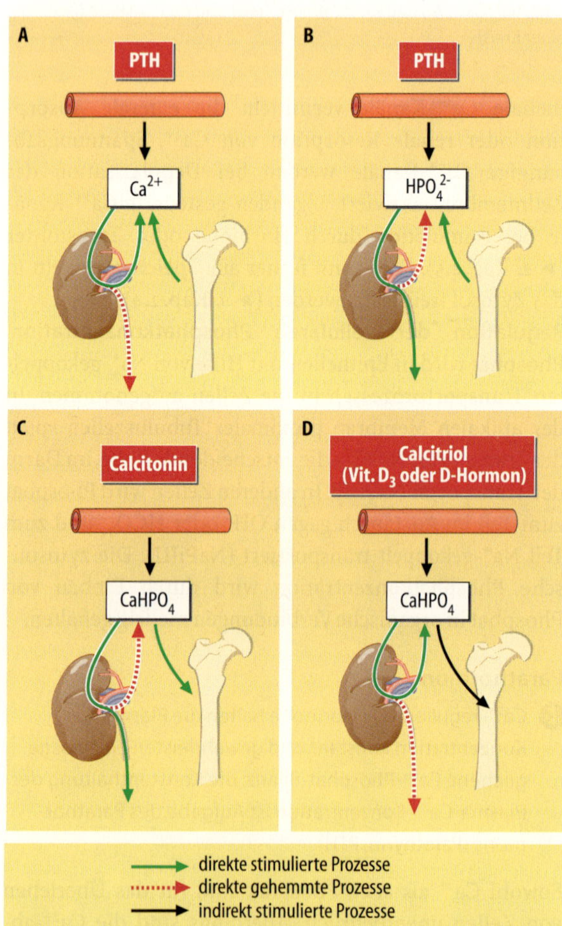

Abb. 31.3. Die Wirkung von $CaHPO_4$-regulierenden Hormonen. Parathormon (**A**, **B**) stimuliert die Mobilisierung von CaHPO4 aus dem Knochen, und indirekt (über Calcitriol) die intestinale CaHPO4 Absorption. Es stimuliert die renale Ca^{2+}-Resorption und hemmt die renale Phosphatresorption. Calcitonin (**C**) fördert die enterale Absorption und Einlagerung von $CaHPO_4$ in den Knochen und hemmt die $CaHPO_4$-Resorption in der Niere. Calcitriol ($1,25(OH)_2D_3$, **D**) fördert intestinale Absorption, renale Resorption und Mobilisierung im Knochen von CaHPO4

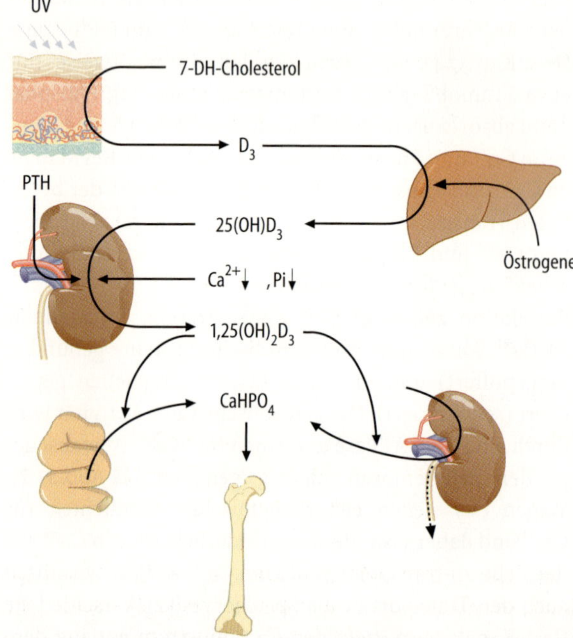

Abb. 31.4. Bildung und Wirkungen von Calcitriol ($1,25(OH)_2D3$)

Calcitriol

Calcitriol stimuliert die enterale Absorption von Calciumphosphat und schafft damit die Voraussetzung für die Knochenmineralisierung

Bildung. Calcitriol ist ein Steroid. Seine Vorstufe, das 25-Hydroxycholecalciferol (Calcidiol), wird in der Leber aus Vitamin D_3 gebildet. Vitamin D_3 wird mit der Nahrung zugeführt oder entsteht in der Haut unter UV-Bestrahlung aus 7,8-Deydrocholesterin (Abb. 31.4). Die Bildung des biologisch wirksamen 1,25-Dihydroxycholecalciferols (Calcitriol) in der Niere wird nicht nur durch Parathormon, sondern auch durch Calcitonin (▶ s. Abschnitt 21.3) sowie einen Mangel an Ca^{2+} und Phosphat stimuliert. Außer in der Niere wird Calcitriol noch in Keratinozyten der Haut und in Makrophagen gebildet.

Wirkungen. Calcitriol fördert in Darm und Niere die Ca^{2+}- und Phosphat- Resorption und begünstigt auf diese Weise die Mineralisierung des Knochens (▶ s. Abschnitt 31.3). Außerdem fördert Calcitriol die Erythropoiese sowie das Überleben und die Tätigkeit von Makrophagen und Monozyten. Es hemmt die Proliferation von Keratinozyten und fördert deren Differenzierung. Ferner hemmt es Proliferation und Aktivität von T-Lymphozyten. Damit unterdrückt es die Immunabwehr.

Vitamin-D-Mangel. Ein Mangel an Vitamin D führt beim Kind zu Rachitis und beim Erwachsenen zu Osteomalazie (▶ s. 31.1). Durch Vitamin-D-Mangel gefährdet sind neben Kleinkindern v. a. Schwangere und heranwachsende Jugendliche, da die Mineralisierung des fetalen Skeletts bzw. des wachsenden Knochens die Aufnahme großer Mengen an $CaHPO_4$ erfordert. Wegfall der weiteren Wirkungen von Calcitriol kann u. a. Anämie zur Folge haben.

Vitamin-D-Vergiftung. Ein Überschuss an Calcitriol ist in der Regel Folge unkritischer Vitamin-Zufuhr. Ferner kann die gesteigerte Bildung von Calcitriol in aktivierten Makrophagen bei bestimmten entzündlichen Erkrankungen (Sarkoidose) zu Calcitriol-Überschuss führen. Dabei kommt es durch die Zunahme der Ca^{2+}- und Phosphatkonzentrationen im Blut zu Weichteilverkalkungen (v. a. Niere und Gefäße) mit entsprechender Schädigung der betroffenen Organe.

Calcitonin

Calcitonin wird bei Hypercalciämie ausgeschüttet; es senkt die Plasmakonzentrationen von Calcium und Phosphat vorwiegend über Steigerung der Knochenmineralisierung

Ausschüttung. Das dritte Hormon in der Regulation des Calciumphosphat-Haushaltes ist das Peptidhormon Calcitonin aus der Schilddrüse. Das Hormon wird bei Hypercalciämie ausgeschüttet.

31.1. Rachitis, Osteomalazie

Ursachen. Mangelhafte Mineralisierung von Knochengrundsubstanz führt beim Kind zur Rachitis, beim Erwachsenen zur Osteomalazie. Häufigste Ursache ist Mangel an Vitamin D. Er ist Folge unzureichender diätetischer Zufuhr (▶ s. Kap. 37.3) oder intestinaler Absorption bei gleichzeitigem Fehlen von Sonnenexposition. Rachitis trat regelmäßig bei den schlecht ernährten Kindern auf, die im 19. Jahrhundert als Arbeiter in Kohlebergwerken eingesetzt wurden. Fehlende Aktivierung von Vitamin D zu Calcitriol tritt bei Niereninsuffizienz auf, bei der aber gleichzeitig die renale Phosphatausscheidung beeinträchtigt ist und daher selten eine typische Osteomalazie auftritt. In sehr seltenen genetischen Defekten fehlt der Calcitriol-Rezeptor, oder die proximal-tubuläre Phosphatresorption ist eingeschränkt, sodass trotz Anwesenheit von Calcitriol ein Phosphatmangel auftritt (sogenannte Vitamin D resistente Rachitis). Bei stark erniedrigten extrazellulären Phosphatkonzentrationen wird das zur Mineralisierung des Knochens erforderliche Ionenprodukt von Ca^{2+} und HPO_4^{2-} nicht erreicht.

Folgen. Als Folge der Osteomalazie sind die Knochen biegsam und deformierbar, es treten Knochenschmerzen und Ermüdungsfrakturen auf. Rachitis führt ferner zu Zwergwuchs, Auftreten von O- oder X-Beinen, Wirbelsäulendeformierungen und Auftreibungen der Rippenknorpel (Rosenkranz). Der Knochenschädel ist weich (Craniotabes).

Wirkungen. Calcitonin fördert den Einbau von Calciumphosphat in die Knochen, stimuliert die Bildung von Calcitriol und damit die enterale Calciumphosphat-Absorption, hemmt jedoch die renale Calcium- und Phosphatresorption (Abb. 31.3). Das Hormon spielt wahrscheinlich bei der Mineralisierung des Skeletts von Kindern und bei der Erhaltung der Mineralisierung des mütterlichen Skeletts während des Stillens eine Rolle. Seine pathophysiologische Bedeutung bleibt jedoch weit hinter der von Parathormon und Calcitriol zurück.

Regulation von renalem und intestinalem Ca^{2+}- und Phosphattransport

Weitere Hormone beeinflussen die Calcium- und Phosphatausscheidung; darüber hinaus reagiert die Niere auch ohne Hormone auf Störungen der Ca^{2+}- und Phosphatkonzentrationen im Plasma

Regulation renaler Ca^{2+}-Ausscheidung. Die renale Ca^{2+}-Ausscheidung steigt mit zunehmender ***Ca^{2+}-Plasmakonzentration.*** Verantwortlich ist einerseits eine Abdichtung der Schlussleisten *(Tight Junctions)* durch Ca^{2+}, und damit eine Abnahme der parazellulären Ca^{2+}-Resorption. Darüberhinaus wird bei Zunahme der extrazellulären Ca^{2+}-Konzentration ein Ca^{2+}-Rezeptor an der dicken Henle-Schleife aktiviert, der die Resorption in diesem Segment hemmt (▶ s. ◘ Abb. 31.1). In der Folge wird nicht nur die Resorption von Ca^{2+}, sondern auch von Mg^{2+} und Na^{+} beeinträchtigt.

Die Ca^{2+}-Ausscheidung wird durch ***Thiaziddiuretika*** gehemmt. Die Diuretika führen über Hemmung der Kochsalzresorption im frühdistalen Tubulus zu Kochsalzverlusten. Folge ist eine gesteigerte Resorption in proximalem Tubulus und Henle-Schleife, wobei auch vermehrt Ca^{2+} resorbiert wird (▶ s. Kap. 29.4).

Wichtigster Stimulator der renalen Ca^{2+}-Resorption ist ***Parathormon*** (▶ s. o.). Die renale Ca^{2+}-Resorption wird ferner durch Alkalose stimuliert und durch Azidose, Somatotropin, Schilddrüsenhormone, Nebennierenrindenhormone, Insulin und Glukose gehemmt.

Regulation renaler Phosphatausscheidung. Schon aufgrund der Sättigbarkeit der renalen Phosphatresorption (▶ s. Kap. 29.10) wird bei Zunahme der ***Phosphatkonzentration*** im Blut das überschüssige Phosphat ausgeschieden. Darüberhinaus steigert die Niere bei Phosphatmangel die Resorptionsrate und senkt sie bei Phosphatüberschuss. Die renale Phosphatresorption wird durch ***Parathormon*** gehemmt. Im distalen Nephron wird Stanniocalcin gebildet, ein Signalstoff, der die proximal tubuläre Phosphatresorption stimuliert. Die Phosphatresorption wird ferner durch Schilddrüsenhormone, Insulin, Somatotropin (IGF1), Katecholamine (α-Rezeptoren), Mg^{2+} und metabolische Alkalose stimuliert sowie durch Ca^{2+}-Überschuss, Mg^{2+}-Mangel, metabolische Azidose, Glukokortikoide, atrialen natriuretischen Faktor und eine Reihe von Diuretika gehemmt.

Regulation enteraler Ca^{2+}- und Phosphatabsorption. Normalerweise wird nur ein kleiner Teil (ca. 10 %) des oral zugeführten Ca^{2+} und Phosphat absorbiert, womit den Transportprozessen im Darm eine wichtige regulatorische Rolle in der Calcium-Phosphat-Bilanz zukommt. Der absorbierte Anteil sinkt mit steigender Zufuhr.

Wichtigster Regulator der enteralen Ca^{2+}-Absorption ist ***Calcitriol***. Eine Reihe von ***Hormonen***, wie Parathormon, Calcitonin, Somatotropin, Prolaktin, Östrogene und Insulin stimulieren die intestinale Ca^{2+}- und Phosphat-Absorption zumindestens teilweise über Calcitriol. Pathophysiologisch bedeutsam ist, dass die Ca^{2+}-Absorption durch Komplexierung an Oxalat und Fettsäuren unterbunden wird.

Phosphatonine. Kürzlich sind aufgrund von pathologischen Veränderungen in der Phosphat-Homeostase neue Regulationsprinzipien postuliert worden. Für die tumorassoziierte Hypophosphataemie (TIO, *Tumor Induced Osteomalacia*) wurden als sogenannte »Phosphatonine« u. a. sFRP4 *(soluble Frizzled Related Protein)*, MEPE *(Matrix Extracellular Phosphoglycoprotein)* und FGF23 (*Fibroblast Growth Factor* 23) postuliert, Mediatoren mit hemmender Wirkung auf die renale Phosphatresorption und auf die Synthese von Calcitriol. Das FGF23 spielt bei zwei genetisch bedingten Erkrankungen eine Rolle, die über renalen Phosphatverlust Hypophosphataemie hervorrufen. In XLH *(X-linked Hypophosphatemic Rickets)* ist die PHEX defekt, eine Protease, die normalerweise FGF23 proteolytisch abbaut. Bei der ADHR *(Autosomal-Dominant Hypophosphatemic Rickets)* verhindern Mutationen im FGF23 seinen proteolytischen Abbau durch PHEX. In beiden Fällen kommt es über gesteigerte FGF23-Konzentration zur Hypophosphatämie.

In Kürze

Regulation des Calciumphosphat-Haushaltes

Für die Calciumphosphat-Bilanz sind enterale Absorption und renale Ausscheidung maßgebend. Eine positive Bilanz ist Voraussetzung für die Mineralisierung des Knochens.

An der Aufrechterhaltung einer ausgeglichenen Ca^{2+}-Phosphat-Bilanz sind verschiedene Hormone beteiligt:

- Bei Absinken der Ca^{2+}-Konzentration im Blut wird Parathormon ausgeschüttet, das Calciumphosphat aus dem Knochen mobilisiert, die renale Ca^{2+}-Resorption und die renale Ausscheidung von Phosphat, Bikarbonat und Na^{+} steigert sowie die Bildung von Calcitriol stimuliert.
- Calcitriol stimuliert die enterale Calciumphosphat-Absorption und schafft damit die Voraussetzung für die Remineralisierung des Knochens.
- Calcitonin wird bei Hypercalciämie ausgeschüttet und senkt die Calciumphosphat-Konzentrationen im Blut vorwiegend durch Förderung der Mineralisierung des Knochens.

Die Niere scheidet auch ohne Vermittlung von Hormonen bei steigender Calcium- oder Phosphatkonzentration im Blut vermehrt Ca^{2+} bzw. Phosphat aus.

31.3 Knochen

Zusammensetzung, Bildung und Abbau des Knochens

Knochen besteht aus Knochenmatrix und schwer löslichen Salzen von Ca^{2+} mit Phosphat, Karbonat und Fluorid; er wird durch Osteoblasten auf- und durch Osteoklasten abgebaut

Zusammensetzung. Knochen besteht aus Knochenmatrix und Mineralien:

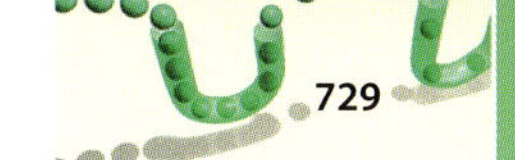

- Die Proteine der ***Knochenmatrix*** sind zu annähernd 90 % Kollagen, weitere Komponenten sind Osteocalcin, Sialoproteine, Proteoglykane und Osteonektin.
- Die ***Knochenmineralien***, die etwa zwei Drittel des Knochengewichtes ausmachen, bestehen vorwiegend aus Hydroxyapatit ($[Ca_{10}(PO_4)_6(OH)_2]$), Bruschit ($[CaHPO_4(H_2O)_2]$), Octocalciumphosphat ($[Ca_8H_2(PO_4)_6(H_2O)_5]$) und Komplexen mit weiteren Anionen (F^-, CO_3^{2-}) oder Kationen (Na^+, K^+, Mg^{2+}).

Knochenaufbau. Der Knochenaufbau ist Aufgabe der ***Osteoblasten***, welche die organischen Komponenten synthetisieren und sezernieren sowie deren Mineralisierung vermitteln. Mit Hilfe einer alkalischen Phosphatase spalten sie Pyrophosphat, das relativ gut löslich ist und die Mineralisierung stören würde.

Knochenabbau. Knochen wird durch ***Osteoklasten*** abgebaut, die über eine lokale Azidose (H^+-ATPase) die Knochenmineralien auflösen und die Proteine mit Hilfe von lysosomalen Proteasen abbauen.

Regulation der Knochenmineralisierung

Die Mineralisierung der Knochen wird durch Calcium-, Phosphat- und H^+-Konzentrationen, durch Hormone und durch mechanische Beanspruchung reguliert

Rolle von Calciumphosphat und pH. Die Mineralisierung der Knochen hängt von der Verfügbarkeit von Ca^{2+} und Phosphat ab und ist damit eine Funktion der Ca^{2+}- und Phosphatkonzentration im Plasma. Darüberhinaus erfordert die Mineralisierung einen alkalischen pH, da die Calciumphosphat-Salze im sauren Milieu löslich sind.

Parathormon und Calcitriol. Die Hormone Parathormon und Cacitriol haben eine direkte stimulierende Wirkung auf die Knochenresorption. Sie fördern Bildung und Aktivität der Osteoklasten. Ferner hemmen sie die Aktivität der Osteoblasten.

Calcitriol stimuliert aber auch die Bildung von Kollagen und fördert die Mineralisierung des Knochens durch Steigerung der Konzentrationen an Ca^{2+} und Phosphat im Blut. Der Calcitriol-vermittelte Anstieg der Ca^{2+}-Konzentration unterdrückt ferner die Ausschüttung von Parathormon. Letztlich überwiegt die mineralisierende Wirkung von Calcitriol.

Calcitonin. Der Knochenabbau wird durch Calcitonin gehemmt, das die Osteoklasten dezimiert und deren Aktivität hemmt. Das Hormon stimuliert ferner die Bildung von Calcitriol und den Knochenaufbau.

Weitere Hormone und Mediatoren. Östrogene stimulieren den Knochenaufbau, der ***Östrogenmangel*** in der Postmenopause begünstigt die Entmineralisierung des Knochens. Östrogene sind auch beim Mann Voraussetzung für normalen Knochenaufbau. Der Knochenumsatz wird ferner durch Schilddrüsenhormone und Glukokortikosteroide gesteigert. Ein ***Überschuss an Glukokortikosteroiden*** führt über gesteigerte Osteoklastenaktivität zur Entmineralisierung des Knochens (▶ s. 31.2). ***Somatotropin*** fördert über *Insulin like Growth Factors* (IGF I, IGF II) die Mineralisierung des Knochens durch Stimulation der Calcitriol-Bildung, Stimulation enteraler Ca^{2+}- und Phosphat-Absorption und Aktvierung der Osteoblasten.

Schließlich werden Knochenaufbau und/oder Knochenumbau durch ***lokale Faktoren*** stimuliert, wie das sogenannte *Bone Morphogenetic Protein* (BMP), den *Tumor Growth Factor* (TGF-β), β-Mikroglobulin, den *Platelet Derived Growth Factor* (PDGF), den *Tumor Necrosis Factor* (TNF-α, TNF-β), und die Prostaglandine PGE_1 und PGE_2.

Mechanische Beanspruchung. Der Knochen wird durch ständigen Umbau den mechanischen Erfordernissen angepasst. Mechanische Belastung aktiviert die Tätigkeit der Osteoblasten und damit Knochenaufbau und -mineralisierung. Bei fehlender mechanischer Belastung (Bettruhe, Gipsverband, Schwerelosigkeit) wird Knochen abgebaut und Calciumphosphat freigesetzt.

31.2. Osteoporose

Ursachen. Osteoporose ist Folge eines Verlustes von Knochenmasse inklusive Grundsubstanz und Knochenmineralien. Osteoporose tritt v.a. bei fortgeschrittenem Lebensalter auf. Die Knochendichte erreicht mit etwa 20 Jahren ihr Maximum und nimmt dann kontinuierlich ab, wobei der Abfall bei postmenopausalen Frauen durch Wegfall der Östrogenwirkung besonders steil ist. Hypogonadismus, Glukokortikoid-Überschuss, Hyperthyreose, Hyperparathyreoidismus, Calcium-arme Diät, gestörte enterale Ca^{2+}-Absorption und Bewegungsarmut beschleunigen den Verlust an Knochenmasse. Einige genetische Defekte des Bindegewebsstoffwechsels führen ebenfalls zur Osteoporose. Mechanische Beanspruchung durch Sport oder durch Übergewicht verzögern die Entwicklung zur Osteoporose.

Folgen. Wichtigste Auswirkung von Osteoporose ist das gehäufte Auftreten von Knochenbrüchen.

In Kürze

Knochen

Knochen besteht aus Knochenmatrix und Mineralien:

- Die Proteine der Knochenmatrix sind annähernd 90 % Kollagen, weitere Komponenten sind Osteokalzin, Sialoproteine, Proteoglykane und Osteonektin.

▼

- Die Knochenmineralien sind vorwiegend schwer lösliche Salze von Ca^{2+} mit Phosphat, wie Hydroxyapatit, Bruschit und Oktocalciumphosphat.

Knochen wird durch Osteoblasten aufgebaut und durch Osteoklasten abgebaut. Aufbau von Matrix und Mineralisierung der Knochen wird durch Calcium-, Phosphat- und H^+-Konzentrationen, durch Parathormon, Calcitriol, Calcitonin, Östrogene, Schilddrüsenhormone, Glukokorticoide, Somatotropin (bzw. IGF), und lokale Mediatoren wie BMP, TGF-β, β-Mikroglobulin, PDGF, TNF-α, TNF-β und die Prostaglandine PGE_1 und PGE_2 reguliert. Einen entscheidenden Einfluss auf den Knochenbau hat schließlich die mechanische Beanspruchung.

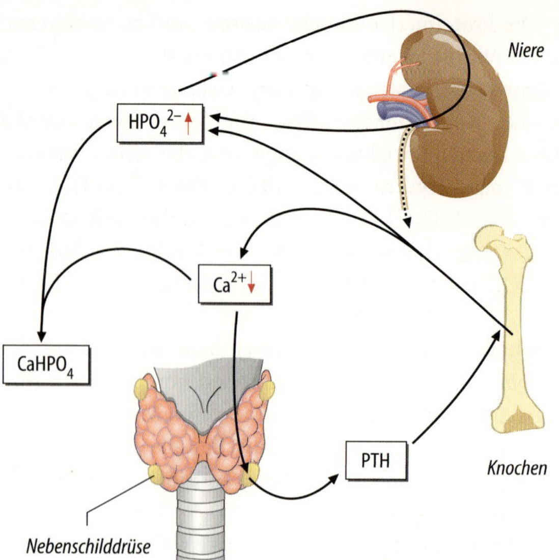

Abb. 31.5. Gestörter Calciumphosphatstoffwechsel bei Niereninsuffizienz. Gestörte Ausscheidung von Phosphat mit Anstieg der Plasmakonzentration (HPO_4^{2-} ↑), Komplexierung von Ca^{2+}, Abnahme der Konzentration an freiem Ca^{2+} (Ca^{2+} ↓), Enthemmung der Parathormonausschüttung, Mobilisierung von Calciumphosphat aus dem Knochen

31.4 Störungen des Calciumphosphat-Haushaltes

Störungen der Parathormonausschüttung

Die Ausschüttung von Parathormon ist bei Nebenschilddrüsentumoren und bei Niereninsuffizienz gesteigert (Hyperparathyreoidismus), bei Insuffizienz der Nebenschilddrüsen herabgesetzt (Hypoparathyreoidismus)

Primärer Hyperparathyreoidismus. Ein primärer Überschuss an Parathormon tritt bei Parathormon-produzierenden Tumoren auf. Primärer Überschuss an Parathormon führt durch Mobilisierung von Ca^{2+} aus dem Knochen und durch gesteigerte enterale Absorption zu einem Anstieg der Ca^{2+}-Konzentration im Blut, die bei normaler Niere trotz stimulierter renaler Resorption eine gesteigerte renale Ausscheidung von Ca^{2+} zur Folge hat. Die gesteigerte renale Ausscheidung von Ca^{2+} kann zu einer Übersättigung des Urins mit Ca^{2+}-Salzen und damit zu Nierensteinen führen (Urolithiasis). Die Entmineralisierung des Knochens kann bei Hyperparathyreoidismus Knochenbrüche nach sich ziehen.

Sekundärer und tertiärer Hyperparathyreoidismus. Sehr viel häufiger als der primäre Überschuss ist die gesteigerte Ausschüttung von Parathormon bei Niereninsuffizienz *(sekundärer Hyperparathyreoidismus)*. Die eingeschränkte Fähigkeit der Niere, Phosphat auszuscheiden, führt zu einer Zunahme der Konzentration an Phosphat, das Ca^{2+} bindet und damit ein Absinken der Konzentration an freiem Ca^{2+} bewirkt (Abb. 31.5). Das in der Folge ausgeschüttete Parathormon kann zwar Knochenmineralien mobilisieren, wegen der Unfähigkeit der Niere, Phosphat auszuscheiden, häuft sich jedoch Phosphat weiter an, $CaHPO_4$ fällt aus und die Konzentration an freiem Ca^{2+} kann nicht ansteigen.

Es folgt eine Hyperplasie der Nebenschilddrüsen *(tertiärer Hyperparathyreoidismus)* mit der Ausschüttung immer größerer Mengen an Parathormon, einer Entmineralisierung der Knochen, einem Ausfallen von $CaHPO_4$ in verschiedenen Geweben (u. a. Gelenken) und einer toxischen Wirkung von Parathormon auf Herz, Leber, Schilddrüse, B-Zellen des Pankreas etc.

Hypoparathyreoidismus. Ein Mangel an Parathormon kann Folge einer Läsion oder versehentlichen Entfernung der Nebenschilddrüsen bei einer Schilddrüsenoperation sein. Darüberhinaus sind genetische Defekte bekannt, bei denen die Zielorgane für Parathormon unempfindlich sind ***(Pseudohypoparathyreoidismus)***. Der Mangel an Parathormon oder seiner Wirksamkeit führt zu Hypocalciämie und Störungen des Knochenaufbaus.

Hypocalciämie

Die freie Ca^{2+}-Konzentration sinkt bei gesteigerter Bindung, eingeschränktem renalen oder intestinalen Ca^{2+}-Transport oder gesteigerter Aufnahme in Knochen; Folgen sind v. a. gesteigerte neuromuskuläre Erregbarkeit und Entmineralisierung des Knochens

Ursachen. Das freie, biologisch wirksame Ca^{2+} wird vor allem durch folgende Parameter gesenkt:
- gesteigerte Einlagerung in die Knochen,
- Verluste von Ca^{2+} durch die Nieren,
- verstärkte Bindung von Ca^{2+} im Blut. Die Bindung an Phosphat ist bei Hyperphosphatämie gesteigert (▶ s. u.), die Bindung an Plasmaproteine bei Alkalose. Bei metabolischer Alkalose wird das Absinken des freien Ca^{2+} noch durch Bindung an Bikarbonat verstärkt. Bei Entzündungen des Pankreas (akute Pankreatitis) wird u. a. das pankreatische Verdauungsenzym Lipase aktiviert. Die Lipase

baut retroperitoneales Fettgewebe ab und die dabei freiwerdenden Fettsäuren binden gleichfalls Ca^{2+}.

Wichtigste Ursache von Hypocalciämie ist jedoch Mangel an Parathormon ***(Hypoparathyreoidismus)*** oder fehlende Wirksamkeit des Hormons (***Pseudohypoparathyreoidismus***, ▶ s.o). Beides führt zu Komplexierung von Ca^{2+} durch steigende Phosphatkonzentrationen, zu renalen Ca^{2+}-Verlusten durch herabgesetzte Resorption, zu Umverteilung in die Knochen durch eingeschränkte Mobilisierung und zu verminderter intestinaler Absorption wegen reduzierter Bildung von Calcitriol. Mg^{2+}-Mangel kann über Hemmung der Parathormonausschüttung und -Wirkung Hypocalciämie hervorrufen.

Auch ohne Parathormonmangel können überstürzte Mineralisierung des Knochens ***(Hungry Bone Syndrome)*** oder ***renale Verluste*** (z. B. Wirkung von Diuretika) Hypocalciämie auslösen.

Auswirkungen. Wichtigste Auswirkung von Hypocalciämie ist eine gesteigerte neuromuskuläre Erregbarkeit (Tetanie). Im Herzen wird das Aktionspotential durch verzögerte Aktivierung von Ca^{2+}-sensitiven K^{+}-Kanälen verlängert. Über Stimulation der Parathormonausschüttung führt Hypocalciämie zur Entmineralisierung des Knochens.

Hypercalciämie

Hypercalciämie ist meist Folge von Hyperparathyreoidismus, Calcitriolüberschuss oder Demineralisierung des Knochens durch Tumore oder Inaktivität; zu den Folgen zählen Störungen der Erregung des Herzens und der gastrointestinalen Sekretion, Polyurie und Nierensteine

Ursachen. Verschiedene Ursachen können zur Zunahme des freien Ca^{2+} führen:

- ***Hyperparathyreoidismus*** steigert die Mobilisierung von Ca^{2+} aus dem Knochen, die renale Resorption und über Calcitriol die intestinale Absorption.
- ***Phosphodiesterase-Hemmer*** wirken hypercalciämisch durch Steigern der zellulären Konzentration an cAMP, das einige der Parathormonwirkungen vermittelt.
- ***Mg^{2+}-Intoxikation*** erzeugt Hypercalciämie zumindestens teilweise über Stimulation der Parathormonausschüttung.
- ***Calcitriol-Überschuss*** führt ebenfalls zur Hypercalciämie. Bei einigen entzündlichen Erkrankungen wird vermehrt Calcitriol in Lymphozyten gebildet.
- ***Tumore*** können durch lokale ***Entmineralisierung von Knochen*** bei Knochenmetastasen sowie durch Bildung von Knochen-mobilisierenden Hormonen Hypercalciämie auslösen. Neben Calcitriol spielen hier das sogenannte PTH-related protein und Phosphatonine eine Rolle, Mediatoren, welche von Tumorzellen gebildet werden. Die Hormone steigern die Ca^{2+} Resorption in der Niere und die Entmineralisierung des Knochens.
- Der ***Knochenabbau*** ist ferner bei herabgesetzter Beanspruchung (Gips-Verband, Bettruhe, Schwerelosigkeit) und bei Vitamin A-Intoxikation gesteigert.
- Eine herabgesetzte ***renale Ausscheidung*** liegt bei Nierenversagen oder gesteigerter Ca^{2+}-Resorption z. B. unter dem Einfluss von Thiazid-Diuretika vor.
- Auch exzessive parenterale ***Zufuhr*** oder gesteigerte ***intestinale Absorption*** können Hypercalciämie hervorrufen.

Auswirkungen. Hypercalciämie stört die Erregungsbildung im Herzen und löst über Stimulation von Ca^{2+}-Rezeptoren in Henle-Schleife, Magen und Pankreas Polyurie und Störungen des Gastrointestinaltraktes aus. Ferner drohen bei Hypercalciämie Ausfällungen von Calcium, v.a im Urin (Nephrolithiasis).

Hypophosphatämie

Hypophosphatämie entsteht durch negative Phosphatbilanz oder zelluläre Aufnahme von Phosphat; zu den Auswirkungen zählen Demineralisierung des Knochens und Zusammenbrechen des zellulären Energiehaushaltes

Ursachen. Die Plasmakonzentration von Phosphat ist bei Phosphatmangel oder Verschiebung von Phosphat in die Zellen erniedrigt. Die ***zelluläre Aufnahme*** von Phosphat kann aus verschiedenen Gründen gesteigert sein:

- bei Stimulation der Glykolyse, wie bei Alkalose und unter dem Einfluss von Insulin;
- durch Glukagon, Adrenalin, Sexualhormone, Glukokortikosteroide sowie Phosphodiesterasehemmer (wirken über Hemmung des cAMP-Abbaus) kann Hypophosphatämie erzeugt werden;
- Tumorzellen nehmen vermehrt Phosphat auf.

Renale Phosphatverluste treten u. a. bei Hyperparathyroidismus auf. Auch verminderte diätetische Zufuhr (z. B. Alkoholiker) oder ***gestörte intestinale Absorption*** (Malabsorption, Vitamin D-Mangel) sowie gesteigerte Mineralisierung des Knochens ***(Hungry Bone Syndrome)*** können Hypophosphatämie auslösen.

Auswirkungen. Hypophosphatämie begünstigt die Entmineralisierung des Knochens. Schwerer Phosphatmangel steigert das Phosphorylierungspotential von ATP/(ADP · P) und schränkt damit die Bildung von ATP ein. Der gestörte Energiestoffwechsel beeinträchtigt die Funktion der Muskulatur, des Herzens, des Nervensystems, der Blutzellen und der Niere. Eine Abnahme des erythrozytären 2,3-BPG steigert die O_2-Affinität von Hämoglobin und behindert damit die O_2-Abgabe im Gewebe. Da im Urin Phosphat nicht mehr ausreichend als Puffer zur Verfügung steht, kann sich eine metabolische Azidose entwickeln.

Hyperphosphatämie

Phosphatüberschuss führt zur Ausfällung von Calciumphosphat-Salzen und senkt die Konzentration von freiem Ca^{2+} im Blut

Ursachen. Phosphatüberschuss ist meist Folge ***gestörter renaler Ausscheidung***, wie bei Niereninsuffizienz, Mangel an Parathormon (Hypoparathyreoidismus) oder fehlender Wirkung von Parathormon (Pseudohypoparathyreoidismus).

Darüberhinaus können ***exzessive diätetische Aufnahme***, gesteigerte ***intestinale Absorption*** bei Calcitriolüberschuss, zelluläre Phosphatverluste und ***Demineralisierung des Knochens*** Hyperphosphatämie hervorrufen.

Auswirkungen. Phosphatüberschuss führt zur Komplexierung von Ca^{2+} mit Kristallbildung in Gelenken, Haut, Muskeln und Gefäßen. Die Komplexierung führt ferner zu Hypocalciämie, Stimulation der Parathormon-Ausschüttung, weiterer Mobilisierung von Calciumphosphat aus dem Knochen und zu weiterer Zunahme der Plasmaphosphatkonzentration (usw.).

In Kürze

Störungen des $CaHPO_4$-Haushaltes

Primärer Hyperparathyreoidismus (durch Parathormon-produzierende Tumore) führt v. a. zu Entmineralisierung des Knochens (Knochenbrüche) und Übersättigung des Urins mit Ca^{2+}-Salzen (Nierensteine).

Sekundärer und tertiärer Hyperparathyreoidismus (v. a. durch gesteigerte Ausschüttung von Parathormon bei Niereninsuffizienz) führt zu Entmineralisierung der Knochen, zu einem Ausfallen von $CaHPO_4$ in verschiedenen Geweben (u. a. Gelenken) und einer toxischen Wirkung von Parathormon auf Herz, Leber, Schilddrüse, B-Zellen des Pankreas etc.

Hypoparathyreoidismus (meist durch versehentliche Entfernung der Nebenschilddrüsen bei einer Schilddrüsenoperation) und Pseudohypoparathyreoidismus (seltener genetischer Defekt mit herabgesetzter Empfindlichkeit der Zielorgane) führen zu Hypocalciämie und Störungen des Knochenaufbaus.

Hypocalciämie (u. a. durch verstärkte Bindung von Ca^{2+} im Blut, eingeschränkten renalen oder intestinalen Ca^{2+}-Transport oder gesteigerte Aufnahme in Knochen, u. a. bei Hypoparathyreoidismus) führt v. a. zu gesteigerter neuromuskulärer Erregbarkeit, verzögerter Repolarisierung des Herzens und ggf. Entmineralisierung des Knochens.

Hypercalciämie (meist Folge von Hyperparathyreoidismus, Calcitriolüberschuss, oder Demineralisierung des Knochens durch Tumore oder Inaktivität) führt zu Störungen der Erregung des Herzens und der gastrointestinalen Sekretion, zu Polyurie und zu Nierensteinen.

Hypophosphatämie (durch negative Phosphatbilanz, gesteigerte Knochenmineralisierung oder zelluläre Aufnahme von Phosphat) führt u. a. zu Demineralisierung des Knochens und Zusammenbrechen des zellulären Energiehaushaltes (u. a. Untergang von Erythrozyten und Anämie).

Hyperphosphatämie (meist gestörte renale Ausscheidung bei Niereninsuffizienz) führt zur Ausfällung von $CaHPO_4$-Salzen in Gelenken, Haut, Muskeln und Gefäßen, senkt die Konzentration von freiem Ca^{2+} im Blut und führt so zu Parathormon-Ausschüttung, zur Mobilisierung von $CaHPO_4$ aus dem Knochen und damit zur Einleitung eines Circulus vitiosus.

31.5 Magnesium-Stoffwechsel

Physiologische Bedeutung von Mg^{2+}

Magnesium reguliert die Aktivität von Ionenkanälen und Enzymen

Regulation von Kanälen. Mg^{2+} hemmt K^+-Kanäle, Ca^{2+}-Kanäle und NMDA-Kanäle (▶ s. Kap. 4.5). Unter anderem durch die Wirkung auf Ionenkanäle mindert Mg^{2+}-Überschuss und steigert Mg^{2+}-Mangel die neuromuskuläre Erregbarkeit. Darüberhinaus hemmt Mg^{2+} die Ausschüttung von Neurotransmittern.

Regulation von Enzymen. Mg^{2+} beeinflusst eine Vielzahl von Enzymen (z. B. Kinasen, Phosphatasen, Adenylatzyklase, Phosphodiesterasen, Myosin-ATPase) und Pumpen (z. B. Na^+/K^+-ATPase, Ca^{2+}-ATPase, H^+-ATPase). Unter anderem über seine Wirkung auf Adenylatzyklase und Phosphodiesterasen beeinflusst es Hormonwirkungen, über seine Wirkung auf die Myosin-ATPase die Muskelkontraktion. Sowohl Mg^{2+}-Mangel als auch Mg^{2+}-Überschuss mindern die Kontraktilität des Herzens.

Wirkung auf K^+. Die Wirkung von Mg^{2+} auf die Na^+/K^+-ATPase und K^+-Kanäle fördert die zelluläre Aufnahme von K^+. Umgekehrt kommt es bei Mg^{2+}-Mangel auch zu zellulären K^+-Verlusten.

Regulation des Mg^{2+}-Haushaltes

Die zelluläre Mg^{2+}-Aufnahme wird durch intrazelluläre Alkalose, Insulin und Schilddrüsenhormone stimuliert; die Mg^{2+}-Bilanz wird durch intestinale Absorption und renale Ausscheidung reguliert

Magnesiumverteilung im Körper. Der Körper enthält etwa 1 mol Mg^{2+}. Davon sind zwei Drittel im Knochen, ein Drittel in den Zellen. Im Extrazellulärraum ist etwa 1% davon gelöst. Die Plasmakonzentration von Mg^{2+} liegt bei

0,9 mmol/l. Davon sind etwa 20 % an Plasmaproteine gebunden.

Regulation der zellulären Mg^{2+}-Aufnahme. Obgleich die intrazelluläre Mg^{2+}-Konzentration mehr als das Zehnfache der extrazellulären Mg^{2+}-Konzentration beträgt, kann Mg^{2+}-passiv in die Zellen aufgenommen werden, getrieben durch das außen positive Membranpotential. In der Zelle ist Mg^{2+} zum größten Teil gebunden. Aus der Zelle muss Mg^{2+} unter Einsatz von Energie über eine Mg^{2+}-ATPase transportiert werden. Die zelluläre Aufnahme von Mg^{2+} wird durch ***intrazelluläre Alkalose*** gesteigert, die durch Dissoziation intrazellulärer Proteine Bindungsstellen für Mg^{2+} freimacht. Insulin und Schilddrüsenhormone erzeugen eine intrazelluläre Alkalose durch Aktivierung des Na^+/H^+-Austauschers und fördern damit die Aufnahme von Mg^{2+} in die Zellen.

Regulation der Mg^{2+}-Bilanz. Täglich werden etwa 0,3 g Mg^{2+} (30 mmol) aufgenommen. Mg^{2+} ist vor allem in Fleisch und Gemüse enthalten (▶ s. Kap. 37.4). Oral zugeführtes Mg^{2+} wird normalerweise unvollständig (ca. 30 %) aus dem Darm absorbiert.

Die ***intestinale Absorption*** wird durch Calcitriol, Parathormon und Somatotropin stimuliert und durch Aldosteron und Calcitonin gehemmt. Ca^{2+} und Komplexierung von Mg^{2+} an verschiedene Anionen (Phosphat, Oxalat und Fettsäuren) beeinträchtigen die intestinale Mg^{2+}-Absorption.

Die ***renale Mg^{2+}-Ausscheidung*** hängt in besonderem Maße von der Resorption in der Henle-Schleife ab. Sie wird durch hohe Konzentrationen an Mg^{2+} (Hypermagnesiämie) und Ca^{2+} (Hypercalciämie), durch Hypokaliämie sowie durch Diuretika gehemmt, die an der Henle-Schleife wirken (sog. Schleifendiuretika). Die Resorption wird umgekehrt durch Parathormon, Glukagon und Calcitonin stimuliert.

Störungen des Mg^{2+}-Haushaltes

! Störungen des Mg^{2+}-Haushaltes beeinflussen v. a. die neuromuskuläre Erregbarkeit

Mg^{2+}-Mangel. Ursachen von Mg^{2+}-Mangel sind unzureichende diätetische Zufuhr, intestinale Malabsorption oder renale Mg^{2+}-Verluste. Ursachen renaler Verluste sind Aldosteron-Überschuss (Hyperaldosteronismus) oder eine gestörte ***renal-tubuläre Resorption*** (u. a. Salz-Verlust-Niere, Fanconi Syndrom, Schleifendiuretika, Bartter-Syndrom). Bei Phosphatmangel wird die renale Mg^{2+}-Resorption wahrscheinlich durch Energiemangel, bei ketozidotischem Diabetes mellitus (▶ s. Kap. 21.4) wahrscheinlich durch Bindung von Mg^{2+} an Säuren im Tubuluslumen beeinträchtigt. Erhebliche Mg^{2+}-Mengen können auch über die Brustdrüse beim ***Stillen*** und über die Haut bei ***Verbrennungen*** verloren gehen. Hypomagnesiämie kann ferner durch gesteigerte ***zelluläre Aufnahme*** von Mg^{2+} (Wirkung von Schilddrüsenhormonen und Insulin) auftreten. Bei Entzündungen des Pankreas ***(Pankreatitis)*** werden aus dem geschädigten Pankreas Lipasen frei, die umliegendes Fettgewebe abbauen. Die frei werdenden Fettsäuren können Mg^{2+} binden und damit die Konzentration an freiem Mg^{2+} senken.

Auswirkungen von Mg^{2+}-Mangel bzw. von Hypomagnesiämie sind vor allem gesteigerte neuromuskuläre (Krämpfe) und kardiale Erregbarkeit (Herzrhythmusstörungen). Bei Mg^{2+}-Mangel sind K^+-Kanäle enthemmt und die Zellen verlieren K^+. Durch Wegfall der stimulierenden Wirkung von Mg^{2+} auf die Parathormonausschüttung kommt es zu Hypoparathyreoidismus und damit zu reduzierter Mobilisierung von Ca^{2+} aus dem Knochen. Damit wird die Entwicklung einer Hypocalciämie gefördert.

Mg^{2+}-Überschuss. Ursache eines Mg^{2+}-Überschusses kann ***exzessive Aufnahme*** sein, bisweilen Folge unkritischer ärztlicher Verschreibung (iatrogener Mg^{2+} Überschuss). Die ***renale Ausscheidung*** ist bei Niereninsuffizienz und bei Mangel an Aldosteron herabgesetzt. Hypermagnesiämie kann auch Folge ***zellulärer Mg^{2+}-Verluste*** sein.

Auswirkungen des Mg^{2+}-Überschusses ist vor allem eine herabgesetzte neuromuskuläre, kardiale und glattmuskuläre Erregbarkeit. Über Stimulation der Parathormonausschüttung (Hyperparathyreoidismus) kann es zur Hypercalciämie kommen.

In Kürze

! Magnesium-Stoffwechsel

Mg^{2+} hemmt K^+-Kanäle, Ca^{2+}-Kanäle und NMDA-Kanäle, beeinflusst eine Vielzahl von Enzymen (v. a. Kinasen, ATPasen) und hemmt die Ausschüttung von Neurotransmittern.

Insulin, Schilddrüsenhormone und Alkalose stimulieren die zelluläre Mg^{2+}-Aufnahme. Die Mg^{2+}-Bilanz wird durch intestinale Absorption und renale Ausscheidung reguliert:

- Die intestinale Absorption wird durch Calcitriol, Parathormon und Somatotropin stimuliert und durch Aldosteron, Calcitonin, Ca^{2+} und Komplexierung an verschiedene Anionen gehemmt.
- Die renale Ausscheidung wird durch Hypermagnesiämie, Hypercalciämie, Hypokaliämie und Schleifendiuretika gehemmt und durch Parathormon, Glukagon und Calcitonin stimuliert.

Mg^{2+}-Mangel steigert, Mg^{2+}-Überschuss mindert die neuromuskuläre Erregbarkeit.

Literatur

Azria M, Avioli LV (1996) Calcitonin; in Bilezikian JP, Raisz LG, Rodan GA (eds): Principles of bone biology. Academic Press, San Diego

Bronner F (1998) Calcium absorption – a paradigm for mineral absorption. J Nutr 128: 917–920

Chattopadhyay N, Vassilev PM, Brown EM (1997) Calcium-sensing receptor: roles in and beyond systemic calcium homeostasis. Biol Chem 378: 759–768

Friedman PA, Gesek FA (1995) Cellular calcium transport in renal epithelia: measurement, mechanisms, and regulation. Physiol Rev 75: 429–471

Mundy GR, Guise TA (1997) Hypercalcemia of malignancy. Am J Med 103: 134–145

Murer H, Hernando N, Forster I, Biber J (2000) Proximal tubular phosphate reabsorption: molecular mechanisms. Physiol Rev 80: 1373–1409

Schiavi SC, Kumar R (2004) The phosphatonin pathway: new insights in phosphate homeostasis. Kidney Int 65(1): 1–14

Werner A, Dehmelt L, Nalbant P (1998) Na+-dependent phosphate cotransporters: the NaPi protein families. J Exp Biol 201: 3135–3142

VII

Atmung

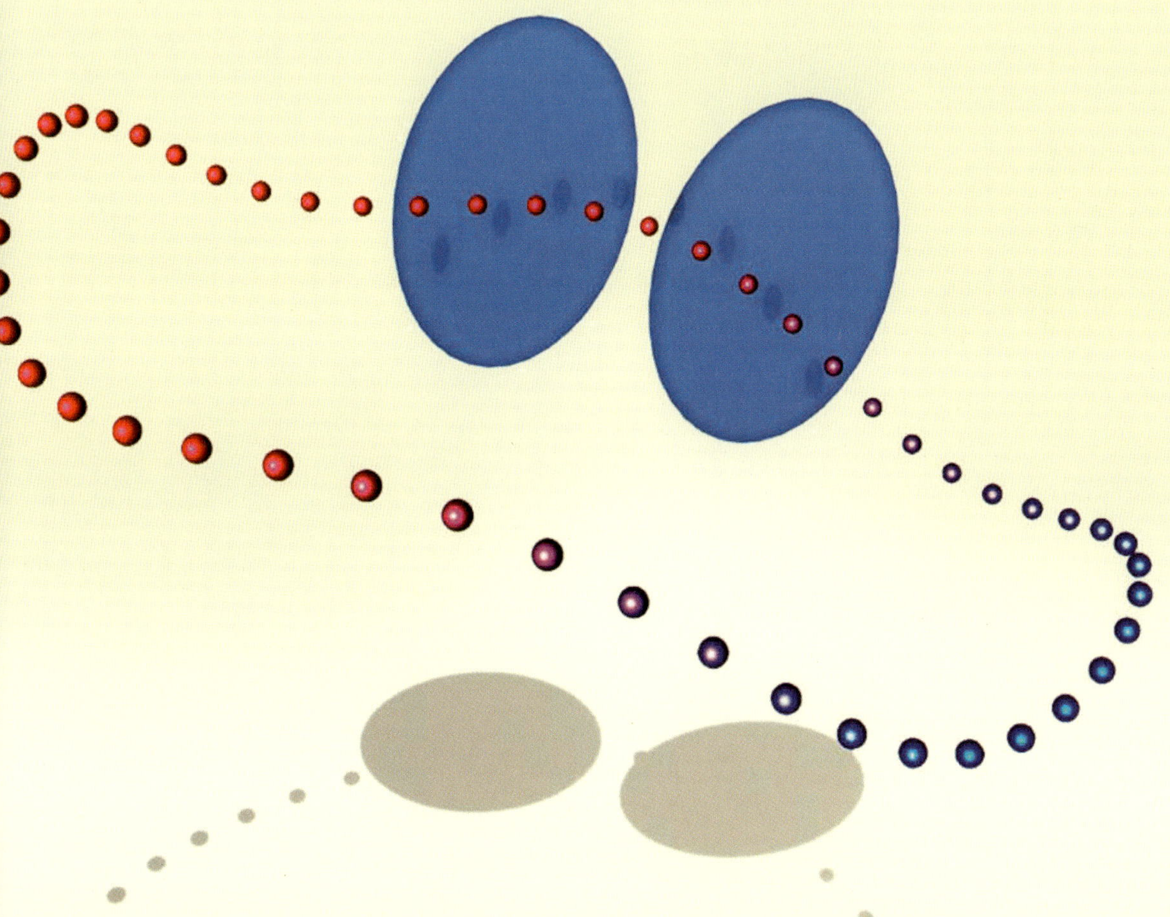

Kapitel 32
Lungenatmung

G. Thews, O. Thews

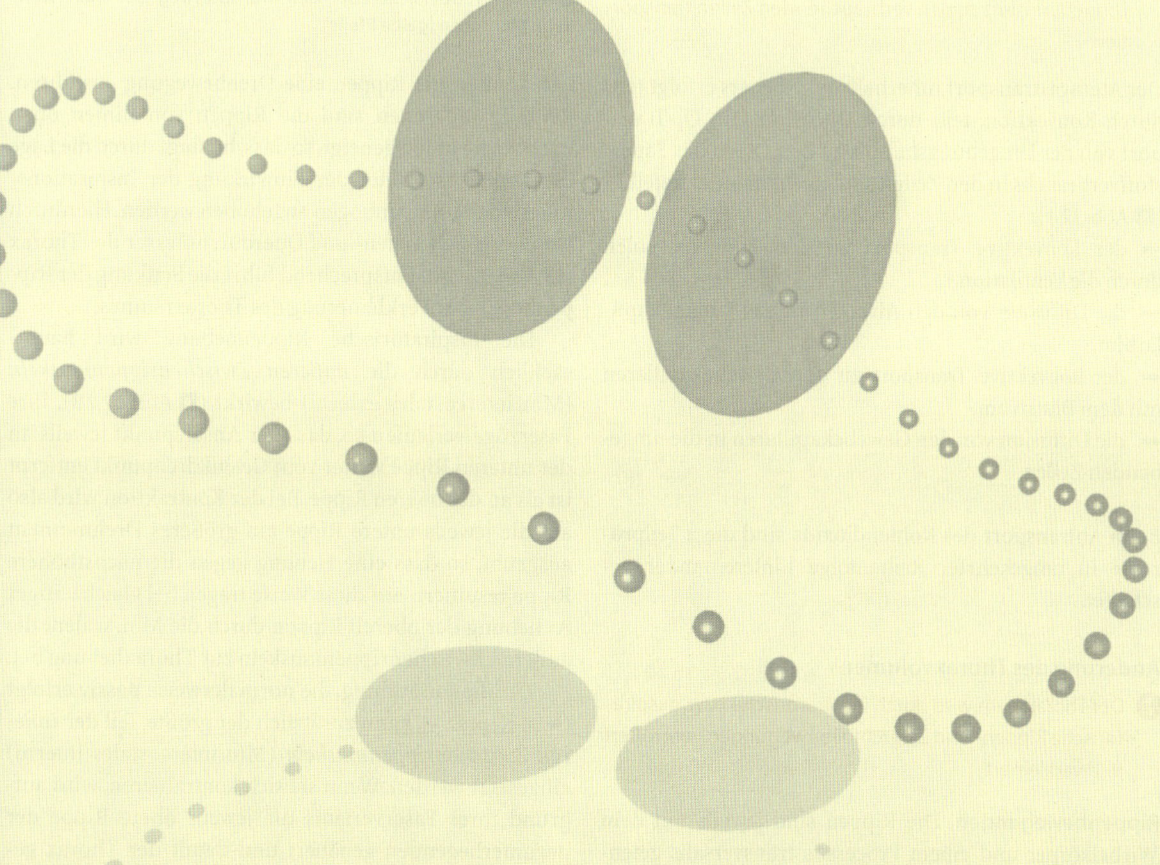

Einleitung

Am 8. Mai 1794 bestieg Antoine Laurent Lavoisier die Guillotine und wurde auf Weisung des Revolutionstribunals hingerichtet. Damit endete das Leben eines Mannes, der zu den genialsten Naturforschern des 18. Jahrhunderts zählt. Das Tribunal jedoch befand: »Wir brauchen keine Gelehrten mehr.«

Lavoisier verdanken wir u. a. die Erkenntnis, dass Sauerstoff, der mit der Atmung aus der Luft in den Körper aufgenommen wird, die Lebensvorgänge von Menschen und Tieren unterhält. Nach unserer heutigen Kenntnis ist die laufende Sauerstoffzufuhr für den oxidativen Abbau der Nährstoffe in den Zellen erforderlich, die auf diese Weise ihre Energie gewinnen. Ebenso wichtig für die Zellfunktionen ist der ständige Abtransport des Stoffwechselendprodukts Kohlendioxid. Dieser Gaswechsel zwischen den Zellen und der Umgebung wird ganz allgemein als Atmung bezeichnet.

VIII

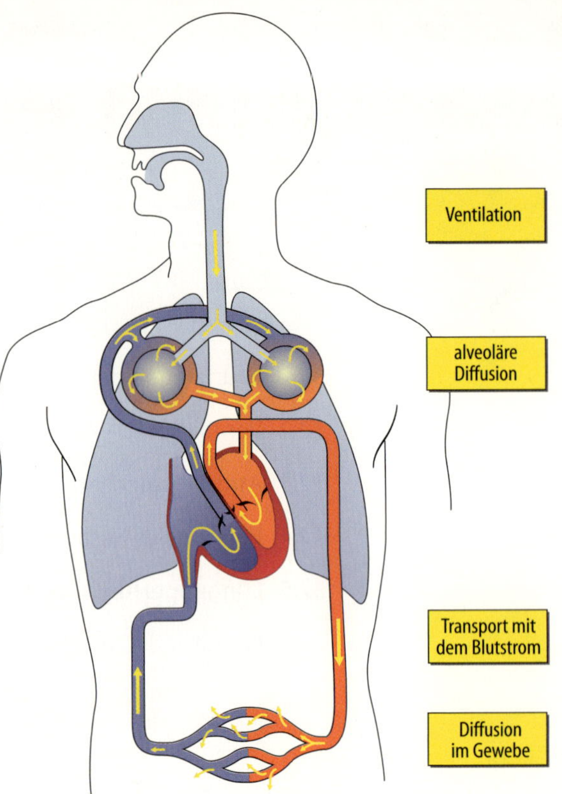

Abb. 32.1. Übersicht über den Transportweg des Sauerstoffs beim Menschen (gelbe Pfeile)

32.1 Grundlagen der Atmungsfunktion

Prozesse des Atemgastransports

Sauerstoff wird durch Diffusion und Konvektion aus der Umgebungsluft zu den verbrauchenden Zellen transportiert

Der Atemgastransport innerhalb des Körpers erfolgt teils durch Konvektion, teils durch Diffusion. Am O_2-Transport von der Umgebungsluft bis zu den Orten des Sauerstoffverbrauchs in den Zellen sind nacheinander beteiligt (Abb. 32.1):

- der konvektive Transport zu den Lungenalveolen durch die Ventilation,
- die Diffusion von den Alveolen in das Lungenkapillarblut,
- der konvektive Transport zu den Gewebekapillaren mit dem Blutstrom,
- die Diffusion von den Gewebekapillaren in die umgebenden Zellen.

Beim Abtransport des Kohlendioxids sind die 4 Teilprozesse in umgekehrter Reihenfolge hintereinander geschaltet.

Änderung des Thoraxvolumens

Der Thoraxraum wird durch inspiratorische bzw. exspiratorische Rippen- und Zwerchfellbewegungen vergrößert und verkleinert

Rippenbewegungen. Die Rippen sind jeweils mit dem Wirbelkörper und einem Processus transversalis gelenkig verbunden. Um die Verbindungsgerade zwischen den beiden Gelenken, die man als Rippenhalsachse bezeichnet, können die Rippen eine Drehbewegung ausführen. Beim Erwachsenen sind die Rippen von hinten oben nach vorne unten geneigt, so dass, bedingt durch die Lage der Drehachse, unter der Einwirkung der Inspirationsmuskeln die Rippenbögen angehoben werden. Hierdurch erweitern sich Tiefen- und Querdurchmesser des Thorax (Abb. 32.2 A). Entsprechend führt die Senkung der Rippenbögen zur Verkleinerung des Thoraxraumes.

Die inspiratorische Rippenhebung wird hauptsächlich durch die ***äußeren Zwischenrippenmuskeln*** (Mm. intercostales externi) bewirkt (Abb. 32.2 B). Ihre Faserzüge verlaufen so, dass der Ansatzpunkt jeweils an der unteren Rippe weiter vom Gelenkdrehpunkt entfernt ist als an der oberen Rippe. Bei der Kontraktion wird also auf die jeweils untere Rippe ein größeres Drehmoment ausgeübt, so dass eine Hebung gegen die nächsthöhere Rippe resultiert. Auf diese Weise tragen bei gleichzeitiger Anhebung der oberen Rippen durch die Mm. scaleni die äußeren Zwischenrippenmuskeln zur Thoraxhebung bei.

Für die Ausatmung, die normalerweise passiv erfolgt (► s. Kap. 32.3), kann zusätzlich der größte Teil der ***inneren Zwischenrippenmuskeln*** (Mm. intercostales interni) eingesetzt werden. Wenn sie sich kontrahieren, wird aufgrund ihres Faserverlaufs die jeweils obere Rippe der darunterliegenden genähert und damit der Thorax gesenkt. Wie Abb. 32.2 B zeigt, sind die zwischen den Rippenknorpeln ausgespannten Anteile (Partes intercartila-

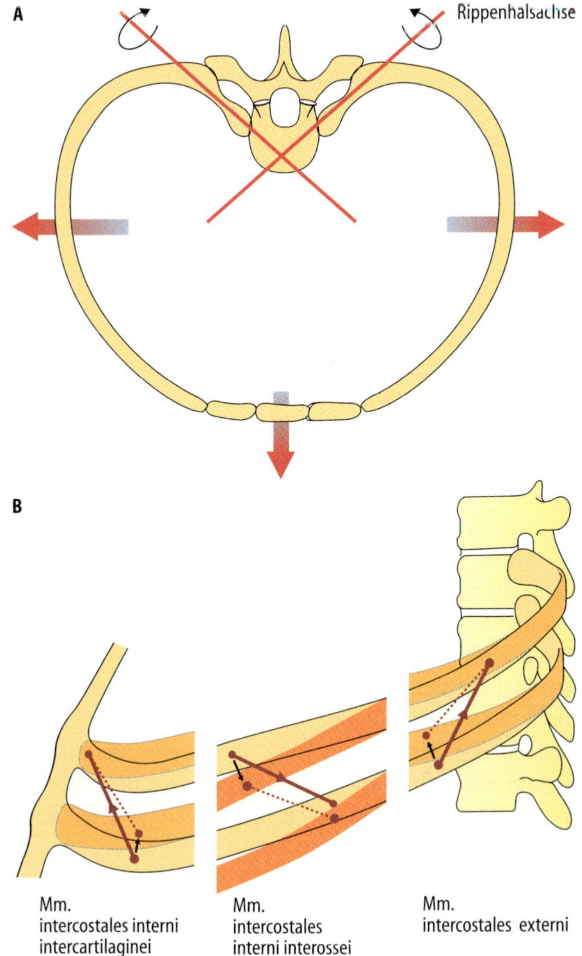

Abb. 32.2. Rippenbewegungen bei der Atmung. A Erweiterung des Thoraxquerschnitts (in *Pfeilrichtung*) bei der Inspiration, **B** Faserverlauf der Interkostalmuskulatur *(rot)* in schematischer Darstellung zur Erläuterung der Zugwirkungen bei Inspiration und Exspiration

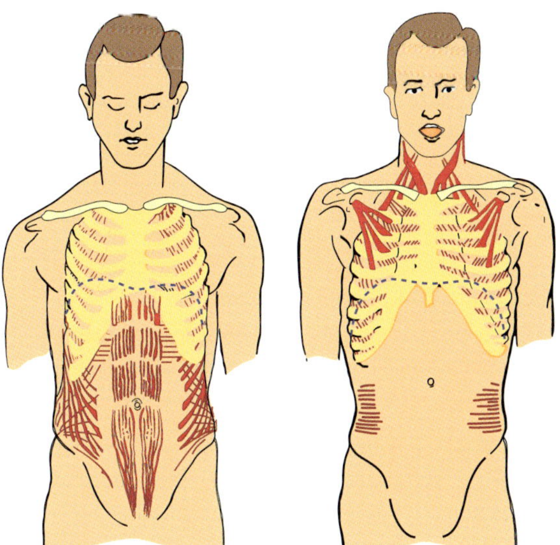

Abb. 32.3. Auxiliäre Atmungsmuskulatur. *Links:* Hilfsmuskeln für die Exspiration; *rechts:* Hilfsmuskeln für die Inspiration. Nach Benninghoff u. Goerttler (1985)

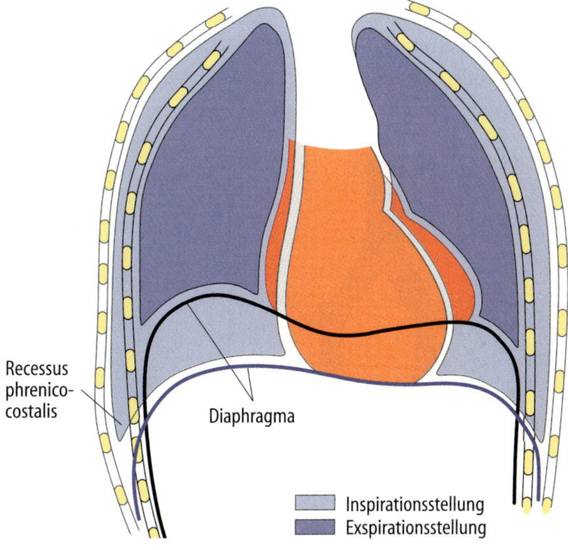

Abb. 32.4. Volumenänderung des Thorax. Formänderungen des Thoraxraums beim Übergang von der Exspirationsstellung *(dunkelblau)* zur Inspirationsstellung *(hellblau)*

gineae) der inneren Zwischenrippenmuskeln an der Hebung des Sternums beteiligt.

▪▪▪ **Atemhilfsmuskulatur.** Bei erhöhten Anforderungen an die Atmungsarbeit, insbesondere bei Atemnot, werden die regulären Atemmuskeln durch **Hilfsmuskeln** unterstützt. Als Hilfseinatmer wirken alle Muskeln, die am Schultergürtel, am Kopf oder an der Wirbelsäule ansetzen und in der Lage sind, die Rippen zu heben bzw. den Schultergürtel zu fixieren. Hierzu zählen in erster Linie die **Mm. pectorales major** und **minor**, die **Mm. scaleni** und der **M. sternocleidomastoideus** sowie Teile der **Mm. serrati** (▫ Abb. 32.3). Voraussetzung für ihren Einsatz als Atemmuskeln ist die Fixierung ihres Ansatzpunktes. Typisch hierfür ist das Verhalten von Patienten in Atemnot, die sich auf einen festen Gegenstand aufstützen und den Kopf nach hinten beugen. Als Hilfsausatmer dienen v. a. die **Bauchmuskeln**, welche die Rippen herabziehen und als Bauchpresse die Baucheingeweide mit dem Zwerchfell nach oben drängen.

Zwerchfellbewegung. Der wirkungsvollste Inspirationsmuskel ist das ***Diaphragma***, das über den N. phrenicus innerviert wird. Normalerweise wölbt sich das Zwerchfell kuppelförmig in den Thoraxraum hinein; in Ausatmungsstellung liegt es in einer Ausdehnung von 3 Rippenhöhen der inneren Thoraxwand an (▫ Abb. 32.4). Bei der Einatmung kontrahieren sich die Muskelzüge des Zwerchfells. Es kommt zu einer Abflachung, wodurch sich die Muskelplatte von der inneren Thoraxwand entfernt. Die dabei eröffneten Räume, die als ***Recessus phrenicocostales*** bezeichnet werden, bieten für die hier lokalisierten Lungenpartien eine gute Entfaltungsmöglichkeit und damit eine entsprechend gute Belüftung.

▪▪▪ **Brust- und Bauchatmung.** Je nachdem, ob die Erweiterung des Brustraums bei normaler Atmung überwiegend durch Hebung der Rippen oder mehr durch Senkung des Zwerchfells zustande kommt, unterscheidet man einen **kostalen Atmungstyp** (Brustatmung) von einem **abdominalen Atmungstyp** (Bauchatmung).

Bei der **Brustatmung** wird die Atmungsarbeit hauptsächlich von der Interkostalmuskulatur geleistet, während das Zwerchfell mehr passiv den Druckänderungen im Thoraxraum folgt. Bei der **Bauchatmung** bewirkt die stärkere Kontraktion der Zwerchfellmuskulatur v. a. eine inspiratorische Erweiterung des unteren Thoraxraums, wobei wegen der Verlagerung der Baucheingeweide die Bauchwand vorgewölbt wird. Da bei Neugeborenen die Abwärtsneigung der Rippen in Ruhestellung weniger ausgeprägt ist, überwiegt bei Säuglingen der abdominale Atmungstyp.

Aufbau und Funktion der Atemwege

Die Atemwege leiten über ein verzweigtes Röhrensystem, deren Weite durch das vegetative Nervensystem kontrolliert wird, die Luft zur Gasaustauschzone

Aufbau des Atemwegsystems. Bei der inspiratorischen Erweiterung der Lunge wird die Frischluft über ein verzweigtes Röhrensystem zu den Gasaustauschgebieten geleitet. Über die ***Trachea*** gelangt die Luft in die beiden Hauptbronchien und verteilt sich dann auf die immer feineren Verzweigungen des Bronchialbaums (Abb. 32.5). Bis zu den ***Terminalbronchiolen*** der 16. Teilungsgeneration hat das Atemwegssystem vorwiegend eine Leitungsfunktion. Daran schließen sich die ***Bronchioli respiratorii*** an (17.–19. Generation), in deren Wänden bereits einige Alveolen vorkommen. Mit der 20. Aufzweigung beginnen die ***Alveolargänge*** (Ductus alveolares), die mit Alveolen dicht besetzt sind. Dieser Bereich, der überwiegend dem Gasaustausch dient, wird als ***Respirationszone*** bezeichnet.

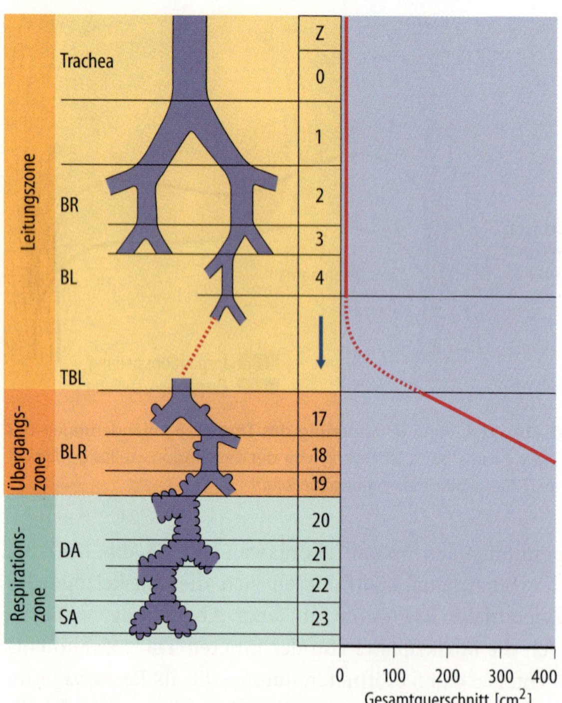

Abb. 32.5. Organisation der Atemwege. Aufzweigungen des Atemwegssystems *(links)* mit der Kurve des Gesamtquerschnitts *(rechts)*, die den einzelnen Teilungsgenerationen *(Z)* zugeordnet sind. Man erkennt die starke Zunahme des Atemwegsquerschnitts in der Übergangszone, die sich in der Respirationszone weiter fortsetzt. *BR:* Bronchien, *BL:* Bronchiolen, *TBL:* Terminalbronchiolen, *BLR:* Bronchioli respiratorii, *DA:* Ductuli alveolares, *SA:* Sacculi alveolares. Nach Weibel (1984)

Offenhalten der Atemwege. Während die großen Bronchien in ihrer Wand Knorpelspangen besitzen, die es ermöglichen, dass die Atemwege unabhängig von der Atmungsstellung offen gehalten werden, verfügen die kleinen Bronchien und Bronchiolen nur über eine weiche bindegewebige Wandstruktur. Ein Kollabieren dieser weichwandigen Atemwege wird verhindert, indem das umgebende Lungengewebe, aufgrund des Bestrebens sich zusammen zu ziehen (▶ s. Kap. 32.3), einen radialen Zug auf die kleinen Bronchien ausübt. Die gleiche Zugwirkung führt dazu, dass auch Blutgefäße bei subatmosphärischem Blutdruck (z. B. in der Lungenspitze bei aufrechter Körperhaltung, ▶ s. Kap. 32.3) offen gehalten werden.

Entsteht jedoch ein starker Überdruck in den Alveolen (z. B. bei forcierter Exspiration) können die kleinen Atemwege von außen komprimiert werden. Dieses Phänomen tritt insbesondere bei Patienten auf, bei denen die Zugwirkung des Lungengewebes durch Umbauprozesse vermindert ist (z. B. bei Lungenemphysem, 32.2). Bei diesen Patienten kann es dazu kommen, dass während forcierter Exspiration der Atemwegswiderstand so stark ansteigt, dass eine weitere Ausatmung verhindert ist. Bei diesem sog. ***»Air Trapping«***, kann es durch die intrapulmonale Druckentwicklung zu einer Schädigung des Lungengewebes kommen.

Innervation der Bronchien. Die Weite der Bronchien wird durch das vegetative Nervensystem kontrolliert. Unter dem Einfluss des ***Sympathikus*** kommt es (bei Ruheatmung in der Inspirationsphase) zu einer Erschlaffung der glatten Bronchialmuskulatur und damit zu einer Erweiterung der Bronchien ***(Bronchodilatation)***.

Der ***Parasympathikus*** bewirkt (bei Ruheatmung in der späten Exspirationsphase) eine Kontraktion der glatten Muskulatur, wodurch die Bronchien verengt werden ***(Bronchokonstriktion)***. Auf diese Weise unterstützt die vegetative Steuerung der Bronchialweite bis zu einem gewissen Grade die Lungenbelüftung. Eine überstarke Aktivierung des Parasympathikus ist bei vielen Atemwegserkrankungen Ursache für eine Einengung der Bronchien und damit für eine Zunahme des Strömungswiderstands in den Atemwegen (z. B. bei Asthma bronchiale, 32.4).

Reinigung der inspirierten Luft

Die Atemwege dienen dem Atemgastransport sowie der Reinigung, Erwärmung und Befeuchtung der Inspirationsluft

Reinigung der Atemluft. Die Reinigung der Inspirationsluft erfolgt teilweise bereits in der ***Nase***, wo kleinere Partikel, Staub und Bakterien von den Schleimhäuten abgefangen werden. Deshalb besteht bei chronischer Mundatmung eine erhöhte Anfälligkeit für Erkrankungen des Atmungsapparates. Weitere eingeatmete Partikel lagern

32.1. Lungenödem

Ursachen. Bei verschiedenen Lungenerkrankungen kann es zu einem verstärkten Wasseraustritt aus den Kapillaren in das Lungengewebe kommen. Übersteigt die Wasserfiltration den Abtransport mit der Lymphe, entsteht eine Flüssigkeitsansammlung im Lungengewebe, ein Lungenödem. Hierbei kann es zu einer Volumenzunahme des Interstitiums (interstitielles Lungenödem) oder zu einem Übertritt von Flüssigkeit in die Alveolen (alveoläres Ödem) kommen. Die Ursache für die Entstehung eines Lungenödems kann die Erhöhung des intravasalen, hydrostatischen Drucks sein. Eine solche Drucksteigerung ist oft Folge einer Stauung des Blutes vor dem linken Herz, z. B. bei Linksherzinsuffizienz als Folge von Herzklappenfehlern. Das Lungenödem kann sich aber auch durch eine erhöhte Permeabilität der Lungenkapillaren für Wasser und Makromoleküle (Proteine) bilden, z. B. bei infektiösen Lungenerkrankungen, Sepsis oder durch Inhalation schädigender Gase (z. B. Stickstoffdioxid, Phosgen, Ozon). Selbst Sauerstoff (z. B. bei Aufenthalt in Überdruckkammern) kann aufgrund seiner oxidativen Wirkung ein Lungenödem induzieren.

Symptome. Die Flüssigkeitsansammlung im Interstitium führt zu einer Dickenzunahme der alveolokapillären Membran bis auf das 10-fache, wodurch der diffusive Gasaustausch (insbesondere für O_2) verschlechtert wird. Daneben kann bei einem Lungenödem die Ausdehnungsfähigkeit der Lunge eingeschränkt werden bzw. eine Obstruktion in den kleinen Atemwegen auftreten.

Therapie. Um den diffusiven Gasaustausch zu verbessern, sollte therapeutisch die Flüssigkeitsansammlung reduziert werden (z. B. durch Korrektur einer Herzinsuffizienz oder durch Diuretika). Gleichzeitig kann durch eine inspiratorische Hyperoxie der alveoläre O_2-Partialdruck (und somit die treibende Kraft für die O_2-Diffusion) erhöht werden.

sich auf der ***Schleimschicht*** ab, welche die Wände der zuleitenden Atemwege überzieht. Der von Becherzellen und subepithelialen Drüsenzellen sezernierte Schleim wird ständig durch rhythmische Bewegung der Zilien des Respirationsepithels zur Epiglottis befördert und anschließend verschluckt. Der Schleimtransport sorgt also dafür, dass Fremdpartikel und Bakterien aus dem Atmungstrakt entfernt werden. Sind die Zilien geschädigt, wie dies etwa bei ***chronischer Bronchitis*** der Fall ist, kommt es zu Schleimansammlungen in den Atemwegen und damit zu einem erhöhten Atemwegswiderstand.

Hustenreflex. Größere in die Atemwege gelangte Fremdkörper und Schleimablagerungen lösen durch Reizung der Schleimhäute in der Trachea und den Bronchien den

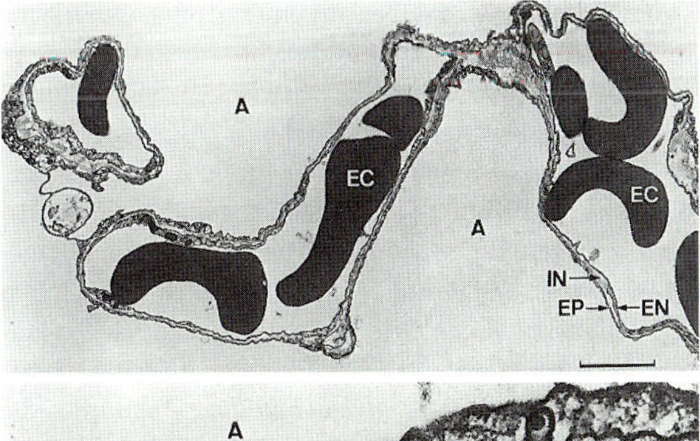

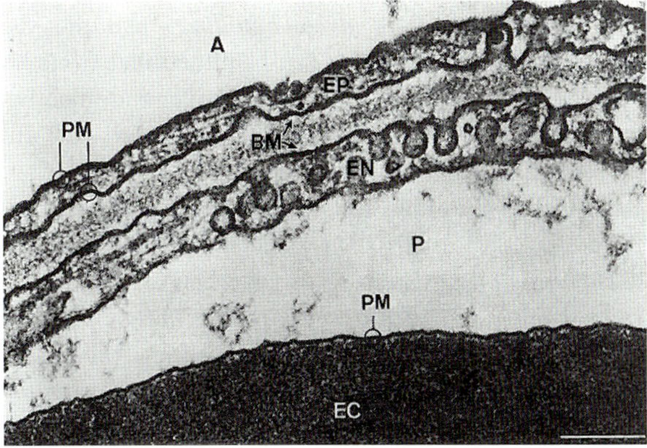

Abb. 32.6. Struktur der alveolokapillären Membran. *Oben:* Alveolarseptum, nach Weibel (1984). Die Erythrozyten *(EC)* sind vom umgebenden Alveolarraum *(A)* durch die alveolokapilläre Membran getrennt, die sich aus Kapillarendothel *(EN)*, Interstitium *(IN)* und Alveolarepithel *(EP)* zusammensetzt. *Unten:* Vergrößerter Ausschnitt. *PM* Plasmamembran, *BM:* Basalmembran, *P:* Blutplasma

Hustenreflex (▶ s. Kap. 33.4) aus. Hierbei handelt es sich zunächst um eine forcierte Expiration gegen die geschlossene Glottis, die sich plötzlich öffnet, so dass der Fremdkörper mit dem extrem beschleunigten Ausatmungsstrom herausbefördert wird.

▪▪▪ Die **Erwärmung** und **Befeuchtung** der Inspirationsluft findet zum überwiegenden Teil bereits im Nasen-Rachen-Raum statt. Insbesondere bieten hierfür die großen Oberflächen der Nasenmuscheln und die gut durchblutete Nasenschleimhaut mit ihren leistungsfähigen Schleimdrüsen günstige Voraussetzungen. In den tieferen Atemwegen wird die Luft weiter erwärmt und befeuchtet, so dass sie bei Eintritt in die Alveolen die Körpertemperatur (37 °C) angenommen hat und vollständig mit Wasserdampf gesättigt ist.

Aufbau und Funktion der Alveolen

Alveolen bieten mit großer Gesamtoberfläche und kurzen Diffusionswegen günstige Bedingungen für den Atemgasaustausch; die alveoläre Oberflächenspannung wird durch *Surfactant* reduziert

Bedingungen für den alveolären Gasaustausch. Der Austausch der Atemgase zwischen der Gasphase und dem Blut in den Lungenkapillaren erfolgt in den Alveolen. Ihre Zahl wird auf etwa 300 Millionen, ihre Gesamtoberfläche auf 80–140 m^2 geschätzt. Die Alveolen, deren Durchmesser jeweils 0,2–0,3 mm beträgt, sind von einem dichten Kapillarnetz umgeben. Das die Kapillaren durchströmende Blut wird daher auf einer großen Oberfläche mit den Alveolen in Kontakt gebracht.

Der alveoläre Gasaustausch zwischen der Gasphase und dem Kapillarblut geschieht durch ***Diffusion.*** Hierfür ist es wichtig, dass nicht nur eine große Austauschoberfläche vorliegt, sondern auch möglichst kurze Diffusionswege zu überwinden sind. Im Hinblick auf die letztgenannte Forderung bestehen in der Lunge ebenfalls günstige Voraussetzungen. Wie ■ Abb. 32.6 zeigt, ist das Kapillarblut vom Gasraum nur durch eine dünne Geweheschicht getrennt. Diese ***alveolokapilläre Membran***, die aus dem Alveolarepithel (Typ-I-Epithelzellen), einem schmalen Interstitium und dem Kapillarendothel besteht, hat insgesamt eine Dicke von weniger als 1 µm (▶ s. 32.1).

Oberflächenspannung der Alveolen. Die innere Oberfläche der Alveolen ist von einem Flüssigkeitsfilm bedeckt. Wie an jeder Grenzfläche zwischen Gas- und Flüssigkeitsphase sind daher auch in den Alveolen Anziehungskräfte wirksam, welche die Tendenz haben, die Oberfläche zu verkleinern. Diese ***Oberflächenspannung*** in den Alveolen ist maßgeblich dafür verantwortlich, dass die Lunge das Bestreben hat, sich zusammenzuziehen, wodurch die passive Ausatmung erreicht wird. Die Oberflächenspannung der Alveolen ist jedoch etwa 10 mal kleiner als dies für die wässrige Grenzschicht theoretisch zu erwarten wäre. Dies wird dadurch erreicht, dass der Flüssigkeitsfilm Substanzen enthält, welche die Oberflächenspannung herabsetzen. Diese ***oberflächenaktiven Substanzen***, die Detergentien ähnlich sind, werden als ***Surfactant*** bezeichnet. Chemisch handelt es sich beim Surfactant um ein Gemisch aus Proteinen und Lipiden, wobei v. a. ***Lezithinderivate*** die spezifische Oberflächenaktivität bestimmen. Gebildet werden sie von den Alveolarepithelzellen des Typs II.

■■■ Die oberfächenaktiven Substanzen verhindern außerdem, dass die kleinen Alveolen in sich zusammenfallen und die enthaltene Alveolarluft in die großen Alveolen entleeren. Nach der **Beziehung von Laplace** (▶ s. Kap. 26.2) nimmt bei gleicher Wandspannung der Innendruck mit abnehmendem Alveolenradius zu. Am Beginn der Exspiration müsste also in den etwas kleineren Alveolen ein höherer Druck als in den größeren auftreten. Da die Alveolen miteinander in Verbindung stehen, würde ein Druckangleich erfolgen und damit eine Umverteilung der Gasvolumina zugunsten der großen Alveolen eintreten. Gegen einen solchen destabilisierenden Effekt ist die Lunge jedoch geschützt, weil mit der Abnahme des Alveolarradius auch eine Reduktion der Oberflächenspannung einhergeht. Während die **Oberflächenspannung** in stark gedehnten Alveolen etwa 0,05 N/m beträgt, reduziert sie sich in kleinen entdehnten Alveolen auf 1/10 dieses Werts. Dies erklärt sich daraus, dass bei einer Verkleinerung der Alveolen die oberflächenaktiven Substanzen dichter zusammenrücken und damit einen stärker spannungsmindernden Effekt ausüben.

In Kürze

Grundlagen der Atmungsfunktion

Der O_2-Transport von der Umgebungsluft bis zu den Orten des Sauerstoffverbrauchs in den Zellen erfolgt in vier Schritten:

- konvektiver Transport zu den Lungenalveolen durch Ventilation,
- Diffusion von den Alveolen in das Lungenkapillarblut,
- konvektiver Transport zu den Gewebekapillaren mit dem Blutstrom,
- Diffusion von den Gewebekapillaren in die umgebenden Zellen.

Atmung

Die Einatmung (Inspiration) erfolgt durch Kontraktion

- der Mm. intercostales externi (Hebung der Rippenbögen mit seitlich und nach vorne gerichteter Erweiterung des Thoraxraums),
- des Diaphragmas (Senkung der Zwerchfellkuppel mit Eröffnung der Recessus phrenicocostales).

Die Ausatmung (Exspiration) erfolgt

- passiv (durch die Oberflächenspannung der Alveolen und elastischen Eigenschaften des Lungengewebes),
- aktiv durch Kontraktion der Mm. intercostales interni interossei (Senkung der Rippenbögen).

Bei vertiefter Atmung wird die Interkostalmuskulatur durch die auxiliäre Atemmuskulatur unterstützt.

Atemwege

Die Atemwege bilden ein verzweigtes Röhrensystem mit 23 Teilungsgenerationen. Ihre Aufgaben sind:

- Reinigung der Inspirationsluft; eingeatmete Partikel bleiben im Bronchialschleim hängen und werden mit diesem durch rhythmische Zilienbewegungen mundwärts befördert;
- Befeuchten und Erwärmen der Inspirationsluft.

Sie sind sowohl sympathisch innerviert (Erschlaffung der glatten Bronchialmuskulatur = Bronchodilatation) als auch parasympathisch innerviert (Kontraktion der Bronchialmuskulatur = Bronchokonstriktion).

Die Alveolen haben eine Gesamtoberfläche von etwa 80–140 m^2. Der Gasraum ist vom Lungenkapillarblut durch die nur 1 µm dicke alveolokapilläre Membran getrennt. Der Flüssigkeitsfilm auf der Innenwand der Alveolen erzeugt eine starke Oberflächenspannung an der Grenzfläche, die durch oberflächenaktive Substanzen (Surfactant) herabgesetzt wird.

32.2 Ventilation

Atemvolumina und -kapazitäten

Das Atemzugvolumen kann sowohl bei der Einatmung als auch bei der Ausatmung vertieft werden; auch bei maximaler Exspiration bleibt Luft in der Lunge zurück

Volumeneinteilung. Das Volumen des einzelnen Atemzugs ist bei der Ruheatmung im Verhältnis zum Gasvolumen der gesamten Lunge verhältnismäßig klein. Über das normale Atemzugvolumen hinaus können sowohl bei der Inspiration als auch bei der Exspiration erhebliche Zusatzvolumina aufgenommen bzw. abgegeben werden. Aber auch bei tiefster Ausatmung ist es nicht möglich, alle Luft aus der Lunge zu entfernen; ein bestimmtes Restvolumen bleibt immer in den Alveolen und den zuleitenden Atemwegen zurück. Für die quantitative Erfassung dieser Verhältnisse hat man die folgende Volumeneinteilung vorgenommen, wobei zusammengesetzte Volumina als ***Kapazitäten*** gekennzeichnet werden (Abb. 32.7):

- ***Atemzugvolumen:*** In- bzw. Exspirationsvolumen, das beim Erwachsenen in Ruhe etwa 0,5 l beträgt und bei Belastung zunimmt.
- ***Inspiratorisches Reservevolumen:*** Volumen, das nach normaler Inspiration noch zusätzlich eingeatmet werden kann.
- ***Exspiratorisches Reservevolumen:*** Volumen, das nach normaler Exspiration noch zusätzlich ausgeatmet werden kann.
- ***Residualvolumen:*** Volumen, das nach maximaler Exspiration noch in der Lunge zurückbleibt.
- ***Vitalkapazität:*** Volumen, das nach maximaler Inspiration maximal ausgeatmet werden kann = Summe aus Atemzug-, inspiratorischem und exspiratorischem Reservevolumen.
- ***Inspirationskapazität:*** Volumen, das nach normaler Exspiration maximal eingeatmet werden kann = Summe aus Atemzug- und inspiratorischem Reservevolumen.
- ***Funktionelle Residualkapazität:*** Volumen, das nach normaler Exspiration noch in der Lunge enthalten ist = Summe aus exspiratorischem Reserve- und Residualvolumen.
- ***Totalkapazität:*** Volumen, das nach maximaler Inspiration in der Lunge enthalten ist = Summe aus Atemzug-, inspiratorischem und exspiratorischem Reserve- sowie Residualvolumen.

Von diesen Größen kommt neben dem Atemzugvolumen nur der Vitalkapazität und der funktionellen Residualkapazität eine größere Bedeutung zu.

Vitalkapazität

Die Vitalkapazität beschreibt die maximale Ausdehnungsfähigkeit der Lunge, die von zahlreichen individuellen Größen abhängt

Vitalkapazität. Die Vitalkapazität (VC) stellt ein Maß für die Ausdehnungsfähigkeit von Lunge und Thorax dar. Selbst bei extremen Anforderungen an die Atmung wird die mögliche Atemtiefe niemals voll ausgenutzt. Die Angabe eines »Normalwertes« für die Vitalkapazität ist kaum möglich, da sie von ***Alter, Geschlecht, Körpergröße, Körperposition*** und ***Trainingszustand*** abhängig ist (Tabelle 32.4).

Einflussgrößen der Vitalkapazität. Wie Abb. 32.8 zeigt, nimmt die Vitalkapazität mit dem Alter ab. Dies ist auf den Elastizitätsverlust der Lunge und die zunehmende Einschränkung der Thoraxbeweglichkeit zurückzuführen. Die VC-Abhängigkeit von der Körpergröße lässt sich aufgrund zahlreicher Messdaten durch die folgende für jüngere Männer gültige Beziehung schnell abschätzen:

$$\text{VC (l)} = 7 \cdot [\text{Körpergröße (m)} - 1] \qquad (1)$$

Die VC-Werte von Frauen weisen ähnliche Abhängigkeiten auf, sind jedoch meist um 10–20 % kleiner (Tabelle 32.4). Die Körperposition hat insofern eine Bedeutung, als die Vitalkapazität bei stehenden Personen etwas größer ist als bei liegenden, da beim Aufrichten die Blutfülle der Lunge abnimmt. Schließlich hängt die Vital-

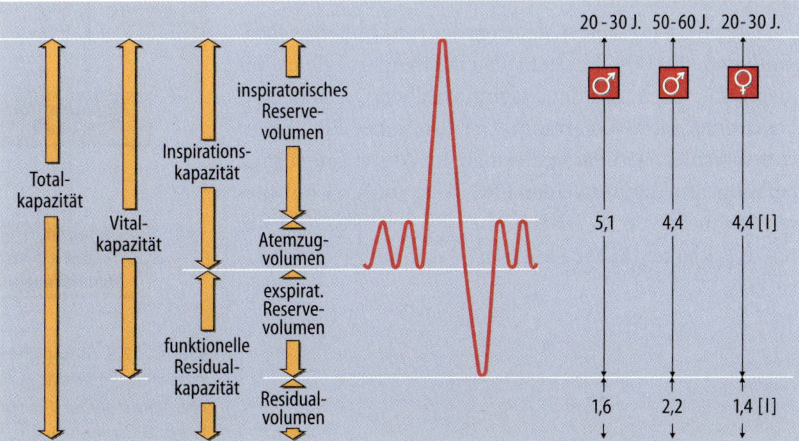

Abb. 32.7. Lungenvolumina und -kapazitäten. Die angegebenen Werte für die Vitalkapazität und das Residualvolumen *(rechts)* sollen die Abhängigkeit der Größen von Alter und Geschlecht verdeutlichen

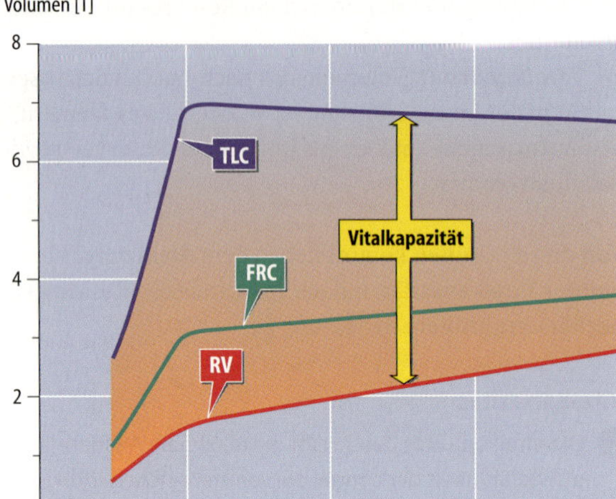

Abb. 32.8. Änderungen der Lungenvolumina im Alter. Altersabhängigkeit der Vitalkapazität, der Totalkapazität *TLC*, der funktionellen Residualkapazität *FRC* und des Residualvolumens *RV* für die männliche Bevölkerung. Nach Ulmer et al (1991)

kapazität vom Trainingszustand ab; ausdauertrainierte Sportler haben eine erheblich größere Vitalkapazität als untrainierte Personen.

Funktionelle Residualkapazität

Die funktionelle Residualkapazität dient dazu, die Atemgaspartialdrücke in den Alveolen während In- und Exspiration annähernd konstant zu halten

Funktionelle Residualkapazität. Würde die Frischluft ohne eine Durchmischung mit der bereits in der Lunge enthaltenen Luft direkt in die Alveolen gelangen, so müssten dort die Atemgasfraktionen bei jedem Atemzug abwechselnd zu- bzw. abnehmen und so zu Schwankungen der Gaspartialdrücke im arteriellen Blut führen. Mit der funktionellen Residualkapazität, die mehrfach größer ist als das Volumen der in Ruhe eingeatmeten Frischluft, treten jedoch infolge des Mischeffektes nur noch geringe zeitliche Schwankungen in der Zusammensetzung der Alveolarluft auf.

Die ***physiologische Bedeutung der funktionellen Residualkapazität*** (FRC) besteht also in einem Ausgleich der inspiratorischen und der exspiratorischen O_2- und CO_2-Fraktionen im Alveolarraum. Die Größe der FRC hängt von verschiedenen Parametern ab. Im Mittel findet man bei jüngeren Männern einen FRC-Wert von 3,0 l, bei älteren Männern von 3,4 l. Bei Frauen ist der FRC-Wert um 10–20 % kleiner (Tabelle 32.4).

Messung der Lungenvolumina

Lungenvolumina werden spirometrisch oder mit indirekten Verfahren bestimmt, wobei die aktuellen Gasbedingungen (Luftdruck, Temperatur, Wasserdampfdruck) während der Messung berücksichtigt werden müssen

Spirometrie. Spirometer sind Geräte, die variierende Gasvolumina bei konstantem Druck aufnehmen können. Sie sind meist als Glockengasometer ausgebildet. Ein weitlumiger Schlauch verbindet das Mundstück des Probanden mit dem Spirometer. Die Volumenänderungen bei der Ein- oder Ausatmung, die zu einer entsprechenden Glockenbewegung führen, können an einer Skala abgelesen oder auf einem Schreiber aufgezeichent werden ***(Spirogramm)***. Mit einem solchen geschlossenen spirometrischen System können die Atemvolumina bestimmt werden.

Pneumotachographie. In einem sog. offenen spirometrischen System wird anstelle der Atemvolumina zunächst die ***Atemstromstärke (Volumengeschwindigkeit)*** mittels eines ***Pneumotachographen*** gemessen (Abb. 32.9). Die Aufzeichnung der Atemstromstärke nennt man ***Pneumotachogramm***. Aus einer solchen Kurve der Volumengeschwindigkeit dV/dt kann man die geförderten Volumina V durch Integration ermitteln, die in den meisten Pneumotachographen bereits elektronisch durchgeführt wird, so dass neben dem Pneumotachogramm auch die Kurve der Atemvolumina (Spirogramm) direkt ausgegeben werden kann.

Messung der funktionellen Residualkapazität (FRC). Da die FRC dasjenige Volumen darstellt, das jeweils am Ende der normalen Exspiration in der Lunge zurückbleibt, kann diese Größe nicht spirometrisch sondern nur auf indirekte Weise ermittelt werden. Im Prinzip geht man

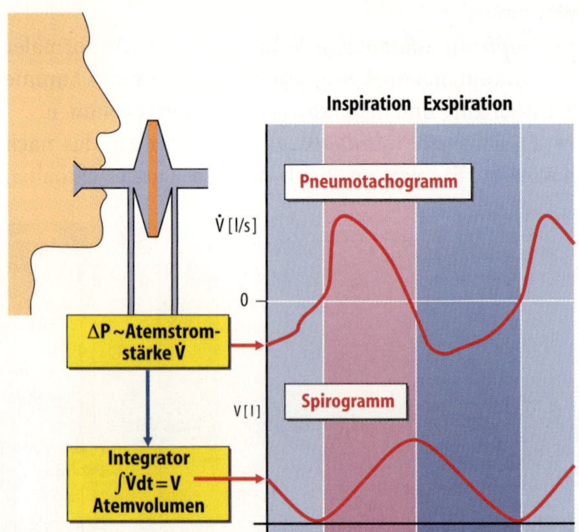

Abb. 32.9. Messprinzip des Pneumotachographen. Die Druckdifferenz an einer Widerstandsstrecke des Atemmundstückes ist der Atemstromstärke $\dot{V}$ proportional (Pneumotachogramm). Die zeitliche Integration von $\dot{V}$ liefert die ventilierten Volumina V (Spirogramm)

dabei so vor, dass man ein Fremdgas (Helium) in den Lungenraum einmischt (Einwaschmethode) oder den in der Lunge enthaltenen Stickstoff durch Sauerstoffatmung austreibt (Auswaschmethode). Das gesuchte Volumen ergibt sich dann aus einer Massenbilanz. Beide Methoden haben den Nachteil, dass bei Patienten mit ungleichmäßig belüfteten Lungenregionen die Ein- bzw. Auswaschung relativ lange dauert. Aus diesem Grunde wird heute vielfach anstelle der funktionellen Residualkapazität das ***intrathorakale Gasvolumen*** mit Hilfe des ***Körperplethysmographen*** (Abb. 32.12) bestimmt.

Umrechnungsbeziehungen für verschiedene Volumenmessbedingungen. Bei der Spirometrie zur Bestimmung der Lungenvolumina und -kapazitäten müssen die Bedingungen, unter denen sich das Gas in der Lunge bzw. dem Spirometer befindet, berücksichtigt werden. Das Volumen V einer Gasmenge hängt von der jeweiligen Temperatur T und dem einwirkenden Druck P ab, wobei außerdem noch der Wasserdampfpartialdruck P_{H_2O} zu berücksichtigen ist. Deshalb müssen bei Volumenangaben zusätzlich die jeweils gültigen Messbedingungen spezifiziert werden. In der Atmungsphysiologie unterscheidet man die folgenden Bedingungen:

- **STPD-Bedingungen** (Standard Temperature, Pressure, Dry): Es sind dies die physikalischen Standardbedingungen, bei denen die Volumenangaben auf T = 273 K, P = 760 mm Hg (101 kPa) und P_{H_2O} = 0 mm Hg (Trockenheit) bezogen werden.
- **BTPS-Bedingungen** (Body Temperature, Pressure, Saturated): Hierbei handelt es sich um die in der Lunge herrschenden Bedingungen, also T = 273 + 37 = 310 K, P variierend nach Maßgabe des aktuellen Barometerdrucks P_B und P_{H_2O} = 47 mm Hg (6,25 kPa) (Wasserdampfsättigung bei 37 °C).
- **ATPS-Bedingungen** (Ambient Temperature, Pressure, Saturated): Hierunter versteht man die aktuellen Messbedingungen außerhalb des Körpers (Spirometerbedingungen), d. h. die Volumenbestimmung erfolgt bei Zimmertemperatur T_a, aktuellem Barometerdruck P_B und Wasserdampfsättigung.

In Tabelle 32.1 sind die Volumenmessbedingungen zusammengefasst, wobei zu berücksichtigen ist, dass man vom Gesamtdruck jeweils den Wasserdampfdruck abzuziehen hat, um den volumenbestimmenden Druck des »trockenen« Gases zu erhalten.

Für die Umrechnung eines Gasvolumens von den Zustandsbedingungen 1 auf die Zustandsbedingungen 2 gilt nach der **allgemeinen Gasgleichung** die Beziehung:

$$\frac{V_1}{V_2} = \frac{T_1}{T_2} \cdot \frac{P_2}{P_1} \qquad (2)$$

Mit Hilfe der Angaben in Tabelle 32.1 lässt sich diese allgemeine Formel auf den konkreten Fall anwenden. Möchte man beispielsweise ein für Körperbedingungen angegebenes Volumen (V_{BTPS}) auf Standardbedingungen (V_{STPD}) umrechnen, so gilt:

Tabelle 32.1. Charakteristika der Volumenmessbedingungen

Bedingung	T (K)	P (mm Hg)
STPD	273	760
BTPS	310	P_B-47
ATPS		$P_B - P_{H_2O}$

$$\frac{V_{STPD}}{V_{BTPS}} = \frac{273}{310} \cdot \frac{P_B - 47}{760} = \frac{P_B - 47}{863} \qquad (3)$$

Dass eine Änderung der Bezugsbedingungen die Volumenwerte nicht unwesentlich beeinflusst, zeigt folgende Rechnung: Bei Ruheatmung beträgt die alveoläre Ventilation unter BTPS-Bedingungen etwa 5 l/min. Nach Gl. (3) reduziert sich dieser Wert unter STPD-Bedingungen auf 4,1 l/min, wenn man den mittleren Barometerdruck auf Meereshöhe (P_B=760 mm Hg) zugrunde legt.

32.2. Lungenemphysem

Pathologie. Das Lungenemphysem ist durch eine vermehrte Luftfüllung der Lunge gekennzeichnet. In den meisten Fällen handelt es sich nicht um eine passive Überdehnung, sondern um eine Destruktion des Gewebes durch proteolytische Prozesse. Normalerweise besteht im Lungengewebe ein Gleichgewicht zwischen der Aktivität von Proteasen und deren Hemmstoffen, den Antiproteasen, zu denen α_1-Antitrypsin und α_2-Makroglobulin gehören. Treten häufige bakterielle Infekte oder inhalative Noxen (z. B. Tabakrauch, Reizgase) auf, kommt es zum Überwiegen der proteolytischen Aktivität. Insbesondere werden vermehrt Elastasen aus neutrophilen Granulozyten und Alveolarmakrophagen freigesetzt. Dies führt zur irreversiblen Zerstörung elastischer Fasern und des alveolentragenden Gewebes der Lunge, wobei auch die Kapillaren von diesem Prozess betroffen sind. Bei fast 1 % der Bevölkerung liegt genetisch bedingt ein Mangel an α_1-Antitrypsin vor. Diese Patienten entwickeln häufig bereits in der Jugend ein schweres Lungenemphysem.

Symptome. Das Lungenemphysem ist charakterisiert durch eine vermehrte Luftfüllung der Lunge, die bereits äußerlich durch eine Erweiterung des Brustkorbs in Ruhestellung (»Fassthorax«) sichtbar wird. Durch die Zerstörung der Lungenstruktur kommt es aber trotz des vergrößerten intrathorakalen Gasvolumens zu einer Reduktion der diffusiven Austauschfläche. Daneben führt die fehlende elastische Zugspannung auf die kleinen Bronchien dazu, dass bei der Exspiration der Atemwegswiderstand (Resistance, ► s. Kap. 32.3) deutlich zunimmt. Es resultiert somit bei Emphysempatienten eine Entspannungsobstruktion, die das Ausatmen besonders bei forcierter Exspiration erschwert (sog. schlaffe Lunge).

Totraum

Als Toträume werden diejenigen Anteile der Atemwege und Alveolarräume bezeichnet, die zwar belüftet werden, in denen aber kein Gasaustausch stattfindet

Anatomischer Totraum. Das Volumen der leitenden Atemwege wird als ***anatomischer Totraum*** bezeichnet. Hierzu gehören die Räume von Nase bzw. Mund, Pharynx, Larynx,

Trachea, Bronchien und Bronchiolen. Das Volumen des Totraums hängt von der Körpergröße und der Körperposition ab. Für den sitzenden Probanden gilt die Faustregel, dass die Größe des Totraums (in ml) dem doppelten Körpergewicht (in kg) entspricht. Das Totraumvolumen des Erwachsenen beträgt somit etwa 150 ml. Bei einem tiefen Atemzug vergrößert sich dieser Wert, weil mit der zusätzlichen Erweiterung des Thoraxraums auch die Bronchien und Bronchiolen stärker gedehnt werden.

▪▪▪ **Messung des Totraumvolumens.** Das exspiratorische Atemzugvolumen (V_E) setzt sich aus 2 Volumenanteilen zusammen: Der eine Teil des ausgeatmeten Volumens entstammt dem Totraum (V_D), der andere dem Alveolarraum (V_{EA}):

$$V_E = V_D + V_{EA} \qquad (4)$$

Um diese beiden Teilvolumina bei Lungenfunktionsprüfungen getrennt zu erfassen, wendet man ein indirektes Messverfahren an. Man geht dabei von der Überlegung aus, dass sich auch die jeweils ausgeatmeten O_2- und CO_2-Mengen aus 2 Anteilen zusammensetzen. Der erste Anteil kommt aus dem Totraum, in dem von der vorhergehenden Inspiration her die Gasfraktionen der Frischluft (F_I) herrschen. Der zweite Teil wird aus dem Alveolarraum mit der dort herrschenden Gasfraktionen (F_A) exspiriert. Berücksichtigt man ferner, dass eine Gasmenge als Produkt aus Volumen V und Fraktion F dargestellt werden kann, dann gilt für jedes Atemgas:

Expirationsmenge = Totraummenge + Alveolarmenge

$$V_E \times F_E = V_D \times F_I + V_{EA} \times F_A \qquad (5)$$

Nach Einsetzen von V_{EA} aus Gl. (4) und Umformung gewinnt man hieraus:

$$\frac{V_D}{V_E} = \frac{F_E - F_A}{F_I - F_A} \qquad (6)$$

Diese sog. **Bohr-Formel** gilt für alle Atemgase. Sie lässt sich jedoch für CO_2 noch weiter vereinfachen, da in diesem Fall die inspiratorische Fraktion $F_{I_{CO_2}} = 0$ gesetzt werden kann:

$$\frac{V_D}{V_E} = \frac{F_{A_{CO_2}} - F_{E_{CO_2}}}{F_{A_{CO_2}}} \qquad (7)$$

Nach Gl. (7) lässt sich der Totraumanteil des Exspirationsvolumens (V_D/V_E) ermitteln, weil alle Fraktionen der rechten Seite durch Gasanalyse bestimmt werden können (hinsichtlich der Schwierigkeiten, die sich bei der Messung der alveolären Fraktion ergeben, ► s. Kap. 32.4).

Funktioneller Totraum. Unter dem ***funktionellen*** oder ***physiologischen Totraum*** versteht man alle diejenigen Anteile des Atmungstraktes, in denen kein Gasaustausch stattfindet. Vom anatomischen unterscheidet sich der funktionelle Totraum dadurch, dass ihm außer den zuleitenden Atemwegen auch noch diejenigen Alveolarräume zugerechnet werden, die zwar belüftet, aber ***nicht durchblutet*** sind. Solche Alveolen, in denen trotz Belüftung ein Gasaustausch nicht möglich ist, existieren beim Lungengesunden nur in geringer Zahl. Für den Gesunden stimmen daher die Volumina des anatomischen und des funktionellen Totraums praktisch überein. Anders liegen die Verhältnisse bei bestimmten Lungenfunktionsstörungen, bei denen neben der Ventilation auch die Durchblutung sehr ungleichmäßig über die Lunge verteilt ist (► s. Kap. 32.5). In diesen Fällen kann der funktionelle Totraum erheblich größer sein als der anatomische Totraum.

Atemzeitvolumen

Das Atemzeitvolumen nimmt bei steigender Belastung zu; es setzt sich aus der pro Zeiteinheit in die Alveolen gelangenden Luftmenge (alveoläre Ventilation) und der Belüftung des funktionellen Totraums (Totraumventilation) zusammen

Atemzeitvolumen. Das Atemzeitvolumen, d.h. das in der Zeiteinheit eingeatmete oder ausgeatmete Gasvolumen, ergibt sich definitionsgemäß als Produkt aus ***Atemzugvolumen*** und ***Atmungsfrequenz.*** In der Regel ist das Ausatmungsvolumen etwas kleiner als das Einatmungsvolumen, weil weniger CO_2 abgegeben als O_2 aufgenommen wird (Respiratorischer Quotient <1, ► s. Kap. 32.4). Daher ist genau genommen zwischen dem inspiratorischen und dem exspiratorischen Atemzeitvolumen zu unterscheiden. Man hat vereinbart, die Ventilationsgrößen in der Regel auf die Ausatmungsphase zu beziehen und dies durch den Index E zu kennzeichnen. Für das (exspiratorische) Atemzeitvolumen $\dot{V}_E$ gilt also die Beziehung:

$$\dot{V}_E = V_E \cdot f \qquad (8)$$

▪▪▪ (Der Punkt über $\dot{V}_E$ bedeutet in diesem Fall »Volumen pro Zeiteinheit«; V_E ist das exspiratorische Atemzugvolumen, f die Atmungsfrequenz.)

Normwerte des Atemzeitvolumens. Die Atmungsfrequenz des Erwachsenen liegt unter Ruhebedingungen im Mittel bei 14 Atemzügen/min, wobei allerdings größere interindividuelle Variationen (10–18/min) zu beobachten sind. Höhere Atmungsfrequenzen findet man bei Kindern (20–30/min), Kleinkindern (30–40/min) und Neugeborenen (40–50/min). Für den Erwachsenen in Ruhe ergibt sich also nach Gl. (8) ein Atemzeitvolumen von 7 l/min, wenn man ein Atemzugvolumen von 0,5 l und eine Atmungsfrequenz von 14/min zugrunde legt. Bei körperlicher Arbeit steigt das Atemzeitvolumen mit dem erhöhten O_2-Bedarf an, um bei extremer Belastung Werte von 120 l/min zu erreichen.

▪▪▪ **Atemgrenzwert.** Das Atemzeitvolumen bei maximal forcierter, willkürlicher Hyperventilation wird als Atemgrenzwert bezeichnet. Diese Größe ist deshalb von diagnostischem Interesse, weil sich manche Funktionsstörungen erst zeigen, wenn die Atmungsreserven in Anspruch genommen werden. Die spirometrische Messung des Atemgrenzwerts erfolgt, wenn der Proband mit einer Atmungsfrequenz von 40–60/min forciert hyperventiliert. Der Test soll nur für die Dauer von etwa 10 s durchgeführt werden, um die nachteiligen Folgen der Hyperventilation (Alkalose, ► s. Kap. 35.3) zu vermeiden. Das Ergebnis der Untersuchung wird jedoch auf die Zeit von 1 min bezogen. Der Sollwert für den Atemgrenzwert (AGW) hängt vom Alter, vom Geschlecht sowie von den Körpermaßen ab. Er liegt z. B. für den jungen Mann zwischen 120 und 170 l/min.

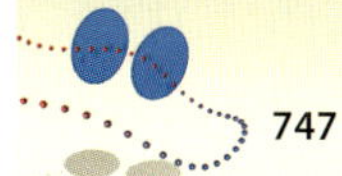

Alveoläre Ventilation und Totraumventilation. Derjenige Teil des Atemzeitvolumens $\dot{V}_E$, der zur Belüftung der Alveolen führt, wird als ***alveoläre Ventilation*** $\dot{V}_A$ bezeichnet. Der restliche Anteil heißt ***Totraumventilation*** ($\dot{V}_D$):

$$\dot{V}_E = \dot{V}_A + \dot{V}_D \qquad (9)$$

Die 3 Ventilationsgrößen stellen jeweils das Produkt aus dem entsprechenden Volumen und der Atmungsfrequenz dar. Bei der Ruheatmung des Erwachsenen setzt sich das Atemzugvolumen von 0,5 l aus einem alveolären Anteil von 0,35 l und einem Totraumanteil von 0,15 l zusammen. Bei einer Atmungsfrequenz von 14/min beträgt die Gesamtventilation 7 l/min, von der auf die alveoläre Ventilation 5 l/min und auf die Totraumventilation 2 l/min entfallen.

▪▪▪ **Alveoläre Ventilation in Abhängigkeit der Atemzugtiefe.** Die alveoläre Ventilation stellt die für den Ventilationseffekt maßgebende Größe dar. Sie entscheidet vorrangig darüber, welche Atemgasfraktionen im Alveolarraum aufrechterhalten werden können. Dagegen sagt das Atemzeitvolumen sehr wenig über die Effektivität der Ventilation aus. Nehmen wir beispielsweise an, dass ein normales $\dot{V}_E$ von 7 l/min durch eine flache und rasche Atmung (V_E = 0,2 l und f = 35/min) zustande käme, so würde fast ausschließlich der vorgeschaltete Totraum belüftet, während der nachgeschaltete Alveolarraum von der Frischluft kaum erreicht würde. Eine solche Atmungsform, wie sie manchmal beim **Kreislaufschock** beobachtet wird, stellt also einen akuten Gefahrenzustand dar. Da das Totraumvolumen in seiner absoluten Größe festliegt, führt jede Vertiefung der Atmung zu einer Steigerung der alveolären Ventilation. Andererseits kann durch eine künstliche Vergrößerung des Totraums (**Giebel-Rohr**) der Patient veranlasst werden, vertieft zu atmen.

In Kürze

Lungenvolumina und -kapazitäten

Wichtige Lungenvolumina bzw. -kapazitäten sind:
- Atemzugvolumen, bei Ruheatmung des Erwachsenen etwa 0,5 l (wird den Erfordernissen angepasst);
- Vitalkapazität als Maß für die Ausdehnungsfähigkeit von Lunge und Thorax (diese Größe hängt von Alter, Geschlecht, Körpergröße, Körperposition und Trainingszustand ab);
- Funktionelle Residualkapazität (FRC), die dem Ausgleich der inspiratorischen und exspiratorischen Atemgasfraktion im Alveolarraum dient.

Messung der Lungenvolumina

Die Atemvolumina lassen sich durch unterschiedliche Methoden bestimmen:
- im geschlossenen System mit einem Spirometer;
- im offenen System mit einem Pneumotachographen, der die Atemstromstärke misst.

▼

Die funktionelle Residualkapazität wird gemessen
- mit der Heliumeinwaschmethode bzw. der Stickstoffauswaschmethode;
- mit dem Körperplethysmographen.

Bei Messungen der Lungenvolumina müssen die Volumenmessbedingungen berücksichtigt werden: Werte unter Körperbedingungen (BTPS) oder Umgebungsbedingungen (ATPS) sind mit Hilfe der allgemeinen Gasgleichung auf Standardbedingungen (STPD) umzurechnen.

Totraum

Als Totraum werden Lungenabschnitte bezeichnet, die zwar belüftet werden, jedoch nicht am Gasaustausch teilnehmen. Man unterscheidet zwischen
- anatomischem Totraum, der die leitenden Atemwege umfasst, sein Volumen beträgt beim Erwachsenen etwa 150 ml, und
- funktionellem Totraum, dem außer dem Atemwegsvolumen auch noch diejenigen Alveolarräume zugerechnet werden, die zwar belüftet, aber nicht durchblutet sind. Beim Vorliegen von Lungenfunktionsstörungen kann der funktionelle Totraum erheblich größer sein als der anatomische Totraum.

Atemzeitvolumen

Das Atemzeitvolumen, das Produkt aus Atemzugvolumen und Atmungsfrequenz, beträgt beim Erwachsenen in Ruhe etwa 7 l/min und kann bei körperlicher Belastung bis auf 120 l/min ansteigen. Diese Größe setzt sich zusammen aus
- der alveolären Ventilation, die bei Ruheatmung etwa 5 l/min beträgt, und
- der Totraumventilation (etwa 2 l/min).

Bei gegebenem Atemzeitvolumen führt v. a. eine vertiefte Atmung (weniger eine Frequenzsteigerung) zu einer besseren Belüftung der Alveolen.

32.3 Atmungsmechanik

Elastische Atmungswiderstände

Aufgrund der elastischen Retraktion hat die Lunge das Bestreben, ihr Volumen zu verkleinern; bei der Inspiration müssen diese elastischen Atmungswiderstände überwunden werden, um Lunge und Thorax zu dehnen

Der Begriff Atmungsmechanik wird gewöhnlich in einem sehr speziellen Sinne verwendet. Man versteht darunter die Analyse und die Darstellung der ***Druck-Volumen-Beziehungen*** und der ***Druck-Stromstärke-Beziehungen***, die sich während des Atmungszyklus ergeben. Diese Beziehungen werden maßgeblich von den *At-*

mungswiderständen und ihren Veränderungen unter pathologischen Bedingungen bestimmt. Aus diesem Grund sind atmungsmechanische Aspekte auch für die Lungenfunktionsdiagnostik von Bedeutung.

Elastische Retraktion der Lunge. Die Lungenoberfläche steht infolge der Dehnung ihrer elastischen Parenchymelemente und der Oberflächenspannung der Alveolen (▶ s. Kap. 32.1) unter einer gewissen ***Zugspannung*** (Abb. 32.10). Die Lunge hat also das Bestreben, ihr Volumen zu verkleinern. Ein Zusammenfallen (Kollabieren) der Lunge wird dadurch verhindert, dass zwischen Lungengewebe und Thoraxwand ein luftfreier Raum (Pleuraspalt) besteht. Durch die Adhäsionskräfte der im Pleuraspalt vorhandenen Flüssigkeit folgt die Lunge direkt jeder Thoraxbewegung. Gleichzeitig ermöglicht dieser Gleitraum, dass sich Lungengewebe und Thoraxwand trotzdem frei gegeneinander verschieben können.

Um die elastische Zugspannung der Lunge zu überwinden, muss bei Ruheatmung nur während der Inspiration Arbeit geleistet werden. Die Exspiration erfolgt aufgrund der Lungenretraktion und der Schwerkraftwirkung auf den Thorax weitgehend passiv. Das pulmonale Retraktionsbestreben hat zur Folge, dass im flüssigkeitsgefüllten Spalt zwischen den beiden Pleurablättern ein ***subatmosphärischer Druck*** herrscht. Verbindet man eine Kanüle, deren Spitze sich im Interpleuralspalt befindet, mit einem Manometer, so lässt sich dieser Druck messen. Die Druckdifferenz zwischen dem Interpleuralspalt und dem Außenraum wird verkürzt als ***intrapleuraler Druck*** bezeichnet. Bei Ruheatmung liegt diese Druckdifferenz am Ende der Exspiration etwa 5 cm H_2O (0,5 kPa) und am Ende der Inspiration etwa 8 cm H_2O (0,8 kPa) unter dem Atmosphärendruck und wird daher als »negativ« bezeichnet (32.3).

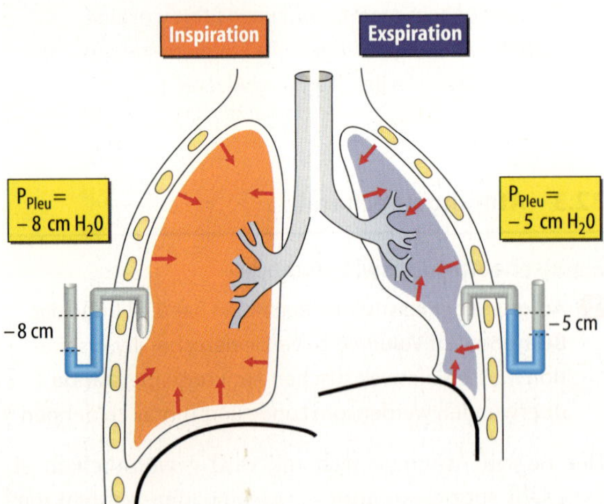

Abb. 32.10. Intrapleuraler Druck. Der elastische Zug der Lunge (Zugrichtung: *rote Pfeile*) bewirkt im Interpleuralspalt einen »negativen« Druck gegenüber dem Außenraum, der durch ein angeschlossenes Manometer nachgewiesen werden kann

32.3. Pneumothorax

Pneumothorax. Der enge Kontakt zwischen Lungenoberfläche und innerer Thoraxwand ist nur so lange gewährleistet, wie der Interpleuralspalt geschlossen und luftfrei bleibt. Wenn jedoch infolge einer Verletzung der Brustwand oder der Lungenoberfläche Luft in den Spalt eindringen kann, kollabiert die Lunge, d.h., sie zieht sich, ihrer inneren Zugspannung folgend, auf den Hilus hin zusammen. Eine solche Luftfüllung des Raumes zwischen den Pleurablättern bezeichnet man als Pneumothorax. Die kollabierte Lunge, die den Kontakt zur Thoraxwand verloren hat, kann den Atmungsbewegungen nur noch unvollständig oder gar nicht mehr folgen, so dass eine effektive Ventilation nur eingeschränkt ermöglicht wird. Ist der Pneumothorax auf eine Seite beschränkt, dann bleibt in körperlicher Ruhe eine ausreichende Arterialisierung des Blutes durch die Funktion des anderen Lungenflügels gesichert.

Ventilpneumothorax. Ein lebensbedrohlicher Zustand tritt auf, wenn während der Inspiration durch den Unterdruck zwar Luft durch eine Verletzung in den Pleuraspalt eindringen kann, diese jedoch aufgrund einer Verlegung der Öffnung während der Exspiration nicht wieder ausströmt. Bei diesem als Ventilpneumothorax bezeichneten Krankheitsbild kommt es durch das bei jedem Atemzug zunehmende Luftvolumen im Pleuraspalt zu einer Verlagerung der intrathorakalen Organe zur gesunden Seite. Dies führt zu einer ausgeprägten Einschränkung der Gasaustauschfläche und zu einem Abknicken der großen intrathorakalen Blutgefäße.

▪▪▪ **Messung intrapleuraler Druckänderungen.** Da bei der direkten Messung des intrapleuralen Drucks (Abb. 32.10) die Gefahr besteht, die Lunge zu verletzen, wendet man beim Menschen in der Regel ein weniger riskantes, indirektes Messverfahren an. Man bestimmt an Stelle der Druckänderungen im Interpleuralspalt die Veränderungen des **Ösophagusdruckes**. Beide Werte stimmen annähernd überein, weil der Ösophagus außerhalb der Lunge, aber innerhalb des Thorax liegt und durch die schlaffe Ösophaguswand eine unbehinderte Druckübertragung möglich ist. Praktisch geht man so vor, dass man dem Probanden einen dünnen Katheter, an dessen Ende ein Ballon von 10 cm Länge befestigt ist, in die Speiseröhre einführt. Wenn der Ballon im thorakalen Bereich des Ösophagus liegt, lassen sich über ein angeschlossenes Manometer die atmungsbedingten intrapleuralen Druckänderungen mit ausreichender Genauigkeit registrieren.

Intrapleurale Drücke beim Neugeborenen. Der Dehnungszustand der Neugeborenenlunge unterscheidet sich von dem der Erwachsenenlunge. Einige Minuten nach dem ersten Atemzug wird am Ende der Inspiration ein intrapleuraler Druck von –10 cm H_2O (–1 kPa) gemessen. Am Ende der Exspiration ist jedoch die Druckdifferenz zwischen dem Interpleuralspalt und dem

Außenraum gleich Null, so dass bei Eröffnung des Thorax die Lunge nicht kollabiert. Erst allmählich bildet sich ein stärkerer Dehnungszustand der Lunge in der endexspiratorischen Phase aus.

Messung der elastischen Atmungswiderstände

Das elastische Verhalten von Lunge und Thorax lässt sich durch Ruhedehnungskurven beschreiben; hierbei wird das Lungenvolumen in Abhängigkeit des dehnenden Drucks dargestellt

Messung der statischen Druck-Volumen-Beziehungen. Die Kontraktionskraft der Atemmuskulatur hat bei der Ventilation ***elastische*** und ***visköse Widerstände*** zu überwinden. Bei sehr langsamer Atmung ist der Einfluss der viskösen Widerstände (▶ s.u.) gering, so dass in diesem Fall die Beziehung zwischen dem Lungenvolumen und dem jeweils wirksamen Druck fast ausschließlich durch die elastischen Eigenschaften von Lunge und Thorax bestimmt wird. Um eine solche »statische« Druck-Volumen-Beziehung zu messen, ist es notwendig, die Atemmuskulatur auszuschalten, damit sich allein die elastischen Kräfte auswirken können. Hierzu ist es erforderlich, dass der entsprechend trainierte Proband kurzfristig seine Atemmuskulatur entspannt, oder es muss durch Anwendung von Muskelrelaxantien während künstlicher Beatmung eine Erschlaffung herbeigeführt werden. Eine Kurve, die unter statischen Bedingungen die Lungenvolumina in Abhängigkeit von den zugehörigen Drücken wiedergibt, wird als ***Ruhedehnungskurve*** oder auch als ***Relaxationskurve*** bezeichnet.

Ruhedehnungskurven. Die Ruhedehnungskurve des gesamten ventilatorischen Systems, d.h. von Lunge und Thorax zusammen, lässt sich bestimmen, in dem der Proband ein bestimmtes Luftvolumen inspiriert und bei entspannter Atemmuskulatur die Druckdifferenz zwischen dem alveolären und dem atmosphärischen Druck gemessen wird. Diese Druckdifferenz bezeichnet man als ***intrapulmonalen Druck*** P_{Pul}. Auf diese Weise werden für verschiedene ein- und ausgeatmete Volumina die zugehörigen intrapulmonalen Drücke bestimmt. Diese Situation ist vergleichbar einem Patienten, dem man unter Narkose bei relaxierter Atemmuskulatur ein definiertes Volumen (z.B. 0,5 l) in die Lunge insuffliert und den für die Dehnung des Atmungsapparates notwendigen Druck im Mundraum misst. Das Ergebnis einer solchen Untersuchung zeigt ◘ Abb. 32.11 (rote Kurve). Die Ruhedehnungskurve von Lunge und Thorax hat einen S-förmigen Verlauf, wobei jedoch im Bereich der normalen Atmungsexkursionen weitgehende Linearität besteht. In diesem Bereich setzt also das ventilatorische System der Inspirationsbewegung einen näherungsweise konstanten Widerstand entgegen.

Elastische Dehnung des Thorax. Für die elastische Dehnung des Thorax ist die Druckdifferenz zwischen dem Interpleuralspalt und dem Außenraum, d.h. der ***intrapleurale Druck*** P_{Pleu}, maßgebend. Wenn man bei dem oben beschriebenen Verfahren gleichzeitig den intrapleuralen Druck (oder den Ösophagusdruck, ▶ s.o.) registriert, kann man durch Zuordnung zu den jeweiligen Volumina die Ruhedehnungskurve für den Thorax allein bestimmen. Wie ◘ Abb. 32.11 zeigt, nimmt die Steilheit dieser Kurve (grün) mit dem Lungenvolumen zu.

Elastische Dehnung der Lunge. Der elastische Dehnungszustand der Lunge schließlich ist von der Differenz zwischen dem intrapulmonalen und dem intrapleuralen

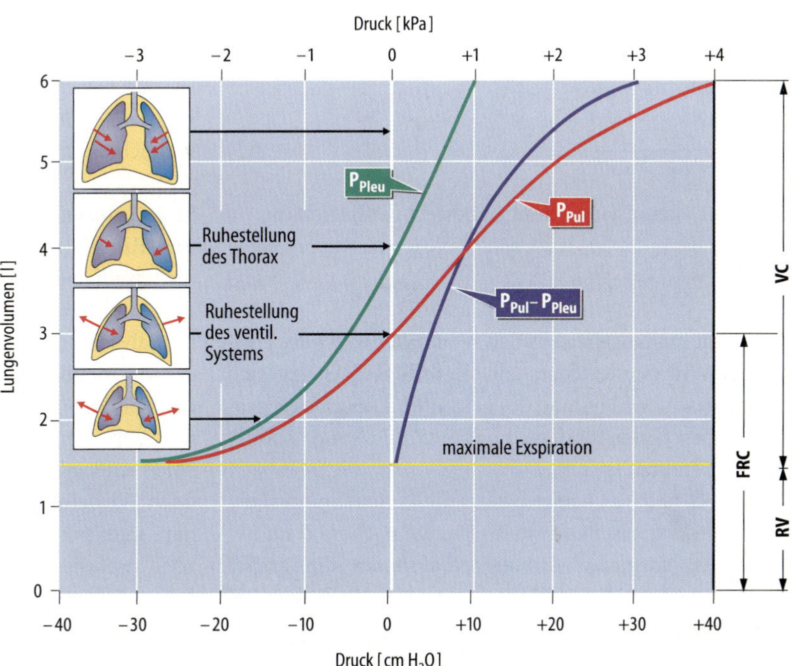

◘ **Abb. 32.11. Ruhedehnungskurven des gesamten Atmungsapparats (rot), der Lunge (violett) und des Thorax (grün).** P_{Pleu}: intrapleuraler Druck, P_{Pul}: intrapulmonaler Druck, *VC:* Vitalkapazität, *RV:* Residualvolumen, *FRC:* funktionelle Residualkapazität. Die Druck-Volumen-Beziehungen gelten für passive Veränderung des Lungenvolumens bei entspannter Atmungsmuskulatur. In den eingezeichneten Schemata sind bei verschiedenen Lungenvolumina die am Thorax und an der Lungenoberfläche angreifenden elastischen Kräfte veranschaulicht. Mod. nach Agostoni u. Hyatt (1986) und Piiper (1975)

Druck $P_{Pul} - P_{Pleu}$ abhängig. Die Beziehung zwischen den Lungenvolumina und Werten für $P_{Pul} - P_{Pleu}$ liefert daher die Ruhedehnungskurve der Lunge allein und charakterisiert deren elastisches Verhalten. Diese Kurve (violett) weist eine mit dem Lungenvolumen abnehmende Steilheit auf.

▪▪▪ Die 3 Kurven in ◘ Abb. 32.11 zeigen, wie sich die **elastischen Kräfte bei verschiedenen Füllungszuständen der Lunge auswirken**. Das gesamte ventilatorische System befindet sich in einer elastischen Ruhelage ($P_{Pul} = 0$), wenn am Ende der normalen Ausatmung die funktionelle Residualkapazität FRC (► s. Kap. 32.2) in der Lunge enthalten ist. In diesem Fall stehen die Erweiterungstendenz des Thorax und das Verkleinerungsbestreben der Lunge im Gleichgewicht. Bei einer inspiratorischen Volumenzunahme verstärkt sich der nach innen gerichtete elastische Zug der Lunge, während gleichzeitig die nach außen gerichtete Zugwirkung des Thorax abnimmt. Bei etwa 55 % der Vitalkapazität hat der Thorax seine Ruhestellung erreicht ($P_{Pleu} = 0$), so dass eine darüber hinausgehende Volumenzunahme zu einer Umkehrung der Zugrichtung führt.

Compliance von Lunge und Thorax

! Die Compliance ergibt sich aus dem Verhältnis der Volumenänderung zur jeweils dehnungsbestimmenden Druckänderung

Compliance. Ein Maß für die elastischen Eigenschaften des Atmungsapparates bzw. seiner beiden Teile stellt die Steilheit der jeweiligen Ruhedehnungskurve dar, die als Volumendehnbarkeit oder als ***Compliance*** bezeichnet wird. Es gelten die Definitionen:

Compliance von Thorax und Lunge:

$$C_{Th+L} = \frac{\Delta V}{\Delta P_{Pul}} \tag{10}$$

Compliance des Thorax:

$$C_{Th} = \frac{\Delta V}{\Delta P_{Pleu}} \tag{11}$$

Compliance der Lunge:

$$C_L = \frac{\Delta V}{\Delta(P_{Pul} - P_{Pleu})} \tag{12}$$

Zwischen diesen 3 Gleichungen besteht die Beziehung:

$$\frac{1}{C_{Th+L}} = \frac{1}{C_{Th}} + \frac{1}{C_L} \tag{13}$$

Da die Compliance jeweils den reziproken Wert des elastischen Widerstandes darstellt, folgt aus Gl. (13), dass sich der elastische Widerstand des gesamten Atmungsapparates aus den Widerständen von Thorax und Lunge additiv zusammensetzt.

Wie ◘ Abb. 32.11 zeigt, besitzt die Ruhedehnungskurve des ventilatorischen Systems (Lunge + Thorax) im Bereich der normalen ***Atmungsexkursionen*** die ***größte Steilheit*** und somit die größte Compliance. In diesem Bereich ergeben sich für den gesunden Erwachsenen folgende Compliancewerte:

$C_{Th+L} = 0{,}1\ l/cm\ H_2O = 1\ l/kPa$
$C_{Th} = 0{,}2\ l/cm\ H_2O = 2\ l/kPa$
$C_L = 0{,}2\ l/cm\ H_2O = 2\ l/kPa$

Eine Abnahme dieser Werte ist kennzeichnend für die restriktive Ventilationsstörung (► s. 32.5).

▪▪▪ **Messung der Lungencompliance.** Die Messung der Compliancewerte bereitet wegen der notwendigen Ausschaltung der Atemmuskulatur Schwierigkeiten. Daher begnügt man sich oft mit der C_L-Bestimmung, die nach einem einfacheren Verfahren durchgeführt werden kann: Wenn nach Einatmung eines bestimmten Volumens die Thoraxstellung durch die angespannte Atemmuskulatur fixiert wird und die Glottis geöffnet ist, entspricht der Druck in den Alveolen dem atmosphärischen Druck. In diesem Fall ist $P_{Pul} = 0$, und Gl. (12) erhält die Form:

$$C_L = -\frac{\Delta V}{P_{Pleu}} \tag{14}$$

Bei diesem Verfahren genügt es also, die der Volumenänderung entsprechende Änderung des intrapleuralen Drucks (oder einfacher des Ösophagusdrucks) zu messen und nach Gl. (14) den Quotienten aus den beiden Differenzen zu bilden. Die so ermittelte Compliance der Lunge hängt nicht nur von deren elastischen Eigenschaften, sondern auch vom jeweiligen Lungenvolumen ab. Je kleiner das Ausgangsvolumen, umso geringer ist die erzielte Volumenänderung unter sonst gleichen Bedingungen. 9- bis 12-jährige Kinder haben eine 2 bis 3 mal kleinere Compliance als Erwachsene. Für die diagnostische Beurteilung ist es daher notwendig, die Compliance auf das Ausgangsvolumen, in der Regel auf die funktionelle Residualkapazität (FRC), zu beziehen. Die so definierte Größe wird als **spezifische Compliance** der Lunge bezeichnet.

Visköse Atmungswiderstände

! Visköse Atmungswiderstände sind sowohl bei der Inspiration als auch bei der Exspiration zu überwinden

Die viskösen (nichtelastischen) Atmungswiderstände setzen sich aus folgenden Anteilen zusammen:
- den ***Strömungswiderständen*** in den leitenden Atemwegen,
- den nichtelastischen ***Gewebewiderständen***,
- den ***Trägheitswiderständen***, die so klein sind, dass sie vernachlässigt werden dürfen.

Strömungswiderstand. Die Strömung der Inspirations- und Exspirationsgase durch die Atemwege wird durch die jeweilige Druckdifferenz zwischen den Alveolen und dem Außenraum bewirkt. Die Differenz zwischen dem intraalveolären Druck und dem Außendruck stellt also die »treibende Kraft« für die Bewegung der Atemgase dar. Die Strömung in den Atemwegen ist teilweise laminar. Vor allem an den Verzweigungsstellen der Bronchien und an pathologisch verengten Stellen treten jedoch Wirbelbildungen ***(Turbulenzen)*** auf. Für die laminare Luftströmung gilt das ***Hagen-Poiseuille-Gesetz***. Danach ist die Volumenstromstärke $\dot{V}$ der treibenden Druckdifferenz ΔP, d. h. dem intrapulmonalen Druck P_{Pul} proportional. Für die Strömung in den Atemwegen gilt also:

$$\dot{V} = \frac{\Delta P}{R} = \frac{P_{Pul}}{R} \qquad (15)$$

R bezeichnet den ***Strömungswiderstand***, der nach dem Hagen-Poiseuille-Gesetz von dem Querschnitt und der Länge des Rohres sowie von der Viskosität des strömenden Mediums abhängig ist. Obwohl für die turbulenten Anteile der Gesamtströmung andere Gesetzmäßigkeiten gelten, benutzt man Gl. (15), um den Gesamtströmungswiderstand bei der Atmung zu bestimmen:

$$R = \frac{\Delta P}{\dot{V}} = \frac{P_{Pul}}{\dot{V}} \qquad (16)$$

R wird gewöhnlich als ***Atemwegswiderstand*** oder als ***Resistance*** bezeichnet. Um seine Größe zu ermitteln, müssen also die Druckdifferenz zwischen Mund und Alveolen (in cm H_2O bzw. kPa) und gleichzeitig die Atemstromstärke (in l/s) gemessen werden (◘ Abb. 32.12). Bei ruhiger Mundatmung findet man normalerweise Resistancewerte von etwa $R = 2$ cm $H_2O/l \times s$ (0,2 kPa/l × s). Der Atemwegswiderstand wird normalerweise hauptsächlich von den Strömungsverhältnissen in der Trachea und den großen Bronchien bestimmt, da in den kleinen Bronchien und Bronchiolen der Gesamtquerschnitt stark zunimmt (◘ Abb. 32.5).

Gewebewiderstand. Neben dem Atemwegswiderstand ist bei der Inspiration und der Exspiration noch ein zweiter visköser Widerstand zu überwinden, der durch die Gewebereibung und die nichtelastische Deformation der Gewebe im Brust- und Bauchraum entsteht. Dieser Widerstand ist jedoch verhältnismäßig klein. 90 % des viskösen Widerstands werden normalerweise durch die Strömung in den Atemwegen und nur 10 % durch die Gewebereibung hervorgerufen.

▪▪▪ **Ganzkörperplethysmograph.** Die Bestimmung der Resistance erfordert die fortlaufende Messung des intrapulmonalen Drucks. Hierbei wendet man ein indirektes Messverfahren mit Hilfe des Körperplethysmographen an (◘ Abb. 32.12 A). Der Körperplethysmograph besteht im Wesentlichen aus einer luftdicht abgeschlossenen Kammer, ähnlich einer Telefonzelle, die für einen sitzenden Probanden bequem Platz bietet. Der Proband atmet Luft durch ein Mundstück, an dem ein Drucksensor und ein Pneumotachograph (◘ Abb. 32.9) angeschlossen sind. Zunächst bestimmt man das **intrathorakale Gasvolumen**, das gemessen am Ende einer normalen Exspiration beim Lungengesunden etwa der funktionellen Residualkapazität (▶ s. Kap. 32.2) entspricht. Dazu wird am Ende der Ausatmung kurzzeitig das Mundstück verschlossen, so dass der Pulmonalraum vom Kammerraum getrennt ist. Bei einer inspiratorischen Anstrengung des Probanden werden dann gleichzeitig die Änderung des Munddrucks und die des Kammerdrucks gemessen. Nach der Kalibrierung mit Hilfe einer Eichpumpe lässt sich daraus das intrathorakale Gasvolumen (V) aus dem Druck P berechnen, da P × V konstant ist.

Für die **Resistancebestimmung** lässt man den Probanden wieder frei atmen. Da infolge des Atemwegswiderstandes die intrapulmonalen Volumenänderungen den Thoraxbewegungen nur verzögert folgen, kommt es zu Druckänderungen in der Lunge. Dabei ändert sich der Druck in der abgeschlossenen Körperplethysmograph-Kammer näherungsweise proportional dazu in umgekehrter Richtung. Auf diese Weise ist man in der Lage, den jeweiligen intrapulmonalen Druck P_{Pul} auf dem Umweg über die Messung des Kammerdrucks zu bestimmen. Gleichzeitig wird die Atemstromstärke mit dem Pneumotachographen registriert. Man trägt beide Größen mit einem Zweikoordinatenschreiber kontinuierlich auf (◘ Abb. 32.12 B). Der Quotient von intrapulmonalem Druck und Atemstromstärke (= Steigung der Kurve) liefert dann nach Gl. (16) den gesuchten Resistancewert.

Druck- und Volumenänderungen bei dynamischer Atmung

! Im Atmungszyklus hängen die Druck-Volumen-Beziehungen von den elastischen und viskösen Atmungswiderständen ab

Intrapleurale und intrapulmonale Druckänderungen. Während eines Atmungszyklus verändern sich die intrapleuralen und intrapulmonalen Drücke in gesetzmäßi-

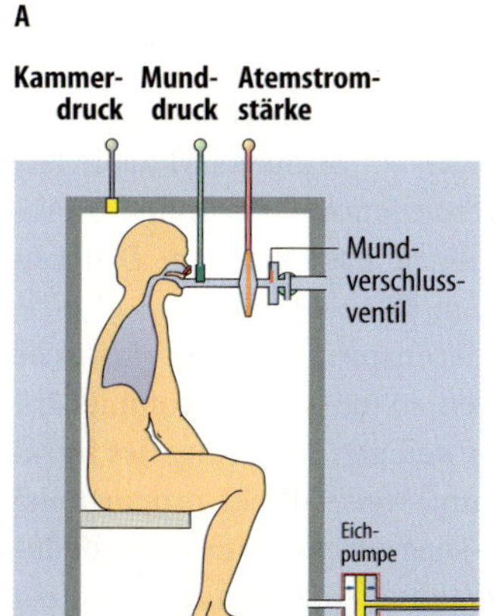

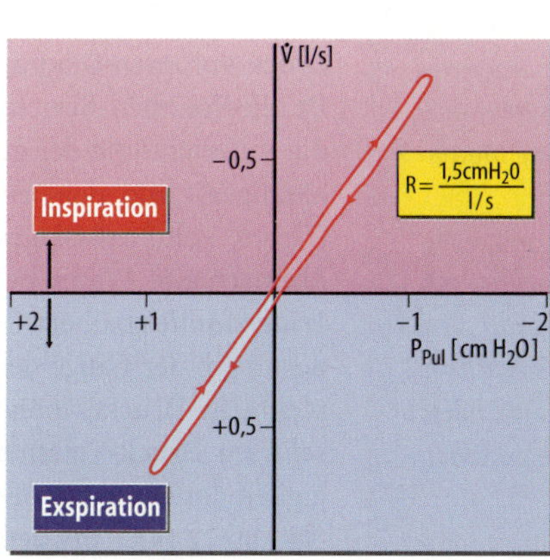

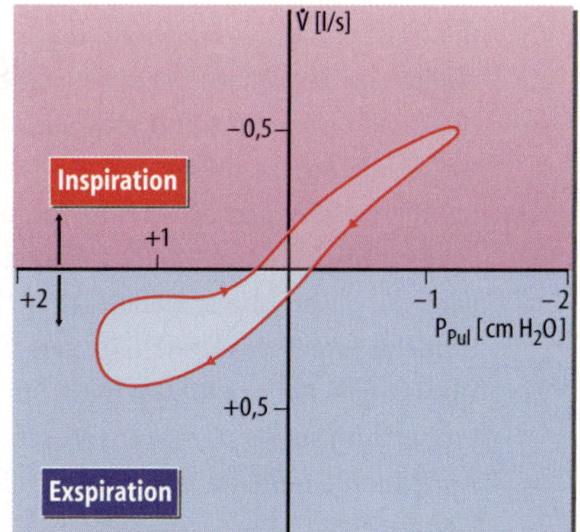

◘ **Abb. 32.12. Messung der Resistance. A** Körperplethysmograph (vereinfacht dargestellt). **B** Registrierung der Resistancekurve eines Lungengesunden ($R = 1{,}5$ cm $H_2O \times l^{-1} \times s$). Die Atemstromstärke ($\dot{V}$) wird über einen Pneumotachographen gemessen, der intrapulmonale Druck (P_{Pul}) ergibt sich (nach Kalibrierung) indirekt aus der Änderung des Drucks in der Körperplethysmographenkammer. **C** Kurvenverlauf bei einem Patienten mit obstruktiver Ventilationsstörung (Abnahme der Resistance)

32.4. Asthma bronchiale

Symptome. Beim Bronchialasthma, eine der häufigsten Lungenerkrankungen in Mitteleuropa, kommt es zu entzündlich-obstruktiven Veränderungen der Atemwege mit bronchialer Hyperreaktivität und anfallsweise auftretender Atemnot. Die Atemwegsobstruktion wird verursacht durch

- eine Tonuserhöhung der glatten Bronchialmuskulatur (Bronchokonstriktion),
- eine vermehrte Schleimsekretion (Hyperkrinie) mit zäher Konsistenz (Dyskrinie) und/oder
- eine ödematöse Schwellung der Bronchialschleimhaut.

Diese Funktionsstörungen führen zu einer Zunahme des Atemwegswiderstandes (Resistance, Abb. 32.12 C), wobei im Asthmaanfall insbesondere die Exspiration erschwert und verlängert ist.

Pathomechanismus. Die Funktionsstörungen der Atemwege entstehen durch eine Entzündungsreaktion in der Bronchialschleimhaut, wobei verschiedene Mediatoren beteiligt sind. So führt im Asthmaanfall die Freisetzung von Histamin aus bronchialen Mastzellen zu einer Sofortreaktion des Bronchialsystems. Anschließend werden Arachidonsäuremetaboliten (Leukotriene, Prostaglandine) und Interleukine vermehrt gebildet und erzeugen eine verzögerte Reaktion. Schließlich kommt es über chemotaktische Prozesse zu einer Vermehrung von T-Lymphozyten und eosinophilen Granulozyten, die für die Spätreaktion verantwortlich sind. Alle genannten Mediatoren tragen zur Hyperreaktivität des Bronchialsystems bei, wobei eine Zunahme des Parasympathikustonus eine wichtige verstärkende Rolle spielt.

Ursachen. Als Auslöser für Bronchialasthma müssen zwei Ursachen unterschieden werden.

- Beim exogen allergischen Asthma kommt es nach einem Allergenkontakt (z. B. Blüten- oder Gräserpollen) zu einer überschießenden Histaminfreisetzung mit Erhöhung der Epithelpermeabilität, so dass Allergene in die Schleimhaut eindringen können und dort eine verstärkte Mediatorfreisetzung bewirken.
- Beim nichtallergischen Asthma führen unspezifische inhalative Reize (Kaltluft, Staub, Tabakrauch etc.) zu einer überschießenden Erregung von Bronchialwandsensoren (»Irritant Receptors«). Über vagale Reflexe führen diese Stimuli zu einer Freisetzung von Histamin aus Mastzellen und zur Auslösung einer Entzündungsreaktion.

ger Weise. Es ist zweckmäßig, zunächst die Druckverläufe bei sehr langsamer Atmung, also unter quasi-stationären Bedingungen, zu betrachten. In diesem Fall dürfen die viskösen Atmungswiderstände vernachlässigt werden. Auf den Pleuraspalt wirkt sich dann nur der elastische Zug der Lunge aus und erzeugt hier einen »negativen« Druck. Während der Inspiration kommt es zu einer zunehmenden, während der Exspiration zu einer abnehmenden Negativierung des ***intrapleuralen Drucks*** P_{Pleu}. Dieser Druckverlauf ist in Abb. 32.13 dunkelgrün dargestellt und als »statisch« bezeichnet. Der Druck in den Alveolen entspricht jedoch während des gesamten Atmungszyklus etwa dem Außendruck, sofern die Glottis geöffnet ist; der ***intrapulmonale Druck*** P_{Pul} bleibt gleich 0.

Bei regulärer (dynamischer) Atmung dagegen führt die inspiratorische Thoraxerweiterung zu einer Senkung des alveolären Drucks unter den Außendruck. Dies ist insbesondere dadurch bedingt, dass die Luft infolge des viskösen Atemwegswiderstands nicht schnell genug in die Alveolen strömen kann. Bei Ruheatmung sinkt der ***intrapulmonale Druck*** im Verlauf der Inspiration auf etwa −1 cm H_2O (−0,1 kPa) ab; umgekehrt steigt er während der exspiratorischen Thoraxverkleinerung kurzzeitig auf etwa +1 cm H_2O (+0,1 kPa) an (Abb. 32.13, dunkelrote Kurve). Diese intrapulmonalen Drücke wirken sich auch auf den Pleuraspalt aus und beeinflussen additiv den ***intrapleuralen Druckverlauf*** (blaue Pfeile in Abb. 32.13). Die intrapleuralen Druckänderungen im Atmungszyklus sind also von den Thoraxexkursionen, der elastischen Zugspannung der Lunge und dem Strömungswiderstand in den Atemwegen abhängig.

Atmungsarbeit

Die Aufzeichnungen der Atemvolumina in Abhängigkeit von den intrapleuralen Drücken lässt den Einfluss der elastischen und viskösen Widerstände auf die Atmungsarbeit erkennen

Druck-Volumen-Diagramm. Einen Überblick über die Druck-Volumen-Beziehungen im Atmungszyklus liefert die Aufzeichnung der geförderten Atemvolumina in Abhängigkeit von den jeweiligen intrapleuralen Drücken (Druck-Volumen-Diagramm, Abb. 32.14).

Atemschleife. Wären bei der Inspiration allein ***elastische Widerstände*** zu überwinden, so müsste jede Volumenänderung in der Lunge der jeweiligen Änderung des intrapleuralen Druckes näherungsweise direkt proportional sein. Im Druck-Volumen-Diagramm würde die Abhängigkeit der beiden Größen durch eine Gerade dargestellt (Abb. 32.14 A). Bei der Exspiration müsste dieselbe Gerade in umgekehrter Richtung durchlaufen werden.

Wegen der zusätzlich zu überwindenden ***viskösen Atmungswiderstände*** ist jedoch die während der Inspiration aufgenommene Kurve nach unten durchgebogen

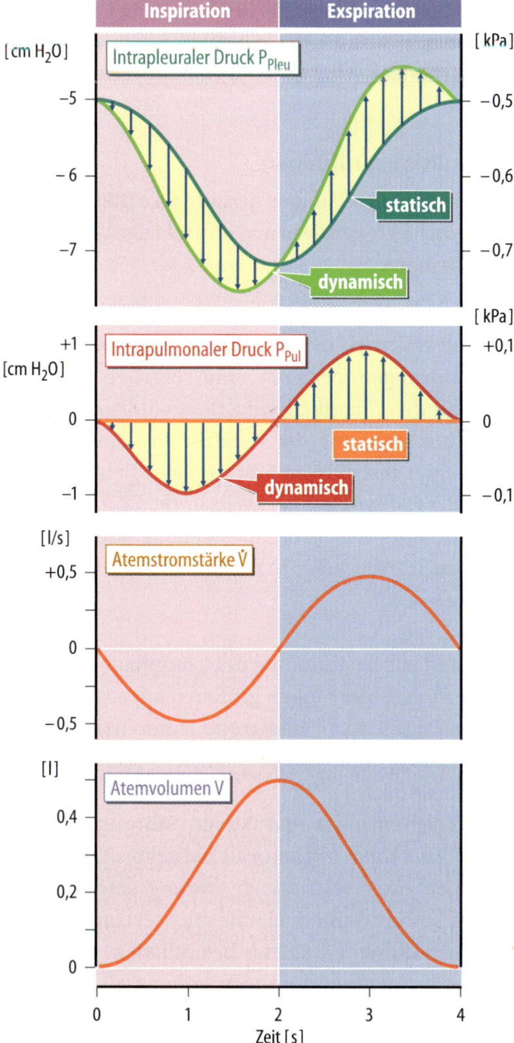

Abb. 32.13. Druckverläufe während der Atembewegung. Zeitliche Änderung des intrapleuralen Drucks P_{Pleu}, des intrapulmonalen Drucks P_{Pul}, der Atemstromstärke $\dot{V}$ und des Atemvolumens V während eines Atmungszyklus. Die als »statisch« gekennzeichneten Druckverläufe würden gelten, wenn nur elastische Atmungswiderstände zu überwinden wären. Infolge der zusätzlich vorhandenen viskösen Widerstände kommt es inspiratorisch zu einer Negativierung und exspiratorisch zu einer Positivierung von P_{Pleu} und P_{Pul} (dargestellt durch *blaue Pfeile*)

(Abb. 32.14 B). Für die Förderung eines bestimmten Volumens ist also eine stärkere Abnahme des intrapleuralen Drucks notwendig, als dies nach Maßgabe der Proportionalitätsgeraden der Fall wäre. Erst am Ende der Einatmung (im Punkt B) erreicht die Inspirationskurve die Gerade, weil jetzt keine Bewegung mehr stattfindet und nur noch die elastische Zugspannung wirksam ist. Die Exspirationskurve ist infolge der viskösen Widerstände in umgekehrter Richtung durchgebogen und erreicht am Ende dieser Atmungsphase wieder den Ausgangspunkt A. Der geschilderte Kurvenverlauf des dynamischen Druck-Volumen-Diagramms wird manchmal auch als ***Atemschleife*** bezeichnet.

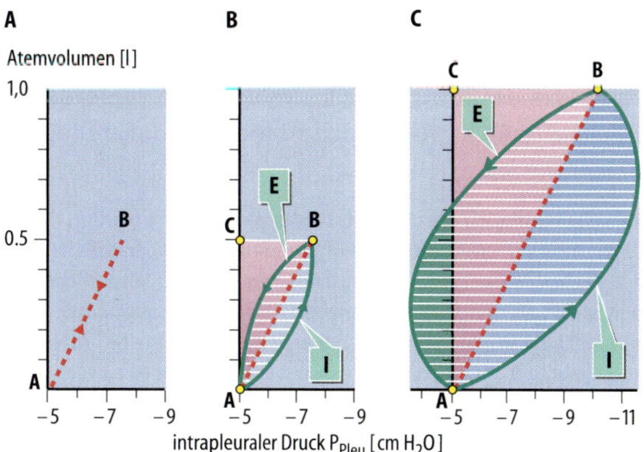

Abb. 32.14. Atmungszyklus im Druck-Volumen-Diagramm. A Fiktive Atmung gegen rein elastische Widerstände. **B** Normale Ruheatmung. **C** Vertiefte und beschleunigte Atmung. *I:* Inspiration; *E:* Exspiration. Die Anteile der Atmungsarbeit werden durch folgende Flächen dargestellt: *rot:* inspiratorische Arbeit gegen die elastischen Widerstände; *waagerecht schraffiert:* inspiratorische und exspiratorische Arbeit gegen die viskösen Widerstände; *grün:* Anteil der Exspirationsarbeit, der durch die Exspirationsmuskeln aufgebracht werden muss

Druck-Volumen-Diagramm bei forcierter Atmung. Während in Abb. 32.14 B die Atemschleife für die Ruheatmung dargestellt ist, gibt Abb. 32.14 C die entsprechende Kurve bei vertiefter und beschleunigter Atmung wieder. Die Vertiefung kommt in einem verdoppelten Atemzugvolumen, die Beschleunigung in einer stärkeren Durchbiegung der Inspirations- und Exspirationskurve zum Ausdruck. Die stärkere Durchbiegung erklärt sich daraus, dass bei raschen alveolären Druckänderungen die Strömung nicht schnell genug folgen kann. Bei hoher Atmungsfrequenz wirken sich also die viskösen Atemwegswiderstände stärker aus als bei Ruheatmung.

Atmungsarbeit. Die physikalische Arbeit, die bei der Überwindung der elastischen und viskösen Widerstände geleistet wird, ergibt sich aus dem Produkt aus ***Druck*** und ***Volumen***. Ändert sich der Druck während der Arbeit, so tritt an die Stelle des Produktes das ***Integral*** $\int P\,dV$. Der Vorteil des Druck-Volumen-Diagramms besteht darin, dass in ihm die Integralwerte für die Arbeit als Flächen veranschaulicht werden können.

Atmungsarbeit bei ruhiger und forcierter Atmung. Die Flächen, welche die inspiratorische Arbeit gegen die elastischen Widerstände repräsentieren, sind in Abb. 32.14 rot wiedergegeben. Unter dynamischen Bedingungen kommt sowohl bei der Inspiration als auch bei der Exspiration noch ein Arbeitsanteil hinzu, der zur Überwindung der viskösen Widerstände benötigt wird. Die entsprechenden Flächen sind in Abb. 32.14 waagerecht schraffiert dargestellt. Der visköse Exspirationsanteil ABEA ist bei Ruheatmung (Abb. 32.14 B) kleiner als die zuvor elastisch gespeicherte Energie ABCA. Daher kann die Ausatmung rein passiv, d. h. ohne Mitwirkung der Exspirationsmuskeln erfolgen. Dies gilt jedoch nicht mehr für die beschleunigte Atmung (Abb. 32.14 C). In diesem Fall muss der Arbeitsanteil, der der grün schraffierten Fläche entspricht, von der Exspirationsmuskulatur aufgebracht werden.

▪▪▪ **O_2-Verbrauch der Atemmuskulatur.** Insgesamt werden bei ruhiger Atmung etwa 2 % des aufgenommenen Sauerstoffs für die Kontraktionsarbeit der Atemmuskeln benötigt. Bei körperlicher Arbeit steigt allerdings der Energiebedarf der Atemmuskulatur überproportional an, verglichen mit der erzielten Zunahme des Atemzeitvolumens und der O_2-Aufnahme in der Lunge. So ist es zu verstehen, dass bei schwerer körperlicher Belastung bis zu 20 % des aufgenommenen Sauerstoffs für die Atmungsarbeit zur Verfügung gestellt werden müssen.

Ventilationsstörungen

Bei Ventilationsstörungen kann die Ausdehnungsfähigkeit von Lunge bzw. Thorax oder der Strömungswiderstand in den Atemwegen pathologisch verändert sein

Krankhafte Veränderungen im Bereich des Atmungsapparates führen in vielen Fällen zu Störungen der Lungenbelüftung. Aus diagnostischen Gründen ist es zweckmäßig, diese Störungen in 2 Gruppen zu unterteilen: in die ***restriktiven*** und die ***obstruktiven Funktionsstörungen.***

Als ***restriktive Ventilationsstörungen*** (32.5) werden alle Zustände bezeichnet, bei denen die Ausdehnungsfähigkeit von Lunge und/oder Thorax eingeschränkt ist. Dies ist beispielsweise bei pathologischen Veränderungen des Lungenparenchyms (z. B. bei der Lungenfibrose, 32.5) oder bei Verwachsungen der Pleurablätter der Fall.

Obstruktive Ventilationsstörungen sind dadurch charakterisiert, dass die leitenden Atemwege eingeengt und damit die Strömungswiderstände erhöht sind. Solche Obstruktionen liegen etwa vor bei Schleimansammlungen oder Spasmen der Bronchialmuskulatur (chronische Bronchitis, Asthma bronchiale, 32.4). Bei der ***Mukoviszidose*** (zystische Fibrose) liegt ein rezessiv-vererbter Defekt des CFTR *(Cystic Fibrosis Transmembrane Conductance Regulator)*-Gens vor (▶ s. 3.1). Bei dieser Erkrankung ist die Chloridsekrektion am Bronchialepithel gestört, wodurch vermehrt Natrium reabsorbiert wird und so der Wassergehalt des Bronchialsekrets abnimmt. Es entsteht ein hochvisköser Schleim, der nicht mehr abtransportiert werden kann und einen Reiz zur weiteren Sekretproduktion darstellt. Hieraus resultiert eine hochgradige Atemwegsobstruktion mit der Neigung zu rezidivierenden Infektionen. Da bei einer obstruktiven Ventilationsstörung die Ausatmung ständig gegen einen erhöhten Widerstand erfolgen muss, tritt vielfach im fortgeschrittenen Stadium eine Überblähung der Lunge mit einer vergrößerten funktionellen Residualkapazität auf ***(Lungenemphysem).*** Ein pathologischer Zustand, bei dem neben einer Überblähung auch noch strukturelle Veränderungen der Lunge vorliegen (Verlust der elastischen Fasern, Schwund der Alveolarsepten, Reduktion des Kapillarbettes), wird als Lungenemphysem (32.2) bezeichnet.

Lungenfunktionsprüfungen

Lungenfunktionsprüfungen gestatten die Differenzierung zwischen restriktiven und obstruktiven Ventilationsstörungen

Differenzierung der Funktionsstörungen. Die Verfahren, die zum Nachweis der restriktiven bzw. obstruktiven Funktionsstörungen geeignet sind, ergeben sich unmittelbar aus den Charakteristika dieser Störungen:

- Eine Einschränkung der Ausdehnungsfähigkeit der Lunge bei einer restriktiven Störung lässt sich durch die ***Abnahme der Compliance*** nachweisen (▶ s. o.).
- Die Erhöhung der Strömungswiderstände bei einer obstruktiven Störung erkennt man an einer ***Zunahme der Resistance*** (▶ s. o.).

Die Verfahren zur Bestimmung der Compliance- und Resistancewerte erfordern einen größeren apparativen Aufwand. Es gelingt jedoch, eine grobe Differenzierung der Funktionsstörungen auch auf einfache Weise vorzunehmen (Tabelle 32.2).

Indirekte Zeichen einer restriktiven Störung. Die Abnahme der ***Vitalkapazität*** kann als indirektes Zeichen für das Vorliegen einer restriktiven Störung gewertet werden, wobei sowohl pulmonale als auch extrapulmonale Restriktionen diesen Parameter beeinflussen. Aber auch obstruktive Ventilationsstörungen können zu einer Abnahme der Vitalkapazität führen. Man darf daher auf eine Restriktion nur schließen, wenn gleichzeitig zur Vitalkapazität auch die ***Totalkapazität*** der Lunge verkleinert ist.

Tabelle 32.2. Kriterien für die Differenzierung von Ventilationsstörungen

	Ventilationsstörung	
	restriktive	obstruktive
Compliance	↓	0
Resistance	0	↑
Vitalkapazität (VC)	↓	0 – ↓
Totalkapazität (TLC)	↓	0 – ↑
intrathorakales Gasvolumen (IGV)	↓	↑
relative Sekundenkapazität (FEV_1/VC)	0 – ↓	↓
maximale Atemstromstärke (PEF)	0 – ↓	↓

32.5. Restriktive Ventilationsstörungen

Bei restriktiven Ventilationsstörungen ist die Ausdehnungsfähigkeit von Lunge und/oder Thorax vermindert. Als Auslöser unterscheidet man pulmonale von extrapulmonalen Ursachen:

- Häufige Ursache für pulmonale Restriktionen ist eine Vermehrung des nicht-elastischen Bindegewebes in der Lungenstruktur. Eine solche herdförmig auftretende oder diffus-narbige Bindegewebseinlagerung wird als Lungenfibrose bezeichnet. Ursachen hierfür können chronische Entzündungen der Alveolen durch inhalative Allergene (exogen-allergische Alveolitis) sein oder eine länger dauernde Inhalation anorganischer Stäube (Pneumokoniose z.B. durch Silikate, Asbestfasern, kobalthaltige Metallstäube). Schließlich ist eine Bindegewebevermehrung bei einigen Chemotherapeutika und Zytostatika bekannt.
- Bei extrapulmonalen Restriktionen ist die Ausdehnungsfähigkeit des Thorax eingeschränkt. So kann z.B. jede Deformation des Thoraxskeletts, wie eine Verkrümmung der Wirbelsäule (Kyphoskoliose), zur Behinderung der Atemexkursion führen. Ebenso vermindern Störungen, die die Beweglichkeit der Rippen-Wirbel-Gelenke einschränken (z.B. Morbus Bechterew), die Dehnbarkeit des thorakalen Atmungsapparates.

Die Verwachsung der Pleurablätter (z.B. als Folge chronischer Entzündungen, nach Operationen oder bei Bestrahlung der Lunge) schränkt ebenfalls die Dehnbarkeit des Gesamtatmungsapparates ein. Die Restriktion entsteht dadurch, dass sich das Lungengewebe während der Ventilation nicht mehr frei gegenüber der Thoraxwand verschieben kann, und so eine physiologische Entfaltung der Lunge (z.B. in die Recessus phrenicocostales) nur noch eingeschränkt möglich ist.

Intrathorakales Gasvolumen. Zur Differenzierung von Ventilationsstörungen kann außerdem das intrathorakale Gasvolumen (IGV) dienen. Als IGV bezeichnet man das Gasvolumen, das am Ende der normalen Ausatmung (bei entspannter Atemmuskulatur) in der Lunge enthalten ist. Es wird mit Hilfe des ***Körperplethysmographen*** (Abb. 32.12) bestimmt, indem am Ende der Exspiration das Atemrohr kurzfristig verschlossen und der Druck am Mund des Patienten sowie in der Körperplethysmographenkammer gemessen wird. Das so bestimmte IGV entspricht bei jungen, lungengesunden Menschen in etwa der funktionellen Residualkapazität (FRC).

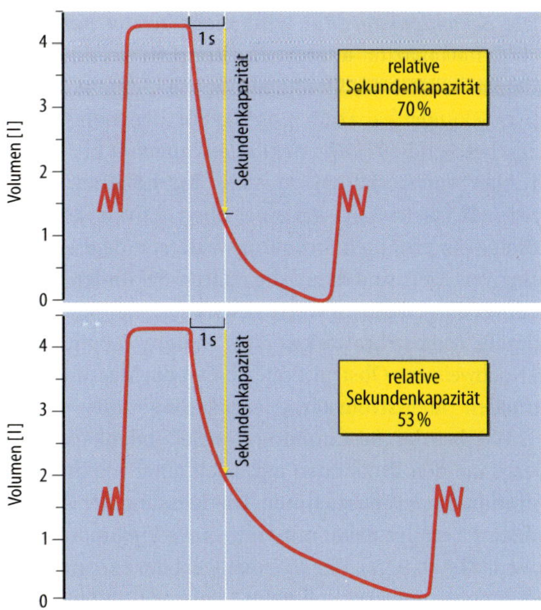

Abb. 32.15. Bestimmung der relativen Sekundenkapazität. Nach tiefer Inspiration und kurzzeitigem Atemanhalten atmet der Proband so schnell wie möglich aus. Das in 1 s exspirierte Volumen wird als prozentualer Anteil der Vitalkapazität VC angegeben. *Oben:* Messung bei einem Lungengesunden, *unten:* bei einem Patienten mit obstruktiver Ventilationsstörung

Bei älteren Patienten (insbesondere mit Lungenemphysem, 32.2) werden einzelne Lungenabschnitte aufgrund einer regionalen Obstruktion vermindert belüftet, so dass hier ein mehr oder weniger abgeschlossenes Gasvolumen vorliegt ***(»gefangene Luft«)***. Die Messungen des IGV mittels der Körperplethysmographie erfassen diese Lungenabschnitte, nicht jedoch die ***Einwasch- bzw. Auswaschmethoden*** zur Bestimmung der FRC (▶ s.o.). Aus diesem Grund ergeben sich bei diesen Patienten Unterschiede zwischen IGV und FRC, wobei das intrathorakale Gasvolumen einen etwas größeren Wert liefert.

Bestimmung des Atemwegswiderstandes

Die Sekundenkapazität und die maximale Atemstromstärke können als Maß für den Strömungswiderstand dienen

Sekundenkapazität. Eine obstruktive Funktionsstörung lässt sich auf einfache Weise durch die Sekundenkapazität (1-s-Ausatmungskapazität, *Forced Expiratory Volume* FEV_1, ***Tiffeneau-Test***) erfassen. Darunter versteht man dasjenige Volumen, das innerhalb 1 s maximal forciert ausgeatmet werden kann (Abb. 32.15). Der Proband, der an ein geschlossenes oder offenes spirometrisches System angeschlossen ist, atmet nach maximaler Inspiration und kurzem Luftanhalten so schnell und so tief wie möglich aus. Aus der registrierten Exspirationskurve lässt sich dann das innerhalb 1 s ausgeatmete Volumen bestimmen.

Die ***Sekundenkapazität*** wird meist relativ bezogen auf die Vitalkapazität angegeben (Beispiel: absolute Sekundenkapazität = 3 l, Vitalkapazität = 4 l, daraus folgt: relative Sekundenkapazität = 75 %). Für den Lungengesunden beträgt die ***relative Sekundenkapazität*** bis zu einem Alter von 50 Jahren 70–80 %, im höheren Alter 65–70 % (◘ Tabelle 32.4). Bei einer obstruktiven Störung ist infolge der erhöhten Strömungswiderstände die Ausatmung verzögert und damit die relative Sekundenkapazität unter die genannten Werte gesenkt.

Maximale Atemstromstärke. Eine weitere Möglichkeit zum Nachweis von Obstruktionen bietet die Messung der maximalen Atemstromstärke (*Peak Expiratory Flow*, PEF). Wie bei der Bestimmung der Sekundenkapazität fordert man den Probanden auf, nach einer maximalen Inspiration forciert auszuatmen. Die Messung der Atemstromstärke erfolgt dabei mit Hilfe eines Pneumotachographen (◘ Abb. 32.9). Der Maximalwert der exspiratorischen Atemstromstärke soll beim Lungengesunden etwa 10 l/s (= 600 l/min) betragen (◘ Tabelle 32.4). Beim Vorliegen erhöhter Atemwegswiderstände wird dieser Wert wesentlich unterschritten.

Strömungswiderstand bei forcierter Atmung. Die exspiratorische Atemstromstärke kann über einen Grenzwert hinaus nicht gesteigert werden, auch wenn die exspiratorische Anstrengung noch weiter verstärkt wird. Der Grund hierfür ist in der Wandstruktur der Bronchiolen zu suchen, die keine knorpeligen Stützelemente besitzen. Solche weichwandigen Rohre werden komprimiert, wenn der von außen einwirkende (intrapulmonale) Druck größer ist als der Druck in ihrem Lumen. Bei sehr starkem Exspirationsdruck wird also der Strömungswiderstand in den Bronchiolen erhöht (► s. o.).

In Kürze

Atmungsmechanik

Unter Atmungsmechanik versteht man die Analyse und die Darstellung der Druck-Volumen-Beziehungen und der Druck-Stromstärke-Beziehungen, die sich während des Atmungszyklus ergeben. Diese Beziehungen werden maßgeblich von den Atmungswiderständen und ihren Veränderungen bestimmt. Man unterscheidet zwischen elastischen und viskösen Atmungswiderständen:

- Der elastische Atmungswiderstand entsteht dadurch, dass die Lunge das Bestreben hat, sich zusammenzuziehen. So resultiert im Interpleuralspalt ein subatmosphärischer Druck, der über den Ösophagus gemessen werden kann. Die elastischen Widerstände sind nur bei der Inspiration zu überwinden, während die Exspiration weitgehend passiv erfolgt. Ruhedehnungskurven (Relaxationskurven) beschreiben den Zusammenhang zwischen Druck und Volumen des Atmungsapparates bei passiver Dehnung. Die Steilheit dieser Kurven ist ein Maß für die Volumendehnbarkeit oder Compliance. Compliancewerte ergeben sich für das Gesamtsystem (Lunge + Thorax) sowie gesondert für den Thorax und die Lunge.
- Visköse Atmungswiderstände: Die Strömung der Luft durch die leitenden Atemwege ist überwiegend laminar und lediglich an Verzweigungsstellen und Einengungen der Bronchien turbulent. Nach dem Hagen-Poiseuille-Gesetz ergibt sich der Atemwegswiderstand (Resistance) aus dem Verhältnis des intrapulmonalen Drucks (Druckdifferenz zwischen Alveolen und Außenraum) zur Atemstromstärke. Die Resistance lässt sich mit dem Körperplethysmographen messen und beträgt bei Ruheatmung etwa 0,2 kPa/l × s. Am viskösen Atmungswiderstand ist zu etwa 10 % auch der Gewebewiderstand beteiligt.

Bei sehr langsamer Atmung sind nur die elastischen Atmungswiderstände wirksam und führen in der Inspirationsphase zu einer zunehmenden Negativierung des intrapleuralen Drucks. Bei regulärer Atmung kommt es aufgrund des Einflusses der viskösen Widerstände zu einer Negativierung des intrapulmonalen Drucks in der Inspirationsphase und zu einer Positivierung in der Exspirationsphase.

Atemschleife

Die Aufzeichnung der geförderten Atemvolumina in Abhängigkeit von den jeweiligen intrapleuralen Drücken wird als Atemschleife bezeichnet. Aus der Atemschleife erkennt man, dass bei Ruheatmung die Exspiration passiv erfolgt, jedoch bei vertiefter und beschleunigter Atmung zusätzlich die Exspirationsmuskulatur zur Überwindung der Strömungswiderstände eingesetzt werden muss.

Störungen der Atmungsmechanik

Störungen der Atmungsmechanik können in 2 Gruppen unterteilt werden:

- Restriktive Ventilationsstörungen sind gekennzeichnet durch Abnahme der Ausdehnungsfähigkeit von Lunge oder Thorax, Abnahme der jeweiligen Compliance, der Vitalkapazität und des intrathorakalen Gasvolumens.
- Obstruktive Ventilationsstörungen sind gekennzeichnet durch Zunahme des Strömungswiderstands (Resistance) durch Einengung der Atemwege, Abnahme der relativen Sekundenkapazität und der maximalen exspiratorischen Atemstromstärke (Atemstoß).

32.4 Pulmonaler Gasaustausch

Zusammensetzung des alveolären Gasgemisches

Die alveolären Atemgasfraktionen werden sowohl von der O_2-Aufnahme bzw. CO_2-Abgabe als auch von der alveolären Ventilation bestimmt

Berechnung der alveolären Atemgasfraktionen. Der Inhalt der Alveolen wurde früher als Alveolarluft bezeichnet. Neuerdings hat man sich jedoch darauf geeinigt, dass die Bezeichnung »Luft« allein dem Gasgemisch mit atmosphärischer Zusammensetzung (F_{O_2} = 0,209; F_{CO_2} = 0; F_{N_2} = 0,791) vorbehalten bleiben soll. Da in den Alveolen der O_2-Anteil kleiner und der CO_2-Anteil größer ist als in der Atmosphäre, müssen wir konsequenterweise vom alveolären Gasgemisch sprechen.

Um die O_2- und CO_2-Fraktionen im alveolären Gasgemisch zu berechnen, gehen wir von einer Bilanzbetrachtung aus: Die ***O_2-Aufnahme*** des Blutes ($\dot{V}_{O_2}$) ergibt sich aus der den Alveolen inspiratorisch zugeführten O_2-Menge ($F_{IO_2} \cdot \dot{V}_A$), abzüglich der von hier exspiratorisch abgeführten O_2-Menge ($F_{AO_2} \cdot \dot{V}_A$). Die ***CO_2-Abgabe*** aus dem Blut ($\dot{V}_{CO_2}$) entspricht der CO_2-Menge, die exspiratorisch aus den Alveolen entfernt wird ($F_{ACO_2} \cdot \dot{V}_A$), da mit dem Inspirationsstrom praktisch kein CO_2 in die Alveolen gelangt. Daher gelten die Beziehungen:

$$\begin{aligned} \dot{V}_{O_2} &= F_{IO_2} \cdot \dot{V}_A - F_{AO_2} \cdot \dot{V}_A \\ \dot{V}_{CO_2} &= F_{ACO_2} \cdot \dot{V}_A \end{aligned} \qquad (17)$$

und nach Umformung:

$$F_{AO_2} = F_{IO_2} - \frac{\dot{V}_{O_2}}{\dot{V}_A}, \; F_{ACO_2} = \frac{\dot{V}_{CO_2}}{\dot{V}_A} \qquad (18)$$

Bei Anwendung der Gl. (18) ist darauf zu achten, dass für alle Größen der Gleichung die gleichen Messbedingungen gelten und diese Bedingungen mit dem Wert angegeben werden (z. B. STPD, ▶ s. Kap. 32.2).

Alveoläre Atemgasfraktionen bei Ruheatmung. Bei der Berechnung der alveolären Atemgasfraktionen gehen wir von Gl. (18) aus, wobei alle einzusetzenden Zahlenwerte auf Standardbedingungen bezogen werden sollen. Für den Erwachsenen in körperlicher Ruhe beträgt die O_2-Aufnahme $\dot{V}_{O_2(STPD)}$ = 0,28 l/min (Referenzbereich: 0,25–0,30 l/min) und die CO_2-Abgabe $\dot{V}_{CO_2(STPD)}$ = 0,23 l/min (Referenzbereich: 0,20–0,25 l/min). Die alveoläre Ventilation besitzt unter Körperbedingungen einen Wert von $\dot{V}_{A(BTPS)}$ = 5 l/min; nach Umrechnung auf Standardbedingungen hat man in Gl. (18) $\dot{V}_{A(STPD)}$ = 4,1 l/min einzusetzen (▶ s. Kap. 32.2). Unter Berücksichtigung des Wertes für die inspiratorische O_2-Fraktion F_{IO_2} = 0,209 (20,9 Vol.%, Tabelle 32.3) ergibt sich folgende ***Zusammensetzung des alveolären Gasgemisches***:

$$\begin{aligned} F_{AO_2} &= 0{,}14 \; (14 \text{ Vol.\%}) \\ F_{ACO_2} &= 0{,}056 \; (5{,}6 \text{ Vol.\%}) \end{aligned}$$

Der Rest besteht aus Stickstoff und einem sehr kleinen Anteil an Edelgasen.

▪▪▪ **Analyse des alveolären Gasgemisches.** Mit schnell anzeigenden Messgeräten können die Atemgasfraktionen in der Exspirationsluft fortlaufend verfolgt werden. Messgeräte für CO_2 nutzen die spezielle Infrarotabsorption dieses Gases, Messgeräte für O_2 dessen paramagnetische Eigenschaften aus. Auch Massenspektrometer werden für O_2- und CO_2-Analysen eingesetzt. Der Vorteil aller dieser Verfahren besteht darin, dass bei einer fortlaufenden Registrierung der Atemgasfraktionen die alveolären Fraktionsbereiche im Kurvenverlauf zu erkennen sind. Eine Sammlung von Gasproben ist also nicht notwendig.

Gaspartialdrücke im alveolären Gasgemisch

Die alveolären Partialdrücke betragen bei Ruheatmung im Mittel 100 mm Hg für O_2 und 40 mm Hg für CO_2; Abweichungen hiervon ergeben sich bei veränderten Ventilations-Perfusions-Relationen

Partialdrücke in der atmosphärischen Luft. Nach dem Dalton-Gesetz übt jedes Gas in einem Gemisch einen Partialdruck (Teildruck) P_{Gas} aus, der seinem Anteil am Gesamtvolumen, d. h. seiner Fraktion F_{Gas}, entspricht. Bei der Anwendung dieses Gesetzes auf die Atemgase ist zu berücksichtigen, dass sowohl die atmosphärische Luft als auch das alveoläre Gasgemisch neben O_2, CO_2, N_2 und

Tabelle 32.3. Inspiratorische, alveoläre und exspiratorische Fraktionen bzw. Partialdrücke der Atemgase bei Ruheatmung in Meereshöhe

	Fraktionen		Partialdrücke	
	O_2	CO_2	O_2	CO_2
Inspirationsluft	0,209	0,0003	150 mm Hg (20 kPa)	0,2 mm Hg (0,03 kPa)
Alveoläres Gasgemisch	0,14	0,056	100 mm Hg (13,3 kPa)	40 mm Hg (5,3 kPa)
Exspirationsluft	0,16	0,04	114 mm Hg (15,2 kPa)	29 mm Hg (3,9 kPa)

Edelgasen auch noch Wasserdampf enthalten, der einen bestimmten Partialdruck P_{H_2O} ausübt. Da die Gasfraktionen für das »trockene« Gasgemisch angegeben werden, ist bei der Formulierung des Dalton-Gesetzes der Gesamtdruck (Barometerdruck P_B) um den ***Wasserdampfdruck*** P_{H_2O} zu reduzieren:

$$P_{Gas} = F_{Gas} \cdot (P_B - P_{H_2O}) \tag{19}$$

Unter Berücksichtigung der Werte für die atmosphärischen O_2- und CO_2-Fraktionen (▫ Tabelle 32.3) betragen hiernach die zugehörigen Partialdrücke im Flachland etwa $P_{I_{O_2}}$ = 150 mm Hg (20 kPa) und $P_{I_{CO_2}}$ = 0,2 mm Hg (0,03 kPa). Mit zunehmender Höhe vermindern sich die O_2- und CO_2-Partialdrücke in der Inspirationsluft nach Maßgabe der Abnahme des Barometerdrucks P_B.

Partialdrücke im alveolären Gasgemisch. Für die Untersuchung des Gasaustausches in der Lunge ist es zweckmäßig, die O_2- und CO_2- Anteile im alveolären Gasgemisch in Partialdruckeinheiten anzugeben. Führt man in Gl. (18) die Partialdrücke nach Gl. (19) mit P_{H_2O} = 47 mm Hg ein, so ergeben sich unter Berücksichtigung von Gl. (3) die Beziehungen:

$$P_{A_{O_2}} = P_{I_{O_2}} - \frac{\dot{V}_{O_2(STPD)}}{\dot{V}_{A(BTPS)}} \cdot 863 \text{ (mm Hg)}$$

$$P_{A_{CO_2}} = \frac{\dot{V}_{CO_2(STPD)}}{\dot{V}_{A(BTPS)}} \cdot 863 \text{ (mm Hg)} \tag{20}$$

Diese ***Alveolarformeln*** erlauben die Berechnung der alveolären Partialdruckwerte. Legt man die Daten für die Ruheatmung im Flachland zugrunde ($P_{I_{O_2}}$ = 150 mm Hg, $\dot{V}_{O_2(STPD)}$ = 0,28 l/min, $\dot{V}_{CO_2(STPD)}$ = 0,23 l/min, $\dot{V}_{A(BTPS)}$ = 5 l/min), so erhält man:

$P_{A_{O_2}}$ = 100 mm Hg (13,3 kPa)
$P_{A_{CO_2}}$ = 40 mm Hg (5,3 kPa)

Diese Daten gelten als ***Normwerte*** für den gesunden Erwachsenen. Dabei muss man jedoch einschränken, dass es sich allenfalls um zeitliche und örtliche Mittelwerte handelt. Geringe zeitliche Schwankungen der alveolären Partialdrücke treten auf, weil die Frischluft diskontinuierlich in den Alveolarraum einströmt. Regionale Variationen entstehen durch die ungleichmäßige Belüftung und Durchblutung der verschiedenen Lungenabschnitte (▶ s. Kap. 32.5).

Wie aus den Gln. (20) deutlich wird, sind bei vorgegebenen Austauschraten für O_2 und CO_2 ($\dot{V}_{O_2}$ und $\dot{V}_{CO_2}$) die alveolären Partialdrücke v. a. von der alveolären Ventilation $\dot{V}_A$ abhängig. Eine Zunahme der alveolären Ventilation ***(Hyperventilation)*** hat einen $P_{A_{O_2}}$-Anstieg und einen $P_{A_{CO_2}}$-Abfall zur Folge, eine Abnahme ***(Hypoventilation)*** hat den umgekehrten Effekt. Diese Abhängigkeit der alveolären Partialdrücke von der alveolären Ventilation ist in ▫ Abb. 32.16 quantitativ dargestellt.

Einfluss des Ventilations-Perfusions-Verhältnisses. Da die im Alveolarbereich ausgetauschten Atemgase mit dem Blutstrom an- bzw. abtransportiert werden, sind die Austauschraten mit der Lungendurchblutung ***(Lungenperfusion)*** gekoppelt. Nach dem ***Fick-Prinzip*** (▶ s. Kap. 28.14) besteht eine direkte Proportionalität zwischen der Lungenperfusion $\dot{Q}$ und der O_2-Aufnahme $\dot{V}_{O_2}$ bzw. der CO_2-Abgabe $\dot{V}_{CO_2}$, sofern die arteriovenösen Differenzen avD als konstant angesehen werden können. Daher lassen sich die Gln. (20) auch folgendermaßen interpretieren: Die alveolären O_2- und CO_2-Partialdrücke sind vom Verhältnis der alveolären Ventilation $\dot{V}_A$ zur Lungenperfusion $\dot{Q}$ abhängig. Für den Lungengesunden in körperlicher Ruhe hat dieses Verhältnis $\dot{V}_A/\dot{Q}$ einen Wert von 0,8–1,0.

Veränderte Ventilationsformen

Veränderungen der Ventilationsgrößen können durch Anpassung an die Stoffwechselbedingungen des Organismus, durch willkürliche Beeinflussung oder pathologische Zustände bedingt sein

Kennzeichnung veränderter Ventilationszustände. Eine Veränderung der Ventilationsgröße kann durch willkürliche Beeinflussung der Atmung, durch Anpassung an die Stoffwechselbedürfnisse des Organismus (z. B. bei körperlicher Arbeit) oder durch pathologische Bedingungen verursacht sein. Zur Abgrenzung der Ursachen wurden folgende Fachausdrücke definiert:

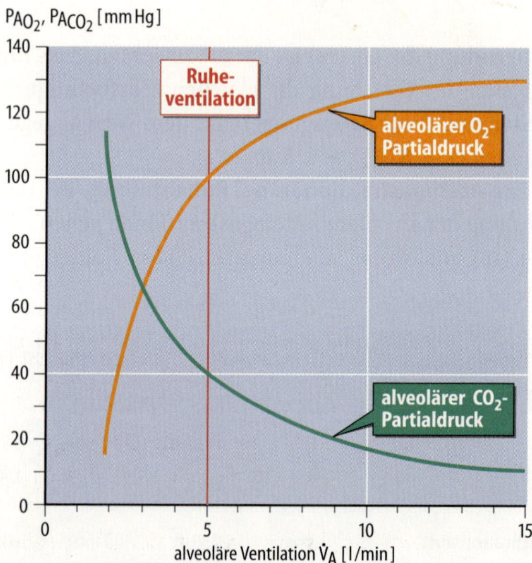

▫ **Abb. 32.16. Zusammensetzung des alveolären Gasgemisches.** Abhängigkeit der alveolären Atemgaspartialdrücke ($P_{A_{O_2}}$ und $P_{A_{CO_2}}$) von der alveolären Ventilation ($\dot{V}$) in Meereshöhe bei körperlicher Ruhe (O_2-Aufnahme: 280 ml/min, CO_2-Abgabe: 230 ml/min). Die *rote* Gerade gibt die Werte für $P_{A_{O_2}}$ und $P_{A_{CO_2}}$ unter normalen Ventilationsbedingungen an

- ***Normoventilation:*** Normale Ventilation, bei der in den Alveolen ein CO_2-Partialdruck von etwa 40 mm Hg (5,3 kPa) aufrechterhalten wird.
- ***Hyperventilation:*** Steigerung der alveolären Ventilation, die über die jeweiligen Stoffwechselbedürfnisse hinausgeht ($P_{ACO_2} < 40$ mm Hg).
- ***Hypoventilation:*** Minderung der alveolären Ventilation unter den Wert, der den Stoffwechselbedürfnissen entspricht ($P_{ACO_2} > 40$ mm Hg).
- ***Mehrventilation:*** Atmungssteigerung über den Ruhewert hinaus (etwa bei körperlicher Arbeit), unabhängig von der Höhe der alveolären Partialdrücke.
- ***Eupnoe:*** Normale Ruheatmung.
- ***Hyperpnoe:*** Vertiefte Atmung mit oder ohne Zunahme der Atmungsfrequenz.
- ***Tachypnoe:*** Zunahme der Atmungsfrequenz.
- ***Bradypnoe:*** Abnahme der Atmungsfrequenz.
- ***Apnoe:*** Atmungsstillstand, hauptsächlich bedingt durch das Fehlen des physiologischen Atmungsantriebs (Abnahme des arteriellen CO_2-Partialdrucks).
- ***Dyspnoe:*** Erschwerte Atmung, verbunden mit dem subjektiven Gefühl der Atemnot.
- ***Orthopnoe:*** Dyspnoe bei Stauung des Blutes in den Lungenkapillaren (oft infolge einer Linksherzinsuffizienz), die insbesondere im Liegen auftritt und daher den Patienten zum Aufsetzen zwingt.
- ***Asphyxie:*** Atmungsstillstand oder Minderatmung bei Lähmung der Atmungszentren mit starker Einschränkung des Gasaustausches (Hypoxie und Hyperkapnie, ▶ s. Kap. 34.3, 34.4).

Diffusiver Gasaustausch in der Lunge

Der pulmonale Gasaustausch erfolgt durch Diffusion; in den Lungenkapillaren kommt es zu einem vollständigen Angleich der O_2- und CO_2-Partialdrücke an die alveolären Werte

Gesetzmäßigkeiten des pulmonalen Gasaustausches. In den Lungenalveolen wird ein hoher O_2-Partialdruck (100 mm Hg) aufrechterhalten, während das venöse Blut mit einem niedrigeren O_2-Partialdruck (40 mm Hg) in die Lungenkapillaren eintritt. Für CO_2 besteht eine Partialdruckdifferenz in entgegengesetzter Richtung (46 mm Hg am Anfang der Lungenkapillaren, 40 mm Hg in den Alveolen). Diese Partialdruckdifferenzen stellen die »treibenden Kräfte« für die O_2- und CO_2-Diffusion und damit für den pulmonalen Gasaustausch dar.

Nach dem ***1. Fick-Diffusionsgesetz*** ist der Diffusionsstrom $\dot{M}$, d. h. die Substanzmenge, die durch eine Schicht der Fläche F und der Dicke d hindurch tritt, der wirksamen Konzentrationsdifferenz ΔC direkt proportional:

$$\dot{M} = D \cdot \frac{F}{d} \cdot \Delta C \qquad (21)$$

Der Proportionalitätsfaktor D, der ***Diffusionskoeffizient***, hat einen vom Diffusionsmedium, von der Art der diffundierenden Teilchen und von der Temperatur abhängigen Wert. Wenn ein gelöstes Gas durch eine Flüssigkeitsschicht diffundiert, muss in Gl. (21) die Konzentration durch den Partialdruck P ersetzt werden, wobei beide Größen einander proportional sind.

$$\dot{M} = K \cdot \frac{F}{d} \cdot \Delta P \qquad (22)$$

Der Proportionalitätsfaktor K, der in diesem Fall eine andere Dimension und einen anderen Zahlenwert als D besitzt, wird zur besseren Unterscheidung als ***Krogh-Diffusionskoeffizient*** oder als ***Diffusionsleitfähigkeit*** bezeichnet.

Diffusionseigenschaften der Lunge. Für die Diffusionsmedien in der Lunge ist K_{CO_2} etwa 23 mal größer als K_{O_2}, d. h. unter sonst gleichen Bedingungen diffundiert etwa 23mal mehr CO_2 als O_2 durch eine vorgegebene Schicht. Dies ist der Grund dafür, dass in der Lunge trotz kleiner CO_2-Partialdruckdifferenzen stets eine ausreichende CO_2-Abgabe durch Diffusion sichergestellt ist. Nach Gl. (22) erfordert ein effektiver Diffusionsprozess eine große Austauschfläche F und einen kleinen Diffusionsweg d. Beide Voraussetzungen sind in der Lunge mit einer Alveolaroberfläche von etwa 80–140 m² und einer Diffusionsstrecke von nur etwa 1 µm (Abb. 32.6 und 32.17) in idealer Weise erfüllt.

O_2-Diffusion im Erythrozyten. Wie man aus Abb. 32.17 erkennt, ist der größte Diffusionsweg und damit auch der größte Diffusionswiderstand im Inneren der Erythrozyten zu überwinden. Hier wird jedoch die O_2-Diffusion durch einen zusätzlichen Transportprozess unterstützt. Die O_2-Moleküle werden, sobald sie in den Erythrozyten eingedrungen sind, an Hämoglobin Hb angelagert, das dabei in das Oxyhämoglobin HbO_2 übergeht (▶ s. Kap. 34.2). Die HbO_2-Moleküle haben nun ebenfalls die Möglichkeit, in Richtung auf das Zentrum des Erythrozyten zu diffundieren und damit

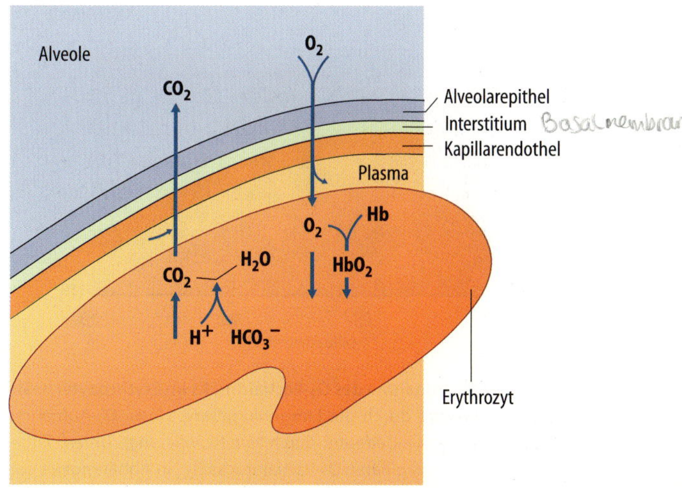

Abb. 32.17. O_2- und CO_2-Transportwege beim pulmonalen Gasaustausch

den intraerythrozytären O_2-Transport zu beschleunigen (**Facilitated Diffusion**).

Die CO_2-Moleküle diffundieren in entgegengesetzter Richtung vom Erythrozyten in den Alveolarraum. Dies kann allerdings erst geschehen, nachdem CO_2 aus seinen chemischen Bindungen freigesetzt worden ist (► s. Kap. 34.4).

Bestimmung der Diffusionskapazität

Mit der Messung der Diffusionskapazität der Lunge lässt sich der Diffusionswiderstand in den Alveolen erfassen

Dynamik des diffusiven Gasaustausches. Während seiner Passage durch die Lungenkapillare steht der einzelne Erythrozyt nur für verhältnismäßig kurze Zeit von etwa 0,3–0,7 s mit dem Alveolarraum in Diffusionskontakt. Diese ***Kontaktzeit*** reicht jedoch aus, um die Gaspartialdrücke im Blut denen des Alveolarraums praktisch vollständig anzugleichen. Abbildung 32.18 zeigt, wie sich der O_2-Partialdruck im Kapillarblut dem alveolären O_2-Partialdruck zunächst schnell, dann immer langsamer nähert. Dieser Modus des O_2-Partialdruckanstiegs ist eine Folge des Fick-Diffusionsgesetzes: Die anfangs große alveolokapilläre O_2-Partialdruckdifferenz wird im Laufe der Passagezeit immer kleiner, so dass die Diffusionsrate ständig abnehmen muss.

Partialdrücke in den Lungenkapillaren. Das Blut, das mit einem O_2-Partialdruck von 40 mm Hg in die Kapillare eintritt, verlässt diese mit einem O_2-Partialdruck von 100 mm Hg. Ebenso erfolgt innerhalb der Kontaktzeit ein Angleich des CO_2-Partialdrucks an den alveolären Wert. Der CO_2-Partialdruck, der am venösen Kapillarende 46 mm Hg beträgt, fällt mit der Abdiffusion des CO_2 auf 40 mm Hg ab. In der Lunge des Gesunden gleichen sich die Partialdrücke im Blut den alveolären Werten praktisch vollständig an.

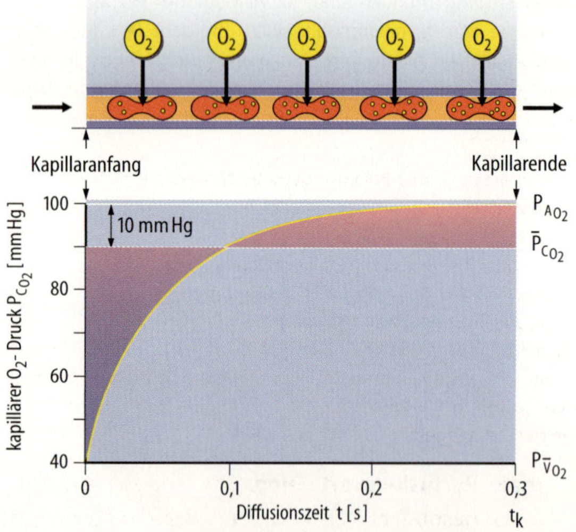

Abb. 32.18. Zunahme des O_2-Partialdrucks im Erythrozyten während der Passage durch die Lungenkapillare. *Oben:* O_2-Aufnahme der Erythrozyten (angedeutet durch *rote Punktierung*). *Unten:* Zugehörige Kurve des kapillären O_2-Partialdrucks $P_{C_{O_2}}$ in Abhängigkeit von der Diffusionszeit. $P_{A_{O_2}}$ alveolärer O_2-Partialdruck; $P_{V_{O_2}}$ venöser O_2-Partialdruck; $\bar{P}_{C_{O_2}}$ O_2-Partialdruck, gemittelt über die gesamte Zeit des Diffusionskontaktes; t_k Kontaktzeit

O_2-Diffusionskapazität der Lunge. Ein Maß für die »Diffusionsfähigkeit« der gesamten menschlichen Lunge kann man aus dem Fick-Diffusionsgesetz (Gl. 22) gewinnen. Hierzu geht man von der Überlegung aus, dass die in der gesamten Lunge diffundierende O_2-Menge mit der O_2-Aufnahme $\dot{V}_{O_2}$ identisch ist. Ferner fasst man die im Einzelfall nicht bestimmbaren Faktoren K, F und d zu einer neuen Konstanten $D_L = K \times F/d$ zusammen. Dann ergibt sich:

$$\dot{V}_{O_2} = D_L \cdot \overline{\Delta P_{O_2}}\,;\; D_L = \frac{\dot{V}_{O_2}}{\overline{\Delta P_{O_2}}} \qquad (23)$$

Die Größe D_L wird als ***O_2-Diffusionskapazität*** der Lunge bezeichnet. $\overline{\Delta P_{O_2}}$ stellt in diesem Fall die mittlere O_2-Partialdruckdifferenz zwischen dem Alveolarraum und dem Lungenkapillarblut dar. Da die O_2-Partialdrücke vom venösen zum arteriellen Kapillarende ansteigen, muss sich die Mittelbildung über die gesamte Kapillarlänge erstrecken (Abb. 32.18).

▪▪▪ **Mittlere O_2-Partialdruckdifferenz.** Wenn man die O_2-Diffusionskapazität bestimmen will, muss man also nach Gl. (23) die Sauerstoffaufnahme $\dot{V}_{O_2}$ und die mittlere diffusionswirksame O_2-Partialdruckdifferenz $\overline{\Delta P_{O_2}}$ messen. Während die Messung von $\dot{V}_{O_2}$ mit dem offenen oder dem geschlossenen spirometrischen System keine Schwierigkeiten bereitet, erfordert die Bestimmung von $\overline{\Delta P_{O_2}}$ einen erheblichen messtechnischen Aufwand.

Normwerte der Diffusionskapazität und Diffusionsstörungen. Für einen gesunden Erwachsenen in körperlicher Ruhe findet man eine Sauerstoffaufnahme von etwa $\dot{V}_{O_2} = 300$ ml/min und eine mittlere O_2-Partialdruckdifferenz von etwa $\overline{\Delta P_{O_2}} = 10$ mm Hg (1,33 kPa). Nach Gl. (23) beträgt also der Wert für die normale O_2-Diffusionskapazität $D_L = 30\ \text{ml} \times \text{min}^{-1} \times \text{mm Hg}^{-1}$ ($230\ \text{ml} \times \text{min}^{-1} \times \text{kPa}^{-1}$). Unter pathologischen Bedingungen ergeben sich manchmal erheblich kleinere D_L-Werte. Dies ist ein Zeichen für einen erhöhten Diffusionswiderstand in der Lunge, der durch eine Reduktion der Austauschfläche F oder eine Zunahme des Diffusionsweges d bedingt sein kann. Für sich allein stellt D_L allerdings noch kein Maß für die erreichte O_2-Partialdruckangleichung an den alveolären Wert dar. Ähnlich wie die alveoläre Ventilation muss die Diffusionskapazität auf die Lungendurchblutung $\dot{Q}$ bezogen werden. Das Verhältnis $D_L/\dot{Q}$ ist also die entscheidende Größe für die Effektivität des alveolären Gasaustausches. Eine Abnahme von $D_L/\dot{Q}$ wird als Diffusionsstörung bezeichnet (32.1).

In Kürze

Pulmonaler Gasaustausch

Die alveolären O_2- bzw. CO_2-Fraktionen sind vom Verhältnis der O_2-Aufnahme bzw. CO_2-Abgabe zur alveolären Ventilation abhängig. Bei Ruheatmung beträgt

- die alveoläre O_2-Fraktion 14 Vol.%,
- die alveoläre CO_2-Fraktion 5,6 Vol.%.

Aus der Alveolarformel berechnen sich unter Ruhebedingungen im Mittel folgende alveoläre Partialdrücke:

- O_2-Partialdruck = 100 mm Hg (13,3 kPa)
- CO_2-Partialdruck = 40 mm Hg (5,3 kPa)

Die alveolären Atemgaspartialdrücke hängen vom Verhältnis der alveolären Ventilation zur Lungenperfusion ab.

Veränderung der Ventilationsgröße

Eine Veränderung der Ventilationsgröße kann verschiedene Ursachen haben:

- willkürliche Beeinflussung der Atmung,
- Anpassung an die Stoffwechselbedürfnisse des Organismus (z. B. bei körperlicher Arbeit),
- pathologische Bedingungen.

Beispiele sind Hyper- und Hypoventilation:

- Eine alveoläre Hyperventilation ist gekennzeichnet durch Zunahme der Ventilation über die Stoffwechselbedürfnisse hinaus mit Anstieg des O_2- und Abfall des CO_2-Partialdrucks in den Alveolen.
- Eine alveoläre Hypoventilation ist gekennzeichnet durch Minderung der Ventilation unter den Bedarf mit Abfall des alveolären O_2- und Anstieg des CO_2-Partialdrucks.

Für die Kennzeichnung der Atmung unter pathologischen Bedingungen sind die Begriffe Apnoe, Dyspnoe, Orthopnoe und Asphyxie von Bedeutung.

1. Fick-Diffusionsgesetz

Das 1. Fick-Diffusionsgesetz beschreibt den pulmonalen Gasaustausch. Der Diffusionsstrom ist hierbei

- proportional der Partialdruckdifferenz,
- proportional der Austauschfläche,
- umgekehrt proportional der Schichtdicke.

Der Proportionalitätsfaktor (Krogh-Diffusionskoeffizient) hat für CO_2 einen etwa 23 mal größeren Wert als für O_2.

Diffusiver Gasaustausch

Für den diffusiven Gasaustausch gilt:

- Während der Kontaktzeit von etwa 0,3–0,7 s kommt es zum vollständigen Angleich der Partialdrücke im Blut an die Werte der Alveolarluft.
- Ein Maß für die Diffusionsverhältnisse in der gesamten Lunge ist die Diffusionskapazität, die normalerweise für den Erwachsenen in Ruhe 30 ml × min^{-1} × mm Hg^{-1} beträgt.

32.5 Lungenperfusion und Arterialisierung des Blutes

Verteilung der Lungendurchblutung

Die Lungendurchblutung ist regional unterschiedlich und lageabhängig; in aufrechter Position sind die basalen Lungenpartien stärker durchblutet als die Lungenspitzen

Pulmonaler Strömungswiderstand. Die Lungenperfusion von 5–6 l/min in Ruhe wird durch eine mittlere Druckdifferenz zwischen Pulmonalarterie und linkem Vorhof von nur 8 mm Hg (1 kPa) aufrechterhalten (32.6). Verglichen mit dem Körperkreislauf hat das Lungengefäßsystem also einen sehr kleinen Strömungswiderstand. Wenn bei schwerer körperlicher Arbeit die Lungendurchblutung auf das 4-fache des Ruhewertes ansteigt, nimmt der Pulmonalarteriendruck lediglich um den Faktor 2 zu. Dies bedeutet, dass der Strömungswiderstand mit zunehmender Durchblutung reduziert wird. Die Widerstandsminderung erfolgt dabei druckpassiv durch Dilatation der Lungengefäße und durch Eröffnung von Reservekapillaren. Während in Ruhe nur etwa 50 % der vorhandenen Kapillaren durchblutet werden, erhöht sich dieser Anteil mit steigender Belastung. Damit nimmt gleichzeitig die Oberfläche für den pulmonalen Gasaustausch, also auch die Diffusionskapazität (► s. Kap. 32.4) zu, so dass die O_2-Aufnahme und die CO_2-Abgabe den Stoffwechselbedürfnissen entsprechend gesteigert werden können.

▪▪▪ **Änderungen des Strömungswiderstandes beim Atmen.** Der pulmonale Strömungswiderstand wird bis zu einem gewissen Grad durch die Atmungsexkursionen beeinflusst. Bei der Einatmung erweitern sich die Arterien und Venen, weil der Zug der außen angreifenden elastischen Fasern zunimmt. Gleichzeitig kommt es jedoch zu einem Anstieg des Strömungswiderstandes in den Kapillaren, weil diese in Längsrichtung gestreckt und dabei eingeengt werden. Da der kapilläre Einfluss überwiegt, nimmt der Strömungswiderstand im pulmonalen Gefäßsystem mit ansteigendem Lungenvolumen zu. Der Widerstand der Lungengefäße ist etwa in Atemruhelage am geringsten.

Regionale Perfusionsverteilung. Die Lungendurchblutung weist besonders starke ***regionale Inhomogenitäten*** auf, deren Ausmaß hauptsächlich von der Körperlage abhängt. In aufrechter Position sind die basalen Lungenpartien wesentlich stärker durchblutet als die Lungenspitzen. Ursache hierfür ist die hydrostatische Druckdifferenz zwischen den Gefäßregionen im Basis- und Spitzenbereich, die bei einer Höhendifferenz von 30 cm immerhin 23 mm Hg (3 kPa) beträgt. Daher liegt der arterielle Druck in den oberen Lungenpartien unterhalb des alveolären Drucks, so dass die Kapillaren weitgehend kollabiert sind. In den unteren Lungenpartien dagegen haben die Kapillaren ein weites Lumen, weil der Gefäßinnendruck den alveolären Druck übersteigt. Als Folge dieser regionalen Verteilung der Strömungswiderstände findet man eine fast lineare Abnahme der Durchblutung von der Basis bis zur Spitze der Lunge. Bei körperlicher Arbeit, aber auch im Liegen vermindern sich die regionalen Inhomogenitäten der Lungenperfusion.

Regionale Veränderungen der Lungenperfusion

Eine Verminderung des alveolären O_2-Partialdrucks führt zu einer Vasokonstriktion der Lungenarteriolen und somit zu einer Reduktion der Lungendurchblutung

Hypoxische Vasokonstriktion. Die regionale Lungenperfusion wird durch die jeweiligen Atemgasfraktionen in den benachbarten Alveolarräumen mit beeinflusst. Insbesondere führt eine Abnahme des alveolären O_2-Partialdrucks zu einer Konstriktion der Arteriolen und damit zu Minderdurchblutung ***(Euler-Liljestrand-Mechanismus)***. Durch diese hypoxiebedingte Widerstandserhöhung besteht die Möglichkeit, die Durchblutung schlecht ventilierter Lungenbezirke einzuschränken und den Blutstrom in gut ventilierte Gebiete umzuleiten. Bis zu einem gewissen Grade wird also die regionale Lungenperfusion $\dot{Q}$ der jeweiligen alveolären Ventilation $\dot{V}_A$ angepasst. Allerdings kann dieser Mechanismus nicht verhindern, dass insbesondere unter pathologischen Bedingungen auch Inhomogenitäten des Ventilations-Perfusions-Verhältnisses $\dot{V}_A/\dot{Q}$ auftreten.

▪▪▪ **Venös-arterielle Shunts.** Während der überwiegende Anteil des Herzzeitvolumens mit den Alveolen in Diffusionskontakt tritt, nimmt ein kleiner Teil des zirkulierenden Blutvolumens nicht am Gasaustausch teil. Dieses Blut, das in venöser Form direkt dem arterialisierten Blut zugemischt wird, bezeichnet man als **Kurzschluss- oder Shuntblut**. Normalerweise bestehen anatomische Kurzschlüsse über die Vv. bronchiales und die in den linken Ventrikel mündenden kleinen Herzvenen (Vv. cordis minimae = Vv. Thebesii). Hierzu kommen noch funktionelle Kurzschlüsse über die durchbluteten, aber nicht belüfteten Alveolen. In allen diesen Fällen gelangt das venöse Blut unter Umgehung der Gasaustauschgebiete direkt in das arterielle System.

Obwohl beim Gesunden der Kurzschlussblutanteil nur etwa 2 % des gesamten Herzzeitvolumens ausmacht, wird dadurch doch der arterielle O_2-Partialdruck um 5–8 mm Hg gegenüber dem O_2-Partialdruck am Ende der Lungenkapillaren gesenkt. Unter bestimmten Bedingungen können bei angeborenen Herzfehlern (z. B. Ventrikelseptumdefekt) oder bei Gefäßmissbildungen (z. B. offener Ductus Botalli) wesentlich größere Anteile des venösen Blutes in die arterielle Strombahn gelangen und dort zu einer **Hypoxie** (Abnahme des O_2-Partialdrucks im Blut) sowie zu einer **Hyperkapnie** (Erhöhung des CO_2-Partialdrucks) führen.

32.6. Pulmonale Hypertonie

Pathologie. Unter pathologischen Bedingungen kann der Blutdruck in den Lungenarterien deutlich zunehmen. Man spricht von einer pulmonalen Hypertonie, wenn der mittlere Pulmonalarteriendruck in Ruhe über 20 mm Hg (Normwert: 14 mm Hg) liegt.

Ursachen. Neben einer Stauung des Blutes vor dem linken Herzen (z. B. bei Linksherzinsuffizienz) kann die pulmonale Hypertonie durch eine verstärkte Pumpleistung des rechten Ventrikels verursacht sein. Eine solche vermehrte Rechtsherzbelastung tritt beispielsweise auf, wenn aufgrund eines angeborenen Defekts der Herzscheidewand Blut direkt aus der linken in die rechte Herzkammer übertritt (Links-Rechts-Shunt).

Die häufigsten Ursachen für eine pulmonale Hypertonie liegen aber in einer Widerstandserhöhung in der Lungenstrombahn. So führt eine Reduktion der Zahl der Lungenkapillaren, z. B. bei Lungenemphysem (32.2) oder bei Lungenfibrose (32.5) zu einer Abnahme des Gesamtgefäßquerschnitts. Die Zahl der durchbluteten Kapillaren ist ebenfalls vermindert bei einer akuten Verlegung von Lungenarterien durch Thromben, die mit dem Blutstrom verschleppt wurden (Lungenembolie). Aber auch Ventilationsstörungen oder ein Aufenthalt in großen Höhen können eine pulmonale Hypertonie bewirken: Durch Abnahme des alveolären O_2-Partialdrucks kommt es in diesen Fällen zu einer Vasokonstriktion der Lungenarteriolen (Euler-Liljestrand-Mechanismus). Schließlich erhöht auch die Zunahme der Blutviskosität (bei Polyglobulie, ► s. Kap. 23.3) den Widerstand in der Lungenstrombahn.

Die Widerstandserhöhung führt zu einer chronischen Belastung des rechten Herzens mit Hypertrophie bzw. Dilatation des Kammermyokards (Cor pulmonale).

Arterialisierung des Blutes

Maßgebend für die Arterialisierung des Blutes sind Ventilation, Diffusion und Perfusion sowie deren regionale Verteilungen (Distribution)

Arterialisierungsfaktoren. Unter der Arterialisierung des Blutes versteht man die durch den pulmonalen Gasaustausch herbeigeführten Änderungen der O_2- und CO_2-Partialdrücke. Faktoren, die den Grad der Arterialisierung beeinflussen, sind in erster Linie die alveoläre Ventilation $\dot{V}_A$, die Lungenperfusion $\dot{Q}$ und die Diffusionskapazität D_L (Abb. 32.19). Wie bereits ausgeführt, bestimmen diese Größen jedoch nicht unabhängig voneinander den Atmungseffekt. Maßgebend sind vielmehr ihre wech-

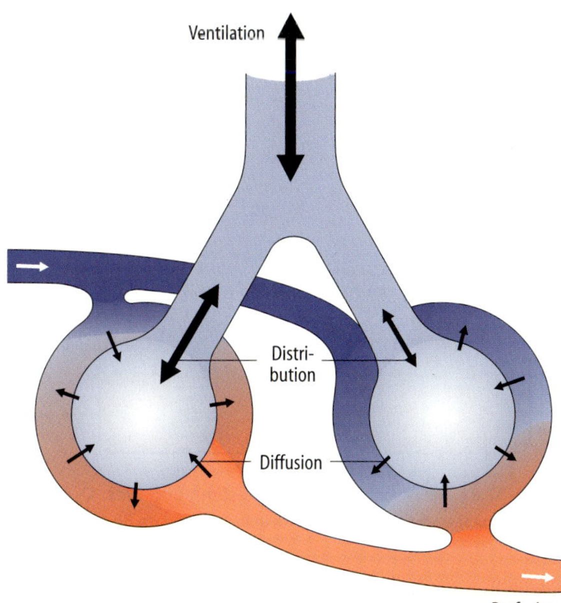

■ **Abb. 32.19. Schematische Darstellung der für den Arterialisierungseffekt in der Lunge maßgebenden Faktoren**

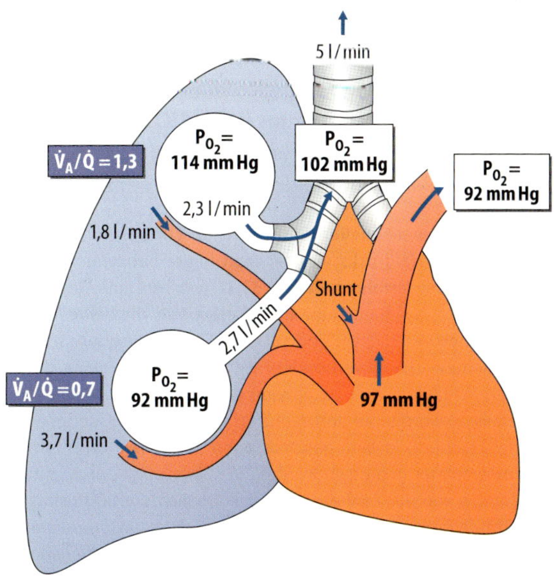

■ **Abb. 32.20. Auswirkungen der regionalen Inhomogenitäten in der Lunge auf die Arterialisierung des Blutes.** Die Lunge ist vereinfachend in 2 verschieden belüftete und durchblutete Bezirke unterteilt; die Angaben zur alveolären Ventilation und zur Perfusion beziehen sich auf beide Lungenflügel. Infolge der funktionellen Inhomogenitäten und der venösarteriellen Shunts entsteht eine alveolo-arterielle O_2-Partialdruckdifferenz von 10 mm Hg

selseitigen Verhältnisse, speziell die Quotienten $\dot{V}_A/\dot{Q}$ und $D_L/\dot{Q}$. Zusätzlich wird die Arterialisierung noch durch ***regionale Unterschiede (Inhomogenitäten)*** von Ventilation, Perfusion und Diffusion beeinflusst. Diese ungleichmäßige Verteilung oder ***Distribution*** mindert den Arterialisierungseffekt, d. h. sie führt zu einer Herabsetzung des arteriellen O_2-Partialdrucks und zu einer geringgradigen Erhöhung des arteriellen CO_2-Partialdrucks.

Inhomogenitäten des Ventilations-Perfusions-Verhältnisses. Der inhomogenen $\dot{V}_A/\dot{Q}$-Verteilung kommt in der normalen und pathologischen Physiologie eine besondere Bedeutung zu. In aufrechter Körperposition werden die regionalen Differenzen des Ventilatons-Perfusions-Verhältnisses hauptsächlich durch die inhomogene Lungenperfusion verursacht. Zwar ist auch die alveoläre Ventilation in den oberen Lungenpartien geringer als in der Basis, in sehr viel stärkerem Maße gilt dies jedoch für die Perfusion.

Beeinflussung der arteriellen Blutgase durch Verteilungsinhomogenitäten. ■ Abbildung 32.20 erläutert die Auswirkungen der regionalen Inhomogenitäten in der Lunge. Zur besseren Übersicht ist der Alveolarraum lediglich in ein oberes und ein unteres Teilgebiet gegliedert. Die Angaben zur alveolären Ventilation und zur Perfusion beziehen sich auf beide Lungenflügel. Auf der Grundlage der angegebenen Daten stellt sich im oberen Teilgebiet ein alveolärer P_{O_2} von 114 mm Hg und im unteren Teilgebiet von 92 mm Hg ein. Der mittlere alveoläre P_{O_2} beträgt dann unter Berücksichtigung der Ventilationsverteilung 102 mm Hg. Das in den beiden Teilgebieten unterschiedlich arterialisierte Blut erhält nach der Mischung einen P_{O_2} von 97 mm Hg, wobei die Perfusion der Lungenbasis einen dominierenden Einfluss ausübt. Durch Beimischung von Shuntblut sinkt der P_{O_2} um weitere 5 mm Hg ab, so dass der arterielle P_{O_2} nur noch 92 mm Hg beträgt. Obwohl also in allen Lungengebieten ein vollständiger Angleich des kapillären P_{O_2} an den alveolären Wert stattfindet, liegt, infolge der funktionellen Inhomogenitäten und venösarteriellen Kurzschlüsse, der arterielle P_{O_2} um etwa 10 mm Hg unter dem mittleren alveolären P_{O_2}. Aus den gleichen Gründen kommt es zu einem P_{CO_2} -Anstieg im arteriellen Blut, der jedoch so gering ist, dass er in der Regel vernachlässigt werden kann.

Gaspartialdrücke im arteriellen Blut

Die arteriellen Blutgaspartialdrücke sind vom Lebensalter abhängig und lassen sich mit Gaselektroden bestimmen

Arterielle Blutgaswerte. Der Gesamteffekt der Atmung kommt in der jeweiligen Höhe der arteriellen O_2- und CO_2-Partialdrücke zum Ausdruck. Die beiden Werte liefern also einen globalen Maßstab für die Beurteilung der Lungenfunktion. Daher ist es notwendig, ihre »Normalwerte« zu kennen. Wie fast alle biologischen Größen weisen auch die arteriellen Blutgaswerte nicht unbeträchtliche physiologische Variationen auf.

Abhängigkeit vom Lebensalter. Während der arterielle O_2-Partialdruck bei gesunden Jugendlichen im Mittel 90 mm Hg (12,0 kPa) beträgt, findet man bei 40-jährigen Werte um 80 mm Hg (10,6 kPa) und bei 70-jährigen um

70 mm Hg (9,3 kPa). Diese Abnahme des arteriellen O_2-Partialdrucks ist wahrscheinlich auf die mit dem Alter zunehmenden Verteilungsungleichmäßigkeiten in der Lunge zurückzuführen. Der arterielle CO_2-Partialdruck, der beim Jugendlichen etwa 40 mm Hg (5,3 kPa) beträgt, verändert sich dagegen mit dem Alter nur wenig.

Messung der arteriellen Blutgaswerte. Zur Bestimmung des arteriellen **O_2-Partialdrucks** wendet man heute hauptsächlich das **polarographische Verfahren** (Abb. 32.21, links) an. Eine Messelektrode (Platin oder Gold) und eine Bezugselektrode, die beide in eine Elektrolytlösung eintauchen, sind mit einer Spannungsquelle (Polarisationsspannung 0,6 V) verbunden. Gelangen O_2-Moleküle durch eine gasdurchlässige Kunststoffmembran an die Oberfläche des Edelmetalls, so werden sie dort reduziert. Die damit verbundene Ladungsverschiebung in dem geschlossenen Stromkreis kann mit einem Amperemeter gemessen werden. Die Stromstärke ist unmittelbar abhängig von der Zahl der O_2-Moleküle, die durch Diffusion an die Elektrodenoberfläche gelangen, und damit direkt proportional dem O_2-Partialdruck in der Lösung. Die gesamte Elektrodenanordnung lässt sich so klein ausbilden, dass für die O_2-Partialdruckmessung nur einige Tropfen arteriellen Blutes benötigt werden. Diese kann man bei Patienten mit normaler Kreislauffunktion in der Regel aus dem gut durchbluteten Ohrläppchen gewinnen, wobei darauf zu achten ist, dass das Blut unter Luftabschluss in die Messkammer überführt wird.

Die Messung des arteriellen **CO_2-Partialdrucks** kann ebenfalls in sehr kleinen Blutproben erfolgen (Abb. 32.21, rechts). Hierzu benutzt man eine Elektrodenanordnung, wie sie auch für die **pH-Messung** eingesetzt wird, die allerdings zusätzlich von der Blutprobe durch eine gasdurchlässige Kunststoffmembran getrennt ist. Da die Membran für Ionen undurchlässig ist, kann der pH-Wert eines Elektrolyten ($NaHCO_3$) nur durch Änderungen des CO_2-Partialdrucks in der Blutprobe beeinflusst werden. Die elektrometrische Anzeige gibt daher nach entsprechender Kalibrierung direkt den CO_2-Partialdruck des Blutes an.

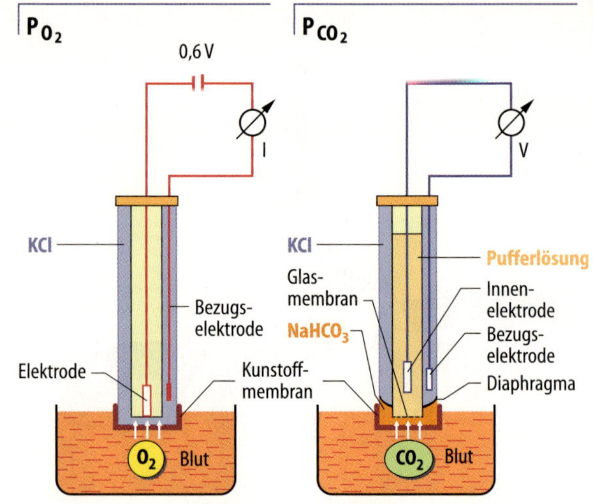

Abb. 32.21. Messanordnung zur Bestimmung des O_2-Partialdrucks (links) und des CO_2-Partialdrucks (rechts) im Blut

In Kürze

Lungenperfusion

Verschiedene Faktoren beeinflussen die Lungendurchblutung:

- Das Lungengefäßsystem besitzt nur einen geringen Strömungswiderstand. Bei Erhöhung des Pulmonalarteriendrucks während körperlicher Arbeit kommt es zu einer zusätzlichen Widerstandsminderung, da die Gefäße druckpassiv erweitert und Reservekapillaren eröffnet werden.

▼

Tabelle 32.4. Standardwerte der European Respiratory Society für verschiedene Lungenfunktionsparameter. *H:* Größe in m, *A:* Alter in Jahren, *BI:* Broca-Index = Körpergewicht in kg / [Größe in cm – 100]). Nach Quanjer (1993) und Ulmer (2001)

Parameter	Sollwert-Formel	
Vitalkapazität (VC)	Männer Frauen	6,103 · H – 0,028 · A – 4,654 (l) 4,664 · H – 0,024 · A – 3,284 (l)
Residualvolumen (RV)	Männer Frauen	1,887 · H + 0,028 · A – 2,426 (l) 1,936 · H + 0,024 · A – 2,506 (l)
Intrathorakales Gasvolumen (≈ Funktionelle Residualkapazität FRC)	Männer Frauen	6,98 · H + 0,017 · A – 1,734 · BI – 7,511 (l) 3,456 · H + 0,0034 · A – 1,404 · BI – 1,4 (l)
Totalkapazität (TLC)	Männer Frauen	7,99 · H – 7,08 (l) 6,6 · H – 5,79 (l)
Sekundenkapazität (FEV_1)	Männer Frauen	4,301 · H – 0,029 · A – 2,492 (l) 3,95 · H – 0,025 · A – 2,6 (l)
relative 1-Sekundenkapazität (rel. FEV_1)	Männer Frauen	– 0,179 · A + 87,21 (%) – 0,192 · A + 89,3 (%)
Peak Expiratory Flow (PEF)	Männer Frauen	6,14 · H – 0,043 · A + 0,15 (l/s) 5,5 · H – 0,03 · A – 1,11 (l/s)
Resistance (R)		0,22 (0,05–0,29) $kPal^{-1} \cdot s$
Compliance der Lunge (CL)		3,067–0,0182 · A (l/kPa)

- Bei aufrechter Körperhaltung (Orthostase) sind wegen der hydrostatischen Druckdifferenz die basalen Lungenpartien wesentlich stärker durchblutet als die Lungenspitzen.
- Alveoläre Hypoventilation führt zu einer hypoxiebedingten Konstriktion der Arteriolen und damit zu einer Widerstandserhöhung, so dass die Durchblutung an die verminderte Ventilation angepasst wird (Euler-Liljestrand-Mechanismus).
- Ein kleiner Teil des zirkulierenden Blutes (2 %) nimmt nicht am Gasaustausch teil (venösarterielle Shuntperfusion).

8 Arterialisierung des Blutes

Unter der Arterialisierung des Blutes versteht man die durch den pulmonalen Gasaustausch herbeigeführten Änderungen der O_2- und CO_2-Partialdrücke. Diese Partialdruckwerte, die sich nach der Lungenpassage im Blut einstellen, werden beeinflusst durch die

- alveoläre Ventilation,
- Lungenperfusion,
- Diffusionskapazität,
- Verteilung (Distribution) dieser Größen.

In den Lungenspitzen hat das Ventilations-Perfusions-Verhältnis und damit auch der alveoläre O_2-Partialdruck einen größeren Wert als in der Lungenbasis. Nach Mischung des arterialisierten Blutes aus allen Regionen und Beimischung des Shuntblutes ergibt sich dann ein arterieller O_2-Partialdruck, der um etwa 10 mm Hg unter dem mittleren alveolären Wert liegt.
Beim Jugendlichen liegt der arterielle O_2-Partialdruck bei etwa 90 mm Hg. Dieser Wert vermindert sich mit zunehmendem Alter.

Literatur

Kohl FV, von Wichert P (2001) Lunge und Atmung. In: Siegenthaler W (Hrsg) Klinische Pathophysiologie. Thieme, Stuttgart

Lumb AB (1999) Nunn's applied respiratory physiology. Butterworth-Heinemann, Oxford

Matthys H, Seeger W (2001) Klinische Pneumologie. Springer, Berlin Heidelberg NewYork

Quanjer PH, Tammeling GJ, Cotes JE, Pedersen OF, Peslin R, Yernault JC (1993) Lung volumes and forced ventilatory flows. Report Working Party Standardization of Lung Function Tests, European Community for Steel and Coal. Official Statement of the European Respiratory Society. Eur Respir J 6 Suppl: 5

Thews G, Ulmer WT (1991) Atemwege und Lunge. In: Hierholzer K, Schmidt RF (Hrsg) Pathophysiologie des Menschen. VCH, Weinheim

Ulmer WT, Nolte D, Lecheler J, Schäfer T (2001) Die Lungenfunktion. Thieme, Stuttgart

West JB (1999) Respiratory physiology. Lippincott Williams & Wilkins, Philadelphia

Kapitel 33
Atemregulation

D. W. Richter

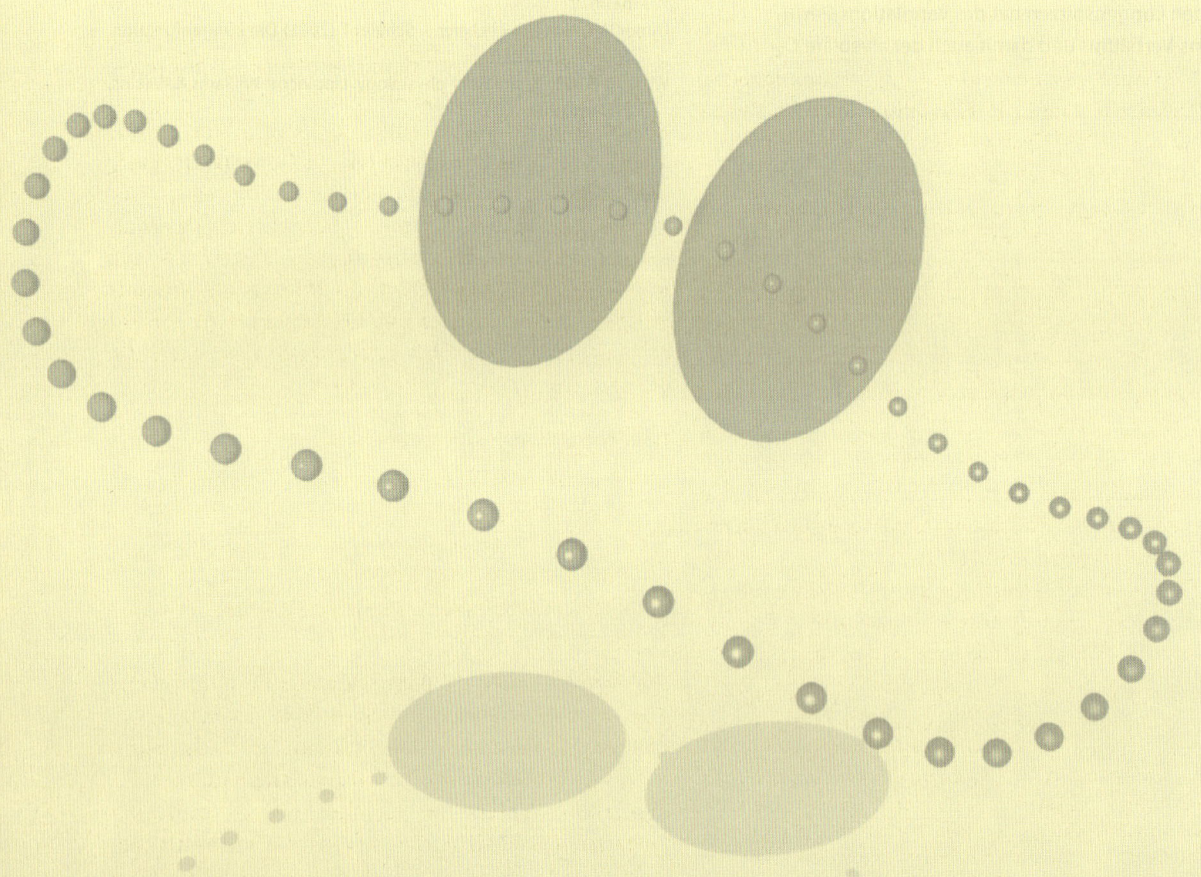

Einleitung

Ein frühgeborener, scheinbar gesunder Säugling wurde schlafen gelegt und kurz darauf in Bauchlage mit feuchtem Gesicht tot in seinem Bett aufgefunden. Er ist am Plötzlichen Kindstod (*Sudden Infant Death Syndrom*, SIDS) gestorben.

Die weltweit intensive Suche nach den Ursachen für SIDS hat mehrere Gründe für eine Störung der nervösen Atemregulation aufgedeckt, u. a. Bauchlage der Säuglinge, Fieber oder Hyperthermie, Infektionen der oberen Luftwege und Entwicklungsstörungen.

33.1 Atemrhythmus

Atemphasen

Der Atemrhythmus besteht aus drei Zyklusphasen: Inspiration, passive Postinspiration und aktive Exspiration

Lungenbelüftung. Der pulmonale Gasaustausch basiert auf einer ständigen Belüftung der Lunge, die durch periodische Bewegungen des Brustkorbs und des Zwerchfells bewirkt wird. Zugrunde liegt eine ***phasische Aktivierung*** von inspiratorischen und exspiratorischen Atemmuskeln, die durch eine rhythmische, zentralnervöse Aktivität gesteuert wird.

Die Mechanik der Lungenbelüftung ist funktionell in zwei Phasen unterteilt: die ***Einatmung*** und die ***Ausatmung*** (Abb. 33.1 B). Unter Ruhebedingungen erfolgen diese glatt ineinander übergehenden Bewegungen mit einer Frequenz von 10–20/min. Damit dauert ein Atemzyklus in Ruhe 3–6 s (T_{tot}), wobei für die Einatmungsphase (T_I) 1–2,5 s und für die Ausatmungsphase (T_E) 2–3,5 s benötigt werden. Unter ***Ruhebedingungen (Eupnoe)*** dauert die Ausatmung also länger. Sie wird hauptsächlich durch ein Nachlassen der inspiratorischen Muskeln während der postinspiratorischen Atemphase kontrolliert. Erst anschließend werden exspiratorische Muskeln aktiviert. Die aktiv exspiratorischen Bewegungen sind also gering (und bei einer Untersuchung kaum sichtbar; überprüfen Sie dies an ihren eigenen Bauchmuskeln) und dauern höchstens 10 % der gesamten Zyklusdauer.

Der Atemrhythmus besteht also aus 3 Zyklusphasen, der ***Inspiration (I-Phase)***, ***passiven Exspiration (E_1***, Post-Inspiration, ***PI-Phase)*** und ***aktiven Exspiration (E_2)***.

Hecheln. Beim oberflächlichen, schnellen Atmen (vergleiche **Hecheln** von Tieren zur Thermoregulation) besteht der nervöse Atemrhythmus aus nur zwei Zyklusphasen, der Inspiration und der Postinspiration (Abb. 33.2 B). Ein derart schnelles Atmen in drei Zyklusphasen, also mit aktiver Exspiration, würde durch die verstärkte Abgabe von CO_2 eine **respiratorische Alkalose** und als Konsequenz einer verminderten Hirndurchblutung Ohnmacht auslösen.

Atembewegungen

Die Lungenventilation resultiert aus rhythmischen Einatmungs- und Ausatmungsbewegungen; die erste Ausatmungsphase wird dabei durch eine langsam nachlassende Kontraktion der inspiratorischen Muskeln während der Postinspiration gesteuert

Inspirationsbewegungen. Die kontinuierliche Einatmung wird durch eine rampenförmig anwachsende Aktivität (***inspiratorische Rampe***; Abb. 33.1 C, 33.2 A) in den Nerven, die zu inspiratorischen Muskeln ziehen (Nn. phrenici und Nn. intercostales externi der oberen Thorakalsegmente) gesteuert. Diese Aktivität führt zu einer sich laufend verstärkenden Kontraktion des Zwerchfells und damit zur zunehmenden Senkung der Zwerchfellkuppel (Abb. 33.1 A) sowie zum Öffnen großer Ausdehnungsräume (z. B. Recessus costodiaphragmaticus). Gleichzeitig wird der Thorax durch Aktivierung der externen Interkostalmuskeln erweitert.

»Passive« Exspirationsbewegungen. Die Ausatmung beginnt, sobald die Kontraktionen der inspiratorischen Muskeln auch nur geringfügig nachlassen, denn ab diesem Zeitpunkt wird der Thoraxraum auf Grund der Entspannung der elastischen Elemente in der Lunge und im Thorax wieder verkleinert (Abb. 33.1 B, C). Die erste Phase der Ausatmung erfolgt also ***passiv***, jedoch nicht unkoordiniert, sondern durch ein kontrolliertes Nachlassen der Kontraktion inspiratorischer Muskeln ***(postinspiratorische Relaxation)*** (Abb. 33.1 C, 33.2 A).

Aktive Exspirationsbewegungen. Der nachfolgende, zweite Teil der Exspiration (E_2) verläuft ***aktiv*** (Abb. 33.1 C, 33.2 A) durch die Aktivierung der exspiratorischen Mm. intercostalis interni der unteren Thorakalsegmente sowie der exspiratorischen Abdominal- und Lumbalmuskeln (Mm. transversus und obliquus abdominis, M. quadratus lumborum). Letztere erhöhen den abdominalen Druck und drängen damit die Zwerchfellkuppel nach oben (Abb. 33.1 A).

Postinspiration

Die Postinspiration spielt eine wichtige Rolle nicht nur bei der Steuerung der Inspiration und Exspiration, sondern auch bei der Anpassung kardio-respiratorischer Funktionen und sogar der Motorik; durch willkürliche Feininnervation der Kehlkopfadduktoren kann sie außerdem zur Phonation benutzt werden

Die ***Postinspiration*** stabilisiert den Atemrhythmus, da sie jede Inspiration unwiderruflich beendet. Gleichzeitig beeinflusst sie viele andere motorische Verhaltensweisen, indem sie auch die Formatio retikularis hemmt.

Phonation. Während der Inspiration werden die Adduktormuskeln des Kehlkopfes (Mm. crico-arytenoidei posteriores) unwillkürlich stärker aktiviert. Die Stimmritze öffnet sich, so dass der Widerstand für die inspiratorische Luftströmung erniedrigt ist (Abb. 33.1 D). Während der

A Inspiratorische Muskeln

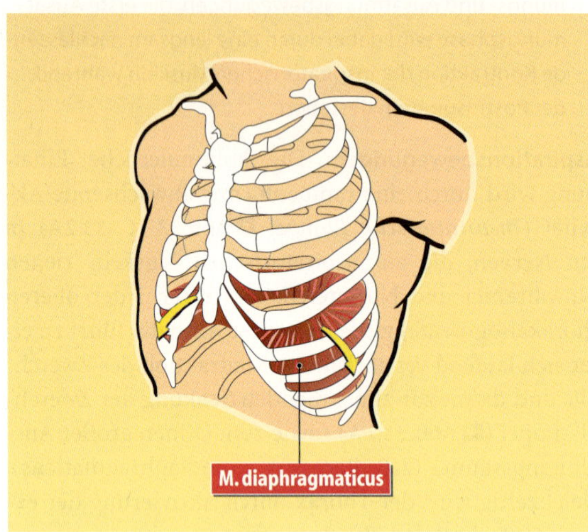

B Atembewegungen

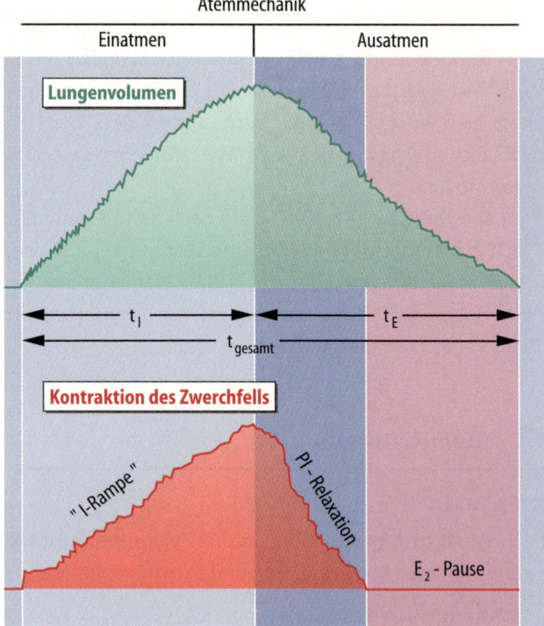

D Vokalisation

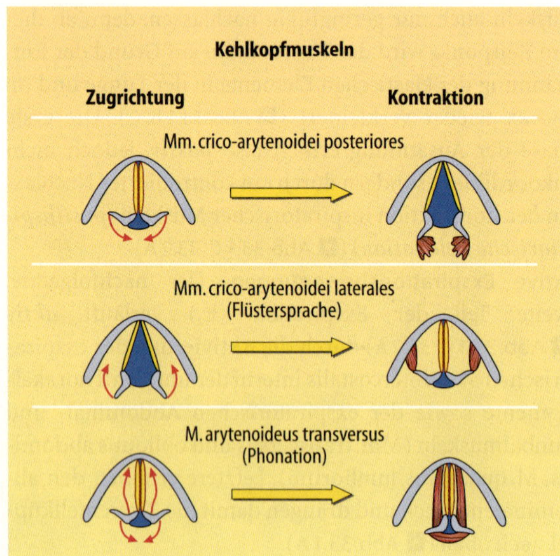

C Neuronaler Rhythmus

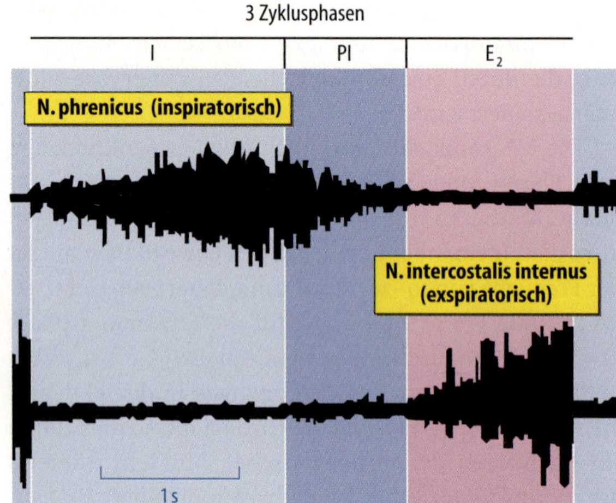

Abb. 33.1. Atemmechanik. A Der wichtigste inspiratorische Muskel ist das Zwerchfell. Bei seiner Kontraktion eröffnen sich große Recessi, in die sich die Lunge ausdehnen kann *(Pfeile)*. **B** Die rhythmischen Atembewegungen bestehen aus zwei Phasen, der Einatmung und der Ausatmung. Der neuronale Atemrhythmus besteht dagegen aus drei Zyklusphasen, der Inspiration (I-Phase), der postinspiratorischen Relaxation der inspiratorischen Aktivität (PI-Phase) und der aktiven Exspiration (E_2-Phase), während der inspiratorische Muskeln inaktiv sind. **C** Die inspiratorischen Nerven zeigen eine anwachsende inspiratorische und eine abnehmende postinspiratorische Entladung. Während der aktiven Exspiration entladen sie nicht. In dieser dritten Phase entladen dagegen exspiratorische Nerven zu den Mm. intercostales interni. **D** Die Kehlkopfmuskulatur zeigt ebenfalls atmungskorrelierte Aktivitätsänderungen: während der Inspiration werden die Mm. cricoarytenoidei posteriores aktiviert und öffnen die Stimmritze. Während der Postinspiration kontrahieren sich die Mm. cricoarytenoidei laterales und der M. arytenoideus transversus und verengen die Stimmritze. Bei der Phonation werden sie verstärkt aktiviert, denn diese erfolgt in der Postinspiration

Postinspiration werden die Adduktormuskeln des Kehlkopfes (M. crico-arytenoideus lateralis, M. arytenoideus transversus) aktiviert, wodurch sich die Stimmritze verengt (Abb. 33.1 D). Der *passive* exspiratorische Luftstrom wird dadurch abgebremst und kann durch willkürliche Feininnervation der Kehlkopf- und Stimmbandadduktoren zur ***Phonation*** benutzt werden. Die aktive Kontraktion der exspiratorischen Muskeln liefert einen zusätzlichen, jedoch vergleichsweise unpräziser geregelten Luftstrom, vor allem beim Sprechen oder Singen langer Passagen.

Ein postinspiratorisches Anhalten des Atems kennzeichnet Erwartungs- und Schreckreaktionen ebenso wie diverse emotionale Reaktionen. Auch beim konzentrier-

A 3 Zyklen bei normaler Atmung

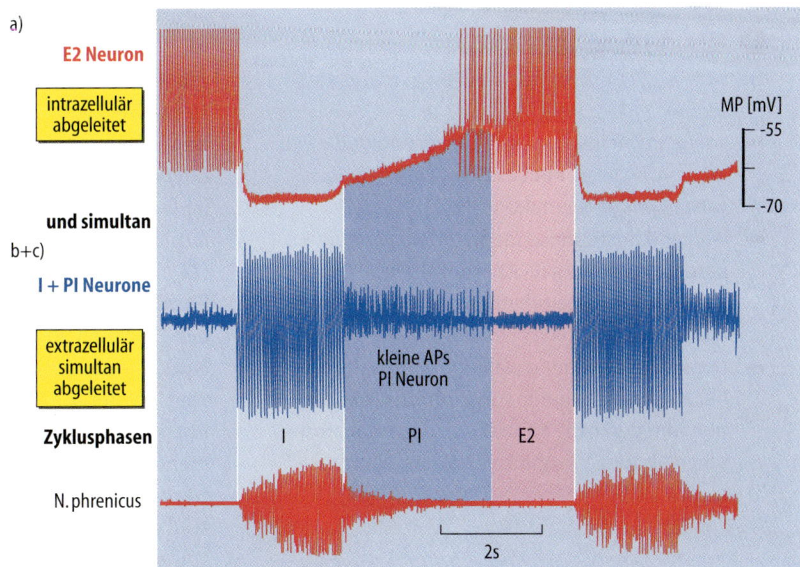

B 2 Zyklen beim Hecheln

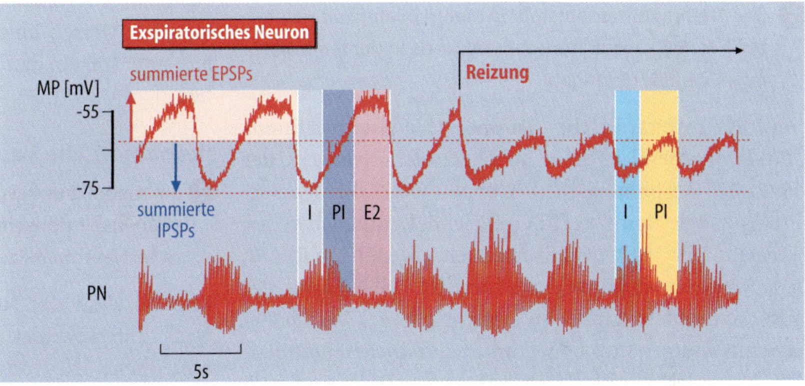

Abb. 33.2. Zyklusphasen des nervösen Atemrhythmus. A Der normale Atemrhythmus läuft in drei Zyklusphasen ab: Inspiration *(I)*, Postinspiration *(PI)* und Exspiration *(E_2)*. Verschiedene Neuronentypen (Ableitungen a–c) des Atemzentrums zeigen eine spezifische sequenzielle Aktivierung bzw. Hemmung der Neurone. Ein exspiratorisches Neuron (Ableitung a) ist während der Inspiration maximal gehemmt (wenn inspiratorische Neurone entladen (siehe große Aktionspotentiale in der extrazellulären Ableitung b + c), und ihr Membranpotential hyperpolarisiert. Während der Postinspiration (wenn postinspiratorische Neurone entladen (siehe kleine Aktionspotentiale in der extrazellulären Ableitung b + c) werden sie weniger stark gehemmt, und ihr Membranpotential beginnt zu depolarisieren. Während der Exspiration werden sie nicht mehr gehemmt und bekommen zudem erregende Zuströme von anderen exspiratorischen Neuronen. Nun entladen sie Aktionspotentiale. Der N. phrenikus zeigt die typischen inspiratorisch-postinspiratorischen Aktivitätskomponenten. **B** Manche Tiere benutzen die Atmung auch für die Temperaturregulation; sie hecheln. Hecheln ist ein Atemrhythmus mit zwei Zyklusphasen: (1) der Inspiration und (2) der Postinspiration. Eine aktive Exspiration »darf« nicht auftreten, denn sonst würde der Säuren-Basen-Haushalt entgleisen (► s. Text). An der Phrenikusaktivität *(PN)* und in exspiratorischen Neuronen sieht man nur noch inspiratorische und postinspiratorische Aktivitäts- bzw. Membranpotentialschwankungen

ten, feinmotorischen Arbeiten halten wir die Atmung an, um die Zielmotorik zu verbessern. Bei Atemübungen des Yoga wird die Postinspiration wohl ebenso bewusst eingesetzt. Beim Tauchen löst der ***Tauchreflex*** ein Schließen der Stimmritze, eine Blockade der Atmung und eine Abnahme der Herzfrequenz aus. Dieser Reflex scheint auch beim SIDS eine Rolle zu spielen.

▪▪▪ **Japanisches Bogenschießen.** Was den richtigen Einsatz der Motorik beim Bogenschießen betrifft, beschrieb auch der Philosoph Eugen Herrigel die besondere Bedeutung der PI-Phase im Festhalten des Atems: »Das **Einatmen**, sagte der Meister einmal, bindet und verbindet. Im **Festhalten des Atem** geschieht alles Rechte und das **Ausatmen** löst und vollendet, indem es alle Beschränkungen überwindet.«

In Kürze

Atemrhythmus

Der nervöse Atemrhythmus oszilliert in drei Zyklusphasen:

- Während der Inspiration (I-Phase) erfolgt die Einatmung. Dabei kommt es zu einer sich laufend verstärkenden Kontraktion des Zwerchfells.
- Während der Postinspiration (PI) beginnt die *passive* Ausatmung (E_1 Abschnitt). Diese Phase stabilisiert den Atemrhythmus, da sie jede Inspiration unwiderruflich beendet.
- Die aktive Ausatmung während des zweiten, daher als E_2 bezeichneten Abschnitts der Exspiration wird durch die Kontraktion der exspiratorischen Abdominal- und Lumbalmuskeln verursacht.

33.2 Atemzentrum

Hirnstammareale

Der Atemrhythmus entsteht in einem bilateral angelegten Netzwerk respiratorischer Neurone in der ventrolateralen Medulla oblongata

Ventrale respiratorische Gruppe. Der Atemrhythmus ***(Rhythmogenese)*** entsteht im bilateralen Netzwerk der *V*entralen *R*espiratorischen *G*ruppe ***(VRG)***, die den sog. Prä-Bötzinger Komplex (PBC) einschließt und neben den Arealen der *r*ostro*v*entro*l*ateralen *M*edulla ***(RVLM***; ► s. Kreislaufregulation) lokalisiert ist. Die Neurone der VRG sind untereinander zu einem Netzwerk verschaltet und mit anderen funktionell unterschiedlichen neuronalen Netzwerken synaptisch gekoppelt. Dies sind z. B. Netzwerke, die den Tonus (Grundaktivität) der Bronchialmuskulatur und die Aktivität des sympathischen und parasympathischen Nervensystems regeln ***(kardio-respiratorische Kopplung)***.

Auch die ***zentralen chemosensiblen Strukturen*** sind in den benachbarten Gebieten der VRG lokalisiert (Abb. 33.3 B).

Bötzinger Komplex. Bei der VRG unterscheidet man zwischen einem rostral gelegenen »Bötzinger Komplex« (BÖT), einem kaudal sich anschließenden »Prä-Bötzinger Komplex« (Prä-BÖT) und einer »kaudalen VRG« in Höhe des Obex. Die VRG steht damit in enger räumlicher Beziehung zu den im Nucl. ambiguus (Abb. 33.3 B) lokalisierten Motoneuronen des Pharynx und des Larynx. In unmittelbarer Umgebung des Nucl. ambiguus liegen auch die ***bronchomotorischen Neurone***.

Dorsale respiratorische Gruppe. Die Neurone der *d*orsalen *r*espiratorischen *G*ruppe ***(DRG)*** liegen in den ventralen Kernen des *N*ucl. *t*ractus *s*olitarius (***TS*** bzw. ***NTS***), sind aber an der Rhythmogenese offenbar nicht beteiligt. Neben einigen retikulospinalen inspiratorischen »Ausgangs-Neuronen« enthält der NTS (Abb. 33.3 B) im Wesentlichen Interneurone für die afferenten Zuflüsse aus dem Respirationstrakt, der Lunge und dem Herz-Kreislaufsystem (Husten-, Nies-, Hering-Breuer- und Chemorezeptorreflex). Die Interneurone sind für die ***reflektorische Anpassung*** der Atmung und des Kreislaufs zuständig. In der Nähe des *NTS*, nämlich im ***dorsalen Vaguskern***, liegen die ***kardialen Vagusneurone*** (Abb. 33.3 A).

Pontine respiratorische Gruppe. Die Netzwerkanteile der *P*ontinen *R*espiratorischen *G*ruppe ***(PRG)*** liegen im Nucl. parabrachialis und Nucl. Kölliger-Fuse. Auch sie sind an der Rhythmogenese primär nicht beteiligt, sie üben aber wichtige ***modifizierende***, überwiegend hemmende Einflüsse auf das medulläre respiratorische Netzwerk aus. Die Postinspiration und der Atemrhythmus sind deutlich gestört, wenn die Neurone der pontinen respiratorischen Gruppe ausfallen (Abb. 33.3 B).

Locus coeruleus. Die Neurone des Locus coeruleus (Abb. 33.3 B) üben ebenfalls einen ***modulierenden Einfluss*** auf die Aktivitäten der respiratorischen und kardiovaskulären Netzwerke aus. Einige der Locus coeruleus-Neurone weisen eine Chemosensibilität gegenüber CO_2 auf und tragen damit zur ***zentralen Chemosensibilität*** bei.

Respiratorische Neuronenklassen

Im medullären respiratorischen Netzwerk unterscheidet man inspiratorische, postinspiratorische und exspiratorische Neuronenklassen

Klassifikation der Neurone. Im respiratorischen Netzwerk unterscheidet man im Wesentlichen drei unterschiedliche Neuronenklassen (Abb. 33.2). Sie sind untereinander synaptisch gekoppelt und steuern die alternierend auftretenden Aktivitäts- und Hemmphasen.

- Inspiratorische ***(I-) Neurone*** sind während der Einatmung aktiv,
- post-inspiratorische ***(PI-) Neurone*** entladen während der ersten, passiven Ausatmungsphase (Postinspiration) und
- exspiratorische ***(E_2-) Neurone*** sind während der zweiten, aktiven Ausatmungsphase erregt.

■■■ **Weitere Unterteilung der Neuronenklassen.** Die Klasse der I-Neurone ist in weitere Neuronenklassen unterteilt. Neben Neuronen, die (a) während der gesamten Inspirationsphase mit einer »rampenförmig« anwachsenden Frequenz (Rampen-I-Neurone) entladen, unterscheidet man noch inspiratorische Neurone, die (b) kurz vor der Inspiration (prä-I Neurone), (c) während der frühen (früh-I-Neurone) und (d) während der terminalen Phase der Inspiration (spät-I-Neurone) entladen.

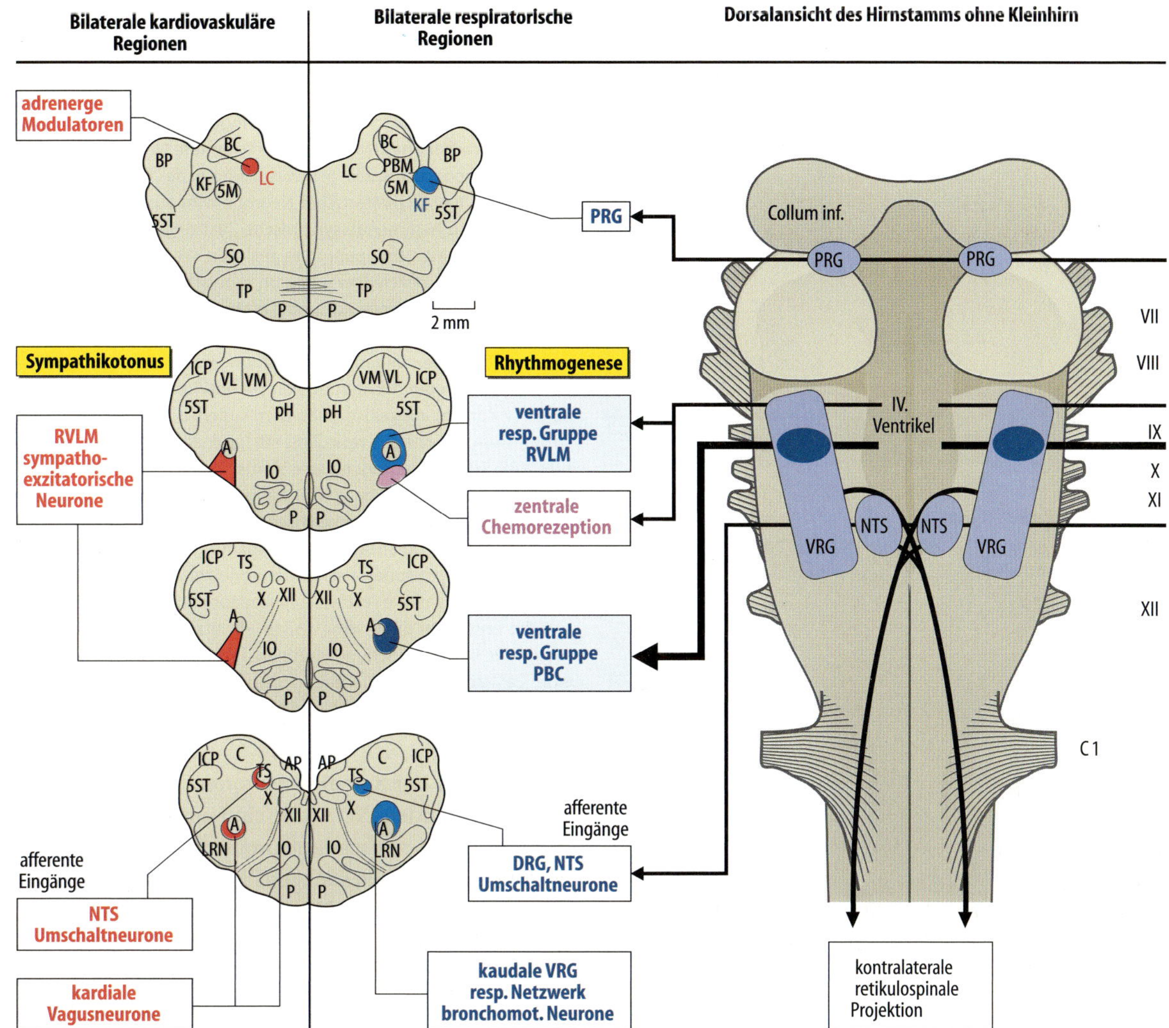

Abb. 33.3. Lokalisation des kardio-respiratorischen Netzwerks in der Medulla oblongata und der Pons. Im *rechten* Teil ist die Lokalisation der respiratorischen Neuronengruppen auf die dorsale Oberfläche des Hirnstamms projiziert. In dem Querschnittsschema ist *rechts* das respiratorische Netzwerk und *links* das kardiovaskuläre Netzwerk markiert, um auf ihre benachbarte Lokalisation aufmerksam zu machen. Sowohl das respiratorische wie auch das kardiovaskuläre Netzwerk sind jedoch bilateral angelegt. Die Rhythmogenese der Atmung erfolgt wahrscheinlich in der RVLM und im PBC. *5M:* Nucl. motorius trigemini; *5ST:* tractus spinalis trigemini; *A:* Nucl. ambiguus; *AP:* Area postrema; *BC:* brachium conjunctivum; *BP:* brachium pontis; *C:* Nucl. cuneatus; *Coll. inf.:* colliculus inferior; *DRG:* dorsale respiratorische Gruppe; *ICP:* pedunculus cerebelli inferior; *IO:* Nucl. olivaris inferior; *KF:* Nucl. Kölliker-Fuse; *LC:* Locus coeruleus; *LRN:* Nucl. reticularis lateralis; *NTS:* Nucl. tractus solitarius; *P:* tractus pyramidalis; *PBC:* Prä-Bötzinger Komplex; *PBM:* Nucl. parabrachialis medialis; *pH:* Nucl. praepositus hypoglossi; *PRG:* pontine respiratorische Gruppe; *RVLM:* rostroventrolaterale Medulla. *SO:* Nucl. olivaris superior; *TB:* Corpus trapezoideum; *TS:* tractus solitarius; *VL:* Nucl. vestibularis lateralis; *VM:* Nucl. vestibularis medialis; *VRG:* ventrale respiratorische Gruppe; *X:* Nucl. dorsalis vagi; *XII:* Nucl. Hypoglossi

Netzwerkverschaltung

8 Die Neurone der ventralen respiratorischen Gruppe (VRG) produzieren eine rhythmische Aktivität, die über retikulospinale Bahnen auf die respiratorischen Motoneurone im Rückenmark übertragen wird

▪▪▪ **Erregende Zuflüsse** von den Chemorezeptoren und aus der Formatio reticularis sowie vielen anderen supraspinalen Gebieten aktivieren das respiratorische Netzwerk. Fehlen diese Antriebe, so kommt es zur Hypoventilation.

Das Netzwerk der respiratorischen Neurone wird durch erregende Zuflüsse von den Chemorezeptoren und aus der spontan aktiven ***Formatio reticularis*** (**r**etikuläres **a**ktivierendes **S**ystem, ***RAS***), vom Kortex und vielen anderen supraspinalen Gebieten (z. B. Hypothalamus) aktiviert. Fehlen diese Antriebe, wie beispielsweise nach einer starken Hyperventilation (Abb. 33.4 B), so führt dies zur Abschwächung der Spontanatmung, die bis zum Atemstillstand ***(Apnoe)*** führen kann.

Über die spezifischen synaptischen Verbindungen der verschiedenen respiratorischen Neuronenklassen werden erregende postsynaptische Potentiale (glutamaterge EPSPs) und hemmende postsynaptische Potentiale

A Primäre Oszillatoren

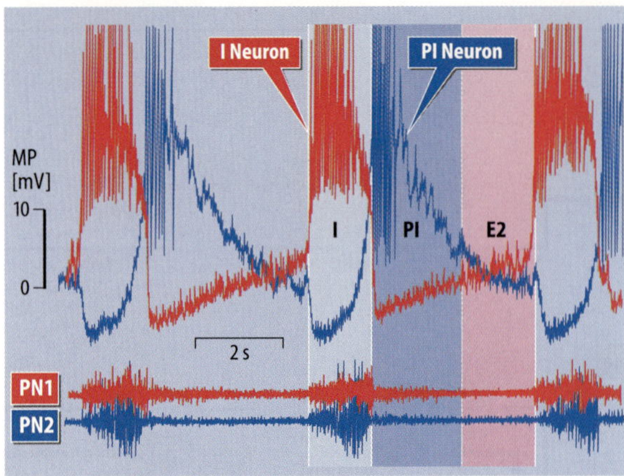

B Hyperventilations-Apnoe

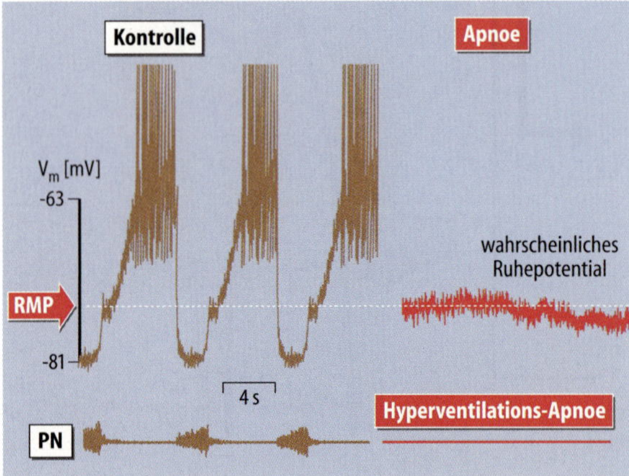

C Oszillationsmodell

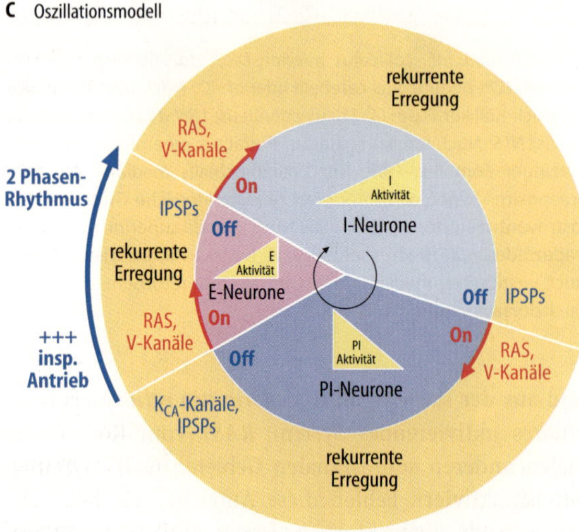

Abb. 33.4. Zelluläre Prozesse der Rhythmogenese. A Primäre Oszillatoren. Die primären Oszillatoren des respiratorischen Netzwerks sind die alternierend entladenden inspiratorischen und postinspiratorischen Neurone. Beide Neuronenklassen sind reziprok (antagonistisch) miteinander verschaltet. Dies bedingt, dass eine Neuronenklasse synaptisch gehemmt wird, sobald die andere Neuronenklasse aktiv ist. **B** Synaptisch ausgelöste Schwankungen des Membranpotentials. Die Aktivität exspiratorischer Neurone wird ausschließlich durch erregende und hemmende synaptische Zuströme bestimmt, die Oszillationen des Membranpotentials auslösen. Wenn der chemorezeptive Antrieb (z. B. bei Hyperventilation sauerstoffangereicherter Luft) abnimmt, tritt eine Apnoe auf, und das Membranpotential stabilisiert sich auf einen »Ruhewert« (*rote Spur* in der *rechten* Bildhälfte). **C** Oszillationsmodell. Der Beginn der Entladungen einer Neuronenklasse *(On)* wird durch die Aktivierung von spannungsgeregelten Ionenkanälen (V-Kanäle) ausgelöst. Außerdem laufen ständig erregende Zuströme aus der Formatio reticularis ein (retikuläres aktivierendes System, *RAS*). Ist eine Neuronenklasse einmal überschwellig aktiviert, bekommt sie über rekurrente Verbindungen innerhalb ihrer synergistischen Population ständig anwachsende EPSPs, die sich zu einer »rampenförmigen« Depolarisation und Entladungsfrequenz aufsummieren. Nur die postinspiratorischen Neurone zeigen eine abklingende Aktivitätssalve, weil sie relativ schnell adaptieren. Eine Aktivitätsphase wird entweder durch eine später einsetzende rekurrente Hemmung der inspiratorischen Neuronenklassen ausgelöst oder durch eine Ca^{2+}-abhängige Adaptation (K_{Ca}-Ströme) der postinspiratorischen Neuronenklassen *(Off)*

(glyzinerge und GABAerge IPSPs) ausgelöst. Die zeitliche und räumliche Integration der postsynaptischen Potentiale führt zu periodischen Oszillationen des Membranpotentials und während der überschwelligen Depolarisationen zu salvenartigen Entladungen von Aktionspotentialen (***Bursts***; ◻ Abb. 33.4 A).

Ansteuerung der spinalen Motoneurone. Dem rhythmusgenerierenden Netzwerk sind inspiratorische und exspiratorische »Ausgangsneurone« mit retikulo-spinalen Axonprojektionen nachgeschaltet (◻ Abb. 33.3). Diese aktivieren die spinalen Motoneurone der Atemmuskulatur über mono- und oligosynaptische Verbindungen. Inspiratorische retikulospinale Neurone weisen neben der inspiratorischen auch eine postinspiratorische Aktivitätskomponente auf. Dies bedingt die biphasische sowohl inspiratorische als auch postinspiratorische Aktivierung inspiratorischer Motoneurone und Muskeln.

Respiratorische Mitinnervation. Eine kollaterale Innervation erhalten auch die pontinen respiratorischen Neurone sowie die vagal laryngealen und hypoglossalen Motoneurone des Hirnstamms.

Über eine atemsynchrone Mitinnervation der kranialen Motoneurone (der IX., X., XII. Hirnnerven) sowie der bronchomotorischen Neurone wird der Tonus der Zungen-, Pharynx-, Larynx- und Brochialmuskulatur rhythmisch an die Atmung angepasst und somit der Zugang des oberen Luftweges bzw. der Strömungswiderstand der Luft geregelt.

Die respiratorischen Neurone des Prä-BÖT liegen außerdem in enger Nachbarschaft zu dem bilateral angelegten, kardio-vaskulären Netzwerk (◻ Abb. 33.3 A), das durch synaptische Kopplung mit dem respiratorischen Netzwerk moduliert wird. Sympatho-exzitatorische Neurone zeigen eine deutliche Aktivitätssteigerung während der Inspiration, und kardiale Vagusneurone werden vorwiegend während der Postinspiration aktiviert. Dies erklärt die gekoppelte ***kardio-respiratorische Regulation***, die u. a. in den respiratorischen Schwankungen des arteriellen Blutdrucks und der respiratorischen Arrhythmie des Herzens sichtbar wird.

Rhythmogenese der Atmung

Grundlage der Rhythmogenese ist ein Wechselspiel zwischen synaptisch ausgelösten Membranpotentialänderungen und spannungsgesteuerten Membranleitfähigkeiten der inspiratorischen und postinspiratorischen Neurone

Der ***respiratorische Rhythmus*** stellt normalerweise einen oszillierenden Wechsel der Entladung inspiratorischer und postinspiratorischer Neuronenklassen dar. Exspiratorische Neuronenklassen werden dagegen nicht notwendigerweise überschwellig aktiviert.

Respiratorische Neurone zeigen unter in vivo Bedingungen keine Schrittmachereigenschaften. Ihre Aktivität wird ausschließlich durch erregende und hemmende synaptische Zuströme bestimmt. Grundlage der Rhythmogenese sind also erregende und hemmende synaptische Interaktionen zwischen den Neuronen der VRG und die aktivitätsabhängige Modulation spannungsgeregelter Ionenkanäle der beteiligten Neurone.

Die zeitliche und räumliche Summation der EPSPs bzw. IPSPs löst langsame Oszillationen des Membranpotentials aus. Wenn die chemorezeptiven und retikulären Antriebe abnehmen, tritt eine Apnoe auf und das Membranpotential der Neurone stabilisiert sich auf einen »Ruhepotentialwert« von ca. –70 mV (◘ Abb. 33.4). Dies illustriert die lebenswichtige Bedeutung der tonisch erregenden Zuströme von chemorezeptiven Afferenzen und der Formatio reticularis (◘ Abb. 33.4).

Steuerung der Inspirationsphase. Die Inspiration wird eingeleitet, sobald die inspiratorischen Neurone nicht mehr durch die synaptischen Zuflüsse von den exspiratorischen (oder postinspiratorischen) Neuronen gehemmt werden. Durch das Abklingen der inhibitorischen Hyperpolarisation werden verschiedene spannungsgeregelte Ionenkanäle aktiviert: ein unspezifischer I_h-Strom, ein niederschwelliger Ca_T-Strom und ein persistierender Na_P-Strom. Diese einwärts gerichteten Nettoströme verstärken die Membrandepolarisation, die mit der Disinhibition angefangen hatte, und führen zur überschwelligen ***(Rebound)*** Erregung der I-Neurone (***On*** = Anschalten; ◘ Abb. 33.4).

▪▪▪ Eine **inspiratorische Salvenentladung** entsteht durch die postsynaptische Summation rekurrent erregender synaptischer Zuströme von anderen inspiratorischen Neuronen. Die inspiratorische Salve wird durch synaptische Hemmung beendet.

Über eine ***positive Rückkopplung*** mittels erregender, glutamaterger Zuströme von synergistischen Neuronen kann sich die Aktivität in den I-Neuronen langsam aufsummieren. Ihre Aktivität nimmt stetig zu, steigt jedoch nicht exponentiell an, da gleichzeitig auch hemmende Zuströme von früh-I-Neuronen (hemmende Interneurone) eintreffen. Resultat dieser ***synaptischen Integration*** ist eine linear anwachsende, rampenförmige Depolarisation und Entladungsfrequenz der Rampen-I-Neurone. Schließlich werden sog. spät-I-Interneurone aktiv, deren Entladung zu einer ersten, noch reversiblen Hemmung der Rampen-I-Neurone führt.

Während der gesamten Inspiration werden die E_2- und PI-Neurone von den I-Neuronen synaptisch gehemmt (***Off*** = Ausschalten der Entladung exspiratorischer und postinspiratorischer Neurone; Neurotransmitter sind GABA und Glyzin).

Steuerung der Postinspirationsphase. Die kurzfristige Abnahme der inspiratorischen Aktivität während der späten Inspirationsphase führt in PI-Neuronen zu einer Enthemmung ***(Disinhibition)***. Erregende synaptische Eingänge zu den PI-Neuronen werden dadurch wirksam. Dies sind Afferenzen der ***Lungendehnungsrezeptoren***, die zu diesem Zeitpunkt noch maximal aktiviert sind, und Eingänge vom retikulären aktivierenden System (RAS). Es resultiert eine steile Membrandepolarisation und eine rasche, überschwellige Erregung der PI-Neurone.

▪▪▪ Die **postinspiratorischen Neurone** hemmen die I-Neurone und schalten damit die Inspiration irreversibel aus; es beginnt die Postinspiration. Alle übrigen Neurone des respiratorischen Netzwerks und Neurone des RAS werden auch gehemmt.

Die PI-Phase wird automatisch beendet, wenn die Adaptation der Entladung der PI-Neurone nicht durch verstärkte erregende Zuströme (z. B. kortikale Zuströme beim Sprechen oder limbische Zuströme beim erschreckten Atemanhalten) kompensiert wird.

Steuerung der Exspirationsphase. Auch die Einleitung der aktiven Exspiration (E_2-Phase) erfolgt durch Disinhibition, in diesem Fall durch den Abfall der Entladung der PI-Neurone.

▪▪▪ **E_2-Exspirationsphase.** Der erregende Zustrom vom RAS und auch die synaptische Aktivierung durch periphere Afferenzen (z. B. bronchiale Sensoren) führt zu einer überschwelligen Erregung der exspiratorischen Neurone. Sobald diese entladen, hemmen sie die I- und PI-Neurone.

Die E_2 Phase wird beendet, wenn prä-I-Neurone zu entladen beginnen und die E_2-Neurone synaptisch hemmen (***Ausschalten*** der Exspiration). Mit Abnahme der von E_2-Neuronen ausgeübten Hemmung (Disinhibition) der I-Neurone kann der nächste Atmungszyklus eingeleitet werden.

Atmung mit zwei Aktivitätsphasen. Unter bestimmten Bedingungen kann die Phase der aktiven Ausatmung völlig fehlen. Unter dem Einfluss supramedullärer Strukturen des ZNS (Kortex, limbisches System, Hypothalamus) oder als Folge von Reflexen (z. B. Fieber, Schmerzafferenzen) kann es zu einer verstärkten Aktivierung der inspiratorischen und postinspiratorischen Netzwerkanteile kommen. Diese Aktivierung kann bewirken, dass die inspiratorische Aktivität schon wieder einsetzt, wenn die Postinspiration aufhört. Das respiratorische Netzwerk »oszilliert« dann in zwei Zyklusphasen, der ***Inspiration*** und ***Postinspiration***, während eine E_2-Phase fehlt. Diese Beobachtung zeigt, dass der ***primäre Oszillator*** prinzipiell nur aus antagonistisch verschalteten inspiratorischen und postinspiratorischen Neuronen bestehen kann (Abb. 33.4 A).

Rhythmusstörungen

Bei einer Reihe von pathologischen Zuständen kann der Atemrhythmus beeinträchtigt werden. Dabei treten diagnostisch wichtige Störungen der einzelnen Zyklusphasen auf

Der Atemrhythmus wird durch verschiedene pathologische Zustände beeinträchtigt. Dabei ist die Zyklusphase, in der die Störung auftritt, von diagnostischer Wichtigkeit (Abb. 33.5).

Hochfrequente, oberflächliche Atmung. Eine hochfrequente, oberflächliche Atmung kann bei Herzinsuffizienzen, Lungenödem, Fieber, pathologischen Prozessen im Hirnstamm und psychischen Erkrankungen auftreten.

Kussmaul-Atmung. Als erstes Zeichen einer azidotischen Störung des Säuren-Basen-Status (Coma diabeticum, Azidose bei Niereninsuffizienz) kommt es zur vertieften und beschleunigten Kussmaul-Atmung. Eine ähnlich Atmung kann aber auch Zeichen für eine arterielle Hypoxie, Hyperkapnie und Vergiftungen (mit Salizylsäure, Methanol) sein.

Apneusis. Bei Störungen der medullären und pontinen Durchblutung treten häufig abnorm verlängerte Inspirationsbewegungen auf, eine sog. (inspiratorische) Apneusis.

Biot-Atmung. Bei Hirnverletzungen im Bereich des Stammhirns, Meningitiden und einem erhöhten Hirndruck können Atembewegungen auftreten, die unregelmäßig ablaufen und periodisch aussetzen. Dies ergibt das Bild der ***ataktischen*** oder Biot-Atmung.

Cheyne-Stokes-Atmung. In der Amplitude periodisch anwachsende und abfallende Atembewegungen sind typisch für die Cheyne-Stokes-Atmung. Man beobachtet sie in geringer Ausprägung während des Schlafs, beim Aufenthalt in Höhenregionen und verstärkt bei Herzerkrankungen mit chronischer arterieller Hypoxie, diffusen Hirnprozessen und bei manchen Schlaganfällen sowie Vergiftungen (Opiate).

Abgeflachte Atmung. Bei Gehirnerschütterungen und Demyelinisierungserkrankungen ist dagegen meist eine regelmäßige, aber abgeflachte Atmung zu beobachten.

Apnoen. Besonders beeindruckende und diagnostisch wichtige Störungen stellen Apnoen dar. Kurze Apnoeperioden bei sonst normaler Atmung sind bei schlafenden Neugeborenen durchaus physiologisch.

Lang anhaltende Apnoeperioden sind jedoch Zeichen für eine Störung der Energieversorgung des Hirnstamms oder Folge pathologischer bzw. unreifer Regelmechanismen mit fehlender zentraler Chemorezeption (***Ondine-Hirschsprung-Syndrom***; nach Jean Giraudoux's Erzählung *Ondine*, 1939). Längere und zu einer schweren Hypoxie führende Apnoen sind wahrscheinlich auch die Auslöser für den ***Plötzlichen Kindstod (Sudden Infant Death Syndrom)***. Dabei sind initial offensichtlich auch reflektorische Apnoen, vor allem der reflektorische Atemstillstand beim ***Tauchreflex*** (► s. o.), beteiligt. Dieser wird bei

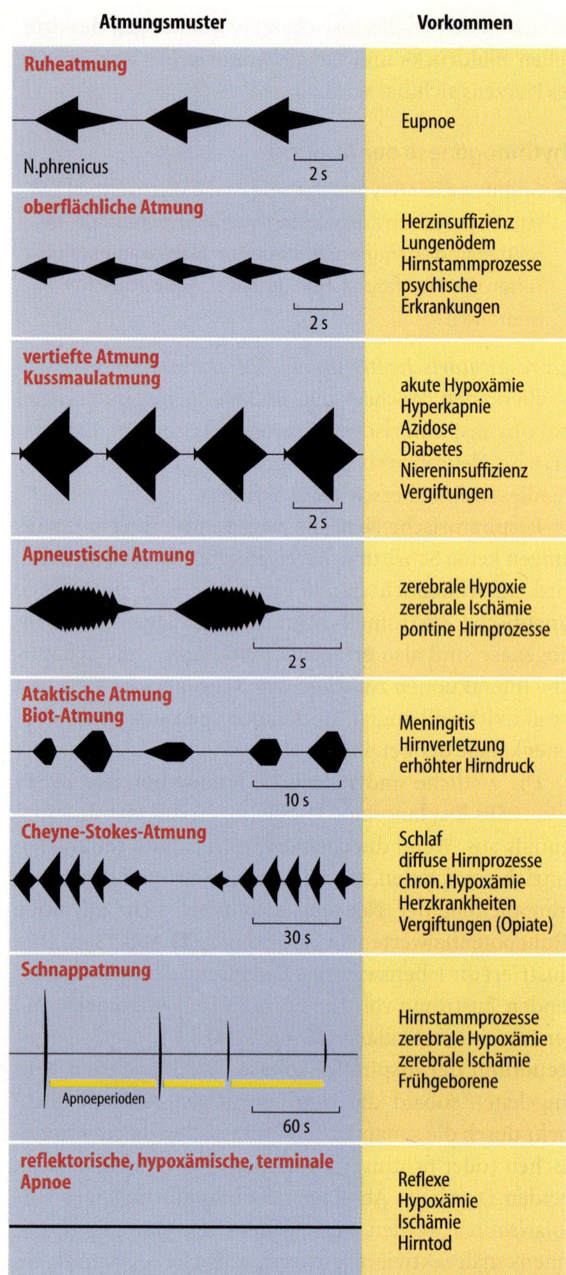

Abb. 33.5. Atemrhythmusstörungen. Auf der *linken* Seite der Abbildung sind die verschiedenen Aktivitätsmuster des N. phrenikus schematisch dargestellt, wie sie bei verschiedenen Atemrhythmusstörungen auftreten. Diese sind in der *rechten* Bildhälfte benannt. Bitte beachten Sie die unterschiedliche Zeitskalierung

in Bauchlage schlafenden Säuglingen durch Kondenswasserbildung im fazialen Gesichtsbereich ausgelöst.

Schnappatmung. Nur noch vereinzelte, kurze Inspirationsbewegungen sind bei der Schnappatmung zu beobachten. Sie ist Zeichen einer gravierenden Störung des respiratorischen Netzwerks während der Agonie. Die Atemzüge treten immer seltener auf und werden zunehmend schwächer, bis eine ***terminale Apnoe*** eintritt.

Hirntod. Man sollte nicht vergessen, dass ein Fehlen jeglicher Atembewegungen nicht notwendigerweise eine irreversible Schädigung des Atemzentrums und damit den Hirntod anzeigen muss. ***Reversible Apnoen*** können durch Reflexe, Hypoxie und/oder endogen freigesetzte Neuromodulatoren (z. B. Adenosin, Endorphine) ausgelöst sein und durchaus lange andauern.

In Kürze

Atemzentrum

Der Atemrhythmus entsteht in einem bilateral angelegten Netzwerk respiratorischer Neurone, das in der Medulla oblongata lokalisiert ist und als Ventrale Respiratorische Gruppe (VRG) bezeichnet wird.

Das VRG enthält drei verschiedene Neuronenklassen, die untereinander synaptisch gekoppelt sind:

- inspiratorische Neurone, die während der Einatmung aktiv sind,
- postinspiratorische Neurone, die während der passiven Ausatmung entladen, und
- exspiratische Neurone, die während der aktiven Ausatmung erregt sind.

Diese Neurone produzieren eine rhythmische Aktivität, die über retikulospinale Bahnen auf respiratorische Motoneurone im Rückenmark übertragen werden.

Rhythmogenese

Der respiratorische Rhythmus stellt primär einen oszillierenden Wechsel der Aktivitäten von inspiratorischen und postinspiratorischen Neuronenklassen dar. Dies funktioniert über das Prinzip der Enthemmung (Disinhibition), z. B. beginnt die Inspiration, wenn die inspiratorischen Neurone nicht mehr durch die synaptischen Zuflüsse von den exspiratorischen (oder postinspiratorischen) Neuronen gehemmt werden.

Fehlfunktionen dieser Prozesse führen zu Rhythmusstörungen.

33.3 Chemische Kontrolle der Atmung

Von Chemorezeptoren ausgelöste Reflexe sichern die Anpassung der Ventilation an die zellulären Stoffwechselbedürfnisse des Organismus.

Periphere Chemorezeptoren

Das Atemzentrum in der Medulla oblongata wird von arteriellen Chemorezeptoren über Veränderungen der arteriellen Blutgas-Konzentrationen informiert

Veränderungen der arteriellen Blutgas-Konzentrationen wirken auf die respiratorischen Neurone und beeinflussen so die Atmung. Das Atemzentrum in der Medulla oblongata wird dabei von peripheren Chemorezeptoren über die CO_2-, O_2- und H^+-Ionenkonzentrationen im Blut informiert. Daneben gibt es auch (zentrale) chemosensible Areale im Hirnstamm (▶ s. »Zentrale Chemorezeption«, S. 778).

Die ***O_2-Rezeption*** erfolgt in ***Typ-I-Glomuszellen*** der Glomera carotica und aortica. Glomera sind Gefäßknäuel, die über kleine Seitenäste der benachbarten großen Arterien versorgt werden. Sie gehören zu den am besten durchbluteten Organen unseres Körpers (Durchblutung von ca. 20 ml $\times$ min^{-1} $\times$ g^{-1}, ▶ vgl. dazu die Gehirndurchblutung mit 0,8 ml $\times$ min^{-1} $\times$ g^{-1}) und sind deshalb für die Rezeption der Blutgase gut geeignet. Sie übertragen die Erregung auf afferente Nervenfasern, die die Information über Neurone der DRG (dorsale respiratorische Gruppe) zum Atemzentrum leiten.

Die ***arteriellen Chemorezeptoren*** befinden sich bilateral im Glomus caroticum, das an der Teilungsstelle der A. carotis communis in die A. carotis externa und A. carotis interna liegt. Das Glomus caroticum wird vom Karotissinusnerven, einem Ast des N. glossopharyngeus (IX), innerviert. Weitere Chemorezeptoren befinden sich in mehreren Glomera entlang des Aortenbogens und der rechten A. subclavia, die vom *Aortennerven*, einem Ast des N. laryngeus superior, innerviert werden (Abb. 33.6 A).

Wenn der arterielle O_2-Partialdruck (Pa_{O_2}) abnimmt, der Pa_{CO_2} zunimmt oder die $[H^+]_a$ ansteigt, antworten diese Sensorzellen mit einer Membrandepolarisation und Freisetzung von Neurotransmittern. Dabei werden gleichzeitig Dopamin und ATP freigesetzt. ATP stimuliert ionotrope P2X-Rezeptoren (unspezifische Kationenkanäle) und erregt dadurch die afferenten Nervenfasern, während Dopamin als Co-Transmitter neuromodulatorisch wirksam ist (Abb. 33.6).

O_2-Empfindlichkeit der Chemorezeptoren. Die Schwelle der O_2-Rezeption liegt bei einem Pa_{O_2} von ca. 110 mm Hg. Die O_2-Sensitivität der Glomuszellen ist also so empfindlich, dass sie schon bei einem normalen Pa_{O_2} von 95–100 mm Hg aktiviert sind. Die Ursache für diese extreme O_2-Empfindlichkeit scheint ein besonderes Cytochrom a_{592} mit niedriger O_2-Bindungskapazität zu sein.

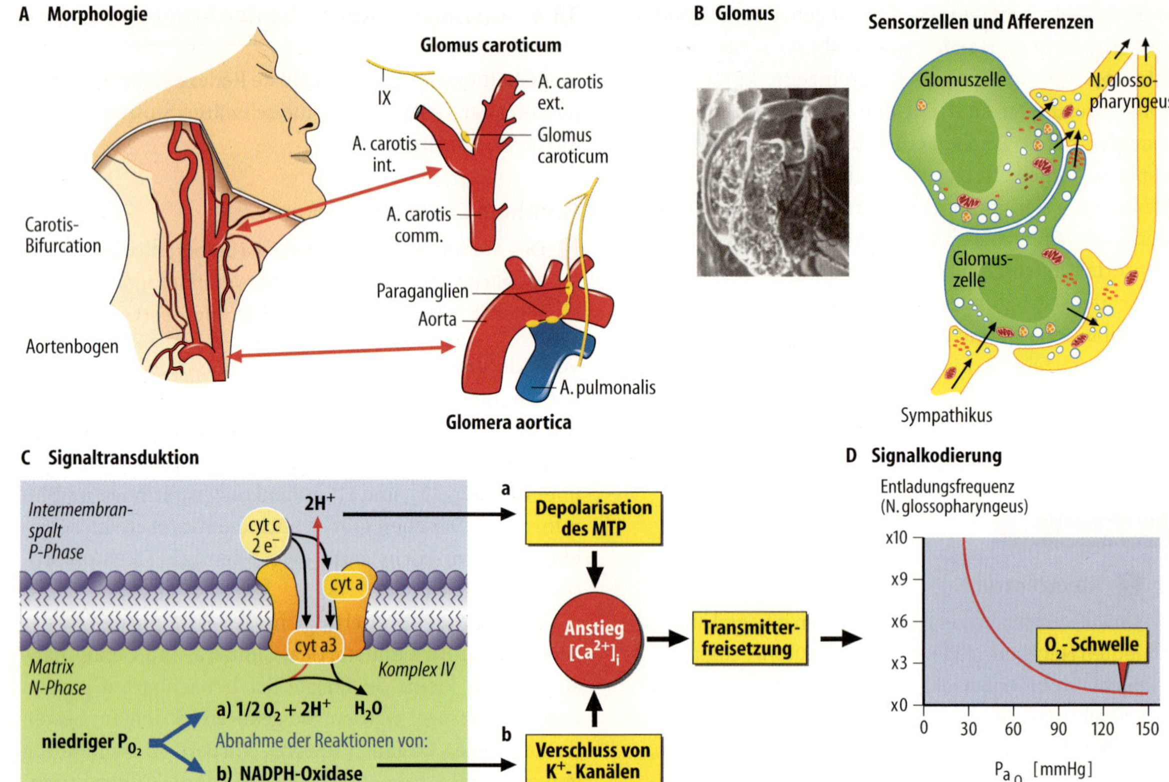

Abb. 33.6. Arterielle Chemorezeptoren. A Die arteriellen Chemorezeptoren liegen in den Glomera carotica und in verschiedenen Glomera um den Aortenbogen bzw. in der Nähe der A. subclavia. Die afferenten Nervenfasern verlaufen über die beidseitigen Karotissinusnerven zu den Nn. glossopharyngei bzw. über die beidseitigen Aortennerven und die N. laryngei superiores zu den Nn. vagi und endigen an Neuronen der verschiedenen Nuclei tractus solitarii *(NTS)*. **B** Glomera sind Gefäßknäuel mit einer sehr starken Durchblutung. In enger Nachbarschaft zu den Kapillaren liegen Typ-I-Glomuszellen, die die arteriellen Chemosensoren darstellen. Die Typ-II-Glomuszelle ist selbst kein Chemosensor, sondern hat unterstützende Funktionen. Foto des Glomus mit freundlicher Genehmigung von Prof. Acker, MPI Dortmund. **C** Die Typ-I-Glomuszellen besitzen ein besonderes Cytochrom a_{592} mit erstaunlich niedriger O_2 Affinität. Außerdem haben sie einen O_2-sensitiven K^+-Kanal, der über die NADPH-Oxidase direkt beeinflusst (gehemmt) wird. Die Mechanismen der Chemorezeption lassen sich inzwischen molekularbiologisch als eine Kaskade von intrazellulären Reaktionen beschreiben (▶ s. Text). **D** Die Entladung der afferenten Fasern eines isoliert perfundierten Glomus caroticum zeigt einen Anstieg der Frequenz, sobald der P_{aO_2} (arterieller O_2-Partialdruck) unter einen Wert von ca. 110 mm Hg abfällt (»O_2-Schwelle« der Chemorezeption). Bei fallendem P_{aO_2} steigt die Entladungsrate exponentiell an

Die O_2-Empfindlichkeit aller anderen Körperzellen ist wesentlich niedriger (▶ vgl. kritischer mitochondrialer Pa_{O_2} von etwa 1 mm Hg).

▪▪▪ **Cytochrom a_{592}.** Die O_2-Bindungsaffinität des Cytochroms a_{592} ist so gering, dass sein Redox-Status schon bei normalen P_{O_2} Werten erhöht ist. Bei stärkerer Hypoxie wird zusätzlich auch der **Cytochrom a_3 Oxidasenkomplex** reduziert. Beides führt zu einer Abnahme des mitochondrialen transmembranalen Potentials (MTP) und zur Abnahme der Ca^{2+} Pufferkapazität der Mitochondrien. Dadurch steigt die cytosolische Ca^{2+}-Konzentration an und die Transmitterfreisetzungsrate der Glomuszellen wird gesteigert (◘ Abb. 33.6 C).

Ein zweiter Signalweg wird durch eine **NADPH-Oxidase** ausgelöst. Diese Oxidase generiert unter Sauerstoffmangel weniger Sauerstoffradikale. In der Folge schließen sich **»O_2-sensitive« K^+-Kanäle** in der Plasmamembran der Glomuszellen wegen erhöhter SH-Brückenbildung. Dies führt zu einer Depolarisation der Glomuszellen, die eine Aktivierung von spannungsgeregelten Ca^{2+}-Kanälen zur Folge hat. Es resultiert ein Einwärtsstrom von extrazellulärem Ca^{2+}, ein Anstieg der cytosolischen Ca^{2+}-Konzentration und eine verstärkte Transmitterfreisetzung.

CO_2- und $[H^+]$-Empfindlichkeit der arteriellen Chemorezeptoren. Die CO_2- und $[H^+]$-Empfindlichkeit beruht wahrscheinlich primär auf einer Ansäuerung des Cytosols der Sensorzellen. Diese führt über Funktionsänderungen von K^+- und Ca^{2+}-Kanälen sowie der Ionentranssportsysteme in der Plasmamembran der Zellen (Na^+/H^+-Austausch und $3Na^+/Ca^{2+}$-Austausch) sekundär zu einer Erhöhung der intrazellulären Ca^{2+}-Konzentration. Daraus resultiert ebenfalls eine gesteigerte Exozytose der Transmitter.

▪▪▪ Die **Glomuszellen** besitzen als sekundäre Sinneszellen selbst keine Axone. Die hypoxieinduzierte Erhöhung der cytosolischen Ca^{2+}-Konzentration aktiviert ihre Synapsen an afferenten Nervenfasern (sekundäres Neuron), die erregt werden und diese Information zu den Umschaltneuronen im Nucl. tractus solitarius der Medulla oblongata weiterleiten (◘ Abb. 33.6 D, 33.7). Hier werden Interneurone aktiviert, die das gesamte respiratorische Netzwerk synaptisch aktivieren. Damit kommt es zu einer Aktivitätssteigerung in allen respiratorischen Neuronenklassen.

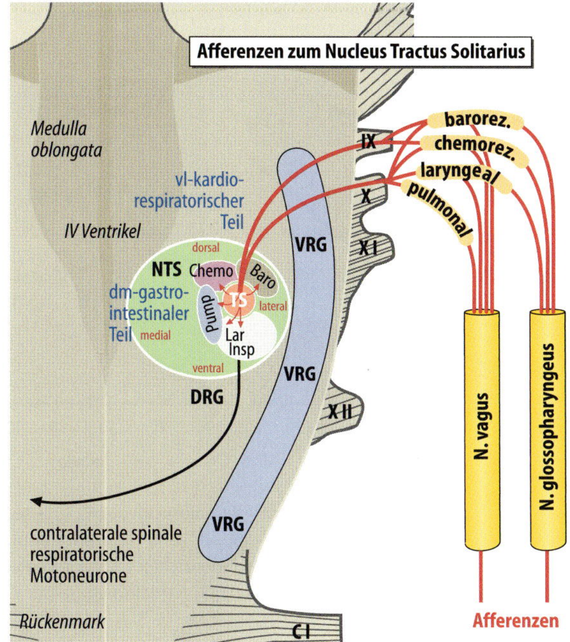

Abb. 33.7. Afferenzen zum Tractus solitarius. Die Afferenzen aus dem Respirationstrakt und der Lunge, aber auch die Afferenzen der arteriellen Chemorezeptoren und Barorezeptoren verlaufen in den N. glossopharyngei bzw. Nn. vagi und projizieren zum Nucleus tractus solitarius *(NTS)*. Der NTS weist eine komplexe Struktur auf: Die laryngealen und pulmonalen Afferenzen ziehen zu den medialen und ventralen Subkernen des NTS, während die Chemorezeptor- und Barorezeptorafferenzen zu den dorsalen Subkernen ziehen. Hier liegen die Interneurone, über die die weitere Verschaltung festgelegt wird

Blutgas-Antwortkurven

Die Anpassung der Ventilation wird über arterielle und zentrale Chemorezeptoren und chemosensible Strukturen im Hirnstamm vermittelt

Die afferente Information über veränderte Blutgas-Konzentrationen im Blut führt zu einer Veränderung der Ventilation (Ventilationsantwort). Ein Abfall des arteriellen Pa_{O_2} Druckes (Hypoxie) und eine Erhöhung des arteriellen Pa_{CO_2} (Hyperkapnie) führen z. B. zu einer Steigerung des Atemzeitvolumens (O_2- bzw. CO_2-Antwortkurve). Auch bei Azidose (Absinken des arteriellen pH) kommt es zu einer deutlichen Steigerung der Ventilation (pH-Antwortkurve).

CO_2-Ventilationsantwort. Der *effektivste* Atmungsantrieb erfolgt über den arteriellen Pa_{CO_2}. Die CO_2-Antwortkurve (Abb. 33.8) steigt bis zu einem Atemminutenvolumen von 70–80 l/min bei einem Pa_{CO_2} von 60–70 mm Hg. Die Steilheit dieser Beziehung zeigt eine hohe Empfindlichkeit der Atmungsregulation durch Pa_{CO_2} an; sie beträgt ca. 2–3 $l \times min^{-1} \times mm\ Hg^{-1}$. Dabei sind erhöhte Pa_{CO_2}-Werte mit einem zunehmenden Gefühl der Atemnot ***(Dyspnoe)*** verbunden. Bei Pa_{CO_2}-Werten über 70 mm Hg tritt eine narkotische Wirkung des CO_2 ein und die Ventilation fällt wieder ab.

pH-Ventilationsantwort. Die ***physiologische pH-Antwortkurve*** (Abb. 33.8) zeigt bei metabolischen Azidosen nur einen überraschend flachen Anstieg (ca. 2 l/min pro 0,1 pH-Änderung). Diese scheinbar geringe Empfindlichkeit der physiologischen Atmungsregulation erklärt sich durch die vermehrte Abgabe von CO_2 bei der resultierenden Hyperventilation. Es ist gerade diese gesteigerte Abgabe von CO_2, die eine respiratorische Kompensation einer ***nicht-respiratorischen*** (also einer stoffwechselbedingten) ***Azidose*** bewirkt. Bei einem konstant gehaltenen Pa_{CO_2} erhöht sich die Steilheit der pH-Antwortkurve auf 20 l/min pro 0,1 pH-Änderung.

CO_2-Ventilationsantwort. Bei Abnahme des Pa_{O_2} in der Inspirationsluft und des Pa_{O_2} im arteriellen Blut beobachtet man eine Steigerung des Atemzeitvolumens durch Erhöhung des Atemzugvolumens und Steigerung der Atemfrequenz (Abb. 33.8). Eine Erhöhung des Pa_{O_2} über den Normwert von 100 mm Hg führt dagegen nur zu einem geringfügigen Ventilationsabfall. Eine arterielle Hypoxie ***(Hypoxämie)*** kann bei Aufenthalt in einer Umgebung mit erniedrigtem Pa_{O_2} (z. B. große Höhen) auftreten, aber auch Folge von Ventilationsstörungen, Störungen des Gasaustausches in der Lunge oder Durchblutungsstörungen sein. Die sog. »O_2-Antwortkurve«, d. h. die Änderung des Atemzeitvolumens in Abhängigkeit vom Pa_{O_2}, zeigt unter normalen Bedingungen ***(physiologische Antwortkurve)*** nur eine geringe Steilheit (Abb. 33.8, rote Kurve). Praktisch tritt eine Steigerung des Atemzeitvolumens erst auf, wenn Pa_{O_2} Werte von 50–60 mm Hg unterschritten werden, wenn also bereits eine erhebliche arterielle Hypoxie besteht. Diese scheinbar geringe O_2-Empfindlichkeit der Atmungsregulation kommt durch eine Verminderung des CO_2-Antriebs zustande, da eine Hypoxie-bedingte Erhöhung der Atemfrequenz zum Abfall des Pa_{CO_2} führt.Möchte man deshalb die tatsächliche Sensitivität der O_2-Chemorezeption messen, so muss der Pa_{CO_2} konstant, normalerweise bei 40 mm Hg, gehalten werden. Nun zeigt die O_2-Antwort (Abb. 33.8, schwarze Kurve) eine stärkere Reaktion auf jeden Pa_{O_2}-Abfall und einen wesentlich steileren Verlauf bis zu Atemminutenvolumina von 50–60 l/min.

CO_2-Antrieb unter pathophysiologischen Bedingungen. Der unter physiologischen Bedingungen so geringe Einfluss des Pa_{O_2} auf den Atemantrieb kann jedoch unter pathologischen Bedingungen von erheblicher Bedeutung sein. Dies gilt insbesondere dann, wenn die CO_2-Empfindlichkeit der Atmungsregulation durch Pharmaka oder wegen einer chronischen Hyperkapnie herabgesetzt bzw. auf Grund von Entwicklungsstörungen vermindert ist oder gar fehlt ***(Ondine-Hirschsprung-Syndrom)***. Hier kann der O_2-Antrieb für das Persistieren einer Spontanatmung lebenswichtig werden.

A Maximale Atemzeitvolumina

Atemminutenvolumen [l/min]

160 – Atemgrenzwert
120 – Maximale Muskelarbeit
80 – CO_2 Atmung
O_2 Mangel oder Azidose bei konstantem Pa_{CO_2}
40 – O_2 Mangel oder Azidose bei variablem Pa_{CO_2}
Ruhe
0

B Chemische Regulation

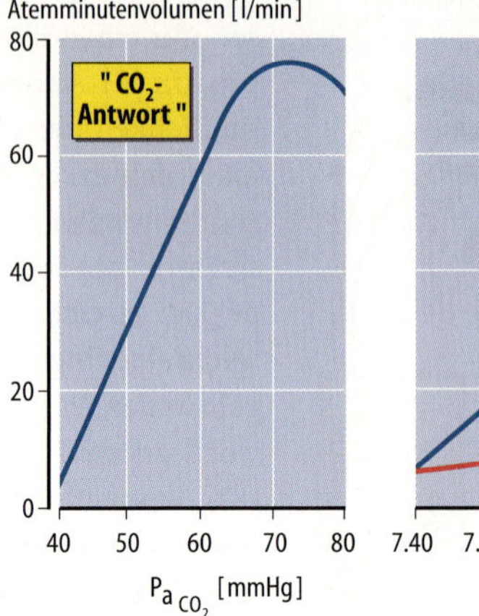

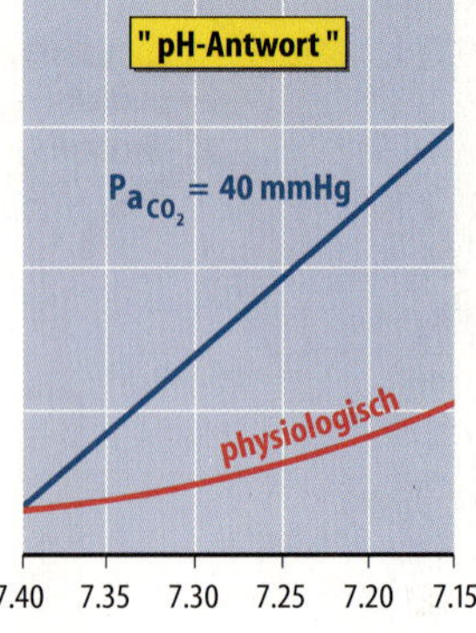

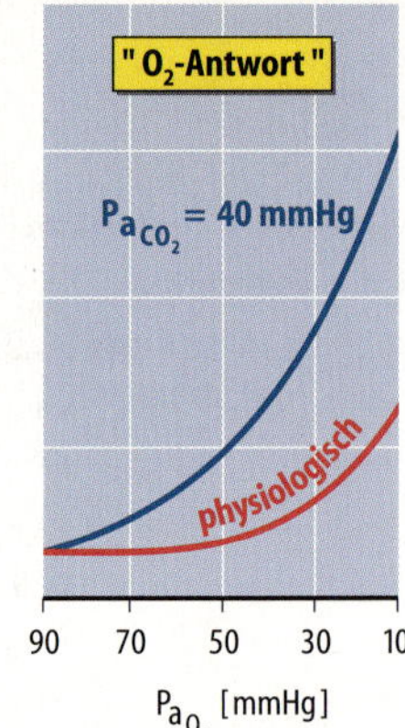

Abb. 33.8. Änderung der Atemzeitvolumina bei willkürlicher Mehrventilation und chemorezeptiver Atmungsregulation. A Maximale Atemzeitvolumina, die bei verschiedenen Regulationsprozessen erreicht werden können. **B** Sog. Antwortkurven der Atmungsregulation. Die chemorezeptive Regulation besteht in einer »Antwort« auf Änderungen des P_{aO2} (arterieller O_2-Partialdruck), des P_{aCO_2} (arterieller CO_2-Partialdruck) und der $[H^+]_a$ (arterielle H^+-Konzentration). *Rote Kurven:* physiologische Ventilationsantwort; *blaue Kurven:* Ventilationsantwort bei konstantem alveolären CO_2-Partialdruck

VIII

Zentrale Chemorezeption

Die Ansäuerung des zerebralen Extrazellulärraums und Liquors führt über eine Zentrale Chemorezeption zu einer Aktivierung des medullären respiratorischen Netzwerks und damit zu einer Mehrventilation

Bei der guten Diffusionseigenschaft von CO_2 löst jede Änderung des Pa_{CO_2} unmittelbar Veränderungen des P_{CO_2} und der H^+-Konzentration in der ***extrazellulären Flüssigkeit*** der Medulla oblongata aus. Wegen der Sekretion durch den Plexus chorioideus verzögert, steigt auch der P_{CO_2} und die H^+-Konzentration im Liquor cerebrospinalis. Die Pa_{CO_2}- und $[H^+]_a$-Antworten der Ventilation (Abb. 33.8) werden daher im Wesentlichen über ***zentrale Chemorezeptoren*** ausgelöst. Noch ist unklar, ob sich diese zentralen Chemosensoren direkt an der ventralen Oberfläche des Hirnstamms befinden, serotonerge Neurone an oberflächlichen Hirngefäßen involvieren, in multiplen tieferen Hirnstammstrukturen (z. B. im locus coeruleus) liegen oder gar im respiratorischen Netzwerk selbst lokalisiert sind (Abb. 33.3).

In Kürze

Chemische Kontrolle der Atmung

Die Information über eine Veränderung der Blutgas-Konzentrationen kann auf zwei Arten in die Medulla oblongata gelangen.

- Periphere (arterielle) Chemorezeptoren: Die veränderte Blutgas-Konzentration wird von arteriellen Chemorezeptoren in den Glomera carotica und aortica gemessen. Die chemorezeptive Information wird dann über den Karotissinusnerven (Ast der N. glossopharyngeus) oder den Aortennerven (Ast des N. laryngeus superior) polysynaptisch zum Atemzentrum geleitet. Die O_2-Konzentrationsänderungen werden überwiegend durch die peripheren Chemorezeptoren erfasst.
- Zentrale chemosensible Areale: Eine Änderung des Pa_{CO_2} löst unmittelbar Veränderungen des P_{CO_2} und der H^+–Konzentration in der extrazellulären Flüssigkeit der Medulla oblongata aus. Die CO_2- und H^+-Antworten der Ventilation werden im Wesentlichen über diese zentralen Chemorezeptoren ausgelöst.

Die reflektorische Ventilationsanpassung gewährleistet, dass die Atemgase im arteriellen Blut normalerweise konstant gehalten werden.

33.4 Reflektorische Kontrolle der Atmung

Der Atemrhythmus wird durch Reflexe laufend angepasst. Dabei melden z. B. Dehnungsrezeptoren im Lungenparenchym den Dehnungszustand der Lunge.

Schutzreflexe

Schutzreflexe und Anpassungsreaktionen werden von mechano- und chemosensiblen Sinneszellen des Respirationstraktes und der Lunge ausgelöst

Der Respirationstrakt und das spezifische Lungengewebe sind mit chemo- und mechanosensiblen Sinneszellen ausgestattet, von denen wichtige ***Schutzreflexe*** ausgelöst werden. Eine Übersicht über die Lokalisation der Sinneszellen, ihre adäquate Reizung, ihre afferenten Nerven und die ausgelösten Reflexe (Schnüffeln, Niesen, Husten, Aspirieren, Lungendehnungsreflex, Juxtakapillärer Reflex) gibt die ◻ Tabelle 33.1.

In spezifischen Unterkernen des ***T**ractus **S**olitarius (TS)* liegen sekundäre oder tertiäre Interneurone, die die Aktivität des respiratorischen Netzwerks über oligosynaptische Verbindungen verändern und somit letztlich die Atembewegungen bzw. die Luftströmung im Respirationstrakt den jeweiligen Situationen anpassen. All diese Reflexe beeinflussen auch kardiovaskuläre Funktionen.

Lungendehnungsreflex (Hering-Breuer-Reflex)

Lungendehnungsrezeptoren lösen bei jeder Einatmung reflektorisch eine Hemmung und schließlich eine Beendigung der Inspiration aus und begrenzen dadurch die Amplitude der Atemexkursionen

▪▪▪ Der **Lungendehnungsreflex** begrenzt die Amplitude der Atemexkursionen und schützt vor einer Überdehnung der Alveolen.

Bei jeder Einatmung wird der Bronchialbaum gedehnt. Dies ist der adäquate Reiz für die dort lokalisierten Lungendehnungsrezeptoren, die auf den Reiz nur langsam adaptieren. Reflektorisch lösen sie eine zunehmende Hemmung und schließlich Beendigung der Inspiration und somit Aktivierung der Postinspiration aus. Sie leiten damit die Ausatmung ein. Bei einem pathologisch erhöhten Lungenvolumen aktivieren sie sogar exspiratorische Neurone. Der Reflex wird nach den Erstbeschreibern ***Hering-Breuer*-Reflex** genannt. Die physiologische Bedeutung solcher Reflexe besteht darin, die Amplitude der Atemexkursionen zu begrenzen, also die Atemarbeit möglichst ökonomisch zu gestalten und eine Überdehnung der Alveolen zu vermeiden.

Die Information über den momentanen Dehnungszustand des Respirationstraktes wird an spezifische Neurone (sog. ***Pumpen-Interneurone*** und ***inspiratorische Rβ-Interneurone***) im medialen und ventrolateralen NTS gemeldet, die eine entsprechende Regelung der Aktivität in der VRG auslösen. Diese besteht aus einer graduierten Hemmung inspiratorischer Neurone und einer Aktivie-

◻ **Tabelle 33.1.** Reflexe aus den oberen Luftwegen und der Lunge

Sensoren	Lokalisation	Faserdurchm. Leit.-Geschw.	aff. Nerv	adäquater Reiz	Reflex	Funktion
nasal	Submucosa	1–4 μm 5–25 m/s	N. trig N. olfact.	mech. chem.	+++ Insp. +++ Exsp. – HF	Niesreflex Schnüffeln
epipharyngeal	Submucosa	1–4 μm 5–25 m/s	N. glossopharyng.	mech.	++ Insp. + Bronchodilat. ++ BD	Aspiration
laryngeal	subepithelial	1–4 μm 5–25 m/s	N. vagus	mech. chem.	+++ Insp. +++ Exsp. + Bronchokonstr. ++ BD	Husten
tracheal	subepithelial	1–4 μm 5–25 m/s	N. vagus	mech. (chem.)	+++ Insp. +++ Exsp. ++ BD + Bronchokonstr.	Husten
bronchial „Irritant" (RA-Sensoren)	sub-, intraepithelial	1–4 μm 5–25 m/s	N. vagus	mech. chem.	+++ Insp. – Exsp. ++ BD + Bronchokonstr.	Deflationsreflex „Head-Reflex"
bronchial „Dehnung" (SA-Sensoren)	Lamina propria	4–6 μm 25–60 m/s	N. vagus	mech. chem.	– Insp. ++ Exsp.	Inflationsreflex „Hering-Breuer Reflex"
alveolär	„juxtakapillär"	< 1 μm 1 m/s	N. vagus	mech. chem. Ödem	– Insp. – HF – Motorik	J-Reflex

rung postinspiratorischer Neurone des VRG und PRG Netzwerks. Die präzise Verschaltung von Pumpen- und Rß-Neuronen im NTS mit dem in der VRG gelegenen respiratorischen Netzwerk ist noch unklar.

Laryngeale und tracheale Reflexe

Freie Nervenendigungen im subepithelialen Gewebe können starke inspirations- und exspirationsfördernde Reflexe auslösen

Reflexe aus dem Bereich der oberen Luftwege. Starke inspirations- und exspirationsfördernde Reflexe werden von mechano- und chemosensiblen Sinneszellen im Kehlkopf- und Trachealbereich ausgelöst.

Sensoren sind dabei freie Nervenendigungen im subepithelialen Gewebe, die zu den ventralen Kernen des NTS ziehen. Die weitere Projektion der dort aktivierten Interneurone scheint über pontine Areale zu verlaufen. Die reflektorische Veränderung des Atemrhythmus besteht in einer starken Aktivierung vorwiegend der inspiratorischen und exspiratorischen (aber auch der postinspiratorischen) Neurone. Das dadurch ausgelöste ***Husten*** erhöht die Strömungsgeschwindigkeit des exspiratorischen Luftstroms auf Werte von bis zu 200–300 km/h. Die dadurch bedingte turbulente Luftströmung reinigt die Trachea und den Larynx, und die störenden Partikel werden ausgestoßen. Auf Grund des Strömungswiderstands steigt der intrapulmonale Druck bis auf 30 cm H_2O. Es besteht deshalb die Gefahr einer mechanischen Überbeanspruchung der Alvealarwände und einer Überblähung der Lunge.

Eine starke Aktivierung der laryngealen und trachealen Sinneszellen kann auch zu einer vollständigen Blockade aller rhythmischen Atembewegungen ***(reflektorische Apnoe)*** führen.Diese massive Hemmung des Atemrhythmus erklärt sich durch eine Aktivierung der postinspiratorischen Neurone. Der Atemrhythmus persistiert so lange, bis die Apnoe durch chemorezeptive Reflexe durchbrochen wird.

Deflationsreflex (Head-Reflex)

Der Deflationsreflex beendet eine forcierte Exspiration, indem es zur Aktivierung der Inspiration kommt

Der ***Deflationsreflex*** führt zur Aktivierung der Inspiration und Postinspiration sowie zur Hemmung der Exspiration

Bei einer forcierten Exspiration werden schnell adaptierende ***Irritant-Sensoren*** aktiviert, die ebenfalls zum NTS projizieren. Die Aktivierung entsprechender Interneurone führt zur Aktivierung der Inspiration und Postinspiration sowie zur Hemmung der Exspiration. Der Reflex wird daher ***Deflationsreflex*** oder, nach dem Erstbeschreiber, ***Head-Reflex*** genannt.

J(uxtakapillärer) Reflex

Eine Erhöhung des Extrazellulärvolumens um die Lungenkapillaren führt zu einer Hemmung der Inspiration

Der ***J-Reflex*** führt zu einer massiven Hemmung der Inspiration und einer starken Bradykardie.

Im juxtakapillären Interstitium der Alveolarsepten, also im Extrazellularraum um die Lungenkapillaren, befinden sich mechanosensible, freie Nervenendigungen mit unmyelinisierten Axonen. Sie lösen pulmonale C-Faserreflexe aus. Jede Erhöhung des Extrazellulärvolumens (z. B. Ödeme) führt zur Aktivierung dieser Sinneszellen und über medulläre Reflexe zu einer massiven Hemmung der Inspiration und einer starken Aktivierung der kardialen Vagusneurone. Der Reflexerfolg besteht also im Extremfall aus einer vollständigen Unterdrückung der Atmung ***(reflektorische Apnoe)*** und einer massiven ***Bradykardie*** mit Abfall des arteriellen Blutdruckes. Auch motorische Reflexe werden stark gehemmt, weshalb angenommen wird, dass dieser Reflex eine zu hohe Arbeitsbelastung limitiert. Alle Erkrankungen, die zu einem ***Lungenödem*** führen (z. B. Lungenentzündungen, Mitralstenose und Insuffizienz des linken Herzens), können über diesen Reflex Atemstörungen verursachen.

Die vielfältigen und hier nicht vollständig beschriebenen zentralnervösen und reflektorischen Einflüsse auf die bilateralen medullären und pontinen respiratorischen Netzwerke regeln die dynamische Anpassung der Atmung an die Bedingungen und Bedürfnisse des Organismus.

Kollaterale Mitinnervation

Durch kollaterale Mitinnervation wird die Atmung mit der kardiovaskulären Regulation und mehreren sensomotorischen Reaktionen koordiniert

Kardio-respiratorische Regulation. Ein ausreichender Gasaustausch und Gastransport ist nur gesichert, wenn die respiratorischen Bewegungen mit den kardiovaskulären Funktionen abgestimmt werden. Beispielsweise muss ein erhöhter Sauerstoffbedarf bei körperlicher Arbeit durch eine entsprechende Erhöhung der Lungenventilation, des Herzzeitvolumens und der Durchblutung der Muskulatur gedeckt werden.

Das respiratorische Netzwerk ist mit dem kardiovaskulären Netzwerk synaptisch gekoppelt. Funktionell wirken also beide Netzwerke zusammen und können als gemeinsames kardio-respiratorisches Netzwerk betrachtet werden. Bei Arbeit erfolgt eine ***Feed-Foreward Regelung*** durch Aktivierung des kardio-respiratorischen Netzwerks über pyramidale und extrapyramidale Bahnen und eine reflektorische Aktivierung in Form einer ***Feed-Backward Regelung*** durch die verschiedenen Afferenzen aus der Skelettmuskulatur und den Gelenken.

Die Atmung muss an fast alle sensomotorischen Reaktionen angepasst werden. Dies gilt besonders für bestimmte Ausdruckshandlungen, wie z. B. Lachen, Seufzen und Weinen. Reflektorische Vorgänge wie Schnüffeln, Schlucken, Husten, Niesen und auch Erbrechen verlangen eine direkte Beteiligung der Atmung bei Erhalt der lebensnotwendigen Rhythmizität. Die Voraussetzung für diese dynamischen Regelprozesse bilden afferente Zuflüsse aus den entsprechenden Hirnstrukturen sowie peripheren Sinneszellen.

Willkürliche Ventilationssteigerung. Maximale Ventilationssteigerungen (Abb. 33.8 A), die bei schwerster Arbeit Werte von ca. 120–130 l/min und bei willkürlicher oder psychopathologischer Hyperventilation sogar Werte von 140–160 l/min erreichen, können nicht durch chemischen Atemantrieb, sondern nur durch ***Mitinnervation*** des respiratorischen Netzwerks durch kortikale und limbische Strukturen erreicht werden (► s. u.).

Die maximale willkürliche Hyperventilation kann nur für kurze Zeit durchgehalten werden, da sich durch die erhöhte Abgabe von CO_2 eine ***respiratorische Alkalose*** entwickelt, die zu einer Vasokonstriktion der Hirngefäße, Minderdurchblutung des Gehirns und zur Bewusstseinsstörung führt.

Anpassung der Atmung bei Arbeit. Bei Arbeit fällt der Pa_{O_2}-Wert ***nicht*** ab, der Pa_{CO_2}-Wert ist sogar erniedrigt. Nur der arterielle pH-Wert vermindert sich langsam. Bei Arbeitsbeginn kann die Anpassung der Atmung (und auch der kardiovaskulären Funktionen) also weder über die arteriellen noch die zentralen Chemosensoren geregelt sein. Diese werden erst in späteren Phasen der Ventilations- und Kreislaufanpassung wirksam. Die ***Startreaktion*** zu Beginn der Arbeit entsteht vielmehr durch eine Mitinnervation des medullären kardio-respiratorischen Netzwerks durch die sensomotorischen Netzwerke. Diese Regelmechanismen sind bei Erkrankungen des ZNS (z. B. Demyelinisierung oder Läsionen der spinalen Vorderseiten- und Hinterstränge) gestört.

An der Steuerung der Atmungsbewegungen sind auch spinale Eigenreflexe, insbesondere der interkostalen Atmungsmuskeln, beteiligt. Wie die anderen quergestreiften Muskeln enthält auch die Atemmuskulatur Muskelspindeln und Sehnenorgane. Über spinale Reflexe kann dadurch eine Feinanpassung der Atembewegungen erfolgen.

In Kürze

Reflektorische Kontrolle der Atmung

Der von der Aktivität in der VRG vorgegebene Atemrhythmus wird durch reflektorische Einflüsse modifiziert. Mehrere Reflexe stehen zur Verfügung, um die Lunge zu schützen und den Gasaustausch an die Stoffwechselbedürfnisse des Organismus anzupassen.

- Lungendehnungsreflex: Durch diesen, auch als Hering-Breuer-Komplex bekannten Reflex wird die Amplitude der Atemexkursionen begrenzt.
- Laryngeale und tracheale Reflexe: z. B. Husten, dabei wird die Strömungsgeschwindigkeit des exspiratorischen Luftstroms extrem erhöht und die Trachea und der Larynx so gereinigt.
- Deflationsreflex: Hierbei kommt es zu einer Aktivierung der Inspiration sowie zu einer Hemmung der Exspiration.
- J-Reflex: Bei einer Erhöhung des Extrazellulärvolumens um die Lungenkapillaren kommt es zur Hemmung der Inspiration.

Kardio-respiratorisches Regelsystem

Eine herausragende Bedeutung kommt der synaptischen Kopplung mit dem kardiovaskulären Netzwerk zu. Beide Netzwerke operieren als funktionell gekoppeltes kardio-respiratorisches Regelsystem. Eine Vielzahl von zentralnervösen Vernetzungen des Atemzentrums sichert eine adäquate Anpassung der Atmung an das physische und psychische Verhalten.

Literatur

Ballantyne D, Scheid P (2000) Mammalian brainstem chemosensitive neurones: linking them to respiration in vitro. J Physiol 525: 567–577

Bianchi AL, Denavit-Saubie M, Champagnat J (1995) Control of breathing in mammals: neuronal circuitry, membrane properties, and neurotransmitters. Physiol Rev 75: 1–45

Herrigel E (1982) Zen in der Kunst des Bogenschießens, S. 31. OW Barth, Weilheim

Lopez-Barneo J, Pardal R, Ortega-Saenz P (2001) Cellular mechanism of oxygen sensing. Ann Rev Physiol 63: 259–287

Onimaru H, Homma I (2003) A novel functional neuron group for respiratory rhythm generation in the ventral medulla. J Neurosci 23: 1478–1486

Ramirez JM, Richter DW (1996) The neuronal mechanisms of respiratory rhythm generation. Curr Opin Neurobiol 6: 817–825

Richter DW, Spyer KM (1990) Cardio-respiratory control. In Loewy AD, Spyer KM (eds) Central regulation of autonomic functions, 189–207. Oxford Univ Press, New York

Streller T, Huckstorf C, Pfeiffer C, Acker H (2002) Unusual cytochrome a_{592} with low PO_2 affinity correlates as putatve oxygen sensor with rat carotid body chemoreceptor discharge. FASEB J 16: 1277–1279

Taylor EW, Jordan D, Coote JH (1999) Central control of the cardiovascular and respiratory systems and their interactions in vertebrates. Physiol Rev 79: 855–916

Widdicombe J (1998) Upper airway reflexes. Opin Pulm Med 4: 376–382

Kapitel 34
Atemgastransport

W. Jelkmann

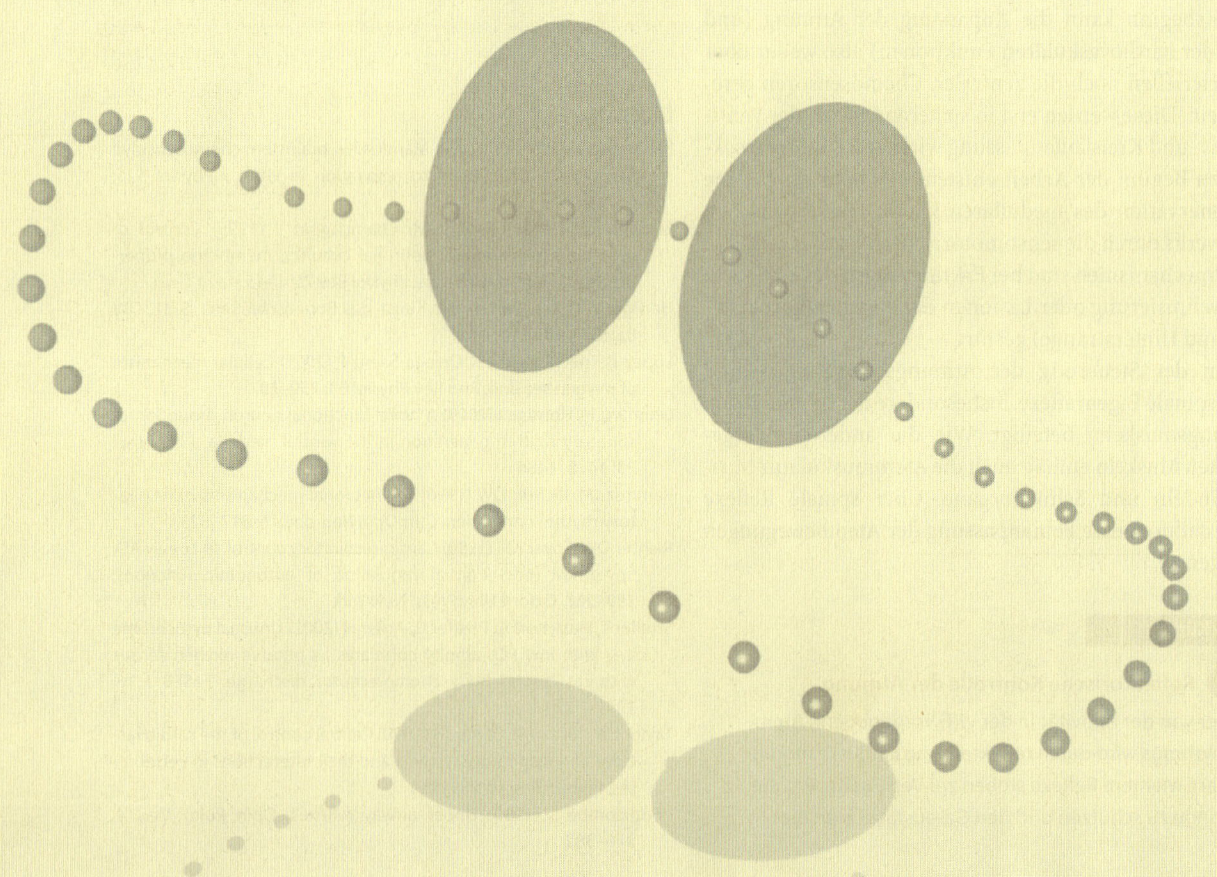

Einleitung

Der in Wien 1914 geborene und bis zu seinem Tode 2002 in Cambridge arbeitende Chemiker und Nobelpreisträger Max Perutz nannte das O_2-Bindungsverhalten des Hämoglobins in seinen Vorlesungen unmoralisch: »Stellen wir uns zwei Hämoglobinmoleküle vor. Das eine davon habe schon drei Moleküle O_2 aufgenommen und das andere noch keins. Wenn jetzt noch ein viertes O_2-Molekül kommt ist die Frage: Gehts zum Reichen, das schon drei hat oder zum Armen, das noch keins hat? Die Wahrscheinlichkeit ist ungefähr 100:1, dass es zum Reichen geht. Stellen Sie sich jetzt zwei andere Hämoglobinmoleküle vor: Das eine hat vier Moleküle O_2, ist also gesättigt, und das andere hat nur eins. Welches Molekül wird wohl im Gewebe am wahrscheinlichsten O_2 verlieren, das arme oder das reiche? Das arme verliert den Sauerstoff am leichtesten. So ist die Verteilung des O_2 im Hämoglobinmolekül wie in dem biblischen Gleichnis: Denn der da hat, dem wird gegeben und wer nichts hat, von dem wird man nehmen auch das, was er hat.« Physiologisch ist das »unmoralische Verhalten« der Hämoglobinmoleküle jedoch sehr sinnvoll, weil es die O_2-Versorgung der Gewebe verbessert, wie in diesem Kapitel erklärt wird.

34.1 Biophysikalische Grundlagen

Aufnahme der Atemgase ins Blut

! Die Konzentration eines physikalisch gelösten Gases hängt von seinem Partialdruck und seinem Löslichkeitskoeffizienten ab

Gasaustausch. Die Körperzellen benötigen für die oxidative Energieumwandlung Sauerstoff (O_2), wofür sie Kohlendioxid (CO_2) abgeben. Der Gasaustausch erfolgt in mehreren Schritten:

- Die Lungenbelüftung sorgt für den Gasaustausch mit der Umgebung (»äußere Atmung«, ▶ s. Kap. 32.2),
- das Blut transportiert konvektiv die Atemgase im Körper,
- in den Kapillaren findet der diffusive Austausch mit dem Gewebe statt (»innere Atmung«).

Der O_2-Partialdruck fällt dabei von ca. 160 mm Hg (21 kPa) in der Luft (in Meereshöhe) auf weniger als 5 mm Hg (0,7 kPa) in der intrazellulären Flüssigkeit. Der CO_2-Partialdruck beträgt 40–60 mm Hg (5–8 kPa) in den Körperzellen und 0,3 mm Hg (0,04 kPa) in der Luft. Zum Verständnis der Beziehung zwischen dem Partialdruck und dem Volumen der transportierten Gase müssen hier einige physikalische Grundgesetze in Erinnerung gerufen werden.

Löslichkeit von Gasen. Die Konzentration (C) eines in einer Flüssigkeit gelösten Gases (G) ist seinem Partialdruck (P) proportial: $C_G = P_G \times \alpha_G$ (Henry-Gesetz). Der Proportionalitätsfaktor α ***(Bunsen-Absorptions- oder Löslichkeitskoeffizient)*** ist ein Maß für die physikalische Löslichkeit des Gases. Er hat die Dimension: Gasvolumen in ml [STPD, d. h. *Standard Temperature (0 °C) and Pressure (760 mm Hg), Dry*; ▶ s. Kap. 32.2] pro ml Flüssigkeit pro Atmosphäre Druck (atm, 760 mm Hg). Der Löslichkeitskoeffizient hängt von der Art des Gases, dem Lösungsmittel und der Temperatur ab.

Löslichkeitskoeffizienten von O_2 und CO_2. Der Löslichkeitskoeffizient von ***O_2*** bei 760 mm Hg beträgt in wässrigen Lösungen 0,024 ml/ml. Unter der Annahme eines arteriellen O_2-Partialdruckes von 95 mm Hg errechnet sich also ein O_2-Gehalt von 0,003 ml pro ml Blut. Klinisch wird das Volumen des gelösten O_2 häufig in Vol% (ml O_2 pro 100 ml Blut) angegeben, in unserem Beispiel also 0,3 Vol.-% O_2. Sollen Gasvolumina molar ausgedrückt werden, gilt: 1 ml = 45 µmol (22,4 l = 1 Mol).

Der Löslichkeitskoeffizient von ***CO_2*** bei 760 mm Hg beträgt in wässrigen Lösungen 0,57 ml/ml und ist somit 24fach höher als der von O_2. Beim arteriellen CO_2-Partialdruck von 40 mm Hg ergeben sich ca. 3 Vol.-% physikalisch gelöstes CO_2.

Gelöstes O_2 und CO_2 im Blut. In körperlicher Ruhe verbraucht der Mensch etwa 300 ml O_2/min. Bei einem Herzzeitvolumen von 5 l/min könnten in rein physikalischer Lösung jedoch nur 15 ml O_2 mit dem Blut angeliefert werden (0,003 ml $O_2 \times$ 5000 ml Blut/min). Tatsächlich liegen O_2 und CO_2 im Blut aber nur zu einem geringen Anteil gelöst vor. O_2 wird größtenteils an Hämoglobin gebunden und CO_2 in HCO_3^- umgewandelt. Infolge dessen besteht keine lineare Korrelation zwischen dem Gehalt und dem Partialdruck der Atemgase im Blut. O_2 folgt einer sigmoiden und CO_2 einer hyperbolen ***Bindungskurve*** (▶ s. u.).

Diffusion der Atemgase

! Partialdruckdifferenzen und Diffusionskonstanten von O_2 und CO_2 bestimmen den Diffusionsstrom; N_2 ist ein inertes Gas

Diffusionskoeffizienten. Die Stärke des O_2- und CO_2-Diffusionsstroms in der Lunge und in den peripheren Geweben ist nach dem 1. Fick-Diffusionsgesetz (▶ s. Kap. 32.4) der ***Partialdruckdifferenz*** der Atemgase sowie der ***Diffusionsfläche*** proportional und der Schichtdicke des Hindernisses umgekehrt proportional. Da die Molekülgröße von O_2 kleiner ist als die von CO_2, ist der ***Diffusionskoeffizient*** von O_2 etwas größer als der von CO_2 (Graham-Gesetz: Der Diffusionskoeffizient ist umgekehrt proportional der Quadratwurzel aus der molekularen Masse). Das Produkt aus Diffusionskoeffizient und Löslichkeitskoeffizient ergibt die ***Krogh-Diffusionskonstante*** (ml Gas/cm × min × 760 mm Hg). Da CO_2 24mal besser

34.1. Dekompressionskrankheit

Ursachen. Bei einem raschen Abfall des Umgebungsdruckes, wie er bei Tauchern durch zu schnelles Aufsteigen oder bei Fliegern durch einen Druckverlust in der Flugzeugkabine vorkommen kann, werden Stickstoff und Sauerstoff aus den Körperflüssigkeiten freigesetzt und gehen in die Gasform über.

Pathologie und Symptome. Intra- und extrazellulär bilden sich Gasblasen, die durch mechanischen Druck Gewebe schädigen und als Gasembolien Gefäße verlegen können. Die Embolien entstehen v.a. durch Stickstoffansammlungen, da der Sauerstoff umgesetzt wird bzw. entweichen kann. Leichte Formen des Dekompressionstraumas äußern sich in Mikrozirkulationsstörungen in der Haut mit Rötung, Schwellung und Juckreiz. Wenn der Außendruck akut auf die Hälfte des Ausgangwertes abfällt, kommt es zur lebensbedrohlichen Dekompressionskrankheit. Diese ist v.a. durch zentralnervöse Störungen gekennzeichnet, weil im fettreichen Nervengewebe viel Stickstoff gespeichert ist, welcher nun entweicht. Innerhalb einer halben Stunde nach dem Unfall zeigen sich erste Symptome der Erkrankung (Kopfschmerzen, Sehstörungen, Schwindelgefühl, Gelenk- und Muskelschmerzen, Sensibilitätsstörungen und Schwäche in den Beinen). In schwersten Fällen kann sich ein zerebrales psychoorganisches Syndrom mit Desorientierung und Bewusstseinseintrübung entwickeln.

Therapie. Zur Therapie ist eine sofortige Rekompression in einer Überdruckkammer indiziert.

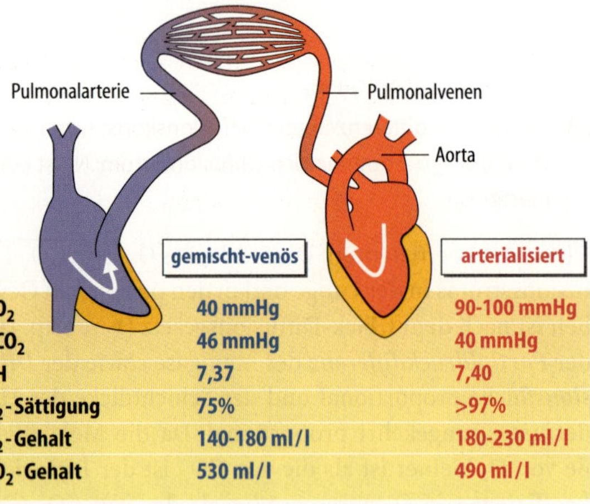

Pulmonalarterie
Pulmonalvenen
Aorta

	gemischt-venös	arterialisiert
pO_2	40 mmHg	90-100 mmHg
pCO_2	46 mmHg	40 mmHg
pH	7,37	7,40
O_2-Sättigung	75%	>97%
O_2-Gehalt	140-180 ml/l	180-230 ml/l
CO_2-Gehalt	530 ml/l	490 ml/l

Abb. 34.1. Blutgasstatus in den großen Venen und Arterien. Normalwerte (in Meereshöhe) der gemischt-venösen (rechter Vorhof, Pulmonalarterie; *blau*) und arteriellen (Pulmonalvenen; Aorta; *rot*) Blutgase des gesunden jungen Erwachsenen bei körperlicher Ruhe (1 mm Hg = 0,133 kPa). Der O_2-Gehalt des arterialisierten Blutes hängt von der Hämoglobinkonzentration ab

löslich ist als O_2 (▶ s.o.), ist die Diffusionskonstante von CO_2 ca. 20 mal so groß wie die von O_2.

Alveolo-arterielle Sauerstoffdifferenz. Normalerweise besteht weder für O_2 (da die Partialdruckdifferenzen groß sind) noch für CO_2 (da die Diffusionskonstante groß ist) beim Gasaustausch in der Lunge und in der Peripherie eine Diffusionsbegrenzung. Die geringe Differenz zwischen dem O_2-Partialdruck im Alveolarraum (100 mm Hg) und dem in den Arterien des großen Kreislaufs (etwa 95 mm Hg) – ***die Alveolo-arterielle Sauerstoffdifferenz ($AaDO_2$)*** – ergibt sich v.a. durch Inhomogenitäten des Belüftungs-Durchblutungsverhältnisses in der Lunge. In Abb. 34.1 sind die wichtigsten Blutgaswerte für den gemischt-venösen und arteriellen Strom gegenübergestellt.

Stickstoff. N_2 ist physiologisch inert, d.h. es wird im Organismus nicht umgesetzt. Seine Löslichkeit und Diffusionsgeschwindigkeit sind vergleichsweise gering. Bei atmosphärischem Druck enthält 1 l Blut 9 ml N_2. Medizinische Probleme treten auf, wenn der Umgebungsdruck plötzlich abnimmt und sich Gasblasen im Blut bilden (Dekompressionskrankheit, 34.1).

In Kürze

Biophysikalische Grundlagen

Die Konzentration eines gelösten Gases ist proportional seinem Partialdruck. Außerdem hängt sie vom Löslichkeitskoeffizienten ab.

Die Atemgase werden in der Lunge und in den Geweben durch Diffusion ausgetauscht.

Der Proportionalitätsfaktor, der Bunsen-Löslichkeitskoeffizient, hat im Blut für CO_2 einen etwa 24 mal größeren Wert als für O_2.

34.2 Hämoglobin

Aufgaben und Aufbau des Hämoglobins

Der rote Blutfarbstoff Hämoglobin ist ein tetrameres Protein; jede seiner 4 Untereinheiten besteht aus einer Globinkette und einer Hämgruppe

Aufgaben des Hämoglobins. Der in den Erythrozyten enthaltene rote Blutfarbstoff ***Hämoglobin*** hat verschiedene Aufgaben:

- Er dient als Vehikel für O_2. In den Lungenkapillaren wird O_2 vom Hämoglobin angelagert ***(Oxygenation)***. Über 98 % des O_2 im arterialisierten Blut ist an Hämoglobin gebunden. In den Gewebekapillaren wird der Sauerstoff wieder abgegeben ***(Desoxygenation)***.
- Hämoglobin trägt zur Pufferung (▶ s. Kap. 35.1) bei.
- Der CO_2-Transport (▶ s. Kap. 34.4) erfolgt zu einem kleinen Teil ebenfalls durch Hämoglobin.

Molekulare Struktur. Hämoglobin ist ein tetrameres kugelförmiges Protein (▣ Abb. 34.2) mit einer molekularen Masse von 64,5 kDa. Seine vier Untereinheiten bilden eine Funktionseinheit, da sie sich wechselseitig beeinflussen. Jede Untereinheit besteht aus einer Polypeptidkette, dem ***Globin***, und einer prosthetischen Gruppe, dem Häm. Jeweils zwei der 4 Globinketten sind identisch.

Das ***Häm*** ist aus vier über Methinbrücken miteinander verbundenen Pyrrolringen aufgebaut (Porphyrinring), die in der Mitte über ihre vier Stickstoffatome ein zweiwertiges Eisenatom komplex binden. Das Porphyringerüst weist konjugierte Doppelbindungen auf, die die rote Farbe verursachen. An das ***Fe^{2+}-Atom*** lagert sich bei der Oxygenation O_2 an. Es wird dabei nicht oxidiert. Andererseits geht die Oxygenation mit einer Änderung der Quartärstruktur des Moleküls einher ***(Konformationsänderung)***. Das Eisen ist nämlich mit der Globinkette über deren proximales Histidin kovalent verbunden. Durch dieses Histidin werden Strukturänderungen des Häm auf das Globin übertragen und umgekehrt.

▪▪▪ **Spektralanalyse.** Abgesehen von der charakteristischen Absorptionsbande bei 400 nm (Soret-Bande), die durch den Porphyrinanteil hervorgerufen wird, zeigt oxygeniertes Hämoglobin bei der Spektralanalyse 2 Absorptionsmaxima (541 und 577 nm), während desoxygeniertes Hämoglobin ein dazwischen liegendes Maximum (555 nm) zeigt. Das desoxygenierte Hämoglobin absorbiert das Licht im langwelligen Spektralbereich etwas stärker und im kurzwelligen Spektralbereich etwas schwächer als das oxygenierte. Daher erscheint das venöse Blut bläulich-rot gefärbt und dunkler als das arterielle.

Bestimmung der Hämoglobinkonzentration. Die Hämoglobin (Hb)-Konzentration kann durch Extinktionsmessung mit monochromatischem Licht bestimmt werden. Da Hb in stark verdünnten Lösungen aber wenig beständig ist und seine Extinktion sich mit der O_2-Beladung ändert, ist zuvor die Umwandlung in eine farbstabile Verbindung notwendig. Üblicherweise wird alles Hämoglobin in Cyanhämoglobin (**Cyanmethämoglobin**) überführt, dessen Konzentration dann photometrisch ermittelt wird.

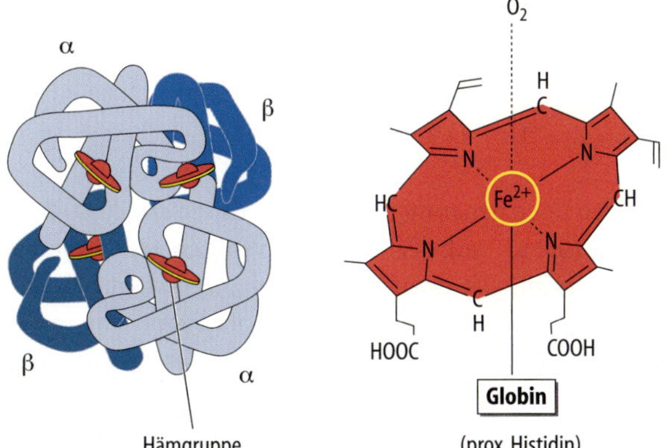

▣ **Abb. 34.2. Aufbau des Hämoglobinmoleküls aus 4 (je 2 identischen) Globinketten (blau) und 4 Hämgruppen (rot).** Jedes Häm (*rechts* vergrößert dargestellt) besteht aus einem Porphyrinring mit einem zentralen zweiwertigen Eisen, an dessen 6. Koordinationsstelle sich reversibel O_2 anlagern kann (Oxygenation)

Hämoglobin-Isoformen

> Während der menschlichen Entwicklung werden Globinpaare mit unterschiedlichen Aminosäuren gebildet; die Erythrozyten des Erwachsenen enthalten überwiegend HbA, die des Feten HbF

HbA. Das Hämoglobin des erwachsenen Menschen (***HbA***, A = Adult) hat (überwiegend) zwei ***α-Ketten*** aus 141 Aminosäuren und zwei ***β-Ketten*** aus 146 Aminosäuren (α_2, β_2). In der klinisch-chemischen Diagnostik (bei Diabetes mellitus) wird eine nicht-glykierte (***HbA_0***, >94%) und in eine glykierte (***HbA_1***, <6%) Form unterschieden. Glykiertes Hämoglobin entsteht durch die nicht-enzymatische Verbindung (Schiff-Basen) von Hexosen mit den terminalen Valylresten der β-Ketten. Die Hämoglobinvariante mit gebundener Glukose wird als HbA_{1C} bezeichnet. Gesteigerter Anteil von HbA_{1C} ist ein diagnostisch wichtiger Hinweis auf erhöhte Glukosekonzentrationen bei Diabetes mellitus (▶ s. Kap. 21.4).

Daneben findet sich zu einem kleinen Prozentsatz (2%) das sog. ***HbA_2***, das anstelle der β-Ketten zwei ***δ-Ketten*** besitzt (α_2, δ_2). Die δ-Ketten bestehen ebenfalls aus 146 Aminosäuren, wovon aber 10 andere als in den β-Ketten sind.

Globin-Isoformen während der Ontogenese. In der Embryonalzeit werden die Hämoglobine Gower 1 (ζ_2, ε_2), Portland (ζ_2, γ_2) und Gower 2 (α_2, ε_2) gebildet. Ab dem 3. Schwangerschaftsmonat wird fetales Hämoglobin ***(HbF)*** gebildet, welches aus zwei α- und zwei γ-Ketten zusammengesetzt ist (α_2, γ_2). HbF-haltige Erythrozyten haben eine erhöhte Affinität, O_2 zu binden (▶ s. u.). HbF macht quantitativ ab der 8. Schwangerschaftswoche den Hauptteil des Gesamthämoglobins aus. Das reife Neugeborene besitzt etwa 80% HbF und 20% HbA. Im Alter von 12 bis 18 Monaten erreicht das Kleinkind den ***Hämoglobinstatus des Erwachsenen (HbA 98%, HbA_2 2%, HbF <1%)***.

Störungen der Hämoglobinsynthese. Zwei Typen angeborener Defekte der Hämoglobinbildung werden unterschieden.

- Zum einen kann die Globinkette qualitativ verändert sein. In der Regel ist dabei ein Nukleotid in der DNA abnormal, so dass eine andere Aminosäure im Globin erscheint. Dieser Typ wird als ***Hämoglobinopathie*** bezeichnet. Bekanntestes Beispiel ist der Einbau von Valin anstelle von Glutamin in Position 6 der β-Kette (HbS), der zur Sichelzellanämie führt (▶ s. 23.2).
- Zum anderen kann die Synthese einer (α oder β) oder zweier (β und δ) Globinkettenarten quantitativ vermindert sein, während die Aminosäurensequenz normal ist. Diese Störung führt zu den ***Thalassämie-Syndromen***.

In Kürze

Hämoglobin

Der rote Blutfarbstoff Hämoglobin ist ein tetrameres Protein; jede seiner 4 Untereinheiten besteht aus einer Globinkette und einer Hämgruppe. Die Aufgaben des Hämoglobins sind:

- Anlagerung von O_2 in den Lungenkapillaren,
- Abgabe von O_2 in den Gewebekapillaren,
- Pufferung,
- CO_2-Transport.

Die O_2-Bindung erfolgt über ein Eisenatom, das sich im Zentrum der Hämgruppe befindet.

Bildung des Hämoglobins

Während der menschlichen Entwicklung werden Globinpaare mit unterschiedlichen Aminosäuren gebildet:

- die Erythrozyten des Erwachsenen enthalten überwiegend HbA,
- die des Feten HbF.

34.3 Transport von O_2 im Blut

O_2-Beladung des Blutes

Die O_2-Kapazität des Blutes steigt mit der Hämoglobinkonzentration; 1 g Hämoglobin bindet maximal 1,34 ml O_2 (Hüfner-Zahl)

Maximale O_2-Beladung. Die maximale O_2-Aufnahmefähigkeit einer hämoglobinhaltigen Lösung wird als ***O_2-Kapazität*** bezeichnet. Das tetramere Hämoglobinmolekül (Hb) kann maximal vier Moleküle O_2 binden:

$$Hb + 4\,O_2 \approx Hb(O_2)_4$$

Unter Berücksichtigung des Molvolumens für ideale Gase (22,4 l) kann ein Mol Hb (64500 g) 89,6 l (4 × 22,4 l) O_2 binden. Pro Gramm Hb errechnen sich damit 1,39 ml O_2. In der Praxis ergeben Blutanalysen etwas niedrigere Werte, da das Hämoglobin z. T. als Methämoglobin und als CO-Hämoglobin vorliegt, welche kein O_2 binden können (► s. u.). Daher wird in der Regel mit der ***Hüfner-Zahl*** gerechnet: 1 g Hämoglobin bindet maximal ***1,34 ml*** O_2.

O_2-Kapazität des Blutes. Mit Hilfe der Hüfner-Zahl lässt sich aus der Hämoglobin- (Hb-) Konzentration des Blutes die O_2-Kapazität berechnen. Beispielsweise beträgt bei einer Person mit 150 g Hb/l die O_2-Kapazität des Blutes 214 ml O_2/l. Damit kann – gebunden an Hämoglobin – ca. 70 mal mehr O_2 transportiert werden als dies in physikalischer Lösung der Fall wäre.

Die O_2-Kapazität des Blutes ist eine wichtige ***Determinante der körperlichen Ausdauerleistungsfähigkeit.*** Abbildung 34.3 zeigt beispielhaft, dass ein anämischer Patient mit einer Hämoglobinkonzentration von 100 g pro l Blut nur etwa halb so viel O_2 pro Blutvolumen transportieren kann wie eine Person mit einer Erythrozytose (► s. Kap. 23.3), die eine doppelt so hohe Hämoglobinkonzentration aufweist. Die – kleine – physikalisch gelöste O_2-Menge ist dabei in beiden Fällen identisch.

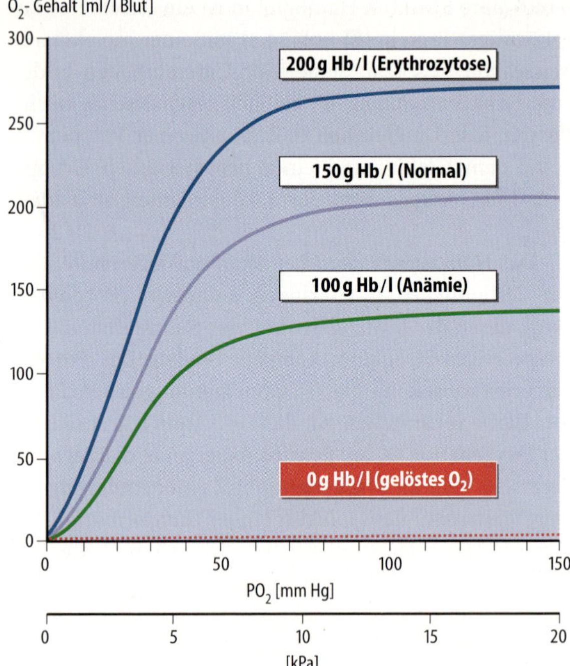

Abb. 34.3. O_2-Bindungskurven bei unterschiedlicher Hämoglobinkonzentration. Abhängigkeit des O_2-Gehaltes des Blutes vom O_2-Partialdruck (*PO_2*) und der Hämoglobinkonzentration *(Hb)* des Blutes unter Standardbedingungen (pH 7,40; PCO_2 40 mm Hg; 37 °C). Bei PO_2-Werten > 100 mm Hg ist das Hämoglobin praktisch vollständig mit O_2 gesättigt, so dass – unabhängig von der Hb-Konzentration – nur noch der Gehalt an physikalisch gelöstem O_2 zunimmt

O_2-Gehalt im arteriellen und venösen Blut. Der Gehalt des Blutes an chemisch gebundenem Sauerstoff hängt von der aktuellen O_2-Sättigung ab (% HbO_2). Unter Berücksichtigung der Hüfner-Zahl errechnet sich der O_2-Gehalt $[O_2]$ als

$$[O_2] = 1{,}34\,[Hb] \times (\%\,HbO_2).$$

Aus den oben genannten Werten für die arterielle O_2-Sättigung (98 %) und der mittleren venösen O_2-Sättigung (75 %) ergibt sich demnach ein Gehalt an chemisch gebundenem Sauerstoff im arteriellen und gemischt-venösen Blut von 200 bzw. 150 ml O_2/l. Die ***arteriovenöse Differenz der O_2-Gehalte*** (avD_{O_2}) beträgt also 50 ml O_2/l. Hieraus geht hervor, dass normalerweise nur 25 % des gesamten O_2 des Blutes bei der Passage durch die Gewebekapillaren ausgeschöpft werden. Allerdings findet in den einzelnen Organen eine sehr unterschiedliche Entsättigung des Blutes statt (► s. Kap. 36). Außerdem kann der O_2-Verbrauch bei schwerer körperlicher Arbeit derart ansteigen, dass die avD_{O_2} mehr als 100 ml O_2/l betragen kann.

Abhängigkeit der O_2-Bindung vom O_2-Partialdruck

Die O_2-Sättigung hängt vom O_2-Partialdruck ab; die Lage der S-förmigen Hämoglobin-O_2-Bindungskurve wird durch den Halbsättigungsdruck (P_{50}) gekennzeichnet

O_2-Bindungskurve. Der Grad der Beladung der Hämoglobinmoleküle mit O_2, die ***O_2-Sättigung***, hängt vom Sauerstoffpartialdruck (PO_2) ab. In Abwesenheit von O_2 (Anoxie) ist das Hämoglobin desoxygeniert (O_2-Sättigung 0 %). Mit steigendem PO_2 nimmt die O_2-Sättigung zu (■ Abb. 34.3). Die O_2-Bindungskurve des Blutes zeigt einen charakteristischen ***S-förmigen Verlauf.*** Bei PO_2 90–100 mm Hg (12–13 kPa) ist das Hämoglobin zu > 95 % mit O_2 gesättigt. Bei einem arteriellen PO_2 von 60 mm Hg (8 kPa) beträgt die O_2-Sättigung immer noch 90 %. Der flache Verlauf der Bindungskurve im oberen Abschnitt ist günstig, weil damit selbst bei einer abnormalen Erniedrigung des arteriellen PO_2 (z. B. bei Höhenaufenthalt oder Lungenfunktionsstörungen) eine hohe O_2-Sättigung des arterialisierten Blutes gewährleistet bleibt. Der steile Abschnitt der Hämoglobin-O_2-Bindungskurve (zwischen PO_2 60 mm Hg und 10 mm Hg) ermöglicht die Abgabe von O_2 bei relativ hohen O_2-Partialdrücken und somit einen starken O_2-Diffusionsstrom aus den Kapillaren in das umgebende Gewebe. Der PO_2 des gemischt-venösen Blutes beträgt bei Menschen in körperlicher Ruhe durchschnittlich 40 mm Hg (5,3 kPa) entsprechend einer O_2-Sättigung von 75 % (■ Abb. 34.4 A).

O_2-Affinität. Die Position der Hämoglobin-O_2-Bindungskurve kann unter physiologischen und pathophysiologischen Bedingungen verändert sein. Um dies quantitativ auszudrücken, wurde als Maß für die O_2-Affinität von Hämoglobin- oder Blutproben der ***P_{50}-Wert*** eingeführt, der angibt, bei welchem PO_2 50 % des Hämoglobins mit O_2 beladen ist (■ Abb. 34.4 A). Der P_{50} beträgt unter Standardbedingungen (pH 7,40; PCO_2 40 mm Hg und 37 °C) beim erwachsenen Menschen knapp ***27 mm Hg*** (3,6 kPa). Der P_{50} hängt von der Aminosäuresequenz der Hämoglobinketten ab und unterscheidet sich bei den verschiedenen Tierspezies.

▪▪▪ **Hill-Koeffizient.** Zu diagnostischen und wissenschaftlichen Zwecken kann es erforderlich sein, die Steilheit der Hämoglobin-O_2-Bindungskurve in ihrem mittleren Bereich zu charakterisieren. Hierzu wird der logarithmierte Quotient von oxygeniertem Hämoglobin (% HbO_2) zum desoxygenierten Hämoglobin (100 – % HbO_2) gegen den logarithmierten PO_2 aufgetragen. In diesem – sog. Hill-Plot – erhält man eine Gerade mit der Steigung n (■ Abb. 34.4 B). Der Hill-Koeffizient n von menschlichem Blut beträgt 2,5–2,8. Bei einer eingeschränkten Kooperativität der Hämoglobinuntereinheiten ist der Kurvenverlauf flach und n < 2,5.

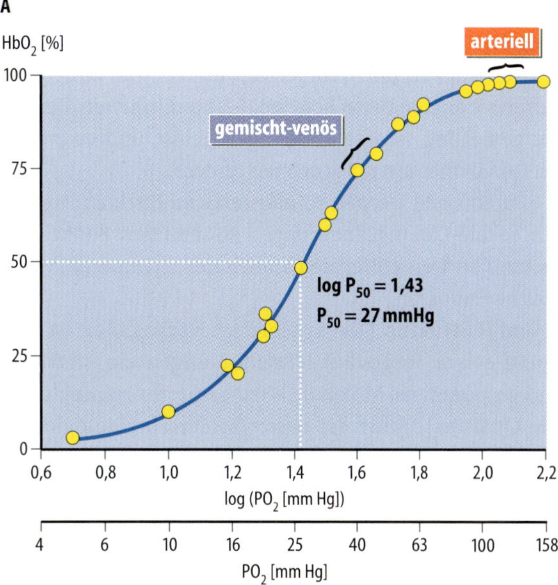

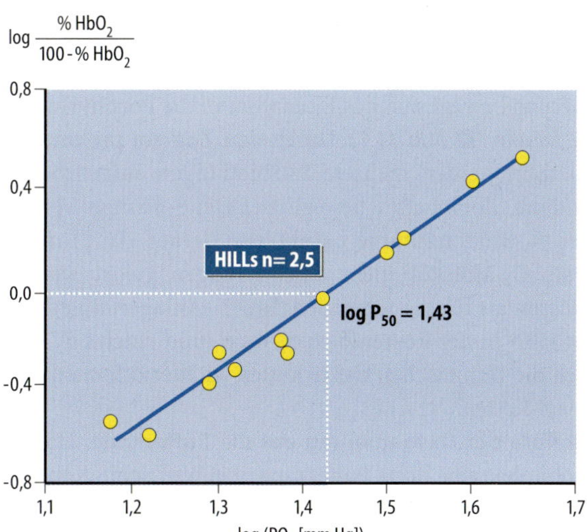

■ **Abb. 34.4. O_2-Bindungskurve eines menschlichen Blutes bei logarithmischer Auftragung des PO_2** (pH 7,40; PCO_2 40 mm Hg; 37 °C). **A** S-förmiger Verlauf bei Auftragung der prozentualen Sättigung (% HbO_2) auf der *Ordinate* mit Angabe des arteriellen und gemischt-venösen Bereichs sowie des P_{50}, **B** Hill-Plot (linearisierter Bereich zwischen 20 % und 80 % HbO_2)

Molekulare Mechanismen der O_2-Bindung

Die Oxygenation bewirkt eine Konformationsänderung der Hämoglobinmoleküle und eine Abgabe von H^+-Ionen

Kooperativität der Hämoglobinuntereinheiten. Der S-förmige Verlauf der O_2-Bindungskurve impliziert, dass die Anlagerung von O_2 an das Hämoglobin die Bindung weiterer O_2-Moleküle begünstigt. Das Einfangen von O_2 erfolgt ***kooperativ***, d. h. es kommt dabei zu Wechselwirkungen der 4 Untereinheiten des Hämoglobins. Beim desoxygenierten Hämoglobin sind sie durch elektrostatische Kräfte, d.h. nichtkovalent, verkettet *(Salzbindungen)*. Die α-Untereinheiten des Hämoglobins sind über polare Gruppen miteinander verbunden, und außerdem haften sie an den benachbarten β-Untereinheiten. Bei der Oxygenierung werden Bindungen gelöst und es rotiert ein α/β-Dimer um 15° gegen das andere.

Funktionell werden so ***allosterische Effekte*** möglich, d.h. lokale Ladungsänderungen können den Funktionszustand an weit entfernten Stellen des tetrameren Moleküls beeinflussen.

T- und R-Struktur. Desoxygeniertes Hämoglobin ist aufgrund seiner insgesamt 8 Salzbindungen ein strafferes und gespannteres Molekül als oxygeniertes Hämoglobin. Die Quartärstruktur des desoxygenierten Hämoglobins wird ***T-Struktur*** (engl. *tense* = gespannt) genannt, die des oxygenierten Hämoglobins ***R-Struktur*** (engl. *relaxed* = enspannt).

Der Übergang der T- in die R-Struktur wird durch die ***Anlagerung von O_2*** an das Fe^{2+} der Hämgruppe bewirkt. Im desoxygenierten Hämoglobin befindet sich das Fe^{2+} aufgrund der sterischen Hemmung zwischen dem proximalen Histidin und den Stickstoffatomen des Porphyrins etwa 0,06 nm außerhalb der Hämebene. Bei der Oxygenierung bewegt sich das Eisenatom in die Porphyrinebene hinein (Abb. 34.5). Durch den Zug am proximalen Histidin werden mehrere Salzbindungen aufgebrochen und die Globinketten beweglicher. Der S-förmige Verlauf der O_2-Bindungskurve beruht also darauf, dass für das erste O_2-Molekül mehr Salzbindungen gelöst werden müssen als für die folgenden. Die O_2-Anlagerung erfolgt im HbA in der Reihenfolge α_1, α_2, β_1 und zuletzt β_2, weil sich die Hämtaschen der α-Ketten leichter öffnen als die der β-Ketten.

Einfluss der Oxygenierung auf die Pufferkraft. Hämoglobin hat eine hohe Pufferkapazität, weil seine Konzentration im Blut hoch und sein Histidingehalt groß ist. Desoxygeniertes Hämoglobin ist ein noch stärkerer Puffer (Protonenakzeptor) als oxygeniertes Hämoglobin. Verantwortlich sind hierfür bestimmte ***Histidinreste*** und terminal gelegene Aminosäuren, deren negative Ladung mit dem Übergang in die T-Struktur des desoxygenierten Hämoglobins zunimmt, so dass sich vermehrt H^+-Ionen anlagern. Die freien NH_2-Gruppen können alternativ mit CO_2 Karbaminoverbindungen eingehen. Die Fähigkeit des Hämoglobins, bei der O_2-Abgabe H^+ und CO_2 aufzunehmen, wird Christiansen-Douglas-Haldane-Effekt oder verkürzt ***Haldane-Effekt*** genannt. Umgekehrt gibt Hämoglobin bei der Oxygenation Protonen ab (0,7 mmol H^+ pro Mol O_2).

Methämoglobinbildung. Anders als bei der physiologischen Oxygenation kann an der Hämgruppe auch eine echte Oxidation stattfinden, so dass das zweiwertige in dreiwertiges Eisen übergeht. Das Ergebnis ist Hämiglobin oder – im klinischen Sprachgebrauch – ***Methämoglobin***. Normalerweise enthält das menschliche Blut nur

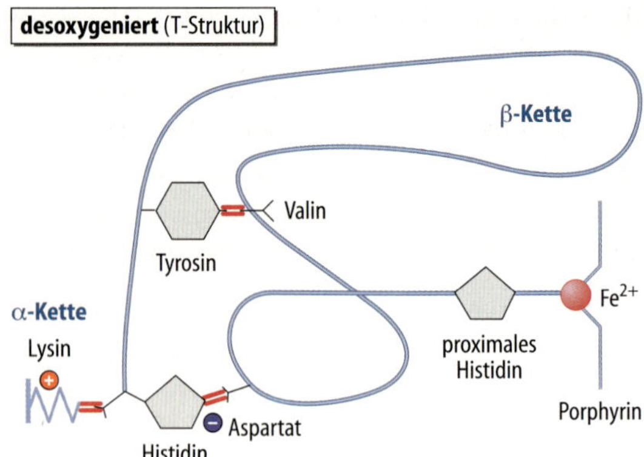

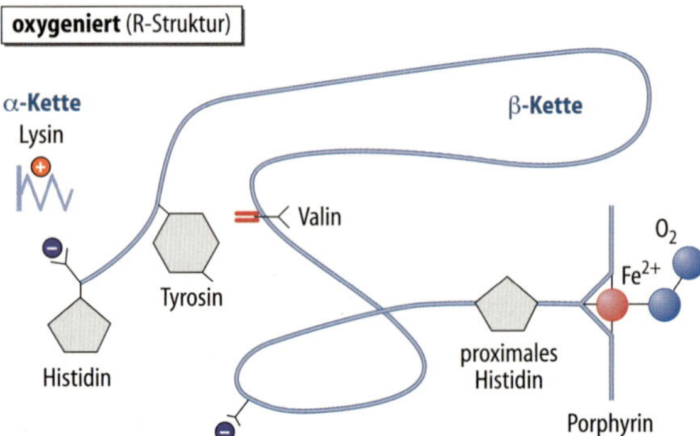

Abb. 34.5. O_2-Abhängigkeit der Konformation des Hämoglobinmoleküls am Beispiel einer β-Kette. Im desoxygenierten Zustand (T-Struktur) ragt das Fe^{2+} weit aus der Ebene des Porphyrinrings. Elektrostatische Kräfte stabilisieren das tetramere Molekül durch Salzbindungen *(rot)* innerhalb der β-Kette und mit den benachbarten α-Ketten. Der Zug des O_2 am Fe^{2+} im oxygenierten Hämoglobin überträgt sich nicht nur auf das proximale Histidin sondern auf das ganze Protein, so dass die Salzbindungen gelöst werden (R-Struktur)

sehr wenig Methämoglobin (<1 %). Bei mangelhafter ***Methämoglobinreduktase-Aktivität*** in den Erythrozyten (z.B. bei Kleinkindern und unter dem Einfluss bestimmter Medikamente, v.a. Anilinderivaten) kann vermehrt Methämoglobin anfallen. Dieses ist ungünstig, weil Fe^{3+} im Häm kein O_2 binden kann und die O_2-Affinität des verbleibenden Hämoglobins (mit Fe^{2+}) abnormal erhöht ist. Therapeutisch werden reduzierende Medikamente (Phenothiazinfarbstoffe) verabreicht, in schweren Fällen kann ein Blutaustausch notwendig werden.

Modulatoren der Hämoglobin-O_2-Affinität

Die O_2-Affinität der Erythrozyten wird durch 2,3-Bisphosphoglyzerat, Protonen, CO_2 und Temperaturerhöhungen verringert

Lage der Hämoglobin-O_2-Bindungskurve. Die Position der Hämoglobin-O_2-Bindungskurve stellt einen Kompromiss zwischen der Fähigkeit dar, O_2 in der Lunge aufzunehmen und in der Peripherie wieder abzugeben. Eine ***Rechtsverlagerung*** der Kurve bedeutet eine Abnahme der O_2-Affinität. Dabei wird die O_2-Aufnahme in den Lungen erschwert, die O_2-Abgabe im Gewebe dagegen erleichtert. Eine ***Linksverlagerung*** der Kurve wirkt sich engegengesetzt aus. Betrachtet man die S-förmige O_2-Bindungskurve mit ihrem flachen oberen Abschnitt (Abb. 34.4 A), ist offensichtlich, dass Veränderungen der O_2-Affinität des Blutes – bei normal hohem arteriellen PO_2 – v. a. Auswirkungen auf die ***O_2-Abgabefähigkeit*** haben.

2,3-Bisphophoglyzerat-Wirkung. Die O_2-Affinität einer reinen Hämoglobinlösung ist sehr viel größer als die des Blutes. Erythrozyten enthalten nämlich hohe Konzentrationen an 2,3-Bisphosphoglyzerat (2,3-BPG; 4–5 mmol/l, d. h. äquimolar zum Hämoglobintetramer). Diese Phosphatverbindung, die in einem Nebenweg der Glykolyse gebildet wird, vernetzt die beiden β-Ketten des desoxygenierten Hämoglobins und ***fixiert*** so die ***T-Struktur***. Dadurch wird die O_2-Affinität der Erythrozyten gesenkt (P_{50} 18 mm Hg in 2,3-BPG freien Erythrozyten im Vergleich zu P_{50} 27 mm Hg in 2,3-BPG haltigem normalen Blut) und somit die O_2-Abgabe des Blutes erleichtert.

Da die einleitenden Schritte der ***Glykolyse*** pH-abhängig sind (v. a. die Phosphofruktokinase-Reaktion), führt eine Alkalose zu einer vermehrten 2,3-BPG-Konzentration (z. B. bei Höhenaufenthalt durch die respiratorische Alkalose und den erhöhten Anteil an basischem desoxygeniertem Hämoglobin), eine Azidose dagegen zu einem 2,3-BPG-Abfall.

Bohr-Effekt. Das pH des Blutes kann systemisch von der Norm abweichen oder selektiv in einzelnen Organen abfallen (z. B. durch Milchsäurebildung in arbeitender Muskulatur). Ein Anstieg der H^+-Konzentration und des PCO_2 vermindern akut die O_2-Affinität des Blutes (Abb. 34.6). Damit wird die O_2-Abgabe an das Gewebe erleichtert. Da CO_2 zu Kohlensäure hydratisiert wird, welche in Bikarbonat und Protonen dissoziiert (► s. u.), wirkt CO_2 ebenfalls überwiegend durch eine Zunahme der H^+-Ionen. Letztere binden bevorzugt an desoxygeniertes Hämoglobin (v. a. an das terminale Histidin in Position 146 der β-Ketten, welches dann Salzbindungen mit den NH_2-terminalen Gruppen der α-Ketten eingeht) und stabilisieren so die T-Struktur des Hämoglobins. CO_2 bindet z. T. auch direkt an Aminogruppen des Hämoglobins (Karbamatbildung, ► s. u.). Die ***Abhängigkeit*** der O_2-Bindung an das Hämoglobin vom ***pH*** und vom ***pCO_2*** wird als Bohr-Effekt bezeichnet.

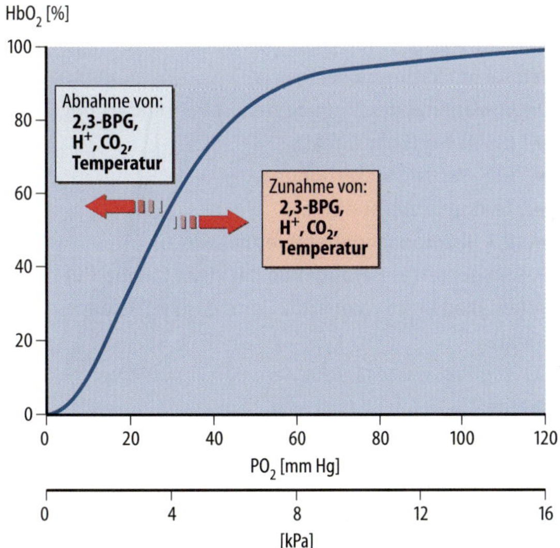

Abb. 34.6. Parameter, die die O_2-Affinität der Erythrozyten beeinflussen. Wissenschaftlich sind die Effekte quantifizierbar (Bohr-Effekt: $\Delta \log P_{50}/\Delta pH$ 0,48; Temperatureffekt: $\Delta \log P_{50}/\Delta T = 0{,}023$)

34.2. Akute und chronische Höhenkrankheit

Akute Höhenkrankheit. In der Höhe nimmt der O_2-Partialdruck in der Luft und – infolgedessen – auch im Alveolargas und im arteriellen Blut ab (z. B. in 3000 m ohne Akklimatisierung auf 56 mm Hg). Bei zu raschem Aufstieg, unzureichender Atemantwort auf den O_2-Mangel im Gewebe und mangelhafter Flüssigkeitsausscheidung kann sich eine »akute Bergkrankheit« entwickeln.

Man unterscheidet zwei unterschiedlich schwere Formen der akuten Höhenkrankheit:

- Symptome der sog. »gewöhnlichen Form« sind starkes Herzklopfen, Atemnot bei körperlicher Ruhe, Kopfschmerz, Erbrechen und Schlafstörungen. Die akute Berg- oder Höhenkrankheit befällt ca. 40% aller Touristen, die sich rasch auf über 3000 m begeben.
- In schweren Fällen entwickeln sich »Höhenödeme« im Gehirn und/oder in den Lungen. Das Höhenhirnödem wird durch mehrere Faktoren verursacht, v. a. die hypoxie-induzierte zerebrale Mehrdurchblutung und eine vergrößerte kapilläre Permeabilität. Betroffene Bergsteiger fallen durch Einschränkungen der Bewegungskoordination (Ataxie) und geistige Verwirrtheit auf, u. U. werden sie bewusstlos. Wesentlich für die Pathogenese des Höhenlungenödems sind hypoxieinduzierte pulmonale Vasokonstriktion und Störungen der Mikrozirkulation. Es äußert sich in Reizhusten, zunehmender Atemnot (Dyspnoe) und schaumig-blutigem Auswurf.

Chronische Höhenkrankheit. Die Hochlandbewohner Mittel- und Südamerikas (> 3500 m) leiden häufig unter der »chronischen Bergkrankheit«. Diese wird hauptsächlich durch die hypoxie-bedingte Vermehrung roter Blutzellen und die Konstriktion der Widerstandsgefäße in der Lunge verursacht. Typische Symptome sind hier exzessive Hämatokriterhöhungen, Lungenhochdruck, Herzinsuffizienz und Thrombosen. Der Zustand bessert sich, wenn die Betroffenen in tiefer gelegene Regionen ziehen.

Temperatureinfluss. Es besteht eine inverse Korrelation zwischen der Temperatur und der O_2-Affinität des Hämoglobins (◘ Abb. 34.6). Ebenso wie beim Bohr-Effekt können ***lokale*** und ***systemische Effekte*** unterschieden werden. Lokale Abweichungen der Bluttemperatur (z. B. Erhöhung in der arbeitenden Muskulatur oder Erniedrigung in der Körperschale) wirken sich ausschließlich auf die O_2-Abgabe aus, während die Oxygenation in der Lunge unbeeinflusst ist, solange die Körperkerntemperatur konstant bleibt.

Wie oben betont, ist die O_2-Abgabefähigkeit – aufgrund des sigmoiden Verlaufes der O_2-Bindungskurve – ohnehin stärker von der O_2-Affinität des Blutes abhängig als die O_2-Beladung. So ist die erleichterte O_2-Abgabe aufgrund der niedrigen O_2-Affinität durch die Temperaturerhöhung bei fiebrigen Patienten günstig, da deren Energieumsatz – und infolgedessen O_2-Bedarf – vergrößert ist. Die entgegengesetzte Reaktion ist ebenfalls von klinischer Relevanz. Die vergrößerte O_2-Affinität des Hämoglobins bei niedrigen ***Körpertemperaturen*** geht nämlich mit einer erschwerten O_2-Abgabe einher. Die Gewebshypoxie, die sich bei unterkühlten Patienten entwickelt, ist teilweise durch die hohe O_2-Affinität des Blutes bedingt.

Kohlenmonoxidvergiftung. Der Organismus produziert permanent in sehr kleinen Mengen Kohlenmonoxid (CO), und zwar bei Abbau von Häm (▶ s. Lehrbücher der Biochemie). Das farb- und geruchlose CO bindet wie O_2 an Häm-Strukturen. Die ***CO-Affinität*** des ***Hämoglobins*** ist sogar etwa 250 mal größer als die O_2-Affinität. Normalerweise liegt etwa 1 % des Hämoglobins im Blut als CO-Hämoglobin vor. Da bei der (unvollständigen) Verbrennung organischer Stoffe CO entsteht, ist der Anteil des CO-Hämoglobins bei Rauchern vergrößert (5–15 % des Gesamthämoglobins). Die chronische Erhöhung der CO-Hämoglobinkonzentration ist gesundheitsschädlich, ein akuter Anstieg auf > 40 % durch CO-Einatmung lebensbedrohlich (z. B. Selbstmordversuch mit Auspuffgasen). Wenn die Fe^{2+}-Bindungsstelle des Häms durch CO besetzt ist, kann sich dort kein O_2 anlagern. Darüberhinaus bewirkt die CO-Anlagerung einen Übergang des Hämoglobins in die R-Struktur, so dass das noch unblockierte Hämoglobin eine nach links verlagerte O_2-Bindungskurve aufweist. Dadurch sinken die O_2-Partialdrücke in den Gewebekapillaren noch weiter ab.

Da CO-Hämoglobin eine ***hellrote Farbe*** hat, sehen CO-Vergiftete i. d. R. rosig aus, selbst wenn es zum Koma und zur Atemlähmung gekommen ist. Zur Lebensrettung muss versucht werden, durch eine – möglichst hyperbare – O_2-Beatmung das CO vom Fe^{2+} des Hämoglobins zu verdrängen.

■■■ **In vivo Messung der arteriellen O_2-Sättigung.** Die O_2-Sättigung des Blutes kann mithilfe eines **Pulsoxymeters** kontinuierlich in vivo gemessen werden. Dazu wird ein Sensor, der aus 2 lichtemittierenden Dioden und – auf der Gegenseite – einem Photodetektor besteht, an die Messstelle (Ohrläppchen oder Fingerbeere) geklippt. Die Lichtabsorption im kapillarisierten Gewebe wird abwechselnd bei 660 nm (rot) und 940 nm (infrarot) bestimmt. Da das rote Licht vom desoxygenierten stärker als vom oxygenierten Blut absorbiert wird (und umgekehrt infrarotes Licht stärker vom oxygenierten Blut), kann die O_2-Sättigung des Blutes Computer unterstützt ermittelt werden. Die Pulsoxymetrie wird v. a. für sportphysiologische Untersuchungen, in der Lungenheilkunde und in der Intensivmedizin genutzt. Anders als die komplizierten direkten in vitro Messungen des O_2-Gehaltes des Blutes ergibt die photometrische Pulsoxymetrie zu hohe O_2-Sättigungswerte, wenn im Blut ein hoher Anteil an HbCO oder an Methämoglobin vorliegt.

Künstliche O_2-Träger. Die Erythrozyten-Transfusion kann bei schweren Anämien lebensrettend sein. In vielen Regionen der Erde gibt es Engpässe in der Gewinnung von Erythrozytenkonzentraten. Zudem besteht bei der Übertragung von Fremdblut ein Restrisiko der Infektion mit Krankheitserregern. Daher wird seit Jahren versucht, »künstliche« O_2-Träger zu therapeutischen Zwecken herzustellen. Dabei werden zwei Ansätze verfolgt: **modifizierte Hämoglobinlösungen** und **Perfluorcarbonemulsionen**.

Hauptprobleme des therapeutischen Einsatzes von freiem Hämoglobin sind seine große O_2-Affinität und seine kurze intravasale Verweildauer sowie als Nebenwirkungen ausgeprägte Vasokonstriktionen, Nierenschädigungen und Antigenität. Um diese Nachteile zu vermeiden, werden Hämoglobinmoleküle polymerisiert oder mikroverkapselt.

Perfluorcarbone sind synthetische fluorierte Kohlenstoffverbindungen, die relativ große O_2-Volumina physikalisch lösen. Da sie chemisch hergestellt werden, ist eine Gefahr der Kontamination mit Krankheitserregern nicht gegeben. Indikationen der Perfluorcarboninfusion können die Unterstützung einer perioperativen Hämodilution oder der Einsatz bei akutem Blutverlust sein.

In Kürze

8 Transport von O_2 im Blut

Die O_2-Kapazität des Blutes steigt mit der Hämoglobinkonzentration. Die Anlagerung von O_2 an die 4 Fe^{2+}-Atome des Hämoglobinmoleküls ist abhängig vom Sauerstoff-Partialdruck, die O_2-Bindungskurve des Blutes zeigt einen charakteristischen S-förmigen Verlauf mit Sättigungsverhalten.

Die O_2-Affinität der Erythrozyten ist vermindert bei
- pH-Abfall (Bohr-Effekt),
- CO_2-Partialdruckerhöhung,
- Temperaturerhöhung,
- 2,3-Bisphosphoglyzeratvermehrung.

Desoxygeniertes Hämoglobin hat eine stärkere Pufferfähigkeit als oxygeniertes Hämoglobin (Haldane-Effekt).

CO ist giftig, weil es O_2 aus dem Hämoglobin verdrängt.

34.4 Transport von CO_2 im Blut

Transportformen

CO_2 entsteht metabolisch in großen Mengen als Endprodukt der Oxidation kohlenstoffhaltiger Verbindungen; in den Erythrozyten wird es zu Kohlensäure hydratisiert, welche in HCO_3^- und H^+ zerfällt

CO_2-Diffusion ins Blut. Das arterialisierte Blut strömt mit einem CO_2-Partialdruck von 40 mm Hg (5,3 kPa) in die peripheren Gewebekapillaren. In den umgebenden Zellen herrscht ein höherer CO_2-Druck, da diese als Endprodukt der Oxidation kohlenstoffhaltiger Verbindungen permanent CO_2 bilden (insgesamt ca. 16 mol/24 h). Dem ***Druckgefälle*** folgend diffundieren die physikalisch gelösten CO_2-Moleküle in die Kapillare. Der CO_2-Partialdruck auf der venösen Seite des Kapillarbettes variiert in Abhängigkeit von der lokalen Stoffwechselaktivität und Blutstromstärke zwischen 40 und 60 mm Hg (5,3–8,0 kPa). Der CO_2-Partialdruck im gemischt-venösen Blut (im rechten Vorhof, ◻ Abb. 34.1) beträgt im Mittel 46 mm Hg (6,1 kPa).

Hydratation. Im Blut bleibt nur ein geringer Teil des CO_2 physikalisch gelöst. Der überwiegende Teil wird in den Erythrozyten zu Kohlensäure (***H_2CO_3***) hydratisiert, welche sofort in Bikarbonat (***HCO_3^-***) und Protonen (***H^+***) dissoziiert:

$$CO_2 + H_2O \approx H_2CO_3 \approx HCO_3^- + H^+$$

Die Hydratisierungsreaktion verläuft ohne katalytische Unterstützung sehr langsam. Im Blut ist sie jedoch sehr schnell, da die Erythrozyten reichlich das Enzym ***Karboanhydrase*** (syn. Karboanhydratase) besitzen (◻ Abb. 34.7). Die meisten HCO_3^--Ionen, die in den Erythrozyten entstehen, diffundieren in das Blutplasma. Dabei findet ein Austausch gegen Cl^--Ionen statt (sog. ***Chloridverschiebung*** oder Hamburger-Shift). Dieser wird durch den Anionenaustauscher AE1 (frühere Bezeichnung: Bande-3-Protein) bewerkstelligt. Die H^+-Ionen, die bei der Dissoziation der Kohlensäure anfallen, werden zum großen Teil durch das Hämoglobin abgepuffert. Der pH-Wert in den Erythrozyten (pH 7,2) fällt kaum ab, da die ***Pufferkapazität*** aufgrund der hohen Konzentration des Hämoglobins in den Erythrozyten (330 g/l) und seiner zahlreichen Histidinmoleküle sehr groß ist. Zudem wird die Pufferung begünstigt, weil gleichzeitig O_2 an das Gewebe abgeben wird und desoxygeniertes Hämoglobin – im Vergleich zu oxygeniertem – besonders gut puffert, u. a. wegen der verminderten Dissoziation der Imidazolringe im Histidin (Haldane-Effekt, ▶ s. o.).

Karbamatbildung. Etwa 5 % des CO_2 im Blut wird in Form von Karbaminoverbindungen, überwiegend als Karbaminohämoglobin, transportiert:

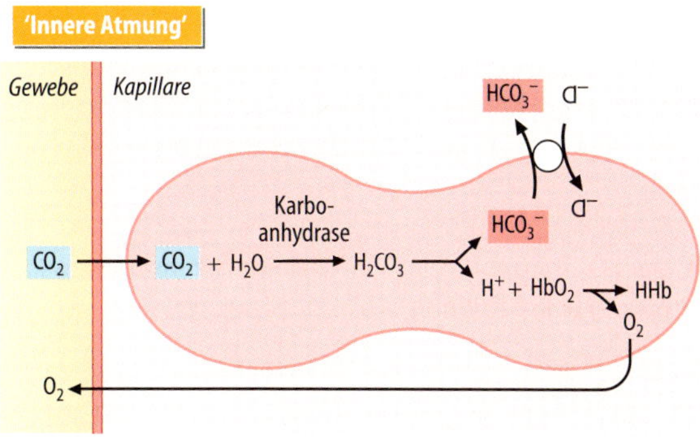

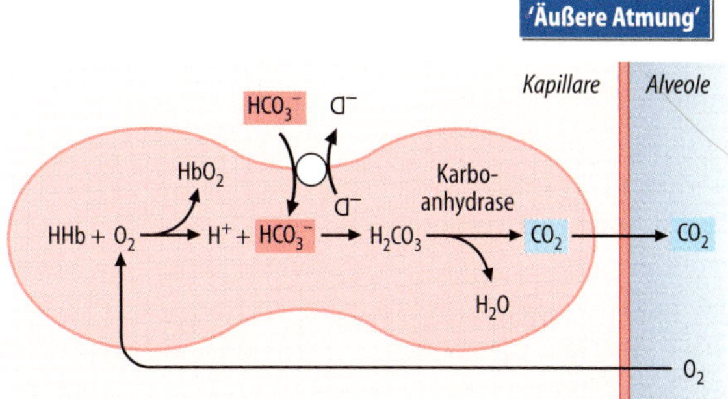

◻ **Abb. 34.7. Chemische Reaktionen im Erythrozyten beim Gasaustausch im Gewebe (»innere Atmung«) und in der Lunge (»äußere Atmung«)**

$$Hb\text{-}NH_2 + CO_2 \approx Hb\text{-}NHCOO^- + H^+$$

Desoxygeniertes Hämoglobin bindet mehr CO_2 als oxygeniertes, da bei der Desoxygenation zusätzliche NH_2-Gruppen entfaltet werden.

CO_2-Abgabe in den Lungenkapillaren. Bei der Lungenpassage des Blutes laufen die genannten Reaktionen in umgekehrter Richtung ab, da ein CO_2-Gefälle zwischen dem in den Lungenkapillaren heranströmenden Blut (PCO_2 46 mm Hg) und dem Alveolarraum (PCO_2 40 mm Hg) besteht. HCO_3^- diffundiert aus dem Blutplasma in die Erythrozyten und verbindet sich dort mit H^+ zu Kohlensäure, welche in H_2O und CO_2 zerfällt (◻ Abb. 34.7). Die Reaktion wird durch die Verfügbarkeit der H^+-Ionen erleichtert, welche das Hämoglobin bei seiner Oxygenation abgibt (▶ s. o.). Die Oxygenation fördert außerdem die Freisetzung von CO_2 aus Karbaminohämoglobin. Normalerweise gleicht sich der PCO_2 im Blut während der Lungenpassage dem alveolären PCO_2 an. Bei schweren Diffusionsstörungen (z. B. bei Lungenentzündung) besteht dagegen häufig ein alveolo-endkapillärer PCO_2-Gradient.

Quantitative Betrachtung. Im gemischt-venösen Blut werden ca. 530 ml CO_2 pro Liter transportiert. Das arterialisierte Blut enthält insgesamt noch ca. 480 ml CO_2 pro Liter. Davon sind 90 % in Bikarbonat umgewandelt, 5 % liegen als Karbaminohämoglobin und 5 % in physikalischer Lösung vor. Hinsichtlich der Bedeutung der einzelnen Kompartimente für den pulmonalen CO_2-Austausch ergeben sich etwas andere Zahlen: 85 % des über die Lunge abgeatmeten CO_2 stammt aus dem Bikarbonat-Pool, 10 % aus Karbaminohämoglobin (»oxylabiles Karbamat«) und 5 % aus dem physikalisch gelösten CO_2.

CO_2-Bindungskurve

Der CO_2 Transport zeigt – im Gegensatz zum O_2 Transport – keine Sättigung

Die CO_2-Bindungskurve unterscheidet sich grundlegend von der O_2-Bindungskurve (Abb. 34.8). Zum einen zeigt sie einen ***hyperbolen Verlauf.*** Zum anderen fehlt bei der CO_2-Bindung die Sättigung. Aus diesem Grund kann die CO_2-Bindungskurve nicht in % des Maximums, sondern nur in Konzentrationseinheiten (ml CO_2/l oder mmol/l Blut) aufgetragen werden. Bei gleichem PCO_2 kann desoxygeniertes Blut mehr CO_2 aufnehmen, weil die H^+-Ionen, die bei der Dissoziation von Kohlensäure entstehen, vermehrt von desoxygeniertem Hämoglobin abgepuffert werden. Nach dem Massenwirkungsgesetz wird das Reaktionsgleichgewicht damit in Richtung H^+- und HCO_3^--Bildung verschoben. Außerdem ist desoxygeniertes Hämoglobin besser als oxygeniertes Hämoglobin befähigt, CO_2 als Karbamat zu binden. Abbildung 34.8 B veranschaulicht, wie mit steigendem CO_2-Partialdruck die Menge des gebildeten HCO_3^- (und des physikalisch gelösten CO_2) immer weiter zunimmt. Lediglich die Karbamatbildung zeigt ein Sättigungsverhalten und bleibt bei hohem PCO_2 konstant.

In Kürze

Transport von CO_2 im Blut

Das im Stoffwechsel gebildete CO_2 gelangt in gelöster Form ins Blut. In den Erythrozyten kommt es dann zu verschiedenen Prozessen:

- CO_2 wird unter Mitwirkung der Karboanhydrase zu Kohlensäure hydratisiert,
- die Kohlensäure dissoziiert sofort in H^+ und HCO_3^-,
- die Protonen werden vom Hämoglobin abgepuffert,
- HCO_3^- diffundiert im Austausch gegen Cl^- ins Blutplasma.
- CO_2 bildet außerdem mit Aminogruppen des Hämoglobins Karbamat.

Alle diese Prozesse werden bei der pulmonalen CO_2-Abgabe in umgekehrter Richtung durchlaufen.
Die CO_2-Bindungskurve des Blutes, welche die Abhängigkeit des CO_2-Gehalts vom CO_2-Partialdruck wiedergibt, zeigt keine Sättigungscharakteristik.
Der CO_2-Gehalt beträgt im arteriellen Blut etwa 480 ml, im venösen Mischblut etwa 530 ml pro l Blut.

34.5 Fetaler Gasaustausch

O_2- und CO_2-Transport

Der Fetus ist auf die diaplazentare Versorgung mit O_2 angewiesen; umgekehrt diffundiert CO_2 aus dem fetalen in das mütterliche Blut

Gefäßsystem. Die Plazenta besteht aus einem mütterlichen und einem fetalen Anteil. Der stete diaplazentare Gasaustausch ist für den Funktionserhalt und das Wachstum des Feten essentiell. Das mütterliche Blut strömt durch die Spiralarterien von der Dezidua in Richtung auf die fetale Chorionplatte und über die Basalvenen wieder ab. Die fetalen Blutgefäße (Äste der Nabelschnurvene und -arterien) befinden sich in den Zottenbäumen, die in den intervillösen Raum ragen. Fetales und mütterliches Blut sind durch dünne Gewebeschichten (fetales Kapillarendothel, Basalmembranen und Synzytio-

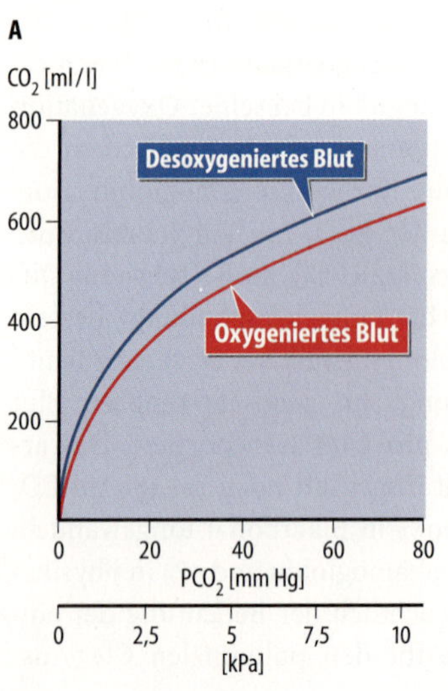

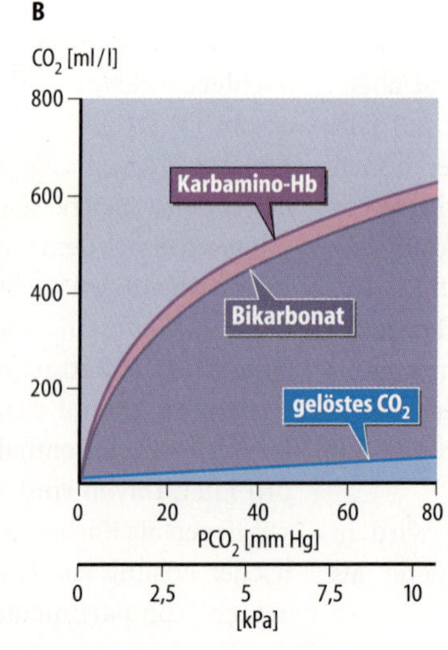

Abb. 34.8. CO_2-Transport im Blut. A CO_2-Bindungskurven für das desoxygenierte und oxygenierte Blut. **B** Anteile der unterschiedlichen CO_2-Transportformen im oxygenierten Blut in Abhängigkeit vom PCO_2. Nach Piiper u. Koepchen (1975)

trophoblast) getrennt, durch die den Partialdruckdifferenzen entsprechend O_2 in materno-fetaler und CO_2 umgekehrt in feto-maternaler Richtung diffundieren.

O_2- und CO_2-Partialdrücke. Der O_2-Partialdruck des arterialisierten fetalen Blutes der V. umbilicalis ist sehr niedrig. Messungen ergaben Werte zwischen 15–30 mm Hg. Der CO_2-Partialdruck des arterialisierten fetalen Blutes beträgt ca. 44 mm Hg bei einem pH von 7,35 (◼ Tabelle 34.1). Der CO_2-Austausch in der Plazenta ist begünstigt, weil Mütter am Ende der Schwangerschaft hyperventilieren, so dass ihr arterieller CO_2-Partialdruck im Mittel nur 32 mm Hg und der pH-Wert 7,44 betragen.

Fetales Hämoglobin

> Die fetale O_2-Versorgung wird durch eine große O_2-Affinität der Erythrozyten und eine hohe Hämoglobinkonzentration des Blutes begünstigt

O_2 im fetalen Blut. Ohne Adaptation wäre das fetale arterialisierte Blut bei einem O_2-Partialdruck von 20–25 mm Hg nur zu 30–40 % mit O_2 gesättigt. Tatsächlich ist es jedoch zu etwa 50 % gesättigt, weil die fetalen Erythrozyten eine ***hohe O_2-Affinität*** besitzen. Das fetale Hämoglobin ***(HbF)***, das an Stelle der β-Ketten zwei γ-Ketten enthält, besitzt weniger Bindungsstellen für 2,3-Bisphosphoglyzerat. Der P_{50} des fetalen Blutes beträgt unter Standardbedingungen 22 mm Hg, gegenüber 27 mm Hg beim Erwachsenen (► s. o.). Weiterhin wird der O_2-Transfer aus dem mütterlichen in das fetale Blut durch den Bohr-Effekt erleichtert, da durch die Ansäuerung des mütterlichen Blutes bei der Passage durch die Plazenta die O_2-Abgabe begünstigt wird. Der Bohr-Effekt ist in der Plazenta besonders effektiv, weil die O_2-Aufnahme des Fetus gleichzeitig mit der Alkalisierung seines Blutes erleichtert wird.

Hämoglobinkonzentration. Die niedrigen O_2-Partialdrücke in den fetalen Geweben bewirken eine Stimulation der Erythropoiese. Die Erythrozyten- und Hämoglobinkonzentrationen und damit der O_2-Gehalt des Blutes sind erhöht. Die Hämoglobinkonzentration des Feten vor der Geburt beträgt im Mittel 160 g/l.

Pathophysiologie. Eine Unterbrechung des diaplazentaren O_2-Transfers kann innerhalb weniger Minuten zum intrauterinen Tod führen. Häufige Ursache eines unzureichenden diaplazentaren O_2-Transfers ist die ***Minderdurchblutung*** des intervillösen Raumes aufgrund eines Abfalls des mütterlichen arteriellen Blutdrucks. Die Uteruskontraktionen während der Geburt führen ebenfalls zu einer Verminderung der intervillösen Durchblutung und intermittierenden Absenkungen des O_2-Partialdruckes im arterialisierten fetalen Blut. Akuter O_2-Mangel bewirkt beim Feten einen Abfall der Herzfrequenz. Länger dauernder O_2-Mangel verursacht ein Gehirnödem und möglicherweise bleibende Gehirnschäden.

Säuglingszeit. In den ersten 3 Monaten nach der Geburt fällt die Hämoglobinkonzentration des Blutes auf ein Minimum von ca. 120 g/l (Trimenonreduktion, ► s. Kap. 34.2). Die neu gebildeten Erythrozyten beinhalten HbA, so dass anfänglich (fetale) Erythrozyten mit hoher O_2-Affinität und solche mit niedriger O_2-Affinität nebeneinander im Blut zirkulieren. Wenn im Alter von 12–18 Monaten nach der Geburt alle fetalen Erythrozyten eliminiert sind, ist die normale O_2-Affinität des adulten Blutes erreicht.

◼ Tabelle 34.1. Mütterlicher und fetaler Blutgasstatus im arterialisierten Blut. Nach Chang u. Wood (1976)

	mütterlich	fetal
PO_2 (mm Hg)	78 (±17)	21 (±4)
PCO_2 (mm Hg)	32 (±4)	44 (±6)
pH	7,44 (±0,03)	7,35 (±0,04)

In Kürze

Fetaler Gasaustausch

In der Plazenta diffundiert O_2 aus dem mütterlichen in das fetale Blut und CO_2 in umgekehrter Richtung. Die O_2-Aufnahme des Feten wird begünstigt durch
- eine hohe O_2-Affinität (HbF),
- eine hohe Hämoglobinkonzentration des fetalen Blutes.

Der O_2 -Partialdruck ist im fetalen Blut sehr niedrig.

Literatur

Nikinmaa M (1997) Oxygen and carbon dioxide transport in vertebrate erythrocytes: An evolutionary change in the role of membrane transport. J Exp Biol 200: 369–380

Perutz MF (1970) Stereochemistry of cooperative effects in haemoglobin. Nature 228: 726–739

Roach RC, Wagner PD, Hackett PH (2001) Hypoxia: from genes to the bedside. Adv Exp Med Biol, Vol. 502, Kluwer Academic/Plenum Publishers, New York, Boston, Dordrecht, London, Moscow

Sanders KE, Lo J, Sligar SG (2002) Intersubunit circular permutation of human hemoglobin. Blood 100: 299–305

Winslow RM (2002) Blood substitutes. Current Opinion Hematol 9: 146–151

Kapitel 35
Säure-Basen-Haushalt

F. Lang

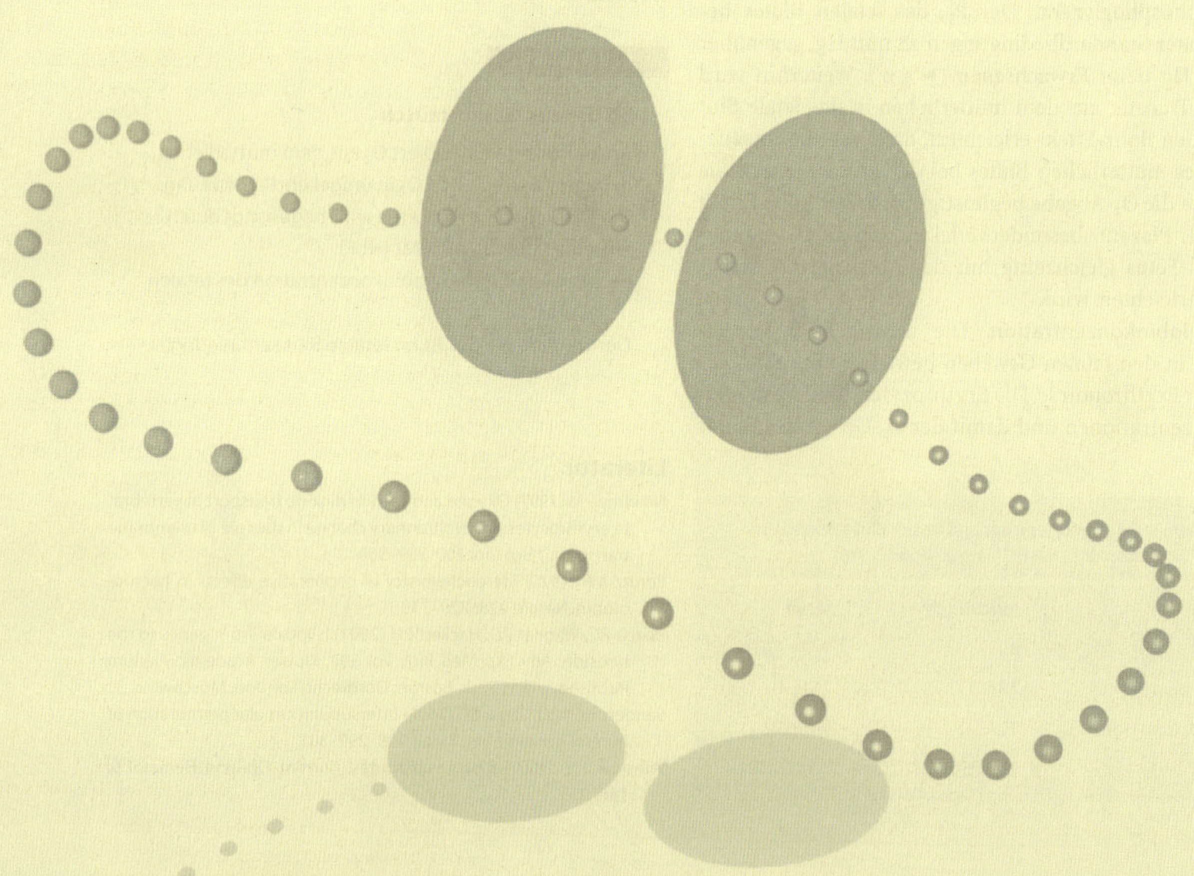

Einleitung

Eine junge Frau wird bewusstlos in die Notaufnahme des Krankenhauses eingeliefert. Dem diensthabenden Arzt fällt sofort die tiefe Atmung der Patientin auf. Er vermutet das Vorliegen einer Azidose (Ansäuerung des Blutes), welche die Patientin zur verstärkten Atmung zwingt. Eine Ursache von Azidose ist absoluter Insulinmangel beim Diabetes mellitus. Bei Wegfall der hemmenden Wirkung von Insulin auf den Fettabbau werden aus Triglyzeriden des Fettgewebes Fettsäuren freigesetzt. Die Fettsäuren dissoziieren (geben H^+ ab) und steigern damit die H^+-Konzentration im Blut. Der Arzt bestätigt den Verdacht auf Diabetes mellitus durch den Nachweis einer massiv gesteigerten Blut-Glukosekonzentration, eine Folge verminderten Glukoseverbrauchs bei Insulinmangel. Die folgende Behandlung der Patientin mit Insulin senkt nicht nur die Glukosekonzentration im Blut, sondern behebt auch die Azidose. Die Normalisierung der Blutwerte führt schließlich zum Aufwachen der Patientin.

35.1 Bedeutung und Pufferung des pH

pH-abhängige Funktionen

Die Eigenschaften von Proteinen sind von der umgebenden H^+-Konzentration abhängig; daher beeinflusst die H^+-Konzentration eine Vielzahl ganz unterschiedlicher Funktionen

H^+-Konzentrationen in Extra- und Intrazellulärraum. Normalerweise liegt der pH im Blut zwischen 7,37 und 7,43, das entspricht einer H^+-Konzentration von etwa 0,04 µmol/l. In den Zellen ist die H^+-Konzentration normalerweise etwas höher (pH 7,0–7,3). Bei Zunahme der H^+-Konzentration bzw. Abfall des pH unter pH 7,37 spricht man von Azidose, bei einem Abfall der H^+-Konzentration bzw. Anstieg des pH über 7,43 von Alkalose.

Wirkung der H^+-Konzentration auf den Stoffwechsel. Die Eigenschaften von Enzymen, Transportproteinen, Rezeptoren etc. werden durch die Dissoziation bestimmter Aminosäuren (v. a. Histidin) und damit vom umgebenden pH beeinflusst. Damit sind viele zelluläre Funktionen pH-abhängig. Unter anderem werden die Schrittmacherenzyme der Glykolyse, v. a. die Phosphofruktokinase, durch eine Zunahme der H^+-Konzentration (Azidose) gehemmt und durch eine Abnahme der H^+-Konzentration (Alkalose) stimuliert. Alkalose fördert die Glykolyse und Laktat-Produktion, hemmt die Glukoneogenese und begünstigt die Anhäufung von Citrat. Azidose fördert andererseits den Abbau von Glukose über den Pentosephosphatzyklus. DNA-Synthese und Zellteilung (Zellproliferation) werden durch intrazelluläre Azidose gehemmt. Wachstumsfaktoren stimulieren den Na^+/H^+-Austauscher, der den zellulären pH steigert und damit eine Voraussetzung für die Zellproliferation schafft.

Kanäle. Viele Ionenkanäle sind in hohem Maße pH-empfindlich. Insbesondere werden einige K^+-Kanäle durch Alkalose geöffnet und durch Azidose verschlossen. Damit fördert u. a. Alkalose die Ausscheidung von K^+ über K^+-Kanäle der Nierenepithelien. Alkalose steigert und Azidose senkt ferner den Ca^{2+}-Einstrom über Ca^{2+}-Kanäle.

Zelluläre Ca^{2+}-Konzentration. Bei Zunahme der zytosolischen H^+-Konzentration geben die ***Mitochondrien*** im Austausch gegen H^+ Ca^{2+} ab. Ferner verdrängt H^+ Ca^{2+} von Proteinbindungsstellen. Daher kann die zytosolische Ca^{2+}-Konzentration ansteigen. Gleichzeitig kommt es freilich zu einer Hemmung der ***Ca^{2+}-Kanäle*** in Herz- und Skelettmuskel (▶ s. o.). Während der Muskelkontraktion steht damit weniger Ca^{2+} zur Verfügung.

Skelett- und Herzmuskel, Kreislauf. Azidose mindert die ***Kontraktionskraft*** von Herz- und Skelettmuskel u. a. durch Hemmung des Ca^{2+}-Einstroms (▶ s. o.). Darüber hinaus verdrängt H^+ Ca^{2+} von den Bindungsstellen am Troponin. Azidose begünstigt die Erweiterung (Vasodilatation), Alkalose die Verengung (Vasokonstriktion) von ***Gefäßen***. Azidose reduziert die Durchlässigkeit von ***Gap Junctions***. Dadurch wird u. a. die Erregungsfortleitung im Herzen verzögert.

Bindung von O_2 und Ca^{2+} im Blut. Azidose mindert und Alkalose steigert die Sauerstoffaffinität von Hämoglobin. Alkalose stimuliert die Dissoziation von Plasmaproteinen, die dann besser Ca^{2+} binden. Andererseits komplexiert HCO_3^- Ca^{2+}. Ist eine Alkalose Folge eines Bikarbonatüberschusses (metabolische Alkalose, ▶ s. u.), dann addieren sich beide Wirkungen und die Ca^{2+}-Aktivität im Plasma sinkt stark ab.

▪▪▪ Bei gesteigerter Abatmung von CO_2 (Hyperventilation) kommt es einerseits zur Alkalose (▶ s. u.) und damit zur gesteigerten Bindung von Ca^{2+} an Proteine. Gleichzeitig sinkt aber die Bikarbonat-Konzentration im Blut und damit die Bindung von Ca^{2+} an Bikarbonat. Die Konzentration an freiem Ca^{2+} ändert sich dabei kaum.

Eigenschaften von Puffern

Puffer können bei hoher H^+-Konzentration H^+ binden und bei niederer H^+-Konzentration wieder abgeben; damit schwächen sie Änderungen der H^+-Konzentration ab

Henderson-Hasselbalch-Gleichung. Ein Puffersystem kann reversibel H^+ binden oder abgeben:

$$AH \leftrightarrow H^+ + A^-$$

Dabei ist AH die undissoziierte Säure und A^- das dissoziierte Säureanion.

Die Zahl der Moleküle AH, welche pro Zeiteinheit H^+ abgeben (J^1), ist proportional zur Konzentration von AH ([AH]):

$$J^1 = k^1 \times [AH]$$

Umgekehrt ist die Reaktion von H^+ und A^- zu AH (J^{-1}) eine Funktion der Konzentrationen von H^+ ($[H^+]$) und A^- ($[A^-]$):

$$J^{-1} = k^{-1} \times [H^+] \times [A^-]$$

k^1 und k^{-1} sind »Konstanten«, welche die jeweilige Geschwindigkeit der Reaktion beschreiben. Sie hängen u. a. von Temperatur und Ionenstärke ab, nicht aber von $[H^+]$, $[A^-]$ und $[AH]$.

Im Gleichgewicht ist $J^1 = J^{-1}$ und

$$k^1 \times [AH] = k^{-1} \times [H^+] \times [A^-] \text{ sowie}$$
$$k^1/k^{-1} = K = [H^+] \times [A^-]/[AH]$$

Logarithmieren der Gleichung führt zu:

$$\lg K = \lg [H^+] + \lg ([A^-]/[AH])$$

und, da $\lg [H^+] = -pH$, und $\lg K = -pK$, gilt:

$$pH = pK + \lg ([A^-]/[AH])$$

Diese sogenannte Henderson-Hasselbalch-Gleichung beschreibt den Zusammenhang zwischen dem pH und dem Verhältnis von $[A^-]/[AH]$ (Abb. 35.1).

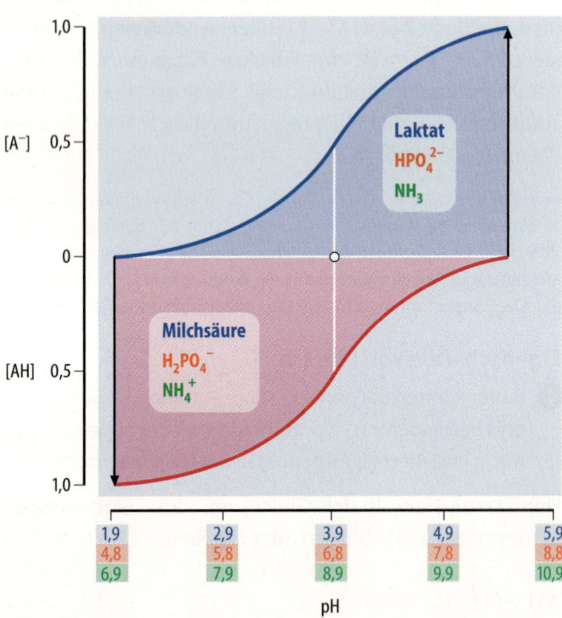

Abb. 35.1. Dissoziation von Puffersystemen. Relative Konzentration der protonierten Form [AH] *(rot)* und der nichtprotonierten Form $[A^-]$ *(blau)* verschiedener Puffersysteme (Milchsäure/Laktat; $H_2PO_4^-/HPO_4^{2-}$; NH_4^+/NH_3) als Funktion des pH. Bei zunehmendem pH (sinkender H^+-Konzentration) geben Milchsäure, $H_2PO_4^-$ und NH_4^+ Protonen (H^+) ab, damit sinken die Konzentrationen an Milchsäure, $H_2PO_4^-$ und NH_4^+ *(rot)* und die Konzentrationen an Laktat, HPO_4^{2-} und NH_3 *(blau)* steigen entsprechend. Die Summe von protonierter Form und nichtprotonierter Form bleiben jeweils konstant

▪▪▪ **Beispielsrechnung:** Harnsäure hat einen pK von 5,8. Sie liegt bei einem pH von 6,8 zu etwa 91 % in dissoziierter Form ($[A^-]$) und zu etwa 9 % in undissoziierter Form ([AH]) vor:

$\lg ([A^-]/[AH]) = pH - pK = 6{,}8 - 5{,}8 = 1{,}0$
$\lg 1{,}0 = 10$, d. h. $[A^-]/[AH] = 10:1$

Bei einem pH von 5,8 ist die Hälfte der Säure dissoziiert, bei einem pH von 4,8 nur noch etwa 9 %.

Gleichung für schwache Basen. In Analogie zur Hendersson-Hasselbalch-Gleichung für schwache Säuren gilt folgende Gleichung für schwache Basen:

$$pH = pK + \lg ([B]/[BH^+]),$$

wobei [B] und $[BH^+]$ die Konzentrationen der freien und der H^+-bindenden Base sind.

Pufferkapazität. Ein Puffersystem dämpft Änderungen der H^+-Konzentration durch H^+ Bindung (bei zunehmender H^+-Konzentration) bzw. H^+-Abgabe (bei abnehmender H^+-Konzentration). Das Ausmaß dieser Dämpfung wird durch die sogenannte Pufferkapazität (K_P) zum Ausdruck gebracht:

$$K_P = \Delta[H^+]/\Delta pH$$

Die Pufferkapazität steigt mit der Konzentration der Puffer. Darüber hinaus sinkt die Pufferkapazität mit dem Abstand von pH und pK.

▪▪▪ **Beispielsrechnung:** Milchsäure hat einen pK von 3,9 (► s. Abb. 35.1). Mischt man 9 mmol/l Laktat ([Lac-]) und 9 mmol/l Milchsäure ([LacH]), dann stellt sich ein pH von 3,9 ein:

$pH = pK + \lg ([Lac^-]/[LacH]) = 3{,}9 + 0$
denn $\lg 1 = 0$

Werden nun 3 mmol/l NaOH dazugegeben (und damit 3 mmol/l H^+ entfernt), dann geben 3 mmol/l Milchsäure H^+ ab und dissoziieren zu Laktat. Die Laktatkonzentration steigt auf 12 mmol/l und die Milchsäurekonzentration sinkt auf 6 mmol/l. Der pH steigt dadurch auf:

$pH = pK + \lg ([Lac^-]/[LacH]) = 3{,}9 + 0.3 = 4{,}2$

Eine Steigerung des pH von 3,9 auf 4,2 erfordert also 3 mmol/l NaOH und die Pufferkapazität ist demnach 3 mmol/l/0,3 pH = 10 mmol/l pro pH-Einheit.

Werden nun nochmals 3 mmol/l NaOH dazugegeben, dann steigt die Laktatkonzentration auf 15 mmol/l und die Milchsäurekonzentration sinkt auf 3 mmol/l. Der pH steigt auf:

$pH = pK + \lg ([Lac^-]/[LacH]) = 3{,}9 + 0{,}7 = 4{,}6$

Beim zweiten Schritt war die Pufferkapazität 3 mmol/l/0,4 pH = 7,5 mmol/l pro pH-Einheit.

Puffer im Blut

Die Hälfte der Pufferkapazität des Blutes wird durch Proteine geschaffen; wirkungsvollstes Puffersystem im Blut ist aber das H_2CO_3/HCO_3^--System, da die Puffersäure über Abatmung von CO_2 und die Pufferbase durch Ausscheidung von HCO_3^- reguliert werden kann

Proteine. Die Pufferbasen des Blutes (normalerweise ca. 48 mmol/l) sind etwa zur Hälfte Proteine. Im Bereich des normalen Blut-pH können Proteine H^+ vor allem durch Anlagerung an Histidin binden. Normalerweise werden bei einer Absenkung des Blut-pH um eine pH-Einheit 5 mmol/l H^+ an Plasmaproteine (v. a. Albumine) gebunden, und 16 mmol/l H^+ an Hämoglobin. Desoxygeniertes Hämoglobin weist eine geringere Azidität als oxygeniertes Hämoglobin auf (▶ s. Kap. 34.2) und bindet daher bei gleichem pH mehr H^+.

H_2CO_3/HCO_3^--System. Noch wirkungsvoller als die Proteine ist das H_2CO_3/HCO_3^--System (pK = 3,3). H_2CO_3/HCO_3^- ist nämlich ein sogenanntes offenes Puffersystem: CO_2 wird im Stoffwechsel ständig gebildet und von der Lunge abgeatmet (▶ s. Kap. 34.4). Auf der anderen Seite kann HCO_3^- von der Niere in Kooperation mit der Leber gebildet oder eliminiert werden (s.u). In Anwesenheit des Enzyms Carboanhydrase steht H_2CO_3 im Gleichgewicht mit CO_2:

$$[CO_2] = 10^{2,8} \times [H_2CO_3]$$

und damit kann die Henderson-Hasselbalch Gleichung folgendermaßen formuliert werden:

$$pH = 6,1 + \lg [HCO_3^-]/[CO_2]$$

oder, wenn man statt der CO_2-Konzentration den CO_2-Druck einsetzt:

$$pH = 6,1 + \lg [HCO_3^-]/(0,226 [mmol \times l^{-1} \times kPa^{-1}] \times pCO_2 [kPa])$$

▪▪▪ **Beispielsrechnung:** Bei einer Bikarbonatkonzentration ($[HCO_3^-]$) von 24 mmol/l und einem pCO_2 von 5,3 kPa (40 mm Hg) ist der pH 7,4 (6,1 + lg 20).

Andere Puffer. Die Proteine und das CO_2/HCO_3^--System sind bei weitem die beiden wichtigsten Puffer im Blut. Die Konzentration anderer Puffer, wie Phosphat und organischer Säuren, ist zu gering, um einen nennenswerten Beitrag zur Pufferkapazität des Blutes zu leisten.

Summe der Pufferbasen im Blut. Wird durch die Lunge weniger CO_2 abgeatmet als im Stoffwechsel erzeugt wird, dann steigt im Blut die CO_2- bzw. die Kohlensäurekonzentration. Kohlensäure dissoziiert zu HCO_3^- und H^+, das durch Proteine abgepuffert wird. Für jedes mmol/l HCO_3^-, das auf diese Weise entsteht, verschwindet ein mmol/l Pufferbase bei den Proteinen. Die Gesamtkonzentration der Pufferbasen des Blutes bleibt somit bei Änderungen der CO_2-Konzentration praktisch konstant. Bei CO_2- unabhängigen Änderungen der HCO_3^- Konzentration, z. B. durch Verluste über die Niere, ändert sich die Gesamtkonzentration der Pufferbasen entsprechend.

Bedeutung der Puffer im Harn

Selbst bei saurem Urin-pH kann die Niere relevante Mengen von H^+ nur an Puffer gebunden ausscheiden; wichtigste Puffersysteme sind NH_3/NH_4^+ (sogenannte nichttitrierbare Säure) und $HPO_4^{2-}/H_2PO_4^-$ (sogenannte titrierbare Säure)

Renale Säure-Ausscheidung. Vor allem durch Abbau von schwefelhaltigen Aminosäuren zu Sulphat entstehen normalerweise täglich bis zu 100 mmol H^+, die durch die Nieren ausgeschieden werden müssen. Jedoch selbst bei einem Urin-pH von 4,5 ist die freie H^+-Konzentration nur etwa 30 μmol/l. Daher kann die Niere H^+ nur mit Hilfe von Puffern ausscheiden. Zwei Puffersysteme sind von besonderer Bedeutung:

- Das ***NH_3/NH_4^+-System***, das normalerweise etwa 60 % zur täglichen H^+-Ausscheidung beiträgt, sowie
- das ***$HPO_4^{2-}/H_2PO_4^-$-System***, das etwa 30 % beisteuert.

Ein kleiner Teil von H^+ wird an Harnsäure (pK 5,8) gebunden ausgeschieden.

NH_3/NH_4^+-Puffer. NH_3 wird bei Azidose im proximalen Tubulus der Niere unter dem Einfluss der ***Glutaminase*** aus Glutamin gebildet und als NH_4^+ ausgeschieden. Damit scheidet die Niere sowohl H^+ als auch Stickstoff aus. NH_3 ist eine schwache Base mit einem pK von 9, bei einem Blut-pH von 7,4 ist das Verhältnis NH_4^+/NH_3 etwa 40 : 1. Im Allgemeinen sind die Zellmembranen gut für NH_3 permeabel, während NH_4^+ die Zellmembran nur mit Hilfe von Transportsystemen (z. B. $Na^+,K^+,2Cl^-$-Cotransporter) passieren kann. NH_3 diffundiert in das saure Tubuluslumen, bindet dort H^+ und kann als NH_4^+ das Tubuluslumen nicht mehr verlassen. Im dicken Teil der Henle-Schleife wird NH_4^+ z. T. über den $Na^+,K^+,2Cl^-$-Cotransport resorbiert und damit im Nierenmark akkumuliert. Die Diffusion von NH_3 in das saure Lumen des Sammelrohres und die dortige Bildung von NH_4^+ erlaubt dann die effiziente Ausscheidung von NH_4^+.

NH_4^+ als nichttitrierbare Säure. Mit jedem ausgeschiedenen NH_4^+ wird ein H^+ eliminiert. Bei Titrieren des sauren Harns mit NaOH bis zum neutralen pH von 7,0 bleibt H^+ an NH_4^+ gebunden (pK = 9). NH_4^+ wird demnach als nichttitrierbare Säure des Harns bezeichnet.

Regulation der NH_3/NH_4^+-Ausscheidung. Die proximaltubuläre Bildung von NH_3 ist in hohem Maße abhängig vom ***Säure-Basen-Haushalt***: Azidose stimuliert und Alkalose hemmt die renale Glutaminase. Eine anhaltende renale Bildung von NH_3 bei Alkalose wäre schädlich, da bei Alkalose weniger H^+ sezerniert wird, das Tubuluslumen relativ alkalisch ist, damit NH_3 im Tubuluslumen weniger zu NH_4^+ reagiert und NH_4^+ weniger ausgeschieden wird. Das im proximalen Tubulus gebildete NH_3 würde also zum Teil nicht ausgeschieden sondern in das Blut abgegeben werden. NH_3 bzw. NH_4^+ ist jedoch bereits in sehr geringen Konzentrationen toxisch (v. a. für das Nervensystem).

Phosphat-Puffer. Phosphat ist eine trivalente Säure, die in Abhängigkeit vom herrschenden pH völlig, teilweise oder gar nicht dissoziiert ist:

$$PO_4^{3-} + H^+ \leftrightarrow HPO_4^{2-} + H^+ \leftrightarrow H_2PO_4^- + H^+ \leftrightarrow H_3PO_4$$

Die pKs der jeweiligen Reaktionen liegen bei 2,0, 6,8 und 12,3. Beim pH des Blutes (pH 7,4) liegt Phosphat zu 80 % als HPO_4^{2-} und zu 20 % als $H_2PO_4^-$ vor. Weit unter 1 % sind PO_4^{3-} oder H_3PO_4. Bei Ansäuerung des Urins bindet HPO_4^{2-} H^+ und reagiert somit zu $H_2PO_4^{2-}$. Bei einem Harn-pH von 7,4 wird kein zusätzliches H^+ an Phosphat gebunden, bei pH 5,8 sind etwa 91 % $H_2PO_4^-$ und etwa 9 % HPO_4^{2-}. Bei einem Blut-pH vom 7,4 und einem Harn-pH von 5,8 haben etwa 70 % des ausgeschiedenen Phosphats auf der Passage vom Blut zum Harn H^+ gebunden. Für die ***Ausscheidung von H^+ als Phosphat*** ist daher neben der Menge an ausgeschiedenem Phosphat auch der ***Harn-pH*** maßgebend (Abb. 35.2).

Phosphat als titrierbare Säure. Bei Titrieren des sauren Harns mit NaOH bis zum pH 7,0 gibt $H_2PO_4^-$ H^+-Ionen ab. Phosphat ist demnach im Gegensatz zu NH_4^+ eine titrierbare Säure des Harns.

Doppelte Wirkung von Phosphat aus dem Knochen. Häufig wird das in der Niere ausgeschiedene Phosphat aus dem Knochen mobilisiert, wo es in extrem alkalischen Salzen (z. T. als PO_4^{3-}) abgelagert ist. Bereits bei der Mobilisierung des Phosphats aus dem Knochen und Bildung von HPO_4^{2-} werden daher H^+ verbraucht.

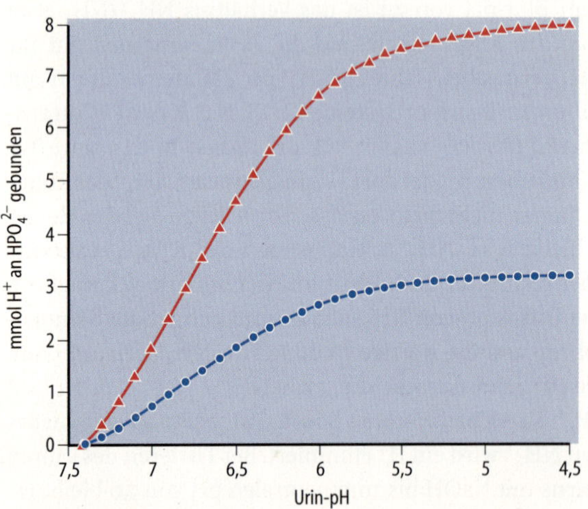

Abb. 35.2. Renale Ausscheidung von Phosphat-gepufferten H^+. Menge (mmol pro Liter Harn) der durch Phosphat gepufferten Protonen im Harn als Funktion des Harn-pH bei einem Plasma-pH-Wert von 7,4. Ist der Urin nicht saurer als das Plasma (pH 7,4), dann bindet Phosphat im Harn nicht mehr H^+ als im Plasma und über Phosphat wird kein H^+ ausgeschieden. Bei Ansäuerung des Harn-pH wird zunehmend H^+ an Phosphat gebunden. Die Menge der an Phosphat gebundenen H^+ hängt dabei auch von der Menge an ausgeschiedenem Phosphat ab. Daher ist die Kurve bei einer Harn-Phosphat-Konzentration von 10 mmol/l steiler als bei 4 mmol/l

In Kürze

Bedeutung des pH

Die H^+-Konzentration beeinflusst:
- Stoffwechsel (v. a. Glykolyse),
- Ionenkanäle (v. a. K^+- und Ca^{2+}-Kanäle),
- zytosolische und extrazelluläre Ca^{2+}-Konzentration,
- Muskelkontraktion (v. a. Herz),
- Erregungsausbreitung im Herz,
- Gefäßwiderstand,
- O_2-Affinität des Hämoglobins.

Pufferung des pH

Änderungen der H^+-Konzentration werden durch Puffer gedämpft. Die wichtigsten Puffer im Blut sind
- Proteine, insbesondere Hämoglobin,
- das CO_2/HCO_3^- System, das als offenes System besonders effizient ist.

Die wichtigsten Puffer im Harn sind
- NH_3/NH_4^+,
- Phosphat.

35.2 Regulation des pH

Zelluläre pH-Regulation

Die Zellen verfügen über mehrere Transportprozesse, die den zytosolischen pH konstant halten

H^+-Transportpozesse. Die Zellen halten ihren pH auch bei Änderungen des extrazellulären pH erstaunlich konstant im Bereich von etwa pH 7,1. Der quantitativ wichtigste H^+-Transporter ist der Na^+/H^+-Austauscher in der Zellmembran (Abb. 35.3). Er wird durch den Na^+-Gradienten getrieben. Bei einem Na^+-Gradienten von beispielsweise 1 : 10 (außen 150, innen 15 mmol/l) kann er den intrazellulären pH auch dann noch auf 7,1 halten, wenn der extrazelluläre pH auf pH 6,1 gesunken ist. Noch größere pH-Gradienten können die ATP verbrauchenden H^+-ATPase und H^+/K^+-ATPase überwinden. Sie spielen immer dort eine wichtige Rolle, wo H^+ in ein saures extrazelluläres Milieu gepumpt werden muss, wie im Magen (▶ s. Kap. 38.4) oder in distalem Tubulus und Sammelrohr der Niere (▶ s. Kap. 29.5). Na^+/H^+-Austauscher und H^+-ATPasen werden auch zur Ansäuerung intrazellulärer Vesikel eingesetzt (▶ s. Kap. 1.1).

Bikarbonattransport. Da CO_2 die Zellmembran gut passieren kann und die Zelle HCO_3^- aus CO_2 nachbildet, führt ein zellulärer Verlust von HCO_3^- zu intrazellulärer

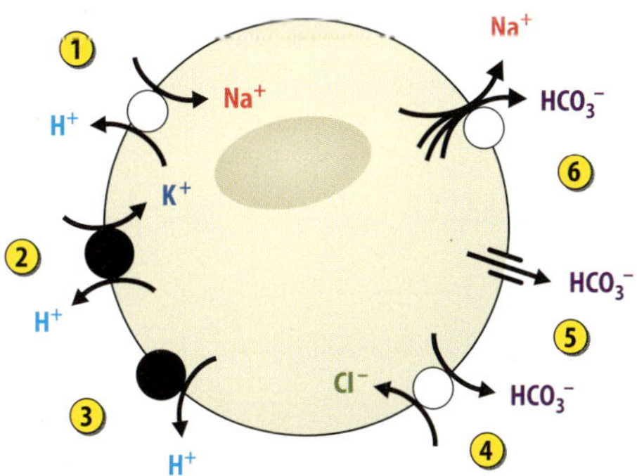

Abb. 35.3. Transportprozesse in der zellulären pH-Regulation. Transportprozesse, die zur Alkalinisierung der Zelle führen *(links)* und Transportprozesse, die normalerweise die Zelle ansäuern *(rechts)*. (1) Na^+/H^+-Austauscher, (2) K^+/H^+-ATPase, (3) H^+-ATPase, (4) Cl^-/HCO_3^--Austauscher, (5) HCO_3^--Kanal, (6) $Na^+(HCO_3^-)_3$-Cotransport

Ansäuerung. Bikarbonat kann die Zelle über den HCO_3^-/Cl^--Austauscher (sog. Bande-3-Protein), über Anionenkanäle und über einen Cotransport mit Na^+ verlassen. Insbesondere der Cotransport mit Na^+ arbeitet dicht am elektrochemischen Gleichgewicht (▶ s. Kap. 3.3) und kann daher auch Bikarbonat in die Zelle transportieren.

Zusammenwirken von Lunge und Niere in der Regulation des Blut-pH

Die Lunge atmet CO_2 ab; die Niere kann HCO_3^- ausscheiden oder aus H_2CO_3 HCO_3^- bilden und das dabei entstehende H^+ ausscheiden; beide Organe tragen gleichermaßen zur Aufrechterhaltung eines normalen Blut-pH bei

Kooperation von Lunge und Niere. Die Lunge und die Niere erfüllen komplementäre Aufgaben in der Regulation des Säure-Basen-Haushaltes. Die Lunge beeinflusst den pH, indem sie CO_2 abatmet, die Niere reguliert den Säure-Basen-Haushalt über die Ausscheidung von H^+ oder HCO_3^-.

Regulation durch CO_2-Abatmung. Wenn die renale H^+-Ausscheidung mit der metabolischen Produktion von H^+ nicht Schritt hält, dann muss die Lunge vermehrt CO_2 abatmen, um eine Zunahme der H^+-Konzentration zu verhindern:

$$H^+ + HCO_3^- \rightarrow CO_2 + H_2O$$

Die täglich abgeatmete Menge von CO_2 ist normalerweise im Bereich von 15 mol, ein Vielfaches der von der Niere ausgeschiedenen H^+-Menge (normalerweise bis zu 100 mmol, ▶ s. o.).

Notwendigkeit der renalen H^+-Ausscheidung. Trotzdem kann die Lunge eine anhaltend herabgesetzte renale H^+-Ausscheidung nicht kompensieren: Die Entfernung von H^+ durch ***Abatmung von CO_2 verbraucht HCO_3^-*** und mindert daher die HCO_3^--Konzentration im Blut. Andererseits ist der Blut-pH eine Funktion des Verhältnisses von $[HCO_3^-]/[CO_2]$. Bei abnehmender HCO_3^--Konzentration muss auch die CO_2-Konzentration im Blut gesenkt werden, um den pH konstant zu halten. Die Lunge muss daher solange vermehrt abatmen, bis die HCO_3^--Konzentration wieder (durch die Niere) korrigiert wurde.

▪▪▪ **Beispiel.** Bei einem Patienten mit Nierenversagen scheidet die Niere einen Tag kein H^+ aus, obgleich 100 mmol/l H^+ metabolisch gebildet werden. Intra- und extrazellulärer pH sollen konstant bleiben, und alle überzähligen H^+ (100 mmol) mit dem extrazellulären HCO_3^- zu CO_2 reagieren, das abgeatmet werden muss. Die dabei zusätzlich gebildeten 0,1 mol CO_2 fallen bei einer täglichen Produktion und Abatmung von 15 mol CO_2 kaum ins Gewicht und erfordern eine Steigerung der Ventilation um weniger als 1 %. Durch die Reaktion von H^+ zu HCO_3^- sinkt jedoch gleichzeitig die extrazelluläre HCO_3^--Konzentration bei einem Extrazellulärvolumen von 20 Liter um 5 mmol/l (100 mmol//20 Liter), also um 20 %. Um den pH konstant zu halten, muss die CO_2-Konzentration gleichfalls um mindestens 20 % gesenkt werden (wenn man die weitere Abnahme des HCO_3^- vernachlässigt). Die durch die Lunge abgeatmete CO_2-Menge (M_{CO2}) ist eine Funktion der CO_2-Konzentration in den Alveolen und diese ist identisch zur CO_2-Konzentration im arterialisierten Blut ($[CO_2]_a$): $M_{CO2} = Va \times [CO_2]_a$, wobei Va die Ventilation der Alveolen ist (▶ s. Kap. 32.2). Bei Sinken von $[CO_2]_a$ um 20 % muss Va um 25 % gesteigert werden, wenn noch die gleiche Menge an CO_2 (15 mol/Tag) abgeatmet werden soll. Die Lunge muss also in Wirklichkeit um mindestens 25 % mehr atmen, um bei einem Überschuss von 100 mmol H^+ den Blut-pH konstant zu halten. Die Lunge muss die Hyperventilation solange aufrecht erhalten, bis die Niere ihr Versäumnis nachgeholt und die HCO_3^--Konzentration im Blut wieder normalisiert hat. Wenn die Niere anhaltend zu wenig H^+ ausscheidet (z. B. bei Nierenversagen), dann kann die Lunge das Auftreten einer Azidose zwar verzögern, aber nicht verhindern.

Zusammenwirken von Leber und Niere bei der Regulation des Säure-Basen-Haushaltes

Die Leber gibt bei Azidose Glutamin ab, das in der Niere zur NH_4^+-Bildung und Ausscheidung erforderlich ist; bei Alkalose bildet die Leber Harnstoff und die Niere scheidet kein NH_4^+ aus

Glutaminstoffwechsel. Die renale Ausscheidung von H^+ geschieht normalerweise zu etwa 2/3 in der Form von NH_4^+ (▶ s. Abschnitt 35.1) Um NH_3 produzieren zu können, ist die Niere auf die Zufuhr von Glutamin angewiesen. Die Glutaminkonzentration im Blut hängt wiederum vom Glutaminstoffwechsel in der Leber ab (Abb. 35.4): Normalerweise verbraucht die Leber Glutamin für die ***Harnstoffsynthese***, bei der formal zwei NH_4^+ und zwei HCO_3^- eingesetzt werden:

$$2\,NH_4^+ + 2\,HCO_3^- = CO(NH_2)_2 + 2\,H_2O$$

Die ***Glutaminase*** in den periportalen Zellen der Leber liefert dabei NH_4^+. Die perivenösen Zellen der Leber sind umgekehrt unter Vermittlung der sog. Glutamin-Synthetase in der Lage, unter Verbrauch von NH_4^+ Glutamin zu bilden.

Regulation des Glutaminstoffwechsels. Bei Alkalose überwiegt in der Leber die Glutaminaseaktivität und der Nettoverbrauch von Glutamin. Bei Azidose wird die he-

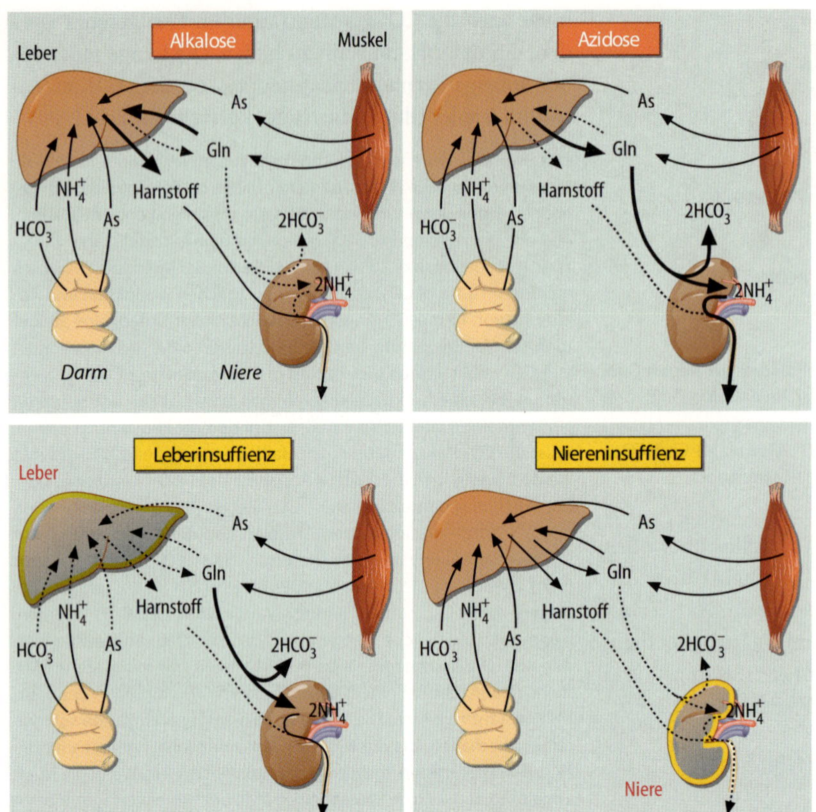

Abb. 35.4. Kooperation von Leber und Niere in der Regulation des Säure-Basen-Haushaltes. Die Leber erhält u.a. aus Darm und Muskel NH_4^+, HCO_3^- und Aminosäuren (u.a. Glutamin). Bei Alkalose ist die Glutaminase der Leber aktiviert, die Leber baut Glutamin ab und bildet aus NH_4^+ und HCO_3^- Harnstoff. Die Niere scheidet den Harnstoff, jedoch kein H^+ aus. Bei Azidose wird die Glutaminase in der Leber gehemmt, die Harnstoffsynthese gedrosselt und die Leber produziert Glutamin. Das Glutamin wird durch die bei Azidose stimulierte Glutaminase in der Niere zu NH_3 abgebaut, das mit H^+ als NH_4^+ ausgeschieden wird. Bei Leberinsuffizienz ist die Harnstoffsynthese in der Leber beeinträchtigt, und es entwickelt sich eine Alkalose. Bei Niereninsuffizienz sind renaler Glutaminabbau und renale H^+-Ausscheidung beeinträchtigt, und es kommt zur Azidose

patische Glutaminase gehemmt und die Nettoproduktion von Glutamin überwiegt. Bei Azidose steht der Niere daher mehr Glutamin für die NH_4^+-Produktion zur Verfügung. Im Gegensatz zur hepatischen Glutaminase wird die ***renale Glutaminase*** durch ***Azidose stimuliert***. Das in der Niere gebildete NH_4^+ wird ausgeschieden und nicht wie in der Leber unter Verbrauch von HCO_3^- zur Harnstoffsynthese herangezogen. Das beim Glutaminabbau gebildete HCO_3^- bleibt dem Körper somit erhalten. Bei Alkalose wird das NH_4^+ aus Glutamin unter Verbrauch von HCO_3^- in Harnstoff eingebaut und mit dem Harnstoff werden nicht nur NH_4^+, sondern auch HCO_3^- eliminiert.

Bildung von H^+ und CO_2 im Stoffwechsel

Im Stoffwechsel entsteht CO_2, das über die Lunge abgeatmet werden muss und H^+, das durch die Niere ausgeschieden wird

CO_2-Produktion und Abatmung. Im Stoffwechsel werden durch den Abbau von Substraten täglich etwa 15 mol CO_2 produziert. Eine gesunde Lunge ist in der Lage, die CO_2-Abgabe in hohem Maße zu steigern. Eine Zunahme der CO_2-Produktion führt daher in aller Regel zu keiner Zunahme der CO_2-Konzentration im arterialisierten Blut.

Fixe Säuren. Zusätzlich zu CO_2 (bzw. H_2CO_3) entstehen im Stoffwechsel Säuren, die nicht durch die Lunge eliminiert werden können (sogenannte fixe Säuren), und deren H^+ letztlich durch die Niere ausgeschieden werden muss. Der vorwiegende Anteil fixer Säure entsteht beim ***Abbau schwefelhaltiger Aminosäuren***: SH-Gruppen werden zu SO_4^{2-} und 2 H^+ oxidiert. Andere fixe Säuren sind ***Laktat***, das bei der anaeroben Glykolyse entsteht, sowie ***Fettsäuren***, die aus Triglyceriden freigesetzt werden (Abb. 35.5). Die Fettsäuren können zu ***Acetacetat*** und ***β-Hydroxybutyrat*** umgebaut werden, wiederum beim Blut-pH völlig dissoziierte Säuren. Außer SO_4^{2-} können alle genannten Säuren wieder verstoffwechselt werden, wobei das freigesetzte H^+ wieder verschwindet.

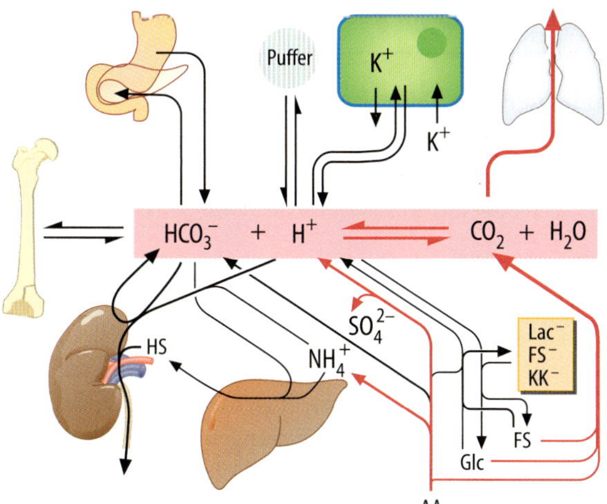

Abb. 35.5. Faktoren, die den Säure-Basen-Haushalt beeinflussen. Bei der Mineralisierung des Knochens wird HCO_3^- verbraucht, das bei Entmineralisierung wieder freigesetzt wird, bei der Sekretion von H^+ im Magen verbleibt HCO_3^- im Blut, das zur Sekretion von HCO_3^- im Pankreas und Darm wieder verbraucht wird. H^+ wird an Puffer (z. B. Hämoglobin) gebunden. Wenn Zellen K^+ aufnehmen, geben sie H^+ ab, und wenn sie K^+ abgeben, nehmen sie H^+ auf. Die Lunge atmet CO_2 ab, das im Stoffwechel entsteht. Im Stoffwechsel werden ferner u. a. Milchsäure, Fettsäuren, Azetessigsäure und Schwefelsäure (Abbau schwefelhaltiger Aminosäuren) gebildet, die bei Dissoziation H^+ abgeben. Die H^+-Ionen werden durch die Niere ausgeschieden, die bei Alkalose auch HCO_3^- eliminieren kann

Gastrointestinaltrakt

Die H^+-Sekretion im Magen wird durch HCO_3^--Produktion begleitet; durch das Pankreas- und das Darmepithel werden v. a. HCO_3^--reiche Flüssigkeiten sezerniert

H^+-Sekretion im Magen. Das im Magen sezernierte H^+ wird in den Belegzellen aus CO_2 bzw. H_2CO_3 gewonnen, wobei HCO_3^- übrigbleibt und in das Blut abgegeben wird (Abb. 35.5). Die Bikarbonatproduktion während der Salzsäuresekretion des Magens erzeugt eine vorübergehende postprandiale Alkalose ***(»Alkali tide«)***.

Sekretion in Darm und Pankreas. Wenn der saure Mageninhalt in das Duodenum gelangt, wird dort die Sekretion HCO_3^--reichen ***Pankreassaftes*** stimuliert, wodurch das Darmlumen wieder neutralisiert und andererseits das bei der H^+-Sekretion im Magen gebildete HCO_3^- wieder verbraucht wird (Abb. 35.4). Bei Erbrechen von saurem Mageninhalt entfällt die Neutralisierung im Duodenum und es entsteht im Körper ein HCO_3^--Überschuss, also eine metabolische Alkalose. Umgekehrt können Pankreasfisteln und Durchfälle eine Azidose auslösen.

Knochen

Die Knochensalze sind massiv alkalisch; Mineralisierung des Knochens hinterlässt H^+ und Mobilisierung von Knochen verbraucht H^+

Wirkung des Säure-Basen-Haushaltes auf die Mineralisierung des Knochens. Karbonat und alkalische Phosphatsalze sind schwer wasserlöslich und werden daher zur Mineralisierung des Knochens eingesetzt. Eine Azidose fördert die Auflösung der Knochenmineralien und eine Alkalose fördert die Mineralisierung der Knochen (Abb. 35.5).

Wirkung der Knochenmineralisierung auf den Säure-Basen-Haushalt. Umgekehrt muss zur Mineralisierung von Knochen stark alkalisches Phosphat bzw. Karbonat gebildet werden, d. h. bei der Mineralisierung des Knochens wird H^+ in das Blut abgegeben und die Auflösung der alkalischen Knochenmineralien verbraucht H^+. Ca^{2+} fördert die Mineralisierung der Knochen und die Zufuhr von $CaCl_2$ kann eine Azidose auslösen.

Wirkung von Elektrolyten auf den Säure-Basen-Haushalt

Die extra- und intrazelluläre H^+-Konzentration wird durch Elektrolyte beeinflusst, wie vor allem Kalium, aber auch Natrium und Calcium

Kochsalz. Renaler und zellulärer HCO_3^-- und H^+-Transport hängen vom Na^+-Transport ab. Ein Überschuss an NaCl zwingt die Niere zu gesteigerter Kochsalz-Ausscheidung. Dabei wird die proximal-tubuläre Na^+-Resorption gehemmt, die eng mit der proximal tubulären HCO_3^--Resorption gekoppelt ist. Daher kann die Infusion einer Kochsalzlösung zur Bikarbonaturie und somit zur Azidose führen. Umgekehrt ist die Niere bei einem Mangel an NaCl bzw. extrazellulärem Volumen zur gesteigerten pro-

35.1. Volumendepletionsalkalose

Pathophysiologie. Die Fähigkeit der Niere, nennenswerte Mengen an HCO_3^- auszuscheiden, erfordert die Drosselung der proximal-tubulären HCO_3^--Resorption durch Hemmung des Na^+/H^+-Austauschers. Dabei gehen freilich nicht nur HCO_3^--, sondern auch Na^+-Ionen verloren. Bei einem Volumen- und Kochsalzmangel ist die Niere gezwungen, die proximal-tubuläre Na^+-Resorption zu steigern, wie etwa über Stimulation des Na^+/H^+-Austauschers durch Angiotensin II. Damit wird der Niere auch eine gesteigerte HCO_3^--Resorption aufgezwungen, die eine Korrektur der Alkalose durch Bikarbonaturie unterbindet. Eine solche Volumendepletion verhindert die Korrektur einer Alkalose nach Erbrechen von saurem Mageninhalt und tritt bei Behandlung mit Schleifendiuretika auf, die über Hemmung der NaCl-Resorption in der Henle-Schleife zu einem Volumendefizit führen.

Therapie. Bei Zufuhr hinreichender isotoner Kochsalzlösungen (z. B. durch Infusion) setzt Bikarbonaturie ein und die Volumendepletionsalkalose verschwindet.

ximal tubulären Na^+-Resorption gezwungen und ist unfähig, nennenswerte Mengen an HCO_3^- auszuscheiden (▶ s. 35.1).

Kalium. Für den Säure-Basen-Haushalt ist K^+ noch bedeutsamer als NaCl: Das Zellmembranpotential fast aller Zellen wird durch K^+-Kanäle aufrechterhalten. Eine Zunahme der extrazellulären K^+-Konzentration mindert das chemische Gefälle für K^+ und führt daher zur Depolarisation (▶ s. Kap. 4.6). Umgekehrt führt eine Abnahme der extrazellulären K^+-Konzentration eher zu einer Hyperpolarisation von Zellen. Das Zellmembranpotential treibt nun das negativ geladene HCO_3^- aus der Zelle. So führt im proximalen Tubulus ***Hyperkaliämie*** über Depolarisation und herabgesetzten basolateralen HCO_3^--Ausstrom zu einer zellulären Alkalinisierung, die den Na^+/H^+-Austauscher an der luminalen Zellmembran und damit die proximal-tubuläre H^+-Sekretion hemmt. Folge der herabgesetzten renalen H^+-Sekretion ist (extrazelluläre) Azidose. Umgekehrt führt ***Hypokaliämie*** z. T. über gesteigerte renale H^+-Ausscheidung zu (extrazellulärer) Alkalose (Abb. 35.5).

Calcium. Die Zufuhr von Calcium fördert die Mineralisierung des Knochens (▶ s. o.) und begünstigt somit die Entwicklung einer Azidose.

In Kürze

Regulation des Blut-pH

Die Regulation des Säure-Basen-Haushaltes beruht auf der Kooperation von
- der Lunge, die CO_2 abatmet,
- der Niere, die je nach Bedarf H^+ oder HCO_3^- ausscheidet,
- der Leber, die Glutamin entweder zur Harnstoffsynthese verwendet oder der Niere zur Bildung von NH_4^+ bereitstellt.

Weitere Einflussfaktoren sind
- Produktion von CO_2 und H^+ im Stoffwechsel,
- Sekretion von H^+ im Magen,
- Sekretion von HCO_3^- in Pankreas und Darmdrüsen,
- Verbrauch von HCO_3^- bei der Knochenmineralisierung z. B. nach Ca^{2+}-Zufuhr,
- zelluläre Freisetzung von H^+ bei Zunahme der extrazellulären Kaliumkonzentration,
- renale HCO_3^--Verluste bei Kochsalzüberschuss.

35.3 Störungen des Säure-Basen-Haushaltes

Ursachen von Säure-Basenstörungen

Störungen des Säure-Basen-Haushaltes (Azidosen oder Alkalosen) werden nach ihrer Entstehung in respiratorische oder nichtrespiratorische Störungen eingeteilt

Einteilung. Störungen des Säure-Basen-Haushaltes können in respiratorische Störungen mit primärer Änderung der CO_2-Konzentration und nichtrespiratorische (metabolische oder renale) Störungen mit primärer Änderung von HCO_3^- (oder H^+) eingeteilt werden. Abbildung 35.6 stellt einige graphische Darstellungen der verschiedenen Störungen zusammen, Tabelle 35.1 die Veränderungen der jeweiligen Messwerte.

Respiratorische Azidose. Eine respiratorische Azidose ist das Ergebnis ***unzureichender Abatmung von CO_2*** durch die Lunge. Ursache kann alveoläre Hypoventilation oder eingeschränkte Diffusion von CO_2 sein (▶ s. Kap. 34.4). Darüber hinaus führt die Hemmung der erythrozytären Carboanhydrase zu einer respiratorischen Azidose, da sie die beschleunigte Bildung von CO_2 während der kurzen Kontaktzeit des Blutes mit den Alveolen verhindert und damit die CO_2-Abatmung einschränkt. Die respiratorische Azidose kann in begrenztem Umfang durch gesteigerte renale Bildung von HCO_3^- und Ausscheidung von H^+ kompensiert werden ***(renale Kompensation)***.

Respiratorische Alkalose. Eine respiratorische Alkalose entsteht durch inadäquat ***gesteigerte Abatmung von CO_2*** durch die Lunge (Hyperventilation), u. a. bei Sauerstoffmangel (z. B. Aufenthalt in Höhenluft) oder unter dem Einfluss bestimmter Hormone, Neurotransmitter und exogener Substanzen (▶ s. Kap. 33.3). Emotionale Erregung geht mitunter mit massiver Hyperventilation einher. Die respiratorische Alkalose kann durch gesteigerte ***renale HCO_3^- Ausscheidung kompensiert*** werden. Darüber hinaus führt die Stimulation der Glykolyse bei Alkalose (▶ s. Abschnitt 35.1) zu gesteigerter Laktatbildung und damit vermehrtem Anfallen von H^+.

Nichtrespiratorische Azidose. Die nichtrespiratorische Azidose wird durch Verschiebung von HCO_3^- in die Zellen, durch metabolischen HCO_3^--Verbrauch oder durch ***renale HCO_3^--Verluste*** hervorgerufen. Die nichtrespiratorische bzw. metabolische Azidose ist durch erniedrigte HCO_3^--Konzentration im Blut charakterisiert. Ursache können HCO_3^--Verluste über Nieren oder Darm oder herabgesetzte HCO_3^--Bildung in der Niere (bzw. verminderte H^+-Ausscheidung) sein (▶ s. 35.2). Der Überschuss an H^+ kann ferner Folge von ***Stoffwechselstörungen*** sein, die zu gehäufter Bildung von Laktat (z. B. bei Sauerstoffmangel), Fettsäuren, Acetacetat und β-Hydroxybutyrat (z. B. bei Fasten, Hyperthyroidose) führen. Darüberhinaus führt ***Hyperkaliämie*** zur (extrazellulären) Azidose (▶ s. Abschnitt 35.2). Die metabolische Azidose kann durch Hyperventilation (teilweise) kompensiert werden.

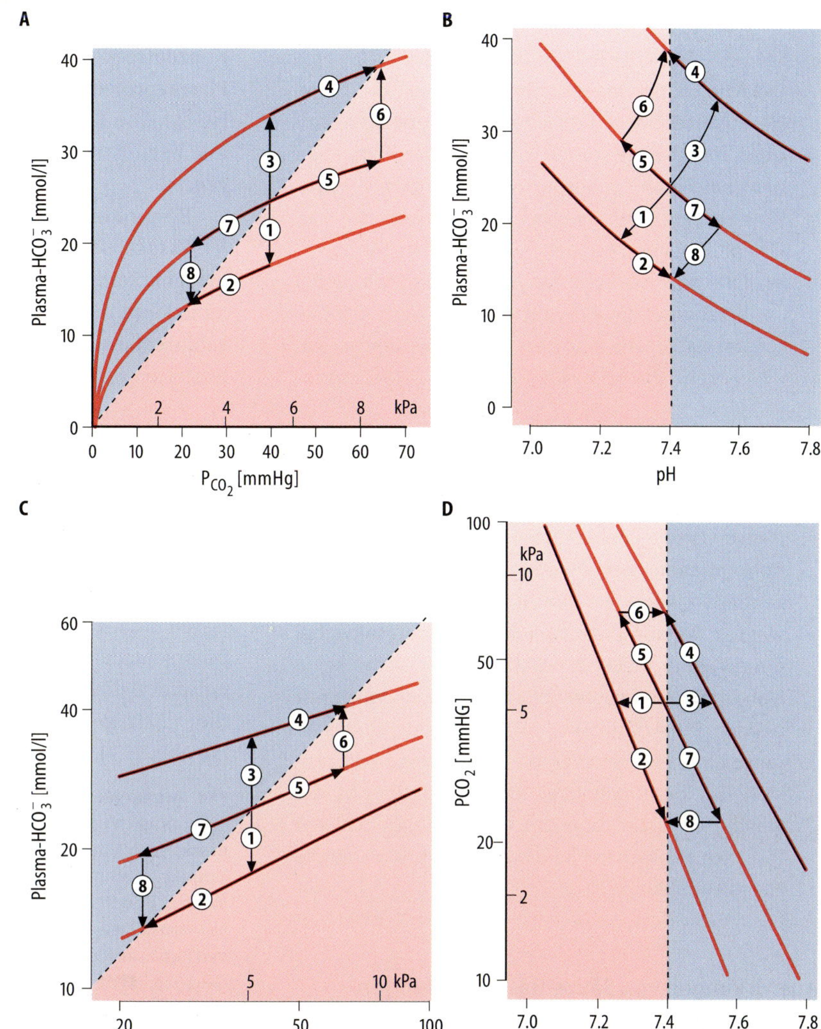

Abb. 35.6. Verhalten von pCO_2, pH und HCO_3^--Konzentration im Blut bei verschiedenen Störungen des Säure-Basen-Haushaltes und ihren Kompensationen. A HCO_3^--Konzentration als Funktion des pCO_2 (linearer Maßstab). **B** HCO_3^--Konzentration als Funktion des pH. **C** Logarithmus der HCO_3^--Konzentration als Funktion des pCO_2 (logarithmischer Maßstab). **D** Logarithmus des pCO_2 als Funktion des pH. (1) nichtrespiratorische Azidose, (2) respiratorische Kompensation, (3) nich-trespiratorische Alkalose, (4) respiratorische Kompensation, (5) respiratorische Azidose, (6) renale Kompensation, (7) respiratorische Alkalose, (8) renale Kompensation. *Rot:* Azidose, *blau:* Alkalose

Tabelle 35.1. Änderungen von Messwerten im Blut bei Störungen des Säure-Basenhaushaltes. ($[HCO_3^-]_a$: aktuelles Bikarbonat, $[HCO_3^-]_s$: Standardbikarbonat. *BE:* Base Excess; *n:* normal

	pH	pCO_2	$[HCO_3^-]_a$	$[HCO_3^-]_s$	BE
respiratorische Azidose	↓	↑	↑	n	0
nicht-respiratorische Azidose	↓	n	↓	↓	↓
respiratorische Alkalose	↑	↓	↓	n	0
nicht-respiratorische Alkalose	↑	n	↑	↑	↑

Nichtrespiratorische Alkalose. Die nichtrespiratorische Alkalose ist meist Folge zellulärer HCO_3^--Abgabe oder ***eingeschränkter renaler HCO_3^- Ausscheidung.*** Die nichtrespiratorische bzw. metabolische Alkalose ist durch eine Zunahme der HCO_3^--Konzentration im Blut charakterisiert. Sie ist Folge von Erbrechen sauren Mageninhaltes (▶ s. Abschnitt 35.2), von inadäquater renaler HCO_3^--Produktion bei gesteigerter renaler H^+-Ausscheidung (z. B. bei Überschuss an Aldosteron, ▶ s. Kap. 21.5) oder von Hypokaliämie (▶ s. Kap. 30.6). ***Volumenmangel*** unterstützt die Entwicklung einer nichtrespiratorischen Alkalose, da er die zur renalen Kompensation erforderliche Bikarbonaturie verhindert (▶ s. 35.1). Eine nichtrespiratorische Alkalose kann nur sehr bedingt respiratorisch kompensiert werden, da wegen der erforderlichen O_2-Aufnahme die Ventilation nicht beliebig reduziert werden kann.

35.2 Renal-tubuläre Azidose

Ursachen. Eine eingeschränkte Fähigkeit der Niere, H^+ auszuscheiden, führt zur renal-tubulären Azidose. Ursachen gestörter Funktion oder Regulation der beteiligten Transportprozesse sind genetische Defekte oder erworbene Schädigung der Nierenepithelzellen. Man unterscheidet zwei Formen:

- Eine proximal-tubuläre Azidose wird v.a. durch herabgesetzte Aktivität des proximal tubulären Na^+/H^+ Austauschers NHE3 oder des basolateralen $Na^+HCO_3^-$-Cotransporters NBC verursacht.
- Bei distal-tubulärer Azidose liegt ein Defekt der H^+-ATPase oder der H^+/K^+-ATPase vor.

Folgen. Folge einer proximal-tubulären Azidose sind Bikarbonaturie und damit Sinken der Plasma-HCO_3^--Konzentration. Bei erniedrigter HCO_3^--Plasmakonzentration kann ein normal saurer Urin erzeugt werden. Bei distal tubulärer Azidose kann selbst bei erniedrigten HCO_3^--Plasmakonzentrationen keine Urinazidifizierung unter etwa 6,5 pH-Einheiten erzielt werden. Die Azidose wird in der Regel durch gesteigerte Abatmung von CO_2 durch die Lunge kompensiert. Bei distal tubulärer Azidose begünstigt der ständig alkalische Urin das Ausfallen von schlecht löslichen alkalischen Phosphat-Salzen und damit die Harnsteinbildung.

Auswirkungen von Säure-Basen-Störungen

Azidose hemmt die Glykolyse, steigert die zelluläre K^+-Abgabe, mindert die Kontraktilität von Herz und Skelettmuskel und beeinträchtigt die Erregungsausbreitung im Herzen; Alkalose fördert Glykolyse und zelluläre K^+-Aufnahme

Auswirkungen einer Azidose. Azidose hemmt die Glykolyse und fördert die Glukoneogenese. Folge ist eine Zunahme der Plasmaglukosekonzentration. (Hyperglykämie). Azidose führt über zelluläre Abgabe von HCO_3^- und Depolarisation zu zellulären K^+-Verlusten (Hyperkaliämie).

Über Verschluss der Gap Junctions wird bei Azidose die ***Erregungsfortleitung im Herzen*** verlangsamt. Da Azidose gleichzeitig die Herzkraft senkt und zu peripherer Vasodilatation führt, droht bei Azidose ***Blutdruckabfall.*** Die bei respiratorischer Azidose stark ausgeprägte Vasodilatation der Gehirngefäße kann zu ***Drucksteigerung im Gehirn*** führen.

Auswirkungen einer Alkalose. Alkalose stimuliert die Glykolyse und hemmt die Glukoneogenese. Dadurch droht eine Abnahme der Plasmaglukosekonzentration (Hypoglykämie). Alkalose steigert die zelluläre Aufnahme von K^+, sodass die extrazelluläre K^+-Konzentration absinkt (Hypokaliämie). Alkalose senkt die freie Konzentration von Ca^{2+} durch gesteigerte Bindung an Plasmaproteine und (bei metabolischer Alkalose) an HCO_3^-. Die Kombination von Alkalose und Hypokaliämie begünstigt das Auftreten von ***Herzrhythmusstörungen.***

Respiratorische Alkalose führt zusätzlich zu ***zerebraler Vasokonstriktion*** und gesteigerter neuromuskulärer Erregbarkeit. Bei der sogenannten Hyperventilationstetanie kann die Konstriktion der Gehirngefäße zur Mangeldurchblutung des Gehirns führen. Folge ist u.a. das Auftreten von ***Krämpfen.***

Diagnostik von Säure-Basen-Störungen

Säure-Basen-Störungen werden durch Messung von pH und CO_2-Konzentration im Blut diagnostiziert

Messung von pH und pCO_2. Respiratorische und nichtrespiratorische Störungen des Säure-Basen-Haushaltes lassen sich durch Messungen von pH und pCO_2 leicht unterscheiden (Abb. 35.6, Tabelle 35.1). pCO_2 kann entweder direkt gemessen (CO_2-Elektrode) oder durch die Astrup-Methode indirekt bestimmt werden (Abb. 35.7).

Astrup-Methode. Früher war eine direkte Messung des pCO_2 nicht möglich und musste daher indirekt bestimmt werden. Das Blut wurde nach Messung des aktuellen pH mit zwei Gasgemischen bekannter Zusammensetzung äquilibriert und dabei jeweils der pH gemessen. Dadurch erhielt man zwei Wertepaare mit dem jeweils bekannten pCO_2 und dem gemessenen pH. Die beiden Wertepaare wurden nun in ein Diagramm mit logarithmischer Skala für den pCO_2 eingetragen (Abb. 35.7). Die Messwerte ergaben zwei Punkte, die durch eine Gerade verbunden wurden. Der aktuelle pH wurde auf diese Gerade eingetragen. Der dazugehörende aktuelle pCO_2 konnte dann abgelesen werden.

Bei Kenntnis von pH und pCO_2 lässt sich $[HCO_3^-]$ mit der Hendersson-Hasselbach-Gleichung errechnen. Darüberhinaus können die Bikarbonat-Konzentration und das sog. ***Standard-Bikarbonat*** graphisch ermittelt werden. Das Standard-Bikarbonat ist die HCO_3^--Konzentration bei einem pCO_2 von 40 mm Hg und einer vollständigen Sättigung des Hämoglobin mit Sauerstoff. Es ist also bei reinen respiratorischen Störungen konstant.

Pufferbasen und Basenüberschuss. Die Pufferbasen sind alle für eine H^+-Bindung verfügbaren Puffer, also im wesentlichen HCO_3^- und zur H^+-Bindung befähigte Aminosäuren in Proteinen (v.a. Histidin). Bei Änderungen der CO_2-Konzentration, also bei reinen respiratorischen Störungen bleibt die Konzentration an Pufferbasen konstant (▶ s. Abschnitt 35.1). Bei nichtrespiratorischer Alkalose (z.B. bei Erbrechen) entsteht hingegen ein ***Basenüberschuss*** (*Base Escess*, BE), bei nichtrespiratorischer Azidose (z.B. bei renalen HCO_3^--Verlusten) ein ***Basendefizit*** (negativer Basenüberschuss). Die Pufferbasen bzw. der positive oder negative Basenüberschuss

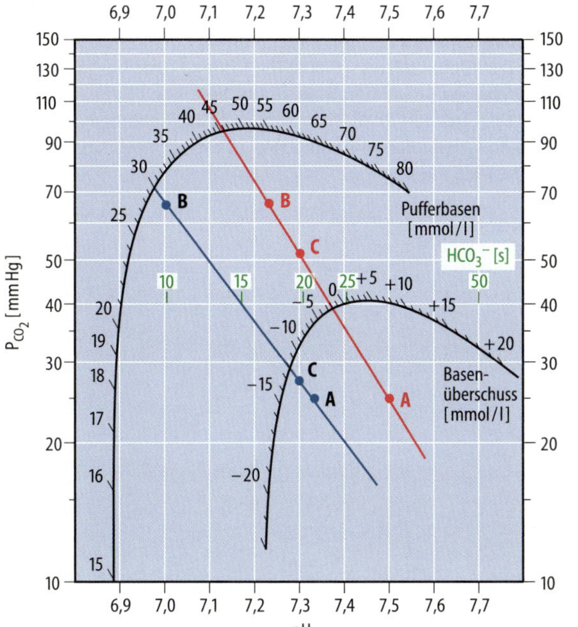

■ **Abb. 35.7. Astrup-Nomogramm.** Bestimmung von PCO_2, HCO_3^-, Basenüberschuss und Pufferbasen aus pH-Messungen im Blut. Bei der Astrup-Methode wird der aktuelle pH (pHa) und dann der pH nach Equilibration mit zwei verschiedenen pCO_2 (in unserem Beispiel mit 25 mmHg und 65 mmHg) gemessen. Die jeweiligen Wertepaare (pH gegen pCO_2) werden als *Punkte* in ein Nomogramm eingetragen (**A**, **B**). Auf der *Verbindungslinie* kann man den pCO_2 beim aktuellen pH ablesen (**C**). Bei 40 mm Hg pCO_2 lässt sich ferner das Standardbikarbonat ablesen. Extrapolation der Gerade erlaubt schließlich die Bestimmung von Basenüberschuss (Base Excess, *BE*) und Pufferbasen (Buffer Base, *BB*). Die beiden Beispiele zeigen eine teilweise respiratorisch kompensierte nichtrespiratorische Azidose (*rot*, Werte ca.: pHa = 7,3, pCO_2 = 28 mm Hg, $[HCO_3^-]S$ = 15 mmol/l, BE = 12 mmol/l, BB = 30 mmol/l) sowie eine nichtkompensierte respiratorische Azidose (*blau*, pHa = 7,3, pCO_2 = 52 mm Hg, $[HCO_3^-]$ = 27 mmol/l, BE = 2 mmol/l, BB = 46 mmol/l)

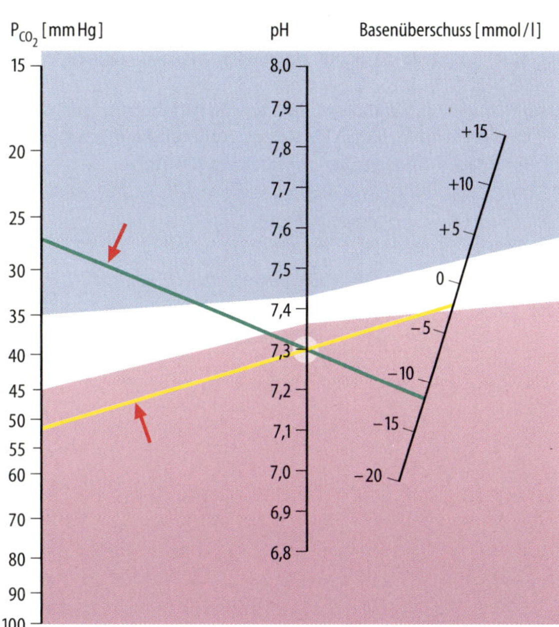

■ **Abb. 35.8. Nomogramm zur Bestimmung des Basenüberschusses.** Eine Gerade von dem jeweils gemessenen pCO_2 *(links)* und pH *(Mitte)* im arterialisierten Blut wird zur Skala des Basenüberschusses BE *(rechts)* extrapoliert. Die beiden Beispiele zeigen eine teilweise respiratorisch kompensierte nichtrespiratorische Azidose (*grün*, pCO2 = 28 mm Hg; pH = 7,3; BE = 12 mmol/l) sowie eine nicht kompensierte respiratorische Azidose (*gelb*, pCO2 = 52 mm Hg; pH = 7,3; BE = 2 mmol/l). Der Normbereich ist *weiß*

können durch graphische Verfahren bestimmt werden (■ Abb. 35.8). Das Ausmaß von Basenüberschuss oder Basendefizit erlaubt eine erste Schätzung der für einen therapeutischen Ausgleich erforderlichen HCO_3^--Mengen.

In Kürze

Störungen des Säure-Basen-Haushaltes

Säure-Basen-Störungen enstehen durch

- unzureichende Abatmung von CO_2 (respiratorische Azidose),
- inadäquat gesteigerte Abatmung von CO_2 (respiratorische Alkalose),
- Verluste von extrazellulärem HCO_3^- über die Niere, zelluläre HCO_3^-Aufnahme, oder gesteigerten HCO_3^- Verbrauch durch überschüssiges H^+ (nichtrespiratorische Azidose),
- Überschuss an extrazellulärem HCO_3^- bei gestörter Ausscheidung durch die Niere, zellulärer HCO_3^- Abgabe, oder gesteigerter Bildung bei H^+ Verlusten (nichtrespiratorische Alkalose).

Folgen

Folgen sind v. a. Störungen von

- Glykolyse,
- K^+-Konzentration im Blut,
- Erregungsfortleitung und Kontraktion des Herzens,
- neuromuskulärer Erregbarkeit,
- peripherem Gefäßwiderstand.

Die Diagnose wird durch Messung von pH, pCO_2 und Pufferbasen im Blut gestellt.

Literatur

Adrogue HJ, Madias NE (1998) Management of life-threatening acid-base disorders. N Engl J Med 338: 26–34 und 107–111

Bidani A, DuBose TD Jr (1995) Cellular and whole-body acid-base regulation. In Arieff AI, DeFronzo RA (eds): Fluid, electrolyte, and acid-base disorders. Churchill Livingstone, New York

DuBose TD Jr (2000) Acid-base disorders. In: Brenner BM (ed): Brenner and Rector's: The kidney. WB Saunders, Philadelphia

Goldman L, Bennett JC (eds) (1998) Specific renal tubular disorders. In: Cecil textbook of medicine. WB Saunders, Philadelphia

Krapf R, Caduff P, Wagdi P, Staubli M, Hulter HN (1995) Plasma potassium response to acute respiratory alkalosis. Kidney Int 47: 217–224

Lang F: Acid-Base Metabolism. In: Greger R, Windhorst U (eds) (1996) Comprehensive Human Physiology. From cellular mechanisms to integration. Springer, Berlin Heidelberg New York

Laski ME, Kurtzman NA (1996) Acid-base disorders in medicine. Dis Mon 42: 51–125

Seldin DW, Giebisch G (eds) (2000) The Kidney, Physiology and Pathophysiology. 3rd edition. Raven Press, New York

Simon DB, Lifton RP (1996) The molecular basis of inherited hypokalemic alkalosis: Bartter's and Gitelman's syndromes. Am J Physiol 271: F961-F966

Kapitel 36
Der Sauerstoff im Gewebe: Substrat, Signal und Noxe

J. Grote, U. Pohl

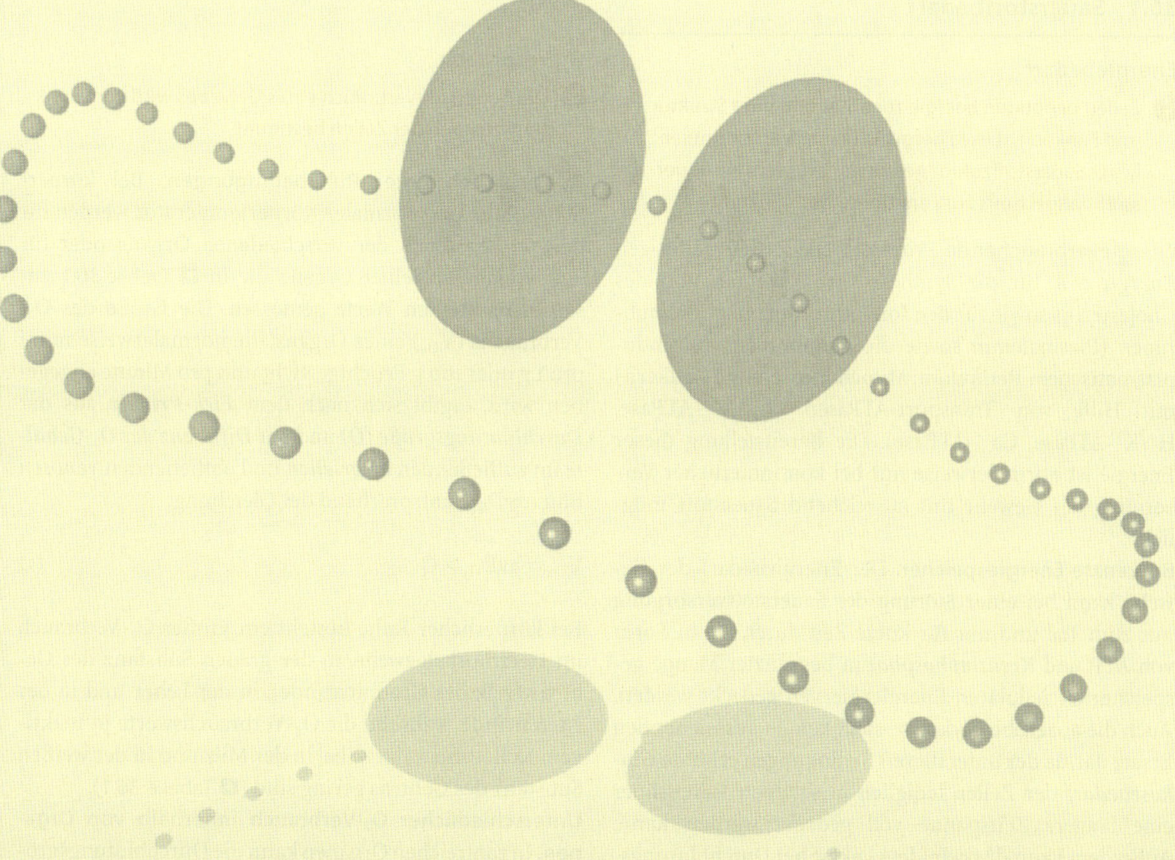

Einleitung

In seinem 1870 erschienenen Roman »20 000 Meilen unterm Meer« schildert Jules Verne wie das U-Boot Nautilus nach Erreichen des Südpols von Eisbergen unter Wasser eingeschlossen wird und erst in letzter Minute daraus befreit werden kann. Dabei gehen die Sauerstoffreserven bedenklich zur Neige. Der Erzähler beschreibt die Auswirkungen des auftretenden Sauerstoffmangels: ». . . ich war am Ersticken. Mein Gesicht war purpurrot verfärbt, meine Lippen blau angelaufen und mein Denkvermögen aufgehoben. Ich konnte weder richtig sehen noch hören und hatte kein Zeitgefühl mehr. Meine Muskeln konnte ich nicht mehr gebrauchen . . .«

Während hier geschildert wird, wie der Mangel an Sauerstoff in der Umgebungsluft beinahe zum Tode führte, muss umgekehrt auch ein Zuviel an Sauerstoff vermieden werden. Beispielsweise ist es notwendig, beim freien Tauchen in großen Tiefen den Sauerstoffanteil des Atemgasgemisches auf unter ein Prozent zu reduzieren, um toxische Effekte des Sauerstoffs, dessen Partialdruck mit zunehmender Tiefe steigt, auf die Lunge und das Zentralnervensystem zu vermeiden.

VIII

36.1 Sauerstoffbedarf

Energiebedarf

Zellen benötigen Energie zur Erhaltung ihrer Struktur und Funktion, diese Energie kann nur bei kontinuierlicher Sauerstoffzufuhr gewonnen werden; ein Sauerstoffmangel führt zur Funktionseinschränkung

Energieverbrauchende Prozesse. Die Zellen benötigen ***Energie*** z. B. für die Synthese von Proteinen und des Cholesterins sowie für den Ionentransport durch Membranen (Plasmalemm sowie die Membranen von endoplasmatischem Retikulum, Mitochondrien und Zellkern) mit Hilfe von Transport-ATPasen (Na^+/K^+-ATPase, H^+/K^+-ATPase, Ca^{2+}-ATPase). Die Bereitstellung dieser Energie ist normalerweise nur bei kontinuierlicher Versorgung der Gewebe mit ausreichend Sauerstoff möglich.

Begrenzte Energiespeicher. Der Energiebedarf der Gewebe kann bei einer Störung der Sauerstoffversorgung nur zum Teil und nur für kurze Zeit durch die in Form von ATP und ***Kreatinphosphat*** in begrenzter Menge gespeicherten zellulären Energiereserven gedeckt werden. Auch die anaerobe Glykolyse stellt keinen ausreichenden Ersatz dar, da der unter diesen Bedingungen erhöhte ***Glukosebedarf*** der Zellen lediglich in seltenen Fällen über eine längere Zeitspanne voll gedeckt werden kann. Außerdem kann das gebildete Laktat bei Durchblutungsstörungen nur verzögert abtransportiert werden. Als Folge des Anstiegs der Laktatkonzentration im Gewebe und im Blut entsteht bei ausgeprägtem O_2-Mangel eine ***nicht-respiratorische Azidose*** (▶ s. Kap. 35.3).

Folgen des Energiemangels. ***Sauerstoffmangel*** auf Grund einer Störung der Atmung oder einer ***Durchblutungsstörung*** resultieren somit in einer sinkenden Neubildung von ATP. Dadurch kommt es zu einer ***Abnahme der ATP-abhängigen Synthesen und Transporte.*** Mit abnehmender Kalium-Konzentrationsdifferenz zwischen Intra- und Extrazellularraum tritt eine Depolarisation des Membranpotentials vieler Zellen auf, die an Nerven- und Muskelzellen zunächst zu einer Zunahme und schließlich zur Abnahme der Erregbarkeit führt. An Epithelzellen beobachtet man bei O_2-Mangel eine Abnahme der Resorptionsleistung als Folge der Senkung des Na^+-Konzentrationsgradienten an der Zellmembran. Gleiches gilt auch für die Sekretionsleistung von Epithelzellen.

Sauerstoffbedarf. Da die für eine normale Funktion der Gewebe notwendige Energiegewinnung nur bei Zufuhr von Sauerstoff gewährleistet ist, ist der Sauerstoffbedarf der Gewebe eine wichtige Größe zur Beurteilung des Energiebedarfs. Solange die Durchblutung ausreicht, um die benötigte Sauerstoffmenge in das Gewebe zu transportieren, sind Sauerstoff***bedarf*** und Sauerstoff***verbrauch*** von gleicher Größe. Bei ungenügender Durchblutung kann der messbare Sauerstoffverbrauch eines Gewebes niedriger sein als der tatsächliche Bedarf.

O_2-Verbrauch

Der Sauerstoffverbrauch eines Gewebes wird vom Funktionszustand der Zellen bestimmt

O_2-Verbrauch unter Ruhebedingungen. Bei körperlicher Ruhe und normaler Körpertemperatur werden für den O_2-Verbrauch der verschiedenen Organe oder für Teilbereiche einzelner Organe die in ◼ Tabelle 36.1 zusammengestellten Werte gemessen. Die Größe des O_2-Verbrauchs ($\dot{V}_{O_2}$) eines Organs, die normalerweise in ml pro 1 g oder 100 g Feuchtgewicht und pro Minute angegeben wird, ergibt sich nach dem ***Fick-Prinzip*** aus der ***Durchblutungsgröße ($\dot{Q}$)*** und der ***Differenz der O_2-Gehalte*** im zufließenden ***arteriellen*** und abfließenden ***venösen*** Blut ***(avD_{O_2})***, entsprechend der Gleichung:

$$\dot{V}_{O_2} = avD_{O_2} \times \dot{Q} \quad (1)$$

Bei körperlicher Ruhe besteht ein großer O_2-Verbrauch im Herzmuskelgewebe, in der grauen Substanz des Gehirns (z. B. der Großhirnrinde), in der Leber und in der Nierenrinde, während die O_2-Verbrauchswerte in inaktivem Skelettmuskelgewebe, in der Milz und in der weißen Substanz des Gehirns gering sind (◼ Tabelle 36.1).

Unterschiedlicher O_2-Verbrauch innerhalb von Organen. In zahlreichen Organen kann die Durchblutungsgröße mithilfe von ***Clearanceuntersuchungen*** inerter Gase auch innerhalb umschriebener Gewebeareale gemessen

Tabelle 36.1. Mittelwerte für die Durchblutung ($\dot{Q}$) und den O_2-Verbrauch ($\dot{V}o_2$) verschiedener Organe des Menschen bei 37 °C (1, 2, 17, 19, 20, 24, 25, 30, 33, 36, 40)

Organ	Durchblutung $\dot{Q}$ ml · g^{-1} · min^{-1}	O_2-Verbrauch $\dot{V}o_2$ ml · g^{-1} · min^{-1}
Gehirn (ges.)	0,4–0,6	$3 \cdot 10^{-2}$ – $4 \cdot 10^{-2}$
Rinde	0,6–1,0	$5 \cdot 10^{-2}$ – $10 \cdot 10^{-2}$
Mark	0,2–0,3	$1 \cdot 10^{-2}$ – $2 \cdot 10^{-2}$
Herzmuskel		
körperl. Ruhe	0,8–0,9	$7 \cdot 10^{-2}$ – $10 \cdot 10^{-2}$
starke Belastung	bis ca. 4,0	bis ca. $40 \cdot 10^{-2}$
Niere (ges.)	4,0	$6 \cdot 10^{-2}$
Rinde	4,0–5,0	$9 \cdot 10^{-2}$
äußeres Mark	1,2	$6 \cdot 10^{-2}$
inneres Mark	0,25	$0{,}4 \cdot 10^{-2}$
Skelettmuskel		
in Ruhe	0,03	$0{,}3 \cdot 10^{-2}$ – $0{,}5 \cdot 10^{-2}$
starke Belastung	0,5–1,3	0,1–0,2

werden. Es ist daher möglich, Unterschiede des O_2-Verbrauchs zwischen verschiedenen Organbezirken zu bestimmen, wenn man zusätzlich den venösen O_2-Gehalt in den zugehörigen Venen messen kann. Die Durchblutung und der O_2-Verbrauch einzelner Organbezirke können auch nichtinvasiv mithilfe der ***Positronenemissionstomographie (PET)*** direkt bestimmt werden. So war es möglich nachzuweisen, dass z. B. im Gehirn, im Myokard und in der Niere erhebliche regionale Unterschiede im O_2-Verbrauch bestehen. Beispielsweise liegt der mittlere O_2-Verbrauch der Nierenrinde um ein Mehrfaches über dem Wert für die Innenzone und die Papille des Nierenmarks.

O_2-Verbrauch bei gesteigerter Organfunktion. Jede Leistungssteigerung eines Organs führt zu einer Zunahme des Energieumsatzes und zu einer Erhöhung des O_2-Verbrauchs seiner Zellen. Unter den Bedingungen körperlicher Belastungen nimmt der O_2-Verbrauch des ***Herzmuskelgewebes*** gegenüber dem Wert bei Ruhebedingungen bis um das 3- bis 4-fache zu, während der O_2-Verbrauch arbeitender ***Skelettmuskelgruppen*** auf mehr als das 20- bis 50-fache des Ruhewertes anwachsen kann.

Modulation des O_2-Verbrauchs

Die Temperatur, Hormone sowie zelluläre Modulatoren beeinflussen den Sauerstoffverbrauch der Zellen

Temperatureinfluss auf den O_2-Verbrauch. Der O_2-Verbrauch der Gewebe ist in starkem Maße temperaturabhängig. Die Erniedrigung der Körpertemperatur verursacht, insbesondere nach Ausfall oder Ausschaltung der Temperaturregulation, eine Abnahme des O_2-Bedarfs der Gewebe als Folge des eingeschränkten Energieumsatzes der Zellen. Operationen, bei denen der Blutkreislauf und damit die O_2- und Nährstoffnachlieferung zu den Organen für eine bestimmte Zeit unterbrochen werden muss, führt man aus diesem Grund sehr häufig unter den Bedingungen herabgesetzter Körpertemperatur ***(Hypothermie)*** durch. Dabei wird medikamentös auch der bei intakter Temperaturregulation kompensatorisch erhöhte Tätigkeitsumsatz z. B. der Skelettmuskulatur (Steigerung des Muskeltonus, Kältezittern, ► s. Kap. 39.4) unterdrückt. Die Erhöhung der Körpertemperatur ***(Hyperthermie)*** ruft einen allgemeinen O_2-Mehrbedarf in den Geweben hervor.

Modulation des Sauerstoffverbrauchs. Der Sauerstoffverbrauch aller Organe kann hormonell, z. B. durch das ***Schilddrüsenhormon T3***, erheblich gesteigert werden. Auch auf lokaler Ebene erfolgt eine Modulation. Im Cytosol oder in den Mitochondrien gebildetes ***Stickoxid (NO)*** kann den Sauerstoffverbrauch der Zellen durch Interaktion mit den Hämproteinen der Atmungskette senken.

In Kürze

Energiebedarf

Die für die Strukturerhaltung und die Funktionen der Zellen benötigte Energie wird hauptsächlich durch den aeroben Stoffwechsel gewonnen. Bei O_2-Mangel kann der Energiebedarf für kurze Zeit aus den Energiereserven (ATP, Kreatinphosphat) der Zellen und durch die anaerobe Glykolyse gedeckt werden. Sauerstoffbedarf und -verbrauch hängen von verschiedenen Faktoren ab:

- Der O_2-Bedarf hängt von der Aktivität der Zellen ab und ist innerhalb eines Organs regional unterschiedlich.
- Der O_2-Verbrauch kann durch die Temperatur, Hormone und NO moduliert werden. Der O_2-Ver-

▼

brauch eines Organs wird als Produkt der arterio-venösen Differenz des O_2-Gehaltes im Blut und der Durchblutung bestimmt (Fick-Prinzip).

36.2 Sauerstoffversorgung der Gewebe

Atemgasaustausch

Der Austausch der Atemgase zwischen dem Blut und den Zellen erfolgt durch Diffusion; seine Größe hängt hauptsächlich von der Dichte der Gefäßkapillaren und deren Perfusion sowie von den Partialdruckdifferenzen zwischen Blut und Gewebe ab

Atemgaspartialdrucke in den verschiedenen Kreislaufabschnitten. Unter den Bedingungen körperlicher Ruhe stellen sich in den verschiedenen Kreislaufabschnitten des Menschen die in Abb. 36.1 schematisch dargestellten mittleren ***Atemgaspartialdrücke*** ein.

Atemgasaustausch. Der Atemgasaustausch kann nach den Diffusionsgesetzen unter Berücksichtigung einfacher Modellvorstellungen von den morphologischen und funktionellen Austauschbedingungen berechnet werden. Bestimmende Faktoren für die Diffusion des Sauerstoffs aus den Blutgefäßen in die Gewebe sind die ***Partialdruckdifferenz***, die ***Kapillarisierung*** des Gewebes (funktionelle Austauschfläche) und die ***Perfusion*** der terminalen Strombahn.

Sauerstoffabgabe aus den Gefäßen. Die Abgabe von Sauerstoff an das umgebende Gewebe der großen arteriellen Gefäße ist vernachlässigbar gering, was durch die Notwendigkeit von ***Vasa vasorum*** zur Versorgung ihrer Wandstrukturen unterstrichen wird. Während der Passage der kleinen Arterien und der ***Arteriolen*** hingegen wird eine signifikante Sauerstoffmenge vom Blut abgegeben. Sie dient vorrangig der Deckung des Sauerstoffbedarfs der Gefäßmuskulatur. Der intravasale Sauerstoffdruck sinkt entsprechend ab. Ein Teil der aus den Arteriolen abgegebenen O_2-Moleküle gelangt in das Blut von parallel verlaufenden kleinen Venen mit entgegengesetzter Strömungsrichtung ***(funktionelles Gegenstromsystem)*** und wird mit ihm abtransportiert. Die größte Sauerstoffmenge wird vom Blut in den ***Kapillaren*** abgegeben. Ihre dünnen Wände haben einen sehr geringen Sauerstoffbedarf und setzen der O_2-Diffusion nur einen geringen Widerstand entgegen. Wegen der dort niedrigen ***Strömungsgeschwindigkeit*** des Blutes ist die für die O_2-Abgabe zur Verfügung stehende Zeit mit ca. 0,3–5 s verhältnismäßig lang.

Krogh-Zylinder. Um den Atemgaswechsel zwischen dem Blut und dem Gewebe beschreiben zu können, wurden verschiedene Modellvorstellungen entwickelt. Als besonders förderlich für das Verständnis des Atemgasaustausches erwies sich das Modell von Krogh, das den Versorgungsbezirk einer Kapillare als einen sie umgebenden Zylinder beschreibt (Abb. 36.2). Die Modellvorstellung von Krogh beschreibt die Bedingungen für den Atemgaswechsel in einem Gewebeareal, in dem benachbarte Kapillaren parallel verlaufen, in gleichen Ebenen beginnen und enden und in gleicher Richtung durchströmt werden. Obwohl dies in vivo selten der Fall ist, erwies sich der Gewebezylinder als ein gutes Denkmodell für das Studium des Atemgaswechsels und des Stoffaustausches in den Geweben.

Hypoxie-gefährdete Gewebeareale. Insbesondere lässt sich mit Hilfe dieses Modells gut ableiten, dass die Senkung des arteriellen Sauerstoffdrucks oder die Herabsetzung der Durchblutung sich in erster Linie kritisch auf die ***Sauerstoffversorgung*** derjenigen Zellen auswirkt, die an der äußeren Grenze des von einer Kapillare versorgten

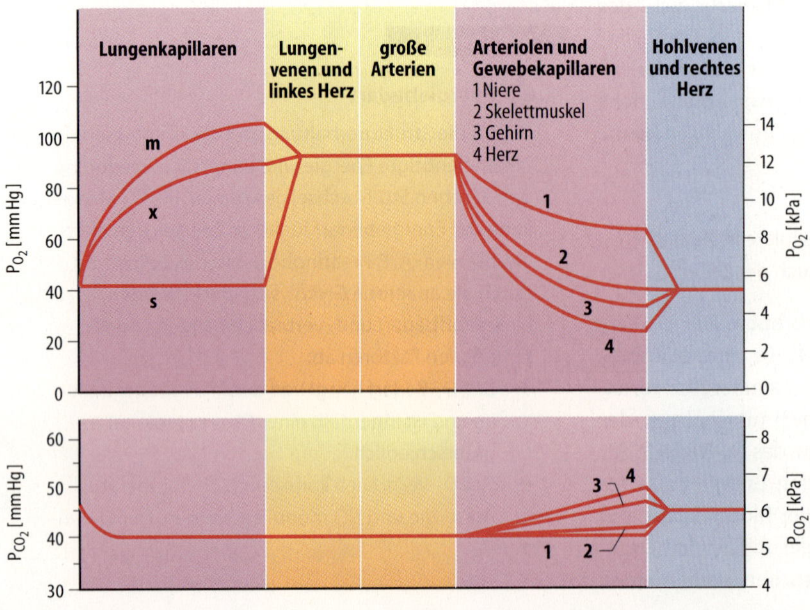

Abb. 36.1. Atemgaspartialdrücke im Blut des großen und kleinen Kreislaufs. O_2-Partialdrücke (PO_2) und CO_2-Partialdrücke (PCO_2) des Blutes in den verschiedenen Abschnitten des Kreislaufsystems unter Ruhebedingungen. Mod. nach Thews (1963). Der PO_2 kann maximal den Wert erreichen, der in den am besten belüfteten Alveolen der oberen Lungenabschnitte herrscht *(m)*, der Mittelwert in allen Lungenkapillaren liegt niedriger *(x)*. Blut, das nicht an belüfteten Kapillaren vorbei fließt, behält den venösen Wert (*s*, für Shunt)

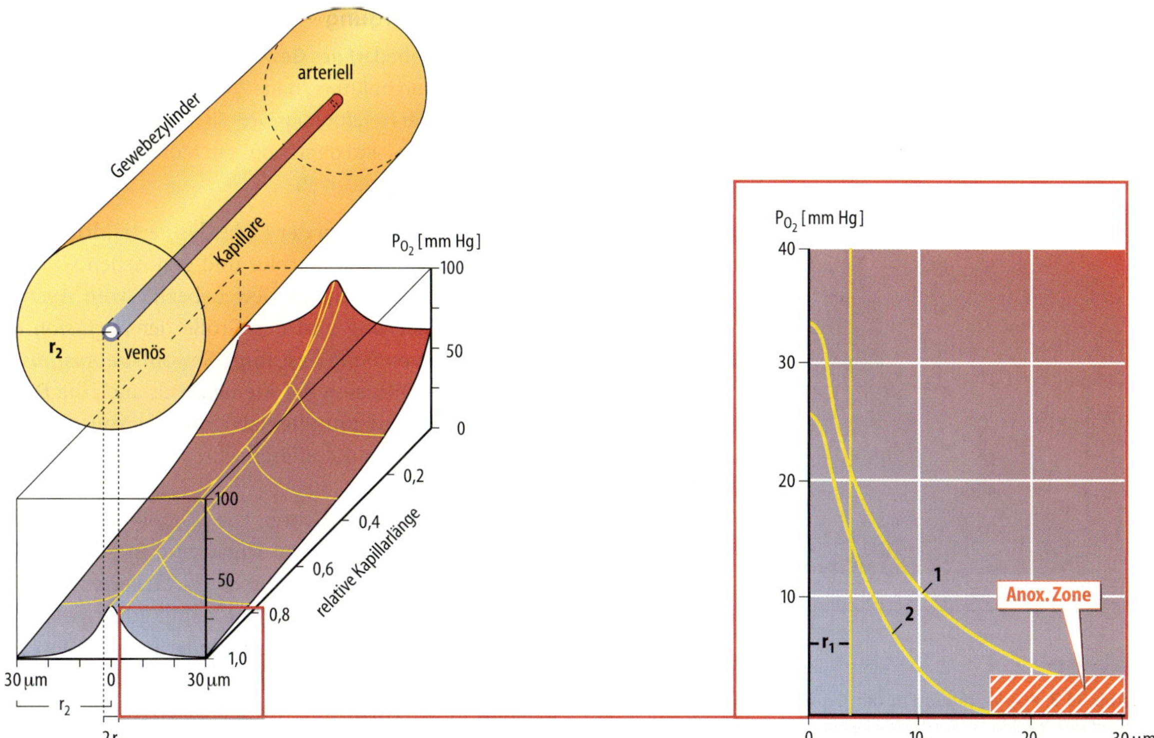

Abb. 36.2. PO_2-Verteilung im Versorgungsbereich einer Kapillare. Schematische Darstellung der O_2-Partialdruckverteilung im Versorgungszylinder einer Kapillare in der Großhirnrinde des Menschen (O_2-Verbrauch = 9×10^{-2} ml/g × min, Durchblutung = 0,8 ml/g × min) unter Normoxie *(links)*. Unter Normoxie fällt der mittlere O_2-Partialdruck des Blutes in den Kapillaren der Großhirnrinde von 90 mm Hg (12,0 kPa) auf ca. 28 mm Hg (3,7 kPa) ab. Innerhalb des Querschnittes des Versorgungszylinders beträgt der mittlere O_2-Partialdruckabfall von der Kapillare zum Zylindermantel ca. 26 mm Hg (3,5 kPa) (▶ siehe Ausschnitt *rechts* (1)). Unter arterieller Hypoxie (PO_2= 50 mm Hg, 6,65 kPA) sinkt der PO_2 in den Kapillaren soweit ab, dass die am weitesten von der vorsorgenden Kapillare entfernten Zellen, besonders am venösen Ende der Kapillare, nicht mehr ausreichend mit Sauerstoff versorgt werden (Ausschnitt *rechts* (2)).

Gewebezylinders liegen. Besonders gefährdet sind Zellen, die vom venösen Ende einer Kapillare aus versorgt werden. Weiterhin ergibt sich, dass an den verschiedenen Stellen des versorgten Gebiets unterschiedlich hohe, sowohl vom lokalen Verbrauch als auch von den Diffusionsbedingungen abhängige PO_2-Werte herrschen müssen.

O_2-Partialdrucke im Gewebe

In den Geweben besteht eine inhomogene O_2-Partialdruckverteilung; sie ist in Kapillarnähe am höchsten und sinkt mit zunehmender Entfernung von den Kapillaren. Auch in den Zellen nimmt der Partialdruck von der Membran zum Zellinneren hin ab; für einen normalen oxidativen Stoffwechsel muss der Sauerstoff- Partialdruck in den Mitochondrien mindestens 0,1–1 mm Hg betragen

Kritischer O_2-Partialdruck der Mitochondrien. Die O_2-Partialdrücke in den Zellen eines Gewebes stellen sich zwischen dem Wert des arteriellen Blutes und einem Minimalwert, der bereits unter physiologischen Bedingungen in einzelnen Zellen nur etwa 1 mm Hg (133 Pa) betragen kann, ein. Voraussetzung für den normalen oxidativen Stoffwechsel einer Zelle ist ein ***Mindest-O_2-Partialdruck*** von ca. 0,1–1 mm Hg (13–133 Pa) im Bereich der Mitochondrien, der ***kritische O_2-Partialdruck der Mitochondrien.*** Wichtigstes Kriterium für die Beurteilung der O_2-Versorgung eines Organs ist damit der zelluläre O_2-Partialdruck.

O_2-Partialdruck-Messung. Direkte Messungen des O_2-Partialdrucks sind in den einzelnen ***Zellen*** eines Gewebes mit Mikroelektroden möglich ***(polarographisches Verfahren).*** Die Messungen des O_2-Partialdruckes im ***Gewebe*** mit Nadelelektroden sind vorrangig auf leicht zugängliche Organe beschränkt. Beispielsweise kann mit ihrer Hilfe bei verschiedenen Muskelerkrankungen oder Störungen der Skelettmuskeldurchblutung die ***O_2-Partialdruckverteilung*** in den betroffenen Skelettmuskelgruppen bei körperlicher Ruhe und unter Belastungsbedingungen bestimmt werden. Während neurochirurgischer Operationen erhält man durch O_2-Partialdruckmessungen mit Mikroelektroden, die auf das Gehirngewebe aufgesetzt werden, Hinweise auf die momentane ***Sauerstoffversorgung des Operationsgebietes*** und seiner Umgebung. Die Ergebnisse einer derartigen Untersuchung sind in Abb. 36.3 dargestellt. Sie gibt die Häufigkeitsverteilungen des O_2-Partialdrucks in den oberflächennahen Zellen der Großhirnrinde bei arterieller ***Normoxie*** und arterieller ***Hypoxie*** wieder.

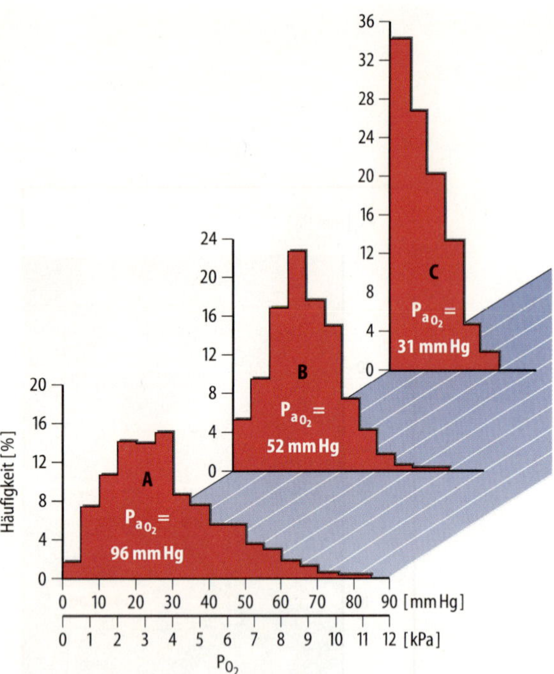

Abb. 36.3. PO_2-Verteilung in der Großhirnrinde. Häufigkeitsverteilung des lokalen O_2-Partialdruckes in den oberflächennahen Zellen der Großhirnrinde von Katzen bei **A** arterieller Normoxie (PaO_2 = 96 mm Hg= 12,8 kPa), **B** mäßiger arterieller Hypoxie (PaO_2 = 52 mm Hg = 7,0 kPa) und **C** schwerer arterieller Hypoxie (PaO_2 = 31 mm Hg= 4,2 kPa). Die fortschreitende Herabsetzung des arteriellen O_2-Partialdruckes führt zu einer zunehmenden Verlagerung der Histogramme zu niedrigen O_2-Partialdrücken und einer starken Erhöhung der Zahl von Messwerten im Bereich zwischen 0 und 5 mm Hg (0 und 0,7 kPa). Bei schwerer arterieller Hypoxie besteht trotz starker Zunahme der Durchblutung eine ausgeprägte Gewebehypoxie mit Anoxie in zahlreichen Zellen der Großhirnrinde. Nach Grote u. Schubert (1982)

Analyse der Organ-Sauerstoffversorgung. Um beim Menschen einen Einblick in die O_2-Versorgungsbedingungen eines ganzen ***Organs*** gewinnen zu können, ist man in der Mehrzahl der Fälle darauf angewiesen, die wichtigsten Einflussgrößen wie die Durchblutung, den O_2-Verbrauch sowie die Atemgaspartialdrücke und den pH-Wert des arteriellen Blutes zu bestimmen und mithilfe der Daten den Atemgaswechsel anhand der Ergebnisse einer ***Diffusionsanalyse*** zu beurteilen. Mit der ***Nahinfrarot-Spektroskopie*** steht seit einigen Jahren eine Methode zur Verfügung, die es vor allen Dingen bei Neugeborenen ermöglicht, direkt Hinweise auf die O_2-Versorgung von Geweben über die Bestimmung der ***O_2-Sättigung des Hämoglobins*** im Kapillarblut und den Oxidationsgrad der Cytochrome in den Zellen zu erhalten, z. B. des Gehirngewebes.

Blutgefäßversorgung

Der Energiebedarf des Gewebes kann nur bei ausreichender Durchblutung gedeckt werden; letztere hängt bei normaler Herzfunktion vor allem von der Dichte des Kapillarnetzes und dem Tonus der Muskulatur der vorgeschalteten Arteriolen ab

Kapillarisierung. Neben der Höhe des Partialdruckgefälles zwischen dem Kapillarblut und den Zellen wird der Atemgaswechsel in einem Gewebebezirk vom Ausmaß der ***Kapillarisierung*** und der Größe der ***Perfusion der terminalen Strombahn*** bestimmt. Sowohl die ***Austauschfläche*** für die Diffusion der Atemgase als auch die ***Diffusionsstrecken*** sind unmittelbar abhängig von der Zahl der durchströmten Kapillaren, ihrer Länge und ihrem Abstand.

Funktionelle Kapillardichte. Die Kapillarisierung der Gewebe kann von Organ zu Organ und in vielen Fällen auch innerhalb eines Organs stark variieren. Ein besonders dichtes ***Kapillarnetz*** und damit günstige Bedingungen für den Atemgaswechsel findet man in Geweben mit hohem ***Energieumsatz.*** Für den mittleren ***Kapillarabstand*** in der Hirnrinde wurden ca. 40 μm, in der Skelettmuskulatur ca. 35 μm bestimmt. Allerdings werden in zahlreichen Organen, z. B. der Skelettmuskulatur, unter Ruhebedingungen nicht alle Kapillaren gleichzeitig mit Blut durchströmt. Vielmehr bewirkt die ***Vasomotion*** der vorgeschalteten Arteriolen rhythmische Veränderungen der Kapillarperfusion. Durch Herabsetzung des Gefäßmuskeltonus in den vorgeschalteten Arteriolen kann sowohl die ***Perfusion*** der einzelnen Kapillare als auch die ***Zahl*** gleichzeitig durchströmter Kapillaren erhöht werden. Der von einer Kapillare zu versorgende Gewebebezirk wird gleichzeitig kleiner (Abb. 36.4).

Nichtstationäre Versorgungsbedingungen. Die oben dargestellten Einflussgrößen für den Atemgaswechsel sind nicht konstant. Besonders deutlich wird dies am Beispiel des Myokards. Die Herzmuskulatur zeichnet sich gegenüber der Mehrzahl der Organe durch nichtstationäre

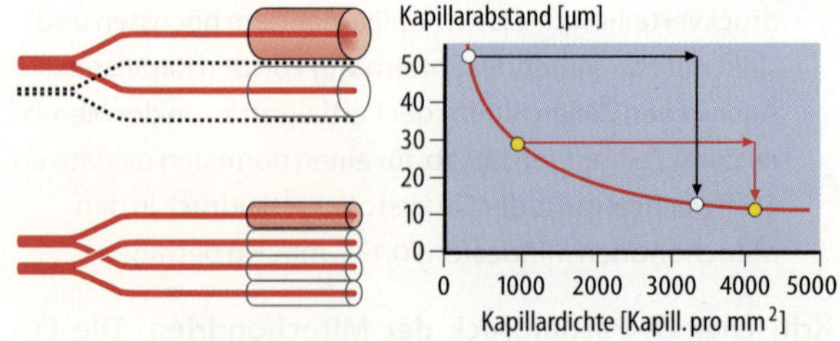

Abb. 36.4. Funktionelle Kapillardichte in Ruhe und unter Belastung. Bei erhöhtem Sauerstoffbedarf werden infolge einer arteriolären Dilatation im Skelett- *(blau)* und Herzmuskel *(rot)* mehr Kapillaren gleichzeitig durchströmt als unter Ruhebedingungen. Dies führt zu einer Zunahme der funktionellen Kapillardichte *(horizontale Pfeile)* und damit zu einer Reduktion der Kapillarabstände *(vertikale Pfeile)*. Im Myokard ist die funktionelle Kapillardichte in Ruhe und unter Belastung deutlich höher als im Skelettmuskel

O_2-Versorgungsbedingungen aus. Sowohl die ***Durchblutung*** als auch der ***Energiebedarf*** des Myokards verändern sich im Verlauf des einzelnen ***Herzzyklus***. Den resultierenden Schwankungen des ***O_2-Angebotes im Myokard***, stehen entgegengerichtete Änderungen des ***Energiebedarfs*** der einzelnen Herzmuskelzellen gegenüber (► s. Kap. 27.1).

Anpassung an wechselnden O_2-Bedarf

Das O_2-Angebot an ein Organ wird durch die Änderung der Durchblutungsgröße dem O_2-Bedarf angepasst; Signale aus den Gewebezellen beeinflussen die Gefäßweite der Arteriolen und damit die Durchblutung

Anpassungsmechanismen. Die mit jeder ***Funktionssteigerung*** eines Organs einhergehende ***Erhöhung des O_2-Bedarfs*** muss durch die Vergrößerung des ***O_2-Angebotes*** und seine vermehrte ***Ausschöpfung*** ausgeglichen werden. Wie aus Gl. (2) hervorgeht, kann das O_2-Angebot in einem Gewebe durch die Zunahme der Durchblutungsgröße und die Erhöhung des O_2-Gehaltes im arteriellen Blut gesteigert werden. Da jedoch unter physiologischen Bedingungen die O_2-Sättigung des Hämoglobins im arteriellen Blut bereits ca. 97% beträgt, ist eine weitere Zunahme des arteriellen O_2-Gehaltes durch Hyperventilation kaum möglich. Die ***Erhöhung des O_2-Angebotes*** an eine momentane Steigerung des O_2-Bedarfs in einem Gewebe wird daher vorrangig durch die ***Zunahme der Durchblutung*** erreicht.

Regulation der Organdurchblutung. Die Durchblutungsgröße eines Organs wird in erster Linie von der Größe des ***Herzzeitvolumens*** und dem ***Strömungswiderstand*** in den den Kapillaren vorgeschalteten Gefäßabschnitten bestimmt. Die Anpassung des O_2-Angebotes an den O_2-Bedarf eines Organs wird durch die Regulation der Durchblutungsgröße mithilfe lokal metabolischer Faktoren sowie humoral und neuronal beeinflusster Regelmechanismen erreicht. Die nervösen und humoralen Einflüsse auf die Organdurchblutung und die lokal chemischen Regelmechanismen sind ausführlich in ► Kap. 28.8 dargestellt.

Langzeitanpassung. Besteht ein lang andauernd erhöhter O_2-Bedarf, so kommt es neben der Steigerung der Organdurchblutung zu einer ***Erhöhung der O_2-Kapazität des Blutes*** infolge verstärkter ***Erythrozytenbildung*** und ***Hämoglobinsynthese***. Der Anpassung durch die gesteigerte Erythrozytenbildung sind jedoch Grenzen gesetzt, da mit der Zunahme des Hämatokritwertes die ***Viskosität*** des Blutes steigt und die Belastung des Herzens größer wird. Die Aktivierung der Erythropoiese ist die Folge einer erhöhten Bildung und Freisetzung des ***Erythropoietins*** vorrangig im Nierengewebe, die durch Hypoxie ausgelöst wird. Obgleich bei Gewebehypoxie die Proteinsynthese allgemein abnimmt, findet gleichzeitig eine ausgeprägte Steigerung der Bildung bestimmter Eiweißverbindungen statt.

In Kürze

Sauerstoffversorgung der Gewebe

Die O_2-Abgabe vom Blut an das Gewebe erfolgt per Diffusion entlang eines Partialdruckgefälles zu den Zellen. Die O_2-Partialdrücke im Gewebe sind lokal unterschiedlich und niedriger als der arterielle O_2-Partialdruck. Sie werden durch die Durchblutung und den lokalen O_2-Verbrauch beeinflusst.
Bei Erniedrigung des O_2-Partialdrucks einer Zelle unter den kritischen Wert für die Mitochondrien (0,1 bis 1 mm Hg) tritt eine Einschränkung des zellulären Energiestoffwechsels auf.
Der Atemgaswechsel erfolgt vorwiegend zwischen dem Kapillarblut und dem umgebenden Gewebe. Seine Größe hängt vor allem von der Höhe der Durchblutung, der Kapillardichte und der Länge der Diffusionsstrecken zu den Zellen ab. Innerhalb des strukturell vorgegebenen Rahmens können diese Größen bedarfsabhängig reguliert werden.

36.3 O_2-Mangelwirkungen

O_2-Vorräte im Gewebe

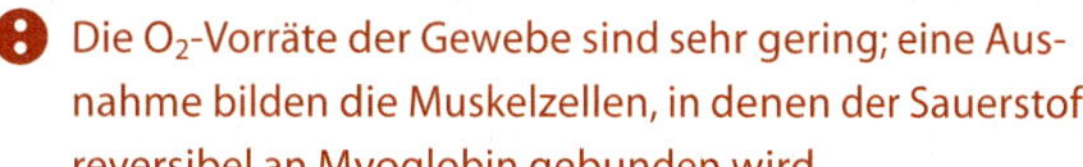

Die O_2-Vorräte der Gewebe sind sehr gering; eine Ausnahme bilden die Muskelzellen, in denen der Sauerstoff reversibel an Myoglobin gebunden wird

Einschränkung der O_2-Nachlieferung. Die in einem Gewebe für die Gewebeatmung zur Verfügung stehende O_2-Menge wird von der Größe des ***konvektiven O_2-Transportes*** im Blut und dem Ausmaß der ***O_2-Diffusion*** zwischen dem Kapillarblut und den zu versorgenden Zellen bestimmt. Da die Mehrzahl der Gewebe neben dem physikalisch gelösten Sauerstoff keine weiteren ***O_2-Vorräte*** besitzt, führt jede Einschränkung der O_2-Nachlieferung zum O_2-Mangel und zu einer Verminderung des oxidativen Zellstoffwechsels, sobald das O_2-Angebot den O_2-Bedarf nicht voll decken kann.

Myoglobin als Sauerstoffspeicher. Eine Ausnahme bilden die ***Muskelzellen***, in denen der Sauerstoff reversibel an ***Myoglobin (Mb)*** gebunden wird, das als O_2-Speicher dient. Myoglobin ist ein intrazelluläres O_2-bindendes ***Hämprotein***, das in der Herz- und Skelettmuskulatur in Konzentrationen von 8–10 mg pro g Gewebe vorliegt. Es hat bei physiologischen Temperatur- und pH-Verhältnissen einen ***Halbsättigungsdruck*** von ca. 2,5 mm Hg (333 Pa) und ist daher unter Normalbedingungen weitgehend mit Sauerstoff gesättigt. Die Myoglobinkonzentrationen der Muskelgewebe des Menschen sind jedoch nicht groß genug, um ausgeprägte O_2-Mangelzustände für längere Zeit zu überbrücken. Im Herzen reichen die O_2-Vorräte zur Aufrechterhaltung des oxidativen Stoffwechsels ca. 8 Sekunden. Bei ***Robben*** und ***Walen*** hingegen, deren Skelettmuskelzellen einen mehr als 10-fach höheren Myoglobingehalt besitzen, kann die Sauerstoffversorgung der Organe während des Tauchens mit Hilfe dieser Sauerstoffspeicher und zusätzlicher Kreislauf-Anpassungsmechanismen über 1–2 Stunden sichergestellt werden.

Myoglobin erleichtert die O_2-Diffusion. Myoglobin stellt nicht nur einen ***Kurzzeit-O_2-Speicher*** dar, der bei kontraktionsbedingtem Abfall der Muskeldurchblutung für Sekunden den O_2-Bedarf der Zellen durch seine Sauerstoffabgabe decken kann (Pufferfunktion). Myoglobin erleichtert außerdem den Sauerstoff-Transport im Intrazellularraum, da sich die sauerstoffbeladenen Myoglobinmoleküle in der Zelle bewegen können. (»***Erleichterte Diffusion***« oder *Facilitated Diffusion*).

Ausschaltung des Myoglobin-Gens. Die funktionelle Bedeutung des Myoglobins konnte mit Hilfe von ***transgenen Tiermodellen*** nachgewiesen werden. Tiere, die kein Myoglobin besaßen, weil ihr Myoglobin-Gen ausgeschaltet worden war, waren lebensfähig. Sie wiesen jedoch eine ***größere Kapillardichte*** in den Geweben, eine höhere Durchblutung der Organe und eine größere ***Hämoglobinkonzentration des Blutes*** als normale Vergleichstiere auf. Durch die Anpassungsprozesse wurde der Mangel an Myoglobin soweit kompensiert, dass auch bei hohem Sauerstoffbedarf keine Funktionsstörungen auftraten. Bei starker ***arterieller Hypoxie*** hingegen konnte der Sauerstoffbedarf der Muskelgewebe nicht mehr voll gedeckt werden, sodass es schon bei höherem arteriellen PO_2 zu einem ***Funktionsausfall*** der Muskelzellen kam als bei den Vergleichstieren, was darauf hinweist, dass Myoglobin für den ***intrazellulären O_2-Transport*** von Bedeutung ist.

O_2-Versorgung

> O_2-Angebot und O_2-Utilisation sind wichtige Größen zur Beurteilung der O_2-Versorgung der Gewebe

O_2-Angebot. Das O_2-Angebot ist die Sauerstoffmenge, die pro Zeiteinheit mit dem Blut zu einem Organ transportiert wird. Es ergibt sich aus dem ***Produkt von arteriellem O_2-Gehalt*** (CaO_2) und ***Durchblutungsgröße ($\dot{Q}$):***

$$O_2\text{-Angebot} = Ca_{O_2} \times \dot{Q} \qquad (2)$$

Wie aus der Gl. (2) zu ersehen, sind Unterschiede des O_2-Angebotes an die Organe auf die unterschiedliche Größe der Durchblutung zurückzuführen. Jede ***Veränderung der Durchblutungsgröße*** führt unmittelbar zu einer ***gleichsinnigen Veränderung des O_2-Angebotes*** an ein Gewebe. Das mittlere O_2-Angebot an die einzelnen Organe kann für physiologische Bedingungen aus dem O_2-Gehalt des arteriellen Blutes und den in Tabelle 36.1 zusammengestellten Durchblutungswerten ermittelt werden. Besonders große Werte ergeben sich für die ***Nierenrinde*** und die ***graue Substanz des Gehirns***, kleine Werte für die ruhende Skelettmuskulatur, das Nierenmark und die weiße Substanz des Gehirns.

O_2-Utilisation. Unter der O_2-Utilisation eines Organs versteht man das ***Verhältnis seines O_2-Verbrauchs zum O_2-Angebot.*** Wie aus den Gl. (1) und (2) abzuleiten, ergibt sich damit:

$$O_2\text{-Utilisation} = (avD_{O_2} \times \dot{Q})/(Ca_{O_2} \times \dot{Q}) = avD_{O_2}/Ca_{O_2} \qquad (3)$$

In Abhängigkeit vom O_2-Bedarf des Gewebes wird das O_2-Angebot in den einzelnen Organen unterschiedlich genutzt. Unter Normalbedingungen beträgt der O_2-Verbrauch der ***Großhirnrinde***, des ***Myokards*** und der ruhenden ***Skelettmuskulatur*** ca. 40–60% der in der gleichen Zeit angebotenen O_2-Menge. Die O_2-Utilisation kann bei gesteigerter Organfunktion erheblich zunehmen. ***Höchstwerte***, die im Extremfall ***ca. 90%*** erreichen, beobachtet man unter den Bedingungen ***schwerer körperlicher Belastungen*** in der arbeitenden Skelettmuskulatur und im Myokard. Bei erhöhtem O_2-Bedarf eines Gewebes wird das O_2-Angebot durch die ***Zunahme der Durchblutungsgröße*** kurzfristig vergrößert. Unter pathophysiologischen Bedingungen können die Erniedrigung des O_2-Gehaltes im arteriellen Blut ***(arterielle Hypoxämie)*** oder die Einschränkung der Durchblutungsgröße ***(Ischämie)*** zu einer ***größeren O_2-Utilisation*** in einem Organ führen.

Störungen der O_2-Versorgung

> Ursachen mangelhafter O_2-Versorgung eines Organs sind Ischämie, arterielle Hypoxie und Anämie

Gewebehypoxie. Störungen des Atemgaswechsels in der Lunge oder Störungen des Atemgastransportes im Blut führen zu einer mangelhaften O_2-Versorgung der Organe und zur ***Gewebehypoxie*** (PO_2 < normal) oder ***Gewebeanoxie*** (PO_2 = 0 mm Hg), sobald der O_2-Bedarf nicht mehr durch ein entsprechendes O_2-Angebot gedeckt werden kann. Mögliche Ursachen einer O_2-Mangelversorgung sind die Einschränkung der Organdurchblutung ***(Ischämie)***, die Erniedrigung des O_2-Partialdrucks im arteriellen Blut ***(arterielle Hypoxie)*** sowie die Herabsetzung der O_2-Kapazität des Blutes ***(Anämie)***.

Ischämische Gewebehypoxie. Die Einschränkung der Organdurchblutung führt im Vergleich zu den Normalbedingungen zu einer stärkeren O_2-Ausschöpfung des Blutes während des Kapillardurchflusses und zu einer Vergrößerung der ***arteriovenösen Differenz*** des O_2-Gehaltes. Die direkte Folge ist ein besonders ausgeprägter O_2-Partialdruckabfall im Kapillarblut ***(venöse Hypoxie)***, der durch die gleichzeitige Erniedrigung des O_2-Partialdruckgefälles zum Gewebe Ursache für eine mangelhafte O_2-Versorgung der Zellen werden kann (Abb. 36.5 B).

Arterielle Gewebehypoxie. Bei einer Senkung des O_2-Partialdruckes ***(Hypoxie)*** und des O_2-Gehaltes ***(Hypox-***

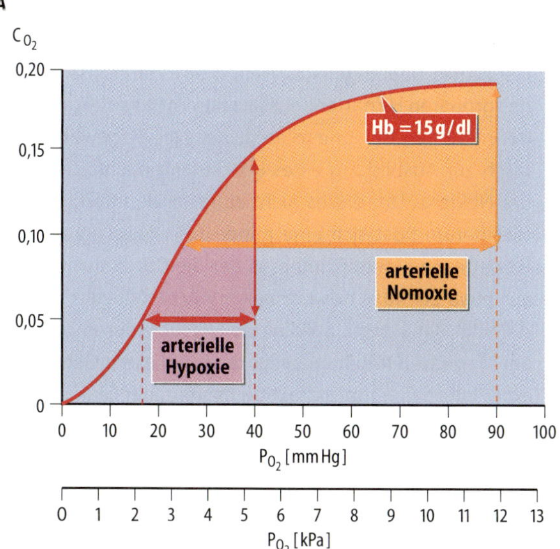

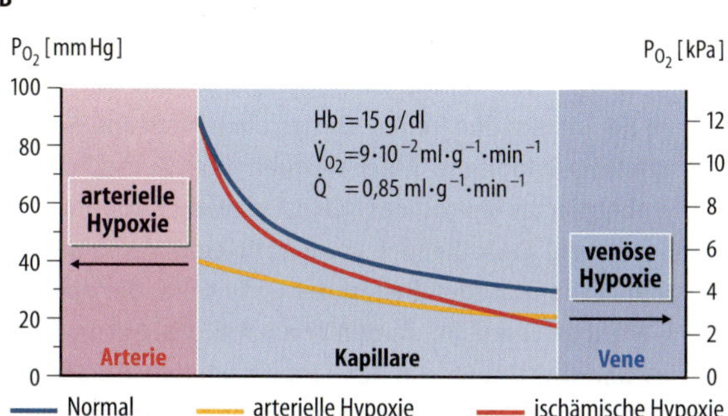

Abb. 36.5. Einfluss von arterieller Hypoxie bzw. Ischämie auf den PO_2-Abfall im Kapillarblut. A Einfluss einer arteriellen Hypoxie (PO_2 = 44 mm Hg = 5,3 kPa) auf den Abfall des O_2-Partialdruckes im Blut während der Kapillarpassage *(gelbe Pfeile)*, dargestellt für die Bedingungen im Myokard bei körperlicher Ruhe. Die O_2-Partialdruckänderungen im Kapillarblut werden bei stark erniedrigtem arteriellen O_2-Partialdruck vorrangig vom steilen Mittelabschnitt der O_2-Bindungskurve bestimmt. Die Folge ist ein gegenüber der Normoxie verringerter O_2-Partialdruckabfall, der z. T. die ungünstigen Ausgangsbedingungen für die O_2-Versorgung der Gewebe auszugleichen vermag (*Ordinate:* O_2-Gehalt in ml O_2 pro ml Blut; *Abszisse:* O_2-Partialdruck). **B** Schematische Darstellung des mittlerer O_2-Partialdruckabfalls entlang der Kapillaren der Großhirnrinde des Menschen unter Normalbedingungen, bei ischämischer Hypoxie (Reduktion der Durchblutungsgröße um $^1/_3$) und bei starker arterieller Hypoxie

ämie) im arteriellen Blut infolge einer ***alveolären Hypoventilation*** ist die O_2-Versorgung der Gewebe eingeschränkt. Wie aus Abb. 36.5 zu entnehmen ist, werden jedoch die im Kapillarblut der Organe auftretenden O_2-Partialdruckveränderungen unter diesen Bedingungen vorrangig durch den Mittelabschnitt der ***effektiven O_2-Bindungskurve*** bestimmt. Daher stellt sich innerhalb der Kapillaren ein sehr flaches O_2-Partialdruckprofil ein, sodass die ungünstigen Ausgangsbedingungen für die O_2-Versorgung der Gewebe z. T. ausgeglichen werden.

Anämische Gewebehypoxie. Eine Erniedrigung des Hämoglobingehaltes des Blutes ***(Anämie)*** reduziert die ***O_2-Kapazität*** des Blutes. Wie in Abb. 36.6 am Beispiel des Herzmuskelgewebes wiedergegeben, stellen sich unter diesen Bedingungen sehr niedrige Werte für den O_2-Gehalt des Blutes während der Kapillarpassage ein. Der zugehörige O_2-Partialdruck kann insbesondere am venösen Kapillarende auf Werte absinken, die eine ausreichende O_2-Diffusion zu den Orten des O_2-Verbrauches unmöglich machen.

Gewebsanoxie

Akute Gewebeanoxie kann je nach Dauer zu reversiblen Störungen der Zellfunktion oder irreversiblen Zellschäden führen; solange die Zellstruktur erhalten bleibt, ist eine erfolgreiche Wiederbelebung des Organs möglich

Folgen einer akuten Gewebeanoxie. Jede akute Gewebeanoxie, hervorgerufen durch die plötzliche Unterbrechung der Durchblutung oder durch eine starke arterielle Hypoxie, führt nach einem kurzen ***freien Intervall***, in dem keine Funktionsveränderungen nachgewiesen werden können, zu einer Einschränkung des Zellstoffwechsels und damit der Zellfunktion. Sobald mit abnehmendem Energievorrat auch ein verminderter Tätigkeitsumsatz der Zelle nicht mehr möglich ist, tritt die vollständige ***Lähmung der Zellfunktion*** ein (Abb. 36.7). Die Zeitspanne vom Einsetzen der Gewebeanoxie bis zum vollständigen Erlöschen der Organfunktion wird als ***Lähmungszeit*** bezeichnet. Diese beträgt für das Gehirn nur ca. 8–12 s.

Wiederbelebungszeit. Die ***Zellstruktur*** kann im Gegensatz zur Funktion deutlich länger, je nach Höhe des Energiebedarfs für Minuten bis Stunden, aufrechterhalten werden. Solange die Zellstruktur erhalten bleibt, ist eine erfolgreiche Wiederbelebung des Organs möglich ***(Wiederbelebungszeit)***. ***Irreversible Zellschäden*** und

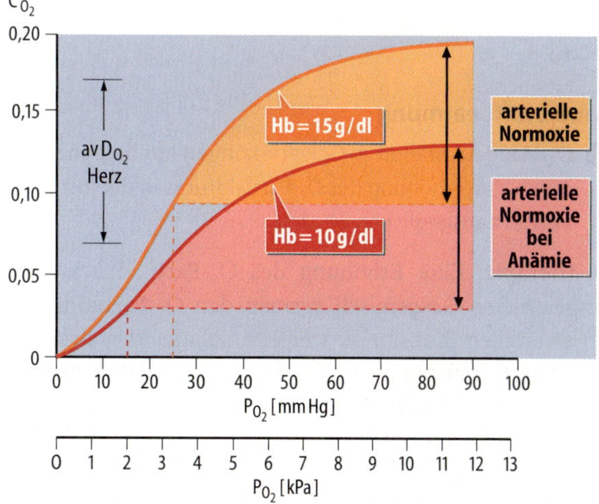

Abb. 36.6. PO_2-Abfall im Kapillarblut des Herzens bei Anämie. Einfluss einer Anämie (Hb=10 g/dl) auf die O_2-Partialdruckänderungen im Kapillarblut, dargestellt für die Bedingungen im Myokard bei körperlicher Ruhe (*Ordinate:* O_2-Gehalt in ml O_2 pro ml Blut; *Abszisse:* O_2-Partialdruck)

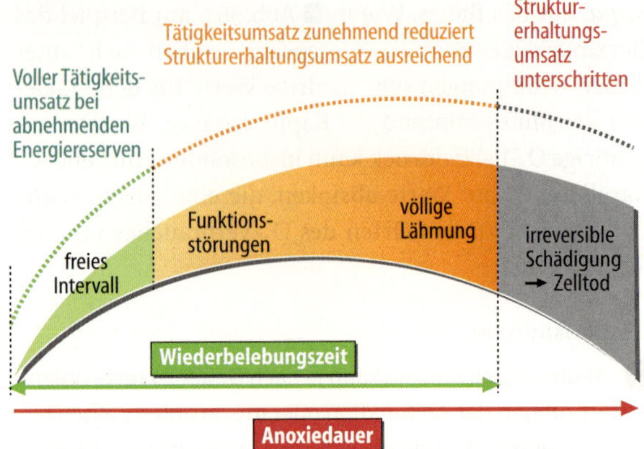

Abb. 36.7. Funktionsstörungen bei völligem Sauerstoffmangel. Eine akute ischämische Anoxie führt nach einem freien Intervall zu zunehmenden Funktionsstörungen bis hin zur völligen Lähmung des Organs. Dies geht mit einer immer größeren Abnahme des Tätigkeitsumsatzes der Zellen einher. Solange der zur Strukturerhaltung der Zellen notwendige Energieumsatz nicht unterschritten wird, kann das Organ noch wieder belebt werden

schließlich der ***Zelltod*** setzen ein, wenn der ***Strukturerhaltungsumsatz*** nicht mehr gewährleistet ist. Bei ***Neuronen*** treten irreparable Schäden nach etwa 10 min dauernder Anoxie auf. In der ***Skelettmuskulatur*** können unter vergleichbaren Bedingungen irreversible Zellstörungen erst nach mehreren Stunden Anoxie festgestellt werden. Für die ***Niere*** und die ***Leber*** beträgt die Wiederbelebungszeit etwa 3–4 h. Für die ***Wiederbelebungszeit des gesamten Organismus*** ergibt sich bei normaler Körpertemperatur jedoch nur eine Zeitspanne von ca. 4 min. Sie ist erheblich kürzer als die Wiederbelebungszeiten aller lebenswichtigen Organe und ist hauptsächlich darauf zurückzuführen, dass das durch Hypoxie geschädigte Herz nicht mehr den für eine normale Gehirndurchblutung nötigen arteriellen Mitteldruck entwickeln kann, wenn die Wiederbelebung erst nach mehr als 4 Minuten einsetzt.

Sauerstoffbeatmung

O_2-Mangelzustände im Gewebe können nur begrenzt durch eine Erhöhung des O_2-Partialdrucks in der Inspirationsluft ausgeglichen werden

O_2-Therapie. Eine Erhöhung des O_2-Partialdrucks im eingeatmeten Gasgemisch vermag den O_2-Partialdruck im arteriellen Blut nur zu steigern, solange der alveolokapilläre Gasaustausch in der Lunge nicht stark beeinträchtigt ist. Bei ischämischer und anämischer Hypoxie ist der Erfolg einer O_2-Therapie eingeschränkt, da unter diesen Bedingungen der O_2-Gehalt des arteriellen Blutes lediglich durch die Erhöhung der ***physikalisch gelösten O_2-Menge*** gesteigert wird. Bei längerer Anwendung kann eine solche ***O_2-Therapie*** eine ***O_2-Vergiftung*** auslösen. Die starke Erhöhung des O_2-Partialdrucks in den Zellen ***(Hyperoxie)*** hemmt beispielsweise die Oxidation von Glukose, Fruktose und Brenztraubensäure. Darüber hinaus kommt es zu einer vermehrten Bildung von freien ***Sauerstoffradikalen*** (► s. u.).

O_2-Vergiftung. Als typische Zeichen einer O_2-Vergiftung treten ***Schwindel*** und ***Krämpfe*** auf. In der Lunge lassen sich Veränderungen der Alveolarmembran nachweisen, die Ursache für ***Diffusionsstörungen*** und die Flüssigkeitsansammlung in den Alveolen ***(Lungenödem)*** werden können. Bei Neugeborenen, die über Stunden und Tage mit reinem Sauerstoff behandelt worden waren, tritt nach ***Veränderungen der Retina*** eine Einschränkung des Sehvermögens oder eine vollständige ***Erblindung*** auf (► s. 36.2).

36.1. Penumbra

Definition und Eigenschaften. Beim Verschluss eines größeren Hirnarterien-Astes kommt es auf Grund der niedrigen Ischämietoleranz des Nervengewebes rasch zur Ausbildung eines Infarkts mit nachfolgender Nekrose. Um dieses nicht zu rettende Infarktgebiet herum lässt sich eine mindestens gleich große Gewebezone identifizieren, in der die Durchblutung auf etwa 20–40 % des normalen Werts reduziert ist, die sog. Penumbra. Studien an Versuchstieren und am Menschen haben gezeigt, dass in diesem Gebiet eine hohe Sauerstoffextraktion besteht, der Glukosestoffwechsel zunächst nicht abnimmt und die zellulären ATP-Spiegel zur Strukturerhaltung des Gewebes noch ausreichen.

Pathophysiologie. Allerdings treten in den Zellen der Penumbra aufgrund des relativen Sauerstoffmangels immer wieder rhythmische Depolarisationen auf, die deren Sauerstoffbedarf erhöhen und damit zu weiterem Gewebsuntergang und zum Wachsen der Infarktzone führen. Dazu tragen noch andere pathophysiologische Mechanismen bei: Zusätzlich synthetisiertes neuronales NO löst vermehrt Apoptose aus und Endothelin-1 verursacht eine Vasokonstriktion von Blutgefäßen in der Penumbra, die den O_2-Mangel verstärkt. Dadurch nimmt das Ausmaß des Gewebeschadens in den Tagen nach dem Gefäßverschluss weiter zu, mit entsprechend zunehmendem und irreversiblem Ausfall von Gehirnfunktionen. Wenn es durch frühzeitige therapeutische Maßnahmen gelingt, in der Penumbra die Durchblutung wieder zu normalisieren und dabei Reperfusionsschäden durch Einsatz von Radikalfängern weitgehend zu vermeiden sowie die Wirkung exzitatorischer Aminosäuren zu hemmen, kann das endgültige Ausmaß der Infarktzone entscheidend verringert werden. Auch eine vorübergehende Reduktion des Sauerstoffverbrauchs in dem betroffenen Gewebeareal durch Induktion einer Hypothermie stellt einen viel versprechenden Therapieansatz dar.

Zelluläre Anpassungsmechanismen bei Ischämie

Auf zellulärer Ebene ist eine begrenzte Anpassung an Ischämiebedingungen möglich

Erhöhte Ischämietoleranz. Durch mehrmalige kurze (1–3 min) Unterbrechungen der Organdurchblutung vor einer länger andauernden Ischämie ***(Preconditioning)*** kann eine erhöhte Ischämietoleranz erreicht werden. Die kurzzeitigen Durchblutungsunterbrechungen lösen ***Adaptationsmechanismen*** im Gewebe aus, bei denen u.a. die vermehrte Freisetzung von ***Adenosin*** eine wichtige Rolle spielt. Über verschiedene intrazelluläre Signalwege, an denen die Proteinkinase C, Tyrosinkinasen und reaktive Sauerstoffspezies beteiligt sind, werden ischämiebedingte ***Schäden der Mitochondrien reduziert*** und eine vermehrte ***Expression von Genen*** induziert, die die ***Hypoxietoleranz*** erhöhen. *Preconditioning* wurde am Myokard, am Gastrointestinaltrakt, den Nieren und mit längerer Latenz auch am Gehirn nachgewiesen.

Anpassung an chronische Ischämie. Auch eine länger dauernde, ausgeprägte Durchblutungseinschränkung kann Adaptationsvorgänge im Gewebe auslösen. Diese bestehen in einer ***Reduktion der Stoffwechselaktivität*** und der Organfunktion. Man nennt diesen erstmals am Myokard beobachteten Zustand ***Hibernation.*** Die zellulären Ursachen des Adaptationsvorganges sind bislang nicht geklärt. Befunde experimenteller Untersuchungen sprechen jedoch dafür, dass Hibernation durch die gleichen oder ähnliche Prozesse ausgelöst wird wie das Phänomen des *Preconditioning.*

In Kürze

O_2-Mangelwirkungen

Das O_2-Angebot an ein Organ entspricht dem Produkt aus arteriellem O_2-Gehalt und Durchblutungsgröße. Kurzfristige Anpassungen des Angebots erfolgen über Durchblutungsänderungen. In der Mehrzahl der Organe muss der momentane O_2-Bedarf durch ein entsprechendes O_2-Angebot gedeckt werden. Lediglich die Muskelgewebe verfügen im Myoglobin über einen Kurzzeit-O_2-Speicher.

Bei unausgeglichenem Verhältnis von O_2-Angebot und O_2-Bedarf in einem Organ tritt eine Gewebehypoxie auf. Ursache einer Herabsetzung des O_2-Angebotes können sein:

- die Einschränkung der Durchblutungsgröße (Ischämie),
- die Erniedrigung des arteriellen O_2-Gehaltes durch Anämie oder Hypoxie.

Gewebeanoxie führt in Abhängigkeit von der Dauer zu reversiblen Störungen der Funktion oder irreversiblen Störungen von Funktion und Struktur der Zellen. Die Zeitspanne vom Anoxiebeginn bis zum vollständigen Erlöschen der Organfunktion ist die Lähmungszeit. Solange die Zellstrukturen erhalten bleiben (Wiederbelebungszeit) ist eine vollständige Wiederbelebung eines Organs möglich.

Die Ischämietoleranz von Zellen bzw. Geweben kann durch Preconditioning und Hibernation vergrößert werden. Therapeutisch kann durch eine Senkung der Körper- oder Organtemperatur die Ischämietoleranz verbessert werden.

36.4 Sauerstoff als Signalmolekül

Funktionelle Sauerstoffsensoren

In Endothel und Gefäßmuskulatur gibt es funktionelle »Sauerstoffsensoren«; bei akuter und chronischer Hypoxie lösen diese eine Gefäßerweiterung und Mehrdurchblutung bzw. eine hypoxieinduzierte Genexpression aus

Sauerstoffsensoren im Gefäßendothel. Die Anpassung des Sauerstoffangebots an den jeweiligen Bedarf der Gewebe ist eine wichtige Voraussetzung für die Funktionsfähigkeit der Organe. Daher ist es nicht verwunderlich, dass neben den »klassischen« Chemosensoren in den ***Glomerula carotica und aortica*** die Höhe des Sauerstoffpartialdrucks im Blut auch mit Hilfe lokaler »Sensoren« funktionell erfasst wird. Im ***Endothel*** der Blutgefäße des Körperkreislaufs bewirkt die Senkung des PO_2 eine Erhöhung der Ca^{2+}-Konzentration, die eine vermehrte Freisetzung ***vasodilatierender Endothelfaktoren,*** vor allem von ***Prostazyklin*** und ***NO***, zur Folge hat.

Sauerstoffsensoren im Gefäßmuskel. Die ***glatten Muskelzellen*** der Blutgefäße besitzen außerdem ***K^+_{ATP}-Kanäle***, die bei einem durch Hypoxie induzierten Abfall des ATP/ADP Quotienten aktiviert werden. Als Folge der erhöhten Kalium-Leitfähigkeit kommt es zur ***Hyperpolarisation der Zellmembran*** und nachfolgend zur Erschlaffung der Gefäßmuskelzellen und zur Vasodilatation. Die Gefäßmuskelzellen verfügen außerdem über Kanäle, die bereits auf einen verhältnismäßig geringen PO_2-Abfall mit einer erhöhten (K^+,Ca^{2+}-Kanäle) bzw. erniedrigten Leitfähigkeit (L-Typ-Calcium-Kanäle) reagieren und dadurch den Gefäßtonus senken. Die Erhöhung des PO_2 im Blut (***Hyperoxie***, z.B. bei Beatmung mit reinem Sauerstoff) löst dagegen eine allgemeine Verengung der peripheren Widerstandsgefäße aus.

Erythrozyten als Sauerstoffsensoren. Neben Zellen der Gefäßwand sind die ***Erythrozyten*** Teil eines Signalsystems, das bei Abnahme des Sauerstoffpartialdruckes die Durchblutung steigert. An Versuchstieren wurde beobachtet, dass die Senkung des PO_2 im Blut eine ***vermehrte Freisetzung von ATP*** aus den Erythrozyten auslöst, welches die ***Endothelzellen*** zur vermehrten Produktion der Vasodilatatoren Prostazyklin und NO anregt (▶ s. Kap. 28.8).

Hypoxieinduzierte Genexpression. Der Sauerstoffpartialdruck beeinflusst die Stabilität einer Familie von ***Transkriptionsfaktoren***, deren Hauptvertreter der ***»hypoxieinduzierbare Faktor 1α«*** (*Hypoxia-inducible Factor 1α*, HIF1α) ist. HIF1α ist ein Protein, das in allen Körperzellen kontinuierlich gebildet wird. Bei Normoxie wird der Transkriptionsfaktor an mehreren Serinresten hydroxyliert, eine Voraussetzung für seinen ***Abbau im Proteasom***. Unter Hypoxiebedingungen sind die erforderlichen Häm-enthaltenden, funktionell als Sauerstoffsensoren wirkenden ***Serin-Hydroxylasen*** nicht mehr in der Lage, HIF1α zu hydroxylieren. Das so stabilisierte Protein gelangt nach Phosphorylierung in den Zellkern, wo es sich mit dem konstitutiv gebildeten HIF1β zu einem Heterodimer verbindet. Der Proteinkomplex bindet an ***»Hypoxieresponsive Elemente«*** (HRE) in den Promotoren verschiedener Zielgene und führt zu deren vermehrter Expression. (◻ Abb. 36.8) Die geschilderten Mechanismen lösen u. a. die gesteigerte Bildung von ***Erythropoietin***, z. B. beim Höhenaufenthalt aus. Sie sind auch an der Induktion des endothelialen Gefäß-Wachstumsfaktors ***VEGF*** *(Vascular Endothelial Growth Factor)* beteiligt, der eine außerordentlich wichtige Rolle bei der Induktion der Gefäßneubildung (Angiogenese) spielt (▶ s. u.).

PO_2-abhängige Regulation des Redoxstatus. Neben dem Regulationsweg über HIF1α existieren weitere, durch den Sauerstoffpartialdruck beeinflusste Signalwege. Zu ihnen gehören die PO_2-abhängige Änderungen der Konzentration von freien Sauerstoffradikalen und des Redoxstatus (***NAD^+/NADH-Verhältnis***) der Zellen.

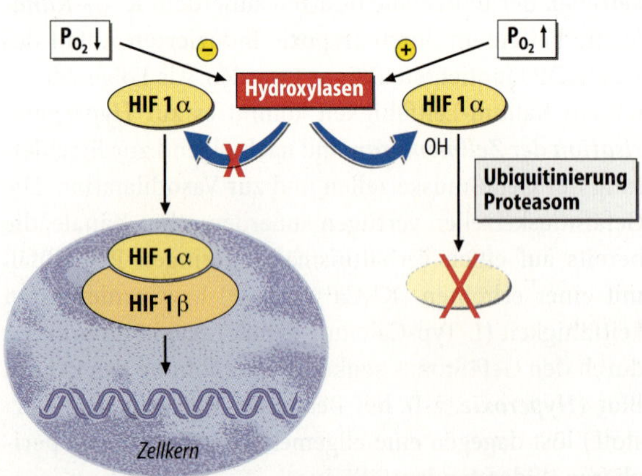

◻ **Abb. 36.8. Schematische Darstellung der Sauerstoff-abhängigen Genexpression durch den Transkriptionsfaktor HIF 1α.** Bei einem Abfall des zellulären PO_2 sind die Häm-haltigen Hydroxylasen nicht mehr in der Lage, diesen Faktor zu hydroxylieren, der darauf vermindert abgebaut wird und nach Translokation in den Zellkern mit HIF 1β ein Dimer bildet und dadurch die Transkription zahlreicher Gene ermöglicht

Anpassung der Gefäßversorgung

Chronischer Sauerstoffmangel führt zur Freisetzung von Wachstumsfaktoren und zur Bildung neuer bzw. zur Vergrößerung bestehender Blutgefäße

Angiogenese. Durch Sauerstoff- und Glukosemangel wird die Bildung und Freisetzung von Wachstumsfaktoren stimuliert, die die Aussprossung von neuen Gefäßen aus bestehenden Blutgefäßen ***(Angiogenese)*** auslösen. Dieser Prozess ist vor allem eine Leistung der Endothelzellen, die vermehrt ***VEGF-Rezeptoren*** exprimieren und außerdem diesen Wachstumsfaktor freisetzen. VEGF stimuliert die ***Auswanderung der Endothelzellen*** aus ihrem Gefäßverband und nachfolgend die Bildung einer primären Endothelröhre.

Unter dem Einfluss des Wachstumsfaktors ***PDGF*** *(Platelet-derived Growth Factor)* lagern sich ***Perizyten*** und glatte Muskelzellen an das Endothelrohr an, sodass ein neues, stabiles Blutgefäß entsteht. An dem Stabilisierungsprozess sind VEGF und der ebenfalls endothelspezifische Differenzierungsfaktor ***Angiopoietin 1*** beteiligt.

36.2. Frühgeborenenretinopathie

Ursachen und Befunde. Die Frühgeborenenretinopathie (auch als retrolentale Fibroplasie bezeichnet) beruht auf einer 2–10 Wochen nach der Geburt einsetzenden Neubildung von peripheren Netzhautgefäßen, die mit Blutungen und Gefäßeinsprossungen in den Glaskörper verbunden ist. Es treten daraufhin häufig Gewebsverdichtungen in der Netzhautperipherie sowie eine Netzhautablösung auf, die faktisch zur Erblindung führen. Diese Veränderungen treten auf, wenn Frühgeborene im Brutkasten einem Überangebot an Sauerstoff ausgesetzt sind. Bei Kindern mit einem Geburtsgewicht von weniger als 1500 g beträgt die Erkrankungshäufigkeit 11–56%. Sie ist eine der häufigsten Ursachen für das Erblinden bei Kindern.

Pathophysiologie. Während der normalen Netzhautentwicklung wachsen ab der 16. Embryonalwoche die Gefäße von der Papille zentrifugal zur Ora serrata. Tritt in dieser Entwicklungsphase, die bei Frühgeborenen noch nicht abgeschlossen ist, durch Sauerstoffbeatmung eine länger dauernde Hyperoxie der Retina auf, so kommt es zu einer sauerstoffinduzierten Vasokonstriktion und zur Obliteration von retinalen Blutgefäßen. Infolge der ungenügenden Gefäßentwicklung in der Netzhaut kommt es bei späterer Atmung von Raumluft zu einer lokalen Hypoxie und damit zur Freisetzung von Wachstumsfaktoren, vor allem von VEGF. Unter seinem Einfluss tritt sekundär eine unerwünschte Angiogenese mit den oben beschriebenen Folgen auf.

Arteriogenese. Neben der Angiogenese wird durch eine lokale Hypoxie auch die ***Arteriogenese***, d.h. das Wachstum von bereits bestehenden, kleinen ***Kollateralgefäßen*** bei einem Gefäßverschluß ausgelöst. In den nicht verschlossenen Kollateralgefäßen lösen Hypoxie und regionale Druckunterschiede eine Mehrdurchblutung aus, die durch Anstieg der ***Wandschubspannung*** zur mechanischen Stimulation des Endothels führt. Durch die gesteigerte Schubspannung tritt eine vermehrte Expression des Adhäsionsfaktors ***MCP1*** (*Monocyte chemoattractant Protein 1*) auf, der eine Invasion von ***Monozyten*** in die Gefäßwand verursacht. Bedingt durch die Freisetzung von ***Zytokinen*** aus den Monozyten kommt es zu einem starken Wachstum der Kollateralgefäße. Die Arteriogenese spielt klinisch vor allem bei allmählich zunehmenden ***Gefäßverengungen***, z.B. in Herzkranzgefäßen oder in großen Extremitätenarterien, eine Rolle. Bei einem endgültigen ***Gefäßverschluss*** kann die Leitfähigkeit der Kollateralgefäße für das Blut so sehr gesteigert sein, dass eine funktionelle ***Überbrückung*** des verschlossenen Gefäßes ermöglicht wird.

In Kürze

Sauerstoff als Signalmolekül

Der Sauerstoff dient im Gewebe nicht nur als Substrat für den Energiestoffwechsel, sondern er hat auch Signalfunktionen:

- Im Endothel, den Erythrozyten und der glatten Muskulatur der Blutgefäße kommt es PO_2-abhängig zu Aktivitätsänderungen von Transportproteinen, Membrankanälen und Enzymen, welche dadurch als funktionelle Sauerstoffsensoren wirken.
- Durch die Bildung von gefäßaktiven Faktoren bzw. durch Änderungen des Membranpotentials der Gefäßmuskelzellen wird eine akute Anpassung der Durchblutung an den Sauerstoffbedarf erreicht.
- Bei länger dauernder Hypoxie kommt es unter dem Einfluss O_2-sensitiver Hydroxylasen und des Transkriptionsfaktors HIF1α zur Expression von Genen, die zu einem erhöhten glykolytischen Stoffwechsel, einer vermehrten Erythropoese sowie zu einer verbesserten Sauerstoffversorgung durch Gefäßneubildung oder Gefäßwachstum führen.

36.5 Der Sauerstoff als Noxe

Reaktive Sauerstoffspezies

Sauerstoffradikale und reaktive Sauerstoffspezies schädigen Zellmembranen und hemmen Zellfunktionen

Reaktive Sauerstoffspezies. Unter reaktiven Sauerstoffspezies versteht man ***Sauerstoffradikale*** und sehr ***reaktionsbereite Sauerstoffverbindungen***. Radikale sind Moleküle oder Verbindungen, die ein oder mehrere ***ungepaarte Elektronen*** besitzen. Auch O_2 ist ein Radikal, da es zwei ungepaarte Elektronen besitzt. Der Sauerstoff tendiert daher dazu, Elektronen aufzunehmen. Durch die Aufnahme eines Elektrons entsteht das ***Superoxidanion*** O_2^-, ebenfalls ein Radikal (da noch immer ein ungepaartes Elektron vorliegt), das sehr leicht mit anderen Verbindungen reagieren kann. Nach Aufnahme eines weiteren Elektrons entsteht ***Wasserstoffperoxid*** (H_2O_2), das Enzyme der Glykolyse hemmt und in Gegenwart von Fe^{2+} viele organische Moleküle oxidieren kann. Es ist kein Radikal. Eine noch höhere Oxidationsstufe besitzt der Sauerstoff im stark reaktiven ***Hydroxylradikal*** (OH^-). Die Elektronenaufnahme durch den Sauerstoff wird in biologischen Lösungen durch die Anwesenheit von ***Metallionen***, die als Katalysatoren wirken, beschleunigt.

Zellschäden. Alle drei reaktiven Sauerstoffspezies O_2^-, H_2O_2, und OH^- können im Organismus mit zahlreichen anderen Molekülen und Verbindungen, z.B. Lipiden, interagieren und dabei neue Radikale erzeugen ***(Radikalkettenreaktion)***, wodurch es u.a. zu erheblichen Beeinträchtigungen der Integrität von ***Zellmembranen*** kommen kann. Unmittelbare Folgen sind ein verstärkter ***Calcium-Einstrom*** in die Zellen und eine Störung zahlreicher ***Rezeptoren***. Intrazellulär können vor allem die Integrität der ***Mitochondrienmembran*** und damit auch der oxidative Stoffwechsel beeinträchtigt sowie die ***DNA*** geschädigt werden.

Entstehung reaktiver Sauerstoffspezies

Reaktive Sauerstoffspezies entstehen bei verschiedenen enzymatisch gesteuerten Reaktionen, die entweder konstitutiv oder bei Sauerstoffmangel in den Zellen ablaufen

Entstehung von Superoxidanionen. Eine wichtige Quelle für die Entstehung von O_2-Anionen in den Körperzellen sind einige Komplexe der ***Atmungskette***. Etwa 1–3% der in der Atmungskette umgesetzten Sauerstoffmoleküle werden in O_2^- überführt. Die O_2^--Konzentration in den Zellen nimmt mit steigendem Sauerstoffdruck entsprechend zu. In Leukozyten und in den Zellen der Gefäßwand entstehen Superoxidanionen vorwiegend bei Reaktionen, die durch die zelltypischen Isoformen der ***NAD(P)H-Oxidase*** katalysiert werden. Eine weitere Quelle für O_2^- stellt, vor allem unter pathophysiologischen Bedingungen, die Aktivität des Enzyms ***Xanthin-Oxidase*** dar, welches (Hypo)Xanthin zu Harnsäure oxidiert. Das

Enzym liegt normalerweise als ***Xanthindehydrogenase*** vor und überträgt die Elektronen bevorzugt auf NAD^+. Unter dem Einfluss proteolytischer Enzyme, welche bei Entzündungen oder Sauerstoffmangel vermehrt gebildet werden, bzw. nach Oxidation einiger ihrer Thiolgruppen wirkt die Xanthindehydrogenase nun als Xanthinoxidase, die die Elektronen bevorzugt auf Sauerstoff überträgt.

Entstehung von Wasserstoffperoxid. Das Wasserstoffperoxid (H_2O_2) entsteht in der Zelle aus 2 O_2^--Molekülen und 2 Protonen, vorwiegend als Produkt des Enzyms ***Superoxiddismutase (SOD)***, welches in zwei Isoformen im Zytosol bzw. in den Mitochondrien vorliegt. Abgebaut wird es durch die ***Katalase*** in den Peroxisomen und zwar zu H_2O und O_2. SOD und Katalase gelten als ***antioxidative Schutzenzyme***, da sie unter physiologischen Bedingungen die intrazellulären Konzentrationen von O_2^- und H_2O_2 niedrig halten. Versuche an transgenen Tieren haben gezeigt, dass eine Überexpression der SOD die toxischen Wirkungen einer Hyperoxie herabsetzt, während eine Deletion des Gens ihre Wirkungen steigert.

VIII

Doppelfunktion der reaktiven Sauerstoffspezies

Reaktive Sauerstoffspezies sind wichtige Signalmoleküle in der Zelle; wenn sie im Übermaß gebildet werden, schädigen sie jedoch Zellstrukturen und Enzyme

Die O_2^--Konzentration bestimmt die Wirkung. Im Normalfall ist die Konzentration von O_2^- in den Zellen gering. Einige Zellfunktionen werden gestört, wenn die O_2^--Konzentration unter den Normalbereich abgesenkt wird. Offenbar ist die Anwesenheit von Superoxidanionen bzw. Sauerstoffradikalen in niedriger Konzentration für die ***normale Zellfunktion*** erforderlich. Beispielsweise steigern Superoxidanionen die Phosphorylierung des ***Insulinrezeptors*** und erleichtern die Aktivierung zahlreicher ***Transkriptionsfaktoren*** wie NFκB und AP1. In höheren Konzentrationen hemmen die Superoxidanionen jedoch wichtige Enzyme des Energiestoffwechsels, z. B. die ***Aconitase***. Außerdem schränken sie die DNA-Synthese durch Hemmung der ***Ribonukleotid-Reduktase*** ein und wirken dadurch zelltoxisch. Sie reagieren schließlich direkt mit dem endothelialen Vasodilatator ***NO*** und erleichtern durch dessen ***Inaktivierung*** Vasokonstriktion und einen Gefäßumbau (Atherosklerose), den NO normalerweise unterdrückt. Bei einer Reihe von Kreislauferkrankungen, wie z. B. der ***Hypertonie***, spielen erhöhte Konzentrationen von O_2^- in den Zellen der Gefäßwand pathogenetisch eine wichtige Rolle, vor allem, weil sie NO inaktivieren. An der vermehrten Bildung des Superoxidanions sind Angiotensin II und die druckinduzierte Dehnung der Gefäßwand ursächlich beteiligt.

Antioxidativ wirksame Schutzmechanismen

Antioxidativ wirksame Enzyme und Moleküle reduzieren die Konzentrationen von reaktiven Sauerstoffspezies in den Zellen und im Plasma

Enzymatischer Abbau von reaktiven Sauerstoffspezies. Da die bei Hyperoxie, bei Reperfusion (► s. u.) und bei Entzündungen gebildeten reaktiven Sauerstoffspezies potentiell Zellschäden auslösen, verfügen die Zellen über eine Reihe von ***antioxidativen Schutzmechanismen***. Zu ihnen gehören die Enzyme SOD und Katalase, welche die O_2^-- bzw. Wasserstoffperoxid-Konzentrationen in der Zelle kontrollieren. ***Peroxidasen*** bauen Radikale ebenfalls katalytisch ab.

Radikalhemmer. Da Metallionen wie Eisen oder Kupfer die Oxidation fördern, sind Metallionen-bindende Proteine wie das ***Transferrin***, das ***Haptoglobin*** oder das ***Caeruloplasmin*** antioxidativ wirksam. Moleküle, die Radikalschäden in Zellen minimieren ***(Heat-Shock-Proteine)*** müssen ebenfalls zu dieser Gruppe gezählt werden. Daneben spielen α-Tocopherol (Vit E), Vitamin C, Glutathion, Bilirubin und Harnsäure als ***Radikalfänger*** eine Rolle.

Reperfusionsschaden

Die Reperfusion des Gewebes nach Ischämie schädigt das Gewebe zusätzlich; der Reperfusionsschaden ist durch die vermehrte Bildung reaktiver Sauerstoffspezies bedingt

Reperfusion. Bei einer Unterbrechung der Durchblutung tritt im Gewebe innerhalb kurzer Zeit eine ***Anoxie*** auf. Durch die Wiederherstellung der Durchblutung ***(Reperfusion)*** während der Wiederbelebungszeit sollte es gelingen, einen Gewebeschaden zu vermeiden. Bei einem akuten ***Herzinfarkt*** versucht man beispielsweise, einen dauernden Gewebeschaden durch die schnelle Wiedereröffnung der betroffenen Koronararterie – mit Hilfe einer ***Fibrinolyse*** und mechanisch durch den Einsatz eines ***Dilatationskathethers*** – zu vermeiden. Der Wiedereintritt von Sauerstoff in das ischämische Gewebe bei Reperfusion kann jedoch dazu führen, dass dieses zusätzlich geschädigt wird ***(Reperfusionsschaden)***. Ursache hierfür ist eine vermehrte Bildung von Superoxidanionen und Wasserstoffperoxid-Molekülen beim Wiederanstieg des PO_2 in den Zellen. Vergleichbare Befunde kann man auch in transplantierten Organen nach ihrer Reperfusion erheben.

Entzündung. Der Sauerstoffmangel während der Durchblutungsunterbrechung und die während der Reperfusion gebildeten Superoxidanionen lösen außerdem eine vermehrte Expression von ***Adhäsionsmolekülen*** am Endothel der Blutgefäße des betroffenen Gewebes und eine ***Leukozytenemigration*** aus, ähnlich wie dies auch bei Entzündungen geschieht. Die von den Leukozyten gebildeten Radikale verstärken die Zellschäden zusätzlich (■ Abb. 36.9).

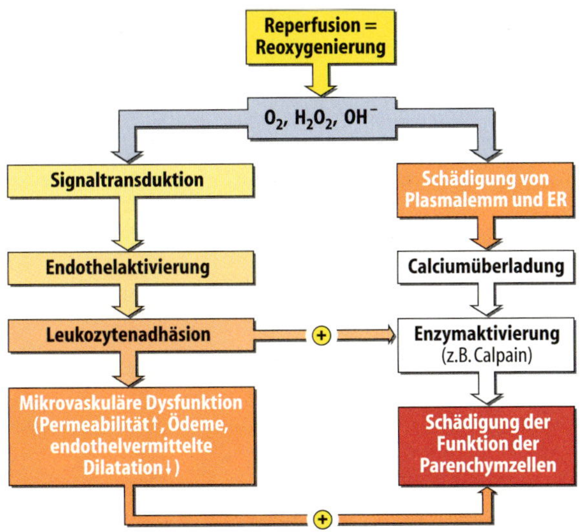

Abb. 36.9. Schematische Darstellung der wichtigsten Mechanismen, die zum Reperfusionsschaden beitragen

Vermeidung von Reperfusionsschäden. Die Reperfusionsschäden können durch die Gabe von ***antioxidativ*** wirkenden Medikamenten, z. B. Superoxiddismutase, Vitamin C oder Metallchelatoren, bisher nur in sehr begrenztem Ausmaß verhindert werden. Werden sie im Tierversuch ***vor*** Eintreten der Ischämie verabreicht, sind die Reperfusionsschäden erheblich geringer, ein Hinweis darauf, dass diese bereits unmittelbar nach Wiederherstellung der Durchblutung auftreten.

In Kürze

Der Sauerstoff als Noxe

Neben dem molekularen Sauerstoff sind auch reaktive Sauerstoffspezies in geringen Konzentrationen in den Zellen vorhanden:

- In geringen Konzentrationen spielen sie eine Rolle als Signalmoleküle;
- in hohen Konzentrationen rufen sie durch Interaktionen mit Lipiden, Proteinen und DNA schwere und teilweise irreversible Zellschäden hervor.

Die reaktiven Sauerstoffspezies entstehen vermehrt bei Hyperoxie, bei Reperfusion zeitweise ischämischer Gewebeareale und bei Entzündungen. Verschiedene Enzyme der Zelle, Metallchelatoren und Radikalfänger, wie das Vitamin C und Glutathion, haben antioxidative Wirkung, da sie die intrazellulären Konzentrationen der reaktiven Sauerstoffspezies senken.

Literatur

Black SC (2000) In vivo models of myocardial ischemia and reperfusion injury: application to drug discovery and evaluation. J Pharmacol Toxicol Methods 43: 153–167

Buschmann I, Schaper W (1999) Arteriogenesis Versus Angiogenesis: Two Mechanisms of Vessel Growth. News Physiol Sci 14: 121–125

Carmeliet P (2003) Angiogenesis in health and disease. Nat Med 9: 653–660

Dröge W (2002) Free radicals in the physiological control of cell function. Physiol Rev 82: 47–95

Gödecke A, Flogel U, Zanger K, Ding Z, Hirchenhain J, Decking UK, Schrader J (1999) Disruption of myoglobin in mice induces multiple compensatory mechanisms. Proc Natl Acad Sci USA 96: 10495–10500

Halliwell B, Gutteridge J.M.C. (1999) Free Radicals in Biology and Medicine. Oxford University Press

Krogh A (1918) The number and distribution of capillaries in muscles with calculations of the oxygen pressure head necessary for supplying the tissue. J Physiol 52: 409

Levick JR (2003) An Introduction to Cardiovascular Physiology. Arnold Publishers, London

Tsai AG, Johnson PC, Intaglietta M (2003) Oxygen gradients in the microcirculation. Physiol Rev 83: 933–963

Wenger RH (2002) Cellular adaptation to hypoxia: O_2-sensing protein hydroxylases, hypoxia-inducible transcription factors, and O_2-regulated gene expression. FASEB J 16: 1151–1162

Yellon DM, Downey JM (2003) Preconditioning the myocardium: from cellular physiology to clinical cardiology. Physiol Rev 83: 1113–1151

Stoffwechsel, Arbeit, Altern

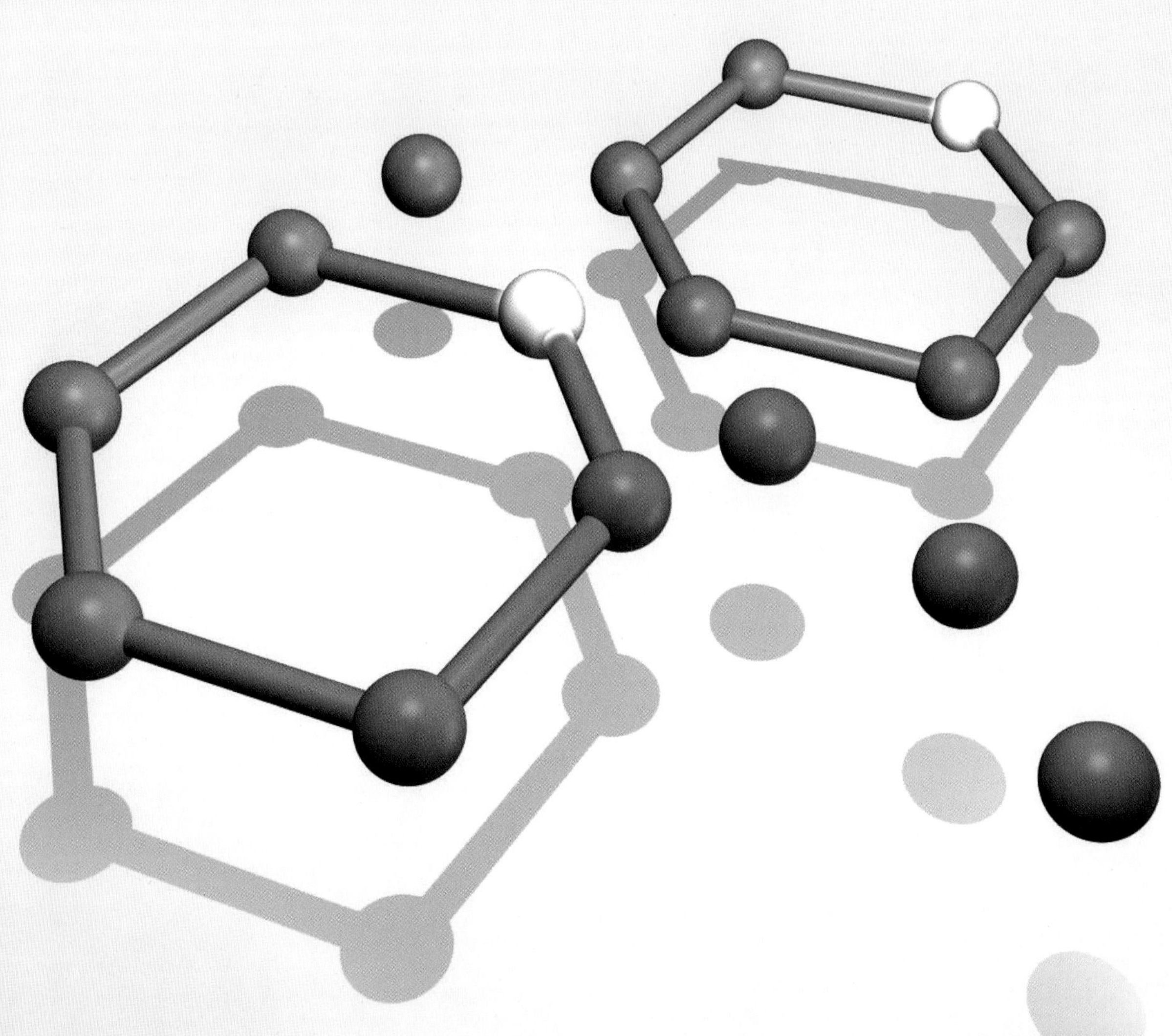

IX

Stoffwechsel, Arbeit, Altern

Kapitel 37
Ernährung

H. K. Biesalski

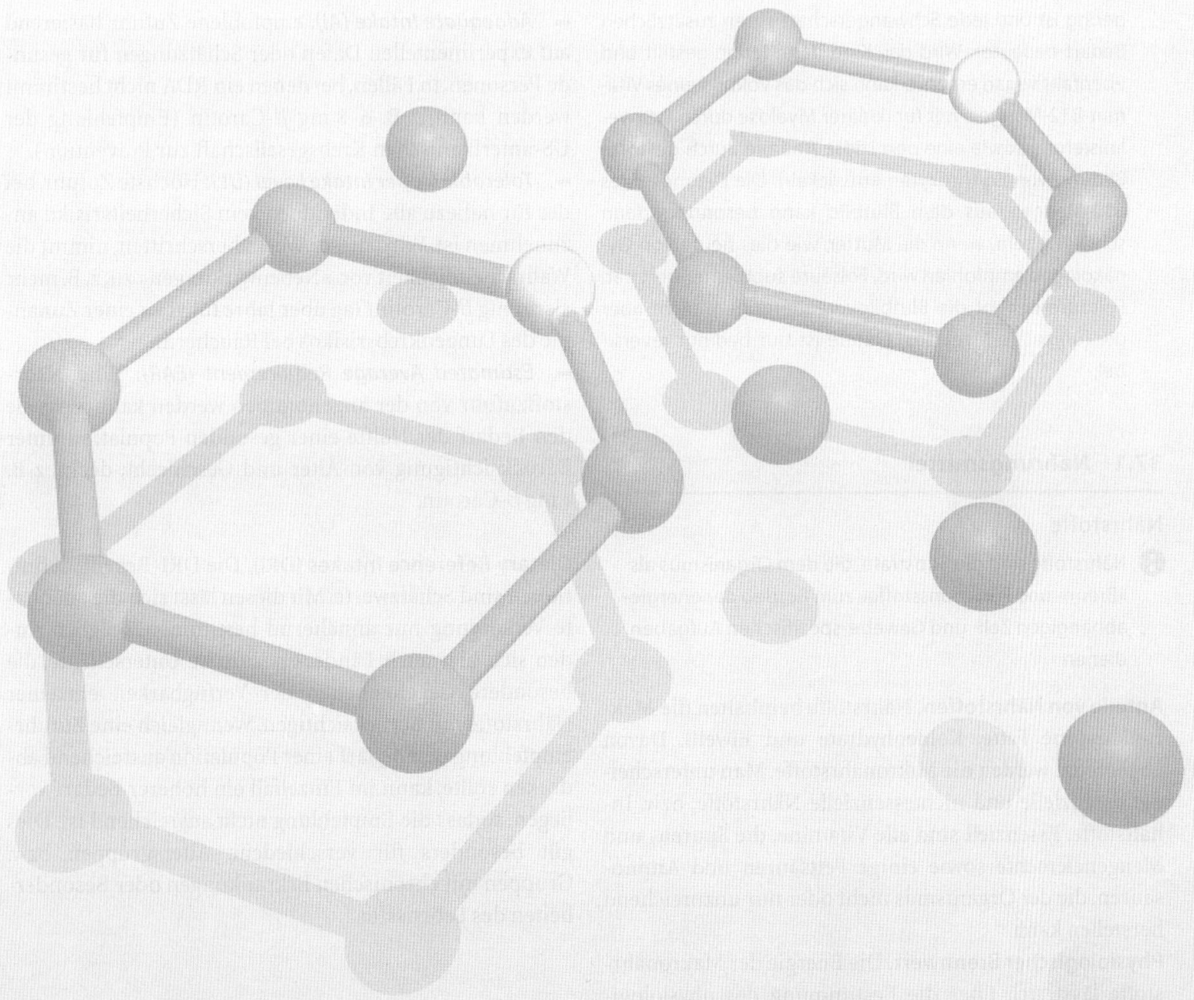

Einleitung

Eine junge Frau kommt mit ihrem 2 Jahre alten Kind in die Praxis, da ihre Tochter seit einiger Zeit Gangunsicherheiten aufweist und auch nicht mehr wächst. Die junge, sehr schlanke Frau ist gepflegt und sehr um die Gesundheit des Kindes besorgt. Das Kind ist schmächtig, kleinwüchsig und blass. Die neurologische Untersuchung ergibt Störungen der Motorik, des Vibrations- und des Lageempfindens. Auf die Frage, wie das Kind ernährt wird, antwortet die Mutter, sie ernähre sich gesund und habe das Kind 7 Monate gestillt. Anschließend habe sie Gemüsesäfte und Sojamilch bzw Sojaprodukte gefüttert. Nach genauer Ernährungsanamnese stellt sich heraus, dass sich die Mutter seit 5 Jahren vegan ernährt und dieses ihr zweites Kind ist. Die diagnostische Abklärung zeigt das Vorliegen von funikulärer Myelose, einer bei Vitamin-B12-Mangel auftretenden Erkrankung des Rückenmarkes. Dabei ist v.a. die Vitamin-B12-abhängige Bildung von Myelinscheiden gestört. Die fortschreitende Demyelinisierung beeinträchtigt dann die Nervenfortleitung. Der B12-Mangel entwickelte sich in diesem Fall, da die Zufuhr von Vitamin B12 bei dieser Ernährungsweise sehr gering ist und jede Schwangerschaft einen zusätzlichen Bedarf bedeutet. Wird das Kind dann lange gestillt und ebenfalls vegan ernährt, kann sich das Vollbild eines Vitamin-B12-Mangels mit funikulärer Myelose durch Demyelinisierung sowie eine perniziöse Anämie durch gestörte Bildung von Erythrozyten entwickeln. Die Diagnose des B12-Mangels aus dem Blutbild kann besonders dann schwierig sein, wenn die Mutter, wie dies heute von Gynäkologen empfohlen wird, Folsäure supplementiert hat. Folsäure behebt die Blutbildveränderungen, nicht aber die funikuläre Myelose. Letztere ist nur bedingt reversibel.

IX

37.1 Nahrungsmittel

Nährstoffe

Nährstoffe sind die Substrate, die dem Organismus als »Brenn- und Funktionsstoffe« zum Betrieb der energieabhängigen Zell- und Gewebe-spezifischen Aufgaben dienen

Anteile von Nährstoffen. Nährstoffe beinhalten die Makronährstoffe Fette, Kohlenhydrate und Eiweiß. Davon abgegrenzt werden die Mikronährstoffe. Man unterscheidet essenzielle und nichtessenzielle Nährstoffe, bzw. Inhaltstoffe. Essenziell sind alle Vitamine, die Spuren- und Mengenelemente sowie einige Fettsäuren und Aminosäuren, die der Organismus nicht oder nur unzureichend herstellen kann.

Physiologischer Brennwert. Die Energie der Makronährstoffe lässt sich über die Bestimmung des physiologischen Brennwerts ermitteln. Beim Abbau der energiereichen Makronährstoffe zu energieärmeren Verbindungen wird die freiwerdende Energie im Zuge der oxidativen Phosphorylierung auf ATP übertragen. Die pro g freiwerdende Energie nennt man physiologischen Brennwert.

Referenzwerte für die Nährstoffzufuhr

Der Referenzwert eines Nährstoffs bezeichnet die Menge, die als ausreichend erachtet wird, den Organismus bezüglich dieses Nährstoffs adäquat zu versorgen

Ernährungsempfehlungen. Um zu einer Harmonisierung der unterschiedlichen Empfehlungen auf der Grundlage verschiedener wissenschaftlicher Studien zu kommen, wurden von internationalen Gremien (FAO, FDA) statt der bisherigen Empfehlungen (RDA = *Recommended Dietary Allowence*) zusätzliche Begriffe eingeführt, die unter der Überschrift *Dietary Reference Intakes* (DRI) geführt werden:

- ***Recommended Dietary Allowence:*** Nährstoffzufuhr, die ausreichend ist, um den Bedarf nahezu aller gesunder Erwachsener in einem bestimmten Lebensalter und Geschlecht zu sichern, z. B. 2 mg β-Carotin (Empfehlung der DGE).
- ***Adaequate Intake (AI):*** empfohlene Zufuhr basierend auf experimentellen Daten oder Schätzungen für gesunde Personen, in Fällen, bei denen ein RDA nicht bestimmt werden kann, z. B. 6–8 mg β-Carotin (Empfehlung der US-amerikanischen Krebsgesellschaft zur Prävention).
- ***Tolerable Upper Intake Level (UL):*** Höchste Zufuhr, bei der für nahezu alle Individuen kein Sicherheitsrisiko anzunehmen ist. Wird dieser Wert überschritten, nimmt die Wahrscheinlichkeit von »Nebenwirkungen« zu, z. B. mehr als 20 mg β-Carotin/Tag über Jahre führt zu einer Zunahme des Lungenkrebsrisikos bei Rauchern.
- ***Estimated Average Requirement (EAR):*** Eine Nährstoffzufuhr von der angenommen werden kann, dass sie den Bedarf der Hälfte einer gesunden Population unter Berücksichtigung von Alter und Geschlecht, deckt, z. B. 1 mg β-Carotin.

Dietary Reference Intakes (DRI). Die DRI-Begriffsdefinitionen sind Schätzwerte. Mit diesen lässt sich die adäquate Versorgung nur annähernd bestimmen. Folglich finden sich hier auch Länder-spezifische Unterschiede, die besondere Gegebenheiten der Verfügbarkeit einzelner Nährstoffe mit berücksichtigen. Wenngleich eine Zufuhrempfehlung den Bedarf einer Population ausreichend abdecken sollte, kann im Einzelfall ein höherer Bedarf vorliegen, sodass die Empfehlung nicht ausreichend ist. Dies gilt besonders für verschiedene Altersgruppen bzw. Gruppen mit chronischen Erkrankungen oder Besonderheiten des Lebensstils.

Nährstoffdichte

Die Nährstoffdichte wird definiert als Quotient zwischen dem Nährstoffgehalt (in Gewichtseinheiten) und dem Brennwert (1000 kcal)

Nährstoffdichte und Energiebedarf. Mit steigendem Energiebedarf (z. B. Schwerarbeit oder Schwangerschaft bzw. konsumierende Erkrankungen) steigt auch der Bedarf an Mikronährstoffen, sofern diese als Katalysatoren bzw. Cosubstrate in den Energiestoffwechsel eingebunden sind. Nährstoffdichte = Nährstoffgehalt [µg, mg bzw. g/100 g]/Brennwert [MJ/100 g].

Ermittlung der Nährstoffdichte. Durch die Ermittlung der Nährstoffdichte kann die Qualität eines einzelnen Lebensmittels als Quelle für bestimmte Nährstoffe angegeben werden. Auf diese Weise ist durch Vergleich von Ist- und Soll-Nährstoffdichte auch eine Aussage über den Versorgungszustand des Organismus möglich.

Ist-Nährstoffdichte. Die Ist-Nährstoffdichte ist die Summe der Nährstoffgehalte (in Gewichtseinheiten bezogen auf die Tagesration)/Summe des Brennwertes bezogen auf die (individuell benötigte) Tagesration (in MJ). Die Ist-Nährstoffdichte, wird als minimal, akzeptabel oder wünschenswert klassifiziert (kann je nach Lebensstil unterschiedlich sein). Von einer minimalen Nährstoffdichte spricht man dann, wenn die Soll-Nährstoffdichte nicht erreicht wird, von einer akzeptablen, wenn sie die Soll-Nährstoffdichte gerade erreicht. In beiden Fällen besteht das Risiko einer mehr oder weniger ausgeprägten Mangelernährung.

In Kürze

Nahrungsmittel

Makro- und Mikronährstoffe unterteilt man in
- essenzielle und
- nichtessenzielle Nährstoffe bzw. Inhaltsstoffe (essenzielle Fettsäuren und Aminosäuren).

Referenzwerte von Nährstoffen dienen zur
- Erstellung allgemeiner Empfehlungen,
- Vorbeugung der Entwicklung von Defiziten.

Die Nährstoffdichte erlaubt eine qualitative Beurteilung eines Lebensmittels unter Berücksichtigung des individuellen Bedarfs.

37.2 Makronährstoffe

Eiweiß

Eiweiß spielt als Lieferant für Aminosäuren in allen Körperfunktionen eine wichtige Rolle; mittels der Stickstoffbilanz lässt sich der Eiweißbedarf und -umsatz ermitteln

Proteingehalt des Körpers. Ein 70 kg schwerer Mann enthält etwa 11 kg Protein, die Hälfte davon in der Skelettmuskulatur. Trotz der Vielfalt von Enzymen und Proteinen innerhalb eines Organismus finden sich 50 % des Proteins in vier Formen:
- Myosin,
- Aktin,
- Kollagen,
- Haemoglobin.

Kollagen enthält 25 % des Gesamteiweiß, wobei dieser Anteil bei Mangelernährung bis zu 50 % steigen kann, da hierbei vorwiegend Nicht-Kollagen-Proteine verbrannt werden.

Gesamtkörperproteinumsatz. Der Gesamtkörperproteinumsatz beträgt 200 bis 300 g/Tag, bei einem Erwachsenen also 3 bis 4 g/Tag/kg Körpergewicht. Bei Säuglingen und Heranwachsenden ist dieser Wert höher (4 bis 6,5 g/Tag/kg KG).

Stickstoffbilanz. Der Proteinumsatz im Körper lässt sich durch die Stickstoffbilanz erfassen. Diese gibt die Differenz zwischen Stickstoffaufnahme und Stickstoffausscheidung wieder. Sie ist entweder positiv ***(Stickstoffretention)*** in Wachstumsphasen oder negativ ***(Stickstoffverluste)*** infolge kataboler Phasen. Der Proteinabbau (katabole Wirkung) wird u. a. durch Katecholamine und Glukokortikoide stimuliert, der Proteinaufbau (anabole Wirkung) u. a. durch Insulin und Somatotropin. Zur Bestimmung der Stickstoffbilanz muss die gesamte Stickstoffaufnahme und die gesamte Stickstoffausscheidung über Urin, Faezes und Haut erfasst werden. Dies ist allerdings nur unter streng standardisierten experimentellen Bedingungen möglich. Wird nur Harn-Stickstoff erfasst, können sich Fehler bis 20 % ergeben.

Faktoren, die die Stickstoffbilanz beeinflussen:
- ***Energieaufnahme:*** Ist die Energieaufnahme unterhalb des Bedarfs, so resultiert eine negative Stickstoffbilanz.
- ***Wachstum:*** In der Wachstumsphase ist unter normalen Bedingungen die Stickstoffbilanz immer positiv.
- ***Trauma:*** Im Postaggressionsstoffwechsel (nach Trauma) ist die Stickstoffbilanz meist negativ, bedingt durch die vermehrte Ausschüttung von katabol wirkenden Katecholaminen und Glukokortidoiden und dem relativen Verlust der anabolen Insulinwirkung.
- ***Sport und Arbeit:*** Körperlich aktive Menschen oder auch Schwerarbeiter zeigen immer dann eine negative Stickstoffbilanz, wenn die Energieaufnahme nicht adäquat angepasst ist.

Proteinqualität. Die Menge an essenziellen Aminosäuren pro kg Nahrungsprotein, die für eine vollständige Verwertung dieses Proteins zur Synthese von Gewebeprotein notwendig ist, das sogenannte ***Aminosäurereferenzmuster***, dient als Standard zur Beurteilung der Qualität von Nahrungsprotein. Diese auch als ***biologische Wertigkeit*** bezeichnete Qualität wird bestimmt durch die Möglichkeit, aus dem zugeführten Nahrungseiweiß und den darin enthaltenen Aminosäuren die notwendigen körpereigenen Proteine zu bilden. Je mehr die Zusammensetzung des Nahrungsproteins hinsichtlich der einzelnen benötigten Aminosäuren für die Proteinsynthese dem individuellen Bedarf entspricht, desto höher ist die jeweilige Wertigkeit.

Essenzielle Aminosäuren. Die Proteinqualität wird im Wesentlichen durch die Anwesenheit essenzieller Aminosäuren bestimmt. Die Unterscheidung in essenzielle und nichtessenzielle Aminosäuren hat man heute, bedingt durch die zunehmenden Kenntnisse des Intermediärstoffwechsels, dahingehend erweitert, dass man die nichtessenziellen Aminosäuren in eindeutig nichtessenzielle und konditionell-essenzielle unterteilt:

- Als ***eindeutig nichtessenzielle Aminosäuren*** werden solche bezeichnet, die entweder durch reduktive Aminierung einer Ketosäure durch Ammoniumionen oder durch Transaminierung der Kohlenstoffkette synthetisiert werden können (z. B. im Glykolysestoffwechselweg oder im Krebszyklus). Basierend auf dieser Definition sind folglich nur Glutamat, Aspartat und Alanin tatsächlich nichtessenziell.
- ***Konditionell-essenzielle Aminosäuren*** (◘ Tabelle 37.1) kommen aus dem Metabolismus anderer Aminosäuren oder anderer komplexer, stickstoffhaltiger Metabolite. Entscheidend ist, dass die Synthese dieser Aminosäuren nicht nur auf einer einfachen Transaminierung beruht. Der Begriff konditionell-essentiell berücksichtigt, dass im Prinzip diese Aminosäuren benötigt werden, es sei denn, es wären ausreichende Mengen ihrer Präkursoren für ihre bedarfsangepasste Synthese verfügbar.

Fett

Fett ist Energielieferant für den gesamten Stoffwechsel, Träger fettlöslicher Vitamine und essenzieller Fettsäuren sowie Geschmacks- und Texturstoff

Nahrungsfette. Triacylglycerole sind eine bedeutende Komponente der Ernährung mit vielfältigen Funktionen und sehr unterschiedlicher Zusammensetzung. Man unterscheidet chemisch gesättigte (keine Doppelbindungen) von ungesättigten Fettsäuren (eine und mehr Doppelbindungen). In Lebensmitteln liegen gesättigte und ungesättigte Fettsäuren in unterschiedlichen Verhältnissen vor.

Fettarten. Je weniger »streichfähig« ein Fett ist, desto höher ist der Anteil an gesättigten Fetten und umgekehrt. ◘ Abbildung 37.1 stellt das Vorkommen unterschiedlicher Fettsäuren in Lebensmitteln exemplarisch zusammen. Das Fett in tierischen Lebensmitteln besteht also nicht immer aus gesättigten Fetten. Auch trans-Fettsäuren bewirken wegen ihres höheren Schmelzpunktes im Vergleich zu cis-konfigurierten eine Härtung (Margarine). In pflanzlichen Lebensmitteln und in Fisch finden sich bevorzugt einfach und mehrfach ungesättigte Fettsäuren.

Zusammensetzung pflanzlicher und tierischer Fette. Der Mensch besitzt keine Enzyme um Doppelbindungen in den Positionen 12–13 und 15–16, wie sie in Linolsäure und α-Linolensäure vorkommen, einzufügen. Diese in Pflanzen vorkommenden Fette sind für den Menschen essenziell, da sie für die Bildung von Strukturlipiden benötigt werden und mit der Nahrung zugeführt werden müssen. Besondere Bedeutung haben die ***Fettsäuren der n-3- und n-6-Familie*** (α-Linolensäure und Linolsäure). Während die n-3-Fettsäuren vorwiegend in Fisch aber auch in Raps- und Leinöl vorkommen, finden sich die n-6-Fettsäuren in nahezu allen Lebensmitteln pflanzlichen Ursprungs. Wegen gegensätzlicher Wirkungen dieser beiden Fettsäuren bei der Thrombozytenaggregation und im Immunsystem sollte auf ein »günstiges« Verhältnis dieser Fettsäuren mit Blick auf die ***Arterioskleroseprävention*** in der Ernährung geachtet werden. Das derzeitige bei unserer Ernährung übliche Verhältnis ist 10 : 1 (n-6 : n-3), wünschenswert wäre aber 4 : 1.

Metabolische Differenzierung. Man unterscheidet die vorwiegend ungesättigten in Membranen vorkommenden ***Strukturlipide*** (Phosphoglyceride in tierischen Membranen, Glykosylglyceride in Pflanzen) von den vorwiegend gesättigten und einfach ungesättigten ***Speicherlipiden*** (Triacylglycerole) und den ***metabolischen Lipiden***. Letztere werden aus den Speichern des Fettgewebes oder den Membranen mobilisiert und stehen nach meta-

◘ **Tabelle 37.1.** Konditionell essenzielle Aminosäuren und ihre Präkusoren

Aminosäure	Präkursor
Cystein	Methionin, Serin
Tyrosin	Phenylalanin
Arginin	Glutamin/Glutamat, Aspartat
Prolin	Glutamat
Glycin	Serin, Cholin

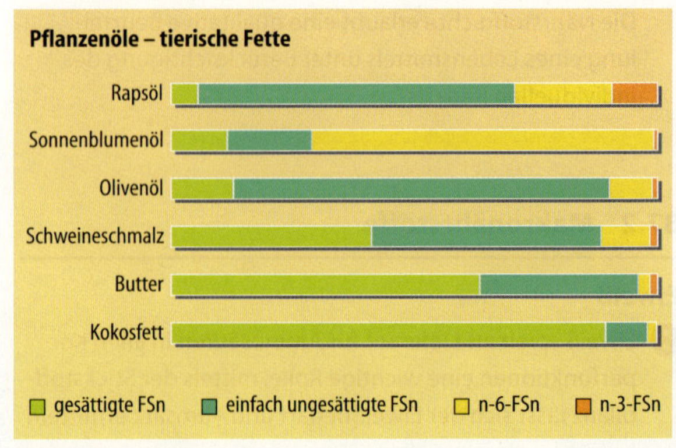

◘ **Abb. 37.1. Vorkommen unterschiedlicher Fettsäuren in gebräuchlichen Fetten**

bolischer Transformation als Lipide mit physiologischer oder nutritiver Funktion zur Verfügung.

Klinische Bedeutung der Fettzufuhr. Unter gesundheitlichem Aspekt sollte die ***tägliche Fettzufuhr*** langfristig bei 30–35 % der Gesamtenergie liegen (ca. 75 g). In Deutschland werden im Mittel 40 % und mehr der täglichen Energie als Fett verzehrt. Eine ***Verringerung der Fettzufuhr*** kann zusammen mit körperlicher Bewegung dazu beitragen, Triglycerid und Cholesterol-Werte im Blut zu senken. Damit geht eine Minderung des Risikos für koronare Herzkrankheit, Krebs und ***metabolisches Syndrom*** (Hypertonie, Fettstoffwechselstörung, Adipositas) einher. Wie weit eine Verringerung der Fettzufuhr wirklich eine Prävention solcher Erkrankungen bewirkt, ist umstritten. Besteht Übergewicht infolge eines zu hohen Fettverzehrs, so kann bereits eine mäßige Gewichtsreduktion (5 kg) das Risiko für die oben erwähnten Erkrankungen signifikant reduzieren. Während erhöhte Triglyceridwerte Folge einer fettreichen Kost sind, ist die Höhe der Cholesterolwerte im Blut stark von metabolischen und genetischen Faktoren ***(Respondertypus)*** abhängig. Folglich kann durch cholesterinarme Ernährung nur eine mäßige Senkung (ca 8–10 %) erreicht werden. Bei der Reduzierung der Fettzufuhr sollte beachtet werden, dass diese nicht auf Kosten der pflanzlichen Fette und Öle geht, da diese wichtige Träger fettlöslicher Vitamine und essenzieller Fettsäuren sind.

Kohlenhydrate

Kohlenhydrate stellen die Hauptnahrungsquelle für den Menschen dar, sie werden als Energiequelle und Ausgangssubstanzen für Makromoleküle genutzt

Nahrungskohlehydrate. Die Hauptnahrungsquelle des Menschen sind Kohlenhydrate. Die menschliche Nahrung enthält eine Vielzahl von Kohlenhydraten, meist pflanzlichen Ursprungs. In Tabelle 37.2 findet sich eine unter ernährungswissenschaftlichem Aspekt erstellte Einteilung.

Blutglukose. Der Einfluss kohlenhydratreicher Lebensmittel auf den Anstieg der postprandialen Blutglukose ist sehr unterschiedlich. Diese als glykämische Antwort oder ***glykämischer Index*** bezeichnete Eigenschaft von Kohlenhydraten beschreibt den postresorptiven Anstieg der Glukose nach Aufnahme definierter Mengen einzelner Kohlenhydrate bzw. ganzer Lebensmittel. Im letzten Fall spricht man dann besser von der glykämischen Beladung.

Glykämischer Index. Der glykämische Index wird ermittelt, indem eine definierte Menge an Glukose (50 g) gegeben wird und der maximale Anstieg der Blutglukose-Konzentration als 100 % gesetzt wird. So lässt sich der glykämische Index verschiedener Lebensmittel vergleichend darstellen. Je nach Verarbeitung und je nach Zusammenstellung der Kost können stärkehaltige Lebensmittel (z. B. Kartoffeln) sehr unterschiedliche »Lieferanten« von Glukose sein. Bei einer hoch erhitzten Kartoffel *(Baked Potatoe)* sind die Polysaccharide soweit »zerstört«, dass die darin enthaltene Glukose weit besser absorbiert werden kann (sehr hoher glykämischer Index) als bei einer Pellkartoffel (niedriger glykämischer Index).

Glykämische Ladung. Das Produkt aus glykämischem Index × Menge an Kohlenhydraten (glykämische Ladung) berücksichtigt anders als der glykämische Index die Gesamtmenge an verzehrten Kohlenhydraten eines Lebensmittels. So hat die Karotte zwar einen hohen glykämischen Index, wegen der geringen Menge an Kohlenhydraten jedoch eine niedrige glykämische Ladung und führt daher nicht zu starkem Glukose- oder Insulin-Anstieg. Hohe glykämische Ladung bei gleichzeitiger Insu-

Tabelle 37.2. Kohlenhydrate und glykämische Last

Klasse	Komponenten	Besonderheiten
freie Zucker	Mono- und Disaccharide	assoziiert mit Glukoseanstieg und Insulinsekretion. Beziehung zu Diabetes, KHK, Krebs und Altern
	Zucker Alkohole	nur bedingt absorbierbar und metabolisierbar.
kurzkettige Kohlenhydrate	Oligosaccharide Inulin	können im Colon fermentiert werden. Inulin und Fruktooligosaccharide stimulieren das Wachstum von Bifidobakterien.
Stärke	Rasch verdaubare (RDS)	RDS und RAG* sind mit hohen Blutglukosewerten assoziiert (hoher glykämischer Index)
	Langsam verdaubare Stärke (SDS)	geringer Einfluss auf Glukose und Insulin, daher für die Ernährung am günstigsten
	Resistente Stärke	Bedeutung für den Menschen noch nicht geklärt.
Nicht-Stärke Polysaccharide (NSP)	Zellwand NSP bei nicht verarbeiteten pflanzlichen Lebensmitteln (Ballaststoffe)	geringe Verdaulichkeit und Absorption von Zuckern oder Stärke, da diese eingeschlossen sind

* *RAG:* rapidly available glucose = RDS + freie Glukose + Glukose aus Saccharose

linresistenz begünstigt die Entwicklung des Diabetes Typ II (■ Abb. 37.2).

Kohlenhydratverdauung. Kohlenhydrate, die in der Vorackerbauzeit als Lebensmittel genutzt wurden, stammten im Wesentlichen aus Wurzeln, Samen und Früchten. Getreidekörner gehörten kaum zu dieser Ernährungsweise. Der ***natürliche Einschluss von Stärke*** und Zuckern innerhalb der unzerstörten Pflanzenzellwände (z. B. Ballaststoffe) im rohen oder nur leicht zubereiteten Lebensmittel ist typisch für diese Ernährungsweise und führt nach der Verdauung zu einer sehr ***verzögerten Glukosefreisetzung***. Je stärker die Pflanzenzellwände durch Verarbeitung (mahlen, erhitzen) zerstört sind, je weniger also die Kohlenhydrate und Zucker eingeschlossen sind, desto rascher gelangt die Glukose ins Blut und resultiert in einem deutlichen Anstieg des Blutzuckers (■ Tabelle 37.3).

■■■ **Evolutionärer Vorteil der Insulinresistenz.** Eine Insulinresistenz war für den Menschen von Vorteil in Zeiten, wo er Lebensmittel mit nur geringer Verfügbarkeit von Glukose (niedriger glykämischer Index) als Hauptbestandteil seiner Nahrung hatte. Dies war während der Eiszeit der Fall, in der kohlenhydratreiche, also vegetabile Nahrungsbestandteile nur selten vorhanden waren und dafür mehr Fleisch und damit auch Fett verzehrt wurde. Wie Untersuchungen zur Ernährung von Jägern und Sammlern ergeben haben, mussten diese, um ihren sehr hohen Energieverbrauch decken zu können (bis zu 6000 kcal/Tag), größere Mengen an Fett und Eiweiß verzehren. Durch die damit einhergehenden geringeren Anstiege der Blutglukose (niedriger glykämischer Index von Fleisch und verzögerte Glukoseaufnahme durch Fett) und folglich schwacher reaktiver Insulinanstiege, war bei normal reagierenden, also nicht insulinresistenten Individuen die anabole Wirkung des Insulins eher gering. Personen mit Insulinresistenz und damit höherem Insulinanstieg hatten einen wesentlichen Vorteil, indem sie Fett und Eiweiß einspeichern konnten und damit ein echtes Überlebensmerkmal aufwiesen (gute »Futterverwerter«).

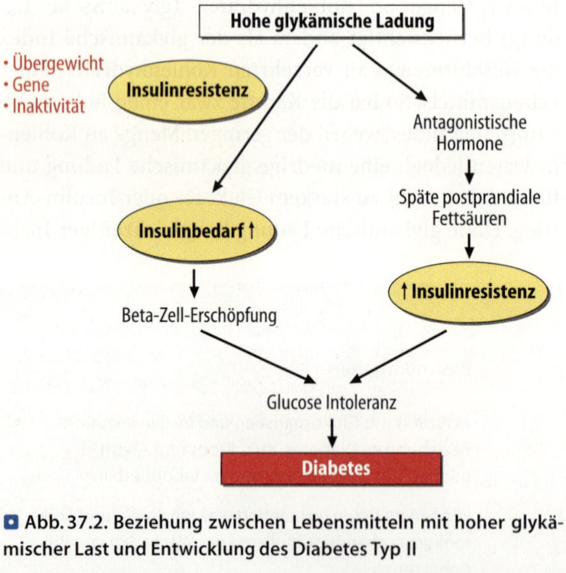

Hohe glykämische Ladung
• Übergewicht
• Gene
• Inaktivität
Insulinresistenz
Antagonistische Hormone
Späte postprandiale Fettsäuren
Insulinbedarf ↑
↑ Insulinresistenz
Beta-Zell-Erschöpfung
Glucose Intoleranz
Diabetes

■ **Abb. 37.2. Beziehung zwischen Lebensmitteln mit hoher glykämischer Last und Entwicklung des Diabetes Typ II**

Gefahren der Insulinresistenz. Durch Veränderung des Nahrungsmittelangebotes wie z. B. der zunehmenden Prozessierung von Lebensmitteln, kamen pflanzliche Nahrungsmittel auf den Markt, bei denen durch Mahlen oder Erhitzen die Glukose aus den Polysacchariden biologisch hoch verfügbar war und damit zu einem sehr hohen glykämischen Index geführt hat. Dieser im Vergleich zu naturbelassenen kohlenhydrathaltigen Lebensmitteln übermäßig starke Anstieg der Glukose hat reaktiv eine Hyperinsulinämie zur Folge, um die Blutglukosekonzentration wieder auf Normalmaß zu senken. Dies wirkt sich bei Insulinresistenz besonders stark aus. Damit aber war die Insulinresistenz, die sich vormals als überlebenswichtig gezeigt hatte, ein eindeutiger Nachteil in dem sich hier durch Übergewicht und letztendlich nach Erschöpfung der Sekretionsleistung der β-Zellen des Pankreas auch Diabetes mellitus (Typ II) verstärkt entwickeln.

Kohlenhydrate und Kanzerogenese. Unverdauliche Ballaststoffe liefern nach bakterieller Fermentierung im Dickdarm als Endprodukt kurzkettige Fettsäuren (Butyrat), die die Proliferation von Kolonozyten hemmen und diesen auch als Energiequelle dienen. Dies wird als Erklärung für die epidemiologische Beziehung zwischen hoher ***Ballaststoffzufuhr*** und geringerem Risiko für Kolonkrebs herangezogen. Allerdings gibt es inzwischen eine Reihe von Interventionsstudien, die diese Beziehung nicht bestätigen. Ein Grund könnte auch in der Beobachtung liegen, dass es weitere Nahrungsbestandteile gibt, die bei der ***Kolon-Kanzerogenese*** eine »hemmende« (Calcium, Folsäure, Vitamin D, Polyphenole und Carotinoide) oder »fördernde« (rotes Fleisch in großer Menge, Lebensmittel mit hohem glykämischem Index) Rolle spielen. Letztlich scheint es wie so oft auf die »gesunde« Mischung anzukommen.

■ **Tabelle 37.3.** Klassifizierung der Stärke nach ihrer glykämischen Antwort

Klasse	Lebensmittel	Absorptionsort	Glykämische Antwort
rasch verdaubare Stärke (RDS)	verarbeitete Lebensmittel	Dünndarm	hoch
langsam verdaubare Stärke (STS)	Müsli, Bohnen, Pasta	Dünndarm	gering
resistente Stärke	Vollkorn, unreife Bananen, einige verarbeitete Lebensmittel	Dickdarm (Fermentierung)	keine

In Kürze

Makronährstoffe

Eiweiß, Fette und Kohlenhydrate gehören zu den Makronährstoffen:

- Eiweiß liefert die für die Körperfunktionen wichtigen Aminosäuren. Die sog. Eiweißqualität beschreibt die Möglichkeit, aus dem zugeführten Nahrungseiweiß und den darin enthaltenen Aminosäuren die notwendigen körpereigenen Proteine zu bilden.
- Fett ist Energieträger, wichtig für die Versorgung mit essenziellen Fettsäuren und Träger von fettlöslichen Vitaminen. Die tägliche Zufuhr sollte 35 % der Gesamtenergie nicht dauerhaft überschreiten und besonders, aber nicht ausschließlich, aus pflanzlichem Fett bestehen.
- Kohlenhydrate sind wesentliche Bestandteile vegetabiler Lebensmittel und lassen sich in verdauliche und nichtverdauliche Kohlenhydrate (je nach Verarbeitungsform) unterscheiden. Je weniger ein pflanzliches Lebensmittel verarbeitet ist, desto geringer ist seine glykämische Antwort.

37.3 Vitamine

Fettlösliche Vitamine

Die fettlöslichen Vitamine A und D greifen ähnlich wie Hormone über nukleäre Rezeptoren in die Genexpression ein; Vitamin E ist essenzielles Antioxidanz und Vitamin K unterstützt die Bildung von Osteocalcin durch y-Carboxylierung

Vitamin A. Vitamin A kommt in seiner präformierten Form ausschließlich in ***tierischen Lebensmitteln*** und hier besonders in Leber vor. Es wird in Form des Fettsäureesters als Retinylpalmitat mit der Nahrung aufgenommen, im Darm hydrolysiert und zunächst als Retinol absorbiert. Mit den Chylomikronen gelangt das Vitamin in das systemische Blut und von dort in die ***Leberspeicher*** (Parenchymzelle). Aus diesen Speichern erfolgt dann die Freisetzung des Retinols gebunden als 1:1:1-Komplex an ein retinolbindendes Protein (RBP) und Transthyretin. Die Ausschleusung ins Blut unterliegt einer strengen ***homöostatischen Kontrolle***, sodass die individuellen Blutwerte so gut wie keinen Schwankungen unterliegen. Bei ***Erkrankungen der Leber*** (Störung der RBP-Synthese) finden sich grundsätzlich niedrige Werte, während bei ***Nierenerkrankungen*** (Störungen der Katabolie des apo-RBP) deutlich erhöhte Werte beschrieben werden.

▪▪▪ **Vitamin-A-Zielzellen.** In den Zielzellen wird Retinol aus dem RBP-Komplex gelöst, in die Zelle aufgenommen und dort sofort an ein zytoplasmatisch-retinolbindendes Protein (CRBP) gebunden. Dann erfolgt eine bedarfsangepasste Oxidation zu Retinsäure, die wiederum an ein zytoplasmatisch retinsäurebindendes Protein (CRABP) gebunden wird. Retinsäure ist Ligand für nukleäre Rezeptoren (RAR, RXR mit Isoformen) und reguliert so die **Genexpression** einer Vielzahl von Proteinen die zelluläre Differenzierung und Wachstum kontrollieren.

Retinoidrezeptoren. Wesentlich für die Wirkung ist, dass die beiden Rezeptorhaupttypen RAR und RXR heterodimerisieren. Für RAR hat all-trans-Retinsäure, für RXR die 9-cis-Retinsäure die stärkste Affinität. Die Retinoidrezeptoren können auch mit anderen Rezeptoren wie z. B. den Kernrezeptoren der Schilddrüsenhormone bzw. des Vitamin D heterodimerisieren und auf diese Weise sehr selektiv in die Expressionsregulierung eingreifen.

Retinal. Retinol ist als Präkursor für seinen Aldehyd, das Retinal, in den stäbchenförmigen Sehzellen der Retina für das ***Schwarz-Weiß-Sehen*** essenziell.

31.1. Vitamin-A-Mangel

Dieser gehört weltweit neben dem Eisenmangel zu den häufigsten isolierten Mangelerkrankungen. Sowohl Eisenmangel als auch Vitamin-A-Mangel sind auf die fehlenden Quellen (Lebensmittel tierischer Herkunft) zurückzuführen. Die schlechte Absorption von Nonhämeisen sowie die geringe Spaltung von Provitamin A zu Vitamin A aus Gemüse bzw. Obst sind dafür ein wichtiger Grund. Man geht heute davon aus, dass weltweit zwischen 0,5 und 1 Mio. Kinder jährlich am Vitamin-A-Mangel erblinden und dass ein wesentlicher Faktor der weltweit hohen Sterblichkeit von Kleinkindern und Säuglingen darauf zurückzuführen ist, dass diese nicht ausreichend mit Eisen und Vitamin A versorgt sind.

β-Carotin (Vorkommen nur in Pflanzen) stellt eine wichtige Vitamin-A-Quelle dar, da es durch die nicht nur im Darm, sondern auch in der Leber, Lunge und anderen Geweben vorhandene 15,15'-Monooxigenase zu Vitamin A (über Retinal zu Retinol) gespalten werden kann. Die ***Spaltungseffizienz*** liegt bei ***1:12***, d. h. um 1 mg Retinol zu erzeugen, müssen 12 mg β-Carotin zugeführt werden. Neben seiner Provitamin-A-Funktion hat β-Carotin auch noch eine Wirkung als ***Antioxidanz***.

Vitamin D. Streng genommen ist Vitamin D kein Vitamin, da es auch vom Menschen synthetisiert werden kann. Die klassische Vitamin D-Funktion, dient der Aufrechterhaltung der ***Calcium***- und ***Phosphathomöostase*** (▶ s. auch ▶ Kap. 31.2) Mindestens so bedeutend wie die Regulierung der ***Calciumhomöostase*** ist aber die Wirkung des Vitamin D an seinem ***Kernrezeptor***, der ähnlich wie bei Vitamin A die Genexpression von Proteinen reguliert, die eine Rolle bei Wachstum und Differenzierung spielen.

Vitamin E. Vitamin E ist ein kettenbrechendes Antioxidanz, welches die Kettenreaktion der Bildung freier Radikale (Peroxylradikale ROO˙) unterbricht. Diese entstehen durch Spaltung einer Doppelbindung (z. B. durch ein Radikal). Dadurch wird der Einbau von molekularem Sauerstoff in mehrfach ungesättigte Fettsäuren der Zellmembran ermöglicht.

Vitamin E kann durch Abgabe eines Protons (H^+) aus der phenolischen Kopfgruppe das aggressive Peroxylradikal in ein Lipidhydroperoxid umwandeln. Das dabei entstehende ***Vitamin E-Radikal*** kann durch Vitamin C wieder zu Vitamin E reduziert werden, das dabei gebildete, relativ stabile ***Vitamin-C-Radikal*** kann durch andere Redox-Äquivalente wieder reduziert werden (Abb. 37.3).

LDL-Oxidation. Über LDL *(Low Densitiy Lipoptoteins)* wird Vitamin E vorwiegend in die Endothelzellen, aber auch in das Fettgewebe aufgenommen. Innerhalb der LDL scheint Vitamin E die dort transportierten ungesättigten Fettsäuren vor der ***Lipidperoxidation*** zu schützen. Ist nicht ausreichend Vitamin E vorhanden, so kann es zur Peroxidation dieser Fettsäuren und damit durch flüchtige Abbauprodukte (Aldehyde, Ketone) zu Veränderungen der Ladung der Apoproteine kommen. In diesem Fall ist eine Bindung an den LDL-Rezeptor, besonders der Makrophagen, nicht mehr möglich, sodass die so oxidierten LDL-Partikel über den ***Scavenger-Rezeptor*** der Makrophagen aufgenommen werden. Diese »unkontrollierte« Aufnahme (keine Downregulierung des Rezeptors im Gegensatz zum LDL-Rezeptor) über den Scavenger-Rezeptor führt zur ***Kumulation von oxidiertem LDL*** und damit zur Bildung sog. ***Schaumzellen***, die als früheste Zeichen der beginnenden Arteriosklerose angesehen werden. Dies ist eine Erklärung für die präventiven Wirkungen des Vitamin E.

Weitere Wirkungen von Vitamin E. α-Tocopherol hemmt, im Gegensatz zu β-Tocopherol, die Proteinkinase C und hat damit z. B. einen hemmenden Einfluss auf die Proliferation glatter Muskelzellen. Letzteres könnte auch den antiarteriosklerotischen Effekt dieses Vitamins erklären. Vitamin E in hoher Dosis (400 mg) kann bei manchen Patienten mit rheumatoider Arthritis zu einer partiellen bis vollständigen Einsparung nichtstereoidaler Antirheumatika beitragen. Man führt diesen Effekt auf eine Reduktion der durch oxidativen Stress ausgelösten überproportionalen Expression des redoxsensitiven Transkriptionsfaktors NFκB zurück. Letzterer ist stark in die Kontrolle der Expression von Entzündungsmediatoren involviert.

Vitamin K. Das mit der Nahrung aufgenommene Vitamin K wird wie andere fettlösliche Vitamine absorbiert und durch Chylomikronen zur Leber transportiert. Es findet sich in unterschiedlicher Konzentration in den Lipoproteinfraktionen.

Die ***Absorptionsquote*** von Vitamin K liegt bei 20 bis 70 %. Im Kolon wird Vitamin K2 durch ***Darmbakterien*** gebildet. Diese Bildung scheint aber so gut wie keine Bedeutung für die Vitamin-K-Versorgung des Menschen zu haben, da eine Absorption mangels Gallensäuren innerhalb des Kolon nicht möglich ist. Bekannt ist die Vitamin-K-Abhängigkeit des ***Gerinnungssystems*** (Faktoren II, VII, IX und X) sowie der inhibitorischen Proteine C und S.

▪▪▪ **Neugeborene.** Bei Neugeborenen sind zwar die einzelnen Komponenten des Blutgerinnungssystems vorhanden, jedoch erreichen die Vitamin K-abhängigen Faktoren erst nach Wochen bis Monaten die Aktivität des Erwachsenen. Zusätzlich bedingt ein nur geringer Gehalt in Muttermilch und Kuhmilch eine Unterversorgung des Säuglings. Aus diesen Gründen wird seit langem eine Vitamin K-Prophylaxe durchgeführt.

Vitamin K kann die Entwicklung des ***postmenopausalen Knochenabbaus*** hemmen, indem es die Bildung von Osteocalcin (durch γ-Carboxylierung) unterstützt und damit die ***Calciummobilisierung*** des Knochens reduziert. Damit aber kann Vitamin K neben Calcium und körperlicher Bewegung die Geschwindigkeit der Entwicklung der Osteoporose reduzieren.

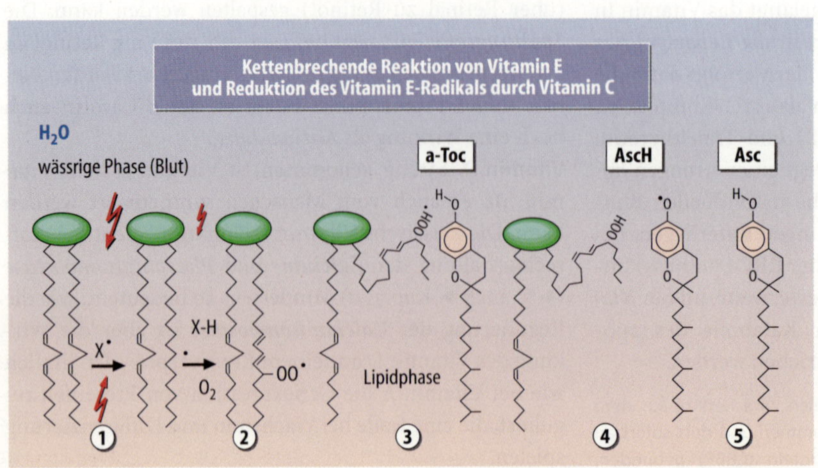

Abb. 37.3. Antioxidative Wirkung der Vitamine C und E

IX

Wasserlösliche Vitamine

> Wasserlösliche Vitamine haben (mit Ausnahme des Vitamin C) in erster Linie Coenzym-Funktionen; Besonderheiten sind antioxidative Wirkungen oder Einflüsse auf die Signaltransduktion

Vitamin C. Askorbinsäure (Vitamin C) ist in der Natur weit verbreitet und für den Menschen sind Kartoffeln, Gemüse (besonders Paprika) und Obst die wichtigsten Quellen. Die ***Absorption*** des Vitamin C beginnt bereits in der Mundschleimhaut, wobei die größten Mengen in den oberen Dünndarmabschnitten wahrscheinlich durch verschiedene ***aktive Transportmechanismen*** aufgenommen werden. Erst bei sehr hohen Konzentrationen erfolgt die Aufnahme durch passive Diffusion. Die Absorptionsrate beträgt bei physiologischen Dosen ca. 80 % und fällt bis auf 10 % bei Megadosen (über 1 g) ab. Neben seiner Wirkung als ***Redoxsystem*** (daher auch häufig im Zusammenhang mit Antioxidanzien erwähnt) ist Vitamin C u. a. an der Biosynthese der ***Katecholamine*** und der Kollagenbiosynthese beteiligt.

Abbau. Beim Abbau von Vitamin C entsteht Oxalat. Bei Einnahme großer Mengen (>1g/Tag) und gleichzeitiger Störung der Nierenfunktion oder Einnahme von Calcium, kann es zur Bildung von Calcium-Oxalatssteinen kommen.

Vitamin B1. Thiamin kommt in tierischen (Schweinefleisch) und pflanzlichen Lebensmitteln (besonders Vollkorn) vor. Absorbiert wird es durch einen ***sättigbaren Transport*** in die Leber und andere Organe (Herz, Niere, Gehirn, Muskel). Im Blut findet es sich vorwiegend in den Erythrozyten. Mit steigender Energiezufuhr aus Kohlenhydraten steigt der Thiaminbedarf. Neben coenzymatischen Funktionen ist Thiamin an der ***Inhibierung von Glykosylierungsreaktionen*** im ZNS beteiligt. Dies erklärt möglicherweise seine Wirksamkeit in therapeutischer Dosis bei neurologischen Systemerkrankungen (z. B. Wernicke-Korsakoff-Syndrom u. a.). Auch hohe Dosierungen sind toxikologisch unbedenklich.

Vitamin B2. Riboflavin ist in Lebensmitteln als Flavoprotein weit verbreitet. Im Magen wird daraus Riboflavin freigesetzt, welches ***sättigbar absorbiert*** wird. Die ***zelluläre Aufnahme*** kann nur als freies Riboflavin erfolgen. Intrazellulär erfolgt die Umwandlung in die Coenzymformen (Flavinenzyme). Darmmukosa, Leber, Niere und Herz sind die bevorzugten Gewebe. Eine wichtige biologische Funktion ist die FAD-abhängige Wirkung der Glutathionreduktase, die für hohe Spiegel an reduziertem Glutathion sorgt. Letzteres ist eine Erklärung für die ***antioxidative Wirkung*** des Vitamin B2. Riboflavin ist nahezu ***untoxisch***, was mit der limitierten Absorption und der raschen renalen Ausscheidung zusammenhängt.

Vitamin B6. Vitamin B6 ist in Lebensmitteln weit verbreitet. Der Bedarf an Vitamin B6 hängt wegen der zentralen Rolle als Coenzym des Aminosäurestoffwechsels (ca. 100 enzymatische Reaktionen) stark von der Proteinzufuhr ab. Vitamin B6 wird in hoher Dosierung für eine Reihe von ***Indikationen***, wie Polyneuropathien, Karpaltunnelsyndrom, aber auch Schizophrenie und Konzentrationsstörungen eingesetzt. Während diese Indikationen wissenschaftlich nicht gesichert sind, bewirkt Vitamin B6 (zusammen mit Folsäure) eine ***Senkung des Homocysteins*** im Blut und trägt damit möglicherweise zur Prävention der Arteriosklerose bei. Die Toxizität auch hoher Dosen wird als gering eingeschätzt.

Vitamin B12. Quellen für dieses sehr komplexe Molekül, welches nur durch Mikroorganismen synthetisiert werden kann, sind fast ausschließlich tierische Produkte. Folglich sind vor allem ***Veganer*** gefährdet, einen Vitamin-B12-Mangel zu entwickeln. Vegane Ernährung während der Schwangerschaft und Stillzeit stellt vor allem für den ***Säugling*** ein Risiko dar, mit der Gefahr ***irreversibler Entwicklungsstörungen (funikuläre Myelose)***. Der B12-Mangel ist als Folge einer unzureichenden Synthese des zur Absorption notwendigen ***Intrinsic-Faktors*** im Magen vor allem bei älteren Menschen auch in Europa noch häufig anzutreffen. Die Synthese durch Darmbakterien trägt nicht zur Versorgung bei. Während die im B12-Mangel ebenfalls auftretende ***megaloblastäre Anämie*** auch durch Folsäure behoben werden kann (Gefahr der Verwechslung von Folsäure- mit B12-Mangel) gilt dies nicht für die Rückenmarksschädigung.

Folsäure. Folsäure kommt in pflanzlichen und tierischen Lebensmitteln mit sehr unterschiedlicher ***Bioverfügbarkeit*** vor. Aus Gemüse kann die Bioverfügbarkeit unter 10 % liegen, aus Fleisch (vorwiegend Leber) bis zu 70 %. Um dies zu berücksichtigen, wurde der Begriff ***»Folat-Äquivalente«*** eingeführt. Von besonderer Bedeutung scheint die Rolle der Folsäure bei der Senkung hoher Homocysteinwerte im Blut zu sein. Ein hohes ***Homocystein*** gilt als eigenständiger Risikofaktor für die Arteriosklerose. Die empfohlene Zufuhr von Folsäure (400 µg/Tag) wird in Deutschland nicht erreicht. Da eine unzureichende Versorgung das Risiko für ***Neuralrohrdefekte*** erhöht, wird Frauen, die schwanger werden wollen, die ***Supplementierung*** (400 µg/Tag) nahegelegt. Bei Frauen, die bereits ein Kind mit Neuralrohrdefekt haben, werden 4 mg Folsäure/Tag empfohlen. In diesem Fall besteht der Verdacht auf einen Polymorphismus des Folsäure-metabolisierenden Enzyms Methyltetrahydro-folatreduktase. Dieses Enzym katalysiert die Reduktion des 5,10-Methylentetrahydrofolats zum 5-Methyltetrahydrofolat. Diese ist als Methylgruppendonator zur Remethylierung von ***Homocystein*** zu Methionin (Vitamin-B12-abhängig) wichtig.

Biotin. Biotin ist besonders in Leber und Schweinefleisch enthalten und liegt vorwiegend in proteingebundener Form (Biocytin) vor, aus der es im Magen gelöst werden muss. Fehlt das Enzym ***Biotinidase***, kommt es rasch zu einem Biotinmangel. Darmbakterien im Kolon synthetisieren Biotin, dieses trägt jedoch, da es nicht resorbiert wird, nicht zur Versorgung bei. ***Mangelerscheinungen*** sind selten, können jedoch nach Zufuhr von rohem Eiklar auftreten, in dem das Biotin-bindende Glykoprotein ***Avidin*** enthalten ist. Toxikologisch ist Biotin unbedenklich.

Pantothensäure. Pantothensäure ist weit verbreitet in Fleisch und Cerealien, vorwiegend als Coenzym A. In Magen und Darm erfolgt eine schrittweise Freisetzung von ***Pantothein und Pantothensäure.*** Klinische Mangelerscheinungen sind bisher nur aus experimentellen Untersuchungen mit Pantothensäure- antagonisten bekannt. Bei Kriegsgefangenen in Südostasien wurde das ***»Burning Feet Syndrome«*** als frühestes Zeichen eines Mangels beschrieben. Toxikologisch unbedenklich wird Pantothensäure in hohen Dosen (>5g/Tag) zur Behandlung von Darmatonie, Haarwuchsstörungen und Allergien eingesetzt.

Niacin. Nikotinamid findet sich vorwiegend in tierischen Produkten und wird aus diesen fast vollständig resorbiert. In Getreide geht Niacin durch mahlen verloren und ist zudem an Makromoleküle gebunden ***(Niacytin)***, sodass die Bioverfügbarkeit gering ist. Durch Rösten oder aber Alkalibehandlung, wie dies bei der Tortillaherstellung in Südamerika, nicht jedoch in Asien und Afrika üblich ist, wird Niacin freigesetzt. Folglich ist ein ***Mangel*** in Südamerika im Gegensatz zu Asien und Afrika nicht bekannt. Auch Röstkaffee ist eine wichtige Niacinquelle. Die ***lipidsenkende Wirkung*** ist möglicherweise auf eine G-Protein-vermittelte Hemmung der Lipolyse zurückzuführen. Dosierungen über 35 mg/Tag (Empfehlung 15 mg/Tag) sollten nicht langfristig eingenommen werden.

In Kürze

Vitamine

Man unterscheidet grundsätzlich fettlösliche von wasserlöslichen Vitaminen:

- Fettlöslich sind die Vitamine A, D, E, K. Die fettlöslichen Vitamine A und D sind Liganden von Kernrezeptoren der Thyroid-Steroid Großfamilie; Vitamin E ist das wichtigste lipidlösliche Antioxidanz, Vitamin K ist auch für den Knochenstoffwechsel von großer Bedeutung.
- Wasserlösliche Vitamine sind oft Cofaktoren für eine Reihe von Enzymen. Die wasserlöslichen Vitamine sind über ihre Wirkungen vielfältig vernetzt. Besonders kritisch ist in Deutschland die Versorgung mit Folsäure, vor allem bei jungen Frauen.

37.4 Spuren- und Mengenelemente

Spurenelemente

Spurenelemente benötigt der Mensch zwar nur in »Spuren«, ohne diese resultieren jedoch typische und klinisch relevante Mangelerkrankungen; sie sind bedeutende Cofaktoren für eine Vielzahl von Enzymen

Selen. Selen entwickelt seine Wirkung im Zusammenhang mit ***Selenoproteinen***, von denen bisher 14 charakterisiert werden konnten. 4 davon sind ***Glutathionperoxidasen***, die besonders bei der Abwehr reaktiver Sauerstoffverbindungen wichtig sind, 3 weitere sind ***Dejodasen***, die im Schilddrüsenhormonstoffwechsel eine wichtige Rolle spielen. Auch 3 ***Thioredoxinreduktasen*** sind selenabhängig. Ihre wesentliche Funktion besteht in der Reduktion von intramolekularen Disulfidbrücken und der Regenerierung von Vitamin C aus oxidierten Metaboliten. Selen wird als wichtiger Cofaktor bei der Abwehr gegenüber freien Radikalen angesehen.

Selenquellen. Selen ist in Fleisch, Fisch und Eiern enthalten, wobei hier erhebliche Schwankungen in den Selenkonzentrationen bestehen. Wie Jod ist auch Selen durch die Gletscher aus den Böden ausgewaschen worden, sodass in Teilen Europas, besonders Finnland, aber z. B. auch im Bereich nördlich der Alpen die ***Böden selenarm*** sind und damit die Selenaufnahme von Rindern über Weidegras zu eher niedrigen Selenkonzentrationen im Fleisch führen. In Finnland hat man die Böden mit Selen angereichert, in Deutschland ist dies immer wieder diskutiert worden.

Bei ***Selenmangel*** tritt die sogenannte ***Keshan-Krankheit*** auf, eine Kardiomyopathie, die nur bei selenarm ernährten Kindern beobachtet wird. Aus Tierexperimenten hat man geschlossen, dass ein Selenmangel und damit eine reduzierte Aktivität der selenabhängigen Glutathionoxidase die durch reaktive Sauerstoffverbindungen ausgelöste Mutation eines Coxsackie-B-Virus zu einem hoch pathogenen Typus begünstigt. Die ***Kashin-Beck-Erkrankung***, eine endemische Erkrankung des Skelettsystems, wurde in Selen-Mangelgebieten beschrieben. Allerdings ist nicht sicher, ob die Erkrankung tatsächlich mit Selen alleine therapiert werden kann.

Interventionsstudien haben die vorbeugende Wirkung einer Selensupplementierung in höherer Dosis (200 µg/Tag) über mehrere Jahre auf die Entwicklung verschiedener Krebsformen gezeigt.

Jod. Jod wird für die Synthese von Schilddrüsenhormonen benötigt (► s. Kap. 21.3). Die Jodversorgung der deutschen Bevölkerung ist nur zu Teilen ausreichend. Dies hat dazu geführt, dass verschiedene Lebensmittel, insbesondere aber Salz, mit Jod angereichert wurden. Weitere gute Quellen sind vor allen Dingen Fisch, aber auch Algen.

Jodquellen. Die Anreicherung von ***Salz***, besonders auch bei Verwendung des jodierten Salzes in industriell hergestellten Produkten, stellt eine wichtige Maßnahme zur Verbesserung der Jodzufuhr der Bevölkerung dar. Die Kritik an dieser Prophylaxe ist meist unbegründet, da bei bereits manifester Schilddrüsenüberfunktion Nahrungsjod keine Auswirkungen hat. Bei einer ***latenten Hyperthyreose*** kann Jodmangel die unkontrolliert gesteigerte Bildung von Schilddrüsenhormonen durch autonome (unkontrollierte) Schilddrüsenzellen begrenzen. In diesem Fall kann die Zufuhr von Jod zu Hyperthyreose führen. Das Auftreten der Hyperthyreose kann dabei zur frühzeitigen Erkennung autonomer Schilddrüsenzellen beitragen.

Eisen. Die Versorgung mit Eisen ist dann gut, wenn auch tierische Produkte verzehrt werden. Bei ***Veganern***, die keinerlei tierische Produkte aufnehmen, ist daher die ***Eisenversorgung*** kritisch. Die Ursache liegt darin, dass die Resorption von ***Hämeisen*** um ein Vielfaches besser ist, als die von ***Nonhämeisen***, welches in Pflanzen vorkommt. Wichtige Quellen sind demnach Leber und Fleisch, wobei unter den pflanzlichen Quellen vor allen Dingen Sesam, aber auch Vollkornprodukte gute Eisenlieferanten darstellen. Rotwein hemmt die Eisen- absorption, während z. B. Vitamin C die Nonhämeisen- absorption steigern kann. Da Eisen in seiner zweiwertigen Form als Katalysator für die Bildung von Lipidradikalen (Fentonreaktion) wirkt, könnte eine suboptimale Versorgung auch vorteilhaft sein. In Entwicklungsländern geht eine übermäßige Eisenversorgung beispielsweise mit einer erhöhten Inzidenz von ***Malariainfektionen*** einher.

Weitere Spurenelemente. ◘ Tabelle 37.4 fasst weitere Spurenelemente zusammen. Die Wirkungsweise dieser Elemente ist in vielen Bereichen noch unklar. Unbekannt sind auch weitgehend die Mechanismen, welche zu toxischen Wirkungen der Spurenelemente führen und über welche die menschliche Gene die Empfindlichkeit gegenüber diesen toxischen Wirkungen beeinflussen (Suszeptibilitätsgene, z. B. gegenüber Kupfer).

Genetischer Polymorphismus der Mangan-abhängigen Superoxid-Dismutase (MnSOD). Bei bestimmten Varianten des Gens für die Superoxid-Dismutase ist das Risiko, an Brustkrebs zu erkranken, gesteigert. Das Risiko ist insbesondere bei niedriger Zufuhr antioxidativer Mikronährstoffe erhöht. Die SOD stellt eines der wesentlichen Enzyme zum Inaktivieren schädlicher Superoxidanionen, wie sie bis zu 5 % bei der mitochondrialen Atmung entstehen können, dar. Werden diese reaktiven Sauerstoffverbindungen durch antioxidative Enzyme oder auch nutritive Antioxidanzien nicht ausreichend entgiftet, so können daraus mutagene DNA-Schäden resultieren.

Mengenelemente

Zu den Mengenelementen zählen Natrium, Kalium, Chlor, Calcium, Phosphor und Magnesium

Calcium. Der Körper des gesunden Erwachsenen enthält je nach Skelettbau zwischen 800 g bis 1 kg Calcium, davon 99,5 % in Knochen und Zähnen (► s. Kap. 31.2). Die für eine ausreichende Knochendichte erforderliche tägliche Calciumzufuhr wird oft nicht erreicht. Daher gilt besonders bei Frauen mit einem typischen Risikoprofil für ***Osteoporose*** (schlank, groß, Osteoporose in der Familie) die Empfehlung, Calcium, falls eine ausreichende Zufuhr von 1000 mg/Tag durch die Ernährung nicht erreicht werden kann, auch zu supplementieren. Dies ist vor allen Dingen bei jungen Frauen wichtig, da etwa bis zum 20. Lebensjahr die höchste Knochendichte ***(Peak Bone Mass)*** erreicht wird. Zwar kann durch spätere Calciumgaben der Abbau der Knochenmatrix verlangsamt werden,

◘ Tabelle 37.4. Vorkommen und Wirkungsweise von Spurenelementen

Element	Vorkommen	Biologische Funktion
Fluor	Versorgung kritisch, da nur geringe Konzentrationen in Lebensmitteln. Besonders wichtig während Schwangerschaft und Stillzeit	wichtig für Stabilität von Knochen und Zähnen
Zink	Austern, Leber, Keime	ca. 50 zinkabhängige enzymatische Reaktionen bekannt, z. B. Alkoholdehydrogenase, Bedeutung im Immunsystem (Infektabwehr)
Kupfer	Nüsse, Kakao, Schokolade, Keime, Leber	wichtiger Cofaktor der Superoxiddismutase und Zytochrom C-Oxydase (Bedeutung in der Abwehr von reaktiven Sauerstoffverbindungen)
Mangan	Keime, Sojabohnen, Vollkornprodukte	Cofaktor von Enzymen, besonders MnSOD
Molybdän	Keime, Hülsenfrüchte	Cofaktor von Oxydasen (Xanthinoxydase, Aldehydoxydase, Sulfitoxydase)
Chrom	Keime, Gewürze	Bedeutung für den Glukosetoleranzfaktor (nicht letztlich gesichert)
Vanadium	Hülsenfrüchte	unklar, evtl. Einfluss auf die Osteoplastenaktivität

eine Zunahme der Dichte oder eine Erhöhung der *Peak Bone Mass* ist auf diese Weise jedoch kaum noch möglich. Je höher die Knochendichte zu Beginn der ***Postmenopause***, desto mehr »Substanz« ist vorhanden, und desto länger dauert es, bis der folgende Abbau des Knochens ein Ausmaß erreicht, bei dem die eingeschränkte Stabilität des Knochens zu Knochenbrüchen führt. Wichtige Calciumquellen sind neben Milch und Milchprodukten auch calciumhaltige Mineralwässer bzw. Kräuter wie Basilikum und Kerbel.

Magnesium. Der Magnesiumbestand des Menschen liegt bei 20 g (60–70 % im Skelett, 30–40 % im Weichgewebe, 1–3 % im Extrazellularraum). Magnesium ist Effektor von 300 Enzymen (Kinasen, Phosphatasen, u. a.), insbesondere bei Enzymen und Reaktionen, die einen ***Phosphattransfer*** bzw. die Umwandlung ***phosphorylierter Substrate*** vermitteln (oxidative Phosphorylierung, Fettsäuresynthese u. a.). Gute Magnesiumquellen sind Gemüse (Verlust ins Kochwasser beachten), Naturreis und Kaffee. Eine hohe Magnesiumzufuhr zeigt in epidemiologischen Studien eine vorbeugende Wirkung gegenüber Herz-Kreislauferkrankungen.

Spurenelemente

Spurenelemente sind, auch wenn der Körper nur kleine Mengen davon benötigt, von großer Bedeutung, z. B. als Cofaktoren vieler Enzyme. Zu ihnen gehören:
- Selen,
- Jod,
- Eisen.

Von wesentlicher Bedeutung ist auch die Beteiligung von Selen und Kupfer am antioxidativen Netzwerk. Eine ausreichende Versorgung mit Selen und Jod ist z. T. kritisch. Besondere Risikogruppen für Mikronährstoffdefizite stellen alte Menschen und Schwangere dar.

Mengenelemente

Zu den Mengenelementen zählen:
- Natrium,
- Kalium,
- Chlor,
- Calcium,
- Phosphor,
- Magnesium.

Literatur

Barsh GS, Schwartz MW (2002) Genetic approaches studying energy balance: perception and integration. Nature Genetics 3: 589–600

Biesalski HK, Fürst P, Kasper H (2001) Ernährungsmedizin, 2. Aufl. Thieme, Stuttgart

Biesalski, HK, Grimm P (2001) Taschenatlas der Ernährung, 2. Aufl. Thieme, Stuttgart

Biesalski HK, Köhrle J, Schümann K (2002) Vitamine, Spurenelemente und Mineralstoffe. Thieme, Stuttgart

Biesalski HK, Böhles H, Esterbauer H (1997) Antioxidant vitamins in prevention. Clin Nutr 16: 151–155

Ludwig DS (2002) The Glycemic Index. JAMA 287: 2414–2423

Rehner G, Daniel H (2002) Biochemie der Ernährung. Spektrum, Heidelberg

Kapitel 38
Funktionen des Magen-Darm-Trakts

P. Vaupel

Einleitung

Herr U.K. leidet unter Arteriosklerose und hat bereits einen Herzinfarkt erlitten. Der Hausarzt verschreibt daher dem Patienten den Prostaglandinsynthese-Blocker Aspirin zur Hemmung der Thrombozytenaggregation. Einige Wochen später fällt U.K. auf, dass sein Stuhl schwarz ist, sieht jedoch deswegen keinen Handlungsbedarf. Wenige Tage später bricht Herr U.K. zusammen. Seine vom Einkaufen zurückkehrende Frau findet ihn ohnmächtig am Boden liegend und ruft umgehend den Notarzt. Dieser kann jedoch nur noch den Tod feststellen. Die Obduktion deckt als Ursache eine Magenblutung auf. Die Hemmung der Prostaglandinsynthese hat einen wichtigen Schutzmechanismus der Magenschleimhaut unterbunden. Die aggressive Salzsäure des Magens hat daher die Magenschleimhaut angegriffen und letztlich ein Gefäß in der Magenwand eröffnet. Die Hemmung der Thrombozytenaggregation hat die Blutung begünstigt. Der durch Blut aus dem Magen schwarz gefärbte Stuhl hätte Herrn U.K. rechtzeitig gewarnt, wenn er von seinem Hausarzt richtig aufgeklärt worden wäre.

IX

38.1 Allgemeine Grundlagen der gastrointestinalen Funktionen

Aufgaben und Funktionseinheiten

Die Funktionen des Gastrointestinaltrakts gliedern sich in folgende Teilprozesse: Transport des Speisebreis, Reservoirfunktionen, Verdauung und Absorption (syn. Resorption)

Aufgaben des Gastrointestinaltrakts. Die Hauptaufgabe des Verdauungstrakts besteht in der Überführung der aufgenommenen Nahrung in absorbierbare Bestandteile und deren anschließende Aufnahme in den Körper. Diese Vorgänge werden durch eine geordnete Abfolge verschiedener Prozesse erreicht:

- ***Mechanische Prozesse*** dienen der Aufnahme, Zerkleinerung, Durchmischung und dem Transport der Nahrung.
- Durch Zumischung von ***Verdauungssäften*** mit ihren Enzymen werden Kohlenhydrate, Fette und Eiweiße hydrolytisch gespalten und in absorbierbare Bruchstücke zerlegt ***(Verdauung)***.
- Die Endprodukte der Verdauung werden – ebenso wie Wasser, Elektrolyte und die sog. Mikronährstoffe (Spurenelemente, Vitamine) – aus dem Darmlumen über die Darmschleimhaut ins Blut oder in die Lymphe aufgenommen (***Absorption***, syn. ***Resorption***).
- Nicht absorbierte bzw. absorbierbare Nahrungsbestandteile sowie Bakterien und deren Produkte werden mit dem Stuhl ausgeschieden. Eine Vielzahl von Xenobiotica (Schwermetalle, Arzneimittel u.a.) werden primär mit der Galle eliminiert ***(Ausscheidung)***.
- Weiterhin spielt der Gastrointestinaltrakt eine große Rolle bei der ***Regulation des Wasser- und Elektrolythaushalts***.

Funktionseinheiten des Gastrointestinaltrakts. Der Magen-Darm-Trakt besteht aus einem durchlaufenden Rohr vom Mund bis zum Anus, mit den Abschnitten Oropharynx, Ösophagus, Magen, Dünn- und Dickdarm, in welche die Ausführungsgänge der exkretorischen Drüsen einmünden: Mundspeicheldrüsen, Pankreas und Leber (Abb. 38.1).

Die einzelnen Wandabschnitte des Magen-Darm-Trakts sind prinzipiell gleichartig aufgebaut. Charakteristische Modifikationen sind durch die unterschiedlichen Funktionen bedingt (Abb. 38.2):

- Dem ***Weitertransport*** dienen vorwiegend der Oropharynx und die Speiseröhre;
- ***Reservoirfunktion*** haben vor allem Magen, Gallenblase, Zäkum und Rektum;
- der Dünndarm ist der Hauptort für die ***Verdauung*** und ***Absorption***.

Reguliert werden diese Funktionen durch eine große Anzahl von Hormonen, gastrointestinalen Peptiden und Neuropeptiden, durch das Darmnervensystem und das vegetative (autonome) Nervensystem, einschließlich der viszeralen Afferenzen. Aktivitäten der quer gestreiften Muskulatur am Anfang und Ende des Verdauungstrakts stehen unter der Kontrolle des somatischen Nervensystems.

Neuronale Steuerung

Das enterische Nervensystem steuert die elementaren motorischen und sekretorischen Funktionen von Magen und Darm; seine Aktivitäten werden durch das vegetative Nervensystem moduliert

Enterisches Nervensystem. Der Gastrointestinaltrakt verfügt über ein eigenes Nervensystem, das enterische Nervensystem, das die elementaren motorischen und sekretorischen Funktionen von Magen und Darm steuert. Die Zellkörper der zwei Netzwerke bildenden $\approx 10^8$ Neurone des Darmnervensystems (»enterischen Gehirns«) liegen vor allem im ***Plexus myentericus*** (Auerbach) und im ***Plexus submucosus*** (Meißner), die untereinander vielfältig verbunden sind. Die efferenten Fasern des Plexus myentericus enden überwiegend an den glatten Muskelzellen der Längs- und Ringmuskulatur und beeinflussen den Muskeltonus und den Rhythmus der Kontraktionen. Der Plexus submucosus steuert vorwiegend sekretorische Funktionen der Schleimhaut. Afferente Fasern beider Plexus leiten sensorische Impulse von Mechano-, Chemo- und Temperatursensoren sowie Nozi-

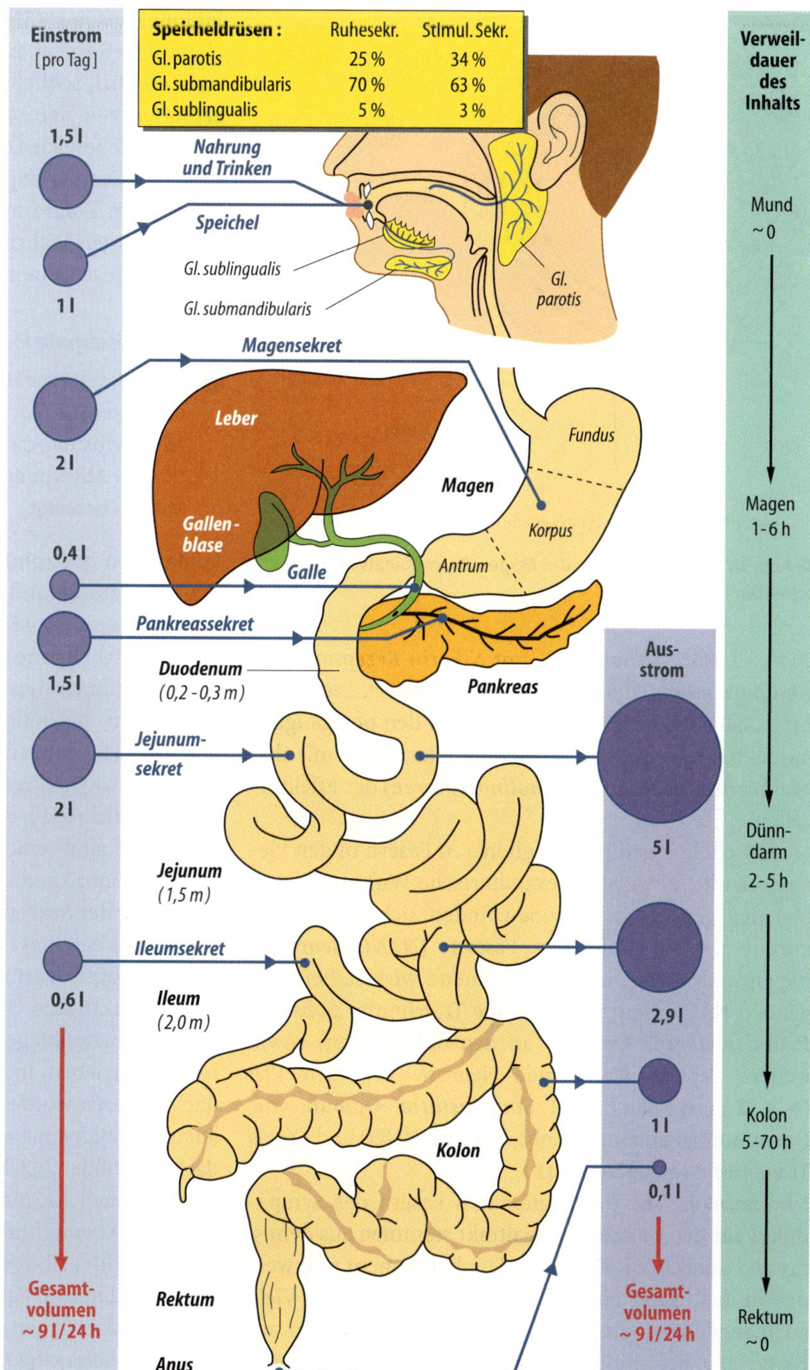

Abb. 38.1. Funktionseinheiten des Magen-Darm-Trakts. Übersicht über die an Verdauung und Absorption beteiligten Organe, die gastrointestinale Flüssigkeitsbilanz sowie die Passagezeiten bzw. Verweildauern des Inhalts

zeptoren über viszerale Afferenzen zum Zentralnervensystem (► s. Kap. 14.1).

Vegetatives Nervensystem. Sympathikus und Parasympathikus wirken lediglich modulierend auf das Darmnervensystem. Grundsätzlich fördert der ***Parasympathikus*** Motilität und Sekretion, der ***Sympathikus*** übt dagegen einen hemmenden Einfluss aus, führt zu einer Abnahme der Durchblutung, steigert jedoch den Tonus der gastrointestinalen Sphinkteren.

Parasympathikus. Parasympathische Fasern aus dem Hirnstamm innervieren die Ohrspeicheldrüse (N. glossopharyngeus), die Unterkiefer- und Unterzungendrüse (N. facialis) sowie den Ösophagus, Magen, Dünndarm, proximalen Dickdarm, die Leber, Gallenblase und das Pankreas (N. vagus). Die parasympathischen Fasern aus dem Sakralabschnitt des Rückenmarks (Nn. splanchnici pelvini) versorgen den absteigenden Dickdarm, das Sigmoid, das Rektum und die Analregion. Die einige Hundert präganglionären Neurone enden an den Ganglien der intramuralen Plexus des Magen-Darm-Kanals bzw. den intraparenchymalen Ganglien der Speicheldrüsen und der Leber. Neurotransmitter dieser präganglionären

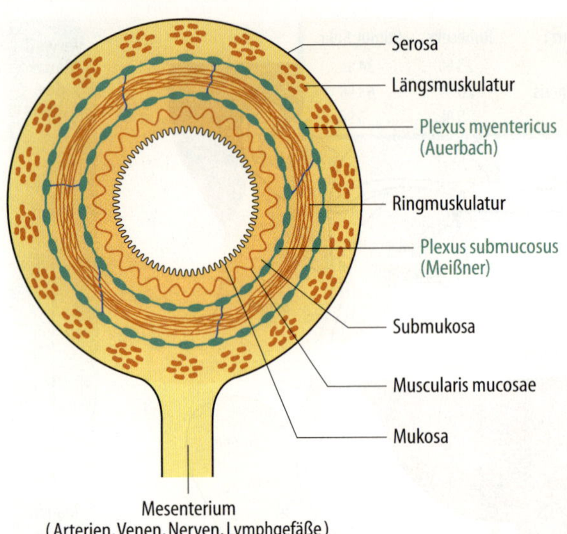

Abb. 38.2. Wandschichten des Magen-Darm-Kanals in schematischer Darstellung

Fasern ist ***Azetylcholin***, das mit ***Nikotin-Rezeptoren (n-Cholinozeptoren)*** der Ganglienzellen reagiert. Azetylcholin ist auch die Überträgersubstanz an den postganglionären Nervenendigungen; es interagiert dort mit den ***Muskarin-Rezeptoren (m-Cholinozeptoren)*** der Effektorzellen.

Die cholinergen postganglionären Fasern in den Plexus vermitteln vor allem exzitatorische Wirkungen. Neben den genannten Neuronen finden sich auch *n*icht-*a*drenerge-*n*icht-*c*holinerge Fasern ***(NANC-Neurone)***, die entweder erregend oder hemmend wirken. Bei erregenden NANC-Neuronen sind die Transmitter ***Substanz P*** und ***endogene Opioide*** (an den Sphinkteren) sowie weitere Peptide. Hemmende Neurone benutzen ***VIP*** (▶ s. ◘ Tabelle 38.1), ***ATP, Somatostatin, Opioide*** (für Darmmotiliät und -sekretion), ***Stickoxid*** (NO) und ***CO*** als Transmitter (▶ s. Kap. 20.4).

Sympathikus. Die präganglionären Fasern des Sympathikus für den Gastrointestinaltrakt stammen aus dem 5. bis 12. Thorakal- sowie 1. bis 3. Lumbalsegment und werden in den prävertebralen Ganglien umgeschaltet. Viele postganglionäre sympathische Neurone projizieren auf Blutgefäße des Gastrointestinaltrakts. Postganglionäre Überträgersubstanz an den Effektorzellen ist ***Noradrenalin***. Die direkte Wirkung sympathischer Neurone auf die glatte Muskulatur des Darms ist schwach; lediglich die glatte Sphinktermuskulatur (unterer Ösophagussphinkter, Pylorus, innerer Schließmuskel) wird über ***α_1-Adrenozeptoren*** direkt aktiviert, wodurch eine funktionelle Trennung verschiedener Abschnitte des Magen-Darm-Kanals erreicht wird. Ansonsten besteht die Wirkung des Sympathikus vor allem in einer Hemmung erregender Neurone der Plexus.

Viszerale Afferenzen. Die Sensoren (Sinnesrezeptoren) dieser Afferenzen liegen in den Organen und messen den Füllungszustand ***(Mechanosensoren)*** oder registrieren chemische Reize, u. a. den intraluminalen pH-Wert ***(Chemosensoren)***. Schließlich vermitteln sie Schmerz- (***Nozizeptoren***, ▶ s. Kap. 15.2) und Temperaturreize aus dem Eingeweidebereich. Die von den jeweiligen Sensoren ausgehenden Nervenimpulse werden in afferenten Nervenfasern zum Zentralnervensystem (ZNS) geleitet, wo sie zur bewussten Wahrnehmung oder zur Auslösung vegetativer Reflexe führen.

Gastrointestinale Hormone

Gastrointestinale Hormone und Peptide steuern und koordinieren die Motilität, die Sekretion und das Schleimhautwachstum; darüber hinaus sind sie an der Regulation der Absorption und der lokalen Durchblutung der Mukosa beteiligt

Funktionen gastrointestinaler Hormone. Um eine optimale Verdauung und Absorption der Nahrungsstoffe zu gewährleisten, müssen die Funktionen der einzelnen Abschnitte bzw. Organe des Gastrointestinaltrakts aufeinander abgestimmt werden. Hierzu trägt eine Vielzahl von endo-, para-, auto- und neurokrinen Substanzen bei. Neben den gastrointestinalen Hormonen ***Gastrin, Cholezystokinin (CCK), Sekretin*** und dem ***gastrischen inhibitorischen Peptid (GIP)***, die auf dem Blutweg ihre Zielzellen erreichen, sind eine Reihe gastrointestinaler Peptide (sog. Hormonkandidaten) und Neuropeptide an der Steuerung der Sekretion, Motilität und des Schleimhautwachstums beteiligt (▶ vgl. ◘ Tabelle 38.1).

Der Magen-Darm-Trakt zählt zu den hormonreichsten und -aktivsten Organen. Es sind bisher mehr als 20 Zellarten in der Magen-Darm-Schleimhaut und im Pankreas beschrieben, in denen Hormone oder Polypeptide nachgewiesen wurden. Die meisten werden in Einzelzellen oder Zellgruppen der Schleimhaut des oberen Dünndarms gebildet (CCK, Sekretin, GIP, Motilin), ***Gastrin*** hauptsächlich im Magen, andere im gesamten Magen-Darm-Trakt einschließlich Pankreas (vasoaktives intestinales Peptid VIP, Somatostatin) und das pankreatische Polypeptid nur im Pankreas.

Die »klassischen« ***gastrointestinalen Hormone*** sind ***Gastrin, Cholezystokinin, Sekretin*** und ***GIP***, die auf spezifische Reize ins Blut abgegeben werden und auf bestimmte Effektorzellen wirken. Daneben wurde eine große Anzahl ***biologisch aktiver Polypeptide*** nachgewiesen, die nicht alle Kriterien eines Hormons erfüllen, aber eine hormonähnliche Wirkung auf den Magen-Darm-Trakt ausüben (◘ Tabelle 38.1). Einige von ihnen (z. B. Somatostatin) diffundieren von ihrer Bildungszelle direkt zur benachbarten Effektorzelle ohne Beteiligung des Blutkreislaufs ***(Parakrinie)***. Wieder andere Peptide werden aus Nervenendigungen bzw. Varikositäten (▶ s. Kap. 20.2) freigesetzt und wirken auch auf direktem Wege (***Neurokrinie***). Für manche Neuropeptide, die bis-

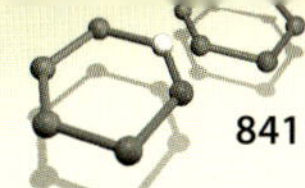

Tabelle 38.1. Hormone, Hormonkandidaten und Neuropeptide des Magen-Darm-Trakts (Auswahl)

Hormon (Peptid)	Syntheseorte	Freisetzungsreize	Hauptwirkungen (Auswahl)	Intrazell. Wirkungsvermittlung
Gastrin	G-Zellen (Antrum, Duodenum)	Proteinabbauprodukte im Magen, Magenwanddehnung, Vagusaktivierung	HCl-Sekretion ↑ Pepsinogensekretion ↑ Schleimhautwachstum ↑ Magenmotilität ↑	Phospholipase-C-Aktivierung
Cholezystokinin (CCK)	I-Zellen (Duodenum, Jejunum) Nervenendigungen Interneurontransmitter	Proteinabbauprodukte und langkettige Fettsäuren im Duodenum	Sekretion von Pankreasenzymen ↑ Gallenblasenkontraktion ↑ Relaxation des Sphincter Oddi verstärkt Sekretinwirkung Pepsinogensekretion ↑ verzögert Magenentleerung »Sättigungshormon« (im ZNS)	Phospholipase-C-Aktivierung
Sekretin	S-Zellen (Duodenum, Jejunum)	pH < 4 im Duodenum, Gallensalze im Duodenum ↑	HCO_3^--Sekretion im Pankreas und in den Gallengängen ↑ HCl-Sekretion ↓ Pepsinogensekretion ↑ verzögert Magenentleerung	Adenylatzyklase-Aktivierung
GIP	K-Zellen (Duodenum, Jejunum)	Glukose, Fett- und Aminosäuren im Duodenum ↑	Insulin-Sekretion ↑ *(Glucose-dependent Insulin-releasing Peptide)* HCl-Sekretion ↓ Magenmotilität ↓	Adenylatzyklase-Aktivierung
VIP	Nervenendigungen	Aktivierung enterischer Nerven	gastrointestinale Motilität ↓ HCl-Sekretion ↓ intestinale Sekretion ↑ erregender Transmitter an Drüsenzellen und an vasodilatatorischen Neuronen, hemmender Transmitter in Motoneuronen	Adenylatzyklase-Aktivierung
Enteroglukagon	L-Zellen (Ileum, Kolon)	Glukose, Fettsäuren im Ileum ↑	Schleimhautwachstum ↑ HCl-Sekretion ↓ Pankreassekretion ↓ Motilität ↓	Adenylatzyklase-Aktivierung
Somatostatin	D-Zellen (Pankreas, Dünndarm, Magen) Nervenendigungen	Fettsäuren, Peptide und Gallensalze im Dünndarm ↑	Magensaftsekretion ↓ interdigestive Motilität ↓ Freisetzung von Gastrin, VIP, Motilin, CCK und Sekretin ↓ (»General-Hemmung«)	Adenylatzyklase-Hemmung
Motilin	M-Zellen (Duodenum, Jejunum)	pH↓ u. Fettsäuren ↑ im Duodenum	interdigestive Motilität ↑ beschleunigt Magenentleerung	(unbekannt)
Neurotensin	N-Zellen (Ileum) Nervenendigungen	Fettsäuren im Dünndarm ↑	Magensaftsekretion ↓ Pankreassekretion ↑	Adenylatzyklase-Hemmung Phospholipase-C-Aktivierung
Pankreatisches Polypeptid	F-Zellen (Pankreas)	Proteinabbauprodukte im Dünndarm ↑ Vagusaktivierung	Pankreassekretion ↓ Darmmotilität ↓	(unbekannt)
Neuropeptid Y	Nervenendigungen (Cotransmitter zu Noradrenalin)	Aktivierung enterischer Nerven	Durchblutungsminderung im Splanchnikusbereich	Phospholipase-C-Aktivierung
Substanz P	Nervenendigungen	Aktivierung enterischer Nerven	gastrointestinale Motilität ↑	Phospholipase-C-Aktivierung

Tabelle 38.1. Fortsetzung

Hormon (Peptid)	Syntheseorte	Freisetzungsreize	Hauptwirkungen (Auswahl)	Intrazell. Wirkungsvermittlung
GRP	Nervenendigungen	Aktivierung enterischer Nerven	Gastrinfreisetzung ↑	Phospholipase-C-Aktivierung
Opioidpeptide*	Nervenendigungen	Aktivierung enterischer Nerven (Hemmung der Azetylcholin-Freisetzung)	propulsive Peristaltik ↓ Darmsekretion ↓ Sphinktertonus ↑	Adenylatzyklase-Hemmung
Ghrelin	*X/A-like Cells* (Magen)	Glukose im Magen ↓	Nahrungsaufnahme ↑ Magenmotilität u. -entleerung ↑ Freisetzung von Wachstumshormon ↑	Phospholipase-C-Aktivierung (?)

↓ = erniedrigt, ↑ = erhöht. *GIP* = Gastric Inhibitory Peptide; *VIP* = Vasoactive Intestinal Peptide; *GRP* = Gastrin Releasing Peptide (Bombesin); * = β-Endorphin, Enkephalin, Dynorphin

lang nur im Gehirn bekannt waren, wie Enkephaline und Endorphine, wurden Opioidrezeptoren auch im Darm identifiziert. Eine Reihe »gastrointestinaler« Hormone kommt umgekehrt auch im zentralen und peripheren Nervensystem vor. Zu diesen als Neurotransmitter wirkenden Hormonen zählen Substanz P, Somatostatin, VIP und Neurotensin.

Hormonfreisetzung. Stimuliert wird die Freisetzung der gastrointestinalen Hormone und Peptide zum einen durch Vagusaktivierung, zum andern verfügen gastrointestinale endokrine Zellen am apikalen Zellpol über Mechano- und Chemosensoren, die auf bestimmte Substanzen im Darmlumen reagieren und die Freisetzung der Hormone aus den Zellen bewirken. Aus diesem Grund erfolgt die Regulation der Hormonproduktion hier – anders als bei anderen endokrinen Systemen – weniger über die Blutspiegel der Hormone (oder Peptide), als vielmehr durch den direkten Kontakt von Nahrungsbestandteilen mit endokrin-aktiven Zellen im jeweiligen Darmabschnitt.

Gastrin-Gruppe. Die gastrointestinalen Hormone und eine Reihe der genannten Peptide können entsprechend ihrer Aminosäurensequenzen in mehrere Gruppen eingeteilt werden (▶ vgl. Tabelle 38.1). Die sog. ***Gastrin-Gruppe*** wird gebildet aus ***Gastrin*** und ***Cholezystokinin***, welche am C-terminalen Ende die gleichen 5-endständigen Aminosäuren besitzen. Sie binden an den gleichen Rezeptortyp ***(CCK-Rezeptoren)*** und haben deshalb ähnliche Wirkung, die allerdings je nach Spezifität und Subtyp des Rezeptors unterschiedlich stark sein kann. So wirkt Gastrin stärker auf die Belegzellen des Magens als Cholezystokinin. Umgekehrt bewirkt Cholezystokinin eine stärkere Gallenblasenkontraktion als Gastrin.

Sekretin-Gruppe. Eine weitere Gruppe wirkungsverwandter Hormone und Peptide stellt die sog. Sekretin-Gruppe dar. Zu ihr zählen das 1902 als erstes Hormon entdeckte ***Sekretin, vasoaktives intestinales Peptid (VIP), (Entero-)Glukagon*** und ***GIP***, wobei die Gemeinsamkeit in einer identischen Aminosäurensequenz innerhalb ihrer Peptidketten besteht.

In Kürze

Gastrointestinale Funktionen

Hauptaufgaben des Gastrointestinaltrakts sind
- Aufnahme der Nahrung,
- Verdauung der Nährstoffe und deren Absorption,
- Ausscheidungsfunktionen und
- Beteiligung an der Regulation des Wasser- und Elektrolythaushalts

Steuerung der Funktionen

Diese Funktionen werden integrativ gesteuert:
- Die Kontrolle und Koordination der elementaren motorischen und sekretorischen Funktionen unterliegen vorrangig den Neuronen des enterischen Nervensystems.
- Sympathikus und Parasympathikus wirken lediglich modulierend auf das Darmnervensystem, wobei der Parasympathikus grundsätzlich einen fördernden, der Sympathikus einen hemmenden Einfluss ausübt.
- Viszerale Afferenzen leiten Informationen von Mechano- und Chemosensoren sowie von Nozizeptoren zum ZNS, wo sie zur Wahrnehmung oder Auslösung vegetativer Reflexe führen.

Eine Vielzahl von endo-, para-, auto- und neurokrinen Substanzen, die in der Magen-Darm-Schleim-

▼

haut und im Pankreas gebildet werden, ist an der Steuerung und Koordination der Sekretion, der Motilität, des Schleimhautwachstums, der Absorption und der lokalen Durchblutung der Mukosa beteiligt. Zu diesen zählen

- die »klassischen« gastrointestinalen Hormone (Gastrin, Cholezystokinin, Sekretin und GIP),
- eine Reihe gastrointestinaler Peptide (»Hormonkandidaten«) und Neuropeptide.

Die meisten Substanzen weisen ein breites Wirkungsspektrum auf.

38.2 Gastrointestinale Motilität und Sekretion

Gastrointestinale Motilität

Die gastrointestinale Motilität wird durch langsame Potentialwellen gesteuert, die von Schrittmacherzellen ausgehen

Automatie. Das Ruhepotential der Muskelzellen des distalen Magens (Korpus, Antrum) und des gesamten Darms weist ***rhythmische Depolarisationen*** auf, die jeweils von einer Repolarisation gefolgt sind. Es entstehen hierdurch ***langsame Potentialwellen (Slow Waves)*** von 10–20 mV im Sekunden- oder Minutenrhythmus ***(»basaler elektrischer Rhythmus«)***. Die Grundfrequenz dieser Wellen beträgt 3/min im Magen, 12/min im Duodenum und fällt auf 8/min im Ileum ab. Die langsamen Potentialwellen führen zu einem anhaltenden ***Tonus*** der Wandmuskulatur.

Spike-Aktivitäten. Unter bestimmten neurohumoralen Einflüssen (z. B. Azetylcholin, Gastrin) oder bei Wanddehnung kann auf der Höhe der Depolarisation die Membranschwelle erreicht bzw. überschritten und dadurch eine Salve von Ca^{2+}-getragenen Aktionspotentialen (sog. ***Spike-Potentiale***) ausgelöst werden, die sich den langsamen Potentialschwankungen überlagern. Die Spike-Potentiale entstehen durch Ca^{2+}-Einstrom (über Ca^{2+}-Kanäle des L-Typs, ► s. Kap. 4.2) in die Muskelzellen und lösen ***phasische Kontraktionen*** aus. Die Stärke dieser Kontraktionen ist von der Frequenz der Aktionspotentiale abhängig. Letztere kann durch Noradrenalin oder Adrenalin aufgrund einer Hyperpolarisation gesenkt, durch Azetylcholin infolge einer Depolarisation erhöht werden (► s. Kap. 20.2). Starke Hyperpolarisationen können zum Tonusverlust ***(Atonie)***, andauernde Spike-Salven zur Dauerkontraktion ***(Spasmus)*** der Wandmuskulatur führen.

Schrittmacher. Für die Auslösung solcher Erregungsfolgen sind die zwischen Ring- und Längsmuskulatur ein Netzwerk bildenden ***interstitiellen Cajal-Zellen*** verantwortlich, die eine besonders niedrige Erregungsschwelle besitzen. Von einer Gruppe dieser Zellen ausgehend, werden die Erregungen jeweils auf benachbarte Muskelzellen weitergeleitet, wobei die niederohmigen Kontaktstellen zwischen den einzelnen Zellen (Gap Junctions oder Nexus) eine elektrotonische Überleitung ermöglichen. Auf diese Weise erfasst die Erregung schnell die gesamte Umgebung der Schrittmacherzellen und führt zu einer synchronen Muskelkontraktion, die sich wellenförmig ausbreitet. Die Weiterleitung nach aboral versiegt nach einer gewissen Strecke und weiter distal gelegene Schrittmacherzellen mit niedrigerer Eigenfrequenz übernehmen dann die Schrittmacherfunktion. Aus diesem Grund verlaufen die peristaltischen Wellen im Dünndarm nur von oral nach aboral. Im Magen überspielen die höheren Erregungsfrequenzen proximaler Schrittmacherzellen, ähnlich wie im Herz (► s. Kap. 25.2), die aboral gelegenen Cajal-Zellen mit etwas langsamerer Erregungsbildung.

Eine ***zweite Gruppe von interstitiellen Cajal-Zellen*** liegt innerhalb der Muskelschichten. Sie modulieren die Erregungsübertragung zwischen dem enterischen Nervensystem und der glatten Muskulatur.

Motilitätstypen

Die gastrointestinale Motilität weist nach Nahrungsaufnahme und im Nüchternzustand unterschiedliche Aktivitätsmuster auf

Postprandiale Motilitätsmuster. Nach der Nahrungsaufnahme (d. h. in der Verdauungsphase) treten in der sog. digestiven Phase typische phasische Bewegungsmuster auf. Die wichtigsten sind in ◻ Abb. 38.3 wiedergegeben.

Der oral-aborale Transport erfolgt durch ***propulsive Peristaltik*** aufgrund komplexer lokaler Reflexe. Die Reizung von Dehnungssensoren führt zunächst in aboraler Richtung auf einer Strecke von 20–30 mm zu einer Er-

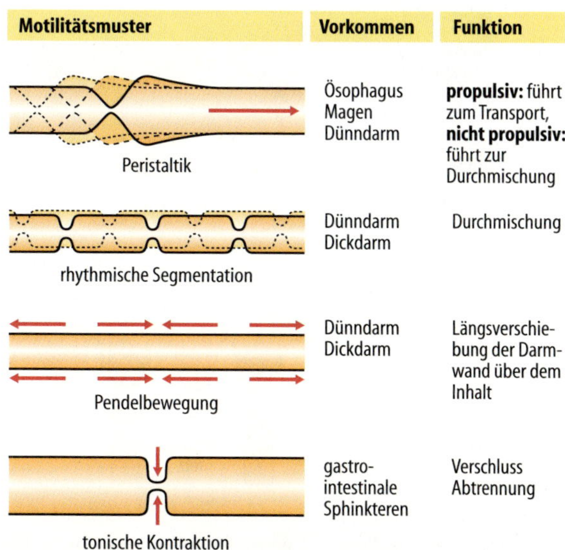

◻ Abb. 38.3. Motilitätsmuster im Gastrointestinaltrakt und ihre funktionelle Bedeutung in schematischer Darstellung

schlaffung der Ringmuskulatur und zu einer Kontraktion der Längsmuskulatur (▶ s. Abb. 38.4). Dann tritt in oraler Richtung auf einer Strecke von etwa 2 mm eine Kontraktion der Ringmuskulatur und Erschlaffung der Längsmuskulatur auf. Die Kontraktion der Ringmuskulatur und die ihr vorauslaufende Erschlaffung setzen sich wellenförmig über den Magen und das Darmrohr fort.

Die ***Durchmischung*** des Speisebreis mit Verdauungssäften geschieht durch nicht-propulsive Peristaltik, durch Segmentationen und Pendelbewegungen:

- Die ***nicht-propulsive Peristaltik*** beruht auf ringförmigen Kontraktionen, die sich nur über kurze Strecken fortpflanzen. Da die Frequenz der Kontraktionen im Dünndarm von oben nach unten abnimmt, kann der Darminhalt auch durch nicht-propulsive Peristaltik langsam analwärts verschoben werden.
- ***Segmentationen*** entstehen durch lokale, zirkuläre Kontraktionen der Ringmuskulatur in Abständen von 10–20 cm, mit einer Breite von etwa 1 cm und einer Dauer von 2–3 s.
- ***Pendelbewegungen*** werden durch lokal begrenzte rhythmische Kontraktionen der Längsmuskulatur ausgelöst.

Interdigestive Motoraktivität. In der interdigestiven Pause, d. h. wenn Magen und Dünndarm keine nennenswerten Nahrungsreste mehr enthalten, setzen nach einer längeren Ruhephase (Phase I: Dauer ca. 60 min) und einer ungerichteten Motorik (Phase II: Dauer ca. 30 min) analwärts gerichtete elektrische und motorische Aktivitäten ein (Phase III: Dauer ca. 15 min; ▶ s. Abb. 38.5). Der sog. ***wandernde myoelektrische Motorkomplex (MMK)*** beginnt im Antrum des Magens mit einer Frequenz von 10–12/min bzw. im Duodenum mit Salven von Aktionspotentialen ***(»Aktivitätssturm«)*** und einer intensiven, durch starke Einschnürungen gekennzeichneten propulsiven Peristaltik (»interdigestive Front«) sowie dem verstärkten Auftreten von Geräuschen durch Transport des aus Gas und Flüssigkeit bestehenden Inhalts ***(»Magenknurren«)***. Dieser Bewegungsablauf setzt sich durch den gesamten Dünndarm bis zum Ileum hinunter fort. Auch der untere Ösophagussphinkter, der Sphincter Oddi und die extrahepatischen Gallenwege sind mit einbezogen. Gleichzeitig kommt es zu einer verstärkten Sekretion in Magen und Pankreas. Nach Erreichen des Ileum wiederholt sich dieser Vorgang in gleicher Weise. Bei einer Wanderungsgeschwindigkeit von 6–8 cm/min im oberen und ca. 2 cm/min im unteren Dünndarm beginnt somit ein neuer Zyklus jeweils nach ca. 100 min. Vor der Aktivitätsfront werden Nahrungsreste, Bakterienansammlungen, magensaftresistente Tabletten und andere Fremdkörper nach distal getrieben; dieser wandernde Motorkomplex ist deshalb bildlich als ***»Housekeeper«*** bezeichnet worden, der den Magen-Darm-Trakt reinigt und

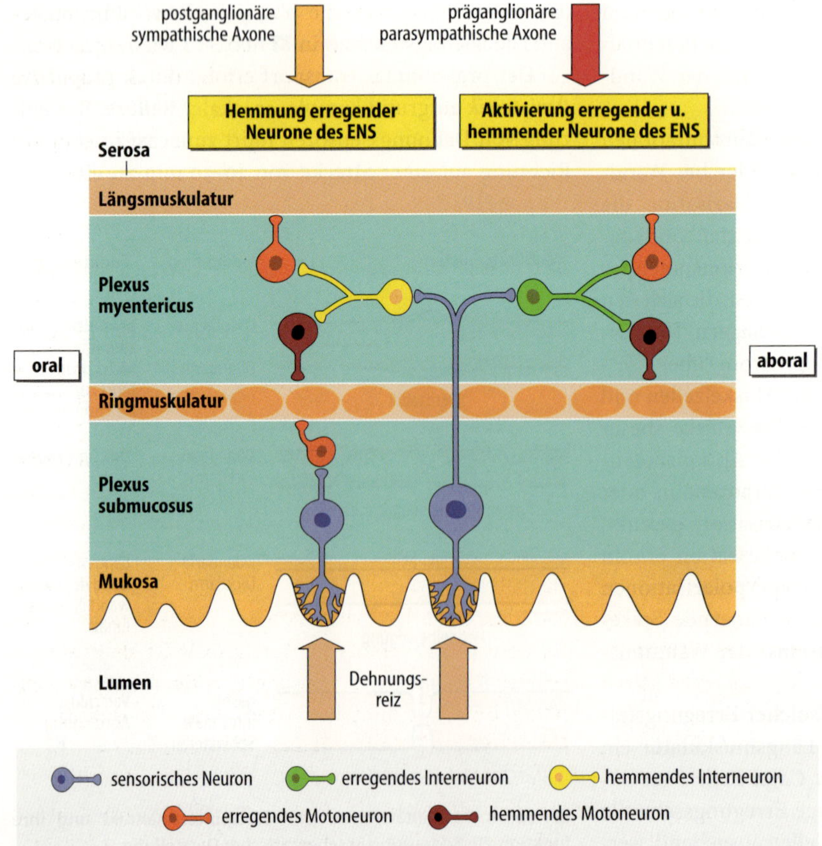

Abb. 38.4. Enterisches Nervensystem und propulsive Peristaltik. Schematische Darstellung der lokalen Reflexbögen im enterischen Nervensystem *(ENS)* für die propulsive Peristaltik im Dünndarm sowie der modulierenden Wirkung des vegetativen Nervensystems. Transmitter bzw. Neuromodulatoren der erregenden Neurone zur glatten Muskulatur sind Azetylcholin und Substanz P, der hemmenden Neurone NO, VIP, ATP und Opioidpeptide. Die afferenten Neurone enthalten vor allem Substanz P und Azetylcholin, erregende Interneurone Azetylcholin und Serotonin, hemmende Interneurone Somatostatin, VIP, NO und Opioidpeptide. In den meisten der bisher beschriebenen Neuronenpopulationen des enterischen Nervensystems sind Neuropeptide mit den primären Neurotransmittern co-lokalisiert

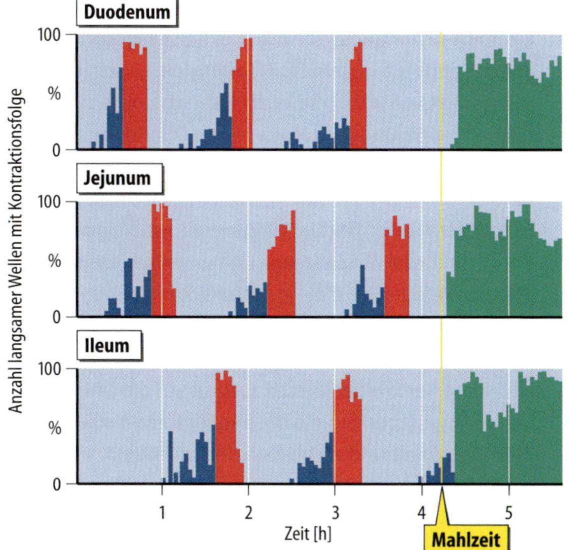

Abb. 38.5. Interdigestiver myoelektrischer Motorkomplex. Anteil von langsamen Wellen (Slow Waves) in der Verdauungsphase, die von einer Muskelkontraktion gefolgt sind. In Phase I herrscht motorische Ruhe, in Phase II *(dunkelblau)* erreicht der Kontraktionsanteil bis zu 50 % und in Phase III *(rot)* fast 100 % der Maximalaktivität. Die Aktivitätsfront wandert innerhalb von 1–1,5 h vom Duodenum *(oben)* zum Ileum *(unten)* und beginnt dann wieder von neuem. Mit einer Mahlzeit *(Pfeil)* wird der Komplex unterbrochen *(grün)*. Nach Granger et al (1985)

einer übermäßigen bakteriellen Besiedlung des Dünndarms entgegenwirkt. Bei gestörtem MMK treten gehäuft pathologische Bakterienbesiedlungen des Dünndarms auf.

Der myoelektrische Motorkomplex bzw. die interdigestive Motoraktivität werden wahrscheinlich durch parasympathische Efferenzen gesteuert. Er kann allerdings durch das enterische Nervensystem oder durch gastrointestinale Hormone und Peptide modifiziert werden. Das Auftreten der MMK-Zyklen fällt zeitlich mit einem Anstieg der Motilinkonzentration im Plasma zusammen. Intravenös gegebenes Motilin kann einen MMK vorzeitig auslösen; auch das Antibiotikum Erythromycin, ein Motilin-Rezeptoragonist, kann MMK-Wellen induzieren. Bei Nahrungsaufnahme wird die MMK-Aktivität im Dünndarm unterbrochen.

Sphinkter. Durch ***tonische Dauerkontraktion*** besonderer spezialisierter Bereiche werden funktionell verschiedene Räume voneinander getrennt, z. B. der Ösophagus vom Magen durch den unteren Ösophagussphinkter und der Magen vom Duodenum durch den Pylorus. Gleichzeitig ist dadurch normalerweise ein gerichteter Transport ohne Rückfluss gewährleistet. Das Rektum wird durch den M. Sphincter ani internus verschlossen.

Gastrointestinale Sekretion

! Sekrete, die in den Verdauungstrakt abgegeben werden, enthalten vor allem die für die Verdauung erforderlichen Enzyme und Elektrolyte

Bildung der Verdauungssekrete. Für die Verdauung der Nahrung werden im Magen-Darm-Trakt von Mukosazellen und exokrinen Drüsen Sekrete abgegeben, welche Enzyme (Ohrspeicheldrüse, Magen, Darm, Pankreas), Muzine (im gesamten Verdauungstrakt), HCl (Magen), Emulgatoren (Galle) und Elektrolyte enthalten. Der Sekretion von Elektrolyten folgt ein passiver, osmotisch bedingter Wasserfluss, der den Lösungsraum für die Nahrungsbestandteile schafft. Die Muzinabgabe erfolgt durch Exozytose.

Verdauungsenzyme. Die Bildung der Verdauungsenzyme bzw. noch inaktiver Vorstufen (Zymogene) erfolgt nach den Prinzipien der Proteinsynthese: sie beginnt mit der gezielten Aufnahme der notwendigen Aminosäuren an der basolateralen Membran und der Translation an den Ribosomen des rauen endoplasmatischen Retikulums. Das Translationsprodukt gelangt anschließend in das zisternenartige Lumen des endoplasmatischen Retikulums und wird dann in Transfervesikeln zum Golgi-Komplex transportiert. Hier erfolgt die als posttranslationale Prozessierung bezeichnete strukturelle oder funktionelle Fertigstellung des Enzyms (Proteins). Die sekretorischen Proteine gelangen von hier aus durch vesikulären Transport in die apikalen Zellabschnitte und werden durch spezielle Signale (Anstieg der zytosolischen Ca^{2+}-Konzentration) nach Fusion der Vesikel mit der Zellmembran nach außen abgegeben (Exozytose). Das die Verdauungsenzyme enthaltende ***Primärsekret*** kann auf seinem Weg durch die nachgeschalteten Drüsengänge vor allem in Bezug auf seine Elektrolytkonzentration und –zusammensetzung noch wesentlich verändert werden ***(Sekundärsekret)***.

Einige Verdauungsenzyme werden nicht ins Darmlumen sezerniert, sondern im Golgi-Komplex in Vesikel verpackt, zur apikalen Bürstensaummembran des Dünndarms gelenkt, verbleiben dort und können als ***membranständige Enzyme*** ihre Substrate hydrolytisch spalten.

Die Exozytose von Verdauungssekreten erfolgt wahrscheinlich kontinuierlich, d. h. auch in Verdauungsruhe. Die Sekretmengen sind hierbei jedoch gering. Bei Aktivierung der Verdauungsdrüsen durch Parasympathikus, gastrointestinale Hormone und Peptide in den Verdauungsphasen wird die Sekretion um ein Vielfaches gesteigert.

Flüssigkeitssekretion. Eine intestinale Nettosekretion von Flüssigkeit liegt vor, wenn der Wassertransport von der Serosa- zur luminalen Seite größer ist als in umgekehrter Richtung. Der Hauptantrieb für die Wassersekretion im Darm und in Drüsen stellt die elektrogene ***Cl^--Sekretion*** an der luminalen Membran dar (▶ s. Tabelle 38.2). Cl^- wird zunächst sekundär-aktiv über einen basolateralen ***$Na^+,K^+,2Cl^-$-Symporter*** gegen einen elektrochemischen Gradienten in die Zelle aufgenommen. Über eine Erhöhung der Konzentrationen intrazellulärer Botenstoffe (cAMP, cGMP oder Ca^{2+}, ▶ s. Kap. 2.3, 2.4) werden luminal (apikal) gelegene ***Chloridkanäle*** aktiviert (Typ CaCC durch Ca^{2+}, Typ CFTR durch cAMP oder cGMP, ▶ s. Kap. 4.4, 4.5) und dadurch Cl^- vermehrt ins Lumen abgegeben. Wasser und Na^+-Ionen folgen aus osmotischen Gründen bzw. aufgrund des elektrochemischen Potentials passiv auf parazellulärem Weg (▶ s. Kap. 3.3). Wasser kann darüber hinaus über Wasserkanäle (Aquaporine, ▶ s. Kap. 3.1), d.h. transzellulär, ins Lumen diffundieren.

In Kürze

Gastrointestinale Motilität

Die gastrointestinale Motilität wird durch langsame Potentialwellen gesteuert, die von Schrittmacherzellen ausgehen, deren Ruhepotential rhythmischen Spontandepolarisationen unterliegt. Hierdurch entstehen Potentialwellen *(Slow Waves)* im Sekunden- oder Minutenrhythmus.

Nach der Nahrungsaufnahme treten in der digestiven (postprandialen) Phase typische Motilitätsmuster zur Durchmischung des Darminhalts auf:

- lokale, ringförmige Kontraktionswellen (nicht-propulsive Peristaltik),
- lokale Einschnürungen in eng benachbarten Bereichen (Segmentationen) und
- Pendelbewegungen der Längsmuskulatur.

Der oral-aborale Transport erfolgt durch propulsive Peristaltik.

▼

Interdigestive wandernde myoelektrische Motorkomplexe treten in größeren Abständen zwischen den Mahlzeiten auf und dienen wahrscheinlich der »Generalreinigung« des Magens und Dünndarms.

Sekretion

Für die Verdauung der Nahrung werden im Magen-Darm-Trakt von Mukosazellen und exokrinen Drüsen Sekrete abgegeben, die – je nach Herkunft – Enzyme, Muzine, HCl, Emulgatoren und Elektrolyte enthalten. Die Verdauungsenzyme bzw. deren inaktive Vorstufen werden entweder durch Exozytose in die Drüsengänge abgegeben oder in die Bürstensaummembran eingebaut und verbleiben dort als membranständige Enzyme.

Der Hauptantrieb für die Wassersekretion im Darm und in Drüsen ist die Cl^--Sekretion durch luminal gelegene Kanäle. Na^+ folgt passiv auf parazellulärem Weg, Wasser para- und transzellulär.

38.3 Mundhöhle, Pharynx und Ösophagus

Kauen, Bolusbildung und Saugreflex

In der Mundhöhle wird die aufgenommene feste Nahrung durch Kauen und Einspeicheln in einen gleitfähigen Zustand überführt

Kauen. Beim Kauen wird die feste Nahrung zerschnitten, zerrissen und zermahlen. Obwohl diese Zerkleinerung keine zwingende Voraussetzung für die Verdauung und Absorption ist, erleichtert sie diese Vorgänge jedoch er-

Tabelle 38.2. Elektrolyttransporte als Antriebe für die Flüssigkeitssekretion durch Epithelien und exokrine Drüsenzellen des Verdauungstrakts

Hauptantrieb	Transporter der luminalen Membran	Transporter der basolateralen Membran*	Lokalisation (Auswahl)
Cl^--Sekretion	Cl^--Kanal (Typ CaCC; *Ca^{2+}-activated Chloride Channel*)	$Na^+,K^+,2Cl^-$-Symporter	Azinuszellen (Mundspeicheldrüsen, Pankreas)
		Na^+/H^+-Antiporter HCO_3^-/Cl^--Antiporter	Belegzellen des Magens
	Cl^--Kanal (Typ CFTR; ▶ s. Kap. 4.5)	$Na^+,K^+,2Cl^-$-Symporter	Hauptzellen der Darmkrypten
HCO_3^--Sekretion	HCO_3^-/Cl^--Antiporter Na^+/H^+-Antiporter und/oder Cl^--Kanal (CFTR)	Na^+/H^+-Antiporter Na^+,HCO_3^--Symporter	Ausführungsgänge der Mundspeicheldrüsen u. des Pankreas, Oberflächenepithel des Magens, Brunner-Drüsen, Hepatozyten, Gallenblase u. Gallenwege, Dünn- und Dickdarmepithel
	Anionenkanal	Na^+/H^+-Antiporter	Dünndarmepithel

* nicht aufgelistet ist jeweils die primär-aktive Na^+/K^+-ATPase

heblich (z. B. Verbesserung des enzymatischen Aufschlusses durch Oberflächenvergrößerung). Die Strukturen, die am Kauvorgang beteiligt sind, umfassen Ober- und Unterkiefer mit den Zähnen, die Kaumuskulatur, Zunge und Wangen sowie den Mundboden und den Gaumen.

Die rhythmische Aktion des Kauvorgangs erfolgt primär ***willkürlich***, dann auch weitgehend unbewusst. Der Berührungsreiz der Speisepartikel steuert ***reflektorisch*** die Kaubewegung: seitwärts, vor- und rückwärts, auf und ab. Der Ablauf eines solchen Kauzyklus nimmt ca. 0,6–0,8 s in Anspruch. Die ***Kräfte***, die dabei aufgewandt werden, betragen im Bereich der Schneidezähne 100–250 N, im Bereich der Molaren 300–650 N mit einem Maximum bis zu 1900 N. Mit zunehmendem Abstand der Zähne voneinander nimmt die Kraft ab: Bei 1 cm Abstand wurden z. B. 400 N, bei 2 cm nur noch 120 N gemessen. Die Effizienz der Zerkleinerung eines Bissens ist demnach wesentlich vom Zustand des Gebisses abhängig.

Bolusbildung. Zunge und Wangen schieben die Bissen zwischen die Kauflächen. Feste Nahrung wird zu Partikeln bis zu einer Größe von wenigen mm^3 zermahlen. Der durch den Kauvorgang stimulierte ***Speichelfluss*** bereitet die Konsistenz des Bissens ***(Bolus)*** zum Schlucken vor. Beim Kauen wird durch Freisetzung flüchtiger Komponenten aus der Nahrung sowie durch Auflösung oder Aufschwemmung fester Bestandteile im Speichel die Geschmackswahrnehmung gefördert. Dies führt reflektorisch zur weiteren Anregung des Speichelflusses und der Magensekretion (► s. Kap. 38.4).

Saugreflex. Dieser nutritive Reflex wird durch Berührungsreize von den Lippen oder von der Mundschleimhaut des Säuglings her ausgelöst. Bei luftdichtem Abschluss zwischen Lippen und Warzenhof der mütterlichen Brust sowie nach Abdichtung der nasalen und trachealen Luftwege erfolgt zunächst eine Senkung des Mundbodens. Der dadurch im Mundraum entstehende subatmosphärische Druck saugt die Muttermilch an. Anschließend werden die Kiefer zusammengedrückt und damit die Milchgänge der Brustdrüse ausgepresst. Der gesamte komplexe Vorgang, der mit einer rhythmischen Freigabe der Nasenatmung koordiniert ist, steht unter der Kontrolle von Neuronen in der Medulla oblongata.

Mundspeichel

> Durch den Speichel wird der Bissen gleitfähig gemacht, die Geschmackswahrnehmung gefördert, Verdauungsenzyme und Abwehrstoffe bereitgestellt sowie die Zähne vor Entmineralisierung geschützt

Speicheldrüsen. Die zahlreichen kleinen schleimbildenden Drüsen in der Wangen- und Gaumenschleimhaut sowie die serösen Zungendrüsen reichen für die Befeuchtung des Mundes nicht aus. Dies bewirken 3 große paarige Drüsen, die ***Glandula parotis*** (Ohrspeicheldrüse), ***Glandula submandibularis*** (Unterkieferdrüse) und ***Glandula sublingualis*** (Unterzungendrüse). Sie setzen sich aus den Azini (Drüsenendstücken) und einem System intra-, inter- und extralobulärer Gänge zusammen. Entsprechend ihrem histologischen Aufbau und dem produzierten Speichel unterscheidet man ***seröse Drüsen***, die neben Wasser und Elektrolyten Glykoproteine sezernieren (Glandula parotis) und ***gemischte Drüsen***, die zusätzlich Saccharid-reiche Glykoproteine (Muzine) produzieren (Glandula submandibularis und sublingualis).

Speichelsekretion. Täglich werden 0,6–1,5 l ***Mundspeichel*** gebildet. Er hält den Mund feucht und erleichtert das Sprechen, macht die gekaute Nahrung gleitfähig und fördert die Geschmacksentwicklung. Er ist essenziell für die Gesundheit der Zähne, die ohne Speichel kariös werden. Der Speichel hat eine reinigende und durch seinen Gehalt an ***Lysozym***, ***Laktoferrin*** und ***sekretorischem IgA*** eine antibakterielle bzw. antivirale Wirkung. Weiterhin enthält der Speichel eine ***Peroxidase***, die zusammen mit Thiocyanationen (SCN^-) ein wirksames antibakterielles System darstellt. Mangelnder Speichelfluss bzw. Mundtrockenheit wirken über das Durstgefühl (► s. Kap. 30.4) an der Regulation der Flüssigkeitsbilanz im Körper mit.

Regulation der Speichelsekretion. Auch ohne Nahrungsaufnahme findet immer eine geringe ***Basalsekretion*** (Ruhesekretion) von Mundspeichel (ca. 0,5 l/Tag) statt. Kommt es zu einer Berührung der Mundschleimhaut mit aufgenommenen Speisen und/oder zu Geschmacksempfindungen, so wird die Speichelsekretion reflektorisch gesteigert. Aber auch der Anblick, der Geruch oder die bloße Vorstellung von Speisen »lassen das Wasser im Munde zusammenlaufen« (»bedingte Reflexe«, ***kephale Sekretionsphase***). Bei Übelkeit (Nausea) wird die Sekretionsrate ebenfalls reflektorisch erhöht. Die Zusammensetzung des Speichels wird durch die differenzierte Innervation der Speicheldrüsen über das vegetative Nervensystem variiert. Eine Aktivierung des ***Parasympathikus*** bewirkt in allen Drüsen eine erhebliche Steigerung der Sekretion eines dünnflüssigen, glykoproteinarmen Speichels, die mit einer Durchblutungszunahme der Drüsen einhergeht. Letztere wird durch die gefäßerweiternde Wirkung von VIP vermittelt. Eine Erregung des ***Sympathikus*** löst dagegen durch Stimulation der Unterkieferdrüse die Sekretion geringer Mengen eines viskösen, Muzin-, K^+- und HCO_3^--reichen Speichels aus.

Im nicht-stimulierten Zustand haben die einzelnen Drüsen an der Gesamtspeichelproduktion folgende Anteile:

- Gl. submandibularis 70 %,
- Gl. parotis 25 % und
- Gl. Sublingualis 5 %;

nach Stimulation 60 %, 38 % und 2 %.

Elektrolyte. Der Speichel besteht zu 99 % aus ***Wasser***, seine Dichte beträgt 1,01–1,02 g/ml. Die wichtigsten darin enthaltenen ***Elektrolyte*** sind Na^+, K^+, Cl^- und HCO_3^-. Der ***Primärspeichel***, der von den Azini sezerniert wird, ist plasmaisoton. In den Azini wird Cl^- über einen luminal gelegenen ***Cl^--Kanal*** (Typ CaCC, d.h. durch Ca^{2+} stimulierbar) sezerniert (▶ s. ◘ Abb. 38.6). Na^+ und Wasser folgen passiv parazellulär. Die basolateral gelegene Na^+/K^+-ATPase und der Kaliumkanal sind für die Erhaltung eines gleich bleibenden elektrochemischen Gradienten verantwortlich.

In den Ausführungsgängen werden, bei relativ geringer Wasserpermeabilität, Na^+ (Aldosteron-abhängig) und Cl^- aus dem Lumen absorbiert und kleinere Mengen an K^+ und HCO_3^- sezerniert, wodurch der Mundspeichel hypoton wird (▶ s. ◘ Abb. 38.7).

Die Elektrolytzusammensetzung des Speichels ändert sich mit der Sekretionsrate: mit zunehmendem Sekretionsvolumen steigen die Na^+- und Cl^--Konzentrationen an, während die K^+- und HCO_3^--Konzentrationen leicht abfallen (▶ s. ◘ Abb. 38.7), da die zur Verfügung stehende Zeit zur Absorption von Na^+ bzw. Sekretion von K^+ mit steigender Durchflussrate verkürzt bzw. die maximale Kapazität der Transportsysteme erreicht ist. Der ***pH-Wert*** des Mundspeichels liegt bei Ruhesekretion zwischen 6,5 und 6,9 und steigt nach Stimulation auf 7,0–7,2 an.

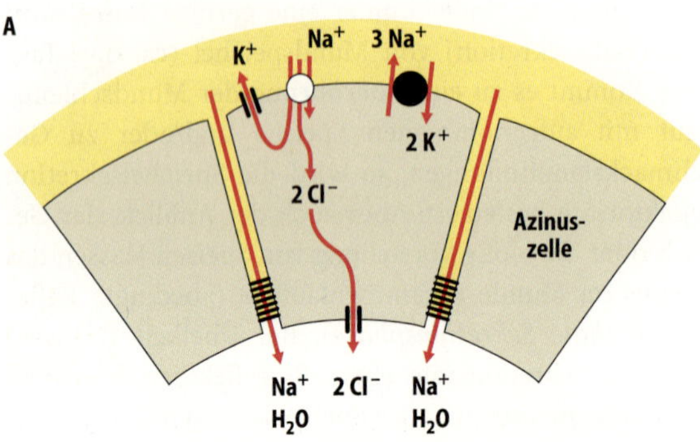

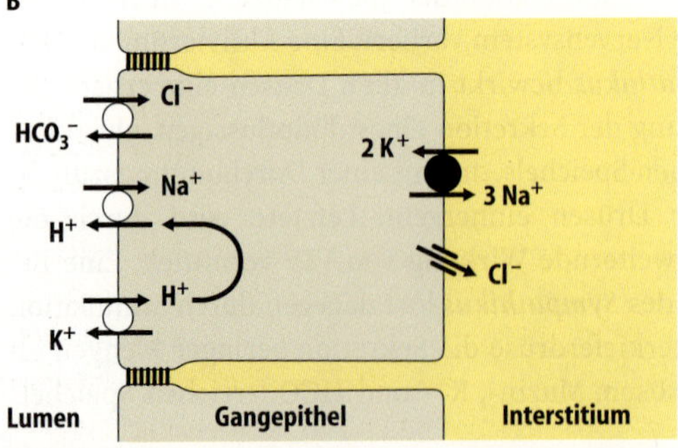

◘ **Abb. 38.6. Modell der Elektrolyttransporte. A** in den Endstücken der Gl. submandibularis und Gl. parotis (Primärsekretbildung); **B** in den Ausführungsgängen. In den Azinuszellen wird Cl^- über einen luminal gelegenen, durch Ca^{2+} stimulierbaren Chloridkanal sezerniert; Na^+ und Wasser folgen passiv auf parazellulärem Weg. In den Ausführungsgängen werden Na^+ und Cl^- aus dem Lumen resorbiert und kleinere Mengen an K^+ und HCO_3^- sezerniert. Nach Cook et al in Johnson (1994)

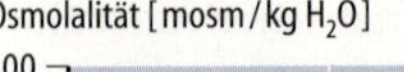

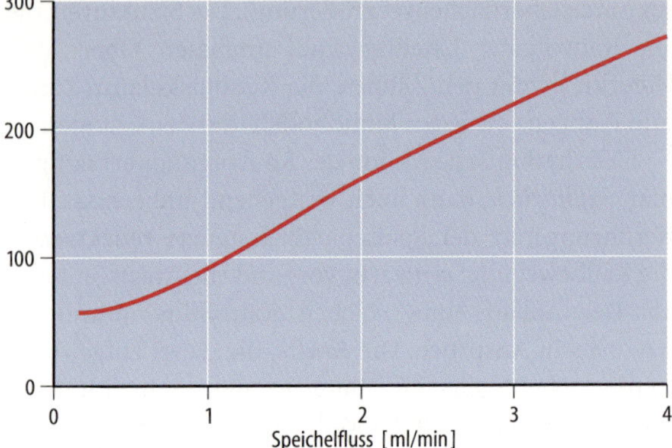

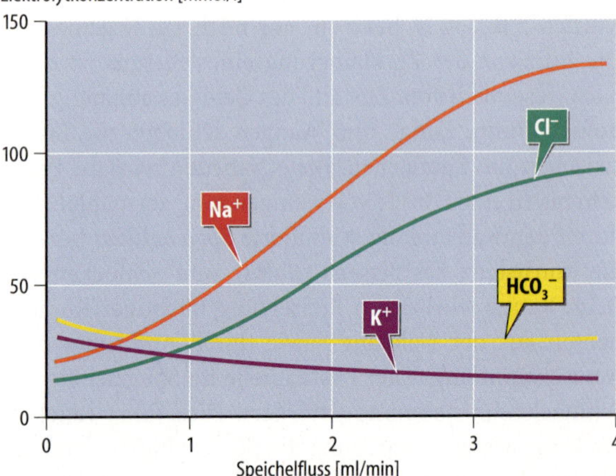

◘ **Abb. 38.7. Osmolalität (oben) und Elektrolytzusammensetzung (unten) des Mundspeichels als Funktion der Sekretionsrate.** Nach Young et al (1991)

Makromoleküle des Speichels. Die Speicheldrüsen sezernieren zusätzlich verschiedene Makromoleküle: α-Amylase, Glykoproteine, Muzine, Haptocorrine (▶ s. Kap. 38.4), Lysozym, Laktoferrin, Immunglobulin A, verschiedene Prolin-reiche antibakterielle Proteine, häufig auch Blutgruppenantigene und Wachstumsfaktoren, welche die wundheilende Wirkung des Speichels erklären. Die funktionell wichtigsten Substanzen sind die ***α-Amylase***, die vorwiegend von der Parotis ausgeschieden wird, und ***Schleimsubstanzen*** (aus Gl. submandibularis und Gl. sublingualis). Die α-Amylase ***(Ptyalin)*** ist zwischen pH 4 und 11 stabil und hat ihr Wirkungsoptimum bei pH 6,7–6,9. Dieses Enzym leitet die Verdauung der Stärke ein, indem es im Inneren des Makromoleküls α-1,4-glykosidische Bindungen unter Bildung von Oligosacchariden (mit 6–7 Glukoseeinheiten) spaltet.

Pathophysiologie. Störungen der Speichelsekretion (z. B. bei Einnahme bestimmter Antidepressiva oder Antiparkinson-Medikamente) führen zur ***Xerostomie***, zur

Mundtrockenheit mit Neigung zur Geschwürbildung und Schwierigkeiten beim Kauen, Schlucken und Sprechen. Die fehlende HCO_3^--Sekretion hat eine Senkung des lokalen pH-Werts zur Folge. Durch Wegfall der bakteriziden Wirkung des Speichels wachsen vermehrt Bakterien, die Milchsäure produzieren. Letztere verstärkt den Abfall des pH-Werts. Die H^+-Ionen demineralisieren den Zahnschmelz. Hierdurch tritt, bei gleichzeitig reduziertem Proteinschutzfilm (Pellicle), gehäuft ***Karies*** der Zähne auf.

Schlucken und Ösophaguspassage

Der Schluckakt gliedert sich in eine willkürliche orale Phase sowie eine reflektorisch ablaufende pharyngeale und eine ösophageale Phase, in welcher der Bissen durch peristaltische Wellen in den Magen befördert wird

Orale Phase. In der ersten, willkürlich gesteuerten Phase des Schluckaktes hebt sich die Zungenspitze, trennt eine Portion des gekauten Bissens im Munde ab und schiebt ihn, unterstützt durch eine Kontraktion des Mundbodens, in die Mitte des Zungengrundes und des harten Gaumens (▶ s. ◘ Abb. 38.8 A). Lippen und Kiefer schließen sich, der weiche Gaumen hebt sich, während der vordere Teil der Zunge den Bolus in Richtung Rachen (Pharynx) presst (◘ Abb. 38.8 B). Der weiche Gaumen und die kontrahierten palatopharyngealen Muskeln bilden dabei eine Trennwand zwischen der Mundhöhle und dem Nasen-Rachen-Raum und verschließen ihn (Passavant-Wulst).

Pharyngeale Phase. Wenn der Bissen den Pharynx erreicht hat, setzt ein ***unwillkürlicher Reflexablauf (Schluckreflex)*** ein. Die afferenten Impulse von Mechanosensoren laufen u. a. über den N. glossopharyngeus und den oberen laryngealen Ast des N. vagus. Die motorischen Neurone, die den Pharynx versorgen, sind in 6 Hauptgruppen angeordnet. Sie entstammen den motorischen Kernen der Nn. trigeminus, facialis, glossopharyngeus, hypoglossus, dem Nucleus ambiguus des N. vagus sowie den spinalen Segmenten C1-C3. Nach Umschaltung der afferenten Impulse in einem nicht klar abgrenzbaren Gebiet in der Medulla oblongata (»Schluckzentrum«) läuft der komplexe Schluckvorgang eigengesetzlich und unwillkürlich weiter ab.

Während der pharyngealen Phase muss der Luftweg gesichert werden. Hierzu wird die Stimmritze kurz verschlossen und die Atmung reflektorisch unterbrochen. Der Kehlkopf hebt sich und verlegt so den Atemweg (◘ Abb. 38.8 C). Der ankommende Bissen biegt dabei den Kehlkopfdeckel (Epiglottis) über den Eingang der Luftröhre (Trachea) und verhindert so die Aspiration von Nahrungspartikeln in die Trachea. Versagt dieser Mechanismus, resultiert ein »Verschlucken«. Durch die Pharynxmuskulatur und die Zunge mit einem Druck von 4–10 mm Hg geschoben (◘ Abb. 38.8 D), gleitet der abgeteilte Bissen nun über die Epiglottis in die Speiseröhre, nachdem sich der obere Schließmuskel (oberer Ösophagussphinkter, ▶ s. u.) geöffnet hat, an dem auch untere Abschnitte des M. constrictor pharyngis beteiligt sind (◘ Abb. 38.8 E). An dem gesamten reflektorischen Vorgang wirken mehr als 20 Muskeln mit, deren relativ kleine motorische Einheiten feinste Bewegungsabläufe ermöglichen.

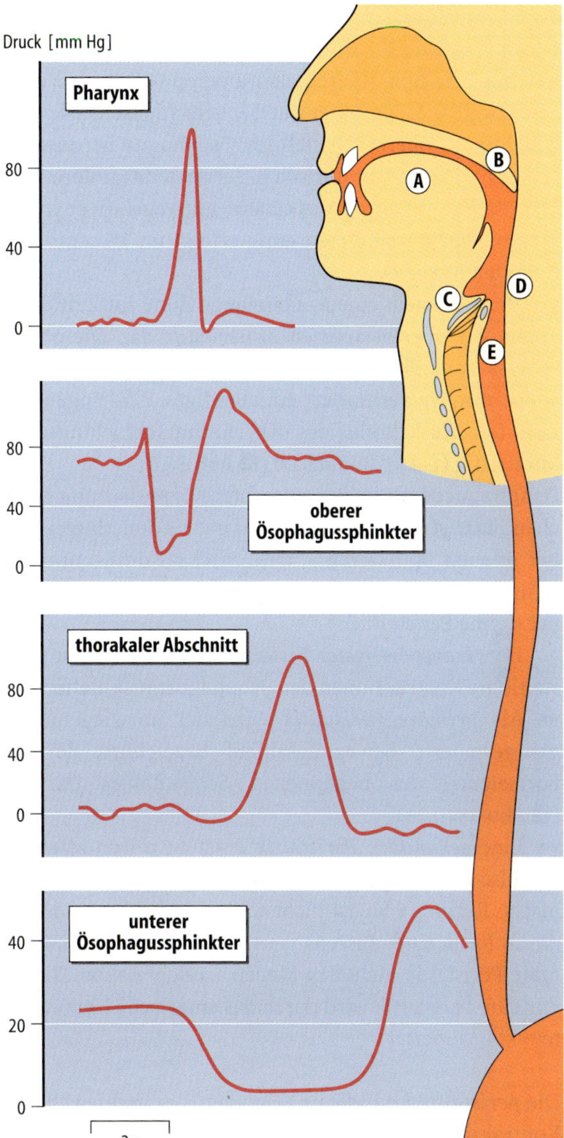

◘ **Abb. 38.8. Oropharyngeale und ösophageale Phasen des Schluckaktes. A** Pressen der Zunge nach oben gegen den harten Gaumen, **B** Verschluss des Nasopharynx durch den Passavant-Wulst und das angehobene Gaumensegel, **C** Anheben des Larynx und Umbiegen der Epiglottis über den Eingang der Luftröhre, **D** Peristaltik der Pharynxmuskulatur, **E** Reflektorisches Öffnen des oberen Ösophagussphinkters. Die Druckänderungen beim Schlucken sind für den Pharynx, den oberen Ösophagussphinkter, den thorakalen Abschnitt und den unteren Ösophagussphinkter als Kurven dargestellt

Ösophageale Phase. In dieser Phase passiert der Bissen die Speiseröhre, einen muskulären Schlauch von

25–30 cm Länge. Sowohl am Beginn wie auch am Ende ist die Speiseröhre in Ruhe durch die tonische Dauerkontraktion von Sphinkteren, dem oberen (oÖS) und unteren Ösophagussphinkter (uÖS), verschlossen. Die Muskulatur im oberen Drittel des Ösophagus ist quer gestreift und somatomotorisch innerviert, das untere Drittel besteht aus glatter Muskulatur mit vegetativer Innervation. Die nervale Versorgung erfolgt im Wesentlichen über den ***N. vagus***.

Der oÖS stellt eine 2–4 cm lange Zone mit erhöhtem Tonus der quer gestreiften Muskulatur dar. Dieser Abschluss zum Pharynx mit einem Verschlussdruck von 50–90 mm Hg verhindert ein ständiges Eindringen von Luft. Der Muskeltonus des oÖS nimmt schluckinduziert kurzfristig (1–2 s) deutlich ab (◘ Abb. 38.8).

Ösophaguspassage. Bei aufrechter Körperhaltung erreichen ***Flüssigkeiten*** innerhalb von nur 1 s den Magen, da – bei offenen Spinkteren – eine rasche Kontraktion des Mundbodens für den Transport ausreicht (»Spritzschkuck« ohne Peristaltik).

Der ***Transport fester Bissen*** erfordert dagegen peristaltische Kontraktionen der Ösophagusmuskulatur:

- Als ***primäre Peristaltik*** wird der vorwiegend vagal gesteuerte Bewegungsablauf bezeichnet, der die Fortsetzung des begonnenen Schluckaktes darstellt (◘ Abb. 38.8).
- Eine ***sekundäre Peristaltik*** entsteht durch afferente Impulse vom Ösophagus selbst (z. B. durch lokale mechanische Reizung). Sie ist nicht schluckinduziert und wird durch Reste eines Bissens verursacht, die durch die primäre Peristaltik nicht den Magen erreicht haben. Die sekundäre Peristaltik wird durch das enterische Nervensystem koordiniert.

Die ***peristaltische Welle*** im Ösophagus erfasst jeweils ein Kontraktionsareal von 2–4 cm Länge, schreitet mit einer Geschwindigkeit von 2–4 cm/s nach unten fort und erreicht den uÖS nach ca. 9 s (◘ Abb. 38.8). Die ***Passagegeschwindigkeit*** hängt allerdings wesentlich von der Konsistenz des Bissens und der Körperlage ab. In aufrechter Körperhaltung erreichen breiiger Inhalt nach 5 s und feste Partikel nach 9–10 s den Magen. Der Druck der peristaltischen Welle steigt nach distal an und erreicht – ausgehend von einem subatmosphärischen Ruhedruck von etwa –5 mm Hg – im unteren Ösophagus 30–120 mm Hg. Die ***Druckamplitude*** nimmt mit der Größe des Bissens zu. Der uÖS öffnet sich für 5–8 s, bevor der Bissen in den Magen eintritt und schließt sich danach wieder. Dabei nimmt er nach einer kurzen Phase erhöhten Drucks erneut den Ruhetonus an, wenn der Bissen in den Magen übergetreten ist. Die ***Relaxation des uÖS*** erfolgt reflektorisch unter dem Einfluss von NANC-Neuronen (► s. Kap. 20.4) des N. vagus; als Neurotransmitter werden Stickoxid (NO) und/oder das vasoaktive intestinale Polypeptid (VIP) angenommen.

38.1. Dysphagie

Pathologie. Als Dysphagie wird die Behinderung des Schluckaktes bezeichnet. Im Anfangsstadium tritt die Störung nur bei Aufnahme fester Nahrung, im fortgeschrittenen Stadium auch bei Zufuhr von flüssiger Nahrung auf.

Ursachen. Ursachen sind insbesondere nervale oder muskuläre Störungen (z. B. Achalasie). Mechanische Behinderungen der Nahrungspassage können auftreten bei Narbenbildungen, Speiseröhrentumoren oder Kompression von außen. Bei der Achalasie sind die normale Ösophagusmotilität und die Sphinkterfunktion gestört. Die Peristaltik im unteren Ösophagus ist dadurch unkoordiniert, und die Öffnung des uÖS beim Schlucken bleibt aus. Die Nahrung staut sich im Ösophagus und erweitert ihn (Megaösophagus). Der Achalasie liegt vielfach ein Untergang VIPerger Neurone im Auerbach-Plexus zugrunde. Die in Südamerika als Chagas-Krankheit bekannte Störung wird durch eine Trypanosomeninfektion verursacht, während in unseren Breiten die Ursache der Schädigung nicht völlig geklärt ist.

Unterer Ösophagussphinkter und Reflux. Der Ruhetonus des uÖS beträgt 15–25 mm Hg. Hierdurch wird ein ***Rückfluss (Reflux)*** von saurem Mageninhalt in den Ösophagus verhindert. Der Tonus des uÖS wird durch verschiedene Faktoren beeinflusst. Er steigt mit zunehmendem intraabdominellen Druck (z. B. bei Aktivierung der Bauchpresse), leicht alkalischem Magen-pH und proteinreicher Mahlzeit an. Verschiedene Nahrungsbestandteile oder Genussmittel setzen ihn herab: Fett, Schokolade, Pfefferminzöl, Alkohol, Kaffee und Nikotin. Auch gastrointestinale Hormone bzw. Peptide beeinflussen den Tonus des uÖS. Gastrin, Motilin und Substanz P steigern den Sphinkterdruck, während ihn Cholezystokinin (CCK), Glukagon, GIP, VIP sowie Progesteron herabsetzen. Der letztgenannte Einfluss erklärt das häufig beobachtete ***Sodbrennen*** durch Reflux von saurem Mageninhalt in den Ösophagus während der Schwangerschaft infolge des hohen Progesteronspiegels.

▪▪▪ Beim sog. Aufstoßen (Entfernen von verschluckter Luft und CO_2 aus dem Magen) oder bei starker Dehnung der Magenwand u. a. kann ein »physiologischer« Reflux aufgrund transienter, Vagus-gesteuerter Sphinkteröffnungen (Dauer ca. 30 s) auftreten. Die Wiederherstellung des normalen (neutralen) pH-Werts im Ösophagus nach sporadischem Reflux von saurem Mageninhalt beruht auf 2 Mechanismen: Durch sekundäre Peristaltik wird ein Großteil des Refluxvolumens wieder in den Magen befördert (**Volumen-Clearance**); durch zurückbleibende geringe Mengen sauren Magensaftes bleibt der pH-Wert zunächst noch sauer, wird jedoch durch das nachfolgende Schlucken von Speichel neutralisiert (**pH-Clearance**).

Sodbrennen zählt zu den häufigsten Beschwerden in unserer Bevölkerung. Der »klassische« Auslöser ist saurer gastro-ösophagealer Reflux, der durch bestimmte Nahrungsmittel (z. B. Hefeteig oder

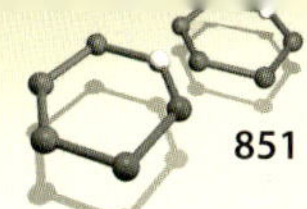

fettreiche, scharf gewürzte Speisen) und Getränke (z.B. Weiß- oder Rotwein) begünstigt wird.

Untersuchungsmethoden. Die wichtigsten Methoden, um eine Störung der Ösophagusmotilität beim Menschen zu erfassen, sind röntgenologische Kontrastmitteldarstellungen und andere bildgebende Verfahren, die Druckmessung (Manometrie) mit Kathetern, die Endoskopie und die Langzeit-pH-Metrie mit einer pH-empfindlichen Sonde zur Erfassung eines Refluxes im unteren Ösophagusdrittel.

38.2. Refluxkrankheit

Ursachen und Symptome. Fließt bei Insuffizienz des Verschlussmechanismus des unteren Sphinkters saurer Mageninhalt in den Ösophagus zurück, kann die Schleimhaut so geschädigt werden, dass eine Entzündung (Refluxösophagitis) entsteht. Die dabei auftretenden ungeordneten, heftigen Kontraktionen des Ösophagus, sog. tertiäre Kontraktionen, können starke, brennende Schmerzen hinter dem Brustbein hervorrufen und zum Krankheitsbild des diffusen Ösophagusspasmus führen, das vom Schmerzcharakter her mitunter schwierig von einer Angina pectoris bei der koronaren Herzkrankheit abzugrenzen ist.
Folgen. Die Folge einer langdauernden Refluxkrankheit ist die Umwandlung des Plattenepithels im distalen Ösophagus in weniger widerstandsfähiges Zylinderepithel (Barrett-Ösophagus), was mit einem erhöhten Karzinomrisiko vergesellschaftet ist.

In Kürze

Mundhöhle

Aufgenommene feste Nahrung wird in der Mundhöhle durch Kauen zerkleinert und durch Einspeicheln des Bissens (Bolus) in einen gleitfähigen Zustand überführt. Hauptbestandteile des in einer mittleren Menge von 1 l/Tag gebildeten Mundspeichels sind:

- Elektrolyte,
- Muzine,
- α-Amylase.

Der in den Azini gebildete Primärspeichel hat eine ähnliche Elektrolytzusammensetzung wie das Blutplasma. Während der Gangpassage werden durch Absorption Na^+ und Cl^- entzogen, K^+ und HCO_3^- dagegen in kleineren Mengen sezerniert, wodurch der Mundspeichel hypoton und alkalisch wird.
Die Regulation der Speichelsekretion erfolgt reflektorisch, vor allem durch Aktivierung des Parasympathikus.

▼

Pharynx und Ösophagus

Das Schlucken des Bissens wird durch eine willkürliche Zungenbewegung, die den Bolus in den Rachen befördert, eingeleitet (orale Phase). Wenn der Bissen den Pharynx erreicht hat, setzt ein unwillkürlicher Reflexablauf ein (pharyngeale Phase). Die Funktion des Ösophagus besteht im Transport des Bissens aus dem Pharynx in den Magen (ösophageale Phase des Schluckaktes). Der Schluckakt löst eine kurzzeitige Erschlaffung des oÖS aus, die von einer peristaltischen Welle und einer vorübergehenden Erschlaffung des unteren Ösophagus gefolgt ist. Durch den unteren Verschlussmechanismus wird ein Rückfluss (Reflux) von Mageninhalt in den Ösophagus verhindert.

38.4 Magen

Magenmotilität

Im Magen werden die geschluckten Speisen vorübergehend gespeichert, zerkleinert und homogenisiert; nach einer Verweildauer von 1–6 Stunden erfolgt die portionsweise Entleerung des Speisebreis (Chymus) ins Duodenum

Reservoirfunktion. Die ***proximalen Magenabschnitte*** (Fundus und oberster Korpusabschnitt) weisen weder eine Automatie noch peristaltische Wellen auf. In dieser Region wird lediglich durch cholinerge Vagusneurone eine Wandspannung aufgebaut, die sich dem jeweiligen Füllungszustand anpasst. Dieser Muskeltonus reicht aus, um Flüssigkeiten bei geöffnetem Pylorus ins Duodenum zu pressen.

Bereits während des Schluckaktes, d.h. bevor der Bissen in den Magen übertritt, sinkt der Mageninnendruck aufgrund einer Erschlaffung der Magenmuskulatur. Diese als ***rezeptive Relaxation*** bezeichnete Anpassung der Wandspannung wird auf einen ***vagovagalen Reflex*** zurückgeführt. Die afferenten Impulse gehen hierbei von Dehnungssensoren des Pharynx und Ösophagus aus, die Efferenzen projizieren auf hemmende NANC-Neurone (► s. Kap. 20.4) mit dem Neurotransmitter NO oder VIP. Führt die Nahrungsaufnahme im Magen zur Erregung von Dehnungssensoren in der Magenwand, tritt eine zusätzliche Erschlaffung der Magenmuskulatur auf. Dieser als ***adaptive Relaxation*** (oder ***Akkommodation***) bezeichnete Vorgang beruht auf einem lokalen Reflex. Beide Mechanismen erlauben – auch bei voluminösen Mahlzeiten – eine Magenfüllung bis zu 1 l, ohne dass der Mageninnendruck erheblich ansteigt und verhindern auf diese Weise u.a. eine beschleunigte Entleerung.

Die Dehnbarkeit des proximalen Magens wird weitgehend vom ***N. vagus*** gesteuert. Modulierend wirken der

38.3. Erbrechen

Steuerung. Das Erbrechen (Vomitus, Emesis) stellt einen komplexen Schutzreflex dar, der von diffusen Neuronenverbänden (»Brechzentrum«) im Nucl. tractus solitarii bzw. von der durch die Blut-Hirn-Schranke nicht geschützten, chemosensiblen Area postrema gesteuert wird. Letztere weist eine hohe Dichte an Serotonin (5-HT_3)- und Dopaminrezeptoren (D_2) auf.

Symptome. Erbrechen ist von vegetativen Symptomen (Übelkeit, Würgen, Blässe, Schweiß- und Speichelsekretion, Blutdruckabfall und Tachykardie) begleitet. Es wird durch eine tiefe Inspiration mit nachfolgendem Verschluss der Glottis und des Nasopharynx eingeleitet. Anschließend erschlaffen die Magenmuskulatur und die Ösophagussphinkter; das Zwerchfell und die Bauchdeckenmuskulatur kontrahieren sich dann ruckartig. Letzteres bewirkt eine Erhöhung des intraabdominalen Druckes, und der Mageninhalt wird (teilweise) retrograd entleert. Aufgrund einer Tonussteigerung im Duodenum und oberen Jejunum kann bei erschlafftem Pylorus auch Galle und Duodenalinhalt in den Magen gelangen und dann erbrochen werden.

Ursachen. Erbrechen kann durch eine Vielzahl von Ursachen ausgelöst werden:

- mechanische Reizung des Oropharynx,
- mechanische und chemische Alteration von Magen und Darm,
- Entzündungen im Bauchraum,
- starke Schmerzzustände (Koliken, Herzinfarkt),
- hormonelle Umstellungen in der Schwangerschaft,
- Stoffwechselkrankheiten (z. B. nicht-respiratorische Azidose bei entgleistem Diabetes mellitus),
- Reisekrankheit und Schwerelosigkeit im All,
- Hirndrucksteigerung,
- bestimmte Medikamente (z. B. Apomorphin, Digitalis, Dopaminagonisten, Zytostatika),
- Intoxikationen (z. B. Alkohol, Lebensmittelvergiftung),
- psychische Einflüsse (z. B. ekelerregender Geruch oder Anblick, Verwesungsgeruch).

Chronisches Erbrechen führt zum Verlust von H^+-, K^+- und Cl^--Ionen sowie von Wasser, gefolgt von einer Hypovolämie und einer nicht-respiratorischen Alkalose (► s. Kap. 35.3).

Plexus myentericus sowie gastrointestinale Hormone: Gastrin, CCK, Sekretin, GIP und Glukagon bewirken eine Erschlaffung des proximalen Magens, wohingegen Motilin eine Tonussteigerung hervorruft (Tabelle 38.1).

Magenfüllung. Nach der Aufnahme ***fester Speisen*** weist der Mageninhalt eine Schichtung auf, wobei die zuletzt aufgenommenen Nahrungsbestandteile an der kleinen Kurvatur, die am längsten im Magen befindlichen im Pylorusbereich liegen. Der anhaltende Muskeltonus im proximalen Magen schiebt den Mageninhalt langsam in untere Korpusabschnitte weiter. Aufgenommene ***Flüssigkeiten*** fließen an der Innenwand in distale Abschnitte ab.

Durchmischung und Homogenisierung. Im oberen Korpusdrittel liegen an der großen Kurvatur ***Schrittmacherzellen*** mit langsamen Potentialwellen im 20 s-Rhythmus (*Slow Waves*, ► s. Kap. 38.2, Abb. 38.9), deren Amplitude vom Dehnungszustand der Magenwand abhängt. Erreicht bei Füllung des Magens das Membranpotential die Schwelle, treten Ca^{2+}-getragene Spike-Aktivitäten auf, die im Korpus ***peristaltische Kontraktionen*** auslösen.

Die kräftigen, zirkulären ***peristaltischen Wellen*** mit einer Frequenz von ca. 3/min wandern pyloruswärts und schieben den Inhalt in Richtung Magenausgang. Wenn sich die nach distal immer schneller und kräftiger werdende Kontraktionswelle dem mittleren Antrum nähert, schließt sich der vorher relaxierte Pylorus. Dadurch wird der eingezwängte Inhalt mit großer Kraft wieder zurück in den Magen geworfen ***(Retropulsion)***. Hierbei reiben sich feste Nahrungsbestandteile aneinander und werden zerdrückt, zermahlen (homogenisiert) und intensiv durchmischt (»Antrummühle«). Fette werden dabei auch mechanisch emulgiert. Unter dem Einfluss des N. vagus tritt – vermittelt durch erregende Neurone des Plexus

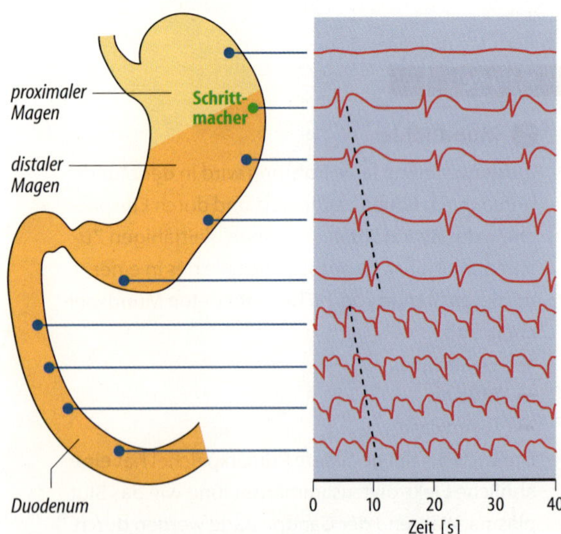

Abb. 38.9. Potentialwellen (Slow Waves) im Magen und Duodenum. Der proximale Magen ist ohne Potentialwellen anhaltend-tonisch kontrahiert. Von der Schrittmacherregion aus wandern Slow Waves mit einer Frequenz von 3/min nach unten und sind daher nach distal phasenverschoben. Im Duodenum haben die Slow Waves eine Frequenz von ca. 12/min, auch sie zeigen eine Phasenverschiebung nach distal. Muskelkontraktionen erfolgen, wenn durch die Potentialwellen Aktionspotentiale ausgelöst werden. Nach Schiller in Sleisenger u. Fordtran (1983)

myentericus – eine erhebliche Steigerung der Motilität ein. Auch Gastrin, Cholezystokinin und Motilin wirken motilitätssteigernd, GIP und Enteroglukagon dagegen hemmend.

Magenentleerung. Die ***Flüssigkeitsentleerung*** aus dem Magen ist wegen des niedrigen Pylorustonus vor allem vom Druckgradienten zwischen proximalem Magen und Duodenum abhängig. Die ***Entleerung fester Bestandteile*** wird hauptsächlich vom Pyloruswiderstand und damit letztlich auch von der Größe der Partikel beeinflusst. Flüssigkeiten verlassen den Magen relativ schnell (z. B. Wasser den nüchternen Magen mit einer Halbwertszeit von 10–20 min), feste Bestandteile dagegen erst, wenn sie auf eine Partikelgröße < 2 mm zerkleinert sind. 90 % der Partikel haben bereits eine Größe ≤ 0,25 mm, wenn sie den Magen verlassen.

Regulation der Magenentleerung. Die Entleerung des Magens erfolgt, vermittelt durch den ***N. vagus***, reflektorisch und zwar durch synchrone Erschlaffung der Pylorusmuskulatur beim Eintreffen peristaltischer Wellen im Antrum. Allerdings hängt der zeitliche Ablauf des Entleerungsvorgangs von einer Vielzahl von Faktoren ab. Auch ***gastrointestinale Hormone*** sind an der Regulation der Magenentleerung beteiligt, wobei deren Rolle im Einzelnen noch unklar ist. Motilin soll den Tonus des Pylorus herabsetzen, CCK und Sekretin, aber auch GIP und Gastrin steigern den Tonus. Mitbestimmend für die Entleerungsgeschwindigkeit ist außerdem das ***Füllungsvolumen.***

Die Entleerungsrate wird zusätzlich von ***Chemosensoren*** im Dünndarm gesteuert. Saurer Chymus wird langsamer entleert als neutraler, hyperosmolarer langsamer als hypoosmolarer, Fette (besonders mit langkettigen Fettsäuren mit einem Optimum bei 14 C-Atomen) langsamer als Eiweißabbauprodukte (mit Ausnahme von Tryptophan, einem CCK-Rezeptorantagonist mit motilitätshemmender Wirkung), Eiweißprodukte wiederum langsamer als Kohlenhydrate, so dass – je nach Zusammensetzung der Speisen – die Verweildauer im Magen zwischen 1 und 6 h beträgt. Die entsprechende Zeit für isotone Elektrolytlösungen ist 0,5–1 h, für nährstoffhaltige Flüssigkeiten 1 h, für Reis 2 h und für Brot oder Kartoffeln 2–3 h. Die durch Chemosensoren im Duodenum gesteuerte Verzögerung der Magenentleerung wird vor allem durch Sekretin und CCK vermittelt.

Große, feste Bestandteile können den Magen während dieser Entleerungsphase nicht verlassen. Solche Partikel können aber in der Verdauungsruhe durch den interdigestiven wandernden myoelektrischen Motorkomplex (▶ s. Kap. 38.2) entleert werden. In dessen Phase III kommt es zu kräftigen Antrumkontraktionen, so dass jetzt auch große unverdauliche Nahrungspartikel (zusammen mit Magensaft) durch den Pylorus ins Duodenum getrieben werden.

Häufige Ursachen für eine ***verzögerte Magenentleerung*** sind Pylorusstenosen (durch Narbenbildung, Tumor) und die diabetische Neuropathie mit Funktionsstörungen bzw. -ausfällen des N. vagus. Sie ähnelt der Motilitätsstörung, die bei Durchtrennung des N. vagus (operative Vagotomie) auftritt. Als Folge einer teilweisen oder totalen Magenresektion (Gastrektomie) können ***beschleunigte Magenentleerungen*** (»Sturzentleerungen«) in den Dünndarm auftreten. Allgemeine Folgen sind Durchfälle, Malabsorption und Gewichtsverluste.

38.4. Dumping-Syndrom

Spezielle Folgen einer zu schnellen Magenentleerung nach teilweiser oder kompletter Magenentfernung werden als Dumping-Syndrom zusammengefasst. Man unterscheidet zwei Formen:

- Das rasch (20–60 min) nach dem Essen auftretende Früh-Dumping ist durch eine schnelle, unkontrollierte Entleerung des Mageninhalts ins Jejunum bedingt, wodurch dieses plötzlich überdehnt wird und infolge der Hyperosmolarität des Nahrungsbreis dem Blutplasma größere Flüssigkeitsmengen entzogen werden. Als Folge der Hypovolämie kommt es zu Blutdruckabfall, Tachykardie, Schweißausbruch, Schwindel und Schwäche. Die Darmüberdehnung löst Übelkeit, Erbrechen und Schmerzen aus.
- Das Spät-Dumping, das erst 1,5–3 h nach dem Essen, insbesondere nach dem Verzehr größerer Mengen von Kohlenhydraten, beobachtet wird, ist durch Symptome einer Hypoglykämie (Schwäche, Schwitzen, Unruhe, Zittern, Heißhunger) gekennzeichnet. Es ist auf eine überschießende Insulinsekretion in Folge der raschen Zuckerabsorption zurückzuführen, die eine reaktive Hypoglykämie auslöst.

Magensaftsekretion

Die Magenmukosa sezerniert täglich 2–3 l Magensaft, dessen wesentliche Bestandteile Salzsäure, Intrinsic-Faktor, Pepsinogene, Muzine und Bikarbonat sind

Magenmukosa. Der Magen ist von einer Schleimhaut mit einem Zylinderepithel ausgekleidet.

- Die im pylorusnahen Abschnitt und im Kardiabereich liegenden Drüsenzellen sezernieren wie die ***Nebenzellen*** der tubulären Drüsen im Fundus- und Korpusabschnitt, wahrscheinlich nur Schleim (Muzin);
- das ***Oberflächenepithel*** bildet Schleim und Bikarbonat (Hydrogencarbonat);
- die in den mittleren Abschnitten der Fundus- und Korpusdrüsen liegenden ***Belegzellen*** (»Parietalzellen«) sezernieren HCl sowie den Intrinsic-Faktor und

- die vor allem in basalen Regionen lokalisierten ***Hauptzellen*** sezernieren Pepsinogene.
- Das Epithel des Antrum enthält ***G-Zellen***, die Gastrin produzieren.

▪▪▪ Die absorptive Fähigkeit der Magenschleimhaut ist gering; sie beschränkt sich im Wesentlichen auf gut lipidlösliche Stoffe, wie Ethylalkohol, der schnell und in größeren Mengen bereits im Magen absorbiert werden kann.

Die Bikarbonat- und Muzinsekretion im Magen erfolgt kontinuierlich. Die HCl- und Pepsinogenabgabe dagegen unterliegen einer Regulation im Zusammenhang mit der Verdauung. Im ***Nüchternzustand*** (interdigestive Phase) werden nur geringe Mengen (45–70 ml/h) eines zähflüssigen, neutralen bis leicht alkalischen Sekrets abgegeben, dagegen kommt es im Zusammenhang mit der Nahrungsaufnahme zur Bildung eines stark sauren (pH = 0,8–1,5), nahezu blutisotonen, enzymreichen Sekrets.

HCl-Sekretion. Die ***Belegzellen*** sind einzigartig in ihrer Eigenschaft, HCl in hoher Konzentration (bis 150 mmol/l) zu produzieren, wobei eine H^+-Konzentrierung etwa um den Faktor 10^6 gegenüber dem Blut erzielt wird. Sie sind charakterisiert durch Tubulovesikel, deren Membran die protonentransportierende H^+/K^+-ATPase (»Protonenpumpe«) enthält, und durch intrazelluläre Canaliculi, die an der apikalen, dem Drüsenlumen zugewandten Seite der Zelle münden (◘ Abb. 38.10). Sie besitzen zahlreiche große Mitochondrien zur Bereitstellung von ATP. Nach Stimulation treten innerhalb von 10 min deutliche morphologische Veränderungen in der Zelle ein: Die Tubulovesikel im Zytoplasma, die in Ruhe vorherrschen, fusionieren mit der Mikrovilli-besetzten Membran der sekretorischen Canaliculi, wodurch die Protonenpumpen und die Ionen-Kanäle in die Canaliculus-Membran eingebaut werden. In Verdauungsruhe werden die Protonenpumpen wieder in die Tubulovesikel zurückverlagert.

◘ **Abb. 38.10. Belegzelle im Ruhezustand (linke Bildhälfte) und nach Stimulation (rechte Bildhälfte).** *K:* Zellkern, *IC:* intrazelluläre Canaliculi, *M:* Mitochondrium, *TV:* Tubulovesikel. Mod. nach Junqueira at al (1989)

ATP ist die Energiequelle für den ***aktiven Transport von Protonen*** aus den Belegzellen in den Magensaft (3×10^6 H^+-Ionen/s). Durch die Aktivität der ***H^+/K^+-ATPase*** wird im gleichen Verhältnis H^+ gegen K^+ ausgetauscht (◘ Abb. 38.11). H^+ entstammt der Dissoziationsreaktion der Kohlensäure, wobei äquivalente HCO_3^--Mengen entstehen. HCO_3^- tritt entlang einem Konzentrationsgradienten im Austausch gegen Cl^- ins Blut über. Auf dem Höhepunkt dieses Vorgangs kommt es zur »Alkaliflut« im venösen Blut des Magens. Mit den H^+-Ionen werden auch Cl^-- und K^+-Ionen über spezielle Kanäle ins Lumen abgegeben. Dem Transport der Ionen folgt ein osmotisch bedingter Wasserstrom in den Magen. Die Salzsäure des Magensaftes aktiviert die Pepsinogene, tötet Mikroorganismen ab, setzt Eisen und Vitamin B_{12} aus Nahrungsproteinen frei und denaturiert noch native Nahrungseiweiße, die dann von Proteinasen leichter gespalten werden können.

▪▪▪ Die Na^+/K^+-ATPase und der Na^+/H^+-Austauscher in der basolateralen Membran der Belegzelle sind für die Aufrechterhaltung der ionalen Homöostase des Zytosols verantwortlich.

Benzimidazol-Derivate können die H^+/K^+-ATPase und damit die HCl-Sekretion vollständig hemmen. Der Protonenpumpen-Blocker **Omeprazol** unterdrückt daher nachhaltig die Säurebildung und wird deshalb therapeutisch beim Magengeschwürleiden eingesetzt.

Sekretion des Intrinsic-Faktors. Der Intrinsic-Faktor, ein Glykoprotein mit einer molaren Masse von ≈48 kD, wird ebenfalls von den Belegzellen sezerniert. Er ist – zusammen mit anderen Vitamin-B_{12}-bindenden Proteinen des Mundspeichels, den ***Haptocorrinen*** (R-Pro-

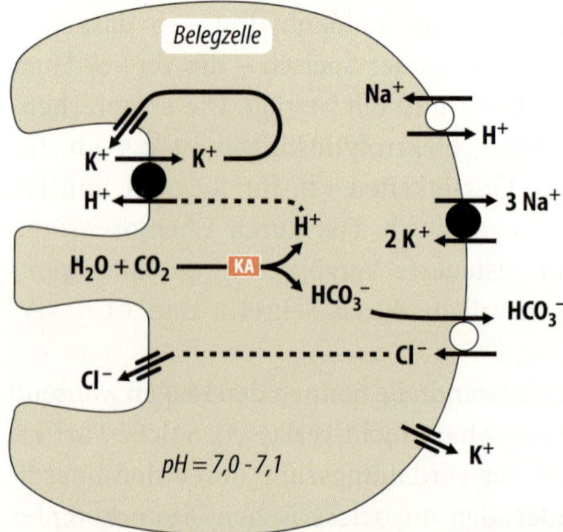

◘ **Abb. 38.11. HCl-Sekretion durch die Belegzellen.** H^+-Ionen werden durch die Aktivität der H^+/K^+-ATPase in die intrazellulären Canaliculi gepumpt. Mit den Protonen werden auch Cl^-- und K^+-Ionen über spezielle Kanäle ins Lumen abgegeben. *KA:* Karboanhydratase. Nach Forstner u. Forstner, Hamosh in Johnson (1994)

teinen; Glykoproteinen mit der molaren Masse von ca. 65 kD) – entscheidend für die ***Absorption von Vitamin*** B_{12} im Ileum (▶ s. Kap. 38.7). Freies Vitamin B_{12} wird zunächst an Haptocorrin gebunden und bildet dadurch einen magensaftresistenten Komplex. Diese Verbindung sowie Protein-Vitamin-B_{12}-Komplexe der Nahrung werden durch Pankreasenzyme im oberen Dünndarm gespalten. Das dadurch freigesetzte Vitamin B_{12} wird anschließend an den trypsinresistenten Intrinsic-Faktor gebunden. Dieser Komplex ist resistent gegenüber Proteolyse und Absorption im oberen Dünndarm und wird schließlich durch rezeptorvermittelte Endozytose im Ileum aufgenommen. Von dort gelangt Vitamin B_{12}, gebunden an das Transportprotein ***Transcobalamin II***, ins Pfortaderblut, wird z. T. in der Leber gespeichert oder mit dem Blutstrom weitertransportiert (▶ s. ◻ Abb. 38.26, S. 877).

Sekretion von Pepsinogenen. Die Hauptzellen des Magens sezernieren ein Gemisch aus Proteasenvorstufen, die ***Pepsinogene.*** Die Stimulation der Pepsinogensekretion erfolgt über muskarinerge m_3-Cholinozeptoren durch den N. vagus sowie über CCK_A-Cholezystokinin- und Sekretinrezeptoren. Es lassen sich Vorstufen von 8 verschiedenen proteolytischen Isoenzymen (Endopeptidasen) elektrophoretisch nachweisen.

- Die ersten 5 schnell wandernden Pepsinogene werden als Gruppe I zusammengefasst und kommen nur in der Haupt- und Belegzellregion vor.
- Gruppe-II-Pepsinogene sind ubiquitär in der Magenmukosa und ferner auch in den Brunner-Drüsen des Dünndarms nachweisbar.

Die Pepsinogene werden durch die Magensalzsäure zu den wirksamen eiweißspaltenden Enzymen, den ***Pepsinen***, durch Abspaltung eines blockierenden Oligopeptids aktiviert, ein Vorgang, der sich anschließend autokatalytisch fortsetzt. Die Pepsine aus beiden Gruppen wirken nur bei sauren pH-Werten mit Optima zwischen 1,8 und 3,5; sie werden im alkalischen Milieu irreversibel geschädigt.

▪▪▪ Ein weiteres Sekretprodukt der Hauptzellen ist eine säurestabile **Triacylglycerol-Lipase.** Beim Erwachsenen spielt sie bei der Fettverdauung nur eine untergeordnete Rolle, beim Säugling dient sie zur Hydrolyse des Milchfettes.

Sekretion von Schleim und Bikarbonat. In den Oberflächenzellen, den Nebenzellen sowie in den Kardia- und Pylorusdrüsen wird ***Schleim (Muzin)*** produziert, der den gesamten Magen in einer bis zu 0,5 mm dicken Schicht als visköses Gel überzieht. Er erzeugt einen Gleitfilm und schützt die Schleimhaut vor mechanischen und chemischen Schäden. Die Schleimschicht muss ständig intakt gehalten bzw. erneuert werden, da sie dauernden mechanischen und enzymatischen Angriffen ausgesetzt ist. Hauptbestandteile des Schleims sind unterschiedliche Saccharid-reiche Glykoproteine (Muzine), darunter eines mit einer molaren Masse von ca. 2000 kD. In seinem Kohlenhydratanteil bestehen individuelle genetische Unterschiede hinsichtlich der terminalen Monosaccharidsequenzen, die immunologisch den Blutgruppenantigenen des AB0-Systems ähnlich sind.

Neben Schleim wird vom Oberflächenepithel auch ***Bikarbonat*** sezerniert. Der Transport ist elektroneutral und verläuft wahrscheinlich im Austausch gegen Cl^- (luminaler HCO_3^-/Cl^--Austauscher).

Bikarbonat hat zusammen mit dem Magenschleim eine wichtige ***Schutzfunktion*** gegenüber dem aggressiven Magensaft. Das gebildete HCO_3^- wird in der dem Magenepithel aufliegenden, strömungsfreien Flüssigkeits- bzw. Schleimschicht ***(Unstirred Layer)*** festgehalten, puffert dort die Säure und erzeugt dadurch einen pH-Gradienten von pH 7 an der Zelloberfläche bis zu pH 2 im Magenlumen. Damit kommt der für die gebildete Salzsäure charakteristische pH-Wert nicht schon an der Epitheloberfläche, sondern erst im Mageninnern zur Wirkung. Darüber hinaus gelangt Bikarbonat, das in den Belegzellen während der Sekretionsphase vermehrt gebildet und ins Blut abgegeben wird (◻ Abb. 38.11), durch senkrecht in der Schleimhaut verlaufende Kapillarschlingen zur Epitheloberfläche. Die Durchblutung dieser Kapillaren wird wesentlich durch ***Prostaglandin*** E_2 (PGE_2) gesteuert, dem somit im Zusammenspiel mit Bikarbonat und der strömungsfreien Schicht eine wichtige protektive Funktion für die Magenschleimhaut zukommt. PGE_2 fördert darüber hinaus die HCO_3^-- und Muzinsekretion.

Mukosabarriere. Zu den ***protektiven Mechanismen*** der sog. Mukosabarriere zählt neben der bikarbonathaltigen, strömungsfreien Muzinschicht die Unversehrtheit der Membranen aller Oberflächenzellen. Diese wird durch eine gute Schleimhautdurchblutung, eine ungestörte PGE_2-Wirkung, die Intaktheit der interzellulären Schlussleisten und die Fähigkeit zur Epithelregeneration gewährleistet.

Zu den ***aggressiven Faktoren***, die den Schutz der Magenschleimhaut gegen die von ihren Drüsen produzierten Pepsine und HCl vermindern (»Barrierenbrecher«), werden biologische Detergenzien (Gallensalze und Lysolezithin der Galle), Glukokortikoide und nichtsteroidale entzündungshemmende Arzneimittel wie die Acetylsalicylsäure (Hemmer der Prostaglandinsynthese sowie der Muzin- und HCO_3^--Sekretion), Alkoholabusus (Epithelschädigung), Rauchen und Stress (Minderdurchblutung der Schleimhaut) sowie Helicobacter-pylori-Infektionen (gesteigerte Gastrinsekretion) gerechnet.

▪▪▪ **Elektrolyte des Magensaftes.** Die Zusammensetzung der Elektrolyte im Magensaft ist abhängig von der Sekretionsrate. Die **Belegzellen** sezernieren nach Stimulation H^+, K^+ und Cl^-, die **Schleim-**

zellen andauernd Na^+, K^+ und HCO_3^-. Mit zunehmender Sekretionsrate nimmt der Anteil des Sekrets der Belegzellen zu und in gleichem Verhältnis das Sekret der Oberflächenzellen und damit die Konzentration von Na^+ ab; HCO_3^- verschwindet ganz (Abb. 38.12), da es im Magensaft mit Protonen unter Bildung von CO_2 und H_2O reagiert.

Steuerung der Magensaftsekretion

Die Magensaftsekretion wird im Zusammenhang mit der Nahrungsaufnahme nerval und hormonal gesteuert; man unterscheidet eine kephale, gastrale und intestinale Phase der fördernden und hemmenden Einflüsse auf die Sekretion

In der ***Nüchternperiode*** (interdigestiven Phase) sezerniert die Magenschleimhaut nur 10–15 % des Sekretvolumens, das nach maximaler Stimulation gebildet wird. Nach Vagusdurchtrennung (Vagotomie) und nach Entfernen des Antrum (Sitz der G-Zellen) sistiert die Basalsekretion, weshalb eine Grundaktivität des Vagus für eine basale gastrinabhängige Magensaftsekretion verantwortlich gemacht wird. Die ***Nahrungsaufnahme*** ist der adäquate Reiz für die Stimulation der Magensaftsekretion. Ihre Beeinflussung setzt bereits vor dem Essen ein und dauert nach Beendigung der Mahlzeit noch an. Man unterscheidet eine kephale, gastrale und intestinale Phase (Abb. 38.13), die sich zeitlich überschneiden.

Abb. 38.12. Elektrolytzusammensetzung des Magensaftes in Abhängigkeit von der Sekretionsrate. Mit zunehmender Sekretionsrate nimmt im Magensaft die Konzentration der Protonen zu und die der Na^+-Ionen (aus dem Sekret der Oberflächenzellen) ab. Nach Granger et al (1985)

Kephale Phase. Diese Phase wird ausgelöst durch den Anblick, Geruch und schließlich durch den Geschmack der Speise. Aber auch die Erwartung des Essens und die bloße Vorstellung stimulieren die Magensaftsekretion. Der russische Physiologe Pavlov (Nobelpreis 1904) hat diese Reaktion benutzt, um das klassische Konditionieren als einen Weg des Lernens nachzuweisen (▶ s. Kap. 10.1). Die Sekretion während der kephalen Phase ist ***zentralnervös*** gesteuert und beginnt 5–10 min nach Stimulation. Die Nervenimpulse werden, von verschiedenen Strukturen des ZNS ausgehend, über den N. vagus zum Magen geleitet. Eine Vagotomie unterbricht die kephale Phase. Man geht davon aus, dass die Sekretion vor allem durch eine ***Vagus-induzierte Gastrinfreisetzung*** vermittelt wird, da eine Denervierung des Antrum die Sekretion praktisch verhindert. Die kephale Phase bewirkt 40–45 % der maximalen Sekretion.

▪▪▪ Auch **Emotionen** haben Einfluss auf die Magensaftsekretion: Schmerz, Angst und Trauer können sekretionshemmend, Aggressionen, Ärger, Wut und Stress (Glukokortikoid-vermittelt) sekretionssteigernd wirken. Auch **hypoglykämische Zustände** (Blut-Glukosekonzentration < 45 mg/dl) wirken sekretionsfördernd.

Gastrale Phase. Diese Phase wird ausgelöst durch die Dehnung des Magens infolge Nahrungsaufnahme und durch chemische Einflüsse bestimmter Nahrungsbestandteile. Der ***Dehnungsstimulus*** wird vorwiegend (»überregional«) ***reflektorisch*** über afferente wie efferente Signale im N. vagus sowie durch (»lokale«) kurze intra-

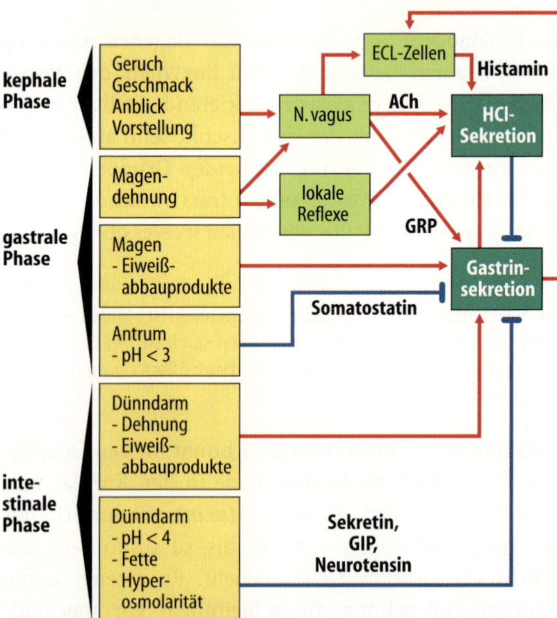

Abb. 38.13. Schematische Darstellung der an der HCl-Sekretion beteiligten fördernden und hemmenden Mechanismen. *Ach:* Azetylcholin, *GRP:* Gastrin Releasing Peptide, *GIP:* Gastric Inhibitory Peptide; hemmende Einflüsse *(blau)*, fördernde Mechanismen *(rot)*

38.5. Peptisches Ulkus

Ursachen. Etwa jeder 10. Mensch erleidet im Laufe seines Lebens ein Geschwür, d. h. einen umschriebenen Wanddefekt, der auch tiefere Wandschichten betrifft. Peptische Ulzera finden sich am häufigsten im proximalen Duodenum (Duodenalulkus) und im distalen Magen (Magenulkus). Grundsätzlich gilt, dass ein Ungleichgewicht zwischen protektiven und aggressiven Faktoren zugunsten der »Barrierebrecher« zur Ulkusbildung führt. Das alte Postulat »ohne Säure kein Geschwür« gilt deshalb auch heute noch. Zusätzlich zur Säure spielt Pepsin eine wesentliche Rolle, da die Kombination beider Faktoren viel stärker ulzerogen wirkt als Säure allein. Die wichtigste Ursache für die Ulkusbildung ist jedoch eine Helicobacter-pylori-Infektion. Sie wird bei über 95 % der Patienten mit Ulcus duodeni und in ca. 80 % der Fälle von Ulcus ventriculi nachgewiesen. Helicobacter pylori überlebt im sauren Milieu des Magens, weil er mittels des Enzyms Urease Harnstoff zu NH_3 und CO_2 spaltet und dadurch in seiner unmittelbaren Umgebung die Salzsäure neutralisiert. Helicobacter pylori verursacht eine Entzündung der Schleimhaut (Gastritis) im Antrum. Letztere führt wahrscheinlich unter Vermittlung von Entzündungszellen bzw. Zytokinen (IL-1, IL-8, TNF-α) zur Aktivierung der G-Zellen und Hemmung der D-Zellen. Die resultierende Mehrproduktion von Gastrin (Hypergastrinämie) hat eine Steigerung der HCl- und Pepsinsekretion zur Folge, welche die mukosalen Schutzmechanismen überfordern.

Therapie. Bei Magen- und Duodenalgeschwüren werden folgende Arzneistoffe eingesetzt:
- H^+/K^+-ATPase-Blocker,
- Antibiotika gegen Helicobacter pylori,
- säureneutralisierende Antazida (z. B. Aluminiumhydroxid),
- H_2-Rezeptorenblocker (z. B. Cimetidin, Ranitidin),
- m_3-Cholinozeptorenblocker (z. B. Pirenzepin) und
- Prostaglandin-E_2-Präparate (z. B. Misoprostol).

murale Reflexwege des enterischen Nervensystems vermittelt.

Die ***chemischen Reize*** wirken vorwiegend über die Freisetzung von ***Gastrin*** aus den G-Zellen des Antrum. Von den bekannten Gastrinen ist G 17 (mit 17 Aminosäuren) das wirksamste, während das G 34 (mit 34 Aminosäuren) zwar eine längere Halbwertszeit hat, aber nur etwa 15 % der biologischen Wirkung von G 17 besitzt. Chemische Stimulanzien der gastralen Phase sind besonders ***Eiweißabbauprodukte*** wie Peptide verschiedener Kettenlänge und Aminosäuren, hier wiederum besonders Phenylalanin und Tryptophan, ferner auch Ca^{2+}-Ionen (durch Stimulation des Cl^--Kanals der Belegzellen) sowie Alkohol (Aperitif-Effekt), Kaffee (Koffein und/oder Röststoffe), Bitterstoffe der Enzianwurzel und ätherische Öle des Kümmels. Die gastrale Phase ist beim Menschen für 50–55 % der maximalen Sekretion verantwortlich.

Bei pH-Werten < 3 im Antrum wird über eine erhöhte Somatostatinaktivität parakrin die Gastrinfreisetzung und endokrin auch die HCl- und Pepsinogensekretion gehemmt (»negative Rückkopplung«).

Intestinale Phase. Vom Dünndarm aus ***stimulieren*** sowohl die Dehnung der Darmwand als auch die Anwesenheit von Eiweiß und Eiweißabbauprodukten die Magensekretion, vor allem über (noch nicht identifizierte) humorale Faktoren. Diese Stimulation in der intestinalen Phase trägt nur wenig (ca. 5 %) zur maximalen Magensaftsekretion bei.

Bei der Regulation der Magensaftsekretion in dieser Phase spielt neben der Stimulation vor allem eine ***Hemmung*** eine wichtige Rolle. Tritt saurer (pH < 4), stark fetthaltiger (Fettsäuren mit mehr als 10 C-Atomen) oder hyperosmolarer Chymus ins Duodenum über, erfolgt dort eine Freisetzung von ***Sekretin***, das die HCl-Sekretion hemmt und damit eine weitere Säurebelastung verhindert, die Pepsinogensekretion dagegen stimuliert. Bei stark fetthaltigem Darminhalt wird die Säuresekretion zusätzlich durch die Peptide Neurotensin, Peptid YY und GIP gehemmt.

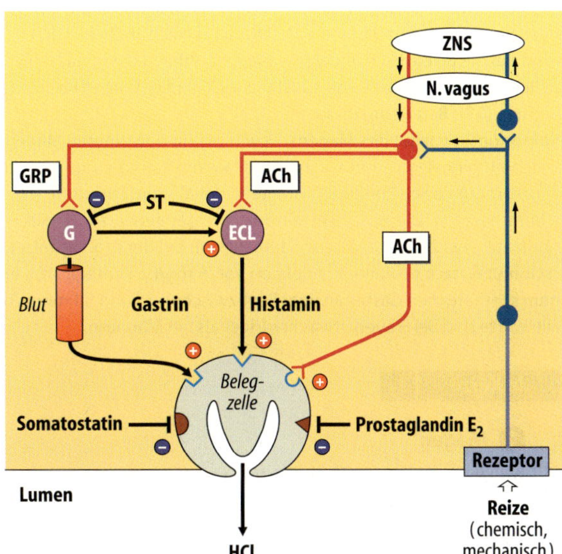

Abb. 38.14. Stimulation der Belegzellen über 3 Rezeptortypen. *ECL:* ECL-Zelle, *G:* G-Zelle, *GRP:* Gastrin Releasing Peptide, *ST:* Somatostatin. Efferente Vagusneurone sind *rot*, viszerale Afferenzen *blau* dargestellt

Aktivierung der Belegzellen

Azetylcholin, Histamin und Gastrin stimulieren durch Reaktion mit Rezeptoren der Belegzellen die HCl-Sekretion; eine übersteigerte HCl-Produktion kann bei Schädigung der Mukosabarriere zum Ulkus führen

Rezeptoren der Belegzellen. Mediatoren, die als *First Messenger* die HCl-Sekretion auslösen, sind ***Histamin*** aus den ECL-Zellen (*E*nteroc*h*romaffin-*l*ike Cells) der Magendrüsen und den Mastzellen der Fundusschleimhaut, ***Azetylcholin*** sowie ***Gastrin.*** Diese Substanzen reagieren mit spezifischen Rezeptoren in der Zellmembran und bewirken über *Second Messenger* (cAMP bei Histamin bzw. IP_3 bei Azetylcholin und Gastrin) die HCl-Bildung. Belegzellen weisen demnach 3 Rezeptortypen auf, über welche die HCl-Sekretion aktiviert bzw. aufrechterhalten wird: für Azetylcholin ***muskarinerge (m_3)-Cholinozeptoren***, für Histamin ***H_2-Rezeptoren*** und für Gastrin ***(CCK_B)-Gastrinrezeptoren*** (Abb. 38.14). ***Prostaglandin E_2*** und ***Somatostatin*** hemmen rezeptorvermittelt die HCl-Bildung.

Histamin spielt eine zentrale, dominierende Rolle bei der Regulation der HCl-Sekretion. Da die ECL-Zellen sowohl durch Gastrin als auch durch Vagusaktivierung stimuliert werden, lässt sich durch eine Blockade der H_2-Rezeptoren sowohl die durch Gastrin als auch die durch Azetylcholin vermittelte Sekretion herabgesetzen.

▪▪▪ Neben der direkten Aktivierung der Belegzellen wirken peptiderge postganglionäre Neurone des N. vagus auch indirekt stimulierend auf die Belegzellen, indem sie die Gastrinfreisetzung aus den G-Zellen fördern. Als Überträgersubstanz wird hierbei Gastrin Releasing Peptide (GRP, Bombesin) diskutiert.

Sekretionskapazität des Magens. Durch eine in den unteren Magenabschnitt eingelegte Sonde kann der Magensaft abgesaugt und die Säureproduktion als Funktionsparameter der Magensaftsekretion bestimmt werden. Die **Basalsekretion** liegt – gemessen als H^+-Sekretionsrate – bei 2–3 mmol/h. Der Säureausstoß bei der sog. **Gipfelsekretion** (z. B. nach subkutaner Injektion von 6 mg/kg Pentagastrin, einem synthetischen Gastrinanalog) liegt zwischen 15 und 30 mmol/h. Die Werte sind bei Frauen etwas niedriger als bei Männern.

In Kürze

Magen

Im Magen werden die geschluckten Speisen vorübergehend gespeichert, zerkleinert und homogenisiert; nach einer Verweildauer von 1–6 h erfolgt die Entleerung ins Duodenum:

- Die proximalen Magenabschnitte nehmen die Nahrung auf. Relaxationsmechanismen ermöglichen die Speicherung größerer Volumina über Stunden hinweg, ohne dass der Mageninnendruck merklich ansteigt.
- Von einer Schrittmacherzone im oberen Korpusbereich gehen peristaltische Wellen aus, die den Chymus bei geschlossenem Pylorus durchmischen und homogenisieren.
- Die Entleerung des Magens erfolgt portionsweise beim Eintreffen peristaltischer Wellen im Antrum durch synchrone Erschlaffung des Pylorus. Sie erfolgt reflektorisch, wird aber auch durch gastrointestinale Hormone und Peptide sowie die Zusammensetzung und Beschaffenheit der Nahrung bzw. des Chymus im Magen und im Duodenum beeinflusst.

Magensaft

Die Magenmukosa sezerniert täglich 2–3 l Magensaft mit verschiedenen Bestandteilen:

- Die von den Belegzellen unter Mitwirkung der Carboanhydratase gebildeten H^+-Ionen werden mithilfe einer H^+/K^+-ATPase in die intrazellulären Canaliculi gepumpt, wodurch im Lumen eine H^+-Konzentrierung etwa um den Faktor 10^6 gegenüber dem Zytosol erzielt wird. Mit den Protonen werden auch Cl^-- und K^+-Ionen über Membrankanäle ins Lumen abgegeben. Die Belegzellen besitzen Rezeptoren für Azetylcholin, Histamin und Gastrin, die eine funktionelle Einheit bilden und die HCl-Sekretion regulieren. Bei maximaler Sekretion können H^+-Sekretion und Sekretvolumen bis um das 10-fache gesteigert werden.
- Der von den Belegzellen sezernierte Intrinsic-Faktor ist essenziell für die Bindung von Vitamin B_{12} im Duodenum und dessen Absorption im Ileum.
- Die Hauptzellen geben ein Gemisch von Proteasenvorstufen (Pepsinogene) ab, deren Aktivierung zu Pepsinen durch HCl eingeleitet und autokatalytisch fortgesetzt wird.
- Die Muzine des Magensaftes machen den Chymus gleitfähig und haben – im Zusammenwirken mit Bikarbonat in der strömungsfreien Schleimschicht – protektive Eigenschaften für die Magenschleimhaut.

Magensaftsekretion

Die nervale und hormonale Steuerung der Magensaftsekretion wird in 3 Phasen eingeteilt:

- Ausgelöst wird die Sekretion durch Sinneseindrücke, Vorstellungen und Hypoglykämie über Vagusimpulse (kephale Phase).
- Unterhalten wird sie durch eine Dehnung von Magen und Duodenum sowie durch Eiweißabbauprodukte im Magen (Gastrin-vermittelt) und Duodenum (gastrale und intestinale Phase).
- Gehemmt wird die Säuresekretion durch sauren, hyperosmolaren und stark fetthaltigen Darminhalt im oberen Dünndarm (intestinale Phase).

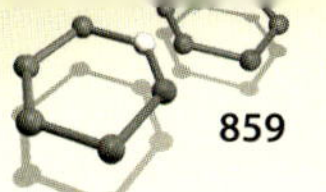

38.5 Pankreas

Pankreassaft

Das Pankreas produziert täglich etwa 2 l eines plasmaisotonen, alkalischen Sekrets, das als wichtige Funktionsbestandteile eine Vielzahl hydrolytischer Enzyme enthält

Enzyme. Neben endokrin tätigen Zellgruppen (▶ s. Kap. 21.4) besitzt das Pankreas exokrine Anteile, die bei Stimulation eine Vielzahl ***hydrolytischer Enzyme*** für die Verdauung sezernieren. Die Zellen der den Schaltstücken aufsitzenden Azini weisen apikal eine große Zahl an Zymogengranula auf, in denen die Proenzyme bzw. Enzyme gespeichert sind und aus denen sie durch Exozytose freigesetzt werden. Die Granula der Azinuszellen enthalten alle Enzyme in einem konstanten Verhältnis, das auch im fertigen Sekret erhalten bleibt. Eine Adaptation an einen besonders vorherrschenden Nahrungsbestandteil, z. B. Fett, ist möglich. Eine solche Anpassung mit einem relativen Anstieg der Lipasekonzentration nimmt aber mehrere Wochen in Anspruch.

Etwa 90 % der Proteine des Pankreassaftes sind Verdauungsenzyme, wobei die proteolytischen Enzyme (Endo- und Exopeptidasen) überwiegen (▶ vgl. ◘ Tabelle 38.3). Letztere sowie die Colipase (Cofaktor für die Lipase) und die Phospholipase A müssen erst aus Vorstufen aktiviert werden. Die Aktivierung im Darmlumen erfolgt durch ein Bürstensaum-Enzym der Duodenalschleimhaut, die ***Enteropeptidase*** (»Enterokinase«), eine Endopeptidase. Das hierdurch aus Trypsinogen aktivierte Trypsin wirkt autokatalytisch und aktiviert auch die an-

◘ **Tabelle 38.3.** Hydrolytische Enzyme des Pankreassekrets (Auswahl)

Proenzym	Enzym	Substrate	Funktion	Spaltprodukte
A. Endopeptidasen				
Trypsinogen	Trypsin	Proteine, Polypeptide	Spaltung von Arg- und Lys-Bindungen	Poly-, Oligopeptide
Chymotrypsinogen	Chymotrypsin	Proteine, Polypeptide	Spaltung von Phe-, Tyr- und Trp-Bindungen	Poly-, Oligopeptide
Proelastase	Elastase	Proteine, Elastin	Spaltung von Gly-, Ala-, Val- und Ile-Bindungen	Poly-, Oligopeptide
B. Exopeptidasen				
Procarboxypeptidase A	Carboxypeptidase A	Poly-, Oligopeptide	Spaltung C-terminaler Peptid-Bindungen	Aminosäuren
Procarboxypeptidase B	Carboxypeptidase B	Poly-, Oligopeptide	Spaltung C-terminaler Arg- und Lys-Bindungen	Aminosäuren
Proaminopeptidasen	Aminopeptidasen	Poly-, Oligopeptide	Spaltung N-terminaler Aminosäuren	Aminosäuren
C. Lipidspaltende Enzyme				
	Lipase	Triacylglycerole	Spaltung von Fettsäureestern in Position 1 u. 3	Fettsäuren, 2-Monoacylglycerole
Prophospholipase A	Phospholipase A	Phospholipide	Spaltung von Fettsäureestern in Position 2	Fettsäuren, Lysolezithin
D. Kohlenhydratspaltende Enzyme				
	α-Amylase	Stärke, Glykogen	Spaltung von 1,4-α-Glykosid-Bindungen	Oligosaccharide, Maltose
	Maltase*	Maltose	Spaltung von 1,4-α-Glykosid-Bindungen	Glukose
E. Ribonukleasen				
	Ribonuklease	RNA	Spaltung von Phosphodiesterbindungen	Nukleotide
	Desoxyribonuklease	DNA		Nukleotide

* Maltase und andere Disaccharidasen des Pankreassekrets weisen eine niedrige Aktivität auf

deren Proteasen. Umgekehrt hemmt ein ***Trypsininhibitor*** des Pankreassaftes als zusätzliche Sicherung die Wirkung von Trypsin, insbesondere von vorzeitig aktiviertem Trypsin, während der Passage durch die Ausführungsgänge und wirkt so einer Selbstverdauung des Organs entgegen. Lipase, Amylase und die Ribonukleasen werden bereits in aktiver Form sezerniert.

Elektrolyte. Die Hauptanionen des Pankreassaftes sind Cl^- und HCO_3^-, die Hauptkationen Na^+ und K^+. Im Gegensatz zum Mundspeichel ist der Bauchspeichel isoton zum Blutplasma und bleibt es, unabhängig von der Sekretionsrate. Während die Kationenkonzentrationen bei Stimulation konstant bleiben, ändern sich die Konzentrationen von HCO_3^- und Cl^- gegenläufig zueinander derart, dass die Summe der Konzentrationen der beiden Anionen stets konstant bleibt (≈150 mmol/l; Abb. 38.15). Bei maximaler Sekretion betragen die Bikarbonatkonzentration 130–140 mmol/l und der pH-Wert 8,2.

Das ***Primärsekret*** der Azinuszellen ist wie in den Mundspeicheldrüsen Cl^--reich (▶ s. Abb. 38.6, S. 848). In der digestiven Phase wird unter dem Einfluss von ***Sekretin*** auf die Epithelzellen der intralobulären Gangabschnitte ein großes Volumen eines HCO_3^--reichen, alkalischen Sekrets sezerniert, dessen Anionenzusammensetzung flussabhängig ist (Abb. 38.15).

Die HCO_3^--Sekretion in die Pankreasgänge hängt von der Aktivität der Na^+/K^+-ATPase und des Na^+/H^+-Austauschers in der basolateralen Membran ab. Letzterer treibt einen luminalen ***Cl^-/HCO_3^--Antiporter*** an, über den Cl^--Ionen wieder in die Zellen gelangen, die über einen ***Chlorid-Kanal vom CFTR-Typ*** zur Rezirkulation bereitgestellt werden (▶ vgl. 3.1). Na^+-Ionen und eine entsprechende Menge an Wasser folgen passiv auf parazellulärem Weg, wodurch das ins Duodenum abgegebene Sekret isotonisch bleibt (Abb. 38.16). Dieser Cl^--Kanal wird durch ***Sekretin*** bzw. dessen Second Messenger cAMP aktiviert und ist bei Patienten mit ***zystischer Pankreasfibrose (Mukoviszidose)***, der häufigsten autosomal-rezessiv vererbten, monogenen Stoffwechselkrankheit, defekt, so dass nur noch kleine Volumina eines zähen Pankreassekrets abgegeben werden können, was zu einem Sekretstau führt.

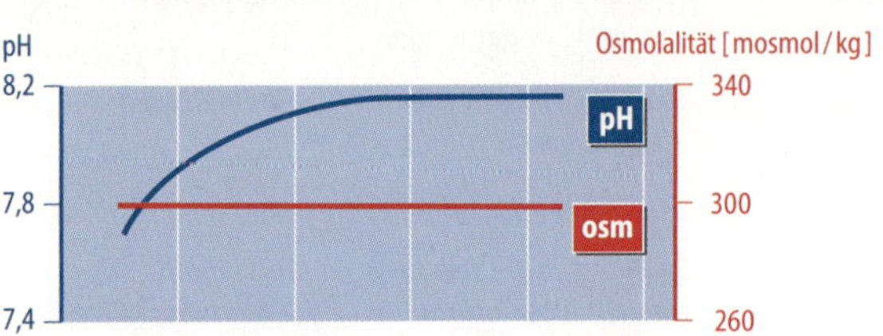

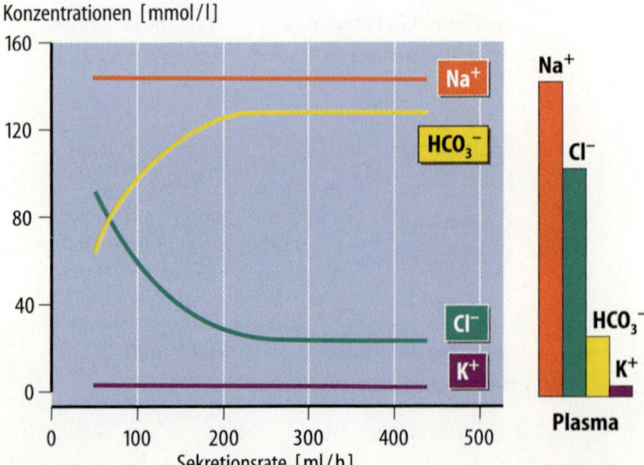

Abb. 38.15. Osmolalität, pH-Wert und Elektrolytzusammensetzung des Pankreassekrets in Abhängigkeit von der Sekretionsrate

Stimulation der Sekretion

Die Stimulation der Pankreassekretion erfolgt in 3 Phasen; hierbei fördern eine Vagusaktivierung und Cholezystokinin die Produktion eines enzymreichen, Sekretin dagegen die Bildung eines bikarbonatreichen Sekrets

Stimulations-Sekretions-Kopplung in der Azinuszelle. Die Sekretion von Enzymen in der digestiven Phase wird vor allem durch den ***N. vagus*** und durch ***Cholezystokinin*** (CCK) stimuliert. Sekretin hat an den Azinuszellen nur eine untergeordnete stimulierende Wirkung. In der basolateralen Membran der Azinuszellen sind m_3-Cholinozeptoren für Azetylcholin und CCK_A-Rezeptoren für CCK lokalisiert. Beide benutzen Inositoltrisphosphat (IP_3) und Diacylglycerol (DAG) als Second Messenger. Diese Botenstoffe stimulieren Proteinphosphorylierungsreaktionen und bewirken hierdurch die Exozytose der Proenzyme bzw. Enzyme. Die Exozytose ist meist begleitet von einer Aktivierung von Ca^{2+}-Kanälen in der basolateralen Membran, gefolgt von einem Ca^{2+}-Einstrom in die Azinuszellen.

Interdigestive Pankreassekretion. In ***Verdauungsruhe*** findet lediglich eine geringe ***Basalsekretion*** (0,2 ml/min) statt, deren HCO_3^--Ausstoß 2–3 % und Enzymsekretion 10–15 % der maximal stimulierbaren Menge ausmachen. In der interdigestiven Phase steigt die Pankreassekretion lediglich in den Phasen II und III des wandernden myoelektrischen Motorkomplexes an. Die physiologische Bedeutung dieses Phänomens wird mit der »*House-*

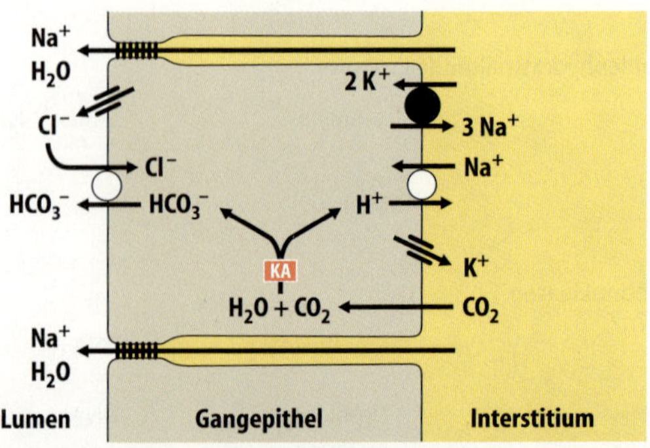

Abb. 38.16. Modell der Elektrolyttransporte in den Ausführungsgängen des Pankreas. *KA:* Karboanhydratase. Nach Argent u. Case in Johnson (1994)

keeper-Funktion« des MMK in Verbindung gebracht (► s. Kap. 38.2).

Ein reichlicher Fluss von Pankreassaft (etwa 4 ml/min) setzt meist wenige Minuten nach Einnahme einer Mahlzeit ein und hält etwa 3 h lang an.

Aktivierungsphasen. Wie bereits bei der Sekretion des Magensaftes dargestellt (► s. Kap. 38.4), unterscheidet man auch hier 3 Aktivierungsphasen:

- Die ***kephale Phase*** wird durch Vorstellung, Anblick, Geruch, Geschmack, Kauen und Schlucken der Speisen ausgelöst und führt zu einem Anstieg der Bikarbonatsekretion um 10–15 % und des Enzymausstoßes um 20–30 %. Diese Phase wird durch den ***N. vagus*** vermittelt. Neurotransmitter der postganglionären parasympathischen Neurone, welche die Bikarbonatsekretion in den Gangepithelien anregen, sind wahrscheinlich Azetylcholin und/oder GRP (► s. Kap. 38.1). Die Sekretionssteigerung der Enzyme in den Azinuszellen wird durch Azetylcholin bzw. m_3-Cholinozeptoren vermittelt. Sie ist daher durch Atropin hemmbar.
- Durch Eintritt von Speisen in den Magen wird die ***gastrale Phase*** der Pankreassekretion ausgelöst. Die Dehnung der Magenwand, vagovagale Reflexe und vermutlich auch eine Gastrinfreisetzung sind hier für die Sekretionssteigerung um ca. 15 % verantwortlich.
- Die wichtigste Aktivierungsphase der Pankreassekretion beginnt mit dem Eintritt des Chymus ins Duodenum. In der ***intestinalen Phase*** vermitteln vor allem gastrointestinale Hormone, weniger der N. vagus, die Sekretionsantwort. ***Sekretin*** wird bei Ansäuerung (pH < 4,5) des proximalen Duodenums durch den Chymus von den S-Zellen der Schleimhaut sezerniert. Die durch Sekretin, in geringem Maße auch durch Vagusimpulse, stimulierte HCO_3^--Sekretion in den Gangepithelien ist in der Lage – im Verein mit HCO_3^--Ionen aus der Duodenalschleimhaut, den Brunner-Drüsen und der (Leber-)Galle – die für die Dünndarmmukosa potenziell schädliche Säure schnell zu neutralisieren und den für die Wirkung der Pankreasenzyme notwendigen pH-Wert von 6–8 einzustellen. Hierbei müssen 20–40 mmol H^+ neutralisiert werden, welche die aktivierte Magenschleimhaut stündlich sezerniert. Die ***Cholezystokinin-Freisetzung*** aus endokrinen Zellen der Dünndarmmukosa wird stimuliert durch Abbauprodukte von Fetten (langkettige Fettsäuren mit mehr als 10 C-Atomen, 2-Monoacylglycerole), von Eiweißen (Peptide, Aminosäuren) und Ca^{2+}-Ionen. Kohlenhydrate haben diese Wirkung nicht. Diese humorale Stimulation wird durch vagovagale Reflexe, Sekretin und GRP unterstützt.

▪▪▪ Einige gastrointestinale Peptide können die Pankreassekretion **hemmen**. Zu ihnen zählen Somatostatin, Enteroglukagon und das pankreatische Polypeptid. Diese inhibitorischen Peptide sind dafür verantwortlich, dass in der intestinalen Phase nur etwa 70 % der maximal möglichen, d. h. durch intravenöse Injektion von Sekretin bzw. CCK zu erzielenden, Sekretionssteigerung (max. 15 mmol HCO_3^-/h) erreicht werden.

Das Pankreas weist eine große **Funktionsreserve** auf. Es produziert etwa 10-fach höhere Enzymmengen als für eine ausreichende Hydrolyse der höhermolekularen Nahrungsbestandteile erforderlich wären. Ein völliges Fehlen der Mundspeichel- bzw. Magensaftenzyme hat daher keinerlei Folgen für die Verdauung. Selbst bei einer Entfernung von 90 % des Pankreas reicht die Restfunktion der belassenen 10 % aus, um eine Verdauungsinsuffizienz (Maldigestion) zu vermeiden.

38.6. Pankreatitis

Ursachen der akuten Pankreatitis. Der bedrohlichen akuten Pankreatitis liegt eine »Selbstverdauung« von Pankreasgewebe zugrunde. Als Ursache wird eine vorzeitige Aktivierung von proteo- und lipolytischen Enzymen durch Fusion von Zymogengranula und Lysosomen in den Azinuszellen angesehen. Auslösend ist in den meisten Fällen eine Abflussbehinderung in der gemeinsamen Mündung von Ductus choledochus und Ductus pancreaticus (z. B. durch einen Gallenstein). Aber auch ein akuter Alkoholabusus zusammen mit einer fettreichen Mahlzeit können durch Proteinpräzipitation in den Pankreasgängen und Permeabilitätssteigerung der Gangepithelien zu einer Zellschädigung führen und dadurch eine akute Pankreatitis verursachen. Im Vordergrund stehen dabei eine Lipaseaktivierung sowie die Umwandlung von Trypsinogen in Trypsin.

Symptome der akuten Pankreatits. Die akute Pankreatitis verursacht in der Regel starke Oberbauchschmerzen. Lebensbedrohliche Verläufe treten dann auf, wenn durch Trypsin gefäßaktive Substanzen, wie Kallikrein und Kinine, freigesetzt werden, welche die Gefäßpermeabilität erheblich steigern und eine systemische Vasodilatation bewirken. Hierdurch werden starke Blutdruckabfälle und Schockzustände ausgelöst. In den Kreislauf gelangte aktivierte Verdauungsenzyme können weiterhin das Alveolarepithel und die Nieren schädigen. Folgen sind eine Atmungs- und Niereninsuffizienz.

Chronische Pankreatitis. Die chronische Pankreatitis wird vor allem durch langjährigen Alkoholabusus hervorgerufen. Neben einer direkten Schädigung der Azini durch Ethylalkohol und/oder seiner Abbauprodukte wird – wie auch bei der akuten Pankreatitis – eine Veränderung der Sekretzusammensetzung mit nachfolgender Proteinpräzipitation (► s. o.) als wichtiger verursachender Mechanismus diskutiert. Eine Maldigestion (in erster Linie eine gestörte Fettverdauung) und ein Diabetes mellitus treten erst bei weit fortgeschrittener Schädigung des Pankreasgewebes (> 90 %) auf.

In Kürze

Pankreas

Das exokrine Pankreas produziert im Mittel täglich 2 l eines plasmaisotonen Sekrets, das eine Vielzahl hydrolytischer Enzyme enthält, die großteils als inaktive Vorstufen abgegeben werden.
In der digestiven Phase wird die Pankreassekretion durch Cholezystokinin und Vagusaktivierung erheblich gesteigert und der Ausstoß hydrolytischer Enzyme deutlich erhöht. Der Pankreassaft beinhaltet reichlich Bikarbonat, das über einen HCO_3^-/Cl^--Antiporter in die Gänge sezerniert wird.
Stimuliert durch Sekretin werden im Gangepithel Cl^-- gegen HCO_3^--Ionen stöchiometrisch ausgetauscht, so dass größere Volumina eines alkalischen Sekrets ins Duodenum abgegeben werden. Hierdurch wird eine Neutralisierung des sauren Chymus erreicht und ein pH-Optimum für die Pankreasenzyme geschaffen.

IX

38.6 Leber und Gallensekretion

Funktionen der Leber

Die Leber ist mit ca. 1,5 kg das größte innere Organ unseres Körpers mit vielfältigen, z. T. sehr komplexen Funktionen

Energiestoffwechsel. Die Leber spielt eine zentrale Rolle im Energiestoffwechsel (Tabelle 38.4). Die Leberzellen speichern ***Glykogen.*** Bei Hypoglykämie bauen sie das gespeicherte Glykogen ab und geben die freiwerdende Glukose ins Blut ab. Darüber hinaus können die Leberzellen aus Laktat und einer Reihe von Aminosäuren Glukose bilden ***(Glukoneogenese).*** Die meisten ***Aminosäuren*** werden letztlich in der Leber abgebaut. Ausnahme sind die verzweigtkettigen Aminosäuren (Valin, Leucin, Isoleucin). Die Leber bildet aus Fettsäuren ***Acetacetat*** und ***β-Hydroxybutyrat,*** potentielle Substrate für das Gehirn, das keine Fettsäuren zur Energiegewinnung heranziehen kann.
Plasmaproteinsynthese. In der Leber werden die meisten Plasmaproteine gebildet, wie etwa die Gerinnungsfaktoren, die Lipoproteine und Transferrin (► s. Kap. 23.2).
Harnstoffsynthese. Durch die Harnstoffsynthese entgiftet die Leber das Ammoniak, das beim Abbau von Aminosäuren entsteht. Andererseits kann die Leber Glutamin bilden, das in der Niere zur NH_4^+-Produktion verwendet wird. Über Harnstoff- bzw. Glutaminsynthese beeinflusst die Leber den ***Säure-Basenhaushalt*** (► s. Kap. 35.2)
Biotransformation. Über die Stoffwechselwege der Biotransformation verändert die Leber körpereigene (z. B. Häm) und körperfremde (z. B. Pharmaka) Substanzen.

Tabelle 38.4. Leistungen der Leber (Auswahl)

1.	**Kohlenhydratstoffwechsel**
	Glykogensynthese, Glukoneogenese Glykogenolyse, Glykolyse Fruktose- und Galaktose-Utilisation
2.	**Aminosäuren- und Proteinstoffwechsel**
	Biosynthese von Plasmaproteinen (z. B. Albumin, Gerinnungsfaktoren, Faktoren der Fibrinolyse, Transportproteine, Apolipoproteine) Biosynthese nicht-essenzieller Aminosäuren Abbau von Aminosäuren Harnstoffsynthese, Ammoniakstoffwechsel Kreatinsynthese
3.	**Lipidstoffwechsel**
	Biosynthese und Abbau von Triacylglycerolen, Lipoproteinen und Phospholipiden Oxidation und Synthese von Fettsäuren Ketogenese Biosynthese und Exkretion von Cholesterol
4.	**Biotransformation**
	Entgiftung, Inaktivierung, Umwandlung in wasserlösliche Verbindungen und Ausscheidung körpereigener Stoffe (Endobiotika, z. B. Häm, Steroidhormone, Schilddrüsenhormone) und körperfremder Substanzen (Xenobiotica, z. B. Arzneimittel) Ethanolabbau Bioaktivierung von Arzneimitteln (z. B. von Zyklophosphamid) Giftung von Stoffen (z. B. von Methanol)
5.	**Abwehrfunktionen**
	Phagozytoseaktivität (Von-Kupffer-Sternzellen) Synthese von Komplementfaktoren und Akute-Phase-Proteinen Aktivität der Pit-Zellen*
6.	**Speicherfunktionen**
	Lipid- und Retinolspeicherung (Ito-Zellen) Kupfer, Eisen, fettlösliche Vitamine, Vitamin B_{12}, Folsäure Glykogen, Triacylglycerole
7.	**Synthese von Hormonen und Mediatorsubstanzen**
	IGF-1, IGF-2 (► s. Kap. 21.2) Erythropoietin, Thrombopoietin (► s. Kap. 23.3) Angiotensinogen, Kininogen Hydroxylierung von Vitamin D_3 $T_4 \rightarrow T_3$-Konversion (► s. Kap. 21.3)
8.	**Regulation des Säure-Basen-Haushalts** (► s. Kap. 35.2)
9.	**Pränatale Hämatopoiese** (► s. Kap. 23.3), Erythrozytenabbau
10.	**Sekretion von Gallensäuren, Gallebildung** (► s. Kap. 38.5)
*	leberspezifische natürliche Killerzellen

Unter anderem werden die Substanzen oxidiert und an Glukuronsäure gekoppelt (Konjugation). Sie werden dadurch wasserlöslich und können über die Galle (► s. u.) und die Niere (► s. Kap. 29.3) ausgeschieden werden.

Weitere spezifische Stoffwechselleistungen. Die Leber bewerkstelligt u. a. den Fruktoseabbau und -umbau in Glukose, den Galaktoseumbau in Glukose sowie die Synthese von Gallensäuren aus Cholesterol.

Speicherung. Die Leber speichert ***Eisen*** und ist zur Erythropoiese befähigt (► s. Kap. 23.3). Beim Erwachsenen findet normalerweise keine hepatische Erythropoiese statt. Darüber hinaus speichert die Leber Kupfer, Lipide und einige Vitamine

Hormone. Die Leber bildet Somatomedine (IGF-1, IGF-2, ► s. Kap. 21.2), Erythropoietin und Thrombopoietin (► s. Kap. 23.3), Vorstufen von Hormonen (Angiotensinogen, Kininogen, 25-Hydroxycholecalciferol) und aktiviert das Schilddrüsenhormon T4 zu T3 (► s. Kap 21.3).

Abwehrfunktion. Die Leber ist wichtiger Filter für Fremdstoffe aus dem Darm. Die Von-Kupffer-Sternzellen nehmen Fremdstoffe phagozytotisch auf. Leber-spezifische Killerzellen sind an der Immunabwehr beteiligt (► s. Kap. 24.2) und die Leber produziert eine Reihe von Plasmaproteinen, die bei der Abwehr eine Rolle spielen (► s. Kap. 24.1).

Gallebildung. Die Leber ist die größte Drüse des Körpers. Die Hepatozyten bilden die Galle, die bei der Fettabsorption eine entscheidende Rolle spielt, wie im Folgenden dargestellt werden soll.

Gallenbildung

> ! Die Galle enthält als wichtige Funktionsbestandteile Gallensäuren (GS), Cholesterol, Phospholipide und Bilirubin; bei der Bildung der Lebergalle wirken zwei Mechanismen zusammen, die GS-abhängige und die GS-unabhängige Sekretion

Bauelemente der Leber. Die Bauelemente der Leber (Leberläppchen bzw. Azini) bestehen aus einer Vielzahl von radiär verlaufenden, in Balken und Platten angeordneten Zellsträngen. Zwischen dem Balkenwerk der Leberzellplatten verläuft ein radiäres, anastomosierendes Kapillarnetz. Diese Kapillaren, die ***Lebersinusoide***, deren Wand fenestriert ist und die aus Endothelzellen und den von-Kupffer-Sternzellen besteht, sind von den Leberzellen durch den ***Disse-Raum*** getrennt. Durch Aussparungen (Rinnen) in der Wand einander gegenüberliegender Leberzellen werden die ***Gallenkanälchen*** gebildet. Letztere beginnen im Läppchenzentrum und leiten die von den Hepatozyten gebildete Galle zur Läppchenperipherie, entgegen der Flussrichtung des Blutes in den Sinusoiden. Die Gallenkanälchen münden in intrahepatische, mit Epithel ausgekleidete ***Gallengänge*** ein, die sich kurz vor der Leberpforte zum Lebergang (Ductus hepaticus) vereinigen. Im Nebenschluss zweigt der Gallenblasengang (Ductus cysticus) ab, der in der Gallenblase endet. Der Endabschnitt der Gallenwege, der Ductus choledochus, mündet zumeist mit dem Ductus pancreaticus an der Papilla Vateri ins Duodenum.

Sekretion der Lebergalle. Die tägliche Gallenproduktion beträgt ca. 650 ml, von denen etwa 80 % aus den Hepatozyten und ca. 20 % aus dem Gallengangsepithel stammen. Bei der Bildung der Galle durch die Leberzellen wirken zwei Mechanismen zusammen, die Gallensäuren-abhängige und -unabhängige Sekretion, die zu je 40 % zum Gesamtvolumen beitragen.

Hepatozytäre Sekretion. Es besteht eine enge Korrelation zwischen der Menge der ausgeschiedenen Gallensäuren und dem Gallenfluss. Bei der ***Gallensäuren-abhängigen Sekretion*** (ca. 250 ml/Tag) werden die in den perivenösen Hepatozyten aus Cholesterol synthetisierten ***primären Gallensäuren*** (Cholsäure, Chenodesoxycholsäure) und die durch »Rezirkulation« über den enterohepatischen Kreislauf in die Leber gelangten ***sekundären Gallensäuren*** (Desoxycholsäure, Lithocholsäure) zunächst mit Taurin oder Glycin säureamidartig verknüpft (Konjugation). Anschließend werden sie vor allem durch ***zwei primär-aktive, ATP-verbrauchende Transporter*** (*Bile Salt Export Pump*, BSEP, bzw. *Multidrug Resistance-associated Protein* MRP-2) in die Gallenkanälchen sezerniert (◘ Abb. 38.17). Wasser folgt aus osmotischen Gründen solange nach, bis das Primärsekret plasmaisoton wird.

Die sekundären Gallensäuren werden aus dem Pfortaderblut vorrangig über einen ***Na^+-abhängigen Symporter*** in die periportalen Hepatozyten aufgenommen, der durch einen Ionengradienten angetrieben wird, welcher wiederum durch die Aktivität der Na^+/K^+-ATPase aufrechterhalten wird (◘ Abb. 38.17). Teilweise werden Gallensäuren auch über ***Anionenaustauscher*** in die Hepatozyten aufgenommen. Je höher die Gallensäurenkonzentration im Pfortaderblut, desto intensiver ist ihre Aufnahme über Anionentransporter und ihre anschließende Sekretion in die Gallenkanälchen. Sekundäre Gallensäuren aktivieren diese Anionentransporter in der basolateralen Membran und steigern somit den Gallenfluss ***(choleretische Wirkung der Gallensäuren)***.

Die treibende Kraft für die ***Gallensäuren-unabhängige Sekretion*** (ca. 250 ml/Tag) ist u. a. die sekundär-aktive HCO_3^-- sowie primär-aktive, MRP-2-vermittelte Glutathion- und Bilirubin-Sekretion in die Gallenkanälchen. Erstere gleicht dem bei der duktalen Pankreassekretion beschriebenen Mechanismus (► s. Kap. 38.5). Auch hier führt ein osmotisch-bedingter Wasserstrom zur Bildung eines isotonen Primärsekrets.

Primär-aktiv werden auch ***Cholesterol*** und ***Phospholipide*** in die Gallenkanälchen sezerniert (◘ Abb. 38.17). Auch viele Medikamente und andere körperfremde Substanzen (Xenobiotica), Schadstoffe, jodhaltige Röntgenkontrastmittel zur Darstellung der Gallenwege und Gallenblase (Cholangio- und Cholezystographie) sowie Bromsulfalein (Substanz zum Testen der Exkretionsfunktion der Leberzellen) werden unter ATP-Verbrauch eliminiert.

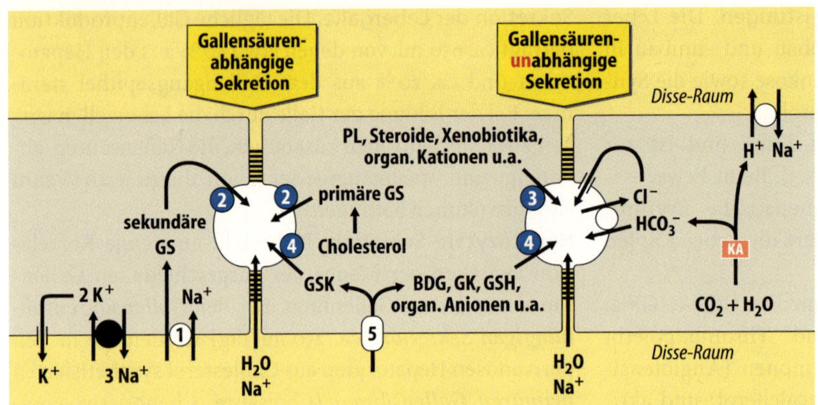

Abb. 38.17. Mechanismen der Gallensäuren-abhängigen (links) und Gallensäuren-unabhängigen Sekretion (rechts) aus den Leberzellen in die Gallenkanälchen. (1) basolateraler $2Na^+$,Taurocholat-Symporter, (2) Bile Salt Export Pump *(BESP)*, (3) Multidrug Resistance *(MDR)* P-Glycoprotein, (4) Multidrug Resistance-associated Protein *(MRP)*, (5) basolateraler Carrier (Anionentransporter). *GSK:* Gallensäuren- bzw. Gallensalzkonjugate, *KA:* Karboanhydratase, *GK:* Glutathionkonjugate, *GSH:* Glutathion, *BDG:* Bilirubin-Diglukuronid, *PL:* Phospholipide

Cholangiozytäre Sekretion. Auf dem weiteren Weg durch die großen ***intrahepatischen Gallengänge*** werden Menge und Zusammensetzung der primär gebildeten Lebergalle verändert. Unter dem Einfluss von ***Sekretin*** wird eine HCO_3^--reiche Flüssigkeit duktulär sezerniert. Der Mechanismus ist vergleichbar mit dem in den Pankreasgangsepithelien und ist demnach bei zystischer Fibrose (▶ s. 3.1) gestört. Gallengangsepithelien tragen erheblich zur Alkalisierung der Galle bei. Das von den Gangepithelien produzierte Gallenvolumen beträgt 125–150 ml/Tag.

Funktion der Gallenblase

In der Gallenblase wird die Lebergalle zur Blasengalle eingedickt; in der Verdauungsphase erfolgt – vermittelt durch Cholezystokinin und Vagusaktivierung – die Gallenblasenentleerung

Blasengalle. Die plasmaisotone ***Lebergalle*** ist durch den Gallenfarbstoff Bilirubin goldgelb gefärbt und wird mit einer Rate von etwa 0,40 ml/min gebildet (mittlere Zusammensetzung ▶ s. Tabelle 38.5). In den Verdauungsphasen fließt sie direkt ins Duodenum ab.

In den interdigestiven Phasen gelangt ein Großteil der Lebergalle über den Ductus cysticus in ein Reservoir, die Gallenblase (mit einem Fassungsvermögen von etwa 60 ml), wo sie zur ***Blasengalle*** konzentriert wird. Die große ***Resorptionskapazität*** der Gallenblase ermöglicht innerhalb von 4 h eine Reduzierung des Gallenvolumens auf 10 % des Ausgangsvolumens. Entsprechend werden Gallensäuren, Bilirubin, Cholesterol und die Phospholipide bis auf das 10-fache konzentriert. Die grünbraune Blasengalle bleibt dabei plasmaisoton.

Treibende Kraft für die Gallenkonzentrierung ist eine elektroneutrale Na^+- und Cl^--Resorption, die durch einen (stärker aktiven) Na^+/H^+- und einen (schwächer aktiven) HCO_3^-/Cl^--Austauscher in der luminalen Membran vermittelt sowie durch die Na^+/K^+-ATPase in der basolateralen Membran aufrechterhalten wird (▶ s. Abb. 3.6, S. 54). Die Na^+- und Cl^--Resorption ist von einem osmotischen Wasserstrom gefolgt.

Tabelle 38.5. Zusammensetzung der Leber- und Blasengalle

Bestandteile	Lebergalle (mmol/l)	Blasengalle (mmol/l)
Na^+	150	180*
K^+	5	13
Ca^{2+}	3,5	11
Cl^-	105	66
HCO_3^-	30	19
Gallensäuren	20	90
Lezithin	3	30
Gallenfarbstoffe	1	5
Cholesterol	4	17
pH-Wert	7,2	6,9

* Die Na^+-Konzentration in der Blasengalle unterliegt – abhängig von der Konzentration der polyanionischen Mizellen – erheblichen Schwankungen

▪▪▪ Trotz der Resorption ist die Na^+-Konzentration in der Blasengalle höher als in der Lebergalle (▶ vgl. Tabelle 38.5). Der Grund hierfür liegt in der Bildung von polyanionischen Mizellen in der Galle (▶ s. u.).

Gallenblasenmotilität. Die in der interdigestiven Phase in die Gallenblase geflossene und dort eingedickte Galle wird während der Verdauungsphase ***Cholezystokinin-***

vermittelt durch Kontraktion der Gallenblase (bei gleichzeitiger Relaxierung des Sphincter Oddi) entleert. CCK wird vor allem durch Fette im Duodenum aus den I-Zellen freigesetzt. Der ***N. vagus*** bzw. Parasympathomimetika steigern ebenfalls die Motilität der Gallenblase, jedoch wesentlich schwächer als CCK.

▪▪▪ Die Kontraktion der Gallenblase setzt bereits 2 min nach Kontakt der Dünndarmmukosa mit Fettprodukten ein, die vollständige Entleerung ist nach 15–90 min erreicht. Dabei kommt es einerseits zu einer anhaltend-tonischen Kontraktion, die zu einer Verkleinerung des Durchmessers der Gallenblase führt, und andererseits zu rhythmischen Kontraktionen mit einer Frequenz von 2–6/min. Hierbei werden Drücke von 25–30 mm Hg erreicht. Pankreatisches Polypeptid, VIP und Somatostatin bewirken eine Relaxation der Gallenblase.

Mizellen, enterohepatischer Kreislauf der Gallensäuren

Gallensäuren, die als gemischte Mizellen ins Duodenum gelangen, dienen als Emulgatoren bei der Fettverdauung; sie werden zu 95 % im terminalen Ileum resorbiert und über die Pfortader wieder der Leber zugeführt

Bildung von Mizellen. Gallensäurenmoleküle sind amphiphile Moleküle, d. h. sie verfügen über einen hydrophilen (mit Carboxyl- und OH-Gruppen) und einen hydrophoben Molekülabschnitt (Steroidkern mit Methylgruppen) und haben somit Detergenswirkung. Aufgrund dieser Struktur bilden Gallensäurenmoleküle (wie andere Detergenzien) an der Phasengrenze zwischen Öl und Wasser einen nahezu monomolekularen Film mit Ausrichtung ihrer hydrophilen Gruppen zum Wasser und der lipophilen Gruppen zur Fettphase. In wässriger Lösung bilden Gallensäuren ***Mizellen***, d. h. strukturierte Molekülaggregate mit einem Durchmesser von 3–10 nm. Voraussetzung dafür ist, dass die Konzentration der Gallensäuren einen bestimmten Wert, die sog. ***kritische mizellare Konzentration*** von 1–2 mmol/l überschreitet. In den inneren lipophilen Kern können Lipide, wie Cholesterol und Phospholipide, inkorporiert werden. Es entstehen auf diese Weise ***»gemischte Mizellen«*** (◘ Abb. 38.18), die für die Fettverdauung und -absorption im Darm von großer Bedeutung sind. Das unlösliche Cholesterol wird so in Lösung gebracht. Es fällt erst kristallin aus, wenn seine Konzentration das Fassungsvermögen der Mizellen übersteigt, ein wesentlicher Vorgang bei der Entstehung von Cholesterolgallensteinen (► s. 38.7).

Gallensäuren gelangen in gemischten Mizellen ins Duodenum. Trotz der Verdünnung durch den Mageninhalt auf 5–10 mmol/l bleibt ihre Konzentration noch sicher über der kritischen mizellaren Konzentration. Bei physiologischem pH-Wert des Dünndarms sind die Gallensalze gut löslich, bei pH <4 werden sie zunehmend unlöslich.

Enterohepatischer Kreislauf der Gallensäuren. Der Gesamtvorrat des Körpers an Gallensäuren ***(Gallensäuren-Pool)*** beträgt nur 2–4 g und reicht für die tägliche Fett-

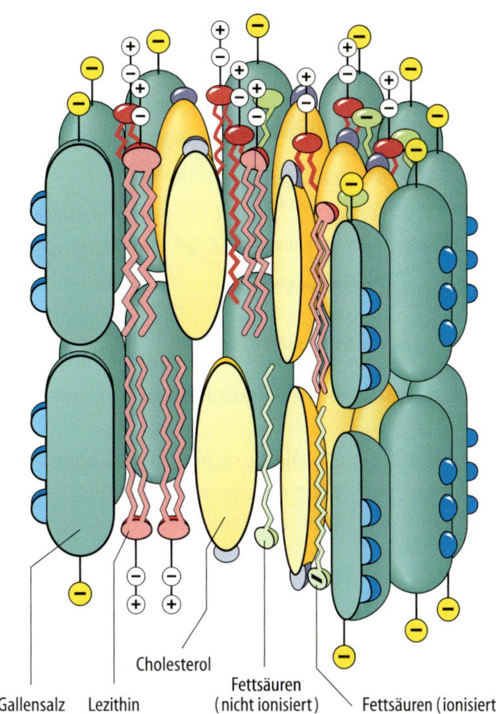

◘ **Abb. 38.18. Schematischer Aufbau einer gemischten Mizelle.** Cholesterol, Lezithin, Fettsäuren und Monoacylglycerole befinden sich im Zentrum der gemischten Mizelle, umgeben von Gallensäuren, deren hydrophile Gruppen zur Oberfläche orientiert sind

verdauung nicht aus. Bei einer fettreichen Mahlzeit ist bis zum 5-fachen dieser Menge erforderlich (für 100 g Fett werden etwa 20 g Gallensäuren benötigt). Deshalb rezirkulieren die vorhandenen Gallensäuren täglich mehrfach durch den Darm und die Leber ***(enterohepatischer Kreislauf)***. Die Frequenz dieser Rezirkulation ist abhängig von der Nahrungsaufnahme und schwankt zwischen 4–12 Umläufen/Tag (◘ Abb. 38.19).

Die in den Dünndarm abgegebenen primären und sekundären Gallensäuren werden im unteren Ileum zu 95 % über einen Na^+-Symport sekundär-aktiv resorbiert. Etwa 1–2 % der Gallensäuren werden im oberen Dünndarm durch nichtionische, im unteren Dünndarm und Dickdarm durch ionische Diffusion (► s. Kap. 3.3) passiv aus dem Lumen aufgenommen. Aufgrund dieser Resorptionsmechanismen treten nur 3–4 % der ursprünglich ins Duodenum abgegebenen Gallensäuren in den Dickdarm über.

Nach ihrer Resorption werden die Gallensäuren, gebunden an ein zytosolisches Transportprotein, an die basolaterale Membran transportiert und dort primär-aktiv oder über einen Anionenaustauscher exportiert. Sie gelangen anschließend ins Pfortaderblut und erreichen somit wieder die Leber, wo sie – nach Konjugierung in den Hepatozyten – erneut für die kanalikuläre Sekretion zur Verfügung stehen. Der über den Stuhl verloren gegangene Anteil von 0,2–0,6 g/Tag wird in der Leber aus Cho-

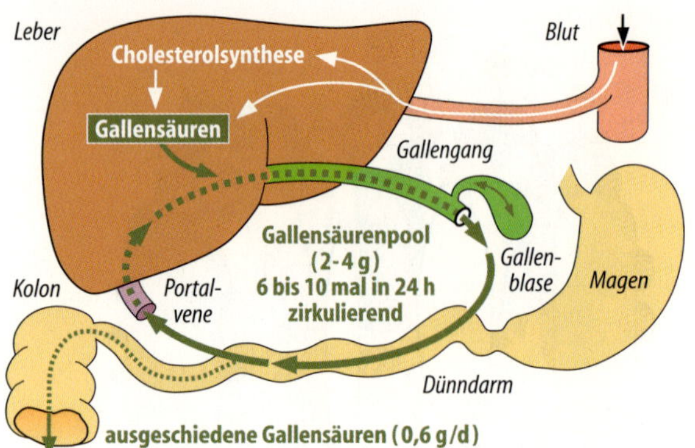

Abb. 38.19. Enterohepatischer Kreislauf der Gallensäuren

lesterol neu synthetisiert. Die Ausscheidung ist aber insofern bedeutsam, als sie die einzige Möglichkeit zur Ausscheidung von Cholesterol und Cholesterolderivaten darstellt.

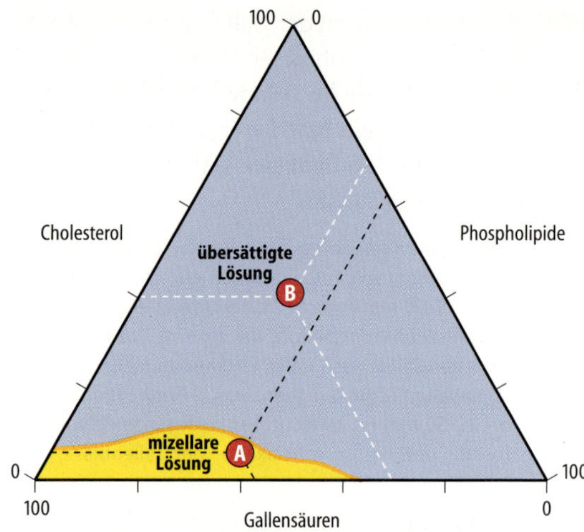

Abb. 38.20. Löslichkeit von Cholesterol in der Galle in Abhängigkeit vom Verhältnis der Konzentrationen (rel.) von Gallensäuren, Phospholipiden und Cholesterol. Im *gelben* Bereich (**A**) liegt Cholesterol in mizellarer Lösung vor. Bei Abnahme der Konzentrationen von Gallensäuren und/oder Phospholipiden (im *blauen* Bereich, **B**) fällt Cholesterol aus

38.7. Gallensteine

Zusammensetzungen. Eine der häufigsten Erkrankungen in Mitteleuropa ist die Cholelithiasis (Gallensteinleiden). Je nach Zusammensetzung unterscheidet man zwischen Cholesterol- (ca. 80% aller Gallensteine) und Pigmentsteinen (etwa 20%):

- Cholesterolsteine bestehen hauptsächlich (>80%) aus Cholesterol,
- Pigmentsteine aus Calciumbilirubinat, -phosphat und -carbonat.

Die »Verkalkung«, die normalerweise durch die schwach saure Reaktion der Blasengalle verringert wird, ist Folge von entzündlichen (Begleit-)Prozessen.

Ursachen. Die Bildung von Cholesterolsteinen beruht auf einer Cholesterolübersättigung der Galle. Cholesterol wird in den gemischten Mizellen mit Lezithin in Lösung gehalten. Steigt die Cholesterolkonzentration oder sinkt der Gallensäuren- bzw. Lezithinanteil unter einen kritischen Wert, kristallisiert Cholesterol aus (Abb. 38.20). Diese Abhängigkeit lässt sich mit einem triangulären Koordinatensystem beschreiben, dessen 3 Seiten die Relativkonzentrationen von Gallensäuren, Cholesterol und Phospholipiden repräsentieren. Jedes Konzentrationsverhältnis der drei Substanzgruppen zueinander lässt sich durch einen Schnittpunkt in dem Koordinatensystem angeben. Fällt dieser Punkt in den Bereich A, dann liegt das gesamte Cholesterol in mizellarer Lösung vor. Alle Mischungsverhältnisse, die durch einen Schnittpunkt außerhalb dieses Bereichs charakterisiert sind (B), sprechen für eine Cholesterolübersättigung der Galle. Cholesterolgallensteine können einerseits durch einen relativen Konzentrationsanstieg des Cholesterols (z. B. durch Verringerung der Gallensäurenkonzentration), andererseits bei einer absoluten Vermehrung des Cholesterols in der Galle (z. B. bei Steigerung der Cholesterolsynthese und/oder -zufuhr) entstehen.

Verschiedene Faktoren prädisponieren zur Erhöhung des Cholesterolspiegels: Östrogene, hoher Kohlenhydratanteil in der Nahrung, Übergewicht, ferner Prozesse, die zur Erniedrigung der Gallensäurenkonzentration führen, wie Entzündung des Ileum (Morbus Crohn) oder seine operative Entfernung.

Therapie. Die lithogene Galle kann in geeigneten Fällen durch die orale Verabreichung von Gallensäuren wieder in nicht-lithogene Galle umgewandelt werden, in der sich kleine Cholesterolgallensteine wieder auflösen können. Hierfür eignet sich wegen ihrer fehlenden Durchfallwirkung vor allem Ursodeoxycholsäure.

Gallenfarbstoffe

Das vorwiegend aus dem Hämoglobinabbau stammende Bilirubin wird in der Leber konjugiert und in die Galle sezerniert; zusammen mit seinen Abbauprodukten wird es im unteren Ileum und im Kolon teilweise resorbiert und gelangt über die Pfortader wieder in die Leber; Bilirubin ist ein effektives Antioxidans

Exkretion des Bilirubins. Beim Abbau des Hämoglobins und anderer Hämoproteine (z. B. Zytochrome, Myoglobin) entstehen Porphyrine, die nicht weiter verwertet werden können. Der dabei zuerst auftretende Gallenfarbstoff ist das (grüne) ***Biliverdin***, das durch Hydrierung zu (orange-rotem) ***Bilirubin***, dem wichtigsten Gallenfarbstoff, reduziert wird. Letzteres ist in Wasser praktisch unlöslich (»indirektes« Bilirubin) und wird daher im Blut an Albumin gebunden transportiert und von den Leberzellen – nach Abspaltung von Albumin – über einen Anionentransporter aufgenommen. Es fallen ca. 4 mg/kg Körpergewicht, also 200–300 mg/Tag an. In der Leber wird der überwiegende Teil (ca. 80 %) an Glukuronsäure gekoppelt (»Konjugation«) und größtenteils als wasserlösliches (»direktes«) Bilibrubin in Form von ***Bilirubin-Diglukuronid***, z. T. auch als Sulfatester, primär-aktiv in die Gallenkanälchen sezerniert (▶ s. S. 864).

Im Darm, insbesondere im Dickdarm, werden die Bilirubin-Konjugate unter der Einwirkung von anaeroben Bakterien teilweise gespalten; das freie Bilirubin wird dann schrittweise zu (farblosem) ***Urobilinogen*** und ***Sterkobilinogen*** reduziert. Diese werden durch Dehydrierung in (orange-gelbes) ***Urobilin*** und ***Sterkobilin*** überführt. Letzteres wird mit dem Kot ausgeschieden.

Bilirubin, ein effektives Antioxidans. Bilirubin ist einerseits ein Ausscheidungsprodukt, andererseits erfüllt es eine nützliche Funktion, denn es ist ein potentes Antioxidans (Schutz vor Peroxidbildung). Bilirubin, Harnsäure und Vitamin C sind die wichtigsten Antioxidanzien im Blutplasma. In der Lipidphase von Membranen zählt es neben Vitamin E zu den effektivsten Schutzfaktoren gegen die Lipidperoxidation.

Enterohepatischer Kreislauf. Bilirubin und seine Metabolite werden im unteren Ileum und im Dickdarm zu 15–20 % resorbiert, über die Pfortader der Leber zugeleitet, vor allem über Anionenaustauscher in die Hepatozyten aufgenommen und von dort erneut aktiv in die Gallenkanälchen ausgeschieden (Rezirkulation in einem enterohepatischen Kreislauf). Der Rest wird mit dem Stuhl eliminiert und ist für dessen gelbbraune Farbe verantwortlich. Ein kleinerer Anteil (≤10 %) gelangt über den Körperkreislauf in den Nieren zur Ausscheidung und führt zur Gelbfärbung des Urins.

38.8. Ikterus

Symptome. Klinisches Symptom einer Störung des Bilirubinstoffwechsels ist die Gelbsucht, eine Gelbfärbung von Haut, Sklera und Schleimhäuten.

Ursachen. Eine Gelbsucht als Ausdruck erhöhter Bilirubinspiegel im Plasma (>2 mg/dl bzw. 35 μmol/l) kann entstehen, wenn die Bilirubinbildung stark erhöht ist, wie beim gesteigerten Abbau von Erythrozyten (prähepatischer Ikterus), bei einer Störung der Konjugation, des Transports in der Leberzelle oder der Exkretion in die Gallenkanälchen, z. B. bei Hepatitis, Intoxikationen oder genetischen Defekten (intrahepatischer Ikterus) und bei Behinderung des Gallenabflusses, z. B. durch Gallensteine oder Tumoren im Bereich der ableitenden Gallenwege (posthepatischer oder Verschlussikterus).

Eine Erhöhung des Urobilinogens im Urin – und eine damit verbundene Dunkelfärbung – kann auf eine Erkrankung der Leber mit Störung der Bilirubinexkretion hinweisen. Ein völliges Fehlen im Urin und ein entfärbter Stuhl bei einer gleichzeitig bestehenden Gelbsucht ist auf einen vollständigen Verschluss der ableitenden Gallenwege zurückzuführen, da Bilirubin nicht mehr in den Darm gelangt und somit auch nicht in Urobilinogen umgewandelt wird.

In Kürze

Leber und Gallensekretion

In der Leber werden täglich ca. 650 ml Galle produziert. Davon entfallen etwa je 40 % auf die Gallensäuren-abhängige und -unabhängige Sekretion durch die Hepatozyten. 20 % der täglich sezernierten Galle entstammen dem Epithel der großen intrahepatischen Gallengänge.

Gesteuert wird die Sekretion der plasmaisotonen Galle vor allem durch Gallensäuren und Sekretin. Man kann dabei verschiedene Phasen unterscheiden:

- In der interdigestiven Phase wird Lebergalle in der Gallenblase konzentriert und als Blasengalle gespeichert. Treibende Kraft hierfür ist eine sekundär-aktive Resorption von Na^+ und Cl^-, die von einem osmotisch bedingten Wasserstrom gefolgt ist. Dies kann zu einer 10-fachen Konzentrierung von organischen Gallenbestandteilen führen.
- In der Verdauungsphase fließt Lebergalle direkt ins Duodenum. Die Gallenblasenkontraktion wird – bei gleichzeitig relaxiertem Sphincter Oddi – durch Cholezystokinin und den N. vagus ausgelöst.

Gallensäuren wirken als Detergenzien. Ihre wichtigste Funktion ist die Lösungsvermittlung von wasserunlöslichen Verbindungen durch Ausbildung von Mizellen.

Gallensäuren rezirkulieren zwischen der Leber und dem Resorptionsort, dem terminalen Ileum, so dass nur ein geringer Anteil (< 5 %) der täglich sezernierten Menge mit dem Kot ausgeschieden wird.

Gallenfarbstoffe

Bilirubin, ein Abbauprodukt von Häm, wird in der Leber zum wasserlöslichen Bilirubindiglukuronid kon-

▼

jugiert und primär-aktiv in die Galle sezerniert. Bilirubin und seine Metaboliten unterliegen einem enterohepatischen Kreislauf. Es wird vorwiegend als Sterkobilin mit den Fäzes ausgeschieden. Bilirubin ist ein effektives Antioxidans.

38.7 Dünndarm

Dünndarmmotilität

Die Dünndarmmotilität dient der Durchmischung des Speisebreis mit den Verdauungssekreten und dem Weitertransport des Darminhalts sowie der Absorptionsförderung

Der Dünndarm gliedert sich in 3 Abschnitte: das ***Duodenum*** (20–30 cm lang), das am Treitz-Band beginnende ***Jejunum*** (1,5 m lang) und das ***Ileum***, das sich ohne definierte Grenze anschließt (2 m lang). Die Gesamtlänge des Dünndarms beträgt im tonisierten Zustand (in vivo) etwa 3,75 m, im relaxierten (post mortem) etwa 6 m.

Durchmischung. Durch die Bewegungen des Dünndarms wird der Darminhalt in der digestiven Phase mit den Verdauungssäften, insbesondere mit dem Pankreassekret und der Galle, intensiv durchmischt. Die wichtigsten Bewegungsabläufe im Dünndarm sind ***rhythmische Segmentationen*** und ***Pendelbewegungen*** (► s. Kap. 38.2).

Die Durchmischungsbewegungen im Dünndarm werden bevorzugt durch einen ***myogenen Rhythmus*** - gesteuert, dem langsame Wellen *(Slow Waves)* mit überlagerten Aktionspotentialen zugrunde liegen (► s. Kap. 38.2). Die Schrittmacher der langsamen Wellen haben im Duodenum eine intrinsische Frequenz von ca. 12/min; diese nimmt stufenweise auf 8/min im Ileum ab. Durch dieses ***Frequenzgefälle*** von proximal nach distal wird eine langsame Verschiebung des Darminhalts auch bei den nicht-propulsiven Segmentationen nach aboral gewährleistet, da mit dem Frequenzgefälle ein gleichgerichteter Druckabfall im Darm verbunden ist.

Zottenbewegungen. Sie dienen der besseren Durchmischung des Darminhalts und wirbeln die ruhende, der Schleimhaut aufliegende Schicht *(Unstirred Layer)* auf. Sie fördern dadurch die Absorption. Durch die Aktivität der Muscularis mucosae bewegen sich die Zotten stempelartig. Auch hier besteht ein deutliches Frequenzgefälle zwischen proximal und distal mit der höchsten Aktivität im Duodenum. Die Kontraktion fördert auch die Entleerung der zentral in der Zotte verlaufenden Lymphkapillare (Chylusgefäß) in größere Lymphgefäße tieferer Darmwandschichten. Die Zottenbewegung wird durch das in der Dünndarmmukosa lokalisierte Peptid ***Villikinin*** aktiviert.

Propulsiver Transport. Für das Auftreten ***peristaltischer Wellen*** (► s. Kap. 38.2), welche die Durchmischungsvorgänge überlagern und den Darminhalt – abhängig von der Nahrungszusammensetzung – in 2–5 h zum Zäkum verlagern, sind bevorzugt motorische Aktivitäten des ***enterischen Nervensystems*** verantwortlich. Sie werden vor allem durch Dehnung der Darmwand ausgelöst und unterhalten. Sie sind an Erregungsimpulse aus dem Plexus myentericus gebunden (► s. Abb. 38.4). Peristaltische Wellen dienen nicht nur dem Weitertransport des Inhalts, sondern beugen gleichzeitig einer Zusammenballung unverdaulicher Materialien (Bezoar-Bildung) vor.

Der Plexus submucosus erhält Signale von Mechano- und Chemosensoren, die über viszerale Afferenzen entweder die Medulla oblongata oder das Rückenmark erreichen. Die ***sympathischen Efferenzen*** hemmen im Allgemeinen erregende Darmneurone, wodurch der Tonus der Darmmuskulatur herabgesetzt wird. Die glatte Sphinktermuskulatur wird dagegen aktiviert, wodurch deren Tonus ansteigt. Eine Aktivierung der ***parasympathischen Efferenzen*** (N. vagus) hat in der Regel eine Tonussteigerung und eine gesteigerte Sekretion zur Folge. Entsprechend wirken Hemmer der muskarinergen Erregungsübertragung (z. B. Atropin) krampflösend und sekretionshemmend, Parasympathomimetika (z. B. Carbachol) dagegen tonisierend, weshalb sie bei (postoperativen) Darmatonien eingesetzt werden.

Der Einfluss ***gastrointestinaler Hormone*** und Peptide auf die Dünndarmmotilität ist gering bzw. unklar. Gesichert ist lediglich die motilitätssteigernde Wirkung von CCK. Spasmolytisch wirken dagegen ätherische Öle aus Pfefferminzblättern, Anis, Fenchel, Kümmel, Wermutkraut und Kamillenblüten.

▪▪▪ In der **interdigestiven Phase** treten nach aboral gerichtete propulsive Darmbewegungen nach dem Muster des **wandernden myoelektrischen Motorkomplexes** (MMK, ► s. Kap. 38.2) auf, die nach distal langsamer werden und den Dünndarm »leerfegen«. Durch Nahrungsaufnahme wird der Ablauf des MMK unterbrochen und die oben geschilderten Bewegungsformen setzen ein.

Ileozäkaler Übergang. Am Ende des Dünndarms kontrolliert ein ca. 4 cm langes Segment den Übertritt von Darminhalt in den Dickdarm. Dieser ***Sphinkter*** ist tonisch kontrahiert und erzeugt eine Zone erhöhten Druckes von ca. 20 mm Hg. Bei Dehnung des terminalen Ileum erschlafft der Sphinkter, bei Druckerhöhung im Zäkum steigt sein Tonus, so dass ein zäko-ilealer Reflux erschwert wird. Darüber hinaus bildet der als ***Bauhin-Klappe*** ins Zäkum hineinragende Endteil des Ileum ein Ventil, das einem Druck im Zäkum von bis zu 40 mm Hg widersteht. Aufgrund dieser anatomischen Barriere ist die Bakterienbesiedlung im Ileum um einen Faktor 10^5 niedriger als im Zäkum.

38.9. Ileus

Beim Ileus (Darmverschluss) kann der Darminhalt nicht weiter transportiert werden. Es resultiert ein Stuhl- und Windverhalten. Dies kann durch eine mechanische Behinderung (mechanischer Ileus) oder durch Motilitätsstörungen (funktioneller oder paralytischer Ileus) bedingt sein:

- Ursachen für den mechanischen Ileus sind Verlegungen des Darmlumens (z. B. durch Tumoren, Gallensteine), Einstülpungen oder Verdrehungen des Darms, narbige Verwachsungen oder Hernien.
- Ein funktioneller Ileus kann nach Bauchoperationen, bei einer akuten Pankreatitis (▶ s. 38.6), durch Verschlüsse von Mesenterialgefäßen u. a. reflektorisch ausgelöst sein.

Folgen sind Schädigungen der Darmschleimhaut, Sekretions- und Absorptionsstörungen mit Einstrom von Plasmaflüssigkeit ins Darmlumen. Durch die Stase des Darminhalts kommt es zu einer pathologischen Keimbesiedlung und Freisetzung von bakteriellen Toxinen, so dass sich schnell ein kombinierter (hypovolämischer, septischer und toxischer) Kreislaufschock entwickeln kann.

Dünndarmsekretion

Die Dünndarmmukosa produziert täglich 2,5–3 l eines bikarbonat- und muzinreichen Sekrets

Sekretbildung. Im Nüchternzustand ist das Darmsekret im Wesentlichen das Resultat eines Fließgleichgewichts zwischen ein- und ausströmender Flüssigkeit. Im Mittel werden täglich 2,5–3,0 l Darmsaft gebildet. Die ***Becherzellen*** der Zotten und der ***Lieberkühn-Krypten*** produzieren – wie die Brunner-Drüsen des Duodenum (▶ s. u.) – ***Muzine***, die das Epithel als *Unstirred Layer* (▶ s. Kap. 3.2) gelartig überziehen. Die Muzine schützen das Darmepithel vor Proteasen sowie im Duodenum vor dem sauren Chymus und ermöglichen ein weitgehend reibungsfreies Gleiten des Darminhalts.

Die ***Hauptzellen*** der Dünndarmkrypten sezernieren eine plasmaisotone NaCl-Lösung (▶ s. Kap. 38.2). Cl^- wird dabei durch luminale Kanäle vom CFTR-Typ (cAMP-abhängig) oder CaCC-Typ (Ca^{2+}-abhängig) abgegeben, die durch VIP bzw. Azetylcholin aktiviert werden (▶ s. Abb. 3.4, S. 52). Na^+ folgt passiv auf parazellulärem Weg, Wasser parazellulär über die Schlussleisten und transzellulär durch Aquaporine.

Die ***Brunner-Drüsen*** des Duodenum produzieren ein muzin- und bikarbonatreiches, alkalisches Sekret. Die HCO_3^--Sekretion ins Lumen erfolgt – wie im Pankreasgangepithel und den Gallenwegen – über einen HCO_3^-/Cl^--Austauscher, der über einen Na^+/H^+-Austauscher von der Na^+/K^+-ATPase in der basolateralen Membran angetrieben wird (▶ s. Abb. 3.6, S. 54).

▪▪▪ Der Darmsaft enthält praktisch keine Enzyme. Durch Abschilferung von Mukosazellen können allerdings sekundär Enzyme, die im Bürstensaum dieser Zellen lokalisiert sind, ins Darmlumen gelangen.

Regulation der Dünndarmsekretion. Die Sekretions- und Absorptionsvorgänge im Dünndarm werden sowohl ***neuronal*** als auch ***humoral*** reguliert. Die Submukosa enthält reichlich Chemo- und Mechanosensoren, die auf Änderungen der Zusammensetzung des Darminhalts (Aminosäurenkonzentration, pH, u. a.) bzw. Berührung reagieren. Über lokale Reflexe werden Efferenzen zu den Drüsenzellen aktiviert (Abb. 38.21). Diese Fasern sind entweder cholinerg oder NANC-Neurone mit VIP als Neurotransmitter. Sie stimulieren – neben den Epithelzellen – glatte Muskelzellen, Immun- und Abwehrzellen, endokrine und parakrine Zellen sowie kleine Blutgefäße. Diese Vielzahl an Zielzellen erklärt die verschiedenartigen Regulationsmöglichkeiten der Darmsekretion.

Entzündungsmediatoren (Zytokine, Histamin, Serotonin, Prostaglandin E_2, Leukotriene, Bradykinin u. a.), ***gastrointestinale Hormone*** (Sekretin, Gastrin und CCK)

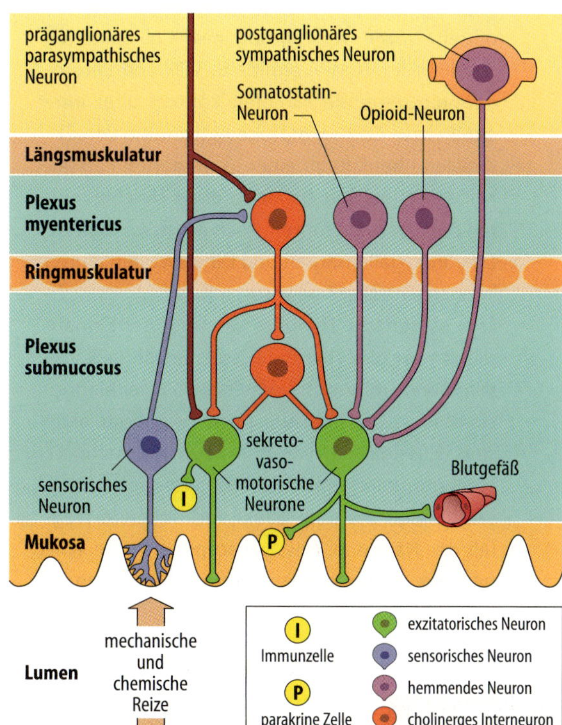

Abb. 38.21. Modell der neuronalen Regulation der Dünndarmsekretion. Die sekreto-vasomotorischen Neurone des Plexus submucosus aktivieren neben Drüsenzellen, glatte Muskelzellen kleiner Gefäße, Immun- und Abwehrzellen sowie endokrine und parakrine Zellen. Efferente Neurone des Plexus myentericus mit Somatostatin oder Opioiden als Neurotransmitter und der Sympathikus hemmen, der N. vagus aktiviert die exzitatorischen Neurone des Plexus submucosus. Nach Sellin in Sleisenger u. Fordtran (1993)

und ***Neurotransmitter*** (VIP, Substanz P, Neurotensin) steigern die Sekretionsleistung der Darmdrüsen. Der N. vagus bzw. Azetylcholin wirken ebenfalls sekretionssteigernd. Efferente Neurone des Plexus myentericus mit Somatostatin oder Opioiden als Neurotransmitter und Aktivierung postganglionärer sympathischer Fasern bzw. Noradrenalin üben einen hemmenden Einfluss auf die exzitatorischen Neurone des Plexus submucosus und damit auf die Sekretion aus.

38.10. Diarrhoe

Als Diarrhoe (Durchfall) wird die gehäufte Entleerung (> 3/Tag) dünnflüssiger Stühle bezeichnet. Häufigste Formen sind die sekretorische und die osmotische Diarrhoe. Extreme Durchfälle können infolge größerer Flüssigkeits-, Elektrolyt- und HCO_3^- -Verluste einen hypovolämischen Schock bzw. eine nicht-respiratorische Azidose auslösen.

- Bei der sekretorischen Diarrhoe steigern bakterielle Gifte über eine Aktivierung von Cl^--Kanälen die Chloridsekretion so stark, dass z. T. lebensbedrohliche Durchfälle auftreten. Zu den bekanntesten Giften zählen die Toxine von Cholera-Vibrionen und Salmonellen (Wirkung cAMP-vermittelt) sowie von pathogenen Coli-Bakterien (cAMP- oder cGMP-vermittelt). VIP- und Serotonin-produzierende Tumoren können über eine cAMP- bzw. Ca^{2+}-vermittelte Aktivierung von Cl^--Kanälen ebenfalls zu einer gesteigerten Flüssigkeitssekretion und damit zu einer beschleunigten Darmpassage führen. Auch nicht-konjugierte Dihydroxygallensäuren und Dihydroxyfettsäuren können eine Diarrhoe verursachen.
- Eine osmotische Diarrhoe kann auf der Einnahme schwer absorbierbarer Substanzen (z. B. bestimmter Abführmittel, wie Sorbitol oder Magnesiumsalze), die im Dünndarm osmotisch aktiv sind (Flüssigkeitseinstrom ins Lumen), beruhen. Weiterhin kann eine Malabsorption von Monosacchariden mit dem damit verbundenen Wegfall der Na^+- und Wasserabsorption sowie eine gestörte Absorption langkettiger Fettsäuren zu Durchfällen führen.

In Kürze

Dünndarm

Im Dünndarm erfolgt eine Durchmischung des Inhalts mit den Verdauungssekreten durch rhythmische Segmentationen, Pendelbewegungen und stempelartige Zottenkontraktionen. Propulsive Peristaltik verlagert den Darminhalt in aboraler Richtung.

Gesteuert werden diese Aktivitäten vor allem durch die Schrittmacher-Automatie und durch das enterische Nervensystem. Parasympathikus und Sympathikus greifen nur modifizierend ein.

Dünndarmsekret

Die Dünndarmmukosa produziert täglich 2,5–3 l Sekret:

- Die von den Becherzellen und Brunner-Drüsen gebildeten Muzine haben vor allem Schutzfunktionen.
- Brunner-Drüsen produzieren ein bikarbonatreiches alkalisches Sekret.
- Die Hauptzellen der Dünndarmkrypten sezernieren eine enzymfreie, plasmaisotone NaCl-Lösung.

Die Sekretion wird durch lokale Reflexe über Efferenzen des enterischen Nervensystems zu den Drüsenzellen aktiviert. An der Sekretionssteuerung sind gastrointestinale Hormone, Neurotransmitter und das vegetative Nervensystem beteiligt.

38.8 Kolon und Rektum

Kolonmotilität

Im Kolon wird der Darminhalt durchmischt, eingedickt und gespeichert; 3–4 mal täglich auftretende, propulsive Massenbewegungen können mit Stuhldrang und Stuhlentleerung verbunden sein

Mischbewegungen. Die Hauptkomponenten der Motilität des 1,2–1,5 m langen Kolons sind ***nicht-propulsiv***. Hieraus ergeben sich ***lange Transitzeiten***, die erhebliche intra- und interindividuelle Unterschiede aufweisen. Je nach Nahrungszusammensetzung oder psychischem Zustand beträgt die durchschnittliche Passagezeit bei gesunden Erwachsenen etwa 20–35 h (mit Schwankungen zwischen 5 und 70 h, ▶ s. Kap. 38.2). Frauen weisen im Mittel eine ca. 35 % längere Transitzeit auf als Männer. Dabei ist es durchaus möglich, dass ein Marker, der für die Messung verwandt wurde, oder unverdaute Nahrungspartikel, die im Zentralstrom des Kolon weitertransportiert werden, schon wenige Stunden nach Aufnahme im Stuhl erscheinen, während andere in Haustren (▶ s. u.) liegen bleiben und erst nach einer Woche oder noch später ausgeschieden werden.

Die häufigsten Bewegungsformen im Kolon sind ***Segmentationen***, die den Darminhalt durchmischen. Sie beruhen auf der Schrittmacher-Automatie (*Slow Waves*, ▶ s. Kap. 38.2). Im Gegensatz zum Dünndarm haben Letztere ihre niedrigste Frequenz am Beginn des Kolons (ca. 4/min) und erreichen ihr Maximum im Zäkum (ca. 6/min). Die Schrittmacherzone liegt demnach im mittleren Abschnitt des Dickdarms, von dem aus Kontraktionswellen der Ringmuskulatur sowohl rückwärts (»Antiperistaltik«) als auch in aboraler Richtung verlaufen. Hierdurch wird der Darminhalt im Zäkum und im Colon ascendens längere Zeit zurückgehalten und eingedickt ***(Reservoirfunktion)***.

Die Segmentationen führen zu ringförmigen Einschnürungen und, zusammen mit dem ständig erhöhten Tonus der drei bandartigen Längsmuskelstreifen (Taenien), zu Aussackungen der Darmwand (Haustren). Motilitätssteigernd wirken cholinerge parasympathische Efferenzen, hemmend dagegen NANC-Neurone mit den Transmittern VIP, NO und ATP. In den ***Haustren*** bleibt der Inhalt über einen längeren Zeitraum liegen, so dass eine ausreichende Absorption von Elektrolyten, Wasser und kurzkettigen Fettsäuren aus dem bakteriellen Kohlenhydratabbau sowie ein bakterieller Aufschluss nicht absorbierbarer oder nicht absorbierter Nahrungsbestandteile gewährleistet wird. Die Ringmuskelkontraktionen bleiben lange Zeit an derselben Stelle bestehen, so dass der Eindruck entsteht, es handele sich um präformierte Strukturen. Sie setzen dem Koloninhalt einen Widerstand entgegen, der eine zu schnelle Passage ins Rektum verhindert. Verschwinden sie und treten in benachbarten Bereichen wieder auf, wird dadurch der Inhalt kräftig durchmischt.

Bei (pathologisch) herabgesetzter segmentaler Kontraktion, d.h. beim Fehlen des Widerstandes der ringförmigen Kontraktionen, läuft der flüssige Inhalt vom Zäkum bis zum Rektum und verursacht Durchfälle (sog. ***vegetativ-funktionelle Diarrhoe*** durch gesteigerten Sympathikustonus bei Angst, Furcht oder Stress).

Propulsionsbewegungen. Peristaltische Wellen sind im Kolon selten. Dafür treten, insbesondere nach den Mahlzeiten, ***propulsive Massenbewegungen*** auf, die für den Transport des Darminhalts vom proximalen Kolon bis ins Rektosigmoid verantwortlich sind. Die Massenbewegungen beginnen mit dem Sistieren der Segmentationen und einer Taenien-Erschlaffung. Anschließend startet die Kontraktionswelle proximal auf einem relativ langen Kolonabschnitt von ca. 50 cm und setzt sich analwärts fort, wobei die lokale Ausdehnung der Druckwelle auf etwa 20 cm sowie auch deren Dauer abnimmt. Hierdurch werden beträchtliche Stuhlmengen durch die aboral relaxierten Abschnitte verschoben. Solche Bewegungen treten durchschnittlich 3–4 mal täglich auf und können mit Stuhldrang und ggf. nachfolgender Stuhlentleerung verbunden sein (▶ s.u.). Sie treten nachts nicht auf, wohl aber morgens nach dem Aufstehen und häufig nach dem Essen. Dies hat zur Bezeichnung »gastrokolischer Reflex« geführt, eine Beschreibung, die irreführend ist, da diese Bewegungsform nicht vom Magen aus gesteuert wird. Die Massenbewegungen starten bevorzugt im Querkolon nach Aufnahme energiereicher Nahrungsmittel (vor allem Fett) und treten bei erhöhten Plasmakonzentrationen von CCK auf.

Die propulsiven Massenbewegungen stehen wahrscheinlich unter der Kontrolle des ***autonomen Nervensystems.*** Cholinerge parasympathische Efferenzen des N. vagus bzw. aus dem Plexus sacralis sind möglicherweise für das Auslösen der Massenbewegungen verantwortlich. Für die vorauslaufende Erschlaffungswelle sind – unter Vermittlung des ***enterischen Nervensystems*** – NANC-Neurone bzw. deren Transmitter (VIP, NO, ATP) zuständig.

Im Gegensatz zum Dünndarm gibt es im Kolon keinen wandernden myoelektrischen Motorkomplex in der interdigestiven Phase.

Darmkontinenz und Defäkation. Tritt im Rahmen einer Massenbewegung Stuhl in das als »Speicher« wirkende und von zwei Sphinkteren nach außen verschlossene Rektum ein, werden Dehnungssensoren in der anorektalen Darmwand erregt, welche – über einen lokalen Reflex – efferente NANC-Neurone des enterischen Nervensystems aktivieren. Letztere bewirken eine Relaxierung des ***M. sphincter ani internus***, dessen hoher Ruhetonus durch sympathische α_1-adrenerge Einflüsse aufrechterhalten wird. Beim Eintreten kleiner Stuhlmassen in den oberen Analkanal wird der Inhalt als Gas oder Stuhl von normaler Konsistenz identifiziert und gleichzeitig der Reflextonus des ***M. sphincter ani externus*** um 15–20 mm Hg erhöht, wodurch das Gefühl des ***Stuhldrangs*** entsteht. Bei flüssigem Darminhalt ist die erwähnte Diskriminierungsmöglichkeit erheblich eingeschränkt.

Der Stuhldrang lässt sich willentlich unterdrücken. In diesem Fall kontrahiert der innere Sphinkter wieder und das Rektum passt sich an den vermehrten Inhalt an (max. Füllung etwa 2 l).

38.11. Obstipation

Unter einer Obstipation (Verstopfung) versteht man die verzögerte (< 3/Woche) Entleerung von hartem Stuhl. Als Ursachen kommen u.a. in Betracht:

- diätetische Faktoren (ballaststoffarme Kost),
- Steigerung der Segmentationen beim sog. spastischen Kolon (»Reizdarm-Syndrom«),
- hormonale Störungen (z.B. Hypothyreose, ▶ s. Kap. 21.3),
- Arzneimittel (z.B. Opiate),
- neurogene Störungen (z.B. Fehlen der intramuralen Ganglienzellen im Rektum beim M. Hirschsprung),
- entzündliche Darmerkrankungen (z.B. M. Crohn),
- mechanische Faktoren (z.B. Schwangerschaft).

Als Symptome werden von den Betroffenen Druckgefühl, Blähungen und Schmerzen angegeben.

Der Sphincter ani externus wird erst entspannt, wenn bewusst eine Defäkation erfolgen soll. Diese tritt ein bei Erschlaffung beider Schließmuskeln, der Beckenbodenmuskulatur und gleichzeitiger reflektorischer Kontraktion des Rektosigmoids. Unterstützt wird die Defäkation durch die willentliche Steigerung des intraabdominellen Drucks (Bauchpresse) und Hockstellung (Begradigung des ano-rektalen Winkels).

Die ***tägliche Stuhlmenge*** beträgt bei ausgewogener europäischer Kost 100–150 g. Sie wird – wie die Passagezeit – durch die Zusammensetzung der Kost beeinflusst und kann bei sehr faserstoffreicher Nahrung bis auf 500 g ansteigen. Die ***Defäkationsfrequenz*** kann zwischen 3 Stühlen/Tag und 3 Stühlen/Woche schwanken.

Dickdarmsekretion, gastrointestinales pH-Profil

Die Dickdarmmukosa produziert kleine Volumina eines alkalischen, muzinreichen Sekrets, das zur Neutralisation des Dickdarminhalts beiträgt

Sekretbildung. Die im Oberflächenepithel des Dickdarms stattfindende Absorption übersteigt die in den Krypten lokalisierte Sekretion bei weitem. Die Kolonmukosa produziert normalerweise nur kleinere Volumina einer plasmaisotonen, muzin-, HCO_3^-- und K^+-reichen, alkalischen Flüssigkeit. Sekretionssteigernd wirken aus dem Dünndarm ins Kolon gelangte Dihydroxygallensäuren sowie VIP, langkettige Fettsäuren, bakterielle Enterotoxine und einige Leukotriene.

Die HCO_3^--Sekretion ins Lumen erfolgt – wie in den Brunner-Drüsen (▶ s. Kap. 38.7), im Pankreasgangepithel (▶ s. Kap. 38.5) und den Gallenwegen (▶ s. Kap. 38.6) – über einen HCO_3^-/Cl^--Austauscher. Das von den Epithelzellen der Krypten sezernierte K^+ gelangt im proximalen Kolon bevorzugt über einen luminalen K^+-Kanal, im distalen Kolon vor allem auf parazellulärem Weg ins Lumen. Die Intensität dieser Sekretionsvorgänge nimmt vom proximalen zum distalen Kolon hin deutlich ab.

▪▪▪ **pH-Profil im Magen-Darm-Trakt.** Das pH-Profil des Gastrointestinaltrakts unterliegt großen Schwankungen und ist den jeweiligen Funktionen der einzelnen Abschnitte angepasst.

Das Nüchternsekret des Magens ist leicht alkalisch. Gelangt Nahrung in den Magen und wird dabei die Sekretion maximal stimuliert, kann der pH-Wert des Magensaftes bis auf etwa 1 abfallen. Beim Eintritt ins Duodenum erfolgt durch eine Vermischung mit dem alkalischen Pankreassekret (pH 8,2) und der neutralen bis schwach alkalischen Galle ein pH-Sprung auf fast neutrale Werte. Im Verlauf der weiteren Dünndarmpassage steigt der pH-Wert langsam an, um im Ileum einen mittleren Wert von 7,5 zu erreichen. Dieser Anstieg beruht auf der HCO_3^--Sekretion der Enterozyten im Austausch gegen Cl^- (▶ s. S. 54). Der Eintritt ins Zäkum ist von einem pH-Abfall auf pH 6,4 begleitet. Im Kolon steigt der pH-Wert wieder an. Der Rektuminhalt und die ausgeschiedenen Fäzes sind im Mittel neutral.

In Kürze

Kolon und Rektum

Die Hauptkomponenten der Kolonmotilität sind nicht-propulsiv. Hieraus ergeben sich relativ lange Passagezeiten.
Segmentationen beruhen auf der Schrittmacher-Automatie. Sie sind für die Durchmischung und indirekt auch für die Eindickung des Darminhalts verantwortlich.
Nach Mahlzeiten treten propulsive Massenbewegungen auf, die den Darminhalt vom Colon transversum ins Rektosigmoid verlagern. Sie stehen unter der Kontrolle des autonomen Nervensystems. Als Schaltstelle dient das enterische Nervensystem.
Stuhldrang und Defäkation werden über Aktivitäten des enterischen Nervensystems, vegetative und somatische Efferenzen gesteuert.

38.9 Absorption von Elektrolyten, Wasser, Vitaminen und Eisen

Darmmukosa

Der Dünndarm ist der Hauptort für die Absorption von Elektrolyten, Wasser, Endprodukten der Verdauung und Mikronährstoffen (Vitamine, Spurenelemente)

Oberflächenvergrößerung. Die für den Absorptionsprozess erforderliche ***große Oberfläche*** ist im ***Dünndarm*** durch die Ausbildung von Falten und Zotten gewährleistet. ◘ Abbildung 38.22 zeigt, wie sich die absorbierende Oberfläche vom zylindrischen Rohr über die zirkulären Kerckring-Falten, die Zotten (Villi) bis zu den Mikrovilli um den Faktor 600 vergrößert, so dass die Oberfläche schließlich etwa 200 m^2 beträgt.

Aufbau der Dünndarmmukosa. Die funktionelle Einheit, bestehend aus ***Zotte*** und ***Krypte*** mit den begleitenden und angrenzenden Strukturen, ist in ◘ Abb. 38.23 wiedergegeben. Das Dünndarmepithel gehört zu den Geweben mit der höchsten Teilungs- und Umsatzrate im Körper. Die noch undifferenzierten Zylinderzellen wandern vom ***Regenerationszentrum*** in den Krypten (mit ***pluripotenten somatischen Stammzellen***) in 24–36 h zur Zottenspitze. Sie reifen auf diesem Wege, entwickeln dabei die für die Verdauung und Absorption spezifischen Enzyme und Transportsysteme (Kanäle, Carrier, Pumpen) und werden so zu den absorbierenden ***Enterozyten*** des Dünndarms:

- Die Absorption der Nahrungsbestandteile findet vorwiegend in der ***Zottenspitze*** statt,
- die sekretorischen Aktivitäten sind in den ***Krypten*** lokalisiert.

Nach 3–5 Tagen gehen die Zellen an der Zottenspitze durch Apoptose zugrunde, werden abgestoßen und durch

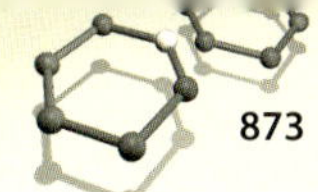

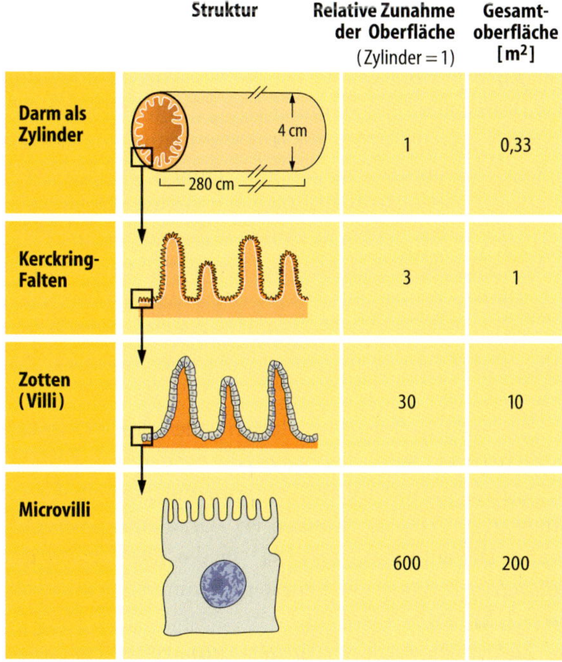

■ **Abb. 38.22. Vergrößerung der Schleimhautoberfläche durch spezielle morphologische Strukturen**

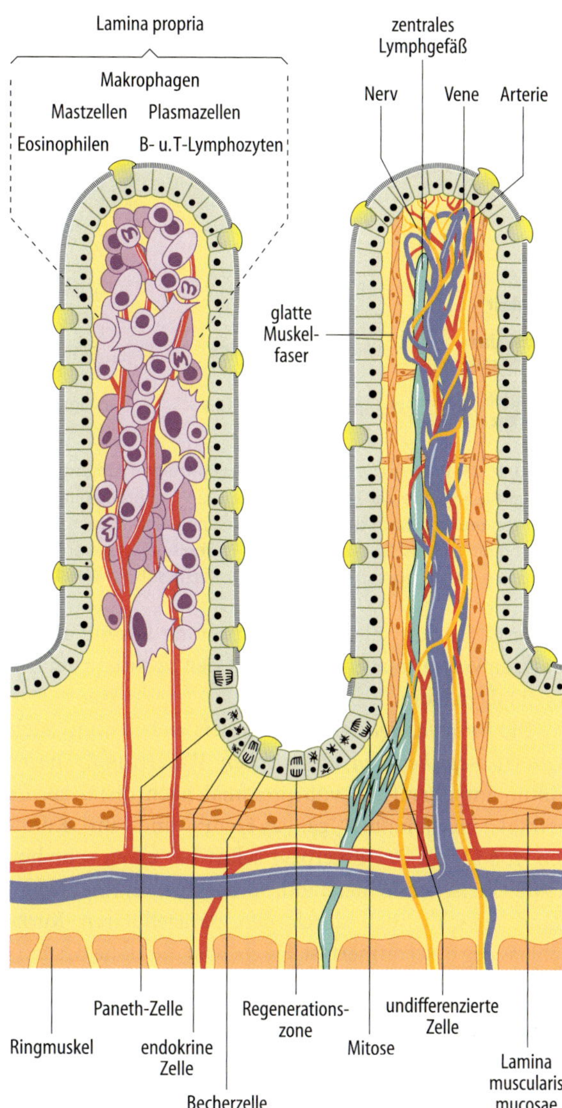

■ **Abb. 38.23. Querschnitt durch 2 Dünndarmzotten und eine Krypte.** Dargestellt sind die verschiedenen Zelltypen der Mukosa und die Strukturen im Inneren der Zotten

neue ersetzt. In diesem Zeitraum erneuert sich somit die gesamte Darmoberfläche.

Außer den Enterozyten enthält die Dünndarmschleimhaut noch schleimbildende ***Becherzellen*** und verschiedene endokrine Zellen (z. B. *Amine Precursor Uptake and Decarboxylation Cells*, sog. ***APUD-Zellen***, die u. a. Serotonin bilden). Die ***M-Zellen*** gehören zum Darmassoziierten Lymphgewebe. Auch die ***Paneth-Zellen*** an der Kryptenbasis beteiligen sich an der Abwehr (Bildung von Lysozym und Defensinen, ▶ s. Kap. 24.1).

▪▪▪ **Durchblutung.** Eine weitere Voraussetzung für eine effiziente Absorption im Dünndarm ist ein adäquater Abtransport der absorbierten Substanzen mit dem Blutstrom. Erforderlich hierfür ist eine relativ **hohe Durchblutung** und deren Regulation in der digestiven Phase. In Verdauungsruhe beträgt die Durchblutung 0,3–0,5 ml × g^{-1} × min^{-1}. In der Darmwand verteilt sich das Blut zu ca. 75 % auf die Schleimhaut, zu etwa 5 % auf die Submukosa und ca. 20 % auf die Muscularis propria. Nach dem Essen steigt die Durchblutung des Darms – abhängig von der Zusammensetzung und dem Volumen der Mahlzeit – um das 3 bis 5-fache an. Hierbei wird vor allem die Schleimhautdurchblutung jenes Segments vermehrt mit Blut versorgt, das gerade den Hauptanteil des Darminhalts enthält. Der Anteil der Schleimhautdurchblutung nimmt unter diesen Bedingungen von 75 auf 90 % zu. An dieser Regulation sind wahrscheinlich CCK, VIP, NANC-Neurone und lokale Metabolite (z. B. Adenosin) beteiligt.

Funktionelle Eigenschaften des Darmepithels. Im oberen Dünndarm verlaufen bis zu 90 % des Stofftransports nicht durch die Enterozyten hindurch (transzellulär), sondern über den parazellulären Weg durch passive Transportmechanismen infolge osmotischer, hydrostatischer oder elektrochemischer Gradienten (▶ vgl. Kap. 3.3). Die Fähigkeit von Substanzen, das Epithel über den parazellulären Weg zu passieren, wird als ***passive Permeabilität*** bezeichnet.

Parazelluläre Permeabilität. Die ***Durchlässigkeit der Schlussleisten*** nimmt im Intestinaltrakt von proximal nach distal hin ab (■ Abb. 38.24). Das Jejunum ist permeabel für Teilchen mit einem Durchmesser von maximal 0,8 nm, die Werte für das Ileum betragen ca. 0,4 nm und für das Kolon 0,22–0,25 nm. Aufgrund der relativ großen Leckheit im Dünndarm ist mit einem effizienten Wassereinstrom aus dem Darmlumen in den Interzellularspalt zwischen den Enterozyten zu rechnen. So kann den transportierten Soluten stets so viel Wasser osmotisch folgen, dass eine plasmaisotone Absorption resultiert. Dagegen ist der Wassereinstrom in die Schleimhaut des Kolons bedeutend geringer. Im Kolon wird deshalb eine

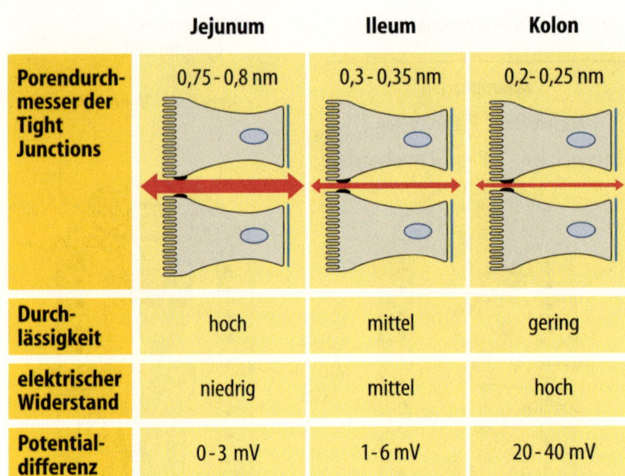

Abb. 38.24. Passive Durchlässigkeit des Epithels in Abhängigkeit von der Porengröße der Tight Junctions. Die Porengröße nimmt im Darm von proximal nach distal ab; die transepitheliale Potentialdifferenz und der elektrische Widerstand des Epithels nehmen von proximal nach distal dagegen zu. Nach Chang u. Rao in Johnson (1994)

im Vergleich zum Blutplasma hypertone Lösung absorbiert, da Wasser nur eingeschränkt den absorbierten Soluten folgen kann.

Die ***Durchlässigkeit*** der Schlussleisten bestimmt auch den ***transepithelialen elektrischen Widerstand.*** Dieser nimmt im Darmtrakt von proximal nach distal zu. Er beträgt im Jejunum ca. 25 Ωcm^2 und im Kolon 100–200 Ωcm^2. Der Enterozyt selbst hat einen sehr hohen elektrischen Widerstand, so dass der Epithelwiderstand ausschließlich durch den parazellulären Kurzschlussweg determiniert ist. Folglich ist die Höhe des Epithelwiderstandes umgekehrt proportional zur Leckheit der *Tight Junctions* (Abb. 38.24).

Transepitheliale Potentialdifferenz. Im Dünn- und Dickdarm tritt eine transepitheliale Potentialdifferenz auf, die an beiden Seiten des Epithels abgegriffen werden kann ***(Transportpotential).*** Das Potential wird hauptsächlich durch den ***Na^+-Transport*** von der Lumen- zur Serosaseite aufrechterhalten. Entsprechend der Richtung des Na^+-Transports ist die Serosaseite, bezogen auf die luminale Seite des Epithels, positiv geladen. Die transepitheliale Potentialdifferenz nimmt von oral (Duodenum: 3 mV) nach aboral hin – wegen der abnehmenden parazellulären Leitfähigkeit) – zu (Rektosigmoid: 40 mV).

Absorption von einwertigen Ionen und Wasser

Die treibende Kraft für die meisten intestinalen Absorptionsprozesse ist der transzelluläre Na^+-Transport, die Absorption von K^+, Cl^- und HCO_3^- erfolgt hauptsächlich durch passiven Transport; der Wasserstrom folgt dem osmotischen Gradienten

Die Transportmechanismen des Darmepithels unterscheiden sich nicht wesentlich von denen anderer Epithelien. Aus diesem Grund wird auf die ausführliche Darstellung dieser Mechanismen in ► Kap. 3.4 verwiesen.

Na^+-Absorption. Der Na^+-Transport ist für die Funktion des Dünndarms von zentraler Bedeutung. Na^+ ist hauptsächlich verantwortlich für die Ausbildung von elektrischen und osmotischen Gradienten und ist am gekoppelten Transport anderer Substanzen beteiligt. Die Na^+-Absorption ist sehr effizient. Von den täglich mit der Nahrung aufgenommenen 100–200 mmol Na^+ und den mit den Sekreten sezernierten weiteren 600 mmol verlassen nur 5 mmol den Körper im Stuhl. Der größte Teil wird im Dünndarm absorbiert (ca. 85 %), der Rest (etwa 15 %) im Kolon.

Bei den verschiedenen Mechanismen des Na^+-Transports in den Enterozyten ist stets die basolaterale ***Na^+/K^+-ATPase*** die primär-aktive, antreibende Pumpe, da sie einen in die Zelle gerichteten Na^+-Gradienten aufrechterhält. Die Aufnahme von Na^+ in die ***Enterozyten des Dünndarms*** über die Bürstensaummembran erfolgt (► vgl. Tabelle 38.6):

- ***elektroneutral*** durch ***Na^+/H^+-Antiport*** (im Jejunum),
- ***elektroneutral*** (Nettoaufnahme von Na^+ und Cl^-) unter Mitwirkung gekoppelter ***Na^+/H^+-Antiporter*** und ***HCO_3^-/Cl^--Antiporter*** (interdigestiv im Ileum) (► s. Abb. 3.6, S. 54) und
- im ***elektrogenen Symport*** (vor allem postprandial); in der Bürstensaummembran sind verschiedene ***Na^+,Substrat-Symporter*** lokalisiert. Von diesen wird die Energie des Na^+-Gradienten (≈140 mmol/l luminal vs. 15 mmol/l intrazellulär) in Form eines sekundär-aktiven Flusskopplungsmechanismus für die Anreicherung eines Substrats in der Zelle genutzt (► s. Abb. 3.3, S. 50). Die aufgenommenen Substrate gelangen an der basolateralen Membran durch erleichterte Diffusion ins Interstitium. Außer Glukose, Galaktose, verschiedenen Aminosäuren, Phosphat, Sulfat und Gallensäuren nutzen auch einige wasserlösliche Vitamine diesen Transportmechanismus (► vgl. Tabelle 38.6).

Aufgrund der hohen Permeabilität der Schlussleisten im oberen Dünndarm erfolgen in der interdigestiven Phase 85 % der Na^+-Absorption ***passiv*** und zwar parazellulär durch *Solvent Drag* (Konvektion, ► s. Kap. 3.3); nur 15 % werden durch die oben geschilderten Mechanismen transportiert. Nach einer Mahlzeit werden nur noch ca. 40 % passiv, der Rest sekundär-aktiv absorbiert.

Im ***Kolon*** sind die Schlussleisten etwa 3–4 mal dichter, so dass die transzelluläre Aufnahme dominiert. Na^+ gelangt im proximalen Kolon vor allem sekundär-aktiv über einen gekoppelten ***Na^+/H^+- und HCO_3^-/Cl^--Antiport***, im distalen Kolon wie im Sammelrohr der Niere elektrogen über ***Na^+-Kanäle*** in die Zelle. ***Aldosteron*** stimuliert die Na^+-Absorption im Kolon, da es die Zahl der (durch Amilorid hemmbaren) Na^+-Kanäle erhöht und die Aktivität der basolateralen Na^+/K^+-ATPase steigert. Die Net-

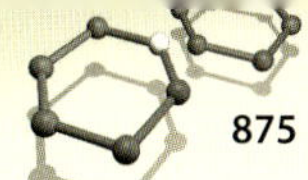

Tabelle 38.6. Wichtige transzelluläre Absorptionsmechanismen im Darm

	luminale Membran	basolaterale Membran	Hauptabsorptionsort
Monosaccharide			
Glukose, Galaktose	Na^+-Symporter (SGLT-1)	erleichterte Diffusion (GLUT-2)	oberer Dünndarm
Fruktose	erleichterte Diffusion (GLUT-5)		
Proteolyseprodukte			
Tri- und Dipeptide	H^+-Symporter	H^+-Symporter	oberer Dünndarm
kationische AA, Zystin	Antiporter	Antiporter	
neutrale u. anionische AA, Iminosäuren, β-Aminosäuren	Na^+-Symporter	Antiporter, erleichterte Diffusion	
Lipolyseprodukte			
kurz-, mittelkettige FFA, Glycerol	Diffusion	Exozytose (in Chylomikronen)	oberer Dünndarm
langkettige FFA, Cholesterol, Monoacylglycerol	erleichterte Diffusion, Diffusion, Flip/Flop		
Gallensäuren	Na^+-Symporter	Na^+-Symporter, Anionenaustauscher, primär-aktiver Transport	Ileum
Elektrolyte			
Na^+	Na^+,Substrat-Symporter	Na^+/K^+-ATPase	Jejunum[1]
	Na^+/H^+-Antiporter		Ileum, proximaler Dickdarm
	Na^+-Kanäle		distaler Dickdarm
K^+	H^+/K^+-ATPase	K^+-Kanäle	distaler Dickdarm[2]
Cl^-	HCO_3^-/Cl^- – Antiporter	Cl^- -Kanäle	Ileum, Dickdarm[2]
HCO_3^-	CO_2-Diffusion in die Zelle	HCO_3^-/Cl^--Antiporter, Na^+,HCO_3^--Symporter	Jejunum
Ca^{2+}	Ca^{2+}-Kanäle	Ca^{2+}-ATPase, Ca^{2+}/Na^+-Antiporter	Duodenum[3]
Mg^{2+}	erleichterte Diffusion	?	gesamter Dünndarm
HPO_4^{2-}, $H_2PO_4^-$	Na^+,Phosphat-Symporter	Phosphat-Kanäle (?)	oberer Dünndarm
Eisen			
Fe^{2+}	Fe^{2+},H^+-Symporter	Carrier-vermittelt (Ferroportin)	Duodenum
Häm	Endozytose		
wasserlösliche Vitamine			
C, Biotin, Pantothensäure	Na^+-Symporter	Carrier-vermittelt	oberer Dünndarm[4]
Niacin	Na^+-Symporter	?	
Folsäure	$Folat^-/OH^-$ -Antiporter, Carrier-vermittelt	Carrier-vermittelt	oberer Dünndarm[4]
B_{12}	rezeptorvermittelte Endozytose	Exozytose	Ileum
B_1, B_2, B_6	Carrier-vermittelt	Carrier-vermittelt	oberer Dünndarm
fettlösliche Vitamine			
A (Retinol), D, E, K_2 (in Mizellen)	Diffusion	Exozytose (in Chylomikronen)	oberer Dünndarm

AA: Aminosäuren, *FFA:* freie Fettsäuren, [1] Absorption im oberen Dünndarm in der interdigestiven Phase vorrangig passiv durch *Solvent Drag,* [2] Absorption im oberen Dünndarm vorrangig parazellulär durch Diffusion und *Solvent Drag,* [3] bei niedrigem Ca^{2+}-Angebot; bei hohem Angebot überwiegt die passive parazelluläre Aufnahme im Dünndarm, [4] bei höheren Konzentrationen erfolgt die Absorption auch parazellulär durch Diffusion

toaufnahme von Na^+ und Cl^- im Ileum und proximalen Kolon wird durch Toxine pathogener Colibakterien gehemmt.

Absorption von K^+ und Cl^-. Die ***K^+-Absorption*** im Jejunum und Ileum erfolgt im Wesentlichen durch ***Solvent Drag*** auf parazellulärem Weg aus dem Lumen ins Interstitium. Im Kolon wird das von den Epithelzellen der Krypten sezernierte K^+ teilweise von den Oberflächenepithelien wieder absorbiert, vor allem bei K^+-Mangelzuständen. Die Absorption erfolgt über eine primär-aktive luminale ***H^+/K^+-ATPase*** (▶ vgl. Protonenpumpe in den Belegzellen des Magens, ▶ s. Kap. 38.4).

Die ***Cl^--Absorption*** im oberen Dünndarm erfolgt überwiegend passiv über die Tight Junctions oder auch transzellulär über Cl^--Kanäle aufgrund der ***transepithelialen Potentialdifferenz.*** Im Ileum und im Kolon mit seinen dichteren Schlussleisten wird Cl^- nur noch teilweise parazellulär aufgenommen. Es wird hier bevorzugt über einen sekundär-aktiven ***HCO_3^-/Cl^--Antiporter*** transportiert. Das gleichzeitig sezernierte HCO_3^- dient der Pufferung von H^+ aus kurzkettigen organischen Säuren (vor allem Fettsäuren), die beim bakteriellen Abbau unverdaulicher Kohlenhydrate entstehen.

Absorption von HCO_3^-. Bikarbonat-Ionen werden im Duodenum, Ileum und Kolon ins Darmlumen sezerniert. Im Jejunum findet dagegen eine ***HCO_3^--Absorption*** statt. Das aus der Nahrung stammende und das ins Dünndarmlumen sezernierte Bikarbonat (Sekrete des Pankreas und der Brunner-Drüsen, Galle) kann unter Einwirkung der in den Mikrovilli lokalisierten Carboanhydratase z. T. in CO_2 umgesetzt werden (▶ s. ■ Abb. 3.6, S. 54). Dadurch steigt der CO_2-Partialdruck im Lumen bis auf 300 mm Hg an, so dass CO_2 in die Zelle diffundiert. Im Enterozyten entsteht unter Einwirkung der Carboanhydratase erneut HCO_3^-, das anschließend basolateral über einen Na^+,HCO_3^--Symporter und/oder HCO_3^-/Cl^--Antiporter in die interstitielle Flüssigkeit transportiert wird.

Wasserabsorption. Durchschnittlich 9 l Flüssigkeit passieren täglich den Dünndarm. Davon stammen etwa 1,5 l aus der Nahrung und ca. 7,5 l aus den Sekreten der Drüsen und des Darms (▶ s. ■ Abb. 38.1). Über 85 % davon werden im Dünndarm absorbiert, etwa 55 % im Duodenum und Jejunum und 30 % im Ileum. Der Rest wird von der Dickdarmschleimhaut aufgenommen, so dass nur ca. 1 % (d. h. ca. 100 ml) den Darm mit dem Stuhl verlässt.

Die Wasserbewegung über die Schlussleisten (parazellulär) und durch Aquaporine (transzellulär) erfolgt nur im Zusammenhang mit dem Transport löslicher Substanzen, von Elektrolyten wie Nichtelektrolyten. Die Durchlässigkeit der Schleimhaut für Wasser und gelöste Substanzen ist im ***oberen Dünndarm*** relativ groß. Abweichungen der Osmolarität des Darminhalts von der des Plasmas werden daher im Duodenum in wenigen Minuten ausgeglichen. Anders als im Tubulusepithel der Niere kann das Dünndarmepithel keinen osmotischen Gradienten aufbauen. Daher strömt Wasser bei hyperosmolarem Inhalt ins Darmlumen, bei hypoosmolarem Inhalt wird es schnell absorbiert.

Im ***Kolon*** ist die Permeabilität deutlich kleiner als im oberen Dünndarm. Da die Darmbakterien zusätzlich osmotisch wirksame Substanzen bilden (z. B. kurzkettige organische Säuren), wird ein osmotischer Gradient zwischen der Schleimhaut und dem Darmlumen aufgebaut, und die Fäzes werden hyperosmolar (≈360 mosmol/l).

Absorption von Calcium, Magnesium und Phosphat

! Die Calcium- und Phosphatabsorption wird durch das D_3-Hormon (Calcitriol) gefördert; Eisen wird in zweiwertiger Form absorbiert

Calcium-Absorption. Etwa 1 g ***Calcium*** wird täglich vor allem in Form von Milch und Milchprodukten (z. B. Kasein im Käse) aufgenommen. Aus solchen Ca-Proteinaten werden bei saurem pH im Magen Ca^{2+}-Ionen freigesetzt, die lediglich zu etwa 30 % im oberen Dünndarm absorbiert werden; der Rest wird mit den Fäzes ausgeschieden.

Bei niedrigen Ca^{2+}-Konzentrationen im Darminhalt erfolgt die Absorption durch die Bürstensaummembran über ***Ca^{2+}-Kanäle*** ins Zytosol der Enterozyten im Duodenum. Im Zytosol wird Ca^{2+} an ein spezifisches Protein ***(Calbindin)*** gebunden, so dass die Konzentration freier Ca^{2+}-Ionen nicht ansteigt. Anschließend wird Ca^{2+} an die basolaterale Membran transportiert und durch eine ***Ca^{2+}-ATPase*** oder einen ***$3Na^+/Ca^{2+}$-Austauscher*** ins Interstitium gepumpt (▶ vgl. ■ Tabelle 38.6). D_3-Hormon (Calcitriol, ▶ s. Kap. 31.2) stimuliert die luminalen Ca^{2+}-Kanäle, die Synthese von Calbindin und die Aktivität der Ca^{2+}-ATPase. Parathormon fördert die D_3-Hormonbildung in der Niere und somit indirekt die Ca^{2+}-Absorption im Darm.

Bei hohen Ca^{2+}-Konzentrationen im Darminhalt wird Ca^{2+} auch passiv auf parazellulärem Weg aufgenommen. Die ***passive Absorption*** ist nicht auf das Duodenum beschränkt, sondern kann im gesamten Dünndarm stattfinden.

Absorption von Magnesium und Phosphat. Mit der Nahrung werden täglich 0,3–0,5 g ***Magnesium*** zugeführt. Hiervon werden etwa 40 % aufgenommen. Die Mg^{2+}-Absorption erfolgt im gesamten Dünndarm über luminale Carrier und durch parazellulären passiven Transport.

Etwa 1 g anorganisches ***Phosphat*** wird täglich im Dünndarm über ein Na^+,Phosphat-Cotransportsystem in der luminalen Membran (▶ s. Kap. 31.2) absorbiert. D_3-Hormon steigert die Aktivität dieses Transportsystems und fördert somit die Phosphataufnahme.

Absorption von Vitaminen und Eisen

Die wasserlöslichen Vitamine werden bei physiologischem Angebot vorrangig über Na^+-Symporter, die fettlöslichen Vitamine durch Diffusion in die Enterozyten aufgenommen; die Eisenresorption ist bedarfsgesteuert

Wasserlösliche Vitamine. Die ***Vitamine C, Biotin, Niacin*** und ***Pantothensäure*** werden bei physiologischem Angebot durch sekundär-aktive Na^+-Symportsysteme absorbiert (Abb. 38.25 B). ***Folsäure*** bzw. Folat gelangt (nach Hydrolyse des in der Nahrung vorliegenden Polyglutamylfolats durch eine Bürstensaumpeptidase in Monoglutamat) über einen $Folat^-/OH^-$-Antiporter oder Carrier-vermittelt in die Enterozyten. Die Absorption der Vitamine B_1, B_2 und B_6 erfolgt über spezifische Carrier. ***Vitamin B_{12}*** wird (gebunden an den Intrinsic-Faktor) durch rezeptorvermittelte Endozytose in die Ileumschleimhaut aufgenommen (Abb. 38.26).

Fettlösliche Vitamine. Die fettlöslichen Vitamine gelangen hauptsächlich durch Diffusion in die Enterozyten, verlassen diese nach Inkorporation in Chylomikronen (Abb. 38.30, S. 882) durch Exozytose auf der basolateralen Seite und werden an die Darmlymphe abgegeben (Abb. 38.28 D).

Eisenabsorption. In der täglichen Nahrung sind 10–20 mg Eisen enthalten, wovon etwa 5% (beim Mann) bzw. 10% (bei der Frau) absorbiert werden. Bei Eisenmangel (z. B. nach Blutverlust) können bis zu 25% des Nahrungseisens aufgenommen werden. Eisen aus Hämoglobin und Myoglobin des Fleisches wird leichter absorbiert als aus vegetarischer Kost, da es in Pflanzen oft

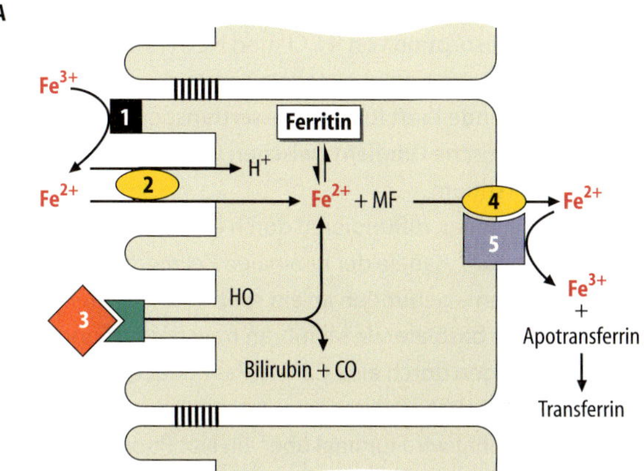

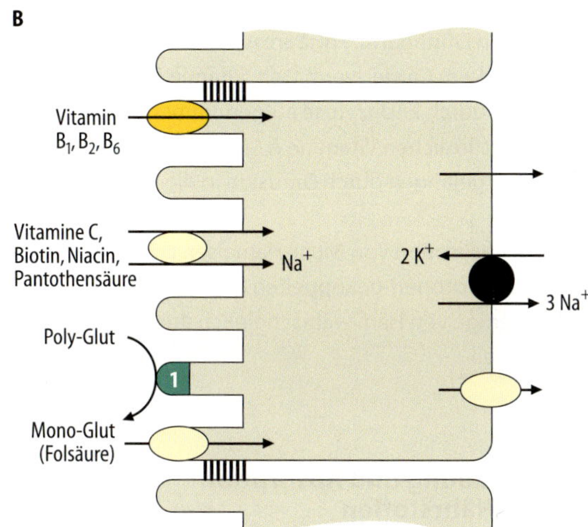

Abb. 38.25. Schematische Darstellung der Absorption von Eisen im Duodenum und von wasserlöslichen Vitaminen im oberen Dünndarm. A Die Absorption von Nicht-Hämeisen (Fe^{2+}) erfolgt bedarfsgesteuert über einen H^+-gekoppelten Metallionentransporter (2), diejenige von Häm (3) durch Endozytose. (1) Ferrireduktase, (4) Ferroporter, (5) Ferroxidase (= Hephaestin). *HO:* Hämoxigenase, *MF:* Mobilferrin. **B** Die Aufnahme der meisten wasserlöslichen Vitamine (C, Biotin, Pantothensäure, Niacin) erfolgt über sekundär-aktive Na^+-Symporter im oberen Dünndarm. Folsäure wird im oberen Dünndarm nach Hydrolyse von Polyglutamat (Poly-Glut) Carrier-vermittelt oder über einen $Folat^-/OH^-$-Austauscher, Vitamin B_1, B_2, B_6 Carrier-vermittelt aufgenommen. *1:* γ-Glutamylcarboxypeptidase, *Mono-Glut:* Monoglutamat

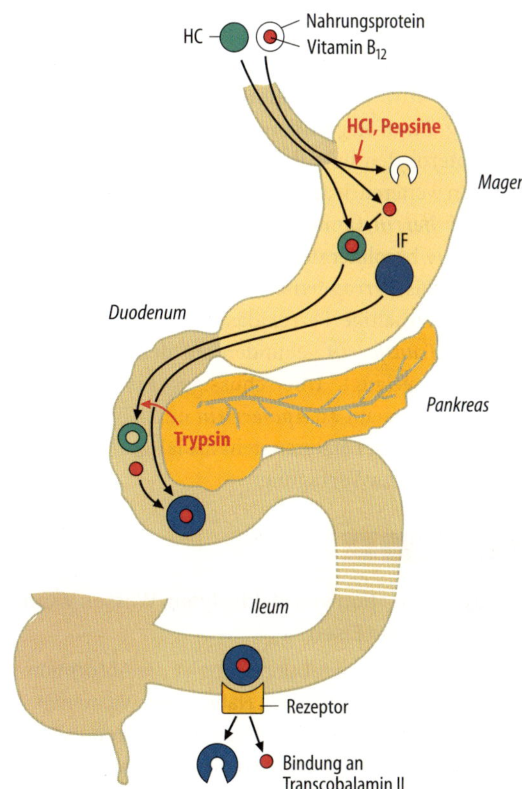

Abb. 38.26. Schematische Darstellung der Vitamin-B_{12}-Absorption. Vitamin B_{12} liegt in der Nahrung in freier Form oder an Proteine gebunden vor. Freies Vitamin B_{12} wird von Haptocorrinen (*HC;* R-Proteinen) des Speichels gebunden. An Nahrungsprotein gebundenes B_{12} wird im Magen durch HCl und Pepsine freigesetzt und anschließend ebenfalls an Haptocorrine gebunden. Trypsin setzt B_{12} aus diesem Komplex wieder frei; B_{12} wird dann vom Trypsin-resistenten Intrinsic-Faktor *(IF)* aufgenommen. Dieser B_{12}-IF-Komplex ist gegenüber Peptidasen stabil und gelangt ins Ileum, wo er über rezeptorgesteuerte Endozytose absorbiert wird. Vitamin B_{12} wird dann (gebunden an Transcobalamin II) an der basolateralen Membran durch Exozytose abgegeben

komplex gebunden ist (z. B. an Phytinsäure in Getreideprodukten, Oxalsäure oder Tannine).

Häm wird im gesamten Dünndarm vermutlich durch Endozytose absorbiert und deckt bei mitteleuropäischer Mischkost 20–35 % des Eisenbedarfs. Die Freisetzung des Eisens aus dem Porphyringerüst erfolgt durch eine ***Hämoxigenase*** in den Enterozyten (▶ s. ◘ Abb. 38.25 A).

Nicht-Hämeisen wird ausschließlich in der Ferro (Fe^{2+})-Form absorbiert. Da ein Großteil des Nahrungseisens in der Ferri (Fe^{3+})-Form vorliegt, muss es durch die Magensalzsäure erst aus der Nahrung freigesetzt und anschließend zur zweiwertigen Form reduziert werden. Hierzu dienen reduzierende Substanzen in der Nahrung (z. B. Vitamin C, Citrat, SH-Gruppen in Proteinen) sowie eine Ferrireduktase im Bürstensaum. Im sauren Milieu des Magens lagert sich Fe^{2+} an Muzin an, wodurch es gelöst und für die Absorption im Duodenum leicht verfügbar bleibt. Nicht-Hämeisen wird durch einen ***Fe^{2+}, H^+-Symporter*** (Typ DMT-1) der luminalen Zellmembran in die Enterozyten des Duodenum aufgenommen (◘ Abb. 38.25 A). Die Expression dieses Transporters, der neben Fe^{2+} auch andere essenzielle Spurenelemente (z. B. Zn^{2+}, Co^{2+}, Cu^{2+}, Mn^{2+}) befördert, wird durch Vermittlung von sog. ***Eisen-Regulationsproteinen*** an den Eisenstatus der Enterozyten bzw. des Gesamtorganismus angepasst. Für den weiteren Transport durch das Zytosol bindet Fe^{2+} an ***Mobilferrin*** (»mukosales Transferrin«). Den Export durch die basolaterale Membran vermittelt ein weiterer Carrier, das ***Ferroportin***. Fe^{2+} wird anschließend durch eine kupferhaltige Ferroxidase zu Fe^{3+} oxidiert, das an ***Plasma-Transferrin*** gebunden auf dem Blutweg zu den Zielzellen gelangt. Überschüssiges Eisen wird in der Darmschleimhaut an ***Apoferritin*** unter Bildung von ***Ferritin*** gebunden. Letzteres steht als langsam austauschbarer Speicher zur Verfügung.

In Kürze

Absorption von Elektrolyten, Wasser, Vitaminen und Eisen

Hauptaufgabe des Dünndarms ist die Absorption von Wasser, Elektrolyten, Nährstoffen, Vitaminen und Spurenelementen. Die hierfür erforderliche große Oberfläche ist durch die Ausbildung von Falten, Zotten und Mikrovilli gewährleistet. Erleichtert wird die Stoffaufnahme weiterhin durch eine relativ hohe Permeabilität des Dünndarmepithels. Sein elektrischer Widerstand und die transepitheliale Potentialdifferenz sind entsprechend niedrig. Im Gegensatz hierzu ist das Kolonepithel relativ undurchlässig, sein elektrischer Widerstand und das transepitheliale Potentialgefälle sind vergleichsweise hoch.

▼

Absorptionsmechanismen

Die Absorptionsprozesse beruhen auf unterschiedlichen Mechanismen:

- Die Na^+-Absorption stellt für die meisten intestinalen Transportprozesse die treibende Kraft dar. Primär angetrieben von der basolateralen Na^+/K^+-ATPase wird ein in die Zelle gerichteter Na^+-Gradient aufrechterhalten, der sekundär eine elektroneutrale Nettoaufnahme von Na^+ oder einen elektrogenen Cotransport durch die Bürstensaummembran unterhält. Daneben werden erhebliche Na^+-Mengen passiv auf parazellulärem Weg durch *Solvent Drag* aufgenommen.
- Die Absorption von K^+, Cl^- und HCO_3^- im oberen Dünndarm erfolgt vor allem passiv.
- Treibende Kraft für den Wassertransport ist der osmotische Gradient zwischen Darmlumen und Interstitium.
- Ca^{2+}-Ionen diffundieren durch Calcitriol-abhängige Ca^{2+}-Kanäle der luminalen Zellmembran, werden – gebunden an ein spezifisches Protein – an die basolaterale Membran transportiert und gelangen durch eine Ca^{2+}-ATPase oder einen $3Na^+/Ca^{2+}$-Austauscher ins Interstitium.
- Phosphat wird luminal über ein Na^+,Phosphat-Cotransportsystem absorbiert.
- Die Absorption der meisten wasserlöslichen Vitamine erfolgt über Na^+-Symporte der Carrier im oberen Dünndarm. Folsäure wird im oberen Dünndarm Carrier-vermittelt, Vitamin B_{12} im Ileum durch Endozytose aufgenommen.
- Die fettlöslichen Vitamine A (als Retinol) D, E, und K gelangen durch Diffusion in die Enterozyten.
- Die Absorption von Nicht-Hämeisen erfolgt über einen Protonen-gekoppelten Fe^{2+}-Transporter, diejenige von Häm wahrscheinlich durch Endozytose.

38.10 Verdauung und Absorption von Nährstoffen

Kohlenhydrate

Kohlenhydrate werden durch α-Amylase und Oligosaccharidasen hydrolytisch gespalten; im oberen Dünndarm erfolgt die luminale Absorption von Glukose und Galaktose im Na^+-Symport, von Fruktose durch erleichterte Diffusion

Kohlenhydrate der Nahrung. Der tägliche Kohlenhydratkonsum in den westlichen Industrieländern liegt bei durchschnittlich 300–400 g; dies entspricht einem Energiegehalt von 5,1–6,8 MJ (1,23–1,64 Mcal). Kohlenhydrate liefern somit etwa die Hälfte des Energiebedarfs bei leichter Arbeit. Die Zusammensetzung der Nahrungskohlenhydrate ist wie folgt:

- Der größte Anteil von ca. 60 % besteht aus ***Stärke***, einem Polysaccharid mit einem Molekulargewicht von 100–1000 kD (Stärke besteht zu ca. 80 % aus ***Amylopektin*** und etwa 20 % ***Amylose***).
- Etwa 30 % entfallen auf die ***Saccharose*** (Sucrose), die in Form des Rüben- oder Rohrzuckers zum Süßen verwendet wird, und
- ca. 10 % auf die ***Laktose*** (Milchzucker).
- Neben diesen beiden Disacchariden werden geringe Mengen von Monosacchariden als ***Glukose*** und ***Fruktose*** verzehrt.
- Einen weiteren Kohlenhydratbestandteil der Nahrung bildet das tierische ***Glykogen*** (< 1 %), das strukturell mit dem Amylopektin verwandt ist.

Intraluminale Verdauung der Kohlenhydrate. Die ***α-Amylase*** des Speichels und Pankreassekrets spaltet im Innern des Stärkemoleküls die α-1,4-Bindung. Zellulose weist eine β-1,4-glykosidische Verknüpfung ihrer Glukosebausteine auf und wird deshalb von der α-Amylase nicht hydrolysiert. Die Zellulosespaltung erfolgt teilweise durch bakterielle Glykosidasen im Kolon. Die Endprodukte der Amylosespaltung sind ***Maltose*** und ***Maltotriose***. Die verzweigten Amylopektine liefern vorzugsweise die ***α-(Grenz-)Dextrine*** und ***Maltotriose***. Der optimale pH-Wert für die α-Amylasen liegt bei 6,7–6,9. Die ***Speichelamylase*** kann bis zu 50 % der Stärke spalten, wenn ausreichend lange gekaut wird und die Schichtung des Chymus im Fundus des Magens eine rasche Enzyminaktivierung durch die Magensäure verhindert. Im Duodenum läuft die Stärkeverdauung außerordentlich schnell ab, da ***Pankreasamylase*** im Überschuss gebildet wird. Ein geringer Teil dieser α-Amylase bindet an die Glykokalyx der Enterozyten und wird von hier aus wirksam. Die physiologische Bedeutung dieser sog. membranständigen Verdauung ist jedoch gering, gemessen an der im 10-fachen Überschuss vorhandenen Amylase im Darmlumen.

Membranassoziierte Verdauung. Da Kohlenhydrate nur in Form von Monosacchariden absorbiert werden können, müssen die Spaltprodukte der Amylaseverdauung noch weiter zerlegt werden. Dies erfolgt durch in der Bürstensaummembran lokalisierte ***Oligosaccharidasen***, deren aktive hydrolytische Gruppen dem Darmlumen zugewandt sind. Ihre Konzentration ist am höchsten im Jejunum, geringer im Duodenum und Ileum. Die Spaltung der α-1,6-Bindung der verzweigten Kohlenhydrate (Amylopektin, Glykogen) erfolgt durch die ***Isomaltase*** (Oligo-α-1,6-Glukosidase), die ebenfalls im Bürstensaum lokalisiert ist. Bei anhaltend reichlichem Verzehr eines Oligosaccharids kann innerhalb von 2–5 Tagen eine Adaptation durch Zunahme der Enzymkonzentrationen eintreten. Die Aktivität der membrangebundenen Enzyme ist ebenfalls so groß, dass nicht die Spaltung der Kohlenhydrate deren Aufnahme begrenzt, sondern die Absorption der Monosaccharide. Eine Ausnahme bildet lediglich die ***Laktose***. Die Hydrolyserate der Laktose ist langsamer als die Absorption ihres Spaltprodukts Galaktose. Darüber hinaus ist ein genetischer Enzymdefekt relativ häufig, der zum ***Laktasemangel*** führt. Er manifestiert sich als Diarrhoe wegen der osmotischen Wirkung der nichtabsorbierten Laktose (***Laktoseintoleranz*** gegenüber Milch und Milchprodukten).

Absorption der Monosaccharide. Die Endprodukte der hydrolytischen Spaltung der Kohlenhydrate sind Glukose, Galaktose und Fruktose (◘ Abb. 38.27):

- Die Aldohexosen ***Glukose*** und ***Galaktose*** werden (miteinander konkurrierend) ***sekundär-aktiv*** im Symport mit Na^+ absorbiert (◘ Abb. 38.28 A; ◘ Tabelle 38.5). Diese Absorption erfolgt relativ schnell und ist im oberen Dünndarm weitgehend abgeschlossen. Das Absorptionsmaximum liegt bei 120 g/h. Durch die schnelle Absorption wird das Entstehen eines hyperosmolaren Darminhalts verhindert. Beide Monosaccharide verlassen die Enterozyten über die basolaterale Membran durch ***erleichterte Diffusion*** über einen Glukosetransporter (◘ Abb. 38.28 A).
- Die Absorption der ***Fruktose*** erfolgt transepithelial vorwiegend durch Glukosetransporter (◘ Abb. 38.28 A),

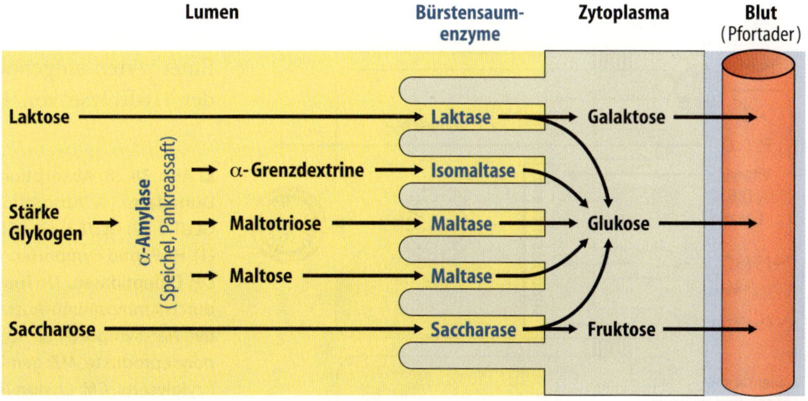

◘ Abb. 38.27. Hydrolytische Spaltung und Absorption der Kohlenhydrate. Die Endprodukte der pankreatischen Kohlenhydratverdauung und die beiden Nahrungsdisaccharide werden an der Bürstensaummembran in ihre monosaccharidischen Bestandteile gespalten, welche bei den 3 mittleren der dargestellten Zucker ausschließlich aus Glukose bestehen

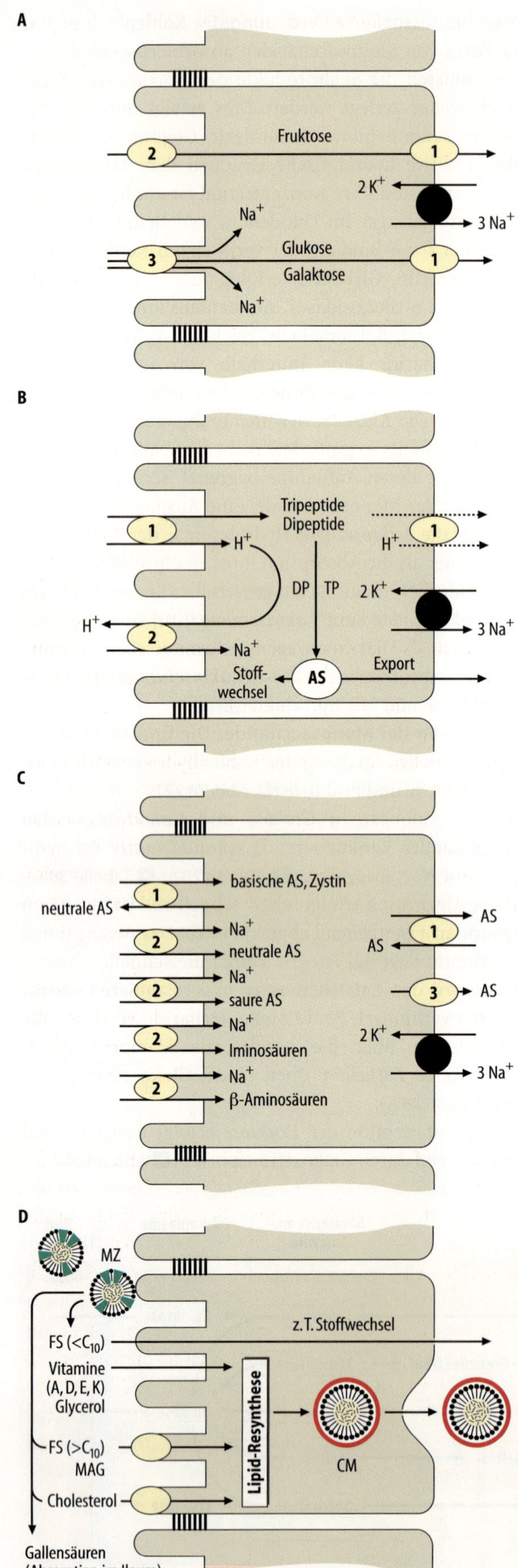

Abb. 38.28. Absorption der Verdauungsprodukte im oberen Dünndarm. A Absorptionsmechanismen für Monosaccharide. (1) GLUT-2, (2) GLUT-5, (3) SGLT-1. **B** Absorption von Tri- und Dipeptiden. (1) H^+,Peptid-Symporter, (2) Na^+/H^+-Austauscher. *AS:* Aminosäuren, *DP:* Dipeptidasen, *TP:* Tripeptidasen. **C** Absorption von Aminosäuren durch Aminosäuren-Austauscher (1) und verschiedene sekundär-aktive Na^+-Symporter (2). (3) Aminosäuren-Carrier. **D** Absorption der Lipolyseprodukte. *MZ:* gemischte Mizellen, *FS:* Fettsäuren, *MAG:* Monoacylglycerol, *CM:* Chylomikronen

- die Absorption der Pentosen Ribose und Desoxyribose (Spaltprodukte des Nukleinsäureabbaus) und der Mannose durch Diffusion.

Proteine

! Proteine werden durch Endo- und Exopeptidasen sowie Amino- und Oligopeptidasen hydrolytisch gespalten; im Dünndarm erfolgt die Absorption von Di- und Tripeptiden im H^+-Cotransport, von L-Aminosäuren durch mindestens 6 verschiedene Transportsysteme

Verdauung der Proteine. Die tägliche Proteinzufuhr bei Erwachsenen soll 0,8–1,0 g/kg Körpergewicht betragen. Das Nahrungseiweiß dient in erster Linie zur Bereitstellung der für die Biosynthese von körpereigenem Protein benötigten (= proteinogenen) Aminosäuren. Es deckt lediglich 10–15 % des Energiebedarfs bei leichter Arbeit. Etwa die gleiche Eiweißmenge wie mit der Nahrung gelangt durch die Verdauungssekrete und abgeschilferte Enterozyten ins Darmlumen. Im Magen werden Proteine durch die Salzsäure denaturiert, sofern eine Denaturierung nicht bereits bei der Speisenzubereitung erfolgt ist, und die ***enzymatische Spaltung der Eiweiße*** wird eingeleitet. Sie ist hier jedoch von untergeordneter Bedeutung, da nur 10–15 % des Nahrungseiweißes durch ***Pepsine*** hydrolysiert werden. Patienten ohne Pepsinproduktion im Magen haben eine weitgehend normale Proteinverdauung, da die proteolytische Aktivität im Dünndarm außerordentlich hoch ist. Die Bildung der ***Pankreaspeptidasen*** setzt 10–20 min nach dem Essen ein und bleibt bestehen, solange sich Proteine im Darm befinden. Ein Teil der Enzyme wird mit dem Stuhl ausgeschieden. Auf der Bestimmung der Chymotrypsinkonzentration im Stuhl beruht eine Labormethode zur Beurteilung der exokrinen Pankreasfunktion.

Die im Pankreassekret enthaltenen ***Endo- und Exopeptidasen*** (▶ s. Kap. 38.5) spalten die Nahrungseiweiße vor allem zu Oligopeptiden mit maximal 8 Aminosäuren. In weiteren Schritten werden die Oligopeptide durch Enzyme des Bürstensaums, ***Aminopeptidasen*** und ***Oligopeptidasen***, zu etwa 35 % in Aminosäuren und zu ca. 65 % in Di- und Tripeptide zerlegt (Abb. 38.29).

Absorption von Tri- und Dipeptiden. Im Gegensatz zu den Kohlenhydraten, die nur als Monosaccharide in die Enterozyten aufgenommen werden können, werden bei der Hydrolyse von Proteinen und Peptiden bevorzugt

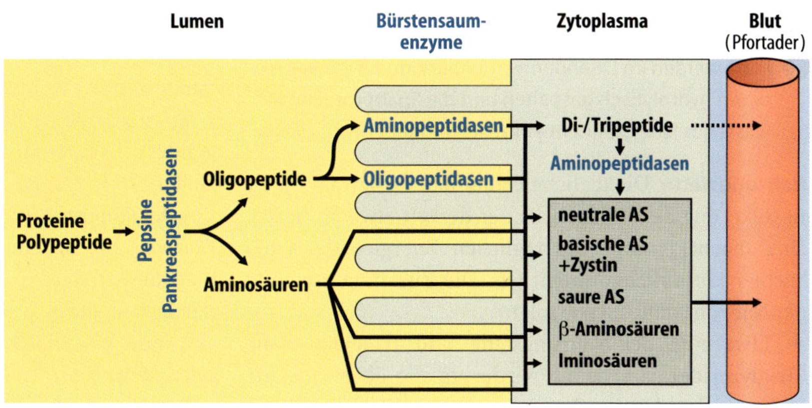

Abb. 38.29. Proteinverdauung und -absorption. Darmlumen: Spaltung der Proteine und Polypeptide in Oligopeptide und Aminosäuren. Bürstensaummembran: Weitere Spaltung der Oligopeptide durch spezifische Peptidasen und Aufnahme der Aminosäuren und Di-/Tripeptide. Zytoplasma: Spaltung von Di- und Tripeptiden durch Zytosolpeptidasen in Aminosäuren. Basolaterale Membran: Ausschleusung der Aminosäuren aus der Zelle ins Pfortaderblut

Di- und Tripeptide rasch aufgenommen. Die Absorption erfolgt in Form eines ***Oligopeptid/H⁺-Symports*** (Abb. 38.28 B). In den Enterozyten werden Di- und Tripeptide großteils durch zytoplasmatische Aminopeptidasen zu L-Aminosäuren hydrolysiert, die anschließend durch erleichterte Diffusion und Aminosäuren-Antiporter über die basolaterale Membran ins Interstitium gelangen. Damit erscheinen letztendlich Aminosäuren als Endprodukt der Proteinverdauung im Pfortaderblut.

Absorption der Aminosäuren. Die ***Absorption von L-Aminosäuren*** (AA) in die Enterozyten erfolgt durch tertiär-aktive Aminosäuren-Antiporter und verschiedene elektrogene Na^+-Symporter. Bei den ***AA-Antiportern*** dienen die neutralen AA Alanin und Glutamin häufig als Austauschpartner. So werden die kationischen (basischen) AA Arginin, Lysin und Ornithin sowie Zystin gegen neutrale AA an der luminalen Membran ausgetauscht (Abb. 38.28 C). Angetrieben wird der Austauscher durch verschiedene Na^+,Aminosäuren-Symporter.

Ähnlich wie im proximalen Tubulus der Niere existieren in der Bürstensaummembran mehrere ***gruppeneigene, sekundär-aktive Na^+-Symportsysteme*** mit teils überlappender Spezifität für (▶ vgl. Tabelle 38.5):

- die meisten neutralen Aminosäuren (z. B. Alanin, Leuzin),
- saure (anionische) Aminosäuren (Asparaginsäure, Glutaminsäure),
- Iminosäuren (Prolin, Hydroxyprolin) und
- β-Aminosäuren (z. B. β-Alanin, Taurin).

Alle Transportsysteme zeichnen sich dadurch aus, dass sich einzelne Aminosäuren einer Gruppe bei der Absorption kompetitiv hemmen. Für den Transport durch die basolaterale Membran existieren auch mehrere Austauschsysteme sowie ein Carrierprotein für neutrale Aminosäuren.

Aufgrund genetischer Defekte können einzelne Transportsysteme in der luminalen Membran der Enterozyten (wie im Tubulusepithel der Niere) fehlen. Bei der ***Hartnup-Erkrankung*** ist das Na^+-Symportsystem für neutrale, bei der »klassischen« ***Zystinurie*** der Aminosäuren-Austauscher für basische Aminosäuren und Zystin defekt.

Absorptionsorte. Im Duodenum werden 50–60 % der Spaltprodukte des Nahrungseiweißes absorbiert. Bis zum Ileum sind 80–90 % der Bausteine des exogen zugeführten und endogenen Proteins absorbiert worden. Ins Kolon gelangen lediglich ca. 10 % unverdauten Proteins, die dort bakteriell abgebaut werden. Eine geringe Eiweißmenge wird im Stuhl ausgeschieden. Sie entstammt vorwiegend abgeschilferten Zellen und Bakterien.

▪▪▪ Beim Neugeborenen bzw. Säugling (und eingeschränkt auch beim Erwachsenen) findet eine geringe Aufnahme von intakten Proteinen in die Enterozyten durch **Pinozytose** statt. Auf diese Weise können Immunglobuline der Muttermilch in den Organismus des Säuglings gelangen. Auch beim Erwachsenen hat diese Art der Absorption immunologische Bedeutung, da sie zu Sensibilisierung und Überempfindlichkeitsreaktionen führen kann.

Verdauung und Absorption der Nukleoproteine. Die Kernproteine werden wie andere Proteine gespalten und absorbiert. Die Nukleinsäuren, ***DNA*** und ***RNA***, werden durch spezifische Enzyme aus dem Pankreas, Desoxyribonukleasen und Ribonukleasen, zu Nukleotiden hydrolysiert. Durch Nukleotidasen in der Bürstensaummembran erfolgt der weitere Abbau in Nukleoside, die im Jejunum über Uniporter absorbiert werden können. Nukleoside können durch Bürstensaum-Nukleosidasen aber auch weiter abgebaut werden. Die jeweilige Base und Pentose werden dann im Jejunum zusammen mit Phosphat absorbiert.

Verdauung der Lipide

Fette werden im Dünndarm emulgiert, durch Pankreaslipasen hydrolytisch gespalten und die Spaltprodukte in wasserlösliche gemischte Mizellen eingebaut

Nahrungsfette. Die tägliche Fettaufnahme beträgt in der Bevölkerung der Industrieländer derzeit etwa 60–100 g. Dies macht 35–40 % des täglichen Energiebedarfs bei leichter körperlicher Arbeit aus. Die Zusammensetzung der Nahrungsfette ist wie folgt:

- Etwa 90 % der Nahrungsfette sind ***Triacylglycerole*** (Triglyzeride), von denen wiederum die überwiegende Mehrzahl ***langkettige Fettsäuren*** mit 16 (Palmitinsäure) und 18 (Stearin-, Öl- und Linolsäure) C-Atomen enthält. Nur ein geringer Anteil entfällt auf die ***kurzkettigen*** (2–4 C-Atome) und ***mittelkettigen*** (6–10 C-Atome) ***Triacylglycerole.***
- Die restlichen 10 % des Nahrungsfettes setzen sich aus ***Phospholipiden*** (insbesondere Lezithin), ***Cholesterol, Cholesterolestern*** und ***fettlöslichen Vitaminen*** zusammen. Mehrfach ungesättigte Fettsäuren, wie Linol- und Linolensäure, stammen aus Phospholipiden pflanzlichen Ursprungs. Sie können nicht de novo synthetisiert werden (»essenzielle Fettsäuren«).

Emulgierung und Hydrolyse. Zur ***Fettverdauung*** müssen die Nahrungslipide zunächst im wässrigen Chymus fein emulgiert werden. Die im Magen grob verteilten Fette werden bei alkalischem pH des Dünndarms in Gegenwart von Proteinen, bereits vorhandenen Fettabbauprodukten, Lezithin und Gallensäuren sowie durch das Einwirken von Scherkräften infolge der Darmmotilität zu einer ***Emulsion*** mit einer Tröpfchengröße von 0,5–1,5 μm umgewandelt. Die enzymatische Spaltung der Triacylglycerole beginnt bereits im Magen durch Einwirkung einer säurestabilen ***Lipase*** aus den Zungengrunddrüsen und den Hauptzellen der Magenmukosa (► s. Kap. 38.4). Langkettige Fettsäuren (> 12 C-Atome) im oberen Dünndarm sind der adäquate Reiz für die ***Cholezystokininfreisetzung*** aus den I-Zellen der Schleimhaut mit nachfolgender Stimulation der Pankreasenzymsekretion und Gallenblasenkontraktion.

Die ***Pankreaslipase*** besteht aus 2 Komponenten: einer ***Colipase***, die aus einer Pro-Colipase durch Trypsin aktiviert und an der Lipid-Wasser-Grenze fixiert wird, sowie der ***Lipase***, die sich mit der Colipase zu einem Komplex verbindet und hierdurch aktiviert wird. Bei der nun einsetzenden Hydrolyse der Triacylglycerole werden die Fettsäurereste an den Positionen C1 und C3 abgespalten, so dass 2-Monoacylglycerole entstehen (Abb. 38.30). Eine vollständige Hydrolyse unter Freisetzung des dritten Fettsäuremoleküls und Glycerol findet nur in geringem Maße statt. Die vom Pankreas sezernierte Lipase wird in großem Überschuss gebildet, so dass ca. 80 % des Fettes bereits gespalten sind, wenn es den mittleren Abschnitt des Duodenum erreicht hat. Aus diesem Grund tritt eine Störung der Fettverdauung wegen Lipasemangels erst bei fast vollständigem Ausfall der Pankreassekretion ein.

Außer der Lipase sind noch andere lipidspaltende Pankreasenzyme wirksam, die ebenfalls durch Trypsin aktiviert werden. Die ***Phospholipase A_2*** spaltet in Anwesenheit von Ca^{2+} und Gallensäuren eine Fettsäure aus dem Phospholipid Lezithin ab, wodurch Lysolezithin entsteht. Die in der Nahrung vorhandenen Cholesterolester werden durch eine ***Cholesterolesterase*** in Cholesterol und freie Fettsäuren gespalten (Abb. 38.30).

Mizellenbildung. Die Produkte der Lipolyse sind überwiegend schlecht wasserlöslich. Sie werden daher zum weiteren Transport im wässrigen Milieu des Darminhalts in Mizellen eingebaut, deren Grundgerüst aus Gallensäuremolekülen besteht. Im Innern dieser Mizellen sind die hydrophoben Moleküle, wie langkettige Fettsäuren und

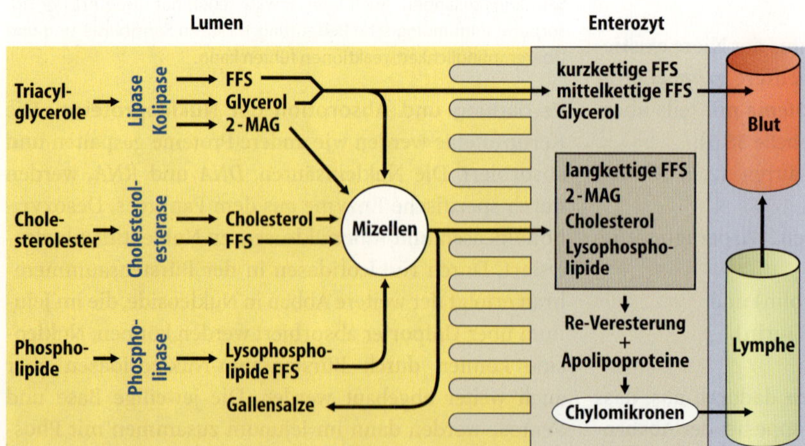

Abb. 38.30. Fettverdauung und -absorption. Triacylglycerole werden im Darmlumen durch Colipase und Lipase in freie Fettsäuren *(FFS)* und 2-Monoacylglycerole *(2-MAG)* gespalten, mizellar gelöst und aus den Mizellen in die Enterozyten aufgenommen. Die in der Zelle aus langkettigen Fettsäuren und 2-Monoacylglycerolen resynthetisierten Triacylglycerole gelangen, mit einer Eiweißhülle versehen, als Chylomikronen in die Lymphe. Kurz- und mittelkettige freie Fettsäuren werden nach Absorption direkt ans Blut abgegeben

Cholesterol, konzentriert, während die hydrophileren Bestandteile, wie 2-Monoacylglycerole und Phospholipide, zur Peripherie hin orientiert sind. Diese ***gemischten Mizellen*** (Durchmesser: 3–10 nm) ermöglichen durch die hydrophile Verpackung hydrophober Substanzen eine Steigerung der Konzentration der Fettabbauprodukte im Darmlumen um den Faktor 500–1000.

▪▪▪ Während der Lipolyse nimmt die Tropfengröße der Fettemulsion ab. Es bilden sich kleine uni- oder multilamellare Tropfen, welche von der Bürstensaummembran aufgenommen werden können. Dies würde Beobachtungen erklären, dass ca. 30 % der Nahrungsfette auch in Abwesenheit von Gallensäuren absorbiert werden können.

Absorption der Lipolyseprodukte

Kurz- und mittelkettige Fettsäuren diffundieren in die Enterozyten und von dort direkt ins Blut; langkettige Fettsäuren und Monoacylglycerole werden in den Enterozyten zu Triacylglycerolen resynthetisiert und in Chylomikronen verpackt in die Darmlymphe abgegeben

Absorption der Lipolyseprodukte. Die Absorption von Lipiden ist so effizient, dass über 95 % der Spaltprodukte (allerdings nur 20–50 % des Cholesterols) im Duodenum und im Anfangsteil des Jejunum aufgenommen werden. Die Fettausscheidung im Stuhl beträgt bei durchschnittlicher Fettzufuhr 5–7 g/d. Bei fettfreier Diät beläuft sie sich auf etwa 3 g/d. Dieses Fett stammt aus abgeschilferten Epithelien und Bakterien.

Die Absorption der Lipolyseprodukte ist bislang noch nicht in allen Einzelheiten geklärt. Man geht davon aus, dass die Mizellen nach Kontakt mit der Enterozytenmembran zerfallen und ihre Bestandteile freisetzen. Kurz- und mittelkettige Fettsäuren sowie Glycerol sind noch so weit hydrophil, dass sie in die Enterozyten diffundieren können. Cholesterol und langkettige Fettsäuren gelangen bevorzugt durch Carrier-vermittelten Transport in die Enterozyten (▫ Abb. 38.28 D). Die Gallensäuren werden dabei ins Darmlumen freigesetzt, wo sie zur erneuten Mizellenbildung zur Verfügung stehen oder im terminalen Ileum im Na^+-Symport absorbiert werden.

Resynthese der Lipide. Die Produkte des Fettabbaus werden nach Passage durch die Zellmembran im Enterozyten von Fettsäure-bindenden Proteinen zum glatten endoplasmatischen Retikulum transportiert. Hier erfolgt nach Aktivierung der Fettsäuren mit Coenzym A die Resynthese zu Triacylglycerolen und anderen Lipiden. Ähnlich wie bei den Triacylglycerolen findet auch die Veresterung zu Phospholipiden statt (z. B. Bildung von Lezithin aus Lysolezithin). Die Reesterifizierung von Cholesterol erfolgt durch eine Cholesterolesterase. Das Ileum ist darüber hinaus in der Lage, Cholesterol neu zu synthetisieren, so dass der Dünndarm eine besondere Rolle im Cholesterolmetabolismus spielt.

Chylomikronenbildung. Die resynthetisierten Triacylglycerole, Phospholipide und Cholesterolester können die Enterozyten nicht verlassen, bevor sie mit einer besonderen »Hülle« umgeben sind, die neben Cholesterol und Phospholipiden spezielle, im rauen endoplasmatischen Retikulum gebildete Apoproteine enthält.

Diese ***Chylomikronen*** setzen sich folgendermaßen zusammen:

38.12. Malassimilation

Die Absorption im Dünndarm kann grundsätzlich auf zweifache Weise beeinträchtigt sein: Durch Störung der Verdauung (Maldigestion) und der Absorption (Malabsorption). Als Oberbegriff für beide Störungen wird die Bezeichnung Malassimilation gebraucht.

- **Maldigestion.** Ein Ausfall der Enzymbildung und -ausstattung im Pankreas oder in der Dünndarmmukosa sowie ein Mangel an Gallensäuren führen zu einem gestörten Aufschluss bestimmter Nahrungsbestandteile. Eine Maldigestion kann angeboren (d. h. genetisch bedingt) oder erworben sein. Zu den angeborenen Defekten zählen der kongenitale Lipase- und Laktasemangel. Zu den erworbenen Ursachen rechnet man die Insuffizienz des exokrinen Pankreas (pankreatogene Maldigestion) oder das Sistieren der Gallensekretion (hepatogene Maldigestion bei Gallengangsverschluss oder intrahepatischer Cholestase). Am empfindlichsten wirken sich diese Störungen auf die Fettverdauung aus. Fettreiche Stühle (Steatorrhoe) sind die Folge.
- **Malabsorption.** Diese beruht auf gestörten Transportvorgängen in der Mukosa oder auf pathologischen Veränderungen der Darmschleimhaut (z. B. bei reduzierter Absorptionsfläche). Eine Malabsorption kann verschiedene Ursachen haben: genetische Defekte (z. B. Aminosäurentransportdefekte), operative Entfernung von Teilen des Dünndarms (> 40 %), Schädigung der Dünndarmmukosa (z. B. bei einheimischer Sprue = Zöliakie) mit Zerstörung der Dünndarmzotten als Folge einer Glutenüberempfindlichkeit. Auch der Morbus Crohn, bakterielle Infektionen, Parasitenbefall oder Durchblutungsstörungen des Dünndarms können eine Malabsorption verursachen.

Die klinischen Auswirkungen sind bei beiden Störungen die gleichen: Gewichtsabnahme, Mangelerscheinungen, Durchfälle und Steatorrhoe (Fettstuhlausscheidung).

Bei der seltenen, angeborenen A-β-Lipoproteinämie ist die Synthese des Apolipoproteins B gestört, das für die Chylomikronenbildung erforderlich ist. Aufgrund dieses autosomal-rezessiv vererbten Defekts können Fette zwar absorbiert, nicht aber aus den Enterozyten abtransportiert werden. Die Folge ist eine Hypochylomikronämie bzw. Hypolipidämie.

- zu etwa 85 % aus Triacylglycerolen,
- 9 % aus Phospholipiden,
- 4 % aus Cholesterol bzw. Cholesterolestern, fettlöslichen Vitaminen (A, D, E, K) und
- 1–2 % aus Protein.

Ihr Durchmesser schwankt zwischen 100–800 nm in Abhängigkeit von der Höhe der Fettabsorption und Resyntheserate.

Die Chylomikronen werden im Golgi-Komplex in sekretorische Vesikel verpackt, die mit der basolateralen Zellmembran fusionieren, und anschließend durch Exozytose in den Extrazellularraum ausgestoßen. Von dort führt ihr weiterer Transportweg über den zentralen Lymphgang und letztendlich den Ductus thoracicus ins Blut. Die Chylomikronen sind die größten Lipoproteinpartikel mit der kleinsten Dichte (<0,95 g/ml) im Blutplasma. Nach einer fettreichen Mahlzeit sind sie in solchen Mengen im Plasma enthalten, dass dieses milchig-trüb erscheint (Verdauungshyperlipidämie). Außer den Chylomikronen gelangen noch Lipoproteine mit sehr niedriger Dichte, sog. *Very Low Density Lipoproteins* (VLDL), die interdigestiv in den Enterozyten gebildet werden, in die Lymphbahn und dann ins Blut.

IX

In Kürze

Verdauung und Absorption von Kohlenhydraten

Stärke und Saccharose sind die wichtigsten Kohlenhydrate in der Nahrung.

- Stärke wird durch die α-Amylase des Speichels und des Pankreassekrets in Oligosaccharide gespalten;
- zusammen mit den Disacchariden aus der Nahrung (Saccharose, Laktose) werden die Oligosaccharide von den Oligosaccharidasen der Bürstensaummembran weiter zu Monosacchariden hydrolysiert.

Die Endprodukte der hydrolytischen Spaltung sind Glukose und Galaktose, die im Symport mit Na^+ absorbiert werden, sowie Fruktose, die Carrier-vermittelt aufgenommen wird.

Verdauung und Absorption von Proteinen

Die hydrolytische Spaltung der Nahrungsproteine erfolgt in mehreren Schritten:

- sie wird durch die Pepsine (Endopeptidasen) des Magensaftes eingeleitet und
- durch Endo- und Exopeptidasen des Pankreassaftes fortgesetzt;
- die hierdurch freigesetzten Oligopeptide werden durch Oligopeptidasen und Aminopeptidasen des Bürstensaums in Tri- und Dipeptide sowie Aminosäuren zerlegt.

Die Absorption der Tri- und Dipeptide erfolgt in Form eines H^+-Symports. Die Aminosäuren werden luminal durch Austauscher und verschiedene Na^+-Symportsysteme, basolateral durch Antiporter und durch erleichterte Diffusion aufgenommen.

Verdauung und Absorption von Fetten

Nahrungsfette bestehen im Wesentlichen aus Triacylglycerolen mit langkettigen Fettsäuren. Ihre Verdauung beginnt im Magen durch Einwirkung einer säurestabilen Lipase und wird im Duodenum durch lipidspaltende Pankreasenzyme fortgesetzt. Gallensäuren fördern die Fettemulgierung und bilden mit den Produkten der Lipolyse wasserlösliche, gemischte Mizellen.

Mizellen setzen nach Labilisierung an der Enterozytenmembran ihre Bestandteile frei.

- Kurz- und mittelkettige Fettsäuren sowie Glycerol diffundieren in die Enterozyten und gelangen von dort aus direkt ins Pfortaderblut.
- Langkettige Fettsäuren und Cholesterol werden vorrangig Carrier-vermittelt aufgenommen.

Nach Veresterung von Fettsäuren und Monoacylglycerolen werden die resynthetisierten Triacylglycerole zusammen mit verestertem Cholesterol, Phospholipiden, Apoproteinen und fettlöslichen Vitaminen in Chylomikronen verpackt, welche die Enterozyten über die basolaterale Membran durch Exozytose verlassen und in die Darmlymphe gelangen.

38.11 Intestinale Schutzmechanismen und Darmbakterien

Intestinale Abwehr

Neben unspezifischen Schutzmechanismen verfügt der Intestinaltrakt über ein eigenes Immunsystem, das die Mukosa vor dem Eindringen potenziell schädigender Substanzen, Viren, Bakterien und parasitärer Mikroorganismen schützt

Barrierefunktion des Darmepithels. Mit einer Gesamtoberfläche von etwa 200 m² bildet der Darm die größte Grenzfläche zwischen Organismus und Außenwelt. Die Darmschleimhaut kommt permanent mit Fremd- und Schadstoffen, Bakterien, Viren, Pilzen und Parasiten aus unserer Umwelt in Kontakt. Gegen diese muss die Schleimhaut eine unspezifische Barriere (»Mukosablock«) bilden, deren Integrität im Wesentlichen durch den ***Muzin-Schutzfilm*** gewährleistet wird. Weitere unspezifische Mechanismen für eine wirksame Protektion vor potenziell schädlichen Substanzen sind:

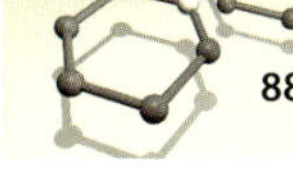

- die Abtötung von Mikroorganismen durch die Salzsäure des Magens,
- die Lyse von Bakterienmembranen durch Defensine aus den Panethzellen,
- der enzymatische Abbau (z. B. durch Lysozym),
- die Detergenswirkung der Gallensäuren und
- die reinigende Wirkung des wandernden myoelektrischen Motorkomplexes (▶ s. Kap. 38.2).

Darm-assoziiertes Immunsystem. Dieses Immunsystem (*G*ut-*A*ssociated *L*ymphoid *T*issue, GALT) stellt sowohl quantitativ als auch funktionell einen wesentlichen Anteil am Immunsystem des Organismus dar. Es umfasst 20–25 % der Darmschleimhaut und enthält ca. 50 % aller lymphatischen Zellen. Zum GALT gehören:
- Lymphfollikel der Mukosa und die Peyer-Plaques sowie
- Lymphozyten, Plasmazellen und Makrophagen, die in der Lamina propria und zwischen den Epithelzellen diffus verteilt sind.

Antigene werden von speziellen Zellen des über den Peyer-Plaques liegenden Mikrovilli- und Glykokalyx-freien Darmepithels, den ***Microfold-Zellen (M-Zellen)***, aufgenommen und anschließend von diesen mit Makrophagen und/oder dendritischen Zellen in Kontakt gebracht. Letztere präsentieren in den ***Peyer-Plaques*** und ***solitären Lymphfollikeln*** die Antigene CD4-T-Lymphozyten, die hierdurch aktiviert werden. Aktivierte Lymphozyten verlassen die Lymphfollikel über die Lymphgefäße, proliferieren und reifen in den mesenterialen Lymphknoten, gelangen anschließend in den Ductus thoracicus und von dort über den Blutkreislauf zur Lamina propria und zum Darmepithel zurück, um ihre verschiedenen Effektorfunktionen auszuüben *(Homing)*.

Sekretorische Immunität. ***IgM-tragende B-Lymphozyten*** reifen unter dem Einfluss von T-Helferzellen (CD4-T-Lymphozyten) bzw. von T-Helferzellen-produzierten Zytokinen (z. B. IL4 und IL5) zu ***IgA-bildenden Plasmazellen*** in der ***Lamina propria*** heran. Mukosaständige Plasmazellen produzieren sowohl IgA als auch J-Ketten, so dass 2 IgA-Moleküle zu einem IgA-Dimer zusammengefügt werden. Letzteres bindet sich an eine sog. ***Sekretionskomponente*** in der basolateralen Membran der Enterozyten. Der so entstandene Komplex wird durch Transzytose zur luminalen Seite des Enterozyten transportiert und ins Darmlumen sezerniert.

Das sezernierte ***IgA*** schützt aufgrund seiner ***neutralisierenden*** bzw. ***blockierenden Wirkung*** (▶ s. Kap. 24.2) die Schleimhaut, indem es das Eindringen von Antigenen in die Mukosa verhindert. Sekretorisches IgA ist relativ resistent gegenüber proteolytischen Enzymen, wodurch es seine Funktion behält.

Zelluläre Immunität. Die zwischen den Epithelzellen gelegenen Lymphozyten sind vor allem CD8-T-Zellen *(**zytotoxische T-Zellen**)*. Neben der klassischen T-Zell-Zytotoxizität und der antikörpervermittelten Zytotoxizität tragen auch ***natürliche Killerzellen*** zur ***»oralen Immunität«*** bei. Die Suppressorzellen des GALT sind für die sog. ***orale Immuntoleranz*** verantwortlich. Letztere bewirkt, dass nicht jedes Antigen in der Nahrung eine Immunantwort auslöst bzw. durch wiederholte Antigenkontakte Überempfindlichkeitsreaktionen auftreten.

▪▪▪ Eine fein abgestimmte Regulation der immunologischen Vorgänge im GALT hält die Homöostase der gastrointestinalen Abwehr aufrecht. Störungen in diesem System können zu lokalen Reaktionen (akuten infektiösen Enteritiden, chronisch-entzündlichen Darmerkrankungen) oder systemischen Reaktionen (enteralen Infekten, Nahrungsmittelallergien) führen. Eine Störung der Immunantwort des GALT liegt der **Zöliakie** zugrunde. Sie wird ausgelöst durch eine Überempfindlichkeit gegen Gliadin in der Glutenfraktion des Weizens und anderer Getreidearten und führt zu starken Entzündungsprozessen in der Dünndarmschleimhaut, Durchfällen und zur Malabsorption (▶ 38.12).

Darmbakterien, Gasbildung

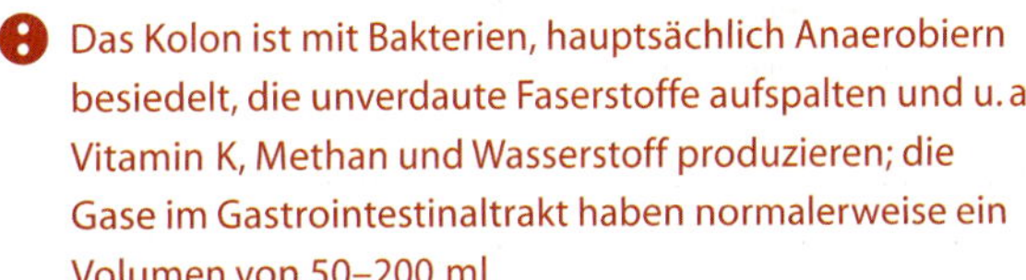

Das Kolon ist mit Bakterien, hauptsächlich Anaerobiern besiedelt, die unverdaute Faserstoffe aufspalten und u. a. Vitamin K, Methan und Wasserstoff produzieren; die Gase im Gastrointestinaltrakt haben normalerweise ein Volumen von 50–200 ml

Bakterielle Besiedlung des Dickdarms. Während der Magen und der obere Dünndarm keimarm sind, nimmt die Zahl der Bakterien nach distal hin zu. Die Zahl der Bakterien pro ml Darminhalt steigt von 10^5–10^6 im Ileum an der Bauhin-Klappe sprunghaft auf 10^{11}–10^{12} im Kolon an. Die Mehrzahl der Kolonbakterien, die ein mikrobielles Ökosystem ausbilden, sind obligate ***Anaerobier***, in erster Linie Bacteroides (gramnegative, nicht-sporenbildende Stäbchen). Aerobe Stämme wie E. coli, Enterokokken und Laktobakterien machen nur 1 % der Kolonbakterien aus. Es gibt über 400 Bakterienarten im Kolon, die Gesamtstuhltrockenmasse wird zu 30–50 %, bisweilen sogar zu 75 % aus Bakterien gebildet.

Die Anaerobier spalten die unverdaulichen pflanzlichen Faserstoffe (z. B. Zellulose) teilweise auf, wobei u. a. ***kurzkettige Fettsäuren*** (u. a. Essig-, Propion- und Buttersäure) entstehen. Diese werden von der Kolonschleimhaut absorbiert und energetisch verwertet, wobei sie etwa 70 % des lokalen Energiebedarfs decken. Durch die Absorption der Fettsäuren steigt der im Zäkum leicht abgefallene pH-Wert wieder an, so dass der Rektuminhalt eine neutrale Reaktion aufweist. Wird ein Kolonabschnitt durch eine Operation mit künstlichem Darmausgang von der Stuhlpassage ausgeschlossen, ist eine ausreichende Ernährung der Schleimhaut nicht mehr gewährleistet, und es kann zu einer ***»Diversions-Kolitis«*** kommen.

Aus den pflanzlichen Faserstoffen entstehen weiterhin CH_4 und H_2. Die Bakterien produzieren zudem ***Ammoniak, toxische Merkaptane*** und ***Phenole*** sowie ***Vita-***

min K₂ und ***Biotin***, die von der Schleimhaut absorbiert werden. Ammoniak bzw. Ammonium-Ionen werden normalerweise in der Leber aufgenommen und zu Harnstoff entgiftet. Die Konzentration von Ammoniak im Blut kann bei schweren Leberfunktionsstörungen so stark ansteigen, dass zentralnervöse Störungen auftreten. Vitamin K_2 wird bei der Biosynthese bestimmter Blutgerinnungsfaktoren benötigt (► s. Kap. 23.6).

Gasvolumen. Das Gasvolumen, das durch das Rektum ausgeschieden wird, beläuft sich im Mittel auf etwa 700 ml/Tag mit erheblichen individuellen Schwankungen zwischen 400 und 1500 ml/Tag. Die Gasmenge kann bei zellulosehaltiger Nahrung, welche im Kolon bakteriell abgebaut wird, erheblich zunehmen. Bohnen- oder kohlhaltige Speisen steigern den stündlichen Gasausstoß auf das 10-fache. Das im Darm enthaltene Gasvolumen beträgt normalerweise 50–200 ml. Eine vermehrte Gasansammlung infolge gesteigerter Bildung und/oder verminderter Resorption oder Abgang als ***Flatus*** (»Darmwind«) bezeichnet man als ***Meteorismus*** (Geblähtsein).

Zusammensetzung der Darmgase. Die Zusammensetzung des intestinalen Gasgemisches wird zu 99 % von folgenden Gasen bestimmt: N_2, O_2, CO_2, H_2 und CH_4, von denen wiederum N_2, H_2 und CO_2 den größten Anteil ausmachen. Diese Gase sind geruchlos. Der unangenehme Geruch des Flatus stammt von Spuren flüchtiger bakterieller Eiweißabbauprodukte (z. B. Schwefelverbindungen wie H_2S oder Methylsulfide).

Ursprung der Gase. Die intestinalen Gase können im Wesentlichen 3 Quellen zugeordnet werden: verschluckte Luft, intraluminale Bildung beim enzymatischen Abbau der Nahrungsbestandteile und Diffusion aus dem Blut.

Die gasgefüllte »Magenblase« ist die Folge ***verschluckter Luft***. Mit jedem Bissen oder Schlucken werden individuell unterschiedliche Mengen Luft verschluckt, durchschnittlich 2–3 ml. Ein großer Teil der Luft wird durch Aufstoßen wieder aus dem Magen entleert.

CO_2, H_2 und CH_4 werden im ***Darmlumen gebildet***. ***CO_2*** entsteht aus der Reaktion von HCO_3^-, welches aus Sekreten des Pankreas, des Darms und der Leber stammt, mit H^+ aus der Salzsäure des Magensaftes sowie aus Fett- und Aminosäuren. Dabei entstehen große Mengen von CO_2, die jedoch zum großen Teil im Dünndarm wieder resorbiert werden. Das CO_2 im Flatus stammt aus dem bakteriellen Abbau von unverdaulichen Kohlenhydraten (z. B. Zellulose) im Kolon. ***H_2*** und ***CH_4*** werden aus nichtabsorbierbaren Kohlenhydraten ausschließlich durch bakterielle Gärungsvorgänge im Kolon freigesetzt.

Eine weitere Quelle von Gasen im Darmlumen ist die ***Diffusion aus dem Blutplasma***. Die Richtung der Diffusion ist bestimmt durch den jeweiligen Partialdruck des Gases im Plasma und im Darmlumen. Das durch Diffusion in den Darm gelangte Volumen von N_2 beträgt ca. 100 ml/h. Die O_2- und CO_2-Volumina sind wegen der niedrigen Partialdrücke dieser Gase im Plasma nur sehr gering.

■■■ H_2 und CH_4 bilden mit O_2 ein **explosibles Gemisch**. Es sind intraluminale Explosionen mit z. T. tödlichem Ausgang beschrieben worden, die während einer koloskopischen Polypenabtragung mittels Hochfrequenzdiathermie bei Patienten eintraten, deren Darmreinigung unvollständig oder durch Lösungen mit Mannitol vorgenommen worden war, das bakteriell gespalten wurde.

In Kürze

Intestinale Abwehr

Der unspezifischen Abwehr von Erregern im Darm dienen:
- der Muzin-Schutzfilm,
- die Abtötung von Mikroorganismen durch die Salzsäure des Magens,
- intestinale Enzyme,
- die Detergenswirkung der Gallensäuren und
- der myoelektrische Motorkomplex.

Der Intestinaltrakt verfügt über ein eigenes Immunsystem (GALT), das etwa die Hälfte aller lymphatischen Zellen des Organismus enthält. Es besteht aus zwei Komponenten:
- Lymphfollikel in der Mukosa und
- diffus verteilte Lymphozyten zwischen den Enterozyten.

Antigene werden bereits an der Schleimhautoberfläche von IgA gebunden und neutralisiert. Zytotoxische T-Lymphozyten und natürliche Killerzellen töten durch Freisetzung zytotoxischer Substanzen Bakterien und Viren.

Darmbakterien

Anaerobe Bakterien des Dickdarms spalten unverdaute und unverdauliche Nahrungsstoffe und produzieren Vitamin K_2, Biotin, Methan, H_2, Ammoniak, neurotoxische Merkaptane und Phenole sowie kurzkettige organische Säuren.

Gasbildung

Die intestinalen Gase (50–200 ml) entstammen 3 unterschiedlichen Quellen:
- N_2 und O_2 gelangen durch verschluckte Luft und durch Diffusion aus dem Blutplasma ins Darmlumen, H_2 und CH_4 werden durch bakterielle Gärungsvorgänge im Kolon freigesetzt.
- CO_2 entsteht in größeren Mengen aus der Reaktion von HCO_3^- mit H^+ aus der Salzsäure, aus Fett- und Aminosäuren im Darmlumen.
- Der Flatusgeruch ist auf flüchtige Schwefelverbindungen aus dem bakteriellen Eiweißabbau zurückzuführen.

Literatur

Barrett KE, Donowitz M (eds) (2001) Gastrointestinal Transport. Academic Press, San Diego

Chang EB, Sitrin M, Black DD, Chag EB (eds) (1996) Gastrointestinal, Hepatobiliary, and Nutritional Physiology. Lippincott Williams & Wilkins, Philadelphia

Feldman M, Friedman LS, Sleisenger MH, Scharschmidt BF (eds) (2002) Sleisenger and Fordtran's Gastrointestinal and Liver Disease: Pathophysiology/Diagnosis/Management. 7 th edn. Saunders, Philadelphia

Granger DN, Barrowman JA, Kvietys PR (eds) (1998) Clinical Gastrointestinal Physiology. Saunders, Philadelphia

Johnson LR (ed) (1994) Physiology of the gastrointestinal tract, 3rd edn, Vol 1 and 2. Raven, New York

Johnson LR, Gerwin TA (eds) (2001) Gastrointestinal Physiology. 6 th edn. Mosby, St. Louis, London

Schultz SG (ed) (1989–1997) The Gastrointestinal System, Bd. I-IV. American Physiological Society, Bethesda (Handbook of physiology, sect. 6)

Yamada T, Alpers DH, Laine L, Owyang C, Powell DW (Eds) (1999) Textbook of Gastroenterology, 3rd edn. Lippincott, Williams & Wilkins, Philadelphia

Kapitel 39 Energie- und Wärmehaushalt, Thermoregulation

P. B. Persson

Einleitung

Während eines Südseeurlaubs wird dem 65-jährigen U.W. plötzlich sehr kalt. Um Wärme zu bilden, setzt Schüttelfrost ein. Die Körpertemperatur steigt, es tritt Fieber auf. Um dem gesteigerten O_2-Verbrauch in der Peripherie zu begegnen und die erzeugte Wärme zu verteilen, steigt die Pumpleistung des Herzens. Die Herzfrequenz ist gesteigert, und der Patient wirkt körperlich erschöpft. Der Sollwert der Körperwärmeregulation ist beim Fiebernden verstellt, denn die Messung der Körpertemperatur ergibt – trotz Frierens – einen deutlich erhöhten Wert. Der herbeigerufene Arzt diagnostiziert einen grippalen Infekt. Um den Kreislauf des Patienten zu schonen, verabreichte er fiebersenkende Mittel (z.B. Paracetamol oder Acetylsalicylsäure). Diese Mittel normalisieren wieder den Körpertemperatursollwert im ZNS; entsprechend fühlt sich der Patient sehr warm, und es setzt Schwitzen ein. Bald ist eine normale Körpertemperatur wieder erreicht und der Patient erholt sich.

39.1 Nährstoffbrennwerte

Brennwertbestimmung und die spezifisch-dynamische Wirkung

Die einzelnen Nährstoffe haben unterschiedliche Brennwerte, dabei stellt die Verbrennung von Fetten und Alkohol pro Gramm mehr Energie zur Verfügung als Eiweiße und Kohlenhydrate

Physikalischer und physiologischer Brennwert. Im Stoffwechsel werden Nährstoffe schrittweise zu energieärmeren Stoffen abgebaut. Dabei wird Energie frei, die zur Bildung von energiereichen Verbindungen (v.a. ATP) eingesetzt wird. Ein großer Teil geht jedoch als Wärme verloren. Maß der umgesetzten Energie ist heute das Joule, das die noch häufig verwendete Einheit Kalorie abgelöst hat (1 kcal ≈ 4,19 kJ, 1 J = 1 Ws = $2{,}39 \times 10^{-4}$ kcal, 1 kJ/h ≈ 0,28 W). Bei vollständiger Verbrennung von Nährstoffen entstehen CO_2 und Wasser, dabei wird Energie frei und zwar (durchschnittlich): aus Fetten 38,9 kJ/g, aus Kohlenhydraten 17,2 kJ/g und aus Eiweißen 23 kJ/g (***physikalische Brennwerte***; ▶ s. Tabelle 39.1). Äthylalkohol liefert 29,7 kJ/g. Da unter physiologischer Verwertung der Kohlenhydrate und Fette genauso wie bei der physikalischen Verbrennung die Endprodukte CO_2 und Wasser entstehen, entspricht der ***physiologische Brennwert*** (= biologischer Brennwert) bei diesen Nährstoffen in etwa dem physikalischen. Bei den Eiweißen gilt das jedoch nicht, da der Abbau im Körper bei dem Stoffwechselprodukt Harnstoff stehen bleibt. Diese Verbindung könnte physikalisch weiter verbrannt werden, daher ist der physiologische Brennwert (17,2 kJ/g) geringer als der physikalische (▶ s. Tabelle 39.1).

Spezifisch-dynamische Wirkung von Nährstoffen. Werden Nährstoffe aufgenommen und verdaut, so erfordert dies Energie. Dementsprechend steigt nach dem Essen der Energieumsatz an. Das gestiegene Substratangebot regt darüber hinaus den Stoffwechsel an, so dass ein Teil der zugeführten Energie verbraucht wird, was als ***spezifisch-dynamische Wirkung*** bezeichnet wird.

Besonders ausgeprägt ist die spezifisch-dynamische Wirkung bei der ***Proteinverwertung*** (bis zu 30 % der aufgenommenen Energie). Hierbei spielt auch eine Rolle, dass das bei dem Abbau von Eiweißen entstehende Ammoniak äußerst toxisch ist. Ammoniak wird deshalb in der Leber unter Energieverbrauch zu Harnstoff entgiftet.

Messung des Energieumsatzes

Die direkte und die indirekte Kalorimetrie dienen der Energieumsatzbestimmung; die direkte Methode misst die Wärmeabgabe, die indirekte ermittelt den Energieumsatz über den Sauerstoffverbrauch

Direkte Kalorimetrie. Die vom Menschen umgesetzte Energie wird selten direkt bestimmt. Die verwendete Methode geht auf das 1780 von ***Lavoisier*** beschriebene Vorgehen zurück, bei dem die Körperwärme ermittelt wird. Ursprünglich wurde der Organismus in einen thermisch isolierten Raum gebracht, der von Eis umgeben war. Die Menge Schmelzwasser wurde aufgesammelt, diese korreliert direkt mit der erzeugten Körperwärme.

Indirekte Kalorimetrie. Die heutigen Verfahren sind in der Handhabung praktikabler und stützen sich auf die Bestimmung des aufgenommenen Sauerstoffs. Die Herleitung des Energieumsatzes ist in seinem zugrunde liegenden Gedanken einfach: Um die Nahrung zu verwerten – also zu verbrennen – wird Sauerstoff benötigt. Als Richtwert kann gelten, dass aus einem Liter Sauerstoff 20 kJ Energie gewonnen wird (Mischkost, Europäer,

Tabelle 39.1. Physikalischer und physiologischer Brennwert von Nährstoffen in kJ/g (gemäß einer gemischten europäischen Kost)

	Fette	Eiweiße	Kohlenhydrate	Glukose	Äthylalkohol
Physikalischer Brennwert	38,9	23,0	17,2	15,7	29,7
Physiologischer Brennwert	38,9	17,2	17,2	15,7	29,7

► s. ◘ Abb. 39.1). Genauer lässt sich die aus Sauerstoff erzeugte Energie nur bestimmen, wenn die Zusammensetzung der verbrannten Nahrung bekannt ist. So werden bei der ausschließlichen Glukoseverbrennung 21,0 kJ pro Liter Sauerstoff gewonnen. Das ***energetische Äquivalent*** (= kalorische Äquivalent) von Glukose beträgt daher 21,0 kJ/l O_2.

$$C_6H_{12}O_6 + 6O_2 \rightarrow 6CO_2 + 6H_2O + 2826\ \text{kJ} \quad (1)$$

▪▪▪ Bei Verbrennung von 1 mol Glukose (≈ 180 g) werden 2826 kJ frei; daraus ergibt sich ein **Brennwert** der Glukose von 15,7 kJ/g (◘ Tabelle 39.1).

Energetisches Äquivalent von Fetten. Bei der Verbrennung von Fetten ist das energetische Äquivalent etwas geringer. Zwar wird mehr Energie aus der Verbrennung von Fett als aus Glukose gewonnen – weshalb wir Energiedepots in Form von Leibespolstern aus eben dieser Substanzgruppe anlegen – allerdings wird zur Verbrennung von Fetten sehr viel mehr Sauerstoff benötigt, weshalb das energetische Äquivalent dieser Substanzgruppe entsprechend niedriger liegt (19,6 kJ/l O_2).

Eiweiß (energetisches Äquivalent 18,8 kJ/g) wird nur bedingt zur Deckung des Energiebedarfs herangezogen. Es trägt in Westeuropa lediglich zu 15 % zur Energiegewinnung bei.

IX

Respiratorischer Quotient

❗ Das Verhältnis von CO_2-Abgabe zu O_2-Aufnahme erlaubt eine Aussage zu den anteilig verbrannten Substanzklassen

Bestimmung des energetischen Äquivalents. Das energetische Äquivalent der Nahrung ist von ihrer Zusammensetzung abhängig; Es liegt in der Regel zwischen denen des Zuckers und der Fette. Ob der Körper zu einem Zeitpunkt eher Fette oder Zucker verbrennt, lässt sich recht einfach aus dem Verhältnis der Kohlendioxydabgabe und der Sauerstoffaufnahme schließen. Das Verhältnis CO_2-Abgabe/O_2-Aufnahme bezeichnet man als ***respiratorischen Quotienten*** (RQ). Wie aus Gl. (1) hervorgeht, wird bei der Verbrennung von Glukose genauso viel CO_2 abgegeben wie O_2 gebildet wird, der RQ beträgt also 1. Weil man für die Verbrennung von Fetten mehr Sauerstoff benötigt, ist der RQ entsprechend niedriger (0,7). Für Eiweißverbrennung liegt der RQ bei 0,81, welcher nahe am durchschnittlichen mitteleuropäischen RQ liegt, nämlich 0,82. Das energetische Äquivalent in unseren Breiten ist damit 20,2 kJ/l O_2 (◘ Abb. 39.1). Ist der RQ bestimmt worden, kann durch eine Tabelle das entsprechende energetische Äquivalent bestimmt werden. Wird dieser Wert mit der Sauerstoffaufnahme über die Zeit multipliziert, erhält man den Energieumsatz.

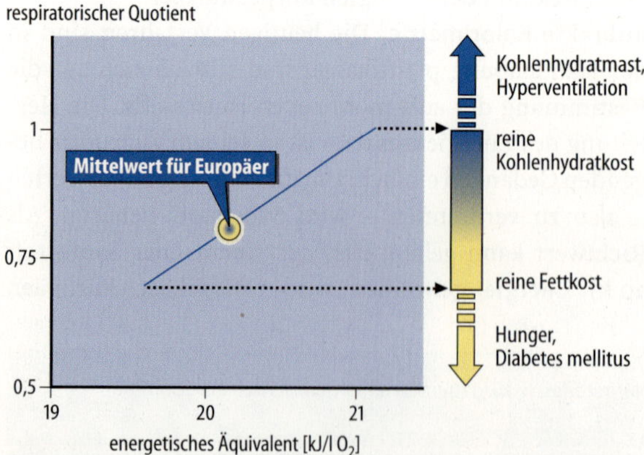

◘ **Abb. 39.1. Energetisches Äquivalent und respiratorischer Quotient.** Energetisches Äquivalent des Sauerstoffs und dessen Abhängigkeit vom RQ ohne Berücksichtigung des Eiweißanteils von 15 % am Gesamtumsatz. Durchschnittlicher Respiratorischer Quotient: 0,82

$$\text{Energieumsatz} = \text{energetisches Äquivalent} \times O_2\text{-Aufnahme/Zeit} \quad (2)$$

Bestimmung des Eiweißverbrauchs. Soll der Eiweißverbrauch bestimmt werden, so ist es erforderlich, die Harnstoffausscheidung im Urin zu messen. Normalerweise scheidet man 30 g (0,5 mol) Harnstoff am Tag aus. Bei eiweißreicher Ernährung steigt die Ausscheidung bis auf den dreifachen Wert an.

Messung der Sauerstoffaufnahme und Kohlendioxidabgabe

❗ Um den respiratorischen Quotienten zu ermitteln, bestimmt man das aufgenommene O_2 sowie das abgegebene CO_2, z. B. unter Zuhilfenahme des Spirometers

Das geschlossene System. Eine bestimmte Menge Sauerstoff wird in ein Spirometer gegeben (◘ Abb. 39.2). Der Proband atmet diesen Sauerstoff in einer gewissen Zeit ein, daraus wird die Sauerstoffaufnahme ermittelt. Das Spirogramm zeichnet die eingeatmete Menge auf. Die resultierende Steigung entspricht der Sauerstoffaufnahme über die Zeit. Die Kohlendioxidabgabe wird durch Atemkalk absorbiert und spielt bei dieser Vorgehensweise keine Rolle.

Offene Systeme. Bei diesen Methoden wird die Ein- und Ausatemluft getrennt. Die Umgebungsluft wird eingeatmet, die Menge der ausgeatmeten Luft dann gemessen sowie deren O_2- und CO_2-Fraktionen bestimmt. Die Sauerstoffaufnahme und Kohlendioxidabgabe berechnet man gemäß der folgenden Gleichungen:

$$\dot{V}_{O_2} = \dot{V}_E\,(F_{IO_2} - F_{EO_2}) \text{ bzw.} \quad (3)$$

$$\dot{V}_{CO_2} = \dot{V}_E\,F_{ECO_2} \quad (4)$$

Die jeweils berechneten Werte für $\dot{V}_{O_2}$ und $\dot{V}_{CO_2}$ werden schließlich auf STPD-Standardbedingungen umgerechnet (► s. Kap. 34.1).

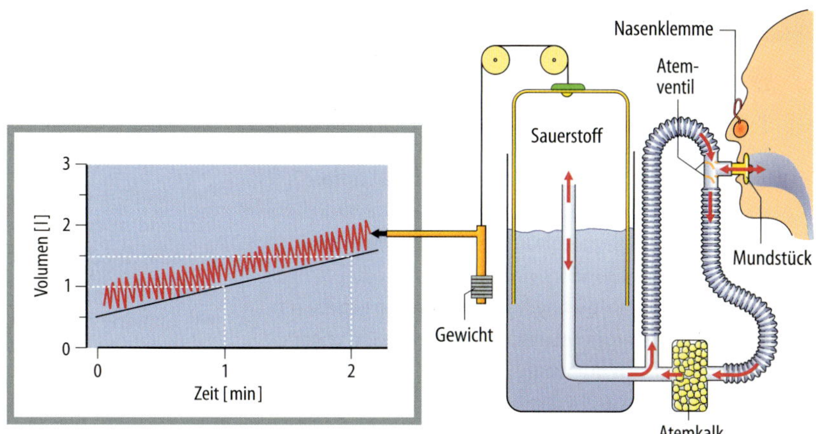

Abb. 39.2. Geschlossenes spirometrisches System. Beim geschlossenen spirometrischen System zur Messung der O_2-Aufnahme atmet der Proband reinen Sauerstoff aus einem Tauchglockenspirometer. Da das Ausatemluftgemisch durch einen Behälter mit CO_2-absorbierendem Atemkalk geleitet wird, entsteht keine Dyspnoe. Der Anstieg des registrierten Spirogramms *(links)* entspricht der O_2-Aufnahme des Probanden (im Beispiel der Abbildung 0,5 l/min)

Die Ausatemluft kann zunächst in einem ***Douglassack*** gesammelt und später untersucht werden. Dieses Vorgehen erlaubt die Messung am sich frei bewegenden Menschen. Statt eines Douglassacks können auch eine Gasuhr oder andere elektronische Geräte zur Bestimmung des Atemzeitvolumens, z. B. ein Pneumotachograph, auf dem Rücken getragen werden (Abb. 39.3 oben). Leistet der Proband während der Untersuchung Arbeit, z. B. am Fahrrad, spricht man von der ***Spiroergometrie.*** Aus den gleichzeitig gemessenen Atmungs- und Kreislaufparametern – speziell der Sauerstoffaufnahme – kann der Arzt Rückschlüsse auf den Funktionszustand der Lungen und des Herzkreislaufes ziehen.

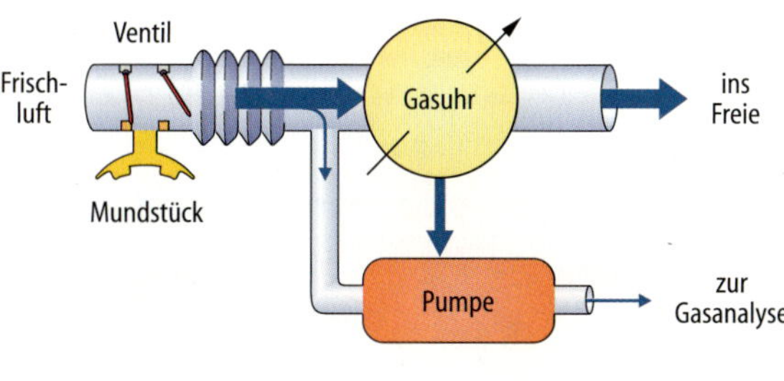

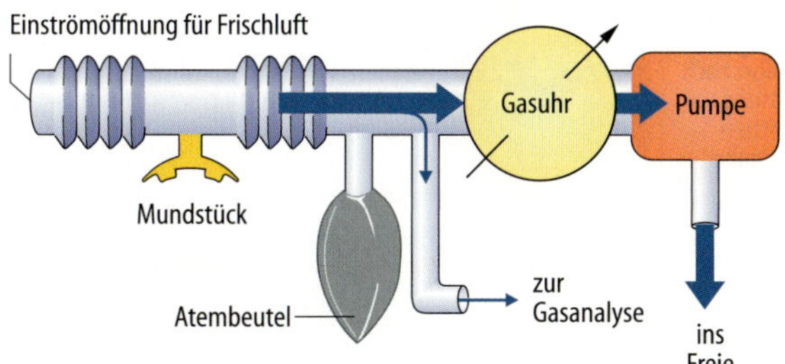

Abb. 39.3. Offenes spirometrisches System. Offene spirometrische Systeme sind auch tragbar *(oben)*: Ein aliquoter Anteil von 1 % wird aus dem Ausatemstrom abgezweigt. Nach Müller u. Franz (1952). *Unten:* Prinzip der konstanten Absaugung. Anstelle einer Gasuhr kann auch ein integrierender Pneumotachograf eingesetzt werden

O_2-Verbrauch von Organen. Auch für einzelne Organe kann man isoliert den Sauerstoffverbrauch und den Energieumsatz ermitteln, und zwar nach dem Fick-Prinzip. Hierzu wird deren Sauerstoffaufnahme aus der Organdurchblutung Q und den arteriovenösen Fraktionsdifferenzen von O_2 und CO_2 wie folgt errechnet:

$$\dot{V}_{O2}\,(\text{ml/min}) = Q\,(\text{ml/min}) \times (F_{aO_2} - F_{vO_2}), \quad (5)$$
$$\dot{V}_{CO2}\,(\text{ml/min}) = Q\,(\text{ml/min}) \times (F_{vCO_2} - F_{aCO_2}), \quad (6)$$

Fehlerquellen bei der RQ-Bestimmung. Nicht immer können die verwerteten Energiequellen anhand des RQs zweifelsfrei zugeordnet werden. Wenn Sie beispielsweise vor Prüfungen Ihren Speiseplan ausschließlich auf Kohlenhydrate zuschneiden (Trostbonbons), steigt der RQ deutlich an. Das liegt daran, dass bei überwiegender Kohlenhydratzufuhr diese zu Fetten umgebaut werden. Da Fette weniger Sauerstoff enthalten als Kohlenhydrate, wird bei der Umwandlung Sauerstoff frei; entsprechend sinkt bei der **Kohlenhydratmast** die über die Lunge aufgenommene Sauerstoffmenge, und der RQ nimmt größere Werte an (► s. Abb. 39.1). In Extremfällen wurden bei der Gänsemast ein RQ von 1,38 und bei der Schweinemast ein RQ von 1,58 gemessen. Setzen Sie sich nach der Prüfung auf strikte Diät, wird der RQ fälschlich zu niedrig ausfallen. Hier werden die umgekehrten Mechanismen wirksam.

Nicht nur bei **Hungernden**, sondern auch bei schlecht eingestellten **Diabetikern** beobachtet man bis auf 0,6 erniedrigte RQ-Werte. Dies beruht auf der eingeschränkten Glukoseverwertung. Es werden vermehrt Fettsäuren über die β-Oxidation verwertet, ebenso ist der Eiweißabbau reduziert. Bei der Umwandlung zu Glukose wird dabei zusätzlich Sauerstoff benötigt.

Während einer Prüfung kann es durch die Aufregung zur **Hyperventilation** des Prüflings kommen, welche wiederum den RQ in die Höhe schnellen lässt. Denn bei Hyperventilation wird vermehrt CO_2 abgeatmet. Dieses stammt allerdings nicht aus einem gesteigerten Stoffwechsel, sondern aus den umfangreichen CO_2-Speichern in Gewebe und Blut, so z. B. aus Bicarbonat. Typischerweise tritt Hyperventilation außerdem bei anderen psychischen Belastungssituationen auf, bei künstlicher Beatmung, bei der Kompensation metabolischer Azidosen oder z. B. beim Aufblasen einer Luftmatratze. Die Sauerstoffaufnahme in der Lunge ändert sich bei der Hyperventilation praktisch nicht, denn das Blut ist bereits bei normaler Ventilation zu nahezu 100 % gesättigt. In der Anfangsphase, wenn die CO_2-Abgabe hoch ist, kann der RQ bis auf 1,4 ansteigen.

In Kürze

Nährstoffbrennwerte

Beim Abbau von Nährstoffen wird unterschiedlich viel Energie frei, das bedeutet, dass Fette, Eiweiße und Kohlenhydrate sich in ihrem Brennwert unterscheiden:

- Fette (und Äthylalkohol) spenden bei ihrer Verbrennung besonders viel Energie.
- Eiweiß- und Kohlenhydratverbrennung ergeben weniger Energie, letztere Substanzklassen unterscheiden sich nur wenig in ihrem biologischen Brennwert.

Der physikalische Brennwert (völlige Verbrennung zu CO_2 und H_2O) von Eiweißen liegt höher als ihr biologischer Brennwert, denn im Unterschied zu den Kohlenhydraten und Fetten können Eiweiße nicht im Körper gänzlich zu CO_2 und H_2O verbrannt werden. Als Endabbauprodukt von Eiweißen entsteht der energiehaltige Harnstoff.

Messung des Energieumsatzes

Die Messung des Energieumsatzes erfolgt heute indirekt über die Bestimmung der Sauerstoffaufnahme mit Hilfe der Spirometrie. In etwa wird 1 l Sauerstoff benötigt, um 20 kJ Energie zu gewinnen (energetisches Äquivalent). Um genauere Angaben machen zu können, ist die Kenntnis der Nahrungszusammensetzung erforderlich.

Den Kohlenhydrat- und Fettanteil der Nahrung verrät der respiratorische Quotient (CO_2-Abgabe/O_2-Aufnahme). Ist dieser bekannt, kann das entsprechende energetische Äquivalent aus einer Tabelle abgelesen werden.

39.2 Energieumsatz

Gesamtumsatz und Wirkungsgrad

Der Gesamtumsatz umfasst nicht alle energieverbrauchenden Prozesse; das Verhältnis von äußerer Arbeit zum Gesamtumsatz bezeichnet man als Wirkungsgrad

Gesamtumsatz. Diese Größe ergibt sich lediglich aus der Summe der Muskeltätigkeit (Arbeit) und des Energieumsatzes für abgegebene Wärme. Der Gesamtumsatz beinhaltet also nicht den gesamten Energiebedarf des Menschen, da der Organismus zusätzliche Energie für regenerative Prozesse und Wachstum benötigt.

Wirkungsgrad. Aus dem Verhältnis der äußeren Arbeit zum Gesamtumsatz kann der Wirkungsgrad errechnet werden. Dieser beträgt für körperliche Arbeit im günstigsten Fall 25 %, ist also vergleichbar mit modernen Verbrennungsmotoren (z. B. Automobilmotoren). Mehr als $^3/_4$ des Energieumsatzes werden folglich in Wärme umgewandelt.

Grundumsatz

Der Grundumsatz ist als morgendlicher Ruheumsatz bei Nüchternheit und Indifferenztemperatur der Umgebung definiert

Der Energieumsatz des Menschen variiert je nach Arbeitsintensität, Tageszeit, Nahrungsaufnahme und Umgebungstemperatur. Der Vergleichbarkeit halber wurden 4 Standardbedingungen formuliert, bei deren Erfüllung man vom Grundumsatz spricht:

- Er wird ***morgens*** gemessen, denn der Energieumsatz unterliegt tageszyklischen Schwankungen mit einem Maximum am Vormittag und einem Minimum während der Nacht- und frühen Morgenstunden.
- Der Patient ist ***nüchtern***. Nach dem Essen setzen Verdauungsvorgänge ein, wobei die anschließenden Stoffwechselvorgänge weitere Energie verbrauchen. Insbesondere nach eiweißreicher Kost muss auf eine hinreichende Karenzzeit geachtet werden (► s. Abschnitt 39.1). Diese kann bis zu 18 Std. betragen.
- Die Messung soll unter entspannten Bedingungen erfolgen, also während körperlicher und geistiger Ruhe im Liegen ***(Ruheumsatz)***. Arbeit, ob mit dem Kopf oder mit den Muskeln, steigert den muskulären Energieumsatz (► s. ◘ Abb. 39.4).
- Der Grundumsatz wird bei ***Indifferenztemperatur*** (Behaglichkeitstemperatur) gemessen, denn auch beim Frieren erhöht sich der muskuläre Energieumsatz, und größere Wärme steigert die Kreislaufarbeit.

Der Grundumsatz wird zu je einem Viertel von der Leber und der ruhenden Skelettmuskulatur geleistet

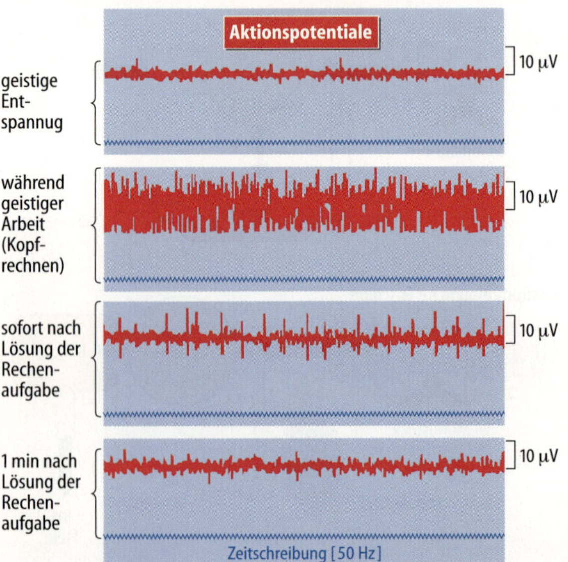

◘ **Abb. 39.4. Muskeltonus bei geistiger Arbeit.** Bei geistiger Arbeit – hier Kopfrechnen – wird der Muskeltonus reflektorisch erhöht. An den vom Unterarm abgeleiteten Muskelaktionspotentialen *(EMG)* erkennt man deutlich die Zunahme dieser Muskelaktivität. Nach Göpfert et al (1953)

(◻ Abb. 39.5). Er nimmt im Alter ab. Frauen haben im Allgemeinen einen geringeren Grundumsatz als Männer (◻ Abb. 39.6). Meist wird der Grundumsatz auf das Körpergewicht oder auf die Körperoberfläche bezogen. Der typische Grundumsatz eines jungen Menschen liegt bei etwa 7000 kJ/d bzw. bei knapp 85 W (◻ Tabelle 39.2).

Veränderter Grundumsatz

Der Grundumsatz kann je nach Erkrankung erheblich schwanken, wenn diese mit anabolen oder katabolen Stoffwechsellagen einhergeht

Der Grundumsatz des Menschen kann sich im Rahmen bestimmter Erkrankungen verändern:

- Verdacht auf ***Schilddrüsenüber- oder -unterfunktion*** war eine der früheren Indikationen, den Grundumsatz zu messen. Heute helfen direkte Messungen der Schilddrüsenhormone und ihrer bindenden Proteine sowie bildgebende nuklearmedizinische Verfahren weiter, so dass die Erfassung des Grundumsatzes hierfür nicht mehr erforderlich ist. Bei einer Schilddrüsenüberfunktion ***(Hyperthyreose)*** kann der Grundumsatz beträchtlich steigen, in extremen Fällen um über 100 %. Umgekehrt ist bei der ***Hypothyreose*** (Schilddrüsenunterfunktion) der Grundumsatz erniedrigt und kann bis auf 60 % des Normalwerts abfallen.
- ***Verletzungen***, ***Verbrennungen*** oder ***Fieber*** führen zu einem katabolen Stoffwechsel und somit zu einer Zunahme der Stoffwechselaktivität. Als Folge des erhöhten Proteinstoffwechsels ist die Stickstoffausscheidung im Urin bis auf das Dreifache vermehrt.
- Beim ***Kreislauf-Schock*** ist der Energieumsatz erniedrigt. Dieses beruht auf einer peripheren Mangeldurchblutung, die so ausgeprägt sein kann, dass Werte unterhalb des Grundumsatzes gemessen werden. Steigt mit Abklingen des Schockzustands die periphere Durchblutung wieder an, erhöht sich wieder der Energieumsatz. Daher kann eine Verlaufskontrolle des Grundumsatzes bei einer Beurteilung des Schockzustands hilfreich sein.

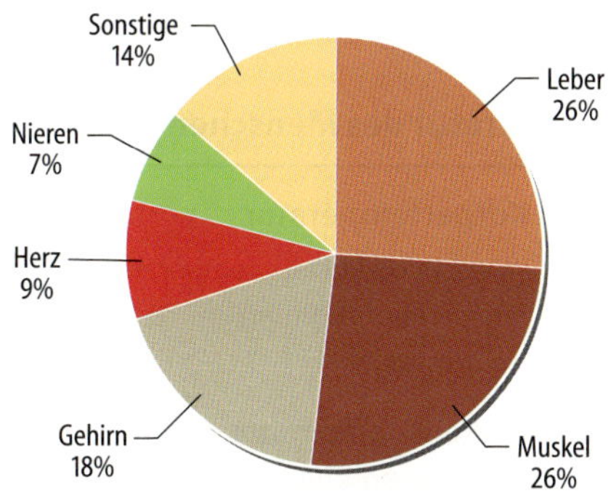

◻ **Abb. 39.5. Organanteile am Grundumsatz.** Den größten Anteil am Grundumsatz haben die Leber, die Skelettmuskulatur und das Gehirn

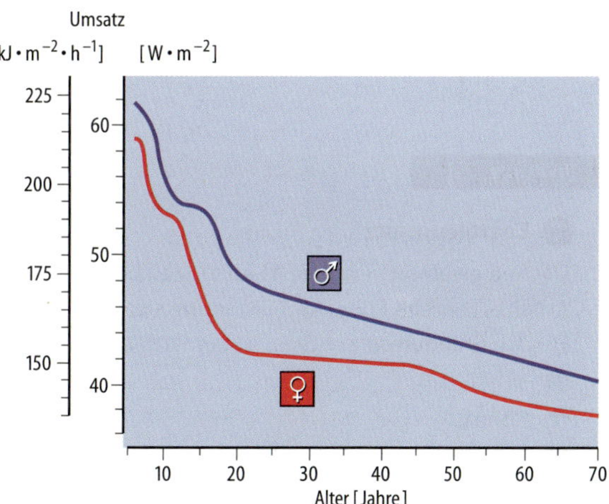

◻ **Abb. 39.6. Grundumsatz, Einfluss von Alter und Geschlecht.** Lebensalter und Geschlecht haben einen großen Einfluss auf den Grundumsatz. Der relative Energieumsatz nimmt besonders während der ersten 20 Lebensjahre kontinuierlich ab. Nach Boothby et al (1936)

◻ **Tabelle 39.2.** Exemplarische Energieumsätze am Beispiel eines 70 kg schweren Mannes

Bedingung		Energieumsatz		$\dot{V}_{O_2}$
		MJ/d	W	ml/min
Grundumsatz	♀ ♂	6,3 7,1	76 85	215 245
Freizeitumsatz	♀ ♂	8,4 9,6	100 115	275 330
Zulässige Höchstwerte für jahrelange berufliche Arbeit, pro Tag	♀ ♂	15,5 20,1	186 240	535 690
dito, pro Arbeitszeit	♀ ♂		360 490	1000 1400
Arbeitsumsatz bei Ausdauerleistungen (Leistungssportler)		MJ/h 4,3	W 1200	ml/min 3400

Energieumsatz bei Ruhe und bei körperlicher Betätigung

Die Ruhe-, Arbeits- und Freizeitumsätze beziehen weitere energieverbrauchende Tätigkeiten mit ein und liegen somit höher als der Grundumsatz

Für viele, die durch körperliche Betätigung an Körpergewicht abnehmen möchten, ist der Energieumsatz während ***Arbeit*** enttäuschend gering (Tabelle 39.3, Abb. 39.7). Zur Deckung des Energieverbrauchs eines 100 m-Laufs reichen deutlich weniger als der Brennwert von 2 g Glukose aus. Gar 4 Marathonläufe sind erforderlich, um nur knapp 1 kg Fett zu verbrennen. Geistige Arbeit erhöht ebenfalls den Energiebedarf, dies liegt jedoch nicht an einem wesentlich erhöhten Energieverbrauch der Nervenzellen, sondern beruht auf der reflektorischen Erhöhung der Muskelaktivität.

Der ***Freizeitumsatz*** ist der Energieumsatz eines nicht körperlich arbeitenden Menschen bei einer mehr kontemplativen Freizeitgestaltung. Er entspricht damit dem täglichen Gesamtumsatz weiter Bevölkerungskreise.

In Kürze

Energieumsatz

Der Energieumsatz wird auf 4 Situationen bezogen: Arbeits-, Freizeit-, Ruhe- und Grundumsatz.
Für den Grundumsatz müssen 4 Standardbedingungen erfüllt sein:

- morgens,
- in Ruhe,
- nüchtern und
- bei Behaglichkeitstemperatur.

Erhöhung oder Erniedrigung des Energieumsatzes

Bei einigen Erkrankungen ist der Energieumsatz erhöht, wie bei

- Schilddrüsenüberfunktion (Hyperthyreose),
- schweren Verletzungen,
- Verbrennungen.

Dagegen ist der Energieumsatz deutlich vermindert bei:

- Schilddrüsenunterfunktion (Hypothyreose),
- lang anhaltenden Hungerzuständen und
- Schock.

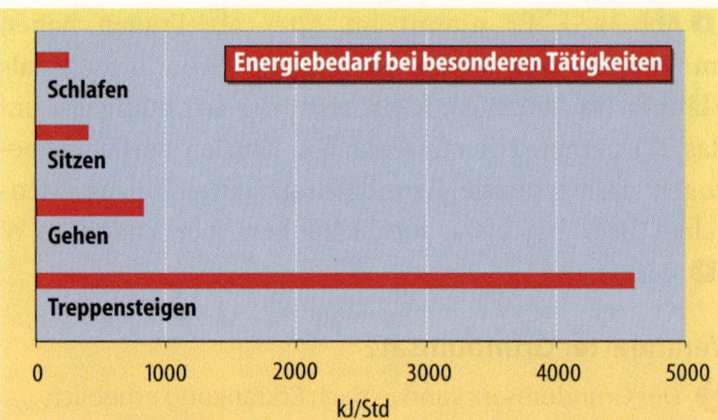

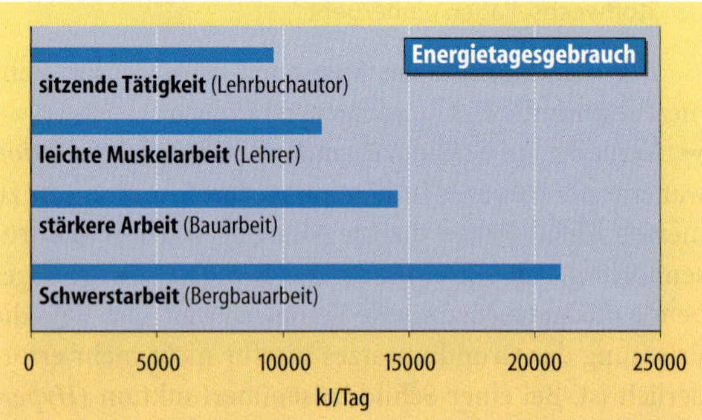

Abb. 39.7. Energieumsatz bei verschiedenen Tätigkeiten sowie beispielhafte Tagesumsätze

39.3 Körpertemperatur des Menschen

Energiebedarf und Körpertemperatur

Nach der Reaktions-Geschwindigkeits-Temperatur-Regel beschleunigt eine Temperaturerhöhung um 10 °C eine Reaktion um etwa das Doppelte

Reaktions-Geschwindigkeits-Temperatur-Regel. Der schwankende Energieumsatz poikilothermer Lebewesen erlaubt eine monatelange Nahrungskarenz bei Kälte, denn wie alle chemischen Reaktionen sind die Stoffwechselprozesse im Organismus temperaturabhängig. Die ***R****eaktions-****G****eschwindigkeits-****T****emperatur-Regel* (***RGT-Regel*** = Van't Hoff-Regel) besagt, dass eine Temperaturerhöhung um 10 °C eine chemische Reaktion um etwa das Doppelte beschleunigt. Die Veränderung der Reaktionsgeschwindigkeit bei 10 °C Temperaturdifferenz wird als Q_{10} bezeichnet. Nimmt die Körpertemperatur um 10 °C ab, sinken die Reaktionsgeschwindigkeiten um etwa das Zwei- bis Dreifache, denn typisch für biologische Prozesse sind Q_{10}-Werte zwischen 2 und 3.

Vorzüge der Poikilo- und Homiothermie. Unter natürlichen Bedingungen gewährleistet die Konstanthaltung der Körpertemperatur bei den Homoiothermen einen gleichförmigen Aktivitätszustand des Stoffwechsels. Sie sind deshalb den poikilothermen (wechselwarmen) Tieren vielfach überlegen. Allerdings kommen die Vorzüge der Poikilothermie bei Kälte und Nahrungsknappheit (z. B. im Winter) zum Vorschein.

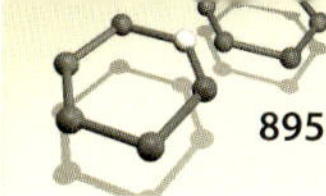

Tabelle 39.3. Sportliche Betätigungen (hier einige Beispiele) erhöhen den Energieumsatz. Nach Spitzer et al (1982)

Sportart		Watt
Laufen (Marathon)	19,5 km/h	1180
(100 m-Lauf)	36 km/h	2070
Radfahren in der Ebene	20 km/h	545
Fußballspielen		790–1040
Handballspielen		885
Volleyballspielen		380–640
Brustschwimmen,	28 m/min	460
Brustschwimmen in Kleidern	28 m/min	730
Rudern, Wettkampf		1715
Ski, Schussfahrt		610
Langlauf, Frauen		1285
Männer		1435
Tennis, Einzelwettkampf		490–1100
Tanzen, Wiener Walzer		355

■■■ **Winterschlaf.** Einige Säugetiere pflegen eine Doppelstrategie, indem sie während eines Winterschlafs die Körpertemperatur auf 32 °C (bei den Bären) und unter 0 °C (arktischer Feldhamster) drosseln. In der übrigen Zeit sind sie homoiotherm. Der Siebenschläfer reduziert die Körpertemperatur auf etwas über den Gefrierpunkt und kann so seinen gedrosselten Metabolismus mit einer Herzfrequenz um 5 Schläge/Min ausreichend versorgen. Bei Hungerzuständen nimmt die Körpertemperatur auch bei sonst gleichwarm geregelten Organismen zum Zwecke der Energieersparnis ab.

Klinisch findet die RGT-Regel u. a. in der ***Chirurgie*** Anwendung, denn bei Kühlung steigt die Überlebenszeit eines Organs bei verminderter Durchblutung. Manche Operationen werden daher am gekühlten Organismus durchgeführt. Auch für den Gesamtorganismus gilt die RGT-Regel, deshalb haben ***Erfrierungstote*** eine wesentlich bessere Aussicht auf erfolgreiche Wiederbelebung als Patienten, die im Warmen sterben. In der Experimentalphase befindet sich ein neurologischer Therapieversuch mit Hypothermie zur Behandlung von ***Schlaganfallpatienten***.

Temperaturregelung im Körperinnern und an der Körperoberfläche

8 Nicht alle Körperbereiche werden auf konstanter Temperatur gehalten: die Körperschale ist wechselwarm

Wechselwarme Körperzonen. Streng genommen ist der Mensch nicht im Ganzen homoiotherm, z. B. kann die Temperatur der Hände um über 30 °C schwanken. Unterschiede in der Stoffwechselaktivität und in der regionalen Durchblutung bedingen auch innerhalb des Körperkerns Temperaturunterschiede, die mehr als 1 °C erreichen können. Besonders warm sind z. B. Leber und Gehirn. Die Kerntemperatur ist deshalb durch einen einzigen Wert unzureichend wiedergegeben. Die hohe Gewebstemperatur der Leber wird in der ***Gerichtsmedizin*** verwendet, denn dieses Kraftwerk des Körpers ist gut isoliert und hat eine hohe Ausgangswärme. Daher ist die Abkühlung dieses Organs zur Todeszeitbestimmung ***(Thanatologie)*** geeignet.

Körperkern und Körperschale. Es besteht ein Temperaturgefälle zwischen dem Körperkern und der Körperoberfläche. Im Unterschied zum annähernd gleichmäßig warmen (36,5–37 °C) Körperkern bezeichnet man die Gewebsschichten unter der Haut, in der das Temperaturgefälle auftritt, als Körperschale. Beim Unbekleideten beträgt die mittlere Hauttemperatur innerhalb der Umgebungstemperaturen, bei denen weder geschwitzt noch gezittert wird ***(»thermoneutraler Bereich«)***, 33–34 °C. Der thermoneutrale Bereich liegt für die Umgebungstemperatur beim Unbekleideten zwischen 28–30 °C, beim Bekleideten zwischen 20–22 °C.

Temperaturfeld des Körpers. Abbildung 39.8 zeigt schematisch für einen unbekleideten ruhenden Menschen die Temperaturverteilung bei warmer (35 °C) und kühler (20 °C) Umgebungstemperatur. In warmer Umgebung ist die Hautdurchblutung hoch; die Haut ist warm, und die durch den Temperaturgradienten gekennzeich-

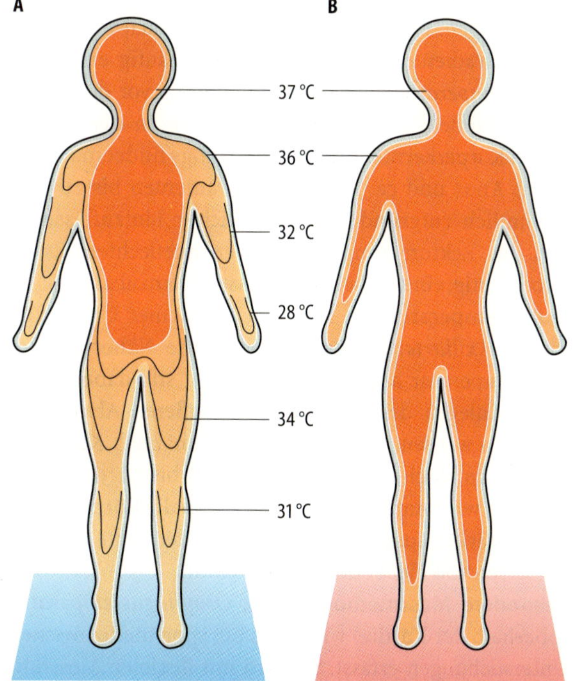

Abb. 39.8. Temperatur des Körperkerns und der Körperschale. Nur innerhalb des Körperkerns ist der Mensch homöotherm. Temperaturfeld des menschlichen Körpers ohne Bekleidung nach längerem Aufenthalt in kalter (**A**; 20 °C) und warmer (**B**; 35 °C) Umgebung. Rotbraun: gleichwarmer Körperkern; grau: Cutis und Subcutis; orange: wechselnder Anteil an der Körperschale mit schematisierten Isothermen (Grenze von Bereichen mit gleicher Körperwärme). Bei warmer Umgebung ist die Körperschale praktisch auf die Cutis und Subcutis beschränkt; in der Kälte werden tiefere Gewebsschichten, insbesondere an den Extremitäten, in die Schale mit einbezogen.

nete Körperschale umfasst nur oberflächliche Gewebsschichten (◘ Abb. 39.8 B). In kalter Umgebung wird die Hautdurchblutung stark gesenkt. Der Temperaturgradient erfasst jetzt große Gewebsanteile; die Körperschale nimmt zu, und der gleichwarme Körperkern schrumpft. So entsteht aufgrund der unregelmäßigen geometrischen Gestaltung des Körpers ein kompliziertes Temperaturfeld (◘ Abb. 39.8 A): Am Rumpf nimmt das ***radiäre Temperaturgefälle*** zu, zusätzlich bildet sich in den Extremitäten ein ***Temperaturgefälle in Längsrichtung (axial)*** aus. Besonders die Temperaturen an den Enden der Extremitäten (Akren) ändern sich stark mit der Umgebungstemperatur. Sie können kurzzeitig auf 5 °C abkühlen, ohne bleibenden Schaden zu nehmen.

Messung der Körpertemperatur

In der Klinik und beim Hausgebrauch finden verschiedene Methoden der Körperkerntemperaturerfassung Anwendung; die Messergebnisse können z. T. erheblich voneinander abweichen

Sublingual- und Rektaltemperatur. Die im Klinikbetrieb am häufigsten gemessene ***Sublingualtemperatur*** liegt etwa 0,2–0,5 °C tiefer als die Rektaltemperatur. Hier muss mit Einflüssen durch die eingeatmete Luft und durch vorausgegangenes Essen und Trinken und auch mit räumlichen Gradienten gerechnet werden. Häufig erhält die ***Rektaltemperatur*** noch heute den Vorzug vor den anderen Methoden. Die Werte liegen näher an der eigentlichen Körperkerntemperatur. Allerdings findet man zwischen Anus und ca. 15 cm Tiefe Gradienten bis zu 1 °C, vermutlich aufgrund unterschiedlicher Blutzuflüsse zu den das Rektum umgebenden Venengeflechten. Es ist also wichtig, eine einheitliche Messtiefe einzuhalten.

Axillartemperatur. Bei hinreichend warmer Umgebung ist die ***Axillartemperatur*** als eine gute Näherung der Kerntemperatur anzusehen. Die Axilla soll dabei durch festes Anlegen des Oberarms der äußeren Abkühlung entzogen werden. Sie nimmt dann allmählich Kerntemperatur an, doch ist mit Einstellzeiten bis zu 30 min zu rechnen, wenn infolge Vasokonstriktion die Körperschale zuvor stärker ausgekühlt war, was in der Kälte und bei Einsetzen von Fieber der Fall sein kann.

Besondere Messmethoden. Die ***Ösophagustemperatur*** (oberhalb der Kardia) wird gern bei sportmedizinischen Untersuchungen erfasst. Sie wird mit flexiblen Messfühlern gemessen und zeigt Kerntemperaturänderungen zügiger an als die Rektaltemperatur. Als Kerntemperatur wird zunehmend die Gehörgangstemperatur nahe am Trommelfell mit Infrarot-Thermometern gemessen. Für genaue Messungen ist die isolierende Abdeckung von Gehörgang und Ohr zur Ausschaltung äußerer Temperatureinflüsse wichtig. Ob die ***Tympanaltemperatur*** selbst als repräsentativ für die Gehirntemperatur angesehen werden kann, ist umstritten.

In Kürze

Körpertemperatur des Menschen

Der Mensch ist homöotherm, d. h. die Körperkerntemperatur wird innerhalb gewisser Grenzen konstant gehalten. Die Körperschale weist jedoch deutliche Temperaturschwankungen auf.

Wird die Körpertemperatur gesenkt, verringert sich auch die Reaktionsgeschwindigkeit der im Körper ablaufenden chemischen Reaktionen. Daher kann mittels Hypothermie die Überlebensdauer von Organen verlängert werden.

Messung der Körpertemperatur

Zur Messung der Körpertemperatur gibt es unterschiedliche Methoden:

- Die Sublingual- und Rektaltemperatur liegt in der Regel etwas unterhalb der Körperkerntemperatur.
- Die Axillartemperatur zeigt zwar eine gute Näherung zur Kerntemperatur, es ist jedoch mit Einstellzeiten bis zu 30 min zu rechnen.

39.4 Wärmeregulation

Regelkreis

Die Thermoregulation erfolgt nach dem Prinzip der negativen Rückkopplung; sogenannte Stellglieder sorgen für die Erhaltung des Sollwerts

Sollwert und Stellglieder. Sie kommen aus der Kälte in die neue Wohnung und drehen den Thermostat auf eine höhere Temperatur, der neue ***Sollwert*** ist somit eingestellt. Die anspringende Heizung, ein ***Stellglied***, verspricht baldige Erwärmung über die Heizkörper. Ihr Körper regelt Ihr inneres Milieu auf eine vergleichbare Art und Weise (◘ Abb. 39.9). Verschiedene über- und untergeordnete Thermofühler sind im Körper und auf seiner Oberfläche verstreut, dabei sind zwei Typen vertreten: Warm- und Kaltsensoren (▶ s. Kap. 14.3).

Prinzip der negativen Rückkopplung. Dem Regelkreis liegt eine geschlossene Wirkungskette mit negativer Rückkopplung zugrunde. Charakteristisch für die Temperaturregulation wie auch für andere homöostatische Regelsysteme ist das mehrfache Vorhandensein von Messfühlern und Stellgliedern. Allerdings ist die Analogie zu technischen Regelkreisen nur annähernd gegeben. So scheint es kein strukturell fassbares Korrelat für den Sollwert zu geben. Die Vorstellung eines ***Sollwerts*** wird zwar vielfach als didaktische Stütze verwendet, aber bisher gelang es nicht, eine morphologische Referenzgeberstruktur zu finden. Es sind also keine Neurone bekannt, die ein von der jeweilig vorherrschenden Umgebungstemperatur unabhängiges Eichsignal geben können. Der

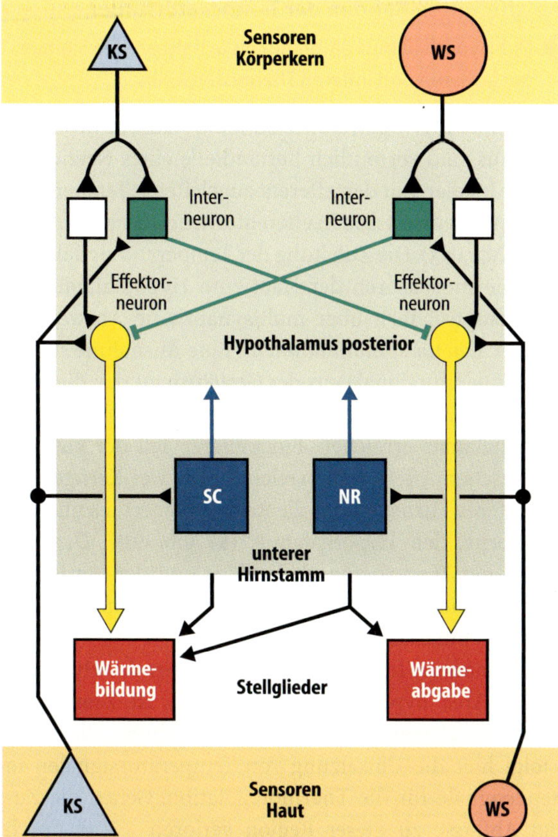

Abb. 39.9. Die neuronale Verschaltung von thermischen Afferenzen mit den efferenten neuronalen Netzwerken in stark vereinfachter Form. Die *grau* schattierten Flächen zeigen thermointegrative Bereiche: *Oben* der dominierende Bereich, im Wesentlichen der hintere Hypothalamus; *darunter* der untere Hirnstamm, der wichtige Strukturen *(blau)* zur Verarbeitung von Thermoafferenzen aus der Haut enthält (*NR:* Nuclei-Raphé; *SC:* Regio subcoerulea). *Grün:* inhibitorische Zwischenneurone (Interneurone) im Hypothalamus, die eine reziproke Hemmung der Entwärmungs- bzw. Wärmebildungsprozesse vermitteln. *Gelb:* deszendierende Neuronensysteme (Effektorneurone) zur Kontrolle der Stellglieder der Wärmebildung und -abgabe. *KS:* Kaltsensoren; *WS:* Warmsensoren (die Größe der Symbole soll grob die quantitative Bedeutung anzeigen). *-W:* aktivierende, *-Q:* hemmende synaptische Verbindungen. Die Symbole für Neurone repräsentieren Neuronenpools. Die zum Teil bekannten Verschaltungen zwischen SC, NR und Hypothalamus sind der Übersichtlichkeit halber nicht im Einzelnen, sondern nur durch *blaue Pfeile* dargestellt. Die vom unteren Hirnstamm abwärts zeigenden *schwarzen Pfeile* stellen Bahnverbindungen dar, durch welche die Kontrolle von Wärmebildung und Wärmeabgabe mit Hilfe der Effektorneurone moduliert wird. Deszendierende Verbindungen zu Hinterhornneuronen des Rückenmarks, über die eine Eingangshemmung von thermosensorischen Afferenzen erfolgen kann, sind nicht eingezeichnet

Sollwert wird in der Thermoregulation funktionell verstanden. Der hypothetische Sollwert ist dann erreicht, wenn weder Mechanismen der Kälteabwehr, z. B. Kältezittern, noch der Wärmeabwehr, z. B. Schwitzen, aktiviert sind.

Innere und äußere Thermosensoren

An vielen Stellen im Körper kommen thermosensorische Strukturen vor; die Messfühler der Haut sind im Gegensatz zu den Thermosensoren des Körperinnern eindeutig charakterisiert

Thermosensoren der Haut. Sowohl Kalt- als auch Warmsensoren kommen in der Haut vor, aber nicht überall in gleicher Dichte (► s. Kap. 14, Abschnitt 14.3). Die Extremitäten und andere exponierte Hautareale (Akren) dienen der übergeordneten Regulation der Körperkerntemperatur. So sollen kalte Füße nicht allzu unannehmlich sein, wenn die örtliche Temperatur im Dienste des Gesamtorganismus kräftig fallen muss. Daher gibt es hier wie auch an den Händen wenige Thermosensoren (Abb. 39.10), Sie können also bis zu den Oberschenkeln in einem frischem See waten, ohne dass es Ihnen unangenehm kalt erscheint. Ganz anders ist das im Gesicht und auf der Brust, also bei körperkernnahen Hautarealen. Hier sind Thermosensoren in Fülle vorhanden und lösen beträchtliches Unbehagen bei thermischer Reizung aus.

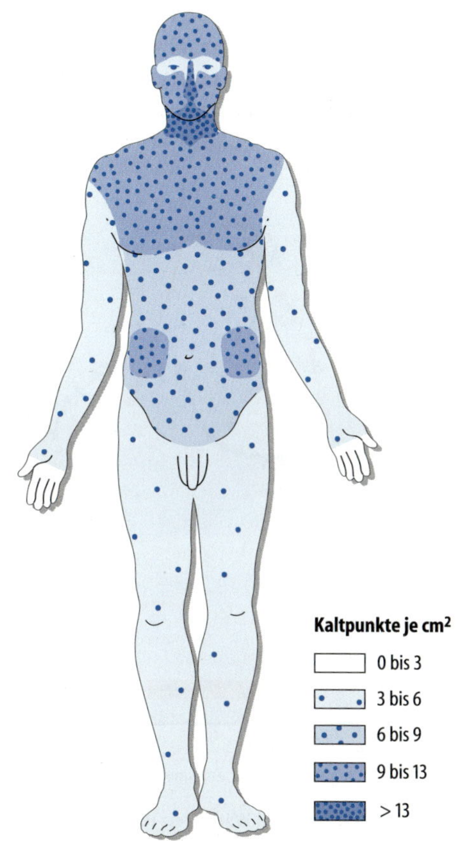

Abb. 39.10. Verteilung der Kaltpunkte. Die meisten Kaltpunkte befinden sich im Innervationsgebiet des N. trigeminus. Die Hautareale in unmittelbarer Nähe zum Körperkern weisen deutlich mehr Kaltpunkte auf, als die peripheren Bereiche. Dadurch können zur besseren Wärmeerhaltung im Innern die Arme und Beine auskühlen, ohne unerträglich zu frieren

Innere Thermosensoren. Ortung der inneren Thermosensitivität gelingt mittels umschriebener thermischer Reizung, so z. B. im ZNS. Auf diese Weise hat man bei Säugern den rostralen Hirnstamm ***(Regio praeoptica/vorderer Hypothalamus)*** und das Rückenmark als Hauptareale der Thermosensitivität ausgemacht. Von geringerem Belang sind wärmesensible Bereiche des unteren Hirnstamms, etwa das Mittelhirn und die Medulla oblongata. Auch außerhalb des ZNS und der Haut kann die örtliche Temperatur aufgespürt werden, etwa im Bereich der Dorsalwand der Bauchhöhle. Auch in der Muskulatur sind Thermosensoren anzunehmen, und an anderen Stellen sind sie nicht auszuschließen.

Funktionsweise der inneren Thermosensoren. Ein erheblicher Anteil der vorderen Hypothalamusneurone spricht auf lokale Temperaturänderung an, und zwar steigert Erwärmung in der Regel ihre Entladungsrate. Wie ◘ Abb. 39.11 zeigt, löst die Aktivitätssteigerung solcher wärmeempfindlicher Neurone Entwärmungsmechanismen aus, wie etwa die Zunahme der Atemfrequenz. In geringerer Zahl lassen sich auch kälteempfindliche Neurone nachweisen, deren Aktivität mit sinkender Temperatur zunimmt. Eindeutige Kriterien für die Klassifizierung von thermosensitiven Neuronen fehlen allerdings bisher. In vitro-Untersuchungen an Hypothalamusschnitten oder Zellkulturen zeigen, dass es sowohl eine Temperaturabhängigkeit der synaptischen Transmission gibt, als auch eine Temperaturempfindlichkeit der Nervenzellen selbst.

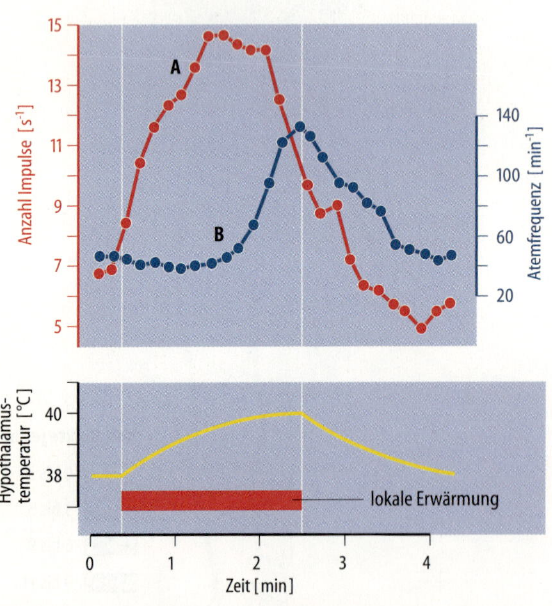

◘ **Abb. 39.11. Zentraler Wärmereiz und Atmung.** In der Regio praeoptica des Hypothalamus kann die Umgebungswärme gemessen werden. Die Impulsfrequenz eines »Wärmeneurons« ist in **A** *(rot)* in Abhängigkeit von der Hypothalamustemperatur *(gelbe Linie)* dargestellt. Eine implantierte Wärmesonde diente der Wärmeerzeugung. Als Kompensationsversuch wird bei übermäßiger Erwärmung die Atemfrequenz (**B**; *blau*) gesteigert. Beispiel an einer narkotisierten Katze

Die afferenten Bahnen der Temperaturfühler

Der Hypothalamus empfängt als Schaltzentrale Signale der äußeren und inneren Thermosensoren

Zuleitende thermoafferente Bahnen. Neurone im Hypothalamus sind vermutlich Bestandteile eines Netzwerks, das die lokalen mit den afferent zugeleiteten Temperatursignalen integriert und in efferente Steuersignale umsetzt (▶ s. Kap. 14.3). Die Zuleitung der Temperatursignale von den Thermosensoren der Haut zum Hypothalamus erfolgt hauptsächlich über multisynaptische Abzweigungen des ***Tractus spinothalamicus.*** Eine Ausnahme stellen die Temperatursignale aus der Gesichtshaut dar, die über Projektionsbahnen des kaudalen Trigeminuskerns den Hypothalamus erreichen. Ein weiterer Teil der kutanen thermischen Afferenzen erreicht über zwei Kerngebiete des unteren Hirnstammes die Regio subcoerulea und Raphé-Kerne, den Hypothalamus (◘ Abb. 39.9). Dagegen führen der Tractus spinothalamicus und der Vorderseitenstrang die aufsteigenden Signale der Thermosensoren des Rückenmarks.

Hypothalamus. In den kaudalen Anteilen des Hypothalamus (Area hypothalamica posterior) ist keine nennenswerte Thermosensitivität zu verzeichnen, allerdings erfolgt hier die Umsetzung von Temperatursignalen in Steuersignale für die Thermoregulation. Gehen die Zu- und Abflüsse zu dieser Region verloren – z. B. durch Schädigung des rostralen Mesenzephalon – verwandeln sich Säugetiere zu Poikilothermen (sind aber nicht in freier Wildbahn lebensfähig). Innere Thermosensoren aus der Regio praeoptica und aus den zervikothorakalen Anteilen des Rückenmarks ziehen zum hinteren Hypothalamus. Neurone an der Grenze vom vorderen zum

39.1. Thermoregulation bei Querschnittslähmung

Pathologie. Die Leitungsunterbrechung im Rückenmark betrifft deszendierende Bahnen, die die periphere vegetative und somatomotorische Innervation von thermoregulatorischen Stellgliedern darstellen. Darüber hinaus sind die aufsteigenden Bahnen (in denen thermische Afferenzen geleitet werden) betroffen, daher sind die Leistungen der Temperaturregulation deutlich eingeschränkt.

Symptome. Unterhalb der Verletzungsebene kommt es zum Ausfall des Kältezitterns, die Hautvasomotorik spricht nicht mehr an, und das Schwitzen ist eingeschränkt. Reflektorische, auf spinaler Ebene vermittelte thermoregulatorische Vasomotorik und Schwitzen werden nur bei sehr starker thermischer Belastung beobachtet. In der Folge dieser Störungen treten größere Abweichungen der Kerntemperatur bei thermischer Belastung auf.

hinteren Hypothalamus sprechen indessen auf Hauttemperaturänderungen an den Extremitäten und am Rumpf an. Es besteht im Hypothalamus aber keine völlige räumliche Trennung zwischen thermosensorischen und verschaltenden Funktionen. Zum Beispiel sprechen einige Neurone der Regio praeoptica (der bedeutendste thermosensorische Bereich des Hypothalamus) auch auf Temperaturänderungen der Haut an. Neurophysiologische Hinweise auf die quantitative Verteilung von Warm- und Kaltsensoren haben zu der Vermutung geführt, dass die Temperatursignale aus der Haut vorwiegend von Kaltsensoren, die Signale aus dem Körperinneren vorwiegend von Warmsensoren geliefert werden.

Effektoren der Temperaturregulation

Vor allem das sympathische Nervensystem steuert die thermoregulatorischen Stellglieder

Braunes Fettgewebe. Bespielhaft für die bedeutende Rolle des sympathischen Nervensystems in der Thermoregulation ist das beim Säugling wichtige braune Fettgewebe. Die Wärmebildung wird über β_3-adrenerge Rezeptoren des Sympathikus gesteuert, der die Lipolyse steigert und die Thermogeninsynthese induziert (▶ s. u., zitterfreie Wärmebildung).

Schweißproduktion. Verdunstung, also die evaporative Wärmeabgabe, ist bei hoher Umgebungstemperatur besonders wichtig (▶ s. Abschnitt 39.5). Cholinerge sympathische Nervenfasern steuern das thermoregulatorische Schwitzen beim Menschen. Daher ist es durch Atropin hemmbar. Wie kommt es aber, dass bei Hitze unter dem Rucksack vermehrt geschwitzt wird? Die Schweißproduktion kann auch durch die lokalen Bedingungen im Bereich der Schweißdrüsen moduliert werden, so z. B. über die Temperatur. Umgekehrt kann eine lokale Hemmung der Schweißsekretion durch hohe örtliche Durchfeuchtung erfolgen.

▪▪▪ **Emotionales Schwitzen.** Vom thermoregulatorischen Schwitzen zu unterscheiden ist das unter dem Gesichtspunkt der Temperaturregulation paradoxe emotionale Schwitzen. Es tritt bei starker psychischer Anspannung in Verbindung mit einer Vasokonstriktion der Hautgefäße, z. B. an den Plantarflächen von Händen und Füßen auf (Kaltschweiß). Damit kann auch verstärktes Schwitzen der apokrinen Schweißdrüsen (z. B. Achselhöhle) verbunden sein. Bei manchen ist die Schwelle für das emotionale Schwitzen sehr niedrig und ruft einen hohen Leidensdruck hervor.

Vasomotorik. Eine der deszendierenden Bahnen zur Steuerung der Vasomotorik verläuft vermutlich im medialen Vorderhirnbündel (Fasciculus telencephalicus medialis). Die letztendliche thermoregulatorische Steuerung erfolgt dann in erster Linie durch noradrenerge sympathische Nerven über α_1-Rezeptoren. Zunahme der sympathischen Aktivität bewirkt Vasokonstriktion, die Aktivitätsabnahme entsprechend eine Vasodilatation.

Die Gesamtdurchblutung der Haut beträgt im thermoneutralen Bereich 0,2–0,5 l/min und kann bei extremer Wärmebelastung in Ruhe 4 l/min überschreiten. Man nimmt an, dass weitere nicht-nervale Faktoren auf die Hautdurchblutung einwirken. Wird die Sympathikusaktivität zur Haut blockiert, bleibt immer noch eine Dilatationsreserve erhalten. Maximale Erschlaffung der Gefäße tritt erst bei beginnender Schweißsekretion auf. Vermutlich werden über die aktivierten Schweißdrüsen dilatierende Mediatoren freigesetzt.

Vasomotorik bei Kälte. Bei großer Kälte nimmt die sympathische Transmitterfreisetzung ab. Es kommt zur vorübergehenden schützenden Vasodilatation, erkennbar etwa an einer rot anlaufenden Nase bei Kälte. Ist die Haut wieder aufgewärmt, wird wieder Noradrenalin freigesetzt und die Hautdurchblutung nimmt wieder ab. So entstehen rhythmische, etwa 20-minütige Schwankungen in der Hautdurchblutung.

Zentrale Zitterbahn. Im hinteren Hypothalamus entspringt die zentrale Zitterbahn, welche Anschluss an das nicht-pyramidale motorische System findet und das Zittern auslöst.

In Kürze

Wärmeregulation

Die Thermoregulation erfolgt in einem Regelkreis nach dem Prinzip der negativen Rückkopplung:

- Thermosensoren befinden sich in der Haut sowie im Körperinneren, vor allem im Hypothalamus, unteren Hirnstamm, Rückenmark, dorsalen Bauchraum und in der Skelettmuskulatur. Insgesamt stellen die Thermosensoren der Haut und des Körperinneren ein stark verästeltes System von Messfühlern dar.
- Als Stellglieder der Thermoregulation dienen Zittern, Abbau von braunem Fettgewebe (Regelung über sympatische β_3-Adrenozeptoren), Schwitzen (sympathisch cholinerge Kontrolle) und die Steuerung der Hautdurchblutung (sympathisch α_1-adrenerge Regelung).
- Oberste Schaltstelle der Thermoregulation ist der Hypothalamus, dabei kommt der Area posterior eine besondere Bedeutung zu.

39.5 Wärmebildung, Wärmeabgabe

Willentliche und unwillentliche Regelung der Körpertemperatur

Kleidung und das Aufsuchen thermisch günstiger Aufenthaltsorte sind Ausdruck der willentlichen Thermoregulation (Verhaltensthermoregulation), Zittern und Schwitzen erfolgen unwillkürlich (autonom)

Weicht die gemessene Temperatur von der erwünschten ab, kann eine ***unwillkürliche*** (autonome) oder ***willentliche*** Gegenregulation eingeleitet werden. Letztere, auch Verhaltensthermoregulation genannt, besteht in der Verbesserung der thermischen Außenbedingungen durch zielgerichtete Aktivitäten. Thermoregulatorisches Verhalten ist die einzige Form der Temperaturregelung, die auch Poikilothermen zur Verfügung stehen, etwa indem sie sonnige Plätze zur Erwärmung des Körpers aufsuchen. Homöotherme greifen zudem auf endogene Stellglieder zurück, die willensunabhängig angesteuert werden. Die Stellglieder der autonomen Thermoregulation werden überwiegend über das oben beschriebene Netzwerk nerval gesteuert; hormonale Einflüsse spielen nur bei langfristigen Anpassungsvorgängen eine Rolle.

IX

Wärmeerzeugung

Die regulatorische Steigerung der Wärmebildung kann über Erhöhung des Muskeltonus, Kältezittern oder über das Verbrennen von braunem Fettgewebe erfolgen

Zittern. Bei Abkühlung nimmt zunächst der Muskeltonus zu, um bei stärkerer Auskühlung dann in rhythmische Muskelkontraktionen überzugehen, die als Kältezittern bezeichnet werden. Die damit erreichbare maximale thermoregulatorische Wärmebildung beträgt beim Menschen das 3- bis 5-fache des Grundumsatzes. Zusätzlich zur Wärmebildung durch aktive Betätigung der Muskulatur kann auch die Muskelaktivität unwillkürlich gesteigert werden.

Effektivität des Zitterns. Beim Menschen ist die Effektivität des Zitterns gering, weil mit zunehmender Intensität des Kältezitterns die Blutzufuhr zur Körperoberfläche zunimmt und damit Wärme verloren geht. Die kritische Umgebungstemperatur beträgt beim unbekleideten Menschen ca. 25 °C, mittlere relative Luftfeuchte vorausgesetzt. Beleibte Personen halten es noch etwas kühler aus. Bei Unterschreitung der kritischen Umgebungstemperatur überwiegt der Wärmeverlust die Wärmeproduktion, und es kommt zur ***Hypothermie*** und schließlich zum Kältetod.

▪▪▪ Bei befellten Tieren erzeugt das Zittern verhältnismäßig viel verwertbare Wärme, denn die Hülle verhindert die Abgabe der erzeugten Wärme an die Umwelt.

Zitterfreie Wärmebildung. Das menschliche Neugeborene verfügt zwar unmittelbar nach der Geburt über alle autonomen thermoregulatorischen Reaktionen, sie sind selbst bei menschlichen Frühgeborenen mit Geburtsgewichten um 1000 g vorhanden. Aber die regulative Wärmebildung der menschlichen Neugeborenen erfolgt durch zitterfreie Thermogenese im ***braunen Fettgewebe.*** Dieses besondere Fettgewebe, dessen Zellen eine multiloküläre Fettverteilung und zahlreiche Mitochondrien aufweisen, kommt, außer beim menschlichen Neugeborenen, über die gesamte Lebenszeit bei Winterschläfern vor.

Entkoppelnde Proteine in der inneren Mitochondrienmembran sorgen im braunen Fettgewebe dafür, dass der durch die Atmungskette erzeugte Protonengradient nicht zur ATP-Bildung eingesetzt werden kann und die Energie somit als Wärme frei wird (▶ s. Abschnitt 39.3). UCP-1, auch »***Thermogenin***« genannt, ist ein solcher H^+-Uniport-Carrier. Bei länger anhaltendem Reiz wird neben der Wärmebildung die Mitochondriendichte erhöht, und es kommt zu einer Hyperplasie von braunem Fettgewebe.

Wärmeabgabe des braunen Fettgewebes. Das Wärme erzeugende Gewebe liegt eingebettet zwischen den Schulterblättern sowie in der Axilla und ist reichlich vaskularisiert. Durch Öffnen des Gefäßnetzes über β_2-adrenerge Stimulation wird die Weiterleitung der Wärme gewährleistet. Auf diesem Wege kann die Wärmebildung um das 1- bis 2-fache des Grundumsatzes gesteigert werden; erst bei extremer Kältebelastung tritt bei Neugeborenen auch Kältezittern hinzu.

Wärmeleitung und Wärmeabgabe über Konduktion und Konvektion

Die gebildete Wärme muss im Körper verteilt und an die Umwelt abgegeben werden; die Konvektion ist für die innere Wärmeleitung hauptsächlich verantwortlich

Konduktion. Wärme leitet sich über Materie fort (Konduktion). Die Wärmeleitfähigkeit von Wasser ist um ein Vielfaches höher als die der Luft, weshalb eine Saunatemperatur von 90 °C sich noch gut ertragen lässt, kaum aber jemand auf die Idee käme, sich in eine Wanne mit entsprechend heißem Wasser zu legen. Umgekehrt ist auch der Wärmeverlust im kalten Wasser immens.

Konvektion. Wind verschafft bei Hitze angenehme Frische durch das Fortwehen der vom Körper aufgewärmten Luft an der Hautoberfläche. Diese Art der Wärmeabgabe wird Konvektion genannt. Auch bei Windstille kommt es zur konvektiven Wärmeabgabe, da die erwärmte Luftschicht an der Haut aufwärts steigt und durch kühlere Luft ersetzt wird. Diesen Vorgang nennt man ***natürliche*** oder ***freie Konvektion*** im Gegensatz zur ***erzwungenen Konvektion,*** die eine äußere Luftströmung voraussetzt.

Schwimmen verursacht in kalten Gewässern einen beschleunigten konvektiven Wärmeverlust, welcher die Energieumsatzsteigerung durch die arbeitende Muskula-

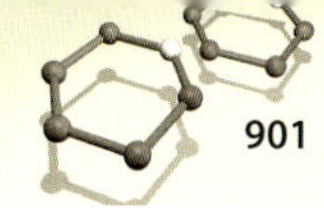

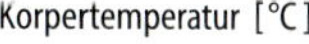

tur übersteigt. Daher sollten Schiffbrüchige zum Überleben in kaltem Wasser Bewegung meiden. Die ***Überlebenszeit*** in 4 °C kaltem Wasser beträgt ohnehin nur einige wenige Minuten.

Konvektion ist auch der Haupttransportmechanismus der inneren Wärme. Die hohe spezifische Wärme des Blutes (87 % derjenigen des Wassers) erlaubt einen effizienten konvektiven Wärmetransport mit dem Blutstrom durch die Körperschale zur Hautoberfläche.

Verringerung der Konvektion durch Kleidung. Der Isoliereffekt der Kleidung und des Felles beruht auf den in Textilien oder Pelzen eingeschlossenen kleinen Lufträumen, in denen keine nennenswerte Konvektion auftritt. Folglich wird die Wärme dort nur konduktiv über die schlecht Wärme leitende Luft abgegeben. Kleidung hilft sowohl gegen Kälte wie auch gegen extreme Wärme, daher sind sowohl Kameloide in der Wüste (Dromedare und Kamele) wie auch in den Bergen (Lamas und Alpakas) befellt.

Regelung der Wärmeleitung. Die menschliche Blutversorgung der exponierten Körperteile, wie etwa die der Finger, ist im Gegenstrom angeordnet: Das warme arterielle Blut erreicht die kalten Akren (Finger, Zehen, Ohren und Nase) erst, nachdem es an dem zurückströmenden abgekühlten venösen Blut vorbeigeflossen ist. Folglich wird es um die der Kälte ausgesetzten Finger recht kalt. Aber dafür bleibt das Körperinnere warm, denn das aus den Händen und Füßen zurückfließende kalte Blut wird wiederum an den Arterien aufgewärmt, bevor es in den Körperkern einströmt. Die Wärmeabgabe über Konvektion kann der Mensch effektiv regeln: In den für die Wärmeabgabe besonders wichtigen akralen Abschnitten kann sich die Durchblutung um mehr als das 100-fache ändern. Neben den präkapillären Arteriolen kommen dort zusätzlich große geschlängelte ***arteriovenöse Anastomosen*** vor, deren Dilatation bei Abnahme der Sympathikusaktivität die Akrendurchblutung besonders stark heraufsetzt. Am Rumpf und an den oberen Extremitäten bewirkt die Änderung der α-adrenergen Gefäßinnervation eine 10-fache Durchblutungsänderung, im Bereich von Stirn und Kopf ist die thermoregulatorische Abnahme der Durchblutung (z. B. bei Kälte oder beim Fieber) noch geringer ausgeprägt (Abb. 39.12), weshalb man bei Verdacht auf Fieber die Hand zur Wärmeprüfung auf die Stirn auflegt.

Wärmeabgabe durch Strahlung

Bei Klimabedingungen wie etwa in einem klimatisierten Büro erfolgt die Wärmeabgabe hauptsächlich über Strahlung

Strahlung. Die von der Haut ausgehende Infrarotstrahlung trägt erheblich zur Wärmeabgabe bei (Abb. 39.13). Die Strahlung ist nicht an ein leitendes Medium gebunden. Bei Behaglichkeitstemperatur erfolgt

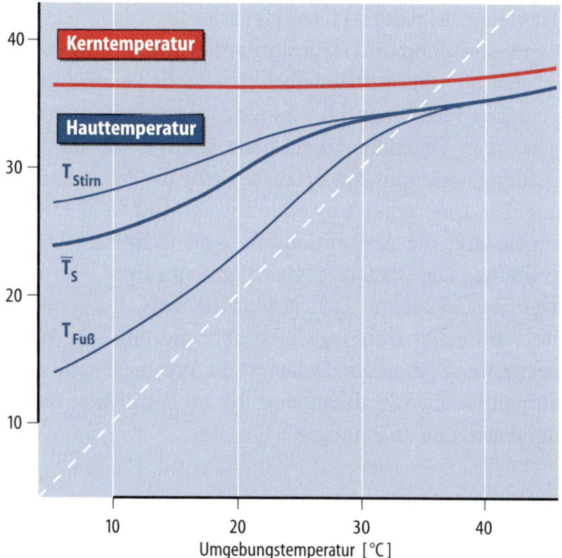

Abb. 39.12. Regionale Körpertemperaturen in Abhängigkeit von der Umgebungstemperatur. Schematische Darstellung der Kerntemperatur *(rot)*, der mittleren Hauttemperatur *(T_S)* und zweier einzelner Hauttemperaturen (jeweils *blau*) als Funktion der Umgebungstemperatur. Beachte den deutlichen Abfall der akralen Hauttemperatur (Fuß) in der Kälte und den leichten Kerntemperaturanstieg bei Hitzeeinwirkung. Nur vorübergehend ist es möglich, »der Kälte die Stirn zu bieten«, ab 30 °C nimmt auch diese Temperatur ab

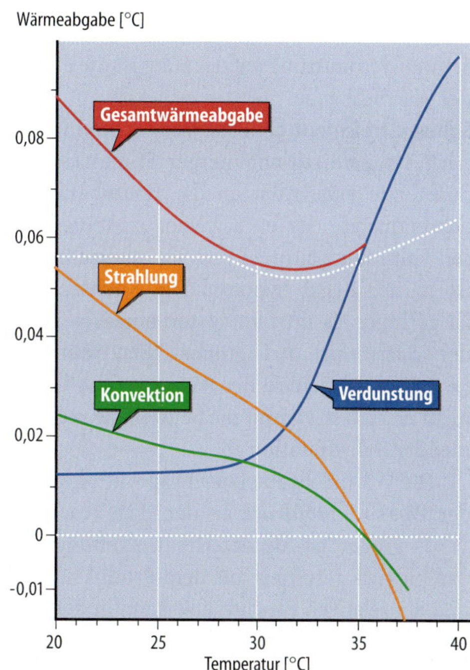

Abb. 39.13. Mechanismen der Wärmeabgabe. Ab ca. 30 °C kommen wir ins Schwitzen. Wärmeabgabe durch Strahlung, Konvektion und Verdunstung bei verschiedenen Raumtemperaturen. Bei herkömmlicher Zimmertemperatur stellt die Strahlung die Hauptform der Wärmeabgabe dar, gefolgt von der Konvektion und der Verdunstung. Übersteigt die Außentemperatur die Körperkerntemperatur, dann ist eine Wärmeabgabe nur noch über Verdunstung möglich

mehr als die Hälfte der gesamten Wärmeabgabe über Strahlung (beim bekleideten Menschen).

Wärmestrahlung und Hautpigmentierung. Intuitiv würde man aus thermoregulatorischer Sicht kaum annehmen, dass Menschen mit schwarzer Hautpigmentierung in warmen Gegenden leben, denn wie wir von dunkler Kleidung wissen, absorbiert diese Farbe die Wärmestrahlung. Die Unterscheidung von schwarz und weiß erfolgt jedoch über die Absorptionsfähigkeit sichtbarer Lichtstrahlung. Die schwarze Hautpigmentierung schluckt zwar das sichtbare Licht (genauso wie die schädliche Ultraviolettstrahlung), lässt aber die infrarote Wärmestrahlung passieren. Daher ist die Wärmeabgabe und -aufnahme über Strahlung von der menschlichen Hautpigmentierung unabhängig.

Wärmeabgabe durch Verdunstung

Übersteigen die Außentemperaturen die der Körperschale, erfolgt die Wärmeabgabe nur noch über Verdunstung

Evaporative Wärmeabgabe. Konvektion und Strahlung, also die trockene Wärmeabgabe, setzen ein Temperaturgefälle von der Haut zur Umgebung voraus. Bei Außentemperaturen, die höher sind als die der Körpertemperatur, kann Wärme nur noch über Schwitzen abgegeben werden. Die Verdunstungswärme des Wassers beträgt ca. 2400 kJ/l. Es ist also möglich, durch das Verdunsten von 3 l Wasser auf Haut- und Schleimhautoberflächen die Ruhewärmeproduktion eines ganzen Tages abzugeben. Schweißverdunstung auf der Haut ist die effektivste Form der Wärmeabgabe.

Schweißfreisetzung. Exokrine Schweißsekretion gibt nach sympathisch-cholinerger Stimulation die zu verdunstende Flüssigkeit an die Hautoberfläche frei. Die Sekretionsrate der etwa 2 Mio. exokrinen Schweißdrüsen kann kurzzeitig 2 l pro Std. überschreiten. Schweiß ist in der Regel hypoton. Die Kochsalzkonzentration ist geringer als im Blut (5–100 mmol/l). Dennoch kann der ***Salzverlust bei großer Hitze*** beträchtlich sein (▶ s. Kap. 30.5). Wird der Wasserverlust beim Schwitzen nicht ersetzt, so nimmt die Schweißsekretion mit zunehmender Dehydratation ab.

Die Wärmeabgabe über Evaporation gelingt, solange der ***Wasserdampfdruck*** an der Haut (ca. 47 mm Hg bei 37 °C) größer ist als der der Umgebung. Der Wasserdampfdruck resultiert aus dem Produkt der Temperatur und der relativen Feuchte, also kann in der Sauna Wärme abgeben werden, vorausgesetzt, es ist darin trocken. Aufgüsse mehren daher die thermische Belastung der Saunainsassen. Auch in einer Umgebung mit 100 % relativer Feuchte können wir über Verdunstung Wärme abgeben, sofern die Außentemperatur geringer ist als die der Hautoberfläche. Dauerhaft überleben wir aber kein Klima, bei dem Wasserdampfsättigung herrscht und gleichzeitig die Temperaturen oberhalb 37 °C liegen.

Perspiratio insensibilis. Über die sog. Perspiratio insensibilis diffundiert Wasser auch unbemerkt in Form von Wasserdampf durch die äußeren Schichten der Epidermis der Haut hindurch (extraglanduläre Wasserabgabe) und wird von den Schleimhäuten der Atemwege an die Atemluft abgegeben. Die ***Perspiratio insensibilis*** macht ***500–800 ml pro Tag*** aus, damit deckt diese passive evaporative Wärmeabgabe etwa 20 % der Gesamtwärmeabgabe ab.

Thermoregulation beim Neugeborenen. Neugeborene haben ein ungünstiges Oberflächen-Volumen-Verhältnis, das etwa dreifach höher liegt als beim Erwachsenen. Auch die Isolierschicht der Kleinen ist geringer, denn die Körperschale ist schmal und das subkutane Fettgewebe nur dürftig angelegt. Die Konsequenz ist eine thermoneutrale Zone, die zwischen 32–34 °C liegt (◘ Abb. 39.14). Bei ***Frühgeburten*** und sehr kleinen Frühgeborenen kann eine Reifung in thermostatisierten Inkubatoren erforderlich sein. Wie bereits erwähnt, greift das Neugeborene im Unterschied zum Erwachsenen auf die zitterfreie Thermogenese des braunen Fettgewebes zurück, dagegen tritt Zittern erst bei großer thermischer Belastung auf.

Klimafaktoren

Effektivtemperatur ist ein Klimasummenmaß, welches verschiedene Faktoren berücksichtigt; bei Indifferenztemperatur empfinden wir das Klima angenehm

Raumklima. Der Kachelofen spendet angenehme Wärme, obwohl die Zimmertemperatur recht niedrig bleibt, denn zur Beurteilung der Wirkung des Raumklimas auf den Menschen müssen vier Umweltfaktoren berücksichtigt werden:

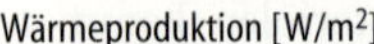

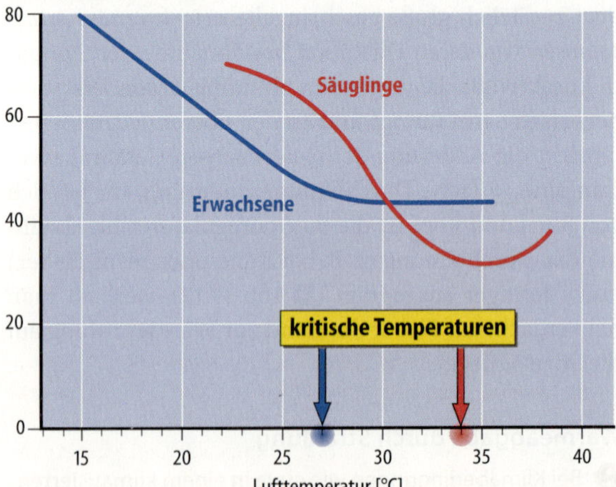

◘ **Abb. 39.14. Wärmeerzeugung beim Säugling und Erwachsenen.** Thermoregulatorische Maßnahmen setzen bereits bei Temperaturen unterhalb von 34 °C ein. Dies ist deswegen erforderlich, weil die isolierende Körperschale dünner und weil die Ruheproduktion von Wärme pro Oberfläche gering ist. Die untere Temperaturgrenze, bei der Homöothermie gewährleistet ist, liegt beim Erwachsenen zwischen 0–5 °C. Bei Neugeborenen dagegen zwischen 23–25 °C

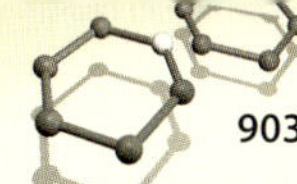

- die Lufttemperatur,
- die Luftfeuchte,
- die Windgeschwindigkeit und
- die Strahlungstemperatur.

Dabei kann durch eine erhöhte Strahlungswärme, wie beim Kachelofen, eine niedrige Lufttemperatur ausgeglichen werden.

Klimasummenmaß. Die unterschiedlichen Kombinationen der vier Klimafaktoren werden zweckmäßig zu einem Klimasummenmaß zusammengefasst, z. B. in der ***Effektivtemperatur.*** Der ***Wind-Chill-Index*** ist ein beliebtes Maß für diese »gefühlte Temperatur«. Jeder kennt es aus eigener Erfahrung: Bei gleicher Temperatur schwitzt (oder friert) man längst nicht immer im gleichen Umfang. Vor allem bei tieferen Temperaturen und höheren Windgeschwindigkeiten entsteht eine effektive Empfindungstemperatur, die weit unter der gemessenen Lufttemperatur liegen kann. Der Wind-Chill-Index ist die effektive Empfindungstemperatur, die sich infolge des turbulenten Wärmeentzuges an der Hautoberfläche bei einer bestimmten Lufttemperatur und Windgeschwindigkeit ergibt. So ist z. B. bei einer Lufttemperatur von 0 °C und einer Windgeschwindigkeit von 30 Stundenkilometer die effektive Empfindungstemperatur auf der Haut –13 °C.

Als ***thermische Neutralzone*** wird derjenige Bereich der Umgebungstemperatur bezeichnet, bei dem weder gezittert noch geschwitzt wird (Abb. 39.15). Das bedeutet aber nicht, dass es uns bei diesen Temperaturen behaglich sein muss. Die wohlige ***Indifferenztemperatur*** liegt näher an der oberen Grenze der thermischen Neutralzone. Beim sitzenden, leicht bekleideten Menschen bei geringer Luftbewegung und bei einer relativen Luftfeuchte von 50 % liegt diese ***Behaglichkeitstemperatur*** bei etwa 25–26 °C. Eine empirisch ermittelte Behaglichkeitsskala (Abb. 39.16) gibt für jeden Grad von Diskomfort die entsprechende ***Effektivtemperatur*** an. Aufgrund der sehr viel höheren Wärmeübertragung im Wasser muss die Wassertemperatur 35–36 °C betragen, damit bei völliger Ruhe thermische Behaglichkeit erreicht wird.

Diskomfort. Wie in Abb. 39.16 dargestellt, erhält man für einen bestimmten Diskomfort den numerischen Wert

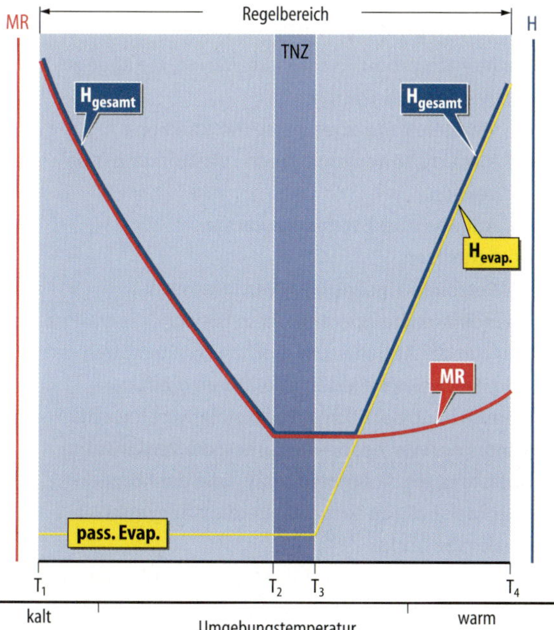

Abb. 39.15. Wärmebilanz in Abhängigkeit von der Umgebungstemperatur (mittlere Luftfeuchte). Innerhalb der thermischen Neutralzone *(TNZ)* reicht zur Aufrechterhaltung der Bilanz die Anpassung der Hautdurchblutung aus. Darunter (unterhalb von T_2) muss Kältezittern als weitere Wärmequelle herangezogen werden. Als Folge steigt die metabolische Rate an *(rote Linie, MR)*. Unterhalb T_1 übersteigt der Wärmeverlust die maximal mögliche Wärmebildung; es kommt zur Hypothermie. Oberhalb T_3 muss Wärme durch Schwitzen abgegeben werden *(blaue Kurve, H)*. Unterhalb T_3 erfolgt die Wärmeabgabe über Verdunstung ausschließlich durch Perspiratio insensibilis (pass. Evap.). Oberhalb T_4 übersteigen metabolische Wärmebildung und Wärmeeinstrom die maximal mögliche evaporative Wärmeabgabe; es kommt zur Hyperthermie

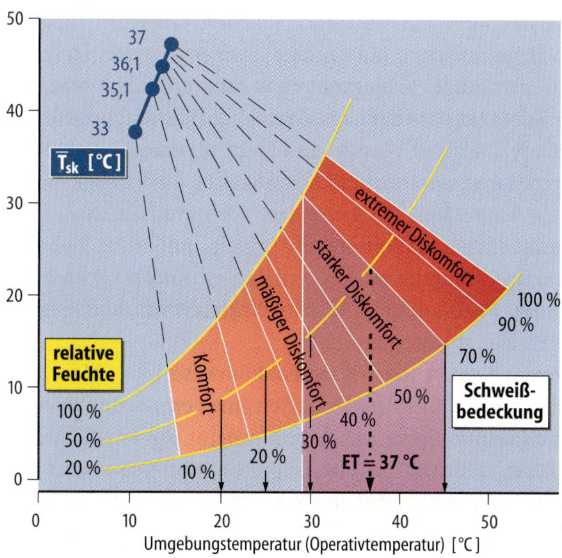

Abb. 39.16. Thermischer Diskomfort. Psychometrisches Diagramm zur thermischen Unbehaglichkeit (Diskomfort) eines leicht Arbeitenden, in Abhängigkeit von Wasserdampfdruck in der Luft und Umgebungstemperatur (Operativtemperatur = gewichteter Mittelwert aus Strahlungs- und Lufttemperatur). Der Proband ist leicht bekleidet, es herrscht geringe Luftbewegung (0,5 m/s). T_{sk} *(blaue Linie)* = mittlere Hauttemperatur. *Orange* bis *rot:* Bereich des mit der Temperatur und dem Wasserdampfdruck zunehmenden Diskomforts. *Gelbe Linien:* relative Luftfeuchte (20, 50, 100 %). *Schwarze* Prozentzahlen an den auf die T_{sk}-Linie nach *links oben* konvergierenden Linien geben den Grad der Schweißbedeckung der Haut an. Bei 70 %iger Schweißbedeckung ist starker Diskomfort zu verzeichnen zwischen knapp 30 °C bei 100 %iger relativer Luftfeuchte und 45 °C bei 20 %iger Luftfeuchte *(violetter Bereich)*. Die Effektivtemperatur ist die Operativtemperatur bei 50 % relativer Feuchte *(schwarze gestrichelte Linie)*, also entspricht der violette Bereich einer Effektivtemperatur von 37 °C

von Effektivtemperatur auf der Abszisse, wenn man den Schnittpunkt zwischen der entsprechenden Diskomfortlinie und der Kurve für ***50% relative Feuchte*** auf der Abszisse abliest. Z.B. entsprechen alle durch das violette Feld gegebenen Temperatur-Feuchte-Kombinationen (von 29 °C und 100% relativer Feuchte bis zu 45 °C und 20% relativer Feuchte) dem Grad von Diskomfort, der durch die Effektivtemperatur 37 °C charakterisiert ist. Der Diskomfort bei Wärmebelastung steigt mit der mittleren Hauttemperatur und der Schweißbedeckung an. Bei Überschreitung der maximalen Schweißbedeckung (100% in ◘ Abb. 39.16) ist ein Ausgleich der Wärmebilanz nicht mehr möglich; Schweiß tropft ab, weil mehr erzeugt wird als verdunsten kann. Klimabedingungen jenseits dieser Grenze werden nur kurzfristig toleriert.

Wärme- und Kälteakklimatisation

! Die adaptiven Veränderungen der Wärmethermoregulation betreffen vornehmlich das Schwitzen; gegen die Kälte sind wir schlecht gerüstet

Hitzeakklimatisation. Ist der Mensch großer Hitze ausgesetzt, wird vermehrt Wärme an die oberflächlichen Partien gebracht und dort abgeben. Die zum inneren Wärmetransport notwendige Steigerung der Herzfrequenz und des Schlagvolumens kann erheblich sein, besonders bei Arbeit. Es muss reichlich Schweiß produziert werden, und der Wasser- und Elektrolythaushalt kann an seine Grenzen stoßen. Akklimatisation ist die physiologische Anpassung an besondere Klimaverhältnisse. Eine individuelle Adaptation wird erzielt, indem die genannten drei Hauptherausforderungen an ***Körperkerntemperatur, Kreislauf*** und ***Wasser-Elektrolythaushalt*** gegeneinander abgewogen werden.

Mechanismen der Wärmeakklimatisation. Man beobachtet beim Hitzeadaptierten eine ***vermehrte Schweißproduktion.*** Diese Adaptation scheint an den Schweißdrüsen selbst zu erfolgen. Interessanterweise setzt bei Hitzeakklimatisierten das Schwitzen bereits bei geringeren Körpertemperaturen ein, wodurch der Wärme-transportierende Kreislauf geschont wird. Dies erfolgt aber auf Kosten des Wasser- und Salzhaushaltes.

Über noch unvollständig bekannte Mechanismen nimmt die Schweißproduktion ab, wenn die Hautoberfläche mit Schweiß benetzt ist ***(Hidromeiosis)***; Schweiß ginge sonst wirkungslos verloren. Vermehrte Aldosteronfreisetzung hindert zudem den Verlust an Salzen über den Schweiß. Beim Hitzeakklimatisierten findet man auch eine Zunahme des Plasmavolumens und des Plasmaproteingehalts. Diese Komponenten der Hitzeadaptation begünstigen die Kreislaufanpassung, indem sie den venösen Rückstrom bei Wärme aufrechterhalten. Die Hautdilatation und der Verlust an Flüssigkeit führten sonst zur Verringerung des Schlagvolumens.

Einen individuellen Zuschnitt der Hitzeadaptation erkennt man an der besonderen Hitzeanpassung in den Tropen bei Menschen, die stärkere körperliche Belastungen vermeiden. Bei ihnen wird im Vergleich zum körperlich Tätigen die Schwitzschwelle zu höheren Körpertemperaturen hin verstellt. Der Adaptierte schwitzt deshalb bei der alltäglichen Hitzebelastung weniger stark und spart dadurch Wasser ein ***(Toleranzadaptation).***

Anpassung an Kälte. Es gibt gegenüber Kälte eine Art Toleranzadaptation, sie wurde zuerst bei einigen ethnischen Gruppen gefunden (australische Eingeborene, koreanische Perlentaucherinnen). Die Toleranzadaptation entwickelt sich bei regelmäßig auftretender zeitweiliger Kältebelastung, dabei ist die ***Zitterschwelle*** zu niedrigeren Werten hin verschoben. Bei Eskimos und Alacaluf-Indianern der westpatagonischen Inseln findet man einen um 25–50% erhöhten ***Grundumsatz.*** Ob dieser jedoch eine spezifische Anpassung ist oder lediglich die Folge einer permanent hohen körperlichen Aktivität darstellt, ist ungewiss. Die effektivste Anpassung an Kälte ist die Verwendung entsprechender Kleidung.

In Kürze

! **Wärmebildung, Wärmeabgabe**

Der Mensch produziert ständig Wärme, die abgegeben werden kann durch:

- Wärmeleitung über Masse (Konduktion),
- forcierte Konduktion durch Luftströmung (Konvektion),
- Abgabe über Strahlungswärme,
- Schwitzen,
- Perspiratio insensibilis (Verdunstung).

Bei Indifferenztemperatur – also Behaglichkeitsklima – erfolgt die Abgabe zum größten Teil über Strahlung. Erst bei höheren Temperaturen greift der Mensch hauptsächlich auf den effektivsten Mechanismus der Wärmeabgabe zurück: die Verdunstung. Übersteigt die Außentemperatur die der Körperoberfläche, bleibt einzig die Verdunstung zur Wärmeabgabe übrig.

Durch Anspannung der Muskulatur und über Zittern kann bei Bedarf zusätzliche Wärme erzeugt werden. Neugeborene nutzen statt dessen die zitterfreie Wärmebildung über das braune Fettgewebe.

! **Akklimatisation**

- Akklimatisation in warmen Regionen erfolgt vor allem durch vermehrte Schweißproduktion.
- Gegen Kälte stehen kaum wirksame adaptive Mechanismen zur Verfügung.

39.6 Physiologische und pathophysiologische Veränderungen der Temperaturregulation

Physiologische Änderungen der Körperkerntemperatur

Die Körpertemperatur steigt bei schwerer Arbeit; auch ohne körperliche Betätigung gibt es ein tägliches Auf und Ab der Körperkerntemperatur sowie Zyklus-bedingte Schwankungen

Körpertemperatur bei körperlicher Betätigung. Am Ziel angelangt, beträgt die Rektaltemperatur des Marathonläufers 39–40 °C. Die Hauttemperatur kann aber zu Anfang des Rennens wegen Vasokonstriktion vorübergehend abnehmen, bevor sie sich auf einem höheren Temperaturniveau stabilisiert. Wie hoch die Körperkerntemperatur steigt, hängt von der Umgebungstemperatur ab (Abb. 39.17).

Regelung der Körperkerntemperatur bei Arbeit. Voraussetzung für die Aufrechterhaltung des Temperaturplateaus im Körperinnern ist hinreichendes Schwitzen, welches allerdings bei Dehydration nicht mehr im vollen Umfang möglich ist. Reichliches Trinken ist also notwendig, um Höchstleistungen bei gewissen Sportarten zu erbringen.

Das Beispiel des Marathonlaufs führt die Flexibilität der Thermoregulation vor Augen. Der Sollwert wird nicht unter allen Umständen verteidigt. Bei Arbeit wird nur der anfängliche Temperaturanstieg wahrgenommen, danach wird der Sollwert auf die erhöhte ***Betriebstemperatur*** eingestellt. Damit wird die Wärmeabgabe über Verdunstung erleichtert, denn die Verdunstung hängt von der Oberflächentemperatur ab.

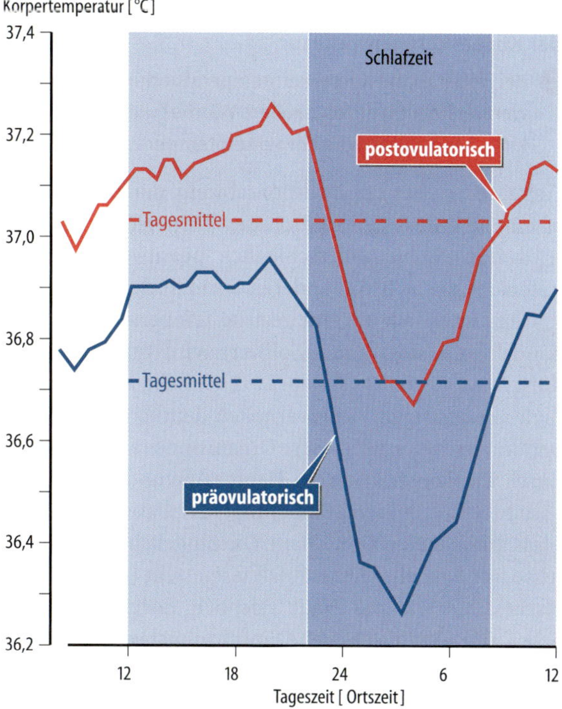

Abb. 39.18. Zirkadiane Rhythmik der Körpertemperatur. Die Körperkerntemperatur weist einen Tagesgang auf. Das Minimum ist in der Nacht (frühe Morgenstunden) erreicht. Die *untere blaue Kurve* zeigt Mittelwerte von 10 Frauen in der ersten Hälfte des Zyklus (präovulatorisch). Die *obere rote Kurve* zeigt entsprechende Werte in der zweiten Zyklushälfte (postovulatorisch). *Dunkelblauer Bereich:* Schlafzeit; *blauer Bereich:* Wachzeit. Beim Mann tritt der gleiche Tagesgang auf, jedoch (wenig verwunderlich) nicht die zyklische Änderung des Temperaturniveaus

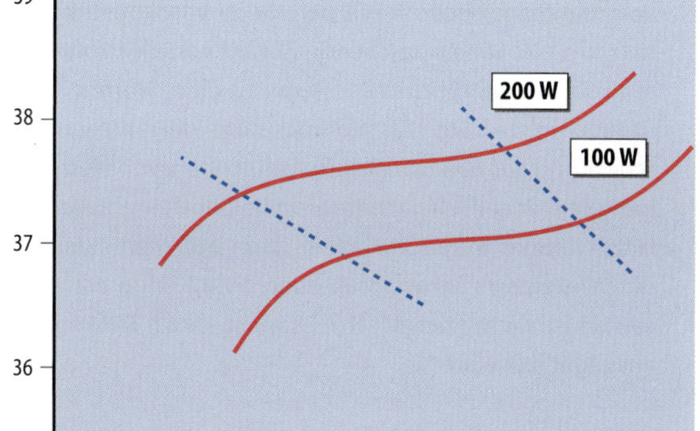

Abb. 39.17. Körperkerntemperatur bei Arbeitsbelastung. Ösophagustemperatur als Funktion der Umgebungstemperatur (50 % relative Feuchte) bei einer trainierten Versuchsperson *(rote Linien)*, jeweils nach 2-stündiger Arbeitsbelastung (Fahrradergometer) in zwei Belastungsstufen (zirka-Werte in Watt) in schematischer Darstellung. Zwischen den *blauen gestrichelten Linien* liegt der Bereich, in dem der Körperkerntemperaturanstieg während Arbeit nur wenig von der Umgebungstemperatur beeinflusst wird

Zirkadiane Rhythmik. Wenn wir abends zu Bett gehen, fröstelt es uns häufig, morgens dagegen ist es uns im Bett wohlig warm. Dieser Eindruck täuscht jedoch, wie aus Abb. 39.18 hervorgeht. Am frühen Morgen ist die Körperkerntemperatur knapp einen Grad unterhalb des abendlichen Höchstwertes. Diese Tagesrhythmik (zirkadiane Periodik, ▶ s. Kap. 9.1) ist nicht durch gesteigerte Aktivität bedingt, sondern bleibt auch während der Abschottung gegenüber der Umwelt (z. B. bei Isolationsversuchen ohne äußerliche Zeitgeber) erhalten.

Monatsschwankungen. Kurz nach der Ovulation nimmt die Basaltemperatur um durchschnittlich 0,5 °C zu. Dieses erhöhte Niveau bleibt bis zur nächsten Menstruation erhalten (Abb. 39.18). Die Messung der morgendlichen Basaltemperatur kann daher zur Zyklusdiagnostik und zur Schwangerschaftsverhütung Verwendung finden (▶ s. Kap. 22.3).

Pathophysiologische Abweichungen der Körperkerntemperatur

 Bei Fieber ist die Körperkerntemperatur durch eine Sollwertverstellung erhöht; äußere Wärme- und Kälteeinwirkung kann ebenso die Körperkerntemperatur verändern

Fieber. Ist Fieber zur Infektionsabwehr nützlich oder ist es eine überflüssige Reaktion des Körpers? Diese Frage wird noch heute unterschiedlich beantwortet. Fieber unterscheidet sich von anderen Formen der Hyperthermie, indem es sich um eine gezielte Temperaturerhöhung handelt, d.h. der innere Sollwert wird durch Entzündungsmediatoren (► s. Kap. 24.1) verstellt. Das wird aus dem zweiphasigen Fieberverhalten deutlich: Beim Temperaturanstieg erhöht der Organismus seine Wärme durch Vasokonstriktion der Hautgefäße und Kältezittern (Schüttelfrost, ► siehe Einleitung), der Patient erscheint blass und hat eine kühle Haut. Die umgekehrten Verhältnisse werden beim Fieberabfall festgestellt (häufig in der Nacht), hier ist die Haut reichlich durchblutet, und Schwitzen setzt ein (► siehe Einführungstext).

39.2. Maligne Hyperthermie

Ursachen. Eine endogene maligne Hyperthermie ist eine gefürchtete Komplikation bei Allgemeinnarkosen (insbesondere bei Inhalationsnarkosen mit Succinylcholin) und wird auf eine exzessive Wärmebildung in der Muskulatur zurückgeführt, die einen stark erhöhten Tonus aufweist. Es besteht eine erbliche Disposition. Ursächlich scheinen Mutationen in Ryanodinrezeptoren der Skelettmuskelzellen (RYR_1) vorzuliegen, es sind aber auch Fälle von maligner Hyperthermie bei Patienten mit Mutationen der α_1-Untereinheit des Dihydropyridinrezeptors beschrieben worden.

Symptome. Durch diese Veränderungen können extrem hohe intrazelluläre Ca^{2+}-Konzentrationen in der Muskulatur auftreten, die zur Kontraktion und Wärmebildung führen.

Pyrogene. Fieberauslösende Stoffe werden Pyrogene genannt. Nicht-körpereigene, also ***exogene Pyrogene***, kommen zahlreich vor, so z. B. Zellwandfragmente von Bakterien, die aus ***Lipopolysacchariden*** bestehen ***(Endotoxine)***. Sie regen den ***Makrophagen*** zur Bildung von hitzelabilen Peptiden an, die, weil sie körpereigen sind, als ***endogene Pyrogene*** bezeichnet werden. Zu der Palette von endogenen Pyrogenen gehören Interleukine (IL1, IL6), Interferone und Tumornekrosefaktoren. Diese Stoffe bringen eine Kaskade von Prozessen der Immunabwehr in Gang. Endogene Pyrogene stimulieren die Bildung von ***Prostaglandin*** E_2 (PGE_2)-Bildung, einer Schlüsselsubstanz in der Erzeugung von Fieber.

39.3. Hitzeschäden

Sonnenstich. Der Sonnenstich wird auf Hitzestau und Reizung der Hirnhäute zurückgeführt und ist erkennbar durch einen heißen Kopf bei meist kühler Körperhaut, Übelkeit und Nackensteifigkeit (Meningismus). Anfällig sind vor allem Säuglinge und Kleinkinder.

Hitzschlag. Der Hitzschlag ist ein lebensbedrohliches Krankheitsbild, das bei anhaltender Hyperthermie mit Körperkerntemperaturen über 40 °C auftreten kann. Kennzeichnend sind schwere Beeinträchtigungen des Gehirns mit Gehirnödem (► s. Kap. 30.5) und zunächst funktionellen und dann strukturellen Schäden, die zu Desorientiertheit, Delirium, Bewusstlosigkeit und Krämpfen führen. Die Funktionsstörung des Gehirns führt zur Beeinträchtigung der Thermoregulation, insbesondere kommt die Schweißsekretion zum Erliegen, wodurch der Krankheitsverlauf beschleunigt wird.

Hitzekollaps. Weniger gefährlich als der Hitzschlag ist der Hitzekollaps, der schon bei relativ geringfügigen Hitzebelastungen auftreten kann. Er beruht auf einer orthostatischen Überforderung des Kreislaufs. Der beim aufrechten Stand erfolgende Blutdruckabfall führt zur Ohnmacht. Die Körpertemperatur ist dabei nur wenig erhöht und liegt zwischen 38 und 39 °C.

Hitzeerschöpfung und Hitzekrämpfe. Zur Hitzeerschöpfung kann es bei längerer körperlicher Belastung in der Wärme kommen, insbesondere wenn der durch die Schweißproduktion entstehende Flüssigkeits- bzw. Salzverlust nicht ausgeglichen wird. Ein Volumenmangelschock mit peripherer Vasokonstriktion tritt ein. Die ausreichende Zufuhr von Elektrolyten und Wasser führt in der Regel zu einer Normalisierung in 1–2 Std. Als Komplikation der Hitzeerschöpfung können Hitzekrämpfe auftreten, vor allem bei körperlicher Schwerstarbeit in heißer Umgebung. Hitzekrämpfe treten vor allem dann auf, wenn der durch exzessive Schweißsekretion auftretende Wasserverlust, nicht aber der NaCl-Verlust, durch Trinken ausgeglichen wird.

Sollwert-Verstellung. PGE_2 verstellt den Sollwert im Hypothalamus, indem es an thermosensitiven und/oder integrativen Strukturen angreift. Wie PGE_2 dorthin gelangt, aus der Blutbahn oder ob es selbst im ZNS synthetisiert wird, ist nicht völlig geklärt. Obwohl die endogenen Pyrogene die Blut-Hirn-Schranke nicht überwinden können, vermögen sie trotzdem die Bildung von PGE_2 zu fördern, und zwar über die ***Lamina terminalis***, die als zirkumventrikuläres Organ diese Schranke nicht besitzt. Die Synthese von PGE_2 erfolgt unter dem Einfluss von endogenen Pyrogenen über die Phospholipase A_2, welche aus den Phospholipiden der Zellmembranen vermehrt Arachidonsäure freigesetzt. Über die ***Zyklooxygenase*** wird aus Arachidonsäure das PGE_2 gebildet. Eine wirksame Weise, die Temperatur zu senken, ist die Hemmung dieser Zyklooxygenase, etwa über ***Acetylsalicylsäure*** oder ***Paracetamol.***

Fieberunterdrückung, Antipyrese. Hochschwangere und Neugeborene zeigen bei Infektionskrankheiten häufig keine Fieberreaktion. Es existieren nämlich antipyretische Mediatoren, die vom Hypothalamus freigesetzt werden. Hierzu gehören das ***antidiuretische-*** und das ***Melanozyten-stimulierende Hormon.*** Die Begrenzung des Fiebers ist notwendig, da Kerntemperaturen über 39,5–40 °C den Stoffwechsel und Kreislauf extrem belasten. Kurzfristig können Temperaturanstiege bis 42 °C ertragen werden, Temperaturen über 43 °C sind nur in Einzelfällen ohne Schaden überlebt worden. Therapeutische Senkung des Fiebers bei ***alten Menschen*** ist notwendig, um den Kreislauf zu schonen. Auch bei Kleinkindern wird das Fieber bekämpft, denn sie neigen zu besonders heftigen Fieberreaktionen, die mit ***Fieberkrämpfen*** einhergehen können.

Hypothermie. Kälteabwehrmaßnahmen können bei niedriger Außentemperatur oder kaltem Wasser überbeansprucht werden. Der Körper kann durch Zittern und Erhöhung des Muskeltonus die Wärmebildung um etwa das Vierfache steigern. Reicht dies nicht aus, kühlt der Körper zunehmend aus. Sind die thermoregulatorischen Abwehrvorgänge bei Kälte bis zu einer Körperkerntemperatur von etwa 34 °C zunächst stark aktiviert, werden sie bei weiter sinkender Körpertemperatur zunehmend gehemmt (▶ s. Abb. 39.19). Ältere Menschen haben eine natürliche Neigung zu Hypothermie. Die Kerntemperatur kann auf 35 °C sinken, ohne dass Kältezittern und Vasokonstriktion einsetzen.

39.4. Erfrierung

Bei Körperkerntemperaturen um 26–28 °C kann es über Beeinflussung des Aktionspotentiales am Herzen zum Tod durch Herzflimmern kommen. Langsames Abkühlen führt über Kreislaufversagen zum Tode. In diesem Falle beansprucht die innere Wärmekonvektion ein Herzzeitvolumen von mehr als 20 l/min. Alkoholintoxikation schwächt die Kältewahrnehmung ab und führt so zur verminderten Kompensation.

Therapie der Hypothermie. Bei der Behandlung ausgeprägter Hypothermien ist die Wiedererwärmung über die Haut oft nachteilig. Die Erwärmung der Haut stellt einen intensiven Temperaturreiz dar, welcher die sympathisch vermittelte Vaskonstriktion mindert. Der somit thermisch induzierte Anstieg der Durchblutung in der noch

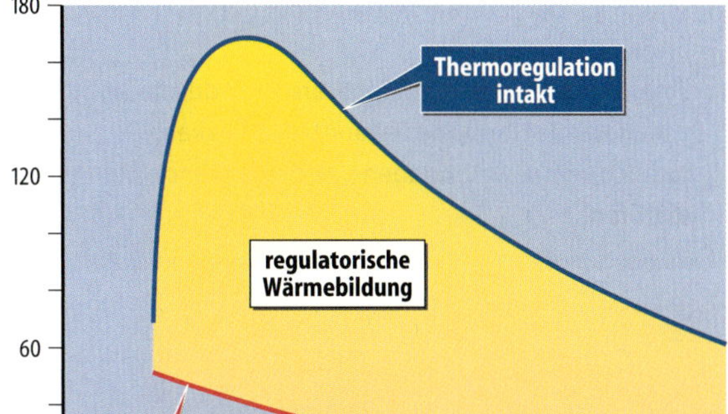

Abb. 39.19. Wärmebildung bei Abkühlung. Beim homöothermen Organismus begegnet der Körper einem Temperaturabfall mit einer Zunahme der Stoffwechselaktivität. Bei leichter Narkose *(obere blaue Kurve)* bleibt die Thermoregulation intakt, daher steigt die Stoffwechselrate bei Abkühlung zunächst bis zu einem Maximum an. Sie fällt aber bei weiter sinkender Körpertemperatur gemäß der RGT-Regel ab. Bei tiefer Narkose *(untere rote Kurve)* wird die Thermoregulation gestört. Daher folgt die Stoffwechselrate von Beginn der Abkühlung an der RGT-Regel. *Gelb:* Bereich der thermoregulatorischen Wärmebildung

kalten Körperschale verursacht einen zusätzlichen Abfall der Kerntemperatur. Ein geeigneteres Vorgehen ist die Wärmezufuhr durch extrakorporale Zirkulation oder die Spülung des Peritonealraumes mit warmen Lösungen.

In Kürze

Physiologische Veränderungen der Temperaturregulation

Physiologische Veränderungen der Körpertemperatur können vorkommen:
- bei schwerer Arbeit (Erhöhung der Körpertemperatur),
- zirkadiane Rhythmik,
- Zyklus-bedingte Schwankungen.

Pathophysiologische Veränderungen der Temperaturregulation

Fieber wird als Sollwertverstellung zu höherer Körpertemperatur aufgefasst.
Exogene Pyrogene, die in den Körper gelangen, stimulieren Makrophagen zur Produktion von endogenen Pyrogenen, die mit einigen Mediatoren der Immunabwehr identisch sind.
Prostaglandin E_2, das unter dem Einfluss der endogenen Pyrogene verstärkt gebildet wird, ist wahr-
▼

scheinlich der zentrale Mediator der nervös gesteuerten Fieberreaktion.
Einige hypothalamo-hypophysäre Peptide, die als zirkulierende Hormone bekannt sind, wirken vermutlich zentral als endogene, fiebersenkende Mediatoren.

Literatur

Florez-Duquet M, McDonald RB (1998) Cold-Induced Thermoregulation and Biological Aging. Physiol Rev 78: 339–358

Gisolfi C (1993) Perspectives in Exercise Science & Sports Medicine: Exercise, Heat, & Thermoregulation. Cooper Publishing Group

Hollmann W, Hettinger, T (2000) Sportmedizin, Grundlagen für Arbeit, Training, Präventivmedizin. Schattauer, Stuttgart

Persson PB (1996) Modulation of cardiovascular control mechanisms and their interaction. Physiol Rev 76(1): 193–244

Kapitel 40
Sport- und Arbeitsphysiologie

U. Boutellier, H.-V. Ulmer

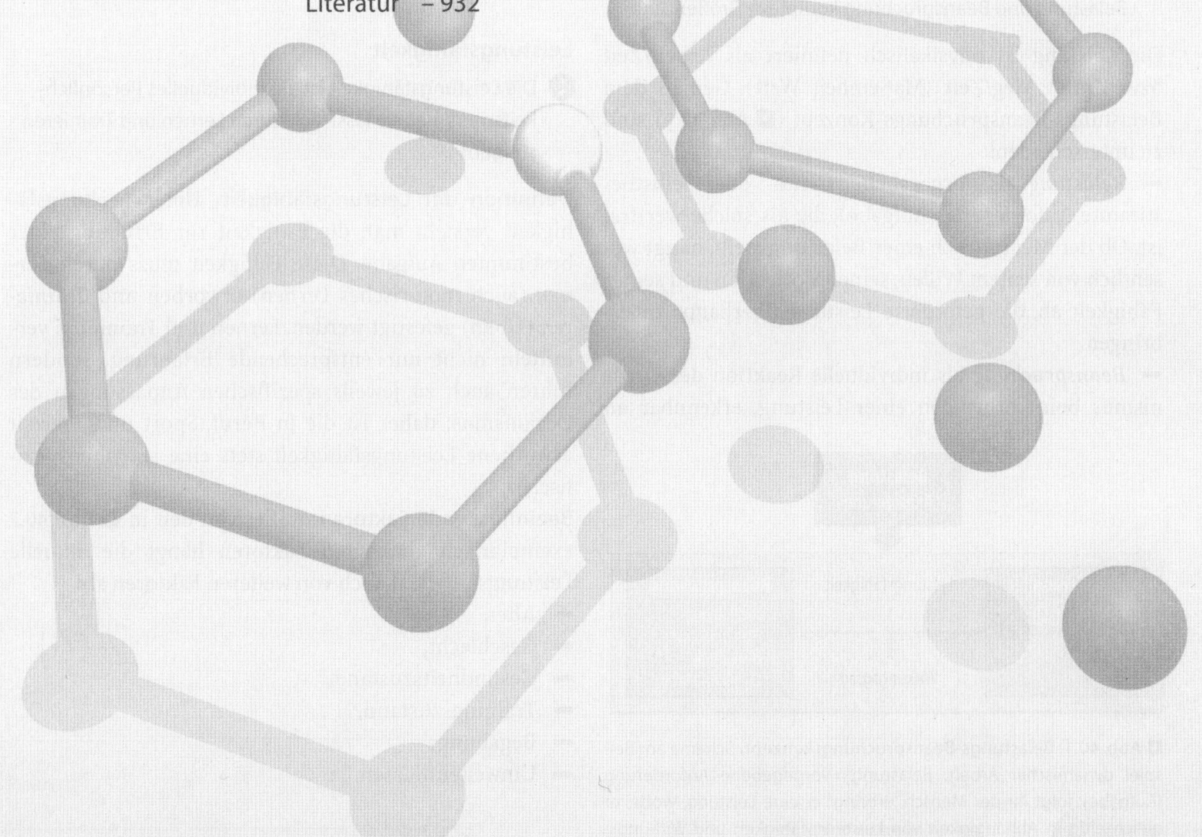

Einleitung

Bewegungsmangel gilt heute als größtes Gesundheitsrisiko – sogar noch ein etwas größeres als Rauchen – eine kardiovaskuläre Krankheit (z.B. Angina pectoris, hoher Blutdruck, Herzinfarkt) zu erleiden. Dies ist dadurch begründet, dass Bewegungsmangel oft mit Übergewicht, hohem Blutdruck, Diabetes mellitus Typ II und Fettstoffwechselstörungen kombiniert ist. Mit regelmäßiger körperlicher Aktivität kann man das Übergewicht um 100%, den hohen Blutdruck um 30%, das Risiko, an Diabetes mellitus Typ II oder Herzinfarkt zu erkranken, um je 50% verringern. In westlichen Ländern ist mehr als die Hälfte der Bevölkerung zu inaktiv und setzt sich damit einem gesteigerten Risiko aus, an kardiovaskulären Krankheiten, Diabetes, etc. zu erkranken. Im Alter sind bewegliche Leute länger selbstständig und haben eine bessere Lebensqualität. Da offenbar im Moment mehr als die Hälfte unserer Bevölkerung freiwillig auf diese Vorteile verzichtet, gilt es noch einiges an fundierter Aufklärungsarbeit zu leisten.

IX

40.1 Leistung und Leistungsfähigkeit

Leistung und Belastung

! Leistung ist physikalisch einfach messbar, während Belastung und Beanspruchung komplexe Größen sind

Die Leistung ist physikalisch definiert als Arbeit/Zeit bzw. Kraft × Weg/Zeit (Maßeinheit Watt). Gemäß dem Belastungs-Beanspruchungs-Konzept (Abb. 40.1) sind zu unterscheiden:

- ***Belastung*** als vorgegebene, fremd- oder selbstbestimmte Anforderung (Aufgabe), die als solche wertfrei ist. Ob der Mensch sich einer Belastung stellt, hängt wesentlich von seinem Willen, seiner Motivation und seiner Fähigkeit ab, die geforderte Leistung überhaupt zu erbringen.
- ***Beanspruchung*** als individuelle Reaktion des Organismus beim Erbringen einer Leistung, erkennbar an Veränderungen verschiedener Kenngrößen (z.B. Herzfrequenz, Atemzeitvolumen usw.) als Zeichen der physiologischen Beanspruchung. Da das Ausmaß einer Beanspruchung wesentlich von der Leistungsfähigkeit (► s.u.) des Leistenden bestimmt wird, ist die Beanspruchung bei gleicher Leistung interindividuell sehr unterschiedlich.

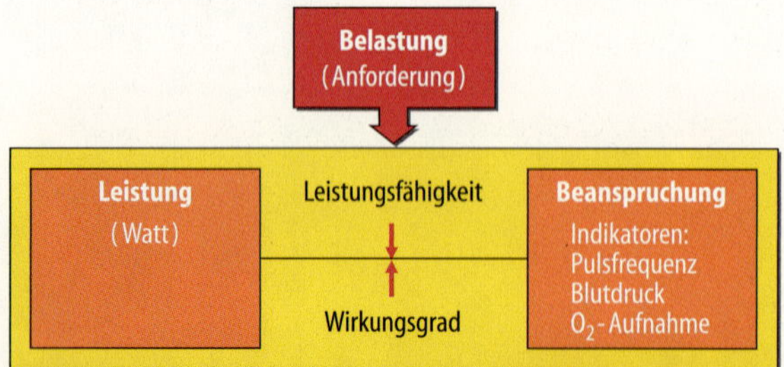

Abb. 40.1. Belastungs-Beanspruchungskonzept. Schema am Beispiel dynamischer Arbeit. Belastung = vorgegebene Anforderung (Aufgabe); folgt ihr der Mensch, erbringt er eine Leistung, wobei er gleichzeitig in Abhängigkeit von Leistungsfähigkeit und Wirkungsgrad mehr oder weniger beansprucht wird

Man unterscheidet physische und psychische Belastungen *(Anforderungen)* und sich daraus ergebende ***physische*** und ***psychische Leistungen.*** Die meisten Belastungen bzw. Leistungen beinhalten allerdings eine Kombination beider Komponenten, die sich nur mehr oder weniger willkürlich trennen lassen.

Physische (körperliche) Arbeit wird unterteilt in:

- dynamische Arbeit (konzentrische und exzentrische Muskelaktivität, Bewegungsarbeit),
- statische Arbeit (isometrische Muskelaktivität, Halte- und Haltungsarbeit für die Körperhaltung).

Dabei wird die konzentrische Arbeit (Muskel als »Motor«) auch positiv-dynamisch und die exzentrische (Muskel als »Bremse«, z.B. beim Bergabgehen) auch negativ-dynamisch bezeichnet.

Sind bei dynamischer Arbeit Kraft, Weg und Zeit bekannt, lässt sich daraus die ***physikalische Leistung*** berechnen; bei isometrischer Haltearbeit gilt das Produkt aus Kraft × Zeit als Maß der erbrachten Leistung.

Leistungsfähigkeit

! Die Leistungsfähigkeit ist ein individuelles Persönlichkeitsmerkmal, sie lässt sich durch Lernen und Trainieren steigern

Definition der Leistungsfähigkeit. Unter Leistungsfähigkeit versteht man die Fähigkeit zur Erfüllung einer bestimmten Aufgabe. Diese Fähigkeit muss durch ***Lernen*** (auch motorisches Lernen) erworben und ***Trainieren*** (Üben) gefestigt werden. Lernen und Trainieren vermitteln nicht nur entsprechende Erfahrung, sondern führen auch zu jeweils spezifischen Anpassungen des Organismus; daher ist die in Beruf, Sport und Freizeit erworbene Leistungsfähigkeit stets eine aufgabenspezifische.

Beeinflussende Faktoren. Außer von den in Abb. 40.2 exemplarisch genannten Faktoren hängt die aktuelle Leistungsfähigkeit auch von weiteren Faktoren ab:

- Alter,
- Geschlecht,
- Gesundheitszustand,
- Trainingszustand,
- Begabung,
- Umwelteinflüssen.

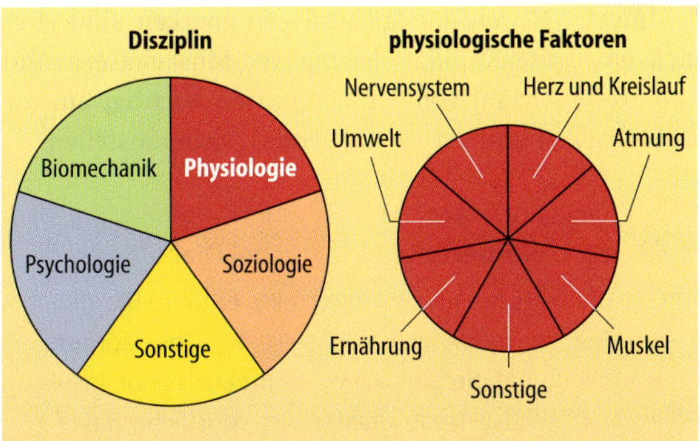

Abb. 40.2. Komplexität der Leistungsfähigkeit. Leistungsrelevante Disziplinen und Faktoren, exemplarisch als Mosaik

In Kürze

Leistung und Leistungsfähigkeit

Menschliche Leistung, immer mit Aktivitäten der Skelettmuskulatur verknüpft, ist mehr als physikalische Leistung. Man unterscheidet u. a. zwischen:

- physischer Arbeit (positiv bzw. negativ dynamisch, statisch) und
- psychischer Arbeit (mental, emotional).

Die individuelle Beanspruchung hängt nicht nur von der Belastung (Anforderung), sondern auch von der individuellen Leistungsfähigkeit ab. Diese lässt sich durch Lernen und Trainieren steigern und ist von verschiedenen Faktoren, wie z. B. Alter und Gesundheitszustand abhängig.

40.2 Energiebereitstellung

ATP-Bildung

Jede biologische Leistung braucht Energie in Form von ATP; dennoch sinkt die ATP-Konzentration auch bei hohen Muskelleistungen kaum ab, weil vier Stoffwechselprozesse genügend ATP resynthetisieren können

Weil körperliche Leistungen auf Muskelkontraktionen (▶ s. Kap. 6.1) basieren, wird ATP als Energielieferant benötigt. Aufgrund der geringen muskulären ATP-Konzentration (ca. 5 µmol/g Muskel), die nur für wenige Muskelkontraktionen reicht, muss laufend ATP resynthetisiert werden. Wie effizient diese Resynthese ist, erkennt man daran, dass z. B. während eines Marathonlaufs ungefähr 60 kg ATP umgesetzt werden. Dieselbe Menge ATP verbrauchen wir pro Tag, auch ohne viel Sport zu treiben.

Für die ATP-Resynthese stehen der Muskelzelle folgende 4 Stoffwechselprozesse zur Verfügung (Tabelle 40.1):

- ***Hydrolyse von Kreatinphosphat.*** Ein energiereiches Phosphat wird vom Kreatin direkt auf das Adenosindiphosphat (ADP) übertragen, und zwar im ***Zytoplasma*** der Muskelzelle in unmittelbarer Nähe der kontraktilen Elemente ***Aktin*** und ***Myosin.*** Dieser Stoffwechselvorgang verläuft sehr schnell und verbraucht keinen Sauerstoff (O_2); allerdings sind die Kreatinreserven klein; sie reichen für etwa 20 s bei maximaler Intensität. Man spricht von anaerob alaktazider Energiebereitstellung.
- ***Anaerobe Glykolyse.*** Während des Abbaus von Glukose zu Pyruvat wird ATP aus ADP und freiem Phosphat resynthetisiert. Auch dieser Prozess findet im ***Zytoplasma*** statt und verbraucht kein O_2. Falls das bei der anaeroben Glykolyse entstehende NADH nicht in der Atmungskette zu NAD^+ oxidiert werden kann, weil z. B. zu wenige Mitochondrien vorhanden sind (z. B. Typ-IIb-Muskelfasern) oder das Pyruvat nicht rasch genug ins Mitochondrium gelangt, wird das Pyruvat im Zytoplasma als ***Oxidationsmittel*** genutzt; es entsteht ***Milchsäure*** bzw. ***negativ geladenes Laktat.*** Man spricht von anaerob laktazider Energiebereitstellung.
- ***Oxidation von Kohlenhydraten.*** Pyruvat und NADH werden in den Mitochondrien zu Wasser und Kohlendioxid (CO_2) verstoffwechselt. Dafür wird O_2 benötigt. ***Zitronensäurezyklus*** und ***Atmungskette*** ermöglichen die Bildung von großen Mengen ATP. Man spricht von aerober Energiebereitstellung.
- ***Oxidation von Fettsäuren.*** In den Mitochondrien werden Fettsäuren via ***β-Oxidation*** dem ***Zitronensäurezyklus*** zugeführt. Sie liefern dann genau so wie die Kohlenhydrate ATP, Wasser und CO_2 mit Hilfe von O_2 (aerobe Energiebereitstellung).

Tabelle 40.1. Substrate und deren Kerngrößen. Maximale ATP-Syntheserate in Abhängigkeit der Substrate plus die Endprodukte, die dazugehörige maximal mögliche Dauer und die entsprechende Laufwettkampfdistanz. Nach Boutellier u. Spengler (1999)

Substrat	Endprodukt	ATP-Synthese $\mu mol \times g^{-1} \times s^{-1}$	Dauer	Distanz
Kreatinphosphat	Kreatin + Phosphat	1,6–3,0	10–20 s	100 m
Glykogen	Laktat	1,0	4 min	1500 m
Glykogen + O_2	$CO_2 + H_2O$	0,5	100 min	30 km
Fett + O_2	$CO_2 + H_2O$	0,25	Tage	>100 km

Der Zusammenhang zwischen Leistung und Substratverbrauch für eine maximale ATP-Resynthese ist in ◘ Tabelle 40.1 dargestellt: sie zeigt den maximal möglichen ATP-Umsatz (μmol ATP × g^{-1} Muskel × s^{-1}) der vier energieliefernden Prozesse. Falls eine Muskelleistung 1,0 μmol ATP × g^{-1} × s^{-1} benötigt, so kann die Fettoxidation im besten Fall 0,25 μmol ATP × g^{-1} × s^{-1} liefern, während die restliche Energie vom Kohlenhydratstoffwechsel kommen muss (kurzfristig könnte auch Kreatinphosphat hydrolysiert werden). Die Kohlenhydratoxidation liefert dabei maximal 0,25 μmol ATP × g^{-1} × s^{-1}, das restliche ATP (0,5 μmol × g^{-1} × s^{-1}) muss mittels anaerober Glykolyse bereitgestellt werden. Andererseits könnte im Extremfall die ganze ATP-Menge ausschließlich von der anaeroben Glykolyse stammen. Dies wäre jedoch sehr nachteilig, weil das verfügbare Glykogen rasch aufgebraucht und die durch Laktatakkumulation bedingte, lokale Übersäuerung zum Leistungsabbruch führen würde. Grundsätzlich bestimmen Intensität der Leistung und zeitliche Aspekte bei Arbeitsbeginn, welche der vier Stoffwechselprozesse ablaufen.

IX

Substrate der Energiebereitstellung

Glukose und freie Fettsäuren sind die wichtigsten Substrate der Energiebereitstellung, wobei die Oxidation von Fettsäuren hilft, die wertvolle Glukose einzusparen

Muskelglykogenspareffekt. Glukose und freie Fettsäuren werden aus dem Blut aufgenommen, sie können im Muskel in Form von Glykogen und Triglyzeriden zwischengelagert werden. Lange andauernde körperliche Aktivitäten (>20 min) sind nur mit vorwiegend ***aerober Energiebereitstellung*** möglich. Die ***anaerobe Energiebereitstellung*** würde zuviel kostbares Glykogen verbrauchen und eventuell zu einer Muskelübersäuerung führen, was die Dauer der körperlichen Aktivität einschränken würde. Glykogen ist deshalb kostbar, weil dessen aerobe ATP-Resyntheserate doppelt so hoch ist wie diejenige von Fett (◘ Tabelle 40.1) und weil die Glykogenreserven (durchschnittlich total 500 g) kleiner sind als die mobilisierbaren Fettreserven (durchschnittlich total 12 kg). Es ist daher von Vorteil, wenn ein möglichst hoher Anteil der Energie durch ***Fettoxidation*** gewonnen wird, womit Glykogen eingespart werden kann. Dieser Glykogenspareffekt ist deshalb »sinnvoll«, weil die Leistung nur mit zusätzlicher Glykogenverwertung wesentlich gesteigert werden kann (z. B. Zwischen- oder Endspurt). Der etwas höhere O_2-Verbrauch der Fett- im Vergleich zur Kohlenhydratoxidation (► vgl. Energie-Äquivalent) ist von geringer Bedeutung.

Muskelglykogen lässt sich nicht nur durch die Oxidation von Fett einsparen, sondern auch durch die Verstoffwechslung von Blutglukose, die aus der Leber (Abbau von Leberglykogen oder Glukoneogenese aus Laktat und Aminosäuren) oder aus dem Dünndarm (Glukoseabsorption) stammen kann.

O_2-Umsatz. Neben der Substratverfügbarkeit sind aber auch eine gute Kapillarisierung der Muskelfasern und eine große Anzahl von Mitochondrien wichtig, um die Verfügbarkeit und Verwertung von O_2 sicherzustellen.

40.1. Körperliche Aktivität bei Diabetikern

Der Diabetes mellitus ist durch eine erhöhte Blutglukosekonzentration charakterisiert. Weil bei körperlicher Aktivität die Glukose vermehrt auch ohne Insulin in die Muskelzelle gelangt, ist sportliche Bewegung eine hervorragende Therapiemaßnahme bei Diabetikern, die hilft, erhöhte Blutglukosekonzentrationen zu senken. Daher brauchen Diabetiker bei körperlicher Aktivität weniger Medikamente (orale Antidiabetika oder Insulin). Beim Nichtbeachten dieser Zusammenhänge besteht die Gefahr, dass eine unveränderte Medikamentengabe bei körperlicher Aktivität rasch zu einer gefährlichen Hypoglykämie führt. Es bedarf daher einiger Erfahrung, um Kohlenhydratzufuhr, körperliche Aktivität und Medikamentendosis richtig aufeinander abzustimmen.

Endprodukte der Energiebereitstellung

CO_2 und Milchsäure bzw. Laktat sind die wichtigsten Endprodukte der Energiebereitstellung; CO_2 wird abgeatmet, und Laktat wird oxidiert oder wieder zu Glukose aufgebaut

CO_2. Das bei der aeroben ATP-Synthese in der Muskelfaser anfallende CO_2 gelangt ins Blut, wird überwiegend in Form von Bikarbonat in die Lungen transportiert (► s. Kap. 34.3 und 35.2) und dort ausgeatmet (► s. Kap. 32.2 und 33.3).

Laktatabgabe. Die bei ***anaerober Energiebereitstellung*** entstehende Milchsäure (mehrheitlich in Typ-IIb-Fasern, ► s. Kap. 6.1) dissoziiert bei physiologischem pH in $Laktat^-$ und H^+. Entsprechend den Laktatkonzentrationsgradienten erfolgt der Laktattransport langsam aus den Typ-IIb-Fasern mittels ***$Laktat^-$-H^+-Cotransportern*** ins Blut. Die Blutlaktatkonzentration steigt von 1 auf bis zu 20 mmol/l bei entsprechend trainierten Weltklasseathleten.

Laktatutilisation. Infolge umgekehrter Laktatkonzentrationsgradienten vermitteln $Laktat^-$-H^+-Cotransporter die Aufnahme von Laktat in Typ-I- und -IIa-Skelettmuskelfasern sowie in Herzmuskelfasern und Leberzellen (Zellen, die sich durch eine entsprechende Enzymausstattung und eine große Mitochondriendichte auszeichnen). In diesen Zellen kann Laktat in Pyruvat zurückgeführt und in den Mitochondrien mittels O_2 oxidiert werden. Dieser Prozess liefert nur 2–3 ATP weniger pro mol Glukose, als beim aeroben Glukoseabbau gewonnen wird, ist also energetisch sehr effizient. Diese Energie wird unter anderem dazu genutzt, um etwa ein Drittel des in die Leberzellen gelangende Laktats wieder zu Glukose aufzubauen *(Glukoneogenese)*.

In Kürze

Energiebereitstellung

Die Skelettmuskelfasern regenerieren das für die Leistung notwendige ATP mit folgenden vier Stoffwechselprozessen:

- Hydrolyse von Kreatinphosphat,
- anaerobe Glykolyse,
- Oxidation von Kohlenhydraten,
- Oxidation von Fettsäuren.

Die Intensität der Leistung bestimmt den Stoffwechseleinsatz. Da die Glykogenreserven im Körper klein sind, ist es wichtig, Glykogen zu sparen und stattdessen Fette zu oxidieren.

Laktatstoffwechsel

Das vorwiegend in Typ-II-Fasern entstehende Laktat wird in Typ-I-Fasern, Herz- und Leberzellen in Pyruvat zurückverwandelt und dann in den Mitochondrien unter reichlicher Erzeugung von ATP oxidiert.

40.3 Aerobe und anaerobe Leistungsfähigkeit

Ausdauer

Die Ausdauerleistung beruht hauptsächlich auf aerober Energiebereitstellung; die aerobe Leistungsfähigkeit kann durch Stufen- und Ausdauertests untersucht werden

Unter »Ausdauerleistung« versteht man eine körperliche Aktivität, die mindestens 20 min lang durchgeführt werden kann. Dabei wird die Energie hauptsächlich ***aerob*** gewonnen. Zur Untersuchung der ***aeroben Leistungsfähigkeit*** werden zwei unterschiedliche Testformen benutzt: Stufen- und Ausdauertests:

- ***Stufentest.*** Auf einem Fahrradergometer oder einem Laufband wird die zu erbringende Leistung in regelmäßigen Abständen ***(Stufendauer)*** um ein konstantes Inkrement ***(Stufenhöhe)*** meist bis zur Erschöpfung erhöht (▶ s. a. Abschnitt 40.5). Mit dem Stufentest können Ventilation, O_2-Verbrauch, Herzfrequenz oder Blutlaktatkonzentration auf verschiedenen Leistungsstufen in einem einzigen Test bestimmt werden. Mit jeder Leistungstufe erhöhen sich die genannten Parameter und benötigen einige Minuten bis sie wieder annähernd ***gleichbleibende Werte (Steady State)*** annehmen. Die Stufendauern sollten daher so lange gewählt sein, dass innerhalb der gewählten Zeit jeweils ein annäherndes *Steady State* erreicht wird. Da Atmung, O_2-Verbrauch und Herzfrequenz – im Gegensatz zur Blutlaktatkonzentration – innerhalb von

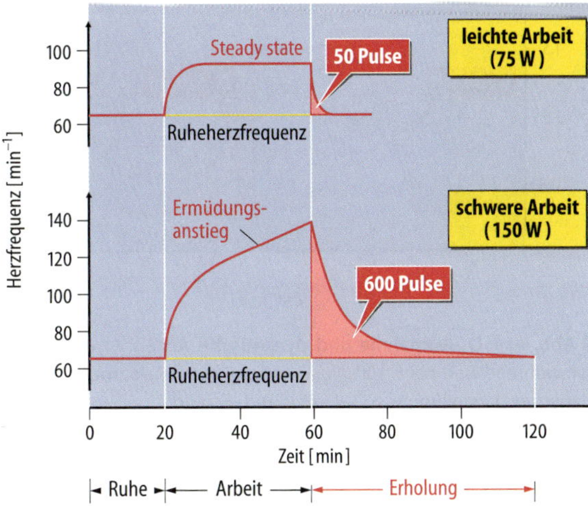

Abb. 40.3. Herzfrequenz und Arbeit. Verhalten von Probanden durchschnittlicher Leistungsfähigkeit während leichter und schwerer dynamischer Arbeit mit konstanter Leistung. *Rote Flächen:* Erholungspulssumme. Nach Müller (1961)

2–3 min ein *Steady State* erreichen, werden im Stufentest normalerweise Stufendauern von 2–4 min gewählt. Die Erhöhung der Stufenhöhe beträgt typischerweise 20–30 W, kann aber bei reduzierter Leistungsfähigkeit auch tiefer sein. Die Blutlaktatkonzentration erreicht erst nach etwa 8 min ein *Steady State*. Eine Stufendauer von 8 min wäre aber zu lange, weil in diesem Fall die Versuchsperson aufgrund der langen Zeitdauer des Testes bereits vor Erreichen ihrer Maximalleistung ermüden würde. Die Maximalleistung ist nämlich umgekehrt proportional zu der während des Tests geleisteten Arbeit.
- ***Ausdauertest.*** Dabei wird das Verhalten des Körpers im Verlaufe der Zeit bei ***konstanter Leistung*** untersucht (▶ s. a. Abschnitt 40.5). Als Beispiel sei die Fettoxidation erwähnt, deren Anteil an der aeroben Energiebereitstellung während den ersten 30 min kontinuierlich ansteigt, bis ein *Steady State* erreicht wird. Die Zunahme der Fettoxidation kann anhand des Absinkens des ***respiratorischen Quotienten*** verfolgt werden. Je nach Intensität der Leistung wird während des Ausdauertests früher oder später eine Ermüdung einsetzen, erkennbar z. B. an einem Anstieg von Atemzeitvolumen und Herzfrequenz (▫ Abb. 40.3). Der Ausdauertest wird bei entsprechend hoher Intensität oft auch so lange fortgesetzt, bis die Versuchsperson die Leistung nicht mehr erbringen kann und den Test wegen »Erschöpfung« abbricht.

Arbeitsbeginn und Arbeitsende

Bei Arbeitsbeginn unterstützt die anaerobe die aerobe Energiebereitstellung

O_2-Defizit. Im Gegensatz zur Leistung, die sich in einem Ausdauertest innerhalb von Sekunden auf das geforderte Niveau z. B. 100 W (▫ Abb. 40.4) einstellt, steigt die O_2-Aufnahme verlangsamt an und ein Gleichgewicht *(Steady*

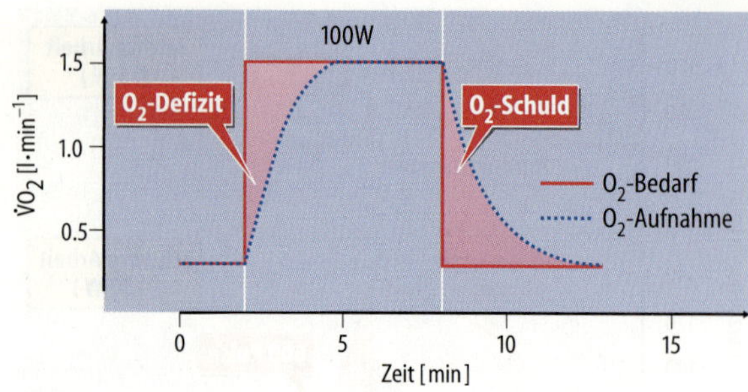

Abb. 40.4. O_2-Aufnahme und dynamische Arbeit. O_2-Aufnahme vor, während und nach 100-W-Fahrradergometrieleistung mit schematischer Darstellung von O_2-Defizit und -Schuld

State) wird erst nach 2–3 min erreicht. Die O_2-Aufnahme hinkt somit dem Energiebedarf nach, der initial aus anderen Energiespeichern gedeckt wird (Abb. 40.5); es entsteht damit zu Beginn der Arbeit ein O_2-Defizit.

Folgende Anteile liefern das zu Arbeitsbeginn benötigte ATP, das nicht unter Verwendung von zusätzlich eingeatmetem O_2 mittels oxidativer Phosophorylierung bereit gestellt werden kann:

- Hydrolyse von Kreatinphosphat (Abb. 40.6; Tabelle 40.1),
- anaerobe Glykolyse (Bildung von Laktat),
- O_2-Reserven des Myoglobins,
- O_2-Reserven des Hämoglobins,
- O_2-Reserven der Alveolarluft (funktionelle Residualkapazität).

Beeinflussende Faktoren. Das O_2-Defizit weist also immer anaerobe und aerobe Anteile auf. Die Höhe des O_2-Defizites hängt überproportional von der ***erbrachten***

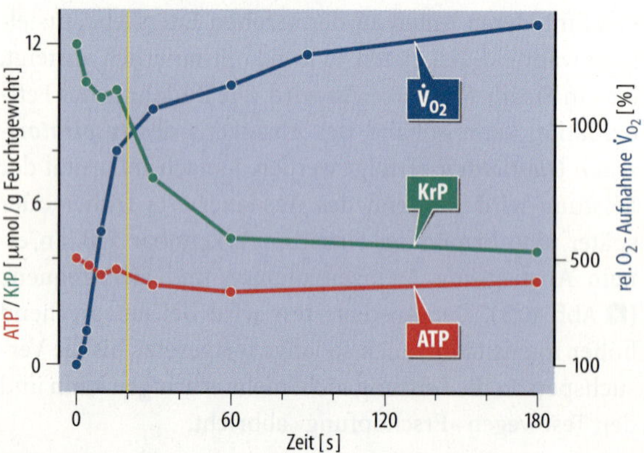

Abb. 40.5. Zeitgang der energieliefernden Prozesse. Einstellverhalten verschiedener Prozesse bei ermüdender Muskeltätigkeit mit ca. 70 % der maximalen O_2-Aufnahme (M. gracilis des Hundes). Zu Beginn wird das verbrauchte ATP über den Vorrat an Kreatinphosphat regeneriert, sodass der ATP-Gehalt weitgehend konstant bleibt. Die anschließende anaerobe Glykolyse mit Laktatproduktion (nicht eingezeichnet) erreicht nach ca. 45 s ihr Maximum, während die aerobe Energiebereitstellung bis zur 3. Minute weiter ansteigt. Nach Werten von Connett et al (1985)

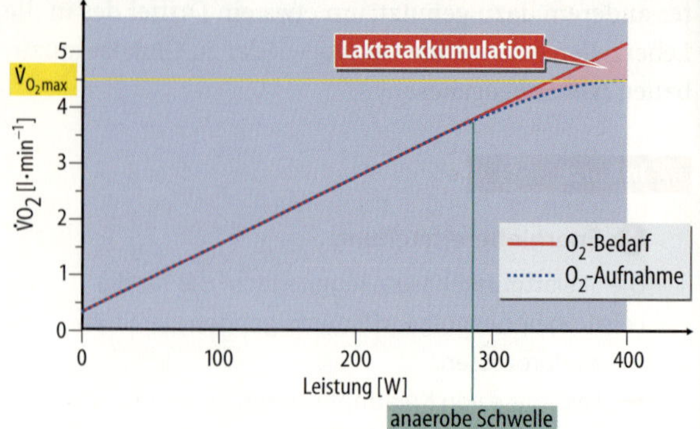

Abb. 40.6. O_2-Aufnahme vor und während Fahrradergometrie. Steady-State-Werte eines Stufentests. $\dot{V}_{O_2}$max ist definiert als Plateau, d. h. trotz steigender Leistung bleibt die O_2-Aufnahme konstant

Leistung ab, ist also z. B. bei 200 W mehr als das Doppelte des bei 100 W erreichten Defizites. Die Größe des O_2-Defizits hängt neben der Leistung auch vom ***Trainingszustand*** einer Person ab: je besser sie trainiert ist, umso kleiner ist das O_2-Defizit, weil der initiale Aufbau der arterio-venösen O_2-Differenz nach dem Training rascher abläuft (größeres Herzschlagvolumen, bessere Kapillarsierung der Muskulatur, mehr Mitochondrien). Da bei einem wachsenden O_2-Defizit vor allem die anaerobe Glykolyse zunimmt, wird bei sehr großen Leistungen die Übersäuerung der Muskulatur zum Leistungsabbruch zwingen, bevor das O_2-Steady-State erreicht worden ist.

O_2-Schuld. Nachdem die O_2-Aufnahme ein *Steady State* erreicht hat, bleibt das O_2-Defizit bestehen und wird erst in der Erholungsphase wieder ausgeglichen (Abb. 40.4), ersichtlich an der gegenüber körperlicher Ruhe weiterhin erhöhten O_2-Aufnahme nach Beendigung der Arbeit. Das Erreichen der Ausgangswerte während der Erholung bezeichnet man als O_2-Schuld, wobei die früher verwendeten Ausdrücke »Eingehen einer O_2-Schuld« für das O_2-Defizit und »Tilgung der O_2-Schuld« für die O_2-Schuld vermutlich besser verständlich sind. Die O_2-Schuld ist oft größer als das zu Beginn der Leistung eingegangene O_2-Defizit. Die Gründe hierfür können auf folgende Faktoren zurückgeführt werden:

- Resynthese von Kreatinphosphat,
- Glukosebildung aus Laktat (Glukoneogenese),
- Oxidation von Laktat im Zitratzyklus,
- Auffüllung der Hämoglobin und Myoglobin O_2- Speicher,
- erhöhte Aktivität der Na/K-ATPase bis zum Erreichen des Ausgangszustandes (während der Muskeltätigkeit ist vermehrt Kalium aus den Muskelfasern aus- und Natrium eingetreten),
- Resteffekte der thermogenen Hormone Adrenalin, Noradrenalin, Thyroxin und Glukokortikoide, die während der körperlichen Arbeit freigesetzt wurden, halten

den Stoffwechsel während der Erholungphase noch erhöht,
- vermehrte Atmungs- und Herztätigkeit.

Anaerobe Schwelle

! Die anaerobe Schwelle, definiert als maximale Leistung mit gerade noch Laktat-Steady-State, ist ein wichtiges leistungsdiagnostisches Merkmal der aeroben Leistungsfähigkeit

Grundsätzliche Überlegungen. Die ***anaerobe Schwelle*** wird von verschiedenen Autoren unterschiedlich definiert. Der Begriff »anaerobe Schwelle« könnte dazu verleiten, fälschlicherweise anzunehmen, dass der Organismus bei dieser Leistung von einem rein aeroben auf einen rein anaeroben Stoffwechsel umstellt.  Abbildung 40.6 zeigt einerseits, dass erst eine Leistung oberhalb der anaeroben Schwellen zur maximalen O_2-Aufnahme führt; anderseits zeigt die zunehmend höhere Blutlaktatkonzentration unterhalb der anaeroben Schwelle auch, dass bereits in diesem Bereich mittels anaerober Glykolyse Energie gewonnen wird.

Definition der anaeroben Schwelle. Die anaerobe Schwelle wird am sinnvollsten als maximale Leistung, bei der gerade noch ein ***Laktat-Steady-State*** auftritt, definiert. Praktisch heißt das, dass man die höchste Leistung (= maximal) bestimmt, bei der die Blutlaktatkonzentration in einem ***Ausdauertest*** während der 10.–30. min um höchstens 1 mmol/l schwankt (= Laktat-Steady-State). Diese Leistung wird im Folgenden als ***anaerobe Schwellenleistung*** bezeichnet. Zu beachten gilt, dass erst ein Test, der ein wenig über der anaeroben Schwellenleistung (Fahrradergometer + 5 W bzw. Laufband + 0,2 m/s) durchgeführt wird, bei dem somit die Blutlaktatkonzentration während der 10.–30. min des Ausdauertests um mehr als 1 mmol/l ansteigt, beweist, dass zuvor das »maximale« Laktat-Steady-State gefunden wurde, denn alle Ausdauerleistungen unterhalb der anaeroben Schwellenleistung werden ebenfalls mit einem Laktat-Steady-State absolviert.

Eigentlich müsste man anstatt von einer Schwelle von einem ***Bereich*** sprechen, in dem zahlreiche Umstellungen im Organismus beobachtet werden können (überproportionale Zunahme des Atemzeitvolumens, Abflachung des Herzfrequenzanstieges, Änderung der Schweisszusammensetzung etc.) und in dem zur aeroben Energiebereitstellung zunehmend anaerobe Energiebereitstellung der Typ-II-Fasern hinzukommt (▶ s. Kap. 6.1).

Blutlaktatkonzentration. Da die Höhe der Laktatkonzentration bei der ***anaeroben Schwellenleistung*** individuell verschieden ist, kann diese nicht mittels einer bestimmten Laktatkonzentration (z. B. 4 mmol/l) definiert werden. Gut trainierte Ausdauerathleten haben bei der anaeroben Schwellenleistung tiefere Blutlaktatkonzentrationen als weniger gut trainierte Personen, weil einer der ***Ausdauertrainingseffekte*** die ***Verbesserung der Blutlaktatverwertung*** betrifft. Da die Bestimmung der anaeroben Schwellenleistung mittels maximalem Laktat-Steady-State sehr aufwändig ist (theoretisch werden zwei Tests benötigt, praktisch ungefähr fünf), weicht man auf Methoden aus, die eine Abschätzung der anaeroben Schwellenleistung in einem einzigen Test erlauben (Schwellenbestimmung mit Hilfe der Atmung, der Blutlaktatkonzentration oder der Herzfrequenz; ▶ vgl. Abschnitt 40.5).

Aerobe Schwelle. Noch schwieriger als die anaerobe ist die aerobe Schwelle zu verstehen. Theoretisch meint die aerobe Schwelle die maximale Leistung, bei der die Energiebereitstellung gerade noch rein aerob erfolgt. Da diese Schwelle im Gegensatz zur Dauerleistungsgrenze (▶ vgl. Abschnitt 40.7) ohne praktische Bedeutung ist, soll das Thema nicht weiter vertieft werden.

Kraft

! Statische Arbeit kommt als Haltungs- und Haltearbeit vor; Maximal- und Schnellkraft sind hauptsächlich auf anaerobe Energiebereitstellung angewiesen

Statische Arbeit. Haltungs- und Haltearbeit gehen mit ***isometrischer Muskelaktivität*** einher (▶ s. Kap. 6.5). Haltearbeit liegt vor, wenn Gegenstände über bestimmte Zeitspannen gehalten werden. Dadurch bedingte ***Schwerpunktverlagerungen*** müssen von der Haltungsmotorik rechtzeitig kompensiert werden. Haltungsarbeit sichert die Körperhaltung eines unbewegten Menschen. Sie ist aber auch bei Bewegungen für die gesamte ***Tonusregulation*** mit den Anpassungen an Lageveränderungen im Schwerefeld sowie der adäquaten Antizipation von ***Gegen- und Rückstoßkräften*** wichtig. Meistens bemerkt man die Bedeutung der Haltungsmotorik für die Bewegung erst dann, wenn eine Störung vorliegt.

Maximalkraft. Darunter versteht man diejenige Kraft, die während 2–3 s bei ***maximalem Willenseinsatz*** während ***isometrischer Muskelaktivität*** (wenn mit aller Kraft gegen einen unbeweglichen Gegenstand gedrückt wird) erzeugt werden kann. Sie hängt in erster Linie vom ***Muskelquerschnitt*** ab, d. h. je mehr Myofibrillen aktiv sind (Funktion der ***Rekrutierung von motorischen Einheiten***), desto größer ist die Maximalkraft (▶ s. Kap. 6.5). Die relative Maximalkraft pro cm^2 Muskelquerschnitt hängt maßgeblich vom Anteil der Typ-IIb-Fasern ab, da diese die höchste Dichte an Myofibrillen enthalten. Da auch die Motivation bei der Bestimmung der Maximalkraft eine Rolle spielt, findet man Werte zwischen 40 und 100 N/cm^2.

Hill-Kurve. Die Energiebereitstellung bei maximaler Kraftproduktion erfolgt vorwiegend anaerob. Zwischen der maximal möglichen Muskelkraft (konzentrische Muskelaktivität) und der Verkürzungsgeschwindigkeit besteht ein charakteristischer, hyperbolischer Zusam-

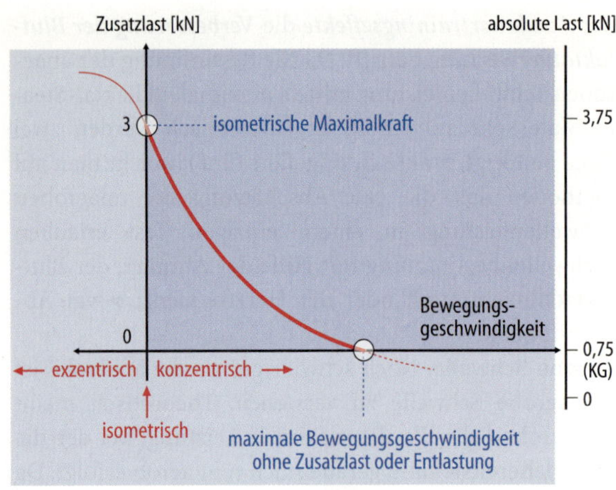

Abb. 40.7. Maximalkraft in Abhängigkeit von der Bewegungsgeschwindigkeit. Schematische Darstellung bei exzentrischer, isometrischer und konzentrischer Muskelaktivität. *KG:* Körpergewicht

menhang (Hill-Kurve, ▶ s. Kap. 6.5): Je langsamer sich ein Muskel verkürzt, desto größer ist die Kraft, die er maximal erzeugen kann.

Bei einer körperlichen Betätigung gilt ein entsprechender Zusammenhang (Abb. 40.7), wobei das oft mitzubewegende Körpergewicht mitberücksichtigt werden muss. Das erklärt, weshalb dieses ***Kraft-Bewegung-Geschwindigkeit-Diagramm*** – im Gegensatz zur Muskelfaser – auch negative Kräfte (Entlastungen) enthält. Als Maximalkraft gilt oft die bei isometrischer Muskelaktivität (Bewegungssgeschwindigkeit = 0) entwickelte Kraft.

Die isometrische Maximalkraft kann überboten werden (Abb. 40.7), wenn der Muskel trotz maximaler Muskelaktivität von einer externen Kraft verlängert wird ***(exzentrische Muskelaktivität)***. Diese Krafterhöhung hat mehrere Ursachen. Zum einen wirkt der exzentrischen Bewegung eine »innere Reibung« entgegen. Zum anderen werden möglicherweise die Muskelspindeln aktiviert, was reflexartig zu einer Rekrutierung zusätzlicher motorischer Einheiten führt, so dass die Gesamtanzahl aktiver motorischen Einheiten diejenige während der isometrischen Muskelaktivität übertrifft. Am anderen Ende der Kurve (Abb. 40.7) kann auch die Maximalgeschwindigkeit (Zusatzlast = 0) übertroffen werden, indem man einen Läufer z. B. zieht.

Schnellkraft. Schnellkraft und Schnelligkeit beziehen sich auf Kraft- und Geschwindigkeitszunahmen über kurze Kontraktionszeiten der Typ-II-Fasern (Verkürzungszeit <250 ms, was nur mit kleinen Belastungen möglich ist). Die Energiebereitstellung erfolgt hauptsächlich anaerob alaktazid. Bei sportlicher Betätigung spielt die Schnellkraft z. B. beim Sprinten und Springen eine wichtige Rolle. Sie kann mit einer Kraftmessplatte, d. h. einer Platte, die Kraft und Kraftänderungen während eines Absprungs registriert, gemessen werden.

In Kürze

Aerobe und anaerobe Leistungsfähigkeit

Bei der körperlichen Leistungsfähigkeit unterscheidet man:
- Ausdauerleistungen beruhen hauptsächlich auf aerober,
- Kraftleistungen auf anaerober Energiebereitstellung.

Zur Messung der aeroben Leistung werden Stufen- und Ausdauertests benutzt. Bei Arbeitsbeginn wird zuerst alaktazid anaerob und dann laktazid anaerob Energie gewonnen (Anteil am O_2-Defizit) bevor nach etwa 15–30 s die aerobe Energiebereitstellung einen substantiellen Beitrag zu liefern beginnt. In der Erholungsphase werden nach Abtragen der O_2-Schuld wieder Ruhewerte erreicht.

Die anaerobe Schwelle ist ein wichtiges leistungsdiagnostisches Merkmal der aeroben Energiebereitstellung.

Kraft

Die größte Kraft (40–100 N/cm^2 Muskelquerschnitt) erreicht man bei isometrischer Muskelaktivität (Verkürzungsgeschwindigkeit = 0), weil die Kraft mit abnehmender Verkürzungsgeschwindigkeit größer wird.

Wird der Muskel während der Kontraktion von einer externen Kraft gedehnt (exzentrischen Muskelaktivität), kann die isometrische Maximalkraft deutlich übertroffen werden.

Schnellkraft ist eine spezielle Kontraktionsform, bei der die Verkürzungszeit weniger als 250 ms beträgt.

40.4 Physiologische Anpassungen an körperliche Aktivität

Umstellung von Herz und Kreislauf

Körperliche Aktivität löst eine Zunahme des Sympathikotonus aus, der wiederum Herzfrequenz und Schlagvolumen erhöht; das dadurch gesteigerte Herzzeitvolumen wird mehrheitlich zu den aktiven Muskeln geleitet

Sympathikus. Zum Teil schon vor (Vorstartzustand), spätestens aber gleichzeitig mit der körperlichen Aktivität nimmt der ***Sympathikotonus*** zu. Letzteres ist durch zentrale Mitinnervation vegetativer Neurone durch motorische Bahnsysteme bedingt. Die Aktivierung des Sympathikus führt zu einer Erhöhung der Plasmakonzentrationen von Noradrenalin (aus sympathischen Nervenendigungen freigesetzt) und von Adrenalin (vom Nebennierenmark ausgeschüttet). Die Sympathikusaktivierung bewirkt eine ***erhöhte Energiebereitstellung*** durch eine Steigerung des Muskelglykogenabbaus sowie durch eine gesteigerte Lipolyse im Fettgewebe; sie führt auch zu charakteristischen Änderungen von Kreislauf- und Atmungsfunktionen.

Herzschlagvolumen und -frequenz. Aus energetischer Sicht unterscheidet man zwischen leichter und schwerer Arbeit:

- aus energetischer Sicht ***leichte Arbeit*** mit konstanter Leistung führt innerhalb der ersten 2–3 min zum Anstieg des Herzschlagvolumens und der Herzfrequenz bis auf einen Plateauwert ***(Steady State)***, der dann, auch über mehrere Stunden, bis zum Arbeitsende beibehalten wird (Abb. 40.3);
- bei aus energetischer Sicht ***schwerer Arbeit*** mit konstanter Leistung zeigt die Herzfrequenz kein Steady-State-Verhalten, sondern einen ***Ermüdungsanstieg*** bis schließlich ein erschöpfungsbedingter Arbeitsabbruch eintritt.

Erholungspulssumme. Die Herzfrequenz kehrt nach nicht-ermüdender Arbeit innerhalb von 3–5 min auf den Ausgangswert zurück; nach ermüdender Arbeit ist die Erholungszeit (Zeit bis zum Erreichen des Ausgangswerts) erheblich verlängert, nach erschöpfender Arbeit bis zu mehreren Stunden. Die Anzahl derjenigen Pulse, die in der Erholungsphase über dem Ausgangswert liegen, wird als Erholungspulssumme bezeichnet (Abb. 40.3).

Arterieller Blutdruck. Der arterielle Blutdruck ändert sich bei dynamischer Arbeit in Abhängigkeit von der Leistung:

- Der ***systolische Blutdruck*** nimmt fast proportional zur Leistung zu; bei 200 W wird im Durchschnitt ein Wert von etwa 220 mm Hg (29 kPa) erreicht.
- Der ***diastolische Blutdruck*** ändert sich nur geringfügig; oft fällt er ab. Im Niederdrucksystem (z. B. im rechten Vorhof) erhöht sich der Blutdruck bei Arbeit nur wenig; nimmt er deutlich zu, ist dies pathologisch (so bei der Herzinsuffizienz).

Muskeldurchblutung. Die Muskeldurchblutung beträgt in Ruhe 20–40 ml $\times$ kg^{-1} $\times$ min^{-1}; bei intensiver dynamischer Arbeit steigt sie deutlich an. Untrainierte erreichen Höchstwerte von 1,3 l $\times$ kg^{-1} $\times$ min^{-1}, Ausdauertrainierte sogar von 1,8 l $\times$ kg^{-1} $\times$ min^{-1}. Diese Mehrdurchblutung stellt sich nicht sofort mit Beginn der Arbeit ein. Es bedarf vielmehr einer Anlaufzeit von mindestens 60 s (Abb. 40.8); dabei nimmt die ***Kontaktzeit*** in den Kapillaren von etwa 1 s auf etwa 200 ms ab, ohne dass dadurch der Gasaustausch beeinträchtigt wird.

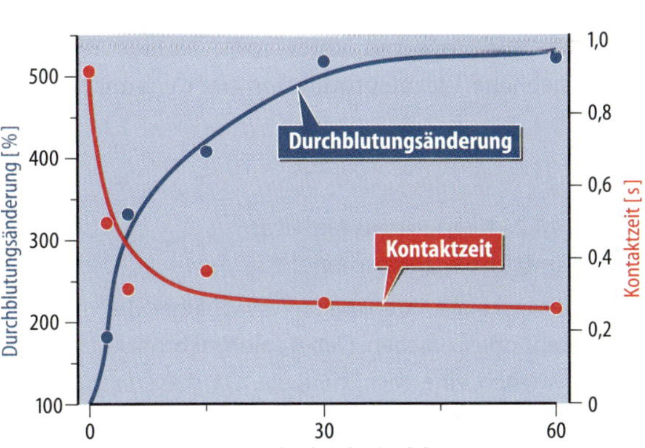

Abb. 40.8. O_2-Versorgung des arbeitenden Muskels. Zunahme der Durchblutung und Abnahme der Kontaktzeit in den Muskelkapillaren zu Beginn einer ermüdenden Muskelaktivität mit ca. 70 % der maximalen O_2-Aufnahme (M. gracilis des Hundes). Am Ende der 3., nicht eingezeichneten Minute war die Muskeldurchblutung weiter auf 685 % angestiegen und die Kontaktzeit geringfügig auf 216 ms abgefallen. Nach Honig et al (1980)

Umstellung von Atmung und Stoffwechsel

Leichte Arbeit führt zu bedarfsgerechter Mehrventilation (Hyperpnoe), schwere Arbeit zu Hyperventilation; der Stoffwechsel nimmt bedarfsgerecht zu

Atmung. Das Atemzeitvolumen steigt bis zur anaeroben Schwelle proportional, oberhalb der anaeroben Schwelle überproportional zur O_2-Aufnahme an. Die Zunahme beruht auf einem Anstieg von ***Atemzugvolumen*** und ***Atemfrequenz***. Unterhalb der anaeroben Schwelle führt dies zu einer bedarfsgerechten Mehrventilation ***(Hyperpnoe)***, ausgelöst durch einen metabolischen Antrieb aus der arbeitenden Muskulatur (Muskelrezeptoren) sowie durch eine kortikale Mitinnervation.

Der oberhalb der anaeroben Schwelle überproportionale Anstieg des Atemzeitvolumens ***(Hyperventilation)*** wird durch eine metabolische Azidose des Blutes ausgelöst, deren Ursache eine vermehrte Laktatbildung im arbeitenden Muskel ist. Während maximaler Arbeit werden bei Nichtsportlern Atemzeitvolumina von 85–120 und bei Ausdauersportlern bis 170 l/min, also 70–80 % des Atemgrenzwerts, erreicht. Im Vorstartzustand kommt es häufig zur ***psychogenen Hyperventilation*** aufgrund eines zentralen Atmungsantriebs.

Energieumsatz. Bei dynamischer Arbeit steigt mit zunehmender Intensität der Arbeitsumsatz (Gesamt-Energieumsatz während Arbeit) annähernd proportional zur abgegebenen Leistung an. Dies gilt jedoch nur, solange Art und Ablauf der Bewegung gleich bleiben; anderenfalls ändert sich der ***Wirkungsgrad*** und damit der Energieumsatz pro abgegebener physikalischer Leistungseinheit (▶ s. Kap. 6.6). Für den isolierten Muskel beträgt der Wirkungsgrad bis zu 35 % und für den Gesamtorganismus im günstigsten Fall 25 %, so beim Treppensteigen oder Radfahren. Bei den meisten Arbeitsformen liegt der Wirkungsgrad unter 10 %. Daraus resultiert eine erhebliche Wärmeproduktion bei dynamischer Arbeit.

40.2. Körperliche Aktivität und Cholesterinspiegel

Kardiovaskuläre Krankheiten sind eine der häufigsten Todesursachen. Dabei spielen koronare Herzkrankheiten eine wichtige Rolle. Da diese meistens mit niedrigen *High Density Lipoprotein* (HDL)- und hohen *Low Density Lipoprotein* (LDL)-Konzentrationen im Blut einhergehen, werden abnorme Cholesterinkonzentrationen medikamentös behandelt. Untersuchungen haben gezeigt, dass regelmäßige, körperliche Ausdaueraktivität (mindestens 3 mal 30 min pro Woche) die HDL-Konzentration erhöht und die LDL-Konzentration senkt. Solche Ausdaueraktivitäten sind somit ein kostengünstiges Therapeutikum zur Normalisierung des Cholesterinspiegels.

IX

Zusammenhang von $\dot{V}_{O_2}$ und Herzfrequenz

$\dot{V}_{O_2}$ und Herzfrequenz steigen linear mit der Leistung bis zur anaeroben Schwelle, nachher unterproportional

O_2-Aufnahme. Bei dynamischer Arbeit steigt die O_2-Aufnahme der arbeitenden Muskulatur und somit des Organismus ($\dot{V}_{O_2}$) in Abhängigkeit von der Beanspruchung, also je nach ***Leistungsintensität*** und ***Wirkungsgrad***, an. Ein Gleichgewichtszustand *(Steady State)* zwischen O_2-Bedarf und O_2-Aufnahme (= O_2-Verbrauch) wird erst nach 2–3 min erreicht (Abb. 40.4), da Muskelstoffwechsel und -durchblutung nicht sofort dem erhöhten Bedarf angepasst sind (Abb. 40.8). Dabei gilt:

$$\dot{V}_{O_2} = HF \times SV \times (C_aO_2 - C_vO_2)$$

wobei HF × SV × C_aO_2 (Herzfrequenz × Herzschlagvolumen × arterielle O_2-Konzentration) die O_2-Menge definiert, die ins Gewebe transportiert wird, und HF × SV × C_vO_2 (C_vO_2 = gemischtvenöse O_2-Konzentration) die O_2-Menge, die zur Lunge zurückkommt. Die Differenz dieser beiden Größen ergibt die in den Körpergeweben verbrauchte O_2-Menge, die über die Lunge mittels Diffusion wieder aufgenommen wird.

Linearer Zusammenhang zwischen $\dot{V}_{O_2}$ und Herzfrequenz. Das Produkt aus SV (C_aO_2 – C_vO_2) kann durch eine individuell unterschiedliche Konstante k ersetzt werden, weil sich folgende Änderungen zu Beginn einer zunehmenden Leistung ergeben und dann praktisch unverändert bleiben:

- das ***Schlagvolumen*** erreicht rasch ein Maximum (150 % des Ruhewertes);
- die ***gemischtvenöse O_2-Konzentration*** sinkt nach einem initialen Abfall mit zunehmender Leistung nur noch wenig weiter.

Dazu kommt, dass die ***arterielle O_2-Konzentration*** auf Meereshöhe immer 96–100 % der O_2-Transportkapazität beträgt (Ausnahme: Ausdauerspitzenathleten bei sehr großem O_2-Verbrauch von über 3 l/min, bei denen die ***Kontaktzeit*** in den Lungenkapillaren so kurz ist, dass die Zeit für eine Vollsättigung nicht ausreicht). Dadurch reduziert sich obige Gleichung zu:

$$\dot{V}_{O_2} \approx HF \times k$$

Dies zeigt einen linearen Zusammenhang zwischen O_2-Aufnahme und Herzfrequenz in einem breiten Leistungsbereich bis hin zur anaeroben Schwellenleistung. Dieser enge Zusammenhang lässt sich mit folgender Hypothese erklären: Ergorezeptoren (oder Metaborezeptoren) im Muskel informieren das Kreislaufzentrum über die jeweilige Stoffwechselaktivität in der arbeitenden Muskulatur. Dadurch kann neben der multifaktoriellen Anpassung der lokalen Muskeldurchblutung auch das Herzzeitvolumen mittels Veränderung der Herzfrequenz an den jeweiligen Bedarf angepasst werden.

$\dot{V}_{O_2}$ max. In einem Stufentest wird ersichtlich, dass O_2-Verbrauch (Abb. 40.6), Atemzeitvolumen und Herzfrequenz bis zur anaeroben Schwelle linear mit der Leistung ansteigen. Wird die Versuchsperson bis zur Erschöpfung belastet, beobachtet man, dass die Beziehung zwischen O_2-Aufnahme und Leistung abflacht und dass ein ***Plateauwert*** erreicht wird (Abb. 40.6). Dieses Plateau definiert $\dot{V}_{O_2}$max bei den jeweiligen Versuchsbedingungen. Die Größe von $\dot{V}_{O_2}$max wird wesentlich von der beanspruchten Muskulatur (Radfahren, Laufen, etc.) bestimmt. Während die O_2-Aufnahme in Ruhe 250–300 ml/min beträgt, kann $\dot{V}_{O_2}$max bei Spitzensportlern auf 6 l/min ansteigen.

Umstellung von Blutparametern

Bei leichter Arbeit ändern sich die Blutparameter nur geringfügig; bei ermüdender Arbeit kommt es zur Laktat-Azidose und abnehmendem CO_2-Partialdruck

Blutgase. Die Blutgaswerte (arterielle CO_2- und O_2-Partialdrücke) ändern sich beim Gesunden während ***aerober Arbeit*** kaum. Die größte Abnahme des arteriellen P_{O_2} beträgt 8 %, die des P_{CO_2} 10 % vom Ruhewert (Abb. 40.9). Bei schwerer Arbeit und Hyperventilation tritt ein deutlicher Abfall des CO_2-Partialdrucks auf. Im venösen Mischblut nimmt die O_2-Sättigung mit steigender körperlicher Beanspruchung deutlich ab; die ***arteriovenöse O_2-Differenz*** steigt dementsprechend von ca. 0,05 (Ruhewert) bei Untrainierten bis auf 0,14 und bei Ausdauertrainierten bis auf 0,17 an (Abb. 40.7). Dies beruht auf

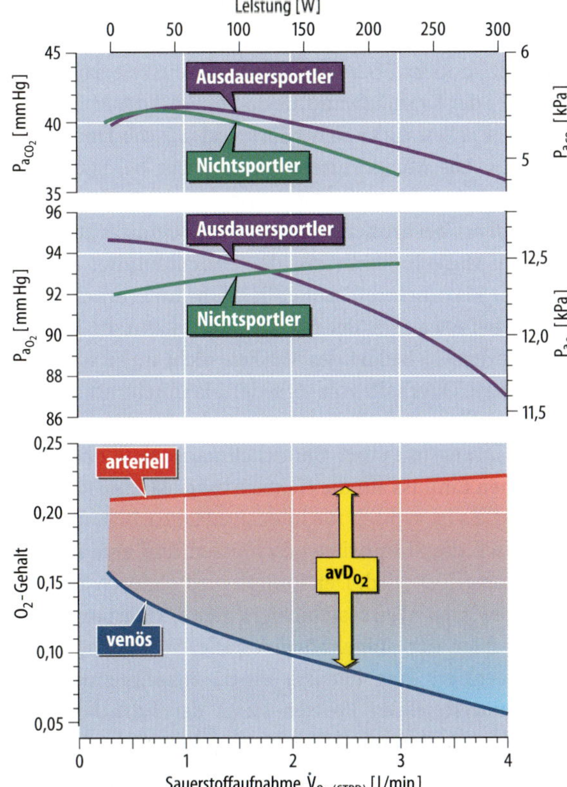

Abb. 40.9. Blutgase bei Arbeit. O_2-Gehalt, O_2-Partialdruck und CO_2-Partialdruck im Blut während körperlicher Arbeit verschiedener Intensität. Nach Thews (1984)

einer vermehrten ***O_2-Ausschöpfung*** des Blutes durch den arbeitenden Muskel.

Blutzellen. Bezüglich der Blutzellen findet man während körperlicher Arbeit einen Anstieg des ***Hämatokritwerts***, im Wesentlichen verursacht durch eine ***Abnahme des Plasmavolumens*** infolge vermehrten Wasserverlustes durch Schwitzen. Ferner kann die Leukozytenkonzentration zunehmen ***(Arbeitsleukozytose)***; sie steigt bei Langläufern mit zunehmender Laufzeit um 5000–15000/ml Blut an. Erklärt wird diese Zunahme durch die Ablösung von gefäßrandständigen Leukozyten. Schließlich ist in Abhängigkeit von der Arbeitsintensität auch ein ***Anstieg der Thrombozytenkonzentration*** zu beobachten.

Säure-Basen-Status. Der arterielle Säure-Basen-Status bleibt während ***leichter Arbeit*** unverändert, zusätzlich anfallendes CO_2 wird vollständig über die Lunge abgegeben. Während ***intensiver Arbeit*** tritt aufgrund der Laktatbildung eine metabolische Azidose mit Blut-pH-Werten bei Athleten bis zu 6,8 auf.

Glukosekonzentration. Der Nährstoffgehalt des Blutes ändert sich beim Gesunden während dynamischer Arbeit kaum. Sinkt der arterielle Glukosespiegel während Arbeit ab, ist dies Folge langdauernder ermüdender Arbeit und zu geringer Kohlenhydratzufuhr. Die ***Hypoglykämie*** ist ein Zeichen nahender ***Erschöpfung*** und sollte möglichst vermieden werden, weil die Nervenzellen auf die Zufuhr von Glukose angewiesen sind. Extreme Hypoglykämie führt zu ***Bewusstseinsverlust*** und zu einer lebensbedrohenden Situation.

Laktatkonzentration. Die Laktatkonzentration im Blut hängt einmal von der ***Bildung*** im anaerob arbeitenden Muskel (Typ-II-Fasern) ab, deren Ausmaß je nach Ausgangsbedingungen, Beanspruchung und Arbeitsdauer beträchtlich variiert; zum anderen wird sie durch die ***Eliminationsrate*** bestimmt. Zum Abbau und Umbau des Laktats tragen bei:
- arbeitende Muskulatur (Typ I-Fasern),
- Leber,
- Herz.

Unter Ruhebedingungen beträgt die arterielle Laktatkonzentration ca. 1 mmol/l; bei schwerer Arbeit oder erschöpfender Intervallarbeit mit Pausen von 1 min werden Höchstwerte von bis zu 20 mmol/l erreicht.

Elektrolytkonzentrationen. Auch die Konzentrationen einiger Elektrolyte im Blut (z. B. Kalium, weil der Zellaustritt infolge repetitiver Repolarisation größer ist als der Rücktransport durch die Na/Ka-Pumpe, oder Natrium, weil der Schweiß hypoton ist) steigen während dynamischer Arbeit an.

Umstellungen im Wärmehaushalt

Die Wärme stellt bei dynamischer Arbeit (> 75 % des Energieumsatzes) eine erhebliche Belastung des Organismus dar

Wärmeproduktion. Dynamische Arbeit führt zu vermehrter Wärmeproduktion. Da der ***Wirkungsgrad*** bei dynamischer Arbeit günstigstenfalls 25 % beträgt, fallen mindestens 75 % des Energieumsatzes als Wärme an. Dies führt im Rahmen der Thermoregulation (▶ s. Kap. 39.4) zum Anstieg der ***Kerntemperatur***: Bei Hitzearbeit wird ein Anstieg um mehr als 1,0 °C als kritisch angesehen; von Marathonläufern werden allerdings Kerntemperaturen von 40 °C noch vertragen. Beim Ansteigen um >1,0 °C (Arbeit) bzw. oberhalb von 40 °C (Sport) droht ein ***Hitzschlag***; die Arbeit muss reduziert oder gar abgebrochen werden.

Schwitzen. Das Schwitzen wird allgemein als Zeichen körperlicher Schwerarbeit mit hohem Energieumsatz angesehen. Das Einsetzen des sichtbaren Schwitzens ***(Perspiratio sensibilis)*** hängt jedoch nicht nur von der Stoffwechselintensität, sondern auch von den Umgebungsbedingungen ab (▶ s. Kap. 39.4). Die bei intensiver körperlicher oder sportlicher Aktivität längerer Dauer abgegebene Schweißmenge beträgt unter normalen Klimabedingungen rund 1 l/h, kann aber kurzfristig auch auf den doppelten Wert ansteigen. Bei intensiver Arbeit wird neben Elektrolyten mit dem Schweiß auch ***Laktat*** (bis zu 2 g/l) ausgeschieden, das aus den Schweißdrüsen selbst stammt.

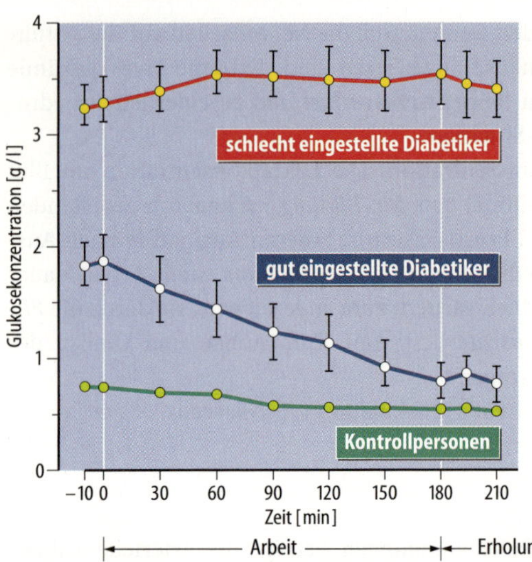

Abb. 40.10. Blutglukose bei Arbeit. Einfluss körperlicher Arbeit auf die Glukosekonzentration im Blut bei Diabetikern (Mittelwerte mit Standardabweichung) und bei Kontrollpersonen; Fahrradergometriearbeit mit Herzfrequenzen von etwa 110/min. Nach Berger et al (1977)

Umstellungen im Hormonsystem

! Dynamische Arbeit löst im Hormonsystem sowohl spezifische als auch zahlreiche unspezifische Reaktionen aus

Adrenalin und Kortison. Während und nach dynamischer Arbeit weisen viele Hormone veränderte Blutkonzentrationen auf. Das ***sympathikoadrenerge System*** reagiert auf Arbeit mit einer vermehrten Ausschüttung von Adrenalin aus dem Nebennierenrindenmark ins Blut (▶ vgl. Beginn dieses Abschnitts). Dynamische Arbeit stimuliert auch das ***Hypophysen-Nebennierenrinden-System***: Nach Arbeitsbeginn wird mit einer Latenz von rund 2 min vermehrt ACTH aus dem Hypophysenvorderlappen ausgeschüttet und damit die Abgabe der Kortikosteroide aus der Nebennierenrinde angeregt. U.a. fördert Kortisol die Glykogenmobilisierung und lindert den Schmerz.

Insulin und Glukagon. Während die Insulinkonzentration im Verlauf dynamischer Arbeit leicht abfällt, werden für Glukagon Zu- wie Abnahmen beobachtet. Adrenalin und die Abnahme der Blutglukosekonzentration hemmen die Insulin- und stimulieren die Glukagonausschüttung. Den durch Insulin und Glukagon beeinflussten Verlauf der Glukosekonzentrationen im Blut während dynamischer Arbeit veranschaulicht Abb. 40.10. Man erkennt deutlich den blutzuckersenkenden Effekt dynamischer Arbeit am Beispiel des gut eingestellten Diabetikers.

Spezifische Einflüsse der Haltearbeit

! Statische Arbeit beeinträchtigt die Muskeldurchblutung, eine begleitende Bauchpresse steigert den intrathorakalen Druck und mindert den venösen Rückfluss

Muskeldurchblutung. Die Energiebereitstellung bei *statischer Arbeit* verläuft zeitlich ähnlich der bei dynamischer Arbeit. Hinzu kommt allerdings, dass der ***Muskelinnendruck*** nicht wie bei dynamischer Arbeit rhythmisch wechselt, sondern über die gesamte Arbeitszeit erhöht ist: Je größer der Kraftaufwand, desto höher ist der Muskelinnendruck. Dies wirkt sich hemmend auf die Durchblutung aus. Die Muskeldurchblutung steigt bei statischer Arbeit nur bis zu Intensitäten von etwa 30 % der ***Maximalkraft*** an, bei größeren Intensitäten beeinträchtigt der erhöhte Muskelinnendruck die Durchblutung, die ab 60 % der Maximalkraft schließlich ganz unterbrochen ist. Bereits bei etwa 10 % der Maximalkraft kann die Durchblutung den O_2-Bedarf des Muskels nicht mehr vollständig decken. Oberhalb von 50 % der Maximalkraft (Haltezeiten von <1 min) bleibt eine externe Blockierung der Durchblutung mit einer Blutdruckmanschette ohne wesentlichen Einfluss auf die Halteleistung (Abb. 40.11).

Atmung. Es ist typisch für intensive Haltearbeit, dass reflektorisch die Stimmritze geschlossen und eine ***Bauchpresse*** ausgelöst wird. Der Rumpf wird dadurch zwar in einer gewissen Weise stabilisiert, der Gasaustausch jedoch infolge der aufgehobenen äußeren Atmung stark beeinträchtigt; dies bewirkt einen zunehmenden Atmungsantrieb. Beim Pressen steigt der ***intrathorakale Druck*** bis auf 100 mm Hg mit entsprechenden Auswirkungen auf das intrathorakale Niederdrucksystem an: Das Herz pumpt nur noch aus dem venösen Vorrat im intrathorakalen und intraabdominalen Niederdrucksystem, während der ***venöse Rückfluss*** zum Rumpf blockiert ist.

Kreislauf. Die Kreislaufreaktionen hängen bei statischer Arbeit sehr davon ab, ob die ***Bauchpresse*** reflektorisch aktiviert wird oder nicht. Ohne Einsatz der Bauchpresse nimmt die Herzfrequenz mit zunehmender Haltezeit und je nach Kraftaufwand zu (Abb. 40.12); Entsprechendes gilt für systolischen und diastolischen Blutdruck.

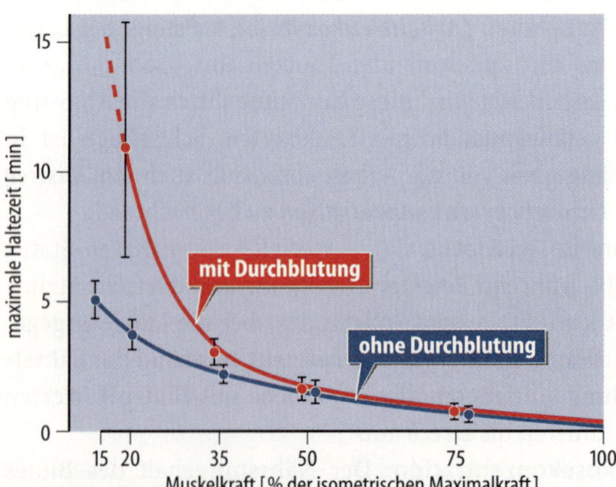

Abb. 40.11. Haltezeit und Ermüdung. Maximale Haltezeiten bei durchbluteter und nicht durchbluteter Muskulatur (Blockierung mit einer aufgeblasenen Blutdruckmanschette) in Abhängigkeit vom Prozentsatz der isometrischen Maximalkraft. Nach Fukunaga et al (1976)

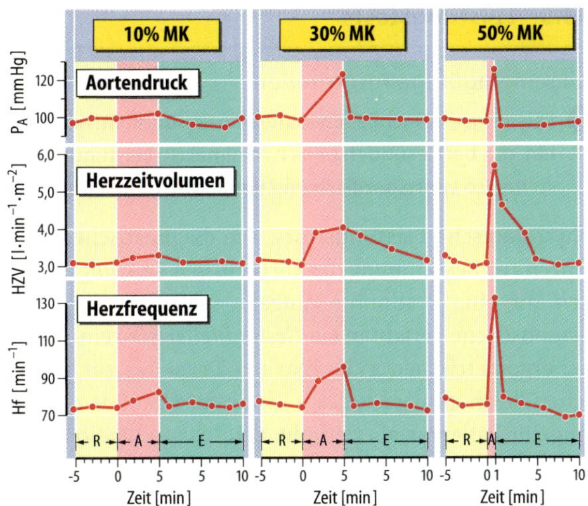

Abb. 40.12. Kreislauf bei Arbeit. Kreislaufreaktionen während statischer Arbeit verschiedener Intensität (*R:* Ruhe, *A:* Arbeit, *E:* Erholung, *MK:* Maximalkraft). Nach Donald et al (1967)

Mit Einsatz der Bauchpresse können beträchtliche Änderungen von Herzfrequenz, Blutdruck, Herzzeitvolumen und Schlagvolumen auftreten; wenn die reflektorisch ausgelöste Bauchpresse länger anhält, kann es sogar zum ***Kreislaufkollaps*** kommen, weil der venöse Rückfluss sehr stark reduziert wird.

Körperliche Aktivität am Arbeitsplatz

Zwangshaltungen, auch mit geringer Muskelaktivität, können zu Verspannungsbeschwerden führen; auch mentale und emotionale Arbeit führt zu physiologischen Beanspruchungsreaktionen

Zwangshaltungen am Arbeitsplatz. Viele moderne Arbeitsplätze gehen mit Zwangshaltungen einher. Bei Bildschirmarbeit muss der Kopf häufig im Leseabstand fixiert gehalten werden; auch Schulter- und Oberarmmuskulatur müssen dabei relativ gleich bleibende Haltungsarbeit verrichten. An Lupen- oder Mikroskop-Arbeitsplätzen, so in der Mikrochip-Industrie, ist der Bewegungsspielraum des Kopfes noch mehr eingeschränkt (Abb. 40.13). Solche Zwangshaltungen führen zu sog. ***Verspannungsbeschwerden***, die das Skelett- und Muskelsystem besonders der Wirbelsäule oder des Schulter-Arm-Bereichs betreffen.

Da die Verspannungsbeschwerden oft durch energetisch belanglose Muskelaktivitäten ausgelöst werden, korrelieren sie nur gering oder gar nicht mit der Höhe des Arbeits-Energieumsatzes. Vielmehr sind diese Beschwerden überwiegend durch nervös-reflektorische Rückwirkungen auf die betreffende Muskulatur bedingt. ***Fehlhaltungen*** am Arbeitsplatz, so beim Sitzen, oder ***Fehlmotorik*** beim Heben bzw. Tragen schwerer Lasten gehen mit erheblichen Druckbelastungen für die Bandscheiben einher.

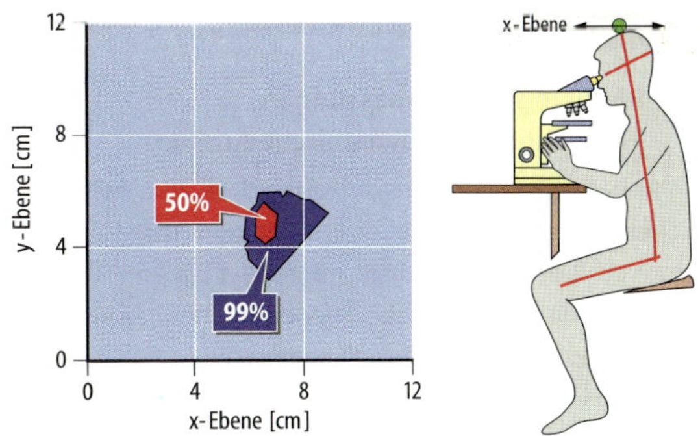

Abb. 40.13. Zwangshaltung am Mikroskopier-Arbeitsplatz. Die Fläche im Gitternetz entspricht nur 4 × 4 cm. Die im Verlauf einer Stunde in der Horizontalebene registrierten Kopfbewegungen (Messpunkt: *grün*) befanden sich zu 50 % *(rot)* aller registrierten Positionen in einem Feld von etwa 1 × 1,5 cm und in 99 % *(blau)* aller Positionen in einem Feld von etwa 3 × 4 cm. Nach Conradi et al (1987)

Mentale Arbeit. Im Berufsleben stellt mentale Arbeit vor allem Anforderungen an die Intelligenz des Menschen, so bei Fahr- und Steuertätigkeiten, bei der Materialkontrolle und an Bildschirmarbeitsplätzen, aber auch bei Leistungen in Kunst und Wissenschaft. Auch im Sport sind mentale Anforderungen typisch. Die dabei ausgelösten physiologischen Reaktionen ähneln den Beanspruchungsreaktionen bei körperlicher Arbeit, wobei jedoch keine so eindeutige Dosis-Wirkungs-Beziehung besteht. Typische physiologische Reaktionen während mentaler Arbeit sind: Anstieg von Herzfrequenz und Atemzeitvolumen (Hyperventilation), Zunahme des Muskeltonus, Schweißausbruch, Zunahme der Hautdurchblutung, Abnahme des elektrischen Hautwiderstands und eine vermehrte Adrenalinausschüttung. Diese Reaktionen erhöhen auch den ***Energieumsatz***.

Emotionale Arbeit. Das Verarbeiten emotionaler Belastungen tritt häufig in Kombination mit mentaler Arbeit auf, kann aber auch weitgehend unabhängig von anderen Belastungsarten vorkommen. Bei vielen Freizeit-Sportarten machen hohe emotionale Anforderungen gerade den Reiz solcher Aktivitäten aus, so beim Drachenfliegen oder Bungee-Springen. Oft sind die ***physischen Begleitreaktionen*** ausgeprägter als bei mentaler Arbeit, so kommt es zu Herzfrequenzen um 170/min bei Fallschirmspringern oder bei Prüflingen. Tauchschüler wiesen während Sucharbeit im Dunkeln, also unter hohen mentalen und emotionalen Anforderungen, eine den Stoffwechselbedarf übersteigende Ventilation um 40 l/min auf ***(psychogene Hyperventilation)***.

Angstzustände führen infolge einer starken Sympathikusaktivierung zum Ausbruch von »kaltem Schweiß«, kombiniert mit einer Vasokonstriktion der Hautgefäße. Die ergotrope Reaktion des Sympathikus erreicht im Notfall ***(Notfallreaktion)*** beträchtliche Ausmaße, wodurch die autonom mobilisierbaren Leistungsreserven (▶ vgl. Abschnitt 40.7) zugänglich werden.

In Kürze

Physiologische Anpassungen an erschöpfende dynamische Arbeit

In Abhängigkeit vom Muskelstoffwechsel wird zwischen leichter und schwerer, ermüdender Arbeit unterschieden. Während erschöpfender dynamischer Arbeit kann es zu verschiedenen physiologischen Anpassungsreaktionen kommen:
- die Herzfrequenz kann auf über 200/min ansteigen;
- die Muskeldurchblutung erreicht nach 2–3 min mehr als das 30-fache;
- die O_2-Aufnahme erreicht das 20-fache des Ruhewerts;
- die Ventilation kann bis auf 170 l/min ansteigen;
- die Blutgaswerte ändern sich beim Gesunden nur wenig;
- bei ermüdender Arbeit kommt es zu einer Azidose (Anstieg der Blutlaktatkonzentration), die z. T. respiratorisch kompensiert wird;
- intensive dynamische Arbeit bedingt den Anfall großer Wärmemengen im Muskel (Wirkungsgrad maximal 25 %): ein arbeitsbedingter Anstieg der Körperkerntemperatur um mehr als 1 °C kann zum Hitzschlag führen;
- während und nach dynamischer Arbeit weisen viele Hormone veränderte Blutspiegel auf; der Adrenalinspiegel ist – gelegentlich schon im Vorstartzustand – erhöht.

Physiologische Anpassungen an statische Arbeit

Bei statischer Arbeit reicht die Muskeldurchblutung bereits ab etwa 10 % der Maximalkraft nicht mehr für eine vollständige O_2-Versorgung aus, ab 50–60 % der Maximalkraft ist sie blockiert. Die bei schwerer Haltearbeit reflektorisch ausgelöste Bauchpresse wirkt sich nicht nur auf die Atmung, sondern auch auf den Kreislauf (Niederdrucksystem) nachteilig aus.
Viele moderne Arbeitsplätze führen zu Zwangshaltungen, wodurch typische körperliche Beschwerden, besonders im Bereich der Wirbelsäule, ausgelöst werden.

Physiologische Anpassungen an mentale Arbeit

Viele physiologische Reaktionen auf mentale Arbeit ähneln denjenigen auf körperliche Arbeit. Starke emotionale Belastungen lösen ausgeprägtere Reaktionen aus, speziell im Stresszustand oder bei der Notfallreaktion durch Ausschüttung größerer Katecholaminmengen.

40.5 Leistungstests

Allgemeingültige Testkriterien

Leistungstests schließen immer ein Gesundheitsrisiko ein, das bei Gesunden freilich minimal ist; Leistungstests sollten so sportspezifisch und genau wie möglich sein

Physiologische Leistungstests. Die diagnostischen Verfahren zur Bestimmung der ***körperlichen Leistungsfähigkeit*** für eine bestimmte Aufgabe schließen wie jedes diagnostische Verfahren ein ***Gesundheitsrisiko*** ein. Selbst bei ergometrischen »Vita-maxima-Tests« bis zur physischen Erschöpfung ist dieses Risiko für Gesunde nur gering, für Patienten aber erhöht; ärztliche Indikationsstellung und Aufsicht müssen bei Patienten gewährleistet sein.

Spezifität. Mit Leistungstests erfasst man nur die Leistungsfähigkeit für die jeweils geprüfte Aufgabe. Tests für die »allgemeine Ausdauer« liefern demnach keine repräsentativen Aussagen über alle Ausdauerleistungen (z. B. Laufen, Radfahren oder Schwimmen). Wegen der Spezifität eines Bewegungsablaufs sagt das Ergebnis eines Fahrradergometrie-Tests nur etwas über die fahrradergometrische Leistungsfähigkeit – die im Liegen schon anders als im Sitzen ist – aus. Will man auf die Leistungsfähigkeit für andere Ausdaueranforderungen übertragen, ist dies zwangsläufig mit mehr oder weniger großen Übertragungsfehlern verbunden.

Messgenauigkeit. Testergebnisse sind selten 100 % richtig. Es ist deshalb wichtig, so genau wie möglich zu messen, was bedingt, dass man weiß, worauf es beim entsprechenden Test effektiv ankommt. Weiter sollten die Ergebnisse so objektiv wie möglich sein, d. h. möglichst unabhängig vom jeweiligen Untersucher. Da viele Tests bei Durchführung und Interpretation einen erfahrenen Prüfer erfordern, ist eine absolute Objektivität nur selten gegeben.

Aerobe Maximaltests

Bei aeroben Maximaltests müssen sich die Versuchspersonen total verausgaben

$\dot{V}_{O_2\,max}$-Test. $\dot{V}_{O_2max}$ galt lange als pauschales Maß für die »aerobe Leistungsfähigkeit« des Organismus. Heute kommt der anaeroben Schwelle und der Ausdauerkapazität (► s. u.) eine größere praktische Bedeutung zu als $\dot{V}_{O_2max}$. Man misst $\dot{V}_{O_2max}$ bei kontinuierlich oder stufenweise ansteigender Ergometerleistung (Abb. 40.6). Der Durchschnittswert für einen 75 kg schweren, erwachsenen Mann liegt bei rund 3,5 l/min bzw. 47 ml × min^{-1} × kg^{-1}. Bei hochtrainierten Ausdauersportlern findet man nicht ganz doppelt so hohe Werte (Tabelle 40.2).

Anaerobe Schwellenleistung. Die Testformen sowie die Definition der anaeroben Schwelle wurden bereits besprochen (► vgl. Abschnitt 40.3). Im Folgenden wird anhand von praktischen Beispielen gezeigt, wie die anaero-

Tabelle 40.2. Nichtsportler und Ausdauersportler. Gegenüberstellung physiologischer Parameter von zwei 25-jährigen, 75 kg schweren Männern

Messgröße	Nichtsportler	Ausdauersportler
Herzfrequenz in Ruhe, liegend (/min)	70	50
Herzfrequenz, maximal (/min)	190	190
Schlagvolumen in Ruhe (ml)	70	100
Schlagvolumen, maximal (ml)	100	160
Herzeitvolumen in Ruhe (l/min)	4,9	5,0
Herzeitvolumen, maximal (l/min)	19,0	30,4
Herzgewicht (g)	300	500
Atemzeitvolumen, maximal (l/min)	120	170
O_2-Aufnahme, maximal (l/min)	3,5	5,6
Blutvolumen (l)	5,3	5,9

be Schwellenleistung mit einem einzigen Test abgeschätzt werden kann.

Stufentest. Anhand eines Stufentests kann mittels Bestimmung des Atemzeitvolumens, des respiratorischen Quotienten oder des Atemäquivalentes die anaerobe Schwellenleistung respiratorisch ermittelt werden. Für das Erreichen oder Überschreiten der anaeroben Schwellenleistung spricht dabei:

- ein relativ zur ansteigenden Leistung überproportionaler Anstieg des Atemzeitvolumens,
- ein Anstieg des respiratorischen Quotienten über 1,
- ein Anstieg des Atemäquivalentes.

Diese respiratorischen Analysen liefern jedoch Schwellenleistungen, die deutlich tiefer liegen als die effektive anaerobe Schwellenleistung beim maximalen Laktat-Steady-State.

Laktatsenketest. Als zuverlässige Methode zur Bestimmung der anaeroben Schwellenleistung hat sich der Laktatsenketest erwiesen. Im Wesentlichen handelt es sich um zwei aufeinanderfolgende Stufentests mit acht Minuten Pause dazwischen. Der erste Stufentest dient dazu, die Blutlaktatkonzentration auf etwa 10 mmol/l zu erhöhen. Im zweiten Stufentest wird die Blutlaktatkonzentration am Ende jeder Stufe bestimmt und aufgezeichnet. Zu Beginn des zweiten Stufentests sinkt die Blutlaktatkonzentration, weil die Laktatelimination größer ist als die -produktion. Später kehrt sich das um: nun ist die Laktatproduktion größer als die -elimination; die Blutlaktatkonzentration steigt wieder. Die Leistung des Umkehrpunkts der Blutlaktatkonzentration (Laktatsenke) entspricht der anaeroben Schwelle und stimmt gut mit der effektiven Schwellenleistung beim maximalen Laktat-Steady-State überein.

Conconitest. Der sog. Conconitest ist wenig aufwändig, da neben der Leistung nur die Herzfrequenz gemessen werden muss. Im Gegensatz zum üblichen Stufentest (Zeit pro Leistungsstufe ist konstant) bleibt beim Conconitest die erbrachte Arbeit pro Leistungsstufe konstant, was bedeutet, dass mit zunehmender Leistung die Stufendauer stetig abnimmt. Die Leistung direkt vor dem Abflachen des zuvor linearen Herzfrequenzanstiegs soll die anaerobe Schwellenleistung anzeigen, wobei sie mit diesem Verfahren allerdings eher zu hoch bestimmt wird.

Ausdauerkapazität. Die Bestimmung der ***anaeroben Schwellenleistung*** liefert eine Aussage zur Größe der Leistung, die eine Person bei ***maximalem Laktat-Steady-State*** erbringen kann. Wie lange diese Leistung aufrechterhalten werden kann, ist leistungsphysiologisch sehr aufschlussreich. Deshalb ist neben der Kenntnis der anaeroben Schwellenleistung auch die ***maximale Dauer***, während der die anaerobe Schwellenleistung aufrechterhalten werden kann (= Ausdauerkapazität), wichtig. Dies ist trotz des Laktatgleichgewichts nicht beliebig lange möglich und hängt vom Trainingszustand ab.

Time trial. Eine weitere Möglichkeit zur Quantifizierung der Ausdauerleistung bietet ein *Time Trial. Time Trial* bedeutet, dass entweder eine gegebene Arbeit in möglichst kurzer Zeit verrichtet werden muss oder auch dass in einer bestimmten Zeit eine möglichst große Arbeit verrichtet werden muss. Diese Testart entspricht am ehesten einem ***Wettkampf***, ist daher günstig für die Validität. Allerdings ist der Test nur bei trainierten Personen mit entsprechender Erfahrung reproduzierbar, da Untrainierte ihre Leistungsfähigkeit schlecht einschätzen können und entweder vor Beendigung des Testes ermüden oder sich zu stark schonen ***(falsche Zielantizipation)***.

Der ***Nachteil*** von *Time trials* ist, dass physiologische Messungen von Atmung und Kreislauf zwischen verschiedenen Tests nicht vergleichbar sind, da die Versuchspersonen die Leistung spontan variieren sollen und somit der Verlauf der ***Leistung nicht standardisiert*** ist.

Gehtest. Zur Beurteilung der Ausdauerleistung bei Patienten wird in der Klink häufig die maximale 6- oder 12-min-Gehstrecke (ein *Time Trial*) bestimmt. Eine gesunde, junge Person legt in 6 min gegen 750 m zurück. Der Vorteil dieses Testes liegt darin, dass keine besonderen Geräte benötigt werden und dass er realitätsnah ist.

Aerobe Submaximaltests

Die Versuchspersonen gehen bei Submaximaltests nicht bis an ihre Leistungsgrenze

Arbeitskapazität 170. Möchte man eine Person nicht maximal beanspruchen, so ist die indirekte Bestimmung der Arbeitskapazität 170 (AK 170 bzw. PWC 170) eine geeignete Methode. Man ermittelt diejenige Leistung, bei der die Herzfrequenz den Wert von 170/min erreicht. Hierzu wird die ***Steady-State-Herzfrequenz*** auf mindestens drei submaximalen Leistungsstufen gemessen. Die AK 170 erhält man durch lineare Extrapolation auf die Herzfrequenz 170/min. Diese wurde deshalb gewählt, weil einerseits eine möglichst hohe Leistung bestimmt werden soll, anderseits aber der ***lineare Bereich*** des Herzfrequenzanstiegs nicht verlassen werden darf. Es sei daran erinnert, dass die Herzfrequenz im Maximalbereich weniger stark ansteigt als im linearen Bereich und somit eine lineare Extrapolation zur maximalen Herzfrequenz falsch wäre.

Ist- und Soll-AK 170. Die der Herzfrequenz von 170/min entsprechende Leistung auf einem Fahrradergometer (Ist-AK 170) kann auf einem Nomogramm (Soll-AK 170) mit den Durchschnittswerten einer untrainierten Normalbevölkerung verglichen werden. Die AK 170 ist abhängig von ***Alter***, ***Größe*** und ***Geschlecht***. Für eine 25-jährige, 170 cm große Frau beträgt die Soll-AK 170 z. B. 143 W; für einen gleichaltrigen, 185 cm großen Mann 208 W. Auch hier findet man bei hochtrainierten Ausdauersportlern bis doppelt so hohe Werte.

Anaerobe Maximaltests

Auch bei anaeroben Maximaltests müssen sich die Versuchspersonen total verausgaben, allerdings in kurzer Zeit

Die ***maximale anaerobe Leistungsfähigkeit*** ist ein Maß für die maximale anaerobe Energiebereitstellung, die von Kreatinphosphat- und Glykogenspeichern, der anaeroben Enzymaktivität sowie von der Anzahl der Typ II-Fasern abhängig ist.

Maximalkrafttest. Man kann die Maximalkraft isometrisch (mit maximalem Willenseinsatz während 2–3 s, Abb. 40.7) oder als »***Repetition Maximum 1***« (RM1) bestimmen. RM, eine wichtige Größe im Krafttrainingsbereich und in der Physiotherapie, gibt an, wie oft eine Person eine bestimmte Kraft (z. B. Heben eines Gewichtes) ohne ***erholsame Pause*** generieren kann. RM1 bedeutet, dass die Kraft so groß ist, dass sie nur einmal produziert werden kann und die dadurch erzeugte ***Ermüdung*** eine Wiederholung nicht zulässt. Erst eine ***Pause*** von mehreren Minuten ermöglicht eine Beseitigung der Ermüdung dank einer Regeneration (= erholsame Pause) und eine Wiederholung des Kraftakts. Die RM1 entsprechende Kraft ist ungefähr 10 % niedriger als bei isometrischer Kontraktion.

Wingate-Test. Beim Wingate-Test bringt die Testperson die Tretfrequenz auf einem drehzahlabhängigen Fahrradergometer zunächst ungebremst auf maximale Werte um 140/min. Sobald diese erreicht ist, wird eine ***vorbestimmte Bremskraft*** (in Abhängigkeit von ***Geschlecht*** und ***Körpergewicht*** der Person) zugeschaltet, mit dem die Testsperson, die weiterhin die Tretfrequenz hoch halten muss, für 30 s belastet wird. Alle 5 s wird die Abschnitts-Tretfrequenz, aus der sich die erbrachte Leistung berechnen lässt, festgehalten.

In der Regel wird die höchste Leistung (***Peak Power***; ein Maß für den maximalen Kreatinphosphat-Abbau) nach den ersten 5 s erreicht. Der nachfolgende Leistungsabfall lässt Rückschlüsse auf die ***Ermüdungsresistenz*** (die Fähigkeit zur anaeroben Glykolyse) zu. Werden zusätzlich die Erholungs-Laktatkonzentrationen in regelmäßigen Abständen bestimmt (der höchste Anstieg wird in der 6.–8. min erreicht), kann abgeschätzt werden, wieviel Energie laktazid gewonnen wurde.

Gesundheitsrisiko beim Wingate-Test. Dieser Test darf nur von gesunden, trainierten Personen durchgeführt werden. Im Gegensatz zu einer Ausdauerleistung, bei der mit dem Abbruch der Leistung auch die ***Herz-Kreislauf-Belastung*** zurückgeht, ist das beim Wingate-Test nicht der Fall, weil die körperlichen Anpassungreaktionen des Atmungs- und Kreislaufsystems, die von der Höhe der erbrachten Leistung abhängen, erst nach Beendigung des Tests ihren Höhepunkt erreichen. Falls die bereits erbrachte Leistung nachträglich z. B. zu einer Überforderung des Herzens führt (Angina pectoris wegen mangelnder O_2-Versorgung), entstehen lebensbedrohende Situationen.

Psychophysiologische Tests

Muskulär arbeitende Personen schätzen ihre Leistungsintensität subjektiv ein

Borg-Skala. Psychophysiologische Tests finden zunehmend Eingang in leistungsphysiologische Testprogramme. Mit psychometrischen Schätzskalen, z. B. der Borg-Skala, wird das ***Anstrengungsempfinden*** erfasst, indem der Proband die empfundene Anstrengung auf einer Schätzskala (Abb. 40.14) der entsprechenden Zahl zuordnet.

Visuelle Analog-Skala. Im Gegensatz zur Borg-Skala wird bei der visuellen Analog-Skala das ***subjektive Anstrengungsempfinden*** auf einer linearen Skala mit z. B. einem Strich markiert. Solche Empfindungs-Skalen geben

0	keine / nicht vorhanden
0,5	sehr, sehr klein (gerade spürbar)
1	sehr klein
2	klein
3	mäßig
4	mäßig groß
5	groß
6	
7	sehr groß
8	
9	sehr sehr groß (beinahe maximal)
10	maximal

Abb. 40.14. Modifizierte Borg-Skala zur Erfassung der erlebten Anstrengung (»Ratings of Perceived Exertion«). Instruktionsfrage: Bitte geben Sie den Zahlenwert an, der Ihrer augenblicklichen Anstrengung entspricht

auf testökonomische Weise brauchbare Einblicke in das psychophysische Erleben und Rückmeldegeschehen bei Schwerarbeit, z. B. hinsichtlich der ***Zielantizipation*** oder drohender Überbeanspruchung.

In Kürze

Leistungstests

Physiologische Leistungstests gehen immer mit einem Gesundheitsrisiko einher, das aber bei Gesunden klein ist. Tests müssen so genau und so objektiv wie möglich sein. Ergebnisse leistungsphysiologischer Tests beziehen sich primär nur auf die getestete Leistung. Wegen der Spezifität leistungsrelevanter Komponenten – speziell motorischer Art – geht das Übertragen auf andere körperliche Aktivitäten zwangsläufig mit Übertragungsfehlern einher. Man unterscheidet:
- Maximaltests, bei denen die Versuchsperson bis an die Leistungsgrenze geht; bei diesen Tests wird entweder die aerobe oder die anaerobe Energiebereitstellung getestet;
- Submaximaltests, bei denen die aerobe Energiebereitstellung dominiert.

Zunehmend wird mit psychophysiologischen Tests auch das subjektive Anstrengungsempfinden miterfasst.

40.6 Motorisches Lernen und Training

Motorisches Lernen

Motorisches Lernen fördert die Koordination als wesentliche Voraussetzung für den Erwerb spezieller motorischer Fertigkeiten

Motorisches Lernen. Beim motorischen Lernen geht es um Erwerb und Optimierung zentralnervöser Funktionen zur ***Ansteuerung der Skelettmuskulatur***. Die Verwirklichung erlernter Bewegungsmuster setzt die Fähigkeit des ***Sich-Bewegen-Könnens*** voraus. Bei inaktivitätsbedingter Atrophie der Beinmuskeln, Schmerzen im Knie oder Bewegungseinschränkungen durch einen Gipsverband ist das Gehen als erlernte Bewegung erschwert oder gar unmöglich.

Erlernte Bewegungen. Typisch für erlernte Bewegungen ist, dass sie hinsichtlich ihrer ***räumlich-zeitlichen*** und ***dynamisch-statischen*** Anteile weitgehend unbewusst ablaufen. Dieser zentralnervöse Prozess von Informationsaufnahme, -verarbeitung, -speicherung und -abgabe hängt eng mit automatisch verrechneten Rückmeldungen aus der Peripherie im Sinne von Sensomotorik zusammen. Bei der Ausführung geht es nicht um das Reproduzieren invarianter Bewegungsprogramme, sondern um das bedarfsgerechte Modifizieren im Sinne einer variablen Verfügbarkeit der ***gespeicherten Bewegungsprogramme***. Neben dem praktisch-motorischen Training tragen das gedankliche Verarbeiten ***(mentales Training)*** und das genaue Beobachten ***(observatives Training)*** des Bewegungsablaufs zum Erwerb des Bewegungswissens bei.

Koordination. Der Erfolg motorischen Lernens zeigt sich zunächst darin, dass die zu lernende Bewegung in einer Grobform bezüglich ihrer räumlich-zeitlichen und dynamisch-statischen Anteile ausgeführt werden kann ***(Phase der Grobkoordination)***. Mit fortschreitendem Lernprozess verbessert sich die intra- und intermuskuläre Koordination immer mehr ***(Phase der Feinkoordination)***; überflüssige Mitbewegungen werden eliminiert und sensorische Rückmeldungen besser verrechnet. Durch motorisches Lernen sind sehr große Leistungssteigerungen zu erzielen, wobei die Lernkurve häufig einen anfangs überproportionalen Anstieg aufweist (Abb. 40.15). Da die Optimierung der Koordination (Abb. 40.16) den ***Wirkungsgrad*** wesentlich verbessert, gilt: Bei gleicher Leistung nimmt der Energieaufwand ab, bei gleichem Energieaufwand steigt die Leistung an. Die mit dem motorischen Lernen einhergehenden Anpassungen sind weitgehend aufgabenspezifisch.

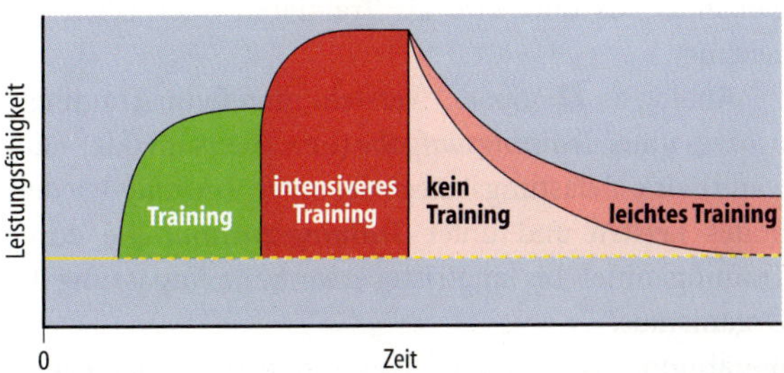

Abb. 40.15. Trainingsgewinn und -verlust (schematisch). Zu Beginn eines gleich bleibenden Trainings nimmt die Leistungsfähigkeit bis zu einem Plateau zu. Nach Erhöhung der Trainingsintensität erfolgt ein neuer exponentieller Anstieg auf ein höheres Leistungsniveau. Durch ein Training niedrigerer Intensität wird der Rückgang der Leistungsfähigkeit im Vergleich zum Leistungsrückgang während einer Trainingspause verlangsamt

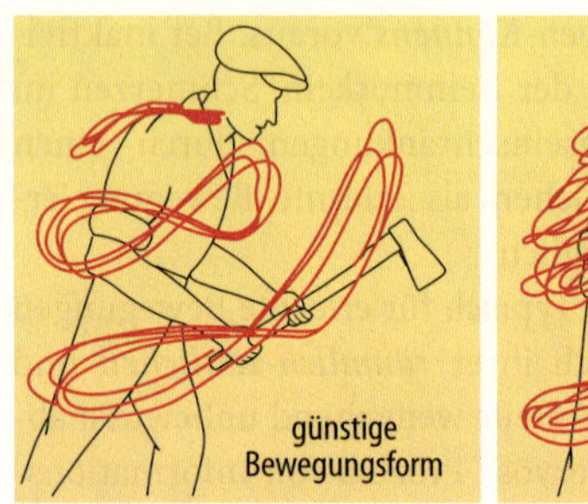

Abb. 40.16. Zyklogramme bei repetitiven Bewegungen: Die ungünstige Bewegungsausführungen *(rechts)* mit geringer Präzision stereotyper Bewegungszyklen bewirkt einen geringeren Wirkungsgrad; sie ist typisch für Anfänger oder einen Ermüdungszustand. Nach Kaminsky u. Schmidtke (1960)

Motorisches Verlernen. Das Verlernen bzw. Vergessen motorischer Fertigkeiten hängt sehr von der Art der Fertigkeit ab. Zyklische und rhythmische Fertigkeiten werden über viele Jahre im motorischen Langzeitgedächtnis gespeichert; Leistungseinbußen infolge vergessener Anteile der Feinkoordination können durch Training schnell behoben werden. Azyklische Bewegungen und komplexe Bewegungen mit beträchtlichen kognitiven Anteilen werden viel schneller vergessen und müssen daher regelmäßig trainiert werden.

Training allgemein

Wiederholung gleichartiger Tätigkeiten führt zu spezifischen Anpassungen des Organismus mit Auswirkungen auf die spezielle Leistungsfähigkeit

Trainieren. Körperliche Aktivität löst zunächst innerhalb von Minuten Umstellungen physiologischer Systeme aus (▶ vgl. Abschnitt 40.4), die nach Arbeitsabbruch schnell reversibel sind. Diesen Umstellungen stehen Anpassungen gegenüber, die länger über das Ende der Aktivität hinaus anhalten und die, insbesondere bei Anfängern, eine Zunahme der Leistungsfähigkeit für die wiederholte Tätigkeit bewirken. Das ***Wiederholen gleichartiger Tätigkeiten*** löst spezifische Anpassungen des Organismus aus und wird als Trainieren oder Üben bezeichnet.

Analog zu Abb. 40.1 versteht man beim Trainingsprozess unter ***Trainingsaufgabe*** (bzw. -pensum oder -aufwand) eine Belastungskategorie, unter ***Training*** wiederholtes Leisten und unter ***Trainingszustand*** die durch Training mittel- bis langfristig erworbene Anpassung des Organismus.

Begabung. Ein weiterer leistungsbestimmender Faktor ist die Begabung (Talent). Dieser Begriff schließt leistungsbestimmende Persönlichkeitsmerkmale ein, die nicht durch Training zu beeinflussen sind, das Ausmaß der Leistungsfähigkeit jedoch wesentlich bestimmen. Diese Merkmale sind angeboren oder werden im Verlauf der frühkindlichen Entwicklung erworben und geprägt. Die aktuelle Leistungsfähigkeit hängt somit von Trainingszustand und Begabung ab.

Die durch Training erzielbare Leistungssteigerung (Trainingsgewinn) hängt vom ***Trainingspensum*** ab, also von Trainingsintensität und Trainingsdauer, aber auch von der ***Trainierbarkeit***, also der Fähigkeit des Organismus, auf Trainingsreize zu reagieren. So nimmt die Trainierbarkeit der Muskelkraft mit zunehmendem Lebensalter wegen des sinkenden Testosteronspiegels ab. Allerdings kann die altersbedingte Minderung der Leistungsfähigkeit durch regelmäßiges Training deutlich verringert bzw. verzögert werden; selbst ein erst im Alter einsetzendes Training kann die Leistungsfähigkeit noch steigern.

Spezielle Trainingsformen. Ein durch Ausdauer-, Kraft- oder Intervalltraining erreichter ***Trainingsgewinn*** bezieht sich primär nur auf die jeweils trainierte Tätigkeit. Nur ein aufgabenspezifisches Training führt zur optimalen Anpassung aller für eine spezifische Leistung maßgeblichen Komponenten (Abb. 40.2). Der aufgabenspezifische Trainingsgewinn kann sich sekundär auch auf ähnliche Aufgaben förderlich auswirken, allerdings mit Übertragungsfehlern ***(Transferverlust)***.

Aerobe Trainingseffekte

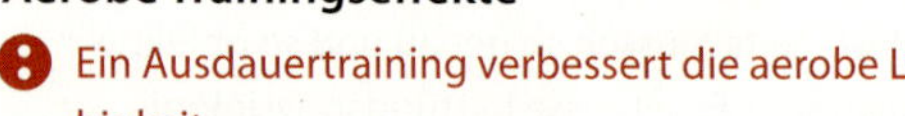
Ein Ausdauertraining verbessert die aerobe Leistungsfähigkeit

Anpassungen von Herz und Kreislauf. Durch Ausdauertraining werden zahlreiche physiologische Kenngrößen beeinflusst (Tabelle 40.2). Besonders auffallend ist die ***physiologische*** Zunahme von Herzvolumen ***(Dilatation des Herzens)*** und Herzgewicht ***(Hypertrophie der Wandmuskulatur)***. Systolischer und diastolischer Blutdruck werden bei Gesunden leicht, bei Personen mit Bluthochdruck oft therapeutisch relevant gesenkt. Weiter vergrößert sich das Plasmavolumen, während die Gesamtzahl der Erythrozyten konstant bleibt, was zu einem Abfall des Hämatokrits von 45 auf etwa 42 % führt.

Anpassungen der Atmung. Das Atemzeitvolumen ist bei gleicher Leistung, möglicherweise aufgrund der geringeren ***Chemorezeptor-Stimulation*** durch H^+ als Folge der niedrigeren Blutlaktatkonzentration, nach einem gezielten Ausdauertraining erniedrigt. Dadurch wird auch das Atemäquivalent kleiner, die Atmung wird also ökonomischer. Das maximale Atemzeitvolumen nimmt hingegen zu (Tabelle 40.2).

Anpassungen der Muskulatur. Ein gezieltes Ausdauertraining (mindestens 3 mal 30 min pro Woche) fördert durch wiederholte, langsame Innervationsfrequenzen die Umwandlung von Typ-II- in Typ-I-Fasern. Die trainierte Skelettmuskulatur ist besser ***kapillarisiert*** (Anzahl Kapillaren pro Muskelfaser kann von 1,6 auf 2,0 steigen) und enthält eine um 40 % größere ***Mitochondriendichte***. Daher ist auch die aerobe Enzymaktivität (Enzyme der

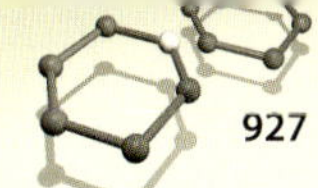

Glykolyse und des Zitratzyklus) der so trainierten Fasern größer. Weiter nehmen die bei Untrainierten nur spärlich vorhandenen intramuskulären ***Fetttröpfchen*** (die intramuskuläre Speicherform von Fett) deutlich zu. Diese Fetttröpfchen befinden sich in Kontakt mit den Mitochondrien, wodurch sich der Weg der Fettsäuren in die Mitochondrien deutlich verkürzt.

Verbesserung der Laktatverwertung. Nach einem regelmäßigen Ausdauertraining können Herzmuskel-, Skelettmuskel- und Leberzellen aufgrund einer veränderten Laktatdehydrogenase-Isoenzymzusammensetzung besser Laktat zu Pyruvat umwandeln und dadurch vermehrt Laktat verstoffwechseln. Beim Herzmuskel steigt der Laktatanteil von 30 auf 60 % der zur Energiegewinnung oxidierten Substanzen. Dank der damit verbundenen, erhöhten Laktatclearance – aber zu einem geringeren Teil auch dank der wegen der vergrößerten Anzahl Typ-I-Fasern erhöhten aeroben Energiebereitstellung – haben Ausdauertrainierte während körperlicher Aktivität niedrigere Blutlaktatkonzentrationen als Untrainierte.

Verbesserung der aeroben Leistungsfähigkeit. Ein Ausdauertraining (mindestens 3 mal 30 min pro Woche) führt bei Untrainierten zu einem Anstieg von $\dot{V}_{O_2max}$ in der Größe bis zu 20 %, erklärbar mit der Zunahme der Mitochondriendichte, der besseren muskulären Kapillarisierung und dem größeren maximalen Herzminutenvolumen. Das weitere Ausdauertraining (Zunahme von Intensität und Dauer) verbessert dann die absolute und relative ***anaerobe Schwellenleistung***. Die Erhöhung der absoluten anaeroben Schwellenleistung ist hauptsächlich auf die verbesserte Laktatclearance dank der erhöhten Laktatoxidation zurückzuführen. Da sich $\dot{V}_{O_2max}$ weniger verbessert als die anaerobe Schwellenleistung, liegt Letztere im trainierten Zustand näher bei der $\dot{V}_{O_2max}$-Leistung als vorher (bei Untrainierten ungefähr bei 70 %, bei Ausdauerspitzensportlern >90 % der $\dot{V}_{O_2max}$-Leistung). Neben der anaeroben Schwellenleistung erhöht sich auch die Ausdauerkapazität.

Anaerobe Trainingseffekte

Krafttraining verbessert die neuromuskuläre Koordination und vergrößert den Muskelquerschnitt

Krafttraining. Dieses kann die Muskelkraft auf zwei verschiedene Arten erhöhen:

- Verbesserung der neuromuskulären Koordination (Erhöhung der Anzahl motorischer Einheiten, die gleichzeitig aktiviert werden)
- Hypertrophie der Typ-II-Fasern (Querschnittvergrößerung aufgrund einer Zunahme der Aktin- und Myosinfilamente)

Die Typ-II-Fasern hypertrophieren vor allem unter der Wirkung von Testosteron. Deshalb können Frauen auch mit bestem Krafttraining nicht die Kräfte von Männern erreichen (im Gegensatz dazu ist die Trainierbarkeit von Typ-I-Fasern nicht testosteronabhängig, und damit geschlechtsunspezifisch). Je nach Trainingsziel (z. B. Verbesserung der Maximalkraft für Gewichtheber oder der Schnellkraft für Sprungdisziplinen) muss das Krafttraining unterschiedlich gestaltet werden.

Auswirkungen des Krafttrainings. Bei 1–5 Wiederholungen mit einem Gewicht von >85 % RM1 wird vor allem die ***neuronale Adaptation*** trainiert, d. h. dass gleichzeitig mehr ***motorische Einheiten*** rekrutiert werden können. Um möglichst viele Fasern gleichzeitig zu aktivieren, müssen die Bewegungen möglichst rasch ausgeführt werden. Erschöpfendes Training mit *Repetition Maximum I* (RM1, Gewicht ist <85 % RM1) ergeben hauptsächlich eine ***strukturelle Adaptation***, d. h. der ***Muskelquerschnitt*** nimmt zu. Werden mehr als 15 Wiederholungen durchgeführt, so ergibt sich vor allem eine ***energetische Adaptation*** (z. B. Vermehrung der für die anaerobe Energiebereitstellung notwendigen ***Enzyme***).

Schnellkrafttraining. Eine spezielle Art des Krafttrainings ist das Schnellkrafttraining. Bei diesem speziellen Krafttraining wird die Bewegung möglichst schnell durchgeführt (Muskelaktivitätsdauer <250 ms). Zur Steigerung der Trainingseffizienz wird exzentrisches Krafttraining (■ Abb. 40.7), z. B. Sprung von einem Stuhl auf den Boden mit explosionsartigem Wiederaufspringen, empfohlen. Aufgrund der unterschiedlichen Trainingsformen werden verschiedene Innervationsmuster (mehr oder weniger hohe Aktionspotentialfrequenzen) ausgelöst.

Altersabhängigkeit des Trainings

Training soll bei Jugendlichen vor allem die koordinativen Fähigkeiten steigern und bei Senioren die allgemeine Fitness verbessern

Jugendliche. Bei der Geburt verfügen wir über den größten Teil der für motorische Aktivitäten erforderlichen anatomischen Strukturen (Nerven, Muskeln, Gelenke), während die physiologische Steuerung durch repetitives Trainieren während der Entwicklung programmiert wird.

Senioren. Mit zunehmendem Alter wird der Bewegungsdrang kleiner und der Grundumsatz sinkt. Schnellkraft und Beweglichkeit sind wegen der Abnahme der Elastizität der Gewebe deutlich reduziert, was die Sturzgefahr erhöht. $\dot{V}_{O_2max}$ hingegen nimmt altersbedingt nur leicht ab (Männer: $-1{,}7\ ml \times min^{-1} \times kg^{-1}$ pro 5 Jahre; Frauen: $-1{,}4\ ml \times min^{-1} \times kg^{-1}$ pro 5 Jahre). Auch Ausdauer und Kraft nehmen leicht, aber stetig ab. Erhalten bleibt hingegen die Trainierbarkeit.

In Kürze

Motorisches Lernen

Motorisches Lernen (durch praktisch-motorisches Training, mentales und observatives Training) dient dem Erwerb von Bewegungswissen, das im Bewegungsgedächtnis gespeichert wird. Erst dadurch wird es dem Menschen möglich, koordinierte, flüssige und fehlerarme Bewegungsabläufe zu verwirklichen. Motorisches Verlernen betrifft vor allem azyklische Bewegungen und Fertigkeiten mit hohem kognitiven Anteil.

Training

Wiederholtes Trainieren führt zu Leistungssteigerungen der trainierten Fähigkeiten. Begabung (Talent) ist angeboren und nicht trainierbar. Untrainierte können $\dot{V}_{O_2}$max um rund 20 % steigern. Anschließend wird beim Ausdauertraining vor allem die anaerobe Schwelle und die Ausdauerkapazität verbessert. Durch Krafttraining wird die Muskelkraft auf zweierlei Weise erhöht:

- Rekrutierung motorischer Einheiten,
- Vergrößerung des Muskelquerschnitts.

Im Alter ist die Trainierbarkeit immer noch gut, allerdings liegen die erreichbaren Maximalwerte niedriger. Dies gilt vor allem für Schnelligkeit und Beweglichkeit wegen der verminderten Elastizität der Gewebe im Alter.

40.7 Ermüdung, Erschöpfung, Übertraining und Erholung

Leistungsgrenzen

Während Arbeit unterhalb der Dauerleistungsgrenze tritt keine muskuläre Ermüdung ein, oberhalb der Dauerleistungsgrenze ist jede muskuläre Arbeit zeitlich limitiert

Dauerleistungsgrenze. Darunter versteht man diejenige Leistungsgrenze, bis zu der statische oder dynamische Arbeit ohne zunehmende muskuläre Ermüdung während 8 h (= Dauer einer Schicht) erbracht wird. ***Muskuläre Ermüdung*** ist dabei nicht mit Müdigkeit (Bedürfnis nach Schlaf) zu verwechseln. Die Herzmuskulatur arbeitet dauernd, ohne zu ermüden, da die in jedem Aktionszyklus enthaltene Pause für eine völlige muskuläre Erholung ausreicht. Gleiches gilt u. a. für die Nackenmuskulatur beim Ausbalancieren des Kopfes und für die Muskulatur zum Hochhalten des Unterkiefers (sog. Ruheschwebe).

Dauerleistungsgrenze für dynamische Arbeit. Diese liegt für Untrainierte, falls mit mehr als $^1/_7$ der Gesamtmuskelmasse gearbeitet wird, etwa bei einer Herzfrequenz von 130/min, einem Atemzeitvolumen von 30 l/min (»Laufen, ohne zu schnaufen«), einer ***Erholungszeit*** für die Herzfrequenz von unter 5 min, einer ***Erholungspulssumme*** unter 100 (Abb. 40.3), einer ***Blutlaktatkonzentration*** unter 2 mmol/l und einer O_2-Aufnahme von 50 % des Maximalwerts. Im Gegensatz zum Sport befinden sich die meisten ***körperlichen Berufstätigkeiten*** heute unterhalb der Dauerleistungsgrenze. Kurzzeitiges Überschreiten der Dauerleistungsgrenze (z. B. Herzfrequenz >130/min, >2 mmol Laktat/l Blut) wird in den meisten Fällen durch organisierte oder versteckte Pausen unterbrochen und damit schon während der Arbeitszeit durch Erholung ausgeglichen.

Dauerleistungsgrenze für statische Arbeit. Diese liegt zwischen 5 und 10 % der Maximalkraft. Daher tritt muskuläre Ermüdung an ***Arbeitsplätzen*** mit statischer Arbeit viel häufiger und rascher als bei dynamischer Arbeit auf, beispielsweise beim Tragen eines schweren Gegenstands, bei Armarbeit über Kopfhöhe oder bei Montagearbeiten mit Schräghaltung des Kopfes.

Höchstleistungsgrenze. Muskuläre Arbeit oberhalb der Dauerleistungsgrenze ist durch eine zeitliche Begrenzung charakterisiert: je intensiver dabei gearbeitet wird, desto früher tritt Ermüdung ein. Dies gilt für statische (Abb. 40.17) und für dynamische Arbeit. Angaben zur Höchstleistungsfähigkeit sind daher nur mit den zugehörigen Zeitspannen bis zum Abbruch sinnvoll. Auch die Höchstleistungsfähigkeit weist in Abhängigkeit von Trainingszustand und leistungsrelevanten Persönlichkeitsmerkmalen erhebliche interindividuelle Unterschiede auf.

Ermüdung

Bei einer Abnahme der körperlichen Leistungsfähigkeit spricht man von Ermüdung, wobei diese muskulär-metabolisch oder zentral-koordinativ bedingt sein kann

Ermüdung. Anhaltende Schwerarbeit führt nicht nur zu metabolisch bedingter Ermüdung, sondern auch zu typi-

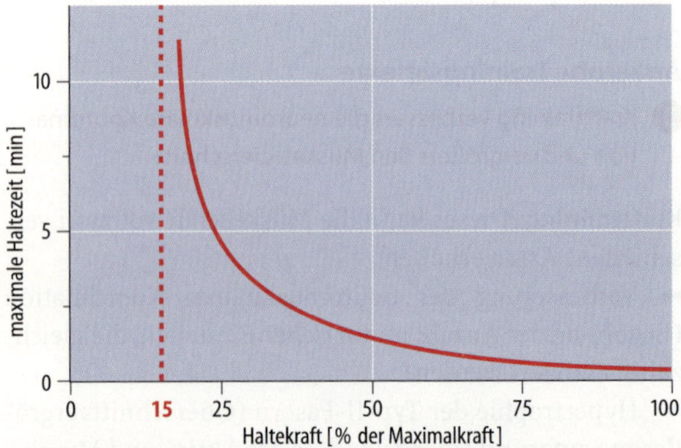

Abb. 40.17. Maximale Haltezeit und Ermüdung: In Abhängigkeit von der Haltekraft (in % der individuellen Maximalkraft) nimmt die maximale Haltezeit exponentiell ab. *Rote, gepunktete Linie:* Dauerleistungsgrenze für statische Arbeit nach Rohmert, wobei die Dauerleistungsgrenze für ermüdungsfreie statische Arbeit bei 10 % liegt. Nach Rohmert (1962)

schen Ermüdungserscheinungen im Bereich der Motorik. Gegen Ende einer erschöpfenden dynamischen Arbeit treten ***Koordinationsstörungen*** auf: die Präzision zyklisch wiederkehrender Bewegungen nimmt deutlich ab, der Bewegungsablauf ähnelt demjenigen von Anfängern (Abb. 40.16). Gegen Ende einer ermüdenden statischen Arbeit tritt ***Tremor*** (Muskelzittern) auf. Ermüdung der Haltungsmotorik äußert sich u. a. in einem Nachvornefallen des Rumpfes und dem Hängenlassen der Schultern. Im Anschluss an ermüdende Arbeit ist die ***Feinmotorik*** oft über Stunden beeinträchtigt, was sich auf verschiedenste Tätigkeiten besonders nachteilig auswirken kann (so bei Musikern, Mikrochirurgen oder Zahnärzten). Zur optimalen Einteilung der Leistungsreserven trägt auch die Fähigkeit bei, den Leistungseinsatz im Hinblick auf ein Ziel optimal einzuteilen ***(Zielantizipation)***.

Die Leistungseinbuße bei Ermüdung ist durch Ruhe reversibel, im Gegensatz zur ***Schwäche*** (z. B. aufgrund von neuromuskulären Erkrankungen), die auch durch Ruhe nicht rückgängig gemacht werden kann. Die Ermüdung ist ein komplexes, ***multifaktorielles Ereignis***, das verschiedene Ursachen haben kann:

- ***Muskulärer K^+-Mangel:*** durch die hohe Innervationsfrequenz bei intensiver Leistung geht K^+ aus dem Muskel verloren.
- ***Lokaler pH-Abfall aufgrund von Übersäuerung:*** dadurch wird der optimale pH-Bereich für Enzymaktivitäten verlassen.
- ***Muskulärer Temperaturanstieg:*** dadurch wird der optimale Temperaturbereich für Enzymaktivitäten überschritten.
- ***Mangel an Muskelglykogen:*** beeinträchtigt die benötigte ATP-Resyntheserate.
- ***Flüssigkeitsmangel:*** dadurch können Herzminutenvolumen und Blutdruck abnehmen, womit der Blutfluss zu Muskeln und Haut reduziert wird.
- ***Kerntemperaturanstieg:*** wegen unzureichender Kühlung.
- ***Psychische Komponenten (z. B. Motivation):*** entsprechende Motivation ist unabdingbar, um eine maximale Leistung zu erbringen. Dabei spielt die ***Blutglukosekonzentration*** (Hauptenergiequelle der Nervenzellen) eine wichtige Rolle. Dieser Aspekt der Blutglukosekonzentration wird im Vergleich zur Bedeutung der Blutglukose als Energielieferant für die Skelettmuskulatur oft unterschätzt. Auch in Sportarten, bei denen eher koordinative denn metabolische Fähigkeiten von entscheidender Bedeutung sind, kann eine beginnende, mentale Ermüdung durch eine ***Hypoglykämie*** verursacht sein.
- ***Sog. zentrale, motivationsunabhängige Ermüdung:*** diese wird wahrscheinlich in der Arbeitsmuskulatur ausgelöst und bewirkt auf nervösem Wege eine zentrale Blockade. Das verhindert eine maximale Muskelaktivität (man spricht von sog. ***autonom mobilisierbaren Reserven***), die aber z. B. bei großer Gefahr mittels extremer Aktivierung des Sympathikus oder medikamentös (Stimulantien, ► vgl. Doping, Abschnitt 40.8) dennoch wieder erreicht werden kann. Auch ***elektrische Stimulation*** von zentralen oder peripheren Nervenfasern bringen die willkürlich nicht mehr stimulierbare Muskulatur wieder zur Kontraktion.

40.3. Muskelkater

Ursachen. Der Muskelkater ist eine Spätfolge anstrengender Muskelaktivität. Der druck- und bewegungsbedingte Muskelschmerz wird durch Mikroläsionen an Myofibrillen und Sarkolemm verursacht, die bevorzugt infolge großer Muskelkräfte, schlechter intramuskulärer Koordination (typisch für Anfänger) und exzentrischer Arbeit auftreten. Abbauprodukte der Mikroläsionen sind wahrscheinlich osmotisch aktiv und erhöhen dadurch den Druck in den Muskelfasern. Das könnte erklären, weshalb die Muskelschmerzen nach 24 bis 48 h ihr Maximum erreichen.

Therapie. Eine rational begründbare Therapie – außer das Vermeiden von entsprechenden Muskelaktivitäten – ist nicht bekannt.

Erschöpfung und Übertraining

Muss die Leistung unfreiwillig abgebrochen werden, wird von Erschöpfung gesprochen; Übertraining zeigt sich in einer Leistungsverminderung trotz regelmäßigen Trainings

Erschöpfung. Wird bei intensiver physischer Arbeit oberhalb der Dauerleistungsgrenze nicht rechtzeitig oder nach wiederholten Höchstleistungen nicht ausreichend Erholung gewährt, tritt Erschöpfung ein. Dieser Zustand maximaler Ermüdung führt zum Arbeitsabbruch, da die Funktion verschiedener Regulationssysteme schwerstens beeinträchtigt wird.

Akute Erschöpfung. Zu akuter Erschöpfung kommt es bei ***Schwerarbeit*** mit hoher Stoffwechselintensität: Die Leistungsfähigkeit nimmt schnell ab. Solche Erschöpfungszustände gehen mit einer massiven metabolischen Azidose einher, Abnahmen des pH-Werts im Blut bis auf 6,8, im Muskel bis auf 6,4 wurden beobachtet. Trotzdem darf man sich den körperlichen Zusammenbruch im Erschöpfungszustand nicht als einen nur metabolisch bedingten Endpunkt vorstellen: der Mensch bricht im Erschöpfungszustand eine Arbeit auch dann ab, wenn er glaubt, nicht mehr weitermachen zu können oder wenn der entsprechende Wille fehlt.

Nach intensiven Sportaktivitäten, die ca. 1 min dauern, werden hohe Laktatkonzentrationen bis 20 mmol/l Blut häufig erreicht, ohne dass die Betroffenen Dauerschäden davontragen. In Notsituationen und unter dem

Einfluss klassischer Dopingpräparate können noch ausgeprägtere Erschöpfungszustände auftreten; bleibende Schäden sind dann nicht auszuschließen. ***Erschöpfung*** gehört zum ***Alltag des Sports***, bei Gesunden mit minimalen Risiken. Ganz anders sieht es aus bei Vorschädigungen, speziell des Herzens (Herzfehler, Herzmuskelentzündung oder Koronarsklerose als typische Alterserscheinung).

Übertraining. Eine spezielle Form von ***Ermüdung bzw. Erschöpfung*** stellt das Übertraining dar. Es wird definiert als ***Leistungsabfall*** bei regelmäßigem Training, ohne dass ein krankhafter, organischer Befund erhoben werden kann. Oft treten auch ***vegetative Symptome*** wie Schlaflosigkeit oder Herzschmerzen auf. Ein Übertraining kann entstehen, wenn die Belastung zu groß (z. B. infolge Vergrößerung des Trainingsumfangs) oder die Belastbarkeit zu klein (z. B. nach einer Erkrankung) war.

Um Trainingseffekte zu erzielen, muss eine Überbelastung, quasi ein akutes Übertraining, stattfinden. Davon wird sich der Körper aber erholen, wenn ihm die dazu notwendige Zeit eingeräumt wird. Sind die Pausen zu kurz, so wird aus dem akuten ein chronisches Übertraining. Letzteres ist schwer zu diagnostizieren und deshalb oft eine Ausschlussdiagnose. Grund für den Leistungsschwund trotz regelmäßigen Trainings ist wahrscheinlich eine ***verminderte hypothalamisch-hypophysäre Aktivität***, die sich in verminderten Antworten von Nebennierenrinden- und Wachstums-Hormonen zeigt und sich negativ auf den Metabolismus auswirkt.

> **40.4. Muskelkrampf**
>
> **Ursachen.** Elektrolytstörungen (möglicherweise Magnesiummangel) gelten als eine typische Ursache für spontane, schmerzhafte Muskelkrämpfe. Magnesium ist wichtig bei der Muskelerschlaffung. Elektrolytstörungen können durch Flüssigkeitsverlust oder durch Änderungen der Elektrolytkonzentrationen entstehen. Beides kann durch Schwitzen und/oder Fehler beim Flüssigkeits- bzw. Elektrolytersatz verursacht sein.
>
> **Prophylaxe.** Rechtzeitige, adäquate Zufuhr von Flüssigkeit und Elektrolyten vermindert das Auftreten von Muskelkrämpfen.

Erholung

> Die Pausenverteilung ist ein maßgeblicher Aspekt der Erholung; meistens führen nicht hohe Energieumsätze, sondern Fehlbelastungen und Fehlmotorik zu gesundheitlichen Beschwerden

Erholung. Sie setzt ein, sobald eine Aktivität abgebrochen, reduziert oder durch eine andere ersetzt wird: der Ermüdungsgrad nimmt ab, die Leistungsfähigkeit wieder zu. Die Regeneration gleicht nur bedingt der Aufladung eines erschöpften Akkus; dies gilt am ehesten noch für die muskulären Energievorräte. Im motorischen Bereich ist die ***Feinmotorik*** nach ermüdender Haltearbeit über einige Stunden gestört. Erholungspausen müssen insbesondere bei Arbeiten ***oberhalb der Dauerleistungsgrenze*** eingelegt werden. Da die metabolische Regeneration zu Beginn einer Erholungsphase besonders rasch verläuft, wie z. B. die Abnahme der Herzfrequenz zeigt (▫ Abb. 40.3), gilt für die Verteilung organisierter Pausen: viele, ***kurze Pausen*** sind besser als wenige, lange Pausen.

Erholung von ermüdender Arbeit ist aber nicht nur in Pausen, sondern auch während Arbeit unterhalb der Dauerleistungsgrenze möglich. Bei ***mentalen Arbeiten*** können bereits innerhalb einer Stunde so deutliche Leistungseinbußen auftreten, dass eine Erholungspause erforderlich wird, z. B. beim Beobachten am Radarschirm.

Im Spitzensport ist die ***Erholung ein wichtiges Trainingselement.*** Die Erholung muss sorgfältig geplant werden, um optimale Trainingseffekte zu erzielen. Missachtung führt hier zu unterdurchschnittlichen Trainingserfolgen, im Extremfall zu einem Übertraining.

Pausen. Man unterscheidet zwischen organisierten und versteckten Pausen:

- Zu den im Arbeitsablauf ***organisierten Pausen*** zählen Frühstücks- und Mittagspause, vorgeschriebene Pausen für Fahrzeugführer oder Arbeitende am Bildschirm.
- Die ***versteckten Pausen***, beispielsweise in Form nur scheinbar nötigen Naseputzens oder Toilettengangs, können unter dem Aspekt einer zielgerechten, rückgekoppelten Verhaltensregulation eine sehr sinnvolle Maßnahme gegen eine ***Überbeanspruchung*** sein, wenn sie auf einem tatsächlichen Erholungsbedarf beruhen.

Spätestens im ***Erschöpfungsbereich*** befindet sich der Mensch auf einer Gratwanderung zwischen einem noch rechtzeitig vorgenommenem und einem als »Notbremse« durch Erschöpfung erzwungenen Arbeitsabbruch. Die nachfolgende Erholungspause verhindert dann eine völlige Dekompensation.

Gesundheitliche Aspekte intensiver Arbeit

> Dynamische Arbeit selbst von hoher Intensität führt bei Gesunden zu keinen Beschwerden; arbeitsbedingte Beschwerden sind nicht metabolisch, sondern mechanisch bedingt

Gesundheitliche Beschwerden. Hinsichtlich gesundheitlicher Beschwerden führt ***dynamische Arbeit*** mit hohem Energieumsatz lediglich zu Ermüdung oder gar Erschöpfung der beteiligten Muskulatur. Beide sind ohne gesundheitliche Schäden reversibel, falls eine ausreichende Erholung und Energiezufuhr gewährt werden. ***Arbeitsbedingte Beschwerden*** (bis hin zu Schäden) sind kaum metabolisch, sondern vor allem motorisch-biomecha-

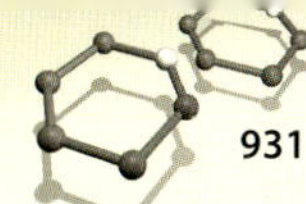

nisch bedingt: sie werden durch große Kräfte, die an bestimmten Arbeitsplätzen auf das Skelett-Muskel-System einwirken, oder durch Fehlmotorik einschließlich Zwangshaltungen verursacht.

Das ***Nichteinhalten eines Ausgleichs von Ermüdung*** durch ausreichende Erholung kann zu gesundheitlichen Schäden führen, ausgelöst z. B. durch bestimmte Formen der Fließbandarbeit, besondere Motivation (Prämien bzw. übersteigerter Ehrgeiz) oder Pharmaka (Störungen beim Einschätzen der Anstrengung, z. B. durch Dopingpräparate, auch am Arbeitsplatz).

Überlastungssyndrom. Dieses tritt auf, wenn der Ausgleich von Ermüdung durch Erholung über längere Zeit nur unvollständig gewährt wird ***(chronische Schäden)*** oder physiologische bzw. mechanische Grenzen der Belastbarkeit überschritten werden ***(akute Schäden)***. Besonders typisch für das Überlastungssyndrom sind akute Schäden im Bereich des Skelett-Muskel-Systems (z. B. Knochenbrüche, Muskel- und Sehnenrisse, Bandscheiben- und Meniskusschäden). Überfordern bestimmte Tätigkeiten die Belastbarkeit dieses Systems über längere Zeit, treten bleibende Schäden auf, wie z. B. Wirbelsäulenveränderungen bei LKW- oder Traktorfahrern. Eine Vielzahl von Schäden an Gelenken, Bändern und Sehnen können auch die Folge zu intensiver sportlicher Betätigung sein.

In Kürze

Ermüdung, Erschöpfung und Übertraining

Arbeit unterhalb der Dauerleistungsgrenze für nichtermüdende statische oder dynamische Arbeit ist durch ein Stoffwechselgleichgewicht gekennzeichnet. Arbeit oberhalb der Dauerleistungsgrenze geht mit zunehmender muskulärer Ermüdung bis zur Erschöpfung einher und ist zeitlich limitiert. Ausdauer-, Dauerleistungs- und Höchstleistungsgrenze unterliegen erheblichen interindividuellen Unterschieden. Man unterscheidet:

- physische Ermüdung, die bei schwerer körperlicher Arbeit auftritt,
- psychische Ermüdung, die als Folge hoher psychischer Beanspruchung, aber auch infolge von Monotonie entstehen kann.

Eine metabolisch verursachte Erschöpfung ist meistens vollständig reversibel, so im Leistungssport; dies gilt allerdings nicht für Menschen mit Vorerkrankungen oder dopingbedingte Zusammenbrüche. Überlastungsschäden durch körperliche Arbeit hoher Intensität betreffen überwiegend das Skelett-Muskel-System. Sie werden durch große Kräfte, Fehlmotorik oder Zwangshaltung verursacht.

▼

Erholung

Während der Erholung nimmt der Ermüdungsgrad wieder ab; dies ist in Pausen oder Phasen mit Arbeit unterhalb der Dauerleistungsgrenze möglich. Viele kurze Pausen sind metabolisch erholsamer als wenige, lange Pausen. Bei Störungen dieses Ausgleichs, z. B. durch Pharmaka, können schwere gesundheitliche Störungen auftreten.

40.8 Doping

Definition von Doping

Doping ist aus wissenschaftlicher Sicht nicht eindeutig definierbar; man versteht darunter die unerlaubte Verwendung von Mitteln oder Maßnahmen gemäß Dopingliste mit der Absicht einer Leistungssteigerung

Allgemeine Definition von Doping. Unter Doping versteht man den Versuch, die Leistungsfähigkeit durch Pharmaka oder bestimmte Methoden zu steigern. Mit bestimmten Substanzen sollen die ***autonom mobilisierbaren Leistungsreserven*** zugänglich werden, z. B. mit Präparaten, die den Adrenalineffekt nachahmen (künstliche Notfallreaktion), oder mit Stoffen, die einen hemmenden Einfluss auf das Anstrengungserlebnis und damit auf die Rückmeldung der Erschöpfungssymptome bzw. deren Verrechnung ausüben (Psychopharmaka).

Ob diese klassischen Dopingmittel bei hochmotivierten, erfahrenen Spitzensportlern überhaupt den gewünschten Effekt (***Mobilisierung autonom geschützter Reserven***, ► vgl. Abschnitt 40.7) bewirken, ist strittig. Unstrittig ist jedoch, dass bei höherer Dosierung eine ***falsche Zielantizipation*** während des Wettkampfs erfolgt, die zu vorzeitiger bzw. übermäßiger Erschöpfung oder zum ***tödlichen Zusammenbruch*** führen kann.

Aktuelle Definition von Doping. Das Internationale Olympische Komitee definiert Doping als die beabsichtigte oder unbeabsichtigte Verwendung von Substanzen aus verbotenen Wirkstoffgruppen und die Anwendung verbotener Methoden entsprechend der aktuellen Dopingliste.

Dopingliste

Im Jahr 2004 wird erstmals eine weltweit einheitliche Dopingliste verwendet

Anti-Dopingprogramm. Am 3. März 2003 wurde in Kopenhagen das Anti-Dopingprogramm der Welt-Anti-Doping-Agentur von allen Delegierten der Sportverbände und Regierungen angenommen. Auch das Internationale Olympische Komitee hat dem zugestimmt. Damit wurde dem unbefriedigenden Zustand der Vergangenheit, dass jeder Sportverband seine eigenen Bestimmungen hatte, ein Ende gesetzt. Seit dem 1. Januar 2004 gibt es nun eine einheitliche, weltweit gültige Dopingliste.

Dopingliste der Welt-Anti-Doping-Agentur. Die Welt-Anti-Doping-Agentur hat eine Liste der verbotenen pharmakolgisch-medizinischen Maßnahmen zur Leistungsbeeinflussung erarbeitet, die im Wesentlichen folgende Punkte umfasst:

Im Wettkampf verbotene Substanzen:
- Stimulanzien (Adrenalin-ähnliche Substanzen zur allgemeinen Stimulation, sollen das »Freisetzen« der autonomen Reserven ermöglichen),
- Narkotika (Schlafmittel zur Schmerzreduktion),
- Cannabinoide (z. B. Haschisch, Marihuana),
- Anabolika (anabol androgene Steroide wie Testosteronderivate und andere anabol wirkende Substanzen für Muskelaufbau, Kraftzuwachs),
- Peptidhormone (z. B. Erythropoietin zur Erhöhung der Erythrozytenanzahl, Steigerung der Ausdauer; Wachstumshormon zur allgemeinen Leistungsförderung; Choriongonadotropin bei Männern),
- Beta-2-Agonisten (Ausnahme: Solbutamol und ähnliche Substanzen sind für die Inhalationsbehandlung von Asthma, Anstrengungsasthma und bronchialer Hyperreagilbilität bei Vorliegen einer ärztlichen Bestätigung erlaubt),
- Antiöstrogen wirkende Substanzen (bei Männern verboten),
- maskierende Substanzen (beeinflussen die Ausscheidung verbotener Substanzen, verdecken ihr Vorliegen im Urin und anderen Dopingkontroll-Proben oder verändern hämatologische Parameter. Beispiele: Diuretika, Epitestosteron, Probenecid, Plasmaexpander),
- Glukokortikoide.

Auch außerhalb des Wettkampfes verbotene Substanzen:
- Anabolika,
- Peptidhormone,
- Beta-2-Agonisten,
- antiöstrogen wirkende Substanzen,
- maskierende Substanzen.

Im und außerhalb des Wettkampfs verbotene Methoden:
- Erhöhung der Transportkapazität für Sauerstoff (Blutdoping, Gabe von Erythropoietin oder Perfluoranen zur Erhöhung der Ausdauerkapazität),
- pharmakologische, chemische und physikalische Manipulationen (Beeinflussung der Dopingkontroll-Proben auf irgend eine Art),
- Gendoping (missbräuchliche Verwendung von Genen, Bestandteilen von Genen und Zellen zur Leistungssteigerung).

In gewissen Sportarten verbotene Substanzklassen:
- Alkohol (z. B. Automobilsport, Billard, Bogenschießen, Fussball, Moderener Fünfkampf, Ski),
- Betablocker (zusätzlich zu den bei Alkohol erwähnten Sportarten, z. B. Bob, Curling, Schießen),
- Diuretika (Neben der Verdünnung von im Urin erscheinenden, verbotenen Substanzen, ► vgl. oben, zur Erhöhung der renalen Flüssigkeitsausscheidung für eine Gewichtsabnahme, z. B. in Sportarten mit Gewichtsklassen wie Boxen, Gewichtheben, Judo, Ringen und Leichtgewichtrudern oder Skispringen).

In Kürze

8 Doping

Als Doping gilt, was gemäß Dopingliste verboten ist. Es gibt verbotene Substanzklassen und Methoden. Es erfolgen auch Kontrollen unangesagt außerhalb der Wettkämpfe.

Literatur

Boutellier U, Spengler CM (1999) $\dot{V}_{O_2}max$ als Maß für die Ausdauerleistungsfähigkeit? Schweiz Ztschr Sportmed Sporttraum 47: 118–122

Hollmann W, Hettinger T (2000) Sportmedizin: Grundlagen für Arbeit, Training und Präventivmedizin. Schattauer, Stuttgart

De Marées H (2002) Sportphysiologie, 9. Aufl. Sport & Buch Strauß, Köln

McArdle WD, Katch FI, Katch VL (2001) Exercise physiology: energy, nutrition, and human performance. Lippincott Williams & Wilkins, Philadelphia

Weineck J (2000) Sportbiologie. Spitta Verlag, Balingen

Kapitel 41
Alter und Altern

T. von Zglinicki, Th. Nikolaus

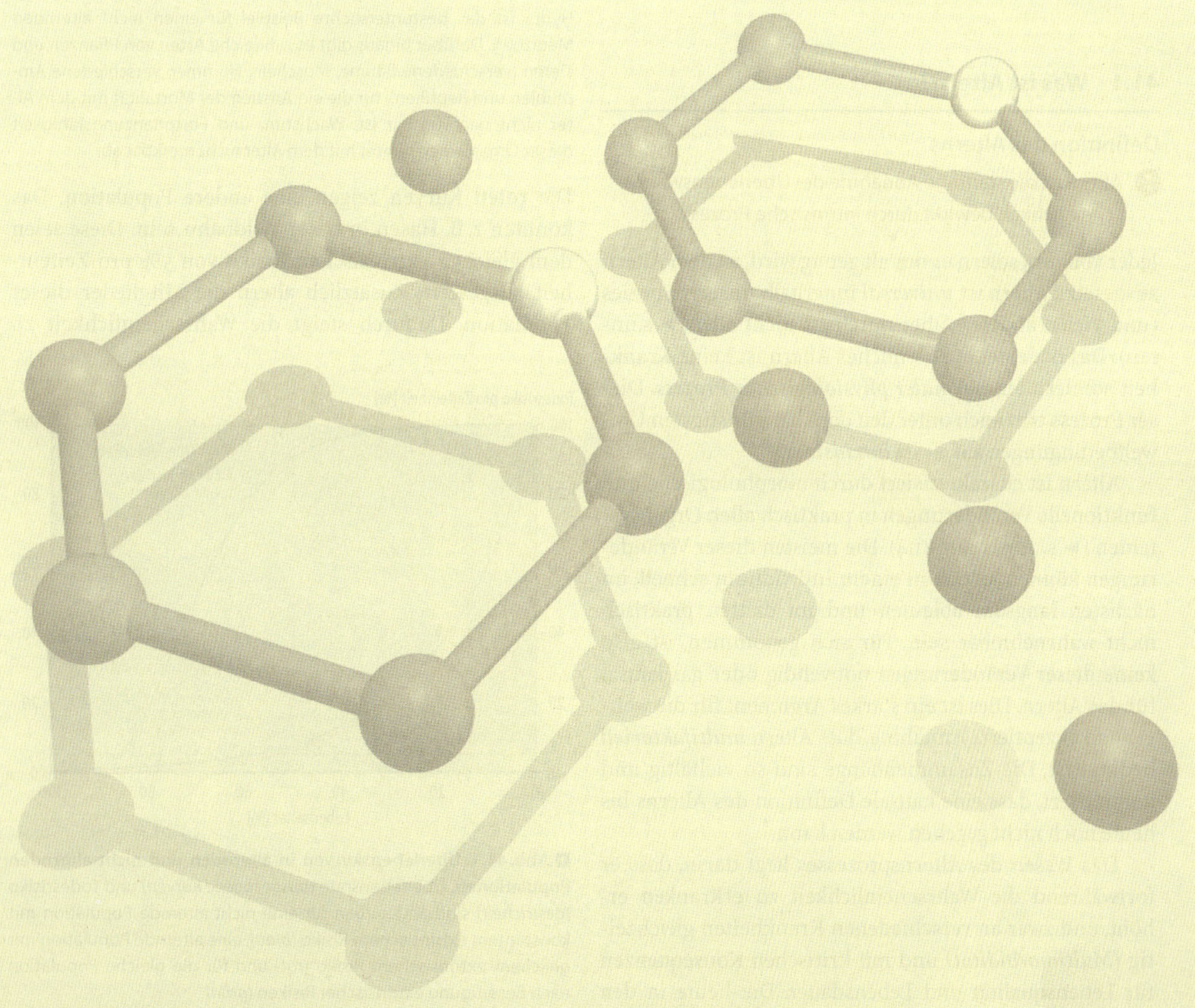

Einleitung

»Wie traurig ist das!« sagte Dorian Gray leise und wandte die Augen nicht von seinem eigenen Bildnis. »Wie traurig ist das! Ich werde alt und grässlich und widerwärtig werden, aber dieses Bild wird immer jung bleiben. Es wird nie älter sein als dieser Junitag heute. Wenn es nur umgekehrt wäre! Wenn ich immer jung bleiben könnte und dafür das Bild immer älter würde! Dafür – dafür – dafür – gäbe ich alles! Ja, es gibt nichts in der ganzen Welt, was ich nicht dafür gäbe! Ich gäbe meine Seele dafür!« (Oscar Wilde: Das Bildnis des Dorian Gray).

Der Traum von der ewigen Jugend ist so alt wie die Menschheit. Der prozentuale Anteil der Alten und sehr Alten an der Gesellschaft ist in allen Ländern der am schnellsten wachsende. Alter ist heute der bedeutsamste prädisponierende Faktor für die wichtigsten schweren Erkrankungen. In allen entwickelten Ländern bilden Alte und sehr Alte schon rein zahlenmäßig den Schwerpunkt ärztlicher Tätigkeit. Umso erstaunlicher ist es, dass sich die Wissenschaft erst seit wenigen Jahren ernsthaft mit den Prozessen, die zum Altern von Organismen führen, auseinandersetzt.

41.1 Was ist Altern?

Definition des Alterns

Altern ist die ständige Abnahme der Überlebenswahrscheinlichkeit bewirkt durch intrinsische Prozesse

Jeder von uns, sofern er nur alt genug wird, ist dem Altern ausgesetzt. Altern ist ***universal*** innerhalb unserer Spezies (und vielen anderen, aber durchaus nicht allen, ▶ s. unten). Das bedeutet, menschliches Altern ist keine Krankheit sondern ein ***normaler physiologischer Prozess.*** Dieser Prozess tritt auch unter den denkbar günstigsten Umweltbedingungen auf, er ist ***intrinsisch.***

Altern ist charakterisiert durch morphologische und funktionelle Veränderungen in praktisch allen Organsystemen (▶ s. Abschnitt 41.4). Die meisten dieser Veränderungen können jedoch in einem Individuum schnell, im nächsten langsam ablaufen und im dritten praktisch nicht wahrnehmbar sein. Für sich genommen, ist also keine dieser Veränderungen notwendig oder gar kausal für das Altern. Dies ist ein starkes Argument für die weitgehend akzeptierte Annahme, dass Altern ***multifaktoriell*** bedingt ist. Die Zusammenhänge sind so vielfältig und kompliziert, dass eine kausale Definition des Alterns bis heute noch nicht gegeben werden kann.

Das Wesen des Alternsprozesses liegt darin, dass er fortwährend die Wahrscheinlichkeit zu erkranken erhöht, und zwar an verschiedenen Krankheiten gleichzeitig ***(Multimorbidität)*** und mit kritischen Konsequenzen für Lebensqualität und Lebensdauer. Die heute in den entwickelten Industrieländern individuell wie gesellschaftlich bedeutendsten schweren Erkrankungen sind nicht nur hochsignifikant mit dem Alter assoziiert. Alter ist auch der wichtigste Einflussfaktor für die Suszeptibilität gegenüber diesen Krankheiten.

Altern ist das Ergebnis evolutionärer Anpassung

Altern ist biologisch nicht notwendig und nicht programmiert, aber eine evolutionär sinnvolle Strategie

Alternde und nicht-alternde Populationen. Altern, d. h. intrinsische Modulation der Überlebenswahrscheinlichkeit, ist nicht notwendig, um die Größe einer Population zu kontrollieren. Abbildung 41.1 zeigt drei hypothetische Beispiele. Die blauen Linien charakterisieren eine nicht alternde Population. Biergläser in einer Kneipe z. B. altern nicht, sondern »sterben« durch Bruch. Dies ist ein extrinsisches Risiko, das über die Zeit konstant bleibt. In einer hektischen Kneipe mit einem fünfprozentigen Bruchrisiko pro Tag vernichtet die Umgebung 95 % aller Gläser innerhalb von 50 Tagen ***ohne jegliches Altern.***

Nicht-alternde Organismen. Viele, jedoch nicht alle Protozoen sind potenziell unsterblich. Pflanzen (Stecklinge) und zahlreiche Würmer sind praktisch unbegrenzt regenerierbar. Der Süßwasserpolyp Hydra ist das bestuntersuchte Beispiel für einen nicht alternden Metazoen. Darüber hinaus gibt es zahlreiche Arten von Pflanzen und Tieren (verschiedene Bäume, Muscheln, Hummer, verschiedene Amphibien und Reptilien), für die ein Anstieg der Mortalität mit dem Alter nicht nachweisbar ist. Wachstum und Fortpflanzungsfähigkeit dieser Organismen nimmt mit dem Alter nicht merkbar ab.

Die roten Kurven zeigen eine andere Population. Das könnten z. B. Hasen in freier Wildbahn sein. Diese seien dem gleichen extrinsischen Risiko von 5 % pro Zeiteinheit ausgesetzt. Zusätzlich altern die Mitglieder dieser Population. Dadurch steigt die Wahrscheinlichkeit zu

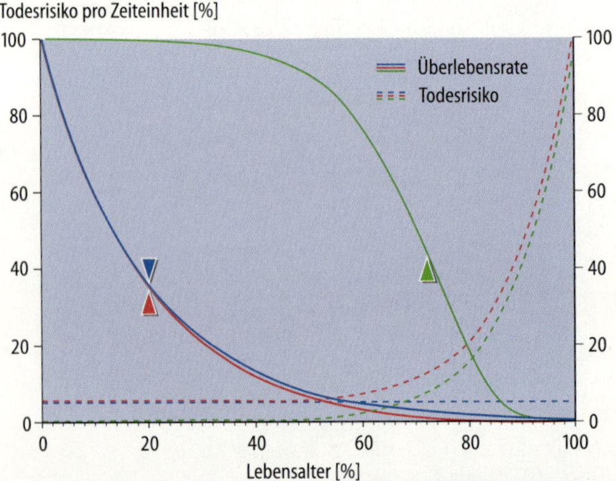

Abb. 41.1. Überlebenskurven in alternden und nicht-alternden Populationen. Überlebensrate *(ausgezogene Kurven)* und Todesrisiko *(gestrichelt)* sind angegeben für eine nicht alternde Population mit konstantem extrinsischem Risiko *(blau)*, eine alternde Population mit gleichem extrinsischem Risiko *(rot)* und für die gleiche Population nach Beseitigung extrinsischer Risiken *(grün)*

sterben exponentiell mit dem Alter an. Wie schnell dieser Anstieg ist, bestimmt die ***Rate des Alterns.*** Das interessante Ergebnis ist, dass in diesem Beispiel die Überlebensrate der Hasen durch den Alternsprozess praktisch nicht beeinflusst wird: rote und blaue Kurve sind nahezu identisch, die ***mittlere Lebenserwartung*** der Hasen (markiert durch die Pfeile) ist dieselbe wie die der nicht alternden Biergläser. Anders gesagt: die meisten Hasen sterben aufgrund extrinsischer Ursachen lange bevor Alterserscheinungen bemerkbar werden.

Die Überlebenskurve wird jedoch drastisch modifiziert, wenn extrinsische Risiken minimiert werden. Die grüne Population altert mit der gleichen Geschwindigkeit (d. h. der exponentielle Anstieg der Sterbenswahrscheinlichkeit ist der gleiche), aber die Hasen sind nunmehr zu wohlbehüteten, gepflegten Haustieren geworden und extrinsische Todesursachen sind ausgeschlossen. Dies führt zu einem dramatischen Anstieg der mittleren Lebenserwartung und im Extremfall zu einer Rektangularisierung der Überlebenskurve, nicht aber zu einer Veränderung der ***maximalen Lebensspanne.*** Schließlich könnte die Rate des Alterns der Hasen pharmakologisch oder gentherapeutisch verlangsamt werden. Dies würde die maximale Lebensspanne erhöhen. Wahrscheinlich würde die Behandlung auch den Alternsprozess ***komprimieren,*** d. h. die terminale Phase des signifikanten Anstiegs von Mortalität und Multimorbidität würde relativ oder absolut verkürzt.

Altern ist nicht programmiert. Das Beispiel zeigt, dass unter Normalbedingungen, d. h. einem substanziellen extrinsischem Risiko, Altern nicht zur Kontrolle der Populationsgröße und damit zur Erneuerung der Art erforderlich ist. Wenn alle Mitglieder einer Population sowieso jung sterben, wird die natürliche Selektion mit dem Alter immer schwächer und kann keinen direkten Einfluss auf den Prozess des Alterns ausüben. Daher kann sich ein biologisches Programm mit Zielpunkt Altern und Tod nicht entwickelt haben. Gene, die Altern als einen gerichteten Prozess ***programmieren,*** gibt es nicht.

Altern als evolutionäre Anpassung. Warum altern so viele Organismen, wenn es biologisch nicht notwendig ist? Offensichtlich ist Altern eine evolutionär erfolgreiche Strategie. Moderne Alternstheorien stimmen darin überein, dass Altern das Ergebnis permanenter Schädigungen ist, die langfristig nicht ausreichend kompensiert und/oder repariert werden. Da Lebensspanne und Länge der Reproduktionsphase durch extrinsische Risiken bestimmt werden, ist es evolutionsbiologisch sinnvoll, nur limitierte Ressourcen in Erhaltungs- und Reparaturfunktionen zu investieren. Dies führt zu einer Reihe wichtiger und nachprüfbarer Schlussfolgerungen:

- Es gibt keine spezifischen Gene, die Altern hervorrufen.
- Gene, die somatische Erhaltungsmechanismen und Reparaturprozesse steuern, sind wichtig für Altern und Langlebigkeit.
- Die Rate des Alterns und die maximale Lebensspanne einer Spezies ist in erster Linie das Ergebnis einer Anpassung an das spezifische Niveau extrinsischer Risiken.
- Plastizität und Zufall können eine relativ große Rolle im Altersprozess spielen.

Altern und Lebenserwartung des Menschen

Elimination extrinsischer Risiken bewirkt einen dramatischen Anstieg der mittleren Lebenserwartung; es ist unklar, wieweit die maximale Lebensspanne des Menschen steigen kann

Altern humaner Populationen. In den meisten Industrieländern hat sich im Laufe des vergangenen Jahrhunderts die ***mittlere Lebenserwartung*** nahezu verdoppelt. Dies ist in erster Linie auf verbesserte Lebensbedingungen zurückzuführen (Ernährung, Hygiene, reduzierte Kindersterblichkeit, Vorbeugung gegen lebensbedrohliche Infektionen), d. h. auf Ausschaltung extrinsischer Risiken. Abbildung 41.2 zeigt die Entwicklung der Lebenserwartung in Deutschland über die letzten 500 Jahre. Das Durchschnittsalter ist gestiegen, und die klassische Bevölkerungspyramide wird an ihrer Spitze mehr und mehr aufgeweitet (Rektangularisierung der Überlebenskurve). Dies wurde bislang dadurch erreicht, dass mehr Menschen älter werden, aber vermutlich ohne dass sich die maximale Lebenserwartung oder die Rate des Alterns wesentlich verändert haben. Die extrapolierte Kurve für 2040 zeigt die Grenze des Erreichbaren unter der Voraussetzung einer maximalen Lebenserwartung von etwa 120 Jahren und nur geringfügig beeinflussbarer Rate des Alterns. Dies sind häufig benutzte demografische Standardannahmen; sie sind wissenschaftlich jedoch nicht ausreichend untermauert.

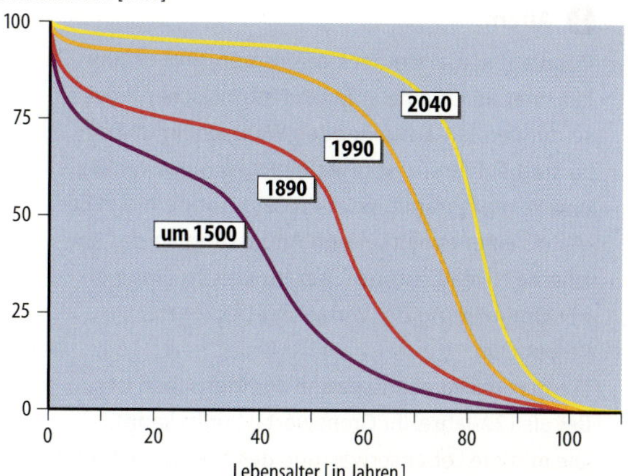

Abb. 41.2. Lebenserwartung in Deutschland. Die Verbesserung der medizinischen, sozialen und ökonomischen Verhältnisse hat in den letzten Jahrhunderten in Deutschland dazu geführt, dass die Überlebensrate bis ins hohe Alter nur langsam abnimmt. Nach Nikolaus (1992)

Maximale Lebensspanne. Die maximale Lebensspanne des Menschen wird gegenwärtig von Jeanne Calment definiert, die 1997 als bislang ältester Mensch mit zweifelsfrei nachgewiesenem Geburtsdatum im Alter von 122 Jahren und 164 Tagen starb. Es ist bislang unklar, ob und wieweit humanes Altern verlangsamt und/oder das maximale Alter unserer Spezies durch Optimierung von Sozialstruktur, Ernährung, Lifestile oder medizinischer Prophylaxe erhöht werden kann. Zahlreiche experimentelle Untersuchungen zeigen allerdings, dass nicht nur die Lebenserwartung, sondern auch die maximale Lebensspanne von ganz unterschiedlichen Tieren z. B. durch Behandlung mit Antioxidantien oder durch kalorische Reduktion signifikant gesteigert werden kann (► s. Abschnitt 41.2). Es ist daher wahrscheinlich, dass die maximal mögliche menschliche Lebensspanne noch nicht bekannt ist.

Mittlere Lebenserwartung. Die mittlere Lebenserwartung des Menschen hängt sehr stark von den konkreten Umweltbedingungen ab und variiert über einen weiten Bereich zwischen Ländern und zwischen Bevölkerungsgruppen oder sozialen Schichten innerhalb eines Landes. Sie kann in einzelnen Ländern durchaus abfallen, wie z. B. in den Nachfolgestaaten der ehemaligen Sowjetunion. Im jeweils »besten« Land (heute ist das Japan) ist die mittlere Lebenserwartung seit 1840 kontinuierlich angestiegen, und zwar Jahr für Jahr um nahezu 3 Monate für Frauen und 2,5 Monate für Männer. Bis heute wurde kein Anzeichen einer Verlangsamung dieses Anstiegs beobachtet. Wenn es also eine konstante maximale Lebensspanne gibt, muss sie so groß sein, dass sie den Anstieg der mittleren Lebenserwartung (der im Gegensatz zur Lebensspanne sehr genau gemessen werden kann) bis heute nicht abflachen konnte.

In Kürze

Altern

Populationen alternder Organismen sind gekennzeichnet durch eine aufgrund intrinsischer Prozesse mit der Zeit ansteigenden Wahrscheinlichkeit zu sterben. Altern ist nicht biologisch notwendig und kein programmierter Prozess, sondern das Ergebnis einer evolutionären Anpassung an das spezifische Niveau extrinsischer Risiken im Sinne einer Optimierung der Verteilung begrenzter Ressourcen.

Die maximale Lebensspanne des Menschen ist größer als 122 Jahre. Ihr Grenzwert ist unbekannt.

Die mittlere Lebenserwartung des Menschen hängt sehr stark von den konkreten Umweltbedingungen ab und variiert über einen weiten Bereich zwischen Ländern und zwischen Bevölkerungsgruppen oder sozialen Schichten innerhalb eines Landes.

41.2 Zelluläre und molekulare Ursachen des Alterns

Gene und Langlebigkeit

Die menschliche Lebensspanne ist zu 20–33 % durch Vererbung bestimmt; populations- und molekulargenetische Modellstudien haben eine Reihe von Kandidatengenen für Langlebigkeit identifiziert

Vererbbarkeit der Lebensspanne. Es ist lange bekannt, dass Langlebigkeit ***familiär gehäuft*** auftritt. Etwa ein Fünftel bis ein Drittel der Varianz der Lebensspanne ist genetisch bedingt. Der größte Teil der Variabilität ist jedoch durch zwei andere Faktoren bedingt: ***Umwelt*** und ***Zufall***. Da Altern im Gegensatz zu Entwicklungsprozessen nicht durch ein genetisches Programm gesteuert wird, muss man annehmen, dass Zufall eine wichtige Rolle spielt: wo und wann welcher Schaden auftritt, ist nicht vorhersagbar, kann aber entscheidende Konsequenzen für den weiteren Alternsprozess haben. Die relativen Anteile von Umweltbedingungen und Zufall sind nicht bekannt.

Langlebigkeitsgene. Bestimmte ***Polymorphismen*** in Kandidatengenen werden in erfolgreich alternden Populationen (z. B. 100-Jährigen) häufiger gefunden als in der Normalbevölkerung. ***Apolipoprotein E*** z. B. hat drei weitverbreitete Allele. In 100-Jährigen ist das e4-Allel signifikant seltener und das e2-Allel signifikant häufiger als in jüngeren Probanden. Dies steht in Übereinstimmung mit einem höheren Risiko für Atherosklerosis und Alzheimer in e4-Trägern. Weitere mit Langlebigkeit assoziierte Polymorphismen wurden z. B. im Apolipoprotein-B-Lokus oder im HLA-Gen identifiziert. Insulinabhängige Regulation des Stoffwechsels spielt eine wesentliche Rolle für Schadensresistenz (► s. u.) und genetische Modifikationen im Insulinrezeptor-Weg können die Lebensspanne von Modellorganismen signifikant beeinflussen.

Wie erwartet, ist die Penetranz aller bislang gefundenen Polymorphismen schwach. Typischerweise ist die Signifikanz der Zusammenhänge zwischen Allelhäufigkeit und Lebensspanne abhängig von der untersuchten Population und unter scheinbar nur wenig unterschiedlichen genetischen oder Umweltbedingungen oft nicht reproduzierbar. Dies stützt die Idee, dass die ***Wechselwirkung*** einer größeren Menge von Genen untereinander und mit Umwelteinflüssen das Altern bestimmt. Ob diese größere Menge Dutzende, Hunderte oder Tausende von Genen beinhaltet, ist gegenwärtig umstritten. Klar ist, dass die bisher durchgeführten Kandidatengen-Studien vom Design her nicht gut geeignet sind, Wechselwirkungen zwischen Genen aufzudecken. ***Genomweite Studien*** haben im Prinzip dieses Potential, und erste Ergebnisse werden im Lauf der nächsten Jahre erwartet.

Molekulare Schäden und Altern

Molekulare Schäden sind ein unvermeidbarer Bestandteil aller Lebensprozesse und die ultimative Ursache des Alterns

Oxidativer Stress. In ▶ Kapitel 36.5 ist beschrieben, wie unter normalen physiologischen Bedingungen in Verbindung mit Stoffwechselaktivitäten von Cytochrom P_{450}, Oxidasen und vor allem in der mitochondrialen Elektronentransportkette das ***Superoxid-Anionenradikal*** $O_2^{\cdot -}$, das ***Wasserstoffperoxid*** H_2O_2 und das hochreaktive ***Hydroxylradikal OH*** gebildet werden. Diese reaktiven Sauerstoffverbindungen werden häufig als ***ROS*** *(Reactive Oxygen Species)* bezeichnet. ***Oxidativer Stress*** entsteht, wenn die Konzentration von ROS die Entgiftungs- und Reparaturkapazität der Zelle übersteigt. Dies resultiert in der Schädigung aller zellulären und extrazellulären Makromoleküle.

Lipidperoxidation. ROS können ungesättigte Fettsäuren peroxidieren. Damit wird eine Kettenreaktion in zellulären Membranen gestartet, die immer neue Lipidperoxide generiert. Dies verändert die Fluidität biologischer Membranen und beeinflusst die Aktivität membranständiger Transportproteine durch Veränderung ihrer Mikroumgebung. Die Membranpermeabilität steigt, und Peroxidationsreaktionsketten generieren toxische Endprodukte wie Malondialdehyd oder Hydroxynonenal, die ihrerseits Proteine schädigen. Im Ergebnis muss mehr Energie aufgewendet werden um Membranpotentiale aufrechtzuerhalten. Lipidperoxidation ist eine wichtige Ursache für sinkende Erregbarkeit und Transportleistung von Zellen, speziell unter Belastung, im Alter.

Oxidative Proteinmodifikationen. ROS können Peptidketten in Proteinen aufbrechen und eine Vielzahl oxidativer Modifikationen der Aminosäure-Seitenketten bewirken, insbesondere die Oxidation von Sulfhydrylgruppen (in Cystein und Methionin) zu Proteindisulfiden und Methioninsulfoxid und die Bildung von Carbonylen an Lysin, Arginin, Threonin und Prolin. Das Ergebnis ist (partielle) Entfaltung der Proteine und ein Anstieg der Hydrophobizität der Oberfläche. Mit Ausnahme der Disulfide und Sulfoxide können oxidative Proteinmodifkationen nicht direkt repariert werden, sondern die modifizierten Proteine werden in Proteasomen und Lysosomen verstoffwechselt. Der Anteil oxidierter Proteine in der Zelle steigt mit dem Alter, und Überlastung der proteinabbauenden Systeme ist eine der Ursachen zellulären Alterns (▶ s. u.).

DNA-Schädigung. Oxidative Schädigung kann Einzel- und Doppelstrangbrüche sowie verschiedenste Basenmodifikationen bewirken, die ihrerseits zu Replikations- und Translationsblockaden oder zu Fehlpaarungen und damit zu fixierten Mutationen führen können. Pro Zelle und Tag entstehen einige 10^4 bis 10^5 Schäden, von denen etwa eine Hälfte auf oxidative Schädigung, die andere auf spontane Schäden zurückzuführen sind. Die weitaus meisten Schäden werden repariert. Trotzdem kommt es zur Akkumulation somatischer Mutationen mit dem Alter, die zu zellulären Funktionsbeeinträchtigungen führen können.

Nichtoxidative Schädigung. Oxidation ist nicht die einzige Form der Schädigung von Biomakromolekülen.

- DNA wird spontan (thermisch) depuriniert und depyrimidiniert. Thermisch induzierte Einzelstrangbrüche sind ähnlich häufig wie oxidativ generierte.
- Guanin wird nichtenzymatisch methyliert.
- Biosynthesefehler sind eine wichtige Ursache des Auftretens fehlerhafter Proteine.
- Die wichtigste Form posttranslationaler nichtoxidativer Proteinschädigung ist ***nichtenzymatische Glykosylierung***, d. h. die Addition von Zucker an Proteine (Maillard-Reaktion). Es entstehen zunächst Fructosamin-Protein-Addukte (Amadori-Produkte) und schließlich über mehrere Zwischenschritte sogenannte ***»Advanced Glycation End products«*** (AGEs). AGEs stimulieren die Quervernetzung von Kollagen, können rezeptor-vermittelt in verschiedenen Zelltypen aufgenommen werden und aktivieren dort Stressreaktionen. Klinisch am besten beschrieben ist die Rolle von AGEs für die mikrovaskuläre Pathologie in Diabetes und Nephropathie.

Zelluläre Schutz- und Reparaturmechanismen

Schutz- und Reparaturprozesse spielen eine wichtige Rolle für die Geschwindigkeit des Alterns

Antioxidativer Schutz. Wie in ▶ Kapitel 36.5 beschrieben, verfügen Zellen und Gewebe über ein komplexes ***antioxidatives Schutzsystem***, das aus enzymatischen und nichtenzymatischen Antioxidantien und Radikalfängern besteht. Die Qualität des antioxidativen Schutzes bestimmt wesentlich die Geschwindigkeit des Alterns.

▪▪▪ Querschnittsuntersuchungen an verschiedenen Säugerspezies zeigen, dass zellulärer SOD-Gehalt (◘ Abb. 41.3), DNA-Reparaturkapazität und generelle Stressresistenz gut mit der Lebensspanne korrelieren. Transfektion eines zusätzlichen SOD-Gens und entsprechende Überexpression kann das Leben von Fruchtfliegen um etwa ein Drittel verlängern. Die Lebensspanne von C. elegans steigt signifikant an, wenn die Würmer mit einem katalytisch aktiven SOD-Mimetikum gefüttert werden. Mäuse, in denen das p66Shc-Gen mutiert wurde, produzieren weniger freie Sauerstoffradikale in ihren Geweben und leben um etwa 30 % länger als ihre nicht-modifizierten Geschwister.

Sekundärer Schutz. ***Turnover*** von Membranen und Proteinen und ***Reparatur von DNA*** stellen die zweite »Verteidigungslinie« der Zellen dar.

- ***Proteinturnover und Lipofuszin:*** Proteine werden nach einer Lebensdauer von Minuten bis wenigen Tagen in ***Lysosomen*** oder ***Proteasomen*** abgebaut und geschädigte Proteine werden dabei bevorzugt. Neben der Entgiftung geschädigter Proteine ist Proteinabbau jedoch auch essentiell für eine Vielzahl weiterer physiologischer Funktionen wie Antigenpräsentation oder Zellzyklus. Im

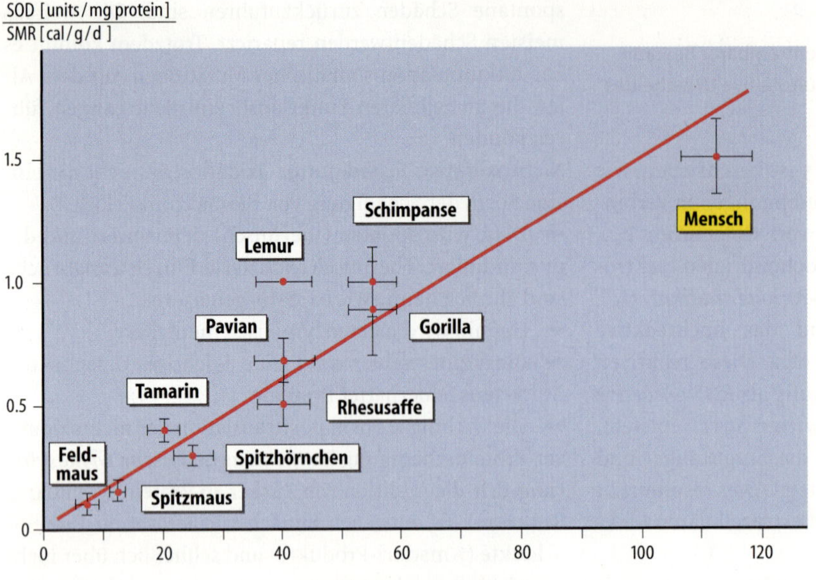

Abb. 41.3. Antioxidativer Schutz korreliert mit der Lebensspanne in Säugetieren. Verhältnis von Superoxid-Dismutase *(SOD)* zu spezifischer Stoffwechselrate *(SMR)* in der Säugetierleber als Funktion der maximalen Lebensspanne. Mod. nach Cutler (1993)0

Alternsprozess übersteigt Proteinoxidation die Kapazität des Proteinturnovers, der Anteil oxidativ geschädigter Proteine im Zytoplasma steigt und es kommt zur Akkumulation von Lipofuszin. Lipofuszin, das prototypische ***Alterspigment***, ist ein hochvernetztes, unlösliches, fluoreszierendes Endprodukt von Peroxidations- und Glykosylierungsreaktionen, das intrazellulär in ***sekundären Lysosomen*** akkumuliert. Wenn Lipofuszin nicht durch Zellteilung verdünnt wird, kann es bis zu 30 % des Zellvolumens, z. B. in alten Muskelzellen oder Neuronen, einnehmen. Lipofuszinakkumulation ist nicht nur ein Marker des Zellalterns, sondern hemmt selbst die Fähigkeit zum ***Proteinturnover*** und trägt somit aktiv zum Altern der Zelle bei. Dies gilt auch für weitere Typen von Aggregaten fehlerhaft oder ungenügend abgebauter Proteine, wie z. B. ***Ceroid*** oder ***Lewy-Körper*** als intrazelluläre Einschlüsse und ***Amyloid*** im Extrazellulärraum.

- ***DNA-Reparatur:*** Die verschiedenen DNA-Schäden (Basenoxidationen, Quervernetzungen, Fehlpaarungen, Einzel- und Doppelstrangbrüche) werden jeweils durch unterschiedliche Mechanismen repariert. Insgesamt sind heute um die 100 verschiedene DNA-Reparaturenzyme bekannt. ***Knockout-Mäuse***, in denen jeweils ein bestimmtes DNA-Reparaturgen zerstört wurde, zeigen drastisch beschleunigte Alternsprozesse. Relevant für das Altern ist die Heterogeneität von DNA-Schädigung und -Reparatur. Die ***mitochondriale DNA*** (mtDNA) ist ein spezifisch relevantes Target für oxidative Schädigung, da sie durch die räumliche Nähe zur Atmungskette vergleichsweise hohen Konzentrationen von Sauerstoffradikalen ausgesetzt ist, gleichzeitig aber nur über wenig effiziente Reparaturmechanismen verfügt. Daher kommt es zur Akkumulation von mtDNA-Mutationen mit dem Alter mit prinzipiell schwerwiegenden Konsequenzen für den Energiestoffwechsel und die Erzeugung freier Radikale in der Zelle. Akkumulation mutierter Mitochondrien kann z. B. zum völligen Verlust der Kontraktionsfähigkeit von Muskelfasern führen. Die Effizienz der Reparatur oxidativer Schäden in ***telomerischer DNA*** ist ebenfalls gering. Oxidativer Stress bestimmt daher weitgehend die Geschwindigkeit der Telomerenverkürzung und reguliert so den Eintritt von Zellen in ***Seneszenz*** (▶ s. u.).

Zelluläre Stressreaktionen

Seneszenz und Apoptose sind die wichtigsten zellulären Reaktionen zur Adaptation des Organismus an potentiell genotoxischen Stress

Kontrolle des Zellwachstums. Die Akkumulation molekularer Schäden kann zu Einschränkungen oder Verlust zellulärer Funktionen führen (z. B. Muskelfaser). Andererseits können durch Mutation abberante Funktionen generiert werden, wie z. B. unlimitiertes Wachstum, Invasions- und Metastasierungsfähigkeit. Die Fähigkeit zum Ausschluss potentiell entarteter Zellen von der Proliferation ist für langlebige multizelluläre Organismen essentiell.

Apoptose. Wenn die Menge an DNA-Schäden die Reparaturkapazität der Zelle massiv übersteigt, wird ein programmierter Zelltod (Apoptose) eingeleitet. Der Tumorsuppressor p53 ist an der Erkennung von DNA-Schäden beteiligt. Enzyme aus der bcl-2-Familie entscheiden, ob ein Cytochrom-C-Komplex aus den Mitochondrien abgegeben wird, der dann eine Kaskade spezifischer Proteasen (Caspasen) aktiviert, wodurch der Abbau der Zelle eingeleitet wird. Im Gegensatz zum nekrotischen Zelltod wird Apotose intern, »aus eigener Kraft« exekutiert, ohne dass eine entzündliche Reaktion im Gewebe induziert wird. Apoptose spielt auch eine wesentliche Rolle in Entwicklungs- und Reifungsprozessen, z. B. der Lymphozyten, wo sie durch externe Signale (Zytokine) ausgelöst wird. Durch DNA-Schaden induzierte Apoptose ist einerseits ein wesentlicher Schutzmechanismus gegen Tumoren. Andererseits haben Experimente an transgenen Tieren gezeigt, dass Zellverlust infolge übersteigerter Apoptose das Altern beschleunigt.

Seneszenz. Im Vergleich zu Apoptose ist Seneszenz eine moderate Reaktion von Zellen auf unterschiedliche Formen von Stress. Seneszente Zellen sind noch langdauernd lebensfähig, haben aber ihre Teilungsfähigkeit verloren. Mit der Proliferationsblockade gehen zellspezifische Veränderungen im Genexpressionsmuster einher. L. Hayflick beobachtete bereits 1963, dass somatische Zellen in Kultur ihr Wachstum nach einer unter Standardbedingungen konstanten Anzahl von Teilungen einstellen. Der Zählmechanismus für die Zellteilungen wurde später in den Telomeren lokalisiert. Inzwischen ist klar, dass auch telomereninduzierte Seneszenz eine Reaktion auf den kumulativen Stress während des Wachstums darstellt (► s. u.). Wie Apoptose wirkt auch Seneszenz als Tumorsuppressor. Gleichzeitig trägt Erschöpfung der zellulären Teilungsfähigkeit zum Altern von Geweben und Organismen bei. Replikative Seneszenz kann z. B. das Wachstum von Lymphozyten limitieren und ist eine mögliche Ursache der Immunseneszenz. Genexpressionsmuster seneszenter Zellen weichen sehr stark von dem proliferationskompetenter Zellen ab. Ein zunehmender Anteil seneszenter Zellen im Gewebe verändert daher die Eigenschaften des Organs.

Telomeren – eine biologische Uhr? Telomeren, die DNA-Proteinkomplexe an den Enden aller Chromosomen, verkürzen sich mit jeder Zellteilung, da die distalen Enden linearer DNA-Moleküle von den »normalen« DNA-Polymerasen nicht vollständig repliziert werden können. Kurze Telomeren lösen über Aktivierung von Tumorsuppressoren wie p53 Seneszenz aus. Immortale Zellen, z. B. Keimbahnzellen oder viele Tumoren, verfügen über das Enzym ***Telomerase***, das neue Telomerensequenzen an vorhandene Enden anhängen und damit der Telomerenverkürzung entgegenwirken kann. Wird Telomerase künstlich in somatischen Zellen exprimiert, wird die Telomerenlänge stabilisiert und die Zellen werden immortal, ohne dass Tumorsuppressorgene in ihrer Funktion beeinträchtigt werden. Telomeren wirken also als »biologische Uhr« der Zellen. Diese »Uhr« ist jedoch nicht autonom, sondern wird stressabhängig reguliert. Zellen mit hoher Radikalproduktion oder schlechtem antioxidativen Schutz (z. B. niedrigere SOD-Aktivität) verkürzen ihre Telomeren schneller und gehen eher in Seneszenz. Auch telomereninduzierte Seneszenz ist eine ***zelluläre Stressantwort.***

41.1. Progerien

Eine Reihe seltener Erbkrankheiten manifestieren sich als beschleunigte Vergreisung, oder Progerie:

- Diese können extrem schnell verlaufen wie im Fall des Wiedemann-Rautenstrauch-Syndroms (neonatale Progerie), in dem Wachstumshemmung, Mangel an Unterhautfettgewebe, Haarverlust und Osteoporose bereits in utero auftreten und eine mediane Überlebensdauer von nur 7 Monaten erreicht wird.
- Hutchinson-Guilford-Progerie ist durch eine Wachstumshemmung ab dem 1. Lebensjahr gekennzeichnet, und die Patienten entwickeln Osteoporose, Arthritis, Atherosklerose und Myokardinfarkte als junge Teenager.
- Das Werner-Syndrom ist die haufigste Progerie (ca. 10 Fälle pro Mio. Geburten). Hier findet man die ersten offensichtlichen Symptome in der Pubertät, zusätzlich zu den bereits genannten Symptomen treten häufig bilaterale Katarakte, Typ-II-Diabetes und Tumore, speziell Sarkome, auf und die Patienten sterben meist vor ihrem 50. Lebensjahr.
- In weiteren Syndromen (Rothmund-Thomson, Cockayne, Xeroderma pigmentosum) stehen mehr Aspekte prematur erhöhter Tumorinzidenz oder beschleunigter Hautalterung im Vordergrund.

Alle Progerien sind segmental, d. h. nicht alle Aspekte normalen Alterns sind gleichermaßen beschleunigt. Die kausalen genetischen Defekte sind mit wenigen Ausnahmen (Wiedemann-Rautenstrauch) bekannt. Interessanterweise sind nicht nur alle Progerien Einzelgenerkrankungen, es handelt sich auch in allen Fällen um Gene mit Funktionen in DNA-Reparatur, Replikation oder Chromatinstruktur.

In Kürze

Zelluläre und molekulare Ursachen des Alterns

Zu den zellulären und molekularen Mechanismen, die die Geschwindigkeit des Alterns bestimmen, gehören:

- antioxidantive Schutzmechanismen,
- telomerenvermittelte zelluläre Seneszenz,
- Akkumulation falsch prozessierter oder geschädigter Proteine,
- Akkumulation von Mutationen, speziell in mtDNA und
- Modifikation hormoneller Stoffwechselregulation.

▼

Die Komplexizität des Alterns ist ganz wesentlich durch die vielfachen Interaktionen zwischen diesen Mechanismen bestimmt.

41.3 Physiologisches Altern

Hohe Variabilität des Alternsprozesses

Altersphysiologische Veränderungen machen sich durch die verminderte Organreserve besonders bei Belastungen bemerkbar

Das Leben eines Organismus beruht auf einer inneren Homöostase. Das innere Milieu wird trotz wechselnder Einflüsse innerhalb strenger Grenzen aufrechterhalten. Dabei ist die ***funktionelle Kapazität*** der menschlichen Organe und Organsysteme im jungen Erwachsenenalter 2–10 mal höher als zur Aufrechterhaltung der Homöostase notwendig ist. So kann z. B. das Herzzeitvolumen unter Belastung auf das 5-fache des Ruhewertes ansteigen (▶ s. Kap. 28.11, 40.4). Diese ***Organreserve*** ermöglicht es dem Organismus, auch unter extremen Lebensbedingungen und Anforderungen sein inneres Gleichgewicht aufrechtzuerhalten. Ab dem 30. Lebensjahr kommt es zu einer Abnahme der Organreserve. Die Homöostase wird labiler, die Adaptationsfähigkeit an äußeren und inneren Stress nimmt ab, es kommt zu Funktionseinbußen (Abb. 41.4). Ausfälle bestimmter Funktionen können im Alter schlechter kompensiert werden. Der Zusammenbruch eines der Regelkreise kann infolge der Interdependenz zum Tod des Organismus führen, auch ohne klinisch oder pathologisch fassbare Krankheit.

Von den Funktionseinschränkungen sind nicht gleichförmig alle Gewebe und Organe betroffen ***(intraindividuelle Variabilität)***. Es kommt ferner zu einer mit fortschreitendem Alter zunehmenden ***interindividuellen Streubreite*** der Befunde. Eine Unterscheidung zwischen physiologischen Altersveränderungen und krankhaften Prozessen ist nicht immer leicht, die Grenzen sind häufig fließend.

▪▪▪ Ein Großteil der als typisch angesehenen morphologischen und funktionellen Veränderungen während des Alterns fußt auf Erkenntnissen von **Querschnittsuntersuchungen**. Gerade in höheren Altersgruppen ist damit eine positive Selektion verbunden, da Personen mit ungünstigem Risikoprofil bereits früher verstorben sind. Weitergehende Aussagen über den Alternsprozess lassen nur **Longitudinaluntersuchungen** zu, die bisher nur vereinzelt durchgeführt wurden.

Häufig findet man kaum Veränderungen der Messwerte in ***Ruhe***, wenn man ältere mit jüngeren Menschen vergleicht. Dagegen scheiden unter einer Volumenbelastung ältere Menschen pro Zeiteinheit geringere Urinmengen aus als jüngere, auch sinkt die maximal erreichbare Herzschlagrate mit zunehmendem Alter. Neurophysiologische Befunde fallen stärker pathologisch aus, wenn geschwindigkeitsbezogene Tests durchgeführt werden, im Gegensatz zu Tests, bei denen ausreichend Zeit zur Verfügung steht. Regelmäßiges ***körperliches Training***, **geistige Regsamkeit** und ***ausgewogene Ernährung*** können die altersphysiologischen Veränderungen verzögern. So ist die kardiopulmonale Leistungsfähigkeit von 70-Jährigen Ausdauersportlern durchaus mit der von untrainierten 30-Jährigen zu vergleichen.

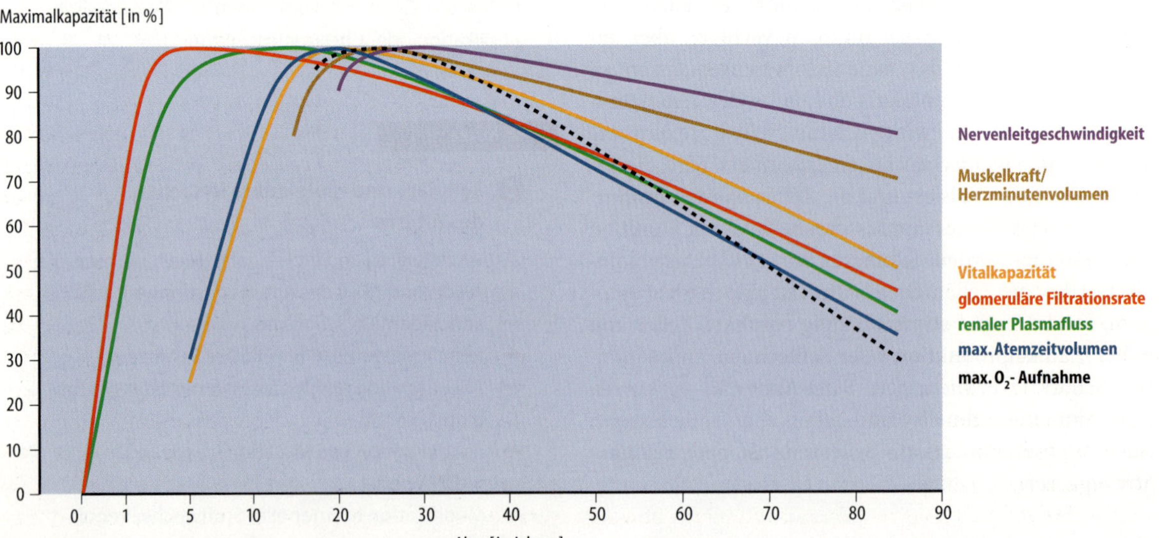

Abb. 41.4. Altersphysiologische Veränderungen verschiedener Organsysteme. Mod. nach Bafitis u. Sargent (1977), Lakatta (1990), Larsson et al (1979) und Shock (1983)

In Kürze

Physiologisches Altern

Die physiologischen Alternsvorgänge führen zu einer Abnahme der Organreserve. Die Funktionseinschränkungen machen sich zuerst bei Belastung bemerkbar, während unter Ruhebedingungen kaum Veränderungen gegenüber jüngeren Erwachsenen festzustellen sind.

Die Geschwindigkeit des Alternsprozesses ist sowohl zwischen einzelnen Organsystemen als auch zwischen verschiedenen Individuen unterschiedlich. Mit steigendem Alter kommt es daher zu einer zunehmenden intra- und interindividuellen Variabilität.

Verzögerung des physiologischen Alterns

Faktoren, die die altersphysiologischen Veränderungen verzögern können, sind:

- regelmäßiges körperliches Training,
- geistige Regsamkeit und
- ausgewogene Ernährung.

41.4 Organveränderungen im Alter

Herz-Kreislauf

Das Herz-Kreislaufsystem weist eine hohe funktionelle Leistungsreserve auf; typisch ist ein vermindertes Ansprechen auf stress-vermittelte Reize

Erkenntnisse über altersabhängige Struktur- und Funktionsänderungen in verschiedenen Organen und Organsystemen stammen überwiegend aus Querschnittsuntersuchungen und sind daher von eingeschränkter Aussagekraft. Im Folgenden sind aus der Vielzahl von morphologischen und funktionellen Einzelbefunden der Querschnittsstudien nur diejenigen aufgenommen, die von klinischer Relevanz sind, sowie die Ergebnisse der bisher nur vereinzelt durchgeführten Langzeituntersuchungen.

Eine bedeutende altersphysiologische Veränderung des ***kardiovaskulären Systems*** ist das verminderte Ansprechen des Herzens auf β-adrenerg-vermittelte Reize. Die Antwort auf α-adrenerge Stimuli bleibt hingegen intakt. Während sich die Herzschlagrate in Ruhe im Alter nicht ändert, sinkt die maximale ***Herzfrequenz unter Belastung*** deutlich ab (etwa $^1/_2$ Schlag pro Minute pro Jahr). Bei einem 20-Jährigen liegt die maximale Herzfrequenz bei etwa 200/min während sie bei einem 85-Jährigen nur noch 170/min erreicht. Die Abnahme der maximalen Herzschlagrate bei Belastung kann zum Teil über eine Erhöhung des Schlagvolumens kompensiert werden.

Die ***Herzgröße*** bleibt im Alter unverändert, obwohl die Herzwanddicke des linken Ventrikels leicht zunimmt. Die frühdiastolische ***Füllungsrate*** nimmt ab, wird aber durch eine verstärkte Vorhofkontraktion kompensiert. Trotz einer Zunahme der Nachlast *(Afterload)* infolge Erhöhung des systolischen Blutdruckes in Ruhe zeigen das endsystolische und das Schlagvolumen im Alter keine Veränderung. Die im Alter feststellbare Abnahme der physischen Leistungsfähigkeit und der maximalen Sauerstoffaufnahme ist weniger durch kardiale Veränderungen hervorgerufen als durch periphere (z.B. Abnahme der Gesamtmuskelmasse).

Funktionelle Störungen der Herzaktion gehen oft auf Veränderungen des ***Erregungsleitungssystems*** zurück, das teilweise durch Kollagen ersetzt wird. Die Folge sind Überleitungsstörungen unterschiedlichen Ausmaßes. Im Alter häufig, aber als pathologisch anzusehen, sind ***arteriosklerotische Veränderungen*** der Koronar- und anderer Arterien. Sie führen zur Blutmangelversorgung der betroffenen Organe. Am häufigsten sind Herz (koronare Herzkrankheit), untere Extremitäten (arterielle Verschlusskrankheit) und Gehirn (zerebrale Ischämie) betroffen. Die fortschreitende Abnahme elastischer Eigenschaften der Gefäße ist Ursache für den statistischen Blutdruckanstieg mit zunehmendem Alter, der hauptsächlich die Systole betrifft.

Atmung

Im Alter kommt es zu einem morphologischen Umbau der Lunge, der zu funktionellen Einschränkungen bei körperlicher Anstrengung führt; darüberhinaus ist die organspezifische Abwehr herabgesetzt

Der Atmungsapparat weist auch bei gesunden alternden Nichtrauchern typische Veränderungen auf:

- Die ***Alveolen*** vergrößern sich um das Mehrfache, wobei die ***Alveolarsepten*** z.T. verschwinden.
- Die Zahl der ***Lungenkapillaren*** geht zurück und die elastischen Fasern nehmen ab.

Aus diesen morphologischen Veränderungen ergeben sich bestimmte Einschränkungen der Lungenfunktion im Alter: Der Elastizitätsverlust des Lungenparenchyms und die zunehmende Starrheit des Thoraxwandskeletts führen zu einer Abnahme der ***Vitalkapazität*** und der ***Compliance*** (▶ s. Kap. 32.3). Da für die Weitstellung der kleinsten Bronchiolen der Zug der elastischen Fasern erforderlich ist, geht mit dem Verlust dieser Fasern gleichzeitig eine Zunahme der Resistance einher (▶ s. Kap. 32.3). Im selben Maße nimmt die relative Sekundenkapazität ab (▶ s. Kap. 32.3). Der erhöhte Atemwegswiderstand führt dann im Laufe der Zeit zu einer Zunahme der funktionellen ***Residualkapazität*** (▶ s. Kap. 32.2). Schließlich ist infolge der reduzierten respiratorischen Oberfläche die ***Diffusionskapazität*** vermindert. Ältere Menschen zeigen ein vermindertes Ansprechen auf Hypoxie und Hyperkapnie (Atemzüge, Herzfrequenz) und sind durch Krankheiten wie Pneumonie und chronisch obstruktive Lungenerkrankungen gefährdeter als Jüngere.

Die Altersveränderungen der Lungen betreffen nicht nur physiologische Funktionen des Gasaustausches sondern auch ***organspezifische Abwehrmechanismen***. Die zelluläre Immunität ist herabgesetzt, ebenso die humoral vermittelte. So setzt zum Beispiel die Antikörperproduktion gegen Pneumokokken oder Influenzavakzine nur verzögert ein. Der Hustenreflex zeigt eine altersbedingte Einschränkung, ebenso der mukoziliäre Transport.

Nervensystem und Sinne

Veränderungen des Nervensystems führen zu nachlassendem Reaktionsvermögen sowie Schlafstörungen; nachlassende Sinnesleistungen können zu Störungen der zwischenmenschlichen Kommunikation führen

Nervensystem. Mit zunehmendem Alter kommt es zu einem Verlust von Nervenzellen. Ihr Gehalt an ***Lipofuszin*** nimmt deutlich zu. Es treten auch bei gesünderen älteren Menschen senile Plaques und neurofibrilläre Veränderungen auf (sog. ***Alzheimer-Fibrillen***). Ein Nachlassen der intellektuellen Fähigkeiten ist, entgegen der landläufigen Meinung, jedoch nicht alterstypisch. Durch eine verzögerte ***Nervenleitgeschwindigkeit*** und synaptische Übertragung lässt allerdings das Reaktionsvermögen nach. So nimmt die Reaktionszeit um 26 % zu, wenn man 60-Jährige mit 20-Jährigen, gesunden Versuchspersonen vergleicht.

Veränderungen des Schlafmusters (▶ s. Kap. 9.1). Im Alter kommt es zu einer Zunahme der Einschlaflatenz und Abnahme der Tiefschlafphasen mit häufigen kurzen Unterbrechungen des Schlafes. Die REM-Schlafphasen hingegen bleiben unverändert. Änderungen des Schlafmusters werden auf reduzierte Konzentrationen des Neurotransmitters Serotonin zurückgeführt.

Sinnesorgane. Die Leistungen des ***Gehörs*** nehmen mit fortschreitendem Alter ab. Die Fähigkeit, hohe Frequenzen wahrzunehmen, geht laufend zurück (***Presbyakusis***, ▶ s. Kap. 16.5) Aber auch das Sprachverständnis ist betroffen, weil sich wahrscheinlich die Tuningkurven der Hörnervenfasern verändern. Grundlagen der sensorischen Einbußen sind Versteifung der Basilarmembran, Atrophie des Corti-Organs und metabolische Defizite infolge einer Atrophie der Stria vascularis. Ein zunehmender Neuronenverlust reduziert die Leistungsfähigkeit der auditiven Informationsverarbeitung.

Der ***Gesichtssinn*** ist im Alter ebenfalls in mannigfacher Weise beeinträchtigt. Wegen der abnehmenden Linsenelastizität vermindert sich die Akkommodationsbreite stark. Mit 70 Jahren ist das Akkomodationsvermögen fast völlig erloschen (***Presbyopie***, ▶ s. Kap. 18.3). Der Nahpunkt rückt daher immer weiter vom Auge weg, zum Lesen wird eine Brille notwendig. Die Transparenz der Linse geht im Alter zurück. Unter pathologischen Bedingungen (chronische UV-Lichtexposition, Medikamente wie Kortison, Uveitis, Diabetes mellitus) kann sich daraus eine Linsentrübung (***Katarakt***) entwickeln.

Im Alter kommt es außerdem zu einer Abnahme von ***Geruchs- und Geschmacksfähigkeit*** (besonders für salzig). Dies ist eine der Ursachen für den oft mangelhaften Appetit alter Menschen.

Die ***somatoviszerale Sensibilität*** ist im hohen Alter durch einen progressiven Verlust von Meißner- und Pacini-Tastkörperchen (▶ s. Kap. 14.2), der bei 90-Jährigen bis zu 30 % beträgt, beeinträchtigt.

Endokrines System

Veränderungen der Hormonproduktion führen bei Frauen in den Wechseljahren zum Erlöschen der Keimdrüsenfunktion, bei Männern kommt es zu einer kontinuierlichen Abnahme der Hormonsynthese

Endokrines System. Ein einschneidender Prozess stellt bei Frauen das Klimakterium (▶ s. Kap. 22.5) mit Erlöschen der Keimdrüsenfunktion dar. Zunächst werden die Menstruationsblutungen unregelmäßig und schwächer, dann bleiben Ovulation und Gelbkörperbildung aus. Mit Abfall der Östrogen- und Progesteronspiegel im Blut steigt für einige Jahre die FSH-Produktion stark und die LH-Produktion in geringerem Maße an.

Beim Mann kommt es nicht zu einer sog. Andropause. Der mittlere ***Testosteronspiegel*** sinkt zwischen dem 25. Lebensjahr und dem 90. Lebensjahr zwar kontinuierlich ab, vielfach können jedoch bei gesunden alten Männern Testosteronspiegel im mittleren virilen Bereich gemessen werden. Das Gewicht der Hoden bleibt konstant. Die Anzahl fertiler Spermien sinkt jedoch mit dem Alter, ebenso die Reizantwort der Leydig-Zellen auf einen Gonadotropin-Stimulus.

Weder bei Frauen noch bei Männern gibt es einen biologischen Endpunkt für ***sexuelles Interesse*** und Kompetenz. Lediglich die Häufigkeit der sexuellen Aktivität nimmt in höherem Alter ab.

Altern geht mit einem kontinuierlichen Rückgang der Sekretion von ***Wachstumshormon*** – *Human Growth Hormone* (HGH) einher. Dabei bleiben Pulsatilität und Stimulierbarkeit der Sekretion prinzipiell erhalten. Die Vermittlung der Wachstumshormonwirkung erfolgt größtenteils über Somatomedin-C/Insulin-like Growth Factor I (IGF I), dessen Spiegel ebenfalls altersassoziiert abfällt.

Andere Hormone wie ***DHEA*** (Dehydroepiandrosteron) zeigen ebenfalls ein kontinuierliches Absinken bis auf 20 % des Gipfels im jungen Erwachsenenalter.

Generell findet sich im Alter ein verzögertes Ansprechen der Zielorgane auf hormonelle Stimuli übergeordneter Zentren (z. B. verzögerte Reaktion von TSH auf TRH-Stimulation, verzögerte ACTH-Produktion auf CRH-Stimulation, vermindertes Ansprechen auf adrenerge Reize). Absinkende Hormonspiegel sind Bestandteil des Alterungsprozesses und nicht dessen Ursache.

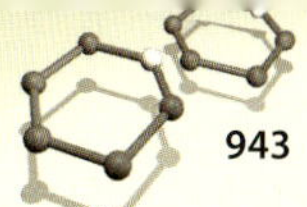

Daher können durch substitutive Anhebung von Hormonspiegeln auf jugendliche Werte keine Einflüsse auf Alternsprozesse erwartet werden *(»Anti-Aging«)*.

Niere, Darm

Die Abnahme der Nierenfunktion hat große Bedeutung für die Pharmakotherapie, während altersbedingte Veränderungen im Magen-Darm Trakt nur geringe klinische Auswirkungen haben

Renales System. Die Nieren erfahren im Alter eine vermehrte glomeruläre Sklerose. Die Zahl der Nephronen nimmt ab. Sie sind im 8. Lebensjahrzehnt um etwa 30 % reduziert. Die Basalmembranen verdicken sich. Es kommt zu einer deutlichen Abnahme der ***glomerulären Filtrationsrate*** bei ebenfalls rückläufigem renalem Plasmafluss. Die Folge ist eine reduzierte Verdünnungs- und Konzentrationsfähigkeit und eine verlangsamte Säureelimination. Die Rückresorption von Glukose und Natrium ist herabgesetzt, ebenso der Vitamin-D-Metabolismus. Mit zunehmendem Alter kommt es zu einem Absinken des Reninspiegels.

Die funktionellen Veränderungen an der Niere müssen unbedingt bei der ***Pharmakotherapie*** berücksichtigt werden, da viele Medikamente renal eliminiert werden und daher im Alter mit längeren Halbwertszeiten zu rechnen ist.

Gastrointestinales System. Im gesamten Verdauungstrakt kommt es im Alter zu einer verminderten Motilität. Die Frequenz der Peristaltikwellen nimmt ab. Es treten vermehrt ***nichtpropulsive Kontraktionswellen*** auf. Dies kann im Ösophagus zu Schluckstörungen führen (sog. ***Presbyösophagus***). Neben dem verminderten Defäkationsreflex ist die Motilitätsminderung, eine Ursache der im Alter häufigen Obstipation. Die ***Atrophie*** von Magen- und Darmschleimhaut führt zu einer Abnahme der Intrinsic-Factor-, Magensäure- und Pepsin-Sekretion. Die Absorption von Eisen und Calcium ist vermindert. Leber und Pankreas nehmen an Größe ab, die Durchblutung lässt nach. Es kommt zu moderaten Funktionseinbußen mit reduzierter Glukosetoleranz und Rückgang einzelner Enzymaktivitäten. Dies muss bei der Dosierung von Pharmaka, die über die Leber abgebaut und ausgeschieden werden, berücksichtigt werden.

Blut, Bewegungsapparat und Haut

Durch eine deutliche Reduktion der Lymphozyten im Alter kommt es zu einer Immuntoleranz mit Zunahme von Autoimmunerkrankungen und bösartigen Neoplasien; die Muskelkraft nimmt ab, im Zusammenspiel mit einer Osteopenie oder Osteoporose ist auch die Frakturgefährdung erhöht

Hämatologisches System. Das ***aktive Knochenmark***, dessen Gesamtvolumen bei jugendlichen Erwachsenen etwa 1500 ml beträgt, wird fortschreitend durch Fett- und Bindegewebe ersetzt. Im Sternum findet man bei 70-Jährigen nur noch die Hälfte der Zelldichte, verglichen mit dem Knochenmark des Jugendlichen. Das periphere Blutbild ist davon aber nicht betroffen. Es kommt allenfalls zu einer leichten Abnahme von Hb und Hkt. Auf Stoffwechselveränderungen weist die Abnahme des ATP- und 2,3-Diphosphoglyceratgehaltes der Erythrozyten hin.

Nach dem 40. Lebensjahr kommt es zu einer deutlichen ***Abnahme der Lymphozyten*** um 25 %. Besonders betroffen sind hiervon die T-Lymphozyten (▶ s. Kap. 24.2), wohl im Zusammenhang mit der Involution des Thymus. Sowohl Zahl als auch Aktivität von T-Helferzellen und T-Killerzellen nehmen alterbedingt ab. Die herabgesetzte Funktionsfähigkeit der T-Lymphozyten beeinflusst auch die Funktion der B-Zellen. Dies führt insgesamt zu einem Rückgang der immunologischen Kompetenz mit ***Abwehrschwäche***, Verlust der ***Immuntoleranz*** mit vermehrtem Auftreten von ***Autoimmunerkrankungen*** und erhöhter Inzidenz ***bösartiger Neubildungen***.

Bewegungsapparat und Haut. Durch Veränderungen im Calciumstoffwechsel kommt es mit zunehmendem Alter zur Abnahme des Kalksalzgehaltes der Knochen mit Rarefizierung der ***Knochenmatrix*** und erhöhter Knochenbrüchigkeit. An den Gelenken treten Knorpelauffaserungen und Knochenappositionen (Osteophyten) auf. Solche Osteophyten finden sich beispielsweise bei $^1/_3$ aller über 50-Jährigen am Femurkopf.

Die Muskelkraft nimmt im Alter kontinuierlich ab. Die Muskelmasse wird kleiner ***(Atrophie)*** und teilweise durch Fettgewebe ersetzt. Die Belastbarkeit der Sehnen lässt ebenfalls nach.

Die Veränderungen der Haut und ihrer Anhangsgebilde führen zu einer Reduktion des ***subkutanen Gewebes*** und der darin liegenden Kapillaren und Schweißdrüsen. Die Folge sind verminderte Schweiß- und Fettproduktion und eine verlangsamte Wundheilung aufgrund verminderter Durchblutung, erhöhter Verletzlichkeit und Kapillarfragilität. Der Turgor der Haut nimmt ab, an lichtexponierten Stellen kommt es zu fleckiger ***Pigmentierung*** als Folge mutierter Zellklone. Die Haare werden grau und sind brüchiger, die Dichte ist herabgesetzt.

In Kürze

Organveränderungen im Alter

Strukturelle und funktionelle Veränderungen sind im Alter in vielen Organen und Organsystemen nachweisbar:

- Herz: Funktionelle Veränderungen am Herzen führen zu verminderter körperlicher Belastbarkeit. Strukturelle Schädigungen an den glatten Gefäßmuskelzellen sind Ursache für die im Alter häufige Arteriosklerose und deren Folgen.

▼

- Lunge: Herabgesetzte pulmonale Abwehrmechanismen erhöhen die Infektanfälligkeit und Aspirationsgefahr (abgeschwächter Hustenreflex). Strukturelle Veränderungen behindern den Gasaustausch.
- Immunsystem: Durch Funktionsverlust von B- und T-Lymphozyten kommt es zu erhöhter Anfälligkeit für Infekte, Autoimmunprozesse und Tumore.
- Leber und Nieren: Die verminderte Stoffwechselaktivität der Leber und der Funktionsrückgang der Nieren müssen unbedingt bei der Pharmakotherapie berücksichtigt werden.
- Neuronale und hormonelle Steuerung: Veränderungen der neuronalen und hormonellen Steuerungs- und Regelprozesse kann zu Veränderungen des Schlafmusters, verzögerter Reaktionszeit, Gedächtnis- und Merkstörungen führen.
- Sinnesorgane und Bewegungsapparat: Die Einschränkung der Sinnesorgane führt, zusammen mit dem Nachlassen der Muskelkraft und des Reaktionsvermögens, zu erhöhter Unfallgefahr. Veränderungen an der Knochenmatrix erhöhen die Knochenbrüchigkeit.

41.5 Funktionsbeeinträchtigung und Krankheit

Alternsassoziierte Erkrankungen

Der Alterungsprozess und die Entwicklung chronischer Krankheiten unterliegt großen individuellen Schwankungen

Altern ist keine Krankheit. Trotzdem leiden ältere Menschen häufiger an Beschwerden und sind öfter krank als jüngere. Wie oben diskutiert, liegt die Ursache dafür in der durch biologische und physiologische Abnützung erhöhten Suszeptibilität für Erkrankungen. ***Chronische Erkrankungen*** treten im Alter gehäuft auf. In erster Linie sind davon das ***Herz-Kreislauf-System*** (arterielle Hypertonie, koronare Herzkrankheit, Herzinsuffizienz), der ***Bewegungsapparat*** (Wirbelsäulensyndrome, Arthrosen, rheumatische Erkrankungen) und das ***Zentralnervensystem*** (Alzheimersche und andere Demenzen) betroffen. Die Inzidenz von ***Tumoren*** und von Stoffwechselerkrankungen ***(Diabetes mellitus)*** steigt mit dem Alter an. Ein Charakteristikum des typischen geriatrischen Patienten ist das Auftreten mehrerer Krankheiten gleichzeitig, die sich wechselseitig beeinflussen und zu Funktionsverlusten führen ***(Multimorbidität)***. Die Behandlung alter Patienten ist heute bereits Schwerpunkt medizinischer Tätigkeit. Über 75-Jährige sind etwa viermal so häufig von schweren Erkrankungen, die eine vollstationäre Behandlung erforderlich machen, betroffen wie Personen im mittleren Alter (Abb. 41.5). Zusätzlich ist die mittlere Behandlungsdauer wesentlich länger. Diese Entwicklung wird sich in absehbarer Zukunft noch verstärken.

Der Alternsprozess und die Entwicklung von Krankheiten sind jedoch individuell sehr ***unterschiedlich*** und von vielen Faktoren (Erbanlagen, Umweltfaktoren, persönliche Lebensweise) abhängig. Ein Teil der Bevölkerung erreicht ein hohes Alter bei guter Gesundheit, während andere schon frühzeitig chronische Leiden und Behinderungen aufweisen. In Abb. 41.6 sind in stark vereinfachter Form einige Verläufe des Alterns wiedergegeben. Die Annäherung normalen Alterns an den idealtypischen Verlauf (Kurve 5 in Abb. 41.6) ist ein wesentliches Ziel heutiger biogerontologischer Forschung, und wird in zunehmenden Maße Gegenstand und Zielstellung ***prophylaktischer*** Einwirkung.

Alternsbedingte Funtionseinbußen

Funktionsverluste im Alter sind häufig therapierbar

Funktionsverluste im Alter wirken sich im physischen, psychischen und sozialen Bereich aus und bedrohen die Selbstständigkeit der Patienten. Sowohl die Anzahl von Erkrankungen als auch die Schwere der Krankheit sind nur lose mit der Funktion verknüpft. Es gibt Patienten mit einer Vielzahl auch schwerer Krankheiten ohne Funktionsverlust. Andererseits kann bereits eine Einzelerkrankung (z. B. Schlaganfall) zu erheblichen Funktionseinbußen führen. Die Funktion entscheidet über die Behandlungsbedürftigkeit, die Krankheit über die therapeutischen Möglichkeiten.

In der Geriatrie werden daher zusätzlich zur üblichen Diagnostik ***Funktionsuntersuchungen*** und ***-befragungen*** durchgeführt, die sich auf die Anforderung des Alltagslebens beziehen (z. B. Test für Gedächtnis und Orientie-

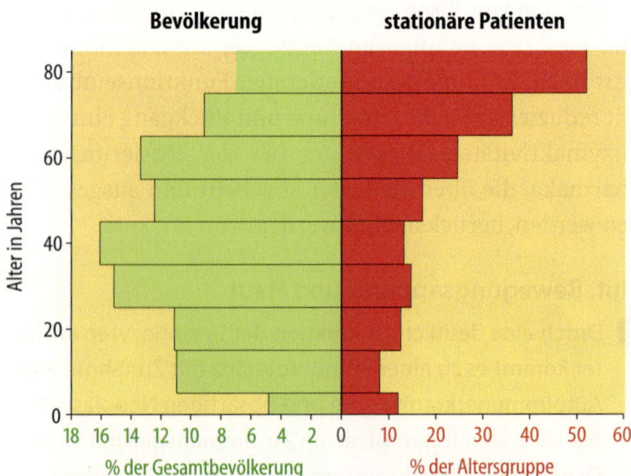

Abb. 41.5. Altersassoziierter Anstieg schwerer Erkrankungen. Altersstruktur der Gesamtbevölkerung *(links, grün)* und Anteile stationärer Patienten in ihrer Altersgruppe *(rechts, rot)* in Deutschland 1999 (Statistisches Bundesamt, Krankenhausstatistik). Patientenzahlen sind ermittelt als Zahl der Entlassungen nach vollstationärer Behandlung

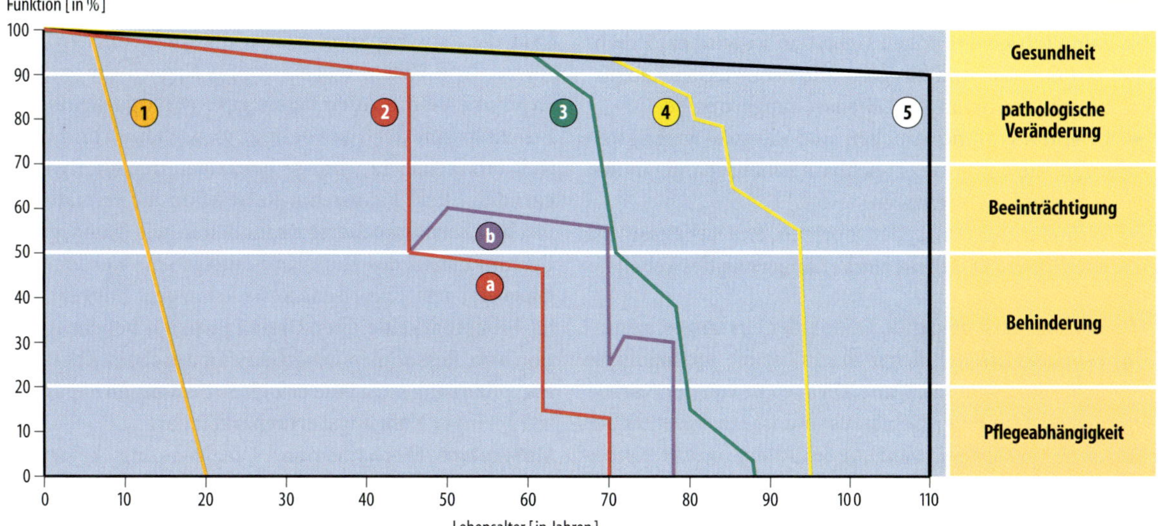

Abb. 41.6. Beispiele verschiedener Alterungsverläufe. *Linie 1:* Stark beschleunigter Alterungsprozess ab dem 6. Lebensjahr bei der Progerie (vorzeitige Vergreisung). *Linie 2:* Risikofaktoren (Bluthochdruck, erhöhte Blutfette, Nikotin, etc.) können ebenfalls zu einer schnelleren Alterung beitragen. Nach einem Akutereignis (z. B. Schlaganfall) kann durch therapeutische Intervention eine Besserung des funktionellen Status, der Lebenserwartung und damit der Lebensqualität erreicht werden (2a → 2b). *Linie 3:* Rasche Funktionsbeeinträchtigung, wie sie für Demenzkranke typisch ist. Zu beachten ist die lange Phase der Behinderung bei alltäglichen Verrichtungen und die Pflegeabhängigkeit. *Linie 4:* »Normales« Altern. Bis ins hohe Alter bestehen nur leichte Beeinträchtigungen. Die Phase von Behinderung und Pflegeabhängigkeit ist auf die letzten Lebensmonate beschränkt. *Linie 5:* Idealtypsicher Verlauf des Alterns

rung, Gangsicherheit, Gehgeschwindigkeit, Kraft, manuelle Geschicklichkeit, Öffnen von Medikamentenverpackungen usw.). Aus dieser Funktionsbeurteilung (sog. ***geriatrisches Assessment***) werden wesentliche Erkenntnisse für die Therapie zur Wiedereingliederung in den häuslichen Bereich (z. B. nach Schlaganfall mit Halbseitenlähmung) gewonnen.

Gelingt es, die funktionellen Ressourcen gut zu nützen, können auch ältere Patienten erfolgreich rehabilitiert werden. Das Training von funktionellen Fähigkeiten hat größtmögliche Selbstständigkeit des Betroffenen zum Ziel. So kann auch im Alter trotz evtl. bleibender Behinderung ein selbstbestimmtes Leben ermöglicht werden mit einem hohen Maß an Zufriedenheit und Lebensqualität: »Dem Leben nicht Jahre, sondern den Jahren Leben hinzufügen!«

In Kürze

Funktionsbeeinträchtigung und Krankheit

Im Alter überwiegt das chronische Krankheitsspektrum. Betroffen sind vor allem:

- Herz-Kreislauf-System (arterielle Hypertonie, koronare Herzkrankheit, Herzinsuffizienz),
- Bewegungsapparat (Wirbelsäulensyndrome, Arthrosen, rheumatische Erkrankungen) und
- Zentralnervensystem (Alzheimersche und andere Demenzen).

▼

Außerdem steigt die Inzidenz von Tumoren und von Stoffwechselerkrankungen (Diabetes mellitus). Geriatrische Patienten weisen charakteristischerweise mehrere Krankheiten gleichzeitig auf (Multimorbidität), die sich wechselseitig beeinflussen und durch Funktionsverlust die selbstständige Lebensführung bedrohen.

Prophylaxe

Gerontologische Forschung zielt auf terminale Kompression dieser Phase durch langfristige Prophylaxe ab. Ein wesentliches Ziel der Behandlung in der Geriatrie ist die Wiederherstellung oder Erhaltung der Selbsthilfefähigkeit des Patienten.

41.6 Intervention

Verlangsamung des Alternsprozesses

Kalorische Restriktion ist die wirksamste Methode zur Verlangsamung des Alterns (Alternsprophylaxe) in einer Vielzahl von Spezies einschließlich unterschiedlicher Säuger

Sozio-ökonomische Faktoren und Prophylaxe. Selbst innerhalb der entwickelten Industrieländer ist die Lebensspanne deutlich an den sozio-ökonomischen Status gekoppelt. Verschiedene sozio-ökonomische Faktoren spielen dabei eine Rolle:

- Gute medizinische Betreuung, qualitativ hochwertige Nahrung mit einem hohen Gehalt an Vitaminen, Früchten und Gemüse und ein gesundheitsbewusster Lebensstil tragen signifikant zur Lebensverlängerung bei.
- Übergewicht und Rauchen sind die zwei wichtigsten Faktoren, die heute die erreichbare Lebensspanne in den Industrieländern begrenzen.
- Veränderung von Lebensnormen und Lebensstil ist der entscheidende Schritt zur Verlängerung des Lebens.

Der nächste entscheidende Faktor, der ein langes, gesundes Leben wahrscheinlicher macht, ist die medizinische Prophylaxe im engeren Sinne. Dies reicht von der Kariesprophylaxe (ein guter Gebisszustand ist ein wesentlicher Faktor für gesunde Ernährung im Alter) bis zur Krebsvorsorge. Schließlich ist zumindest prinzipiell auch gezielte biomedizinische Intervention zur Verringerung der Geschwindigkeit des Alterns möglich.

Prinzip biologischer Intervention. Der Alternsprozess kann entweder durch Verlangsamung aller Lebensrhythmen (»Winterschlaf-Prinzip«) oder durch verringerte Erzeugung bzw. verbesserte Reparatur molekularer Schäden verlangsamt werden. Es ist klar, dass das erstgenannte Prinzip zwar das Leben verlängern, es aber kaum mehr lebenswert machen würde. Ziel biologischer Intervention in den Alternsprozess ist nicht a priori Lebensverlängerung, sondern ***Verbesserung der Lebensqualität*** im Alter durch Verlangsamung des Alterns und Kompression der terminalen Phase der Multimorbidität. Dies ist über Schadensminimierung erreichbar.

Intervention in Tiermodellen. Genetische Intervention im Fadenwurm C. elegans ist die im Hinblick auf die Lebensspanne bislang erfolgreichste Intervention in den Alternsprozess. Mutationen in Genen, die zum ***Insulinrezeptor***-Signalweg (daf-2, age-1, daf-16) oder zum ***Geninaktivierungsmechanismus*** (sir-2) gehören, erhöhen die Stressresistenz der Tiere und können die normale Lebensspanne mehr als verdoppeln. Im Gegensatz dazu führt genetische oder pharmakologische Verbesserung des antioxidativen Schutzes nur zu einer moderaten Verlängerung der Lebensspanne von typischerweise 10–30 %. Prinzipiell erscheint Optimierung protektiver Funktionen in Richtung auf Lebensverlängerung in Säugern komplizierter als in niedrigeren Organismen. Dies hängt vermutlich mit der höheren ***Plastizität*** der Lebensverläufe niederer Organismen (z. B. Larven- und Dauer-Stadien) sowie mit der besseren Adaptation von Säugern an ein gewisses Niveau freier Sauerstoffradikale zusammen. Tatsächlich werden Radikale auch für physiologische Signalübertragungsprozesse genutzt, sodass ein vollständig erfolgreicher Schutz sehr leicht zu nicht tolerierbaren Nebenwirkungen führen könnte.

Kalorische Restriktion. Langfristige Einschränkung der Nahrungsaufnahme auf 60–70 % der normalen Kalorienmenge wird als kalorische Restriktion bezeichnet. Kalorische Restriktion verlängert reproduzierbar und signifikant die Lebensspanne von so unterschiedlichen Organismen wie Hefen, Würmern und Nagern um 30–50 %. Experimente mit Affen laufen gegenwärtig (die normale Lebensspanne der Tiere beträgt 30–40 Jahre), und die soweit erhaltenen Ergebnisse bestätigen den alternsverzögernden Effekt kalorischer Restriktion für Primaten. Typische alternsassoziierte Krankheiten wie Tumoren und Erkrankungen des Herz-Kreislaufsystems werden ebenfalls verzögert. Kalorische Restriktion geht mit verringerter Fruchtbarkeit einher. Diese Plastizität bei der Allokation von Ressourcen zwischen somatischem Erhalt und Fortpflanzung stellt eine erfolgreiche ***Adaptation*** an Phasen geringer Nahrungsverfügbarkeit dar.

Molekulare Mechanismen. Die Wirkung kalorischer Restriktion ist nicht über einen einzelnen molekularen Mechanismus zu erklären. Verringerter ***oxidativer Stress*** ist sicherlich eine Teilursache. Eine weitere dürfte mit der Verringerung des ***Insulinspiegels*** unter kalorischer Restriktion zu tun haben. Die vielfältigen Interaktionen zwischen diesen und einer ganzen Reihe anderer molekularer Faktoren werden gegenwärtig intensiv untersucht.

Lebensverlängerung beim Menschen? Die im Tierexperiment benutzte kalorische Restriktion ist offensichtlich nicht zur Verlangsamung des humanen Alterns einsetzbar. Bestimmte Zuckerderivate z. B. wirken jedoch im Experiment als ***Restriktions-Mimetika***, d. h. sie führen zu vergleichbarer Lebensverlängerung ohne Einschränkung der Nahrungsaufnahme. Ob hieraus eines Tages wirksame Mittel zur menschlichen Lebensverlängerung gewonnen werden können, ist noch unklar.

Kann Altern »geheilt« werden?

! Restorative Eingriffe in den Alternsprozess sind gegenwärtig nur isoliert möglich und daher wahrscheinlich kaum erfolgreich, aber potentiell gefährlich; die Möglichkeit komplexer »Alternstherapie« ist unerforscht

Ist Alternstherapie möglich? Bisher wurde Intervention als prophylaktischer Ansatz mit der Zielstellung einer Verlangsamung der Schadensakkumulation und damit des Alterns besprochen. Dieser Ansatz ist bereits heute im Tierexperiment praktikabel, aber im Grundsatz prinzipiell limitiert: selbst mit Kombination der besten Antioxidantien und erfolgreicher kalorischer Restriktion wäre nach heutigem Wissen die mittlere menschliche Lebensspanne nicht über 120 Jahre zu steigern. Prinzipiell könnte diese Limitation durch einen ***therapeutischen***, d. h. restorativen Ansatz zur Intervention in den Alternsprozess überwunden werden.

▪▪▪ Technologien, die wesentliche molekulare und zelluläre Alternserscheinungen revertieren können, sind im Grundsatz bereits heute verfügbar: seneszente Zellen können gezielt erkannt und vernichtet werden, Zellverlust kann durch Stammzell-Therapie entgegengewirkt werden, Proteinaggregate (Lipofuszin, AGEs, andere)

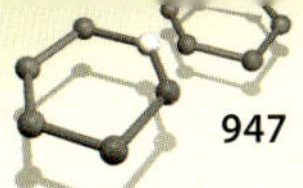

können durch Expression bakterieller Hydrolasen, durch Amadoriasen oder durch Phagozytose aufgelöst werden, verkürzte Telomeren können mit Telomerase verlängert werden, abgesunkene Hormonspiegel können ausgeglichen werden, usw., usw.

41.2. Das Wachstumshormon-Paradox: Ein Beispiel für antagonistische Pleiotrophie

Ergebnisse von Kurzzeitstudien. Die Konzentrationen der zentralen stoffwechsel-regulierenden Hormone IGF-1 und Wachstumshormon (HGH) sinken bei den meisten Menschen mit dem Alter kontinuierlich und signifikant ab. Das Internet ist voll mit Berichten über die muskelfördernde, aktivitätssteigernde, scheinbar »verjüngende« Wirkung einer Restauration dieser Hormonspiegel. Diese Berichte beruhen auf Kurzzeituntersuchungen über wenige Monate.

Ergebnisse von Langzeitstudien. Erfahrungen mit langfristiger Hormonersatztherapie liegen nur bei postmenopausalen Frauen vor, hier ist ein anti-osteoporetischer Effekt gut belegt, es gibt jedoch Herz- und Kreislaufrisiken (erhöhtes Risiko bei Östrogen) und Auswirkungen auf das Tumorrisiko (geringer für Gebärmutterhalskrebs, höher für Brustkrebs bei Kombinationspräparaten). Hohe Risiken bei langfristiger Einnahme von HGH sind bei Sportlern (Doping!) klar dokumentiert. Langzeit-Tierversuche zeigen ein völlig anderes Bild als die Versprechen der »Internet-Antiaging-Medizin«: Erhöhte IGF-1- und HGH-Niveaus verkürzen die Lebensdauer, während erniedrigte Hormonlevel oder Teilinhibition des IGF-HGH-Signalwegs die Lebensspannen in unterschiedlichen Spezies signifikant verlängern. Die Erklärung dieses scheinbaren Paradoxons liegt im Begriff der antagonistischen Pleiotrophie: Gene, die zu einer hohen Fitness in jungem Alter beitragen, werden auch dann evolutionär positiv selektiert, wenn sie die Fitness des Individuums im Alter verringern. Hohe IGF- und HGH-Level verbessern die physische Aktivität und Durchsetzungsfähigkeit junger Individuen und tragen so zum Erhalt der Art bei, auch wenn das mit einer verkürzten Lebensspanne derselben Individuen erkauft wird. Niedrige Hormonlevel im Alter sollten daher als sinnvolle Adaptation angesehen werden.

Der entscheidende Punkt ist, dass alle diese Altersprozesse (und vermutlich noch einige andere, deren Bedeutung wir nicht oder nur ungenügend kennen) ***gemeinsam und koordiniert revertiert*** werden müssten. Biologisch kann man nicht erwarten, dass die isolierte Restoration eines einzelnen Teilaspekts des Alterns (z. B. Hormonersatz) den Alternsprozess insgesamt positiv beeinflusst. Im Gegenteil ist es wahrscheinlich, dass durch eine solche Maßnahme die Adaptation des Systems an ein gewisses Alters- und Schadenslevel nachhaltig gestört und pathologische Zustände induziert werden können (▶ s. 41.2).

Eine »Anti-Aging-Medizin«, die verlangsamtes Altern auf der Basis einer (Über-) Kompensation bestimmter Hormone oder anderer einzelner altersabhängiger Parameter verspricht, hat ***keine seriöse biologische Basis.***

In Kürze

Intervention

Altern kann pharmakologisch oder gentherapeutisch verlangsamt werden. Dies ist in Säugern schwieriger als in niedrigeren Organismen, aber nicht unmöglich.

Kalorische Restriktion verlangsamt das Altern signifikant in allen bisher untersuchten Spezies. Eine restorative Alternstherapie hat gegenwärtig keine seriöse Basis. Dies könnte jedoch zu einer wesentlichen Richtung biogerontologischer Forschung werden.

Literatur

Campisi J (2003) Cellular senescence and apoptosis: how cellular responses might influence aging phenotypes. Experimental Gerontology 38: 5–12

de Grey ADNJ, Baynes JW, Berd D, Heward CB, Pawelec G, Stock G (2002) Is human aging still mysterious enough to be left only to scientists? Bioessays 24: 667–676

Kirkwood TBL, Austad SN (2000) Why do we age? Nature 408: 233–238

Nikolaus T (2000) Klinische Geriatrie. Springer, Berlin Heidelberg New York

Rattan SIS (ed) (2003) Biology of Aging and its Modulation, vol. 1–5. Kluwer Academic, Dordrecht

Timiras PS (2002) Physiological Basis of Ageing and Geriatrics. CRC Press, Boca Raton

von Zglinicki T (2002) Oxidative stress shortens telomeres. Trends in Biochemical Sciences 27: 339–344

Anhang

Quellenverzeichnis

Kapitel 1 Grundlagen der Zellphysiologie

H. Oberleithner

Abb. 1.1, Abb. 1.6, Abb. 1.7, Abb. 1.9, Abb. 1.10, Abb. 1.12, Abb. 1.13
Alberts B, Bray D, Lewis J (2002) Molecular biology of the cell, 4 th edn. Garland Science, New York
Abb. 1.3
Schillers H, Danker T, Madeja M, Oberleithner H (2001) Plasma membrane protein clusters appear in CFTR-expressing Xenopus laevis oocytes after cAMP stimulation. J Membrane Biol 180: 205–212
Abb. 1.4
Löffler G, Petrides PE (2003) Biochemie und Pathobiochemie, 7. Aufl. Springer, Berlin Heidelberg New York
Abb. 1.5
Schäfer C, Shahin V, Albermann L, Hug MJ, Reinhardt J, Schillers H, Schneider SW, Oberleithner, H (2002) Aldosterone signaling pathway across the nuclear envelope. Proc Natl Acad Sci USA 99: 7154–7159
Abb. 1.8
Schwab, A (2001) Ion channels and transporters on the move. News Physiol Sci 16: 29–33
Abb. 1.11
Schneider, SW (2001) Kiss and run mechanism in exocytosis J Membrane Biol 181: 67–76

Kapitel 2 Signaltransduktion

E. Gulbins, F. Lang

Abb. 2.1, Abb. 2.2
Lang F (2000) Basiswissen Physiologie. Springer, Berlin Heidelberg New York
Abb. 2.5
Löffler G, Petrides PE (Hrsg) (2003) Biochemie und Pathobiochemie. Springer, Berlin Heidelberg New York
Abb. 2.4, Abb. 2.7
Boron W, Boulpaep EL (Hrsg) (2003) Medical Physiology. Saunders Philadelphia London New York St.Louis Sydney Toronto

Kapitel 3 Transport in Membranen und Epithelien

M. Fromm

Abb. 3.1
Krstic RV, Bargmann W (1975) Ultrastruktur der Säugetierzelle. Springer, Berlin Heidelberg New York

Kapitel 4 Grundlagen zellulärer Erregbarkeit

B. Fakler, C. Fahlke

Abb. 4.6
Kuo A, Gulbis JM, Antcliff JF, Rahman T, Lowe ED, Zimmer J, Cuthbertson J, Ashcroft FM, Ezaki T, Doyle DA (2003) Crystal structure of the potassium channel KirBac1.1 in the closed state. Science 300 (5627): 1922–1926

Kapitel 5 Erregungsleitung und synaptische Übertragung

J. Dudel, M. Heckmann

Abb. 5.4
Hille B (1992) Ionic channels of excitable membranes, 2 nd edn. Sinauer, Sunderland
Noble D (1966) Applications of Hodgkin-Huxley equations to excitable tissues. Physiol Rev 46: 1–50
Abb. 5.5 B
Waxman SG (1980) Determinants of conduction velocity in myelinated nerve fibers. Muscle Nerve 3: 141–150
Abb. 5.7 A
Nicholls JG, Martin AR, Fuchs PA, Wallace BG (2001) From neuron to brain, 4 th edn. Sinauer, Sunderland
Abb. 5.8
Hille B (2001) Ionic channels of excitable membranes, 3 rd edn. Sinauer, Sunderland
Abb. 5.9
Dudel J, Rüdel R (1969) Voltage controlled contractions and current voltage relations of crayfish muscle fibers in chloride-free solutions. Pflügers Arch 308: 291–314
Abb. 5.13 A
Stuart GJ, Sakmann B (1994) Active propagation of somatic action potentials into neocortical pyramidal cell dendrites. Nature 367: 69–72
Abb. 5.13 C
Schiller J et al (1997) Calcium action potentials restricted to distal apical dendrites of rat neocortical pyramidal neurons. J Physiol 505: 605–616
Abb. 5.14
Schmidt RF (1971) Presynaptic inhibition in the vertebrate central nervous system. Ergeb Physiol 63: 1–101
Abb. 5.15
Geiger JR, Jonas P (2000) Dynamic control of presynaptic Ca(2+) inflow by fast-inactivating K(+) channels in hippocampal mossy fiber boutons. Neuron 28: 927–939
Abb. 5.16 A
Südhof TC (1995) The synaptic vesicle cycle: a cascade of protein-protein interactions. Nature 375: 645–653
Abb. 5.16 B
Littleton JT et al (2001) Synaptotagmin mutants reveal essential functions for the C2B domain in Ca2+-triggered fusion and recycling of synaptic vesicles in vivo. J Neurosci 21: 1421–1433
Abb. 5.16 C
Moser T, Neher E (1997) Estimation of mean exocytic vesicle capacitance in mouse adrenal chromaffin cells. Proc Natl Acad Sci USA 94: 6735–6740
Abb. 5.17
Dudel J, Menzel R, Schmidt RF (Hrsg) (2001) Neurowissenschaft Vom Molekül zur Kognition, 2. Aufl. Springer, Berlin Heidelberg New York
Abb. 5.18
Franke C et al (1991) Kinetic constants of the acetylcholine (ACh) receptor reaction deduced from the rise in open probability after steps in ACh concentration. Biophys J 60: 1008–1016
Abb. 5.19
Lewis TM et al (1998) Properties of human glycine receptors containing the hyperekplexia mutation 1(K276E), expressed in *Xenopus* oocytes. J Physiol 507: 25–40
Abb. 5.20 A
Hestrin S (1992) Developmental regulation of NMDA receptor-mediated synaptic currents at a central synapse. Nature 357: 686–689

Abb. 5.20 B
Bekkers JM, Stevens CF (1989) NMDA and non-NMDA receptors are co-localized at individual excitatory synapses in cultured rat hippocampus. Nature 341: 230–233
Abb. 5.21
Hille B (1992) Ionic channels of excitable membranes, 2 nd edn. Sinauer, Sunderland
Soejima M, Noma A (1984) Mode of regulation of the ACh-sensitive K-channel by the muscarinic receptor in rabbit atrial cells. Pflügers Arch 400: 424–431
Abb. 5.23 B
Kandel ER (2001) The molecular biology of memory storage: a dialogue between genes and synapses. Science 294: 1030–1038
Abb. 5.23 C
Engert F, Bonhoeffer T (1999) Dendritic spine changes associated with hippocampal long-term synaptic plasticity. Nature 399: 66–70
Abb. 5.24
Zhang LI et al (1998) A critical window for cooperation and competition among developing retinotectal synapses. Nature 395: 37–44
Abb. 5.25
Craig AM, Lichtman JW (2001) In: Cowan WM, Südhof TC, Stevens CF (eds) Synapses. The Johns Hopkins University Press, Baltimore, pp 571–612
Abb. 5.26
Dudel J, Menzel R, Schmidt RF (Hrsg) (2001) Neurowissenschaft Vom Molekül zur Kognition, 2. Aufl. Springer, Berlin Heidelberg New York

Kapitel 6 Kontraktionsmechanismen

W. A. Linke, G. Pfitzer

Abb. 6.14
Greger (Ed) (1996) Comprehensive Human Physiology, 1. Aufl. Springer, Berlin Heidelberg New York, modifiziert
Abb. 6.18
Golenhofen K (1978) Klin Wochenschr 56: 211–244

Kapitel 7 Motorische Systeme

M. Wiesendanger

Abb. 7.1 B
Creutzfeld O (1983) Cortex cerebri, Leistung, strukturelle und funktionelle Organisation der Hirnrinde. Springer, Berlin Heidelberg New York
Abb. 7.5, Abb. 7.6 A
Desmedt JE (ed) (1983) Motor control mechanisms in health and disease. In: Advances in neurology, vol 39. Raven, New York
Abb. 7.6 B
Dietz V, Quintern J, Sillem M (1987) Stumbling reactions in man: significance of proprioceptive and pre-programmed mechanisms. J Physiol (Lond.) 386: 149–163
Abb. 7.6 C
Ballesteros ML, Buchthal F, Rosenfalck P (1965) The pattern of muscular activity during the arm swing of natural walking. Acta physiol scand 63: 296–310
Abb. 7.7 A
Matthews PBC (1972) Mammalian muscle receptors and their central actions. Arnold, London
Abb. 7.7 B, Abb. 7.11
Evarts EV, Wise SP, Bousfield D (eds) (1985) The motor system in neurobiology. Elsevier, Amsterdam
Abb. 7.8
Hopf HC, Struppler A (1974) Elektromyographie. Thieme, Stuttgart
Abb. 7.9
Delwaide PJ, Young RR (1985) Clinical Neurophysiology in Spasticity. Elsevier, Amsterdam
Abb. 7.10
Jankowska E, Lundberg A (1981) Interneurones in the spinal cord. Trends Neurosci 4: 230–233
Abb. 7.12
Preuschoft H und D. J. Chivers (eds) (1993) Hands of Primates. Springer, Wien
Abb. 7.13
Edelman GM, Gall WE, Cowan WM (eds) (1984) Dynamic Aspects of Neocortical Function. Wiley, New York
Abb. 7.14
Jeannerod M (1988) The neural and behavioural organization of goal-directed movements. Oxford psychology series no 15. Clarendon, Oxford
Abb. 7.15
Humphrey DR, Freund HJ (eds) (1991) Motor control: concepts and issues. In: Dahlem Workshop Reports Berlin (1989). Wiley-Interscience, Chichester
Abb. 7.16
Massion J, Paillard J, Schultz W, Wiesendanger M (eds) (1983) Neural coding of motor performance. Springer, Berlin Heidelberg New York
Abb. 7.18
Porter R, Lemon R (1993) Corticospinal Function and Voluntary Movement. Monographs of the Physiol. Soc. No. 45. Oxford, Clarendon Press
Abb. 7.20
Hepp-Reymond MC (1988) Functional organisation of motor cortex and its participation in voluntary movements. In: Steklis HD, Erwin J (eds) Comparative primate biology, vol 4, neurosciences. Liss, New York
Abb. 7.21
Conrad B, Matsunami K, Meyer-Lohmann J, Wiesendanger M, Brooks VB (1974) Cortical load compensation during voluntary elbow movements. Brain Res 71: 507–514
Abb. 7.24
Bloedel JR (1992) Functional heterogeneity with structural homogeneity: How does the cerebellum operate? Behav Brain Sci 15: 666–678
Abb. 7.25 A
Brooks VB (ed) (1981) Handbook of physiology, section I: the nervous system, vol 2, parts 1 and 2: motor control. American Physiological Society, Bethesda
Abb. 7.25 B
Hikosaka O, Wurtz RH (1983) Visual and oculomotor functions of monkey substantia nigra pars reticulata. J Neurophysiol 49: 1230–1301
Abb. 7.26
Alexander GE, Crutcher MD (1990) Functional architecture of basal ganglia circuits: neural substrates of parallel processing. Trends Neurosci 13: 266–271
Abb. 7.28
Creutzfeldt O (1983) Cortex cerebri, Leistung, strukturelle und funktionelle Organisation der Hirnrinde. Springer, Berlin Heidelberg New York
Deecke L, Grozinger B, Kornhuber HH (1976) Voluntary finger movement in man: cerebral potentials and theory. Biol Cybern 23 (2): 99–119
Pfurtscheller G, Berghold A (1989) Patterns of cortical activation during planning of voluntary movement.Electroencephalogr Clin Neurophysiol 72: 250–258

Kapitel 8 Allgemeine Physiologie der Großhirnrinde

N. Birbaumer, R. F. Schmidt

Abb. 8.2
Braitenberg V, Schüz A (2001) Allgemeine Neuroanatomie. In: Schmidt RF & Schaible H-G (Hrsg) Neuro- und Sinnesphysiologie. 4. Aufl. Springer, Berlin Heidelberg New York
Abb. 8.5, Abb. 8.9
Birbaumer N, Schmidt RF (2003) Biologische Psychologie. 5. Aufl. Springer, Berlin Heidelberg New York
Abb. 8.6
Llinas R, Ribary U (1993) Coherent 40-Hz oscillation characterizes dream state in humans. Proc Natl Acad Sci USA 90: 2078–2081

Kapitel 9 Wachen, Aufmerksamkeit und Schlafen

N. Birbaumer, R. F. Schmidt

Abb. 9.2
Kandel ER, Schwartz JH & Jessel T (eds) (2000) Principles of Neural Science, 4th edn. McGraw Hill, New York
Abb. 9.4
Jovanovic UJ (1986) Methodik und Theorie der Hypnose. Fischer, Stuttgart
Abb. 9.5
Jovanovic UJ (1971) Normal Sleep in Man. Hippokrates, Stuttgart
Abb. 9.6, Abb. 9.8, Abb. 9.9, Abb. 9.11
Birbaumer N, Schmidt RF (2003) Biologische Psychologie. 5. Aufl. Springer, Berlin Heidelberg New York
Abb. 9.7
Hobson JA, Pace-Schott E, Stickgold R (2000) Dreaming and the brain: Toward a cognitive neuroscience of conscious states. Beh and Brain Sciences 23: 793–842
Abb. 9.10
Heinze HJ, Mangun G et al (1994) Combined spatial and temporal imaging of brain activity during visual selective attention in humans. Nature 372: 543–546

Kapitel 10 Lernen und Gedächtnis

N. Birbaumer, R. F. Schmidt

Abb. 10.4
Rosenzweig M, Breedlove SM, Leiman A (2002) Biological Psychology. 3 rd edn. Sinauer, Sunderland, Mass
Abb. 10.5, Abb. 10.7 A, Abb. 10.8 B
Birbaumer N, Schmidt RF (2003) Biologische Psychologie. 5. Aufl. Springer, Berlin Heidelberg New York
Abb. 10.6
Flor H, Elbert T, Knecht S, Wienbruch C, Pantev C, Birbaumer N, Larbig W, Taub E (1995) Phantom-limb pain as a perceptual correlate of cortical reorganization following arm amputation. Nature, 375, 482–484
Abb. 10.7 B, Abb. 10.9
Schmidt RF, Schaible HG (Hrsg) (2000) Neuro- und Sinnesphysiologie. Springer, Berlin Heidelberg New York

Kapitel 11 Motivation und Emotion

W. Jänig, N. Birbaumer

Abb. 11.2
Levenson RW, Ekman P, Friesen WV (1990) Voluntary facial action generates emotion-specific autonomic nervous system activity. Psychophysiology 27: 363–384
Abb. 11.3
Dolan RJ (2002) Emotion, cognition, and behavior. Science 298: 1191–1194
Abb. 11.4
LaBar KS u. LeDoux J in Davidson RJ, Scherer KR, Goldsmith HH (eds) (2003) Handbook of Affective Sciences. Oxford University Press, New York
Abb. 11.5
LeDoux JE (1994) Emotion, memory and the brain. Sci Am 271: 50–57
Abb. 11.6
Birbaumer N, Schmidt RF (1996) Biologische Psychologie. 3. Aufl. Springer, Berlin Heidelberg New York
Abb. 11.8
Wise RA (2002) Brain reward circuitry: insights from unsensed incentives. Neuron 36: 229–240
Abb. 11.10
Self DW, Nestler EJ (1995) Molecular mechanisms of drug reinforcement and addiction. Ann Rev Neurosci 18: 463–495
Abb. 11.12
Schwartz MW, Woods SC, Porte jr. D, Seeley RJ, Baskin, DG (2000) Central nervous system control of food intake. Nature 404: 661–671

Kapitel 12 Kognitive Funktionen und Denken

N. Birbaumer, R. F. Schmidt

Abb. 12.4
Cabeza R, Kingstone A (eds) (2001) Handbook of Functional Neuroimaging and Cognition. MIT Press, Cambridge Mass

Kapitel 13 Allgemeine Sinnesphysiologie

H. O. Handwerker

Abb. 13.1
Attneave F (1971) Multistability in perception. Sci Am Dec, 63–71
Abb. 13.3, Abb. 13.4
Loewenstein WR (eds) (1971) Principles of receptor physiology. In: Handbook of sensory physiology. Vol 1. Springer, Berlin Heidelberg New York
Abb. 13.5
Loewenstein WR (1960) Biological transducers. Sci Am 203: 98–108
Abb. 13.8
Handwerker HO In: Schmidt RF, Thews G (Hrsg) (1990) Physiologie des Menschen. 24. Aufl. Springer, Berlin Heidelberg New York
Abb. 13.9, Abb. 13.11
Gescheider GA (1984) Psychophysics. 2nd edn. Erlbaum, Hillsdale/Wiley, New York
Abb. 13.10
Blough DS, Yager D (1972) Visual psychophysics in animals. In: Jameson D, Hurvich LM (eds) Visual psychophysics. (Handbook of sensory physiology, vol VII/4). Springer, Berlin Heidelberg New York
Abb. 13.13
Stevens SS (1975) Psychophysics. Wiley, New York
Abb. 13.14
Handwerker HO (ed) (1984) Nerve fiber discharges and sensations. Hum Neurobiol 3
Tabelle 13.1
Stevens SS (1975) Psychophysics. Wiley, New York

Kapitel 14 Das somatoviszerale sensorische System

M. Zimmermann

Abb. 14.1
Zimmermann M (1984) Basic concepts of pain and pain therapy. Arzneimittelforschung. 34 (9A): 1053–1059
Abb. 14.5
Weber EH (1835) Archiv für Anatomie, Physiologie und wissenschaftliche Medizin
Abb. 14.7
Zimmermann M (1978) Mechanoreceptors of the glabrous skin and tactile acuity. In: Porter R (ed) Studies in neurophysiology presented to A. K. McIntyre. Cambridge University Press, Cambridge
Abb. 14.8
Jänig W, Schmidt RF, Zimmermann M (1968) Single unit responses and the total afferent outflow from the cat's footpad upon mechanical stimulation. Exp Brain Res 6: 100
Abb. 14.9
Vallbo AB, Johansson RS (1984) Properties of cutaneous mechanoreceptors in the human hand related to touch sensation. Hum Neurobiol 3: 3
Abb. 14.10
Sathian K (1989) Tactile sensing of surface features. Trends Neurosci 12: 513
Abb. 14.11, Abb. 14.12 A
Zottermann Y (ed) (1976) Sensory functions of the skin in primates. Pergamon, Oxford
Abb. 14.12 B
Darian-Smith I, Johnson KO, Dykes R (1973) »Cold« fiber population innervating palmar and digital skin of the monkey: responses to cooling pulses. J. Neurophysiol. 36, 325, 1973
Abb. 14.14
Foerster O (1936) Symptomatologie der Erkrankungen des Rückenmarks und seiner Wurzeln. In: Bumke O, Foerster O (Hrsg) Handbuch der Neurologie, Bd 5. Springer, Berlin Heidelberg New York
Abb. 14.18
Mountcastle VB, Poggio GF (1960) A study of the functional contributions of the lemniscal and spinothalamic systems to somatic sensibility. Central nervous mechanisms in pain. Bull Johns Hopkins Hosp 106: 266–316
Abb. 14.19
Penfield W, Rasmussen T (1950) The cerebral cortex of man. MacMillan, New York
Abb. 14.20
Van der Loos H, Dörfl J (1978) Does the skin tell the somatosensory cortex how to construct a map of the periphery? Neurosci Lett 7: 23–30

Kapitel 15 Nozizeption und Schmerz

H.-G. Schaible, R. F. Schmidt

Abb. 15.10
Fölsch UR, Kochsiek K, Schmidt RF (Hrsg) (2000) Pathophysiologie. Springer, Berlin Heidelberg New York, 55–68

Kapitel 16 Die Kommunikation des Menschen: Hören und Sprechen

H.-P. Zenner

Abb. 16.10
Russell IJ, Cody AR, Richardson GP (1986) The responses of inner and outer hair cells in the basal turn of the guinea pig cochlea and in the mouse cochlea grown in vitro. Hear Res 22: 199–216
Abb. 16.11
Evans EF, Klinke R (1982) The effects of intracochlear and systemic furosemide on the properties of single cochlear nerve fibres in the cat. J Physiol 331: 409–427
Abb. 16.13
Moore EJ (1983) Bases of Auditory Brainstem Evoked Responses. Thieme & Stratton, New York
Abb. 16.14, Abb. 16.15
Zenner HP, Zimmermann U, Schmitt U (1985) Reversible contraction of isolated mammalian cochlear hair cells. Hear Res 18: 127–133
Zenner HP (1986) Motile responses in outer hair cells. Hear Res 22: 83–90
Zenner HP, Zimmermann U, Gitter AH (1987) Fast motility of isolated mammalian auditory sensory cells. Biochem Biophys Res Commun 1: 304–308
Abb. 16.16
Evans EF (1974) Neuronal process for the detection of acoustic patterns and for sound localization. In Schmidt FO, Worden FG (eds) Neurosciences-Third Study Program, p 131. MIT Press, New York
Abb. 16.21
Becker W, Naumann HH, Pfaltz CR (1996) Hals-Nasen-Ohren-Heilkunde. Thieme, Stuttgart

Kapitel 18 Sehen und Augenbewegungen

U. Eysel, U. Grüsser-Cornehls

Abb. 18.2, 18.4, Abb. 18.9 A,B, Abb. 18.22 C-G
Schmidt RF, Schaible HG (Hrsg) (2000) Neuro- und Sinnesphysiologie. Springer, Berlin Heidelberg New York
Abb. 18.7
Mertens I, Sigmund P, Grüsser O-J (1993) Gaze motor asymmetries in the perception of faces during a memory task. Neuropsychologica 31: 989
Abb. 18.8
Büttner-Ennever JA (eds) (1988) Neuroanatomy of the oculomotor system. Elsevier, Amsterdam
Grüsser O-J, Henn V (1991) Okulomotorik und vestibuläres System. In: Hierholzer K, Schmidt RF (Hrsg) Pathophysiologie des Menschen. VCH, Weinheim
Henn V, Büttner-Ennever JA, Hepp K (1982) The primate oculomotor system, I and II. Hum Neurobiol 1: 77 and 87
Abb. 18.9 C
Leydhecker W, Grehn F (1993) Grundriss der Augenheilkunde, 24. Aufl. Springer, Berlin Heidelberg New York
Abb. 18.10
Boycott BB, Dowling JE (1966) Organization of the primate retina: electron microscopy. Proc R Soc Lond [Biol] 166: 80
Grüsser O-J (1978) Grundlagen der neuronalen Informationsverarbeitung in den Sinnesorganen und im Gehirn. (Informatik-Fachberichte 16) Springer, Berlin Heidelberg New York
Grüsser O-J (1983) Die funktionelle Organisation der Säugetiernetzhaut. Physiologische und pathophysiologische Aspekte. Fortschr Ophthalmol 80: 502
Abb. 18.11
Dartnall HJA, Bowmaker JH, Mollen JD (1983) Human visual pigments: Microspectrophotometric results from the eyes of seven persons. Proc R Soc Lond [Biol] 220: 115–130
Abb. 18.12
Kaupp UB, Koch K-W (1992) Role of cGMP and Ca^{2+} in vertebrate photoreceptor excitation and adaptation. Annu Rev Physiol 54: 153

Kaupp UB (1994) Signaling in vertebrate photoreceptors: a tale of two intracellular messengers. In: Elsner N, Breer H (eds) Sensory transduction. Proceedings of the 22nd Göttingen Neurobiology Conferece 1994, vol 1. Thieme, Stuttgart

Landolt E (1930) Die Untersuchung der Refraktion und der Akkomodation. In: Graefe-Saemisch's Handbuch der gesamten Augenheilkunde, 3. Aufl Untersuchungsmethoden, Bd 1. Springer, Berlin Heidelberg New York

Abb. 18.13 B,C

Baylor DA, Fuortes MGF (1970) Electrical responses of single cones in the retina of the turtle. J Physiol (Lond) 207: 77

Abb. 18.17

Polyak S (1957) The vertebrate visual system. University of Chicago Press, Chicago

Abb. 18.8 B,C

Hubel DH, Wiesel TN (1970) Cell sensitive to binocular depth in area 18 of the macaque monkey cortex. Nature 225: 41

Hubel DH, Wiesel TN (1977) Functional architecture of macaque visual cortex. Proc R Soc Lond [Biol] 198: 1

Abb. 18.23

Bötzel K, Grüsser O-J (1989) Electric brain potentials evoked by pictures of faces and nonfaces: a search for face-specific EEG-potentials. Exp Brain Res 77: 349

Abb. 18.28

Grüsser O-J, Landis T (1992) Vom Gesichtsfeldausfall zur »Seelenblindheit«. Alte und neue Konzepte zur Deutung von Störungen der visuellen Wahrnehmung bei Hirnläsionen. Verh Dtsch Ges Neurol 7: 3–31

Kleist K (1934) Gehirnpathologie. Barth, Leipzig

Abb. 18.30

Desimone R, Albright TD, Gross C, Bruce C (1984) Stimulus selective properies of inferior temporal neurons in the macaque. J Neurosci 4: 2051

Kapitel 19 Geschmack und Geruch

H. Hatt

Abb. 19.6

Hatt H (1993) In: Schmidt RF (Hrsg) Neuro- und Sinnesphysiologie. Springer, Berlin Heidelberg New York

Abb. 19.8

Zufall F, Hatt H, Firestein S (1993) Rapid application and removal of second messengers to cyclic nucleotide-gated channels from olfactory epithelium. Proc Natl Acad Sci USA 90: 9335–9340

Tabelle 19.3

Boeckh J (1972) In: Gauer OH, Kramer K, Jung R (Hrsg) Somatische Sensibilität, Geruch und Geschmack. Urban & Schwarzenberg, München

Tabelle 19.4

Burdach KJ (1988) Geschmack und Geruch. Huber, Bern

Kapitel 20 Vegetatives Nervensystem

W. Jänig

Abb. 20.3 B

Hirst GD (1977) Neuromuscular transmission in arterioles of guinea-pig submucosa. J Physiol 273: 263–275

Abb. 20.3 C

Campbell GD, Edwards FR, Hirst GD, O'Shea JE (1989) Effects of vagal stimulation and applied acetylcholine on pacemaker potentials in the guinea-pig heart. J Physiol 415: 57–68

Abb. 20.7

Jänig W, McLachlan EM (1999) Neurobiology of the autonomic nervous system. In Mathias CJ, Bannister R (eds) Autonomic Failure. 4th edn, 3–15. Oxford University Press, Oxford

Abb. 20.8

Wood JD (1984) Enteric neurophysiology. Am J Physiol Gastrointest Liver Physiol 247: G585–598

Abb. 20.9

Furness JB, Costa M (1987) The enteric nervous system. Churchill Livingstone, Edinburgh

Abb. 20.10

Mellander S (1960) Comparative studies on the adrenergic neuro-hormonal control of resistance and capacitance blood vessels in the cat. Acta physiol scand 50 (Suppl 176): 1–86

Abb. 20.11

Ranson SW, Clark SL (1959) The Anatomy of the Nervous System. Wb Saunders Company, Philadelphia and London

Petras JM, Cummings JF (1972) Autonomic neurons in the spinal cord of the Rhesus monkey: a correlation of the findings of cytoarchitectonics and sympathectomy with fiber degeneration following dorsal rhizotomy. J Comp Neurol 146: 189–218

Abb. 20.13

Burnstock G, Hoyle CHV (eds) (1992) Autonomic neuroeffector mechanisms. Harwood Academic, Chur

Abb. 20.14

Ritter et al (eds) Neuroanatomy and physiology of abdominal vagal afferents. Boca Raton, FL, CRC Press

Abb. 20.16

Nathan PW (1976) Scientific Foundations of Urology Vol II, 51–58 in Williams DI, Chrishohn GD, Year Book Medical Publ, Chicago

Abb. 20.20

Masters WH, Johnson VE (1970) Die sexuelle Reaktion. Rowohlt, Reinbek

Abb. 20.21

Benninghoff A, Goertler K (1977) Lehrbuch der Anatomie des Menschen, Band III. Urban & Schwarzenberg, München

Abb. 20.25

Folkow B, Rubinstein EH (1966) Behavioural and autonomic patterns evoked by stimulation of the lateral hypothalamic area in the cat. Acta physiol scand 65: 292–299

Tabelle 20.2

Bors E, Comarr AE (1960) Neurological disturbances of sexual function with special reference to 529 patients with spinal cord injury. Urol Surv 10: 191–222

Tabelle 20.3

Reichlin S, Baldessarini RJ, Martin JB (1978) The hypothalamus. Research publication: association for research in nervous and mental desease, vol 56. Raven, New York

Kapitel 21 Hormone

F. Lang, F. Verrey

Abb. 21.1, Abb. 21.2, Abb. 21.3, Abb. 21.6, Abb. 21.9, Abb. 21.10, Abb. 21.11, Abb. 21.12

Lang F (2000) Basiswissen Physiologie. Springer, Berlin Heidelberg New York

Abb. 21.4, Abb. 21.5, Abb. 21.14

Deetjen P, Speckmann EJ (1999) Physiologie. 3. Aufl. Urban&Fischer München Stuttgart Jena Lübeck Ulm

Kapitel 22 Reproduktion

W. Wuttke

Abb. 22.3, Abb. 22.5

Breckwoldt M, Neumann F, Bräuer H (1991) Exempla endokrinologica, Bd 1. Schering AG, Berlin

Kapitel 23 Blut

W. Jelkmann

Abb. 23.3
Bessis M (1974) Corpuscles. Atlas of red blood cells. Springer, Berlin Heidelberg New York
Abb. 23.9
Jaenecke J (Hrsg) (1991) Anitkoagulantien- und Fibrinolysetherapie. 4. Aufl. Thieme, Stuttgart
Marlar RA, Kleiss AJ, Griffin JH (1982) An alternative extrinsic pathway of human blood coagulation. Blood 60: 1353
Wintrobe MM (ed) (1980) Blood, pure and eloquent. McGraw-Hill, New York
Abb. 23.10
Bell G, Davidson JN, Scarborough H (eds) (1965) Textbook of physiology and biochemistry. Livingstone, Edinburgh
Abb. 23.11
Thews G, Vaupel P (1990) Grundriß der vegetativen Physiologie. 2. Aufl. Springer, Berlin Heidelberg New York

Kapitel 25 Herzerregung

H. M. Piper

Abb. 25.1, Abb. 25.8
Schmidt RF, Unsicker K (Hrsg) (2003) Lehrbuch der Vorklinik, Teil C. DÄV, Köln

Kapitel 26 Herzmechanik

H.-G. Zimmer

Abb. 26.1
Netter FH (1990) Farbatlanten der Medizin, Band 1: Herz. Thieme, Stuttgart
Abb. 26.5, Abb. 26.6
Antoni H (2000) Mechanik der Herzaktion. In: Schmidt RF, Thews G, Lang F (Hrsg) Physiologie des Menschen. Springer, Berlin Heidelberg New York
Abb. 26.7
Patterson SW, Piper H, Starling EH (1914) The regulation of the heart beat. J Physiol 48: 465–513
Abb. 26.8
Braunwald E, Ross J, Sonnenblick EH (1967) Mechanisms of contraction of the normal and failing heart. New Eng J Med 277: 853–863
Cazorla O, Vassort G, Garnier D, Le Guennec J-Y (1999) Length modulation of active force in rat cardiac myocytes: is titin the sensor? J Mol Cell Cardiol 31: 1215–1227
Abb. 26.9
Braunwald E, Ross J, Sonnenblick EH (1967) Mechanisms of contraction of the normal and failing heart. New Eng J Med 277: 853–863

Kapitel 28 Kreislauf

R. Busse

Abb. 28.14
Henry JP, Gauer OH (1950) The influence of temperature upon venous pressure in the foot. J Clin Invest 29: 855–862
Abb. 28.21
Furness JB, Marshall JM (1974) Correlation of the directly observed responses of mesenteric vessels of the rat to nerve stimulation and noradreline with the distribution of adrenergic nerves. J Physiol (Lond) 239: 75–88
Abb. 28.37
Cowley AW Jr., Liard JF, Guyton AC (1973) Role of the baroreceptor reflex in daily control of arterial blood pressure and other variables in dogs. Circ Res 32: 564–578
Persson P, Ehmke H, Kirchheim H, Seller H (1988) Effect of sino-aortic denervation in comparison to cardiopulmonary deafferentiation on long-term blood pressure in conscious dogs. Pflügers Arch 411: 160–166
Abb. 28.41
Staessen J, Amery A, Fagard R (1990) Isolated systolic hypertension in the elderly. J Hypertens 8: 393–405

Kapitel 29 Niere

F. Lang, A. Kurtz

Abb. 29.1, Abb. 29.2 A
Koushanpour E, Kriz W (1986) Renal physiology, Structure and function. 2nd edn. Springer, Berlin Heidelberg New York
Abb. 29.2
Kriz W Kaissling B (1992) Structural organisation of the mammalian kidney. In: Seldin DW, Giebisch G (eds) The kidney: physiology and pathophysiology. 2nd edn. Raven, New York
Kriz W (1994) Nieren und harnableitende Organe. In: Drenckhahn D, Zenker W (Hrsg) Benninghoff, Makroskopische Anatomie, Embryologie und Histologie des Menschen, Bd 2. 15. Aufl. Urban & Schwarzenberg, München
Abb. 29.3
Bulger RE, Dobyan DC (1982) Recent advances in renal morphology. Annu Rev Physiol 44: 147–179
Kriz W Kaissling B (1992) Structural organisation of the mammalian kidney. In: Seldin DW, Giebisch G (eds) The kidney: physiology and pathophysiology. 2nd edn. Raven, New York
Abb. 29.5
Bohrer MP, Baylis C, Humer HD, Glassock RJ, Robertson CR, Brenner BM (1978) Permselectivity of the glomerular capillary wall: facilitated filtration of circulating polycations. J Clin Invest 61: 72–78
Abb. 29.8
Ochwadt B (1961) Relation of renal blood supply to diuresis. Prog Cardiovasc Dis 3: 501
Abb. 29.11
Rector FC (1983) Sodium, bicarbonate, and chloride absorption by the proximal tubule. Am J Physiol 244: F461-F471
Abb. 29.14
Ullrich KJ, Kramer K, Boylan JW (1961) Present knowledge of the counter-current system in the mammalian kidney. Prog Cardiovasc Dis 3: 395–431
Abb. 29.19
Pitts RF (1972) Physiologie der Niere und der Körperflüssigkeiten. Schattauer, Stuttgart

Kapitel 30 Wasser- und Elektrolythaushalt

P. B. Persson

Abb. 30.11
Ten Eik RE, Whalley DW, Rasmussen HH (1992) Connections: heart disease, cellular electrophysiology, and ion channels. FASEB J 6: 2568–2580

Kapitel 31 Mineralhaushalt

F. Lang, H. Murer

Abb. 31.3
Deetjen P, Speckmann EJ (1999) Physiologie. Urban&Fischer München Stuttgart Jena Lübeck Ulm
Abb. 31.4
Lang F (2000) Basiswissen Physiologie. Springer, Berlin Heidelberg New York

Kapitel 32 Lungenatmung

G. Thews, O. Thews

Abb. 32.3
Benninghoff A, Goerttler K (1985) Lehrbuch der Anatomie des Menschen, 3. Bd. Urban & Schwarzenberg, München
Abb. 32.5, Abb. 32.6 oben
Weibel ER (1984) The pathway for oxygen. Havard University Press, Cambridge
Abb. 32.8
Ulmer WT, Reichel G, Nolte D, Islam MS (1991) Die Lungenfunktion. Thieme, Stuttgart
Abb. 32.11
Agostoni E, Hyatt RE (1986) Static behavior of the respiratory system. In: Macklem PT, Mead J (eds) Handbook of physiology, section 3: the respiratory system, vol III. American Physiological Society, Bethesda
Piiper J (1975) Physiologie der Atmung. In: Gauer OH, Kramer K, Jung R (Hrsg) Physiologie des Menschen, Bd 6: Atmung. Urban & Schwarzenberg, München

Kapitel 34 Atemgastransport

W. Jelkmann

Abb. 34.5
Perutz MF (1978) Hemoglobin structure and respiratory transport. Sci Am 239: 92–125
Abb. 34.8
Piiper J, Koepchen HP (1975) Atmung. 2. Aufl. Urban und Schwarzenberg, München Berlin Wien

Tabelle 34.1
Chang A, Wood C (1976) Fetal acid-base balance I. Interdependence of maternal and fetal P_{CO2} and bicarbonate concentration. Am J Obstet Gynecol 125: 61–64

Kapitel 35 Säure-Basen-Haushalt

F. Lang

Abb. 35.4, Abb. 35.5, Abb. 35.6
Lang F (2000) Basiswissen Physiologie. Springer, Berlin Heidelberg New York

Kapitel 36 Der Sauerstoff im Gewebe: Substrat, Signal und Noxe

J. Grote, U. Pohl

Abb. 36.1
Thews, G (1963) Der Transport der Atemgase. Klin Wochenschr 41: 220
Abb. 36.3
Grote J, Schubert R (1982) Regulation of cerebral perfusion and PO_2 in normal and edematous brain tissue. In: Loeppky JA, Riedesel ML (eds) Oxygen transport to human tissue. Elsevier North Holland, Amsterdam

Kapitel 38 Funktionen des Magen-Darm-Trakts

P. Vaupel

Abb. 38.5, Abb. 38.12
Granger DN, Barrowman JA, Kvietys PR (1985) Clinical gastrointestinal physiology. Saunders, Philadelphia
Abb. 38.6, Abb. 38.11, Abb. 38.16, Abb. 38.24
Johnson LR (ed) (1994) Physiology of the gastronintestinal tract. 3 rd edn. Raven, New York
Abb. 38.7
Young JA, Cook DI, Conigrave AD, Murphy CR (1991) Gastrointestinal physiology. Rainforest, Sydney
Abb. 38.9, Abb. 38.21
Sleisenger MH, Fordtran JS (eds) (1983) Gastrointestinal disease. 4 th edn. Saunders, Philadelphia
Abb. 38.10
Junqueira LC, Carneiro J, Kelley RO (1989) Basic histology. 6 th edn. Appleton and Lange, East Norwalk

Kapitel 39 Energie- und Wärmehaushalt, Thermoregulation

P. B. Persson

Abb. 39.3
Müller EA, Franz H (1952) Energieverbrauchsmessungen bei beruflicher Arbeit mit einer verbesserten Respirationsgasuhr. Arbeitsphysiologie 14: 499
Abb. 39.4
Göpfert H, Bernsmeier A, Stufler R (1953) Über die Steigerung des Energiestoffwechsels und der Muskelinnervation bei geistiger Arbeit. Plügers Arch 256: 304
Abb. 39.6
Boothby WM, Berkson J, Dunn HL (1936) Studies of the energy or metabolism of normal individuals: a standard of basal metabolism, with a nomogram for clinical application. Am J Physiol 116: 468
Abb. 39.9
Aschoff J, Günther B, Kramer K (1971) Energiehaushalt und Temperaturregulation. Urban & Schwarzenberg, München
Abb. 39.10
Brück K, Hinckel P (1982) Thermoafferent systems and their adaptive modifications. Pharmacol Ther 17: 357–381
Abb. 39.12
Nakayama T, Hammel HAT, Hardy JD, Eisenman JS (1963) Thermal stimulation of electrical activity of single units of the preoptic region. Am J Physiol 204: 1122–1126
Abb. 39.17
Gagge AP, Nishi Y (1976) Physical indices of the thermal environment. ASHRAE J (January): 47–51
Abb. 39.18
Kitzing J, Behling K, Bleichert A, Scarperi M, Scarperi S (1972) Antriebe und effektorische Maßnahmen der Thermoregulation bei Ruhe und während körperlicher Arbeit. I Experimentelle Ergebnisse am Menschen. Int Z Angew Physiol 30: 119–131
Abb. 39.19
Schmidt TH (1972) Thermoregulatorische Größe in Abhängigkeit von Tageszeit und Menstruationszyklus. Inaugural Dissertation (MPI für Verhaltensforschung Erling-Andechs), Universität München
Abb. 39.20
Behmann FW, Bontke E (1958) Die Regelung der Wärmebildung bei künstlicher Hypothermie. I Experimentelle Untersuchungen über den Einfluß der Narkosetiefe. Plügers Arch Gesamte Physiol 266: 408–421

Tabelle 39.3
Spitzer H, Hettinger T, Kaminsky G (1982) Tafeln für den Energieumsatz, 6. Aufl. Beuth, Berlin

Kapitel 40 Sport- und Arbeitsphysiologie

U. Boutellier, H.-V. Ulmer

Abb. 40.3
Müller EA (1961) Die physische Ermüdung. In: Lehmann G (Hrsg) Arbeitsphysiologie. Handbuch der gesamten Arbeitsmedizin, Bd 1. Urban & Schwarzenberg, Berlin

Abb. 40.5
Connett RJ, Gayeski TEJ, Honig CR (1985) Energy sources in fully aerobic rest-work transitions: a new role for glycolysis. Am J Physiol 248: H922

Abb. 40.8
Honig CR, Odoroff CL, Frierson JL (1980) Capillary recruitment in exercise: rate, extent, uniformity, and relation to blood flow. Am J Phyiol 238: H31

Abb. 40.9
Thews G (1984) Der Atemgastransport bei körperlicher Arbeit. Steiner, Wiesbaden

Abb. 40.10
Berger M, Berchtold P, Chappers H-J, Drost H, Kley HK, Müller WA, Wiegelmann W, Zimmermann-Telschow H, Gries FA, Krüskemper L, Zimmermann H (1977) Metabolic and hormonal effects of muscular exercise in juvenile type diabetics. Diabetologia 13: 355

Abb. 40.11
Fukunaga T, Philippi H, Hollmann W (1976) Über die Beziehungen zwischen statischer Arbeit, Kraftleistung und Durchblutung. Sportarzt Sportmed 27: 181

Abb. 40.12
Donald KW, Lind AR, McNicol GW, Humphreys PW, Taylor SH, Staunton HP (1967) Cardiovascular responses to sustained (static) concentrations. Circulation Res 20 [Suppl 1]: I-15

Abb. 40.13
Conradi P, Krueger H, Zülch J (1987) Untersuchung der Belastung bei Lupen- und Mikroskopierarbeiten. In: Bundesanstalt für Arbeitsschutz (Hrsg) Schriftenreihe der Bundesanstalt für Arbeitsschutz-Forschung-Fb 516. Bundesanstalt für Arbeitsschutz (im Selbstverlag), Dortmund

Abb. 40.16
Kaminsky DG, Schmidtke H (1960) Arbeitsablauf- und Bewegungsstudien. In: Grundlagen des Arbeits- und Zeitstudiums, Bd. 5. Hanser, München

Abb. 40.17
Rohmert W (1962) Untersuchungen über Muskelermüdung und Arbeitsgestaltung. Beuth, Berlin

Tabelle 40.1
Boutellier U, Spengler CM (1999) V_{O_2}max als Maß für die Ausdauerleistungsfähigkeit? Schweiz Ztschr Sportmed Sporttraum 47: 118–122

Kapitel 41 Alter und Altern

T. von Zglinicki, Th. Nikolaus

Abb. 41.2
Nikolaus T (1992) Demographische Entwicklung. In: Kruse W, Nikolaus T (Hrsg) Geriatrie. Springer, Berlin Heidelberg New York

Abb. 41.3
Cutler RG (1993) Genetic and evolutionary molecular aspects of aging. In: Dall J, Ermini M, Herrling P, Lehr U, Meier-Ruge W, Stähelin H (eds) Prospects in aging. Academic, London

Abb. 41.4
Bafitis H, Sargent F (1977) Human physiological adaptability through the life sequence. J Gerontol 32: 402–410
Lakatta EG (1990) Changes in cardiovascular function with aging. Eur Heart J 11 [Suppl C]: 22–29
Larsson L, Grimby G, Karlsson J (1979) Muscle strength and speed of movement in relation to age and muscle morphology. J Appl Physiol 46: 451–456
Shock NW (1983) Aging of physiological systems. J Chron Dis 36: 137–142

Abkürzungen

ABC ▸ ATP binding Cassette

ACE ▸ Angiotensin converting Enzyme

ACh ▸ Acetylcholin

ACTH ▸ Adrenocorticotropes Hormon

ADH ▸ Antidiuretisches Hormon (Adiuretin)

ADP ▸ Adenosindiphosphat

AEP ▸ Akustisch evoziertes Potential

AGE ▸ Advanced Glycosylation Endproducts

AIDS ▸ Acquired Immunodeficiency Syndrome

AMP ▸ Adenosinmonophosphat

AMPA ▸ α-Amino-3-hydroxy-5-methyl-4-isoxazol Acid

ANP ▸ Atriales natriuretisches Peptid

AP ▸ Aktionspotential

APUD ▸ Amine Precursor Uptake and Decarboxylation

ARAS ▸ Aufsteigendes retikuläres Aktivierungssystem

ASIC ▸ Acid sensing Ion Channel

ATP ▸ Adenosintriphosphat

ATPS ▸ Ambient Temperature, Pressure, saturated

AV ▸ Atrioventrikulär

AVP ▸ Arginin-Vasopressin

BDNF ▸ Brain derived neurotrophic Factor

BMI ▸ Body Mass Index

BMP ▸ Bone morphogenetic Protein

BNP ▸ Brain natriuretic Peptide

BSG ▸ Blutkörperchensenkungsgeschwindigkeit

BTPS ▸ Body Temperature, Pressure, saturated

cAMP ▸ cyclic Adenosinmonophosphate

Ca_v ▸ Spannungsgesteuerter Ca-Kanal

CCK ▸ Cholecystokinin

CD ▸ Cluster of Differentiation

CFTR ▸ Cystic Fibrosis transmembrane Conductance Regulator

CFU ▸ Colony forming Unit

cGMP ▸ cyclic Guanosinmonophosphate

CGRP ▸ Calcitonin-Gene related Peptide

CNP ▸ C-Typ natriuretisches Peptid

CNV ▸ Contingent negative Variation

COX_2 ▸ Induzierbare Cyclooxygenase

CR ▸ Conditional Reflex

CRAC ▸ Calcium release activated Calcium Channel

CRH ▸ Corticotropin releasing Hormone

CREB ▸ cAMP-responsive Element binding Protein

CS ▸ Conditional Stimulus

CSF ▸ Colony stimulating Factor

CT ▸ Computertomographie

CYP ▸ Cytochrom P

dB ▸ Dezibel

5-α-DHT ▸ 5-α-Dihydrotestosteron

DNA ▸ Desoxyribonucleic Acid

dpt ▸ Dioptrie

EDHF ▸ Endothelium-derived hyperpolarizing Factor

EDRF ▸ Endothelium-derived relaxing Factor (= NO)

EDTA ▸ Ethylendiaminetetraacetic Acid

EDV ▸ Enddiastolisches Ventrikelvolumen

EEG ▸ Elektroenzephalogramm

EF ▸ Ejection Fraction

EGF ▸ Epidermal Growth Factor

EKG ▸ Elektrokardiogramm

EKP ▸ Ereigniskorrelierte Potentiale

EMG ▸ Elektromyogramm

Enk ▸ Enkephalin

eNOS ▸ endotheliale NO-Synthetase

EOG ▸ Elektrookulogramm

EOLG ▸ Elektroolfaktogramm

EPO ▸ Erythropoietin

EPSC ▸ Excitatory postsynaptic Current

EPSP ▸ Excitatory postsynaptic Potential

ER ▸ Endoplasmatisches Retikulum

ERA ▸ Evoked Response Audiometry

ERF ▸ Exzitatorisches rezeptives Feld

ET ▸ Endothelin

F-Aktin ▸ Fibrilläres Aktin

fMRI = fMRT ▸ Functional magnetic Resonance Imaging (= funkt. Magnetresonanz-Tomographie)

FRC ▸ Functional residual Capacity

FSH ▸ Follikelstimulierendes Hormon

g ▸ Relative Erdbeschleunigung

GABA ▸ γ-Aminobuttersäure

GALT ▸ Gut associated lymphoid Tissue

GDP ▸ Guanosindiphosphat

GEF ▸ Guanin-Nucleotide Exchange Factor

GFR ▸ Glomeruläre Filtrationsrate

GH ▸ Growth Hormone (= Somatotropin)

GHRH ▸ Growth Hormone releasing Hormone (= Somatoliberin)

GIP ▸ Gastrisches inhibitorisches Peptid

GLP ▸ Glucagon-like Peptide

GLUT ▸ Glukose-Transporter

GMP ▸ Guanosinmonophosphat

GnRH ▸ Gonadotropin releasing Hormone

G-Protein ▸ GTP-bindendes Protein (G_s = stimulierend, G_i = inhibierend)

GRP ▸ Gastrin releasing Peptide

GSK ▸ Glykogensynthasekinase

GTP ▸ Guanosintriphosphat

Hb ▸ Hämoglobin (HbA: adult, HbF: fetal)

HCG ▸ Humanes Choriongonadotropin

HCS ▸ Humanes Chorionsomatomammotropin

HDL ▸ High Density Lipoprotein

HLA ▸ Humanes Leukozyten-Antigen

HMV ▸ Herzminutenvolumen

HPL ▸ Human placental Lactogen

5-HT ▸ 5-Hydroxytryptamin = Serotonin

HZV ▸ Herzzeitvolumen

IDDM ▸ Insulin-dependent Diabetes mellitus

IGF ▸ Insulin-like Growth Factor

iGluR ▸ ionotroper Glutamatrezeptor

I_h ▸ Langsamer Na^+-Strom

I_{KD} ▸ Verzögerter K^+-Strom

IL ▸ Interleukin

iNOS ▸ induzierbare NO-Synthetase

IP_3 ▸ Inositol-1,4,5-trisphosphat

IPSC ▸ Inhibitory postsynaptic Current

IPSP ▸ Inhibitory postsynaptic Potential

IRH ▸ Inhibitorisches Releasing-Hormon

JAM ▸ Junctional Adhesion Molecule

kDa ▸ kilo-Dalton

K_{Ca} ▸ Calciumgesteuerter K-Kanal

K_v ▸ Spannungsabhängiger K-Kanal

LCCS ▸ Limited Capacity Control System

LDL ▸ Low Density Lipoprotein

LH ▸ Lutenisierendes Hormon

LPS ▸ Lipopolysaccharid

LSD ▸ Lysergsäurediethylamid

LTD ▸ Long Term Depression

LTP ▸ Long Term Potentiation

MCH ▸ Melanin concentrating Hormone

MCH ▸ Mean corpuscular Haemoglobin

MCHC ▸ Mean corpuscular Haemoglobin Concentration

MCV ▸ Mean corpuscular Volume

MCP ▸ Monocyte chemoattractant Protein

MDR ▸ Multidrug Resistance Protein

MEG ▸ Magnetencephalographie

MHC ▸ Main Histocompatibility Complex

MLC ▸ Myosin light Chain

MLCK ▸ Myosin light Chain Kinase

MLCP ▸ Myosin light Chain Phosphatase

MMP ▸ Matrix-Metalloproteinase

mRNA ▸ messenger-RNA

MRP ▸ Multidrug Resistance associated Protein

MRT ▸ Magnetresonanztomographie

nAchR ▸ nikotinerger Acetylcholinrezeptor

NAD ▸ Nicotinamid-Adenin-Dinukleotid

NADP ▸ Nicotinamid-Adenin-Dinukleotid-Phosphat

Na_v ▸ Spannungsgesteuerter Na-Kanal

NGF ▸ Nerve Growth Factor

NK ▸ Natürliche Killerzellen

NKCC ▸ Na^+,K^+,$2Cl^-$-Cotransporter

NMDA ▸ N-Methyl-D-Aspartat

NMR ▸ Nuclear magnetic Resonance

NNM ▸ Nebennierenmark

nNOS ▸ neuronale NO-Synthetase

NO ▸ Stickstoffmonoxid

NOS ▸ NO-Synthetase

NPR ▸ Natriuretic Peptide Receptor

NPY ▸ Neuropeptid Y

NREM ▸ Nicht-REM-Schlaf

NSAID ▸ Non-steroidal anti-Inflammatory Drug

OKN ▸ Optokinetischer Nystagmus

PAH ▸ Paraaminohippursäure

PAD ▸ Primäre afferente Depolarisation

PAF ▸ Plättchen-aktivierender Faktor

PDK ▸ Phosphatidylinositol dependent Kinase

PET ▸ Positronen-Emissionstomographie

PG ▸ Prostaglandin (PGE_2, $PGE_{2\alpha}$, $PGF_{2\alpha}$, PGH_2 u. a.)

PI3-K ▸ Phosphatidylinositol-3-Kinase

PIH ▸ Prolactin-inhibiting Hormone

PKA ▸ Proteinkinase A

PKB ▸ Proteinkinase B

PLA_2 ▸ Phospholipase A_2

PLC ▸ Phospholipase C (PLCβ o. PLC)

PM ▸ Prämotorischer Kortex

PMN ▸ Polymorphkernige neutrophile Granulozyten

PP ▸ Serin/Threonin-Phosphoprotein-Phosphatasen (PP1, PP2a,b,c)

PRG ▸ Pontine respiratorische Gruppe

PSR ▸ Patellarsehnenreflex

PTH ▸ Parathormon (= Parathyrin)

PTT ▸ Partielle Thromboplastinzeit

RBF ▸ Renaler Blutfluss

REM ▸ Rapid Eye Movement

RF ▸ Rezeptives Feld (= Formatio reticularis)

RGT-Regel ▸ Reaktions-Geschwindigkeits-Temperatur-Regel

RHT ▸ Retinohypothalamischer Trakt

RH ▸ Releasing Hormone

RIH ▸ Release inhibiting Hormone

RNA ▸ Ribonucleic Acid

ROS ▸ Reactive Oxygen Species

RPF ▸ Renaler Plasmafluss

RQ ▸ Respiratorischer Quotient

RyR ▸ Ryanodin-Rezeptor

SCN ▸ Nucleus suprachiasmaticus

SEP ▸ Somatisch evozierte Potentiale

SERCA ▸ Sarcoplasmic endoplasmic Reticulum Calcium-transporting ATPase

SGK ▸ Serum- und glukokortikoidinduzierbare Kinase

SGLT ▸ Sodium-dependent Glucose Transporter

SHBG ▸ Sexualhormonbindendes Globulin

SIDS ▸ Sudden Infant Death Syndrome

SMA ▸ Supplementär-motorisches Areal

SMI ▸ Primäre sensomotorische Areale

SOD ▸ Superoxiddismutase

SPECT ▸ Single Photon Emission Tomography

SPL ▸ Sound Pressure Level

SPVC ▸ Subparaventrikuläre Zone des Hypothalamus

SQUIDs ▸ Superconducting Quantum Interference Devices

SR ▸ Sarkoplasmatisches Retikulum

STPD ▸ Standard Temperature, Pressure, Dry

SWS ▸ Slow Wave Sleep

T-System ▸ Transversales tubuläres System

T_3 ▸ Triiodthyronin

T_4 ▸ Tetraiodthyronin (= Thyroxin)

TBG ▸ Thyroxinbindendes Globulin

TBPA ▸ Thyroxinbindendes Präalbumin

TMS ▸ Transkranielle Magnetstimulation (rTMS: repetetive TMS)

TNF ▸ Tumor-Nekrose-Faktor

t-PA ▸ Tissue-type Plasminogenactivator

TRH ▸ Thyreotropin releasing Hormone

TRP ▸ Transient Receptor Potential

TSH ▸ Thyreoideastimulierendes Hormon

TTX ▸ Tetrodotoxin

UR ▸ Unbedingter Reflex

US ▸ Unbedingter Stimulus = unbedingter Reiz

UV ▸ Ultraviolett

VAS ▸ Visuelle Analogskala

VEGF ▸ Vascular endothelial Growth Factor

VEP ▸ Visuell evoziertes Potential

VIP ▸ Vasoaktives intestinales Peptid

VLDL ▸ Very low Density Lipoproteins

VOR ▸ Vestibulookulärer Reflex

VR ▸ Vanilloidrezeptor

VRG ▸ Ventrale respiratorische Gruppe

vWF ▸ von-Willebrand-Faktor

WHO ▸ World Health Organisation

ZNS ▸ Zentralnervensystem

Sachverzeichnis*

A

* Verweis auf Klinik-Box

B

F

G

▼

H

▼

I

J

K

L

M

N

O

P

▼

Q

R

S

T

U

V

W

X

Y

Z

Maßeinheiten und Normalwerte der Physiologie

Definitionen der Basiseinheiten

- **Meter**
  Das Meter ist die Länge der Strecke, die Licht im Vakuum während der Dauer von (1/299 792 458) Sekunden durchläuft.
- **Kilogramm**
  Das Kilogramm ist die Einheit der Masse; es ist gleich der Masse des Internationalen Kilogrammprototyps.
- **Sekunde**
  Die Sekunde ist das 9 192 631 770fache der Periodendauer der dem Übergang zwischen den beiden Hyperfeinstrukturniveaus des Grundzustandes von Atomen des Nuklids ^{113}Cs entsprechenden Strahlung.
- **Ampere**
  Das Ampere ist die Stärke eines konstanten elektrischen Stromes, der, durch zwei parallele, geradlinige, unendlich lange und im Vakuum im Abstand von einem Meter voneinander angeordnete Leiter von vernachlässigbar kleinem, kreisförmigem Querschnitt fließend, zwischen diesen Leitern je einem Meter Leiterlänge die Kraft $2 \cdot 10^{-7}$ Newton hervorrufen würde.
- **Kelvin**
  Das Kelvin, die Einheit der thermodynamischen Temperatur, ist der 273,16te Teil der thermodynamischen Temperatur des Tripelpunktes des Wassers.
- **Mol**
  Das Mol ist die Stoffmenge eines Systems, das aus ebensoviel Einzelteilchen besteht, wie Atome in 0,012 Kilogramm des Kohlenstoffnuklids ^{12}C enthalten sind. Bei Benutzung des Mol müssen die Einzelteilchen spezifiziert sein und können Atome, Moleküle, Ionen, Elektronen sowie andere Teilchen oder Gruppen solcher Teilchen genau angegebener Zusammensetzung sein.
- **Candela**
  Die Candela ist die Lichtstärke in einer bestimmten Richtung einer Strahlungsquelle, die monochromatische Strahlung der Frequenz $540 \cdot 10^{12}$ Hertz aussendet und deren Strahlstärke in dieser Richtung (1/683) Watt durch Steradiant[a] beträgt.

Abgeleitete Messgrößen

Von den Einheiten dieses Basissystems lassen sich die Einheiten sämtlicher Messgrößen ableiten. Eine Auswahl hiervon ist in **Tabelle 2** zusammengestellt. Die numerischen Werte der in den **Tabellen 1** und **2** genannten Größen enthalten vielfach Zehnerpotenzen als Faktoren. Zur Vereinfachung der Angaben hat man häufig gebrauchten Zehnerpotenzen bestimmte Vorsilben zugeordnet (**Tabelle 3**), die mit dem Namen der betreffenden Einheiten verbunden werden. Die **Tabellen 5** und **6** zeigen wichtige Umrechnungsbeziehungen.

Tabelle 1: SI-Basiseinheiten, Namen und Symbole

SI = Système International d'Unités

Größe (SI-Basiseinheiten)	Name	Symbol
Länge	Meter	m
Masse	Kilogramm	kg
Zeit	Sekunde	s
Elektrische Stromstärke	Ampere	A
Thermodynamische Temperatur	Kelvin	K
Substanzmenge	Mol	mol
Lichtstärke	Candela	cd

Tabelle 2: Wichtige abgeleitete SI-Einheiten, Namen und Symbole

Größe (SI-Einheiten)	Name	Symbol	Definition
Frequenz	Hertz	Hz	s^{-1}
Kraft	Newton	N	$m\ kg\ s^{-2}$
Druck	Pascal	Pa	$m^{-1}\ kg\ s^{2}$ ($N\ m^{-2}$)
Energie	Joule	J	$m^{2}\ kg\ s^{-2}$ ($N\ m$)
Leistung	Watt	W	$m^{2}\ kg\ s^{-3}$ ($J\ s^{-1}$)
Elektrische Ladung	Coulomb	C	$s\ A$
Elektr. Potentialdifferenz (Spannung)	Volt	V	$m^{2}\ kg\ s^{-3}\ A^{-1}$ ($W\ A^{-1}$)
Elektr. Widerstand	Ohm	Ω	$m^{2}\ kg\ s^{-3}\ A^{-2}$ ($V\ A^{-1}$)
Elektrischer Leitwert	Siemens	S	$m^{-2}\ kg^{-1}\ s^{3}\ A^{2}$ (Ω^{-1})
Elektrische Kapazität	Farad	F	$m^{-2}\ kg^{-1} s^{4}\ A^{2}$ ($C\ V^{-1}$)
Magnetischer Fluss	Weber	Wb	$m^{2}\ kg\ s^{-2}\ A^{-1}$ ($V\ s$)
Magnetische Flussdichte	Tesla	T	$kg\ s^{-2}\ A^{-1}$ ($Wb\ m^{-2}$)
Induktivität (magnetischer Leitwert)	Henry	H	$m^{2}\ kg\ s^{-2}\ A^{-2}$ ($V\ s\ A^{-1}$)
Lichtstrom	Lumen	lm	cd sr[a]
Beleuchtungsstärke	Lux	lx	$cd\ sr\ m^{-2}$ ($lm\ m^{-2}$)
Aktivität einer radioakt. Substanz	Becquerel	Bq	s^{-1}

Tabelle 3: Häufig gebrauchte Zehnerpotenzen, Präfixe und Symbole

Faktor	Präfixum	Symbol	Faktor	Präfixum	Symbol
10^{-1}	Dezi	d	10	Deka	da
10^{-2}	Centi	c	10^{2}	Hekto	h
10^{-3}	Milli	m	10^{3}	Kilo	k
10^{-6}	Mikro	µ	10^{6}	Mega	M
10^{-9}	Nano	n	10^{9}	Giga	G
10^{-12}	Pico	p	10^{12}	Tera	T
10^{-15}	Femto	f	10^{15}	Peta	P

Tabelle 4: Einheiten, die nicht zum SI-System gehören, jedoch weiterhin benutzt werden dürfen

Name (Einheit)	Symbol	Wert in SI-Einheiten
Gramm	g	1 g = 10^{-3} kg
Liter	l	1 l = 1 dm^3
Minute	min	1 min = 60 s
Stunde	h	1 h = 3,6 ks
Tag	d	1 d = 86,4 ks
Grad Celsius	°C	t °C = T -273,15 K

Tabelle 5: Umrechnungsbeziehungen

Von konventionellen Konzentrationseinheiten (g-%, mg-%, mval/l) auf SI-Einheiten der Massenkonzentration (g/l) und der Stoffmengenkonzentration (mmol/l bzw. µmol/l)
* = Bei der Angabe der molaren Hämoglobinkonzentration wird die relative Molekülmasse der Hämoglobinmonomeren zugrunde gelegt.

	1 g-% =	1 g-% =
Plasmaeiweiß	10 g/l	
Hämoglobin	10 g/l	0,621 mmol/l*
	1 mg-% =	**1 mval/l =**
Natrium	0,4350 mmol/l	1,0 mmol/l
Kalium	0,2558 mmol/l	1,0 mmol/l
Kalzium	0,2495 mmol/l	0,5 mmol/l
Magnesium	0,4114 mmol/l	0,5 mmol/l
Chlorid	0,2821 mmol/l	1,0 mmol/l
Glukose	0,0555 mmol/l	
Cholesterol	0,0259 mmol/l	
Bilirubin	17,10 µmol/l	
Kreatinin	88,40 µmol/l	
Harnsäure	59,48 µmol/l	

Tabelle 6: Umrechnungsbeziehungen

Zwischen SI-Einheiten und konventionellen Einheiten

Größe	Umrechnungsbeziehungen	
Kraft	1 dyn = 10^{-5} N	1 N = 10^5 dyn
	1 kp = 9,81 N	1 N = 0,102 kp
Druck	1 cm H_2O = 98,1 Pa	1 Pa = 0,0102 cm H_2O
	1 mm Hg = 133 Pa	1 Pa = 0,0075 mm Hg
	1 atm = 101 kPa	1 kPa = 0,0099 atm
	1 bar = 100 kPa	1 kPa = 0,01 bar
Energie	1 erg = 10^{-7} J	1 J = 10^7 erg
(Arbeit)	1 mkp = 9,81 J	1 J = 0,102 mkp
(Wärmemenge)	1 cal = 4,19 J	1 J = 0,239 cal
Leistung	1 mkp/s = 9,81 W	1 W = 0,102 mkp/s
	1 PS = 736 W	1 W = 0,00136 PS
(Wärmestrom)	1 kcal/h = 1,16 W	1 W = 0,860 kcal/h
(Energieumsatz)	1 kcal/d= 0,0485 W	1 W = 20,6 kcal/d
	1 kJ/d = 0,0116 W	1 W = 86,4 kJ/d
Viskosität	1 Poise = 0,1 Pa s	1 Pa s = 10 Poise

Blut

Blutvolumen	♂	4500 ml
	♀	3600 ml
Hämoglobin	♂	14 – 18 g/dl
	♀	12 – 16 g/dl
Hämatokrit	♂	41 – 50%
	♀	37 – 46%
Erythrozyten	♂	4,6 – 5,9 10^6/µl
	♀	4,0 – 5,2 10^6/µl
MCV (mittl. Vol. der Einzelerythrozyten)		80 –100 $µm^3$
MCH (mittl. erythr. Hämoglobinmenge)		27 – 34 pg/cell
MCHC (mittl. erythr. Hämoglobinkonz.)		30 – 36 g/dl
Mittl. Erythrozytendurchmesser		7,2 – 7,8 µm
Blutkörperchensenkungsgeschwind.	♂	3 – 9 mm/h
	♀	6 – 11 mm/h
Retikulozyten		4 – 15 ‰
Leukozyten, total		3,8 – 9,8 10^3/µl
– Neutrophile		40 – 75 %
– Eosinophile		0 – 1 %
– Basophile		2 – 6 %
– Lymphozyten		20 – 50 %
– Monozyten		2 – 10 %
Thrombozyten		150 – 400 10^3/µl
Osmolalität		285 – 295 mOsm/kg
pH		7,35 – 7,45
Sauerstoffsättigung arteriell:		95 – 99 %

Gerinnung

Blutungszeit	< 6 min
Fibrinogen	200 – 400 mg/d
Fibrinogen degrad. pro.	< 10 µg/ml
Prothrombinzeit	11 – 12,5 s
(PTT) Partielle Thromboplastinzeit	23 – 35 s
Thrombinzeit	11,8 – 18,5 s

Hormone

ACTH		< 13,2 pmol/l
Aldosteron		3 – 10 ng/dl
Calcitonin	♂	< 20 pg/ml
	♀	< 15 pg/ml
Cortisol, morgens		6 – 28 µg/dl
		(170 – 625 nmol/l)
abends		2 – 12 µg/dl
		(80 – 413 nmol/l)
Gastrin, hungernd		< 200 ng/l
Parathormon		< 44 mol/l
Renin-Aktivität		0,9 – 3,3 ng/ml/h
Somatotropin, hungernd	♂	< 5 ng/ml
	♀	< 10 ng/ml
T_4, total		58 – 155 nmol/l
T_4, frei		10 – 31 pmol/l
T_3, total		1,2 – 1,5 nmol/l
Testosteron, total	♂	300–1000 ng/dl
	♀	20 – 75 ng/dl
TSH		2 – 10 µU/ml

Enzyme

Aldolase		0 – 8 U/l
$α_1$ - Antitrypsin		80 – 210 mg/dl
Amylase		35 – 118 U/l
Carboanhydrase		0 – 35 U/ml
CK (Creatinkinase)		< 70 U/l
CK-MB (Herz)		0 – 12 U/l
		(< 5% der gesamt-CK)
γ-GT (γ-Glutamyltransferase)		< 18 U/l
SGOT		< 15 U/l
SGPT		< 17 U/l
LAP	♂	80 – 200 U/ml
	♀	75 – 185 U/ml
LDH (Laktat-Dehydrogenase)		120 – 240 U/l
Lipase		2,3 – 50 U/dl
		(0,4 – 8,34 µkat/l)
5´-Nucleotidase		2 – 16 U/l
		(0,03 – 0,27 µkat/l)
Phosphatase, alkalische		38 – 126 U/l
		(0,63 – 2,1 µkat/l)
Phosphatase, saure		0 – 0,7 U/l
		(0 – 11,6 µkat/l)

Elektrolyte

Na^+		135 – 145 mmol/l
Cl^-		98 – 106 mmol/l
HCO_3^-		22 – 26 mmol/l
Basen, total		48 mmol/l
K^+		3,5 – 5,0 mmol/l
Ca^{2+} ionisiert		1,3 – 2,8 mmol/l
Mg^{2+}		0,65 – 1,1 mmol/l
Laktat		0,6 – 1,7 mmol/l
Fe^{2+}	♂	8 – 31 µmol/l
	♀	5,4 – 31 µmol/l
Phosphat		0,97 – 1,45 mmol/l

Fette, Ketonkörper

Acetoacetat		0,2 – 1,0 mg/dl
Citrat		1,7 – 3,0 mg/dl
Cholesterol, total		< 200 mg/dl
LDL-Cholesterol		< 130 mg/dl
HDL-Cholesterol	♂	> 45 mg/dl
	♀	> 55 mg/dl
Gallensäuren, total hungernd		0,3 – 2,3 µg/ml
Ketone, total		0,5 – 1,5 mg/dl
Oxalat		1,0 – 2,4 µg/ml
		(11 – 27 µmol/l)
Triglyceride, hungernd		< 250 mg/d

Bilirubin

Bilirubin, total	0,1 – 1,0 mg/dl
direkt	0,1 – 0,3 mg/dl
indirekt	0,2 – 0,8 mg/dl

Harnpflichtige Substanzen

Ammoniak	6 – 47 µmol/l
Harnstoff	17 – 42 mg/dl
	(6 – 15 mmol/l)
Harnsäure	2,1 – 8,5 mg/dl
Kreatinin	0,4 – 1,2 mg/dl

Glukose

Glukose	45 – 96 mg/dl
	(2,5 – 5,3 mmol/l)
Grenzwert für Diabetes mellitus	< 140 mg/dl
	(< 7,8 mmol/l)